ISBN 978-7-5198-9729-1

9 787519 897291 >

定价：498.00元

China Electric Power Yearbook

2024中国电力年鉴

《中国电力年鉴》编辑委员会

中国电力出版社
CHINA ELECTRIC POWER PRESS

本年鉴连续三届荣获中央级年鉴评比一等奖

图书在版编目（CIP）数据

2024 中国电力年鉴 /《中国电力年鉴》编辑委员会编. -- 北京 : 中国电力出版社, 2025. 6. -- ISBN 978-7-5198-9729-1

Ⅰ. F426.61-54

中国国家版本馆 CIP 数据核字第 2025N9V509 号

出版发行：中国电力出版社
地　　址：北京市东城区北京站西街 19 号（邮政编码 100005）
网　　址：http://www.cepp.sgcc.com.cn
责任编辑：穆智勇（010-63412336）　柳　璐
责任校对：黄　蓓　朱丽芳　常燕昆　郝军燕　李　楠　于　维　张晨荻
装帧设计：张俊霞
责任印制：石　雷

印　　刷：三河市万龙印装有限公司
版　　次：2025 年 6 月第一版
印　　次：2025 年 6 月北京第一次印刷
开　　本：787 毫米×1092 毫米　16 开本
印　　张：61　　插页　33
字　　数：2297 千字
定　　价：498.00 元

• 2023年2月24日，第二届中国电气化发展高端论坛暨第三届电能替代产业发展高峰论坛在北京举行，图为电能替代分论坛全景。

（中电联 提供）

• 2023年3月11日，全国政协委员，中国能建党委书记、董事长宋海良（左一）在全国政协十四届一次会议委员通道答记者问。

（中国能建 提供）

● 2023年3月21日，第一届电力市场高端论坛在北京成功举办。上图为会场全景，下图为圆桌论坛。

（中电联　提供）

● 2023年5月18日，甘肃省人民政府、四川省人民政府工作座谈会暨陇电入川战略合作框架协议签署仪式在成都举行。

（国网甘肃电力　提供）

● 2023年5月，国网北京电缆公司建成国内首个电力隧道数字化巡检示范区，并在国家电网有限公司率先实现电缆专业电网一张图应用。

（赵旌朝　摄）

● 2023年6月29日—7月2日，2023国际数字能源展在深圳会展中心举办，该展会由南方电网公司主办、南网传媒公司和深圳供电局承办。

（南网数媒　提供）

2023年8月6日，国家电网有限公司青海哇让抽水蓄能电站暨玉树果洛二回、丁字口输变电工程开工动员大会召开，图为青海会场。

（李逸飞　摄）

2023年8月22日，全国电力交易员竞赛在北京正式举行。

（中电联　提供）

● 2023年8月23日，中国华电与中国水力发电工程学会联合主办的2023年中国水电发展论坛暨水力发电工程学会年会在北京开幕。

（中国华电　提供）

● 2023年9月4日，由浙能集团承办的首届国家级汽轮机本体检修工竞赛决赛在浙江省宁波市开幕。该竞赛是第十四届全国电力行业职业技能竞赛的第三项赛事，由中国电力企业联合会、中国就业培训技术指导中心联合主办。

（祝益军　摄）

● 2023年9月7日，中国电力企业联合会氢能分会正式揭牌成立。

（中电联　提供）

● 2023年9月15日，由青海省人民政府举办，以"绿色低碳·智创未来"为主题的2023"一带一路"清洁能源发展论坛在西宁举办。国网青海电力牵头承办，并发布"数说绿电"成果。

（王国栋　摄）

● 2023年9月26日，能源行业电力市场标准化技术委员会成立。

（中电联　提供）

● 2023年10月18日，在2023全球工业互联网创新成果展览会国网辽宁电力展台前，辽宁省长李乐成（前排中）对公司服务辽宁实现全面振兴新突破中做出的贡献给予充分肯定。

（国网辽宁电力 提供）

2023年10月19日，“国家级电力应急研究中心”在广东电网公司应急中心正式挂牌运作，该中心是南方电网公司建成的全国首个电力应急领域的国家级研究平台。

（广东电网公司　提供）

2023年10月20日，由中电联和亚太电协主办的第24届东亚及西太平洋电力工业协会大会在厦门开幕，2022—2023亚太电协主席、中电联理事长、国家电网有限公司董事长辛保安出席大会并致欢迎辞。

（中电联　提供）

• 2023年10月21日，国网黑龙江电力与哈尔滨工业大学联合牵头的“国家能源寒地新型电力系统重点实验室”启动建设。

（解琳琳　提供）

• 2023年11月6日，中华全国总工会副主席郭明义（左二）看望国网辽宁电力劳动模范。

（国网辽宁电力　提供）

• 2023年11月9日，在渝央企、地方国企代表现场签署创新成果转化协议。

（国网重庆电力　提供）

• 2023年11月27日，第十一届中国企业全球形象高峰论坛在北京举行，中国华电党组副书记、董事祖斌出席并作题为《以创造共同价值为引领 树立企业良好海外形象》的主题演讲。

（中国华电　提供）

• 2023年12月15日，绿色能源助力广东“百千万工程”高峰论坛在清远英德举行，广东电网公司董事长廖建平出席论坛启动现场。

（广东电网公司　提供）

● 2023年2月6日，老挝国家副主席、人民革命党中央政治局委员、中央书记处常务书记本通·吉玛尼（右一）视察老挝孟松600MW风电项目。项目由中国电建所属华东院总承包。

（中国电建华东院　提供）

● 2023年3月14日，中国能建山西院总承包的新加坡腾格水库60MW浮体光伏项目获评新加坡2021—2022年度工程建筑类年度项目一等奖。

（中国能建　提供）

2023年3月22日，中国电建所属华东院、华中院勘测设计，水电八局、水电十二局、水电五局承建的乌干达最大水电站——卡鲁玛水电站首台机组投产发电。电站总装机容量600MW。

（中国电建水电八局　提供）

2023年5月23日，莱索托国王莱齐耶三世（右二）和南非总统拉马福萨（右三）出席中国电建所属水电八局、水电十四局承建的莱索托高地二期项目动工仪式，共同按下象征主体工程动工爆破第一炮的启动按钮。

（中国电建水电八局　提供）

2023年5月25日，中国电建所属水电八局、水电三局承建的尼日利亚最大水电站——宗格鲁水电站实现全部四台机组并网发电，电站装机容量700MW。

（中国电建水电八局　提供）

2023年5月31日，中国电建所属山东电建一公司、上海电建公司承建的巴西美丽山直流特高压输电二期项目荣获2023年度中国电力优质工程奖；12月9日，荣获2022—2023年度国家优质工程奖（境外工程）。

（中国电建山东电建一公司　提供）

2023年5月31日，中国电建所属江西院设计及总承包、山东电建公司承建的越南富美330MW光伏电站项目（一期）荣获2023年度中国电力优质工程奖。

（中国电建江西院　提供）

当地时间9月21日18时，由中国华电投资建设的印度尼西亚玻雅2×660MW坑口燃煤电站项目2号机组顺利完成整套试运，圆满实现年内“双投”目标，全面移交生产。

（中国华电　提供）

2023年9月29日，随着大唐印尼米拉务项目4号机组96h满负荷试运圆满成功，标志着集团公司首个“一带一路”绿地项目实现“双投”。12月22日，项目取得商业运营资格。

（中国大唐　提供）

2023年10月12日，中国电建所属成都院EPC总承包、上海电建公司参建的孟加拉国首个集中式风电项目——科克斯巴扎尔风电场并网发电。项目装机容量66MW。

（焦小亮　摄）

专题 18

人民日报

绿色“一带一路”十周年创新理念与实践案例（一）

优化能源体系的典型示范

绿电开发推动西非能源互联互通

带来清洁的绿色能源

为发展清洁能源树立标杆

绿色电力促进区域协调发展

生态环境友好的“希望之路”

新型储能点亮万家灯火

因绿而兴，走可持续发展之路

2023年10月16日，在第三届“一带一路”国际合作高峰论坛举办前，《人民日报》发布《绿色“一带一路”十周年创新理念与实践案例》，澜湄区域电网互联互通项目作为入选案例获报道。

（南网数媒　提供）

2023年10月18日，阿联酋首个风电项目——中国电建所属华东院总承包的阿联酋风电示范项目完工。项目总装机容量117.5MW。

（中国电建华东院　提供）

2023年11月27日，中国电建所属水电三局承建的几内亚苏阿皮蒂水利枢纽项目荣获2022—2023年度中国建设工程鲁班奖（境外工程），项目总装机容量450MW。

（中国电建水电三局　提供）

● 2023年12月9日，中国电建所属电建核电公司参建的中国华电集团在越装机容量最大电源项目——越南沿海二期2×660MW燃煤电厂项目荣获2022—2023年度国家优质工程奖（境外工程）。

（吕大海　摄）

● 2023年12月11日，中国华电在阿联酋迪拜成功举办第二十八届联合国气候变化大会（COP28）“中国角”边会企业日活动。中国华电副总经理、总会计师邵国勇出席活动并致辞，全面阐述应对气候变化的“华电方案”。

（中国华电　提供）

2023年5月22日，国电电力上海庙电厂4号机组完成168h满功率试运行考核并投入商业运行，至此2×1000MW+2×1000MW国内首个百万等级一次建成最大容量火电机组全面投产。上图为日常景观，下图为夜景。

（国家能源集团　提供）

2023年5月31日，中国电建所属河北院设计，江西水电公司、河南工程公司参建的华润电力沧州运东2×350MW热电联产工程荣获2023年度中国电力优质工程奖。

（中国电建河南工程公司　提供）

● 2023年6月13日，浙江省“千项万亿”工程省重大建设项目、省重点工程——浙能乐清电厂三期2×1000MW工程实现“双投”。

（张立忠　摄）

● 2023年10月25日、12月16日，国家能源集团岳阳发电有限公司1、2号机组（容量均为1000MW）分别投产。

（国家能源集团　提供）

● 2023年12月9日，中国电建所属电建核电公司、山东电建一公司参建的大唐东营2×1000MW新建工程荣获2022—2023年度国家优质工程金奖。

（中国电建山东电建一公司　提供）

2023年12月9日，中国电建所属江西水电公司、河北工程公司、山东电建一公司参建的华能瑞金电厂二期2×1000MW超超临界机组扩建工程荣获2022—2023年度国家优质工程金奖。

（中国电建山东电建一公司　提供）

2023年12月9日，中国电建所属华中院勘察设计的焦作丹河电厂异地扩建2×1000MW机组“上大压小”工程荣获2022—2023年度国家优质工程奖。

（中国电建华中院　提供）

2023年12月17日，由中国能建华北院总承包建设的甘肃电投常乐电厂一期工程（4×1000MW）全部投产发电。

（中国能建　提供）

● 2023年4月12日，中国电建所属昆明院勘察设计，西北院工程监理，水电一局、水电七局、水电十一局、水电十四局、水电基础局参建的金沙江梨园水电站工程入选第二十届第一批中国土木工程詹天佑奖。12月9日，工程荣获2022—2023年度国家优质工程奖。水电站总装机容量2400MW。

（中国电建水电一局　提供）

● 2023年6月9日，世界首台套500MW级高水头冲击式机组科研攻坚示范项目——大唐西藏扎拉水电站主体工程全面启动建设。

（中国大唐　提供）

● 2023年10月10日，中国电建所属水电四局承建的李家峡水电站5号机组顺利通过72h试运行，正式投产发电，标志着世界最大双排机布置的李家峡水电站实现2000MW全容量投产。

（焦小龙　摄）

2023年11月14日，中国电建所属西北院勘察设计，西北院、北京院监理，水电三局、水电七局参建的青海玛尔挡水电站下闸蓄水，水电站总装机容量2320MW。

（中国电建水电三局　提供）

2023年12月9日，中国电建所属贵阳院勘察设计，北京院监理，水电十六局、水电六局、水电一局、电建建筑公司、水电三局、水电八局参建的丰满水电站全面治理（重建）工程荣获2022—2023年度国家优质工程金奖。水电站总装机容量1480MW。

（中国电建水电三局　提供）

● 2023年12月9日，中国电建所属华东院勘察设计，贵阳院监理，水电九局、水电七局、水电十一局、水电十局、水电五局、水电六局承建的西藏雅鲁藏布江大古水电站荣获2022—2023年度国家优质工程金奖。水电站总装机容量660MW。

（中国电建水电九局　提供　肖洪腾　摄）

● 2023年12月20日，中国电建负责全过程勘测设计并承担主要施工任务的世界在建规模最大、技术难度最高的水电工程——金沙江白鹤滩水电站入选中国工程院院刊《工程》评选的“2023全球十大工程成就”。水电站总装机规模16000MW，是仅次于三峡工程的世界第二大水电站。

（中国电建水电七局　提供）

2023年1月4日，中国能建广东院牵头总承包建设的国家电投揭阳神泉二海上风电项目全容量并网。

（中国能建　提供）

2023年3月25日，中国能建广东院参与设计、安徽电建二公司承建广西防城港核电站3号机组正式投产发电。

（中国能建　提供）

2023年5月31日，中国电建所属华中院总承包、河南工程公司参建的钦州市钦南区民海300MW光伏发电平价上网项目获2023年度中国电力优质工程奖；12月9日，荣获2022—2023年度国家优质工程奖。

（中国电建华中院　提供）

• 2023年5月31日，中国电建所属昆明院设计、重庆工程公司总承包的四川华电凉山州盐源大河风电项目荣获2023年度中国电力优质工程奖。项目总装机容量120MW。

（杨永光　摄）

• 2023年6月25日，中国电建所属成都院、华东院、中南院、水电七局、水电六局、水电五局EPC总承包建设的全球最大海拔最高的水光互补电站、雅砻江两河口水电站水光互补一期项目——柯拉光伏电站投产发电。电站装机容量1000MW。

（张　峰　摄）

2023年6月28日，中国能建安徽院总承包建设的三峡能源安徽阜阳南部120万kW风光储基地配套储能电站实现并网。

（中国能建　提供）

2023年6月20日，国能宁东可再生氢碳减排示范区第二批40万kW光伏发电项目完成并网，投入商业运行。项目荣获2023年度电力建设智慧工程典型案例三等奖。

（国家能源集团　提供）

2023年9月29日，国家电投广东廉江核电一期工程（2台CAP1000压水堆核电机组，装机容量250万kW）1号机组核岛反应堆第一罐混凝土浇筑（FCD），计划2028年投产。

（国家电投　提供）

●2023年10月9日12时00分，山西电网光伏发电出力创历史新高，达到1540万kW，占当时全省用电负荷的50.0%。

（国网山西电力　提供）

●2023年10月28日，中国电建所属水电十局承建的全球超高海拔最大风电项目——西藏那曲色尼区欧玛亭嘎100MW风电项目风机全部完成吊装。

（中国电建水电十局　提供）

●2023年11月6日00时41分，山西电网风电出力达到1793.4万kW，创历史新高，占当时全省用电负荷的63.1%。

（国网山西电力　提供）

2023年12月9日，国家电投广东湛江徐闻海上风电场项目获2022—2023年度国家优质工程奖金奖。

（国家电投　提供）

2023年12月9日，中国电建所属水电三局参建的青海省海南州特高压外送基地电源配置项目海南州塔拉滩一标段1000MW光伏电站项目荣获2022—2023年度国家优质工程金奖。

（中国电建水电三局　提供）

2023年12月9日，中国电建所属河南工程公司、山东电建公司、电建核电公司、上海电建公司参建的华能濮阳县500MW风电场工程荣获2022—2023年度国家优质工程奖。

（中国电建河南工程公司　提供）

2023年12月15日，浙江省“千项万亿”工程省重大建设项目——浙能台州1号海上风电工程实现全容量并网发电，该项目建设规模300MW，是浙江省多能互补示范项目。

（林敏辉　摄）

2023年12月23日，随着大唐云南锦屏西风电项目最后一台风机并网发电，国内规模最大的高原山地百万千瓦风电基地在云南建成。

（中国大唐　提供）

2023年12月30日，国家能源集团国华半岛南U2场址海上风电项目完成全部71台风机并网调试，项目全容量并网发电。该项目成为国内首个单年度完成勘察、设计、施工和投产全过程的海上风电项目。上图为俯视图，下图为平视图。

（国家能源集团　提供）

• 2023年3月18日，国家电网有限公司召开辽宁重大电网工程暨大雅河、兴城抽水蓄能电站集中开工动员大会。辽宁省委书记郝鹏（中）、省长李乐成（左）和国家电网有限公司董事长辛保安（右）共同启动开工。

（国网辽宁电力　提供）

• 2023年5月17日，中国电建所属北京院勘测设计，华东院监理，水电三局、水电七局、水电十四局承建的河北丰宁抽水蓄能电站6号机组投产发电，实现年内3台机组投运。电站总装机容量3600MW。

（中国电建北京院　提供）

• 2023年8月29日，中国电建所属中南院勘测设计，北京院监理，水电十一局、水电十四局、水电八局承建，贵阳院负责物探的河南天池抽水蓄能电站全面投产发电。电站总装机容量1200MW。

（中国电建中南院　提供）

2023年9月19日，中国电建所属北京院勘测设计，中南院咨询监理，水电一局、水电四局、水电五局承建的山东文登抽水蓄能电站全部机组顺利投产发电，实现“九个月六投”。电站总装机容量1800MW。

（中国电建北京院　提供）

2023年10月20日，世界首套百兆瓦级全人工地下储气示范项目——大唐中宁100MW/400MWh压缩空气储能绿色低碳技术攻关项目主体工程建设全面启动。

（中国大唐　提供）

2023年12月1日，中国能建数科集团参与投资的湖北应城“300MW级压缩空气储能系统”进入调试。

（中国能建　提供）

2023年12月7日，中国电建所属中南院勘测设计，水电一局、水电八局参建的西南地区首座百万千瓦级大型抽水蓄能电站——重庆蟠龙抽水蓄能电站首台机组投产发电。电站总装机容量1200MW。上图为投产发电仪式，下图为电站下库俯瞰图。

（国网重庆电力　中国电建水电八局　提供）

2023年12月15日，目前东北地区规模最大抽水蓄能电站—— 国网新源辽宁清原抽水蓄能电站（装机容量180万kW）首台机组（30万kW）顺利通过15天试运行，正式投产发电。

（国网辽宁电力　提供）

2023年12月17日，粤港澳大湾区首个新能源配套储能项目——广东肇庆四会市下茆镇200MW渔光互补储能项目并网运行。

（广东电网公司　提供）

• 2023年3月19日，中国电建所属河北院、福建院、华中院、湖北工程公司勘察设计，湖北工程公司监理，上海电建公司参建的世界首个具有网络特性的直流电网示范工程，世界上电压等级最高、输送容量最大的柔性直流工程——张北柔性直流电网试验示范工程荣获第七届中国工业大奖；12月9日，该工程荣获2022—2023年度国家优质工程金奖。

（罗晓东　摄）

• 2023年5月19日，中国电建所属江西院参与勘测设计的南昌—长沙1000kV特高压交流输变电工程荣获2022年度电力行业优秀工程设计一等奖。

（中国电建江西院　提供）

2023年5月19日，中国电建所属四川设计咨询公司、福建院、贵州院、江西院参与勘测设计的雅中—江西±800 kV特高压直流输电线路工程荣获2022年度电力行业优秀工程设计一等奖。

（中国电建贵州院　提供）

2023年5月31日，中国电建所属华中院设计的陕北换流站750 kV配套送出工程荣获2023年度中国电力优质工程奖。

（中国电建华中院　提供）

2023年5月31日，中国电建所属江西院设计的上饶鄱余500 kV变电站新建工程荣获2023年度中国电力优质工程奖。

（中国电建江西院　提供）

2023年6月11日，宁夏—湖南±800kV特高压直流输电工程、汨罗抽水蓄能电站开工动员大会召开。
（国网宁夏电力　提供）

2023年6月15日，宁波慈溪氢电耦合直流微网示范工程在宁波慈溪投运。
（姚科斌　摄）

2023年6月18日，±500kV葛洲坝至上海南桥直流输电改造工程正式投运。南瑞集团为该工程提供直流控制保护系统、换流阀及水冷系统、测量系统等核心设备。图为南瑞集团自主研发并在该工程中顺利投运的世界首个具备完全可控换相技术（CLCC）换流阀。
（南瑞集团　提供）

● 2023年6月30日，杭州220 kV柔性低频输电示范工程在杭州富阳顺利投产。

（黄　辉　摄）

● 2023年10月29日，粤港澳大湾区500 kV外环西段工程建成，广东电网公司目标网架主体工程全面投运。图为该工程肇庆段远景。

（广东电网公司　提供）

2023年10月31日，作业人员在新光电厂至普安电厂500 kV双回线路上开展验收工作。该项目新建盘州至普安的线路长度约 2×45km，按同塔双回路架设。

（贵州电网公司　提供）

2023年11月27日，妙岭750 kV变电站新建工程荣获2022—2023年度第二批中国建设工程鲁班奖（国家优质工程）。

（孙　亮　摄）

2023年11月27日，中国电建所属华中院参与设计、上海电建公司参建的青海—河南±800 kV特高压直流输电及其配套工程（特高压豫南换流变电站）荣获2022—2023年度中国建设工程鲁班奖。

（中国电建华中院　提供）

2023年12月9日，中国电建所属贵州院参与勘察设计，江西水电公司、水电十四局参建的乌东德电站送电广东广西特高压多端直流示范工程荣获2022—2023年度国家优质工程金奖。

（中国电建贵州院　提供）

2023年12月9日，中国电建所属北京院参与勘察设计，山东电建三公司、上海电建公司、电建核电公司参建的张家口—北京可再生能源综合应用示范工程荣获2022—2023年度国家优质工程金奖。

（中国电建山东电建三公司　提供）

• 2023年12月9日，中国电建所属福建院勘察设计的福建厦门金辉（集美）500 kV变电站工程荣获2022—2023年度国家优质工程奖。

（罗晓东　摄）

• 2023年12月11日，位于甘孜藏族自治州泸定县的川渝特高压交流工程甘孜—天府南1000 kV线路工程（9标）门型塔组立完成。

（李晨萌　摄）

• 2023年12月16日，国家电网有限公司福州—厦门1000 kV特高压交流工程正式投运。

（宋俊岭　摄）

2023年12月27日，江西省送变电公司承建的武汉—南昌1000 kV线路工程（江西段）全线贯通。上图为6月28日赣6标段金溪湖段施工，下图为11月28日南昌跨越赣江线路展放施工。

（国网江西电力 提供）

2023年3月15日，国网银川供电公司员工协助永宁县三德分布式光伏电站工作人员对光伏电站进行巡检。

（袁宏彦　摄）

2023年5月18日，国网吉林四平供电公司员工协助合作社村民为新能源汽车充电。

（国网吉林电力　提供）

2023年6月6日，国网宝鸡供电公司工作人员巡视陇县线路，护航三夏用电。

（国网陕西电力　提供）

2023年7月6日，国网福建超高压公司运检人员运用智能巡检机器人开展迎峰度夏特殊巡视工作。

（杨婷婷 摄）

2023年7月7日，国网吉水县供电公司员工巡视水田乡“渔光互补”光伏发电站的设备，助力当地发展光伏发电绿色清洁能源。

（方 雷 摄）

2023年7月28日，在福建省泉州市区，国网泉州供电公司抢修人员抗击“杜苏芮”台风抢修保供电。

（曹 晶 摄）

2023年7月28日—8月8日，世界大学生运动会在成都举办。图为成都供电公司保电人员在东安湖开幕式主会场开展保电工作。

（陈　翔　摄）

2023年7月29日，国网重庆铜梁供电公司员工抢修因暴雨塌方受损的线路。

（国网重庆电力　提供）

2023年7月29日20时—8月2日7时，北京地区普降暴雨，其中房山区和门头沟区受灾最严重。国网北京电力组建抢险突击队，全力投入抗灾抢险工作。图中展示的依次为队员在门头沟潭柘寺南辛房村开展架线、在霞云岭乡龙门台村处理低压倒杆故障、在房山区张坊镇东关上村河道两岸快速架设电杆工作。

（国网北京电力　提供）

2023年8月9日，国家电网有限公司调配的载重直升机到达牡丹江110 kV海长线组塔现场，对被洪水冲击损坏的铁塔进行抢修，完成整塔吊装组装工作。

（解琳琳　摄）

2023年8月11日，国网吉林延边汪清县供电公司抗洪抢险共产党员突击队在汪清县天桥岭镇桃源村紧急抢修倾倒在洪水中的供电线路及设备设施。

（石　健　摄）

2023年8月19日，国网黑龙江电力员工巡视水区线路。

（解琳琳　摄）

● 2023年9月19日，国网银川供电公司全力保障第六届中国—阿拉伯国家博览会电力供应。

（袁宏彦 摄）

● 2023年9月23日，国网北京丰台供电公司保障人员对第六届北京市中国农民丰收节展演现场不间断电源运行情况进行检查。

（张 涛 摄）

● 2023年9月23日，贵州电网贵州毕节供电局施工人员在威宁自治县云贵乡进行充电桩建设，这里是贵州省乡镇充电桩全覆盖建设的最后一组建设点。图为工作人员正在调试充电桩。

（贵州电网公司 提供）

2023年9月23日—10月8日，第19届亚运会在杭州举办，国网浙江电力圆满完成亚运保电工作。上图为3月18日召开亚运保电誓师大会，下图为国网杭州供电公司员工在杭州奥体中心开展保电巡视。

（国网浙江电力　提供）

（陈　聪　丁　豪　王幕宾　摄）

2023年9月26日，国网黑龙江电力员工到八五三农场第七管理区农文旅融合发展综合示范展示景点检查用电安全。

（王　芳　摄）

2023年9月26日，国网山西电力员工在忻州古城景点进行线路特巡检查，确保两节期间古城用电安全。
（国网山西电力　提供）

2023年10月19日，国网四川绵阳供电公司员工在220kV永兴变电站进行主变压器增容改造施工。
（国网四川电力　提供）

● 2023年12月18日23时59分，甘肃临夏州积石山县发生6.2级地震，国网西北分部第一时间启动应急响应。12月19日，国家电网有限公司副总工程师兼西北分部主任、党委书记李永菜深入750kV官亭变电站检查抢修保供工作进展并提出工作要求。

（国网西北分部　提供）

● 2023年12月30日，国网黑龙江电力工作人员走进“网红景区”——冰雪大世界，为景区制订详细保供电方案，对景区供电进行全程安全用电守护。

（解琳琳　摄）

国网青海电力应急抢修人员在积石山6.2级地震后民和县中川乡美一小学临时安置点为应急帐篷接通电源。

（王国栋　摄）

2023年4月24日，甘肃庆阳市环县境内成功开展国内首次直升机带电更换耐张单片绝缘子作业。

（国网甘肃电力　提供）

• 2023年1月1日，中央政治局委员、重庆市委书记袁家军（右1）看望慰问国家电网红岩共产党员服务队队员。

（国网重庆电力　提供）

• 2023年3月22日，国网顺昌县供电公司依托“村网共建”活动，创新推出“顺电E取”项目，在草莓种植田间安装取电设备23台，让农户取电更便捷。

（国网福建电力　提供　邓　毅　摄）

2023年4月27日，国家电网吉林电力（汪清供电配电）共产党员服务队义务巡检延边州汪清县百草沟镇振发仲安光伏扶贫电站设备，助力地方绿色经济发展，为乡村振兴保驾护航。

（石　健　摄）

2023年4月，在紫云自治县洛麦小学"南网知行"书屋，贵州电网安顺紫云供电局青年志愿者和孩子们一起开展阅读分享活动。

（陈　娟　摄）

• 2023年5月17日，国网黑龙江电力共产党员服务队队员在十八站帮助鄂伦春同胞检查照明设备。

（解琳琳　摄）

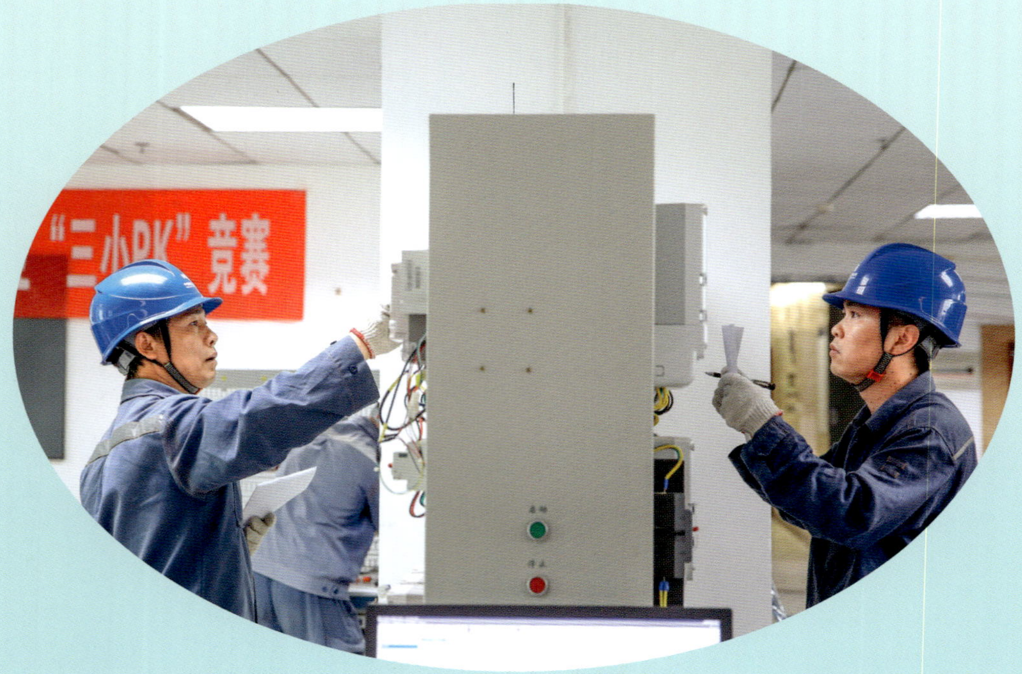

• 2023年5月18日，贵州电网凯里麻江供电局举办电能计量专业“三小PK”岗位竞赛，帮助员工快速学习和提高业务技能。

（王春璇　摄）

人民日报
RENMIN RIBAO
2023年8月 28
开好专题民主生活会，确保主题教育成效
中办国办印发《关于进一步加强青年科技人才培养和使用的若干措施》
灾后恢复重建，重实效也要长效
今日导读
从“解剖一个问题”到“解决一类问题”
——广大党员、干部在以学促干上取得实实在在的成效
坚持群众路线——
学思想 强党性 重实践 建新功

• 2023年8月28日，《人民日报》头版长篇通讯报道南方电网解决贵州黄泥塘用电难题。

（南网数媒　提供）

• 2023年9月10日，杭州亚运会火炬接力抵达浙江嘉兴，全国劳动模范、浙江杰出工匠、浙能嘉华公司员工宋振明作为第36棒火炬手，圆满完成火炬传递任务，展现了浙能人的豪情与风采。

（王　侃　摄）

2023年11月27日，国网山西电力宰红斌同志荣获全国“最美退役军人”称号，是国家电网有限公司唯一获此称号的员工。
（国网山西电力 提供）

2023年，重庆首座220 kV变电站入选中央企业工业文化遗产。该电站1972年5月建于防空洞中，是当时重庆供电的命脉；2021年入选国家电网“百年电力”文化遗产工程。
（国网重庆电力 提供）

《中国电力年鉴》编委会

刘盛辉	浙江省能源集团有限公司董事长、党委书记
衣立东	国网四川省电力公司董事长、党委书记
闫宏光	内蒙古电力（集团）有限责任公司党委书记、董事长
阮前途	国网福建省电力有限公司董事长、党委书记
花恒一	南方电网有限责任公司党校（中国南方电网有限责任公司培训与评价中心）常务副校长
苏立新	西安热工研究院有限公司党委书记、董事长
杜将武	中国华电集团有限公司副总工程师，华电煤业集团有限公司党委书记、董事长
李立新	华电电力科学研究院有限公司党委书记、董事长
李永莱	国家电网有限公司副总工程师，国家电网有限公司西北分部主任、党委书记
李国华	中国大唐集团科学技术研究总院有限公司党委书记、董事长、院长
李和兴	上海电力大学校党委副书记、校长
李霄飞	中国大唐集团技术经济研究院有限责任公司党委书记、执行董事、总经理
杨　勤	国能大渡河流域水电开发有限公司党委书记、董事长
杨惠新	华电江苏能源有限公司党委书记、董事长
时雷鸣	中国电建集团华东勘测设计研究院有限公司党委副书记、总经理

吴宝英	南方电网科学研究院有限责任公司董事长、党委书记
何彦锋	中国电建集团成都勘测设计研究院有限公司党委书记、董事长
谷　毅	国网辽宁省电力有限公司总工程师
辛志刚	国网青海省电力公司职工董事、党委委员、工会主席
张洪梅	中国电建集团山东电力建设第一工程有限公司党委书记、董事长
张静辉	东北电力大学党委书记
张薛鸿	国网陕西省电力公司董事长、党委书记
陈　艾	国神公司党委书记、董事长
陈　晔	贵州电网有限责任公司董事长、党委书记
陈　涛	申能股份有限公司总裁
陈伟荣	南方电网能源发展研究院有限公司党委副书记、副董事长、总经理（院长）
陈向阳	南方电网数字传媒科技有限公司总经理
陈安伟	国网浙江省电力有限公司董事长、党委书记
陈红军	国网宁夏电力有限公司董事长、党委书记
周　峰	中国电建集团中南勘测设计研究院有限公司党委书记、董事长、总经理
周　雄	国网重庆市电力公司董事长、党委书记
周孝武	中电建路桥集团有限公司党委书记、董事长

周敬东	国网吉林省电力有限公司董事长、党委书记
庞　旭	中国水利水电第四工程局有限公司党委书记、董事长、总经理
郑　林	英大传媒投资集团有限公司党委书记、董事长
赵建宁	中国南方电网有限责任公司超高压输电公司党委书记
施学谦	国网天津市电力公司董事、总经理、党委副书记
姚小彦	黄河上游水电开发有限责任公司董事长
贾彦兵	国电电力发展股份有限公司总经理、党委副书记
徐尤峰	海南电网有限责任公司董事长、党委书记
郭绪元	国投电力控股股份有限公司董事长
席　浩	中国水力发电工程学会常务副秘书长
龚东昌	国网西藏电力有限公司董事长、党委书记
梁华权	澳门电力股份有限公司执行委员会主席
彭刚平	中国华电科工集团有限公司党委书记、董事长
韩　丽	国网山西电力公司总工程师
舒福平	中国华电集团有限公司副总经济师，华电新能源集团股份有限公司党委书记、董事长
鲁海威	国网黑龙江电力公司董事长、党委书记
褚景春	国家能源集团新能源技术研究院有限公司党委书记、董事长
谭　华	中国葛洲坝集团股份有限公司党委副书记、总经理
樊剑英	中国能源传媒集团有限公司党委书记、董事长
戴　军	华电国际电力股份有限公司党委书记、董事长

《2024中国电力年鉴》

主　　编	于崇德	中国电力企业联合会党委委员、专职副理事长，中国电力发展促进会会长
常务副主编	游　敏	中国电力发展促进会常务副会长兼秘书长

副 主 编（按姓氏笔画排序）

王永福	中国核工业集团有限公司
王顺启	中国大唐集团有限公司
乔嘉赓	中国南方电网有限责任公司
关云航	中国能源建设集团有限公司
许　兵	国家电网有限公司
孙志廷	国家能源投资集团有限责任公司
张天文	中国电力企业联合会
张海星	中国长江三峡集团有限公司
范钦晓	中国电气装备集团有限公司
赵晓东	中国华电集团有限公司
胡光耀	中国广核集团有限公司
洪　兴	中国华能集团有限公司
晏　俊	英大传媒投资集团有限公司
盛文彦	国家电力投资集团有限公司
魏立军	中国电力建设集团有限公司

《2024中国电力年鉴》编辑部

特约撰稿人（按姓氏笔画排列）

丁　静	于亚柱	于松泰	于学华	于胜浩	马子明	马海洋
王　宁	王　栋	王　剑	王　莹	王　健	王　越	王　晶
王　媛	王　颖	王　瑾	王小春	王宁华	王庆杰	王志毅
王坚毅	王若愚	王金宇	王学军	王珊丹	王厚军	王庭军
王振华	王敏涛	王雅倩	王鲁峰	王登峰	韦晓丹	毛亚林
孔　卫	孔德玮	邓拓夫	甘洪亮	龙　淼	田　超	史学海
包丹阳	邢　蕊	吉任杰	毕鹏翔	曲　虹	曲宗凯	吕　昕
吕　雯	朱　文	朱双桥	朱皇儒	朱乾坤	朱银龙	朱清源
任泉州	任健聪	刘　沙	刘　茜	刘　胜	刘　琪	刘　超
刘　睿	刘云涛	刘丹青	刘成涛	刘盈斐	刘润梓	刘逸群
刘葳蕤	祁晓枫	孙　田	孙少鹏	孙建锋	孙海林	纪　鹏
苏　玲	苏　航	杜彦明	李　刚	李　庆	李　涛	李　曼
李　智	李　翔	李天航	李文东	李文楷	李文锦	李生新
李成涛	李红艳	李志强	李青春	李昕雨	李明瑶	李星辰
李洛安	李清毅	李德波	李鹤立	李鑫泉	杨　阳	杨　芳
杨　威	杨之蔚	杨忆泉	杨必凯	杨旭涛	杨军飞	杨俊浩
杨鹏云	邴颂东	肖　磊	吴　丹	吴　量	吴冬梅	何　川
何运鹏	何承斌	余国太	余冠霖	汪明灿	沈　亮	沈之旸
沈鸿海	宋兴乐	宋若鹏	张　东	张　申	张　民	张　宇
张　丽	张　虎	张　妮	张　显	张　晨	张　清	张　涵
张　楠	张　睿	张千磊	张吉娇	张伊然	张兴辉	张志伟
张晓亮	张朝阳	陈　宇	陈　杰	陈　波	陈　耀	陈予欣
陈仕国	陈宇枫	陈国权	陈春福	陈桂新	陈原子	陈雪芹

陈鸿辉　范金锋　罗　天　罗　叶　罗大勇　罗超群　岳益锋
金　焱　金一丁　周起凡　郑　霞　郑志远　郑国男　郑星辰
郑雪胜　郑慧敏　单海超　赵　轩　赵阳灿　赵海翔　郝悍勇
胡　戎　胡雪辰　柳　东　柳仁潇　柳晓萌　侯　伟　姜乔耀
祝　寅　姚仲婧　贺雪婷　都俊超　夏　雪　夏周武　顾明杰
钱　冰　徐　珊　徐　倩　徐　浩　徐　乾　徐俊波　徐静征
殷　殷　高　军　高一鸣　高理想　高寅星　郭　晨　郭　辉
郭一辉　郭奎峰　唐子娟　黄　月　黄　坤　黄　怡　黄　睿
黄坤昌　黄晓天　黄媛媛　梅　林　曹婷婷　曹瑞光　康　桥
梁卫国　谌柳明　彭　玲　彭方正　董盈艳　董晓亮　董瑞光
蒋　炜　蒋振超　韩　勇　韩永权　稂龙亚　鲁笑笑　童　敏
童梅云　谢金涛　谢恩哲　强学斌　雷　颖　雷定演　褚宇宁
蔡启煌　蔡靖波　颜佳晓　潘阳红　薛洋企　穆宇娜　魏中华
魏本刚

编 辑 说 明

1.《中国电力年鉴》(简称《年鉴》)于1993年创刊，已连续出版30期，是一本融史实性、资料性为一体的专业年鉴，也是一本全面实用，文、图、表并茂的综合性大型年刊。其主要服务对象为从事电力科研、生产、建设、经营管理的有关人员，以及与电力相关的政府和企事业单位的有关人员。

2. 本《年鉴》的编纂指导思想为：围绕电力工业改革与发展的主线，全面记载电力工业发展与改革、规划与建设、科技进步、国际合作等各方面的成就和工作。

3. 本《年鉴》是在中国电力企业联合会的支持下，由中国电力发展促进会组织国家电网有限公司、中国南方电网有限责任公司、中国华能集团有限公司、中国大唐集团有限公司、中国华电集团有限公司、国家电力投资集团有限公司、国家能源投资集团有限责任公司等共同编写的。《年鉴》编委会由中国电力企业联合会、两大电网公司、五大发电集团公司、两个建设集团公司，以及其他电力相关企业的主要负责人组成，并作为《中国电力年鉴》的领导机构，决定《年鉴》编辑出版的指导思想和主要内容。

4. 本期《年鉴》主要收录了2023年中国电力工业各方面所取得的成绩，重点反映了2023年电力工业发展与改革、电力建设、科技创新、国际合作、社会责任等内容。本期《年鉴》在框架结构上做了适当调整，调整的篇目和栏目情况如下："特载"篇目中的"电力政策"栏目名称改为"产业政策"；"电力发展与改革"篇目中取消了"电力规划"栏目；"国际合作"篇目中取消了"一带一路"栏目，相关条目放在"国际工程项目"栏目中，"战略合作"栏目名称改为"国际交流"。

5. 本期《年鉴》的框架结构由篇目、栏目、条目3个层次组成，设有特载，电力发展与改革，电力建设，科技创新，国际合作，社会责任，行业管理，电力会议，学术团体与行业学协会，科研、教育与新闻出版，电力企业，地区电力，大事记，文献，统计资料等篇目。本期《年鉴》仍采用文章和条目两种体裁，以条目为主，并配有具有史料价值的彩图130余幅。为方便读者检索和查阅，本《年鉴》正文前有中文目录和彩图目录，正文后有内容索引。文前彩图各栏目按时间先后排序。

6. 本《年鉴》实行文责自负。《年鉴》框架设计及文章类条目均由编委会审定，条目内容、数据、彩图等均由撰稿单位校核及审定。需说明的是，本《年鉴》统计资料及有关全国数据的图表等一般未包括我国台湾省和港澳地区的数据。

篇　目

目 录

编辑说明

国际合作

统计资料

附　录

索　引

企业风采

彩图目录

重要电力事件

2023 年 2 月 24 日，第二届中国电气化发展高端论坛暨第三届电能替代产业发展高峰论坛在北京举行，图为电能替代分论坛全景。

（中电联　提供）

2023 年 3 月 11 日，全国政协委员，中国能建党委书记、董事长宋海良（左一）在全国政协十四届一次会议委员通道答记者问。

（中国能建　提供）

2023 年 3 月 21 日，第一届电力市场高端论坛在北京成功举办。上图为会场全景，下图为圆桌论坛。

（中电联　提供）

2023 年 5 月 18 日，甘肃省人民政府、四川省人民政府工作座谈会暨陇电入川战略合作框架协议签署仪式在成都举行。

（国网甘肃电力　提供）

2023 年 5 月，国网北京电缆公司建成国内首个电力隧道数字化巡检示范区，并在国家电网有限公司率先实现电缆专业电网一张图应用。

（赵旌朝　摄）

2023 年 6 月 29 日—7 月 2 日，2023 国际数字能源展在深圳会展中心举办，该展会由南方电网公司主办、南网传媒公司和深圳供电局承办。

（南网数媒　提供）

2023 年 8 月 6 日，国家电网有限公司青海哇让抽水蓄能电站暨玉树果洛二回、丁字口输变电工程开工动员大会召开，图为青海会场。

（李逸飞　摄）

2023 年 8 月 22 日，全国电力交易员竞赛在北京正式举行。

（中电联　提供）

2023 年 8 月 23 日，中国华电与中国水力发电工程学会联合主办的 2023 年中国水电发展论坛暨水力发电工程学会年会在北京开幕。

（中国华电　提供）

2023 年 9 月 4 日，由浙能集团承办的首届国家级汽轮机本体检修工竞赛决赛在浙江省宁波市开幕。该竞赛是第十四届全国电力行业职业技能竞赛的第三项赛事，由中国电力企业联合会、中国就业培训技术指导中心联合主办。

（祝益军　摄）

2023 年 9 月 7 日，中国电力企业联合会氢能分会正式揭牌成立。

（中电联　提供）

2023 年 9 月 15 日，由青海省人民政府举办，以“绿色低碳 • 智创未来”为主题的 2023“一带一路”清洁能源发展论坛在西宁举办。国网青海电力牵头承办，并发布“数说绿电”成果。

（王国栋　摄）

2023 年 9 月 26 日，能源行业电力市场标准化技术委员会成立。

（中电联　提供）

2023 年 10 月 18 日，在 2023 全球工业互联网创新成果展览会国网辽宁电力展台前，辽宁省长李乐成（前排中）对公司服务辽宁实现全面振兴新突破中做出的贡献给予充分肯定。

（国网辽宁电力　提供）

2023 年 10 月 19 日，“国家级电力应急研究中心”在广东电网公司应急中心正式挂牌运作，该中心是南方电网公司建成的全国首个电力应急领域的国家级研究平台。

（广东电网公司　提供）

2023 年 10 月 20 日，由中电联和亚太电协主办的第 24 届东亚及西太平洋电力工业协会大会在厦门开幕，2022—2023 亚太电协主席、中电联理事长、国家电网有限公司董事长辛保安出席大会并致欢迎辞。

（中电联　提供）

2023 年 10 月 21 日，国网黑龙江电力与哈尔滨工业大学联合牵头的“国家能源寒地新型电力系统重点实验室”启动建设。

（解琳琳　提供）

2023 年 11 月 6 日，中华全国总工会副主席郭明义（左二）看望国网辽宁电力劳动模范。

（国网辽宁电力　提供）

2023 年 11 月 9 日，在渝央企、地方国企代表现场签署创新成果转化协议。

（国网重庆电力　提供）

2023年11月27日，第十一届中国企业全球形象高峰论坛在北京举行，中国华电党组副书记、董事祖斌出席并作题为《以创造共同价值为引领　树立企业良好海外形象》的主题演讲。

（中国华电　提供）

2023年12月15日，绿色能源助力广东“百千万工程”高峰论坛在清远英德举行，广东电网公司董事长廖建平出席论坛启动现场。

（广东电网公司　提供）

国际合作与交流

2023年2月6日，老挝国家副主席、人民革命党中央政治局委员、中央书记处常务书记本通·吉玛尼（右一）视察老挝孟松600MW风电项目。项目由中国电建所属华东院总承包。

（中国电建华东院　提供）

2023年3月14日，中国能建山西院总承包的新加坡腾格水库60MW浮体光伏项目获评新加坡2021—2022年度工程建筑类年度项目一等奖。

（中国能建　提供）

2023年3月22日，中国电建所属华东院、华中院勘测设计，水电八局、水电十二局、水电五局承建的乌干达最大水电站——卡鲁玛水电站首台机组投产发电。电站总装机容量600MW。

（中国电建水电八局　提供）

2023年5月23日，莱索托国王莱齐耶三世（右二）和南非总统拉马福萨（右三）出席中国电建所属水电八局、水电十四局承建的莱索托高地二期项目动工仪式，共同按下象征主体工程动工爆破第一炮的启动按钮。

（中国电建水电八局　提供）

2023年5月25日，中国电建所属水电八局、水电三局承建的尼日利亚最大水电站——宗格鲁水电站实现全部四台机组并网发电，电站装机容量700MW。

（中国电建水电八局　提供）

2023年5月31日，中国电建所属山东电建一公司、上海电建公司承建的巴西美丽山直流特高压输电二期项目荣获2023年度中国电力优质工程奖；12月9日，荣获2022—2023年度国家优质工程奖（境外工程）。

（中国电建山东电建一公司　提供）

2023年5月31日，中国电建所属江西院设计及总承包、山东电建公司承建的越南富美330MW光伏电站项目（一期）荣获2023年度中国电力优质工程奖。

（中国电建江西院　提供）

当地时间9月21日18时，由中国华电投资建设的印度尼西亚玻雅2×660MW坑口燃煤电站项目2号机组顺利完成整套试运，圆满实现年内“双投”目标，全面移交生产。

（中国华电　提供）

2023年9月29日，随着大唐印尼米拉务项目4号机组96h满负荷试运圆满成功，标志着集团公司首个“一带一路”绿地项目实现“双投”。12月22日，项目取得商业运营资格。

（中国大唐　提供）

2023年10月12日，中国电建所属成都院EPC总承包、上海电建公司参建的孟加拉国首个集中式风电项目——科克斯巴扎尔风电场并网发电。项目装机容量66MW。

（焦小亮　摄）

2023年10月16日，在第三届“一带一路”国际合作高峰论坛举办前，《人民日报》发布《绿色“一带一路”十周年创新理念与实践案例》，澜湄区域电网互联互通项目作为入选案例获报道。

（南网数媒　提供）

2023年10月18日，阿联酋首个风电项目——中国电建所属华东院总承包的阿联酋风电示范项目完工。项目总装机容量117.5MW。

（中国电建华东院　提供）

2023年11月27日，中国电建所属水电三局承建的几内亚苏阿皮蒂水利枢纽项目荣获2022—2023年度中国建设工程鲁班奖（境外工程），项目总装机容量450MW。

（中国电建水电三局　提供）

2023年12月9日，中国电建所属电建核电公司参建的中国华电集团在越装机容量最大电源项目——越南沿海二期2×660MW燃煤电厂项目荣获2022—2023年度国家优质工程奖（境外工程）。

（吕大海　摄）

2023年12月11日，中国华电在阿联酋迪拜成功举办第二十八届联合国气候变化大会（COP28）“中国角”边会企业日活动。中国华电副总经理、总会计师邵国勇出席活动并致辞，全面阐述应对气候变化的“华电方案”。

（中国华电　提供）

发电·火力发电

2023年5月22日，国电电力上海庙电厂4号机组完成168h满功率试运行考核并投入商业运行，至此2×1000MW＋2×1000MW国内首个百万等级一次建成最大容量火电机组全面投产。上图为日常景观，下图为夜景。

（国家能源集团　提供）

2023 年 5 月 31 日，中国电建所属河北院设计，江西水电公司、河南工程公司参建的华润电力沧州运东 2×350MW 热电联产工程荣获 2023 年度中国电力优质工程奖。

（中国电建河南工程公司　提供）

2023 年 6 月 13 日，浙江省“千项万亿”工程省重大建设项目、省重点工程——浙能乐清电厂三期 2×1000MW 工程实现“双投”。

（张立忠　摄）

2023 年 10 月 25 日、12 月 16 日，国家能源集团岳阳发电有限公司 1、2 号机组（容量均为 1000MW）分别投产。

（国家能源集团　提供）

2023 年 12 月 9 日，中国电建所属电建核电公司、山东电建一公司参建的大唐东营 2×1000MW 新建工程荣获 2022—2023 年度国家优质工程金奖。

（中国电建山东电建一公司　提供）

2023 年 12 月 9 日，中国电建所属江西水电公司、河北工程公司、山东电建一公司参建的华能瑞金电厂二期 2×1000MW 超超临界机组扩建工程荣获 2022—2023 年度国家优质工程金奖。

（中国电建山东电建一公司　提供）

2023 年 12 月 9 日，中国电建所属华中院勘察设计的焦作丹河电厂异地扩建 2×1000MW 机组“上大压小”工程荣获 2022—2023 年度国家优质工程奖。

（中国电建华中院　提供）

2023 年 12 月 17 日，由中国能建华北院总承包建设的甘肃电投常乐电厂一期工程（4×1000MW）全部投产发电。

（中国能建　提供）

发电 · 水力发电

2023 年 4 月 12 日，中国电建所属昆明院勘察设计，西北院工程监理，水电一局、水电七局、水电十一局、水电十四局、水电基础局参建的金沙江梨园水电站工程入选第二十届第一批中国土木工程詹天佑奖。12 月 9 日，工程荣获 2022—2023 年度国家优质工程奖。水电站总装机容量 2400MW。

（中国电建水电一局　提供）

2023 年 6 月 9 日，世界首台套 500MW 级高水头冲击式机组科研攻坚示范项目——大唐西藏扎拉水电站主体工程全面启动建设。

（中国大唐　提供）

2023 年 10 月 10 日，中国电建所属水电四局承建的李家峡水电站 5 号机组顺利通过 72h 试运行，正式投产发电，标志着世界最大双排机布置的李家峡水电站实现 2000MW 全容量投产。

（焦小龙　摄）

2023 年 11 月 14 日，中国电建所属西北院勘察设计，西北院、北京院监理，水电三局、水电七局参建的青海玛尔挡水电站下闸蓄水，水电站总装机容量 2320MW。

（中国电建水电三局　提供）

2023 年 12 月 9 日，中国电建所属贵阳院勘察设计，北京院监理，水电十六局、水电六局、水电一局、电建建筑公司、水电三局、水电八局参建的丰满水电站全面治理（重建）工程荣获 2022—2023 年度国家优质工程金奖。水电站总装机容量 1480MW。

（中国电建水电三局　提供）

2023 年 12 月 9 日，中国电建所属华东院勘察设计，贵阳院监理，水电九局、水电七局、水电十一局、水电十局、水电五局、水电六局承建的西藏雅鲁藏布江大古水电站荣获 2022—2023 年度国家优质工程金奖。水电站总装机容量 660MW。

（中国电建水电九局　提供　肖洪腾　摄）

2023 年 12 月 20 日，中国电建负责全过程勘测设计并承担主要施工任务的世界在建规模最大、技术难度最高的水电工程——金沙江白鹤滩水电站入选中国工程院院刊《工程》评选的“2023 全球十大工程成就”。水电站总装机规模 16000MW，是仅次于三峡工程的世界第二大水电站。

（中国电建水电七局　提供）

发电 · 核能及新能源发电

2023 年 1 月 4 日，中国能建广东院牵头总承包建设的国家电投揭阳神泉二海上风电项目全容量并网。

（中国能建　提供）

2023 年 3 月 25 日，中国能建广东院参与设计、安徽电建二公司承建广西防城港核电站 3 号机组正式投产发电。

（中国能建　提供）

2023 年 5 月 31 日，中国电建所属华中院总承包、河南工程公司参建的钦州市钦南区民海 300MW 光伏发电平价上网项目获 2023 年度中国电力优质工程奖；12 月 9 日，荣获 2022—2023 年度国家优质工程奖。

（中国电建华中院　提供）

2023 年 5 月 31 日，中国电建所属昆明院设计、重庆工程公司总承包的四川华电凉山州盐源大河风电项目荣获 2023 年度中国电力优质工程奖。项目总装机容量 120MW。

（杨永光　摄）

2023 年 6 月 25 日，中国电建所属成都院、华东院、中南院、水电七局、水电六局、水电五局 EPC 总承包建设的全球最大海拔最高的水光互补电站、雅砻江两河口水电站水光互补一期项目——柯拉光伏电站投产发电。电站装机容量1000MW。

（张　峰　摄）

2023年6月28日，中国能建安徽院总承包建设的三峡能源安徽阜阳南部120万kW风光储基地配套储能电站实现并网。

（中国能建　提供）

2023年6月20日，国能宁东可再生氢碳减排示范区第二批40万kW光伏发电项目完成并网，投入商业运行。项目荣获2023年度电力建设智慧工程典型案例三等奖。

（国家能源集团　提供）

2023年9月29日，国家电投广东廉江核电一期工程（2台CAP1000压水堆核电机组，装机容量250万kW）1号机组核岛反应堆第一罐混凝土浇筑（FCD），计划2028年投产。

（国家电投　提供）

2023年10月9日12时00分，山西电网光伏发电出力创历史新高，达到1540万kW，占当时全省用电负荷的50.0%。

（国网山西电力　提供）

2023年10月28日，中国电建所属水电十局承建的全球超高海拔最大风电项目——西藏那曲色尼区欧玛亭嘎100MW风电项目风机全部完成吊装。

（中国电建水电十局　提供）

2023年11月6日00时41分，山西电网风电出力达到1793.4万kW，创历史新高，占当时全省用电负荷的63.1%。

（国网山西电力　提供）

2023年12月9日，国家电投广东湛江徐闻海上风电场项目获2022—2023年度国家优质工程奖金奖。

（国家电投　提供）

2023年12月9日，中国电建所属水电三局参建的青海省海南州特高压外送基地电源配置项目海南州塔拉滩一标段1000MW光伏电站项目荣获2022—2023年度国家优质工程金奖。

（中国电建水电三局　提供）

2023年12月9日，中国电建所属河南工程公司、山东电建公司、电建核电公司、上海电建公司参建的华能濮阳县500MW风电场工程荣获2022—2023年度国家优质工程奖。

（中国电建河南工程公司　提供）

2023年12月15日，浙江省“千项万亿”工程省重大建设项目——浙能台州1号海上风电工程实现全容量并网发电，该项目建设规模300MW，是浙江省多能互补示范项目。

（林敏辉　摄）

2023年12月23日，随着大唐云南锦屏西风电项目最后一台风机并网发电，国内规模最大的高原山地百万千瓦风电基地在云南建成。

（中国大唐　提供）

2023年12月30日，国家能源集团国华半岛南U2场址海上风电项目完成全部71台风机并网调试，项目全容量并网发电。该项目成为国内首个单年度完成勘察、设计、施工和投产全过程的海上风电项目。上图为俯视图，下图为平视图。

（国家能源集团　提供）

发电·储能

2023年3月18日，国家电网有限公司召开辽宁重大电网工程暨大雅河、兴城抽水蓄能电站集中开工动员大会。辽宁省委书记郝鹏（中）、省长李乐成（左）和国家电网有限公司董事长辛保安（右）共同启动开工。

（国网辽宁电力　提供）

2023年5月17日，中国电建所属北京院勘测设计，华东院监理，水电三局、水电七局、水电十四局承建的河北丰宁抽水蓄能电站6号机组投产发电，实现年内3台机组投运。电站总装机容量3600MW。

（中国电建北京院　提供）

2023年8月29日，中国电建所属中南院勘测设计，北京院监理，水电十一局、水电十四局、水电八局承建，贵阳院负责物探的河南天池抽水蓄能电站全面投产发电。电站总装机容量1200MW。

（中国电建中南院　提供）

2023年9月19日，中国电建所属北京院勘测设计，中南院咨询监理，水电一局、水电四局、水电五局承建的山东文登抽水蓄能电站全部机组顺利投产发电，实现“九个月六投”。电站总装机容量1800MW。

（中国电建北京院　提供）

2023年10月20日，世界首套百兆瓦级全人工地下储气示范项目——大唐中宁100MW/400MWh压缩空气储能绿色低碳技术攻关项目主体工程建设全面启动。

（中国大唐　提供）

2023年12月1日，中国能建数科集团参与投资的湖北应城“300MW级压缩空气储能系统”进入调试。

（中国能建　提供）

2023年12月7日，中国电建所属中南院勘测设计，水电一局、水电八局参建的西南地区首座百万千瓦级大型抽水蓄能电站——重庆蟠龙抽水蓄能电站首台机组投产发电。电站总装机容量1200MW。上图为投产发电仪式，下图为电站下库俯瞰图。

（国网重庆电力　中国电建水电八局　提供）

2023 年 12 月 15 日，目前东北地区规模最大抽水蓄能电站——国网新源辽宁清原抽水蓄能电站（装机容量 180 万 kW）首台机组（30 万 kW）顺利通过 15 天试运行，正式投产发电。

（国网辽宁电力　提供）

2023 年 12 月 17 日，粤港澳大湾区首个新能源配套储能项目——广东肇庆四会市下茆镇 200MW 渔光互补储能项目并网运行。

（广东电网公司　提供）

输变电工程

2023 年 3 月 19 日，中国电建所属河北院、福建院、华中院、湖北工程公司勘察设计，湖北工程公司监理，上海电建公司参建的世界首个具有网络特性的直流电网示范工程，世界上电压等级最高、输送容量最大的柔性直流工程——张北柔性直流电网试验示范工程荣获第七届中国工业大奖；12 月 9 日，该工程荣获 2022—2023 年度国家优质工程金奖。

（罗晓东　摄）

2023 年 5 月 19 日，中国电建所属江西院参与勘测设计的南昌—长沙 1000kV 特高压交流输变电工程荣获 2022 年度电力行业优秀工程设计一等奖。

（中国电建江西院　提供）

2023 年 5 月 19 日，中国电建所属四川设计咨询公司、福建院、贵州院、江西院参与勘测设计的雅中—江西±800kV 特高压直流输电线路工程荣获 2022 年度电力行业优秀工程设计一等奖。

（中国电建贵州院　提供）

2023 年 5 月 31 日，中国电建所属华中院设计的陕北换流站 750kV 配套送出工程荣获 2023 年度中国电力优质工程奖。

（中国电建华中院　提供）

2023 年 5 月 31 日，中国电建所属江西院设计的上饶鄱余 500kV 变电站新建工程荣获 2023 年度中国电力优质工程奖。

（中国电建江西院　提供）

2023 年 6 月 11 日，宁夏—湖南±800kV 特高压直流输电工程、汨罗抽水蓄能电站开工动员大会召开。

（国网宁夏电力　提供）

2023 年 6 月 15 日，宁波慈溪氢电耦合直流微网示范工程在宁波慈溪投运。

（姚科斌　摄）

2023 年 6 月 18 日，±500kV 葛洲坝至上海南桥直流输电改造工程正式投运。南瑞集团为该工程提供直流控制保护系统、换流阀及水冷系统、测量系统等核心设备。图为南瑞集团自主研发并在该工程中顺利投运的世界首个具备完全可控换相技术（CLCC）换流阀。

（南瑞集团　提供）

2023 年 6 月 30 日，杭州 220kV 柔性低频输电示范工程在杭州富阳顺利投产。

（黄　辉　摄）

2023 年 10 月 29 日，粤港澳大湾区 500kV 外环西段工程建成，广东电网公司目标网架主体工程全面投运。图为该工程肇庆段远景。

（广东电网公司　提供）

2023 年 10 月 31 日，作业人员在新光电厂至普安电厂 500kV 双回线路上开展验收工作。该项目新建盘州至普安的线路长度约 2×45km，按同塔双回路架设。

（贵州电网公司　提供）

2023 年 11 月 27 日，妙岭 750kV 变电站新建工程荣获 2022—2023 年度第二批中国建设工程鲁班奖（国家优质工程）。

（孙　亮　摄）

2023 年 11 月 27 日，中国电建所属华中院参与设计、上海电建公司参建的青海—河南±800kV 特高压直流输电及其配套工程（特高压豫南换流变电站）荣获 2022—2023 年度中国建设工程鲁班奖。

（中国电建华中院　提供）

2023 年 12 月 9 日，中国电建所属贵州院参与勘察设计，江西水电公司、水电十四局参建的乌东德电站送电广东广西特高压多端直流示范工程荣获 2022—2023 年度国家优质工程金奖。

（中国电建贵州院　提供）

2023 年 12 月 9 日，中国电建所属北京院参与勘察设计，山东电建三公司、上海电建公司、电建核电公司参建的张家口—北京可再生能源综合应用示范工程荣获 2022—2023 年度国家优质工程金奖。

（中国电建山东电建三公司　提供）

2023 年 12 月 9 日，中国电建所属福建院勘察设计的福建厦门金辉（集美）500kV 变电站工程荣获 2022—2023 年度国家优质工程奖。

（罗晓东　摄）

2023 年 12 月 11 日，位于甘孜藏族自治州泸定县的川渝特高压交流工程甘孜—天府南 1000kV 线路工程（9 标）门型塔组立完成。

（李晨萌　摄）

2023 年 12 月 16 日，国家电网有限公司福州—厦门 1000kV 特高压交流工程正式投运。

（宋俊岭　摄）

2023 年 12 月 27 日，江西省送变电公司承建的武汉—南昌 1000kV 线路工程（江西段）全线贯通。上图为 6 月 28 日赣 6 标段金溪湖段施工，下图为 11 月 28 日南昌跨越赣江线路展放施工。

（国网江西电力　提供）

用电服务与保障

2023 年 3 月 15 日，国网银川供电公司员工协助永宁县三德分布式光伏电站工作人员对光伏电站进行巡检。

（袁宏彦　摄）

2023 年 5 月 18 日，国网吉林四平供电公司员工协助合作社村民为新能源汽车充电。

（国网吉林电力　提供）

2023 年 6 月 6 日，国网宝鸡供电公司工作人员巡视陇县线路，护航三夏用电。

（国网陕西电力　提供）

2023 年 7 月 6 日，国网福建超高压公司运检人员运用智能巡检机器人开展迎峰度夏特殊巡视工作。

（杨婷婷　摄）

2023 年 7 月 7 日，国网吉水县供电公司员工巡视水田乡“渔光互补”光伏发电站的设备，助力当地发展光伏发电绿色清洁能源。

（方　雷　摄）

2023 年 7 月 28 日，在福建省泉州市区，国网泉州供电公司抢修人员抗击“杜苏芮”台风抢修保供电。

（曹　晶　摄）

2023 年 7 月 28 日—8 月 8 日，世界大学生运动会在成都举办。图为成都供电公司保电人员在东安胡开幕式主会场开展保电工作。

（陈　翔　摄）

2023 年 7 月 29 日，国网重庆铜梁供电公司员工抢修因暴雨塌方受损的线路。

（国网重庆电力　提供）

2023 年 7 月 29 日 20 时—8 月 2 日 7 时，北京地区普降暴雨，其中房山区和门头沟区受灾最严重。国网北京电力组建抢险突击队，全力投入抗灾抢险工作。图中展示的依次为队员在门头沟潭柘寺南辛房村开展架线、在霞云岭乡龙门台村处理低压倒杆故障、在房山区张坊镇东关上村河道两岸快速架设电杆工作。

（国网北京电力　提供）

2023 年 8 月 9 日，国家电网有限公司调配的载重直升机到达牡丹江 110kV 海长线组塔现场，对被洪水冲击损坏的铁塔进行抢修，完成整塔吊装组装工作。

（解琳琳　摄）

2023 年 8 月 11 日，国网吉林延边汪清县供电公司抗洪抢险共产党员突击队在汪清县天桥岭镇桃源村紧急抢修倾倒在洪水中的供电线路及设备设施。

（石　健　摄）

2023 年 8 月 19 日，国网黑龙江电力员工巡视水区线路。

（解琳琳　摄）

2023 年 9 月 19 日，国网银川供电公司全力保障第六届中国—阿拉伯国家博览会电力供应。

（袁宏彦　摄）

2023 年 9 月 23 日，国网北京丰台供电公司保障人员对第六届北京市中国农民丰收节展演现场不间断电源运行情况进行检查。

（张　涛　摄）

2023 年 9 月 23 日，贵州电网贵州毕节供电局施工人员在威宁自治县云贵乡进行充电桩建设，这里是贵州省乡镇充电桩全覆盖建设的最后一组建设点。图为工作人员正在调试充电桩。

（贵州电网公司　提供）

2023 年 9 月 23 日—10 月 8 日，第 19 届亚运会在杭州举办，国网浙江电力圆满完成亚运保电工作。上图为 3 月 18 日召开亚运保电誓师大会，下图为国网杭州供电公司员工在杭州奥体中心开展保电巡视。

（国网浙江电力　提供）

（陈　聪　丁　豪　王幕宾　摄）

2023 年 9 月 26 日，国网黑龙江电力员工到八五三农场第七管理区农文旅融合发展综合示范展示景点检查用电安全。

（王　芳　摄）

2023 年 9 月 26 日，国网山西电力员工在忻州古城景点进行线路特巡检查，确保两节期间古城用电安全。

（国网山西电力　提供）

2023 年 10 月 19 日，国网四川绵阳供电公司员工在 220kV 永兴变电站进行主变压器增容改造施工。

（国网四川电力　提供）

2023 年 12 月 18 日 23 时 59 分，甘肃临夏州积石山县发生 6.2 级地震，国网西北分部第一时间启动应急响应。12 月 19 日，国家电网有限公司副总工程师兼西北分部主任、党委书记李永莱深入 750kV 官亭变电站检查抢修保供工作进展并提出工作要求。

（国网西北分部　提供）

2023 年 12 月 30 日，国网黑龙江电力工作人员走进“网红景区”——冰雪大世界，为景区制订详细保供电方案，对景区供电进行全程安全用电守护。

（解琳琳　摄）

国网青海电力应急抢修人员在积石山 6.2 级地震后民和县中川乡美一小学临时安置点为应急帐篷接通电源。

（王国栋　摄）

2023 年 4 月 24 日，甘肃庆阳市环县境内成功开展国内首次直升机带电更换耐张单片绝缘子作业。

（国网甘肃电力　提供）

党的建设与精神文明建设

2023 年 1 月 1 日，中央政治局委员、重庆市委书记袁家军（右 1）看望慰问国家电网红岩共产党员服务队队员。

（国网重庆电力　提供）

2023 年 3 月 22 日，国网顺昌县供电公司依托“村网共建”活动，创新推出“顺电 E 取”项目，在草莓种植田间安装取电设备 23 台，让农户取电更便捷。

（国网福建电力　提供　邓　毅　摄）

2023 年 4 月 27 日，国家电网吉林电力（汪清供电配电）共产党员服务队义务巡检延边州汪清县百草沟镇振发仲安光伏扶贫电站设备，助力地方绿色经济发展，为乡村振兴保驾护航。

（石　健　摄）

2023 年 4 月，在紫云自治县洛麦小学“南网知行”书屋，贵州电网安顺紫云供电局青年志愿者和孩子们一起开展阅读分享活动。

（陈　娟　摄）

2023 年 5 月 17 日，国网黑龙江电力共产党员服务队队员在十八站帮助鄂伦春同胞检查照明设备。

（解琳琳　摄）

2023 年 5 月 18 日，贵州电网凯里麻江供电局举办电能计量专业“三小 PK”岗位竞赛，帮助员工快速学习和提高业务技能。

（王春璇　摄）

2023 年 8 月 28 日，《人民日报》头版长篇通讯报道南方电网解决贵州黄泥塘用电难题。

（南网数媒　提供）

2023 年 9 月 10 日，杭州亚运会火炬接力抵达浙江嘉兴，全国劳动模范、浙江杰出工匠、浙能嘉华公司员工宋振明作为第 36 棒火炬手，圆满完成火炬传递任务，展现了浙能人的豪情与风采。

（王　侃　摄）

2023 年 11 月 27 日，国网山西电力宰红斌同志荣获全国“最美退役军人”称号，是国家电网有限公司唯一获此称号的员工。

（国网山西电力　提供）

2023 年，重庆首座 220kV 变电站入选中央企业工业文化遗产。该电站 1972 年 5 月建于防空洞中，是当时重庆供电的命脉；2021 年入选国家电网“百年电力”文化遗产工程。

（国网重庆电力　提供）

特　载

党和国家领导人关注电力

习近平考察南瑞集团有限公司

7月6日，习近平总书记到南瑞集团有限公司考察调研，听取南京市打造智能电网国家先进制造业集群总体情况介绍，察看企业自主可控技术产品展示。在企业智能制造生产区，习近平详细了解企业开展核心技术攻关，服务电网安全、电力保供和能源转型等情况。他指出，能源保障和安全事关国计民生，是须臾不可忽视的“国之大者”。要加快推动关键技术、核心产品迭代升级和新技术智慧赋能，提高国家能源安全和保障能力。

离开企业时，习近平勉励年轻研发人员说，大家意气风发、朝气蓬勃，要立志高远、脚踏实地，一步一步往前走，以十年磨一剑的韧劲，以“一辈子办成一件事”的执着，攻关高精尖技术，成就有价值的人生。

作为国家电网公司下属的能源互联网领域高科技企业，南瑞集团有限公司践行科技自立自强，推进产业转型升级，围绕畅通“科研立项—技术开发—成果复用—市场推广”全链条展开周密布局、长期探索，取得并推广应用了一大批科研成果。在具体实践中，持续推动创新链与产业链深度融合，深化建设科技创新体系，构建现代化产业体系，加强人才队伍建设，为加快打造具有全球影响力的电力科技创新策源地积累了雄厚科技资源、积蓄了强大科研力量。

习近平考察国家能源集团黄骅港煤炭港区

5月11日，习近平总书记考察黄骅港煤炭港区，了解港区生产经营及发展规划等情况。习近平指出“中国具有丰富的煤炭资源，煤炭也是我国当前不可替代的主要能源。推动绿色发展，并非不要煤炭，而是要推动煤炭清洁化利用。”总书记强调，黄骅港作为西煤东运、北煤南运的重要枢纽港口，要加强港口能力建设，创新管理体制机制，打造多功能、综合性、现代化大港。

黄骅港位于渤海湾穹顶处，辐射雄安新区、冀中南和山东、河南、山西、陕西、内蒙古等地区，由综合港区、散货港区、煤炭港区、河口港区4大港区构成。规划岸线71km，已建成泊位46个，2022年集装箱吞吐量首次突破百万标箱。国家能源集团黄骅港煤炭港区是陕西、内蒙古煤炭外运陆运距离最短的港口，是国家西煤东运、北煤南运重要枢纽港口，由国能黄骅港务有限责任公司建设。煤炭港区拥有煤炭泊位17个、杂货泊位4个、油品泊位1个。截至2022年底，累计完成煤炭吞吐量超25亿t。

习近平与马克龙共同见证中核集团、中广核与法国电力集团签署备忘录、合作协议

4月6日，在中国国家主席习近平与法国总统马克龙的共同见证下，中核集团董事长余剑锋和法国电力集团董事长兼首席执行官雷蒙在人民大会堂共同签署《关于“核能支持低碳发展前瞻性研究”蓝皮书谅解备忘录》。中核集团与法国电力集团就核能利用支撑能源低碳发展达成共识，双方将共同对核能领域的技术发展方向和市场发展趋势进行前瞻性研究，编制发布“蓝皮书”，展示两国企业应对气候变化、解决能源问题的共同立场。

受中国广核集团有限公司党委书记、董事长杨长利，党委副书记、总经理高立刚委托，中广核党委副书记李历与法国电力集团董事长兼首席执行官雷蒙共同签署《关于核能领域设计与采购、运维、研发合作协议的签署声明》。基于40年的合作历史和多项合作协议，双方将在透明、互信、互利原则下共同努力，在中法两国分别承诺实现碳中和的框架下加强合作关系，全力以赴为实现碳中和做准备，并应对相关挑战。后续，双方还将深化产业合作，加强民用核能领域等合作。

李克强考察国家电网公司并慰问基层干部职工

1月17日，国务院总理李克强到国家电网有限公司考察，视频慰问基层干部职工。他强调，要坚持以

习近平新时代中国特色社会主义思想为指导，贯彻党中央、国务院决策部署，进一步抓好电力能源保供稳价，更好服务经济社会发展大局。

国务院副总理韩正参加。

李克强视频连线国家能源集团沧东电厂、国家电网上海奉贤换流站，与企业员工交流，致以新春祝福。李克强说，“春节是中国人最重要的节日，电力企业要全天候值守，大家是用辛劳点亮万家灯火，让群众能过亮堂、温暖的春节。”李克强详细询问煤炭供应、价格等情况，对电厂储煤充足表示肯定。他说，“春节在即，电力企业要加强设备维护，及时应对可能发生的极端气候等灾害，保障节日供电安全可靠，特别要确保医疗等重点领域和行业用电。”

国家电网公司负责人汇报了电力保供情况。李克强说，“能源供应关系经济社会发展大局。过去一年，我国经济发展很不平凡，国际能源问题突出、价格大幅波动，国内一段时间高温少雨加大供电压力。各有关方面共同努力，加快释放先进煤炭产能，实施系列政策支持煤电企业纾困，保障了国内用能需求，支撑了经济合理增长，满足了民生需要，特别是为稳物价发挥了重要作用，这极为不易。要进一步统筹抓好能源和其他重要商品保供稳价，继续努力推动经济合理增长、稳定物价水平。”

在国家电力调度控制中心，李克强详细了解电力负荷变化、调度运行情况。他说，“电力足，经济才能动力足，民生才能底气足。节后仍是冬季用电高峰，随着优化调整疫情防控措施的落实，经济增速将持续回升，电力需求也会增加。要保持能源供应相应增长，加强区域电力调剂和各类电源协同调度，着力提升顶峰保供能力，保障经济社会发展用电需求。当前正值隆冬，要支持北方地区从实际出发保障采暖用能，宜电则电、宜煤则煤，确保群众温暖过冬。”

李克强说，“我国仍处于工业化城镇化进程之中，能源是基础的基础。要深化能源领域市场化改革，强化能源科技创新，不断提升能源供应保障能力，加强国际能源合作。各地区各部门要在以习近平同志为核心的党中央坚强领导下，深入落实稳经济一揽子政策和接续措施，提振市场预期和信心，着力稳增长稳就业稳物价，努力实现今年经济运行好的开局。”

何立峰、王勇、肖捷陪同考察。

国家电网公司董事长、党组书记辛保安在汇报中表示：国家电网公司是关系国民经济命脉和国家能源安全的特大型国有重点骨干企业，承担着保障安全、经济、清洁、可持续电力供应的基本使命，公司全面贯彻党的二十大精神，坚决落实党中央、国务院决策部署，统筹发展和安全，统筹保供和转型，忠诚担当、求实创新，追求卓越、奉献光明，全力以赴保供电，加大投资稳增长，扩岗增岗稳就业，提质增效优服务，旗帜领航强党建，充分发挥“大国重器”和“顶梁柱”作用，为确保经济平稳运行、能源安全保供、居民用电用气用能价格稳定、群众温暖过冬作出积极贡献，向党和人民交出满意答卷。

李强主持召开国务院常务会议 听取迎峰度夏能源电力安全保供工作情况汇报等

7 月 14 日，国务院总理李强主持召开国务院常务会议，听取迎峰度夏能源电力安全保供工作情况汇报，审议通过《关于积极稳步推进超大特大城市“平急两用”公共基础设施建设的指导意见》，研究部署中央预算执行和其他财政收支审计查出问题整改工作。

会议指出，保障能源电力安全稳定供应，是事关国计民生的大事。当前全国正处于经济恢复和产业升级的关键期，各有关方面要落实责任、形成合力，以“时时放心不下”的责任感做好能源电力保供工作。要加强高峰时段重点地区电力保供，加强保供形势预判，全力抓好能源增产增供。要强化煤电保供稳价，落实好电价、财税、金融等煤电企业纾困支持政策，加强电煤中长期合同履约监管。要压实全链条保供责任，煤电油气运保障工作部际协调机制要加大分类指导和政策协同力度，各地区要严格落实属地管理责任，能源企业要积极履行保供主体责任，全力保障民生和经济社会发展用能用电需求。会议强调，各方面在能源保供工作中要切实加强安全生产风险隐患排查整治，坚决防范遏制重特大事故发生。

李强主持召开国务院常务会议 部署加快建设充电基础设施 更好支持新能源汽车下乡和乡村振兴

5 月 5 日，国务院总理李强主持召开国务院常务会议，审议通过关于加快发展先进制造业集群的意见，部署加快建设充电基础设施，更好支持新能源汽车下乡和乡村振兴。

会议指出，发展先进制造业集群，是推动产业迈向中高端、提升产业链供应链韧性和安全水平的重要抓手，有利于形成协同创新、人才集聚、降本增效等规模效应和竞争优势。要把发展先进制造业集群摆到更加突出位置，坚持全国一盘棋，引导各地发挥比较优势，在专业化、差异化、特色化上下功夫，做到有所为、有所不为。要统筹推进传统产业改造升级和新兴产业培育壮大，促进技术创新和转化应用，推动高端化、智能化、绿色化转型，壮大优质企业群体，加快建设现代化产业体系。要坚持有效市场和有为政府更好结合，着力营造产业发展的良好生态。

会议指出，农村新能源汽车市场空间广阔，加快推进充电基础设施建设，不仅有利于促进新能源汽车购买使用、释放农村消费潜力，而且有利于发展乡村旅游等新业态，为乡村振兴增添新动力。会议审议通过了加快推进充电基础设施建设、更好支持新能源汽车下乡和乡村振兴的实施意见。会议强调，要聚焦制约新能源汽车下乡的突出瓶颈，适度超前建设充电基础设施，创新充电基础设施建设、运营、维护模式，确保“有人建、有人管、能持续”。要引导企业下沉销售服务网络，鼓励高职院校面向农村培养维保技术人员，满足不断增长的新能源汽车维修保养需求。要进一步优化支持新能源汽车购买使用的政策，鼓励企业丰富新能源汽车供应，同时加强安全监管，促进农村新能源汽车市场健康发展。

中法总理见证中广核与法国原子能和替代能源委员会续签协议

当地时间6月22日上午，国务院总理李强在巴黎同法国总理博尔内举行会谈。会谈后，两国总理共同见证了航空、空间研究、核能等领域多项双边合作文件的签署。

中国广核集团董事长杨长利与法国原子能和替代能源委员会（CEA）主席弗朗索瓦·雅克的授权代表共同签署《CGN–CEA核研究与技术领域合作协议修正案》。本次修正案的签署是对原合作协议的续签，同时对原有合作范围进行了扩展和深化。

李强到大唐哈尔滨第一热电厂调研保暖保供工作

11月14—16日，中共中央政治局常委、国务院总理李强在黑龙江、吉林调研。他强调，要深入贯彻落实习近平总书记在新时代推动东北全面振兴座谈会上的重要讲话精神，坚持改革创新，激发内生动力，推动新时代东北全面振兴取得新突破。

在黑龙江，李强首先来到大唐哈尔滨第一热电厂，了解机组运行和地方供热情况，要求全力抓好保暖保供，推进节能降耗，确保群众温暖过冬。

中国大唐在“三北”地区（东北地区、华北北部、西北地区）的11个省份58家热源厂、13家热力公司共同承担着近8.7亿m^2的供热任务，目前已全部开栓供热。大唐哈尔滨第一热电厂承担着哈尔滨群力新区超过2100万m^2的供热任务。

为做好保暖保供工作，中国大唐深入学习贯彻习近平总书记关于安全生产和能源保供的重要指示批示精神，贯彻落实党中央、国务院能源保供工作决策部署，认真落实国务院今冬明春保暖保供电视电话会议精神，召开党组会、保暖保供工作部署会对保暖保供保稳定工作进行再动员、再部署，确保能源安全稳定供应和人民群众温暖过冬。

韩正出席第24届亚太电协大会开幕式并致辞

10月20日，国家副主席韩正在福建厦门出席第24届东亚及西太平洋电力工业协会大会开幕式并致辞。

韩正表示，面对能源供需格局新变化、国际能源发展新趋势，习近平主席提出“四个革命、一个合作”的能源安全新战略。中共二十大报告确立了到2035年基本实现美丽中国的目标，对推动绿色发展作出全面部署。我们正加快推动经济社会和生态环境协调发展，为世界能源电力转型提供中国方案。

韩正指出，能源绿色低碳转型已成为世界各国共识，是不可逆转的时代趋势。中国将秉持人类命运共同体理念，同亚太各国一道，携手推动构建开放共赢的能源电力国际合作新格局。

韩正提出三点倡议。一是加强互联合作，推动能源转型。要加强能源电力交流合作，共建能源电力基础设施，促进清洁能源在区域范围内大规模开发利用。二是推进绿色低碳，应对气候变化。要坚定维护以联合国为核心的国际体系，全面有效落实《联合国气候变化框架公约》及其《巴黎协定》，推动建立公平合理、合作共赢的气候治理体系。三是深化务实合作，推动科技创新。要以更加开放的思维和举措，合作开展新能源和关键技术的研发应用，共同探索新技术、新业态、新模式，为亚太电力科技创新注入强劲动力。

本次大会由东亚及西太平洋电力工业协会、中国电力企业联合会主办，18家中国主要电力企业及单位联合主办。大会以“绿色低碳 电亮未来”为主题。

韩正访问葡萄牙 考察中国国家电网公司—葡萄牙国家能源网公司能源研发中心

当地时间5月7—9日，应葡萄牙政府邀请，国家副主席韩正访问葡萄牙。

当地时间5月8日，韩正考察中国国家电网公司—葡萄牙国家能源网公司能源研发中心，参观了实验室和调度室，并进行座谈，鼓励中葡两国企业在智能电网等领域技术攻关、标准推广、机制创新等方面进一步加强合作。

中国国家电网公司—葡萄牙国家能源网公司能源研发中心于2013年5月在葡萄牙里斯本注册成立。研发中心充分发挥海外研发阵地和国际合作平台作用，开展电网重点领域技术联合研发和电工技术推广，培养了一批高素质国际化人才，促进了国家电网公司与欧洲的交流与合作。经过多年发展，研发中心形成良性发展态势，构建了达到欧洲领先水平的研发平台，入选了“葡萄牙研发投入百强企业”和“欧盟联合研究中心智能电网实验室名录”，优势技术成果实现应用并多次荣获国际奖项。

丁薛祥调研迎峰度夏能源电力安全保供工作

7月15日，中共中央政治局常委、国务院副总理丁薛祥到中国华能集团有限公司、国家电网有限公司调研并主持召开座谈会，认真学习贯彻习近平总书记重要指示精神，贯彻落实党中央、国务院决策部署，研究进一步做好迎峰度夏能源电力安全保供工作。

丁薛祥表示，能源电力是经济社会稳定运行的基础保障，关系国计民生、千家万户。当前正处在迎峰度夏关键时刻，要进一步提高思想认识，以“时时放心不下”的责任感做好能源电力安全保供工作。要按照党中央的部署要求，切实把学习贯彻习近平新时代中国特色社会主义思想主题教育中形成的学习、调研成果，转化为解决能源保障难题、做好迎峰度夏能源电力安全保供工作的实际成效。

丁薛祥强调，要紧盯重点区域、重点时段、重点领域，加大电力保供力度，加强统一调度管理，坚决杜绝拉闸限电。着力保障能源电力稳定供给，持续抓好电煤保供稳价，提升发电能力，已投产机组应发尽发，加快在建机组投产进度。加强电力需求侧管理，运用市场化方式引导各类用户错峰用电，确保民生及重要用户用电不受影响。深入开展安全生产隐患排查治理，牢牢守住安全生产底线。压紧压实责任，落实落细工作，加强协调联动，全力保障迎峰度夏能源电力供应安全稳定。

座谈会前，丁薛祥前往华能监管中心了解企业能源生产保供情况，到国家电力调度控制中心了解电网调度运行、电力供应保障等情况。

中央主题教育领导小组有关成员、主题教育中央第五十一指导组负责同志参加相关调研。

产 业 政 策

国务院印发进一步构建高质量充电基础设施体系的指导意见

2023年6月8日，国务院办公厅印发《关于进一步构建高质量充电基础设施体系的指导意见》(国办发〔2023〕19号)（简称《指导意见》)，要求以习近平新时代中国特色社会主义思想为指导，全面贯彻落实党的二十大精神，按照科学布局、适度超前、创新融合、安全便捷的基本原则，进一步构建高质量充电基础设施体系。

《指导意见》提出，到2030年，基本建成覆盖广泛、规模适度、结构合理、功能完善的高质量充电基础设施体系，有力支撑新能源汽车产业发展，有效满足人民群众出行充电需求；建设形成城市面状、公路线状、乡村点状布局的充电网络，大中型以上城市经营性停车场具备规范充电条件的车位比例力争超过城市注册电动汽车比例，农村地区充电服务覆盖率稳步提升；充电基础设施快慢互补、智能开放，充电服务安全可靠、经济便捷，标准规范和市场监管体系基本完善，行业监管和治理能力基本实现现代化，技术装备和科技创新达到世界先进水平。

《指导意见》明确五方面任务。一是优化完善网络布局。建设便捷高效的城际充电网络和互联互通的城市群都市圈充电网络，加快补齐重点城市之间路网充电基础设施短板。建设结构完善的城市充电网络，重点覆盖“两区”（居住区、办公区）和“三中心”（商业中心、工业中心、休闲中心）。建设有效覆盖的农村地区充电网络，在基础较好的地区根据需要创建充电基础设施建设应用示范县和示范乡镇。二是加快重点区域建设。在既有居住区加快推进固定车位充电基础设施应装尽装，严格落实新建居住区充电基础设施配建要求，以城市为单位加快制定居住区充电基础设施建设管理指南。以“三中心”等建筑物配建停车场以及交通枢纽、驻车换乘等公共停车场为重点加快建设公共充电基础设施。三是提升运营服务水平。促进充电基础设施投资多元化。持续完善标准体系，提升标准国际化引领能力。鼓励以省（自治区、直辖市）为单位构建充电基础设施监管与运营服务平台，规范充电基础设施信息管理。完善行业准入条件和管理政策，压实相关企业产品质量安全责任，严格建设、安装质量安全管理。四是加强科技创新引领。大力推广应用智能充电基础设施，积极推动配电网智能化改造，加强电动汽车与电网能量互动。加快推进快速充换电、大功率充电、智能有序充电、无线充电、光储充协同控制等技术研究，持续优化电动汽车电池技术性能。五是加大支持保障力度。压紧压实地方政府统筹推进充电基础设施发展的主体责任。落实峰谷分时电价政策，2030 年前对实行两部制电价的集中式充换电设施用电免收需量（容量）电费。地方各级政府要建立协同推进机制，进一步加强土地、资金等充电基础设施发展要素保障，持续跟踪解决重点难点问题。

三部门发文实施农村电网巩固提升工程

7 月 4 日，国家发展改革委、国家能源局、国家乡村振兴局发布了《关于实施农村电网巩固提升工程的指导意见》（发改能源规〔2023〕920 号）（简称《农网提升指导意见》），要求到 2035 年，基本建成安全可靠、智能开放的现代化农村电网。

《农网提升指导意见》提出，到 2025 年，农村电网网架结构更加坚强，装备水平不断提升，数字化、智能化发展初见成效；供电能力和供电质量稳步提高，东部地区农村电网供电可靠率、综合电压合格率、户均配电变压器容量分别不低于 99.94%、99.9%、3.5kVA，中西部和东北地区分别不低于 99.85%、99.2%、2.3kVA；农村电网分布式可再生能源承载能力稳步提高，农村地区电能替代持续推进，电气化水平稳步提升，电力自主保障能力逐步提升。

《农网提升指导意见》还提出，到 2035 年，基本建成安全可靠、智能开放的现代化农村电网，农村地区电力供应保障能力全面提升，城乡电力服务基本实现均等化，全面承载分布式可再生能源开发利用和就地消纳，农村地区电气化水平显著提升，电力自主保障能力大幅提高。

《农网提升指导意见》要求聚焦薄弱环节，补齐农村电网发展短板，加快解决西部地区 115 个公用电网未覆盖乡镇、逐步解决其他公用电网未覆盖村寨的电力保底供应矛盾；中部地区推进输配电网协调发展，提高负荷转供能力，提升供电质量，低压线路供电半径一般不应超过 500m；东部地区以中低压电网为重点，提升电网灵活性，推进城乡电网一体化。

《农网提升指导意见》强调提升分布式可再生能源消纳能力，明确结合“千乡万村驭风行动”“千家万户沐光行动”，加强农村电网发展规划与农村分布式可再生能源发展的衔接；统筹可再生能源开发、农村负荷增长等情况，在深入挖掘消纳潜力的基础上，有序推进农村电网建设改造，实现分布式可再生能源和多元化负荷的安全可靠、灵活高效接入。

《农网提升指导意见》要求，统筹考虑乡村级充电网络建设和输配电网发展，做好农村电网规划与充电基础设施规划的衔接，因地制宜、适度超前、科学合理规划县域高压输电网容载比水平，适当提高中压配电网供电裕度；在东部地区配合开展充电基础设施示范县和示范乡镇创建，构建高质量充电基础设施体系。

国家发展改革委等发文促进退役风电、光伏设备循环利用

7 月 21 日，国家发展改革委、国家能源局、工业和信息化部、生态环境部、商务部、国务院国资委等部门联合印发《国家发展改革委等部门关于促进退役风电、光伏设备循环利用的指导意见》（发改环资〔2023〕1030 号）（简称《循环利用指导意见》）。《循环利用指导意见》明确，到 2025 年，集中式风电场、光伏发电站退役设备处理责任机制基本建立，退役风电、光伏设备循环利用相关标准规范进一步完善，资源循环利用关键技术取得突破。

《循环利用指导意见》提出，要积极构建覆盖绿色设计、规范回收、高值利用、无害处置等环节的风电和光伏设备循环利用体系，部署了六方面重点任务。一是大力推进绿色设计。二是建立健全退役设备处理责任机制。三是完善设备回收体系。四是强化资源再生利用能力。五是稳妥推进设备再制造。六是规范固体废弃物无害化处置。

综合考虑产业发展阶段、设备类型、退役情况等因素，《循环利用指导意见》分 2025 年、2030 年两个阶段，从责任机制、标准体系、技术创新、产业培育等方面提出了退役风电、光伏设备循环利用的工作目标，并从技术研发、资金政策支持、标准规范体系、产业培育等方面明确强化保障措施，细化有关部署。支持中央企业发挥示范引领作用，率先加强退役风电、光伏设备循环利用，建设一批重点项目。

三部门发文部署可再生能源绿色电力证书全覆盖

7月25日，国家发展改革委、财政部、国家能源局联合发布《关于做好可再生能源绿色电力证书全覆盖工作促进可再生能源电力消费的通知》（发改能源〔2023〕1044号）（简称《通知》）。《通知》提出，进一步健全完善可再生能源绿色电力证书（绿证）制度，明确绿证适用范围，规范绿证核发，健全绿证交易，扩大绿电消费，完善绿证应用，实现绿证对可再生能源电力的全覆盖。

《通知》明确，绿证是中国可再生能源电量环境属性的唯一证明，是认定可再生能源电力生产、消费的唯一凭证。绿证作为可再生能源电力消费凭证，用于可再生能源电力消费量核算、可再生能源电力消费认证等。

在规范绿证核发方面，通知提出，对全国风电（含分散式风电和海上风电）、太阳能发电（含分布式光伏发电和光热发电）、常规水电、生物质发电、地热能发电、海洋能发电等已建档立卡的可再生能源发电项目所生产的全部电量核发绿证，实现绿证核发全覆盖。对存量常规水电项目，暂不核发可交易绿证，相应的绿证随电量直接无偿划转。对2023年1月1日（含）以后新投产的完全市场化常规水电项目，核发可交易绿证。

《通知》要求，进一步发挥绿证在构建可再生能源电力绿色低碳环境价值体系、促进可再生能源开发利用、引导全社会绿色消费等方面的作用。推动中央企业、地方国有企业、机关和事业单位发挥先行带头作用，稳步提升绿电消费比例。强化高耗能企业绿电消费责任，按要求提升绿电消费水平。支持重点企业、园区、城市等高比例消费绿色电力，打造绿色电力企业、绿色电力园区、绿色电力城市。

国家发展改革委印发《国家碳达峰试点建设方案》

10月20日，国家发展改革委印发《国家碳达峰试点建设方案》（发改环资〔2023〕1409号）（简称《方案》）。《方案》提出将在全国范围内选择100个具有典型代表性的城市和园区开展碳达峰试点建设，聚焦破解绿色低碳发展面临的瓶颈制约，探索不同资源禀赋和发展基础的城市和园区碳达峰路径，为全国提供可操作、可复制、可推广的经验做法。

《方案》重点部署了5方面试点建设内容。确定试点任务方面，试点城市和园区要根据国家和所在地区“双碳”工作部署，谋划提出能源、产业、节能、建筑、交通等重点领域试点建设任务。实施重点工程方面，试点城市和园区要结合试点目标，在能源基础设施、节能降碳改造、先进技术示范、资源循环利用等领域规划实施一批重点工程，形成对试点工作的有力支撑。强化科技创新方面，试点城市和园区要创新绿色低碳技术推广应用机制，大力培育绿色低碳产业，加快形成新的产业竞争优势。完善政策机制方面，试点城市要加快建立和完善有利于绿色发展的财政、金融、投资、价格政策和标准体系，创新碳排放核算、评价、管理机制。试点园区要着力提升园区绿色低碳循环发展水平。开展全民行动方面，试点城市和园区要大力推广绿色低碳生活理念，普及“双碳”基础知识，创新探索绿色出行、制止浪费、垃圾分类等方面体制机制，切实增强各级干部推进绿色低碳发展的理论水平和业务能力。

《方案》提出了“坚持积极稳妥、坚持因地制宜、坚持改革创新、坚持安全降碳”4条工作原则，以及2025年、2030年的主要目标。到2025年，试点范围内有利于绿色低碳发展的政策机制基本构建，一批可操作、可复制、可推广的创新举措和改革经验初步形成，不同资源禀赋、不同发展基础、不同产业结构的城市和园区碳达峰路径基本清晰。到2030年，试点城市和园区重点任务、重大工程、重要改革如期完成，有利于绿色低碳发展的政策机制全面建立，有关创新举措和改革经验带动作用明显，对全国实现碳达峰目标发挥重要支撑作用。

国家能源局发文要求加强电力可靠性管理工作

2月14日，国家能源局印发《关于加强电力可靠性管理工作的意见》（国能发安全规〔2023〕17号）（简称《意见》），要求电力企业建立电力可靠性全过程管理机制，加强专业协同，形成覆盖电力生产供应各环节的可靠性全过程管理机制。

《意见》指出，电力企业要建立重要电力设备分级管理制度，构建设备标准化管理流程，打通上下游信息共享渠道，强化设备缺陷特别是家族性缺陷的排查治理，建立电力企业在设备选型、监造、安装调试、检修维护、退役等环节的全寿命周期管理机制。

《意见》强调，电网企业要优化安排电网运行方式，做好电力供需分析和生产运行调度，强化电网安全风险管控，优化运行调度，确保电力系统稳定运行和电力可靠供应。发电企业要加强燃料、蓄水管控及风电、光伏发电等功率预测，强化涉网安全管理，科学实施机组深度调峰灵活性改造，提高设备运行可靠性，减少非计划停运。

《意见》明确，鼓励电力企业、科研单位和电力用户等根据电力规划、建设、生产、供应、使用和设备制造等工作需要，研究、开发和采用先进的科学技术和管理方法，提高可靠性数据的准确性、时效性和可追溯性，经实践检验后推广应用。

国家能源局发文推进能源数字化智能化发展

3月28日，国家能源局发布《关于加快推进能源数字化智能化发展的若干意见》（国能发科技〔2023〕27号）（简称《若干意见》）。

《若干意见》提出，针对电力、煤炭、油气等行业数字化智能化转型发展需求，通过数字化智能化技术融合应用，急用先行、先易后难，分行业、分环节、分阶段补齐转型发展短板，为能源高质量发展提供有效支撑。

《若干意见》明确发展目标：到2030年，能源系统各环节数字化智能化创新应用体系初步构筑、数据要素潜能充分激活，一批制约能源数字化智能化发展的共性关键技术取得突破，能源系统智能感知与智能调控体系加快形成，能源数字化智能化新模式新业态持续涌现，能源系统运行与管理模式向全面标准化、深度数字化和高度智能化加速转变，能源行业网络与信息安全保障能力明显增强，能源系统效率、可靠性、包容性稳步提高，能源生产和供应多元化加速拓展、质量效益加速提升，数字技术与能源产业融合发展对能源行业提质增效与碳排放强度和总量“双控”的支撑作用全面显现。

《若干意见》提出，以数字化智能化技术加速发电清洁低碳转型；以数字化智能化电网支撑新型电力系统建设；以数字化智能化技术带动煤炭安全高效生产；以数字化智能化技术助力油气绿色低碳开发利用；以数字化智能化用能加快能源消费环节节能提效；以新模式新业态促进数字能源生态构建。

《若干意见》要求，完善能源数字化智能化标准体系。立足典型场景应用需求，加强能源各行业现行相关标准与数字技术应用的统筹衔接，推动各行业加快编制一批数字化智能化关键技术标准和应用标准，推进与国际标准体系兼容，引导各行业分类制定数字化智能化评价体系。持续完善能源数字化智能化领域标准化组织建设，加强标准研制、实施和信息反馈闭环管理。建立健全能源数字化智能化与标准化互动支撑机制，完善数字化智能化科技成果转化为标准的评价机制和服务体系，广泛挖掘技术先进、市场推广价值优良的示范成果进行技术标准化推广应用。

国家能源局发文要求进一步做好抽水蓄能规划建设工作

4月23日，国家能源局综合司印发《关于进一步做好抽水蓄能规划建设工作有关事项的通知》（国能综通新能〔2023〕47号）（简称《规划通知》），要求坚持需求导向，力争2023年上半年全面完成深入开展抽水蓄能发展需求研究论证。

《规划通知》指出，抽水蓄能是电力系统重要的绿色低碳清洁灵活调节电源，主要是为电力系统提供调节服务，应根据新能源发展和电力系统运行需要，科学规划、合理布局、有序建设，以抽水蓄能高质量发展促进、保障能源高质量发展。

《规划通知》强调，要针对目前部分地区前期论证不够、工作不深、需求不清、项目申报过热等情况，分省分区域开展需求论证，重点聚焦“十四五”、统筹“十五五”开工项目规模开展需求论证，科学研究分析未来合理需求。

《规划通知》明确，对于需求确有缺口的省份，按有关要求有序纳规，对于经深入论证、需求没有缺口的省份，暂时不予新增纳规，但可根据实际情况，按照“框定总量、提高质量、优中选优、有进有出、动态调整”的原则，提出项目调整建议。国家能源局根据需求论证情况和实际需要，及时对全国或部分区域的中长期规划进行滚动调整，保持适度超前，支撑发展。

《规划通知》指出，将组织行业协会、研究机构及重点企业等对抽水蓄能投资、设计、施工、设备制造、运行、管理等产业链各环节进行监测和能力评估，针对开发建设规模、时序不协同和产业链薄弱环节，研究应对措施，加快各方面能力提升，更好支撑行业加快发展。

国家能源局印发《风电场改造升级和退役管理办法》

6月5日，国家能源局印发《风电场改造升级和退役管理办法》（国能发新能规〔2023〕45号）（简称《管理办法》），鼓励并网运行超过15年或单台机组容量小于1.5MW的风电场开展改造升级，并网运行达到设计使用年限的风电场应当退役，经安全运行评估，符合安全运行条件可以继续运营。

《管理办法》要求，发电企业根据风电场运行情况，论证提出项目改造升级和退役方案。风电机组达到设计使用年限时，发电企业应及时开展安全性评估，经评估不符合安全运行条件的风电场，发电企业应及时拆除，并按要求恢复生态环境。

《管理办法》明确，风电场改造升级原并网容量不占用新增消纳空间，鼓励新增并网容量通过市场化方式并网。

针对风电场改造升级项目用地，《管理办法》鼓励采用节地技术和节地模式，提高土地使用效率，对不改变风电机组位置且改造后用地面积总和不大于改造前面积的改造升级项目，符合国土空间规划的，不需要重新办理用地预审与选址意见书。风电场改造升级和退役应依法履行环评、水保手续，按照国家生态环境相关的法律法规做好生态环境保护和生态恢复，不得对生态环境造成永久性破坏。

在资金补贴和电价方面，《管理办法》提出并网运行未满 20 年且累计发电量未超过全生命周期补贴电量的风电场改造升级项目，按照相关规定享受中央财政补贴资金，改造升级工期计入项目全生命周期补贴年限。风电场完成改造升级后，对并网运行满 20 年或累计补贴电量超过改造前项目全生命周期补贴电量的项目，不再享受中央财政补贴资金。风电场改造升级项目补贴电量的上网电价按改造前项目电价政策执行，其他电量的上网电价执行项目核准变更当年的电价政策。

同时，《管理办法》明确了风机循环利用和处置办法。鼓励发电企业、设备制造企业、科研机构等有关单位开展风电场废旧物资循环利用研究，建立健全风电循环利用产业链体系，培育壮大风电产业循环利用新业态。

国家能源局印发《发电机组进入及退出商业运营办法》

6 月 12 日，国家能源局印发《发电机组进入及退出商业运营办法》（国能发监管规〔2023〕48 号）（简称《办法》），规范新建（包括扩建、改建）发电机组和独立新型储能进入及退出商业运营管理，维护市场主体合法权益，促进电力系统安全稳定运行。

《办法》明确了发电机组和独立新型储能并网调试工作条件和程序，进入商业运营的条件和程序，退出商业运营的条件和程序，以及调试运行期上网电量的结算。

新型电力系统建设

国家能源局组织发布《新型电力系统发展蓝皮书》

6 月 2 日，由国家能源局主办，电力规划设计总院、中国能源传媒集团有限公司承办的《新型电力系统发展蓝皮书》（简称《蓝皮书》）发布仪式在北京举行。《蓝皮书》由国家能源局统筹组织 11 家研究机构共同编制而成，旨在为电力行业转型发展指明战略方向，全面助力推进能源革命、构建新型能源体系、推动能源绿色发展，指导电力行业科学推进新型电力系统建设。

《蓝皮书》明确，新型电力系统是以确保能源电力安全为基本前提，以满足经济社会高质量发展的电力需求为首要目标，以高比例新能源供给消纳体系建设为主线任务，以源网荷储多向协同、灵活互动为有力支撑，以坚强、智能、柔性电网为枢纽平台，以技术创新和体制机制创新为基础保障的新时代电力系统，是新型能源体系的重要组成部分和实现“双碳”目标的关键载体。新型电力系统具备安全高效、清洁低碳、柔性灵活、智慧融合四大重要特征，其中安全高效是基本前提，清洁低碳是核心目标，柔性灵活是重要支撑，智慧融合是基础保障，共同构建起新型电力系统的“四位一体”框架体系。

《蓝皮书》提出，按照党中央提出的新时代“两步走”战略安排，锚定“双碳”目标，以 2030 年、2045 年、2060 年为构建新型电力系统的重要时间节点，制定新型电力系统“三步走”发展路径，即加速转型期（当前至 2030 年）、总体形成期（2030—2045 年）、巩固完善期（2045—2060 年），有计划、分步骤推进新型电力系统建设。

在总体架构与重点任务方面，《蓝皮书》提出要加强电力供应支撑体系、新能源开发利用体系、储能规模化布局应用体系、电力系统智慧化运行体系等四大体系建设，强化适应新型电力系统的标准规范、核心技术与重大装备、相关政策与体制机制创新的三维基础支撑作用。

新型电力系统技术创新联盟2023年理事会会议召开

7月11日，新型电力系统技术创新联盟2023年理事会会议在北京召开。国家电网公司董事长、党组书记，新型电力系统技术创新联盟理事长辛保安主持会议并发表讲话。

国家电网公司总经理、党组副书记，联盟副理事长张智刚通报了《新型电力系统技术创新联盟2022年工作总结及2023年工作计划》《新型电力系统技术创新联盟成员扩增的议案》《新型电力系统技术创新联盟标识设计及应用方案》。舒印彪、刘吉臻、邹才能、汤广福等院士专家，联盟成员单位领导和代表出席会议，共同审议通过了有关议案和报告。

2022年4月22日，在国家发展改革委、科技部、国务院国资委、国家能源局的指导下，国家电网公司发起倡议，联合31家能源电力行业企业、高校、社会团体等共同成立新型电力系统技术创新联盟，集聚优势科研力量，统筹联动推进新型电力系统建设。

一年来，创新联盟各项工作稳步推进，组织架构、工作机制日臻完善，运作效能持续提升，核心技术联合攻关有力有序，重要领域科技创新成绩见行见效，成果应用转化落实落地，人才创新创造活力不断激发。

成员单位从创立之初的32家持续扩充为62家，新增了核电、装备制造、互联网、新能源企业和高校，覆盖范围进一步扩大。成员单位组建多种形式的创新联合体，成立联合研究院、联合实验室等创新研发平台，为新型电力系统关键核心技术研发、设备研制、工程示范等工作提供了有效支撑。

编制发布了《新型电力系统重大技术联合创新框架》，成员单位聚焦新型电力系统重大关键共性问题，共同研究提出58项重点研究建议，在大型风光基地、统一电力市场建设、高比例新能源消纳等方面发挥各自技术优势，合作共享、联合攻关，开展了多项务实合作。

签订了新型电力系统科技攻关行动计划责任状，10项技术纳入国家重点研发计划，12项课题通过国家能源局立项评审，5项技术纳入工信部大数据示范专项。携手推动创新示范项目和重大工程建设，有力促进了创新链产业链融合发展，产业引领带动能力不断提升，在稳增长、促转型、惠民生等方面发挥了积极作用。

南方电网公司发布《南方电网新型电力系统发展报告（2021—2023）》

10月9日，中国南方电网有限责任公司举行新闻发布会，正式发布《南方电网新型电力系统发展报告（2021—2023）》（简称《报告》）。《报告》显示，截至2023年9月底，南方五省区新能源装机已突破1亿kW，非化石能源装机占电源总装机比重达59%。历时两年多的理论研究和实践探索，南方电网新型电力系统建设取得了一系列阶段性成效；打造数字电网关键载体，支撑破解能源电力安全、绿色、经济“不可能三角”问题；充电桩实现乡镇全覆盖，电能占终端能源消费比重达33%，能源绿色消费生态成效显著；搭建区域级虚拟电厂，整合散落的电力负荷进行灵活的削峰填谷；积极推进南方区域电力市场建设，利用市场机制引导源网荷储协同发展、挖掘灵活资源调节潜力；因地制宜布局35项新型电力系统示范区，打造先行先试标杆典范……

《报告》指出，南方电网将加快打造数字电网关键载体，到2025年全面完成电网数字化转型，服务支撑新增1亿kW以上新能源的接入和消纳，推动南方五省区非化石能源发电量占比达到55%，电能占终端能源消费比重达到35%，初步具备新型电力系统“清洁低碳、安全充裕、经济高效、供需协同、灵活智能”的基本特征。

《报告》称，到2030年，光伏、风电等新能源成为发电装机主体，电力系统灵活调节和应急保供、电网智能化运行、需求侧主动调节等能力大幅提升，全面统一电力市场体系基本建成，助力实现碳达峰目标。到2035年，新型电力系统基本建成，支撑碳中和进程，服务中国式现代化建设。

2023年博鳌新型电力系统国际论坛举行

3月22—23日，2023年博鳌新型电力系统国际论坛在海南博鳌举行。论坛以“开放·合作·共享，推进能源绿色低碳发展”为主题，探索新型电力系统发展路径，绘制新型能源体系建设蓝图，服务实现碳达峰碳中和目标。

原外经贸部副部长，博鳌亚洲论坛原秘书长龙永图，国家能源局党组成员、副局长余兵，南方电网公司董事长、党组书记孟振平（视频形式），海南省人民政府副秘书长陈万馨出席论坛并致辞。南方电网公司党组成员、副总经理张文峰主持论坛开幕会议。

龙永图表示，加强国际能源交流合作，推进生态文明建设，是构建人类命运共同体的长远之策。南方电网要进一步加大与周边国家电网的互联互通，促进能源在更大范围内的优化配置，既要积极吸收国际能源电力企业低碳发展的先进经验，也要努力为全球能源治理贡献中国智慧和中国方案。

余兵代表国家能源局对论坛召开表示祝贺。他表示，建设新型电力系统需要进一步凝聚共识、形成合力、共同推动，希望南方电网公司顺应时代发展趋势，牢牢把握能源绿色低碳转型的契机，加快推进电力系统转型升级，助力碳达峰、碳中和目标实现。

孟振平在视频致辞中表示，南方电网公司将构建新型电力系统和新型能源体系作为电网发展的根本方向和重要战略任务，积极探索推进“以数字化绿色化协同发展促进新型电力系统和新型能源体系建设”，推动以数字化引领绿色化发展，以绿色化带动数字化升级，为保障国家能源电力安全、服务经济社会高质量发展贡献力量。

陈万馨表示，当前海南正在加快建设国家生态文明试验区和清洁能源岛，提出了2025年基本建成新型电力系统的发展目标。希望南方电网公司一如既往支持海南电力建设和发展，深化海南新型电力系统建设路径，助力海南率先建成国家级新型电力系统示范省。

博鳌新型电力系统协会各理事单位以及会员单位代表，国内外知名咨询、设计、科研、制造、ICT等行业专家和企业代表，媒体记者等参加论坛。

国内首个省级新型电力系统技术创新中心落地青海

6月13日，青海省科技厅正式发文，批准由国网青海省电力公司牵头组建青海省新型电力系统技术创新中心，标志着国内首个省级新型电力系统技术创新中心诞生。

青海省新型电力系统技术创新中心以关键技术研发为核心使命，依托国网青海电力和共建单位的重点实验室、工程技术中心等科研平台，重点打造多能互补与协调控制技术、输变电设备运行与检测技术、氢–电耦合与多能转换技术、综合智慧能源高效利用技术等4个研发实证基地，统筹开展新型电力系统源、网、荷、储（氢）、大数据等全要素先进技术、装备、材料的科研攻关和示范验证，破解新型电力系统建设中的“卡脖子”技术问题，支撑国内重大示范项目建设，打造创新成果示范样板，服务青海清洁能源产业高地建设和国家“双碳”目标推进。

“国家能源新型电力系统规划设计技术研发中心”入选国家能源局首批创新平台

4月21日，中国能建建设国家级创新平台任务取得突破，所属电规总院牵头申报的“国家能源新型电力系统规划设计技术研发中心”（简称研发中心）成功入选国家能源局“十四五”第一批“赛马争先”创新平台名单。

研发中心担当着新型电力系统建设重大行业使命，着力破解新型电力系统规划设计领域基础性、前瞻性、战略性难题，攻克经济能源与电力需求预测技术、绿色低碳电源优化规划技术、高比例新能源电网规划设计技术、新型储能规划设计技术、电力市场规划技术等一系列关键核心技术，构建一体化的新型电力系统规划设计体系，培养一批新型电力系统科技领军人才和创新团队，力争打造成为国际领先的新型电力系统规划设计技术研究、产品创新、成果孵化和人才培养基地。

国内首个电源侧新型电力系统仿真平台建成

2月13日，国家能源集团龙源电力建成国内首个电源侧新型电力系统的新能源发电仿真平台。该平台具备风光水火等多类电源涉网能力评价、灵活性评价能力，为高比例新能源的稳定、经济、协调运行提供理论指导，有效支撑新型电力系统发展。

随着现有电力系统向新型电力系统转变，诸多新要素的加入使系统复杂性成倍增长，对系统安全稳定运行带来极大挑战。在此背景下，该公司搭建以新能源为主体的电源侧新型电力系统仿真实验室，为研究治理“双高”局面下新能源带来的系列问题提供仿真基础。

该平台立足提升电源侧灵活性，提出适应新型电力系统格局的电源侧建模仿真方法，针对国家能源集团在运及新投新能源场站，开展包括风电、光伏、无功补偿、储能、火电、水电、交直流输电、变压器等发输变电设备的模型库建设，具备小型微电网系统、局部新能源基地、区域新型电力系统等多层级多场景多能源协调仿真能力。

该平台为4个核心区，分别为新能源控制调试仿真区、实时仿真系统与接口设备区、升压站模拟区以及工作调试区，各区域之间互相协同工作，可开展新能源大基地规划、多能协调运行、重大事故溯源分析、涉网仿真建模、构网型新能源发电研创等业务。

新型电力系统技术创新联盟会刊——《新型电力系统》正式创刊

7 月 11 日，在新型电力系统技术创新联盟 2023 年理事会会议召开期间，由国家电网公司主管，中国电力科学研究院主办的联盟会刊《新型电力系统》正式创刊。国家电网有限公司董事长、新型电力系统技术创新联盟理事长辛保安出席创刊仪式并讲话。创新联盟副主任委员舒印彪、刘吉臻、邹才能、汤广福和《新型电力系统》编委会顾问委员周孝信、谢玉洪等专家和 18 家创新联盟理事单位成员代表出席仪式。国家电网公司总经理、创新联盟常务副理事长张智刚主持创刊仪式。

作为国内首个专题报道新型电力系统科技创新进展的期刊，《新型电力系统》以“围绕能源转型和电网技术发展方向，聚焦新型电力系统，刊载相关理论研究进展和新技术成果，促进学术交流，推动成果转化，传播成功案例，助力实践创新，服务我国能源安全发展”为宗旨，旨在打造具有突出影响力和传播价值的专业学术科技期刊。

湖北首个新型电力系统产教融合共同体成立

10 月 12 日，湖北省首个新型电力系统产教融合共同体成立大会，在武汉电力职业技术学院举行。湖北新型电力系统产教融合共同体，由国网湖北省电力有限公司联合三峡大学、武汉电力职业技术学院共同牵头，省内 34 家上下游企业、科研院所、行业协会、本科高校和高职院校共同参与组成，由国网湖北省电力有限公司主管，湖北省教育厅进行业务指导。

在成立大会上，全体参会人员审议并通过了《湖北新型电力系统产教融合共同体章程》及《湖北新型电力系统产教融合共同体 2023 年度工作计划》两项文件。

共同体成立后，将搭建信息交流与人才供需平台，开展新型电力系统领域的人才需求预测与订单培养；共建科技服务平台，促进企业在该领域的技术革新；打造开放型产教融合实践中心、技术协同创新中心，开展跨学科、跨专业协同攻关，促进新型电力系统技术进步。

《新型电力系统与新型能源体系》首发仪式在北京举行

9 月 26 日，《新型电力系统与新型能源体系》首发仪式在北京举行。该书是国内外首部关于新型电力系统与新型能源体系的基础理论研究著作，由国家电网有限公司董事长、党组书记辛保安主编，中国电力出版社出版发行。

全书分 9 章 33 节，共 34 万余字，立足经济社会发展大局，结合能源电力行业实际，从认识论、方法论和实践论三个范畴开展分析研究，研究了新型电力系统“是什么”“怎么建”等基础理论，提出了新型电力系统构建的方法论，分析了新型电力系统与新型能源体系之间的关系，阐述了以新型电力系统推动建设新型能源体系的路径。

该书提出，要立足中国能源资源禀赋，适应能耗双控逐步转向碳排放双控的新要求，坚持清洁低碳是方向、能源保供是基础、能源安全是关键、能源独立是根本、能源创新是动力、节能提效要助力，统筹发展与安全、统筹保供与转型，依托电力系统高质量发展推动能源高质量发展。

有关院士专家、国家研究机构、能源电力企业、行业协会、新型电力系统技术创新联盟校方代表参加了首发仪式。与会领导和专家一致认为，该书理论扎实、逻辑严密、信息量大、学术价值高，实现了政治性、理论性、科学性、前瞻性、实践性的有机统一，为推动新型电力系统与新型能源体系建设提供了新思路、新方法、新路径，将对能源电力高质量发展产生深远影响。

国网浙江电力成立新型电力系统研究中心

9 月 12 日，国网浙江省电力有限公司新型电力系统研究中心在国网浙江经研院挂牌成立。

根据该中心职责要求，国网浙江电力新型电力系统研究中心将打造浙江新型电力系统省级示范区建设重要支撑载体，通过融合发展专业和数字化专业的资源力量，把握政策机制的引领作用和科技项目的示范作用，加强新型电力系统政策、市场、机制等研究，从电网建设、技术和数字赋能等多个维度，开展更多前沿性理论研究，提出有益于新型电力系统建设的解决方案和实践方案，推动新型电力系统示范区迈上新台阶。

2023年6月，国网浙江电力召开新型电力系统研讨会并印发《新型电力系统省级示范区建设行动计划（2023—2027年）》，提出未来5年重点工作举措。8月，该公司进一步优化整合新型电力系统研究团队，推动"双碳"专班和数字化专班先后入驻，增强了研究力量，并取得一系列研究成果，先后迭代研究了浙江新型电力系统示范区建设体系，编制"电等发展—浙江行动"报告，组织推进新型电力系统研究攻坚方案，系统谋划数字化转型工程。团队还基于国网浙江电力供需关系和电网发展特征，提出布局沿海500kV新能源汇集站，解决大规模海上风电、滩涂光伏并网问题，并加强保供稳价策略研究，从竞价上网、配置储能和分摊系统运行费等方面探索新能源让利促进稳价的途径，为新型电力系统建设积累了一定理论研究成果。为进一步增强团队的规范性，更好发挥团队在新型电力系统理论研究等方面的功效，国网浙江电力决定整合相关资源和力量，正式成立新型电力系统研究中心。

2023年新型电力系统创新发展研讨会召开

9月15日，2023年新型电力系统创新发展研讨会在北京举办。会议以"加快新型电力系统构建　支撑能源安全低碳转型"为主题，设1个主会场和6个平行分会场。院士、专家学者及行业领先企业代表等500余人围绕新型电力系统规划与实践、电网环境保护与设计创新、新能源直流外送技术创新、电力经济创新与发展等问题进行交流研讨。

中国工程院院士舒印彪在致辞中指出，作为实现"双碳"目标的枢纽平台，新型电力系统结构更加复杂，源、网、荷侧形态特征将发生显著改变。要依靠科技创新，不断探索，在理论体系、技术体系、产业体系和体制机制等方面实现创新突破，提升国家能源安全保障能力。

国家能源局电力司副司长吴冰在致辞中指出，新型电力系统是新型能源体系的重要组成部分和实现"双碳"目标的关键载体，要坚持系统思维，聚焦需要突破的基础理论、关键技术和需要探索的管理模式、政策机制，加快取得新型电力系统建设实际成果。

国家电网有限公司副总工程师兼基建部主任张宁表示，国家电网始终坚持统筹发展和安全、保供和转型，加快构建新型能源体系。在此过程中，不仅需要政府部门的政策支持，还需要各方在绿色能源开发利用、能源设施互联互通等方面高效协同。

国网经济技术研究院有限公司执行董事、党委书记郭铭群表示，要在保障能源安全的前提下有序推进能源绿色低碳转型，充分发挥科技在能源发展中的关键支撑作用，增强能源转型发展动力。

论坛由国网经济技术研究院有限公司，国家能源特高压直流输电工程成套设计研发（实验）中心，中国电机工程学会分布式发电及智能配电专业委员会，中国电机工程学会热电专业委员会，IEEE PES电力系统运行、规划与经济技术委员会，《电力建设》杂志社联合举办。

北京城市副中心新型电力系统实验基地成立

8月24日，北京城市副中心建设国家绿色发展示范区新型电力系统实验基地揭牌仪式在通州区举行。由国网北京市电力公司联合多所科研机构打造的新型电力系统实验基地正式成为推进北京城市副中心新型电力系统建设的重要技术支撑。

新型电力系统实验基地位于通州区张家湾镇，主要致力于支撑城市副中心新型电力系统示范建设的科研攻关与实验验证，服务保障城市副中心国家绿色发展示范区建设，在智慧零碳新装备、新技术、新标准等方面发挥重要作用。

实验基地分为户外、户内实验区两个部分。户外实验区部署新型电力系统各类关键设施，为立足清洁能源、推进多能耦合应用提供了综合能源系统解决方案。户内实验区建设七个功能分区，建成配电网实景实验研究平台，具有装备先进、电压齐全、元素齐备、组网灵活等特点，满足源、网、荷、储四侧装备研制、技术研究、实验验证需求。同时，户内实验区部署电动汽车充电桩自动化检测流水线，可实现所有品牌充电桩的批量化、无人化检定，为高质量推进北京充电基础设施网络建设提供了有力技术保障。

实验基地充分利用科技资源优势，与高等院校、科研院所合作共建，开展光储直柔、碳计量装置、新型配网规划、配电网安全等方面技术研究，推进产学研用深度融合，强化创新驱动引领。

此外，为充分发挥新型电力系统建设的示范引领作用，国网北京电力计划在基地北侧建设绿色生态农业实验区，探索一条服务城市副中心开展乡村振兴、农业零碳运营之路。

电力发展与改革

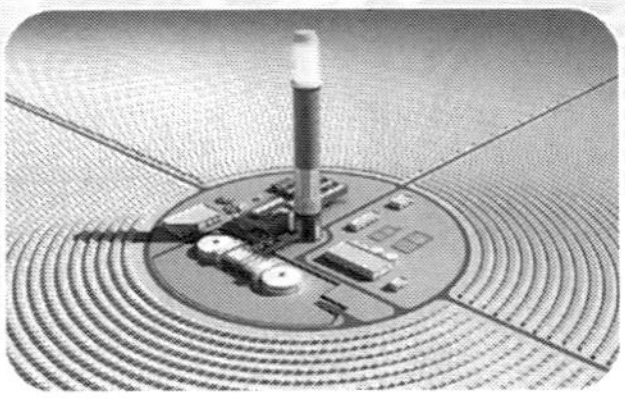

概　况

2023 年全国电力工业综述

一、电力消费

全社会用电量同比增长 6.7%，全年增速逐季上升。国民经济改善向好拉动电力消费同比提升，2023 年全国全社会用电量 92238 亿 kWh❶，同比增长 6.7%，增速同比提高 3.1 个百分点，高于 GDP 增速 1.5 个百分点；全国人均用电量 6538kWh/人，同比增加 422kWh/人。受经济回升及 2022 年同期基数的影响，各季度全社会用电量同比分别增长 3.6%、6.4%、6.6%、10.0%，第四季度增速达到最高。

电力消费结构继续优化，新兴产业用电量增势强劲。2023 年，第一产业用电量延续快速增长势头，达到 1277 亿 kWh，同比增长 11.4%，占全社会用电量的 1.4%，与 2022 年基本持平；第二产业用电量 60750 亿 kWh，同比增长 6.5%，占全社会用电量的 65.9%（其中，工业用电量 59785 亿 kWh，同比增长 6.7%）；第三产业用电量恢复快速增长势头，达到 16696 亿 kWh，同比增长 12.2%，占全社会用电量的 18.1%，同比提高 0.9 个百分点；城乡居民生活用电量 13514 亿 kWh，同比增长 0.8%，占全社会用电量的 14.7%，增速同比回落 12.8 个百分点。第一产业和第三产业用电量增速均超过 10%，且明显高于全社会用电量增速。从用电增量构成看，第二产业和第三产业的拉动分别达到 4.3、2.1 个百分点，对全社会用电量增长的贡献率分别为 64.2%和 31.5%。第二产业中，高技术及装备制造业用电量同比增长 11.2%，超过制造业整体增长水平 3.8 个百分点，表现亮眼。其中，光伏设备制造用电量同比增长 76.0%，新能源整车制造用电量同比增长 38.8%，充换电服务业用电量同比增长 78.1%，展现了强劲的增长态势。

二、电力生产供应

煤电装机占比首次降至 40%以下，新能源发电装机突破 10 亿 kW。截至 2023 年底，全国全口径发电装机容量 292224 万 kW，同比增长 14.0%，增速同比提升 6.0 个百分点。其中，水电 42237 万 kW，同比增长 2.0%（其中抽水蓄能 5094 万 kW，同比增长 11.2%）；火电 139099 万 kW，同比增长 4.2%（煤电 116484 万 kW，同比增长 3.4%，占总装机容量比重降至 39.9%，同比降低 4.1 个百分点；气电 12620 万 kW，同比增长 9.1%）；核电 5691 万 kW，同比增长 2.4%；并网风电 44144 万 kW，同比增长 20.7%（其中陆上风电 40415 万 kW，海上风电 3729 万 kW）；并网太阳能发电 61048 万 kW，同比增长 55.5%（其中，并网光伏发电 60991 万 kW，集中式光伏 35224 万 kW，分布式光伏 25767 万 kW）；并网风电和光伏发电合计装机规模突破 10 亿 kW 大关，2023 年底达到 10.5 亿 kW，占总装机容量比重为 36%。

新能源发电量增量占总发电量增量的 46.1%。2023 年，全国发电量 94564 亿 kWh❷，同比增长 6.9%。其中，受年初主要水库蓄水不足及降水偏少的影响，水电 12859 亿 kWh，同比下降 4.9%，占总发电量的 13.6%；火电 62657 亿 kWh，同比增长 6.4%，占总发电量的 66.3%；核电 4347 亿 kWh，同比增长 4.1%，占总发电量的 4.6%；风电 8859 亿 kWh，同比增长 16.2%，占总发电量的 9.4%；太阳能发电 5842 亿 kWh，同比增长 36.7%，占总发电量的 6.2%。在新能源发电装机快速带动下，风电和太阳能发电量快速增长，合计发电量同比增加 2801 亿 kWh，占全年总发电量增量的 46.1%。

电网输配电能力不断增强，跨区、跨省配置电能稳步增长。初步统计，截至 2023 年底，全国电网 220kV 及以上输电线路长度 919667km，同比增长 4.6%。全国电网 220kV 及以上公用变电设备容量 542400 万 kVA，同比增长 5.7%。2023 年，全国跨区输电能力达到 18815 万 kW，同比持平；全国完成跨区输送电量 8497 亿 kWh，同比增长 9.7%。

三、电力供需

全国电力供需总体平衡，局部地区局部时段供需偏紧。2023 年，我国高温干旱、洪涝台风、雨雪冰冻等极端天气多发频发，电力负荷屡创新高，最高达到 13.45 亿 kW，比 2022 年最高用电负荷增长 4.3%。年初受来水偏枯、电煤供应紧张等因素叠加影响，少数省份在部分时段供需形势较为紧张；迎峰度夏期间全

---

❶ 除发电量数据外，其他电力数据来自中电联 2023 年度统计数据（简称“年报数据”），数据因四舍五入的原因存在总计与分项合计不等的情况，下同。

❷ 发电量数据来源于《中华人民共和国 2023 年国民经济和社会发展统计公报》。

国电力供需形势总体平衡，各省份均未采取有序用电措施，为近年来最好情况；年末12月我国多地出现大范围寒潮、强雨雪天气，近10个省份电力供需形势偏紧，部分省级电网通过需求侧管理等措施，确保电力供需平衡。

供需两端协同发力保用电，电力系统全年保持稳定运行。2023年，国家高度重视并出台一系列电力保供措施，电力行业以高度的政治责任感，不断提高电力保供能力，坚持政企联动、源网荷储协同发力，通过提升机组顶峰发电能力、加强省间余缺互济、实施负荷侧管理等措施，全力做好迎峰度夏、迎峰度冬期间电力保供，守牢民生用电安全底线，电力系统全年保持稳定运行。

四、电力投资与建设

电源投资增速创新高，非化石能源发电投资占比达89.2%。2023年，全国主要电力企业合计完成投资15502亿元，同比增长24.7%。全国电源工程建设完成投资10225亿元，同比增长37.7%，占电力投资比重的66.0%。其中，水电投资1029亿元，同比增长18.0%（其中抽水蓄能投资同比增长40%，占水电投资比重46.7%）；火电投资1124亿元，同比增长25.6%；核电1003亿元，同比增长27.7%；风电投资2753亿元，同比增长36.9%；太阳能发电完成4316亿元，同比增长50.7%。非化石能源发电投资同比增长39.2%，占电源投资比重达到89.2%，电源投资加速绿色低碳转型。

新增并网太阳能装机突破2亿kW，新能源新增装机成为新增装机绝对主体。2023年，全国新增发电装机容量37067万kW，同比增长86.7%，增速较2022年提升75.5个百分点。其中，新增水电943万kW，同比下降60.2%（其中新增抽水蓄能545万kW，同比下降38.1%）；新增火电6610万kW，同比增长44.7%（其中新增煤电4775万kW，同比增长63.6%；新增气电1025万kW，同比增长57.9%）；新增核电139万kW，同比下降39.1%；新增并网风电7622kW，同比增长97.4%；新增并网太阳能发电21753万kW，占同期全国总新增装机的比重为58.7%，同比增长146.6%。风电、光伏发电的新增装机占新增装机总容量的比重达到79.2%，成为新增装机的绝对主体。

电网投资持续提升，重点输电通道建设稳步推进。2023年全国电网工程建设完成投资5277亿元，同比增长5.4%。其中，直流工程145亿元，同比下降53.9%；交流工程4987亿元，同比增长10.7%，占电网总投资的94.5%。电网企业进一步加强农网巩固与提升配网建设，110kV及以下等级电网投资2902亿元，占电网工程投资总额的55.0%。白鹤滩—浙江±800kV特高压直流输电工程实现全容量投产，驻马店—武汉1000kV特高压交流工程正式投运。

五、电力低碳环保

降碳减污工作扎实推进。2023年，全国单位火电发电量二氧化碳排放约821g/kWh，同比降低0.4%，比2005年降低21.7%；单位发电量二氧化碳排放约540g/kWh，同比降低0.2%，比2005年降低37.1%。火电清洁高效灵活转型深入推进，2023年，全国火电烟尘、二氧化硫、氮氧化物排放总量分别为8.5万、48.4万、78.5万t，同比分别下降约14.1%，上升约1.7%，上升约3.0%，全国6000kW及以上火电厂供电标准煤耗301.6g/kWh。2023年，全国电网线损率4.54%，同比降低0.3个百分点。

市场机制促进电力碳减排。全国2257家火电企业参与碳排放权交易，2023年全年碳配额总成交量达到2.12亿t，累计成交额超过144亿元。全年覆盖二氧化碳排放量超过50亿t，成为全球覆盖温室气体排放量最大的碳市场。全国温室气体自愿减排交易市场启动，温室气体自愿减排项目首批方法学发布，为降低减排成本提供更多渠道。

六、电力安全与可靠性

电力可靠性稳步提升。2023年，纳入电力可靠性统计的水电机组等效可用系数为93.38%，同比上升0.43个百分点；煤电机组可靠性总体维持在较高水平，等效可用系数为91.73%，同比上升0.22个百分点；气电机组等效可用系数为92.90%，同比上升0.28个百分点；核电机组等效可用系数为89.35%，同比下降0.33个百分点；风电机组运行可靠性指标总体平稳，等效可用系数为98.76%，同比上升1.19个百分点。输变电方面，纳入电力可靠性统计的220kV及以上电压等级十一类输变电设施的可用系数保持在99.44%以上。直流输电方面，纳入电力可靠性统计的47个直流输电系统合计能量可用率为96.814%，同比上升0.013个百分点；能量利用率为42.07%，同比下降1.98个百分点。供电方面，全国供电系统用户平均供电可靠率为99.911%，同比提高了0.015个百分点；用户平均停电时间7.83h/户，同比减少了1.27h/户。

七、电力科技创新与数字化

科技创新加快驱动新质生产力发展。2023年，电力行业全力打造原创技术策源地，围绕加快发展新质生产力，取得了一批自主创新成果。在发电领域，顺利投产拥有完全自主知识产权的全球首台16MW超大容量海上风电机组；国内首台单机容量最大功率150MW级大型冲击式水电机组于2023年6月投运发电，标志着我国实现高水头大容量冲击式水电机组从设计、制造到运行的全面自主化。在电网领域，建立了大型电力系统基础仿真理论，实现了万节点级大型电力系统仿真从毫秒级到微秒级仿真的突破，解决了海量电力电子设备微秒级响应下系统稳定特性暂态仿真难题；世界首条 35kV 千米级超导输电示范工程完成满负荷试验；世界首套±1100kV 自主可控特高压直流控制保护设备完成挂网试运行；成功研制具有完全自主知识产权的特高压换流变压器月真空机械式有载分接开关工程样机，于 2023 年 4 月正式投入使用，我国特高压直流工程换流变压器从整机到组部件实现全部国产化。

电力数字基础设施和数据资源体系基础不断夯实。2023 年，电力企业进一步深入实施国有企业数字化转型行动计划，完善体制机制、推进试点示范、探索对标评估、加强合作发展。电源领域特别是新能源发电依托数字化新技术，提升生产运营的数字化水平，实现对发电设施的远程监控和智能化管理，显著提升发电效率和经济效益；电网领域充分挖掘电力数据价值，以“电力+算力”带动电力产业能级跃升，通过数字化转型促进数字技术渗透各环节，基于源网荷储协同发展，逐步构成“大电网+ 微电网”的电网形态。2023 年，电力行业主要电力企业数字化投入为 396.46 亿元，电力数字化领域的专利数量、软件著作数量、获奖数分别为 5149 项、39614 项、1450 项。

八、电力市场建设

电力市场交易规模快速扩大，市场化程度进一步提高。2023 年，全国市场交易电量 56679.4 亿 kWh，同比增长 7.9%，占全社会用电量比重为 61.4%，比 2022 年提升 0.6 个百分点。各电力交易平台累计注册市场主体 74.3 万家，同比增长 23.9%，多元竞争主体格局初步形成，电力市场规模稳步扩大。

电力市场交易机制不断完善。2023 年，电力中长期交易已在全国范围内常态化运行并持续增长，全国中长期交易电量占市场交易电量比重在 90%以上，中长期合同履约率超过 96%，成交价格平稳，充分发挥了电力中长期交易保供稳价的基础作用。电力现货市场建设稳步推进，23 个省份启动电力现货市场试运行，反映实时电力供需的价格机制基本建立。辅助服务市场实现全覆盖，品种和主体进一步丰富。全国各电网区域已实现辅助服务市场全覆盖，初步建立市场引导的辅助服务资源优化配置机制，形成以调峰、调频、备用等交易品种为核心的区域、省级辅助服务市场体系，对保障电力系统安全稳定运行、促进新能源消纳、降低系统调节成本发挥了积极作用。

电力市场化改革深入推进。2023 年，煤电容量电价政策出台，初步形成了容量电价回收固定成本、电量电价回收变动成本、辅助服务回收调节成本的煤电价格机制，推动煤电向基础保障性和系统调节性电源并重转型。新能源进入电力市场节奏进一步加快，全国新能源市场化交易电量 6845 亿 kWh，占新能源总发电量的 47.3%，全国范围内促进有效竞争的交易规则体系基本形成。积极构建绿电、绿证市场体系，完善交易机制，绿电、绿证交易规模不断扩大，自绿电、绿证交易启动以来，截至 2023 年底，全国绿电交易累计成交量 954 亿 kWh。绿证交易累计成交量突破 1 亿张。

九、电力企业经营

电力企业经营形势继续向好。截至 2023 年底，国家电网、南方电网和内蒙古电力三家电网企业资产总额合计 6.56 万亿元，同比增长 6.5%；中国华能、中国大唐、中国华电、国家能源集团、国家电投五大发电集团资产总额合计 7.38 万亿元，同比增长 8.3%。2023 年，三家电网企业主营业务收入合计 4.51 万亿元，同比增长 2.6%，平均资产负债率为 56.3%，同比降低 0.2 个百分点；五大发电集团电力业务收入 1.58 万亿元，同比增长 3.4%，电力业务利润总额 1081 亿元，同比增长 906 亿元。

煤电企业经营状况略有好转。2023 年，国内电煤市场整体区域平衡，电煤中长期合同履约率明显提升，现货价格总体回落。电煤中长期合同机制持续发挥保供“稳定器”作用。根据 CECI 沿海指数统计，2023 年，5500kcal（1kcal=4.19kJ）现货成交价平均为 978 元/t，同比下降 303 元/t。煤电企业经营状况略有好转，五大发电集团全年火电业务利润总额为 196 亿元，部分发电集团火电业务仍处于亏损状态，其中，煤电业务利润总额为 202 亿元；其他 14 家大型发电企业全年火电业务利润为 229 亿元，其中煤电业务利润为 131 亿元。

十、电力国际合作

电力对外投资规模持续扩大。截至 2023 年底，中国主要电力企业对外直接投资项目共 34 个，投资总金额 44.23 亿美元，同比增长 30.82%。中国主要电力企业对外投资主要涉及太阳能发电、风电、水电、输变电、其他投资等领域。从项目数量看，新能源是对外投资项目数量最多的领域，占比约 61.8%，其中太阳能光伏发电占比 50%，风电占比 11.8%。

电力对外工程承包发展态势良好。2023 年，中国主要电力企业年度新签订境外工程承包合同项目 205 个，合同金额 264.55 亿美元。新签境外工程承包项目涉及 55 个国家和地区，分布在亚洲和非洲占比最高，分别为 59%和 23.9%。截至 2023 年底，中国主要电力企业对外工程承包合同额累计 4024.26 亿美元。

构建亚太电力命运共同体迈出新步伐，中国电力标准“走出去”取得新进展。2023 年，第 24 届亚太电协大会在厦门成功召开，大会以“绿色低碳 点亮未来”为主题，中国同亚太各国一道，携手推动构建开放共赢的能源电力国际合作新格局。中国顺利接任亚太电协技术委员会主席国，指导推动成立澜湄区域电力技术标准促进会，不断拓展澜湄区域技术交流的深度和维度，发布由中国牵头制定的《分布式能源与电网互联》等8项国际标准。

十一、新型电力系统

新型电力系统构建基础不断夯实。清洁低碳方面，非化石能源发电装机容量157541万kW，同比增长24.1%，占总装机容量比重首次突破50%，达到53.9%。2023年，基建新增非化石能源发电装机容量合计30762万kW，同比增长96.2%，占新增发电装机总量的83.0%。安全充裕方面，2023年，全国新增支撑性电源（煤电、气电、常规水电、核电）6338万kW，西电东送规模超过3亿kW，电网资源配置能力持续提升。经济高效方面，建立煤电向基础保障性和系统调节性电源并重转型发展的容量电价机制，统一电力市场体系建设持续加强，系统综合能效水平稳步提升。供需协同方面，源网荷储一体化和多能互补蓬勃发展，电力需求响应能力稳步提升，虚拟电厂在京津冀区域、长三角区域、粤港澳大湾区加快布局，车网互动在东部负荷中心地区开展有益探索。灵活智能方面，系统调节能力持续加强，具备深度调节能力的煤电装机容量占比超过50%，抽水蓄能、新型储能新增装机容量2814万kW[1]，在近年来新能源装机高速增长条件下，利用率连续5年保持95%以上，电力发输配售用全环节数字化、信息化、智能化发展势头强劲，持续激发电力发展新动能。

十二、电力发展展望

2024年全国电力供需延续总体紧平衡态势。综合当前阶段我国的经济增长潜力，以及国家宏观调控目标，2024年我国宏观经济运行将保持平稳增长，成为拉动电力消费增长的最主要动力，预计2024年全国全社会用电量增速接近2023年。2024年新能源新增装机将保持快速增长，电力供应能力继续提升，为保障电力稳定供应提供了基本支撑；但由于新能源发电出力以及来水存在不确定性，常规电源增加规模小于用电负荷增加规模，均增加了电力生产供应的潜在风险。综合考虑用电增长、电源投产等情况，预计2024年全国电力供需形势呈现总体紧平衡态势；迎峰度夏和度冬用电高峰期，部分区域中的部分省级电网电力供应偏紧，部分时段可能需要实施需求侧管理等措施。

电力中长期绿色低碳发展助力践行“双碳”目标。从需求总量上看，我国经济发展长期向好，电力需求将持续保持刚性增长。预计2030年全国全社会用电量达到13万亿kWh以上，绿氢、抽水蓄能和新型储能的用电需求将显著提高。从供应结构上看，推动能源供给体系清洁化低碳化，持续加大非化石电力供给，推进大型风光电基地及其配套调节性电源规划建设，统筹优化抽水蓄能建设布局。预计2030年，全国非化石能源发电装机占比接近70%，带动非化石能源消费比重达到25%以上。从消费结构上看，深入实施可再生能源消费替代，全面推进终端能源消费电气化进程。预计2030年，全国电能占终端能源消费比重有望达到35%。

持续推进电力技术创新、市场机制创新、商业模式创新。加快形成先进前沿技术创新牵引带动效应，加强基础前沿研究和源端技术研发，在高效新能源发电及主动支撑、新型储能、绿色氢能、CCUS等重大关键技术和高端电力基础材料、电力气象、数字化智能化等重要支撑技术领域打造先发优势；建立“电－碳－证”多市场协同机制，加强可再生能源超额消纳量、绿证、碳排放权、CCER衔接，健全不同环境权益产品间的流通规则、核算方式和价格传导机制；因地制宜推动多元商业模式更新迭代，聚焦煤新联营、新能源配储、虚拟电厂、综合能源服务领热点领域，培育电力新兴业态商业模式，支撑新型电力系统建设路径优化。

2023年度全国电力供需形势分析

一、电力消费需求情况

2023年，全国全社会用电量9.22万亿kWh，人均用电量6539kWh；全社会用电量同比增长6.7%，增速比2022年提高3.1个百分点，国民经济回升向好拉动电力消费增速同比提高。各季度全社会用电量同比分别增长3.6%、6.4%、6.6%和10.0%，同比增速逐季上升；受2022年同期低基数以及经济回升等因素影响，四季度全社会用电量同比增速明显提高，四季度的两年平均增速为6.8%，与三季度的两年平均增速接近。

一是第一产业用电量延续快速增长势头。2023年，第一产业用电量1278亿kWh，同比增长11.5%；各季度同比分别增长9.7%、14.2%、10.2%和12.2%。近年来电力企业积极助力乡村振兴，大力实施农网巩固提升工程，完善乡村电力基础设施，推动农业生产、乡村产业电气化改造，拉动第一产业用电保持快速增长。分行业看，农业、渔业、畜牧业全年用电量同比分别增长7.8%、9.2%、18.3%。

[1] 新型储能数据来源于国家能源局。

二是第二产业用电量增速逐季上升。2023年，第二产业用电量6.07万亿kWh，同比增长6.5%；各季度同比分别增长4.2%、4.7%、7.3%和9.4%。2023年制造业用电量同比增长7.4%，分大类看，四大高载能行业全年用电量同比增长5.3%，各季度同比分别增长4.2%、0.9%、7.2%和8.7%，三、四季度的同比增速以及两年平均增速均有较为明显的回升。高技术及装备制造业全年用电量同比增长11.3%，超过制造业整体增长水平3.9个百分点，增速领先；各季度同比分别增长4.0%、11.7%、13.3%和14.8%。其中，电气机械和器材制造业用电量增速领先，各季度的同比增速及两年平均增速均超过20%。消费品制造业全年用电量同比增长7.0%，季度用电量同比增速从一季度的下降1.7%转为二季度增长7.1%，三、四季度增速分别进一步上升至8.4%、13.1%，各季度的两年平均增速也呈逐季上升态势，在一定程度上反映出2023年我国终端消费品市场呈逐步回暖态势。其他制造业行业全年用电量同比增长10.4%，各季度同比分别增长5.2%、10.7%、12.7%和12.2%；其中，石油/煤炭及其他燃料加工业用电量增速领先，该行业各季度的同比增速及两年平均增速均超过10%。

三是第三产业用电量恢复快速增长势头。2023年，第三产业用电量1.67万亿kWh，同比增长12.2%。各季度同比分别增长4.1%、15.9%、10.5%和19.1%；各季度的两年平均增速分别为5.3%、7.9%、9.3%和11.1%，逐季上升，反映出随着新冠疫情防控转段，服务业经济运行呈稳步恢复态势。批发和零售业、住宿和餐饮业、租赁和商务服务业、交通运输/仓储和邮政业全年用电量同比增速处于14%～18%，这四个行业在2022年部分时段受疫情冲击大，疫情后恢复态势明显。电动汽车高速发展拉动充换电服务业2023年用电量同比增长78.1%。

四是城乡居民生活用电量低速增长。2023年，城乡居民生活用电量1.35万亿kWh，同比增长0.9%，2022年高基数是2023年居民生活用电量低速增长的重要原因。各季度的同比增速分别为0.2%、2.6%、−0.5%、2.3%，各季度的两年平均增速分别为5.9%、5.0%、9.4%和8.7%。

五是全国31个省份用电量均为正增长，西部地区用电量增速领先。2023年，东、中、西部和东北地区全社会用电量同比分别增长6.9%、4.3%、8.1%和5.1%。分省（区、市）看，2023年全国31个省份全社会用电量均为正增长，其中，海南、西藏、内蒙古、宁夏、广西、青海6个省（区、市）同比增速超过10%。

二、电力生产供应情况

截至2023年底，全国全口径发电装机容量29.2亿kW，同比增长13.9%；人均发电装机容量自2014年底历史性突破1kW/人后，在2023年首次历史性突破2kW/人，达到2.1kW/人。非化石能源发电装机在2023年首次超过火电装机规模，占总装机容量比重在2023年首次超过50%，煤电装机占比首次降至40%以下。从分类型投资、发电装机增速及结构变化等情况看，电力行业绿色低碳转型趋势持续推进。

一是电力投资快速增长，非化石能源发电投资占电源投资比重达到九成。2023年，重点调查企业电力完成投资同比增长20.2%。分类型看，电源完成投资同比增长30.1%，其中非化石能源发电投资同比增长31.5%，占电源投资的比重达到89.2%。太阳能发电、风电、核电、火电、水电投资同比分别增长38.7%、27.5%、20.8%、15.0%和13.7%。电网工程建设完成投资同比增长5.4%。电网企业进一步加强农网巩固提升及配网投资建设，110kV及以下等级电网投资占电网工程完成投资总额的比重达到55.0%。

二是新增并网太阳能发电装机规模超过2亿kW，并网风电和太阳能发电总装机规模突破10亿kW。2023年，全国新增发电装机容量3.7亿kW，同比多投产1.7亿kW；其中，新增并网太阳能发电装机容量2.2亿kW，同比多投产1.3亿kW，占新增发电装机总容量的比重达到58.5%。截至2023年底，全国全口径发电装机容量29.2亿kW，其中，非化石能源发电装机容量15.7亿kW，占总装机容量比重在2023年首次突破50%，达到53.9%。分类型看，水电4.2亿kW，其中抽水蓄能5094万kW；核电5691万kW；并网风电4.4亿kW，其中，陆上风电4.0亿kW、海上风电3729万kW；并网太阳能发电6.1亿kW。全国并网风电和太阳能发电合计装机规模从2022年底的7.6亿kW，连续突破8亿kW、9亿kW、10亿kW大关，2023年底达到10.5亿kW，同比增长38.6%，占总装机容量比重为36.0%，同比提高6.4个百分点。火电13.9亿kW，其中，煤电11.6亿kW，同比增长3.4%，占总发电装机容量的比重为39.9%，首次降至40%以下，同比降低4.0个百分点。

三是水电发电量同比下降，煤电发电量占比仍接近六成，充分发挥兜底保供作用。2023年，全国规模以上电厂发电量8.91万亿kWh，同比增长5.2%。全国规模以上电厂中的水电发电量全年同比下降5.6%。年初主要水库蓄水不足以及上半年降水持续偏少，导致上半年规模以上电厂水电发电量同比下降22.9%；下半年降水形势好转以及2022年同期基数低，8—12月水电发电量转为同比正增长。2023年，全国规模以上电厂中的火电、核电发电量同比分别增长6.1%和3.7%。2023年煤电发电量占总发电量比重接近六成，煤电仍是当前我国电力供应的主力电源，有效弥补了水电出力的下降。

四是火电、核电、风电发电设备利用小时均同比提高。2023 年，全国 6000kW 及以上电厂发电设备利用小时 3592h，同比降低 101h。分类型看，水电 3133h，同比降低 285h，其中，常规水电 3423h，同比降低 278h；抽水蓄能 1175h，同比降低 6h。火电 4466h，同比提高 76h；其中，煤电 4685h，同比提高 92h。核电 7670h，同比提高 54h。并网风电 2225h，同比提高 7h。并网太阳能发电 1286h，同比降低 54h。

五是跨区、跨省输送电量较快增长。2023 年，全国新增 220kV 及以上输电线路长度 3.81 万 km，同比少投产 557km；新增 220kV 及以上变电设备容量（交流）2.57 亿 kVA，同比少投产 354 万 kVA；新增直流换流容量 1600 万 kW。2023 年，全国完成跨区输送电量 8497 亿 kWh，同比增长 9.7%；其中，西北区域外送电量 3097 亿 kWh，占跨区输送电量的 36.5%。2023 年，全国跨省输送电量 1.85 万亿 kWh，同比增长 7.2%。

六是市场交易电量较快增长。2023 年，全国各电力交易中心累计组织完成市场交易电量 5.67 万亿 kWh，同比增长 7.9%，占全社会用电量比重为 61.4%，同比提高 0.6 个百分点。其中全国电力市场中长期电力直接交易电量 4.43 万亿 kWh，同比增长 7%。

三、全国电力供需情况

2023 年电力系统安全稳定运行，全国电力供需总体平衡，电力保供取得好成效。年初，受来水偏枯、电煤供应紧张、用电负荷增长等因素叠加影响，云南、贵州、蒙西等少数省级电网在部分时段电力供需形势较为紧张，通过源网荷储协同发力，守牢了民生用电安全底线。夏季，各相关政府部门及电力企业提前做好了充分准备，迎峰度夏期间全国电力供需形势总体平衡，各省级电网均未采取有序用电措施，创造了近年来迎峰度夏电力保供最好成效。冬季，12 月多地出现大范围强寒潮、强雨雪天气，电力行业企业全力应对雨雪冰冻，全国近十个省级电网电力供需形势偏紧，部分省级电网通过需求侧响应等措施，保障了电力系统安全稳定运行。

电力体制机制改革

国家发展改革委推进第三监管周期省级电网和区域电网输配电价改革

5 月 9 日，为贯彻落实党中央、国务院关于深化电力体制改革的决策部署，保障电力安全稳定供应，促进电力行业高质量发展，国家发展改革委印发《关于第三监管周期省级电网输配电价及有关事项的通知》（发改价格〔2023〕526 号），在严格成本监审基础上核定第三监管周期省级电网输配电价，进一步深化输配电价改革。

通知强调，居民生活、农业生产用电继续执行现行电价政策。

通知明确，工商业用户用电价格由上网电价、上网环节线损费用、输配电价、系统运行费用、政府性基金及附加组成，系统运行费用包括辅助服务费用、抽水蓄能容量电费等，上网环节线损费用按实际购电上网电价和综合线损率计算。

通知提出，执行工商业（或大工业、一般工商业）用电价格的用户，用电容量在 100kVA 及以下的，执行单一制电价；100～315kVA 的，可选择执行单一制或两部制电价；315kVA 及以上的，执行两部制电价，现执行单一制电价的用户可选择执行单一制电价或两部制电价。

通知要求，省级价格主管部门要精心组织、周密安排，确保输配电价平稳执行，做好与电网企业代理购电制度等的协同，密切监测输配电价执行情况；电网企业要按照相关要求，严格执行输配电价，统筹推进电网均衡发展。

国家发展改革委、国家能源局印发建立煤电容量电价机制的通知

11 月 8 日，为贯彻落实党中央、国务院关于加快构建新型电力系统的决策部署，保障电力安全稳定供应，推动新能源加快发展和能源绿色低碳转型，国家发展改革委、国家能源局联合印发《关于建立煤电容量电价机制的通知》（发改价格〔2023〕1501 号），决定自 2024 年 1 月 1 日起建立煤电容量电价机制，对煤电实行两部制电价政策。

通知提出，为适应煤电向基础保障性和系统调节性电源并重转型的新形势，决定将现行煤电单一制电价调整为两部制电价。其中，电量电价通过市场化方

式形成，容量电价水平根据煤电转型进度等实际情况逐步调整，充分体现煤电对电力系统的支撑调节价值，更好保障电力系统安全运行，为承载更大规模的新能源发展奠定坚实基础。

通知明确，对合规在运的公用煤电机组实行煤电容量电价政策，容量电价按照回收煤电机组一定比例固定成本的方式确定。其中，用于计算容量电价的煤电机组固定成本实行全国统一标准，为每年每千瓦330元；2024—2025年，多数地方通过容量电价回收固定成本的比例为30%左右，部分煤电功能转型较快的地方适当高一些；2026年起，各地通过容量电价回收固定成本的比例提升至不低于50%。煤电容量电费纳入系统运行费用，每月由工商业用户按当月用电量比例分摊。

通知强调，同步强化煤炭价格调控监管，加强煤电中长期合同签约履约指导，促进形成竞争充分、合理反映燃料成本的电量电价，引导煤炭、煤电价格保持基本稳定。

通知要求，各地要加强政策协同，加快推进电力市场建设发展，完善市场交易规则，促进电量电价通过市场化方式有效形成，与煤电容量电价机制协同发挥作用，更好保障电力安全稳定供应，促进能源绿色低碳转型。

国家发展改革委印发抽水蓄能电站容量电价及有关事项的通知

5月11日，为进一步深化电力体制改革，完善抽水蓄能价格形成机制，促进抽水蓄能行业健康发展，国家发展改革委印发《关于抽水蓄能电站容量电价及有关事项的通知》（发改价格〔2023〕533号）。

通知提出，电网企业要统筹保障电力供应、确保电网安全、促进新能源消纳等，合理安排抽水蓄能电站运行；要与电站签订年度调度运行协议并对外公示，公平公开公正实施调度；要严格执行通知中核定的抽水蓄能电站容量电价，按月及时结算电费。

通知要求，各地发展改革委要加强对抽水蓄能电站容量电价执行情况的监管，发现问题及时报告国家发展改革委。

国家能源局印发《电力行业公共信用综合评价标准（试行）》

3月29日，为贯彻落实党中央、国务院关于推进社会信用体系建设高质量发展的决策部署，进一步强化电力行业信用分级分类监管，国家能源局发布了《电力行业公共信用综合评价标准（试行）》（国能发资质规〔2023〕28号，简称《评价标准》）。

《评价标准》指出，电力行业公共信用综合评价是通过依法依规整合全国信用信息共享平台、国家能源局资质和信用信息系统、国家企业信用信息公示系统、中国执行信息公开网等政务信息平台归集共享的公共信用信息，设置科学、合理的评价标准，建立信用评价模型，对电力相关企业开展全覆盖、标准化、公益性的公共信用综合评价，评价结果提供相关政府部门、有关企业、行业协会商会等参考使用，并依照有关规定公开。

《评价标准》明确，电力行业公共信用综合评价的主要原则是定量与定性分析相结合、一致性与可比性相结合、可操作性与适用性相结合、稳定性与动态性相结合。

《评价标准》提出，电力行业公共信用综合评价指标分为三级：一级指标6项，主要包括司法裁决、行业监管、商务诚信、经营状况、发展创新和守信激励，二级指标16项，三级指标46项。

《评价标准》提出，电力行业公共信用综合评价满分100分，分为A、B、C、D四个类别。综合得分由负面记录模块评分和正面记录模块评分相加得出。其中，负面记录模块主要为司法裁决、行业监管、商务诚信中的负面信息，包括失信被执行人、严重失信主体名单、行政检查记录等指标项，反映受评企业违法违规和违约失信等情况：正面记录模块主要为经营状况、发展创新、守信激励中的正面信息，包括资金规模、资质许可、知识产权等指标项，反映受评企业经营能力和守信状况等情况。公共信用综合评价类别根据受评企业的综合得分来确定，得分85～100分为A类，70～85分为B类，40～70分为C类，40分及以下为D类。若受评企业虽综合得分低于40分，但不存在严重失信主体名单记录，则其对应评价类别调为C级。

电 力 市 场

国家发展改革委、国家能源局发文要求进一步加快电力现货市场建设工作

10 月 12 日，国家发展改革委、国家能源局发布《关于进一步加快电力现货市场建设工作的通知》（发改办体改〔2023〕813 号），以发挥市场在电力资源配置中的决定性作用，发挥政府作用，进一步激发各环节经营主体活力，助力规划建设新型能源体系，加快建设高效规范、公平竞争、充分开放的全国统一大市场。

通知明确了现货市场建设要求。推动现货市场转正式运行。各省/区域、省间现货市场连续运行一年以上，并依据市场出清结果进行调度生产和结算的，可按程序转入正式运行。有序扩大现货市场建设范围。福建、浙江、四川、辽宁等地目前已明确开展长周期结算试运行时间，其他地区（除西藏外）加快推进市场建设，力争在 2023 年底前具备结算试运行条件。鼓励本地平衡较困难的地区探索与周边现货市场联合运行。加快区域电力市场建设。南方区域电力现货市场在 2023 年底前启动结算试运行。2023 年底前建立长三角电力市场一体化合作机制，加快推动长三角电力市场建设工作。京津冀电力市场在条件成熟后，力争 2024 年 6 月前启动模拟试运行。持续优化省间交易机制。省间电力现货市场继续开展连续结算试运行，2023 年底前具备连续开市能力。

通知提出，进一步扩大经营主体范围。加快放开各类电源参与电力现货市场。按照 2030 年新能源全面参与市场交易的时间节点，现货试点地区结合实际制定分步实施方案。不断扩大用户侧主体参与市场范围。现货市场运行的地方，电网企业要定期预测代理购电工商业用户用电量及典型负荷曲线，通过场内集中交易方式（不含撮合交易）代理购电，以报量不报价等方式、作为价格接受者参与现货市场出清结算。加快开展用户侧参与省间现货交易的相关问题研究。鼓励新型主体参与电力市场。通过市场化方式形成分时价格信号，推动储能、虚拟电厂、负荷聚合商等新型主体在削峰填谷、优化电能质量等方面发挥积极作用，探索“新能源+储能”等新方式。为保证系统安全可靠，参考市场同类主体标准进行运行管理考核。持续完善新型主体调度运行机制，充分发挥其调节能力，更好地适应新型电力系统需求。

通知提出，统筹做好各类市场机制衔接，包括做好现货与中长期交易衔接、加强现货交易与辅助服务衔接、完善电力市场价格体系、探索建立容量补偿机制等方面。

通知还对提升电力现货市场运营保障能力等方面作了具体要求。

国家发展改革委等部门印发《电力需求侧管理办法（2023 年版）》

9 月 15 日，为贯彻落实党的二十大精神，加快规划建设新型能源体系，服务经济社会高质量发展，确保能源安全，国家发展改革委、工业和信息化部、财政部、住房城乡建设部、国务院国资委、国家能源局等部门联合印发《电力需求侧管理办法（2023 年版）》（发改运行规〔2023〕1283 号）。

《电力需求侧管理办法（2023 年版）》提到，提升需求响应能力。到 2025 年，各省需求响应能力达到最大用电负荷的 3%～5%，其中年度最大用电负荷峰谷差率超过 40%的省份达到 5%或以上。到 2030 年，形成规模化的实时需求响应能力，结合辅助服务市场、电能量市场交易可实现电网区域内需求侧资源共享互济。

《电力需求侧管理办法（2023 年版）》提出，进一步加强需求响应、电能替代、节约用电、绿色用电、智能用电、有序用电等领域的技术研发和推广。重点推进新型储能、虚拟电厂、车网互动、微电网等技术的创新和应用。加强电力需求侧管理技术和产品知识产权保护，完善技术和产品检测、评估体系。

《电力需求侧管理办法（2023 年版）》是在 2017 年发布的《电力需求侧管理办法》（修订版）基础上修订而成的。《电力需求侧管理办法（2023 年版）》主要修订了以下几方面内容：一是新增需求响应章节。明确推动各地培育需求侧资源，鼓励多元化经营主体参与需求响应，构建需求响应资源库。基于电力市场建设进展与地方实践，引导和推动需求响应与电力市场协同衔接，支撑需求响应规模化发展。二是拓宽绿色发展内容。坚持节约优先，促进电力用户能效提升。推动绿色用电与绿电交易、绿证交易衔接，鼓励重点地区、重点企业提高绿电消费比重。聚焦重点领域，

科学推动电能替代，完善电能替代项目支持措施，稳步推进终端电气化水平提升。三是强化电力安全底线思维。明确需求响应与有序用电的边界，优先采取需求响应等措施后，仍无法满足电力电量平衡时，再执行有序用电，着重强调要依法依规实施有序用电。四是运用新一代信息技术手段。结合“云大物移智”等新一代信息技术的快速发展，推进电力消费智能化，实现电力利用效率的提升与电力利用方式的变革。

国家发展改革委、国家能源局印发《电力现货市场基本规则（试行）》

9 月 7 日，为加快推进电力市场建设，规范电力现货市场的运营和管理，国家发展改革委、国家能源局印发《电力现货市场基本规则（试行）》（发改能源规〔2023〕1217 号，简称《基本规则》）。

《基本规则》主要规范电力现货市场的建设与运营，包括日前、日内和实时电能量交易，以及现货与中长期、辅助服务、电网企业代理购电等方面的统筹衔接。

《基本规则》包括十三章 129 条内容及名词解释附件，主要包括四方面内容：

一是明确电力现货市场建设路径。《基本规则》明确推进省间、省（区、市）/区域市场建设，以“统一市场、协同运行”起步，加强中长期、现货、辅助服务交易衔接，畅通批发、零售市场价格传导，推动新能源、新型主体、各类用户平等参与电力交易。中远期现货市场建设要适应新型电力系统运行要求，实现源网荷储各环节灵活互动、高效衔接，形成平等竞争、自主选择的市场环境，逐步推动省间、省（区、市）/区域市场融合，推动全国统一电力市场体系全面建成。

二是规范电力现货市场机制设计。扩大市场准入范围，将虚拟电厂等新型主体纳入市场交易；规范市场限价机制，明确价格限值的确定与修改原则；促进市场衔接，提出现货与中长期、辅助服务交易衔接的原则性要求；细化市场结算管理，明确结算流程及结算方式。

三是明确电力现货市场运营要求。明确电力现货市场要依序开展模拟试运行、结算试运行和正式运行，并从规则体系、信息披露、技术支持系统、人员培训、计量管理、市场干预等方面规范各阶段工作内容及相关要求，保障电力现货市场建设工作平稳有序推进。

四是规范电力现货市场相关名词术语。

国家发展改革委、国家能源局印发《电力负荷管理办法（2023 年版）》

为贯彻落实党的二十大精神，加快规划建设新型能源体系，深化电力需求侧管理，确保电网安全稳定运行，保障社会用电秩序，9 月 7 日，国家发展改革委、国家能源局印发《电力负荷管理办法（2023 年版）》（发改运行规〔2023〕1261 号）。

《电力负荷管理办法（2023 年版）》共包括总则、需求响应、有序用电、系统支撑、保障措施、附则等 6 章 44 条。

在需求响应方面，《电力负荷管理办法（2023 年版）》提出，根据“谁提供、谁获利，谁受益、谁承担”的原则，支持具备条件的地区，通过实施尖峰电价、拉大现货市场限价区间等手段提高经济激励水平。鼓励需求响应主体参与相应电能量市场、辅助服务市场、容量市场等，按市场规则获取经济收益。

在有序用电方面，《电力负荷管理办法（2023 年版）》强调编制年度有序用电方案应按照先错峰、后避峰、再限电的顺序安排电力电量平衡。不得在有序用电方案中滥用限电措施，影响正常的社会生产生活秩序。不得以国家和地方节能目标责任评价考核的名义对电力用户等实施无差别的有序用电。

《电力负荷管理办法（2023 年版）》是在 2011 年发布的《有序用电管理办法》基础上修订而成的。《电力负荷管理办法（2023 年版）》结合能源电力安全保供新要求，进一步规范电力负荷管理工作流程，做实做细电力负荷管理工作。具体主要在明确负荷管理内涵、强化电力负荷管理科学性和规范性、强化技术平台建设等方面进行了修订调整。

2023 年全国电力交易市场信息

2023 年，全国各电力交易中心累计组织完成市场交易电量 56679.4 亿 kWh，同比增长 7.9%，占全社会用电量比重为 61.4%，同比提高 0.61 个百分点。其中，全国电力市场中长期电力直接交易电量合计为 44288.9 亿 kWh，同比增长 7%。

1. 全国各电力交易中心交易情况

2023 年，全国各电力交易中心累计组织完成市场交易电量 56679.4 亿 kWh，同比增长 7.9%，占全社会用电量比重为 61.4%，同比提高 0.61 个百分点。省内交易电量合计为 45090.1 亿 kWh，其中电力直接交易

42995.3 亿 kWh（含绿电交易 537.7 亿 kWh、电网代理购电 8794.7 亿 kWh）、发电权交易 1964.2 亿 kWh、其他交易 130.5 亿 kWh。省间交易电量合计为 11589.4 亿 kWh，其中省间电力直接交易 1293.6 亿 kWh、省间外送交易 10159.7 亿 kWh、发电权交易 136.1 亿 kWh。

2023 年，国家电网区域各电力交易中心累计组织完成市场交易电量 44433.6 亿 kWh，同比增长 6.8%，占该区域全社会用电量的比重为 61.1%，其中北京电力交易中心组织完成省间交易电量合计为 10879.5 亿 kWh，同比增长 13.2%；南方电网区域各电力交易中心累计组织完成市场交易电量 9317.7 亿 kWh，同比增长 9.2%，占该区域全社会用电量的比重为 59.2%，其中广州电力交易中心组织完成省间交易电量合计为 709.9 亿 kWh，同比下降 5.7%；内蒙古电力交易中心累计组织完成市场交易电量 2928.1 亿 kWh，同比增长 22.6%，占该区域全社会用电量的比重为 77.3%。

2. 全国电力市场中长期电力直接交易情况

2023 年，全国电力市场中长期电力直接交易电量合计为 44288.9 亿 kWh，同比增长 7%。其中，省内电力直接交易（含绿电、电网代购）电量合计为 42995.3 亿 kWh，省间电力直接交易（外受）电量合计为 1293.6 亿 kWh。

2023 年，国家电网区域中长期电力直接交易电量合计为 33777 亿 kWh，同比增长 5.6%；南方电网区域中长期电力直接交易电量合计为 8149.7 亿 kWh，同比增长 10.6%；蒙西电网区域中长期电力直接交易电量合计为 2362.2 亿 kWh，同比增长 15.5%。

国家能源局绿证核发工作启动会在北京召开

12 月 13 日，国家能源局在北京召开绿证核发工作启动会，12 家申领绿证的发电企业和 10 家绿色电力用户代表现场获颁国家能源局核发的首批绿色电力证书。国家能源局党组书记、局长章建华出席会议并讲话。局党组成员、副局长何洋主持会议。

2023 年 7 月，国家发展改革委、财政部、国家能源局联合印发《关于做好可再生能源绿色电力证书全覆盖工作 促进可再生能源电力消费的通知》（发改能源〔2023〕1044 号），对国家绿证制度进行了全面修订完善，明确由国家能源局负责绿证相关管理工作，对全国风电、太阳能发电、常规水电、生物质发电、地热能发电、海洋能发电等已建档立卡的可再生能源发电项目所生产的全部电量核发绿证，实现绿证核发全覆盖，标志着绿证核发进入新阶段。国家能源局首批核发绿证约 1191 万个，涉及项目 1168 个、发电企业 755 家。

会议强调了绿证核发全覆盖的重要性，要求组织做好绿证核发全覆盖各项工作，发挥绿证作用，开启可再生能源高质量跃升发展新篇章。

会上，与会企业代表围绕绿证核发交易系统及数据支撑、绿证绿电交易、绿电消费等方面作了交流发言。国家能源局新能源司和资质中心就当前及下一阶段绿证核发全覆盖工作作出了具体安排。国家发展改革委、财政部、国家能源局有关司负责同志参加启动会。

南方能源监管局召开电力现货市场结算试运行交流会

为进一步推动南方区域电力现货市场建设，充分发挥市场在电力资源配置中的决定性作用，更好发挥政府作用，激发海南电力系统各环节经营主体活力，近日，南方能源监管局联合海南省发展改革委共同召开 2023 年海南省电力现货市场结算试运行总结交流会。

交流会上，海南中调、海南电力交易中心分别从运行和结算方面做了详细总结分析，各市场主体对市场出清、结算、信息披露等方面提出有关问题建议，南网总调、广州交易中心、海南中调、海南交易中心相关负责人一一回应相关问题。南方能源监管局对更好推动海南融入南方区域电力现货市场提出监管意见。通过本次会议，大家一致认为，此次交流非常及时，不仅解开了发电企业的疑惑，更深入透彻地了解了市场交易规则，同时也提升了运营机构的分析能力，推动市场成员共同进步。

南方能源监管局方面表示，将会同有关部门加快推进海南电力市场建设，努力打造与海南自贸港相适应的电力市场体系。

山西、广东电力现货市场转入正式运行

12 月 22 日，山西省能源局、国家能源局山西监管办公室发布《关于山西电力现货市场由试运行转正式运行的通知》（晋能源电力发〔2023〕320 号），明确山西省电力现货市场当日起由试运行转入正式运行；12 月 28 日，广东省发展改革委、国家能源局南方监管局发布《关于广东电力现货市场转正式运行的通知》（粤发改能源〔2023〕311 号），明确广东电力现货市场当日起转入正式运行。山西、广东电力现货

市场转入正式运行，全国电力现货市场建设迈出从长周期试运行到正式运行的关键一步。

2017年8月，国家发展改革委、国家能源局印发《关于开展电力现货市场建设试点工作的通知》，选择南方（以广东起步）、山西、山东、蒙西等8个地区开展电力现货市场试点。山西电力现货市场自2018年12月启动试运行后，先后经历7次结算试运行，运行周期从单日逐步拉长双月，最终实现连续试运行，至2023年12月已连续运营32个月；广东电力现货市场于2018年8月在全国率先启动模拟试运行，2019年5月率先启动结算试运行，并自2021年11月起开展连续结算试运行，至2023年12月已连续运营26个月。山西与广东电力市场转入正式运行，说明其市场规则、交易机制、风险防控、信息披露、信用管理、技术支持等已满足市场连续运行要求，将为后续其他区域电力现货市场转正式运行奠定基础。

南方区域电力市场实现全域结算试运行

12月15日，南方区域电力现货交易完成从模拟运行到实时结算的转变，实现全域结算试运行，为构建全国统一电力市场体系迈出关键一步，标志着新一轮电力改革以来全国第一个区域电力市场建设开花结果。当日，在南方区域电力市场交易平台上，来自广东、广西、云南、贵州、海南5省（区）超过16万家发电厂、售电企业和电力用户达成了约2000万kWh的电力现货交易。

南方区域电力市场自2022年7月23日启动试运行，新能源、储能、虚拟电厂等新型主体陆续加入电力交易，日前和实时电能量交易，以及现货与中长期、辅助服务交易有效衔接。此前，南方区域电力市场已完成5轮调电，验证了市场出清结果的合理性、有效性。2023年10月，南方区域电力市场首次开展了覆盖广东、贵州、海南3省份的区域市场结算试运行，获得成功，为南方区域电力市场实现全域结算奠定了基础。南方区域电力市场全域结算试运行期间，具备现货申报权限的市场主体共有711家，自主申报的市场主体高达652家。

全国首个海上风电与配套储能一体化联合入市交易

6月1日11时，国家电投山东能源岛南国投配套储能场站完成电力现货市场日前申报，实现与海上风电一体化参与山东省电力现货市场，为全国首例风储联合入市交易。

岛南国投配套储能场站是半岛南3号海上风电配套储能，装机容量15MW/30MWh。在联合交易之前，配套储能无法实现自调度运行，充放电次数少，充放电价格无法响应现货市场价格，运行效率和经济性不佳，没有有效发挥储能削峰填谷、优化市场配置的作用。实现联合交易后，两项目将作为整体参与现货交易，配套储能充放电电量均能获得市场化电价，通过科学安排充放电，有效提升配储利用率。

根据《关于2023年山东省电力现货市场结算试运行工作有关事项的通知》等文件要求，新能源与配建储能联合主体可自主参与电力中长期和现货市场交易。在中长期市场中，联合主体可与用电侧主体自主签订中长期合约，约定合约曲线和价格；在日前市场中，联合主体应申报新能源短期预测出力、竞价信息，其配建储能申报充放电曲线，参与日前市场出清；在实时市场中，市场运营机构结合新能源报送的超短期预测出力，以及日前市场中申报的信息，组织开展实时市场出清。新能源场站申报的配建储能充放电曲线在满足电网安全运行和新能源优先消纳的条件下优先出清，新能源与其配建储能作为一个联合主体结算。新能源与配建储能作为联合主体参与市场化交易，有利于提高储能利用率和新能源场站的盈利能力，是通过市场化方式提升新能源消纳水平的又一成功实践。

广西发布2024年电力市场交易实施方案

12月29日，广西工信厅等部门发布《2024年广西电力市场交易实施方案》（简称《方案》），《方案》提出，有序推动工商业用户进入电力市场，2024年广西电力市场规模预计约920亿kWh。

《方案》明确，发电企业采用“基准价+上下浮动”的市场化上网电价机制，按照峰段、平段、谷段三个时段分别形成分时段交易价格。市场交易用户用电价格由电能量交易价格、上网环节线损费用、输配电价、系统运行费用、政府性基金及附加、市场损益分摊或分享、峰谷浮动价格等组成，电网企业代理购电用户购电价格按现行政策形成。

《方案》要求，2024年广西电力市场化交易主要按年度、月度和周组织。2024年按照峰段、平段、谷段三个时段开展分时段交易，其中上半年根据各时段交易电量总和及平段交易价格开展交易结算，并开展分时段模拟结算。采用双边协商、挂牌交易方式，标的物为发电企业、电力用户2024年市场化上网电量、外购电量（不含留存电量），鼓励签订多年电力中长期合同。其中，分时段交易电量、分时段交易价格应分别明确。2024 年年度市场电量直接交易规模为 550 亿 kWh，允许 2023 年底及 2024 年新投产煤电机组参与 2024 年年度交易。

青海电力现货市场首次开展调电试运行

12 月 6 日，青海电力现货市场首次开展调电试运行并取得成功。试运行期间，青海电网运行安全稳定，现货交易组织有序，技术支持系统运转正常，电力现货市场交易与电力生产运行有序接轨，标志着青海电力市场建设迈出了重要一步。

“启动首次调电试运行，是青海新型电力系统下市场机制构建的一次大胆尝试，试运行的成功充分验证了青海电力现货市场运行机制和规则的可行性，也为后续电力现货市场结算试运行奠定了基础，对于推动做好电力保供与新能源消纳工作意义重大。”国网青海省电力公司调度控制中心主任李永斌介绍说，试运行期间，省内 4 家火电厂、252 家光伏电站、86 家风电场和 2 家独立储能电站共计 344 家发电侧企业积极参与。市场主体实时跟踪执行现货市场出清结果，调控中心密切监视电网运行状态，确保电网运行平稳。

此前，为确保本次试运行工作的顺利开展，在青海省能源局的支持和指导下，青海电力作为具体实施单位，精心编制首次调电试运行方案，研判运行风险，制定风险预控措施。提前开展市场化调度生产组织流程测试和调度运行模式适应性调整，针对发电侧重点关键环节，组织各发电侧企业开展方案宣贯及专题培训，组织专业力量全程监测电网运行情况，实现调度生产组织从计划模式向市场模式平稳切换，确保试运行期间电力实时平衡和电网安全稳定运行。

宁夏电力现货市场开展首次调电试运行

7 月底，宁夏首次开展为期 6h 的电力现货市场调电试运行，标志着宁夏电力现货市场进入新阶段。

据悉，电力现货市场进入正式试运行前，要经历 3 步，即模拟试运行、调电试运行、结算试运行。调电试运行期间发电侧市场主体出力完全按照市场交易结果执行，同时检验交易结果是否能满足电网的实际运行要求，是现货市场建设过程中由模拟转向实际控制的重要环节。

据宁夏发展改革委官方数据显示，2023 年上半年，宁夏新投产新能源发电装机容量 207 万 kW，较 2022 年年底增 13%。此外，宁夏市场化交易电量占比位居全国前列。2023 年，除居民、农业、重要公用事业等优先用电计划外，宁夏全区 10kV 及以上工商业用户年度用电量全部进入市场，上半年市场化交易电量占宁夏电网区内售电量的 86%。

为保障首次调电试运行工作顺利开展，宁夏电力精心编制首次调电试运行筹备工作方案和风险预控方案，提前开展市场化调度生产组织流程测试和调度运行模式适应性调整，组建工作小组全程监测电网运行情况，实现了调度生产组织从计划调度向市场调度的平稳切换。

此次调电试运行共有 310 家新能源、30 家火电、60 家大用户、9 家售电公司参与，调电试运行期间，所有火电机组及新能源场站实时跟踪执行实时现货市场出清结果，现货市场模式切换后电网运行平稳、系统频率正常。

独立储能首次“报量报价”进入电力现货市场

11 月初，南方电网梅州宝湖独立储能电站（简称宝湖储能站）在南方（以广东起步）电力现货市场顺利完成首个月份 31 天的交易，标志着国内独立储能首次成功以“报量报价”的方式进入电力现货市场，开辟了独立储能价格机制和商业模式的市场化新路径。

作为南方电网电网侧独立储能的建设运维主体，南网储能公司响应政策号召，推动 2023 年新投运的宝湖储能站进入现货市场交易。梅州宝湖储能电站于 2023 年 3 月投入商业运行，规模为 70MW/140MWh，按照每天 2 次充放电测算，每年可发电近 9200 万 kWh，相当于 4.2 万居民用户全年的用电量。

“自主申报多段充放电功率及预期价格”的“报量报价”方式要求市场成员科学制定报价策略，正确研判市场交易形势，及时响应市场需求。2023 年 10 月 1 日，宝湖储能站在国内率先以“报量报价”方式进入电力现货市场，迈出了储能市场化新商业模式的第一步。

“报量报价”模式主要包括“交易申报”“日前电能量市场出清”“实时电能量市场出清”3 个主要环节。“交易申报”要求市场参与主体申报“充放电能量价格曲线”和“日末荷电状态期望值”；“日前电能量市场出清”和“实时电能量市场出清”是根据“交易申报”情况，运用安全约束机组组合、安全约束经济调度两大程序，从不同时间尺度上对运行日的充放电出力计划曲线和分时节点电价进行精准计算，电力调度机构可结合安全需要，对充放电计划曲线进行调整。

统计10月出清结果，宝湖储能站在电力市场累计实现充放电转换844次，充放电量931万kWh，在月度充放电总量与进入市场前基本持平的情况下，响应次数较上月环比超8倍，初步实现了通过电力现货市场交易实现储能充放电行为与系统调节需求的精准匹配，提升了地区电力供应能力和保障电网安全稳定运行。

广东省印发独立储能参与电能量市场交易细则

9月21日，国家能源局南方监管局、广东省能源局审定印发《广东省独立储能参与电能量市场交易细则（试行）》（简称《独立储能交易细则》），支撑市场运营机构组织相关独立储能电站参与南方（以广东起步）现货市场交易试点，标志着新型储能参与电能量市场交易机制在广东正式落地。

《独立储能交易细则》明确了独立储能主体参与电能量市场交易的准入条件与注册要求，细化了独立储能主体参与中长期电能量、现货电能量市场的组织和交易结算等规则，并有效解决了独立储能参与电力辅助服务市场的结算问题，为广东独立储能全面参与电力市场提供坚实机制保障。

江西电力现货市场完成首次结算试运行

6月14—20日，江西省电力现货市场完成首次结算试运行，成为全国电力现货市场建设非试点省（区、市）首个，也是全国第14个开展电力现货市场结算试运行的省份（地区），标志着江西初步构建了“中长期+现货+辅助服务”的完整市场体系。

江西省全部在运的40台市场化火电机组、134座新能源场站、18个电化学储能电站（含新能源配套储能）、27家售电公司和5家电力大用户参与了本次结算试运行，未直接参与市场的工商业用户由电网企业代理参与。

结算试运行前期，为做好各项准备工作，国网江西省电力有限公司调控中心与江西电力交易中心一同组织发电企业、售电公司和电力用户共计130余人开展专项培训，帮助市场主体提升电力市场知识储备，助力结算试运行期间电力市场稳定运行。

国内首例生物质发电参与现货市场交易

9月1日，国家电投国能生物旗下3台生物质发电机组在山东电力交易中心完成首单现货交易，开创了生物质发电参与现货市场的先河。

国能生物在国家电投营销中心指导和山东能源公司支持下，先后向山东省发展改革委、山东省能源局、山东能源监管办，山东电力调度中心、山东电力交易中心等相关部门做了专题汇报和多轮次磋商交流，取得市场准入资格，于9月1日正式进入山东省电力现货市场。

本次在山东电力交易中心顺利完成现货交易出清的机组是国能生物山东临沂、宁阳、惠民3台生物质发电机组，当日出清溢价收益近10万元。

西藏绿电首次送入重庆

12月国网重庆市电力公司组织完成了西藏首批276.8万kWh的绿电交易，并按计划送入重庆电网消纳。这也是国网西藏电力有限公司首次组织绿电交易，推动西藏自治区绿电交易实现零的突破。

12月5日，重庆电力交易中心组织重庆相关售电公司与西藏相关发电企业登录北京电力交易“e-交易”平台完成交易。12月16日起，这批绿电开始向重庆送电。

至此，国家电网有限公司供电区域内共有27个省区市参与绿电交易。主要由各省区市电力交易中心负责收集绿电交易需求、核定送电能力及输电通道等内容，并提交北京电力交易中心组织交易。

同时，本次绿电交易是新能源光伏企业第一次自愿放弃国家财政补贴参与交易，为后期新能源企业全面开展市场化交易做好示范，也为此后重庆大规模消纳西藏绿电打通了路径。

深圳率先实现虚拟电厂参与跨省备用市场竞价

11月3—5日，在南方电网总调的指导下，深圳虚拟电厂管理中心组织深圳虚拟电厂参与南方区域跨省电力备用辅助服务市场，与网内其他常规电源发电主体同台竞价，在国内率先实现第三方独立主体参与跨省电力资源调配市场竞价。

该举措验证了虚拟电厂等第三方独立主体常态化参与区域级市场获益并可持续发展的可行性，将提升南方区域电力市场参与主体的多元性和电网资源调度的灵活性，是落实“双碳”目标和加快建设全国统一电力市场体系要求的具体实践。

深圳虚拟电厂管理中心组织深圳 7 家虚拟电厂积极申报参与此次交易。这 7 家虚拟电厂以第三方独立主体身份，与广东省内其他传统发电主体同台竞价。经日前出清，深圳虚拟电厂合计中标容量达到 65MW，单日最大中标容量达到 24MW。按照结果，在运行日为备用需求方海南省提供了富余备用容量，使资源通过市场化机制参与到跨省资源的余缺互济优化配置中，促进供需协同。

深圳于2022年8月成立了国内首家虚拟电厂管理中心，该中心设在南方电网深圳供电局，由深圳市发展改革委管理，主要负责虚拟电厂管理平台的建设和日常运行维护，建立虚拟电厂日常运行的管理制度，组织开展虚拟电厂用户注册、资源接入、调试管理、接收和执行调度指令、响应监测、效果评估等工作。

国内首个省级虚拟电厂管理中心成立

8 月 9 日上午，海南省虚拟电厂管理中心授牌及首批虚拟电厂上线仪式在海口市举行，这也是国内首家省级虚拟电厂管理中心，标志着海南省虚拟电厂建设迈入了快速发展新阶段。

海南省虚拟电厂管理中心设在南方电网海南电网公司，该中心在省发展改革委的指导下，建立海南省虚拟电厂管理平台与负荷聚集商运营平台对接，已接入充换电站、5G 基站、空调等资源，形成规模 50 万 kW 的虚拟电厂，接近大型发电厂的装机容量。

未来，海南省虚拟电厂管理中心将在政府的指导下研究相关政策和机制，通过调动市场主体积极性，引导电源侧、电网侧、负荷侧和独立储能等主动参与、合理布局、优化运行，提升用户灵活调节能力和智能高效用电水平，实现虚拟电厂业态科学健康发展。

山西首批虚拟电厂建成

2 月 8 日，经过历时 8 个月的推进，山西完成首批 9 家售电主体申报的 15 家虚拟电厂建设，共聚合容量 184.74 万 kW，可调节容量 39.2 万 kW。

2022 年 6 月，为应对可能出现的电力供需紧张形势，山西出台《虚拟电厂建设与运营管理实施方案》。这是全国首份省级虚拟电厂建设和运营管理文件。其中，国网山西省电力公司作为主要的建设和参与方，配合山西省能源局开展虚拟电厂建设方案评估、交易规则制修订、测试标准制定、具体电厂测试、系统平台建设等工作。

分布式光伏首次以虚拟电厂方式参与响应

1 月 20—25 日，山东电网连续 6 天组织开展紧急型填谷电力需求响应，需求响应参与用户 2572 户次，最大填谷响应负荷 93.92 万 kW，增加清洁能源消纳 2344.08 万 kWh。在此期间，国网山东电力滨州供电公司与国网（山东）电动汽车服务有限公司作为虚拟电厂负荷聚合商，将自主运营的 3001 座电动汽车充换电站、分布在山东各地的 50 座蔚来汽车换电站以及滨州等市的分布式光伏发电项目，聚合为一座虚拟电厂参与需求响应。

本次填谷需求响应，将试点低压分布式光伏和电动汽车充电站可控负荷聚合为虚拟电厂，参与需求侧响应进行填谷，并发挥区块链在数据安全、可信监管方面的作用，响应过程数据上链存储，化“被动调峰”为“主动参与”，按照实际响应记录分配补贴，提升居民光伏市场收益率。

这是在全国首创低压分布式光伏以虚拟电厂方式主动参与需求侧响应，并应用区块链技术进行可信记录与存证。

江苏无锡供电首创绿电消费服务新模式

8 月 18 日，在国网江苏电力无锡供电公司新吴区供电营业厅，无锡普洛菲斯电子有限公司提交了 2024 年 1200 万 kWh 绿电需求交易意向，这是国内首次由营业厅服务窗口受理的绿电需求交易意向。

无锡市新吴区拥有众多外向型企业，为提升企业出口产品竞争力，无锡供电、国网江苏营销服务中心在新吴区供电营业厅建设绿电交易服务示范窗口，提供绿电需求“一站式”受理服务，实现用户绿电需求直达江苏电力交易中心。江苏电力交易中心对省内绿电资源信息、用户绿电交易需求进行公告，便于新能源发电企业、售电公司主动对接用户需求，促进供需匹配。

中国海油达成国内企业首次长周期绿电交易

10 月 17 日，中国海洋石油集团有限公司旗下的中海油电力投资有限公司与通威集团在四川成都正式签署绿色电力长周期双边协商交易协议，通威集团旗下的通威新能源将在较长周期内，以协议价格向中国海油提供可再生能源电力。这是国内企业间首次完成的长周期绿电交易，成功打造了“国企+民企”新合作典范。

此次绿色电力长周期交易协议的签署，由中国海洋石油有限公司新能源部统筹安排，中海油电力投资有限公司具体实施。协议签署后，通威新能源将在一个较长的期限内为中国海油南海区域油田以及广东地区的炼化企业、LNG 接收站等持续提供优质的绿色电力资源，为中国海油打造绿色油田、零碳 LNG 接收站、“碳中和”工厂等增添助力。

电力建设

电源建设工程

火 力 发 电

【全球最大规模的燃机烟气余热利用项目在华能北京热电厂全容量投产】12 月 15 日，华能北京热电厂燃机烟气余热利用项目完成各负荷工况下性能试验工作并移交生产，标志着全球最大规模燃机烟气高效余热利用项目全容量投运，也是全球首个采用“烟气－水板式换热器＋热泵技术”的 F 级燃机烟气余热利用项目，回收烟气废热全部进入城市热网，对提高一次能源利用率、节能降碳具有示范作用。

该烟气余热利用项目是从燃机燃烧产生的烟气废热中回收热量，加热供热循环水，助力城市供暖。项目投产后，北京热电厂燃机新增零碳供热能力30万kW，增加供热面积750万m^2，相当于节省天然气8000万m^3/a，减排二氧化碳 13 万 t/a，回收烟气冷凝水 50 万 t/a。

项目采用“烟气－水板式换热器＋热泵”的技术路线，解决了板式换热器装在烟道尾部的空间受限、烟气阻力、低温腐蚀等难题，提升了换热效率，节约建设用地及投资。试运及性能试验结果显示，系统排烟温度从 85℃降至 30℃，热网回水温度从 49℃升高到 84℃，机组背压工况下联合循环热效率从 88%提升至 99%，各参数均优于设计值。

【华能洋浦天然气热电联产项目全面建成投产】3 月 16 日，海南省最大的清洁能源热电联产项目——华能洋浦天然气热电联产项目二套机组顺利通过 168h 满负荷试运行，标志着洋浦天然气热电联产项目全面建成投产。

该项目位于海南省洋浦经济开发区，总装机容量 99 万 kW，包括两台 49.5 万 kW 9F 燃气－蒸汽联合循环热电联产机组，可实现年发电量约 40 亿 kWh，年供热量约 1038 万 GJ，年节约标准煤约 28 万 t，减排二氧化碳约 75 万 t。

项目建设过程中，应用 5 项国内首创技术、17 项“五新”技术，累计获得专利授权超 200 项；机组采用华能“睿渥”DCS 控制系统，是国内首个拥有完全自主可控“国产大脑”的燃机电厂，同时依托华能碳捕集、利用与封存技术，打造全球首个每年 2000t 的燃机碳捕集验证装置。

【国内首个等容量煤电替代项目在华能石洞口一厂全面建成投产】5 月 25 日，华能石洞口一厂 6 号机组通过 168h 连续满负荷试运行，至此全国首个等容量煤电替代示范项目全面建成投产。

作为上海市能源保障重大建设项目，该项目在石洞口一厂原厂区内新建 2 台 65 万 kW 高参数、高效率、低排放、二次再热超超临界燃煤机组（5、6 号机组），替代 4 台 32.5 万 kW 老旧燃煤机组（1～4 号机组）。其中，5 号机组已于 2022 年 12 月建成投产。

6 号机组试运行情况表明，相比替代前的老旧机组，生产供电煤耗 264.4g/kWh，优于设计值，新投机组生产供电煤耗下降约 20%，相当于度电减少二氧化碳排放 220g，机组技术经济指标和环保指标均达到同类型机组最好水平。

【大唐山东郓城 630℃超超临界二次再热国家电力示范项目主体工程全面启动】8 月 31 日，世界首台 630℃国家电力示范项目推进大会召开。同日，大唐郓城 630℃超超临界二次再热国家电力示范项目主体工程全面启动，项目安装 2 台 100 万 kW 超超临界二次再热燃煤发电机组，是全国“压力最高、温度最高、效率最高、煤耗最低”的单轴百万千瓦火电机组。

大唐郓城国家电力示范项目位于山东省菏泽市郓城县。是“十三五”期间国家唯一立项的百万千瓦级煤电示范项目和山东省新旧动能转换重大项目。

大唐郓城项目聚合全国火电装备全产业链优质资源，开展科技攻关和科技创新，以再热汽温 630℃、发电热效率突破 50%为示范点，机组设计主蒸汽压力 35.5MPa，供电煤耗 256.28g/kWh。采用 10 大创新技术，特别是国产自主研发的新一代马氏体耐热钢 G115 新型材料在电力装备上的首次应用，填补了国家耐高温材料研发领域技术空白。

该项目总投资约 93 亿元。投产后，年发电量可达 100 亿 kWh，较常规煤电机组每年可节约标准煤 35 万 t，减排二氧化碳 94.5 万 t，可带动地方税收 5 亿元，创造就业岗位 2000 余个。

【大唐海口天然气发电项目一期工程全面投产】5 月 30 日，大唐海口天然气发电项目 2 号机组通过 168h 试运行，正式投入商业运营，标志着该项目一期工程建设全面竣工，两台 9F 级燃气－蒸汽联合循环发电机组（2×487.1MW）实现“双机”投产。

大唐海口天然气发电项目是《海南自由贸易港建设总体方案》出台后，海南省首个开工建设的大型清洁能源项目。项目自 2021 年 2 月 28 日开工建设，在建设中，大唐海口天然气发电项目采用“非能动”设计理念，充分利用取水点与厂址厂区高程差，原水和雨水均采取重力自流，实现节能降耗。优化雨水集水管脉，实现全容量雨水回收利用。利用“全膜工艺”打造高效先进水处理系统，建成海南首家利用 MVR 蒸发结晶技术实现废水零排放的电厂。充分利用厂区、建筑布置屋顶光伏、小型景观风能及储能装置，建成风光火储一体化新型绿色电厂。采用数字智慧与工业互联网技术，以智慧云中心为应用平台，融合数字、智能化技术，实现生产经营全过程数字和智慧化管控，建成海南首家“5G+”智慧电厂。

大唐海口天然气发电项目“双机”投产后，可实现年发电量 24 亿 kWh，年均节约标准煤约 25 万 t、减排二氧化碳约 192 万 t，将满足“十四五”期间海南省自贸港建设及海口市总部经济建设电力增长需求。

【中国华电投运首台国产 F 级 50MW 重型燃气轮机】1 月 3 日，被誉为“中国争气机”的首台国产 F 级 50MW 重型燃气轮机在广东华电清远华侨园燃气分布式能源站首次并网发电，宣告东方电气集团自主研制的 F 级 50MW 重型燃气轮机正式商运，填补了国内自主燃气轮机应用的空白。

重型燃气轮机是发电和驱动领域的核心设备，体现了一个国家的重工业整体能力。与同功率燃煤火力发电机组相比，这台 F 级 50MW 重型燃气轮机一年可减少碳排放超过 50 万 t，联合循环 1h 发电量超过 7 万 kWh。

【华电平江 2×100 万 kW 超超临界燃煤发电机组投产】4 月 22 日 18:00，华电湖南平江发电有限公司超超临界清洁高效项目一期工程 2 号发电机组通过 168h 试运行，正式移交商业运营。至此，由中国华电投资建设的华电湖南平江 2×100 万 kW 超超临界燃煤发电机组全部建成投产运营。

平江一期工程是湖南省重点能源项目，也是中国华电在湘首期百万千瓦火力发电机组。项目依托北煤南运重要战略通道—浩吉铁路建设，总投资 74.3 亿元，其中环保投资超过 13 亿元。项目同步建设国际最先进的烟气脱硫、脱硝装置和除尘等超低排放环保设施，年发电量 96 亿 kWh，减排二氧化硫约 2182t、氮氧化物约 1638t、烟尘约 790t。

项目自 2020 年 12 月开工建设，用时 24+4 个月实现了 2 台百万千瓦机组双投产，较计划工期提前 4 个月。

【华电广东汕头 2×68 万 kW 超超临界机组投产】6 月 29 日，华电广东汕头 2×68 万 kW 超超临界机组全部投产。华电广东汕头 2×68 万 kW 超超临界清洁高效项目年发电量 60 亿 kWh。项目向海而建、移山填海，开挖土石方 300 万 m^3 左右，填海土石方 169 万 m^3，节约土地 204 亩（1 亩 = 666.67m^2）。采用海水作为循环冷却水，每年节约淡水 900 万 t。采用高效清洁发电技术，实现灰、渣、石膏综合利用率 100%，废水零排放。

项目位于广东省汕头市，2015 年取得广东省发展和改革委员会核准，是广东省“十四五”能源重点建设项目。项目为港电一体化电厂，总投资 68 亿元，建设 2×680MW 高效洁净超超临界燃煤发电机组和 7 万 t 级专用煤码头。项目于 2021 年 6 月开工，2 台机组分别于 2023 年 5 月 28 日和 6 月 29 日投产。

【华电青岛公司燃机项目 5 号机组投产发电】12 月 25 日，华电青岛公司 5 号燃气机组通过 168h 试运行，标志着山东省首台套 9F 重型燃机示范项目正式投产发电。此项目是山东省“十四五”重型燃气机组示范项目，规划建设 2 台 9F 重型燃机，单机容量达 505.54MW，项目燃机国产化率达 90%以上，天然气增压机国产化率达 95%。项目动态投资 22.02 亿元，2022 年 4 月 22 日主体开工，将天然气贸易计量站和调压站合并设置，是国内首次采用主厂房品字形布置的燃机项目，不仅提高了机组经济性，还节省占地面积 846m^2，节约工程总投资 345 万元。

【华电龙口四期 2×660MW 热电联产项目 2 号机组投运】12 月 17 日，华电龙口发电有限公司四期工程 2×660MW 项目 2 号机组完成 168h 满负荷试运行，标志着山东省“十四五”首个“上大压小”项目正式投产。

项目集成应用了一系列先进技术和工艺，在全国 60 万 kW 等级一次再热燃煤热电机组中热耗最优。项目国内首次采用热管式低温省煤器烟气余热利用技术，实现烟气侧和水侧彻底隔离，烟气经热管换热器后，可降低排烟温度约 30℃，进一步提高除尘器效率。项目是中国华电首台套“汽电双驱”引风机高效供热项目，最大可提供 200t/h 工业蒸汽。2 号机组投运后每年可提供清洁电能超过 57 亿 kWh，与现役机组相比等效减少标准煤消耗约 40 万 t，减少二氧化碳排放约 144 万 t，相当于种植 930 万棵树。机组采用先进的海水淡化技术，不占用淡水资源，每年可节约淡水 490 万 t。

该项目位于山东省烟台市龙口市西城区电厂南路 1 号，地处胶东半岛负荷中心，具备灵活响应能力，可消纳更多波动性的可再生能源，发挥兜底保障和灵活调节作用，同时具备港口、坑口、铁路“三位一体”优势。建成后可供热面积 700 万 m^2，有效满足胶东半岛日益增长的用电、采暖和工业热负荷需求，缓解山东省峰值电力负荷压力。

【国家电投安徽平圩电厂四期项目开工】国家电投安徽平圩电厂四期项目建设 2×100 万 kW 超超临界燃

煤发电机组，2022年获得核准，2023年12月29日开工。项目位于安徽省淮南市，依托两淮煤炭基地和支撑性电源点建设，是典型的清洁高效坑口电站和电网支撑电源点，该项目建设将充分发挥淮南煤电基地优势，为全省提供电力支撑，与国家《长江三角洲区域一体化发展规划纲要》高度契合，计划2026年投产。作为安徽省内首台百万二次再热机组，平圩四期工程积极引进"BEST"双机回热、高位收水两机一塔、20%深度调峰、三维可视化等火电新技术，并以全寿期效益最优为指导，全力实现造价控制与安全、质量、进度控制的有机统一。发电煤耗247.4g/kWh，供电煤耗259.0g/kWh，优于国内同期同类机组先进值。

【国家电投上海电力闵行发电厂H级燃气－蒸汽联合循环发电机组投产】该项目建设一台45万kW（F级）和一台75万kW（H级）燃气－蒸汽联合循环发电机组。其中H级燃机采用上海电气－安萨尔多GT36－S5重型燃机，为国内首台套商运GT36－S5机组，燃机为整机进口设备，由瑞士设计、意大利生产。作为上海市重大工程，该项目还肩负着重型燃机国产化以及打响"上海制造"品牌的重任。闵行发电厂燃机项目于2019年12月28日开工，2021年12月F级机组投产，2023年9月28日H级机组投产。

【国家能源集团北仑电厂一期节能减排改造项目（8、9号机组）开工】项目位于浙江省宁波市北仑区，已纳入浙江省电力发展十四五规划。项目建设2台1000MW超超临界二次再热燃煤发电机组，同步安装建设高效脱硫、脱硝、除尘装置。2023年8月29日，国家能源集团北仑电厂一期节能减排改造项目（8、9号机组）主厂房浇筑第一罐混凝土，实现项目高标准开工。

【国家能源集团常州公司二期工程（3、4号机组）开工】项目位于江苏省常州市新北区长江江畔，项目一期是原国电集团成立后新建的首个600MW级电源项目，两台630MW超临界机组分别于2006年5月、11月投产发电。项目二期工程（3、4号机组）于2022年10月28日经省发展改革委批准，2023年8月28日实现高标准开工建设。

【国家能源集团清远电厂二期工程（3、4号机组）开工】项目位于广东省清远市英德市沙口镇，规划总装机容量400万kW，分两期分别建设两台100万kW国产超超临界二次再热燃煤发电机组，是目前国内最大在建火电项目，广东省重点建设项目。一期工程于2015年8月11日取得广东省核准，二期工程于2022年10月17日取得广东省核准，项目处于粤港澳大湾区边缘，建成后将成为"西电东送"主通道和广东北部电网重要电源支撑点。项目一期工程于2021年7月30日浇筑第一方混凝土，1、2号机组已于2023年12月双机投产；二期工程3、4号机组于2023年12月28日开工建设，计划2026年全面投产。

【国家能源集团国电电力上海庙电厂4号机组投产】项目位于内蒙古鄂尔多斯市鄂托克前旗上海庙镇国家能源化工基地，规划建设2×1000MW+2×1000MW超超临界燃煤间接空冷机组。是国家"大气污染防治行动计划12条重点输电通道"配套重点电源项目和"十四五"重点工程。1、2号机组与2019年6月22日开工建设，1号机组2021年12月27日投产；2号机组2022年7月9日投产。3、4号机组2020年10月18日开工建设，3号机组2022年12月31日投产；4号机组2023年5月22日完成168h满功率试运行考核并投入商业运行，至此2×1000MW+2×1000MW国内首个百万等级一次建成最大容量火电机组全面投产。工程先后荣获中国电力行业优质工程，中国工业大奖，优秀设计奖3项，科技进步奖11项、QC、工法、发明专利、实用新型专利等省部级及以上奖项183项。

【国家能源集团邯郸热电退城进园工程投产】国家能源集团邯郸热电退城进园工程位于河北省邯郸市肥乡区境内，距邯郸中心城区约15.4km。该工程利用国电电力邯郸东郊热电有限责任公司一期工程扩建端场地，建设1台350MW超临界供热机组（3号机组）和1台154MW超高压背压供热机组（4号机组）。其中，4号机组是国内最大的民生采暖背压供热机组、国内最大容量的异地迁建机组。退城进园工程是河北省首个以"等容量"替代方式谋划推进的大型煤电工程。工程于2021年11月21日正式开工，2023年3月18日，4号机组（72+24）h满负荷试运顺利投产。2023年7月14日，3号机组350MW超临界燃煤热电联产机组，通过168h满负荷试运行，至此国家能源集团邯郸热电退城进园工程全面投产。

【国家能源集团泰州公司50万t/a CCUS项目投产】项目依托泰州公司4号机组（全球最早1000MW超超临界二次再热燃煤机组），开展燃煤电厂燃烧后CO_2捕集、利用、封存技术研究，同时，项目结合周边资源禀赋开展二氧化碳资源化、能源化消纳利用研究。项目于2021年获国家能源集团立项批复，并被列入年度"十大科技攻关项目"。2022年初，该项目成功申报国家发展改革委"煤炭清洁高效利用关键核心技术攻关项目"。

项目于2022年3月22日开工，2023年5月15日实现整组启动，6月2日正式运行。2023年11月14日，经中国计量科学研究院测定，项目所有性能指标均优于国家发展改革委考核目标，达到行业领先水平。

【国家能源集团岳阳发电有限公司1、2号机组投产】项目位于湖南省岳阳市华容县东山镇关山村，规划建设4×1000MW超超临界燃煤发电机组。该工程是国家能源集团与湖南省人民政府战略合作重点项目。1、2号机组于2021年12月26日工程高标准开工建设，1号机组2023年10月25日投产，2号机组2023年12月16日投产。工程先后荣获中国电力建设企业协会颁发的“电力安全生产标准化一级工程建设项目”证书，荣获中国电力技术市场协会火电燃料技术创新成果五星成果奖，被评为中国电力建设企业协会电力建设智慧工程典型案例三星，QC、工法、发明专利、实用新型专利等省部级及以上奖项156项。

【准东电厂一期2×660MW高效超超临界间接空冷机组工程投产】项目位于新疆昌吉准东经济技术开发区，建设规模为2×660MW国产超超临界间接空冷燃煤发电机组，同步建设脱硫、脱硝设施，是国家能源集团2023年重点工程、疆电外送“准东—皖南”±1100kV特高压直流工程的配套电源点项目及国家能源保供重点建设项目。2013年9月开工建设，2014年项目全年因未核准停工缓建，2015年1月5日获得自治区人民政府核准批复。2016年12月受国家能源局《关于进一步调控煤电规划建设的通知》(国能电力〔2016〕275号）影响，停工缓建。2020年3月30日工程复工。1、2号机组分别于2023年1月18日和5月7日通过168h试运行，正式投产。

【国家能源集团长源电力随州发电新建工程（1、2号机组）投产】国家能源集团随州火电项目位于湖北省随州市淅河镇，本期建设2台660MW燃煤发电机组，并预留2×1000MW机组建设场地。本期工程依托蒙华专用铁路煤运通道建成，投产后电煤运输十分便捷，同时为随州电网提供稳定的电源支撑，保证随州电网安全、可靠、经济运行。1、2号机组分别于2023年7月16日和12月15日投入商业运行。

【国电长源荆州热电二期扩建项目投产】项目规划建设2台350MW国产超临界燃煤抽凝式热电联产机组。项目于2020年12月29日取得省发展改革委批复，3号机组于2023年9月19日，4号机组于11月6日，一次性通过168h满负荷试运行。项目可满足湖北省及荆州市电力负荷增长需要，有利于改善鄂西地区电源结构，有效支撑荆州经济技术开发区的产业发展。

【中国三峡集团所属湖北能源襄阳宜城火电厂全面建成投产】12月3日21:00，中国三峡集团所属湖北能源襄阳宜城火电厂2号机组一次通过168h满负荷试运行，正式投入商业运营。由此，襄阳宜城火电厂2台超超临界百万千瓦火电机组全面建成投产。

襄阳宜城火电项目是“十四五”以来，湖北省内开工建设的最大电源项目。双机投产后，预计年发电量可达90亿kWh。项目同步建设烟气脱硝、除尘、脱硫装置，实现了无“油”电厂、塔池合一、高效脱碳“3个首创”和深度调峰、超净排放等“12项创新”技术，以及集散控制系统（DCS)、厂用电监控管理系统（ECMS）全国产一体化。全厂实现大气污染物超净排放及废水零排，供电煤耗、大气污染物排放指标均处于国内领先水平。

【中国能建总承包建设的内蒙古长滩电厂投产】11月7日，中国能建广东院EPC总承包建设、建筑集团承建的内蒙古长滩电厂2×66万kW机组项目投产。

该项目位于内蒙古鄂尔多斯市准格尔旗魏家峁镇，是国家大气污染防治行动计划重点输电通道——蒙西—天津南1000kV特高压交流输电通道配套电源点项目之一。本期建设2台66万kW超超临界燃煤空冷机组，同步建设烟气脱硫、脱硝装置。项目建成后，预计年发电量可达72亿，年工业产值可达17亿元。

【广州珠江天然气电厂二期项目全面建成投产】10月26日，广州珠江天然气电厂二期骨干支撑调峰电源项目1号机组完成168h满负荷试运行，投入商业运营。12月18日，2号机组完成168h满负荷试运行正式投运，标志着该项目全面建成投产。项目由中国能建广东院EPC总承包、建筑集团承建。

珠江天然气电厂二期项目位于广州市南沙区珠江口西岸，是广东省重点建设项目，建设两套600MW（H级）燃气–蒸汽联合循环机组。其中1号机组采用国内首台引进的M701J型燃气轮机，采用国内首台单轴高位布置方式，配套东方电气汽轮机、余热锅炉和发电机，均为国内外成熟高效主设备，性能保证工况下联合循环效率达63.7%，为国内已建和在建600MW级联合循环发电机组最高水平。项目建成后，年发电量达45亿kWh。

【京泰酸刺沟电厂二期工程竣工投产】9月18日，由中国能建西北院设计的内蒙古京泰酸刺沟电厂二期2×660MW工程4号机组通过168h试运行，标志着二期工程竣工投产。

该工程项目位于内蒙古自治区准格尔旗，建设规模为2×660MW高效超超临界燃煤空冷机组，工程在国内首次采用主汽轮机同轴驱动锅炉给水泵技术，采用100%容量主汽轮机驱动锅炉给水泵、前置泵及主泵的同轴布置方案，系统简单，效率高，进一步降低了厂用电率，并且能在不同负荷下实现前置泵与主给水泵一起匹配调速，更加节能。该同轴泵为世界首台（套）工程应用，投运后运行稳定。

【榆能杨伙盘煤电一体化电厂项目双机投产】5月31日11点18分，由陕西榆林能源集团杨伙盘煤电有限公司投资，中国能建中电工程西北电力设计院（简称中国能建西北院）总承包的榆能杨伙盘煤电一体化电厂项目 2 号机组高质量通过 168h 满负荷试运行，正式投运。此前，1 号机组已于年初 2 月 15 日投运。至此，杨伙盘煤电一体化电厂项目两台机组全部投入商业运行，成为陕北一湖北±800kV 特高压直流输电工程首个正式双机投运的配套电源项目。

杨伙盘煤电一体化电厂项目是陕西省重点项目，位于陕西省神木市店塔镇境内，建设 2×660MW 国产燃煤超超临界空冷发电机组，同步建设石灰石–石膏湿法脱硫设施及脱硝装置。项目采用了全球首例自然通风直接空冷系统（NDC）、全球首例空冷塔采用钢管混凝土 X 支柱、国内首套 LNG 站与燃气启动锅炉一体化技术等创新技术，其中 NDC 系统 2021 年入选国家能源领域首台（套）重大技术装备项目，与同类型的间接空冷机组相比，NDC 可降低厂用电率 0.43%，年节约燃煤 2.45 万 t、减少碳排放量 5.41 万 t。项目于 2020 年 9 月正式开工建设。项目静态投资 49.96 亿元，机组全部投运后，年发电量可达 66 亿 kWh。

【陕西延长石油富县电厂 2 台 100 万 kW 机组工程 1 号机组投产】5 月 24 日，由中国能建西北院总承包建设，西北城建、西北电建参与主体施工，西北电力试研院负责调试的陕西延长石油富县电厂 2 台 100 万 kW 机组工程 1 号机组通过 168h 满负荷试运行，标志着革命老区延安首台百万千瓦绿色煤电机组正式投产，并转入商业运营。

富县电厂是陕北至湖北±800kV 特高压直流输电工程配套电源点，是陕西省“十三五”“十四五”重点工程建设项目，也是落实国家“西电东送”、依托煤炭资源优势而规划建设的大型火电项目。该项目位于陕西省延安市富县工业园区，规划总装机容量为 4 台 100 万 kW 机组，分两期建设，动态投资约 86 亿元。

该项目一期两台机组全部投运后，预计每年可发电 100 亿 kWh，年产值可达 42 亿元，利税 6.3 亿元。

【甘肃常乐电厂、甘肃张掖电厂 2×1000MW 燃煤机组扩建项目双双开工】4 月 7 日，由中国能建总承建建设，总投资约 150 亿元的甘肃常乐电厂、甘肃张掖电厂 2×1000MW 燃煤机组扩建项目双双开工建设。

甘肃常乐电厂 2×1000MW 燃煤机组扩建工程位于甘肃省酒泉市瓜州县，总投资金额 75.2 亿元。项目由中国能建西北院、建筑集团联合总承包建设，是国家西部大开发重点能源建设项目、国家电力调度控制中心直接调度的祁韶±800kV 特高压直流外送调峰电源，也是西北地区首个百万千瓦级调峰火电工程。

项目建设 2 台百万千瓦国产高效超超临界空冷燃煤发电机组，同步建设烟气脱硫、脱硝、除尘等超低排放环保设施。此前，中国能建设计承建的常乐电厂 1、2 号机组已建成投运。2023 年 11 月 21 日和 12 月 17 日 3、4 号机组分别建成投产。

甘肃张掖电厂 2×1000MW 燃煤机组扩建项目张掖市甘州区兔儿坝工业园区，总投资金额 74.42 亿元。项目由中国能建广东院总承包、建筑集团承建，将采用高参数、高效率一次再热技术，通过多级烟气余热利用、适应深度调峰的两台给水泵配置系统优化、水务中心集中节约用地布置等多项技术优化创新，有效降低供电煤耗，提高厂用电率，实现超低排放，机组经济技术指标将达到国内先进水平。

【浙能乐清电厂三期工程全面建成投产】厂址位于乐清市南岳镇。项目为扩建 2 台 1000MW 级超超临界燃煤发电机组。同步建设高效烟气脱硫、脱硝及除尘装置，实现超低排放。项目是浙江省内“十四五”期间首个开工建设的煤电项目、省重点建设项目。项目于 2020 年 9 月核准，2021 年 3 月桩基工程开工，两台机组分别于 2023 年 4 月 27 日、6 月 13 日投产。

乐清电厂三期工程总投资约 65 亿元，建设规模为 2 台 100 万 kW 超超临界燃煤机组（5 号和 6 号）。此前，乐电一、二期总装机容量 264 万 kW，年供电量约 130 亿 kWh，三期投运后新增年发电量可满足 400 万户三口之家的一年用电。

【浙能嘉兴电厂四期扩建项目开工】厂址位于浙江省嘉兴市平湖市钱塘江北岸的六里湾。项目建设 2 台 1000MW 级超超临界燃煤发电机组，同步建设烟气脱硫、脱硝设施。项目被纳入浙江省“能源绿色低碳发展和保供稳价工程”、扩大有效投资“千项万亿”工程。项目以建成“清洁、高效、先进、节能”的大型煤电机组为目标。项目于 2023 年 3 月获得核准，2023 年 9 月 16 日桩基工程开工，计划 2026 年投产。

【浙能台州第二发电公司二期扩建工程开工】厂址位于浙江省台州地区三门县境内浦坝港镇。项目为扩建 2 台 1000MW 级超超临界燃煤发电机组，同步建设烟气脱硫、脱硝设施。项目被纳入浙江省“能源绿色低碳发展和保供稳价工程”、扩大有效投资“千项万亿”工程。项目于 2023 年 7 月获得核准，2023 年 12 月 18 日桩基工程开工，计划 2026 年 6 月底投产。

【浙能绍兴滨海热电厂四期扩建工程开工】厂址位于浙江省绍兴市柯桥区。项目建设一台 500t/h 超高温超高压锅炉，配置一台 57MW 抽汽背压供热机组，供热能力为 325t/h，是绍兴市滨海工业区印染集聚升级的重要配套保障项目。项目建成后，浙江浙能绍兴滨海热电有限责任公司总供热规模将达到 2770t/h，对推动地方印染产业向高新化、智能化、绿色化发展具有重要意义。项目于 2021 年 6 月核准，2023 年 7 月开工建设，计划 2025 年 6 月投产。

【甘肃常乐电厂一期工程全面建成投运】12 月 17 日，甘肃电力投资集团有限责任公司常乐电厂一期工程4号机组完成168h满负荷试运行，正式投产发电。至此，历时6年多建设的甘肃电投常乐电厂一期工程4台100万kW火电机组全部投产发电。该工程项目是甘肃省建成投运的装机容量最大的调峰火电项目，总装机容量达400万kW。

甘肃电投常乐电厂一期工程调峰火电项目是甘肃省重点项目，也是祁韶±800kV（甘肃酒泉—湖南）特高压直流输电工程的唯一配套调峰火电电源，累计投资121亿元。项目共建设4台100万kW高参数、高效率、低排放、超超临界燃煤机组。项目2017年开工建设，按照“一次规划、分批建设”原则，其中，1、2号机组已于2020年投产发电，3、4号机组分别于2023年11月、12月建成投运。

作为新能源配套调峰电源，项目4台机组同时运行，年发电量可达200亿kWh，预计每年可带动河西地区400亿kWh电能输送至华中地区，其中，新能源送出将达160亿kWh。

【内蒙古能源集团长城发电公司2台机组全容量投运】9月24日，内蒙古能源集团长城发电公司2号机组（1000MW）通过168h试运行后，正式投入商业运营。至此，内蒙古自治区直属企业首个百万千瓦火电机组项目全容量投产运营。

该项目位于鄂尔多斯市上海庙能源化工基地，是国家大气污染防治行动计划中12条重点输电通道——上海庙至山东临沂±800kV特高压直流输电工程配套电源项目之一，属于国家特急能源保供项目，由内蒙古能源集团投资建设，总投资65.7亿元，年发电量可达110亿kWh。项目投运后，上、中、下游产业链可解决约5000人就业。与传统火电机组相比，2台超超临界燃煤发电机组每年可节约标准煤17.26万t，减排二氧化碳55.2万t，减排氮氧化物13.8万t。

【淮河能源谢桥电厂2×660MW超超临界燃煤机组工程开工】9月25日，随着1、2号机组锅炉房第一罐混凝土顺利浇筑，淮河能源集团谢桥电厂2×660MW超超临界燃煤机组发电项目工程开工建设。该项目由淮河能源集团投资建设，动态总投资约58.9亿元。

该项目位于阜阳市颍上县谢桥镇，是千万吨级谢桥煤矿规划建设的清洁高效燃煤发电项目，是国家政策鼓励建设的坑口煤电一体化项目，符合国家发展改革委提出的燃煤电站布局优先考虑扩建项目和利用本地煤炭资源建设坑口或矿区电站项目的原则，被列入安徽省实施长江三角洲区域一体化发展规划纲要行动计划。项目计划于2025年8月底前投产。建成后每年可供电约66亿kWh，可满足安徽省，尤其是皖西北地区未来负荷增长的需要。

【淮南潘集电厂2号机组投产】2月24日，安徽省“861”重点工程——淮河能源集团潘集电厂一期2×660MW工程2号机组通过168h试运行，正式投产发电，标志着工程实现全面投产。项目投产后，年发电量可达66亿kWh，实现工业产值30亿元以上。

潘集电厂项目由中国能建建筑集团以联合体EPC总承包模式承揽建设，是《长江三角洲区域一体化发展规划纲要》“依托两淮煤炭基地建设清洁高效坑口电站”战略布局首个落地实施的项目，也是安徽省“打造长三角特高压电力枢纽”首个核准开工的跨区域、支撑性、基础性电源项目，工程动态总投资为60亿元，一期建设2台660MW超超临界二次再热高效、洁净燃煤发电机组，采用国内最先进的二次再热技术，各项性能指标达同类型机组领先水平。

水力发电

【大唐西藏扎拉水电站主体工程全面启动】6月9日，由西藏自治区人民政府和中国大唐集团有限公司共同举办的世界首台套500MW高水头冲击式机组科研攻坚示范项目推进大会在西藏拉萨隆重召开，标志着大唐扎拉水电站主体工程建设全面启动。

扎拉水电站为玉曲河流域“两库七级”开发中的第六级，利用60km“几”字大拐弯天然落差，截弯取直形成了近700m高的水头，具有“高水头、大容量、冲击式、深竖井”等工程技术特点，是国家研制大容量冲击式水轮发电机组的支撑项目。

扎拉水电站是国资委重点领域关键核心技术攻关示范项目，并入选国家能源局能源领域首台（套）重大技术装备项目，于2020年12月获核准。

【国家电投五凌电力五强溪水电站扩机工程投产】该项目位于沅水流域，是湖南省“十三五”“十四五”重点项目。五强溪水电站位于湖南省沅陵县境内，扩机工程位于五强溪水电站大坝右岸，装机容量50万kW(2×25万kW)，年设计发电量5.583亿kWh。项目于2019年12月开工，2023年12月双机投产，项目围绕“安全、精品、生态、示范、智慧”五型工程建设目标，投产后五强溪水电站装机容量170万kW，水量利用率由80%提高至90%，提升了沅水流域防汛抗旱能力，可改善和优化湖南省能源结构。

【国家电投黄河公司李家峡水电站5号机组投运】10月10日，国家电投黄河公司李家峡水电站5号机组顺利通过72h试运行，正式投产发电，实现电站全容量投产。

李家峡水电站位于青海省尖扎县和化隆回族自治县交界处的黄河干流李家峡河谷中段，电站共安装5

台单机容量40万kW混流式水轮发电机，总设计装机容量200万kW，是国内首次采用双排机布置，也是世界最大双排机布置的水电站。

李家峡水电站于1987年7月开工建设，先后于1997年2月16日、1997年12月7日、1998年5月26日、1999年12月10日实现1至4号机组的并网发电目标。2022年2月8日，中国电建所属水电四局中标李家峡水电站5号机组安装工程。2023年4月26日完成定子吊装，2023年7月20日完成转子吊装。李家峡水电站5号机组作为“青豫直流”特高压外送通道的重要调峰电源，主要配合光伏、风力发电间歇性电源运行，平抑风光发电出力变幅，将新能源发电转换为安全稳定的优质电源，实现清洁能源打捆外送。

【国家能源集团金沙江旭龙水电站进入主体施工阶段】11月11日，国家能源集团金沙江旭龙水电站成功实现大江截流，标志着该项目由前期准备工程阶段全面进入主体工程施工阶段。

金沙江旭龙水电站位于四川甘孜藏族自治州得荣、巴塘县和云南迪庆藏族自治州德钦县、西藏昌都地区芒康县境内，是国家“十四五”期间核准在建装机容量最大的水电站，于2022年6月7日正式获国家发展改革委核准批复，电站总装机240万kW，工程总投资294亿元，计划2029年投产发电。

【新疆和静抽水蓄能电站与开都河滚哈布奇勒水电站一体化工程开工】11月28日，和静县抽水蓄能电站与滚哈布奇勒水电站开工仪式在新疆和静县举行。这标志着全国首个抽水蓄能与常规水电一体化开发运营的水电项目，正式拉开建设序幕。

新疆维吾尔自治区和静县抽水蓄能电站项目总装机容量210万kW，是新疆维吾尔自治区规划装机最大的抽水蓄能电站。和静抽水蓄能电站是国家能源局《抽水蓄能中长期发展规划（2021—2035年）》“十四五”重点实施项目，在新疆电网中，主要承担电力系统调峰、填谷、储能、调频、调相和紧急事故备用等任务。

滚哈布奇勒水电站是新疆开都河中游河段水电“两库七级”开发方案中的第四个梯级电站，装机25.7万kW。电站主要由大坝、泄水建筑物、引水发电系统、生态电站等组成。开都河滚哈布奇勒水电站水库作为和静县抽水蓄能电站下水库，两个项目统筹规划设计、一体化开发、一体化运营。

【广西大藤峡水利枢纽工程全部机组投产发电】9月2日，随着最后一台机组正式投产发电，历时9年建设的大藤峡水利枢纽主体工程完工，实现全部机组（1600MW）投产发电，与之配套建设的立体水生态保护工程体系也宣告建成并发挥效益。

大藤峡水利枢纽位于广西桂平市的黔江河段，于2014年开工建设，总库容34.79亿m^3，防洪库容15亿m^3，是国家172项节水供水重大水利工程之一，也是珠江流域关键控制性工程。

由中国电建承建的大藤峡工程发电机组各项技术指标位居国内同类型机组前列，水轮机核心部件由中国自主研发，推力负荷3800t，转轮直径10.4m，高7.5m，发电机定子铁芯外径17.2m，转子最大直径16.4m。

核能发电

【华能石岛湾核电基地高温气冷堆示范工程商运投产】12月6日，国家重大科技专项标志性成果、全球首座第四代核电站——华能石岛湾高温气冷堆核电站商业示范工程圆满完成168h连续运行考验，正式投入商业运行，标志着中国在第四代核电技术研发和应用领域达到世界领先水平。

该示范工程是世界首座球床模块式高温气冷堆项目，位于山东省荣成市，由中国华能牵头，联合清华大学、中核集团共同建设，2006年被列入国家科技重大专项，2012年开工建设，2021年12月首次实现并网发电。

在建设过程中，开展关键技术攻关和核心设备研制，攻克了一批“卡脖子”关键技术，研制出2200多套世界首台套设备，设备国产化率达93.4%。

【国家电投广东廉江核电项目开工】8月15日，国家电投广东廉江核电项目1号机组常规岛实现第一罐混凝土浇筑（FCD），标志着1号机组常规岛正式开工。1号机组常规岛于2022年10月29日启动负挖。

广东廉江核电项目是国家“十四五”现代能源体系规划、广东省能源发展“十四五”规划重点建设项目，位于广东省廉江市，规划建设6台CAP系列三代核电机组，总装机容量862万kW。项目一次规划、分期建设，一期工程建设2台CAP1000压水堆核电机组，装机容量250万kW。2023年9月29日一期工程1号机组核岛实现第一罐混凝土浇筑（FCD），一期工程计划于2028年投产。

【广西防城港核电部3号机组正式投产发电】3月25日，随着168h试运行试验完成，西部地区首台“华龙一号”核电机组——中国广核集团广西防城港核电站3号机组正式投产发电，并具备商业运行条件。3号机组由中国能建广东院参与设计、安徽电建二公司承建。

防城港核电项目是西部地区和少数民族地区建设的首个核电项目，是西部大开发重点项目和广西重点工程。项目规划建设6台百万千瓦级核电机组。其中，一期工程两台机组已于2016年建成投产，二期工程两台机组采用“华龙一号”技术，单台机组年发电量近100亿kWh。

防城港核电项目一、二期工程全部建成投产后，预计年发电量将突破345亿kWh，能够满足587万人口的生产生活年度用电需求，每年可减少标准煤消耗超1040万t，减少二氧化碳排放约2856万t。

【中核集团三门核电4号机组开工】3月22日，经国家核安全局核准，中核集团旗下中国核电投资控股的三门核电4号机组浇筑核岛第一罐混凝土（FCD），标志着三门核电二期工程建设序幕全面拉开。

三门核电基地规划建设6台百万千瓦级先进压水堆核电机组，分三期建设。一期工程1、2号机组已于2018年并网商运。二期工程3、4号机组建成投产后，三门核电总装机容量将达到500万kW，年发电量可达400亿kWh，相当于年减排二氧化碳3000万t。

【辽宁徐大堡核电站1号机组核岛正式开工】11月15日，中核集团旗下中国核电投资控股辽宁徐大堡核电站1号机组核岛开工仪式在葫芦岛兴城市举行。

徐大堡核电项目是辽宁“十四五”期间投资最大的清洁能源项目之一，是葫芦岛打造清洁能源产业集群的核心支撑。徐大堡核电站规划建设6台百万千瓦级压水堆核电机组，预计每两台机组建成后，年发电量超160亿kWh。1、2号机组项目总投资超480亿元，1号机组核岛工程开工后，项目进入全面建设阶段，两台机组分别计划于2028年、2029年投产发电。

风 力 发 电

【华能大安“吉电入鲁”500MW风电项目全容量投产】3月21日，华能大安“吉电入鲁”50万kW风电项目全容量投产，标志着华能首个大容量跨区域新能源项目投产。

华能大安“吉电入鲁”50万kW项目是吉林省与山东省落实“十四五”期间两省间送受电框架协议，合作开发的鲁固直流特高压送端配套风电项目之一。项目投产后所发电量全部通过鲁固直流送山东消纳，以清洁电力促进山东省能源结构低碳转型，推动吉林省清洁能源消纳和配置优化。项目由华能山东分公司投资建设、自主运营管理。

【华能北方上都百万千瓦级风电基地项目全容量并网】6月30日，华能北方上都百万千瓦级风电基地项目完成全部风机吊装和集电线路送电，实现全容量并网。

北方上都百万千瓦级风电基地项目位于内蒙古正蓝旗和多伦县境内，规划装机容量为1600MW，既是全国首个“风火储”沙戈荒新能源基地项目，还是全国同时开工建设规模最大的陆上风电大基地项目。项目于2021年9月12日开工。

项目建成后每年可为京津唐地区输送清洁电力52.35亿kWh。2023年3月底，项目获得绿电交易入市资格，参与绿电交易，先后成为京津唐地区首家华北直调绿电供应商和华北电网外送杭州第19届亚运会、第4届残运会唯一绿电供应商、夏季达沃斯论坛独家绿电供应商。

【华能阿拉善基地400MW风电项目成功并网发电】12月4日，位于阿拉善盟乌兰布和沙漠边缘荒漠化草原的华能阿拉善基地40万kW风电项目成功并网发电，这标志着上海庙至山东直流特高压输电通道配套阿拉善可再生能源基地首个风电项目率先并网发电，实现阿拉善绿电入鲁。

华能阿拉善基地40万kW风电项目是国家首批‘沙戈荒’重点建设的新能源基地项目，也是阿拉善盟首个特高压清洁电力外送项目，项目总投资26亿元，于2021年8月26日开工建设，项目新建一座220kV升压站，安装122台风电机组，经1回220kV外送线路接入新建500kV浩雅变电站，经蒙西、西北电网送至山东。

该项目建成后，来自阿拉善盟的绿电将通过特高压“高速通道”送至齐鲁大地，每年能够输送12亿kWh，可节约标准煤40万t，减排二氧化碳100万t。

【华能海南临高海上风电项目开工】12月5日，华能在琼首个海上风电项目——临高海上风电场开工。该项目规划装机规模600MW，计划于2024年全部建成。

华能临高海上风电项目是国家能源局批复《海南省海上风电场工程规划》中“十四五”建设投产项目之一，也是海南省“十四五”优先推进的海上风电示范项目之一。项目位于海南省临高县西北部海域，建成后每年可向海南提供绿电近19亿kWh，相当于节约标准煤56万t，减排二氧化碳156万t。

【华能汕头勒门（二）594MW海上风电场项目并网投运】12月29日，国家千万千瓦级粤东海上风电基地首批示范项目——华能汕头勒门（二）60万kW海上风电场项目并网投运。

勒门（二）海上风电项目是广东省“十四五”重点工程，是华能粤东千万千瓦级“风光水火储一体化”能源基地的标志性工程。项目位于广东省汕头市南澳岛南侧海域，总装机594MW，布置54台11MW风电机组，总投资约82亿元。项目投产后，每年可提供清洁电能20亿kWh，相当于年节约标准煤65万t，减排二氧化碳 180 万 t。

勒门（二）海上风电项目首次示范应用由华能牵头研制的 11MW 国产化直驱型海上风电机组，创新采用 220kV 电压等级全球截面最大的铜芯平滑铝护套电缆系统，首次示范应用 66kV 湿式轻型海缆等新技术，建设了国内首个 5G 双域安全专网、一体化智能感知监测系统。

该项目海上主体工程于 1 月 12 日正式拉开施工序幕。

【国家第一批风光大基地华能青海项目全部并网发电】12 月 31 日，随着乌图美仁 10 万 kW 光伏建设项目并网，国家第一批大型风电光伏基地青海区域华能青海分公司 120 万 kW 新能源项目完成并网。

本次并网的 120 万 kW 新能源项目，全部为青豫直流特高压外送项目。项目分布在海南州、海西州，包括共和塔拉滩 30 万 kW 光伏、海南州 50 万 kW 光伏、乌图美仁 10 万 kW 光伏，以及共和切吉 30 万 kW 风电。项目全容量并网后，每年可生产绿电 25.54 亿 kWh，相当于节约标准煤 77 万 t，减少二氧化碳排放 213 万 t。

其中，共和切吉 30 万 kW 风电项目位于青海省中东部，共和县切吉乡境内。该项目共安装 50 台 5.56MW 和 4 台 5.5MW 风电机组，于 12 月 31 日并网发电。共和塔拉滩 30 万 kW 光伏项目位于青海省海南州生态太阳能发电园区南部，是由中国华能牵头建设的全球最大商用尺寸兆瓦级钙钛矿组件光伏示范项目，于 12 月 25 日并网发电。海南州 50 万 kW 光伏项目位于青海海南州光伏园区内，于 12 月 31 日并网发电。

【华能陇东能源基地首批项目成功并网发电】12 月 21 日，全国首个千万千瓦级多能互补综合能源基地——华能陇东能源基地首批项目成功并网发电。

首批并网的 100 万 kW 风光项目，位于甘肃省庆阳市，是国家首批“沙戈荒”大型风电光伏基地项目之一，是全国首个千万千瓦级“风光火储输”多能互补绿色智慧综合能源基地的重要组成部分。项目包括 75.9 万 kW 风电、24.1 万 kW 光伏，于 2022 年 10 月 9 日开工建设；配套建设 2 座 330kV 升压站，先期通过 1 回 330kV 线路接入萧关变电站省内就地消纳，并将作为“陇电入鲁”工程配套的新能源外送至山东消纳。项目并网后，每年可生产绿电 22.71 亿 kWh，相当于节约标准煤 68 万 t，减少二氧化碳排放 167 万 t。

华能陇东能源基地是全国首个千万千瓦级“风光火储输”多能互补绿色智慧综合能源基地，规划装机规模超 1000 万 kW，其中清洁能源装机占比超 80%，计划“十四五”期间全部建成投产。

【大唐云南锦屏西 860MW 风电项目全容量并网发电】12 月 23 日，中国大唐云南锦屏西 860MW 风电项目全容量并网发电，标志着总容量 1103MW 的国内规模最大高原山地风电基地建成，其中锦屏西项目 860MW，共安装 172 台 5MW 风电机组，羊雄山、大龙山项目 243MW。

该百万千瓦风电基地位于云南省文山壮族苗族自治州丘北县，平均海拔 2210m，总机位数 310 个，配套新建 220kV 升压站两座、改扩建 220kV 升压站一座。

项目投产后，每年可节约标准煤 80.65 万 t，减排二氧化碳 216.5 万 t、二氧化硫约 416.28t、烟尘约 83.26t。

【盐源县集中式风电基地 12 个风电项目实现全容量投产】10 月 31 日，国家首批大型风电光伏基地项目之一——华电新能盐源公司白乌风电项目 12 万 kW 机组全容量并网发电。至此，国家千万千瓦级凉山州风电基地项目之一——盐源县集中式风电基地 12 个风电项目实现全容量投产，总规模达 108.9 万 kW，成为全国最大整县高海拔风电基地。

盐源县集中式风电项目基地平均海拔超过 3500m，最高海拔 4267m，共安装风机 346 台。每年可提供清洁能源 26 亿 kWh，与同等规模的燃煤电站相比，每年可减少标准煤消耗约 87.22 万 t，减少二氧化碳排放量约 186.05 万 t。

【华电茫崖冷湖 50 万 kW 风电项目并网发电】12 月 16 日，华电茫崖冷湖 50 万千瓦风电项目实现并网发电。同时，青海区域首个由华电牵头建设的配套大型风电基地 330kV 红砂山、黑石山输变电工程于 12 月 10 日顺利投运。华电茫崖冷湖 50 万 kW 风电项目位于青海省海西州茫崖市冷湖镇北新能源园区，是国家第一批风光大基地中内陆高海拔、高寒地区单机容量最大的风电项目，项目海拔近 3000m，设计安装 75 台单机容量 6.7MW 风力发电机组，总装机容量 50 万 kW。

【全国最大整县高海拔风电基地投产】10 月 31 日，国家首批大型风电光伏基地项目之一——华电新能盐源公司白乌风电项目 12 万 kW 机组全容量并网发电。至此，国家千万千瓦级凉山州风电基地项目之一——盐源县集中式风电基地 12 个风电项目实现全容量投产，总规模达 108.9 万 kW，成为全国最大整县高海拔风电基地。

盐源县集中式风电项目基地平均海拔超过 3500m，最高海拔 4267m，共安装风机 346 台。每年可提供清洁能源 26 亿 kWh，与同等规模的燃煤电站相比，每年可减少标准煤消耗约 87.22 万 t，减少二氧化碳排放量约 186.05 万 t。

【国家电投上海庙—山东特高压外送通道阿拉善基地 400MW 风电项目并网发电】12 月 6 日，国家电投上海庙—山东特高压外送通道阿拉善基地 40 万 kW 风电项目顺利接入浩雅 500kV 汇集变电站，一次倒送电成功，实现首台风机并网发电。

上海庙—山东特高压外送通道配套阿拉善新能源基地是国家首批以沙漠、戈壁、荒漠地区为重点的大型风电基地，总投资105亿元，建设装机规模160万kW的风电项目及4座220kV升压站、通信系统、集电线路、集控中心等配套设施，于2021年8月26日开工建设。其中，国家电投内蒙古公司负责40万kW风电基地建设。该项目位于内蒙古阿拉善盟阿拉善左旗敖伦布拉格镇的沙漠深处，主要地貌类型为沙丘、戈壁、丘陵地貌。

项目共安装87台风机，新建一座220kV升压站以1回220kV架空线路接入浩雅500kV汇集变电站，再通过上海庙至山东±800kV特高压直流线路送入山东电网进行消纳。该项目全容量并网后，每年可为山东输送清洁电力10.95亿kWh，每年可节约标准煤约33.62万t，可减少二氧化碳排放量约100.64万t、二氧化硫排放量约3747.37t、氮氧化合物排放量约3867.82t、烟尘等有害物质排放量约4526.96t。

【国家电投内蒙古公司通辽100万kW风电投运】该项目位于内蒙古通辽市科尔沁草原腹地，区域中心距通辽市约为80km，项目建设科左中旗珠日河瓦风电场和扎鲁特旗道老杜千瓦风电场两个场区，装机规模100.12万kW，共安装216台风力发电机组，单台风机最大容量5.0MW，配套建设2座220kV升压变电站，经2回220kV外送线路接入新建500kV珠日河变电站，所发电量通过扎鲁特—青州特高压输电通道外送至山东电网消纳。项目于2023年12月底并网发电。

【国家电投内蒙古公司乌兰察布首批120万kW就地消纳项目投运】乌兰察布风电基地一期600万kW示范项目是全球一次性开发规模最大的单体陆上风电项目，属国家首个大规模可再生能源平价上网示范项目，也是推动国家能源转型发展的重大示范项目。其首批120万kW风电基地项目，位于四子王旗乌兰花镇东北约50km，项目升压后以220kV电压等级送出线路接入500kV红梁变电站。项目于2023年12月31日全容量并网发电。首批项目总投资60亿元，共安装216台风机，年发电量达36亿kWh，可替代约120万t标准煤，减排二氧化碳约306万t。

【国家电投内蒙古锡盟阿巴嘎旗别力古台500MW风电基地项目投运】该项目是国家规划建设12条大气污染防治输电通道中"锡盟—山东"特高压交流通道、"锡盟—泰州"特高压直流通道配套的二期400万kW基地项目的一部分。纳入国家第一批以沙漠、戈壁、荒漠地区为重点的大型风电光伏基地清单，建设容量50万kW、86台风机，以220kV送出线路接入别力古台500kV汇集站。该项目于2023年12月底并网发电，作为锡盟特高压外送二期400万kW风光储基地重点配套项目，标志着锡盟特高压外送二期400万kW风光储基地建设取得又一突破。

【国家电投山东能源半岛南U1场址海上风电项目投运】U1场址项目规划容量900MW，总投资约100亿元，分两期实施。本项目为一期，于2023年11月17日实现全容量投产发电。项目位于威海市乳山市南侧海域，装机容量45万kW，53台单机容量为8.5MW，采用单桩基础，风机采用"一机一变"单元制接线方式，升压至66kV后经66kV集电线路汇接至风电场220kV海上升压站。

【国家电投云南国际富源西陆上风电项目投运】5月8日，云南省级重点工程——国家电投云南国际富源西风电项目全容量并网发电，标志着国内装机规模最大高原风电基地成功投运。

富源西风电项目总装机规模800MW，安装135台风机，共分3期：一期（墨红片区）30万kW、二期（冒天水片区）10万kW、三期（老红片区）40万kW，分别位于曲靖市富源县、沾益区、麒麟区。2022年11月11日，项目首台风机投运，单机容量6.7MW，成为当时国内陆上最大商运风电机组。

该项目预计年上网电量20.6亿kWh，每年可节约标准煤64.1万t，减排二氧化碳173.2万t、二氧化硫1171.8t。

【国家电投广东徐闻增容300MW海上风电开工】该项目是在已建成投产的湛江徐闻600MW海上风电场项目的增容项目，位于湛江市徐闻县锦和镇以东海域，装机总容量300MW，规划建设25台12MW风电机组，配套建设一座220kV海上升压站及一座陆上集控中心。风电机组发出电能通过66kV集电海底电缆接入海上升压站，升压后通过1回220kV海底电缆接入陆上集控中心。项目海上主体工程于9月20日正式开工建设。项目建成后，预计年上网电量8.99亿kWh，每年可节约标准煤约27.19万t、减排二氧化碳约72.33万t，可促进粤西地区经济增长步入低碳技术创新驱动时代，推动广东省能源结构转型升级。

【国家电投瓦房店仙浴湾陆上风电项目开工】该项目位于大连市，"十四五"期间，项目被列入辽宁省第一批新增风电项目建设计划。项目总装机容量为300MW，建设60台单机容量5MW风力发电机组和一座220kV升压站。于2022年5月31日取得大连市发展改革委核准，2023年7月开工建设。预计2024年底，仙浴湾风电项目达到全容量并网条件。

【国家电投锦州黑山40万kW风电项目实现全容量并网发电】4月29日，辽宁锦州黑山40万kW风电项目实现全容量并网发电。

该项目由国家电投东北电力有限公司投资建设，共建设80台5MW风力发电机组和1座220kV升压站，总投资22.48亿元。项目全容量并网后，每年可向电网输送 11.3 亿 kWh 的清洁电力，每年可节约标准煤约 34.5 万 t、减少二氧化碳排放约 91.2 万 t。

另外，与锦州黑山 40 万 kW 风电项目共用一座 220kV 升压站的大连黑山风电项目，于 2023 年 12 月 26 日实现全容量并网发电。国家电投东北公司大连黑山风电项目是辽宁省“十四五”时期的重大清洁能源工程，建设 40 台单机容量 5MW 的风力发电机组，风机采用机舱采用上置方式，可有效减少土地资源和投资。

【国家能源集团山东 B2 海上风电项目全容量并网】6 月 25 日，国华投资山东分公司渤中 B2 海上风电项目最后一台机组限功率测试顺利完成，标志着国家能源集团首个平价海上风电项目、首个在山东的海上风电项目全容量并网发电。

渤中 B2 场址海上风电项目是国家能源集团 2023 年重点项目，位于东营市东营港渤海海域，总装机 501.5MW，总投资约 53 亿元，离岸距离约 19km，场区平均水深约 17～19m，安装 59 台 8.5MW 风力发电机组。

该项目全容量并网后，每年实现发电量约 15.89 亿 kWh，可满足山东省 172 万户家庭的年用电量。

【国家能源集团淖尔国能上海庙特高压 800MW 风电项目投产】该项目位于乌拉特后旗潮格温都尔镇、巴音温都尔镇以及获各琦苏木境内，项目是上海庙至山东直流特高压通道配套可再生能源基地，是全国大气污染防治行动重点输电通道基地的特高压项目。安装 5.2MW 风机 50 台和 5.0MW 风机 108 台，总装机容量 800MW。项目新建两座 220kV 升压站，接至敖瑞 500kV 汇集站，再通过 500kV 线路接入上海庙换流站。项目于 2022 年 7 月 11 日开工建设，2023 年 12 月 30 日并网投产。

【国家能源集团大南湖电厂多能互补（煤电灵活性改造配建 24 万 kW 风电）项目投产】该项目位于哈密市伊州区大泉湾乡，距哈密市区 160km，共建设 39 台风机（其中 36 台 6.250MW 和 3 台 5MW）。场内建设 110kV 升压站，通过 31km 送出线路，接入景峡西 220kV 汇集站。项目于 2022 年 10 月 8 日，取得新疆维吾尔自治区发展改革委核准备案。2023 年 3 月 24 日正式开工（浇筑第一台风机基础），11 月 27 日完成调试期全部试验，11 月 30 日转入商业运营。

【国家能源集团国华半岛南 U2 场址海上风电项目投产】该项目位于山东省威海市乳山市南部海域，分两期建设，分别安装 36 台、35 台 8.5MW 风机，总装机容量 603.5MW。两期项目共建一座 220kV 海上升压站和一座陆上开关站，以 220kV 电压等级接入山东电网。项目于 2023 年 2 月开始勘察设计，5 月 11 日开工建设，12 月 13 日完成全部风机吊装，12 月 30 日完成全部 71 台风机并网调试，项目全容量并网发电。该项目成为国内首个单年度完成勘察、设计、施工和投产全过程的海上风电项目。

【三峡云南弥勒西风电项目全容量并网发电】3 月 30 日，三峡云南弥勒西风电项目全容量并网发电。项目总装机容量 550MW，是国内西南地区达产运行的装机规模最大的风电项目，共布置有 88 台风机，所使用的 6.7MW 风机为当期国内山地风电单机容量之最。项目全容量并网后，年上网电量约 14 亿 kWh。

项目于 2022 年 4 月 25 日正式开工建设，2022 年 9 月 4 日完成首台风机吊装，2022 年 12 月 29 日实现首批机组并网发电，2023 年 3 月 30 日实现全容量并网发电。

【三峡能源瓜州 70 万 kW“光热储能＋”项目风电光伏部分并网发电】12 月 24 日，以沙漠、戈壁、荒漠地区为重点的大型风电光伏基地之一、全球首个“双塔一机”风光热储一体化项目——三峡能源瓜州 70 万 kW“光热储能＋”项目（简称“瓜州项目”）风电光伏部分并网发电，为河西走廊清洁能源基地建设再添新动能。

瓜州项目由 40 万 kW 风电、20 万 kW 光伏以及 10 万 kW 光热发电构成，本次实现并网的为风电及光伏部分。项目建成后每年可为电网提供清洁电能 17 亿 kWh，相当于每年节约标准煤约 53 万 t，每年减少二氧化碳排放量约 146 万 t。

项目位于甘肃省瓜州县，南倚祁连山、北靠马鬃山，特殊的地形地貌形成了“狭管效应”——这里每年 1/3 的时间刮 7 级以上大风，最大风力可达 12 级，风能资源非常丰富。同时，瓜州地处沙质戈壁绿洲之中，全年日照时数在 3200h 以上，年平均日照百分率 73%，总辐射量在每平方米 6350MJ 以上，属于全国太阳能资源丰富的一类区。

【三峡乌兰察布新一代电网友好绿色电站示范项目二、三期成功并网】12 月 23 日，中国三峡集团所属的三峡乌兰察布新一代电网友好绿色电站示范项目二、三期成功并网。该项目是全国规模最大的风光储一体化示范项目，是国内首个实现风光储场站一体化智慧集控的新能源项目，也是首个储能配置规模达到千兆瓦时的新能源场站。

该项目位于内蒙古自治区乌兰察布市四子王旗，是全国Ⅰ级风能资源核心区、日照高值区。项目总装机 200 万 kW，其中风电 170 万 kW、光伏 30 万 kW，配套储能 55 万 kW×2h。项目建成后，预计年发电量约 63 亿 kWh，相当于节约标准煤约 203 万 t，减排二氧化碳约 520 万 t。该项目由中国能建咨询公司和江苏院参与联合总承包，天津电建承建。

【上海单体开发规模最大海上风电项目启动】12月30日，上海金山海上风电场一期项目（陆上部分）启动仪式在金山区山阳镇举行。该项目作为上海海上风电规划重要组成部分，也是上海市单体开发规模最大的海上风电项目。

金山海上风电场一期项目位于上海市金山区杭州湾北部，于2022年3月由中国三峡集团联合上海绿色环保能源有限公司、中海油融风能源有限公司成功竞配，并组建三峡金一发电（上海）有限公司进行开发。项目水深约10.2～12m，计划安装单机容量8.5MW的风力发电机组36台，总装机容量306MW，建设一座220kV海上升压站和一座陆上集控中心，同时配套海上风电、海洋牧场、海洋观测站网建设、交通安全监管平台等，总投资约31.27亿元。

项目计划于2024年12月31日前全容量并网发电，建成后预计年平均上网电量107552.4万kWh，年均节约标准煤32.78万t，减少二氧化碳排放量约89.47万t。

【中广核兴安盟300万kW风电项目全容量投产发电】12月10日，国家第一批以沙戈荒地区为重点的大型风电光伏基地项目之一——中国广核集团兴安盟300万kW风电项目全容量并网，年发电量超过100亿kWh，成为国内在运最大陆上风电基地。

中广核兴安盟300万kW风电大基地在内蒙古自治区兴安盟革命老区安装701台风电机组，每年提供清洁电能超过100亿kWh，等效减少标准煤消耗约296万t，减少二氧化碳排放约802万t。

中广核兴安盟300万kW风电项目共分两期建设，于2020年4月10日完成首台风机基础浇筑，2020年9月23日完成首台风机吊装。项目一期100万kW风电项目位于科尔沁右翼前旗，安装风机229台，建设500kV升压站1座，220kV升压站1座，于2022年6月29日投产；项目二期200万kW风电项目位于科尔沁右翼中旗，分为南、北两个片区建设，安装风机472台，建设500kV升压站1座，220kV升压站3座，于2023年11月25日升压站一次带电成功，12月10日完成二期项目投产。

中广核兴安盟300万kW风电项目是全国第一个通过直流800kV特高压外送消纳的新能源项目，也是第一个500kV电压等级接入电力系统的陆上风电项目，第一个同时接收网调、省调多级调度的风电项目，第一个采用分布式调相机的风电项目，第一个使用500kV变电站一键顺控技术的智能化风电场。

【中广核惠州港口100万kW海上风电场全容量并网】12月12日，中广核惠州港口100万kW海上风电场全容量并网，年发电量约30亿kWh，标志着粤港澳大湾区首个百万千瓦级海上风电项目全面建成投产。

中广核惠州港口100万kW海上风电场分两期建设，共计安装104台海上风电机组，一期25万kW项目于2020年12月13日海上主体工程开工，2021年12月28日全容量并网；二期75万kW项目于2023年3月15日海上主体工程开工，2023年12月12日正式投产。

中广核惠州港口100万kW海上风电场每年可为广东省提供清洁电力约30亿kWh，等效减少标煤消耗约100万t，减少二氧化碳排放约235万t。

中广核惠州港口100万kW海上风电项目风场位于无掩护海域，该项目创新研发了具有新型过渡段结构的深水区导管架基础，成功破解大兆瓦海上风电机组基础结构体系设计关键难题，并采用了多种大容量新型风机，其中包括世界单机容量最大的抗台风半直驱12MW海上风电机组，以及国内首台14MW海上风电机组，其125m的风机叶片为国内最长。同时，该项目吊装完成国内首个750MW海上升压站，是国内首个成功运用智能水下定位架、气囊辅助安装海升导管架的海上风电项目，也是国内首个完成地勘当年即建成投产的海上风电项目。

【上海庙—山东特高压外送通道阿拉善基地160万kW风电项目投产】12月4日起，由中国华能、国家电投、中国大唐、山东能源集团共同投资建设的阿拉善盟首个特高压清洁电力外送项目——上海庙—山东特高压外送通道阿拉善基地160万kW风电项目历经两年多的建设，依次并网投产。

该项目位于阿左旗敖伦布拉格镇境内，于2021年8月26日开工建设，项目总投资102亿元，是阿拉善盟首个特高压清洁电力外送项目。2022年11月24日，该项目列入国家第一批沙漠戈壁荒漠大基地范围，主要建设装机规模160万kW的风电项目及配套设施。项目全面建成投产后，每年可向山东电网供应绿电43亿kWh。

2023年11月26日，上海庙—山东特高压外送通道阿拉善基地160万kW风电项目浩雅500kV变电站正式投产。

12月4日，位于阿拉善盟乌兰布和沙漠边缘荒漠化草原的中国华能阿拉善基地40万kW风电项目成功并网发电，这标志着上海庙至山东直流特高压输电通道配套阿拉善可再生能源基地首个风电项目率先并网发电。

12月6日，位于阿拉善盟阿拉善左旗敖伦布拉格镇沙漠深处的国家电投阿拉善基地40万kW风电项目顺利接入浩雅500kV汇集变电站，一次倒送电成功，实现首台风机并网发电。

12月14日，位于阿拉善左旗敖伦布拉格镇的山东能源阿拉善基地40万kW风电项目首台风机并网发电。

12月21日，中国电建西北院总承包的山东能源上海庙—山东特高压外送通道阿拉善基地400MW风电项目成功实现全容量并网发电。

【内蒙古能源集团400万kW新能源项目启动并网发电】12月28日，内蒙古能源集团400万kW新能源项目启动并网发电。400万kW新能源项目分别为巴彦淖尔100万kW光储+生态治理项目、四子王旗100万kW风储项目、化德县100万kW风光储项目、东苏巴彦乌拉100万kW风储项目等4个单体百万千瓦项目。

项目主要采用8.5MW大型风机和高效N型570组件，运用数字化和智能运维技术，并采用板上发电、板间种植、板下固沙相结合的模式，治理沙漠3万亩。

400万kW新能源项目全容量投产后，预计每年可发出"绿电"107亿kWh，年节约标准煤约342万t，减少二氧化碳排放约963万t。

【阳江青洲一海上风电场项目全容量并网】12月19日，随着最后一台风机叶片在140m高空徐徐转动，标志着广东能源青洲海上风电有限公司投资建设的粤电阳江青洲一海上风电场项目（简称"青洲一项目"）实现全容量并网投产。

青洲一项目是全国首批近海深水区海上风电项目，也是广东省重点建设项目。项目场址位于阳江市阳西县南侧海域，场址水深35～43m，项目规划装机容量40万kW，布置37台11MW国产抗台风型海上风力发电机组，同时与青洲二项目共同配套建设1座500kV海上升压站和1座陆上集控中心。

青洲一项目创新应用2回500kV三芯交联聚乙烯海底电缆，其总长度约60km，是世界上首条应用于工程的500kV三芯海底电缆，也是世界上电压等级最高的海底电缆，其生产制作、装船运输、敷设安装和现场交接试验在世界上均属首次。此外，青洲一项目建设的500kV海上交流升压站，其上部组块重量达6450t，是世界上建设的电压等级最高、体量最大的交流海上升压站。

青洲海上风电项目位于广东阳江青洲近海深水区海上风电规划场址东北侧，项目水深范围37～44m，中心离岸距离50～55km。项目总装机容量100万kW，共布置92台11MW国产抗台风型海上风力发电机组，由广东能源集团风电板块阳江海上风电公司开发，中国能建广东院EPC总承包建设。青洲海上风电项目全容量建成投产后，每年可提供清洁电能约36亿kWh，节省标准煤消耗约105万t，减少二氧化碳排放约278万t。

【浙能台州1号300MW平价海上风电项目投产】浙能台州1号海上风电项目位于浙江省台州市临海市海域，风电场区域安装40台7.5MW风电机组，建设规模为300MW，配套建设1座220kV海上升压站和一座陆上集控中心，总投资约42亿元。项目于2021年11月获得核准，2022年3月24日正式开工，2022年8月陆上集控中心开工，2022年12月海上风机钢桩开始沉桩施工，2023年12月15日全容量并网发电。项目年发电量约9.3亿kWh，预计每年可节约标准煤约30.1万t，减少二氧化碳排放约62.4万t。

【国投集团雅砻江腊巴山风电项目投产发电】9月21日，国家首批大型风电光伏基地项目、川渝地区"十四五"以来投产最大的风电项目——国投集团雅砻江腊巴山风电项目正式投产发电。

腊巴山风电项目是国家清洁能源建设重点工程，位于四川省凉山州德昌县，属于高海拔山地风电场。项目总装机容量25.8万kW，总投资超19.2亿元，年平均发电量约6.8亿kWh，每年发出的清洁电能相当于节约标准煤约20万t、减少二氧化碳排放约56万t。

【云南红河州永宁风电项目全容量并网发电】12月12日，总装机容量75万kW的云南红河哈尼族彝族自治州永宁风电场实现全容量并网发电。该项目是云南省"8+3"新能源规划的重点项目，是目前云南省一次性核准的风电项目中单体装机容量（6.7MW）最大的项目。

永宁风电项目横跨泸西县、弥勒市，共安装118台风电机组，建设3座220kV升压站、约500km线路，由云南省能源投资集团投资建设，动态总投资47.3亿元。该项目全容量并网后，每年可为云南省提供绿色电力约19亿kWh，节约标准煤约58万t，减少二氧化碳排放155万t。

【广西首个海上风电示范项目全面启动】3月25日，广西海上风电示范项目建设动员大会在广西防城港市举行，由广西投资集团控股建设的广西首个海上风电项目全面启动。

该项目是中国西南地区首个海上风电项目，分为防城港海上风电示范项目和钦州海上风电示范项目。其中防城港海上风电示范项目规划装机容量180万kW，计划总投资约245亿元，全部建成后年上网电量约50亿kWh。钦州海上风电示范项目规划装机容量为90万kW，计划总投资约100亿元。

【国内海拔最高风电场——措美哲古风电场二期项目全容量并网发电】10月4日，国内海拔最高风电项目——西藏措美哲古风电场15台单机容量3MW以上风力发电机组成功并网发电，其中批量使用了国内超高海拔地区已投产单机容量最大的3.6MW风电机组。

西藏措美哲古风电场位于喜马拉雅山北麓的山南

市措美县哲古镇，风机设立在海拔 5000～5200m，总装机容量 72.6MW，共布置 25 台风机。一期项目 10 台机组已于 2021 年 12 月全容量并网，成为西藏自治区首个超高海拔风电开发技术研究和科技示范项目，也是首个并入西藏主电网的风电项目。2023 年 8 月 3 日，二期项目首批 5 台单机容量 3.6MW 的风力发电机组成功并网发电。二期项目全面投产后，风电场年发电量约 2 亿 kWh。

【福建平潭外海海上风电项目实现全容量并网】9 月 17 日，福建平潭外海海上风电项目最后一台 8MW 海上风电机组（P09）并网发电，标志着全球单机容量最大海上风电场——福建平潭外海海上风电项目实现全容量并网。

该项目位于福建省平潭海域海坛岛东北侧，规划面积 7.63km²，中心距长乐岸线 35km，理论水深 40～43m。项目总装机容量为 111MW，共建设 8MW 及以上风力发电机组 11 台，其中 1 台为全球单机容量最大的 16MW 海上风电机组，于 7 月 19 日成功并网发电。该机组是全球首台 16MW 商业化示范应用机组，年均生产“绿电”约 6600 万 kWh，是全球范围内已投产的单机容量最大、叶轮直径最大、单位兆瓦重量最轻的海上风电机组，其轮毂中心高度 152m，机舱、发电机组合体重达 385t，单只叶片长 123m、重 54t，叶轮扫风面积约 5 万 m²。

福建平潭外海海上风电项目全面投产后，年均上网电量 36450 万 kWh，每年可替代标准煤 10.38 万 t，可减少二氧化硫排放量约 63.34t，减少二氧化碳排放量约 28.38 万 t。

【福建漳浦六鳌海上风电场二期项目开工】2 月 4 日，福建漳浦六鳌海上风电场二期项目开工建设。这是全国首个批量化采用 16MW 及以上大容量海上风电机组的项目。

风电场位于福建省漳浦县东南侧海域，距离海岸线 32.8km，场址面积约 22.9km²，总装机容量达 400MW。

太 阳 能 发 电

【大唐华银娄底生态治理光伏基地项目一期工程全容量发电】6 月 30 日，大唐华银娄底生态治理光伏项目一期最后一个光伏发电方阵成功并入电网，标志着该项目一期 50 万 kW 实现全容量并网发电。

2021 年 11 月，国家发展改革委将该项目列入第一批大型风电光伏基地建设项目清单。项目分布在湖南省冷水江、新化、涟源三县市，运用“光伏开发＋生态治理＋储能”模式，利用重金属污染区、采矿塌陷区和石漠化区打造生态绿色清洁能源基地。项目总装机规模 100 万 kW，分两期开发，投产后每年可生产清洁电量 12 亿 kWh，节约标准煤超 30 万 t，减产二氧化碳排放 80 万 t 以上。

【中国大唐兴海大基地 50 万 kW 光伏项目投运】12 月 15 日，国家第一批“沙、戈、荒”重点大型风电光伏基地建设项目，中国大唐单体最大光伏电站兴海大基地 50 万 kW 光伏项目投运成功。

该项目位于青海省海南州兴海县河卡滩，项目投运后，每年可为青海电网提供清洁电能约 10 亿 kWh，节约标准煤 32.87 万 t，减排二氧化碳约 98.87 万 t。

【华电山东公司潍坊寿光 100 万 kW 大基地光伏项目开工】10 月 29 日，山东华电潍坊寿光大基地光伏项目开工仪式举行。山东华电潍坊寿光大基地光伏项目是集发电、制盐于一体的新型生态环保能源项目，装机容量 100 万 kW，总投资 55 亿元，采用“盐光互补”建设模式，实现水上发电、水面晒盐，项目全部投产后每年可提供 12 亿 kWh 清洁电力。

【华电昂多、贡觉拉妥风电项目开工】5 月 21 日，中国华电在金沙江上游清洁能源基地首批 260 万 kW 光伏发电项目主体工程开工。其中，西藏昂多 180 万 kW 光伏发电项目是目前全球在建规模最大、海拔最高的清洁能源项目，位于西藏自治区芒康县境内，海拔 4200～4800m，总投资 96 亿元，建成后计划年发电量 35.5 亿 kWh，每年可节省标准煤约 109 万 t，减少二氧化碳排放 373 万 t；西藏贡觉拉妥 80 万 kW 光伏发电项目，位于西藏自治区贡觉县境内，海拔 4300～4800m，总投资 41.5 亿元，建成后计划年发电量 16 亿 kWh，每年可节省标准煤约 48 万 t，减少二氧化碳排放 130 万 t。

【华电云南剑角峰 30 万 kW 风电项目投产】华电云南剑角峰 30 万 kW 风电项目位于开远市东部，中和营镇、乐百道街道一带山脊及山顶台地。项目安装 34 台 5MW 和 25 台 5.2MW 的风力发电机组，总装机容量 30 万 kW，工程动态总投资 18.29 亿元。2023 年 6 月 30 日，华电云南剑角峰 30 万 kW 风电项目全容量并网发电。项目年可发绿电 8.3 亿 kWh，减排二氧化碳约 59 万 t。在建设过程中，中国华电为风机设计了富有彝族文化特色的风机彩绘，“量身定做”土地管理恢复方案，将开发回填土方交给当地农民复垦种植经济作物，扩大了当地居民的耕地面积。

【华电新疆库车 55 万 kW 光伏项目投产】6 月 4 日，华电新疆库车 55 万 kW 光伏项目全面投产。项目位于新疆阿克苏地区的荒漠戈壁滩，占地 10km²，是国家第二批大型风电光伏基地项目，年发绿电 9 亿 kWh，节约标准煤约 30 万 t，减排二氧化碳约 92 万 t、氮氧化物约 0.14 万 t，是新疆同期投产单体最大的光伏基地，也是新疆阿克苏地区打造千万千瓦级新能源基地的重要组成部分，可有效改善当地电源结构和生态环境，为助力地方经济社会发展提供清洁环保低碳的绿色能源。

【华电昌吉木垒 105 万 kW 风光基地项目投产】6 月 28 日，华电昌吉木垒 105 万 kW 风光基地项目成功投产。华电昌吉木垒项目是国家第二批大型风电光伏基地项目，包括风电 80 万 kW、光伏 25 万 kW。风电部分采用新疆最大的 7.5MW 等级陆上风力发电机组，提高了风能资源转化效率。年可新增绿电 26 亿 kWh，节约标准煤约 85 万 t，减排二氧化碳约 238 万 t、二氧化硫约 420t、烟尘等有害物质约 84t。光伏部分引入生态恢复技术，可系统保护和修复戈壁、荒漠地区，推动新疆能源资源优势向经济优势转化。

【华电天津海晶 100 万 kW"盐光互补"项目投产】12 月 23 日，华电天津海晶 100 万 kW“盐光互补”光伏项目全面投产。项目位于天津滨海新区长芦盐场，占地面积 2 万亩，每年可提供 15 亿 kWh 清洁电力，等效减排二氧化碳约 125 万 t。项目对长芦海晶盐田所在纬度与太阳入射角度等参数进行推算，以此设定光伏面板的最佳高度和角度，从而达到高效光能转换与水面晒盐两不误的效果。采用双面光伏面板，上面吸收太阳直射光照的同时，背面也能吸收水面反射的太阳光，发电效率提升 5%～7%。项目在保证“土地性质不变、盐田收益不降、生态环境不变”的前提下，打造“绿色能源+特色盐业”于一体的生态友好体系，实现“盐光渔”一体化综合运用。

同时，项目升压站创新实施 35kV 一级升压 500kV 主接线形式，结合“低碳升压站”建设，实现节能、环保、经济等多项效益，可为后续项目增容提供空间。

【华电甘肃九墩滩光伏治沙项目投产发电】12 月 25 日，位于腾格里沙漠南缘的甘肃武威古浪县七道沟的华电甘肃九墩滩（50+20）万 kW 光伏治沙项目并网投产，其中 20 万 kW 光伏治沙项目是国家第一批大型风电光伏基地项目。该项目是年可发绿电 14 亿 kWh，有效治沙 2 万余亩。结合武威地方沙漠生态治理现状，中国华电创新提出“板上发电、板下种植、板间养殖、治沙改土、乡村振兴、工业旅游”的“光伏+”绿色生态产业模式，进一步改善河西走廊生态环境。

【华电北疆乌鲁木齐 100 万 kW 风光基地项目投产】6 月 30 日，华电北疆乌鲁木齐 100 万 kW 风光基地投产。该项目是国家第一批大型风电光伏基地项目。项目位于“中国风谷”达坂城，10 个地块、9 座变电站分布于 1800km^2 区域，中国华电注重绿色低碳发展，引入光伏治沙及“沙漠土壤化”生态恢复技术，开展风电光伏治沙、防风、固草，系统保护和修复沙漠、戈壁、荒漠地区。每年可新增绿电 25 亿 kWh，节约标准煤约 83 万 t，减少二氧化碳排放约 210 万 t。

【华电新疆塔城多能互补基地 100 万 kW 光伏发电项目全部并网发电】9 月 19 日，华电新疆塔城多能互补基地 100 万 kW 光伏发电项目全部并网发电。该项目是国家第二批沙漠、戈壁、荒漠化地区大型风电光伏基地项目，位于新疆塔城地区和布克赛尔蒙古自治县，总装机容量 100 万 kW，分两期建设，每期 50 万 kW。一期选用 650W/655W 双面双玻单晶硅组件，新建一座 35kV 开关站，一座 220kV 汇集站，配套建设 50MW/100MWh 的储能设备；二期选用 550W/555W 双面双玻单晶硅组件，新建一座 35kV 开关站，配套建设 55MW/110MWh 的储能设备。项目投产后，每年可新增“绿电”18 亿 kWh，年节约标准煤 57 万 t，减少排放二氧化碳量 146 万 t。

【华电西藏才朋光伏项目并网发电】12 月 30 日，位于西藏自治区山南市乃东区亚堆乡的才朋光伏项目实现全容量并网发电。项目为世界上海拔最高的光伏发电项目，占地面积超过 800 亩。项目装机 50MW，光伏场区海拔区间 4994～5100m，由世界海拔最高的 35kV 集电线路连接。项目年平均发电量 0.9 亿 kWh，每年可节约标准煤约 2.8 万 t，减少二氧化碳排放约 9.2 万 t。

【国家电投可再生能源替代工程 300MW 光伏项目一期并网发电】12 月 25 日，全国最大露天矿排土场光伏项目——国家电投可再生能源替代工程 300MW 光伏项目一期并网发电。

国家电投白音华自备电厂可再生能源替代工程 300MW 光伏项目，位于锡林郭勒盟白音华露天矿排土场区域。光伏占地面积约 8331.3 亩，项目全容量投产后每年可输送绿电 4.5 亿 kWh。

【国家电投青铜峡铝业降碳减排绿电替代光伏复合示范项目开工建设】2 月 18 日，国家电投集团青铜峡铝业降碳减排绿电替代光伏复合示范项目在宁夏吴忠市同心县河西镇开工建设。

国家电投集团青铜峡铝业降碳减排绿电替代光伏复合示范项目是以新能源绿电替代自备火电，实现电解铝降碳减排的示范项目。项目工程总投资 22.57 亿元，占地约 20000 亩，装机规模 440MW，并新建一座 330kV 升压站。项目投产后，年平均发电量约 8.54 亿 kWh，每年可节约标准煤约 27.31 万 t，减少二氧化硫排放量约 159.62t、氮氧化物 166.45t、温室气体 71.53 万 t。

【国家电投吉林大安风光氢氨一体化示范项目开工】4 月 10 日，包括大安风光制绿氢合成氨一体化示范项目在内的 2023 年吉林省能源领域重点项目春季集中开工活动在白城举行。国家电投吉林大安风光制绿氢合成氨一体化示范项目按“绿氢消纳绿电、绿氨消纳绿氢、源网荷储一体化”的“绿氢体系新思路”设计，项目总投资 63.32 亿元，建设地点位于吉林西部（大安）清洁能源化工产业园，项目将建成风光总装机容量 800MW、新建 220kV 升压站一座、配套 40MW/80MWh 储能、新建 46000m³/h 混合制氢（50 套 PEM 制氢系统，39 套碱液制氢系统）、60000m³ 储氢及 18 万 t 合成氨装置，预计减少二氧化碳排放 65 万 t/a。

【国家电投宁夏盐池—宁东绿电替代一期、二期开工】该项目位于宁夏吴忠市盐池县，2023 年 9 月开工，计划 2024 年 6 月全容量并网发电，是（盐池—宁东）降碳减排绿电替代示范项目 90 万 kW 光伏的一期工程。项目建设包括一座 45 万 kW 地面集中式光伏电站，同步配套 4.5 万 kW/9 万 kWh 储能设施及一座 330kV 升压站，是宁夏回族自治区 2023 年度重点工程建设项目，是宁夏响应国家“双碳”目标，探索新能源替代传统火电，实现电解铝绿电比例提升，绿电就地消纳和传统高耗能产业降碳减排多重效益的首批示范项目。

【国家电投海南基地共和县 100 万 kW 光伏项目投运】该项目位于青海省海南州，是国家第一批以沙漠、戈壁、荒漠地区为重点的大型风电光伏基地，2022 年开工建设，首批 50 万 kW 已实现并网发电。9 月 27 日，国家电投集团黄河上游水电开发有限责任公司海南基地共和县 100 万千瓦光伏项目第二批 50 万千瓦项目顺利接入昕阳变 330kV 汇集站，标志着项目实现全容量并网发电。项目设计了 10 个光伏发电阵列区，共完成 4.2 万套光伏支架、220 万块电池组件、5102 台逆变器和 323 台箱式变压器的安装，敷设的电缆总长度超过 1 万 km。项目预计每年可对外输送清洁电能超 17.5 亿 kWh，相当于每年可节约标准煤约 70 万 t，减少二氧化碳排放约 174.48 万 t，经济和生态效益良好，将进一步优化青海省的能源结构。

【国家能源集团宁夏腾格里沙漠新能源光伏项目一期正式投产】4 月 26 日，国家能源集团在宁夏腾格里沙漠的新能源光伏项目一期正式投产，并网容量达到 100 万 kW。

宁夏腾格里沙漠新能源基地项目是国家千万千瓦级“沙戈荒”基地中首批首个备案、开工、投产的基地项目，以建设大型风电、光伏基地为主，配置建设相应火电调峰机组，新能源总装机规模 1300 万 kW，规划总投资超 850 亿元。该项目也是国家第一条以开发沙漠光伏大基地、输送新能源为主的特高压输电通道——“宁电入湘”工程的重点配套项目。

宁夏腾格里沙漠新能源基地一期 100 万 kW 光伏项目由国家能源集团龙源电力负责实施，项目并网后，每年可提供清洁电能 18 亿 kWh，可满足 150 万个家庭一年的用电量。

【国家能源集团宁东可再生氢碳减排示范项目 50 万 kW 光伏投产】国家能源集团宁东可再生氢碳减排示范项目位于宁夏回族自治区宁东能源化工基地永利新村南侧，是绿氢“制–运–储–用”全链条试点一体化项目的重要组成部分。项目建设规模直流侧容量 602MW，交流侧容量 500MW，配置 1 座 110kV 升压站，建设两回 110kV 送出线路。项目于 2022 年 10 月 15 日开工建设，12 月 31 日首批 10 万 kW 并网，第二批 40 万 kW 于 2023 年 6 月 20 日完成并网，投入商业运行。项目荣获 2023 年度电力建设智慧工程典型案例三等奖。

【国家能源集团国网能源和丰煤电有限公司夏孜盖 300MW 光伏发电项目投产】该项目位于新疆塔城地区和丰县夏孜盖乡光伏产业园内，装机 300MW，容配比 1.2，配置 3.5 万 kW 2h 储能系统及 220kV 升压汇集站一座。项目于 2022 年 5 月 9 日取得备案，2022 年 8 月 7 日开工建设，2023 年 7 月 14 日并网发电，2023 年 11 月 6 日转正式运行。

【国家能源集团天津滨海新区龙源海晶盐光互补项目投产】该项目位于天津市滨海新区长芦海晶盐场内，利用 A～E 五个盐池安装双面双玻高效单晶光伏组件 439.8MW，配套建设 10.14km 场区道路及 110km 桥架式集电线路，新建一座 500kV 超高压光伏升压站。项目于 2021 年 8 月 27 日在天津市滨海新区行政审批局完成备案登记，2022 年 9 月 9 日取得 500kV 升压站核准批复，2023 年 4 月 6 日取得 500kV 并网工程批复。2023 年 9 月 8 日，项目全容量并网投产，成为全国首个全容量投产的 500kV 超高压新能源示范项目。项目荣获中国电力企业建设协会智慧工程三星优秀案例。

【国家能源集团“宁湘直流”配套新能源基地中卫 300 万 kW 光伏复合项目（一期 100 万 kW）投产】该项目配套建设 1 座 330kV 升压站，1 座 100MW/200MWh 储能电站。项目于 2022 年 8 月 31 日取得备案证，9 月 9 日正式开工。2023 年 1 月 10 日完成 144 基铁塔组立、51km 导线展放等各项施工内容，具备验收条件。2023 年 4 月 26 日项目全容量并网发电。项目荣获 2023 年企业质量管理最佳实践案例、2023 年“金钥匙——面向 SDG 的中国行动”优胜奖、“黄沙变绿电”案例年度 ESG 卓越实践奖。

【国家能源集团宁东 150 万 kW 复合光伏基地项目投产】该项目位于宁东能源化工基地，分布于梅花井矿区、石槽村矿区、红柳矿区，总占地面积约 4.3 万亩，光伏建设容量为交流侧 1500MW、直流侧 1800MW，容配比为 1.2，配套建设 1 座 110kV 升压站和2座330kV升压站，通过330kV架空线路接入北地750kV变电站，依托灵绍±800kV特高压直流输电工程外送至浙江，与国网宁夏电力所属灵绍直流配套火电共同形成“光火储”外送能源基地。项目是习近平总书记在《生物多样性公约》第十五次缔约方大会上宣布建设的首批1亿kW大型风电光伏基地项目之一，也是宁夏灵绍直流“西电东送”的重要绿色能源基地。项目于2023年6月30日实现全容量并网投产。先后取得发明专利授权4项，软件著作权13项，受理发明专利12项、实用新型4项。入选工信部第四批智能光伏试点示范名单、中国企业协会“企业绿色低碳发展优秀实践案例”、中电建协智慧工程五星案例等。

【国家能源集团宁夏灵武200万kW采煤沉陷区光伏项目开工】7月25日，宁夏银川灵武（高新区）举行重大项目集中开工仪式，其中国家能源集团宁夏电力灵绍直流配套采煤沉陷区灵武200万kW复合光伏基地项目是6个重点项目之一。

国家能源集团宁夏电力采煤沉陷区400万kW光伏项目是国家第二批沙戈荒大型风电光伏基地之一，是宁夏“西电东送”的重要绿色能源基地，于4月20日获得宁夏回族自治区发展改革委备案，10月24日参加国家能源集团2023年重点电力项目集中开工大会。本次开工的灵武200万kW采煤沉陷区光伏项目是“银川灵武市（高新区）重大项目集中开工”的两个重点项目之一，位于宁夏回族自治区灵武市马家滩镇及白土岗乡境内煤矿采空区、沉陷区荒地，配套建设200MW/400MWh储能，总投资近100亿元，占地面积约6万亩，项目一期100万kW容量计划年底前高质量并网，2024年全容量投产。

项目建成后，每年将提供清洁电能38亿kWh，节约标准煤约115万t，减少二氧化硫排放量约604t、氮氧化物排放量约675t。

【全国最大“沙戈荒”风光新能源基地二期200万kW光伏项目开工】10月24日，全国最大“沙戈荒”风光新能源基地项目——国家能源集团宁夏腾格里沙漠风光基地，二期200万kW光伏项目在宁夏中卫市开工建设。

此次开工的二期项目位于腾格里沙漠东南边缘，为典型的风积沙地，建设规模200万kW，占地面积约6万亩，配套建设2座升压站、1座储能电站。二期200万kW光伏项目建成并网后，预计每年可提供清洁电能39.6亿kWh，节约120.7万t标准煤。

宁夏腾格里沙漠风光基地以建设大型风电、光伏为主，总装机容量1700万kW，是国家千万千瓦级“沙戈荒”基地中首个备案、开工、投产的基地项目。

【国家能源集团乌鲁木齐甘泉堡源网荷储一体化1000MW光伏项目开工】该项目位于新疆维吾尔自治区乌鲁木齐市米东区北部，项目建设规模1000MW（交流侧），直流侧装机容量为1275.955MW。新建2座220kV升压站，经220kV输电线路接入五家渠750kV变电站。项目总投资约47亿元，于2023年5月开工建设。

【国家能源集团青海大柴旦100万kW光伏项目全容量并网发电】7月31日，随着二期50万kW光伏项目顺利并网，国家能源集团青海大柴旦100万kW光伏项目实现全容量并网发电。该项目位于海西州大柴旦地区，项目占地1552.5hm^2，安装137台箱式变压器、47条集电线路，电缆敷设近8000km。项目一期（50万kW）已于2022年12月27日并网发电。项目全容量投产后，预计每年贡献清洁能源17.93亿kWh，可节约标准煤约56.1万t，减少二氧化硫排放约6140t，减少二氧化碳排放约168.4万t。

【国家能源集团海南基地共和县100万kW牧光储建设项目一期工程投产】该项目位于海南州共和县光伏发电园区内，建设100万kW光伏及配套建设国能合乐1号330kV汇集站，是国家第一批光伏新能源大基地项目。2023年12月30日，项目一期32万kW并网发电。

【三峡能源安徽阜阳基地颍上二期40万kW光伏项目实现首批并网】1月10日，三峡能源安徽阜阳基地颍上二期40万kW光伏项目实现首批并网，该项目是三峡能源安徽阜阳南部120万kW风光储基地项目的子项目。

作为安徽省首批大型风电光伏基地建设项目，该项目规划利用塌陷区水面约8700亩。项目全生命周期内，年平均可利用小时数达1106.54h，年平均上网电量达4.5亿kWh，每年可节约标准煤约14万t，减少二氧化碳排放约36万t。

【内蒙古鄂尔多斯市准格尔旗纳日松光伏制氢产业示范项目光伏电站并网发电】12月29日，中国三峡集团首个光伏制氢项目——内蒙古自治区鄂尔多斯市准格尔旗纳日松光伏制氢产业示范项目光伏电站并网发电。

该项目包括光伏电站及制氢厂两部分，其中光伏电站总装机规模为40万kW，年平均发电量约7.4亿kWh，可节约标准煤约22.7万t，减少二氧化碳排放约59.4万t；制氢厂总装机规模为75MW，每年可生产氢气约1万t，副产氧气约8万t。项目于2022年8月28日开工建设。2023年6月29日，该项目开始产出氢气。

【青海海西基地100万kW光伏项目并网发电】12月29日，青藏高原以沙漠、戈壁、荒漠地区为重点的大型风电光伏基地项目之一——中国三峡集团青海海西基地100万kW光伏项目完成并网。该项目还配套建设10万kW光热项目。

该项目是国家第一期装机容量约1亿kW的大基地项目之一，由中国三峡集团所属中国三峡新能源（集团）股份有限公司投资建设，中国三峡集团青海分公司运行管理。项目位于青海省海西州格尔木市乌图美仁光伏光热产业园区，建成后年均发电量约22.6亿kWh，每年可节约标准煤约69万t，减排二氧化碳约188万t。光伏项目于2022年5月16日正式开工建设，2023年12月29日实现全容量并网；光热项目于2023年3月23日正式开工建设，截至2023年底，项目完成吸热塔主体结构施工、定日镜桩基础施工。

【青豫直流二期90万kW光伏项目建成投产】12月24日，位于素有“青藏咽喉”之称的青海省海南藏族自治州共和县，以沙漠、戈壁、荒漠地区为重点的大型风电光伏基地项目之一——青海青豫直流二期90万kW光伏项目建成投产。

该项目国家第一期装机容量约1亿kW的大基地项目之一，由中国三峡集团投资建设。项目地处海拔高度3000m的青藏高原东北部，总装机容量90万kW，包含288个光伏发电子阵，占地面积23131亩。该项目建成后年平均发电量约21亿kWh，相当于节约标准煤约64万t，减排二氧化碳约174万t。

项目所生产的电量通过世界首个新能源远距离输送大通道——青海—河南±800kV特高压直流输电工程直接输送至河南地区。该条输送通道起于海南州，止于河南省驻马店市，全长1563km，输送容量800万kW，已于2020年全面投运。

【金沙江下游水风光基地云南侧首批270万kW项目并网发电】项目属于中国三峡集团，被国家能源局纳入第一批大型风电光伏基地建设清单，与溪洛渡、向家坝、乌东德、白鹤滩4座巨型水电站形成全球最大的沿江清洁能源走廊，分布在楚雄、昆明、昭通等州（市）境内，共24个光伏项目，总装机容量270万kW。

2022年内，24个光伏项目陆续开工。在昭通区域，2022年9月17日，小羊窝项目并网发电；2023年7月27日，小坪子项目并网发电；2023年7月30日，秀水井项目并网发电；2023年9月28日，白沟林项目并网发电；2023年10月30日，新房子、羊窝头、八棵树、绿荫塘项目并网发电；2023年11月21日，海子山项目并网发电。在楚雄区域，2022年12月30日，弥兴项目并网发电；2023年8月28日，马游项目并网发电；2023年8月29日，官屯项目并网发电；2023年11月30日，小黑箐、吴海项目并网发电；2023年12月2日，坛罐窑项目并网发电；2023年12月15日，平新、杨家湾子、李家庄项目并网发电。在昆明区域，2023年12月26日，汤朗项目并网发电；2023年12月30日，赤鹫、罗免、长坪子项目并网发电。在曲靖区域，2023年4月26日，火红马路项目并网发电。

【内蒙古库布齐沙漠鄂尔多斯中北部新能源基地项目先导工程并网发电】12月29日，由中国三峡集团牵头开发的国家首批首个千万千瓦级“沙戈荒”大型风电光伏基地项目——内蒙古库布齐沙漠鄂尔多斯中北部新能源基地项目（简称库布齐基地项目）工程一期100万kW光伏项目全容量并网发电。库布齐基地项目共建设光伏800万kW、风电400万kW、光热20万kW，配套煤电项目400万kW及新型储能500万kWh。

项目于2022年12月28日在达拉特旗举行开工仪式，2023年4月20日正式开工建设，2023年12月29日实现全容量并网发电。

【宜城新能源百万千瓦基地实现首批并网发电】7月15日，中国三峡集团所属湖北能源宜城新能源百万千瓦基地实现首批并网发电。

宜城百万千瓦基地是湖北省重点项目，项目规划总容量1300MW，总投资76亿元，项目全部建成后，每年可为电网输送清洁电能约23亿kWh，相当于节约标准煤约71万t，减排二氧化碳约242万t。

本次实现首批并网的是一期位于峪山镇、宜城市东湾和莺河马头山村的3个光伏项目，全容量300MW。

【金沙江下游水风光基地云南侧首批270万kW项目并网发电】金沙江下游水风光基地云南侧属于中国三峡集团的项目，被国家能源局纳入第一批大型风电光伏基地建设清单，与溪洛渡、向家坝、乌东德、白鹤滩4座巨型水电站形成全球最大的沿江清洁能源走廊，分布在楚雄、昆明、昭通等州（市）境内，共24个光伏项目，总装机容量270万kW。

2022年内，24个光伏项目陆续开工。在昭通区域，2022年9月17日，小羊窝项目并网发电；2023年7月27日，小坪子项目并网发电；2023年7月30日，秀水井项目并网发电；2023年9月28日，白沟林项目并网发电；2023年10月30日，新房子、羊窝头、八棵树、绿荫塘项目并网发电；2023年11月21日，海子山项目并网发电。在楚雄区域，2022年12月30日，弥兴项目并网发电；2023年8月28日，马游项目并网发电；2023年8月29日，官屯项目并网发电；2023年11月30日，小黑箐、吴海项目并网发电；2023年12月2日，坛罐窑项目并网发电；2023年12月15日，平新、杨家湾子、李家庄项目并网发电。在昆明区域，2023年12月26日，汤朗项目并网发电；2023年12月30日，赤鹫、罗免、长坪子项目并网发电。在曲靖区域，2023年4月26日，火红马路项目并网发电。

其中，12 月 15 日实现并网发电的三个光伏项目，分别是位于云南省楚雄州元谋县平田乡和新华乡的平新 450MW 光伏发电项目、位于永仁县永兴乡的杨家湾子 188MW 光伏发电项目和位于大姚县桂花镇湾碧乡的李家庄 100MW 光伏发电项目。这三个光伏项目由中国三峡集团云南能源投资有限公司投资建设。

（柳仁潇）

【中广核广西防城港核电站“核光风储”项目开工】11 月 8 日，中广核广西防城港核电站“核光风储”绿色能源示范基地首期项目正式开工。该项目是国家西部核电基地中首个有效结合核电与新能源多能互补的项目。

光伏项目规划总装机容量为 387MW，是目前中国广核集团所属核电站与新能源结合的首个分布式光伏项目。项目建成后，平均每年可提供清洁电能 4.68 亿 kWh，每年可节约原煤 20.28 万 t，相应减少二氧化硫排放量约 3530t，减少二氧化碳排放量约 43.24 万 t，减少氮氧化物（以二氧化氮计）排放量约 2000t，减少灰渣排放量约 5.6 万 t。

根据规划，防城港核电将建设陆上光伏场址 3 个，海上光伏厂址 1 个，风电场址 1 个，持续优化核电基地园区用能结构，打造以“核能+综合智慧能源”为特色的绿色能源示范基地，建设“绿色智慧园区零碳基地”。同时，加大新能源与在运、在建核电机组耦合应用场景的创新和开发，推动清洁电力大规模消纳和源、网、荷、储深度协同，助力实现“双碳”目标。

【库布齐 200 万 kW 光伏治沙项目并网】11 月 29 日，“十四五”时期国家第一批开工建设的大型风电光伏基地项目之一、全国单体规模最大的光伏治沙项目——蒙西基地库布齐 200 万 kW 光伏治沙项目成功并网，该项目也是国内一次并网的最大单体光伏项目。

库布齐光伏治沙项目位于内蒙古鄂尔多斯市杭锦旗库布齐沙漠腹地，由中国三峡集团所属三峡能源联合亿利集团投资建设。项目装机规模 200 万 kW，占地 10 万亩，配套容量 400MW/800MWh 储能系统以及 10 万亩沙漠治理生态建设工程。其中由中国电建承建 3 号升压储能站工程、交流侧容量 800MW 光伏工程、综合管理运营展示中心工程、200 万 kW 治沙及生态修复工程等。

库布齐光伏治沙项目年均发电量约 41 亿 kWh，每年可节约标准煤约 123 万 t，减少排放二氧化碳约 319 万 t，预计修复治理沙漠面积 10 万亩，年均减少向黄河输沙约 200 万 t。

【中国电建新疆阜康市 60 万 kW 光伏 + 60 万 kWh 储能项目全容量并网发电】11 月 25 日，中国电建投资建设运营的最大单体光储项目——新疆阜康市 60 万 kW 光伏+60 万 kWh 储能项目全容量并网发电。

阜康项目位于新疆昌吉回族自治州阜康市境内，项目总占地面积约 20201 亩，是中国电建首个进入阜康市 1 亿 kW 光伏产业发展概念性规划的工程，由中国电建新能源公司投资运营，水电十一局和中南院联合体承建。项目建成后，电站运营期内预计平均年上网电量约 12.25 亿 kWh，可满足约 132 万人的年用电需求，每年可节约标准煤约 36.66 万 t，折合原煤约 51.33 万 t，相应每年可减少二氧化硫排放约 0.7 万 t、一氧化碳约 97.47t、碳氢化合物约 39.82t、氮氧化物约 0.4 万 t、二氧化碳约 87.09 万 t，还可减少灰渣排放量约 11.28 万 t。

【柯拉光伏电站正式投产】6 月 25 日，中国电建设计采购施工总承包的全球最大、海拔最高的水光互补电站、雅砻江两河口水电站水光互补一期项目——柯拉光伏电站正式投产发电，这也是首次将全球“水光互补”项目规模提升到百万千瓦级。

柯拉光伏电站坐落在四川甘孜州雅江县海拔 4600m 的扎拉托桑山上，是雅砻江流域清洁能源基地“十四五”时期首个开工建设的水光互补电站，是基地标志性新能源项目。电站通过 500kV 输电线路接入 50km 外的两河口水电站，实现光伏发电和水电的“打捆”送出。电站装机容量 100 万 kW，投产后年平均发电量 20 亿 kWh，每年可节约标准煤超 60 万 t、减排二氧化碳超 160 万 t。柯拉光伏电站投产后，雅砻江流域清洁能源基地的发电装机规模将超过 2000 万 kW。清洁能源基地全部建成后，总规模将超 1 亿 kW，年发电量约 3000 亿 kWh。

柯拉光伏电站于 2022 年 7 月正式开工建设，分 5 个标段同时进行，由中国电建所属成都院、华东院、中南院、水电七局、水电六局、水电五局等总承包建设。成都院负责其中海拔最高、规模最大、面积最大、地形最复杂标段并承担整个光伏电站的牵头工作。

【西北首个光储氢热综合应用示范项目建成】8 月 10 日，甘肃张掖市光储氢热综合应用示范项目建成，并具备制氢能力。这是中国西北地区首个光、储、氢、热综合应用一体化项目。

该项目由中国能建所属中国电力工程顾问集团有限公司、中国能建集团装备有限公司投资建设，总投资约 44 亿元人民币，建设内容包括 1000MW 光伏发电以及储能、氢能、综合加注站等。项目全容量投产后，可减少二氧化碳排放约 155 万 t/a，相当于节约标准煤 58.7 万 t/a。项目于 2021 年 6 月 22 日开工建设。

张掖市地处河西走廊“蜂腰”地带，风光电资源富集，是中国河西走廊清洁能源基地的组成部分和甘肃省电力输出重点市，也是中国“沙戈荒”大型风光发电基地重点规划区域。当地已被列为甘肃省绿氢生产及综合利用先行示范区。

【中国能建张家口尚义牧光互补光伏项目正式开工】6月7日，由中国能建天津电建投资建设的张家口尚义牧光互补光伏项目正式开工。

该项目位于河北省张家口市尚义县，总投资24.7亿元，规划装机容量为400MW，配置2h 15%容量的储能装置，新建一座220kV升压站，最终接入张北县坝上500kV变电站。

【安徽阜阳南部风光电基地水面漂浮式光伏电站全容量并网】12月27日，全国单体规模最大、综合利用采煤沉陷区闲置水面最大的漂浮式光伏电站——安徽阜阳南部风光电基地水面漂浮式光伏电站实现全容量并网。

阜阳水面光伏电站是安徽阜阳南部百万千瓦风光储基地项目的子项目之一，总装机容量65万kW，共安装约120万块光伏组件，8580万个浮体及配件，全生命周期年平均发电量约7亿kWh，每年可节约标准煤约22万t，减排二氧化碳约58万t。该项目一期工程于3月28日实现全容量并网，由中国能建安徽院、中国能建建筑集团联合总承包建设。

该光伏电站的规划用地全部为采煤沉陷区闲置水面，以“以光养水、净水养绿、水光互补”为原则，在常规发电收益基础上结合“渔光互补”模式发展渔业养殖，实现水体环境改造。

【国投集团雅砻江水电扎拉山光伏电站开工建设】8月25日，雅砻江流域规模最大新能源项目——国投集团水电扎拉山光伏电站开工建设。

扎拉山光伏电站位于四川省凉山州盐源县白乌镇、沃底乡和棉椏镇，场址分布在海拔3200m至4200m之间，占地18km^2。电站装机规模117万kW，年利用小时数约1835h，年平均发电量21.5亿kWh，电站总投资超60亿元，由中国电建成都院设计，计划2025年全容量并网发电。电站拟安装245万块光伏组件，光伏支架用钢量近6万t。电站建成后，每年提供的绿色电能可节约标准煤约64万t，减少二氧化碳排放约176万t。

扎拉山光伏电站是四川省“十四五”可再生能源发展规划重点项目，也是国家九大清洁能源基地之一的“雅砻江流域清洁能源基地”又一百万千瓦级光伏电站。

【新疆巴楚地区单体最大光伏基地项目并网发电】11月3日，由新疆粤水电能源有限公司投资开发运维的粤水电巴楚县20万kW/80万kWh配套储能和80万kW市场化并网光伏发电项目剩余40万kW、粤水电巴楚县200万kW光储一体化项目首批40万kW，总量合计80万kW的两个清洁能源光伏项目同日同地成功并网，标志着粤水电单体连片规模最大、单次并网规模最多的光伏+储能一体化项目正式投产。

该项目位于新疆巴楚县新能源产业基地内，基地地处塔里木盆地西北边缘，年均日照小时数在2740h以上，属全国范围内太阳能资源丰富区，是新疆维吾尔自治区在巴楚县打造的南疆千万千瓦级新能源产业基地。该项目占地约2.59万亩，安装光伏板合计205万块，由256个3.125MW光伏方阵组成，配套建设一座220kV汇集站——220kV粤水电羌笛光伏汇集站。项目建成后，每年预计发“绿电”约17.1亿kWh，可节约标准煤约68.45万t，减少二氧化碳排放量约170.62万t。

新疆巴楚县新能源产业基地由五期光伏项目及配套新能源产业构成，一期于2020年12月底并网，二期项目于2022年7月并网，三期项目于2022年12月30日并网，四期部分项目于2023年3月并网。本次并网的项目为四期剩余部分及五期首批项目，即粤水电巴楚县20万kW/80万kWh配套储能和80万kW市场化并网光伏发电项目剩余40万kW、粤水电巴楚县200万kW光储一体化项目首批40万kW。

【广东能源集团瀚海光伏项目全容量并网发电】9月初，广东能源集团所属图木舒克粤电瀚海新能源有限公司45团400MW光伏项目全容量并网发电。

该项目是国家第一批以沙漠、戈壁、荒漠地区为重点的大型风电光伏基地建设项目之一，同时也是广东能源集团在新疆区域首个实现全容量并网发电的大型沙漠光伏发电项目。

该项目占地约1.16万亩，总装机容量400MW，配套建设80MW/160MWh的储能系统，同时新建1座220kV汇集站。项目于2022年5月开工。项目建成后，每年可为电网输送绿色电能约8.21亿kWh，可节约标准煤约25.22万t，减少二氧化碳排放约69.33万t。

【全国首个“盐碱地改良+农光互补”综合示范项目并网】10月31日，位于巴彦淖尔的临河热电厂灵活性改造配置新能源示范项目成功并网，标志着全国首个“盐碱地改良+农光互补”综合示范项目并网。

该项目总投资10.98亿元，建设200MW集中式地面光伏发电站，配套建设220kV升压站1座。项目占地面积5981亩，采取农光互补模式，土地上方光伏发电，下方种植农作物，可减少火电发电量4.48亿kWh，节约标准煤14.3万t，可减排烟尘65.97t、二氧化碳49.1万t。

【蒙西鄂尔多斯采煤沉陷区新能源400万kW项目在鄂托克前旗开工】3月18日，投资超百亿的蒙西鄂尔多斯采煤沉陷区新能源400万kW项目在鄂托克前旗开工建设。

该项目位于鄂托克前旗上海庙采煤沉陷区，是国家第二批大型风电光伏基地之一，将按照集中式光伏发电、生态治理、板下经济、景观旅游、乡村振兴“五位一体”的国家级光伏示范基地目标建设。

该项目总投资218.43亿元，总占地面积约103km^2，规划建设总容量400万kW的光伏电站。项目建成后，每年可往山东输送清洁电力76.5亿kWh，相当于节约标准煤230万t，减排二氧化碳633万t。

【国内首例集滩涂光伏储能海水制氢一体化示范项目开工】1月28日，海水制氢产业一体化示范项目开工仪式在辽宁大连普兰店区举行，该项目将打造为国内首例集滩涂光伏、储能、海水淡化、电解制氢为一体的示范项目，也将成为国内首例孤网运行、不受上网指标限制的制氢规模示范项目。

海水制氢产业一体化示范项目是大连市2023年重点工程，由洁净能源集团实施。示范项目将采取分期建设，一期投资约8亿元，建设100MW滩涂光伏、60MW制氢，建成投产后形成年发电量1.37亿kWh绿电和年产2000t的新能源绿氢产能。

储　　能

【国家电网新疆阜康抽水蓄能电站1号机组投产】11月25日，西北地区首台抽水蓄能机组——国家电网新疆阜康抽水蓄能电站1号机组投产发电。

阜康抽水蓄能电站是西北地区首座投产发电的抽水蓄能电站，也是国家电网有限公司援疆重点建设项目。电站位于新疆昌吉回族自治州阜康市上户沟哈萨克族乡，由上水库、下水库、输水系统、地下厂房和地面开关站等部分组成，安装4台单机容量30万kW的可逆式水泵水轮发电机组，总装机容量120万kW，以3回220kV线路接入新疆乌昌（乌鲁木齐、昌吉）电网。电站总投资83.68亿元，设计年发电量24.1亿kWh，年抽水电量32.13亿kWh，计划2024年全部投产发电。

工程全部投运后，每年可增发新能源26亿kWh，同时减少标准煤耗16.5万t，减排二氧化碳约49.6万t。

【玉门抽水蓄能电站开工】3月16日，甘肃玉门抽水蓄能电站在玉门市昌马镇举行开工仪式，标志着该项目正式进入建设实施阶段。

玉门抽水蓄能电站项目位于河西走廊西部酒泉地区玉门市昌马镇境内，临近酒泉千万千瓦级风电基地，距离最近的风电场仅15km，距离玉门市直线距离40km，是国家电网公司在甘肃省投资建设的首座抽水蓄能电站，列入国家能源局下发的抽水蓄能中长期发展规划，为“十四五”时期重点实施项目，也是酒泉市首个核准并开工的抽水蓄能电站项目。项目总装机容量120万kW，设计年发电量15.28亿kWh，年抽水电量20.37亿kWh，动态投资102亿元，计划建设工期67个月。项目建成后，每年可节约标准煤消耗约50.42万t，减少二氧化碳排放约135.63万t。

【辽宁大雅河、兴城抽水蓄能电站项目开工】3月18日，国家电网公司辽宁重大电网工程暨大雅河、兴城抽水蓄能电站项目开工建设。

大雅河抽水蓄能电站位于辽宁省本溪市桓仁县，总装机160万kW，安装4台40万kW可逆式机组，以500kV电压等级接入辽宁电网。兴城抽水蓄能电站位于葫芦岛兴城市，总装机容量120万kW，安装4台30万kW可逆式机组，以500kV电压等级接入辽宁电网。

两座抽水蓄能电站总装机容量280万kW，设计年发电量28.09亿kWh，抽水电量37.45亿kWh，计划于2030年投产发电。

【湖南汨罗抽水蓄能电站开工】6月11日，湖南汨罗抽水蓄能电站正式开工建设。

汨罗抽水蓄能电站位于岳阳市汨罗市川山坪镇境内，是湖南省“十四五”抽水蓄能重点项目，安装4台30万kW可逆式发电机组，接入华中电网，总投资81亿元，计划施工总工期为69个月。该电站是国家电网在湖南建设运营的第4座抽水蓄能电站。

汨罗抽水蓄能电站双倍调节能力达240万kW，建成后可平抑新能源随机性、波动性影响，促进清洁能源可靠消纳，助推能源绿色转型。

【青海哇让抽水蓄能电站开工建设】8月6日，西部地区最大抽水蓄能电站，青海省首个抽水蓄能项目——国家电网青海哇让抽水蓄能电站开工建设。

哇让抽水蓄能电站位于海南州贵南县，工程总投资159.4亿元，安装8台单机容量35万kW可逆式机组，总装机容量280万kW。哇让抽水蓄能电站可发挥削峰填谷、调频调相等作用，有效提升电网顶峰保供能力。

【重庆蟠龙抽水蓄能电站1号机组投产】12月7日，西南地区首座百万千瓦级大型抽水蓄能电站——国网新源重庆蟠龙抽水蓄能电站1号机组投产发电。

蟠龙抽水蓄能电站位于重庆市綦江区中峰镇，地处重庆用电负荷中心并紧邻四川水电基地，是国家实施大规模“西电东送”主通道上的中继电源。工程总投资超过71亿元，安装4台单机容量30万kW的可逆式水泵水轮发电机组，总装机容量120万kW，设计年发电量20亿kWh，年抽水电量26.7亿kWh。电站于2015年9月开工建设，计划于2024年全部投产发电。全部投运后，每年预计可节约标准煤15.2万t，减少二氧化碳排放39.8万t。

蟠龙抽水蓄能电站由中国电建所属中南院承担勘测设计，水电一局、水电八局参建，是西南地区首座开工、投产的大型抽水蓄能电站，也是首次在红层砂岩地区建设的抽水蓄能电站。

【河南天池抽水蓄能电站实现全面投产发电】8月29日，国网新源河南天池抽水蓄能电站（中国能建葛洲坝机电公司参建）4号机组结束15天考核试运行，正式投运。至此，该电站4台抽水蓄能机组全部投产发电，比里程碑进度计划提前3个月全面投入商业运行。

河南天池抽水蓄能电站位于河南省南阳市南召县马市坪乡，是河南省能源类重大基础设施项目。工程由上水库、下水库、水道系统、地下厂房和地面开关站等部分组成，总装机容量120万kW，安装4台单机容量30万kW的抽水蓄能发电机组，设计年发电量9.62亿kWh，年抽水电量12.83亿kWh，以500kV线路接入华中电网。

河南天池抽水蓄能电站于2015年6月开工，2023年1月13日首台抽水蓄能机组（1号机组）投产发电。全面投产后，预计每年节约标准煤约8.39万t，减少二氧化碳排放约23万t。

【国家电投陕西柞水曹坪140万kW抽水蓄能电站开工】2月23日，陕西省商洛市柞水县曹坪镇举行140万kW抽水蓄能电站项目开工活动。

国家电投曹坪抽水蓄能电站项目位于陕南柞水，距离西安60km，靠近西安负荷中心，是国家《抽水蓄能中长期发展规划（2021—2035年）》“十四五”重点实施项目，装机容量140万kW，总投资约106亿元，枢纽工程主要由上水库、下水库、输水发电系统及地面开关站等组成。电站建成后，每年预计可节约燃煤79.75万t，减排二氧化碳198.8万t、二氧化硫1.6万t。

该项目于2月13日获得陕西省发展改革委核准，成为陕西省“十四五”期间首座获得核准的抽水蓄能电站项目，也是陕南地区投资最大的产业化单体项目。

【甘肃黄龙抽水蓄能电站开工】2月11日，由中核集团新华发电投资建设的甘肃省最大黄龙抽水蓄能电站开工，该项目在获甘肃省发展改革委核准批复后，正式进入建设实施阶段。

该项目是《抽水蓄能中长期发展规划（2021—2035年）》“十四五”重点实施项目和《甘肃省“十四五”能源发展规划》中长期开工建设项目，也是目前甘肃省开工建设的最大抽水蓄能电站，设计总装机容量210万kW，设计年发电量23.5亿kWh，年抽水电量31.33亿kWh。项目建成投产后，主要服务于甘肃电网，承担电网调峰填谷、储能、调频、调相、紧急事故备用等任务，可增强电网调峰能力，改善电网运行条件，提高电网安全稳定性。

【甘肃黄羊抽水蓄能电站正式开工】3月28日，由中国三峡集团开发建设的甘肃黄羊抽水蓄能电站在甘肃武威正式开工。项目位于甘肃省武威市黄羊河峡谷内，是国家《抽水蓄能中长期发展规划（2021—2035年）》和甘肃省“十四五”重点建设项目。

甘肃黄羊抽水蓄能电站规划安装4台单机容量35万kW的可逆式水泵水轮机组，额定水头478m，总装机容量140万kW，预计年发电量16.21亿kWh，年抽水电量21.33亿kWh，电站枢纽工程主要由上水库、输水系统、地下厂房系统、下水库及地面开关站等组成，预计2030年全部机组投产发电。

甘肃黄羊抽水蓄能电站主要承担电网调峰、填谷、储能、调频、调相、备用等任务，电站位于新能源富集区，可为金昌、张掖、武威千万千瓦级风光基地提供保障。

【重庆奉节菜籽坝抽水蓄能电站开工】6月28日，中国三峡集团重庆菜籽坝抽水蓄能电站正式开工建设。菜籽坝抽水蓄能电站位于重庆市奉节县兴隆镇及冯坪乡境内，是国家《抽水蓄能中长期发展规划（2021—2035年）》“十四五”重点实施项目，主要由上水库、下水库、输水系统、地下厂房洞室群、地面开关站等建筑物组成，计划安装4台30万kW的立轴单级混流式水泵水轮发电机，总装机容量120万kW。电站预计2029年实现首台机组投产发电，2030年全部机组投产发电。

菜籽坝抽水蓄能电站是国内首个复杂岩溶地区的大型抽水蓄能项目，也是中国三峡集团首个全过程自主勘察设计的抽水蓄能项目，项目于2022年11月获得重庆市发展和改革委核准批复。电站建成后主要承担重庆电网调峰、填谷、储能、调频、调相和紧急事故备用等任务，预计每年可向重庆电网提供11.4亿kWh的高峰电能。

【青海南山口抽水蓄能电站正式开工建设】8月19日，由中国三峡集团开发建设的世界超高海拔地区（海拔3500m以上）装机容量最大的抽水蓄能电站——青海南山口抽水蓄能电站正式开工建设。

南山口抽水蓄能电站位于青海省海西州格尔木市境内，是国家“十四五”重点实施计划项目之一，是青海省首个在沙戈荒地区开工建设的抽水蓄能电站项目。项目装机容量240万kW，共安装8台30万kW抽水蓄能机组，上水库海拔达3700m，是世界上3500m以上高海拔地区拟装机容量最大、调节库容量最大的抽水蓄能电站。

南山口抽水蓄能电站计划2028年实现首批机组投产，2030年实现全部机组投产。投产后，每年可带动新能源发电量增长近148亿kWh，可替代标准煤约

463 万 t。

【安徽石台抽水蓄能电站主体工程开工】7 月 28 日，中国三峡集团安徽石台抽水蓄能电站地下厂房启动开挖，标志着该项目正式进入主体工程施工阶段。

石台抽水蓄能电站位于安徽省池州市石台县仙寓镇和丁香镇境内，总投资 78.9 亿元，是国家《抽水蓄能中长期发展规划（2021—2035 年）》“十四五”重点实施项目，也是中国三峡集团在安徽投资建设的首个抽水蓄能电站。

石台抽水蓄能电站共设计安装 4 台 30 万 kW 抽水蓄能机组，总装机 120 万 kW，建成后主要承担安徽电网调峰、填谷、储能、调频、调相及紧急事故备用等任务，同时可参与华东电网调度，提升华东电网调度灵活性。

石台抽水蓄能电站于 2022 年 11 月获工程核准，计划 2025 年 4 月完成地下厂房开挖支护，2026 年 6 月大坝施工完成并开始蓄水，2027 年首台机组投产发电，2028 年 4 台机组全部投产发电。

【浙江松阳抽水蓄能电站主体工程开工】11 月 20 日，中国三峡集团浙江松阳抽水蓄能电站通风兼安全洞全线贯通，地下厂房启动开挖，标志着电站主体工程进入全面施工。

松阳抽水蓄能电站位于浙江省丽水市松阳县玉岩镇与竹源乡境内，是国家《抽水蓄能中长期发展规划（2021—2035 年）》“十四五”重点实施项目。

松阳抽水蓄能电站共安装 4 台 35 万 kW 水轮发电机组，总装机容量为 140 万 kW，设计年均发电量 14 亿 kWh，抽水电量 19 亿 kWh，建成后将承担浙江省内电网调峰、填谷、储能、调频、调相、备用等任务，同时可参与华东电网调度，提升华东电网灵活调度能力。

松阳抽水蓄能电站于 2022 年初启动可研工作，用时 9 个月完成 30 余项可研核准专题研究，并顺利取得项目核准批复，2022 年 11 月先导工程开工，计划于 2027 年第四季度实现首台机组投产发电。

【山东文登抽水蓄能电站全面投产发电】9 月 19 日，由中国能建葛洲坝二公司承担主体施工任务的山东文登抽水蓄能电站 6 号机组正式投入商业运营，标志着山东省内装机规模最大、胶东地区首座抽水蓄能电站全面投产发电，较计划工期提前 10 个月。

文登抽水蓄能电站位于山东省威海市文登区境内，是《山东省电力发展“十三五”规划》和新旧动能转换重点项目。枢纽工程主要由上下水库、输水系统、地下厂房及 500kV 智能开关站等组成。文登抽水蓄能电站总投资约 85 亿元，总装机容量 180 万 kW，安装 6 台混流可逆式抽水蓄能发电机组，设计年发电量 27 亿 kWh，年抽水电量 36 亿 kWh。文登电站以两回 500kV 线路接入山东电网，具有调峰、调频、调相、储能、系统备用和黑启动等六大功能，具备容量大、工况多、速度快、可靠性高、经济性好等优势。机组全部投产后，每年预计可节约标准煤 13.23 万 t，减少二氧化碳排放 31.12 万 t。

文登抽水蓄能电站于 2015 年 9 月开工建设，累计取得专利授权 55 项、行业级工法 2 项、省部级科技进步奖 6 项。该工程首次在抽水蓄能领域应用全断面硬岩隧道掘进机（TBM）施工技术、无爆破切割技术、耐碱玻璃纤维增强复合筋材料，并首次在抽水蓄能行业建设 500kV 电压等级智能化开关站。

电站首批机组——1、2 号机组于 2023 年 1 月 1 日通过 15 天考核试运行，顺利投产发电。

【浙江紧水滩抽水蓄能电站工程正式开工】1 月 17 日，《抽水蓄能中长期发展规划（2021—2035 年）》“十四五”重点实施项目、浙江省“千项万亿”重点工程——浙江紧水滩抽水蓄能电站工程正式开工。

紧水滩抽水蓄能项目位于浙江省丽水市云和县，计划总投资 24.9 亿元，总装机容量 29.7 万 kW，设计年发电量 2.97 亿 kWh、抽水电量 3.96 亿 kWh，预计于 2027 年投产。建成后，该电站将成为全国首个全数字化中型抽水蓄能电站、首个三站联合调度的梯级抽水蓄能电站、首个高边坡与大规模半地下式厂房、首个低水头超大距高比和超大水头变幅比的抽水蓄能电站，为国内因地制宜、创新发展抽水蓄能提供探索经验。

紧水滩抽水蓄能电站依托现有的紧水滩水库为上库，石塘水库为下库进行建设。项目建成后，紧水滩抽水蓄能电站将承担浙江电网调峰、填谷、储能、调频、调相和备用等任务。

【通山抽水蓄能电站开工】2 月 16 日，通山抽水蓄能电站项目开工活动在湖北省通山县黄沙铺镇举行。

通山抽水蓄能电站项目装机容量 140 万 kW，采用成熟、经济的抽水蓄能技术，安装 4 台 35 万 kW 可逆式发电机组，设计年发电量 15.6 亿 kWh，年抽水电量 20.8 亿 kWh。项目建成后，可分担全省电力系统调峰、填谷、调频、调相、储能及紧急事故备用等任务。

通山抽水蓄能电站是国家《抽水蓄能中长期发展规划（2021—2035 年）》“十四五”重点实施项目、湖北省重点项目。项目总投资 93.52 亿元，建设总工期 6 年 6 个月（其中首台机组发电工期 5 年 6 个月），电站建成后每年可节约标准煤约 53 万 t，减排二氧化碳约 139.8 万 t。

【贵阳抽水蓄能电站项目正式开工】10 月 18 日，贵州省“十四五”规划实施重点项目——贵阳抽水蓄能电站项目开工。该项目是贵州省首个核准、开工的抽水蓄能电站项目。

贵阳抽水蓄能电站坐落于修文县谷堡镇，总装机容量为1500MW，总投资约92.46亿元，预计2028年电站首台机组发电，2029年全面投产建成。电站建成后，每年可向社会输送清洁电能17.77亿kWh，增加风光新能源吸纳电量36.58亿kWh，每年可节约标准煤约107.6万t。同时，该电站也将在电网中承担调峰、填谷、调频、调相和事故备用等任务，进一步保障贵州电网安全运行。

【陕西佛坪抽水蓄能电站前期项目开工】12月18日，陕西佛坪县举行陕西佛坪抽水蓄能电站前期项目开工仪式，标志着佛坪县重点项目建设史上投资最大的单体项目正式拉开建设序幕。

陕西佛坪抽水蓄能电站项目是国家《抽水蓄能中长期发展规划（2021—2035年）》中陕西省抽水蓄能规划“十四五”重点实施项目，工程位于佛坪县西岔河镇境内。工程为日调节纯抽水蓄能电站，总体投资约108亿，初选装机容量1400MW，安装4台单机容量350MW可逆式水泵水轮机，电站连续满发小时数6h，设计年平均发电量19.39亿kWh，年抽水用电量25.85亿kWh。该电站枢纽工程主要由上水库、下水库、输水系统、地下厂房、地面开关站等组成，施工总工期69个月，首台机组发电工期为60个月。

项目建成后，主要承担陕西电网负荷中心的调峰、填谷、储能、调频、调相、紧急事故备用等功能，并兼顾全省新能源消纳。

【国内首座百兆瓦时级构网型储能电站全容量成功并网】12月17日，湖北荆门沙洋县高桥工业园内，随着国网荆门供电公司变电运维人员合上最后一个储能单元的变流器开关，国内首座百兆瓦时级构网型储能电站荆门新港储能电站进入全容量并网运行状态。

荆门新港储能电站项目由国网湖北综合能源公司投建，共分为两期，属于具有选址灵活、建设周期短等特点的电化学储能电站。2022年12月31日，该电站一期工程竣工投产，并网了12.6MW/26.8MWh容量。此次为二期工程，并网成功后，总容量达到50MW/100MWh。

由于采用了构网型技术，荆门新港储能电站全容量投运后，不仅能提高沙洋片区电网灵活调节能力，还能主动支撑该片区电网的稳定性，在友好消纳附近320MW新能源的同时，保障了沙洋片区电网的安全稳定运行。

【全国最大海风＋独立储能配套项目并网投产】12月27日，由广东电网公司投资建设的全国最大、南方区域首个海风＋独立储能配套项目——峡安储能站在广东省阳江市并网投产。

峡安储能站本期共配置6套5MW储能系统，总装机规模为30MW。作为三峡新能源阳西沙扒海上风电场一期300MW项目的配套电化学储能电站工程，峡安储能站并网投产可以有效地平抑短期尖峰出力，还具备提升新能源消纳量、降低发电计划偏差、提升电网安全运行稳定性、缓解输电阻塞等功能，能够在很大程度上解决新能源发电的随机性和波动性问题。

【中国华能建成全球首座百兆瓦级分散控制构网型储能电站】6月27日，由中国华能自主研发的100MW/200MWh分散控制构网型独立储能电站在山东莱芜电厂实现全容量并网，标志着世界首座百兆瓦级分散控制构网型独立储能电站正式投运。

该储能电站由华能山东分公司投资开发、清能院研发承建。电站首次采用华能自主研发的1500V电压等级构网型模块化储能变流器（PCS）和全国产化能量管理系统（EMS），具有系统惯量、电压与频率支撑能力强等优势，通过对储能系统电池能量的精细化和智能化管理，可平抑新能源发电波动，提升电网调节能力，有效应对电网负荷峰谷差大、变化快等问题，为电力系统安全稳定运行提供支撑。同时，该电站是华能首台（套）重大技术装备“自主可控电池储能一体化管控系统”科技成果产业化应用示范项目，系统从整站角度对PCS、EMS等进行深度整合优化，减少各子系统之间的数据处理和通信故障发生率，提高控制系统运行效率。

该储能电站是山东省2022年储能示范项目之一，充电一次可储存20万kWh电量，能满足约3万户家庭一天的用电需求。项目投运后，将纳入山东电网统一调度管理，主要参与全省电力辅助、电网调峰、储能容量租赁等服务，年可消纳新能源电量约1亿kWh，压减煤炭消费约3.1万t。

【华能上都百万千瓦级风电基地配套储能项目300MW/600MWh工程建成】11月27日，华能自主研发的全球装机容量最大单层站房式储能电站——上都百万千瓦级风电基地配套储能二、三期工程实现全容量并网。至此，上都百万千瓦级风电基地配套储能项目300MW/600MWh工程全部建成，成为接入华北电网第一座大规模储能电站。

华能上都百万千瓦级风电基地是国内首批大型新能源基地项目之一，是基地型规模化“风光火储”综合能源项目，包括200万kW风电和30万kW储能电站，其中，储能电站由华能北方公司投资开发，华能清能院研发承建。储能电站项目分三期建设，每期100MW/200MWh。其中，一期工程采用分散式控制、集中式控制、高压级联直挂式三种储能技术路线，于2023年9月26日建成投运。二、三期工程采用站房式储能技术路线，通过单层站房式储能系统布置方式，大幅提升储能系统能量密度；利用集中供暖管网供热技术分配火电厂余热，有效实现高效节能热管理；首次配备华能自主知识产权的多层级消防系统，充分保障电池储能系统安全运行。

【大唐中宁 100MW/400MWh 压缩空气储能项目主体工程建设全面启动】10 月 20 日，中国大唐在宁夏中宁举办国际首套百兆瓦级全人工地下储气库压缩空气储能项目推进大会，标志着大唐中宁 100MW/400MWh 压缩空气储能绿色低碳技术攻关项目主体工程建设全面启动。

大唐中宁储能项目作为国家能源绿色低碳转型发展关键核心技术攻关项目，在宁夏地区软岩地质条件下开展全人工地下储气库技术攻关与应用，形成适用于国内大部分地质条件下的压缩空气储能人工地下储气成套技术体系，攻克了选址受限、成本高昂、效率偏低等一系列技术难题。该项目采用环形地下硐室，埋深地下 150m 且储存介质仅为空气；压缩空气系统效率达 70.4%，在同类型在建压缩空气储能项目中处于国际领先水平。通过高效的压缩和膨胀、储热和放热，实现能量高效存储和利用，具有储能时间长、容量大、单位成本低、安全环保、推广价值高等优势。

【中国华电朔州热电复合调频项目正式投运】4 月 4 日，国内首个飞轮＋锂电池复合储能火力发电联合调频项目——中国华电朔州热电复合调频项目正式投运，填补了国内飞轮与电化学复合储能领域空白。该项目由中国能建山西院设计。

该项目位于山西省朔州市，总容量 8MW，由 4 台全球单体容量最大、拥有自主知识产权的飞轮装置（4 台 500kW 飞轮）和 10 组锂电池（6MW）组成复合储能系统，与现有 2 台火电机组联合为电网提供调频服务。

该项目首次集合了飞轮电池充放电“快”和锂电池“耐用”的优势，既扩大了系统总容量，又提高了电池的持久性，其可充放电次数比纯锂电池系统高出 2000 倍，同生命周期内可节省 3 批锂电池组更换费用约 2400 万元。

【华电青海德令哈 100 万 kW 光氢储项目投产】2023 年 9 月 28 日，中国华电青海德令哈 PEM 电解水制氢示范工程成功制出第一方纯度高达 99.999%的绿氢，标志着青海省首个绿电制氢项目正式投产。德令哈光氢储项目是国内在高海拔地区制绿氢的首次尝试，通过光氢储一体化的技术路线和技术体系，推动氢能产业链延长、价值链提升，实现绿电、绿氢消纳。项目年可发绿电 22 亿 kWh，满足 200 万个家庭一年所需，年节约标准煤约 54.39 万 t，减排二氧化碳约 148 万 t，制氢规模 600m^3/h（标况）。该项目于 2023 年 7 月 11 日正式发电投产。

【国家电投四川攀枝花 100MW/500MWh 全钒液流储能电站示范应用项目开工】12 月 28 日，在攀枝花市钒钛高新区，国家电投四川攀枝花 100MW/500MWh 全钒液流储能电站示范应用项目开工。

该项目为全国在建规模最大的钒电池储能示范应用项目，由国家电投四川公司实施，总投资 16 亿元，占地 5 万 m^2，以独立储能电站形式，单独计量、接受电网调度。项目前期由国家电投西南能源研究院联合山东总公司（山东院）进行设计和研究，为项目实施提供技术保障。项目分两期建设，一期投资 2.1 亿元，建设规模 12MW/60MWh，二期投资 13.9 亿元，建设规模 88MW/440MWh。

该项目建成后，预计利用 0.4 万 t 五氧化二钒（3.5 万 m^3 钒电解液），实现钒资源在非钢领域的大规模应用。

【国家能源集团源网荷储一体化 150MW/600MWh 储能项目开工】该项目为乌鲁木齐甘泉堡经济技术开发区 100 万 kW 光伏项目配套储能电站工程。储能电站主要由储能电池、变流器（PCS）及升压变压器组成。项目配置总容量 150MW/600MWh 储能系统，由 60 个子储能系统组成。项目分为两个站区，分别为 100MW/400MWh 储能电站和 50MW/200MWh 储能电站。150MW/600MWh 储能项目于 2023 年 11 月开工建设。

【国内燃煤电厂最大电化学储能项目正式投运】4 月 10 日，作为国内燃煤电厂最大电化学储能辅助调频项目，国家能源集团广东台山电厂 1、2、6、7 号机组共 60MW 电化学储能项目正式投入生产运营，进一步提高机组综合调频能力。

该项目占地面积约 6000m^2，采用大容量磷酸铁锂电池储能及高压级联技术，在 1、2、6、7 号机组侧分别安装 25MW/25MWh 及 35MW/35MWh 辅助调频系统各 1 套，共 36 个储能仓。项目正式投运后，可提升发电机组 AGC 调频水平，降低机组调频响应的小功率振荡概率，提高电网运行的可靠性及安全性，年收益可达 6000 万元。

【三峡能源山东庆云储能电站二期示范项目投运】10 月 31 日，全国最大电网侧共享储能电站——三峡能源山东庆云储能电站二期示范项目全面投入商业运行。项目由中国能建江苏电建一公司承建。

庆云储能电站位于山东省德州市庆云县，是山东省首批储能示范项目之一，总规模 301MW/602MWh，首期建设 100MW/200MWh 储能系统已于 2021 年底并网投产，二期项目建设容量 201MW/402MWh。电站达产后，每年可消纳新能源电量约 1.8 亿 kWh，相当于节约标准煤约 7 万 t，减少二氧化碳排放约 18 万 t。电站总体建成后，将有效提高区域电网调峰能力，促进可再生能源消纳。

【安徽阜阳南部风光储基地项目储能系统首期项目全容量并网】6月21日，由中国三峡新能源（集团）股份有限公司投资建设的全国最大新能源配套电化学储能电站——安徽阜阳南部风光储基地项目储能系统首期项目实现全容量并网。

阜南储能系统为国家首批、长三角首个大型风电光伏基地项目——安徽阜阳南部120万kW风光储基地项目的配套储能系统。项目采用风电、光伏、储能、沉陷区治理相结合的新能源基地化开发模式。项目主要包括65万kW光伏电站和55万kW风电场，同时配建储能电站，改善电力上网的波动性，提升供电可靠性。储能电站项目分两期建设，首期规模为300MW/600MWh，二期规模为450MW/900MWh。

首期储能项目由90个40ft（1ft＝0.3048m）标准集装箱储能单元组成，创造性设计方舱级全氟己酮喷射＋模组级可燃气体检测＋模组级水消防喷淋组合消防方案，可高效预警、及时消除消防隐患，保障储能电站的安全性。同时，项目选用磷酸铁锂离子电池，采用高压液冷集成技术，可有效降低占地面积，提升电站的充放电效率和电池的循环寿命。项目建成后一次可储存约60万kWh电量，按照每天充放一次计算，每年释放电量可满足9万多个家庭的年用电需求。

【江苏丰储200MW/400MWh储能电站正式并网】11月29日，江苏省容量最大的独立共享储能项目——江苏丰储200MW/400MWh储能电站在南通市如东县正式并网。该项目由中国三峡集团所属长江电力投资建设，将为当地装机规模为2000MW的新能源项目提供配套支持。

【重庆永川松溉储能电站正式全容量并网投产】8月4日，随着场站内60个储能单元相继启用，由三峡水利投资建设的重庆永川松溉储能电站正式全容量并网投产，进入商业运营阶段。

永川松溉储能电站项目位于重庆市永川区港桥园区，为2023年重庆市级重点项目之一，也是重庆市首批独立储能示范项目，项目规模为200MW/400MWh。

三峡水利在项目中采用技术成熟的液冷磷酸铁锂电池储能方案，同时配套建设了相应的安全保障设施。项目于2023年4月开工建设，7月完成倒送电和全容量“满充满放”三次试验，8月初全部实现全容量并网投产，同年完成备案、开工和并网，与同规模储能电站相比，建设工期缩短近一半的时间。

【重庆两江龙盛储能电站全容量并网】8月1日，由中国能建中电工程山西院设计的重庆两江龙盛储能电站实现全容量并网。

该项目位于重庆两江新区鱼复片区110kV双溪站北侧，是重庆地区第一个成功并网的独立储能电站。项目于2023年4月开工建设，规模为100MW/200MWh，采用电化学储能方案，设计安装30台3.35MW/6.709MWh电池集装箱，30台变流升压一体机，同时新建一座110kV升压站。项目计划进行二期建设，规模为50MW/100MWh，两期容量合计达150MW/300MWh。

【淮北皖能储能电站一期工程投运】2月22日，安徽省最大储能电站——淮北皖能储能电站一期工程具备运行条件。

该工程建设规模为103MW/206MWh，总投资约4亿元，是安徽省规模最大的电网侧大容量独立共享储能电站，由安徽省皖能股份有限公司投资建设。

该项目位于淮北市烈山区宋疃镇，占地面积约40亩，共配置61套预制舱式储能单元，采用成熟的磷酸铁锂电池方案，以8回35kV线路接入220kV烈山8号主变压器35kV侧，经主变压器升压至220kV接入电网。

【国内最大单体用户侧储能项目“满充满放”运行】8月15日，作为国内最大规模的单体用户侧储能项目，重庆璧山综合智慧零碳电厂比亚迪光储项目成功实现全容量“满充满放”运行，进一步验证了各项指标满足设计功率及容量参数要求。

该项目包括屋顶光伏发电、电化学储能、生产线能量回收三部分，是国内最大规模的单体用户侧储能项目。该项目利用企业厂房屋顶闲置空间建设光伏板吸收太阳能，及时转化成企业生产用电；同时光伏产生的富余电能以及电网夜间谷时段电能可对储能站进行充电，在白天用电高峰时段向企业供电，既降低企业用电成本，又缓解了度夏期间电网压力。

该项目屋顶光伏安装面积约10万m^2，安装光伏板17616块，直流侧装机容量10.1292MW；电化学储能电站容量60MW/240MWh，包含70个储能电池单元、18个升压电流一体机。

电化学储能电站于2023年5月5日进场施工，7月28日完成设备安装及调试。光伏电站于5月20日进场施工，7月30日完成全站带电接入。

该项目投运后每年可调峰电量约700万kWh，可为重庆电网提供最大67MW顶峰能力，缓解迎峰度夏期间电力保供压力。

【国内首个“飞轮储能＋百万千瓦机组联合调频”项目投运】6月30日，国内首个“飞轮储能＋百万千瓦级中间二次再热火电机组联合调频”项目在华能莱芜电厂正式投运，填补了国内“飞轮储能＋百万千瓦机组联合调频”技术应用的空白。

该项目采用10台单体600kW飞轮储能装置，与莱芜电厂百万机组联合运行，共同参与电网一次调频，飞轮储能利用响应速度快、短时大功率等优势，弥补百万机组一次调频响应能力的不足，可满足电网高频次调频需求，降低设备损耗和能源消耗，预计每年可减少碳排放量约 6 万 t。

该项目为国内首个室内安装的飞轮储能电站，飞轮装置布置于厂房地井内，飞轮井采用地下钢筋混凝土箱体结构，安全性能大幅提高。

【山西合荣储能电站并网投运】5 月 15 日，位于大同市新荣区西村乡谢家场园区内的合荣储能电站成功启动送电，标志着山西省首座电网侧新型独立储能项目正式投运。

该项目主要参与电网调峰调频、事故备用、储能容量租赁等服务，可提升电网运行的灵活性，同时在电力保供以及新能源消纳等方面发挥积极作用。

项目由中鑫电联能源科技有限公司投资建设，总投资 22 亿元，最终装机容量 50 万 kW/100 万 kWh，占地面积 96.07 亩，分四期建设。本次投运的是一期工程，投资 4.5 亿元，建成容量 10 万 kW/20 万 kWh 储能系统，包括 60 台储能电池舱及 30 台交流升压舱。新建 220kV 升压站 1 座、220kV 送出输电线路 1 回。

电网建设工程

【驻马店—武汉 1000kV 特高压交流工程投运】11 月 26 日，国家电网公司驻马店—武汉 1000kV 特高压交流工程完成 72h 试运行，顺利竣工投产。

驻马店—武汉 1000kV 特高压交流工程 2022 年 3 月开工建设，起于 1000kV 特高压豫南换流变电站，止于 1000kV 特高压武汉换流变电站，途经河南省驻马店市 3 县、信阳市 4 县，湖北省黄冈市红安县、武汉市新洲区，新建同塔双回 1000kV 线路 281km。

该工程是华中特高压主网架的重要组成部分，工程投运后，河南、湖北两省之间的电力交换能力提升 310 万 kW。华中“日”字形特高压交流环网建成后，可实现华中电网省间“风光水火”多能互补，与华中已有特高压工程配合，发挥特高压电网大容量、远距离、网络功能优势，支撑华中特高压交直流主网架构建，助力迎峰度冬电力保供，满足华中地区中长期电力增长需求。

【福州—厦门 1000kV 特高压交流工程投运】12 月 16 日，经过 72h 的试运行，国家电网公司福州—厦门 1000kV 特高压交流工程正式投运。

福州—厦门 1000kV 特高压交流工程，新建变电站 1 座、扩建 2 座，新增变电容量 600 万 kVA。工程投运后，将进一步完善福建电网主网架结构，可大幅提高厦门、漳州、泉州等地的供电可靠性，促进福建电网大规模消纳风电、光伏等清洁能源。

【1000kV 红墩界电厂送出工程全面建成】5 月 12 日，陕西 1000kV 界横 I 线 24h 试运行结束，标志着红墩界电厂 1000kV 送出工程全面建成。

红墩界电厂 1000kV 送出工程是榆横—潍坊特高压工程配套送出工程的一部分，起自陕西省榆林市靖边县红墩界电厂，止于榆林市横山区 1000kV 横山开关站。工程于 2021 年 5 月核准，2022 年 3 月开工建设，共扩建横山 1000kV 开关站开关 1 台，新建红墩界电厂至横山开关站 1000kV 单回线路 28.54km，新建铁塔 64 基。工程总投资 3.5 亿元。

【北京东 1000kV 变电站扩建工程投运】6 月 28 日，北京东 1000kV 变电站扩建工程投运，新增京津唐地区受电能力 350 万 kW，为华北地区迎峰度夏电力保供再添有力支撑。

北京东 1000kV 变电站位于河北省三河市新集镇，是距离首都北京最近的特高压变电站。本期工程扩建 300 万 kVA 主变压器 2 组，相应扩建 1000kV、500kV 侧设备及无功补偿装置。工程投运后，可通过 1000kV 和 500kV 输电线路向北京、天津、河北等地输送来自内蒙古锡林郭勒盟能源基地的电能。

【京泰酸刺沟电厂二期 1000kV 送出工程正式投运】7 月 24 日，蒙西—天津南特高压配套工程——京泰酸刺沟电厂二期 1000kV 送出工程 24h 带电试运行结束，标志着该工程顺利投运。

该工程是蒙西—天津南特高压输电通道的配套工程，工程新建京泰酸刺沟电厂二期至蒙西 1000kV 变电站单回 1000kV 线路 33.5km，铁塔 60 基，工程总投资 3.97 亿元。

工程由国网蒙东电力负责建设管理，投运后每年可向京津冀地区输送电量 66 亿 kWh，相当于 260 万户家庭一年的用电量。

【甘孜 1000kV 特高压变电站开工建设】5 月 4 日，甘孜 1000kV 特高压变电站主体在四川正式开工建设，这也是国内在建海拔最高的特高压变电站。

甘孜 1000kV 变电站是川渝特高压工程的起点站，它的建设将国内特高压变电站海拔从 1500m 提升至 3450m，变电容量达 600 万 kVA。

工程建成后，西南电网的主网架电压等级将从 500kV 提升至 1000kV，每年将输送清洁电能约 120 亿 kWh，可承接来自西南、西藏等地电能，提升成渝地区双城经济圈的整体电力保障能力。

【白鹤滩—浙江±800kV 特高压直流工程全面投产】6月23日，白鹤滩—浙江±800kV特高压直流工程全面投产，输电能力提升至800万kW。这是继白鹤滩—江苏±800kV特高压直流工程后，又一条将白鹤滩水电站清洁能源大规模送出的能源“空中走廊”。

白鹤滩水电站左、右岸各建设8台百万千瓦级机组，装机容量1600万kW。2021年6月28日，水电站首批机组投产发电。2022年12月20日，白鹤滩水电站全面投产发电，与葛洲坝、三峡、向家坝、溪洛渡、乌东德5座水电站一道，在长江之上组成世界最大的清洁能源走廊。

2020年底，白鹤滩水电站电力外送通道工程开工建设。该工程包括白鹤滩—江苏、白鹤滩—浙江两项特高压工程。2022年12月19日，白鹤滩—江苏工程全面投产，具备800万kW输电能力。同年12月30日，白鹤滩—浙江工程双极低端投产，形成400万kW输电能力。

据测算，两项特高压工程每年可向江苏、浙江输送清洁电能超600亿kWh，使华东地区减少发电用煤约4100万t。根据投资估算，白鹤滩—江苏、白鹤滩—浙江工程总投资超过600亿元，增加就业岗位超过3万个，涉及上百家设备制造、建筑、安装、科研单位，带动相关产业投资约2000亿元。

【宁夏—湖南±800kV 特高压直流工程开工】6月11日，宁夏—湖南±800kV特高压直流输电工程开工建设，这是国内首个“沙戈荒”风光电基地外送电特高压工程。

宁夏—湖南特高压工程额定电压±800kV、额定容量800万kW。送端在宁夏建设中宁换流站，汇集宁夏地区的光伏、风电和支撑煤电。受端在湖南建设衡阳换流站，以500kV接入湖南电网交流系统。直流线路全长1634km，途经宁夏、甘肃、陕西、重庆、湖北、湖南6省（区、市），工程总投资281亿元。

宁夏—湖南特高压工程作为沙漠、戈壁、荒漠地区首条外送特高压直流工程，接入配套的光伏发电900万kW、风电400万kW，以及464万kW支撑煤电，新能源电量占比超过50%。工程建成后，每年可向湖南输送电量超360亿kWh。

【金沙江上游至湖北±800kV 特高压直流输电工程开工（金上—湖北）】2月16日，国内首个进入川藏高原腹地的特高压工程——金沙江上游送湖北±800kV特高压直流输电工程开工建设。

作为金沙江大型水电基地的首批配套工程之一，金上—湖北特高压工程从金沙江上游出发，途经西藏、四川、重庆、湖北4省市，全长1784km。工程在西藏昌都的卡麦和四川甘孜的帮果、湖北黄石的大冶新建3座特高压换流站，变电容量1600万kVA，输电线路最终接入华中特高压交流骨干网架。工程计划于2025年建成投运。建成投运后，每年可向华中地区输送来自川藏高原的清洁电能近400亿kWh，相当于湖北省全年用电量的1/6，每年可减少二氧化碳排放约3400万t。

【巴州—铁干里克—若羌 750kV 输变电工程开工】3月7日，巴州—铁干里克—若羌750kV输变电工程在新疆巴音郭楞蒙古自治州正式开建，这也是新疆750kV输变电工程中单体投资最大的电网工程。

巴州—铁干里克—若羌750kV输变电工程总投资46.16亿元，围绕塔里木盆地东南侧进行施工，工程量90%都处于戈壁、沙漠等自然环境恶劣地区。工程预计2024年底建成投运，建成后，巴州将形成“北接南延西连东送”的750kV枢纽型骨干电网格局，支撑新疆电网第三交流外送通道的建设。

【陇东—山东±800kV 特高压直流输电工程开工】3月16日，国家电网公司陇东—山东±800kV特高压直流输电工程开工建设。

陇东—山东特高压输电直流工程是国家首个“风光火储一体化”大型综合能源基地外送项目。工程动态投资202亿元，送端起于甘肃庆阳市的庆阳换流站，途经甘肃、陕西、山西、河北、山东五省，落点山东泰安市的东平换流站，线路全长926km，额定电压±800kV，输送容量800万kW。该工程可将甘肃陇东地区的煤电、风电、光伏发电联合送往山东，提高电力余缺互济、时空互补、多能互换能力，实现更大范围电力资源优化配置。工程建成后，每年可将360亿kWh以上电量从甘肃输送到山东，促进甘肃资源优势转化和大范围优化配置，提高山东整体供电保障能力。工程计划2025年建成投运。

【国内海拔最高 750kV 超高压变电站投运】9月17日，国家能源集团青海玛尔挡水电站750kV云杉变电站全站设备带电运行，标志着国内海拔最高的750kV超高压变电站正式投运。

国家能源集团青海玛尔挡水电站是国家和青海省“十四五”重点能源项目，是西电东送的骨干电源点，是黄河流域在建设海拔最高、装机最大的水电工程。玛尔挡水电站750kV云杉输变电工程是青海电网“十四五”开局之年的重点工程，也是国内海拔3000m以上规模最大的变电站。

该工程位于青海省海南藏族自治州同德县境内，海拔3365m，距玛尔挡水电站大坝约1.2km，于2022年10月开工，建设时间10个月，比常规750kV变电站建设时间缩短将近1年。站内规划2台容量为2100MVA的750/330kV联络变压器和5回750kV线路以及19回330kV出线，是汇集玛尔挡、宁木特、尔多、果洛以及同德地区水电及新能源电力外送的主要电源点，可满足果洛网外三县和青海电网联网需要，为青海—河南直流特高压重点工程提供电源保障。

【新疆凤凰—乌北Ⅱ回 750kV 输变电工程正式建成投运】5 月 4 日，凤凰—乌北Ⅱ回 750kV 输变电工程正式建成投运。

凤凰—乌北Ⅱ回 750kV 输变电工程是落实国家“双碳”目标重点项目，是乌北—凤凰—乌苏—博州—伊犁输变电工程的重要组成部分，也是乌鲁木齐和昌吉地区 750kV 双环网的重要一环。工程起自凤凰 750kV 变电站，止于乌北 750kV 变电站，线路长度 151km，新建铁塔 328 基。

【泰州凤城—无锡梅里 500kV 输变电工程正式建成投运】7 月 2 日，国内规模最大超高压跨越长江输变电工程——泰州凤城—无锡梅里 500kV 输变电工程正式投运，预计最大年送电量可超 260 亿 kWh，相当于一个中等城市一年用电量。

泰州凤城—无锡梅里 500kV 输变电工程是国家电力“十三五”规划重点项目。工程建设历时近 3 年，新建 2 座 385m 超高输电铁塔，跨越长江档距 2550m，线路总长 178km，总投资超 15 亿元。

该工程创新采用铸钢节点、环状钢骨构件、特强钢芯铝合金绞线等新技术、新材料，创下组塔抱杆高度等多项行业纪录，整体工程国产化率 100%。

【巴林—奈曼—阜新 500kV 输变电工程正式开工】4 月 25 日，巴林—奈曼—阜新 500kV 输变电工程正式开工。

巴林—奈曼—阜新 500kV 输变电工程起于赤峰巴林 500kV 变电站，经通辽奈曼 500kV 变电站，止于阜新 500kV 变电站，途经内蒙古自治区赤峰市和通辽市、辽宁省阜新市。全线按两条并行单回路架设，线路长度约 718km，总投资约 23 亿元。

该工程投产后，内蒙古自治区每年可向东北地区新增送电 100 亿 kWh，相当于 400 万户家庭一年的用电量，每年可替代标准煤消耗约 330 万 t，减少二氧化碳排放约 780 万 t。

【全国首条±500kV 输电改造工程投运】6 月 18 日，±500kV 葛洲坝—上海南桥直流输电改造工程投运。在改造工程中，上海南桥换流站采用全球首创并具备完全自主知识产权的可控换相换流阀（CLCC）技术，实现了直流输电技术的里程碑式跨越。

1989 年建成投运的葛南直流输电工程是国内首条±500kV 超高压直流输电线路，国网上海市电力公司历时半年对南桥换流站核心设备进行整体技术改造，其中最大亮点是首次采用可控换相换流阀代替传统换流阀。传统换流阀易发生“换相失败”，为此，国网智研院新型直流换流装备科技攻关团队经过 5 年攻关，原创提出 CLCC 技术。该技术采用全控、半控器件混联的并联双支路结构，通过在“动脉”扰动时刻精准引入全控器件，从而彻底解决换流阀换相失败的技术难题。

【榆社—晋中 1000kV 变电站 500kV 线路工程投运】5 月 23 日，山西榆社—晋中 1000kV 变电站 500kV 线路工程投运。该工程是山西境内西电东送通道优化调整系列工程之一，工程投运标志着山西向京津冀地区输送电能在 500kV 通道的基础上新增了特高压电网通道，提升了区域能源安全保障水平和能源供给质量。

榆社—晋中 1000kV 变电站 500kV 线路工程起于 500kV 榆社开闭站，止于 1000kV 晋中特高压变电站，包括扩建 500kV 榆社开闭站，新建线路 171km，新建铁塔 207 基。

【川藏联网 500kV 第三回通道塘澜线建成投运】4 月 3 日，巴塘—澜沧江 500kV 线路工程正式投运，四川省与西藏自治区之间新增一条 500kV 输电线路。该工程投运后，川藏间电力通道增加至 3 回，电网互济能力提高 1 倍。

巴塘—澜沧江 500kV 线路工程起于 500kV 巴塘变电站，途经四川省巴塘县、白玉县和西藏自治区昌都市贡觉县、察雅县、卡若区，止于 500kV 澜沧江变电站，线路全长 294.2km，共有铁塔 537 基。

【全国首座近零能耗 500kV 变电站投产】3 月 2 日，位于广州市黄埔区新龙镇的 500kV 科北变电站正式投产。该变电站是全国首座近零能耗的 500kV 变电站，从芯片到设备 100%选用国产技术和材料，应用光伏发电、光导无电照明、3D 建筑打印等技术节能降碳。此外，该变电站也是全国首座电压等级最高的全面自主可控示范变电站、南方电网公司首个安防提升示范站。

科北变电站主体建筑采用全钢架构、预制装配式施工工艺，满足高抗震需求的同时，节省了建筑空间，施工时间较传统方式节省 50%。

通过建筑本体节能、设备节能等技术措施的运用，科北变电站达到了国家《近零能耗建筑技术标准》要求，实现了近零能耗的目标，成为全国首座近零能耗的 500kV 变电站。

科北变电站总投资 5.7 亿元，建设阶段涉及行业上下游企业近 20 余家，直接拉动产业链投资 10 余亿元，到 2035 年供电辐射企业超 120 家，预计可拉动周边生物制药、新能源汽车等产业集群创收超 3000 亿元。

【广东目标网架主体工程投产】10 月 29 日，随着 500kV 蝶龙乙线充电成功，粤港澳大湾区 500kV 外环西段工程正式投运，标志着该工程在内共 11 项的广东目标网架主体工程全部投产。至此，广东电网“合理分区、柔性互联、安全可控、开放互济”的主网架整体形成。

广东目标网架主体工程首次实现完整的换流单元

100%使用国产IGBT器件，首次研制出全国产柔性直流换流阀阀段，推动了国内输电高端装备实现自主可控，是对全国最大省级电网的一次优化和结构重构。该工程建成全国最长的500kV外环通道，跨越8座城市，可加强粤港澳大湾区电力基础设施互联互通，提升“十四五”及远期粤港澳大湾区电力供应保障能力。

工程全部建成后，广东省电力供应能力可升至3亿kW，是原来的2倍以上。

【国家能源集团增量配电网北区接入甘泉堡750kV变电站输变电EPC工程开工】该项目新建甘泉堡750kV变电站—合盛变电站1、2间隔同塔双回输电线路（A段），新建甘泉堡750kV变电站—合盛变电站间隔3、甘二（硅业）变电站3间隔双回输电线路（B段），新建甘泉堡750kV变电站—甘二（硅业）变电站5、6间隔同塔双回输电线路（C段），新建30万kW光伏送出换接线路（D段），新建五家渠750kV变电站—合盛变电站一、二回换接线路（E段），新建甘六变电站—北二一、二线换接点线路（F段），新建甘六变电站—甘二变电站补强线路换接点线路（G段），北沙二送出线路单侧挂线段（H段），本工程线路基础共109基，于2023年7月开工建设。

【国家能源集团增量配电网220kV苍茫变电站工程投产】本期建设2回220kV出线至220kV甘北变电站，2回220kV出线至220kV合盛变电站，6回主变压器进线，2个母联间隔、2个分段间隔、4个母线设备间隔，共安装14台断路器。该项目1～2号主变压器2023年6月14日送电成功，苍茫开闭所2023年9月15日投运，3～6号主变压器2023年11月11日送电成功。

【国家能源集团甘泉堡增量配电网220kV甘六变电站工程开工】本工程是甘泉堡增量配电网的重要组成部分，建成后主要为增量配电网北区合盛硅业企业供电。建设内容包含220kV甘六变电站一座主变压器容量为8×160MVA，电压等级220kV。采用双母线双分段接线，甘六变电站—甘二变电站220kV同塔双回线路及对侧站间隔扩建，10kV开闭所一座，集控及备用调度中心一座。该项目于2023年4月10日开工建设。

【全国首个220kV柔性低频输电工程投运】6月30日，国内首个220kV柔性低频输电工程在浙江杭州投运。该工程是国内电压等级最高、输送容量最大的柔性低频输电工程，实现了杭州富阳、萧山两大负荷中心互联互通，为杭州亚运会主场馆所在区域提供30万kW的灵活电能支撑，满足赛事期间尖峰用电需求。

杭州富阳、萧山两个区域分布着多个亚运会比赛场馆。“工程在富春江两岸建设两座高压大容量低频换流站，投运后相当于建立一根连接线，两个地区富余的电能可以灵活互济，并具备毫秒级响应能力，能够大幅提升区域供电可靠性。

将传统电网50Hz输送频率降至20Hz，通过降低输电频率，可以减少“输电阻力”，从而提高输电容量、距离和效率。除应用于城市内部电网互联外，在大规模海上风电送出、多岛屿互联等场景下，与现有的工频交流和直流输电相比，柔性低频输电技术在70～200km海域内有着明显的经济优势。

【全国首个分布式智能电网示范区开建】2月13号，中国电力科学研究院、国网安徽电力经济技术研究院、天地电研（北京）科技有限公司联合国网金寨县供电公司，共同完成安徽金寨县分布式智能电网示范区一期工程的现场勘查、设计等工作，这也标志着国内首个分布式智能电网示范区建设正式启动。

金寨县分布式智能电网示范区选定于金寨县大湾村10kV马鬃岭04线路，供电范围内分布式光伏总装机容量2260kW，3个小型水电站总装机容量1280kW，新能源装机渗透率超过170%。线路上分布式电源集中分布于线路中段及末端，负荷集中于线路首端，源荷的时空不匹配特征显著，同时建有融合断路器、调容调压变压器、分布式光伏保护器、物联网智能断路器、微气象装置等智能化设备，并已接入5G智慧能源综合管理平台。该线路具备建设分布式智能电网的全部要素且现实需求迫切，是试点应用分布式智能电网技术的优质试验田。

金寨县分布式智能电网示范区一期工程涉及10kV马鬃岭04线路的桥边1号、花石大湾村集体光伏、金寨大湾漂流旅游公司、帽顶及大湾2号五个配电台区，建设内容包含一次、二次系统建设和线路工程等，计划于2023年12月底前完成施工建设。

获 奖 项 目

【湛江徐闻海上风电场项目获2022—2023年度国家优质工程金奖】2023年12月，由中国能建所属的广东院作为EPC总承包的湛江徐闻海上风电场项目获2022—2023年度国家优质工程金奖。该项目于2020年12月开工，2022年6月竣工，规划装机总容量为600MW，配套建设两座220kV海上升压站。

【张北柔性直流电网试验示范工程获得国家优质工程金奖】2023年12月，由中国能建所属的天津电建作为参建单位之一的张北柔性直流电网试验示范工程获得国家优质工程金奖。天津电建负责其中的北京换流站建设，2018 年 1 月开工，2020 年 6 月竣工投产。

【国家能源集团射阳海上南区 40 万 kW 风电项目获国家优质工程奖】项目位于新洋港口至斗龙港口之间的海域，安装 90 台 4.5MW 风电机组，总容量 405MW。工程于 2019 年 9 月 24 日开工建设，2021 年 4 月 26 日全面建成投产。项目为当时全国离岸距离最远、主海缆长度（70km）最长的海上风电项目。项目为国内首次采用风机及基础一体化设计，施工完成国内技术最复杂、单回长度最大的 220kV 海缆，解决了长距离高压海缆线路的过电压及无功平衡问题。项目是国内首个全场采用 PTC 包覆式防腐蚀系统的海上风电场。项目获得 2023 年度国家优质工程奖、2022 年度中国电力优质工程奖、优秀设计奖 1 项，国家级发明专利 12 项，省部级实用新型专利 13 项；取得科技进步奖 11 项，QC 小组成果奖 4 项。

【华电云南梨园水电站获中国土木工程詹天佑奖】梨园水电站于 2008 年 5 月开工，2019 年 1 月验收，建有金沙江干流上第一座面板堆石坝。工程建设质量优良，安全可靠指标与工艺水平均优于设计规范要求，多项指标和创新项目在同类型工程中处于先进或领先水平，尤其是在坝体变形控制、渗流控制、面板防裂、大型堆积体保留及材料上坝、大泄流量底流消能溢洪道设计应用、大型引水发电系统工程建设、水轮发电机巨型筒形阀应用等方面取得了显著成就，推动了水力发电关键技术走向更高水平。大坝渗漏量仅 10L/s，防渗效果被评价为国内外同类工程最优。工程概算总投资 195 亿元，通过技术创新等，共节省投资约 30 亿元。工程质量优良、工艺精湛，全过程绿色环保，荣获第二十届中国土木工程詹天佑奖、2022—2023 年度国家优质工程奖、国家水土保持示范工程荣誉。

【华电金上苏洼龙水电站获中国安装工程优质奖】苏洼龙水电站是西藏境内建成投产的第一座装机容量超百万千瓦规模大型水电站，是国家“西电东送”接续基地的重要组成，是国家支持西藏经济社会发展、助力藏区脱贫攻坚的重大项目。电站装机容量 120 万 kW，电站坚持高标准设计，高水平施工，高质量投产，工程建设质量优良，大坝整体沉降值为设计值的 64%，大坝渗流量仅为设计值的 14.3%；水轮发电机组安装实现“零配重”，机组轴承摆度仅为 0.05mm，机组推力瓦温 0.6℃，远优于设计值；创新研制压力钢管原位洞内阻焊成套装备及工艺，实现压力钢管洞内瓦片组圆、管节组对焊接安装，创编压力钢管洞内组圆技术规程，推动水电站大型压力钢管原位安装智能施工技术发展。工程建设累计取得国家专利 80 余项，获得省部级科技进步奖 5 项、工法 1 项、QC 成果 7 项，编制行业技术标准 1 项，发表相关论文 61 篇，获行业优秀工程咨询及设计成果奖 6 项，2023 年获评集团公司首批“精品工程奖”、2023—2024 年度第一批中国安装工程优质奖（安装之星）。

【国华竹根沙 H1 号海上风电场工程项目获中国安装工程优质奖】项目位于江苏省竹根沙海域，总装机容量 200MW，安装 4MW 风机 50 台。是现阶段国内综合施工难度最大的海上风电项目之一。项目于 2020 年 3 月 21 日开工，2021 年 11 月 20 日全容量投产。项目获得自主创新技术应用项目 7 项，省部级科技进步奖 6 项，QC 成果奖 5 项，工法 3 项，发明专利 2 项，实用新型专利 15 项，软著 1 项，参编行业标准 1 项。2023 年 12 月 25 日，获 2023—2024 年度第一批中国安装工程优质奖（中国安装之星）。

【金沙江白鹤滩水电站荣获菲迪克最高奖】9 月 12 日，菲迪克“2023 年全球基础设施奖”颁奖典礼在新加坡举行，金沙江白鹤滩水电站荣获本年度菲迪克工程项目奖最高奖项“卓越工程项目奖”。另外，福建福清核电 5、6 号机组荣获本年度菲迪克“优秀工程项目奖”。

白鹤滩水电站位于四川省宁南县和云南省巧家县交界的金沙江干流河段上，是仅次于三峡电站的世界第二大水电站。白鹤滩水电站共安装 16 台百万千瓦水轮发电机组，总装机容量 1600 万 kW，多年平均发电量达 624.43 亿 kWh。白鹤滩水电站于 2022 年 12 月实现全部机组投产，是当今世界技术难度最大的水电工程，主要技术指标创下六项世界第一。

2022—2023 年度国家优质工程奖电力行业工程项目（第二批）

序号	工程名称	施工单位（建设、监理、参建等）
国家优质工程金奖		
1	福清核电 5、6 号机组工程	福建福清核电有限公司、中国核电工程有限公司、中国核动力研究设计院、中国电力工程顾问集团华东电力设计院有限公司、中核工程咨询有限公司、中国核工业二四建设有限公司、中国核工业二三建设有限公司、中国核工业第五建设有限公司、核工业井巷建设集团有限公司

续表

序号	工程名称	施工单位（建设、监理、参建等）
2	丰满水电站全面治理（重建）工程	国网新源丰满大坝重建工程建设局、中水东北勘测设计研究有限责任公司、中国电建集团贵阳勘测设计研究院有限公司、中国水利水电建设工程咨询北京有限公司、中国水利水电第十六工程局有限公司、中国水利水电第六工程局有限公司、中国水利水电第一工程局有限公司、中电建建筑集团有限公司、中国水利水电第三工程局有限公司、中国水利水电第八工程局有限公司、辽宁东科电力有限公司、国网新源丰满发电厂
3	张家口—北京可再生能源综合应用示范工程	北京京能清洁能源电力股份有限公司、北京京能清洁能源电力股份有限公司北京分公司、上海电力设计院有限公司、中国电建集团北京勘测设计研究院有限公司、中国电力工程顾问集团华北电力设计院有限公司、金风低碳能源设计研究院（成都）有限公司、北京市建筑设计研究院有限公司、华电和祥工程咨询有限公司、黑龙江电力建设监理有限责任公司、北京国电德胜工程项目管理有限公司、青海省迪康咨询监理有限公司、山东电力建设第三工程有限公司、上海电力建设有限责任公司、青岛特锐德电气股份有限公司、江苏金智科技股份有限公司、中国能源建设集团山西电力建设有限公司、中国电建集团核电工程有限公司、新疆金风科技股份有限公司、浙江运达风电股份有限公司、上海电气风电集团股份有限公司、国电联合动力技术有限公司
4	张北柔性直流电网试验示范工程	国家电网有限公司特高压建设分公司、国网冀北电力有限公司、国网北京市电力公司、国家电网有限公司信息通信分公司、国家电网有限公司直流技术中心、国网物资有限公司、国网经济技术研究院有限公司、中国电力工程顾问集团中南电力设计院有限公司、中国电力工程顾问集团西南电力设计院有限公司、中国电力工程顾问集团华北电力设计院有限公司、中国电建集团河北省电力勘测设计研究院有限公司、中国电建集团福建省电力勘测设计院有限公司、中国能源建设集团安徽省电力设计院有限公司、国核电力规划设计研究院有限公司、中国电力工程顾问集团东北电力设计院有限公司、中国电建集团河南省电力勘测设计院有限公司、湖北省电力勘测设计院有限公司、中国能源建设集团湖南省电力设计院有限公司、中国能源建设集团江苏省电力设计院有限公司、湖南电力工程咨询有限公司、湖北环宇工程建设监理有限公司、陕西诚信电力工程监理有限责任公司、山东诚信工程建设监理有限公司、北京华联电力工程监理有限公司、黑龙江安泰电力工程建设监理有限责任公司、中国能源建设集团天津电力建设有限公司、北京电力工程有限公司、上海电力建筑工程有限公司、湖南省送变电工程有限公司、北京送变电有限公司、河北省送变电有限公司、吉林省送变电工程有限公司、华东送变电工程有限公司、辽宁省送变电工程有限公司、安徽送变电工程有限公司、河南省第二建设集团有限公司、河南三建建设集团有限公司、国网山西送变电工程有限公司、河北建设勘察研究院有限公司、河南六建建筑集团有限公司、中国电力科学研究院有限公司、华北电力科学研究院有限责任公司、武汉南方建设工程有限责任公司
5	大湾区柔性直流背靠背工程	广东电网有限责任公司、广东电网有限责任公司广州供电局、广东电网有限责任公司东莞供电局、南方电网科学研究院有限责任公司、中国能源建设集团广东省电力设计研究院有限公司、广东天广能源科技发展有限公司、广东电网能源发展有限公司、贵州送变电有限责任公司、云南送变电工程有限公司、中国能源建设集团广东火电工程有限公司、广东省第一建筑工程有限公司、南方电网科学研究院有限责任公司
6	湛江徐闻海上风电场项目	国家电投集团徐闻风力发电有限公司、国核电力规划设计研究院有限公司、中国能源建设集团广东省电力设计研究院有限公司、上海能源科技发展有限公司、江苏龙源振华海洋工程有限公司、中国电建集团华东勘测设计研究院有限公司、广州华申建设工程管理有限公司、广东创成建设监理咨询有限公司、北京新能建电力工程咨询有限公司、广东省源天工程有限公司、明阳智慧能源集团股份公司、新疆金风科技股份有限公司
7	华能瑞金电厂二期扩建工程	华能秦煤瑞金发电有限责任公司、中国电力工程顾问集团华东电力设计院有限公司、广东天安项目管理有限公司、中国电建集团江西省水电工程局有限公司、中国电建集团河北工程有限公司、浙江省二建建设集团有限公司、河南省第二建设集团有限公司、中国电建集团山东电力建设第一工程有限公司、中能建建筑集团有限公司、西安西热锅炉环保工程有限公司、西安热工研究院有限公司
8	大唐东营 2×1000MW 新建工程	大唐东营发电有限公司、中国电力工程顾问集团东北电力设计院有限公司、山东诚信工程建设监理有限公司、中国电建集团核电工程有限公司、中国电建集团山东电力建设第一工程有限公司、中铁三局集团有限公司、中国铁建港航局集团有限公司、中国大唐集团科技工程有限公司、大唐（北京）水务工程技术有限公司、大唐环境产业集团股份有限公司东营项目分公司、中国大唐集团科学技术研究总院有限公司

续表

序号	工程名称	施工单位（建设、监理、参建等）
9	西藏雅鲁藏布江大古水电站	华电西藏能源有限公司大古水电分公司、中国电建集团华东勘测设计研究院有限公司、中国电建集团贵阳勘测设计研究院有限公司、北京新能建电力工程咨询有限公司、中国水利水电第九工程局有限公司、中国水利水电第七工程局有限公司、中国水利水电第十一工程局有限公司、中铁二十一局集团有限公司、中国水利水电第十工程局有限公司、中国水利水电第五工程局有限公司、东方电气集团东方电机有限公司、浙富控股集团股份有限公司、中国水利水电第六工程局有限公司、国电南京自动化股份有限公司、特变电工股份有限公司、西安西电开关电气有限公司、浙江省建设装饰集团有限公司
	国家优质工程奖	
1	射阳海上南区 40 万 kW 风电项目	射阳龙源风力发电有限公司、中国电建集团华东勘测设计研究院有限公司、北京华联电力工程监理有限公司、江苏龙源振华海洋工程有限公司、南通市海洋水建工程有限公司、中国能源建设集团江苏省电力建设第三工程有限公司、上海市基础工程集团有限公司、远景能源有限公司、江苏安信电气工程有限公司
2	江苏竹根沙（H2）300MW 海上风电场项目	东台双创新能源开发有限公司、中国电建集团华东勘测设计研究院有限公司、上海东华建设管理有限公司、南通市海洋水建工程有限公司、德京集团有限公司
3	新疆准东五彩湾北二电厂 1 号 2 号机组工程	中电投新疆能源化工集团五彩湾发电有限责任公司、中国电力工程顾问集团西北电力设计院有限公司、上海睦诚工程监理有限公司、上海能源科技发展有限公司、中国能源建设集团江苏省电力建设第三工程有限公司、中国能源建设集团江苏省电力建设第一工程有限公司、中国能源建设集团安徽电力建设第二工程有限公司、中国能源建设集团湖南火电建设有限公司、新疆电力建设调试所有限责任公司、中国能源建设集团西北电力试验研究院有限公司、浙江菲达环保科技股份有限公司
4	巨宝庄 500kV 变电站工程	内蒙古电力（集团）有限责任公司内蒙古超高压供电分公司、内蒙古电力（集团）有限责任公司信息通信分公司、中国电力工程顾问集团华北电力设计院有限公司、内蒙古康远工程建设监理有限责任公司、江苏省苏中建设集团股份有限公司、河北省送变电有限公司
5	河南平顶山东 500kV 变电站工程	国网河南省电力公司建设分公司、中国电建集团河南省电力勘测设计院有限公司、河南立新监理咨询有限公司、河南送变电建设有限公司、河南六建建筑集团有限公司
6	福建金辉（集美）500kV 变电站工程	国网福建省电力有限公司建设分公司、中国电建集团福建省电力勘测设计院有限公司、福建省电力建设工程咨询有限公司、福建省送变电工程有限公司
7	佛山市生活垃圾资源化处理提质改造项目（一阶段）	佛山市绿能环保有限公司、广东中煤江南工程勘测设计有限公司、中国联合工程有限公司、鸿泰融新咨询股份有限公司、广东省建筑工程监理有限公司、山东淄建集团有限公司、光大环保（中国）有限公司、山东省工业设备安装集团有限公司、江苏天永钢结构工程有限公司、江苏合发集团有限责任公司
8	华能东莞谢岗天然气热电联产项目	华能东莞燃机热电有限责任公司、中国能源建设集团广东省电力设计研究院有限公司、达华集团北京中达联咨询有限公司、浙江省二建建设集团有限公司、中国能源建设集团浙江火电建设有限公司、西安热工研究院有限公司
9	沭河 500kV 变电站工程	国网山东省电力公司建设公司、山东电力工程咨询院有限公司、山东诚信工程建设监理有限公司、山东送变电工程有限公司、临沂超越电力建设有限公司
10	静乐弘义能源娑婆乡风电项目	静乐弘义能源开发有限公司、中国能源建设集团新疆电力设计院有限公司、新疆昆仑工程咨询管理集团有限公司、山西省安装集团股份有限公司
11	神华四川天明电厂 2×100 万 kW 新建工程	国能四川天明发电有限公司、中国电力工程顾问集团西南电力设计院有限公司、中国能源建设集团天津电力建设有限公司、河北电力工程监理有限公司、上海电力建设有限责任公司、中国能源建设集团安徽电力建设第二工程有限公司、中能建西北城市建设有限公司、上海电力建设启动调整试验所有限公司、中国能源建设集团西北电力试验研究院有限公司、国网四川综合能源服务有限公司四川电力工程分公司
12	华能山东半岛南 4 号海上风电项目	华能烟台新能源有限公司、中国电建集团华东勘测设计研究院有限公司、山东诚信工程建设监理有限公司、西安热工研究院有限公司、中国电建集团山东电力建设第一工程有限公司、烟台打捞局、天津港航工程有限公司、中国石油集团海洋工程（青岛）有限公司、浙江启明电力集团有限公司、烟台东源送变电工程有限责任公司、远景能源有限公司、南京远景共维电力技术有限公司

续表

序号	工程名称	施工单位（建设、监理、参建等）
13	清远 500kV 清城变电站工程	广东电网有限责任公司清远供电局、中国能源建设集团广东省电力设计研究院有限公司、广东创成建设监理咨询有限公司、广东电网能源发展有限公司
14	浙江丽水丽西 500kV 变电站工程	国网浙江省电力有限公司建设分公司、国网浙江省电力有限公司丽水供电公司、浙江华云电力工程设计咨询有限公司、浙江电力建设工程咨询有限公司、浙江省送变电工程有限公司
15	南充南部 500kV 变电站新建工程	国网四川省电力公司建设分公司、国网四川省电力公司南充供电公司、中国电力工程顾问集团西南电力设计院有限公司、国网四川电力建设工程咨询有限公司、国网四川电力送变电建设有限公司
16	吴江南 500kV 变电站新建工程	国网江苏省电力有限公司建设分公司、中国能源建设集团江苏省电力设计院有限公司、国网江苏省电力工程咨询有限公司、江苏省送变电有限公司、苏州市永盛建筑有限公司
17	钦州市钦南区民海 300MW 光伏发电平价上网项目	广西钦州民海新能源科技有限公司、中国电建集团海南电力设计研究院有限公司、长江三峡技术经济发展有限公司三峡分公司、中国电建集团河南工程有限公司、广西建宁输变电工程有限公司、杭州交联电气工程有限公司、云南利洲电力建设有限公司、云南绿宇能源有限公司、湘潭潭州电力建设有限公司
18	张家口生活垃圾焚烧发电项目	光大城洁环保能源（张家口）有限公司、张家口市京北岩土工程有限公司、中国轻工业广州工程有限公司、北京五环国际工程管理有限公司、山东淄建集团有限公司
19	巴西美丽山特高压直流输电二期项目	国家电网巴西控股公司、中国电力工程顾问集团中南电力设计院有限公司、国网经济技术研究院有限公司、中国交通建设股份有限公司巴西康科玛特公司、中国电力技术装备有限公司、华东送变电工程有限公司、湖南省送变电工程有限公司、中国电建集团山东电力建设第一工程有限公司、中国电建集团福建工程有限公司
20	越南沿海二期 2×66 万 kW 燃煤电厂项目	中国华电科工集团有限公司、中国电力工程顾问集团西南电力设计院有限公司、中交第二航务工程勘察设计院有限公司、Power Engineering Consulting Joint Stock Company 2、中南电力项目管理咨询（湖北）有限公司、广州华申建设工程管理有限公司、中国电建集团核电工程有限公司、中国能源建设集团广东火电工程有限公司、中能建建筑集团有限公司、中建筑港集团有限公司、中铁十一局集团有限公司、华电电力科学研究院有限公司、中国华电集团发电运营有限公司
21	阿曼益贝利 607MW 光伏发电项目	Shams Ad－Dhahira Generating Company SAOC（ACWA Power/GIC/AEPC）、中国电建集团华东勘测设计研究院有限公司、Astrom Technical Advisors，S. L.、中国水利水电第十工程局有限公司、中国电建集团四川工程有限公司

2022—2023 年度中国建设工程鲁班奖（国家优质工程）电力行业工程项目（第二批）

序号	工程名称	承建单位	参建单位
1	博州 750kV 变电站工程	新疆送变电有限公司	
2	长沙 1000kV 变电站新建工程	湖南省送变电工程有限公司	中国能源建设集团天津电力建设有限公司
3	妙岭 750kV 变电站新建工程	宁夏送变电工程有限公司	
4	哈尔滨市玉泉固体废物综合处理园区垃圾焚烧发电项目	中国建筑第五工程局有限公司、中国电建集团山东电力建设第一工程有限公司	中建五局（辽宁）建设有限公司、中建五局安装工程有限公司、中建五局园林有限公司、中建五局装饰幕墙有限公司、多维联合集团有限公司、黑龙江松辽建设工程有限公司
5	柳州市生活垃圾焚烧处理工程 1～9 号楼	广西建工集团冶金建设有限公司、广西建工第五建筑工程集团有限公司、广西建工集团第四建筑工程有限责任公司	山东省工业设备安装集团有限公司、广西建工集团控股有限公司、广西建工集团第二安装建设有限公司、湖南新宇建筑科技集团有限公司、广西贵港建设集团有限公司

续表

序号	工程名称	承建单位	参建单位
6	重庆市洛碛垃圾焚烧发电厂项目	重庆三峰卡万塔环境产业有限公司、中冶建工集团有限公司	重庆三峰科技有限公司、昆明三合钢结构制造有限公司、四川华神钢构有限责任公司

2023—2024 年度中国安装工程优质奖（中国安装之星）电力行业工程项目（第一批）

序号	工程名称	承建单位	参建单位
1	磐石宏日生物质能热电项目机电安装工程	兴润建设集团有限公司	
2	中海油阜宁燃机热电联产项目安装工程	苏华建设集团有限公司、中国能源建设集团天津电力建设有限公司	中海油阜宁热电有限责任公司、中国能源建设集团江苏省电力设计院有限公司、江苏苏安电力工程管理有限公司
3	滨恒民生热电联产项目	中国机械工业建设集团有限公司、中国机械工业第一建设有限公司	
4	华山燃气－蒸汽联合循环冷热电三联供项目应急调峰热源项目	济南能源工程集团有限公司	
5	黑龙江荒沟抽水蓄能电站机电安装工程	中国水利水电第六工程局有限公司	黑龙江牡丹江抽水蓄能有限公司、中水东北勘测设计研究有限责任公司、中国水利水电建设工程咨询北京有限公司
6	苏洼龙水电站机电设备安装工程（3、4 号机组）	中国水利水电第三工程局有限公司、华电金沙江上游水电开发有限公司苏洼龙分公司	中国电建集团北京勘测设计研究院有限公司、中国电建集团贵阳勘测设计研究院有限公司
7	安徽绩溪抽水蓄能电站机电安装工程	中国葛洲坝集团机电建设有限公司	安徽绩溪抽水蓄能有限公司、中国电建集团华东勘测设计研究院有限公司、中国水利水电建设工程咨询西北有限公司
8	苏州市生活垃圾焚烧发电厂提标改造项目（第二阶段）安装工程	盛安建设集团有限公司	光大环保能源（苏州）有限公司
9	恩施城市生活垃圾焚烧发电项目全厂机电安装工程	山东淄建集团有限公司	恩施绿色动力再生能源有限公司、江苏苏安电力工程管理有限公司
10	辽阳市生活垃圾焚烧发电厂项目安装工程	山东省工业设备安装集团有限公司	光大环保能源（辽阳）有限公司
11	梁山县环保能源发电项目机电设备安装工程	迪尔集团有限公司	
12	柳州市生活垃圾焚烧处理工程 1～9 号楼安装工程	广西建工集团冶金建设有限公司、广西建工第五建筑工程集团有限公司	中国城市建设研究院有限公司、山东省工业设备安装集团有限公司
13	重庆市洛碛垃圾焚烧发电厂项目	中冶建工集团有限公司、重庆三峰卡万塔环境产业有限公司	
14	南通市通州湾资源综合利用项目（安装工程）	江苏天目建设集团有限公司	
15	庆阳市生活垃圾焚烧发电厂机电设备安装工程	福建省工业设备安装有限公司	庆阳圣元环保电力有限公司、重庆三环建设监理咨询有限公司
16	甘肃电投常乐电厂调峰火电项目（安装工程）	甘肃电投常乐发电有限责任公司	西北电力工程监理有限公司、上海电力建设有限责任公司、中国能源建设集团西北电力建设甘肃工程有限公司

续表

序号	工程名称	承建单位	参建单位
17	华能江阴燃机热电联产项目	华能江阴燃机热电有限责任公司	中国电力工程顾问集团华北电力设计院有限公司、西北电力建设工程监理有限责任公司、中国能源建设集团东北电力第一工程有限公司
18	华能济宁热电厂2台350MW“上大压小”热电联产工程	济宁华源热电有限公司	山东电力工程咨询院有限公司、北京国电德胜工程项目管理有限公司、中国能源建设集团天津电力建设有限公司、中能建建筑集团有限公司
19	华润电力沧州运东2×350MW热电联产工程主体安装工程B标段	湖南省工业设备安装有限公司	华润电力（沧州运东）有限公司、达华集团北京中达联咨询有限公司
20	安徽合肥紫蓬500kV变电站工程	安徽送变电工程有限公司	国网安徽省电力有限公司建设分公司、中国能源建设集团安徽省电力设计院有限公司、安徽电力工程监理有限公司
21	上饶鄱余500kV变电站新建工程	国网江西省电力有限公司建设分公司	中国电建集团江西省电力设计院有限公司、江西诚达工程咨询监理有限公司、江西省送变电工程有限公司
22	廊坊北500kV输变电工程	北京送变电有限公司	国网冀北电力有限公司工程管理分公司、中国电建集团河北省电力勘测设计研究院有限公司、北京华联电力工程咨询有限公司
23	太原北500kV变电站新建工程	国网山西送变电工程有限公司	国网山西省电力公司建设分公司、中国能源建设集团山西省电力勘察设计院有限公司、山西锦通工程项目管理咨询有限公司
24	河北衡沧500kV变电站新建工程	河北省送变电有限公司	国网河北省电力有限公司建设公司、中国电建集团河北省电力勘测设计研究院有限公司、河北电力工程监理有限公司
25	德令哈（托素）750kV输变电工程	青海送变电工程有限公司	国网青海省电力公司建设公司、中国电力工程顾问集团东北电力设计院有限公司、湖北省电力勘测设计院有限公司、中国电建集团青海省电力设计院有限公司、中国能源建设集团陕西省电力设计院有限公司、青海智鑫电力监理咨询有限公司、青海万立建设有限公司
26	包头新都市区世纪220kV输变电工程	内蒙古电力（集团）有限责任公司包头供电分公司	中国能源建设集团广东省电力设计研究院有限公司、内蒙古康远工程建设监理有限责任公司、内蒙古送变电有限责任公司、内蒙古汇景程项目咨询管理有限公司
27	巴彦淖尔忠义220kV输变电工程–变电部分	内蒙古电力（集团）有限责任公司巴彦淖尔供电分公司	中国能源建设集团江苏省电力设计院有限公司、内蒙古康远工程建设监理有限责任公司、内蒙古送变电有限责任公司、内蒙古中泽建设管理有限公司
28	苏海图220kV变电站工程	内蒙古电力（集团）有限责任公司乌海供电分公司	内蒙古电力勘测设计院有限责任公司、内蒙古康远工程建设监理有限责任公司、内蒙古送变电有限责任公司
29	鄯善（吐哈）750kV变电站新建工程	新疆送变电有限公司	国网新疆电力有限公司建设分公司、国核电力规划设计研究院有限公司、新疆电力工程监理有限责任公司
30	湖南宁乡500kV变电站新建工程	国网湖南省电力有限公司建设分公司	国网湖南省电力有限公司、中国能源建设集团湖南省电力设计院有限公司、湖南电力工程咨询有限公司、湖南省湘电试验研究院有限公司、国网湖南省电力有限公司物资公司、湖南省送变电工程有限公司
31	江门220kV盘允（东甲）变电站工程	广东电网有限责任公司江门供电局	江门电力设计院有限公司、江门明浩电力工程监理有限公司、江门市电力工程输变电有限公司
32	佛山220kV钱岗变电站工程	广东电网有限责任公司佛山供电局	广东天联电力设计有限公司、广东诚誉工程咨询监理有限公司、广东威恒输变电工程有限公司

续表

序号	工程名称	承建单位	参建单位
33	500kV 丹霞（犁市）配套 220kV 线路工程	广东电网有限责任公司韶关供电局	韶关市擎能设计有限公司、韶关市方安电力工程监理有限公司、韶关市关山工程建设集团有限公司、中国能源建设集团广东火电工程有限公司
34	110kV 猎桥变电站工程	中国能源建设集团广东火电工程有限公司	广东电网有限责任公司广州供电局、广州电力设计院有限公司、广东省建筑设计研究院有限公司、中国能源建设集团广东省电力设计研究院有限公司、广州电力工程监理有限公司、广东省第一建筑工程有限公司
35	南方电网新设备挂网试运行基地（加装）	广东运峰电力安装有限公司	广东电网有限责任公司佛山供电局、佛山电力设计院有限公司、广东诚誉工程咨询监理有限公司
36	中山 220kV 小榄站增容改造工程	中山市电力工程有限公司	广东电网有限责任公司中山供电局、中山电力设计院有限公司、广东诚誉工程咨询监理有限公司
37	220kV 雪莲（同乐）变电站工程	广西电网有限责任公司电网建设分公司	广西电网有限责任公司百色供电局、广西博阳电力勘察设计有限公司、广西正远电力工程建设监理有限责任公司、广西送变电建设有限责任公司
38	220kV 胜境（天宝）变电站工程（安装工程）	云南送变电工程有限公司	云南电网有限责任公司曲靖供电局、云南恒安电力工程有限公司、昆明先行监理有限责任公司
39	220kV 陈双（环江）变电站工程	广西送变电建设有限责任公司	广西电网有限责任公司电网建设分公司、广西电网有限责任公司河池供电局、广西泰能工程咨询有限公司、广西正远电力工程建设监理有限责任公司
40	220kV 向阳（东兰）变电站工程（安装工程）	广西恒都输变电工程有限公司	广西电网有限责任公司电网建设分公司、广西电网有限责任公司河池供电局、广西博阳电力勘察设计有限公司、广西桂能工程咨询集团有限公司
41	华能德州丁庄风光储一体化发电项目	华能德州新能源有限公司	长江勘测规划设计研究有限责任公司、中国能源建设集团山西省电力勘测设计院有限公司、山东中达联工程咨询有限公司、中电建湖北电力建设有限公司、中国电建集团河北工程有限公司、中国电建集团山东电力建设第一工程有限公司
42	华能通榆良井子风电场（400MW）项目	华能清能通榆电力有限公司	中天昊建设管理集团股份有限公司、中国能源建设集团天津电力建设有限公司、中国能源建设集团黑龙江能源建设有限公司、中州建设有限公司、中国电建集团河南工程有限公司、中国能源建设集团东北电力第一工程有限公司
43	华能通榆 200 万 kW 平价上网项目一期、二期	华能吉林新能源开发有限公司	中国电力工程顾问集团东北电力设计院有限公司、中新凯瑞工程咨询有限公司、中国电建集团山东电力建设第一工程有限公司、中电建宁夏工程有限公司
44	吉电镇赉架其 100MW 风电储能平价发电项目	国核电力规划设计研究院有限公司	镇赉吉电新能源有限公司、吉林热电检修安装工程有限公司、吉林省城原电力工程有限公司
45	新乡天润风电平价上网示范项目	河南省第二建筑工程发展有限公司	北京天润新能投资有限公司、金风低碳能源设计研究院（成都）有限公司、新疆润风工程管理服务有限公司
46	华能安北第三风电场 C 区 200MW 项目	华能酒泉风电有限责任公司	中国电建集团西北勘测设计研究院有限公司、建基工程咨询有限公司、中国电建集团河北工程有限公司
47	国华竹根沙 H1 海上风电场工程项目	国家能源集团东台海上风电有限责任公司	中国电建集团华东勘测设计研究院有限公司、浙江华东工程咨询有限公司、中交第三航务工程局有限公司、北京海瑞兴能源科技有限责任公司、江苏江南电力有限公司
48	国家电投海阳 100MW/200MWh 储能电站项目	国家电投集团山东海洋能源发展有限公司	海阳国电投储能科技有限责任公司、山东电力工程咨询院有限公司、山东诚信工程建设监理有限公司、山东电力工程咨询院有限公司（总承包单位）、山东电力建设第三工程有限公司

续表

序号	工程名称	承建单位	参建单位
49	江苏如东H7海上风电场项目	如东海翔海上风力发电有限公司	上海能源科技发展有限公司（建设管理单位）、中国电建集团华东勘测设计研究院有限公司、山东诚信工程建设监理有限公司、中天科技集团海洋工程有限公司、南通市海洋水建工程有限公司、中国能源建设集团江苏省电力建设第一工程有限公司、中国电建集团华东勘测设计研究院有限公司
50	湖南常德市鼎城区新能源100MW渔光互补光伏发电项目安装工程	湖南省工业设备安装有限公司	
51	崇左市响水光伏发电项目安装工程	广西建工集团第二安装建设有限公司	龙州沃合新能源科技有限公司、广西万信工程咨询有限责任公司、江西通能咨询有限公司
52	越南平大海上风电项目	中国电建集团华东勘测设计研究院有限公司	中国电建集团国际工程有限公司

2023年度中国电力优质工程奖获奖项目

序号	工程名称	建设单位	施工单位（总承包）
1	华能瑞金电厂二期扩建工程	华能秦煤瑞金发电有限责任公司	中国电建集团江西省水电工程局有限公司、河南省第二建设集团有限公司、中国电建集团河北工程有限公司、浙江省二建建设集团有限公司、中国电建集团山东电力建设第一工程有限公司、中能建建筑集团有限公司、西安西热锅炉环保工程有限公司
2	甘肃电投常乐电厂调峰火电项目	甘肃电投常乐发电有限责任公司	上海电力建设有限责任公司、中国能源建设集团广东火电工程有限公司、浙江省二建建设集团有限公司、东北电力烟塔工程有限公司、中国能源建设集团西北电力建设甘肃工程有限公司、武汉凯迪电力环保有限公司
3	佛山市生活垃圾资源化处理提质改造项目	佛山市绿能环保有限公司	山东淄建集团有限公司、光大环保（中国）有限公司、中国联合工程有限公司、中煤江南建设发展有限公司
4	华能东莞谢岗天然气热电联产项目	华能东莞燃机热电有限责任公司	浙江省二建建设集团有限公司、中国能源建设集团浙江火电建设有限公司
5	江苏镇江燃气热电有限公司燃机热电联产项目	江苏镇江燃气热电有限公司	中国能源建设集团江苏省电力建设第三工程有限公司、江苏兴港建设集团有限公司
6	神华四川天明电厂2×100万kW新建工程	国能四川天明发电有限公司	中国电力工程顾问集团西南电力设计院有限公司与中国能源建设集团天津电力建设有限公司联合体、上海电力建设有限责任公司、中国能源建设集团安徽电力建设第二工程有限公司、中能建西北城市建设有限公司
7	华能江阴燃机热电联产项目	华能江阴燃机热电有限责任公司	江苏中成建设工程总公司、中国电建集团江西省水电工程局有限公司、中国能源建设集团东北电力第一工程有限公司
8	华润电力沧州运东2×350MW热电联产工程	华润电力（沧州运东）有限公司	浙江省二建建设集团有限公司、河南四建集团股份有限公司、中国电建集团江西省水电工程局有限公司、中国电建集团河南工程有限公司、湖南省工业设备安装有限公司

续表

序号	工程名称	建设单位	施工单位（总承包）
9	三河市生活垃圾焚烧发电PPP项目	三河康恒再生能源有限公司	山东淄建集团有限公司
10	中电新能源东莞市虎门港立沙岛2×200MW级天然气热电冷联产项目	东莞中电九丰新能源热电有限公司	中国能源建设集团广东省电力设计研究院有限公司、中国能源建设集团广东电力工程局有限公司、中国能源建设集团安徽电力建设第二工程有限公司、上海铭蓝燃机工业科技有限公司
11	华能济宁热电厂2台350MW“上大压小”热电联产工程	济宁华源热电有限公司	浙江省二建建设集团有限公司、河南省第二建设集团有限公司、中能建建筑集团有限公司、中国能源建设集团天津电力建设有限公司
12	丰满水电站全面治理（重建）工程	松花江水力发电有限公司丰满大坝重建工程建设局	中国水利水电第十六工程局有限公司、中国水利水电第六工程局有限公司、中国水利水电第三工程局有限公司、中电建建筑集团有限公司、中国水利水电第一工程局有限公司、中国水利水电第八工程局有限公司
13	华能云南澜沧江乌弄龙水电站	华能澜沧江水电股份有限公司乌弄龙·里底水电工程建设管理局、华能澜沧江水电股份有限公司	中国电建集团第十四工程局有限公司、中国葛洲坝集团股份有限公司、中国水利水电第七工程局有限公司
14	华电西藏雅鲁藏布江大古4×165MW水电站工程	华电西藏能源有限公司大古水电分公司	中国水利水电第九工程局有限公司、中国水利水电第七工程局有限公司
15	张北柔性直流电网试验示范工程	国家电网有限公司特高压建设分公司、国网冀北电力工程管理公司、国家电网有限公司直流技术中心、国网北京市电力公司、国家电网有限公司信息通信分公司、国网物资有限公司、国网经济技术研究院有限公司	中国能源建设集团天津电力建设有限公司、上海电力建筑工程有限公司、湖南省送变电工程有限公司、北京电力工程有限公司、河南省第二建设集团有限公司、国网山西送变电工程有限公司、安徽送变电工程有限公司、辽宁省送变电工程有限公司、河南六建建筑集团有限公司、华东送变电工程有限公司、吉林省送变电工程有限公司、河北省送变电有限公司、北京送变电有限公司、河南三建建设集团有限公司、河北建设勘察研究院有限公司
16	河南平顶山东500kV变电站工程	国网河南省电力公司建设分公司	河南送变电建设有限公司、河南六建建筑集团有限公司
17	福建金辉（集美）500kV变电站工程	国网福建省电力有限公司建设分公司	福建省送变电工程有限公司
18	查务—吉隆500kV线路工程	国网西藏电力有限公司建设管理分公司	国网四川电力送变电建设有限公司、国网西藏电力建设有限公司、天津送变电工程有限公司、江西省送变电工程有限公司、云南送变电工程有限公司
19	大湾区柔性直流背靠背工程	广东电网有限责任公司、广东电网有限责任公司广州供电局、广东电网有限责任公司东莞供电局	广东电网能源发展有限公司、贵州送变电有限责任公司、国能源建设集团广东火电工程有限公司、云南送变电工程有限公司、广东省第一建筑工程有限公司
20	长沙1000kV变电站新建工程	国网湖南省电力有限公司	中国能源建设集团天津电力建设有限公司、湖南省送变电工程有限公司
21	500kV坪山变电站工程	深圳供电局有限公司	广东电网能源发展有限公司
22	沭河500kV变电站	国网山东省电力公司建设公司	山东送变电工程有限公司、临沂超越电力建设有限公司
23	廊坊北500kV输变电工程	国网冀北电力有限公司工程管理分公司	北京送变电有限公司
24	湖南宁乡500kV变电站新建工程	国网湖南省电力有限公司、国网湖南省电力有限公司建设分公司	湖南省送变电工程有限公司

续表

序号	工程名称	建设单位	施工单位（总承包）
25	聊城南—聊城电厂500kV线路工程	国网山东省电力公司建设公司	山东送变电工程有限公司
26	清远500kV清城变电站工程	广东电网有限责任公司清远供电局	广东电网能源发展有限公司
27	丽西500kV变电站工程	国网浙江省电力有限公司、国网浙江省电力有限公司建设分公司	浙江省送变电工程有限公司
28	安徽合肥紫蓬500kV变电站工程	国网安徽省电力有限公司建设分公司、国网合肥供电公司、国网肥西供电公司、国网安徽省电力有限公司物资分公司	安徽送变电工程有限公司、安徽琼源建设工程有限公司
29	太原北500kV变电站新建工程	国网山西省电力公司建设分公司	国网山西送变电工程有限公司
30	南充南部500kV变电站新建工程	国网四川省电力公司建设分公司	国网四川电力送变电建设有限公司
31	妙岭750kV输变电工程	国网宁夏电力有限公司建设分公司、国网宁夏电力有限公司	宁夏送变电工程有限公司
32	衡沧500kV输变电工程	国网河北省电力有限公司建设公司	河北省送变电有限公司
33	天津渠阳—南蔡双回500kV线路工程	国网天津市电力公司建设分公司	天津送变电工程有限公司
34	吴江南500kV变电站新建工程	国网江苏省电力有限公司建设分公司	江苏省送变电有限公司、苏州市永盛建筑有限公司
35	500kV昭阳（明通）变电站工程	云南电网有限责任公司建设分公司	云南送变电工程有限公司
36	上饶鄱余500kV变电站新建工程	国网江西省电力有限公司建设分公司	江西省送变电工程有限公司
37	德令哈（托素）750kV输变电工程	国网青海省电力公司建设公司	青海送变电工程有限公司、青海万立建设有限公司
38	鄯善（吐哈）750kV变电站新建工程	国网新疆电力有限公司、国网新疆电力有限公司建设分公司	新疆送变电有限公司
39	棠园（福鼎）500kV变电站工程	国网福建省电力有限公司建设分公司	福建省送变电工程有限公司
40	陕北换流站750kV配套送出工程	国网陕西省电力有限公司建设分公司	陕西送变电工程有限公司
41	蒙东阿旗变—胜利变500kV线路工程	国网内蒙古东部电力有限公司建设分公司	河南送变电建设有限公司、河南星晨电力工程有限公司、河南安顺电力工程有限公司
42	西安南—信义Ⅱ回750kV线路工程	国网陕西省电力有限公司建设分公司	陕西送变电工程有限公司
43	张家口—北京可再生能源综合应用示范工程	北京京能清洁能源电力股份有限公司北京分公司、北京京能清洁能源电力股份有限公司	上海电力设计院有限公司、山东电力建设第三工程有限公司、北京天源科创风电技术有限责任公司、上海电力建设有限责任公司、中国电建集团核电工程有限公司、中国能源建设集团山西电力建设有限公司、青岛特锐德电气股份有限公司、江苏金智科技股份有限公司、中国能源建设集团安徽电力建设第二工程有限公司、邯郸市邯三建筑工程有限公司、北京城建远东建设投资集团有限公司、张家口宣化圣泰吊装运输有限公司、陕西天禹电力工程（集团）有限公司、四川腾烽电力工程有限公司、山东军辉建设集团有限公司、北京博能安泰电力工程有限公司、北京城隅工程建设有限公司

续表

序号	工程名称	建设单位	施工单位（总承包）
44	湛江徐闻海上风电场项目	国家电投集团徐闻风力发电有限公司	中国能源建设集团广东省电力设计研究院有限公司和江苏龙源振华海洋工程有限公司联合体、上海能源科技发展有限公司和中国电建集团华东勘测设计研究院有限公司联合体、江苏龙源振华海洋工程有限公司、上海能源科技发展有限公司、广东省源天工程有限公司
45	福清海坛海峡海上风电场项目	华电（福建）风电有限公司	华电重工股份有限公司、中国能源建设集团广东火电工程有限公司、中交路桥建设有限公司、中国葛洲坝集团路桥工程有限公司、河北恒泰电力工程有限公司、江苏稳强海洋工程有限公司、德京集团有限公司
46	新乡天润风电平价上网示范项目	北京天润新能投资有限公司	河南省第二建筑工程发展有限公司
47	华能德州丁庄风光储一体化发电项目	华能德州新能源有限公司	中国电建集团山东电力建设第一工程有限公司、中国电建集团河北工程有限公司、中电建湖北电力建设有限公司、中州建设有限公司
48	国家电投海阳 100MW/200MWh 储能电站项目	海阳国电投储能科技有限责任公司	山东电力工程咨询院有限公司、山东电力建设第三工程有限公司
49	静乐弘义能源娑婆乡风电项目	静乐弘义能源开发有限公司	山西省安装集团股份有限公司
50	华能山东半岛南 4 号海上风电项目	华能烟台新能源有限公司	烟台打捞局、天津港航工程有限公司、中国石油集团海洋工程有限公司、中国电建集团山东电力建设第一工程有限公司、浙江启明电力集团有限公司、烟台东源送变电工程有限责任公司
51	国华竹根沙 H1 海上风电场工程项目	国家能源集团东台海上风电有限责任公司	中交第三航务工程局有限公司、北京海瑞兴能源科技有限责任公司
52	江苏如东 H7 海上风电场项目	如东海翔海上风力发电有限公司、上海能源科技发展有限公司（建设管理单位）	中国电建集团华东勘测设计研究院有限公司、上海电气风电集团股份有限公司、中天科技集团海洋工程有限公司联合体，中天科技集团海洋工程有限公司，南通市海洋水建工程有限公司，中国能源建设集团江苏省电力建设第一工程有限公司
53	华能通榆 200 万 kW 平价上网项目一期二期工程	华能清能通榆电力有限公司	中国电力工程顾问集团东北电力设计院有限公司、中电建宁夏工程有限公司、中国电建集团山东电力建设第一工程有限公司、中国能源建设集团东北电力第三工程有限公司
54	吉电镇赉架其 100MW 风电储能平价发电项目	镇赉吉电新能源有限公司	国核电力规划设计研究院有限公司、吉林热电检修安装工程有限公司
55	华能凉山州昭觉风电工程	华能昭觉风力发电有限公司	中州建设有限公司、西北电力建设第一工程有限公司、中国水利水电第十工程局有限公司
56	华能安北第三风电场 C 区 200MW 项目	华能酒泉风电有限责任公司	中国电建集团西北勘测设计研究院有限公司、中国电建集团河北工程有限公司
57	金风科技张北县二台镇 100MW 风电项目	北京天润新能投资有限公司	中铁建电气化局集团第一工程有限公司
58	四川华电凉山州盐源大河风电项目	四川盐源华电新能源有限公司	中国电建集团重庆工程有限公司
59	钦州市钦南区民海 300MW 光伏发电平价上网项目	广西钦州民海新能源科技有限公司	中国电建集团海南电力设计研究院有限公司、中国电建集团河南工程有限公司、杭州交联电气工程有限公司

续表

序号	工程名称	建设单位	施工单位（总承包）
60	浙江温岭 100MW 潮光互补智能光伏发电项目	雄亚（温岭）新能源有限公司	中国电建集团华东勘测设计研究院有限公司、浙江江能建设有限公司
61	越南富美 330MW 光伏电站项目（一期）	清洁能源愿景发展股份公司	中国电建集团江西省电力设计院有限公司、中国电建集团四川工程有限公司
62	越南沿海二期 2×66 万 kW 燃煤电厂项目	中国华电科工集团有限公司	中国电建集团核电工程有限公司、中国能源建设集团广东火电工程有限公司、中能建建筑集团有限公司、中建筑港集团有限公司、中铁十一局集团有限公司、Power Engineering Consulting Joint Stock Company 2
63	阿曼益贝利 607MW 光伏发电项目	Oman Power and Water Procurement Company SAOC（OPWP）	中国电建集团华东勘测设计研究院有限公司、中国水利水电第十工程局有限公司、中国电建集团四川工程有限公司
64	巴西美丽山直流特高压输电二期项目	国家电网巴西控股公司	中国电力技术装备有限公司、国家电网华东送变电工程公司、国家电网湖南省送变电工程公司、中国电建集团山东电力建设第一工程有限公司、中国电建集团福建工程有限公司
65	老挝南屯 1 水电项目 C 标段输电线路项目	老挝南屯 1 电力有限公司	中国葛洲坝集团股份有限公司、中国葛洲坝集团电力有限责任公司
中小型工程项目			
1	华能西藏雅鲁藏布江加查水电站工程	华能西藏雅鲁藏布江水电开发投资有限公司加查水电建设分公司	中国葛洲坝集团股份有限公司、中国水利水电第五工程局有限公司、中国水利水电第八工程局有限公司
2	廊坊大城 500kV 变电站 220kV 送出输变电工程	国网冀北电力有限公司廊坊供电公司	北京送变电有限公司
3	500kV 丹霞（犁市）配套 220kV 线路工程	广东电网有限责任公司韶关供电局	中国能源建设集团广东火电工程有限公司、韶关市关山工程建设集团有限公司
4	衡水东郊 220kV 输电线路工程	国网河北省电力有限公司衡水供电分公司	河北省送变电有限公司
5	重庆郑万铁路巫山牵引站 220kV 外部供电工程	国网重庆市电力公司建设分公司	中国电建集团重庆工程有限公司
6	河南新乡原阳浪沙 220kV 线路工程	国网河南省电力公司新乡供电公司	新乡华源电力集团有限公司
7	上海 35kV 超导电缆试验示范工程	国网上海市电力公司市南供电公司	上海送变电工程有限公司、上海宝德建设集团有限公司、上海焜熠电力工程有限公司、上海申伟电力工程有限公司
8	滁州福斯特 110kV 变电站工程	福斯特（滁州）新材料有限公司	安徽天力元电力科技发展有限公司
9	塘峪 220kV 输变电工程	国网北京市电力公司电力建设工程咨询分公司	北京电力工程有限公司
10	南方电网新设备挂网试运行基地（加装）	广东电网有限责任公司佛山供电局	广东运峰电力安装有限公司
11	延安吴起 330kV 输变电工程	吴起县城市建设投资集团有限公司	中国能源建设集团陕西省电力设计院有限公司、陕西送变电工程有限公司
12	面向负荷密集型园区优质供电的交直流混合配电网关键技术与示范应用项目	广东电网有限责任公司东莞供电局	广东能洋电力建设有限公司

续表

序号	工程名称	建设单位	施工单位（总承包）
13	水城县齐心农业光伏电站项目	六盘水空港新能源投资开发有限责任公司	中国电建集团贵州电力设计研究院有限公司、四川省南充水电工程有限公司、贵州建工集团第三建筑工程有限责任公司
14	盘州市盘南电厂灰场光伏电站	贵州粤电六盘水综合能源有限公司	中国电建集团贵州电力设计研究院有限公司、中国电建集团重庆工程有限公司
15	金源浠水洗马 40MW 农光互补光伏电站	浠水县金源新能源有限公司	武汉日新科技股份有限公司、中冶集团武汉勘察研究院有限公司
16	浙江合大汉川脉旺 50MW 农光互补光伏电站项目	汉川盛和新能源开发有限公司	上海宝冶集团有限公司
17	泰胜风能嵩县 50MW 分散式风电项目	泰胜风能（嵩县）新能源开发有限公司	中铁建电气化局集团第一工程有限公司、淮北广安建筑安装工程有限公司、林州振搏建筑工程有限公司、开封市悦祥建筑工程有限公司
18	中广核木垒老君庙风区一期 49.5MW 风力发电项目	中广核木垒风力发电有限公司	新疆楚源电力工程有限公司
19	国家电投封丘陈桥驿风电项目	国电投封丘新能源有限公司	国电投河南电力工程有限公司、中州建设有限公司
20	庆春新能源利辛县中疃风电场项目	利辛县庆春新能源科技有限公司	中国电建集团河北工程有限公司
21	花桥水质净化厂分布式光伏发电项目（二期、三期）	长沙湘洁能源科技有限公司	湖南筱豪新能源有限公司
22	广州市轨道交通 7 号线一期工程西延顺德段益丰主变电站建安工程	广东顺广轨道交通有限公司	广东汇盈电力工程有限公司
23	110kV 兆雨（高家庄）输变电工程	云南电网有限责任公司昆明供电局	云南建源电力工程有限公司
24	邯郸市区三家（胡村）110kV 变电站工程	国网河北省电力有限公司邯郸供电分公司	邯郸欣和电力建设有限公司
25	北京于庄 110kV 变电站工程	国网北京市电力公司顺义供电公司	高碑店市建筑企业（集团）公司、北京电力工程有限公司
26	中桥 110kV 变电站新建工程	国网四川省电力公司广安供电公司	四川和源电力有限公司
27	110kV 李棋输变电工程	云南电网有限责任公司玉溪供电局	云南天星实业有限公司
28	大板 110kV 变电站新建工程	国网宁夏电力有限公司中卫供电公司、国网宁夏电力有限公司	宁夏天源电力有限公司
29	110kV 金竹坪输变电工程	云南电网有限责任公司红河供电局	云南建源电力工程有限公司
30	滨东 110kV 变电站新建工程	国网宁夏电力有限公司银川供电公司、国网宁夏电力有限公司	宁夏天净元光电力有限公司
31	杭州富阳梓树 110kV 输变电工程	国网浙江省电力有限公司杭州供电公司	浙江容大电力工程有限公司
32	青海海南达玉 110kV 变电站工程	国网青海省电力公司海南供电公司	青海宏海电力科技有限公司
33	昌吉汽车城 110kV 变电站工程	国网新疆电力有限公司昌吉供电公司	新疆大明德电力有限公司
34	嘉兴秀州 110kV 输变电工程	国网浙江电力有限公司嘉兴供电公司	嘉兴市恒光电力建设有限责任公司

续表

序号	工程名称	建设单位	施工单位（总承包）
35	黄石铁山木兰 110kV 输变电工程	国网黄石供电公司	黄石电力集团有限公司、湖北雅权建筑工程有限公司
36	110kV 后田变电站工程	国网福建省电力有限公司厦门供电公司	厦门电力工程集团有限公司
37	山东枣庄种寨 110kV 变电站工程	国网山东省电力公司枣庄供电公司	枣庄力源送变电工程有限公司
38	包头新都市区世纪 220kV 输变电工程	内蒙古电力（集团）有限责任公司包头供电分公司	内蒙古送变电有限责任公司
39	220kV 茶花（上思）变电站	广西电网有限责任公司电网建设分公司	广西送变电建设有限责任公司
40	湖南岳阳凌泊湖 220kV 变电站新建工程	国网湖南省电力有限公司、国网湖南省电力有限公司建设分公司	湖南岳阳湘岳电力有限公司、湖南天人安装建设有限公司
41	220kV 雪莲（同乐）变电站工程	广西电网有限责任公司电网建设分公司	广西送变电建设有限责任公司
42	荆门漳河（爱飞客）220kV 输变电工程	国网湖北省电力有限公司荆门供电公司	湖北荆能输变电工程有限公司
43	长沙惠科第 8.6 代超高清新型显示器件生产线项目 220kV 变电站施工总承包工程	长沙惠科光电有限公司	湖南湘江电力建设集团有限公司
44	西藏萨嘎 220kV 变电站工程	国网西藏电力有限公司建设管理分公司	贵州送变电有限责任公司
45	220kV 利华（玉洞）送变电工程	广西电网有限责任公司南宁供电局	广西建宁输变电工程有限公司
46	220kV 胜境（天宝）输变电工程	云南电网有限责任公司曲靖供电局	云南送变电工程有限公司
47	220kV 员热变电站工程	广东电网有限责任公司广州供电局	广州市电力工程有限公司
48	临沂马陵 220kV 变电站工程	国网山东省电力公司临沂供电公司	临沂超越电力建设有限公司
49	220kV 妙香变电站工程	国网上海市电力公司工程建设咨询分公司	上海送变电工程有限公司
50	江门 220kV 盘允（东甲）输变电工程	广东电网有限责任公司江门供电局	江门市电力工程输变电有限公司
51	福建福州阜山 220kV 变电站工程	国网福建省电力有限公司福州供电公司	福建省送变电工程有限公司
52	吉安天玉 220kV 变电站新建工程	国网江西省电力有限公司建设分公司	吉安明珠电力工程有限公司
53	山西晋中平遥南 220kV 变电站新建工程	国网山西省电力公司晋中公司	国网山西送变电工程有限公司
54	渝北官山（龙兴南）220kV 变电站新建工程	国网重庆市电力公司建设分公司	重庆市送变电工程有限公司
55	驻马店正阳北（文星）220kV 变电站工程	国网河南省电力公司驻马店供电公司	驻马店市华宇电力实业有限公司、河南送变电建设有限公司
56	佛山 220kV 钱岗变电站工程	广东电网有限责任公司佛山供电局	广东威恒输变电工程有限公司
57	泰州孙楼 220kV 变电站新建工程	国网江苏省电力有限公司泰州供电分公司	南京环强建筑安装工程有限公司、江苏安泰输变电工程有限公司

续表

序号	工程名称	建设单位	施工单位（总承包）
58	220kV 向阳（东兰）变电站工程	广西电网有限责任公司电网建设分公司	广西恒都输变电工程有限公司
59	220kV 陈双（环江）送变电工程	广西电网有限责任公司电网建设分公司	广西送变电建设有限责任公司
60	甘肃兰州元山 330kV 输变电工程	国网甘肃省电力公司兰州供电公司	兰州倚能电力（集团）有限公司
61	宁夏青龙山 330kV 变电站新建工程	国网宁夏电力有限公司建设分公司、国网宁夏电力有限公司	宁夏送变电工程有限公司
62	绵阳梓潼演武 35kV 变电站新建工程	国网四川省电力公司绵阳供电公司	绵阳启明星集团有限公司
63	安徽六安叶集区洪光 35kV 输变电工程	国网安徽省电力有限公司六安市叶集供电公司	中能建建筑集团有限公司
64	福安范坑 35kV 变电站工程	国网福建省电力有限公司宁德供电公司、国网福建省电力有限公司福安市供电公司	宁德市昌达输变电工程有限公司
65	35kV 新庄输变电工程	云南电网有限责任公司玉溪供电局	云南玉溪中汇电力设备有限责任公司、云南福明建筑装饰工程有限公司
66	丹东云山 66kV 变电站新建工程	国网丹东供电公司	丹东电力建设有限公司
67	吉林延边敖东 66kV 变电站工程	国网吉林省电力有限公司延边供电公司	延边电力安装有限公司
68	台农园 35kV 变电站新建工程	国网重庆市电力公司北碚供电分公司	重庆盛雷电力工程有限公司
69	陕西平利 330kV 输变电工程	国网陕西省电力有限公司建设分公司	陕西送变电工程有限公司、四川省送变电建设有限责任公司

科技创新

重点科技项目

【规模化储能系统集群智能协同控制关键技术研究及应用】项目是中国三峡集团在储能领域牵头承担的第一个国家重点研发计划项目，聚焦规模化储能运行特性对新型电力系统平衡与稳定运行的影响作用机理这一重大科学问题，围绕储能支撑系统平衡与稳定运行的规划运行、协调调控、评估范式等核心问题开展研究，力争突破支撑新型电力系统平衡与稳定运行的规模化储能规划运行技术体系、与异质电源协同的规模化储能动态调控技术与集群控制平台、规模化储能主动支撑能力与辅助服务价值评估范式等关键技术瓶颈，并进行工程示范，评估、推广相关技术成果，为我国新能源开发和能源转型提供技术支撑。

该项目执行期为 2021 年 12 月—2024 年 11 月。截至 2023 年底，已完成储能协调控制装置、风光储协调控制装置、集群协调控制装置的研发及集群智能运行控制策略的集成，完成了规模化储能电网主动支撑能力评价指标体系构建、大数据平台的开发，初步设计了综合价值评估与市场仿真平台的功能架构与原型，集成了辅助服务边际成本量化分析等功能。项目于 2023 年 9 月通过中期检查。

【长江流域城市水环境治理提质增效关键技术研究与示范】项目着重围绕河湖污染源头以及溢流污水和初期雨水污染控制、排水管网问题非开挖检测、污水处理厂以及水环境治理产生的多源污泥基质化转化，开展关键技术及装备研发，实施多源污水－污泥－生态统筹的资源化处置和厂网河湖一体化提质增效综合示范，形成可复制推广的城市水环境治理模式，为长江流域城市水环境质量持续改善提供科技支撑。

该项目执行期为 2021 年 12 月—2025 年 11 月。截至 2023 年底，研发了浅水作业基于轮毂驱动操作管道破损精确监测装备，形成了雨水管网混接点位精确检测技术、污水管网破损、错接数值化精确检测技术、碱性 pH 强化污泥厌氧发酵产短链脂肪酸技术等 3 项新技术和酸性矿山土壤重金属最大淋溶潜力检测方法，建立了九江市政管网图数据库、九江排水管网物联网在线监测动态数据库。项目于 2023 年 12 月进行中期检查。

【长江经济带典型城市多源污泥协同处置集成示范】项目研究多源污泥“时－空－量－质”多维度数据图谱解析与资源利用规划方案，贯通升级高质量厌氧转化与热化学耦合转化两条全链条处理处置和资源化利用技术途径，构建环境风险防控体系，构建多源污泥全过程智慧管控平台，选择长江流域上、中、下游的大、中、小型典型城市开展集成示范，形成长江经济带可复制可推广的多源污泥协同处置商业模式，实现“污泥全收集、处理全达标、污染全核销、资源全利用”的多源污泥协同处理处置目标。

该项目执行期为 2020 年 11 月—2024 年 10 月。截至 2023 年底，完成城市污水污泥生物协同转化处置成套技术等 21 项、研发活性微生物筛选新型厌氧反应器等装备 7 套，正在打造六安多源污泥处置综合示范亮点。项目于 3 月 13 日通过科技部中期检查。

【大型水电站坝体水下智能缺陷检测机器人系统研制及应用验证项目】项目针对大型水电站大深度水下坝体安全监测重大需求，突破高稳性深水检测机器人总体与轻量化设计、高效作业抗流抗扰智能控制、水下惯性自主组合定位导航、表面缺陷精准测量与在线识别、水下供电与通信等关键技术，研制大型水电站坝体水下智能缺陷检测机器人系统，满足水下坝体水平面、直立面和斜坡面等多种工况检测要求，实现水下坝体大范围裂缝、掉块、露筋等表面缺陷检查、定位、尺寸精准测量等功能，在三峡大坝等重大工程中开展应用验证。

该项目执行期为 2022 年 11 月—2025 年 10 月。截至 2023 年底，开展了仿生流线构型水动力性能与操纵动力学研究、坝面吸附与浮游功能集成化研究等，完成了机器人本体结构的方案设计和设备布局、水下机器人安全冗余应急自救机构方案设计和耐压结构设计、水面动力浮标整体系统方案设计、水下缺陷检测子机系统方案设计、智能控制系统设计和优化等。

【长江流域大坝生物洄游通道恢复关键技术研发与应用】项目选择金沙江、大渡河、乌江、湘江、汉江和赣江等 6 条支流建立数据库、构建鱼类洄游通道决策支持系统、建立决策模型，提出流域尺度的鱼类洄游通道决策优化方案；针对高坝枢纽集运鱼，以及低水头中大型工程鱼道效率提升涉及的技术难点开展攻关，分别在苏洼龙、乌东德、白鹤滩和彭水等 4 个高坝枢纽，以及安谷、长沙、崔家营和峡江等 4 个低水头中大型工程进行试验示范，实现集鱼效率提升 20%以上、过鱼效率提升 30%以上。

该项目执行期为 2022 年 11 月—2026 年 10 月。截至 2023 年底，开展了鱼类综合数据库构建的基础数据收集、决策支持系统构建；通过系统开展典型过鱼对象生理、生态和行为学研究，揭示典型过鱼对象生态行为学特征，定量解析坝下鱼类集群效应并塑造喜好的流态；开展主动和辅助诱导技术研发，优选调度方式，开展高精度鱼类标记跟踪并取得了较好的测试结果；开展仿自然鱼道对照性过鱼试验模型初步设计、闸门切换方式对鱼道沿程水力特性的影响三维数值模拟等工作；完成了过鱼设施过鱼效果评估指标体系构建，总结发现影响鱼类洄游的关键生态因子。

【城市污水管网智慧化管控关键技术研发与示范应用】城市排水管网运行效能低是制约“城市水环境质量提升”的重要因素，本项目围绕污水管网运行动态监测、非常规运行状态诊断、生化过程控制优化运行调度和智慧管控数字孪生，开展污水管网智慧化管控关键技术和装备研究及集成示范，形成可复制可推广的城市污水管网智慧化管控模式，为城镇污水处理提质增效提供科技支撑。

该项目执行期为2022年11月—2026年5月。截至2023年底，完成基于全断面扫描的污水管网水量监测设备样机试制，开发城市排水系统动态监测预警系统；研发的污水管网状态智能检测系统、异常诊断技术等显著推动了污水系统管理技术水平的提升，部分研发成果已经在六安市的片区管网进行了试点应用；通过污水管网恶臭协同碳源损耗控制智慧管控，提升污水污染物有效收集负荷；在六安市凤凰桥污水处理厂和古城路泵站搭建了实验研究基地，针对污水管网污染物沉积、清水入流入渗等影响污水污染物收集效能的关键问题开展模拟实验测试。

【大型海上风电机组测试与性能提升关键技术与应用】围绕大型海上风电机组复杂多工况整机动力学性能测试与优化设计需求，突破大功率风电机组性能提升关键技术。具体包括：大型海上风电机组叶片–机舱（含传动链）–塔架–基础多子系统耦合机理研究；整机刚柔耦合动力学特性测试、基于实测数据的整机模态与动载荷识别技术；大型海上风电机组整机修正动力学模型与整机试验一致性技术；正常和极端工况下风电机组整机综合性能评价与寿命预估技术；大型海上风电机组优化迭代与性能提升验证技术。

该项目执行期为2023年12月—2027年11月。项目于2023年12月15日获批“十四五”国家重点研发计划项目。

【资源循环–能源自给型污水处理厂构建与沿江群链式应用研究】项目围绕污水处理厂低碳短流程高效控氮、化学能高效转化与有价物质回收利用、多能协同优化分配及运行控制、数字孪生及智能调控等方面，开展关键技术和装备研究及集成示范，形成可复制、可推广的群链式规模化应用模式，支撑长江经济带高质量发展。该项目执行期为2023年12月—2027年11月。项目于2023年12月22日获批“十四五”国家重点研发计划项目。

（柳　东）

【海上风电安全高效开发成套技术和装备及产业化获国家科学技术进步奖一等奖】项目针对我国海上风电开发面临强台风、软地基、短施工窗口期和低电价的挑战，经近20年的长期科技攻关，在海上风电“新结构–一体化设计–高效施工–抗台机组–集中送出”全产业链技术创新上取得多项里程碑的突破，创新系列海上风电新型基础结构，创立复杂海洋环境海上风电设计理论方法体系，解决了强风浪流冰作用下复杂地基海上风电“高耸”结构安全性难题；提出复杂海洋环境条件下海上风电安全高效施工安装成套技术，研制新型施工安装装备；破解不同类型风电结构重载–高耸–恶海况施工安装难题；创建海上风力发电机组抗台风与智慧运维技术体系，解决了大功率海上风电机组抗台风难题；攻克了高电压大容量海上风电电力集中送出关键技术与装备，实现自主创新和产业化。成果成功应用于我国70%以上海上风电项目，容量超过2400万kW，再造一个海上三峡。涵盖了我国海上风电所有10个突破性里程碑工程，支撑我国海上风电装机跃居世界第一，约占全球的50%。经济社会效益十分显著，应用前景极广阔。大力推动了我国海上风电技术和产业由“跟跑并跑到领跑”。

【巨型水电工程建设智能管控关键技术获湖北省科学技术奖一等奖】项目依托三峡工程与乌东德、白鹤滩等巨型水电工程建设管理，以开创巨型水电数字化建造与全面管控为总目标，围绕巨型水电工程投资大、风险大、长期复杂不确定性的挑战，从理论、技术、平台和示范层面开展了巨型水电工程建设和管理的研究与实践，形成了系列创新技术，提出了巨型水电工程建设质量、成本、进度、安全、环境（“五控+”）全面管控的数字化适应性管控模型与综合控制方法；突破了巨型水电工程策略协同的集成控制和数据驱动的决策智能技术；研发了巨型水电工程高可靠、高安全、强适应性的自主可控数字化管控平台。经湖北技术交易所鉴定专家组一致认为该研究成果达到国际领先水平。成果已成功应用于三峡工程、白鹤滩、溪洛渡、乌东德、向家坝等5座世界前11大巨型水电工程和巴基斯坦卡洛特、马来西亚沐若、老挝南椰等海外水电工程，以及乌江、大渡河等流域73个大型水利水电工程，并广泛推广到长江大保护87个生态环保项目、561个风电光伏新能源项目、北京大兴等63个机场项目、京沪高铁等8个铁路项目和奥运国家游泳中心等168个建筑项目，管控资金达3万亿元，累计经济效益近300亿元。项目通过产学研用相结合，完成了多领域规模化应用和验证，转化应用程度高，取得了显著的经济和社会效益，具有广阔的推广应用价值。在行业内率先形成成套水电工程建设数字化标准，突破水电工程建设管控的数字化关键技术和平台建设难题，有力支撑、推动了行业数字化科学技术进步。

【生态友好的水利水电工程调控关键技术与应用获湖北省科学技术奖一等奖】项目围绕鱼类繁殖生态调控这一主线，发明了不同鱼类生境调控、精准预报、智能监测和控制关键技术，为生态友好的水利水电工程调控提供了系统解决方案。发明了保障四大家鱼等产漂流性卵鱼类、产粘沉性卵鱼类、长江珍稀特有鱼类种群等成套生态调控技术；研发了“气象预报－水文水动力精细模拟－水生态风险预警”技术，满足生态调控一体化耦合模拟与预报需求；发明了生境调控监测与智慧控制关键技术，研制面向生态的梯级水电站群综合调度技术和产品，实现卡脖子关键技术的突破，保障面向生态的调控目标实现。成果首创性、先进性、系统性、实用性突出。关键技术已应用于全球装机容量前 11 大水电站中的 5 座，以及 60 多项国内外水利水电工程中，经济、社会、生态效益显著。

【10MW 级海上风力发电机组关键技术与应用获四川省科学技术奖一等奖】项目解决了超大尺寸海上风电机组叶片关键部件设计、制造和质量检测，大功率风电机组低载、稳定、高效控制，海上风电机组运行可靠性验证和智能运维平台建设等三大难题，实现了多项创新与关键技术突破，成功研制了具有自主知识产权的 10MW 功率等级海上风力发电机组，完成了工程样机示范运行与产业化推广应用，项目总体技术水平处于国际先进。该项目成果已应用于中国三峡集团福清兴化湾二期项目、中国三峡集团福建长乐外海 C 区等项目中东方电气 10、7.5、7MW 系列海上风电机组，累计投运 110 万 kW（其中 10MW 机组 31 台），订单总额超 63 亿元，新增利润超 6 亿元，取得了显著的经济和社会效益。项目创新性强，有力支撑了我国海上风电产业的自主发展。

【能源装备超大型铸锻承载结构件关键成形技术及应用获北京市科学技术奖一等奖】项目突破了超大型铸锻件的成形和材料的关键技术，实现了世界上最大的水电机组的白鹤滩 1000MW 水电站和核电机组等所需关键铸锻承载结构件的成功应用，解决了国家重大工程建设“卡脖子”难题。项目研究成果技术难度大、创新性强、应用效果显著，整体技术达到国际领先水平。项目成果被评为“十二五”中国机械工业重大科技成果，“百万千瓦水电机组转轮交付”被评为中国十大科技进展。系列技术标准被国内及国际水电重点企业普遍采用。研究成果不仅有效地解决了我国能源装备超大型结构件制造的瓶颈问题，推动了我国重大装备制造行业跨越式发展，而且依靠鲜明的技术特色走出国门。

【创新型吸力桩基础在深远海风电场规模化应用获中国电力创新奖技术类一等奖】为实现深远海海上风电的健康、经济、快速发展，经多年科研攻关，实现了深远海海上风电基础勘察设计、制造施工一体化技术创新，创下目前海上风电场吸力桩导管架基础数量最多、吸力桩尺寸最大、单机容量最大、基础总高度最高的多项世界纪录海上风电场工程。技术成果在福建、浙江、河北等海上风电场进推广应用，应用单位节支增收达 20 多亿元，取得显著经济和社会效益，为我国海上风电实现弯道超车，为“双碳”目标如期实现做出重大贡献。

【区域特大干旱形成机理及梯级水库群适应性管理关键技术研究与应用获水力发电科学技术奖一等奖】围绕区域特大干旱形成机理及梯级水库区域特大干旱形成机理及梯级水库群适应性管理关键技术问题，以揭示规律、阐明机制和综合应对为研究主线，在变化环境下与水循物理过程联系的干旱评估规律、阐明机制和综合应对为研究主线，在变化环境下与水循物理过程联系的干旱评估规律、阐明机制和综合应对为研究主线，在变化环境下与水循物理过程联系的干旱评估规律、阐明机制和综合应对为研究主线，在变化环境下与水循物理过程联系的干旱评估规律、阐明机制和综合应对为研究主线，在变化环境下与水循物理过程联系的干旱评估规律、阐明机制和综合应对为研究主线，在变化环境下与水循物理过程联系的干旱评估归因和水利水电工程应对干旱的适应性管理等方面开展了创新研究。针对 2022 年长江抗旱提出的对策建议咨询报告被中央办公厅采纳。项目核心成果获得国际知名专家的高度评价，为三峡梯调中心、汉江水利等单位的梯级水库群抗旱决策及发电调度等工作提供了重要的指导作用。

（张　丽）

【我国首个飞轮储能复合调频项目在华电朔州投运】4 月 4 日，国内首个飞轮＋锂电池复合储能火力发电联合调频项目——中国华电山西公司朔州热电飞轮储能复合调频项目正式投运，填补了国内飞轮与电化学复合储能领域空白。

飞轮储能复合调频系统作为一种新兴的电能储存技术，相比传统电池储能技术，具有零衰减、零燃爆、零维护和高效率、高倍率、高精准的“三零三高”等特性优点，可以平衡火电机组发电和电网需求用电之间的电量差，有效缓解机组损耗和能源消耗。

该项目由中国华电投资建设，总容量 8MW，由 4

台全球单体容量最大、拥有自主知识产权的飞轮装置和10组锂电池组成复合储能系统，与现有两台火电机组联合为电网提供调频服务。项目首次集合了飞轮电池充放电“快”和锂电池“耐用”的优势，可充放电次数比纯锂电池系统高出2000倍，同生命周期内可节省3批锂电池组更换费用约2400万元。

【辽宁华电铁岭25MW离网风电储能制氢一体化项目首次出氢成功】11月30日上午0:58，辽宁华电铁岭新台子一期25MW离网风电储能制氢一体化项目首次出氢成功，氢气纯度达到99.999%，开创了规模可再生能源离网制氢先河。该项目是工信部高效可再生能源制氢装备研制及产业化示范工程，由华电科工承包建设。项目采用先进的构网型技术，实现了电网电压支撑、电网惯量支持、故障穿越能力支持、阻尼可控能力支持，实现了面向风电离网制氢的构网型储能硬件与软件设计与验证，解决了离网制氢的关键技术问题。项目顺利实施标志着中国华电掌握了新能源离网制氢系统故障快速定位和协同保护控制方法，形成离网模式下的系统继电保护控制体系。

【“世界最长碾压混凝土芯样”入藏国家博物馆】5月24日，中国华电在西藏所属项目举行向中国国家博物馆捐赠世界最长碾压混凝土芯样的交接仪式。本次捐赠国家博物馆的碾压混凝土芯样长26.2m，直径20cm，于2021年3月26日从华电西藏所属电站大坝中成功取出，一举打破同类芯样长度世界纪录。项目采用“数字建模–编码体系–数字移交”智能建造管理及应用技术体系，实施了基于反馈仿真、温度应力试验和直接应力监测三位一体的碾压混凝土坝温控防裂动态调控方法，实现了混凝土生产、仓控、通水和保温的全坝全时空智能化控制，有效解决低温、低气压、大风、大温差、强辐射恶劣自然条件下碾压混凝土坝裂缝精准防控难题。该项世界纪录的取得，标志着中国具备了在高寒高海拔地区修筑碾压混凝土重力坝的成套成熟施工技术，是中国新时代水电事业高质量发展的成就。

【中国华电新能源远程诊断平台获中国工业互联网大赛第二名】9月13日，中国工业互联网大赛由工信部、国务院国资委、全国工商联、浙江省人民政府等联合主办，华电电科院申报的“中国华电新能源远程诊断平台”项目从1754个参赛项目中脱颖而出，荣获全国总决赛领军组第二名，是央企行业中排名最高的项目。“中国华电新能源远程诊断平台”项目，在“监测、诊断、能效、数据”四个层面，有效突破风能利用“一升一降”的技术瓶颈，形成了“集中监视诊断，少人维护”的运维模式，为中国华电开展风电生产管理、运维检修提供了可靠抓手。目前，平台已应用于全国27个区域，22种主机品牌、100余种机型，服务机组超一万台。

【内蒙古华电达茂旗20MW新能源制氢工程示范项目投产】11月15日9:05，内蒙古华电包头市达茂旗20MW新能源制氢工程示范项目配套220kV接网工程完成送电，为内蒙古自治区首批大规模可再生能源制绿氢示范项目提前投产打下了坚实基础。

达茂旗20MW新能源制氢工程示范项目由风电、光伏、储能、制氢组成，采用“绿电制绿氢、产业用绿氢”的模式，实现从发电、制氢、运氢、加氢的全产业链开发。项目包含风电12MW、光伏8MW，配套建设电化学储能2MW/h。该项目建成后年发电量约5.52亿kWh，其中发电量80%用于制氢、20%并入电网，年制绿氢量达7800t。

【国内首创3.0MPa单堆兆瓦级国产PEM电解槽在华电青海德令哈实现商用】12月12日，中国华电“华瀚”–200型3.0MPa单堆兆瓦级PEM电解槽在华电青海德令哈0.3万MW光伏发电PEM电解水制氢示范站实现商业化应用落地，标志着中国华电打通了PEM制氢设备在关键材料、核心部件、装置及系统集成方面的产品化通道，实现国内首创的高效率电解水制氢装置商业化应用，为推动中国绿氢产业发展壮大奠定坚实技术基础。

PEM电解水制氢技术具有制氢效率高、产氢压力大、动态响应快、负荷范围宽、无污染等优点，对可再生能源发电的波动性具有较强的适应性，是与可再生能源发电耦合性最好的制氢技术之一。

项目为中国华电牵头承担的国家级攻关项目，由中国华电科工集团有限公司与中国科学院大连化学物理研究所共同研制。在此基础上，华电科工基于自主研发的分级预紧力压装技术，与中国科学院大连化物所共同完成10～400m^3/h（标况）额定产氢量的“华瀚”系列化中压PEM电解槽产品开发，产品总体技术指标达到国际先进水平。

【中国华电全面实现储能控制装备国产化替代】12月7日，中国华电所属国电南京自动化股份有限公司（简称国电南自）参与研发的“全国产化碳化硅功率模块的构网型储能变流器与控制关键技术及应用”成果通过中国电工技术学会组织的科技成果鉴定并正式发布，标志着中国华电在储能核心技术方面取得重要突破，全面实现了储能控制装备的国产化替代。

“双碳”目标有力促进了中国经济结构、能源结构、产业结构优化升级，培育形成绿色发展新动能，加速推进能源转型进程。在储能市场规模爆发式增长的背景下，国电南自联合中国电子科技集团有限公司围绕关键核心技术开展央企联合攻关，实现了功率电子核心器件自主可控，提高了在弱电网中运行的稳定性。

【我国首个国家级海上风电研究与试验检测基地在福建开工建设】 12月1日，由国家电网公司、中国华电和中国电建等单位共同投资建设的我国首个国家级海上风电研究与试验检测基地在福建开工建设，计划于2024年整体建成投运。

海上风电试验基地是可再生能源并网全国重点实验室的重要组成部分，包括陆上检测中心和试验风电场两部分，主要功能是开展风电机组全尺寸地面试验六自由度加载、超大容量复杂电网模拟、超长叶片双轴高频加载试验及科学研究。其中，陆上检测中心选址福建福清江阴产业园，主要建设25MW六自由度加载、全尺寸地面试验平台和150m级叶片试验平台。试验风电场规划建设6个陆上试验机位和20～40个海上试验机位，首批20个海上试验机位选址福建长乐外海区。

海上风电试验基地集仿真分析、运行测试、特性评价和技术研发等功能于一体，可开展大容量海上风机装备实证研究、网源友好型风电并网技术研究、海上风电单机–场站全特性数字孪生研究等多领域国际前沿技术研究，并主导国际标准编制，攻关海上风电关键核心技术，将有力提升我国海上风电基础研究和试验能力；同时，将促进海上风电产业升级，为我国海上风电装备制造企业、科研机构、运营单位等产业链上下游提供科研攻关、试验验证、交流共享全方位服务，推动形成完整产业生态，带动产业基础高级化和产业链现代化。此外，该基地有助于加速风电装备新技术研发，突破大容量海上风电机组及大尺寸叶片制造技术瓶颈，助推海上风电产业高质量发展。

【中国华电自主研制的E级燃机透平一级动叶成功挂机运行】 12月23日9:58，中国华电自主研制的E级燃气轮机透平一级动叶在华电上海奉贤燃机发电有限公司通过48h试验验证，实现国内首次挂机运行，标志着中国华电在国内率先迈出重型燃机核心部件自主研制应用的关键一步。透平一级动叶是重型燃机典型热端零部件，制造工艺复杂、难度大，属于“卡脖子”关键核心制造技术。华电电科院、华电燃机公司联合国内顶尖装备制造企业攻克技术难点，实现了E级燃机透平一级动叶的自主研制。

【低能耗兆瓦级质子交换膜电解水制氢装置入选2023年度能源行业十大科技创新成果】 由中国华电重工股份公司研制的低能耗兆瓦级质子交换膜电解水制氢装置被国家能源局评为2023年度能源行业十大科技创新成果。低能耗兆瓦级质子交换膜电解水制氢装置主要从三个方面对性能进行了优化提升：一是对双极板进行表面改性材料的合成与制备，开发出高耐蚀性、高导电性涂层；二是改善扩散层构筑工艺，提升现有扩散层部件的电导率和机械强度等性能；三是利用数值模拟软件，实现能量转化效率高、响应速度快、占地面积小、产氢纯度高等性能优化提升。该装置使用质子交换膜作为电解质，以纯水为原料，避免了碱液污染和腐蚀问题。装置采用零间隙结构，欧姆极化作用降低，形成优异的低能耗电解结，整体装置能耗降低。质子交换膜能够承受较大的压差，只对氢离子有单向导通作用，能够直接将反应物氢气和氧气分隔开避免串气，提高了产物的纯度。

【70MPa加氢站大排量压缩机国产化开发】 国家能源集团在国内首台套70MPa加氢站高压氢气压缩机的基础上，开发了70MPa加氢站大排量压缩机，零部件国产化率达到90%，形成设计、零部件、系统集成控制及性能测试评价全开发周期自主可控技术。其进气压力12MPa，排气压力87.5MPa时，排气量超过500m^3/h（标况），能耗低于2.1kWh/kg，性能指标达到国际领先水平。依托本技术建成国内首个取得政府许可的高压氢气压缩机测试基地，实现加氢站实景全工况性工程验证。推广应用本产品将有利于立足国情实现跨越式技术领先。

【燃煤电厂大规模二氧化碳捕集、利用与封存（CCUS）技术】 国家能源集团牵头项目团队，深入研究碳捕集与电厂热力系统耦合规律，开展碳捕集工艺仿真模拟、新型吸收剂开发和关键设备选型，自主开发了国内首个火电厂50万t/年碳捕集工艺包并完成示范工程建设。项目设计捕集热耗小于等于2.4GJ/t（CO_2），捕集电耗小于等于90kWh/t（CO_2），捕集率大于等于90%，纯度大于等于99%，成本小于等于250元/t，各项指标均处于国际领先水平。项目于2023年6月2日完成满负荷试运行，试运期间系统安全可靠，能效指标、产品品质均达到或优于设计值，标志着亚洲最大的火电CCUS项目正式投产。

【全国产自主可控智能火电分散控制系统（iDCS）研制】 国家能源集团基于国产芯片的自主可控火电智能分散控制系统，软硬件全部实现100%国产自主化；实现了国产化替代自主可控、智能发电、工控网络安全及工程应用等一系列关键技术突破；彻底解决了能源电力领域工控系统“卡脖子”问题，实现完全自主可控和智能化升级。项目成果已成功实现在不同等级（300～1000MW）全系列火电机组的规模化应用，为保障电力发电机组的安全、高效、清洁、低碳、灵活、智能运行提供了重要的技术支撑，取得了显著的经济和社会效益。

【宁夏电力飞轮项目获中国电力科学技术进步奖一等奖】国家能源集团宁夏电力“大功率磁悬浮飞轮储能及火储联合调频关键技术、装备与工程应用”项目荣获中国电机工程学会 2023 年度中国电力科学技术进步奖一等奖。

该项目是全球“总功率最大、单体储电量最大、单体储电能力参数最高”的飞轮储能项目。该成果创造性地提出了传统火电与新型飞轮技术联合调频协调控制方法，应用于宁夏电力灵武公司 2×600MW 热电联产机组，以其为核心关键技术建设 22MW/4.5MWh 全球容量最大磁悬浮飞轮储能系统，填补了 10t 级重型转子五自由度径向超低功耗永磁偏置混合磁轴承及其控制技术和自阻尼轴向永磁被动本质稳定支撑技术空白，攻克了飞轮储能系统高速大功率一体化同级型实心转子混合励磁电机设计、分析及冷却难题，达到国际领先水平。项目的成功实施，助力中国“掌握大规模阵列式飞轮储能的运行与控制方法”突破 500kW 级大功率飞轮单体的技术瓶颈，建立国内第一个全容量“飞轮储能+火电联合调频”示范工程，实现大功率飞轮单体的工程应用。

针对新型电力系统中火电机组快速、高频次、高精度参与电网调频的需求，该公司在大功率磁悬浮飞轮储能、多模态储能系统控制、火储联合调频协调控制等方面开展了系统深入的研究，开发了成套技术装备，研发成功世界容量最大 22MW/4.5MWh 磁悬浮飞轮储能系统，并在电力行业中成功应用。经中国电机工程学会鉴定，成果属国内首创，处于国际领先水平。运行后火电机组一次调频合格率由 50%～70%提高到 92%以上，全容量投运年收益超过 3500 万元，经济效益、社会效益和生态效益显著。

【国家能源集团建成国内首个新型电力系统仿真平台】国家能源集团龙源电力建成国内首个面向新型电力系统多应用场景的综合性仿真平台。该平台具备风光水火等多类电源半实物仿真、涉网能力评价、灵活性评价能力，为高比例新能源的稳定、经济、协调运行提供理论指导，有效支撑新型电力系统发展。

随着现有电力系统向新型电力系统转变，诸多新要素的加入使系统复杂性成倍增长，对系统安全稳定运行带来极大挑战。在此背景下，国家能源集团龙源电力积极搭建以新能源为主体的新型电力系统仿真平台，为研究治理“双高”局面下新能源带来的系列问题提供仿真基础。平台立足提升电源侧灵活性，提出适应新型电力系统格局的电源侧建模仿真方法，主要针对国家能源集团在运及新投新能源场站，开展包括风电、光伏、无功补偿、储能、火电、水电、交直流输电、变压器等发输变电设备的模型库建设，具备小型微电网系统、局部新能源基地、区域新型电力系统等多层级多场景多能源协调仿真能力，可开展新能源大基地规划、多能协调运行、重大事故溯源分析、涉网仿真建模、构网型新能源发电研创等业务。该平台可实现新能源场站内外部故障真实、快速、高效预演、再现、诊断，为预防新能源设备并网后扰动电网稳定提供检测工具，为开展新能源控制、并网研究提供基础支撑。

【大容量高参数火电机组宽负荷高效灵活运行关键技术研究及应用】中国能建所属中国电力工程顾问集团有限公司从系统、控制等方面，全面研究了大容量、高参数的火电机组宽负荷高效灵活运行的关键技术，提出大容量、高参数火电机组宽负荷高效灵活运行整体优化集成技术，并实现工程应用，具有较强的推广价值。该成果获得中国能建集团科学技术进步奖特等奖。

【复杂环境下海上风电固定式基础全耦合设计关键技术及应用】中国能建所属中国能源建设集团广东省电力设计研究院有限公司，聚焦复杂环境下海上风电固定式基础全耦合设计关键技术及应用，提出了大型风力机中/小尺度降阶演化模式算法，解决了复杂环境大型风力机非线性非定常气动荷载难以准确预测的国际难题；针对多特征循环荷载作用下土体非线性发展和精准模拟的难点，提出了风力机支撑结构全寿命周期内土体循环弱化理论，形成了具有完全自主知识产权的海上风力机基础设计理论；提出了基于复杂环境的海上风力机基础全耦合分析理论，开发了海上风力机固定式基础多目标、全寿命设计平台，实现了“设计–施工–运行”全过程设计关键技术集成与应用，编著了世界首部海上风电国家标准；因地制宜地发明了五种新型固定式基础，攻克了复杂环境下基础应用的技术难题。历经十余年的产学研结合，实现了三桶吸力桶等五种基础型式的首次应用，克服了风机基础与深远海和大兆瓦机组发展不匹配的行业难题，实现了海上风力机基础发展的跨越性突破。该成果获得中国能建集团科学技术进步奖特等奖。

【富水软土地区 50m 级超深基坑群施工关键技术研究与应用】中国能建所属中国葛洲坝集团第一工程有限公司研究了富水软土地区 50m 级超深基坑群施工关键技术研究与应用问题，形成一套超深超大规模基坑群施工的技术体系，为城市地下空间开发利用打下了扎实的技术基础。该成果获得中国能建集团科学技术进步奖特等奖。

【大型高温熔盐储罐保温隔热基础关键技术及工程应用】中国能建所属中国电力工程顾问集团西北电力设计院有限公司基于对国内外多种陶粒材料的材

性试验和热－力参数试验，得到了不同陶粒在不同温度（20～600℃）下热－力参数及相变临界温度值，揭示了不同级配和温度下陶粒的变形机理；研发了高温（580℃）熔盐储罐的新型基础型式；对基础进行了瞬态及稳态温度场、温度－应力场的耦合以及参数敏感性分析，提出了高温熔盐储罐基础设计方法；提出了陶粒材料施工控制指标及承载力检测评价方法。依托项目研究成果，编写了国家标准《塔式太阳能光热发电站设计标准》结构部分章节；参与编写著作《塔式太阳能光热发电站设计关键技术》(中国电力出版社)；研究成果获得中电建协科技进步奖一等奖 1 项，中电工程科学技术进步奖一等奖 1 项，应用研究成果的工程获得国家优质工程金奖 1 项，电力行业优秀工程设计一等奖 3 项，中国电力优质工程奖 1 项。

【700m 级高水头抽水蓄能电站高强压力钢管施工技术】中国能建所属中国葛洲坝集团三峡建设工程有限公司等研究单位研发了 700m 级高水头抽水蓄能电站高强压力钢管施工技术，实现了斜井压力钢管优质安全安装施工，主要创新点有：大直径压力钢管洞内安全快速运输及溜放技术，发明了滑移对接压力钢管的输送装置及对接方法；高强钢压力钢管无内支撑安装技术，研发了压力钢管斜井内拼装专用装置，提高了高强压力钢管安装质量；超长斜井超大段长混凝土回填技术，将混凝土一次性浇筑长度由 36m 调整为 60m 超大段长。该成果获得中国能建集团科学技术进步奖一等奖。

【超特高压桥臂电抗器关键技术研究及系列化工程应用】中国能建所属北京电力设备总厂有限公司通过解决大容量桥臂电抗器本体交直流温升分布、金属辅件发热控制、冲击电压分布等技术难题研制出超高压大容量交直流混合桥臂电抗器。该成果获得中国能建集团科学技术进步奖一等奖。

【抑制次同步谐振和振荡的阻塞滤波器一体化解决方案研究和应用】中国能建所属中国电力工程顾问集团华北电力设计院有限公司在成功治理世界上最严重的次同步谐振（SSR）的基础上，结合 SSR 治理方面尚存在的问题以及新能源次同步振荡（SSO）治理的需要开展了一系列的研究，提出了抑制 SSR 和 SSO 的高性能阻塞滤波器（BF）一体化解决方案。项目还研究了一个 3 回 500kV 紧凑型线路加 70%串补输送 6GW 电力至 600km 外，并成功解决次 SSR 的案例，应用本解决方案及一系列成果，被誉为世界难题的 SSR 问题可彻底解决。该成果获得中国能建集团科学技术进步奖一等奖。

【“华龙一号”常规岛设计关键技术的研究及工程应用】中国能建所属中国电力工程顾问集团华东电力设计院有限公司研究了“华龙一号”常规岛的热力系统设计、布置设计、结构设计等常规岛设计的各个方面，形成了涵盖常规岛设计所有专业的“华龙”系列核电站常规岛设计导则。本项目共获授权专利项 8 项，其中发明专利 2 项，发布设计导则 1 项，发表论文 1 篇。该成果获得中国能建集团科学技术进步奖一等奖。

【太阳能光热发电站特种结构关键技术及应用】中国能建所属中国电力工程顾问集团西北电力设计院有限公司研究了太阳能光热发电站特种结构关键技术及应用。其技术创新主要体现在以下四方面：建立了高柔细吸热塔结构抗风设计理论和方法；提出了集热场桩柱一体式短桩基础的受力机理和设计方法；提出了大直径高温熔盐储罐基础的新型式和设计方法；研发了塔式定日镜和槽式反射镜支架结构新体系。该成果获中国电力科学技术奖二等奖。

【双向大曲率抗强风高升层液压自升式悬臂模板关键技术与应用】中国能源所属中国葛洲坝集团三峡建设工程有限公司等依托乌东德大坝开展了研究。主要研究工作和创新有：发明了高升层抗强风模板结构体系，解决了抗强风安全问题，混凝土升层达到了 4.5m；发明了曲面爬升系统，首次实现了液压爬升模板在大体积曲面混凝土结构中的应用；发明了重型拱坝模板快速安全施工结构体系，提高了模板施工效率；研发了模板面板设计仿真方法，保证了模板与曲面混凝土结构的精确契合。该成果获中施企协技术发明一等奖。

【巨型混流式机组安装关键技术及应用】中国能建所属中国葛洲坝集团机电建设有限公司，依托白鹤滩水电站工程，开展了巨型混流式机组安装关键技术及应用，主要研究工作和创新有：建立了百万千瓦巨型机组零部件仿真模型；建立了百万千瓦巨型机组零部件虚拟安装调试仿真模型；首次研究应用了 BIM 模型二次工艺设计、定子筋片结合工艺、转子主力筋自动加工、三维激光测量、磁轭高紧固智能温控等新技术；发明了水轮发电机组轴系调整技术。该成果获电力科学技术进步奖一等奖。

【特高压柔性直流阀厅及直流场设计关键技术】中国能建所属广东省电力设计研究院有限公司等提出适用于±800kV 柔性直流换流站的阀厅及直流场接线方案，形成了“对称双极高低阀组接线模块式多电平拓扑结构”的接线形式，换流阀采用全桥＋半桥的混合拓扑结构，满足直流线路故障快速清除的要求；提出适用于±800kV 柔性直流换流站平面布置方案，首次在户外桥臂电抗器区域采用 800、400kV 母线叠层布置实现换相汇流的方案，最大限度节省占地；世界首创应用集成紫外、红外及可见光的三光融合特高压全封闭柔直阀厅智能巡检系统，实现对全封闭阀厅设备运行状态的辅助评价，达到”故障预知、故障预防、故障预维”的效果。该成果获中国能建科学技术进步奖二等奖。

【基于智能云数特高压输电线路全过程管控关键技术】中国能建所属北京洛斯达科技发展有限公司基于互联网+技术支撑可研优化与过程管理，实现多专业线上设计协同，各可研设计单位在线协同开展可研设计选线，加强设计成果数据标准化管理，深化国土空间等多规合一数据的整合利用，高效辅助可研方案选择和投资估算，构建基于三维设计成果的通道全过程信息系统。该项目成果已在青海—河南、雅中—江西、白鹤滩—浙江、白鹤滩—江苏等 4 交 5 直特高压工程中应用，也取得了良好的应用效果。该成果获得中国能建科学技术进步奖一等奖。

重 大 奖 项

2023 年度国家自然科学奖电力行业获奖项目

序号	项目名称	主要完成人
二等奖		
1	电力系统极端事件防御及恢复的理论与方法	别朝红（西安交通大学） 李更丰（西安交通大学） 丁　涛（西安交通大学） 邵成成（西安交通大学） 王锡凡（西安交通大学）

2023 年度国家技术发明奖电力行业获奖项目（通用项目）

序号	项目名称	主要完成人
二等奖		
1	高压大容量直流开断半导体器件、关键技术与系列化直流断路器	曾　嵘（清华大学） 查鲲鹏（国网智能电网研究院有限公司） 余占清（清华大学） 高　冲（国网智能电网研究院有限公司） 方太勋（南京南瑞继保电气有限公司） 陈芳林（株洲中车时代半导体有限公司）
2	柔性直流换流器关键技术及应用	汤广福（国网智能电网研究院有限公司） 贺之渊（国网智能电网研究院有限公司） 庞　辉（国网智能电网研究院有限公司） 杨　杰（国网智能电网研究院有限公司） 张　升（国网智能电网研究院有限公司） 胡四全（许继电气股份有限公司）

2023 年度国家科学技术进步奖电力行业获奖项目（通用项目）

序号	项目名称	主要完成人	主要完成单位
一等奖			
1	海上风电安全高效开发成套技术和装备及产业化	王良友、练继建、林毅峰、刘　润、王武斌、赵迎九、刘世洪、高宏飙、吕鹏远、毕亚雄、雷　肖、时蓓玲、肖世波、赵生校、王海军	中国长江三峡集团有限公司、天津大学、华电重工股份有限公司、东方电气风电股份有限公司、上海勘测设计研究院有限公司、中国三峡新能源（集团）股份有限公司、金风科技股份有限公司、中交第三航务工程局有限公司、中天科技海缆股份有限公司、明阳智慧能源集团股份公司
二等奖			
1	极端服役环境用高压断路器触头制备技术及产品应用	梁淑华、肖　鹏、邹军涛、曹伟产、崔明硕、刘　强、马占峰、贺小瑞、王海洪、张　乔	西安理工大学、天水西电长城合金有限公司、西安西电开关电气有限公司、西安西电高压开关有限责任公司
2	新型电力系统大规模锂电储能关键技术及应用	文劲宇、谢　佳、陈　霞、程时杰、姚　伟、艾小猛、田刚领、刘家亮、冀肖彤、李大虎	华中科技大学、平高集团储能科技有限公司、国网湖北省电力有限公司、中国电力科学研究院有限公司、国网河南省电力公司、中创新航科技集团股份有限公司、中车株洲电力机车研究所有限公司
3	超大容量风电能量转换系统的高性能服役关键技术及应用	黄守道、王耀南、陈秋华、邹荔兵、彭超义、李进泽、周宇昊、高　剑、吕铭晟、杨志勃	湖南大学、中车株洲电机有限公司、华电电力科学研究院有限公司、金风科技股份有限公司、明阳智慧能源集团股份公司、西安交通大学、株洲时代新材料科技股份有限公司
4	电流零点主动调控的电弧开断技术及系列产品开发	荣命哲、张文兵、吴益飞、孙　昊、马　平、南振乐、黄银芳、王海斌、冒友建、朱琦琦	中国西电电气股份有限公司、西安交通大学、西安高压电器研究院股份有限公司、西安西电开关电气有限公司、上海良信电器股份有限公司、江苏省如高高压电器有限公司、河南平高电气股份有限公司
5	大型先进压水堆非能动安全关键技术及应用	郑明光、常华健、匡　波、严锦泉、史国宝、曹克美、王国彪、李玉全、苗富足、赵瑞昌	上海核工程研究设计院股份有限公司、上海交通大学、国核华清（北京）核电技术研发中心有限公司、山东核电设备制造有限公司、中核北方核燃料元件有限公司、中国科学院金属研究所、国家电投集团科学技术研究院有限公司
6	面向新型电力系统的燃煤发电机组瞬态过程灵活高效关键技术及应用	严俊杰、刘　明、居文平、郑立军、李　军、三朝阳、高新勇、赵永亮、许朋江、高　林	西安交通大学、西安热工研究院有限公司、华电电力科学研究院有限公司
7	复杂条件高坝工程智能建设关键技术及应用	钟登华、祁宁春、周　华、周业荣、胡贵良、王永潭、黄　河、王金国、吴斌平、王佳俊	天津大学、雅砻江流域水电开发有限公司、华能澜沧江水电股份有限公司、国能大渡河流域水电开发有限公司、华电金沙江上游水电开发有限公司、国网新源集团有限公司、中国电建集团成都勘测设计研究院有限公司

2023 年度电力技术发明奖获奖项目

序号	等级	获奖项目	受奖人
1	一等	混合直流输电系统	饶宏（南方电网科学研究院有限责任公司）、蔡希鹏（南方电网科学研究院有限责任公司）、李岩（南方电网科学研究院有限责任公司）、任成林（中国南方电网有限责任公司）、周月宾（南方电网科学研究院有限责任公司）、彭茂兰（中国南方电网有限责任公司）

续表

序号	等级	获奖项目	受奖人
2	一等	多能流综合能量管理关键技术与系统	孙宏斌（清华大学）、郭庆来（清华大学）、王彬（清华大学）、李强（国网信息通信产业集团有限公司）、吴文传（清华大学）、王冬容（中国电力国际发展有限公司）
3	二等	保障多换流器可靠灵活互联的柔性直流控制保护关键技术	李海英（南京南瑞继保电气有限公司）、汪楠楠（南京南瑞继保电气有限公司）、王柯（南京南瑞继保电气有限公司）、董云龙（南京南瑞继保电气有限公司）、姜崇学（南京南瑞继保电气有限公司）、胡兆庆（南京南瑞继保电气有限公司）

2023 年度电力科学技术进步奖获奖项目

序号	等级	获奖项目	受奖单位	受奖人
1	一等	全氟异丁腈环保绝缘气体自主化开发与设备研制关键技术及示范应用	中国电力科学研究院有限公司、武汉大学、国网安徽省电力有限公司电力科学研究院、西安交通大学、昊华气体有限公司、平高集团有限公司、国网陕西省电力有限公司、华北电力大学、上海交通大学、湖南长高成套电器有限公司	高克利、周文俊、颜湘莲、丁卫东、李志兵、任章顺、王宝山、叶三排、刘　伟、王　浩、何　洁、吴　健、陈　庚、钱　勇、文　伟
2	一等	千万级居民用户电力邀约响应与安全保供关键技术、装备及应用	中国电力科学研究院有限公司、国网江西省电力有限公司、清华大学、特变电工科技投资有限公司、东南大学、青岛鼎信通讯股份有限公司、国电南瑞科技股份有限公司、北京智芯微电子科技有限公司、国网河北省电力有限公司营销服务中心	康重庆、何桂雄、范瑞祥、刘向向、陈启鑫、赵　做、高洪超、刘铠诚、张新鹤、卢　婕、李　扬、武占侠、葛玉磊、熊　剑、厉建宾
3	一等	电力系统未知威胁感知与协同防御技术、核心装备及应用	国网智能电网研究院有限公司、国网湖南省电力有限公司、南京南瑞信息通信科技有限公司、南方电网科学研究院有限责任公司、浙江大学、国网北京市电力公司、网络通信与安全紫金山实验室、国家电网有限公司信息通信分公司、长沙理工大学、北京奇虎科技有限公司	张　涛、徐文渊、张　波、孙　炜、邵志鹏、田建伟、蒋屹新、胡　威、刘　行、李佳玮、石聪聪、潘钳锴、武卫东、钱珂翔、李　彧
4	一等	巨型混流式机组安装关键技术及应用	中国葛洲坝集团机电建设有限公司、四川大学、西华大学、浙江大学、哈尔滨电机厂有限责任公司、中国葛洲坝集团股份有限公司、华电郑州机械设计研究院有限公司，中国葛洲坝集团三峡建设工程有限公司、电子科技大学天府协同创新中心	汪　颖、卫书满、刘小兵、童哲铭、江启峰、李　军、胡美玲、李志宏、孙　文、赵　华、马少甫、张　明、袁　峥、罗　彬、马献成
5	一等	千万千瓦级负荷资源精准辨识与柔性调控关键技术及应用	国网江苏省电力有限公司、中国电力科学研究院有限公司、浙江大学、华北电力大学、东南大学、天津大学、南瑞集团有限公司、国网能源研究院有限公司、江苏方天电力技术有限公司、北京中电飞华通信有限公司	黄奇峰、丁　一、田世明、李庚银、龙　禹、杨世海、栾开宁、徐青山、韩凝晖、孔祥玉、李更丰、邵雪松、张卫国、吴　鹏、薛溟枫
6	一等	大功率磁悬浮飞轮储能及火储联合调频关键技术、装备与工程应用	国家能源集团宁夏电力有限公司、华北电力大学、华驰动能（北京）科技有限公司、国能宁夏灵武发电有限公司、国能智深控制技术有限公司	梁志宏、刘吉臻、王志强、冯树臣、房　方、王海波、苏　森、陈　峰、陈　忠、洪　烽、张　峰、刘　鹏、黄漪帅、朱艳通、孟德超
7	一等	宽频大量程高压磁电传感基础理论、关键技术及应用	清华大学、国网四川省电力公司电力科学研究院、南方电网数字电网研究院有限公司、电子科技大学、清华四川能源互联网研究院、广西电网有限责任公司电力科学研究院、贵州电网有限责任公司电力科学研究院、成都清蓉深瞳科技有限责任公司、四川中光防雷科技股份有限公司	何金良、曾　嵘、田　兵、庄池杰、谢施君、黄　琦、胡　军、李　坚、欧阳勇、苏少春、吕前程、余占清、周　柯、辛明勇、杨　超

续表

序号	等级	获奖项目	受奖单位	受奖人
8	一等	配用电物联网双模通信芯片设计、装置研制及规模应用	国网湖南省电力有限公司、国网智能电网研究院有限公司、北京智芯微电子科技有限公司、长沙理工大学、深圳市力合微电子股份有限公司、深圳友讯达科技股份有限公司、珠海中慧微电子有限公司、湖南华澳能源科技有限公司	杨洪明、肖　宇、黄　瑞、刘谋海、李建岐、徐鲲鹏、邓汉钧、杨　帅、安春燕、黄婧杰、李先怀、刘　鲲、崔　涛、李　铮、谢映海
9	一等	特大型弹性城市电网应对极端灾害的关键技术研究与示范应用	广东电网有限责任公司、西安交通大学、浙江大学、东南大学	别朝红、李　欣、王红斌、刘育权、田慧丽、李更丰、熊　文、田　妍、王　斐、林浩博、尚慧玉、黄慧红、周荣生、文福拴、徐青山
10	一等	复杂配电网同步相量测量与运行控制关键技术、装置研制及应用	国网上海市电力公司、南方电网数字电网研究院有限公司、清华大学、华北电力大学、国电南瑞科技股份有限公司、天津大学、中国电力科学研究院有限公司、武汉大学、山东大学、南方电网科学研究院有限责任公司	李　鹏、毕天姝、陆　超、谢　伟、李　鹏、张恒旭、廖思阳、赵景涛、刘　灏、杨建平、徐　全、王金丽、白　浩、方　陈、刘有志
11	一等	非隔离型光储变流器关键技术及其规模化应用	国网江苏省电力有限公司、东南大学、中国电力科学研究院有限公司、固德威技术股份有限公司、阳光电源股份有限公司、华能国际电力江苏能源开发有限公司、国网安徽省电力有限公司、南京航空航天大学、国电南瑞科技股份有限公司	肖华锋、史明明、张军军、曹庆伟、黄　敏、刘　建、张子阳、肖小龙、董　玮、方　鑫、陈　杰、丁津津、杜荣华、方　刚、彭　涛
12	一等	超临界二氧化碳循环发电关键技术及国际首座 5MW 机组示范应用	西安热工研究院有限公司、中国华能集团有限公司、华北电力大学、西安交通大学、哈尔滨锅炉厂有限责任公司、洛阳船舶材料研究所（中国船舶集团有限公司第七二五研究所）、重庆江增船舶重工有限公司、华能国际电力股份有限公司、中广核研究院有限公司、华能吉林发电有限公司	李红智、李明佳、徐进良、张一帆、杨　玉、白文刚、苏立新、王月明、姚明宇、林继铭、黄　斌、魏国华、胡伟民、刘红丹、孙恩慧
13	一等	新型高端锅炉绿色设计与制造关键技术及应用	浙江大学、哈尔滨锅炉厂有限责任公司、东方电气集团东方锅炉股份有限公司、西子清洁能源装备制造股份有限公司、无锡华光环保能源集团股份有限公司、江联重工集团股份有限公司、东方菱日锅炉有限公司、华电电力科学研究院有限公司	童水光、钟　崴、童哲铭、赵剑云、魏国华、毛军华、莫春鸿、杨　文、林正春、常　浩、唐　宁、吴燕玲、张绍睿、张文杰、顾全斌
14	一等	发电领域网络安全平台（靶场）研发及应用	西安热工研究院有限公司、中国华能集团有限公司、中国电子信息产业集团有限公司第六研究所、华能国际电力股份有限公司	许世森、苏立新、杨　东、杨正新、霍朝宾、陈　燕、刘超飞、崔逸群、邓楠轶、毕玉冰、康　毅、王文庆、何敏强、曾荣汉、黄　斌
15	一等	基于人工智能的输电线路大规模立体巡检关键技术及应用	国网山东省电力公司、国网智能电网研究院有限公司、国网智能科技股份有限公司、中国科学院自动化研究所、北京智芯微电子科技有限公司、中国电力科学研究院有限公司、山东信通电子股份有限公司、中科方寸知微（南京）科技有限公司、智洋创新科技股份有限公司、国网辽宁省电力有限公司	窦晓军、孙晓斌、李程启、彭　江、王万国、王　博、彭　波、雍　军、郑文杰、付　晶、郑　哲、吴　鹏、蔡富东、冷　聪、谈家英
16	二等	配电二次系统信息安全防护关键技术及应用	中国电力科学研究院有限公司、国网北京市电力公司、国网上海能源互联网研究院有限公司、北京智芯微电子科技有限公司、北京科东电力控制系统有限责任公司、国网山东省电力公司	盛万兴、李二霞、李玉凌、刘日亮、刘　音、亢超群、刘海涛、史常凯、杨红磊、田　蘅
17	二等	退役动力电池规模化梯次利用技术与工程应用	南方电网科学研究院有限责任公司、深圳供电局有限公司、杭州科工电子科技股份有限公司、广东电网有限责任公司、深圳市科陆电子科技股份有限公司、南方电网储能股份有限公司、上海空间电源研究所	郑耀东、袁智勇、赵宇明、解晶莹、蒋方明、史尤杰、雷二涛、张彩萍、雷　博、李剑铎
18	二等	复杂大电网下多省区互动的现货市场关键技术研究及工程应用	中国南方电网电力调度控制中心、清华大学、广东电网有限责任公司、广西电网有限责任公司、云南电网有限责任公司、贵州电网有限责任公司、海南电网有限责任公司	刘映尚、梁彦杰、陈启鑫、蔡葆锐、和识之、林庆标、卢　恩、顾慧杰、李智勇、刘　学

续表

序号	等级	获奖项目	受奖单位	受奖人
19	二等	促进电力系统灵活高效运行的电–热多级协同调度控制技术	国网辽宁省电力有限公司、清华大学、华北电力大学、西安热工研究院有限公司、中国电力科学研究院有限公司、国电电力大连庄河发电有限责任公司、华能营口热电有限责任公司	陈　群、高　凯、陈　磊、周桂平、闵　勇、牛玉广、马汀山、李家珏、马　欢、李正文
20	二等	输电线路台风致灾活动监测预警与防护关键技术及应用	国网浙江省电力有限公司、国网电力科学研究院武汉南瑞有限责任公司、国网福建省电力有限公司经济技术研究院、国网山东省电力公司应急管理中心、武汉理工大学、中国电力科学研究院有限公司、中国气象局上海台风研究所	王　剑、姜文东、谷山强、苏　杰、王少华、王振国、彭　波、韩　洪、陈　彬、夏传帮
21	二等	柔性变电站关键技术、核心装备及工程应用	国网冀北电力有限公司、国网智能电网研究院有限公司、国网河北省电力有限公司、华北电力大学、中电普瑞科技有限公司、昆明理工大学、北京电力设备总厂有限公司	葛　俊、邓占锋、赵国亮、于德明、李卫国、刘海军、董增波、王宣元、乔光尧、徐云飞
22	二等	特高压换流变压器高效灭火关键技术、成套装备及工程应用	国网安徽省电力有限公司电力科学研究院、应急管理部天津消防研究所、中国科学技术大学、中国电力科学研究院有限公司、国网经济技术研究院有限公司、南京南瑞继保电气有限公司、国安达股份有限公司	黄　勇、张佳庆、陈　涛、王　庆、陆守香、谭　静、张晓东、宋胜利、尚峰举、周亦夫
23	二等	大型电力变压器电磁优化设计与运行安全关键技术及应用	重庆大学、中国电力科学研究院有限公司、国网四川省电力公司电力科学研究院、西安西电变压器有限责任公司、国网安徽省电力有限公司电力科学研究院、西安交通大学、国网河北省电力有限公司电力科学研究院	张书琦、杨　鸣、汪　可、司马文霞、孙魄韬、董守龙、谢施君、王革鹏、李江涛、张晨萌
24	二等	锂离子电池储能电站高效安全防控关键技术及应用	国网江苏省电力有限公司、清华大学、上海玫克生储能科技有限公司、杭州高特电子设备股份有限公司、国网江苏电力设计咨询有限公司、中国科学技术大学、国网江苏综合能源服务有限公司	王庭华、郭鹏宇、孙建龙、吴静云、徐成善、孙　磊、秦　鹏、何大瑞、田方媛、冯旭宁
25	二等	变电站低频噪声绿色精准治理关键技术与工程应用	国网河南省电力公司电力科学研究院、广东电网有限责任公司、国网智能电网研究院有限公司、西安交通大学、重庆大学、武汉大学、保定天威保变电气股份有限公司	姚德贵、李　丽、汲胜昌、唐　念、樊　超、张嵩阳、张　凡、田　一、褚志刚、孟　维
26	二等	面向电网的北斗智能时空服务关键技术及应用	中国南方电网有限责任公司、广东电网有限责任公司、武汉大学、国家卫星定位系统工程技术研究中心、中国南方电网有限责任公司超高压输电公司、云南电网有限责任公司、广西电网有限责任公司	樊灵孟、鄂盛龙、姚宜斌、李艳飞、陈　远、文述生、饶章权、刘世增、张林华、黄林超
27	二等	特大电网广域分布式协同调度控制云平台关键技术及应用	中国电力科学研究院有限公司、国家电网有限公司华北分部、南瑞集团有限公司、国网江苏省电力有限公司、国网河北省电力有限公司、泰豪软件股份有限公司、北京用尚科技股份有限公司	许洪强、刘金波、李立新、杨笑宇、蔡　宇、万　雄、徐家慧、狄方春、张　勇、曹越峰
28	二等	电力北斗高精度时空服务规模化应用关键技术	国网江苏省电力有限公司、国网信息通信产业集团有限公司、国网浙江省电力有限公司、中国电力科学研究院有限公司、国网重庆市电力公司、国网四川省电力公司、北京智芯微电子科技有限公司	韦　磊、蒋　炜、郭雅娟、傅　宁、蒋承伶、沈　超、徐江涛、邵明驰、赵　庆、刘鸿斌
29	二等	新一代电力二次终端及其信息安全主动免疫防护体系	南方电网科学研究院有限责任公司、深圳供电局有限公司、广东电网有限责任公司电力调度控制中心、浙江大学、华大半导体有限公司、长沙理工大学、长园深瑞继保自动化有限公司	曾祥君、匡晓云、许爱东、吕志宁、蒋屹新、郑文杰、黄开天、冀晓宇、刘东奇、郑丹丹
30	二等	高速铁路牵引供电智能化保护控制关键技术及应用	国电南瑞科技股份有限公司、国电南瑞南京控制系统有限公司	郑玉平、安　林、吴通华、戴　魏、姚　刚、夏　雨、王小红、滕贤亮、刘剑欣、阮宜将

续表

序号	等级	获奖项目	受奖单位	受奖人
31	二等	风电–柔直–电网动态稳定分析与主动阻尼控制关键技术及应用	国网福建省电力有限公司、国网冀北电力有限公司、华北电力大学、中国电力科学研究院有限公司、南京南瑞继保电气有限公司、北京四方继保自动化股份有限公司、国网新疆电力有限公司	马　静、方日升、何　飞、赵书强、李　超、沈雅琦、常喜强、仲悟之、胡应宏、董云龙
32	二等	面向综合能源的电力数字化管控系统关键技术及应用	国网信息通信产业集团有限公司、国网江苏省电力有限公司、中国科学院地理科学与资源研究所、天津大学、北京邮电大学、国家电网有限公司信息通信分公司、中国南方电网电力调度控制中心	李　强、李温静、于　浩、卜智勇、张素香、高昇宇、赵　峰、胡浩瀚、邵苏杰、姚　凌
33	二等	跨模态大模型驱动的电力巡检多光谱图像解析关键技术及应用	浙江大学、国网北京市电力公司、国网浙江省电力有限公司、中国电力科学研究院有限公司、杭州联汇科技股份有限公司、国网信息通信产业集团有限公司、杭州海康威视数字技术股份有限公司	赵天成、韩晓昆、钱　平、谈元鹏、杨　强、韩　睿、王云烨、邱　镇、马　锋、吴　靖
34	二等	700米级大型抽水蓄能机组关键技术及工程应用	国网新源控股有限公司、吉林敦化抽水蓄能有限公司、中国电建集团北京勘测设计研究院有限公司、东方电气集团东方电机有限公司、哈尔滨电机厂有限责任公司	马信武、刘德民、魏玉国、李　宁、易忠有、于　辉、骆　林、曲　扬、訾士才、田　侃
35	二等	狭窄河谷强震区猴子岩特高面板坝关键技术与应用	中国电建集团成都勘测设计研究院有限公司、国能大渡河流域水电开发有限公司、大连理工大学、四川大学、河海大学	余　挺、郑正勤、张顺高、朱永国、窦向贤、何顺宾、邹德高、张有山、王晓东、叶　飞
36	二等	大型水轮发电机定子绕组主绝缘关键技术研究及重大工程应用	哈尔滨大电机研究所有限公司、哈尔滨电机厂有限责任公司、中国三峡建工（集团）有限公司、河北丰宁抽水蓄能有限公司、黑龙江科技大学、华能澜沧江水电股份有限公司检修分公司、哈尔滨理工大学	孙永鑫、满宇光、冯　超、赵　霞、康永林、陈　阳、张天栋、杨增杰、曹宏玉、马金东
37	二等	西南水电基地梯级水库群鱼类栖息地保护关键技术	中国电建集团贵阳勘测设计研究院有限公司、水电水利规划设计总院有限公司、中国水利水电科学研究院、四川大学、水利部中国科学院水工程生态研究所、国能大渡河流域水电开发有限公司、贵州黔源电力股份有限公司	常　理、顾洪宾、严登华、安瑞冬、陶江平、秦天玲、脱友才、薛联芳、王　猛、魏　浪
38	二等	面向新型电力系统的燃煤机组宽负荷运行关键技术及应用	中国电力工程顾问集团有限公司、中国电力工程顾问集团西南电力设计院有限公司、中国电力工程顾问集团西北电力设计院有限公司、西安交通大学、东方电气集团东方汽轮机有限公司、东方电气集团东方锅炉股份有限公司、中国电力工程顾问集团华东电力设计院有限公司	罗必雄、张炳成、倪　煜、马欣强、刘宇钢、卢　游、刘新龙、李良川、刘　明、付焕兴
39	二等	超（超）临界机组高温受热面服役安全与寿命预测关键技术及应用	国家能源集团新能源技术研究院有限公司、苏州热工研究院有限公司、华东理工大学、南京工业大学、西安热工研究院有限公司、哈尔滨锅炉厂有限责任公司、上海明华电力科技有限公司	杜晋峰、夏咸喜、谈建平、王小威、崔雄华、金　晓、梁宝琦、赵彦芬、段　鹏、张　磊
40	二等	新能源电力系统省地协同控制关键技术与应用	国网浙江省电力有限公司电力科学研究院、国电南瑞科技股份有限公司、浙江大学、清华大学深圳国际研究生院、中国电力科学研究院有限公司南京分院、杭州意能电力技术有限公司、国网浙江省电力有限公司杭州市余杭区供电公司	张江丰、滕贤亮、魏路平、尹　峰、栗　峰、卢　敏、苏　烨、齐冬莲、吴继平、陈文进
41	二等	大型燃煤电厂耦合污泥焚烧处置集成应用关键技术研究与工程应用	南方电网电力科技股份有限公司、广州华润热电有限公司、福建龙净环保股份有限公司、华南理工大学、中电环保股份有限公司、广东电网有限责任公司、深圳妈湾电力有限公司	李德波、孙超凡、宋景慧、王明传、冯永新、廖艳芬、丁　艳、陈晓雷、倪　煜、刘政艳
42	二等	液态排渣锅炉全烧高碱煤技术研究与应用	华能国际电力股份有限公司、西安热工研究院有限公司、天津华能杨柳青热电有限责任公司、上海交通大学、西安交通大学、华中科技大学、浙江大学	孙叶柱、房　凡、李　丹、张海东、乌晓江、车得福、傅培舫、周　昊、黄　斌、马　翔

续表

序号	等级	获奖项目	受奖单位	受奖人
43	二等	火电企业碳排放精准连续监测、核算与智能决策关键技术及应用	华电电力科学研究院有限公司、华中科技大学、华电新疆发电有限公司、浙江兴核智拓科技有限公司、北京雪迪龙科技股份有限公司、西克麦哈克（北京）仪器有限公司	郑文广、孙友源、宋明光、刘亦芳、杨　晴、王　静、赵永椿、刚　良、马国江、王建峰
44	二等	中国先进核电标准体系及关键技术创新应用	上海核工程研究设计院股份有限公司、核工业标准化研究所、中国核电发展中心、中广核核电运营有限公司、中国机械工业联合会、中机生产力促进中心有限公司、上海发电设备成套设计研究院有限责任公司	郑明光、严锦泉、顾申杰、王明弹、田　林、吴飞飞、吴秀坤、吕　锋、韩镇辉、杨铁成
45	二等	华龙一号核电厂反应堆结构研发及应用	中广核工程有限公司、上海第一机床厂有限公司、中国第一重型机械股份公司	王　鑫、冉小兵、刘言午、方　健、段远刚、邓小云、李跃忠、黄建学、张　伟、赵德利
46	二等	压水堆核电机组中压饱和汽轮机中间级抽汽供热关键技术研究及应用	山东核电有限公司、国核电力规划设计研究院有限公司、上海核工程研究设计院股份有限公司、山东电力工程咨询院有限公司、清华大学、北京清建能源技术有限公司	吴　放、马元华、林令知、缪正强、程　昭、庞建国、陈　松、于先波、闫　健、张　真
47	二等	太阳能光热发电站特种结构关键技术及应用	中国电力工程顾问集团西北电力设计院有限公司、同济大学、湖南大学、西安建筑科技大学	李红星、冯世进、陈政清、姜　东、何邵华、杜吉克、易自砚、许　可、唐六九、胡　昕
48	二等	浅层气聚集海域风电场地基基础一体化成套技术及应用	中国电建集团华东勘测设计研究院有限公司、中国科学院武汉岩土力学研究所、浙江华东建设工程有限公司、中国海洋大学、中电建华东勘测设计院（深圳）有限公司、天津城建大学、浙江工业大学	汪明元、单治钢、王　勇、王　栋、张祖国、孙淼军、王宽君、狄圣杰、王振红、李　强
49	二等	大型风电机组多层级效能提升关键技术及应用	华电电力科学研究院有限公司、湖南大学、浙江运达风电股份有限公司、新疆金风科技股份有限公司、中车株洲电机有限公司、西安交通大学、安徽容知日新科技股份有限公司	黄守道、孔德同、周　璐、史晓鸣、杨志勃、黄晓辉、汪文涛、薛长志、郭　亮、刘伟江
50	二等	加氢站关键技术、装备开发及应用	北京低碳清洁能源研究院、国华能源投资有限公司、丰电金凯威（苏州）压缩机有限公司、国家能源集团氢能科技有限责任公司、中天华氢有限公司	刘　玮、何广利、许　壮、赵文静、曲　光、董斌琦、董文平、王秋实、董　辉、方薪晖

2023 年度电力科学技术人物奖获奖人

序号	奖种	获奖人	工作单位
1	电力科学技术杰出贡献奖	徐　政	浙江大学
2	电力科学技术杰出贡献奖	刘　石	南方电网电力科技股份有限公司
3	电力科学技术杰出贡献奖	字继权	中国水利水电第十四工程局有限公司
4	电力科学技术杰出贡献奖	汪映荣	国家电投集团国核示范电站有限责任公司
5	电力科学技术杰出贡献奖	蒲天骄	中国电力科学研究院有限公司
6	电力科学技术杰出贡献奖	贺之渊	国网智能电网研究院有限公司
7	电力科学技术杰出贡献奖	谢小荣	清华大学
8	电力科学技术杰出贡献奖	卢向晖	中广核研究院有限公司
9	电力科学技术杰出贡献奖	徐桂芝	国网智能电网研究院有限公司
10	电力科学技术杰出贡献奖	王凤蛟	中国华电集团有限公司

2023 年度水力发电科学技术奖获奖项目

序号	等级	项目名称	完成单位	完成人
1	一等	40 万 kW 700m 级高稳定性抽水蓄能机组关键技术与应用	南方电网储能股份有限公司，哈尔滨电机厂有限责任公司，广东省水利电力勘测设计研究院有限公司，清华大学	覃大清、刘学山、吴新平、王正伟、林　恺、刘　涛、王焕茂、李育林、石　良、蔡明志、李洪超、毕慧丽、雷兴春、杨小龙、秦光宇
2	一等	抽水蓄能电站安全稳定调控关键技术及应用	河海大学，武汉大学，国网新源集团有限公司，南方电网储能股份有限公司	张　健、徐　辉、杨建东、程永光、杨威嘉、倪晋兵、林　恺、俞晓东、杨桀彬、陈　胜、赵志高、丁景焕、雷兴春、桂中华、曾　威
3	一等	数据与知识协同驱动的混凝土坝安全诊断关键技术与应用	中国电建集团贵阳勘测设计研究院有限公司，河海大学，中国电建集团国际工程有限公司，长江水利委员会长江科学院	郭法旺、汪新槐、顾　昊、余　波、彭　浩、杨　光、李　波、朱延涛、龙起煌、毛　鹏、周以林、易　伟、王　飞、朱宝强、顾太欧
4	一等	白鹤滩特高拱坝超大规模不对称泄洪消能关键技术及应用	中国电建集团华东勘测设计研究院有限公司，水利部交通运输部国家能源局南京水利科学研究院，中国三峡建工（集团）有限公司，河海大学，中国水利水电科学研究院，四川大学，天津大学	徐建荣、胡亚安、彭　育、赵建钧、赵兰浩、辜晋德、孙双科、薛　阳、周孟夏、王　宇、李会平、张法星、柳海涛、程　璐、张文远
5	一等	区域特大干旱形成机理及梯级水库群适应性管理关键技术研究与应用	武汉大学，中国长江电力股份有限公司	佘敦先、夏　军、张利平、杨　旭、李　波、陈森林、胡　辰、陈　杰、张艳军、宋志红、张　俊、万　飚、刘任莉、唐宇萌、张潇雨
6	一等	深厚湖相沉积覆盖层高围堰稳定控制关键技术及应用	华电金沙江上游水电开发有限公司，中国电建集团中南勘测设计研究院有限公司，中国水利水电科学研究院，中国水电基础局有限公司，中电建振冲建设工程股份有限公司，武汉大学，中国水利水电第十二工程局有限公司	陈祖煜、胡贵良、潘江洋、郑顺祥、范雄安、田应辉、魏永新、张　毅、鄢　勇、王庆祥、张幸幸、赵　军、卢　伟、练新军、程　翔
7	一等	大型水电工程鱼道关键技术研究及应用	中国水利水电科学研究院，水电水利规划设计总院，生态环境部环境工程评估中心，三峡大学，华能西藏雅鲁藏布江水电开发投资有限公司	孙双科、顾洪宾、曹晓红、石小涛、杨佐斌、李广宁、薛联芳、温静雅、郑铁刚、陆　波、郭新蕾、柳海涛、夏庆福、柯森繁、张　超
8	一等	高温干旱复合灾害下水电站群水–机–坝一体化安全保供关键技术及装备	国家能源集团科学技术研究院有限公司，武汉大学，水利部交通运输部国家能源局南京水利科学研究院，国能大渡河瀑布沟发电有限公司，国能大渡河大岗山发电有限公司，国家能源集团新疆开都河流域水电开发有限公司	刘　攀、杨宏强、陆　俊、杨　胜、易瑞吉、武颖利、宋坤隆、李登华、李光华、钟启明、刘　鹤、丁占涛、蒋致乐、廖朝雄、吴智平
9	一等	深埋长隧洞智能 TBM 掘进关键技术及其工程应用	清华大学，华能西藏雅鲁藏布江水电开发投资有限公司，中国科学院武汉岩土力学研究所，山东大学，中铁工程装备集团有限公司，北京笃信天健信息咨询有限公司，中国水利水电第六工程局有限公司	李庆斌、杜三林、李邵军、张庆松、张庆龙、邵　堃、肖亚勋、简　鹏、韩志杰、朱光轩、郑赢豪、兴　海
10	二等	南水北调东线大型泵站群优化调度和智能控制关键技术与装备	南水北调东线江苏水源有限责任公司，中国水利水电科学研究院，国电南瑞科技股份有限公司，河海大学，南京南瑞水利水电科技有限公司	袁连冲、王　超、吴学春、谈　震、莫兆祥、闻　昕、徐方明、黄富佳、夏臣智、孙庆宇

续表

序号	等级	项目名称	完成单位	完成人
11	二等	白鹤滩水电站大坝关键施工技术与应用	中国水利水电第四工程局有限公司，中国水利水电第八工程局有限公司	张文山、王雄武、于永军、李晓涛、梁金亮、孙德炳、郭建福、谢卫东、张建清、苏　江
12	二等	高寒强震区复杂条件高面板堆石坝安全控制关键技术	中国电建集团西北勘测设计研究院有限公司，大连理工大学，中国水利水电科学研究院，黑龙江省水利科学研究院，哈尔滨工业大学	周　恒、邹德高、陆　希、苗　喆、严祖文、苏安双、甘　磊、高小建、刘京茂、徐泽平
13	二等	大型水轮发电机组稳定性监测与控制关键技术及应用	中国长江电力股份有限公司，西华大学，国能大渡河检修安装有限公司，大唐水电科学技术研究院有限公司	冉毅川、刘小兵、李友平、徐　波、史广泰、谭　鋆、张春辉、侯远航、张海库、曾永忠
14	二等	南水北调中线工程特殊输水期调度运行关键技术	中国南水北调集团中线有限公司，中国南水北调集团有限公司，中国水利水电科学研究院	陈晓楠、雷晓辉、靳燕国、张　召、顾起豪、卢明龙、任炜辰、刘　爽、李景刚、王艺霖
15	二等	深埋复杂地质超长隧洞 TBM 施工关键技术	中国水利水电第三工程局有限公司，武汉大学，中水北方勘测设计研究有限责任公司，中国铁建重工集团股份有限公司，新疆伊犁河流域开发建设管理局	李东锋、李伟伟、黄继敏、魏明宝、刘泉声、池建军、毕　晨、龙　斌、孔海峡、刘　进
16	二等	穿越活动断裂带长大深埋隧洞灾变机理与安全保障技术	长江勘测规划设计研究有限责任公司，中国科学院武汉岩土力学研究所，水利部交通运输部国家能源局南京水利科学研究院，武汉大学，长江三峡勘测研究院有限公司（武汉）	颜天佑、杨启贵、崔　臻、周　云、董志宏、李宏恩、伍鹤皋、张传健、翁文林、李建贺
17	二等	全断面岩石掘进机关键理论及相应技术的规模化应用	华北电力大学，中铁十九局集团轨道交通工程有限公司，水利部科技推广中心，北方重工集团有限公司	张照煌、曹景华、纪　玮、许成发、马文帅、周　俊、刘书兵、武　鑫、宋玉旺、黄少东
18	二等	高水头大容量抽水蓄能机组关键制造技术研究与应用	东方电气集团东方电机有限公司	杨王波、张　翔、范　潇、周　亮、冯　涛、刘宏伟、罗　兰、王能庆、李浩亮、胥海波
19	二等	抽水蓄能电站智能选址关键技术	中国电建集团华东勘测设计研究院有限公司	刘　强、林子珩、刘　健、戴逸雯、刘加进、计金华、徐玲君、姚晨晨、钟　娜、赵佩兴
20	二等	大规模抽水蓄能电站群全域设备大数据人工智能分析与决策关键技术研究及工程应用	南方电网调峰调频发电有限公司检修试验分公司，北京华科同安监控技术有限公司	巩　宇、杨铭轩、刘　轩、吴　昊、于亚雄、邱小波、俞家良、李　青、徐开炜、朱玉良
21	二等	低损耗热边界层隔离重载滑动轴承及其重大工程应用	东方电气集团东方电机有限公司，西安交通大学，中国长江三峡集团有限公司，国网新源集团有限公司	郑小康、廖毅刚、钟海权、张天鹏、骆　林、裴世源、王　伟、叶　宏、邹应冬、杨培平
22	二等	百万千瓦巨型水轮发电机组安装关键技术	中国葛洲坝集团机电建设有限公司，西华大学，四川大学，浙江大学，哈尔滨电机厂有限责任公司	陈　强、刘小兵、卫书满、汪　颖、童哲铭、江启峰、胡美玲、李　军、赵　华、孙　文
23	二等	流域水库群防洪风险与应急调度关键技术	中国电建集团华东勘测设计研究院有限公司，华中科技大学，河海大学，水电水利规划设计总院，国家能源局大坝安全监察中心	刘加进、郭　靖、陈　璐、闫宝伟、张磊磊、计金华、杨百银、王加虎、张发鸿、唐俊龙

国际合作

国际交流

【第八届金砖国家能源部长会举行】8月18日，第八届金砖国家能源部长会议在南非约翰内斯堡召开。国家能源局副局长何洋应邀出席会议并发言。

何洋表示，秉持“开放、包容、合作、共赢”理念的金砖机制一直是全球发展中国家和新兴市场国家合作的重要平台，致力于以伙伴关系巩固团结互信、维护共同利益。中国愿同金砖伙伴们深化能源合作，尤其是加强能源安全合作、推进能源绿色低碳转型、交流能源技术和分享能源行业发展经验等。

何洋还应邀与俄罗斯能源部部长舒利吉诺夫进行了短暂会谈。

会议由南非矿产资源和能源部部长曼塔谢主持，俄罗斯能源部长出席，巴西、印度代表参加。

【2023全球能源互联网大会在北京召开】9月26日，2023全球能源互联网大会在北京召开。大会以“全球能源互联网与新型能源体系”为主题，由全球能源互联网发展合作组织与中国国家电网有限公司、世界气象组织、中国电力企业联合会、电气与电子工程师学会（IEEE）共同举办，旨在共商能源变革转型大计，共同推动全球能源互联网建设，共促世界可持续发展。全国政协副主席王勇出席大会并致辞。

本届大会共有来自全球五大洲40多个国家政府部门、驻华使馆、国际组织、电力企业、行业协会、研究机构、高等院校等近300家单位的600多位嘉宾出席。

2023全球能源互联网大会共设置1场院士论坛、1场全体大会、12场平行主题论坛和1场大型展览。

在26日上午召开的院士论坛上，中国工程院院士郭剑波、贺克斌，中国科学院院士欧阳明高，英国皇家工程院院士麦克·斯德林，电气与电子工程师学会主席兼首席执行官赛义夫·拉曼等国内外院士和知名专家，围绕能源绿色转型、新型电力系统和应对气候变化作主题报告，分享关于全球能源互联网和新型能源体系建设的新思考、新创见、新经验。

在26日下午召开的全体大会上，合作组织现场发布《中国清洁能源基地化开发研究》《全球能源互联网报告2023》，首发《全球能源电力绿色转型创新实践案例2023》共3项成果。

全体大会上，合作组织与埃及电力与可再生能源部、马拉维能源部、联合国非洲经济委员会、电气与电子工程师学会、非洲电力公用事业协会、国际水电协会等11家机构分别签署合作协议，计划在3～5年的时间里共同开展能源发展战略规划研究、可再生能源技术评估、跨国联网标准制订等相关领域合作，推动能源转型和跨区域电力互联互通。大会同时举行了全球能源互联网专业联盟主席单位授牌仪式，上海电力大学、国网能源研究院有限公司、安永（中国）企业咨询有限公司、西门子能源股份公司分别担任全球能源互联网大学、智库、金融、装备4个专业联盟的主席单位。

27日，大会举办12场平行主题论坛，围绕新型电力系统与跨国电力互联、全球能源互联网与清洁能源发展、碳中和与关键前沿技术三大板块，聚焦全球能源互联网关键技术、政策机制和重点区域进行深入研讨。12场主题论坛由能源、电力、气候、环境、金融、科技等多个领域的30多家国际组织、企业机构、社会团体共同举办。

大会同期还举办了主题展览，20多家能源电力企业及机构在为期3天的展期内，全方位呈现全球能源互联网前沿技术、高端装备、工程项目等最新实践，集中展示在促进世界能源绿色低碳转型、高质量共建“一带一路”等方面的发展成就。

【第三届“一带一路”能源合作伙伴关系论坛召开】5月24日，由国家能源局主办、厦门市人民政府承办的第三届“一带一路”能源合作伙伴关系论坛在福建厦门召开，国家能源局副局长任京东和厦门市市长黄文辉出席开幕式并致辞。

伙伴关系有关成员国政要、能源部长、驻华大使在致辞中一致表示，“一带一路”能源合作对沿线各国经济、社会发展发挥了积极作用，各国愿继续加强在“一带一路”能源合作伙伴关系下的交流，积极发展绿色低碳能源，促进更多能源领域务实合作。

本届论坛主题为“迈向能源高质量发展之路”，参会各国能源部长和驻华大使、国际组织、能源企业、金融机构、智库高校等代表，围绕“加强高质量‘一带一路’能源合作，携手应对能源发展的共同挑战”等重要议题进行充分交流，达成广泛共识，为后续务实合作奠定基础。

2023年是共建“一带一路”倡议提出10周年，能源合作是共建“一带一路”的重点领域。论坛期间，举办了“‘一带一路’能源合作十周年回顾与展望”主题展览，观看了“‘一带一路’能源合作这十年”主题视频，发布了伙伴关系合作网络代表单位与智库的最新研究成果与倡议。

来自16个国家和地区的政要、能源部长、驻华大使和高级官员，5个能源国际组织负责人和高级别代表，能源企业和智库高校的负责人，线上或线下参加会议。国家能源局有关司和派出机构负责同志参加会议。

【第十一次中欧能源对话召开】10月12日，中国国家能源局局长章建华在北京与欧盟能源委员西姆森共同主持召开第十一次中欧能源对话。

章建华表示，能源是中欧开展合作最早、也是最重要的合作领域之一。中欧同为全球重要能源消费市场，在加快能源转型、保障能源安全、实现碳中和等方面，肩负共同使命，并开启了广泛而富有成效的交流合作。在新形势下，中方愿秉持互利共赢的原则，与欧方加强能源安全沟通协调，深化能源转型交流合作，共同打造公平、非歧视、可预期的市场环境，完善合作平台机制，进一步释放中欧清洁能源合作的巨大潜力，助力中欧全面战略伙伴关系取得务实成果，并为全球清洁能源转型和应对气候变化做出更大贡献。

西姆森表示，欧盟高度重视与中方的绿色发展合作，愿以此次对话为契机，积极扩大与中方在清洁能源领域的合作，推动合作取得更多实质性成果。

对话期间，双方就能源安全与转型、可再生能源、电力市场改革、绿电认证、绿氢等议题深入交换意见，听取了中欧能源技术创新合作平台、中欧能源合作平台工作进展报告，并就下一步合作重点和方向达成共识。

任京东副局长出席会议，局有关司主要负责同志陪同参会。

【2023年中国—东盟电力合作与发展论坛召开】9月17日，由广西壮族自治区人民政府和中国电力企业联合会（简称中电联）联合主办的2023中国—东盟电力合作与发展论坛在南宁开幕。作为第20届中国—东盟博览会的重要活动之一，本届论坛聚焦“科技创新引领发展，共建绿色东盟家园”，深度探讨能源电力绿色低碳转型路径，助力中国—东盟能源电力行业合作向纵深发展。

东盟秘书长高金洪，广西壮族自治区政协副主席徐绍川，中电联党委委员、专职副理事长王抒祥，国家电力投资集团有限公司董事、总经理、党组副书记栗宝卿，越南国家能源协会常务委员会委员阮英俊等中外嘉宾出席论坛并致辞。

论坛由中电联党委委员江宇峰主持。科技部原副部长级党组成员、第十一届全国人大教科文卫委员会委员吴忠泽，南方电网公司首席科学家、中国工程院院士饶宏，印尼国家电力公司执行副总裁瓦索诺等嘉宾围绕论坛主题发表演讲。

来自中国和东盟国家的院士专家，能源电力、数字能源和装备制造等领域的企业高管在演讲中针对电力科技创新、能源绿色转型、数字技术应用、新型电力系统建设等议题进行了深入研讨，并对未来中国—东盟能源电力合作提出了建议。与会中外嘉宾一致认为中国与东盟各国在能源电力领域的合作具有广阔的前景和巨大的潜力。

本次论坛同期举办中国—东盟博览会电力展，展览面积达8000m^2。展览集中展示了中国—东盟未来热点合作领域的先进设备和前沿科技，为各方加强产业务实合作提供了平台和机会。

来自中外有关政府部门、中国和东盟国家能源电力企业、相关行业组织及研究机构共300余名代表出席论坛。

【澜湄区域电力技术标准促进会成立大会召开】1月10日，由中国南方电网公司、柬埔寨电力公司、老挝国家电力公司共同发起的澜湄区域电力技术标准促进会召开成立会。中电联党委书记、常务副理事长杨昆出席成立大会，党委委员、专职副理事长安洪光出席会议并致辞。

标准作为世界通用语言，在促进技术进步、推动贸易发展、加深相互理解方面扮演着重要作用。标准化合作是澜湄区域合作的重要内容。澜湄区域电力技术标准促进会旨在以标准推动澜湄区域电力产业升级，筑牢节能低碳的生态屏障，增强电力供应保障能力，推动共建“一带一路”高质量发展。

安洪光在致辞中肯定了澜湄区域电力合作的重要意义，强调在电力技术标准领域开展深度合作，可以促进区域深层次的技术交流，增进彼此之间的了解，促进技术水平的共同提升，实现合作共赢。中电联将继续大力支持促进会的各项工作，发挥中国电力标准化行业管理机构的作用，推进澜湄区域电力技术标准合作。

大会以视频形式召开，设中国广州主会场，北京、昆明分会场，在柬埔寨、老挝、越南设澜湄区域电力企业分会场。

中电联标准化管理中心、国际合作部有关同志参加了成立会。

【第七届中阿能源合作大会召开】9月19日，第七届中阿能源合作大会在海南省海口市拉开帷幕。本次大会旨在有效落实2022年12月中国—阿拉伯元首峰会、中国—海合会国家峰会、中国—沙特元首峰会精神，切实推动中国与阿拉伯国家在能源领域的务实合作。

大会期间，国家能源局局长章建华、埃及电力与可再生能源部副部长奥萨马•阿里•阿斯兰、阿盟副秘书长阿里·易卜拉欣·阿尔·马尔基等出席会议并作致辞。海南省省长刘小明也出席会议，国家能源局副局长任京东、总工程师向海平主持会议。

大会期间，与会中阿各国嘉宾围绕会议主题“秉承高质量高标准可持续 开创中阿能源合作黄金期”进行了深入探讨。大会还发布了成果《中阿能源合作回顾与展望》，全面回顾和梳理了中阿能源合作的历程和成果，总结了经验和启示，分析了当前中阿能源合作形势，提出未来合作建议。

本届大会由国家能源局、阿拉伯国家联盟秘书处和海南省人民政府共同主办。大会同时开设油气、核能、可再生能源与氢储多个分论坛，为中阿各国在多领域开展务实合作献计献策。

国家能源局有关司和派出机构负责人，外交部中阿合作论坛特使以及海南省、海口市有关负责人参加会议。

【中哈能源合作分委会第十二次会议召开】9月6日，在江苏省苏州市举办的2023国际能源变革论坛期间，国家能源局副局长任京东与哈萨克斯坦能源部副部长阿里别克•扎马沃夫共同主持召开中哈能源合作分委会第十二次会议，并签署会议纪要。

任京东表示，在两国元首的战略引领下，中哈油气、电力、可再生能源、核能等领域合作不断发展，下一步双方将认真落实能源领域政府间协议和企业间合同，不断巩固发展现有合作，积极顺应全球能源低碳转型趋势，共促两国可再生能源行业高水平发展，紧跟全球能源科技创新前沿技术，助力中哈能源合作进一步提质升级。

扎马沃夫表示，中哈能源合作分委会是解决现有合作问题、确定下一步合作方向的有效机制，指导中方企业积极参与哈能源项目，愿继续在此框架内推进两国能源领域务实合作。

国家能源局有关司、新疆维吾尔自治区能源局、相关能源企业出席会议并作代表性发言。

【中乌（兹别克斯坦）能源合作分委会第七次会议举行】9月6日，在江苏省苏州市举办的国际能源变革论坛期间，国家能源局局长章建华同乌兹别克斯坦能源部部长茹拉别克米尔扎马赫穆多夫共同主持召开中乌能源合作分委会第七次会议，双方围绕油气、电力、可再生能源、核能等领域合作务实深入交换了意见。

章建华表示，元首战略引领是中乌关系持续深化发展的首要保障。自上次分委会会议以来，两国能源合作取得一系列新的务实成果，希望双方认真落实能源领域政府间协议和企业间合同，保障中乌天然气合作可持续发展；积极顺应全球能源低碳转型趋势，促进可再生能源合作高水平发展；加强多双边协调配合，共同保障两国及区域能源安全与绿色转型协同发展。

米尔扎马赫穆托夫部长对两国能源合作成果予以高度评价，强调乌能源部愿与中国国家能源局加强交流，学习和借鉴中方在保障能源安全和推动能源转型方面的成功经验，支持两国企业进一步推动相关项目合作。

国家能源局相关司、新疆维吾尔自治区能源局负责人陪同会见，双方合作企业参会并作代表性发言。

【中土能源合作分委会第八次会议召开】11月20日，中国国家能源局局长章建华与土库曼斯坦国务部长兼天然气康采恩总裁马克萨特•巴巴耶夫在北京共同主持召开中土能源合作分委会第八次会议，并签署会议纪要。中国国家能源局副局长任京东主持会议。

双方表示，在两国元首的战略引领下，中土双边关系提升至全面战略伙伴关系的新水平，能源合作积极稳定执行并不断深化发展，愿继续加强能源领域合作。

中国外交部、局内有关司、相关企业和金融机构负责同志，以及土驻华大使、外交部、能源部、相关企业代表参加会议，并作交流发言。

【中电联与自然资源保护协会（NRDC）签署合作谅解备忘录】11月16日，中国电力企业联合会与自然资源保护协会（NRDC）在北京签署合作谅解备忘录。签约仪式由中电联专职副理事长于崇德主持，NRDC国际项目总监Amanda Maxwell出席签约仪式。中电联副秘书长俞学豪、NRDC北京代表处首席代表张洁清代表双方进行签约。

于崇德表示，签署合作谅解备忘录有利于进一步凝聚双方关于推动绿色低碳发展的共识，中电联将持续发挥在政策研究、高端咨询、标准制定、国际交流等方面的优势，与NRDC进一步加强沟通交流，共促能源电力转型。

Amanda Maxwell表示，NRDC近两年与中电联合作完成了多份研究报告，研究成果得到广泛关注，此次签署合作谅解备忘录是双方深化合作的重要里程碑，希望在未来合作中取得更加卓越的成果。

双方一致表示，将以签署合作谅解备忘录为契机，在能源和气候政策研究、电力和气候发展前景分析、电力企业低碳转型行动、电力低碳发展成果宣传和典型实践交流等领域开展更加务实的合作，携手培育长期、稳定、全面的合作关系，共同服务全球实现绿色低碳可持续发展。

中电联规划发展部、国际合作部、电力发展研究院相关负责同志出席签署仪式。

国际工程项目

【印尼米拉务 2×225MW 燃煤发电项目】项目位于印尼苏门答腊岛亚齐省纳甘拉亚市，为印尼国家电力公司（简称 PLN 公司）招标的独立发电项目，包含电站项目和输变电项目，其中电站项目为建设两台 22.5 万 kW 亚临界循环流化床机组，以“BOOT”方式开发和运营，签订为期 25 年的购电协议；输变电项目建设一座 275kV 变电站及相应的输电线路，建成后移交给 PLN 公司运营，建设成本由电价补偿。印尼米拉务项目由中国大唐集团海外投资有限公司（简称海投公司）通过下属海投（香港）公司与印尼煤炭公司 SEWATAMA、印尼大型国有建筑公司 PT.PP（Persero）共同投资建设。项目于 2019 年 12 月 24 日正式开工建设，两台机组分别于 2023 年 6 月 25 日和 2023 年 9 月 29 日投产发电。

【华电印尼玻雅项目全面投产】雅加达时间 9 月 21 日 18 时，由中国华电投资建设的印尼玻雅 2×660MW 坑口燃煤电站项目 2 号机组顺利完成整套试运，实现年内“双投”目标，全面移交生产。玻雅项目由华电海外投资有限公司与印尼国有煤炭公司按 55∶45 股比共同投资开发，是中国华电在境外建设的容量最大的坑口电站项目。中国能建作为施工承包商主要负责 2 台机组主体安装施工。项目致力于建成区域最高效环保节能的绿色电厂，其环保排放指标显著优于区域同类项目。项目投产后预计年发电量约 90 亿 kWh，占苏门答腊全岛发电量的 18%，每年可减排二氧化碳约 72 万 t、二氧化硫约 1.38 万 t、氮氧化物约 1.24 万 t、可以有效改善区域电源结构、降低整体用电成本，为当地减碳减排、电网安全、经济发展作出重要贡献。

【国家电投巴西 P & M 项目部分投产】Marangatu、Panati 项目位于巴西东北部，总装机容量 738.5MW，厂址光照资源丰富，年均利用小时数较高，Panati 项目已于 2023 年底全容量投产，Marangatu 项目也将于 2024 年 4 月全容量投产，投运后 P&M 项目将成为巴西最大的光伏项目之一。P&M 项目投产，将进一步夯实国家电投在巴西形成水电、气电、光伏、风电等清洁能源品类齐全、资产优良、发展稳健的良好基础。

【国家电投匈牙利 Tokaj & Victor 光伏项目部分并网】Victor 项目总装机 132MW，已于 2023 年底并网，Tokaj 项目总装机容量 200MW，计划于 2024 年下半年并网，项目投产后，国家电投将成为匈牙利最大的中资光伏发电商，推动匈牙利成为国家电投快速扎根欧洲核心市场。

【国家电投日本山口岩国光伏项目并网投产】2021 年 9 月，国家电投上海电力收购日本山口岩国 75MW 光伏项目 100%股权，项目于 2023 年 6 月并网，FIT 运营期 17 年 3 个月。根据日本经济产业省新能源产业政策，该项目发电量全电量上网。

【国家电投孟加拉科巴风电项目并网发电】科巴风电项目位于孟加拉国东南部城市科克斯巴扎尔，2021 年 9 月开工建设，2023 年 10 月 12 日并网发电，项目装机容量 66MW，共安装 22 台风机。项目每年可提供超过 1.45 亿 kWh 绿色电能，减少煤炭消耗约 4.46 万 t、二氧化碳排放约 10.92 万 t，满足 10 万家庭用电需求。该项目是“一带一路”倡议下中孟能源合作重要项目，也是孟加拉国首个集中式风电项目，由国家电投集团五凌电力有限公司投资开发、中国电建总承包建设。

【“华龙一号”海外第 3 台核电机组破土动工】巴基斯坦恰希玛核电站 5 号机组（C-5）7 月 14 日破土动工。这是中核集团以自主三代核电“华龙一号”出口巴基斯坦的第 3 台机组，也是中国出口巴基斯坦的第 7 台核电机组。

此前中巴双方已经合作建成 6 台机组，每年可以为当地提供清洁电力近 300 亿 kWh，相当于每年减少标准煤消耗约 938 万 t，减少二氧化碳排放约 2448 万 t。C-5 项目建成后，预计年发电量近 100 亿 kWh，将进一步优化巴基斯坦能源结构，带动当地经济社会发展。

【巴西帕尔梅拉（Palmeira）风电项目开工】该项目位于巴西东北部帕拉伊巴州，装机容量 64.8 万 kW。项目于 2023 年 10 月 31 日正式开工，预计于 2025 年 12 月底前实现并网发电，建成后年均上网发电量 25.54 亿 kW，每年可为电网节约标煤约 77.9 万 t，减轻排放温室效应性气体二氧化碳 212.5 万 t。该项目是中国三峡集团海外最大的风电绿地项目，体现了中国三峡集团产业链齐全的竞争优势，有利于带动人民币融资、为中国三峡集团海外大规模开发建设新能源绿地项目积累经验，助力巴西能源转型。

【西班牙贝尔维斯（Belvis）光伏项目开工】该项目位于西班牙西南部埃斯特雷马杜拉自治区卡塞雷斯省，总装机容量 10.45 万 kW，2023 年一季度开工建设。项目现场场平与挖掘工作开展过程中，陆续发现古罗马考古遗址。三峡国际严格遵守当地法规，与相关方密切合作，在做好现场考古遗址的挖掘和保护工作的同时，全力推进项目物资设备采购及现场施工工作。项目预计2024年12月底前实现投产发电。该项目投产后可与西班牙现有运维项目进行统筹管理，发挥协同效应，在资产管理和电站运维方面实现降本增效，并进一步巩固中国三峡集团在西班牙新能源的行业地位，提升中国三峡集团在欧洲清洁能源市场的影响力。

【哥伦比亚巴拉诺瓦Ⅰ期（Baranoa Ⅰ）光伏项目开工】该项目位于大西洋省巴拉诺瓦市附近，总装机容量2.3万kW。该项目于2023年5月3日开工建设。该项目是中国三峡集团在哥伦比亚投资的第一个清洁能源项目。该项目的实施有利于哥伦比亚能源结构转型，有助于提升三峡品牌在拉美市场的影响力，进一步带动中国光伏企业走出去。

（单海超　高寅星　郑　霞　李鹤立　徐静征）

【中广核巴西首个绿地光伏项目正式开工】巴西时间12月15日，中国广核能源国际控股有限公司下属巴西公司在圣保罗举行Lagoinha项目合同签约暨开工仪式，标志着中广核巴西首个绿地光伏项目正式开工。巴西鲁萨斯市市长Savio Gurgel、赛阿腊州政府经济发展厅厅长Joaquim Rolim，以及项目主要合作伙伴和新闻媒体参加仪式。

Lagoinha项目位于巴西东北部的塞阿腊州，该州光照资源丰富。项目总装机容量165MW，是巴西公司在该州的首个新能源项目。项目采用中国国产光伏组件和逆变器，将有力带动中国光伏产业链“出海”，并带动当地光伏产业技术升级。在项目建设期内，预计可为当地带来超过1000个直接和间接就业岗位，带动当地就业，促进当地经济发展。项目投运后，年发电量预计约4亿kWh，可“点亮”24万巴西家庭，环保效益相当于每年减少二氧化碳排放约30万t。

【中广核新坦基风电项目投产】中广核巴西能源控股有限公司位于巴西巴伊亚州新坦基市的180MW风电项目当地时间5月30日正式投产，为中国和巴西清洁能源合作再创佳绩，在创造经济效益的同时兼顾社会效益，实现了真正的共同发展。

新坦基（Tanque Novo）风电项目位于风力资源丰富的巴西东北部巴伊亚州，是中广核在巴西第二个自主建设的绿地项目，于2021年11月25日开工建设，总装机容量为180MW，项目配置40台风电机组，全部使用中国国产风机设备。该项目预计年发电量7.2亿kWh，每年可减少二氧化碳排放约65万t。

【缅甸皎漂燃气电站项目投产】该项目是中国电建在缅甸的第一个燃气电站投资项目，电站采用燃气–蒸汽联合循环发电技术，电厂由2套燃机发电机组+2台余热锅炉+1套纯凝式汽轮机发电机组组成，装机容量约为135MW，年发电量10亿kWh，运营期为25年，是“一带一路”倡议在缅甸最重要的支点，也是中缅“人字形”经济走廊的重要建设区域。2023年5月19日，项目投入商业运营。

【津巴布韦旺吉燃煤电站三期扩机项目投产】该项目装机规模为2台335MW的亚临界燃煤发电机组，由中国电建与津巴布韦电力公司以BOO模式共同投资开发，项目总投资约14.88亿美元，该项目是中资企业在津最大火电项目。2023年8月3日，津巴布韦总统埃默森·姆南加古瓦出席项目投产发电仪式并给予高度评价。该项目投入商业运营极大缓解了津巴布韦用电短缺局面，提高当地人民福祉。

【波黑伊沃维克风电项目投运】该项目由中国电建与通用技术中技公司共同投资，总装机容量84MW，是中国电建在欧洲市场首个成功落地的新能源投资项目，被列入“中国—中东欧国家领导人峰会成果清单”。2023年9月29日，项目送出线路进入带电投运，实现当年立项、当年征地、当年完工、当年带电投运。

【乌兹别克斯坦绿氢项目开工】该项目由中国电建总承包建设，包含新建1座产能为4000m^3/h的绿色制氢厂和1座52MW的陆上风电场。项目建成后，将年产绿氢3000t，用于制造50万t氨肥，同时节省天然气在化肥生产中的使用，每年可为乌兹别克斯坦节省3300万m^3天然气，有效缓解该国天然气供应压力。这是中亚地区第一个进入正式实施阶段的绿氢项目，也是中国电建在海外实施的第一个绿氢项目。2023年11月27日，乌兹别克斯坦总统米尔济约耶夫出席项目开工仪式。

【阿联酋风电示范项目投运】该项目总装机容量117.5MW，由4个风电场组成，合同总额1.28亿美元，由中国电建承建，是阿联酋第一个大规模风电示范项目。该项目对阿联酋全境风能可利用程度和风能开发重要性能指标验证有重要意义，是中阿产能合作带动中国技术、中国设备出口的具体实践。2023年9月28日，该项目在阿布扎比举行落成典礼，正式投入运营、并网发电。项目荣获2022年度中东大项目奖“年度能源项目”称号和2023年度国际安全奖最高奖“卓越奖”。

【中国电建承建的印度尼西亚奇拉塔漂浮光伏项目全容量并网发电】11月9日，由中国电建承建的印度尼西亚奇拉塔漂浮光伏项目全容量并网发电。该项目是印尼首个、东南亚最大漂浮光伏项目，也是世界在建最深的漂浮光伏，将对印度尼西亚乃至东南亚清洁能源发展发挥重要示范引领作用。

印尼地处赤道附近，是世界上最大的群岛国家，太阳能资源丰富，具备漂浮光伏开发的先天优势。奇拉塔漂浮光伏项目装机容量192MW，是印度尼西亚国家级重点战略方针项目，光伏场区位于西爪哇省万隆县奇拉塔水库，距离首都雅加达约 130km。

项目占地约 250hm^2，13 个光伏阵列在水面上排布，最大水深超过百米。中国电建团队在准确评估锚固系统受力情况的基础上，创新锚固系统设计方案，顺利完成锚固系统施工。同时，克服了当地每年长达半年的雨季所带来的一系列施工难题，保障项目成功建设。

作为印尼首个大型集中式光伏项目，奇拉塔光伏项目最大程度上采用印尼当地供应商、分包商和劳工，不仅带动了当地光伏产业发展并提供就业机会，也为后续光伏项目建设提供了宝贵经验示范。

该项目建成后，预计年发电量 3 亿 kWh，可为印尼当地节约标准煤 11.7 万 t/a，为 5 万户家庭提供足够的电力，将极大地缓解印尼西爪哇岛周边供电紧张局面，以光伏发电助力印尼政府尽快实现可再生能源占比目标。

【中国电建承建的卢旺达最大水电站全面开工】7 月 10 日，在卢旺达北方省加肯凯市，由中国电建承建的那巴龙格河二号水电站项目成功截流，标志着水电站主体工程全面开工。

那巴龙格河二号水电站项目是中国政府支持、中国金融机构出资在卢旺达建设的最大项目，也是中非合作论坛 2018 年北京峰会“八大行动计划”的重点项目之一。

项目位于卢旺达北部省与南部省交界的那巴龙格河干流上，坝址距首都基加利直线距离约 20.5km，是大型综合性水力发电工程，施工内容包括修建大坝、泄洪系统、引水发电系统和输变电线路等，水库库容 8.038 亿 m^3，电站装机 43.5MW。

该水电站投产后，将成为卢旺达最大电站，年发电量达 2.8 亿 kWh，极大缓解该国电力短缺问题，减少对不可再生能源发电的依赖。项目施工期间，也将促进当地约 2000 人的直接就业，带动工业及第三产业发展，改善卢旺达民生福祉。

【中国电建承建的老挝孟松风电项目开工】4 月 25 日，由中国电建承建的东南亚最大风电项目——老挝孟松风电项目开工，进入建设实施阶段。该项目位于老挝南部色贡省及阿速坡省，是老挝首个风电项目，也是中国电建海外承建的最大风电项目。

项目主要建设内容包括 600MW 风电场、5 座升压站及 500kV 送出线路等，建成后，主要向越南输送电力，届时将是老挝首次实现新能源电力的跨境输送缓解越南中部地区用电紧张情况，助力老挝进一步打造“东南亚蓄电池”。项目生命周期内预计可实现碳减排约 3500 万 t。

【中国电建孟加拉国巴瑞萨电站正式商业运营】4 月 18 日，中国电建投资建设的巴瑞萨电站收到孟加拉国电力发展局（BPDB）颁发的商业运营（COD）证书，证书明确自 2023 年 1 月 1 日 0 时起，巴瑞萨电站正式进入商业运营。

巴瑞萨电站采用技术更加成熟的超临界机组，包括锅炉、汽轮机和发电机等三大主机在内的相关设备均采用中国设计制造的品牌，机组效率更高、能耗更低，污染物排放浓度远低于孟加拉国和世界银行标准，有力带动了中国制造在国际市场上的品牌影响力。

巴瑞萨电站是中国电建在孟加拉国控股投资建设的第一个 IPP 电力项目，装机容量为 350MW。电站坐落在孟加拉国南部的博尔古纳地区，紧邻孟加拉湾，处于“孟中印缅”经济走廊的重要位置。

【中赞合作“一号工程”下凯富峡水电站全面投产运行】3 月 24 日，中国电建公司承建的赞比亚下凯富峡水电站举行五号机组发电仪式，赞比亚总统哈凯恩德·希奇莱马亲自揭牌剪彩并按下启动按钮，标志着下凯富峡所有机组全部投产运行。中国驻赞比亚大使杜晓晖、赞比亚住建部部长查尔斯·米卢皮、赞比亚国家电力公司董事长维克森·恩库卜等人出席仪式。

下凯富峡水电站是中赞合作“一号工程”、“一带一路”典范工程，是赞比亚 40 年来投资开发的第一座大型水电站，也是赞比亚最大的单体基础设施建设项目。中国电建所属的水电十一局作为牵头方，与西北院组成联营体总承包工程建设任务，水电五局参与工程建设。工程位于首都卢萨卡东南 90km，大坝为碾压混凝土重力坝，高度 130.5m，坝顶长度 374.5m，混凝土总方量 130 万 m^3，最大蓄水高度是 129m，最大库容 8400 万 m^3，五台机组总装机容量 750MW，2020 年 11 月 10 日开始下闸蓄水，首台机组于 2021 年 7 月 1 日投产发电。

【中国电建承建的乌干达卡鲁玛水电站首台机组并网发电】3 月 22 日，随着乌干达国家电网调度中心下达并网指令，由中国电建承建的乌干达卡鲁玛水电站首台机组成功发电并入乌干达国家电网。

作为乌干达最大水电站，卡鲁玛水电站位于乌干达中北部基扬东戈大区卡鲁玛镇，距乌干达首都坎帕拉 270km，总投资 16.88 亿美元。项目由卡鲁玛水电站及配套输电线路工程组成，单机容量 100MW，总装机容量 600MW，庞大的地下隧洞工程使卡鲁玛成为世界第 14 大地下水电站。项目输变电线路工程由“四站三线”组成，总长 379km，400kV 的输变电线路刷新了乌干达电力输送纪录。

卡鲁玛水电站是中乌两国“一带一路”合作典范工程，全部投产发电后，将成为区域内最大的电力“粮仓”，届时每年将节约原煤约 131 万 t，减少二氧化碳排放约 348 万 t。

【中国电建投资开发的缅甸京荣光伏发电项目并网发电】当地时间1月5日，由中国电建投资开发的缅甸中部光伏项目群首个项目（京荣）并网发电，中缅双方在内比都举行了庆祝仪式。

缅甸中部光伏项目群总投资约1.49亿美元，并网容量160MW，年发电量3.42亿kWh电，可满足缅甸100万户农村家庭用电，是中国电建在海外投资兴建的首个光伏项目，也是缅甸境内最大的新能源发电项目群。

京荣光伏发电项目是中企在缅甸实施的第四个太阳能发电项目，每年可生产6370万kWh的电力，全年共可为缅甸29670户家庭供应电力。

【沙特阿尔舒巴赫光伏电站项目开工】项目为在$52km^2$的土地上建设总装机容量约2.6GW的光伏电站，由沙特ACWA Power公司牵头开发，中国能建作为EPC总承包商负责全部设计、采购和建安工作。项目于2023年2月28日正式开工，合同工期33个月，目前各项工作有序推进。

【波黑达巴尔水电站项目开工】项目为建设一座具有三台冲击式机组、总装机容量为159.15MW的水电站，项目业主为波黑塞族共和国电力公司下属达巴尔电力有限责任公司，中国能建作为EPC总承包商负责全部设计、采购和建安工作。项目于2023年7月7日正式开工，合同工期48个月。达巴尔水电站在波黑南部塞族共和国境内，距离首都萨拉热窝约200km，电站总投资2.44亿欧元，装机容量159.15MW，水库正常蓄水位836m，有效发电库容为5500万m^3，是中东欧最大水电站。

【阿曼MANAH Ⅱ光伏发电项目开工】项目为总装机容量588.2MW的光伏厂区的建设、新建一座400kV升压站及两回400kV电缆送出线路，中国能建作为EPC总承包商负责全部设计、采购和建安工作。项目于2023年9月18日正式开工，合同工期20个月。

【埃及康翁波500MW光伏电站项目开工】项目为500MW光伏电站项目的设备材料采购、施工、试验、调试、竣工验收及2年运维等，项目由阿联酋AMEA Power公司投资，中国能建作为EPC总承包商和2年运维商负责项目的设计、采购、建安和2年运维工作。项目于2023年3月1日正式开工，合同工期19个月，项目为非洲地区目前最大的单体光伏电站。

【印度尼西亚玻雅2×660MW坑口电站项目投运】项目为2台机组主体安装施工等，项目业主为华电（印尼）玻雅有限公司，中国能建作为施工承包商具体负责A标段1号机组主体安装施工、储灰场和B标段2号机组主体安装施工等。项目于2023年10月7日投入商业运行。

【沙特拉比格300MW光伏电站项目并网发电】项目为建设总装机容量300MW的光伏电站项目，中国能建作为EPC总承包商负责全部设计、采购和建安工作。项目于2021年4月5日开工，2023年4月23日并网发电，项目并网后首年总发电量为8.94亿kWh。

【科威特穆特拉住房基础设施建设项目获奖】项目获得2022—2023年度国家优质工程奖（境外工程），项目工作内容为承建包括$28km^2$区域内的7000万m^3土石方、400km道路、3200km地下管线、52个雨水渗透池及441座变电站等全部基础建设，中国能建作为工程总承包单位参与项目建设。项目于2017年4月30日开工，2021年3月2日主体工程移交，2022年全部完成移交。

【中亚最大燃气联合循环电站1号燃机商运】当地时间11月27日，由中国能建总承包的中亚最大燃气联合循环电站——乌兹别克斯坦锡尔河1500MW燃气联合循环电站项目1号燃机举行投产仪式，正式投入商业运行，为全部机组商业发电奠定了坚实基础。

投产仪式分为两个会场，乌兹别克斯坦总统米尔济约耶夫在塔什干现场出席仪式；锡尔河州州长马赫穆达里耶夫，建设相关单位负责人等在项目现场以视频连线形式参加活动，共同见证重大时刻。

米尔济约耶夫总统对乌兹别克斯坦锡尔河1500MW燃气联合循环电站项目1号燃机正式商业运行表示热烈祝贺，对项目在乌兹迎峰度冬的关键时刻提供的电力保障表示感谢，对中国能建高效推进项目履约表示赞赏。他表示，中乌两国民心相亲、世代友好，锡尔河1500MW燃气联合循环电站的建设将极大缓解当地电力短缺的困境，对提高当地人民的生活条件和推动国家经济发展具有重要意义，是中乌两国共建“一带一路”的重要成果，也是中乌两国高水平全面战略伙伴关系和高度互信的重要体现。

乌兹别克斯坦锡尔河1500MW燃机电站是乌兹别克斯坦政府吸引外资投资开发的首个IPP项目，采用目前世界上燃烧温度最高、单体功率最大、效率最高的燃气轮机和“废水零排放”设计方案，是世界领先高效的绿色节能环保工程。项目建成后每天可向当地电网供电超3600万kWh，惠及百万居民，并将为当地提供700多个就业机会，是乌政府规划的重要民生工程。

【中国能建承建的印度尼西亚首座抽水蓄能电站启动施工】7月5日，中国能建葛洲坝集团承建的印度尼西亚上西索堪抽水蓄能电站主体工程建设拉开序幕，标志着电站启动施工。

上西索堪抽水蓄能电站位于印度尼西亚爪哇岛西索堪河上游流域，距首都雅加达190km，是印度尼西亚首座抽水蓄能电站，电站设计4台260MW发电机组，总装机容量1040MW。

上西索堪抽水蓄能电站是中国能建高质量共建“一带一路”标志性工程，对助力落实印度尼西亚政府推进“2025年可再生能源占比23%”目标，以及实现能源转型具有重大意义，项目建成后，每年将向爪哇—巴厘电网供应1.479亿kWh绿色电力，促进当地清洁可再生能源的发展，大幅增强区域电网调峰能力和稳定性。

【中国能建设计建设的巴基斯坦吉航联合循环电站项目投产】6月17日，中国能建浙江院设计、江苏电建一公司承建的巴基斯坦吉航1263MW联合循环电站项目一次性通过168h满负荷试运行。

巴基斯坦吉航1263MW联合循环电站项目位于巴基斯坦旁遮普省，是巴基斯坦目前单机容量最大、技术最先进的发电机组工程，也是目前投入商业化运营的净效率最高、可靠性最优、动力最强劲的燃气轮机发电机组之一。

项目包括2套西门子8000H燃气轮机发电机组、2套本森型三压再热无补燃自然循环卧式余热锅炉和1套三压再热纯凝下排汽汽轮发电机组。机组采用双燃料发电，主燃料为再汽化液化天然气，备用燃料为高速柴油。整套机组既可单循环运行，也可联合循环运行，其联合循环发电净效率超过62%。

【印度鼓达燃煤电站2号机组投产】印度当地时间2023年6月25日，由中国能建中电工程华东院承担设计、中国电建山东电建三公司总承包建设的印度鼓达2×80万kW超超临界燃煤电站项目2号机组完成14天可靠性运行，机组各系统运行良好，各项参数指标优良，标志着中国设计的首座80万kW超超临界海外发电项目全面投产。

印度鼓达燃煤电站位于印度贾侃德邦，是印度总理访孟期间确定的印度和孟加拉两国能源合作的重大项目之一，通过专用输电线路向孟加拉国供电，承载着进一步推动“孟中印缅”经济走廊建设、加强区域性产能互联互通的使命。

该电站是印度首座超超临界火力发电厂，也是中国首次设计80万kW超超临界容量的机组。

【迪拜哈斯彦电站4号机组性能试验完成】当地时间10月12日，迪拜哈斯彦电站4号机组性能试验结束，机组满足商业运行条件，至此哈斯彦电站建设工作圆满收官。

哈斯彦电站位于阿联酋迪拜以南30km多的海边，作为丝路资金在中东地区的首单投资项目，是“一带一路”倡议下的中东首个清洁燃煤电站，也是世界上首个具备双燃料满负荷供电能力的电站。哈斯彦电站于2016年9月破土动工，总装机容量2400MW，由4台600MW（净出力）超超临界机组组成，具备燃烧和天然气均能达到100%出力的能力。哈斯彦电站项目由哈电集团国际公司总承包，中国能建东北院负责项目全场设计，中建三局二公司负责项目全厂土建施工，中交二航院负责项目码头总承包方及取排水管道施工，中国能建天津电建负责项目全厂安装施工，中建科工负责项目全厂钢结构供货及安装，实现了中国投资、中国融资、中国总包、中国设计、中国制造、中国建造，是央企强强联合、共同服务海外的典型案例。

哈斯彦电站4台机组全部投运后，可为迪拜提供20%的电力能源，推动实现当地能源结构的多元化。

【中国能建承建的乌兹别克斯坦巴什和赞克尔迪风电项目开工】当地时间3月9日，中国能建乌兹别克斯坦巴什和赞克尔迪风电项目举行开工仪式，并在翌日进行首台风机平台动工。

乌兹别克斯坦巴什和赞克尔迪风电项目位于乌兹别克斯坦布哈拉州东北和西北方向，是中亚区域在建总装机容量最大的风力发电项目，建设内容包括在巴什和赞克尔迪区域分别建设两座500MW风电站和外送线路等。

该项目充分利用当地丰富的风能资源，预计每年可向当地电网提供约35亿kWh，减少当地碳排放约160万t。

该项目是乌兹别克斯坦政府规划的重要民生工程，也是中国—沙特第三方市场合作、推动中国大型设备“走出去”的范例。

【巴基斯坦塔尔煤田煤电一体化燃煤电站项目正式投运】2月5日，巴基斯坦塔尔煤田一区块煤电一体化项目中的燃煤电站项目正式投入商业运行。

该煤电一体化项目位于巴基斯坦南部信德省塔尔地区，是中巴经济走廊框架下的能源合作重点项目，由上海电气集团股份有限公司自主开发、建设、运营。项目于2019年开工建设，包括年产量780万t褐煤的露天煤矿及一座拥有两台660MW高参数超临界火力发电机组的燃煤电站。

投运的燃煤电站项目所使用的电站锅炉、汽轮机组、发电机等主机设备以及主要辅机设备均由上海电气生产制造。项目投产后，预计每年可向巴国家电网提供约90亿kWh电力，满足当地近400万户家庭用电需求，助力该国降低能源成本、改善能源结构、增强能源安全。

【艾尔达芙拉PV2太阳能电站项目在阿联酋竣工】《联合国气候变化框架公约》第28次缔约方大会（COP28）召开前夕，世界上最大的单体太阳能电站——AI Dhafra艾尔达芙拉PV2太阳能电站项目，也是中国“一带一路”倡议下的旗舰项目——在阿联酋竣工。项目位于阿布扎比附近的沙漠地区，占地面积约$20km^2$，装机容量2.1GW，采用世界先进的光伏发电技术，配备了近400万块光伏板、30万根桩基、3

万套追踪式支架、清扫机器人 2000 余台、8000 个组串式逆变器、超过 15000km 电缆等，电站性能、发电效率世界领先，可供 20 万户居民用电。

该电站由阿布扎比国家能源公司（TAQA）与马斯达尔（Masdar）主导，晶科科技以及法国电力可再生能源公司参投，国机集团总承包，整座电站的发电设备，不论是光伏组件、跟踪式支架，还是清扫机器人等，整个项目基本采用了中国技术、使用了中国产品。该项目亦创造了当时每千瓦时 1.32 美分的最低上网电价世界纪录。

【约旦阿特拉塔矿电联营项目 2 号机组投运】5 月 26 日，由超康公司投资的约旦阿特拉塔油页岩矿电联营项目 2 号机组正式投入商业运行，标志着广东能源集团在境外首个自主投资的矿电联营项目全面进入营运期。

该项目是约旦首个及规模最大的以本土丰富油页岩资源为燃料的电站项目，包含两台容量为 277MW 循环流化床发电机组及配套年产量 1000 万 t 的油页岩矿，总投资约 21 亿美元，由超康公司持股 45%、马来西亚杨忠礼电力公司持股 45%、爱沙尼亚国家电力公司持股 10%共同投资建设。项目年上网电量约 37 亿 kWh，可保障当地 10%～15%的用电需求。

社会责任

社会责任报告

【中国华能集团有限公司社会责任报告（摘要）】 2023年是极不平凡的一年，中国华能全体职工在以习近平同志为核心的党中央坚强领导下，坚决贯彻党中央、国务院决策部署，牢牢把握中央企业新时代的使命责任，办成一系列大事、要事、难事。公司全年发电量、供热量、煤炭产量等关键生产指标，利润、净利润、经济增加值等主要经营指标，以及新能源开工、投产等绿色发展指标，均创历史最好水平，影响力、带动力、竞争力显著增强，用实干实绩交出高质量发展的优异答卷。

公司坚持强根固魂抓党建，不断完善党建工作责任制，深入开展主题教育，以党的创新理论指导推动高质量发展取得新突破，获得中央指导组“好”的评价。公司作为国有重要骨干企业，始终胸怀“国之大者”，将自身发展根植于强国建设、民族复兴伟业中，立足发挥科技创新、产业控制、安全支撑“三个作用”，更好履行国家战略使命。锚定需求，服务战略，勇当科技创新的“国家队”。公司积极推进国家级创新平台建设和40余项国家科技攻关任务，CCUS、海上风电原创技术策源地建设取得扎实成效，实现专利金奖“零”的突破，入选国资委2023年度中央企业科技创新优秀企业榜单，打造国家战略科技力量迈出坚实步伐。聚势赋能，开放融通，勇当产业发展的“领头羊”。公司各主要产业板块均实现盈利且同比增利，积极布局和发展战新产业，培育产业链龙头企业，加快形成新质生产力。做优主业，夯实根基，勇当能源保供的“顶梁柱”。公司坚持把保障能源安全作为首要职责，全力抓好电热煤炭安全稳定供应，圆满完成成都大运会、杭州亚运会、“一带一路”高峰论坛等重要时段保供任务，在关键时刻发挥中央企业“压舱石”作用。

以绿水青山为愿，低碳转型步履坚实。公司聚焦国家“双碳”战略目标，着力构建新型电力系统，以基地型规模化开发为重点，突出“三线一带”深化布局，深入实施“四化”开发模式。2023年，公司低碳清洁能源装机占比达47.02%，较“十三五”末提升10.4个百分点，新能源完成发电量达1215.14亿kWh，首次突破千亿大关，同比增幅31.8%，发电量结构持续优化。公司持续减少资源能源消耗，成功研发投运世界容量最大、系统最简洁、指标最优的国际首套F级燃机大容量烟气余热深度利用项目，扎实推进污染防治攻坚，排放绩效始终保持行业领先。公司完善碳排放数据管理平台建设，完成122家火电企业碳排放第三方核查，全口径发电碳排放强度同比下降9.4g/kWh。公司严守生态环保红线，积极落实生态保护举措，构建我国首个跨境河流全流域、全要素的生态环境智慧监测平台，打造一批与环境和谐共生的绿色电力示范项目。

以民生福祉为念，迈向繁荣足音铿锵。公司不断优化人才工作体系，梳理形成具有华能特色的人才工程，高质量组织参加劳动竞赛、职业技能竞赛，培养出多名“华能工匠”“大国工匠”。公司牢牢树立以人为本、安全发展的理念，高度重视职工健康安全，扎实推进安全管理强化年行动，全年未发生较大及以上安全事故，生产、经营、政治、形象和网络安全保持良好态势。公司积极发挥带动效应，与地方政府、上下游企业、相关机构等在更大范围、更宽领域开放合作，支持国家“三群两流域一港”区域重大战略推进；连续第三届、累计四届获得我国公益慈善领域政府最高奖项“中华慈善奖”，定点帮扶工作连续第六年获得国家考核最高级评价；深度参与全球能源产业分工与合作，陆续建成柬埔寨桑河二级水电站、巴基斯坦萨希瓦尔电站等海外电力工程，形成与项目所在国融合共生、和谐发展的良好局面，为行业发展、地方发展及国际化发展作出贡献。

以现代治理为本，企业发展行稳致远。公司全面提升现代治理水平，中国特色现代企业制度更趋完善；持续抓好合规管理，有效防范经营风险，获评国务院国资委合规有效性评价A级；深入实施国企改革深化提升行动，连续三次获评国资委年度改革考核A级。公司创一流工作稳步推进，进入国务院国资委创建世界一流示范企业范围，在中央企业对标世界一流企业价值创造行动考核中获评A级，位居中央企业前列、发电行业前茅，西安热工院、清能院、澜沧江公司3家二级公司入选“专业领军示范企业”，示范创建工作进一步巩固。公司不断强化ESG工作顶层设计，逐步发挥ESG在企业治理和生产运营中的引导作用，所属上市公司实现ESG报告全覆盖，华能国际、华能水电、长城证券三家上市公司获得所在交易所信息披露A级评价，信披工作质量不断攀升。

目标在前、使命催征，唯有实干方能笃行。在未来，公司将更加紧密地团结在以习近平同志为核心的党中央周围，牢记使命，勇于担当，全力答好经营改革发展和党的建设“两张答卷”，在服务党和国家工作大局中奏响华能的时代乐章，为以中国式现代化全面推进强国建设、民族复兴伟业做出新的更大贡献！

【中国大唐集团有限公司社会责任报告（摘要）】

2023 年，中国大唐切实履行社会责任，在能源保供、乡村振兴、防灾救灾、公益捐赠等方面发挥积极作用。

扎实完成能源保供任务。积极应对电煤供应紧张、水电来水严重偏枯、多轮极端天气冲击和自然灾害等严峻挑战，圆满完成去冬今春、迎峰度夏以及中国—中亚峰会、成都大运会、杭州亚运会、北京“一带一路”高峰论坛等重大保供任务。全年完成发电量 5967 亿 kWh、供热量 31998 万 GJ、煤炭产量 2295 万 t、天然气产量 14.65 亿 m^3，同比分别增长了 1.4%、3.57%、32.12%、13.21%。

全面做好乡村振兴工作。坚持扶持、扶志、扶智“三扶”并重，真心、真情、真金白银“三真”融合，统筹推进教育、产业、民生、就业、党建“五位一体”帮扶，做深做实“三扶三真，五位一体”大唐特色帮扶体系，全面助力乡村振兴。全年投入无偿帮扶资金 9146 万元，在定点帮扶的广西大化、陕西澄城投入无偿帮扶资金 4120 万元，有偿帮扶资金 9.34 亿元，帮助引进帮扶资金和招商引资 6443 万元，购买和帮助购买脱贫地区农产品 5392 万元，帮扶和消费帮扶资金创历史最高。选优派强挂职干部，派驻 164 名干部开展定点帮扶工作，共有 28 名派驻干部和 15 个派驻集体受到地方政府表彰。

积极驰援救灾、开展公益捐赠。向甘肃积石山地震灾区捐赠 2000 万元及其他救援物资，用于支持灾区抗震救灾和灾后重建。

【中国华电集团有限公司社会责任报告（摘要）】

2023 年是全面贯彻党的二十大精神的开局之年。中国华电坚持以习近平新时代中国特色社会主义思想为指导，深入学习贯彻习近平总书记系列重要讲话和重要指示批示精神，坚决贯彻党中央、国务院决策部署，扎实开展主题教育，把高质量发展作为首要任务，聚焦能源安全保障和绿色低碳发展，锚定目标真抓实干，创新奋进，奋勇争先，实现了质的有效提升和量的合理增长，经营、发展绩效创出历史新高，为世界一流能源企业蓝图写下浓墨重彩的篇章。

这一年，我们牢记“国之大者”，初心如磐、砥砺前行，步履坚实服务中国式现代化。坚持和加强党的全面领导，深入实施“四力四推”党建工程，党的建设与生产经营进一步深度融合，党建引领保障有力；抓党建促乡村振兴，连续 5 年获评中央单位定点帮扶工作考核最优等次；积极应对低温雨雪、高温干旱、台风洪涝等自然灾害，全力保发电、保供热、保安全、保稳定，在全年未发生较大及以上人身安全事故的基础上，圆满完成能源安全保障任务，华电煤业 2023 年度累计完成煤炭保供量突破 4400 万 t，创历史同期最高煤炭保供记录；构建“宝塔型”科技创新体系，狠抓关键核心技术攻关，全年累计获得授权专利 3200 项，授权发明专利数量同比提高 1 倍，2 项发明专利荣获中国专利奖优秀奖。

这一年，我们担当能源先锋，因时乘势、善作善成，铿锵足音助力民族复兴伟业。全力推进风光电大基地开发，科学有序推进水电开发，加快培育“三新”业务，能源结构调整成效明显，清洁能源装机占比达到 51.4%，同比提高 4.1 个百分点；建设美丽中国，深入开展防沙治沙和生态修复关键技术研究，816hm^2 煤矿塌陷区完成土地复垦和生态修复，金中梨园、鲁地拉水电站获评“国家水土保持示范工程”；积极应对气候变化，全面助推“双碳”目标如期实现，有序推进火电超低排放、水污染防治改造，提升碳排放管理水平，公司成为全国碳市场第二个履约期首个 100%履约央企，连续两年位列“中国能源企业低碳发展贡献力 50 强榜单”第一。同时，2023 年还是“一带一路”倡议提出十周年。一路繁华一路歌。中国华电以路为轴，以地为纸，以合作为笔，致力于以清洁能源促进世界繁荣，参与共建“一带一路”，将中国标准、中国设计、中国技术源源不断地呈现给世界，共创经济效益、共享发展成果、共建发展共同体。2023 年，积极参加第三届“一带一路”国际合作高峰论坛、第六届中国国际进口博览会、第十一届中德经济技术合作论坛等多双边重大活动；成功主办第二十八届联合国气候变化大会（COP28）“中国角”边会活动，“中国华电”品牌影响力、美誉度、知名度不断提升，成为展示国家形象的靓丽名片。

新时代担负新使命，新征程展现新作为。2024 年是中华人民共和国成立 75 周年，是实现公司“十四五”规划目标的关键一年。中国华电将更加紧密地团结在以习近平同志为核心的党中央周围，深悟“两个确立”的决定性意义，增强“四个意识”、坚定“四个自信”、做到“两个维护”，创新奋进，奋勇争先，以高质量发展的实际行动和成效，为以中国式现代化全面推进强国建设、民族复兴伟业作出新的更大贡献。

【国家电力投资集团有限公司社会责任报告（摘要）】

一、产品卓越　以能源低碳化绘就多彩河山

国家电投坚决落实“四个革命、一个合作”能源安全新战略，坚持绿色低碳发展方向不动摇，在清洁能源转型上真抓实干，在绿色发展中干出新成绩，为中国式现代化建设提供安全可靠的清洁能源保障。

2023 年，清洁能源大基地进展顺利。清洁能源开发力度、投资强度保持高位，持续优化电力装机结构，新能源占全年新增装机的 93%。截至 2023 年底，国家电投控股装机规模达到 2.37 亿 kW，其中清洁能源 1.66

亿 kW，清洁能源占比达到 69.89%。能源消耗强度为 293.34g/kWh，水资源消耗强度为 1.513kg/kWh，循环用水总量占总耗水量比例为 97.99%。

二、品牌卓越　以负责任经营诠释为民初心

以人为本，以国为怀。国家电投坚持把民生福祉和企业发展有机结合，在责任担当中展现新作为，悉心培育一流人才，扎实推动共同富裕，助力全球繁荣发展，铸强负责任的企业公民品牌形象。国家电投充分尊重员工基本权益，精心构筑员工学习与晋升平台，努力营造平等、健康、轻松的工作氛围，与员工同创社会价值、共享发展成果。2023 年，公司员工总数 127514 人，劳动合同签订率达 100%。争做服务“国之大者”的表率，牢记企业社会责任，用实干精神践行人类命运共同体理念，扎实推动共同富裕，实实在在造福人民。坚持在海外发展中承担大国责任，尊重东道国法律法规，立足高质量发展打造精品项目、提供优质服务，用心用情打造民生项目、解决当地民生难题、带动当地就业等，积极推进文明互鉴，贯彻在哪里做工程建设就在哪里播种文明友好种子的原则，推动东道国可持续发展进程，拉紧通民心、达民意、惠民生的共同纽带。

三、创新领先　以新质生产力开拓能源革命

国家电投坚持创新驱动发展，着力推进能源领域重大科技攻关，持续加强绿色低碳技术创新，在核电重大专项、能源数字化、综合智慧能源、氢能与储能等核心技术领域取得了一系列创新成果，以科技创新持续增强产业发展核心竞争力和服务国家战略的核心功能。持续强化科技创新主体作用，积极践行“提升核心竞争力和增强核心功能”使命担当，不断夯实创新基础、提升创新能力，以创新成果成效服务于行业发展和能源革命、培育发展新质生产力。围绕服务于国家战略和行业发展，高质量推进国家重大科技任务攻坚，着力推动一流产业建设、传统产业转型升级、新兴产业培育和能源数智化发展，助推新时代能源高质量创新发展。

四、治理现代　以高质量发展勇创世界一流

国家电投认真贯彻落实习近平总书记在中央经济工作会议上的重要讲话精神，紧紧围绕“加快建设世界一流企业”总目标，持续推进中国特色现代企业制度落实落地，全面提升治理效能，在中国式现代化建设中展现新作为，为全面建设社会主义现代化国家作出新的更大贡献。持续推进企业治理体系和治理能力现代化，切实将党的领导融入公司治理，不断加大法律合规、风险内控工作穿透力度，积极应对外部挑战，加快高质量发展步伐。深入学习贯彻习近平法治思想，聚焦增强核心功能、提高核心竞争力，紧扣“五个体系、五种能力”要求，对标国内外一流法治企业，持续深化法治央企建设，不断优化企业合规管理体系，全面强化规章制度执行，严格依法合规经营管理，将法律合规要求内嵌到企业决策和经营业务全流程，贯穿到各层级、各业务、各岗位，法治思维和法治方式体现于企业决策、执行、监督各环节，全员法治意识不断增强、法治素养持续提高，形成遵法纪、重合同、守信用的良好法治氛围，依法管理、诚信经营成为企业重要特质。2023 年，国家电投乘势而上，在新一轮国企三年改革中，精心谋划部署，严密组织实施，以提升核心竞争力、增强服务国家战略等核心功能为重点，进一步巩固国企改革三年行动成效，扎实推动新一轮深化改革提升行动，实现高质量起步开局。

2024 年是中华人民共和国成立 75 周年，是实施“十四五”规划的关键一年。我们将坚持以习近平新时代中国特色社会主义思想为指导，全面贯彻落实党的二十大精神，完整、准确、全面贯彻新发展理念，服务构建新发展格局，统筹高质量发展和高水平安全，坚持聚焦主责主业，保持“风雨不动安如山”的战略定力，扎实推动“十四五”规划落地实施，求真务实、稳中求进，存量提质、增量做优、蓄势未来，不断提高核心竞争力、增强核心功能，努力发挥好科技创新、产业控制、安全支撑作用，在推进中国式现代化建设中展现国家电投新作为。

【国家能源投资集团有限责任公司社会责任报告（摘要）】国家能源投资集团有限责任公司（简称国家能源集团）是联合重组成立的中央骨干能源企业，是国有资本投资公司改革、创建世界一流示范企业、国有企业公司治理示范的试点企业，拥有煤炭、电力、运输、化工等全产业链业务，产业分布在全国 31 个省区市以及 10 多个国家和地区。

2023 年，国家能源集团获评 2022 年度中央企业改革三年行动重点任务考核 A 级，3 户“双百企业”在国务院国资委 2022 年度专项考核中全部为标杆，2 户“科改企业”在国务院国资委 2022 年度专项考核中全部为标杆/优秀，龙源节能入选国家级专精特新“小巨人”企业，在中央企业定点帮扶成效考核中连续 6 年获得“好”的最高等次评价，获选十大“中国 ESG 榜样”企业，在 2023 年世界 500 强排名第 76 位。

1. 瞄准世界一流，以科技之手打造新质生产力

集团公司牢牢把握新质生产力“创新”这一特点、“质优”这一关键、“先进生产力”这一本质，以科技之手打造国家能源新质生产力。多年来，坚持“两端发力、一个重塑”，部署“十大工程”发展新质生产力，重塑形成包括“煤火风光水、化油气氢核等能源谱系＋物流贸易金融支撑＋产学研融通”的综合现代化产业发展新格局，不断推动全球能源产业链价值链供

应链加速向高端化、现代化迈进。

2. 动力澎湃·担当能源基石

作为关系国家能源安全和国民经济命脉的能源央企，国家能源集团深入贯彻“四个革命、一个合作”能源安全新战略，始终立足“两个大局”，心怀“国之大者”，实施“两个联营”，以煤炭兜底保能源安全以煤电支撑保电力稳定，切实以能源供应之“稳”，支撑经济发展之“进”。深入实施“四保一大”发展路径，所属74座生产矿井强化 生产组织，神东、蒙东、宁乌、新疆等主产区发挥关键作用，截至2023年底，集团自产煤量连续27个月保持5000万t峰值水平。带头组织签订煤炭中长协合同，全年自产煤销售合同签订、兑现均超100%。坚定落实煤炭价格新机制，力保全国煤价总体平稳，量足价稳彰显能源央企担当。深化“三改联动”，多措并举增强机组安全性、稳定性、可靠性，建立电力供应预警机制，加强机组可靠性管理，保持机组利用小时领先，年发电总量历史首次突破1.2万亿度。

3. 动力遒劲·担当创新先锋

瞄准绿色低碳化、产业数智化发展方向，拿出“非我不可”的担当、深耕“非常必要”的领域、坚定“非干成不行”的决心，在加快打造原创技术策源地和现代产业链“链长”中走在前作表率，让科技创新这个“关键变量”成为高质量发展的“最大增量”。2023年，集团获授权发明专利1076件，同比增加16.8%，在2023年的中央企业专利排序中获评A档；《加氢站控制系统、方法以及加氢站》《基于轨道车列技术状态的检修方法和系统》两项专利获得第24届中国专利优秀奖。

4. 动力充盈·担当改革中坚

国家能源集团始终坚持“两个一以贯之”，用改革的办法和工具激发活力动力，抓好功能使命性和体制机制性改革任务，强化企业核心功能，提升核心竞争力，健全具有国能特色的“战略管控+一体化运营”管理体系，深化“法治国家能源”建设，以中国特色现代企业治理体系，为全面建设世界一流清洁低碳能源科技领军企业和一流国有资本投资公司筑牢坚实根基。《国有大型能源集团中国特色现代公司治理体系构建》荣获第三十届全国企业管理现代化创新成果一等奖，也是全部获奖中唯一一项以完善中国特色现代企业制度为主题的创新成果。龙源电力、朔黄铁路、铁路装备申报的3项管理创新成果获第三十届全国企业管理现代化创新成果一等奖、二等奖。

5. 动力恒久·担当转型主力

在“双碳”目标引领下，大力发展可再生能源是实现未来可持续发展的必然趋势，加强煤炭清洁高效利用是兼顾低碳发展和能源安全的必然选择。国家能源集团坚持服务国家战略，在全力保障国家能源安全的基础上，推动能源转型“向新而变”，产业发展“向绿而行”，不断加快绿色转型发展步伐，走出了一条“开发能源的金山银山，再造环境的绿 水青山”的能源产业中国式现代化道路。国家级绿色矿山占比超过60%，71座煤矿达到省级及以上绿色矿山标准，煤矿全员工效达到全国平均水平的5倍。

6. 动力稳健·担当经济标兵

牢固树立价值创造理念，坚持市场化、规范化、精细化导向，充分发挥“煤电化路港航”和“产运销储用”全产业链优势，积极融入和服务构建新发展格局，服务区域经济协同发展，充分发挥一体化运营优势，不断提升现代产业链“链长”核心能力，增强现代产业链韧性和竞争力，为社会赋能、为经济助力。主动融入京津冀协同发展、长三角一体化发展、雄安新区、粤港澳大湾区、西部大开发和海南自贸区规划建设，以实际行动助力地方经济社会发展繁荣。

7. 动力源长·担当党建示范

筑牢信仰之基、补足精神之钙、把稳思想之舵。国家能源集团坚决把政治建设摆在首位，深刻领悟“两个确立”的决定性意义，增强“四个意识”、坚定“四个自信”、做到“两个维护”，落实“坚持一个统领、抓好三大建设、实施七大工程”党建工作要求，完善大党建工作格局，以人才培养赋能企业长久发展，以企业履责共建和谐社会，共同奋斗创造美好生活，不断提高政治判断力、政治领悟力、政治执行力。

【中国长江三峡集团公司社会责任报告（摘要）】 2023年，中国三峡集团深入学习贯彻党的二十大精神，认真贯彻落实习近平总书记对中国三峡集团重要讲话指示批示精神，深入贯彻新发展理念和可持续发展理念，围绕清洁能源和生态环保主责主业，以集团品牌口号“为绿色生活赋能”为主题，以绿色发展“Green”为主线，融入ESG（环境、社会、公司治理）理念，通过完善公司治理（governance）、深化改革创新（reform and innovation）、奉献清洁能源（energy）、保护生态环境（eco-environmental protection）、助力共同富裕（nice）等方面，积极履行社会责任，充分发挥“六大作用”，奋力实施清洁能源和生态环保“两翼齐飞”，在实现自身高质量发展的同时，努力创造经济、社会、环境综合价值。

公司治理，强化价值创造（governance）。中国三峡集团坚持把加强党的领导融入公司治理，持续完善权责法定、权责透明、协调运转、有效制衡的公司治理机制。科学规范党组、董事会、经理层等治理主体关系。建立党组会、董事会、总经理办公会统筹联动机制，完善重大事项决策会党组与董事会沟通机制。中国特色现代企业制度不断完善，实现董事会应建尽建和外部董事占多数，获评国有企业治理示范企业。

优化“五位一体”管理，深入推进机制融合、责任融合、标准融合、监督融合、成果融合，提升大合规风控管理质效。积极打造全覆盖、强约束、严监管的内部控制体系，持续加强内控制度建设和执行，强化内控刚性约束。持续加强境内外重点领域、高风险业务和内部控制关键环节审计监督，推动各项监督检查向基层、重点项目和境外延伸，并穿透至三级及以下子企业。

改革创新，厚植内生动力（reform and innovation）。中国三峡集团坚决贯彻落实党中央关于深化改革重大决策部署，自觉做改革的推动者。改革三年行动重点任务考核中再次获评A级企业，位居央企前列。4家“科改示范企业”“双百企业”在2022年度专项考核中全部获评“标杆”“优秀”。集团所属长江电力、三峡能源入选创建世界一流专业领军示范企业名单。持续推进科技创新，首次获批“水风光多能互补”等4项国家实验室重大专项和1项国家自然科学基金重点项目，新增获批2项国家重点研发计划项目。6项成果入选国家能源局第三批能源领域首台（套）重大技术装备（项目）名单，位居能源央企首位。新增专利数2963项，集团两家子企业获评国家知识产权优势产业。不断加强创新平台建设，与怀柔国家实验室共建可再生能源研究中心，新增三峡库区珍稀资源植物湖北省重点实验室等6个省部级科研平台。实施数字转型，利用数字化手段推动水务行业运营模式创新、电力生产运维效率提升、工程建设过程精益管理，推动数字化赋能生产经营。

清洁能源，夯实战略基础（energy）。中国三峡集团聚焦主责主业，持续巩固大水电地位，大力推进陆上、海上风电开发、太阳能等多元化开发，不断提升清洁能源行业引领作用。乌东德、白鹤滩水电站全面投产，世界最大清洁能源走廊基本建成。白鹤滩水电站荣获2023年度“菲迪克工程项目奖”最高奖项“卓越工程项目奖”，入选“2023全球十大工程成就”。乌东德水电站获评集团水电“精品工程”称号。持续提升梯级水库联合调度能力，充分发挥三峡、葛洲坝、向家坝、溪洛渡等水电工程防洪、航运、发电、补水、生态等社会综合效益。长江干流6座梯级水电站全年发电量2763亿kWh，同比增加140亿kWh。梯级水电站单日最大发电量14.68亿kWh，连续53天每天发电量超10亿kWh。新能源业务实现规模和效益同步发展，国内陆上新能源总装机容量累计4367万kW，相比2022年增长68%；海上风电累计装机规模达578万kW，保持国内第一、全球前列。我国首个千万千瓦级“沙戈荒”基地内蒙古库布其基地先导工程全容量并网，我国单体规模最大水面漂浮式光伏电站全容量并网发电，全球首台16MW海上风电机组成功并网发电，全球首个“双塔一机”风光热储一体化项目的“双塔”全面封顶。优化能源产业布局，有序发展抽水蓄能，基本形成“运行一批、建设一批、储备一批”的滚动开发格局。截至2023年底，投产抽水蓄能项目1个，装机210万kW；开工建设并完成投决的项目9个，装机1370万kW。持续开拓海外新能源市场，在巴西、西班牙、哥伦比亚等国家新增120万kW新能源项目，集团境外规模最大风电绿地项目巴西帕尔梅拉和最大光伏项目巴西阿里努斯开工建设，中巴经济走廊首个大型水电项目卡洛特水电站平稳运行。

生态环保，擦亮生态底色（eco-environmental protection）。中国三峡集团始终坚持贯彻在发展中保护、在保护中发展理念，积极践行“双碳”行动，参与共抓长江大保护，加强生物多样性保护，为推进人与自然和谐共生贡献三峡力量。坚持深化水环境全域系统治理，复制推广“城市智慧水管家”模式，与长江流域25个市区县签订水管家合作协议，“城市智慧水管家”模式在江苏吴江等9个城市逐步推广。坚持以问题为导向，全力以赴打好管网攻坚战，2023年新增污水处理规模每日28万t，累计每日达442万t，新增管网长度2289km，累计达2.1万km。持续加强长江流域珍稀特有动植物多样化保护，率先完成中华鲟全基因组破解，全年放流中华鲟等长江珍稀特有鱼类258.9万尾，全年共繁殖中华鲟鱼苗120万尾，繁殖数量创历史新高，保护珍稀植物总数达1950种，累计成功繁育特有珍稀资源性植物苗木约26万株。

美好与共，共绘和谐蓝图（nice）。中国三峡集团深入学习践行习近平总书记关于“三农”工作的重要论述，积极履行央企政治责任和社会责任，努力在履行社会责任方面发挥表率作用。严格落实“四个不摘”和“三个转向”要求，以产业振兴为重点协同推进“五大振兴”，向四个定点帮扶县投入帮扶资金38600万元，全面完成国资委考核各项目标任务。不断加大援疆援藏援青帮扶力度，全年投入援扶资金13950万元，实施产业、教育、医疗、基础设施、素质能力提升等援扶项目，多层次、全方位助力民族融合和边疆繁荣稳定。高标准、高质量统筹做好库区移民帮扶后续工作，全年投入资金17951万元，助力建设宜居宜业和美库区。全年购买和帮销农产品6396万元，助力脱贫农户增收致富。积极投身社会公益，第一时间向甘肃和青海分别捐赠1000万元支援地震灾区抗震救灾和灾后重建。持续深入实施“三峡助听行动”，捐赠800万元帮助80名听力障碍患者重获“新声”。持续在北京、武汉两地儿童医院附近开设“三峡爱心小家”，累计为673个大病困难家庭的1635名患儿提供住所帮助。全年实施履责项目291项，惠及全国102个县（市、区）。2023年，中国三峡集团先后荣获第十二届“中华慈善奖”捐赠企业奖和慈善项目奖、第十八届人民企业社会责任奖、2023年责任犇牛奖等奖项，连续第二年入选国资委“央企责任管理·先锋30”指数。

（黄晓天）

【中国广核集团有限公司社会责任报告（摘要）】 2023年是全面贯彻落实党的二十大精神的开局之年。面对复杂严峻的内外部形势，中广核坚持以习近平总书记重要指示批示精神为统领，坚定拥护“两个确立”，坚决做到“两个维护”，始终心怀“国之大者”，牢牢守护核安全，深化改革创新，踔厉奋发谱写高质量发展新篇章。

在守护核安全方面，2023年，中广核27台在运核电机组保持安全稳定运行，群厂77.5%的WANO指标进入世界先进水平，15台机组综合指数达到满分，CPR机组平均能力因子92.3%，保持世界先进水平。截至2023年12月31日，岭澳核电站1号机组实现连续安全稳定运行天数6277天，不断刷新全球同类机组的世界纪录；韩国栗村气电厂、孟加拉HPL电厂实现安全运行无事故纪录超6000天，韩国大山电厂实现安全运行无事故纪录超5000天，成为当地厂站安全管理水平优秀代表。

在助力双碳方面，2023年，中广核总上网电量约3338.27亿kWh，同比增长7.5%，等效减少标煤消耗9880万t，减排二氧化碳2.66亿t，相当于种植了71.9万hm^2森林，为应对气候变化、推动绿色低碳发展贡献力量。

在生物多样性保护方面，我们秉持人类命运共同体理念，创新提出“共生、互生、再生”生态核电理念，探索出一条独具特色的“避免–减少–减缓–补偿”的“阶梯型”生物多样性保护实践路径，确保项目与周边自然环境和谐发展。“避免”即“科学规划，避免影响”。在生产运营全生命周期贯彻“避免”优先原则，将对生物多样性产生的负面扰动降至最低。尤其是涉及生物多样性保护重点区域的项目，坚持严格识别、严守红线、科学避让，尽可能避免对施工区域生物栖息地和物种多样性的影响。“减少”即“全面保护，减少扰动”。在生产运营中坚持开展生态环境和生物多样性监测，不断完善放射性废弃物管理，采取针对性措施保护陆地和海洋物种。“减缓”即“生产清洁能源，减缓气候变化”。应对气候变化，发展企业优势，通过发展清洁能源助力能源结构向清洁、低碳转型。同时采取创新管理方式，降低运营过程能源消耗，提升能源使用效率，减缓气候变化对生物多样性的潜在风险。“补偿”即“生态补偿，提升丰度”。在项目建设和运营过程中，通过人工修复、技术修复、植被补偿和动物补偿等措施，对生态环境进行主动的修复和补偿，确保当地的生物多样性水平不降低，甚至实现生物多样性丰度的提升。

在透明沟通方面，我们始终秉持“安邻、友邻、睦邻”的理念，面向公众建立起诚信、透明、畅通的双向沟通机制，持续开展形式丰富且卓有成效的科普活动，在项目建设运营中积极关切与回应社区利益，塑造正向社会影响力。2023年8月7日，中广核开展以“绿色发展 核你同行”为主题的清洁能源科普系列活动，重磅发布核能科普企校共建品牌“核铸未来”，在多个在运核电基地同步开展精彩纷呈、趣味丛生的特色研学活动，与主流媒体联袂打造优质公开课，增进公众对清洁能源的认知，发挥清洁能源主力军的示范引领作用。

在乡村振兴方面，2023年，中广核坚定扛起政治责任，向定点帮扶县投入无偿资金2836万元，有效实施5大方面15个帮扶项目，助力全面推进乡村振兴。发挥乐业风电项目联农带农作用，63个村分红915万元，用一个项目解决全县村集体收入落后问题。利用产业科技优势，建设凌云蚕丝厂污水处理项目，解决地方生态难题。使用电子束保鲜农产品的良好实践，获评第四届全球最佳减贫案例，中广核产业帮扶项目连续2年获此殊荣。持续提升“白鹭班”“彩虹计划”教育帮扶影响力，帮助3000“小白鹭”“飞”出大山。在广大干部员工的共同努力下，中广核连续5年在中央单位定点帮扶考核评价中获评为最高等次“好”。

在社区发展方面，我们致力于实现项目发展与周边社区的有机良性融合，通过完善基础设施、捐资助学等方式，切实发挥经济社会带动作用，助力激活社区发展生机活力。防城港核电推动驻村书记实施村集体经济桑果园产业道路1.4km硬化及设施完善项目，盘活长期撂荒土地；针对当地公共配套缺失、村集体设备损坏等情况，及时安排并投入无偿帮扶资金400万元。惠州核电设立375万惠核发展基金，有力提升周边宣教文卫事业发展，助力黄埠中学教学成绩从2015年全县第15名提升至2023年全县第1名。红沿河核电向瓦房店市慈善总会捐赠55万元，用于支持红沿河镇开展大病救助、边缘困难家庭救助、红沿河镇幼儿园校区维护及教学用品购置、驼山乡平山村党建活动室维护等。

在员工关爱方面，中广核秉持“温暖党建”理念，以员工实际需求为导向，开展多样化员工关怀，帮助员工解决工作与生活难题，组织形式丰富的企业文化活动，积极促进跨文化管理与融合，营造和谐温馨的氛围，增强员工归属感与幸福感。中广核苏州院利用自有场地举办全托式暑期子女照看班，开设手工、传统文化等课程，开展生日会、美食节等活动，做到不仅“托”得起，更要“管”得好，切实解决员工暑期带娃难题。地处青海、新疆、西藏等高海拔地区的新能源项目，普遍存在氧气稀薄、年平均气温低等情况。中广核新能源以海晏风电场为试点，在场站生活园区因地制宜开展园林规划，种植耐高海拔、高寒地区花卉及果树，并在生活宿舍及工作区配置制氧机、改造生活区水供暖设备，有效改善生活区含氧量低、空气湿度低的问题。

【中国电力建设集团有限公司社会责任报告（摘要）】2023 年，中国电建秉承“事耀民生，业润社会”理念，全面贯彻习近平新时代中国特色社会主义思想，坚持统筹自身担负的政治责任、经济责任与社会责任，围绕加快高质量发展、建设世界一流企业，聚焦“水、能、砂、城、数”战略转型和绿色低碳产业发展，着力提升在服务国家战略、高质量发展、科技创新、“一带一路”建设、抢险救援、乡村振兴等领域的社会责任贡献率，以行动诠释担当，用真情书写奉献，社会责任管理的体系进一步健全、理念进一步深化、制度进一步完善、实践进一步丰富，在履行社会责任方面作出了电建表率，树立了电建形象。

一、倾力铸造“国之重器”，服务国家战略有力有效

2023 年，中国电建积极服务国家战略，胸怀“国之大者”，铸造“国之重器”。设计承建的大藤峡水利枢纽全部机组投产发电，国内在建装机容量最大水电站金沙江旭龙水电站成功截流，拥有世界最高混凝土面板堆石坝的拉哇水电站大坝开始填筑。引汉济渭工程成功实现先期通水，惠及 1411 万人；延安市东川水厂扩能工程建成投运，50 万人喝上黄河水。一大批抽水蓄能电站投运、开工，EPC 总承包的辽宁清原抽水蓄能电站、新疆阜康抽水蓄能电站相继投产发电，“投建营”全产业链一体化开发的湖南怀化辰溪抽水蓄能电站按下“启动键”。全球最大水光互补电站柯拉光伏电站、雅砻江腊巴山风电等项目投产发电。世界最深、最大的极深地下实验室正式投入科学运行，成都地铁 19 号线二期开通运营。在杭州亚运会和成都大运会中，建设场馆、畅通道路、打造智慧系统，服务重大体育赛事。

二、坚持守正创新，全面推动高质量发展显成效

2023 年，中国电建聚焦主责主业，致力结构调整和发展方式转变，积极推进战略转型，加快推进能源电力、水资源与环境、城市建设与基础设施、绿色砂石四大产业联动，推动“水能城砂”与数字化融合发展，系统形成“水、能、砂、城、数”绿色低碳产业布局，公司经营发展的质量、效率、动力发生深刻变革，战略布局雏形显现。一是做强水资源环境业务。充分发挥“懂水”的规划设计优势和全产业链一体化优势，持续强化“流域统筹、规划先行、综合治理、技术先进、高质长效”的营销理念，积极构建并完善水环境业务管控体系，深挖水领域价值链，巩固增强用水、治水的优势，着力形成供水、兴水的新优势，成为水资源环境业务的引领者。二是做优能源电力业务。发挥规划设计传统优势，抢抓新能源和抽水蓄能开发资源，积极获取新能源和抽水蓄能建设任务。抽水蓄能项目资源获取位居全国前列，累计核准经济相对发达地区 9 座总装机 1210 万 kW 的抽水蓄能电站，公司抽水蓄能资源规模一举跃升到全国第四位。三是做大绿色砂石业务。针对建筑行业市场格局变化，主动融入和服务国家重大区域战略布局，发挥专业优势，加快打造绿色砂石全产业链，塑造供应链，持续扩大中国电建绿色砂石品牌影响力。2023 年，公司在绿色砂石的产能规模、技术工艺、科技研发、节能环保等均达到行业领先地位，年生产能力在建筑央企中排名第一，是目前国内储量最大的绿色砂石供应服务商和领军企业之一。四是做精城市与基础设施业务。围绕“深耕城市、运营城市、服务城市”创新商业思维和商业模式，在城市建设与城市更新过程中，聚焦人口净流入、市场潜力大的重点区域和城市，积极参与城市更新建设，重点跟进超大特大城市城中村改造和“平急两用”公共基础设施建设，推动城市建设与基础设施业务规范健康发展。五是做专工程数字化业务。持续探索数智化产业发展新路径，通过数字赋能，不断深化“水、能、砂、城”业务与数字技术融合，推进管理数字化、产业数字化、数字产业化，推动全面数字化转型，发展壮大“数字电建”，让数字中国“引擎”更加强劲。

三、立足科技自立自强，坚决打赢关键核心技术攻坚战

2023 年，中国电建坚持把科技创新作为第一动力，以国家战略性需求为导向，积极投身碳达峰碳中和实践，明确四大领域、五大重点创新方向，筹建国家技术创新中心等高端平台，服务战新产业、原创技术策源地走深见效，创新成果助力业务发展成效显著。举办“双碳”目标下新能源与抽水蓄能科技论坛暨中国电建 2023 年科技与数字化大会，为我国新能源与抽水蓄能的发展建言献策。新获批主持水环境、装备制造数字化服务领域国家重点研发计划 2 项，牵头申报的“国家能源海上风电安全与工程技术研发中心”成功入选国家能源局“十四五”第一批“赛马争先”创新平台名单。承担的深远海、光热领域重大攻关取得重大突破。自主研发的 75m 级自升式海上深水地质勘测平台，是目前国内性能最先进、作业水深最大、升降速度最快、搭载装备最全面、核心部件国产化最高的勘测试验平台，自主研发的“基于人工智能的河湖水环境安全风险防控平台”入选世界人工智能领域最高奖项。33 项科技成果获 2023 年工程建设科学技术奖，两项科技创新成果分别荣获“全球零碳城市创新典范奖”。公司勘测设计承建的金沙江白鹤滩水电站入选“全球十大工程成就”，代表了当今世界水电技术发展的最高水平。

四、立足国内国际双循环，共建“一带一路”高质量发展

2023 年，中国电建深度参与共建“一带一路”，坚定“三步走”全球发展战略，坚持国际优先发展，大力推动“六个转变”，“三个优先”改革步伐加快，国际业务保持增长态势，属地化建设稳步推进，国际化程度在中央企业中名列前茅，海外新签新能源合同总额连续五年稳居中资企业榜首，成为服务“一带一路”建设的龙头企业和促进国际清洁能源合作的重要力量。召开推进国际业务高质量优先发展工作研讨会，奋力开创新时期国际业务高质量发展新局面。积极参加第三届“一带一路”国际合作高峰论坛，签约项目 33 个。多个“一带一路”重点工程取得关键进展，“一带一路”旗舰项目雅万高铁正式开通，阿根廷胡胡伊省高查瑞一期 315MW 光伏电站项目正式移交，南亚单体规模最大污水处理厂孟加拉达舍尔甘地项目正式竣工，中赞合作“一号工程”下凯富峡水电站全面投产发电，中塞合作典范贝尔格莱德绕城公路奥布项目顺利通车，阿联酋首个风电示范项目正式运营发电。中老铁路项目荣获境外工程鲁班奖，沙特拉比格三期海水淡化项目荣获国家优质工程金奖。

五、时刻牢记初心使命，扛起央企责任担当

2023 年，中国电建深入贯彻落实党中央、国务院决策部署，始终坚守央企使命，创造价值、回馈社会。在台风“杜苏芮”引发的洪涝和地质灾害中，以“汛”为令，向“险”而行，全力开展抢险救援，投入北京门头沟区永定河、清水河河道清理攻坚战，以央企担当全面支援灾后恢复重建工作，收到国家防汛抗旱总指挥部办公室发来的感谢信；在低温雨雪冰冻灾害中，不惧严寒、以雪为令，组织志愿者并调集大型机械除雪破冰，保供保畅通；在甘肃积石山地震后，迅速出动，派出机械设备、专家和救援物资，第一时间逆行挺进震中；在冬夏两季能源保供中，不惧极端天气，积极开展各项保供电、保安全专项行动。连续十一年发布社会责任报告，并连续六年获“五星级”评价；高质量助力云南剑川县、新疆民丰县和对口支援的西藏芒康县巩固拓展脱贫攻坚成果，荣获“2023 年上市公司乡村振兴优秀实践案例”，连续五年获得国家主管部门考核“好”的评价。

2023 年，中国电建入选国务院国资委“央企责任管理 • 先锋 30 指数”“央企 ESG • 先锋 100 指数”；荣获中国社科院“2023 中国企业 300 强社会责任发展指数”第 20 名、“2023 重点行业社会责任发展指数”建筑行业三强；位列央视总台 2023“中国 ESG 上市公司先锋 100”榜单第 78 名；荣获国务院国资委《2023 中央企业社会责任蓝皮书》“主业履责篇”优秀案例、《中央企业海外社会责任蓝皮书（2023）》优秀案例；在资本市场荣获“上市公司金牛奖”“责任犇牛奖”“主板上市公司价值百强”“中国上市公司百强奖”等十余项奖项荣誉。

【中国能源建设集团有限公司社会责任报告（摘要）】2023 年，中国能建坚持以习近平新时代中国特色社会主义思想为指引，深入学习贯彻党的二十大精神，紧紧围绕新时代新征程中央企业新使命新要求，心怀“国之大者”，践行“六个力量”，全方位履行社会责任，企业的价值创造力、履责实践力、核心竞争力、品牌影响力显著增强，发展的绿色底色与高质量成色持续提升，高质量发展“四新”能建的崭新局面全面铺开，谱写了奋进新时代的精彩华章。

（一）坚持创新赋能，全速打造新质生产力，以能建新担当助推中国式现代化取得新成就。始终围绕服务国家重大战略，矢志不渝打造“国之重器”、服务“国之所需”，主编发布《新型电力系统发展蓝皮书》，承建的白鹤滩水电站入选“全球十大工程成就”，设计建设的全球首个百万千瓦级水光互补项目雅砻江光伏电站、国内装机规模最大的百万机组甘肃常乐电厂投产投运，全国规模最大的风光储一体化示范项目乌兰察布绿色电站成功并网，能源保供与安全支撑作用全面凸显。始终将科技创新作为“头号工程”，重点围绕构建新型能源体系和新型电力系统，聚焦关键核心技术创新突破，牵头打造新型储能原创技术策源地，新质生产力培育跑出加速度。“新型高空风力发电关键技术及装备”成功获批国家重点研发计划，新型电力系统规划设计技术研发中心入选国家能源局首批创新平台，全年研发投入强度达 3.57%，获得专利授权 2085 项，发明专利同比增长 25%。

（二）坚持开放共建，全面深化国际业务优先优质协同发展，以能建国际业务新优势服务构建发展新格局。坚定不移实施“走出去、走进去、融进去”，系统构建海外优先优质协同发展体系，公司国际业务一体化、融合化、集约化发展动能更加强劲，海外新签合同额 2807 亿元，稳居中央企业前列。坚持凝聚绿色共识，共促绿色发展，在共建“一带一路”国家重点推进一批“幸福坝”“友谊桥”“致富路”“赋能网”“生态城”投资建设，承建的全球最大单体光伏电站阿联酋阿布扎比项目、中亚最大燃气联合循环电站乌兹别克斯坦锡尔河项目等成功投产，使更多合作成果惠及当地民众，努力实现与东道国的融合共生发展。持续深化属地化经营，通过海外在建的 500 多个项目，为

东道国直接提供超过 9 万个工作岗位，累计境外纳税超过 500 亿元，极大地促进了当地经济社会发展和民生改善。积极履行海外社会责任，深入推动与东道国在各人文领域交流合作，协助当地政府、业主及民众开展抢险救灾、供水改造、医疗援助、慈善捐助等公益活动，为践行人类命运共同体理念作出中国能建贡献。

（三）坚持人民至上，全心创造社会责任价值，以能建新作为服务人民美好生活新面貌。接续助力乡村“五大振兴”，扎实开展定点帮扶各项工作，2023 年无偿投入定点帮扶资金超 1510 万元，乡村振兴定点帮扶工作连续获得中央农村工作领导小组最高等次评价；全面落实援疆援藏重点任务，累计在疆在藏投资建设项目 400 余个，项目投资额 330 亿元。始终把履行央企社会责任、放大央企公益价值作为实现全体人民共同富裕目标的必然逻辑，广泛参与民生改善，积极融入国家应急救援体系，全年参与各类社会应急抢险 40 余次，出动人力 2.3 万余人次、装备 8000 台（套）次，转移安置 7600 余人。始终全心全意依靠职工办企业，扎实开展“我为群众办实事”实践活动，累计投入资金超过 7700 万元，为职工办实事 3000 余件，解决实际问题 1500 余个；不断完善激励分配机制，充分激发干部职工干事创业热情，与全体职工共享改革发展成果。

（四）坚持实干担当，全力建设世界一流企业，以能建新价值不断提升企业高质量发展新成效。始终锚定建设世界一流企业的宏伟目标，认真落实“三大责任”，稳步推动企业呈现新动能加速集聚、新优势不断放大、新活力持续迸发、新品牌影响力迅速提升的良好态势。坚定不移加强党的全面领导、党的建设，将旗帜鲜明讲政治、顾大局贯穿治企兴业全过程，公司党建、纪委、巡视巡察工作再次荣获国务院国资委考核 A 级评价。纵深推进深化改革提升，公司改革三年行动、三项制度改革均获国务院国资委考核评价最高等级。加速推进科学管理体系建设与集成运用，有力防范重大风险，运营质效持续改善，经营指标持续增长，新签合同额连续三年实现高速增长，企业活力动力有力激发。全方位塑造平安、品质、绿色能建，公司荣获国家级优质工程奖 26 项、省部级质量奖 1209 项，世界 500 强排名跃升至 256 位，全球品牌价值 500 强排名跃升至 224 位。

电力服务乡村振兴

【中国华电服务乡村振兴】2023 年，中国华电认真学习贯彻习近平总书记关于“三农”工作的重要论述，深入贯彻党中央、国务院决策部署，学习运用“千万工程”经验，围绕“五大振兴”目标，按照“地方所需，企业所能”原则，在产业赋能、民生改善、扶志扶智、就业带动、消费帮扶、党建引领等方面持续发力，全年投入 1.6 亿元无偿帮扶资金，选派 115 名挂职和驻村帮扶干部，在 27 个省（市、自治区）的 115 个县（市）坚持做好定点帮扶、对口支援、助力乡村振兴等帮扶工作，在原“三区三州”深度贫困地区完成投资 274 亿元持续推进 55 个能源电力项目建设，有力支撑脱贫地区经济社会高质量发展和基础设施有效改善，助力坚决守牢不发生规模性返贫底线，增强脱贫地区和脱贫群众内生发展动力，推动公司系统乡村振兴工作再上新台阶。其中，在中国华电定点帮扶的新疆阿图什市和乌恰县，选派 4 名挂职和驻村干部，投入无偿帮扶资金 4272 万元（用于产业帮扶 3120 万元，占比 73%），实施新建华电“华电金太阳”村级光伏电站、农牧产品加工厂等产业帮扶项目和改善乡村卫生院和学校基础设施、支持克州防返贫保险、救助困难家庭等巩固脱贫攻坚成果项目，培训当地基层干部 2329 人次、专业技术人员 5234 人次、乡村振兴带头人 1355 人次；采购帮销脱贫地区农副产品 9467 万元，其中定点帮扶县 2763 万元，完成国家和地方政府安排的各项帮扶任务。

2023 年，中国华电帮扶工作成效得到各级党委政府和当地群众肯定。中国华电连续 5 年获评中央单位定点帮扶工作成效考核最优等次。张国清副总理到新疆调研国资央企援疆工作期间，深入华电喀什热电公司，充分认可中国华电援疆工作成效。中央学习贯彻习近平新时代中国特色社会主义思想主题教育简报第 34 期、第 104 期、第 105 期刊载公司系统助力乡村振兴工作经验做法。2 项案例入选国务院国资委《中央企业助力乡村振兴蓝皮书 2022》，2 项案例获评“第四届全球减贫案例征集活动”最佳减贫案例，1 项驻村工作案例获评第四批全国“文明乡风建设”典型案例，中国华电是乡村振兴案例获奖最多的央企之一。西藏公司驻村帮扶点江达县外冲村、云南公司帮扶项目点福贡县老姆登村入选第三批“全国乡村治理示范村”。新疆公司驻村帮扶点喀什市墩艾日克村获评国家“一村一品”示范村。上海公司党建结对帮扶村崇明县华星村、广东公司驻村帮扶点封开县侯村、黔源电力驻村帮扶点晴隆县规模村获评省级示范村。公司系统乡村振兴战线集体及个人共获得省部级及以上荣誉 21

项，地市级荣誉15项及县级荣誉9项。

【国家电投电力支持乡村振兴】国家电投全力履行央企责任，积极落实中央和地方帮扶工作要求，帮扶工作覆盖18个省区58个县，帮扶对象包括3个国家级定点帮扶县、1个对口援青县和80个地方对口帮扶点，帮扶工作考核成绩连续4年保持“好”的最高评价。

截至2023年底，国家电投定点帮扶和对口援助（援藏、援疆、援青）累计投入帮扶资金93.78亿元，其中包含无电区建设投入1.11亿元，出资3亿元参加央企乡村振兴产业投资基金，光伏帮扶项目投入81.8亿元。参与对口援助地区抗震救灾，快速应对积石山地震，第一时间向甘肃、青海捐赠4500万元，助力受灾地区灾后重建。系统培训基层干部、技术人员等10000余人次。大力推动教育帮扶，实施“远方助学”计划，培训千余名中小学校长和骨干教师，资助3000余名学生远方助学金约1500余万元。打造“映山红”品牌，累计建设36所希望学校，资助万余名学生。与高校合作推进产教融合，专班培养新疆、西藏等地本科生成才就业。

国家电投充分发挥清洁能源产业领先优势，紧紧围绕农村能源革命和新能源开发，创新打造“绿电＋乡村振兴＋生态”融合发展模式。在云、贵、川等9省区大力推进绿色产业帮扶，构建农产品种植、加工、消费产业链新业态。深度参与7个国家首批农村能源革命试点县建设，因地制宜促进绿色经济、数字经济与乡村特色产业深度融合。结合县域自然资源和产业基础，打造“延川苹果”“商城鸭稻米”“瓦侯蜂蜜”等地方品牌，不断提高消费帮扶力度，极大地促进了地方产业发展。2023年，《蓝色光伏板铺就金色致富路》典型案例被评为中央企业助力乡村振兴优秀案例，入选《中央企业助力乡村振兴蓝皮书（2023）》。

【国家能源集团电力服务乡村振兴】按照习近平总书记关于巩固拓展脱贫攻坚成果、全面推进乡村振兴的重要指示批示精神和党中央、国务院对乡村振兴和定点帮扶工作的决策部署，2023年，国家能源集团做到帮扶力度不减、干劲不松，继续扎实推进乡村“五大振兴”。

一是紧扣振兴所需，系统谋划年度工作。研究制定年度工作计划，明确总体思路和重点任务，安排年度帮扶资金3.057亿元，培训各类干部人才带头人11511人次，购买帮销农产品2.14亿元。组织召开国家能源集团乡村振兴工作专题会议，明确“两点三化一有”工作要求。修订完善乡村振兴管理办法和年度考核细则，针对资金引进、总结宣传、人才培训等短板弱项，及时沟通协调、改进提升。

二是突出特色亮点，推动项目精准实施。因地制宜谋划实施各县帮扶项目，分三批拨付帮扶项目资金，开展曲麻莱阳光幼儿园、吴堡县饮水安全保障提升工程、布拖县“白＋黑”农文旅产业等代表性项目，协调推进米脂县小米，刚察、曲麻莱、聂荣三县畜牧产业提质项目。组织参加第二十届农交会、“央企消费帮扶兴农周”等消费帮扶活动，带动当地产业发展。在米脂、吴堡、聂荣开展分布式光伏项目建设，协调在9县的新能源资源获取，突出能源特色，通过产业带动当地经济发展。

三是履行央企职责，充分发挥捐赠效用。2023年累计审批（备案）捐赠事项477项，涉及金额3.08亿元；严格履行审批备案程序，及时修订对外捐赠管理办法，确保合规合法。

四是落实工作职责，做好援青援藏援疆工作。制定年度工作计划，做好“十四五”对口支援工作规划中期评估，科学指导援藏援青援疆工作。深化开展“工装援疆”，组织编制“工装援疆”行动方案（2023—2026），积极协调有关子分公司及和田市政府、兵团十一师，推动有关工作。

【国家能源集团积极探索企业绿色低碳转型与助力乡村振兴有效结合模式，依托“新质生产力”带动地方经济发展】国家能源集团坚持发挥主业优势，着力实施电力服务乡村振兴举措，在定点帮扶和对口支援9县完成有偿投资或无偿投入15.5亿元，实施新能源项目4个，依托“新质生产力”带动地方经济发展，促进群众增收。

1. 刚察县“源网荷储”一体化光伏项目

自2010年起，国家能源集团承担刚察县对口支援任务，累计投入帮扶资金2.45亿元开展教育、医疗、产业、生态、乡村建设等多个领域帮扶工作。2021年8月，国能（海北刚察）新能源开发有限公司在刚察县注册成立，在海北州各级政府的大力支持下，取得320万kW“源网荷储”一体化项目，并积极推进一期120万kW项目建设，为区域新能源发展、强化产业帮扶、构建绿色经济体系打下坚实基础。

截至2023年末，刚察县120万kW“源网荷储”一体化一期30万kW光伏项目已完成投资11.185亿元。其中，2022年已投产新能源规模5万kW，年发电量0.853亿kWh；2023年新增投资9.32亿元，完成投产续建项目25万kW，年发电量达4.26亿kWh。

国能海北公司已完成刚察“源网荷储”二期200万kW光伏项目可行性研究报告、刚察30万kW风力发电项目建议书，并取得县发展改革局出具的同意开展前期工作的函。为抓实青海省夜间风电发展的政策，国能海北公司已完成热水1座、江仓2座、扎苏合1座测风塔立塔测风工作，后续将再完成3座测风塔规划、立塔任务，取得可靠的风资源数据，为下一步风电项目竞配做好技术保障，力争 2024 年底前并网 80 万 kW，实现投资 26.8 亿元，为刚察县经济发展和乡村振兴作出积极贡献。

2. 米脂县杨家沟村分布式光伏项目

米脂县是国家能源集团定点帮扶县之一。2023 年，国家能源集团投入无偿帮扶资金 920 万元建设米脂县杨家沟村分布式光伏项目，总面积 2.16 万 m^2，总装机容量 1.48MW，安装约 1785 块单晶硅单面组件和 860 块单晶双面光伏组件，采用 5° 固定倾角安装，同步配套 2h 储能系统。2023 年 12 月实现并网发电，年发电量 270 万 kWh，年收益 90 万元。板下引进北京同仁堂中草药项目，同步提高土地综合利用率。

米脂县杨家沟村实施的分布式光伏项目是非盈利目的的帮扶项目，村集体经济收入用于为乡村百姓分红。与此同时，通过选拔当地百姓做光伏项目管护员，劳务人员人均年增收达 2 万元，是带动地方经济发展、“双碳目标”实现和群众百姓解困致富的“电力助力乡村振兴”成功经验。

3. 国家层面政策情况

一是 2023 年 1 月 2 日发布《中共中央国务院关于做好 2023 年全面推进乡村振兴重点工作的意见》（中办国办〔2023〕1 号），2023 年中央一号文件包括 9 个部分 33 条，主要内容可以概括为守底线、促振兴、强保障。守底线是坚决守牢确保国家粮食安全、防止发生规模性返贫底线；促振兴是围绕乡村振兴总要求，扎实推进乡村发展、乡村建设、乡村治理等重点工作；强保障是加强组织领导。强调强化政策保障和体制机制创新，加强党对“三农”工作的全面领导。

二是 2023 年 2 月 6 日国家乡村振兴局发布《国家乡村振兴局关于落实党中央国务院 2023 年全面推进乡村振兴重点工作部署的实施意见》（国乡振发〔2023〕1 号），文件聚焦“守底线、抓发展、促振兴”的深入全面落实，以增强脱贫地区和脱贫群众内生发展动力，牢牢守住不发生规模性返贫的底线，扎实推进乡村发展、乡村建设、乡村治理和农村精神文明建设，建设宜居宜业和美乡村为全年工作重点任务，推动巩固拓展脱贫攻坚成果上台阶、乡村全面振兴见实效，为全面建设社会主义现代化国家开局起步提供有力支撑。

三是 2023 年 2 月 22 日国务院国资委印发《2023 年中央企业助力乡村振兴工作要点》（国资发社责〔2023〕20 号）。文件明确了中央企业乡村振兴工作的总体要求、方向重点和政策举措，对中央企业在组织领导、帮扶资金、挂职干部、产业帮扶、消费帮扶、就业帮扶、乡村建设与治理、发挥优势、总结宣传等各方面提出了细致的要求。

【中核集团“核”力推进乡村振兴】中核集团始终将乡村振兴重任牢牢扛在肩上，心怀“国之大者”，坚定不移推进乡村振兴及定点帮扶工作，立足定点帮扶县实际因势利导，形成产业支撑、党建领航、人才赋能的乡村振兴“核动力”，为加快农业农村现代化贡献中核力量。

一是坚持因地制宜，科学推进产业振兴乡村振兴，产业是基础。中核集团立足帮扶地区资源禀赋，充分发挥和利用集团公司在相关领域的资源和优势，根植“造血”功能。

二是聚焦智志双扶，激发振兴内生动力。中核集团充分发挥自身人才、技术优势，在派出帮扶干部的基础上，继续大力实施以“核苗计划”为品牌的教育帮扶行动，通过“捐赠、资助、培训、培养”等多种形式进行智志双扶，组织定点帮扶地方干部参加乡村振兴专题培训班，以线上线下多种方式为帮扶县培训各类人才，与地方联合投入近 1000 万元建设旬阳市科技馆，辐射地区 35 万名群众，多措并举强化教育帮扶。

2023 年累计向 4 个定点帮扶县投入无偿帮扶资金 6647 万元，投入有偿帮扶资金 10.87 亿元，引进帮扶资金 2.32 亿元。累计投入超 7000 万元打造农旅结合特色小镇。购买脱贫地区农产品 4444.28 万元，帮助销售脱贫地区农产品 2.07 亿元。2023 年累计培训乡村基层干部、专业技术人才、乡村振兴带头人等 44042 人次。

【中广核电力扶贫】2023 年，中广核深入贯彻落实习近平总书记关于“三农”工作的重要论述，认真贯彻党中央、国务院决策部署和国务院国资委工作安排，坚决扛起乡村振兴重要政治责任，严格落实“四个不摘”要求，围绕“企业所能、地方所需”，持续聚焦产业振兴、人才振兴两大重点工作方向，创新举措，精准发力，全面推进乡村振兴。

在广西，2023 年 9 月，“央企入桂”重大项目——中广核乐业 17.2 万 kW 风电帮扶项目，为 63 个村分红 915 万元，累计分红 1373 万元，平均每个村分红超过 20 万元。凭借帮扶模式新、带动能力强等特点，项目荣获第三届全球减贫案例征集活动“最佳减贫案例”。项目创新采用“入股分红 + 赠股分红 + 保底收益”模式，每年可向乐业县贡献税收约 2000 万元，以长效机制和兜底保障帮助乐业县长期稳定脱贫和可持续发展。打造了千亩“风车花海”生态景观，为乐业旅游业发展增添新活力。推动了乐业县电网配套设施建设，保证了供电稳定性，为乐业县经济发展提供了电力支撑，让乐业告别了经常性停电的历史。

在新疆，中广核稳步推进产业兴疆，大力发展新能源。新能源项目在运容量 464 万 kW，待建容量 70 万 kW，共 23 个场站，分布在哈密、阿勒泰、塔城、乌鲁木齐、吐鲁番、昌吉、和田、巴州等地。2023 年新增投资和田洛浦 100 万 kW 光储项目、巴州若羌 100 万 kW 风电项目、塔城老风口 30 万 kW 风储项目、吉木乃县边合区40万kW源网荷储一体化项目共计4个项目，年度完成投资82亿元。其中，塔城老风口30万kW风储项目、吉木乃县边合区40万kW源网荷储一体化项目已并网发电。此外，通过项目建设零散用工，解决当地劳动力就业，已吸纳项目所在地用工超过1700人。

在西藏，中广核本着因地制宜、优势互补、互利共赢、可持续发展的原则，在西藏发展新能源业务。一是建设阿里雪域高原"零碳"光储热电示范项目保障民生需求。该项目解决了阿里地区燃煤热电联产转型问题。项目容量17万kW，12万kW光伏已建成投运，5万kW光热在建。待光热投产后可保障狮泉河镇居民150万m^2的供暖需求。二是利用自身光热发电优势，在阿里、日喀则等地推动建设多个"光热+风光储"一体化项目，其中阿里2万kW、日喀则拉孜3万kW新增保供项目已于2023年上半年全容量投运。此外，中广核每年通过项目建设、清洁能源运营服务等业务吸纳项目所在地用工约150人。

在青海，中广核认真学习贯彻落实习近平总书记关于青海工作的重要指示批示精神，始终将清洁能源业务与援青兴青工作相结合。新能源在运项目装机容量超120万kW，其中风电53万kW、光伏62万kW、槽式光热5万kW，每年可提供绿电26亿kWh。在建项目容量153万kW，其中风电50万kW、光伏83万kW、光热20万kW。新能源装机规模位列青海省前列，发展速度、发展质量、度电成本、度电利润等指标全面占优，实现经济效益、环境效益、社会效益共赢。在甘肃临夏州积石山县发生地震后，中广核紧急向青海省红十字会捐赠1000万元资金，支援灾区救灾和家园重建。

在甘肃，中广核在国家能源局定点帮扶县通渭县投资建设尖岗山20万kW风电项目，每年上网电量超2亿kWh。中广核积极承担国家能源局帮扶任务，2023年定向招用通渭籍应届大学生14人，解决当地学生就业问题。向通渭县捐赠50万元建成国家能源局定点帮扶成果展暨孟河村村史馆，展馆免费对外开放，持续发挥影响力。项目为巩固拓展脱贫攻坚成果同乡村振兴有效衔接，支持通渭县经济社会可持续发展作出重要贡献。在甘肃临夏州积石山县发生地震后，中广核紧急向甘肃省财政厅捐赠1000万元资金，支援灾区救灾和家园重建。

在河北，中广核在国务院国资委定点帮扶县平乡县投资建设的40MW光伏农业复合项目，按照"光伏发电+农业种植"方案建设，引领周边农业科技化水平提升，充分利用农业大棚棚顶上的闲置空间，提高土地利用率，形成"一地多用"，从而实现农业发展与新能源发电两不误，绿色低碳和乡村振兴协同发展，为乡村振兴帮扶提供了新方案，拓展了新路径。

在内蒙古，国家第一批以沙戈荒地区为重点的大型风电光伏基地项目之一，中广核兴安盟300万kW风电项目于2023年12月10日全容量并网，年发电量超过100亿kWh，成为我国在运最大陆上风电基地。项目的投产将有力促进兴安盟区域经济社会发展，持续支持革命老区乡村振兴事业，取得良好的经济效益、社会效益和生态效益。此外，中广核捐资1亿元，在兴安盟高标准高要求建设一座理念一流、设施一流、队伍一流、管理一流的现代化学校——白鹭学校，可容纳约2220名学生就读，通过高质量教育帮扶项目为革命老区学子创造良好的教育条件。2023年9月26日，"中广核—内蒙古兴安盟乌兰浩特市白鹭3班"正式开班，累计在该校开设3个"白鹭班"，帮扶约150名学生。

【中国电建定点帮扶助力乡村振兴工作情况】中国电建贯彻落实习近平总书记关于"落实帮扶措施，持续巩固拓展脱贫攻坚成果，推进乡村全面振兴不断取得实质性进展、阶段性成果"指示精神，充分发挥企业优势，结合定点县发展需求，以产业帮扶为引领，全面助力推动产业、人才、文化、生态、组织振兴，按照党中央要求高质量完成2023年度定点帮扶任务，获得上级主管部门的充分肯定和表彰。中国电建连续5年在中央单位定点帮扶考核中获得"好"的评价。《立足生态促振兴　剑湖恢复水绿山青》入选国务院国资委优秀定点帮扶案例；帮扶案例入选《云南省扶贫志》典型案例、中国上市公司协会2023年定点帮扶优秀实践案例和中国电力企业联合会2023年度电力企业社会责任优秀案例。

1. 加强组织领导

积极开展调研，强化央地交流。主要负责人及班子成员亲赴帮扶一线，积极开展实地调研，走访慰问当地群众、挂职干部，考察帮扶项目发挥效益状况，推动公司定点帮扶工作再上新台阶。

加强顶层设计，注重规划指导。及时召开定点帮扶专题会议，提前谋划工作方案，制定年度帮扶方案，工作过程中加强跟进督导并形成督导报告。

保障派驻干部压茬交接，不留空档。完成挂职干部选派和轮换工作，认真落实好轮换干部的安排使用，持续关心关爱派驻干部。

2. 加大资金投入

2023年直接投入无偿帮扶资金3518万元，同比增长5%，其中民丰县1678万元，剑川县1840万元。

直接投入有偿帮扶资金12211万元，主要开展了剑川县剑湖流域综合治理和民丰县叶亦克乡引输水工程。

引入无偿帮扶资金290万元，包括复星基金捐赠两县防疫物资价值189万元；中国光华科技基金会捐赠民丰县书籍价值66万；多方捐赠两县各种物资价值

23 万元；本来生活捐赠剑川县路灯价值 12 万元等。

引入有偿帮扶资金 2522 万元，其中帮助民丰县引进祥润园牧业有限公司投资 1522 万元，帮助剑川县引入云南皇氏来思尔乳业有限公司投资 1000 万元。

3. 坚持规划先行

助力新疆和田地区构建以新能源为主体的新型电力系统：与新疆和田地区签订了《和田地区多能互补一体化基地开发合作框架协议》；无偿编制《民丰县1000MW 光伏＋1000MWh 储能项目》可行性研究报告。助力旅游以及基础设施建设发展：无偿编制民丰县《全域旅游规划（2023—2030 年）》；无偿开展民丰尼雅镇农村污水项目及尼雅乡农村污水项目（二期）施工图设计；无偿编制剑川县农文旅产业融合发展示范区可研报告。

4. 助力五大振兴

（1）助力产业振兴。

坚持以产业帮扶为核心，助力定点帮扶县因地制宜发展特色产业，延长产业链，提升价值链，激发定点帮扶县经济发展的内生动力，推动造血式帮扶产业做深做实。

累计投入 3500 万元援建民丰县尼雅博物馆，助力民丰县挖掘尼雅文化、打造以尼雅遗址、精绝古国为标志的丝绸古道文旅产业。

剑川县云端牧场二期项目按计划竣工投运，该项目 2022 年 12 月开工建设，2023 年 12 月 25 日正式进牛，是大理州第四个建成的“8＋1”奶牛示范牧场。目前云端牧场存栏奶牛 5320 头，年平均日产鲜奶 85t 左右，鲜奶年产值 1.05 亿元。云端牧场在剑川县年支付土地租金、资产租金、用工成本、购置饲草饲料等费用约 4000 万元。

招用脱贫劳动力 528 人，帮助 793 位脱贫人口转移就业。

（2）强化人才振兴。

通过中国电建（剑川）乡村振兴工作站联合清华大学远程教育教学站以及技工学校等对乡村基层干部、医务人员、教师、电子商务人才、乡村振兴致富带头人、非遗文化传承人、农牧民群众等开展定向培训。2023 年开展各类人员培训 6761 人次，三年增长率达95%，其中乡村基层干部培训人次三年增长率为596%。

（3）推进文化振兴。

通过援建民丰县尼雅博物馆，推动弘扬中华民族文化遗产，加强文化交往交流交融，促进民族团结，维护社会稳定，巩固边疆边防，巩固中华民族历史观，铸牢中国心、中华魂。

持续打造中国电建沙溪镇石龙村乡村旅游示范项目，注重非物质文化遗产保护，推动白族文化传承与发展。

建设乡村图书馆，推动文化惠民，推进移风易俗。

实施留守儿童家庭成长计划，助推形成文明乡风、良好家风、淳朴民风。

（4）践行生态振兴。

继续推进剑川县剑湖流域水环境综合治理。剑湖流域生态环境治理初见成效，水质得到显著提升，剑湖湖滨及生态修复区域建成 10 亩莼菜群落保护恢复区和 180 余亩特有海菜花湿地，使 115 科 291 属 456 种维管束植物得到有效保护，形成全国最大的紫水鸡栖息地。

开展民丰县叶亦克乡引输水工程建设。该项目已于 2023 年 4 月 5 日投入使用，有效解决了叶亦克乡灌区及易地搬迁点的农业生产用水问题，受益灌溉面积由原来的 0.81 万亩增加至 1.83 万亩。

（5）巩固组织振兴。

向定点帮扶县赠阅《求是》杂志，提高党员干部的思想理论水平，正确贯彻党的路线方针政策，进一步推动习近平新时代中国特色社会主义思想在广大乡村走深走实。

党委工作部党支部、投资与运营管理部党支部继续与剑川县石龙村、白蜡村党支部和民丰县兰城村党支部结对共建，积极推动党建经验做法向定点帮扶县基层党组织辐射，实现结对双方党建工作互帮互促共同提升，助力增强基层党组织和党员队伍能力。

5. 深化消费帮扶

积极参与国务院国资委、国家能源局等组织的各项消费帮扶活动；组织所属各级企业、干部职工以及合作伙伴积极采购帮销脱贫地区农副产品；加强与央企消费帮扶电商平台协作，利用市场化机制，帮助销售脱贫地区农副产品；助力提升农副产品品牌建设、包装设计、市场营销、物流配送和售后服务水平；在公司既有的采购平台、本来生活消费帮扶专区基础上，引进云南农垦“京东助农馆”、复星集团“复星甄选”等平台，进一步拓宽农产品销售路径。2023 年完成购买脱贫地区农产品 3893 万元，帮助销售脱贫地区农产品 980 万元，消费帮扶增长成效显著。

6. 注重工作创新

通过捐建剑川消化病防控中心、开展医生培训、实施污水处理等项目，持续巩固提升“三保障”及饮水安全保障水平。

按照“产业投资引领模式”，助力定点帮扶县打造特色产业，推动经济社会可持续发展，形成行之有效的中国电建“产业投资引领”帮扶模式，并在国务院国资委、中国上市公司协会、中电联等评选中获评 5 项典型案例。

积极利用各种线上线下媒体进行宣传推广，多方引进社会力量扩大帮扶成效。

行业管理

电 力 监 管

国家能源局关于印发《2023 年能源监管工作要点》的通知

（国能发监管〔2023〕4 号）

各司，各派出机构，各直属事业单位，中能传媒：

为深入学习宣传贯彻党的二十大精神，全面落实党中央、国务院决策部署，扎实做好 2023 年能源监管工作，持续推动能源高质量发展，现将《2023 年能源监管工作要点》印发你们，请结合实际情况抓好落实。

国家能源局

2023 年 1 月 4 日

附件：2023 年能源监管工作要点

2023 年能源监管工作要点

2023 年能源监管工作的总体思路是：以习近平新时代中国特色社会主义思想为指导，深入学习宣传贯彻党的二十大精神，全面落实党中央、国务院决策部署以及中央经济工作会议、全国能源工作会议精神，以服务新时代国家能源安全、保障能源供给为目标，紧紧围绕电力市场秩序、安全生产、供电服务、资质信用、国家重大规划政策和项目落地等监管工作主责主业，全面推进高质量监管，以更大担当和作为助力能源高质量发展。重点抓好以下七个方面工作：

一、聚焦市场监管，进一步强化电力市场体系建设

（一）加快推进全国统一电力市场体系建设

落实党的二十大关于构建全国统一大市场和深入推进能源革命的决策部署，研究全国统一电力市场发展规划。强化电力市场基础制度规则的统一，规范电力市场方案规则制定程序。加强区域电力市场设置方案研究，明确区域电力市场组织架构，研究建立区域电力市场建设方案工作规范指引及跟踪推进机制，深化完善南方区域电力市场机制，加快推进长三角、京津冀等区域电力市场建设，充分发挥区域电力市场在促进资源优化互济及应急状态下余缺调节的平衡作用。

（二）进一步发挥电力市场机制作用

充分发挥市场在资源配置中的决定性作用，有效反映电力资源时空价值，不断扩大新能源参与市场化交易规模，不断缩小电网企业代理购电范围，推动更多工商业用户直接参与交易。加快推进辅助服务市场建设，建立电力辅助服务市场专项工作机制，研究制定电力辅助服务价格办法，建立健全用户参与的辅助服务分担共享机制，推动调频、备用等品种市场化，不断引导虚拟电厂、新型储能等新型主体参与系统调节。研究修订发电机组进入及退出商业运营管理办法，进一步适应深化燃煤发电上网电价市场化改革要求。

（三）深化电力市场秩序监管

研究制定地方不当干预市场监督评估工作指引，加强对各地交易方案的事前独立审查评估，及时制止和纠正地方不当干预市场行为。开展针对电力调度、交易机构及市场管理委员会的监管机制设计，督促各类市场主体、市场管理委员会共同维护良好的市场秩序，压实电力调度、交易机构市场运营监控和风险防控责任。强化电力现货试点、跨省跨区电力调度交易、电网代理购电等常态化监管，维护公平公正市场秩序。创新“互联网+监管”模式，加快建设电力价格与成本监管平台，提高监管智能化水平。

二、聚焦安全监管，进一步强化防范化解电力安全风险

（四）坚决守住系统安全稳定运行底线

研究新型电力系统重大安全风险及管控措施，完善电网运行方式分析，探索推进“源网荷储”协同共治。加强直流输电系统、重要输变电设施、电力二次系统和电力监控系统等重点领域安全监管，完善新能源发电并网安全监管措施。开展跨省区大面积停电事件应急演练，扎实做好重大活动、节假日保电和网络安全保障工作，加强突发事件应急处置。

（五）不断加强电力安全风险管控

进一步完善电力安全风险分级管控和隐患排查治理工作机制，落实重大电力安全隐患监督管理规定和判定标准，强化重大隐患挂牌督办。不断提高电力工程施工现场安全管理水平，加强对火电、新能源、抽水蓄能、储能电站、重要输变电工程等项目“四不两直”督查检查，规范电力建设工程质量监督工作，着力防范遏制重大施工安全事故。开展水电站大坝安全提升专项行动，加强病、险坝和乙级注册大坝安全监管。

（六）着力夯实电力安全工作基础

加快推进电力安全监管规章制度制修订工作，不断完善相关政策法规体系。进一步规范和加强电力安全监管执法，完善事故统计分析和执法案例公开制度，有效打击各类违法违规行为。加快电力安全监管信息化建设，做好电力安全生产监管信息系统试应用和电力应急指挥平台建设应用工作。深化电力可靠性管理，提升相关数据质量。

（七）进一步完善齐抓共管工作体系

深入贯彻落实新《安全生产法》，进一步推动地方政府落实属地电力安全管理责任，明确市、县（区）层面电力安全管理责任部门，落实海上风电等新业态监管主体。加强与地方政府主管部门沟通衔接，采取联合发文、联合检查、联合执法等形式，不断完善齐抓共管、各司其职的电力安全监管工作机制。

三、聚焦行业监管，进一步强化对国家重大能源规划、政策、项目落实情况监督

（八）保障能源安全促进可靠供应

认真落实党中央、国务院关于能源工作的决策部署，把能源安全保供作为能源监管的首要任务，督促地方政府相关部门和能源企业履行保供主体责任、落实保供政策。要充分发挥派出机构的“探头”“哨兵”作用，加强对电煤、电力、天然气等能源供需形势的监测、分析和预警，做好煤炭供应、机组运行、存煤情况等台账化管理，对于影响能源保供的“三性”问题，在职责范围内及时处理，并向局党组和地方政府报告。研究常态化、规范化的能源保供监测预警和监管工作机制，形成保供合力。

（九）加强能源规划政策执行情况监管

做好“十四五”能源规划中期评估工作，开展规划实施情况监管。深化重点领域能源政策实施情况的监管，认真梳理“十四五”以来重点领域出台的能源政策，总结实施效果。开展电力驻点综合监管，全面摸清重点地区电力行业全产业链情况。进一步加大对可再生能源消纳情况、火电规划建设情况、重点煤炭企业增产保供情况监管，掌握落实进展情况和存在问题。派出机构要对各地承接国家能源局下放事权情况进行监督，对于地方政府相关部门出现没接住、没管好的情况，派出机构有权力指出、有义务报告、有责任纠偏。

（十）做好重大能源项目落实情况监管

持续跟踪跨省跨区输电通道、油气管道、大型风电光伏基地、水电站、电力“源网荷储”一体化和多能互补、整县屋顶分布式光伏开发试点、煤电建设和改造升级等重大项目推进情况，逐步建立常态化监管工作机制，及时发现项目推进中存在的问题，提出监管意见建议。将生物燃料乙醇生产和乙醇汽油使用情况纳入派出机构日常监管，及时向局机关报送日常监管发现的新情况新问题，确保成品油销售企业按规定销售乙醇汽油。

四、聚焦监管为民，进一步强化对自然垄断环节监管

（十一）深化全国“获得电力”服务水平提升

深化落实《关于全面提升“获得电力”服务水平 持续优化用电营商环境的意见》（发改能源规〔2020〕1479号），指导各省级能源主管部门和供电企业健全完善政企协同办电工作机制，着力推动居民“刷脸办电”和小微企业“一证办电”常态化、制度化、规范化。推动供电企业建立健全办电平台与政府工程建设项目审批平台信息共享机制。研究“获得电力”服务水平提升不平衡问题，重点解决部分地区频繁停电、长期低电压等问题。发挥“企业行动、政府监管、社会监督”合力，形成优化用电营商环境的长效机制。

（十二）深化电网公平开放和投资成效监管

加强宣贯《电网公平开放监管办法》（国能发监管规〔2021〕49 号），强化日常监管工作，督促电网企业完善相关管理制度，常态化落实好信息报送、信息公开等要求。梳理电源接入、电网互联开展情况，规范电网公平开放行为，及时发现并解决实际中遇到的问题。针对接网矛盾突出地区，适时开展新建电源接入电网重点监管。持续开展典型电网投资成效监管，加大对电网工程规划落实、运行实效及投资效益的监管。开展农村电网巩固提升工程中央预算内投资计划实施情况监管，规范和加强中央预算内投资计划管理，更好发挥中央预算内投资效益。

（十三）深化油气管网设施公平开放监管

健全完善油气管网设施公平开放监管事项核实清单和监管工作流程，全面摸清油气管网设施运营企业落实公平接入、信息报送、独立核算、服务合同签订履约、公平开放服务等情况。指导做好 LNG 接收站等设施高质量公平开放，服务天然气保供稳价。加快出台天然气管网设施托运商准入规则，指导管网运营企业优化完善管网设施容量分配相关操作办法。开展典型省市天然气用气结构专项核查。

五、聚焦资质信用，进一步提升电力市场准入和能源信用监管水平

（十四）推进资质管理“放管服”改革落深落细

贯彻落实“证照分离”改革要求，巩固深化许可告知承诺制，组织开展告知承诺履行情况信用专项监管，加大对不实承诺问题查处力度，确保放管结合、风险可控。综合运用“双随机一公开”“重点监管”“互联网+监管”等方式加强日常监管，强化持证企业许可条件保持情况监管，有效提升资质管理标准化、规范化、便利化水平。完善电力业务资质许可“好差评”制度，优化指标体系，做好与国家政务服务系统对接准备。针对告知承诺、信用修复和异议处理等新的风险点，坚持并完善常态化资质管理和信用工作通报机制，切实做好风险防控。

（十五）持续强化许可证功效发挥

完善水电、风电、光伏等发电项目及涉网工程施

工企业许可管理，促进可再生能源健康发展。落实“先立后破”要求，做好煤电机组许可准入退出，稳妥开展符合产业政策和节能减排政策煤电机组许可延续，促进有序替代。修订增量配电区域划分实施办法，做好增量配电改革试点项目许可证核发工作。持续优化承装（修、试）电力设施许可管理，不断释放市场主体活力，切实维护电力建设市场秩序。深入开展电力业务许可在电力全链条监管中的功效发挥和承装（修、试）电力设施许可级别优化研究。

（十六）深入探索新型信用监管机制建设

深化信用监管，在资质许可、电力安全领域推进以信用为基础的监管试点。扎实做好信用信息归集共享，依法开展信息披露、信用修复和异议处理，保护市场主体合法权益。做好能源领域信用状况统计分析和风险预警，推动电力行业公共信用评价结果在发电、电网等领域的深入应用。指导行业协会规范开展会员企业信用评价，鼓励和支持企业、第三方信用服务机构等参与行业共建和协同监管。

（十七）着力提升资质和信用信息系统支撑作用

深入推进数据共享应用、电子政务能力、业务支撑能力建设，持续提升许可和信用工作智慧化水平。夯实系统数据基础，加大动态筛查、智能校核力度，完善持证企业数据更新维护机制。强化数据赋能，不断提高数据智能统计分析维度、深度和精度，为告知承诺制事中事后监管、承装（修、试）电力设施企业人员条件动态监管等工作提供更好支持。动态完善系统功能，及时响应政策文件新要求，综合运用互联网、大数据、专家库等手段，探索创新非现场监管模式，通过预警防控提高监管精度，为实施新型信用监管提供有力支撑。

六、聚焦行政执法，进一步提升能源领域行政执法力度

（十八）提高投诉举报处理效率

以“提速、提标、提效”为目标，进一步优化12398能源监管投诉举报热线的诉求受理、工单转办、属地办理、结果反馈等环节工作流程。加强投诉举报的处理统计分析，建立争议工单调整、恶意诉求甄别、重复问题督办、热线联络员等工作机制，确保群众反映的急难愁盼等用能诉求得到及时高效解决，提高群众用能的获得感和幸福感。定期公开典型投诉举报处理情况，发挥社会舆论监督作用。

（十九）规范能源行政执法行为

贯彻落实党中央、国务院部署以及我局有关制度规定，全面推行行政执法公示制度、执法全过程记录制度、重大执法决定法制审核制度。深化落实《行政处罚法》《国家能源局行政处罚程序规定》《国家能源局行政裁量权基准》，汇总编印执法工作全流程操作规范，修订《能源稽查案件案由表》，进一步明确能源行政执法职责，规范行政处罚、行政强制、行政检查等行为，实现执法信息公开透明、执法过程全程留痕、执法决定合法有效，提高行政执法能力和水平。

（二十）强化重点领域行政执法工作

加强对重点领域、重点行业的行政执法研究，不断拓宽案件线索收集渠道，全面提升群众反映强烈、社会普遍关心等有关问题的解决质效。着力强化对违反电力调度交易规则、扰乱市场秩序、用户受电工程“三指定”等违法违规行为的调查处理力度，切实维护能源市场秩序和市场主体合法权益，持续提高对能源市场主体争议事项的解决水平，有效降低行政经济等成本。

七、聚焦党建引领，进一步加强干部队伍监管能力建设

（二十一）推动党建与业务深度融合

深入学习宣传贯彻党的二十大精神，全面落实《关于认真学习宣传贯彻党的二十大精神工作方案》（国能党组〔2022〕69号）要求，高起点谋划新时代能源监管工作，进一步深化党建与业务工作融合，切实把党的二十大精神落实到能源监管的全过程。认真落实《关于加强干部队伍监管能力建设的意见》（国能党组〔2022〕30号），加强干部队伍建设，注重思想淬炼、政治历练、实践锻炼和专业训练，进一步提升党员干部的政治判断力、政治领悟力、政治执行力，以能源监管成效践行“两个维护”。

（二十二）打造风清气正监管生态

坚定不移落实全面从严治党“两个责任”，抓住“关键少数”以上率下，持续深化纠治“四风”，自觉维护党规党纪的权威性和严肃性。严格按照法律法规、“三定”方案以及权责清单履行职责，既要敢于斗争、善于斗争，不缺位，也要按程序规范、依法用权，不越位。探索推进能源监管与纪律监督、巡视监督、审计监督的有效贯通，用好能源监管工作成果。严格落实《国家能源局党员干部与能源企业廉洁交往行为规范（试行）》要求，处理好与能源监管对象之间的“亲清”关系。

（二十三）加强监管履职能力建设

组织开展监管业务培训，解读政策文件和交流经验做法，提升监管的针对性和有效性。继续发挥青年理论学习小组、“能源大讲堂”等平台作用，提高监管干部的知识储备和综合素养。加强干部挂职交流锻炼，从机关各司和局属单位有针对性地遴选一定数量干部进行双向挂职。充分利用能源监管业务骨干库，组织年轻干部参加重大监管任务。通过全面提升监管干部的政治水平和专业能力，努力打造一支“政治坚定、业务精良、作风过硬”的能源监管队伍。

国家能源局综合司关于印发《2023年电力安全监管重点任务》的通知

（国能综通安全〔2023〕4号）

全国电力安全生产委员会各成员单位：

为贯彻落实党的二十大精神，扎实做好2023年电力安全监管工作，确保电力系统安全稳定运行和电力可靠供应，推动全国电力安全生产形势持续稳定向好，我局制定了《2023 年电力安全监管重点任务》。现印发给你们，请结合本地区、本单位实际，认真贯彻落实。

国家能源局综合司

2023年1月17日

2023年电力安全监管重点任务

一、指导思想

以习近平新时代中国特色社会主义思想为指导，认真学习贯彻党的二十大精神，深入贯彻落实习近平总书记关于安全生产重要论述，严格落实党中央、国务院关于安全生产的各项决策部署，坚持“安全第一、预防为主、综合治理”，统筹发展和安全，扎实推进落实《电力安全生产“十四五”行动计划》，着力防范化解重大电力安全风险，高效开展电力安全专项监管和重点监管，努力提升安全监管效能，不断加强电力应急管理，持续推动电力安全治理体系和治理能力现代化，为全面建设社会主义现代化国家营造安全稳定的电力供应环境。

二、基本目标

杜绝重大以上电力人身伤亡责任事故、杜绝重大以上电力安全事故、杜绝电力系统水电站大坝垮坝漫坝事故，确保电力系统安全稳定运行和电力可靠供应，保持电力安全生产形势稳定。

三、重点任务

（一）认真学习贯彻党的二十大精神和习近平总书记关于安全生产重要论述

1. 认真学习贯彻党的二十大精神。深入学习宣传贯彻党的二十大精神，及时传达学习党中央、国务院关于安全生产决策部署，准确领会和把握党中央、国务院对电力安全工作的新部署和新要求，进一步增强做好电力安全监管工作重要性认识，筑牢电力安全工作思想基础。

2. 全面学习贯彻习近平总书记关于安全生产重要论述。将学习习近平总书记关于安全生产重要论述和重要批示纳入各级党委（党组）学习计划和干部员工教育培训计划，坚持以人民为中心的发展思想，树牢人民至上、生命至上理念。贯彻落实“三管三必须”和国务院安委会十五条硬措施要求，进一步落实地方电力安全管理责任，完善齐抓共管机制。

3. 加强电力安全宣传教育培训。加强电力安全文化建设，认真组织开展“安全生产月”“安全生产万里行”等活动。聚焦构建新型能源体系和新型电力系统，深入研究电力安全生产面临的新形势、新挑战，提出应对举措。举办第三届电力安全管理和技术论坛。组织开展电力安全监管培训。

（二）认真贯彻党中央、国务院决策部署

4. 加强电力安全工作统筹协调。充分发挥国家能源局安全生产工作领导小组和全国电力安委会作用，加强对电力安全监管工作的统筹协调和把关定向。配合做好 2022 年度国务院安委会成员单位安全生产考核工作，全面落实考核反馈意见。精简高效开展派出能源监管机构电力安全生产考核。

5. 全力做好电力供应保障。开展年度电网运行方式和电力供需形势分析，做好迎峰度夏（冬）等重点时段电力安全保障和突发事件应对工作，加强燃煤机组非计划和出力受阻停运监管，确保电力安全可靠供应。组织做好全国“两会”、杭州亚运会、“一带一路”国际合作高峰论坛等重大活动保电和网络安全保障工作。

6. 推进能源重大基础设施安全风险评估。总结试点工作经验，制定能源重大基础设施安全风险评估实施细则，推进全面评估和专项评估工作，保障能源重大基础设施安全可靠运行。

7. 做好电力行业防汛抗旱工作。按照国家防汛抗旱总指挥部统一部署，认真做好电力行业防汛抗旱工作，组织开展防汛抗旱督查检查，加强水电站大坝度汛安全监管。

（三）防范化解重大电力安全风险

8. 做好电力安全风险管控和隐患排查治理工作。优化电力安全风险管控会议和风险管控周报等“季会周报”工作机制。落实重大电力安全隐患监督管理规定和判定标准，组织开展宣贯和隐患报送工作，滚动调整重大隐患清单，强化重大隐患挂牌督办。

9. 加强大电网骨干网架安全监管。持续强化重要输变电设施安全风险管控，发挥有关输电通道联合防控工作机制作用，组织经验交流，协调重点、难点问题，加强重大输电工程路径密集性风险评估。通过宣传培训、现场检查等多种形式，督促电网企业落实直流输电系统安全管理有关政策文件要求。加强与设备质量监管机构、行业协会等部门的监管协同，提升电力设备质量，切实防范电力设备安全事故。

10. 加强电网安全风险管控。完善电网运行方式分析制度，形成覆盖全年、层次清晰、重点突出的电网运行方式分析机制。组织开展电化学储能、虚拟电厂、分布式光伏等新型并网主体涉网安全研究，加强“源网荷储”安全共治。推进非常规电力系统安全风险管控重点任务落实。

11. 推进电力行业网络与信息安全工作。组织开展网络安全五年行动计划中期评估，持续推进电力行业网络安全“明目”“赋能”“强基”行动。加强网络安全态势感知能力建设，推进国家级电力网络安全靶场建设，组织开展年度攻防演练。修订行业网络安全事件应急预案，建立完善网络安全监督管理技术支撑体系，推动量子计算、北斗、商用密码等在电力行业的应用。

（四）开展电力安全专项监管和重点监管

12. 开展电力二次系统安全管理专项监管。落实《电力二次系统安全管理若干规定》，建立完善电力二次系统安全管理书面报告制度。对电力企业落实二次系统安全管理有关政策规定情况、二次系统技术监督工作开展情况开展专项监管，印发《电力二次系统安全管理专项监管报告》。

13. 开展电力行业关键信息基础设施安全保护专项监管。制修订电力关键信息基础设施安全保护政策性文件，动态开展认定。对电力行业运营者落实关键信息基础设施安全保护要求的有关情况开展专项监管，印发《电力行业关键信息基础设施安全保护专项监管报告》。

14. 开展水电站大坝安全提升专项行动。加强水电站大坝安全注册和定期检查工作。对乙级注册大坝开展全覆盖监督检查，督促指导电力企业开展极端事件后果分析，制定强化大坝关键设备管理措施，按时高质量完成风险隐患整治工作。督促指导电力企业加快推进大坝安全信息化建设，按要求建立大坝安全在线监控系统。专项行动持续 2 年时间，发布《水电站大坝安全提升专项行动总结报告》。

15. 开展海上风电施工安全专项监管。编写海上风电施工安全检查（督查）事项清单，细化安全监管要求。加强与地方应急、海事、交通运输等部门的协调沟通，进一步形成监管合力。做好海上风电质监工作。发布《海上风电施工安全和质量监督专项监管情况通报》。

16. 开展重要直流输电系统安全监管。在东北、华中区域对电力企业落实直流输电系统安全管理相关政策文件情况开展监管，印发《东北区域直流输电系统安全监管报告》《华中区域直流输电系统安全监管报告》。

（五）持续提升安全监管工作效能

17. 健全电力安全监管规章制度体系。继续梳理完善电力安全监管涉及法律法规和规范性文件，推进《电力安全事故应急处置和调查处理条例》《电力安全生产监督管理办法》《电力监控系统安全防护规定》《电力建设工程施工安全监督管理办法》等法规规章修订工作。

18. 加强电力安全监管执法。落实新《安全生产法》《电力安全监管执法指引》等要求，依法依规开展电力安全监管执法，加大力度打击惩治电力安全违法违规行为。每季度向全社会公布典型电力安全监管执法案例，发挥执法案例震慑警示作用。

19. 完善电力安全事故统计分析。建立事故分析监管研判机制，按月编制事故快报，按年汇编统计全年事故情况，针对性提出监管意见建议，督促有关企业深入分析事故背后的体制机制、安全投入、教育培训等管理原因。

20. 深化事故“说清楚”机制。以人身事故为重点，由事故企业负责人在电力安全风险管控会议上“说清楚”，剖析事故原因，督促电力企业深刻吸取事故教训，将人民至上、生命至上理念深度融入电力安全生产管理全过程。

（六）做好日常安全监管工作

21. 深化电力可靠性管理。修订印发《关于加强电力可靠性管理工作的意见》，试点推广以可靠性为中心的设备检修策略研究成果。开展全国电力可靠性数据自查、互查和专项检查，探索发电设备基于实时数据的可靠性指标系统，提升数据质量。

22. 加强施工安全监管和工程质量监督工作。对全国在建电力建设重点工程（水电、大型火电、抽水蓄能、特高压工程、大型风电光伏工程）开展“四不两直”施工安全及质量监督专项督查。做好以信用为基础的新型电力安全监管机制试点。推动电力建设施工领域智慧工地建设。指导有关行业协会推进产业工人实名制平台开发建设应用。制定《电力建设工程质量监督机构考核管理办法》《新型储能电站建设工程质量监督检查大纲》，对电力质监机构开展调研督导。

23. 加强煤电安全监管。深入分析煤电机组定位变化对安全生产的影响，研究煤电机组深度调峰安全评估标准规范。梳理全国煤电机组设计寿命总体情况，组织研究机组延寿安全评估标准规范。继续推进煤电机组普遍性、家族性风险隐患整治。督促电力企业加强燃煤（生物质）电厂除尘器等设备设施缺陷隐患排查治理，继续推进公用燃煤电厂液氨重大危险源尿素替代改造工作。

24. 加强新能源发电安全监管。加强风电、光伏、小水电并网安全评价行业标准宣贯执行。研究制定新能源涉网安全监督管理措施和流程。开展小散远发电企业安全排查专项行动“回头看”。

25. 加强电力行业防雷安全管理。研究推进电力行业防雷装置检测和雷电防护信息化推广应用，梳理电力工程建设、生产运行等阶段防雷管理工作。

（七）加强电力应急管理

26. 加强电力应急能力建设。开展国家级应急基地和应急研究中心顶层规划设计，统一基础功能、突出专业特色，研究布局建设全国性基地。研究国家级电力应急救援队伍、应急救援物资征集调用机制，进一步强化电力应急工作支撑体系。

27. 开展大面积停电事件应急演练。演练电力系统互济和跨省区支援，切实增强应对迎峰度夏等大负荷和自然灾害等极端情况下的应对处置能力。

28. 推进电力应急管理基础工作。推进行业应急预案修编和预案体系完善工作。积极推进电力应急能力建设评估工作，定期开展评估。

国家能源局综合司关于开展电力二次系统安全专项监管工作的通知

（国能综通安全〔2023〕21号）

各省（自治区、直辖市）能源局，有关省（自治区、直辖市）及新疆生产建设兵团发展改革委，工业和信息化主管部门，北京市城市管理委，各派出机构，全国电力安全生产委员会有关企业成员单位：

为进一步加强电力二次系统安全管理，确保电力系统安全稳定运行和电力可靠供应，国家能源局决定在全国范围内组织开展电力二次系统安全专项监管工作。现将《电力二次系统安全专项监管工作方案》印发你们，请认真组织落实。

附件：《电力二次系统安全专项监管工作方案》

《电力二次系统安全管理工作检查内容表》

国家能源局综合司

2023年3月9日

电力二次系统安全专项监管工作方案

为深入贯彻习近平总书记关于安全生产重要指示批示精神，严格执行党中央、国务院关于电力安全风险管控决策部署，进一步强化电力二次系统安全管理，切实筑牢电力系统安全防线，坚决杜绝电网大面积停电事件，国家能源局决定开展电力二次系统安全专项监管。现制定方案如下。

一、总体要求

认真贯彻落实党的二十大精神和习近平总书记关于安全生产重要论述和重要指示批示精神，坚持人民至上、生命至上，统筹发展和安全，通过开展电力二次系统安全专项监管，进一步健全电力二次系统安全管理体制，加强电力二次系统各专业、全过程、全环节技术监督，全面强化电力二次系统运行风险管控和安全隐患治理，全力提升大电网安全运行和电力供应保障能力。

二、监管依据

（一）《电网调度管理条例》

（二）《中华人民共和国网络安全法》

（三）《电力监控系统安全防护规定》

（四）《电网运行准则》（GB/T 31464—2015）

（五）国家能源局关于印发《电力二次系统安全管理若干规定》的通知（国能发安全规〔2022〕92号）

（六）国家能源局综合司关于印发《防止直流输电系统安全事故的重点要求》的通知（国能综通安全〔2022〕115号）

（七）其他相关法律法规、规章制度和国家、行业标准

（八）各电力调度机构相关规程规定

三、监管范围及重点任务

落实《电力二次系统安全管理若干规定》（以下简称《规定》）关于安全监管的相关要求，组织电力调度机构（以下简称调度机构）对其调度管辖范围内电力企业、相关电力用户（指农林水利、工矿企业、交通运输、公共服务等具有二次系统的大负荷用户，以及能够响应调度指令的负荷聚合商等）以及下一级调度机构二次系统安全管理工作开展专项监管，重点开展以下7方面工作。

（一）二次系统技术监督工作情况

依据《规定》要求，检查电力企业及相关电力用户二次系统各专业规划建设、安装调试、验收检验、运行维护等全过程技术监督工作机制建设及相关管理职责落实情况，国家行业电力二次系统反事故措施、调度机构关于涉网二次系统相关技术监督意见及相关规定要求等的落实整改情况。

（二）安全生产责任落实情况

依据《规定》要求，检查电力企业及相关电力用户二次系统安全管理主体责任落实和体制机制建设情况，重点检查二次系统全员安全生产责任制是否落实、专业技术人员配置是否完备、专业管理界面划分是否清晰、安全双重预防体系是否健全、涉网二次系统安全管理是否到位、安全生产相关事项报送是否及时、安全事故调查分析是否全面、负荷控制措施是否落实等。

（三）继电保护及安全自动装置安全管理情况

依据国家及行业相关规程规定、技术标准及反事故措施要求，检查继电保护及安全自动装置（含直流控制保护系统）配置选型、定值整定、运行维护、现场作业、反措执行等方面安全管理情况，重点对可能

影响电网安全的新能源场站、储能电站等发电企业及铁路牵引站等相关电力用户涉网保护及安全自动装置配置和整定计算管理；安控系统联调试验、运行巡视和例行检验开展情况；继电保护及安全自动装置定值及参数设置、压板投退状态正确性等开展全面核查。

（四）调度自动化系统安全管理情况

依据国家及行业相关规程规定、技术标准及反事故措施要求，检查调度自动化系统安全应急管理要求落实情况、设备选型、配置情况及运行可靠性；调度数据网络规划、运行、配置等情况；厂站（含可能影响电网安全的新能源场站、储能电站、常规用户站及铁路牵引站等）涉网自动化系统网络结构、设备配置和运行情况；厂站自动化系统及设备电源接入安全性、防雷接地规范性、至调度主站通信通道冗余配置情况等。

（五）电力通信系统安全管理情况

依据国家、行业法律法规、调度规定及反事故措施要求，检查电力通信光缆和设备配置、运行方式、调度值班、实时监视、巡视检修、故障处置、现场作业、反措执行、隐患整治等安全管理机制建设运行情况，重点对发电企业、重要电力用户涉网通信安全管理进行核查。

（六）电力监控系统网络安全管理情况

依据国家及行业相关规程规定、技术标准及反事故措施要求，检查电力监控系统安防体系、人员配置、安全监视、风险管控、应急机制等方面的建设运行情况，重点检查可能影响电网安全的新能源场站、分布式电源及铁路牵引站等电力企业及相关电力用户的网络安全专人专岗配置、涉网安防措施建设应用、安防设备策略配置合规性、网络安全监视、风险管控及隐患治理等情况。

（七）涉网参数管理情况

检查发电企业是否按要求及时向调度机构提供发电机励磁系统（包括电力系统静态稳定器 PSS）和调速系统、新能源发电控制系统等二次设备的技术资料和实测参数、相关定值和参数是否报调度机构备案，涉网试验方案、试验结果和试验报告是否经调度机构确认等。

四、组织方式

各派出机构牵头负责组织本次专项监管工作，地方电力管理部门按照属地管理原则配合相关工作。调度机构在所在地国家能源局派出机构、地方电力管理部门的指导下负责落实相关监管工作要求，同时接受国家能源局派出机构和地方电力管理部门的监督。各电力企业和相关电力用户落实安全生产管理主体责任，按要求开展自查并完成问题整改，扎实推进专项监管落实落地。

现场核查工作由各派出机构牵头，地方电力管理部门配合，辖区内相关调度机构具体落实，按调度管辖范围分级开展。调度机构要切实履行技术监督职责，督促下一级调度机构、调管厂站及相关电力用户做好发现问题闭环整改。

五、工作安排

（一）部署动员阶段（3 月 15 日前）

各区域和省级调度机构配合各派出机构、地方电力管理部门，根据本方案要求，结合当地实际制定实施方案，启动部署调管范围检查工作。各派出机构、地方电力管理部门将实施方案要求传达到辖区内各电力企业和市、县级电力管理部门，各级调度机构要传达至调度管辖区域内各相关电力用户，动员督促各电力企业和相关电力用户做好自查。

（二）自查整改阶段（3 月 16 日至迎峰度夏前）

各级调度机构和电力企业及相关电力用户要认真落实本地区实施方案要求，按照边查边改、立查立改的原则，迎峰度夏前完成自查整改，并提交自查报告。暂无法整改的应细化制定整改措施，严格落实电力系统安全风险管控要求，确保风险可控在控，全面提升二次系统安全运行水平，保障迎峰度夏期间电网安全及电力供应。

（三）现场核查阶段（10 月底前）

各派出机构要会同地方电力管理等相关部门，组织区域和省级调度机构对辖区内电力企业及相关电力用户自查情况进行现场核查，国家能源局视情况选择部分电力企业及相关电力用户开展现场核查。

（四）总结提升阶段（11 月至 12 月）

各派出机构、地方电力管理部门认真总结本单位专项监管开展情况，形成专项监管工作总结，并于 11 月 30 日前报送国家能源局电力安全监管司。

六、工作要求

（一）加强组织领导

各单位要高度重视本次专项监管工作，严格落实安全主体责任和监督责任，精心组织，周密部署，细化责任分工，明确奖惩机制。对本单位监管对象检查工作成效突出的要大力表扬，对不负责任、形式主义走过场式检查要严肃批评，确保专项监管取得实效。

（二）强化工作协同

各派出机构、地方电力管理部门和相关调度机构要相互配合，密切协作，共同做好本次专项监管工作。各电力企业和相关电力用户要结合本单位实际认真开展自查自纠，配合做好现场核查。

（三）严肃隐患整改

各电力企业及相关电力用户要认真落实方案要求，确保排查不留死角，整治不留隐患。对暂无法整改的，要求详细说明原因，明确整改计划。对自查自纠工作不认真，存在瞒报漏报、隐患整治不彻底、责任落实不到位的，严肃追究有关单位和人员责任。

（四）严守工作纪律

各派出机构、地方电力管理部门要严格落实中央八项规定及其实施细则精神，轻车简从、廉洁自律，深入开展现场核查，严防摆拍式检查。工作中如发现重大问题，要及时报告国家能源局。

附件：电力二次系统安全管理工作检查内容表

电力二次系统安全管理工作检查内容表

序号	工作内容
一、二次系统技术监督工作情况	
1	技术监督工作机制建设情况。检查电力企业及相关电力用户是否建立包含二次系统各专业规划建设、安装调试、验收检验、运行维护等全过程技术监督工作机制，相关技术监督人员配置和技术能力能否满足工作要求。发电企业是否建立第三方技术监督工作机制
2	技术监督工作开展落实情况。检查电力企业及相关电力用户是否常态化开展二次系统全过程技术监督，对不满足电力系统安全稳定运行要求的二次系统隐患或缺陷是否及时进行消除、改造
3	二次系统反事故措施落实情况。对照《防止直流输电系统安全事故的重点要求》等国家行业相关规程规定、反事故措施及调度机构下发的相关要求，检查电力企业及相关电力用户继电保护及安全自动装置、调度自动化系统、电力通信网、网络安全等二次系统相关反措落实情况
4	涉网二次系统技术监督意见落实情况。检查电力企业、电力用户及第三方技术监督单位是否及时落实调度机构关于涉网二次系统的技术监督意见，开展相关隐患排查整改、系统配置、升级或设备改造
二、安全生产责任落实情况	
5	落实全员安全生产责任制。检查电力企业及相关电力用户是否严格落实“一岗双责”“三管三必须”的要求，逐级建立安全责任清单，明确二次系统各层级管理部门、基层运维班组等各岗位人员的安全生产责任
6	完善二次专业人员配置。检查电力企业及相关电力用户二次系统专业技术人员配备是否齐全，是否具备组织开展设备运维、故障排查处置和缺陷处理等的工作能力，是否落实电力监控系统网络安全责任制和专人专岗配置要求
7	明确专业管理界面划分。检查电力企业及相关电力用户是否明确一、二次系统之间专业管理界面，是否明确继电保护、自动化、电力通信及网络安全等各相关二次系统之间的专业管理界面，是否明确各二次系统专业管理部门与配电、营销等部门之间的专业管理界面，排查是否存在安全管理真空区
8	建立健全安全双重预防体系。检查电力企业及相关电力用户是否构建完善的二次系统安全双重预防体系，常态化开展二次系统安全风险管控和隐患排查治理
9	强化涉网二次系统安全管理。检查电力企业及相关电力用户涉网二次系统是否按照有关规定开展并网安全评价，并网安全评价是否落实调度机构关于涉网二次系统的技术监督意见，是否有项目监理单位出具相关质量评估报告，并网调度协议是否包含二次系统安全管理相关内容
10	按时报送安全管理相关事项。检查电力企业及相关电力用户是否按调度机构要求及时上报二次系统安全生产管理情况及安全监管相关事项
11	严肃安全生产事故调查分析。检查电力企业及相关电力用户是否及时将所辖设备异常及故障处置情况报送相关调度机构，是否积极配合调度机构开展涉网二次系统的电力安全事故及网络安全事件的调查分析工作，是否及时落实相关整改要求
12	严格落实负荷控制措施要求。检查相关电力用户是否按政府有关要求和调度机构相关规程落实负荷控制、稳定控制、低频减负荷、低压减负荷等控制措施
三、继电保护及安全自动装置安全管理情况	
13	设备配置选型管理。检查电力企业及相关电力用户继电保护及安全自动装置配置和选型是否满足相关规定要求，重点检查新能源场站等发电企业、储能电站及相关电力用户涉网保护配置和选型是否征求调度机构意见，是否符合调度机构软件版本规定要求，电力用户低压脱扣装置配置是否满足要求
14	整定计算及定值管理。检查电力企业及相关电力用户继电保护及安全自动装置定值整定是否由本企业专业人员具体负责，如委托外单位，外委单位是否具备相应专业能力；检查发电企业及相关电力用户是否按要求及时将发电机、变压器等主要设备技术规范、技术参数和实测参数等整定计算所需资料上报相关调度机构，其自行管理的与电网安全稳定运行相关的继电保护及安自装置定值是否及时报相关调度机构备案，是否按要求配合相关调度机构开展继电保护及安自装置定值校核
15	设备运行维护管理。检查继电保护及安全自动装置运行状态信息、动作异常信息及故障录波信息是否正确且按调度机构要求接入相应调度系统主站；检查电力企业及相关电力用户是否按规程要求定期开展设备运行巡视、是否按周期检验，是否建立缺陷管理与异常处置制度，是否配置足够的备品备件，是否定期开展保护及安自装置运行评价与统计分析
16	现场作业安全管理。检查电力企业及相关电力用户是否建立完善的继电保护及安全自动装置现场作业安全管控机制，是否制定继电保护及安全自动装置和相关二次回路验收实施细则、标准化作业指导书及继电保护安全措施票等规程规范，验收调试的范围和试验项目是否满足规程要求
17	装置运行状态核查。检查在运继电保护及安全自动装置定值及参数设置是否与定值单保持一致，相关软硬压板投退状态是否满足运行要求，是否与现场运行规程相符，是否定期开展保护定值与压板核查工作

续表

序号	工作内容
18	安控系统安全管理。检查安控装置选型是否满足要求，装置投运或升级改造后是否及时制修订安控系统现场运行规程，运维人员是否熟知安控装置运行规程，是否按相关规程要求开展联调试验，是否存在单一通信设备或光缆异常导致两套安控装置同时退出的情况，是否带相关一次设备实际传动试验验证装置出口压板至断路器跳合闸回路的正确性
四、调度自动化系统安全管理情况	
19	调度自动化系统选型和配置。检查电力企业及相关电力用户是否落实调度自动化系统管理及设备选型配置要求，相关技术方案应通过正式评审；检查自动化设备是否采用通过具有国家资质的电力设备检测部门质量检测合格的产品
20	调度自动化系统运行管理。检查电力企业及相关电力用户是否落实运行值班、系统运维相关管理规定要求，是否制定自动化运行值班、系统运维等工作规范细则；检查运行值班记录、日常巡视记录、定检记录、消缺记录等是否完备
21	调度自动化系统及设备安全管理。检查电力企业及相关电力用户自动化系统及设备主要功能节点冗余性，包括双机、双网卡、双电源配置落实情况，数据库、基础平台、关键应用是否采用双机或集群功能部署；检查时间同步系统是否主用北斗授时信号
22	调度数据网安全管理。检查电力企业及相关电力用户调度数据网设备是否采用入网检测合格的产品，型号、软件版本等信息与检测标准是否保持一致；检查调度数据网是否满足双平面和冗余性要求，检查调度数据网节点之间互联链路是否具备两条相互独立物理路由
23	检查厂站自动化系统运行情况。检查厂站自动化系统及设备电源是否采用冗余配置的不间断电源或站内直流供电，两个不同电源模块应由不同电源供电；检查厂站自动化设备及相关机柜的防雷接地是否符合规范要求；检查变电站自动化系统至调度主站是否配置两路不同路由的通信通道，实时数据采集准确性、完整性和实时性满足规范要求
五、电力通信系统安全管理情况	
24	调度管理。检查电力企业及相关用户是否严格服从调度指挥，执行调度指令，开展通信运行维护工作
25	方式管理。检查电力企业及相关用户是否按要求做好运行方式管理，是否按要求编制并发布年度运行方式，是否落实日常运行方式的申请、审核、编制、审批、下发、执行等工作
26	检修管理。检查电力企业及相关用户是否严格落实电力通信检修管理相关要求，是否落实检修计划管理要求，是否做好通信检修的提报与审批，执行环节是否严格履行开竣工手续
27	设备管理。检查电力企业及相关用户是否安排人员定期开展电力通信设备的巡视巡检及运行维护工作，省级及以上调度机构调度管辖范围内的发电厂（含重要新能源厂站）、通信枢纽站是否具备两条及以上完全独立的光缆敷设沟道（竖井），同一条 220kV 及以上电压等级线路的两套继电保护通道、同一系统的有主/备关系的两套安全自动装置通道是否满足“三双”（双电源、双路由、双设备）要求，电力用户与电力通信网互联的通信设备选型和配置是否协调一致，在运电力通信设备、机房动力环境是否满足运行要求，是否纳入 7×24h 集中统一监视

续表

序号	工作内容
六、电力监控系统网络安全管理情况	
28	电力监控系统安防体系建设。检查电力企业及相关电力用户是否按照“安全分区、网络专用、横向隔离、纵向认证”的十六字方针构建电力监控系统安全防护体系，重点检查是否存在违规外联、跨区传输等安全风险，网络安全防护管理和技术措施是否落实到位
29	网络安全监视及告警处置检查。检查电力企业及相关电力用户是否落实电力监控系统主机设备、安防设备和网络设备的全面监视，是否做到告警信息准确采集和闭环处置
30	安全防护设备策略配置合规性检查。检查网络安全防护设备策略配置是否合规，重点检查新能源场站、分布式电源及相关电力用户是否存在安全防护设备白名单配置不合理、用户权限过大等问题
31	厂站并网安全管理。检查电力企业及相关电力用户电力监控系统网络安全防护是否落实“三同步”要求，重点检查发电企业电厂并网前是否按要求开展安全评估和等保测评，是否制定安全防护实施方案并提交调度机构审核
32	风险隐患治理检查。检查电力企业及相关电力用户电力监控系统现场检查、安全评估、等保测评、渗透测试等发现的问题是否落实闭环整改
七、涉网参数管理情况	
33	检查发电企业是否按要求向调度机构提供发电机励磁系统（包括电力系统稳定器 PSS）和调速系统、新能源发电控制系统等二次设备的技术资料和实测参数，发电机励磁系统和调速系统定值和参数是否报调度机构备案
34	检查发电企业涉网试验方案、试验结果和试验报告是否经调度机构确认
35	检查发电企业在电力系统网络结构变化、发电机励磁系统和调速系统等主要设备变化、相关控制系统发生重大改变时，是否按要求进行相关试验，是否根据试验结果及时调整相关定值和参数

国家能源局关于开展电力领域综合监管工作的通知

（国能发监管〔2023〕38 号）

内蒙古自治区发展改革委、能源局，浙江省能源局，重庆市能源局、经信委，云南省发展改革委、能源局，甘肃省发展改革委、能源局，华北、东北、华中能源监管局，甘肃、浙江、云南能源监管办，有关电力企业：

根据国家能源局 2023 年度能源监管工作部署，我局决定在内蒙古、浙江、重庆、云南、甘肃省（自治区、直辖市）开展电力领域综合监管（简称综合监管）工作。现将有关事项通知如下。

一、工作目标

深入贯彻落实党中央、国务院决策部署，紧紧围绕服务电力高质量发展大局，聚焦当前电力领域突出矛盾和群众用能“急难愁盼”问题，坚持为民监管、依法监管、公平监管、精准监管，统筹监管力量，创新监管方式，通过开展涵盖电力规划建设、生产运行、供应保障全链条的综合监管，以点带面、突出重点，充分发挥监管工作在维护社会公共利益、推动电力领域重大规划政策落实、维护电力市场秩序和市场主体合法权益、提升电力领域治理整体效能等方面的重要作用。

二、工作原则

（一）坚持问题导向

紧紧围绕党中央、国务院关注的电力领域重大问题，群众反映的用能突出问题，以及市场主体和企业反映的痛点难点问题开展全覆盖监管，推动问题解决。

（二）坚持系统思维

按照事前、事中、事后环节，对电力规划建设、生产运行、供应保障实施全链条监管，推动增强电力治理效能。

（三）坚持依法依规

坚持用法治思维和法治方式履行监管职能，公平、公正开展监管工作，做到监管依据充分、流程规范、措施到位。

（四）坚持精准高效

做好监管内容的统筹衔接，集中业务骨干力量，运用“双随机、一公开”监管、非现场监管和信用监管等手段，探索精准高效的新型监管模式。

三、工作内容

在 5 个省（自治区、直辖市）内，对涵盖电力规划建设、生产运行、供应保障全链条 3 个环节 8 项重点事项开展监管。

（一）电力规划和建设环节

1. 监管电网工程投资成效情况。重点监管 2018 年以来，跨省跨区直流输电工程实际运行情况、资源配置效率、投资效益情况。

主要依据：《电力监管条例》等。

监管对象：5 个省（自治区、直辖市）电网企业。

2. 监督煤电规划建设、改造升级政策落实情况。重点了解规划内煤电的纳规、核准、开工及预计投产情况，梳理在建煤电项目建设进度及影响建设进度的主要问题，重点摸排已列入今年度夏、度冬前投产计划的项目推动情况，梳理总结煤电“三改联动”实施情况及存在的主要问题和意见建议。

主要依据：《“十四五”电力发展规划》《关于开展全国煤电机组改造升级的通知》（发改运行〔2021〕1519 号）、《关于做好 2022 年煤电机组改造升级工作的通知》（发改办运行〔2022〕662 号）等。

配合部门：内蒙古自治区发展改革委、能源局，浙江省能源局，重庆市能源局，云南省发展改革委、能源局，甘肃省能源局。

3. 监督农村电网巩固提升工程中央预算内投资计划情况。重点了解掌握 2021 年至 2022 年期间，农村电网巩固提升工程中央预算内投资计划分解下达、资金落实及使用、项目实施及调整、实施成效等情况。

主要依据：《政府投资条例》《电力监管条例》《中央预算内投资计划实施综合监管办法》（发改评督〔2022〕795 号）等。

监管对象：4 个省（自治区、直辖市）有关电网企业。

配合部门：内蒙古自治区能源局，重庆市能源局，云南省发展改革委、能源局，甘肃省能源局。

（二）电力系统运行和市场秩序环节

1. 监管电力调度交易与市场秩序情况。重点监管 2022 年以来，市场交易规则制定和执行、电力调度运行和交易组织的合规性、公平性和合理性，交易合同和并网调度协议的签订备案和执行，电价政策执行及电费结算、市场运营机构履行主体责任，电网企业代理购电、信息披露和报送、电力现货市场建设和不当行政干预等情况。

主要依据：《电力监管条例》《电力中长期交易基本规则》（发改能源规〔2020〕889 号）、《关于加快推进电力现货市场建设工作的通知》（发改办体改〔2022〕129 号）、《关于加强电力中长期交易监管的意见》（国能发监管〔2019〕70 号）等。

监管对象：5 个省（自治区、直辖市）电网企业、供电企业、电力调度机构和电力交易机构。

2. 监管电力系统调节性电源建设运营情况。重点监管 2016 年以来实施灵活性改造的煤电机组、投产的燃气发电机组，2020 年 1 月 1 日以来并网的新型储能项目，以及所有抽水蓄能电站和调节性水电等电力系统调节性资源的规划建设、运行调度、市场交易等情况。

主要依据：《“十四五”电力发展规划》《关于进一步完善抽水蓄能价格形成机制的意见》（发改价格〔2021〕633 号）、《关于进一步推动新型储能参与电力市场和调度运用的通知》（发改办运行〔2022〕475 号）、《新型储能项目管理规范（暂行）》（国能发科技规〔2021〕47 号）等。

监管对象：5 个省（自治区、直辖市）电网企业、发电企业、电力调度机构和电力交易机构。

3. 监督可再生能源电力消纳保障机制落实情况。根据 2023 年 5 个省（自治区、直辖市）可再生能源电力消纳责任权重要求，重点了解掌握 2023 年上半年，5 个省（自治区、直辖市）可再生能源开发建设、本地消纳利用和跨省跨区可再生能源电力交易情况。

主要依据：《关于建立健全可再生能源电力消纳保障机制的通知》（发改能源〔2019〕807 号）等。

配合部门：内蒙古自治区能源局，浙江省能源局，重庆市能源局，云南省能源局，甘肃省发展改革委。

（三）电力服务和保障环节

1. 监管“获得电力”服务水平提升情况。重点监管 2022 年以来，责任落实、办电时间、办电便利度、办电成本、信息公开、供电能力和供电可靠性，以及用户受电工程市场秩序等情况。

主要依据：《电力监管条例》《供电监管办法》《关于全面提升“获得电力”服务水平 持续优化用电营商环境的意见》（发改能源规〔2020〕1479 号）、《关于印发全面提升“获得电力”服务水平任务台账的通知》（国能综通监管〔2021〕37 号）、《关于印发〈供电企业信息公开实施办法〉的通知》（国能发监管规〔2021〕56 号）等。

监管对象：5 个省（自治区、直辖市）电网企业、供电企业。

配合部门：内蒙古自治区能源局，浙江省能源局，重庆市经信委，云南省能源局，甘肃省发展改革委、能源局。

2. 监督北方地区清洁取暖情况。重点了解掌握 2022—2023 年采暖季期间，清洁取暖政策文件落实、清洁取暖常态化协调机制的建立和运行、能源供应保障、极端情况下保供应急预案的制定和落实情况，以及群众关心关切的取暖问题等。

主要依据：《关于做好今冬明春北方地区清洁取暖工作的通知》（发改能源〔2022〕1596 号）、《关于促进北方地区清洁取暖持续向好发展的意见》（发改能源〔2022〕1916 号）、《关于印发〈2022—2023 年采暖季北方地区清洁取暖监管工作方案〉的通知》（国能综通电力〔2022〕102 号）等。

配合部门：内蒙古自治区能源局、甘肃省发展改革委。

四、工作步骤

综合监管工作分 4 个步骤：

（一）启动部署（5 月上旬至 5 月中旬）

国家能源局编制印发综合监管工作通知，启动综合监管工作，通过门户网站、微信公众号等渠道，宣传解读综合监管工作的重要意义和相关内容，并公布 12398 能源监管热线作为投诉举报电话。5 个省（自治区、直辖市）政府有关部门、有关电力企业按照通知要求，进行动员部署，做好具体工作安排。

（二）组织自查（5 月下旬至 6 月上旬）

5 个省（自治区、直辖市）政府有关部门、有关电力企业按照通知要求，严格对照工作内容，进行系统摸底和全面自查，对发现的问题及时整改，并于 6 月 15 日前报送自查报告。自查报告参考格式见附件。

5 个省（自治区、直辖市）政府有关部门，国家电网和南方电网、中央发电企业以省公司为单位，内蒙古电力公司以集团为单位报送国家能源局，并抄送所在地派出能源监管机构；电力交易机构以及其他有关电力企业报送所在地派出能源监管机构，由所在地派出能源监管机构汇总梳理后报送国家能源局。

（三）现场监管（6 月中旬至 8 月下旬）

国家能源局派出现场监管工作组，通过采取听取汇报、调阅资料、实地察看等方式，对 5 个省（自治区、直辖市）相关工作进行现场核实，对有关电力企业开展现场监管。现场核实和现场监管工作具体安排另行通知。

根据工作情况，国家能源局适时派出现场监管指导组，对现场监管工作进行指导。

（四）问题处置（9 月至 10 月）

国家能源局汇总梳理 5 个省（自治区、直辖市）综合监管工作情况，对发现的问题，视情况采取责令整改、监管约谈、行政处罚等方式进行处理，并将综合监管工作情况适时按程序发布。

五、有关要求

（一）积极主动配合

5 个省（自治区、直辖市）政府有关部门、有关电力企业要高度重视、积极配合，按照通知要求，客观、真实地准备相关材料，及时提供有关数据和资料，如实回答有关问题。所在地派出能源监管机构要与现场监管工作组加强沟通与协调，协助做好相关工作，形成监管工作合力。

（二）加强自查整改

5 个省（自治区、直辖市）有关电力企业要加强组织领导，按照监管内容开展自查整改工作，确保组织到位、责任到位、工作到位；要认真查找工作差距，着力解决存在的薄弱环节和突出问题，着力补齐短板和弱项，确保自查任务按期完成、不留死角。对于综合监管中发现的问题，要及时制定整改工作方案，举一反三，全面彻底整改。

（三）严守工作纪律

各监管工作组要严格落实中央八项规定及其实施细则精神，吃住行要严格按照规定标准执行，不得收受有关企业赠送的礼金和土特产等任何物品，不得私自与监管对象单独接触、泄露综合监管工作开展情况等，做到程序规范、依法用权，并做好相关保密工作。

联系电话：010－81929593，81929559（传真）

电子邮箱：jicha@nea.gov.cn

附件：自查报告参考格式（略）

国家能源局

2023 年 5 月 4 日

国家能源局关于开展电力系统调节性电源建设运营综合监管工作的通知

（国能发监管〔2023〕39 号）

各省（自治区、直辖市）能源局，有关省（自治区、直辖市）及新疆生产建设兵团发展改革委，各派出机构，国家电网有限公司、中国南方电网有限责任公司、内蒙古电力（集团）有限责任公司，各发电企业，各储能企业：

为深入贯彻落实党的二十大精神，助力新型能源体系规划建设，保障电力安全稳定供应，进一步推动电力系统调节性电源及资源更好发挥作用，根据《国家能源局关于印发〈2023 年能源监管重点任务清单〉的通知》（国能发监管〔2023〕5 号），国家能源局决定在全国范围开展电力系统调节性电源建设运营综合监管工作。现将有关事项通知如下。

一、监管目标

深入贯彻落实党中央、国务院决策部署，紧紧围绕加快规划建设新型能源体系、积极稳妥推进“双碳”目标，开展抽水蓄能、煤电灵活性改造机组、燃气发电、调节性水电、新型储能等灵活调节性电源及资源建设运营综合监管，全面摸清底数，聚焦规划建设、调度运行、市场交易、价格机制等方面存在的突出问题，针对性地提出监管意见建议，推动相关政策完善落实，切实发挥调节性电源及资源在提升电力系统整体运行效率、保障电网安全稳定运行、促进清洁能源消纳等方面的支撑作用，助力新型电力系统建设和能源高质量发展。

二、监管范围和对象

（一）监管范围

全国范围内符合以下条件的调节性电源及资源，具体如下：

1. 所有在运、在建抽水蓄能项目。

2. “十三五”以来实施灵活性改造、接入电压等级 220kV 及以上、单台机组容量 30 万 kW 及以上的煤电项目。

3. “十三五”以来投产、接入电压等级 110kV 及以上、单台机组容量 10 万 kW 及以上的燃气发电项目。

4. 具有库容日调节及以上调节能力、装机容量 30 万 kW 及以上的水电项目。

5. 2020 年 1 月 1 日以来并网的新型储能项目。

（二）监管对象

各电网企业、各发电企业、相关储能企业、各电力调度机构和电力交易机构（以下简称电力企业）。

三、监管内容及依据

（一）关于调节性电源落实国家有关规划政策的情况

重点监督调节性电源（包含抽水蓄能、煤电灵活性改造、燃气发电、调节性水电）执行国家规划文件的情况，项目布局、工程建设进度是否符合规划要求，建设管理是否符合核准文件有关要求、是否严格执行基本建设程序等。

主要依据：《电力监管条例》（国务院令第 432 号）、《企业投资项目核准和备案管理条例》（国务院令第 673 号）、《抽水蓄能中长期发展规划（2021—2035 年）》《“十四五”现代能源体系规划》（发改能源〔2022〕210 号）等。

（二）关于调节性电源及资源实际调用及能力发挥的情况

重点监管调节性电源及资源实际调节能力是否符合设计要求，调节作用的实际利用情况，“两个细则”执行情况（新型储能除外）；电网企业是否提供公平接入服务，相关电力调度机构是否按照“三公”原则实施优化调度，是否建立和完善新型储能项目接网程序、优化调度运行机制实现科学优先调用等。

主要依据：《电力监管条例》（国务院令第 432 号）、《关于加强抽水蓄能电站运行管理工作的通知》（国能新能〔2013〕243 号）、《关于提升电力系统调节能力的指导意见》（发改能源〔2018〕364 号）、《电力并网运行管理规定》（国能发监管规〔2021〕60 号）、《新型储能项目管理规范（暂行）》（国能发科技规〔2021〕47 号）、《关于进一步推动新型储能参与电力市场和调度运用的通知》（发改办运行〔2022〕475 号）等。

（三）关于调节性电源及资源参与电力市场交易的情况

重点监管调节性电源及资源参与电力市场交易的有关情况，参与辅助服务考核补偿机制的情况，各类电源配建新型储能自愿选择与所属电源联合或转为独立储能参与电力市场的情况，市场化交易价格的浮动范围是否符合国家政策要求；市场运营机构是否按照公平无歧视的原则执行市场准入、信息披露、交易结算、合同签订等相关制度等。

主要依据：《电力监管条例》（国务院令第 432 号）、《关于鼓励社会资本投资水电站的指导意见》（国能新能〔2015〕8 号）、《电力中长期交易基本规则》（发改能源规〔2020〕889 号）、《电力并网运行管理规定》（国能发监管规〔2021〕60 号）、《电力辅助服务管理办法》（国能发监管规〔2021〕61 号）、《关于加快推动新型储能发展的指导意见》（发改能源规〔2021〕1051 号）、《关于进一步推动新型储能参与电力市场和调度运用的通知》（发改办运行〔2022〕475 号）等。

（四）关于调节性电源及资源落实国家有关价格政策的情况

重点监督调节性电源及资源电价的形成情况，参与灵活性调节的容量补偿机制情况，实际结算电费是否按照交易合同约定量价进行结算；燃气发电项目执行天然气发电价格机制；调节性电源及资源项目盈利情况；抽水蓄能抽水电量、向电网送电的独立储能电站充电电量是否执行输配电价、承担政府性基金及附加等。

主要依据：《电力监管条例》（国务院令第 432 号）、《关于规范天然气发电上网电价管理有关问题的通知》（发改价格〔2014〕3009 号）、《区域电网输电价格定价办法》（发改价格规〔2020〕100 号）、《电力辅助服务管理办法》（国能发监管规〔2021〕61 号）、《关于进一步完善抽水蓄能价格形成机制的意见》（发改价格〔2021〕633 号）等。

四、监管进度安排

本次综合监管工作分五阶段开展，具体如下：

（一）启动部署（5 月上旬至 5 月中旬）

国家能源局编制印发综合监管工作通知，启动电力系统调节性电源建设运营综合监管工作，监管司会同科技司、电力司、新能源司开展宣传解读、组织业务培训、开发监管信息平台等。

（二）信息填报（5 月中旬至 5 月下旬）

各派出机构会同省级能源主管部门摸排辖区内相关电力企业情况，督促企业按照通知要求，于 5 月 15 日至 31 日期间通过国家能源局监管信息平台（https：//jianguan.renewable.org.cn）完成相关信息填报，具体填报内容和指标说明见附件。

（三）自查摸排（6 月）

各省级能源主管部门、各派出机构按照职责分工对企业自查情况进行核实，通过自查信息比对等方式收集问题线索，其中，省级能源主管部门对项目规划建设情况进行核实，派出机构对项目调度运行、价格政策落实与执行情况进行核实。对于排查发现的问题，能直接整改的，应提醒相关电力企业立行立改；对于暂无法完成整改的，督促相关企业研究提出改进措施和进度安排。国家电网、南方电网、内蒙古电力公司和各发电央企总部要根据项目自查情况形成书面材料，于 6 月 30 日前报送监管司，重点反映所属企业自查发现问题情况，提出相应整改措施。

（四）现场监管（7 月至 9 月）

国家能源局采取“双随机、一公开”方式开展现场监管工作，成立现场监管工作组，实行组长负责制，重点是核实问题线索、现场调查取证、抽查自查阶段整改情况、发现突出问题、听取意见建议等。各省工作组应于现场监管结束后的 15 个工作日内完成现场监管报告，报告内容应包括但不限于：企业自查整体情况、现场调查取证情况、监管发现的问题、下一步工作举措及相关政策建议。

（五）问题处置（10 月至 11 月）

国家能源局汇总综合监管工作成果，按照《能源监管发现问题后续处理工作规范》（国能综通监管〔2020〕129 号）要求，认真梳理监管发现问题，经综合研判后，提出监管意见建议，视情况采取责令整改、监管约谈、行政处罚等方式进行处理，并将综合监管工作情况适时按程序发布。

五、有关要求

（一）切实提高思想认识

开展电力系统调节性电源建设运营综合监管工作是加快构建新型电力系统、支撑新型能源体系建设的一项重要基础性工作，有利于维护公平竞争的市场秩序，保障市场主体合法权益，促进调节性电源及资源健康可持续发展。各电力企业要切实提高思想认识，按照综合监管要求认真做好配合工作，客观、真实地准备相关材料和数据，落实相关责任，高质量按期完成信息填报任务。

（二）加强工作协同配合

各省级能源主管部门要高度重视，按照综合监管工作要求，落实属地责任，做好自查摸排阶段的相关核实工作，并协助监管工作组开展现场监管，督促企业做好问题整改，客观分析制约调节性电源及资源健康可持续发展的体制机制障碍，提出针对性的意见建议。

（三）严格遵守工作纪律

各监管工作组要严格落实中央八项规定及其实施细则精神，吃住行要严格按照规定标准执行，不得收受有关企业赠送的礼金、土特产等任何物品，不得私自与监管对象单独接触、泄露综合监管工作开展情况等，做到程序规范、依法用权，并做好相关保密工作。

附件：

1. 发电（储能）企业自查表（略）
2. 电网企业自查表（略）

国家能源局

2023 年 5 月 4 日

2022 年度电力业务资质许可信用专项监管报告

（监管公告〔2023〕第 1 号）

为深入探索构建以信用为基础的新型能源监管机制，进一步提升电力业务资质许可监管效能，维护电力市场准入秩序，促进能源行业健康发展，根据国家能源局《2022 年能源监管重点任务清单》（国能发监管〔2022〕5 号）和《2022 年资质管理和信用工作要点》（国能综通资质〔2022〕2 号）有关部署和工作要求，2022 年 4 月至 11 月，国家能源局组织开展了电力业务资质许可信用专项监管（以下简称专项监管）。根据专项监管情况，形成本报告。

一、基本情况

根据国家能源局综合司印发的《2022 年电力业务资质许可信用专项监管工作方案》，本次专项监管在陕西、湖北、广东、新疆、浙江、福建、湖南、四川、贵州等 9 个省（区）开展，监管范围包括 2020 至 2021 年并网的可再生能源发电项目（豁免电力业务许可的项目除外）、在建可再生能源发电项目（豁免电力业务许可的项目除外）涉网工程、在建 220（330）kV 电网工程以及 2021 年报装的 35kV 及以上用户受电工程。

纳入本次专项监管的项目（工程）共 2547 个，其中，发电项目 1006 个，在建可再生能源发电项目涉网工程 258 个，在建 220（330）kV 电网工程 343 个，35kV 及以上用户受电工程 940 个，共涉及企业 2069 家。依据《国家能源局关于实施电力业务许可信用监管的通知》（国能发资质〔2019〕79 号）规定，相关派出机构按照电力企业不同信用类别共抽取检查对象 377 家（发电企业 156 家、电网企业 44 家、承装（修、试）电力设施企业 135 家、相关电力用户 42 家）；电力企业中，信用良好及守信企业 320 家、失信企业 13 家，尚未确定信用类别的企业 2 家。本次专项监管对无证企业、“失信”或“严重失信”企业全部开展现场检查，“信用良好”及“守信”企业按比例抽取现场检查，共计现场检查企业 228 家，其余被检对象采取非现场检查。

从专项监管整体情况看，绝大部分受检企业能够按照专项监管有关工作要求，及时报送相关材料，如实报告执行许可制度情况，并积极配合开展现场检查等相关工作。大部分受检企业能够遵守许可制度，做到规范持证、依法经营，信用状况良好。

检查中发现，部分企业存在无证运营、超越许可范围从事相关业务活动、违法分包、不实承诺以及未持续保持许可条件等违反许可制度的行为。

从信用情况看，13 家“失信”企业中，9 家企业存在问题，占比 69.2%；320 家“信用良好”及“守信”企业中，69 家存在问题，占比 21.6%，（另有 1 家尚未确定信用类别的企业存在问题）。本次专项监管共有 14 家企业因存在问题被行政处罚后，信用等级从“信用良好”或“守信”降低为“失信”。上述数据反映出在电力行业中，信用等级高的企业，违反电力领域规章制度的行为相对较少，这说明，对持证企业进行信用综合评价，并以此为基础开展分级分类监管，有助于提高监管的精准性、靶向性，有效提升监管效能。

二、存在问题

本次专项监管共发现 8 类问题（共 89 项），涉及企业 79 家［发电企业 48 家、电网企业 7 家、承装（修、试）电力设施企业 24 家］，约占被抽检企业的 21%，其中，同时存在两项问题的企业 8 家，同时存在三项问题的企业 1 家。本报告对上述问题中的六类典型问题予以披露。

（一）未取得许可从事电力业务

8 家可再生能源发电企业未取得许可从事电力业务，违反《电力业务许可证管理规定》（电监会 9 号令）第四条规定。

专栏 1

> 湖北孝感优泰能源科技有限公司运营的优泰能源应城城北 80MW 渔光互补光伏电站项目，于 2021 年 12 月并网发电，截至本次专项监管现场检查阶段仍未按规定取得电力业务许可证。
>
> 四川宝兴县旺平水电有限公司运营的土巴沟电站（3×8MW）项目于 2020 年 6 月并网发电，截至本次专项监管现场检查阶段仍未按规定取得电力业务许可证。

（二）超越许可范围从事许可业务活动

7 家可再生能源发电企业超越许可范围从事电力业务、6 家承装（修、试）电力设施企业超越许可范围从事承装（修、试）电力设施活动，违反《电力业务许可证管理规定》第二十六条、《承装（修、试）电力设施许可证管理办法》（国家发展改革委令 2020 年第 36 号）第七条规定。

专栏 2

> 湖南五凌沅陵电力有限公司运营的圣人山风电场项目，于 2021 年 5 月取得电力业务许可证，许可机组为 6 号机组。该项目 1～5 号、7～17 号机组于 2021 年 7 月并网发电，截至本次专项监管现场检查阶段仍未按规定取得电力业务许可证，企业超越许可范围从事电力业务。
>
> 贵州黔送送变电工程有限公司（承装四级、承修四级、承试五级），超越许可范围承揽应由承装三级企业承担的册亨县丫他板其农业光伏电站 110kV 送出线路及对侧间隔改造工程。

（三）违法分包承装（修、试）电力设施业务

6 家承装（修、试）电力设施企业违法分包承装（修、试）电力设施业务，违反《建设工程质量管理条例》（中华人民共和国国务院令第 279 号）第二十五条规定。

专栏 3

中国能源建设集团广东火电工程有限公司将其承揽的福建华电福清海坛海峡 300MW 海上风电项目 220kV 升压站机电设备安装工程的电气安装部分以劳务分包名义违法分包给其他施工企业。 新疆大明德电力有限公司将承揽的潞安准东电厂 35kV 输变电工程的电缆敷设、杆塔组立、智能开关及断路器安装、电缆终端头制作等电力主体工程以劳务分包名义违法分包给其他施工企业。

（四）申请许可证时提供虚假材料或作出不实承诺

2 家承装（修、试）电力设施企业在申请许可证时，采取欺骗手段取得许可证；3 家承装（修、试）电力设施企业通过告知承诺制申请许可证时，通过作出不实承诺取得许可证。上述行为违反《中华人民共和国行政许可法》第三十一条。

专栏 4

浙江金三角电气安装有限公司于 2021 年 4 月取得承装（修、试）电力设施许可证。检查发现，企业在申请承装（修、试）电力设施许可证时提供虚假人员从业材料。 新疆恒源建设工程有限公司于 2021 年 11 月通过告知承诺制方式取得承装（修、试）电力设施许可证。检查发现，企业承诺不实，专业技术人员不满足许可要求。

（五）企业运营机组实际情况与许可证登记信息不一致

17 家可再生能源发电企业运营的发电项目，机组实际投产情况与电力业务许可证登记机组信息（容量、日期）不一致，违反《中华人民共和国行政许可法》第三十一条规定。

专栏 5

华电湖北发电有限公司黄石光伏发电分公司运营的黄石阳新太子镇渔光互补光伏发电项目，首次并网时间为 2021 年 12 月，申请办理许可证时登记的容量为 98MW，截至本次专项监管现场检查阶段，实际并网容量为 60MW，与许可证登记信息不一致。 中广核永寿新能源有限公司运营的陕西永寿 200MW 光伏项目，申请电力业务许可证时，填报的全部机组（单元）投产日期为 2021 年 3 月。经核实，2021 年 3 月该项目机组（单元）未全部投产，机组（单元）实际投产时间与许可证登记信息不一致。

（六）电网企业落实许可制度不规范

1 家电网企业将承装（修、试）电力设施业务发包给不具备相应资质的企业进行施工；6 家电网企业未核实并网发电机组是否取得电力业务许可或机组信息是否与电力业务许可证记录一致。上述行为违反《建设工程质量管理条例》第七条、《电力业务许可证监督管理办法》第二十二条规定。

专栏 6

广东电网有限责任公司阳江供电局将含有 220kV 调试业务的阳江 220kV 旗鼓岭站扩建第二台主变及配套线路工程和阳江 220kV 薄荷（城北）输变电工程（第一标段）发包给不具有承试二级资质的阳江凯源电力工程有限公司（承装二级、承修二级、承试三级）。 国网雅安电力（集团）公司调度、并由四川宝兴县旺平水电有限公司运营的土巴沟电站（3×8MW）于 2020 年 6 月并网发电，截至本次专项监管现场检查阶段仍未取得电力业务许可，电网企业未按规定核实发电机组许可情况。

除上述典型问题外，本次专项监管还发现了未持续保持许可条件以及发生变更事项未按规定办理变更或未向所在地派出机构报告等问题，因违规行为较轻，不在本报告中披露。

三、监管意见

针对专项监管发现的 79 家问题企业，国家能源局相关派出机构分别采取了责令整改、监管约谈、撤销许可、行政处罚等监管措施，其中依法对 17 家存在违法违规行为的企业采取警告、罚款（涉及处罚金额 183.83 万元）等行政处罚措施。违法违规行为已纳入市场主体信用记录，按照《能源行业市场主体信用行为清单（2022 年版）》认定“轻微失信”行为为 4 项、“较重失信”行为 8 项、“严重失信”行为 5 项，对相关企业分别采取了“失信提示”“重点关注”等信用监管措施。针对本次专项监管发现的问题，现提出如下监管意见。

（一）可再生能源发电企业要依法持证经营

可再生能源发电企业应当在项目并网后规定时间内（风电、光伏项目为并网后 6 个月内，其他项目为机组完成启动试运后 3 个月内）取得电力业务许可证，申请许可时机组容量、投产时间等信息应当与实际一致；不得超越许可范围从事发电业务，新建（改建）、取得（转让）或退役发电机组应当按规定要求办理许可事项变更；企业名称、住所或者法定代表人等登记事项发生变化的，应当及时办理登记事项变更手续；企业安全、生产运行、技术、财务负责人发生变化的，应当通过国家能源局资质和信用信息系统及时向所在地国家能源局派出机构报告；发电项目应当按照环境保护的有关法律法规，完成环境保护设施竣工验收；应当将承装（修、试）电力设施许可证列入发电项目涉网工程招标条件，由具备相应资质企业施工。

（二）承装（修、试）电力设施企业要严格遵守承装（修、试）电力设施许可制度

承装（修、试）电力设施企业应当依法取得许可证并在许可范围内从事相关活动；不得出租、出借许可证，不得以任何形式转包或违法分包工程；持证企业应当持续保持许可条件，人员和资产等发生重大变化的，应当通过国家能源局资质和信用信息系统及时向国家能源局派出机构报告，不符合许可证法定条件和标准的，应当及时整改；企业名称、住所或者法定代表人等登记事项发生变更应当及时办理登记事项变更手续。

（三）电网企业要认真落实电力业务许可管理各项要求

电网企业及其调度机构应当严格执行《电力业务许可证管理规定》《电力业务许可证监督管理办法》有关要求，切实规范发电企业持证上网交易秩序，按时报送并网发电机组清单等信息，核实发电企业是否在规定时间内取得电力业务许可证、机组信息是否与许可证记录相符，如存在问题，应及时向国家能源局派出机构反映情况；应当加强所属单位项目管理，将承装（修、试）电力设施许可证列入电网工程招标条件，不得将工程发包给无证或超越许可范围的企业施工。

（四）相关电力企业要牢固树立诚信经营意识

相关电力企业应当认识到“守信者一路畅通、失信者寸步难行”，杜绝虚假材料申请许可和虚假承诺等失信行为，树立诚信经营理念，在生产经营、安全管理、财务管理和劳动用工管理等各环节强化企业诚信自律；要加强对下属企业的诚信教育和管理，着力加强信用文化建设，全面增强诚信经营意识。对本次专项监管中受到行政处罚的企业，有关违法违规行为纳入信用记录。相关企业要按照《能源行业市场主体信用修复管理办法（试行）》有关规定，主动纠正失信行为并消除不良影响，积极申请信用修复，形成更加良好的行业诚信氛围。

国家能源局综合司关于开展海上风电施工安全专项监管工作的通知

（国能综通安全〔2023〕72号）

天津市、河北省、辽宁省、上海市、江苏省、浙江省、福建省、山东省、广东省、广西壮族自治区、海南省发展改革委、能源局，华北、东北、华东、南方能源监管局，山东、浙江、江苏、福建能源监管办，全国电力安委会有关企业成员单位：

为切实落实海上风电项目安全管理责任，防范安全事故的发生，根据《国家能源局综合司关于印发〈2023年电力安全监管重点任务〉的通知》（国能综通安全〔2023〕4 号）要求和有关工作安排，国家能源局决定在全国范围内组织开展海上风电施工安全专项监管工作。现将《2023年海上风电施工安全专项监管工作方案》印发给你们，请认真组织落实。

国家能源局综合司

2023年6月1日

2023年海上风电施工安全专项监管工作方案

为认真贯彻落实习近平总书记关于安全生产重要指示精神和党中央、国务院决策部署，统筹发展和安全，切实落实海上风电项目安全管理责任，防范安全事故的发生，根据《国家能源局综合司关于印发〈2023年电力安全监管重点任务〉的通知》（国能综通安全〔2023〕4号）要求和有关工作安排，制定本工作方案。

一、工作目标

针对海上风电施工中出现的安全责任落实不到位、施工现场安全管控不严、应急能力建设比较薄弱等突出问题，通过开展海上风电施工安全专项监管，督促海上风电项目相关参建单位切实落实安全生产主体责任，提高安全管理水平，坚决防范和遏制重特大事故发生。

二、工作依据

（一）《安全生产法》（中华人民共和国主席令 第88号）；

（二）《建设工程安全生产条例》（国务院令第393号）；

（三）《建设工程质量管理条例》（国务院令第279号）；

（四）《国务院安委会办公室 自然资源部 交通运输部 国务院国资委 国家能源局关于加强海上风电项目安全风险防控工作的意见》（安委办〔2022〕9号）；

（五）《电力建设工程施工安全监督管理办法》（国家发展改革委令第 28 号）；

（六）《国家发展改革委 国家能源局关于推进电力安全生产领域改革发展的实施意见》（发改能源规〔2017〕1986 号）

（七）《国家能源局关于进一步加强海上风电项目安全风险防控相关工作的通知》（国能发安全〔2022〕97 号）；

（八）《国家能源局综合司关于印发〈2023 年电力安全监管重点任务〉的通知》（国能综通安全〔2023〕4 号）；

（九）其他相关法律法规和国家、行业标准。

三、工作内容

相关省份地方政府电力管理部门和派出机构按照《国务院安委会办公室 自然资源部 交通运输部 国务院国资委 国家能源局关于加强海上风电项目安全风险防控工作的意见》（安委办〔2022〕9 号）界定的职责范围，对海上风电项目各参建单位施工安全管理工作开展专项监管，重点核查以下八方面内容。

（一）安全生产主体责任落实

核查相关参建单位安全生产目标的制定和落实情况、安全生产管理机构设置和安全生产管理人员的配备情况、安全生产责任制的落实情况、安全生产管理制度的制定和落实情况、安全生产费用提取和使用情况、安全教育培训情况、隐患排查治理工作开展情况等。

（二）安全技术管理

核查相关参建单位技术措施方案清单编制情况、危大工程和超危大工程专项施工方案的编审批和技术交底情况等。

（三）现场安全管理

核查相关参建单位对专项施工方案的执行情况、对施工场区地勘资料的核对和分析情况、水上和水下作业活动许可证的办理情况、机械设备管理情况、海上施工作业情况、出海人员动态管控情况等。

（四）工程质量管控

核查相关参建单位工程质量监督注册情况、质监工作配合情况、质监检查意见闭环整改情况等。

（五）工程工期管理

核查工程工期的确定和执行情况、工期调整时相关参建单位是否按规定组织论证和评估等。

（六）分包安全管理

核查相关参建单位分包管理制度的制定和执行情况、安全生产管理协议的签订和执行情况等。

（七）涉网安全管理

核查海上风电项目电气一次设备、涉网继电保护及安全自动装置、无功补偿装置等性能是否满足电力系统安全稳定要求；风电场是否具备参与电力系统调频、快速调压、调峰和备用能力；风电场功率预测系统、故障穿越能力、运行适应性是否满足相关要求等。

（八）应急管理

核查海上风电项目的应急管理组织机构是否完善；是否根据施工风险特点、范围和作业性质，制定相应的应急预案和现场处置方案；是否按要求开展应急演练；是否与相关方建立信息、资源共享以及协调联动机制等。

四、工作安排

（一）自查整改阶段（6 月至 8 月）

海上风电项目各参建单位依据国家安全生产法律法规和标准规范，结合本单位实际，对《海上风电施工安全专项监管事项清单》（见附件）的相关内容进行细化，制定专项工作方案，紧紧围绕专项监管内容，深入开展自查自纠和问题整改。8 月 15 日前，海上风电项目建设单位汇总各参建单位自查整改情况，形成项目自查整改情况报告，报送至相关省份地方政府电力管理部门和派出机构。

（二）现场核查阶段（10 月底前）

相关省份地方政府电力管理部门和派出机构按照“双随机、一公开”方式，分别对所辖范围内海上风电项目安全自查整改情况进行现场核查。国家能源局电力安全监管司视情况选择部分地区开展现场督查。

（三）总结提升阶段（11 月至 12 月）

相关省份地方政府电力管理部门和派出机构认真总结本单位专项监管工作开展情况，形成专项监管工作总结，于 11 月 30 日前报送国家能源局电力安全监管司。

五、工作要求

（一）精心组织

各单位要高度重视本次专项监管工作，精心组织，周密部署，细化责任分工，确保专项监管工作取得实效。

（二）严格执法

对现场核查中发现的重大风险隐患，相关责任单位如果不能及时整改、无法保证安全生产的，核查组应责令立即停工整改。相关责任单位在完成整改后，应经本企业上级单位主要负责同志审批同意后方可复工。

（三）廉政要求

核查组人员要严格执行中央八项规定精神和党风廉政建设有关要求，不影响被检查单位正常工作，确保廉洁自律、客观公正。

附件：海上风电施工安全专项监管事项清单（略）

国家能源局综合司关于开展跨省跨区电力交易与市场秩序专项监管工作的通知

（国能综通监管〔2023〕122号）

国家电网有限公司、中国南方电网有限责任公司，北京电力交易中心有限公司、广州电力交易中心有限责任公司：

为加强跨省跨区电力交易与市场秩序监管，推动跨省跨区电力市场化交易规范开展，促进电力资源在更大范围优化配置，根据《国家能源局关于印发〈2023年能源监管重点任务清单〉的通知》（国能发监管〔2023〕5号）安排，决定开展跨省跨区电力交易与市场秩序专项监管工作。现将有关事项通知如下。

一、工作目标

贯彻落实《中共中央 国务院关于进一步深化电力体制改革的若干意见》（中发〔2015〕9号）及配套文件有关要求，健全市场化交易机制，推进跨省跨区电力市场化交易，加强垄断环节监管，督促北京、广州电力交易中心和电网企业相关部门规范组织开展跨省跨区电力交易，加快构建有效竞争的市场结构和市场体系。推动解决厂网之间突出问题，维护良好的市场秩序，保障市场成员合法权益，实现资源在更大范围优化配置。

二、工作内容

围绕近两年电力市场监管发现的突出问题，重点对以下情况进行监管。

（一）交易组织情况

重点对跨省跨区直接交易、发电权交易、合同转让交易、省间电力现货交易等各类跨省跨区交易的合理性、合规性和公平性进行监管。包括各类交易主体直接参与跨省跨区交易、公平使用跨省跨区通道情况，配套电源外送电量、可再生能源占比的合规性，通道电力流向与规划的一致性等。

（二）合同签订和执行情况

重点对合同完整性，合同执行和调整规范性、公平性进行监管。包括购售电合同和并网调度协议的完整性、签订的及时性以及备案情况，合同电量调减的合理性，减免和退还偏差考核费用的合规性等。

（三）电费结算情况

重点对电费结算的合规性、公平性进行监管。包括出具电费结算依据情况，结算金额的准确性，电费中承兑汇票使用比例，输电费用收取与实际物理潮流匹配情况，交易计划偏差结算（考核）资金收取和分配情况，电费清算及时性等。

（四）信息披露情况

重点对市场交易信息披露情况进行监管。包括对影响交易主体重大利益的关键参数和事项披露的及时性、准确性、完整性等。

（五）市场运营机构履职尽责情况

重点对市场运营机构独立规范运行，开展运营监控、风险防控、市场运营分析等情况进行监管。包括市场运营机构工作协同机制建设情况，对市场运行异常事件监控和风险防控的职责履行情况，电力市场管理委员会议事决策职责履行情况等。

三、工作步骤

（一）启动部署（10月下旬—11月中旬）

国家能源局组织成立工作组，编制印发专项监管工作通知，启动跨省跨区电力交易与市场秩序专项监管工作。

（二）现场核查（11月下旬—12月上旬）

组成工作组进驻国家电网、南方电网总部和北京、广州电力交易中心，采取监管座谈、查阅资料、核查账簿等方式开展现场核查。以问题为导向，根据工作需要，对电网企业相关部门开展延伸监管，充分核查、验证有关情况。对监管发现的问题，工作组采取一定方式向监管对象反馈核实，形成问题清单和监管工作报告报国家能源局。

（三）问题处置（12月中旬—12月底）

国家能源局汇总梳理现场核查工作情况，对发现的问题，视情况采取责令整改、监管约谈、行政处罚等方式进行处理，并将专项监管工作情况适时按程序发布。

四、工作要求

（一）提高思想认识

开展跨省跨区电力交易与市场秩序专项监管工作是加快建设全国统一电力市场体系的一项重要工作，有利于维护公平竞争的市场秩序，保障市场成员合法权益，促进电力资源在更大范围优化配置。电力交易中心和电网企业相关部门要切实提高思想认识，充分认识专项监管工作的重要意义，积极支持配合做好相关工作。

（二）主动配合监管

电力交易中心和电网企业相关部门要积极配合专项监管，指派专人负责与工作组对接，按照要求及时、准确、完整提供材料和数据，落实相关责任，配合工作组高质量完成现场核查工作。

（三）认真整改落实

电力交易中心和电网企业相关部门要认真做好整改落实工作，制定详细的整改方案，采取有针对性的措施，逐一整改落实。并以此次专项监管为契机，举一反三进行整改，建立健全长效机制，不断推动跨省跨区电力市场化交易健康发展。

联系人：李　刚

联系方式：010－81929563　81929559（传真）

电子邮箱：ligang1@nea.gov.cn

国家能源局综合司

2023 年 10 月 27 日

国内首个能源监管实践报告发布

11 月 16 日，第六届亚太能源监管论坛在深圳召开。作为大会重要成果之一，《中国能源监管探索与实践报告》（简称《报告》）正式发布，首次对中国能源监管理念进行系统阐释，首次向亚太地区国家集中展示中国能源监管经验和成效，成为开启高质量能源监管的行动指南。

《报告》提出，全国电力市场建设取得显著成就，电力体制改革不断深化，交易规则体系基本形成，市场交易规模逐步扩大。全国市场化交易电量由 2016 年的 1 万亿 kWh 增长到 2022 年的 5.25 万亿 kWh，占全社会用电量比重提高到 60.8%。2023 年 1—10 月，全国市场化交易电量 4.66 万亿 kWh，同比增长 8.1%，占全社会用电量比重达到 61.3%。在交易机构注册的主体数量由 2016 年的 4.2 万家增长至目前的 70.8 万家，市场活力有效激发。

《报告》显示，2022 年全国新能源市场化交易电量达到 3465 亿 kWh，占新能源总发电量的 38.4%。绿电绿证交易规模稳步扩大，截至 2023 年 10 月底，已累计达成绿电交易电量 878 亿 kWh，核发绿证 1.48 亿个。

行　业　服　务

中国电力企业联合会

【综述】2023 年，中国电力企业联合会（简称中电联）各项工作卓有成效。

1. 以主题教育为引领，党建工作再上新台阶

高标准推进主题教育见行见效。坚持理论学习、调查研究、推动发展、检视整改一体推进。组织制定系列实施方案，创新编制行动清单，研究制定 33 项重点举措。举办两期主题教育轮训班，与国家能源局、国家电网有限公司等开展支部共建活动，部分联合开展的调研成果荣获中央和国家机关优秀调研成果三等奖。主题教育工作受到国资委第十三巡回指导组高度肯定，并作为协会代表在中社部召开的座谈会上作典型发言。

坚持不懈用党的创新理论武装头脑。严格落实“第一议题”制度，滚动汇编《习近平总书记有关能源电力行业重要讲话和指示批示》，组织全体党员干部参加二十大精神网络培训班。党委成员讲党课 8 次，开展 6 次党委理论中心组（扩大）学习会，编印《党建工作通讯》。举办 2023 年电力党建工作研讨会，推进行业党建学习交流。

夯实党组织战斗堡垒作用。推进发展院党总支改设党委工作，完善组织体系。召开代管协会党支部书记抓党建考核会议，全年新发展党员 10 名，转正党员 12 名。开展 2023 年度“两优一先”评选，组织召开表彰大会，发挥先进典型的示范引领作用，提升党组织战斗力。

坚定不移推进党风廉政建设。组织召开全面从严治党专题会议，与 23 个基层党组织签订《党风廉政建设责任书》，持续更新监督工作台账。加强巡察规范化建设，开展纪检人员专题培训。完成人才中心、中电技协内部巡察，及时开展谈话函询和批评教育，依规依纪处置问题线索，营造清正廉洁的政治氛围。

2. 胸怀国之大者，服务党和国家工作大局

多项工作受到国家领导人圈阅批示。中电联发布的《新型储能助力能源转型》报告，得到国家领导人批示。会同国家电网有限公司，编写的“贯彻落实亚太电协大会重要倡议的报告”，得到国家领导人圈阅。参与编写《电动汽车充电基础设施报告》，研究提出“制定充电桩强制性国家标准”等建议，得到国家领导人批示。

完成多项能源领域重大任务。深入贯彻落实习近平总书记关于电力安全生产的重要论述，配合国家能源局，牵头完成多项电网、电源重大能源基础设施安全风险评估任务。受国家发展改革委委托，首次完成±800kV 特高压直流输电工程、百万千瓦超超临界燃煤电厂项目的核准评估。牵头开展国家能源局“能源领域首台（套）重大技术装备”评审工作。发起成立电力装备碳足迹研究专班，推进碳足迹标识认定。参加国家发展改革委组织的“三改联动”专班，

评选出 55 项典型示范案例，高效有序推动煤电机组改造升级。

行业引领能力进一步提升。受国家能源局委托，开展“十四五”电力规划中期评估，针对煤电装机规模、非化石能源发电装机和发电量等指标，提出调整建议。参加国家发展改革委电力供需专班、国家能源局新型电力系统稳定工作专班，全年向国家部委提交 120 余份分析预测材料，部分信息上报至中办、国办，信息报送工作得到国资委通报表彰。受国家能源局委托，会同有关单位编写并首次发布《新型电力系统发展蓝皮书》，提出了构建新型电力系统的总体架构和重点任务。参与编制《关于加强新型电力系统稳定工作的指导意见》《新型储能标准体系建设指南》等文件，推动相关政策出台。

组织举办的重大活动亮点纷呈。凝聚创新合力，以“科技强基赋能 创新电亮未来”为主题，召开首届电力行业科技创新大会，发布 82 项行业科技创新重大成果。组织召开 2023 年经济形势与电力发展分析预测会、第一届电力市场高端论坛、第三届电动汽车充换电技术创新大会、2023 年电力行业可靠性高质量发展论坛、第二届电气化发展高端论坛、新型电力系统发展（崇礼）论坛等活动，推进国家相关政策落地见效。

3. 举办亚太电协大会，“国际化建设年”成果丰硕

亚太电协大会取得成功。以“绿色低碳　电亮未来”为主题，举办第 24 届亚太电协大会，26 家国内主要电力企业负责人作主旨演讲。来自 18 个国家和地区、600 多家单位的 3000 多位嘉宾现场参会，中央网信办将大会纳入重点传播选题，260 余家中外媒体报道大会盛况，在线观看超 2000 万人次，全网浏览量超 2 亿次，向世界充分展示了中国坚持绿色发展的理念和决心，提升了电力行业的国际影响力。本次大会是近年来中国电力行业举办的规格最高、规模最大的电力国际盛会，在中国电力行业和中电联发展史上留下了浓墨重彩的一笔。

举办系列国际交流活动。与国家电网有限公司共同主办第 31 届上海国际电力设备及技术展览会，展览面积超 6 万 m^2，吸引来自 20 个国家和地区的近 1500 家企业参展。组织召开东北亚区域电力互联与合作论坛，来自韩国、日本、蒙古和俄罗斯等各国代表参会，发布“东北亚绿色电力通道路线图”等系列成果。举办 2023 中国—东盟电力合作与发展论坛，参加“一带一路”国际合作高峰论坛，组织会员单位申报联合国全球契约组织行动平台项目实践案例，促进合作共赢。

国际标准创新合作取得新进展。接任亚太电协技术委员会主席国，推动成立国际电工委员会可持续电气化交通系统委员会，组织召开中德电动汽车标准工作组第十次会议，中日无线充电技术年度交流会。发布由中国牵头制定的《分布式能源与电网互联》等 8 项国际标准。中电联提出的新一代 ChaoJi 充电技术亮相国际电动车展览会，向世界展示下一代直流充电技术解决方案。

参与全球气候治理。在联合国气候变化大会第 28 次缔约方会议期间，主办以“清洁能源促进绿色转型”为主题的“中国角”边会活动，发布《新时代中国电力绿色发展》白皮书，向国际社会集中展示电力低碳转型的“中国故事”，得到关注。针对“欧盟碳边境调整机制法案”，提出相关意见，维护“共同但有区别”的国际应对气候变化原则。凝聚发展共识，与 IEA、IEEE、MKI 签订合作谅解备忘录。

服务“一带一路”建设。推进中非电力丝路学院建设，首次开展国外电力职业能力水平评价，完成柬埔寨华电西港发电公司人才评价工作。联合国教科文组织、塞内加尔、科特迪瓦、刚果等政府高官到访中电联，召开中非电力职业教育交流座谈会，助力中非电力人才培养。持续拓展海外质监、工程咨询等服务，完成中国兵器集团孟加拉国 132 万 kW 燃煤电站、中国华电印尼 2×66 万 kW 坑口电站、柬埔寨西哈努克港 2×35 万 kW 燃煤电站等专项咨询。

4. 开展调查研究，推动行业健康可持续发展

咨政建言成效显著。受国家能源局委托，牵头完成“燃煤发电容量电价政策机制”研究，提出的“统一补偿标准、分省核定补偿电价、公平疏导费用”总体思路得到采纳，推动煤电容量电价政策出台，得到行业广泛赞誉。研究提出的现代化产业体系“完整性、先进性、安全性”等特征，被中央财办采纳。受国家能源局委托，牵头完成“基于实时数据的电力可靠性管理”等三项课题研究，相关研究成果已以国家能源局名义印发。围绕行业发展热点，中电联提供的统计数据、研究成果等多次获新华社内参采用。

重大问题调研成果显著。牵头完成并发布《全国省级电力市场建设年度报告》。开展宁夏新型电力系统建设模式研究，提出“机组集群灵活性协调优化技术”，获得业内好评。完成《适应新型电力系统调节需求的市场机制研究》等 10 项行业重大问题调研；受国家能源局委托，完成《深入推进能源革命、加快规划建设新型能源体系有关重大问题研究》等多项报告。相关研究成果已报送国家有关部门，为政府决策提供参考。

深入推进碳市场建设。受生态环境部委托，承担第三个履约周期碳排放配额分配方案研究，提出“基于火电机组保供与调节能力并重的履约豁免机制”，得到认可。编写《发电行业在全国碳市场运行成效、存在问题和建议》，通过国资委报送至中办、国办。受国

家发展改革委委托，开展“碳排放双控相关配套制度”课题研究，推进“能耗双控”向“碳排放双控”转变。助推全国CCER市场启动，组织编制“并网海上风力发电项目减排方法学”，以排名第一的成绩通过生态环境部评审，成为国家正式发布的第一批减排方法学成果。

年度发展报告影响力进一步扩大。连续18年发布《中国电力行业年度发展报告》，纳入科技创新等13项专业领域年度发展报告、电力供需分析预测等4项专题报告，完善“$1+N+X$”的年度发展系列报告格局。首次开展专家委员会预审工作，提升报告质量。报告中的相关数据和观点，获得两期央视新闻联播报道，已成为国内最权威的行业年度发展系列报告。

助推企业纾困解难。作为煤炭市场价格监测定点单位，受国家发展改革委委托，参与电煤中长期履约调研、重点电厂电煤库存抽查等工作，牵头编制《燃煤发电价格监测分析报告》。受国家能源局委托，编发6期《能源投资监测双月报》，并报送至中办、国办。协助国务院研究室召开电力保供形势座谈会，全年10余次向政府有关部门反映电煤煤质下降、企业经营困难等情况，研究提出加快优质产能释放、加强中长期合同履约等建议，得到政府部门重视。

5. 提升专业服务能力，彰显行业品牌效应

增强标准化引领作用。贯彻落实《国家标准化发展纲要》，组织召开2023年电力标准化工作会议。牵头成立电力市场标委会，助力国家电网将标准创新基地变更为“新型电力系统国家标准创新基地”。加强标委会管理，开展“标委会建设年”活动。2023年以来，共发布电力标准409项，其中，国家标准31项、行业标准226项，中电联标准152项。

完善电力行业统计体系。《电力行业统计调查制度》通过国家统计局审批，确保行业统计工作规范有序开展。扩大电力行业统计调查口径，将中石油、中煤电力等共计约1亿kW装机纳入统计体系，统计范围和影响力逐步扩大。电力公共信息平台上线运行，行业数据互联互通工作进展顺利。

推进电力可靠性管理工作。与国家能源局联合发布2022年电力可靠性指标，科学开展对标评价，104台机组被评为“全国发电机组可靠性标杆机组”称号。受国家能源局委托，组织完成《电能质量管理办法》修订工作。强化以可靠性为中心的设备检修（RCM）策略研究，推动项目试点工作有序开展。

科技服务更加精准有效。组织开展2023年电力创新奖评选，收到申报成果2743项，申报数量再创历史新高，“白鹤滩百万千瓦水轮发电机组关键技术与应用”等13项成果获创新大奖。首次被工信部认定为电力行业数字化转型贯标服务单位，组织28家单位开展贯标工作。组织开展的机组对标规模创历史最高水平，年度对标火电机组、清洁能源发电机组容量“双破”7亿kW，分别达到7.02亿、7.64亿kW，行业覆盖面扩大。

质监、检测及造价咨询服务有序推进。创新开展电力建设工程质量指数研究；对5项特高压工程、117个发电项目，开展500余次现场监督检查，提出问题5万余条，保障工程质量。检测院新获环水保监测和防雷接地检测资质，全年出具4600余份检测报告，发现各类问题400余项。技经中心、检测院入选北京市高级人民法院司法鉴定评估检测机构名单。完成电力工程定额与造价大数据平台建设，不断拓展工程造价管理服务新模式。首次承接世界最大单机容量的压缩空气储能电站工程——山东泰安350MW储能项目造价咨询服务。编制新型储能工程建设定额，填补了国内空白。

行业人才培养取得新突破。培育电力大国工匠，全年共举办国家级技能竞赛4项、行业级技能竞赛4项，在全国各行业中排名前列。通过竞赛，电力行业共有12人获得“全国技术能手”称号，234人获得“行业技术能手”称号。组织召开首次电力行业人才就业工作研讨会，与工信部联合举办第三届能源电力行业领军人才高级研修班。完善技能人才评价体系，组织举办“电力工匠进校园”活动。开展行业第二批职业能力评价机构评选，新增41家电力行业职业能力评价基地。落实教育强国战略，参与的三项工作获得国家级教学成果二等奖。

新兴业务发展态势良好。受国家能源局委托，开展“区块链+能源”创新应用试点评估。国家电化学储能安全监测信息平台上线，发布行业统计数据。首次开展电力行业储能项目安全评估、输电线路森林火灾风险评估。科技中心取得输变电设备监造甲级资质和CMA检测资质。发布《全国工业领域电力需求侧管理优秀案例》，完成333家两化融合评定和479个项目的科技成果鉴定，助力企业数字化转型。

6. 宣传弘扬电力精神，行业社会影响力提升

电力精神深入人心。以“践行责任担当 凝聚奋进力量”为主题，举办中国有电141周年庆祝活动，首次发布电力精神表述内涵及倡议书。组建电力精神宣讲团，赴五省市开展巡回宣讲。组织青年党员开展“电力精神看基层”活动，举办主题微视频大赛、摄影书画展、演讲比赛等活动，推进电力精神图书编纂。以视、听、读、创等多种形式，宣传和弘扬电力精神，在行业内掀起了广泛热潮、营造了浓厚氛围。电力精神宣传视频荣获中国电力影视作品一等奖。

文化建设成果丰硕。加大先进行业文化推广力度，举办2023年行业企业文化工作交流大会，推动25项

电力文化遗产入选中央企业工业文化遗产名录、推荐11家电力企业荣获全国企业文化优秀成果。制定《电力行业自律公约》，加强行业自律建设。编纂完成《中国电力工业史》8卷，生动呈现了整个行业接续奋斗的光辉历程。参与编写的《电力强国崛起——中国电力技术创新与发展》专著，获得2023年度“机械工业科学技术奖”一等奖。

信用体系建设更趋完善。组织召开电力行业信用体系建设工作推进会，首次发布信用电力指数监测情况和排名报告，持续开展信用标准建设、信用评价、失信行为治理等服务。举办两期信用体系建设示范企业推广交流活动，推进行业诚信文化建设。

新闻宣传取得新突破。围绕中电联重大活动、智库成果，加大宣传报道力度。全年主要媒体宣传报道中电联461次，同比增长76%。其中，人民日报、新华社等中央级媒体宣传报道177次，同比增长127%；全年共获得央视报道34次，其中，《新闻联播》报道8次，在全国行业协会中名列前茅，中电联的知名度和影响力提升。

7. 本部治理能力提升，社会化、市场化步伐稳步向前

本部经营业绩持续向好。中电联会员数量、会费收入、市场化收入均创历史新高。增补8家副理事长单位，新发展会员195家，会员数量达到1353家，同比增长17%。本部职能部门市场化开拓意识显著增强，五个直属单位均超额完成年初制定的经营任务。

协会治理更加规范。完成中电联2023年第一次、第二次理事长会议，七届六次理事会议，七届四次常务理事会议等重要活动。完成第七届理事会常务理事、理事代表变更。推动电力文协、电促会等5家代管协会完成换届。监事会推进华凯集团股权转让、直属单位股权优化等事项，提出相关意见建议，推进协会治理体系完善。

品牌效应凸显。在国家发展改革委“品牌协会成长计划”评选出的首批20个协会典型案例中，中电联有4项案例入选，在全国协会商会中名列第一。开展的行业统计分析工作，受到国家统计局公开通报表扬，是社会组织中唯一获得此项荣誉的行业协会。参加国家发展改革委主办的中国品牌日活动，代表行业协会介绍中电联品牌建设典型经验。《中国电力企业管理》和《中国电力教育》杂志入选中国人文社会科学AMI核心期刊目录。在全国品牌故事大赛中，中电联电力品牌集群办公室获得2023年优秀单位称号，所推荐作品获得5个一等奖。

服务体系优化。深化与会员企业的交流合作，先后与中国华电、比亚迪、华为、特变电工等12家单位签署战略合作协议，对接落实会员需求500余项，会员服务体系完善，服务质量提升。

人才队伍建设取得新进展。畅通人才交流渠道，建立起直属单位和职能部门统一的职务职级体系。专家委员会首次组织重大调研报告预审，举办5期“专家讲堂”，发挥行业专家智库作用。全年组织专题培训13次，举办青年干部培训班，开展2023年青年读书班活动，提升了本部员工的综合素养。

本部内控机制优化。加强合规管理，印发《中电联合规手册》，开展合规知识答题活动，筑牢全员合规意识。研究出台职工奖惩办法，做好综合计划和财务预算管控，建设完成财务与资产管控平台。发挥内部审计监督效能，完成网络公司、水电质协等五家单位主要负责同志经济责任审计，防范化解风险能力提升。

直属单位现代企业制度建设取得新进展。制定直属单位管理办法，实施工资总额预算制、领导班子及主要负责人薪酬市场化机制。推进兴业公司独立化运作，科技创新基地建设迈出坚实一步。发展院改制为有限公司，完成科技中心事转企改制、检测院增资扩股等工作，提升了企业治理水平。规范运作、妥善处置，完成华凯集团股权转让，维护了中电联出资人的合法权益，实现了资产保值增值。

8. 协同协作，分支机构、代管学协会服务能力提升

火电、水电分会创新编制印发“火电、水电信息参考”，组织开展“云课堂”线上交流活动。装备及供应链分会首次举办电力装备高质量发展研讨会，发布《电力装备质量提升倡议书》。试验分会开展长周期储能、新能源制氢等专项调研，参与新型电力系统示范区建设。卫生分会组织编写《电力行业健康企业建设评估指南》，推进标准修订工作。气候分会开展发电企业温室气体排放核算、配额分配等培训活动。电能替代分会组织举办第三届电能替代产业发展高峰论坛。燃料分会做好电煤市场监测分析等工作。储能分会牵头起草国家能源局《关于加快构建快充服务网络的通知》，召开电化学储能安全技术创新大会。市场分会牵头完成“全国电力中长期交易调研”等系列研究成果，推进全国统一电力市场建设。中小企业分会组织开展工信部2023年电力行业制造业单项冠军论证工作，编制发布《电力行业中小企业新技术、新产品目录》。法律分会受国家能源局委托，开展《供电营业规则》修订研究，举办“能源转型背景下的中德能源立法”研讨会。太阳能分会推进光伏产品价格指数研究，促进产业健康有序发展。风电分会开展装备数字化优秀案例征集，发布风电场生产运行对标结果。应急管理分会参与国家电力应急基地和研究中心创建工作。电能质量专委会首次举办电能质量高质量发展论坛，开展国家职业申报。2023年，新成立氢能分会、电力财经

专委会，完善会员服务体系，优化分支机构布局。

代管学协会工作有声有色。中电建协举办中国电力建设发展大会，首次发布电力建设发展指数和能源建设景气指数。规划设计协会成立电力工程软件发展联盟，组织开展第四届供配电工程数字化设计大赛等活动。水电质协开展第五届中国质量奖推荐、QC 小组成果交流、卓越绩效标杆等活动。电促会推进《中国电力年鉴》数字化建设，举办“新型电力系统与新型能源体系建设”高级研修班。中电技协推进成果转化服务平台建设。电力贸促会举办 2023 中国国际清洁能源博览会、2023 投资泰国圆桌论坛等活动。电力政研会荣获“全国政研会工作优秀单位”称号。电力体协组建代表队，参加国家体育总局组织的职工乒乓球、足球等联赛，斩获数十枚团队和单项奖牌。电力文协成立中国电力影视文化协会，举办首届电力文学推优工作。电力教育协会开展电力职业技能、产教融合等交流活动，举办第二届全国大学生电力创新设计竞赛。

总体来讲，2023 年，本部以“三化四优”为发展重点，围绕新型电力系统和新型能源体系建设，务实开展各项工作，取得了优异成绩，得到了行业的高度肯定，得到了会员企业的广泛赞誉。

【领导班子】

理事长：辛保安

党委书记、常务副理事长：杨昆

党委委员、专职副理事长：于崇德

党委委员、纪委委员、专职副理事长：安洪光

党委委员、专职副理事长：王抒祥

党委委员、秘书长：郝英杰

党委委员、纪委书记：江宇峰

党委委员：王思强

监事会监事长：潘跃龙

纪委委员、副秘书长：沈维春

副秘书长：许松林、丁永福、刘永东、潘荔、俞学豪

【组织机构】

1. 2023 年中电联机构设置及人员变动情况

（1）中电联本部设置职能部门 11 个、直属单位 6 个。

11 个职能部门为：理事会工作部（党委办公室、监事会办公室）、党群工作部（纪委办公室）、规划发展部（电力行业低碳发展研究中心）、国际合作部（港澳台事务办公室、亚太电协事务办公室）、人力资源部、会员与企业文化建设部、电力工程质量监督管理部（电力工程质量监督站）、计划与财务部、标准化管理中心、可靠性管理中心、统计与数据中心。

6 个直属单位为：中电联电力发展研究院有限公司（中电联电力建设技术经济咨询中心、电力工程造价与定额管理总站）、中国电力企业联合会科技服务中心有限责任公司（电力评价咨询院、工业领域电力需求侧管理促进中心）、杂志社（《中国电力企业管理》杂志社）、北京恒功检测技术研究院有限公司（电力检测技术研究院）、人才评价与教育培训中心（电力行业职业技能鉴定指导中心、中电联人才测评中心有限公司）、中电联兴业投资发展有限公司。

（2）人员情况：中电联本部 2023 年底实有职工总数 568 人（其中人事关系在中电联的 164 人，在直属单位的 354 人，派驻 50 人）。

2. 会员单位

2021 年 4 月中国电力企业联合会第七届理事会成立，截至目前，共有 1353 个会员单位，其中 333 个理事单位（其中：常务理事单位 61 个，包括 1 个理事长单位，27 个副理事长单位），1020 个普通会员单位，设立 17 个专业分会，2 个专业委员会，代管 11 个全国性专业协会，基本形成了功能齐全、分工协作、优势互补、规范有序、覆盖全行业的服务网络。

理事长单位 1 个：国家电网有限公司。

副理事长单位 27 个：中国南方电网有限责任公司、中国华能集团有限公司、中国大唐集团有限公司、中国华电集团有限公司、国家能源投资集团有限责任公司、国家电力投资集团有限公司、中国长江三峡集团有限公司、中国核工业集团有限公司、中国广核集团有限公司、中国电力建设集团有限公司、中国能源建设集团有限公司、广东省能源集团有限公司、浙江省能源集团有限公司、华北电力大学、全球能源互联网发展合作组织、协鑫集团有限公司、内蒙古电力（集团）有限责任公司、中国安能建设集团有限公司、中国电气装备集团有限公司、中国海洋石油集团有限公司、哈尔滨电气集团有限公司、中国东方电气集团有限公司、中国中煤能源集团有限公司、上海电气集团股份有限公司、特变电工股份有限公司、正泰集团股份集团公司、华为技术有限公司。

【电力行业发展规划与电力发展重大课题研究】

（1）开展电力中长期发展关键问题研究。面向碳达峰碳中和，开展了电力中长期需求预测及电力供应情景推演，分析了电力中长期供应经济性，聚焦核电发展、气电发展、煤电发展、电氢协同发展、未来电网形态、技术机制及商业模式创新等重点领域，研究推动电力高质量发展的实施路径，提出加快形成先进前沿技术创新牵引带动效应，建立“电－碳－证”多市场协同机制，因地制宜推动虚拟电厂、综合能源服务等多元商业模式更新迭代，支撑新型电力系统建设路径优化的政策建议，形成《电力中长期发展关键问题研究》报告。上报政府有关部门，为政府有关部门

决策参考。

（2）开展全国碳市场（发电行业）第三履约周期配额分配方案研究。在组织多家发电企业集中开展全国碳市场第三履约周期配额分配试算的基础上，提出基于国家“双碳”目标下新型电力系统中火电功能定位的全国碳市场（发电行业）第三履约周期配额分配方案。

（3）开展碳市场与电力市场协同机制研究。提出碳－电市场协同机制思路，以构建新型电力系统、促进电力清洁低碳安全高效发展为目标，从机制衔接、价格传导、信息互通、协同监管等方面提出碳市场与电力市场协同机制措施。

（4）开展全国碳市场（发电行业）MRV 机制改进研究，提出优化碳排放数据的监测、核算、核查流程和技术要求，制定煤种判定依据以及分煤种单位热值含碳量缺省值和使用规范，针对采用在线连续监测技术量化二氧化碳排放提出技术要求和政策建议。

（5）开展中国电力减排研究，编制《电力企业碳交易实践案例——中国电力减排研究 2023》并正式出版发行，具体剖析典型案例，重点展示电力企业能力建设、数据质量管理、交易履约以及节能降碳技术措施等方面的经验做法，梳理经验教训，为企业参与碳市场以及全国碳市场建设提供参考经验。

（6）开展《火力发电经营形势及其燃料保障相关问题调研》专题调研。调研结果表明煤电在相当长时期内仍将承担保障我国能源电力安全的重要作用，煤电企业的大面积亏损，给能源电力保供和电力系统安全运行带来风险。同时给出了从电煤供应到价格疏导等方面的建议，调研课题报告已报送国家有关部门。

（7）受国家能源局委托，牵头开展《燃煤容量电价政策》专项研究，梳理容量电价研究思路，对容量电价的多种方案进行测算、分析和比较，结合我国当前实际情况，制定容量电价补偿研究工作方案，赴四川、内蒙等地开展现场调研论证，经过多次研讨、反复论证，形成《燃煤发电容量补偿方案》《燃煤发电容量电价专题研究报告》上报国家能源局，为服务政府和企业决策提供理论与实践支撑，11 月煤电容量电价机制文件正式发布。牵头开展《全国电力中长期交易调研》《我国省级电力市场有关情况调研》等，总结我国电力市场建设成效，梳理省级市场建设的典型经验，对市场建设中的关键问题进行分析，提出有关政策建议。

（8）完成《适应新型电力系统灵活调节能力需求的市场机制研究》重大课题研究，提出有关政策建议并报送政府有关部门，对推动全国统一电力市场建设起到有力促进作用，受到业内认可和关注。

（9）受国家能源局委托，负责开展《加强电力市场管委会规范运作专项研究》，通过研究分析各省管委会制定情况，沟通和收集有关资料，编制加强和规范电力市场管委会运作的意见建议，从体制机制上明确职责义务和工作流程，促进各地管委会运作规范统一。该文件作为国家层面首个针对电力市场管委会的顶层设计文件，已正式发布。

（10）举办第一届电力市场高端论坛。2023 年 3 月成功举办以“电力市场与新型电力系统”为主题的第一届电力市场高端论坛，邀请行业专家共同研究探讨，为服务和促进我国电力市场建设发展、助力加快规划建设新型能源体系搭建行业平台。来自相关行业企业、科研院所、高校等 120 多家单位、共 320 余人参加了现场会议，线上观看数量累计达到 7 万人次。

（11）举办 2023 年全国电力交易员大赛。本次竞赛为首届国家级电力交易员竞赛，共有来自各发电集团企业和部分地区电力行业（企业）等 24 家参赛单位 75 支参赛队 225 名选手参加了本次竞赛。通过此次竞赛，打造了电力交易员职业技术比武的交流平台，带动知识型、技能型、创新型电力市场化人才队伍成长，为打造电力行业工匠级、大师级高技能人才队伍夯实了基础。

（12）数据监测与分析。开展燃煤发电价格监测与分析工作，编制形成月度、季度分析报告，为政府决策提供数据支撑。收集汇总分析全国电力市场交易情况，内容覆盖 33 个省级电力交易中心和 2 个区域电力交易中心的各交易品种，编制发布全国电力市场交易月报，相关数据和内容广泛应用于政府决策、各类会议、研究报告。全年编制发布《燃煤发电价格监测与分析报告》12 期、《全国电力市场交易月报》12 期、《电力改革动态》12 期。

（13）电力市场标准建设。根据《国家能源局关于同意成立能源行业电力市场标准化技术委员会的复函》（国能函科技〔2023〕23 号），能源行业电力市场标准化技术委员会正式成立，负责能源行业电力市场标准体系研究，电力市场基础与通用、电力市场建设、电力市场运营、电力市场监测与风险防范、电力市场技术支持系统等方面的标准化工作。9 月 26 日组织召开了标委会成立大会，年度内收集整理审议电力市场领域的标准共计十项。

【电力统计与经济运行分析】

1. 电力统计

（1）开展常规统计和专项调查，履行行业统计职能。贯彻执行《电力行业统计调查制度》，开展 2022 年全国电力工业统计快报和 2023 年 2—11 月的月度定期等各项常规统计工作，完成 2022 年、2023 年 2—11 月的《全国可再生能源发电统计月报》和 2022 年度全国县级供电企业统计分析工作。编印 2022 年度《电力工业统计资料汇编》及《中国电力统计年鉴 2023》，为社会机构开展电力规划、政策研究、历史对比提供参考。扩大行业统计调查的覆盖面将中石油、中海油、中能源、中电建、等 11 家涉电企业纳入电力行业统计体系，扩大电力行业统计口径，提升统计数据的权威性和社会认可度。增加储能统计，考虑源、网、荷、储等各方面的情况，积极对接储能相关企业，研究、完善新型储能统计指标体系，修订统计调查制度，开展新型储能方面的统计和监测，系统反映储能行业发展变化的实际。

（2）扩大统计监测领域，为政府部门准确把握电力发展形势、宏观决策提供统计保障。承担政府委托，在开展重点城市工业用电量统计监测基础上，对制造业用户电价、火电行业生产经营情况开展统计监测，形成全国火电行业生产经营分析报告和重点城市工业用电分析周报等统计监测成果，报送给发展改革委、国家能源局，为政府和企业及时了解火电行业生产经营情况提供很好的数据支撑。开展生态环保部大气固定源监测分析研究，形成分析报告产品，为电力行业大气污染物排放情况的分析计算提供研究基础。

（3）强化统计体系建设，提升人才队伍素质。印发《2023 年电力行业统计工作要点》，要求电力行业各统计职能单位切实贯彻统计调查制度，提高统计工作标准化水平。组织召开 2023 年全国电力行业统计与分析工作会议暨电力行业统计年报会审会议、2022 年全国电力行业统计年报会审工作、2023 年电力统计培训工作、2023 年全国电力行业统计年报、2024 年定期报表布置会，以及电力行业统计工作专题培训，提高统计人员业务能力。开展统计科研工作，组织开展全国电力行业统计与分析交流论文征集活动，编制电力行业优秀统计与分析论文集，提高电行业统计与分析人员的科研水平。为适应光伏发电快速增长的需要，牵头开展了电力行业标准《光伏发电统计技术导则》编制工作并完成标准的报批工作。为适应新版统计调查制度对新型储能专项统计工作要求，牵头开展了电力行业标准《新型储能电站统计技术导则》编制工作，形成新版《新型储能电站统计技术导则》初稿，推进统计标准化建设。

（4）利用好统计数据，做好数据服务工作。发挥统计数据的支持作用，完成国家发展改革委、生态环境部、工业与信息化部、国家统计局和国家能源局等相关国家部委相关工作，加强电力行业统计体系间的数据共享机制和沟通交流，维护好电力行业统计体系。配合规划发展部完成《中国电力行业年度发展报告 2023》相关章节内容的撰写工作。

2. 经济运行分析

（1）持续加强电力供需形势分析预测工作，提前预判预警风险点。密切跟踪国内外经济形势、能源政策、电力市场需求和供应等情况，服务于政府宏观监测和决策，2023 年完成中央财办、国务院研究室、国家发展改革委、央行货币政策委员会、国务院国资委、工信部、财政部、国家能源局等部门组织召开的形势分析座谈会及报送材料等任务 70 余项，提交的分析工作原创性成果达 50 万字。在书面调研、召开专家座谈会、运用预测模型等基础上，加强电力供需形势监测分析和预测预警工作。每季度研究编撰的《全国电力供需形势分析预测报告》，上报中央财办、国务院研究室、国家发展改革委、国资委、财政部等多部门，为政府部门宏观调控、出台行业政策提供支持。

（2）做好政府部门信息报送工作，服务高层决策。跟踪监测宏观经济及电力运行情况，重点关注国家能源电力供应保障、疫情后的电力消费新情况、“双碳”目标下的电力供应新特征等方面，按月撰写报送相关政府部门，部分信息被采纳上报国家高层，成为国家高层了解电力行业运行形势和企业诉求的一个渠道。信息报送工作得到了相关政府部门的通报表彰。

（3）开展企业经营效益调研，反映企业诉求。定期调研电力企业经营效益情况，了解电力企业生产经营中的主要困难和诉求，将煤电企业大面积亏损、供热企业持续亏损、新能源企业可再生能源补贴拖欠、新能源参与市场化交易收益面临挑战等相关情况融入向政府部门的汇报材料中，反映行业困难和诉求，推动行业企业健康发展。在调研的基础上，各季度编制完成《全国火电行业生产经营报告》，分析火电行业生产经营现状及面临的问题，提出意见建议，研究成果提交给国家相关部门，为政府制定行业政策提供支持。

（4）加强电力供需形势分析解读，配合做好新闻宣传工作，提升中电联影响力。各季度全国电力供需形势分析预测报告新闻稿在中电联官网以及微信公众号上发布。新闻发布稿得到中央电视台、人民网、新华网等媒体广泛报道和转载，提升中电联影响力。多次完成中央电视台等媒体对相关领导的采访材料，对社会关注的电力运行形势、新能源发展等方面进行解读。

【电力节能环保低碳】

1. 参与法规政策制修订，反映行业意见与诉求

（1）针对政府出台的政策标准，在组织征求、电力企业意见建议的基础上，提出行业意见。向生态环境部报送《〈排污许可证申请与核发技术规范 工业噪声（征求意见稿）〉反馈意见的函》（中电联理事规划发展〔2023〕10 号）、《〈排污许可管理办法〉（修订征求意见稿）反馈意见的函》（中电联理事规划发展

〔2023〕17 号)、《〈关于进一步优化环境影响评价工作的通知(征求意见稿)〉意见建议的函》(中电联理事规划发展〔2023〕23 号)、《〈温室气体自愿减排交易管理办法(试行)〉(征求意见稿)意见的函》(中电联理事规划发展〔2023〕24 号)、《〈2023 年全国碳排放权交易配额总量设定与分配实施方案(发电行业)(建议稿)〉的函》和《分布式可再生能源发电项目减排方法学》《海上风电项目减排方法学》。

(2)研究行业低碳节能环保相关问题,支撑政策决策。向国家发展改革委报送《上半年电力行业环资领域形势分析有关材料》(中电联规划发展函〔2023〕154 号);向生态环境部报送《环评与排污许可领域科研需求》(中电联理事规划发展函〔2023〕66 号);向国家统计局报送《2022 年度火力发电企业温室气体相关情况》(中电联理事规划发展函〔2023〕51 号);向国家能源局报送《2022 年电力节能工作总结及 2023 年工作计划相关材料》(中电联理事规划发展〔2023〕9 号);向国家能源局报送《碳定价有关材料》(中电联理事规划发展函〔2023〕64 号)。

(3)完善电力低碳标准体系,加强低碳标准化能力建设,规范开展中电联电力低碳标准化系统工作组工作。全年共报批 1 项国标、1 项行标,完成 2 项行标征求意见和预审查,启动 4 项行标、1 项团标编制,完成 5 项行标立项。

2. 开展低碳节能环保共性问题研究,为政府决策提供技术支撑

(1)开展全国碳市场(发电行业)第三履约周期配额分配方案研究。在组织多家发电企业集中开展全国碳市场第三履约周期配额分配试算的基础上,提出基于国家"双碳"目标下新型电力系统中火电功能定位的全国碳市场(发电行业)第三履约周期配额分配方案。

(2)开展碳市场与电力市场协同机制研究。提出碳–电市场协同机制思路,以构建新型电力系统、促进电力清洁低碳安全高效发展为目标,从机制衔接、价格传导、信息互通、协同监管等方面提出碳市场与电力市场协同机制措施。

(3)开展全国碳市场(发电行业)MRV 机制改进研究,提出优化碳排放数据的监测、核算、核查流程和技术要求,制定煤种判定依据以及分煤种单位热值含碳量缺省值和使用规范,针对采用在线连续监测技术量化二氧化碳排放提出技术要求和政策建议。

(4)开展中国电力减排研究,编制《电力企业碳交易实践案例——中国电力减排研究 2023》并正式出版发行,具体剖析典型案例,重点展示电力企业能力建设、数据质量管理、交易履约以及节能降碳技术措施等方面的经验做法,梳理经验教训,为企业参与碳市场以及全国碳市场建设提供参考经验。

(5)深度参与全国碳市场(发电行业)的建设及运行工作,组织多家发电集团召开碳交易工作组工作会议,及时交流掌握发电企业参与全国碳市场最新情况和意见建议。

3. 做好并提升火电厂环境与应对气候变化统计分析工作

召开环境和应对气候变化统计审查交流会;首年编制《火电厂环保低碳统计数据报告》;向国家统计局报送 2023 年度应对气候变化统计指标数据。

【信息交流共享与平台搭建】

(1)电力公共信息平台建设取得阶段性成果。经过需求深化、软件开发、数据整合等一系列过程,公共信息平台已完成会员管理、人才、科技、信息化、工程等专业统计系统的开发及上线试运行,完成行业平台的功能开发及上线试运行,形成一流对标服务、行业动态服务、行业指数服务、能源地图服务、供需协同服务和自助超市服务,实现统一的数据检索服务。在平台建设过程中,多次深入各部门(单位)了解对平台的服务需求,邀请相关部门及资深专家组织高水平研讨会和评审会。召开 2023 年电力公共信息平台建设工作务虚会,第一阶段、第二阶段评估会议。开展电力公共信息平台对内对外上线开放的专项培训。修订印发《中电联电力公共信息平台管理办法》,将平台应用纳入绩效考核体系,规范平台管理,推动平台应用。

(2)平台数据治理和行业互联互通工作全面推进。制定并印发《中国电力企业联合会业务领域数据安全管理办法》,起草《中国电力企业联合会业务数据标准统一规范(试行)》《电力行业风光储数据互联互通工作方案(试行)》,从制度上统一数据标准,形成数据互联互通的工作规范。经过多次组织平台数据整合工作会议,与相关部门(单位)沟通协调,分批次分专业将数据接入平台。目前平台已可提供 2017 年以来的中电联文档全文检索和共享功能,2017 年以来的部分结构化数据检索和线上数据分析功能。拓宽内外部沟通渠道和客户分析平台,已具备与国网数科、华能新能源的风光储互联互通的技术条件,上线运行与华电集团物资的光伏数据互联互通,与华为云的会员服务数据互联互通进入端测试阶段。

【电力国际合作管理与服务】

1. 发挥行业协会协调服务优势

(1)国际一流行业协会建设稳步推进。服务中电联"国际化建设年"活动,做好《中电联"国际一流"行业协会建设行动计划》编制。在对中电联有关业务部门调研的基础上,到部分会员单位、国际机构和使馆进行调研。根据调研成果,以问题为导向,完成行

动计划框架搭建工作。

（2）助力企业“走出去”开展务实合作。就中广核瑞典项目纠纷问题，沟通境内外有关政府部门和商协会，以行业第三方的身份发出事件关切函，提醒境外参与方重视与中方的合同履约诚信，协助会员单位维护合法权益，得到会员单位高度认可。组织企业参加 2023 投资泰国圆桌论坛、中马双多边产能与投资合作论坛等活动，协助企业了解目标国最新投资优惠措施，为企业享受投资政策红利和服务提供便利。向中国国际商会反映碳关税对我电力行业可能造成的影响，并提出专业建议，为电力企业适应新的国际规则争取有利条件。

（3）做好中电联外事管理相关工作。贯彻落实北京外办对外事工作的各项要求，靠前参与派出团组护照办理工作，严格履行重点国别团组行前教育、国安教育及归国访谈工作，实现团组行前教育全覆盖。加强赴外团组审核把关，严格把控必要性审查，优化工作流程，实现团组出行便利顺畅，在外停留合法依规。全年共办理出国（境）团组共计 27 批次，出访人员 85 人次。团组出访均严格执行有关管理规定，全部完成出访任务，安全返回。

2. 发挥行业协会信息服务优势

（1）提升服务能力，实现国际合作业务信息共建共享。服务中电联公共信息平台建设，完善国际合作板块业务系统，在电力企业中持续开展国际合作业务信息共享工作，完成信息共享任务并获得加分。组织部分企业到华电集团、中电建集团国际工程公司、国家电投集团调研国际业务现状、发展规划和境外业务本土化管理经验，实现国际合作业务信息互通、经验共享。提高中电联英文网站信息更新频率与原创信息数量，全年英文网站累计更新信息超过 1800 条，百度 PC 端访问平均排名位于第 13 位。

（2）做好决策参谋，丰富中电联国际信息服务品牌产品。打造《电力国际信息参考》《中国电力行业国际合作年度发展报告》品牌信息产品，提高《国际电力数据手册》《世界部分国家电力企业概览》《国际电力发展报告》等信息产品输出质量，依托中电联—国际能源宪章联合研究中心、中日联合委员会、日本海外电力调查会、国际能源署的信息交换和研究分析机制等，开展与国际组织、智库机构的交流合作与联合研究，为服务中电联国际电力智库建设和电力行业信息需求贡献力量。

（3）结合行业需求，提供投资信息服务。聚焦世界主要国家能源发展战略及政策动向，发布《国别投资指南—越南海上风电项目投资指南》，为企业境外投资活动，从法律监管、电价、项目审批等角度为企业提供信息参考和风险提示。编制完成《中国电力行业“走出去”形势分析与展望》报告，重点分析我国电力企业在“走出去”过程中遇到的困难和挑战，提出应对策略和发展展望。

3. 发挥行业协会专业服务优势

（1）围绕大国外交战略重点，引领行业参与全球能源治理。

统筹推进，完成亚太电协大会组织召开工作。作为 2023 亚太电协大会筹备牵头部门，组织成立 2023 亚太电协大会工作专班，建立会议筹备总体协调机制、分工落实机制、信息沟通机制，按照项目化运作、清单式落实、流程化演练，以“一竿子插到底”的工作态度，承担了筹备前期各项工作方案编制、议程设计、联合主办费用落实、境内外路演、活动报批、国家领导人邀请、会议代表组织、发言人邀请及论文征集评选、展览组织筹备工作，承担了活动现场国家领导人接待、百余名一对一贵宾接待、文化之夜等大活动组织、理事会执委会召开等服务工作，承担了活动结束后资料整理存档、财务结算、秘书处交接等工作，确保 2023 亚太电协大会高标准、高水平、高质量召开。国家领导人出席大会并讲话，参会代表超过 3000 人，完成了集全行业之力打造能源电力顶级国际盛会的目标任务。国内主要电力企业也依托亚太电协大会平台，开展开放、广泛、多层次的对接对话，凝聚共识、凝练成果，以中方主席年期间的亚太电协系列活动为契机，推动亚太地区能源电力行业合作向纵深发展。

主动发声，完成联合国气候变化大会变化组织召开工作。争取生态环境部的支持，在联合国气候变化大会（COP28）活动中主办主题为“清洁能源促进绿色转型”的“中国角”边会活动，宣传中国电力行业应对气候变化的政策与行动，探讨加强中国同其他国家和地区在能源低碳绿色发展和应对气候变化领域的合作。

推动达成共识，完成东北亚区域电力联网与合作论坛组织召开工作。完成 2023 年东北亚区域电力联网与合作论坛、东北亚区域电力联网与合作指导委员会会议组织筹备工作。活动促进东北亚区域各方在电力联网发展规划、国际合作、技术创新、政策制度等方面达成共识，为未来工作奠定坚实基础，助力推动东北亚区域电力联网实现新的突破。

（2）围绕行业高质量发展大局，务实高效开展国际交流合作。

沟通协调，维护扩大中电联“朋友圈”。巩固同国际能源署、能源宪章、欧电联、美国电气电子工程师学会、日本煤炭新领域机构、海外电力调查会等合作伙伴的现有交流机制，形成常态化沟通。与国际能源署、美国电气电子工程师学会、印尼电力协会签订合作备忘录，进一步扩大与国际组织和外国同业机构的沟通交流渠道，推动建立多维一体国际交流平台，服务中国电力行业对外建立高效稳定的对话机制。

加强专业服务，深度参与国际合作项目研究。完成中欧能源合作项目“零碳基础设施投资和技术”课题研究。完成与联合国亚太经社会合作项目有关工作，提交对“绿色电力通道框架项目研究”初稿的评估意见，两次接受联合国邀请的第三方评估机构的访谈，对联合国亚太经社会能源司和东北亚办公室未来几年工作方向提出评估意见。参与亚行“蒙古新能源外送”项目并完成初期报告。

推动会员发展，协助会员单位开展国际合作交流。为国家电网公司、南方电网公司、中国华能、国家能源集团、中国能建等单位牵线搭桥，提供企业间国际业务实地调研取经的机会，促进行业国际业务交流互鉴、共同发展。向中国华电提供全球及部分国家煤电、燃气装机等相关数据，向内蒙古电力集团提供蒙古国电力相关数据，为企业国际合作业务开展提供数据支持。协助国家电网公司邀请智利电力与燃料监管局、智利国家电力调度中心、阿曼国有电力控股集团主要负责人来华访问，帮助南方电网公司与新加坡电力集团取得公务联系，为会员单位国际业务高质量发展赋能续航。组织南方电网云南国际公司、东方电气国际合作公司、中广核爱德拉公司等数十家中方企业与越南工贸部、越南国家电力集团、越南能源协会等越方单位进行座谈对接。

发挥行业协会优势，组织召开优质品牌活动。主办 2023 亚太电协大会、2023 电力行业国际合作会、2023 中国国际清洁能源博览会、2023 中国—东盟电力合作与发展论坛暨中国—东盟博览会“双碳”能源展、第 31 届上海国际电力设备及技术展览会、2023 越南国际绿色能源及电力装备展览会等品牌活动，展览面积累计达 120500m^2，参会人员累计超过 6000 人次。品牌活动聚焦中国清洁能源领域核心优势，展现了科技创新、推动全球绿色发展、企业履行海外社会责任等方面的成果与实践，为电力企业参与国际合作蓄势赋能。

（3）围绕“一带一路”发展倡议，推进行业科学有序健康发展。

服务带路高峰论坛，组织企业讲好中国故事。组织国家电网公司、中国三峡集团、中国华能、中国电建国际工程有限公司申报联合国全球契约组织“可持续基础设施建设助力‘一带一路’，加速实现可持续发展目标”行动平台项目实践案例，上报项目全部被收录。在 2023 年第 3 届“一带一路”国际合作高峰论坛上，以联合国的名义已对外正式发布。电力行业案例的发布，为“一带一路”项目高质量发展提供可借鉴的模式和经验，体现了中国电力行业企业参与和响应全球治理和国际规则制定的态度。

聚焦经济高质量发展，开展电力行业营商环境监测。通过多媒体、文件宣贯等多种渠道在电力行业宣传我国营商环境相关法律法规与政策措施，组织会员及有关电力企业填报 2023 年中国营商环境调查问卷，为编写《2023 年度中国营商环境报告》提供电力行业数据支撑。

聚焦合规管理体系建设，推进合规人才计划技能研究工作。组织召开电力企业合规管理人才技术技能研究工作组会议。修订《电力企业合规管理体系规范》（T/CEC 369—2020）标准，经中电联合规标委会审议通过。完成《电力行业职业技术技能标准企业合规师通用规范》《电力行业职业技术技能标准企业合规师专项规范》起草工作并提交中电联人才标委会审查。

（4）围绕“国际化建设年”活动，提升自身国际合作业务服务能力。

沟通调研，探讨设计中电联境外国别或区域代表机构。赴国家电网公司、南方电网公司、中国华能等电力企业调研，了解各电力企业驻外代表处发展战略规划、人员配置及业务开展情况，探索依托各企业境外分支机构资源，设立中电联境外国别或区域代表机构的可能性。

提升互信共识，做好境外行业专家来华邀请接待工作。2023 年中电联共邀请来自俄罗斯、菲律宾、法国、智利的行业专家来华交流参会共计 87 批次，人员共计 149 人次。2023 年中电联共计接待世界能源理事会等境外来访团组共计 14 批次，人员达 96 人次。通过与境外单位的互动互访，宣传中国绿色低碳的发展理念，展示中国电力行业的风采，践行中电联“国际一流行业协会”的担当和使命。

【电力标准管理与服务】

1. 计划下达及标准发布

（1）计划项目下达。2023 年经有关部门下达电力标准计划共 685 项。其中，住房和城乡建设部下达国家标准计划 1 项，国家标准委下达国家标准计划 31 项，国家能源局下达行业标准计划 356 项、中电联下达中电联标准计划 297 项。

（2）电力标准发布。2023 年经有关部门批准发布标准共 409 项。其中，国标委发布国家标准 31 项，国家能源局发布行业标准 226 项、中国电力企业联合会公告发布中电联标准 152 项。

2. 标准化建设重点

（1）聚焦新型电力系统标准体系建设取得新进展。围绕《标准支撑新型电力系统建设行动计划（2022—2025）》规划方向，重点支持电网安全、网源荷储协同、新型领域的标准计划项目。重视前瞻性的标准体系预研工作，组织国调中心、全国电网运行与控制标委会牵头开展新型电力系统安全稳定运行技术标准体系深化研究，形成新型电力系统安全稳定运行技术标准体系建设路线图。《电力系统惯量支撑和一次调频能力技术要求》等重要标准编制工作完成并获得发布，《配电网规划设计技术导则》修订稿报批能源局。

（2）快速响应，中电联标准数量质量双丰收。参加国家市场监督管理总局团体标准座谈会，并做典型发言，介绍中电联在团体标准建设方面的思路和取得的成绩。先后完成对中国电力企业联合会电力供热、电力先进计算、输变电工程遥感测量、输变电材料、电力人才评价与教育培训等标准化技术委员会换届或调整。中电联标准在数字电网、港口岸电、户用光伏、电动汽车充电设施、电力储能、信用评价等新兴技术领域发挥越来越重要的作用，中电联标准已经成为电力标准体系的重要组成部分。

（3）加强电力标准化组织建设，推动技术组织定位改革。

1）启动“标委会建设年”，重点围绕规范标委会管理，优化、完善标委会组织架构，进一步加强标委会协调合作，提升标委会水平。

2）加强电力市场标准化管理，推进相关领域标准体系建设，推动成立能源行业电力市场标委会，并于8月获国家能源局批复成立。

3）完成电力行业供用电标委会、能源行业风电标准化技术委员会风电电器设备分技术委员会、能源行业电网设备智能巡检标准化技术委员会、全国电力需求侧管理标委会、全国电力系统管理及其信息交换标准化技术委员会、电力行业火电建设标准化技术委员会、电力行业信息标准化技术委员会、能源行业电动汽车充电设施标准化技术委员会、中电联配电网规划设计标准化技术委员会等标委会进行换届或委员调整。

4）开展标委会考核工作，完成11个电力行业和中电联标委会考核评估，其中电力行业变压器标委会等4个标委会获评一级，电力行业高压开关设备及直流电源标委会等3个标委会获评二级，中电联电力系统用电力电子器件标委会等4个标委会获评三级。

5）加强标委会管理，健全标委会激励、约束机制，修订印发《电力专业标准化技术委员会考核评估办法》。

6）召开为期3天标委会秘书处业务培训会，提升标委会秘书处标准化知识能力。

7）以“标准化工作助力电力高质量发展”为主题，召开电力专业标准化工作会议。

（4）重视标准数字化趋势，推进标准化信息系统建设。完善中电联标准化信息管理系统平台系统建设，将标准计划管理、标准制修订管理、标准文本管理、标委会管理、基础服务管理、标准知识管理的线上、线下工作融合，实现与国家能源局能源行业标准管理系统的衔接。

（5）加大新闻宣传力度，提升新闻宣传质效。全年通过中电联官网首页及中电联官微发布新闻13篇，通过中电联官网电力标准化栏目发布动态89篇；微信公众号电力标准信息关注人数达到4.43万人，推送47次共376篇文章，阅读量达到14.35万人次；中电联电动交通与储能分会微信公众号关注人数8615人，推送95次共301篇文章，阅读量达到22.52万人次；“标准大讲堂”上线标准宣贯视频课程69个，参加培训观看人数27万人次，自2020年3月上线以来，累计上线宣贯视频344个，累计访问量115万人次。接受央视新闻1+1、央视经济半小时、人民日报海外版、经济参考报等新闻媒体采访16次。

3. 国际标准化工作

（1）深入参与国际标准制修订工作。作为IEC TC8和IEC SyC Smart Energy国内技术对口单位，组团参加IEC TC8和IEC SyC Smart Energy年会。参加IEC TC69、IEC TC117、IEC TC120等技术组织年会。在柔性直流输电、低压直流配电、新能源、电动汽车充电设施等领域深入参与国际标准制定工作，中国牵头制定的IEC TS 62786-1《分布式能源与电网互联—第1部分：通则》等8项国际标准发布。向国家市场监督管理总局标准创新管理司推荐南瑞集团承担IEC SyC SET未来可持续电气化交通系统委员会秘书处，并收到确认回复，这是电力行业在IEC设立新跨领域技术组织的又一突破。

（2）区域国际标准化工作取得新突破。作为亚太电协技术委员会副主席单位，参与组织技术委员会各项工作，组织各国电力专家参与技术委员会在菲律宾召开的第三次、第四次全体会议，牵头组建WG4标准化工作组，完成首届会议机制建设和最终工作报告提交。推动技术委员会换届和新一届主席单位接棒，协助主席单位完成各项任务，在厦门会议上进行全方位总结和展示。支持南方电网公司成立澜湄区域技术标准促进会和中老双边技术标准委员会。

（3）继续深化电动汽车充电设施领域标准双多边合作。组织召开中德电动汽车标准工作组第十次会议。支持工业和信息化部参加ITU-R WP1A电动汽车无线充电频段划分及辐射发射限值制定研究工作；组织召开中日无线充电技术交流会，双方围绕无线充电频率及发射限值，大功率无线充电标准制定及产业发展趋势等议题进行讨论。在世界电动车大会暨展览会（EVS36）上，中电联携万帮数字能源股份有限公司和国家电网公司与CHAdeMO协会同台亮相，向全世界展示了下一代直流充电技术解决方案。

4. 拓展专业领域，创新开展电力品牌建设工作

推动电化学储能国家平台数据接入。完成了2022年度电化学储能电站安全信息统计数据收集，编制并发布2023年度统计数据。推动国家电化学储能电站安全监测平台建设和示范电站接入工作，组织召开国家级电化学储能电站安全监测信息平台建设工作座谈会，听取全国电力安全生产委员会企业成员单位对平台技术方案的意见建议。召开平台建设方案评审会，由中电联本部、电网企业、发电集团、制造企业以及能源行业信息化企业等相关单位共同完成建设方案评审。

组织召开平台上线演示汇报会，向政府主管部门演示汇报平台功能设计完成情况。召开储能安全技术创新大会与国家电化学储能电站安全监测信息平台上线培训会，会上发布了《电化学储能电站安全运行评价指标》试行版。

启动国家标准《电化学储能电站信息交换与管理系统技术规范》编制，完成行业标准《新型储能电站统计技术导则》立项工作。联合统计与数据中心完成统计调查制度修订，《战略性新型产业分类》新增新型储能电站统计项目。

5. 聚焦政府和会员企业关切，提升标准化专业服务能力

（1）贯彻落实国家电力转型发展决策部署，推进中电联智库取得新突破。

1）支撑工信部无管局制定《无线充电（电力传输）设备无线电管理暂行规定》《关于我国无线充电产业发展及辐射发射限值有关情况的汇报》有关意见建议被采纳；为无线充电产业发展赢得了政策支持。

2）联合国家发展改革委基础司完成《关于加快推进充电基础设施建设　更好支持新能源汽车下乡和乡村振兴的实施意见》政策解读。

3）支撑能源局制定印发《关于加强发电侧电网侧电化学储能电站安全运行风险监测的通知》。

4）向住房和城乡建设部标准定额司报送《商请提供土耳其胡努特鲁燃煤电站相关情况》的复函。

5）向国家能源局报送《中电联关于推荐强制性国家标准实施情况统计分析点的函》。

6）向工业和信息化部、国家市场监督管理总局、国家能源局报送《新能源汽车换电试点城市标准化建设情况调研报告》。

（2）开展重点领域标准课题研究工作。

1）完成《碳达峰碳中和目标下电力系统储能战略及技术路线研究》课题验收。

2）联合电动汽车百人会发布《新型交通能源基础设施协同发展》研究报告；协助国际部召开储能大会和毕马威联合发布《新型储能助力能源转型》研究报告。

3）联合北理工成功申报国重青年科学家项目《储能电池全寿命周期的大数据和人工智能分析技术》，完成能源基金会《兆瓦级充电技术研究》项目建议书。

4）受能源局委托牵头组织直流系统安全专班标准工作组工作，组织召开了能源局直流系统安全风险管控专班直流标准制修订计划推进会。

5）完成国家标准委强制性国家标准实施情况统计分析点申报工作。

6）关注理事长副理事长单位标准化需求，完成国家电网公司、国家能源集团2022年定向服务合同标准化相关报告的验收。

7）完成《中国电力标准化年度发展报告2023》编制印刷工作，报告共计六章，重点描述国家、行业、中电联标准发展、企业标准化、重点领域标准化、国际标准化等方面的主要情况与成果。

8）配合国家市场监督管理总局、住建部、国家能源局处理政协提案20余项，涉及电力低碳、新能源发电、电力储能、电动汽车充电设施等多个领域。

9）向有关部门就《行业标准管理办法（征求意见稿）》《关于征求2023年工程建设规范标准编制及工作计划（征求意见稿）》《标准化人才培养专项行动计划（2023—2025）（征求意见稿）》等反馈意见建议。

（3）推动标准实施落地，继续开展企业标准化工作。

1）研究制定《2023年度标准化良好行为企业工作计划及2022年“标准化良好行为企业”评价工作情况汇报》，编制《电力企业“标准化良好行为企业”评价专家管理办法》。

2）完善企业标准体系，《电力企业标准化工作指南》等行业标准成功立项，启动相关团体标准的制修订工作。

3）开展企业标准化工作宣传活动，在行业内征集标准化良好行为企业典型案例。

4）印发国网北京海淀供电公司等43家电力企业通过“标准化良好行为企业”评价的公告。

5）组织开展国网山东省电力公司临沂供电公司等69家企业的现场评价工作。

6）完成南方电网公司、国家电网公司、国家能源集团有关标准化咨询课题。

【电力可靠性管理与服务】

（1）规范开展党支部两化建设，强化支部战斗堡垒作用。召开支部党员大会进行五年一次换届选举。与大唐国际下花园热电分公司党委联合开展“弘扬电力精神 共筑可靠电力”主题党日活动。与党群工作部联合组织电力行业可靠性（萤辉）共产党员服务队队

员与中国电力企业联合会青年党员，前往国网陕西省电力有限公司铜川供电公司开展“星火相传，萤辉相助——走进革命老区，助力乡村振兴”可靠性专项服务暨“电力精神看基层”活动。与国家能源局电力安全监管司联合参与中央和国家机关青年理论学习小组“关键小事”调研攻关活动，形成的《乡村振兴 电力先行——乡村振兴电力可靠性问题调研报告》，获得优秀成果三等奖。举办了“践行电力精神 共筑安全可靠”电力行业摄影书画作品选展，生动诠释了“忠诚担当、求实创新、追求卓越、奉献光明″的电力精神。

（2）支撑政府开展电力可靠性监督管理工作。2023 年，中国电力企业联合会可靠性管理中心首次承担并完成工信部燃机可靠性数据统计报送工作，与国家能源局联合发布电力可靠性指标，编制《电力可靠性数据质量提升专项工作方案》报送能源局，协调各地方监管机构及电力企业开展数据质量自查自纠。

（3）做好可靠性数据管理工作。开展全国电力可靠性数据采集、统计分析等基础工作，采取多种形式进行数据的发布和反馈，更好地满足政府、企业和社会各方对电力可靠性数据信息的需求。2023 年，首次开展行业统计数据质量调研，促进企业开展数据核实，提升数据准确性。完成可靠性数据统计工作，在统计报表制度中新增新能源可靠性和电能质量指标，克服火力发电厂股权变更对燃煤机组可靠性数据统计工作的影响，启动开展行业集中式光伏发电可靠性数据统计，可靠性数据统计范围持续提升，将中煤能源和地方能源企业纳入可靠性数据统计范围，报送风电可靠性数据的机组数量同比增加 30%，报送输变电可靠性数据的发电企业数量同比增加 20%。完成 2022 年度全国发电、输、供各专业可靠性统计数据分析工作，编制完成《中国电力行业可靠性年度发展报告（2023）》及可靠性各专业分析报告。首次在中国电力企业联合会官方网站发布年度可靠性指标数据，并被国家能源局公众号原文转发。

（4）加快推进可靠性标准化体系建设，推进国家、行业及社团标准的协调统一发展。完成电力可靠性国际标准的收集、查新和翻译工作。结合新型电力系统建设，适时研究梳理完善可靠性标准体系。2023 年列入制修订计划的可靠性相关标准共 6 项，完成颁布实施的共 3 项，完成编制送审稿的共 2 项，联合长江电力完成《国际一流大型水电厂对标导则》团标立项工作。

（5）发电机组对标效应逐渐凸显。圆满完成 2022 年度发电机组可靠性对标工作，在燃煤（煤粉锅炉和循环流化床锅炉）、燃机、常规水电（轴流和混流机组）、抽水蓄能四个类型参评发电机组中，104 台机组被授予“2022 年度全国发电机组可靠性标杆机组”称号。通过三年全国发电机组可靠性对标工作的开展，科学引导发电企业形成了“找差距，促落实，争标杆”的局面，打造电力行业可靠性工作品牌，推动发电企业可靠性管理水平的提升，助力电力行业高质量发展。

（6）开展重点课题研究推动可靠性管理工作。2023 年，承担中国电力企业联合会“煤电机组灵活性调节运行对系统可靠性影响”重大调研课题，由王抒祥专职副理事长牵头，形成 4 本课题报告，发表 EI 论文一篇。承担国家能源局电力可靠性管理工作改革专项课题研究 3 项，分别是“基于实时数据的电力可靠性管理专题研究”“电力可靠性评价及对标体系建设专题研究”“电力可靠性支撑体系机制专题研究”。承接国家能源局试点工作 1 项，为以可靠性为中心的设备检修（RCM）策略研究项目试点，组建了行业专家库。

（7）加强可靠性专业队伍能力建设。组织出版《供电可靠性管理培训题库 综合能力》《供电可靠性管理培训题库 基础知识》《〈输变电设施运行可靠性评价指标导则〉条文释义与应用指南》三本专业书籍。全年开展了完成 7 期专业培训班，培训人数 5641 人，促进行业可靠性专业人员能力提升，为新能源场站人员初次开展可靠性管理工作培养了专业人才。

（8）推动电力行业可靠性交流与合作。2023 年可靠性管理中心举办论坛 2 次，均同步设线上视频和图文直播，在国内主流媒体进行了新闻报道，并刊登在能源局官方网站，引起了社会关注。其中 8 月 31 日—9 月 1 日，举办第三届电力可靠性高质量发展论坛，首次邀请香港中华电力、澳门电力、新加坡能源参与论坛并作主旨演讲。

【电能质量管理与服务】

（1）实现将电压合格率统计指标纳入国家统计局最新修订的《电力行业统计调查制度》。

（2）全力推进电能质量专业人才社会化评价，开展电能质量国家职业申报工作，12 月 13 日参加人社部组织的新职业答辩，并组织制定职业技能评价标准《电力行业职业技能标准 电能质量技术员》。

【电力行业职业技能鉴定与教育培训管理及服务】

1. 智库建设提升行业引领力方面

支撑政府决策。对人社部即将施行的《职业技能等级评价机构终止备案实施办法（试行）》《关于公布职业技能等级评价机构可备案职业（工种）、等级范围清单》等文件结合电力行业实际情况，组织专家研究论证后反馈意见建议。受教育部委托开展《职业教育服务产业“走出去”需求侧调研报告》，部分成果已经纳入教育部职业教育发展中心调研报告。

参与主管部门重大课题研究。受教育部委托开展专项课题《电力行业人才供需匹配分析谱系图》研究。向教育部申报《中非“电力丝路学院”建设项目》《综合智慧能源服务新职业紧缺人才培养项目》《服务“沙戈荒”新能源基地的技能人才培养行动计划》等3项行业职业教育服务强国建设研究项目。

引领行业发展。面向行业16家集团公司1198家各级电力企业统计人力资源及教育培训数据，上报数据48万条，编制形成《2022年度全国电力行业人力资源及教育培训大数据报告》，为行业人才队伍建设决策提供数据支撑。连续7年出版《中国电力行业人才年度发展报告2023》，报告反映了近几年特别是2022年度的人才发展总体情况，以人力资源及教育培训的统计数据为基础，以电力企业人才工作实践为素材，以专题调研成果和问卷调查结果为依托，对人才供需、电力产业发展与人才工作、职业教育发展、国际化人才培养等问题进行了剖析。结合电力行业人才发展的机遇与挑战，针对院校专业布局调整、紧缺人才培训评价、电力职业教育“走出去”等方面进行分析展望，对下一年度从业人员情况进行了预测，为政府有关部门、电力企业从事人力资源管理和人才发展工作的管理者、研究者提供借鉴和参考。

服务企业发展。组织召开技能大师会、技能培训经验交流会、双创交流会、产教融合主题研讨会等，开展不同层次与专业性的交流。举办首届“电力行业人才就业工作研讨会”，部署电力行业人才招聘平台，首次“新能源领域新技术、新产品交流会”、多次大中小企业融通发展座谈会，其中新技术、新产品交流会促使5项新技术新产品达成合作协议。

加强资源建设。全年共启动13项国家职业标准的制修订工作，完成8项行业标准报批，启动编写3项团体标准。向人社部申报储能电站运维管理员和电能质量技术员2项新职业建议。根据人社部国家职业教程开发计划，确定开发13项国家教程及2项行业教程。筹备15个职业24个工种教程编写启动会。先后完成了2千余道题中高级专业能力评价题库建设为各等级企业培训师专业评价支撑了理论知识库。平台已有电子证书142.54万份，同比增长465.63%；电子题库27.13万道，同比增长8.96%。

弘扬电力精神促进“行企校”协同发展。落实教育部关于产教融合共同体建设意见，参与并指导湖北新型电力系统产教融合共同体等4个省级产教融合共同体，打造专业化魔方式新型电力系统产教融合平台。组织开展“电力工匠进校园”活动，在郑州电力高等专科学校等4所职业院校挂牌成立5个“电力工匠校园工作室”，推动电力工匠实践经验及技术技能创新成果在职业院校的加速传承和推广。助力湖北大悟县政府、湖北职业技术学院、中广核新能源公司协商共建“湖北职业技术学院大悟新能源分院”。在各项竞赛、重要活动中播放电力精神宣传片，宣传电力精神。

推动人才服务“走出去”。首次开展海外职业能力水平评价工作。电力行指委成立国际合作与交流专门委员会，打造电力丝路学院，助力海外职业教育。与南非展开合作，联合企业、职业院校共同打造中国—南非电力技术产教融合共同体。联合6所职业院校推进卢旺达中非电力丝路学院建设。

2. 职业技能评价业务方面

评价规模进一步扩大。组织开展计划内评价1042项，参与评价人次数39819人次，较2022年的188项、2660人次分别增长4.5、17.4倍。

参评专业聚焦行业发展热点。参评转专业范围由传统电力专业向电力交易员、碳排放管理员、电力信用管理师等新职业延伸。

稳步加强评价人员队伍建设。举办评价人员队伍培训班，全年举办考评人员培训班6期、管理人员培训班2期、督导人员培训班1期，完成2000余人培训考核工作，以支撑评价体系规范化、标准化运转，保障评价质量。

持续加强评价机构质量管理。组织第二批职业能力评价机构征集，经现场评审后新增加41家单位。认定分支机构省级备案工作取得突破性进展，10家分支机构获得工作资格。组织完成第一批67家单位电力行业评价机构质量督导检查工作。

完善评价制度体系。组织编制《电力行业技能人才评价综合评审管理办法》《电力行业技能人才评价规范化工作指导手册》，规范各评价机构评价工作管理；编制完成《电力建设工程质量检查人员培训考核规范》（征求意见稿），启动《电力工程造价从业人员岗位培训考核规范》修编，为电力行业人才与岗位现代化体系建设提供有力支撑。

3. 技术技能培训业务方面

技术技能培训业务转型发展。全年开展培训项目70项，参培人次数8238人次，较2019年的19项、3605人次分别增长2.68、1.29倍。业务重心由传统技经管理领域逐步延伸至新型电力系统建设热点领域，如储能、光伏、安全生产、带电作业、信息化等，实现业务范围扩展延伸。

持续培训资源共建共享机制。深化中电联内部合作，继续夯实合作基础，联合可靠性管理中心、定额总站、规划发展部、法律分会等中电联本部及直属单位，策划可靠性管理、电力工程造价、售电交易员、碳排放管理员等专业培训30余期。拓展外部市场。先后与工业和信息化部教育与考试中心、公安部第三研究所、电力建设工程质量监督中心、各集团电力科学研究院等机构开展合作，拓展了建设工程质量检查、电池储能、数字技术、网络安全服务等领域培训项目10余期。

推进仿真培训基地管理。加强制度建设，完成《电力行业仿真培训与考核规范（学生实训实践）集控值班员》等7个规范的编制。加强高级指导教师队伍建设，开展了火电运行等5个专业仿真培训高级指导教师复证、风电运行等6个专业仿真培训指导教师认证及复证工作，共计参与387人。加强基地规范化管理，完成2022年度基地现场评估工作及2023年基地申报工作，动态地管理新基地申报工作，开展2023年度电力行业仿真培训基地年度检验指导工作。

4. 国家及行业竞赛方面

国赛、行赛提高品牌引导力、影响力、公信力，强化赛事组织，牵动基层活动，持续推动竞赛改革优化。赛创新竞赛模式，首次尝试区域选拔赛。

竞赛规模扩大。全年共组织举办国家级竞赛4项，行业级竞赛4项，国赛数量和竞赛总数量创历年最高。其中，6项职业技能竞赛选拔推荐12名全国技术能手，产生144名电力行业技术能手、199名电力行业优秀技能选手。

聚焦科技强国战略部署。除汽轮机本体检修工等传统电力专业竞赛，结合行业热点，组织开展巡检无人机驾驶员、电力交易员等竞赛，在行业内掀起了岗位练兵的热潮。结合行业人才队伍建设新形势的要求，青年培训师、微课大赛等新领域竞赛影响力逐渐扩大，其中微课大赛由来自电网公司、发电集团、电力建设企业、电力院校、行业协会的43家单位、196项作品参加了比赛，网络作品总投票数为95.1万人次，比2022年35.1万人次增加了170%，总浏览人数为140万人次，比2022年66.3万人次增加了111.2%。

5. 数字化建设方面

电力行业人才发展服务平台，以流程管理为核心，开发完成技师/高级技师综合评审功能、评价考试费用结算功能，不断完善评价考试报名、审核、缴费、考试安排、申报证书、数据实时统计等功能，完成人才招聘平台功能模块设计与平台部署工作，让业务开展与业务管理逐步数字化。

全年共支撑线上业务开展115项，同比增长64.29%，其中线上考试4.76万人次，培训报名等其他项目1.18万人次。全年平台用户总数达到29.94万人，同比增长107.92%；平台总访问量达到385.44万人次，同比增长642.66%；平台微信公众号共发布信息资讯506篇，同比增长21.93%；浏览量达到62.28万人次，同比增长63.89%；公众号关注总人数达到8.28万人，同比增长47.86%。

【电力工程造价与定额管理及服务】

1. 电力工程计价依据的编制与修订

（1）《20kV及以下配电网工程定额与费用计算规定（2022年版）》出版发行。3月2日，《20kV及以下配电网工程定额与费用计算规定（2022年版）》经国家能源局以《国家能源局关于颁布〈20kV及以下配电网工程定额和费用计算规定（2022年版）〉的通知》（国能发电力〔2023〕20号）批准颁布，于2023年7月1日起正式实施。累计完成30家电力企业50余场宣贯。

（2）《电力建设工程工期定额（2022年版）》出版发行。根据《中电联关于发布〈电力建设工程工期定额（2022年版）的通知》（中电联定额〔2022〕312号），《电力建设工程工期定额（2022年版）》于2023年2月出版发行。

（3）修编完成《西藏地区电网工程定额与费用计算规定（2023年版）》。为合理确定和有效控制西藏等高海拔地区电网工程造价，完成《西藏地区电网工程定额和费用计算规定（2023年版）》修编工作，于2023年7月在北京组织召开了定额行业审查会议，于10月向国家能源局报送了申请颁布定额的请示，国家能源局于2023年11月2—3日在北京组织召开了审查会议。

（4）研究编制首套新型储能项目定额及费用计算规定。填补新型储能项目计价依据的空白，研究构建新型储能项目工程计价依据体系框架，编制完成《新型储能项目定额及费用计算规定（锂离子电池储能电站分册）》。

2. 电力工程计价标准制定与应用

（1）系统强化电力工程造价标准体系的应用推广。为使广大电力工程造价管理和专业人员准确把握、熟练应用《电力建设工程工程量清单计价与计算规范》，组织编制并出版了配套使用指南。

（2）发挥团体标准快速反应市场和创新需要优势。中电联技经标委会不断提升技经标准服务能力和应用水平，组织开展《火电机组供热改造项目经济评价导则》等4项标准的意见征求与审查工作。完成《海上风电场工程对外投资项目造价编制及财务评价导则》等3项标准出版发布工作。

3. 电力工程造价信息化与数字化水平不断提升

（1）以大数据平台创建为支撑拓展造价管理服务新模式。2023年，电力工程造价与定额管理总站推进“电力工程造价大数据平台构建”工作。大数据平台的研发建设紧密围绕支撑政府、服务行业、推进技经生态三大方向，完成价格信息发布、指标指数体系、造价分析预测、工程定额测定等模块建设工作，于2023年12月22日正式发布并上线试运行。

（2）以多元要素价格为抓手响应市场需求变化新

形势。定期出版《电力工程主要设备材料价格信息》《20kV及以下配网工程设备材料价格信息》，发布现行定额价格水平动态调整系数、材料综合预算价格信息等。

（3）以行业分析预测为依托展示工程造价发展新动向。组织编制出版《中国电力行业造价管理年度发展报告2023》，反映2022年国家、行业和企业在造价管理和改革创新方面的成果和动态；参与编写《中国电力行业年度发展报告2023》和《中国工程造价咨询行业发报告2023》。

4. 推进专业管理服务质效水平再提升

（1）以合规管理助力企业造价管控水平提升。根据国家相关规定和授权，完成国家电网公司定额站等分支机构的事业单位年度审核、负责人的任免事项、年度工作计划与预算审查和批复、审查21项，批复补充计价依据17项。

（2）完善电力工程造价管理制度体系。研究制定《电力工程造价与定额管理批复性业务管理办法》，规范各级定额站工作计划和预算报审程序，理顺补充定额和费用计算规定批复程序和试运行机制，从行业层面统筹好定额与造价管理工作计划部署以及补充定额的实施应用；正式印发《电力工程造价管理论文遴选办法》《电力工程造价管理成果遴选办法》，确保公平公正性。

（3）为电力企业提供技术经济综合咨询和答疑服务。依托中电联行业平台优势，秉承“立足行业、服务企业、联系政府、沟通社会”的功能定位，从电力工程技术经济信息、电网工程主要设备材料价格信息、造价管理咨询三个方面，为企业提供前瞻性的信息支持和专业化的技术支撑服务。

以“电力工程造价信息网”为各相关主体提供及时政策信息和研究成果，开展电力工程造价管理文件、概预算定额、工程量清单等计价依据答疑解释等服务。

（4）支撑电力行业工程造价专业一流人才队伍建设。基本建立起分级分层的电力造价专业人才体系。组织开展电力造价从业人员能力评价考试命题、巡考和评卷等工作。已覆盖25个省份和地区，本年度组织考评10个科目，参考6185人次。1315人符合初始登记条件并取得电力行业专业人员登记证书。

依据相关授权，做好归口管理的近1800名一级注册造价工程师职业资格管理、继续教育等工作。

（5）落实国家行政审批制度改革和行业自律管理。履行造价咨询企业行业自律及信用信息动态管理职责，截至2023年底，28家从事电力工程造价咨询的企业取得了工程造价咨询企业信用评价相应等级；做好工程造价咨询企业2022年度统计调查核查、数据分析与报送住房与城乡建设部工作；开展归口管理的中国建设工程造价管理协会单位会员服务等工作。

5. 电力工程造价领域国际交流与合作取得新进展

加强与英国皇家特许测量师学会、国际成本工程师协会、亚太区工料测量师协会等国际同行的交流合作；与RICS、IEC联合发布《国际成本管理标准第三版》中文版；组织参加亚太地区工料测量师协会的2023年会；参加国际智慧建造联盟的2023年度国际标准峰会。

6. 构建行业内外沟通交流与创新学习平台

（1）召开2023年全国电力工程造价与定额管理工作会议。12月22日，2023年全国电力工程造价与定额管理工作会议在北京召开，旨在研判行业发展趋势，总结2023年全国电力工程造价与定额管理工作，安排部署2024年重点工作计划和任务，明确下一步工作思路，交流先进管理经验和成果。住房和城乡建设部标准定额司一级巡视员王玮，国家能源局电力司行业管理处处长谭洪江，中国电力企业联合会党委委员、专职副理事长安洪光，中国电力企业联合会监事长潘跃龙出席会议并致辞讲话。定额总站站长张天光作工作报告。定额总站副总经济师卢玉主持会议。会议设置交流和分组讨论环节，围绕新型电力系统建设、新时期电力行业计价体系建设、数字化和智能化转型升级等方面，共同探讨工程造价创新发展的时代话题。

（2）召开《20kV及以下配电网工程定额和费用计算规定（2022年版）》发布会。6月28日，定额总站召开《20kV及以下配电网工程定额和费用计算规定（2022年版）》发布会。中电联监事长潘跃龙、国家能源局电力司相关领导出席会议并致辞讲话，总站站长张天光主持会议，副站长宋立军宣读国家能源局及中电联发布和实施文件。会议采用“线上+线下”形式召开，60余名嘉宾以及多家媒体记者出席现场会议，约13200人线上观看直播。

（3）打造以《中国电力企业管理》期刊中“技经之窗”版块为核心的学术交流平台。全年刊登60余篇论文。组织开展2023年度电力工程造价管理论文及成果的征集、交流活动，最终55篇优秀论文和36项优秀成果入选合集。积极配合电力创新奖管理成果评选工作。

【电力工程质量监督管理与服务】

1. 攻坚克难，高质量完成质监工作

质监部认真落实“依法、规范、清廉”工作要求，围绕新型电力体系建设和电力保供，务实高效开展质监工作。

一是及时规范做好新项目注册。2023年，采用线上线下相结合的方式，先后完成了金上—湖北、陇东—山东、宁夏—湖南、哈密—重庆4条特高压直流工程的质监注册，涉及23个建管单位、横跨11个省份；发电项目共计55个、97台机组7099.02万kW装机，均按时完成质监注册，无遗漏无耽搁。

二是廉洁高效完成阶段性监检。2023年，随着经济恢复性增长，以及电力供应不足，火电和特高压建设都迎来了新的发展，质监任务再创新高。质监部统筹谋划、科学安排，截至11月底，对5条特高压工程和111个发电项目先后开展了400次阶段性监督检查，派出专家2019人次，提出整改问题41138条，建议587条，所有问题均已整改闭环，保证工程建设质量。在监检前，坚持廉政交底制度，开展了400次廉洁交底，签署了廉洁自律承诺书2019人次，建设单位廉洁反馈400次，未出现违反廉洁自律要求事项，以严的纪律、实的作风、廉的操守确保质监工作高效完成。

三是科学筹划确保项目高效投运。2023年，电力供应形势依然紧张，特高压外送和火电机组的基础保障作用凸显。为确保在监项目应投尽投、能投快投，质监部专题研究投产项目质监，优化监检计划，加强专家调配，保障了1条特高压工程和43台火电机组3020.37万kW装机高效投产。白鹤滩—浙江特高压工程的高质量投运，实现了2023年杭州亚运会100%绿色电力保供；3020.37万kW火电装机投产，缓解了电力供应紧张局面。

2. 坚持守正创新，促进行业高质量发展

深入贯彻二十大高质量发展要求，结合当前电力建设形势，开拓创新，推动行业高质量发展。

一是开展电力建设质量指数研究。质监部贯彻落实民政部《关于开展全国性行业协会商会服务高质量发展专项行动的通知》要求，开展电力工程建设质量指数研究。与浙能集团合作，发挥各自优势，通过调查研究编制完成了《电力工程质量管控体系研究》及《电力工程质量指数编制方案》。该指数成熟后，不仅可以帮助项目实现全过程质量管控，也可以实现行业对标，从而推动整个行业建设质量提升。

二是开展电力工程检验检测专项研究。2023年，质监部迎接了多次审计，针对审计中涉及的检验检测问题开展专题研究。该报告从历史、政策源头全面梳理了检验检测在工程建设、工程质监中作用，不仅为企业厘清了检验检测在工程建设各个环节的定位和作用，更为政府规范管理提供了思路，对促进检验检测行业健康发展也将起到推动作用。

三是开展电力工程质监专项检查。根据质监平台中质监问题数据分析，近年来电力建设工程质量整体在提升，但也存在薄弱环节。为提升质监效能，发挥质量监督检测的保障作用，首次开展了质监专项检测。在特高压项目上分别对金上—湖北、陇东—山东特高压工程的四川段、甘肃段开展了桩基专项检测，在发电项目上对江苏国信沙洲2×100万kW机组扩建项目开展原材料以及桩基工程专项检测。通过专项检查，不仅可以保证工程施工质量，也可以督促参建单位有效落实主体责任。

3. 提升服务能力，笃行实干积极作为

一是服务地方经济发展。提高部门社会化专业化工作水平，通过与各级政府建立沟通渠道，发挥质监社会化服务促进地方经济发展作用。2023年，受地方政府委托对垃圾焚烧发电、工业园区热电联产项目、余热余压综合利用等项目开展质监工作。2023年，先后对地方政府委托的66个垃圾焚烧发电、余热余压综合利用等项目开展了91次监督检查，派出专家453人次，提出整改问题10293条，建议76条。问题均已整改落实，对促进当地工业高质量发展起到了积极作用。

二是服务电力设备制造企业。质监部党支部深入践行“三化四优”工作要求，提升专业化、市场化服务能力，以质监工作为纽带，助力上下游产业质量提升。结合质量监督过程中发现的问题，受邀为东方锅炉厂、上海锅炉厂等进行培训和技术交流，推动制造业质量提升。

三是服务行业内外。贯彻“三化四优”工作要求，立足自身，放眼行业内外，以交流带动共同发展。对内与直属单位建立协同协作工作机制，利用各自在市场信息、市场营销和专业技术等方面的优势，形成合力，打造多种服务模式，响应市场需求。对外加强交流，寻求合作机会，与国家石油天然气管网集团工程质量监督检验有限公司、浙能集团、内蒙古中心站等开展多种形式技术交流，用专业化带动市场化，又用市场化促进专业化提升，真正践行“三化四优”工作要求。

4. 发挥技术优势，持续服务质监体系建设

2023年，国家能源局为规范质监体系建设，开展了多项制度和技术文件的制修订工作。

一是协助国家能源局完成技术、文件出台。支撑国家能源局完成《电力建设工程质量监督管理暂行规定》（简称《暂行规定》）出台和火电、输变电等四册质监大纲的修订出版。多次参加《暂行规定》研讨会并提出意见和建议，承担火电等质监大纲专项审查，为规定和大纲的出台做出了应有的贡献。

二是协助国家能源局开展制度制修订。参与《电力建设工程质量监督机构考核管理办法》和《电力建设工程质量监督实施程序》的制修订，先后3次参加两项制度研讨会，提出意见建议近百条，大部分建议得到采纳。

三是受委托对培训教材等进行修编。受国家能源局可靠性和质监中心委托，牵头对质监培训教材和考试题库（火电部分）进行修编。克服时间短、任务重

的困难，组织华能中心站、内蒙古中心站在 2 个月内共同完成了修编工作，得到了国家能源局的肯定和认可。

5. 夯实基础工作，提升整体管理效能

一是加强人才队伍建设。完成了 369 名专家培训和年度考核工作，增补了 92 名专家；组织开展了专家组长研讨会，宣贯了国家能源局发布的新文件新要求，强化廉政教育。邀请行业内专家开展了 4 次内部专题培训，提升员工专业能力。

二是完成质量发展报告编写出版。2023 年，质监部集中精力在报告的数据、内容上再创新、再提高，完成了《中国电力工程建设质量年度发展报告 2023》和《中国电力工程建设大事概览 2022》编制工作。

三是全面扎实做好审计迎检工作。2023 年，质监部先后迎接了国家审计署对国家能源局的延伸审计，以及政府委托项目的专项审计工作。审计过程中，质监部研究审计要求，梳理政策法规，提供有效可靠的材料，在多途径沟通基础上保证了各项审计迎检工作顺利完成。

四是开展了质监工作“回头看”。在高效完成质监任务外，走访四川、重庆、陕西、浙江、湖北等省（市）电力公司，围绕如何更好服务特高压工程建设、如何提升特高压建设质量等展开调研，听取建设单位的意见和建议，为新开工特高压工程质监打下坚实基础。

【会员服务与行业文化建设】

（1）编印《中国电力工业现状与展望（2023）》。中电联已连续 13 年（2011—2023 年）为行业两会代表、委员及会员单位编印服务手册，重点反映国内电力工业发展现状、电力供需形势，分析行业热点焦点问题，提出专业性、建设性、前瞻性意见和建议。旨在发挥行业平台及数据资源优势，服务政府和企业决策，让社会各界了解电力、支持电力，推动电力行业高质量发展。

（2）组织 2023 年“中国电力主题日”活动。以“践行责任担当　凝聚奋进力量”为主题，举办中国有电 141 周年庆祝活动，融入“弘扬电力精神，践行责任担当，为我国经济社会发展提供坚实电力保障”为主题的企业领导主旨演讲、电力精神主题演讲、《电力工业史》丛书发布，同期举办电力精神主题摄影书画展等活动。国家能源局监管总监黄学农发表致辞，中电联理事长、国家电网有限公司董事长、党组书记辛保安，以“弘扬电力精神　践行责任担当　为我国经济社会发展提供坚实电力保障”为题作主旨演讲，中电联党委委员、秘书长郝英杰宣读弘扬电力精神倡议书，活动由中电联党委书记、常务副理事长杨昆主持。

（3）编印《中电联服务指南 2023》《中电联会员服务报告 2023》《中电联 2023 年信息产品服务清单》。做好中电联重大活动和重要工作的宣传推广，反映 2022 年度主要会员服务项目落实情况，介绍 2023 年度总体工作思路、重点工作计划、会员服务措施等，列举 2023 年向各层级会员单位提供的各类服务内容、服务形式及发送周期，旨在让更多能源电力企业了解中电联的各项服务并及时参与中电联的各项活动。

（4）完成中电联第七届理事会第四次常务理事会议参会代表组织工作。会议审议通过关于发展会员的议案，发展中国海洋石油集团有限公司等 101 家会员单位，其中本部联系会员单位 31 家、分会联系会员单位 70 家。会议审议通过关于第七届理事会部分常务理事单位、理事单位变更代表的议案，完成 27 名理事代表变更，其中常务理事 3 名、理事 24 名。

（5）召开中电联 2023 年理事长、副理事长单位联络部门负责人及联络员座谈会和中电联 2023 年省级电力行协座谈会。中电联党委委员、秘书长郝英杰出席会议并讲话，中电联相关业务部门对中电联会员联络与服务工作、电力精神研究、“国际化建设年”活动和 2023 年亚太电协大会以及会员服务管理系统建设等工作情况进行了专题介绍，部分会员企业作专题发言。

（6）召开 2023 年中电联理事单位联络员工作会议。中电联党委委员、专职副理事长王抒祥，中电联党委委员、秘书长郝英杰出席会议并讲话。会议汇报了中电联一年以来会员联络与服务工作情况、第 24 届亚太电协大会筹备工作情况，5 家会员单位就企业发展、管理和技术创新进行了典型经验交流，听取了理事单位对中电联会员服务的意见建议。

（7）完成中电联第二次理事长会议暨第七届理事会第六次会议参会代表组织工作。会议审议通过了关于发展会员的议案，发展三峡大学等 71 家会员单位，其中本部联系会员单位 22 家、分会联系会员单位 49 家。会议投票增补 8 家副理事长单位、3 家常务理事单位、9 家理事单位。会议审议通过了关于第七届理事会部分常务理事单位、理事单位变更代表的议案，完成 47 名理事代表变更，其中常务理事 4 名、理事 43 名。

（8）以“视”“听”“读”“创”等多种形式大力宣传和弘扬电力精神。举办电力精神主题微视频大赛，评选百部佳作，开展 10 期线上展播；举办电力精神主题演讲比赛，以电力人讲述电力故事的方式，展示企业风采、展现职工风貌；组建电力精神宣讲团，赴北京、上海、宜昌、北海、古田五省市开展巡回宣讲，共计 3000 余名电力师生、职工参加活动；推进电力精神图书编撰工作，征集文字资料 50 万余字、图片素材 1000 余幅，提炼成稿近 30 万字；设计制作电力精神宣传读本、宣传视频，出版发行电力精神宣传海报、折页、展板等系列产品。

（9）召开 2023 年度电力行业企业文化工作交流大会。交流行业文化建设先进经验，推广企业文化建设优秀成果，探讨新时代电力行业企业文化建设新思路，国家电网公司、南方电网公司、中国三峡集团、浙能集团等集团做先进经验分享和典型成果交流。

（10）制定《电力行业自律公约》《电力行业员工职业道德准则》，制作有关宣传读本，加强行业自律，规范企业和员工行为，推动行业高质量发展。

（11）开展电力行业 ESG 体系研究。分析电力行业 ESG 工作进展、成效以及面临的问题困难，提出有关政策措施建议和发展思路。课题报告报送国务院国资委等相关部委，受到了行业内外的关注。

（12）征集电力企业社会责任优秀案例。共遴选出优秀案例 172 项，编制《电力企业社会责任及 ESG 优秀案例文集》，促进提升行业履责能力；开展电力行业公众透明度典型案例推荐工作，征集有关案例 100 余项，会同有关单位研究编制了《中国电力行业企业公众透明度报告》《中国电力企业公众透明度典型案例集》。

（13）召开中电联分支机构 2024 年第一次秘书长工作座谈会暨分支机构规范化发展培训会。中电联党委委员、秘书长郝英杰出席会议并讲话，会议介绍了分支机构三年发展规划编制情况。各分支机构结合实际工作中存在的困难，围绕服务会员、协同协作等方面进行了经验交流。结合最新政策文件，对社会组织分支机构规范化发展进行了合规培训。

（14）召开中电联 2024 年第二次分支机构秘书长工作座谈会。会议宣贯学习了中电联分支机构考核办法的修订内容，通报了 2023 年分支机构会员发展及会费收缴情况，介绍了 2024 年分支机构的综合计划及预算编制相关要求，各分支机构参会代表对 2024 年的工作思路进行了梳理和展望。

（15）设立中电联电力财经专业委员会。召开中电联电力财经专委会成立大会，助力构建新型电力系统，发挥电力财经工作在支撑服务经济社会和能源电力高质量发展进程中的促进作用，引领行业发展。

（16）设立中电联氢能分会。举办中电联氢能分会成立大会暨氢能行业发展交流会。助力氢能与电力系统的协同发展，共同构建新型能源体系，汇集行业资源和力量，促进氢能行业的高质量发展。

【党群及纪检监察工作】

1. 强化政治建设

一是扎实组织开展主题教育。坚持把主题教育作为重要政治任务抓好抓实，把高质量开展主题教育作为贯彻落实党的二十大精神的重要举措，协调推进和完成 11 项重点工作任务。通过强化组织领导，第一时间动员部署，制定“1+N”系列实施方案，创新编制行动清单，实现高起点谋划；通过执行党委会“第一议题”制度，开展 6 次党委理论学习中心组（扩大）学习会、两期主题教育轮训暨读书班等理论学习，实现高质量学习；通过推动调查研究，组织提出 33 项主题教育重点发展举措，创新主题教育督导模式，实现高标准推进；通过推动全面检视整改整治，组织开好专题民主生活会和组织生活会，实现主题教育良好成效；通过深入组织“回头看”，保障和延伸主题教育成果，确保党中央关于主题教育的重大决策部署在中电联得到贯彻落实、上下贯通、落地生根。

二是扎实落实“第一议题”制度。贯彻落实党委学习贯彻习近平总书记重要指示批示精神工作办法，落实“第一议题”制度，滚动汇编习近平总书记关于能源电力系列讲话和重要指示批示精神，学习领会党中央重大决策部署，坚持原原本本学、示范引领学、交流研讨学、专家授课学，全年组织党委领导讲党课 8 次，以丰富的形式深化认识、凝聚共识，增强了忠诚核心、拥戴核心、维护核心、捍卫核心的政治自觉。

2. 强化思想建设

一是深入组织党的创新理论学习。制定并下发 2023 年党委理论学习计划，在重点开展学习习近平新时代中国特色社会主义思想基础上，组织学习全国“两会”精神，学习习近平总书记对能源电力行业的重要指示批示精神，组织开展对中央深改委会议的跟进学习，以制度化、规范化的学习持续用党的创新理论武装中电联广大党员干部，为推动协会“三化四优”发展重点提供理论力量。

二是开展电力精神内宣。制定并印发《中电联本部学习宣传贯彻电力精神实施方案》，从“学、思、践、悟”四个方面，组织开展电力精神内宣“七个一”行动。在本部大厅放置电力精神易拉宝、宣传海报，制作发放电力精神主题鼠标垫，印制电力精神宣传手袋。组织青年党员赴陕西开展“电力精神看基层”活动，组织召开“弘扬电力精神 书写时代华章”主题座谈会，激励中电联员工积极投身电力事业，用实际行动践行传承电力精神。

三是强化宣传教育。制定印发党建宣传工作方案，系统安排党建宣传工作。夯实党建宣传阵地，全年共编发《党建工作通讯》22 期，促进各党组织之间的沟通交流学习，在中电联网站党建板块推送转发中央精神，发布中电联党建重要新闻，全方位展示中电联党建工作成果。

3. 强化组织建设

一是深入推进组织生活提质增效。组织召开党委 2022 年度民主生活会和主题教育专题民主生活会，并进行情况通报，印发整改问题清单，两次民主生活会都得到了上级党委或指导组的肯定，指导科技中心党委首次召开党委民主生活会。完成2022年度组织生活会和民主评议党员，剖析问题形成整改清单，119名党员被评定为“优秀”等次；制定工作指引，指导22个党支部按照主题教育要求，召开专题组织生活会，对主题教育进行总结。召开代管协会党支部书记抓党建述职评议考核会议，落实党建工作责任制。督促基层党组织落实“三会一课”、组织生活会、民主评议党员、谈心谈话等基本组织生活制度，各级党组织工作质量普遍提升，严肃党内政治生活，充分发扬了党的优良传统和政治优势。

二是构建符合实际的动态组织设置。提升党建工作规范水平，制修订党费收缴管理、支部工作细则等2项制度。推进并完成发展院党总支改设党委工作，推进检测院党支部改设党总支工作，使直属单位的党组织体系更加符合本单位发展实际。完善组织体系，选优配强党组织班子，完成1个党支部换届选举，调整党组织书记委员6人次。

三是认真开展党员教育管理。向国资委党委争取10个党员发展指标，并向党员力量薄弱和基层一线倾斜，严格发展程序，与其他协会共同举办党员发展对象培训班，完成10名党员发展工作，并完成12名预备党员的转正。各基层党支部扩大党组织在群众中的影响力，全年共备案入党积极分子11名。

四是发挥优秀典型的模范作用。按照“两优一先”评选办法，组织召开2023年度表彰大会，42名优秀共产党员，27名优秀党务工作者，5个先进基层党组织受到表彰。各党组织和党员以优秀典型为榜样，投身理论学习，在各自岗位发挥先锋模范作用。

五是规范党费收缴和使用程序。对2022年度党费收支结存情况及党建工作专项经费进行公示和报告，按规定对党费标准进行规范核算收缴；各党组织利用下拨党费，通过观影、参观等形式开展活动，提高党费使用效益，助力党支部建强战斗堡垒。

六是开展重点人群帮扶。在2023年春节期间，慰问困难党员3名、困难职工2名和职工遗属4名，增强广大党员归属感，激发党员履职尽责的动力，为群众送去党组织关怀。

4. 强化党风廉政建设

一是夯实各级党风廉政建设工作责任。组织召开2023年度党建暨纪检工作会议，与23个基层党组织签订《党风廉政建设责任书》，制定印发纪检工作要点；组织召开党建纪检工作推进会，部署重点工作，推动各基层党组织科学谋划、系统推进工作。

二是推动“两个责任”协同贯通、一体推进。完善党风廉政建设责任制落实情况监督工作台账，动态更新，督促各级党组织每半年深入分析研判一次本部门（单位）党风廉政建设责任落实情况。组织召开中电联党委全面从严治党会议，推动党风廉政建设走深走实。

5. 推动巡视整改政治巡察工作

一是深入推进内部巡察工作。突出政治巡察定位，聚焦“四个落实”，把贯彻落实党的二十大精神作为重中之重，紧盯领导班子特别是“一把手”，紧盯职工群众反映强烈的问题，突出对履行主责主业、合规管理、防范化解重大风险情况的监督，坚持发现问题不动摇，组织对人才评价与教育培训中心、中国电力技术市场协会开展内部巡察工作，总计发现23方面77个问题。

二是加强内部巡察规范化建设。结合迎接国资委党委巡视配合工作经验，规范内部巡察流程，强化巡察队伍建设，开展巡察培训，提升巡察干部工作水平。

6. 强化监督执纪

一是严肃党内政治生活监督。通过组织纪委监督基层组织生活会20余次，参加代管协会党支部书记抓党建述职评议考核等工作，推动基层党组织强化管党治党责任意识，加强对基层党组织落实主题教育各项任务的督促和指导。

二是严把“选人用人”监督关。出具党风廉政意见书19人次；开展任前廉政谈话10人次，督促新提拔重用领导干部担当履责。

三是规范问题线索的管理和处置工作。依规依纪处置问题线索1件，开展谈话函询2人次、批评教育1人次；扎实完成巡视移交问题线索处置。

四是强化纪检监督体系建设。设置“党风廉政工作接待日”，畅通信访举报渠道。健全完善纪检监督制度，修订中电联纪委工作规则、制定领导干部党风廉政档案管理办法。

五是持续深化廉洁风险防控工作。督促各部门（单位）结合部门（单位）实际、职能职责、外部环境变化等因素，聚焦岗位职责权限、业务流程、内部控制，动态跟踪廉洁风险点变化，及时完善防控措施，巩固风险防范成果。

六是抓实抓细重大活动监督工作。聚焦亚太电协大会重大活动，围绕经费使用、会务保障、布展陈列、消防安全、临展设施安全开展实地调研检查工作。

7. 推动党委作风建设

一是锲而不舍纠“四风”树新风。紧盯节日节点不松劲，通过印发廉洁过节通知、通报典型案例、电子廉洁提醒函等方式，引导广大党员干部职工时刻保持警醒，不逾纪律红线。

二是强化落实中央八项规定精神监督检查力度。开展对各基层党组织的宣传教育、公车管理、公务接待、津补贴福利发放等情况进行了现场抽检27次，切实营造风清气正的节日氛围。

三是强化廉洁警示教育。组织开展“廉洁从业担当履职”廉洁警示教育月活动，组织开展专题培训，提高中电联广大干部职工廉洁从业意识、履职担当能力。

四是加强年轻干部教育监督。对45周岁以下的副处级及以上的年轻干部开展集体廉政谈话，提醒年轻干部扣好廉洁从业“第一粒扣子”。

8. 强化纪检队伍建设

一是统筹谋划纪检队伍教育整顿工作。召开动员部署会，结合中电联实际，组建领导机构，明确范围，强化落实；制定实施方案，合理安排学习教育、检视整治、巩固提升等三个环节任务。

二是抓实抓牢纪检队伍思想警示教育。将教育整顿与主题教育相结合，按周细化学习任务，汇编学习材料；强化警示教育，通过参观廉政教育基地、观看庭审现场纪录片等方式深化警示纪法教育；强化家风家教，开展廉洁家访活动，加强“八小时”以外监督；结合必读书目学习，组织撰写心得体会、开展教育整顿知识测试，检验学习成效。搭建纪检工作学习交流平台，传达上级和中电联纪委最新会议精神，增进纪检专兼职干部沟通交流。

三是开展纪检队伍检视整治。召开专题工作推进会，分层分级开展谈心谈话20人次，及时掌握纪检干部思想动态；制定舆情监控方案，实时加强教育整顿舆情监控；结合实际细化个人自查事项报告表，指导专兼职纪检人员深入开展2轮自查自纠；组织召开廉政教育报告会，推进主题教育和教育整顿工作。开展违规办案行为、案件质量问题、重复举报化解不力、借用人员管理不规范等四项专项整治工作，制定整治工作方案，开展自查自纠，规范办案行为、健全完善工作流程、加强借用人员管理。

四是强化对下级纪检机构的监督指导和业务支持。深入推进纪检工作双重领导体制具体化、程序化、制度化，组织召开二级纪委工作汇报会，与新成立二级纪委开展集体谈话，推动二级纪委有效履行监督责任，提高履职能力和水平。

9. 强化群团建设

深入开展“主题教育强思想 电力精神建新功”为主题的群团活动，充分发挥工会青年的群团组织作用，调动广大干部职工的积极性和主动性。组织春季健步走活动，和“三八”妇女节插花、茶艺活动，举办“亲子携手有模 young”儿童节活动，举办掼蛋、踢毽、跳绳等文体活动，及时为职工发放春节、端午、中秋等节日、生日慰问和防疫物资，增强了中电联吸引力和凝聚力。职工为“幸福工程——救助困境母亲行动”捐款6万余元。传承五四精神展示青年风采，举办“主题教育强思想 电力精神建新功”主题团日活动，接受爱国教育，开展读书活动，展示青年风采，增强了思想凝聚力和组织向心力。

【电力发展研究与服务】

1. 电力发展课题研究工作

（1）开展能源电力规划研究。完成“黄河流域能源转型发展规划研究”课题，支撑主管部门编制规划文本，为当前和今后一段时期黄河流域能源转型发展提供规划引领。完成“京津冀能源协同发展行动计划”研究，为京津冀区域打造智慧能源系统建设先行区和能源消费革命示范区，建设国家跨区域绿色低碳协同创新示范区提供可行路径。完成“‘双碳’目标下中国区域电力低碳转型路径研究”，研究中国区域电力低碳转型的战略思路、目标趋势、建设模式和任务举措，促进更好发挥区域比较优势，推动区域电力发展更加平衡，实现清洁电力资源配置全局最优，支撑经济社会全面绿色转型。

（2）开展新型能源体系建设路径研究。开展新型能源体系内涵架构研究，系统认识规划建设新型能源体系的重要意义，研究新型能源体系的特征趋势和发展阶段，提出规划建设新型能源体系的关键路径。开展“新疆新型能源体系先行示范区规划研究”，梳理新疆新型能源体系先行示范区规划思路，研究先行示范区的内涵架构、战略定位、总体布局、发展路径，提出先行示范区中长期目标愿景、重点任务、重大工程，形成战略全景。开展“南方区域新型能源体系发展路径研究”，分析全国、南方区域、区内五省（区）在新型能源体系建设中的交互关系，从战略框架、总体布局、发展目标、重点任务和重大工程等方面研究提出南方区域新型能源体系发展路径。

（3）开展发电企业对标2023年度研究。完成“中国发电企业和世界同类能源企业对标分析报告2023”课题，瞄准建设具有全球竞争力的世界一流企业总体目标方向，从产品卓越、品牌卓著、创新领先、治理现代四个维度系统开展12家中国发电企业与11家世界同类能源企业对标，对2022年各分项指标数据进行对比分析，总结2022—2023年国外能源企业发展启示，展望2024年中国发电企业发展热点，为营造良好的企业发展环境提供支撑，助力中国发电企业增强核心功能、提高核心竞争力，加快建设世界一流能源电力企业。

（4）开展电力价格和成本机制类课题研究。协助中电联规划发展部改革处完成国家能源局电力司委托的“燃煤发电容量补偿专题研究”课题，研究成果支撑《国家发展改革委国家能源局关于建立煤电容量电价机制的通知》（发改价格〔2023〕1501号）政策制定。开展“电价机制对抽水蓄能发展的影响”“新型储能价格机制研究”“南方电网公司固定资产延寿及折旧策略研究”，启动“八师源网荷储一体化机制研究”，在新型电力系统建设大背景下，为地方政府和企业提供灵活调节电源电价机制、城市级源网荷储一体化运营机制等相关研究支持。完成“‘双碳’目标下抽水蓄能成本构成及发展趋势研究”课题，建立抽水蓄能电站项目成本指标体系，开展不同地区、不同投资主体抽水蓄能电站成本对标，对抽水蓄能电站项目成本及其构成的发展趋势进行了预测，为企业制定更加合理的成本管理策略提供支撑，同时也为未来抽水蓄能电站概算编制和成本控制提供参考标准。

（5）开展电网投资策略研究研究。完成“甘肃电力投资政策环境分析与政企协同投资政策争取策略研究“课题，系统梳理“双碳”背景和电网工程投资主体多元化趋势下的电网投资界面，基于电网投资支持性政策和甘肃电力投资政策争取现状分析，从顶层投资界面、政策支持、资金支持到政策落地后工程建管模式、资产收购、保障核价水平等方面提出甘肃电网投资政策争取策略，为甘肃电网投资政策争取提供支撑。完成“新形势下宁夏电网投资与输配电价的联动模型研究”课题，从投入产出视角建立宁夏电网投资与输配电价的联动模型。一方面从产出视角，研究社会经济效益、电网投资与输配电价之间的传导关系，分析输配电价、电网投资、社会经济效益的联动影响；另一方面从投入视角，建立宁夏电网投资与输配电价核价优化模型，提出投资策略优化建议；从而支撑宁夏电网输配电价核价，支撑宁夏电网稳投资、优投资、促投资。

2. 电力行业服务工作

（1）在国家发展改革委投资决策咨询评估工作上持续发力。根据国家发展改革委工作安排，中电联技经中心先后完成“哈密—重庆±800kV 特高压直流输电工程”“陕西夏州—甘肃庆阳北 750kV 输变电工程”和“青藏直流二期扩建工程”3 个项目的可行性研究核准评估报告。

（2）首次开展国家重大技术装备（输变电领域）首台、套评估工作。2023 年 3 月，受国家能源局委托，中国电力企业联合会作为独立第三方机构，开展国家能源局第三批输变电领域装备首台（套）重大技术装备评审工作。2023 年 10 月 24 日，在国家能源局正式发布的第三批能源领域首台（套）重大技术装备项目名单中，中国电力企业联合会推荐的 7 项输变电领域首台（套）重大技术装备全部入选。

（3）推进源网荷储一体化建设。2023 年 3 月，中电联电力发展研究院有限公司响应国家能源局推进“源网荷储一体化”项目建设政策，开展新疆生产建设兵团第八师“源网荷储一体化”基地规划报告评审工作。该项目为第八师加快构建源网荷储一体化机制提供支撑，并对市（县）级“源网荷储一体化”开发建设起到示范作用。

（4）标准化服务成效显著，充分发挥行业组织作用。按照新标准化法和标准化工作改革的要求，中电联电力发展研究院有限公司承担中电联工程技术经济、输变电工程三维设计、电力工程信息模型应用等三个标委会秘书处相关工作。根据标准化管理中心要求，发展院具体负责三个标委会的国标、行标和团标的申报立项、审查报批等系列服务及日常管理工作。工程技术经济标准化领域，共制定标准 3 项，在编标准 3 项，筹备立项标准 4 项，完成报批 4 项；输变电工程三维设计标准化领域，共新制定中电联团体标准 9 项，在编标准 8 项，其中行业标准 3 项，中电联团标 5 项。多次组织召开标准体系研讨会，深化标准体系。11 月 16—17 日，标委会联合中电联人才测评中心有限公司在重庆市举办《输变电工程三维设计模型数据交互规范》等 9 项标准宣贯会，取得了良好的效果；电力工程信息模型应用标准化领域，共编制中电联团体标准 4 项，筹备立项团体标准 4 项，推动国内外标准化交流，与国内外建筑、交通、铁路等领域工程信息模型应用标准化组织建立良好沟通合作关系，多角度推动标准化工作高质量发展，服务电力工程数智建设与发展。

【电力评价咨询与服务】

1. 电力行业信用体系建设

（1）强化组织管理能力，厚植信用管理根基。规范各评价咨询中心管理，夯实基层信用工作体系。推动行业信用体系建设与评价工作制度化、规范化和标准化建设，印发《2023 年电力行业信用建设工作计划》，促进各地信用体系建设健康有序发展。年度新增设评价咨询中心 1 家（湖北省电力企业联合会评价咨询中心），撤销评价咨询中心 1 家（黑龙江省评价咨询中心）。加强标委会能力建设，行业标准体系逐步完善。结合信用相关国标和行标发布情况，完善信用标准体系，形成《涉电力领域信用标准体系（2023 版）》。召开能源行业涉电力领域信用评价标委会 2023 年年会，总结经验，交流方法，明确 2024 年标准编制的方向和重点。

（2）创新信用工作理念，提升信用工作实效。落实协同推进意见。印发《电力企业信用体系建设实施指南（试行）》，从总则、总体要求到改进与提升，涵盖电力企业信用体系建设的各个方面，成为引领电力行业信用体系建设高质量发展的重要指南。完善信用工作机制。印发《中电联电力行业信用体系建设工作规则》，从组织机构及工作职责、工作机制、信息报送等方面对信用体系建设工作进行完善和规范。深化信用风险监测。推动以集团公司为测评主体的“信用电力指数”研究及监测排名工作，发布2023年电力行业信用电力指数第三季度监测情况及排名报告，对531家电力生产经营相关的集团公司及下属单位共62433家企业进行了风险监测，推动企业信用建设指标横向对比，提升信用管理能力，防范化解信用风险。树立信用企业典型。发挥标杆指导、典型引领的示范作用，开展2023年电力行业信用体系建设示范企业推荐遴选工作。经集团公司推荐、初审、复审、复核和公示等程序，确定许继电气股份有限公司、广西电网有限责任公司等57家企业为2023年电力行业信用体系建设示范企业。开展鄂尔多斯、佛山两期电力行业信用体系建设示范企业推广交流活动，活动反响良好。上线“信用电力”二期平台。“信用电力”网站与信息二期平台系统正式上线，新增信用电力指数展示、信用示范企业在线申报及评审、失信治理、自律公约签署，实现与信用能源及征信平台对接等功能，在信用评价管理、培训等方面完善相关功能。

（3）推进信用标准化能力，健全技术支持体系。完成4项团体标准制修订及报批工作。信用标委会组织了《涉电力领域市场主体失信行为认定规范》《涉电力领域市场主体重点关注名单管理规范》《涉电力领域失信主体信用修复管理规范》《电力征信用电数据隐私计算应用技术规范》4项团体标准的制修订工作，并于12月成功获批发布。完成2项行标和2项团标立项申请。开展企业信用管理和电力征信相关标准化研究，面向涉电力领域征集标准制修订计划，共申请立项行业标准《电力行业信用体系建设导则》和《涉电力领域市场主体信用评价报告编制导则》2项，中电联标准《电力企业信用风险防控规范》《电力行业信用体系建设示范企业评价导则》2项。

（4）深化信用专项服务，确保信用持久效能。推动行业信用评价。实施“月度评价、季度公示”工作模式，采用远程辅导和线上评价方式优化工作流程、提升工作效率，2023年完成591家企业评价并发布评价结果，其中初评220家，复评371家。加强失信行为专项治理。持续开展涉电力领域失信行为征集和专项治理工作，全年共征集了1350条失信行为信息，其中511家失信主体被列入电力行业“重点关注名单”，受到行业信用风险警示。编制《中国电力行业信用建设年度发展报告2023》。反映和分析2021—2022年电力行业信用体系建设发展的实际状况和趋势，12月获得刊号并正式出版印刷。开展行业信用宣传。3月15日组织召开电力行业信用体系建设工作推进会议，总结2022年中电联电力行业信用体系建设工作，交流电力行业信用实践及创新经验，部署安排下一步重点工作。开展3次集中信用培训，培训信用管理人员500余人，其中电力信用管理师培训班为首次开展。编撰《电力行业信用体系建设工作简报》12期，“信用电力”微信公众号、信用电力网站定期发送行业信用体系建设相关讯息。“信用电力”微信公众号文章年阅读量超17万次。

（5）开拓咨询服务范围，满足客户多样化需求。开展政策信息收集及政策解读支持等工作。对深圳供电局有限公司2023年政策信息收集及政策解读提供技术支持工作，定期收集解读政策、行业信息，开展软课题评审、培训、经费审查工作，于12月通过项目验收。开展发电企业对标及管理提升研究工作。根据《云南地区建设一流发电企业对标及管理提升研究工作工作方案》，开展对标工作并编制《云南地区建设一流发电企业对标报告（2023上半年）》。

2. 电力需求侧管理服务方面

（1）发挥行业优势，服务国家电力宏观决策。配合国家发展改革委完成《电力需求侧管理办法》《电力负荷管理办法》修订工作。配合工业和信息化部赴重点省（区、市）和企业调研，形成电力需求侧管理有关工作签报并报送。完成《关于应对严峻电力供需形势加强工业领域电力需求侧管理工作有关思考的报告》并形成专报信息上报两办。开展2022年工业用电情况及相关成本跟踪研究工作，完成《2022年1—12月工业用电及相关成本情况》上报。完成2022年工业用电及相关成本情况项目专家评审，并形成《2022年工业企业度电均价同比大幅上涨 企业呼吁加强用电保障降低用电成本》专报，获中办、国办采纳。配合完成全国工业领域电力需求侧管理第五批参考产品（技术）目录和第七批示范企业（园区）公示和公布流程相关资料，正式文件由工信部办公厅于2023年3月23日印发。配合开展工业领域电力需求侧管理示范创建效果评价工作，遴选11家示范企业、1家示范园区及12项参考产品（技术）列入全国工业领域电力需求侧管理典型案例。配合开展第八批示范企业（园区）及第六批产品（技术）征集工作。协助开展工业企业绿色电力交易情况专题调研，形成《全国工业企业绿色电力交易情况汇报》。

（2）重视人才培养，加强产业培育。开展电力需求侧管理服务机构能力评估工作，目前累计备案服务机构共计160家，其中，一级机构37家，二级机构123家。通过网络授课方式举办电力现货市场交易、电力源网荷储一体化建设及电力需求侧管理专题培训，累计参加学员435人，对从事电力需求侧管理相关人员能力提升发挥作用。

（3）完善标准体系，推动实践应用。开展电力需求侧管理标准建设，完善技术支撑体系，完成1项国家标准《工业领域电力需求侧管理实施指南》发布，完成 1 项行业标准《电力需求侧管理通用规范 第 3 部分 资源调节》报批，参与电力需求侧管理及虚拟电厂相关 4 项国家标准、2 项行业标准编写工作。

（4）突显专业能力，提升服务企业水平。与世界自然基金会、世界资源研究所等国际组织开展促进企业绿色电力消费、绿色电力交易研究工作，发起用电企业绿色电力消费倡议，发布《企业参与绿色电力交易自评价手册》和 2 期《绿色电力交易半年报》。完成中广核区域级虚拟电厂市场化交易优化策略研究项目子课题一、二研究及报告编制。完成中国三峡集团电力市场风险管控技术工具研究科研项目研究及验收工作。完成内蒙古营销大数据分析应用和新型电力市场交易机制优化策略研究。开展内蒙古自治区电力交易机制研究。组织开展山东枣庄 200MW/400MWh 共享储能项目实施方案项目评审。开展“电力营销数据治理及业务风险防控技术研究与应用”科技创新成果凝练及孵化。

3. 物资供应链管理服务方面

（1）践行现代供应链发展。拓展课题研究方向。完成国家电网公司物资管理部“基于‘双碳’目标下电网企业实施绿色现代数智供应链策略研究”及南方电网物资有限公司“基于南网物资供应链全流程经营收费标准体系”“南网物资标准合同文本修编”等课题结题验收。承担国网物资有限公司委托“国家电网有限公司供应链公共服务云平台运营模式研究”。开展国家电网公司“我国输变电装备产业链供应链安全韧性研究”“工业互联网赋能电工装备制造业数字化转型和入网设备质量提升研究”“数智监督体系风险防控优化提升研究”等课题研究，取得显著成效。

（2）发挥标准引领作用。发挥电力物资供应链标准引领作用，修订完善并出台《中电联电力物资供应链标准体系 2023 版》，推进各项标准立项、制定、审核和发布，加强标准验证、标准宣贯培训，促进各项标准应用落地。中电联电力物资供应链标委会 2023 年发布 1 项行标、14 项团标，新立项 2 项行标、10 项团标，组织协调 17 项组部件团标立项编制。组织两次物资供应链已发布标准宣贯培训，获“2023 年度全国两化融合标准化先进集体”称号。

4. 电力行业信息化统计及电力数字化转型贯标工作

（1）完成国家统计局《电力行业统计调查制度》信息化统计调查表格修编工作。编制完成《中国电力行业数字化年度发展报告 2023》，全面、客观、深入反映我国电力行业 2022 年度数字化发展情况及面临的机遇与挑战。

（2）受工信部委托组织电力行业数字化转型贯标试点工作，先后参加工信部数字化转型贯标工作启动会、培训启动会和工作推进会，组织行业试点 223 人参加工信部数字化转型贯标培训。召开电力行业数字化转型贯标启动会，共 66 家单位 115 人参会。召开电力行业数字化转型专家研讨会，共计 101 位行业专家参会。现场走访 9 家试点单位，宣贯工信部贯标要求，听取试点单位工作建议。开展电力行业第一批试点单位贯标培训、启动会、调研访谈、诊断及优化总结和组织评估等工作。截至 2023 年底，第一批 9 家电力试点单位全部以本次可评最高等级 3 星通过现场评估。

5. 发电机组能效

（1）“三改”工作有序推进。完成各地、主要发电集团煤电“三改联动”2022 年完成情况及达标机组认定工作，同期完成 2023 年各季度及年度改造工作进展统计工作。根据当前煤电行业形势变化，以及国家发展改革委和能源局要求，研究开展“十四五”中间“三改联动”工作成效滚动评估工作。

（2）发电机组能效对标创历史新高。年度对标火电机组、清洁能源发电机组容量“双破”7 亿 kW，分别达到 7.02 亿、7.64 亿 kW，其中，60 万 kW 及以上煤电机组占全国同型机组比重 75.67%；清洁能源发电机组占全国同型机组比重 66.38%，行业的覆盖率不断攀升。

6. 成果鉴定及科技项目后评价

（1）发挥桥梁纽带优势，服务行业科技发展。配合能源局开展电力行业科技创新常态化协同监测，沟通理事长、副理事长单位科技主管部门建立科技创新双月监测常态化工作联系机制，按双月收集整理各单位技术创新态势、双月会商主题重点专题情况、存在问题及意见建议等，形成行业双月科技创新动态监测报告汇报国家能源局科技司。编制《中国电力行业科技创新年度发展报告 2023》，报告以电力科技创新实践及电力企业科技统计数据为依据，从多个维度对我国电力行业科技创新情况进行总结，完整呈现中国电力行业科研成就。

（2）提高服务质量，增强中电联成果评价品牌影响力。发布《电力科技成果评价规范》标准，引导规范科技成果第三方评价，发挥行业协会在科技成果评价中的作用，强化自律管理，促进市场评价活动规范发展。2023 年完成 242 家单位申报的 537 个项目的科技成果鉴定、评价工作，增强中电联成果评价品牌的行业影响力。

（3）拓展第三方评价服务，为科技管理部门提供决策支撑。依据牵头编写发布的 T/CEC 268—2019《电力科技项目立项评价导则》、T/CEC 267—2019《电力科技项目后评估导则》2 项团体标准，规范开展评价活动，优化科技项目评价行业生态。完成内蒙古电力集团（313 项）、国网华北分部（63 项）、国网电力空间技术公司（11 项）、鄂尔多斯供电局（46 项）2024 年立项评审，为制订科技发展规划提供依据，为电力企业科技管理部门提供科学决策支撑。完成国网电力空间技术公司专利价值评审（24 项），国网新疆电科院（21 项）、云南电科院（41 项）2023 年项目后评估评审，对科技活动产生的效益进行全方位的评定，为科技管理部门提供决策依据。

（4）加强电力科技评价标准化建设，发挥标准引领作用。结合电力科技评价领域技术发展和标准需求，进行电力科技评价领域标准的制订、审查等方面工作，推进电力科技评价与标准的深度融合和创新发展。发布《电力科技成果评价技术规范》《电力科技成果产业化评价导则》《电力企业创新影响力评价标准》《电力科技项目经费评估导则》4 项团体标准，《电力专利信息检索服务规范》《电力企业知识产权管理规范》2 项团体标准。

7. 电网安全服务

首次开创国内森林电气火灾风险评估工作的先例，以模式探索为重点，试点完成了辽宁抚顺、大连、葫芦岛、营口大石桥四个地市公司的评估论证工作。首次开展安责险金融与安全评估机制融合落地，试点完成重庆和福建 2 个分公司试点风险减量项目。

8. 电力认证

（1）推动完成了华能吉林公司六标整合审核，即以合规管理体系的大合规管理为龙头，结合质量、环境、职业健康安全、能源、信息安全管理体系实施的现场认证评价。

（2）获得北京市市场监管局 CMA 试验室资质，初步具备土建、电气、金属材料、无损检测能力。升级了国家能源局电力设施承试资质，由承试四级升至承试三级资质。

（3）联合新能源基建企业及质监专家，开发新能源建设质检员培训课程，并完成首个新能源质检员培训班。

（4）由中国职工技术协会主办，中国电力企业联合会科技服务中心有限责任公司承办，哈电电机协办的电力行业创新人才交流培训，是电力行业首次由电力系统上下游企业共同参与、合作开展的全国性的跨地区、跨流域、跨集团的大型创新人才交流培训。共计 11 家电力企业 110 名大国工匠、技能人才、优秀班组长参加交流培训，其中包括“大国工匠年度人物”“全国五一劳动奖章”获得者程平，“大国工匠年度人物”袁双全，“全国五一劳动奖章”获得者曹景芳、于洋等众多电力行业先优模范。

9. 企业管理咨询

（1）贯彻落实《国家标准化发展纲要》及全国标准化工作会议要求，开展分层次、多梯度电力企业标准化人才培训工作服务，全年完成培训宣贯 12 期，解读国行团标 65 项，累计 2000 人次参会。

（2）在北京组织了首期电力行业标准国际化研讨班，各电力集团 50 位代表与 ISO、IEC、ITU 等国际标准化组织的中国秘书处专家参会。

（3）拓展电力企业资产管理体系咨询业务，承接广西百色资产管理咨询服务，电力认证品牌开出首张资产管理体系认证证书。开展深能集团“标准化＋技术标准服务”、黄陵矿业“标准化＋安全标准化服务”、国电投山西能源“标准化＋场站服务”等“标准化＋”特色企业咨询服务，帮助 7 家企业通过企业标准化良好行为确认，其中电力行业确认 4 家、中国标准化协会 GSP 确认 3 家。

【电力检测技术服务】

（1）检测院提升服务站位，严把质量关，科学统筹、配合电力工程质量监督站及江西、福建、湖北、重庆、四川和新疆等各地质监中心站开展质量检测工作。

（2）检测院共完成 20 个输变电工程各阶段现场检验检测任务共计 62 次，派出检测人员 188 人次，出具检测报告 1645 份，发现质量问题 137 项；完成发电工程各阶段现场检验检测任务共计 225 次，派出检测人员 1073 人次，出具检测报告 3004 份，发现质量问题 294 项。各项检测工作得到了业主单位的首肯，既支撑各质监机构的现场监督检查工作，也为电力工程建设开展作出应有的贡献。

（3）检测院新疆办事处正式成立，可为客户提供迅捷、高效的检测服务，也有利于开拓新疆地区及周边区域电力工程建设检测服务市场，降低检测院差旅费成本。

（4）《中国电力工程建设检验检测年度发展报告 2023》并正式出版发行，为电力行业检验检测专业政策法规、标准规范、企业现状、人才结构、技术发展、存在问题、发展方向和挑战机遇等提供经验借鉴、沟通渠道和交流平台。

（5）检测院取得北京最高法司法鉴定检测机构入围资格，标志着检测院在相关领域的业务水平得到认可，提升检测院的市场知名度和行业地位。

（6）北京市气象局为检测院核准颁发编号为 2012023005 雷电防护装置检测资质证（乙级），不仅有利于检测院扩大业务范围，增加收入来源，同时还能为客户提供更加全面的服务。

（7）检测院增资扩股工作完成，提高检测院资质与专业化服务能力及风险规避能力，增强企业发展动力。

（8）为适应住建部发布的有关规范工程检测管理的 57 号令的要求，检测院组织检测企业技术与经济专家、高校及研究机构学者、行业管理部门负责人等，开展新版《电力工程检验检测计价依据》编制与修订工作，对保证工程质量、控制工程成本、优化资源配置起到重要指导作用。

（侯　伟）

中电联分会

【火力发电分会】

分会概况　火力发电分会是中电联的专业分支机构，是中电联的重要组成部分，在中电联党委和理事会领导下开展工作，接受中电联党委和理事会的领导和管理。

设会长、轮值会长；现有副会长 9 名；设秘书长；现有副秘书长 5 名（其中 2 名常驻）。

现有轮值会长单位 1 个，副会长单位 9 个，普通会员单位 27 个。以上各单位，分别设联络员。

主要工作情况

（1）强化联系，广集建议。为强化火电行业联系，火力发电分会与行业主要发电企业开展多频次交流，提升分会平台聚合作用。火力发电分会秘书处先后拜访轮值会长单位中国大唐，副会长单位中国华能、国家电投、浙能集团，向轮值会长、副会长汇报了火电分会工作开展情况，听取了有关领导对火力发电分会建设发展的意见建议，推动全年工作落实。根据火力发电分会年度工作计划安排，6 月在青海西宁组织召开 2023 年联络员会议，参会各副秘书长及联络员代表结合全年工作计划与工作实际开展情况对火力发电分会全年工作落实方向提出建议。

（2）开发信息，拓展服务。梳理信息渠道，整合信息资源，拓展分会服务。在信息化服务上，策划完成中电联网站火力发电分会新版主页设计并上线运行，为分会分享工作动态、政策法规宣传、前沿技术，为会员宣传成果提供了优质信息平台，得到会员单位的肯定。按月编制《火电信息参考》，《火电信息参考》是火力发电分会信息化服务集成成果，由火力发电分会主办，火力发电分会秘书处编辑审定，按月向轮值会长单位、各副会长单位、各副秘书长单位及会员单位推送。火力发电分会定期征集汇总行业要闻，结合火电企业需求，汇总最新的能源电力主要政策法规，行业新闻热点、前沿技术动态以及行业主要统计数据，细致编排，形成了《火电信息参考》这一特色电子刊物。

（3）助推学习，树立品牌。从服务行业企业出发，围绕能源安全保供，组织开展了多层次的培训交流活动。聚焦火电企业生产经营热点难点问题，按季度组织开展“云课堂”线上培训，不收取费用，不设听课门槛，形成品牌效应。与协作单位联合举办《防止电力生产事故的二十五项重点要求（2023 版）》宣贯培训班，聘请参与新版二十五项反措编写并具有丰富安全生产管理经验的专家授课。

（4）创新合作，突出专业。从服务行业出发，聚焦共性问题，探索建立专题研究工作机制，推动专题研究。火力发电分会在广泛征集行业企业意见的基础上，聚焦火电企业生产经营管理面临新型电力系统建设环境下的新挑战，启动“新型电力系统下，煤电企业设备运行状况分析研究”“基于可靠性的煤电企业设备分级方法研究”两项课题研究工作。课题分别由中国大唐和中国华能作为课题组组长单位牵头组织，各课题组成员单位共同参与。发挥专家资源优势，代表火力发电分会参加火电行业有关专业工作。参与多次发电企业事故（事件）分析诊断及推进火电三改联动重点工作；作为主要编制单位参与行业标准编制 4 项，翻译标准 2 项，其中，中电联团体标准 1 项。

（5）接轨国际，促进交流。围绕中电联国际化建设年工作要求，与中电联国际合作部合作，联合中欧能源合作平台（ECECP）共同组织“燃煤电厂燃烧优化示范项目”线上技术交流活动，邀请国内主要火电企业与发电设备制造厂参加。会议介绍了欧洲燃烧优化技术及示范情况，并组织国内外行业专家围绕锅炉节能减碳燃烧技术进行了交流研讨。

（6）夯实基础，发展机构。推动分会制度建设，提升分会管理规范化水平，打造中电联优质分支机构。在规范分会建设上，一是修订颁布《火电分会工作规则》，明确火力发电分会的业务范围、服务内容、组织机构、岗位职责等工作事项；二是完成《火力发电分会 2023 年服务清单》的编制，明确了火力发电分会年度主要服务内容。梳理会员结构，落实年度会费缴纳任务。在市场化服务上，落实中电联分支机构市场化要求，完成“‘双碳’目标下综合能源产业发展趋势及集团公司应对策略研究”课题项目验收，开展“火电厂技术监督体系对标完善”等市场化项目工作。在机构建设方面，落实分会部分人员调整，积极联系商议轮值会长换届工作。

【水力发电分会】

分会概况　水力发电分会是中电联的专业分支机构，是中电联的重要组成部分，在中电联党委和理事会领导下开展工作，接受中电联党委和理事会的领导和管理。

水力发电分会秉持中电联“立足行业、服务企业、联系政府、沟通社会”的办会宗旨，围绕会员单位需求，发挥社会团体桥梁纽带作用，面向中电联水电专业领域会员单位提供自律管理服务，推动水电行业企业健康可持续发展。

主要工作情况

（1）加强制度建设，提升分会规范化管理水平。修订发布《水力发电分会工作规则》，明确水电分会的业务范围、服务内容、组织机构、岗位职责等，逐步捋顺水力发电分会工作开展方式。根据工作需要，调整了副会长1名，增加调整了副秘书长2名，完善组织架构。协调副会长单位派驻一名人员，壮大秘书处力量，提升分会服务能力。清退3家无主体资格会员单位，吸纳4家优质会员单位，会员力量进一步增强。

（2）搭建交流平台，共谋水电行业转型发展。为发挥水电分会的行业引领作用，聚焦水电行业发展重点，创新水电发展思路，凝聚水电行业智慧，2023年，水力发电分会与中国三峡集团、中国华能等轮值会长、副会长单位开展交流座谈，听取了有关领导对水电分会建设发展的意见建议。根据水力发电分会年度工作计划，2023年4、6、11月水力发电分会分别召开工作座谈会、联络员会议和年度工作会，开展水力发电分会建设、水电发展等重点难点热点问题的交流研讨，推进分会重点工作，强化沟通联系，研究分会近阶段工作任务。

（3）开展行业培训，提升水电专业人员能力水平。2023年水电分会聚焦水电行业热点问题，发挥中电联专家库的优势力量，按季度组织开展主题为“梯级水库群自适优化调度关键技术及应用”“水轮发电机组以可靠性为中心的检修策略研究及实践”“水风光储多能互补开发探索与实践”“流域水电企业智能化建设探索与实践”四期“云课堂”线上培训活动，培训围绕行业最新政策和先进技术进行解读交流，得到行业企业的好评，分会影响力得到巩固提升。

（4）开展调查研究，推动解决行业热点难点问题。2023年水力发电分会从服务行业出发，多方面开展调研交流，建立专题研究工作机制，开展专题研究工作。在现场调研方面，水力发电分会组织会员单位赴三峡电厂、清江隔河岩电厂开展状态检修及流域梯级调度现场调研工作；赴国家电投黄河公司龙羊峡水光互补光伏电站开展现场调研交流工作；赴乌东德水力发电厂开展生产运行管理现状和经营现状调研。在专题研究方面，选取企业普遍关注的热点难点问题，组织分会力量开展“‘双碳’目标下水电与新能源灵活互补优化调度机制”课题研究工作，课题由轮值会长单位中国三峡集团作为课题牵头单位，国家能源集团、广西桂冠电力股份有限公司、华电云南发电有限公司、南方电网储能股份有限公司、国投电力控股股份有限公司等11家单位共同参与，拟于2024年完成课题研究工作。

（5）构建信息化服务体系，拓展分会信息宣传途径。打造一条极具专业性的信息服务链条，为会员单位提供更专业和多元化服务。依托中电联官网，设计上线水电分会网页。优化分会主页网站的布局和内容。设计《水电信息参考》信息栏目，由水力发电分会主办，水力发电分会秘书处编辑审定，按月编制印发《水电信息参考》，汇总精炼主要政策法规，行业新闻热点，前沿技术动态以及行业主要统计数据等要闻信息。编辑印发《中国水电站》季刊杂志，站在电力行业改革与发展的前沿，展示水力发电行业的新成果和经验，实现了分会层面的深度剖析。印发《水力发电分会2023年度服务指南》，帮助会员单位和行业从业人员更好地了解和运用分会提供的服务资源。

（6）开展标准制定工作，助力国际一流水电建设。2023年水电分会依托中电联“国际化建设年”系列活动，与亚太电协可持续发电技术组牵头单位长江电力公司联合完成《国际一流大型水电厂评价导则》团标草案编制和标准申报工作，为后续开展国际一流大型水电厂评价奠定基础。

【电力试验研究分会】

分会概况 电力试验研究分会成立于2003年，是由华北电力科学研究院等12家电力科学（试验）研究院（所）发起、并经中电联批准成立，属于中电联的分支机构，在中电联理事会的领导下开展工作。现有成员单位36个，涵盖隶属国家电网公司的中国电力科学研究院、27个省属电力科学研究院及宁夏电力能源科技有限公司，隶属南方电网公司的5个省属电力科学（技术）研究院，以及隶属内蒙古自治区的内蒙古电科院。建有中电联电力试验研究分会网站和电力安全生产信息网2个公共平台，编辑出版《电力试研消息》和《电力安全生产信息》2种内部刊物。

主要工作情况

（1）坚持以科技创新为抓手，强化行业引领力。支撑新型电力系统技术创新联盟工作，牵头筹办新型电力系统技术创新联盟理事会会议、《新型电力系统》创刊仪式等大型活动。打造新型电力系统与新型储能原创技术策源地，国产化大型电力系统电磁暂态仿真技术及平台上榜2023年度央企十大国之重器。参与新型电力系统示范区建设，开展长周期储能、新能源制氢等创新示范技术调研等工作。发表3篇智库文章，推进行业变革趋势、“双碳”路径、新型储能、体制机制、政策法规等重大问题研究，为行业转型升级和可持续发展提供决策支撑。

（2）坚持以优质服务为核心，提升会员凝聚力。召开电力试验研究分会会员大会暨五届二次理事会，组织来自全国各省市的36家电力科研单位围绕能源绿色低碳转型和数字化融合发展、新型电力系统科技创新等内容，共同探索能源电力发展的新思路、新途径。召开联络员工作会，传达学习中电联分支机构2023—2025年发展规划，明确试验分会近三年发展规划方向和目标任务。加大对各成员单位科研、生产、经营消息的宣传，2023年累计编发公众号文章1680篇，编发《电力试验消息》34期，刊发稿件1184篇。

（3）坚持以推动合作为手段，深化成员协同协作。充分发挥秘书处纽带作用，聚焦电网安全保供和能源低碳转型目标，开展国网安徽电力科学研究院等会员单位间走访座谈。面向成员单位举办"国家现代先进测量体系""柔性交流输配电技术"等高端学术讲座，与电能替代分会联合举办"CNAS、CMA检测业务规范化系列培训"。推进跨单位、跨专业联合攻关，协同超过50家产学研用单位，开展在策划和申报科技项目、承担重大技术攻关和支撑任务方面的联合攻关。支撑省级电网建设、推动产研融合发展，与国网北京电力、国网数控控股等38家单位签订合作协议，为现代产业链向上下游延伸作出贡献。

【电力职业安全卫生分会】

分会概况 电力职业安全卫生分会成立于2006年11月28日，由电力相关企业单位和电力行业自愿组织，是中电联管理下的分支机构。2019年11月28日完成电力职业安全卫生分会的第三届理事会的换届工作，新一届的分会秘书处挂靠单位国家电网公司北京电力医院，中电联魏昭峰任卫生分会会长、国康集团副总经理北京电力医院院长林方才任分会常务副会长。分会发挥行业引领和平台作用，推进新时代电力职业安全卫生事业良性发展。

主要工作情况

（1）推进电力职业健康标准修订工作。根据《中国电力企业联合会标准管理办法》要求，电力职业安全卫生分会协助中电联职业健康委员会完善标准体系中健康管理相关标准修订工作。5月20日，由电力职业安全卫生分会牵头完成《电力职业人群健康管理服务规范》团体标准，同时与国康北京公司联合推进《健康管理机构开展职业人群健康管理服务规范》标准修订工作。

（2）承办电力职工技术创新奖（职业卫生类）评审工作。在中电联理事会工作部及评价院等的支持和指导下，电力职业安全卫生分会严格按照中电联《电力创新奖奖励办法》要求，通过电力职工技术创新奖申报、形式审查、线上初评、现场答辩等评审工作，完成2023年度全国电力职工技术创新奖的评审工作。

（3）组织编写《电力行业健康企业建设评估指南》书籍工作。完成书籍方案、书籍框架设计、参编单位征集、筹备会、启动会等相关工作，参编单位30余家。书籍编辑作为分会年度重点工作计划之一，旨在带动会员单位切实践行大健康理念，推动行业健康事业发展，加强会员单位间合作交流。

（4）召开电力职业安全卫生分会2023年度工作会。全体会员单位代表参加，听取上一年度工作成果也为本年度工作进行安排部署。会员单位代表围绕分会重点工作谏言献策，会长林方才系统阐述了电力职业安全卫生分会发展面临的机遇和挑战、目标和愿景以及未来要做的实际工作的重要讲话。

（5）做好职业健康培训工作。由电力职业安全卫生分会牵头组织开展以"一切为了劳动者健康"为宣传主题的《职业病防治法》宣传周活动，使一线劳动者对职业病相关知识有了更加深入的了解，提高一线职工对职业病危害因素的重视程度。

（6）组织电力职工创新奖（职业卫生类）培训工作。电力职业安全卫生分会组织2023年度全国电力职工技术创新奖（职业卫生类）申报培训，主要针对职工技术创新奖奖励办法解读、申报注意事项和申报经验进行交流。来自全国各省电力行业63名会员代表参会。通过培训调动职工创新创效的积极性，鼓励企业和职工创新创效提供良好的环境和平台。

（7）举办《第五届工作场所职工健康管理高峰论坛》。论坛以"改善工作环境和条件，保护劳动者身心健康"为主题，邀请中国电力企业联合会党委委员、秘书长郝英杰出席活动并致辞，论坛通过线上线下两种形式召开，上线直播收看达1100人次，线下与会代表逾100人，活动效果显著，得到各级领导和代表的肯定。

（8）搭建多媒体平台，提升分会影响力。2023年5月电力卫生分会开通微信公众号，充分利用自媒体宣传模式，合法合规完善自媒体平台运营管理工作、积极调动会员单位参与，通过对服务模式的推广，切实践行大健康理念，加大网络进行大健康信息传播。

【电力装备及供应链分会】

分会概况 电力装备及供应链分会是中国电力企业联合会的专业分支机构，从事电力装备质量、供应链管理相关企事业单位、科研机构、高等院校、社会团体及个人均可申请入会。电力装备及供应链分会围绕电力装备质量提升、电力行业现代供应链创新与应用等专业领域存在的痛点、难点和堵点问题，开展专题调研、课题研究、信息统计、技术交流、经验分享、标准协同、评价咨询、人才培养及国际交流等活动，打造政策研究平台、信息统计平台、专业服务平台、沟通协调平台和高端智库平台。中国电力企业联合会电力物资供应链管理标委会与装备供应链分会合署办公，发挥电力物资供应链标准引领作用，通过工作协同、业务融合，共同促进电力行业提升绿色现代智慧供应链管理水平。

主要工作情况

（1）开展调查研究，聚焦行业重点问题。组织赴国网四川省电力公司、中国东方电气集团有限公司、国家电网有限公司特高压建设分公司等有关单位开展电力装备产业链供应链安全韧性专题调研，挖掘影响电力装备产业链供应链韧性安全的卡点、堵点，提出应对措施和政策建议。赴国网河南省电力公司组织召开电工装备智慧物联开关品类专题调研座谈活动。

组织赴国网黑龙江省电力公司、哈尔滨电气集团有限公司等有关单位开展电力装备质量提升专项调研，了解电力装备制造业数字化转型、智能化发展以及智能制造情况。组织赴南瑞集团有限公司、国网江苏省电力有限公司、常州西电变压器有限责任公司、南通神马线业有限公司、亨通集团有限公司等输变电装备企业进行专项调研，并组织召开电工装备智慧物联变压器线圈类、线缆类供应商专题调研座谈会。

（2）举办专题交流会议，增强产业链供应链韧性。在上海组织召开电力装备高质量发展与产业链供应链安全韧性专题研讨会，解读《质量强国建设纲要》，发布《电力装备质量提升倡议书》，展示在分会组织下电网企业、发电企业及电力装备制造企业的责任和担当。在厦门组织召开特高压电力装备高质量发展技术交流研讨会，会议同期举办“特高压装备技术发展成就展”，为持续推进特高压装备质量提升、科技自主可控、绿色低碳转型，保障“十四五”大规模建设期间特高压物资供应、促进特高压装备“走出去”起到重要作用。

（3）推进设备监造工作，提升电力装备质量。推进电工装备智慧物联及电力设备云监造工作，参加电工装备智慧物联平台推进方案编制，从源头管控、体系运转、远程可视、数据驱动等方式，加强工业互联网平台赋能电力装备制造业，促进电力装备制造质量管理数字化。组织赴国网物资有限公司、国网江苏省电力有限公司、国网安徽省电力公司就推进电工装备智慧物联工作开展专题调研，达到碰撞思想、交流经验、加强沟通、学习借鉴、共同提高的目的。10月26日，组织召开电力设备监理标准规划研讨会，为推进电力装备及供应链质量管控标准化工作奠定基础。11月，秘书处所在单位升级输变电设备甲级监理资质。完善注册监理师专家智库，筹备组织召开输变电设备云监造技术研讨会，为开拓设备监理业务市场奠定基础。

（4）强化行业服务意识。根据会员需求，组织召开光伏产业链产品价格指标发布工作研讨会，各单位就《光伏产业链产品价格指标发布方案》进行研讨，研究搭建光伏产业链价格指数发布平台，促进光伏产业链上下游硅料、玻璃、胶膜、光伏组件、电池价格趋势预测分析，保证光伏产业链稳定。下发光伏产业链价格数据收集、指数发布相关文件，建立光伏产业链价格信息报送工作协调机制，开展光伏产业链价格指数发布试运行工作。

【应对气候变化与节能环保分会】

分会概况 应对气候变化与节能环保分会是根据中电联履行行业管理与服务职能的需要，中电联第五届理事会第二次常务理事会决议，经民政部批准，依据电力节能与环保企业特点组成的中电联专业分支机构。应对气候变化与节能环保分会作为中电联的重要组成部分，承担全国电力节能与环保行业自律管理和服务工作，自2012年成立以来，围绕中电联理事会的工作要求和会员单位的需求，把握“立足行业、服务企业、联系政府、沟通社会”的功能定位，发挥桥梁纽带作用，为会员单位搭建交流平台，开展各项服务工作，促进行业节能减排工作，推进节能环保产业的健康发展。

主要工作情况

（1）创新调研形式，反映会员企业诉求。组织开展电力行业低碳技术发展系列交流活动，邀请会员单位赴江苏华电句容二期（2×1000MW）扩建工程调研烟气碳捕集工程项目技术应用情况、赴江苏昆山开展分布式光伏发电项目调研碳减排核算情况，发挥调查研究作用、反映企业诉求、增进企业间技术交流，以促进电力行业低碳发展，助力“双碳”目标实现。

（2）参与技术标准规范制修订。针对2项电力行业标准和9项团体标准向标准化管理部门反映意见建议共计133条，受到标准归口管理部门的认可。

（3）搭建交流服务平台，加强技术引导。组织召开燃煤电厂环保系统节能优化技术交流会暨2023年度对标成果交流会，深入交流燃煤电厂环保系统节能优化技术及管理经验，帮助燃煤电厂和会员单位解决技术难题，促进电力环保产业健康发展。根据《中电联关于组织申报2023年度电力创新奖的通知》（中电联理事〔2023〕89号）要求，组织会员单位申报2023年度电力创新奖，确定推荐“燃用高硫高碱煤电厂宽负荷运行脱硝催化剂技术的研发及应用”1项技术，经评审获得技术成果二等奖。根据国家发展改革委《关于对绿色产业指导目录（2023年版）修订工作给予相关支持的通知》要求，组织听取会员单位意见，提出4条行业建议，报送国家发展改革委环资司。

（4）加强与会员单位的沟通联系。组织召开中电联应对气候变化与节能环保分会2023年度会长会、2023年气候分会联络员会议，了解会员单位经营现状、面临困难、未来发展方向等，总结会员单位提出的意见建议，为做好会员服务奠定基础。全年编制并向会员单位发送《电力行业节能环保低碳信息周报》50期，向会员单位传递需要的信息，得到广大会员单位的认可。做好新会员单位发展工作。通过多渠道与企业沟通，加大气候分会宣传力度，2023年，共发展南网碳资产管理（广州）有限公司、北京华电光大环境股份有限公司、北京如实智慧电力科技有限公司、江苏新世纪江南环保股份有限公司和龙源（北京）碳资产管理技术有限公司等5家单位的入会。

【电能替代产业发展促进分会】

分会概况 电能替代产业发展促进分会是由中国电力科学研究院等发起，由国内主要能源生产商、能源服务商、设备制造商、设备集成商、科研机构、设计机构、高校、行业协会、投融资机构、新闻媒体等组成，政府相关部门参与，本着“自愿、平等、合作、互惠”原则发起成立的具有一定组织协调能力服务平台。

主要工作情况

（1）支撑政策研究制定，提升中电联影响力。参与国家发展改革委修订《电力需求侧管理办法》《电力负荷管理办法》，结合保供电新形势，助力提升电能替代项目与电网灵活互动能力。收集整理相关电能替代政策，组织专家研究解读，利用电能替代分会公众号等媒介开展政策解读工作。协助编制印发了国家电网公司《电能替代工作规则》，推动新形势下电能替代科学有序发展。

（2）贡献分会力量，推动行业健康发展。发挥行业智库作用，参与编制中电联《中国电气化发展报告2023》电能替代部分编制，研判电能替代新形势与重点技术发展方向，总结电能替代成效。支持节能减排政策研究，组织分会智库专家共同开展国资委世界银行《能源测量、报告与核证（MRV）》项目，形成方法学摘要报告。举办第三届电能替代产业发展高峰论坛，就行业间协同发展进行了交流，挖掘行业电气化需求和难题，凝聚发展共识。

（3）加强科技创新与标准引领。组织行业和专家力量，研判电能替代新形势与重点技术发展方向，总结已有电能替代成效，迭代完善电气化发展实施路径白皮书。联合中国节能协会热泵专业委员会编制《工业热泵发展白皮书》。联合中电联电能替代标委会编制电能替代标准体系工作方案，推动电能替代标准体系研究。组织专家完成国家标准《基于项目的温室气体减排量评估技术规范 电能替代项目》征求意见稿。向会员单位征集标准需求，共同筹划《低碳化海洋牧场建设技术规范》《蔬菜大棚电气化用能建设标准》《盐碱地特色农田电气化建设标准》等标准需求建议。

（4）提升分会管理能力与影响力。加强分会计划性管理，年初制定工作计划、年中进行分析纠偏、年底开展总结研讨，推动组织管理良性循环。贯彻落实中电联“十四五”发展规划，梳理并制定电能替代分会2023—2025三年发展规划目标任务。承办“电能替代高质量发展调研研讨活动”，以“助力电采暖行业高质量发展，关注北方地区保暖保供形势，促进辅助服务市场拓展、新能源消纳和绿电绿证交易”为主题，诚邀中电联会企部、各方专家参与现场调研与研讨，凝聚发展共识，推动行业影响力。

（5）增强会员服务能力。强化电能替代分会日常管理，定期分享电力动态信息。完成2022年年鉴相关稿件编制；全程参加各类培训与交流会议等。策划《电力需求侧管理》电能替代专刊策划，面向会员和社会征集创新成果经验。组织会员单位参加“首届电力行业科技创新大会”。为更贴近并服务会员，秘书处走访山东电工电气集团新能科技公司、济南大学等会员单位，开展深入交流与沟通，促进分会与会员单位间的常态化联系，提高会员认可度。

（6）加强协作促进行业交流。与中国节能协会节电与绿色电能委员会共同组织“首届节电降碳高峰论坛”。联手中国建筑金属结构协会举办“2023清洁供暖与储能技术交流会”。联合中国能源研究会电能技术专业委员会、中关村智能电力产业技术联盟组织筹备“2023年配电网绿色发展西部论坛”。联合中电联电力试验研究分会承办“CNAS、CMA检测业务规范化系列培训会”。

【电动交通与储能分会】

分会概况 电动交通与储能分会是中电联的分支机构，2018年12月，经中电联理事会决定成立，执行《中国电力企业联合会章程》。电动交通与储能分会现有会员单位100余家，国网智慧车联网技术有限公司、协鑫（集团）控股有限公司为执行副会长单位。电动交通与储能分会以市场需求为动力、以会员诉求为根本、以行业发展为目标、以政府要求为导向，致力于推动中国交通运输行业清洁高效、创新协调发展，为确保国家电力能源保障安全，服务经济社会发展发挥协会应有的贡献。

主要工作情况

（1）发布两期《电化学储能电站行业统计数据》。依托国家能源局批准建设的国家电化学储能电站安全监测信息平台，根据国家能源局有关要求以及广大电力企业的呼吁，中电联组织全国电力安全生产委员会各企业成员单位开展了电化学储能电站行业统计工作，构建完整、系统的电化学储能电站行业统计数据体系。《统计数据》由中电联电动交通与储能分会负责组织编制、统稿。《统计数据》期待成为支持电化学储能科学发展和服务中国电力企业联合会会员企业的重要载体，成为记录、了解、研究中国电化学储能行业发展的重要参考资料。

（2）电动交通与储能分会会长会暨2023年工作

会在合肥召开。会上审议了电动交通与储能分会2022年工作总结和2023年工作计划，并围绕推动充电设施与汽车产业协同、储能行业发展、国家电化学储能平台与国家充电设施平台建设及其信息统计、智能充电、居民充电设施、换电商业模式、电动重卡换电标准、电动自行车充换电产业安全规范发展、绿色充电、ChaoJi充电标准产业化等议题进行了交流讨论，对下一步工作提出了意见和建议。

（3）召开国家电化学储能电站安全监测信息平台方案评审会。会议按照平台共建、共享、共商、共赢的原则，向与会专家报告了平台设计方案三大中心（电站监测中心、安全监测中心、研究分析中心）、九大服务（电站管理、运行分析、信息报送、风险隐患排查、线上调研、辅助分析、信息发布、储能课堂、全景展示）的具体情况，并介绍了平台电站数据接入方案、信息采集范围、数据共享机制等内容，得到与会专家高度评价。

（4）组织召开国家电化学储能电站安全监测信息平台演示汇报会。会议介绍了国家电化学储能平台组织建设、制度规范、平台建设、标准规范、电站接入、评价指标、行业报告、政府服务、深化拓展等各方面工作进展，演示了平台功能服务。

（5）召开储能安全技术创新大会。为推动储能行业安全、健康、高质量发展，交流储能安全技术创新成果，共商国家电化学储能电站安全监测信息平台建设发展，发布《电化学储能电站安全运行评价指标》试行版以及《不同应用场景下电化学储能发展情况解析》报告。来自电网企业、发电企业、生产企业和研究机构的多位专家，围绕电化学储能行业发展及储能安全技术做了专题分享。大会同期举办了国家电化学储能电站安全监测信息平台功能培训，对平台功能进行了详细的说明，印发《关于国家电化学储能电站安全监测信息平台上线应用的通知》，为7月平台上线应用打好基础、做好准备。

（6）组织召开“碳达峰碳中和目标下电力系统储能战略及技术路线研究”课题结题评审会。课题在“双碳”目标提出后，针对新型电力系统灵活性调节能力提升开展了大量的研究，从系统灵活性需求入手，提出了电源侧、电网侧、负荷侧、储能等方面的提升路径；重点针对新型储能的技术发展、应用场景、商业模式等进行分析，并对新型储能标准体系、电化学储能安全发展进行专题研究，提出新型储能发展路线图及相关建议。特别是在新型储能标准体系和电化学储能安全管理方面的研究成果被政府部门采用。

（7）举办第三届电动汽车充换电设施技术创新大会。2023年3月举办以“电力市场与新型电力系统”为主题的第一届电力市场高端论坛，邀请行业专家共同研究探讨，为服务和促进中国电力市场建设发展、助力加快规划建设新型能源体系搭建行业平台。来自相关行业企业、科研院所、高校等120多家单位、共320余人参加了现场会议，线上观看数量累计达到7万人次。会上发布了《车网互动技术标准体系（2023版）》《居住区充电基础设施建设指南》《电动汽车充电设施智能运维技术白皮书》等标准衍生物为充电基础设施高质量发展提高技术支持。

（8）会员服务发展。直接联系的109家会员单位，行业包括充换电设施运营商、制造业，储能电芯制造企业、系统集成商、运营商，咨询机构，汽车制造，金融保险等多种类型。其中中电联理事单位（分会副会长单位）3家，分别是上海启源芯动力科技有限公司、上海捷能智电新能源科技有限公司、北京小桔新能源汽车科技有限公司。建立联系会员单位台账，全年组织会议和交流活动十余次，公众号一年推送112次共339篇文章，阅读量达到24.34万人次，会员单位获得感得到不断提升。

【燃料分会】

分会概况 燃料分会是电力燃料领域资源共享、加强沟通、促进交流、合作、开放、非营利、公益性的服务平台。作为中电联的主要专业分会之一，将秉承中电联“立足行业、服务企业、联系政府、沟通社会”的服务宗旨，把握分会发展的方向和定位，发挥政府与企业间桥梁纽带的作用，响应会员需求，反映行业诉求，开展行业自律，提供专业咨询（服务），促进业务交流，促进行业发展。电力燃料主要指发电用煤和天然气。燃料分会将致力于推动燃料专业的管理和技术交流，提升燃料专业的地位，推动燃料专业的发展。

主要工作情况

（1）开展煤炭中长期合同签订履行检查工作。根据国家发展改革委要求，牵头内蒙古自治区和江西省煤炭中长期合同签订履行检查工作，同时参加山东、陕西、河南和广东的检查工作。按照要求，核查组通过现场座谈、核查企业合同签订履行情况、抽查合同履约凭证等方式，对两个省、自治区煤炭中长期合同签订履行情况进行了逐一核查，了解煤炭中长协签订和履约情况，分析总结合同签订和执行存在的问题并形成检查报告，提出相关建议，有助于提高电煤中长期合同履约率，发挥电煤中长期合同保供稳价压舱石作用，为保障电煤充足稳定供应，煤炭市场有序运行打下坚实基础。

（2）开展全国统调电厂电煤库存抽查工作。根据国家发展改革委安排以及煤电油气运保障工作部际协调机制办公室来文要求，牵头组成工作组对重点地区、重点电厂库存情况进行抽查。按照《关于开展全国统调电厂电煤库存情况自查核查的通知》文件要求，根据所提交自查、核查材料，结合当地电煤库存管理具体情况，本次共选择江西、福建、云南、广西、甘肃和重庆6个省（区、市），收集电厂相关资料进行书面抽查，并赴国能九江发电有限公司等6家电厂进行现场抽查。形成抽查情况报告，彻底摸清了全国电厂库存的实际情况，提出相关建议，为迎峰度夏等重点关键保供时期电力热力稳定供应提供重要保障。

（3）召开电力行业燃料统计工作研讨会。组织召开电力行业燃料统计工作研讨会，来自全国主要发电集团燃料统计工作负责人30余人参加会议。总结电力行业燃料统计工作开展情况，宣贯《电力行业统计调查制度》修订情况，研究进一步完善燃料统计相关工作。

（4）召开采样负责人采购经理人工作会。组织召开了 CECI 采样负责人和采购经理人工作会，来自 CECI 采样体系的13家单位和部分特邀企业、80余位代表参加会议。会议通报了 CECI 指数运行情况，邀请行业内知名专家就电力供需形势、煤炭生产及供应结构、进口煤市场形势等进行专题演讲，邀请电力燃料市场分析优秀论文部分作者进行论文宣讲。

【电力市场分会】

分会概况 电力市场分会成立于2021年12月，是电力市场领域资源共享、加强沟通、促进交流、合作、开放、非营利、公益性的服务平台。作为中电联的专业分会之一，电力市场分会致力于推动促进中国电力市场建设，建设和完善适应新型电力系统的市场体制机制，通过发挥专业、信息、人才、机制等优势，将电力市场分会逐步建设成为电力行业提供专业服务、反映诉求、规范行为、促进和谐发展的重要力量，为推动我国电力行业清洁高效、创新协调可持续发展做出贡献。

主要工作情况

（1）召开会长会议。2023年3月、11月在北京组织召开了两次会长工作会议。会议审议了《年度工作报告》《年度重点工作计划》《有关工作事项的建议方案》等会议材料；审议通过了关于《分会工作规则》中“会长轮值负责制”部分内容的修订议案，执行会长轮值时间由“每年轮值一次”修订为“每两年轮值一次”。会议肯定了电力市场分会在建言献策、品牌建设、标准建设等方面取得的显著成效，并提出新的工作要求。

（2）开展专项研究。受国家能源局委托，牵头开展《燃煤容量电价政策》专项研究，梳理容量电价研究思路，对容量电价的多种方案进行测算、分析和比较，结合中国当前实际情况，制定容量电价补偿研究工作方案，赴四川、内蒙等地开展现场调研论证，经过多次研讨、反复论证，形成《燃煤发电容量补偿方案》《燃煤发电容量电价专题研究报告》上报国家能源局，为服务政府和企业决策提供理论与实践支撑，11月煤电容量电价机制文件已正式发布。牵头开展“全国电力中长期交易调研”“我国省级电力市场有关情况调研”等，总结中国电力市场建设成效，梳理省级市场建设的典型经验，对市场建设中的关键问题进行分析，提出有关政策建议。

（3）支撑重大课题。支撑中电联“适应新型电力系统灵活调节能力需求的市场机制研究”重大课题研究，提出有关政策建议并报送政府有关部门，对推动全国统一电力市场建设起到有力促进作用，受到业内认可和关注。

（4）服务改革发展。受国家能源局委托，负责开展“加强电力市场管委会规范运作专项研究”，通过研究分析各省管委会制定情况，沟通和收集有关资料，编制加强和规范电力市场管委会运作的意见建议，从体制机制上明确职责义务和工作流程，促进各地管委会运作规范统一。该文件作为国家层面首个针对电力市场管委会的顶层设计文件，已正式发布。

（5）拓展市场化项目。受中海油气电集团委托，开展“中国海油气电集团电力业务转型升级”课题研究，对中国气电发展面临的形势、气电参与电力市场的机遇和挑战、未来中国气电企业转型发展方向提出了具体的政策建议。

（6）举办第一届电力市场高端论坛。2023年3月举办以“电力市场与新型电力系统”为主题的第一届电力市场高端论坛，邀请行业专家共同研究探讨，为服务和促进我国电力市场建设发展、助力加快规划建设新型能源体系搭建行业平台。来自相关行业企业、科研院所、高校等120多家单位、共320余人参加了现场会议，线上观看数量累计达到7万人次。

（7）举办2023年全国电力交易员大赛。竞赛为首届国家级电力交易员竞赛，各发电集团企业和部分地区电力行业（企业）等24家参赛单位75支参赛队225名选手参加竞赛。通过竞赛，打造了电力交易员职业技术比武的交流平台，带动知识型、技能型、创新型电力市场化人才队伍成长，为打造电力行业工匠级、大师级高技能人才队伍夯实了基础。

（8）数据监测与分析。开展燃煤发电价格监测与分析工作，编制形成月度、季度分析报告，为政府决策提供数据支撑。收集汇总分析全国电力市场交易情况，内容覆盖33个省级电力交易中心和2个区域电力交易中心的各交易品种，编制发布全国电力市场交易月报，相关数据和内容广泛应用于政府决策、各类会议、研究报告。全年编制发布《燃煤发电价格监测与分析报告》12期、《全国电力市场交易月报》12期、《电力改革动态》12期。

（9）电力市场标准建设。根据《国家能源局关于同意成立能源行业电力市场标准化技术委员会的复函》（国能函科技〔2023〕23号），能源行业电力市场标准化技术委员会正式成立，负责能源行业电力市场标准体系研究，电力市场基础与通用、电力市场建设、电力市场运营、电力市场监测与风险防范、电力市场技术支持系统等方面的标准化工作。9月26日组织召开标委会成立大会，年度内收集整理审议电力市场领域的标准共计十项。

（10）会员服务发展。直接联系的会员单位21家，行业包括发电企业、售电公司、期货交易所等多种类型，其中中电联理事单位4家，分别是上海期货交易所、大连商品交易所、广州期货交易所、北京飔合科技有限公司。分会建立联系会员单位台账，全年组织会议和交流活动30余次，共享信息和报告300余次，走访会员单位10余家，会员单位获得感得到不断提升。

【中小企业分会】

分会概况 中小企业分会是中电联的分支机构，是促进电力行业中小企业管理提升与发展的综合服务组织。中小企业分会经中国电力企业联合会第七届理事会第一次会议审议通过，于2021年9月16日正式成立。分会立足能源电力行业，服务支撑电源、电网建设与运营发展的上、中、下游企业，反映企业诉求，搭建大、中、小企业融通创新发展的服务平台，助力新型电力系统建设和电力行业高质量发展。

中小企业分会秘书处设在中电联人才评价与教育培训中心，有副会长单位5家，副秘书长单位4家，一般会员单位52家。秘书处设秘书长1名，专职副秘书长1名，设有综合管理部、会员服务部、企业评价部、科技合作部、研究咨询部、人才评价部、人才交流部和网络运营部8个部门。

主要工作情况

（1）部署和推动电力行业中小企业向“专精特新”发展。受工信部委托，开展全国制造业单项冠军（电力行业）限定性条件论证工作，组织电力行业专家进行论证，形成论证意见报送工信部，论证通过企业经工信部复核后发布名单，最终将享受国家政策补贴。组织召开电力行业“专精特新”企业培育工作交流会，宣贯电力行业优质企业梯度培育规划，以“专精特新”为方向，助力中小企业聚焦主业、苦练内功、强化创新，推动电力行业优质中小企业培育工作。组织召开电力行业“专精特新”企业投融资座谈会。邀请电力行业“专精特新”企业家、能源领域技术专家以及金融机构资管专家、投研专家等交流了当前电力企业经营风险防范、企业国际业务合规和新型电力系统下“专精特新”企业的发展机遇。

（2）推进电力新技术、新产品征集活动。面向电力行业全产业链广泛征集具备创新性、安全性、可靠性的新技术和新产品。3月9日，组织召开专家评议会，邀请专家从创新性、实用性及能解决行业共性问题等方面对对符合评审条件的项目共94项新技术、新产品进行评议，78个项通过评议，其中36个项目获得“推荐定向交流”的评议意见。根据评议结果，编制完成《电力行业中小企业新技术、新产品企业目录》。7月18日，在呼和浩特组织召开新能源领域新技术、新产品交流会。邀请在2022年新技术、新产品征集活动中通过专家评议，在新能源领域具有代表性的“无人机风电叶片除冰装置”等7项技术项目做了汇报，并与参会专家代表进行了交流。

（3）开展区域电力大中小企业融通座谈。分别于郑州、广州和兰州、乐清组织开展区域电力大中小企业融通座谈。邀请当地央企国企、行业协会和电力中小企业代表参加，交流新环境下企业经营形势、新能源发展以及当前制约企业发展的痛点问题，如市场推广难、用人留人难、融资清欠难等。

（4）以培训工作为切入点，提升服务水平。组织会员单位参加“2021—2022年度、2022—2023年度领军人才高级研修班”的研修活动，先后在甘肃兰州及敦煌、安徽合肥、浙江乐清、北京、福建厦门、广东深圳开展6次研修活动，参观走访国网甘肃公司调度中心、敦煌熔盐光热电站、阳光电源、科大讯飞、中国电力科学研究院、亚太电协会议展览、大亚湾核电基地，针对绿色低碳综合能源、人工智能、新能源、储能、氢能和核安全等的最新发展情况进行调研，推动中小企业转型升级，支持大中小企业融通创新。

（5）加强智库建设，提升精益化服务水平。建立企业导师机制，扩充能源电力行业领军人才智库建设，助力会员企业高质量发展。面向中小企业分会会员单位及潜在入会单位发布调查问卷，征求中小企业服务需求，共收到77份问卷，结合会员单位实地走访调研，形成《中电联中小企业分会服务需求报告》，分析中小企业面临的问题、困难和服务需求，为会员单位开展精准化服务。

【法律分会】

分会概况 法律分会是中电联的分支机构，2021年12月16日正式成立，执行《中国电力企业联合会章程》，是电力行业法律领域资源共享、加强沟通、促进交流、非盈利的公益性服务平台。作为中国电力企业联合会的专业分会之一，法律分会秉承中电联“立足行业、服务企业、联系政府、沟通社会”的功能定位，以服务为宗旨，把握分会发展的方向和定位，发挥政府与企业间桥梁纽带作用，响应会员需求，反映行业诉求，促进行业自律与法治建设，助力电力行业企业依法合规高质量发展。

主要工作情况

（1）组织召开法律分会会长办公会。组织召开2023年会长办公会，会议审议通过2022年法律分会工作报告、2023年工作计划安排、《中华人民共和国电力法》修订研究课题小组建议方案等7项议题。会议明确，要提升法律分会的权威性、实用性、针对性，要求各会员单位为法律部分会各项工作的开展建言献策，携手共进，共同打造分会行业品牌。

（2）组织完成能源局委托的工作事项。受国家能源局市场监管司和法改司委托，组织开展了《供电营业规则》及其释义的修订研究和《中华人民共和国电力法》修订重难点问题研究工作。通过成立工作专班，组织行业力量，协调会员单位、高校等行业专业力量，采用多种工作方式，经过调研、征集意见、专家研讨论证等，研究形成了《供电营业规则》修订建议稿和释义建议稿、《中华人民共和国电力法》修订重难点问题研究报告，并报送国家能源局，为国家尽快出台能源行业基本法律发挥智库作用。

（3）组织编写《中国电力行业法治合规年度发展报告2023》。为全面系统展示电力行业法治建设与合规管理工作成就，助力电力行业企业依法合规高质量发展，按照中电联1+N报告统一安排，在国务院国资委政策法规局的指导以及有关会员单位支持下，法律分会组织编写了《中国电力行业法治合规年度发展报告2023》，为电力企业开展法治合规工作提供了重要参考和有益借鉴，报告还对近年来电力企业法治与合规建设的典型经验进行梳理汇编。

（4）主办“能源转型背景下的中德能源立法”研讨会。在国家能源局、德国联邦经济和气候保护部支持下，与德国国际合作机构共同主办“能源转型背景下的中德能源立法”研讨会，着重探讨能源转型背景下能源和能效相关法律法规将如何促进能源绿色低碳转型，推动经济社会的可持续发展，并配合国家能源局翻译德国《可再生能源法》，提供给相关政府部门和司局。

（5）研究起草合规有效性评价标准。为了更好发挥行业协会作用，法律分会推进合规有效性评价体系建设。推动电力企业合规管理体系有效性评价标准立项，会同央企研究院和高校专业力量组建工作专班，开展研究编制工作，形成标准草案。与国家电网公司、南方电网公司等多家单位就合作事宜达成共识，目前已获得国网冀北电力、浙江台州、国网安徽电力、国网陕西电力技能培训中心、江苏连云港、浙江绍兴等单位合规有效性评价业务。同时，向国家市场监督管理总局汇报，争取合规有效性评价、电力鉴定认证资格。

（6）推进与地方行协的合作。推动与陕西、安徽、湖北、广东、青海等地方行协建立战略合作关系，就地方市场开拓、业务落地实施等问题进行多轮探讨并达成合作共识。

（7）开展第二届中国电力企业法治建设主题征文活动。围绕“电力企业国际化发展合规管理”主题，开展第二届中国电力企业法治合规建设主题征文活动，共收集论文410篇，组织专家严格把关，遴选出69篇优秀论文形成论文集。

（8）指导举办新能源项目投资开发建设法律风险防控及合规管理专题培训班。在四川成都、湖北武汉、陕西西安举办“新能源项目投资开发建设法律风险防控及合规管理专题培训班”。来自西南片区、华中片区、西北片区的各类新能源投资、建设咨询等单位总计500余名学员参加了培训。通过培训，参会单位对新能源项目投资建设全过程中的主要风险点及其防范应对措施有了进一步了解。

（9）举办2023年工作会议暨第二届中国电力企业法治合规建设研讨会。12月，法律分会在江苏苏州召开2023年工作会议暨第二届中国电力企业法治合规建设研讨会。会议以“电力企业国际化发展合规管理”为主题，中电联监事长、法律分会会长潘跃龙出席会议，来自最高人民检察院、国家能源局、电力企业、省级行业协会、高校、律师事务所等单位的160余名嘉宾参加会议。与会嘉宾围绕国际化视野下建设世界一流的能源合规企业、构建具有中国特色的能源合规管理体系进行探讨。

（10）开展常态化普法工作。将“电力法治工作动态”改为周刊，通过微信公众号发布每周行业动态、政策速览、会员动态等，使会员单位能够快速了解相关资讯。发挥“中电联法律分会”微信公众号在行业内的影响力，通过“法典厚读”“合规新语”“风险徐防”“粤律之声”“百名管理者谈合规”等多个栏目，开展常态化法治宣传和专业交流。2023年，微信公众号共推送各类文章220余篇，粉丝量达到7000余人。

【太阳能发电分会】

分会概况　太阳能发电分会是中电联的专业分支机构，是由太阳能发电企业及相关企业作为会员而组成的服务平台，是中电联的重要组成部分，在中电联领导下开展工作，承担全国太阳能发电企业的行业管理与服务。

2022年8月25日中电联太阳能发电分会成立，秘书处挂靠中电联电力评价咨询院。太阳能发电分会围绕“立足行业、服务企业、联系政府、沟通社会”的办会宗旨，把握太阳能发电行业发展动态，结合行业发展和会员单位的需求，提升服务的有效性、针对性。发挥行业引领示范以及桥梁纽带作用，向政府部门建言献策，反映行业企业诉求。搭建行业交流平台，促进上下游企业和用户互利共赢，凝聚行业专家力量，推动专业进步，引领企业和社会协同发展。

2023年太阳能发电分会联合中国电力企业联合会科技开发服务中心举办 2023 年第七届光伏电站优化设计与智慧运维专题交流会，并于 2023 年 12 月举办太阳能发电分会 2023 年度工作会议（太阳能发电分会第一次会长办公会）暨太阳能发电高质量发展研讨会。组织编制《中国光伏·澎湃新十年》，开展中国太阳能发电行业近十年发展历程和成就总结工作，汇总编制完成《2023 年度太阳能发电信息汇编》，为行业有序健康发展提供参考借鉴。参与行业调研和外部技术交流，提升分会行业影响力。

主要工作情况

（1）举办太阳能发电分会 2023 年度年度工作会暨太阳能发电高质量发展研讨会。12 月，太阳能发电分会 2023 年度工作会议暨太阳能发电高质量发展研讨会在黑龙江大庆市召开。会议听取了 2023 年分会工作报告，宣读了《关于中电联有关分支机构负责人调整的通知》（中电联会员〔2023〕325 号），审议通过了《中国电力企业联合会太阳能发电分会副秘书长人选的提名报告》，发布了《国家电投光伏储能实证蓝皮书（2023 版）》《2023 年度太阳能发电信息汇编》。来自中国华能、中国大唐、中国华电、国家电投、国家能源集团、中国电建、中国能建、中广核新能源控股、阳光电源股份、隆基绿能科技、中核汇能等 10 余家分会副会长、副秘书长所在单位代表出席会议并就太阳能发电高质量发展主要议题作交流发言。会后与会 80 余名代表赴国家光伏储能实证实验平台（大庆基地）参观调研，了解黑龙江大庆、青海共和两个光储实证实验平台基地规模、运作模式、实证数据成果及实际应用情况。

（2）举办专题交流会。3 月，太阳能发电分会联合中电联科技中心在浙江嘉兴组织召开“2023 年（第六届）光伏电站优化设计与智慧运维专题交流研讨会”，来自各发电集团、光伏发电投资（建设）公司、系统设备供应商、科研院所的 350 余名代表参与本次活动，会议集聚光伏发电上中下游全产业链企业和单位开展技术交流，共谋光伏行业绿色未来，行业技术交流活动的举办促进了光伏发电企业全方位提升，影响力得到提升。

（3）沟通联系政府，促进行业健康发展。发挥参谋助手作用，研究太阳能发电行业发展重点难点问题，提出产业健康发展的政策建议。

与国资委《能源》杂志社举办 2023 新能源高质量发展论坛（西安站），探讨“十四五”期间中国建设现代新型能源体系过程中新能源、太阳能高质量发展、绿色低碳转型等行业发展重点难点问题。组织编制《中国光伏·澎湃新十年》，系统性总结中国太阳能发电行业近十年发展历程和成就，汇总编制《2023 年度太阳能发电信息汇编》，为行业有序健康发展提供参考借鉴。

与中电联装备与供应链分会、部分光伏设备制造企业联合开展了光伏产业链产品价格指数编制研究工作，科学反映光伏产业链产品价格水平，促进产业链健康有序发展，作为行业研究成果将择机发布。

（4）会员服务发展。直接联系的会员单位 13 家，其中中电联理事单位 2 家，分别是隆基绿能科技有限公司、华为数字能源技术有限公司。沟通联系会员单位，有效共享行业和中电联信息及报告，会员单位获得感得到提升。

【电力安全生产与应急管理分会】

分会概况 电力安全生产与应急管理分会是中电联的分支机构，于 2022 年 12 月 20 日正式成立，2024 年 1 月更名为中电联电力安全生产与应急管理分会，执行《中国电力企业联合会章程》。电力安全生产与应急管理分会致力于推进电力安全与应急管理标准制定、技术交流协作及创新成果转化应用，促进电力行业提升安全与应急管理水平，为实现电力行业高质量发展提供支撑。

电力安全生产与应急管理分会主要参与国家电力行业安全与应急管理法规、政策、标准规范的研究、制定和修订；配合协助政府和电力企业单位进行电力安全与应急管理体系建设，提供电力安全与应急管理专项咨询服务，开展行业发展战略、规划建设、技术攻关等课题研究；举办全国和区域性电力安全与应急管理研讨会、学术报告会，举办技术成果展览；出版发行安全与应急管理学术专著、专业教材、期刊、技术论文集等及资料书籍，为会员单位提供专业、权威、优质资讯信息；组织会员单位同国（境）内、外同行业进行交流合作。

会员主要包括电网企业、发电企业、电力建设企业、应急救援科研和设备制造企业等单位会员，以及应急管理专家、学者等个人会员。现有执行会长单位 1 家、副会长单位 9 家、会员单位 11 家。秘书处设置在中国安能建设集团有限公司。

主要工作情况

（1）服务国家战略。在国家能源局的领导下，牵头推进能源重大基础设施试点评估及第一轮电力安全风险评估工作，完成 7 项调度、39 项变电站、18 项密集通道及 8 项核电累计 72 项设施启动工作，增强了能源设施安全风险预测预警能力。

（2）开展人才培训。参与国家“应急使命·2023”“长三角地区防汛防台风”等演习演练，分布全国的

13个应急救援基地，围绕电力安全生产，开展安全应急类业务培训20余次，培训人员7000余人。中电联科技服务中心与福建省电力公司技培中心签订“党建+业务”战略合作协议，推进党建+人才深度融合。

（3）参与应急救援。协调中国安能所属三个工程局、电力建设公司和三一重工、徐工集团、山河智能、长沙迪沃、乐惠光电等会员单位参与处置了京津冀特大暴雨抢险、吉林敦化抽水蓄能电站淤积体清理和甘肃临夏6.2抗震救灾等任务50余次，中国安能一局作为救援队伍代表，受到了习近平总书记接见慰问。

（4）开展课题研究。与中国安能一局联合出版《“7·20”抢险救援技术汇编》，完成《安全生产法律法规选编》和《电力企业应急能力建设通用培训教材》的编撰工作。《燃煤发电厂安全生产标准化实施规范》等6个行业标准通过国家能源局批准立项。

（5）加强行业合作交流。先后10余次组织行业专家咨询，到20余个政府部门、科研机构、头部企业参观交流、调研论证，将电力安全应急信息数据服务，植入国资委正在推动、由中国安能实施建设的央企应急救援综合平台中。赴中国安能二局、中国重燃上海试验基地建设、四川省电力智能应急管理平台等实地调研工作，为深度挖掘电力行业、企业安全生产与应急管理需求奠定了基础。

【风力发电分会】

分会概况 风力发电分会是中电联的专业分支机构，经中电联第七届理事会第一次会议审议通过，于2022年8月25日正式成立。风电分会坚持以行业和企业服务为宗旨，聚集行业资源，聚焦行业重点问题，服务会员需求，反映企业诉求，促进行业自律，维护行业和会员的合法权益。持续推动风电产业高质量发展，加快建设新型电力系统，助力实现“双碳”目标。

风力发电分会秘书处设在中电联电力评价咨询院（科技服务中心公司），根据工作需要，设综合管理岗、数据分析岗、技术服务（咨询）岗、技术交流（培训）岗。

主要工作情况

（1）开展课题研究，发挥智库作用。为贯彻落实党中央、国务院关于深化新一代信息技术与制造业融合发展的战略部署，按照《“十四五”智能制造发展规划》中关于“持续推进制造业数字化转型”“加快制造强国建设”的总体要求，助推构建以新能源为主体的新型电力系统，风力发电分会联合国家工业信息安全发展研究中心研究制定《风电数字化应用成果评审规则》，开展风电装备数字化优秀案例与解决方案征集工作，总结风电数字化实践经验，为风电装备数字化提供路径指引和实践参考，助力数字经济健康发展。

（2）参与标准制定，服务行业企业需求。为推动风电产业精益化管理模式战略升级，实现降成本、提质量、增效益目标，风力发电分会联合华北电力大学编制《风电场运营效能评价导则》标准草案。同时，联系电力行业风力发电技术委员会组织讨论，旨在通过对设计、运行、维护等环节实际效能和理想效能的对比评价，追溯效能损失根源，制定效能提升方案，实现风电场全生命周期经济效益最大化目标。

（3）拓展市场化服务项目，助力风电高质量发展。风力发电分会联合科技中心开展广州发展新能源股份有限公司风电场安全性与生产管理评价技术服务委托相关工作，从生产设备系统、生产管理、劳动安全与作业环境、消防安全、安全管理五方面内容对四个风电场进行全面检查评估，提升风电场安全生产管理水平。风力发电分会联合中电联工程咨询公司开展京能集团固定资产类能源重点项目（风电工程）建设监督检查技术服务委托相关工作，从项目合规性、造价控制、工期控制、质量监督、安全管理五个方面对三个在建风电场项目进行全面检查评估，助力项目建设达到同地区、同类型、同时段领先水平，提升项目竞争优势。

（4）聚焦行业技术创新引领，搭建优质交流平台。召开风力发电分会2023年工作会及会长办公会议暨新型电力系统下风电高质量发展研讨会，凝聚行业共识，共商新型电力系统下风电高质量发展前景。同时，联合科技中心组织召开2023年（第七届）电力行业风电智能化专题交流研讨会、2023年（第五届）海上风电运营管理与产业发展创新交流研讨会、2023年风电运营管理与产业发展创新交流研讨会暨电力行业（第十七届）风电运行指标发布会，共计1000余位代表参会，共同探讨风电智能化发展形势及政策，交流核心设备国产化、深远海漂浮式、海上风电+X融合、数字化转型、电力市场交易等前沿技术及行业热点难点问题，发布电力行业风电场生产运行指标对标结果及对标报告，探讨“十四五”期间风电发展趋势，分享风电前沿技术应用与管理经验。

（5）打造信息服务平台，传递行业发展新动态。推动风电场生产运行指标数据信息统计平台建设，发布《年度全国风电场生产运行统计指标分析报告》，提升中电联品牌服务的行业影响力。风力发电分会联合科技服务中心开展风电场生产运行指标对标服务工作，2023年，共有48家集团、3133家风电场、151452台机组参加对标，统计并网容量29711.5万kW，占全国并网总装机容量的90.58%。统计风电场同比增加494家、15513台机组，装机容量增加4607万kW。丰富的发电机组数据信息已成为中电联及电力行业宝贵的数据信息资源。

（6）加强分会团队建设，筑牢服务基础。落实分会负责人调整工作并履行变更程序，调整方案经中电联党委会研究通过，并印发《关于中电联有关分支机构负责人调整的通知》（中电联会员〔2023〕325 号），调整和明确各级负责人。

（7）发展吸纳会员，规范会员管理结构。联系行业相关企业，发展新会员，做好会员单位服务和联络工作，服务联系中电联现有会员单位和风电行业相关企业，2022 年 8 月成立至今，共计发展会员单位 30 家，其中 1 家理事（副会长）单位，29 家普通会员单位。会员单位涵盖风电运营（运行）、主（辅）机制造、质量认证、产品技术服务等多个领域。

【氢能分会】

分会概况 氢能分会是中电联的分支机构，于 2023 年 9 月 7 日成立，定位是电力行业在氢能领域资源共享、沟通交流、开放合作的非盈利公益性服务平台，以促进氢电协同发展为主要目标，广泛吸纳电力、石化、冶金、氢能装备等行业的企事业单位参与，共同助力新型能源体系和新型电力系统建设，助力行业低碳转型并实现高质量发展。

主要工作情况

（1）召开氢能分会成立大会暨氢能行业发展交流会。中电联组织召开氢能分会成立大会暨氢能行业发展交流会。中国电力企业联合会党委书记、常务副理事长杨昆，国家能源局科技司副司长刘亚芳出席会议并致辞。会上，杨昆、刘亚芳、中国产业发展促进会副会长兼氢能分会会长魏锁、中国煤炭工业协会纪委书记兼副秘书长张宏、中国机械工业联合会副会长李奇共同为中电联氢能分会揭牌。在氢能行业发展交流会阶段，多位专家就氢能产业发展、绿氢化工一体化技术、电氢耦合技术、氢电协同发展路径等内容作主题演讲。会议采用线下会议和线上直播相结合的形式举办，电力、石化领域集团公司、研究机构代表近百人现场出席本次会议。

（2）召开氢能分会第一次工作会议。氢能分会召开第一次工作会议，会上宣读了氢能分会工作规则文件，并审议确定了分会副秘书长共计 6 名。会议安排了与会嘉宾交流环节，就分会在标准建设、平台创建、项目研究、人才交流、国际合作、应用创新等方面提出发展建议。

（3）牵头组织《氢能产业发展与技术》丛书编写工作。氢能分会与英大传媒集团中国电力出版社合作，牵头组织策划编著《氢能产业发展与技术丛书》。策划工作于 9 月启动，定位为科技专著，编著过程注重产学研相结合。丛书内容包含氢能产业发展与展望、电氢耦合技术及商业模式、可再生能源制氢技术、氢储运技术及装备、燃料电池关键技术、氢能风险及系统性防控、氢能应用与示范项目。

（4）履行服务政府职能。氢能分会保持与政府主管部门的沟通联络，参与能源局科技司有关清洁低碳氢的标准讨论会、年度氢能发展务虚会等会议。申报国家能源局“2023 年度氢能领域课题”。参与氢能数据大平台建设，主要负责氢电协同板块的数据平台建设以及后续数据分析等工作。

（5）提升分会行业平台作用。氢能分会策划组织“氢能行业专题系列研讨会”活动，并于 11 月以“氢电协同发展及思考”为主题召开第一次探讨会。组织开展国家电投集团氢能科技发展有限公司、中国电力科学研究院、中国东方电气集团有限公司、上海电气集团、中国广核新能源控股有限公司等企业实地调研或交流座谈活动。参与国际氢能行业会议 2 次，参与行业技术、标准、成果发布交流大会 4 次。

【电力财经专业委员会】

单位概况 电力财经专业委员会是中电联的分支机构，于 2023 年 8 月 23 日正式成立，执行《中国电力企业联合会章程》。

电力财经专业委员会的主要职责是围绕新型电力系统的建设，加强对电力行业财务状况分析、财经人员技能培训交流、学术交流等，特别是为解决电力行业发展中有关财政税收、金融保险、价格、审计、资产资本、财会管理等政策的研究，推进电力财经工作健康发展和提升，维护各类市场主体的平等地位和权益，为国家出台有关宏观经济调控政策提出行业建议，推动我国电力行业深化改革。

组织机构 电力财经专业委员会设主任委员 1 名，执行主任委员 1 名，副主任委员若干名，秘书长 1 名，副秘书长及委员若干名。主任委员由中国电力企业联合会领导兼任，由电网、发电等中国电力企业联合会理事长、副理事长单位（财经部门）为执行主任委员、副主任委员单位。其他中央电力集团、省属电力企业、有关高校和科研单位、大型民营电力企业为委员单位。秘书处设在执行主任委员单位，负责专委会日常工作。

主要工作情况

（1）8 月 23 日，召开中电联电力财经专业委员会成立大会。国家发展和改革委员会、国务院国有资产监督管理委员会、国家能源局、中国电力企业联合会相关领导出席会议并致辞，国家电网有限公司、中国南方电网有限责任公司、中国华能集团有限公司、中国大唐集团有限公司、中国华电集团有限公司、国家能源投资集团有限责任公司、华北电力大学等电力企业和高校相关领导参加会议。

（2）召开电力财经研讨会。国家能源投资集团有限责任公司副总会计师兼财资部主任栾宝兴，国家电网有限公司财务部主任曹海东，国网英大国际控股集团有限公司总经理、党委副书记张传良在会上作主题演讲。

（3）召开电力财经专业委员会第一次办公会。审议通过中国电力企业联合会电力财经专业委员会发展规划、年度重点工作及秘书处工作规则等。

【电能质量专委会】

单位概况　电能质量专委会是中电联的专业分支机构，于 2022 年 12 月 29 日正式成立，秘书处设在中电联可靠性管理中心，现共有委员 85 名，由电网公司、发电集团、科研院所及设备制造企业等从事电能质量领域的专家组成。电能质量专委会以“凝聚行业资源力量，聚焦重点问题，服务会员需求，反映企业诉求，发挥桥梁纽带作用，促进管理技术创新”为工作宗旨，在中电联领导下，致力于构建电能质量领域专业管理与会员服务平台，持续推动电能质量水平的不断提升。

主要工作情况

（1）支撑国家发展改革委完成《电能质量管理办法（暂行）》修订工作（原规章《电网电能质量技术监督管理规定》），并于 12 月 27 日以中华人民共和国国家发展和改革委员会令第八号令公布。

（2）在福建厦门首次举办主题为“新型电力系统下电能质量及柔性输电技术与管理创新发展”的“2023 年电力行业电能质量发展论坛暨第九届电能质量及柔性输电技术研讨会”。

（3）上线电能质量专委会微信公众号，加强宣传电能质量行业活动和电能质量知识的普及推广。

（4）在浙江舟山召开中电联电能质量专委会 2023 年度工作会议，专委会主任、副主任、秘书长、副秘书长和委员单位有关代表共 40 余人参加会议。会议期间，与会委员及代表赴岱山海上风电场、舟山海洋输电技术研究中心参观调研。

电力会议

【2024 年全国能源工作会议在北京召开】2023 年 12 月 21 日，2024 年全国能源工作会议在北京召开。会议以习近平新时代中国特色社会主义思想为指导，全面贯彻党的二十大和二十届二中全会精神，贯彻落实中央经济工作会议部署，认真落实全国发展和改革工作会议要求，总结 2023 年工作成绩，部署 2024 年重点任务。国家发展改革委党组书记、主任郑栅洁，国家能源局党组书记、局长章建华出席会议并讲话。

郑栅洁指出，2023 年以来，全国能源系统深入贯彻落实习近平总书记重要指示批示和党的二十大精神，按照党中央、国务院部署，统筹发展和安全，推动能源高质量发展，实现能源安全保供和清洁转型双提升、双平稳，为推动经济高质量发展和满足人民美好生活需要提供了坚实保障。要全面贯彻落实中央经济工作会议精神，深刻认识、准确把握能源发展形势，系统谋划、扎实做好 2024 年和今后一个时期的能源工作。要牢固树立系统观念，把握好全局和局部、当前和长远、发展和转型、政府和市场的关系，更好统筹高质量发展和高水平安全，加快建设新型能源体系，坚决守住能源安全底线，坚决推动能源清洁转型，为高质量发展提供有力支撑保障。

章建华指出，党中央、国务院领导高度重视能源工作，多次作出重要指示批示，为新时代能源高质量发展进一步指明了方向，推动引领 2023 年能源高质量发展取得新成就。经济社会高质量发展需要能源事业的高质量发展，建设现代化强国离不开坚强的能源保障。能源行业要紧紧围绕形势任务发展变化，深刻把握新特点新规律，认真研究新思路新措施，以更高的标准来保障能源供应，以更加坚定的步伐来推动转型变革，以更开放包容的态度来加强能源国际合作，以更好的服务来满足人民对美好生活的向往，以更大的力度来打造新质生产力，努力推动能源事业走在中国式现代化前列。

会议认为，在以习近平同志为核心的党中央坚强领导下，全国能源系统坚持稳中求进的工作总基调，更好统筹发展和安全，2023 年各项工作取得良好开局。一是学习贯彻习近平新时代中国特色社会主义思想主题教育成效显著。牢牢把握“学思想、强党性、重实践、建新功”的总要求，系统谋划、融合推进理论学习、调查研究、推动发展、检视整改各项措施，以主题教育推动能源高质量发展实现新突破、人民群众用能获得感实现新提升。二是能源安全稳定供应能力稳步增强。坚持把保障国家能源安全作为首要职责，充分发挥煤炭兜底保障作用，强化电力安全保障，多措并举增加油气供给，能源生产供应总体稳定。三是能源绿色低碳转型步伐加快。加强统筹谋划和政策支持，保持非化石能源快速发展良好势头，继续厚植绿色发展的底色底蕴。四是能源改革创新纵深推进。充分发挥科技创新的驱动作用，持续深化重点领域和关键环节改革，进一步激发推动发展的动力活力。五是高水平能源国际合作全方位拓展。稳妥应对复杂国际形势，深度参与全球能源治理，推进能源合作多元布局，开放条件下的能源安全保障能力进一步提升。六是全面从严治党纵深发展。坚持以党的政治建设为统领，扛牢压实全面从严治党“两个责任”，持之以恒推进党的自我革命。

会议强调，2024 年能源工作要坚持以习近平新时代中国特色社会主义思想为指导，深入落实习近平总书记重要指示批示精神和中央重大决策部署，坚持以党的创新理论引领能源高质量发展新实践，全面贯彻党的二十大和二十届二中全会精神，深入落实中央经济工作会议决策部署，认真落实全国发展和改革工作会议要求，全面加强党对能源工作的领导，坚持稳中求进工作总基调，完整准确全面贯彻新发展理念，加快构建新发展格局，统筹高质量发展和高水平安全，深入推进能源革命，加快建设新型能源体系、新型电力系统，加强能源产供储销体系建设，在新的历史起点上推动能源高质量发展再上新台阶。一要扛牢能源安全首要职责，立足中国能源资源禀赋，坚持稳中求进、以进促稳、先立后破，全力抓好能源增产保供，持续提高能源资源安全保障能力。二要聚焦落实“双碳”目标任务，持续优化调整能源结构，大力提升新能源安全可靠替代水平，加快推进能源绿色低碳转型。三要瞄准能源科技自立自强，深入实施创新驱动发展战略，完善能源科技创新体系，着力推动科技与产业融通衔接，扎实开展能源标准化工作，提升能源产业链供应链自主可控水平，着力打造能源科技创新高地。四要发挥改革关键支撑作用，落实关于构建全国统一大市场等有关工作部署，积极推进电力市场化交易，持续推进能源法治建设，深化能源领域体制机制改革，不断提升能源治理能力水平。五要着眼完善能源监管体系，健全完善能源监管制度，创新开展过程监管、数字化监管、穿透式监管、跨部门协同监管，加大监管工作力度，有效维护公平公正市场秩序。六要牢固树立安全发展理念，严格落实“三管三必须”，以“时时放心不下”的责任感抓好安全生产，坚守安全生产底线。七要积极加强能源国际合作，以共建“一带一路”为引领，充分利用国际国内两个市场、两种资源，保障开放条件下的能源安全，全面提升国际影响力话语权。八要大力加强民生用能工程建设，推进北方地区清洁取暖，推动农村能源清洁低碳转型，提升电动汽车充电基础设施水平，更好满足人民群众用能需求。九要全面加强党的建设，强化党的创新理论武装，落实巡视整改责任，加强基层党组织建设，建设高素质专业化能源干部队伍，以高质量党建引领能源高质量发展。

会议指出，最近全国多地出现强雨雪强寒潮天气，对群众生产生活带来较大影响。能源系统要坚决贯彻落实习近平总书记对低温雨雪冰冻灾害防范应对工作的重要指示精神，牢固树立安全发展理念，增强风险意识，压实工作责任，深入排查风险隐患，抓好防范应对处置，切实做好能源保障和保暖保供，确保人民群众温暖过冬、安全过冬。

国家能源局党组成员，总工程师、监管总监、总经济师出席会议。驻国家发展改革委纪检监察组有关负责同志，中央和国家机关有关部门司局负责同志应邀出席会议。各省（自治区、直辖市）和新疆生产建设兵团能源主管部门负责同志，有关能源企业、能源装备制造企业、行业协会负责同志，国家能源局机关各司、各派出机构、各直属事业单位、中能传媒主要负责同志参加会议。

【2023 年全国电力安全生产电视电话会议召开】 2023 年 1 月 12 日，国家能源局召开 2023 年全国电力安全生产电视电话会议，贯彻落实党的二十大精神和中央经济工作会议决策部署、落实全国安全生产电视电话会议要求，总结 2022 年工作，部署 2023 年任务。国家能源局党组书记、局长章建华出席会议并讲话，局党组成员、副局长余兵主持会议，应急管理部安全协调司有关负责同志应邀出席并讲话。

会议指出，2022 年全国电力行业以习近平新时代中国特色社会主义思想为指导，贯彻落实总体国家安全观和能源安全新战略，勇于担当，笃定前行，电力安全保供取得重要成果，政治保电和应急管理工作成绩突出，电力安全高质量发展迈出新步伐，破解电力安全新难题取得积极进展，电力安全监管工作高效开展，保持了全国电力安全生产形势稳定，为经济高质量发展提供了安全可靠的电力供应保障。

会议强调，深入学习贯彻党的二十大精神，准确把握党的二十大对电力安全工作的新部署和新要求，是做好电力安全工作的基础和前提。要做到“五个把握”：一是准确把握以人民为中心发展思想要求，满足人民对美好生活的向往对电力安全的需求；二是准确把握高质量发展内涵要求，坚定不移推进电力安全发展；三是准确把握碳达峰碳中和战略要求，提高防范化解重大电力安全风险能力；四是准确把握推进国家安全治理体系和治理能力现代化要求，主动融入国家安全体系；五是准确把握大安全大应急框架要求，不断提升电力安全治理水平。要坚持“六个统筹”：一是统筹发展和安全；二是统筹规划和运行；三是统筹电源与电网；四是统筹物理网络和虚拟网络；五是统筹常态和应急；六是统筹疫情防控和安全生产。

会议要求，2023 年全国电力行业要认真履职尽责，主动担当作为，坚决扛牢压实电力安全责任，着力防范化解重大电力安全风险，不断夯实电力安全生产基础，持续提升安全监管工作效能，进一步加强和改进电力应急管理工作，牢牢守住人民生命安全“底线”和电力系统安全稳定“生命线”。要高度重视岁末年初电力安全生产工作，密切关注天气等情况，落实电力安全保供责任，确保电力可靠供应和电力安全生产形势平稳。

会上，国家电网公司和山东省能源局做了交流发言。

会议以电视电话会议形式召开。国家能源局监管总监、有关司在主会场参加会议；各派出能源监管机构，资质中心、大坝中心、可靠性和质监中心，各省（自治区、直辖市）和新疆生产建设兵团电力主管部门以及当地主要电力企业，全国电力安委会企业成员单位，中国电力企业联合会、中国电力设备管理协会、中国电力建设企业协会在各分会场参加会议。

【2022 年度电力可靠性指标发布会在北京召开】 2023 年 9 月 15 日，国家能源局在北京召开 2022 年度电力可靠性指标发布会。会议由国家能源局监管总监黄学农主持，国家能源局党组成员、副局长何洋出席会议并讲话，中国电力企业联合会专职副理事长于崇德出席并致辞。

会上发布了 2022 年度电力可靠性指标，2022 年，全国供电系统用户平均供电可靠率 99.896%，同比上升 0.025 个百分点；用户平均停电时间 9.10h/户，同比减少 2.16h/户；用户平均停电频率 2.61 次/户，同比减少 0.16 次/户。其中，全国城市电力网用户平均供电可靠率 99.974%，农村电力网平均供电可靠率 99.883%。国家能源局可靠性和质监中心通报了 2022 年工作情况和下阶段主要任务。

会议指出，2023 年是全面贯彻落实党的二十大精神的开局之年，是实施“十四五”现代能源体系规划承上启下之年。电力行业要以全面贯彻落实党的二十大精神为统领，以全面推进电力可靠性管理改革为主线，切实把思想和行动统一到党中央、国务院精神的要求和决策部署上来，准确把握新形势，完整、准确、全面的贯彻新发展理念，布新局、谋新篇，围绕服务社会经济发展、服务能源安全大局做好各项工作。

会议强调，要准确把握《电力可靠性管理办法（暂行）》（国家发展和改革委员会 2022 年第 50 号令）赋予电力可靠性管理工作的全新内涵，加快解决电力可靠性管理工作中存在的矛盾问题，加快适应能源行业转型，深刻理解推动电力可靠性管理工作改革的必要性，扎实推动各项电力可靠性管理改革工作任务落实落细，见行见效。

会议要求，电力行业要紧密围绕“服务经济社会发展、服务能源安全大局”宗旨，以改革创新为契机，加强可靠性管理顶层设计，着力推动电力系统可靠性管理体系建设，全面提升可靠性数据质量，持续推广以可靠性为中心的电力设备检修（RCM），大力推广可靠性数据应用，本质提升电力可靠性管理水平，全面推动电力可靠性管理高质量发展。

国家能源局相关司、可靠性和质监中心，中国电力企业联合会、中国电机工程学会、中国电力设备管理协会、全国电力安委会企业成员（在京）单位有关负责同志在主会场参会；各省电力管理部门、各派出机构、全国电力安委会企业成员（京外）单位、地方电力安委会企业成员单位、有关电力设备制造企业相关负责同志在分会场参会。

【国家电网有限公司 2024 年工作报告（摘要）】

一、牢记嘱托、感恩奋进，2023 年工作取得显著成效

过去的 2023 年，是全面贯彻党的二十大精神的开局之年，大事要事叠加，好事喜事连连。“七一”前夕，习近平总书记亲切勉励国网福建水口发电集团公司全体党员；7 月 6 日，总书记亲临国网南瑞集团考察调研并作出重要指示。习近平总书记的重要勉励和重要指示精神，饱含厚爱、寄予厚望，给公司上下以极大的鼓舞、激励和鞭策，进一步坚定了我们紧跟领路人、奋进新征程的信念和决心。

2023 年，公司全年发展总投入 5912 亿元；售电量 5.8 万亿 kWh，同比增长 6.5%；营业收入 3.5 万亿元，同比增长 5.8%；实现利润 856.1 亿元，同比增长 8.0%；资产总额 5.21 万亿元，同比增长 5.6%；资产负债率 55.2%，实现六连降。公司连续 19 年获国资委业绩考核 A 级，连续 11 年获国际三大评级机构国家主权级信用评级，连续 8 年位列中国 500 最具价值品牌榜首，位居《财富》世界 500 强第 3 位。

这一年，我们坚持学习打头、调研开路、实干开局，主题教育取得明显成效。牢牢把握主题教育的总要求和目标任务，统筹第一、第二批主题教育衔接联动，在以学铸魂、以学增智、以学正风、以学促干上取得显著成效。学思想固根基，党的创新理论武装走深走实。制定“第一议题”制度实施办法，围绕党的创新理论和习近平总书记重要勉励重要指示精神开展大学习大宣贯。公司党组以上率下，通过举办读书班、召开现场推进会、与各单位开展联学等方式，示范带动各级党组织累计开展集中学习 56.2 万次、专题培训 41.6 万人次。强党性铸忠诚，“两个维护”入心入魂。广大党员、干部从政治、思想、能力、作风、纪律等方面加强党性分析，锤炼政治品格，更加深刻认识到习近平总书记作为党的核心、人民领袖的决定性作用，更加深刻认识到“两个确立”的决定性意义，“两个维护”更加自觉坚定。重实践求实效，解决问题见行见效。公司党组带头示范、各级领导班子同题共答，聚焦大电网安全、绿色发展、科技创新、党的建设等方面的重点难点问题，深入基层开展调研 5.4 万次，转化运用成果 1.6 万项，靶向施策打通堵点卡点。建新功创佳绩，发展态势向上向好。教育引导广大党员、干部学思想、见行动，把主题教育激发的动力转化为推动公司高质量发展的实绩。公司主要指标持续向好，发展环境不断优化，各方面工作蒸蒸日上，在服务党和国家工作大局中的“顶梁柱”作用充分发挥。公司主题教育得到中央指导组等各有关方面的充分肯定。

这一年，我们坚持谋划在先、多措并举、众志成城，电力保供展现责任担当。坚决扛牢电力保供首要责任，抓实抓细“3334”关键之要，全力保障了电网安全稳定运行和电力可靠供应。打赢了迎峰度夏度冬攻坚战。超前谋划、研究出台迎峰度夏电力保供 20 项工作要点和 30 项重点举措，强化政企协调联动、源网荷储协同发力，发挥大电网优势促进余缺互济，经受住了长时间高温大负荷考验，守住了大电网安全和民生用电底线。面对全网冬季最大负荷超过夏季、达到 10.86 亿 kW、创历史新高，3 个区域电网、11 个省级电网负荷 115 次创新高的严峻挑战，推动各类电源“应发尽发”“稳发满发”，加强跨区跨省电力互济，全力保障重要用户、重点部位和居民生活用电需求，充分发挥了能源电力保供主力军作用。筑牢了抢险救灾光明防线。坚持全公司“一盘棋”，积极应对台风“杜苏芮”引发的洪涝灾害，北京、河北、冀北、福建、辽宁、黑龙江等公司闻汛而动、尽锐出战，山东、江西、蒙东、空间技术等公司紧急驰援、连续奋战，高质量完成电网抢修复电和灾后恢复重建任务。面对东北、华北等地两轮大范围低温雨雪冰冻和甘肃积石山地震灾害，公司党组第一时间安排部署，向甘肃青海地震灾区捐款 5000 万元，公司上下快速行动，吉林、山西、甘肃、青海等公司争分夺秒抢修受损电力设施，陕西、安徽、四川、湖南等公司火速派出应急发电车支援保障民生用电需求，赢得了各级党委政府、社会各界和人民群众的广泛赞誉。甘肃临夏州积石山县刘集乡高李村村民致信感谢公司，“地震后的黑暗无助很快在电力抢修中消失，我们不再担惊害怕，国家电网点亮的每一盏灯是光明、是温暖、是希望”。保持了安全生产平稳局面。深刻吸取巴西“8·15”大停电事故教训，扎实开展防范大电网安全事故专项行动，持续巩固“三道防线”。扎实推进重大事故隐患排查整治，集中治理隐患 16.6 万项。强化网络安全防护，连续 7 年在国家级网络攻防实战演习中排名第一。圆满完成成都大运会、杭州亚运会、第三届“一带一路”国际合作高峰论坛等重大活动保电任务。

这一年，我们坚持清洁低碳、绿色发展、数智赋能，电网发展实现新的突破。着眼服务国家重大战略实施，全年安排电网投资5381亿元，加快构建新型电力系统。规划前期进展顺利。库布齐—上海、攀西特高压等一批重点项目纳入国家“十四五”电力规划中期调整。陇东—山东、哈密—重庆等4项特高压直流工程获得核准并开工，大同—天津南交流、甘肃—浙江直流等3项特高压工程完成可研。重点工程加快建设。白鹤滩—浙江、驻马店—武汉、福州—厦门等6项特高压工程以及川藏铁路施工供电二期等一批重点工程建成投产，电网资源配置能力持续提升。开工青海哇让等10座、投产河南天池等7座抽水蓄能电站，规模创历史新高。张北柔直、苏通GIL综合管廊等21项工程获国家级优质工程奖。新型电力系统建设扎实推进。滚动修编公司新型电力系统发展规划纲要和行动方案。深入推进新型电力系统示范工程建设，浙江220kV柔性低频输电、江苏车网互动验证中心、天津电力双碳中心、湖北构网型储能电站等一批项目建成投运。积极服务新能源发展，全力做好沙戈荒大型风光电基地和分布式光伏接入，新增风光新能源并网装机2.2亿kW，利用率保持97%以上。公司作为并列第一大股东投资的上海环境能源交易所，碳排放配额成交量2.1亿t、成交额144亿元。数字化转型提速加力。实施数字化转型“十大工程”，基本建成“电网一张图”，完成设备全过程数据贯通试点，启动数字化配电网示范区建设。全国碳排放监测分析服务平台、国家充电设施监测服务平台、企业级气象数据服务中心等上线运行，智慧财务共享平台、国网绿链、PMS3.0、营销2.0、e基建2.0等加速落地，人工智能、电力北斗等初步实现规模化应用。河南、重庆、宁夏、新疆等公司持续深化能源大数据中心建设应用，创新开展电力看经济、看双碳、看环保，持续释放数据价值。

这一年，我们坚持聚焦主业、提质增效、防范风险，经营业绩稳中向好。扎实开展优化策略提质增效三年行动，精准施策稳经营、优服务、守底线。经营管理持续加强。公司“一利五率”总体实现“一增一稳四提升”。强化资金精准运作，减少外部融资超过400亿元。高负债和亏损子企业户数下降超过10%。强化精益管理，盘活存量资源138亿元，库存物资压降32%，高损线路、台区数量压降超过50%，营销稽查和反窃查违挽回损失42.3亿元。产业发展再创佳绩。高质量服务共建“一带一路”，成功中标巴西东北部新能源送出±800kV特高压直流输电特许权项目，建成投运印尼高级计量系统、阿曼南北联网一期等一批海外重点工程，默拉直流荣获“中巴经济走廊突出贡献奖”。加快发展战略性新兴产业，高精度模数转换芯片、中压IGBT器件实现量产，车联网平台注册用户突破2500万，电商平台成交额突破1.3万亿元，新能源云平台接入场站超过520万座。着力提升金融发展质量，省会城市金融分支机构全面实现“五统一”，“电e金服”累计帮助产业链上下游获得金融服务超过6000亿元。服务水平不断提高。实施优化电力营商环境再提升行动，推广居民区充电基础设施“统建统服”，缓解“充电难”问题。出台服务新疆高质量发展十项举措，制定实施援疆援藏230项重点任务。积极服务新型城镇化和乡村振兴，竣工投产11.8万项农网巩固提升和城网更新改造工程，公司连续六年在中央单位定点帮扶中考评为“好”。风险防控持续加强。国家审计发现问题整改阶段性任务全面完成，内部审计监督效能持续提升。深化重点领域风险治理，金融存量风险数量和金额实现“双降”。扎实推进“合规管理提升年”专项行动，开展打击假冒国企和挂靠经营整治工作，全年新发监管处罚类违规事件同比减少36.8%。

这一年，我们坚持深化改革、创新驱动、自立自强，企业动力活力全面激发。坚持以改革破难题、以创新增动力，公司发展机制更活，创新效能明显提升。改革工作成效显著。落实国有企业改革深化提升行动部署，编制公司实施方案、工作台账及6个专项方案，扎实推进163项重点任务。公司董事会蝉联中央企业优秀董事会，子企业董事会行权履职能力进一步增强。深入开展对标世界一流企业价值创造行动，信产集团、智芯公司、智能科技入选国资委专业领军示范企业。省管产业单位改革实现历史性重大突破，改制工作平稳有序，1300余家单位全部纳入国资监管体系，具有重大里程碑意义。第三周期输配电价政策平稳落地。多层次统一电力市场建设富有成效，市场化交易电量4.66万亿kWh、同比增长7.96%，绿电交易超610亿kWh，绿证交易超2300万张。科技创新成果丰硕。制定出台加快推进高水平科技自立自强21项举措，统筹推进“一地一链”建设。取得了一批理论创新成果。新型电力系统技术创新联盟成员扩充至62家，创办《新型电力系统》科技期刊，出版《新型电力系统与新型能源体系》研究著作。新牵头立项国际标准60项、发布21项。攻克了一批关键核心技术。成功研发世界首套完全可控换相技术换流阀，自主研制特高压换流变有载分接开关、复合外绝缘避雷器等工程样机和基于国产芯片的网络安全隔离装置。国产化大型电力系统电磁暂态仿真技术及平台上榜央企十大国之重器。实现国产化阀侧套管、直流控制保护系统批量化应用。上海35kV公里级超导输电示范工程完成满负荷试验。搭建了一批实验研究平台。公司6个实验室纳入新的全国重点实验室序列，新增国家能源研发创新平台1个、赛马平台6个，与怀柔实验室、合肥实验室共建联合实验室。藏电外送和沙戈荒送出工程观测研究设施、国家级海上风电研究与试验检测基地开工建设。培养了一批优秀创新人才。公司4人入选“长江学者”，2人入选“万人计划”，南瑞继保特高压直流与柔性输电高端装备攻关团队获评国家卓越工程师团队。品牌价值充分彰显。公司与南非电力公司战略合作备忘录纳入习近平主席对南非国事访问成果清单。成功举办亚太电协大会，韩正副主席出席并致辞。积极参与第三届“一带一路”国际合作高峰论坛、中德经济技术合作论坛、联合国气候变化大会、夏季达沃斯论坛等重大国际活动，在全球能源治理、应对气候变化中的话语权和影响力不断增强。服务稳岗扩就业，提供岗位4万余个。公司第九次荣获中华慈善奖。

这一年，我们坚持党的领导、加强党的建设、全面从严治党，党建独特优势充分发挥。深入贯彻习近平总书记关于党的建设的重要思想，落实新时代党的建设总要求和新时代党的组织路线，全面提升管党治党水平。“旗帜领航”党建工程提质登高。持续深化“党建+”工程和共产党员服务队建设，教育引导广大党员在急难险重任务中充分发挥先锋模范作用，以实际行动为党旗增辉、为党徽添彩。公司首个党性教育实践基地在福建水口电站揭牌成立。加强基层党组织标准化建设，制定实施全面加强省管产业单位党的建设18项举措。落实意识形态工作责任制，加强主题传播和舆论阵地管控，“无人机照亮麦子保卫战”“点亮灾区每一盏灯”等形成现象级传播，社会各界盛赞“人民企业为人民”。党风廉政建设纵深推进。推进政治监督具体化精准化常态化，压紧压实管党治党责任。开展违规违法获取工程项目、业扩报装领域突出问题自查自纠与检查督导，严肃查处靠企吃企、利益输送、设租寻租、跨境腐败等问题。坚持严的基调、严的措施、严的氛围，一体推进“三不腐”，公司系统立案2373件、处分2808人、处理3499人，严肃查处全生明、沈建新、陈连凯等职务犯罪案件。扎实开展违规吃喝问题专项整治，查处“四风”问题134件。拍摄编制系列警示教育片和教育读本，组织开展警示教育活动，用身边事教育身边人。坚持“三个区分开来”，坚持严管和厚爱结合、激励和约束并重，保护干部干事创业积极性。巡视整改扎实推进。以高度的政治责任感自觉接受中央巡视监督检查，针对巡视反馈6方面22个问题和5方面意见建议，研究制定118项整改措施，深入开展专项整治和专项行动，从严从实整改、分级分类销号。制定党组巡视工作规划，分两轮对9家金融单位、6家分部、10家直属单位开展巡视，发现并推动解决了一批顽瘴痼疾。队伍建设不断加强。持续深化“旗帜领航·组织登高”工程，选优配强各级领导班子，强化干部教育培训，实现二级单位选人用人检查全覆盖。优化地市供电公司班子职数和大型县公司数量。加大年轻干部培养使用力度，干部队伍结构持续优化。深入实施人才培养“三大工程”，新增国家级人才33名、省部级人才400名，联合培养工程硕、博士232人，遴选首席和特级技师143人，储备培养特高压直流运检人才1904人。评选表彰“国网楷模”“最美国网人”。强化信访维稳，关心关爱职工，健全后勤、医疗、社保、离退休等服务保障体系，建成“五小+”供电所5954个、“高原氧吧”462个。大力弘扬劳模精神和工匠精神，公司系统涌现出一批先进集体和个人，21名同志当选全国两会代表委员，3家单位、25名同志荣获全国五一劳动奖状、奖章，26个集体被授予全国工人先锋号，山东公司冯新岩获评“大国工匠年度人物”，南瑞集团薛峰获评“央企楷模”。

过去的一年，党中央、国务院领导同志批示70次，人民日报、新华社、中央广播电视总台等中央主要媒体报道3.8万次，赢得了各方面的充分肯定和高度评价。

在肯定成绩的同时要清醒看到，公司工作还存在一些薄弱环节和突出问题。电网发展不平衡问题依然存在，边远地区电网脆弱性问题凸显，推动高质量发展还存在一些瓶颈卡点。用电冬夏、早晚“双峰”特征明显，极端灾害天气多发频发，保障电力安全可靠供应面临多重考验。沙戈荒大型基地加快建设，分布式光伏迅猛发展，推动新能源有序发展友好发展面临巨大挑战。公司安全管理基础还不牢固，人身事故、设备事件仍有发生。适应新型电力系统构建、新型能源体系建设、新质生产力发展的生产关系需要进一步调整，体制机制、组织模式需要进一步变革。科技创新投入产出效率有待提升，战略性新兴产业发展亟需加快突破。个别单位依法治企、合规管理意识不强，发展质效不高，风险防控不严，违规经营问题时有发生，一些问题屡查屡犯。党风廉政建设和反腐败斗争形势依然严峻复杂，重点领域廉洁问题依然多发，违反中央八项规定精神和“四风”问题禁而未绝。一些干部担当作为、干事创业精气神不足，部分领域高层次人才短缺。这些问题，需要高度重视，下大力气解决。

二、把握根本遵循、胸怀“国之大者”、履行战略使命，推动公司高质量发展，坚定不移走中国式现代化电力发展之路

（一）牢牢把握新时代新征程国有企业的使命任务，坚定不移推动公司做强做优做大

党的十八大以来，习近平总书记对国有企业改革发展发表一系列重要讲话，作出一系列重要指示批示，形成了习近平新时代中国特色社会主义思想的“国企

篇”。公司上下要坚决贯彻习近平总书记关于国有企业改革发展的重要论述，切实扛起使命任务，着力推动高质量发展，把工作重心聚焦到增强核心功能、提高核心竞争力上来，加快建设世界一流企业。

要围绕服务国家战略着力增强核心功能。增强核心功能是央企担负新使命新任务的必然要求。国家战略所需即为企业发展所向，要体现国家意志、服务国家战略，更好实现政治属性、经济属性、社会属性的有机统一，担负起大国重器、强国基石的使命功能。要切实扛起保障电力安全的责任。统筹发展和安全，统筹保供和转型，带头做好能源保供稳价工作，多措并举提升电力供给保障能力，以电力安全保障维护国家安全。要积极助力现代化产业体系建设。适应行业产业发展新趋势新要求，加快传统产业改造升级，发展壮大战略性新兴产业和未来产业，以新产业新业态新模式打造新引擎、培育新动能，切实发挥公司在推进新型工业化、加快形成新质生产力中的引领作用。要更好发挥国有经济战略支撑作用。积极对接区域协调发展、乡村振兴、高质量共建“一带一路”等国家战略，忠诚履职尽责，在党和国家需要的关键时刻拉得出、顶得上、打得赢，成为支撑我们党有力应对风险挑战、实现战略目标任务的中流砥柱。

要围绕价值创造着力提高核心竞争力。核心竞争力是成为世界一流企业的根本之道。要以做强做优做大为目标，以推动高质量发展为主题，以价值创造为抓手，转变发展方式、优化业务布局，不断增强价值创造能力和可持续发展能力。要突出主责主业。坚持以国家经济战略方向和自身功能定位为导向，推动各类资源和要素向核心业务、擅长领域集中，心无旁骛做精做专电网主业，夯实企业高质量发展坚实基础。要突出质量效益。坚持质量第一、效益优先，聚焦全员劳动生产率、净资产收益率、经济增加值等指标，有针对性地抓好提质增效。要突出创新驱动。立足企业科技创新主体作用，强化研发投入、科研组织、技术攻关、成果转化，不断提高科技创新投入产出效率，锻造提升企业核心竞争力的“撒手锏”。

要围绕统筹发展和安全着力防范化解重大风险。防范化解风险是高质量发展的内在要求。要统筹高质量发展和高水平安全，增强风险意识，树牢底线思维，有效防范化解各类风险，以高质量发展促进高水平安全，以高水平安全保障高质量发展。要健全防控体系。持续深化依法治企，扎紧织密制度笼子，健全涵盖事前事中事后的风险防控体系，做到全流程、全方位、全覆盖。要强化源头控制。加强战略预判和风险预警，关口前移、重心下沉，力争把风险化解在源头、消除在萌芽，做到防微杜渐、防患于未然。要突出重点管控。紧盯财务资金、招标采购、金融业务、专业公司、产业单位等重点领域，加强重大风险预警监测和穿透式管控，确保稳健合规经营。

（二）牢牢把握能源保障和安全这个须臾不可忽视的“国之大者”，坚定不移推动能源生产和消费革命，加快建设新型电力系统

习近平总书记高度重视能源电力发展，亲自谋篇布局，从新发展理念到“四个革命、一个合作”能源安全新战略，从“碳达峰、碳中和”到推动绿色发展，从新能源供给消纳体系到新型电力系统、新型能源体系，擘画了能源电力高质量发展的目标方向、实现路径和推进方式，形成了习近平新时代中国特色社会主义思想的“能源电力篇”。我们要完整准确全面贯彻习近平总书记关于能源电力发展的重要论述，坚持清洁低碳是方向、能源保供是基础、能源安全是关键、能源独立是根本、能源创新是动力、节能提效要助力，构建新型电力系统，建设新型能源体系，形成新质生产力，打造数智化坚强电网，为保障能源安全、实现“双碳”目标作出积极贡献。

要加快构建新型电力系统。落实好公司新型电力系统建设行动方案，聚焦五个方面持续发力。要聚焦清洁低碳推动新能源有序发展友好发展，按照“全网统筹、保量稳率”要求，推动建设电网友好型新能源场站，服务沙戈荒大型基地送出，推动能源结构从以化石能源为主导向以清洁能源为主导转变。要聚焦安全充裕统筹电力与电量、电源与电网、新能源与常规能源，推动煤电与新能源、新能源与调节电源、本地电与外来电优化组合，提升能源电力保障能力。要聚焦经济高效提升能源利用效率，推动电、氢、气、冷、热等多能互补、灵活转换，推进各类资源节约集约利用，促进全社会节约用能、高效用能、绿色用能。要聚焦供需协同加强电力负荷和需求侧管理，扩大可调节负荷资源库和需求响应规模，引导用户积极参与系统调节，促进供需两端精准匹配、平衡协同。要聚焦灵活智能提升电网互动性适应性，实现全过程全环节可观可测、可调可控，满足用户多样化、个性化需求以及多元化应用场景需要。

要打造数智化坚强电网。这是顺应数字化智能化发展趋势、推动传统电网转型升级和高质量发展的迫切需要，是保障电网安全运行和电力可靠供应的迫切需要，是加快能源电力清洁低碳转型的迫切需要，是“双碳”目标下推动新型电力系统建设的必由之路。

——数智化坚强电网是以特高压和超高压为骨干网架，以各级电网为有力支撑，以“大云物移智链”等现代信息技术为驱动，以数字化智能化绿色化为路径，数智赋能赋效、电力算力融合、主配协调发展、结构坚强可靠，气候弹性强、安全韧性强、调节柔性强、保障能力强的新型电网。

——形态上体现为交直流混联，大电网、配电网、微电网等多种电网形态有机衔接，集中式、分布式能源系统相互补充；技术上体现为人工智能、边缘计算、数字孪生、区块链、安全防护等数字技术、先进信息通信技术、控制技术与柔性直流、可再生能源友好接入、源网荷储协调控制等能源电力技术深度融合；要素上体现为电力流、业务流、数据流、价值流等多流合一，多形态、多主体协同互动，大范围柔性互联、新能源广域时空互补、多品种电源能量互济。

——实现对电网全环节全链条全要素灵敏感知和实时洞悉、网络结构动态优化、生产运行精准控制、用户行为智能调节，突出快速响应、防灾抗灾、具有强大的自治自愈自修复能力，支撑源网荷储数碳互动、多能协同互补、新能源大规模高比例并网，满足电动汽车、微电网、新型储能、虚拟电厂等交互式多元主体友好接入，带动能源电力产业基础高级化、产业链现代化，数智化坚强电网作为新型电网焕发出强大创新力、功能价值充分体现。

要坚持系统观念，实现多目标平衡。以数智化坚强电网推动构建新型电力系统是一项复杂的系统工程，需要整体谋划、统筹推进。要坚持目标导向。按照2035年基本建成新型电力系统的目标，分阶段明确重点任务，做到上下贯通，紧扣“气候弹性强、安全韧性强、调节柔性强、保障能力强”，科学推动数智化坚强电网建设。要坚持问题导向。适应能源电力供需格局新变化、能源转型发展新趋势，围绕电力电量供需时空不均衡、局部配电网脆弱、分布式新能源并网消纳等方面的困难和挑战，提出有针对性的解决措施，创造性破解难题。要坚持结果导向。大电网是我国电网的基本形态和资源配置枢纽平台，分布式微电网是保障电力供应的有益补充。要立足国情、网情、企情，继续发挥好大电网统一规划、统一调度、统一管理的体制优势，建设大电网、构建大市场。同时要因地制宜发展微电网，推动大电网与分布式微电网融合发展，助力电力系统形态升级。

（三）牢牢把握高水平科技自立自强这个中国式现代化的战略支撑，坚定不移提升自主创新能力

中国式现代化关键在科技现代化。习近平总书记对科技创新倾注了极大心血，把科技自立自强作为国家发展的战略支撑，提出一系列事关科技创新全局的重大论断，构成了从思想到战略到行动的完整体系，形成了习近平新时代中国特色社会主义思想的“创新篇”。公司上下要进一步增强创新的使命感、责任感和紧迫感，勇挑重担、敢打头阵，更好发挥原创技术策源地和现代产业链链长作用，为建设科技强国贡献国网力量。

要强化核心技术攻关，加快发展新质生产力。新质生产力是由技术革命性突破、生产要素创新性配置、产业深度转型升级而催生的当代先进生产力。与传统生产力相比，新质生产力以全要素生产率提升为核心标志，打破了依靠传统生产要素驱动发展的路径依赖，以颠覆性技术和前沿技术催生新产业、新模式、新动能。要深入实施新型电力系统科技攻关登高行动计划，攻关电力系统稳定机理、故障防御、调度控制等方面关键核心技术，加强柔性直流输电、新能源主动支撑、长周期和构网型储能等技术创新。要着力强化重大基础理论研究，注重从源头和底层解决问题，尽早取得更多、更大突破，抢占能源电力科技制高点。

要发挥新型举国体制优势，提升产业链供应链韧性和控制力。履行好现代产业链链长责任，发挥产业引领和融通带动作用，在固链补链强链延链上狠下功夫，带动上下游企业突破产业链重点环节瓶颈难题，促进自主可控国产化设备规模化应用。要推动新型电力系统技术创新联盟开新、扩围、提质，发挥创新联合体等平台作用，推进产学研用紧密结合、跨专业跨学科协同攻关，提升创新整体效能。

要深化完善科研管理机制，不断激发全要素活力。着力打通束缚创新的堵点卡点，激发劳动、知识、技术、管理、数据和资本等生产要素活力，让各类先进优质要素向科技创新顺畅流动、高效配置。要健全研发投入多元筹措和稳定增长机制，加强重大科技项目选题选项，确保“好钢用在刀刃上”。要结合实际制定针对性强、力度大、科研人员期盼的创新支持政策，进一步完善科研组织体系和管理机制，赋予科研单位在选人用人、项目验收、薪酬分配等方面更大自主权。

（四）牢牢把握改革这个关键一招，坚定不移持续深化改革，以生产关系的调整完善更好促进生产力发展

党的十八大以来，习近平总书记深刻把握改革规律，科学分析新时代面临的新情况新问题新特点，对全面深化改革提出一系列新理念新思想新战略，极大地丰富和发展了改革认识论和方法论，形成了习近平新时代中国特色社会主义思想的“改革篇”。新征程上，我们要坚定不移走中国特色国有企业改革和能源电力改革道路，进一步调整和完善生产关系，进一步解放和发展生产力，进一步激发和增强发展活力，切实发挥改革的突破和先导作用。

要坚决落实国企改革部署，更好体现公司战略功能价值。坚定改革决心、增强改革定力、保持改革韧劲，围绕国企改革深化提升行动，聚焦、聚神、聚力抓落实，加快建设现代新国企。突出抓好以更好服务国家战略为导向的功能性改革，是这一轮国企改革的最大亮点。要在找准定位、担当作为上下功夫，围绕发挥科技创新、

产业控制、安全支撑三个作用深化改革，按照公司党组明确的6个专项方案，逐项抓好落实，确保取得实效，为建设现代化产业体系、构建新发展格局提供有力支撑。突出抓好以更好激发活力动力为导向的机制性改革，是这一轮国企改革的重要内容。要在更广更深落实、做到形神兼备上下功夫，围绕完善治理结构、提升治理效能深化改革，坚持靶向攻坚、精准发力，落实“两个一以贯之”，动态优化党组（党委）前置事项清单，加强子企业董事会建设，提升外部董事专业素质和履职能力，健全中国特色现代企业制度。

要坚决落实电力改革要求，更好服务全国统一大市场建设。加快建设全国统一大市场是畅通国内大循环、推动构建新发展格局的必然要求。电力市场是全国统一大市场的重要组成。要坚持市场化改革方向。落实党中央要求，按照“统一市场、两级运作”，推动完善多层次电力市场体系，发挥市场配置资源的决定性作用。要健全电力市场功能。推动中长期市场连续运营、现货市场灵活调节，加快建设调频、备用等辅助服务市场，推动新能源、储能、虚拟电厂等参与市场，促进电力市场与碳排放权交易、用能权交易、绿证交易等市场融合发展。要发挥价格机制作用。推动完善新型电力系统成本分摊机制和价格传导机制，准确反映各市场主体提供的容量价值、安全价值和绿色价值，促进公平承担能源转型成本，推动能源电力行业可持续发展。

要深入推进内部体制机制改革，更好增动能提效率。经过这些年的不懈努力，公司各领域各层级各环节改革持续走深走实，但还需要知难而进、迎难而上，加快破除体制机制弊端。要深入推进组织变革。适应“三新”要求，聚焦数智化坚强电网建设，持续优化调整生产组织模式、管控方式、运行机制和业务流程，加快建立职责清晰、精简高效、运行顺畅的组织架构和管理体系。严肃工作纪律，严格分支机构设置，进行专业整合。要持续深化三项制度改革。落实“三三三制”，推动“六能”制度化常态化，更大力度推行管理人员竞争上岗、末等调整和不胜任退出，深化收入分配制度改革，促进能者上、平者让、庸者下、劣者汰。要健全更加规范高效的激励机制。坚持分类施策、以岗定薪，健全与员工多序列发展通道相匹配的宽带薪酬体系，推动薪酬分配向做出突出贡献的人才和一线岗位倾斜，提升全员绩效考核的科学性精准性。要严肃收入分配纪律，规范收入分配秩序，严控不合理高收入群体。

（五）牢牢把握党对国有企业的领导这个重大政治原则，坚定不移全面从严治党，以高质量党建引领保障高质量发展

习近平总书记关于党的建设的重要思想，具有鲜明的理论原创性、强大的实践引领力、系统的科学方法论，开辟了马克思主义建党学说新境界，构成了习近平新时代中国特色社会主义思想的“党建篇”。特别是习近平总书记关于国有企业党的建设的重要论述，为新时代加强国企党的建设、提高党建质量提供了根本遵循。公司上下要认真贯彻落实习近平总书记关于国企党的建设的重要论述，深入实施“旗帜领航”党建工程，着力锻造坚决听党话、跟党走的政治品格，切实发挥好党委（党组）把方向、管大局、保落实的领导作用，基层党组织战斗堡垒作用和党员先锋模范作用。

要坚定拥护“两个确立”、坚决做到“两个维护”。坚持不懈用习近平新时代中国特色社会主义思想凝心铸魂，在把握科学体系、核心要义、实践要求上融会贯通，巩固拓展主题教育成果，以思想理论武装促进政治能力提升。要保持见微知著、明察秋毫的高度政治敏锐性，善于从政治上分析形势，透过现象看本质，不断提高政治判断力、政治领悟力、政治执行力，始终在思想上政治上行动上同以习近平同志为核心的党中央保持高度一致。要在谋划战略、部署任务、推进工作中把准政治方向，深化“五个一”工作机制，确保党中央决策部署在公司不折不扣落实落地落到位。

要着力增强党组织政治功能和组织功能。坚持抓基层、强基础、固基本，以贯通有力、覆盖到位、运行高效为目标，持续织密建强公司党的基层组织体系，着力抓好省管产业单位、混合所有制企业、境外单位党建工作。要以“一个统领、四个登高”为主线，持续深化“旗帜领航·组织登高”工程，配强班子、用好干部，加快建设“四优五过硬”领导班子和干部队伍。要深入贯彻习近平文化思想，发扬党的优良传统，大力弘扬电力精神和电网铁军精神，巩固团结奋斗的思想基础，引导广大党员干部满腔热忱投入公司高质量发展实践。

要把严的基调严的措施严的氛围长期坚持下去。全面贯彻习近平总书记关于党的自我革命的重要思想，落实“九个以”的实践要求，以永远在路上的坚韧和执着，纵深推进全面从严治党，坚决打赢反腐败斗争攻坚战持久战。要健全完善公司全面从严治党体系，突出铲除土壤和条件深化反腐败斗争，突出严的基调深化纪律建设，一体推进不敢腐、不能腐、不想腐，营造良好政治生态。要以最严最实态度突出抓好中央巡视“后半篇文章”，坚持刀刃向内、较真碰硬，按期高质量完成集中整改期各项任务，推动重点领域风险问题得到明显纠治。要深化巡视成果运用，举一反三、建章立制，解决好共性问题、长远问题、深层次问题，做到以巡促改、以巡促建、以巡促治，以巡视整改的高质量、真成效体现忠诚担当。

三、围绕推动高质量发展，突出重点，把握关键，扎实做好2024年工作

主要目标：发展总投入6373亿元，同比增长7.8%。售电量6.1万亿kWh，同比增长5.6%。营业收入3.73万亿元，同比增长6.7%。实现利润910.6亿元，同比增长6.4%。资产总额5.45万亿元，同比增长4.5%。资产负债率55.2%，同比持平。全员劳动生产率98.1万元/（人·年），同比增长4.6%。并入省管产业后，发展总投入6501亿元，营业收入4.0万亿元，利润1022.4亿元，资产总额5.8万亿元，资产负债率54.3%，全员劳动生产率77.3万元/（人·年）。杜绝大面积停电事故、人身死亡事故、重特大设备事故，严格防范重大网络安全事件、重特大火灾、恶性误操作，确保不发生系统性重大风险，确保不发生严重影响公司品牌形象的各类事件。

重点做好八个方面工作。

（一）以保障电力可靠供应为首要责任，全力满足经济社会发展用电需要

（二）以确保大电网安全为生命线，筑牢守好安全生产堤坝

（三）以服务“双碳”目标为战略引领，推动数智化坚强电网建设

（四）以推进“一地一链”建设为牵引，加快实现高水平科技自立自强

（五）以深化提质增效为着力点，持续提升经营管理效能

（六）以支撑和服务电网发展为功能价值，推动“四翼”业务高质量发展

（七）以落实国有企业改革深化提升行动为抓手，纵深推进各项改革落地见效

（八）以党的政治建设为统领，持之以恒推进全面从严治党

【中国南方电网有限责任公司2024年工作报告（摘要）】

一、在以习近平同志为核心的党中央坚强领导下，2023年中国式现代化南网实践取得新进展

（一）筑牢思想根基、增强政治自觉，对中国式现代化的理解认识不断深化。以主题教育、中央巡视整改为契机，在思想政治淬炼中汲取治企强企良方、凝聚现代化建设奋进力量。牢牢把握“学思想、强党性、重实践、建新功”总要求，主题教育第一批圆满完成、第二批衔接有序，推动党员、干部深刻领会习近平新时代中国特色社会主义思想的丰富内涵、精髓要义和实践品格，更加自觉忠诚核心、担当使命、感恩奋进，在以学铸魂、以学增智、以学正风、以学促干上取得扎实成效。学习运用“千万工程”“浦江经验”，践行“四下基层”，着眼现代化建设大局、能源电力发展大势、一流企业建设大事，确立17个方面调研主题，公司党组成员带头示范开展领题调研，有力推动解决创新体系、区域电力市场等方面突出问题，各级领导班子成员在下访调研中切实办实事解民忧，由解剖一个问题带动解决一类问题，涌现出贵州黄泥塘等一批案例典范。以彻底自我革命精神推进中央巡视整改，全面落实巡视反馈意见，研究制订整改方案和“三个清单”，上下联动、从严从实抓整改，一体推进6个领域专项治理整治，完成工程建设招标采购领域专项问题集中整改，统筹抓好纪检监察、巡视巡察、审计、主题教育等发现问题整改，带动重点领域改革深化、党的建设不断加强，为现代化建设营造干事创业的良好氛围。

（二）系统谋划布局、统筹协调推进，把现代化建设各项部署切实转化为具体行动。深刻把握学习贯彻党的二十大精神的聚焦点着力点，制订实施公司党组关于深入学习贯彻党的二十大精神为中国式现代化作贡献的决定，明确23项重点举措，在保障2.72亿人口用上电、用好电中推进现代化，在扎实推动全体人民共同富裕中推进现代化，在有力促进物的全面丰富和人的全面发展中推进现代化，在积极服务生态文明建设中推进现代化，在深入践行人类命运共同体理念中推进现代化，让中国式现代化在南网展现可观可感的现实图景。把握区位优势、行业特点和平台定位，围绕构建新发展格局，扎实做好落实科技自立自强、服务国家重大战略、助力乡村全面振兴、建设电力市场体系、融入全国电力生产力布局、投身更高水平开放等工作；围绕建设现代化产业体系，扎实做好建设安全可靠绿色高效智能的现代化电网、巩固特高压优势产业全球领先地位、推动战略性新兴产业发展、深化现代供电服务体系建设、推动数字产业发展等工作。在服从服务现代化建设大局、切实增强核心功能、培育壮大核心竞争力、聚焦高质量发展、认识把握运用规律中推进世界一流企业建设，适应性调整公司发展战略，系统布局实施国企改革深化提升行动，扎实推进服务、科技、人才、数字、生态、标准、质量、品牌、文化等“九个强企”建设，战略转型持续深化，五大战略单元协同发展，“$5+2+N$”发展布局加快构建，一流企业特征更加显著。

（三）聚力攻坚克难、砥砺实干担当，以一流企业建设服务现代化建设迈出更加坚实步伐。积极主动打开工作新局，苦干实干创造发展实绩，更好发挥战略支撑作用。一是扎实服务城乡区域融合发展。“一省一策”支撑国家重大战略落地，系统部署“优东提西、强地带县”，完成固定资产投资1400亿元、创历史新高，广东目标网架工程全面建成、获评央企十大超级工程，广西实现220kV电网县域全覆盖，海南500kV

环网开工建设，藏东南水电主送南方区域纳入国家新型电力体系布局，青桂直流纳入国家“十四五”规划。率先实现充电桩乡镇全覆盖，建成360间知行书屋，公司定点帮扶工作连续6年获考核最高评价。用电营商环境加速迈向国际一流，全网客户平均停电时间下降17%，第三方客户满意度达86分，粤港澳大湾区供电可靠性达世界先进水平。二是能源电力安全保障水平得到新提升。政企厂网协同保供格局深化巩固，区内外资源配置能力深化拓展，黔电、云电送粤实现分电到厂，全网需求响应能力超过最高负荷5%，有力应对10年最枯、四季连旱、煤炭产能受限等严峻考验，守住了不发生拉闸限电底线，保障了高质量发展用电需求。本质安全型企业建设深入推进，重大隐患动态清零。高质量落实防范系统运行风险32项重点举措，确保了大电网安全稳定运行。有力应对多轮台风、强降水、低温雨雪冰冻等自然灾害，以最快速度打赢深圳“9•7”特大暴雨抢修复电攻坚战，各项重大保供电任务圆满完成，首次实现电力生产安全“零事故、零死亡”。挂牌成立全国首个国家级电力应急研究中心。连续5年“护网行动”零失分。三是科技创新体系更加完善。一批关键核心技术装备实现自主可控，世界首台兆瓦级漂浮式波浪能发电装置“南鲲”号并网运行。直流输电技术全国重点实验室纳入新序列，国家地方共建新型储能创新中心获批建设，新型电力系统（北京）研究院组建成立。成立澜湄区域电力技术标准促进会，首个机械储能领域国际标准技术委员会秘书处落户南网。深入推进人才高地建设和人才发展体制机制改革，新增国家高层次人才计划专家2人、国家引才计划专家13人。四是加快产业升级开辟新赛道。抽水蓄能在建规模再创新高，“伏羲”芯片、“极目”微型传感器实现产业化应用，建成全国首个电力充储放“一张网”、首个区域级源荷聚合平台、首个多技术路线锂电池储能站，发布电力行业人工智能创新平台和首个自主可控大模型“大瓦特”、国内首个电力物联操作系统“电力鸿蒙”。五是“两化促两型”开拓新局面。发布公司新型电力系统发展报告，建成南沙、龙岗国家级5G+数字电网示范区，打造海南博鳌等一批新型电力系统标杆项目，南方区域新能源装机突破1.2亿kW，清洁能源供给格局基本形成。绿电绿证交易规模同比大幅增长137%，港澳跨境绿证交易实现“零”的突破。公司获评国家绿色供应链管理企业。广东电网获评国家数据管理能力成熟度最高等级。六是经营质量效益创历史新高。规模实力不断壮大，全年售电量13483亿kWh，同比增长6.9%，营业收入8270亿元，增长8.2%，资产总额12117亿元。配合完成第三监管周期输配电价核定，当年电费回收率99.994%、为历史最好水平。“一利五率”实现“一增一稳四提升”，利润总额247.5亿元，增长53%，资产负债率61.6%，净资产收益率3.24%，营业现金比率13.62%，研发投入强度1.45%，全员劳动生产率79.3万元/人•年。公司连续17年获年度经营业绩考核A级，世界500强排名升至第83位。打造智慧司库体系，完成亏损企业治理、“两金”管控等目标任务，优化升级内控合规管理体系，切实防范化解各类风险。依法维权挽回损失14.2亿元。七是全面深化改革蹄疾步稳。改革三年行动年度考核央企第一，10家“科改”“双百”企业全部获评标杆、优秀，三项制度改革获国务院国资委最高等级评价。改革深化提升行动深入实施，以上率下开展总部人事制度改革，任期制契约化管理实现全员覆盖；共享运营公司组建成立，广东电网大集体企业股权多元化改革全面完成，贵州康养示范项目正式签约，工业物业整合基本完成，上市公司质量持续提升。3家单位入选世界一流专业领军示范企业。南方区域电力市场全域结算试运行，广东电力现货市场转入正式运行，云南电网正式接管农垦电力。八是管理体系升级加快推进。制订实施公司战略地图，体系化推动战略解码。发布公司管理体系框架，构建企业架构蓝图，基本建成总部综合管理体系。各类招投标业务实现归口管理。优化考核评价管理体系，实现战略、运营、考核相贯通。九是国际业务成果丰硕。EDL－T项目纳入中老命运共同体行动计划，转入实质化运营阶段。中亚、拉美资产布局取得新突破，秘鲁项目通过反垄断审查后将成为公司首个境外控股配电项目和首个境外上市企业。建成一批“小而美”民生工程。南网国际（香港）公司实现实体化运作。

（四）吹响奋进号角、奏响团结乐章，推动形成凝心聚力推进现代化建设的生动局面。调动一切有利因素，推动全体干部职工、各界合作伙伴积极投身现代化建设共同事业。着力增强凝聚力向心力，弘扬斗争精神，加快建设各级模范总部本部，发布总部作风公约。加强企业民主管理，在央企率先成立职工权益维护部，打造员工心声社区，积极排忧解难，非检举控告类信访大幅下降46.3%，员工满意率达97.4%。广泛凝聚各方力量，组建新一届专家委员会，深化链长企业引领带动作用，落实产业链融通发展共链行动，牵头建设产业链创新联盟、央企创新联合体、电力行业人工智能联盟，深化与应急管理部、南方五省（区）政府以及中央企业、头部民企、知名高校等战略合作。充分发扬基层首创精神，广州供电局率先实现市政公用基础设施“六联办”，深圳供电局创新“六免”办电服务，云南电网以“双解放双促进”扎实推进现代供电服务体系建设，广西电网探索共享储能电站运营新模式，贵州电网试点市县所组织结构变革，海南电网建立集约化扁平化专业化组织体系，广东电网1家单位获评公司首个国家级专精特新“小巨人”企业。南网品牌形象鲜明树立，国企改革、公司治理、数字化转型等成为央企乃至全国的典型示范，电网管理平台获数字中国创新大赛一等奖，“知行文化”获全国企业文化优秀成果特等奖，中国式现代化南网案例满怀信心地展现在“一带一路”峰会和世界媒体峰会。“伏羲”团队获评“中国青年五四奖章集体”，特高压柔性直流输电技术研发团队获授“国家卓越工程师团队”称号，公司系统在全国及行业职业技能大赛中勇创佳绩，154个集体、147名职工获得省部级以上荣誉称号。

（五）坚持强根固魂、锤炼忠诚品格，以高质量党建为现代化建设提供坚强保障。深入学习领会习近平总书记关于党的建设的重要思想，坚持不懈把全面从严治党向纵深推进。始终把政治建设放在首位，健全落实“第一议题”制度，抓好党内政治要件办理，扎实开展“回头看”。落实“两个一以贯之”，探索形成多元股东央企董事会规范运作机制，厘清各类治理主体权责界面，议事协调机构精简52%，5份治理文件成为国企制度范本。健全完善公司全面从严治党体系。制订实施干部政治素质考察管理办法、干部选育管用负面清单、年轻干部教育管理监督重点措施、强化选人用人正确导向要求、二级单位主要负责人履职清单和底线红线事项清单等一系列制度文件，加快推动以“五化”强“五性”。公司选人用人总体评价“好”率连续两年超99%，完成年轻干部配备目标，完善专职董监事队伍结构，干部教育培训体系实现系统性重塑。发布政治监督具体化精准化重要事项清单，加强对“一把手”和领导班子监督，开展党的二十大后党组首轮巡视，推动巡视、审计等各类监督贯通协调、形成合力。制订实施责任追究管理规定和公司处分清单，打造依法治企“南网法典”。以“钉钉子”精神纠治“四风”，严查顶风违纪、隐形变异问题。保持惩治腐败高压态势，立案651件、处分576人，严肃查处一批严重违纪违法案件，风清气正的政治生态持续巩固。成绩来之不易，根本在于习近平总书记作为党中央的核心、全党的核心掌舵领航，在于习近平新时代中国特色社会主义思想的科学指引，凝结着全体干部职工团结拼搏的智慧汗水，离不开中央部委、地方党委政府、社会各界，以及公司外部董事监事、老领导、老同志的大力支持。在此，我代表公司党组和董事会，向一直以来关心支持南方电网改革发展的上级部委、五省区党委政府、港澳中联办和社会各界，向全体干部职工、离退休老同志和员工家属表示衷心的感谢！在奋力推进现代化建设的探索中，我们收获了许多深刻体会：第一，必须坚定拥护“两个确立”、坚决做到“两个维护”，以核心的力量、思想的伟力引领现代化建设行稳致远。第二，必须把习近平总书记关于国资国企和能源电力行业的重要讲话和重要指示批示精神作为根本遵循，始终依靠理论武装改变南网、改革创新改变南网、全面从严治党改变南网，真正成为堪当时代重任的大国重器、强国基石。第三，必须把习近平总书记教导的世界观和方法论作为共同语言和看家本领，善于从纷繁复杂的矛盾中认识和把握规律，不断增强工作的原则性、系统性、预见性、创造性。第四，必须把企业发展置于党和国家工作大局，立足五省（区）、联通港澳、深耕澜湄、面向世界，做中国的南网、世界的南网、开辟未来的南网。第五，必须善于从战略上看问题、想问题，坚持战略与策略相统一，始终保持战略定力、战略自信、战略清醒和战略主动，从最坏处着眼，做最充足的准备，争取最好的结果。

二、牢记嘱托、勇担使命，始终沿着正确方向推进中国式现代化南网新实践

站在新的更高历史起点上，习近平总书记对国资国企和能源电力作出一系列重大决策部署，为推动各项事业发展进一步廓清了思想迷雾、明确了前进方向、擘画了宏伟蓝图、增强了必胜信心。近期，习近平总书记对公司有关工作作出重要批示，这是对我们的极大鼓励和鞭策。我们要自觉用以统一思想、统一意志、统一行动，坚定沿着习近平总书记和党中央指引的方向奋勇前进。

中央经济工作会议对当前形势作了深刻分析，要求我们准确识变、科学应变、主动求变。一方面，内外部环境发生深刻变化，要准确把握时与势、危与机、利与弊。当今世界变乱交织，外部环境的复杂性、严峻性、不确定性上升，各种“灰犀牛”“黑天鹅”事件随时可能发生。我国经济回升向好态势不断巩固增强，将带动能源电力需求持续增长，保障民生用能要求更高，能源数字化绿色化转型任务更加紧迫。同时，新一轮科技革命与产业变革蓬勃发展，人工智能等前沿技术正在重塑千行百业、重构未来竞争。应对复杂严峻的形势，我们要登高望远、把握大势，善于开顶风船，善于化危为机，努力以自身发展的确定性应对形势变化的不确定性。另一方面，公司建设世界一流企业进入关键阶段，要着力补短板、强弱项、快提升。距离2025年基本建成世界一流企业的目标，只有不到两年时间，还有不少难关要过、不少硬骨头要啃：东西和城乡电网发展不平衡不协调，效率效益指标仍有较大提升空间，新型电力系统建设面临许多新的挑战，战略性新兴产业发展新动能还不充分，治理体系和治理能力现代化仍有不足，全面从严治党任重道远，等等。我们要切实增强责任感和紧迫感，把创建一流的各项任务往前赶、往实抓，集中优势兵力打好歼灭战，力争今年形成更多突破进展，为明年如期实现第二阶段目标奠定坚实基础。越是任务艰巨、挑战严峻，越

要从科学理论中明方向、学方法、增智慧。习近平总书记在中央经济工作会议上深刻阐述了“五个必须”规律性认识，这是对习近平经济思想新的丰富和发展，开拓了马克思主义政治经济学的新境界。我们要学好用好这一重大理论创新，推动现代化建设行稳致远。重点把握以下几个方面：

（一）坚持把推进中国式现代化作为最大的政治

中国式现代化代表着全国人民最根本最重大的利益、最现实最紧迫的愿望，彰显了百年大党新长征的初心使命。我们要以高度的政治自觉和历史主动精神，把全部精力投身到这个最大的政治中，努力成为保障国家安全、壮大我国经济实力、科技实力和综合国力的战略性力量，成为增进民生福祉、促进全体人民共同富裕的保障性力量，成为厚植现代化物质基础、发展社会主义先进文化的引领性力量，成为推动可持续发展、实现人与自然和谐共生的支撑性力量，成为共建“一带一路”、践行人类命运共同体理念的关键性力量，推动强国建设、民族复兴的中国梦一步步变成美好现实。

（二）坚持把高质量发展作为新时代的硬道理

这一重要论断与“发展是硬道理”既一脉相承，又与时俱进，标定了中国经济发展的新方位。这就要求我们牢固树立正确的发展观、现代化观，完整准确全面贯彻新发展理念，健全高质量发展的指标、制度、标准、统计和考核体系，切实以创新、协调、绿色、开放、共享的内在统一来把握、衡量和推动发展。要求我们服务构建新发展格局，积极融入服务城乡区域协调发展和国家战略腹地建设，着力打破制约供给质量效率的堵点卡点脆弱点，全面满足高品质多样化用能需要。要求我们大力推动质量、效率、动力变革，加快实现核心功能强、产业竞争力强、全要素生产率高、服务质量高、产业链韧性和安全水平高的发展，加快形成新质生产力，不断提升现代化建设的硬实力。

（三）坚持用好改革开放这个关键一招

南方电网身处改革开放前沿阵地，自身发展壮大的实践就是改革开放 45 年来取得伟大成就的生动缩影。我们要继续弘扬敢闯敢试、敢为人先的改革精神，以更大力度推进深层次改革、高水平开放。要用改革的办法解决发展中的问题，深入落实国家进一步全面深化改革重大举措，在破除各方面体制机制弊端、调整深层次利益格局上攻坚克难，切实把制度优势更好转化为治理效能。要用开放的理念闯出发展新路，统筹对内开放和对外开放，统筹国际国内两个市场、两种资源，加快构建开放共享的能源生态系统，积极对接世界市场和国际规则，全面提升国际化发展水平和全球竞争力，推动双循环相互促进，为现代化建设注入强大动力。

（四）坚持正确认识和处理一系列重大关系

现代化建设是一个复杂的系统工程，必须坚持系统观念、辩证思维，准确把握稳与进、破与立、质与量、短板与长板、发展与安全等重大关系。坚持稳中求进、以进促稳，在稳增长、稳预期、防风险、守底线上主动作为，在转方式、调结构、提质量、增效益上积极进取。坚持立字当头、先立后破，加快探索以改革为动力的新机制、以创新为引领的新动能、以价值为导向的新模式，以培育壮大增量来调整优化存量。坚持量质并重、价值创造，既坚定不移发展壮大，提高对国民经济增长的贡献度，又要更多实现结构优化的增长、技术进步的增长、效率提升的增长，以量变的积累实现质变的跃升。坚持扬长补短、固本兴新，短板决定我们的基点，长板决定我们的高度，既要加快补齐“人有我无”的短板，又要锻造“人有我优”的长板，促进各方面协调发展，推动形成整体优势。坚持以安全保发展、以发展促安全，实现高质量发展和高水平安全良性互动，努力建久安之势、成长治之业。

（五）坚定履行国有企业的新使命新任务

国有企业是实现国家战略意图的重要力量，这要求我们牢牢把握新时代新征程国资央企工作的总目标、总原则、总要求，切实聚焦增强核心功能、提高核心竞争力“两个途径”，充分发挥科技创新、产业控制、安全支撑“三个作用”。核心功能是国有企业在服务国家战略、履行社会责任、增强国有经济主导作用中所肩负的职责使命。我们要聚焦主责主业，突出国家导向，体现国家意志，加快推进战略转型，更好履行保障安全可靠供电、优化电力资源配置、推动绿色低碳发展、强化能源科技创新、引领能源产业升级等功能，在重大斗争考验面前召之即来、来之能战、战之必胜。核心竞争力是国有企业在大国博弈和市场竞争中不可替代、难以超越的核心能力。我们要聚焦关键要素，加快推进“九个强企”建设，着力提升服务支撑力、创新引领力、资源整合力、价值创造力、品牌影响力，全面塑造体系化竞争优势，在现代化建设中抢抓制高点、赢得主动权。

（六）坚持把保障和改善民生放在首位

江山就是人民，人民就是江山。习近平总书记和党中央念兹在兹的是人民群众的安危冷暖，饱含着深厚的为民情怀。我们要始终坚持“人民电业为人民”，把人民放在心中最高位置，把保障改善民生的责任压实到各层级、第一线，坚决兜住兜牢民生用能底线，用心用情解决人民群众急难愁盼问题，不断提高供电服务普惠性、均衡性，让现代化建设成果更多更公平惠及全体人民。对于漠视、侵害群众利益的行为，不论涉及哪一级、什么人，都要坚决查处，严肃追责问责。守正道而开新局，致广大而尽精微。新征程上，我们必须始终从大局出发，知常明变、守正创新，聚精会神做好自己的事，努力创造出无负党、无负人民、无负时代的业绩。

三、坚定信心、实干笃行，在推进中国式现代化南网实践中展现新作为

今年是中华人民共和国成立75周年，是实现“十四五”规划目标任务关键一年，也是中国式现代化南网实践全面展开之年、实现世界一流企业建设第二阶段目标关键之年，统筹兼顾做好各项工作意义重大。今年工作总的要求是：坚持以习近平新时代中国特色社会主义思想为指导，全面贯彻党的二十大和二十届二中全会精神，深入落实习近平总书记关于国有企业改革发展和党的建设的重要论述精神，坚决抓好中央巡视“后半篇文章”，坚持稳中求进工作总基调，完整、准确、全面贯彻新发展理念，把坚持高质量发展作为新时代的硬道理，把推进中国式现代化作为最大的政治，紧扣服务国家战略和建设新型能源体系以及新型电力系统，围绕增强核心功能、提高核心竞争力，深入开展改革深化提升行动，全面推进强企建设，加快建设世界一流企业，着力提高创新能力和价值创造能力，发挥好科技创新、产业控制和安全支撑作用，为巩固和增强经济回升向好态势，持续推动经济实现质的有效提升和量的合理增长，以中国式现代化全面推进强国建设、民族复兴伟业作出新的更大贡献。

今年的主要预期目标是（合并口径）：（略）

今年要重点抓好以下工作：

（一）统筹增强核心功能、提高核心竞争力，推进战略规划实施和强企建设。

（二）统筹发挥“三个作用”，推进深层次改革和高水平开放。

（三）统筹“四链”融合，推进强化科技创新主体地位和高水平人才高地建设。

（四）统筹新型电力系统建设与区域协调发展，推进传统电网升级和保障服务经济社会发展。

（五）统筹五大战略单元协同发力，推进提高经营增长质量、打造发展新动能。

（六）统筹发展和安全，推进防范化解重点领域风险。

四、纵深推进全面从严治党，以高质量党建保障现代化建设

持续学深悟透习近平总书记关于党的建设的重要思想，深入学习贯彻二十届中央纪委三次全会精神，全面加强党的领导和党的建设，深化自我革命，突出全面从严治党主题主线，为高质量发展、现代化建设提供根本保证。

（一）坚持以政治建设为统领，把拥护“两个确立”、做到“两个维护”贯穿现代化建设全过程各方面。

（二）坚持强化理论武装，持之以恒用习近平新时代中国特色社会主义思想凝心铸魂。

（三）坚持强基固本，不断严密上下贯通、执行有力的组织体系。

（四）坚持选贤任能，着力打造堪当一流企业重任、具备领导现代化建设能力的高素质干部队伍。

（五）坚持严的基调、严的措施、严的氛围，纵深推进正风肃纪反腐。

【中国华能集团有限公司2024年工作报告（摘要）】

一、2023年工作回顾

2023年，中国华能上下在以习近平同志为核心的党中央坚强领导下，坚决贯彻总书记重要指示批示精神，牢牢把握高质量发展主题，全面落实全年工作“十六个字”总要求、“两个确保”总目标、“六个着力”重点任务，团结奋进、勇毅前行，全年发电量、供热量、煤炭产量等关键生产指标，利润、净利润、归母净利润、经济增加值等主要经营指标，以及新能源开工、投产等绿色发展指标，均创公司成立以来最好水平，高质量完成年度目标任务，公司入围国务院国资委创建世界一流示范企业名单，定点帮扶连续六年获中央考核最高等次。

（一）政治担当更自觉。认真落实“第一议题”制度，完善“四个一”机制，推动总书记重要指示批示精神全面落地见效。高质量开展主题教育，集团党组示范带动，同二级单位党委上下联动，学、研、查、改有效贯通、一体推进，以党的创新理论指导推动高质量发展取得新突破，中央第52指导组给予公司第一批主题教育“好”的评价，第二批主题教育得到中央第23巡回指导组充分肯定。高站位配合中央巡视、抓好巡视整改，集团党组坚持“三个摆进去”，全面落实整改责任，坚持系统思维抓整改，突出重点抓整改，强化监督促落实，推动巡视整改取得扎实成效。

（二）能源保供更有力。坚持把保障能源安全作为首要职责，全力抓好电热煤炭安全稳定供应，在关键时刻发挥了央企关键作用。全年没有发生较大及以上安全事故。发电利用小时行业对标第一。环保排放绩效保持行业领先。

（三）发展结构更优。实现了“三大突破”。新能源发展创历史最好水平。装机规模年内实现“双跨越”；累计新能源装机容量突破7200万kW。低碳清洁能源装机占比同比提升5.4个百分点。大基地开发建设取得新突破。纳入国家第一批以“沙戈荒”为重点的风光大基地项目并网规模行业领先。海上风电核准、在建、投产规模稳居行业第一方阵。西南水风光一体化基地开发建设稳步推进。核电发展实现新突破。国家科技重大专项——石岛湾高温气冷堆核电站示范工程正式商业运行，标志着我国在第四代核电技术研发和应用领域达到世界领先水平。石岛湾压水堆一期工程获国务院核准。昌江二期工程实现一年“两机双扣盖”。

（四）发展质量更好。经营效益创历史新高。利润增长率位居央企前列。净利润、归母净利润、经济增加值均同比大幅增长。“一利五率”指标同比大幅提升。主要指标均优于国务院国资委考核目标。各主要产业均实现盈利且同比增利。新能源利润占比近五成。火电实现扭亏为盈。发电量结构持续优化。公司发电量历史性突破 8300 亿 kWh，其中新能源发电量首次突破千亿大关，创历史新高。可再生能源发电量占比近三成。

（五）发展动力更足。坚持服务国家战略需求，国家级创新平台建设和国家科技攻关任务按计划积极推进，打造国家战略科技力量迈出坚实步伐。CCUS、海上风电原创技术策源地建设取得扎实成效。一批关键核心技术攻关取得新突破。巩固深化国企改革三年行动成果，高起点启动实施新一轮国企改革，以更大力度布局战新产业发展，推动市场化经营机制不断完善，公司治理水平进一步提高。

（六）党建引领力更强。坚持强根固魂抓党建，完善党建工作责任制，深入开展“党建引领提质年”专项行动，打造了一批“党建引领+”的特色品牌。成立党组审计委员会，将审计监督融入大监督体系。突出对“一把手”和领导班子监督，巡审结合、巡检联合开展内部巡视，持续纠“四风”树新风，深入开展“微腐败”和工程招投标领域专项整治，严查腐败案件，严肃违规经营投资责任追究，公司全面从严治党不断深化。大力培养选拔优秀年轻干部。国家工程硕博士培养改革专项试点工作得到中组部肯定。

二、2024 年工作思路

2024 年是新中国成立 75 周年，是实施“十四五”规划的关键一年。做好各项工作，意义重大。中国华能党组深刻把握国资央企新使命、能源转型新形势、国企改革新任务、全面从严治党新要求，结合实践成效、保持战略定力，紧紧围绕“领跑中国电力、争创世界一流”的战略愿景，一张蓝图绘到底，同时在实现路径和具体举措上与时俱进，提出要着重做到“五个更好统筹”（更好统筹质的有效提升和量的合理增长，更好统筹战新产业和传统产业发展，更好统筹生产与经营，更好统筹发展和安全，更好统筹党建业务一体推进），明确了做好今年工作“乘势而上、主动作为、再攀新高”的“十二字”总要求，强调要紧扣履行新使命、奋进新征程、实现新领先、加快建设世界一流企业这条主线，强化“六个突出”，突出抓好能源安全保供，突出抓好自主创新，突出抓好战新产业发展，突出抓好绿色低碳转型，突出抓好经营提效，突出抓好改革深化提升，创造更加优秀业绩。

三、2024 年重点工作

（一）突出抓好能源安全保供。强化保障能源安全使命，做到“三个坚决”。坚决扛起电热安全保供责任。统筹电力营销、机组检修、煤炭生产、燃料采购等重点工作，确保关键时刻顶得上、发得出、稳得住。坚决扛起生态环境保护责任。坚持习近平生态文明思想，贯彻全国生态环境保护大会精神，落实关于全面推进美丽中国建设的意见，统筹清洁化生产和低碳化转型，深入打好蓝天碧水净土保卫战，厚植高质量发展的绿色底色。坚决守牢安全发展底线。按照国务院安委会统一部署，扎实开展安全生产治本攻坚三年行动，扭住全员安全责任制这个“牛鼻子”，全面提升本质安全水平。深化法治华能建设，打造全覆盖、严监管、强约束的内控体系，提升集团穿透监管能力，积极构建大安全格局。

（二）突出抓好自主创新。强化使命引领，以“三个深化”为重点，当好科技创新的“国家队”。聚焦服务国家战略，深化科技创新平台建设。高标准建设国家级创新平台，积极争取承担更多国家重大科技攻关任务，全力打造国家战略科技力量。聚焦构建新型电力系统，深化自主创新能力建设。打造一批引领行业转型发展、支撑大基地建设运营的原创性引领性关键技术。研究人工智能、行业大模型与数字化智慧化融合技术。聚焦增强科技创新活力，深化体制机制改革。加强科技创新管理，统筹科研资源。加快科技成果转化，提高投入产出效率效益。

（三）突出抓好战新产业发展。坚持战略导向，力争实现“三个新突破”。在产业布局发展上实现新突破。把大力发展新能源作为重中之重，坚持“五个并举”，统筹要素保障，坚定不移做强做优做大。全力推进核电基地开发建设，加快形成“储备一批、开发一批、建成投产一批”的良好发展态势。稳妥发展综合能源服务、氢能、新型储能、虚拟电厂等新业态。在关键核心技术攻关上实现新突破。着力突破“卡脖子”难题，积极培育“专精特新”和启航企业。在构建良好产业生态上实现新突破。全力打造现代产业链链长企业，推动链上单位跨界融合、协同发力、联合创新。

（四）突出抓好绿色低碳转型。聚焦落实“双碳”目标，坚持先立后破，突出“三个一”，加快转型发展。一个主攻方向：大力推动基地型规模化开发。把争取基地型规模化资源作为重中之重。全力推进陇东、库布齐以及西南三大多能互补基地开发建设。一个优化：持续优化火电发展。适应电力市场形势变化，提高存量煤电机组适配性，加快推进“三改联动”升级改造，为全额落实容量电价、发挥系统调节作用打牢基础。一个目标：在构建新型电力系统上走在前。加强新能源集约化智慧化管理，加快“以大代小”老旧风机改造。加大新能源发电和功率精准预测技术研究。加快健全碳足迹管理体系，持续提升碳资产经营管理能力。

（五）突出抓好经营提效。贯彻国家稳增长要求，重点做到“三个全力”。全力稳价增效。高度重视新形势下的电力营销工作，加强市场和政策研究，推进政策、策略、交易、业务协同发力。坚持量价统筹，有效统筹电量与电价、中长期与现货、各电源品种之间的关系，努力多发效益电。全力降本增效。突出抓好燃料这个最大成本，下更大气力优化供应结构，狠抓长协履约、提高兑现率，规范供应商管理，提升全链条精益化管理水平。加强资金集中统筹管理，持续压降存量高息债务，依托司库建设促进业财深度融合，实现资金安全、高效管理。全力协同增效。煤炭产业要强化生产组织，抓好煤、电协同。金融产业要贯彻好中央金融工作会议精神，服务实体、服务主业。

（六）突出抓好改革深化提升。着力在“三个完善”上下功夫，全力打造创新型国有企业。不断完善现代公司治理。健全在完善公司治理中加强党的领导的制度机制，分层分类、动态优化前置事项清单。落实中央企业深化子企业董事会建设的指导意见，配齐建强董事会，加大专职外部董事队伍建设，提高董事会运行质量，推动子企业董事会高效履行职权。不断完善市场化经营机制。持续提升经理层成员任期制和契约化管理工作质量，在更大范围、分层分类落实管理人员经营管理责任。持续加大竞争性选拔工作力度，强化末等调整和不胜任退出，细化优化员工市场化退出标准和渠道。强化按业绩贡献决定薪酬，让“业绩是干出来的、工资是挣出来的”理念更加深入人心。不断完善管理体制机制。优化总部机构设置、管理职能和管理流程，明确有关产业公司定位，打造权责更清晰、更加灵活高效的三级管理体制。

（七）全面提升党的建设质量。按照中国华能党组确定的围绕“一条主线”，健全“四个机制”，实施“三项工程”，抓好“七个着力”，扎实开展“党建引领创效年”专项行动的主要思路，聚焦“六个深化”，深化思想政治引领，深化中央巡视整改，深化基层组织建设，深化正风肃纪反腐，深化干部人才队伍建设，深化宣传思想文化工作，全面提升党的建设质量，以高质量党建引领保障公司高质量发展。

中国华能将更加紧密团结在以习近平同志为核心的党中央周围，坚持以习近平新时代中国特色社会主义思想为指导，牢记使命，勇于担当，确保全面完成年度各项目标任务，全力答好经营改革发展和党的建设“两张答卷”，创出更加优秀的业绩，在服务党和国家工作大局中奏响华能高质量发展的时代乐章，为以中国式现代化全面推进强国建设、民族复兴伟业作出我们新的更大贡献！

【中国大唐集团有限公司 2024 年工作报告（摘要）】

一、开局之年高质量发展迈出坚实步伐，关键之年“二次创业”取得丰硕成果

2023 年，是全面贯彻落实党的二十大精神的开局之年，也是中国大唐接续奋斗二十载、历经两年打基础，登高望远、创新图强再出发的极不平凡的一年。一年来，中国大唐以深入学习贯彻习近平总书记“2·26”重要批示为统领，牢牢把握高质量发展主题，坚决贯彻落实党中央国务院重大决策部署，坚持稳中求进、进中提质，各方面工作迈出坚实步伐，取得新的历史性突破。

这一年，始终心系“国之大者”，能源电力安全保供展现新担当。积极应对电煤供应紧张、水电来水严重偏枯、多轮极端天气冲击和自然灾害等严峻挑战，圆满完成迎峰度夏、迎峰度冬以及成都大运会、杭州亚运会、北京“一带一路”高峰论坛等重大保供任务，扎实做好当前保暖保供工作。主要能源电力产品产量均实现较快增长，煤电机组非计划停运系数、全国电力可靠性金牌机组及能效对标优胜机组台数、百日无故障风场个数均居中央发电企业第一位。世界最大火电厂托克托电厂实现长距离向呼和浩特市供热，供热能力达到 2000 万 m^2。青海兴海县清洁能源供暖示范项目建成投产。

这一年，坚定服务经济回升向好，经营绩效创造新纪录。聚焦“一利五率”，扎实推进价值创造行动，全面深化提质增效、亏损企业治理等专项行动，在水电发电量同比大幅下降影响减利的情况下，经营利润创历史新高。电煤控价、电量营销增效明显，融资成本、融资规模管控有力，带息负债综合融资成本率创历史最优。劳动用工管理全面加强，全员劳动生产率首次突破 100 万元/人，同比提高了 11.29%。亏损企业治理成效显著，超额完成亏损户数降至 100 户以内，亏损总额降至 100 亿元以内“双百”目标。

这一年，坚持“两端发力”，新能源发展跃上新高度。紧扣产业控制和安全支撑，坚持先立后破，有序推进重点保供煤电项目建设和存量煤电转型升级，大力发展新能源等战略性新兴产业。电源项目核准、开工、投产规模均大幅度优于年度计划，其中，新能源开工、投产创历史新高，并获得藏东南首个国家级清洁能源基地和“陕电入皖”基地主导开发权、广东国管海域海上风电预选指标，获批广西河池新能源基地，投产了云南锦屏西全国规模最大的高原山地百万千瓦绿色能源基地、内蒙古翁旗风场全国陆上单机容

量最大的风电机组等一批标志性工程。国际业务取得新突破，印尼米拉务煤电项目如期投产并转入商业运行，老挝北本水电、乌兹别克斯坦光伏等项目取得重要进展。

这一年，助力“自立自强”，科技创新攻坚取得重大新进展。持续做强做实科技创新体系，召开科技咨询委员会首次会议，成立工程硕博士培养中心，设立数字科技公司，与东方电气合资组建科技创新公司，与清华大学联合建立绿色智慧能源技术研究院，推进产业链创新链资金链融合发展，重大科研攻关项目取得历史性进展。“央企攻坚”工程西藏扎拉世界首台套500MW级高水头大容量冲击式水电机组主体工程开工，并实现工程截流。国家电力示范项目山东郓城世界首台 630℃超超临界煤电机组全面开工，实现G115 钢等国产新材料工程应用。国家“揭榜挂帅”项目宁夏中宁世界首套100MW 级地下硐室压缩空气储能工程建设加快推进，攻克了软岩地质条件下地下储气库技术难题。数字大唐建设取得阶段性成果，在国资监管数智化提升专项行动阶段性验收评估中处于优秀行列。

这一年，坚持聚焦“深化提升”，体制机制改革激发新动力。国企改革三年行动高质量收官，新一轮改革深化提升行动全面启动、深入推进。中国特色现代国有企业公司治理不断完善，分级分类规范子企业董事会建设，一贯三级修订完善前置研究事项及决策事项清单，健全两级外部董事和上市公司独立董事“三个人才库”，治理效能持续提升。围绕更好发挥“三个作用”，优化总部职能机构，深化投资发展、工程建设、科技创新、数字智慧、国际业务等重点领域改革，加快构建适应战新产业发展、未来产业培育的治理格局。坚持问题导向，聚焦项目、物资、人才、数据等关键要素配置深化机制改革，项目审批效率提升了近 30%，评审周期由 35 天压至 18 天，招标周期缩减至 34.5 天，达到行业先进水平。

这一年，坚持系统施治，防范化解重大风险取得新突破。系统推进煤炭煤化工脱困突围，胜利东二矿停工 4 年后复工复产，克旗煤制气二期工程停滞近 10 年后复工续建投产。多伦煤化工实现安全稳定长周期高负荷生产，并开工建设全国首个煤化工耦合绿电绿氢项目。龙王沟煤矿产能核增后稳定释放，孔兑沟煤矿核准突破关键瓶颈，西王寨矿权转让停滞 11 年后全面推进。扎实开展安全管理强化年和事故隐患排查专项整治行动，安全生产局面进一步好转。深入开展各类专项治理，资金、债务、法律、燃料贸易、工程建设等领域风险控制有力、大幅收敛。圆满完成国家审计配合工作，全面抓好立审立改。加强内部审计监督，实施各类项目 218 个。

这一年，坚持铸魂增智正风促干，全面从严治党质效实现新提升。健全“两个维护”制度机制，学习贯彻习近平总书记重要指示批示精神“四个第一”工作机制日臻完善。高标准开展两批主题教育，一体推进理论学习、调查研究、推动发展、检视整改、建章立制，党员干部政治能力、思维能力、实践能力得到全面提升。高质量完成中央巡视支持配合工作，坚决抓好立行立改，深入推进中央巡视整改和专项治理，得到中央巡视组充分肯定。贯彻落实全国组织工作会议精神，召开组织工作会议暨基层党建工作会议，明确“145”总体要求，推进组织工作高质量发展。学习贯彻习近平文化思想和全国宣传思想文化工作会议精神，召开宣传思想文化工作会议，发布新时代“卓越”文化体系。修订《落实全面从严治党主体责任实施办法》和“两个责任”清单，高质量完成党的二十大之后两轮党组内部巡视。推进大监督体系和廉洁文化建设，开展纪检监察干部队伍教育整顿，以严的基调一体推进“三不腐”。

二、乘势而上，再攀高峰，全力抓好 2024 年重点工作

2024 年，是中国大唐实现“三年促发展”任务目标的重要一年。做好全年工作总体要求是：坚持以习近平新时代中国特色社会主义思想为指导，全面贯彻落实党的二十大和二十届二中全会精神，认真落实中央经济工作会议部署和中央企业负责人会议要求，坚持稳中求进工作总基调，坚持服务建设新型能源体系和新型电力系统，着力推进改革深化提升，着力强化创新驱动，着力加快数智绿色转型，着力坚持党的领导和加强党的建设，更好统筹能源保供和提质增效，更好统筹高质量发展和高水平安全，更好统筹核心竞争力培育和幸福大唐建设，坚定打好保供能力提升攻坚战、提质增效稳增长攻坚战、战新产业发展攻坚战、煤电优化升级攻坚战、煤炭煤化工扩能增效攻坚战，乘势而上，再攀高峰，奋力实现质的有效提升和量的合理增长，为以中国式现代化全面推进强国建设、民族复兴伟业作出新的更大贡献。可简单概括为“四个着力、三个更好统筹、五大攻坚战”。

突出抓好以下六个方面重点工作。

（一）突出抓好能源保供，确保安全环保局面稳定。

（二）突出抓好提质增效，推进效益持续稳定增长。

（三）突出抓好绿色转型，打好战新产业发展攻坚战。

（四）突出抓好创新能力建设，强化创新驱动和数智赋能。

（五）突出抓好改革深化提升，加快建设现代新国企。

（六）突出抓好风险防范化解，实现高水平安全。

三、强化党建引领保障，推进全面从严治党向纵深发展

坚持党的领导，加强党的建设，是国有企业开展工作的总原则。做好今年党建工作，要坚持以习近平总书记关于党的建设和党的自我革命的重要思想为统领，以中央巡视整改为契机，深化落实“145”总体要求，纵深推进全面从严治党，系统提升党建质量，以良好的政治生态保障“二次创业”，以高质量党建引领高质量发展。

一是聚焦“两个维护”加强党的政治建设。

二是聚焦选贤用能加强干部人才队伍建设。

三是聚焦增强功能加强基层党的建设。

四是聚焦成果转化运用狠抓巡视整改。

五是聚焦真抓实干加强作风建设。

【中国华电集团有限公司 2024 年工作会议报告（摘要）】

一、2023 年工作回顾

2023 年是全面贯彻党的二十大精神的开局之年，是三年新冠疫情防控转段后经济恢复发展的一年。一年来，公司上下坚持以习近平新时代中国特色社会主义思想为指导，深入学习贯彻党的二十大精神，坚决贯彻党中央、国务院决策部署，认真落实国务院国资委等上级部委工作要求，以主题教育、中央巡视和国家审计整改为重要契机，在公司党组的正确领导和董事会的科学决策下，紧紧围绕能源安全保障和绿色低碳发展，全力保供应、调结构、增效益、抓创新、促改革、防风险、强党建，各项工作稳中有进、持续向好。全年实现营业收入 3212 亿元，同比增长 5.8%；利润总额 326.6 亿元，同比增长 56.8%；净利润 245.5 亿元，同比增长 74.8%；资产负债率 69.4%，稳定在管控线以内；净资产收益率 7.8%，同比提高 3 个百分点；营业现金比率 21.4%，同比提高 1 个百分点；全员劳动生产率 132.8 万元/人，同比增加 15.1 万元/人；研发经费投入强度 3.07%，同比提高 0.07 个百分点。完成发电量 6827 亿 kWh，同比增长 6.3%；供热量 4.55 亿 GW，同比增长 3.3%；煤炭产量 5379 万 t，完成年度计划的 103%。完成投资 1337 亿元，同比增长 17%；新增电力装机容量 2433 万 kW，其中新能源 1883 万 kW、境外 221 万 kW，公司总装机规模达到 2.14 亿 kW，境外装机规模突破 500 万 kW；清洁能源装机占比达到 51.4%，同比提高 4.1 个百分点。主要工作体现在以下六个方面：

（一）抓安全、重环保，能源保供彰显担当。深入学习贯彻习近平总书记重要讲话和重要指示批示精神，积极应对低温雨雪、高温干旱、台风洪涝等自然灾害，全力保发电、保供热、保安全、保稳定，圆满完成能源安全保障任务。一是保供组织有力有序。加强组织领导，制定保供方案，成立工作专班，多次召开专题会议部署安排，推动保供工作高效有序开展。统筹抓好煤炭安全保供、设备稳定运行、电力稳发满发，开展燃煤机组可靠性提升、新能源设备可靠性和能效管理专项提升工作，电煤中长期合同覆盖率、自产动力煤内销率均创历史新高，发电量、供热量增幅位居同类型企业前列，其中火电发电量同比增长 7.6%。强化资金保障，累计发行能源保供特别债 500 亿元。公司系统各单位践行使命、主动作为，华电煤业、燃料物流、四川公司、浙江公司保供工作贡献突出；乌江公司积极克服来水偏枯严峻形势，科学优化水库调度，保障了电力供应。二是安全生产总体平稳。落实“三管三必须”要求，全面开展安全责任制落实评价，坚持“四不放过”，按要求严格对事故单位责任人进行约谈及考核，有力推动各级安全责任落实。深刻汲取行业内外事故教训，抓实抓细隐患专项排查整治 2023 行动、燃气安全专项整治、安全管理强化年等重点任务，首次对境外企业开展全覆盖安全督查，全年消除较大及以上隐患 655 项。安全监管力量进一步增强，26 家直属单位设置独立安全监督机构，煤炭企业 1253 名专职安全监督人员全部到位。修订完善新能源、储能等安全规程，组织首届新能源安全应急技能大赛、煤矿顶板事故三级应急演练，推进全员持证上岗。全年未发生较大及以上人身安全事故，煤炭、科工板块实现安全“零事故”，237 家基层企业连续安全生产超 2000 天。三是生态环保持续夯实。加快推动新能源项目环评水保手续办理，深入开展防沙治沙和生态修复关键技术研究，55 个 722 万 kW 涉生态项目整改销号，816hm^2 煤矿塌陷区完成土地复垦和生态修复，金中梨园、鲁地拉水电站获评“国家水土保持示范工程”。有序推进火电超低排放、水污染防治改造，主要污染物排放达标率、万元产值氮氧化物排放量圆满完成国资委考核目标。抓好碳排放管理提升，公司成为全国碳市场第二个履约期首个 100%履约央企，连续两年位列“中国能源企业低碳发展贡献力 50 强榜单”第一。

（二）聚合力、强攻坚，绿色转型加力提速。强化战略引领，扩资源、抓开工、重协同、保投产，绿色低碳发展步伐进一步加快。一是结构调整成效明显。全力推进风光电大基地开发，新疆、内蒙古基地新能源项目和甘肃基地配套煤电项目完成核准（备案），新疆基地配套煤电开工建设，550 万 kW 新能源项目纳入国家第三批大基地项目清单。加大海上风电发展力度，福建区域取得长乐 55 万 kW 和国家海上风电检测中心 30 万 kW 开发权，广东区域取得阳江 50 万 kW 和粤东 60 万 kW 开发权，辽宁区域取得丹东 200 万 kW 开发权。科学有序推进水电开发，金上

直流送出工程开工建设，昌波水电站取得核准。全年电源项目核准（备案）6807 万 kW，其中风光电核准（备案）5467 万 kW，再创历史新高。新疆、乌江、山东公司等 10 家单位超额完成新能源核准（备案）和取得建设规模登高目标。有序实施“三改联动”，节能降碳、灵活性、供热改造规模分别完成 499 万、1085 万、704 万 kW。加快培育“三新”业务，青海德令哈 PEM 电解水制氢、辽宁铁岭风电离网制氢、内蒙古包头达茂旗风光储制氢、山东莱城共享储能等一批项目建成投运。二是工程建设再创佳绩。全年电力项目主体开工 3311 万 kW、基建投产 2373 万 kW，其中新能源开工 2500 万 kW、基建投产 1822 万 kW，均创公司历史最高水平，云南、四川、西藏公司等 15 家单位超额完成新能源投产登高目标。天津海晶、新疆乌鲁木齐、昌吉木垒、塔城、青海德令哈 5 个百万千瓦级新能源项目投产，湖南平江项目创造百万千瓦级煤电机组建设“华电速度”。精品工程建设取得明显成效，深入开展“聚绿色动能、助双碳目标”风光水发展劳动竞赛、“奋勇争先、百日攻坚”冲刺全年投产目标专项活动，推动西藏 DG 水电站荣获国家优质工程金奖，广东增城燃机、云南梨园水电、越南沿海二期煤电项目荣获国家优质工程奖。三是产业协同质效提升。煤炭板块自产动力煤内销率达到 76.6%、同比提升 16.2 个百分点，实现利润总额 124 亿元，连续 3 年保持百亿元以上。科工板块加强创新支撑能力建设，集团外新签合同额 152 亿元，同比增长 13.4%。产融板块累计为主业提供资金支持 1387 亿元，同比增长 7.3%，实现利润总额 58.8 亿元，同比增长 22.1%。华信保险推动粉煤灰资产综合处置利用取得新成效。四是国际业务进展积极。优化境外风光电决策流程和收益率标准，柬埔寨西港、印尼玻雅项目实现商业运营，越南得乐项目 70 台机组并网发电。扎实做好境外项目公共安全风险评估和应急演练，深入开展境外腐败问题专项治理工作。积极参加第三届“一带一路”国际合作高峰论坛、第六届中国国际进口博览会、第十一届中德经济技术合作论坛等多双边重大活动。成功主办第二十八届联合国气候变化大会（COP28）“中国角”边会活动。全年国际业务实现收入 240.2 亿元，同比增长 21%。

（三）稳增长、防风险，提质增效成果丰硕。紧紧围绕国资委“一利五率”目标管理体系，抓好提质增效“两个清单”“三级方案”落实，净资产收益率、经济增加值、国有资本回报率、资产负债率等关键经营指标继续保持同类型企业前列，经济运行质效创历史最好水平。一是市场开拓扩收增利。中长期交易电量同比增长 19%，省内、省间现货市场增发电量创收 48 亿元，火电辅助服务净收益超 14 亿元，售电公司代理电量突破 1900 亿 kWh。全面落实煤机容量电价机制，煤机电价水平整体上浮超 23%，周宁抽水蓄能临时容量电价、福清近海风电电价落地。推动出台供热价格调整指导意见，热价同比升高 3.3 元/GJ。二是成本管控深入有效。优化电煤采购和库存策略，推广集约区域市场煤采购改革试点成果，入厂标煤单价处于同类型企业最优水平，节约采购资金 50 亿元。成本费用管控扎实有效，电热 4 项费用预算执行偏差率低于目标 1.1 个百分点。加强资金运作，综合融资成本率较年初下降 0.38 个百分点。创新实施规模化集采、短周期小规模框采和个性化自采相结合的采购策略，采购节资率达 15.4%。三是资本运营加快推进。提高控股上市公司质量专项工作成效显著，得到国资委中期督导组高度评价。华新项目通过上交所上市委审核；华紫项目圆满收官，华电能源煤电联营优势凸显；华旭项目成功实施，公司在辽高质量发展迈出坚实步伐；华电国际可转债全额转股，连续 9 年获评上交所年度信息披露 A 级企业。高效推进权益融资重点项目，完成权益融资近 170 亿元。财务公司荣获“金龙奖·年度最佳财务公司”称号。四是风险管控精准有力。深化境外资金管理专项整治和融资风险专项排查，开展根治挂靠经营、“控股不控权”问题专项治理。狠抓亏损企业、高负债企业治理，高质量完成国资委“三个 10%”目标任务，13 户重点亏损子企业、15 户经营困难企业整体减亏 50%以上。压减法人企业 34 户，盘活低效无效资产收回资金 15 亿元。

（四）抓攻关、增动能，创新驱动深入实施。构建“宝塔型”科技创新体系，狠抓关键核心技术攻关，科技创新取得新进展。一是技术攻关实现突破。牵头承担国家重大攻关任务，国家发展改革委“揭榜挂帅”、国资委“1025”二期、工信部“揭榜挂帅”等 8 个项目完成年度目标任务。国内首台全国产化 F 级 50MW 重型燃机在广东清远投入运行，自主研制的 E 级燃机一级动叶在上海奉贤实现国内首次挂机，首台国产化自主可控三菱燃机控制系统在江苏戚墅堰成功投运。全年累计获得授权专利 3200 余项，授权发明专利数量同比提高 1 倍，2 项发明专利荣获中国专利奖优秀奖。成功入选工信部、国资委 2023 年度重点产品、工艺“一条龙”推进机构，7 个项目、4 个平台分别纳入国家能源局“十四五”科技创新规划项目库和首批“赛马”创新平台。二是协同创新走深走实。强化创新平台支撑，推动共建“水圈科学与水利工程”等全国重点实验室华电分室。整合集团燃机修造、运维服务力量，组建燃机技术公司。深化央企联合攻关，17 项攻关任务如期完成年度目标，自主可控 DCS 系统实现整体性能迭代升级。采用碳化硅功率模块的构网型储能变流器及控制技术，总体达到国际领先水平。基于物联网技术的风电机组智能控制系统和叶片缺陷 AI 识别定位系统，在甘肃黑崖子风电场上线运行。三是数智赋能步伐加快。成立集团数字化中心，优化数字化三级管控模式。数字化应用场景不断拓展，3 处首批智能化示范矿井通过国家能源局验收并公示，新能源智慧生产管理平台在 3 个区域上线试运行，入厂煤智能验收系统覆盖率超过 50%，金上拉哇、叶巴滩工程建成国内先进的智能化建造平台，司库体系全面投运并取得国资委中期验收优秀评级。

（五）推改革、创一流，企业活力有效释放。巩固深化改革三年行动成果，扎实推进新一轮国企改革深化提升行动。一是改革深化提升行动启动实施。高质量制定改革实施方案和工作台账，明确 8 个方面 35 项重点改革任务、118 条改革举措，构建组织领导、协同联动、跟踪督办、检查评估、宣贯推广“五项机制”，如期完成年度改革任务，公司治理模式经验做法纳入国资委“董秘开讲”，多篇改革案例在国资央企推广，得到国务院国企改革重点任务专项督查组肯定。制定支持“科改企业”“双百企业”加大改革创新力度行动方案，“科改企业”“双百企业”扩围至 7 家。深化三项制度改革，健全以关键业绩指标和重点任务为核心的分类差异化考核机制，建立以登高、揭榜、即时奖励为主要内容的专项奖励机制，进一步提升了考核的精准性和有效性。二是世界一流企业建设扎实推进。深入推进“四个专项行动”，制定加快建设世界一流能源企业工作管理办法及争创一流、价值创造、管理提升标杆企业评价细则，价值创造行动方案在国资委评价领先。南自维美德入选国家级专精特新“小巨人”企业，华电重工等入选国资委“创建世界一流专业领军示范企业”。三是企业治理管控效能不断提升。完善中国特色国有企业现代公司治理，动态优化“三重一大”事项决策权责清单，建立集团职代会制度，各治理主体权责边界进一步明晰。加强与同类可比国内外能源电力企业对标，分类构建并动态完善发电、非电以及境外发电企业对标体系。深入推进法治华电建设，法律风险防控和价值创造能力有效提升，全年依法维权挽回和避免损失 24.2 亿元。内控合规风险一体化管理信息平台全面上线运行，该课题荣获全国企业管理现代化创新成果一等奖。财务共享中心通过人员、业务、数据三集中三融合，促进财会监督水平持续提升。

（六）学思想、筑根魂，党建引领保障有力。坚持和加强党的全面领导，深入实施“四力四推”党建工程，党的建设与生产经营进一步深度融合。一是以深入开展主题教育为动力，加快推动企业高质量发展。牢牢把握主题教育总要求，坚持以党的创新理论凝心铸魂，抓好第一批、第二批主题教育的衔接联动，高质量举办专题读书班，围绕公司治理、科技创新、能源保供、企业文化建设等主题深入调查研究，聚焦突出问题抓实检视整改，切实把主题教育激发出来的信仰信念信心、热情激情干劲转化为高质量完成全年目标任务、加快建设世界一流能源企业的强大动力，中央主题教育简报 4 次刊发公司案例做法。二是以大力实施“四力四推”党建工程为抓手，有力促进改革发展重点任务落地见效。抓好“四力四推”党建工程 23 项“见成效”措施落实，18 个总部党支部、49 家直属单位党组织与 179 家系统内外单位深化党建联建共建，创设党组织书记领衔项目 1600 余个。积极培育“创新奋进、奋勇争先”企业文化，集团公司案例荣获全国企业文化优秀成果特等奖，华电资本、江苏公司等 12 个案例荣获一等奖。扎实推进品牌建设，集团公司首次进入世界品牌 500 强。广泛开展职工业务技能大赛和创新创效活动，开发投用“职工心声 e 家通平台”。抓党建促乡村振兴，连续 5 年获评中央单位定点帮扶工作考核最优等次。积极履行社会责任，第一时间向甘肃、青海捐赠 4200 余万元资金和物资，为抗震救灾及灾后重建贡献力量。三是以坚决抓好中央巡视和国家审计整改为契机，着力营造风清气正良好生态。认真落实上级关于巡视整改的部署要求，以公司党组落实中央巡视整改责任五项工作机制为抓手，推动各项整改措施落实到位，以巡视整改实际成效促进企业规范化治理和高质量发展。落实国家审计整改要求，全部完成年度整改任务，追缴退回资金和挽回损失 4.2 亿元，建立健全长效机制 177 项。开展违反中央八项规定精神问题等专项治理，深化新能源、煤炭销售等专项整治，严肃违规经营投资责任追究，促进各项业务依法合规开展。

二、2024 年重点工作安排

公司 2024 年工作总的要求是：以习近平新时代中国特色社会主义思想为指导，全面贯彻落实党的二十大和二十届二中全会、中央经济工作会议精神，认真落实中央企业负责人会议要求，坚持和加强党的全面领导，坚持稳中求进、以进促稳、先立后破，统筹高质量发展和高水平安全，围绕增强核心功能、提高核心竞争力，充分发挥科技创新、产业控制、安全支撑作用，抓牢能源电力安全保障，加快推动绿色低碳发展，大力实施创新驱动战略，推进传统产业转型升级和战略性新兴产业培育壮大，深入实施国有企业改革深化提升行动，着力增强内生动力和创新活力，加快推动高质量发展，为以中国式现代化全面推进强国建设、民族复兴伟业作出更大贡献。

重点做好以下“七个全力抓好”：

（一）全力抓好安全环保工作，坚决保障能源电力稳定供应。

（二）全力抓好结构布局优化，加快推动绿色低碳转型发展。

（三）全力抓好提质增效升级，着力巩固提升价值创造能力。

（四）全力抓好创新体制机制建设，着力提升科技创新能力。

（五）全力抓好重点改革任务，持续增强企业发展动力活力。

（六）全力抓好依法合规管理，有效防范化解重点领域风险。

（七）全力抓好党建引领保障，不断营造干事创业浓厚氛围。

【国家电力投资集团有限公司 2024 年工作报告（摘要）】

一、2023 年工作回顾

坚决落实习近平总书记关于国资央企的重要指示批示精神，不断增强核心功能和提升核心竞争力；坚定推进清洁能源发展，清洁能源占比达到 69.89%；下大力气抓实能源保供，获得国务院国资委高度肯定；把配合中央巡视作为重要政治任务，把巡视整改作为推动中心工作、践行“两个维护”的重要抓手，对标对表中央巡视高质量完成两轮内部巡视；全力以赴推进主题教育，推动党的创新理论在国家电投全面落地落实。

牢记习近平总书记“一定要将光伏产业做好”的殷切嘱托，一流光伏产业建设有序推进；锻造“国之重器”取得突破，“国和一号”示范工程热试基本完成，进入装料准备阶段；重型燃气轮机 300MW 产品样机设计完成，核心关键零部件实现国产化，进入样机总装阶段，有效发挥两个现代产业链链长作用；战略性新兴产业部署初显成效；定点帮扶任务高标准完成；共建“一带一路”迈上新台阶。

全面完成国务院国资委考核指标，“一利五率”实现“一增一稳四提升”；全年完成利润总额 406 亿元、净利润 329 亿元、归母净利润 114 亿元，营收、利润、归母净利润均创历史最好水平。

建设世界一流企业走深走实，纳入国务院国资委创建世界一流示范企业名单，战略规划引领作用有效发挥，至 2023 年底国家电投控股装机规模达到 2.37 亿 kW，清洁能源装机 1.66 亿 kW；清洁能源大基地进展顺利。

创新成果丰硕，全面完成国务院国资委、国家能源局专项攻关年度任务，连续 3 年获国务院国资委考核加分；获中国专利金奖 1 项、主编国际标准 2 项；牵头核能、氢能等 6 项国家重点研发计划；核能、水电等 6 个平台、纯氢燃机等 6 项核心成果分别入选国家能源局“十四五”首批国家能源创新平台和首台（套）重大技术装备；3 台火电机组 DCS 自主安全可控替代项目成功并网稳定运行。

国企改革三年行动顺利收官，深化提升行动实现良好开局，国务院国资委考核成绩名列第三，三项制度改革评估结果连续两年为一级；董事会建设持续加强，连续两年获评优秀；科技兴安成果显著，获得 4 项国家安全科技进步奖一等奖；质量环保管理持续提升，获得 15 项国家级/国际级质量奖项。

全面贯彻落实习近平总书记关于党的建设的重要思想，党组“把管保”领导作用发挥更加凸显。坚持抓党建从业务工作出发，抓业务从党建工作入手，党建融入中心工作创造价值的成效更加凸显，党建工作连续四年考核获评 A 级。

二、2024 年工作思路

以习近平新时代中国特色社会主义思想为指导，全面贯彻落实党的二十大、二十届二中全会、中央经济工作会议、二十届中央纪委三次全会、中央企业负责人会议、全国能源工作会议精神，坚定履行党中央赋予国家电投的重大使命，坚持把高质量发展作为硬道理，以“稳中求进、以进促稳、先立后破”为总基调，以质的有效提升和量的合理增长为主攻方向，以扎实推进“巩固提升年”为工作主线，巩固清洁能源领先优势，提升能源转型发展能力，坚持求真务实，增强底线思维，聚焦主责主业，把握“三商定位”，打好“存量提质、增量做优、蓄势未来”三副牌，提升“政治担当、战略管控、科技创新、产业管理、风险防控、改革融合”六个能力，进一步增强集团公司核心功能，提高核心竞争力，以创新驱动高质量发展的新成效体现“国家队”的使命担当，为全面实现“十四五”规划目标奠定坚实基础。

【国家能源投资集团有限责任公司 2024 年工作报告（摘要）】

（一）2023 年工作回顾

2023 年是全面贯彻落实党的二十大精神的开局之年，也是三年新冠疫情防控转段后经济恢复发展的一年。高效统筹能源保供、安全环保、经营管理、转型发展、科技创新、深化改革、党的建设等工作，圆满完成年度各项目标任务。2023 年，集团公司煤炭产量 6.2 亿 t，同比增长 2.6%；煤炭销量 8.3 亿 t，同比增长 4.4%；发电装机 3.2 亿 kW，其中可再生能源装机 1.1 亿 kW，占比 35.5%、同比增长 4.5 个百分点；发电量 1.2 万亿 kWh，同比增长 6.8%；供热量 5.3 亿 GJ，同比增长 6.8%；铁路货运量 5.7 亿 t，同比增长 20.9%；两港卸车量 2.6 亿 t，同比增长 3.9%；航运量 2.6 亿 t，同比增长 7.5%；化工品产量 2923 万 t，同比减少 0.4%。完成投资 2326 亿元，同比增长 20.9%。实现营业收入 7955 亿元，同比减少 2.7%；利润总额 1171 亿元，同比增长 6.5%，连续两年跻身“千亿”行列；净资产收益率 10.37%，同比增长 0.22 个百分点；营业现金比率 27.38%，同比减少 0.48 个百分点；资产负债率 59.19%，低于国资委年度管控目标 0.01 个百分点；研发投入强度 1.38%，超额完成国资委考核指标；全员劳动生产率 136.2 万元/人，同比增长 5.7 万元/人。全面完成国资委“一利五率”考核目标，多项生产经营指标再创历史最好水平，连续 6 年获得国资委经营业绩考核 A 级。

一是扛牢职责使命，能源保供彰显担当。

保供稳价持续发力。坚持以煤炭保能源安全，以煤电保电力稳定，巩固拓展常态化长效化保供机制，圆满完成重要时段、重大活动、重点地区保供任务，多次得到国家部委充分肯定。自产煤全年保持月产 5000 万吨峰值水平，煤炭销量约占全国 1/6。严格执行国家宏观调控政策，电煤合同签订规模超 5 亿 t，履约兑现率达 101%，累计向社会让利 480 亿元。发挥煤电兜底保障作用，抓好“高开机率、高负荷率、长周期连续运行”管理，发电量、供热量分别约占全国 1/7、1/8，为做好新形势下电力系统稳定工作提供有力支撑。

一体化优势巩固拓展。坚持一体化、一盘棋，突出协同创效增收，加强供应链高效匹配，一体化核心区日均调运量 96.7 万 t、同比增长 8.7%。积极优化能源流向，大一体化供应格局持续完善，疆煤出区量突破 1475 万 t，同比增长 1.2 倍。进口煤完成 2950 万 t，同比增长 20%。加强路港航能力建设，包神铁路发挥能源运输桥头堡作用，新朔、朔黄铁路跨区段开行两万吨重载列车，港口公司释放航道通航和泊位周转效能，黄骅港务煤炭下水量连续四年超 2 亿 t，航运公司自有船舶外贸运量同比增长 7.5 倍。

二是增强底线思维，安全环保筑牢防线。

安全基础持续夯实。统筹发展和安全，扎实开展重大事故隐患专项排查整治 2023 行动和中央企业安全管理强化年行动，安全生产形势总体稳定。压紧压实安全生产责任链条，健全集团公司、子分公司、厂（矿）三级管理机构，推动多产业、跨地域子分公司设立安全监察中心，加快构建“规范统一、要素完备、全员参与、运行高效、持续改进”的安全生产管理体系。强化应急救援能力建设，按照国家队标准建设 18 支专职应急救援队，成功承办第三届全国危化品安全生产应急救援技术竞赛、4 支参赛队伍取得优异成绩。完善网络安全、信访保密工作体系，推行信访工作清单化管理。

生态环保不断加强。全面落实全国生态环境保护大会精神，对标对表中央生态环境保护督察要求，强化污染防治攻坚、节能降碳改造和生态修复治理。实现长江流域、京津冀区域重点企业生态遥感监测全覆盖。万元产值综合能耗达到历史最好水平，主要污染物排放绩效持续降低，排土场复垦率等生态指标达到国际先进水平，交通强国“绿色港口发展”试点高分通过现场验收。积极参与绿电绿证交易，在央企中率先实现全产业 100%绿电消费。

三是深化提质增效，经营管理对标挖潜。

市场化管理拓效增收。多措并举增量、保价、稳份额、提收入，开展生产经营提质增效“百日大会战”，实现年度不欠、同比不降、赶超跨越的目标。煤炭产业外购量同比增长 23%，煤炭经营公司外购煤采购量超 1 亿 t。电力产业聚焦“集价本利”，统筹争量保价、现货交易和热力营销。运输产业拓展非煤运输业务，累计创效近 40 亿元。化工产业拓宽海外销售渠道、出口量同比增长 12.6%。

精细化管理提效提质。充实拓展财务“一集中、三加强”的内涵和外延，明确“$1+N+S$”财务共享管理体系，司库建设得到国资委高度评价，集团公司可归集资金集中度保持 100%。开展税务“总对总”专项工作，成为首家整体接入“乐企平台”央企。

金融产业效益倍增计划创利创效 112 亿元，财务公司首家获批接入人民银行全国综合业务服务平台，首次获评“最佳财务公司”荣誉称号，期货公司恢复业务运营。集团上市公司总市值突破 8500 亿元。健全采购与物资两级管理模式，物资公司建成国内首个“智能无人评审系统”，国际工程深化“招标＋造价＋咨询”一体化服务，综合节支率达 13.8%。

规范化管理固效夯基。聚焦审计监督重点，国家审计发现立行立改的 38 个问题全部整改完成，子分公司审计覆盖面 100%。编制行业内控风险手册，创新重大风险评估与监测方法，系统优化规章制度体系，实施合同范本化三期工程。

四是优化产业布局，转型发展步伐加快。

传统产业转型升级有序推进。“一矿一策”推动“5＋18”保供煤矿手续办理，加快布局建设先进产能，全年获取煤炭资源 20.4 亿 t，创重组以来最好水平。新街矿区规划调整和矿权办理取得重大突破。集团公司煤炭产能达到 6.65 亿 t。全面完成国家发展改革委支撑性保障电源建设任务，完善“3445”电力基建管理体系，组建电力工程“四中心”，湖南岳阳、新疆准东等 950 万 kW 清洁高效煤电机组高质量投产，火电装机容量 2.09 亿 kW，百万千瓦机组达到 53 台，约占全国 30%。深化煤电“三改联动”，新增供热能力 3800MW，提高调峰能力 260 万 kW，供电煤耗降至 297.8g/kWh、同比下降 1g/kWh、五大发电集团最低。推动煤化工高端化、多元化、低碳化发展，煤基航天煤油首次应用于火箭发射。科学谋划运输产业布局，疆煤外运铁路建设方案逐步明确，路港航一体化反向运输新通道顺利打通，“一纵两横三大枢纽 N 条通道”港口布局全面加快，铁路运能达到 5.6 亿 t，港口设计吞吐能力 2.9 亿 t。

可再生能源规模化发展加速推进。坚持多元化、快速化、规模化、效益化、科学化发展新能源，龙源电力、国电电力、国华投资发挥三大主力军引领作用，青海公司、湖北公司、广西公司、江西公司等 21 家单位超额完成新能源投产目标，全年获取新能源开发指标 5804 万 kW，开工 3308 万 kW，投产 2616 万 kW，新能源装机达到 9623 万 kW，其中风电在建规模近千万千瓦，在运装机突破 6000 万 kW，保持世界第一，光伏装机超过 3500 万 kW。成串成组加快水电项目开发，玛尔挡实现下闸蓄水，旭龙完成大江截流，水电在建规模 1015 万 kW，全国第一。

国际化发展积极推进。服务高质量共建“一带一路”，完善“大协同＋专业化”国际化发展体系，国际化经营评价排名央企第八。高位推动对蒙、对俄等项目合作，俄罗斯扎舒兰 500 万 t 煤矿项目开工建设，印尼 10 万 kW 漂浮式光伏项目成功中标，境外新能源资源储备超过 500 万 kW。积极参与世界经济论坛、博鳌亚洲论坛、亚太电协等多双边合作，集团公司国际影响力持续提升。

五是加强技术攻关，科技创新争先突破。

创新驱动深入实施。强化企业科技创新主体地位，承担国家科研攻关任务数量超过 130 项、位居央企前列，7 项国资委“1025”二期攻关进展顺利，4 家国家能源创新平台入选国家能源局“赛马”序列，国家重点研发计划“十四五”第一批 4 个项目取得阶段性成果，第二批 8 个项目获批立项。边发展、边突破、边布局战略性新兴产业和未来产业，在泰州电厂投运亚洲最大 50 万 t 煤电 CCUS 项目，在新疆化工投运区域最大 30 万 t 煤化工 CCUS 项目，在宁夏宁东建设国内首个耦合化工和交通的氢能项目，在台山电厂完成全球首次 600MW 燃煤机组掺氨燃烧试验，在浙江舟山、广东惠州电厂等完成国内首个发电工程国产 BIM 示范。集团公司全年申请发明专利 2099 件，同比增加 32.7%。技经院牵头发布《中国能源展望 2060》。

数字化赋能提速加力。全方位推动产业智能升级，建成 8 处国家级智能化示范矿井并通过验收，实现 300 台无人矿卡常态化运行、18 个采煤工作面在全国大赛中全部获得一等以上奖项。建成 13 个高级智能电站、17 个 5G＋工业互联网示范电站，火电 iDCS 在 60 台机组投运，新能源场站在 15 个省区实现 100%远程控制。智慧化工第一阶段 11 个项目全面上线，朔黄铁路 2 万 t 重载自动驾驶试验列车顺利运行，铁路装备首次实现行业内数据要素经济效益转化。国能 e 电建成电力交易规模上万亿千瓦时的平台服务体系，国能 e 链入选工信部数字化产融合作解决方案。

六是聚焦活力动力，深化改革创建一流。

改革深化提升行动扎实推进。制定改革深化提升行动实施方案并获评国资委“标杆方案”，确定 55 方面、95 项具体任务、353 项重点举措，新一轮改革全面发力。加快国有资本投资公司试点改革，建强“三强五优六型”总部，完善安全环保监察、工程基建管理、化工产业、电力营销、财务共享等组织体系，强化信息、航运、港口等平台管控，设立西部能源、西部铁路、巴丹吉林等项目公司提升区域发展能力，“总部＋产业平台/区域公司＋基层企业”三级管控架构不断完善。深化三项制度改革，获评国资委三项制度改革“一级”。法人压减工作位列央企第一。

世界一流企业加快建设。制定集团公司对标世界一流企业价值创造行动实施方案，出台对标评价管理办法，龙源节能入选国家级专精特新“小巨人”企业。推动子企业治理能力提升，完善“一个基础、五根支柱、分层分类”治理架构，加强股权管理，中国特色现代公司治理创新成果获国家级一等奖。集团公司获评“品牌建设领跑者”和十大“中国 ESG 榜样”企业。

七是强化政治引领，党的建设强根铸魂。

党建引领作用进一步发挥。扎实开展主题教育，完善理论学习、调查研究、整改整治、工作推进、建章立制“五张清单”，建立“1＋3”保障机制，从严从实加强巡回督导，全系统开展调研 1.8 万次，解决问题 6451 项。积极配合中央巡视，立行立改措施全部完成。统筹开展常规巡视和科技创新专项巡视，加强巡视整改和成果运用。健全完善全面从严治党体系，推进基层党建创新工程三年行动，不断擦亮“社会主义是干出来的”党建品牌。

凝心聚力氛围进一步浓厚。深入推进“安全、合规、合作、创新”专项文化创建，4 家单位获评中央企业工业文化遗产。与新华社联合举办第六届金砖国家媒体高端论坛，发布南非项目案例报告，推动《国家能源集团报》创刊和《国家能源》杂志创新改版。扎实开展“一杯两赛”，首次争取到 8 项国家级竞赛项目承办资格，73 个集体和 133 名个人在国家和行业竞赛中获奖、创历史新高。深入实施“健康国能”工程，18 家单位入选全国百个健康企业示范案例、位居央企第一。全面推进乡村振兴、累计投入资金 3.05 亿元，连续六年在中央单位定点帮扶成效考核中取得“好”的最高评价。

存在的问题挑战。安全生产基础还需进一步夯实；价值创造能力还需进一步提升；科技创新还需进一步发力；新能源规模化发展还需进一步加快；改革深化还需进一步攻坚；国际化业务还需进一步拓展。

（二）2024 年工作安排

1. 突出安全环保，着力增强能源保障效能

2. 突出经营管理，着力增强价值创造效能

3. 科技创新，着力增强创新创造效能

4. 突出清洁低碳，着力增强可持续发展效能

5. 突出改革提升，着力增强一流企业建设效能

6. 突出党的建设，着力增强党建引领保障效能

【中国长江三峡集团公司 2024 年工作报告（摘要）】

（一）概述

2023 年，中国三峡集团以习近平新时代中国特色社会主义思想为指导，深入学习贯彻党的二十大精神和习近平总书记对集团公司重要讲话指示批示精神，认真落实党中央、国务院决策部署，统筹推进主题教育、巡视配合和整改、改革发展、党的建设各项工作，积极应对长江来水偏枯、市场竞争激烈、国际形势复杂严峻等挑战，生产经营形势保持总体稳定，主要效益和效率指标继续位居央企前列。全年新增并网装机超 1800 万 kW，完成发电量 4136 亿 kWh，实现营业收入 1522.9 亿元、利润总额 570 亿元、净利润 438.5 亿元。截至 2023 年底，中国三峡集团可控装机达 1.46 亿 kW，资产总额达到 1.39 万亿元，资产负债率 56%，继续保持国家主权级信用评级。

（二）服务安澜长江建设

中国三峡集团在长江干流建设运行的以三峡工程为核心的六座梯级水库群总库容超过 900 亿 m^3，其中总防洪库容近 380 亿 m^3，约占长江上游重要水库总防洪库容的 75%，是长江防洪体系的骨干工程和我国重要战略水资源库，在防御长江重大水旱灾害中发挥着关键性的、不可替代的作用。围绕抗旱补水，全年累计为下游补水 242.9 亿 m^3。围绕航运安全，三峡枢纽年通过货运量超 1.72 亿 t，同比增长 7.95%，其中三峡船闸全年过闸货运量超 16865 万 t，同比增长 8.02%。

（三）能源安全可靠供应

圆满完成迎峰度夏、杭州亚运会、成都大运会、迎峰度冬等重要时段保供任务，获得国家发展改革委、国务院国资委表扬。三峡水库汛前消落水位首次提高至 150m，提升顶峰调节能力 150 万 kW。长江干流梯级电站机组启停调峰超 2 万次、日调峰量最高达 3379 万 kW，连续 53 天单日发电量超 10 亿 kWh，刷新历史纪录。江陵二期、鄂州四期火电项目开工建设。宜城火电两台百万千瓦机组一次性通过 168h 试运行，实现年内“双投”。鄂州电厂全年电煤长协覆盖率大幅提升至 89%，兑现率提升至 93%，创投产以来最高值。

（四）水电抽水蓄能业务扎实推进

白鹤滩水电站通过国家质量监督检查，获评菲迪克卓越工程项目奖、2023 全球十大工程成就。乌东德水电站运行水位重大变动环评获批，首次蓄至 975m。向家坝、溪洛渡机组容量调整获得川滇两省支持。向家坝扩机工程取得国家发展改革委、国家能源局支持意见。金下四座电站移民投资收口进入最后阶段。全面落实“预投建运”抽水蓄能项目管理机制，陕西山阳等 5 个项目完成核准备案，重庆菜籽坝等 6 个项目开工建设，湖北平坦原、安徽石台、浙江松阳、甘肃张掖等 4 个项目主厂房开工，浙江天台项目实现厂房开挖向混凝土浇筑转序。推进三峡水运新通道取得重要进展。

（五）生态环保业务稳健发展

全年完成投资 213 亿元、累计达 1141 亿元，新增污水处理规模 28 万 t/日，累计达 442 万 t/日，新增管网长度 2289km，累计达 2.1 万 km。宜昌污水处理价格机制改革获得国家发展改革委认可，首个管网攻坚战项目开工建设。“城市智慧水管家”模式在苏州吴江等 9 个城市逐步推广。在湖北襄阳签订首个“两翼融合”项目协议。率先完成中华鲟全基因组破解，中华鲟、长江鲟苗种繁育量均超 100 万尾。长江珍稀植物研究所入选国家生态环境科普基地。

（六）新能源业务取得重大突破

全年新增资源储备超 6000 万 kW，并网装机历史性突破 1800 万 kW，累计装机规模达 5206 万 kW。第一批大基地按期完成建设任务。库布其“沙戈荒”基地完成核准备案，先导工程全容量并网。我国单体规模最大漂浮式光伏电站全容量并网。全国规模最大风光储一体化示范项目——乌兰察布二、三期全容量并网。云南弥勒西、福建平潭外海、山东牟平等项目全容量并网。福建漳浦二期首批机组投运。获批国家第三批大基地 4 个项目共 520 万 kW。

（七）国际业务逆势增长

国际业务利润总额逆势增长，境外装机容量达 1178 万 kW。巴基斯坦卡洛特水电站完成竣工验收。秘鲁圣加旺Ⅲ水电站引水隧洞全线贯通。巴西帕尔梅拉风电和阿里努斯光伏项目开工建设。埃及约旦凯特斯光伏项目、IFC 股权回购完成交割，澳门电力项目签订收购协议。三峡国际实现首次分红。秘鲁路德斯公司利润创新高。

（八）资本金融支撑有力

积极推进参股股权轮动，有力支撑业绩增长。圆满完成金沙江重大资产重组，实现长江干流梯级水电资产整体上市。发行长江保护主题 ETF 联接基金，募集资金超 30 亿元。

（九）改革效能持续释放

改革三年行动重点任务考核再获 A 级，4 家“科改示范企业”“双百企业”全部获评“标杆”“优秀”，并扩围至 7 家。落实央企新一轮专业化整合工作部署，中水电公司整体划转至中交集团。三项制度改革连续

两年被国资委评为一级。聚焦功能性和体制机制改革任务，改革深化提升行动开局良好。世界一流企业建设纵深推进，价值创造、示范创建、管理提升、品牌引领等专项行动深入实施。长江电力和三峡能源入选创建世界一流专业领军示范企业。完成“十四五”规划中期评估和修编。三峡国际通过 ISO 合规管理体系和反贿赂管理体系认证。

（十）提质增效成果显著

持续加强境内外重点领域、高风险业务和内部控制关键环节审计监督，推动各项监督检查向基层、重点项目和境外延伸，并穿透至三级及以下子企业。全年压减法人 71 户，境内法人层级控制在 5 级及以内，境外法人层级连压 3 级。制定出口管制、经济制裁、境外反商业贿赂等重点领域合规制度和指引。建立覆盖全集团的首席合规官与合规专员机制。深入推进案件“压存控增”专项工作，连续四年实现案件数量、金额双下降。

（十一）科技创新再创佳绩

与怀柔国家实验室共建三峡可再生能源研究院，获批并启动水风光多能互补等 4 个重大专项研究。海岸和近海工程国家重点实验室签订重组共建协议。深远海海上风能开发利用工程技术研发中心、钙钛矿光伏技术重点实验室入选国家能源局“十四五”首批“赛马争先”创新平台。成立集团科学技术协会和上海科创中心。全球首台 16MW 超大容量海上风机实现 24h 满功率运行。我国首艘 500kW 级氢燃料电池动力船“三峡氢舟 1 号”完成首航。三峡乌兰察布氢电耦合示范工程获批国家发展改革委氢能创新示范工程。2 个“揭榜挂帅”项目和 1 个“关键基础设施”项目通过国家发展改革委年度检查。6 项成果入选国家第三批能源领域首台（套）重大技术装备，位居能源央企首位。新一轮国资委专利质量评价上升 28 位，成功实现提档进位，2 家企业获评国家知识产权优势企业。

（十二）安全发展基础更加坚实

扎实开展安全管理强化年行动，建立安全事故“说清楚”和安全生产“联系点”工作机制。深入开展重大事故隐患专项排查整治，全面推进双重预防机制建设，制定重点管控安全风险措施标准、重大事故隐患及典型隐患判定标准，提高风险识别率。加强新业务新业态安全监管，制定抽水蓄能、电化学储能、制氢加氢站等安全管理指导文件。统筹抓好防汛防台风工作，精心开展 22 个年度重点应急演练。建立覆盖水、火、风、光全电源品种的可靠性指标管理体系。深入开展大坝安全提升专项行动，对境内外大坝开展安全专项督查。建立大坝安全监控自动预警系统，40 座大坝实现在线监控和自动预警。三峡大坝顺利通过首次定检，乌东德大坝高分通过甲级注册。

（十三）党建引领保障作用充分发挥

扎实开展学习贯彻习近平新时代中国特色社会主义思想主题教育，在“4·24”“4·26”“6·28”等重要节点举办学习宣讲活动。通过主题教育推动解决制约集团改革发展的重大问题，得到中央第 46 指导组充分肯定，与中央第 21 指导组同题共答长江大保护高质量发展。印发高质量党建引领保障高质量发展的指导意见，深入开展“强基行动”“提质行动”，实施“七抓”工程，不断夯实基层党建基础。深化三峡青年精神素养提升工程，精心创建一批“号手岗队”先进集体。

（十四）企业形象持续提升

持续抓好定点帮扶、对口支援、援疆援藏援青和库区移民帮扶工作，定点帮扶工作得到中央农村工作领导小组充分肯定，连续 5 年在中央单位定点帮扶考核中获得最高等次“好”的评价，连续两年位列央企第一。先后荣获第十二届“中华慈善奖”捐赠企业奖和慈善项目奖、第十八届人民企业社会责任奖“年度企业奖”、2023 年责任犇牛奖“责任企业奖”等奖项，连续两年入选国资委“央企责任管理·先锋 30”指数。

（孟友瑞）

【中国电力建设集团有限公司 2024 年工作报告（摘要）】

（一）企业发展保持平稳

一是经济运行平稳有序。全年完成新签合同 12688 亿元、营业收入 6835 亿元，同比分别增长 12.63%、2.61%；实现利润总额 186 亿元；净资产收益率 4.38%，营业现金比率 3.02%，全员劳动生产率 53.86 万元/人，研发投入强度 3.67%，资产负债率 76.62%，公司“一利五率”指标总体保持稳定。二是订单质量稳步提升。出台获取高质量订单、战略性订单指导意见，推行“拉通算账”商业模式，全年新签高质量订单 5183 亿元，占比 40.85%。三是海外经营恢复明显。“三个优先”逐步落地、“六个转变”持续深化，全年完成海外新签合同 2378 亿元、营业收入 966 亿元，同比分别增长 8.88%、5.22%，基本恢复至疫前水平。四是项目履约成果丰硕。扎实推动国内外项目高质量履约，全年荣获“国家优质工程金奖”9 项、“国家优质工程奖”22 项、“鲁班奖”4 项。在国内，成都院、水电九局承建的国家重大水利工程——西藏湘河水利枢纽工程 4 台机组全部投产发电；西北院、水电三局、水电十五局联合 EPC 总承包的新疆阜康抽水蓄能电站首台机组投产发电，新能源公司新疆阜康 60 万 kW 光伏+60 万 kWh 储能项目全容量并网发电；福建院设计的张北柔性直流电网试验示范工程荣获第七届中国工业大奖。在海外，国际公司参与投资，铁路公司、水电八局、水电七局、市政公司等参与承建的雅万高铁顺利建成运营，核电公司、河南工程公司等承建的津巴布韦旺吉项目7、8号机组顺利移交商业运行；华东院承建的世界在建最深漂浮光伏项目——印尼奇拉塔145MW光伏项目全容量并网；水电五局承建的被誉为中塞合作典范的贝尔格莱德绕城公路奥布项目顺利建成通车。

（二）战略引领成效显著

一是践行战略坚决有力。铸造“国之重器”，规划总院、成都院自20世纪80年代起开展YX水电前期工作，历经40余年，累计投入数十亿资金建站布网、地调勘探；协同多家子企业组织开展百余项重大关键技术问题研究，形成阶段性科研成果、专项研究和预可研、可研报告220余项，有力支撑YX规划报告出炉报审，创造了半年内重大河流规划获批的“新时代速度”，为项目核准与建设奠定坚实基础。CZ铁路指挥部统筹协调，水电七局、水电十四局等子企业参建的尼洋河特大桥跨高速公路连续梁顺利完成转体，不良地质小断面快速施工技术、软岩大变形控制技术等创新研发成果在项目现场全面推广应用。助力“双碳”目标落地，成功签署藏东南水风光一体化示范基地三方协议，获得项目开发主导权；张掖市可再生能源一体化基地纳规工作稳步推进；参与建设的雅砻江流域水风光一体化基地重要组成部分孟底沟水电站、道孚抽水蓄能电站正式开工。规划总院积极参与国家绿证政策制定，开发建设绿证核发系统及交易平台，有力支撑国家可再生能源绿证核发、交易。稳步推进碳资产管理研究、碳资产交易，海投公司、新能源公司等子企业合计获得收益近1.7亿元。服务国家应急管理建设，规划总院国家防汛抗旱技术研究中心获批成立，编制的《“十四五”国家综合防灾减灾规划》等战略规划成为指导新时代国家防灾减灾救灾和应急事业发展的纲领性文件；成都院组建的西南地区首支地震及地质灾害救援专家型应急救援队伍，年内获批应急管理部工程应急勘测队；设立的流域安全与应急技术服务平台，为灾情预判、灾害处置、快速制定抢险救援方案提供有力技术保障。助力雄安新区建设发展，地产公司推动温德姆酒店正式开业运营，“雄安·电建智汇城”引入奥特莱斯成功打造商业标杆，为“千年大计”增光添彩。二是产业结构调整加速。全年“水”业务新签合同1634亿元，占比12.88%；“能”业务新签合同6893亿元，同比增长31.14%，占比54.33%；“城”业务新签合同3601亿元，同比减少2.23%，占比28.38%；“数”业务新签合同101亿元。总的来看，公司“水”业务保持平稳，“能”业务快速发展、贡献率超过50%，“城”业务占比稳步下降，纯“数”业务发展迅速、新签合同首次超过百亿。三是商业模式创新成效突出。全年以“新商业模式”推动“投资+总承包”项目46个，出资147.5亿元，共计拉动总承包1031.45亿元。四是发展方式转型效果凸显。坚持“有进、有退、有优化”，近三年公司持续加大国内“水、能、砂”业务投资力度，批复投资占比由2021年的14.11%增至2023年的70.88%。五是海外业务结构持续调整。海外“水、能、城、矿”协调发展，海外投资稳慎推进。

（三）管理提升有力有效

一是项目管理不断加强。召开项目管理年会以及砂石矿山、抽水蓄能、新能源等项目管理专题会，扎实推进高质量履约。发布工程项目高质量履约指导意见、工程总承包业务指导意见，强化全过程全要素管理，全力提升项目创效能力。印发区域总部重大重点项目监管实施细则，建立重大项目履约管控机制，50余个项目纳入公司重大项目监管清单。发布工程承包、工程分包计量结算支付工作标准，推动项目商务管理标准化。二是分包管理规范有序。持续健全分包管理制度体系，发布新版《投资与建设项目招标管理办法》《分包管理办法》等，进一步明确分包责任，细化标准要求，全面防范转包、违法分包。严格承（分）包商准入，建立考核评级与共享机制，8.7万家合格资源实现集团内部共享。推进失信承（分）包商全集团禁入，年内发布2批43家失信禁入名单，以刚性管理促进资源优化、履约提升。三是海外管控不断优化。坚持“少交的学费都是利润”，完成23个典型项目复盘总结，避免重蹈覆辙。初步建立海外索赔支持体系，加速海外索赔支持中心落地，推动重大项目索赔取得成效。围绕“扶强扶优”，差异化设置子企业国际经营指标权重。发布国际业务投议标评审实施细则，切实加强源头管控。近两年新开工项目增量风险得到有效遏制，部分存量风险得以缓解。四是定额标准加速完善。发布水电工期定额、风电和光伏定额、价格调差规范等9部企业定额标准。水电工程设计概算编规、费用构成及概（估）算费用标准由国家能源局批准发布，正式升级为行业定额。首次制定抽水蓄能EPC工期定额，首次建立基价标准的新能源定额，编制业内首部绿色砂石工程定额，引导行业公平定价、健康发展。

（四）深化改革全面推进

一是改革深化提升行动稳步开展。在深入总结改革三年行动成效经验的基础上，制定发布公司改革深化提升行动实施方案及工作台账，推动全面落地，严格闭环管理。对二级子企业行动方案开展交叉互审、现场审核，确保改革穿透基层、做深做实。二是世界一流企业建设步伐加大。统筹开展世界一流企业创建示范行动，华东院、水电基础局成功入选“世界一流专业领军示范企业”。巩固深化对标世界一流管理提升行动，“三个一批”子企业实施方案加快形成。全面开展对标世界一流企业价值创造行动，发布行动实施方案。扎实开展世界一流企业品牌提升行动，成功举办风电塔筒和光伏支架两项产品品牌标识发布会并发布相关企业标准，有序推进绿色砂石骨料品牌创建。财务公司积极推进普惠金融服务，公司金融企业在中国金融品牌案例大赛中首次斩获“普惠金融年度案例奖”。三是中长期激励成效明显。综合运用改革“政策包”，推动全面改革、重点突破。昆明院所属市政院在引入“高协同性、高匹配度、高认同感”战略投资者的同时，同步实施科技型企业股权激励，成为集团内首家成功实施“混改+股权激励”的企业。水电六局顺利实现“二次增资”，同步开展科技型企业股权激励，是集团内首家实施股权激励的工程企业。北京院等10家子企业为集团多创造净利润9.17亿元，兑现科技型企业岗位分红1亿余元；河北院等3家子企业完成超额净利润2.69亿元，兑现超额利润分享近3000万元。四是改革专项工程有效实施。着力打造改革样板和尖兵，推动更多企业纳入改革专项工程。水电六局、江西院成功入选新一批“双百企业”，中南院由“双百企业”转为“科改企业”，以改革优机制、激活力、促发展的氛围更加浓厚。五是子企业董事会建设不断完善。充实子企业外部董事人才库，入库外部董事达189名；对50家子企业董事会、108名外部董事全面开展考核评价，8家企业董事会、10名外部董事考核获评优秀，对考评等级一般的5家企业董事会提出整改要求、对考核排名靠后的7名外部董事予以调整退出，考评激励导向充分显现，子企业董事会配齐建强成果作为典型经验被国资委改革办刊发推广。六是“三项制度”改革持续深化。扩大任期制和契约化管理实施范围，公司全级次管理人员实施覆盖率超过40%、人数超过5000人。强化精准考核，坚持奖优罚劣导向，同一企业领导班子成员之间最大倍数达1.69倍，有效破除“高水平大锅饭”。全面推动“三能”机制常态化长效化，管理人员末等调整和不胜任退出率达6.76%，管理人员竞聘上岗率达52.41%，职工市场化退出率达2.68%。水电开发公司实行“逢提必竞”选拔方式，公开竞聘选拔中层干部12人，占年度选任干部比例的92%，并涌现出一批90后优秀年轻干部。

（五）科技创新持续发力

一是产业创新布局迈出新步伐。发布公司未来产业实施方案（含内外部）、智慧矿山技术体系建设方案，编制完成“4+2”策源地实施方案（流域梯级清洁能源开发、新能源开发利用、超深基础与深地空间、水资源与环境等4大主业领域；深远海风电、太阳能2大细分领域）、土壤修复技术体系建设方案，近期将予印发。规划总院、华东院、西北院、中南院、新能源公司、生态公司等子企业牵头公司策源地建设和启航计划任务，积极推动公司战略性新兴产业核心竞争力快速提升。二是重大核心技术攻关取得新突破。获批主持水环境、海上风电、新型储能等领域国家重点研发计划2项、国家自然基金项目5项，牵头第二批5项“1025专项”攻关实现重大突破。华东院自主研制的国内规模最大、技术指标最先进的深海勘探装备平台交付使用；西北院自主投资、研发、建造的全国首台套海上光伏智能打桩装备正式入列；山东电建一公司牵头研制的MG200门式起重机、新能源公司联合研制的铁基液流储能系统，分别入选山东省首台套、国家能源领域首台套目录；华东院、水电五局参与设计施工的世界最深、最大的极深地下实验室——锦屏深地实验室顺利投用；装备公司三个“1号”系列产品研发、投用，产业集群效应初步显现。年内新获中国专利奖5项、省部级科技奖400余项，其中双护盾TBM隧道建造技术等优秀成果获行业最高奖。三是高水平协同新产业平台建设取得新进展。中南院获得国家企业技术中心认定，公司国家企业技术中心达6家。江西电建公司、成都院分别获批江西省源网荷储一体化工程研究中心、四川省水风光储清洁能源开发工程技术研究中心。参与新型储能、深地领域等新一批央企创新联合体和第二批国家储能产教融合创新平台建设，共同打造央企协同、校企协同战略性新兴产业生态圈。四是数字化转型进入新阶段。发布《中国电建大数据体系实施方案》，加快提升全集团数据利用能力。公司全面数字化转型案例入选国资委首期《科创动态 国企数字化转型专刊》，并作为央企代表在会上作经验分享。公司“BIM仿真系统”入选国资委2023年国有企业10大数字技术成果，“水环境风险智能防控平台”获得世界人工智能大会最高奖项，“基于云边协同的智能建造平台”入选工业和信息化部典型案例。五是科技人才队伍建设取得新成效。年内入选国家卓越工程团队1个、国家级科技人才8人、中央企业优秀青年科技人才1人，获评“大国工匠”1人、“全国技术能手”5人。大力实施公司“百千万”科技人才培养工程，评选首批百人战略科技人才26人、千人领军人才289人、万人青年科技人才2552人。引进海外高层次人才4名。

（六）“三资”管理稳步提升

一是资金管理持续加强。推进本外币资金一体化司库管理体系建设，对全级次银行账户进行统一管控，全年资金集中度保持在80%以上。持续压降融资性担保规模，余额占净资产比重压降至37.72%，首次完成国资委确定的压降至40%以内的目标。加大高成本融资置换力度，公司综合融资成本率三年净压降0.8个百分点。二是资产经营稳步推进。大力盘活存量资产，全年完成资产经营685亿元。投资资产经营取得突破，国内水电行业首单公募REITs项目——中国电建清洁能源基础设施公募REITs获批，打通公司投资资产盘活通道，构建起“投资建设－运营－有效盘活”的投融资高效循环体系。三是资本运作有力有效。股份公司连续第10年获评上海证券交易所信息披露评价最高评级A级，入选中国上市公司协会“2023年公司治理最佳实践案例”，控股上市公司治理机制更加完善，规范化运作水平显著提升。“聚能”项目成功引战，募集资金76.25亿元，公司资本结构进一步优化，治理效能得到提升，资源获取能力不断增强。新能源公司正式启动独立上市IPO流程，上市辅导有序进行。

（七）提质增效扎实开展

一是欠款回收有力推进。出台公司《2023年各类欠款催收行动方案》《清理拖欠企业账款专项行动实施方案》，统筹推进内外应收应付、拖欠清理。全年回收以工程款为主的各类逾期应收账款148.2亿元、境外能源电力项目电费68.94亿元、新能源财政补贴21.03亿元，基础设施投资回款158亿元，完成保函替代保证金回款50.47亿元。二是“两金”压降深入推进。完善“两金”压降考核机制，出台公司《“两金”压降专项考核办法（2023版）》，考核范围涵盖各类集团外应收款项，设置差异化的考核权重组合、奖罚标准（最高奖罚0.75倍基薪）和难度系数（范围0.455～1.000），考核指向更加精准。构建子企业“两金”专项业务管理模块，动态监测“两金”波动。三是投资过程管控取得实效。全面强化投资控制，持续推进降本增效。路桥公司、南方投资公司等子企业积极把握相关政策调整、贷款利率下降等契机，通过优化投资方案、调整投资策略、降低融资成本等多种方式，不同程度压降投资概算、控制建设成本、提升投资收益。四是集中采购降本节支成效明显。供应链集采价值创造效应突出，全年完成设备物资集采2928.69亿元，集采率达98.2%，较预算成本下降11.71%，其中6批次11.46GW光伏组件打包集采较预算节资超过20%。

（八）风险防控不断强化

一是持续深化依法合规经营。全面落实国资委深化法治央企建设和强化合规管理要求，制定发布合规管理风险识别、岗位职责和流程管控“三张清单”，建立全岗位、全流程合规管理机制，推动合规管理与经营管理有机融合。稳妥管控处置海外合规事件，有效避免事态进一步恶化。二是不断强化亏损治理。扎实开展亏损治理专项行动，19家二级子企业所属亏损企业亏损额同比减少超过10%。三是有效化解重大风险。公司通过法律等手段维权，避免或挽回经济损失逾30亿元。四是全力筑牢安全生产防线。以“安全管理强化年行动”“重大事故隐患排查整治行动”为抓手，积极防范化解安全环保风险隐患，全年未发生重大及以上事故灾害，未发生突发环境事件以及重大不良影响安全环保事件，减污降碳指标全面完成。

【中国能源建设集团有限公司2024年工作报告（摘要）】

2023年，中国能建上下深入学习贯彻以习近平新时代中国特色社会主义思想，坚决落实国务院国资委部署要求，大力践行《若干意见》、“1466”和“三新”能建战略，准确把握大局大势，有效驾驭复杂变势，全面发挥独特优势，交出了一份精彩答卷。

（一）突出战略导向，顶层牵引力显著提升。践行国家战略坚决有力，主编发布《新型电力系统发展蓝皮书》，承建的白鹤滩水电站入选“全球十大工程成就”，设计建设的全球首个百万千瓦级水光互补项目雅砻江光伏电站、国内装机规模最大的百万机组甘肃常乐电厂投产投运，全国规模最大的风光储一体化示范项目乌兰察布绿色电站成功并网，能源保供主力军作用全面彰显。共建“一带一路”扎实有效，高效开展“能建中亚—中东行”，签约乌兹别克斯坦储能等一批重大项目，承建的全球最大单体光伏电站阿联酋阿布扎比项目等成功投产。科学构建“十八八”战略体系，系统绘制以具有能建特色的战新产业和未来产业为核心重点、以打造“三新”能建为核心支点、以推进“一创三转”为核心路径的清晰“战略地图”，企业战略全面升级升维。

（二）突出高目标导向，综合实力显著提升。全年新签合同额、营业收入、利润总额、净利润同比分别增长22.4%、11.9%、6.6%、9.1%，尤其是新签合同额连续三年实现高速增长。运营质效持续提升，“两金”增幅低于营业收入增幅1.12个百分点，营业现金比率、经营活动产生的现金流量有效改善。资源整合能力与品牌效应持续扩大，全年开展高端对接策划100余场，签订战略协议33份，参与博鳌论坛、进博会、链博会等系列高端论坛活动37场，荣获国家优质工程奖26项、省部级质量奖1209项，世界500强排名跃升至256位，全球品牌价值500强排名跃升至224位，综合实力和品牌美誉度、影响力大幅提升。

（三）突出市场导向，转型升级动能显著提升。绿色发展再上大台阶，新能源签约同比增长14.5%，占比超过30%，获新开发指标超过1800万kW，广西崇左等一批大基地项目并网发电，湖北应城压缩空气储能工程建设实现里程碑式突破，吉林松原、甘肃兰州氢能产业园项目正式开工建设。数智发展实现新突破，业财一体化财赋平台实现全业务覆盖、全层级穿透，新上线18个专业管理系统，自主研发一批数字电厂、智慧工地、智慧能源等数智新产品，“东数西算”项目签约大幅增长。融合发展取得新成效，全面打造具有能建特色的城市“七网融合”、产业“四大融合”产品与模式，山东枣菏高速交能融合示范项目率先投运，甘肃庆阳“东数西算”项目成功打通算力网与电力网创造了新模式，成功获得无锡洗砚湖等一批百亿级融合示范项目，持续打造行业融合发展新标杆。

（四）突出价值导向，改革创新活力显著提升。科学编制改革深化提升行动、建设世界一流企业、对标价值创造行动“三大实施方案”，公司改革三年行动、三项制度改革均获国务院国资委考核评价最高等级，成功将易普力公司打造成为中国民爆综合实力领先的专业化上市公司，纵深推进“3+2”中长期激励机制，任期制和契约化考核覆盖面达100%，企业改革活力显著提升。“新型高空风力发电关键技术及装备”成功获批国家重点研发计划并实现重大原创性技术突破，新型电力系统规划设计技术研发中心入选国家能源局首批创新平台，300MW级压缩空气储能系统等关键核心技术装备上榜国家首台（套）名录，新型储能原创技术策源地打造取得重大进展，创新成果同比增长近3倍，新质生产力培育跑出加速度。

（五）突出问题导向，科学管理效力显著提升。协同推进财务、投资、生产、安全等各领域管理标准化、体系化，形成了一批科学管理新标杆新典范。一年来，穿透全层级全业态的全面预算管理体系和水平不断提升，高效推进198家子企业董事会应建尽建评估与清理，信息披露工作再获上交所A级评价；积极抢抓政策窗口，发行绿色创新金融产品102.45亿元；聚焦“四大投资”理念，完成19家所属企业差异化动态授权，投资总额同比增长121%，项目管理手册、内部成本定额应用率高达90%以上；新开工项目实现经营性零亏损，未发生较大及以上生产安全事故，科学管理效力显著提升。

（六）突出政治导向，高质量党建水平显著提升。坚定不移加强党的全面领导与建设，党建、纪委、巡视巡察工作再次荣获国务院国资委考核A级评价，乡村振兴定点帮扶工作连续获得中央农村工作领导小组最高等次评价。深入落实“第一议题”制度，公司党委集中学习“第一议题”15次103项，高质量开展主题教育，有力站稳践行“两个维护”第一方阵。系统开展领导班子“三力”建设，深入实施“人才能建”工程，大力培育企业家创新家“两家”队伍，全年引进海外高层次人才16人次，调整党委管理干部245人次，开展各类业务培训2.6万余次。纵深推进“六个一”主题行动，抓实抓细“四大特色领域党建”，项目党建案例获评“国企党建品牌建设优秀案例”。深入推进卓越文化体系建设，“健康能建”、职工关爱、人文关怀行动，以及劳模工程、青马工程、青年精神素养提升工程“三大工程”，企业凝聚力、合力不断提升。高效推进巡视反馈问题整改，系统开展违反中央八项规定精神问题专项治理，不断健全“大监督”体系，严肃监督执纪问责，风清气正的政治生态持续巩固。

深刻把握新形势、新任务、新特征、新价值、新担当、新启示，2024年工作总的思路是：以习近平新时代中国特色社会主义思想为指导，深化落实习近平总书记重要指示批示精神，全面贯彻党的二十大和中央经济工作会议精神，认真落实中央企业负责人会议要求，坚持和加强党的全面领导，大力践行《若干意见》、“1466”和“三新”能建战略，紧紧围绕增强核心功能、提高核心竞争力，将创新、绿色、数智、融合核心发展理念贯穿始终，突出价值创造，强化“三力”担当，加快“四大转型”，全面提升“五大价值”，系统破解“五性问题”，更好发挥科技创新、产业控制、安全支撑作用，奋力开创高质量发展“三新”能建崭新局面。

（一）聚焦战略性问题，全面深化系统改革。深入推进改革深化提升行动，研究组建高端化、专业化、集约化战略研究平台和“三新”业务支撑服务平台，加快组建并发挥好数字化、氢能、海洋能源、新型电力装备、核电建造、“七网”融合、水环境治理等专业化研究院作用，聚焦战新产业与未来产业强化专业化整合，试点推进经理层由任期制和契约化管理向职业经理人管理转型，完善超额利润分享机制，推动项目分红和股权激励“破冰”，不断释放更大改革红利。

（二）聚焦引领性问题，全面厚植发展动能。深入实施打造原创技术策源地、关键核心技术攻关、产学研用深度融合“三大专项行动”，系统构筑创新高地。加快推进绿色低碳转型，做强做大新能源、综合储能、一体化氢能、绿色新材料和生态环保产业，全力擦亮绿色底色。加快推进数字智慧转型，全面打造总部“数智大脑”，开发系列数字孪生产品，新建若干大数据平台，推动“东数西算”标志性项目再获突破，不断夯实数智基座。加快推进共享融合转型，策划推动若干个集成效应强、引领示范意义大的“能源+”融合标志性项目，全面打响“大融合”业务品牌。

（三）聚焦重点性问题，全力提升经营质效。多措并举、系统推进增现金、降成本、压“两金”、控负债，推动增利创效再上新台阶。坚持综合施策、源头把关，深入推进降本增效、提升营收实现更大突破。全面强化资源配置与整体协同，坚持细化资源配置标准、强化资源集中统筹、优化物资集中采购，不断提升资源配置效率，并以更加科学成熟的制度机制强化集团总部和重点子企业高效联动，不断创造更大协同价值。

（四）聚焦基础性问题，系统筑牢发展底座。有效夯实市场经营底座，坚持国内国际同向一体发力，持续增强分析研判能力、市场开拓能力、一体化策划能力、二次经营能力、编标投标能力，不断强市场狼性、粘性、韧性，打造关键核心市场，推动重大工程落地。有效夯实项目管理底座，突出抓好体系落地“强效能”、重点项目“强履约”、关键举措“强支撑”、项目监管“强合力”，不断提升价值创造水平。有效夯实风险防控底座，坚决有力构筑安全生产防线、防控重点领域风险、健全合规管理长效机制，确保各类风险可控、在控、能控。

（五）聚焦根本性问题，全面加强党的领导与建设。不断提高政治判断力、政治领悟力、政治执行力，强化班子执行力、合力、战斗力“三力”建设，纵深推进强根固魂和凝心聚力“两大建设”，大力实施基层党建“七抓”工程、基层党建提质增效专项行动、“四大特色领域党建”重点事项指引，持续深化党建带团建，突出打造卓越文化新体系，深入实施品牌引领行动。狠抓正风肃纪反腐，从严从实开展巡视整改，重拳纠治“四风”顽疾，高压震慑推进反腐败斗争，持续营造风清气正良好生态。

学术团体与行业学协会

【中国电机工程学会】

单位概况 中国电机工程学会（简称电机学会）是由从事电机工程相关领域的科技工作者及有关单位自愿组成并依法登记成立的全国性、学术性、非营利性社会组织，成立于1934年，办事机构设在北京，挂靠国家电网有限公司，接受社团登记管理机关中华人民共和国民政部和业务主管单位中国科学技术协会的监督管理和业务指导。电机学会的最高权力机构是会员代表大会，日常领导机构是理事会和常务理事会，监督机构是监事会。电机学会设有组织、学术、科普、国际合作、编辑、咨询、青年和教育、名词术语、标准、女科技工作者、国际标准化促进、合格评定12个工作委员会，以及覆盖电机工程各个专业领域的57个专业委员会。学会拥有个人会员15万余人，单位会员400余家，33个省（自治区、直辖市）电机（电力）学会是电机学会的单位会员，在国内成立会员中心14个，在海外成立北美会员中心、欧洲会员中心和英国分会。中国电力科学技术奖励工作办公室、国际大电网委员会（CIGRE）中国国家委员会秘书处、国际供电会议组织（CIRED）中国国家委员会秘书处、全国电力安全专家委员会秘书处、中国科协清洁能源学会联合体秘书处、中国工程教育专业认证协会能源动力类专业认证委员会秘书处也设在电机学会。

领导班子

理事长：舒印彪

名誉理事长：郑宝森

副理事长：陈国平、贺锡强、李向良、金耀华、王绪祥、卢洪早、王良友、冯树臣、姚强、吴云、高立刚、刘吉臻、郭剑波

秘书长：史连军

监事长：欧阳昌裕

服务创新型国家和社会建设 科技奖励方面，组织2023年度电力科学技术奖推荐与评审工作，评选出授奖项目124项，其中一等奖17项，二等奖36项，三等奖71项。完成2023年度国家科学技术奖提名工作，共提名项目8项。

决策咨询方面，承担中国科协、国家能源局等委托的重大咨询项目16项。完成国家能源局《防止电力生产事故的二十五项重点要求（2023年版）》修订，组织编制《防止电力生产事故的二十五项重点要求辅导教材》，开展“电力行业安全生产双重预防机制（生产部分）”课题研究；完成中国科协委托的《再电气化导论》图书编写工作；承担完成中国科协决策咨询专家团队试点项目，提交2份科技工作者建议。

团体标准方面，全年发布学会标准75项，立项106项，组织开展标准培训、标准宣贯和标准工作交流会，继续推进统一潮流控制器成套标准与柔性直流电网成套标准编制与发布工作，推进海上风电直流送出成套标准的编制。组织开展工信部百项应用示范团体标准项目的申报工作，学会两项标准入选。

国际标准方面，学会理事长舒印彪出席17次国内外标准化相关会议和活动，发起成立ISO机械储能新技术委员会，发布3本IEC新兴战略白皮书，直接推动3项IEC国际标准成功立项，组织召开2023国际标准化（麒麟）大会，开展8次国际标准化培训，培训人员3000余名。

科技服务方面，完成科技成果评价339项， 3068人次专家（其中院士232人次）参与评价活动；积极服务行业科技成果转化，组织召开科技评价工作研讨会，完成科技成果登记470项；组织召开2023年度电力科技查新工作研讨会，完成2023年度新受理信息机构电力科技查新资质申请的评审和确认，积极开展《电力科技查新技术规范》CSEE标准宣贯工作。

服务科技经济融合方面，在烟台组织召开“2023清洁能源发展会议”，发布《清洁能源领域重大科技创新进展报告（2023）》，与烟台市政府签署战略达成合作协议，共同开展科技成果引进与转化、人才培养与高端人才举荐等，积极提供智力支持和科技服务，助力烟台经济社会发展。

工程教育认证方面，承担能源动力类专业认证委员会（筹）秘书处工作，组织审核73个专业申请材料、33份专业自评报告，开展1个专业现场考查，14个专业持续改进情况报备，完成1个专业认证报告，提交能源动力类专业认证委员会转正申请。

组织建设 按期召开理事会、常务理事会、监事会、理事会党委会议等，审议和决策学会重大事项。完善工作委员会、专业委员会、省级学会管理体制和运行机制，根据能源电力发展需要对专委会布局进行调整，正式组建输变电材料、新型电力系统风险控制与安全评估、能源气象等3个专委会，完成11个专委会换届改选，完成14个专委会的委员调整工作。

加强办事机构员工队伍建设，优化人员结构，充实员工队伍，完善薪酬和绩效考核制度。加强资金运营管理，深化业财融合，提升服务水平。持续完善信息化平台建设，编制《中国电机工程学会2023年信息系统建设方案》，按照方案对学会信息系数据治理、移动应用建设（微信小程序）、消息中心建设和统一评审系统（征文评审、团体标准评审、优秀期刊论文评审、科普基地评审、科学传播专家评审.科普作品评审、电力成果登记、成果鉴定管理）进行建设和优化。编印《中国电机工程学会2023年年报》。

青年人才托举工程 通过中国科协项目资助、学会资金支持、依托单位配套支撑、导师培养指导相结合的方式，开展第九届“青年人才托举工程”项目，

共支持青年人才 28 人，其中中国科协资助 1 人、学会自筹资金资助 6 人、与依托单位联合培养资助 21 人。持续关注历届托举人科研进展，助力青年科技工作者成长成才。

主办期刊 电机学会及各专业委员会共主办 9 种学术期刊，3 种期刊入选中国科协卓越行动计划，2 种期刊荣获 2023 年“中国最具国际影响力学术期刊”，1 种期刊荣获 2023 年“中国国际影响力优秀学术期刊”。2023 年 6 月 30 日，《中国电机工程学报》《中国电机工程学会电力与能源系统学报（CSEE JPES）》在北京召开 2023 年编委会换届工作会议暨期刊工作研讨会，《中国电机工程学报》连续 21 年保持学科综合排名第一（源自《中国科技期刊引证报告》）并连续 21 年荣获“百种中国杰出学术期刊”称号，为电气工程学科唯一入选期刊，同时连续 20 年保持学科综合排名第一。《中国电机工程学会电力与能源系统学报（CSEE JPES）》的 SCI 影响因子 7.1，较 2022 年度增长 18%，继续保持 Q1 分区。两刊均入选能源电力领域和电气工程领域高质量科技期刊分级目录 T1 级。英文新刊 *Energy Internet* 成功入选 2023 年度中国科技期刊卓越行动计划高起点新刊项目。牵头组织 2023 年度中国科协优秀论文“能源、化工与环境学科集群”遴选工作，入选优秀论文 18 篇。在中国科协 2022 年度分领域发布期刊分级目录项目支持下，评定发布优化调整后的《能源电力领域高质量科技期刊分级目录》。召开能源电力期刊集群发展研讨会，建设上线能源电力期刊集群平台，吸收 32 种新刊加入集群。

学科发展工程 完善学术报告编撰体系和学术研究成果发布制度，编制完成《CSEE 专业发展报告（2022—2023）》和《CSEE 专题技术报告（2023）》，共 16 篇报告在 2023 年学术报告发布会上发布。开展“2023 年度电力领域重大科学问题、工程技术难题和产业技术问题”征集工作。向中国科协推荐 2 项重大科学问题、5 项工程技术难题和 5 项产业技术问题，其中工程技术难题“适用于新型电力系统的长周期储能方式是什么？”和产业技术问题“如何在沙漠戈壁荒漠地区构建千万千瓦级新能源基地并实现安全稳定送出？”双双入选中国科协 2023 年度问题难题名单，学会荣获中国科协“重大科技问题难题征集发布——2023 年度优秀推荐单位”。

国际学术会议 围绕碳达峰碳中和、构建新型电力系统等主题，在国内组织召开第十五届电力系统技术国际会议（PowerCon 2023）、第 5 届可持续电力与能源国际会议（iSPEC 2023）、第十五届中美绿色能源论坛、第七届能源互联网与能源系统集成国际会议（EI2）、CSEE－IET 技术研讨会，参与组织境外召开的第二十九届电机工程国际会议（ICEE 2023），为国内外电力科技工作者提供良好的交流和展示平台。

国内主要学术会议 举办以“安全 低碳 智能经济 优质 构建新型电力系统”为主题的 2023 年学术年会，同期举办学术建设成果及高质量论文发布、电力行业碳足迹数据平台启动仪式、院士专家论坛及圆桌对话、女工程师论坛等主题活动，院士、专家、科技工作者及高校师生等通过线上或线下方式参会。举办 2023 年电气工程学院院（校）长论坛、2023 年清洁高效发电技术协作网专题会议暨第三届超临界二氧化碳循环发电技术研讨会等专题学术交流活动。举办 5 期“CSEE 网络学术报告厅——能源创新青年论坛”和 2 期“青年创新论坛”。各专业委员会围绕行业热点难点技术问题组织“中国电机工程学会新型电力系统风险控制与安全评估专委会新型电力系统安全专题研讨会”“中国电机工程学会电力信息化专业委员会电力行业信息化年会”等学术交流活动 130 场，助力能源电力行业科技进步。

两岸交流 以“共建新型电力系统 服务能源低碳发展”为主题，与国网福建省电力有限公司、台湾电力发展协会、台湾科技产业协会、台湾智慧型电网产业协会福建省电机工程学会等在厦门联合主办 2023 年海峡两岸能源电力融合发展论坛。通过搭建海峡两岸能源领域民间技术交流的平台，促进两岸能源电力融合发展。

国际组织任职 电机学会副秘书长范建斌任国际大电网委员会（CIGRE）理事会成员和指导委员会委员、国际供电会议组织（CIRED）理事会成员。推荐 14 名专家担任 CIGRE 专业委员会委员及增选委员，推荐 45 名专家加入 CIGRE 工作组，推荐 2 名专家加入 CIRED 工作组。

国际交往 与国际电工委员会（IEC）、电气电子工程师学会电力与能源分会（IEEE PES）、国际大电网委员会（CIGRE）、国际供电会议组织（CIRED）、英国工程技术学会（IET）等国际组织加强交流合作，创新形式，服务科技外交大局。

组织国内专家和学者参加第 27 届国际供电会议（CIRED 2023）、第 29 届电机工程国际会议（ICEE 2023）、韩国电气学会 2023 年年会，支撑任职专家参加 CIGRE 指导委员会会议及理事会会议、CIRED 理事会会议，线上参与 IEEE PES 年会等。与 IET 开展国际注册工程师资质认证，2023 年组织 80 余人参加认证，完成认证培训和申请材料审核。继续推进与巴基斯坦、新加坡等国家的双边互认工作，9 位学会工程会员与新加坡工程师等效互认。

科普活动 电机学会获评中国科协“2023 年度全国学会科普工作优秀单位”和“2023 年全国科普日优秀组织单位”荣誉称号。

开展活动方面，联合 12 家理事长/副理事长单位共同开展 2023 年第六届“电力之光”中国电力科普日活动，打造“1+*N*+云”的全国联动电力科普盛事，被中国科协评为“2023 年全国科普日优秀活动”。以“党建引领+科普扶智+产业振兴”模式，在贵州省遵义市举办“电力之光”科普下乡暨乡村振兴活动。举办电力行业首届全国电力科普讲解大赛。组织开展“与院士面对面 共探电力奥秘”活动。组织开展“电力之光大讲堂”线上系列科普讲座 8 期。学会与中国科协科普部、北京广播电视台联合录制《科普中国 改变世界的 30 分钟——高原上的能源向日葵》专题节目，受众 87.2 万人次。

承接中国科协项目方面，完成“2022—2023 学年青少年科技竞赛优秀学生发展支撑行动组织实施服务保障项目”，按要求组织开展“电力之光”青少年绿色低碳研学营活动。

科普资源创作传播方面，电机学会编著的《储存风光 输送梦想》科普丛书获评 2023 年度电力科学技术奖三等奖。出版“电力之光”系列科普挂图，内容涵盖“抽水蓄能”“科学安全用电”“人造太阳”等。精心打造并发布“科学家精神”系列有声微信 10 期。联合英大传媒集团开展优秀科普作品征集推荐工作，共推选出科普作品 135 项，包括出版物 11 部，音视频 77 个，文章 44 篇，设计品 3 个。

科普基地建设方面，2023 年认定电力科普教育基地 51 家，累计认定 183 家，其中 21 家电力科普教育基地被中国科协认定为 2021—2025 年度第一批“全国科普教育基地”，完成《电力科普基地建设规范》团体标准的制定和发布工作。

科普团队建设方面，开展科技志愿服务工作，学会团队注册志愿者 110 人。开展科普专家团队建设，新聘任“电力之光”科学传播专家 105 名，累计聘任 796 名，其中包含中国科协首席科学传播专家 18 名。

表彰举荐优秀科技工作者 完成 2023 年度电力科学技术人物奖推荐与评审工作，评选出授奖人 110 名，其中电力科学技术杰出贡献奖 10 名，电力优秀科技工作者奖 50 名，电力优秀青年科技人才奖 50 名。完成 2023 年“顾毓琇电机工程奖”评审工作，武汉大学陈慈萱教授获得 2023 年“顾毓琇电机工程奖”。开展第十九届中国青年女科学家和第八届未来女科学家计划候选人提名推荐工作。

党建强会 深入开展学习贯彻习近平新时代中国特色社会主义思想主题教育，制定工作方案和三个专项行动方案；深化理论学习，严格执行党委“第一议题”和中心组学习制度，举办三期读书班；深入调查研究，举办省级学会秘书长座谈会，深入专委会走访调研；深刻检视整改，列出问题清单，制定专项整治方案，狠抓整改落实，主题教育工作成效得到国家电网有限公司第十巡回指导组的肯定。

强化思想政治引领，在电机学会网站、微信公众号开设“学习贯彻习近平新时代中国特色社会主义思想主题教育”专栏，更新“深入学习宣传贯彻党的二十大精神”专栏。

召开电机学会 2023 年党建工作会议，理事长作党课报告，印发电机学会理事会党委《关于进一步加强党建工作的实施意见》。

加强党员队伍建设，赴贵州遵义会址、河南红旗渠开展现场教学，依托中国科协、国家电网有限公司培训平台，强化党员干部职工培训。

深化“党建+”工程，赴贵州遵义开展了以“电力科普进遵义 赓续奋进新征程”为主题的“党建+科普”活动。

严肃党内政治生活，组织开展庆祝建党 102 周年主题党日活动，完成学会领导班子民主生活会和党支部组织生活会。

推进组织建设，履行理事会党委委员调整程序，新组建的 7 个专委会全部成立党建工作小组。

会员服务 加强会员发展与管理，利用会员系统推进会员规范登记，个人会员累计数为 157457 人，2023 年晋升高级会员 227 人，增选会士 11 人、外籍会士 6 人。

2023 年开展电气类工程技术人员工程能力评价，受理 220 人工程会员申请，完成 10 门精品继续教育课件设计，承办 2023 中国—东盟工程师流动圆桌对话活动、第三届中—俄圆桌对话活动。

密切与会员的联系，定期发送《动力与电气工程师》（会刊）、《电信息》以及各项活动信息，开展全国科技工作者日系列主题活动，宣传优秀科技工作者典型事迹，向科技工作者代表赠送主题图书、慰问老科技工作者、举办北京地区科技工作者联谊会等。优化完善数字化图书馆建设并推广应用，为会员提供包括期刊、论文、专著、技术报告、科技成果等 23 万余条数字信息资源，提升学会服务会员能力。

（李洛安）

【中国水力发电工程学会】

单位概述 中国水力发电工程学会（简称水力发电学会）于 1980 年成立，是民政部“社会组织评估”4A 等级全国学会，业务主管单位是中国科学技术协会（简称中国科协）。水力发电学会现有个人会员 4 万余人，团体会员 370 余个（其中省级水力发电工程学会 21 个），下设 43 个分支（分代）机构（包括 36 个专业委员会、3 个工作委员会、2 个分会、2 个境外代表处）。

水力发电学会主办的期刊有《水力发电学报》《水

电站机电技术》《大坝与安全》3种会刊及《水电能源科学》《岩土工程学报》《小水电》，协办的期刊有《水电与抽水蓄能》。每年编纂出版《中国水力发电年鉴》。

水力发电学会发起设立了“潘家铮水电科技基金”，截至2023年底本金规模为5204万元。水力发电学会自有奖项包括水力发电科学技术奖（技术发明奖、科技进步奖、创新团队奖）、潘家铮奖、水电青年科技奖（原“水电英才奖”）、杰出水电工程师国际奖、张光斗优秀青年科技奖（代评）、中国水力发电工程学会青年人才托举工程。受中国科协等机构委托，水力发电学会组织中国科学院和中国工程院院士候选人提名推荐，全国优秀科技工作者和科协高层次人才库入库人选推荐，中国工程科技光华成就奖、中国青年科技奖、全国创新争先奖、中国青年女科学家奖等候选人推荐工作。

2023年，水力发电学会新成立青年工作委员会、期刊工作委员会2个分支机构。环境保护、水文泥沙、水电与新能源工程造价、自动化、碾压混凝土筑坝、水能规划及动能经济、高坝通航工程、水电与新能源控制技术等8个专业委员会完成换届。组织召开水力发电学会第九届常务理事会议共7次。3月1日，水力发电学会2023年度会员代表大会暨九届三次理事会议在北京以线上与线下相结合的方式召开。5月18日，2023年水力发电学会分支机构和省级水力发电学会负责人工作会议在成都召开。

随着我国水电事业不断发展壮大，水力发电学会已经成为国内水电建设行业中具有相当规模、活动十分活跃的全国性科技社团，为促进我国水电建设发展、科技创新进步、国内外学术交流、科学技术普及、科技人才培养等做出了重要贡献。

科学研究及主要成果　水力发电学会牵头组织、中国工程院院士唐洪武担任主编的中国科协碳达峰碳中和系列丛书之《水风光多能互补导论》完成编撰并正式出版。抽水蓄能行业分会联合水电水利规划设计总院编制发布《抽水蓄能产业发展报告（2022）》《抽水蓄能新技术目录（2023年版）》，组织发布中电建北京院专著《抽水蓄能电站工程技术（第二版）》。大坝安全专业委员会参与《水电站大坝运行安全关键技术》编写，水库专业委员会参与《水电移民安置实践管理创新丛书》《水电工程移民安置竣工验收关键问题研究》《水电工程建设征地移民安置技术手册》编撰，混凝土面板坝专业委员会发布《国内30m以上堆石坝统计成果》。学会继续组织编纂出版《中国水力发电年鉴》（第27卷）。6月28日，《中国可再生能源发展报告2022》《抽水蓄能产业发展报告2022》发布会在北京举办。

咨询服务

1. 决策咨询

2023年，水力发电学会开展完成“南水北调西线调水对西南水电基地的影响研究”课题，报送中国科协形成《减小南水北调西线调水对长江流域水电基地和调水区影响》“科技工作者建议”，递送中办、国办和有关部委供决策参考。受国家能源局委托，参与《中华人民共和国可再生能源法》（修改）“水电、储能和可再生能源制氢等纳入法律管理范畴的相关机制研究”专题、长江流域水能资源开发与保护研究等工作。在国家能源局、外交部指导下，国际河流水电开发生态环境研究工作委员会组织召开“新形势下跨境河流水电开发面临的挑战及对策”闭门研讨会并形成建议报告。抽水蓄能行业分会根据国家能源局要求开展抽水蓄能产业链协调工作，召开抽水蓄能产业链发展座谈会，组织专家进行抽水蓄能电站规划建设、关键设备技术特点、关键设备供应与运行管理、产业链发展等调研活动；建立抽水蓄能行业重大项目建设用地需求和环评需求统计监测体系和工作机制，按年度开展需求统计工作。大坝安全专业委员会就国家能源局印发的《水电站大坝安全提升专项行动方案》《水电站大坝运行安全应急管理办法》《水电站大坝工程隐患治理监督管理办法》等进行政策解读。

智能与智慧化专业委员会形成《支撑新型电力系统构建的抽水蓄能与新型储能技术发展研究》建议报告，基于智慧能源开发利用的新型电力系统、水电工程智能建设决策、抽水蓄能发展3个中国科协决策咨询专家团队完成《新型电力系统建设过程中数字化技术深度融合应用》《水电能源灵活性改造发展》《关于加快水电工程智能建设研究和实践助力水电工程高质量发展》《抽水蓄能发展》等建议报告并上报中国科协。新组建水库大坝安全与管理决策、长江珍稀水生动植物保护、太阳能热能发电及综合利用3个中国科协决策咨询专家团队。征集遴选中国科协2023年“科创中国”系列榜单，组织报送中国科协“2023年重大科学问题、工程技术难题和产业技术问题”12个并在学会2023年年会上进行发布。

2. 课题研究

根据会员企业科创发展需求组织开展“服务特定电源的抽水蓄能价格机制和疏导模式研究”“规模化清洁能源综合利用基地建设技术咨询”等近20个课题研究项目。水电与新能源运行管理专业委员会开展水电灵活性改造、抽水蓄能投资建设和运行调度调研，气象资源预报、可再生能源发电功率预测、负荷特性诊断和系统调节能力充裕度评估等专题研究，推进多流域水电联合运行关键技术及精益调度平台建设项目。堆石混凝土技术作为具有自主知识产权的新型大体积混凝土解决方案，堆石混凝土坝专业委员会推广相关技术并已在8座大中型水电工程、24座大中型水利工程、1座国外中型水利工程，总计170余座大坝工程中应用。

科普活动 水力发电学会获评 2023 年度中国科协全国学会科普工作优秀单位。

5 月 12 日，在应急管理部、国家能源局指导下，水力发电学会联合水电水利规划设计总院举办全国防灾减灾日主题活动——第二届水电开发与防灾减灾科普论坛暨全国水电站应急能力建设技术研讨会。会议以“防范灾害风险，护航水电高质量发展”为主题，来自行业内的知名专家、学者共 100 余人围绕流域水电开发、综合防灾减灾、应急能力建设等议题开展学术交流和研讨，共同推进水电站应急管理体系和能力现代化建设。线上观看直播 13 余万人次。

6 月 5 日，受生态环境部、国家能源局委托，水力发电学会联合水电水利规划设计总院举办 2023 年世界环境日水电行业鱼类增殖放流联合行动。活动以“保护生物多样性，建设人与自然和谐共生的现代化”为主题，8 家央企集团、8 个分会场、105 座水电站、2000 余人参与，当日放流鱼类 900 余万尾、全年放流鱼类 2600 余万尾。

7 月 31 日—8 月 11 日，依托中国三峡集团乌东德和白鹤滩水电工程，水力发电学会组织开展 2023 年大学生暑期水电社会实践教育活动，来自浙江大学等 17 所高校的 28 名水电相关专业优秀学生参加。

8 月 26 日，水力发电学会与西藏农牧学院党建共建期间，组织开展“科普进校园”专家讲座活动，并为学院捐赠价值 8 万余元的科技科普图书。

9 月 22 日，全国科普日活动期间，以“加快推进农村能源革命，助力全面推进乡村振兴”为主题，水力发电学会组织在雄安举办农村能源转型与乡村振兴研讨会，现场 70 余人参会，线上观看直播 9.6 万人次。组织和发动学会 24 家水电科普教育基地开展系列科普活动共 45 项，学会及南方电网储能股份有限公司获评 2023 年全国科普日活动优秀组织单位，三峡工程博物馆开展的“大国重器　三峡工程”实景课堂科普教育活动获评优秀活动。

3 月，水力发电学会组织行业科技专家，赴大理白族自治州洱源县对当地地热资源开发进行考察调研和提供技术支持；赴祥云县新兴苴水库地区进行调研并召开座谈会，为推动水库前期规划落地和提高项目批复速度等给予技术指导。

8 月，三峡工程博物馆（水力发电学会水电科技博物馆）正式开馆。面向 9 个国家 28 所海外华文学校师生开展《大国重器 三峡工程》水电科普实景课堂，通过线上直播参与活动的师生及家长达 3.34 万人次。

水力发电学会开通微博配强“一端两微”宣传平台，学会官网 2023 年登载行业热点报道文章 4000 多篇，公众号发布文章 500 多篇。抽水蓄能行业分会公众号粉丝超 5.5 万，2023 年发布文章 854 篇（原创 199 篇）。

完善志愿服务制度和工作体系，动员引导会员单位新成立科技志愿服务队 6 个，发展科技志愿者 1580 人。

学术期刊 水力发电学会会刊《水力发电学报》全年出版 12 期，共收到论文稿件 604 篇，录用刊登 155 篇，印发 6000 册。已连续 8 年均有学报论文入选“中国科协优秀科技论文遴选计划”。学报 2023 年度影响力指数 CI 值 602.81、学科排序 5/79，影响因子 3.294、学科排序 7/79。

水力发电学会联合主办《水电站机电技术》《水电能源科学》《大坝与安全》《岩土工程学报》《小水电》等 5 种学术期刊。

科技奖励与人才举荐 2023 年度水力发电科学技术奖共收到行业单位申报的科技成果 140 项，评出 9 项一等奖、14 项二等奖、23 项三等奖，获奖科技人员近 500 人。完成第三届水力发电科学技术奖励委员会换届和《水力发电科学技术奖励办法》修订。按照国家科学技术奖励工作办公室要求完成社会力量设奖重新备案，新设立水力发电创新团队奖、水电杰出工程师国际奖。

评定第五届水电英才奖，西藏农牧学院陈璐、中国三峡集团李新宇、长江设计集团有限公司漆祖芳、南京水利科学研究院林育青、武汉大学刘德地、中国电建昆明勘测设计研究院有限公司杨小龙、河海大学俞晓东、东方电气集团东方电机有限公司王钊宁、天津大学马超、中国水利水电第四工程局有限公司王裕彪获奖。

推荐中国电建华东勘测设计研究院有限公司张春生当选第三届全国创新争先奖。推荐 2023 年两院院士候选人 5 人，有 3 人成为院士增选有效候选人。开展第十五届光华工程科技奖提名、第十九届中国青年女科学家奖候选人提名等。

5 月 20 日，水力发电学会在杭州召开 2023（第五届）中国水电青年科技论坛。会议以“点亮精神火炬 引领水电未来”为主题，特别邀请中国工程院院士胡亚安作“弘扬科学家精神，加强科技创新能力建设”专题讲座，来自全国水电和新能源行业 50 余家单位的 170 多名专家学者和青年科技工作者参会，1000 多人线上观看直播。

开展第二届中国水力发电工程学会青年人才托举工程评定工作，新入选托举对象 20 人。

组织开展 2023 年度潘家铮水电奖学金评定，奖励来自 20 所高校和科研院的优秀学生 62 名。4 月 28 日在四川大学举办第十四届潘家铮水电奖学金颁奖仪式，来自水电规划设计、建设施工、运营管理、设备制造、科研院等单位的领导和嘉宾，获奖高校及四川大学师生共 120 余人参加。

水利标准化工作

1. 团体标准

2023年水力发电学会新发布团体标准5项，分别为《泥沙淤积对水库功能影响评价导则》（T/CSHE 0006—2023）、《压缩空气储能电站可行性研究报告编制规程》（T/CSHE 0007—2023）、《压缩空气储能电站初步设计报告编制规程》（T/CSHE 0008—2023）、《压缩空气储能电站地下储气库工程地质勘察规程》（T/CSHE 0009—2023）、《压缩空气储能电站投资编制导则》（T/CSHE 0010—2023），另有近20项团体标准在立项和编制当中。清洁能源装备冷却技术、机械疏浚等专业委员会组织编制《电工术语　电机蒸发冷却系统》《疏浚与吹填工程监理规范》等多项团标。

2. 行业标准

水电监理专业委员会联合组织编制行业标准《水电水利工程总承包项目设计监理规范》，参与修订行标《水电水利工程施工监理规范》，堆石混凝土坝专业委员会推动行标《堆石混凝土筑坝技术导则》修订升级为《堆石混凝土坝设计规范》，风险管理专业委员会推动制定《水电工程隐患判定标准》《大坝安全视频监控系统技术规范》等多部行业风险管理技术标准，水工金属结构、工程造价、抗震防灾、小水电、梯级调度控制等专业委员会组织委员专家参与相关专业领域国际、行标的编制、修订或翻译工作。水电与新能源运行管理、自动化专业委员会参与编制的国际双标（IEC/IEEE）《智能水电厂技术导则》完成发布。

学术交流

1. 国内学术会议及交流

2023年水力发电学会本部及分支机构共举办学术活动百余场次，现场参会近2万人次、视频参会和观看直播超450万人次，交流论文报告800多篇，征集论文1700多篇。

3月22日，水力发电学会和中国电力建设集团有限公司共同举办“双碳”目标下新能源（海上风电）与抽水蓄能科技论坛，中国工程院院士马洪琪、刘吉臻、孔宪京、谢先启、李华军、张宗亮等专家学者参加论坛并作特邀主旨报告，近200人现场参会，72个分会场共2000余人视频参会，当日观看直播超90万人次。

4月3—4日，西南区小水电绿色低碳高质量发展论坛在昆明召开。会议由中国水利学会、中国水力发电工程学会联合主办，云南水利水电职业学院、云南省水利厅农村水电及电气化发展局承办，国际小水电中心、水利部农村电气化研究所、中国电建集团昆明勘测设计研究院有限公司等协办，联合国工业发展组织（UNIDO）、全球环境基金（GEF）、中国三峡集团提供支持。论坛旨在深入研讨小水电作为清洁可再生能源在推动经济社会发展全面绿色转型中的重要作用，探讨小水电高质量发展关键问题，助力我国实现“双碳”目标。来自全国水利水电和新能源领域的200余名代表现场参会。

4月6—8日，水力发电学会水库专业委员会、水电水利规划设计总院、水利部水利水电规划设计总院、中国水利水电勘测设计协会、国家能源水电工程技术研发中心、中国电力规划设计协会征地移民专委会联合主办的2023年水库移民政策技术管理论坛暨水利水电工程征地移民规划设计技术交流会在北京召开。会议以“加强征地移民设计和实施管理，推动抽水蓄能可持续发展”为主题，100余家单位近300名专家学者参会。

4月20—21日，水力发电学会联合西藏自治区科技厅在成都主办2023年西部水电论坛。大会以“西部水电绿色发展与科技创新”为主题，设1个主论坛和新材料、工程安全、多能互补、生态环境4个分论坛，吸引了380余位业界专家学者和科技工作者现场参会、600多名代表线上参会。

6月19日，水力发电学会混凝土面板堆石坝专业委员会和水工及水电站建筑物专业委员会、国家能源水电工程技术研发中心、水利水电土石坝工程信息网联合主办的新形势下高土石坝建设技术研讨会在西宁召开，张宗亮院士以及210多名来自全国各地的专家学者参会。

7—9月，水力发电学会抽水蓄能行业分会共举办6期“蓄能未来”抽水蓄能线上培训和1期线下培训班，受众超5万人次、获点赞14万人次。

7月3—6日，由人力资源和社会保障部资助、中国科协科学技术创新部主办、水力发电学会承办的2023年清洁能源协同开发与生态环保技术转移转化能力提升高级研修班（第五期）在青海西宁举办。研修活动紧紧围绕以水电为依托推动清洁能源一体化开发的主题，邀请钮新强、胡亚安院士等12位专家学者作专题授课，来自水电和新能源行业相关业主、设计、科研、施工、运营等单位技术和管理人员共100余位学员参加了培训。

8月14—18日，2023年电力行业储能产业发展与展望研讨会暨新能源与储能产业技能高级培训班在乌鲁木齐举办。会议由水力发电学会主办，新疆科协为指导单位，来自行业30余家企业代表160多人参会。

8月23—24日，水力发电学会联合中国华电集团有限公司在北京主办2023年中国水电发展论坛暨水力发电学会年会。水利部副部长刘伟平、应急管理部原副部长周学文、应急管理部总工程师李坤刚、国家能源局总工程师向海平、水力发电学会理事长张野及陈祖煜、钟登华等10余位院士参会指导。大会以“加快推进水电高质量发展 助力构建新型能源体系”为主题，设置1个主论坛和水电科技奖成果交流、新型电力系统下水电与新能源发展、水电工程高质量建设管理交流研讨、抽水蓄能产业发展与装备制造、水电及新能源数字化智能化创新发展等5个热门分论坛，线下参会600余人，线上累计观看近400万人次。

8月25日，青藏高原清洁能源产业高质量发展论坛在西藏山南市举行。论坛由中共山南市委员会、山南市人民政府主办，山南市发展和改革委员会、水力发电学会承办。胡亚安院士等8位特邀专家围绕山南水电光基地发展的思考、清洁能源产业发展形势与山南路径、水电开发对我国高质量发展举足轻重等方面作报告。来自山南各县（区）、市直单位，水电和新能源行业投资开发、设计、制造、产业链供应等单位约160名代表参加会议。

8月30日，在由生态环境部、中国科协和山东省政府主办的2023绿色低碳高质量发展大会、2023清洁能源发展会议举办期间，水力发电学会承办，中国水利学会、中国电机工程学会、中国环境科学学会协办的海上风电发展会议在烟台召开，来自相关产业单位的领导和专家100余人参加会议。

9月13—15日，水力发电学会在成都举办水力发电提质增效关键技术论坛。来自政府电力主管部门管理人员、发电企业厂长和高级管理人员、科研院所及高等院校的专家学者共150余人现场参会，另有50多位专家和代表通过线上方式参会交流。

10月27日，2023年水库大坝抗震防灾–大坝场址地震动专题学术交流会在上海召开。会议由水力发电学会主办，学会抗震防灾专业委员会、上海勘测设计研究院有限公司和中国水利水电科学研究院承办。中国工程院院士陈厚群、中国科学院院士张楚汉以及来自全国抗震防灾领域的特邀专家学者、相关专业技术人员和代表共100多人参会，共同探讨大坝场址地震动研究中存在的一系列共性和关键技术难题，凝聚创新发展共识。

11月28日，水力发电学会联合行业多家单位发起创办“潘家铮讲座”并由中国电建集团华东勘测设计研究院有限公司在杭州承办了第一届讲座，邀请陈厚群院士进行首讲、钟登华院士主持。来自全国水利水电和新能源行业的科技工作者和专业技术人员共180余人现场参会，5000多人观看视频直播。

11月9—11日，水力发电学会联合中国国际工程咨询协会在北京主办第一期工程企业国际业务战略研讨班，来自行业相关单位共30多名中高层管理人员和专家学者参加，深入探讨国际工程市场的发展趋势、重点国家的机遇与风险、市场开发能力和商业创新模式等重大课题，助力打造可持续发展的国际工程企业。

12月14日，《抽水蓄能电站工程技术》发布暨抽水蓄能技术发展研讨会在北京召开。会议由水力发电学会、中国电建集团北京勘测设计研究院有限公司共同主办，水力发电学会抽水蓄能行业分会、北京水力发电工程学会承办。陈祖煜、李术才院士以及来自行业学协会和投资开发、勘测设计、施工建造、装备制造、科研院所等单位的200余名领导、专家和代表现场参会，153余万人次观看线上直播。

2023年水力发电学会及分支机构通过线上线下共举办培训活动60余场次。堆石混凝土坝专业委员会举办线下专业培训8场、线上青年培训沙龙4次，受众4000余人次。大坝安全、继电保护与励磁、水电与新能源控制技术、信息化、自动化、工程检测与物理探测、混凝土面板坝、水库等专业委员会举办全国水电站大坝安全监测技术、全国抽水蓄能机组关键控制设备技术、水电站自主可控关键技术、水电厂计算机监控系统技术、水电站运行及保护技术、《抽水蓄能电站发电电动机变压器组继电保护整定计算规范》宣贯、《碾压式土石坝设计规范》等4项能源行业标准宣贯、水电工程建设征地移民安置技术标准宣贯等专业培训活动。

2. 国际学术会议及交流

4月18日，在中国国家能源局、国际可再生能源署（IRENA）指导下，水力发电学会联合国家电网公司、南方电网公司、中国三峡集团、中国电建等单位组织举办2023国际水电发展大会。会议以“抽水蓄能——构建未来新型能源体系的重要支撑”为主题，国家能源局总工程师向海平、IRENA总干事弗朗西斯科·拉卡梅拉、国际水电协会（IHA）主席罗杰·吉尔等出席会议并致辞，国际抽水蓄能论坛主席马尔科姆·特恩布尔为大会发来了贺词，230多名中外专家在北京主会场参会，300多名代表线上参会，超过120万人观看直播。

水力发电学会小水电专业委员会参与主办小水电国际技术标准应用与推广研讨会、小水电站群集控技术国际研讨会、第18届世界水资源大会边会——“一带一路”国家水资源管理及水环境治理对接交流会。

水力发电学会及国际河流水电开发生态环境研究工作委员会、海外分会、高坝通航工程专业委员会、机械疏浚专业委员会等分支机构协办或支持举办第四届国际水利与环境工程学会水力机械及系统亚洲分会学术会议、2023中国—东盟清洁能源合作周、第六届东亚峰会清洁能源论坛——水电技术可持续分论坛、中国—东盟清洁能源能力建设计划2023交流项目、国际航运协会（PIANC）内河委员会年会暨升船机工作组报告发布会、中国第六届国际疏浚技术发展会议、《中国企业在巴基斯坦绿色能源产业发展前景》研究报告发布仪式暨学术研讨会等近20场国际学术活动。

2023年，水力发电学会组织专家参加联合国气候变化大会第27次缔约方会议、2023IHA世界水电大会、尼泊尔水电大会、发展中国家水电投资国际会议、第七届中阿能源合作大会、IRENA第六次和第七次水电合作框架会议等20余场次国际交流会议活动并作交流发言。接待IHA、IAHR等国际组织高层来访3次。学会国际河流水电开发生态环境研究工作委员会与新加坡国立大学建立对话交流关系，与老挝能源与矿产资源部、老挝计划投资部经济发展研究院、老挝国家电力公司、老中合作委员会等开展合作对接。

水力发电学会联合中国水利学会、中国大坝工程学会开展水利水电能力国际互认工作，2023年推荐120人参加互认。学会清洁能源装备冷却技术专业委员会推荐1人通过IET（英国工程技术学会）国际注册工程师认证。推荐入选中国科协海智计划特聘专家24人和海智合作机构2个，推荐中阿清洁能源培训中心项目列入中国科协“双边科技人文交流合作三年行动计划（2023—2025）”，承接开展“中国科协学会公共服务能力提升项目国际科技奖项建设专项”。组织翻译IRENA《水电的角色转变挑战与机遇》报告、IHA《世界水电展望报告》。整理发送会员《国际能源电力简讯》12期。国际河流水电开发生态环境研究工作委员会完成《澜沧江—湄公河区域公司潜在开发项目环境社会影响分析》和《澜沧江—湄公河流域干旱特征及成因分析》研究报告，编制《国际河流水电动态报告》4期。堆石混凝土坝专业委员会开展尼泊尔上崔树里1（UTI）水电站、喀麦隆比尼瓦拉克水电站、巴基斯坦巴拉科特（balakot）水电站、老挝北本水电站等技术应用研究。

科技成果鉴定及专有技术评价认定 2023年水力发电学会组织院士专家完成来自各会员单位不同专业领域的技术成果鉴定76项和成果咨询3项，包括大型抽水蓄能电站输水发电系统安全调控关键技术、大型垂直升船机创新技术及应用、城市地下地质隐患排查与探测技术研究、水电站主体工程物探检测设备与关键技术研究、水利水电工程过鱼设施鱼类智能识别技术、抽水蓄能机组动平衡关键技术研究及便携式动平衡仪研制、复杂工程岩体强度特性辨识方法及工程应用、岩土工程动态仿真与智能决策关键技术与应用、地下洞室TGS系统智能化地质超前预报关键技术研发及应用、孔内岩体特征高精度探测辅助设备研发及关键技术研究与应用、规模化生物天然气集成技术与核心装备国产化应用研究、筑坝砂石料原级配大型渗透实验装置研制及关键技术研究、土工膜用于高水头永久水工建筑物防渗关键技术研究与应用、黄河上游水电开发重要鱼类生境保护与修复关键技术研究及应用等。

组织开展两批次专有技术评价认定工作，有关会员单位共申报43项、通过认定33项，包括复杂空间结构水力学模型高精度快速制作方法、极寒地区大型水封石油储备库地下洞室群冬季施工通风技术、海上升压站数字化设计建造关键技术、能切实解决局部氡气超标的地下厂房通风系统改造技术、水利水电工程EPC项目协调管理掌上平台关键技术等。环境保护专业委员会组织协调有关设计院编制完成《水电水利和新能源工程环境保护与水土保持技术服务能力评价管理办法》。

弘扬科学家精神 水力发电学会组织申报的三峡工程博物馆入选中国科协等7部委第二批“科学家精神教育基地”。

5月全国科技活动周期间，水力发电学会邀请中国工程院院士胡亚安作“弘扬科学家精神，加强科技创新能力建设”讲座、王浩院士作“点亮精神火炬，引领创新争先”双碳目标驱动水利水电行业新发展讲座。学会获评中国科协2023年全国科技工作者日科学家精神弘扬优秀组织单位。应中国科协安排推荐中国工程院院士陈厚群录制“我的初心使命”专题党课宣传视频。

水力发电学会及电力系统自动化、混凝土面板堆石坝、海外分会、水能规划、信息化、控制技术、堆石混凝土坝、水文泥沙、抗震防灾等分支机构结合学术活动开展“百名科学家讲党课”20余次，广泛组织会员和科技工作者观看中国科协“领航新时代 奋进新征程”科学家精神文艺展演，持续将弘扬科学家精神推向深入。

2023年世界环境日水电行业鱼类增殖放流联合行动 6月5日，由水电水利规划设计总院、水力发电学会联合主办，“2023年世界环境日水电行业鱼类增殖放流联合行动”开幕式在北京举办。活动主题为“保护生物多样性，建设人与自然和谐共生的现代化”，来自中国华能、中国大唐、中国华电、国家电投、中国三峡集团、国家能源集团、国家开发投资集团、中国电建及各集团下属有关单位和其他水电开发建设单位代表共2000余人以“现场＋云互动”形式参加开幕式和放流活动，共同“在世界环境日到来之际倾听人与自然和谐共生的故事”。

生态环境部环境影响评价与排放管理司、国家能源局新能源和可再生能源司派员参加启动仪式并致辞。水力发电学会常务副理事长兼秘书长郑声安，水电水利规划设计总院院长李昇代表主办单位致辞。

在增殖放流活动现场，共设置中国华能糯扎渡水电站、中国大唐龙滩水电站、中国华电苏洼龙水电站、国家电投托口水电站、中国三峡集团乌东德水电站、国家能源集团沙坪二级水电站、国投集团雅砻江锦屏水电站和中国电建巴拉水电站 8 个分会场。各分会场结合流域特点和当地条件，组织员工、志愿者和当地有关主管部门共同开展了增殖放流和相关科普活动。当日共有分会场及梨园、江坪河、杨房沟、亭子口等 40 余个电站将放流活动进行了现场连线直播，上述 8 家能源央企及其他多家水电开发企业共 105 座电站共同参与本次放流活动。活动邀请中国科学院院士曹文宣、长江水产研究所党委书记陈大庆、中国野生动物保护协会水生野生动物保护分会会长李彦亮、武汉大学水生态研究所所长常剑波作为水生生物专家进行了专家访谈。在放流活动的同时，国投雅砻江公司、华电金上公司和国能大渡河公司做了典型经验交流。当天共放流各种珍稀保护、流域特有和重要经济鱼类899余万尾。

我国水电行业几十年来不断强化科研攻关，成功实现了中华鲟、长江鲟、川陕哲罗鲑、圆口铜鱼、四川裂腹鱼、岩原鲤、长薄鳅等重要鱼类物种的驯养与人工繁殖，技术水平持续提升，技术标准不断完善，放流成效评估愈加科学。本次活动遵循依法依规、科学放流原则，按照水电环评文件要求，在长江、黄河、金沙江、雅砻江、松花江、大渡河等我国主要水电基地将在 2023 年持续性开展联合行动，全年计划放流 23 种国家珍稀保护鱼类、43 种流域特有鱼类、18 种重要经济鱼类，合计 2600 余万尾，活动对恢复珍稀特有鱼类资源、保护水生生物多样性、加深社会公众对水电工程环保工作的认识等具有重要意义。

（雷定演）

【中国电力建设企业协会】

单位概况 中国电力建设企业协会（简称中电建协）成立于 1989 年，是由全国电力建设行业及开展电力行业相关业务的企事业单位、科研院校、行业组织与机构及个人自愿结成的全国性、行业性社会团体，至今已历经八届理事会。中电建协的登记管理机关是民政部，党建领导机关是中央社会工作部。

中电建协于 2022 年 12 月 20 日完成换届，选举产生以王思强为会长的第八届理事会。截至 2023 年底，中电建协共有会员单位 1235 家，其中，会长单位 1 家，副会长单位 14 家，常务理事单位 40 家，理事单位 138 家。

中电建协坚持以习近平新时代中国特色社会主义思想为指导，以市场和企业需求为导向，依据章程开展各项业务活动，深化电力建设行业信息统计、调查研究、行业自律、诚信体系建设、诉求反映、标准制修订、技术咨询、优质工程培育推荐、能力水平评价、国际交流与合作、技能培训等品牌服务，创新开展党建品牌建设、职工健康管理、产业绿色金融等特色服务，推动电力建设低碳绿色发展和科技进步，助力中国电力建设高质量发展。

组织机构 中电建协的最高权力机构为会员代表大会，设理事会、常务理事会和监事会。中电建协本部常设 8 个职能部门：综合部（国际合作部）、党群工作部（纪检工作部）、会员部、行业发展部、质量安全部、科技创新部、培训部和研究部（专家管理委员会办公室）；下设 9 个分支机构：火电施工专业委员会、送变电施工专业委员会、水电施工分会、电力监理咨询专业委员会、电力工程调试专业委员会、施工机械专业委员会、绝热耐火防腐分会、风电工程分会、数字化转型协同创新分会。

主要工作情况

（1）把坚持党的领导贯穿到协会工作全过程、各方面，会长会会议、常务理事会会议先后邀请第十四届全国政协委员、国务院发展研究中心副主任余斌和第十四届全国政协常委、经济委员会副主任、发展和改革委员会原正部长级副主任、中国电力建设发展战略指导专家宁吉喆，就贯彻党的二十大精神以及国家当前经济形势和未来发展趋势作专题报告。

（2）落实健康中国战略，启动职工健康提升工程，组织职工健康服务队前往老区电力建设工程现场开展送医送药义诊活动，联合有关单位创立国内首个“电力建设行业职工健康平台”。

（3）启动编印《中电建协简报》《会员通讯》《行业信息》《决策参考》4 本宣传材料。

（4）开展与国网河北电力陇东—山东±800kV 特高压直流输电工程临时党支部、合漳乡后峧村支部以“党建共建，助力乡村振兴”为主题的共建活动，促进乡村振兴战略落地，推进农业农村现代化建设。

（5）组织召开中国电力建设企业协会第八届理事会、常务理事会，表决通过有关报告、办法、议案等，切实履行理事会职责。

（6）组织开展 2023 年电力建设企业信用等级评价工作，通过征信、评价、评审等程序，完成 251 家复评企业和 55 家新评企业的评价工作。

（7）举办第二届中国电力建设数字经济论坛，论坛以电力建设行业数字经济发展现状及未来方向为主要内容，深入探讨能源电力企业数字化转型发展中的新技术、新模式、新业态，并展示了行业内优秀技术项目成果。

（8）组织召开第八届监事会 2023 年度第一次会议，会议听取了中国电力建设企业协会第八届监事会工作情况汇报。

（9）举办中国电力建设发展大会，大会以“赋能电力建设　推动高质量发展”为主题，聚焦电力建设科技创新、国际电力工程可持续发展、电力建设职工健康提升、电力建设质量安全、电力建设数智化发展、风光大基地创新发展、电力建设绿色低碳发展以及电力企业ESG等话题。首期发布中国清洁能源建设景气指数（简称CEPI）和中国电力建设发展指数（简称PCDI），公布了电力建设绿色建造水平评价结果。同期举办中国电力建设发展技术装备展。

（10）组织召开《中国电力建设行业年度发展报告2023》发布会，向全社会发布2022年中国电力建设行业基本数据并答记者问。《报告2023》共八章，重点阐述了电力建设营商环境、电力建设市场、企业运营、精品工程、科技创新、行业管理与服务、电力建设招投标和绿色低碳发展路径等情况，并对电力建设行业发展进行了展望。

（11）向中国施工企业管理协会推荐的28项电力工程获国家优质工程奖，其中8项电力工程获国家优质工程金奖，其他20项获得国家优质工程奖；向中国建筑业协会推荐的2项电力工程获得中国建设工程鲁班奖；向中国安装协会推荐的28项电力工程获得中国安装工程优质奖（中国安装之星）；向中国土木工程学会推荐1个项目参加第二十届第二批中国土木工程詹天佑奖评选。

（12）组织开展电力建设科学技术进步奖评审工作，254项成果获得2023年度电力建设科学技术进步奖，其中一等奖21项、二等奖81项、三等奖152项；65项电力建设科学技术进步奖（专利类），其中一等奖4项、二等奖20项、三等奖41项；组织开展电力建设质量管理小组活动成果（QC）发表交流暨竞赛活动，884项成果通过评审，其中特等成果10项，一等成果126项，二等成果331项，三等成果417项；组织开展中国电力优质工程申报评审工作，共公布中国电力优质工程65项、中国电力中小型优质工程69项。

（13）组织推荐3项专利成果获第二十四届中国专利优秀奖；组织推荐26项电力发明成果参加第48届日内瓦国际发明展览均获奖，其中国网北京电力推荐“电动汽车充电桩自动化检测流水线”项目获特别嘉许金奖。

（14）组织召开2023年中国电力建设行业质量工作部署会议，会议是深入贯彻党的二十大精神、认真贯彻《质量强国建设纲要》和全国“两会”对能源电力发展要求，凝聚电力建设行业共识，全面部署电力建设行业质量提升的一次盛会。

（15）组织召开2023年火电标委会年会暨标准审查会，开展标准复审、标准体系修订和维护、标准审查和表决等工作；作为火电标委会秘书处挂靠单位，分析梳理归口管理73项标准（3国标、56行标、14团标），召开标准制修订各阶段会议50余次，参会专家200余人次，共有80多家基层单位参与编写和修订，参编人员800余人次。

（16）组织开展关键技术成果评价工作，召开62场关键技术成果评价会议，共聘请科研机构、高校及现场资深专家749人次参加预审及会议评价。完成62项关键技术成果的评价工作［国际领先12项、国际先进12项、国内领先29项、国内先进9项。电力建设（工法）核心技术成果评价完成3项，国内领先2项、国内先进1项，颁发证书3项］。

（17）根据电力建设工程的需求，组织由资深专家对146个工程项目开展了质量、安全技术咨询工作，派出技术服务咨询专家组180个，专家人次约830人次。

（18）组织专家开展电力工程调试、监理、质量评价从业人员参培资料审核工作，共计10078人次；电力工程从业人员网络及面授培训，累计完成8283人。

（19）组织举办中电建协首届电力工程调试安全知识竞赛、第五届电力工程监理安全知识竞赛及第七届吊装技能竞赛。

（20）召开中国电力建设发展战略指导专家座谈会，组织近30位院士及副部长级以上专家，开展《献策电力建设高质量发展》座谈研讨活动。

【中国电力发展促进会】

单位概况 中国电力发展促进会（简称电促会）是研究中国电力工业发展理论与实践问题、促进中国电力事业发展的全国性社会团体。1992年12月，原能源部、国家计委、国家能源投资公司和华能集团公司联合发起，1993年5月21日，民政部正式予以注册成立。2002年成为首批在民政部重新登记的国家一级协会，2022年获得民政部4A级全国性社会团体称号。协会党建主管单位是中央社会工作部。电促会第四届理事会成立以来，在服务电力规划发展的基础上，将促进电力行业企业数字化转型纳入协会核心业务。

组织机构 电促会现有分支机构15个，分别是可再生能源发电分会、核能分会、新型电力系统人工智能产业合作委员会、知识产权分会、人工智能与大数据分会、网络安全专业委员会、网络教育培训与人才开发专业委员会，能源物联网分会、智能电气专业委员会、低碳用能与智能电力专业委员会、碳达峰碳中和专业委员会、集成电路专业委员会、区块链专业委员会、燃机发电专业委员会、电力工业软件专业委员会，会员单位总数达593家。

主要工作情况

2023年电促会完成理事会换届工作；全年新设立分支机构2个，新发展会员单位122家；投资设立北京电促数智科技有限公司；完成包括《章程》在内的15项制度的制（修）订；全年开展重点工作18项；协会年收入同比增长65%。协会在党的建设、制度建设、专家智库、品牌服务等方面迈出新步伐。

（1）成立第五届理事会，协会发展步入新阶段。2023年3月21日，中国电力发展促进会第五次会员代表大会暨第五届理事会第一次会议召开。会议表决通过了《第五次会员代表大会工作报告》《第四届理事会财务报告》《中国电力发展促进会章程（修改草案）》等重要议案，选举产生第五届理事会、监事会，选举产生常务理事和协会负责人。召开第五届理事会第二次会议和第一、二次常务理事会议，审议通过《分支机构管理办法（修订稿）》等议案。

（2）加强智库建设，为协会发展提供智力支持。根据《中国电力发展促进会专家智库管理办法》，开展电促会专家智库建设，现已征集500余位专家。人工智能与大数据分会依托专家资源，组织编写并发布《2023能源大数据标准化白皮书》。专家智库在协会建言献策、标准评审、成果评价等方面的智力支撑作用得到进一步提升。

（3）打造专业服务品牌，满足会员业务需求。完成编制中国电力发展促进会科学技术奖设奖报告并提交政府有关部门。2023年电促会科技奖收到申报成果294项，经专家评审、奖励委员会审定，确定87项成果获奖。团体标准工作再上新台阶。2023年全年团体标准立项46项，发布17项，内容涵盖核能、双碳、电力数字化评价等领域。

开展电力新技术成果评价。为新能源、煤电、应急供电、网侧智能决策、配变台区、变电二次、配网数智运行、数字化财务、多源场景模拟仿真等领域多项新技术成果提供评价服务。

开展优秀案例与论文征集评选和研究课题发布。组织征集“2023工业互联网融合创新应用行业推广”案例。与《电力大数据》杂志共同征集2023年度电力行业数字技术应用创新优秀论文。结合电力数字化大会发布龙源电力数字化创新应用“揭榜挂帅”课题，引起广泛关注。

培训工作开展初见成效。与中国广核集团有限公司、阿里云计算有限公司联合举办企业数字化转型人才培养班（第一期）。“新型电力系统与新型能源体系建设”高级研修班组织行业专家，围绕电力规划、产业政策、实现路径、技术支撑等方面内容，为来自两网五大和相关会员单位业务骨干开展培训。

（4）提升传统品牌服务能力。推进《中国电力年鉴》数字化建设，实现线上年鉴供稿、行业史志年鉴申报评选，工作效率显著提升。推动二维码技术在年鉴征订、招商、宣传推介等方面应用。开展首届中国电力行业史志年鉴评选，评选出《中国电力工业史》等获奖作品69部。开展2023年度最佳和优秀撰稿人评选。《中国电力年鉴》销售同比增长48.6%，征订单位数量同比增长191%。

中国电力网实现“原创+技术”双轮驱动，整体流量继续稳步上升。电力网微信公众号影响力持续提升，粉丝总数达9.5万人。风电、光伏、储能微信公众号阅读量不断增长。视频号实施原创策略，播放量破百万。“技术服务+推广运营”逐渐形成核心竞争力。同时注重融入电促会业务，探索为协会会员提供自助建站、在线学习等服务。

举办系列品牌论坛。第十届中国电力规划发展论坛邀请两网、五大规划部门和电规、水电总院联合主办，论坛行业影响力进一步增强；2023电力数字化大会由电促会与国网信通公司、国网大数据中心、国家电投数字科技公司联合主办，同期举办电力大数据与人工智能分论坛、电力网络信息安全分论坛、能源物联网分论坛；与浙江桐乡市人民政府联合主办2023全球工业互联网大会电力行业工业互联网融合创新应用论坛；由电促会和阿里云主办的2023云栖大会电力峰会，聚焦发电、电网、用电三大领域，探讨云上新型电力系统创新发展的领先技术和典型实践。

（5）推进数字化协会建设。研究出台数字化协会建设方案，开展会员能力与需求标识建设，探索会员优质资源共享以及利用知识图谱和大模型技术等服务会员新手段。立足底层信息共享、权限系统互通、数据分析互用、资源匹配对接和价值挖掘赋能，制订会员服务平台建设方案，协会集基础管理、基本服务、赋能服务于一体的生态服务平台建设得到积极推进。

（6）加强和完善各项制度建设，夯实协会运作管理的制度基础。完成《中国电力发展促进会章程》《会费收取和管理办法》《分支机构管理办法》《会员管理办法》《资产管理办法》《投资管理办法》等15项管理制度的制（修）订工作。

（7）分支机构发挥专业优势，开展会员服务。网络安全专委会连续两年举办的“闪电杯”大赛，品牌效应逐渐显现；有序推进态势感知平台建设。人工智能与大数据分会发挥“平台+生态”资源优势，在机构建设、专家智库、活动策划、课题研究、大数据人才培养、宣传推广等7方面推进各项工作。碳达峰碳中和专委会依托国网新能源云平台，探索业务发展路径；完善会员能力、需求、资源信息的收集与分析画像，积极打造双碳领域生态圈。新型电力系统人工智能产业合作委员会开展电力数字化、智能化领域“政、产、学，资、研、用”的交流合作平台建设。燃机发电专委会构建信息互通、资源共享、成果互惠的燃机发电合作平台，建设燃机智慧运维云平台，开展燃机国产化联合攻关工作。核能分会与外单位联合主办核电前沿高峰论坛暨新建机组大会、民用核技术绿色发展论坛、中国核能高质量发展大会、核能“三步走”

发展40年论坛。集成电路专委会开展“走进智芯”与“走进龙芯”活动。低碳用能与智能电力专委会走访数十家单位，主办“低碳能源系统及数字化”论坛。能源物联网分会联合中国电子技术标准化研究院共同主编《能源物联网标准化白皮书》。

（高　军　梁卫国）

【中国电力技术市场协会】

单位概况　中国电力技术市场协会（简称中电技协）是由全国电力行业以及为电力行业服务、从事电力技术市场活动的企、事业单位和有关人士组成的全国性、行业性、非营利性的社会组织。1992在中华人民共和国民政部登记注册。党建领导机关为国务院国有资产监督管理委员会，由中国电力企业联合会党委代管。

中电技协以服务电力技术的研发、交流、交易、推广为己任，开展电力技术交流与协作，推动电力新技术应用，促进电力科技成果转化，推进电力技术市场发展，促进技术转移，为实施“能源四个革命，一个合作”的发展战略服务。

组织机构　4个部门：综合部、培训部、技术中心、行业咨询与服务部；11个分支机构：综合智慧能源专委会、工业互联网与智能化专委会、储能设备技术专委会、电力安防专委会、轨道交通电力与牵引供电专委会、创新与知识管理专委会、运维检修分会、配电与真型试验、城市电网、智能全景系统专委会、化学专业技术专委会。

主要工作情况

（1）完成换届选举工作。2023年3月29日，中国电力技术市场协会第五届会员大会、第五届理事会第一次会议现场方式在北京召开。中国电力技术市场协会第五届理事会会长潘跃龙作第五届会员工作报告。

中电技协第五届会员大会听取、审议并表决通过了中电技协工作报告、财务工作报告、监事工作报告，中电技协《章程（修改草案）》《会费管理办法修改（草案）》《对外投资管理办法（草案）》《投票表决和选举办法（草案）》等有关办法、第五届会员大会监票人、计票人建议名单，选举产生了中电技协第五届理事会理事单位、理事，中电技协第一届监事会监事。在新的理事会会长潘跃龙的领导下，始终坚持以习近平新时代中国特色社会主义思想为指导，不断增强“四个意识”、坚定“四个自信”、做到“两个维护”，深入贯彻落实党的二十大精神和国家“十四五规划”等一系列党中央重大决策部署，在推动协会的高质量发展方面迈出了坚实的步伐。

（2）政府和会员单位委托课题研究工作及专项行业报告。受政府部门委托，分支机构承担的“电力期货市场建设研究（四期）”“大范围分布光伏吸纳研究”等课题受到广泛关注，很多企业主动参与研究，希望共同推动这一领域的研究取得成果。目前，新项目及以往各项研究均按进度节点完成了工作。

（3）开展技术交流协作与技术培训，促进行业健康发展。行业协会组织的实用性的面向生产和科技一线的技术交流和培训，一直是促进电力行业技术和管理水平的重要内容，以电力企业创造价值为各项业务活动的出发点，总体的交流、论坛、培训的技术水平和先进性、针对性有所提升，市场份额和服务影响力依然得到了行业的认可。电气自动化专业交流、技术监督交流与培训、新能源和核电运维的专项培训、信息安全培训、电厂化学和水处理技术交流等服务，已成为电网、发电企业相关专业群体青睐的活动。

（4）分支机构服务明显进步，已逐渐形成品牌。城市轨道交通专委会组织会员单位在常州、南京、廊坊召开3次融合创新技术交流会，电力安防专委会组织2023年全国电力设施保护工作交流会议暨电力安防专精特新展，城市电网专委会的配电网专业论坛成功举办，综合智慧能源的品牌影响力逐步扩大。这些分支机构的活动，在各自领域内为行业提供的技术交流平台，并聚集了专家和学者，共同研讨、建言献策，担负起行业技术学习交流平台的重任。

（5）团体标准编制工作及技术与成果评价。完成《110kV～220kV局域电网继电保护配置及整定技术规范》《配电自动化即插即用终端试验规范》和《铁路场所LED照明技术规范》等团标编制，在进行的《有源电抗器》《屋顶光伏》等标准受到关注。完成中能建湖南火电公司、东莞供电局第三方科技评价报告、万向创新聚能城储能项目安全可行性评估等科技成果和项目的评估和评价工作，直接服务于技术成果的转化，开创了新的服务领域。

（6）开展技术成果培育和技术市场体系建设。完成2023年电力科技成果转化“金苹果”奖的评选工作。“金苹果”奖是中电技协在国家有关文件鼓励民间设立科技奖的大环境下，在得到科技部奖励办口头允许（当时，科技部已数年没有审批新设奖项）的情况设立的科技成果转化类奖项。2023年是第三届“金苹果”奖，有数百项成果参与了评审。

（7）开展科技成果、专利转化平台建设的初步工作。建设科技成果、专利转化平台一直是技术市场关键要素。中电技协计划自主建设电力行业成果转化服务平台，努力推进科技成果转化、孵化。

【中国水利电力质量管理协会】

单位概况　中国水利电力质量管理协会成立于1983年6月，是跨水利与电力行业的专业组织、是在民政部注册的非营利社会团体法人。协会党建工作领导机关为中央社会工作部，由中国电力企业联合会党委代管，业务接受国家市场监管总局、国资委、水利部和能源局等政府部门指导。

从1983年至今，协会已历经七届理事会。目前，理事单位97家、常务理事单位29家，副会长单位12家，设立4个分会、3个专业委员会和1个直属单位，基本形成了功能齐全、分工协作、优势互补、规范有序、覆盖电力和水利行业的质量管理服务体系。40多年来，协会为水利和电力行业的质量管理提升做出了重要贡献，逐步成为推动水利和电力行业高质量发展的重要力量。

2023年，中国水利电力质量管理协会完成换届，新一届协会领导班子带领大家以习近平新时代中国特色社会主义思想为指导，全面贯彻学习党的二十大精神，落实《质量强国建设纲要》，在中央社会工作部、中电联党委的坚强领导下，在广大会员的大力支持下，按照“1156”工作思路，发挥自身优势，凝心聚力，锐意进取，持续推进质量管理相关工作，加强协会建设，凝聚行业发展合力，积极作为，开拓创新，为推动中国水利、电力行业高质量发展做出贡献。

主要工作情况

（1）凝心聚力，开启协会发展新征程。

一是完成协会换届相关工作。3月29日，召开第七届第一次会员代表大会、第七届理事会第一次会议及第七届监事会第一次会议，选举产生第七届理事会理事单位、理事和第七届监事会监事及相关领导，审议通过《关于中国水利电力质量管理协会法定代表人变更人选的议案》《中国水利电力质量管理协会会员管理办法（修订草案）》《中国水利电力质量管理协会新闻宣传工作管理办法（修订草案）》。

二是围绕高质量发展主题召开论坛。3月29日，举办“实施质量强国建设纲要　推动水利电力行业高质量发展”圆桌会议，助力质量强国建设。10月16日，召开高质量发展论坛，来自国家电网公司、南方电网公司、中国华能、国家电投、中国三峡集团、国家能源集团、中国水务等单位的代表在高质量发展论坛上发表演讲，相互交流，取长补短，助力水利电力行业高质量发展。

三是修订完善协会五年发展规划。按照新一届理事会整体工作思路，对《发展规划（2022—2026年）》进行补充修改完善，形成协会《发展规划（2023—2027年）》。规划总结了水利电力质协发展取得的成绩，分析发展面临的内外部新形势，明确了协会发展的总体思路、基本原则和规划目标，重点业务发展布局和方向。

四是完善规章制度，明确职责和任务。新一届理事会成立以来，共召开11次会长办公会议，审议修订有关规章制度，审议协会领导、专职顾问、副秘书长工作分工方案、本部部门职责、协会2023年度重点工作计划等，各部门按照职责和重点任务，不断努力前行。

五是积极作为，开拓新业务。根据水利电力行业高质量发展新要求，协会积极走访会员单位，汇总会员单位需求。根据会员需求认真分析和调查研究，经10月16日第七届常务理事会第一次会议审议通过，成立电力行业ESG专业委员会、安全（消防）应急分会和专家委员会，与中国安全产业协会建立战略合作关系，签署战略合作协议。探索研究开展电力设备质量满意度调查，筹备电力设备质量满意度调查和信用评价体系建设，为会员企业提供更高质量和更高水平的服务。组织专家对中国安装工程优质奖（中国安装之星）评选申报项目进行评审，共推荐6项优质工程参加评审，其中5项工程获得2023—2024年度第一批中国安装工程优质奖（中国安装之星）。

六是做好中源水（北京）质量技术服务有限公司运营工作。2023年3月，注册成立中源水（北京）质量技术服务有限公司，完成相关开办手续，着手为水利电力质量管理提供业务咨询和服务。自开办以来，中源水公司各项工作开展有条不紊，积极克服困难，运营情况良好，取得了不错的成绩。

（2）立足行业，落实政府相关工作。

一是开展推荐第五届中国质量奖评选组织相关工作。对第五届中国质量奖评选表彰工作高度重视，5月成立了以会长为组长的评选推荐领导小组，利用协会门户网站、公众号等媒体，以及会员联络会、专业会议，宣传推广中国质量奖，鼓励“专精特新”企业申报中国质量奖，最终推荐5家单位参加评选，其中，中国三峡集团的中国三峡建工（集团）有限公司进入第五届中国质量奖建议名单。

二是做好中国专利奖推荐和协会质量技术奖备案相关工作。做好中国专利奖推荐工作，经协会推荐的“风电机组的次同步振荡抑制方法及装置”专利获得第24届中国专利银奖。为开拓业务，推动行业高质量发展，争取质量技术奖。通过多次向国家科学技术奖励工作办公室汇报沟通，按照办公室有关要求，编制《关于中国水利电力质量管理协会质量技术奖设奖报告》《中国水利电力质量管理协会质量技术奖管理办法》《中国水利电力质量管理协会质量技术奖管理办法实施细则》《社会力量设立科学技术奖信息表》等报奖备案材料，最终得到奖励办的认可和支持，同意接收协会报送质量技术进步奖材料，并有望在2024年6月底前批复。

三是开展民政部服务高质量发展专项行动及社会组织评估工作。按照《民政部办公厅关于开展全国性行业协会商会服务高质量发展专项行动的通知》要求，9月制定《协会服务高质量发展专项行动实施方案》，做好“专项行动”有关工作。筹备民政部全国性社会组织评估工作。依据全国性行业协会商会评估指标要求，全面启动全国性社会组织评估准备工作。

（3）守正创新，多元化开展质量管理活动

一是开展卓越绩效标杆评价活动。2023 年共评选出 66 家在电力行业实施卓越绩效模式管理方面取得突出成绩的标杆企业（组织），其中 4A 级 5 家，3A 级 26 家，2A 级 35 家。

二是开展现场管理星级评价活动。依据《中国水利电力质量管理协会电力行业现场管理星级评价管理办法（试行）》要求，组织专家开展现场管理星级评价工作。

三是开展质量管理（QC）小组活动。2023 年 5 月在昆明举办了质量管理小组活动人员与评价专家培训班；6 月在山东济南召开 2023 年全国水利行业质量管理小组培训暨成果交流会；6—7 月在成都、长沙举办了 4 期 2023 年全国电力行业 QC 小组活动成果交流活动。上述活动，参加人员和单位众多，深受会员单位和参加会议单位好评。

四是开展“质量月”活动及水利安全生产隐患排查整治活动。9 月初，印发《关于组织开展 2023 年水利电力行业“质量月”活动的通知》，组织各会员单位开展宣传活动，积极宣传党中央关于“三新一高”战略部署以及水利电力行业高质量发展成就，营造全民、全行业重视高质量发展的良好氛围。此外，协会还组织开展了水利安全隐患排查成果申报工作，申报成果 12 项，得到水利行业的普遍认可。

五是开展质量信得过班组建设活动。2023 年 6 月在山东济南组织水利行业质量信得过班组建设培训暨成果交流会。9 月在辽宁大连分别组织召开了水利、电力行业质量信得过班组建设培训暨典型经验交流活动，最终共优选出水利电力质量信得过班组建设典型经验 420 余项，得到与会代表的一致好评。

六是开展质量创新活动。2023 年 9 月在贵阳开展水利电力行业质量技术创新与质量改进成果交流活动，水利电力所属单位共计申报 270 余项成果，选出 193 项成果，起到推动企业加强全面质量管理的作用。2023 年 11 月，在郑州组织召开 2023 年水利电力行业质量管理创新培训暨典型经验交流会，来自全国水利电力行业的 330 余名代表参加会议，交流发布成果 300 余项，展现质量创新管理的成效。

七是完成国优 QC 小组及国优信得过班组申报工作。2023 年，组织各评价组组长对各组优秀成果进行综合评分并排序，并与各电力集团公司、省行业协会等沟通排重，最终审定推荐 10 项 QC 小组、20 项质量信得过班组参与国优申报，所推荐的所有项目全部获奖。

八是开展电力行业 QC 小组活动调查研究。为完善电力行业质量管理小组活动标准体系建设，搭建全国电力行业 QC 成果展示交流推广平台，2023 年 6 月启动规范推进电力行业 QC 小组活动调研相关工作，通过问卷调查、电力行业 QC 小组活动调研及专家研讨会等活动，完成了《高质量推进 QC 小组活动全面增强电力行业质量引领力》调研报告。

（4）健全会员管理体系，细化会员服务内容。

一是广泛开展会员走访活动。制定会员发展方案及会员走访计划，拜访了多家会员单位，宣传《质量强国建设纲要》指导思想，推介协会开展的主要活动和发挥的重要作用，与会员单位之间建立良好的互动通道，加强了与会员单位的沟通交流。

二是增加会员服务内容。编制并印刷 2023 年服务指南，编撰《中国水利电力质量管理协会年度报告 2023》，提升服务效能。建立各层级联络机制，通过信息化平台建设，开发会员管理系统，优化会员服务模式。

（5）强化标准化建设工作，规范质量管理活动。

一是承担能源领域行业标准建设工作。开展中电联卓越绩效与质量管理提升标委会相关工作，修订完善《电力企业卓越绩效标杆评价准则》《电力企业现场管理对标工作评价准则》两项能源行业标准。

二是做好中电联电力设备质量管理标准化技术委员会相关工作。审议通过标委会章程、委员名单、秘书处工作细则等文件，完善委员信息导入标准化平台系统。《高压交流开关设备制造监理导则》（能源 20230547）已通过国家能源局行业标准编制的立项申请。12 月召开标委会年会，调整了部分委员，讨论标委会标准体系等文件，审议 2 项准备立项的标准，会议取得成功。

三是筹备成立中电联卓越绩效与管理质量提升标准化委员会相关工作。按照协会总体要求，重新组建标委会。目前已经完成标委会委员征集、组建方案请示及公示等环节，待中电联标准化中心批复后召开成立大会。同时准备 9 项标准编写工作，组织专家进行梳理和研讨，根据意见积极修改完善。

（6）坚持党建引领，以党建促发展。

一是坚决落实习近平新时代中国特色社会主义思想主题教育。为贯彻落实《在学习贯彻习近平新时代中国特色社会主义思想主题教育工作会议上的讲话》精神，协会党支部根据中电联党群部要求，5 月份组织参加主题教育轮训暨读书班，积极落实主题教育方案，开展集中学习活动，召开专题组织生活会，主题教育第一阶段圆满完成。按照主题教育“回头看”相关要求，细化工作安排，严格查摆问题，制定整改措施，防范化解风险，提升自身治理能力。

二是做好支部主题党日活动。组织开展“学习党内相关制度”、观看《榜样 8》等主题党日活动。12 月与国网铜川市耀州区供电公司党支部开展党建共建活动，组织党员赴铜川照金革命老区参观学习。

三是加强纪检监察工作。协会党支部落实上级党委工作要求，配合中电联党群、纪检等部门报送相关材料，在节日期间紧盯“四风”问题，严格遵守相关纪律要求，强化责任担当。落实中电联《关于开展“廉洁从业　履职担当”警示教育月活动的通知》，10 月组织开展廉洁警示教育活动。

【中国电力体育协会】

单位概况　中国电力体育协会是由全国电力相关企事业单位、电力行业性组织自愿结成的全国性、行业性社会团体。本会的宗旨是：贯彻执行党和国家体育方针、政策，组织电力行业的全民健身运动，积极开展职工喜闻乐见的体育活动，满足广大电力职工日益增长的体育健身需要；通过开展各种职工体育活动促进电力企业之间的交流，提高电力职工身体健康水平，促进电力行业文化建设，为电力行业的全面、协调可持续发展服务。

电力体育协会成立于 1955 年，随着历史变迁，电力体育协会名称几经更改，前身曾先后为中国电业体育协会、中国动力体育协会、中国水利电力体育协会、中国电力体育协会、中国电力企业联合会文艺体育分会。2023 年 3 月，电力体育协会召开第七次会员代表大会，选举产生新一届理事会，秘书处挂靠在中国电力企业联合会会员及企业文化建设部。

主要工作情况

（1）贯彻落实全民健身国家战略，聚焦协会发展方向和目标定位。启动研究电力体育五年发展规划纲要、三年全民健身行动计划课题，提升对职工运动健康工作重要性的认识，探讨研究协会及其分子机构服务会员单位职工健康运动新型运作模式，凝练形成协会发展思路和愿景，将全民健身国家战略在电力行业落地落实。重视电力职工健康需求的充分释放，发布“运动点亮生活、健康创造未来”倡议书；参与国家体育总局“职工体质检测与科学健身指导”一站式综合服务工作，确定了国网山东莱芜供电公司为电力体育协会职工体质监测落地站点，完成试点运行，该公司被评为优秀组织单位；调研、走访国家体育总局群体司、竞体司，学习、研读有关政策，迎难而上，完成部分竞技运动员的注册工作，并组织参加全运会积分赛，蓄力培育电力体育专业队伍，力争在第十五届全国运动会上重新亮起电力体育大旗，助力体育强国新实践。多方引入外部资源，与建依体育签订战略合作框架协议，确立电力体育运动服装合作伙伴关系，建立共建共享合作平台。加强与中国企业体育协会、相关行业体育协会之间的联系，拓宽体育活动沟通交流渠道，推进提升职工科学健身服务能力。

（2）结合电力体育协会实际贯彻落实中国电力企业联合会党委决策部署。贯彻执行中国电力企业联合会党委的决策部署，落实主题教育实施方案，围绕协会发展、行业热点、会员难点、内部治理等开展调查研究，将主题教育与年度重点任务、协会发展愿景相结合，推动各项工作走深走实。严格按照民政部、中央社会工作部管理要求，全面完成换届备案工作。筹备召开电力体育协会会长（扩大）会议暨七届二次理事会。强化协会治理，夯实管理基础，优化完善工作规则与流程，提升驻会机构服务大局的能力，推进电力体育协会与中国电力企业联合会更高水平的协同发展。

（3）满足广大电力职工多层次、多元化的体育需求，组织举办覆盖广泛、喜闻乐见的职工体育活动。按照新一届理事会工作目标，一切以提升职工身心健康和身体素质为出发点，巩固活动基础，增加赛事抓手，服务职工形成健康的生活方式。协调会员单位的资源，发挥电力职工参与全民健身和体育活动的积极性、主动性、创造性，搭建职工健康运动平台，完成健跑分会、篮球分会的筹建；依托分会机构，组织开展“奋进新征程　建功新时代”主题健步走活动；继 20 世纪 90 年代之后，时隔 29 年重新启动电力行业职工篮球友谊赛、在京会员单位邀请赛；组织开展了由南方电网公司承办的全国电力职工网球比赛，举办了由中国三峡集团承办的全国电力行业职工桥牌锦标赛，由隆基绿能公司承办的电力职工掼蛋比赛（北京站）。经国家体育总局群众体育司授权，利用 S365 平台完成 2023 年“全民健身线上运动会”北京站、沈阳站、西安站、成都站、上海站、武汉站、广州站的城市巡回线上跑活动，累计参与职工 26355 人次；举办了一期篮球二三级裁判员培训班，97 人注册参加；依托“书香国网”平台，向各会员单位推送职工科学运动与健康管理直播讲座 4 次，累计参与职工 70.2 万人次，引导广大职工主动健身、科学健身。

根据国家体育总局群体司全年活动安排，以及中国企业体育协会年度赛事计划，组建电力体育协会代表队，先后参加了 2022—2023 年中国职工乒乓球联赛总决赛、2023 中国职工网球联赛（北京站）、2023 年中国职工足球联赛（在京央企赛区和总决赛）、中国职工羽毛球联赛总决赛、中国职工气排球锦标赛总决赛、中国职工竞技掼蛋竞标赛总决赛，斩获了数十枚团队和单项奖牌，获得了多项赛事的优秀组织奖、突出贡献奖；尤其在 2023 中国职工乒乓球联赛总决赛中获得男女团体双冠王，3 个单项冠军，4 个单项亚军，3 个单项季军及 4 个第五名，获奖总数位居组队单位第一，使体育活动成为职工激发拼搏精神、培养阳光心态、树立企业荣誉感和社会责任感的生动实践。

（4）坚持依法办会、规范管理，建设权责明晰、职能优化、监管有力的高效运行机制。完成第七次会员大会和七届一次理事会，选举产生了新一届理事会及领导集体，按照中国电力企业联合会党委要求，推进换届后续程序；落实章程规定，起草印发监事工作规则、会员管理、个人会员发展、分支机构管理以及合同、固定资产管理等系列制度和办法，优化财务审批和报销流程，建立和完善协会制度体系，进一步理顺协会、市场、会员三者之间的关系。探索体育活动智能化转型，促进健康服务提质增智，以更高水平、更高质量、更有价值的服务赢得会员单位的认可和尊重。辨识协会合规管理风险源，制定风险防范化解方案，增强协会功能的先进性和管理合规性。研究协会社会化、市场化发展能力提升问题，对标先进社团，融合国家体育总局“十四五”体育专项规划要求，基本完成电力体育协会五年规划纲要主体内容，在此基础上形成三年行动计划，增强工作抓手，搭建有效载体，逐步形成赛事、培训和运动健康的闭环管理，展示电力体育的综合价值和多元功能。

（5）发挥好协会的窗口作用，以共同的价值理念凝心聚力。为了更好地服务广大会员、增强会员交流合作与行业企业之间沟通联系，推动协会工作更加契合行业发展实际，6 月 10 日，电力体育协会官方微信公众号“电力体育”正式上线运行，围绕发布政策、发好声音、做好服务，弘扬电力精神，传播电力体育文化建设成果。在多方征求会员单位意见的基础上，设计制作电力体育协会形象标志 LOGO，向社会传递协会的宗旨理念、价值取向和精神特征，树立品牌形象，着力提升协会无形资产。加强体育文化宣传，通过赛事、媒体、体育相关产品等多维度展示行业体育活动风采，彰显广大电力职工团结向上、奋勇拼搏的精神风貌，增进社会各界对电力行业的理解和支持。深度挖掘会员需求与目标，运营好电力体育微信公众号。通过赛事活动、图片展播和会员分享，增强信息交换和互动，巩固和培育品牌项目，凸显品牌价值。深化战略合作关系，用好社会化、专业化资源，打造协会 APP 运动健康平台，丰富体育产品供给和服务，推动职工参与度高、辐射带动能力强的体育活动，扩大协会的覆盖面和传播力，增强美誉度和影响力，以更高标准、更高质量做好会员服务，为促进行业的发展添光增彩。

一是牢牢把握正确的政治方向，是协会高质量发展的根本保证。始终坚持以习近平新时代中国特色社会主义思想引领职工，深入落实全民健身国家战略，结合电力行业特色，聚焦协会发展方向和目标定位，筑牢广大职工团结奋斗的思想基础。二是坚持践行以职工为中心的发展理念，为会员创造价值，是协会健康发展的必然要求。满足广大电力职工多层次、多元化的体育需求，组织举办覆盖广泛、喜闻乐见的职工体育活动，获得会员单位高度认可，才能赢得广大职工的信任，体现自身价值。三是苦练内功加强自身建设，是协会规范发展的重要保障。落实章程规定，建立和完善协会制度体系，进一步理顺协会、市场、会员三者之间的关系，研究导入专业化、数字化智慧服务资源，加强市场化、社会化发展研究，增强会员交流合作与行业企业之间沟通联系，夯实发展基础，确保协会的可持续发展。

【中国电力教育协会】

单位概况 中国电力教育协会（简称中电教协）成立于 1994 年，是由全国电力企业教育协会和能源部电力高等教育学会合并改组而来，是经教育部批准、民政部登记的一级社团组织。2021 年第四届理事会成立，截至 2023 年底会员单位 332 家，其中理事单位 107 个。

组织机构 中电教协内设 2 个职能部门 4 个业务办公室，即秘书处办公室、教育发展部和教材建设办公室、《中国电力教育》编辑部、学生竞赛工作委员会办公室、职业教育教学成果管理办公室；下设 6 个分支机构，即电力仿真培训专业委员会、电力职业技能培训专业委员会、高校电气工程学科教学工作委员会、高校能源动力学科教学工作委员会、智能电力系统产学研专业委员会、高校土建类专业教学工作委员会。

主要工作情况

1. 加强党建工作，全面提升队伍战斗力

中电教协与中电联人才评价与教育培训中心双向融合发展解决业务发展问题，实施双向派驻制度推动协会组织建设，实施“双向派驻、交叉任职、一岗双责”战略，加强自身党组织建设，通过双向派驻方式完善基层党组织，建立协会独立党支部，发挥党支部在协会“三重一大”事项的监督指导作用。落实“三会一课”制度，是常态化开展廉洁警示教育。

2. 加强协会自身建设，提高行业服务能力

（1）规范协会法人治理，促进协会健康发展。完成了协会年检信息的网上填报和纸质材料的报送工作；开展协会法定代表人变更申报工作，已经完成线上预审。建立健全内部规章制度。2023 年协会发展基础不断夯实，推进内部制度建设，制、修订规章制度 24 项，保障协会合规发展；完善协会工作机构，增强协会服务职能，加强协会内控管理，内部管理取得阶段性成果，协会自身建设能力持续增强。

（2）健全协会工作机构，丰富协会服务职能。组建协会教育发展部，发挥中电教协促进电力行业人才

发展的平台作用，协调电力教育资源，策划并落实切合电力人才发展需求的活动等工作，推进职普融通、产教融合、科教融汇；授牌重庆电专成立“中国电力教育协会职业教育教学成果管理办公室”，为开展全国电力职业教育教学成果奖的收集、评价和交流工作搭建平台；依托华北电力大学工创与创新创业教育中心成立“中国电力教育协会学生竞赛工作委员会办公室”，发挥电力创新设计竞赛平台作用，汇聚高校、行业、企业力量，提升大学生创新设计意识和能力以及复合型、创新型的人才培养质量。

（3）加强舆论宣传阵地建设。一方面，完成中电教协官方网站改版工作，加大信息宣传，特别是通过通知公告把协会的工作和成果，进行公开；另一方面，《中国电力教育》作为中电教协主办的会刊，2023 年发行量比 2022 年增长约 20%，文章质量也大幅提升。

3. 开展丰富的业务活动，提升品牌服务品质

（1）组织召开各类会议，审议通过多项决议。

1）召开了 2 次分支机构及业务办公室工作会议，宣贯《中电教协分支机构管理办法》《中电教协分支机构考核办法》，通过制度化建设来提升协会及分支机构的管理水平，讨论研究分支机构及业务办公室的后期工作计划。

2）先后召开了 3 次本部会长办公会，讨论工作计划、财务预算、人员管理等相关议题，明确第三届电力人才发展论坛主题及相关事宜，审定中电教协智能电力系统产学研专委会职业教育电力专业建设研讨会的方案，确定 2023 年为中电教协智库建设年，并启动智库建设的相关工作。

3）召开 3 次专题办公会，审定《中国电力教育协会差旅费管理办法》，研讨全国电力职业教育优秀教学成果评选工作方案，通过电力行业 2023 年度“教育教学创新成果及新技术新产品应用”征集结果的公示方案。

4）召开秘书长办公会，讨论第二届“深化产教融合，促进电力发展”主题研讨会的筹备方案及五项常规赛事的准备工作。

5）召开四届四次常务理事会，审议《中国电力教育协会合同管理办法》《中国电力教育协会财务人员岗位责任制度》《中国电力教育协会报销管理暂行规定》等 13 项规章制度草案，通过了编制印发《中国电力教育协会简介》、组织开展“2022 年度电力行业教育培训领域影响力事件”征集工作等议项。

6）召开四届三次理事会暨四届五次常务理事会，审议通过《中国电力教育协会第四届理事会第三次会议工作报告》《中国电力教育协会员管理办法（修订稿）》《中国电力教育协会关于新发展会员及副会长、常务理事、理事单位新增及变更名单的议案》《专项资金使用方案》等议项。

7）召开 2023 年年中工作会议、年度工作会议。

（2）举办品牌活动，助力行业人才培育。

1）在苏州召开第二届电力行业技术技能培训经验交流会，为电力行业搭建了技术技能培训创新成果和实践经验交流和学习的平台，以助力新型电力系统的建设。大会筹备期间评选出 50 个“优秀创新成果”，5 家“优秀组织单位”，并在会议现场举行了颁奖仪式。

2）在南宁举办全国电力企业院校创新创业工作培训及经验交流会。来自全国 32 所高校、46 家企业的共计 113 位专家学者、参会代表齐聚一堂，探讨分享电力企业院校创新创业工作经验及未来发展，并对 2022 年全国电力院校创新创业十大案例及优秀案例进行颁奖。

3）开展“2022 年度电力行业教育培训领域影响力事件”征集工作，评选出“十大影响力事件”15 项影响力事件优秀案例，推动电力行业教培领域的开拓创新和经验交流。

4）举办第二届全国大学生电力创新设计竞赛，有来自全国 29 个省份 104 所院校、583 多支队伍，2838 人参加本届比赛，提升了大学生的创新热情和创新能力，提高实践能力和团队协作能力，为电力行业的技术创新、人才培养和产业发展注入新的活力。

5）召开产教融合教师创新团队评价指标体系研讨会，完善、细化教师创新团队评价指标体系，为推动该指标体系成为电力行业教育培训领域的新标准打下良好基础。

6）举办第八届全国高校电气类专业课程教学研修班、全国高校能源动力类专业课程教学研修班、全国高校土建类专业课程教学研修班，推动高等学校电气类、能源动力类、土建类专业教育教学改革，深化能源、电气学科与相关学科交叉融合，探索和培育与“双碳”相关的新兴学科。

7）召开第二届“深化产教融合，促进电力发展”研讨会，共有来自全国各高等院校、企业代表 120 多人共议“政行企校”“双碳目标下新型电力系统建设”“产教融合政策教育”等时代命题，交流产教融合的探索与实践，会议取得成功，在会议筹备期间，经征集遴选出“2023 年电力行业产教融合十佳案例”及 15 项电力行业产教融合优秀案例，18 支电力行业产教融合优秀教师创新团队，同时为 47 项电力院校教育教学创新成果，20 项电力教育培训领域新技术新产品应用成果颁奖。

8）举办全国高等职业院校（学生组）变配电运行值班员技能竞赛（有来自全国 15 所高职院校的 26 支队伍）、全国高等职业院校学生电能计量装置安装与调试技能竞赛（有来自全国 16 所高职高专、职业本科院

校共 29 支队伍）、全国高等院校学生发电机组集控运行技术技能竞赛（有来自全国 25 所高校共 110 支队伍），这些竞赛为促进先进操作技能交流和推广，加快培养和选拔适应电力行业发展的技术技能型人才，提供了工学结合、技能展示、技术交流的平台，助推产教深度融合，促进“三个对接”“岗课赛证融通”。

9）做好会员发展和会费收缴工作。2023 年，新增副会长单位 3 家，新申请加入常务理事单位 10 家，理事单位 9 家，会员单位 2 家。

4. 分支机构开展专业服务

电教委推进精品教材、“十四五”规划教材的申报和评选，开展高校教师能力提升研修活动，完成电气主设备结构及原理、电气试验 6 个大专题实习实训项目线上数字资源制作，助力“智库建设年”，推选入库 359 位专家，涉及电气类、能源动力类、自动化类、电力技术类、热能与发电工程类、新能源发电工程类等九个专业领域。

技培委举办第二届电力行业技术技能培训经验交流会；组建电力行业技能培训《变电运维》等专业教研组；开发技术技能类系列培训教材；配合中电联电力专项技能评价基地运维管理；组织专家支撑电力行业培训师竞赛及微课大赛。

教材办组织申报评审“十四五”行业规划教材共评出 291 种；召开高校专业课程教学研修班；组织开展行业精品教材评审工作；提高行业教材研发质效，使 72 种教材入选教育部“十四五”职教国规教材目录。

能动专委会开展行业“十四五”规划教材申报工作，立项能源动力类本科和研究生教材 64 项；举办第六届全国高等学校能源动力类专业课程教学研修班，开展 2023 年中国电力教育协会精品教材申报和评选活动；推荐 133 位能动类专业领域专家入库。

智能电力系统产学研专委会组织召开职业教育电力专业建设研讨会；配合教协举办职业院校学生技能竞赛变配电运行值班员竞赛，开展教培领域新技术新产品应用征集工作。

编辑部为中电教协大型会议及活动，推出专题报道，宣传行业人才培养的优秀案例和典型经验；围绕新时代工匠（劳模）培养、青年人才培养等主题开展征文活动；《中国电力教育》杂志入选中国人文社会科学核心期刊（入库版）。

电力仿真培训专委会按中电教协部署参加协会各项会议及活动，配合中电联组织开展电力行业仿真培训、专家评审、基地申报评估等工作。

【中国国际贸易促进委员会电力行业委员会】

单位概况 中国国际贸易促进委员会电力行业委员会（简称电力贸促会）是 2006 年经中国国际贸易促进委员会（简称中国贸促会）批准，在中电联设立的贸促分支机构，是全国贸促系统中唯一一家全国性电力行业对外经济贸易投资促进组织，由电力行业有代表性的人士、企事业单位和团体组成。机构负责人为会长许光滨。

电力贸促会业务职责主要包括：发挥政府与企业间的桥梁纽带作用，向政府和有关部门反映电力行业有关情况和意见；协助国内电力企业开拓和扩大对外交流渠道，建立友好合作关系；在境内外主办或组织参加电力行业国际展览会；协助开展电力领域出口贸易、境外项目的招投标、投融资等经贸活动，组织电力技术交流活动，举办境外投资相关法律法规培训；提供贸易和经济技术合作方面的信息和咨询服务；编辑、出版各类刊物；促进电力行业中小企业间的合作提供服务等。

主要工作情况

（1）发挥优势资源，推进贸促服务平台建设。

1）交流行业经验，促进贸促合作共识。9 月 18 日，2023 年电力贸促会委员大会暨中国电力国际产能合作企业联盟年会在南宁召开。电力贸促会领导向与会代表做电力贸促会和电力国际产能联盟工作报告。电力国际产能联盟与阳光时代律师事务所联合发布了《电力国别投资合作指南之越南海上风电项目投资指南》。来自各委员单位代表及行业专家共 50 余人参加大会并交流发言。

2）开展电力行业营商环境监测工作。电力贸促会根据中国贸促会要求通过多种渠道在电力行业宣传我国营商环境相关法律法规与政策措施，沟通联络委员单位和有关电力企业组织发放、回收 2023 年四个季度的中国营商环境调查问卷，为中国贸促会编写 2023 年度中国营商环境报告提供了电力行业数据支撑。

3）开展“走出去”情况调研。电力贸促会开展以“当前电力企业‘走出去’面临的困难挑战及对策建议”为主题的调研，形成调研报告《中国电力行业“走出去”形势分析与展望》，重点分析中国电力企业在“走出去”过程中遇到的困难和挑战，提出应对策略和发展展望。调研报告报送了中国贸促会，通过贸促渠道为电力行业“走出去”提供助力。

4）电力贸促会受邀出席中国国际商会欧盟碳税对我国企业影响应对闭门研讨会，反映碳关税对我国电力行业可能造成的影响，并提出应对建议，为中国相关企业适应新的国际规则争取有利条件。

5）协助企业解决国际合作争议。就电力贸促会委员单位瑞典项目纠纷问题，沟通商务部、中国贸促会和瑞典中国商会，向委员单位争议方发出事件关切函，提请对方重视与中方的合同履约诚信，协助委员单位维护合法权益。电力贸促会的作为获得委员单位的认可。

6）组织召开2023投资泰国圆桌论坛。由电力贸促会主办，电力国际产能联盟协办的2023投资泰国圆桌论坛于6月13—15日在杭州成功召开。会议邀请到泰国投资促进局官员介绍泰国最新投资优惠措施和营商环境，并前往意向投资企业考察生产基地，为企业赴泰投资建厂如何享受优惠政策提供现场咨询。活动推动了区域全面经济伙伴关系协定（RCEP）政策落地，促进中泰产能合作，协助企业抓住机会享受在外投资政策红利和服务便利。

7）组织企业参加中马双多边产能与投资合作系列活动。为把握共建“一带一路”和国际产能合作发展的新形势新情况新机遇，推动执行中马产能合作机制，电力贸促会组织电力企业参加由国家发展改革委国际合作中心于12月10—12日在马来西亚举办的中马双多边产能与投资合作系列活动。国家电网公司、南方电网公司、中国电建集团国际工程有限公司、中广核等多家企业报名参加，在活动期间与马来西亚有关政府部门、企业和商协会代表开展交流对话、分享项目经验、对接合作需求，促进了中国电力企业与马来西亚及东盟各国在产能和投资方面的深入合作。

（2）推进电力行业合规体系建设和合规人才技术技能研究工作。

1）组织召开电力企业合规管理人才技术技能研究工作组会议，邀请中国贸促会全国合规委副秘书长、企业合规师专业水平（通用）培训教材副主编张顺介绍全国合规师专业培训通用教材编写情况和经验。

2）修订《电力企业合规管理体系规范》（T/CEC 369—2020）标准，经中电联合规标委会审议通过。

3）向中电联人才标委会提交了《电力行业职业技术技能标准企业合规师通用规范》和《电力行业职业技术技能标准企业合规师专项规范》草稿提请审查。

4）邀请合规国家标准核心研究团队成员、中国标准化研究院副研究员李佳出席2023年电力行业国际合作会议，为与会的电力行业国际合作部门负责人解读《合规管理体系要求及使用指南》（ISO 37301）。

（3）打造移动端宣传平台，提升信息服务实效性。针对目前移动端在宣传推广中的作用加强，增加了微信公众号在信息推广、品牌打造和展会宣传方面的工作力度。截至2023年11月底共计推送872篇图文，总阅读次数17880次，关注用户由年初的5938人增至7178人，累积增加用户1240人。微信公众号在各项活动的宣传推广方面效果显著。

（4）解读境外投资信息，服务行业国际产能合作。将电力国际产能联盟原境外投资风控简报服务内容融入《电力国际信息参考》，设立全球电力投资栏目，采用SWOT（优势、劣势、机遇、挑战）分析方法解读印度、日本、英国、俄罗斯、法国、巴西、美国、智利、埃及、南非、澳大利亚等国家和地区电力市场风险，提出投资建议。

（5）办好传统品牌展会，拓展新领域新机会。

1）10月20日，由东亚及西太平洋电力工业协会和中电联主办，电力贸促会承办的第24届东亚及西太平洋电力工业协会大会在福建省厦门市召开。大会以“绿色低碳 电亮未来”为主题。国家副主席韩正出席开幕式并致辞，2022—2023亚太电协主席、中国电力企业联合会理事长、中国国家电网有限公司董事长辛保安出席大会并致欢迎辞。来自50多个国家和地区的政府部门、电力企业、行业协会、研究机构及高等院校等近600家单位3000多位嘉宾参加会议。大会的举办，标志着亚太能源合作与交流进入新阶段，打造亚太电力命运共同体迈出重要一步。

2）3月28—30日，由中电联主办，电力贸促会承办的2023中国国际清洁能源博览会在北京举办。博览会以“构建清洁低碳安全高效的新型电力系统”为主题，聚焦清洁电力、氢能、光伏、储能等领域，展品覆盖新能源发电、储能、输电、变电、配电、用电等完整的新型电力系统生态链。展览总面积达35000m²，共有400多家企业参展，超过500种新技术、新产品、解决方案和应用案例在博览会期间集中展示，参观观众突破历史记录，达到3万余人次。

3）11月15—17日，由中电联和国家电网有限公司共同主办、电力贸促会承办的第31届上海国际电力设备及技术展览会在上海举办。展会总面积超过60000m²，吸引来自20个国家和地区近1500家企业参展，并围绕能源转型、科技创新、技术合作等议题召开十余场专业论坛和新品发布会。部分地方能源主管部门领导、能源行业协会、电力企业和设备制造企业等代表近400人出席了开幕式，共有近50000名专业观众参观了展览。

4）9月17日，由广西壮族自治区人民政府和中电联主办、电力贸促会承办的2023中国—东盟电力合作与发展论坛在南宁开幕。论坛聚焦“科技创新引领发展，共建绿色东盟家园”，探讨能源电力绿色低碳转型路径，助力中国—东盟能源电力行业合作向纵深发展。来自中外有关政府部门、中国和东盟国家能源电力企业、相关行业组织及研究机构共300余名代表出席论坛。论坛同期举办中国—东盟博览会“双碳”能源展，展览面积达8000m²。

5）3月30日，电力贸促会联合阳光电源股份公司在安徽合肥共同召开PAT2023先进技术研讨会。会议以“光储并济，共筑零碳”为主题，围绕加快构建新型能源体系等热点话题，就光、储、充技术创新趋势形成诸多共识。光伏和储能领域约400名代表参加本次会议，线上观看超20万人次。

6）7月19日，由越南胡志明工贸厅和越南国家电力集团胡志明公司主办的 2023 越南国际绿色能源及电力装备展览会在越南胡志明市西贡会展中心开幕。电力贸促会作为中国大陆组展方组织了数十家中方企业赴越参展。中方参展企业聚焦我国清洁能源领域核心优势，集中展现了共建“一带一路”、推动全球绿色发展、履行海外社会责任等方面的成果与实践。

【中国电力思想政治研究会】

单位概况 中国电力思想政治工作研究会（简称电力政研会）成立于1986年5月，是由电力行业企事业单位、社会团体等自愿组成的、从事思想政治工作和行业与企业文化研究的全国性、学术性、非营利性社会组织，在民政部注册登记，至今已经历七届理事会。近年来，先后荣获民政部“全国先进社会组织”、中国政研会“2021—2022年度全国政研会工作优秀单位”等荣誉称号。

主要工作情况

（1）坚持从严从实，在党的建设上取得新进展。深入贯彻习近平新时代中国特色社会主义思想和党的二十大精神，全面加强党对思想政治工作的领导，落实好意识形态工作责任制，组织电力行业开展学习贯彻习近平新时代中国特色社会主义思想主题教育，进一步统一思想、认清形势、明确任务、振奋精神，切实强化电力行业党的建设工作。结合实际将会议精神落实到调查研究、联络协调、干部培训等重点工作中，在福建古田干部学院举办学习贯彻习近平新时代中国特色社会主义思想主题教育培训暨年度优秀课题成果交流会，强化理论武装，坚持不懈用习近平新时代中国特色社会主义思想凝心铸魂，培训总结推广优秀课题成果，开展电力精神为主题的宣讲，全国各大电力企业党建思想政治工作骨干共130余人参加，增强电力行业党员干部做好思想政治工作的信心决心，在加强和改进新时代电力行业思想政治工作中发挥更大的作用。

（2）坚持思政引领，所获荣誉实现新突破。

1）坚持把政治标准放在首位，组织推荐会员单位在开展理论武装、调查研究、组织建设、干部培训等方面取得突出成绩，在发挥职能作用方面表现突出的优秀单位和在推动思想政治工作开展方面取得显著成绩、受到干部群众广泛好评的优秀个人，参加“2021—2022年度全国政研会优秀单位和优秀个人”评选。电力政研会推荐的4家单位、4名个人荣获“优秀单位、优秀个人”荣誉称号。电力政研会荣获“2021—2022年度全国政研会工作优秀单位”，电力政研会副秘书长孙蕾荣获中国政研会“2021—2022年度全国政研会工作优秀个人”。

2）坚持把握正确导向，突出实践价值，组织开展2022年度电力行业优秀研究成果征集、评审和推荐工作。评选出100篇有深度、有价值的优秀研究成果，将前5篇成果推荐至中国政研会，荣获一类研究成果1篇、二类研究成果2篇的优异成绩，由中共中央党校国家行政学院出版发行《中国电力思想政治工作优秀研究成果文集2022》，充分发挥优秀研究成果对思想政治工作实践的促进作用，对获奖优秀研究成果通过中国政研会微信公众号、电力政研会微信公众号予以宣传推广。

3）围绕提高基层思想政治工作质量水平，组织开展基层思想政治工作优秀案例征集、评审和推荐工作。总结近年来基层加强和改进思想政治工作好经验好做法，共推出60例优秀案例，将前5例推荐至中国政研会，其中2例荣获中国政研会思想政治工作优秀案例，展示电力行业具有时代特征的基层思想政治理论创新、实践创新的丰硕成果。

（3）坚持守正创新，在会员服务上取得新提升。贯彻绿色发展理念，推动能源绿色低碳转型，电力政研会与中国乡村发展协会联合举办“推动能源绿色转型，赋能乡村振兴发展”论坛，围绕能源转型、综合能源开发等方面深入交流研讨，促进绿色低碳能源体系建设。坚持面向行业，服务会员，共赴20余家会员单位开展调研走访，了解企业思想政治工作开展情况，对会员单位党建工作、意识形态工作、重点课题研究、开展活动等进行指导，履行联络协调、服务管理等基本职能。坚持正确政治方向和舆论导向，办好“中国电力思想政治工作研究会”微信公众号，加强内容建设，传达党中央关于思想政治工作重要指示精神，宣传电力行业优秀研究成果、基层优秀案例、工作动态，加强选题策划和编辑把关，提高公众号传播力影响力，推动互学互鉴，打造思想政治工作宣传阵地、电力行业思想政治工作重要信息交流平台。

（4）落实“三化四优”，在协会发展上取得新作为。做好财务监督、国有资产决算、年检、财务监督、财经纪律重点问题整治等九项统计自查工作，以扎实严谨的作风，引领协会做优做强。筹备第八届理事会换届工作，印发《关于商请推荐企业和个人加入中国电力思想政治工作研究会的函》《关于商请推荐党建工作骨干加入中国电力政研会的函》。优化内部监督管理，制定《中国电力思想政治工作研究会个人会员管理暂行办法》等六项制度，修订《中国电力思想政治工作研究会派驻制管理办法》等三项制度，推进合规管理。按照国资委和中电联党委工作部署，全年开展三次审计工作，动态更新会员基础信息，完善会员档案信息，做好联络员工作群日常维护。加强电力政研会自身组织建设，完善工作机制，增强政治性、先进性，加强自身活力，发挥桥梁纽带作用，扩大工作覆盖面和影响力，推动电力行业思想政治工作高质量发展。

【中国电力文学艺术协会】

单位概况 中国电力文学艺术协会（简称电力文协）是全国电力行业广大职工和电力企事业单位自愿结成的开展文学艺术活动的行业性、全国性、非营利社团组织。

电力文协成立于1983年，前身为中国水利电力文学艺术协会，登记管理机关为中华人民共和国民政部，业务主管单位为中国文学艺术界联合会，是其业务指导下的行业文联。2023年3月22日，电力文协召开第三次会员代表大会暨第三届理事会第一次会议，产生了新一届理事会，秘书处挂靠在中国电力企业联合会会员及企业文化建设部。

组织机构 下设6个会员单位，分别为中国电力作家协会、中国电力书法家协会、中国电力美术协会、中国电力摄影家协会、中国电力影视文化协会、中国电力集邮协会。

主要工作情况

（1）1—3月，在元旦至春节期间，电力文协组织协调多个电力书法志愿者服务团队，开展“送万福进万家下基层公益活动”，1025名电力书法家深入电力一线，为职工现场创作并赠送“福”字及春联等书法作品，112场活动共书写福字、春联和书法作品3.5万余幅。南方电网公司工委、国网甘肃电力工会获评中国书法家协会颁发的先进集体称号，3人荣获先进个人称号。

（2）为贯彻党的二十大精神和习近平总书记关于文艺工作的重要讲话精神，落实中国电力作家协会第四次代表大会提出的中国电力文学攀登计划，奋力推进新时代电力文学高质量发展，检阅新时代十年间电力作家队伍及其文学创作成果，3—9月，中国电力作协开展了“首届中国电力文学奖”评选活动。评出获奖作41部（篇）：长篇小说5部、中篇小说5部、短篇小说4篇、长篇报告文学4部、中篇报告文学4部、短篇报告文学5篇、影视剧文学4部、散文集（长篇散文）6部、诗歌集5部。另有32部（篇）作品为首届中国电力文学奖提名作品。首届中国电力文学奖评选具有三个显著特点，一是参与单位广泛，参评作品质量高，电力题材突出；二是评委阵容强大；三是获奖作品主题鲜明、导向正确，关注电力，反映电力，反映新时代现实生活、塑造时代新人形象，作品兼顾题材、主题、风格的多样化，注重艺术质量。

（3）9—10月，电力文协面向广大电力艺术家征集作品，举办了“春华秋实　祝福祖国”——2023年电力艺术家书画专题网络展。展出的50余幅作品歌颂共产党、歌颂祖国和宣扬社会正能量，展现中国电力事业蓬勃发展成就及电力员工精神昂扬奋发风貌，反映电力精神内涵，主题突出、积极向上，具有较高的思想性、艺术性和创新性。

（4）3月22日，电力文协第三次会员代表大会暨第三届理事会第一次会议在北京召开。中国文学艺术界联合会办公厅副主任鲁航出席会议，中国电力企业联合会党委委员、秘书长郝英杰到会并致辞。电力文协会员代表以及中电联有关部门负责同志，有关媒体代表等共计260余人参加了会议。大会以习近平新时代中国特色社会主义思想为指导，深入学习宣传贯彻党的二十大精神，聚焦举旗帜、聚民心、兴文化、展形象的使命任务，着力为新时代电力行业高质量发展提供强大的价值引导力、文化凝聚力和精神推动力。大会全面回顾了电力文协上一届理事会工作情况，听取并审议了工作报告、财务报告，表决通过了章程（修改草案）、会费管理办法（修改草案）等，宣读了《电力文协第三次会员代表大会倡议书》。选举产生了电力文协新一届理事会及领导集体，杨昆连任电力文协主席，孙兴泉当选电力文协秘书长。

（5）6月1—2日，电力文协在四川成都召开电力文协专业协会工作会议，这是电力文协2023年换届后的第一次集中工作会。会议审议了《电力文学艺术协会分支机构管理办法（征求意见稿）》《电力文学艺术协会分支机构年度评价办法（征求意见稿）》。会议期间，举行了“电力文协西南创作中心”揭牌仪式，将国网四川省电力公司职工文化中心设立为电力文协西南创作中心。中国电力企业联合会党委委员、秘书长郝英杰出席会议。

（6）7月4日上午，《大国电力》首发仪式在国网张家口崇礼供电公司举办，该书全景反映了20年来中国电力企业的成长，是作者宋明霞长期关注、深入思考，持续报道中国电力工作成果集结而成的叙事专著。该活动由电力文协主办，国网张家口供电公司承办。中电联常务副理事长、党委书记、电力文学艺术协会主席杨昆出席活动并讲话。

（7）7月26日“电力文协”微信公众号上线并发布了第一条信息。公众号为电力文协官方信息发布地，主要推送电力文协主席、副主席、理事单位、会员单位与电力文协工作相关的动态信息；分享各专业分会的工作动态、活动消息及工作经验，推介电力文艺精品和电力艺术名家等。2023年共推送18期内容，2.2万字原创内容，既有各专业分会的活动动态信息，又有电力会展作品展示等，受到广大电力会员的关注和欢迎，团结了广大电力文艺工作者队伍。

（8）7月26日是中国有电141周年纪念日，电力文协配合中电联“践行责任担当 凝聚奋进力量”主题日活动，同步举办了电力精神主题书画摄影展。此次展出的60幅书法、美术、摄影精品讴歌弘扬电力精神，展现电力行业为我国经济社会发展提供坚实保障的壮阔历程，集中体现了电力艺术家们诠释“忠诚担当、求实创新、追求卓越、奉献光明”的电力精神，以精神引领，以文化聚力，传递正能量，用心用情讲好电力故事，履行新时代电力文化使命的情怀与担当。国家电网公司董事长、党组书记辛保安、国家能源局监管总监黄学农、中电联党委书记、常务副理事长杨昆同志等出席主题日活动的领导和来自全国电力行业的与会代表参观了展览。

（9）8月8日，“内蒙古电力”杯第四届全国电力职工摄影大展在内蒙古乌兰察布市美术馆隆重举行。此次大赛共评出优秀摄影作品143件，优秀视频作品35件，展出作品178件，传递出电力摄影人的饱满精神和崇高情怀。中国电力企业联合会副秘书长、中国电力体育协会主席、中国电力文学艺术协会副主席、中国电力摄影家协会主席沈维春到会并致辞。

（10）8月17—18日，在中国作家协会2021—2023年社联工作会议暨全国文学志愿服务联席会议上，中国电力作家协会获“著作权开发先进单位”称号。“十分有爱”作家联盟志愿服务队队长、河南濮阳供电公司职工王存华获“文学志愿服务优秀志愿者”称号。

（11）8月31日，电力精神主题书画摄影系列巡展在广州成功举办。本次展览是电力文学艺术协会联合2023年电力行业可靠性高质量发展论坛而同步举行，共展出书法、美术、摄影作品总计70余幅。中电联党委书记、常务副理事长杨昆，国家能源局电力安全监管司司长苑舜，南方电网党组成员、副总经理唐屹峰，中国工程院院士饶宏以及来自政府部门、电力企业、科研机构、高等院校和设备制造企业的300余名与会代表参观了展览。

（12）10月10—12日，“庆祝中国电力集邮协会成立15周年——‘龙源杯’南通2023全国电力行业第四届集邮展”在南通市举办。来自国家电网公司、南方电网公司、中国华能、中国大唐、中国华电、国家能源集团、浙能集团等十余家电力企业的基层集邮协会的55部展品入选参展。展览共评出金奖3部、大镀金奖10部、镀金奖5部、大银奖6部、银奖1部、镀银奖1部、铜奖1部；评出一框金奖3部、一框镀金奖7部、一框银奖16部、一框铜奖2部。共计28部展品达到了参加国家级展览的报名要求。

（13）10月20日，第24届东亚及西太平洋电力工业协会大会在福建厦门举行。会议期间，由中电联主办，电力文协承办的“绿色低碳　电亮未来”书画摄影展隆重举办，展出了来自中国电力行业艺术家的书法、美术和摄影作品共计180件，集中展现了中国能源电力行业发展的历程与成就，表达了中国电力行业绿色发展理念。展览以艺术为纽带，相互沟通，凝结共识，打造东亚及西太平洋地区电力命运共同体，为全球能源电力行业可持续发展、推动构建人类命运共同体贡献力量。

（14）11月3日，中国电力影视文化协会（简称影视协会）在孔子故里山东曲阜宣布成立。中国电视艺术家协会、中国电影家协会发来贺信。2023年度电力行业微电影、短视频创作研讨培训班全体学员们参加了成立大会。在影视协会第一届组织机构中，中国电力文学艺术协会秘书长孙兴泉兼任主席，国网冀北电力公司工会主席徐其春兼任常务副主席，《中国电力企业管理》杂志社社长管永生、中国电力文学艺术协会副秘书长冷冰兼任副主席。国网冀北电力公司工会副主席陈永利兼任秘书长。组织机构还设置了副秘书长及理事。影视协会秘书处设在国网冀北电力公司，负责协会的日常组织工作。中国电力企业联合会党委委员、秘书长郝英杰，中国电视艺术家协会分党组成员、副秘书长董涛出席大会并共同为协会揭牌。

（15）11月1日，电力文协创办的《电力文协通讯》（内部刊物）第一期出版。该刊物旨在传播文艺理论、反映电力行业文艺工作动态信息、交流工作经验、服务各分会及基层文艺组织、宣传推广文艺典型等方面发挥阵地和平台作用，成为广大电力文艺工作者的知音，成为电力行业文学艺术对外交流的载体。《电力文协通讯》设置的重点栏目有：重要言论、理论学习、文艺资讯、亮点推介、名家侧影、精品推介、文协备忘录等。《电力文协通讯》主要发送对象为电力行业各单位（包括各团体会员）、中国文联各相关部门、各地方相关文联。

（16）11月29日，中国电力美术协会工作会议在北京召开。会议对电力美协主要负责人进行了调整，中国电力建设企业协会会长王思强接任电力美协主席。中电联党委书记、常务副理事长、电力文协主席杨昆到会并讲话。

科研、教育与新闻出版

科 研 机 构

【中国电力科学研究院有限公司】

单位概况 中国电力科学研究院有限公司（简称中国电科院）成立于1951年，是国家电网公司直属科研单位，是中国电力行业多学科、综合性的科研机构，主要从事超/特高压交直流输变电技术、电网规划分析及安全控制技术、输变电工程设计与施工技术、配用电技术，以及新能源、储能与电工新技术、信息与通信、能效测评及节能、人工智能、碳中和等技术领域的研究，研究范围涵盖电力科学及其相关领域的各个方面，其中大电网安全分析与运行控制、特高压交直流输电、大规模新能源接入与大规模储能等电网关键技术研究均处于国际领先水平。建有“国家级、省部级/公司级、企业级”三级实验室体系共53个实验室，其中包括3个全国重点实验室、1个国家野外科学观测研究站、3个国家工程实验室、3个国家能源研发（实验）中心、7个省部级实验室和17个公司级实验室。拥有2个国家级、13个电力行业质检中心和1个认证机构，是国家高电压计量站、国网计量中心的依托单位。承担3个IEC（国际电工委员会）技术（分）委员会秘书处、1个IEC技术委员会主席单位、17个全国标委会、16个行业标委会、10个中电联标委会的秘书处工作，7个国家电网公司标准专业工作组。

2023年，中国电科院获国家电网公司及以上科技奖励277项，获专利授权796项（其中发明专利695项），申请海外专利24项，发表科技论文450篇，出版科技专著50部，38项国家标准获批发布，289项科技项目（其中12项政府项目）完成验收，技术服务工作支撑总部16个部门，共63个项目，验收通过率100%。国家电网公司企业负责人业绩考核获得A+评价，排名居运营保障板块首位。

人力资源 截至2023年年底，中国电科院直签员工2202人，其中：博士研究生527人，硕士研究生1402人；正高级职称420人，副高级职称791人；平均年龄37.6岁；人才当量密度1.341。中国科学院院士2人，中国工程院院士3人，德国工程院院士1人，国家有突出贡献中青年专家6人，“百千万人才工程”国家级人选5人，享受国务院政府特殊津贴的专家16人，中央直接联系的专家3人，“长江学者奖励计划”校企联聘学者4人，“国家高层次人才特殊支持计划”科技创新领军人才8人，“国家高层次人才特殊支持计划”青年拔尖人才2人，“创新人才推进计划”中青年科技创新领军人才4人、重点领域创新团队2支，中央企业优秀创新团队2支。中国电机工程学会会士7人。中国电科院院士2人，国家电网公司首席专家9人。中国电科院级技术专家103人。

经营管理 改革工作。成立由一线部门人员组成的改革工作柔性团队，协同制订改革举措。加强外部调研，对中国电科院改革方向、路径和重点改革专项进行专题研究，形成《深化改革研究报告》。优化业绩考核体系。完成首轮三年期项目收益分红激励。蝉联“科改示范企业”标杆称号。

科研管理。部署“激发创新活力 建设人才高地”18项改革举措。深入实施经费“包干制”、利润补偿制等新型攻关机制。优化研发投入布局，设立长线攻关四类专项。设立院科技进步特等奖。

人才培养。实施“战略科学家”支持打造工程，建立国家级人才称号申报、重点培养对象“两个清单”，新增省部级以上人才16人。实施青年人才培育工程，80名青马学员、27名青苗学员、18名“星火工程”学员完成培养工作，选拔院青托人才30名，激发青年职工创新创效活力。

基础管理。完成“十四五”规划中期评估与滚动修编。建立中国电科院高质量发展评价指标体系。南京基地等十项大型工程项目全部完成里程碑计划。1项财务成果荣获国家电网公司管理创新成果一等奖和中电联管理成果一等奖。获得合规管理体系国际国内双认证证书。物资采购集约化水平提升44.4%。编制《安全文化手册》，建设安全文化室（廊）。开展“激发创新活力 建设人才高地”专项督查。发布实施3项智库制度。完成招生工作，博士生优质生源率超90%。

科技创新 自主创新能力。核心技术攻关取得新突破，自主研发国产化大型电力系统电磁暂态仿真技术及平台。国产换流变电站有载分接开关工程样机全面通过试验。支撑首个国家级海上风电试验基地开工建设。战略支撑实现新提升，支撑完成国家能源领域多项战略研究与重大专项策划，牵头承担未来产业两个领域3项任务，中国电科院提出的两项科技问题入选中国科协2023重大科技问题难题。基础研究得到新加强，发布院基础研究规划，牵头获批国家自然科学基金1项面上项目、5项青年项目、7项联合基金项目，获批3项国家重点研发计划项目。

重要技术领域。在电力系统分析与保护技术领域，首次实现国家电网骨干网架全电磁暂态仿真。建立以国产芯片为核心的保护设备标准、研发及测试技术体系。攻克新能源多时间尺度建模、安全态势评估、系统快速恢复等关键技术。在自动化与信息通信技术领域，攻克模型–数据联合驱动求解和多算法融合寻优技术，研发省间现货市场技术支持系统。破解涉控业务无线通信承载和安全问题。高电压与输电线路技术领域，高压换流变防爆燃快速开关、特高压可控避雷器等一批国产重大装备实现示范应用。突破低损耗高性能导线金具、舞动主动抑制、线路力学状态仿真等基础理论。在配用电与计量技术领域，突破基于微内核的边缘计算平台技术，实现了配电网数字化关键设备自主可控。建立国家工频高电压比例基准、国家单相工频电能副基准，填补我国能源电力行业最高测量能力空白。攻克了分行业降温、取暖用电负荷精细化分析关键技术。在新能源与电工技术领域，攻克25MW级海上风电机组地面试验平台关键装备研制与集成"卡脖子"技术。攻克新型储能规划配置、运行控制和风险防范等技术难题。在人工智能与新技术研究领域，突破机理与数据融合的电力人工智能应用技术。攻克电碳协同技术领域碳足迹与碳核算关键技术、碳减排方法学，构建国家电网公司首个电力系统碳评估实验研究体系。

科研体系建设。获批建设3个全国重点实验室、16个国家电网公司命名实验室，遴选5个院级联合实验室。获批两个国家级标准化平台。获批成立北京科委企业科协。5刊入选"国际影响力TOP期刊"和《高质量科技期刊分级目录》T1级，行业影响力持续提升。

支撑服务 支撑新型电力系统建设。高质量推进新型电力系统科技攻关行动计划，牵头的两个项目获评优秀。全力支撑新型电力系统原创技术策源地重大示范工程、藏电外送和"沙戈荒"送出工程及国家电网公司现代智慧配电网建设。支撑国家电网公司完成年度清洁能源消纳能力测算，牵头编制分布式光伏发展建设工作建议等，为新型电力系统建设提供中国电科院智慧。

支撑国家电网公司"一地一链"建设布局。以综合技术优势有力支撑国家电网公司新型电力系统原创技术策源地和现代产业链链长建设。支撑国家电网公司申报国资委"新型储能创新联合体"与"新型储能原创技术策源地"。组建现代产业链链长工作专班，深入挖掘高端输变电、电力调度、配用电及智能运检支链的卡点弱项。支撑国家电网公司新型电力系统技术创新联盟建设运行，创办《新型电力系统》期刊。

支撑电网高质量发展。获批成立国家电网公司级人工智能应用研究中心、安全督查中心、电力安全工器具技术中心，支撑国家电网公司转型发展和管理升级。组建10个联合支撑专班，成立7个支撑专家团队，高质量完成冬季雨雪冰冻灾害调研分析、甘肃地震应急抢修等重大紧迫性任务。完成"两交一直一扩两送出"等工程调试。

成果转化 统筹知识产权运营及双创一体化运行，全年出孵双创项目12项。与南瑞集团签署成果转化框架协议，11项成果实现批量转化；与国网数科控股公司组建专班，依托"电力工业品商城"推出6项高成熟度成果。15项成果参加央企熠星大赛复赛，实现历史性突破；获评3项能源行业核心型高价值成果，位列能源央企第一。

检验认证 新增29个检测对象、528项检测参数和13个能力验证计划项目，北斗卫星导航产品（电力）质量检测中心获得授权，储能电池领域取得IECEE CB实验室资质证书。试点智慧实验室建设，上线检测质量体系数字化平台。开拓绿色低碳认证新业态，开展电能表试点评估工作。

国际合作 国家电网公司—葡萄牙能源网公司能源研究中心获国家领导人高度评价。与国际可再生能源署创新与技术中心联合举办"创新周"分论坛。科技成果获国际奖励8项，两人获IEC 1906奖。支撑国家电网公司中标巴西第三回特高压直流输电项目。PES北京分会获国际优秀分会。

数字赋能 牵头建设国家电网公司企业级气象数据服务中心，推进国家级网络安全靶场深化应用，支撑国家电网公司数字化转型"十大工程"落地。企业级研发管理平台等上线。挂牌电力卫星应用中心和国家时间频率计量中心（电力应用中心），确立院在卫星、时频等专业应用行业领军地位。

党的建设和精神文明建设 主题教育。组织引导党员干部原原本本研读必读书目，各级党组织开展理论学习1141次。开展"察实情、出实招""破难题、促发展""办实事、解民忧"专项行动。加强问题整改，明确整改措施177项、制订专项整治方案16个、制订完善制度规范5项。

基层党建。召开院第二次党代会，选举产生院新一届党委、纪委。抓好量化计划管理，推进43项重点任务有效落实。实施"党建+"工程项目55个，成立11支党员、青年突击队，推动党建与业务深度融合。

队伍建设。召开组织工作会议，提出5个方面16项举措。年度调整三级领导人员49人次，选拔优秀年轻领导人员8人。加大跨部门类型、跨专业类别挂职培养锻炼工作力度，选派39人挂职培养锻炼，其中跨院区交流11人。

党风廉政建设。聚焦"卡脖子"技术攻关等持续强化政治监督。开展违规吃喝、设租寻租、职工违规经商办企业问题专项整治，修订《重点业务廉洁风险清单》。研判处置问题线索27件，深化应用"四种形态"。完成国家电网公司党组巡视配合和经济责任审计配合工作，推进问题整改，严肃追责问责，传递全面从严治党、依法从严治企的信号。

群团工作。举办首届职工运动会，开展家庭开放日，凝聚团结奋进力量。举办财务、数字化、特高压等专项劳动技能竞赛，激发职工工作热情。在国家电网公司系统内率先开通职工及家属绿色就医通道，为职工配置重疾医疗保险。开通 e 约车、增设快递柜，协调解决子女入学入园、新员工住宿等问题。落实“服务、关爱”举措，加强离退休工作。

（鲁笑笑）

【南瑞集团有限公司】

单位概况 南瑞集团有限公司（国网电力科学研究院有限公司）[简称南瑞集团（国网电科院）] 是国家电网公司全资子公司，由 1973 年成立的电力部南京自动化研究所发展而来，目前已发展成为中国能源电力及工业控制领域领军企业，主要业务涵盖智能电网、数能融合、能源低碳、工业互联“四大领域”。资产总额超千亿元，员工 1.7 万余人，拥有 2 名中国工程院院士、4500 余名硕博士以上学历人才。连续二十一届入选中国软件企业百强，连续十三届入选软件和信息服务十大领军企业，南瑞集团党委获中共中央授予的“全国先进基层党组织”称号，南瑞集团获全国文明单位、全国五一劳动奖状、全国和谐劳动关系创建示范企业和江苏省文明单位等荣誉。旗下上市公司国电南瑞（股票代码 600406）是中国电力二次领域市值最大的上市企业，入选“央企 ESG • 先锋 50 指数”。

南瑞集团是国家科技部设立的“国家电力自动化工程技术研究中心”和国家发展改革委设立的“电力系统自动化—系统控制和经济运行国家工程研究中心”的依托单位，拥有“电网运行风险防御技术与装备”全国重点实验室，是第二批国家创新型企业和国家企业技术中心。特高压输电、柔性输电、大电网安全稳定控制、电网调度、继电保护等领域自主核心技术国际领先，是中国能源电力领域重要的创新策源地。

领导班子

董事长、党委书记：山社武

董事、总经理（院长）、党委副书记：郑宗强

职工董事、党委委员、工会主席：丁海东

副总经理（副院长）、党委委员：陈刚

总会计师、党委委员：魏蓉

副总经理（副院长）、党委委员：蒋元晨

党委委员、纪委书记：战广生

副总经理（副院长）、党委委员：华定忠

党委委员，国电南瑞科技股份有限公司总经理：庞腊成

副总经理（副院长）、党委委员：刘昊

二级顾问：冷俊、吴维宁

三级顾问：夏俊、郑玉平、王军

组织机构 南瑞集团（国网电科院）下设 15 个职能部门、4 个支撑机构、7 个专业机构、基建项目中心、研究院（电网运行风险防御技术与装备全国重点实验室）、研发中心、营销服务中心、技术方案中心，拥有下属各层级分子公司 77 家。集团在江苏、北京、广东等 13 个地区建有研发和产业基地，在巴西、泰国、埃及等 18 个国家和地区设立了 21 个驻外机构，产品和服务遍及全球 130 余个国家和地区。

人力资源 截至 2023 年底，南瑞集团用工总量 14676 人，员工平均年龄 37.28 岁。其中，博士 190 人，本科及以上占比 86.97%；高级专业技术资格 3115 人，中级及以上专业技术资格占比 47.51%。拥有国家级人才 46 名，包括中国工程院院士 2 名、国家有突出贡献中青年专家 7 名、国家重大人才工程人选 5 名、“创新人才推进计划”中青年科技创新领军人才 2 名、“百千万人才工程”国家级人选 8 名、享受国务院政府特殊津贴专家 17 名、全国青年岗位能手 2 名、中央直接联系的高级专家 3 名；省部行业级人才 194 名，包括省级有突出贡献中青年专家 6 名、享受省级政府专项津贴专家 2 名，江苏省“333 高层次人才培养工程”培养对象 139 名、江苏省“六大人才高峰”人选 16 名、江苏省“双创计划”人选 14 名、江苏省青年岗位能手 6 名；国家电网公司级人才 113 名，包括中国电科院院士 1 名、国家电网公司首席专家 6 名、国家电网公司青年岗位能手 10 名、国家电网公司“青年人才托举工程”8 名、国家电网公司科技领军人才 4 名、专业领军人才 17 名、优秀专家人才及其后备 67 名。现有博士研究生导师 28 名，硕士研究生导师 218 名。

科技创新 获批建设电网运行风险防御技术与装备全国重点实验室。牵头承担国家自然科学基金和重点研发计划项目各 1 项，策划 2024 年自然科学基金指南 1 项。“双碳变革中电网主动支撑”院士专项首创提出融合仿真集成开发环境实现方法。攻克新型电力系统继电保护体系架构和关键技术，基于国产芯片的特高压直流控制保护系统挂网运行。提出以构网型技术为核心的源网荷储一体化解决方案并成功示范应用。研发世界首套可控换相换流阀（CLCC）、强不确定环境下电网安全稳定自适应紧急控制系统、基于超级电容的静止同步调相机和电网支撑型 SVG，建成国内首套省间现货购电辅助决策系统，研制工业和水利领域首套国产 SFC 系统。

牵头发起首个由中国推动成立的 IEC 可持续电气化交通系统委员会并承担秘书处工作。获国家电网公司及省部级科技奖励 150 项，发布 IEC 国际标准 3 项、国家标准 5 项、行业标准 8 项，获发明专利授权 314 项，31 项成果通过鉴定达国际领先水平。获江苏省首

届专利金奖2项。

产业发展 继电保护、变电自动化、配电自动化、特高压柔性直流装备、信息通信产业等核心产业处于行业龙头。新一代调度技术支持系统完成首批6个试点工程切主运行，现货市场、新一代集控、新一代用采实现批量部署。策划22个省（市）76个现代智慧配电网示范项目，完成南京江宁、镇江扬中主配微协同互动示范工程建设。自主可控安全装置、配网可信计算产品、电力5G终端实现系列化应用。7项技术装备入选国家第三批能源领域首台（套）重大技术装备名单。4500V/3000A IGBT在张北延庆换流站挂网，1200V碳化硅器件在光伏、充电桩等领域规模化应用。全国首个变电站自主可控新型巡检机器人试点应用。两家下属专业公司入选“专精特新”小巨人企业。中标南网双调抽水蓄能电站、南网批次框架、广州变电站智能化提升改造、华能预制舱框架、国能民勤储能、徐州城区排水智能化以及9个海上风电二次集成、10条轨道交通综合监控等重大项目。支撑巴西东北部特高压直流、伊泰普直流项目中标，印尼AMI主站系统、智利切昆塔变电站成功投运。签订智利CGE智能电能表、巴西CPFL控保屏柜、沙特SVG、南非储能等重大项目。

深度参与国家电网公司重大工程建设，以全国产化的核心技术及设备，助力驻马店—武汉等6条特高压、河南天池等6个抽水蓄能电站，以及川藏铁路施工供电二期、浙江220kV柔性低频输电等重大工程按期投运。支撑雄安创新中心示范工程建设，打造国际领先的智慧零碳示范园区。作为主力军深度参与国家电网公司数字化转型“十大工程”，牵头完成设备全过程数据贯通试点，建成“电网一张图”，企业级气象数据服务中心实现全网部署，PMS3.0推广至23家网省电力公司。

经营管理 推进国电南瑞“科改行动”，完善现代法人治理机制，推动各级子企业董事会规范运行。加强各专业、全过程安全管控，完成百日安全攻坚行动，推进重大事故隐患专项排查整治，常态化开展各类安全督查。深化安全文化建设，开展“安全生产月”系列活动。优化自有产品采购模式，强化采购策略和技术规范评审。开展“合规管理提升年”专项行动。强化合资公司运营管理，开展挂靠经营、参股经营投资、国有资产产权管理等专项治理。建立健全涉外业务法律合规风险防范机制，实现境外项目投标评审100%全覆盖。落地实施客户信用评级管理机制，完成各类审计253项，防风险、促规范。

党的建设和精神文明建设 扎实开展主题教育，牢牢把握“学思想、强党性、重实践、建新功”总要求，统筹开展“察实情、出实招”“破难题、促发展”“办实事、解民忧”专项行动，有效把主题教育激发的动力转化为推动集团高质量发展的实绩，得到国家电网公司党组主题教育领导小组办公室、第二巡回指导组充分肯定。深入实施“旗帜领航”党建工程，深化11个专业“党建+”工程、23支党员服务队特色品牌建设。大力实施“担使命·建新功”青年创新创效行动，4个青年集体、8名青年、1个青年志愿服务项目获上级表彰。

突出政治标准选人用人，选优配强基层单位领导班子。举办优秀年轻干部培训班、“学习贯彻党的二十大精神”专题干部轮训，选派27名优秀人员赴系统内外挂职（培养）锻炼。完善福利“1+*N*”体系，完善文体活动配套设施，提升员工的获得感、幸福感、安全感。1人获“央企楷模”，1人获湖北省劳动模范，2人获省级五一劳动奖章，1人获国网工匠，1个集体获国家电网公司工人先锋号。

主要事件

1月12日，南瑞集团（国网电科院）第三届职工代表大会第五次会议暨2023年工作会议在南京召开。

3月15日，南瑞集团获批建设电网运行风险防御技术与装备全国重点实验室。

3月24日，南瑞集团助力中赞合作“一号工程”下凯富峡水电站全面投产运行，赞比亚总统哈凯恩德·希奇莱马为工程揭牌剪彩。

3月24日，南瑞集团所属上市公司国电南瑞科技股份有限公司被国家工业和信息化部认定为“国家级绿色工厂”。

5月15日，国务院国资委印发《关于“科改企业”“双百企业”充实扩围及调整有关事项的通知》（国资改办〔2023〕184号），南瑞集团所属上市公司国电南瑞科技股份有限公司入选“科改企业”。

6月18日，南瑞集团研制的世界首套完全可控换相技术（CLCC）换流阀、首套完全自主可控的直流输电控制保护系统在葛南直流改造工程投运。

6月28日，南瑞集团主办英文期刊《现代电力系统与清洁能源学报（英文）》（*Journal of Modern Power Systems and Clean Energy*，MPCE）影响因子增长至6.3，成功跃升至Q1区，实现里程碑式突破。

6月30日，南瑞集团支撑世界首个高压大容量柔性低频输电工程在浙江杭州正式投运。

7月6日，中共中央总书记、国家主席、中央军委主席习近平亲临南瑞集团考察调研，听取南京市打造智能电网国家先进制造业集群总体情况介绍，察看南瑞集团自主可控技术产品展示。中共中央政治局常委、中央办公厅主任蔡奇陪同考察。李干杰、何立峰及中央和国家机关有关部门负责同志陪同考察。

7月13日，所罗门群岛总理索加瓦雷一行到南瑞集团参观调研。

8 月 1 日，国家电网有限公司在南瑞集团召开贯彻落实习近平总书记考察南瑞集团重要指示精神、加快推进高水平科技自立自强现场会。

8 月 7 日，南瑞集团（国网电科院）召开贯彻习近平总书记重要指示批示精神、推进高质量发展工作会议。

8 月 11 日，第八届紫金论电国际学术研讨会在南瑞集团召开。

9 月 7 日，由南瑞集团牵头编制的下一代直流充电技术（ChaoJi）三项国家标准（GB/T 18487.1—2023《电动汽车传导充电系统　第 1 部分：通用要求》、GB/T 27930—2023《非车载传导式充电机与电动汽车之间的数字通信协议》、GB/T 20234.4—2023《电动汽车传导充电用连接装置　第 4 部分：大功率直流充电接口》）正式发布。

9 月 23 日，南瑞集团所属上市公司国电南瑞科技股份有限公司入选“央企 ESG·先锋 100 指数”。

11 月 7 日，全国人大常委会副委员长、全国总工会主席王东明到南瑞集团调研。

11 月 23 日，俄罗斯国家杜马主席沃洛金率俄罗斯国家杜马代表团到南瑞集团考察。全国人大常委会副委员长彭清华陪同考察。

11 月 25 日，南瑞集团 14 项技术成果通过中国电机工程学会组织的鉴定，获国际领先评价。

12 月 8 日，南瑞集团主办中文期刊《电力系统自动化》复合影响因子在电气工程学科期刊中唯一超过 8.0，四年蝉联第一。

12 月 29 日，南瑞集团研制的世界首套采用构网技术的电网支撑型 SVG（GSSVG）在新疆木垒成功应用。

（王　栋）

【国网电力科学研究院有限公司】

见南瑞集团有限公司。

【国网经济技术研究院有限公司】

单位概况　国网经济技术研究院有限公司（简称国网经研院）是国家电网公司电网规划和工程设计技术归口单位，为国家电网公司电网发展提供技术和决策支撑，承担电网规划、重大工程牵头设计、项目评审、科研创新、技术经济及相关标准研究和制订工作，对省级经研院、地市经研院（所）进行业务指导，归口协调外部设计单位，具有工程勘察、设计、咨询三个甲级资质，是国家发展改革委认定的承担国家委托投资咨询评估任务的咨询机构，挂牌成立国家电网规划研究中心。2023 年，国家电网公司依托国网经研院成立了国网环保咨询中心。

国网经研院拥有国家能源特高压直流输电工程成套设计研发（实验）中心、电网形态与源网荷储协同规划实验室、高压直流实时仿真与成套设计实验室、配电网规划运行及优化控制技术实验室等 4 个国家和公司级实验室（平台），具备规划、设计、评审、科研核心业务能力，形成覆盖特高压交直流、配电网、控制保护和信息通信等专业齐备的业务体系。全院设有 6 个职能部门、10 个业务部门、1 个子公司（北京网联直流工程技术有限公司）。

人力资源　截至 2023 年年底，全院用工总量 493 人，硕士、博士学历人员占 82.35%，高级职称以上人员占 51.72%，拥有 1 名“新世纪百千万人才工程”国家级人选，4 名享受国务院政府特殊津贴专家，各类国家级注册师 117 人，1 名国家电网公司首席专家，1 名中国电机工程学会会士。2023 年，接收 6 名省级电力公司青年人才、选派 2 名年轻员工赴国家电网公司总部培养锻炼。畅通社会招聘通道，引进 17 名成熟技术人才。抓实青年人才托举，启动“经研英才”培育工程。突出考核“指挥棒”作用，持续优化以关键业绩为导向的综合考评体系。兑现 2022 年年度岗位分红激励。

经营管理　2023 年签订合同 10.86 亿元，同比增长 27%；实现营收 8.65 亿元，同比增长 19%；实现利润 2.39 亿元，同比增长 28%。国网经研院挂牌成立国网环保咨询中心，获批国家自然科学基金依托单位，入选国家电网公司基础研究专项承担单位。王智冬获评国家电网公司劳动模范，蒋维勇获评“最美国网人”，设计咨询中心送电电气处获评国家电网公司工人先锋号。建院首次获得国家电网公司企业负责人业绩考核“A+”，支撑国家电网公司报送 3 篇专报获国家领导批示、11 篇获上级领导机构采用，呈报的 4 篇专报获国家电网公司主要领导批示，在《人民日报》《光明日报》《经济日报》以及行业和国家电网公司主流媒体刊发文章 83 篇。

电网规划　衔接国家“十四五”电力规划中期调整，完成国家电网公司“十四五”电网滚动规划。做深做实藏东南中长期电网规划和清洁能源基地外送重大方案研究。完成南方电网 500kV 项目纳规等评估工作。牵头中国工程院《沙戈荒大型新能源基地开发利用关键技术》，启动全国跨省跨区输电通道输电规划等 3 项研究任务。完成沙戈荒大型风光基地首批 5 条外送通道输电方案论证，深化蒙西—华北主网电网格局研究，推动相关成果获得国家能源主管部门采纳。研究提出现代智慧配电网规划建设实施路径和重点举措。完成“一城一网”“一乡一策”中压配电网骨干网架构建方案。牵头配电网海量信息“采传存用”关键技术攻关，提出配电专业管理转型方案。完成农网巩固提升工程专项规划调整。编制 6 项配电网典型设计，牵头完成东北配电网防灾减灾专项规划。

工程设计 一体推进“三交九直”等特高压工程牵头设计、直流成套设计、骨干通信网设计，支撑“四直”及3项扩建工程核准。推动工程设计管理、设计质量、设计效率“三提升”。深化藏电外送及沙戈荒新能源外送工程技术方案论证，突破换流站自适应布置、不停电线路融冰等关键技术。完成世界首个分址级联特高压直流金上—湖北工程及首批沙戈荒外送直流等重点工程成套设计。在江苏扬镇二期工程中首次应用国网经研院自主研发的SLCC直流输电技术。攻关优化构网型柔直控制技术，为高比例新能源基地电力外送提供技术方案。牵头提出张北工程国产柔直换流阀直流电容器研制、质量监督、落地应用全流程工作方案，实现挂网试运行。依托巴西光伏项目实现光伏设备监造突破。选派骨干赴巴西开展技术支撑，为中标巴西第三回特高压直流特许经营权项目作出经研贡献。对接协调中尼联网工程方案，推动达成阶段性共识。中标伊泰普直流改造，沙特阿拉伯中西、中南柔性直流工程成套设计工作。开展菲律宾直流现场调试技术支撑工作。提出德国BorWin6海上风电柔直工程主接线等技术方案。

评审咨询 承担11项国家部委委托的重大咨询课题，创新特高压可研内审机制，完成12项特高压及跨省工程可研内审，提出技术优化方案获外审采纳。修订国网经研院《项目评审工作管理办法》。推动成立湖南、北京首批环保咨询分中心，完成国家电网公司生态环境保护报告。牵头完成《电网建设项目环境影响评价管理办法》等4项制度修订，发布《输变电工程水土保持技术规程》系列企标。牵头完成中长期抽水蓄能需求论证工作，支撑抽水蓄能发展合理布局。推进青海哇让抽水蓄能全过程咨询，支撑湖北黄龙滩、湖南天子山等抽水蓄能项目前期研究。支撑电网精益化发展。牵头承担国家电网公司电网项目基建投资全过程管控，构建执行分析指标体系，支撑国家电网公司投资计划按期完成。系统分析主设备材料产能和价格，实现信息参考价与市场情况有效衔接。支撑国家电网公司实现生产技改大修项目管理全过程监督管控，完成老旧设备改造滚动规划修订和生产技改总控测算。完善电网资产管理国家标准体系顶层设计。

技经标准 开展输变电工程造价分析，优化工程多维立体参考价机制，指导国家电网公司工程造价管理。聚焦高海拔地区特殊建设需求，配合开展西藏地区定额及预规修编、高海拔地区特高压工程计价依据研究。协助发布《国家电网有限公司抽水蓄能电站建设项目造价管理规定》，为精益开展水电工程造价管理提供制度基础。深化电网设备生产成本量化分析等，支撑现代设备管理体系建设。配合编制3项技经行业标准、印发23项企业标准，修编输电线路工程通用造价，发挥计价依据服务保障职能。

科研创新 国家电网公司总部科技项目合同额达到2.8亿元（首次突破2亿元大关），同比增长49%。牵头承担1项“1025专项”攻关任务，2项新型电力系统攻关行动计划重大项目，1项国家电网公司现代产业链开放合作签约项目，参与4项国家自然科学基金项目。“大规模新能源柔性直流送出关键技术及应用”获得北京市科技进步奖一等奖，牵头获1项中电联电力创新大奖、2项国家电网公司科技进步奖一等奖。牵头编制发布1项IEEE标准。举办第三届“经研论电”论坛，4期能源转换与经济论坛。《能源转换与经济（英文）》期刊入选中国科协“国际知名期刊”，完成《电力建设》第七届编委会换届。聚焦大电网安全、特高压柔直、新型储能等领域长远布局，编制《基础前瞻研究规划》。配电网规划运行及优化控制技术实验室获国家电网公司命名。提升科研工作在部门绩效考核中的权重，鼓励争取高等级科研项目和奖励。

数字化转型 牵头完成国家电网公司“十四五”数字化规划中期评估和滚动修编，承担数字化总体架构设计优化、直流设备管理数字化顶层设计等重点任务。牵头国家电网公司党组“揭榜挂帅”数字化专项督查任务，获国家电网公司党组认可。开展经研体系“上总部平台、看电网发展”创新实践活动，形成充电设施接入等领域创新成果。完善可研设计一体化平台，开展电网环境基础数据综合分析系统建设，强化数字化手段对重点工程建设发展的支撑作用。

党的建设和精神文明建设 举办庆祝中国共产党成立102周年系列活动，开展“学思想、强党性、重实践、建新功”主题党日和主题宣讲、先进典型事迹分享活动。修订《党建工作绩效考核评价实施细则》，突出责任落实和管理闭环。完成国家电网公司党组巡视配合工作，配合完成34项边巡边改与问题线索核查工作。巩固落实中央八项规定精神成果，纠治“四风”，开展违规吃喝、小微权力等专项监督。将主题教育任务落实情况、往年巡视审计问题整改情况纳入党风廉政谈话。组织趣味运动会和各类比赛，丰富职工文体活动。开展职工生日节日慰问和专项慰问。完成团委换届，落实青年精神素养提升工作要求，组织人工智能专题讲座，开展院青年员工思想动态调研。联合国家能源局团员青年开展志愿服务工作。

（彭方正）

【国网能源研究院有限公司】

单位概况 国网能源研究院有限公司（简称国网能源院）是国家电网公司从事软科学研究的直属科研单位，是国家电网公司建设中央企业新型智库的主体单位，建设能源电力行业的世界一流高端智库、国资央企领域的世界一流新型智库、电网企业改革发展研究的世界一流企业智库，承担着理论创新、战略创新和管理创新的研究职责，为国家电网公司战略决策和运营管理提供智力支撑，同时也为政府政策制订和能源电力行业发展提供咨询服务。

国网能源院布局“11+1”个研究领域和对应的53个研究方向，研究领域包括碳达峰碳中和研究、新型电力系统研究、能源电力战略规划研究、能源电力供需研究、能源电力体制改革与电力市场研究、能源电力数字经济研究、企业战略规划研究、企业经营与财务研究、企业运营管理研究、企业治理与风控合规研究、品牌文化与社会责任研究、模型工具及实验室研发。

组织机构 下设职能部门5个：办公室（党委办公室）、科研发展部、财务资产部、党委组织部（人力资源部）、党委党建部（党委宣传部、纪委办公室、合规审计部、巡察办）。业务部门9个：企业战略研究所、能源战略与规划研究所、经济与能源供需研究所、电网发展综合研究所、新能源研究所、管理咨询研究所、财会与审计研究所、能源数字经济研究所、能源互联网研究所。管理国家电网公司科技项目咨询中心和《中国电力》杂志，代管国网人才交流服务中心有限公司，参股国网（苏州）城市能源研究院和国网新能源云技术公司。

人力资源 截至2023年底，国网能源院在编员工302人，其中研究咨询人员220人，占比73%；博士169人、硕士118人，占比95%；高级职称人员165人；享受政府特殊津贴专家1人。录用高校毕业生8人。组织领导人员线上培训1期，党员干部集中培训1期，新员工培训1期，开展各类专家讲座、培训研讨100余次。

经营管理 完成年度指标。实现营业收入5.4亿元，增长4.7%；利润1.2亿元，优于考核指标。承担研究项目和在线任务2530项，增长34.3%；报送研究专报256篇，增长17.4%；咨询建议被国家电网公司及政府部门采纳110项，增长37.5%；以上三项均创历史新高。获得各类科研成果奖励89项，超过2022年水平。连续10年被评为国家电网公司运营保障单位A级。入选社科院《全球智库评价研究报告（2023）》“需要关注的能源智库”榜单。收到政府部委、总部部门、兄弟单位和智库机构的感谢信近100封。

创新推动管理转型。完成30多项制度立改废，新型规章制度体系基本形成。建立领域科研规划和三类四问题清单机制，深化项目负责制，推行里程碑节点计划管理，实现“规划—计划—项目”的精益管控。以量化考核为原则，修订科研积分、绩效管理等办法，建立“积分引方向、积分进绩效、绩效定奖金、绩效定优劣”的科学机制。数智化能源院统一平台启动试用，数智能力建设迈出重要步伐。定期举办智库论坛，执行院外会议报告单机制，充分共享内外部信息和行业动态。完成国网能源院介绍视频、画册、品牌视觉等设计推广。开展专报质量、科研质量、数据中心和实验室建设情况专项审计。起草国家电网公司新型智库建设实施方案建议并获得肯定。

实施人才培养系列举措。修订领导人员队伍建设“十四五”规划纲要，制修订专业技术岗位、英才工程、评优评先等管理办法。服务国家电网公司功能价值和长期价值，选派3名三级领导干部、安排两批次9名青年员工到供电公司挂职锻炼和驻点调研。落实外部专家人才引进来方案，9名专家受邀担任院外聘专家和顾问，4名省电力公司三级领导干部来院挂职锻炼，2名青年员工来院驻点调研。

推进国内合作。与国务院参事室等政府部门和国经中心等知名智库深入交流，与中国科学院战略咨询院、国家气候中心、中电联、国网湖南电力等签订合作协议，智库“朋友圈”扩容提质。举办智库能源日、质量日、经营日等活动，智库理念广泛传播。参与央企新型智库评价指标体系研究，在中央企业智库联盟会议上分享智库建设实践。举办世界一流企业建设、新能源与新型储能等研讨会，发布重要成果，电源退役潮相关研究观点获得上级领导关注。出版《电力价格简明知识》，广受系统内外欢迎。在权威媒体发表文章30多篇，接受主流媒体采访90余人次。

谋划国际交流。受中央对外联络部邀请加入金砖国家智库合作中方理事会，牵头成立丝路能源智库联盟，以智库身份主动服务国家外事工作。举办国际能源变革分论坛、中俄能源商务论坛圆桌会议等高层次论坛，参加联合国气候变化大会、剑桥能源周、中美能源智库专题研讨会等国际交流活动，与俄罗斯研究机构共同举办中俄氢能研讨会，与国际能源署、美国能源基金会等国际机构对接交流，智库国际影响力持续扩大。与国家电网公司驻外办建立常态沟通合作机制，促进国际能源研究水平有效提升。

多措并举推动“一社两中心”协同发展。《中国电力》入选电机工程学会和电工技术学会高质量科技期刊目录，复合影响因子位列中国知网年度学科榜单前十名。项目中心充分发挥平台资源优势，分领域、分专题编写科技项目研究综述，为院研究咨询工作提供借鉴参考。以法治方式解决人才中心规范代管和融合发展问题，落实国家电网公司人资部规范管理要求。

课题研究 主动作为服务党中央决策。支撑国家电网公司报送《国家电网专报》70篇，通过国家能源局、国资委等渠道报送研究专报32篇，其中12篇获得上级领导批示圈阅、4篇被上级机构全文采用、8篇获得有关部委领导批示肯定，助力国家电网公司信息工作取得历史性突破。与国家标准物质研究中心合作报送电力看经济研究报告12期，获得上级领导批示圈阅19篇次。

超前策划支撑国家电网公司党组决策。坚持基于科研项目和研究任务出专报的原则，推动专报与项目任务一体策划、相互促进，编制专报选题计划清单，推动专报“种子计划”落地，专报数量和质量均取得明显进步。向国家电网公司领导报送研究专报154篇，其中45篇获得实质性批示。

推进高水平科技自立自强。学习贯彻落实习近平总书记考察南瑞集团重要指示精神，制订实施院加快推进高水平科技自立自强工作方案。首次参与2项中宣部国家高端智库研究课题，牵头1项国家重点研发计划项目，承担5项国家自然科学基金项目、2项国家自然科学基金青年科学基金项目和2项国家社会科学基金项目。牵头承担1项国家电网公司新型电力系统攻关计划项目，配合开展3项。

支撑国家电网公司战略落地。加强报告质量与专家评审管控，完成战略课题研究。配合编制国家电网公司战略管理办法，参与战略评估。服务国家电网公司理论创新和方案实施，支撑出版新型电力系统与新型能源体系著作，配合修编“双碳”、新型电力系统发展规划纲要和行动方案。完成国家电网公司发挥“三个作用”专题研究，支撑编制国有企业改革深化提升行动实施方案。牵头国家电网公司“十四五”规划中期评估和滚动修编。深化电力保供、新型储能、车网互动和对标世界一流企业、数字化转型等研究。协助国家电网公司出台服务新疆高质量发展十项举措。承担省电力公司委托课题38项，延伸智库服务。

营造良好政策环境。为国家电网公司业绩考核争取有利条件，常态化支撑国资委委托的央企绩效评价体系优化、科技创新考核激励办法修订等工作。承担世界一流企业“双示范”实施方案评估研究任务，助力国家电网公司及下属3家单位获评A+级。保障国家能源局电力系统安全稳定工作会议，参与国家能源安全重要论述、新型电力系统发展蓝皮书、电力市场基本规则编制，常态化支撑能源监测分析。配合国家发展改革委修编新一轮电力体制改革、电力需求侧管理等文件，协助出台煤电容量电价政策。配合财政部开展国有经济运行分析。

系统化推进模型工具开发应用。制订实验室、数据、模型工具等管理办法，组建实验室研发团队，建设运营能源电力规划、能源电力供需、价值创造与经营仿真、品牌等4个国家电网公司实验室和7个院级实验室，设立能源电力规划实验室西南分中心。成立智库数据中心，明确全院数据集中管理运维机制，基本建成统一共享的科研数据库，探索数据创新应用。

党的建设和精神文明建设　完成主题教育。严格落实“第一议题”制度，建立贯彻落实习近平总书记重要讲话、重要指示批示和党中央决策部署工作机制，自觉运用习近平总书记关于智库建设、能源电力的重要论述指导智库实践。领导班子成员带头讲党课，举办主题读书班，开展“察实情、出实招”“破难题、促发展”“办实事、解民忧”专项行动，院领导带队深入基层一线调查研究、解决问题，主题教育成效推动智库治理水平持续提升，得到公司指导组的充分认可。

推进党建与智库建设深度融合。实施“旗帜领航”党建工程，制修订“三学”管理和党建工作绩效考核办法。举办党支部书记、委员暨党员领导干部百人大培训，建立能源智库党员研究学习库，实现党员定期测评全覆盖。与国网党校联创共建，组织研究团队开展基层调研和“田野调查”驻村蹲点。建立青马巡回深化培养例会制度。

推进全面从严治党。以高度的政治责任感自觉接受国家电网公司党组巡视监督和2022年经济责任审计整改督导。全面落实廉政谈话制度，压实党风廉政建设责任，推动风险识别、法律合规、监督检查全流程协同管理。建立常态化监督体系联席会议工作机制，制订审计发现问题整改管理办法。落实“智库作风建设年”活动，开展科研诚信专项监督。完成重点领域问题自查自纠、违规吃喝问题专项整治等工作。

同心共筑幸福家园。多种方式加强职工思想动态跟踪分析，举办院发展历程、电力国际合作史等讲座，增强历史认同、情感认同和理念认同。首次开展模型工具技术创新成果评比。职工子女暑期托管、“三必贺三必访”等经验入选国家电网公司工会办实事双月报。组织职工文化成果展演、歌咏比赛、运动会、家庭日等活动。

（王珊丹）

【国网智能电网研究院有限公司】

单位概况　国网智能电网研究院有限公司（简称国网智研院）前身为国网智能电网研究院，2016年2月更名为全球能源互联网研究院，2017年10月改制为全球能源互联网研究院有限公司，2021年12月更名为国网智能电网研究院有限公司（全球能源互联网研究院有限公司）。国网智研院是国家电网公司前沿技术创新中心和先进装备研发中心，重点开展新型电力系统基础共性、战略性、前沿性技术研究，新型高端装备、系统、器件、新材料等开发，建设跨领域、跨专业的国际化科研平台，努力打造世界一流的高端技术研发基地、重大成果输出基地和高端人才培养基地。拥有“先进输电技术国家重点实验室”“新型输配电技术国家工程研究中心”“国家能源高压直流输电技术与装备研发中心”3个国家级实验室；拥有“大功率电力电子”“直流电网技术与仿真”2个北京市重点实验室；拥有“电力网络安全防护与监测技术”“电能质量态势感知与控制技术”“电网先进计算及应用技术”和“电力智能传感技术”4个国家电网公司实验室。实验室具有国家级计量认证 CMA 和实验室国家认可 CNAS 资质。

累计获得科技奖励 49 项，其中中国专利优秀奖 1 项，省部（行业）级一等奖 14 项；发布技术标准 58 项，授权发明专利 111 项，申请海外 PCT 19 项。1 人荣获“长江学者”称号，2 人当选国家电网公司首席专家。获评 2022 年国务院国资委“科改示范企业”标杆，连续 4 年获国家电网公司企业负责人年度业绩考核 A 级。

组织机构 设置 6 个职能部门、2 个支撑部门，拥有新型电网技术、电力电子、直流输电技术、电工新材料、电网数字化技术、计算及应用、功率半导体、电力传感技术 8 个专业机构（研究所），全球能源互联网美国研究院、全球能源互联网欧洲研究院 2 个海外研究院以及海外柔直工程中心和南京分公司。

人力资源 全口径员工总数 798 人，拥有研究生学历的职工占职工总数的 92.56%，中国科学院院士 1 人，中国工程院院士 1 人，德国工程院院士 1 人，中央直接联系的高级专家 1 人，享受政府特殊津贴专家 6 人，“新世纪百千万人才工程”国家级人选 2 人，长江学者奖励计划“校企联聘学者”1 人，国家高层次人才特殊支持计划专家 3 人，创新人才推进计划专家 2 人，中国电科院院士 1 人，国家电网公司首席专家 1 人，北京市科技新星 2 人，京华大地上的杰出工程师 1 人，优秀青年能源科技工作者 1 人，中国科协青年人才托举工程人选 1 人，国家电网公司杰出青年岗位能手 1 人，国家电网公司青年人才托举工程人选 7 人。

科技创新 完成“十四五”发展规划滚动修编，制定基础研究规划，超前布局 14 个基础研究技术方向。成立电能转换应用技术研究所，获批建设公司人工智能分析研究中心。

增强支撑引领。获批电能质量等新一批国家重点研发计划项目，承担算力网络、类脑计算、纳米制造等国资委未来产业任务。获批国家自然科学基金依托单位，参与“科技创新 2030”智能电网重大专项策划。牵头获批网络安全新型电力系统科技攻关行动计划，承担“沙戈荒”等国家电网公司重大专项。远海风电高效汇集等技术纳入原创技术策源地重点任务，牵头承担国家电网公司现代产业链智能运检支链建设，与中石油等企业签署全链条跨企共链合作协议。作为靶标单位以零失分的成绩完成国家能源局网络安全演习，支撑国家电网公司完成“一带一路”高峰论坛等重大活动保障任务。PMS 3.0 电能质量感知系统与公司数据中台实现贯通，土壤腐蚀等级分布图上线应用。

突破核心技术。国际首创可控换相换流阀（CLCC）在葛南工程成功投运，实现南桥站全年零换相失败。原创柔性低频交流输电技术，在世界首个 220kV 低频输电工程示范应用。研制国际首个 50kV/30kA 有源振荡直流断路器样机，自适应宽频振荡抑制装置在湖北广水工程完成挂网测试。国际首台 300kvar 工频并联铁芯电抗器在江苏挂网运行，研制 100kV 热塑性聚丙烯电缆样机。自主研发高灵敏 TMR 磁敏元件及电流传感器模组，实现微安级电流精准测量，性能达到国际先进水平。研制全栈国产化边界安全防护系列装备，电力隐私计算平台及专用数据安全装置在辽宁、浙江实现应用。自主研发电力知识计算及服务引擎，视频智能分析系统在 26 家省公司部署上线。

科研生态持续优化。获批重组先进输电技术全国重点实验室，入选国家能源局数字化“赛马争先”创新平台，电工材料、电力无线通信等公司第二批实验室成功命名。引进海外高层次青年人才 2 名，海外柔直工程中心吸纳系统内优秀人才 7 名。入选国家电网公司青年人才托举工程 3 人，选录国家工程硕博士 5 人，首次举办青创人才和青马工程“双青”培训班。组建国内首个全重实验室基础研究创新联合体，打通“材料—器件—装备—系统”技术链条。与国网冀北、蒙东、上海电力等完成需求对接，推动柔性低频输电、虚拟电厂等技术开展工程示范。

国际化发展加快推进。制定欧洲院高质量发展三年行动计划，在科技创新、人才培养等方面明确 24 项重点任务。补强欧洲院干部队伍力量，畅通国内外人员交流互动渠道。联合国内团队开发的空间射频局放检测系统实现挂网应用。牵头立项直流断路器、互感器 IEC 标准，国际电信联盟（ITU－T）标准实现零的突破，出版首部数字化领域外文专著《电网灾情感知与应急指挥》。立项“中长时复合储能与聚合调控关键技术”中美国际合作项目，输变电巡视图像智能识别等成果在海外实现转化。

海外工程建设取得进展。推动召开国家电网公司海外工程领导小组会议，成立海外柔直工程中心。构网型柔直控制样机、换流阀样机等自研装备通过业主见证测试。成套设计完成收口，变压器、GIS 等主设备采购全部完成。建立工程全过程财务管理体系，工程预算、风险防控等方案持续完善。

改革经营 推进国企改革深化提升行动，改革创新成效明显。设立并实施“源端”激励机制，将激励举措前延至科技创新源头，引导科研人员开展“原创首创独创”技术研究。依托“1025 专项”试点实施职务科技成果虚拟量化确权，首次实现技术创新与机制创新的有效融合。围绕“经济、荣誉、成长、环境”四个维度，建立“4315”人才全面激励体系。

深化管理创新。制定软实力建设规划，建立战略环境分析例会机制，在企业文化建设、品牌宣传等方面取得标志性进展。精益设置研究所差异化业绩考核指标，首次设立基础研究、国际化考核维度。全面加强科研助理配备，明确“三手”工作职责，进一步为科研人员减负赋能。

完善知识产权运营体系。建立知识产权运营协同工作机制，新签成果转化合同30项。完成南瑞半导体重大管控策略调整，万马高压材料等参股公司实现市场新突破。首次实施专利开放许可，绝缘涂层等3项专利在中国技术交易所挂牌。

基础管理 动态优化经营策略，强化资源整合，“一所一策”机制落地见效。构建研发投入产出评价体系，提高资源要素精益化管理水平。长账龄应收款项全部见底清零，夯实经营基础。建成直属单位首个“i国网”工作台，完善科研、财务等业务数字化功能应用。在运业务系统全部实现迁移上云，数字化基础环境与资源支撑能力提升。成立规章制度管理委员会，健全合规管理体系。加强海外工程、实物资产等重点领域风险评估与治理，识别年度重大风险6项。排查整治安全生产隐患问题82项，通过SCL 3级认证复审。完成原主要负责人任期经济责任审计等工作，年度整改任务全部完成。

党的建设和精神文明建设 开展“党建+科技创新”，推动“一所一特”落地实施，涌现出青年一堂课、每月说“材”等一批特色党建工作载体。深入推进“旗帜领航·党徽闪光”主题活动，设立党员责任区、示范岗104个，与国网上海电力等单位开展支部结对共建，11支党员先锋队在攻坚克难一线充分彰显示范带头作用。制定“智研·琢玉”青年发展三年行动计划，与西安交通大学联合成立“攀登计划”实践教育基地。

从严治党纵深推进。制定党委主体责任重点任务35项、纪委监督责任重点任务50项，监督体系进一步健全。坚持同题共答，认真配合中央巡视，平稳有序完成国家电网公司党组第二巡视组巡视配合工作。

队伍建设不断加强。构建“五力”教育培训体系，干部培训的导向性和系统性持续增强。涌现出一批先进个人和集体，获评国家电网公司劳动模范2人、最美国网人和青年岗位能手各1人、先进集体和工人先锋号各1个，中央企业优秀团青干部1人。

文化氛围日益浓厚。多项成果获《新闻联播》《科技日报》头版头条长篇报道，举办首届北七家能源电力科技发展论坛，科技创新品牌影响力显著提升。办公区环境改造及搬迁压茬推进，协调共有产权房、公租房等61套，举办家属开放日和职工运动会，关心关爱离退休老同志，增强广大职工的幸福感和归属感。

（苏　玲）

【全球能源互联网研究院有限公司】

见国网智能电网研究院有限公司。

【南方电网科学研究院有限责任公司】

单位概况 南方电网科学研究院有限责任公司（简称南网科研院）是在南方电网技术研究中心的基础上组建而成，成立于2010年8月6日，是南网中央研究院、国家战略科技力量、电力科技创新平台、创新成果转化平台。2010年11月5日完成工商注册，注册资本金1亿元。

南网科研院主要从事能源电力科技创新研究、新型电力系统技术研究、直流输电技术研究、直流工程系统集成成套设计、电力系统设备仿真试验、电力新设备研究开发、电力设备检验检测、数字化信息网络技术研究应用等业务。

南网科研院是国务院国资委“双百行动”“科改行动”标杆企业，世界一流专业领军示范企业，具有电网工程调试一级资质、设备监理甲级资质，拥有检验检测机构资质认定CMA、实验室及检验机构认可CNAS、专项计量授权证书、网络安全等级测评与检测评估机构服务认证证书，先后被授予“国家认定企业技术中心”“国家火炬计划重点高新技术企业”“国家高新技术企业”“国家知识产权优势企业”。

成立以来，南网科研院推进科技高水平自立自强，在电力行业基础性、前瞻性、关键共性领域开展了系列重大技术创新。在交直流互联电网安全稳定与控制、复杂大电网仿真、特高压直流输电、柔性直流输电等核心技术研发和工程实践方面，居于国际领先水平，获得国家科技进步特等奖、一等奖、二等奖各1项；获得中国专利金奖1项，中国专利银奖3项；累计获得省部级以上科技奖励200余项；累计授权发明专利超2500件；累计发布国际标准29项，国家标准140项，行业标准144项，包括IEC标准14项（主导2项，联合主导9项），ISO标准11项（主导5项）。

南网科研院是国际大电网委员会（CIGRE）、中国电机工程学会、中国电力企业联合会等31个国内外协会组织重要成员单位。国际标准化组织机械储能技术委员会秘书处挂靠单位。国际大电网会议组织（CIGRE）直流输电与电力电子技术委员会（B4）中国专委会、CIGRE中国青年委员会（NGN），IEEE变压器技术委员会、中国电机工程学会直流输电与电力电子专委会、分布式发电及智能配电专委会、分布式电力防灾减灾专委会等国际及国家级学术组织秘书处挂靠单位。全国电力需求侧管理标准化技术委员会秘书处挂靠单位，中国电力企业联合会电力电容器、能源行业电力市场、输变电设备仿真、知识管理标准化技术委员会秘书处挂靠单位。有 IEEE 会士 1 人，IET 会士 2 人，中国电机工程学会会士 2 人，中国电工技术学会会士 1 人，IEEE 高级会员 5 人，中国电机工程学会高级会员 24 人。共有 483 人次加入 41 个学术组织，其中 40 人次是学术组织高级别会员。主办中文核心期刊《南方电网技术》。

领导班子

2023 年，南网科研院领导调整如下：9 月 28 日，王斌任党委委员、纪委书记。至 2023 年底党委、董事会、监事会、经理层任职情况如下：

1. 党委

书记：吴宝英

副书记：蔡希鹏

委员：李岩、郭琦、王国利、王斌（9 月 28 日起）

纪委书记：王斌（9 月 28 日起）

2. 董事会

董事长：吴宝英

董事：蔡希鹏、林志波（10 月 26 日起）、吴宇宁、林芳泽、尚涛（11 月 17 日起）

职工董事：王怡雯（12 月 22 日起）

3. 监事会

主席：莫锦和

监事：梁欣（11 月 17 日起）

职工监事：具小平

4. 经理层

院长：蔡希鹏

副院长：李岩、郭琦、王国利

二级职员：张文瀚（8 月 8 日起）

5. 工会

工会主席：李岩

组织机构 南网科研院设办公室（党委办公室、董事会办公室、院长办公室）、创新规划部、党建人资部（企业文化部、工会办公室）、计划财务部、生产经营部（安全监管部）、监督部（纪委办公室、巡察办公室）6 个职能部门。

6 个研究所：新型电力系统研究所、直流输电与电力电子技术研究所、电力系统仿真与控制技术研究所、高电压技术研究所、配电技术研究所、用电与计量技术研究所。

6 个中心机构：南方电网科技创新中心、南方电网生产技术研究中心、数字化及信息安全中心、标准化与技术情报中心、品控技术中心、科技成果推广应用事业部。

1 家全资子公司：广州南网科研技术有限责任公司。

国家级重大科技攻关 3 项国务院国资委关键核心技术攻关任务超额完成年度目标，首支全国产直流干式电容器安全挂网运行超 200 天，自主可控电力装备多物理场计算软件成为南方电网唯一入选 2023 年工信部重点产品、工艺“一条龙”应用示范名单科技成果，550kV/80kA 开关技术通过鉴定，整体达到国际领先水平。数字孪生仿真平台建设进展良好，自主可控实时仿真器完成软件算法研发，DSP 软件实现运行方式自动化计算，ESP 软件应用于藏东南直流工程前期研究。

全年新增国家级项目 15 项，其中牵头国家重点研发计划项目 2 项、国家自然科学基金项目 2 项，国务院国资委二期攻关 3 项任务取得标志性阶段性成果。2 项国家级项目顺利通过验收。

重点科技项目研发 “基于国产 IGBT 的柔性直流换流阀”和“500kV/8000A 自主可控大容量组合电器设备”2 项成果入选第三批能源领域首台（套）重大技术装备（项目）名单。“高压电缆绝缘材料及屏蔽材料”入选 2022 年度工信部重点产品、工艺“一条龙”应用示范方向和推进机构名单。全年新增省部级科技项目 3 项、南方电网公司重大科技专项 33 项。2 项省部级项目、54 项南方电网公司级项目通过验收。获第 24 届中国专利奖银奖 1 项。荣获南网系统内首个中国电力技术发明奖一等奖。获第 10 届广东省专利金奖 1 项。作为第一完成单位获省部级一等奖 3 项。

共享服务能力提升 深度参与南方电网和五省区远景目标网架规划研究，形成新增区外直流落点建议。开展南方电网首次 3000m 以上高海拔放电试验，有力支撑高海拔特高压工程设计、建设、运维。完成广东目标网架系统稳定特性分析并形成运行控制优化方案。深度服务海缆异常处置专项工作。短路电流超标专项治理、鲁西柔直同频控制调试、“7·16”负荷减供事件分析、COT 套管专项分析等多项工作获上级领导肯定表扬。南网标准数字化平台（一期）、南网知识共享服务平台（二期）上线运行。网级信息化项目管理中心深度服务数字化工程建设。承办电力行业网络攻防演习，网络安全信息通报中心实现实体化运作。

人才队伍建设 落实“南网人才 30 条”，优化人才八大机制。制定实施新型直流输电与先进装备人才高地建设方案、人才服务保障清单等人才强企一揽子举措，不断完善科学规范、开放包容、运行高效的人才发展体系。加强战略科学家队伍建设，制定科学家工作室、院士后备人才支持等专项方案，实施高层次人才引进计划，新增国家级人才 4 名、南网战略级专家 4 名、行业人才支持计划人选 1 名，柔性引进院士 1 人。试点实施科研骨干人才延迟退休、退休返聘。持续优化人才“金字塔”结构，实施特支计划、高潜计划、工程师培养计划、国家工程硕博士联培计划，新聘任领军级专家 23 名、拔尖级专家 43 名，新增正高级职称23名、高级职称30名。“仿真团队”荣获“在粤央企青年安全生产示范岗”。1人获“侨界杰出人物提名奖”。新增1名IEC青年专家中国代表。1人获评南方电网公司劳动模范。1人获评南方电网公司十大杰出青年。

创新生态建设 正式加入中央企业智库联盟，首次参与两项中央企业智库联盟年度重点课题。圆满举办中国电机工程学会高压专业委员会年会、博鳌新型电力系统协会理事会。《南方电网技术》期刊入选中国科学引文数据库。首个国际标准化组织——国际标准化组织机械储能技术委员会秘书处落户南网科研院。联合主导发布IEC标准1项、IEEE标准1项。牵头立项南网首个稳控领域IEC标准。服务成立澜湄区域电力技术标准促进会、中老双边电力技术标准委员会。

全面深化改革 全面承接国企改革深化提升行动“三个总”的总体要求，统筹“科改行动”改革要求，制定“科改行动”综合改革实施方案，围绕体系化建设和机制创新统筹部署7大方面、29项任务，明确时间表和路线图，全面完成改革年度任务。完善中国特色现代企业制度。落实“两个一以贯之”，结合实际完善企业治理制度体系，厘清各类治理主体权责界面，议事协调机构精简31.25%。荣获南方电网公司2023年公司治理优秀企业。

生产经营管理 健全市场化经营机制。刚性落实岗位责任制，“三能”制度实现全覆盖。持续优化激励约束体系，落实工资总额单列机制，健全以价值贡献为导向的分配机制，划小分配单元。实施岗位分红，项目跟投持续盈利分红。经营质量效益创历史新高，全员劳动生产率173.92万元/（人•年），同比增长2.15%；科技成果转化收入同比增长5.5%。

品牌文化建设 品牌形象鲜明树立。实施品牌宣传建设专项行动，品牌建设成果获南网品牌故事大赛一等奖。系统总结发展经验，编著《南网科研院20年发展报告（2004—2024年）》。

文化软实力持续提升。大力践行南方电网企业文化理念，培育以“实事求是、守正创新”为核心内涵的科研精神文化。推出一批优秀企业文化宣传片、文创作品。

党的建设 坚持把政治建设放在首位。持续学懂弄通做实习近平新时代中国特色社会主义思想，认真贯彻落实南方电网公司党组“两个维护”八项机制，落实“第一议题”制度，68项“第一议题”落实举措全面按期完成年度计划。深入学习贯彻党的二十大精神，承接落实《南方电网公司党组深入学习贯彻党的二十大精神为中国式现代化作贡献的决定》。坚持加强思想建设，全面完成主题教育62项计划任务，推动党员干部筑牢思想根基，增强政治自觉。制定舆情风险防范举措和处置方案，牢牢守住舆情红线。落实意识形态责任制，开展意识形态专项督查，意识形态向好向善。坚持加强组织建设，严格落实党建责任制，确保规定动作做到位、出实效，完成年度41项党建重点工作计划。首次开展干部综合素养提升培训。出台南网科研院青年发展规划，初步形成具有特色的青年工作体系。坚持加强党风廉政建设和反腐败斗争，持续加强和改进监督工作，全面完成年度49项监督任务。深入推进政治监督具体化精准化常态化。完成主要负责人离任经济责任审计整改。完成二十大后两轮政治巡察。加强作风建设，制订实施深入贯彻落实中央八项规定精神八个方面24项措施，推进模范本部建设，个税筹划、办公场地优化、住房保障等“我为群众办实事”举措得到广大员工好评。一体推进“三不”体制机制建设，持续保持反腐高压态势。保持风清气正干事创业环境。

主要事件

3月22日，直流输电技术国家重点实验室获批纳入全国重点实验室新序列。

4月17日，首批全国产化直流干式电容器顺利在昆柳龙工程龙门换流站极1低端阀厅阀塔上完成安装，正式投入工程运行。

5月1日，南网科研院获2023年“全国五一劳动奖状”。

5月11日，国内首条110kV聚丙烯绝缘电缆在广州成功挂网并安全运行，标志着中国绿色电缆正式进入工业化应用阶段。南网科研院研发的“高压电缆绝缘材料及屏蔽材料”入选2022年度工信部重点产品、工艺“一条龙”应用示范方向和推进机构名单。

8月30日，由南网科研院等16家央企智库和高校共同参与承担的重点课题“中央企业培育具有全球竞争力的开放创新生态问题研究”正式启动。

8月31日，第十一次全国归侨侨眷代表大会召开，南方电网公司高级专家傅明利荣获“中国侨界杰出人物”提名奖，成为南方电网公司第一个获此殊荣的先进个人。

10月24日，国家能源局公布第三批能源领域首台（套）重大技术装备（项目）认定名单，由南网科研院牵头研发的“基于国产IGBT的柔性直流换流阀（含自主可控阀段）”和由广东电网、南网科研院等单位共同研发的“500kV/8000A自主可控大容量组合电器设备”入选名单。

11月20日，国标委正式批复ISO机械储能技术标准化技术委员会（ISO/TC 346）秘书处落户南网科研院，实现南方电网公司国际标准化组织“零的突破”。

12月1日，国家技术标准创新基地（直流输电与电力电子技术）高分通过国家验收（90分，A级），在全国名列前茅。

12月4日，南网科研院牵头的“混合直流输电系统”科技成果获2023年度中国电力技术发明奖一等奖。这是该奖项设立10年来，南方电网公司科技成果首次获得一等奖。

（王小春）

【南方电网能源发展研究院有限责任公司】

单位概况 南方电网能源发展研究院有限责任公司（简称南网能源院）是南方电网公司的全资控股子公司，本部于2017年8月21日发文成立，2017年12月14日核准工商登记注册，注册资本金1亿元人民币。2019年7月18日，增挂“南方电网改革发展研究中心”牌子。2021年8月2日，增挂“南方电网澜湄国家能源电力合作研究中心”牌子，代管南方电网电力定额站和南方电力建设工程质量监督中心站。2022年9月，成立可再生能源结算服务中心，具体负责承接广州可再生能源发展结算服务有限公司的日常行政服务工作，2023年10月，该公司整体划转至南方电网共享运营公司。2022年9月，完成南方电网党组部署的改革重组任务，接收广州电力设计院为全资子公司。

南网能源院是南方电网公司智库、共享服务平台企业，主营业务范围包括：工程和技术研究和试验发展；政策法规课题研究；企业管理咨询；财务咨询；社会经济咨询服务；技术服务、技术开发、技术咨询、技术交流、技术转让、技术推广；工程管理服务；工程造价咨询业务；信息咨询服务（不含许可类信息咨询服务）；安全咨询服务；信息技术咨询服务；网络技术服务；建设工程设计；认证服务；建设工程质量检测；出版物零售。

南网能源院是中国能源研究会常务理事单位，国务院国资委中央企业智库联盟、中国电力企业联合会等18个行业组织的重要成员单位，是中国电机工程学会电力市场专业委员会秘书处、中国电力企业联合会技术经济标准委员会电网基建工程分会秘书处挂靠单位。2023年，为落实建设粤港澳大湾区重大战略部署，联合14家国资国企智库单位成立粤港澳大湾区国资国企智库联盟，南网能源院当选首任理事长单位。牵头组建国内首个电碳耦合行业学术组织——中国能源研究会电碳耦合技术专委会，搭建电碳耦合技术交流合作平台，积极打造电碳耦合技术原创策源地，成功举办碳达峰碳中和国际论坛（2023）。目前共有141人次在国内外各类学术组织任职，其中39人次在电气和电子工程师协会（IEEE）、国际大电网委员会（CIGRE）、国际供电会议委员会（CIRED）、国际管理咨询协会理事会（ICMCI）等国际组织任职。2019年入选中国智库索引（CTTI）来源智库，获得工程咨询单位乙级资信证书。2021年通过国家高科技企业认定。下属广州电力设计院2022年获得广东省“专精特新”中小企业认定，2023年获得广东省创新型中小企业认定。

领导班子

1. 党委

书记：张勉荣

副书记：张良栋（至2023年8月8日）、王志勇（自2023年9月28日起）

委员：程其云（至2023年4月14日）、洪潮（自2023年12月7日）、龚鹤强、左浩、林志文（自2023年2月6日）

纪委书记：龚鹤强

工会主席：左浩

2. 董事会

董事长：张勉荣

董事：张良栋（至2023年8月8日）、王志勇（自2023年9月28日）、秦华、庞准（至2023年5月19日）、黄家林、赵建华、李明（自2023年8月8日）

职工董事：邹贵林

3. 监事

监事：王静辉（至2023年4月20日）、程俊春（自2023年9月28日）

4. 经理层

总经理（院长）：张良栋（至2023年8月8日）、王志勇（自2023年9月28日）

副总经理（副院长）：程其云（至2023年4月14日）、洪潮（自2023年9月28日）、左浩

总会计师：林志文

组织机构 南网能源院内部设有6个职能部门：办公室（党委办公室、董事会办公室）、创新规划部、人力资源部、计划财务部、党建工作部（工会办公室）、合规监审部（纪委办公室）；5个研究所：能源战略与政策研究所、企业管理研究所、投资与财务研究所、新能源研究所、国际合作研究所（澜湄研究中心办公室）；5个中心：电力规划中心、咨询评审中心、技术经济中心（定额站）、工程管理咨询中心（质监站）、政策研究（北京）中心；1个直属机构：大数据中心（期刊编辑部）；下设1家全资子公司：广州电力设计院。同时挂牌“南方电网改革发展研究中心”“南方电网澜湄国家能源电力合作研究中心”。

重大课题研究 2023年，南网能源院承担的国家部委、五省区政府部门、行业智库和南方电网公司委托研究课题398项。连续三年揭榜国资委年度重点课题，首次承接生态环境部研究任务，首次成功申报亚洲区域合作专项资金课题。完成首个境外政府部门委托课题，联合中企研完成中财办交办课题。成为国资委科创局“研发投入”首选研究团队、国家能源局“新

型能源体系”研究重点支撑团队。参与国家能源局新型电力系统蓝皮书、新型能源体系建设研究报告编制，推动将南网主张观点纳入其中。牵头完成《南方五省区中长期电源规划专项研究》《中长期电力供需形势及电源发展专项研究》等。承担南方电网公司总部研究课题 145 项、技术服务 88 项，2022 年完成澜湄国家电网地理接线示意图的基础上，基本建成澜湄国家能源经济数据库。完成“两化促两型”课题研究，协助推进新型电力系统示范区建设，配合编制《新型电力系统发展报告（2021—2023）》。全年研究成果获得南方电网公司管理创新奖 20 项。

智库建设与科研管理　提升创新竞争力，出台创新能力提升方案，综合施策、多管齐下提升创新体系整体效能。牵头组建国内首个电碳耦合行业学术组织——中国能源研究会电碳耦合技术专委会，围绕电碳耦合核心技术开展攻关，形成专利 37 项，首批成果达到国际领先水平。加快推进创新平台建设，完成电力规划实验室一期和电碳耦合网级实验室一期建设。输出南网创新案例，获得国家部委和行业协会奖项 20 余项，首次荣获中电联电力创新大奖。开展标准制定，数据要素标准获得 ISO/IEC 国际标准化组织批准立项，是中国首次在数据要素领域牵头制定国际标准，也是南方电网公司首次牵头制定数字化领域国际标准。两项联合主导编制的数字孪生国际标准正式发布。广州电力设计院入选广东省专精特新企业、创新型中小企业。

提升品牌影响力。牵头组建央企智库联盟首个子联盟——粤港澳大湾区国资国企智库联盟，当选首任理事长单位。拓展智库生态圈，首次与国家部委智库建立战略合作关系，与国家发展改革委能源研究所达成共同研究、联合报送的协议。积极融入澜湄合作机制，实现澜湄五国实地调研全覆盖，承办东盟国家能源电力绿色发展论坛，在境外举办澜湄国家能源低零碳发展论坛并发布两份英文报告。与中国电力报等主流媒体建立合作机制，在中央及行业主流媒体发声频次大幅提升，品牌传播力显著增强。印发智库产品影响力提升方案，优化完善产品体系，产品发行数量稳步提升。与《南方能源观察》建立合作办刊机制，有效拓展宣传新阵地。获得央企智库联盟“杰出贡献奖”，首次荣获“中国智库索引”智库建设最佳案例及智库研究精品成果特等奖，品牌建设交出亮眼“成绩单”。

经营管理　人才队伍建设方面，牵头建设公司“电碳耦合与能源经济人才高地”，高质量完成年度任务。正高级职称人数增长 40%，领军级以上人才数量翻一番，引进各类专业技术人才 42 名，人才当量保持全网前列。构建“强核心＋大外围”智力组织模式，搭建涵盖 20 个二级学科的 345 名专家学者的外脑库，人才生态更加开放。实施全员新型责任制，推进首席研究员负责制激发新动能，稳妥实施岗位分红，人才机制日臻完善。

业务经营方面，在业务承接模式、课题经费配套机制、项目分摊机制、支付方式等方面开展创新性实践，形成了技术服务、软课题项目、创新项目、体系支撑服务的业务基本盘，有力推动智库平稳健康可持续发展。坚持全院一盘棋，围绕数字经济研究等重大任务组建跨部门工作团队，建立协同机制，整合优势力量，取得良好成效。引进并运用“三标一体”管理体系及方法工具，强化过程管控，工作质量和成果质量显著提升。有序推进内控体系完善、制度建设等工作，全年制修订管理制度 42 份，企业依法合规经营管理水平有效提升。

党的建设　南网能源院扎实深入开展两批学习贯彻习近平新时代中国特色社会思想主题教育，把习近平新时代中国特色社会主义思想转化为干事创业的强大动力，通过理论学习、调查研究、检视整改、推动发展，解决了一批制约高质量发展的深层次问题，形成了构建柔性智库组织体系、建立能源经济研究范式、加大科技创新力度、开展质量提升专项活动等一批举措，工作亮点获国资委官网和南方电网公司工作简报等宣传推广 17 次。出台深入学习贯彻党的二十大精神为中国式现代化作贡献的实施意见、加强党的政治建设分工安排，抓好贯彻落实和督查督办，实现党中央重大决策部署一贯到底、落地见效。修编全员党建责任清单，实现党委、党支部、党员领导干部和党员全覆盖，优化全员全链条责任落实机制。以“八个提升”为重点开展党支部工作质量提升专项行动，实现党组织应建尽建、党组织书记和委员应选尽选、按期换届率 100%。践行南网知行文化，制定实施智库文化建设提升方案。与中国电力报等主流媒体建立合作机制，2023 年首次在中央电视台出镜发声、首次接受新华财经专访，在中央及行业主流媒体发表稿件 144 篇，力扩大南网能源院品牌影响力。建立舆情动态监测机制，常态开展舆情风险辨识、提醒和检查，全年未发生负面舆情事件。

坚持以严的基调强化正风肃纪。开展落实中央八项规定精神深化纠治“四风”专项调研，对公务车辆、业务接待、会议管理等开展监督。推进“三不”一体落实，坚持正向引导和反面警示相结合，组织拍摄 3 个廉洁警示教育宣传视频，向全体干部员工家属寄送廉洁家书，提醒注意规避常见易犯问题。健全党委统一领导、全面覆盖、权威高效的监督体系，制定实施 61 项监督计划。分析南网能源院党风廉政建设和反腐败工作阶段性、行业性特点，提出针对性提升举措，“两个责任”有效贯通形成合力。全年保持腐败案件

“零”发生，未出现干部员工涉“黄赌毒”、酒驾醉驾等情况，风清气正的政治生态持续巩固发展。

主要事件

3 月 24 日，中国能源研究会电碳耦合技术专业委员会（简称专委会）在广州成立，这也是国内首个电碳耦合领域行业学术组织。南网能源院作为专委会支撑单位，围绕服务碳达峰碳中和，立足电碳耦合领域，组织开展能源电力规划、能源市场体系协同、碳排放监测、碳排放核查、碳排放认证等方面的基础性前瞻性研究工作，组织搭建电碳耦合技术交流合作平台，推动技术成果转化、专业技术人才培养与相关标准规范制定，推动形成产学研用深度融合格局，提升我国电碳耦合技术研究及应用水平，服务电碳领域科技创新和高质量发展。南方电网电碳耦合系统研究联合实验室正式揭牌，将发挥电网企业在上下游产业链中的枢纽作用，为电碳耦合领域的前瞻研究、技术攻关、示范应用等提供支撑。

3 月，由南网能源院主导申报的亚洲合作资金课题“澜湄国家园区级零碳能源系统基础能力提升项目”获立通过，这是南网能源院首个取得该基金资金资助的研究课题，课题申报过程中获得了外交部亚洲司的肯定和支持。该课题旨在研究澜湄国家构建园区级低零碳能源利用体系的规划方法和发展路径，采用“顶层设计—规划方法—应用方案—示范宣传”的研究思路，为推动当地产业园区实现低零碳能源发展、碳中和目标提供新的方法和思路，为加速推进澜湄国家全面能源转型提供有效支撑。11 月 29 日在泰国曼谷举办的“澜湄区域能源绿色低（零）碳发展研讨会”上发布此英文报告，活动及报告在外交部下设的“澜沧江—湄公河合作中国秘书处”、湄公学院官网予以报道。

6 月 6—16 日，国际标准化组织/国际电工委员会下设第一联合技术委员会/物联网与数字孪生分技术委员会第十三次全体会议在美国波士顿以线上线下相结合的方式召开，由南方电网公司牵头申请的国际标准提案《数字孪生：数据组件的提取和交易》通过委员会审批正式立项，这是南方电网公司首次牵头制定数字化领域 ISO/IEC 国际标准，也是自 1978 年恢复国际标准化组织成员身份以来，中国首次在数据要素领域牵头制定国际标准。本次立项工作由南网能源院牵头开展，团队结合南方电网公司及国内各行业数字孪生、大数据技术发展现状，以“数据组件”为切入点，获得立项。

7 月，南网能源院成功入选南方电网公司人才高地总体布局，成为南方电网公司“电碳耦合与能源经济人才高地”牵头建设单位，印发电碳耦合与能源经济人才高地建设方案，牵头编制目标责任书、年度任务清单，100%完成人才高地建设年度任务目标。总结 6 年实践成果，编制《建设新型智库人才发展白皮书》，率先形成具有智库特色的“人才模型与发展范式”。人才高地建设工作经验获中国能源报、南方电网报等媒体专版报道 5 次，入选中科院“中国智库人才建设成果报告”。

9 月 16 日，由国家发展改革委国际合作中心和南方电网公司联合主办，广西壮族自治区发展和改革委员会、南方电网能源发展研究院、南方电网澜湄国家能源电力合作研究中心承办的东盟国家能源电力绿色发展合作论坛在南宁举行。本论坛作为第 20 届中国—东盟博览会的重要活动之一，以“跨界协同融合 共筑中国—东盟绿色低碳发展新未来”为主题，围绕“东盟国家绿色发展实践”“绿色低碳赋能区域产业经济发展”“绿色创新助力区域能源电力深度合作”3 个议题展开交流。论坛的召开助力加强与东盟国家的务实合作，共同推动区域能源转型发展。

11 月 2 日，中央企业智库联盟（简称智库联盟）第四届理事会会议暨中央企业新型智库建设学习交流会在北京举行。国务院国资委党委委员、副主任王宏志出席会议并讲话。会上，国务院国资委和智库联盟对近年来表现突出的单位及个人进行了表彰：南方电网公司获评智库联盟 2021—2023 年度“十佳理事单位”，南网能源院党委书记、董事长张勉荣获智库联盟 2021—2023 年度“杰出贡献奖”，企业管理研究所所长李三获智库联盟 2021—2023 年度“优秀联络员”奖，电力规划中心牵头的“碳达峰背景下新电气化发展趋势及路径研究”获智库联盟 2022 年度课题一等奖，能源战略与政策研究所牵头的“碳中和目标下中央企业推动港澳能源电力低碳转型的路径及策略研究”获智库联盟 2022 年度课题二等奖，企业管理研究所牵头的国务院国资委 2022 年揭榜挂帅课题“国有企业在现代流通体系中发挥更大作用的途径方式研究”获评“良好”。此外，南网能源院参与的“民生类国有企业功能作用及做强做优做大研究”等 5 项课题也获得智库联盟表彰。

11 月 20 日，中国企业改革与发展研究会公布了“2023 中国企业改革发展优秀成果”，南网能源院成果“特大型能源电力企业股权投资‘三全’管理优化实践”和“基于新发展理念的电网工程 ESG 评价指标体系创新研究及实践”分别荣获一等奖。“2023 中国企业改革发展优秀成果”是中国企业改革与发展研究会在国务院国资委指导下开展的企业改革发展领域专项成果审定选拔活动，目前是国内在企业改革评价中影响力最大、受众面最广的奖项之一，旨在呈现我国企业不断提升价值创造能力的优秀创新成果。

11 月 24 日，2023 年南方电网能源发展论坛暨南网能源院研究成果发布会在广州举行。会上公开发布了《全球领先企业创新发展报告》《中国电力行业投资发展报告》《澜湄国家能源电力发展报告》《中国能源供需报告》等7本年度研究成果报告，致力为政府、能源行业提供智库观点与决策参考。论坛以“迈向新征程的能源与发展：变局与趋势”为主题，现场邀请了各能源行业专家作主旨演讲，共同探讨热点议题、发展趋势。

12月1日，粤港澳大湾区国资国企智库联盟成立大会暨中央企业智库联盟第 44 期智库沙龙在广州举行。由南网能源院等14家国资企业倡导发起的粤港澳大湾区国资国企智库联盟正式成立。国务院国资委研究中心党委书记、主任衣学东，南方电网公司党组成员、副总经理贺晓柏，中央企业智库联盟秘书长孙宝东、余国、魏晨光等参加联盟成立仪式。成立粤港澳大湾区国资国企智库联盟，是中央企业智库联盟区域化发展的新探索，能够进一步集聚湾区国资国企智库力量，充分发挥智库咨政建言、理论创新、舆论引导、社会服务、国际合作等重要功能，全面促进粤港澳三地思想碰撞和资源共享，更高水平服务支撑粤港澳大湾区高质量发展。经推选，南网能源院为联盟首任理事长单位。

2023年，南网能源院在中国智库索引（CTTI）能源与基础设施领域排名提升至第4名，入选国有经济研究智库“2020—2021年度国资国企优秀研究机构”前10名，如期实现了建成具有较高知名度的能源行业高端智库的目标。

（王雅倩）

【西安热工研究院有限公司】

单位概况 西安热工研究院有限公司（简称西安热工院）是中国电力行业国家级热能动力科学技术研究与热力发电技术开发的机构。主要专业于1951年在北京创建，1965年迁址西安成立西安热工研究所。先后隶属燃料工业部、电力工业部、水利电力部、能源部、国家电力公司，期间随国家电力体制改革依次更名为电力工业部热工研究院（1994年）、国家电力公司热工研究院（1998年）、国电热工研究院（2001年）。2003年，成为中国华能控股，中国大唐、中国华电、中国国电集集团公司（后重组为国家能源集团）、中国电力投资集团公司（后重组为国家电投）参股的有限责任公司，并正式更名为西安热工研究院有限公司。

领导班子

2023年末，西安热工院领导班子成员6人。

董事长、党委书记：苏立新

总经理、党委副书记：曾卫东

副总经理/副院长、党委委员、工会主席：牟春华

副总经理/副院长、党委委员：吕怀安

纪委书记、党委委员：何敏强

总会计师、党委委员：张良

组织机构 目前，职能管理部门共14个：办公室、科技环保部、市场部、人力资源部、财务与预算部、党建工作部、审计部、安全监管部、纪律检查部、事务部、海外事业部（国际合作部）、采购管理部、教育培训部、标准化技术部。截至2023年底，除母公司外，共有二级子公司18家（其中全资子公司6家、控股子公司2家、参股子公司7家）、分公司3家。

人员情况 2023年末，在岗职工1279人。其中：35岁及以下533人，占比41.67%；硕士研究生及以上963人，占比75.3%，其中博士研究生154人，占比12.04%；高级职称及以上679人，占比53.09%，其中正高级职称168人，占比13.14%。其中，高级人才方面，拥有一批行业领域高层次科技专家，享受国务院特殊津贴专家6人，百千万人才工程国家级人选3人，国家有突出贡献中青年专家1人，陕西省级专家人才13人，中国华能首席专家5人，中国华能高水平科技创新人才19人（其中科技领军人才3人、拔尖人才8人、青年科技英才8人）。

科技工作

1. 科研奖项

获2023年度陕西省科学技术奖8项（主持完成7项）：燃煤发电机组瞬态过程高效灵活清洁协同运行关键技术及应用（一等奖）；动力用煤全性能评价体系与关键燃烧技术的研究及应用（二等奖）；废SCR脱硝催化剂再生及资源化利用关键技术研发与应用（二等奖）；分散控制系统自主可控关键技术及应用（二等奖）；高参数复杂结构耐热钢部件失效机制及防治关键技术（三等奖）；高参数大口径动力管道异常大位移防控关键技术与应用（一等奖）；火力发电环保设施运行优化关键技术研究及应用（三等奖）；深度调峰机组广义阀点优化关键技术研究及应用（三等奖）。

获2023年度中国电力科学技术奖10项，其中一等奖2项、二等奖3项、三等奖5项（主持完成6项）：超临界二氧化碳循环发电关键技术及国际首座5MW机组示范应用（一等奖）；发电领域网络安全平台（靶场）研发及应用（一等奖）；促进电力系统灵活高效运行的电—热多级协调调度控制技术（二等奖）；超（超）临界机组高温受热面服役安全与寿命预测关键技术及应用（二等奖）；液态排渣锅炉全烧高碱煤技术研究与应用（二等奖）；燃气蒸汽联合循环机组多源协同高效启动关键技术与应用（三等奖）；发电厂汽水多参数智能监控一体化装置的研发及应用（三等奖）；面向电网调峰需求的燃煤机组快速启动控制技术及应用（三等奖）；大型煤粉锅炉高温喷氨协同SNCR脱销技术研究

及应用（三等奖）；风电机组国产化全景监测和智能诊断系统（三等奖）。

获 2023 年度中国电力企业联合会电力创新奖 16 项，其中创新大奖 1 项、一等奖 5 项、二等奖 10 项（主持完成 13 项）：大型发电集团以全面实行状态检修促进生产精益化管理的实践（创新大奖）；大型燃煤电站规模化处理固废耦合发电关键技术及应用（一等奖）；海底电缆故障快速处理技术及应用（一等奖）；SCR 脱硝催化剂全生命周期延寿利用技术及应用（一等奖）；发电行业网络安全技术创新和服务支撑平台研发及应用（一等奖）；一种火力发电厂水汽系统加氧处理方法（一等奖）；基于寿命状态评估技术的风力发电机性能提升（二等奖）；大规模风电机组群运行故障智能预警平台（二等奖）；超（超）临界机组湿态调峰高能水热质回收关键技术及应用（二等奖）；风电机组结构安全风险防控关键技术（二等奖）；大型煤粉锅炉高效 SNCR 技术研发与应用（二等奖）；多系统协同燃气蒸汽联合循环机组高效启动关键技术与应用（二等奖）；燃煤机组多元复杂燃料耦合燃用关键技术研究（二等奖）；国有科技型企业科技成果转化模式的实践与探索（二等奖）；一种含盐废水喷雾蒸发处理系统及方法（二等奖）；基于 IFOA – DBN – ELM 的设备耗电异常检测方法和装置（二等奖）。

获 2023 年度中国能源研究会能源创新奖 10 项，其中一等奖 1 项、二等奖 4 项、三等奖 5 项（主持完成 8 项）：基于全国产智能控制器的燃煤电站智慧运行系统（一等奖）；自主可控厂级监控信息系统关键技术及应用（二等奖）；多系统融合的燃气蒸汽联合循环机组综合提效关键技术与应用（二等奖）；多曲线转换节能、风险预控模块、整套程序等协同处理的汽轮机调试技术开发与应用（二等奖）；高温气冷堆运行控制策略及其验证平台关键技术的开发与应用（二等奖）；火电厂全过程节水减排系统减氯控氯关键技术与应用（三等奖）；面向电网日前出清调峰需求的燃煤机组运行优化关键技术及应用（三等奖）；气—固复杂燃料燃烧关键技术研究及应用（三等奖）；风电机组多源融合监测和智能诊断系统自主化研制与产业化应用（三等奖）；热电联产智慧供热一体化技术（三等奖）。

获 2023 年度中国腐蚀与防护学会科学技术奖 6 项，其中一等奖 2 项、二等奖 4 项（主持完成 4 项）：长寿命高温合金耐蚀设计理论与腐蚀失效机理研究（一等奖）；超（超）临界机组水汽系统全生命周期防腐防垢关键技术开发及应用（一等奖）；高温气冷堆核岛设备冷却水系统化学控制关键技术研究与应用（二等奖）；大型水力机械表面强化与延寿防护关键技术研究及应用（二等奖）；水电站过流部件表面防护技术及阵列涡流检测工艺研究（二等奖）；基于汽轮机排气损失热耗率曲线的腐蚀、结构、热耗关系研究与应用（二等奖）。

获 2023 年度中电建协电力建设科学技术奖 15 项，其中一等奖 1 项、二等奖 7 项、三等奖 7 项（主持完成 15 项）：基于检测评价的 SCR 脱硝催化剂全过程延寿利用技术及应用（一等奖）；煤电机组供热经济性评价的参比工况法研究及应用（二等奖）；国产低氮气体燃烧器装备研制及应用（二等奖）；燃煤锅炉高尘区粗颗粒飞灰预脱除与内构件减磨关键技术研究及应用（二等奖）；燃机余热锅炉 NO_x 深度减排技术研究应用（二等奖）；基于状态评估技术的风力发电机自主优化设计及产业化应用（二等奖）；风电机组倒塔预防技术及应用（二等奖）；海上风电水下资产风险管控关键技术（二等奖）；多源协同的燃气蒸汽联合循环机组高效启动关键技术与应用（三等奖）；高温气冷堆二回路清洁技术及工程应用（三等奖）；基于先验知识的火电机组冷端系统动态智能优化技术研究及应用（三等奖）；超（超）临界机组湿态调峰高能水热质回收关键技术及应用（三等奖）；深度调峰机组广义阀点优化关键技术研究及应用（三等奖）；水轮机叶片表面防护及涂层下缺陷检测技术研究（三等奖）；熔盐储热耦合煤电机组调频调峰及安全供汽技术（三等奖）。

获 2023 年度中电建协电力建设科学技术奖（专利类）5 项，其中二等奖 2 项、三等奖 3 项（主持完成 5 项）：一种火力发电厂水汽系统加氧处理方法（二等奖）；一种用于蒸发器换热管的检测探头（二等奖）；一种核电厂电锅炉快速启动控制系统及方法（三等奖）；一种燃气电厂 π 型同源核相系统及方法（三等奖）；一种基于钙平衡的循环流化床锅炉性能计算方法（三等奖）。

2023 年，西安热工院共有 19 项科技成果通过技术鉴定（15 项为国际领先水平、2 项为整体国际先进，部分国际领先、2 项为整体国际先进）：煤电机组供热经济性评价的参比工况法研究及应用、大型燃煤锅炉高效 SNCR 技术研发与应用、与煤电耦合的熔盐储热调频调峰及安全供汽技术开发及工程应用、基于全国产智能控制器的燃煤电站智慧运行系统、非补燃式压缩空气储能电站关键过程控制及运行效率评测、基于 pH 值飞升检测自辨识模型的全自动脱硫控制系统、风电机组倒塔预防关键技术研究、海底电缆故障快速检测定位与故障处理关键技术研究与应用、风电机组国产化全景监测和智能诊断系统、基于状态评估技术的风力发电机优化设计及产业化应用、燃气蒸汽联合循环机组多源协同高效启动关键技术与应用、循环流化床锅炉掺烧固废性能检测及优化研究、基于先验知识的冷端系统动态智能优化技术研究及应用、超级电容储能耦合火电机组调频技术、重型燃机部件特殊结构部位缺陷现场原位检测与定量评估技术为国际领先水平；多层柔性架构发电领域网络安全研究平台研发及应用、基于物联网体系的电力设备状态检测与故障诊断系统为整体国际先进，部分国际领先水平；超（超）临界机组湿态调峰高能水热质回收关键技术研究及应用、高温气冷堆控制系统仿真验证平台的开发及应用为国际先进水平。

2. 专利

2023 年，共获得授权国内专利 1358 项、国际专利 58 项。其中，国内发明专利 832 项、实用新型专利 526 项（名称略）。国际发明专利 11 项；实用新型专利 47 项。

3. 软件著作权

2022 年度获得软件著作权 103 项（名称略）。

4. 专著和论文

2023 年，由西安热工院专业人员编著技术专著部。在 2023 年度核心期刊及国内一级学会上，西安热工院专业人员共发表论文 118 篇（其中 SCI 论文 15 篇、EI 论文 18 篇）。

5. 纵向科研项目

2023 年获批科技项目 63 项，合同额 3.29 亿元，均为专项经费，其中：国家重点研发计划项目 2 项，专项经费 2880 万元；国家自然科学基金项目 2 项，专项经费 81 万元；省市及部委科技项目 15 项，专项经费 779 万元；中国华能科技项目 44 项，专项经费 2.91 亿元。

2023 年执行科研项目共 402 项，其中：国家级科技项目 28 项，省市科技项目 40 项，中国华能科技项目 110 项，院自立科技项目 129 项，自主科技项目 82 项，众创项目 8 项，其他科技项目 5 项。86 个项目通过验收。

6. 关键核心技术研发

2023 年，西安热工院持续推进科技创新，核心技术取得全面突破、创新能力持续增强、创新成果显著提升。

国内首台全国产可信 DCS 系统在威海电厂投运，全面提升了发电工控系统本质安全水平。全国产数字化汽轮机监视（TSI）系统在莱芜电厂完成示范。睿渥全国产光伏监控系统在青海光伏电站投运。首次突破 650℃及以上等级高性能阀门密封面堆焊技术，研制的 650℃等级电站系列高温部件在南京电厂稳定实炉验证。9FA 型燃机效能监测与诊断系统在南京燃机应用。中国首套全国产高性能磷酸酯抗燃油在铜川电厂投用，打破了国外技术垄断。

围绕工业绿色低碳领域打造原创技术策源地。参与南方电网公司牵头的“新型储能技术”创新 LHT 获国资委批复。联合华为共同组建了智慧电厂实验室。“火电数字化智能化”“关键能源材料及设备”两个研发中心入选国家能源局“赛马争先”创新平台。“全烧高碱煤液态排渣锅炉”“大型混流式水轮发电机组控制保护系统”两个项目入选国家能源局首台（套）重大技术装备。“超临界二氧化碳燃煤发电系统关键技术”和“650℃及以上高参数高效燃煤发电技术及示范”两项煤炭清洁高效利用领域国家重点研发计划项目获得批复。

19 项科技成果通过行业权威鉴定，其中 15 项国际领先。全院累计获省部级、行业协会科技奖 73 项，其中一等奖 14 项，获奖数量质量均居行业前列。“全国产分散控制系统研制与产业化”入选“科创中国”系列先导技术榜单。“超级电容储能耦合火电机组调频技术”荣获 2023 年金砖国家工业创新大赛三等奖。睿渥 DCS、PLC 入选中央企业科技创新成果目录。发布国际标准 4 项，2 项国际标准立项。西安热工院入选首批国家标准验证点。1 项专利获得长三角高价值专利运营大赛银奖。

7. 经营服务类技术项目

2023 年，全年累计签订经营服务类技术项目 4470 余项，项目涉及火电、风电、水电、光伏发电、核电、煤炭、石化、有色金属以及市政等领域，涵盖国内个 30 余个省（市、区），并涉及国外 9 个国家和地区，项目执行情况得到好评，收到来自国内外客户、项目合作方等发来的表扬信、感谢信共百余份，充分肯定了西安热工院的专业水平和服务质量。

技术服务全年拓展。调产品认证公司认证结果获中国华能采信。“燃气蒸汽联合循环机组多源协同高效启动关键技术与应用”完成 25 台套推广，市场占有率超 10%以上。累计签订煤电“三改联动”技术服务和工程项目合同 60 余项、签订低压缸零出力改造工程 15 台套。智慧供热平台在 20 台火电机组和 5 家供热单位实现应用。油质关键指标在线监测系统成功示范。基于蒙特卡洛方法的测量不确定度评定方法开发取得突破，提升火电机组碳排放计量精度。西安热工院荣获“2023—2024 年度优秀设备工程监理单位”。

8. 科研平台和基础设施

2023 年，西安热工院 4MW 燃烧试验台投运，参与国家能源实验室组建并牵头开展煤电灵活性提升等重大任务研究；参与组建的高效灵活煤电及 CCUS 全国重点实验室成为首批 20 家“全国重点实验室”；获批国家级电力网络安全靶场、获批“国家区块链创新应用试点”单位。牵头行业科研院所和领军企业，组建发电行业首个基础设施网络安全创新联合体，开展共性技术研究。重大科研立项取得历史性突破，首次获批国家自然科学基金面上项目，实现了中国华能系统“零”突破。西安热工院获批电力行业职业能力评价基地。

9. 资质证书

西安热工院的质量、环境、职业健康安全管理体系（三标一体）证书以及工程咨询、电力工程调试、设备监理、特种设备（压力容器）检验、环境工程设计、热喷涂、电力设施承试、节能服务专项资质等各项专业资质全面有效保持；高新技术企业证书有效保持。

10. 技术报告

2023 年，完成各类技术报告 6900 余份。

国际标准化工作　2023 年，西安热工院发布国际标准 4 项（主导 3 项，参与 1 项），立项国际标准 3 项（主导 2 项，联合主导 1 项）。同时，在执行的国际标准项目达到 10 项（主导 9 项，联合主导 1 项）。

科改示范行动

（1）深化改革示范。改革工作得到国资委肯定，连续三年获评科改示范“标杆”企业，是发电行业唯一一家单位。国企改革经验在国资委网站专栏刊发，改革案例入选国有企业改革深化提升行动简报。

（2）管理水平持续提升。《热力发电》入选中国科协能源电力领域高质量科技期刊分级目录 T1 级，跻身国际顶级期刊行列。北京新锐控制公司、苏州节能环保公司获评“专精特新”中小企业。

其他荣誉　2023 年，西安热工院再度荣获中国华能年度绩效考核、党建考核“双 A 级”、连续 14 年获评中国华能先进企业。

国际合作与交流　2023 年，累计派员 52 人次赴英国、德国、瑞士、丹麦、日本、迪拜、土耳其、吉尔吉斯坦、巴基斯坦、马来西亚、印尼、越南、孟加拉国、菲律宾、中国台湾等 15 个国家和地区参加国际会议或执行技术项目，开展国际交流合作，服务“一带一路”电力发展。

参加了中日联合委员会会议，就燃煤电厂减污降碳、洁净煤技术等进行交流。派员赴日本，与日本电力中央研究所等机构开展燃煤耦合氨燃烧技术的交流。联合日本煤炭能源中心，在“多源有机固废一体化炭化耦合燃煤发电技术”研究领域，共同申请“中国与日本政府间国际科技创新合作”国家重点研发计划项目。

在海外燃机、光伏、风电、储能、智慧电站等新领域，寻求海外业务新突破。中标哈电国际智慧电站（一期）项目，实现西安热工院智慧电站业务海外市场零突破。签订或中标墨西哥曼萨尼洛联合循环燃机电站性能试验等境外项目 18 项，涉及 9 个国家和地区，合同额约 2300 万元。

参加中国—越南经贸合作论坛、第 24 届亚太电协大会、第七届丝绸之路国际博览会、第 20 届中国—东盟博览会等活动，宣传西安热工院在超临界二氧化碳发电、睿渥 DCS、智慧电厂、新能源智慧运维等领域的科技成果，展示西安热工院积极响应共建“一带一路”倡议、努力践行“四个革命、一个合作”能源安全战略的国际形象。

党建工作　理论武装持续夯实。始终把学习贯彻习近平新时代中国特色社会主义思想作为首要和长期政治任务，院党委全年开展“第一议题”学习研讨 12 次，不断提高政治判断力、政治领悟力和政治执行力。坚持学思用贯通、知信行统一，重点抓好各级党组织集中学习研讨，开展“四问四答”大学习，把习近平新时代中国特色社会主义思想转化为坚定理想、锤炼党性和指导实践、推动工作的强大力量。

党建引领不断增强。部署“党建引领提质年”专项行动，在科研攻关一线、关键技术试验基地、重大项目现场，设立“攻关组”“责任区”“示范岗”，激发党员先锋模范作用，先进能源高温材料党员攻关组和储能技术研究应用技术服务队获中国华能优秀“区岗队组”称号。发挥创客工匠模范性与创造力，鼓励职工广泛开展创新创效。开展 2023 年质量管理提升劳动竞赛，在全院塑造科技创新的浓厚氛围。

强化正风肃纪反腐。围绕学习宣传贯彻党的二十大精神、关键核心技术攻关等领域强化政治监督，深入基层开展专题督导 5 次。压实全面从严治党责任，发布监督意见书 10 份。加强对各级领导班子和“一把手”的监督，累计开展纪律谈话 50 人次。对照中央巡视反馈问题开展自查自纠，推动发现问题立行立改。持之以恒落实中央八项规定精神，认真开展“微腐败”专项治理。始终保持高压态势，依规依纪处置问题线索，督导清退相关费用 43 万余元。组织前往警示教育基地开展集中学习，以案为鉴夯实清廉底线。

加强干部人才队伍建设。打破隐形台阶，在全院开展了历史上规模最大、范围最广、岗位最多的公开竞聘，进一步畅通了干部跨部门、跨专业任职交流渠道，45 岁以下中层干部占比达到 31.3%，80 后中层干部比例达到 20%。加强科技人才培养，组织申报中国华能第一届高水平科技人才及创新团队，西安热工院入选的关键领域领军人才、科技拔尖人才以及青年科技英才人数占比均超过三分之一。高海东获中国华能劳动模范，杨东、王志强获得中国华能先进个人，邓楠铁、马筠获评华能工匠荣誉称号。“睿渥全国产 DCS 研发团队”和“清洁低碳超临界二氧化碳先进动力系统创新团队”获得中国华能优秀科技创新团队。

挂靠的行业学会、质检中心、标委会、硕士点、博士后站、专业期刊　中国电机工程学会五个专业委员会（火力发电专委会、热工自动化专委会、金属材料专委会、清洁低碳发电专委会、电力化学专委会）

和中国电力设备管理协会发电设备技术监督专业委员会，均按计划举办了学术研讨会、技术交流会等科技活动，取得良好成效。其中，电力行业电站汽轮机标准化技术委员会（DL/TC 07）和电力行业电站锅炉标准化技术委员会（DL/TC 08）获评一级标委会。

“电力工业热力发电设备及材料质量检验测试中心”“电站工业发电用煤质量监督检验中心”“电力工业热工计量测试中心”等中心的工作有序进行。

一个国际标准化技术委员会秘书处（IEC/TC5），两个国家标准化技术委员会（全国电气化学标委会、全国电站过程监控及信息标委会）和七个电力行业标准化技术委员会（电站锅炉标委会、电站汽轮机标委会、电厂化学标委会、电站金属材料标委会、电站阀门标委会、热工信息与自动化标委会、联合循环发电标委会），均按计划组织开展了标准的制（修）订、审查和宣贯工作；其标准化工作通过了国家标准化管理委员会、中国电力企业联合会标准化中心等组织的年度检查。

硕士学位授予点：研究生教育质量持续提升，在与高校联合培养方面继续创新、取得良好效果；招生、教培、科研、学位评定等工作按计划进行。2022 年内，研究生毕业并获硕士学位者 5 人，新招收研究生 10 人；在读研究生 24 人。

博士后科研工作站：2022 年，出站博士后 1 人；年内在站博士后 3 人；科研工作如期进行。

由西安热工院与中国电机工程学会共同主办的专业期刊《热力发电》，全年按计划完成 12 期出版任务；在知网统计数据中，期刊影响力指数（CI）位列能源与动力工程学科 55 本期刊第 2 名。2023 年，《热力发电》被评为“第 6 届中国精品科技期刊”及“陕西省科技期刊精品期刊”，在中国科协“高质量科技期刊分级目录”中，《热力发电》进入能源与发电技术专业 T1 级。有 13 篇论文入选中国精品科技期刊顶尖学术论文领跑者 5000。

主要事件

1 月 6 日，由西安热工院主导的 IEC 国际标准新项目提案《汽轮机性能试验第 4 部分：常规性能试验》（IEC 60953－4 NP）在国际电工委员会汽轮机技术委员会（IEC/TC5）立项。这是我国在锅炉、汽轮机主设备领域立项的第一项国际标准。

1 月 17 日，西安热工院召开六届二次职工代表大会暨 2023 年工作会议，西安热工院党委书记、董事长苏立新代表院党委作题为《深入学习贯彻党的二十大精神 加快成果转化 实现质效提升 为开启高质量发展新征程而团结奋斗》的工作报告，会议传达了中国华能 2023 年工作会议精神，分析了面临的形势与存在的问题，对 2023 年工作进行了具体部署。会议还表彰了 2022 年度先进集体、优秀项目组、优秀干部和先进个人。

3 月 8 日，由西安热工院研制并承建的“5MW 超级电容＋15MW 锂电池”混合储能系统在华能罗源电厂成功完成 168h 满负荷试运行，该系统是全球最大容量的超级电容混合储能系统，同时也是全球首个超级电容、锂电池混合储能融合火电机组电力调频系统。

3 月 16 日，根据国务院国资委《关于印发创建世界一流示范企业和专精特新示范企业名单的通知》，西安热工院获评“创建世界一流专精特新示范企业”。

4 月 30 日，据 ISO 国际标准组织官方公布消息，由西安热工院完成编制的 3 项“离子交换树脂类”国际标准历时四年正式发布。3 项标准分别是：ISO 4907－1：2023《丙烯酸系阴离子交换树脂交换容量测定方法》、ISO 4907－2：2023《氢氧型阴离子交换树脂含水量测定方法》和 ISO 4907－3：2023《氢氧型阴离子交换树脂交换容量测定方法》。这是中国主导发布的首批“离子交换树脂类”国际标准。

4 月 28 日，国资委办公厅发布了关于印发中央企业所属“双百企业”“科改示范企业”2022 年度专项考核结果的通知，西安热工院以优异成绩再度获评“标杆”，成为全国发电行业唯一在国企改革三年行动期间连续三次获得“标杆”评级的“科改示范企业”。

5 月 11 日，由西安热工院自主研发的全国光伏电站首台（套）全国产计算机监控系统（型号为华能睿渥 S316）在华能青海共和世能光伏电站成功投运，标志着中国光伏电站计算机监控系统实现完全自主可控。

5 月 23 日，国务院国资委发布《中央企业科技创新成果产品手册（2022 年版）》，西安热工院“睿渥 HNICS－T316 DCS 系统”“睿渥可编程逻辑控制器（PLC）”2 项科技创新成果上榜。

6 月 26 日，西安热工院自主研发的全国首台（套）全国产数字化汽轮机监视仪表系统（TSI）TMS－T316 在华能莱芜发电有限公司完成 168h 满负荷试运行，即日起投入运行。标志着中国已掌握了汽轮机监视仪表系统领域整套关键核心技术，打破了国外技术垄断，实现了完全自主可控。

6 月 28 日，由西安热工院自主研发的国内首台（套）全国产光伏电站计算机监控系统“华能睿渥 S316”在青海华能共和世能光伏电站投运。该项目的完成标志着光伏电站计算机监控系统首次实现了全国产化。至此，西安热工院已完成华能睿渥在火电 DCS、水电计算机监控系统、风电 PLC 系统、光伏电站计算机监控系统的自主开发与工程应用。

7 月 26 日，由西安热工院自主研发建设的全国首个兆瓦级全比例氨/煤混燃技术试验成功，填补了中国全比例氨/煤混燃技术的空白，标志着中国含碳燃料与氨等富氢燃料混燃的清洁高效燃烧技术研究取得新突破。

8 月 18 日，西安热工院、中国电机工程学会主办的科技期刊《热力发电》获评具备国际顶级水平的 T1 级期刊，是发电企业主管的唯一获评该级别的期刊。

9 月 20 日，中国科学技术信息研究所（中信所）2023 年中国科技论文统计结果发布会暨中国一流科技论文世界影响力评价论坛在北京举行。会上正式发布了“第 6 届中国精品科技期刊”，《热力发电》期刊再次入选。

10 月 20 日，由西安热工院主持制定的《金属和合金的腐蚀　工业设备化学清洗腐蚀抑制剂性能评价方法》（ISO 9813：2023 *Corrosion of metals and alloys—Performance test method for corrosion inhibitors used in chemical cleaning of industry equipment*）被国际标准化组织（ISO）正式批准发布。该标准的成功发布填补了我国在化学清洗领域国际标准的空白，提升了我国在化学清洗领域的国际影响力和竞争力。

12 月 28 日，国家标准化管理委员会发布了关于批准设立国家标准验证点（第一批）的公告，西安热工院成功入选首批国家标准验证点（火电机组），是火力发电行业唯一获批单位。

（刘　沙）

【中国大唐集团科学技术研究总院有限公司】

单位概况　中国大唐集团科学技术研究总院（简称大唐科研总院）成立于 2013 年，紧密围绕在建在役发电资产开展技术服务，围绕生产、建设中的实际问题开展技术攻关，围绕企业未来转型发展开展技术研发，着力构建区域全覆盖、传统能源领域专业学科齐全的技术保障体系，形成以技术监督和有偿技术服务为基础的滚动发展模式，初步建成了中国大唐的技术监督中心、技术服务中心、科技研发中心和科技信息中心。

领导班子

党委书记、董事长、院长：李国华

党委委员、总会计师：张小春

党委委员、副院长、工会主席：吕晨光

党委委员、纪委书记：王博

党委委员、副院长：潘定立

总工程师：郭婷婷

组织机构　共设置 8 个职能部门，分别为办公室（法务风控部、审计部）、发展计划部、人力资源部、安全生产部、科研管理部、财务部、党建工作部、纪委办公室（巡察办公室）。7 家分子公司，分别为：大唐东北电力试验研究院、大唐华东电力试验研究院、大唐中南电力试验研究院、大唐西北电力试验研究院、大唐华北电力试验研究院、大唐水电科学技术研究院、大唐可再生能源研究院。4 个直属机构，分别为：网安数字事业部、知识管理中心、财务共享中心和中国大唐卓越工程师培养中心办公室。

人员构成　共有各级各类专业技术人员 1095 人，其中博士研究生 43 人、硕士研究生 685 人，高级职称人才 474 人。

主要工作　大唐科研总院秉持“独立自主、自力更生、艰苦奋斗、勤俭建院”的工作理念，在管理实践中继承发扬“讲科学、讲技术、讲民主、讲规范”的优良学风，在技术攻关中严格遵循“从实际出发、从问题出发、从目标出发”的工作原则，在创新发展中时刻牢记“依托集团、面向行业”和“科技产业化、成果产品化”的发展方略，推动技术保障体系建设、科技成果专利获取、管理体系和专业人才队伍建设以及特色企业文化建设取得长足进步，打下了良好发展基础。

通过不断夯实科技创新基础，大唐科研总院获批北京市高新技术企业、海外高层次人才创新创业基地，荣获首都文明单位、北京市企业技术中心和北京市知识产权示范单位、国务院国资委“科改示范行动”优秀企业等荣誉，2023 年被中国大唐评为经营业绩考核 A 级企业。科技成果方面，通过鉴定的科技成果中，国际领先 8 项、国际先进 20 项、国内领先 15 项；有 2 项获电力科技进步奖三等奖，3 项获电力科技创新奖一等奖，1 项获中国水力发电工程学会二等奖，5 项获中国大唐科学技术贡献奖；完成 3 项科技创新 LHT、1 项中央企业未来产业启航行动、2 项省部级平台申报，2 项省部级研发平台获批申报；《分布式能源》期刊入选中国科技核心期刊，3 个 IEC 国际标准和 1 个创新联合体为中国大唐争取国资委考核加 0.4 分。

开展科技交流合作，签署战略多份合作协议，围绕托克托电厂建设世界最大绿色智慧多能互补耦合能源基地开展科技合作；与清华大学等多家单位开展技术交流，围绕能源互联网、碳中和、新型储能等前沿技术方向探索建立联合研发平台；参与东方电气氢能产业链技术创新策源地联合体建设；与中国电力科学研究院合作建立电池储能技术共享实验室。

主要业务包括三个方面，一是在役机组技术监督与技术服务，除常规技术监督服务和试验检验外，还开展重大技改方案评审、机组试运调试、设备技术改造等；二是建设项目技术服务，主要包括中国大唐能源规划课题研究、新能源资源复核、技术方案论证、工程设计优化等；三是科技研发与科技咨询，包括承担中国大唐重大示范项目支持、重大疑难技术难题科技研发、重点科技项目研发攻关等。目前，技术监督服务业务覆盖国内 31 个省份、444 家发电企业和缅甸、柬埔寨、印尼和乌兹别克斯坦 4 个境外国家所属 7 家发电企业，其中系统外企业 42 家。首次开展煤化工企业自备电厂和储能电站技术监督工作，并介入核电常规岛的技术服务，参与辽宁中核徐大堡核电项目常规岛调试。通过自身专业技术能力水平的提升，企业市场竞争力得到全面增强。

【中国大唐集团技术经济研究院有限责任公司】

单位概况 中国大唐集团技术经济研究院有限责任公司（简称大唐技经院）成立于 2009 年，北京市高新技术企业，是中国大唐“三司三院”科技创新体系三研究院之一，中国大唐战略研究的重要支撑机构，担负着中国大唐投资决策评价咨询、战略研究的重要职能，共同支撑中国大唐重大决策，重要战略布局、重大方案制定，为中国大唐全产业项目技术经济论证提供保障。目标打造成为中国大唐情报分析平台、产业研究平台、管理创新平台、决策支持平台、智库交流平台“五大平台”。

领导班子

党委书记、执行董事、总经理：李霄飞

党委委员、总会计师：刘卫程

党委委员、纪委书记：马强

党委委员、副总经理、工会主席：张国辉

党委委员、副总经理：辛克锋

组织机构 本部共有 3 个职能管理部门，分别为综合部（党建工作部）、计划财务部、纪委办公室（法务风控部、审计部）。有直属专业机构 10 个，分别为综合评审部、新能源评审部、工程咨询一部、工程咨询二部、造价咨询部、项目后评价部、战略规划研究所、企业管理研究所、产业发展研究所、市场研究所。

人员组成 现有职工 96 人，其中，硕士研究生及以上学历 55 人，本科学历 41 人；正高级专业技术资格 10 人，高级专业技术资格 30 人，中级专业技术资格 31 人，初级专业技术资格 6 人，无专业技术资格人员 19 人。

主要工作 一是投资评审和工程咨询质量效率得到大幅提升，履行职责使命展现新担当。秉承“为中国大唐把好投资审核关”原则，以提高效率、保证质量为前提，以项目方案优化、对标一流为着力点，以项目造价最优、收益最好为基本准绳， 2023 年，项目评审数量规模创历史新高，完成新能源项目各阶段评审 611 项次 7815 万 kW，完成 68 个常规能源项目 58 项次评审和 100 余项次工程咨询审查，完成造价咨询项目 69 项，支撑中国大唐完成 2012 万 kW 的开工任务和 1415 万 kW 的投产任务。优化评审效率，项目评审周期由 35 天压减至 18 天，压缩率超过 48%。多管齐下提升项目评审咨询质量，通过系统施策，“十四五”期间新能源项目造价平均审减率约 5.3%（从可研到执行概算）。

二是战略规划和产业研究全面扩围提质，服务中国大唐战略决策支撑实现新突破。落实“五大平台”功能定位，形成规模研究团队，组建战略规划专家委员会柔性引才，建设科学研究体系架构，推动研究组织体系创新，优化推出《能源政策动态》12 期，创办《产研内参》推出 12 期成果。形成较为完善的“1+*N*”制度体系，建立“自主研究+协作研究+智库体系”的组织体系，承担或参与各类研究任务近百项，其中重大研究任务 30 余项，研究工作及成果高质量支撑 2024 年全国能源工作会议，收获国家能源局感谢信。

三是内部改革持续深化，有效激发企业高质量发展的新动能。以改革优化和管理提升推动专业能力提升。入围国资委“科改示范行动”，通过深化改革，优化管理、提升效率、凝聚人才、激发活力、增强动力，健全市场化机制，打好改革激励创效组合拳。完善市场化人才激励机制，创新岗位人才激励机制，推动薪酬分配向关键岗位和核心人才倾斜，激励干部职工展现出积极向上的良好精神风貌。以改革助力科技创新出成果。2023 年取得 11 项软件著作权，5 项专利进入实审阶段，获得专有技术认证 14 项，获得中国大唐和外部行业协会奖项 10 项，发表 5 篇论文，获得北京市高新技术企业“小升规”培育项目科创资金，完成 3 项科技项目合同备案和 122 项技术服务合同登记。

四是价值创造能力保持稳定，为完成全年目标任务提供坚强财力保障。一体推进提质增效和对标世界一流价值创造专项行动，强化预算管控，加强资金管理和税收筹划，通过细化措施，降低贷款利率 1.05 个百分点，全力以赴破解历史遗留问题。加强“三金”压降管理，按照年度“三金”压降指标，按期保质完成任务，通过实施一系列组合拳，企业经营业绩得到根本改观，连续两年超额完成利润目标，全员劳动生产率保持稳定。

【华电电力科学研究院有限公司】

单位概况 华电电力科学研究院有限公司（简称华电电科院）前身是电力工业部水力发电建设总局机械设计室，于 1956 年 10 月在上海建立。2002 年，根据国务院有关科研事业单位转制为企业的要求，划归中国华电。2009 年，更名为华电电力科学研究院。2016 年，成为中国华电直接管理的集团部门副主任级单位。2017 年，由全民所有制企业改制为一人有限责任公司，更名为华电电力科学研究院有限公司。2018 年，与中国华电集团科学技术研究总院有限公司整合，成为中国华电直接管理的部门主任级单位。2021 年，推动法人治理体系建设，建立董事会。

资产总额 13.39 亿元，设置职能部门 9 个，监督板块单位 6 个，研发板块单位 14 个，业务板块单位 8 个。拥有员工 1046 人，平均年龄 36 岁，世界百强名校留学生 36 人，211 高校 612 人（其中 985 高校 371 人），博士 74 人、硕士 681 人，硕士及以上占比 72%，副高级及以上职称人员占比 52%；拥有省部级以上及集团领军人才 29 名，地方高层次人才 190 人，4 名高层次人才成功入选国家级人才计划。

坚持以中国华电战略为引领，全面履行中国华电赋予职责，构建“一体两核三作用”发展战略，积极践行科技创新、技术监督、技术服务“三位一体”发展布局，着力增强核心功能、提高核心竞争力，充分发挥科技创新、产业控制、安全支撑三个作用。以价值创造统筹推进高质量发展，加快建设成为让中国华电可信赖、可依靠并且能够推动中国华电高质量发展的顶层研发平台、技术支持中心和科技人才高地。

领导班子

党委书记、董事长：李立新

党委副书记、董事、总经理：严新荣

党委委员、副总经理：孙学军、申宇、常浩、范炜

党委委员、纪委书记：张长胜

党委委员、总会计师：陈立库

领导人员变动情况：10 月 16 日，陈立库任华电电科院党委委员，总会计师；11 月 24 日，孙学军任华电电科院党委委员、副总经理。

工作业绩 2023 年，华电电科院科技创新、技术监督、技术服务“三位一体”协同发展、齐头并进，全面超额完成中国华电下达的各项指标，获得集团公司业绩考评 A 级，荣获中国华电先进企业、科技创新突出贡献单位。全年经营质效再创新高，新签合同 12.34 亿元，同比增加 6.3%；实现营业收入 10.95 亿元，同比增长 15%；利润总额 1.05 亿元，超集团指标 75%。全年科技创新勇攀高峰，牵头立项国家重点研发计划 3 项、课题 2 项；牵头立项央企创新 LHT 项目 3 项；完成国资委、工信部重点研发项目年度攻关任务；获得各级科技奖励 26 项，其中电力创新一等奖 4 项；联合主导发布国际标准 1 项；2 个研发平台成功入选国家能源局“十四五”第一批“赛马争先”创新平台；专利授权 502 件，其中发明专利 259 件，同比增长 127%，占中国华电发明专利总数 42%，创历史新高。

科技创新 坚持以重大科研项目凝聚创新攻坚力量，潜心攻克关键核心技术，勇担高水平研发平台创建任务，发挥科技创新主体作用。联合行业头部科研院所、高校等优势资源申报国家重点研发计划 14 项，聚焦储能、海水制氢、CO_2 捕集等战略性新兴产业，牵头立项项目 3 项，课题 2 项；燃烧动态压力采集分析装置、边缘一体机、锅炉受热面抗氧化技术成功入选央企创新 LHT。攻克国资委 1025 二期攻关任务，自主研制的 E 级燃气轮机透平一级动叶取得关键突破，在国内率先完成挂机试运行。工信部人工智能项目完成试验研发，在邵武、莱州等电厂工程验证与示范应用。在研的国重项目取得阶段性成果，“宽负荷快速灵活调峰”项目示范成功落地，“区域土壤与地下水污染修复”完成方案论证，“风电机群服役评估与调控”超进度完成年度任务。“水力发电关键部机智能监测调控技术”等 2 项成果获浙江省科技进步奖二等奖，“重型燃气轮机多目标协同运行保障技术”等 4 项成果获中电联电力创新奖一等奖，“碳排放精准监测技术”等 2 项成果获中国电力科技进步奖二等奖。联合主导发布“金属陶瓷涂层技术要求”国际标准。“大坝群安全监控预警技术”等 7 项成果鉴定国际领先，“大型风电效能提升技术”等 3 项成果国际先进。《发电技术》入选中国科学引文核心数据库，取得跨越式发展。“智能火力发电”和“储能装备与系统集成”两个研发平台成功入选国家能源局首批“赛马争先”创新平台，推动技术研究与工程应用、产业化开发有机衔接。牵头组建中国能源研究会低碳智慧供热技术专委会，当选中国电促会燃机发电专委会会长单位，打造低碳智慧供热、燃机发电生态圈。

技术保障 始终坚持服务能源保供“国之大者”，突出技术保障、应急支撑、诊断排查，完成迎峰度夏、保暖保供、杭州亚运会和成都大运会等重点时段能源保供任务。聚焦“管理、预防、应急、监测、评价、支撑”6 项核心功能，实施 23 项精益管理重点措施，保障体系有效运转。发挥生产技术委员会团队优势，高效支撑重大设备异常等急难险重任务，新编电化学储能监督规范等制度文件 20 余项，完善中国华电安全管理体系。完成国家能源局燃机可靠性提升、中电联“三改联动”等 6 项重大课题，开展汽轮机叶片损伤、燃机掺氢燃烧等 100 余项专题研究，支撑中国华电生产战略决策。提升设备安全性，实现发电企业技术监督检查全覆盖，发现违反二十五项反措问题近 900 项；针对汽轮机汽门卡涩等问题发布预告警单 98 份，排查发现问题 421 项，持续跟踪指导问题整改闭环，有效防范化解潜在风险。着力提升机组可靠性，开展技术支持 1700 余项，解决汽轮发电机组振动、高压厂用变压器过热等突出问题，保障发电设备稳定运行，共收到区域公司、发电企业感谢信 445 封。提升运营经济性，发挥新能源和火电诊断平台作用，发现风机功率曲线异常 462 台次，提升发电量超 2 亿 kWh；解决火电能效异常 154 项，创造经济效益 1 亿元。抢抓煤电机组“三改联动”机遇，新型凝抽背供热技术在新疆区域 6 台机组转化应用，支撑机组调峰调频能力提升。持续扩大新能源技术产业规模，完成 30 项风光电项目可研及设计咨询，500 台风机出质保检测。

经营管理 聚焦效益效率双提升，坚持“三位一体”有机统一、协同发力，科技创新、技术监督、技

术服务分别签订合同3.7亿、3.8亿、4.9亿元，发展整体布局成势见效。坚持积极预算理念，差异化设置基准值、登高值、突破值，19家单位完成利润登高值，3家单位实现利润突破值。有力推进“两金”常态化管控，清理长账龄款项35笔，“两金”总体规模较年初下降5%、低于营收增幅20个百分点，其中中国华电外应收账款增幅低于营收增幅58个百分点，超额完成年度“两金”压降目标。加强资金精益管理，资金“六率”在中国华电排名提升，稳居前十；动态优化融资规模，融资利率同比下降49个BP，融资成本同比压降38%。

安全环保 抓牢安全管理职责落实，建立岗位责任制落实评价标准，全年未发生安全生产事故。抓实安全精益管理体制建设，制定完善安全专项绩效考核细则等制度16项；开展岗位联合督查、督办约谈，强化项目过程管控。推进安全管理强化年行动，重点开展“危险源辨识、安全监督、隐患排查治理、项目人员管理”4个专项能力提升行动，切实提高安全管理效能。紧抓重点领域风险隐患整治，开展作业现场、实验室等专项排查20余次，整改隐患50余项；汲取齐齐哈尔体育馆坍塌事故教训，对院区体育馆、屋顶光伏支架进行安全检测，完成学院路裙楼开裂加固，切实做到防患于未然。注重员工安全能力提升，扎实开展安全管理和技能培训，围绕“人人讲安全 个个会应急”主题，组织安全咨询日、安全生产月活动，营造浓厚安全氛围。

改革发展 深入推进深化改革任务，明确8个改革领域、31项主要任务、100条具体措施，构建立体化改革系统推进机制，完成年度各项改革任务，首次获评中国华电改革考核A级。组织实施创一流专项行动，印发对标世界一流企业价值创造行动方案，提出16项特色化重点任务、48条具体措施，全面完成年度创建任务，首次获评集团争创一流标杆企业。推动示范创建培育工作，1家单位入选“专精特新”，3家单位认定创新型中小企业。

党的建设 高质量开展主题教育，通过调查研究发现问题34个，制定整改措施49项，落实转化成果57项，提出加快绿色发展、推动科技创新、加强能源保供等建议20项，切实将工作重心落到解决重点难点、打通卡点堵点上。聚焦“四力四推”党建工程“一年见成效”进度目标，深入推进基层党建工作提质增效专项行动，向集团选送12个基层党建工作法与实践案例，承担的国务院国资委重大课题“国有企业党的建设‘六个有机统一’问题研究”获评优秀。持续推进巡视反馈意见举一反三，完成2轮5家基层党支部巡察，开展新能源项目、招标采购专项整治，深化政治监督具体化、精准化、常态化，3家单位荣获中国华电“三清”企业。

信息化建设 全力推进新能源智慧生产管理平台研发，以设计为引领，建立上下贯通、横向协调、紧密联系的“军团”模式，组织12个专业部门、集中168人、历时13个月，编制设计报告超200万字，系统开发和部署分级诊断、功率预测、智能检修、数字监督等12个模块，实现3个区域平台部署和上线运行，保障集团新能源生产运营向集约化、数智化迈出关键一步。“燃机智慧运维云平台”工业软件列入央企“焕新行动”，在半山等6家电厂推广应用，助力燃机发电产业链供应链优化升级。加强数字化赋能，完成莱州2号机组数字电厂、DG水电数据中台、35座大坝在线监控预警平台建设，推动中国华电传统产业数字化转型。

（孙少鹏　岳益锋　陈仕国）

【国家能源集团科学技术研究院有限公司】

单位概况 国家能源集团科学技术研究院有限公司（简称国家能源电科院）前身是成立于1980年9月的原电力工业部“火电厂大气环境测试研究中心”，地点在江苏省南京市。2002年随着电力体制改革划归原国电集团。2008年10月，在国电环境保护研究院和原国电集团安全生产技术服务中心基础上组建成立了国电科学技术研究院，2017年随原国电集团、原神华集团合并，划归国家能源集团。2017年底由全民所有制改制为有限责任公司。2020年10月更名为国家能源集团科学技术研究院有限公司。

主营业务范围：负责发电企业技术监督与技术服务、电力生产过程试验、研究及科技研发、电力建设项目环境影响评价、火电节能减排及环保治理工程技术咨询、技术培训等，围绕国家能源集团发电安全生产、节能减排提供技术支持和保障。

截至2023年底，国家能源电科院各层级共建有全面覆盖电力技术监督服务项目的常规检测和研发实验室37个，拥有包括全国重点实验室在内的国家级研发平台3个和省级工程研究中心4个，全国博士后科研工作站1个，江苏省企业研究生工作站1个，是中国电机工程学会环境保护专业委员会、电力行业环境保护标准化技术委员会挂靠单位，编辑出版《电力科技与环保》期刊。近五年，国家能源电科院在持续发挥应用研究领域能力优势的同时，不断加大向基础研究和应用基础研究领域拓展的步伐，承担国家重大科研项目6项，其中，863计划1项、科技支撑计划3项、重大仪器专项2项。获省部级科技奖、社会力量级奖励70项，燃煤发电全过程污染防治关键技术研究应用与体系创建等17项技术被评为国际领先并拥有自主知识产权，授权专利672项（其中，发明专利176项），发布标准118项，其中国际标准1项，国家及行业标准51项。

国家能源电科院由国家能源集团100%持股，截至2023年底，国家能源电科院资产总额14亿元。设有9个管理部门、4个直属机构、4家子公司、6家分公司，从业人员754人。

主要指标 2023年，国家能源电科院深入推进“四个革命、一个合作”能源安全新战略，全面落实国家能源集团“41663”总体工作方针，以主题教育推进为强大动力，锚定“两优四高”目标，“安全环保、科技创新、技术创优、改革创效、党的建设”五大方向，超额完成了2023年各项目标任务，技术监督覆盖国家能源集团装机容量2.2亿kW，2023年仅新技术科技成果转化合同达136项，转化额1.07亿。自国家能源集团重组以来，连续7年获评国家能源集团年度生产经营业绩考核A级单位，全级次无亏损单位。自2001年以来，连续8次被评为江苏省文明单位。2023年，国家能源电科院成功入选国资委“科改企业”名单，以“科改行动”为契机，进一步完善现代企业治理体系，推进国家能源电科院2023—2025年科改行动方案26项举措落实落地。

科技创新 强化科技创新主体地位。主动融入国家战略科技力量体系，加快推进全国重点实验室建设重组和实体化运行，构建跨单位、跨部门、跨专业协同创新体系，建设国内首个省级“双碳”平台，加强顶层设计，形成了层次分明、特点鲜明的三个国家级研发平台，加强领域合作，牵头承担重点研发项目，发挥“国家队”作用。扩大前沿领域研究布局。紧扣国家绿色发展战略，聚焦电力体制改革和构建新型电力系统的现实需求，紧盯国家能源集团低碳发展的具体要求，布局重大科技项目，推进网源荷储智慧融合。承接宁海50MW、定安90MW智慧物联网光伏示范项目，开展基于抽水蓄能调相、火储联合调频调峰、沙戈荒/海上集群化风光大基地网源协同、地热储用跨季调控等新型电力系统关键技术研发。突破重大工程科技攻关。围绕火电清洁低碳、智慧电厂建设等重点领域，承接国家能源电科院史上最大横向科技项目，参与中国工程院重大战略研究咨询任务，3项在研国家重点研发计划课题取得关键节点突破。推动横向科技项目合作，开展61项在研科技项目及技术标准研究攻关。国际首创“近红外+X荧光融合光谱煤质快速检测技术”在国家能源集团煤炭“产—销—用”典型场景全面开展试点。深度参与“三改联动”。“三改联动”给水提温技术首次应用助力机组实现20%负荷深度调峰。主持修编《国家能源集团煤电机组“三改联动”技术路线》并在全集团进行推广应用，助力国家能源集团煤电机组“三改联动”工作落实。深化数字化转型赋能。加快数字化转型发展，组建数智化专业团队，技术报告数字化系统建成投运，重点科技项目按计划推进实施，智慧计量检测平台上线运行。开创科技创新成果新局面。全年获省部级、行业级奖项共17项，5项科技成果鉴定为国际领先，首次在水电领域取得重大突破，相关成果荣获水力发电科学技术一等奖。1项技术首获江苏省行业十大科技进展，3家子企业分别获得专精特新中小企业、省级研发企业、省级知识产权示范企业称号，资质拓展取得突破。全年申报专利200件，授权发明专利78件，新兴领域及高价值专利占比大幅提升至60%。发布国家、行业等各级标准25项，与IEC国际标准化组织紧密合作，在中水回用、煤电掺烧、碳监测等方向积极突破，参与编译固废耦合发电专题报告，协办国际标准化大会。

生产技术 坚定不移推动服务提质。优化顶层设计，打造国家能源电科院“一站四中心”工作体系，发挥基础性支撑保障作用，针对重大系统性隐患，牵头制定并发布重大技术方案和措施，针对问题整改作出重要指示。基建“两中心”深度介入电力工程质量监督管理和调试监管，有效推动精细化管理和精细化调试落地。坚定不移拓展新兴产业市场。新能源服务同比翻一番，南环院首次承接百兆瓦规模数智化光伏运维系统服务，煤炭检测监督业务创新高，国家能源电科院战新产业占比突破80%。全年新签合同额达14.65亿元，同比增长47.8%，实现营业收入9.59亿元，同比增长33.7%，利润总额6999万元，同比增长17.5%，业务增速和服务规模创建院新高。坚定不移推动管理提效。形成中心统筹管理、各单位协同配合的生产管理新格局。完成技术监督五项评价、调试监管、检修监管等国家能源集团交办重点工作任务。推动技术赋能。探索技术服务新模式，完成了服务区域103家发电企业SIS数据接入，构建起了“线上+线下”“前台+后台”“评价+诊断”的技术监督新形态，开创了机组运行期远程技术监督先河。深入开展“控降非停”治理，对国家能源集团所属发电企业普遍存在的359项重大技术问题和隐患进行专项管理，为国家能源集团火电机组安全、可靠、经济、高效运行持续提供技术保障。坚定不移推动服务尖兵队伍建设。在重大项目和日常服务中坚持引育结合，培养壮大尖兵队伍，发挥“头雁效应”。

安全环保 筑牢安全环保屏障。层层落实安全责任，强化安全管控水平，实现连续安全生产5540天。实现无差别一体化管控。组织制定并实施年度应急演练，全年开展各类应急演练400次，应急能力全面提升。加强职业健康管理，首次实现员工健康监测档案全覆盖。完善网络安全工作机制，加强数据安全管控，成为国家能源集团科技板块唯一蝉联国家能源集团年度“安全环保先进企业”的单位。支撑国家能源集团安全环保工作。明确建设目标和职责定位，落实组织机构和人员配备，建立规章制度，规范工作流程，坚持“边组建、边开展工作”，健全完善国家能源集团电力安全监察体系，组织开展消防安全专项监察和重大隐患判定，支撑国家能源集团安全监察工作。

改革创效 深化改革行动向纵深推进。加大市场化薪酬分配；落实十大专项奖励。深化三项制度改革，促进人尽其才、人岗相适；开展第二批年轻干部交流；建立国家能源电科院首席科学家评聘机制，加强聘期目标管理，开展集团级、电科院级选苗工作，人才梯队建设更加完善。发挥经理层保落实作用，落实董事会、党委会决策决议，有力保障重大项目推进。治理效能迈上新台阶。优化建强公司治理，量化公司治理效能，持续开展对标提升行动，发挥财务管控能力，深化业财联动应用，提升采购管理效能，提质增效效果显著。品牌影响力持续扩大。开展品牌活动，入选“江苏省现代服务业高质量发展领军企业”，获得中电建协企业信用等级 3A 级评价。对外发布年度可持续发展报告，强化社会责任体系建设，全年乡村振兴、消费帮扶 112.6 万元。依法依规治企理念深入人心。按照“管一级看一级”的思路，开展制度体系合法合规自查；开展多种形式制度培训宣贯，开展合规管理技能竞赛，加强法治人才培养，开展风险防控，强化案件管理。强化科技人才队伍建设。实施“人才+”培育模式，推动第二批年轻干部交流，加强高端人才引育，引进 42 名专业技术人才，培育集团级首席科学家等创新人才 10 人次。

党建工作 党建引领充分加强。严格执行“三重一大”决策制度，审议电科院经营发展等事项 78 项，并推动落实，经理层“谋抓强”作用充分发挥。扎实开展主题教育，深入推进全面从严治党，常态化开展党的思想理论教育，扎实开展纪检干部教育整顿，抓牢中央巡视整改上下联动，开展新一轮巡察工作，严格对照“四个落实”发现问题。大力开展宣传思想和群团工作。完善“刊、网、端、微、屏”媒体矩阵，构建“1+5”大宣传格局，国家能源集团网站信息考评从 4 月份起提升至 20 名左右；打造万晖建言献策工作室，举办统战主题沙龙活动；承办全国能源行业和国家能源集团燃料化验员职业技能竞赛、国家能源集团水电机组值班员技能竞赛，获评国家能源集团“一杯两赛”先进集体。举办青马工程第四协作区“青马宣讲会”、青年科技创新座谈会，得到全国总工会和国家能源集团的一致好评。

主要事件

1 月 6 日，2022 年度江苏省科学技术奖综合评审结果公示，国家能源电科院联合东南大学等企业院校完成的“工业烟气超低排放在线监测关键技术及工程应用”项目荣获 2022 年度江苏省科学技术奖二等奖。

1 月 7 日，国家能源集团《关于印发〈火电企业水资源分级利用及废水治理三年规划（2023—2025 年）〉和〈火电企业脱硫废水零排放项目实施指导意见〉的通知》发布，国家能源电科院将作为国家能源集团内唯一废水治理技术咨询服务单位，全过程主导相关技术和质量管控。

1 月 8 日，国家能源电科院成都分公司完成玛尔挡公司国内首台 750kV 三柱式单相新型设计结构变压器出厂所有验收试验。

1 月 8 日，国家能源电科院自主研发“高频局放信号采集系统前端软件”取得国家版权局软件著作权登记。

1 月 10 日，国家能源电科院完成泰州公司百万千瓦机组国产 DCS 改造调试，标志着国家能源电科院已具备机组容量 330～1000MW 的亚临界、超临界、超超临界参数火力发电机组 DCS 改造调试能力。

1 月 11 日，国家能源电科院与中国矿业大学举行“研究生校外培养基地”授牌仪式，共同探索人才培养新模式，推进煤炭清洁高效利用等科技创新工作。

1 月 13—14 日，国家能源电科院三届四次职工代表大会暨 2023 年工作会议召开。

1 月 28 日，国家能源电科院被南京市促进总部经济发展联席会议认定为南京市 2022 年度市级总部企业（共 54 家），是栖霞区 2022 年度唯一获认企业。

2 月 3 日，国家能源电科院主导策划、全程管控的金堂电厂冷却塔安全专项检测工作通过验收，达到技术监督告警整改标准。该项工作是国家能源集团内首次开展大型建构筑物安全检测鉴定工作，相应综合检测评价体系为行业内首创。

2 月 15 日，国家能源电科院财务共享中心荣获 2022 年度国家能源集团“财务工作先进集体”称号。

2 月 28 日，国家能源电科院召开本部作风建设大会。党委书记、董事长杨宏强充分肯定了国家能源电科院本部 2022 年的工作，传达了国家能源集团总部作风建设大会精神，并以“四个定力”“四个主动”对国家能源电科院本部作风建设工作提出了要求。

3 月 1 日，国家能源电科院首次在南方能源局监管的区域完成海南大广坝水电站机组超期服役延寿评估项目，业务领域实现了华东、华中、西南、华南地区全覆盖，成为了获得能源监管局全域认可的延寿评估专业机构。

3 月 2 日，国家能源电科院首台（套）二氧化碳连续监测烟气精准计量系统在霍州电厂通过第三方比对测试。

3 月 3 日，国家能源电科院与华北电力大学签订研究生校外联合培养基地协议，标志着双方联合培养工作正式启动。

3 月 8 日，国家能源电科院自主研发的 NEPRICD－2000 型二氧化碳连续监测系统产品完成中国环境监测总站现场复检工作，复检各项指标均满足相关标准要求，获得认证通过。

3 月 9—10 日，国家能源电科院召开 2023 年首场国家能源集团宁夏区域火电机组节能、环保技术监督专项培训会。参会企业的装机容量达到 2800 万 kW，占宁夏火电 92%的装机容量。

3 月 10 日，国家能源集团“电力技术监督中心”“电力工程调试管理中心”“电力工程质量监督中心”在国家能源电科院挂牌成立。

3 月 24 日，华北区域首台 660MW 超超临界直接空冷机组低压缸微出力灵活性改造调试工作完成，标志着国家能源电科院“低压缸微出力”专利技术在超超临界直接空冷机组首次应用成功。

3 月 28 日，国家能源电科院入选南京市栖霞区 2023 年度知识产权保护重点企业。

3 月 29 日，国家能源电科院召开 2023 年科技创新工作会。

4 月 4 日，由国家能源电科院南环院联合国能江苏新能源有限公司共同建设的物联智慧光伏项目正式投入运行。

4 月 4 日，国家能源电科院联合国能江苏新能源有限公司共同建设的物联智慧光伏项目正式投入运行，树立“大数据＋智能物联”光伏数智化管理示范标杆。

4 月 9 日，国家能源电科院所属电研公司入选江苏省创新型中小企业。

4 月 13 日，太原分公司负责完成的国能神福（石狮）发电有限公司灵活性改造可行性研究项目顺利通过评审，系国家能源电科院完成的首台百万机组可行性研究项目。

4 月 17 日，国家能源电科院热工计量实验室通过国家市场监督总局组织的 4 项计量标准复审。

4 月 17 日，国家科技部批准国家能源电科院建设“低碳智能燃煤发电与超净排放全国重点实验室”。

4 月 27 日，成都分公司抓住四川阿水公司绰斯甲水电站 C3 标段引水隧洞开挖节点开展工程质量监督工作，这是国家能源集团电力工程质量监督中心第一家水电工程质量监督。

5 月 7 日 9:57，电力工程调试管理中心首个调试监管项目准东电厂 2 号机组一次通过 168h 满负荷试运，转入商业运行。

5 月 12 日，国家能源电科院牵头完成的“复合灾害下水电枢纽群安全保障与能源保供关键技术及装备”科技项目经中国水力发电工程学会组织成果鉴定，该项目成果总体达到国际领先水平。

5 月 13 日，由国家能源电科院牵头开发的“热电联产分级匹配梯级利用关键技术研究与应用”通过中国电机工程学会组织的技术鉴定，该项目成果处于国际领先水平。

5 月 13 日，由国家能源电科院牵头完成的“W 火焰锅炉 NO_x 超低排放协同调控关键技术与应用”项目，通过中国电机工程学会组织的科技成果鉴定，已达到国际领先水平。

5 月 15 日，国资委在广州召开“科改行动”2023 年度充实扩围深化现场推进会，国家能源电科院入围本次国资委“科改行动”名单。

5 月 18 日，国家能源电科院在南京组织召开国家能源集团国家级研发平台制度建设研讨会，共谋国家级研发平台高质量发展。会议由国家能源集团科技部副主任袁明主持，国家能源电科院党委副书记、总经理崔青汝参加了研讨会。

5 月 20 日，国家能源电科院重点实验室在《环境科学》上发表的《碳减排背景下我国与世界主要能源消费国能源消费结构与模式对比》一文获得 E 方知库 2022 年度论文特等奖。

5 月 24 日，国家能源电科院锅检公司被北京市经济和信息化局认定为“2023 年创新型中小企业”，标志着该公司的专业化水平、创新能力和发展潜力实现了质的提升。

5 月 24 日，成都分公司从四川省市场监督管理局取得检验检测机构资质 CMA 认定证书，该项资质为国家能源电科院下属非独立法人组织首次取得。

5 月 30 日，国家能源电科院核心科技成果“多功能环境风洞关键技术国产化及电力应用”获得广西 2022 年度科学技术进步奖一等奖。

6 月 7 日，国家能源电科院电研公司与江苏富海镍业有限公司签订印尼 VDNI 公司 6 台机组能耗诊断试验服务合同，这是国家能源电科院承接的首个海外商业项目。

6 月 7—8 日，2023 国际标准化大会在南京召开，国家能源电科院作为协办单位参加大会并宣传展示了科技创新成果。

6 月 30 日，国家能源电科院主办期刊《电力科技与环保》出版的科技论文《中国电力行业碳达峰、碳中和的发展路径研究》入选第二届江苏省科技期刊百篇优秀论文名单。

7 月 8 日，重点实验室研发的实用新型专利“一种模拟颗粒物在高压气流作用下自由扩散的直流吸式风洞实验装置”获得德国授权，对颗粒物扩散模拟技术领域具有重要意义。

7 月 10 日，电研公司与浙江公司东屿电厂签订电化学储能液冷系统关键技术研究项目合同，该项目是国家能源电科院首个电化学储能关键技术研究科技项目。

7月13日，重点实验室研发的“一种具有采样功能用于模拟燃煤电厂污染物扩散的回流风洞实验系统”获得日本授权实用新型专利。

7月19日，国家能源电科院本年度申报的两项QC小组成果均获得国家能源集团表彰。其中，银川分公司“便携可视化耐高温的炉膛内窥镜装置研制”获得二等奖，南环院“光伏组件精准检测技术研发”获得三等奖。

7月28日，国家能源电科院收到中国电力建设企业协会2023年企业信用等级证书，经年度复评审，国家能源电科院继续保持企业信用等级最高级别AAA级。

7月30日，国家能源电科院获“国家能源集团社会主义是干出来的岗位建功行动先进集体”称号。

7月30日，国家能源电科院获“国家能源集团文明单位标兵”称号，本部被授予“国家能源集团文明单位标兵”称号，本部继续保留“国家能源集团文明单位”称号。

8月2日，中国工程院院士、第36届国际电工委员会（IEC）主席、中国电机工程学会理事长舒印彪一行赴国家能源电科院调研，国家能源电科院党委书记、董事长杨宏强，党委副书记、总经理崔青汝，党委委员、副总经理刘志坦陪同调研。

8月8日，国家能源电科院与中国电科院科技创新合作框架协议签约仪式在中国电科院清河院区举行，国家能源集团党组成员、副总经理傅振邦，国家电网公司党组成员、副总经理陈国平，国家能源电科院党委书记、董事长杨宏强，党委副书记、总经理崔青汝，国家能源集团环保专业首席科学家朱法华，国家能源电科院副总经理刘志坦共同出席了签约仪式。

8月14—18日，国家能源电科院完成中电联（北京）检测认证中心审核专家组对公司质量、环境和职业健康安全管理体系运行情况的年度监督审核工作。

8月18日，中国电机工程学会公布了《能源电力领域高质量科技期刊分级目录（2022年版）》，国家能源集团主管、国家能源电科院主办的《电力科技与环保》首次入选T3级。

8月20日，国家能源电科院在中国绿色电力证书资源认购平台累计完成2418张绿色电力证书划转交易，实现本部及所属子分公司办公楼宇100%绿电消费。

8月25日，国家能源电科院联合中国矿业大学申报的国家自然科学基金项目“焦耳热辅助M－FexP/多孔炭双功能结构调控及增强芳香族污染物降解机制”获批，成为国家能源电科院在废水治理领域首个获批的国家自然基金项目。

9月8日，由国家能源集团电力产业管理部主办、电科院承办的火电机组精细化调试经验交流会在南京落幕。

9月11日，由国家能源电科院自主研发的NEPRICD－2000型固定污染源二氧化碳在线监测系统顺利获得中国环境保护产品认证证书。

9月20日，由国家能源电科院牵头编制的《火力发电厂燃煤技术监督导则》（T/CAQI 322—2023）和《煤炭制样机器人系统 第2部分：性能试验方法》（T/CAQI 321—2023）两项中国质量检验协会团体标准正式发布实施。

9月25日，武汉分公司光纤检测技术在国能余干旭埚储能电站首次应用。

9月26日，国家能源电科院与江苏公司国能常州二公司完成了“国能常州1000MW机组高效灵活低碳智能发电技术集成创新示范项目”的合同签订。

9月27日，国家能源由电科院和大渡河公司共同承办的2023年度“国家能源杯”智能建设技能大赛——水电机组值班员职业技能竞赛落幕。国家能源电科院获国家能源集团“优秀组织奖”。

9月28日，国家能源电科院收到“2023年（第十一届）全国电力企业管理创新论文大赛”获奖通知，《以“四个抓手”赋能科技创新成果转化水平提升》《基于大数据技术应用的联通智慧管控平台开发》两篇论文均获三等奖。

10月11日，低碳智能燃煤发电与超净排放全国重点实验室首批建设的实验平台之一——高性能数值模拟实验平台在电科院建成投入使用。

10月13日，国家能源电科院科研项目“基于线路多源信息及变压器多维数据融合电网数字化设计技术研究与应用”获2023年度机械工业科学技术奖二等奖。

10月16日，国家能源电科院参与申报的江苏省产业前瞻与关键核心技术项目“基于AI智慧传感网络的碳计量关键技术与系统研发”获批立项。

10月20日，国家能源电科院受邀参加第八届中国创新挑战赛（宁夏）数字信息产业技术需求专场对接会，会上国家能源电科院发布了“便携可视化耐高温炉膛内窥镜装置”技术成果。

10月23日，国家能源电科院获得中国网络安全审查技术与认证中心颁发的信息安全风险评估服务资质证书，这是电科院首次获得信息安全领域的国家级权威认证。

10月23—27日，由国家能源集团电力产业管理部主办，国家能源电科院承办的首届国家能源集团化学计量人员上岗取证培训班在南京举办。

10月24—27日，由国家能源电科院和中国电机工程学会电力环境保护专业委员会主办的“2023年燃煤电厂二氧化碳捕集、封存及再利用技术专题交流会”在江苏省泰州市召开。

10月26日，国家能源电科院《间接空冷机组经济运行技术导则》（T/CEC 20232192）通过中国电力企业联合会立项评审，成功入围2023年第二批中国电力企业联合会标准制定计划。

10月30日，国家能源电科院南环院和安徽公司蚌埠电厂联合研发的碳资产智慧管理平台在蚌埠电厂上线运行，首次实现电厂碳排放多源数据比对。

10月31日，国家能源电科院获“2023年全国能源行业燃料化验员职业技能竞赛”特别贡献奖。

11月7日，国家能源电科院南环院获得2023年度江苏省研发型企业认定，标志着该院的研发创新体系建设取得阶段性成效。

11月7日，国家能源电科院南环院申请的实用新型专利“脱硫废水干燥系统”获日本授权，这是南环院在废水治理领域获批的首个国际专利。

11月8日，国家能源电科院锅检公司获批北京市2023年“专精特新”中小企业称号。

11月22日，依托国家能源电科院建设的“低碳智能燃煤发电与超净排放全国重点实验室”学术委员会委员杨勇平教授和吕俊复教授当选中国工程院能源与矿业工程学部院士。

11月24日，南环院报送的“基于工业互联网和区块链的碳排放数据管理创新解决方案”获得“工业互联网+绿色低碳解决方案”赛道领军组三等奖，成为碳排放及碳足迹管理领域唯一获奖方案。

11月30日，国家能源电科院获2023年度“国家能源杯财资菁英大赛”团体三等奖。

12月1日，江苏省科学技术协会组织的“2022年度江苏省行业领域十大科技进展”评选名单正式揭晓。国家能源电科院“燃煤机组灵活调控关键技术”入选环境能源领域十大科技进展。

12月4日，南环院专利成果“基于锅炉动态微分前馈指令的机组协调控制方法及系统”获得中国电力企业联合会2023年度电力创新奖专利成果二等奖。

12月8日，国家能源电科院牵头的科技项目“高温干旱复合灾害下水电站群水—机—坝一体化安全保供关键技术及装备”获评2023年水力发电科学技术奖一等奖，该奖项为国家能源电科院首次获得的水力发电行业最高科技奖。

12月11日，沈阳分公司牵头完成的“灵活方式下燃煤机组安全经济模型及成套关键技术与应用”科技成果获2023年度电力科技创新奖二等奖。

12月11日，电研公司负责调试的晋能保德2×660MW超超临界低热值煤发电工程项目入选“2022—2023年度国家优质工程奖”获奖名单。

12月11日，中国知网《学术精要数据库》统计2013—2023年的高影响力论文（学科前10%），《电力科技与环保》共有138篇论文入选该数据库的“高影响力论文”之列。

12月15日，锅检公司牵头研发的“燃煤电站锅炉受热面高温氧化腐蚀预防治理技术研究及应用”技术成果获中国电力企业联合会2023年度中国电力科技创新二等奖。

12月18日，锅检公司牵头研发的“一种锅炉管道内氧化皮的分级检测方法和系统”技术成果获中国电力企业联合会2023年度中国电力科技创新二等奖。

12月21日，南环院自主研发的NEPRICD-3000型固定污染源二氧化碳在线监测系统正式生产下线，标志着国产化少标定碳监测样机研制成功。

12月22日，国家能源集团召开第四届科技创新大会，电研公司“基于国产催化剂的燃气发电氮氧化物全流程减排关键技术研究及应用”项目荣获国家能源集团科技进步奖二等奖，项目成果经江苏省环境科学学会鉴定达到国际先进水平。

12月22日，第五届中国工业互联网大赛全国总决赛在浙江宁波圆满落幕，南环院报送的“基于工业互联网和区块链的碳排放数据管理创新解决方案”荣获大赛“最具发展潜力奖”，成为碳计量及碳足迹管理领域唯一获奖方案。

12月24日17:08，国家能源电科院负责调试的国家能源集团广东公司清远电厂一期2×100万kW新建工程2号机组通过168h满负荷试运。

12月29日，国家能源电科院获“知识产权管理体系认证证书”。

12月30日，国家能源电科院获“江苏省现代服务业高质量发展领军企业”称号。

（薛洋企）

【国家能源集团新能源技术研究院有限公司】

单位概况 国家能源集团新能源技术研究院有限公司（简称国家能源新能源院）成立于2010年7月，注册资本金1亿元，是国家高新技术企业、北京市企业技术中心。国家能源新能源院全面管贯彻落实集团公司“一个目标、三个作用、六个担当”发展战略和“41663”总体工作方针，坚持“党建领航、工程立院、人才强院、改革兴院、合作建院”的工作思路，厚植“担当、创新、引领”的企业文化，聚焦新能源、综合能源、智慧能源、储能、CCUS、灵活发电六大领域承担国家能源集团下达的重大共性关键技术攻关和战略新兴技术开发，并开展电力设计优化和技术监督工作。面向国家、行业和国家能源集团需求，新能源院已形成“科研+服务”的业务格局，具备为科技研发、工程建设和生产运营提供“三位一体”支持的核心能力与优势。

领导班子

党委书记、董事长：褚景春

总经理、党委副书记：肖宝玲

党委委员、副总经理：周正武

纪委书记、党委委员：齐志国

党委委员、副总经理：卓华

副总经理：何鲲

组织机构 设有7个职能部门和6个研究中心。7个职能部门为综合管理部（党委办公室、董事会办公室、资产管理办公室）、组织人事部（人力资源部）、党建工作部（党委宣传部、工会工作部）、纪委办公室（审计部）、财务经营部（采购管理部）、科技管理部（国际合作部）、产业服务管理部，6个中心为储能技术研究中心、智能化技术研究中心、碳中和研究中心、基石运营技术研究中心、设计优化评价中心、技术监督服务中心。

经营管理 加强成本控制，分解预算控制指标，压实主体责任，强化预算执行，确保预算的刚性约束效力，实际成本控制在集团下达的预算之内，七项费用管控进一步精细化。2023年实现营业收入5.01亿元，同比增长11.67%；其中科技研发收入1.92亿元，产业服务收入2.13亿元，房租收入0.96亿元，其他收益0.16亿元；利润总额0.30亿元，同比增长131.54%；全员劳动生产率131.81万元/人，多项经营指标大幅提升，实现扭亏为盈这一历史性跨越。

科技创新 2022年，围绕新能源、综合能源、智慧能源、储能、CCUS、灵活发电等领域开展科技项目80项，其中国家级项目5项，省部级项目2项，国家能源集团十大重点攻关项目6项。全年共获得科技奖21项，其中“双碳背景下富氧燃烧碳捕集关键技术研究及工程示范”获中国电力科学技术奖二等奖1项，“燃煤电厂 CO_2 低能耗化学吸收捕集、驱油利用与封存技术及应用”获中国能源研究会能源创新奖一等奖，“燃煤电厂低能耗化学吸收碳捕集、驱油利用与封存技术及应用”和“燃煤电厂CCUS技术改造的投资决策方法研究”获中国煤炭工业协会科学技术奖二等奖。申请发明专利123项，主编2项国家标准《智慧电力基础设施——火电站基础设施质量评价方法和运营维护要求》《火力发电厂燃烧后烟气二氧化碳捕集系统能耗测定技术规范》已完成审查。牵头1项电力行业标准《火力发电厂燃煤锅炉炉管泄漏检测系统技术规范》发布。

着力谋划重大科技示范。发挥技术攻坚、集成创新、组织平台三大优势，廊坊高效灵活燃煤发电项目列入国家能源集团2023年十大攻关项目。宿州熔盐储热项目获批国内首个通过替代电化学储能容量认定，接续策划“百万千瓦机组整机碳捕集研究及工程示范项目”，打造世界“首个”火电全机组碳捕集示范。依托上海庙300万kW光伏项目，布局国内首个大型光伏实证基地。支撑服务国家能源集团由经验性调度向科技型调度转型，建设国内首套“产运销储用”一体化能源供应链仿真平台。助力豫西区域产业结构调整，国家能源集团首个“十联供”项目正式启动，打造安全、环保、效益型综合能源动力中心。

着力推进重要技术攻关。推进国家重点项目，国资委“中央企业碳达峰碳中和科技创新路径”课题、能源局“发电行业数字化智能化发展研究”项目完成研究任务，北京市科委“新能源场站智能管控平台研建”项目通过验收。加快攻关国家能源集团重点科技项目，泰州50万t/年CCUS示范工程成功投产，浙江梅屿虚拟电厂项目完成阶段性目标，智能发电公共服务平台随岳阳电厂1、2号机组同步投运，微藻固碳耦合生态修复技术在黑山露天矿和宝日希勒露天矿落地实施，区域储能配置与商业模式研究成果在国家能源集团内推广应用。

建设高水平研发平台。加快搭建集团级研发平台，材料微创实验室围绕火电机组金属部件关键共性问题，为发电企业开展200余项试验任务，CCUS研发中心构筑“四位一体”全链条创新体系，建成吸收剂开发和性能检测等实验台，综合能源仿真实验室完成基础功能开发，具备验收条件。全面建设院级研发平台，储能实验室主编发布国家能源集团首个储能领域工作标准。智能控制研发平台通过验收。基石仿真平台获批立项建设。

能源保供 2023年为27家电厂和化工产业板块8家热电中心提供技术监督服务，建立技术监督体系。开展服务区域内设备故障处理、节能降耗等技术支持工作500余项。完成京燃热电2号燃机叶片故障处理等145次应急服务。完成29次机组停运核查，提出专业措施及技术建议，服务国家能源集团总部开展两会保电措施检查、华北直调电厂“防范大电网安全事故专项行动”等工作安排，完成迎峰度夏度冬等重要时期的保供支持任务。

能力建设 截至2023年12月31日，国家能源新能源院共有正式员工235人，其中科技研发人员174人，高级职称112人（正高27、副高85），硕士学位108人，博士学位70人。国家高层次人才特殊支持计划1人，“百千万人才工程”国家级人选1人，国家科技创新领军人才1人，科技部中青年创新领军人才1人，国家有突出贡献中青年专家1人，享受国务院政府津贴专家1人，国家科技部能源领域专家2人。

党群工作 全面学习宣传贯彻党的二十大精神，

扎实开展主题教育，“党建质效升级”十项行动见行见效。推进“融合示范党支部”建设，储能、碳中和两个支部入选国家能源集团党支部工作创新案例。深化“奋进十四五”党员先锋队、示范岗创建，“工业锅炉节能与清洁燃烧技术”等4个项目团队完成党员先锋队创建任务，基层党组织战斗堡垒作用和党员先锋模范作用充分发挥。4个集体、18名个人获得“社会主义是干出来的”岗位建功等国家能源集团级以上荣誉。首次获评国家能源集团文明单位。配合中央巡视整改，狠抓国家能源集团党组科技创新专项巡视整改和成果运用，持之以恒纠治“四风”。

主要事件

1月17日，新能源院召开一届二次职工代表大会暨2023年工作会议。

2月21日，新能源院召开2023年党的建设暨纪检工作会议。

5月26日，新能源院“超（超）临界机组高温受热面服役安全与寿命预测关键技术与应用”项目通过中国电机工程学会组织的科技成果鉴定达到国际领先水平。

5月31日，国家能源集团新能源院牵头编制的国家标准《火力发电厂烟气二氧化碳捕集系统能耗测定技术规范》通过审查。

6月2日，国家能源集团新能源院牵头实施的亚洲最大火电二氧化碳捕集封存利用项目建成投产。

6月16日，国家能源集团新能源院召开“实干担当谋发展 创新引领建新功”座谈讨论会。

8月25日，国家能源集团新能源院召开学习贯彻习近平新时代中国特色社会主义思想主题教育暨巡视整改专题民主生活会。

8月25日，国家能源新能源院综合能源系统仿真平台建成投运。

11月30日，全国总工会青年干部赴国家能源新能源院调研交流。

12月8日，国家能源集团新能源院召开党外人士学习贯彻习近平新时代中国特色社会主义思想座谈会。

12月18日，国家能源集团新能源院召开“宿州热电基于熔盐储热的煤电灵活性关键技术研究及示范应用”项目启动会。

12月21日，国家能源局党组书记、局长章建华赴国家能源新能源院调研科技创新工作。

（曲宗凯）

【国家能源集团技术经济研究院】

单位概况 国家能源集团技术经济研究院（简称国家能源技经院）由原国电技术经济咨询中心与原神华研究院于2018年5月整合成立。2020年5月，国家能源集团下发“三定”方案，明确国家能源技经院“主要承担国家能源集团发展战略研究、投资项目技术经济评价、信息情报研究服务等职能，受托管理国家能源集团档案业务”。

国家能源技经院为中央企业智库联盟成员、中关村智库联盟副理事长单位、北京市高新技术企业，拥有电力、煤炭、生态建设与环境工程三个工程咨询甲级专业资信，入选中国社科院评选的核心智榜单，对外以“国能经济技术研究院有限责任公司”（中国神华全资子公司）为运营实体。

组织机构 截至2023年底，设置综合管理、战略研究、项目评价、信息情报和档案管理等18个部门，包括综合管理部、组织人事部、纪委办公室、财务部和科研发展部等5个综合管理类部门；企业战略研究部、能源经济研究部、宏观政策研究部（项目后评价部）、能源市场分析研究部和产业政策研究部等5个战略研究类部门；煤炭和运输产业评价部、电力产业评价部、煤化工产业评价部、新能源产业评价部、工程造价评审部、综合项目评价部等6个项目评价类部门；信息情报部（能源大数据中心）和国家能源集团档案馆。

科研创新及科研成果

1. 研究布局更加全面多维

2023年在研课题73项，涉及经费投入1.54亿元，创历史新高。并实现了国家级、集团级、院级三个层面的课题全面布局：承接国家、部委重大项目12项；与国资委研究中心联合立项课题30项；承担国家能源集团科技项目22项；政研党建课题5项；自主立项4项。

2. 服务国家更加扎实专业

“攻关‘三个作用’研究　支撑国家能源集团服务国家部委”获得国家能源集团奖励基金一等奖。研究成果应用于年中央企负责人会议，并被国资委、国家能源集团等批示并原文引用，成为新时期国资央企深化改革的理论源头与实践指引。国资委的评价是“课题政治性、政策性、理论性、专业性和实践性要求之高、研究任务之重、涉及面之广、跨行业和专业之多，而时间之短，各方面专家对研究成果评价之高，都是我委课题研究历年所罕见的。”连续3年派员参加国家发展改革委电力专班、价格专班工作，为电力市场化改革系列政策出台做出贡献，国家发展改革委相关司局连续3年给国家能源集团发来感谢信。

3. 引领行业更加有力有效

“能源系统模型构建与中国能源展望研究”获得国家能源集团2023年度科技奖一等奖。是国家能源技经院牵头联合国内多家权威研究机构倾力打造的年度报告旗舰产品。课题应用系统思维、战略思维、历史思维和唯物主义辩证法，通过构建“中国能源系统预测优化模型”，面向“双碳”目标，围绕近中期“先立”

过程和中远期“立破”接续，提出了2030年和2035年能源发展预测、2050年和2060年能源发展展望等系列能源宏大图景，形成了具有中国特色的能源产业高质量发展若干重要观点与结论，对于凝聚行业共识、增进行业交流、形成协同合力具有重要战略意义。重磅发布国家能源集团版《中国能源展望2060》战略研究报告旗舰产品。

“数字化转型下的煤基能源产业协同与一体化运行实践研究”获得中国煤炭工业协会2023年煤炭企业管理现代化创新成果一等奖。“‘阳光党建’引领央企智库高质量发展的实践与探索”获得中国煤炭工业协会2023年煤炭企业管理现代化创新成果一等奖（党建类）。参与完成能源局《新型电力系统发展蓝皮书》《电力现货基本规则》成果；落实“深入推进能源革命、加快规划建设新型能源体系有关重大问题研究”。

4. 支撑国家能源集团更加全面深化

《双碳目标下国家能源集团煤炭核心区接续资源区运输一体化研究》荣获2023年度中国交通运输协会科学技术奖科技进步奖一等奖。项目成果为国家能源集团推动重大煤炭项目开发建设、提高运输产业运营韧性、助力运输产业平稳转型发展提供了坚强支撑，为后续有关新型大一体化运输研究打下了坚实基础。

研究编制《国家能源集团2030年前二氧化碳排放达峰行动方案》，完成《国家能源集团碳达峰行动方案中期评估报告》，为国家能源集团科学准确把握低碳转型节奏提供重要支撑。“煤制油煤化工高质量发展路径研究”打磨产业耦合、价格预测等硬核模型，助力国家能源集团煤化工产业遵循“高端化、低碳化、多元化”原则，推进项目设计、评价。修改完善《新疆区域能源产业中长期发展规划》，完成在疆规划项目汇总表编制。

5. 优秀成果更加多点开花

荣获煤炭工业协会“科技创新先进单位”称号。参与各层面奖励申报，获得各类奖项31项，实现国家能源集团科技奖一等奖和创新创效大赛管理赛道一等奖、创新创效总决赛三等奖的突破。完成4项成果鉴定，获得国际、国内领先水平的高度评价。审核发表论文54篇，出版专著9部，递交发明专利申请11项、实用新型申请10项。全年报送各类信息情报产品432期（份），发送16万人次，提交70篇信息稿件，同比增加21篇，被国家能源集团采用47篇、国资委采用32篇、两办采用16篇，上级领导批示3篇，信息报送工作持续排名子分公司第一。

主要事件

1月17日，国家能源技经院召开一届二次职工大会暨2023年工作会议。

2月15日，国务院参事室参事业务二司二级巡视员李阳等4人到访国家能源技经院交流座谈。

3月9日，国家能源技经院受邀参加2022年度煤炭行业科技工作座谈会并获授奖表彰，“基于CCUS技术的煤炭低碳转型和能源结构优化研究”项目荣获一等奖，实现了国家能源技经院省部级科学技术奖一等奖“零”的突破。

3月24日，国家能源技经院与东盟能源中心（ACE）共同举办“东盟脱碳转型的潜在战略与融资机会研究”报告发布会。

4月13日，国务院国资委召开中央企业智库联盟秘书长办公会，国家能源技经院党委书记、董事长孙宝东参加会议。

4月27日，国家能源技经院召开2023年一季度工作分析会。

5月11日，国家能源技经院党委学习贯彻习近平新时代中国特色社会主义思想主题教育读书班开班。

5月29日，国家能源技经院参加2023全球科技创新高端智库论坛并在中关村论坛新闻发布会答记者问。

6月9日，国家能源集团党组第一巡视组科技创新专项巡视国家能源技经院党委工作动员会召开。

7月18日，国家能源集团《中国能源展望2060》研究成果发布会举行，《中国能源展望2060》是由国家能源技经院牵头，联合国内多家权威研究机构倾力打造的年度报告旗舰产品。

8月1日，国家能源技经院“传承延安精神 砥砺奋斗之志”主题教育培训班在延安开班。

8月28日，国家能源集团党组成员、副总经理冯树臣参加国家能源技经院党委学习贯彻习近平新时代中国特色社会主义思想主题教育暨科技创新专项巡视整改专题民主生活会。

9月12日，国家能源集团技经院“传承延安精神砥砺奋斗之志”第二期延安培训班开班。

9月26—27日，由国家能源集团承担、国家能源技经院具体研究实施的国资委两项重大课题“中央企业科技创新、产业控制、安全支撑作用研究”和“中央企业分类考核研究”通过结题验收。

10月24—25日，国家社科基金重大项目“碳中和目标驱动下多能互补体系的协同机理与实现路径研究”2023年度学术交流会在北京未来科学城召开，本次年度学术交流会由国家能源集团技经院承办。

11月13日，全国博士后管委会下发了《关于同意北京景观园林设计有限公司等88家博士后科研工作站分站备案的通知》（博管办〔2023〕127号），国家能源技经院申报博士后科研工作站分站获批。

11月18—19日，国家能源技经院受邀参加“科技现代化与科技创新”智库论坛暨中关村全球高端智库联盟理事大会。

12 月 13 日，由国家能源技经院承担的 2021 年国家能源集团“十大软科学研究项目”——“能源系统模型构建与中国能源展望研究”通过项目评审。

12 月 16 日，由国家能源技经院牵头组建的中国煤炭蓝皮书编纂委员会组织编写的《煤炭蓝皮书（2023）》，在中国煤炭学会经济管理专业委员会 2023 年年会上发布。

（毛亚林　孙海林）

【北京低碳清洁能源研究院】

单位概况　北京低碳清洁能源研究院（简称低碳院）成立于 2009 年，是国家能源集团的直属研发机构，肩负着“出人才、出机制、出成果”的重要使命。2011 年，低碳院在未来科学城第一家建成投用，被授予海外高层次人才创新创业基地、国家引才引智示范基地，引领带动了一批企业在园区落地。2017 年，国家能源集团重组成立后，将低碳院定位为“1+2+3+N”的两个前沿研究院之一，要求建设成为“科技研发的排头兵、科研人才的聚集地、战略性新兴产业的孵化器、科技成果转化的生力军”。低碳院坚持以奋力打造国家战略科技力量、全心服务国家能源“双碳”目标为愿景，坚持支撑一流企业创建、引领行业科技进步、服务科技强国建设、领先全球能源科技的科技创新战略，坚守科技研发的排头兵、科研人才的聚集地、战略性新兴产业的孵化器、科技成果转化的生力军的定位，科学谋划“1248”业务布局，即：以能源“双碳”目标的科技支撑为一个中心，围绕国家能源集团核心产业的低碳绿色转型和战略新兴产业的培育孵化两条主线，突出“碳”“氢”“水”“废”四个要素，聚焦矿井水保护与利用、氢（氨）能、CCUS、储能、煤化工催化剂、煤制高端化学品、煤基材料、人工智能应用八大方向。

组织机构　低碳院本部设有综合办公室（党委办公室、企业传播部）、组织人事部（人力资源部）、党建工作部（党委宣传部、党委统战部、工会工作部、团总支）、纪委办公室、财务资本部、企业管理部（战略规划部、改革办公室、内控审计部）等 6 个职能部门，涉外法律审管中心（法律事务部）、国家科研攻关专项管理中心、《清洁能源》编辑部等 3 个国家能源集团设立机构，科研管理中心（技术委员会办公室）、科研保障中心（安健环管理中心）、科技成果转化中心、分析表征中心等 4 个研发支持保障中心，氢能（氨能）技术研究中心、储能技术研究中心、碳捕集利用与封存（CCUS）技术研究中心、人工智能应用技术研究中心、煤基化学品技术研究中心、煤间接液化技术研究中心、先进材料研究中心、煤炭开采水资源保护与利用全国重点实验室（能源绿色开发中心）等 8 个研发中心。拥有全资企业 2 家，参股企业 2 家。

科技创新及科研成果　低碳院聚焦国家战略需求，围绕传统产业低碳绿色转型和战略新兴产业的培育孵化两条主线，聚焦传统产业升级、战新产业壮大和未来产业培育，开展应用基础理论研究、前沿和共性关键技术研发。

（1）矿井水保护利用领域，聚焦黄河流域生态保护和高质量发展，突破生态脆弱区煤炭开采水资源保护利用和生态修复技术。原创了利用采空区岩体空隙储水的煤矿地下水库技术，在全球唯一 2 亿 t 级井工矿区推广应用，为矿区供应了 95%的用水，研发高矿化度和含氟矿井水井上下一体化处理技术，实现了规模化低成本处理。研发源头减损的全生命周期的水土植一体化生态修复技术，支撑了国家能源集团绿色矿山建设，神东矿区植被覆盖率由不足 10%提高到 70%。开发黄河流域水资源一体化管控平台，打造水资源高效利用的“国能模式”。

（2）在氢能（氨能）领域，聚焦以绿色氢能为重要载体的现代能源体系，突破低碳低成本氢气供应技术及装备。开发化工副产氢气纯化、大规模可再生能源制氢（低成本碱性电解水制氢、高压型 PEM 制氢等）等低成本规模化制氢技术，研制液氢关键装备——膨胀机、压缩机等，大流量 35/70MPa 加氢机、大排量 90MPa 压缩机、35/70MPa 液氢增压泵等核心装备。

（3）在大规模二氧化碳封存领域，聚焦“碳中和”目标下煤基能源减污降碳协同，突破大规模低成本碳捕集与安全封存技术。研制大型封存模拟平台，开展封存机理、运移规律研究选址技术研究；开发源汇匹配地理信息系统，建立封存选址指标体系。开发高容量碳基吸附材料，建设国内首个低压低能耗万吨级吸附法燃煤烟气碳捕集示范工程，开发高通量 CO_2 分离膜，规划建设国内首个万吨级膜法碳捕集示范。

（4）在储能技术领域，聚焦安全稳定柔性的新型电力系统构建，突破储能材料低成本制取和储能装备高安全设计。研发长时高温储热技术，储热温度突破 900℃，实现低负荷热能存储和高负荷顶尖峰应用，保障供热安全。开发高安全全钒液流电池电堆及低成本储能模块，具备本征安全、长寿命、环保、灵活性高的特点，为新能源配储、独立共享储能电站、工业园区安全供电提供支撑。开发以储能为支撑的新型综合能源系统管控技术，包括构网型大容量高压级联新型储能技术，和为沙戈荒多能互补清洁能源大基地提供支撑的规模化耦合消纳技术。

（5）在煤化工催化剂领域，聚焦国家油品安全和煤炭清洁转化，开发高转化率高选择性煤化工核心催化剂。开发的 CNFT 催化剂在宁夏煤业 400 万 t/年和潞安 100 万 t/年装置工业应用，创效超过 15 亿元。研

制的 CO_2 加氢制甲醇催化剂在低压下实现 CO_2 高效转化，催化剂完成工业放大与百吨级中试验证。ZSM－48 异构分子筛广泛应用于油品降凝与基础油生产，打破国外垄断，实现工业化应用与对外出口。

（6）在煤制高端化学品领域，聚焦煤化工高端化、多元化、低碳化，开发与石油化工差异化发展的煤制高端化学品技术。开发合成气直接制长链 α－烯烃成套技术，实现碳效率大于 95%的原创“纯相碳化铁催化体系”与 α－烯烃纯化技术，开展万吨级示范验证，解决我国高端原料“卡脖子”技术难题。开发低成本的煤基风机润滑油合成、废风机油回收再用等技术，实现风机润滑油全生命周期管理。开发包括绿色甲醇及绿色航煤在内的绿色燃料技术，制取可通过认证的绿色甲醇，试航不少于 5000km。

（7）在煤基先进材料领域，聚焦制造强国和材料强国建设，开发材料结构调控和材料基因工程技术。开发的可控交联聚乙烯技术打破了国外垄断，完成 36 项专利入股新材料公司总额 4090 万元。承担国资委 1025 攻关项目，研制出重载货车轻质高强复合板材，助力交通强国建设。开发了 PGA 可降解材料关键技术组合、助剂包以及系列高性能高值化 PGA 基产品。建成国家能源集团内首条煤基电化学储能材料中试平台，锂离子电池负极材料技术经鉴定达国际领先水平。开发了褐煤蜡绿色提取技术，提取率高达 87.5%，经鉴定达到国际先进水平。开发了煤基固废和新能源固废资源化、规模化利用技术，并开展了示范应用，支撑“无废集团”建设。

（8）在人工智能应用技术领域，聚焦先进信息技术与能源产业深度融合，利用人工智能＋技术赋能能源场景应用，构建“人工智能驱动的科学研究”前沿科技研发体系。开发 AI4S“科研大脑”，建设智能无人实验室，在煤化工催化剂、能源材料、CCS 和深地空间仿真、新能源技术领域应用，构建基于 AI4S 新范式科学创新体系的新一代智慧研究体。开发服务于国家能源集团电力、煤炭、化工和新能源系统的智能化、数字化和低碳化的应用技术，提高整体能源利用效率，助力国家能源集团构建绿色转型新体系实现“双碳”目标。

主要工作

1. 高起点谋划国家重点研发项目

新获批国家重点研发计划项目/课题 4 项、国家自然科学基金项目 1 项，国资委“1025”二期项目、“合成气制长链 α－烯烃”等 4 项国家项目/课题正式启动，保持国家项目数量稳步提升。

2. 高标准建设国家级研发平台

拥有高端科研平台 12 个，其中国家级科研平台 5 个，包括全国重点实验室 1 个、国家能源局科研平台 1 个、国家发展改革委科研平台 1 个，联合兄弟单位共建国家能源局“赛马争先”科研平台 2 个。煤炭开采水资源保护与利用全国重点实验室高标准通过国家科技部重组，煤炭清洁转化利用技术研发中心持续做实，3 个参建的国家级研发平台获得有力技术支撑，低碳院首次实现了 CMA＋CNAS 双认证，申报获批国资委氢能原创技术策源地。

3. 打通科技成果转化的全生命周期路径

用活用实高价值专利成果池，在国家能源集团率先实践了专利技术许可、作价入股、离岗创业等多种知识产权转化运用模式。技术入股的新材料公司累计产值近 3 亿元，产品广泛应用于工程机械、化工储运等领域，出口乌兹别克斯坦、俄罗斯、巴西等国家，新材料公司 IPO 立项通过国家能源集团审批，步入上市快车道。费托合成催化剂专利技术实现许可费率翻倍，年许可费有望过亿元，累计创效超过 15 亿元。交联聚乙烯、加氢站工艺控制系统和加氢机等专利技术评估价值超过 1.4 亿元，成为未来战新产业新的价值增长极。

（刘成涛）

【中国长江三峡集团有限公司科学技术研究院】

单位概况 中国长江三峡集团有限公司科学技术研究院（简称三峡科研院）成立于 2019 年 6 月，是中国三峡集团中央研究院，作为统一科研创新平台，围绕中国三峡集团战略布局和核心主业开展科技创新研究工作。截至 2023 年底，三峡科研院内设 4 个管理部门和 7 个研究中心。自组建以来，三峡科研院始终坚持自主创新能力提升，在水电工程建设运行技术、水资源高效利用、海上风电资源及环境评估、海上风电基础结构研究、风电场运维安全研究、新型光伏电池、大型新能源并网接入及主动支撑技术等领域实现了全面布局；主动对接服务国家重大战略，在海上风电直流送出、工控系统国产化、氢能、潮流能等领域走在行业前沿。三峡科研院共有员工 200 余人，其中博士占比超 60%，拥有高级专业技术职称人才 50 余人，初步形成了一支含领军科学家、科研骨干、研究员的梯次化科研队伍。

主要业务工作 一年来，三峡科研院始终坚持以习近平新时代中国特色社会主义思想为指导，深入学习贯彻党的二十大精神，认真落实中国三峡集团决策部署，全力配合中央巡视，接受中国三峡集团内部巡视，积极落实巡视整改，切实抓好重大项目攻关，不断加强创新平台建设，持续推进体制机制创新，多渠道引进培养人才，努力提升自主创新能力。

完成年度工作任务。重大项目攻关推进有力，科研平台建设亮点纷呈，科研成果应用多点开花，新增自主科研项目占比 100%；科技成果应用考核指标完成率 138%；荣获专利成果奖 21 项，国内专利授权完成率 116%，国际专利授权完成率 336%，超额完成“登高计划”；年度绩效考核连续 4 年获评 A 级，连续两年获得中国三峡集团先进集体，1 名同志获得中国三峡集团劳动模范称号，得到中国三峡集团充分认可。

中央研究院作用更加突显。勇担急难险重任务，举全院之力推动与怀柔国家实验室签订战略合作协议，助力 3 项国家实验室重大专项申报成功。服务集团发展战略，牵头 2 项国家重点研发计划项目；3 项成果入选国家能源局首台（套）重大技术装备（项目）；2 项创新平台入选国家能源局“十四五”首批“赛马争先”名单；乌兰察布研发试验基地申报国家发展改革委首批清洁低碳氢能创新应用工程。服务中国三峡集团产业单位，协助长江电力、三峡建工、三峡国际等 15 家兄弟单位“共同登高”。

（1）勇挑科技研发重任，攻克重大项目难关。海上风电机组及送出技术研发项目，全球首台 16MW 海上风电机组并网发电，科研院组织多家单位联合申报的“16MW 海上风力发电机组整机和主轴承重大部件”入选第三批能源领域首台（套）重大技术装备。1911“关键基础设施”项目，通过国家发展改革委年度检查，安全可信 PLC 及智能一体化平台应用于三峡左岸电源电站监控系统，感知智能前端在乌兰察布大规模储能电站中投用。规模化储能系统集群智能协同控制关键技术研究及应用项目，通过工信部组织的中期检查，获同批次中期验收项目最高分；完成在线评价系统大数据平台性能及压力测试。大型水电站坝体水下智能缺陷检测机器人系统研制及应用验证项目，组织召开项目系统详细设计方案评审会和年度执行情况汇报会，获工信部责任专家的指导和肯定；完成水下机器人总体平台、智能控制、导航定位、缺陷检测与现地系统等课题的研究设计工作。舟山潮流能示范工程项目，组织完成示范机组的调试工作，机组稳定运行并通过 240h 试运行验收，完成机组性能第三方现场测试，满足设计要求及考核指标；完成项目各分子合同验收及项目自验收，已向国家主管部门提交项目验收申请。大规模压缩空气储能 10MW 中试项目，基本完成年度任务，压缩机、蓄换热、膨胀机、槽式光热等主设备及其附属设备完成安装，500m^3 临时储气库首批试验储气设备已就位，完成部分现场调试工作。

获批 2 项国家重点研发计划，其中大型海上风电机组测试与性能提升关键技术及应用示范，是中国三峡集团首次获批的海上风电领域的国家重点研发计划项目。成功获批 1 项国家自然科学基金青年项目，是中国三峡集团 2023 年唯一获批的青年基金项目。

（2）聚焦方向开展科研攻关，能力培育达到新要求。服务主业基本盘，开展大水电研究。一是电站安全运行方向，重点解决电站运行关键信息基础设施、机组安全运行等共性问题。研发了智能一体化平台、自主可控及安全可信 PLC、仿真测试平台、感知智能前端等技术；搭建物联平台全链路测试环境，完成物联平台性能指标调优及边缘终端测试，具备海量数据的通讯采集、清洗转换及上传功能；完成智能运维平台研发和自研 EMS 实验室性能内部测试，实现智能运维平台及 EMS 稳定运行。二是水资源高效利用方向，重点解决流域气象水文预测、河库模拟与水沙调控、水资源配置及调度等关键问题。自主研发了通用性流域气象水文预报系统，开展清江流域日尺度径流滚动预报、巴西巴拉那河上游流域中长期径流模拟预测，基本具备了预测预报能力；联合一线生产单位，研发了具有完全自主知识产权的水库水动力、水沙模型，提升了出/入库水量预测精度并具备一定的泥沙预报能力；根据一线单位需求，联合研发了清江流域人工增雨影响评估系统，初步具备试运行能力；建立了长江流域大型水库、调水工程等基础信息数据库，初步具备解决多维需求下水资源配置及调度问题的能力。三是水电工程建设方向，重点解决大坝运行安全评价、抽水蓄能隧洞施工等关键问题。自主完成了白鹤滩水电站拱坝初期运行工作性态分析和安全评价，为特高拱坝的安全监测监控和高效运行提供了技术支持；研发了基于深度学习的乌东德库区边坡地震危险性快速评价算法，研制了磁感应非接触式位移传感器及磁感应垂线坐标仪；自主研发了隧洞施工三维激光扫描综合分析平台，为抽水蓄能电站隧洞施工质量分析提供技术支撑。

服务引领新发展，开展新能源研究。一是海上风电方向，重点解决海上风资源及环境评估、基础结构、机组减振等关键问题。自主研发形成了海上风资源数据库及数据分析应用系统，为拟建风电场的风资源评估及发电量估算提供技术支撑；完成中国近海“海气耦合”数值预报系统搭建，具备风浪流一体化预报能力；建成国内首个海上风电地勘数据库，自主开发了打桩分析计算程序，具备了自主开展原位测试数据解译、区域地质特性分析的能力；开发了风电机组支撑结构新型阻尼减振技术，为大容量机组安全运行和降低支撑结构工程量提供技术支持；掌握了海上风电机组单桩建模、计算以及自研软件技术，具备单桩设计及优化能力。二是陆上新能源方向，重点解决新能源大基地并网和送出、新型高效太阳电池制备等关键问题。STATCOM 集成储能项目获批内蒙古“揭榜挂帅”项目，已经完成全部研究内容、样机研制和所有厂内试验测试，第一批设备已完成发货及安装；国内首个兼顾晶硅、钙钛矿、叠层等各类太阳电池的“光－电－热－量子”一体化太阳电池仿真设计平台开始公测，具备了“材料–器件–电路”多层级仿真能力，为标准电池设计、测试参数体系确立及高效光伏组件研发提供了仿真分析工具。三是海上风电直流送出方向，自主研发完成了基于二极管的换流系统理论研究和实验室小试，取得里程碑成果，成本、体积、重量与运行损耗比现有 MMC 换流阀均降低 50%左右，研发进度和成果国内外领先。

服务发展增长极，开展新业态研究。一是氢能方向，重点解决分布式氢–电综合利用、大规模风光制氢、多场景规模化电解水制氢等关键问题。“氢燃料电池长时储能系统关键技术研究与应用示范”“基于氦循环的高效国产自主氢液化器研制与应用示范”获批内蒙古“揭榜挂帅”项目；研发了面向多单机并联的规模化碱性水电解制氢系统稳态运行能耗监测平台，为集团规模化电解水制氢项目提供技术支撑；掌握了“万安培级 IGBT 电源设计”“等电量置换”等规模化电解水制氢工程示范建设成套技术，有效支撑了纳日松项目、云能投丽江金山零碳示范项目落实。二是新型储能方向，重点解决电化学储能、综合能源管理、实时仿真、数字储能等关键问题。自主完成了全钒液流储能工厂创新方案设计，初步具备了新型储能的集成设计、评审、检测等能力；完成数字能量交换系统（DESS）研发及首台集装箱试制集成，具备电池网络可动态重构与差异均衡能力；完成能量管理系统开发与物联平台搭建，具备大规模储能场站控制、运行状态采集与评估能力；完成了综合能源协调控制智慧一体机设计，实现能源优化管理与快速协调控制，为用户侧综合能源项目提供自主一体化的解决方案；自主研发了综合能源实时仿真系统，实现了综合能源系统多源优化控制的实时半实物仿真验证。三是压缩空气储能方向，重点解决压缩空气储能与新能源发电协同优化技术、新型压缩空气储能技术、压缩空气储能经济性分析等关键问题。推进“揭榜挂帅”“1025”国家项目和内蒙古重大专项的执行，联合厂家研制完成压缩机、膨胀机和换热器等关键设备。

（3）服务集团发展统筹谋划，平台建设再上新高度。布局省级研发平台，助力区域业务发展。一是乌兰察布研发试验基地，完成锂离子/超级电容器混合储能、固态锂离子电池等储能系统和功率路由器之间的调试工作；完成能量管理系统运行策略开发并初步投入运行，实现了光伏给储能充电以及储能放电给负荷供电运行。储能检验检测实验室具备试验检测能力，开展多工况下不同类型储能电池响应特性及等效电路建模方法研究工作。完成制氢、加氢、燃料电池及氢气液化设备安装，并开展设备性能调试工作。二是青海省压缩空气储能重点实验室，规划首批联合实验室科研项目，完成项目的科技评审。三是水风光多能互补实验室，完成首批四个项目立项，完成新能源汇集系统仿真和模拟测试平台的方案设计，具备实验工作条件。四是协助推进西藏藏东南水电技术创新中心建设，与西藏能投共同组织召开第一届理事会会议，完成学术委员会筹备，完成第一批科研平台和科研项目规划。

统筹自建实验室，奠定自主创新基础。发布三峡科研院实验室建设申报指引文件，以“统筹规划、合理布局、突出特色、分批择优建设”为指导原则，进一步规范实验室建设和管理流程，全年完成 7 个自建实验室的申报、评审及认定工作，明确 3 个重点实验室和 4 个一般实验室的分级分类建设模式，持续推进实验室资源优化整合，为自主科研的开展提供基础保障，也为后续申报高级别实验室奠定基础。

（4）强化科研成果应用转化，服务产业取得新成绩。实现 11 项成果工程应用。三峡科研院聚焦海上风电、工控系统、储能技术、氢能开发、水资源高效利用及水电工程技术等关键领域，深入探索并产出一批高质量的研究成果。一是 16MW 海上风电机组已并网发电；二是国产桩柱式一体化潮流能双向发电系统成套装备在舟山潮流能示范工程示范运行；三是水电站内生安全监控系统在三峡电站投运；四是利用工控系统关键设备测试体系，完成了向家坝电厂 PLC 产品检测；五是电站智能巡检系统用于青洲六期海上升压站的机器人轨道、摄像机支架的焊装及线缆铺设；六是水沙运动模型用于三峡水库优化调度方案的评估与提升，并连续两年用于泥沙预报作业；七是水工程影响下水资源模拟与调配系统入选水利部《2023 年度水利先进实用技术重点推广指导目录》；八是中国三峡集团首个高拱坝运行期温度场自主分析体系用于白鹤滩拱坝蓄水及初期运行工作性态分析与评价，获得了张超然、陈厚群院士的充分肯定；九是磁感应位移监测仪器在白鹤滩大坝廊道内完成安装并试运行，拱坝激光三维变形监测系统在乌东德大坝应用；十是三维激光扫描隧洞施工综合分析系统在石台抽水蓄能电站试点应用；十一是自研软硬件资源共享支撑平台投入使用，服务中国三峡集团科技管理工作。

依托当前工作基础开展技术服务。一年来收到工作委托函 12 件，涉及中国三峡集团内、外 11 家单位，初步完成工作布局。一是打通专利审查快速通道服务中国三峡集团，协助长江电力、生态工程中心、武汉科创园等 15 家单位开展专利挖掘与交底书审核工作。二是成立纳日松光伏制氢业主工程师服务项目部，在工程设计方案、设备监造、工程调试等方面提供技术支撑，助力项目如期完成产氢目标。三是承担中国三峡集团科技创新部委托的科研项目立项查新查重、验收预审等工作。四是参加中国三峡集团年度网络安全攻防演练，保障全年未发生网络安全事件，3 人入选中国三峡集团网络安全红队，参加中央企业网络安全大赛，并进入决赛。五是开展“阳江沙扒海上风电场运行效率监测与分析诊断”专项工作，为风电场发电量估算、机组出力状况等关键业务提供专业分析。六是主动承接向家坝泄水坝段开裂问题研究，成果获得张超然院士等多位专家高度认可，为向家坝工程裂缝处理及安全运行提供技术依据。经过一年的努力，三峡科研院技术服务工作成果得到认可，先后收到来自 10 家地方政府及兄弟单位的感谢信。

（张伊然）

【水电水利规划总院有限公司】

单位概况 水电水利规划总院有限公司（简称规划总院）的历史可追溯到 1950 年燃料工业部水利发电工程局，是在国家电力体制改革中保留下来的事业单位。2011 年电网企业主辅分离改革及电力设计、施工企业一体化重组中，隶属于中国电建。2012 年水电顾问集团和规划总院分设，2015 年规划总院和水电顾问集团下的咨询公司完成重组，成为新的规划总院。为落实事业单位改革相关政策，于 2020 年初注册成立水电水利规划设计总院有限公司，与规划总院同时隶属于中国电建管控，均为中国电建二级机构，合署办公。受国家相关部门委托，规划总院管理国家可再生能源信息管理中心、可再生能源定额站、国家能源水电工程技术研发中心、可再生能源发电工程质量监督站、国家防汛抗旱技术研究中心，是国家能源局确定的第一批研究咨询基地，也是国家能源领域行业标准化管理机构，负责中国能源行业 6 个水电标委会、6 个水电分标委和 2 个风电分标委会的管理工作。

2023 年，规划总院完成西南重大水电规划技术审查，推进抽水蓄能前期技术服务、抽水蓄能规模技术论证，牵头开展流域水风光一体化研究。开展多省（区）风电和光伏发电资源普查，可再生能源项目建档立卡规模达近 13 亿 kW。受托开展能源监管数字化平台建设工作，建立全能源品种全过程监管体系；支撑中国电建技术中心重建筹备，牵头打造中国电建流域梯级清洁能源开发原创技术策源地，协助制定可再生能源发电工程企业定额标准，协助中国电建光伏支架、风电塔筒品牌建设。2023 年获批国家自然科学基金依托单位，通过“国家高新技术企业”首次认定。中国—国际可再生能源署（IRENA）合作办公室运行单位、中国—东盟清洁能源合作中心中方执行机构、国家防汛抗旱技术研究中心落户总院，发布“全球清洁能源合作伙伴关系倡议”等 10 余项国际合作智库成果。完成《规划总院“十四五”发展规划》中期评估及修编工作。完成安外办公区装修改造工程，年内整体搬迁入驻。

领导班子

党委书记、董事长（执行董事）、法定代表人：李昇

党委副书记、董事、总经理：易跃春

党委委员、副总经理：王忠耀、顾洪宾、赵增海

党委副书记、纪委书记、工会主席、监事：何忠

党委委员、总会计师：杨淑芝

党委委员、总工程师：赵全胜

副总经理：余波

党委委员、副总经理、总规划师：张益国

专家委员会主任：彭程

咨询：郑声安、龚和平、彭土标

2023 年度领导人员职务变动情况：余波，1—11 月任中国电建贵阳院党委委员、副总经理；12 月任规划总院副总经理。张益国，1—11 月任党委委员、总规划师；12 月任党委委员、副总经理、总规划师。龚和平，1—6 月任党委委员、副总经理；7—12 月任咨询。

组织机构 2023 年，规划总院设职能与综合管理部门 9 个，包括公司办公室/董事长办公室/总经理工作部/智库办公室、党委工作部/工会办公室/党委宣传部/巡察办公室、党委组织部/人力资源部、计划发展部、财务资金部/财务共享中心、技术质量安全部/总工程师办公室、纪委办公室/审计部/法律事务部、科技标准部、国际业务部；业务部门 9 个，包括新能源研究院、规划部、水电工程部、水库经济部、环境保护部、工程造价部、质量监督部、质量安全咨询部、信息数据中心。

下属法人单位 4 个，包括中国水利水电建设工程咨询有限公司、《水力发电》杂志社、哈密智源科技信息技术有限公司和乐山中电建生态环保科技有限公司。此外，中国电建新能源规划研究中心、中国电建技术中心依托规划总院设置。2023 年，规划总院在职职工 386 人，专业技术人员 288 人。

主要经济指标 2023 年，规划总院实现利润总额 150063.85 万元，较 2022 年增长 167.55%；营业现金比率 14.81%，受收入大幅增长影响，较 2022 年下降 10.54 个百分点；资产负债率 30.66%，较 2022 年降低 25.78 个百分点；研发经费投入强度 8.21%，与 2022 年持平；营业收入利润率为 97.53%，较 2022 年增长 46.29 个百分点；年末资产总额 39.73 亿元，较 2022 年增长 1.8%；经济增加值（EVA）10.82 亿元，较 2022 年增长 118.52%；全员劳动生产率 490.64 万元/人，较 2022 年增长 87.78%。

企业资质、资信 2023 年，规划总院具备“电力”“水利水电”“水文地质、工程测量、岩土工程”和“生态建设和环境工程”工程咨询单位甲级资信证书、高新技术企业证书、工程造价咨询企业信用证书、具备

工程设计电力行业［水力发电（含抽水蓄能、潮汐）、风力发电］和水利行业（水库枢纽）专业甲级资质具备国家能源局第一批研究咨询基地资格和中国电力企业联合会信用等级（AAA）证书。

改革发展 2023 年，规划总院完成《“十四五”发展规划》中期评估修编，梳理存在的问题，找准发展着力点，完善建立目标体系，调整业务结构，明晰发展举措，修编后的“十四五”发展规划更加契合规划总院当前发展要求，推动规划总院健康发展。

完成 2022 年国企改革三年行动目标任务，在中国电建年度考核中取得 B 级第一名的好成绩，为国企改革三年行动画上句号。深入开展“改革深化提升行动”，落实国资委对中央企业发挥好科技创新、产业控制、安全支撑作用的要求，以清单式管理督办推进各项任务落地。推进“对标世界一流企业价值创造行动”，开展对标工作，选取国内外一流能源行业咨询公司开展对标研究，分析不足、了解差距，找准规划总院提升的着力点和突破点。

推进三项制度改革，完善制度体系，健全员工绩效考核与员工职业发展通道相衔接，强化考核结果应用，树立实干实绩导向。

理顺智库建设体制机制，成立智库办公室，开展智库专家组专家征集推荐工作；发布《智库建设实施方案》《智库工作管理办法》，智库建设迈上新台阶。

科技创新 2023 年，规划总院科技投入为 12638.3 万元。2023 年度研发加计扣除金额 5400 万元，加计扣除享受税收减免 810 万元。

2023 年，规划总院参与修订《国家能源水电工程技术研发中心章程》和《国家能源水电工程技术研发中心管理办法》。牵头和参与的国家“十四五”重点研发计划“典型场景鱼类智能传感器与监测系统研发及应用”等 3 个项目有序推进，牵头负责国家自然科学基金黄河水科学研究联合基金项目“黄河上游水资源演变对水光风储多能互补影响研究”子课题研发、国家发展改革委“揭榜挂帅”项目“深远海海上风电开发利用关键技术研究”开展，西藏自治区科技重大专项“高深峡谷地质灾害防治及对工程安全影响分析关键技术”“超高海拔风光资源评估与发电功率预测技术”按期开展。

2023 年，规划总院牵头组织的《抽水蓄能电站技术标准体系》通过验收，启动《水电行业技术标准体系》修订工作。支持发布《抽水蓄能电站经济评价规范》等多项关键核心标准，完成《压缩空气储能电站可行性研究报告编制规程》等多项新兴领域行业标准立项，2023 年标准新立项 139 项，发布行业标准 161 项。全年共管理可再生能源领域国家、行业、地方、团体、企业中外文标准 1131 项。

2023 年，规划总院出台、修订《科研成果评价及转化应用管理办法（试行）》等 6 项科技管理制度。2023 获得中国施工企业管理协会科技进步奖 1 项、水力发电科学技术奖 2 项、中国工程建设标准化协会标准科技创新奖 3 项、贵州省技术发明奖 1 项、地理信息科技进步奖 1 项、中国电建科学技术奖 12 项等。获得专利授权 17 项，获批软件著作权 3 项。在核心期刊共发表论文 5 篇，1 篇论文获全国电力企业论文创新大赛三等奖。

经营管理 2023 年，规划总院继续严格成本费用支出预算管理，管理费用和财务费用占营业收入比重持续下降，享受国家各类税收减免 4849.30 万元。2023 年提前归还集团带息负债 11 亿元，财务费用减少 2877.78 万元。2023 年 6 月完成 1.49%股权大宗交易，12 月初完成全级次司库上线及运行工作。推进中国电建财务共享中心建设，完成全级次 34 类表单流程确认工作。2023 年编制修订了 8 个财务管理制度，重点修订下发《规划总院发票管理办法》。

走向海外 2023 年，规划总院举办或承办了 2023 国际能源变革论坛、首届“中国—东盟清洁能源合作周”、第七届中阿能源合作大会、第六届亚太能源监管论坛、中欧海上新能源发展合作论坛等；启动中非清洁能源合作项目信息库建设，启动中非能源创新合作加速器项目。

完成编写《能源变革指数蓝皮书》《金砖国家能源转型技能报告 2023（中国部分）》《水电开发国际影响与区域合作研究》等重点研究报告。牵头开展“老挝电力市场与电力消纳”研究。完成《东盟海上风电发展路线图》《中国—东盟海上风电合作建议》《东盟电力合作联合研究报告——海上风电合作》等研究报告，引导区域海上风电产业合作蓬勃发展。编制完成《东盟绿色电力市场现状及布局优化研究》《埃塞俄比亚可再生能源项目开发投资指南 2023》《中欧漂浮式海上风电关键技术与产业链对比分析与合作潜力研究报告》。

重大项目 2023 年，规划总院围绕职能定位以及重点工作，开展如下工作：

（1）高端技术咨询成果丰硕。支撑完成八省（市）海上风电规划批复，完成沙戈荒大基地和跨省（区）输电通道实施方案评估，光热、氢基能源等新兴能源研究取得成效。高效完成抽水蓄能规模技术论证，助力全国核准抽水蓄能项目 50 个，总装机容量 6460 万 kW。

（2）智库建设取得新成效。全年承接国家部委委托课题 70 余项，完成提交 40 余项智库研究成果。完成《可再生能源发展“十四五”规划中期评估报告》《特高压输电通道配套新能源基地评估报告》，编制发布《可再生能源发展报告》《抽水蓄能产业发展报告》

《可再生能源绿色电力证书发展报告》等10余篇行业发展报告。

（3）服务中国电建业务再创佳绩。中国电建绿色砂石产业技术研究中心落户规划总院，牵头开展重大科技专项“绿色砂石智慧矿山关键技术研究”，编制规模化、智能化绿色砂石“投建营一体化”系列标准。

（4）国家防汛抗旱技术研究中心落户规划总院。2023年，规划总院完成多项国家防灾减灾重大任务，推动国家自然灾害防治能力现代化取得新进展。

（5）流域综合监测覆盖面持续扩大。新增15座大中型常规水电站、9座抽水蓄能电站，接入大渡河流域实时监测数据，定期开展数据分析工作。

（6）绿证核发范围全面拓展。对已建档立卡的可再生能源发电项目，实现绿证核发全覆盖，2023年绿证交易量超过之前总和的9倍。

党群工作 2023年，规划总院扎实开展学习贯彻习近平新时代中国特色社会主义思想主题教育，高标准开展“双引双建”对标年工作，党建考核获评“优秀”。《坚持以高质量“大监督”保障促进企业高质量发展》论文荣获中国电建党建思想政治工作课题研究成果“一等奖”。

规划总院党委制修订《规划总院党委会“第一议题”制度实施办法（试行）》《规划总院党委贯彻落实习近平总书记重要指示批示工作综合评估实施细则》等十余项制度，组织实施《规划总院党委学习宣传贯彻党的二十大精神工作方案》，组织编印《学习材料汇编》6册近10万字。研究决策“三重一大”事项240余项。

2023年，规划总院完成高质量调研报告10篇，主题教育经验10次刊登中国电建简报，组织开展联学共建系列活动20余次，与政府部门和业主单位开展联合党建活动近百次。推动形成党建＋智库”“党建＋安全”“党建＋科技”等19项党建品牌，发布21篇专题文章，将智慧党建填报工作纳入党建工作责任制中。

2023年，规划总院专题研究党风廉政建设和反腐败工作9次，组织签订责任书117份。发送全面监督建议书2份，召开两次全面监督联席会解决问题67个，编印《党员干部廉洁教育手册》《反腐倡廉制度汇编》。成立巡察工作机构，制定印发巡察五年规划和巡察工作制度、流程、标准等体系文件。2023年信访举报办结率100%。

2023年，规划总院组织推动安外办公区新办公楼职工健身房、瑜伽室建设，女工委、分工会、文体协会开展活动100余项次。年内建立职工小家4个、关怀慰问60余人次。评选表彰先进分工会3个、最美职工贴心人2人、先进工会工作者5人、先进女职工3人、工会积极分子2人，上报电建集团工会表彰2个集体、4名个人。1人荣获中国电建“最美职工贴心人”、1人荣获中国电建团委“青年岗位能手”称号，1人荣获“优秀共青团员”称号。

企业文化建设 2023年，规划总院“喜迎二十大 建功新时代”融媒宣传案例荣获中国能源传媒集团年度融媒策划案例评选中荣获团队及创意“双十佳”。打造“我有一个朋友”“双引双建特色品牌”“团结协作奖、开拓创新奖”等特色系列报道80余篇。统筹央视、新华社等央媒对总院2023年度行业报告发布会等进行视频直播，组织院领导、专家接受央视专题报道或专访16人次，借助重大活动组织60余家媒体对总院进行新闻报道，策划完成17篇专业解读文章，在《人民日报》《中国日报》《中国电力报》等行业头部媒体发布。完成2023年新版规划总院外网、企业宣传画册、企业文化手册更新发布。年内发布新闻413篇，微信发稿213篇，对外发稿477篇。全年形成日常舆情监测周报52期，行业舆情监测专报21期。

乡村振兴 2023年，规划总院参加中国电建2023年度助力定点帮扶县消费农产品有关扶贫采购活动，为员工集体购买专属消费帮扶平台农产品57.41万元。

【中国水利水电科学研究院】

单位概况 中国水利水电科学研究院（简称中国水科院）隶属中华人民共和国水利部，是从事水利水电科学研究的国家级社会公益性科研机构。中国水科院本部由位于北京海淀区复兴路甲1号（南院）和车公庄西路20号（北院），以及大兴试验基地和延庆试验基地组成。京外有位于呼和浩特市的牧区水利科学研究所和位于天津市的水利电力机电研究所。

中国水科院历史可追溯到1933年，前身为中国最早的水利科学研究机构——中国第一水工试验所，几经变迁，于1958年经国务院规划委员会批准，将国内多家水利水电科研单位合并，组建了水利水电科学研究院，1994年经国家科委批准更名为中国水利水电科学研究院，2000年水利部牧区水利科学研究院和水利部电力工业部机电研究所并入中国水科院。现任院长彭静，历任院长有张子林、张光斗、林秉南、张泽祯、杨德晔、陈炳新、梁瑞驹、高季章、匡尚富。先后拥有中国科学院和中国工程院院士15人，分别是张光斗、黄文熙、钱宁、汪闻韶、林秉南、朱伯芳、陈厚群、吴中如、陈志恺、韩其为、陈祖煜、王浩、缪昌文、胡春宏、杜修力。

历经几十年的发展，本院已建设成为人才优势明显、学科门类齐全的国家级综合性水利水电科学研究和技术开发中心，是科技部创新人才培养示范基地、国家引才引智示范基地、水利部水利科技创新人才培养基地。

研究领域覆盖水文学与水资源、水生态环境、防洪抗旱与减灾、遥感技术及应用、水利史与水文化、泥沙与水土保持、农村水利、牧区水利、水力学、岩土工程、水工结构与材料、工程抗震、水力机械与机电、自动化与信息化、工程监测与检测、新能源、可持续水电等 17 个学科、103 个专业方向。具有工程咨询单位甲级资信证书、水文水资源调查评价甲级资质证书、水资源论证甲级资质证书、生产建设项目水土保持监测单位水平评价证书（5 星）、生产建设项目水土保持方案编制单位水平评价证书（5 星）、水利工程质量检测单位甲级资质证书、水利建设市场主体信用评价 AAA 等级等证书，通过了国家计量认证、ISO9001 质量管理体系认证等，被遴选为国家发改委、北京市政府固定资产投资项目咨询评估机构以及水利部水利水电建设工程蓄水安全鉴定、大中型水闸安全评价和水土保持设施验收技术评估单位。

中国水科院建有 1 个国家级重点实验室为流域水循环模拟与调控国家重点实验室，6 个部级重点实验室分别为水利部水工程建设与安全重点实验室、水利部泥沙科学与北方河流治理技术重点实验室、水利部数字孪生流域重点实验室、水利部京津冀水安全保障重点实验室、水利部水工程材料重点实验室、水利部白蚁防治重点实验室，另有 36 个专业实验室，配备大型高速水流减压箱、大型三向六自由度模拟地震振动台、离心模拟试验机、水力机械模型通用试验台、水质色谱—质谱联机仪等许多在规模和性能方面均位于国内外前列的重要仪器设备，以及一大批自主开发的水利水电计算机软件和大型高性能的并行计算平台。拥有 4 个国家级中心分别为国家节水灌溉北京工程技术研究中心、国家农业灌排设备质量监督检验中心、国家水电可持续发展研究中心和国家能源水能高效利用与大坝安全技术研发中心；9 个部级中心分别为水利部防洪抗旱减灾工程技术中心、水利部水资源与水生态工程技术研究中心、水利部水土保持生态工程技术研究中心、水利部水环境监测评价研究中心、水利部遥感技术应用中心、水利部草地水土保持生态研究中心、水利部水工程抗震与应急支持工程技术研究中心、水利部江河水利志收藏馆、水利遗产保护与研究国家文物局重点科研基地，1 个国家野外站为内蒙古阴山北麓草原生态水文国家野外科学观测研究站，为科学研究创造了优良的科研条件。

中国水科院是联合国教科文组织和中国政府合属的国际泥沙研究培训中心的挂靠单位，也是世界泥沙研究学会、世界水土保持学会、国际水利与环境工程学会、国际洪水管理大会、国际大坝委员会、国际灌排委员会、全球水伙伴、国际水电协会、亚洲河流生态修复网络 9 个大型国际学术组织或会议机制总部及中国委员会秘书处的挂靠单位，先后有 10 余位专家在国际组织内担任荣誉主席、副主席、秘书长等重要职务，与国外近 40 余家科研机构、知名大学、国际组织和企业签订了长期合作协议，建立了固定的合作交流机制。

从 20 世纪 50 年代起，中国水科院就开始研究生的培养，是国务院学位办首批授予的“水利工程”一级学科培养单位，中组部指定的水利系统主要承担“西部之光”访问学者的培养单位，设有 2 个一级学科博士后流动站和 8 个博士和硕士学位授予专业，分别为岩土工程、水文学及水资源、水力学及河流动力学、水工结构工程、水利水电工程、水环境学、水信息学、水灾害与水安全。2018 年获得国际学生招收资质。

领导班子

院长：彭静

党委书记：彭静

院三级职员：汪小刚

副院长：王建华、李锦秀、丁留谦、刘毅

纪委书记：宋树芳

工会主席：尤建青

总会计师：张向东、彭文启

组织机构 本院总体划分为研究所（中心）、职能部门、综合事业部门、院属企业等 4 大部分。其中，现有 13 个研究所（中心）、5 个综合事业、4 个科技企业和 1 个后勤企业。

研究所（中心）包括水资源研究所、防洪抗旱减灾研究所、遥感技术应用研究所、水利史研究所、水生态环境研究所、水利研究所、工程抗震研究中心、岩土工程研究所、水电可持续发展研究中心、泥沙研究所、水力学研究所、牧区水利科学研究所；职能部门包括办公室、党委办公室、人事劳动教育处、科研管理与规划计划处、国际合作处、财务资产管理处、纪委办公室、条件平台处；综合事业部门包括工会委员办公室、研究生院、标准与计量中心、信息中心、离退休职工处；4 个科技企业包括北京中水科工程集团有限公司、北京中水科水电科技开发有限公司、北京中水科海利工程技术有限公司、天津水科机电有限公司，1 个后勤企业为北京爱德商务服务有限公司。

党建工作

（1）学思践悟成效显著。坚持一体推进理论学习、调查研究、推动发展、检视整改，高质量开展主题教育。通过党委理论中心组学习会、主题教育读书班、学习党的二十大精神培训班等多种方式深学深研深悟。全院围绕白蚁堤害防治技术、数字孪生水利模型体系等 110 个专题开展调查研究，其中“科技红旗渠”调研报告在《水利简报》向全系统刊发。创建党员创新先锋岗、服务示范岗和青年先锋队 56 个。完成山洪灾害防御知识进农村等 9 项民生水利项目。活用融媒体矩阵，以“习语治水”等微媒育人，成果案例在旗帜网、“学习强国”刊发。完成整改问题销号，开好专题民主生活会，把主题教育成果转化为干事创业动力。

（2）组织建设亮点纷呈。坚持抓基层打基础、聚合力担使命，促进党建业务深度融合。结合院所实际，编印党务工作问答手册，巡回开展10期“科技强国：基层党组织书记谈党建”系列活动，深入29个基层党组织进行全覆盖调研。开展特色支部活动，举办“玉渊·谈水”青年主题沙龙、组织研究生开展“我给成边军人写封信”活动。新发展党员20人、转正党员17人，新增中央和国家机关“四强”党支部4个，推荐的学习案例获中国政研会优秀表彰，党建课题获一等奖1篇、二等奖3篇。开展统战工作，党外专家建言的《关于巩固深化长江十年禁渔成果的建议》获民进中央2023年度参政议政成果一等奖。

（3）宣传工作走新走心。把牢网、刊、栏等意识形态阵地，丰富宣传内容，弘扬科学家精神。利用黄河保护法施行、“一带一路”倡议十周年等契机，总结、系统宣传中国水科院在相关领域的科研成果。多位专家接受央视、人民日报、人民网、科技日报、中国水利报等专访，用科学视角答疑解惑。推出“下好‘磨’字功，练就真本领”等品牌栏目，举办“科技强国有我·讲述身边的TA”演讲比赛，青年干部在中央国家机关演讲中获金牌演讲人，宣传水科人创新求实、立足岗位的奋斗精神。

（4）廉政建设筑牢防线。坚持让监督执纪有力度有温度，在严管厚爱中激发担当作为。对全院履行全面从严治党主体责任情况开展监督，编制巡察工作规划（2023—2027年），出台巡察“一制度两手册”，开展政治巡察及巡察后评估工作，压紧压实主体责任。开展贯彻落实中央八项规定精神专项检查，修订实施办法。举办廉政风险防控主题座谈会，组织院属单位党政主要负责人座谈交流，签订廉政承诺书，强化主动接受监督，抓严抓实干部监督工作。开展“镜鉴”廉洁警示教育，发放案例读本、印发廉洁倡议书，教育年轻干部扣好廉洁从业“第一粒扣子”。开展“以案促教、以案促改、以案促治”专项行动，编发《科研经费管理违规典型案例》，筑牢思想防线。

主要工作　2023年是深入贯彻落实党的二十大精神的开局之年，是实施“十四五”规划承上启下的关键一年。全院坚持以习近平新时代中国特色社会主义思想为指导，深入学习贯彻党的二十大和二十届二中全会精神，认真践行习近平总书记“节水优先、空间均衡、系统治理、两手发力”治水思路、关于治水重要论述精神和科技创新重要指示批示精神，落实部党组各项工作安排，完整、准确、全面贯彻新发展理念，为新阶段水利高质量发展作出水科新贡献。

1. 坚持创新驱动，事业发展新成效

（1）科研合同额稳中有升。2023年全院新签合同额较2022年增长15.8%，再创新高。其中，新签纵向项目549项，新签横向科技类项目1713项。

（2）科研立项成效显著。中国水科院作为依托单位牵头申请的国家自然科学基金重大项目首次获批。重点研发计划项目立项2项，农业科技重大攻关项目获批1项，国家自然科学基金项目获批15项，改善科研条件专项项目获批9项，三峡水库库区基金支出项目获批3项，中央基建投资项目获批3项。围绕流域区域发展、国家重大工程、国际工程建设等，一大批国内外研究及示范项目成功立项。

（3）科研及科普成果丰硕。获省部级奖励74项，创历史新高。其中，14项为中国水科院牵头完成，一等奖及以上奖励40项。发表论文816篇，SCI占比42%，多篇入选高被引论文。出版著作51部，登记软件著作权81项。授权专利446项，其中授权发明专利319项。主参编标准53项。27项拟编标准纳入新版《水利技术标准体系表》，居行业首位。开展2项国际标准编制，推进8项水利水电标准翻译。31项成果入选水利先进实用技术重点推广指导目录等。出版全国首套《中国水利水电科普视听读丛书》，参与编写出版《生态第一课·写给青少年的绿水青山》系列丛书分册《中国的水》，成功举办《水知识读本》柬埔寨语版发布会。参与主办第四届全国水利科普讲解大赛、参加北京市科普讲解大赛，参赛选手获国家二等奖、水利系统一等奖等。

（4）队伍建设持续强化。新增全国创新争先奖1人、何梁何利奖2人，6人入选2023全球前2%顶尖科学家榜单，省部级及以上人才称号（项目）20余人次。院长聘外籍教授当选国际水利与环境工程学会主席，院专家连任世界水土保持学会主席。引进第二位水科学者斯洛博丹·西蒙诺维奇院士（加拿大），推荐的专家罗杰·福克纳教授（英国）荣获“中国政府友谊奖”。首名国际留学生取得博士学位，招收研究生155名，获得国家奖学金等奖励11人次，招生人数和奖励数量均创新高。

2. 坚持需求牵引，科技支撑勇担当

（1）支撑国家重大战略。

1）支撑黄河流域生态保护与高质量发展。紧紧围绕落实习近平总书记“9·18”重要讲话精神，推进系统研究深化。在水资源节约集约利用领域，攻关基于湿地生产生态功能协同提升的黄河洪水利用关键技术，揭榜黄河流域水资源节约集约利用科技创新重大示范工程。在水沙关系领域，形成流域产沙、水库调沙、河道输沙、河口容沙与河道演变协同等初步成果；开展“五位一体”防沙治沙技术示范。在防灾减灾领域，开展黄河冰凌生消动力学演变机理及冰坝链生效应、黄河凌情形势影响下的干流梯级骨干水库调控机制和黄河骨干水库群联合调控与冰凌演变的互馈影响机理研究。在水生态环境保护领域，开展黄河流域典型区河湖湿地退化机制、流域生态系统与土壤侵蚀协同演变规律研究，集成示范内蒙古西部沿黄盐碱化草地生态修复治理技术模式；攻关水草林粮多维协同调控技术，破解黄河“几字弯”生态安全格局构建与稳定发展的矛盾。

2）支撑长江大保护和经济带发展。以三峡工程为重点，着重开展水资源、水环境以及数字孪生方面的研究。牵头撰写《三峡工程“十大安全”问题分析》报告，组织实施三峡工程运行安全综合监测系统工作，承担三峡库区典型支流水华智慧化调控管理与示范研究。开展跨流域调水对长江流域的影响与适应研究，在金沙江下游水沙格局变化规律、三峡坝下游河道沿程不平衡输沙特性等方面取得阶段成果。构建数字孪生三峡干支流水质、水土保持和消落带 3 个专业方向的数据底板，构建库区健康评价模型和消落带氮磷输送模型。

3）支撑京津冀协同发展和粤港澳大湾区建设。编制白洋淀流域水环境综合治理与可持续发展试点实施方案，开展河北省水资源衰减、地下水开发利用阈值等研究，京津冀北部屏障浑善达克沙地水资源保护与植被生态协同修复取得显著效果。面向大湾区典型灾种遭遇风险评估—预警—应急避险等进行决策仿真，参与环北部湾广东水资源配置工程长距离大流量输水系统水流态势与“四预”关键技术研究。

4）支撑南水北调后续工程高质量发展。宏观微观研究同步推进，积极参与工程运维。开展着生藻全生命期和渠床着生界面试验、中线亦庄调节池生态修复研究。建立基于全气象参数的大型明渠水气热交换数学模型，首次量化中线干渠冬季热通量组成。承担南水北调水资源统一管理系统运行维护项目，以及中线南阳、安阳管理处等安全评价。

5）支撑重大水电工程开发。全方位、多学科开展工程前期科研工作。仿生漂浮式监测设备——水科豚在河流部分河段完成水体数据采集测试，通过国家设备计量中心鉴定并注册；初步建立该河流域分布式水文模型和干流生态环境自动监测体系。承担该水电开发水生态环境影响评估及调控技术研究，开展相应水沙关系关键问题数值模拟及物理模型试验、长距离导流洞物理模型试验，以及相关坝型静动力计算、混凝土重力坝抗震安全分析。

6）支撑碳达峰碳中和。构建水土保持碳汇功能评估指标体系与测算方法，推动福建长汀罗地河小流域水土保持碳汇市场完成首单交易，开展淤泥质近海滩涂的光伏开发技术、龙羊峡—拉西瓦梯级水能循环模式下多能系统互补运行等研究。撰写的《“双碳”目标下水风光储一体化能源发展专题调研报告》被中国科协专本编发。

（2）支撑水利“六条实施路径”。

1）支撑防洪工程体系完善。参加海河“23·7”流域性特大洪水防御应对、应急抢险科技支撑，实时动态验证自主知识产权洪涝模型、蓄滞洪区洪水演进模型等，数字孪生防洪“四预”系统发挥关键作用。参与全国山洪灾害防治项目顶层规划设计、实施方案编制、实施效果评估等工作。参与制定国家蓄滞洪区安全运用分析评价技术要求，以及黄河流域、松花江流域及辽河流域（内蒙古）防洪规划修编等工作。全国自然灾害综合风险普查（水旱灾害部分）及全国山洪灾害防治建设与管理两个项目顺利验收。

2）支撑国家水网重大工程实施。系统开展国家水网基础研究，参与南水北调工程总体规划修编、东北与内蒙水网建设、第一批省级水网先导区建设第三方评估等。开展国家水网重要节点工程黄河黑山峡水利枢纽工程抗震安全研究，研发超重力场精细化爆炸试验装置，建立坝体爆炸毁伤效应评估方法。

3）支撑河湖生态环境复苏。开展幸福河湖建设成效评估指标体系和标准制订、永定河生态复苏调查评价、内蒙古 70 多条河湖健康评估，研提“水土保持率”指标并纳入《美丽中国建设评估指标体系》，应用于 31 个省（区、市）水土保持率远期和阶段目标市县分解。开展地表水中微塑料测定方法和标准制订、网络化调水格局下生态补偿标准测算方法与实现机制、微囊藻与水动力的相互作用研究，大型水电工程鱼道关键技术研究成果在中国大型江河 23 座鱼道工程中得到应用。

4）支撑智慧水利建设推进。五大模型研发序时推进，首批水科院“Sky”系列模型软件冠名，组织评选第二批“Sky”模型软件。研发适应信创环境的水资源动态评价模型产品和澜沧江流域气象水文一体化预报模型库，开发江西省二元水循环模拟器。国家北斗卫星导航系统重大专项“北斗水利综合应用示范项目”通过验收。灌区高精度旱情监测与智能预测预警等一批模型软件入选水利部先行先试推荐清单，自主研发的 3 个模型软件入选水利部《第一批数字孪生灌区模型推荐清单》，打造首例数字孪生农村供水试点工程。构建基于水下声光图像识别的湖库鱼类资源调查技术，隧洞全景 VR 检测等技术在南水水库应用。

5）支撑健全节水制度政策建立。参与编制国家发展改革委、水利部等联合印发的《关于进一步加强水资源节约集约利用的意见》《关于加强非常规水源配置利用的指导意见》。参与编制全国节水办典型地区再生水利用配置试点中期评估技术大纲、工作方案等。编制首批高标准农田建设产品目录和认证实施规则，承担《节水产品认证规范》修订工作。负责水利部拟定期向社会发布的第二项核心指标“灌溉贡献率及耕地灌溉面积上粮食产量”计算工作。

6）支撑体制机制法治管理强化。参与水法、防洪法、抗旱条例、国家水土保持示范创建管理办法、水利建设市场主体信用评价管理办法等前期研究或修订，完成水利部政策研究项目专题“大中型灌区水权配置及有序流转调控研究”和“生态补水定价机制研究”等，参与制定《关于旱警水位（流量）评估与应用管理办法》。

（3）支撑重大工程与民生改善。

1）支撑重大工程建设。5位专家入选为国家发展改革委基础设施领域不动产投资信托基金（REITs）项目评估专家。开展环北部湾广西水资源配置工程等5项咨询项目评估，江西省鄱阳湖水利枢纽工程环评报告书获得批复。启动云南省滇中引水工程水生态环境保护关键技术研究，承担引江济淮调蓄水库新型生态护坡关键技术研究、金沙江乌东德水电站850MW巨型机组性能试验工作。为小浪底北岸灌区工程等重大水利水电工程提供公正检测数据，为安徽引江济淮工程等提供水工材料专业全过程咨询服务。

2）支撑农村饮水水质提升。编写《农村饮水安全评价准则》《农村供水水质保障提升方案》《农村供水水质保障实用技术产品目录》《饮用水除氟技术指南》《苦咸水改水技术要点》等多项涉及农村饮水安全技术文件，对甘肃、内蒙古389户用水户、79处供水工程进行暗访。举办全国农村供水水质提升技术交流会议。

3）支撑援疆援藏及乡村振兴。新选派3名科研业务骨干赴新疆、西藏等地挂职援派，举办新疆、西藏专业技术人才培训班。作为第三次新疆综合科考伊犁河流域的片区长单位，牵头开展伊犁河流域5个项目的组织管理和成果凝练，保障流域生态安全与经济社会发展。开展西藏雅鲁藏布江DG水电站水土保持、新疆喀什水利枢纽工程多泥沙河流调沙减淤等关键技术研究。支撑西藏旁多水利枢纽渗漏水处理、西藏色林错漫溢洪水风险评估与防控等急难险重工作。组织开展湖北郧阳数字孪生流域建设、重庆南坪水土保持标准化示范区建设等技术帮扶。

3. 坚持平台铸基，条件保障立长远

（1）平台建设更加有力。高位推进全国重点实验室优化重组，水利部白蚁防治重点实验室获批建设，大型土工离心机试验研究平台建设基本竣工，高性能大型地震模拟振动台完成可研报告阶段评审。阴山北麓国家野外站建设效果显著，新增黄河“几字弯”区域生态环境变化与综合治理和西藏林周草地生态系统野外科研观测研究站（省级）。

（2）期刊影响持续提升。《水利学报》的世界期刊影响力WJCI指数在“水利工程”学科期刊中位列中国第一、世界第三，《院学报》首次在中国知网水利工程类学科排序中进入Q1区，《国际泥沙研究》《国际水土保持研究》连续保持“中国最具国际影响力学术期刊”和“中国国际影响力优秀学术期刊”称号。国际期刊River被SCOPUS数据库收录，文章下载近45000次。

（3）计量建设不断强化。完成院检验检测机构“一家一证”，顺利通过资质认定复查评审，检验检测能力居行业首位。推进“五体系”认证扩项（扩领域），挂靠中国水科院的中国水利学会标准化专委会筹备方案经水利部审批同意，推进国际性标准化组织涉水秘书处、国家水资源计量站建设申请。

（4）数字赋能更加彰显。推进数字水科院建设，赋能全院管理提质增效。以延庆基地可视化和离心机实验室数字化为试点，推动“数智水科”迈开步伐。深化办公平台应用，开发上线电子发票一键识别和验真功能。新开发上线水科院蓝信，开设招投标CA证书、出差请假小程序，移动办公更加快捷。新建水资源、泥沙、水旱灾害和防汛抗旱四大公报一体化平台，推进数据资源互联互通和共建共享。

4. 坚持交流合作，开放共赢谱新篇

（1）国内交流不断拓展。与广西水利厅、玉溪市人民政府、中国南水北调集团等国内多个政府部门和大型企业新签战略合作协议，持续加强国内合作。15个专委会秘书处举办了一系列学术交流和培训活动，积极参加中国水博览会等推介活动，多渠道、全方位加强水利科技学术交流和成果推广宣传。

（2）国际合作不断深化。接待联合国大会主席克勒希等来访团组30余个，组团参加联合国水大会等重要国际水事活动10余场，承办联合国水大会“水与乡村振兴”、协办第18届世界水资源大会等国际研讨会20余场。多项国际科技合作项目扎实推进，国际山洪计划以及中欧、中丹等项目稳步开展，“澜湄甘泉行动”农村供水示范项目入选首届“一带一路”科技交流大会优秀成果展，哈克村供水工程被评价为“项目目标好、设计思路好、多方合作好、实施成效好、群众反映好”的“五好”示范工程。

（3）水文化建设不断加强。参与编制国家标准《水文化遗产价值评价指南》，编制温州市、淮安市等地区有关水文化遗产保护利用规划，推荐安徽七门堰调蓄灌溉系统等4项工程成功列入世界灌溉工程遗产名录。与四川省都江堰水利发展中心合作的都江堰保护研究示范站完成多批都江堰文化课题，开展新时代水利廉洁文化探源与发展路径研究。

主要事件

2 月，中国水科院《中国水利水电科普视听读丛书》首批分册出版。本丛书为“十四五”时期国家重点出版物出版专项规划项目，是中国首套面向成人大众、全面覆盖水利水电专业的科普丛书。

4 月 19 日，由中国水科院主办的水利水电学术成果交流暨陈祖煜院士专题报告会在北京举行。中国工程院院士陈厚群、王浩、张建民、杜修力受邀参会。

5 月 31 日，中国水科院与中国计量科学研究院在北京签署战略合作协议。

6 月 16 日，中国水科院与中国水利水电出版传媒集团、联合国教科文组织（UNESCO）在国家会议中心签订三方合作谅解备忘录。

7 月 5—6 日，亚洲水理事会（Asia Water Council，AWC）董事会成员及有关国家和国际组织代表等在韩国华城召开 AWC 执行局会议、第 17 次董事会会议、第 4 次全体会员大会和第 18 次董事会会议。中国水科院副院长王建华率团作为 AWC 董事单位出席相关会议，并再次当选新一届董事（2023—2026）。

7 月 13 日，中国水科院获得中国国家认证认可监督管理委员会颁发的“中国水利水电科学研究院”法人主体检验检测机构资质认定证书，完成“一家一证”工作。

7 月 18 日，在玉溪举办的智荟玉溪 • 全域柔性引才启动仪式上，中国水科院与玉溪市人民政府签署战略合作框架协议。

7 月 25 日，中国水科院与南水北调集团在北京签署科学技术合作协议。

8 月 11—13 日，中国水科院主办 2023 年“草原牧区水土资源保护利用与黄河流域生态修复”研讨会。会议邀请了傅伯杰、王焰新、于贵瑞、康绍忠等院士出席会议。

8 月 12 日，中国水科院主办的“自然—社会”水循环与水安全学术研讨会在北京召开。会议邀请了王浩、张建云、钟登华、王超、康绍忠、钮新强、夏军、倪晋仁、张建民、邓铭江、唐洪武、许唯临、张宗亮等院士出席。

8 月 14 日，第二十七届海峡两岸水利科技交流研讨会在青海省西宁市开幕。本届海峡会由中国水科院与台湾大学主办。

9 月 5 日，作为中国水科院科技成果展示与科普教育基地，“中国水利水电科学研究院技术创新与科普教育基地”在北京华电水电有限公司正式挂牌。

9 月 13 日，中国水科院主办的 2023 年全国产业计量大会“计量支撑水利高质量发展”分会在山东潍坊召开。本次分会是水利行业首次组织召开的水利计量会议。

9 月 19 日，在北京举办的中国—乌拉圭水资源合作联合委员会第一次会议上，中国水科院与乌拉圭牧农渔业部签署科技合作备忘录。

10 月 14 日，第三届水文化国际研讨会在北京颐和园举办。本届研讨会由中国水科院与联合国教科文组织联合主办。

10 月 31 日—11 月 2 日，中国水科院副院长刘毅率代表团出席 2023 年世界水电大会，并在全体会议上做题为“电力之外：水电的综合功能与技术创新”主旨发言。

11 月 3 日，中国水科院与新疆维吾尔自治区水利厅在伊宁市签署全面战略合作协议并交流座谈。

12 月，由中国水科院作为依托单位牵头申请的国家自然科学基金重大项目“国家水网构建原理与数字推演”获国家自然科学基金委资助批准，这也是中国水科院首次牵头承担重大基金项目。

12 月 2 日，挂靠中国水科院的世界水土保持学会（WASWAC）召开第五届会员代表大会，中国水科院专家宁堆虎连任学会主席，潘庆宾当选为新一届秘书长。

12 月 15 日，中国水科院通过国家级检验检测机构资质认定复查换证评审，获得国家级检验检测机构资质认定（CMA）新证书，有效期至 2029 年。

（殷　殷　刘盈斐）

教 育 机 构

【华北电力大学】

单位概况　2023 年，华北电力大学设有北京校部和保定校区，北京校部设置 14 个学院、1 个教学部，另设有研究生院、艺术教育中心和工程训练中心。北京校部开设 50 个本科专业，覆盖工学、理学、经济学、管理学、文学、法学等 6 个学科门类；保定校区开设 38 个本科专业，覆盖工学、理学、经济学、管理学、文学、法学、艺术学等 7 个学科门类。具有博士学位一级学科授权点 7 个、硕士学位一级学科授权点 23 个、专业学位授权类别 16 个；博士后科研流动站 6 个，其中博士后研究人员出站 31 人、进站 42 人、在站 116 人。华北电力大学博士生导师 348 人，硕士生导师 1101

人。其中北京校部博士生导师 286 人；硕士生导师 638 人。中国工程院院士 3 人。“双一流”建设学科 1 个，北京高校高精尖学科 1 个。国家级一流本科专业建设点 21 个，省部级一流本科专业建设点 23 个。学校由教育部举办，为理工院校。拥有教室 310 间，其中网络多媒体教室 7 间。数字终端 14588 台，其中学生终端 6989 台、教师终端 5672 台。数字资源量中电子图书 137 万册、电子期刊 47 万册、学位论文 393.92 万册、音视频 1.45 万 h。全国重点实验室 1 个、国家工程技术研究中心 1 个、国家工程研究中心 1 个；省、部级设置研究（院、所、中心）、实验室 48 个。全年招生 14974 人（其中硕士研究生 5728 人、博士研究生 473 人、本科 6140 人、成人本科 2633 人）；毕业生 13752 人（其中硕士研究生 4336 人、博士研究生 248 人、本科生 6203、成人本科生 2965 人）；在校生 50091 人（其中硕士研究生 16089 人、博士研究生 1700 人；本科生 24689 人、成人本科生 7613 人）。留学生招生 226 人（其中本科 167 人、硕士研究生 45 人、博士研究生 14 人）；毕业生 182 人（其中硕士研究生 44 人、博士研究生 6 人、本科生 132 人）；在校生 1088 人（其中本科生 688 人、硕士研究生 203 人、博士研究生 197 人）。网址：www.ncepu.edu.cn。

领导班子

党委书记：周坚

校长、党委副书记：杨勇平

党委副书记、纪委书记：何华

党委常委、副校长：孙忠权（至 2023 年 5 月）

副校长：王增平（至 2023 年 5 月）

党委副书记：郭孝锋

党委常委、副校长：律方成（至 2023 年 5 月）、檀勤良、毕天姝

党委副书记：孙传新

党委常委、副校长：鹿伟（自 2023 年 5 月）、刘威（自 2023 年 5 月）、刘云鹏（自 2023 年 5 月）、房方（自 2023 年 5 月）

多项国家级重大项目获批立项 2023 年，华北电力大学国家级重大项目再获突破。环境科学与工程学院汪黎东教授获批国家杰出青年科学基金项目“燃煤烟气减污降碳”。该项目围绕电力行业减污降碳需求，针对脱硫资源化成本高、重金属分离难、碳捕集能耗大等关键问题，构建新型催化/吸收/吸附材料和反应体系，形成高效低成本的燃煤烟气多污染物协同控制技术。能源电力创新研究院薛志勇教授团队申报的“十四五”国家重点研发计划项目“超纯纳米铜粉制备及应用关键技术”获批立项。项目的实施将推动中国高端粉体材料制造技术体系及其在信息、能源等领域的高质量发展，突破超纯纳米铜粉制备关键技术，解决制约行业发展的高密度 PCB 低温互连和低速重载装备关键材料“卡脖子”难题。檀勤良教授团队联合清华大学、国家电网公司等单位申请的“面向新型能源系统的新能源配套市场联动特征及其交互机制”双碳专项项目获国家自然科学基金资助，该项目立足于推动新型能源系统有序建设以服务双碳目标的国家战略需求，致力于解决建设过程中如何保障新能源高质量发展的现实问题，开展新能源配套市场体系协同设计的科学问题研究，分析市场间联动特征，构建多市场主体交互机制，并创新性地考虑碳排放双控、能源电力统一大市场等政策机制的系统性影响，具有重要的理论价值和现实意义。能源动力与机械工程学院许诚副教授作为负责人获批国家重点研发计划“煤炭清洁高效利用技术”重点专项青年科学家项目，获批国拨经费 300 万元。项目开发可满足 CO_2 捕集、快速变负荷功能的高效灵活富氧燃烧超临界 CO_2 燃气轮机发电系统，完成 300MW 发电系统方案设计。

1 教育部国际合作联合实验室获批 2023 年，华北电力大学杨勇平院士作为中方实验室主任申报的“低碳清洁能源国际合作联合实验室”被正式批准立项建设。该实验室是华北电力大学获批的首个教育部国际联合实验室，以开展低碳清洁能源高水平国际科技合作为特色，从低碳清洁高效燃煤发电技术、新能源安全高效发电技术、适应新型电力系统的储能与氢能技术、新能源电力系统构建理论与技术、能源电力减污降碳技术等方向开展深入研究。实验室汇聚本领域国际顶尖学术大师，组建中外联合科研团队，依托高水平国际合作与多学科交叉融合，开展前沿科学探索、应用研究与工程示范推广，努力建设成为国际低碳能源电力领域重要人才中心和创新高地，积极营造国际科技合作与交流的良好环境。该实验室将显著提高我国在国际低碳清洁能源领域研究中的竞争力，形成多主体共同参与、多渠道全面推进、多形式相互促进的国际科技合作新格局，为占领低碳清洁能源领域的国际学术前沿与技术制高点打下坚实基础。

杨勇平教授当选中国工程院院士 11 月 22 日，华北电力大学杨勇平教授当选为中国工程院能源与矿业工程学部院士。杨勇平，华北电力大学校长、教授，国家火力发电工程技术研究中心主任。第七届国务院学科评议组（动力工程及工程热物理学科组）成员、教育部第七届科技委能源与交通学部常务副主任、教育部能源动力教学指导委员会副主任、中国工程热物理学会副理事长、中国电力企业联合会副理事长。国家杰出青年基金获得者，国家自然科学基金创新研究群体负责人，首批国家“万人计划”中青年科技创新领军人才，两次担任国家“973 计划”项目首席科学家，获全国创新争先奖、全国优秀科技工作者荣誉称

号，享受国务院政府特殊津贴。杨勇平是热能动力工程专家，长期从事清洁高效燃煤发电基础理论、关键技术及工程应用研究。提出了设备性能提升与流程拓扑优化相结合的燃煤发电机组能耗协同调控方法，发展了燃煤发电系统节能理论。攻克了复杂环境下大型燃煤发电空冷系统安全高效运行和跨尺度协同调控技术，显著降低了空冷机组能耗，实现了电站空冷技术从依赖进口到对外输出的跨越。发明了燃煤发电平板式选择性催化还原脱硝技术，打破国外封锁，并在国际上率先攻克了机组全工况低能耗脱硝难题，引领平板式脱硝技术发展。研发了大型热电联产机组低品位余热深度利用的高效供热技术，显著提升了机组能效水平，推动了热电联产技术升级。相关成果实现了规模化工程应用，取得了显著节能减排效益，为我国燃煤发电技术跃居国际领先做出了重要贡献。研究成果获国家科技进步奖二等奖 2 项，省部级科技奖励一等奖 5 项，出版专著 2 部，发表文章 200 余篇，授权发明专利 60 余项。

“工程学”跻身全球前 50 强　11 月 9 日，科睿唯安（Clarivate Analytics）公布 2023 年 11 月的 ESI 最新数据。华北电力大学“工程学”学科进入全球前 50 强，至年底，已有“工程学”“环境/生态学”“计算机科学”“材料科学”“化学”和“社会科学”6 个学科进入 ESI 全球前 1%行列。

水利工程博士后科研流动站获批　2023 年，人力资源社会保障部、全国博士后管理委员会公布 2023 年度批准新设博士后科研流动站名单，华北电力大学水利工程学科获批博士后科研流动站，该流动站获批实现该校七个一级学科博士学位授权点博士后科研流动站全覆盖。

与电力规划设计总院签署合作协议　11 月 3 日，华北电力大学与电力规划设计总院签署合作协议。根据协议，在科技创新、成果转化、高端智库建设、人才培养和创新人才共享等方面开展全方位、高标准的合作。

与 4 家企业签署合作协议　2023 年，华北电力大学与多家企业签署合作协议。7 月 18 日，与中国中煤能源集团有限公司签署战略合作框架协议。协议将围绕保障能源安全、促进能源转型、引领能源革命和支撑碳达峰碳中和目标等重大需求，充分发挥科技创新引领能源发展的第一动力作用，推进创新链、产业链、资金链、人才链深度融合，努力构建校企合作新平台、新机制、新模式，打造校企合作新典范。6 月 19 日，华北电力大学与内蒙古电力（集团）有限责任公司签署战略合作框架协议。协议将以新能源电力系统全国重点实验室内蒙古试验研究基地为牵引，构建校企联合研发团队，联合承担国家科技重大专项，汇聚科技创新资源，促进沙漠、戈壁和荒漠超大规模新能源基地送出与消纳的关键技术研究，加快构建新型电力系统，打造科技创新高地，提升内蒙古电网科技支撑能力，更好地服务于内蒙古以“生态优先、绿色发展”为导向的现代能源经济高质量发展。3 月 7 日，华北电力大学与福建福清核电有限公司签署战略合作框架协议。协议将充分发挥各自优势，全面深化在人才培养、科技研发、教育培训等方面的合作。2 月 17 日，与北京一轻控股有限责任公司签署战略合作框架协议，协议将共同探索行业高校与北京市属大型国企协同发展的新领域、新模式和新机制，全力助推北京新时代高质量发展。

毕天姝教授团队获电力技术发明一等奖　2 月 9 日，华北电力大学毕天姝教授团队完成的“大规模新能源汇集送出系统的保护及应用”项目获 2022 年度电力技术发明奖一等奖。该成果获奖是该奖项中唯一的一等奖，实现华北电力大学作为主持单位获中国电力科技奖一等奖零的突破。该项目提出不依赖控制参数的新能源电源短路电流计算方法，计算误差由 50%减小到 10%内，为新能源汇集送出系统保护新原理及配置整定提供了理论依据；发明采用主变低压侧多间隔信息比较的新能源汇集系统保护新原理，首创基于送出线路两侧电流波形特征相似度的保护新原理，可适应 100%新能源接入场景，动作时间缩短 25%，从原理上解决规模化新能源接入导致工频量保护动作性能劣化、甚至原理失效的难题。研发的新能源电源短路电流计算软件已成功应用于西北电网、山东电网和南方电网，覆盖全国 38.8%新能源装机，研制的新能源汇集送出系统系列保护装置，在内蒙、陕西、张北、云南等电网应用，并推广到印度等“一带一路”国家。成果有力保障国家大规模新能源安全高效并网和大电网的稳定运行，经济社会效益显著。中国电力科学技术奖是国家科技奖励工作改革后首批批准的 26 个社会力量设奖奖项之一。

主要工作　2023 年，华北电力大学迎来建校 65 周年，学校全面学习贯彻党的二十大精神，扎实开展学习贯彻习近平新时代中国特色社会主义思想主题教育，全力加快“十四五”规划和“双碳”行动计划实施，高质量推进“双一流”建设，高标准推动教育部党组巡视整改落地见效，有力统筹事业发展和安全稳定，办学治校水平进一步提升，特色鲜明高水平研究型大学建设迈上新台阶。

学科建设。精心组织开展“双碳”行动计划阶段总结和“双一流”建设中期自评，“双碳”行动计划取得阶段性成果，完成新一轮“双一流”中期建设任务。电气工程、动力工程及工程热物理在第五轮学科评估中均获评 A 类。水利工程学科获批博士后科研流动站。

大力推进学科交叉融合，强化学科外延和内涵建设，“碳管理科学与工程”“国家能源电力安全学”两个交叉学科博士点成功国家备案，“双碳”引领、结构完整的新型能源电力特色学科专业体系更加完善。学科国际影响力稳步增强，“工程学”首次跻身 ESI 全球前 50 强。

人才培养。深入实施“时代新人铸魂工程”，全面推进“大思政课”建设。举办“大思政课”高峰论坛和系列讲堂，建设“大思政课”实践教学基地，获“河北省课程思政示范校”称号。获国家级教学成果二等奖 4 项，其中牵头 3 项。能源动力与工程、工程管理通过工程教育专业认证。全年招收各类学历研究生 6310 人，首次超过本科生招生规模，本科推免占比达到 16.43%；学校 15 篇论文获评河北省优秀博士、硕士学位论文。“五育并举”成果丰硕，4 名学生获评“中国大学生自强之星”；揽获“互联网＋”大学生创新创业大赛金奖 1 项；摘得全国“挑战杯”竞赛揭榜挂帅专项赛特等奖，学校捧得“优胜杯”；首次获全国大学生电子设计竞赛全国一等奖 2 项；刘秉超夺得第一届全国青运会大学甲组男子 100m 决赛冠军。生源质量持续向好，就业率保持较高水平，人才培养质量稳步提高。

科学研究。以构建高层次平台体系和优化机制为重点，不断提升重大科技创新平台建设质量和效能。新能源电力系统全国重点实验室以优异成绩完成重组，清洁高效燃煤发电关键技术与装备集成攻关大平台获批立项，国家储能技术产教融合创新平台按建设计划稳步推进。获批建设首个教育部国际联合实验室——低碳清洁能源国际合作联合实验室，国际科研合作迈上新台阶；获批建设首个北京市实验室—新型储能技术北京实验室，深度服务北京国际科技创新中心建设的能力水平进一步提升；牵头筹建新能源电力系统及装备河北实验室。深度参与怀柔实验室、中关村实验室建设。科研能力和科研产出持续增强。全年科研合同到账总经费达 9.24 亿元；国家社科基金立项超 10 项，取得历史最好成绩；获批国家重点研发计划合同经费 1.56 亿元，军工科研经费 2000 万元。技术转移转化成效显著，科技成果转化合同额 4.22 亿元，实质性推进与未来科学城共建“双碳技术转移转化研究院”。获全国创新争先奖 1 项，以第一完成单位获河北省科学技术奖一等奖 2 项、电工技术学会科技奖一等奖 1 项。

人事人才。坚持党管人才，举办首期“教师青马班”，强化师德师风教育，开展师德建设月系列活动、“讲述我的育人故事”主题活动等，广大教师立德树人的初心更加坚定，新能源电力系统保护控制团队入选第三批“全国高校黄大年式教师团队”，2 个教师团队入选首批“河北省高校黄大年式教师团队”。持续构建人才引育用服工作体系，“头雁”示范作用日益显著，杨勇平教授当选为中国工程院院士，4 人入选长江学者特聘教授、长江学者校企联聘学者、长江学者青年学者等国家级人才项目，8 人获得“杰青”“优青”和重大科研项目资助，引进国家级青年人才 1 人，学校高层次人才队伍建设取得重大突破。人事改革稳步推进，完成全校专技人员聘期考核和岗位聘任，广大教职工干事创业的积极性、主动性和创造性进一步激发。

对外合作和社会服务。不断深化校企校地合作，依托大学理事会平台，完善并推行“一企一策一平台”校企合作新范式，与中国大唐、哈电集团、中煤集团、内蒙古电力等 10 余家行业重点企业联合打造一批新型合作平台。深度融入地方建设发展，持续参与北京未来科学城“能源谷”建设，助力保定市打造“碳中和产业之都”。国际合作不断升级，积极拓展国际朋友圈，新增美国加州大学河滨分校、新加坡南洋理工大学等合作伙伴，与莫斯科动力学院、利物浦大学开展复合型创新人才联合培养项目。来华留学教育进一步提质增效，深入推进与国家电投、特变电工等企业联合培养留学生工作。成功举办建校 65 周年校庆系列活动，召开高质量发展校友研讨会和校友院士专家论坛，全校上下向心力凝聚力进一步增强。全面服务乡村振兴，入选教育部直属高校精准帮扶典型项目，连续三年获得中央单位定点帮扶工作成效考核最高等次评价。

管理服务和条件保障。坚持党委领导下的校长负责制，健全民主监督机制，持续推进依法决策、科学决策。深化以大学章程修订为统领的制度体系建设，建章立制的科学化、标准化、法治化程度有效提升。健全规划推进与落实机制，有序开展“十四五”规划中期评估。深入推进依法治校，加强内控体系建设。积极构建多元筹资渠道，实现年度收入目标。积极拓展办学空间资源，大力推进保定新校区置换建设，完成总体规划设计方案，新校区选址 2180 亩土地变更为教育科研用地，一期 1397 亩建设用地手续获河北省政府批准。有序推进北京校部体育中心工程建设，校部临时体育场投入使用，能源电力科研楼储能产教融合平台完成一期项目。多措并举推动科研用房有偿使用工作，扎实推进绿色学校创建工作。获“智慧校园特色高校”奖项，数字化发展治理能力不断增强。持续抓好平安校园建设，深化实验室安全管理，校园安全稳定局面持续向好。认真落实以师生为中心的发展理念，师生服务中心投入试运行，接诉即办工作高质量开展，全年共处理师生各类诉求 11848 条，响应率高达 100%，解决率 93.6%，满意率 95.8%，在北京教育系统接诉即办工作考核中排名并列第一，师生的获得感、幸福感和满意度不断增强。

党建工作。深入学习贯彻党的二十大精神，扎实开展学习贯彻习近平新时代中国特色社会主义思想主题教育，校院两级共形成调研成果 325 项，确定专项整治任务 125 项，持续推动学习贯彻的深化、内化、转化，在以学铸魂、以学增智、以学正风、以学促干方面取得扎实成效，广大党员干部思想武装更加有力、政治本色更加鲜明、工作作风更加扎实、为民情怀更加深厚、奋斗精神更加昂扬。基层党组织的创造力、凝聚力、战斗力进一步增强，4 名党员和 2 个基层党组织荣获北京高校“两优一先”荣誉称号，1 个创新平台获北京市“工人先锋号”，1 名研究生通过全国高校“百名研究生党员标兵”培育验收，1 名教师获评北京学联“我心目中的大先生”，学校学风、教风、作风建设取得新成效，师生精神风貌展现新气象，连续五届获评“河北省文明校园”，入选“创建全国文明校园先进校”。

主要事件

1 月 2 日，华北电力大学能源动力与机械工程学院杜小泽团队青年教师赤骋等在离子热电研究中取得重要进展。

1 月 30 日，华北电力大学获批电力机械装备先进制造与智能运维河北省工程研究中心。

2 月 9 日，毕天姝教授团队获 2022 年度电力技术发明一等奖。

2 月 18 日，华北电力大学举办能源电力世界青年学者论坛。

2 月，全国大学生电力创新设计竞赛工作座谈会在华北电力大学举行。

3 月 7 日，华北电力大学与福建福清核电有限公司签署战略合作框架协议。

3 月 22 日，周坚会见中车株洲电力机车研究所有限公司董事长李东林一行。

4 月 14 日，华为技术有限公司来校座谈交流。

4 月 27 日，华北电力大学与山西省能源局联合举办虚拟电厂发展论坛。

5 月 5 日，华北电力大学召开国家重点研发计划“燃煤灵活智能发电基础问题研究”启动会。

5 月 10 日，校长杨勇平教授当选中国电机工程学会会士。

5 月 17 日，华北电力大学与北京电力设备总厂有限公司共建研究生工作站签约暨揭牌仪式在北京校部举行。

6 月 2 日，俄罗斯南乌拉尔国立大学代表团访问华北电力大学。

6 月 6 日，华北电力大学党委书记周坚赴中国电力科学研究院访问交流。

6 月 7 日，周坚会见上海电力大学党委书记李明福一行。

6 月 8 日，华北电力大学——中国三峡“国家储能技术产教融合创新平台实训基地”揭牌。

6 月 9 日，华北电力大学举办国家能源交通融合发展研究院成立五周年学术研讨会。

6 月 12 日，内蒙古电力集团来华北电力大学座谈交流。

6 月 13 日，2023 年蒙古国额尔登特电厂 35MW 发电机组改造项目技术人员研修班结业。

6 月 16 日，华北电力大学举办国家技术标准创新基地（智能电网）新型电力系统标准创新研讨会。

6 月 19 日，华北电力大学与内蒙古电力集团签署战略合作框架协议。

6 月 28 日，“可再生能源发电及入网技术国际培训班”开班仪式在华北电力大学举办。

7 月 4 日，华北电力大学党委书记周坚带队赴黑龙江，与哈尔滨电气集团有限公司签署战略合作协议，并走访国网黑龙江省电力公司。

7 月 4 日，崔翔教授作题为“换个角度看世界（系统的动力学）——从牛顿视角到拉格朗日和哈密顿视角”的学术报告。

7 月 12 日，华北电力大学与中国大唐战略合作框架协议签约仪式在中国大唐总部举行。

9 月 5 日，校长杨勇平赴北京市大兴区考察调研。

9 月 25 日，校长杨勇平会见俄罗斯莫斯科动力学院代表团。

9 月 26—27 日，华北电力大学党委书记周坚出席中国三峡集团成立 30 周年改革发展座谈会并赴三峡大学走访交流。

9 月 28 日，校领导访问柬埔寨电力公司并参加“中文工坊”揭牌仪式。

10 月 8 日，“中国高校人工智能人才国际培养计划”2023 高校人工智能人才国际培养论坛在华北电力大学举办。

10 月 14 日，毕天姝团队受邀参加黄大年式教师团队建设发展论坛。

10 月 15 日，校长杨勇平赴中国能建山西省电力勘测设计院有限公司调研。

10 月 17 日，华北电力大学牵头研发的海上风电场智能运行控制系统投入工程应用。

10 月 19 日，华北电力大学举行庆祝华北电力大学建校 65 周年捐赠签约仪式。

10 月 28 日，华北电力大学举办建校 65 周年校友院士专家论坛。

11 月 1 日，华北电力大学召开“数字能源与电力装备发展研讨会”。

11月1日，新时代数字化人才培养研讨会在华北电力大学召开。

11月2日，华北电力大学召开“人口轨迹大数据驱动的碳中和城市能源系统人—源—荷—碳互动协同优化技术研究”项目启动会议。

11月3日，华北电力大学举办新型电力系统现代产业学院建设研讨会。

11月3日，华北电力大学与水电水利规划设计总院签署合作协议。

11月3日，校长杨勇平会见内蒙古电力集团董事长闫宏光一行。

11月3日，华北电力大学与电力规划总院签署合作协议。

11月3日，第三届“核电数字化博士生论坛”在华北电力大学举办。

11月22日，杨勇平教授当选中国工程院院士。

12月1日，华北电力大学举行“小米奖助学金”捐赠仪式。

12月8日，华北电力大学国家能源交通融合发展研究院承办世界新能源汽车大会“电动汽车与能源融合”专题论坛。

12月23日，国家重点研发计划项目“煤与光热耦合发电技术研究与工业验证”启动。

12月26日，华北电力大学多项国家级重大项目获批立项。

12月26日，华北电力大学新增10门河北省一流本科课程。

（王振华）

【东北电力大学】

单位概况 东北电力大学坐落在吉林省吉林市。学校是吉林省重点大学，始建于1949年，是中国共产党直接创建的第一所电力工科学校，1958年定名为吉林电力学院，1978年更名为东北电力学院。原隶属电力部、国家电力公司，2000年起，实行“中央与地方共建，以地方管理为主”的管理模式，2005年更名为东北电力大学。2012年东北电力大学入选为国家“中西部高校基础能力建设工程”重点建设高校。

东北电力大学坚持以人才培养、科学研究、社会服务、文化传承与创新和国际交流合作为己任，主动适应国家电力工业和吉林省的经济建设需求，形成了以电力特色为主，多学科交叉融合，较为完整的学科体系。东北电力大学共有15个学院，52个本科专业，涵盖工、理、管、文、法、经、教育、艺术8个学科门类。东北电力大学是博士学位授权单位，具有硕士研究生推免权。现有3个博士后科研流动站，3个博士学位授权一级学科，1个自主设置博士学位授权交叉学科，1个自主设置博士学位授权二级学科，1个博士专业学位授权类别，15个硕士学位授权一级学科，4个自主设置硕士学位授权二级学科，10个硕士专业学位授权类别；工程科学学科进入全球ESI前1%，现拥有吉林省“世界一流学科培育计划”立项建设学科1个；吉林省特色高水平学科9个，其中一流学科4个、优势特色学科4个、新兴交叉学科1个。现有全日制在校生23600余人。

东北电力大学有教职工近1500人，拥有高级职称人员600余人，其中中国工程院院士3人（双聘），国家“万人计划”第一批人选2人，全国杰出专业技术人才3人，“长江学者奖励计划”特聘教授1人，国家级有突出贡献的中青年专家3人，百千万人才工程国家级人选5人，“长江学者奖励计划”青年学者3人，“国家优秀青年科学基金获得者”1人，国务院政府特殊津贴获得者38人，国家级教学名师1人。拥有“教育部长江学者和创新团队发展计划”创新团队2个，国家级教学团队2个，首批“全国高校黄大年式教师教学团队”1个。

东北电力大学坚持教学工作中心地位不动摇，构筑并不断优化创新人才培养体系。现有国家级特色专业5个，国家级一流本科专业建设点13个，国家一流本科课程5门，国家级精品课程4门，国家精品资源共享课4门，国家级实验教学示范中心2个，国家级虚拟仿真实验教学中心1个，吉林省实验教学示范中心10个。近年来，东北电力大学获国家级优秀教学成果奖3项。东北电力大学是国家大学生文化素质教育基地、全国社会体育人才培训和科研基地，首批国家级工程实践教育中心建设单位，“卓越工程师教育培养计划”试点高校，国家级专业技术人员继续教育基地。

东北电力大学始终坚持面向世界科技前沿、面向经济主战场、面向国家重大需求的科技创新方针，提高学术研究水平、科技创新能力。东北电力大学现有国家地方联合工程实验室2个，教育部重点实验室（工程研究中心）2个，国家大学科技园1个，吉林省重大需求协同创新中心5个，吉林省国际科技合作基地1个，吉林省重点实验室、工程研究中心、文科基地等36个。近年来，东北电力大学承担以国家重点研发计划、国家科技重大专项、国家重大科学仪器设备开发专项、国家自然科学基金重点项目为代表的各级各类科研项目3000余项；获国家科技进步二等奖4项，吉林省科学技术特殊贡献奖、吉林省成果转化贡献奖等省部级科技奖励160余项；授权发明专利800余件，为推动科技进步以及电力行业和区域经济建设与发展作出了重要贡献。

东北电力大学先后与美国、日本、英国、俄罗斯、韩国、德国等国家的高校或科研机构开展了多种形式的科技和学术交流。1998年获批培养外国留学生。2000

年，国务院学位办批准东北电力大学与美国犹他州立大学合作举办国际经济与贸易专业本科教育项目。2012 年，教育部批准东北电力大学与英国史萃克莱德大学合作举办电气工程及其自动化专业本科教育项目。2011 年，东北电力大学获批为国家留学基金委青年骨干教师出国研修项目实施院校。2013 年，经教育部批准，东北电力大学成为中国政府奖学金来华留学生接受院校。2023 年，东北电力大学与乌兹别克斯坦撒马尔罕国际工业大学共建“中国电力学院”。

近年来，东北电力大学被授予全国文明单位、全国文明校园、全国厂务公开民主管理先进单位、全国民族团结进步模范集体、全国模范职工之家、“全国毕业生就业典型经验 50 强高校”、吉林省先进基层党组织等荣誉称号。涌现出全国先进工作者、全国优秀科技工作者、全国职工职业道德建设先进个人、全国三八红旗手、全国优秀思想政治工作者等一大批先进教师群体和以全国大学生自强之星标兵等为代表的优秀大学生群体。

“十四五”期间，东北电力大学以办人民满意大学，培养社会主义事业合格建设者和可靠接班人为目标，深入实施“人才强校、质量优先、持续快速、特色发展、开放合作”战略，继续解放思想，与时俱进，开拓创新，为建设特色高水平应用研究型大学而不懈奋斗。

领导班子

党委书记：张静辉

校长：蔡国伟

党委副书记：詹丽萍、李忱

纪委书记：侯奎岩

党委常委、副校长：王庆洲、孙灵芳、唐逸、陈厚合

党委常委、党委宣传部部长：刘辉

党委常委、党委统战部部长、招生就业处处长：许波

党委常委、党委组织部部长：张志文

组织机构

1. 教学单位

电气工程学院、能源与动力工程学院、自动化工程学院、化学工程学院、经济管理学院、建筑工程学院、计算机学院、机械工程学院、理学院、外国语学院、艺术学院、输变电技术学院、马克思主义学院、体育学院。

2. 非教学单位

党政管理部门：党政办公室、机关党委，党委组织部、党校、党委组织员办公室，党委统战部，党委宣传部，纪委（监察专员办公室），党委巡察工作办公室，审计处，党委学生工作部、学生处、心理健康教育与咨询服务中心，教务处、教师教学发展中心、教学质量监控与评价中心，科技产业处、经营性资产管理办公室，人事处、党委教师工作部、人才工作办公室，计划财务处，资产处，招生就业处、学生就业指导服务中心，党委保卫部、保卫处，党委武装部，离退休工作处，校友工作办公室，档案馆，信息化办公室，党委研究生工作部，研究生院、学科建设办公室，国际合作处。

教学辅助单位：继续教育学院、图书馆、学报编辑部、工程训练教学中心、校医院、后勤保障部。

3. 省级及以上科研平台、基地

电力系统安全运行与节能技术国家地方联合工程实验室、多能源互补高效供能管理技术国家地方联合工程实验室、现代电力系统仿真控制与绿色电能新技术教育部重点实验室、油页岩综合利用教育部工程研究中心、中国高等院校龙舟室内科研及训练基地、中国龙舟训练科研基地、能源高效洁净开发利用重大需求协同创新中心、新能源发电利用重大需求协同创新中心、热能利用系统节能重大需求协同创新中心、输变电工程安全技术重大需求协同创新中心、能源电力功能材料开发利用吉林省协同创新中心、吉林省油页岩综合利用工程研究中心、吉林省新能源发电联网运行与控制技术工程研究中心、吉林省节能与测控技术工程实验室、吉林省输电工程安全技术工程实验室、吉林省智能电网信息技术工程实验室、吉林省新能源电网智能化运行与控制工程实验室、吉林省人工智能及能源电力应用工程实验室、吉林省油页岩综合利用科技创新中心、吉林省现代电力系统仿真控制与绿色电能新技术重点实验室、电力基础设施安全评估与灾害防治重点实验室、吉林省智能电网和新能源成果转化平台、吉林省火电机组节能减排工程技术研究中心、吉林省电力大数据智能处理工程技术研究中心、吉林省生物质清洁转化与高值化利用科技创新中心、精密驱动智能控制国际联合研究中心、吉林省陆上风光三峡创新战略研究中心、吉林省现代电力系统仿真控制与绿色电能新技术重点实验室、吉林省油页岩综合利用工程研究中心、吉林省电站水处理技术工程研究中心、吉林省油页岩综合开发利用高端科技创新平台、吉林省电力储能与环保材料重点实验室、吉林省能源互联网信息技术实验室、能源大数据分析及智能计算重点实验室、新能源产业吉林省校企联合技术创新实验室、智慧能源先进控制技术实验室、吉林省新型电力系统联合技术创新实验室、分离纯化环保材料创新实验室（立项培育）、吉林省电力电子产业公共技术研发中心、吉林省金属成型模具产业公共技术研发中心、吉林省服饰文化研究中心、吉林省能源经济发展战略研究中心（智库）、吉林省能源经济研究中心、吉林省高校思想政治工作创新发展中心、吉林省能源发展社

会科学重点领域研究基地、吉林省社会科学重点领域（服装领域）研究基地、低碳大数据和能源发展政策实验室。

4. 省级及以上普通高校实践基地、实验教学示范中心

电气工程实验教学中心、能源动力工程实验教学中心、电力工业生产过程虚拟仿真实验教学中心、电工电子基础实验教学中心、工程训练中心、水质分析与水处理技术实验教学中心、土木工程实验教学中心、能源与动力工程实验教学中心、IT实训实验教学中心、热工自动化实验教学示范中心、艺术类实验教学示范中心、经济管理实验教学中心、物理实验教学中心、数值计算及软件开发实践基地、电气工程创新训练中心、东北电力大学科技园、电气工程创新创业教育实践基地。

党建工作与事业发展 2023年，东北电力大学坚持高举习近平新时代中国特色社会主义思想伟大旗帜，深入贯彻落实党的二十大精神，在学校党委领导下，聚焦“十四五”规划和“一强七高”目标任务，坚持“快速高质量发展”工作要求，踔厉奋发，真抓实干，较好完成年度各项目标任务，推动学校事业发展取得了可喜成绩。

党的建设工作持续深入。扎实开展学习贯彻习近平新时代中国特色社会主义思想主题教育。深化“对标争先”行动，获评全省“党建引领城乡基层治理百强支部”1个、全省高校党建特色品牌1项，通过全省党建示范高校创建验收，1个全国百个研究生样板支部、1个全省党建标杆院系、1个全省党建样板支部通过创建验收。举办基层党建专题培训2期，召开第三届学生党建工作研讨会。学校包保帮扶工作连续7年获评“优秀”等次。

顶层设计持续完善。制定实施《关于贯彻落实习近平总书记在新时代推动东北全面振兴座谈会上的重要讲话精神具体举措》。锚定发展主线，召开“十四五”师资队伍建设工作、学科建设工作、科研工作、本科教育教学工作推进会，出台多项新制度、新措施；实施“课堂教学质量提升年专项行动”“辅导员素质能力提升专项行动”，为“十四五”规划目标任务的如期完成和学校特色高水平应用研究型大学建设提供了有力支撑。

师资队伍建设扎实推进。新增教育部“长江学者奖励计划”青年学者1人，这是东北电力大学近五年入选该项“人才计划”的第4人，东北电力大学自主培养的“长江学者”“青年长江学者”数量和“优青”数量始终稳居省属高校前列。获批吉林省优秀创新创业人才3人。全年引进和培养具有博士学位教师41人，教师队伍博士化率57%。获批控制科学与工程学科博士后科研流动站。

学科建设成效显著。获批“人工智能”自主设置博士学位授权一级交叉学科，“电力经济与管理”自主设置博士学位授权二级学科。较好完成博士、硕士学位授权点专项核验、周期性合格评估工作。获批吉林省研究生精品示范课程8门、课程思政示范课程4门、专业学位研究生教学案例11个。获批吉林省首批卓越工程师产学研协同联合培养项目7项、产教融合研究生联合培养基地2个、博士研究生工作站2个。获评吉林省优秀博士、硕士学位论文25篇。

教学改革与建设持续深化。强化成果培育，获吉林省教学成果奖9项，其中特等奖1项、一等奖1项。深化人才培养模式改革，获批4个吉林省卓越计划2.0建设专业、3个省级卓越人才培养校外实践教学基地。获批国家级一流课程5门，获批吉林省课程思政教学典范案例5项、示范案例13项。教师参加全国高校教师教学创新等竞赛，获国家级奖6项。学生参加全国大学生数学建模等竞赛，获国家级奖25项，其中，在全国大学生数学建模竞赛、全国大学生电子设计竞赛分别斩获国家一等奖2项；在全国大学生节能减排社会实践与科技竞赛中获国家一等奖1项，并获优秀组织奖。继续教育工作有新进展。

科研工作成果丰硕。获批国家自然科学基金项目28项，其中重点项目1项，联合基金项目2项，获批数量居省属高校首位。获吉林省科学技术奖13项，其中一等奖3项，获批省部级一等奖数量创历史新高。“国家大学科技园”获评吉林省优秀（A类）大学科技园。发起成立“吉林省碳中和技术创新联合体”。强化产学研合作，年度科研经费总额创历史新高，在服务行业和吉林全面振兴方面贡献度不断提升。

国际合作交流领域不断拓展。深入贯彻落实习近平总书记关于“一带一路”建设重要倡议精神，在乌兹别克斯坦与撒马尔罕国际工业大学共建“中国电力学院”，拓展了学校国际合作与交流领域，助力提升了我国在中亚地区的影响力。

招生与就业工作持续向好。生源质量稳步提升，在31个省（区、市）录取本科生4781人，其中27个省在本科一批招生，重点线以上录取考生比例达71.2%。完善保就业长效机制，毕业生就业去向落实率稳居省属高校前列。扎实做好留省就业工作，承办并组织学生参加全省统一战线举办的“创业奋斗　就在吉林”宣讲团报告会，东北电力大学留省就业工作连续3年获省委省政府奖励。

学生思想政治教育工作精细高效。获评全国易班优质思政内容建设项目2项，连续4年获评吉林省优秀易班共建高校、优秀易班工作站。获批2024年度全国高校思想政治工作精品项目1项。在“挑战杯”全

国大学生课外学术科技作品竞赛中获全国一等奖 1 项。获评全省高校唯一的“学雷锋活动示范点”。校长奖学金颁奖典礼、新生法治第一课、暖心“研”途巴士等活动被人民日报等媒体报道转载，教育部网站专题报道我校资助育人工作经验做法。心理情景剧《新生》被评为全国高校心理情景剧大赛百佳剧目，1 人获评全国百佳心理委员。

办学条件持续改善。“十四五”重点基建工程综合体育馆、储能技术研究中心大楼、学生第四食堂顺利开工建设。投入资金 3524.85 万元，如期保质完成各类修缮工程项目 35 项。节水节能工作扎实推进，学校获批“吉林省节水型高校典型案例暨节水标杆高校”。学校入选“首批全国健康学校建设单位”“第二批全国急救教育试点高校”。平安校园、智慧校园建设扎实推进。

依法治校工作成效显著，获评“吉林省高校依法治校示范校”。统战、工会、群团、校友、离退休、关工委等工作水平有新提升。

主要事件

2023 年，深入开展“学习贯彻习近平新时代中国特色社会主义思想”主题教育，在以学铸魂、以学增智、以学正风、以学促干方面取得预期成效。

2023 年，深入贯彻落实习近平总书记关于“一带一路”建设重要倡议精神，在乌兹别克斯坦与撒马尔罕国际工业大学共建“中国电力学院”，拓展了东北电力大学国际合作与交流领域，提升了我国在中亚地区的影响力。

2023 年，东北电力大学通过“全省党建示范高校”创建验收，1 个党支部顺利通过“全国百个研究生样板支部”创建验收。获评全省“党建引领城乡基层治理百强支部”1 个、“全省高校党建特色品牌”1 项。

2023 年，在教育部第五轮学科评估中，东北电力大学所有参评学科均实现提档升级。

2023 年，新增教育部“长江学者奖励计划”青年学者 1 人。近年来，东北电力大学自主培养的长江学者、青年长江学者和国家优秀青年科学基金获得者数量始终稳居省属高校前列。

2023 年，新增获批“人工智能”自主设置博士学位授权一级交叉学科，“电力经济与管理”自主设置博士学位授权二级学科。获批控制科学与工程学科博士后科研流动站。

2023 年，获批国家自然科学基金项目 28 项，其中重点项目 2 项，获批数量连续 2 年居省属高校“首位”；荣获吉林省科学技术奖 13 项，其中一等奖 3 项。“国家大学科技园”获评吉林省优秀（A 类）大学科技园。

2023 年，获批国家级一流本科课程 5 门；学生在全国大学生数学建模竞赛中获国家一等奖 2 项；在“挑战杯”全国大学生课外学术科技作品竞赛中获全国一等奖 1 项；在“2023 年全国大学生电子设计竞赛”中获国家级一等奖 2 项。

2023 年，开工建设综合体育馆、储能技术研究中心大楼、学生第四食堂。

2023 年，入选首批“全国健康学校建设单位”“2023 年吉林省高校依法治校示范校”。

（陈国权）

【上海电力大学】

单位概况 杨浦校区位于长阳路 2558 号，浦东校区位于沪城环路 1851 号。2023 年，有杨浦、浦东 2 个校区。设能源与机械工程、环境与化学工程、电气工程、自动化工程、计算机科学与技术、电子与信息工程、经济与管理、数理、外国语、体育、马克思主义、人文艺术、继续教育（国际教育）共 13 个学院。在校本科生、硕士研究生、博士研究生、留学生 14000 余人，在编教职工 1100 余人。

专业与学科建设 推进专业设置调整优化改革，制定《上海电力大学本科专业设置调整优化改革实施方案（2023—2025）》。获批国家级一流本科课程 6 门、上海高校市级重点课程建设项目 19 项、上海高校重点教改项目 2 项；组织申报 13 门上海市一流本科课程；立项建设校级“基于高水平平台的能源电力特色课程”8 门，同时设立“新专业建设专项”。完善思政课课程群，推动习近平总书记在上海的足迹融入思政课教学，善用社会大课堂，开展多样化的实践教学；开展校级课程思政示范项目评选，举办学校第四届课程思政示范活动，推荐 6 门课程申报上海市课程思政示范项目，推荐 8 个案例参加教委组织的“习近平总书记在上海重大实践与视察上海和学校重要论述进课程教材典型案例征集活动”。

完善本科教学质量保障体系，加强校院两级督导队伍建设，制定《上海电力大学本科专业评估实施方案》《上海电力大学本科专业评估指标体系》等系列文件。推进工程教育专业认证。能源与动力工程、测控技术与仪器专业通过中国工程教育认证；机械设计制造及其自动化、机械电子工程专业通过国际 ASIIN 认证。

电气工程学科第五轮学科评估等级得到提升，获批电气工程Ⅲ类高峰学科建设，继续推进动力工程及工程热物理、化学工程与技术学科参与Ⅳ类高峰建设，4 个学科进入软科排名前 1%。

构建研究生“一计划四工程”育人新体系，加入“国家卓越工程师创新研究院（上海）”，筹建“能源电力卓越工程师创新院”，获批“电气工程博士后科研流动站”。研究生教学成果“面向能源革命，能源电力行业特色高校研究生教育产教融合双赢模式创新与实践”首次获得国家教学成果二等奖。加强博士学科学位点的布局建设，获上海市学位点培优培育专项计划；化学工程与技术、动力工程及工程热物理2个拟增学术博士点以及能源动力1个拟增专业博士点申报的关键指标明显提升。

制定《产教融合教学团队评价指标体系》，建立“清洁高效低碳发电产教融合教学团队”“上电—特斯拉现代产业学院产教融合教学团队”等8支产教融合教学团队。举办中国电力联合会产教融合会议；对接临港新片区，获得首批临港新片区产教融合示范基地；建成全球首台特斯拉 Model Y 3D 解构示教平台。新能源汽车微专业正式开出，首批临港五校30余名学生参加学习。

人才培养 学校开展智能选大学、线上精准推广等宣传活动。本科招生共计2939人，硕士研究生招生1390人，博士生招生20人。作为国家研招初试考点单位，精心规范科学高质组织工作，成为上海推广学习的模范考点单位。

学校推进“访企拓岗促就业”，举办11场综合类招聘会、232场宣讲会。精准帮扶重点学生群体，建立“一生一策”就业情况动态追踪机制；通过“订单式”人才培养模式，输送有志于服务国家重点行业、服务艰苦边远地区的应用型人才；依托全国职业规划大赛为抓手，从“以赛促学、以赛促教、以赛促就”的理念出发，引导同学们树立正确的成才观、就业观和择业观；加强就业师资队伍建设，个体职业咨询师团队达42人。2023届本科毕业生去向落实率为97.04%；2023届研究生就业率99.31%，能源电力行业就业人数占比64.92%，专业对口率84.55%。

围绕学习贯彻党的二十大精神，开展系列主题教育活动。打造“一站式”学生社区育人综合体，构建红心“发电站”、远航“输电站”、学业“增程站”、服务“供电站”4个功能空间。全年征兵合计确定45名新兵，其中毕业生占比55.6%。完成第六届进博会志愿者工作，5名同学成功入选上海市大学生志愿服务西部计划。承办2021年度“中国大学生自强之星”奖学金推报活动总结分享会暨2022年度推报活动启动仪式，毛欣宇同学获评2022年度“中国大学生自强之星”奖学金。打造“青春 SUEP”全媒体传播体系、“青年微调研”等品牌栏目。出品团代会、学代会、进博会系列高质量爆款文创，获“2022—2023年度影响力校园新闻专题作品”奖，第七届上海共青团新媒体影响力大赛“乘风破浪新媒体”奖，上海大学生网络文化节摄影类作品三等奖等。在第十八届“挑战杯”全国大学生课外学术科技作品竞赛主体赛中，首次获得全国一等奖1项，另获全国三等奖3项；在黑科技展示活动中，首次获评全国“行星级（二等奖）”作品1项；在红色专项活动中，首次获得全国三等奖2项；在第十八届“挑战杯”上海市大学生课外学术科技作品竞赛中，获上海市特等奖4项，取得我校在“挑战杯”竞赛中的历史最好成绩。在第十六届全国大学生节能减排社会实践与科技竞赛中，获得三等奖2项。在第二十届陈嘉庚杯青少年发明奖（上海）评选活动中，获二等奖1项，三等奖1项，鼓励奖4项，成绩位列上海高校前列。在“协创共学·2023年上海市大学生社区创课大赛”中，两支参赛队伍获潜力创课奖。

推出美育课程思政建设系列举措，制定学生美育评价方案，打磨校园文化精品力作《王孝和》，与临港新片区共建“临港新片区市民文化艺术实践（体验）基地”。开展群体运训工作，被上海市民宗局、上海市体育局批准成为“上海市少数民族传统体育项目——珍珠球项目训练基地”。高水平击剑队夺得女子重剑团体、女子重剑个人两枚金牌等。夺得中国大学生五子棋锦标赛女子组个人冠军，实现学校在该项赛事中历史性的突破。校男子手球队获首届中国大学生五人制手球比赛甲组冠军。用好“五老”资源，开展“党史国史”教育14场，继续开展“读懂中国从电说”第五辑手账卡的编撰活动。申报的5项课题均荣获上海市教育系统关心下一代工作“课题研究成果奖”。

师资队伍 开展“躬耕教坛·强国有我”师德师风建设月活动，完成首批15个教师思政精品项目建设的总结验收。深化细化人才强校战略，组织办好青年人才揽蓄论坛，引进人才入职20人。聚焦能源电力行业企业需求推进师资队伍建设，与上海电力设计院有限公司等多家国内外单位共建教师实习基地。获得29项国家级集体和个人荣誉（含协会类将项），119项上海市级集体和个人荣誉。全年完成10期教师“榜样人物”特刊，开展5个国家一流本科课程教师团队和6个上海市重点创新团队的专题展示，多维度开展全国黄大年式教师团队宣传教育。学校企业编制正式获批，可建立灵活的人员聘用管理机制。落实落细人才梯队建设，形成上海电力大学教师培养与发展指导意见（初稿）。教师、管理人员岗位专项激励工作稳步推进。

科研与产学研合作 获得国家级项目20项，省部级项目30项，教育部人文项目、上海市哲学社会科学规划课题等文科类项目7项，立项外国专家项目6项。立项国家电网公司总部项目4项，国家电网公司项目152项，南方电网公司项目14项，能源电力类项目216项。围绕重燃领域立项了一系列重大产学研合作项目，横向项目立项366项。建设能源电力特色智库，上报31篇智库专报。获批省部级人才计划14项，省部级科技奖和社会科技奖10项。作为第一单位发表论文被

SCIE 收录 524 篇，EI（期刊）收录 652 篇，在 SCI 一区期刊发表论文 133 篇，8 篇论文入选 ESI 论文。以第一单位在 Cell 子刊 iScience 发表论文 1 篇。共出版学术著作 17 部，参与制定技术标准 13 项。

公共服务及对外交流 高校分类评价中终身教育板块在上海市排名第二；继续教育办学特色被推送至《学习强国》平台；“一带一路”培训品牌得到巩固；老年大学学员规模及社会覆盖面增量极为明显。入选上海市教委系统唯一的汽车制造行业职工继续教育高校试点基地（培育）的高校；“上电—特斯拉”合作项目第二批学员培训启动；与华润苏南、云南能投、安徽皖能、四川投资、国能浙江、国投江苏、华电新疆等公司的合作得到了进一步拓展。学校对“太阳能发电技术、风能发电技术、储能技术、分布式能源与冷热电三联产”等四门课程开展“理论与实景（实操）仿真一体化在线课程”的建设，新开设 60 余门电力产业链领域的课程，以及无人机取证、大学生程序员取证、互联网营销师取证、老年人文体类学习等 50 余门非电力类课程。面向毕业生开展“大学生职业技能等级取证培训”，新增申请人工智能训练师、程序设计、区块链等新专业。与施耐德电气（中国）有限公司签订产教融合合作协议，挂牌成立“施耐德电气 ETAP 高级电气工程师软件应用能力认证培训基地”。作为临港新片区教育发展联盟轮值主席单位，成立临港新片区市民文化艺术实践（体验）基地及大中小学思想政治教育一体化实践基地，开展人工智能科普和人文科普夏令营。

构建和扩大校友联络工作网络，在原有 16 个地方校友组织的基础上，新开拓了湖北、海南、山西、内蒙古四省校友联络处筹备工作组，广东省校友之家挂牌成立，贵州省地方校友工作委员会成立，肯尼亚内罗毕和尼日利亚阿布贾两地授牌成立非洲校友之家。学校走访杨浦区、内蒙古鄂尔多斯市等政府，国家电网公司、南方电网公司等企业，华北电力大学、中南大学等高校，有效达成多项校地、校企、校校合作项目。组织参与“亚欧商博会新能源合作推介与圆桌会大会”“全球能源互联网大会”等 7 场国内外研讨会，举办“2023 能源与环境研究进展国际学术会议”及“2023 年先进电气和能源系统国际会议”，学校成为“全球能源互联网大学联盟第三届主席单位”。

新增美国亚利桑那大学、英国诺丁汉大学、匈牙利德布勒森等 9 国 10 所合作高校，共开展 10 个海外学习项目；国际学生新生报到 70 人，完成预定招生指标；获批上海市和国家外专项目 3 项，获批“中美合作办学项目学费”；开展“新青年全球胜任力人才培养计划”项目；做好“一带一路”能源电力桥头堡相关工作，筹划成立“一带一路”国际能源电力专家库；做好“一带一路”沿线国家能源电力高级人才研修班项目，开展第五届“一带一路”国际能源电力商业决策模拟大赛、第二届“一带一路”国际英语演讲大赛等；与中电永新运营有限公司签署合作协议，在越南永新挂牌海外培训实践基地。

校园建设 临港校区三期建设工程可行性研究报告获批复，取得施工许可证并开工建设。项目建设内容为电力科技大楼、学生公寓，总建筑面积 77855m^2。通过竞争获得市教委顶格总投资 80%的专项资金支持，完成杨浦南校区学生公寓（1、2 号）及公共浴室修缮工程。完成临港新校区三期弱电一体化建设规划，完成三期校园网络建设及智慧教室的初步方案的设计；开展数据和信息系统治理，建设完成“上海电力大学数据安全备份管理平台”，获批“上海市网络数据安全风险评估试点单位”，成为代表上海教育系统参加试点的 2 家单位之一。加强校园网络建设，提升智慧校园网络应用环境；完成学校网络安全等级保护建设规划，推进信创改造工作，制定“网站和信息系统信创改造工作计划”。学校申报“以无诈校园为目标的全覆盖沉浸式防范宣传模式”获评上海高校治安安全示范点。完成教委示范校奖补项目建设，相继完成保卫信息库和校园反恐标准化建设，成立临港校区水上安全巡逻队，增强师生消防安全意识。举办上海电力大学第一届大学生安全知识竞赛，承办了上海市第八届大学生安全知识竞赛东片区选拔赛，获得总决赛二等奖，并获得优秀组织奖。

完成临港校区学生公寓“六 T”标准化公寓建设评审，杨浦 6 号公寓、临港 6 号公寓获“五星”评价；打造“舌尖上的上电”品牌餐饮，临港校区食堂通过“六 T”复评，临港一食堂一楼达标食堂升级示范食堂的工作要求，完成二食堂“明厨亮灶 + 互联网”改造，同时通过远程线上监控现场管理，做到 24h 实时监控，确保食品安全生产透明公开。学校获得上海市水效领跑者称号、上海市节约用水科普点荣誉称号，上海市雨水综合利用优秀案例优胜奖。

主要事件

2 月 20 日，中国科协在 2023“科创中国”年度会议上发布了“科创中国”系列榜单。上海电力大学领衔完成的“大型海上风电场智能化高可靠运行与控制关键技术及工程应用”项目入围 2022 年“科创中国”绿色低碳领域先导技术榜，该项目创建了智能化大容量海上风电机组高效高可靠发电技术，构建海上风电机组全动态数字镜像模型，实现海上风电机组的智能化控制。

2 月 25 日，中华全国妇女联合会发布《关于表彰全国三八红旗手标兵、全国三八红旗手、全国三八红旗集体和全国巾帼建功标兵、全国巾帼文明岗、全国巾帼建功先进集体的决定》，能机学院能源与动力工程研究所获评“2022年全国巾帼文明岗”。该研究所底蕴深厚，立足学科基础研究，在能源领域斩获面向产业的突破性成果，培养了华东地区60%发电企业工程师。

6月9日，全球纯电动首个Tesla官方授权的Model Y 3D解构示教平台落地上海电力大学临港校区。以该示教平台为标志，“上海电力大学—特斯拉现代新能源产教融合基地——未来能源创享中心”正式揭牌启用。

7月24日，教育部公布2022年国家级教学成果奖项目名单。学校牵头完成的“面向能源革命，能源电力行业特色高校研究生教育产教融合双赢模式创新与实践”获评二等奖。

8月31日，教育部公布第三批“全国高校黄大年式教师团队”创建示范活动入围名单，上海电力大学电气工程学科教师团队成功入选。

11月，人力资源社会保障部、全国博士后管理委员会下达了《关于批准新设东北师范大学哲学等510个博士后科研流动站的通知》，上海电力大学获批新设电气工程博士后科研流动站，优化了学校学科布局。

11月，临港校区三期建设工程取得建筑工程施工许可证，顺利开工。该项目总建筑面积77855m^2，预计2026年秋季投入使用。

12月，上海市人民政府教育督导室公布2023年上海高校分类评价结果。上海电力大学在17所应用技术型高校中效益评价排名第一，综合评价蝉联第三。

（曹婷婷）

【中共国家电网有限公司党校】

单位概况 中共国家电网有限公司党校（国家电网有限公司领导科学研究院分公司）［简称国网党校（国网领导科研院）］是国家电网公司直属教育培训单位，担负着公司党组管理的领导人员和优秀年轻领导人员的教育培训、领导科学研究、企业党建理论研究和实践探索、党风廉政建设研究的重任。

作为国家电网公司党组的重要部门、党的政治学校，国网党校（国网领导科研院）坚持履行“领导人员党性教育的主阵地、党建理论研究的制高点、服务国家电网公司党组决策的智力库”功能定位，致力培养造就适应国家电网公司高质量发展及战略落地的忠诚干净担当的高素质专业化领导人员队伍，提升企业党建研究、党风廉政建设研究、领导力开发研究、智库研究与实践的核心能力，为国家电网公司党的建设及领导人员队伍建设提供专业服务支撑。

国网党校从属于中央党校国资委分校序列，前身是成立于1980年10月的中央党校中央国家机关分校电力部班；1994年12月，中共电力工业部党校成立；1998年8月，更名为中共国家电力公司党校；2002年12月，更名为中共国家电网公司党校；2009年12月，国家电网管理学院成立，国网党校、国网管理学院、国网高培中心实行一体化管理；2014年1月，国网党校、国网管理学院与国网高培中心分设，独立运作；2020年5月，更名为中共国家电网有限公司党校（国家电网管理学院）；2021年7月，更名为中共国家电网有限公司党校（国家电网有限公司领导科学研究院分公司）。

国网党校（国网领导科研院）坐落在北京市昌平区蟒山南麓，东邻军都山，西邻十三陵水库，校区占地284亩，建筑面积5.7万m^2。设有236间学员公寓，1个最大可同时容纳700人的报告厅，17间会议室、研修室，图书馆、运动场地等服务设施一应俱全，配备专业音、视频、网络及会议设备，领导力测评、数字化校园等各类信息化系统，为广大学员提供优质的学习环境与便利的学习条件。

组织机构 国网党校（国网领导科研院）实行两块牌子、一套人马、一体化运作，下设9个部门。其中：职能部门2个，分别是综合管理部（党委组织部、纪委办公室、巡察办）、财务资产部；业务部门6个，分别是领导力开发研究中心、教务管理部、培训开发部（党校部）、党委党建部（党委宣传部、企业党建研究中心）、党风廉政建设研究中心、党校智库研究中心。支撑部门1个，为后勤保障部。

人力资源 截至2023年底，全口径用工146人。其中：长期职工54人（含领导班子成员），短期职工82人，劳务派遣用工10人。长期职工中，中共党员53人，占比98.15%；平均年龄为39.11岁，35岁及以下人员25人，占比46.30%；研究生学历47人（博士16人），占比87.04%。3名同志分别获评国家电网公司劳动模范、“最美国网人”“青年岗位能手”等荣誉称号。

经营管理 2023年，国网党校（国网领导科研院）工作获得国家电网公司领导批示6次、各单位感谢信17封，得到系统内外的肯定和高度评价。

一流企业党校建设经验受到中央党校大力宣介。全国党校系统最高级别刊物的《党校（行政学院）工作通讯》两次宣介国网党校（国网领导科研院）办学经验，开创了企业党校在该刊发表文章和一家单位年度刊登2篇文章的“两个先例”。

在中青班开学典礼上，国家电网公司主要领导指出，国网党校办学条件、办学质量在央企里都属于一流水平，尤其是近年来坚持党校姓党、旗帜领航，办学体系不断健全完善，为国家电网公司事业发展培养了一批又一批优秀年轻干部，工作值得肯定。

育才献策 聚焦培训主责，深化理论研究，发挥智库作用，提升主业质效。

党组管理领导人员轮训。强化领导班子成员教学带班工作机制，完成10期795人次集中脱产培训，年度培训班次、培训人次及学员满意率创历史新高；建立班委见面会制度，开展2期323人次中央企业高管研修班分课堂培训，督导浙江与四川电力党校分课堂教学，受到国资委分校评估组良好评价和认可。

优秀年轻领导人员培训。深化学思、学研、学讲、学用“四个结合”理念，完成春秋两季中青班242人次培训任务；坚持同质化管理，全程指导上海分校完成公司首期“90后”示范班。制定“质量立校、从严治校”十五条举措，严把预备会议、入学教育、党员大会“三关”，召开中青班支委座谈会、中青班临时党支部建设座谈会，争做“央企党校主体班次标杆示范”。

科研智库品牌建设。首次召开科研智库工作会，编制智库五年发展规划，健全“领导班子带课题 全员参与课题研究”、学员专题研究等机制，编报10期《工作参阅》、3期《视窗》，举办8期高端学术研讨会，编发《能源洞见》宣介新型电力系统等国家电网公司在能源领域的观点和成果。强化对总部相关部门的咨询服务机制。完成27项课题，获国资委分校系统科研工作先进单位、全国组织工作重点课题调研成果优秀奖、中央企业党校智库优秀一等奖等多项荣誉。首次召开系统党校科研成果发布会。

系统党校建设 坚持全局性谋划、整体性推进、协同性发展，发挥对系统党校的业务引领和指导作用。

系统党校工作会议。党校工作会议是国家电网公司系统党校史上的一件大事、一件好事、一件盛事，国网党校扛起筹备重任，成立领导小组、组建5个工作专班，做好党校校长署名文章、会议讲话及相关文件起草工作，确保会议开出质量、凝聚合力、鼓舞斗志，获得系统内外的广泛好评。会后，召开党委扩大会议和贯彻落实座谈会，开展部门主任谈、二级党校常务副校长谈、系统党校负责人交流会等系列活动，研究制订《行动计划》，确保精神领会到位、责任落实到位、行动措施到位。

协同带动效能。制定系统党校年度工作要点，指导完善各层级领导人员培训课程体系，调研指导五大区域工作会议，依托中央党校举办系统党校校长培训班、师资能力提升班，开通高端师资共享直播35次、受众2100余人次，组织第四届“名师名课”赛讲，评选44位名师、44门名课，新成立7个研究分中心，系统党校在国有企业年度教育培训工作评选中共获34项荣誉，一等奖数量及奖项总数均居央企首位。

服务保障能力建设 坚持夯基固本、利在长远，完善基础设施建设，推动管理水平、服务质量和保障能力提质增效。

服务支撑。国网党校（国网领导科研院）全体动员、全体参与、全体行动，完成国家电网公司两会、主题教育专题党课、组工干部专题研讨班等重大服务保障任务，获得国家电网公司领导及参会代表的一致好评。

三期工程。按照《条例》《分校工作规定》关于加强党校基础设施的有关要求，落实国家电网公司党组各项要求，在国网后勤部、华北分部、中兴公司等部门（单位）的支持下，三期工程开工建设，同时抢抓时间节点、加快推进工程进度，为完善校区功能布局、增强重要会议活动保障能力打下基础，得到国家电网公司肯定。

基础管理。健全经济活动分析机制，强化综合计划与预算管理，围绕主业简化报销流程，优化财务管理指标。实现智慧校园便捷服务，数字化赋能落地落实。完成经济责任审计迎审及阶段性问题整改，提升管理效能。开展保密培训及警示教育，巩固保密防线。

后勤服务。召开后勤服务保障工作会议，健全质量管理体系，规范服务标准。加强安全生产管控，全年未发生安全责任事故，“平安校园”建设扎实有效。开展骨干员工专项培训、技能比武，后勤服务质效、保障能力和队伍素质提高。开展室外篮球场、理发室等设施优化改造，为参培学员创造舒适学习生活环境。

党的建设和精神文明建设 全面落实新时代党的建设总要求和新时代党的组织路线，持续提升管党治党水平。

党建价值。党委发挥把方向、管大局、保落实的重要作用，向国家电网公司报送80余份工作专报，确保把国家电网公司党组各项部署落到实处。组织召开党员大会，规范完成党委、纪委换届。落实“旗帜领航·提质登高”行动计划，推动党建工作与教学科研、智库建设、优质服务等工作深度融合。召开民主生活会和组织生活会，增强党组织政治功能和组织功能。开展红色校园主题宣传，制作专题宣传片、举办专题展，筑牢党校宣传阵地。

党风廉政建设。组织召开党风廉政建设和反腐败工作会议，制定实施全面从严治党主体责任、纪检工作年度重点任务，推进政治监督具体化精准化常态化。开展违规吃喝问题专项整治、纪检监察干部队伍教育整顿，组织开展警示教育活动和党风廉政建设约谈。

主题教育。彰显党校特色，深化理论学习、开展专项调研、破解发展难题、抓实检视整改，编发9期《简报》，主题教育成果成效被《学习时报》、人民日报社《党建参阅》和《国家电网报》等媒体推介。

宣传宣讲。牵头组建国家电网公司党的二十大精神“旗帜领航”宣讲团，通过“代表情境讲、名师课堂讲、基层点单讲、偏远网上讲”等形式，开展宣讲500余场、覆盖数十万人次。组织开展赛讲活动，评选12名金牌宣讲员、20名优秀宣讲员，宣讲团获评中宣部“2023年基层理论宣讲先进集体”。

队伍建设。以党委1号文件印发《关于紧紧依靠全体教职工 办好一流企业党校的意见》，建立“女职工小屋”，改善后勤员工住宿餐饮，为职工群众办实事、做好事、解难事。坚持德才兼备、以德为先、任人唯贤，完成2批次7名领导人员调整。开展全员综合素质能力盘点，举办7期综合履职能力培训。

（徐俊波）

【国家电网有限公司领导科学研究院分公司】

见中共国家电网有限公司党校。

【国家电网有限公司高级培训中心】

单位概况 国家电网有限公司高级培训中心（中国共产主义青年团国家电网有限公司团校）（简称国网高培中心）是国家电网公司直属的教育培训单位，承担着国家电网公司高素质、复合型、国际化人才培养的重任。国网高培中心坚持以习近平新时代中国特色社会主义思想为指导，以习近平总书记重要讲话和重要指示批示精神为根本遵循，贯彻国家电网公司党组决策，打造“五合一中心”（现代电网企业的经营管理研习中心、管理实践案例的提炼推广中心、高端智慧与基层实践的链接中心、管理人才的思想政治教育中心、团青英才的孵化中心），走好“四化”（平台化、生态化、数智化、高级化）发展新路子，推进电网企业经营管理教育培训事业高级化，为国家电网高质量发展提供人才保障与智力支持。

国网高培中心以培养符合公司发展要求的高素质干部队伍和专业化人才队伍为宗旨，加强培训教学研究，开展电网企业课程建设，形成了门类齐全、特色鲜明、科学高效的培训课程体系。多次荣获“国家电网公司文明单位”“首都文明单位”“人才发展协会（ATD）卓越实践奖”“国际绩效改进协会（ISPI）绩效改进卓越奖”等多项荣誉。

国网高培中心前身为北京电力管理干部学院、中共电力工业部党校；2000年5月，国家电力公司高级培训中心成立；2002年12月更名为国家电网公司高级培训中心；2019年4月公司发文设立国网大学并挂牌国网团校。2021年7月，国家电网公司发文将单位更名为国家电网有限公司高级培训中心（中国共产主义青年团国家电网有限公司团校）。

国网高培中心位于北京市海淀区清河，毗邻北京大学、清华大学等知名高等学府和上地信息产业开发区，占地86亩，建筑面积约7万m^2。国网高培中心设备完善、设施先进，拥有配套的教学楼、学员公寓、餐厅和活动场所等，建有图书馆、演播教室、教学研究实验室、教学机房、一体化电化教学、课堂直播点播、电视电话会议、安保监控等系统。围绕培训数字化驱动人才发展数字化，建成了覆盖“全员、全层级、全业务、全生命周期”的“云课堂”。打造线上线下相结合的培训模式，满足全终端、全场景、多用户、跨国界的学习服务。构建培训生态，满足专业部门、各单位个性化、特色化培训需求，对接外部优质高端平台，实现培训资源共享互济。

国网高培中心利用地处首都的地理和人才优势，建立了一支由国际知名研究机构专家、知名高校教授、国家电网公司系统外企业高管、国家电网公司系统内高端师资等组成的具有较高专业理论造诣以及丰富教学和实战经验的一流师资队伍，为教学培训质量的提升提供了坚强保障。

组织机构 国网高培中心下设综合管理处（党委办公室、人事处）、教务管理处、教学研究处、教学培训处、信息技术处、国际交流合作处、案例开发中心、党委党建处（党委宣传处、纪委办公室、合规审计处、巡察办、团校工作处）、财务资产处、后勤保障处10个部门。

人力资源 截至2023年底，国网高培中心共有员工330人。其中：长期职工72人（含领导班子6人）；短期职工220人；劳务派遣38人。长期职工中，高级职称37人（正高级12人），中级职称20人，初级及以下13人，高级工1人；研究生学历62人（博士11人，硕士51人），本科及以下学历10人。平均年龄37岁。

2023年，提拔重用80后中层干部3人，3名员工通过国家电网总部公开竞聘。至2023年底，高培中心70后、80后、90后中层干部占比分别为29%、57%和7%，硕博士员工占比超90%，高级职称员工占比超40%，国家电网公司劳动模范占比近10%，干部人才队伍的学历、经历、专业、年龄结构持续优化，战斗力持续提升。

经营管理 2023年，国网高培中心高质量完成总部培训计划，全年累计实施项目481个，项目总收入约1.34亿元，营收同比提升20%。其中线下项目331个，培训量13.42万人天；线上项目150个，培训量34.74万人天。培训质量满意率99.28%，综合服务满意率98.95%，均高于96.5%的考核指标。

搭建“突出对象职位、聚焦履职能力”的培训项目体系，围绕经营管理、思想政治教育、团青英才孵化三大模块，进行职位分析，建设分类分级培养体系。提出线上线下相融合的培训管理流程和实施方案，形成具有国网特色的绩效改进项目方案和实践试点。首次与北京石油管理干部学院联合办学，为平台化培训合作开展积极尝试。发挥“高培讲坛”高端讲学平台作用，特色化打造“经济学管理学名家讲坛、科技前沿名家讲坛、形势任务教育名家讲坛”3 个子品牌。《构建乡村振兴线上培训体系，支持乡村干部队伍建设》获国资委央企十大优秀案例，入选《中央企业助力乡村振兴蓝皮书》。“国家电网公司营销专业人才发展项目”获得国际绩效改进协会（ISPI）2023 年绩效改进最佳实践奖。

教学研究 经营管理。聚焦经理人履职能力建设，优化地市公司党政主要负责人、大型县公司总经理培训方案。提高案例式、研讨式教学比例，发挥高端和基层链接中心的作用，打磨“带来问题”研讨与分享活动。

重点项目。策划总部处室负责人、总部新任职处室负责人、总部职员、省公司和直属单位青年干部等重点培训项目。强化训前需求调研，提升课程与需求的精准匹配度，优化培训方案、师资选配和教学组织，提升培训供给质量。

战略宣贯。做好国家电网公司党组决策部署宣贯，围绕高质量发展、电力保供、能源转型等重点工作，策划上线公司 2023 年两会精神等公开班。开发系列宣贯课程，支撑总部承办新型电力系统技术创新联盟大讲堂。

课程师资。学习借鉴干部教育院校、知名商学院课程分类，修订完善“电网企业经营管理理论与实务”等六大模块课程分类。围绕经营管理等模块，加大课程、师资开发力度。开发贯彻落实习近平总书记考察南瑞集团重要指示精神等课件，全年新增线上课程635 门、线下课程 477 门，新开发储备师资 300 余位。

成果转化。“新时代新征程国家电网公司改革发展若干重大问题深化研究”荣获国家电网公司软科学成果奖一等奖，“中央企业青年人才培养数字赋能实践”荣获国家电网公司软科学成果奖三等奖。策划举办电力保供、能源转型与高质量发展教学研讨会，组织专家建言献策。组织完成 6 项企业技术标准制修订。参与编制的国际标准《远程与数字学习服务案例研究》通过国际大会投票，进入发布阶段。

教学培训 聚焦高质量培训，打造品牌标杆。坚持以习近平新时代中国特色社会主义思想为指导，把学习贯彻党的二十大精神作为各级各类培训班的必修课，推动党的二十大精神进教材、进课堂、进头脑。培训精准划分职位条线、精准聚焦履职能力。将博士班、青干班、青马班、地市班等重点班次打造为教育培训精品项目，优化师资力量和课程配置，开展培训创新实践，运用多元化教学组织方式，为基层电网企业高质量发展有效赋能，为兄弟单位交流分享工作经验搭建平台，为国家电网公司高质量发展提供人才保障和智力支持。

强化培训产出，加强结果应用。依托重要培训项目，萃取培训成果。累计完成学习心得、复盘报告、班刊、党性分析报告等学习成果 3290 份；围绕国家电网公司战略、国家电网公司党组重大决策部署和重点工作任务完成研究成果 147 份；收集学员所在单位经营生产管理方面的经验做法和案例成果 712 份。培训成果反馈主办方和送培单位，推动高层智慧与基层实践链接，推动个体经验上升为组织智慧，推动培训成果在基层的推广应用。

落实“三严”要求，加强教风学风建设。坚持严以治校、严以治教、严以治学。规范师资管理，加强对师资全过程动态跟踪监督，组织签订《教师授课规范承诺书》，落实“双听课”制度，确保教师授课政治安全。加强班主任团队解决突发问题，应对复杂情况的能力。加强学员考勤管理、课堂纪律管理和安全管理。落实中央八项规定精神，加强作风建设，深化校友建设。

数字化建设 服务国家电网公司数字化工作宣贯，助力专业干部人才培养。支撑国家电网公司开展新型电力系统技术创新联盟大讲堂直播活动，邀请来自中科院、清华大学专家学者开展数字化转型等讲座 3 次。在国网数字化部指导下，实施“国家电网公司 2023 年网络安全高端培训班”“国家电网公司 2023 年数字化示范宣贯培训班”等 4 个培训项目，开发“数字化转型助力电力行业高质量、可持续发展”等网络培训资源 23 门，累计超 18 万人次学习。

推进教育培训数字赋能。围绕教培资源、校园服务、培训业务、培训运营等方面，探索数字化转型路线，一体化推进数字化建设工作。迭代升级“云课堂”，完善学员线上、线下参培服务功能，提升学员培训体验。完善线上培训项目组织、课程和师资管理，提升培训组织效率。建设培训学习资源和培训方案智能推荐应用。开发培训报名和项目归档 RPA 机器人，助力培训组织实施效率提升。

提升服务保障水平。推进教室数字化改造，以数字化硬件提升教学活动体验，支撑线上线下相结合教学方式。完善直播点播服务，升级设备，形成场景化解决方案。以直播方式开展项目 11 个、50 期，支持国家电网公司新型电力系统技术创新联盟大讲堂、绿链直播间等系列直播活动。强化网络安全防护，贯彻国家网络安全宣传周、国家电网公司“安全生产月”等工作要求，面向国网高培中心员工及在校参培学员开展安全宣教活动，提升全员网络安全意识。完成通信网络、信息机房安全管理设备设施升级，提升网络安全技防能力，全年未发生重大网络安全事件。

国际交流 聚焦对外交流合作，全力提升行业影响。创新办学合作，在国网国际部指导下，与商务部国际商务官员研修学院联合举办中巴智慧城市建设研修班，向33位巴西司处级官员分享国网先进经验。

聚焦国际化人才培养，打造高级化培训产品。围绕国家电网公司国际业务发展，完成国家电网公司驻外机构负责人培训、驻外办事处人员培训、新选派驻外人员培训、境外安全风险防范培训、驻外党员轮训等系列国际化项目。开展巴基斯坦国调中心高压直流调度培训，策划中国电力史、典型换流站等交流活动，相关实践获得人民日报海外网、新华社客户端等多家主流媒体报道。

聚焦培训能力提升，深化课题研究。开展“基于新发展格局的国家电网公司国际化人才培养研究”课题，受邀在《培训》杂志发表相关文章。研究“国网青年外交在服务‘一带一路’中的价值作用及实现路径研究”课题，挖掘提炼国网青年在对外交流中的优秀实践、发挥的重要作用，为打造“讲好国网故事”叙事体系贡献力量。

聚焦服务总部部门，提供坚强支撑。服务国际部汇编国际组织机制核心信息摘要，全年完成223篇信息9.34万字，获得各方好评。完善“国网学堂”国际商务专区、“云课堂”国际专区建设，开发“国际化培训架起‘一带一路’连心桥”微视频、微案例，开发国际化培训精品课程289门、常用师资123位，全年更新国际动态122篇，优化丰富学习资源。

案例开发 国网高培中心2023年新开发案例1125篇，案例库新增案例401篇，收录精品案例2375篇。

围绕国家电网公司高质量发展，开发新型电力系统、电力保供与能源转型等主题案例，并邀请国网华东分部、国网天津电力等单位相关领域专家分享优秀做法和典型经验。协助国网体改办、后勤部开发“世界一流企业管理”“后勤安全管理”文本案例，编印案例集。联合国网社保中心开发社会保障案例140篇，精选10篇开发动画案例微课。依托《国家电网工作动态（交流专刊）》，开发电网环保、迎峰度夏电网安全管控等7个专题视频案例并部署云课堂。

以内部试讲、员工轮讲的形式，保证自有案例课程的生命力，提升员工案例授课水平。2023年累计在国网高培中心重点项目及省公司培训中心讲授案例课程11次，满意率均为100%。深度参与重点培训项目案例分享等教学活动，为推动各类案例教学活动向体系化、学理化方向迈进积累经验。

组织撰写《怎样当好新时代国有企业经营管理者》。联合国网江苏电力开发的党建案例荣获中国大连高级经理学院评选的“2023年上半年建设世界一流企业十佳百优案例”。应邀赴国家教育行政学院、中国银行、国网冀北电力、国网新疆电力等培训机构及企业分享案例开发、案例库建设经验。

发挥省公司“案例研究基地”作用，与国网江苏电力共商案例库建设需求，推进案例工作实践向外推广。迭代优化“云课堂”案例库建设，完成案例资源管理系统雏形搭建。完成国家电网公司案例开发标准修订，通过国家电网公司专业评审。

安全管理 安全工作组织领导。定期召开安委会和专题会议，部署安全生产重点任务，制定印发具体工作措施，推进安全生产各项工作实施。修订领导班子成员安全生产“两个清单”和全员安全责任清单，逐级拧紧全员知责、明责、履责的链条。

院区安全管理。常态化开展各专项隐患排查治理行动，围绕自检自查、学员反馈、数据分析等，滚动更新隐患清单，将隐患整改与技改大修、日常维修统筹考虑，确保管理闭环。

施工现场全过程安全管理。发挥专业保证体系和监督体系共同作用，形成反违章工作合力，确保各技改大修和零星维修项目实施。

消防安全管理。定期开展烟感喷淋等消防设备设施检测和消防联动测试，实施消火栓维修等，提高院区消防设备设施健康运行水平。通过海淀消防局“双随机”检查。

极端天气预报预警、防汛值班和巡视巡查机制。常态化开展安全事故学习反思活动和应急能力实操培训，提高员工风险辨识意识和应急处置能力。完成国家电网公司应急预案评估检查组迎检工作。

支撑国家电网公司安全重点工作。协助国网安监部完成国家电网公司总部员工“安全生产月”线上专题培训、2023年“一把手”讲安全课线上评审。

党的建设和精神文明建设 学习贯彻习近平新时代中国特色社会主义思想主题教育成效显著。召开主题教育部署会，制定印发实施方案，一体推进主题教育4项重点措施、3个专项行动。开展36次“第一议题”学习、13次中心组学习，形成调研成果18项、破难题清单10项、办实事清单20项，主题教育的做法被国家电网公司简报刊发5次，被职工评价为“好”。学习打头、调研探路、上海取经，在思悟践行中把主题教育总要求落实到高培中心差异化特色化高质量发展上，把党的创新理论和党的二十大精神落实到以经营管理教培事业高级化助力电网企业经营管理运营现代化上，把党组赋予高培中心“摇篮、高地、基地”的宏观战略定位转化到打造“五合一中心”、走好“四化”发展新路子上，并通过一系列交流、研讨、座谈、宣贯，初步凝聚起以“五四方针”推进中心高质量发展的共识。

党的建设。深化“旗帜领航”党建工程，创新开展“一支部一品牌”创建，开展“人人讲党课、讲党史故事、讲原著原文”“党的创新理论你问我答”“建党精神大家讲”“党建+业务知享会”等活动。深化“党建+”七大工程，创建6个党员示范岗、14个党员责任区，形成“党委坚强、支部过硬、党员优秀”良好党建生态。发挥共产党员服务队示范性，为学员发放主题教育、党的二十大精神等微教材。品牌建设实践5次纳入国家电网公司宣传工作月报，获“国家电网好新闻”三等奖。开展后勤“业校”、读书沙龙、健步走等活动。1个团队、2人获“出彩国网人”称号，1人获国家电网公司“青年岗位能手”称号，3人获国网高培中心“电力工匠”称号。

全面从严治党。制定落实全面从严治党主体责任重点任务，成立党风廉政建设监督员队伍，党委会专题研究党风廉政建设议题7项。坚持严的基调，凝聚政治监督、日常监督、法律监督、财务监督合力，深化巡视审计成果应用。开展分层分类廉政约谈，动态更新中层干部廉政档案。落实中央八项规定精神，打好节前提醒、节中检查、节后报告“组合拳”，开展违规吃喝问题专项整治，开展学员聚餐饮酒专项监督，严肃查处“四风”问题。加强新时代廉洁文化建设，汇编《年轻干部违规违纪警示案例》，在国家电网公司总部处室负责人培训等培训班设置廉洁从业教育课程，组织学员赴廉政基地学习，配合驻国家电网公司纪检监察组建好用好纪检监察学习专区。

【国家电网有限公司技术学院分公司】

单位概况 国家电网有限公司技术学院分公司（简称国网技术学院）成立于2008年12月30日。2011年12月31日，根据国家电网公司党组决定，国网技术学院与山东省电力学校合并，实施一体化运作；2012年8月30日，国网技术学院设立成都、长春、西安三所分院；2014年7月10日，国网技术学院设立苏州分院；2017年1月20日，国网技术学院设立郑州分院，确立“资源共享、优势互补、分工明确、协调发展”的集约化大培训体系。2018年12月21日，国网技术学院完成转企改制工作。

国网技术学院主要承担国家电网公司新入职员工培训、高层次技术技能人才培训、紧缺人才培训、国际化培训、技能等级评价和职业教育，运营管理国网学堂，是国家电网公司技术技能人才培养基地、全产业链培训服务平台、国际合作交流平台、职业教育发展研究中心、技能等级评价指导中心、网络学习服务中心（“一基地、两平台、三中心”）。国网技术学院占地1608.4亩，建筑面积45.27万m^2，拥有覆盖电网主要专业各类实训室（场）246个（间）、实训工位7240个，餐位数8390个，床位数11618个。年培训能力达200万人天。

人力资源 截至2023年底，国网技术学院共有职工612人。其中：专职培训师265人，硕士以上学历267人，副高级以上职称326人，各级各类人才55人，109人获得ATD（全球人才发展协会）国际培训大师资格。完善人才工作机制，畅通员工发展通道，实施“高端引领、名师培育、青年人才托举”三大工程，深化教师“五力”（项目开发能力、教学实施能力、语言应用能力、思想引导能力、现场实践能力）评价及现场锻炼，评聘专家人才23人，选拔青年托举人才18人、学院电力工匠7人。

部署落地 学习贯彻习近平新时代中国特色社会主义思想，动态完善学院贯彻落实党中央重大决策部署和习近平总书记重要指示批示精神工作台账，开展国企深化改革回头看、价值创造行动，获评“国企深化改革实践活动特等奖”。落实习近平总书记关于共建“一带一路”倡议的重要论述精神，连续6年实施“一带一路”电力能源高管研讨项目并获得中央主流媒体报道。贯彻党中央决策部署和国家电网公司党组工作要求，落实“新八级工”制度，首次开展国家电网公司系统首席技师、特级技师评审，激发技能人才创新活力。在人民日报、新华社、电网头条等媒体刊发报道78篇。

安全稳定 注重源头管控、强化系统治理，健全“大安全”体系。构建安全文化宣贯体系，承担国家电网公司安全文化建设文创作品征集评选活动，宣讲国家电网公司安全文化价值体系，推动安全文化落地生根、入脑入心。构建安全工作责任体系，发布国网技术学院领导班子成员“两个清单”，修订全员岗位安全责任清单。构建安全风险管控体系，深化风险分级管控和隐患排查治理“双重预防机制”，开展安全隐患排查治理，强化过程督办、闭环管理，构建“四级安全联防”工作体系和“学管团队+学员自治”管理模式。构建安全监督问责体系。聚焦“十大业务领域”，运用“四不两直”“视频监控+现场督查”等方式开展监督检查。完成重大活动期间网络安全保障。执行安全生产“一票否决制”，强化重点领域监督问责，防范各类安全事故。

教育培训 举办各类培训班429期，培训51.8万人，培训量270.42万人天；承办国家电网公司竞赛调考8项，年度培训计划完成率100%，培训质量及服务满意率97.66%。完成职业教育授课10.4万学时，输送毕业生1245人，就业率96.31%，位居全省高校第二名。

培训工作。推进以规模为特征的外延式发展转变为以结构、质量、效益为特征的内涵式发展，优化培训模式，开发应用安全培训教材，将企业文化、安全理念贯穿培训教学全流程，深化“国情、企情、网情”课堂融入，联合各送培单位举办新员工安全知识竞赛，打造新员工“宽口径”培训新模式。展示国家电网公司新技术、新标准、新工艺，形成中高端技术技能培训新业态，首次开展 1000kV 特高压交流带电作业培训。开展“工匠精神赋能”行动，首次举办电力工匠研修班，邀请“时代楷模”、大国工匠举办专题讲堂 28 期，劳模工匠展厅学习人数突破 7 万人次。

教学工作。瞄准“双高”建设核心指标，深化职教改革，电专录取分数首次全部超过本科线。上线山东电专二期平台，承办春季高考技能测试，荣获国家级教学成果奖 3 项、电力行业教育培训成果奖 12 项，挂牌山东电力“校企共建实训基地”，当选山东省“新能源产教融合共同体副理事长单位”，建成国家级教学资源库 1 个，新入选山东省高水平专业群 1 个，学生竞赛荣获国家级奖项 18 项、省部级奖项 20 项，优化发布 5 项 X 证书考核管理制度，开发应用证书培训考核系统，修编题库 4.3 万道，完成 39 个考点 5335 人证书考核。

网络学习服务工作。强化业务融合及数据贯通，深化教育培训统一数据模型应用，上线“国网学堂 2.0”培训管理等 9 个功能模块，改版电网运行等 4 个专业专区，与 16 家单位共建个性化品牌省直专区，国网学堂线上培训突破 3 亿学时。开展“人一岗一课”智慧匹配链、知识币试点、岗位练兵等特色活动。开发 2.02 万个课件、833 本教材、408 个案例等网络资源。年度登录 3698.05 万人次，在线培训 7676.62 万学时。承办工信部元宇宙年会，当选“工业元宇宙协同发展组织理事长单位”，获评“中国企业标杆学习平台最佳价值创造实践奖”。

国际化工作。围绕国家电网公司国际化业务布局，承办国家电网公司“一带一路”国际化“风采大赛”，策划实施中非第二期能力建设培训项目、中巴经济走廊人才培养项目、中阿 2023 年智能电网项目培训班，赴南非开展技术培训及调研交流，派员参加印尼高级智能计量系统项目，代表国家电网公司加入“鲁班工坊”建设联盟，参加全球能源互联网大会、丝绸之路大学联盟论坛和 ATD 论坛。

科技创新工作。参与国家电网公司重大科技攻关，编制 2 项总部科技项目指南并实现立项，派员参与 2 项十大战略课题研究。完成 3 项国家电网公司科技项目、19 项国网技术学院科技项目、22 项群众创新项目结题验收，深化 4 项“揭榜挂帅”项目研发，开发国家电网公司技术标准宣贯课程 109 项，开展“SGTC－TED”交流活动 28 场，发表核心期刊论文 15 篇，申请授权专利 49 项，荣获国家级 QC 奖项 6 项、行业级 4 项，省部级以上科技成果奖励 4 项。

经营管理 完成省管产业确权阶段工商变更、国有产权登记及并表并账。首次打通分公司属性资金拨付渠道，建立健全以安全、质量、贡献为导向的绩效考核机制，推行“宽带”岗级薪酬体系。完善培训班项目管理模式，完成省发展改革委教育成本监审，调增职业教育学费。开展“合规管理提升年”行动，配合完成国家电网公司合规管理体系有效性评价及督导检查，优化合规风险库 162 项。配合国家电网公司经济责任审计，按程序处置违规经营投资问题线索，推动问题整改落实。新建济南校区中央厨房，改造济南和泰安校区学员公寓楼，推进“数智学院”建设，升级实训室网络考试竞赛环境，获评省教育厅数字化赋能典型案例。

党的建设和精神文明建设 贯彻习近平总书记关于党的建设的重要思想，以政治建设为统领，以融入融合为抓手，推动党建工作高质量发展。

党建工作。通过专题读书班等形式创新开展主题教育学习 92 次、专题党课 49 次。编发主题教育简报信息 5 期，在“学习强国”等平台刊发动态 7 次，中央主题教育官网、人民网专题报道特色实践。开展党委会“第一议题”学习 29 次、党委理论学习中心组学习 13 次，开展基层党支部党建调研，督促落实“旗帜领航”党建工程重点任务，加强标准化规范化管理。创新开展“亮旗登高 • 赋能提升”专项行动，组建项目建设临时党支部和党员突击队，推动党建与业务融入融合。举办党建“大讲堂”、党务干部培训班，打造 14 门党建优秀课程，建成 2 个党建示范点，荣获全省机关党建优秀研究成果等 3 个奖项。

党风廉政建设。完善“三重一大”决策实施办法，印发国网技术学院党委巡察工作规划，修订贯彻落实中央八项规定精神实施办法，完善三级廉洁风险防控清单，开展违规吃喝专项整治和违规经商办企业自查自纠，健全“大监督”格局。深化新时代廉洁文化建设，运用“第一种形态”处置问题线索，开展纪检干部教育整顿，营造干事干净良好氛围。

群团工作。实施青年精神素养提升工程和青年创新创效行动，成立泰安校区团委，分层分类开展团员和青年主题教育，夯实共青团基层基础。落实关心关爱职工 15 件实事，评选表彰学院首届劳动模范，丰富文体活动，争取政策，调增食堂经费、取暖补助，设立职工供养直系亲属医疗补助项目。建立全面系统的舆情防控体系，筑牢意识形态防线。做好统战、保密、信访、档案、双联共建、离退休等工作。学院 11 个集体和个人获上级党组织表彰（国家电网公司先进集体、工人先锋号、最美国网人、技术能手各 1 个；省直机关创建模范机关先进集体、“双联共建”先进党组织、先进基层党组织、优秀共产党员、优秀党务工作者各 1 名；省教育系统共产党员先锋岗 1 个、党务工作先锋 1 名）。

（李天航）

【中共中国南方电网有限责任公司党校】

单位概况 中共中国南方电网有限责任公司党校（简称南网党校）成立于2011年4月，以“三块牌子，一套人马”模式开始运作（中共中国南方电网有限责任公司党校、中国南方电网有限责任公司干部学院、中国南方电网有限责任公司教育培训评价中心），按分公司管理，并以“中国南方电网有限责任公司教育培训评价中心”进行工商税务登记。2018年5月，按照南方电网公司培训机构改革部署，中国南方电网有限责任公司教育培训评价中心更名为中国南方电网有限责任公司培训与评价中心。2018年6月，南方电网公司成立新时代国有企业党的建设研究中心，研究中心办公室设在南网培训中心，同时南方电网公司党建思想政治工作研究会秘书处职能划入南网培训中心。2020年8月，按照南方电网公司党组加大“管理教育”力度和突出资源整合等要求，将原干部学院更名为领导力学院，南网党校、南网领导力学院、南网培训中心实施“三位一体”的管理模式，加挂南网工匠大学牌子。2021年10月，南方电网公司调整党建研究有关工作机构，明确南网党校是南方电网公司党建研究工作的执行机构和支撑平台，直接承担南方电网公司党建研究中心工作职责，发挥公司党建智库作用。2023年8月，中国南方电网有限责任公司培训与评价中心更名为中国南方电网有限责任公司人才发展中心（简称南网人才发展中心），中国南方电网有限责任公司领导力学院更名为中国南方电网有限责任公司领导力研修院（简称南网领导力研修院），中国南方电网有限责任公司工匠大学更名为中国南方电网有限责任公司工匠研习院（简称南网工匠研习院）。

南网党校主要负责培训南方电网公司党员领导干部，开展党的理论教育和党性教育，承担南方电网公司党组管理干部、优秀年轻干部及南方电网公司总部三级正、副干部的培训组织工作；负责党建研究、资政、教学，建设新时代国有企业党的建设研究中心。南网人才发展中心作为南方电网公司人才强企战略落地的重要抓手和南方电网公司高层次人才的培训与评价平台，主要负责落实国家和南方电网公司各项人才政策，开展人才强企战略举措研究、高层次人才发展规划。南网领导力研修院作为南方电网公司干部培养的最高学府，主要负责聚焦公司战略发展、经营管理需要，开展管理教育研究、领导力发展体系建设、领导力模型研究与应用、领导力测评产品开发与。南网工匠研习院作为南方电网公司高层次技术技能人才的培训与评价平台，主要负责建立完善具有南方电网特色、行业一流水平的技术技能人才培训评价实施体系，输出技术技能培训管理经验和评价标准，聚焦一线员工核心能力提升，开展新技术、新技能培训，培养高精尖缺人才、高技能人才、技术技能骨干内训师。

领导班子

1. 南网党校

校长：刘启宏（兼）

常务副校长：花恒一

副校长：郑立春、王基巩、游林辉

2. 南网领导研修院

院长：花恒一

副院长：郑立春、王基巩、游林辉

3. 南网人才发展中心

党委书记：花恒一

党委副书记：郑立春

党委委员：王基巩、游林辉

纪委书记：张辉（自2023年10月）

中心主任：花恒一

中心副主任：郑立春、王基巩、游林辉

工会主席：郑立春

一级职员：郑立春

组织机构 2023年南网党校组织机构调整具体情况如下：9月，根据南网党校改革后机构功能定位和主要职责，按“综合管理+业务团队”的模式调整组织机构，组建人才发展管理部、党建研究中心办公室（内刊编辑部）、干部教研培训部、技术技能教研培训部、基地保障部等5个部门；撤销教务部、培训部、党建教研部、领导力教研部等4个部门；调整办公室（党委办公室）有关职责。组织人事部（纪委办公室）更名为党建人事部（纪委办公室），网络部更名为数字化部，人才评价部更名为评价部。

至2023年末，南网党校设办公室（党委办公室）、党建人事部（纪委办公室）、人才发展管理部、党建研究中心办公室（内刊编辑部）、干部教研培训部、技术技能教研培训部、数字化部、评价部、基地保障部。

人员状况 南网党校（南网人才发展中心、领导力研修院、工匠研习院）人员总编制（劳动合同制）85人。至2023年底，有劳动合同制员工63人（包括南方电网公司出资企业专职监事1人），中共党员63人，占比100%；中层干部14人（其中三级正6人、三级副8人），平均年龄44岁（其中三级正44.2岁、三级副43.9岁），具有大学本科及以上学历占比100%（其中硕士研究生学历占比35.7%），具有高级及以上专业技术资格占比71.4%；主管43人，平均年龄39.2岁，具有大学本科及以上学历占比100%（其中研究生学历占比60.5%），具有高级及以上专业技术资格占比51%。

年度工作 2023年，南网党校贯彻落实南方电网公司党组重视和加强党校建设的部署要求，实施建校以来范围最广、力度最大、影响深远的全面改革，推动体制机制、业务体系、管理模式和员工队伍全方位变革、系统性重塑。全年完成集中培训班 171 班次，培训量 63105.5 人天，同比增长 26.57%，其中干部类培训 56 班次，培训量 31193.5 人天；技术技能类培训 115 班次，培训量 31912 人天，实施网络培训班 20 班次，网络培训量 12.9 万人次。整体培训满意度 9.89 分，创历史新高，2023 年中青班（秋季）首次实现满意度 10 分（满分）。南网党校被评为中央党校国资委分校 2022 年度分校班优秀组织单位，年内 2 次受邀在中央党校国资委分校系统工作会议和国资央企党校高质量发展座谈会作专题发言。加强对外交流合作，与中国人民大学、中国大连高级经理学院、深圳改革开放干部学院建立紧密的学术合作关系。

理论教育和党性教育 2023 年，南网党校连续 12 年举办纳入中央党校教学序列的中青年干部培训班，完成学习贯彻党的二十大精神集中轮训班 10 期，轮训学员 1097 人，联动 11 家分子公司培训党员干部 3800 余名。组织习近平新时代中国特色社会主义思想中央企业高管研修班 2 期，轮训南方电网公司党组管理干部 274 人。协同南方电网公司党建部首次对二级单位专职党委副书记开展专题培训。完成“不忘初心、牢记使命”理想信念教育精品线路建设，推出“百年薪火”“百年风华”“百年奋斗”三条精品线路，推动广州电力展示馆、超高压科学家精神教育基地入选央企党校党性教育现场教学基地。连续三年承办迪庆州党政干部专题培训班，共计七批次 223 名党政干部参加培训，受到迪庆州委州政府高度评价，相关工作获国务院国资委《中央企业社会责任（援扶工作专刊）》报道。

管理教育 2023 年，南网领导力研修院立足自主研究策划，集中攻关完成南方电网公司管理教育的总体思路、整体方案、项目体系和系统方法设计。基于南方电网公司干部教育培训体系构建了 5A 管理教育体系[1]，建立“经典理论＋先进案例＋南网实践”教学内容框架，形成长期班、研修班、网络班三类项目梯次衔接的班次设置，针对性提供现代管理知识“学习地图”，提升干部解决企业管理实践问题、领导现代化建设的能力，穿上“现代管理的鞋子”。形成覆盖四个层级（党组管理干部、三级正副干部、四级正副干部、基层一线直线经理）和三个发展阶段（新任期、履职期、提升期）的培训内容规范和项目矩阵。2023 年 6 月，发布南方电网公司《管理教育研修班典型教学方案》。自主策划实施南方电网公司党组管理干部管理教育研修班、中高级管理人员长周期管理教育（EMT）培训班、管理教育专题研修班和新任三级正（副）干部能力提升培训班。把“双碳”作为干部教育培训体系的重要内容，设置系列前沿课程，举办“双碳”专题研讨班，策划推出双碳学堂。

技术技能培训 2023 年，南网工匠研习院实体化运作。年内组建变电检修、继电保护、电力电缆 3 个网级专业教研室，聘任首批南网工匠培训特聘讲师 50 名。首次自主策划实施电力电缆、继电保护、变电检修 3 期南网工匠系列培训班。首次将在建 220kV 变电站用于实战培训，建立“前沿技术＋专业知识＋技能实训＋送厂培养＋项目实战＋工匠素养”六位一体技能培训模式。编制南方电网公司《技能人员培训规范》《技能类新员工入企三年培训规范》《技术技能培训标准化工作流程》，形成一批标准规范。举办“南网第一课”系列培训，拓展形成“1＋8”通用课程[2]，全网 6000 余名新员工参加。推出高端科技人才培训班、国际化人才培训班、产业金融中高级管理人员培训班等一批关键人才培训项目。

人才评价 2023 年，南网人才发展中心组织开展南方电网公司战略（杰出）级专家选聘 212 人次，高级职称评审 5893 人次、高级技师认定 2966 人次。完成南方电网公司 658 名高级内训师选续聘工作，其中，党校高级内训师 13 人、中级内训师 14 人。举办两期高级培训管理专业人员认证培训班。

研究资政 2023 年，南网党校成立党建研究中心办公室，建立 21 项工作机制。全年开展党建重点课题 6 项，全力支撑《解决大党独有难题的国有企业具体实践研究》课题研究，于 12 月被中央企业党建思想政治工作研究会评为央企党建政研会 2023 年度研究成果一等奖。“人才素质模型和评价中心法在公司人才测评体系构建中的应用”获南方电网公司管理工具应用竞赛一等奖。全年出版《南网党建》6 期，撰写理论文章 8 篇，编辑《落实“第一议题”周报》34 期，《内部决策参考》3 期。组织中青班完成中央党校国务院国资委分校研究课题 1 项。有 2 项政策建议获国务院国资委内参采纳。参与制定南方电网公司《党的建设工作管理规定》《全员党建责任制工作清单》等制度规范。

深化改革 2023 年，南网党校落实南方电网公司党组深化党校改革的部署，推动党校全方位变革。8 月，南网人才发展中心、领导力研修院、工匠研习院挂牌运作，“三位一体”培训格局基本成型。9 月，调整 5 个业务部门设置，形成“科研、教研、培训”业

[1] 5A 管理教育体系：是指全领域 All fields、全阶梯 All stages、全链条 All parts、全类型 All types、全过程 All processes。

[2] “1＋8”通用课程：1 是指公司 2023 年新员工“南网第一课”；8 是指员工职业发展、企业文化、安全生产、廉洁教育、战略规划、输配电管理、优质服务、数字化转型 8 门专业课程。

务一体化运作局面。11月，南网党校印发《改革深化提升行动实施方案》，以“一讲三抓”[1]建设模范本部。12月，修编印发南网党校战略规划，明确战略目标、战略定位、战略原则、核心功能、核心能力等一系列办学治校根本性问题，配套制订系列三年行动计划。落实企业架构建设和管理体系升级工作部署，完成培训、研究、评价业务“八表六图”编制。6月，创新中心建成并投入使用。建立讲师/研究员通道，25%现职干部退出管理岗位进入讲师/研究员序列，联合培养博士后1名，18人入选国资央企党校系统“名师工程”，建立青年成长导师制。

党的建设 2023年，南网人才发展中心党委深入学习贯彻习近平新时代中国特色社会主义思想、党的二十大精神、习近平总书记在中央党校建校90周年庆祝大会上的重要讲话精神，研究制定《关于深入学习贯彻党的二十大精神为谱写中国式现代化的南网实践新篇章作贡献的实施意见》。健全落实“第一议题”制度，抓好政治要件办理。

2023年4月开始，南网人才发展中心党委按照上级部署和要求扎实开展学习贯彻学习贯彻习近平新时代中国特色社会主义思想主题教育。南网人才发展中心党委突出党校特点、突出改革发展，编制“一方案、两指引、三计划”，以“六个强化”[2]推动主题教育深入开展。班子成员聚焦办学治校重点难点问题开展调研25次，解决干部教育培训体系、高层次人才培养等方面的突出问题。创新开展谈心谈话的做法被列入南方电网公司主题教育典型示范案例。以“六个强化”推动主题教育深入开展，获人民日报等客户端刊发报道24篇次，被列入南方电网公司第一批主题教育典型示范案例。

2023年，南网人才发展中心党委深入学习领会习近平总书记关于党的建设的重要思想，纵深推进全面从严治党。加强组织建设，因应组织机构调整，及时完成8个党支部设立和换届选举。全年编制党委、纪委、党支部工作到位标准142条，修编党支部议事清单8份。

2023年，南网人才发展中心党委完成南方电网公司党组巡视审计等整改工作再检视再落实再提升专项工作，建立历次巡视审计问题库。推进中央巡视发现问题整改，制定整改措施68项，办结55项。建立党委纪委联席联控机制，创新开展“四书记”[3]交流活动，运用“学、看、听、研、评、观、展、测”八步法[4]提升纪律教育效果，相关做法获光明日报客户端报道。组织签订意识形态工作责任状、承诺书，制定《严守讲台纪律十条举措》《加强学员管理十条举措》。南网人才发展中心政治生态持续向好，干部选拔任用“一报告两评议”指标实现三个100%。

加强和改进工会工作，4名员工荣获南方电网公司三等功、五一劳动奖章、广东省工业系统优秀女职工等称号。全年实现零信访、零举报、零案件、零负面舆情、零安全事故、零酒驾醉驾。

主要事件

6月，南网党校完成10期党的二十大精神集中轮训班，联动11家分子公司培训3800余名党员干部，得到一致好评。

6月，南网党校创新中心建成投入使用，形成一个现代化的综合空间，有效改善教学办公条件。启用后先后举办双碳专题研讨班、乌兹别克斯坦能源局代表团交流座谈会等大型培训和活动。

8月，南方电网公司党组出台《关于进一步加强干部教育培训体系化建设的意见》，提出构建以组织体系为基础、需求体系为先导、内容体系为核心、项目体系为关键、资源体系为支撑、评价体系为抓手的南方电网公司干部教育培训体系。

8月，南方电网公司决定网级培训机构更名，并调整职责。中国南方电网有限责任公司培训与评价中心更名为中国南方电网有限责任公司人才发展中心，中国南方电网有限责任公司领导力学院更名为中国南方电网有限责任公司领导力研修院，中国南方电网有限责任公司工匠大学更名为中国南方电网有限责任公司工匠研习院。南网党校、南网人才发展中心、南网领导力研修院、南网工匠研习院实行“多块牌子、一套人马”的运作模式（统称“南网党校”），以“中国南方电网有限责任公司人才发展中心”进行工商税务登记。各省级培训机构经评估认证后增挂南网工匠研习院分院牌子。

9月，南网工匠研习院实体化运作。该院组建3个网级专业教研室，聘任首批南网工匠培训特聘讲师50名。首次自主策划实施电力电缆、继电保护、变电检修3期南网工匠系列培训班，首次将在建220kV变

[1] “一讲三抓”：一讲是指讲讲政治；三抓是指抓抓改革、抓抓能力、抓抓作风。

[2] “六个强化”：是指强化组织领导、强化联学联动、强化问题导向、强化履职尽责、强化靶向施策、强化长效机制。

[3] “四书记”：是指党委书记、党委副书记、纪委书记、支部书记。

[4] “学、看、听、研、评、观、展、测”八步法：学是指从党纪国法学习中守好红线。看是指从警示教育案例中汲取教训、听是指从廉洁从业辅导课中筑牢防线、研是指从廉洁风险分析中提出有效举措、评是指从案例风险点评中把脉问诊、观是指从反腐倡廉教育基地以案示警、展是指从廉洁文化作品创作展现风清气正劲足的好氛围、测是指从测试中检验纪律教育效果。

电站用于实战培训，建立“前沿技术＋专业知识＋技能实训＋送厂培养＋项目实战＋工匠素养”六位一体技能培训模式。

10月，南网党校面向党组管理干部和三级正（副）干部开设中高级管理人员长周期管理教育（EMT）培训班。该培训班是南方电网公司未来企业家培养计划重要实施载体，通过2年长周期培养，系统开展经典理论（EMBA核心课程）学习、先进案例对标和南网实践培训。

12月，南网党校修编印发《南网党校发展战略》。该战略就一系列办学治校根本性问题进行了明确，南网党校战略目标调整为“成为能源行业一流企业党校，一流人才发展中心”、战略定位调整为“‘牢记国之大者’、党之大计，切实担好公司思想理论阵地、管理教育学府、工匠培育摇篮、党建研究智库、人才发展平台的职责使命”、战略原则调整为“坚持政治立校、坚持质量立校、坚持改革兴校、坚持学术强校、坚持从严治校”、核心业务调整为“教育培训、咨政研究、人才评价”、核心能力调整为“科研咨政能力、自主教学能力、培训设计能力”。战略规划调整后，南网党校配套制订了相关的三年行动计划。

12月，南网党校“国有企业高素质干部领导力培育路径研究”被中央党校国资委分校评为央企党校智库2023年度研究成果一等奖。2023年培训满意度首创满分值。10月在南网党校举办的公司2023年中青年干部培训班二班和三班（秋季）的培训满意度达到10分（满分值），系南网党校历次培训首次。2023年，南网党校整体培训满意度9.89分，创历史新高。

12月，南网党校参与的“解决大党独有难题的国有企业具体实践研究”被央企党建政研会评为央企党建政研会2023年度研究成果一等奖。

12月，南网党校修编印发《南网党校战略（2023年版）》。该规划明确战略目标、战略定位、战略原则、核心功能、核心能力等一系列办学治校根本性问题。同时，南网党校还配套制订8项三年行动计划，具体实施该战略规划。

（罗超群）

【中国南方电网有限责任公司领导力研修院】

见中共中国南方电网有限责任公司党校。

【中国南方电网有限责任公司人才发展中心】

见中共中国南方电网有限责任公司党校。

【中国南方电网有限责任公司工匠研习院】

见中共中国南方电网有限责任公司党校。

【中共中国大唐集团有限公司党校】

单位概况 中共中国大唐集团有限公司党校（简称大唐党校）成立于2009年，是中国大唐直属党的工作机构，是中央党校教学基地、中央党校国务院国资委分校企业党校。2022年2月，中国大唐对大唐党校管理体制机制进行调整优化，实行部门化管理，与中国大唐集团有限公司教育培训中心合署办公，负责统筹实施中国大唐教育培训工作，同时承担党建和思想理论研究等工作职责，是中国大唐党员领导干部培养、管理人才培训、党建思想理论研究等方面的主渠道、主阵地、主平台。

组织机构 大唐党校下设教学研究部、培训管理部和党建研究部3个部门，人员编制11个（不含校领导）。

年度工作 在中国大唐党组的正确领导下，大唐党校坚持党校姓党，坚持从严治校、质量立校，不断提高教培质量、管理能力和理论研究水平，各项工作取得新的成绩和突破，被评为2023年度中央党校国务院国资委分校系统教学工作先进单位。一是突出政治训练，加强党的理论教育和党性教育。高质量举办学习贯彻习近平新时代中国特色社会主义思想主题教育读书班，是中国大唐历史上举办的层次最高、规模最大的现场培训，培训效果得到中央指导组的充分肯定，办班经验材料《中国大唐：主题教育读书班“党”味浓“学”味足》在国资委《宣传工作》刊物上刊发。高标准举办中央企业高管研修班（中国大唐党校分课堂）、学习贯彻党的二十大精神网络培训班、党校春季和秋季青年干部培训班等主体班次，组织管理工作得到中央党校、国资委分校现场检查组高度评价。二是突出实战实练，加强履职能力提升培训。坚持联系实际、学以致用，完善培训内容，优化课程设计，创新教学方法，着力打造专业实践工程硕士和2023年新入职高校毕业生培训班、基层发电企业主要负责人轮训班、党支部书记示范班、工会主席培训班、“青马工程”培训班等特色重点班次，取得良好效果。三是突出基础建设，持续保障提升教培质量。完善教学培训“三库两册”，动态优化班次库、师资库、课程库，实现入库师资521名、课程384门。注重提升外部师资结构层次，引入高校名师学者、央企高层领导、社会知名人士讲授精品课程。积极开发内部特色课程，培训内容针对性、指导性强，受到学员普遍欢迎。健全完善现场和线上培训工作手册标准体系，规范培训管理，提升办学质量。四是突出目标导向，不断提高教培管理水平。推动三级教育培训体系有序运转，中国大唐总部全年举办培训班64项76期，培训25030人次、672505学时；系统企业举办培训班1.96万个，“人才受训率”完成99.45%，“人均受训学时”完成100.46学时，超额完成年度指标争取值。

【中国大唐集团有限公司教育培训中心】

见中英中国大唐集团有限公司党校。

【中共国家能源集团有限公司党校】

单位概况 中共国家能源集团有限公司党校（培训中心、党建研究所、领导力建设和人才评价中心，简称能源党校），于2018年5月，由原神华集团党校（管理学院、培训中心）与原国电集团党校（培训中心）合并组建成立；是国家能源集团党组直属业务机构，负责统筹全集团教育培训资源，在国家能源集团党组直接领导下开展工作；已纳入中央党校国资委分校管理序列，设有西柏坡、神东、伊春、徐州、大渡河、银川6所分校。

能源党校是国家能源集团培训轮训党员领导干部的主渠道，负责组织开展党员领导干部党的理论教育和党性教育，组织开展中青年干部培训等工作；培训中心是国家能源集团最高规格培训机构，主要负责组织开展国家能源集团处级及以上管理干部的培训轮训，协助国家能源集团总部有关部门及中心开展业务专题培训；党建研究所主要负责组织开展国有企业党建理论和实践研究；领导力建设和人才评价中心主要负责领导力研究与咨询、干部人才测评以及人才评价与培养。

组织机构 能源党校组建了校委会，成立了党总支，形成了校委会、党总支会、常务会、办公会等决策机制。设有8个部门，包括综合部、党建人事部、财务部、领导力建设和人才评价部、教务部、培训一部、培训二部和党建研究部，建立了一套较为完备的业务运营体系和财务、法律、人力资源管控体系。

教学管理 能源党校以“为企业发展助力，为人才成长赋能”为使命，深入贯彻落实“一三四八”发展战略，坚持党校姓党、为党育才、为党献策、质量立校、从严治校总方针，坚持党的创新理论与国家能源战略相结合，着力提升“想事”能力，坚持党校教学工作与党的中心任务相结合，着力提升“干事”能力，坚持理想信念教育与党纪教育相结合，着力提升“管事”能力，全力建设“一流党校、能源党校、政研党校、数智党校”，深入实施提质增效、从严治校、“政治能力提升”名师精品开发、“履职能力提升”名师精品开发、“大人才”开发、“大研究”融智献策、“国能e学”平台开发、“数智国能”体验中心建设八大工程，秉持“学员至上、价值创造、以人为本、敬业协作”理念，着力建强“优秀专家、国能工匠、青年人才”三支队伍，大力弘扬企业家精神，为国家能源集团提供高品质、专业化的培训、研究及管理咨询服务。

干部教育培训 2023年，能源党校坚持党校姓党，以习近平新时代中国特色社会主义思想为指导，深入学习贯彻党的二十大精神，致力推进国家能源集团“一个目标、三个作用、六个担当”发展战略落实落地，科学统筹，精心部署，开展线上线下干部教育培训，奋力开创教育培训工作新局面，实现干部教育培训高质量发展，为建设世界一流清洁低碳能源科技领军企业和一流国有资本投资公司提供智力支持和人才保障。

2023年，能源党校完成254个培训班次和会议，培训学员61109人次，培训总量490770人天。主要包括29个主体培训班次，28个由国家能源集团总部部门发起的业务专题培训班次，8个自主培训班次，29个委托培训班次，37个分校培训班次和4个会议。积极推动在线学习，融智平台用户达到419328人，总登录人数202194人，总学习人次达41658310，学员线上总学习时长达11293982.94h，平均学习时长61.95h。开展课题研究工作，内部刊物《管理视野》刊发55期，报送咨询专报13期，定制化开发18门课程，编印学习材料，获得多方认可。

特色教学活动

1.“战略力”品牌项目

组织实施“国家能源集团推动落实年度生产经营重点任务系列专题培训班”，面向国家能源集团党组管理干部和子分公司总助，聚焦“突出抓实安全生产和能源环保”“突出抓实提质增效”“突出抓实世界一流企业建设”“突出抓实可持续发展”专题，深入贯彻落实国家能源集团年度工作会议精神和“41663”总体工作方针，有效推动国家能源集团战略发展目标和年度生产经营重点任务在系统内各单位落实落地。

2.“卓越领导力”品牌项目

组织实施“国家能源集团卓越领导力研修班”，以“培养一批堪当重任的优秀领导干部”为目标，面向国家能源集团党组管理干部，构建“想事—干事—管事”（TPM）人才三角模型，围绕领导干部“政治力、战略力、组织力、创新力、领导力和专业力”六个维度能力提升，助推国家能源集团企业经营管理上水平，开创国家能源集团世界一流企业建设工作新局面。

3.“高效执行力”品牌项目

组织实施“国家能源集团高效执行力研修班”，围绕“想事—干事—管事”能力要求，面向基层生产企业主要负责人（厂长、矿长、段长），强化政治理论学习，宣贯国家能源集团战略与文化，开展企业经营管理和专业知识培训，加强履职能力建设和执行力提升，助推基层企业经营管理上水平，助力国家能源集团世界一流企业建设和高质量发展。

4. 党校优秀年轻干部培训班

按照中央党校国资委分校教学计划，面向国家能源集团优秀青年处级干部和科级干部，举办党校春季和秋季优秀年轻干部培训班，分为中青班和青干班，统筹进行系统的党的理论教育与党性教育，学习现代企业管理、领导力、集团战略经营与企业文化等方面的内容，夯实理论基础，增强党性修养，提升管理水平和综合素质，为集团培育政治过硬、能力高、本领强的优秀年轻干部人才。

获奖情况 2023年，能源党校荣获中国企业高管培训发展联盟“国资国企（集团）强优教育培训机构”称号；2022年，能源党校荣获中企研“中国企业改革发展优秀成果”一等奖、中央企业党建政研成果一等奖、央企党校智库成果一等奖等奖项。

（姚仲倩）

【国家能源集团有限公司培训中心】

见中共国家能源集团有限公司党校。

【国家能源集团有限公司党建研究所】

见中共国家能源集团有限公司党校。

新闻出版

【中国能源传媒集团有限公司】

单位概况 中国能源传媒集团有限公司（原中国电力报社），在李鹏同志的关心支持下，于1981年成立，先后隶属于电力部、水利电力部、能源部、电力工业部、国家电力公司、国家电力监管委员会、国家能源局。2012年12月，经党中央和国务院领导批准，正式转企改制并更名为中国电力传媒集团有限公司；2013年3月，国家能源局和国家电力监管委员会重组后，划归国家能源局主管。2021年12月30日，经国家能源局同意，财政部、国家新闻出版署批复，国家市场监管总局批准，正式更名为中国能源传媒集团有限公司（简称中能传媒）。

中能传媒成立40多年来，发展形成了涵盖《中国电力报》《中国能源观察》《农村电工》《能源决策参考》、中国能源电视台、中国能源新闻网、中国能源普法网等的全媒体传播矩阵，建成了集“策、采、编、播、发”为一体的融媒体高效指挥生产平台，打造了传统媒体和新兴媒体深度融合的“纸媒—网络媒体—音视频—移动终端”的多维融合传播体系。

组织机构 中能传媒内设7个职能管理部门、5个新闻采编部门、9个经营管理部门以及1家直属记者站和28个注册记者站；在全国范围内拥有7家子（分）公司。

企业荣誉 原创融媒作品《电动汽车充电基础设施现状调查》荣获第33届中国新闻奖“系列报道”三等奖，时隔11年再次问鼎国家级奖项；调研报道《地热能　能“热”吗》获“2023年世界地热大会新闻奖”二等奖；2023年，被中国记协评为“2022年度优秀媒体社会责任报告单位”；《中国电业与能源》入选《2022年度煤炭领域高质量科技期刊分级目录》，并于2023年10月17日更名为《中国能源观察》，成为中能传媒新闻宣传工作向全能源领域延伸的重要纸媒阵地；中国能源电视台获评“二星级全国青年文明号”，报纸编辑青年集体获评“全国青年文明号”，优秀青年和群体进一步扩大。

党的建设工作 始终坚持把学习贯彻习近平新时代中国特色社会主义思想主题教育作为首要政治任务，扎实做好“规定动作”，创新开展“自选动作”，主题教育成果受到国家能源局第二巡回指导组的肯定。创新开展“我为中能事业发展作贡献”大讨论活动，组织业务骨干到行业媒体、能源电力央企实地践学，在沉浸式学习体验中锤炼思想、增长才干。建立党员政治生日台账，通过多种方式，激励督促党员干部牢记党员身份、强化党性意识。加强优秀年轻干部选育管用，进一步夯实干部队伍基础。全面落实中央八项规定精神、纪检干部队伍教育整顿等重点工作，持续推动管党治党严紧硬向纵深发展。

新闻宣传工作 重点打造“能源高质量发展工作笔”“地方能源主管部门话开局”等专题专栏，刊发的系列理论学习文章全网阅读量超500万，形成学理论用理论的浓厚氛围。组织编写重大选题图书《深入学习习近平关于国家能源安全的重要论述》，围绕中心、服务大局能力进一步增强。创新开展国家能源局新闻发布会短视频报道，9期短视频发布于快手、“中国能源新闻”视频号等平台，累计播放量达“240万+”。策划推出“透视能源上市公司三季报”系列观察，全网阅读量215万，实现行业媒体与金融证券行业的“破圈”传播。与能源企业联合发起的“红石榴文化润疆夏令营”系列短视频，在央视新闻、人民视频等50余家平台发布，阅读量过亿，点赞量达“10万+”，在微博平台形成“双热搜”的传播态势。成功举办第三届电力安全技术和管理论坛，邀请央企领导和业内专家共同探讨应对新时期电力安全风险与挑战，线上直播观看达310万人次。

经营管理工作 持续深挖舆情服务、咨询调查、会展服务、影视制作等新兴业务领域潜力，能源领域合作实现新突破。制定印发新时代推动经营管理工作高质量发展的实施方案、推进完善公司治理体系实施方案，全面探索建立“一利五率”经营指标考核体系，着力打造精准化、专业化、市场化的运营管理模式。

"能源中国"APP 建设完毕并试运行，在融媒领域的核心竞争力进一步增强。研究出台加强财会监督专项行动工作方案、违规经营投资责任追究实施办法等制度办法，逐渐形成防范经营投资风险的长效机制。

（于学华）

【英大传媒投资集团有限公司】

单位概况 英大传媒投资集团有限公司（简称英大传媒集团）于 2008 年 8 月由《国家电网报》社和中国电力出版社整合而成，是国家电网公司唯一的直属文化传媒企业，也是我国首家企业传媒集团。

英大传媒集团突出电网特色，业务主要涵盖新闻、出版、品牌三大领域，具有优良的新闻宣传和图书出版资质。旗下拥有《国家电网报》《亮报》等两份报纸，《国家电网》《能源评论》《英大金融》《脊梁》《供用电》《水电与抽水蓄能》《电力需求侧管理》等七份期刊，国家电网电视频道（SGTV）、《国家电网报》手机报等传统媒体；以电网头条"三微一端"（微信、微博、微视频、客户端）为旗舰，以国家电网报、闪亮播报等微信公众号为支撑的新媒体矩阵；年出版发行电力、电子、教材、建筑机械、经营管理、外语等领域各类图书、音像电子产品 3000 多种；开展影视专题片拍摄、品牌策划、会议展览、广告营销、装帧设计、投资与资产管理及相关咨询业务。同时，负责国家电网公司官方网站、官方微信公众号等互联网平台的运营。

组织机构 英大传媒集团拥有《国家电网报》社有限公司、中国电力出版社有限公司、国网卓越科技文化（北京）有限公司、英大传媒投资集团南京有限公司、英大传媒投资集团武汉有限公司和英大传媒（上海）有限公司 6 家子公司，参股人民网有限公司、上海第一财经传媒有限公司等社会化传媒企业。英大传媒集团实行扁平化管理，子公司不设置管理部门，人财物由英大传媒集团统一管理，共设有 8 个管理部门、15 个业务部门和 1 个支撑中心，在全国设立图书营销站店 41 家。

人力资源 截至 2023 年年底，英大传媒集团用工总数 449 人。其中直签员工 413 人，占 91.98%；劳务派遣员工 36 人，占 8.02%。直签员工中，男职工 141（占 34.14%），女职工 272 人（占 65.86%）；平均年龄 39.9 岁，人才当量密度 1.22。博士研究生 4 人；硕士研究生 228 人，占员工总数的 56.17%。专业技术人员中，高级职称 154 人，占员工总数的 37.29%，其中正高级 35 人。中级职称员工 140 人，占员工总数的 33.90%。

英大传媒集团深化"旗帜领航·组织登高"工程，加快"三项制度"改革落地，加强"五过硬"干部人才队伍建设，规范选人用人工作，优化领导人员队伍结构，提升干部人才队伍素质。坚持效率效益优先、兼顾公平原则，合理调控、正向激励，优化能充分体现员工知识、技术、能力、贡献等要素的收入分配体系。坚持正确的选人用人导向，提拔重用人品好、业绩优、能力强、敢担当、重实干的优秀干部，优化组织机构，激发组织活力。开展融合式差异化培训，举办新员工集中培训，组织《新闻出版应知应会知识读本》学习测评，同时畅通"能出"渠道，人才当量密度持续上升，全员劳动生产率达到 84.19 万元/（人·年）。

企业管理 英大传媒集团坚持精益管理、提质增效、防范风险，加强安全和质量管理，提升经营管理精益化水平，增强可持续发展能力，企业经营呈现良好发展势头。

深入推进精益管理。科学研判内外部发展形势，开展"十四五"规划滚动修编。提升督办力度，推动重点工作落实。加强股权投资管理，维护股东权益，推进世纪东方股权转让。开展无形资产、图书出版合同签订与稿酬支付情况等专项审计监督。《国企传媒集团基于价值创造的高质量发展实现路径》获第二届国有企业深化改革实践成果特等奖。

完善企业治理体系。健全规范董事会运行机制，加强董事会建设，完善外部董事履职保障机制，召开 5 次董事会会议，组织外部董事赴丰满水电博物馆、南瑞集团等地现场调研 4 次，发挥外部董事智慧力量，提出更高质量的建议措施。召开外部董事集体学习暨 2024 年务虚会，外部董事高水平参与决策。

深化"三个增效"。深化多维精益财务管理体系应用，提升资金管控效率。加强经济活动分析，优化经营策略，通过对新闻纸采购策略优化节省成本 440 万元。严格落实"两金"压控专项任务工作要求，开展重点、难点长期应收账款清理工作，梳理摸排应收、应付款项挂账情况。压降库存，报废报残数量历史最低，5 年以上在途图书金额历史最低。

做好风险防控。推进"合规管理提升年"专项行动，开展合规管理体系等自查自纠。制修订规章制度 19 项，完成重大决策合法性审核 20 项。通过诉讼方式维护合法权益，挽回经济损失 34 万余元。修订完善安全隐患排查标准、领导班子成员"两个清单"和全员安全责任清单。建立重大风险防控长效机制，开展重点领域风险排查。宣贯国家电网公司安全文化，开展重大事故隐患排查整治专项行动及冬春季安全生产、百日攻坚、"安全生产月"等系列活动，组织应急培训及演练，防范化解风险隐患。完成大厦 6 层办公区、大厦卫生间等 10 余项工程，优化办公环境。

新闻宣传 英大传媒集团坚持全媒体联动，严格落实意识形态工作责任制，推进正能量传播工程，重大主题报道出新出彩，讲述国网故事有声有色。

推进"第一选题"。坚持把习近平总书记重要讲话和重要指示批示精神作为"第一选题"，各媒体以"头版头条首页首屏”刊发习近平总书记重要讲话和重要指示批示精神150余篇、重要论述44组。推进“沿着总书记的足迹”主题宣传，全媒体联动推出“南瑞之变”“疆来更美”“东北振兴”“现代智慧配电网”等系列专题报道。加强国际传播，与探索集团合作，《点亮阿里》外宣版被翻译成6种语言面向10余个国家播出。联合中国记协和中国行业报协，举办中央媒体走进新型电力系统一线活动，扩大传播声量。《亮报》原创作品《嘎拉村的幸福生活》荣获中国新闻奖。“新春走基层”活动实现中宣部“新春走基层”奖项“大满贯”。《国家电网报》获评2022年度优秀媒体社会责任报告单位。

做好重大主题传播。开展主题教育、电力保供、新型电力系统建设、“一体四翼”高质量发展等重点报道，做好安全生产、重点工程建设、科技创新、服务乡村振兴、优化电力营商环境等专题宣传。策划“一带一路”十周年国际传播，组织记者赴巴西、埃及等地采访，制作纪录片《“一带一路”电网人》面向全网播出，参与央视纪录片《大道十年》拍摄。围绕能源清洁低碳转型，策划拍摄制作纪录片《蓄能山水间》，在中国教育电视台等渠道播出。派出53人次记者赴防汛抢险、迎峰度冬保供电一线，发布原创作品160余篇，总阅读量超千万。开展成都大运会、杭州亚运会主题宣传。《无人机照亮麦子保卫战》等融媒体作品刷屏出圈。

完善全媒体传播体系。全媒体平台全网用户突破1100万，年均阅读量超过10亿，做好国家电网官网等20个国家电网公司级平台的内容运营。“国家电网全媒体传播体系”入选第三届中国报业深度融合发展创新案例。《国家电网》《能源评论》《英大金融》数字刊上线运行，全面实现传统媒体数字化转型。

加强新闻安全质量管理。建立月度质量检查和季度质量讲评机制，强化“三审三校”制度执行和考核。组织开展舆论阵地风险隐患排查、网络阵地质量安全巡查、意识形态工作专项督查、2023年打击新闻敲诈和假新闻专项行动，及时查找整改风险点，消除安全隐患。规范新闻记者证申领，完善记者站管理机制。

图书出版　英大传媒集团坚持正确的出版方向，实施精品出版工程，深耕能源电力主专业，优化业务布局，推进出版融合发展，出版工作质效双升。

统筹谋划出版高质量发展。形成推动中国电力出版社高质量发展报告，修订实施出版“十四五”选题规划和数字出版业务发展规划，制订落实深化主题出版工作实施方案，推动建设出版重大选题库和出版高端专家作者库，争取国家电网公司政策支持，增强出版高质量发展内生动力。

打造精品出版。优化完善选题论证流程，实施选题分级分类管理，发挥出版智库作用，推进精品出版。2023年立项选题1530个，其中精品选题154个，选题质量明显提升。策划出版的《中国电力工业史》获中国国家版本馆永久收藏。《新型电力系统与新型能源体系》发行量突破25.4万册，获行业内外广泛好评。策划启动《现代智慧配电系统技术丛书》《氢能产业发展与技术丛书》编写工作。《中国科技之路 电力卷 电力高速》《新能源并网与调度运行丛书》《点亮阿里》等3部作品获第八届中华优秀出版物奖。《供用电》入编“双核心”期刊。完成《新能源并网系统宽频振荡分析与抑制》（英文版）版权输出。72种职业教育教材入选“十四五”国家级规划教材，291种教材入选全国电力行业“十四五”规划教材。

深化对外交流合作。与南网传媒集团签订合作协议，赴中电联、中能建、上海世纪出版集团等行业内外单位学习调研，拓展能源领域出版市场。邀请中宣部出版局、中国工信出版集团等领导和专家举办专题讲座。组织国家电网公司电力科技著作出版项目评审会，承办中国编辑学会科技出版强国建设研讨会。召开教材营销推广会议、发行站店工作会议，参加各地举办的书展、馆配会，加大营销推广力度。

品牌建设　打造和提升展览展示、会议服务等品牌建设核心服务能力，提升项目实施质量，强化品牌服务和市场开拓，增强品牌业务核心竞争力。

建立品牌体系架构。加强新闻出版品牌联合联动，深化“品牌+活动”运行模式，提高品牌附加值和引领力。打造具有强大传播力、引导力、影响力、公信力的全媒体品牌，提高各媒体品牌的行业知名度、美誉度。加强出版品牌塑造，增强在能源电力领域的权威性和影响力，打造“百年老店”。在服务好主业的同时，联合举办高端论坛、展览展示业务，提升品牌业务影响力，塑造卓越品牌。

打造品牌核心能力。加强品牌内容策划，注重要素价值呈现顶层设计，全年累计实施品牌项目52个，完成总部展厅现场运维保障任务37次。完成链博会、亚太电协大会、上海碳博会等公司重要展览展示项目。完成《新型电力系统与新型能源体系》图书首发仪式、《新型电力系统》创刊仪式等重要会议服务项目。中国丰满水电博物馆项目竣工验收。完成国网江苏电力等一批固定展厅项目。

推动品牌多元化发展。打造品牌资源库，完成8类114个项目素材上传，加快推进国家电网公司模型信息库建设。加强数智化品牌建设，运用多媒体数字技术和现代展览展示方式，推动国家电网公司级模型展项标准化建设。强化品牌建模，自主研发张北柔性直流多媒体沙盘、电动汽车虚拟驾驶舱等模型及互动展项。服务公司文化品牌建设，探索文创产品创意策划、产品孵化、开发制作和销售推广。

党的建设和精神文明建设 截至2023年底，英大传媒集团设党委1个，党支部24个，共有在职党员281人，党员占员工总数的62.6%，创建共产党员服务队1个（国家电网英大传媒《国家电网报》共产党员服务队）。

扎实开展主题教育。深入学习贯彻落实习近平总书记关于主题教育的重要讲话精神，牢牢把握主题教育总要求和目标任务，高站位部署、多维度联动、全链条落实，在以学铸魂、以学增智、以学正风、以学促干上取得良好成效。英大传媒集团党委举办3期7天读书班，赴中国国家版本馆开展现场研学。班子成员面向全体党员讲授党课，党支部书记为支部党员讲授党课，累计讲授党课33场次。邀请专家学者围绕理论学习等举办培训25期。赴《人民日报》社、《经济日报》社等单位调研学习，与中国电科院、南瑞集团等单位交流座谈，形成调研报告9篇，制订《领导班子主题教育调研成果转化运用清单》，提出19条对策建议、27条政策措施。高质量召开专题民主生活会和专题组织生活会。

持之以恒强化党建引领。严格执行党委“第一议题”制度和党委理论学习中心组学习制度，强化领导干部带学促学作用。严格落实七项组织生活制度，用好用活“1+1+1”党支部联建联学和“现场+课堂”形式。实施“党建+”五大工程项目29个。深化党支部标准化建设，优化调整党支部名称设置，选优配强党支部委员。2023年新发展党员7名，2名预备党员按期转正。强化思想政治工作，建立为员工送文化工作机制。全面改版英大传媒集团内外网。组建品牌策划暨主持人柔性团队，开展青年志愿服务活动。

一刻不停推进全面从严治党。压紧压实全面从严治党主体责任，做到权责对等、失责必问、问责必严。配合国家电网公司党组巡视，落实问题整改责任，针对存在问题研究制订整改措施，从严从实整改，分级分类销号。持续开展对账式党风廉政约谈。滚动修订权力事项和廉洁风险“两个清单”。开展违规吃喝问题专项整治和中央八项规定精神监督检查。组织年轻党员干部43人参加党风廉政教育培训，加强新时代廉洁文化建设。扎实开展纪检干部队伍教育整顿。

抓好干部人才队伍建设。推进干部任期制和契约化管理，与全体干部签订年度经营业绩考核责任书。开展干部队伍诊断分析和干部民主测评。做好关键岗位个人事项报告和干部个人事项及时报告。修订《职员职级管理办法》《专家人才管理办法》。实施新版《岗位绩效工资管理实施细则》。完成岗位竞聘和2024年第一批高校毕业生招聘。开展融合式差异化培训，举办新员工集中培训，组织《新闻出版应知应会知识读本》学习和测评。英大传媒集团《亮报》编辑中心荣获国家电网公司先进集体，新媒体中心公司平台运营处荣获国家电网公司工人先锋号。

（张 妮）

【南方电网数字传媒科技有限公司】

单位概况 南方电网数字传媒科技有限公司（简称南网传媒公司）是南方电网公司所属的专业子公司，成立于2010年9月3日，设在广州。2021年4月6日，南方电网公司依托南网传媒公司成立南方电网公司新闻中心，按照“两块牌子、一套人马”模式实行管理。2021年5月25日，南方电网公司新闻中心正式挂牌。

作为南方电网公司意识形态重要阵地，南网新闻舆论、品牌建设等领域重要共享支撑类企业，南网传媒公司以“传播党的声音、讲好南网故事、弘扬知行文化”为职责使命，业务范围涵盖新闻宣传、出版发行、品牌文化、媒体技术、网络空间信息等，是国家高新技术企业。南网传媒公司负责运营《南方电网报》《南方能源观察》杂志、《南网知行》内刊、《南网新闻》（楼宇电视）、南方电网公司中英文网站、南网50Hz微博微信、手机微网站，南方电网公司官方脸书（Facebook）、推特（X）、优兔（YouTube）账号，以及知行南网、青春南网等27个网级媒体平台，形成了集报、刊、网、视、微、端于一体，涵盖国内宣传、国际传播的全媒体传播矩阵。按照南方电网公司安排，还承担广东省岭南文化艺术促进基金会秘书处工作。

领导班子

（一）南方电网新闻中心

主任：吕益华（自2023年6月）

常务副主任：吕益华（至2023年6月）

副主任：郭逸晴

（二）南网传媒公司

1. 党委

书记：吕益华（自2023年6月）

副书记：吕益华（至2023年6月）、肖谦

委员：焦向阳、郭逸晴

纪委书记：刘文卿（至2023年9月）、张澜（自2023年9月）

2. 董事会

董事长：吕益华（自2023年6月）

外部董事召集人：林志波（自2023年10月）

外部董事：毛时杰（至2023年10月）、黄家林、刘勇

职工董事：邱宇（至2023年5月）、肖谦（自2023年5月）

董事会秘书：雷树华（至2023年12月）、张鑫林（自2023年12月）

3. 监事会

主席：胡伏秋（至 2023 年 9 月）

监事：王发兴

职工监事：林跃舜

4. 经理层

总经理：吕益华（至 2023 年 6 月）

副总经理：焦向阳、雷树华（至 2023 年 9 月）、郭逸晴、李燕萍（自 2023 年 9 月）

总法律顾问、合规官：焦向阳

5. 工会

主席：肖谦

组织机构 2023 年，南网传媒公司组织机构调整情况如下：7 月，新组建战略发展部、总编室、数字媒体技术中心 3 个内设机构，调整组建办公室（党委办公室、董事会办公室、工会办公室、合规管理部）、计划财务部、融媒体中心、品牌文化传播中心（广东省岭南文化艺术促进基金会秘书处）4 个内设机构，党建人事部、监督部（纪委办公室、监事会办公室）未作调整。对机构名称、岗位设置进行优化。撤销数字科创中心、媒体发展委员会、合规运营管理委员会（客户服务评价委员会）3 个内设机构。12 月，南网传媒公司成立编委会。至 12 月 31 日，南网传媒公司设办公室（党委办、董事会办、工会办、合规管理部）、党建人事部、监督部（纪委办、监事会办）、战略发展部、计划财务部、总编室、融媒体中心、数字媒体技术中心、品牌文化传播中心（广东省岭南文化艺术促进基金会秘书处）、《南方电网报》社有限公司、《南方能源观察》杂志社有限公司。

宣传策划与采编管理 2023 年，南网传媒公司以“第一选题”彰显思想伟力。坚持把“第一选题”作为宣传好习近平新时代中国特色社会主义思想的最重要任务、最重要内容和最重要方法，把习近平总书记重要指示批示精神与南方电网公司落实行动有机结合，探索研究“第一选题”策划实施，有效融入全国主流舆论新格局。策划实施的主题教育、助力乡村振兴、服务粤港澳大湾区发展等题材宣传成效明显。8 月解决黄泥塘用电难题、9 月南方五省区充电桩乡镇全覆盖等在《人民日报》、新华社、央视《新闻联播》高频亮相。积极发挥选育典型作用，高效发掘和传播李辉、国旗巡线班等一批先进典型。品牌活动外宣形成声势，开展首届国际数字能源展、数博会、中国品牌日等重大活动的品牌宣传，获主流媒体广泛报道。

2023 年，南网新闻中心建立总部工作组、北京工作组、舆情工作组、国际传播工作组和南方电网新闻中心广东工作站、广西工作站、云南工作站、贵州工作站、海南工作站、深圳工作站组成的“四组六站”新闻宣传业务格局，贯通网、省两级新闻中心业务链条，形成快速响应的新闻宣传工作机制。12 月，成立南网传媒公司编委会，为南网传媒公司党委领导下的落实意识形态工作责任制的议事协调机构，编委会成立后，制定印发编委会议事规则，规范编委会议事协调与运作管理。

对外宣传 2023 年，南网传媒公司策划和实施的在《人民日报》、新华社、央视刊发的南方电网新闻数量创历史新高，达 265 篇次，同比增长 47%。全网占比提升至 40%。《人民日报》报道 73 篇次，其中头版报道 12 次。新华社报道 45 篇次，其中内参 2 次。央视报道 147 条次，其中《新闻联播》15 条次。高端平台刊发南方电网公司署名文章 3 篇次。此外，其他央媒共刊发 137 篇次，行业媒体共刊发 89 篇次。

2023 年，南网传媒公司推动南网与人民日报社、新华社等央媒合作，中国式现代化南网案例于 10 月“一带一路”峰会、12 月世界媒体峰会上相继亮相。推动“澜湄电力互联互通”项目被国家部委和权威媒体评为多边合作“金色样板”（图 5），南网智利高压直流输电项目被列为“中国方案”重点案例。组织开展“一带一路”十周年策划报道，推动央视新闻频道《朝闻天下》单集播出《跨国线路上的“电力一家人”》专题片。网级海外社交媒体传播矩阵建成，《“龟”心似箭》《山水有相逢》微电影入选国资委国际传播优秀案例。

自办媒体平台及宣传 2023 年，《南方电网报》出版发行 98 期，常态化在头版“报眼”“头条”等重要位置和要闻版、党建版等及时、准确、全面宣传习近平新时代中国特色社会主义思想，宣传党的二十大精神，宣传习近平总书记重要指示批示精神。全年刊发权威报道约 320 篇。围绕稳增长、科技创新、乡村振兴、共建“一带一路”等重大主题开展宣传报道，全年刊发“第一选题”相关报道 45 篇，为奋力谱写中国式现代化南网新篇章营造良好舆论氛围。10 月，作品《独龙江告别孤网供电历史》获全国行业好新闻大赛评选一等奖。《南方电网报》社团队荣获“南方电网公司 2022 年度工人先锋号”称号。

2023 年，《南方能源观察》杂志出版发行 24 期，作品原创率达 80%，官方微信公众号粉丝量达到 13.5 万人，较 2022 年增长 14.9%。作品获中国经济新闻奖等荣誉 10 余项。国家发改委价格司致信肯定杂志对政策宣传的贡献。推动南方电网公司于 12 月首次协办世界媒体峰会，并撰写发布《中国式现代化南网新实践》报告，获 20 多个国家 1300 家重要媒体报道。开通网级海外社交媒体并启动常态化运营南网相关议题，获全球 40 多家主流媒体报道以及海外社交媒体的广泛转发。承接南方电网公司党建政研软课题《央企海外公益活动实践与传播策略研究》，配合南方电网公司政策研究部参与编写《南方区域电力市场探索与实践》书籍。

2023 年，在南方电网公司党建部的指导下，《南网知行》坚持文化内刊定位，全年共完成“树牢‘知行合一’理念，着力建设文化强企”“践行以人民为中心的发展思想，构建现代供电服务体系”等 6 期的全部编辑出版发行工作。全年共刊发孟振平署名文章 6 篇。

2023 年，南方电网公司官网及 50Hz 新媒体平台探索“视觉＋互动＋品牌”矩阵式传播，围绕电力能源热点问题，聚焦一线员工风采，官网发稿 6600 篇、微信 375 条、微博 3000 条、短视频 102 个，获国资小新微博转发 120 条，国务院国资委网站采纳稿件 82 篇。探索会议报道视觉化传播，如结合《南方电网新型电力系统发展报告（2021—2023）》发布，全平台推出“一图读懂”长文及 6 条短视频，累计阅读量超 20 万。完善覆盖微信、微博、今日头条、知乎等 16 个平台的“三审三校”值班制度，筑牢安全屏障。

2023 年，《南网新闻》保持每周双播，重大内容及时更新，全年共制作 104 期《南网新闻》节目。主动融入央视“新春走基层”“迎峰度夏电力保供”“半年经济重点策划”“新型电力系统建设”“一带一路”倡议十周年等重点策划，落实一批高质量主题报道，完成 120 多条次央视外宣新闻的拍摄和剪辑，其中，相关新闻获央视《新闻联播》播出 15 条，实现传播效果最大化。推出基于南方电网公司员工原型的 AI 数字人主播，提升数字播报技术手段。

新闻应急工作 2023 年，南网传媒公司建立全员应急战备型柔性团队，全面实施新闻应急值班值守制度，7×24h 无间断对舆情进行监测搜集，重要资讯可实现半小时内报送。开发热搜跟踪、音视频识别、态势感知等多项功能，获南方电网“小数叶”职工创新金奖。主动靠前融入风险事件防控，及时报送风险预警信息。针对民生等重点领域启动态势感知，为南方电网系统各单位提供培训演练服务超千人次。

品牌运营 2023 年，南网传媒公司成立服务南网总部的品牌专项工作团队，协助起草《南方电网公司品牌强企建设暨品牌引领三年行动方案》等 20 多项品牌建设制度文件，推动品牌强企建设落地实施。年内完成首届国际数字能源展、中国品牌日、博鳌新型电力系统论坛等 31 个网级重大活动的品牌策划和宣传工作。2023 年，南网传媒公司完成中国品牌日、博鳌新型电力系统论坛等 31 个网级重大品牌文化活动的现场执行和宣传工作。6—7 月，南网传媒公司承办南方电网主办的首个国际性大型展会 2023 国际数字能源展。

中秋国庆“双节”期间在《人民日报》、央视、广州塔等平台推出南网公益广告。南网强安平台获南方电网公司通报嘉奖。开发昆柳龙数字文创、储能充电宝等南网特色文创产品，共获 10 项相关知名设计类奖项。全年品牌业务共获《一种可以更换内容且自由调节高度的背景板》《一种便于安装维修的组合式门楣灯箱》2 项实用新型专利。全年编制并于 11 月颁布《一般劳动防护用品　春秋季工作服》（T/GDAQI 119—2023）、《一般劳动防护用品　工作鞋》（T/GDAQI 120—2023）、《一般劳动防护用品　夏季工作服》（T/GDAQI 121—2023）等 3 项团体标准。11 月，取得中国电力出版社代理权。规范岭南文化基金会运作，以“一个主题、五个一批”服务好广东文化强省和南网文化强企建设。

媒体智库建设 2023 年，南网传媒公司加快媒体智库建设，依据国家《关于加强中国特色新型智库建设的意见》《关于加快新闻出版行业智库建设的指导意见》《关于中央企业新型智库建设的意见》等文件，在调研国内重要传媒智库建设情况的基础上，结合南方电网公司要求和公司实际，着手制订《新型传媒智库建设方案》。拓展对外媒体合作渠道建设，提升加强国际传播能力建设，聚焦国际传播领域开展智库研究工作，其中《央企海外公益活动实践与传播策略研究》作为智库成果被国务院国资委研究中心收录入《习近平总书记关于发展国有经济重要论述的研究阐释》汇编材料。

经营管理与改革 2023 年，南网传媒公司首次实现经营业绩和党建责任制考核结果“双 A”。实现审计计划项目完成率、审计到期整改完成率双 100%。聚焦发展面临的主要矛盾和突出问题，提出进一步发挥共享服务支撑作用的 16 条措施建议，得到南方电网总部有关部门大力支持。修编“十四五”发展规划，制定南网传媒公司“战略包”和年度实施计划。修编治理主体权责清单等系列制度文件。推进落实董事会六项职权，开展外部董事、监事调研，建立健全配套制度，议事协调机构数量精简 47%，推动公司治理各环节制度化、规范化、程序化。印发企业架构建设工作方案和企业管理体系升级实施方案，构建传媒特色管理体系框架。

党的建设 2023 年，南网传媒公司党委深入学习贯彻党的二十大精神。健全领导班子“1＋N”全面从严治党工作机制。制定加强和改进领导班子自身建设 17 条重点举措。汲取王永基案件教训，按照要求开展专项行动彻底清除不良影响。

2023 年，南网传媒公司首次实现经营业绩和党建责任制考核结果“双 A”。

4—9 月，南网传媒公司党委扎实开展贯彻学习习近平新时代中国特色社会主义思想主题教育。按照“学思想、强党性、重实践、建新功”总要求，扎实开展主题教育。组织开展读书班、党委理论学习中心组学习研讨，采用“必读书目+自编专题”“第一议题+专题延伸”等方式深化理论学习。大兴调查研究，公司领导班子成员带头领题调研，聚焦事关公司改革发展的深层次问题，制定6个调研主题，同题共答形成调研成果。巩固拓展主题教育成果，开展全员制度文件大学习，推动全体员工学制度、用制度、守制度。

6月27日，召开中共南方电网数字传媒科技有限公司党员大会，选举产生中共南方电网数字传媒科技有限公司新一届委员会、纪律检查委员会。针对2022年度“一报告两评议”结果反馈情况，制定实施16条整改措施。2023年，南网传媒公司获南方电网公司“优秀共产党员”“先进基层党组织”“工人先锋号”“价值创造奖”等南方电网公司级以上集体或个人荣誉40项。至2023年底，南网传媒公司党委下辖9个党支部，党员（含预备党员）99人。

2023年，南网传媒公司党委、纪委落实南方电网公司党组关于二十届中央巡视整改的工作部署，一体推进巡视反馈意见、主题教育检视问题、审计发现问题、专项治理问题等整改。修订实施《进一步加强和改进工作作风的若干措施》，持续推动员工队伍作风向严向实。严格落实中央八项规定及其实施细则精神，驰而不息纠治“四风”。推进“清廉传媒”建设，聚焦重点领域开展两轮“蹲点式”全覆盖监督检查，建立发现问题、解决问题长效机制。

2023年，南网传媒公司加大干部交流轮岗力度，共调整干部43人。首次开展优秀主管推荐工作。深化三项制度改革，推进干部能上能下，管理人员末等调整或不胜任退出指标完成率位居南网系统共享服务支撑类企业前列。开展人才入库工作，储备人数同比增长44%。选聘1名领军级、3名拔尖级专业技术专家，建立党委联系服务专家工作机制。规范优化薪酬分配制度，收入增长向工作超预期团队、个人和一线员工倾斜。

主要事件

6月27日，召开中共南方电网数字传媒科技有限公司党员大会，选举产生中共南方电网数字传媒科技有限公司新一届委员会、纪律检查委员会。

6月29日—7月2日，2023国际数字能源展在深圳会展中心举办，该展会由南方电网公司主办、南网传媒公司和深圳供电局承办。2023年，南网传媒公司还完成中国品牌日、博鳌新型电力系统论坛等31个网级重大品牌文化活动的现场执行和宣传工作。

8月28日，《人民日报》头版主题教育专栏刊发题为《从“解决一个问题”到“解决一类问题”》的长篇通讯报道，深入报道南方电网以解决贵州黄泥塘用电难题入手，总结经验，在主题教育期间解决全省类似问题的典型案例。该报道由南网传媒公司策划组织实施。

10月16日，在第三届“一带一路”国际合作高峰论坛举办前，《人民日报》发布《绿色“一带一路”十周年创新理念与实践案例》，报道南方电网公司澜湄区域电网互联互通项目案例。

10月，南网传媒公司出品作品《独龙江告别孤网供电历史》获全国电力行业好新闻大赛评选一等奖。

11月，广东省质量检验协会发布并实施由南方电网公司、南网传媒公司作为主要起草单位编制的3项团体标准、T/GDAQI 119—2013《一般劳动防护用品　春秋季工作服》、T/GDAQI 120—2013《一般劳动防护用品　工作鞋》、T/GDAQI 121—2013《一般劳动防护用品　夏季工作服》。

12月，世界媒体峰会在广州召开。南网传媒公司推动南方电网公司首次参与协办此次峰会。由南网传媒公司撰写的《中国式现代化南网新实践》报告在此次大会上发布。

12月，南网传媒公司成立编委会，为南网传媒公司党委领导下的落实意识形态工作责任制的议事协调机构，编委会成立后，制定印发编委会议事规则，规范编委会议事协调与运作管理。

2023年，南网传媒公司首次实现经营业绩和党建责任制考核结果“双A”。

2023年，南方电网公司相继设立官方脸书（Facebook）、推特（X）、优兔（YouTube）账号。至此，由南网传媒公司运营的南方电网公司网级海外社交媒体传播矩阵建成。

（黄　月）

【南方电网公司新闻中心】

见南方电网数字传媒科技有限公司。

【中国三峡出版传媒有限公司】

单位概况　中国三峡出版传媒有限公司（简称三峡传媒）是在中央深化文化体制改革大背景下，为加快中国三峡集团文化传媒产业发展、提升中国三峡集团软实力，经国家新闻出版广电总局核准，由中国三峡出版社按《中华人民共和国公司法》改制，合并重组长江三峡集团传媒有限公司，于2015年7月登记设立的中央级出版传媒企业。2019年12月，三峡传媒加挂了中国三峡集团新闻品牌中心的牌子，和新闻品牌中心合署办公。

三峡传媒是中国三峡集团全资子公司，注册资本1亿元，总部在北京，员工人数144人（截至2023年底）。三峡传媒设有总部职能部门和业务机构，主营图书与报刊出版、影视制作、新媒体、品牌建设、媒体联络、对外传播、展览展示、舆情监测等传媒业务。三峡传媒是中国三峡集团新闻业务实施主体和专业服务平台，主要负责完成集团各项新闻宣传任务，开展媒体联络、品牌建设与对外传播等工作，并为中国三峡集团其他子企业提供专业服务，是目前中央企业所属文化企业中业务门类最齐全的国有文化传媒企业之一。三峡传媒围绕中国三峡集团打造世界一流清洁能源集团和国内领先的生态环保企业的目标，致力于讲好三峡故事、塑造三峡品牌、传播三峡文化。

主要业务工作 高举旗帜、坚持导向，在壮大主流思想舆论中展现新作为。切实落实意识形态责任制和网络意识形态责任制，提高风险预判能力，形成常态化境内境外舆情监测机制和舆情管控联动响应机制。紧扣宣传贯彻党的二十大精神这条主线，精心制作推出“二十大精神进三峡”系列报道。聚焦主题教育重大主题，全年保障主题教育宣传长流水不断线，深度参与举办集团公司主题教育学习宣讲活动，得到了中央指导组的高度肯定。用好自办媒体阵地，以专栏、述评、通信、短视频、新媒体等多种形式展示中国三峡集团发展成果，累计刊发主题教育稿件超 450 余篇次，中央主题教育官网、中央主流媒体、国资委平台和学习强国平台报道集团 60 余篇次。

坚持围绕中心、服务大局，在提升三峡品牌形象中作出新贡献。围绕在清洁能源产业升级中发挥带动作用，深度挖掘世界最大清洁能源走廊高效利用水能资源的实践和价值，连续推出一季度“开门红”、三峡工程综合效益发挥、能源保供、航运补水、全球最大沙戈荒风光基地建设、抽水蓄能等专题报道，展示国资央企、国之重器高质量发展成就。

围绕在共抓长江大保护中发挥骨干主力作用，紧盯长江沿线大保护项目建设进展、亮点和成果，全面反映集团共抓大保护工作“由量向质”转变的阶段性成果，推动大保护工作的社会公众认知。

诠释中国方案服务世界。讲述中国三峡集团带领中国水电“走出去”中发挥引领作用，积极投身“一带一路”建设的故事，全面融入“一带一路”十周年主题宣传。主动对接国家外宣媒体，将“三峡故事”纳入“中国故事”。

加强品牌管理，完善中国三峡集团品牌建设管理顶层设计，完成中国三峡集团品牌工作管理办法和品牌引领行动方案；推动中央企业 2022 年度品牌建设对标工作，年内完成多项关键指标。深度参与三峡娃娃行、中华鲟放流、乡村振兴消费帮扶等品牌性社会责任和公益活动，塑造中国三峡集团责任央企品牌；联合中国大坝工程学会举办“看见中国·坝光盛影”中国大坝主题摄影艺术展，全景式、立体化、艺术性展现“世界最大清洁能源走廊上的大国重器”。

做好品牌展示，高质量策划完成习近平总书记“4·24”重要讲话 5 周年、中国三峡集团成立 30 周年、中国品牌博览会、首届中国国际供应链促进博览会等 13 个展览展示项目，全方位宣传展示三峡品牌形象，并荣获“十佳参展商”“最佳绿色参展机构”等荣誉；《三峡集团做好“世界动植物王国”的生态“守护者”》荣获“2023 中国企业国际形象建设十大优秀案例”。

（闫　娜）

电力企业

国家电网有限公司

【公司概况】 国家电网有限公司（简称国家电网公司）成立于2002年12月29日，是根据《中华人民共和国公司法》设立的中央直接管理的国有独资公司，以投资建设运营电网为核心业务，是关系国家能源安全和国民经济命脉的特大型国有重点骨干企业，是全球最大的公用事业企业。国家电网公司经营区域覆盖26个省（自治区、直辖市），供电范围占国土面积的88%，供电人口超过11亿。2023年，国家电网公司连续19年获得国务院国资委业绩考核A级，连续11年获得标准普尔、穆迪、惠誉三大国际评级机构国家主权级信用评级，连续8年获得中国500最具价值品牌第一名，连续6年位居全球公用事业品牌50强榜首。

2023年底，国家电网公司资产总额5.2万亿元，全年完成售电量5.8万亿kWh，实现营业收入3.5万亿元，位列《财富》世界500强第3位；利润总额856.1亿元，资产负债率55.2%；全年发展总投入5912亿元。

截至2023年底，国家电网公司投资和参与运营10个国家和地区13个能源网项目，所有项目均保持稳健运营、全部盈利、无一亏损。

【领导班子】

董事长、党组书记：辛保安

董事、总经理、党组副书记：张智刚

董事、党组副书记：庞骁刚

中央纪委国家监委驻国家电网有限公司纪检监察组组长、党组成员：黄德安

总会计师、党组成员：朱敏

副总经理、党组成员：陈国平

副总经理、党组成员：潘敬东

副总经理、党组成员：金炜

【组织机构】 见2023年国家电网公司组织机构图。

【战略体系】

企业宗旨：人民电业为人民。

公司使命：为美好生活充电，为美丽中国赋能。

战略定位：国民经济保障者，能源革命践行者，美好生活服务者。

企业精神：努力超越、追求卓越。

战略目标：具有中国特色国际领先的能源互联网企业。“具有中国特色”是根本，“国际领先”是追求，“能源互联网”是方向，三者三位一体，彰显公司的政治本色、行业特色和发展角色，构成指引公司发展的航标。

战略安排：“三步走”。2025年基本建成具有中国特色国际领先的能源互联网企业；2030年全面建成产品卓越、品牌卓著、创新领先、治理现代的世界一流企业；2035年全面建成具有中国特色国际领先的能源互联网企业。

【电网发展】 截至2023年底，国家电网公司系统220kV及以上交流降压变电容量44.18亿kVA；220kV及以上交流输电线路长度69.08万km；换流变压器容量4.18亿kVA；直流输电线路长度3.84万km。累计建成投运35项特高压输电工程，跨区跨省输电能力超过3亿kW，输送清洁能源比例超过40%，是世界上输电能力最强、新能源并网规模最大的电网。截至2023年底，国家电网公司经营区域风、光新能源并网装机容量达8.7亿kW，新能源利用率保持在97%以上。

2023年，国家电网公司新投产220kV及以上交流输电线路3.98万km（1551条），同比增长6.04%；新增交流变电容量3.13亿kVA（974台），同比增长8.59%。华中特高压交流豫武双线、华东特高压交流榕泰双线，金塘特高压直流双极高端等重点工程建成投运，国家电网跨区直流保持30回，跨区直流输电能力提升至1.46亿kW，提高大范围资源优化配置能力。

白鹤滩—浙江、驻马店—武汉、福州—厦门等6项特高压工程以及川藏铁路施工供电二期等一批重点工程建成投产，电网资源配置能力持续提升。服务国家重大战略实施，加快各级电网建设。川藏铁路二期供电工程建成投运，攀西电网优化工程等一批重点项目加快建设。开工建设陇东—山东、宁夏—湖南、哈密—重庆直流以及张北—胜利交流等输电通道，服务大型风电光伏基地开发外送。现代智慧配电网加快构建，建成35个国际一流城市配电网先行示范区，按照三种类型高质量推进城市配电网向能源互联网升级，服务新型电力系统建设和“双碳”目标落地。服务乡村振兴，实施农网巩固提升工程，高标准建设农村电网，加快构建现代智慧配电网，不断提升农村地区供电水平。创建536个“村网共建”电力便民服务示范点，创建100个具有电网企业特色的示范村，完成消费帮扶7.99亿元，连续六年在中央单位定点帮扶考核中评价为“好”。张北柔直、苏通GIL综合管廊等21项工程获国家级优质工程奖。

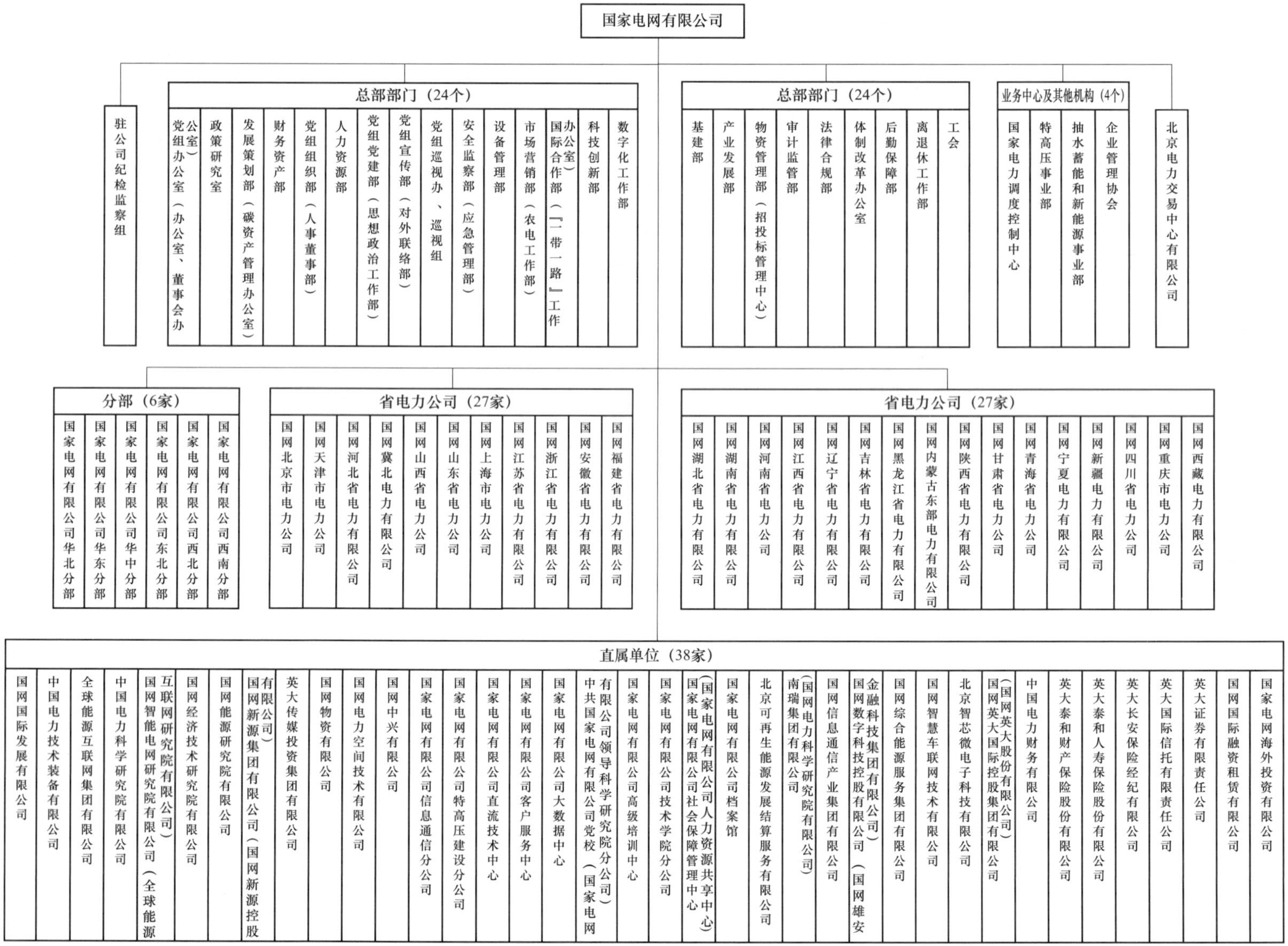

2023 年国家电网公司组织机构图

截至2023年底，国家电网公司经营区域在运抽水蓄能装机容量3946万kW，在建（含核准）电站装机容量1.6亿kW，在运、在建装机容量合计2亿kW。其中，国家电网公司所属在运抽水蓄能电站29座，装机容量3328万kW，在建抽水蓄能电站46座，装机容量6076万kW。2023年，国家电网公司经营区域新核准抽水蓄能电站42座、装机容量5551万kW。其中，国家电网公司所属9个抽水蓄能项目取得核准批复，总容量1068万kW。2023年，国家电网公司新开工9个抽水蓄能项目，装机容量1200万kW；新投产抽水蓄能机组17台，装机容量515万kW。

（王　晶）

【改革攻坚】对标世界一流企业价值创造行动。深刻学习领会习近平总书记关于加快建设世界一流企业的重要论述和中央深改委会议精神。制定《对标世界一流企业价值创造行动实施方案》，印发2023年世界一流企业建设工作要点和重点工作任务清单，明确2023年度23项工作要点、120项任务清单。以关键指标和年度工作清单为抓手，明确要素指标和提升措施，定期督查督办，督促各级单位逐级落实责任，实现"清单化管理、项目化推进"，以钉钉子精神推动工作计划落地，保障价值创造行动在基层创新创效。国家电网公司2023年中央企业对标世界一流企业价值创造行动考核等级为A级，世界一流企业建设走在央企前列。

电力体制改革取得进展。发挥电力改革支撑保障作用。深化市场建设、增量配电、新能源产消一体化等重大问题研究，积极建言献策，为中央改革文件出台提供支撑。组织编制国家电网公司深化电力体制改革实施方案，突出绿色低碳鲜明导向和市场化改革方向，为新型电力系统建设提供体制保障。配合国家部委起草《电力现货市场基本规则（试行）》等一系列市场规则文件，进一步完善市场规则体系。电力市场体系建设取得进展。按照"统一市场、两级运作"的市场框架，建立覆盖中长期交易、现货交易、辅助服务交易、容量保障机制和绿电绿证交易的全形态市场体系。省间、省内中长期交易实现常态开市；省间现货市场完成整年度连续结算试运行，22个省级现货市场开展试运行，山西现货市场在全国范围内首个转入正式运行，辅助服务市场基本实现全覆盖。市场主体增长，2023年国家电网公司经营区域注册市场成员超过54万个，市场化交易电量4.66万亿kWh，同比增长8%，全年绿电交易突破611亿kWh、绿证交易2300万张。全力打造"e-交易"电商式零售平台，在26省实现线上运行，达成零售交易电量超万亿。推进配售电改革。国家发展改革委共批复五批增量配电改革试点483个，其中，国家电网公司经营区域378个，占全国总数的78.3%，涉及25个省（自治区、直辖市）、204个地市。截至2023年底，国家电网公司经营区域已确定项目业主217个，完成区域划分217个，取得电力生产许可证159个，已取消试点或申请取消试点91个，实现电气并网183个。在已确立业主的项目中，国家电网公司参与73个，控股41个、参股32个。市场主体持续增长且逐步成熟，截至2023年底，国家电网公司经营区域内注册市场成员合计56.83万个，其中，发电企业3.19万个，电力用户53.30万个，售电公司3476个。服务新能源发展。国家电网公司经营区域风、光新能源2023年新增装机容量2.26亿kW，比2022年新增容量翻番，新能源利用率97.4%，连续五年超过95%。引导分布式光伏有序发展，推动热点省份出台专项政策、规范开发模式，2023年接入分布式光伏8589万kW。推动新型储能规模化发展，牵头新型储能规划、运营优化和监测分析科技攻关，2023年接入新型储能2039万kW。支撑充电基础设施体系建设，研究配电网承载能力和车网互动适应性，2023年接入充电桩超300万个。

国有企业改革深化提升行动。国有企业改革深化提升行动实施以来，国家电网公司党组高度重视，把学习贯彻习近平总书记关于国有企业改革发展和党的建设的重要论述作为首要任务，高质量制定改革深化提升行动实施方案以及产业链链长、原创技术策源地、能源转型、战新产业发展、数字化、改革专项工程等6个专项方案，健全决策部署、统筹协调、督导推进、强化落实的工作体系，完善组织领导、分类指导、工作例会、工作台账、信息报送、督察督办、考核评估、宣传推广等八项工作机制，完成2023年年度改革任务。国务院国资委发布2023年度中央企业改革深化提升行动重点任务考核结果，国家电网公司位列第5名，较2022年度提升21名，并连续3年获评A级。

省管产业改革。国家电网公司按照国企改革三年行动、国家监委监察建议要求，贯彻国务院厂办大集体改革精神，扎实推动省管产业改革，2023年完成全部省管产业单位工商变更，将省管产业收归国有并纳入国资监管体系，彻底完成厂办大集体改革任务，取得历史性成果。

推进数字化赋能。强化数字技术与业务深度融合，夯实数字化基础平台，发挥数据要素价值，赋能业务创新发展和基层减负，深化网络安全防护与系统运行保障，高质量建成全国碳排放监测分析服务平台，全面建成一体化国网云，提升电网数字化智能化水平，赋能新型电力系统建设。

提质增效专项行动。2023年，国家电网公司认真落实国务院国资委工作部署，将提质增效作为经营的重点主线扎实推进，实现业财协同深入联动、资源配置精准高效、发展质效持续提升。

（张　东　郭奎峰　王志毅　田　超　王登峰　刘润梓　刘云涛　王厚军　任健聪　谢金涛　黄媛媛）

【管理创新】国家电网公司聚焦管理体制机制变革、各类要素创新配置，突出价值创造，加强创新项目管理，深化全过程管控，发挥好不同创新载体的激励作用，激发各级人员创新创效活力，推动管理创新工作从奖项管理向组织推动创新实践转变。

推进管理创新体系，拓展管理创新工作整体格局。优化完善组织体系。建立“常态化＋项目化”双驱动创新管理组织架构。双向调配各类资源，开展柔性整合，确保召之即来、来之能战。优化完善工作体系。持续加强调查研究，结合各级各类创新需求，开展优化设计，丰富创新工作载体，推动各级创新能力、创新实践、创新绩效提升。优化完善标准体系。收集分析管理创新实践经验、开展理论总结，组织有关试点单位编制适用于各级单位的创新实施手册、工具书，探索设计管理创新工具化、实用化的实施载体。

优化管理创新工作机制，驱动工作能级跃升。自上而下加强管理创新工作统筹管理。按照“一体化运作、项目化管理”思维，加强对计划申报、项目立项、项目实施、成果申报、成果评审的统筹与指导。在计划申报阶段，坚持“多层级一次性申报”原则，同时组织各层级项目计划申报工作。在项目立项阶段，引入专家会审机制，选取代表性强、示范意义重大课题，组织相关部门或单位共同立项和联合攻关。在项目实施阶段，鼓励各单位结合自身实际，建立项目实施内部管控机制，加强对项目实施进度和质量的考核评价，以指标考核和月度通报为抓手，确保项目实施落实。在成果申报阶段，加强成果对外申报与推荐的统一管理，强化推荐成果统一论证和审核。在成果评审阶段，持续优化“形式审核、专业初评、专家复审、综合审定”流程，常态化开展年度优秀成果评审。

聚焦关键问题和价值导向，深化成果推广落实落地。深化“四化两库一平台”建设。坚持指标设计前瞻化、推广模式多样化、重点培育常态化、过程管控规范化，提升专家库、案例库建设水平。优化管控平台、智能平台功能定位，确保相关信息化、数字化建设落地执行。坚持“深化共享”，促进多渠道成果交流。深化行业、国家层面优秀成果推荐管控机制，提升培育力度、频度、广度，打造有外部影响力成果，彰显公司价值。利用网站、微信公众号、国网学堂等载体，通过交流会、发布会等形式，开展不同层级的管理创新成果交流分享。总结实践经验，凝练管理思想，整合管理体系，服务公司管理思想提炼。

强化支撑保障机制建设，持续提升管理创新能力。优化培训模式。建立“通用培训＋专项培训”机制，扩展培训人员覆盖范围，提升培训专业化、系统化水平，拓展创新经验传播范围。优化人才库。与外部社团联系，加强管理创新领域人才梯队建设，试点人才认证制度，建立专业类别创新人才队伍，培养“专业＋管理＋创新”复合型专家，强化专业人才参与度，开展定向指导应用，发挥专家作用。

国家电网公司管理创新工作成果丰硕，品牌效应显著。在“第三十届全国企业管理现代化创新成果”评选中，共 29 项成果获奖，其中，4 项成果获一等奖，25 项成果获二等奖，国家电网公司系统获奖成果总数连续 9 年位列央企首位。在 2023 年度中国电力创新奖管理类奖项评审中成绩优异，共计 79 项成果获奖，其中，管理类创新大奖 2 项，一等奖 26 项、二等奖 51 项，获奖数量、等级继续保持电力行业企业首位。

（刘　胜　王　健）

【合规管理】加强党对合规工作的领导。国家电网公司党组重视法治合规工作，合规管理纳入国家电网公司“十四五”发展规划，修订发布《领导干部应知应会党内法规和国家法律清单》。主要负责人履行法治建设第一责任人职责，对合规管理、涉外法治、法律风险防范、重大案件处置等作出批示 123 件。各二级单位党委将审议法治合规报告制度化、常态化，累计研究法治专题 311 项，主要负责人部署法治合规工作 821 件次。开展“百名管理者谈合规”活动，各级单位 102 位主要负责人发表署名文章。

“合规管理提升年”行动成效显著。落实“合规管理提升年”专项行动部署，结合国务院国资委《中央企业合规管理办法》要求，督导完成 4 个方面 23 项合规重点任务，实现“五个提升，一个降低” 目标（即持续提升合规管理体系的完善性、运行机制的合理性、重点领域的合规性、重点风险的防控力、合规文化的影响力，力促降低公司系统违规事件数量），全年国家电网公司系统未发生重大级别及以上违规事件，新发监管处罚类违规事件同比下降 36.8%。

合规体系有效性评价扎实推进。落实国务院国资委合规有效性评价工作，科学设计合规评价标准，组织 68 家二级单位在 5 大方面和 4 个重点领域开展自评，完成国家电网公司系统首次全级次的合规“体检”。选取首批 10 家二级单位开展重点督导，创新开展现场评价督导，发现反馈合规问题 201 项。

合规管理机制运行更加高效。持续完善合规风险识别、评估、预警、防控机制，依托合规信息简报和合规风险提示书等载体，全年提示警示合规风险 560 项。落实合规“一库两清单”，实现各业务领域、重点岗位和关键环节合规要求和合规风险可查易查、可防能控。坚持“三个必须”（违规事件必发现、违规不报必通报、违规行为必整改）原则，督促各单位对违规事件认真调查、严格考核、严肃追责，72起违规事件中已整改64起，整改率达88.9%。

（张　晨　李昕雨）

【安全生产】贯彻党中央、国务院决策部署和有关部委工作要求，国家电网公司先后召开15次党组会、安委会、专题会，研究部署重大事故隐患专项排查整治、安全管理强化年等专项工作，推进年度82项重点任务，开展春季百日安全攻坚和秋检“控风险、盯现场、保安全”等专项行动，完成27家省公司国家电网安全管理体系（SGSMS）验收，完成1523家单位安全生产标准化达标建设。

深化双重预防机制建设。开展重大事故隐患专项排查整治2023行动，制定3方面15项工作重点任务、11类122项重大隐患排查标准，累计排查隐患16.6万项，其中重大隐患321项。坚持电网风险“全面评估、先降后控”，管控电网安全风险4万余项。加强全年781万项作业风险“分层分级”管控，高峰期作业量错峰压降20%，省公司级领导累计督导班组现场7255人•次，各级管理人员累计到岗到位567万人次，保障作业风险可控在控。

严格安全生产监管。开展输变电工程建设“抓责任、精管理、固基础”安全主题活动，构建特高压工程安全管理体系，制定电网建设安全攻坚三十项硬措施，安全完成电网工程年度建设任务。加强生产作业管理，协同强化变电站内基建改扩建工程安全管理，制定线路检修人身安全36条重点措施。严格配电网作业和“小零散抢”作业管控，完成11.9万项农网巩固提升和城网更新改造工程等任务。建立抽水蓄能建设属地协同监督机制，实施加强安全监管“八项特别措施”。针对高温天气、寒潮天气作业安全管控作出专门部署。编制典型违章库，修订严重违章释义，各级单位查纠违章38.4万余项。

强化安全文化建设。强化安全文化顶层设计，开展安全文化建设调研，印发《国家电网有限公司关于安全文化建设的实施意见》《国家电网有限公司关于印发安全文化建设规划的通知》《国家电网有限公司安全文化建设指引手册（2023）》，部署安全文化建设工作。强化安全文化宣传，召开公司安全文化建设现场推进会，分片区开展宣讲调研，开展第一届安全文化建设文创作品评选，深化“党建＋安全”、党员身边无违章活动，营造“我要安全”的良好氛围，让“人人讲安全、公司保安全”的安全文化在基层落地生根。

加强网络、消防、危化品安全监督。开展网络安全巩固提升专项行动，完成4期网络安全实战对抗、10期跨区域联合演练，开展网络安全和信息运行“四不两直”督查、信息机房消防隐患专项排查。研究勒索攻击手段和技术，组织全网完成勒索攻击靶场演习。组织省管产业“抓落实、提能力、促同质”安全专项活动。开展水电站大坝安全提升专项工作。开展冬春消防专项整治、消防安全隐患排查整治、燃气安全大起底大整治、危化品存储使用安全隐患专项排查等工作。严格日常交通和汛期、雨雪冰冻天气行车安全管理。

强化安全教育培训监督工作。印发《国家电网有限公司关于强化安全教育培训监督工作的意见》，健全4项工作机制，明确6项重点任务。紧盯安全教育培训监督责任强化和从业人员安全素质能力提升，建立安全知识考试常态机制，完成11000余道安全知识题库编制、适考清单制定、调考平台搭建等工作，完成27家省公司、11家直属单位共计5803人调考工作，各层级各专业学安规、会安规的氛围逐步形成。结合新员工特点和公司业务实际，开发新员工“6＋1”安全专题培训课程，理论加实操全方位提升新员工综合安全素养。

完成重大活动保电和灾害应急处置。科学应对京津冀等地区洪涝和甘肃积石山6.2级地震、山西垣曲寒潮天气、东北地区强雨雪等重大突发情况，累计投入12万余人、1万台各类车辆、272台应急发电车，快速有序恢复灾区供电。做好成都大运会、杭州亚运会、第六届进博会、第三届“一带一路”国际合作高峰论坛等保电工作，加强电网设备巡视检查，逐户编制重要客户保电方案，提前排查消除缺陷隐患，实现保电目标。

安全隐患排查治理。各单位落实国家电网公司安全生产部署，以重大事故隐患专项排查整治行动为抓手，逐项排查、逐个治理，2023年度累计排查各类安全隐患16.6万项，其中，按等级划分，重大隐患321项、较大隐患17258项、一般隐惠149001项；按专业划分，设备设施110869项、人身安全17731项、消防安全15283项、系统运行9789项、安全管理4759项、网络安全5361项、水电安全714项、特种设备919项、危险化学品1001项、电化学储能83条、通用航空71项，整治15.6万项。

应急能力建设。推进国家级电力应急基地和研究中心建设。编制印发《建设国家级电力应急基地和研究中心实施方案》，推动华北基地和研究中心通过专家评审，并开展试运行。完善应急制度标准。完成《国家电网有限公司应急工作管理规定》《国家电网有限公司应急预案管理办法》及《大面积停电事件应急演练技术规范》修订和审查。推进新一轮应急预案修订。优化完善应急预案体系框架，完成《国家电网有限公司突发事件总体应急预案》《国家电网有限公司人身伤亡事件应急预案》《国家电网有限公司大面积停电事件应急预案》印发。组织各单位开展应急预案和现场处置方案“一张图”绘制。强化应急技能培训。累计开展应急培训 8350 期（应急管理培训 3936 期，应急技能培训 4414 期），累计参加人数约 24.52 万人次。开展应急演练。组织总部部门开展新一代应急指挥系统辅助大面积停电事件应急演练、2023 年国家电网迎峰度夏暨大面积停电事件联合反事故演练、电力保供应急物资保障演练等 7 场应急演练。督导各级单位开展应急演练，累计开展各类演练 16791 场（自然灾害类 5057 场、事故灾难类 10796 场、公共卫生类 1090 场、社会安全类 4463 场），约 43.41 万人次参加，实现各单位全覆盖、各预案全覆盖。

电力可靠性管理。2023 年国家电网公司全口径平均供电可靠率 99.911%，同比提高 0.0149 个百分点，平均停电时间为 7.79h/户，同比减少 1.31h/户、下降 14.4%。220kV 及以上电压等级架空线路可用系数为 99.450%，同比提高 0.002 个百分点。220kV 及以上电压等级变压器、断路器可用系数分别为 99.771%、99.848%，同比分别降低 0.052、0.044 个百分点。跨区直流输电系统能量可用率为 97.18%，同比提高 0.52 个百分点，强迫能量不可用率为 0.10%，计划能量不可用率为 2.72%，直流输电系统强迫停运 19 次（其中换流站设备原因 12 次，直流线路原因 7 次）。抽水蓄能可用系数达到 90.7%，同比提高 0.9 个百分点，年综合利用小时 2764.5h，同比降低 2.8%。常规水电机组可用系数为 90.9%，同比减少 0.2 个百分点；利用小时 2245.3h，同比减少 10.7%。

技术监督。技术监督办公室定期发布全过程技术技术监督季报 22 份，全技术监督开展工作同比增加 8%，发现问题数量同比增长 51%，告（预）警单数量增加 2.4 倍。强化监督硬约束，工程投产前出具 421 份技术监督报告，作为工程启动送电必要条件。完成 57 类“平台+专业”监督细则修订，实现重大、较大、一般监督问题分级管理。常态化开展标准差异问题收集，将差异分析作为报批前置环节，完成《电压互感器技术监督导则》等 124 项技术标准编制（修）订。技术监督办公室组织新设和调整 30 个新建特高压工程技术监督项目部，项目制运转不断规范。发现并整改长泰站主变压器过流试验异常产气等 35 项重大问题，源头提升设备入网质量。全量 500（330）～750kV、近四成 220kV 输变电工程实现技术监督项目制全覆盖，督促 976 项重大问题闭环整改，平均监督效率达 14.5（监督效率=监督发现问题/监督工作数量），同比提升 11%。组织省、市两级技术监督办公室针对主变压器、换流阀、直流控保等关键设备开展技改项目技术监督项目制管理，闭环整改问题 9928 项，提升技改项目实施质量。总部、省公司两级部署应用 PMS3.0 技术监督应用，实现监督月报单轨报送。评选 29 名专家纳入总部技术监督专家库，提升监督队伍水平。国网山东、江西、辽宁、江苏电力试点建设 47 家地市公司技术监督中心，各省公司建成 267 家地市公司金属技术监督试验室，优化监督工作模式。

（余国太　杨军飞　杨鹏云　王学军　李　涛
刘　超　王金宇　黄　坤　王　剑　金　焱
魏本刚　杜彦明　张兴辉　徐　浩）

【电力市场】电力市场建设。构建统一开放、竞争有序、安全高效、治理完善的电力市场体系，推动全国统一电力市场建设，传统的生产组织方式正在向市场化方式转变，市场在资源配置中发挥决定性作用。推动全国统一电力市场建设。强化全国统一电力市场顶层设计，提出推动全国统一电力市场工作方案，推进省间、省内市场协同运行，推动中长期、现货、辅助服务市场一体化设计、联合运营。深化中长期市场连续运营，省间中长期月内多通道集中竞价交易正式运行，省内中长期交易实现按工作日连续开市，推动中长期交易向分时段交易结算转变，发挥保供稳价“压舱石”作用。省间现货及山西、山东现货市场转正式运行，省级现货市场全部投入运行，促进中长期与现货市场无缝衔接。建立煤电容量电价机制工作流程，推动煤电机组回收固定成本。配合国家发展改革委、国家能源局起草《电力中长期交易基本规则》绿色电力交易专章，修订《跨区跨省电力中长期交易实施细则》和《绿电交易实施细则》，推动全国统一电力市场规则体系完善。推动能源低碳绿色转型。健全适应新能源特性的市场机制，配合国家发展改革委、国家能源局研究编制带补贴新能源参与绿电绿证交易、省间绿电交易等工作方案，提出以平台聚合市场主体需求参与省间绿电集中竞价机制，满足市场主体跨省跨区购买绿电诉求。推动 IEC 绿电交易国际标准立项研发，获得 IEC SC8C 分委会正式立项批准。分类推进负荷侧资源参与市场交易。推动虚拟电厂、储能等新型市场主体入市，编制印发《新型储能主体注册规范指引》。组织江苏、浙江等省份在迎峰度夏期间开展负荷侧资源参与市场试点工作，共聚合用户 925 家，最大调节能力达 87 万 kW，缓解夏季短时电力缺口，保障电网安全稳定运行。深化零售市场建设。推动零售市场电商化建设运营总体思路与系列举措，促进零售交易由“分散协商”向“集中竞争”转变。打造“e－交易”电商式零售平台，截至 2023 年底，26 个省实现上线运行，全年发布零售套餐商品 1.6 万个，服务零售用户超 45 万家，其中山西、山东、江苏零售市场线上签约率均达到 100%。

电力市场运营。2023 年，国家电网公司经营区域完成交易电量 6.2 万亿 kWh，同比增长 6.8%。其中，市场化交易电量 4.7 万亿 kWh，占比 74.7%；省间交易电量 1.4 万亿 kWh，同比增长 6.4%。扩大省间交易规模。2023 年，共达成省间交易 1650 笔、同比增加 15%，省间交易电量 1.4 万亿 kWh，占公司售电量的 24.1%。国家优先发电计划完成率 101.3%。16 回在运特高压通道利用小时 4031h，同比增加 45h。服务清洁能源消纳。2023 年，省间清洁能源交易电量完成 5767 亿 kWh，同比增长 7.4%，占省间交易电量的 41.2%。其中，省间新能源交易电量 1763 亿 kWh，同比增长 21.7%。深化中长期连续运营。推进省间中长期市场连续运营，实现按工作日连续开市，灵活响应市场交易需求，月度、月内交易电量规模 3842 亿 kWh。推广供需联动的灵活市场价格机制，全年累计签订浮动价格合同 2134 亿 kWh。完善合同交易机制，实现省间中长期合同履约率达到 99%以上。省内中长期市场基本实现年度、月度、月内等交易时序全覆盖，25 个省实现月内连续开市。其中，山西、山东、江西等 9 省中长期市场实现按工作日连续开市，甘肃、宁夏、新疆等 6 省份中长期交易按日分 24 个时段组织，湖北、湖南、陕西等 10 省按峰（尖峰）、谷、平时段组织。创新省间交易机制。创新开展省间多通道集中竞价周交易，自 2023 年 8 月开展结算试运行以来，全年累计开展 18 笔交易、成交电量 7.3 亿 kWh，共 12 省份 2417 家发电企业、12 个购电省份、293 条路径成交。扩大绿电交易规模。2023 年国家电网公司绿电交易平台成交绿电电量 611 亿 kWh。共 25 个省（区、市）参与绿电交易，其中冀北、浙江、江苏、辽宁、安徽成交量居前列。实现亚运会全部场馆 100%绿色供电，进博会首次全绿电办展。扩大绿证交易规模。2023 年国家电网公司绿证交易平台交易绿证 2364 万张。组织完成绿证全覆盖相关数字化应用建设。推进零售市场建设运营。实现经营区域内 26 个省（区、市）“e－交易”线上运行，完成零售交易电量 7536.51 亿 kWh，达成年度指标 75.37%，服务零售用户 17 万家。

（纪　鹏　马子明　董晓亮　金一丁　张　昱　张　楠　孙　田　于松泰　朱皇儒）

【科技创新】2023 年，国家电网公司持续推进高水平科技自立自强，增强关键核心技术攻关能力，以科技创新引领现代化产业体系建设，集中力量在特高压输电、柔性直流、大电网控制等领域取得一大批具有自主知识产权、世界领先的重大成果，获得国家科技进步奖 3 项、国家技术发明奖 2 项、中国电力科学技术奖 63 项、省（自治区、直辖市）科学技术奖励 247 项，评审授予科学技术奖 200 项。

技术攻关。完成“十四五”科技规划及《国家电网能源互联网技术研究框架》修编，优化完善“十四五”及中长期攻关布局，强化基础研究比例，加大研发专项投入。完成“新型电力系统科技攻关行动计划”2023 专项策划，提出“特高压直流送受端高比例新能源暂态支撑关键技术研究”等 10 项重大科技项目。完成西部大规模清洁能源基地开发与外送、高海拔多端柔性直流外送、微电网等专项研究框架策划实施，支持沙戈荒、藏东南地区清洁能源基地开发送出和建设。完成大型充油设备防爆防火、GIS 可靠性提升、新型储能等专项研究框架策划实施，为提升系统本质安全水平提供技术支撑。国产化大型电力系统电磁暂态仿真技术及平台研发成功。25MW 海上风电机组全尺寸地面试验平台研发取得阶段性突破。研制基于自主芯片的变电站系列二次专用设备。研发基于自主芯片的直流控制保护设备样机，并实现挂网试运行。研制宽频交直流 MEMS 自取能系列电流传感器及量测系统。南瑞继保“特高压直流与柔性输电高端装备攻关”团队获评首届国家卓越工程师团队。

实验研究体系建设。推进全国重点实验室建设，国家电网公司所属电网安全全国重点实验室等 6 个国家重点实验室完成重组，并通过科技部评审，纳入新的全国重点实验室序列。加强国家能源研发创新平台建设。国家能源雷电灾害监测预警与安全防护重点实验室获国家能源局批复，6 个实验室纳入国家能源局批复的赛马平台。与合肥国家实验室签署战略合作协议，共建联合实验室，打造电力量子技术创新示范高地。推进实验研究体系优化，聚焦服务“十四五”科技规划和支撑新型电力系统构建。完成第二批实验室命名，实验室整体数量由优化调整前的 124 家减少至 66 家。布局实验条件建设项目 380 余项，总投入 16 亿元，完成观测研究体系基础设施建设一期项目等重点建设。

技术标准工作。2023 年，国家电网公司加快技术标准工作体制机制创新，深化国家和公司两级技术标准创新基地建设，国内国际标准化工作取得新成效。牵头立项国际标准 60 项、发布 21 项；获批发布国家标准 106 项、行业标准 223 项、团体标准 315 项、企业标准 189 项。完成第二批促进科研与技术标准互动发展试点，国家级雄安新区能源互联网标准化试点收官。荣获 2023 年电力创新奖（标准类）唯一大奖，连续 6 届获此殊荣；自主项目“能源电力企业国际标准化管理创新与实践”荣获电力创新奖（管理类）一等奖。启动标准数字化建设。印发《关于加快标准数字化发展的指导意见》《标准数字化试点工作方案》，部署构建统一的标准数字化生态等 4 个方面、16 项重点工作，统筹推进电力低碳标准数字化、负荷管理标准数字化等试点任务，启动数字标准馆建设。设立“新型电力系统数字赋能标准化关键技术研究”框架项目，开展技术攻关。提升技术标准试验验证能力。组织申报的国家标准验证点（新型电力系统和储能）获批，国家和公司两级标准验证体系初步建成。在电力系统安全稳定运行等领域部署101项重要标准验证任务，首次在高干热极端气候环境下开展国际标准试验验证。推动国家技术标准创新基地转型升级，将国家技术标准创新基地（智能电网）更名为国家技术标准创新基地（新型电力系统）。围绕科研标准互动、标准产业融合、国内国际协同3条主线，安排部署创新基地转型期6个方面18项重点任务。提升技术标准体系建设和实施效能。完成新能源并网、新型储能等8个新型电力系统技术标准体系专项规划修订，补充制订用户侧供需互动专项规划。印发《技术标准体系表（2023版）》，组织修订完善电动汽车充电技术标准体系。印发《关于进一步深化技术标准实施监督评价工作的通知》，完成科研单位技术标准实施监督评价试点。23家基层单位通过电力企业AAAAA级“标准化良好行为企业”现场确认。实现国际标准化工作新突破。发起成立IEC可持续电气化交通系统委员会并承担秘书处，实现中国承担IEC系统委员会“零”的突破。加强新型电力系统重点领域国际标准布局，实现三大国际标准组织标准发布全覆盖。1位专家入围IEC青年专家，5位专家获2023年度“IEC 1906奖”。

知识产权工作。2023年，国家电网公司知识产权创造工作量质齐升，共申请中国专利26475项，其中发明专利申请25916项，占比为97.89%；授权中国专利13030项，其中发明专利授权12151项，占比为93.25%；出版科技论著189部，发表科技论文8737篇，其中发表在SCI、EI、ISTP和ISR源刊上的论文3378篇。通过对317项海外专利提案集中评审，遴选出104项符合公司海外发展需求的提案，统一组织申报。通过专利合作条约（patent cooperation treaty，PCT）申请海外专利125项，新进入海外国家及地区72项，新增海外授权专利108项。截至2023年底，累计海外授权专利800项。2023年，国家电网公司获得第二十四届中国专利奖10项，其中银奖1项、优秀奖9项。

科技奖励工作。共评审授予公司科学技术奖200项，其中年度科技人物奖1项（授予国网湖南电力陆佳政同志），技术发明奖17项（一等奖2项、二等奖6项、三等奖9项），科学技术进步奖136项（一等奖20项、二等奖57项、三等奖59项），技术标准创新贡献奖17项（一等奖1项、二等奖5项、三等奖11项），专利奖29项（一等奖2项、二等奖7项、三等奖20项）。

（孙建锋　赵海翔　李　刚）

【数字化发展】加强数字化顶层设计。开展数字化架构体系和新型电力系统数字技术支撑体系优化设计。梳理国家电网公司两级对外服务平台建设应用现状，印发《关于规范国家电网公司对外服务平台建设应用的意见》，明确国家电网公司对外服务平台分类和级别。完成国务院国资委国资监管数字化智能化提升专项行动第一阶段验收评估，以满分成绩位列央企第一。印发《关于进一步加快数字化转型的意见》和2023年实施行动方案。发布《业务中台服务设计及交互规范》，提升业务中台运营规范标准化水平。编制《数字化项目管理优化方案》《进一步加强数字化项目管理指导意见》；印发《国家电网公司电网数字化项目分包管理规范》，明确管理职责，进一步规范和加强数字化项目分包管理。

数字基础设施建设运营。提升全域计算能力，加强数据中心精益管理，三地数据中心和省（区、市）电力公司在运信息机房150个，安装机柜1.7万面，服务器8.1万台，可提供算力资源299.7万核，支撑业务发展需求。开展网络架构和系统优化，完成消除基层网络瓶颈、开展历史数据迁移等11项任务，整改网络运行、组网结构等方面103项问题，提升系统性能和运行效率。完成国网云大版本升级，开展国网云运行全景图建设。建成全电压等级覆盖、全要素纳管、全拓扑联通、运行状态实时感知的数字形态“电网一张图”，纳管电网设备20亿台（套）、用户表箱2.4亿个、状态感知测点140亿个、视频测点70.6万个，为220个互动场景提供支持，10kV及以上主配网数据准确率达99%，同比提升29个百分点。数据中台累计汇聚数据表172.6万张、数据容量12.3PB，发布数据服务9.2万个，响应数据共享需求9.3万项，涉及数据表57.3万张，支撑5324个应用系统建设，助力4.9万个基层班组减负。强化业务中台能力。完成27家省（区、市）电力公司8类一次设备在调度和设备专业的数据贯通，完成380余万条存量数据映射治理，增量维护流程互联贯通。拓展企业级实时量测中心数据接入，累计汇聚各类系统量测数据60余项、日均391亿条，支撑线损计算、分布式光伏出力监测、配电网故障研判等场景实用化、规模化应用。完成客户服务业务中台在7家省（区、市）电力公司上线应用，支撑营销2.0推广上线。建成一级部署财务管理业务中台，支撑智慧共享财务平台3大类19个应用的51类业务。项目管理业务中台累计调用次数达6000余万，支撑综合计划业务开展。提升技术中台能力。实现电网地理信息服务平台2.0（GIS2.0）单轨运行。统一权限外部用户纳管总数突破180余万，扩展电子签章、数据授权能力。推进统一视频平台视频自动巡检规模化应用，实现97座直调站点1.6万余路视频“日巡检”，巡检效率提升6倍。开展“i国网”性能提升专项行动。

数字化应用赋能业务转型。赋能规划建设质效提升。“网上电网”图上集成26.6万个业扩报装及7364个电源接入需求，创新网上管理、图上作业、线上服务的业务模式。e基建2.0平台支撑工程现场状态智能感知、核心业务在线管控、工程档案自动生成、跨专业高效协同，已在国网山东、浙江、福建、湖南电力试点应用，支撑全量944项在建和新开工工程单轨应用。赋能电网生产作业质效提升。推进新一代设备资产精益管理系统（PMS3.0）建设应用，26家单位实现11项基础作业应用全省单轨，实现业务全环节贯通，单一检修计划维护时间降低75%、操作步骤减少86%，实现500kV及以上线路无人机自主巡检全覆盖。完成2669套单站型、221套区域型智能巡视系统建设，覆盖5871座变电站，替代人工巡视超41.6万次，5066座变电站具备一键顺控功能，替代人工操作超8.5万次。赋能客户服务质效提升。完成营销2.0新增13家省（区、市）电力公司推广上线，电费核算效率提升约12倍。推广线上签约、电子账单等服务，优化信息公开、账单解读、便捷交费等高频服务场景。完成“网上国网”App改版上线，日活跃用户突破1000万，同比提升33%。深化新一代电力交易平台建设，支撑中长期交易连续开市和一体化结算。深度应用区块链实现信息价值转换，首次实现挂牌和双边协商多种绿证交易方式，2023年注册市场主体超过56万，同比新增26.4%，交易电量超5万亿kWh，同比增长309%。赋能经营管理质效提升。智慧共享财务平台推广应用，累计完成报账等各类业务424万笔、资金结算160亿元、生成凭证229万张，原始凭证电子化率95%，业务办理效率提升50%以上。赋能基层减负增效。建成两级基层数据服务统一入口，基层数据服务专区覆盖48589个基层班组和供电所，覆盖率达95%。企业级工单中心业务模式由传统人工“找”工单转变为“工单驱动”，汇聚39个系统757类工单2790余万条数据，实现2800余类线下流程线上化、移动化，事项发起超380万项，外出作业准备压降0.5h，现场作业时间压降0.3h，工单平均处理时长压降1.5h，基层业务办理质效提升30%。

加快人工智能规模化应用。落实人工智能规模化应用2023年专项行动方案，开展人工智能规模化应用专项行动，完成推广型、试点型、培育型3类14项场景应用专项攻坚。完成视觉、语义大模型技术验证，形成公司大模型应用规划布局。

（张朝阳　李　翔　范金锋　杨　芳　都俊超　褚宇宁　刘　超　粮龙亚　黄　怡　罗大勇　郝悍勇　蔡启煌　蒋　炜）

【国际化发展】全球能源互联网。与联合国经社部、世界气象组织、联合国可持续发展解决方案网络共同举办第八届联合国科技与创新论坛网络边会。与拉丁美洲能源组织、联合国可持续发展解决方案网络及联合国能源转型工程师委员会共同主办联合国可持续发展高级别政治论坛——“共建零碳能源体系促进2030年可持续发展议程落实”主题边会。第28届联合国气候变化大会（COP28）期间，举办“全球能源互联网促进能源包容公正韧性转型”主题活动。开展首批标准制定，完成《新型电力系统规划导则》《跨国电网互联工作导则》《光伏发电站接入电网技术规定》《智能水电厂智能测控装置技术规范》等11项标准立项和工作组筹建。开展国际能力培训，与联合国西亚经济社会委员会、中非电力池、阿拉伯国家联盟、区域可再生能源与能效中心等国际机构联合举办多场主题培训活动，来自非洲、西亚等区域国家能源电力领域官员、专家等1000余人参加。发挥“一带一路”互联互通（电力）工作组组长作用，召开工作组全体会议，牵头落实全年5大类12项重点工作。与联合国工业发展组织、联合国西亚经济社会委员会、埃及电力和可再生能源部、阿根廷能源秘书处等8个机构签署合作协议，推动项目合作。组建新型电力系统专委会，举办专委会成立暨第一次会议。专委会首批委员共41位（国际委员26位、国内委员15位），地域覆盖亚洲、欧洲、非洲、北美洲、中南美洲等10多个国家和地区。项目合作方面，以亚洲、非洲等区域能源互联网建设为重点，推动大型能源电力项目、“小而美”项目取得新进展。在亚洲，开展印度尼西亚与新加坡联网项目研究，提出印尼廖内群岛光伏开发及送电新加坡方案。开展中国—中亚联网项目研究，提出中国—中亚电力丝绸之路构想，以中—吉—乌（塔）输电工程作为中国—中亚电力丝绸之路起步项目。在非洲，策划南非校园能源转型项目，调研马达加斯加农村光储项目案例，推动非洲偏远地区快速农村转型项目。

境外投资与运营。国家电网公司投资和参与运营10个国家和地区的13个能源网项目，包括菲律宾国家电网公司（NGCP）、国网巴西控股公司和CPFL公司、葡萄牙国家能源网公司（REN）、国网澳洲资产公司（SGSPAA）和南澳输电网公司、意大利国家能源网公司（CDP Reti）、希腊国家电网公司（IPTO）、阿曼国家电网公司（OETC）、智利切昆塔公司和CGE公司、巴基斯坦默拉直流输电项目、香港港灯公司，所有项目均保持稳健运营、全部盈利、无一亏损。

海外绿地项目开发。独立中标巴西东北部新能源送出±800kV特高压直流输电项目。该项目将巴西东北部和北部的风电、太阳能和水电等清洁能源打包汇集输送至巴西中部负荷中心，助推巴西能源清洁低碳转型。国网巴控公司4个扩建项目全部建成投运；500kV希瓦尼亚变电项目进入设备安装阶段。

CPFL 公司 SUL1、SUL2、TESB 等绿地输电项目建成投运。智利切昆塔公司 110kV 大马士革变电站建成投运。

国际合作。中标沙特国家电力公司沙特中部—西部和中部—南部±500kV 柔性直流换流站项目。签署巴西伊泰普水电站±600kV 直流送出改造项目 EPC 合同。与俄罗斯、蒙古国等周边国家电网互联互通项目稳定运行，2023 年中俄交易电量约 31 亿 kWh，对蒙古国供电约 1160 万 kWh。

国际交流。参加第三届“一带一路”国际合作高峰论坛、“一带一路”企业家大会、金砖国家工商论坛等活动，围绕高峰论坛与乌兹别克斯坦能源部、埃及电力与可再生能源部、印尼国家电力公司等开展多项项目签约。与多国相关政府部门和能源企业等会谈，探讨推动能源绿色低碳转型、加强能源电力领域务实合作等。参加第 14 届新领军者年会暨夏季达沃斯论坛、 2023 年全球贸易投资促进峰会、中俄能源合作委员会第二十次会议；参加 2023 年亚太能源监管论坛、俄罗斯第八届东方经济论坛、第五届中俄能源商务论坛、进博会开幕式、虹桥论坛、2023 年国合会年会、中国国际商会副会长工作会议等；协助做好 2023 年亚太电协大会组织工作，举办国际能源变革论坛“新型电力系统建设分论坛”。在参加 2023 年全球能源互联网大会期间，与联合国秘书长大湖区特使夏煌、马拉维能源部部长马托拉、埃及电力与可再生能源部部长沙赫尔、REN 董事长罗德里格戈等，就能源转型合作、电力基础设施联通、前沿技术交流、国际标准合作等领域开展探讨。多种形式参与多个国际组织机制的近百场活动，深耕国际可再生能源署、世界经济论坛等具有重要影响力的国际组织，加入世界能源理事会，提升学术类国际组织交流水平。

（郭一辉　高一鸣　徐　珊　杨　阳　唐子娟　马海洋　张　虎　刘　琪　陈原子　沈　亮　陈原子　韩　勇　夏　雪　闫　雨　王宁华　雷　颖　吕　昕）

【节能减排】主要指标完成情况。能耗指标：2023 年，国家电网公司能源消费总量 3689 万 t 标准煤，同比增长 0.7%；万元产值综合能耗（以标准煤计）为 0.085t/万元，同比下降 2.1%。线损率指标：2023 年完成 4.63%，同比下降 0.29 个百分点，节约电量 181 亿 kWh，相当于减少电煤消耗 552 万 t、减排二氧化碳 1499 万 t。六氟化硫指标：2023 年回收六氟化硫气体 439t，回收率 97.1%，相当于减排二氧化碳 1050 万 t。

主要举措及成效。推进新型电力系统建设：滚动修编国家电网公司新型电力系统发展规划纲要和行动方案，统筹推进源网荷储各方面工作。开展中长期抽水蓄能发展需求论证，修编国家电网公司抽水蓄能规划。截至 2023 年底，国家电网公司在运、在建及核准抽水蓄能超过 9000 万 kW。深入推进新型电力系统示范工程建设，浙江 220kV 柔性低频输电、江苏车网互动验证中心、湖北构网型储能电站等一批项目建成投运。服务新能源发展：2023 年，国家电网公司经营区域风、光新能源新增装机 2.26 亿 kW，累计并网容量 8.7 亿 kW，新能源年发电量首次突破万亿，达到 1.2 万亿 kWh，利用率连续 4 年保持在 97%以上。深化推广应用新能源云，截至 2023 年底，累计接入新能源场站 520 万座、发布可再生能源补贴清单项目 4.5 万个。加大绿电绿证交易力度，2023 年，北京电力交易中心实现绿电交易超 610 亿 kWh，绿证交易超 2300 万张。推动全社会节能提效：分类施策开展节约用电，开发“网上国网”居民“e 起节电”活动专区，通过节电奖励设置、开展专项宣传等方式，推广居民节电活动。推动电能替代，服务北方地区“煤改电”清洁取暖，协助政府完成 82 万余户新增改造任务。拓展“煤改电”便民优质服务渠道，上线“网上国网”服务专区，主动提供节能和优化运行建议，提升电采暖设备利用效率。提升国家电网公司自身节能环保水平：推进电网规划设计、建设运行、运维检修各环节绿色低碳技术研发，推广节能导线和变压器，实现全过程节能、节水、节材、节地。印发国家电网公司节能减排管理规定，加强办公及生产绿色用能。2023 年，国家电网公司自身绿电绿证消费超 12 亿 kWh、居央企前列，获评北京市重点用能节能考核“优秀”单位。组织做好节能降碳宣传工作：国家电网公司能源节约和生态环境保护典型经验荣获中国设备管理协会 2023 碳达峰碳中和创新项目特等奖。国家电网公司成为中央企业总部层面首个获得能源管理体系创建认证的企业。应邀出席第十一届中华环境奖颁奖典礼并领奖。

【农网发展】农村电网发展规划。开展农村电网巩固提升专项规划工作。补齐农村电网发展短板，加强农村电网薄弱地区电网建设改造，因地制宜完善农村电网网架结构。梳理县级及以上供电区域与大电网联系薄弱问题，逐一细化制订规划补强方案，加快局部电网补强。针对 115 个大电网未覆盖乡镇，按照“因地制宜、分类施策”原则，推动公用电网延伸覆盖。支撑农村绿色低碳转型，应对分布式光伏规模化接入，配合地方政府编制充电基础设施规划，支撑充电基础设施体系建设，围绕 10MW 级离网型微电网、能源自治型乡镇微电网、县域有源配电网、城市智慧配电网 4 个方向，遴选并启动第一批现代智慧配电网综合示范建设。开展东北配电网防灾抗灾专项规划。2023 年，国家电网公司实施乡村建设行动，加强乡村公共基础设施建设，加大农村电网建设力度，全面巩固提升农村电力保障水平，推动构建农村新型能源体系。2023年农网完成投资 1398.55 亿元，农网年户均停电时间缩短 1.77h，同比减少 18.7%。

农村电网巩固提升。高质量实施农村电网巩固提升工程，提升农村电力保障水平，支撑构建农村新型能源体系，高质量完成 989 亿元、9.3 万项农网巩固提升工程建设任务，新建改造配电变压器 9.4 万台、10kV 配电线路 12.5 万 km、低压线路 10.6 万 km，加快补齐农村配电网发展短板，打造与现代农业、美丽乡村相适应的新型农村电网。做好北方地区清洁取暖工作，供暖季前完成 25.95 亿元、3592 项“煤改电”配套配电网建设任务，保障 40.76 万户人民群众温暖度冬，助力实现碳达峰、碳中和目标。做好“杜苏芮”灾后重建，逐站逐线制定恢复重建计划，按时完成 4.3 亿元 168 项“煤改电”灾后重建任务。实施农网抗冰专项工程，完成 28.64 亿元 1216 条线路农网抗冰专项改造，抵御雨雪冰冻灾害能力提升。

（王庆杰）

【人力资源管理】人才队伍建设。坚持人才引领发展，人才第一资源持续建强。落实国务院国资委“百-万-百万”科技人才工程，建立以两院院士和中国电科院院士引领的战略科学家队伍。2023 年高端人才培育成果丰硕：首次获得全国创新争先奖 1 人，首次当选长江学者校企联聘 4 人；获评享受国务院特殊津贴专家 24 人，国家高层次人才特支计划 1 人；1 支团队和 2 名个人首获中央企业优秀创新团队、优秀青年科技人才和技术能手。南瑞继保“特高压直流与柔性输电高端装备攻关”团队获评首届国家卓越工程师团队。聚焦打造高素质人才队伍，人才雁阵格局加快形成。实施人才培养“三大工程”。实施高端人才引领工程，评选首席专家 50 名，培育专业领域具有较强影响力的“大师”；实施电力工匠塑造工程，评选 20 名国网工匠，带动培育一批扎根一线、技艺精湛的生产队伍。实施青年人才托举工程，遴选 200 名优秀青年人才进行托举培养。迭代优化人才评价机制，健全以创新价值、能力、贡献为导向的多元量化评价体系。常态开展职称评定工作，2023 年评出正高级职称 867 人、高级职称 1.36 万人、中级职称 1.29 万人。健全新“八级工”技能等级体系，2023 年评选首席技师 17 人，特级技师 126 人，通过高级技师 0.19 万人、技师 0.93 万人、高级工 1.54 万人、中级工 2.08 万人、初级工 0.51 万人。

职工教育培训。优化教育培训管理体系，推进全员教育培训。创新多形态培训方式方法，国家电网公司领导为新员工讲授“开班第一课”，实施集中培训 1552 万人天、网络学习 3763 万学时、竞赛调考 14 项，为人才发展“充电赋能”。4 项职业教育成果获国家级教学成果二等奖。“电力系统运营与维护”首次入选第二届全国技能大赛精选项目。实施终身职业技能培训：聚焦“终身学习”，打造脱产集训、现场实训、网络培训、送出培训、自主学习等多种培训方式，构建覆盖员工入职、适岗、晋升、转岗全流程的常态化培训模式，推进精准培训、按需培训、高效培训，培育知识型、技能型、创新型员工队伍。推广“互联网 + ”教育培训，数字化学习服务平台——国网学堂具备培训实施、线上直播、考试自测等八大功能，拥有内网 PC 端与 i 国网移动端双入口，覆盖全专业、全岗位、全人员，建有 24 个专业专区和 62 个省直专区，累计总培训突破 4 亿学时，累计访问突破 2.5 亿人次。

【党建工作】组织建设。截至 2023 年 12 月 31 日，国家公司公司系统共有党组织 48630 个。其中，党委 2757 个、党总支 1680 个、党支部 44193 个，党员 590791 名。全年新增党组织 2777 个，国网福建、宁夏电力等 21 家二级单位党委按期换届，11691 个基层党组织完成换届选举。严把发展党员“入口关”，深化“双培养一输送”，加大从一线产业工人、青年职工和高知识群体中发展党员力度，全年发展党员 12749 人。

基层党组织标准化建设。坚持以习近平新时代中国特色社会主义思想为指导，将抓基层打基础作为长久之计和固本之策，深化开展基层党组织标准化规范化建设，组织编写《基层党委党建工作责任制指导手册》《党支部标准化建设系列丛书》（包括五个分册），召开加强基层党组织建设工作推进会，印发《关于在主题教育中深化基层党组织标准化规范化建设的通知》，突出问题导向，强化分类指导，促进基层党建工作标准、质量、效果“三个提升”，推动党支部基础管理更加严格、活动开展更加有序、作用发挥更加充分。

思想政治工作。完善常态化工作机制。制订年度思想政治工作要点，发布《党支部思想政治工作指引》，推广“三知四谈”“书记谈心日”工作机制，把思想政治工作作为经常性、基础性工作抓实抓好。聚焦重点难点问题，组织 15 家单位召开思想政治工作调研座谈会，先后赴 8 家单位开展现场调研，推动重点任务落地落实。强化专业培训，举办思想文化建设培训班，把思想政治工作纳入基层党支部书记培训内容，开发录制培训课程，提升工作水平。加强职工思想动态调研。完善省市县三级思想动态调研机制，组织开展“弘扬中华优秀传统文化、促进职工行为养成”专题思想动态调研，在杭州亚运保电、北京特大暴雨等特定时期，做好青年职工、一线职工等重点群体心理影响评估及引导，通过科学研判分析，推动问题解决、确保队伍稳定。推动优秀成果转化应用。深化思想政治工作课题研究，加强经验成果总结交流，编发《国家电网工作动态》思想政治工作交流专刊，12 个案例入选全国及电力政研会思想政治工作优秀案例，1 个案例入选国务院国资委《中央企业思想政治工作创新案例选编》，1 个案例入选工业和信息化部“工业图强”企业史志鉴优秀案例。

企业文化建设。发布《企业文化建设工作指引2023》，部署“传统文化传播与浸润”“文化阵地示范与辐射”等 6 项重点任务，协同制定国家电网公司安全文化建设实施意见、指引手册，推进服务、法治、廉洁等专项文化建设，推动优秀文化、先进精神融入国家电网公司改革发展各领域。加强电力文化遗产保护。挖掘利用国家电网公司遗产资源，深化“百年电力”文化遗产保护工程，推进爱国主义教育基地提质升级，承办中央企业工业文化遗产（电力行业）名录发布活动，上海闸北发电厂、重庆凉亭变电站等 5 个项目入选名录，数量居央企首位。深化思想文化三级项目管控。聚焦年度思想文化建设 10 个重点方向，组织实施示范项目 5 个、重点项目 91 个、储备项目 179 个，严格月度管控、中期评估、结项评审闭环管理，37 个项目获评全国企业文化优秀成果，33 家单位、32 项成果分获电力行业文化品牌影响力企业、文化创新优秀案例，数量均位居行业首位。

精神文明建设。印发 2023 年精神文明建设重点任务，细化 10 个方面 32 项重点工作，2 个项目入选中央企业精神文明建设重点工作项目。强化 488 家全国文明单位示范效应，加强文明单位动态管理和分类指导，承办深化中央企业文明单位创建工作研讨会，1 家单位获评“首都文明单位”，“以新时代文明实践　全力保障冬奥供电”项目作为央企唯一案例获评首都精神文明建设工作十佳案例。开展志愿服务。立足公司贴近群众、联系千家万户的行业优势，依托新时代文明实践基地（站、所、点），发挥 4900 余支共产党员服务队示范作用，围绕乡村振兴、基层治理等开展志愿服务活动，擦亮“电雷锋”“光明驿站”等志愿服务品牌，21 个先进典型荣获全国学雷锋志愿服务表彰，27 名职工获评“中国好人”，数量均居央企首位。国家电网公司作为唯一央企代表，在中央社会工作部志愿服务研讨会上作典型经验交流。

团青工作。以习近平新时代中国特色社会主义思想为指导，在公司党组坚强领导下，牢记嘱托、感恩奋进，坚持党建带团建，高标准推进团员和青年主题教育，纵深推进青年精神素养提升工程，着力建机制、搭平台、设舞台，最大程度、最大范围调动广大青年积极性，各项工作取得新成效。国网江苏电力“电博士•动态防雷”青年团队首获中国青年五四奖章集体奖，5 名团员青年和 10 个团组织获全国“两红两优”表彰，11 名青年当选团的十九大代表，各类团青荣誉居央企前列。

（曲　虹　朱双桥　邓拓夫　强学斌　李德波）

【国家电网有限公司华北分部】

分部概况　国家电网有限公司华北分部（简称国网华北分部）主要承担区域内电网调度运行管理、安全质量监督、审计监督等核心职责，开展区域内跨省电网项目前期及电网规划工作，在做好自身电网资产管理的同时，在总部授权范围内，加强对区域内省（市）公司的协调监督，以及对总部相关专业管理的支撑。

领导班子

国家电网公司副总工程师兼国网华北分部主任、党委副书记：王风雷

党委书记、副主任：叶军（2023 年 7 月任职）

党委委员、纪委书记、工会主席：刘武能

副主任、党委委员，兼国家电网有限公司华北审计中心主任：邓顺平

副主任、党委委员：牛晓民

副主任、党委委员：李庆海、于钊（自 2023 年 7 月）

二级顾问：刘宏新（自 2023 年 7 月）

三级顾问：徐钦田

组织机构　国网华北分部内设办公室（党委办公室）、财务资产部、人力资源部（党委组织部）、党建工作部（党委宣传部）、纪委办公室、工会办公室、发展规划部、安全监察部、生产技术部、调度控制中心等 10 个部门；设电网技术支持中心、后勤管理中心、四惠桥项目部等 3 个二级机构；设华北审计中心、第一纪律检查中心、北京电力交易中心市场交易二部等 3 个挂靠机构；设基建项目管理办公室 1 个临时机构。

电网概况　华北电网主网架格局为 1000kV 交流“两纵＋品字形环网”、特高压直流“两送两受”网架、500kV“八横三纵”；华北电网区外联络为“一交六直”格局，分别通过交流特高压 1000kV 长南Ⅰ线与华中电网联络，通过高岭站背靠背直流、鲁固直流与东北电网联络，通过银东直流、昭沂直流与西北电网联络，通过雁淮直流、锡泰直流与华东电网联络。1000kV 交流“两纵＋品字形环网”和 500kV“八横三纵”通道，主要承担华北电网西电东送、北电南送任务。山西电网、蒙西电网分别经四个通道（9 条 500kV 线路）和两个通道（4 条 500kV 线路）向东部输送电力。京津唐和河北南网承担着电力枢纽核心作用，潮流特征为多方向、多通道、多落点。山东电网通过五个通道（6 条 1000kV 线路、4 条 500kV 线路），接受京津唐和河

北南网转移电力。

截至2023年底，华北电网统调装机容量达到5.99亿kW；1000kV变电站18座，变压器36台，容量108000MVA；500kV变电站222座，变压器513台，容量470032MVA；1000kV输电线路50条共9159km；500kV输电线路726条共52449km。京津唐电网统调装机容量1.46亿kW，500kV变电站55座，变压器130台，容量133554MVA；500kV输电线路155条共9634km。华北电网风电装机容量1.29亿kW，同比增长22.3%，最大风电电力7714万kW，全年风电电量2632亿kWh；京津唐电网风电装机4215万kW，同比增长27.3%，最大风电电力2443万kW，全年风电电量856亿kWh。华北电网光伏装机1.51亿kW，同比增长33%，最大光伏电力8865万kW，全年光伏电量1695亿kWh；京津唐电网光伏装机容量2771万kW，同比增长69.1%，最大光伏电力1536万kW，全年光伏电量256亿kWh。

安全生产 国网华北分部深入学习习近平总书记关于安全生产、电力保供的重要论述，坚决贯彻党中央国务院和国家电网公司的安全生产工作部署，全年安全生产平稳有序。完成"一带一路"峰会、全国两会等重大政治保电任务，顺利完成迎峰度夏安全生产保电工作，积极应对低温寒潮雨雪冰冻等极端灾害天气。按照华北能监局安排，首次承担华北区域电力安全生产委员会副主任单位职责。组织召开华北区域7家省公司（含蒙西公司）电网安全督察、应急管理专业工作会。举办2023年华北区域应急救援基干队伍互训互练和应对泥石流专项应急演练活动，完成2023年北京大面积停电事件应急演练。配合湖南"5·11"、宁夏"6·29"事故整改评估，牵头组织开展"4·3"内蒙古岱海全厂对外停电事件调查。完成通州、门头沟等北京500kV核心变电站现场安全隐患督查，高质量开展"四不两直"安全督察。

电网调度 国网华北分部严格落实"3334"关键之要，积极应对度夏度冬8轮大负荷冲击，首次推进"三北"电网错峰互济机制落地，华北电网最大负荷4次创新高，最大达到3.18亿kW，成功应对电力保供大战大考。

全面夯实电网安全生产基础。高效完成47项发输变电工程投产，同比增长70%，保障西电东送通道调整第三阶段、特高压廊坊主变扩建等重点工程完成。第一时间组织分析巴西大停电对华北电网的启示，深入开展防范大电网安全事故专项行动。组织投运华北电网多资源协调控制系统。实现华北电网500kV进口保护全面"清零"。正式投运华北应急防恐调度指挥中心，在全国率先实现调度控制系统"同城双活"运行模式。

实现清洁能源发展"量率齐升"。为新能源并网提供"一站式"技术服务，保障华北电网具备并网条件的第一批沙戈荒大基地项目全部如期并网。建立"区域协同、源网荷储联动"的促消纳保障机制，服务华北电网新能源发电电力进入常态化"过亿"新阶段。2023年，华北电网新能源装机规模达到2.8亿kW，同比增长27.9%；新能源发电电力达到1.41亿kW，同比提升20.8%，全年累计"过亿"134天；新能源年度发电量4327亿kWh，同比提升24.6%；新能源利用率97.0%，同比提升0.8个百分点。华北电网新能源装机容量、发电电力、发电电量等十项主要指标创历史新高。

持续加强系统调节能力建设。推进火电机组20%深度调峰改造，发挥调峰容量市场和《火电机组调节能力提升奖励办法》引导作用，截至2023年底，累计推动华北全网13129万kW机组开展深调改造，提升调峰能力2523万kW。发挥市场资源配置作用，华北调峰容量市场最大申报深调能力971万kW，同比增长32.1%，华北省间调峰市场最大成交电力1059万kW，促进新能源消纳27.8亿kWh。高效引导负荷侧资源，20余家第三方11种979万kW负荷侧调峰资源积极参与调峰市场，最大提供调节能力100万kW，促进新能源消纳2.97亿kWh。发挥新型储能调节作用，2023年组织调用新型储能最大充电电力270万kW，全年促进新能源消纳12.21亿kWh。创新丰宁抽水蓄能"容量共享、费用共担"模式，统一优化全网抽水蓄能抽发计划，全年促进新能源消纳150亿kWh。

提升"双高"电网驾驭能力。攻关电网弱送端新能源消纳技术，深化应用"电磁暂态仿真+新型避雷器+新能源主动支撑+分布式调相机"组合措施，精细分析和制定锡盟运行方式，推动加装9台新型避雷器，并网13台分布式调相机，锡盟近区稳定水平提升，新能源送出能力较投运初期提升431万kW，月度利用率历史性突破90%。成功破解新能源与柔直电网宽频振荡抑制重大难题，研究并落地应用构网型柔直控制策略，张北柔直电网首次具备450万kW全容量满送能力，2023年累计输送电量121.2亿kWh，同比增长26.6%。打造新型电力系统多维调控示范平台，融合柔直、抽水蓄能、储能等先进调节手段，实现全局性优化，统筹保障电网安全和新能源消纳，平台投入试运行后助力提升新能源消纳15万kWh。

规划计划 国网华北分部充分发挥区域电网规划职责，推动落实和完善"十四五"电网规划，助力新型电力系统建设。完成蒙西电网发展格局方案研究，获得国家能源主管部门认可，明确蒙西—华北联网方式采用特高压交流多点联网，破解华北特高压主干网架发展难题；围绕烟威核电及新能源基地送出等重点问题，组织开展华北电网“十四五”中期滚动规划研究，提出主网架补强方案，为后续“十五五”主网架规划顺利衔接奠定基础。开展锡盟特高压配套新能源场站加装分布式调相机工作，全年投产13台，新能源利用小时平均提升300h，减少弃电12亿kWh，全社会经济效益提升约5亿元。率先实现电磁—机电混合仿真在区域规划中应用，支撑“三直一交”系统方案论证。推进新型电力系统全景推演系统建设，国内首次实现多场景典型方式在年度滚动规划研究中全面应用。开展“区域+分省”分时电价管理模式研究，首次应用区域“净负荷”分析法开展华北区域七省（市）峰谷分时电价政策的效用评估，成功推动河北发改委发布冀北地区分时电价调整方案。与江苏、四川电力主管部门分别签署《锡泰直流华北送江苏2023—2027年送电框架协议》《华北送电四川长期框架协议》，充分发挥大电网资源优化配置作用。

电力交易 国网华北分部有效发挥电力交易作用，打造保供枢纽和绿电资源中心，保障华北及“四区、十二省市”电力供应和低碳转型。省间市场按需连续开市，用足用满跨区跨省输电通道能力，度夏期间东北送华北输电通道交易高峰电力1000万kW满送，鲁固直流首次通过中长期交易达到700万kW满送，山西蒙西东送通道高峰电力满送，保障华北及6个省级电网负荷创历史新高。挖掘送电和通道能力，度夏累计增送华东三省一市29.3亿kWh，同比增加超5倍，增送华中四省18.3亿kWh，高峰电力70万kW，7月山西后夜低谷增送四川3.6亿kWh，保障成都大运会电力供应。首次组织“新水互补”交易，京津唐、山西、河北低谷新能源增送青海、西藏、四川交易电量2.92亿kWh，帮助三省区蓄水，助力实现“保供”+“防凌”双安全。与湖南、四川开展晚高峰错峰支援交易，在服务两省电力保供同时，增加华北新能源消纳空间。推动出台国内首个平价新能源全量参与绿电交易规则，明确平价新能源参与交易时应承担的偏差责任。组织第一批“沙戈荒”新能源大基地项目绿电交易。实现天津夏季达沃斯论坛100%绿电供应，助力打造首届“碳中和”亚运会，累计结算电量29.8亿kWh，占国网经营区省间绿电交易总量36.8%。全年跨区跨省交易电量2264.2亿kWh，同比增长14.5%。其中，跨区交易电量476.2亿kWh，较2022年全年增长23.7%，华北省间交易电量1788亿kWh，较2022年全年增长12.3%。

分部管理 国网华北分部紧扣国家电网公司“55686”总体要求，奋力推进“一体四翼”高质量发展，扎实践行分部“四个服务”，全力做到“五个确保”，开启服务“双碳”目标、构建新型电力系统新征程。坚持稳经营、抓管理、强合规，圆满配合完成第三周期核价，核定年均准许收入98亿元，规模位列分部首位。扎实开展“合规管理提升年”专项行动，加快健全分部合规管理体系。深化“五全”综合民主考评，建立健全人事人资管理制度，大力选拔年轻领导人员，持续优化干部队伍结构。首次实施“双向选择”岗位竞聘，积极选调青年业务骨干挂职锻炼拓宽视野。发挥柔性团队作用，广泛组织培训促进员工不断成长。完成2项经济责任审计、2项专项审计调查和10家单位审计问题整改督导。举办华北电力工业发展史档案展，组织华北区域网络安全专业技能竞赛、“调控杯”篮球赛等活动。后勤服务保障有力有效，四惠桥项目重启工作有序推进，关心员工身心健康，关爱离退休老同志，信访维稳保持良好态势。分部业绩考核再次荣获A+等级，位居各分部首位。

科技管理 2023年，国网华北分部共获得省部级及以上奖项9项，国家电网公司级奖项5项。“提升分布式新能源消纳能力的精细化建模与防控技术应用”项目荣获2023年北京市科技进步奖二等奖。“特大电网广域分布式协同调度控制云平台关键技术及应用”项目获得2023年中国电力科学技术进步奖二等奖；“大型新能源基地网源协调优化与送出能力提升关键技术”项目获得2023年中国电力科学技术进步奖三等奖。“支撑大规模新能源送端系统安全运行的关键装备及协调控制技术”项目获得国家电网公司2023年度科技进步奖一等奖；“标准化、模块化的电网新型安全稳定控制系统研发及应用”等2个项目获得国家电网公司2023年度科技进步奖二等奖；“面向新型电力系统的多级电力保供管理体系构建”等2个项目获得国家电网公司2022年度管理创新成果奖；“基于大电网平衡互济的保供体系建设”项目获得国家电网公司2023年度管理创新成果优秀推广应用项目。“面向新型电力系统的多级电力保供管理体系构建”等10个项目获得其他行业奖。国网华北分部研究成果《主动防御装置可精准识别大型变压器故障》在《科技日报》刊发，破解了大型变压器无法进行故障主动防御的世界性难题。

党群工作 国网华北分部深入推进主题教育见行见效。把“学思想”作为贯穿始终的主线，扎实开展“察实情、出实招”“破难题、促发展”“办实事、解民忧”专项行动，高效完成8项重点课题调研和19个专项调研，推进22项重点任务落地落实，严肃开展检视整改，广大党员干部更加深刻认识到“两个确立”的决定性意义，“两个维护”更加自觉坚定。战斗堡垒坚强有力。召开党员大会，完成两委换届。持续推进“旗帜领航”党建工程，认真贯彻“一个统领”、争当“六个表率”党建工作思路，六方面18项重点任务逐项落实。以“赓续红色血脉 凝聚奋进力量”为主题，开展走进革命教育课堂、红色影音课堂、一线实践课堂系列活动，丰富党员教育形式载体，提高教育实效。

党建引领充分彰显。13 项“党建＋”工程项目稳步实施，在重大保电、重要任务中充分发挥战斗堡垒和先锋模范作用，经验案例获中国电力政研会优秀研究成果。推进“担使命·建新功”青年创新创效行动，青年骨干受邀在第 24 届亚太电协大会分论坛发布创新成果。组建“青年工作组”，不断形成团青工作合力，调控中心团支部获评“中央企业五四红旗团支部”。从严治党走深走实。不断加固中央八项规定堤坝，狠抓“四风”“靠企吃企”等重点问题整治，干部职工拒腐防变思想根基进一步筑牢。积极配合完成公司党组巡视，明确问题清单、任务清单、责任清单，88 项整改措施扎实推进，力促政治体检质效和管理水平双提升。

（赵　轩）

【国家电网有限公司华东分部】

分部概况　国家电网有限公司华东分部（简称国网华东分部）于 2011 年 4 月由国家电网公司研究决定设立，是国家电网公司在华东区域的派驻机构。承担区域内骨干电网发展规划、调控运行、安全生产、分部输变电资产管理等方面主体责任。负责协调服务省市电力公司和地方政府，调动区域内省公司、发电企业、地方政府等各方力量团结治网，在区域电网发展建设中实现共建共享和协同发展。负责接受总部业务管理和考核的审计、纪检、交易等机构的挂靠管理。

组织机构　国网华东分部内设办公室（党委办公室）、财务资产部、人力资源部（党委组织部）、党建工作部（党委宣传部）、工会办公室、纪委办公室、发展规划部、安全监察部、生产技术部、调度控制中心等 10 个部门，设立北京电力交易中心市场交易三部、华东审计中心、第二纪检中心 3 个挂靠机构，下设电网技术支持中心、后勤管理中心 2 个支撑保障机构和产业指导委员会办公室。

电网概况　华东电网为上海、江苏、浙江、安徽、福建四省一市提供供电服务。华东电网是全世界单一国家内规模最大的区域电网，主干网架由 1000kV 和 500kV 交流输电网架构成，通过 14 回跨区直流与华中、西南、华北、西北、南方电网相联。2023 年底，华东电网调度口径装机容量 52593 万 kW，其中：火电装机容量 27863 万 kW，占比 52.98%；水电装机容量 3822 万 kW，占比 7.27%；核电装机容量 2743 万 kW，占比 5.22%，风电装机容量 4465 万 kW，占比 8.49%；光伏装机容量 11551 万 kW，占比 21.96%；新型储能装机容量 281 万 kW，占比 0.53%；其他装机容量 1867 万 kW，占比 3.55%。华东全网调度口径最高用电负荷 37419.8 万 kW，同比增长 2.55%。截至 2023 年底，华东电网 1000kV 线路 25 条，长度为 4456.238km；500kV 线路 771 条，长度为 39855.29km。1000kV 厂站共 13 座，其中变电站 12 座，电厂 1 座，变压器（不含机组升压变压器）共 24 台，变电容量 72000MVA；500kV 厂站共 293 座，其中变电站 205 座，开关站 2 座（即西津渡、东明），厂站 86 座，500kV 变压器（不含机组升压变压器）共 516 台，变电容量 491150MVA。

安全生产　滚动修订领导班子“两个清单”和全员安全责任清单，建立安全联席工作机制，高质量完成安全管理强化年等重点任务。深入开展防范大电网安全事故专项行动，加强电网风险预警管控，组织输电网、特高压站安评 5 项，完成设备隐患治理 222 项，6 类重点隐患按期销号，建立密集通道动态管理台账。坚决落实“四个到位”要求，以“五个最”标准完成亚运保电“四个零”目标。支撑西南地区水库蓄水和富裕水电消纳，助力大运会保电工作。有力应对超强台风“杜苏芮”“海葵”侵袭。首次签订华东区域一体化应急救援协调联动协议，全覆盖修编分部应急预案，完成国家能源局首次跨省区大面积停电演练承办工作。完成多项网络安全相关重大演习保障任务，得到上级单位来函表扬。建立后勤安全检查联动机制，通过反恐达标验收，夯实保密“三大管理”，首次开展突发群体事件应急演练。

电网调度　完善团结治网工作机制，有力应对华东及其省市夏季负荷 13 次创新高，以及冬季负荷超预期大幅增长的严峻挑战。组织跨区中长期交易，实施输电线路动态增容和公式化限额，缓解入沪、入浙、援川路径关键卡口阻塞，区外受电首次突破 7000 万 kW。依托政企协同机制有效压降煤电机组非停率、受阻率，保障燃气、燃煤供应充足，优化新安江水库运行和抽水蓄能日内调度，挖潜提升度夏度冬期间供电能力。巩固“三道防线”，强化特高压直流受端等重点地区稳定控制，组织核查低频、低压减载方案，果断处置特高压雁淮直流双极闭锁、阳城送出系统故障等事件，保障大电网安全稳定运行。全力配合省市实施削峰填谷、两高轮停等措施，全网未发生有序用电。

规划计划　组建推动新型电力系统建设走在前列工作专班，推进七个方面重点任务，理论框架和指标体系研究取得阶段性成果。开展“十四五”规划中期评估及滚动调整，保障国家电网公司规划研究与国家规划平稳衔接，推动广瓶线增容等重点工程纳规。深化跨区送电和主网架格局研究，完成占全国 1/3 的“先立后改”煤电输电规划研究。推进“一交两直”及区域内重点工程前期，保障特高压金塘直流、福厦特高压交流、绍兴中北部优化等重点工程按期投运。多轮次开展十年电力电量平衡分析和新能源消纳能力测算，研究提出华东区域抽水蓄能发展需求和时序建议，推进华东海上风电发展相关研究。提升新能源调控管理水平，制定新能源发电建模技术规范，推进新能源数据管理平台实用化，网内风光装机突破 1.6 亿 kW，最大出力超 8000 万 kW，持续保持高水平消纳。

电力交易 促成皖电东送机组调增年度上网电量 20 亿 kWh，实施可中断交易，优化省间现货市场运作，促成沪皖、浙皖互济协议签订，度夏期间为购电省市创造近 12 亿元稳价效益。促请国家能源局华东监管局批复《应急调度实施细则》。强化绿电交易，亚运会、进博会首次实现全绿电办会，分部大楼成为上海首幢实现全电量绿色电力消费的央企办公楼宇。扎实做好输配电价和煤电机组容量电价等政策落地。研究储能、可调节负荷、新能源等多元主体协同优化的区域辅助服务市场机制。

分部管理 编制分部“十四五”发展规划。开展优化策略提质增效三年行动，精准施策稳经营、强管理、守底线。修订完善国网华东分部年度业绩考核工作方案与指标体系，实施新版工资制度并平稳完成工资套改，制定全员绩效管理实施细则，推动激励分配体系更加全面立体高效。严格规范重大决策，推进新型规章制度体系建设，加强风险预警和整改闭环，推动合规管理纳入绩效指标体系，完成合规管理提升年 18 项重点任务。规范做好安全生产费用政策落地。建立计划决策评估模型，加强生产项目过程督查，完善作业成本标准定额，强化资产全流程管控，打造投入产出综合效能评估体系。试点先行国网华东分部 PMS3.0 初具成效。配合国家电网公司对国网华东分部原主要负责人任期经济责任审计并推进问题整改。组织开展重点领域存在问题自查自纠，常态化开展经营日常监督，完成国家电网公司交办的各项审计任务。

联合华东能监局创新建立华东区域团结治网情况通报机制，推动区域共建共享。第三监管周期核价结果达到预期，关键指标居分部前列。保障江苏、浙江超高压设备运维属地化平稳过渡。克服分部产业单位历史沿革复杂等困难，完成分部产业单位改革改制，加快推进加强党的建设、实施同质化管理等工作。

科技管理 围绕新型电力系统关键技术研究与应用，制定加快推进高水平科技自立自强 18 项举措，出台《华东新型电力系统关键技术研究及实施方案（2024—2026）》，组建分部首个新型电力系统科技攻关团队。依托华东电网规模、场景和人才优势，聚焦分部科研优势领域，参与国家电网公司重大项目与指南项目，研发费用投入持续增长。首次实现华东电网含大规模新能源和直流受端电网全电磁暂态仿真，国家电网公司系统首个区域级新一代调度技术支持系统正式投运，适应新型电力系统系列新原理继电保护挂网试运行。12 项科技成果获得省部级和公司级奖励，创近年来最好成绩。

党群工作 全面贯彻习近平总书记关于主题教育的重要讲话精神，牢牢把握总要求和目标任务，认真落实国家电网公司党组有关部署，深入开展主题教育取得扎实成效，得到国家电网公司主题教育第二巡回指导组充分肯定。坚持学习打头、调研开路。举办全脱产专题读书班、召开专题辅导讲座、开展实景党课和联组学习等，推动党的创新理论武装走深走实。聚力破解难题，推动形成调研成果转化运用清单 19 项。坚持以学促干、边学边改。把开展主题教育同推动保供稳价、电网发展等中心工作结合起来，推进落实 67 项工作举措。结合华东家园建设，积极解决职工急难愁盼问题。注重标本兼治，全面抓好检视整改。

项目化推进落实年度党建重点任务 106 项，围绕服务中心工作，推进高质量“党建+”和“融业务 出亮点”项目 20 项，坚持“三结合、一贯穿”加强分部思想政治工作，优化调整基层党组织设置，完成本部党委换届选举。试点建设融媒体工作室，内外部媒体报道分部工作 160 篇。编制“十四五”领导人员队伍建设规划，规范主业支援产业单位和劳务派遣等用工管理，探索形成全员高质量培训机制。人才当量密度持续提升，首次获评国家电网公司首席专家，正高职称人员占比达 15%。配合做好国家电网公司党组巡视分部党委工作，推进问题整改。完善“五个一”廉政风险防范工作法，建立“三画”机制。推进纪检干部教育整顿、违规吃喝问题专项整治等重点工作。推进廉洁文化建设，开展“学廉月答”活动。依托华东电力工会构建协作机制，举办华东电网特高压变电运维劳动竞赛、“友谊杯”乒羽比赛、老同志“三看”等活动。后勤服务提质提效，改善大楼办公环境，丰富便民举措，专业化食堂建设、智慧后勤服务等深受好评。

（朱　文　李　曼）

【国家电网有限公司华中分部】

分部概况 国家电网有限公司华中分部（简称国网华中分部）是国家电网公司在华中区域的派驻机构，按分公司模式运作，承担区域内骨干电网发展规划、调控运行、安全生产、分部输变电资产管理等方面的主体责任。负责协调服务区域内省电力公司和地方政府，调动省电力公司、发电企业、地方政府等各方力量团结治网，在区域电网发展建设中实现共建共享和协同发展。负责接受总部业务管理和考核的审计、纪检、交易等机构的挂靠管理。

领导班子

国家电网公司副总工程师兼国网华中分部主任、党委书记：田博

副主任、党委委员：郑港

副主任、党委委员兼华中审计中心主任：陈虹（女）

副主任、党委委员：杨平

副主任、党委委员：王轶禹

组织机构 国网华中分部内设办公室（党委办公室）、财务资产部、人力资源部（党委组织部）、党建工作部（党委宣传部）、纪委办公室、工会办公室6个职能部门，发展规划部、安全监察部、生产技术部、调度控制中心4个业务部门，电网技术支持中心、后勤管理中心2个支撑保障机构，华中审计中心、北京电力交易中心市场交易四部、第三纪检中心3个挂靠机构截至2023年底，国网华中分部共有长期职工275人，其中分部本部230人（含电网技术支持中心10人），后勤管理中心45人，员工平均年龄47岁，本科及以上学历占91.3%。

电网概况 华中电网覆盖湖北、湖南、河南和江西四省，土地面积约73.16万km^2，供电区域常住人口2.7亿人，区域GDP总量占全国的15.6%，最大用电负荷1.95亿kW。区域内发电资源分布和电力流总体呈现“南水北煤、水火互济、西电东送、南北互供”的特点。华中能源禀赋不足，缺煤、少油、乏气，一次能源匮乏。煤、油、气基础储量分别仅占全国的4.4%、1.9%、0.3%。水电资源相对丰富，但已开发殆尽。风电、光伏基础条件较差，技术可开发量分别仅占全国的3.9%和0.75%。

华中电网长期以来呈现以湖北为枢纽，与湖南、河南、江西三省以500kV互联的辐射状电网。随着特高压电网加快建设，华中电网投运“五直六交”特高压工程，特别是2023年驻马店—武汉1000kV交流特高压工程投运，已形成特高压“e”字形交流网架。电网结构由“辐射状”向“团状”转变，2024年更将建成特高压交流“日”字形环网。

华中电网“得中独厚”，处于“联网中枢、安全中坚、资源中继”的重要地位。通过“13直1交”共14条跨区通道，与东北电网之外的其他所有区域电网直接相联，承东启西、沟通南北。电网运行特性复杂，是全国电网安全的重要支撑。兼具送端和受端电网的双重特征，跨区受入能力达4051万kW、送出能力达2186万kW，是保障西北、华北新能源和西南清洁能源优化配置的重要平台。

截至2023年底，华中电网调度口径装机容量38158万kW（同比增长17%）。其中，火电占44.31%；水电占17.58%；新能源及其他占38.11%。调度口径发电量9557亿kWh，同比增长3.55%，其中火电发电量6139亿kWh（占比64.24%，同比增长0.49%），水电发电量1817亿kWh（占比19.01%，同比下降2.82%），新能源及其他发电量1601亿kWh（占比16.75%，同比增长28.08%）。华中电网1000kV交流输电线路12条（不含长南线），长度3336km；500kV输电线路492条，长度32008km；220kV输电线路3549条，长度79888km。1000kV交流变电站6座，变压器12台，总容量36000MVA；±800kV换流站3座（不含特高压豫南、武汉换流变电站）；500kV变电站155座，变压器278台，总容量256950MVA；220kV变电站1218座，变压器2363台，总容量398492MVA。

安全管理 贯彻党中央和国家安全生产决策部署，压实安全责任，提升电网风险管控水平，推进隐患排查整治，深入开展应急能力建设。印发领导干部“两个清单”及全员安全责任清单，落实各层级安全责任。深化“152”安全保供机制建设，召开华中电网迎峰度夏、度冬工作座谈会暨安全保供领导小组会，构建多方协同保安全格局。配合总部督查9家省公司级单位，开展现场检查17次，发现并督促整改问题174项。吸取巴西“8·15”大停电事故教训，开展防范大电网安全事故专项行动，持续巩固“三道防线”。开展华中电网2～3年滚动校核，系统研判2025—2026年华中电网稳定特性和运行风险。完成百日安全攻坚行动。建成生产管控中心。加强新能源场站涉网性能核查整改。严格管控主网风险，发布电网运行风险预警81项，完成主网检修632项，改造老旧保护320余套。开展重大事故专项排查整治行动，集中治理问题隐患3项。应对低温雨雪冰冻灾害，修编“一线（站）一策”，完善特高压和密集通道防舞防冻措施，设备安全水平稳步提升。完成华中区域跨省跨区电力支援互济、应对严重洪涝防汛保电联合应急演练。华中电网同城调度暨应急指挥中心正式启用。连续8年获评全省平安建设优胜单位。

电网调度 2023年，华中电网实现安全稳定运行41周年。确保电力供应可靠有序，保障重点工程建设投产。扛牢电力保供职责，强化“保供一盘棋”，完成迎峰度夏、大运会等重大保电任务，获国家电网公司“成都大运会保电工作先进单位”称号。主动向四省党委政府汇报，加强与能源主管部门、能源监管机构沟通，国网华中分部工作得到四省省委书记、省长批示肯定15次，合理抬升三峡汛限水位、引导抽水蓄能科学发展等建议得到采纳。“一厂一策”提升发电能力，“一省一策”落实保供方案。度夏期间火电机组受阻率、非停率达到历史同期最低。促成陕武直流配套电源全部按期投产，陕武直流首次达到600万kW最大送电能力。发挥大电网优势促进余缺互济，湖南受入电力突破1000万kW，江西受入电力达到545万kW；华中最大受入电力达3722万kW，占当日用电负荷的23.8%。积极应对华西秋雨、汉江秋汛，统筹做好度汛和保供，度冬前全网蓄水情况为近年最好水平。全力应对12月中下旬强寒潮天气过程，安排全网火电机组应开尽开，精细开展负荷及新能源预测，强化省间电力互济，全力支援江西、河南供电缺口，全网及四省用电负荷创冬季新高。2023年驻马店—武汉特高压工程顺利投运，华中电网形成“e”字形特高压交流网架；金上—湖北特高压直流、首条“沙戈荒”外送通道——宁夏—湖南特高压直流启动建设；500kV葛军线改造、艾家冲站改扩建等一批500kV重点工程按期投运，各级电网协调发展水平进一步提升。全年投产500kV设备11机10站19变43线，提升主网发供电能力约1300万kW。

推进能源绿色低碳转型，持续开展新能源管理提升行动，优化抽水蓄能电站、新型储能调用，提升系统调节能力，积极服务新能源爆发式增长。全年新增新能源装机4398.7万kW，总量达1.4亿kW。调度口径新能源发电量1597亿kWh，同比增长28.57%，新能源利用率98.41%，实现“量升率优”；消纳区外新能源468.8亿kWh，同比增长6.9%。开展跨区绿电交易，实现办公用能全年、全量、全绿电替代。深入推进数字化转型，强化数字化建设顶层设计，建设分部“一地两中心”云平台及“总、分、省”一体化数据中台。印发《华中电网调度数据管理办法》，形成数据资产清单，初步建成数据管理平台。

电力交易 发挥华中电网能源立交桥优势，交易规模稳步增长。2023年，省间交易电量2195.3亿kWh（送端），同比增长6.9%；其中净受入电量1338.4亿kWh（不含三峡），同比增长8.1%；转送区外152.2亿kWh，同比增长52%。深化华中—西北—西南“丰枯互济、区域互保”机制，强化省间交易“日报告、日会商”制度，开展“点对网”“网对网”跨区优先计划协调，扭转了中长期交易困难的不利局面。全年实现省间中长期交易2057.8亿kWh（送端），占省间交易规模的93.7%。推进电力市场建设，完善中长期交易连续运营机制，实现按工作日开市；通过可中断方式，推动中长期交易的达成与落实。创新开展与西南“容量换电量”交易，全年增加互济电量23.14亿kWh。推动落实煤电机组容量电价机制。促成出台区域应急调度实施细则、完善辅助服务市场规则，华中区域“市场+应急”省间电力余缺互济调度机制更加完备。省间现货交易电量较2022年增长14倍，省间辅助服务交易电量连续3年高速增长。数智化交易大厅投入试运行。深入开展电力交易合规提升年活动。

规划计划 发挥区域电网规划平台作用，依托华中电网规划管理委员会机制运行凝聚区域电网发展合力；推动入赣第二回直流、闽赣联网、湘粤联网工程以及44项500kV项目纳入国家“十四五”电力规划中期调整。推进网源协同规划，开展华中区域抽水蓄能高质量发展专题调研，基于区域统筹平衡的抽水蓄能需求论证工作得到国家主管部门认可；加强区域内新型储能和抽水蓄能的统筹规划研究，合理规划各类调节性资源发展规模。强化分部电网发展规划职能、加强电网项目前期管理，关于优化500kV电网投资界面、电源接入系统方案增加分部内审环节的建议获得总部同意；制定《国网华中分部电网项目前期工作管理实施细则（试行）》，完成郑州变电站增容改造、牌楼变电站改扩建等5项工程可研工作。提升综合计划统筹、数据应用支撑，创新提出将安全投入项目计划纳入分部综合计划统一管理；建立完善分部经营分析月度报告机制，加强线损考核指标的异常分析和计划管理，强化统计数据分析与价值应用。

分部管理 电价资产上新台阶。第三监管周期电价核定卓有成效，分部经营状况实现根本转变。准许收入按年清算等机制得到总部大力支持。南阳—荆门—长沙、荆门—武汉特高压资产划转至分部，分部资产总额达到418.5亿元。

监审效能有力发挥。成立国网华中分部党委审计工作委员会，实施审计工作高质量发展三年行动，制定内部审计监督工作实施意见。完成国网湖南电力经济责任审计、系统13家单位审计问题整改和重点领域问题督导，完成国网湖南、河南电力委托运维资产管理审计。数字化审计平台全面应用，审计项目作业实现全过程线上管控。

风险管控持续加强。开展根治欠薪和清理拖欠企业账款、重点领域风险事项全面排查与规范治理等专项行动。深入开展“合规管理提升年”行动，加强规章制度宣贯执行，提升法治合规水平。优化会议中心运营机制，推进动力设备运维模式调整。高效合规完成全年6批次、433个项目采购。

队伍建设不断强化。优化干部队伍结构，加大年轻干部培养使用力度，40岁左右三级领导人员和90后四级正职实现零的突破。实施岗位岗级管理体系、宽带薪酬分配体系变革。加强专家人才选树，6名员工分别获评公司、分部青年人才托举工程人选。完成劳模创新工作室换届，举办7期劳模讲堂，开展输变电运维、系统运行、审计等竞赛活动，实施“担使命·建新功”青年创新创效行动，凝聚团结奋进合力。为职工办成8件实事。完善荣誉退休制度，积极推进文化养老，关心关爱离退休老同志。

科技管理 科技创新成效显著。深入贯彻落实习近平总书记考察南瑞集团重要指示精神，印发贯彻落实习近平总书记考察南瑞集团重要指示精神12条实施意见。召开科技领导小组（扩大）会议，推进提升科技创新能力十大举措，研发投入同比增长124%。启动分部“新型枢纽电网安全保障与资源优化配置”

实验室建设，制定里程碑计划，设立 7 个重点科研攻关项目。牵头总部科技指南项目 5 项、制定标准 3 项；参与新型电力系统科技攻关重大项目 4 项；获得省部级奖励 4 项。“适应新能源和复杂工况的高灵敏高可靠交流线路保护关键技术及应用”成果提升了新能源消纳能力和极端复杂工况下的电网安全稳定运行保障能力。“支撑资源大范围高效配置的区域省间电力市场关键技术及应用”成果有效支撑了区域省间电力市场平稳运行，应用范围涵盖多家区域和省级电网。“华中区域水电跨流域跨价区高效利用与消纳市场机制研究”成果提出优化动态调节三峡水库汛前水位，推动实现长江水利委员会关于提升三峡水库水位的决定，为电力保供和流域水资源保障作出了重要贡献。

党群工作 深入开展主题教育取得实效。举办为期 8 天的读书班，扎实开展党委中心组学习、支部“三会一课”，组织“学思想、谈感悟、促领先”主题活动。分部党委带头示范、各部门（机构）领题破题，聚焦抽水蓄能、新型储能等 5 个方面重点工作，深入基层开展调查研究，发现并解决问题 26 项，运用成果 4 项，靶向施策打通堵点卡点。全面完成检视问题整改，修订完善规章制度 8 项，长效机制进一步健全。分部主题教育工作得到公司第三指导组高度评价，干部职工总体评价为“好”，典型经验做法多次在《国家电网报》、国家电网公司主题教育简报刊登。

“旗帜领航”党建工程质效提升。坚持“第一议题”制度，建立贯彻落实习近平总书记重要指示批示和党中央决策部署工作机制，强化督察督办，保障党中央决策部署在分部落地落实。深化党组织标准化建设，印发党员示范岗、责任区、突击队工作规范，广泛开展“党建＋”“联学联创”等活动，推动党建与业务融合。分部文明单位创建综合测评成绩位居全省前列。下沉社区、爱心募捐、敬老助养等志愿服务活动得到各方赞誉；完成乡村振兴驻村工作队轮换，建设“国网爱心教室”，乡村振兴工作得到地方党委政府高度评价，被人民网、湖北日报等主流媒体广泛报道。

党风廉政建设纵深推进。推进政治监督具体化精准化常态化，压紧压实管党治党责任。开展违规吃喝、违规经商办企业、违法获取工程项目、乡村振兴领域不正之风和腐败问题等专项整治，加固中央八项规定精神堤坝。坚持严的基调、严的措施、严的氛围，一体推进“三不腐”。巡视整改扎实推进。以高度的政治责任感自觉接受公司党组专项巡视，针对巡视反馈的 8 方面 21 个问题，研究制定 193 项整改措施，深入开展专项整治，从严从实整改、分级分类销号，深化巡视成果运用，完善长效机制建设。

主要事件

1 月 13 日，河南天池抽水蓄能电站首台机组通过 15 天试运行，投产发电，为华中电网迎峰度冬提供了 30 万 kW 稳定的供电能力，有效缓解了度冬安全保供压力。

4 月 17 日 11:39，华中电网新能源发电最大达 5014 万 kW，占全网用电负荷的 44.25%，首次突破 5000 万 kW 大关。

4 月 28 日 11:33，由分部投资近 6 亿元的葛洲坝—军山 500kV 线路改造工程投产送电。工程建成后，线路输电容量由 160 万 kW 提升至 250 万 kW 以上，增强葛洲坝输电系统送电能力，同时实现三峡与葛洲坝输电系统在送端的电气分离，构建鄂西三峡和葛洲坝输电系统双重电网结构，强化葛洲坝输电系统稳定性，助力葛洲坝水电清洁能源外送。

5 月 10 日 18:00—21:00，华中省间电力调峰及备用辅助服务市场首次成交备用容量跨省调用交易，湖南省内 8 家电厂中标，送江西最大电力 60 万 kW，电量 193.5 万 kWh，有效缓解了江西电网晚峰备用紧张局面。

5 月 11 日，国网华中分部在河南郑州组织召开 2023 年华中电网迎峰度夏工作座谈会暨安全保供领导小组会。深入学习贯彻习近平总书记关于能源保供的重要讲话和重要指示批示精神，总结 2022 年华中电网安全保供成效，分析形势、明确任务，安排部署 2023 年迎峰度夏电力保供工作。

6 月初，国网华中分部大电网安全保障及资源优化配置实验室功能提升改造项目顺利通过国家电网公司评审。这也是公司系统首家通过评审的分部实验室建设项目。

6 月 19 日 9:35，湖北安福 500kV 主变压器合环及宜昌—荆门—荆州地区 220kV 七回联络线解环操作顺利完成，由安福三台主变压器馈供宜昌江北地区负荷，标志着保障 2023 年度夏期间湖北宜昌地区供电的重要工程顺利投运。

6 月 30 日，国网华中分部协同国网湖南电力完成 500kV 喜阳变投产调试工作，至此，华中电网 2023 年迎峰度夏重点电网工程已全部投产，为度夏保供提供坚强支撑。

7 月底，国网华中分部在三海村建成投运的国家电网综合充电站正式营业，为确保项目运营，国网华中分部投入 160 万元为民宿架设专变专线，全力推动三海旅游民宿高质量发展，为乡村振兴增添动力。

8 月 4 日 21:16，华中电网最大用电负荷达 1.95 亿 kW，创历史新高。8 月以来，华中大部分地区持续晴热高温天气，国网华中分部紧盯区内各省用电负荷增长情况，逐日滚动摸排区内外电力资源情况、跨区跨省通道可用能力，发挥迎峰度夏电力保供调度专班机制作用，多措并举保障电力可靠供应。

9 月 26 日 2:15，三峡电厂 32 台机组全开，总出力达 2240 万 kW，为 2023 年以来首次全开满发。

11 月 23 日 20:48，1000kV 豫武Ⅰ、Ⅱ线进入 72h 试运行，标志着 1000kV 豫南—武汉特高压交流线路工程投产调试任务完成，华中电网至此形成特高压 e 型网架。豫南—武汉工程是华中特高压“日”字形环网重要组成部分。该工程投产后，湖北、河南电网联系进一步加强，电网稳定水平提升，为电力资源优化配置和电力安全保供奠定了重要物质基础。

（李文锦）

【国家电网有限公司东北分部】

分部概况 国家电网有限公司东北分部（简称国网东北分部）于 2011 年 4 月在原东北电网有限公司基础上成立，是国家电网公司在东北区域的派驻机构，作为公司二级单位，按分公司模式在自身职能职责范围内独立规范运作，承担区域内骨干电网发展规划、调度运行、安全生产、分部输变电资产管理等方面主体责任。负责协调服务省公司和地方政府，调动区域内省公司、发电企业、地方政府等各方力量团结治网，在区域电网发展建设中实现共建共享和协同发展。负责接受总部业务管理和考核的审计、纪检、交易等机构的挂靠管理。

组织机构 国网东北分部内设 15 个部门，下设 2 个分支机构，直管中朝鸭绿江界河上的 4 家水电单位。

电网概况 东北电网覆盖辽宁、吉林、黑龙江及内蒙古东部三市一盟，是国家电网公司六大区域电网之一，供电面积 128 万 km^2，供电人口 1.12 亿。东北电网是我国首个区域统一电网，早在 1944 年，中国水电之母——丰满水电站的 3 条出线便将辽宁、吉林、黑龙江电网联结在一起。东北电网建设之初就按“一张网”统一规划和调度，团结治网精神深入人心。东北电网是我国最早的跨国跨区联网电网，通过 3 回直流分别与俄罗斯远东电网、华北（京津唐、山东）电网互联，跨国受电能力 75 万 kW、跨区送电能力 1040 万 kW，并在东部通过中朝界河水电站与朝鲜共享鸭绿江水力资源。东北电网以 500kV 电网为主干网架，覆盖主要大中城市群的负荷中心，并与区域内的煤电、风电和水电基地相连。区域内部由北起内蒙古呼伦贝尔、南至辽宁鞍山的伊穆直流与 500kV 交流电网形成交直流混联结构。网内潮流维持蒙东、吉林、黑龙江电源基地向辽宁负荷中心和鲁固直流扎鲁特换流站汇集的输电格局。

截至 2023 年底，东北电网共有 500kV 线路 273 条，长度 26682km；220kV 线路 2573 条，长度 71313km；500kV 变电站 92 座，变电容量 16270 万 kVA；500kV 发电厂升压站 32 座；直流换流站 5 座；220kV 变电站 746 座，变电容量 19855 万 kVA。东北电网总装机容量 20945.29 万 kW，同比增长 10.57%。其中：火电 10662.77 万 kW，占比 50.91%；风电 5825.49 万 kW，占比 27.81%；光伏 2461.42 万 kW，占比 11.75%；水电 1250.34 万 kW，占比 5.97%；核电 667.52 万 kW，占比 3.19%；其他 77.75 万 kW，占比 0.37%。东北电网发电量 6249.06 亿 kWh，同比增长 8.29%；全社会用电量 5564.08 亿 kWh，同比增长 5.29%；最大发电电力 9138 万 kW、最大用电电力 8232 万 kW，同比分别增长 10.8%和 10.3%。

2023 年，高岭直流跨区外送电量 191.07 亿 kWh，同比增长 65.03%；鲁固直流跨区外送电量 438.56 亿 kWh，同比增长 34.10%；黑河直流受俄电量 18.00 亿 kWh，同比减少 46.29%。

安全生产 牢固树立“安全第一”理念，多措并举实现“八个不发生”目标。

安全基础扎稳筑牢。细化修订“两个清单”，逐级拧紧责任链条。扎实推进重大隐患专项排查整治，累计发现较大及一般隐患 357 项，完成整改 246 项，全面落实风险管控措施和整改计划。实施百日安全攻坚、安全管理强化年等专项行动，组织春（秋）季安全生产大检查，保障安全生产平稳有序。举办东北区域基干队伍互训互练暨森林草原火灾处置应急演练，有效检验跨单位联动应急救灾能力。

电网运行保持平稳。首次在国网东北分部本部召开东北电网安全稳定领导小组工作会议，组织国网辽宁、吉林、黑龙江、蒙东电力共同研究跨区直流大功率外送、“双高”电力系统稳定等重大问题，部署落实 15 个方面 40 项工作举措。深刻吸取“8·15”巴西大停电事故教训，召开区域研讨会，系统梳理大电网存在的短板弱项。时隔 3 年再度举办中俄黑河直流联合反事故演习。正确处置“6·28”事故、扎鲁特近区“$N-6$”事故、“7·20”红沿河 4 台核电机组停运事故，成功应对多轮雨雪冰冻极端天气威胁，守住电网安全“生命线”。

防汛任务圆满完成。周密制定防汛预案，成功抵御台风“杜苏芮”“卡努”来袭，督导运维单位做好输变电设施防汛工作，及时处置 500kV 扎兴 1 号线塔基受洪水冲刷等险情。健全与地方防总、边防驻军协同机制，利用技术手段构筑鸭绿江流域水雨情监测“三道防线”，采取一系列措施化解流域紧急汛情，避免了开启水丰时期副坝泄洪，保障了下游人民群众生命财产安全。

电网调度 电力保供彰显担当。邀请地方政府和能源监管机构，组织发、输、供、用各 500 余人，共同举办东北电网首次政企协同保供联合演练，在强化实战练兵的同时进行保供宣传，得到国家电网公司表扬。针对 8 月中旬湿热无风导致的夏季负荷屡创新高，调启 500 万 kW 火电机组、推迟 150 万 kW 机组检修，开展旋转备用市场普查考核，增强电网保供能力。面对冬季负荷11创新高的严峻挑战，通过挖掘鸭绿江界河朝方水电调峰能力、精益调度各类储能、组织跨区现货购电等手段，多管齐下实现东北电网安全度峰。

新能源消纳“量增率稳”。领导班子成员带头，围绕“服务新能源消纳保量稳率”“优化辅助服务市场机制”等专题深入系统研究。创新“7天电力平衡机制”，达成东北电网首笔省间绿电交易，促进新能源高质量发展、高水平消纳。2023年，东北电网新增新能源并网装机1872万kW，装机总量达到8936万kW，同比增长26.5%；新能源发电量1807亿kWh，同比增长24%；新能源装机占比42.7%、发电量占比28.9%，提前7年达成新型电力系统加速转型期目标；新能源利用率97.6%，同比提高0.1个百分点。推动成立电力系统新型调节技术和辅助服务专委会，发布《东北电力行业服务能源转型发展蓝皮书》，辅助服务市场成效获得业内高度评价。

规划计划 坚持“规划指导计划、计划落实规划”原则，推动规划与计划紧密衔接，加快构建新型电力系统。

深入论证东北新型电网。对照学习党的十八大以来习近平总书记3次东北振兴座谈会重要讲话精神，总结分析东北能源电力7个方面机遇和挑战。学习贯彻习近平总书记在新时代推动东北全面振兴座谈会上的重要讲话精神，聚焦建设“新型电网、电力外送通道、风光火核储一体化能源基地”等重大部署，按照国家电网公司党组“六个统筹”工作要求，会同国网发展部开展东北产业发展和用电需求预测等8个重点问题前瞻性研究，形成研究成果，提出“东北方案”。

电网规划建设取得突破。谋划2030年东北电网目标网架格局，开展第三条外送通道送端方案适应性研究。滚动调整东北电网“十四五”主网架规划，推动500kV林平二回线、川州二期等37项工程纳规，服务保障国家3批3042万kW沙戈荒新能源基地项目接网送出。开工建设500kV巴林—奈曼—阜新工程。推动辽宁兴城、大雅河抽水蓄能动工，双河抽水蓄能首台机组投运，东北在运、在建抽水蓄能规模分别达到440万kW和890万kW。

计划引领作用充分发挥。以综合计划考核指标为导向，进一步深化常态储备评审、动态分解下达及调整机制，全年发展总投入23.88亿元，同比增长175%。适时根据生产经营需要增加储备评审批次，滚动分解下达综合计划，提升计划自主决策灵活性，保障投资效率效益。召开国网东北分部经济活动分析会，适应政策调整变化，分析生产经营面临的形势和存在的问题，抓好综合计划刚性执行。

电力交易 完成跨省跨区交易任务，实现“全年跨区外送电量、跨区外送电力、迎峰度夏跨区外送”三个历史新高。

市场化交易力度空前。响应市场各方诉求，深化中长期市场连续运营，2023年跨省跨区交易电量1513亿kWh，同比增长10.8%。发挥区域内各省资源禀赋优势，促成“顶峰能力不足、新能源大量富余”与“顶峰能力有余、新能源无力外送”省份联合打捆参与跨区交易，促进鲁固直流配套风电有效送出。在保证东北电网自身平衡的前提下，迎峰度夏期间累计跨区支援19个省（区、市），外送电量175亿kWh，同比增长41%；全年跨区最大外送电力1015万kW，送电范围由传统的华北4省（市）拓展至全国5个区域21个省（直辖市、自治区），外送电量630亿kWh，同比增长42.2%，有力支援全国保供大局。组织首笔援藏电力交易，开创东北送西南跨越万里交易新纪录。

分部管理 输电收入大幅增长。第三周期核定东北分部准许收入36亿元，较上一周期增长60%。2023年实现输电收入30.67亿元，同比增加6.95亿元。跨省（区）收费电量较核价电量增加357亿kWh，根据清算规则分享4.53亿元超额收益，降低辽宁、吉林、黑龙江和内蒙古东部地区容量电价0.11分，减轻了用户用能成本。2023年完成利润总额2.07亿元，还原特殊事项后业绩利润12.2亿元，同比增加9.31亿元。

经营质效全面提升。以“聚焦保供转型、聚焦经营发展、聚焦精益管理”为主线，细化落实提质增效40项任务措施、30项量化指标，输配电价政策落地、中朝界河水电超发、压降可控费用、优化融资时序节约财务费用等措施累计增效5.02亿元，实现经营质效双提升。建立区域总会计师例会机制，促进产融高效协同发展。接收国网吉林电力、国网黑龙江电力78亿元输变电存量资产，国网东北分部固定资产规模突破500亿元，达到成立之初的2.8倍；减少两家省电力公司年运营成本合计12亿元。基于资产规模变化调增委托运维资产相关支出，有力支撑东北电网协调、安全、可持续发展。

风险防线有效加强。落实“合规管理提升年”17项举措，建强合规管理体系。发挥全面风险管理委员会组织、督导作用，促进两级风控体系常态化规范运行。落实公司根治欠薪和清理拖欠工作部署，清理往来款项1097笔，支付资金3.11亿元，做到应清尽清、应付尽付。提级管理审计业务，优质完成国网天津电力任中审计等公司交办的任务；聚焦委托运维资产、“五险三金”管理等方面强化内审监督，全面整改经济责任审计发现问题，防范化解各类经营风险。

设备管理持续深化。优化委托运维资产管理模式，将年度重点工作内容纳入委托运维合同特别约定条款，保障资金专款专用。印发线路迁改管理办法，制定变电站“两个替代”建设工程验收规范。完成2024、2025年技改项目需求分析预测，及时跟踪各单位项目进展情况。开展设备“账卡物”一致性治理、生产成本量化分析，提升全寿命周期管理效能。系统推进断路器取消合闸电阻等9类22项隐患治理，加快老旧设备技术改造，完善备品备件配置标准，提升设备运行健康水平。

水电管理再上台阶。坚持“小而强”方向，瞄准“高新优”目标，加快建设现代化界河流域水电。全力推进望江楼水电站工程收尾，2023年11月末工程顺利竣工验收，实现投资控制与工程质量双目标。建成流域集控中心，搭建一体化数据平台基本架构，完善机组标准化检修管理体系，水电生产数字化、精益化水平全面提升。完成省管产业改革改制、专项整治“回头看”和同质化管理目标任务，保持安全稳、经营稳、队伍稳。

科技管理 整合科技创新资源和力量，加快研究型分部建设。印发《中共国家电网公司东北分部委员会关于贯彻落实习近平总书记考察南瑞集团重要指示精神推进科技创新的意见》，修订《国网东北分部科技工作管理实施细则》，表彰2020—2022年度科学技术进步奖和科技先进人物，激发全员创新活力。与清华大学电机系签署合作框架协议，建立高层互访、创新策划、共建共享等配套支撑机制。组织开展“宽频振荡安全防御系统关键技术”等3个科技指南项目研究，以高水平研究成果为东北电力事业发展增添成色。

党群工作 主题教育扎实开展。部署实施23项重点措施，统筹开展3个专项行动。国网东北分部党委以上率下，通过举办读书班、深入党建联系点联学等方式，示范带动各级党组织集体研学258次、讲党课32次、专题培训580人次。聚焦党的建设、能源转型等12个方面大兴调查研究，梳理总结19个问题63项对策建议。召开专题民主生活会、组织生活会，推动660余项剖析问题全面整改。总结提炼出“高快严实深”工作理念和成果，主题教育工作得到国家电网公司巡回指导组肯定。

党的建设进一步加强。深入实施“旗帜领航”党建工程，广大党员在防汛抗洪、度冬保电等急难险重任务中冲锋在前，以实际行动为党旗增辉、为党徽添彩。推进党建标准化规范化建设，17个党组织及时完成换届补选。与国网辽宁、吉林、黑龙江、蒙东电力签订团青工作协作协议，建立东北团青联学共建机制。“沿着总书记的足迹”系列报道在国家电网报头版连载，国网东北分部亮点新闻在各类主流媒体刊发50余篇，重要信息报送多次受到公司通报表扬。

全面从严治党纵深推进。以高度的政治责任感自觉接受公司党组巡视，及时提交资料9800余份，加强巡视整改和成果运用，制定整改“一方案三清单”，落实整改措施97项，确保整改落地见效。依规依纪受理处置问题线索，精准运用“四种形态”，深入开展违规吃喝、违规违法获取工程项目专项整治，深化“三不腐”一体推进。实施“清风护航”工程，坚持纠“四风”树新风并举，营造风清气正良好政治生态。

（祁晓枫）

【国家电网有限公司西北分部】

分部概况 国家电网有限公司西北分部（简称国网西北分部）作为总部在西北区域的派驻机构，按分公司模式独立规范运作，承担西北骨干电网发展规划、调控运行、安全生产、纪检审计、分部输变电资产管理等责任，同时承担着国家黄河上中游水量调度委员会办公室职能。

西北电网是国家电网的重要组成部分，覆盖陕、甘、青、宁、新五个省区，总装机容量4.3亿kW，其中新能源装机2.2亿kW，最大用电负荷1.36亿kW，拥有750kV变电站79座，线路242条（总长度超过2.9万km），主要呈现以下四个特点：供电面积大，覆盖308万km^2，东西跨度3000km左右，约占全国陆地面积1/3，供电服务人口超过1亿。互济能力强，五个省级电网通过750kV骨干网架联接，省区间联络线19回，省间交换能力2870万kW，年互济电量近1000亿kWh，联网效益好。外送规模大，在运直流11条，总容量7071万kW。其中，特高压直流7条，数量及输电容量占国家电网系统的一半，目前电力外送全国19个省市，是外送能力最强、规模最大的区域电网。“十四五”期间还将投产3项、开工7项特高压直流工程。新能源占比高，2023年底，新能源已成为西北电网第一大电源。目前，新能源装机占西北电网总装机比例51.1%，年度发电量占比达到26.3%，是国内新能源装机占比和发电量占比最高的区域电网，其中新能源发电量占比已超越欧盟，达到国际领先水平。

电网概况 2023年，西北电网发电设备新增机组429台（座），新增发电容量76742.9MW，较2022年底总装机容量增长21.79%。其中新增火电机组35台，新增发电容量14764MW，增长率为9.28%；新增水电机组14台，新增发电容量471.2MW，增长率为1.34%；新增风电场118座，新增发电容量17614.7MW，增长率为21.20%；新增光伏电站262座，新增发电容量43893MW，增长率为58.20%。

西北网调直调发电设备新增机组16台，新增发电容量12340MW。

2023年西北电网新增220kV及以上变压器137台，新增容量116225MVA。其中750kV新增变压器17台，新增容量30300MVA，增长率为12.17%；500kV及330kV新增变压器173台，新增容量53130MVA，增长率为 24.33%；220kV 新增变压器 156 台，新增容量 32795MVA，增长率为 27.29%。

2023 年西北电网 220kV 及以上交流输电线路净增 219 条，净增长度 7801.1km。其中净增 750kV 线路 22 条，净增线路长度 1540km；净增 330kV 及 500kV 线路 95 条，净增线路长度 3167.9km；净增 220kV 线路 102 条，净增线路长度 3093.2km。

截至 2023 年底，西北电网调度口径发电装机 8975 台（座），容量 430248.6MW，其中火电 173867.1MW，占总发电装机容量的 40.41%；水电 35751MW，占总发电装机容量的 8.31%；风电 100702.3MW，占总发电装机容量的 23.41%；光伏 119311.7MW，占总发电装机容量的 27.73%；其他（含光热）616.5MW，占总发电装机容量的 0.14%。

截至 2023 年底，西北电网调度口径调节装机 287 台（座），容量 10789.3MW，其中抽水蓄能 300MW，占总调节装机容量的 2.78%；新型储能 10489.3MW，占总调节装机容量的 97.22%。西北电网 600MW 及以上大容量机组共计 94 台（含国调直调），容量 69580MW，占总装机容量的 15.78%。

直接接入 750kV 及以上输电网络的总装机 54980MW（含国调直调），占总装机容量的 12.47%；直接接入 500kV 输电网络的总装机 14600MW，占总装机容量的 3.31%；直接接入 330kV 输电网络的总装机 74152.7MW，占总装机容量的 16.81%；直接接入 220kV 网络的总装机 59700.1MW，占总装机容量的 13.54%；直接接入 110kV 及以下网络的总装机 237605.1MW，占总装机容量的 53.87%。

截至 2023 年底，西北电网 220kV 及以上变压器容量 703634MVA，其中 750kV 变压器容量为 279200MVA（79 站 155 变），500kV 变压器容量为 37500MVA（3 站 5 变），330kV 变压器容量为 267735MVA（共 453 站 977 变）。西北电网 220kV 及以上交流输电线路长度 103948.5km（2327 条），其中 750kV 线路长度为 29214.2km（242 条），500kV 线路长度为 1300.2km（17 条），330kV 线路长度为 39667.7km（1054 条）。

领导班子

国家电网公司副总工程师兼国网西北分部主任、党委书记：李永莱

副主任、党委委员、纪委书记、工会主席：来文青

副主任、党委委员：范越、朱罡

副主任、党委委员兼西北审计中心主任：郭爱民

副主任、党委委员：行舟

三级顾问：马放瑞、张满洲

组织机构 国网西北分部本部设职能部门 6 个，分别为办公室（党委办公室）、财务资产部、人力资源部（党委组织部）、党建工作部（党委宣传部）、工会办公室和纪委办公室；设业务部门 4 个，分别为发展规划部、安全监察部、生产技术部和调度控制中心（黄河上中游水量调度委员会办公室）；分部设二级机构 2 个，分别为电网技术支持中心（简称技术中心）、后勤管理中心（简称后勤中心）；按要求设挂靠机构 3 个，分别为国家电网有限公司西北审计中心（简称西北审计中心）、国家电网有限公司第五纪律检查中心（简称第五纪检中心）、北京电力交易中心市场交易六部（简称京交六部）。

安全生产 2023 年，坚决贯彻习近平总书记关于安全生产重要论述和指示批示精神，落实国家电网公司党组和分部党委关于安全生产工作的决策部署，围绕“三杜绝三防范”安全目标，压责任、控风险、除隐患、强应急，有力确保了西北电网安全生产稳定局面。

一是加强组织谋划，重点工作推动坚决有力。落实国家电网公司年度安全生产工作意见，印发西北电网 2023 年安全生产工作要点，召开西北区域安全生产工作会议，全面统筹全年各项重点任务。开展百日安全攻坚行动，保障春季安全生产平稳有序。开展防高坠专项研究，调研结果得到国家电网公司总经理、党组副书记张智刚批示肯定。牵头开展国家电网公司系统业务外包管理调研，现场调研系统内单位 42 家、走访外部企业 9 家，调研报告得到国家电网公司安监部认可。

二是强化制度支撑，安全管理体系持续完善。结合国家电网公司安全生产重点工作，细化制定分部领导班子成员“两个清单”，动态修订全员安全责任清单，组织签订全员安全承诺书，“人人尽责”安全理念深入人心。印发分部安全生产费用提取和使用管理办法，制定西北区域作业现场安全督查、分部消防安全监督管理等 3 项制度，强化专业安全监督管理。组织完成 4 起安全事件整改评估，督促整改措施全面落实。

三是聚焦源头管控，双重预防机制不断健全。创新编制西北电网风险预警管控“一册一库”，完成区域内四级电网风险现场督查 2 次、区域内外五级风险远程督查 6 次，监督 64 项五级及以上电网风险有效管控。全面开展重大事故隐患专项排查整治专项行动，完成分部 21 项隐患治理，督导五省（区）电力公司排查治理重大隐患 46 项。开展分部燃气安全专项整治，持续跟踪陕西宁强 LNG 重大危险源 66 项问题闭环整改。

四是统筹协调资源，应急实战能力显著提升。组织完成分部“1+14”应急预案修编，制定应急响应“一张图”。第一时间启动甘肃临夏州积石山县 6.2 级地震

应急响应，积极妥善处置电网设备受损。成立西北电网应急救援快速反应基干队伍，完成黄河流域应急救援队伍互训互练，得到国家电网公司表扬认可。完成中国—中亚峰会、成都大运会、亚（残）运会等重要活动保电任务，荣获大运会、亚运会和亚残运会保电先进单位称号。

经营管理 2023 年，是全面贯彻党的二十大精神的开局之年。在习近平新时代中国特色社会主义思想的科学指引下，在国家电网公司党组的坚强领导下，广大干部职工牢记新时代新征程国资央企新使命新定位，坚持高质量可持续发展“55686”总体要求，锐意进取，真抓实干，各项工作开创了新局面、迈上了新台阶，在国网年度业绩考核中获得 A 级评价。

主题教育激发新动能。把高质量开展主题教育作为首要政治任务，牢牢把握“学思想、强党性、重实践、建新功”总要求，统筹谋划、精心组织、学思践悟，在以学铸魂、以学增智、以学正风、以学促干上取得明显成效。建立主题教育“1+8”方案体系，开展三个专项行动，有力推进理论学习、调查研究、推动发展、检视整改各项工作。党委示范领学，各党支部联学联建，专题读书班集中 7 天静心研读原文原著，分五期完成三、四级领导人员党的二十大精神集中轮训，掀起大学习大宣贯大研讨热潮。班子成员和三级领导人员牵头开展调查研究，形成 42 项专题调研报告，梳理分析 90 个问题，制定落实 141 项针对性措施，向国家电网党组呈报 6 项专题报告。召开主题教育专题民主生活会和组织生活会，主题教育成效得到中央第 51 指导组、国网党组、中央纪委国家监委驻国网纪检监察组高度评价。

改革创新取得新成绩。落实国家电网国有企业改革深化提升行动方案，推进 7 个方面 22 项重点工作。落实优化策略提质增效三年行动，12 项指标全面提升。促成第三周期电价政策顺利出台，准许收益率提高 2.6 个百分点，准许收入核增 1.7 亿元。推进“合规管理提升年”专项行动。配合完成任期经济责任审计，开展 5 项内审工作，提升审计监督效能。常态化运营西北省间交易价格信息共享平台，国家电网系统内首家实现省间交易“日清分、月结算”。举办西北电网新型电力系统科技创新大会、青年创新创意大赛，建立分部科技创新机制。聚焦大电网安全管控，发布西北新型电力系统建设 18 项重点课题。与清华大学、西安交通大学、南瑞集团签订科技合作框架协议。首次承担国家重点项目子课题 1 项，牵头国家电网重大项目 5 项。

分部建设开创新局面。落实国家电网党组进一步加强分部建设的意见，制定“3666”分部建设方案并加快实施。深化“旗帜领航·组织登高”工程，加强干部人才队伍建设，调整五批次干部职员，新提任年轻干部占比近 60%。安排 72 名干部分四批赴基层一线开展为期半年的实践锻炼，举办两期共 21 名青年干部赴国网高培中心进行 50 天封闭党校培训。20 名挂职（岗）干部职工立足岗位发挥了重要作用。完成 2024 年 15 名高校毕业生招聘。建立业绩导向和激励约束机制，职工收入稳步提高。制定修订发展规划、人力资源、安全生产等 36 项规章制度，分部制度体系更加完善。系统修缮改造大楼办公环境，投运职工健康智慧小屋，举办司歌传唱、趣味运动会、美食竞赛等活动，制定落实退休职工“两项待遇”12 条措施，营造了积极向上、健康和谐的良好氛围。

面对甘肃积石山地震灾情，分部党委第一时间启动应急响应，迅速成立抢险救灾应急指挥部，广大干部职工昼夜作战、争分夺秒抢修受损电力设施，240h 取得抗震救灾阶段性胜利，在大战大考中彰显了“响应迅速、组织有力、协调统一、安全有序、齐心协力、甘于奉献”的一流素养，践行了“线路不通、我们不撤”的铮铮誓言，得到国家电网公司党组、各级党委政府、社会各界和人民群众的赞誉。

科技创新 编制分部资产委托管理和评价办法，提升资产管控能力。研究提出分部委托运维资产成本量化测算方法，制定分部电网资产绩效管理评价标准，开展五省（区）电力公司年度运维工作绩效考评。制定生产技改大修常态化检查方案，加强现场项目实施及管控，提升项目管理规范性。首次开展西北电网变电、输电、直流劳动竞赛，推动设备运维工作精益化管理。

编制统一标准方案，推进 28 项标准编制。发挥区域设备管理统筹作用，首开输变电专业会议，建立 750kV 主设备技术集中攻关及网省故障抢修协作机制，开展海西变电站、官亭变电站等故障分析处置 9 次。重点隐患治理取得实效，组织完成 750kV 29 只 NGK 套管更换、乾县变电站 16 间隔断路器增容改造，推进全域 389 间隔断路器增容改造。加强现场检查监督，全年开展现场“五级五控”督察、防汛等检查 52 项。

编制完善分部科技管理制度 2 项，理顺科技管理职能，首次开展科技项目后评估。争取科研经费，年度科研经费实现翻番。制定未来 2～3 年分部科技创新整体框架，首创分部科技指南项目管理方式，发布首批科技指南项目。搭建区域创新平台，深化校企合作，与清华大学、西安交通大学、南瑞集团签订合作协议，召开西北电网新型电力系统科技创新大会，凝聚合力开门搞创新。组建重点科技项目管理专班，首次承担国重项目子课题 1 项、牵头国家电网重大项目 5 项，开展分部科技进步奖评选，全年荣获各类科技奖励 10 项。

市场建设 2023年认真落实国家电网公司党组决策部署，推进西北电网“保供应、促转型、稳外送”电力市场机制建设，全年实现跨省跨区交易电量3674亿kWh，同比增长6%。其中，跨区交易电量3319亿kWh，同比增长8%；跨省交易电量354亿kWh，完成年度综合计划目标。

一是在电力保供中发挥“压舱石”作用。发挥政企协同作用，协调签订陕西—青海、新疆—青海、宁夏—青海、陕西—西藏、甘肃—西藏等跨省跨区中长期政府间电能互济协议，明确分月电量、电力曲线等信息，提高交易效率，降低交易风险。

组织召开2023年西北电网保供稳送电力交易工作会议，坚持全网“一盘棋”原则，安排部署电力交易20项重点措施，细化任务分解，压紧压实责任，确保落实到位。积极应对常规电源不足、水库来水偏少、新能源发电不确定等不利因素影响，坚持“3334”电力保供关键之要，创新“能量换容量”“新火互济”创新交易机制，深挖省间互济潜力，完成迎峰度夏保供电交易运营，发挥中长期交易“保量稳价”作用，相关工作获得陕西、青海等政府部门肯定。

二是在电力外送中发挥“主力军”作用。加强区域协作沟通，定期开展与“三华”、西南等地区交易会商，统筹发展和安全，统筹保供和转型，在西北电力外送中体现责任与担当。坚持全网“一盘棋”，强化“中长期+现货+应急调度”的电力保供机制，充分发挥各类型市场的定位和作用，多市场协同发力。

迎峰度夏、度冬期间，西北电网7条特高压直流全部实现按最大限额送电，德宝直流汛期维持西北送西南方式，有力支援了“三华”及西南电网保供，保障成都第31届大运会、杭州第19届亚运会召开。2023年西北电网实现外送电量3171亿kWh，同比增长7%；7条特高压直流利用小时数同比提升343h，外送规模连续11年创历史新高。通过跨省跨区交易，为五省（区）电力公司创造收益119.8亿元，为分部带来电量电费收益12.7亿元。

三是在绿色转型中发挥“排头兵”作用。统筹保供与转型，开展新能源与常规电源打捆外送交易组织，针对午间光伏大发期间网内调峰困难情况，加强送受端对接，优化网内电源外送曲线，午间光伏大发期间较夜间时段增送电力1000万kW。2023年，实现新能源跨省跨区交易电量964亿kWh，占西北新能源总发电量的32%。

服务陕西关中大气污染防治需求，加大西北清洁电能替代陕西火电交易组织，通过“新火互济”等交易方式实现陕西省间购入清洁能源电量71亿kWh，其中非水可再生能源电量60亿kWh，助力陕西非水可再生能源消纳责任权重指标完成。推进绿色电力生产消费市场建设，开展西北电网首批跨省绿电绿证交易、首笔放弃补贴新能源跨省绿电交易，满足陕西电力用户低碳环保用能需求，助力分部实现全年100%绿色办公用电。

四是在市场创新中发挥“先行者”作用。针对高比例新能源电网中长期平衡特征变化，开展市场机制研究，创新提出适应高比例新能源电网的弹性交易理论，有效提升中长期“签约率”。2023年弹性交易累计增送158亿kWh，占跨省交易电量的61%，弹性交易平均结算率81%，高峰时段实现最大支援电力350万kW。弹性交易理论论文入选第24届亚太电协会议并进行现场宣讲，弹性交易技术获中电联电力职工技术创新二等奖。

开展“党建+”交易联建活动，协同市场运营机构、市场主体，做好“能量换容量”创新实践推广，成果入选国家电网公司2023年度管理创新计划，适应清洁能源余缺互济灵活交易的关键创新技术获得中国电力发展促进会科学技术二等奖。在国家电网公司系统率先开展省间交易“日清分、月结算”跨省结算试点。以镇安抽水蓄能电站起步，研究抽水蓄能电站参与西北跨省市场交易方案，促进灵活性资源在更大范围充分发挥作用。

工会工作 2023年履行工会职能职责，发挥桥梁纽带作用，坚持聚焦中心任务、聚焦职工满意“两个聚焦”和服务分部发展、服务职工成长“两个服务”，把握大势、找准定位、奋发作为，团结动员广大职工履职担当、守正创新、真抓实干，为西北电网和分部高质量发展贡献了力量。

一是聚焦中心任务，推动建功立业。紧扣“3666”分部建设方案，发挥工会平台作用，聚力大电网安全、电力保供、能源转型，协同专业部门开展750kV输变电运维等8大专项劳动竞赛。举办首届西北“新青创”工程创新创意大赛，打造西北新型电力系统先行示范区。健全先进选树培养机制，开展电力工匠塑造和后备人才培养，弘扬劳模精神、工匠精神，激励职工立足岗位建功立业。

二是深化民主管理，促进分部建设。坚持依靠职工办企业，贯彻落实《国家电网有限公司企业民主管理规则》，规范召开分部四届二次职代会，明确目标任务，凝聚发展力量。征集并督办7件提案，协调职能部门答复，跟踪监督提案建议落实，职代会和厂务公开满意率、提案答复率均达100%。召开五次民主议事会议，审议10个涉及职工切身利益的重要事项。征集合理化建议，集众智、聚合力，助推分部高质量发展。

三是坚持以人为本，繁荣职工文化。贯彻习近平文化思想，倡导全民健身运动，举行“健步长安、礼敬文明”健步走活动，增强职工文化自信，促进职工身心健康。弘扬企业文化和电力精神，举办“奋进新征程、建功新时代”司歌传唱比赛，增强分部广大干部职工的情感归属和价值认同。开展职工趣味运动会，充分支持各分工会独立自主开展活动，激活兴趣小组能动作用，创新丰富职工文化生活。组织西北电力作家开展“向光而行·绿色赋能”采风活动，讴歌礼赞西北电力人的责任担当，满足职工美好生活的精神文化需求。

四是关心关爱职工，提升服务质效。坚持以职工为中心的工作导向，推动健全完善保障职工主人翁地位的各项制度。开展“送温暖”慰问活动，慰问分部一线值班人员、困难职工、帮扶干部。赴750kV甘州主变压器扩建工程开展送文化到基层暨现场慰问。第一时间组织资源支持援助甘肃、青海抗震救灾电力抢修。开展职工婚育病丧、节日、荣休等日常慰问。将节日慰问与消费帮扶工作紧密结合，助力实施乡村振兴战略。举办健康管理培训班，引导职工掌握健康技能，培育职工阳光心态。用心用情组织职工疗休养。按月举办丰富多彩的职工主题生日会，增强职工的获得感、归属感、价值感，创建“和合相荣、美美与共”的“和美”职工之家。

五是突出用心用情，保障“两项待遇”。健全保障机制，突出用心用情，贯彻落实保障退休人员“两项待遇”的十二项措施，在红色教育、关怀慰问、健康体检、文体活动、作用发挥、困难帮扶等方面落细落实。召开老领导共谋发展座谈会，走访慰问退休同志，打造退休同志学习活动阵地和文体活动场所，举办退休同志主题教育学习培训班，组织赴照金革命根据地参观学习，开展“话传统、谈复兴、聚力量”调研参观活动，举办民法典讲座，开展重大节日和“夏送清凉”慰问，开展重阳节“送五福”系列活动，增强了退休人员的归属感、幸福感、获得感，让退休同志切身体会到“国家电网永远是老同志的家”的温暖。

六是加强自身建设，增强服务本领。深刻领悟和大力践行“六个坚持”方法论，增强做好工会工作的大局观念和创新思维。健全工会组织体系，完善工会工作机制，增强工会的引领力、组织力、服务力。发挥工会组织的平台和纽带作用，探索实践“工会+”工作机制。加强工会经费管理，切实保障职工发展权益。注重开展调查研究，反映职工的愿望呼声，凝心聚力推动分部高质量发展。

党建建设 2023年以习近平新时代中国特色社会主义思想为指导，认真落实国家电网公司党组各项决策部署，深化“旗帜领航”党建工程，提升宣传思想工作质效，为分部高质量发展提供坚强保障、汇聚强大力量。

一是坚持立心铸魂，思想基础持续巩固。注重思想建党、理论强党是党的鲜明特色和光荣传统。发挥主题教育领导小组办公室牵头作用，第一时间吃透要求、编制“1+*N*”方案、建立组织协调督导机制，统筹推进理论学习、调查研究、推动发展、检视整改等各项任务高质量完成，分部主题教育得到中央第51指导组、国家电网党组、国家电网第五巡回指导组充分肯定。建立贯彻落实习近平总书记重要指示批示精神和党中央决策部署工作机制。精心策划、组织分部党委理论学习中心组、党支部月度政治理论学习和主题党日活动，做到了每月理论学习有计划、重点工作有安排、交流讨论有主题、党员自学有篇目，有效推动党的创新理论深化、转化。

二是坚持固本强基，组织堡垒持续夯实。增强党组织政治功能和组织功能是党的二十大确定的重要任务。紧盯党支部标准化规范化建设，完成14个党支部换届选举，党的组织全部嵌入分部治理结构。坚持问题导向，完善分部党建工作绩效考核评价办法，创新编制进一步提升党支部主题党日质效的指导意见，修订分部党组织工作经费实施细则，制定并督促落实42项党建量化计划任务，支部党建工作责任进一步压紧压实，管理更加规范严细。举办党支部书记培训班和党务工作者培训班，党务工作人员理论素养和业务水平得到有效提升。

三是坚持融入融合，党建引领持续发力。坚持党建工作与生产经营深度融合，是国有企业党组织工作的一项基本原则。围绕如何促进党建与业务深度融合，更好地激励党支部和党员发挥作用这一课题，深入各党支部，广调研、听实话、察实情，开展进一步加强党的建设专题调研、“党建+”质效评价体系和工作机制研究，制定形成了贯彻落实习近平总书记重要勉励精神发挥党员先锋模范作用措施12项，优化调整了“党建+”工程项目，在重大保电任务中成立党员突击队，在重要审计任务现场、干部集中培训班设立临时党支部，各支部围绕中心工作保安全、抓管理、促改革，助力分部高质量发展再上新台阶，鲜红的党旗高高飘扬在急难险重的第一线，金色的党徽始终闪耀在创新攻坚的最前沿。

四是坚持凝聚合力，奋进动能持续迸发。文化自信是更基础、更广泛、更深厚的自信。加强思想文化建设，为分部快速发展注入强大的精神动力。开展思想文化建设重点项目研究，定期调研员工思想动态，协调推动问题及时解决，最大限度凝心聚力。坚持以党内政治文化引领企业文化建设，深化“红色基因、电力传承”主题实践，组织“弘扬企业文化，践行使命担当”主题党日活动，加强安全、法治等专项文化建设，宣贯公司《企业文化建设工作指引（2023）》，开展“爱岗爱企，学唱司歌”宣传活动，推动公司价值理念和发展战略入心入行，激励广大干部职工自信自强、奋发向上。

五是坚持宣传引导，品牌形象持续提升。意识形态工作是党的一项极端重要的工作，是为国家立心、为民族立魂的工作。落实意识形态工作责任制，先后制定分部《新闻宣传管理办法》《舆情工作预案》《舆情预防处置化解重点任务》《员工网络行为规范》和《落实意识形态责任制“两个清单”》，填补了分部意识形态领域的制度空白。坚持“内鼓士气，外展形象”，讲好分部故事，《新能源成为西北地区第一大电源》等稿件在三大央媒、《中国电力报》头版刊发，《统筹电力跨区外送全力支援区外用电》在国网媒体广泛传播，实现多渠道共享、多角度展示，全年对外发稿累计 201 条次，同比增长 66%，其中中央主流媒体发稿同比增长 4 倍。

主要事件

1 月 12 日，国家电网有限公司西北分部召开四届二次职代会暨 2023 年工作会议，深入学习贯彻党的二十大精神，认真落实国家电网有限公司四届三次职代会暨 2023 年工作会议部署，总结工作、分析形势、安排任务，凝心聚力、守正创新、锐意进取，在新征程上奋力谱写高质量发展新篇章。

2 月 3 日，国网西北分部在陕西省汉中以现场+线上方式组织召开西北电网规划工作座谈会，深入贯彻党的二十大精神，落实推动“碳达峰、碳中和”目标，充分发挥西北区域在能源转型中的重要作用，加快规划建设新型能源体系，紧密衔接国家“十四五”能源电力发展规划。

2 月 22 日，国网西北分部召开干部任免宣布大会，国家电网有限公司副总经济师兼党组组织部主任张俊利出席会议并宣读公司党组任免决定：根据工作需要，经国家电网有限公司党组研究并征得中共陕西省委同意，李永莱任国家电网有限公司副总工程师兼西北分部主任、党委书记；王国春不再担任国网西北分部主任、党委书记职务，另有任用。

4 月 17 日，国家电网有限公司学习贯彻习近平新时代中国特色社会主义思想主题教育第五巡回指导组到国网西北分部指导主题教育工作，召开见面会并进行调研访谈。

5 月 18 日，西北电网实现调度安全运行 9000 天。在过去 9000 天中，一代代西北电网人薪火相传、奋勇前行，大电网运行安全稳定，电压等级实现跃升，跨区外送规模扩大，能源转型加速推进，共同铸就了西北电网跨越式发展。

6 月 5 日，青海省委副书记、省长吴晓军在西宁会见了国家电网有限公司副总工程师兼西北分部主任、党委书记李永莱一行，专门听取了国网西北分部迎峰度夏电力保供工作有关情况的汇报。

6 月 6 日，国网西北分部在青海西宁召开西北电网 2023 年迎峰度夏工作会议。国家能源局西北监管局党组书记、局长何昌群出席会议并讲话，国家电网有限公司副总工程师兼西北分部主任、党委书记李永莱主持会议并作总结讲话。

6 月 10 日，国家电网有限公司副总工程师兼国网西北分部主任、党委书记李永莱在银川拜会了宁夏回族自治区党委副书记，自治区人民政府主席、党组书记张雨浦。李永莱介绍了国网西北分部及西北电网情况，汇报了西北电网及宁夏电网迎峰度夏形势以及提前所做的工作，下一步做好宁夏度夏保供重点措施，并就进一步加强保供过程督导、加快火电机组投产进度、加快白银—天都山 750kV 第三回线路工程建设、优化分时电价政策等提出意见建议，希望自治区党委政府给予更多指导支持和帮助。

6 月 25 日，新疆自治区党委副书记、自治区人民政府主席艾尔肯·吐尼亚孜在乌鲁木齐会见了国家电网公司副总工程师兼国网西北分部主任、党委书记李永莱一行，专门听取了国网西北分部迎峰度夏电力保供工作情况汇报。

7 月 11 日，西北电网发电电力、用电负荷、日用电量、直流外送电力四项运行指标创历史新高。全网发电电力达 1.73 亿 kW，同比增长 9.77%；用电负荷达 1.21 亿 kW，同比增长 6.44%；日用电量达 27.47 亿 kWh，同比增长 5.41%；直流外送电力达到 5297 万 kW，同比增长 18.69%。西北电网送出的七条特高压直流全部实现最大功率送电，全力支援区外用电。

7 月 18 日，受国家电网有限公司党组委托，国网西北分部召开干部任免宣布会议。根据工作需要，国家电网有限公司党组研究决定，朱罡、行舟任国网西北分部副主任、党委委员职务，张满洲任国网西北分部三级顾问，免去张振宇国网西北分部副主任、党委委员职务（另有任用）。

8 月 2 日，国网西北分部在北京组织召开国家电网公司新型电力系统科技攻关行动计划 2023 年重大专项“特高压直流送受端高比例新能源暂态支撑关键技术研究”项目启动会。

8 月 8 日，哈密北—重庆±800kV 特高压直流工程正式开工，西北新型电力系统建设开启了新篇章。

9 月 11 日，国家电网有限公司召开 2023 年迎峰度夏总结暨防汛抢险救灾、大运会保电表彰电视电话会议。国网西北分部荣获大运会保电先进单位，分部调度控制中心获大运会保电先进集体，1 名员工获大运会保电先进个人。

9 月 12 日，国家电网有限公司董事长、党组书记辛保安赴国网西北分部、国网陕西省电力有限公司调研，检查主题教育、电网融合发展、电力保供等工作，看望慰问一线干部员工。公司党组副书记庞骁刚参加调研。国家电网公司总经理助理兼办公室主任王抒祥、副总工程师兼发展部主任冯凯、副总工程师兼西北分部主任李永莱，国网人资部主要负责人，第六巡视组组长，第五纪律检查中心及国网陕西电力主要负责人参加活动。

9月12日，国家电网有限公司董事长、党组书记辛保安在西安拜会陕西省委书记赵一德，省委副书记、省长赵刚并举行会谈。陕西省政府有关部门负责人，国家电网公司总经理助理兼办公室主任王抒祥、副总工程师兼发展部主任冯凯、副总工程师兼西北分部主任李永莱，国网人资部及国网陕西电力主要负责人参加会谈。

9月15日，国网西北分部与西安交通大学就科技创新合作进行座谈。国家电网有限公司副总工程师兼西北分部主任、党委书记李永莱，西安交通大学党委常委、常务副校长别朝红出席座谈会并讲话，西安交通大学电气学院党委书记梁德亮、副院长郝治国参加座谈。分部副主任范越与西安交通大学科研院副院长邵金友代表双方签订科技合作框架协议。

9月20日，国网西北分部组织召开西北电网新型电力系统科技创新大会。中国工程院院士郭剑波、中国科学院院士陈维江受邀作专题讲座。国家电网有限公司副总工程师兼西北分部主任、党委书记李永莱，国网科技部副主任许海清出席会议并讲话。国网西北分部党委班子成员，中国电科院、国网电科院、西北五省（区）电力公司分管领导参加会议。

10月8日，甘肃省委书记胡昌升、省长任振鹤在兰州分别会见了国家电网有限公司副总工程师兼西北分部主任李永莱一行，专门听取了国网西北分部电力保供工作有关情况的汇报。国网甘肃电力董事长、党委书记林一凡一同参加会见。

10月10日22:16，黄河上游李家峡水电站5号机组72h试运行顺利结束，国网西北分部圆满完成机组调试工作，标志着世界最大双排机布置水电站实现200万kW装机全容量投产，为今冬明春电力保供及青豫直流电力组织能力提升奠定了坚实基础。

11月3日，国网西北分部联合西北电力工委举办首届西北新型电力系统青年创新工程创新创意大赛颁奖典礼暨获奖项目发布会，表彰获奖团队，展示优秀成果，促进学习交流，扩大创新队伍，加快西北新型电力系统建设。分部副主任、党委委员行舟参加会议并致欢迎辞，国家能源局西北监管局党组成员、副局长赵立志出席会议并讲话。

11月15日，西北电网新能源最大发电电力达到8109万kW，首次突破8000万kW，创历史新高。

11月21日，人民日报社《新安全》杂志第11期刊发国家电网有限公司副总工程师兼西北分部主任、党委书记李永莱署名文章：树牢安全理念 守牢安全底线。

12月1日，国网西北分部与南瑞集团就未来科技创新合作座谈交流，并签署科技合作框架协议。国家电网有限公司副总工程师兼西北分部主任、党委书记李永莱，南瑞集团董事长、党委书记山社武，国网西北分部副主任、党委委员范越，南瑞集团党委委员、国电南瑞科技股份有限公司总经理庞腊成出席会议。

12月7日，随着中国第一批沙戈荒大型风电光伏基地项目—华能苏德日图风电场和国电投布拉格风电场的并网，西北电网新能源装机规模突破2亿kW，占西北电网总装机接近50%。

12月18日23:59，甘肃临夏州积石山县发生6.2级地震，震源深度10km。地震造成甘肃、青海境内部分变电站及相关线路受损，国网西北分部第一时间启动应急响应，全力协助总部统筹开展区域内应急处置工作。期间青海省委副书记、省长吴晓军，青海省委常委、常务副省长王林虎到750kV官亭变电站现场调研指导抗震救灾工作。

12月31日，随着陕西省榆林府谷县奕辰光伏电站共计25万kW光伏单元并网发电，西北新能源发电装机容量达2.1亿kW，占比超过50%，西北电网成为我国首个新能源为发电装机主体电源的区域电网。

（刘　睿）

【国家电网有限公司西南分部】

分部概况　国家电网有限公司西南分部（简称国网西南分部）成立于2014年11月18日，2015年12月30日国网西南分部正式开展实时调度业务，正式承担西南电网安全稳定运行职责。主要负责四川、重庆、西藏三省（市、区）骨干电网发展规划、调控运行、安全生产、电力交易、输变电资产管理等核心业务，承担着保障西南地区清洁低碳、安全高效、可持续电力供应和服务人民美好生活需要的重要使命，协调服务省电力公司和地方政府，调动区域内省电力公司、发电企业、地方政府等各方力量团结治网，在西南电网发展建设中实现共建共享和协同发展。

组织机构　设置职能部门6个，办公室（党委办公室）、财务资产部、人力资源部（党委组织部）、党建工作部（党委宣传部）、纪委办公室、工会办公室；业务部门4个，发展规划部、安全监察部、生产技术部、调度控制中心；挂靠机构3个，西南审计中心、北京电力交易中心市场交易七部、第六纪律检查中心；二级机构管理的支撑保障机构1个，电网技术支持中心。

电网概况　西南电网覆盖四川、重庆、西藏三省

（市、区），区域面积约 180 万 km^2。东联华东和华中电网、北接西北电网，是国家电网重要的“水电基地、东送基点、安全基石”。与华东电网通过±800kV 复奉、锦苏、宾金、建苏、金塘五大特高压直流相联，输电容量 3760 万 kW；与西北电网通过±500kV 德宝直流、±400kV 柴拉直流相联，输电容量 360 万 kW；与华中电网通过±800kV 雅湖直流、±420kV 渝鄂背靠背柔性直流相联，输电容量 1300 万 kW。跨区电力交换容量 5420 万 kW，省间电力交换容量 685 万 kW。

截至 2023 年底，西南电网调度口径装机容量 1.58 亿 kW。其中，水电 10952 万 kW，占 69.5%；火电 3038 万 kW，占 19.2%；风电光伏等 1775 万 kW，占 11.3%。网内 500kV 变电站 87 座，总变电容量 1.61 亿 kVA；500kV 线路 324 条，总长 2.7 万 km。

安全生产 落实团结治网工作机制，召开西南电网安全稳定领导小组会议，23 项年度任务全面完成，成功实现“三杜绝、三防范”目标。深刻吸取巴西大停电事故教训，深入开展防范大电网安全事故、重大事故隐患排查整治、百日安全攻坚等专项行动，集中治理各类隐患 7 项。强化“三大工程”等重大风险管控，完成 24 项 *N*—2 同停检修，有力管控 5 次四级电网运行风险。深化西南电网扩展频率防线研究，创新二次系统一体化运行管理，建成“三道防线”全景监视平台。组织开展森林草原防火、区域安全检查等专项督查 23 次，推动整改问题 242 项。分部直属输电线路、变电设备故障停运保持“双零”，设备管理典型经验入选全国电力行业设备管理优秀案例。牵头举办西南区域联合应急演练，成功处置电网重大异常故障和突发灾害超 300 起，在国家和国家电网公司网络安全攻防演练中“零破防、零失分”。

电力保供 树牢电力保供“3334”关键之要，坚持早启动、早谋划、早部署，成功应对汛初特枯、多轮高温大负荷等严峻考验。迎峰度夏前，针对 6 月“汛初特枯”险情，积极协调 25 个省网大范围支援西南电网超 60 亿 kWh，创新实施“一库一策”，精准指导水库回蓄，提前完成大运会蓄水目标。挂牌督办投产山彭串抗、长万双回等 14 项重点工程，确保度夏前按期投运，提升主网供电能力 350 万 kW。度夏期间，西南全网存煤长期居历史同期高位，火电机组“两率”处历史同期最低。大负荷期间最大化统筹资源，日前精心组织稳预期，跨区受电单日最大电力 1020 万 kW，跨区受电通道全部用尽；累计购入日前现货 2099 笔，同比增长 114%，电量 9.13 亿 kWh，同比增长 40%；日内紧盯供需补缺口，积极组织现货、应急交易 4615 笔，同比增加 27%。迎峰度夏期间，西南—华中、西南—西北错峰互济电量分别增长 17.4%、33.1%，中长期交易、现货交易、应急调度次数、规模均创历史新高。历经三年准备，精心组织、精心指挥、精准调度，完成成都世界大学生运动会保电任务，国网西南分部首获国家电网公司保电工作突出贡献单位殊荣。按照“五个最”“四个零”要求，出色完成杭州亚运会、亚残运会、第六届进博会等重大保电任务。

电网调度 2023 年，西南全网新增装机容量 668 万 kW，新增 220kV 及以上变电容量 1978 万 kVA，新投产 220kV 及以上线路 4080.3km。西南电网调度口径最大发电电力 11554 万 kW，年累计发电量 5935.52 亿 kWh。其中，水电 4165.09 亿 kWh，占总发电量的 70.17%；火电 1471.02 亿 kWh，占总发电量的 24.78%；风电 204.83 亿 kWh，占总发电量的 3.45%；太阳能 81.03 亿 kWh，占总发电量的 1.37%；其他 13.55 亿 kWh，占总发电量的 0.23%。全网用电量 4731.02 亿 kWh，同比增长 5.95%；最大用电负荷 8595 万 kW，同比增长 0.1%。消纳清洁能源 4451 亿 kWh，增长 3.3%。

规划计划 主动参与区域能源治理，联合举办西南能源发展论坛，完成“十四五”电力发展规划中期评估，西南中长期目标网架达成区域共识。深入开展西北沙戈荒基地送电川渝、抽水蓄能发展等重大专题研究，提出成渝负荷中心安全稳定提升重点措施。全力推动重点工程，陇电入川、疆电入川等工程取得积极进展，阿坝—成都东特高压交流成功核准，哈密—重庆特高压直流开工建设，川渝特高压交流、金上—湖北特高压直流建设顺利。完成攀西电网两阶段优化改造任务，电网结构性风险有效降低。牵头完成柯拉光伏、蟠龙抽水蓄能电站启动投运，一举创下全球最大、海拔最高、西南首座等多项纪录。组织绿电交易 13.7 亿 kWh、绿证 3.6 万余张，实现区域绿色用能双“零”突破。多措并举促消纳，水能利用率首次突破 98%，川渝新能源保持全额消纳。

推动西藏新型电力系统示范区建设，联合启动西藏清洁能源一体化开发等重大课题，深化研究藏中电网安全稳定、电力保供“一揽子”举措。青藏直流扩建工程完成可研收口，日喀则和拉萨主网架补强工程前期工作有序开展，藏东南—粤港澳等重点项目取得积极成效。全面投运川藏铁路施工供电工程（二期），川藏联网输电能力实现翻番，昌都地区缺电问题有效解决。

分部管理 滚动优化经营策略，加强成本精益管控，盘活涉税资金、减免税额超 3 亿元。全力配合分部离任经济责任审计，10 项立查立改问题全部整改，完成国家电网公司总部 8 个审计项目。“零”差错完成电量结算超 2 万笔，荣获国家电网公司电力交易服务技能竞赛“优秀组织奖”。在分部中率先完成后勤达标预验收，信息管理、后勤调考等专业工作居分部序列第一。

分部改革 完成第三监管周期电价核定，分部资产与成本首次全额纳入电价疏导，容量电费首次实现分摊，区域电价改革迈出关键一步。进一步完善“三重一大”等制度，持续优化分部治理体系。健全完善组织人事、薪酬绩效等制度体系，完成全员岗位聘任协议签订，岗位管理与职员管理实现双轨运行。西南调峰辅助服务市场稳健运营，成交规模同比增长3倍。

科技管理 修订发布《国网西南分部科技项目管理实施细则》和《国网西南分部科学技术进步奖评选办法》，建成分部科技创新工作及成果管理系统。组织实施分部新开题科技项目17项，完成11个项目中期验收，储备入库自管科技项目15项。刊发论文12篇，其中中文核心期刊6篇，EI检索6篇；申请受理发明专利22项，获得授权发明专利8项；“适应西南电网发展新形势的电网安全风险协同管控模式研究”项目荣获国家电网有限公司软科学成果奖一等奖，“高海拔环境下电力光通信系统研制及工程应用”项目荣获中国电子学会科技进步奖一等奖，“光纤复合架空地线覆冰灾害防治关键技术研究与应用”项目荣获中国电力建设科学技术进步奖三等奖，“构建‘2+3+1’西南区域特色现代设备管理体系”项目荣获全国电力行业设备管理优秀典型案例。

主题教育 牢牢把握主题教育总要求，在以学铸魂、以学增智、以学正风、以学促干上取得实实在在的成效。分部党委以上率下，组织班子领学、集中研学、全员跟学、联建共学、参观见学等各类学习活动近千人次，进一步增强了坚定拥护“两个确立”、坚决做到“两个维护”的思想自觉和行动自觉。班子同志认真践行“千万工程”经验，带头聚焦23项课题深入开展调查研究，提出对策建议103项，转化运用成果8项。各级党组织坚持边学习、边对照、边检视、边整改，制定整改措施31项，10项制约高质量发展和职工急难愁盼问题得到解决。通过开展主题教育，广大党员干部进一步提振了争先领跑的精气神，凝聚了真抓实干的正能量，分部主题教育总体评价为“好”，得到国家电网公司第八巡回指导组和有关方面的充分肯定。

党群工作 制定贯彻落实习近平总书记重要指示批示和党中央决策部署工作机制，确保事事有回应、件件有落实。深入实施“旗帜领航”党建工程，强化延安行等沉浸式教育管理，加强标准化建设过程管控，拓展提升“党建+”工程实效。高质量完成中央巡视和公司党组专项巡视配合任务，制定边巡边改、巡视反馈问题整改措施217项，已完成33项问题整改。完成纪委办公室机构设置。通过毕业生招聘、挂职锻炼等方式充实人才队伍，人员配置率接近90%。制定实施人才近中期培养规划，评选8名分部首批高级专家、学术和技术带头人及后备和5名电力工匠，18名职工通过副高级及以上职称评定，人才当量密度达1.31。上线分部中首个常态化运行的微信公众号，电力援藏等得到央视、光明日报等主流媒体密集报道。

健全完善后勤、社保、培训等保障体系，全员培训率和职工满意率达100%。强化保密、信访和档案管理，建立“五个一”离退休工作制度，和谐稳定发展氛围更加浓厚。第六纪律检查中心聚焦主责主职，全力完成驻组交办重点任务。弘扬劳模精神、劳动精神和工匠精神，1个集体和2名职工获国家电网公司安全生产先进表彰，1个集体获国家电网公司“工人先锋号”，4名职工分获国家电网公司劳模、巾帼建功标兵、“最美国网人”和“青年岗位能手”，1名职工获国家电网公司重大电网工程建设先进表彰，12名职工获国家电网公司保电先进个人。

（罗　叶）

【全球能源互联网集团有限公司】

单位概况 全球能源互联网集团有限公司（简称全球能源互联网集团）成立于2015年12月31日，是国家电网公司的全资子公司，注册资本1亿元。全球能源互联网集团推动构建全球能源互联网，以清洁和绿色方式满足全球电力需求，实现联合国“人人享有可持续能源”和应对气候变化目标，服务人类社会可持续发展。主营业务范围：集团总部管理；全球能源互联网战略规划；国际与国内电网互联互通项目开发；投融资和资产运营管理；设计、制作、代理、发布广告；出版《全球能源互联网》中、英文期刊。

组织机构 截至2023年底，全球能源互联网集团总部共设置8个部门（单位），分别为综合局、秘书局、运行局、发展局、合作局、保障局、经济技术研究院、新闻传媒中心；境外共设立非洲、西亚—北非、欧洲、东欧—中亚、东南亚—南亚、北美、中南美7个区域办公室。

人力资源 截至2023年底，全球能源互联网集团在岗职工228人，硕士及以上学历220人，占比96.49%；中级及以上职称212人，占比92.98%。加强领导人员队伍建设。贯彻国家电网公司组织工作会议精神，科学编制领导人员队伍建设“十四五”规划，修编处室负责人及职员管理办法等7项制度和驻外机构人员管理办法，“1+N”制度体系更加完善。配合国家电网公司党组完成3名二级单位副职级领导选拔任用，推荐4人参加国网党校干部培训，完成39名员工职级晋升，完成驻外机构补员调整和高校毕业生招聘，组织开展处室负责人年度考评和梯队建设摸底调研，队伍活力明显增强。完善工作职责体系。立足战略定位，优化“三定”方案，明晰职责、强化执行，为组织架构体系优化打下坚实基础。组织编制《处室工作手册》，细化处室、岗位具体职责及工作规范，提升处室管理水平和岗位履职能力，推进工作专业化、业务流程化、成果标准化、管理规范化。深化能力素质培养。组织完成首届“三级三类”优秀专家人才评选，建立内部培训师机制，为专业人才搭建广阔平台。精心组织处室负责人培训、员工岗位轮训、国际业务人员培训、商务英语培训等重点项目，累计参训 431 人次，为干事创业注入新动能。扎实做好年度职称评（认）定工作，新增正高级 10 人、副高级 11 人、中级 3 人，中级及以上职称员工达 216 人，占比 94%（其中高级职称 185 人，占比 81%），中高级职称比例在国家电网公司系统位居前茅。强化激励约束机制。修订绩效考核制度，创新建立“职能性常态工作扣分制和重点工作任务等级评价法”的月度考核机制，常态化开展月度、季度、年度绩效考核工作，加强绩效考核结果在薪酬分配、评先评优、职级晋升等的应用，实现“收入能增能减”，发挥“指挥棒”作用。

经营管理 推进价值创效。落实国家电网公司优化策略提质增效三年行动安排，落实 7 个方面 28 项提质增效措施，提升发展质量和经营实力。全球能源互联网集团再获政府财政奖励 710 万元，累计争取财政支持 3000 万元，创历史同期最高水平，被授予“北京市经济贡献重点总部企业”称号。加强预算统筹调控。推动预算项目化管理，优化资源配置，统筹收支安排，加强对会议活动、科技研究、国际合作、项目落地等重点业务资金保障，研究完善专家劳务等费用机制，为创新发展赋能提速。增强预算针对性和有效性，建立预算“月度报告”＋“季度分析”机制，精准高效开展经营调控，确保实现年度经营目标。推动资产高效运营。组织开展电网资产技改项目审核，集中转资 2 亿元，清理回收已完工技改项目结余资金 2624 万元。加强沟通协调，落实信谊酒店租金收入，实现京电房公司扭亏为盈。落实国家电网公司决策部署，完成人济大厦划转工作。加快资产盘活，完成右安门历史遗留住宅出租，努力提升资产质量和运营效益。强化财务精益管理。完成员工报销与发票池集成功能建设，实现在线验真、关联发票等功能。印发第六版《财务报销指导手册》，夯实财务管理基础。加强 ESG、新型电力系统财税政策支持研究，与英大碳资产公司、国家会计学院、安永会计师事务所联合开展“双碳”合作课题研究，取得初步成果。

安全管理 完善安全管理体系。定期召开安委会会议，制订年度安全重点工作计划、安全管理强化年实施方案、重大事故隐患排查整治 2023 行动方案。滚动修订“一预案、两清单”，建立落实安全责任、安委会联络员、安全投入、任务督办 4 项工作机制，安全管理基础更加稳固。强化重点领域管控。明晰电网资产安全管理职责界面，组织运维单位召开资产安全调研座谈会，赴 4 座特高压换流站开展现场调研，掌握资产状况，协助解决困难问题，切实履行产权方安全管理职责。制订网络信息数据安全工作方案，推动落实 4 方面 11 项重点任务，推进自主可控应用，完成全国两会、网络安全实战攻防等 10 余项重大活动网络安全保障任务，信息安全迈出实质性步伐。推进安全文化建设。开展“安全生产月”和“消防安全宣传月”活动，邀请公司领导讲授“安全课”，组织开展全员警示教育、法律合规安全风险、反诈、消防等安全专题培训，将安全与应急管理课程纳入员工岗位轮训，发放宣传书籍手册，全员安全意识增强。

合规管理 全球能源互联网集团将合规管理提升工作纳入 2023 年全局工作统筹谋划、一体推进。开展《全面宣贯落实党的二十大精神 推进依法合规治企》主题宣传活动，在“百名高管谈合规”栏目发表坚持依法合规治企，保障能源互联网事业高质量发展署名文章。落实国资委、国家电网公司“合规管理提升年”工作要求，制订工作方案，明确指导思想、工作目标，部署工作任务。对照国家电网公司新型规章制度体系建设要求和制度清单，推进新型规章制度体系优化建设实施工作，组织开展规章制度体系系统梳理工作。滚动修编规章制度，印发 36 项制度，夯实制度保障基础。修订全球能源互联网集团《合规管理实施细则》，夯实各业务部门合规管理责任。召开风控合规委员会会议，开展合规管理有效性评价自评、互评，根据评价结果开展整改，促进工作有效提升。修订印发《境外法律风险防范指引》，增加数据合规、个人信息保护、境外反腐败等内容，为各驻外机构合法合规运营提供指引。组织开展全球能源互联网集团合规风险库、部门履责合规义务底线清单、业务流程管控合规管理清单“一库两清单”编制工作。完成“合规管理提升年”工作任务。编制《处室工作手册》，推进工作专业化、业务流程化、成果标准化、管理规范化。全球能源互联网集团合规管理成果《遵管理之道 立合规之术》在中国企业评价协会与《企业家》杂志社联合举办的“第二届电力企业合规管理成果推荐”活动中荣获“一等成果”。

信息化建设 系统优化顶层设计。梳理 89 项核心业务和 37 个已投运系统情况，研究制订信息化工作优化提升实施方案，推动基础数据集中统一管理，强化系统功能集成应用，以信息化手段提高管理标准化、流程化、规范化水平。加强平台功能建设。组织完成能联全球平台（二期）项目功能确认和验收。完成平台网站首页更新改版，优化平台系统部署环境，做好技术支持、安全加固和运行分析，编制运行日报 240

期，保障平台安全稳定运行。提升数据管理能力。加强信息数据采集，全年更新统计指标11.5亿项次，新闻资讯50万余条，处理采集异常1.3万余次。加强信息数据备份，梳理业务系统数据量现状及增长情况，制订备份方案，定期检查工作进展，防范数据失泄风险。

两刊一讯　打造一流学术交流平台。《全球能源互联网》中、英文期刊全年出刊12期、发表论文124篇，其中基金论文占比超过90%，论文下载量超过12万次，纸质和电子版年发行量超10万册。《全球能源互联网》中文期刊成功跻身“中国精品科技期刊”行列，入选Scopus及中国社科院“中国人文社会科学A刊引文数据库”，成为电力系统唯一一本能源电力和经济社科“双核心”期刊。英文期刊正式收录入国际顶级期刊论文数据库SCI（科学引文数据库核心合集）、法国国家知识库和德国核心期刊数据库，获“中国国际影响力优秀学术期刊（自然科学与工程技术）”荣誉。中英文期刊共同入选中国科协高质量科技期刊分级目录第二梯队。着力打造“能源互联刊刊谈”学术直播活动品牌，邀请专家学者在线分享研究成果，直播间累计观看人次超过25万。

打造一流资讯品牌。《全球能源互联网资讯》优质高效完成全年12期中、英文刊出刊任务，围绕能源电力行业热点、合作组织会议活动、会员单位发展成果三个方向谋划选题，推出“2023全球能源互联网大会”“三峡集团成立三十周年”专刊，“全球海上风电加速发展”“新型电力系统和新型储能”“氢能发展助力全球碳中和”等专题。拓展约稿渠道与合作网络，刊登国家电网公司驻美办、驻日办、驻非办稿件10余篇，大力宣传国家电网公司“一体四翼”发展成就。创新数字化传播手段，以双语出刊为发力点提升《资讯》辐射力，扩大读者覆盖面，通过多媒体方式推动内容价值延伸。

党的建设和精神文明建设　主题教育取得明显成效。全球能源互联网集团党委深入学习贯彻习近平总书记关于主题教育系列重要讲话和重要指示批示精神，认真落实国家电网公司党组工作部署，牢牢把握总要求和目标任务，加强组织领导，突出主题主线，采取务实举措，统筹推进理论学习、调查研究、推动发展、检视整改等重点措施，在以学铸魂、以学增智、以学正风、以学促干上取得了明显成效，全体党员坚决做到“两个维护”的自觉性有了新提高，用习近平新时代中国特色社会主义思想凝心铸魂取得新成效，推动事业高质量发展取得新进步，风清气正的干事氛围呈现新气象，广大干部员工获得感、归属感有了新增强。

“旗帜领航”党建工程成果丰硕。坚持把党的政治建设摆在首位，认真落实国家电网公司学习贯彻习近平总书记重要指示批示精神“五个一”工作机制，以推动全球能源互联网建设实际行动忠诚捍卫“两个确立”、坚决做到“两个维护”。发挥党委理论学习中心组示范带头作用，全面学习把握落实党的二十大精神，深入学习领会习近平总书记考察南瑞集团时的重要指示精神和对福建水口发电集团全体党员重要勉励精神，及时跟进学习习近平总书记近期重要讲话精神，认真组织党委班子学深学透、学以致用。落实“四同步、四对接”等要求，严格选举程序和纪律，在符合条件的驻外办成立驻外党支部，成立运行局和经济技术研究院两个部门（单位）党总支，提高党的组织和工作覆盖水平。

（何　川）

【国网新源集团有限公司】

单位概况　国网新源集团有限公司（简称国网新源公司）是国家电网公司专业化开发建设和经营管理抽水蓄能电站及部分调频水电厂的平台企业。截至2023年末，管理单位89家，分布在22个省（市、自治区），管理资产总额2050.80亿元，员工总数7900余人。管理装机容量9313.4万kW（含已核准待开工项目），其中，管理抽水蓄能电站69座，装机容量8818万kW（运行27座2887万kW、在建42座5931万kW），调频水电厂6座495.4万kW。

安全生产　落实安全生产责任制，推动完善行业标准和管理制度，从根本上明确建设单位负组织、协调、监督管理责任，施工单位对施工现场负主体责任、监理单位负监理责任、勘察设计单位负设计责任，依法依规促进参建各方履责，形成合力共保安全。强化现场安全管控，开展“三查一联防”，集中整治问题隐患。全系统推广“一图一表一示例”风险管控典型管理法，所属14家基层单位获得国家电网公司机组检修无违章示范现场称号。密切跟踪监测气象情况，及时研判发布预警238期，有效应对台风“杜苏芮”、强降雨等极端天气。发挥抽水蓄能和调频水电厂灵活调节作用，机组长周期保持可靠运行、响应迅速、随调随启，全力服务清洁能源大规模、高比例接入电网，2023年累计消纳电网低谷和新能源电量超过400亿kWh。保持全国两会、杭州亚（残）运会等重大活动期间“零故障”记录，保障电力供应和电网安全。

经营管理　统筹发展规模、站址布局和开发时序，科学开展抽水蓄能电站前期工作。全年共开展26个项目预可研，完成11个项目可研工作，大雅河等6个项目获得核准。配合做好首轮抽水蓄能成本监审核价工作，推进下属电站新老电价衔接。实施提质增效121项任务，发挥集中统一融资规模优势，加强投资能力建设。推进绿色现代数智供应链建设，搭建水电主机

LCC 可量化成本模型，升级 WMS 智能仓储管理系统，深化 EIP 抽水蓄能品类中心应用，发布抽水蓄能电站设备制造巡检导则系列企标。统筹战略引资、项目合作，优化股权和股东结构，构建更广泛的战略协同和投资合作环境。

工程建设 狠抓安全质量、工期优化、造价管控，加强标准化建设、机械化施工，全年新开工电站 9 座 1200 万 kW，投产机组 17 台 515 万 kW，天池、文登电站全面投产。兴城项目核准至筹建期工程开工用时 7 个月。阜康、蟠龙项目首台机组提前投产，实现了西北和西南电网抽水蓄能调节电源的新突破。制定抽水蓄能建设定性定量评价标准，发布专业化管理提升措施和制度标准清单，构建基建“六精四化”管理体系。加强新技术、新工艺应用，丰宁电站国内首台变速机组成功并网，洛宁电站斜井 TBM 施工试点成功，填补了中国抽水蓄能工程斜井 TBM 技术空白。绩溪电站荣获国家水土保持示范工程称号，荒沟等 3 座电站荣获中国安装之星称号，丰满水电站全面治理（重建）工程荣获国家优质工程金奖。

科技创新 推进重大核心科研攻关，抽水蓄能电站 400MW 开关设备完成样机研制，自主可控监控系统和继电保护系统完成试点应用，可逆式水泵水轮机模型 1 号试验台投运。年内获得省部（行业）级科学技术奖 21 项（其中一等奖 4 项），科技创新效益凸显。参与编制的首个国际标准《智能水电厂技术导则》发布，填补了国际智能水电厂技术领域空白。申报国家工信部“创新发展工程”项目，参与研发国家级工业互联网安全漏洞检测工具。加大网络安全基础设施投入，开展网络安全隐患整治，完成各类网络攻防演习任务。

党的建设 深入贯彻新时代党的建设总要求和新时代党的组织路线，落实国家电网公司党组关于加强党的建设的部署要求，持之以恒抓党建、带队伍、聚合力、强作风。深入开展学习贯彻习近平新时代中国特色社会主义思想主题教育，深刻领悟“两个确立”的决定性意义，坚决做到“两个维护”。坚持大抓基层的鲜明导向，创新开展基层党建管理提升专项行动，选树基层党建专业标杆。推动党建与生产经营深度融合，围绕重大保电、工程建设等重点任务，实施“党建+”项目化管理。驰而不息纠治“四风”，常态化开展警示教育，持续加强新时代廉洁文化建设，全面实施纪检干部“能力素质提升工程”。深化集团 3×3 思想政治工作体系，打造党支部思想政治工作链条模式。抽水蓄能沙盘亮相中国品博会和碳博会，《蓄能山水间》获评年度全国电视行业“最佳作品”。新安江水电站建设档案入选中国档案文献遗产名录，丰满水电站入选中央企业工业文化遗产名录。

（王敏涛）

【国家电网有限公司直流技术中心】

企业概况 国家电网有限公司直流技术中心（简称国网直流中心）位于北京市西城区，是国家电网公司从事直流输电工程建设运行支撑和跨区电网资产运营管理的专业机构，主要承担国家电网公司系统直流工程运行支撑、技术监督、技术培训、技术服务和跨区电网资产运营管理等职责，负责组织制定国家电网直流重大技术原则，归口直流技术标准，牵头直流技术培训，运转直流技术监督体系，运营跨区电网资产。

组织机构 国网直流中心下设综合管理部（党委组织部）、党委党建部（党委宣传部、纪委办公室、合规审计部、巡察办）2 个职能部门，运行部、技术部、工程部、培训部、统计部 5 个业务部门，以及公司跨区电网资产运营管理中心 1 个挂靠机构。

人力资源 截至 2023 年底，国网直流中心有正式职工 89 人，平均年龄 39.6 岁，硕士研究生及以上学历 65 人（含博士研究生 6 人），副高级及以上专业技术职称 47 人（含正高级职称 7 人），国家级专家 1 人，省公司级专家 5 人，中心首席工程师 1 人。推动国家电网公司建立直流人才队伍培养体系。编制换流站岗位技能培训教材 9 册，开发培训讲义 199 份，制作视频课件 116 个。举办 19 期换流站运维技能培训班、4 期换流站运行人员岗位资格考试，1569 人取得上岗资格。

直流技术支撑服务 护航直流安全稳定运行。对国家电网公司系统在运 67 座换流站开展 7×24h 集中监视，重点监视换流站各类故障信息 17 万余条，发布信息快报 22 份。分析油色谱异常数据 5000 余条，发布预警信息 100 余次。督促换流站处理严重缺陷 233 条。完成成都大运会、杭州亚运会等重大保电任务。坚持“故障分析不过夜”，支撑鲁固直流双极先后闭锁等故障分析处置 42 次，编制分析报告 28 份，出具监督意见 78 份，保障直流快速恢复送电。支撑钱塘江等 11 站 14 台换流变压器、奉贤站等 9 站 10 起开关设备以及锡盟站调相机等设备故障分析处置，编制专题分析报告 23 份，提出 120 条针对性改进措施，促进提升在运设备可靠性以及质量源头管控水平。完成 52 座换流站运行规程审查，督促整改问题 275 项，修订印发《国家电网公司换流站运行通用规程》。协助国家电网公司开展 116 类、1230 项直流设备重点隐患闭环管控。梳理 2019 年以来换流站 49 次闭锁、116 次临停原因，制定印发换流站主设备近五年运行分析及重点工作要求。牵头编制《电力可靠性管理培训教材》，发布可靠性分析报告、直流输电系统月报等专业报告 40 余份。

推进直流本质安全提升。开展直流设备可靠性提升专题研究，提出 80 条换流变压器、29 条开关类设备质量提升措施。坚持验收调试阶段全过程驻站、技术监督工作全流程管控，做好金上、哈重、陇东、宁湘等工程技术监督工作。完善秘书处工作机制，编发技术监督月报，提出意见建议 233 项，形成技术监督报告提交白浙工程启委会。针对换流变压器等重大设备问题制定提升措施，梳理 8 类设备 401 项典型案例，在新工程对照排查，提出意见建议 214 项，强化重大设备源头管控。审查换流站年度检修方案 1230 份，提出审查意见 660 项。完成新建及改造工程控制参数分析整定工作，印发控制参数清单 95 份、控制参数 4310 项。

跨区资产运营管理 监审核价。配合国家发展改革委完成吉泉、昭沂直流成本监审。协助国家电网公司促请国家发展改革委明确总部费用分摊执行方式，实现 36.72 亿元费用科学合理回收。完成建苏、金塘直流工程初始核价。

电费结算。审核 70 余份购售（输）电合同相关价格及结算条款，完成购售电交易 2000 余项，收支资金超 6800 亿元。优化完善购售电业务暂估机制，提升购售电损益精准度。协同交易中心搭建中长期输电价格库。

预算管理。编制跨区电网年度预算，开展月度损益预测分析研判、经营效益摸底，完成 2023 年预算调整和 2024 年总控目标编制。配合国家电网公司完成预算集中会审及下达。

资产管理。牵头开展两个批次 20 家单位 10 亿元总部资产报废审核。完成三个批次 24.36 亿元技改项目竣工决算审核，收回结余资金 0.91 亿元。完成总部投资 136 亿元基建工程暂估转资。划转特高压交流资产 120 亿元。完成 12 家单位 35 个总部跨区电网委托大修项目结算抽查复核。开展总部资产保险案件多重复查，收回赔付资金 0.59 亿元。

资金管理。统筹安排电费、经费及基建款项支付时序，开展资金排程偏差分析。推进跨区购售电业务“按日排程”质量提升资金协同试点。完成碳中和债等融资合同 149.47 亿元贷款到期还款。

直流技术科研攻关 学习贯彻习近平总书记考察南瑞集团时的重要指示精神，贯彻落实国家电网公司党组部署要求，召开科技创新工作座谈会，加大科技创新力度。

科技管理体系。落实《关于加强科技工作的指导意见》，修订科技项目管理细则，强化科技项目规范管理，完成 7 个在研自管科技项目材料合规性自查及外部专家审查。

直流标准制定。对接国家能源局、中电联和高压直流输电行业标委会，推动组建直流标准化工作组。牵头修订《高压直流换流站运行规程》等 7 项行业标准和《直流换流站检修规范》等 7 项企业标准，编修报审《柔性直流控制系统技术规范》等 5 项规范。

科技创新成果。采取“揭榜挂帅”方式，推进科技项目研究实施，3 个自管项目结题验收。作为第一著作权单位，申请专利 15 项、发表论文 9 篇、出版专著 5 部、申请软著 4 项。开展直流领域专题研究，换流站功率曲线智能整定助手、换流变压器网侧 550kV 环氧树脂浸纸套管关键技术与工程应用、降低换流变压器在线油色谱系统误告警率等 13 项成果获得国家、行业、国家电网公司等多个奖项，多项成果得到推广应用。

经营管理改革举措 安全管理。实施百日安全攻坚行动和重大事故隐患专项排查整治 2023 行动，完善隐患排查治理长效机制。组织消防培训演练，强化全员安全教育培训。开展春季安全知识普考，参加国家电网公司总部调考，获直属单位第一名。

合规管理。开展重点领域风险事项全面排查与规范治理专项行动，实现风险联防联控。实施“合规管理提升年”专项行动，修订《合规管理实施细则》，构建完善双层四类新型规章制度体系。强化合法合规性审查审核，确保重要业务“应审必审”。举办知识产权等法律合规业务培训，促进提升依法办事能力水平。

审计工作。贯彻落实国家电网公司审计工作会议精神，制定落实具体措施，健全完善审计工作体制机制，发挥审计委员会作用，推进审计监督全覆盖。首次实施内部审计，聚焦重点领域和关键环节强化审计监督，推进发现问题整改落实，消除风险隐患。

党的建设和精神文明建设 主题教育。把握主题教育的总要求和目标任务，执行“第一议题”和中心组学习制度，学习习近平总书记重要勉励重要指示精神和能源电力重要论述。发挥中心组领学促学作用，举办专题读书班，讲授专题党课，举办学习贯彻党的二十大精神知识竞赛和宣讲报告会。结合业务实际，实施“办实事、解民忧”“破难题、促发展”专项行动，教育引导党员干部学思想、见行动。

党建工作。实施“旗帜领航·提质登高”行动计划，推动基层党建、思想政治、精神文明等 141 项措施落地，促进支部党建质量水平提升。召开党员大会，规范完成党委、纪委换届选举。加强支部结对共建，促进党建优势转化为协同优势。

党风廉政建设。开展违规吃喝问题专项整治，制作廉洁风险提示，组织签订廉洁承诺。开展巡视配合工作，完成进驻动员、专题汇报、资料查阅、个别谈话等各项任务，做好边巡边改问题整改和问题线索核查。

队伍建设。贯彻落实国家电网公司组织工作会议精神，修订领导人员年度考核评价办法（试行）等 8

项制度。择优录用6名高校毕业生和5名业务骨干，推荐2名青年员工入选国家电网公司青年人才托举工程。召开新入职及青年员工座谈会，开展青年榜样面对面交流，促进青年精神素养提升。

职工关怀。建立覆盖全员的联络服务机制，开展思想动态调研，掌握职工所需所想。举办职工大讲堂，宣讲先进人物事迹，弘扬劳模工匠精神。实施为职工办实事项目，为职工提供子女暑期托管服务，解决职工“急难愁盼”问题。

（张晓亮　梅　林）

【国家电网有限公司特高压建设分公司】

企业概况　国家电网有限公司特高压建设分公司（简称国网特高压公司）为非独立法人机构，是国家电网公司的分公司，负责国家电网公司直接投资或担任项目法人单位的特高压输变电工程、跨区电网重点工程的建设管理、技术统筹和管理支撑工作，特高压核心设备监造管理工作等。

组织机构　设有6个职能部门［综合管理部（党委办公室）、党委组织部（人力资源部）、计划部、财务部、党委党建部（纪委办）、安全质量部］，5个业务部门（变电部、输电部、技术部、物资监造部、信息环保部），下设5个派出机构（华北、华中、华东、西南、宜昌工程建设部）。

人力资源　实施人才培养“三大工程”。做实青年人才托举工程，完善“体系化评价+多元化激励”机制。实施高端人才引领工程、电力工匠塑造工程，系统搭建高端人才培养平台，支持工匠能手作为带头人，依托工程建设打造创新工作室，开展创新活动。制定业主项目部薪酬激励方案，落实艰苦地区生活补贴待遇，加大一线员工激励。完善绩效考核改进方案，考核A级部门数量向工程建设部倾斜。落实专家队伍建设三年计划，继续增选补充专家人才，初步形成两级两类专家队伍。2023年，7人获评正高职称，7人入选国网基建部电网建设专业骨干人才共享库，1人入选国家电网公司青年托举工程，6人获评公司高级兼职培训师。

截至2023年底，共有职工279人。其中：具有研究生及以上学历114人，占比40.86%。党员216人，占比77.42%。具有专业技术资格226人，占比81%。国家电网公司级及以上专家人才14人，国家电网公司级专家人才18人。

经营管理　完成“两投产”任务，推进三个高原站、三个“沙戈荒”送端站、四个扩建站共“十在建”工程开工建设，开展羊八井试验大厅、德国海上风电柔直和在建“十五站十二线”特高压工程技术统筹及管理支撑工作。

改革创新。修编“三重一大”制度文件，完善党委前置研究讨论事项。开展国企改革三年行动“回头看”与深化提升，43条工作举措落地见效。实施对标世界一流企业价值创造行动，完成10项重点任务。

风险合规管理。发布年度法律风险清单，完成“合规管理提升年”13项重点任务，合规管理基础持续夯实。组织完成25项制度制（修）订，健全规章制度体系。开展风险评估、识别和应对，规范组织内控管理，防范农民工工资拖欠和中小企业、民营企业清欠等经营风险。

电网建设　应对“三个无人区”挑战，完成年度建设任务，服务电力保供与能源转型。

投产任务。白鹤滩—浙江工程于6月23日全面投运，中国具有自主知识产权的全系列特高压套管实现工程批量试用。酸刺沟电厂送出蒙西变电站扩建工程于7月24日投运，提高内蒙古煤炭就地转化率，增强京津冀地区电力保供能力。

在建工程。卡麦、帮果换流站、甘孜变电站克服高海拔、低含氧、交通条件差等复杂环境，按期实现里程碑节点。庆阳、中宁、巴里坤换流站解决地质条件复杂、冬期施工等难题，完成桩基施工，实现关键路径主要建构筑物基础出零米。南昌站扩建工程、张北站扩建工程、胜利站扩建工程、锡盟站扩建工程完成13次停电施工任务，配合完成启动调试5次，6台1000kV开关投入运行。开展在建工程全过程造价管控，实现已投运工程结算“七完成、两审定、三办结”。

开工准备。参与蒙西—京津冀等6个待核准工程估算、概算编制审查，规范计列相关费用。超前介入拉萨、格尔木、库布齐、延安换流站工程可研、初设审查，结合各工程特点、难点梳理设计优化建议，组织设计座谈、创优调研，开展试夯试桩跟踪、前期策划文件编写，夯实工程建设基础。

技术统筹。组建专家组、工作组，助推渝北换流站、羊八井试验大厅、德国海上风电柔直等工程优质高效建设。组织开展“四直”九站场平阶段质量专项巡查，提出76项问题和92条整改建议。组织开展6项线路工程建设管理培训、198项重要专项施工方案复核、22批次安全评价及专项督导，提出意见建议4268项。

管理支撑。编发52期特高压工程建设周报、12期安全情况月度分析报告，服务总部管理决策。标准化开展“四直”工程设备设计审查（冻结）工作，加强开工检查及过程管控，保障产品大规模制造质量稳定性。牵头完成金上—湖北工程送端站大件运输技术研究课题，编报500km左右、147座桥梁、15个山区弯道、10个硬性空障加固改造技术规范以及工程量预算。牵头编制公司《环境保护和水土保持标准化管理手册》，发布《输变电工程水土保持技术规程》等系列技术标准，白鹤滩—江苏等4项工程通过环水保专项验收。规范推进工程档案管理，完成44次档案专项检查、14项工程档案（预）验收、5.6万余卷实体档案接收及移交。

新增业务。承担总部出资特高压工程财务管理职能，设置“特高压工程核算中心”账套，实行资金预算与支付一体化管理，推动“统筹管理、集中核算、统一支付、智慧共享”工程财务管理新模式落地实施。承接交流特高压设备监造管理业务，完成特高压交流变压器监造巡检、长泰站出厂试验数据贯通。编制特高压工程专项安全督查方案，统筹优化现场督查组织模式。

安全生产 盯紧看牢现场，做好人身安全措施，夯实基层基础基本功，强化安全文化引领，加强安全管理。建立风险提示机制，形成“月计划、周公示、日管控”工作模式，完成218项三级及以上风险作业精准管控。完成重大事故隐患专项排查整治2023行动，排查一般隐患122条、较大隐患2条。开展12场次应急演练及培训，提升应急处置能力。安全生产标准化达标评级保持“电力安全生产标准化一级企业”称号。

科技与信息化 数字化转型。开展特高压现场业务平台架构和功能设计，完成185项功能开发、测试和上线应用，组织50家参建单位、80个现场项目部、1075个用户参与试点应用，做到试点工程、功能、人员全覆盖，基本具备“单轨制”应用条件。以长泰变电站为试点，实现智慧安装在油浸类、开关类设备上6个成熟业务场景的示范应用。特高压工程建设数据监测展示与管理支持系统数字化项目获得立项。特高压全过程数字化成果获首届国企数字场景创新大赛一等奖。

标准化建设。深化“五库一平台”推广应用，对19家省公司、建管单位等外部单位开放使用权限，共建共享标准化成果。完成《特高压工程建设标准化管理》等17本成果出版和33项技术标准制修订、19项技术标准新立项。

专项活动。组织鲁班奖工程观摩会和土建质量提升专题培训，编印变电（换流）站色彩及土建统一配置方案等5项土建质量提升方案文件。修编设备监造管理大纲、设备监造作业卡等百余项设备监造标准化管理文件和作业文件，完成63个设备质量问题专题技术攻关，形成质量管控措施261项。

创新创效。组建土建研究室和机械化研究室，形成重点项目攻关合力。完成总部指南、研究开发、工程专题科研等12项项目验收，10项新增科研课题立项。建立现场技术问题解决机制，发挥专业工作组、技术类专家作用，解决一线难题、服务工程建设。“全面落实生态环境保护的特高压电网项目群建设管理”获第三十届全国企业管理现代化创新成果一等奖。

党的建设和精神文明建设 理论学习。国网特高压公司党委坚持以身作则、带头领学促学，开展12次党委会“第一议题”学习、6次中心组集体研学，分3个阶段、8个专题高质量推进主题教育专题读书班活动。各党支部根据党委要求，结合实际丰富学习形式，开展64次集体学习、50次主题党日、9次联学共建，运用红色资源组织11次参观体验活动。

专项行动。研究编制大兴调查研究“察实情、出实招”实施方案，精准制定16项调研课题，推动形成44个转化运用成果，将调研成果转化为发展成效。制定“办实事、解民忧”“破难题、促发展”专项工作方案和民生清单，制定15项工作任务，出台36条解决措施。

检视整改。坚持问题导向，查摆10个问题，制定整改措施28条，针对突出问题编制专项整治方案，提出5项整治措施。抓实建章立制，建立完善6项制度，制定21个标准化文件、8个专项工作方案，固化检视整改成效。

党建工作。实施“旗帜领航·提质登高”行动计划，落实101项措施，完成68项工作任务。打造“12345”党建工作体系，实施“党建+”工程项目化管理，形成11个典型案例，推动党建融入中心工作。

党风廉政建设。制定并落实专项监督方案，推动习近平总书记考察南瑞集团重要指示精神落实落地。开展违规违法获取工程项目自查自纠，推进违规吃喝问题专项整治，抵制歪风邪气。完成巡视、审计迎审配合等重点任务。

企业文化建设。坚持“党建引领·专业专注特高压”，把镜头对准特高压工程建设一线，在中央媒体报道4次、国家电网视频号报道2次，在各大媒体报道82次；打造多元化品牌阵地，服务“国家电网”品牌战略。建设甘孜、卡麦、帮果三个高原氧吧，优化改造本部职工活动室，重建职工书屋，打造职工活动阵地。

2023年，国网特高压公司年度企业负责人业绩考核获评A级，张北柔性直流电网工程获评2022—2023年度国家优质工程金奖，白鹤滩二期换流站工程获评国家电网公司2023年度公司级标杆工程项目，甘孜变电站、南昌变电站扩建工程获评国家电网公司2023年度公司级标杆工地项目，卡麦换流站工程业主项目部获评国家电网公司工人先锋号（一流班组），孙中明获评国家电网公司劳动模范，潘青松获评国家电网公司第六届“青年岗位能手”称号。

（李志强　谌柳明）

【国家电网有限公司信息通信分公司】

企业概况　国家电网有限公司信息通信分公司（简称国网信通公司）是国家电网公司的信息通信专业保障单位，核心业务涵盖4个方面：通信网络方面，负责国家电网公司一、二、三、四级骨干通信网、数据骨干网的调度监管，负责一级骨干通信网、省际数据骨干网的建设和调度运行管理；数字化业务方面，负责业务系统和数字基础设施的运行保障，负责云平台、技术中台的建设运营，负责全量业务系统的建设管理，以及部分业务系统总部侧运营工作；网络安全方面，负责国家电网公司网络信息安全监测分析和安全防护，承担电力监控系统网络安全值班和渗透测试工作，负责国家电网公司系统网络保密在线检查监测、风险研判及新技术应用研究；服务支撑方面，负责总部电视电话会议保障、应急指挥中心专业保障、国调自动化监控值班、桌面运维、客户服务、科技奖励、科技查新、专利服务、网站运维，以及电力信息通信系统运行技术实验室工作。

2023年，国网信通公司通信和调度自动化系统运行可靠率、信息系统运行可靠率、信息通信服务满意率、网络与信息安全任务完成率、数字化发展支撑任务完成率、云及技术中台运营率等关键指标均优于目标值，完成全年工作任务。

人力资源　截至2023年底，国网信通公司共有员工354人。其中：党员265人，百千万人才工程国家级人选1人、中央企业技术能手2人、国家电网公司级技术能手7人，高级职称132人（占比37.3%），硕士、博士学位员工324人（占比91.5%）。离退休人员221人。

加快打造高素质专业化干部人才队伍，修编《领导人员队伍建设“十四五”规划》，加强三、四级领导人员政治理论集训，开展管理人员专项培训，推动政治素养和履职能力提升。开展专家任期考核及竞聘，激发队伍活力。实施“三层四级五类”青年人才培养体系，年度新增取证153个，人均持证1.9个。深化产业工人队伍建设，典型案例入选国家电网公司示范项目。举办首次实操竞赛，促进青年员工提能争先、比学赶超。

安全生产　生产体系和监督体系一体完善。梳理运维对象、行为、标准，修订安全责任清单、运维矩阵、运维导则，刚性执行定检任务，补强8项短板，建成安全生产标准化“一级企业”。常态化开展“四不两直”安全督查，实现“四级以上风险作业”和“现场作业票”全覆盖。

风险预控和隐患治理一体推进。推进百日安全攻坚、重大事故隐患排查2023行动、安全管理强化年等任务，完成信息通信系统“预防性”维护工作137项，治理北京数据中心二期缺陷隐患491项，化解消防隐患66项，实现重大风险隐患可控、能控、在控。

硬约束和软激励一体加强。开展《安规》等专题培训8次、安全警示教育18次、安全知识考试12场次、安全准入考试66批次，固化“日例会”“周安全日”“常态演练”等机制，提升全员安全素养。完善安全奖惩机制，推动作业自主化率同比提升29个百分点。

保障机制和应急能力一体强化。完善“1+7”保障机制和“1+11”应急体系，印发实施《预警发布及响应工作规则》，完成全国两会、迎峰度夏、亚运会等特殊时段的保障任务。全天候值守总部应急指挥中心，随时应对各类突发事件。第一时间调拨高通量卫星便携站、卫星电话、高功率对讲机，紧急援助华北、华东、东北等区域抢险救灾。

通信支撑　通信网络基础。落实“五交十二直”顶层设计，统筹内外部传输资源，补强“三华”电网、西南送受端直流群的通信薄弱环节。升级通信网管的安防平台，完成一级骨干通信网全量传输设备的“国产化”任务，推动3000余个并网电厂实现通信运行业务数字化管理，机房“三封”标准纳入电网基建典型设计，提升通信网络的内生安全水平。

通信工程建设。建成SDH传输网“第二平面”，支撑电网生产业务由“专线承载”向“专网承载”跨越升级。建设大容量OTN网络，实现传输带宽由单波10G向100G的跨越升级。完成“五投八建”特高压配套通信工程建设任务。编制《无信号区通信保障方案》，护航特高压“上高原、进戈壁”。

通信运行保障。通盘优化通信运行方式，新增百条国调直调保护、安控业务“第三路由”，提升“$N-2$”保障水平。完成1196台OTN设备的版本归集，贯通2万余套备品备件的在线管理和调拨流程，逐步实现运维工具、运行资源全网共享。增设北京数据中心互联网移动运营商专线，提升网络可靠性和业务承载能力。

数字化赋能　云平台和技术中台。完成五类、106个云组件“白盒化”任务，掌握云平台底层机理。组织国网云平台“大版本”升级，“清零”建转运遗留问题，支撑1291项“云上业务”安全运行。编制《技术中台三年规划》，明确技术发展路线。优化i国网性能，日活跃用户数突破72万。推动“统一视频”“人工智能”“电网GIS”融合应用，实现各类现场“精准定位”和“远程监督”。

业务运维保障。打造数字化全链路监测平台，“早于用户发现异常”比例95%。构建业务“潮汐图”预测体系，完善日志分析功能，异常预警率92%。攻克18项技术难题，完成“网上国网”区域负载均衡架构设计。完成“网上国网”充电日、国网学堂职称考试等87场重大专项保障，“网上国网”日活跃用户峰值超过1000万，国网学堂单场考试人数峰值达到1.5万，均创历史新高。

建设管控支撑。深化应用研发仿真环境，统建项目纳管率100%。治理历史超期项目378个，完成率87.1%。发布《敏捷研发应用规范》，云上系统“内网在线发布率”84%。建立系统应用监测机制，推动24套僵尸系统、161项僵尸菜单、9项僵尸微服务下线。支撑“数字化转型十大工程”建设，推进营销2.0、PMS3.0、e基建2.0等核心业务系统建设推广。

基础设施运维。建成三地数据中心SDN网络，完成业务试点验证。拓展运维工具箱，支撑6097台主机“自动巡检”，实现7096个重要账号“在线管理”。改造白广路机房UPS系统，运管范围内所有机房供电模式均满足“2*N*架构”。安装机柜盲板2.56万块，实现冷热气流隔离，提高换热效率。北京数据中心较2022年提前6天切换制冷模式，实现日均节约用电1.6万kWh，全年PUE降至1.5以下。

网络安全 防御体系。制定并试行两级网监中心工作规范，明确48项工作指标，完善两级协同体系。实现面向32个互联网出口的策略级“一键封禁”，推动全网自动化拦截率提升1倍。建成两级情报知识共享平台，溯源新型僵尸网络和APT组织12个。

安全防护。规范全网4900余套技防装备的策略配置，完成18套系统、44个移动应用、1000余台主机、6.79万个API接口的安全加固，完成工控系统86项首发漏洞的风险预控，夯实防御基础。完成数据安全顶层设计，建设数据安全管控平台，制定脱敏策略2000余条，坚守数据安全防线。

攻防实战。新增保密检查监测指标7项，试行“一人一片区”巡检责任制，严防失泄密风险。支撑工控安全“挂图作战”，提升紧急告警的处置质效。自主发现零日漏洞2项，实现CNVD收录零的突破。落实网络安全总指挥部职责，助力公司在国家攻防专项演习中实现防守方“七连冠”。

技术服务 会议保障。创新“双控”组会方式，规范分会场技术管理，零差错保障626场总部重要会议。创新总部应急指挥中心“人机”值守模式，组织研发智能巡检工具，实现1.6万路工业视频的巡检效率提升5倍。

客户服务。建成全面覆盖27家省（市）公司、348家地市公司的三级联合客服平台，实现网页、桌面、移动三端应用直达基层。面向国网绿链300万用户，打造“机器人”客服，自动处理业务量占比达45%。完成总部桌面服务1.15万次，服务金牌用户347次。升级“桌管”平台，纳管全网120万台桌面终端。

专业服务。完成国家电网公司中英文网站改版，改善用户体验。制定专利价值评价标准，遴选高质量专利104件，服务海外专利布局。深化科技情报搜集分析，受理电力科技查新课题276项。牵头完成31项国家奖储备成果审查，助力国家电网公司斩获10项中国专利奖。

经营管理 改革发展。完成机构设置优化及职责调整。修订“三重一大”决策办法，落实国企改革各项任务。迭代优化绩效考核体系。实施宽带薪酬体系，为艰苦岗位员工、绩效优秀员工、高技能员工构建薪酬快速提升通道。开展延续性项目预下达，优化运维服务采购方式。

企业治理。实施合规管理提升年行动，防范重大风险。严控非生产性费用支出，用好用足税收优惠政策，实现降本增效0.36亿元。健全实物资产管理体系，规范开展资产盘点、审核、鉴定、报废等工作，提升账卡物一致性和资产管理规范性。

科技创新 科技攻关。牵头承担国资委未来产业启航行动计划项目，开展电力人工智能算力调度技术研究。牵头承担国家电网公司科技项目5项。组织编制科技规划框架，集中资源加快推进关键技术创新。网络安全、智能运维、云边协同等方面的创新成果获得中国电力科学技术奖一、二等奖各1项，国家电网公司科技进步奖二等奖1项。

创新创效。发挥实验室创新平台作用，在信息通信系统运行技术研究方面走深走实，获得国家电网公司实验室命名。深化职工创新工作室建设，开展“一体四翼”劳动竞赛、管理创新、QC小组成果评选等活动，引导激励职工立足岗位创新创效。QC小组成果获得电力行业级奖项5项、国家电网公司级奖项1项。

党的建设和精神文明建设 主题教育。国网信通公司党委举办为期7天的读书班，全体班子成员讲授专题党课，基层支部开展集中学习227次、主题党日活动40次。开展“察实情、出实招”“破难题、促发展”“办实事、解民忧”三个专项行动。聚焦安全生产、专业支撑、科技创新、党的建设等方面，开展调查研究189次，转化运用成果75项。完成问题整改整治，集中解决一批制约高质量发展的重点难点问题。主题教育期间，“网上国网惠民生”案例被新华社主题教育通稿引用刊载，有关经验做法4次被国家电网公司简报刊发。

党建质量。开展“三强三化三创”特色实践，实施7项“党建+”工程。邀请“时代楷模”“改革先锋”张黎明宣讲党的二十大精神，组织党员赴红旗渠开展红色教育，丰富教育形式。推进团员和青年主题教育、“担使命、建新功”青年创新创效行动，开展“雪松行动”志愿服务，举办“青马培训”，召开统战代表人士座谈会，成立建言献策工作室。

全面从严治党。召开党风廉政建设和反腐败工作会议暨警示教育大会、全面从严治党专题党委会，制定“两个责任”重点任务清单。深化违规吃喝问题、违规违法获取工程项目等专项整治，组织开展巡视、审计发现问题对照自查自纠与整改情况“回头看”专项督查。开展干部廉政约谈，加固中央八项规定堤坝。开展纪检干部队伍教育整顿。

2023年，国网信通公司获得成都大运会保电、杭州亚运会保电、“杜苏芮”防汛抢险救灾先进单位等称号，参建的张北柔直、青海—河南电网工程分别获得“国家优质工程金奖”和“鲁班奖”。网络安全监控中心获“国网楷模”和“国网先进集体”光荣称号，数字化设备中心系统平台处获“国网工人先锋号”光荣称号，何云瑞获评“国网劳动模范”，陈亮获评“最美国网人”，陈思平获评“国网青年岗位能手”，王洋、宋新宇、赵溪青、杜静获评“国网技术能手”。

（肖　磊）

中国南方电网有限责任公司

【公司概况】中国南方电网有限责任公司（简称南方电网公司）组建于2002年底，是中央管理的国有重要骨干企业，由国务院国资委履行出资人职责。南方电网公司负责投资、建设和经营管理南方区域电网，参与投资、建设和经营相关的跨区域输变电和联网工程，为广东、广西、云南、贵州、海南五省区和港澳地区提供电力供应服务保障。从事电力购销业务，负责电力交易与调度。从事国内外投融资业务。自主开展外贸流通经营、国际合作、对外工程承包和对外劳务合作等业务。南方电网公司是国内率先“走出去”的电网企业，是国务院授权的大湄公河次区域电力合作中方执行单位。

南方电网发轫于改革开放初期起步的“西电东送”。自1979年“西电东送”提出，历经“开发红水河，送电到广东”的决策和规划，两广联网、中央与地方联合办电创建南方电力联营公司等一系列改革，于1993年建成南方跨省区电网，实现粤、桂、滇、黔四省区联网。2000年，党中央国务院决定全面启动“西电东送”，西电东送进入快车道，由此逐步形成南方电网。2009年，海南联网一回投运。至2023年末，南方区域西电东送形成“八交十一直”的500kV及以上交直流大通道（500kV天广交流四回，贵广交流四回；±800kV楚穗特高压直流、普侨特高压直流、新东特高压直流、昆柳龙特高压直流，以及±500kV天广直流、江城直流、禄高肇直流、兴安直流、牛从双回直流、金中直流），送电规模超过5800万kW。

至2023年末，南方电网东西跨度近2000km，覆盖南方五省区，并与香港、澳门地区以及越南、缅甸、老挝等周边国家电网相联，供电面积100km^2。全网110kV及以上变电容量从2亿kVA增长到13.26亿kVA，线路长度从7.3万km增长到27.8万km，分别增长6.63倍和3.81倍。南方电网网内拥有水、煤、核、气、风力、太阳能、生物质能、抽水蓄能和新型储能等多种电源。全网统调装机容量4.44亿kW（其中，火电1.76亿kW、水电1.22亿kW、核电2080万kW、风电5067万kW、光伏5429万kW、其他1930.5万kW，分别占39.7%、27.6%、4.7%、11.4%、12.2%、4.4%）。110kV及以上变电容量13.26亿kVA，110kV及以上输电线路总长度27.8万km。供电人口2.72亿人，供电客户1.16亿户。至2023年底，累计完成国际贸易电量707.12亿kWh。2023年，南方电网统调最高负荷2.34亿kW，增长5.1%。南方五省区全社会用电量15835.2亿kWh，增长7.4%，其中，非化石能源电量占比47.5%。

2023年，南方电网公司售电量13483亿kWh，营业收入8426亿元。连续19年入围世界500强企业，排名跃升至83名。连续17年在国务院国资委经营业绩考核中位列A级。员工总数近27.6万人。

【领导班子】2023年，南方电网公司领导班子任职情况如下：

党组书记、董事长：孟振平

总经理、董事、党组副书记：王宏志（至2023年8月）

董事、党组副书记：刘启宏

党组成员、纪检监察组组长：龙飞

党组成员、总会计师：肖立新

党组成员、副总经理：张文峰（至2023年6月）、唐屹峰、贺晓柏（自2023年5月）、王绍武（自2023年12月）

【组织机构】见2023年南方电网公司组织机构图。

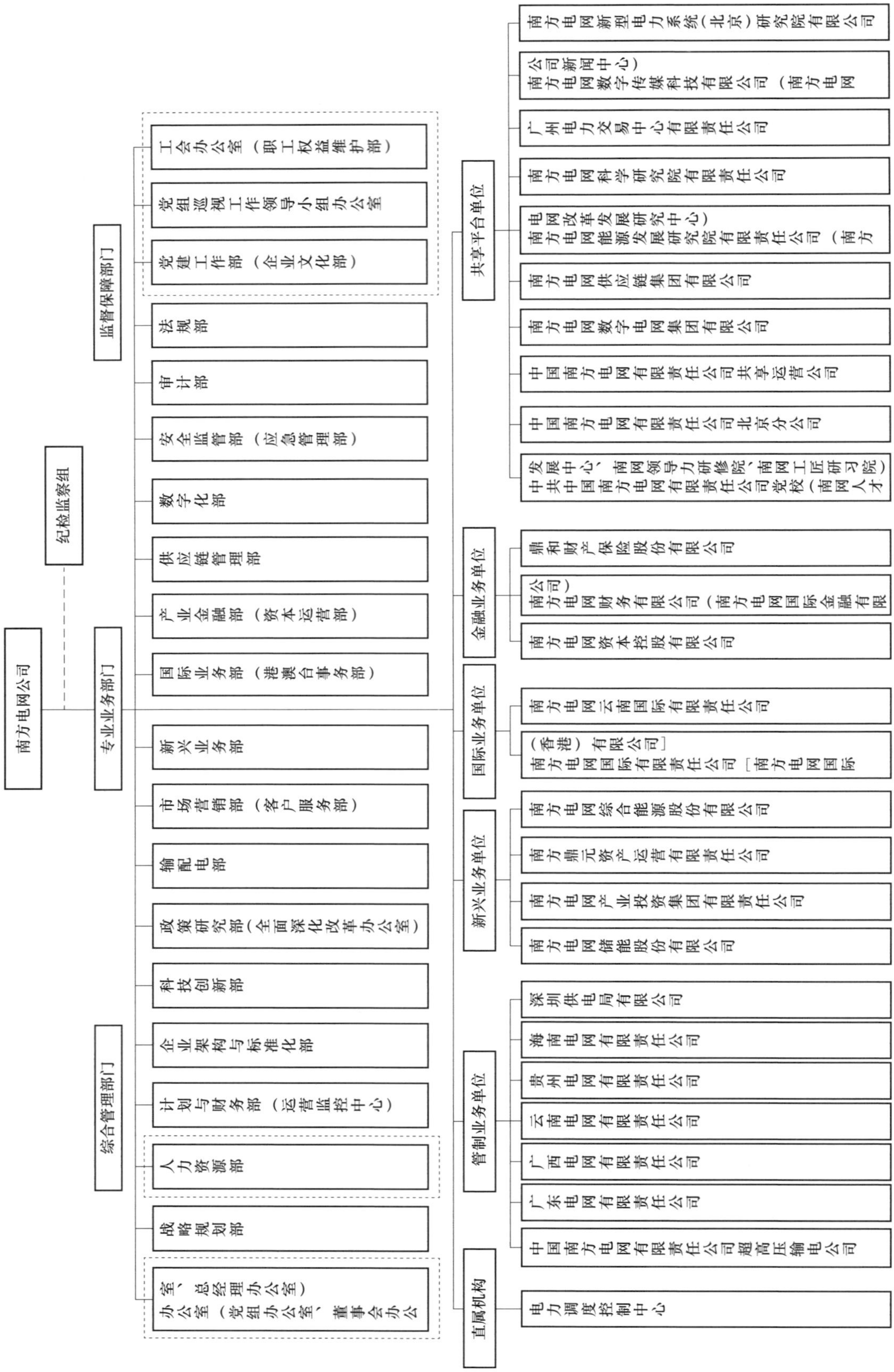

2023 年南方电网公司组织机构图

2023 年，南方电网公司组织机构调整情况如下：

总部部门调整方面：工会办公室增挂“职工权益维护部”牌子。创新管理部更名为科技创新部。战略规划部（乡村振兴工作领导小组办公室）更名为战略规划部。国际业务部（“一带一路”办公室、港澳台事务部）更名为国际业务部（港澳台事务部）。安全监管部（应急指挥中心）更名为安全监管部（应急管理部）。直属机构调整方面：撤销公司人力资源共享服务中心筹备组、南网后勤管理中心、南网档案管理中心，保留“中国南方电网有限责任公司企业年金管理中心”和“中国南方电网有限责任公司档案馆”牌子，挂在南网共享运营公司。分子公司调整方面：成立南方电网新型电力系统（北京）研究院有限公司。组建中国南方电网有限责任公司共享运营公司。中国南方电网有限责任公司培训与评价中心更名为中国南方电网有限责任公司人才发展中心，中国南方电网有限责任公司领导力学院更名为中国南方电网有限责任公司领导力研修院，中国南方电网有限责任公司工匠大学更名为中国南方电网有限责任公司工匠研习院。南网科研院增挂“南方电网生产指挥中心”牌子。南网数字集团增挂“南方电网网络安全运行调度控制中心”牌子。

【企业战略与改革发展】2023 年，南方电网公司适应性调整企业发展战略，系统布局实施国企改革深化提升行动。推进服务、科技、人才、数字、生态、标准、质量、品牌、文化等“九个强企”建设。持续深化战略转型，五大战略单元协同发展，“5+2+*N*”发展布局加快构建。制订实施南方电网公司战略地图，体系化推动战略落地。发布南方电网公司管理体系框架，构建企业架构蓝图。优化考核评价管理体系，实现战略、运营、考核相贯通。

2023 年，南方电网公司制订改革深化提升行动实施方案（2023—2025 年）及工作台账，全面部署推进新一轮改革。三项制度改革获国务院国资委最高等级评价。开展总部人事制度改革，全员新型经营责任制提质扩面，契约化管理推广至全员。“一企一策”推动所属企业中长期激励“应建尽建”。云南电网公司完成云南农垦电力股权收购。南方区域电力市场连续试运行超一周年，试点开展全国首次短周期结算试运行。跨省区备用市场开展结算试运行。绿电市场累计交易绿电 125 亿 kWh，交易绿证 37 万张。

2023 年，南方电网公司以央企第一名成绩收官国企改革三年行动。南方电网公司作为央企唯一代表在全国国企改革深化提升行动动员部署会议上作典型发言。承办国务院国资委“科改行动”扩围深化现场推进会。双百、科改专项考核获“9 标杆、1 优秀”、蝉联央企第一。三项制度改革评估首获“1 级”评级。新增 4 家企业跻身“双百”“科改”企业，南网数研院、南网科研院、南网科技公司 3 家企业入选国务院国资委世界一流专业领军示范企业创建名单。持续深化大集体企业改革，广东电网公司率先完成厂办大集体企业公司制改制，基本完成平台公司股权多元化改革。深化产业链链长企业引领带动作用，落实产业链融通发展共链行动，牵头建设产业链创新联盟、央企创新联合体、电力行业人工智能联盟。

【电网规划与建设】2023 年，南方电网公司按照落实区域协调发展“1+6+*X*”组织模式，实施“优东提西、强地带县”战略部署，统筹促进城乡区域协调发展，制定融入和服务新时代广东走在全国前列创造新的辉煌、新时代壮美广西建设、新时代云南高质量跨越式发展重点举措，形成“一省一策”抓国家重大发展战略落地的机制。印发融入和服务“两区一港”建设等年度重点工作计划 137 项并抓好落实，至 2023 年底完成 75 项、取得阶段性进展 33 项、持续推进 29 项。发布南方电网公司新型电力系统发展报告。

2023 年，南方电网公司完成固定资产投资 1399 亿元，创历史新高。全面建成广东目标网架工程，并被国务院国资委评为央企十大超级工程。广西实现 220kV 电网县域全覆盖。开工建设海南 500kV 环网。抽水蓄能在建规模再创新高。在广东梅州建成全球首个浸没式液冷储能站（70MW/140MWh），在广东佛山建成南方区域最大的新型储能电站（300MW/600MWh），储备项目容量超 100 万 kW。投运国内首个区域级虚拟电厂，接入五省区各类调节资源突破 1000 万 kW，可调节能力 260 万 kW。深圳上线电力充储放“一张网”。推进电动汽车充换电基础设施建设，累计建成充电桩近 10 万支，南方区域市场占有率排名第一，在全国率先实现供电服务区域内充电桩乡镇全覆盖。建成南沙、龙岗国家级 5G+数字电网示范区，打造海南博鳌等一批新型电力系统标杆项目。

2023 年，南方电网公司系统的乌东德电站送电广东广西特高压多端直流示范工程、大湾区柔性直流背靠背工程等获国家优质工程金奖。清远抽水蓄能电站获第十九届中国土木工程詹天佑奖。云贵互联通道工程和 500kV 丹霞（梨市）变电站工程等 20 项工程获 2023 年度中国电力优质工程。

【国际业务】2023 年，南方电网公司扎实保障港澳电力供应，内地对澳门供电负荷达 98.2 万 kW，创历史新高。参与“一带一路”建设，深化湄澜地区电力合作。推动中老各方就老挝国家输电网项目（EDL－T）达成共识，并纳入新版中老命运共同体行动计划，举全网之力做好运营接管准备。老挝北部风光基地送电云南消纳取得积极进展。广西对越南供电重启恢复。

中缅230kV联网项目取得可研批复并完成合资公司注册，投运缅北邦康供电项目。推动成立澜湄区域电力技术标准促进会和中老技术标委会，以技术标准“软连通”支撑电力合作“硬连通”，全年澜湄跨境电量同比增长约10%。

2023年，南方电网公司加大南美、中亚等地区国际拓展。稳步推进智利KILO换流站EPC项目建设。签署秘鲁配电网项目收购协议，应对反垄断审查，交割后将成为南方电网公司首个境外控股配电项目。签署乌兹别克斯坦风电投资项目股权收购协议和抽水蓄能项目合作备忘录，实现中亚区域市场突破。南网国际（香港）公司实现实体化运作。建成一批“小而美”民生工程。

【电力供应和市场建设】2023年，南方电网公司深化巩固央地协同、政企协同、厂网协同、区域协同的保供格局，持续提升电力保供能力。有力应对十年最枯、四季连旱、煤炭产能受限等严峻考验。守住不发生拉闸限电底线，保供工作成效得到国家部委高度肯定。6月，国务院国资委在南方电网公司召开部分中央企业迎峰度夏能源电力保供专题会，贯彻落实党中央、国务院决策部署，督促指导中央企业带头做好迎峰度夏能源电力保供工作。政企联动加大一次能源供给和运力保障，实现贵州电煤供应大幅好转、云南火电近8年首次全容量开机。拓展区内外资源配置能力，黔电、云电送粤实现分电到厂。2023年，统调电厂存煤开机近年最好。

2023年，南方五省区用电营商环境加速迈向国际一流。第三方客户满意度达86分，粤港澳大湾区供电可靠性达世界先进水平。广东电网广州供电局率先实现市政公用基础设施“六联办”，深圳供电局创新“六免”办电服务，云南电网以“双解放双促进”推进现代供电服务体系建设，广西电网探索共享储能电站运营新模式。云南电网正式接管农垦电力。

2023年，南方区域电力市场体系基本建成。12月15—16日，南方区域电力现货市场开展首次全域结算试运行。这是国内首次开展“跨省+省内联合出清”的区域级电力市场结算试运行，全国统一电力市场体系建设率先在南方区域取得突破，打造南方区域电力市场建设标杆。南方区域电力市场建设案例入选全国能源工作会议典型经验。全年省内市场化交易年度电量5112亿kWh，市场化占比45.5%。广东电力现货市场转入正式运行。绿电绿证交易规模同比大幅增长，港澳跨境绿证交易实现“零”的突破。

【安全生产】2023年，南方电网公司深入推进本质安全型企业建设。高质量落实防范系统运行风险32项重点举措，确保大电网安全稳定运行。有力应对多轮台风、强降水、低温雨雪冰冻等自然灾害，高效打赢深圳“9·7”特大暴雨抢修复电攻坚战。完成各项重大保供电任务。2023年首次实现电力生产安全“零事故、零死亡”，实现重大隐患动态清零。深化与应急管理部、南方五省（区）政府等战略合作，挂牌成立全国首个国家级电力应急研究中心。

【科技创新】2023年，南方电网公司持续推动科技体制改革，深入开展科改专题研究、科技创新管理体系试点，全面推进立项组织模式、委托管理机制、经费评估机制等改革。推进9项国务院国资委关键核心技术二期攻关任务，新增承担国资委未来产业任务11项，新增承担国家重点研发计划项目10项，再创新高。一批关键核心技术装备实现自主可控。世界首台兆瓦级漂浮式波浪能发电装置“南鲲”号并网运行，建成全国首个电力充储放“一张网”、首个区域级源荷聚合平台、首个多技术路线锂电池储能站。“伏羲”芯片、“极目”微型传感器实现产业化应用。发布电力行业人工智能创新平台和首个自主可控大模型“大瓦特”、国内首个电力物联操作系统“电力鸿蒙”。特高压混合多端柔性直流输电系统创新成果获中国电力技术发明奖一等奖，8项成果获中国专利银奖、优秀奖。换流变压器有载分接开关等4项重大技术装备入选第三批能源领域首台（套）重大技术装备名单，首台（套）成果“高压电缆绝缘材料及屏蔽材料”入选工信部、国务院国资委重点产品、工艺“一条龙”应用示范。

2023年，南方电网公司参加中央企业创新联合体，牵头申报中央企业新型储能创新联合体，新增参与“重大装备基础零部件”和“核心电子元器件”两个创新联合体。成功获批数字电网技术装备现代产业链LZ企业，牵头组建产业链创新联盟，获批成为国务院国资委“共链行动”首批13家中央企业。直流输电技术全国重点实验室纳入新序列，获批建设国家地方共建新型储能创新中心，组建成立新型电力系统（北京）研究院。直流输电技术全国重点实验室成功纳入新序列，新能源并网消纳重点实验室、电氢协同低碳技术研发中心、国家能源数字电网技术研发中心等4个创新平台入围国家能源局“十四五”第一批“赛马争先”创新平台。首个机械储能领域国际标准技术委员会秘书处落户南网。电网管理平台获数字中国创新大赛一等奖。新增国家高层次人才计划专家2人、国家引才计划专家13人。

【信息化与数字化】2023年，南方电网公司数字电网规模化应用进入新阶段，物理电网数字化水平显著提升。数字输电方面，全面推广“天空地”立体化巡视模式，自主巡检达100万km，实现全覆盖。数字变电方面，新建工程全面推广数字变电站，存量有序改造，智能巡视站达2098座（占23%），远方操作站达

4078 座（占 45%），巡视人工替代率超 70%，倒闸操作时间缩短 80%至 10min。数字配用电方面，统筹推进配网自动化、智能化，打造 37 个数字配电示范区，建成智能配电站（房）2.4 万座，中压停电主动感知准确率 92%。试点全栈国产化计量自动化系统 3.0，接入规模全国领先。数字调度方面，打造云边融合智能调度运行平台，实现 900 个新型厂站建模接入，建成国内规模最大现货市场出清系统，绿电交易成交量突破 100 亿 kWh。

全力推进人工智能平台建设运营，牵头成立电力行业人工智能联盟，发布央企首个基于全国产软硬件的自主可控电力大模型和人工智能创新平台。推进“3＋1＋X”数据中心建设，扩建棠下数据中心，推进贵安、惠蓄数据中心建设，基本建成“两地三中心”调度云，南网云算力规模达 1 万节点。数据资产运营水平提升，全网数据资产管理水平达 DCMM4 级水平，总部 DCMM 达到 5 级水平，被中国电子信息行业联合会授予“十大数据治理名牌企业”。发布国内首个电力物联操作系统——电鸿。电网管理平台获数字中国信创赛道一等奖、入选国务院国资委数字创新平台最佳实践。开展“小数叶”职工创新行动，充分激发基层员工“业技融合”创新活力。广东电网公司、深圳供电局满分获评国务院国资委数字化转型试点企业。深入推进 5G、北斗行业应用，在广州南沙、深圳龙岗建成国家级 5G+数字电网示范区，全方位推进“北斗+电力”在电力生产等八大业务场景应用，全网各电压等级变电站北斗授时覆盖率超 70%。

【节能减排】2023 年，南方电网公司推进绿色低碳发展。支持新能源发展，完成新能源开发潜力和消纳能力研究，建立健全新能源源网协商机制。实施支持和服务新能源加快发展重点举措，全力服务国家第一批大型风电光伏基地建设，推动新能源“应开尽开、应并尽并、能并快并”。清洁能源供给格局基本形成。全年新增新能源装机容量超过 3000 万 kW，新能源装机比重达到 24%，新能源累计装机容量突破 1.2 亿 kW，非化石能源装机占比近 60%，全网可再生能源发电利用率达 99.90%，再创新高。全年实现电能替代电量 456 亿 kWh。推广应用新能源管理信息系统，促进相关专业数据共享。推进绿色低碳企业建设，实施生态强企建设三年行动计划（2023—2025 年），推进 40 个近零碳示范区试点建设，在广东 20 个地市供电局试点开展绿色低碳示范单位评价工作，以点带面。深挖电网节能降损潜力，推动广西新电力 40 个县级企业全面实现线损同期管理。近 5 年来，线损率累计下降 1.2 个百分点，减少损耗电量 420 亿 kWh，产生经济效益超 250 亿元。发布南方电网公司 2022 年绿色低碳发展年刊，绿色低碳案例入选《2022 年中央企业绿色低碳实践案例集》。

【党建工作】2023 年，中共南网党组始终把政治建设放在首位。深刻学习贯彻党的二十大精神，坚持用党的创新理论统一思想、统一意志、统一行动，制订实施关于深入学习贯彻党的二十大精神为中国式现代化作贡献的决定，明确 23 项重点举措。严格执行、健全落实“第一议题”制度，认真扎实学习习近平总书记重要讲话指示批示精神。抓好党内政治要件办理，扎实开展“回头看”。按照“学思想、强党性、重实践、建新功”总要求，于 4、9 月分两批开展主题教育。运用“千万工程”“浦江经验”，践行“四下基层”，确立 17 个方面调研主题。各级领导班子成员下访调研，推动解决创新体系、区域电力市场等方面突出问题，由解剖一个问题带动解决一类问题，涌现出贵州黄泥塘等一批案例典范。加快建设各级模范总部本部，发布南方电网公司总部作风公约。至 2023 年末，南方电网公司系统共有党员 11.4 万余人，占职工总数的 41.77%。

配合中央对南网党组的巡视，开展巡视整改。中共南网党组全面落实巡视反馈意见，以彻底自我革命精神推进中央巡视整改，制订整改方案和“三个清单”，上下联动、从严从实抓整改，一体推进 6 个领域专项治理整治，完成工程建设招标采购领域专项问题集中整改。开展党的二十大后党组首轮巡视。统筹抓好纪检监察、巡视巡察、审计、主题教育等发现问题整改，带动重点领域深化改革、加强党的建设。

2023 年，南方电网公司纪检监察组发布政治监督具体化精准化重要事项清单，加强对“一把手”和领导班子监督。以钉钉子精神纠治“四风”，对顶风违纪行为零容忍，严肃查处违反中央八项规定精神案件，集中通报曝光典型案例。坚决整治群众身边的不正之风和腐败问题。开展乡村振兴领域不正之风和腐败问题专项整治，聚焦重点项目、重大资金、重要环节开展监督检查，督促整改资金管理不规范等问题。推动作风建设常态化长效化，制定实施锲而不舍落实中央八项规定精神深化纠治“四风”工作 18 项措施。

2023 年，南方电网公司工会系统加强企业民主管理，在央企率先成立职工权益维护部。南网系统 154 个集体、147 名职工在全国及行业职业技能大赛中获得省部级以上荣誉称号。云南怒江供电局、南网科研院被授予全国五一劳动奖状，肖鹏、王其林被授予全国五一劳动奖章。广东中山 500kV 文山巡维中心、广西南宁青秀供电分局供电服务一班、贵州贵阳供电局输电管理所运检七班、海南琼海长坡供电所被授予全国工人先锋号。“伏羲”团队被授予中国青年“五四奖章”集体。南网“知行文化”获全国企业文化优秀成果特等奖。

【社会责任】 2023 年，南方电网公司制定帮扶产业规划编制指引、防返贫基金建设指引、产业帮扶典型示范项目汇编等系列文件，巩固帮扶工作新格局。打造具有南网特色的省域帮扶平台，助力帮扶地区特色产业规模化、市场化发展。巩固拓展消费帮扶体系，建立了稳定的“线上”“线下”销售渠道，销售额同比增长超 15%。提前建成“十四五”计划的 360 间南网知行书屋，惠及 57 县（市）近 36 万学生直接受益。连续 6 年获中央单位定点帮扶工作考核最高评价“好”，连续 8 年获得广东省扶贫济困红棉杯“金杯”。2023 年，南方电网公司入选 2023 中国企业社会责任发展指数“综合三十强”。南网能源公司“赋能企业可持续发展，助力打造绿色工厂”案例在中国企业社会责任高峰论坛发布。南网社会责任报告连续两年获“五星佳”最高评级。

（陈　波　王　越）

【中国南方电网有限责任公司超高压输电公司】

公司概况　中国南方电网有限责任公司超高压输电公司（简称南网超高压公司），是南方电网公司的分公司。南网超高压公司的历史可追溯到 1984 年成立的水利电力部华南电网办公室（后更名为能源部华南电网办公室），前身为 1988 年由中央与南方四省区联合办电成立的中国南方电力联营公司，并于 1998 年在全国电力系统率先完成厂网分开改革。1999 年，中国南方电力联营公司改制为国家电力公司南方分公司。2002 年底，国家电力公司南方公司与南方五省区电力集团组建中国南方电网公司。2003 年 2 月，经南方电网公司批准，成立中国南方电网有限责任公司超高压输变电公司。根据《中国南方电网有限责任公司关于分、子公司登记注册若干问题的意见》，于 2004 年 12 月 14 日更名为中国南方电网有限责任公司超高压输电公司。

南网超高压公司履行南方电网骨干网架和重要联络线的规划参与者、建设执行者、运行维护者、经营管理者职责。南网超高压公司在南方五省（区），建成了结构坚强、技术先进的现代化大电网，承担“一肩担当西电东送能源战略，一网紧联南方五省区”的职责。

所辖各单位及其分支机构分布在广东广州，广西南宁、柳州、梧州、百色，云南昆明、曲靖、大理，贵州贵阳、兴义，海南海口等 11 个地区。

南网超高压公司所辖西电东送主网架覆盖广东、广西、云南、贵州、海南五省区，至 2023 年 12 月，建成“八交十直”共 18 条西电东送主网架大通道，以及两回 500kV 海南联网输电线路。包括 500kV 天广一、二、三、四回交流、500kV 贵广一、二、三、四回交流线路等八回交流线路；±800kV 昆柳龙直流、±800kV 新东直流、±800kV 普侨直流、±800kV 楚穗直流、±500kV 禄高肇直流、±500kV 天广直流、±500kV 兴安直流、±500kV 牛从甲直流、±500kV 牛从乙直流、±500kV 金中直流等十回直流线路；500kV 福徐甲线、500kV 福徐乙线[1]、500kV 徐安甲线、500kV 徐安乙线、500kV 安港甲线、500kV 安港乙线海南联网线路。南网超高压公司所辖 500kV 及以上换流站、变电站共 46 座，其中±800kV 换流站 9 座，±500kV 换流站 12 座，500kV 变电站 25 座，500kV 及以上输电线路 2.4 万 km，其中 800kV 线路 6215.65km、海底电缆 7×30.5km，通道送电能力 5320 万 kW[2]。

历年来，南网超高压公司及所属单位先后被授予全国先进基层党组织、全国“五一”劳动奖状、全国文明单位、中央企业先进集体、中央企业先进基层党组织、中央企业第一批基层示范党支部、全国“安康杯”竞赛优胜企业、全国“工人先锋号集体”等荣誉称号，获得国家科技进步特等奖、国家优质工程金奖、鲁班奖等多项重要奖项。

2023 年，南网超高压公司作为全国唯一一家电网企业入选科学家精神教育基地，获全国电力安全文化建设优秀工程奖，三项科技成果达到国际领先水平，获省部级集体荣誉 30 项，省部级个人荣誉 5 项，南方电网公司集体荣誉 29 项，个人荣誉 71 项。

截至 2023 年 12 月 31 日，南网超高压公司用工总量为 5037 人，其中劳动合同制员工 4022 人。中级及以上职称 2379 人，技师及以上技能等级 1730 人，本科学历占比 86%，45 岁及以下员工占比 86%、35 岁以下员工占比为 55%。南网超高压公司 2023 年招聘高校毕业生 109 人。

领导班子

党委书记：赵建宁

党委副书记、总经理：陈兵

党委副书记、工会主席：潘超

党委委员、纪委书记：罗杰

党委委员、副总经理：蒋琨

党委委员、副总经理：陈俊

党委委员、副总经理：刘相枪

党委委员、总会计师：宁德稳

副总经理：朱学文

---

[1] 500kV 福徐甲线、500kV 福徐乙线各含一回海底电缆。

[2] 南网超高压公司西电东送通道设计送电能力 5660 万 kW。

组织机构 设15个部门：办公室（党委办公室）、计划发展部、人力资源部、财务部、企业管理部（下设法律服务中心）、生产技术部、基建部、供应链管理部、创新与数字化部、安全监管部（应急指挥中心）、审计部、党建工作部（企业文化部）、监管部（纪委办公室）、党委巡察办、工会办公室；6个直属机构：信息通信运维中心（数据运营与网络监控中心）、物流服务中心、项目管理中心（环境保护中心）、培训与评价中心［南网工匠大学（超高压公司分校）］、综合服务中心、监督执纪中心；13个电力生产单位：广州局、贵阳局、昆明局、南宁局、柳州局、梧州局、百色局、天生桥局、曲靖局、大理局、海口分局、电力科研院、南宁监控中心；4个代管子公司：酒信公司、天广能源公司、美居公司、新天河宾馆。

安全生产运行

（1）生产指标。2023年未发生人身、电力安全和设备事故，事件总数和三级以上事件数历史最低。主要技术指标再创历史新高。直流综合能量可用率首次突破97.1%，连续13年保持96.4%以上。直流回均闭锁、非停次数较“十三五”均值分别下降47%、80%。继电保护故障快速切除率、安稳正确动作率保持100%。生产实时控制业务通信通道连续九年保持零中断。首次实现全年安全生产“零人为”，度夏期间全通道设备发热“零临停”，边坡“零滑移”。

（2）风险管控。抓早抓小开展隐患排查，3月完成全部15组3183基杆塔地质隐患排查，实现边坡零滑移、零跳闸。全方位拓展特殊通道联防联控机制，5月编印《特殊通道风险管控提升方案（试行）》。6月提级完成321台开关防拒动检查，首次实现全年开关零拒动。7月，牵头起草的《关于建立密集输电通道自然灾害立体化预控体系的意见》由国家能源局印发，推动企业经验上升为国家方案。总结梳理近10年地质灾害处置经验，7月发布《架空输电线路地质灾害处置典型案例》。辨识双母全停配串风险防控，排查制定站点交流场配串调整优化策略，12月，该成果列入2024年南方电网运行方式。

（3）设备管理。3月，协助海南省工信厅完成国际海底光缆抢修，保障海缆安全。4月，历时3年完成±500kV宝安换流站主变压器内部金属异物隐患整治，恢复宝安地区满负荷供应能力。强化昆柳龙安全运维，完成纯光TA隐患整治，持续开展深层次隐患排查，梳理分析控保功能、源程序，整改重点问题。5月，完成天广换流变压器线圈发热批次性隐患整治。8月，制订海南联网二回海缆全线强化保护方案，提出一揽子处置方案，首创国内精准抛石工艺，消除海缆悬空致命风险，研发、迭代海缆介质回收装置。

工程建设 抓好电网工程、小型基建和统一建设的96项基建项目实施。全年投运6项重点工程：3月27日凤凰（河池二）输变电工程（南网超高压公司部分）投运，6月15日柳井输变电工程（南网超高压公司部分）投运，6月22日±800kV东方换流站加装STATCOM工程投运，8月28日500kV独山变电站扩第三台主变压器扩建工程投运，12月30日广东珠西南外环配套500kV线路工程（南网超高压公司部分）投运。小型基建工程方面，6月25日建成南网电科院直流主设备诊断试验室、辅助检修厅。10月24日建成昆明直流实操设施项目等4项小基项目。按期完成平来Ⅰ线拉线塔改自立塔等30项统一建设任务。

9月26日印发《南网超高压公司强化基建承包商安全“等同管理”相关措施》，配套修订分包管理业务指导书。辨识年度基建12项重点风险，突出抓好10项高风险、182项中风险作业管控。各级基建管理人员到位监督5268人次。常态化开展线上监督和线下“四不两直”督查，全年排查并纠正基建现场各类违章行为195项，牢守基建安全底线。深入开展事故隐患排查整治，全年开具作业人员违章罚单63张，对54名违章人员实施扣分，清退个别人员。新开工项目环评批复率和竣工项目环保验收通过率100%。10月20日，±800kV东方换流站、±500kV宝安换流站取得电力行业首张超（特）高压变电工程排污许可证，为电磁环境污染防治立法提供实践。

持续强化总结提炼和原创技术攻关，11月，“输电线路智能遥控接地装置的研制”基建QC成果获国际质量管理小组金奖。柔直阀关键技术与装备获辽宁省、新疆自治区科学技术进步奖一等奖，基于“双链融合”的西电东送昆柳龙工程科技管理创新与实践获中电联及南方电网公司管理创新一等奖，擦亮“高压直流”技术品牌。

安全管理

（1）安全监督。完成安全管理强化年行动8项攻坚任务。开展“四不两直”“线上＋线下”安全督查，全年越级查处违章294起，同比增加198起。关口前移斩断事故链，各单位主动暴露自主查处各类违章3028起，同比增加1888起。7月17日印发《“三老”问题防控机制及典型问题清单》、8月30日印发《“零人为”目标管控三十六项硬措施落实指引》、10月8日印发《生产承包商等同管理工作指引》、10月24日印发《代管子公司安全生产管理办法（试行）》，全方位提升安全生产管理能力。

（2）本质安全企业建设。开展本质安全型企业建设专项行动。3月，超高压南宁局、柳州局分别被南方电网公司授予标杆和进步单位。4 月，超高压贵阳局被中国安全生产协会授予全国安全文化建设示范企业。11 月，南网超高压公司被中国电力设备管理协会授予电力安全文化优秀工程奖。12 月，超高压昆明局、柳州局通过环境与职业健康管理体系认证。6—11 月，对 5 家下属单位安全生产巡查，发现 397 项管理问题，开展单位领导班子履职评价和提醒谈话 14 人次，推动责任落实和管理改进。5—12 月，开展事故隐患排查整治专项行动，累计排查隐患 1367 项，实现事件总数和三级以上事件数历史最低。

（3）作业风险管控。建立运转情况监督评价机制和三险联动机制，深化“四不两直”“线上＋线下”安全督查。2 月，印发《超高压公司 2023 年安全风险分析与预控措施报告》，建立“保命”教育培训长效机制，全面落实新版安规宣贯，常态化开展安全第一课、长假后安全警示教育，首次实现“零人为”。7 月，制定《南网超高压公司强化严重违章督查和考核工作方案》，全年查处各类违章 3783 起，作业风险从“事中管控”向“事前预防”转变。

（4）应急保供电管理。全面贯彻党的二十大关于国家应急管理工作的重大决策部署，围绕“大安全大应急框架”，牢固树立“两个坚持、三个转变”理念❶，制定并推进 2 月印发的《南网超高压公司应急管理体系和能力提升三年行动计划（2023—2025）》，有效应对 29 次台风、暴雨、山火等自然灾害，处置“10·4”飞行器突发事件，完成博鳌、海南文昌火箭发射等 8 项重大保供电任务。制订《应急指挥中心办公室工作手册》，健全应急办“应急综合协调管理中心、应急指挥决策中心、应急工作监督指导中心”职责，推进应急工作“三转”。9 月制定南网首份《地震后设备设施巡视检查业务指引》。

科技创新　坚持“三个聚焦”❷持续发力，统筹布局、分类施策，攻克一批生产技术难题。11 月承担国家重点研发计划“国家质量基础设施体系”重点专项“新型电力系统关键设施火灾防控 NQI 全链条技术与集成应用示范”项目，是十年来首次承担国家重点研发计划项目。首次承担的省级重点研发计划项目——“全国产化高压滤波电容器关键技术研究及工程应用”项目 12 月进入立项公示，2024 年 3 月正式立项。新增国资委央企创新联合体攻关的“高压直流输电阀冷系统主泵机械密封国产化研究及示范应用”项目。3 月，研发新型光纤复合绝缘结构突破困扰行业的直流光 TA 频繁放电问题。4 月，国产直流干式电容器通过试验考核，在南网超高压公司±800kV 龙门换流站实现示范应用；研发基于合成孔径雷达的地质灾害监测预警方法，减少滑坡灾害。5 月，南网超高压公司作为全国唯一电网企业，获中国科协、科技部等七部委联合授予的“科学家精神教育基地”称号；柔直穿墙套管、分接开关 2 项成果入选国资委中央企业科技创新成果推荐目录。11 月，研制出适用于晶闸管的国产化硅橡胶保护层，推动攻关向部件层、材料层延伸；国产±800kV 直流高速开关研发成功，实现特高压柔性直流装备全国产化。10 月，首台国产大容量换流变有载分接开关入选国家能源局首台（套）重大技术装备清单，11 月在±500kV 从西换流站安全稳定运行一周年。全年获省级奖励 10 项、行业科技奖励 23 项、南网科技奖励 10 项，其中首次获得省级特等奖、电力科学技术发明奖一等奖。

强化南网超高压公司主导的产学研深度融合，推动国际科技交流合作。6 月 21 日，牵头成立 EPTC 柔性直流专家工作委员会，南网超高压公司副总经理刘相枪担任主任委员。9 月 25—26 日 IEEE PES 直流电力系统技术委员会（中国）换届，南网超高压公司副总经理刘相枪当选第三届委员会主席。

数字化建设　围绕平台赋能、数据运营、业技融合、守牢底线等关键方面，推动“数字超高压”建设取得新突破。首批通过南网数字化转型成熟度三星级评估。1 月，“面向电网生产运维与应急指挥决策的解决方案”入选工信部工业互联网 APP 优秀解决方案。4 月，“战略实施企业级执行力管控”“基于数智驱动的超高压变电站无人化运维技术”“电力电网换流站生产业务数字化管控”3 项成果获首届国企数字场景专业赛奖项。10 月，系统升级“数智彩虹”获得国际数据管理协会（DAMA）“数据治理最佳实践奖”。11 月，“基于多源算法的换流变压器智能诊断关键技术研究项目”“基于 L4 级无人驾驶的换流站室外综合智能车研究及应用”“多旋翼无人机在复杂电磁环境下自动巡检研究与在换流站的示范应用”“西电东送主网架一键顺控及智能运维关键技术应用”“数字化智能新技术在特高压换流站的综合应用”“电网安全生产智能管控平台”“数智技术驱动的 AIM 通用管理模型研究—西电东送电能计量管理创新应用”“基于激光点云的西电东送主网架数字化通道技术应用研究”“输电通道数字化三维建模的关键技术

❶ “两个坚持、三个转变”理念是指：坚持以防为主、防抗救相结合；坚持常态减灾和非常态救灾相统一。从注重灾后救助向注重灾前预防转变；从应对单一灾种向综合减灾转变；从减少灾害损失向减轻灾害风险转变。

❷ “三个聚焦”：聚焦行业科技前沿，聚焦公司高质量发展，聚焦生产经营一线。

应用”9 项成果入选红数麟杯数字化创新成果大赛全国百强，获奖数量排名南网系统各单位第一名。12 月，“基于深度分类器实现电力监控系统数据分级保护技术研究及应用”获工信部“星河”优秀案例，数据安全成熟度通过三级贯标。全年完成“护网 2023”迎战任务，技战法连续两年入选全国优秀，连续八年实现网络安全零事件。首次承担网级制度起草，牵头“信息机房气流组织技术规范”“信息机房数字孪生技术规范”入库网级安运企标。南网超高压公司首创的“IT 设备主人制”管理经验在南网系统推广应用。组建网络安全虚拟班组，网络安全班组首次被评为五星班组。

经营管理

（1）深化改革。10 月，发布《推动率先全面建成世界一流企业暨价值创造行动实施方案（2023 年版）》，系统搭建对标、贯标、创标三类创一流实施路径，制订“指标、任务、价值创造、标志性成果”四张清单统筹重大部署，获南方电网公司一流方案评审最高分并作为样板推广。同业对标连续七年达到国际一流水平，12 项对标指标中 6 项指标处于行业最高值，在组织、运营、科技、风险、信息化等五项管理领域通过外部或南方电网公司贯标认证。11 月，全面部署改革深化提升行动 286 项任务举措，布局 18 项重大课题、12 项案例及 37 项宣传计划。12 月，创新“两表”❶信息系统，设计任务、指标、简报、案例、新闻“五大改革看板”，定期展示进度排名。《南方电网超高压公司深化科技体制改革攻坚突破“卡脖子”关键核心技术》入选国资委改革简报，《聚焦价值创造“三个转变”——南网超高压公司奋力推进世界一流企业建设》《大力弘扬新时代央企科学家精神 构建西电东送高质量发展新格局》获推荐国资委国企动态、改革简报。

5 月，通过全网首批合规体系及创新管理体系认证，中电联标准化良好行为企业“5A”认证数量继续保持南网系统第一。9 月，海口分局海缆运维班代表南网首次入围中国质量奖提名奖。11 月，“输电线路地线融冰远程控制自动接线装置的研制”获央企 QC 一等奖，并且“大型机械（车）智能全景操作系统”“输电线路智能遥控接地装置的研制”“输电线路地线融冰远程控制自动接线装置的研制”3 项成果获 ICQCC 国际大赛金奖，实现国际层级质量奖项“零的突破”❷。11 月，南网超高压电力科研院获全国实施卓越绩效先进组织。12 月，电力科研院首获全国实施卓越绩效先进组织。

（2）依法治企。1 月，印发《南网超高压公司内控体系建设提升方案》，建立健全内控风险合规体系，发挥业务部门履责、内控部门赋能、监督部门监督“三道防线”作用，实现“事前风险防控、事中有效控制、事后监督问责”全过程管理。3 月，修订治理主体及企业层级权责清单。5 月，印发《关于开展 2023 年度公司治理示范企业创建工作的通知》，对各单位治理机制运行情况建立“季检查、年评估”长效监督机制。议事协调机构精简 30%，成员数量压缩至 10 人以内；南网超高压公司广州局、南宁局通过 ISO 37301：2021 合规管理体系和 GB/T 35770—2022 合规管理体系双认证，为南网首批通过认证的单位。7 月，出台《南网超高压公司代管子公司 2023 年度专项整治工作方案》，推动代管子公司“等同管理”。9 月，修订法律案件管理制度，全年案件胜诉率超过 95%，法律人员自主代理案件率 55.56%。11 月，设立处分委员会，各层级转化制定《责任追究管理规定》，初步建成责任追究体系；明确法律审核议题范围，全年审核重大经营决策 62 项，实现应审必审；制定《电网建设项目压覆矿产资源合规指引》，有效防范工程建设领域重大法律风险。

（3）办公行政。2023 年信息得分同比提升 54%。上报信息获“两办”和国家部委采用 8 篇，获南方电网公司采用 96 篇，其中综合信息获采用 15 篇，同比增加 87.5%。1 月，“五有四具备”❸在南网率先实现所有站点全覆盖。2 月，“一部门一实招”减负做法获南方电网公司最受基层欢迎“十大减负举措”。4 月，昆柳龙直流工程档案高评价通过国家档案局验收。11 月，商密系统推广至三级单位，涉海保密管理受到南方电网公司肯定。12 月，完成南网首个治安反恐领域国家部委课题，受国家部委肯定。上级集中交办信访积案化解率 100%。交通消防等安全指标均高于目标值或未扣分。治安反恐和档案领域数字化成果分获首届南方电网公司“数办杯”一、二等奖。国际交流活动频次创近年来新高。

（4）人力资源。严格执行干部政治素质考察 48 项正负面行为清单、31 项干部选育管用负面情形，将政治标准、政治要求具体化。新提任干部 100%具有重大专项工作经历、基层一线或班站所长工作经历。

❶ “两表”是指南网超高压公司工作指标表、计划任务表。

❷ 中电联标准化良好行为企业“5A”认证单位分别为贵阳局、昆明局、柳州局、天生桥局、电力科研院。

❸ “五有四具备”：有小食堂、休息室、淋浴室、文化活动室、体育活动场所；具备员工用餐、休息、文化活动、体育活动的条件。

全年充实14个本部部门负责人和13家基层单位领导班子力量。将干部调研结果与培养相结合，全年组织开展党的二十大精神轮训等11期干部脱产培训，形成实践转化案例80余项。印发《关于巩固深化公司干部从严监管体系的通知》，巩固完善干部从严监管体系。修订领导班子履职过程评价标准，制定领导班子履职负面清单，建立干部监督自我报告和逐级报送机制。选人用人主要评价指标连续四年保持上升趋势。2022年度干部选拔任用总体评价“好”率、干部管理监督评价“好”率均达到100%。

2023年，南网超高压公司杰出技能专家百色局唐勇、柳州局杨雪飞新增为国务院特殊津贴专家，广州局罗凯、余炜煜、南宁局曾伟超被评为电力行业技术能手，昆明局黄剑湘、大理局杨扬被评为省级人才计划专家，南网超高压公司战略专业技术专家电科院邓军获首届中央企业青年科技领军人才。至2023年末，南网超高压公司共有战略（杰出）级专家9人、领军级专家58人、拔尖级专家332人，专家人数占技术技能人员总数的13.1%。6月，与重庆大学共建国家卓越工程师学院、产教融合人才培养基地，重庆大学工程师技术中心在南网超高压公司挂牌。9月，承担中组部工程硕博士联合培养任务，围绕人工智能等新兴前沿交叉领域联合招收培养工程硕博士5人。12月，南网超高压公司电力科研院能源动力研究生联合培养基地入选省级基地建设项目。

（5）计划财务。承接落实南方电网公司关于现代经营管理体系、司库管理体系建设、财务共享等新形势新要求，推进“1467”现代经营财务管理体系❶建设，推动建立高效协同的业财融合体系。数智财务云应用落地实施。4月，印发提质增效专项行动方案，突出抓好五方面16项工作举措。通过债务置换和利率调整、票据贴现融资多措并举，实现带息负债规模和平均资金成本“双下降”。8月，超级网银建设完成对私支付财企直推功能应用，实现网银支付key一体化管理。10月，完成财务智能化6项RPA机器人试点及移动审批、移动报销、税务数据采集等4项应用推广。主动适应输配电价改革要求，对13类输变电资产深入开展折旧政策研究，为南方电网公司制定相关政策提供可靠依据。

（6）供应链服务。4月，在南方电网率先实现重点工程物资供应动态监控，物资全部准时供应。推动供应链绿色低碳转型，智能仓库改造率提升至40%。6月，在南方电网系统首创“年度回收”处置模式，报废处置溢价率提升76%，平均处置周期大幅缩减11%，危险废物处置更加高效。代管子公司采购实现“管办分离”，采购项目100%上平台、进基地。9月，制定2023—2025年深化供应链管理改革与创新应用工作计划，推动供应链管理体系和管理能力现代化。10月，建成“强模式，优管理，控风险”的零星采购管理体系，118个零采品类纳入集中采购，减少零采金额6500万元。推动供应链全业务链条数字化升级，实现精益管理全年节约各类采购成本近2亿元。多项指标达历史最好水平，2023年，平均库存下降率11%，项目物资剩余率1.67%。自主检测比例3.5%，同比上升超55%。需求计划准确率及项目物资准时供货率均为100%，排名南网系统各单位第一名，网省风险预警率22.15%，同比下降7个百分点。

监督执纪

（1）审计监督及整改。8月，编制《审计全覆盖工作规划（2023—2027年）》，系统规划5年内审计项目和重点。11月，南网超高压公司党委印发落实中共南网党组《关于以高质量内部审计监督服务保障公司高质量发展的意见》的工作举措，制定41项举措、各单位层面32项措施，分层分级压实落实党对审计工作的领导责任。全年完成审计项目27项，揭示308项问题，提出107项建议。全年整改审计披露问题296个，完善制度机制192项。

（2）纪检监察。建立“3+6”的工作机制，按照综合管理、信访案管、监督检查、执纪审查、党风政风与审理5大业务和23个业务事项，梳理明确111个流程关键节点、93项落实标准和96类典型问题，做到“一张表”❷统领规范纪检领域全部工作。1月，制定《落实中央八项规定精神监督检查工作指引》，开展监督检查7批次，发现管理不

❶ “1467”现代经营财务管理体系：坚持1个目标、推动4个变革、强化6项职能、完善7大体系。1个目标：服务发展大局、稳住经营效益、抓实风险防控，加快构建世界一流财务管理体系。推动4个变革：财务管理理念变革、财务管理组织变革、财务管理机制变革、财务管理功能手段变革。强化6项职能：① 强化核算报告，实现合规精准；② 强化资金管理，实现安全高效；③ 强化成本管控，实现精益科学；④ 强化电价管理，实现规范协同；⑤ 强化税务管理，实现规范高效；⑥ 强化产业金融和资本运营，实现动态优化。完善7大体系：① 完善纵横贯通的全面预算管理体系；② 完善全面有效的合规风控体系；③ 完善自发高效的资产全生命周期价值链管控体系；④ 建立高效协同的业财融合体系；⑤ 完善智能前瞻的财务数智体系；⑥ 完善系统科学的财务管理能力评价体系；⑦ 完善面向未来的财务人才队伍建设体系。

❷ “一张表”是指南网超高压公司纪检工作规范指引。

规范问题130项，推动制定并落实整改措施273项，建立长效机制119项、修编完善相关制度、业务指导书28份。2月，制定《2023年度纪检执纪行动式培训暨岗位练兵工作方案》，发布纪检人员执纪能力建设应知应会试题库（2023年版），组织南网超高压公司系统全体纪检人员开展闭卷测试，首次开展南网超高压公司纪检领域技能竞赛、实战化技能比武。5月，印发《公司纪委2023年作风监督方案》，结合历年监督情况梳理形成7类45项典型作风问题监督清单，完善作风监督分析研判机制和协调会商机制，推动各级纪检机构针对34项突出问题深入开展作风监督，精准监督并发现作风不严不实问题50项，推动完善方案制度17项、优化机制流程14项。6月，印发《纪委政治监督实施方案（2023年版）》，落实党的二十大战略部署强化政治监督，围绕8项监督重点细化37项监督要点，动态更新93项监督标准要求，发现问题35项，提出意见建议18项，推动出台政策举措7项。12月，制定《强化监督压实责任督促履职尽责工作细则》，对监督发现"应做未做""做未做好"情况，综合运用谈话提醒、批评教育等方式，解决背后反映的"躺平"、不履职尽责和工作效率低下等问题。印发《纪委督促党委抓好中央巡视反馈意见整改落实方案》，严格审核把关整改方案和台账，提出意见建议15项。强化对党委内部巡察整改监督，组织12个职能部门审核把关巡察整改情况，指出28项整改不足并提出23项意见建议，督促被巡察党委完善措施99项。

（3）巡视巡察及整改。4月，印发《巡察工作规划（2023—2027年）》，明确未来5年巡察工作深化发展的指导思想、基本原则、目标任务。对照中央巡视组反馈的内部巡视工作专项检查有关问题，逐项深入剖析问题背后的深层次根源，8月，制定涵盖"87个是否"监督要点的巡察工作方案。12月，承接制定整改措施34项并持续推进落实。对标对表中央巡视、学习借鉴党组巡视，紧扣被巡察党组织主责主业，紧盯领导班子特别是"一把手"。11—12月对百色局、曲靖局党委开展常规巡察，发现问题129项。12月，印发《关于进一步加强巡视巡察整改和成果运用的实施意见》，编制南网超高压公司中央巡视整改工作指引、南方电网公司党组巡视整改工作指引、南网超高压公司党委巡察整改工作指引，形成"1+3"（1实施意见、3工作指引）文件体系，推动整改责任、程序、标准具体化、制度化、体系化。

党的建设

（1）政治建设。2023年，南网超高压公司党委坚持以习近平新时代中国特色社会主义思想为指导，深入贯彻落实党的二十大精神。全面承接落实中共南网党组部署，坚持战略引领，以抓规范、抓融合、抓监督为工作路径，充分发挥全面从严治党的引领保障作用。2023年4月—2024年1月，分两批扎实开展学习贯彻习近平新时代中国特色社会主义思想主题教育，突出抓好集中学习，各级党委举办读书班17期，南网超高压公司系统全部三级副及以上党员领导干部7天集中学习。大兴调查研究，党委制订调研题目8个，形成调研报告8份，解决实际问题39个。

（2）组织建设。1月，出台《南网超高压公司党委进一步深化党建与业务深度融合实施方案》，制订"两个作用"评价关键指标，闭环抓融合的任务和责任链条，实现对作用发挥成效考核可量化可操作。聚焦"两个建设、两个中心"❶推进模范本部创建，组织本部各党支部、各单位根据自身特点策划创建实招和硬招。5月，建立"一支部一台账"❷，上下联动，解决突出问题。2023年，南网超高压公司各级党组织发展党员56名，预备党员均按期转正。2月，印发超高压公司2023年统一战线工作安排，涵盖13项具体举措，进一步健全统战工作格局。

（3）宣传文化建设。央视"大国基石"和《奇妙中国》等栏目节目，人民日报"碳路"专题以及光明日报"红船初心"专刊集中报道南方电网"西电东送"。中央媒体集中报道获中国质量奖、直流高速开关研制成功及挂网运行、昆柳龙获国优金奖等大事要事。11月，《跨越琼峡》作为南方电网唯一作品获国务院国资委"中央企业社会主义核心价值观主题微电影优秀作品奖"。优化迭代理想信念西电东送路线，围绕昆柳龙工程精神品质开发"实景视频+专题授课"课程，用好展厅、"初心驿站"、红色教育基地等阵地深化理想信念教育。

（4）群团工作。9月，召开党建带工建带团建座谈会。11月，制定《公司党委关于党建带工建带团建工作实施方案》，构建党工团协同工作机制；印发落实中共南网党组《关于加强和改进工会工作的意见》重要举措。

主要事件

1月，召开南网超高压公司五届一次职工代表大会暨2023年工作会议。4月，工会办公室增挂"职工权益维护部"牌子，成立劳动争议调解委员会，各单位工会增加内部职工利益诉求信访事项调解处置等

❶ "两个建设、两个中心"是指：能力建设、作风建设，指挥中心、落实中心。

❷ "一支部一台账"是指：每一个党支部对应一个党支部创建模范本部年度工作台账。

职能。11 月，建成“职工代表在线”平台，实现线上召开各级职工代表大会功能；上线“心连心”平台。南网超高压公司员工满意率连续三年位居南网各管制类企业第一名。

2 月，广西与海南历史上首次电力互济交易完成，全年累计组织广西向海南送电超过 3 亿 kWh（海南侧），采用“网对网”和“点对网”两种送电方式共同送电，最大送电电力超过 52 万 kW，既推动实现了广西富余电力在南方区域更大范围优化配置，也探索形成了保障海南电力有序供应新的送电路径，“西电东送”主网架资源优化配置平台作用进一步彰显。

4 月，南网超高压公司电科院彭茂兰创新工作室获广东省女职工创新工作室命名。6 月，荣获南方电网公司无人机巡检技能竞赛“双第一”。7 月，南网超高压公司柳州局在中技协电力行业创新人才交流会上介绍职工创新工作特色经验。8 月，荣获全国电力行业无人机巡检技能竞赛巡检无人机驾驶员“双第一”。11 月，南网超高压公司百色局谭永殿工作室入选广西自治区技能大师工作室。12 月，“高压直流阀冷及融冰系统小微部件国产化替代研究及工程应用”“基于北斗通信与高精度定位的架空输电线路监测及巡检指挥技术研究与应用”获得南网职工创新一等奖。

4 月，组织开展“重走西电东送路”企情教育活动，人民日报、央广总台等主流媒体报道 20 篇次。5 月，南网超高压公司电力科研院获评中央企业五四红旗团委，昆明局输电管理所获评中央企业五四红旗团支部，柳州局±800kV 柳州换流站获评中央企业青年文明号。

5 月 30 日，中国科协、教育部、科技部、国务院国资委、中国科学院、中国工程院、国防科工局联合发布 2023 年度科学家精神教育基地认定名单，南网超高压公司入选，是全国电网企业唯一的入选单位。

6 月 21 日，南网超高压公司牵头成立 EPTC 柔性直流专家工作委员会，并在广州召开第一届一次工作会议暨柔性直流科研成果技术交流会。南网超高压公司副总经理刘相枪担任主任委员。

6 月 24 日，±800kV 东方换流站加装 STATCOM 装置工程试运行。该工程是首次在特高压换流站采用世界容量最大的 STATCOM 装置，6 个月完成工程施工建设，仅用 79h 完成 14 大项 29 小项调试项目，实现“零缺陷”投运。工程建成投运能有效提升深圳中西部电网动态无功支撑能力，解决电压失稳问题。

9 月 11 日—11 月 5 日，南方电网公司党组第一巡视组进驻南网超高压公司，对南网超高压公司党委和所属超高压广州局、贵阳局、昆明局党委开展常规巡视。

9 月 15 日，国家能源局、中电联联合发布的《2022 年全国电力可靠性年度报告》显示，在全国 43 个直流输电系统排名中，南网超高压公司所辖 6 回直流排名全国前列，并在全国前五中占据四席。2023 年，直流综合能量可用率首次突破 97%，达 97.1%，连续 13 年保持 96.4%以上，首次实现全年安全生产“零人为”。

10 月，开展面向南网超高压公司团员和青年的主题教育，针对团委委员、“青马学员”、团员青年“三类群体”分类定制学习计划，完成 4 次专题学习团支部全覆盖。通过“青年讲师团”分众化宣讲、精神素养提升“第二课”等系列活动，深化青年精神素养提升工程和“青马工程”建设。

11 月 1 日，“大型机械（车）智能全景操作系统”“输电线路智能遥控接地装置的研制”“输电线路地线融冰远程控制自动接线装置的研制”3 项成果荣获第 48 届国际质量管理小组会议（简称 ICQCC）金奖，实现国际层级质量奖项“零的突破”。

11 月 25 日，首台国产±800kV 直流高速开关在超高压公司±800kV 柳州换流站挂网试运行。中国特高压直流高速开关国产化关键技术取得突破，将进一步巩固在直流输电领域的核心竞争力，对于推动国内直流输电技术发展，促进特高压直流装备产业升级，保障电力能源供应安全具有重要意义。

12 月底，青海清洁能源基地送电广西直流工程（青桂直流）建设纳入国家“十四五”电力发展规划中期调整开工建设类项目。南网超高压公司与华电青海分公司联合推进青海柴达木（海西）清洁能源外送大基地及青桂直流工程建设，加快青海省清洁能源开发利用。

12 月，南网超高压公司全面建成“四交五直一海缆”[1]智能输电系统，实现物理电网智能化升级。2.1 万套智能终端物模型统一上送物联网，500kV 永安变电站、500kV 如画变电站具备 500kV 变电站现场无人化运维条件，昆柳龙、牛从及普侨直流具备日常巡视无人化能力，南宁监控中心实现调度指令“一令到底”。完成 5.5 万余基杆塔的点云一张网建设；全网首个省级生产运行支持系统建成投运，首批完成输电生产运

[1] “四交五直一海缆”：超高压公司生产域智能化项目推广应用的范围，具体为昆柳龙、牛从双回、普侨、新东直流，海南联网，天广三四回、贵广一二回相关站点。四交：天广三四回、贵广一二回。五直：昆柳龙直流、牛从双回、普侨、新东直流；一海缆：海南联网系统。

行支持系统边侧 8 个个性化功能上线，打造网级输电智能装备协同巡检示范，获得中电联 2023 年新型电力系统卓越数字案例。

（贺雪婷）

中国华能集团有限公司

【公司概况】中国华能集团有限公司（简称中国华能）是经国务院批准成立的国有重要骨干企业，创立于 1985 年。中国华能因改革开放而生，伴随着改革开放不断成长壮大，是中国电力工业的一面旗帜，持续引领发电行业进步，在新时代全面开启创建世界一流企业新征程。

中国华能注册资本 349 亿元人民币，主营业务包括电源开发、投资、建设、经营和管理，电力（热力）生产和销售，金融、煤炭、交通运输、新能源、环保相关产业及产品的开发、投资、建设、生产、销售，实业投资经营及管理。

党的十八大以来，中国华能坚持以习近平新时代中国特色社会主义思想为指导，坚决扛起中央企业的使命责任，在高质量发展道路上不断迈出坚实步伐。

目前，中国华能拥有 57 家二级单位、480 余家三级企业，5 家上市公司（分别为华能国际、内蒙华电、新能泰山、华能水电、长城证券），职工 12.4 万人。

2023 年可控装机容量超过 2.43 亿 kW，累计新能源装机突破 7200 万 kW，供热面积达到 10.3 亿 m^2，煤炭产量超 1 亿 t/年，政治担当更自觉、能源保供更有力、发展结构更优、发展质量更好、发展动力更足、党建引领力更强，关键生产指标、主要经营指标、绿色发展指标均创历史新高。

【领导班子】

党组书记、董事长：温枢刚

董事、总经理、党组副书记：邓建玲

董事、党组副书记：张文峰

党组成员、副总经理：樊启祥

党组成员、总会计师：王益华

党组成员、副总经理：王文宗

党组成员、纪检监察组组长：王利民

党组成员、副总经理：李向良、张涛

【组织机构】见 2023 年中国华能组织机构图。

【生产经营】2023 年，中国华能在以习近平同志为核心的党中央坚强领导下，坚决贯彻党中央、国务院决策部署，牢牢把握国资央企使命责任，落实党组、董事会具体安排，以主题教育和中央巡视整改为契机，砥砺奋进、顽强拼搏，办成了一系列大事、喜事、要事、难事，用实干实绩交出高质量发展的优异答卷。中国华能影响力、带动力、竞争力显著增强，在服务党和国家工作大局中彰显了责任担当。

安全绩效。没有发生较大及以上安全事故。生产、经营、政治、形象和网络安全保持良好态势。

经营绩效。全年实现利润、净利润、归母净利润、EVA 同比大幅提升。

发展绩效。2023 年可控装机容量超过 2.43 亿 kW，累计新能源装机容量突破 7200 万 kW，供热面积达到 10.3 亿 m^2，煤炭产量超 1 亿 t。

党建绩效。主题教育高质高效开展，中央巡视整改全面推进，全面从严治党不断深化，党建引领保障作用有效发挥，干部职工队伍保持稳定。

【能源保供】履责担当彰显华能本色。面对负荷高峰、强雨雪强寒潮等挑战，广大干部职工坚守一线、顶压前行，确保机组长周期连续运行，完成成都大运会、杭州亚运会、“一带一路”高峰论坛等重要时段保供任务，发电利用小时行业对标第一。发电量同比实现增长；供热供汽单位火力全开，总供热面积达到 10.3 亿 m^2，供热（汽）量同比实现增长；煤炭产量再破 1 亿 t 大关并创新高，产能利用率行业领先。面对云南电力供应紧张局面，保障电煤供应；紧急驰援甘肃积石山抗震救灾，全力保障电力供应、采暖供热和工业用汽平稳有序；承担首都 1/3 集中供热面积的北京热电厂，投运全球最大规模燃机烟气余热利用项目，用实干践行了保供主力军的坚定承诺。保供工作得到党中央国务院、国家部委和地方政府肯定。

安全形势总体平稳。推进安全管理强化年行动，开展安全生产责任制巡查评估和安全性评价，深化重大隐患排查整治，狠抓外包规范化管理，推进燃气、消防、水电大坝等领域专项治理。营口、长兴、安源、德州、沁北等 85 家火电厂实现零非停。煤炭产业实现“零死亡”。东峡、大柳、山寨成为国家一级标准化矿井。境外风险防控有力有效。在公安部护网演练中获优秀成绩。核电、金融、贸易等各领域风险可控在控。

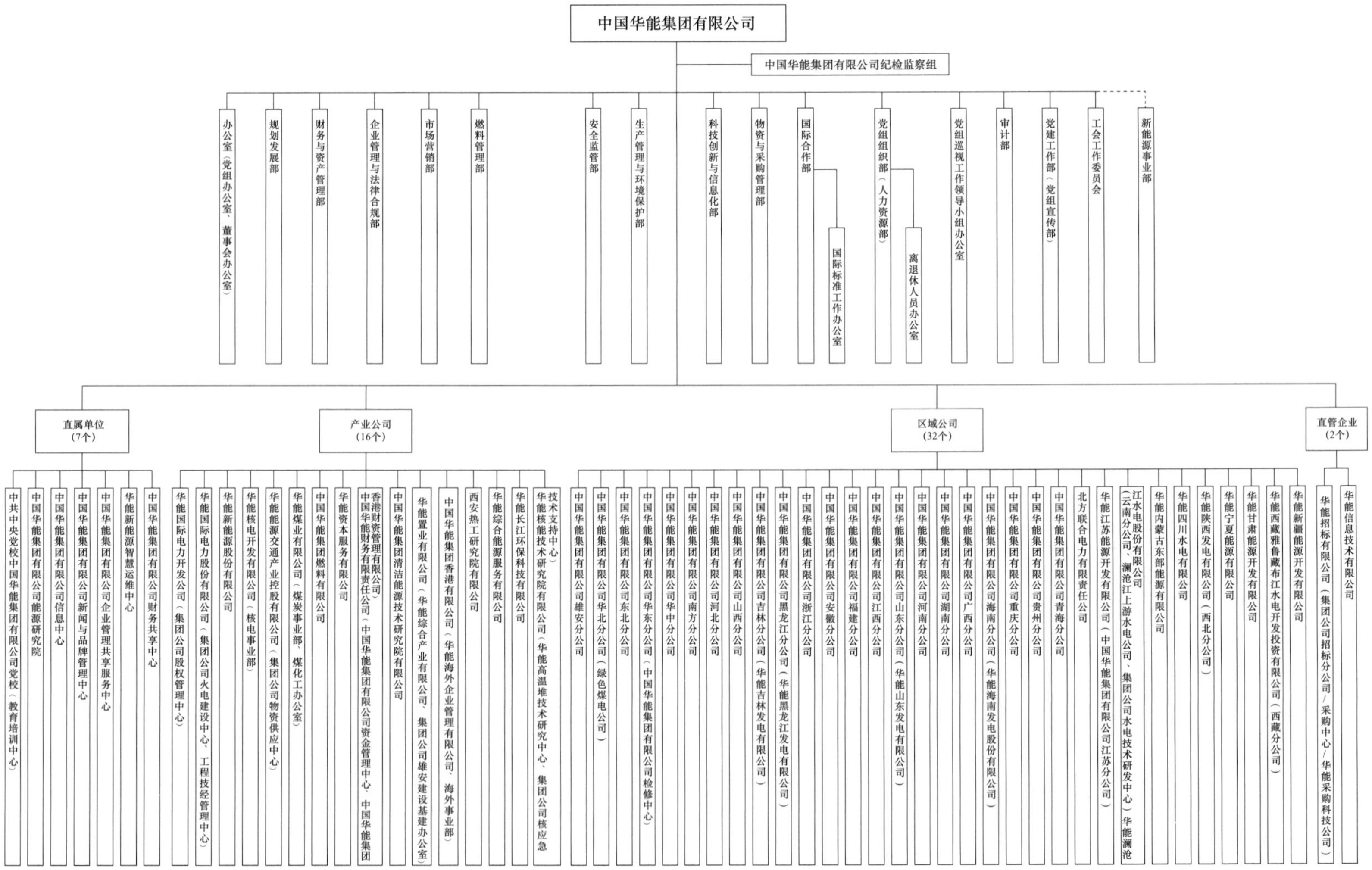

2023 年中国华能组织机构图

【绿色低碳转型】以新能源为重点的战新产业发展再创新佳绩。立足打造长期资本、耐心资本、战略资本，制定战略性新兴产业工作方案，抓好规划发展布局。坚持“五个并举”，发展新能源。上都风电基地200万kW装机全容量并网（全容量投产）。陇东能源基地首批就地消纳的100万kW项目全容量并网（首批风电投产37.95万kW），新庄煤矿实现联合试运转，基地煤炭板块全部建成。库布齐基地100万kW先导工程实现开工。广东勒门60万kW海上风电并网投运（并网未投产），实现中国华能在粤海上风电“零”的突破。贵州、湖北、江西等农光、渔光、林光、茶光互补项目蓬勃发展。在2023年中央企业新能源管理对标中，光伏、风电均排名第一。布局新赛道、塑造新动能，压缩空气储能、新型电化学储能产业开发建设逐步形成华能品牌。氢能、综合能源服务、增量配电网、虚拟电厂首批项目实施。

核电发展连获重大突破。历经19年的不懈攀登，全球首座第四代核电站、国家科技重大专项——石岛湾高温气冷堆示范工程商运投产，标志着我国在第四代核电技术研发和应用领域达到世界领先水平。昌江二期工程实现“两机组双扣盖”，转入安装阶段。形成梯次推进、滚动发展的良好态势。

水电开发建设取得新进展。在西南地区加快打造水风光一体化多能互补基地。托巴水电站大坝碾压混凝土全线浇筑到顶，硬梁包电站实现2号引水隧洞安全贯通，为两项目2024年投产发电打牢了坚实基础。衔需水电站成功实现大江截流，转入主体工程建设阶段。如美水电站核准开工，标志着澜沧江上游清洁能源基地建设拉开帷幕。

【电力市场】市场营销成绩突出。应对市场竞争，多发抢发效益电。注重运用新媒体培育客户，年度签约电量及用户数量均创历史新高。聚焦绿电需求，推动参与京津冀及跨省区绿电交易。突出抓稳电价工作，参与市场机制建设，提升市场创效水平。

【国际化经营】截至2023年底，中国华能境外资产规模超过1016.77亿元，净资产428.77亿元，控股和参与管理装机容量超过619.92万kW（权益容量226.21万kW），境外投资的主要电源类型包括煤电、水电、天然气发电和电池储能等。

中国华能的境外资产主要分布在澳大利亚、新加坡、英国、缅甸、柬埔寨和巴基斯坦等6个国家。中国华能共设立驻澳大利亚、英国、哈萨克斯坦、巴基斯坦、新加坡、柬埔寨、缅甸共7个代表处和驻越南、印尼、老挝共3个工作组。

中国华能在国际化发展上要求坚定不移地贯彻落实国际化发展战略，以服从党和国家外交大局、服务“一带一路”建设为引领，以加快能源转型绿色发展、推进国际能源合作为方向，明确发展目标，打造国际市场核心竞争力，加快建设世界一流现代化清洁能源企业。

中国华能在国际化发展区域上，考虑现有境外资源、政局稳定性、经济发展潜力、市场成熟度及潜在风险等多重因素，明确了“西线”“中线”“南线”及“南美洲地区”的“三线一区”国际化发展战略布局，作为国家“一带一路”倡议的延伸和落实，配合国家能源外交的开展。

中国华能利用在成熟市场开发、建设和管理的经验，辐射和拓展周边国家和地区，加强重点国别和地区的研究分析，培育潜力较大、风险可控的重点国别，有的放矢地推进市场开拓。重点关注的国家和地区有：

一是东南亚区域。近年东南亚区域电力发展迅速，各国调整经济发展战略和能源结构，促进产业转型和升级。中国华能积极关注其中资源较好、政局及投资环境较好的国家，以越南、印尼、柬埔寨为代表，同时关注周边其他国家的可再生能源投资机会。

二是中亚区域。中亚各国能源资源储量丰富，主要以传统能源及水电为主，其他可再生能源占比较低。近年来随着能源需求不断扩大，政府对现有发电设施升级改造及可再生能源项目开发的支持力度较大。中国华能依托哈萨克斯坦代表处，积极关注中亚的可再生能源机会，以风电、光伏、水电项目机会为主，同时关注电力技术服务等领域。

三是欧洲区域。欧洲电力市场相对成熟，且由于低碳机制管制较强，可再生能源占比及发展趋势较为明朗，未来十年将以降低化石能源发电、提高可再生能源发电比例、推进绿色能源和技术发展为重点。中国华能响应发展趋势，在英国成功开发电池储能项目基础上，扩大在储能产业的投入，同时拓展欧洲地区海上风电、光热项目等领域的机会。

四是南美洲。南美洲整体电力市场潜力较大，可再生能源资源丰富，主要国家均推进可再生能源转型和发展，具备良好开发价值。中国华能关注智利等市场相对稳定、经济发展较好、政局较为稳定的国家，跟踪能源政策及市场变化情况。

【国际合作】国际标准与国际战略合作情况。2023年，中国华能贯彻国家标准化战略，在IEC、ISO等国际标准组织共发布6项国际标准、立项8项国际标准，为国家“占领标准制高点、掌握标准话语权”做出积极贡献。参与国家主场外交和一些重大外事活动，拓展与合作伙伴的交流合作，与法国电力公司、意大利国家电力公司、德国西门子公司、美国GE公司、法国安吉集团、韩国电力公司等国际知名能源公司建立了战略合作伙伴关系。

“一带一路”项目情况。截至2023年底，中国华能在“一带一路”国家可控和参与管理的装机容量约433万kW，主要分布在新加坡、巴基斯坦、缅甸、柬埔寨等4个国家。其中，柬埔寨桑河二级水电站获得柬埔寨电力公司（EDC）颁发的“连续6年安全运行”和“安全、稳定、高效供电促进柬埔寨经济发展”两项表彰；巴基斯坦萨希瓦尔燃煤电站项目被纳入国家发展改革委“一带一路”十大典型案例；新加坡大士能源公司发电市场占有率位居新加坡第一；瑞丽江一级水电站是目前在缅甸发电量最大的水电站，被誉为缅甸的“三峡工程”。

【科技创新】国家战略科技力量加快打造。全国重点实验室、国家工程研究中心等国家级创新平台建设有序推进。CCUS、海上风电原创技术策源地建设扎实推进。新能源、电力工控系统、地热利用、绿氢等多项产业技术列入战新产业和未来产业任务。

关键核心技术攻关再获新突破。国内首个可信DCS顺利投运。研制出国内首套全国产汽轮机TSI系统、全国产光伏监控系统、首个流域级大坝智能在线监控平台。国际首个135MW燃煤机组COAP技术验证工程项目进入调试运行阶段。投运国内首套66万kW煤机蒸汽熔盐储热调峰示范项目。开发出全国产高性能磷酸酯抗燃油，打破了国外技术垄断。

数字化转型迈出新步伐。统一智慧能源管理平台投入试运行，统一安全生产管理平台实现火电企业全覆盖。新能源智慧运维平台累计接入新能源7200万kW。智慧基建、碳排放数据监管平台加快推广。研发出国内首套全国产化海上风电水下智能巡检机器人、世界首套取消驾驶室的无人电动卡车及配套系统。在砚北建成国家级智能化示范煤矿。司库系统全面上线。在行业率先完成集团级OA系统国产化替代。财务公司建成多层级票据池。长城证券科创金融智慧生态平台“长城长缨”上线运行，助力构建产业金融新生态。

“华能原创”COAP技术入选2023中关村论坛“面向国家重大需求”重大科技成果；国际首个135MW燃煤机组COAP技术验证工程项目进入调试运行阶段；首次在国际上实现两相碳捕集技术在12万t/年工业装置上的验证，达到国际领先水平；国内首个11MW国产化海上风电机组完成吊装，牵头完成全球最大18MW直驱海上风电机组下线，牵头研制出世界上首个2MW双风轮风电机组。全球首个可信DCS研制成功并投运。

石岛湾高温气冷堆示范工程完成双堆200MW平台机组100h连续稳定运行考核试验。全国首套2000t/年燃气烟气CO_2捕集装置投运。大面积钙钛矿–晶硅叠层组件效率突破24%；异质结组件效率突破23.8%。牵头研制的1300m^3/h（标况）碱性电解水制氢系统满负荷产氢。研制出全国首个流域级大坝智能在线监控平台、全国首台（套）全国产数字化汽轮机监视仪表系统（TSI）、国内首套全国产光伏监控系统。开发出全国产高性能磷酸酯抗燃油。全国首个兆瓦级全比例氨/煤混燃技术试验成功。自主研发出世界首座百兆瓦级分散控制构网型独立储能电站、国内首套煤电机组耦合蒸汽熔盐储热调峰示范项目。

获得中国专利奖金奖1项。重大科技成果持续涌现，获得中国电力奖一等奖2项，能源创新奖一等奖1项，中电联创新大奖1项，在行业三大奖励中均获最高奖。标准化进一步提升，2023年共发布国际标准6项，国家标准13项，行业标准20项，团体标准37项，企业标准46项。成果转化成效显著，5项成果纳入《中央企业科技创新成果推荐目录》、5项入选能源领域首台（套）重大技术装备。

【科技成果转化】科技成果转化取得新成效。5项成果纳入中央企业科技创新成果推荐目录、3项入选国家能源局第三批能源领域首台（套）重大技术装备。科技成果转化收入同比提高。华能碳捕集技术整体出口澳洲。获中国专利奖金奖1项、省部级科技一等奖19项。国际标准、专利质量排名均居行业首位。瑞金二期、黄登电站获国家优质工程金奖，东莞燃机、濮阳风电场、山东半岛南4号、大丰海上风电项目获国家优质工程奖，获奖数量行业最多。

【企业改革】中国特色现代企业制度更趋完善。健全优化“三重一大”事项决策清单，加大董事会对经理层授权，各治理主体权责边界更加明晰、运转衔接更加高效。出台深化子企业董事会建设工作方案，增强子企业董事会依法行权履职能力，现代公司治理水平不断提升。

三项制度改革不断深化。以任期契约为抓手，完善市场化选人用人机制；健全管理人员退出机制。强化全员绩效考核。完善薪酬激励政策，聚焦关键科创人才，在绩效考核、薪酬支持、中长期激励等方面发力；推动薪酬分配向高技能人才、生产一线关键岗位、突出贡献者倾斜，有效激发了干部职工干事创业的精气神。

创一流工作稳步推进。被选树为央企改革“综合典型”，改革成果入选“引领示范”案例集，入选国务院国资委创建世界一流示范企业，3家二级单位入选专业领军示范企业，获评国资委改革深化提升行动重点任务考核、对标世界一流价值创造行动考核A级。西安热工院在发电行业唯一连续四年获评“科改示范行动”标杆企业且名列央企前列。强化品牌引领，高温堆商运投产入选中国十大科技进展新闻。门迪储能、大士能源案例列入“一带一路”十周年建设成果。华能国际获中国证券金紫荆“最佳上市公司”奖。

全面风险管理水平有效提升。抓好合规内控管理，贸易业务结构进一步优化，有效防范经营风险，获国务院国资委合规有效性评价 A 级。上市公司实现 ESG 报告披露全覆盖。推动内部审计走深走实，强化领导干部经济责任审计，促进责任有效落实。

【党建工作】坚持高质量开展主题教育，以党的创新理论指导推动公司高质量发展取得新突破。坚持高站位抓好中央巡视整改，着力破解制约公司高质量发展的难题。深入开展“党建引领提质年”专项行动，在水电、核电推动党建引领联建共建，开展新能源装机 3000 万 kW、燃料降本增效、煤炭产量过亿等劳动竞赛。成功承办全国网络安全职工职业技能竞赛、电力行业职业技能竞赛（燃料化验员）。获全国和行业级技能竞赛团体和个人一等奖 41 个，均创新高。13 个集体和个人获全国五一劳动奖、全国工人先锋号、全国巾帼建功标兵（文明岗）、全国五一巾帼标兵（标兵岗）等荣誉。坚持以严的主基调正风肃纪反腐，锲而不舍落实中央八项规定精神，开展“微腐败”专项整治，涵养求真务实、清正廉洁的新风正气。立足公司发展需求，选拔培养优秀年轻干部，推进管理人员竞争性选拔，干部队伍年龄结构有效改善。成立院士专家工作站，校企联合培养工程硕博士经验做法得到中组部肯定，择优引进 300 名新能源、核电等高精尖缺人才，不断激发人才队伍活力。高标准推进雄安华能总部办公大楼建设，如期实现主体结构封顶重大里程碑目标，获新区管委会充分肯定；生活住宅区工作稳步推进。

中国大唐集团有限公司

【公司概况】中国大唐集团有限公司（简称中国大唐）成立于 2002 年 12 月 29 日，是中央直接管理的国有特大型能源企业，注册资本金 370 亿元。主要业务覆盖电力、煤炭、煤化工、金融、环保、商贸物流和新兴产业等领域，资产分布在全国 31 个省（区、市）和香港特别行政区，以及缅甸、柬埔寨、老挝、印尼等 10 个国家和地区。截至 2023 年底，资产总额达 8686.43 亿元；发电装机容量 18074 万 kW，其中清洁能源发电装机占 46.24%。所属企业包括 5 家上市公司、42 家区域公司和专业公司，拥有三级单位 354 家，职工 8.8 万人。自 2010 年起，连续 14 年入围世界 500 强。

中国大唐是保障首都能源电力安全的“排头兵”，承担首都一半以上电力供应重任，2023 年向北京供电量约占首都全社会用电量 54%；是“三北”地区保障民生供热的“主力军”，担负着北方 10 个省份超过 9 亿 m^2 居民供暖重任；是我国电力工业发展红色基因的“承载者”，拥有一批在革命战争年代、新中国建设、改革开放时期投产的骨干发电企业；是我国电力能源电力科技进步、改革创新的“推动者”，拥有一批世界级、标志性、示范性的重大项目。

【领导班子】

党组书记、董事长：邹磊

董事、总经理、党组副书记：刘明胜

董事、党组副书记：余波

党组成员、纪检监察组组长：王瑛

党组成员、副总经理：曲波

党组成员、副总经理：张传江

党组成员、总会计师：陶云鹏

【组织机构】见 2023 年中国大唐组织机构图。

【党建工作】全面贯彻落实习近平总书记关于党的建设的重要思想和党的二十大精神，以全面加强党的领导和党的建设为重点，按照“一个统领、四个提升、五项机制”总体要求，全面推进党的建设和组织工作高质量发展。健全“两个维护”制度机制，学习贯彻习近平总书记重要指示批示精神“第一议题”抓学习、“第一责任”抓落实、“第一任务”抓督查、“第一指标”抓考核“四个第一”工作机制日臻完善，确保习近平总书记重要讲话、重要指示批示精神和党中央决策部署第一时间贯彻落实到位。接续开展两批学习贯彻习近平新时代中国特色社会主义思想主题教育，好评率分别达 100%和 99.4%。高质量完成中央巡视支持配合工作，坚决抓好立行立改，深入推进中央巡视整改和专项治理，得到中央巡视组充分肯定。贯彻落实全国组织工作会议精神，召开组织工作会议暨基层党建工作会议，推进组织工作高质量发展。召开宣传思想文化工作会议，发布新时代“卓越”文化体系，以文化铸魂凝聚十万大唐人干事创业的力量。修订《落实全面从严治党主体责任实施办法》和“两个责任”清单，高质量完成党的二十大之后两轮党组内部巡视。深入推进幸福大唐建设，实施“六最”民生项目 1500 多个，建成职工服务中心或服务站 1100 多个，得到全国总工会肯定。推进大监督体系和廉洁文化建设，开展纪检监察干部队伍教育整顿，以严的基调一体推进“三不腐”。2023 年处理处置问题线索 703 件，立案 88 件，党纪政务处分 86 人。

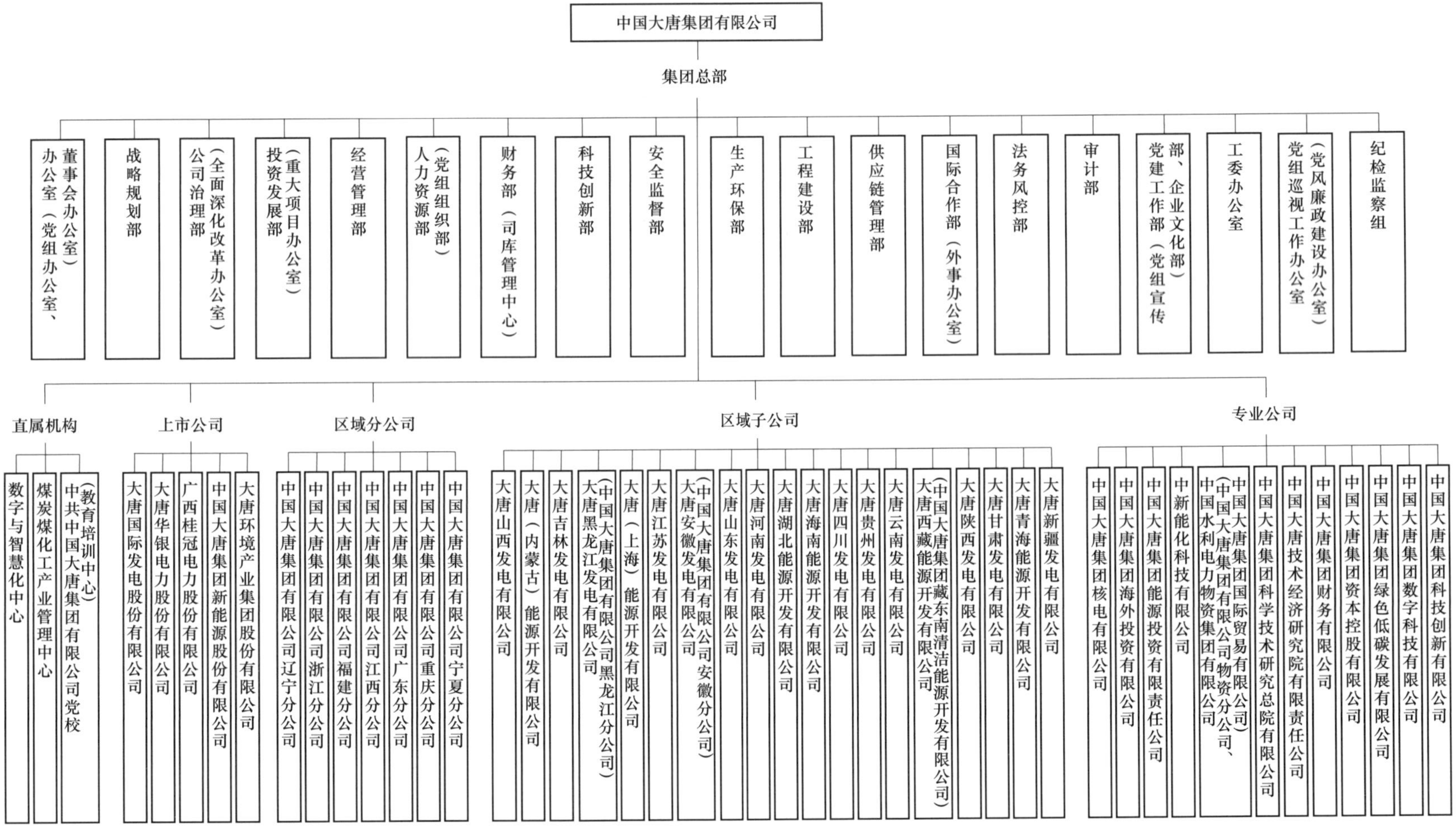

2023 年中国大唐组织机构图

【改革发展】在国企改革三年行动高质量收官，2022年度重点任务获得考核A级的基础上，全面启动、深入推进新一轮改革深化提升行动。完善中国特色现代国有企业公司治理。加强董事会建设，打造战略型、规范型、监督型、效能型“四型”董事会。推进子企业常规类、风控类、合规类“三类”董事会建设，优化调整董事会及其专门委员会，提高决策效能。修订总部与二级企业权责界面清单，调整党组前置研究讨论事项和各治理主体决策事项清单，“一对一”指导139家二、三级子企业完成决策事项及党委前置研究讨论事项清单修订工作，厘清边界、规范程序，推动党的领导融入公司治理制度化规范化。聚焦增强核心功能深化重点领域改革。调整优化总部职能机构，加快建设价值创造型“六强”总部。改革投资发展、工程建设、科技创新、数字智慧等体制机制，构建适应战新产业高质量高效益发展、未来产业高效率高标准培育的治理体系。加大新能源投资授权放权力度，二级企业立项、开工决策容量占比达到90%，投资决策容量占比达到75%，审批效率提升近30%，项目评审周期由35天压减至18天，招标采购周期缩减至34.5天，达到行业先进水平。完善市场化选人用人工作机制。推动领导干部竞聘上岗、末位调整、不胜任退出等制度落地落实，加大年轻干部培养使用力度，打造高素质干部队伍。管理人员末等调整和不胜任退出比例达6.9%，管理人员竞争上岗比例达67%。

【安全管理】认真贯彻落实习近平总书记关于安全生产、能源保供重要指示批示精神，以本质安全工程建设为出发点，以“六个强化”为着力点，深化隐患排查专项治理，细化推动103项重点任务，整改问题2169项，非停次数同比下降22次，降幅17.6%。健全能源保供长效机制，严控机组临停和限出力，20台机组获全国可靠性评比金牌机组，出力受阻率3.33%，超额完成与国家发改委签订的能源保供责任状目标，圆满完成迎峰度夏、保暖保供、大运会、亚（残）运会、“一带一路”高峰论坛等重大活动保电和重要时段保供任务。

【重大项目】电源项目核准3079万kW、开工2012万kW、投产1415万kW。其中，新能源项目开工1361万kW、投产1141万kW，分别为历史最高年份的1.31倍和1.39倍。获得藏东南首个国家级清洁能源基地和“陕电入皖”基地开发权、广东国管海域300万kW海上风电预选指标，获批广西河池462万kW新能源基地，取得广东粤东300万kW海上风电预中选指标，湖南娄底、新疆石城子等多个百万千瓦新能源基地项目实现初步落地，投产了云南锦屏西全国规模最大的高原山地百万千瓦绿色能源基地、内蒙古翁旗风场全国陆上单机容量最大的风电机组等一批标志性工程。西藏扎拉水电项目、山东郓城630℃国家电力示范项目、湖南株洲百万机组项目、宁夏中宁压缩空气储能项目、广东惠州燃机项目实现了高质量开工，中国大唐首个“绿电制氢”项目唐山“光氢储+氢能综合应用”一体化示范项目开工建设。

【科技创新】做强做实科技创新体系，召开科技咨询委员会首次会议，成立工程硕博士培养中心，设立数字科技公司，与东方电气合资组建科技创新公司，与清华大学联合建立绿色智慧能源技术研究院，推进产业链创新链资金链融合发展，科技创新体系不断健全完善，重大科研攻关项目取得历史性进展。

西藏扎拉世界首台套500MW级高水头大容量冲击式水电机组主体工程开工，并实现工程截流，与东方电气、哈尔滨电气集团等方面合作的转轮中心体重大锻件通过验收。山东郓城世界首台630℃超超临界煤电机组全面开工，与中国宝武集团联合研发的G115钢等新材料实现工程应用。宁夏中宁世界首套100MW级地下硐室压缩空气储能工程建设加快推进，攻克了软岩地质条件下大规模地下储气库的技术难题。开工建设全国首个煤化工耦合绿电绿氢项目。同时，布局未来产业，承担中央企业未来空间产业、信息产业、网络产业3项重点技术攻关及典型应用场景任务。

全年新增授权专利866件，新增授权发明专利201件，发布国际标准1项，91项创新成果获得国家级、省部级表彰，3项科技创新成果入选国资委中央企业科技创新成果推荐目录（2022年版），新能源创新工作室联盟9个项目获得专利授权20余项。1部电力行业绿色低碳转型专著正式出版。

【海外业务】整合资源开拓海外市场，深耕东南亚，扩大对中亚、中东、中东欧能源市场的开拓，在共建“一带一路”国家开展境外投资、技术服务、国际贸易等业务，覆盖缅甸、柬埔寨、老挝、印尼等多个国家和地区，海外市场开拓蹄疾步稳。

截至2023年底，境外资产总额254亿元，营业收入204亿元，利润总额4.41亿元。在役项目共有“一网两水四火”7个，“一网”即2012年建成、带电运营的柬埔寨主干网300km电网项目，“两水”即2010年底建成投产的24万kW缅甸太平江水电站、2013年建成投产的12万kW柬埔寨斯登沃代水电站，“四火”即2020年收购成功的印尼金光所属的苏姆赛、肯达里、卡尔登等3个共计69万kW火电项目和2023年投产的印尼米拉务45万kW火电项目，总装机容量150万kW，并全部实现盈利。

国际贸易方面，进出口额180亿元，稳外资稳外贸工作取得良好成效。具有自主知识产权的中国大唐所属环境公司的脱硝催化剂等环保产品远销海外，“中国大唐制造”赢得国际市场广泛赞誉。

海外运营方面，在东南亚、南亚多个国家开展运维服务，承担非洲圣多美和普林西比民主共和国4期电力援助任务，出色完成国家赋予的庄严使命。

交流合作方面，中国大唐主要领导与柬埔寨王国首相、老挝国家人民革命党总书记等国家元首和国际组织高层会谈，持续深化新能源领域合作。与法国电力、通用电气、日立能源、蒂森克虏伯、西门子等企业开展务实合作，携手应对能源转型挑战。

【数字化建设】系统整合数字化、信息化资源，设立数字科技公司，协同推进数字产业化、产业数字化。数字大唐建设取得阶段性成果，在国资监管数智化提升专项行动阶段性验收评估中处于优秀行列。出台数字大唐建设方案，编制实施管理中枢、生产管理、经营管理与大唐云、数据湖、大唐盾“3+3”总体建设方案。重庆分公司获得全国首个电力生产行业工业互联网标识解析二级节点运营许可证；浙江分公司建设国内发电企业首个数据中台。宁夏分公司同心风场100台华创风机主控系统升级改造全面完成且运行良好，实现关键软硬件技术100%国产化。

【节能减排】组织系统煤电企业狠抓保供增效，完成29个煤电“三改”项目，拉动供电煤耗下降0.223g/kWh；58台机组全国能效对标获奖；新能源提质增效十大专项行动效果明显，台均故障风机次数同比下降40%；115家风场获百日无故障风场；新能源劳动用工水平从年初的2.7人/万kW降到2.09人/万kW。健全环保制度体系，修订环境事件调查与处理管理办法等制度；深化环保隐患排查治理，完成20家分子公司61家企业环评，整改问题1743项；化解环保突出风险，完成10项依法合规问题整改。

【社会责任】切实履行社会责任，在能源保供、乡村振兴、防灾救灾、公益捐赠等方面发挥积极作用。

扎实完成能源保供任务。积极应对电煤供应紧张、水电来水严重偏枯、多轮极端天气冲击和自然灾害等严峻挑战，圆满完成去冬今春、迎峰度夏以及中国—中亚峰会、成都大运会、杭州亚运会、北京“一带一路”高峰论坛等重大保供任务。全年完成发电量5967亿kWh、供热量31998万GJ、煤炭产量2295万t、天然气产量14.65亿m^3，同比分别增长了1.4%、3.57%、32.12%、13.21%。

全面做好乡村振兴工作。坚持扶持、扶志、扶智“三扶”并重，真心、真情、真金白银“三真”融合，统筹推进教育、产业、民生、就业、党建“五位一体”帮扶，做深做实“三扶三真，五位一体”大唐特色帮扶体系，全面助力乡村振兴。全年投入无偿帮扶资金9146万元，在定点帮扶的广西大化县、陕西澄城县投入无偿帮扶资金4120万元，有偿帮扶资金9.34亿元，帮助引进帮扶资金和招商引资6443万元，购买和帮助购买脱贫地区农产品5392万元，帮扶和消费帮扶资金创历史最高。选优派强挂职干部，派驻164名干部开展定点帮扶工作，共有28名派驻干部和15个派驻集体受到地方政府表彰。

积极投身公益慈善事业。坚持发展成果与社会共享，以实际行动回应社会期望。甘肃积石山地震发生后，向地震灾区捐赠2000万元及其他救援物资，用于支持灾区抗震救灾和灾后重建。大力开展志愿服务，围绕爱心助学、敬老助残、公益环保、重大赛事等，组织服务活动1200余场次，参与青年超过2万人。

【科技创新】2023年，中国大唐3项科技创新成果入选国资委央企业科技创新成果推荐目录(2022年版)，4项科技创新成果入围中电联“首届电力行业科技创新大会”发布成果清单并发布。在2023年电力科学技术奖中，获得2项科学技术进步奖；在2023年度电力创新奖授奖成果清单中，获得11项电力创新奖，56项电力职工技术创新奖，6项科技创新成果获得中国能源研究会能源创新奖。

中国大唐组织申报国资委未来产业项目，承担未来空间、未来信息、未来网络3个产业“地下空间利用”等4个领域10项任务。西藏公司“大型冲击式水轮发电机组”获评工信部和国资委联合发布的2023年重点产品“一条龙”应用示范方向推进机构，乌沙山电厂作为入围“制造执行系统软件(MES)”应用示范方向的参与单位。组织申报国家能源局储能试点示范项目、发展改革委绿色低碳先进技术示范项目。

“大容量高水头冲击式水轮机组研发”全面推进，转轮中心体重大锻件通过验收；开展了G115等新材料的应用，优化了郓城项目热力系统以保证50%效率；攻克了软岩地质条件下百兆瓦级全人工地下储气库技术难题。科研攻关有力支撑了扎拉水电、郓城630℃先进煤电国家示范项目以及中宁大规模压缩空气储能发展改革委“揭榜挂帅”项目开工建设。

开展10MW级深远海漂浮式海上风电关键技术攻关研究和概念设计研究，实施生物质高效利用技术研究与工程示范，推进江苏滨海海上风电+光伏关键技术研究，开展海口燃机掺氢、克旗天然气管道掺氢等技术研究，开展飞轮等新型储能技术研究与示范，开展虚拟电厂、CCUS、核小堆供热等一批引领性技术攻关。

（1）郓城630℃高温材料和50%热效率技术攻关稳步推进。一是组织关键专题论证，行业专家专题论证《双机回热系统研究》和《发电热效率超过50%专题研究》方案，确定双机回热系统采用变转速小汽轮机方案技术路线和机组发电效率突破50%的可行性，并通过电规总院审查，G115钢取得市场监督管理总局试用许可，支撑工程项目开工；二是推动发布重大标准，开展了高温阀门技术评审和国产化论证工作，G115 大口径管道焊接试验和评价，G115 小口径管喷丸提高抗氧化性能研究和服役工况挂管试验，牵头编写标准 5 项，已发布 1 项，为工程推进提供技术支撑。

（2）绿氢耦合煤化工技术攻关与工程示范加快建设。一是完成制定技术路线，完成多伦 15 万 kW 风光制氢一体化首个科技示范项目立项，目前已确定技术路线，制氢部分完成 EPC 招标，为后续投资决策奠定坚实基础；二是完成重大科技攻关项目的承担单位变更，明确各参与单位分工及职责；三是推动基础理论设计研究，开展容量配置方案、协调控制策略、能量管理策略等基础理论研究，已完成可再生能源制氢系统容量规划软件架构设计和算法设计工作。

【电力建设】中国大唐落实中央要求和国资委部署，制定印发《2023 年新产业开发拓展实施方案》和《布局发展战略性新兴产业工作方案（2023—2025—2030）》，着力推动各新兴板块标志性示范项目落地。系统上下紧紧围绕“1264”发展战略，突出重点、狠抓落实，各方面工作取得积极进展，完成全年目标任务，为完成“十四五”规划目标奠定了坚实基础。

新产业开发拓展取得新突破。抽水蓄能核准实现从 0 到 1 的突破，新型储能发展取得新成效。5 个抽水蓄能项目实现纳规，河南汝阳项目核准。各公司推进的独立/共享储能超 800 万 kW，投产 30 万 kW。氢能项目取得进展。多伦 15 万 kW 风光制氢示范项目正式开工，唐山光氢储和氢能综合应用示范项目进入开工准备。综合能源服务等领域取得阶段性进展。海口江东新区综合智慧能源项目能源子站顺利投运；建成 3 个虚拟电厂平台，青海兴海清洁能源供暖已投产。数字化顶层设计和主要业务平稳推进，数字平台公司加速筹建。12 月 24 日已在雄安注册，并入驻新区办公，成为率先入驻雄安的专业公司。

超额完成全年开工投产任务，新能源开工投产规模创中国大唐成立以来新高。中国大唐国家第一批大型风光基地投产 740 万 kW，投产完成率 76%。印尼米拉务煤电两台机组、宝昌燃机 2 号机、海口燃机 2 号、保定九期热电联产项目首台机组、延安富县电厂首台机组完成投产任务。西藏扎拉水电项目、山东郓城 630℃国家电力示范项目等 5 个项目实现了高质量开工。

新兴产业开发拓展持续发力。铜梁等 30 万 kW 储能、青海清洁供暖项目、南京催化剂项目投产。唐山“光氢储+氢能综合应用”一体化示范项目开工建设。多伦风光制氢一体化项目、石城子 10 万 kW 光热项目正在推进开工。

示范项目成果显著。东营项目获得国优金奖，长河坝大坝工程获得堆石坝国际里程碑工程奖。罗田三里畈光伏、睢县分散式风电、象山长大涂光伏被获评 2023 年全国电力行业标杆工程、示范工程。文山州丘北风电建成全国规模最大高原山地百万千瓦级新能源示范基地。

（于胜浩）

【大唐国际发电股份有限公司】

公司概况 大唐国际发电股份有限公司（简称大唐国际）成立于 1994 年 12 月，于 1997 年在港交所和伦交所挂牌上市，2006 年在上交所挂牌上市，是第一家在伦敦上市的中国企业、第一家在香港上市的中国电力企业，第一家同时在香港、伦敦、上海三地上市的中国企业。截至 2023 年底，累计发行股本总数 185.07 亿股，大唐集团及子公司合计约占公司已发行总股份的 53.09%。

大唐国际是中国最大的独立发电公司之一，所属运营企业及在建项目遍及全国 19 个省区，经营产业以火电、水电、风电、光伏为主的发电业务，同时涉及煤炭、交通、循环经济、售电等领域，已从单一的火力发电企业成长为涉足多个领域、多种产业的综合能源上市公司。截至 2023 年底，在职员工合计 31227 人，资产总额约为人民币 3039.99 亿元，总装机容量 73378.87MW。其中，火电煤机 45334MW，约占 61.78%；火电燃机 6631.56MW，约占 9.04%；水电约 9204.73MW，约占 12.54%；风电 7816.71MW，约占 10.65%；光伏发电 4391.87MW，约占 5.99%。

领导班子

党委书记、董事长：王顺启

董事、党委副书记、工会主席：徐光

党委委员、副总经理：王振彪

党委委员、总法律顾问：乔阳

党委委员、纪委书记：郭红

党委委员、总会计师、董事会秘书：孙延文

党委委员、副总经理：路平

党委委员、副总经理：金日锋

组织机构 本部共有 15 个职能部门，拥有直属直管单位共 35 家；委托中国大唐管理的区域公司 9 家。在 35 家直属直管单位中，区域公司 3 家、专业公司 6 家、发电企业 21 家、供热企业 1 家、冶金企业 1 家、直属机构 3 家。

党建工作 高站位、高标准开展两批主题教育，一体推进理论学习、调查研究、推动发展、检视整改、建章立制，形成了“高井担当”“托电方案”等 6 个典型案例，相关成果获得了中央指导组的肯定。培育创建“能源保供主力军”党建品牌，实施 438 项“党建引领＋”攻关项目，深化“岗区队日网”载体建设，保暖保供成效在《人民日报》报道。深入推进人才强企，涌现出集团级及以上技能人才 109 人。从严从实开展中央巡视整改，成立巡视整改领导小组和工作专班，编制总体方案和专项方案，形成了上下联动的整改机制。围绕“国之大者”，开展政治监督，服务保障高质量发展大局。紧盯关键节点，开展“四不两直”检查，持续加固中央八项规定精神堤坝。开展教育整顿，锻造自身正、自身硬的纪检队伍。高质量完成党的二十大期间两轮政治巡察工作，发挥“利剑、保障、促进”作用，营造了风清气正的政治生态。

安全生产 牢记能源安全保障是须臾不可忽视的“国之大者”，完成两节两会、“一带一路”高峰论坛等重大保电任务，保暖保供取得显著成效。开展事故隐患专项排查整治等专项行动，安全生产局面有效好转。系统企业强化检修管理，狠抓设备治理，完成43台机组等级检修和6台煤机“三改联动”改造，实现主机及主要辅机全部自主检修。托电向呼和浩特市70km长距离供热，供热能力达到2000万m^2，实现了“电送首都、热供首府”的转型跨越。保定热电心系民生供暖，开创煤电机组试运期间满负荷供热先例。张热、王滩、唐热、下花园、北郊、蔚州、陡河、保定热电、盘电9家企业全年“零泄漏、零非停”。丰润连续四年在大机组竞赛中获奖。唐热“走出去”，成为大唐国际首家承接新能源运维管理的老厂。锡电精耕自主检修，成为大唐国际首家由维护部独立完成发电机抽转子的企业。检修调度中心紧紧围绕现场，主动服务企业，推动自主检修成为设备检维管理“新常态”。

节能减排 自觉落实国家能源安全新战略和“双碳”目标决策部署，坚持煤电提质增效和新能源提速增效，着力推动电源项目早核准、早开工、早投产、早创效。2023年取得建设指标231万kW，核准备案270万kW，投产195万kW，新能源核准备案和投产容量均创历史新高。托电基地二期项目纳入国家第三批基地规划。保定热电取得35万kW光伏项目建设指标，实现了大唐国际在河北南网参加竞配的最好成绩。陡河热电联产项目两台机组高质量建设，下花园清洁高效煤电项目纳入国家“十四五”中期调整规划，老厂转型发展迈出了新步伐。托电、蔚县基地一期有力破解并网、征地难题，投产并网158万kW，绿色转型发展增添了新动能。天津公司促成中国大唐与天津市政府签订战略合作协议，推动里自沽17万kW渔光互补项目核准开工。2023年，19台火电机组和12个新能源场站在全国对标和评比中获奖。严格遵守环保法规，不断完善保护生态、防治污染、履行环境责任等方面工作。积极开展生态环境修复、开展环保公益宣传，保护生物多样性发展，实现公司生产经营与自然环境和谐共生。

主要事件

1月13日，大唐国际召开六届六次职代会暨2023年工作会、工会三届五次会员代表大会。

1月17日，北京大旺屋顶分布式光伏项目全容量并网。

2月16—18日，中国大唐董事、总经理、党组副书记刘明胜到中国大唐在蒙企业调研督导两会保电和高质量发展工作。

3月28日，承德鱼儿山风电项目20万kW已完成备案。

4月7日，蒙西托克托外送基地二期150万kW光伏基地纳入国家第三批大型风电光伏基地预备清单。

4月28日，国务院国资委发布中央企业所属“双百企业”“科改示范企业”2022年度专项考核结果，大唐国际被评为“双百企业”专项考核标杆企业。

5月29日，作为国家第一批新能源大型基地项目——大唐蔚县电厂100万kW风光新能源项目的子项目大唐阳原65万kW风光项目首批机组并网发电。

6月17日，中国大唐总经理助理、安全总监，大唐国际党委书记、董事长梁永磐，与三友集团党委书记、董事长、总经理王春生分别代表双方签署了《唐山大清河盐场盐光互补及新能源综合利用项目合作开发协议》。

6月28日，中国大唐党组成员、副总经理彭勇出席第八届全球海上风电大会开幕式及主旨论坛，并到大唐国际发电股份有限公司陡河2台66万kW扩建项目基建现场开展调查研究。

7月12日，中国大唐总经理助理、安全总监，大唐国际党委书记、董事长梁永磐率队拜会中国东方电气集团有限公司党组成员、副总经理张彦军，双方就进一步深化唐山海上风电后续合作进行深入友好交流，并达成共识。

8月28日，大唐建投怀安新能源+乡村振兴6万kW风电项目取得新能源建设指标。

9月1日，中国大唐总经理助理、安全总监，大唐国际党委书记、董事长梁永磐率队拜会呼和浩特市委副书记、市长贺海东，双方围绕深化能源合作，进一步推进绿色低碳转型重点工程建设等方面进行了深入友好交流。

9月27日，中国大唐董事、总经理、党组副书记刘明胜以“四不两直”方式到陡河热电公司进行节前安全督导检查。

10月11日，中国大唐董事、党组副书记余波到托克托发电公司调研。

11月24日，由中国国新、中国证券报和南通市人民政府共同举办的2023金牛企业可持续发展论坛在江苏南通召开，公司获得首届“国新杯·ESG金牛奖央企五十强”奖项。

11月24日，曹妃甸屋顶分布式光伏永鑫项目并网。蔚县基地白草村光伏二期 8.8 万 kW 项目批复开工。

12 月 28 日，大唐蒙西托克托 200 万 kW 新能源外送项目首批机组正式并网发电，标志着国内最大“风光火热储”多能互补综合能源示范基地建设取得重大进展。

12 月 28 日，大唐国际党委书记、董事长王顺启在张家口拜会张家口市委书记赵文锋，双方就进一步深化能源合作、推动张家口地区绿色转型高质量发展等进行深入沟通交流。

12 月 29 日，由《证券市场周刊》主办的 2023 年资本市场第 17 届水晶球奖榜单发布。大唐国际在本次评选中首次荣获年度“最具投资价值上市公司”“最佳投资者关系管理上市公司”奖项。

（沈鸿海）

【大唐华银电力股份有限公司】

公司概况 大唐华银电力股份有限公司（简称华银电力）1993 年 1 月成立于湖南长沙，原名湖南华银电力股份有限公司，主营电力生产。1996 年 9 月，华银电力在上海证券交易所上市。2003 年 9 月，根据电力体制改革方案，实际控制人由湖南省电力公司变更为中国大唐集团有限公司。截至 2023 年底，华银电力总股本为 20.31 亿股，中国大唐集团有限公司及其全资子公司持股 9.53 亿股，占比 46.94%。

华银电力是湖南省内历史最悠久的发电企业，长期以来为湖南经济建设和能源保障供应做出了积极贡献，多次获评“中国大唐文明单位”称号，2016 年获得“全国五一劳动奖状”殊荣。自 2012 年以来连续保持“湖南省文明行业”荣誉，2020 年获评“湖南省文明标兵单位”称号。截至 2023 年底，职工人数 4681 人，管理发电总装机容量 800.54 万 kW，其中火电 608 万 kW、水电 16.19 万 kW、风电 49 万 kW、光伏 107.35 万 kW、储能 20 万 kW。

领导班子

党委书记、董事长：贺子波

董事、总经理、党委副书记：刘学东

党委副书记、纪委书记：苗世昌

党委委员、副总经理：李宇奇

党委委员、副总经理、工会主席：吴晓斌

党委委员、总会计师：康永军

党委委员、副总经理：曹坤龙

组织机构 华银电力本部共有 14 个职能部门，管理 12 家基层企业和 2 个直属机构。

党建工作 坚持党的领导、严的基调，纵深推进全面从严治党。扎实开展主题教育。始终牢记“学思想、强党性、重实践、建新功”总要求，对照“四个以学”的十二条要求，大兴调查研究之风，完成两批主题教育，形成“党建引领+娄底基地项目建设”等 8 大具有代表性的调研成果和 6 个方面经验启示，推广“生态治理+新能源发电+乡村振兴”三位一体融合发展等典型案例。深化党建提升工程。认真执行“第一议题”制度，深入贯彻落实习近平总书记重要指示批示精神，强化创新理论武装，扎实抓好党建工作责任制和基层党组织书记抓党建职责落实，“两全双百三到位”党建工作机制入选全国电力能源优秀党建典型案例，获评 2023 年全国电力行业党建品牌影响力企业。推进全面从严治党。修订完善落实全面从严治党主体责任、监督责任实施办法，强化“四责协同”。坚持严的基调，建立健全“大监督”体系，深入开展纪检干部队伍教育整顿、“两带头五整治”纠风防腐专项行动、违规饮酒专项整治、“靠企吃企”问题整治等，推动党性党风党纪一起抓。深化巡视整改。成立巡视整改工作领导小组及其办公室，建立“1+2+9+1”巡视整改工作体系，制订整改措施 219 条，形成“一本整改台账、四个清单”。对照巡察工作专项检查问题清单，梳理落实 63 条具体措施。

安全生产 坚持向零奋斗、固本强基，安全生产持续保持稳定。本质安全水平持续加固。扎实开展安全管理强化年、“三明确、三整治”等行动，强化“五个突出整治”，突出“五个重点抓好”，全面推行日计划管理、“一线工作法”、生产现场“三专”管理等，督导隐患整改及时完成率 100%。张家界鱼潭电站、衡阳白渔潭电站先后 3 次接受国务院安委会检查组督察检查，均获肯定。华银电力被评为中国大唐安全生产先进单位、网络安全攻防实战演习工作先进单位。设备健康水平稳步提升。华银电力以修前策划互查、修中四级验收为抓手，以修后零缺陷移交为目标，高质量完成 12 台火电机组和 18 台水电机组全部自主检修任务，机组等效可用系数同比提高 2.42 个百分点。火电机组非停 1 次，非停台均发生率低居中国大唐系统第一。组织排查环保风险隐患，到期整改完成率 100%，成功迎接 4 次生态环境部环保督察。数字智慧步伐明显加快。认真落实“数字大唐”建设方案，推进智慧电厂建设，7 个“科技兴安”项目投入运行，风光场站试点推广无人机巡检、风机可视化智能监测等数字智慧系统。华银电力获得集团级以上科技成果奖励 9 项，取得发明专利授权 7 项、应用新型专利授权 7 项，荣评“2023 年中国能源化工行业数字化转型先进单位”称号。能源保供获得肯定。华银电力牢记“国之大者”，勇担央企责任，细化组织保障、转型发展、设备治理、运行管理，筹集燃料保障资金 102.2 亿元，调运原煤 1217 万 t，满足迎峰度夏度冬保供需求，完成能源保供政治任务，得到湖南省电力保供专班、湖南省发展改革委、省电网公司的肯定与表扬。

提质增效 坚持效益为本、精益统筹，经营利润实现大幅增长。发电效益增幅明显。全年火电完成利用小时 4036h，新能源发电量同比增加 5.69 亿 kWh，风电、光伏分别同比增利 0.61 亿、1 亿元。水电企业未发生弃水损失电量。省间辅助服务份额、售电规模全省第一，新能源“两个细则”单位千瓦月度奖励集团排名第一，“绿电、绿证、省内省间、现货”交易实现“全覆盖、高收益”。成本管控好于预期。深入开展燃料管理、长协提质专项行动，坑口自提长协承运费用普降 30～50 元/t，优质有效长协占比达 95.85%，累计入炉标煤单价同比降低 124 元/t。综合融资成本率同比下降 0.33 个百分点。发行 5 亿元永续债（能源保供特别债），降低资产负债率近 2 个百分点。防范化解重大风险。完成公司本部、基层企业重大风险评估，严格落实项目单位开展投资项目投资决策阶段及开工决策阶段投资风险评估，未发生重大风险事件。加强上市公司治理，以有解优解思维破题，历时 17 年的股权分置改革大股东股份解禁等历史问题得到解决。

绿色发展 坚持节能减排、提速增效，结构调整创造历史之最。扎实落实节能减排政策。以习近平生态文明思想为指导，牢固树立生态优先、绿色发展理念，全年未发生环境污染事件、媒体曝光事件，未发生环保通报、环保考核事件。创建能效对标 4A 级优胜机组 4 台、3A 级优胜机组 1 台，厂用电率对标最优机组 1 台、3A 级风电场 1 个、300 天无故障风电场 1 个、100 天无故障风电场 2 个。完成年度污染物排放绩效和总量减排目标，二氧化硫、氮氧化物、烟尘和废水排放绩效分别优于考核目标 27%、22%、23%、27%。超额完成转型发展任务。资源获取、核准备案、开工投产分别完成年度考核值的 130%、158%、129%，获评中国大唐创新发展先进单位。严格新建项目核准、开工和验收等节点的环保依法合规手续审核，加强环保“三同时”监督管理，确保依法合规投产。娄底基地 7 个子项目全部并网发电，“生态治理＋光伏发电＋乡村振兴”融合发展深度报道在新华社等主流媒体密集刊发。株洲百万煤电项目于 2023 年 12 月实现 2 台机组同月浇筑混凝土。培育壮大战新产业。坚持“立足清洁能源，优化煤电结构，拓展新兴产业，巩固支撑地位”发展思路，打造“东西南北中”五大新能源基地。2023 年，战略性新兴产业价值贡献实现“全提高、快增长”，资产规模 109.88 亿元，占资产总额的 43.74%；实现营业收入 8.7 亿元，占全部营业收入的 8.76%；创造利润 3.44 亿元；同比分别增长 72.74%、62.92%、77.32%。

主要事件

1 月 12 日，耒阳小水风电、通道八斗坡风电、通道坪坦风电、洪江龙船塘风电、株洲太湖风电（一期）、炎陵龙溪风电等 6 个项目获得湖南省发展和改革委员会核准批复，核准容量共计 43.385 万 kW，一次核准风电规模创历史新高。

2 月 27 日，国务院安委会第七综合检查组到华银电力张家界水电公司开展岁末年初安全生产重大隐患专项整治的抽查检查工作。检查组由水利部总经济师程殿龙带队。

3 月 20—24 日，中国大唐外部董事张国发、李定成、杨海滨、姜仁锋到华银电力及所属株洲发电公司、湘潭发电公司、金竹山发电公司、先一科技公司调研。

4 月 10 日，华银电力党委召开会议第一时间贯彻落实中国大唐学习贯彻习近平新时代中国特色社会主义思想主题教育动员部署会精神，开展主题教育第一期读书班暨中心组调查研究学习研讨。

4 月 12 日，国务院参事室二级巡视员李阳一行到华银电力耒阳发电公司电化学储能电站调研。

4 月 28 日，湖南省政协常委、农业和农村委员会主任徐宏源一行到华银电力调研。

5 月 24 日下午，水利部监督司副司长、一级巡视员钱宜伟到华银电力衡阳水电公司开展重大事故隐患专项排查整治工作检查。

5 月 30—31 日，华银电力与湖南省能源局党总支、国网湖南电力发展党支部、国网娄底供电公司党委开展“走找想促”调研暨“学思想、强党建、重实践、建新功”主题党日及党组织联建活动。

6 月 30 日，华银电力召开庆祝中国共产党成立 102 周年大会暨学习贯彻习近平新时代中国特色社会主义思想主题教育推进会。

7 月 13—15 日，中央媒体、行业媒体等主流媒体一行深入娄底生态治理 100 万 kW 光伏项目现场开展集中采访报道。

8 月 16 日，华银电力召开生态环境保护专题会，深入学习贯彻习近平生态文明思想，切实加强环保管理，全面提升环保管控能力。

8 月 22 日，大唐华银醴陵新能源公司领到首批绿证，标志着华银电力开启了新能源绿证交易新篇章。

9 月 1 日，中国大唐集团有限公司党组第二巡视组巡视华银电力党委工作动员会召开。

11 月 8—9 日，中国大唐集团有限公司党组第二巡视组巡视华银电力公司党委情况反馈会召开。中国大唐集团有限公司党组成员、纪检监察组组长王瑛出席。

11 月 22 日，华银电力在中国银行间市场首次成功发行永续债（能源保供特别债），成为中国大唐集团有限公司内信用评级 AA＋唯一成功发行期限 3＋N 的主体。

11 月 23—25 日，2023 年湖南省维修电工职业技能竞赛在华银电力湘潭发电公司举行。全省各州市、省直工会、企业集团共16个代表队94名选手参加角逐，华银电力代表队获得团体第一、个人前六的成绩。

12月2日，大唐华银株洲2×100万kW扩能升级改造项目混凝土浇筑成功，标志着该项省重点建设项目正式进入全面施工阶段。

（李鑫泉）

【广西桂冠电力股份有限公司】

公司概况 广西桂冠电力股份有限公司（简称桂冠电力）成立于1992年9月，是全国第一家以股份制形式筹集资金进行大中型水电站建设的企业。2000年3月A股在上交所上市；2002年划归中国大唐控股管理，中国大唐持股51.55%。

桂冠电力以水电、风电、光伏、火电的生产运营、投资建设等为核心业务，同时开展综合能源服务、电站检修、技术咨询等业务。在役机组主要分布在广西、贵州、四川、云南、山东、山西、湖北等7个省区，共有广西装机规模最大的龙滩水电厂等14家发电企业、2家专业公司和2家专业机构，员工总人数3471人。截至2023年12月，桂冠电力资产总额达到473亿元，发电装机规模达到1302.16万kW，其中水电1023.54万kW、火电133万kW、风电79.17万kW、光伏66.45万kW，清洁能源比重达89.8%。

领导班子

党委书记、董事长：赵大斌

董事、总经理、党委副书记：施健升

董事、党委副书记、工会主席：蔡爽

党委委员、副总经理：田晓东

党委委员、副总经理：王鹏宇

党委委员、纪委书记：江荣军

党委委员、总会计师：孙银钢

组织机构 本部共有15个职能管理部门，拥有基层发电企业14家、专业公司（机构）4家。

党建工作 坚持“第一议题”“四个第一”要求，深入学习习近平总书记重要讲话和重要指示批示精神35项，细化落实44项措施，制定深入贯彻落实习近平总书记对广西重大方略要求方案，坚决扛起能源央企在能源革命、能源安全中的使命担当。坚持铸魂增智、正风促干，以主题教育激发强大动能，制定“五个一”工作体系、“五学”模式、“211”调研方法、“10+*N*”工作指引高质量推进两批次主题教育，坚持“四下基层”督导基层专题民主生活会及调查研究成果交流会，推动检视发现95项问题销号整改，工作成效得到中央指导组好评，“合山模式”在中国大唐系统推广。坚持服务生产经营不偏离，修订全面从严治党“两个责任”清单，完善“1841”党建工作体系，用好“四必须四融合”抓手，引领全体干部职工在生产经营、高质量发展和乡村振兴“三大主战场”建功立业，“先锋·桂冠”党建品牌深入人心，企业文化成果获评全国企业文化优秀成果一等奖，乡村振兴定点帮扶工作评价实现五连“好”。

安全生产 安全风险可控在控，所有企业实现指标达标，其中红水河流域全部厂站风险度均低于8%；岩滩公司风评外审风险度8.98%，为中国大唐32家风评外审单位中风险度最低。安全文化建设取得新成绩，龙滩电厂通过“全国安全文化示范企业”复审，是广西唯一通过复审单位；桂开公司荣获自治区安全文化建设示范企业称号；岩滩、大化总厂、桂开公司获评中电联“标准化良好行为5A企业”。实现国家级重大危险源摘帽，完成合山电厂液氨替换改造，彻底消除液氨泄漏安全风险，降低危险化学品重大安全风险。防人身反违章管控到位，共发现违章197起，考核135.64万元，追责529人，取消零违章班组称号13个，清退外委人员51人，清退违章队伍3个。开展事故隐患专项行动，查找“两落实”、体系运转上不足、短板，共计发现问题隐患4637项，整改4432项，整改率为95.6%，按期整改率100%。

节能减排 加强火电机组节能减排管理，每月开展指标对标节能分析，制定煤电节能增效“11项”措施，统筹配煤掺烧、降煤耗与保供发电工作，全年供电煤耗完成315.95g/kWh；完成脱硫废水零排放主体工程施工，完善脱硫系统主机、辅机一体化协调控制，保持了超低排放指标运行，四项污染物均达标排放；全年掺烧经济煤种62.4万t，掺烧比例26.1%，通过掺烧降标单29.1元/t，经济效益4394万元。落实水电提质增效要求，面对各流域来水严重偏枯不利形势，红水河梯级实现水量利用率达100%，各流域重复利用库容约9.27亿m^3，水能利用提高率4.65%，完成发电耗水率8.09m^3/kWh，同比下降5.93%，为近5年最优，全年节水增发超过8亿kWh；完成西津2号机增容改造，单机发电能力提升13.6%；全年开展人工增雨159次，实现增发电量1.59亿kWh；盘前优化1896次，抢发增发电量0.48亿kWh。全力攻坚提效新能源，开展百日攻坚降低风机故障，低效风机降至10%，41台孤儿风机故障同比降低30%，风机可利用率同比提升0.51%，山东莱州二期和广西马王一期风场利用小时分别达3336、3457h。

主要事件

1月16日，桂冠电力召开2023年工作会议暨三届四次职工（会员）代表大会，总结工作，分析形势，明确思路，部署任务，为加快建设一流清洁能源公司而团结奋斗。

1月16日，龙滩水利枢纽工程入选水利部公布的“人民治水·百年功绩”治水工程项目名单。

2 月 23 日，国务院国资委公布“双百企业”“科改企业”名单，桂冠电力入选“双百企业”。

3 月 31 日，桂冠电力入选“中国新能源行业 ESG 价值指数”。

5 月 23—25 日，中央主题教育第四十四指导组一行到桂冠电力本部及所属企业调研，聚焦贯彻落实习近平总书记关于“两个一以贯之”的重要论述精神，围绕基层企业党的组织、董事会建设及运行、年轻干部培养选拔使用广纳贤言、听取意见，围绕煤电企业面临的共性问题、个性问题剖析典型、分析原因，推进完善中国特色国有企业公司治理，夯实高质量发展体制机制保障。

6 月 8 日，桂冠电力荣登“2023 金蜜蜂企业社会责任・中国榜”。

9 月 24 日，桂冠电力在 2022 年度广西区直中直驻桂单位定点帮扶工作考核中再次获得“好”的等次，实现“五连好”。

10 月 19 日，桂冠电力《“五航两翼”大唐筑梦教育帮扶模式》案例荣获中国上市公司协会“2023 年上市公司乡村振兴最佳实践案例”。

10 月 25 日，上海证券交易所公布了沪市上市公司 2022—2023 年度信息披露工作评价结果，桂冠电力（600236）荣获 A 级（优秀）评价。

11 月 24 日，桂冠电力荣获“第一届国新杯・ESG 金牛奖碳中和五十强”奖。

12 月 26 日，桂冠电力先后召开 2023 年第三次临时股东大会、第十届董事会第一次会议和第十届监事会第一次会议。

（魏中华）

【中国大唐集团新能源股份有限公司】

公司概况　中国大唐集团新能源股份有限公司（简称大唐新能源）成立于 2004 年 9 月 23 日，注册资本 72.74 亿元人民币，是国内最早从事新能源开发的电力企业之一，于 2010 年 12 月 17 日在香港联交所主板成功上市。截至 2023 年底，发行股份总数为 72.74 亿股。其中，中国大唐合并持股比例为 65.61%。主要从事风电、光伏发电等新能源的开发、投资、建设与管理，低碳技术的研发、应用与推广，新能源相关设备的研制、销售、检测与维修，电力生产，境内外电力工程设计、施工安装、检修与维护，新能源设备与技术的进出口服务，对外投资，与新能源业务相关的咨询服务等。2023 年实现利润 36.23 亿元，同比下降 7.20 亿元，利润下降主要受平均上网电价下降和一次性计提减值等两方面因素影响。

领导班子

党委书记、董事长：李凯

党委副书记、总经理：王方红

党委委员、总会计师：王海燕

党委委员、纪委书记、工会主席：白雪梅

党委委员、副总经理：潘孝凯、崔健

组织机构　本部共有 6 个职能管理部门，拥有分公司 33 家，控股子公司 176 家，投资参股企业 23 家，共有员工 4184 人。

党建工作　坚持以习近平新时代中国特色社会主义思想为指导，深刻领悟“两个确立”的决定性意义，深入学习贯彻落实党的二十大精神，严格落实“第一议题”制度，抓好常态化理论学习，提升政治判断力、政治领悟力、政治执行力。拓展深化党的建设工作，压紧压实全面从严治党责任，严格落实意识形态责任制。一体推进主题教育的理论学习、调查研究、推动发展、检视整改，以“四学”模式整体推进理论学习，促进党委中心组联学联研、党支部联学联训上下贯通，把主题教育成果转化为工作的强大动力，引领公司高质量发展取得新成效。全面落实党建“两年强基、三年提升”计划，持续开展“两化”创建。用好“党建引领+”“岗区队日网”载体，推进党建与生产经营深度融合。深化落实党建工作责任制，构建月度自查、季度核查、年度综合考核工作机制，推动党建工作与经营业绩考核结果连乘。

生产经营　牢固树立安全发展理念，坚持夯实安全生产基础，扎实推进本质安全型企业的建设；加强各基层企业安全生产督导，强化重点领域管控，构建风险分级管控和隐患排查治理双重预防机制；健全基建安全监督体系，全年未发生安全生产事故。

重视在役机组的生产运营和技改提效工作，全年下达技改项目投资计划 7.7 亿元，协调解决山东孤儿风机、辽宁机组设计缺陷、甘肃机组故障率高等难度较大的设备治理问题。截至 2023 年底，全年实现发电量 316.08 亿 kWh，同比增加 28.21 亿 kWh，增幅 9.80%；公司风电平均利用小时 2269h，同比增加 7h；光伏平均利用小时 1537h，同比增加 123h。设备故障损失电量同比下降 1.2 个百分点，设备可靠性和风机可利用率进一步提高。

全年发生财务费用 16.99 亿元，较年度预算节约 3 亿元，完成提质增效目标任务的 118%；同比减少 2.43 亿元，降幅 12.51%，其中存量项目同比减少 2.76 亿元，下降 13.97%。财务费用压降成为经营利润增长的主要贡献。平均融资成本率 3.03%，全年下降 35 个 BP，其中外部平均融资成本率 2.95%，下降 32 个 BP；内部融资成本率 3.45%，下降 45 个 BP。

投资开发　优化投资决策管控程序，严格审核项目边界条件，严守项目收益率底线，坚决防范颠覆性风险。2023 年持续发力，共获取建设指标 358 万 kW，累计获得 6 个共 360 万 kW 基地项目；全年新增投产容量123万kW，截至2023年底在建项目容量183.30万kW，累计装机容量1541.87万kW。

全面协同基层企业加快项目开工建设，目前在建项目主要分布在云南、内蒙古、重庆、新疆、贵州、青海等多个区域。推动江苏、贵州、宁夏、海南等区域新能源项目投资工作，加快优质项目资源转化。

紧盯中国大唐海上风电和新能源大基地项目进展，发挥香港公司外资优势、获取山东潍坊寿光50万kW滩涂基地项目、山东文登40万kW滩涂光伏基地项目、新疆公司石城子100万kW光热基地、赤峰100万kW基地项目和海南儋州120万kW海上风电项目。

获取河北秦皇岛21万kW风电、光伏项目建设指标。拓展秦皇岛整市项目资源，初步拟定秦皇岛海上光伏50万kW、海上风电50万kW、卢龙风电光伏40万kW及海水制氢科技示范项目开发协议。

主要事件

1月16日，大唐新能源召开2023年工作会议暨职工大会，全面总结2022年工作，分析面临的形势，部署2023年工作。

2月24日，港股100强研究中心发布第十届港股100强榜单，大唐新能源首度入围中型企业50强企业潜力奖和总回报率10强等多项子榜单殊荣。

3月28日，大唐新能源在北京召开2022年度董事会及2022年度监事会。

3月29日，大唐新能源在北京举行2022年度业绩发布会，以电话会议形式与香港媒体和分析师进行了交流。

5月10日，大唐新能源获取内蒙古100万kW风光基地项目建设指标。

6月29日，大唐新能源召开2022年股东周年大会，会议审议通过董事会工作报告、监事会工作报告、财务预算报告、财务决算报告、投资计划等九项议案。

8月30日，大唐新能源在北京举行2023年中期业绩发布会，对外发布2023年上半年业绩情况。

9月21日，国家压缩空气储能示范项目——宁夏中宁100MW/400MWh储能项目开工。

9月23日，大唐新能源在中央企业控股上市公司ESG评级中成绩突出，达到四星级优秀水平，入选央企ESG先锋100指数评级，综合排名位列48名，ESG治理水平再次获得业内普遍认可。

12月6日，大唐新能源荣获智通财经最佳港股通公司。

12月31日，青海省海南州兴海50万kW全容量并网。

（李文楷）

【大唐环境产业集团股份有限公司】

公司概况 大唐环境产业集团股份有限公司（简称大唐环境）前身为中国大唐集团科技工程有限公司，最早成立于2004年5月。2015年6月26日完成股份化改制，2016年11月15日在香港联交所上市（股票代码 01272），其中中国大唐集团有限公司合计持股78.96%，H股公众股东持股21.04%。主营业务包括：环保设施投资与运营管理、脱硝催化剂制造处置再生及检测、环保项目开发与设计施工、环保业务咨询、水处理工程及运营、风力发电、光伏发电、光热发电等新能源发电及相关储能项目的开发、投资、建设与管理、低碳技术的研发应用与推广、海外业务等。

截至2023年末，大唐环境总资产180.45亿元，主要资产分布在全国16个省、自治区、直辖市。拥有脱硫装置95台套，容量50130MW，脱硝装置69台套，容量41160MW，全部执行超低排放标准。员工共计1229人，含正式员工985人、劳务派遣244人，其中正式员工中博士14人，硕士研究生209人，大学本科及以上学历人数占比81.83%。

领导班子

党委书记、董事长：朱利明

党委委员、总会计师：陈崧

党委委员、副总经理：刘春东

党委委员、纪委书记：周策

党委委员、副总经理：梁秀广

组织机构 大唐环境本部设11个职能管理部门，下辖8家业务单位，下设3个专业中心。

党建工作 深入贯彻落实新时代党的建设总要求，系统实施党建提升工程，推动党建工作与中心工作深度融合，以高质量党建引领高质量发展。高标准开展主题教育，用好环境公司特色“一人一年一课题”大兴调查研究，班子成员24次深入基层一线、生产现场摸实情、推进度、解难题，20次赴系统外企业、兄弟单位学习先进经验，“解剖麻雀”典型案例和经验做法受到主题教育中央指导组肯定。高质量加强基层党组织建设，按照中国大唐党建“三年提升”工程实施意见，打造大唐环境“五度党建”全方位党建体系，高质量完成党委换届，在中国大唐系统首创党员发展“择优遴选”机制，探索“三个优先”人才培养做法，党支部“三联创”在系统上下全面推开。高水平创建学习型组织，组织42期“学习贯彻党的二十大精神‘四力’并举建设世界一流企业”大讨论活动，邀请系统外专家、学者、教授授课，《四力并举创一流》荣获中国大唐2023年第十一届全国电力企业管理创新论文大赛二等奖。开展“阅读＋转型发展”大唐环境读书会读书学习活动。

安全生产 开展“事故隐患专项排查整治2023行动”，查治各类问题隐患2483项。以“六个切实强化”为重点，细化制定321项工作任务，推进“安全管理强化年”各项工作。开展“三明确、三整治”和安监人员素质提升工作，推进本质安全建设。40个特许运营项目，2条催化剂生产线，11个屋顶光伏项目，72个生产技改和23个基建项目，均未发生安全环保事故，完成“两会”、亚运会亚残运会、迎峰度夏、迎峰度冬等保供任务。不计条件完成黄岛5号机脱硫抢修工作，受到中国大唐、山东公司充分肯定和高度赞扬。通过技术攻关，临清脱硫废水零排放项目解决多年未能达标的难题。按期推进阳城湿除、双鸭山液氨改尿素以及系统外河曲脱硫、神木除尘等项目，收到表扬信14封，荣誉证书1项，嘉奖3项，得到业主的一致好评。

节能减排 2023年，大唐环境所运营脱硫脱硝系统全年未发生环境污染事件，全部实现超低排放。脱硫效率99.10%，脱硝效率90.55%，全年累计减排二氧化硫175.65万t，减排氮氧化物21.70万t。深化提质增效，开展“一企一诊、一厂一策”指标专项分析，推行精益化运行调整、达设计值活动。在机组负荷率和发电量同比下降的不利情况下，特许经营整体电耗、石灰石耗率等指标均实现下降。深入推进脱硝喷氨优化及热态调平，自主完成10个项目17台机组的热态调平实验，实现氨耗量降低3%以上，雷州1号机通过精准喷氨改造，氨耗量下降达17%，生产效能大幅提升。在中国大唐81家火力发电企业脱硫环保指标对标中，大唐环境13个特许运营项目部进入前20名，前3名揽获2席，脱硫脱硝指标全面优于中国大唐平均水平。在2022年度中电联脱硫脱硝生产指标绩效年度对标中，24台机组获“对标先进机组”，指标先进机组数量持续排名行业第一。

主要事件

2月16日，在第十二届书香中国·北京阅读季阅读盛典上，大唐环境获得北京市2022年度“书香企业”称号。

5月10日，大唐环境申请的电力行业（新能源发电）乙级资质成功认定，代表着该公司可以开展所有光伏、地热、垃圾、秸秆新能源业务，为全面开展新能源业务提供了资质保障。

5月25日，签订中国大唐新催化剂供货、催化剂的检测和处置再生服务项目2023—2025年度长协采购合同，提升为中国大唐主业的服务、保障水平。

6月26日，大唐环境参与编制的国际标准ISO 4789：2023 *Guidelines for wastewater treatment and reuse in thermal power plants*（《火电厂废水处理与回用导则》）获批并正式发布。该标准是首个由中国主导并发布的火电厂水处理国际标准，该标准的发布标志着中国在该领域的技术水平得到国际认可。

7月5日，签订山东能源灵台2×1000MW调峰煤电项目脱硫废水零排放处理系统合同。标志着大唐环境脱硫废水零排放“低温多效闪蒸+旋转雾化干燥”组合工艺在系统外市场实现零的突破。

7月15日，中标兴义煤电铝一体化热电联产动力车间工程4×350MW超临界机组3、4号机组烟气脱硫总承包工程，该项目是继2018年承接该公司脱硫项目后获取的又一项目，体现业主方对大唐环境品牌及服务品质的高度认可。

7月31日，大连万达广场分布式光伏项目并网发电，标志着由大唐环境所承建的天津万达、大连万达共7个分布式光伏基建项目已全部完成并网投产。

9月26日，大唐环境首台套碳排放在线监测系统取得阶段性成果，该项目是中国大唐首台套碳监测试点项目，由公司自主研发监测设备、独立设计、施工及运行维护，各项指标良好。

10月19日，大唐环境先后获取辽宁清河、沈阳浑南热力抗砷催化剂供货订单，在抗砷催化剂领域取得市场突破。

10月23日，中国妇女第十三次全国代表大会在北京开幕。大唐环境员工闫欢欢作为中央企业系统（在京）代表团一员出席，是继当选党的二十大代表之后，闫欢欢第二次赴京履职。

10月27日，大唐（江苏）环保装备有限公司年产10000立方米蜂窝脱硝催化剂首批产品成功下线。

12月14日，“2023中国环境企业50强榜单”发布，大唐环境荣获年度ESG先锋奖和中国环境企业50强。

12月15日，中国企业联合会、中国企业家协会主办的全国企业文化年会（2023）在四川宜宾召开，大唐环境《打造三色花工程 赋能高质量发展》荣获2022—2023年度全国企业文化优秀成果一等奖。

（苏 航）

中国华电集团有限公司

【公司概况】中国华电集团有限公司（简称中国华电）是2002年底国家电力体制改革时组建的国有独资发电企业，是中央直管的国有重要骨干企业。公司主营业务为电力生产、热力生产和供应；与电力相关的煤炭等一次能源开发以及相关专业技术服务。至2023年底有电力、热力、煤炭、科工、产融等产业板块。资产及业务分布在全国32个省（自治区、直辖市）以及俄罗斯、印尼、柬埔寨、越南等“一带一路”沿线国家。控股6家上市公司，现有职工9.3万人。截至2023年底，资产总额1.1万亿元，电力、热力板块发电装机2.14亿kW，其中清洁能源装机占比达51.4%，年发电量6827亿kWh；年供热量4.55亿GJ，是国内最大的天然气发电运营商，是除中国三峡集团外在建在运规模最大的水电企业。煤炭板块保供产能6060万t/年，拥有我国电力企业自主开发建设的第一座千万吨级特大型矿井等4个千万吨级煤矿，配套建设船舶运力34.7万t载重、港口吞吐能力9250万t。科工板块拥有国家级火力发电能效检测、分布式能源技术、燃气轮机监测诊断及运维服务技术中心、以火电与新能源为主的电力网络安全等多个科技创新平台，在国内率先研发成功覆盖煤电、燃机、水电、风电等电力全谱系“华电睿”系列国产自主可控工控产品，自主研制出高电流密度、大功率碱性制氢电解槽及兆瓦级PEM电解水制氢装置，有力促进了能源电力固链补链强链。产融板块拥有8家机构，取得财务公司、信托公司、证券、保险经纪、保理、融资租赁等6种金融（或类金融）牌照。中国华电连续11年获评国务院国资委年度经营业绩考核A级企业，连续12年上榜《财富》世界500强，连续5年荣登中国500最具价值品牌排行榜，连续9年荣获联合国全球契约最佳实践奖，连续2年排名“中国能源企业低碳发展贡献力50强榜单”第一。

【领导班子】

董事长、党组书记：江毅

总经理、董事、党组副书记：叶向东

董事、党组副书记：祖斌

副总经理、总会计师、党组成员：邵国勇

副总经理、党组成员：王绪祥

副总经理、党组成员：吴敬凯

副总经理、党组成员：李旭红

副总经理、党组成员：苟伟

1. 领导人员变动情况：2023年2月7日，任书辉退休；2023年7月14日，杨清廷退休；2023年12月4日，免去张雯（女）的中国华电集团有限公司纪检监察组组长、党组成员职务。

2. 党组成员变动情况

2023年度，中国华电党组成员免职1人，2023年12月，张雯不再担任中国华电集团有限公司纪检监察组组长、党组成员职务。

【组织机构】见2023年中国华电组织机构图。

【年度业绩】2023年，中国华电坚持以习近平新时代中国特色社会主义思想为指导，深入学习贯彻党的二十大精神，坚决贯彻党中央、国务院决策部署，开展主题教育，把高质量发展作为首要任务，聚焦能源安全保障和绿色低碳发展，创新奋进，奋勇争先，全面超额完成国务院国资委“一利五率”考核目标，经营、发展绩效创出历史新高，高质量发展取得新的重大进展，为国民经济发展作出了积极贡献。全年实现营业收入3223.5亿元，同比增长6.2%；利润总额332.8亿元，同比增长60.1%；净利润256.9亿元，同比增长84%；资产负债率69.3%，稳定在管控线以内；净资产收益率8.19%，同比提升3.4个百分点；营业现金比率21.8%，同比提高1.4个百分点；全员劳动生产率137.5万元/人，同比增加19.8万元/人；研发经费投入强度3.07%，同比提高0.07个百分点。完成发电量6827亿kWh，同比增长6.3%；供热量4.55亿GJ，同比增长3.3%；煤炭产量5379万t，完成年度计划的103%；完成投资1337亿元，同比增长17%；新增电力装机容量2433万kW，其中新能源1883万kW，同比增长127.7%。总装机规模达到2.14亿kW，清洁能源装机占比达到51.4%，同比提高4.1个百分点，成为国内同类型企业中第二个超过50%的企业。

【能源保供】深入学习贯彻习近平总书记关于能源保供、安全生产重要指示批示精神，牢牢把握能源保障和安全这一须臾不可忽视的“国之大者”，展现“顶梁柱”责任担当。积极应对低温雨雪、高温干旱、台风洪涝等自然灾害，全力保发电、保供热、保安全、保稳定，完成能源安全保障任务。加强组织领导，制定保供方案，成立工作专班，多次召开专题会议部署安排，推动保供工作高效有序开展。统筹抓好煤炭安全保供、设备稳定运行、电力稳发满发，开展燃煤机组可靠性提升、新能源设备可靠性和能效管理专项提升工作，电煤中长期合同覆盖率、自产动力煤内销率均创历史新高，发电量、供热量增幅位居同类型企业前列，其中火电发电量同比增长7.6%，满足工业和民生需求，为保障国家能源安全作出贡献。强化资金保障，累计发行能源保供特别债500亿元。

【绿色发展】坚持以可再生能源为发展主攻方向，大力推进西北沙戈荒、西南风光电、沿海海上风电、东中部集中式和分布式、东北“新能源+”等基地化、集群化开发建设。全年电力项目核准（备案）6807万kW、开工3311万kW、新增2433万kW，新增容量是2022年的2倍；其中新能源核准（备案）5467万kW、开工2500万kW、新增1883万kW，新增容量是2022年的2.3倍。全力推进风光电大基地开发，新疆、内蒙古基地新能源项目和甘肃基地配套煤电项目完成核准（备案），新疆基地配套煤电开工建设，550万kW新能源项目纳入国家第三批大基地项目清单。国家第一批、第二批410万kW新疆沙戈荒风光火储新能源基地全部并网发电，世界单体最大的天津海晶100万kW“盐光互补”项目全容量并网发电，世界海拔最高的

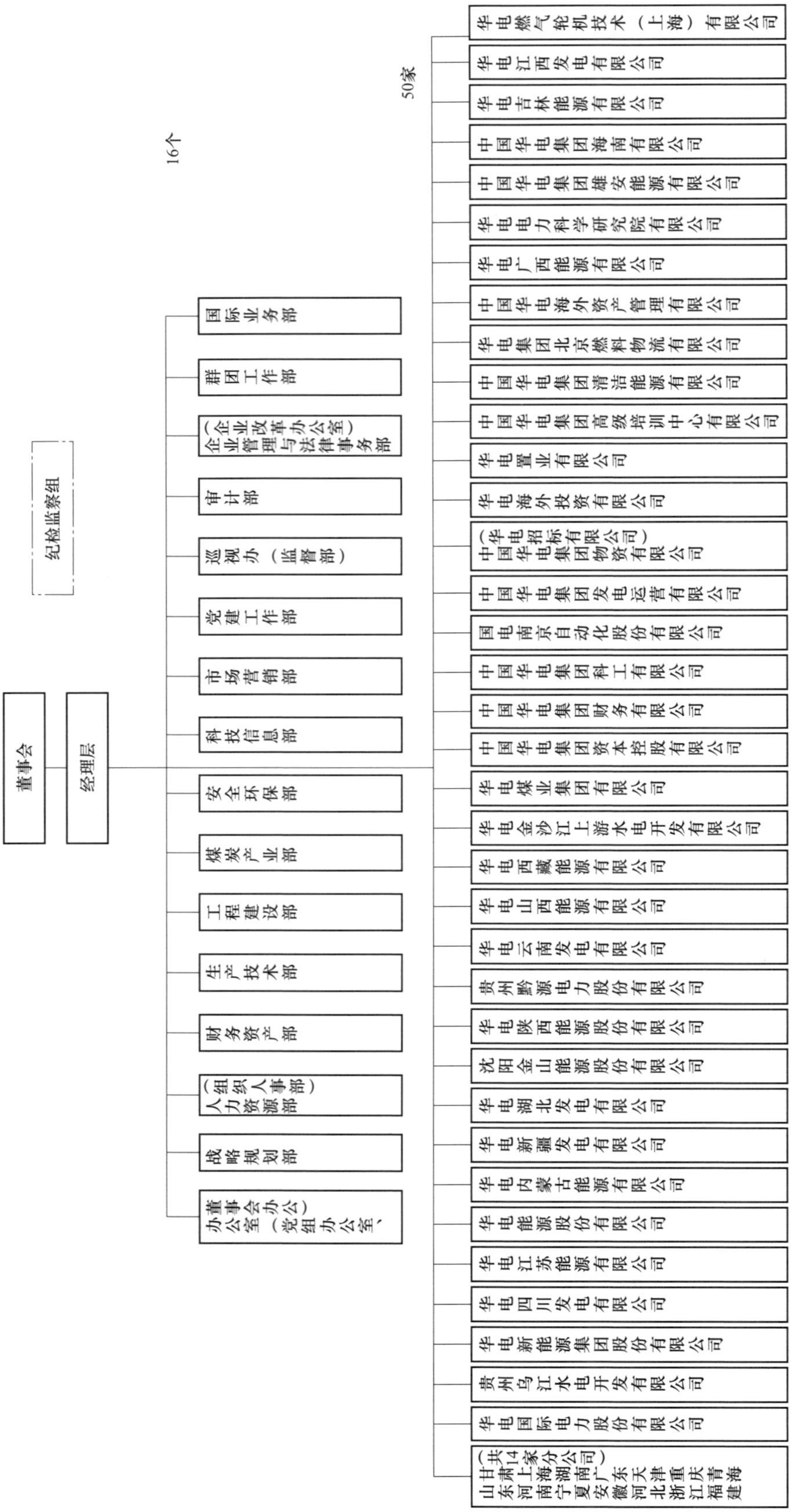

说明：中国华电总部部门共计16个；直属单位共计50家，其中：子公司36家，区域分公司14家。

2023年中国华电组织机构图

西藏才朋 50MW 光伏发电项目并网发电。加大海上风电发展力度，福建区域取得长乐 55 万 kW 和国家海上风电检测中心 30 万 kW 开发权，广东区域取得阳江 50 万 kW 和粤东 60 万 kW 开发权，辽宁区域取得丹东 200 万 kW 开发权。科学有序推进水电开发，金上直流送出工程开工建设，昌波水电站取得核准。加快培育“三新”业务，青海德令哈 PEM 电解水制氢、辽宁铁岭风电离网制氢、内蒙古包头达茂旗风光储制氢、山东莱城共享储能等一批项目建成投运。西藏 DG 水电站荣获国家优质工程金奖，广东增城燃机、云南梨园水电、越南沿海二期煤电项目荣获国家优质工程奖。

【经营管理】围绕国资委“一利五率”目标管理体系，抓好提质增效“两个清单”“三级方案”落实。市场开拓扩收增利，中长期交易电量同比增长 19%，省内、省间现货市场增发电量创收 48 亿元，火电辅助服务净收益超 14 亿元，售电公司代理电量突破 1900 亿 kWh。落实煤机容量电价机制，煤机电价水平整体上浮超 23%，周宁抽水蓄能临时容量电价、福清近海风电电价落地。推动出台供热价格调整指导意见，热价同比升高 3.3 元/GJ。优化电煤采购和库存策略，推广集约区域市场煤采购改革试点成果，入厂标煤单价处于同类型企业最优水平，节约采购资金 50 亿元。成本费用管控扎实有效，电热 4 项费用预算执行偏差率低于目标 1.1 个百分点。加强资金运作，综合融资成本率较年初下降 0.38 个百分点。提高控股上市公司质量专项工作成效显著，得到国资委中期督导组高度评价。深化境外资金管理专项整治和融资风险专项排查，开展根治挂靠经营、“控股不控权”问题专项治理。狠抓亏损企业、高负债企业治理，高质量完成国资委“三个 10%”目标任务，13 户重点亏损子企业、15 户经营困难企业整体减亏 50%以上。压减法人企业 34 户，盘活低效无效资产收回资金 15 亿元。

【科技创新】构建“宝塔型”科技创新体系，狠抓关键核心技术攻关，科技创新取得新进展。牵头承担国家重大攻关任务，国资委“1025”二期、工信部“揭榜挂帅”等 8 个项目完成年度目标任务。国内首台全国产化 F 级 50MW 重型燃机在广东清远投入运行，自主研制的 E 级燃机一级动叶在上海奉贤实现国内首次挂机，首台国产化自主可控三菱燃机控制系统在江苏戚墅堰成功投运。全年累计获得授权专利 3200 余项，授权发明专利数量同比提高 1 倍，2 项发明专利荣获中国专利奖优秀奖。成功入选工信部、国资委 2023 年度重点产品、工艺“一条龙”推进机构，7 个项目、4 个平台分别纳入国家能源局“十四五”科技创新规划项目库和首批“赛马”创新平台。强化创新平台支撑，推动与清华大学共建“水圈科学与水利工程”全国重点实验室华电分室，与东方电气公司联合成立“清洁高效透平动力装备”全国重点实验室华电分室，与中国电子、中国电科、中国移动等组建创新联合体。整合燃机修造、运维服务力量，组建燃机技术公司。深化央企联合攻关，17 项攻关任务如期完成年度目标，自主可控 DCS 系统实现整体性能迭代升级。低能耗兆瓦级质子交换膜电解水制氢装置获评 2023 年度能源行业十大科技创新成果。采用碳化硅功率模块的构网型储能变流器及控制技术，总体达到国际领先水平。基于物联网技术的风电机组智能控制系统和叶片缺陷 AI 识别定位系统，在甘肃黑崖子风电场上线运行。

【安全环保】坚持“两个至上”，强化“安全生产末梢”责任落实，加强现场安全督导，开展事故隐患排查治理，安全环保局面总体平稳。落实“三管三必须”要求，开展安全责任制落实评价，抓实抓细隐患专项排查整治 2023 行动、燃气安全专项整治、安全管理强化年等重点任务，首次对境外企业开展全覆盖安全督查，全年消除较大及以上隐患 655 项。全年未发生较大及以上人身安全事故，煤炭、科工板块实现安全“零事故”，237 家基层企业连续安全生产超 2000 天。加快推动新能源项目环评水保手续办理，开展防沙治沙和生态修复关键技术研究，816hm^2 煤矿塌陷区完成土地复垦和生态修复，金中梨园、鲁地拉水电站获评“国家水土保持示范工程”。持续推进火电超低排放、水污染防治改造，实施“三改联动”，节能降碳、灵活性、供热改造规模分别完成 499 万、1085 万、704 万 kW。抓好碳排放管理提升，成为全国碳市场第二个履约期首个 100%履约的央企，连续两年位列“中国能源企业低碳发展贡献力 50 强榜单”第一。

【深化改革】巩固深化改革三年行动成果，推进新一轮国企改革深化提升行动。高质量制定改革实施方案和工作台账，构建组织领导、协同联动、跟踪督办、检查评估、宣贯推广“五项机制”，如期完成年度改革任务，中国华电治理模式经验做法纳入国资委“董秘开讲”，多篇改革案例在国资央企推广，得到国务院国企改革重点任务专项督查组肯定。制定支持“科改企业”“双百企业”加大改革创新力度行动方案，“科改企业”“双百企业”扩围至 7 家。深化三项制度改革，健全以关键业绩指标和重点任务为核心的分类差异化考核机制，建立以登高、揭榜、即时奖励为主要内容的专项奖励机制。制定加快建设世界一流能源企业工作管理办法及争创一流、价值创造、管理提升标杆企业评价细则，价值创造行动方案在国资委评价领先。所属南自维美德入选国家级专精特新“小巨人”企业，华电重工等入选国资委“创建世界一流专业领军示范企业”。完善中国特色国有企业现代公司治理，动态优化“三重一大”事项决策权责清单，建立职代会制度。

加强与同类可比国内外能源电力企业对标，分类构建并动态完善发电、非电以及境外发电企业对标体系。深入推进法治华电建设，法律风险防控和价值创造能力有效提升。

【国际业务】服务共建“一带一路”战略，加强国际合作交流，全年国际业务实现收入 240.2 亿元，同比增长 21%。项目建设实现突破，印尼玻雅 2×66 万 kW 项目实现双投，成为公司在印尼投资的最大电力项目；越南得乐项目 70 台机组并网发电。2023 年，国际业务新增装机容量221万kW，总装机容量突破500万kW。截至 2023 年底，中国华电境外资产 817 亿元，境外控股投资电站 11 个，装机规模合计 503 万 kW，成为国内各大发电集团中在东盟最大的发电运营商，柬埔寨当地最大发电运营商，各大发电集团中在越南最大发电运营商。累计为东道国提供上万个就业岗位，有力带动当地经济发展，改善当地人生活。参加第三届“一带一路”国际合作高峰论坛、第六届中国国际进口博览会、第十一届中德经济技术合作论坛等多双边重大活动。主办第二十八届联合国气候变化大会（COP28）“中国角”边会活动。

【信息化与数字化建设】成立数字化中心，优化数字化三级管控模式。3 处首批智能化示范矿井通过国家能源局验收，新能源智慧生产管理平台在 3 个区域上线试运行，入厂煤智能验收系统覆盖率超过 50%，金上拉哇、叶巴滩工程建成国内先进的智能化建造平台，司库体系全面投运并取得国资委中期验收优秀评级。加快推进数据标准化工作，上线运行数据平台，实现 ERP、燃料等业务数据集成共享，打通数据壁垒，持续提高数据服务能力。完成统一数据报送平台试点实施，实现与市场营销系统数据互通验证。深度挖掘5G、区块链等数字技术与业务融合创新应用场景，5项创新应用分获国资委“国企数字场景创新专业赛”二、三等奖。

【党建工作】坚持和加强党的全面领导，深入开展主题教育，深入实施“四力四推”党建工程，党的建设与生产经营进一步深度融合。把握主题教育“学思想、强党性、重实践、建新功”总要求，推进主题教育走深走实、见行见效，高质量完成第一批主题教育，推进第二批主题教育。创新与中央指导组同题共答，总结提炼出“重走、重现、重温”“三重”模式学习贯彻党的创新理论典型案例，得到中央主题教育办和国资委党委高度关注和肯定。执行“第一议题”制度，健全完善全过程闭环管理机制，确保习近平总书记重要指示批示精神在中国华电第一时间学习研究贯彻落实。坚决扛起中央巡视整改政治责任和国家审计整改主体责任，研究建立中央巡视整改“一方案三清单”，推进“地毯式”整改；扎实开展违反中央八项规定精神问题等专项治理，以及 11 个方面问题专项治理；完成国家审计整改阶段性任务。深入推进“四力四推”党建工程见成效，18 个总部党支部、49 家直属单位党组织与 179 家系统内外单位深化党建联建共建，创设党组织书记领衔项目 1600 余个。推进一流总部作风建设。加强各级领导班子建设和高素质人才队伍建设，选强配优领导班子，畅通人才职业发展通道。坚持党性党风党纪一起抓，一体推进“三不腐”。培育“创新奋进、奋勇争先”企业文化，中国华电案例荣获全国企业文化优秀成果特等奖，中国华电系统 93 家单位（集体）、127 人次获国家级、省部级、中央企业级荣誉。推进品牌建设，首次进入世界品牌 500 强。抓党建促乡村振兴，连续 5 年获评中央单位定点帮扶工作考核最优等次。履行社会责任，第一时间向甘肃、青海捐赠资金和物资，为抗震救灾及灾后重建贡献力量。广泛开展职工业务技能大赛和创新创效活动，开发投用“职工心声 e 家通平台”。

（王振华　刘　超　陈雪芹）

【华电国际电力股份有限公司】

公司概况　华电国际电力股份有限公司（简称华电国际公司），是中国华电旗下最大的核心上市发电公司。华电国际公司先后在境内外两地上市，1999 年 6 月 30 日，华电国际公司 H 股在香港联交所上市，成为亚洲金融危机之后中国第一支在香港发行的股票；2005 年 2 月，华电国际公司 A 股在上海证券交易所上市，成为“全国询价第一股”。截至 2023 年底，华电国际公司总股本 102.27 亿股，其中 A 股 85.10 亿股、H 股 17.17 亿股。中国华电为控股股东，持股比例为 45.17%。

华电国际公司主营业务为建设、经营管理发电厂和其他与发电相关的产业、电力业务相关的技术服务、信息咨询。华电国际公司资产区域包括山东、湖北、安徽、四川、湖南、广东、浙江、河北、河南、天津、重庆、山西、宁夏、内蒙古、陕西、吉林、甘肃、江西等 18 个省区（市）；发展领域涉及煤电、气电、水电、核电、抽水蓄能、新型储能和煤炭产业，是一家常规火电、清洁能源、新兴产业和煤炭产业协同发展、板块优势互补的全国性、综合性能源公司。截至 2023 年底，华电国际公司资产规模 2230.36 亿元、装机规模 5844.978 万 kW。

华电国际公司自成立以来，始终致力于加强公司治理，在资本市场树立了公正、规范、透明的形象。H 股先后被纳入英国《金融时报》富时指数、摩根斯坦利 MSCI 中国指数、香港恒生综合指数；A 股被列入中证 100、上证 180 指数、治理指数等 28 个指数样本股。2005 年度，华电国际公司在中国上市公司 100 强中列第 26 位。2008 年度，获中国上市公司治理评价第9名，是电力行业唯一入选前20强的上市公司；被评为中国法律风险最安全20家上市公司第二名；并荣获首批“电力行业信用评级AAA级企业”。2009年度，被评为“中国投资者关系百强公司”。2011年度，华电国际公司董事会被评为第七届上市公司董事会“金圆桌奖”，入围上海证交所上市公司2011年度信息披露奖前20名。2012年度，荣获“全国五一劳动奖状”称号。2014年度，被证券时报授予“中国主板上市公司价值百强”奖。2014年以来，连续9年在上交所信息披露工作中获得最高评级A级。2016年度，荣获“首都文明单位”称号。2019年以来，连续5年荣获中国证券金紫荆奖“最佳上市公司”称号。2021年度，荣获中国融资大奖“最佳ESG奖”。2022年度，荣获第十七届人民企业社会责任奖“年度企业奖”、中国电力企业联合会“2022年电力行业信用体系建设示范企业”。2023年度，荣获首届国新杯“ESG金牛奖百强”奖，华电国际公司董事会荣获中国上市公司协会“最佳实践案例”奖。华电国际公司领导班子曾被中组部、国资委党委授予“全国国有企业创建‘四好’领导班子先进集体”，华电国际公司党委曾被国资委党委授予“中央企业先进基层党组织”。

领导班子

董事长、党委书记：戴军

副董事长：赵冰

董事：陈斌、张志强、李强德、曹敏、王晓渤、李国明

独立董事：丰镇平、李兴春、王跃生、沈翎

监事会主席：刘书君

监事：马敬安

职工监事：唐晓平

总经理、党委委员：陈斌

副总经理、党委委员：秦介海、武曰杰

财务总监、党委委员：李国明

纪委书记、党委委员：马敬安

2023年内发生变化如下：

3月12日，华电国际公司董事会聘任陈斌为总经理。

5月31日，华电国际公司董事会换届选举，选举戴军、赵冰、陈斌、张志强、李强德、曹敏、王晓渤、李国明为新一届董事会董事，选举丰镇平、李兴春、王跃生、沈翎为新一届董事会独立董事；监事会换届选举，选举刘书君、马敬安、张鹏为第一届监事会监事。

8月30日，彭国泉离任华电国际公司副总经理。

11月3日，经职工民主选举，唐晓平接替张鹏担任职工监事。

组织机构 本部下设“一室六部”，分别是办公室（人力资源部）、计划投资部、财务资产部、安全与运营管理部、证券管理部、党建工作部（纪检办公室）、企业管理与法律事务部（审计部）。并表二级子公司69家，三级子公司21家，四级子公司1家，本部及分支机构26家。

工作业绩 华电国际公司全年完成发电量2238亿kWh，同比增长1.3%；供热量1.72亿GJ，同比增长3.28%；利润总额58.1亿元，增幅605.32%；每股收益0.35元，同比增加0.43元/股；资产负债率62.62%，较年初低5.84个百分点；净资产收益率9.34%，同比升高11.41个百分点；核准电源项目395.8万kW，新增投产369.5万kW，总装机容量达到5844.978万kW。

绿色发展 发展优质常规能源，广东汕头二期、山东龙口四期2号机组、重庆潼南燃机项目取得核准批复，湖南平江2号机组100万kW、广东汕头一期2×68万kW、山东龙口四期1号机组66万kW、天津南港3号机组17万kW煤电机组和山东青岛9F级燃机项目投产。践行“双碳”目标，抽水蓄能项目资源储备达17个2169.6万kW，中标安徽西形冲、宁夏牛首山抽水蓄能项目，开工浙江乌溪江抽水蓄能项目，并顺利在江西、吉林、甘肃等区域实现项目布局。培育开发战略性新兴产业，山东莱城储能项目建成投运，湖北鄂州红莲湖综合能源项目完成投资决策。完成掺氨燃烧技术、储能发展等专题调研。

经营管理 建立火电资产运营质效分类清单，研究运营改善方案，推动整体效益提升。开展市场交易，煤机板块结算含税电价较基准电价上浮超过20%。“一企一策”抓好重点企业督导，煤机、燃机板块亏损面、亏损额实现“双降”。强化参股企业管理，实现上海庙参股煤矿自2012年以来的首次分红且应分尽分，应得分红12.6亿元全部到位，维护股权投资权益。加强煤炭市场研判与政策分析，拓展进煤渠道，优化进煤结构，全年入厂标煤单价同比降低约150元/t。多措并举压降资金成本，财务费用同比节约4.43亿元。市场化债转股项目圆满，总股本突破百亿大关达到102.28亿股。完成首单交易所市场类REITs发行，引入少数股东权益21.41亿元，盘活存量火电资产。

安全环保 坚决贯彻党中央、国务院关于保障能源供应的决策部署，全力保供应、保安全、保民生，完成迎峰度夏（冬）等重要时段的能源安全保供任务。严格执行安全生产“十五条”硬措施，做好安全生产、双重预防机制建设等工作，安全管理基础不断夯实。履行上市公司社会责任，全年未发生超标排放事件。加强主要能耗指标监管和对标分析，推动煤耗处于动态优化、领先局面。推进碳资产可视化分析及经营绩效评估系统建设，提升碳资产管

理运营水平，46 家纳入碳资产控排企业全部完成2021—2022 年度履约。

改革创新 开展改革深化提升行动，形成涵盖 8 个方面、24 项重点改革任务、78 条改革措施的《改革深化提升行动实施方案（2023—2025 年）》和配套改革工作台账，有序推动各项改革任务落实落地。深化“三项制度”改革，激发干事创业活力动力。开展价值创造行动，编制印发《华电国际公司对标世界一流能源上市公司价值创造行动实施方案》，明确了 133 条具体措施，并建立了工作督导机制，推动价值创造行动深入开展。推进内控合规风险一体化管理，统筹抓好内控合规风险管理，确保了企业依法经营、规范运作。

党的建设 扎实开展学习贯彻习近平新时代中国特色社会主义思想主题教育，高质量举办专题读书班、党委中心组专题研讨，深入基层一线开展调研，着力解决了一批焦点难点问题。严格执行“第一议题”制度，深入学习贯彻落实习近平总书记重要讲话和指示批示精神，深刻领悟“两个确立”的决定性意义，坚决做到“两个维护”。大力实施“四力四推”党建工程、创建“四型”党组织，相关理论文章在《学习时报》刊发。大力推动廉洁文化“六进”，“清和十廉”廉洁文化体系不断完善。

（于亚柱）

【华电新能源集团股份有限公司】

公司概况 华电新能源集团股份有限公司（简称华电新能）隶属中国华电，前身为华电福新能源发展有限公司（简称福新发展），2022 年 3 月整体变更为股份有限公司。

华电新能以风力发电、太阳能发电为主的新能源项目的开发、投资和运营为主营业务，主要资产遍布国内 31 个省（自治区、直辖市）和西班牙，全面覆盖风光资源丰沛和电力消费需求旺盛的区域，持有福建福清核电有限公司 39%股权、浙江三门核电有限公司10%股权。华电新能围绕“中国华电风力发电、太阳能发电为主的新能源业务最终整合的唯一平台”战略定位，以建设“最具价值的世界一流智慧新能源上市公司”为战略愿景，以“奉献清洁能源，创造美好生活”为使命，通过新理念引领低碳化、新布局推动智慧化、新变革融入市场化，打造成长性优、规模领先、盈利良好、管理先进和社会责任感强的大型专业新能源投资运营商，装机及发电量规模均位于行业前列，是国内最大新能源公司之一。截至 2023 年 12 月 31 日，华电新能控股发电项目在运装机 4854.96 万 kW，在运核电权益装机 285.44 万 kW。

领导班子

中国华电集团有限公司副总经济师，华电新能党委书记、董事长：舒福平

党委副书记、董事、总经理：侯军虎

董事：吴韶华、陈朝辉、秦介海

党委副书记、工会主席、职工董事：林明双

独立董事：杨金观、高旭东、刘永前

党委委员、纪委书记、监事会主席：邵福生

监事：曹敏、掌于昶（职工监事）

党委委员、副总经理、总法律顾问、首席合规官：张戈临

党委委员、财务负责人（总会计师）：吴豪

党委委员、副总经理：王峰

董事会秘书：黄永坚

主要领导人员变动情况：8 月 20 日，孙茂竹不再担任华电新能独立董事，选举杨金观为独立董事。12 月 1 日，张戈临任华电新能首席合规官。

组织机构 本部设办公室（党委办公室、人力资源部）、计划投资部、财务资产部、安全与运营管理部、证券管理部（董事会办公室）、企业管理与法律事务部（审计部）和党建工作部（纪检办公室、工会办公室）7 个部门。

工作业绩 2023 年，华电新能控股发电项目在运装机容量 4854.96 万 kW，其中风电在运 2646.39 万 kW，太阳能发电在运 2208.57 万 kW。全年完成发电量672.15 亿 kWh，其中风电 508.60 亿 kWh，太阳能发电 163.55 亿 kWh。资产总额 3338.42 亿元，资产负债率 73.16%；营业收入 295.68 亿元，归母净利润 96.08 亿元。

绿色发展 资产范围覆盖新能源较多类型项目，是国内仅有的数家拥有核电参股权的公司之一。2023 年，华电新能抓实“1121”目标引领作用，服务集团发展大局，助力区域加快风光电资源获取，全年项目核准（备案）超过 5400 万 kW，取得建设规模指标超过 3500 万 kW。推动内蒙、新疆、甘肃等国家沙戈荒大基地项目前期工作，助力广东、福建等区域海上风电资源获取实现新突破。支持帮助区域加大前期项目转化力度，全年新增装机超过 1300 万 kW。做好资金支持服务保障，全年完成投资 883.52 亿元，拨付资本金 661 笔共 169.20 亿元。推进海外项目开发，西班牙巴辛风光同场光伏扩建项目完成前期立项。按中国华电安排，先行先试研究创新分布式光伏项目开发合作方式，深化行业头部战略合作，完成两批次 220 万 kW 项目投资决策，因地制宜加快户用分布式光伏开发建设。

经营管理 深入贯彻落实习近平总书记关于能源保供、安全生产、生态环保等工作的重要指示批示精神，推动安全生产、生态环保风险和隐患治理“两个清单”动态管理，强化本质安全型企业建设。不断深

化电量提升，推进设备优化治理，风电利用小时数2190h、光伏利用小时数1300h。聚焦“一利五率”目标，强化预算管理和盈利预测，32个区域实现盈利，21个区域利润超年度预算，价值创造能力更强。持续优化投资管控体制机制，完善资金运作制度体系，推动资金成本有效压控，系统综合融资成本降至2.95%，2023年末较年初的3.49%下降0.54个百分点，年节约财务费用9.32亿元。发行中国首支发行计划模式下的国际认证气候绿债20亿元，利率2.90%，创下行业同期同类最低水平。

改革创新 主动应对注册制改革，常态化推进重点领域的规范整改，推动审核顺位不断跃升，6月15日通过上交所上市委审核，8月8日完成招股书注册稿上传，9月27日完成“6.30”更新披露，华新项目正式进入注册发行阶段。落实国企改革深化提升行动部署，明确30项重点改革任务和87条改革措施；推进世界一流企业“四个专项”和总部“八个专项”创建行动，推动企业治理效能不断提升。加强干部交流力度，选派所属单位12人到总部，遴选总部2人到基层一线锻炼培养。强化科技创新实践，高质量实施新能源智慧生产管理平台重大科技项目开发，“大型风电场群协同优化控制系统示范应用研究”申报国家重点研发计划项目；加快科研成果转化应用，全年新增专利126项，授权发明专利9项。

党的建设 坚持以习近平新时代中国特色社会主义思想为引领，高质量推进主题教育，主题教育成效得到上级指导组肯定。深入基层一线开展多项专题调研，形成区域平台做实方案等多个重大课题成果。深入实施“四力四推”党建工程，深化党建引领保障作用，与中金投资银行及7家基层党组织开展党建联建共建，落实难题连解，党的政治功能和组织功能更加完善。坚持全面从严治党，加强和改进作风建设，筑牢企业高质量发展廉洁底线。深化“创新奋进、奋勇争先”企业文化建设，完善以工会和职代会为依托的企业民主管理制度，3个职工代表提案获上级单位“百佳优秀职工代表提案”。

（陈　宇）

【华电煤业集团有限公司】

公司概况 华电煤业集团有限公司（简称华电煤业）成立于2005年8月，是中国华电专门从事煤炭及相关产业开发、运营的专业公司。注册资本36.57亿元，现有股东7家，中国华电及其子公司合计持股100%。截至目前，控股煤炭资源212.5亿t，生产运营煤矿产能6060万t/年，投产电力装机规模937.07万kW（其中华电能源745.07万kW），参股铁路运营里程2800km，投运港口吞吐能力6800万t，自有船队运力34.7万载重t，总体形成以煤炭产业为核心，集煤、电、路、港、航为一体的产业链，跨入5000万t级特大型煤炭企业集团行列，在2022中国煤炭企业50强营业收入排名第20位、中国煤炭企业煤炭产量千万吨以上企业排名第14位。

领导班子

中国华电副总工程师，党委书记、董事长：杜将武

党委副书记、总经理：王瑞

党委副书记、工会主席：刘书德

党委委员、副总经理：赵鹏

党委委员、纪委书记：董海秀

党委委员、总工程师：范文亮

党委委员、副总经理：杨晶

党委委员、总会计师：丁圣民

主要领导人员变动情况：2023年11月，丁圣民任华电煤业党委委员、总会计师；华忠富不再担任华电煤业党委委员、总会计师，陈德杰不再担任华电煤业党委委员、副总经理职务。

组织机构 华电煤业下设1个分支机构、4家全资子公司、12家控股公司、2家专业化管理企业和6家参股公司。截至2023年12月底，资产总额854亿元，净资产342亿元，在册员工7299人。

经营业绩 2023年，安全生产形势总体稳定，实现利润总额124亿元，净利润98.43亿元，煤炭产量5379万t，商品煤销量5081万t，港口接卸量1270万t，船舶货运量3665万t，码头装船量3451万t，均超额完成中国华电考核目标。总体工作呈现“六个创新高、六个走在前”：内销保供煤完成3133万t；煤炭产能达到6060万t/年；掘进进尺完成95943m；科技研发投入8.44亿元；曹妃甸储运装船能力达到5000万t/年；华远星海运水路货运量3665万t。利润总额连续3年过百亿、利润贡献连续6年位列中国华电直属单位首位，华电煤业入选国资委“双百企业”，数智公司入选国资委首批“启航企业”候选名单，3家煤矿建成国家首批中级智能化示范矿井，7家企业达到国家安全生产标准化一级水平，6家井工煤矿取得国家5A级绿色矿山建设等级认证，均走在同类型企业前列。

绿色发展 加快推进产能核增和证照手续办理，产能提升实现新突破，小纪汗煤矿产能核增至1200万t/年、取得产能核增安全生产许可证；不连沟煤矿1800万t/年产能核增手续全部办齐，隆德煤矿取得500万t/年采矿许可证和1000万t/年安全生产许可证，兴旺露天矿购置完成产能置换指标120万t/年。重大项目取得新进展，西黑山一号矿、高家梁煤矿所在矿区规划环评分别取得生态环境部审查意见，淖毛湖一号矿取得新疆自然资源厅探矿权确认、二号矿完成补充勘探及可研报告。协同新疆公司完成格鑫煤矿项目矿田

高硫区补充勘探，通过新疆地质学会评审并汇入沙尔湖矿区地质报告（修编），各前期项目均取得关键性进展。隆德煤矿 500 万 t/年改扩建工程、曹妃甸港区煤码头三期工程、福建储运扩能工程通过竣工验收。甜水堡二矿取得项目建设用地批复，选煤厂建成投运。服务中国华电战略部署，以最快速度、最实举措推动青海格尔木煤电项目现场工程启动；迅速成立华远星海运天津公司，两艘 6.5 万载重 t 散货船建造项目落地天津。“两个联营”迈出新步伐，锦兴电厂项目一号主厂房首方混凝土顺利浇筑，全面进入建设阶段。不连沟、万胜、曹妃甸公司合计 9.57MW 光伏项目并网发电。不连沟大路电厂机组灵活性改造配建 150MW 新能源项目获批。

经营管理 积极应对煤炭市场下行压力，重点抓好提质增效 19 项重点任务、13 项难点工作清单落实，在煤价同比下降 54.31 元/t 的情况下，全面完成各项经营目标，利润继续蝉联中国华电和同类型电力央企煤炭产业首位，荣获中国华电“提质增效突出贡献单位”，不连沟公司利润同比增加 4.33 亿元。按最大合规产能组织生产，煤炭产量完成计划的 103%，夯实了保供提效的基础。不连沟、小纪汗、肖家洼煤矿勇担重任挑大梁，煤炭产量占公司总产量的 86.45%，其中不连沟煤矿同比增加 392 万 t。全力推进煤炭中长期合同签订履约，累计保供 4100 万 t，同比增加 240 万 t，内销保供 3133 万 t，同比增加 914 万 t，增幅 41%，覆盖全国 19 个省 95 家发电供热企业，6 个集体、8 名个人荣登第六届 CCTD 煤炭运销品牌榜。榆横煤电创新实施精煤“内销托底定价＋市场竞价”机制，全年价格高于同类型企业 56 元/t，增效约 7300 万元。在中国华电管理提升标杆企业财务管理领域、价值创造标杆企业均排名第一。协同创效能力持续提升，不连沟、兴旺露天矿到曹妃甸港下水煤量首次突破 1000 万 t，同比增加 399 万 t、增幅 50.8%。华远星海运积极整合运力资源，开通 3 条“准班轮”线路，货运量同比增加 169 万 t、增幅 41.6%。运销公司新开拓 5 个铁路站台，打通隆德、兴旺露天矿、甜水堡二矿铁路外运通道，降低铁路运费约 1000 万元。不连沟大路电厂、榆横电厂分别发电 40 亿、77 亿 kWh。

科技创新 深化科技创新，大力实施创新驱动战略，聚焦战略性新兴产业和未来产业技术，不断加大研发投入，强化原创性引领性科技攻关，着力提升科技创新能力，5 个项目入选国家矿监局第一批矿山科研攻关项目，2 个项目入选国家能源局项目库，“煤矿数字化智能化研发中心”入选国家能源局首批“赛马争先”创新平台名单，工信部揭榜挂帅项目“矿用智能无人驾驶机器人”完成现场测评，“矿用 5G 智能传感器项目”完成年度研发任务。聚力攻坚智能化建设、重大灾害防治、生态环境修复等领域关键核心技术，完成科技创新项目 17 项。获得省部级、行业级科技奖 4 项，中国华电科技奖 5 项，获得专利授权 146 项。智能化建设成效初显，不连沟、隆德、小纪汗煤矿建成国家首批中级智能化示范矿井，3 项成果入选全国智能化建设典型示范案例。井下固定场所无人值守系统建成投用，整体减少值守岗位 63%，3 个智能化示范矿井井下固定场所减人减岗达 75.7%。不连沟、小纪汗煤矿 4 套智能快掘成套设备投运，石泉煤矿动叶可调智能主通风机投入运行。

安全环保 以安全管理强化年活动为主线，开展安全生产责任制落实评价，强化安全管理能力提升。开展安全“三个提升”工程专项行动，“两外”、零星工程、智能化管理进一步规范。推进安全生产标准化动态达标，不连沟、肖家洼、石泉煤矿，华远星海运、福建储运达到国家安全生产标准化一级水平，小纪汗煤矿、曹妃甸储运继续保持一级水平。打好“三大环保攻坚战”，建成不连沟风井乏风余热利用项目、小纪汗矿井水处理增容改造和隆德矿井水综合利用输水管线项目，完成煤矸石综合利用 792 万 t，塌陷区生态恢复治理 950hm^2，使用生态治理基金 9970 万元，不连沟、肖家洼煤矿获得绿色矿山产业联盟“绿色矿山重大工程奖”。推进环保手续办理，不连沟煤矿取得 1800 万 t/年环评批复，不连沟、小纪汗、隆德、兴旺煤矿取得取水许可证。

深化改革 改革重点任务落实落地，巩固深化改革三年行动成果，推进新一轮国企改革深化提升行动，连续两年获评中国华电改革三年行动 A 级企业。研究制定公司改革方案和台账，改革台账年度任务完成率 98%。完善“三重一大”事项决策权责清单，完成 12 家基层企业董事会 42 人次董事测评。加大振兴东北央地协作力度，华电煤业工程公司与吉林工程公司组建工程总承包联合体，专题文章在国资委《国企改革简报》刊发。创建一流企业加快推进，6 项成果上榜煤炭工业协会“2023 年煤炭企业管理现代化创新成果”前三名，“构建智能监管平台 推动销售合规高效”荣获电力企业合规管理成果特等奖，1 项成果获得电力企业管理创新大赛一等奖，2 项案例入选 2023 行业标杆，通过第八届中国工业大奖初评。

党的建设 坚持和加强党的全面领导，实施“四力四推”党建工程，主题教育取得扎实成效，党委领导班子成员深入基层一线调研 57 次，为 3 家基层企业建立企业年金和补充医疗保险，新建和改善职工公寓 30 余栋、增加文化生活设施 10 余处，建立职工书屋 9 座、建成投运职工文体中心 12 个，组织开展首批劳动模范、十大奋进者及先进代表疗休养活动。以“1356”工作模式实施“四力四推”党建工程，课题成果荣获

2023年煤炭企业管理现代化创新成果（党建类）一等奖，形成优秀党建实践案例17个、党建工作法58个。深化党建联建共建和“岗区队”创建，基层党建工作取得扎实成效。深入开展党建思政课题研究，获评“全国政研会工作优秀单位”“煤炭行业思想政治工作先进单位”“全国煤炭行业新闻宣传先进单位”等多项荣誉。发布社会责任报告，获得“五星级”评价，荣获2023年CRS责任犇牛奖。3人入选第八批煤炭行业技能大师，获得全国各类赛事奖项33项。深入实施“三清”企业创建，构建“1+5+N”廉洁文化体系，6家单位荣获中国华电“三清”企业创建先进单位。荣获中国华电第46届业务大赛（纪检）团体赛一等奖，3人分获个人赛金银铜奖。

（王鲁峰）

【中国华电集团资本控股有限公司】

公司概况 中国华电集团资本控股有限公司（简称华电资本公司）成立于2007年5月，目前注册资本134.58亿元。华电资本是中国华电金融发展管理平台，负责推进中国华电金融机构发展，管理中国华电控参股金融股权，主要业务包括投资业务、融资业务、资产管理业务、金融股权的投资与拓展。

领导班子

党委书记、董事长：刘雷

党委副书记、董事、总经理：赵远波

党委副书记、工会主席：王志平

党委委员、纪委书记：林艳

党委委员、副总经理、总会计师：王晓波

党委委员、副总经理、总法律顾问：赵岩林

党委委员、副总经理：杨桦

领导人员变动情况：7月，林艳担任华电资本公司党委委员、纪委书记。

组织机构 代管华电保理、资管公司；参股华电财务、永诚财险、建信基金、鼎和财险；控股华鑫信托、华信保险、川财证券、融资租赁；资管公司参股融资租赁、金泰基金。

工作业绩 2023年，华电资本公司始终与中国华电脉搏同频共振，党的建设全面加强、经营质效稳中向好、绿色金融蹄疾步稳、改革创新有效推进、内控合规持续深化。至年末，华电资本公司资产总额1283亿元，净资产313亿元，实现利润总额40.4亿元，超额完成年度预算目标，奋力实现了年度登高目标。实现净利润31.5亿元，净资产收益率10.4%，稳居央企同类型资本控股公司前列，全面完成集团公司下达的年度任务，荣获中国华电考核A级企业、2023年度提质增效突出贡献单位、争创一流标杆企业、管理提升标杆企业。

绿色发展 2023年，华电资本公司上下秉承“产之所想、融之所向”理念，全面聚焦服务主业、服务产业、服务实业，全力跑出绿色金融服务主业发展“加速度”，产融结合工作取得了显著的成效。完善产融结合顶层设计，“一办法一指引、一方案”的产融结合体系构建完成；深化服务协调、联合营销、对标宣传、考核评价四项工作机制，打造“一站式”服务推广模式；设立绿色金融发展委员会和绿色金融研究中心，举办首次绿色金融暨产融结合推介会，绿色金融品牌逐步形成。华信保险财产险统保费率降低9%，赔款金额2.88亿元；完成系统内首单售电履约保证保险等多个创新险种。华电保理实现供应链金融平台上线运行，年度保理业务投放规模突破100亿元。金泰基金推动天合户用分布式能源合作，助力中国华电成功发行首单类REITs、首单水电资产类REITs。全年华电资本公司系统累计为中国华电提供资金支持696亿元，产融结合规模1151亿元，同比增长14%；绿色金融规模466亿元，同比增长38%；为中国华电新能源提供资金支持104亿元，同比增长43%；为中国华电战新产业提供资金支持213亿元，以优质金融服务助力中国华电绿色转型。

经营管理 2023年，华电资本公司上下践行“创新奋进、奋勇争先”企业文化，咬定目标不放松，价值创造能力持续提升，品牌影响力和竞争力不断增强。华鑫信托、华信保险、川财证券超额完成年度预算和登高目标。华电资本公司本部投资业务稳健积极，投资收益水平持续提高，新增融资实现量升率降。华鑫信托积极克服转型压力，信托规模超6000亿元，全年营业收入和利润再创历史新高，主要业绩指标均稳居行业前十，荣获“金龙奖·年度最佳服务实体经济信托公司”。华电租赁资产规模突破500亿元，连续6年荣获中国租赁榜“年度公司”，连续3年获行业监管最高评级A级，跻身央企融资租赁公司前列。川财证券继续保持企稳向好态势，取得中国证监会2023年券商分类评级“A类A级”。

安全环保 2023年，华电资本公司认真落实中央巡视和国家审计整改要求，深入开展金融业务风险问题专项治理，各项工作按节点高质量完成，为公司稳健经营夯实基础。加强“红盾”法治文化建设，主要负责人履行推进法治建设第一责任人职责，“三横三纵”制度体系在所属机构全面落地，依法治企走深走实。深化“合规管理强化年”，建立总体合规机制，加强内控合规风险管理一体化平台建设，健全合规风险防控机制，增强全员合规意识。提升风险管控有效性，增强所属机构风险识别、评估、预警能力，多种手段推动存量风险项目处置，公司系统全年实现风险项目资金回收3.14亿元，不良资产率0.81%，为同期商业银行不良贷款率的一半，风险可控在控。2023年未发生企业经营和领导人员违法违纪案例，未发生对企业稳定和形象造成不利影响的事件。

改革创新 2023年，华电资本公司上下有力衔接，有序联动，结合产业金融发展定位，制定落实国企改革深化提升行动实施方案，统筹推进创一流、价值创造行动与战略实施；加大产融结合、风险管理等指标考核力度，设立产融结合专项奖励，优化风险考核指标，强化各机构薪酬递延、追索等机制建设。加强干部队伍建设，加大干部交流和培养，持续优化各机构班子，提升干部员工产融结合服务中国华电主业的能力。股权结构优化管理工作效果显著，华电租赁增资到位，完成德州银行股权处置，推进永诚财险股权转让和国投创益股权退出工作。

信息化建设 2023年，华电资本公司信息化水平在中国华电评价考核成绩继续保持A级，连续4年获评中国华电信息化考评A级。一是完成中国华电2023年信息化考评及2024年度数字化项目预算申请工作。二是组织完成网信安全自查、网络安全应急预案和数据存储安全检测工作，形成总结报告并组织开展相关整改工作；组织完成本部及所属各机构2023年度信创开展情况的汇总工作，完成所属机构信息系统等保备案情况，组织开展等级保护测评工作。三是做好本部中国华电办公自动化系统升级和信息化合同签订工作，完成系统功能升级工作；根据本部部门名称及职责调整情况，做好协同平台、OA系统等权限调整工作。四是完成中国华电司库体系“一平台一系统”的系统上线评审及配套软硬件设施的安装调试工作。五是通过对华鑫信托和川财证券关于“聚数据、治数据、通数据、用数据”的调研，发现存在的问题，完成调研报告，提出下一步工作思路和所需支持。六是做好丽泽办公区智能楼宇及信息化建设（包含机房和网络）的前期准备工作。

党的建设 2023年，华电资本公司深入贯彻落实党的二十大精神，扎实开展第一批、第二批学习贯彻习近平新时代中国特色社会主义思想主题教育，形成了“四个结合”“三向三不要”“两位一体”“双督”等工作机制，“行动标准卡”等做法得到中国华电督导组肯定。实施“四力四推”党建工程，制定领导班子领衔的16个重点项目清单，高质量完成60多项具体措施，实现了“一年见成效”目标，形成的“四级责任”做法在中国华电“四力四推”见成效交流会上得到表扬。3篇党建理论文章分别在《学习时报》《思想政治工作研究》上发表，华电资本公司荣获全国企业文化优秀成果一等奖，1人获全国政研会先进个人荣誉；华鑫信托、华信保险获评首都文明单位，华电租赁获评天津市文明单位。全力配合做好中央巡视工作，认真制定整改方案，抓好整改“后半篇文章”；完成一轮常规巡察，机动式巡察工作实践在中国华电《巡视巡察工作交流》专题刊发；创新开展“‘三清’双引双建创一流”工作，华信保险、华电租赁获评中国华电“三清”企业；打造“红链”智慧监督，运用信息化手段提升监督规范化水平，一体推进“三不腐”，营造风清气正、干事创业的良好政治生态。

（杨必凯）

【中国华电科工集团有限公司】

公司概况 中国华电科工集团有限公司（简称华电科工）成立于1978年，原为水电部电力机械制造局，2002年电力体制改革后，成为中国华电全资子公司。2015年12月，正式更名为中国华电科工集团有限公司，是中国华电科工产业重要组成部分和发展平台。

多年来，在党中央、国务院国资委的正确领导下，华电科工拥有了国内外电站投资建设、海上风电、新能源、分布式能源、水处理、物料输送、电力工程监理监造等多个优势传统专业，并创新开展了氢能、生物质能、储能、新型岸桥、CCUS等节能环保产业、综合智慧能源、新能源+氢储氨醇投建营一体化产业等多个战略性新型产业。先后获得中国工业大奖表彰奖、国家科技进步二等奖、走进东盟十大成功企业以及国家级、省部级、行业级先进集体、文明单位等荣誉称号。截至2023年底，资产总额达到544.89亿元，在职员工4247人，共参控股公司60家，下设16个职能部门，拥有一家上市公司华电重工股份有限公司。

领导班子

1. 董事会

党委书记、董事长：彭刚平

专职董事：蒋晓明、余建华、黄鹏、李红淑

党委副书记、董事、总经理：刁培滨

党委副书记、职工董事、工会主席：邱忠生

2. 监事会

党委委员、监事会主席、纪委书记：李军

监事：张永胜

职工监事：王燕云

3. 领导班子

党委书记、董事长：彭刚平

党委副书记、董事、总经理：刁培滨

党委副书记、工会主席：邱忠生

党委委员、纪委书记：李军

党委委员、副总经理：刘蔚、胡富钦

党委委员、总会计师：樊春艳

党委委员、副总经理、总工程师：李建标

2023年领导人员变动情况：2月19日，彭刚平任党委书记、董事长。5月19日，刁培滨任董事、总经理，不再担任工会主席职务；彭刚平不再担任总经理职务。6月29日，李军任党委委员、纪委书记；林艳不再担任党委委员、纪委书记职务。7月21日，李建标任党委委员、副总经理；单宏胜不再担任党委委员、副总经理职务。8月21日，邱忠生任党委副书记、工会代主席；沈明忠不再担任党委委员、总工程师职务；张志强不再担任中国华电直属单位专职董事（部门正主任级）职务，退休。11月24日，李建标任总工程师。

组织机构 下设16个职能部门，高端制造及系统工程、环保水务、电站投资建设、清洁能源四个核心业务板块和其他参控股公司。截至2023年底，直接控股公司64家，参股公司15家。

工作业绩 2023年，全年实现营业收入222.34亿元，同比增长6.61%；利润总额18.56亿元，同比增长5.1%；资产负债率69.39%，同比降低3.99个百分点；净资产收益率10.62%；营业现金比率7.38%，同比提高1.83个百分点；全员劳动生产率123.6万元/人，同比增加14.6万元/人；研发经费投入强度5.25%。业绩考核获评中国华电A级评价，荣获中国华电科技创新突出贡献单位。

绿色发展 做强做优中国华电绿色转型的重要支撑平台，奋进攻坚当好服务绿色发展的先锋队。产品、投资、工程业务全年分别实现收入41.9亿、57.8亿、128.9亿元，其中产品、投资业务分别同比提升11.4%、37.2%，工程业务同比下降11.8%。首创“华翰”系列3.0MPa单堆兆瓦级国产PEM电解槽实现商业化应用；储能锂离子电池装备首台样机荣获工业和信息化部第一届能源电子产业创新大赛技术创意优秀奖；新型岸桥被评为北京市国际首创产品，首台套设备完成试运行；圆形料场堆取料机被中国重型机械工业协会认定为制造业单项冠军。境外电源项目总装机容量达到207.6万kW。全年投产风光电项目31个232.88万kW；承建集团内风光电项目41个544.49万kW，天津海晶、青海德令哈等6个项目入选中国华电电力装机突破2亿kW标志工程；越南沿海二期项目等3个项目荣获国家优质工程奖。德令哈、达茂旗、铁岭等制氢项目产氢；生物燃气实验室完成搬迁，CMA参数扩项至134项；自主研发的碳捕集工艺包实现应用，碳捕集高效低能耗吸收液进入中试验证阶段。华电（天津）高端智造科创基地CCM喷涂、PEM电解水制氢膜电极和电解槽组装产线完成建设，包头风光氢储装备智造基地项目公司设立完成。成立市场营销管理中心，设立东北、华中、江苏等10个代表处，全年新签合同额208.28亿元，其中中国华电外新签合同额89.45亿元，创近三年新高。取得电力工程施工总承包二级等5项资质，14项现有资质延续。发挥产业综合优势，助力区域公司获取新能源资源425万kW。

经营管理 调整优化“十四五”发展规划，谋定“2345”发展战略，明确打造“百年老店”、加快建设世界一流科技创新型平台企业发展愿景，高质量编制“五个平台”建设、产业基地布局等实施方案。实现销售与管理费占主营业务比2.34%，优于考核目标0.36个百分点。取得AAA级主体信用等级，发行10亿元科创票据，人民币综合融资成本同比下降48bp。享受政策红利2.26亿元，两金占用额较年初下降2.41%，优于收入增幅9.02个百分点；两金周转率2.95次，较考核目标快0.95次。采购全年节资率11.26%。环保BOT项目、在运水厂保持安全稳定运行态势；境外电厂发电量88.9亿kWh，完成发电量计划134.33%。巴淡电厂自主运营管理水平逐步提高，巴厘岛和越南沿海二期电厂实现“零非停”。河北丰宁项目正式转入生产运营，“华丰泽沃”牌有机肥销售实现零突破。

科技创新 再次通过国家高新技术企业资质认证，新型储能领域唯一一个国家制造业创新中心正式揭牌，海上风电安全与工程技术研发中心、电力储能装备与系统集成技术研发中心入围国家能源局“十四五”“赛马争先”创新平台。引入外部智力资源，成立专家咨询委员会。承担的QN、1025、LHT等重大科技项目按期完成阶段性目标。获得国家知识产权优势企业认定，全年新增授权专利603项，软件著作权33项，其中国际专利3项、国家发明专利83项；1项高盐废水零排放发明专利获评中国专利优秀奖，荣获省部级、行业级科技奖26项。参与标准制定，发布团体级及以上技术标准29项，其中国际标准2项，国家标准2项。

安全环保 全年未发生一般及以上安全生产事故，7家直属单位获评中国华电2023年安全环保先进企业。安全证书持证人数由545人提升至2441人，25家单位获评安全生产标准化企业，巴厘岛电厂获得2023年度海外安防优秀实践奖，是中国华电系统首次获得该奖项的海外项目。以“六深化”为重点，开展生态环保合规性管理深化提升年活动，夯实环保管理基础。强化环保监督检查，严格生态环保问题“一本台账”整改闭环，216项问题按期整改销号，按期整改率100%。42家单位全面上线一体化管理信息平台，5家高负债子企业完成治理任务，整体负债率首次降至70%以下。在中国华电系统首家设置专职总法律顾问、首席合规官，37个项目风险完成闭环，回款约3亿元，系统纠纷案件数量同比下降37%。

深化改革 华电科工入选国务院国资委“科改企业”名单，获评中国华电科技创新领域管理提升标杆企业，华电重工入选“创建世界一流专精特新示范企业”名单，武汉华电、氢能事业部获评中国华电基层企业争创一流标杆企业。动态优化“三重一大”事项决策权责清单，强化董事会建设，公司治理能力不断提升。持续深化“三项制度”改革，管理人员竞争上岗比例61.04%，近三年员工市场化退出率2.53%，均高于央企平均水平。健全完善容错纠错机制，制定尽职合规免责事项清单。修订“十四五”资本运营规划，全面启动“华科一期”、前期推动“华科二期”、系统筹划“华科三期”。8 家子公司通过专精特新企业认定，专精特新企业达到15家。在中国华电系统内率先建立ESG管理体系并取得同花顺A级评分，股价走势量价齐升。全年收到分红约3.17亿元，其中参股公司分红1.02亿元。

国际业务 优化形成“1+1+1+N”境外发展思路，全年实现国际业务收入 113.3 亿元，同比增长20.66%。新增前期立项项目10个，装机容量143万kW，同比增长120.8%。签订印尼弥法煤场管带机等多个项目合同；高质量保障越南沿海二期电厂供煤177万t。

信息化建设 完成智慧经营决策管理平台二期建设，自主研发的数字工程、新能源电站数字运维与备品备件联储等数字化系统、平台在多个项目推广应用。启动信创工作，连续4年获评中国华电企业信息化水平A级。

党的建设 坚持“五航五力”，聚焦 12 个方面主题深入基层调研，高质量召开主题教育专题民主生活会、调研成果交流会，得到中央和中国华电指导组充分肯定。统筹推进“四力四推”党建工程，典型做法在中国华电专题会议上作书面交流，4 个集体和个人分别获得中国华电“两优一先”表彰。开展“小金库”、新能源等专项整治，持之以恒正风肃纪反腐。打造“同清·创廉”廉洁文化品牌矩阵，10家企业被评为中国华电“三清”企业创建先进单位。

（徐　乾）

【华电海外投资有限公司】

公司概况 华电海外投资有限公司（简称华电海投）是中国华电全资控股的二级子公司，于 2022 年 1 月 29 日在北京市丰台区注册成立，同年4月完成业务切换并启动正式运营，注册资本金55亿元，主要从事境内外发电厂的开发、建设、运营和管理，以及电力能源、煤炭、交通、海运、进出口及相关行业的投资和融资活动。华电海投前身为中国华电香港有限公司，于2006年6月在香港注册成立，注册资本金25亿港元。截至 2023 年底，资产规模 378.14 亿元，在运装机规模452.1万kW，其中境外装机容量292.7万kW，境内装机容量159.4万kW。境外资产主要分布在印度尼西亚、柬埔寨、俄罗斯、越南、孟加拉等国。控股且实际运营子企业10家（境内2家，境外8家）。员工总数522人。

领导班子

党委书记、董事长：仇甜根

党委副书记、董事、总经理：田立

党委委员、总会计师、总法律顾问、首席合规官：李远志

党委委员、副总经理：周德华

党委委员、纪委书记：刘瑾

党委委员、副总经理：卢又安

专职董事：谢春旺

专职董事：杨信

2023 年华电海投领导人员变动情况：6 月 29 日，仇甜根任中共华电海外投资有限公司委员会委员、书记，华电海外投资有限公司董事、董事长职务。6 月 3 日，方正不再担任中共华电海外投资有限公司委员会书记、委员，华电海外投资有限公司董事长、董事职务。8 月 21 日，王勇不再担任中共华电海外投资有限公司委员会副书记、委员，华电海外投资有限公司工会主席职务。12 月 28 日，李远志任华电海外投资有限公司首席合规官。

组织机构 内设 13 个职能部门，下属机构 26 家，并在北京、印尼、哈萨克斯坦、菲律宾、老挝设有代表处。

工作业绩 2023 年，管理口径全年实现利润 13.62 亿元、净利润 10.93 亿元；资产负债率 50.12%，较年初增加 1.86 个百分点；实现国际业务收入 105.2 亿元，同比上升 22.4%；新增装机容量 132 万 kW，同比增长82.14%；发电量 111.64 亿 kWh，完成中国华电下达目标的 121.97%。

能源保供 西港公司与额勒赛公司完成第 32 届东南亚运动会、柬埔寨大选等重要节点保供任务，全年累计发电量 57.7 亿 kWh，以 22.33%装机占比保障柬埔寨约 35%的电力需求。捷宁公司全力以赴保供应，年发电量创历史新高，完成 34.35 亿 kWh，满足雅罗州 40%居民用电需求。玻雅项目克服“大机小网”问题，争取更高负荷，投产后完成发电量 17.92 亿 kWh，完成全年目标的 132%。贸易公司加大进口煤拓展力度，实现中国华电系统内电厂沿江沿海全覆盖，全年交付量 397 万 t，同比增长 19.58%。

绿色发展 项目开发机制更加优化。修订境外投资管理办法，优化风光电等项目决策程序。在中亚、亚太、大湄公河次区域等增设 3 个境外代表处，连续 4 年承办中国华电境外项目开发培训班，参培人数达 400 余人，汇聚绿色发展合力。项目拓展步伐持续加快。坚持水风光并举、源网荷储协同，加大项目开拓力度，全年完成清洁能源前期立项 330.74 万 kW，同比增长 193.7%。孟加拉孟斯哈里、菲律宾塔卢格图格、哈萨克斯坦艾莎、扎达利亚共计 30.91 万 kW 光伏项目完成投资决策。拓展“电源+电网”合作模式，与南方电网签署澜湄国家项目合作备忘录，老挝坡诺 72.8 万 kW 水电项目通过中国华电前期立项复核。高位对接柬埔寨电力能源发展规划，完成 120 万 kW 抽水蓄能项目选点建议书，获得柬埔寨政府高度认可。重点工程项目如期投运。西港项目 4 月 1 日如期投入商业运行，获颁柬埔寨“环保荣誉证书”和中国工程建设焊接协会 2023 年度优秀焊接工程一等奖。玻雅项目解决外部送出线路问题，提前 102 天实现双投目标，

华电海投跃升为中国华电海外最大发电主体。

经营管理 狠抓成本费用管控，全年发生电热4项费用6.92亿元，较预算节约6600万元。持续推进物资集约化采购，全年完成420项，采购金额约4亿元，节资率达12.73%。持续做好税务筹划，香港公司取得居民纳税人身份，玻雅公司全年共计减免税收1442.63万美元，西港公司实现减税（预提税）132万美元，贸易公司获得丰台区税款返还367万元，增值税留抵退税3600万元。

安全环保 落实中国华电安全管理强化年行动部署，深化安全生产十五条硬措施和五方面106项措施要求，加强境外电厂安全能力建设，额勒赛公司连续安全生产满十周年，西港公司荣获中国华电安全环保先进企业。全覆盖开展境外电厂安全督查，完成问题整改233项，完成率95.5%，以查促提升推动境外电厂安全管理能力增强。统筹抓好安全保密、信访维稳和网络安全各项工作，获评中国华电保密对标标杆单位、信息化水平A级，均位于中国华电前列。西港公司牵头开展的柬埔寨国别联防联保工作获得中国驻柬大使馆肯定。华新电力、平顺公司多形式开展生态环保宣传，额勒赛公司联合柬埔寨国公省环保局开展植树活动，捷宁公司定期向伏尔加河投放鱼苗，华电海投海外生态环保实践受到东道国政府及民众充分肯定，西港公司、额勒赛公司分别获颁柬埔寨环境部“环保荣誉证书”“环保突出贡献奖”，玻雅公司被驻在地政府颁发“生态环保突出贡献奖”“河道水保突出贡献奖”。

深化改革 完成全部改革任务和结果评估，完善“双向进入，交叉任职”领导体制、经理层成员契约化管理、市场化用工等重要指标位居中国华电前列，改革成果获评中国华电考核A级，国企三年改革收官。新一轮国企改革乘势启动，围绕提高企业核心竞争力和增强核心功能，统筹谋划推进新一轮国企改革，明确8个方面30项任务90项具体措施，打造发展方式新、公司治理新、经营机制新、布局结构新的现代新国企。加大绩效考评力度，严格考评结果运用，管理人员竞争性上岗率、不胜任退出率43.75%、5.19%，同比持续优化。加大科技研发投入力度，全年科技研发投入9155.26万元，同比增加6126.79万元；获得实用新型专利、发明专利7项。西港公司2项科技项目技术成果达到国际先进水平，玻雅公司获得中国安装协会1项科技进步奖。

党的建设 深入开展主题教育。牢牢把握“学思想、强党性、重实践、建新功”的总要求，抓好第一批、第二批主题教育衔接联动，推动“以学铸魂、以学增智、以学正风、以学促干”在改革发展中走深走实。领导班子聚焦生产经营发展突出问题，赴境外一线、赴困难单位，察实情、求实效、出实招。在福建古田承办中国华电第二批主题教育第一期回国党员领导干部读书班，获得中国华电肯定。实施“四力四推”党建工程。制定实施方案，明确年度17大项25小项具体措施要求，统筹谋划、一体推进。深入开展海外党建理论研究，华电海投承办的“海外员工思想引导、心理开导、情感疏导研究”获得中央企业党建思想政治工作研究会课题一等奖。西港项目入选国资委2023年央企海外十大精彩瞬间，《一路情长》专题纪录片展现中国华电在柬良好形象。全面从严治党向纵深推进。编制巡察工作五年规划，制定4项巡察工作制度，首次对1家基层企业党支部开展政治巡察。深化开展境外违规投资经营、“小金库”等7个领域专项整治，促进各项业务依法合规开展。聚力打造“蓝海”廉洁文化品牌，额勒赛公司、西港公司和贸易公司3家基层企业被中国华电授予2023年度“三清企业”创建先进单位。

（吕 雯 杨俊浩 穆宇娜）

【华电江苏能源有限公司】

企业概况 华电江苏能源有限公司（简称华电江苏公司）成立于2003年4月，注册地位于江苏省句容市下蜀镇临港工业集中区华电路1号，原为中国华电集团公司江苏分公司，2013年改制为中国华电集团有限公司全资子公司，2019年进行股权多元化改革，变更为合资公司。目前股权结构为：中国华电控股80%，中国石油天然气股份有限公司持股20%。主要业务为：电力生产和销售、热力生产和供应（涵盖煤机、燃机、分布式、太阳能、风力发电）；与电力相关的燃机服务、煤炭码头运营、天然气管网运营、增量配电业务运营等。荣获“全国文明单位”“全国五一劳动奖状”“中央企业先进集体”“华电集团先进企业、文明单位标兵”等称号。

截至2023年底，资产总额426亿元，覆盖江苏省13个地级市，发电总装机容量1408万kW，其中煤机629万kW、燃机645万kW、新能源134万kW，年发电量507亿kWh，供热量2870万GJ，清洁高效煤机和供热调峰燃机均分布在长三角经济负荷中心，燃机年调峰超1600次，占全省近50%，是江苏省内最大的天然气发电运营商。目前，煤炭储运上拥有中国华电唯一长江流域对外开放码头；天然气管线运营上在运启通天然气管线项目，在建电力央企投资控股建设的第一个LNG接收站项目；拥有中国华电燃机技术培育基地，形成了电热为主，电力销售、煤炭物流、天然气运营以及综合能源、电力技术服务等产业合理延伸、多元发展的格局。

领导班子

党委书记、董事长：杨惠新

党委副书记、工会主席：刘志军

党委委员、总会计师、总法律顾问：祝月光

党委委员、副总经理：邵松

党委委员、纪委书记：吴鹏

党委委员、副总经理：潘云

党委委员、副总经理：丁金林

党委委员、副总经理：赵军

组织机构 所属企业18家，在职员工4272人。其中在运发电企业10家（句电公司、望电公司、戚电公司、扬电公司、新能源公司、昆山热电、仪征热电、通州热电、吴江热电、金湖公司）；在建和前期发电企业3家（仪化公司、通州湾公司、扬能公司），专业公司5家（电力股份、赣榆LNG公司、煤炭公司、能销公司、华汇公司）。

本部设有办公室、规划发展部、人力资源部、企业管理与法律事务部（改革办）、财务资产部、生产技术部、安全环保部、工程管理部、市场营销部、科技信息部、党建工作部（工会办公室）、监督部（纪检办公室、巡察办公室）、审计部等13个部门。

工作业绩 2023年是全面贯彻党的二十大精神的开局之年，是三年新冠疫情防控转段后经济恢复发展的一年，也是华电江苏公司“全面打好攻坚战、重回先进创一流”的关键一年。坚持以习近平新时代中国特色社会主义思想为指导，深入学习贯彻党的二十大精神，坚决贯彻上级政府、集团公司决策部署，扎实开展主题教育，安全生产保持稳定，转型发展形势向好，经营效益大幅提升，改革创新取得成效，党建引领保障作用充分发挥。全年实现利润总额10.13亿元，同比增加32.2亿元；发电量506.8亿kWh，同比增加8%；供热量2870.35万GJ，超额完成中国华电下达目标。风光电新增核准备案132.2万kW，近两年新增集中式光伏建设规模为省内“五大电”第一；新能源项目在建116.31万kW，在建规模创历史新高，赣榆LNG接收站项目码头工程护岸提前3个月合龙。配合完成华电“睿”系列控制系统在国内百万kW机组、F级燃机的首次全系列应用。荣获中国华电提质增效突出贡献单位，党建考评保持A级。

能源保供 深入学习贯彻习近平总书记重要指示批示精神，落实中国华电安全生产工作部署，完成能源安全保障任务。加强组织领导，制定保供方案，细化各项部署安排，推动保供工作高效有序开展。推进煤机、燃机专项治理行动，落细落实重要时段保供举措，提升应急处突能力，加强重要设备故障处理、出力受阻、机组突发事件等问题处置，顺利完成全国两会、迎峰度夏等重要时段能源保供工作。煤机全年利用小时数5553h，高于“四大”三同488h；燃机累计调峰1653次，占全省近50%，创历史新高。全年入厂煤量首次突破1600万t，年度长协兑现率在中国华电下水煤区域排名第一。

绿色发展 面对复杂严峻的内外部形势，紧扣“双碳”目标落实，坚持“两端发力”，加速绿色发展。一是风光电开发加速推进。中国华电高点对接、高位推动，董事长江毅等班子成员多次到江苏区域调研督导，推进项目落地。集中式光伏成效突出。全年集中式光伏新增入库60.44万kW，赣榆墩尚27.6万kW、江都武坚25万kW、江都小纪9万kW集中式光伏存量项目开工。海上风电有序推进。成立工作专班，学习借鉴成功经验，保持政企高频互动，讲好华电保供故事，争取有力竞配政策和规则。发挥与上海电气、中车等企业合作优势，全力做好省管海域海上风电项目竞配工作。开展海上风电+制氢、海洋牧场、海上光伏等6个专题报告研究，为项目创新融合注入强力支撑，完成射阳北区H1、滨海南区H5项目模拟竞配技术方案。分布式光伏加快落地。实施与正泰等新能源头部企业合作模式，稳步推进40万户用光伏项目合作开发。新增分布式光伏项目核准备案28.99万kW，完成投资决策45.85万kW。二是战新产业加速布局。主动融入江苏省内沿海新型储能发展规划，落实沿海、内陆地区科学布点，取得连云港灌云200MW/400MWh储能项目开发权，赣榆墩尚10MW/20MWh共享储能电站项目完成投资决策，压缩空气储能、抽水蓄能电站前期工作有序推进。按照“跃升数字生产力，加速电力智能化”思路，抢抓智能化发展机遇，拓展数字化应用深度，与华为签订战略合作协议，积极探索以虚拟电厂为主的综合能源业务，常州综合能源项目加快推进。三是重点项目稳步推进。望亭二期燃机，仪化热电联产工程完成年度建设节点目标任务，江都分布式燃机项目设备安装有序推进，望电2台66万kW“先立后改”煤电支撑电源项目通过省发展改革委核准。句电公司、扬电公司、昆山热电分别获2023年度全国电力工程建设标杆工程、火电新技术示范工程。

经营管理 对照“一利五率”一增一降四提升目标，高质量制定提质增效“两级方案”，以登高目标保考核目标实现。一是积极开拓市场。煤机方面，全年煤机发电349亿kWh，利润在省内四大电排名第一。加强行业协同，深化市场分析，煤机结算电价466.3元/MWh，较基准价上浮近20%。燃机方面，燃机发电140亿kWh，完成中国华电计划的109%。气电联动政策实现突破，全年取得气电联动补贴19亿元，同比增加42%。打通燃机之间的合同电量转让通道，调峰机组及昆山热电上网电量实现中长期市场匹配100%，电价上升24元/MWh，增利1.9亿元。供热方面，争取保量增价，全年完成热价77.4元/GJ，高于年度目标0.79元/GJ，戚电公司热价同比上涨7.47%。二是深化成本管控。燃料方面，抓住长协煤兑现关键点，成立订货专班，配套专项激励机制，开通矿方物流海运“点对点”服务，拓展重点战略客户18家，新增优质长协煤969万t，长协兑现率95%，排名中国华电下水煤区域第一。入厂含税标煤单价完成1154元/t，低于年度预算79元/t，位列中国华电下水煤区域第2。加强掺配掺烧，全年入厂低卡进口煤292万t，累计节约采购成本1亿元。利用与中石油战略合作的有利条件，取得4—10月调峰机组发电用气调节性优惠0.37亿元。强化生产指标对标，供电煤耗完成265.41g/kWh，厂用电率完成3.84%，均优于中国华电下达目标。物资方面：全年完成各类采购1209项，累计金额65.41亿元，节资率10.26%。资金方面：2023年综合融资成本率2.89%，节约财务费用1.03亿元。完成68亿元贷款置换和利率调整，综合融资成本率下降41BP。滚动发行超短融175亿元，低成本发行能源保供债等权益工具30亿元，助力资产负债率首次降至70%以下。盘活低效无效资产收益1.55亿元，完成望电公司14号机组、戚电公司天然气管道和闲置土地处置，全年扭亏企业6户、压降高负债企业3户。

科技创新 修订科技创新管理办法，加强科技创新奖惩考核，加大在燃机领域卡脖子技术国产化方面探索力度，华瑞燃机热通道部件再制造工程技术研究中心入选“2023年江苏省工程技术研究中心建设项目名单”。戚电公司投运国内首个三菱重型燃机控制系统国产化示范项目。完成国资委1025工程项目阶段目标，获江苏省科学技术奖1项、中国华电科学技术奖5项。制定洪泽200MW级盐穴压缩空气储能项目、句电公司磁悬浮飞轮储能关键技术应用项目、望电公司熔盐储热储能项目推进方案，完成仪征热电燃机掺氢燃烧项目立项申报。

安全环保 落实“三管三必须”要求，开展安全责任制落实评价。实施安全管理强化年行动，落实18大项122小项措施，共查处整改问题396项。狠抓新能源建设项目全过程安全管理，强化重点领域安全过程管控，成立望电14号机拆除高风险作业督导专班，戚电冷却塔拆除创国内冷却塔人工拆除高度纪录。非停次数同比下降11%，通州热电、仪征热电、昆山热电、新能源公司实现全年“零非停”，仪征热电获全国安全文化示范企业，戚电公司等3家单位获中国华电安全环保先进企业。加大设备整治力度，规范完善精品大修过程管理，构建检修后评价体系，强化检修完成情况考核。全年完成火电机组检修19台次，风机定检183台次。深化一流机组创建，句电3号机组荣获中电联5A机组、中国华电燃煤发电标杆机组，句电3号机组、通州热电1～2号机组获全国发电机组可靠性标杆机组，新能源风电机组能效损失率仅为1.15%，位居集团公司第一。有序推进火电超低排放、水污染防治改造，主要污染物排放指标同比大幅下降、万元产值氮氧化物排放量优于中国华电年度目标值30%。加快推动遗留环保问题整改，大仪风电部分限产风机恢复运行、泗洪佳讯光伏项目完成整改销号，华林光伏一、二期按时间节点推进。完成乌江公司180万t、云南公司95万t碳排放交易，所属9家控排企业完成清缴履约，履约率100%。句电公司获2023年度碳达峰碳中和标杆企业，戚电公司荣获江苏省绿色发展领军企业。

深化改革 改革深化提升行动全面启动。高质量制定改革实施方案和工作台账，明确7个方面30项重点改革任务，72条改革举措，如期完成年度改革任务，在中国华电深化改革推进会上作典型经验交流发言，改革案例入选中国华电简报，获中国华电2023年改革综合考评A级。深化公司治理机制，加强董事会建设、落实董事会职权，动态优化“三重一大”事项决策权责清单，健全以关键业绩指标和重点任务为核心的分类差异化考核机制。“建立四项机制、打造治理范本”经验做法在中国华电办公室系统工作会议上交流推广。三是对标一流管理全面提升。召开加快建设一流区域公司推进会暨价值创造行动启动会，科学编制实施方案和工作台账，推进各项工作取得预期成效。开展对标管理，在中国华电综合对标排名中保持前列，获中国华电价值创造标杆企业、运营管理领域管理提升标杆企业，句电公司、戚电公司、仪征热电获中国华电首批“争创一流标杆基层企业”。完成新一轮制度清理优化。推进国家审计问题整改，全年完成中国华电下达经责、投资审计项目33项，自行组织审计投资项目152项。企业内控风险合规一体化管理体系持续完善，法治建设、保密安全、信访维稳工作平稳有序推进。

党的建设 坚持和加强党的全面领导，深入学习宣传贯彻党的二十大精神，扎实开展主题教育，推进“四力四推”党建工程见成效，推进党建与生产经营深度融合。一是主题教育扎实推进。全面落实主题教育“学思想、强党性、重实践、建新功”总要求，强化组织领导，统筹做好两批次主题教育，把理论学习、调查研究、推动发展、检视整改、建章立制等贯通起来，举办读书班197期、专题研讨55次、专题党课80次、调查研究238次、转化调研成果240个、检视问题142个、整改落实282个、建立长效机制40个，形成了“全覆盖学习、全过程统筹、全链条落实、全方位践行”的生动局面。二是“四力四推”党建工程见成效。以“241”行动路径，推进党建工程落地见效。中国华电系统内首个召开“四力四推”成果发布会，形成典型案例12个、党建工作法19个，创建党员“岗区队”413个。5个集体和个人荣获中国华电党组“七一”表彰。培育“创新奋进、奋勇争先”企业文化，“先行文化引领企业转型升级”荣获“2022—2023年全国企业文化优秀成果一等奖”。输送11名援甘援疆工程建设人才，助力中国华电沙戈荒大基地火电项目建设。加大培训力度，全年累计培训5268人次，1人获政府特殊津贴，1人获中国华电技术能手。支持群团组织围绕中心开展工作，深化“三力”工会建设、共青团推优入党、“康乐美”幸福行动等，凝聚干部员工智慧和力量。三是政治生态持续向好。高站位配合中国华电党组巡视，高标准制定巡视反馈问题整改方案，细化分解问题77个，对所属4个基层单位开展常规巡察。深化“红梅”廉洁文化，抓实“三清”企业创建，加强专项督导和年度检查，仪征热电等7家企业荣获“‘三清’企业创建先进单位”。

（汪明灿）

国家电力投资集团有限公司

【公司概况】国家电力投资集团有限公司（简称国家电投）是中央直接管理的特大型国有重要骨干企业，肩负保障国家能源安全的重要使命。国家电投由中国电力投资集团公司与国家核电技术有限公司于2015年6月重组组建。

国家电投是我国五大发电集团之一，主要业务包括电力、煤煤炭、铝业、港口、铁路、产业金融及氢能、储能、绿电交通、综合智慧能源、碳市场和碳交易等。

国家电投拥有光伏发电、风电、水电、核电、煤电、气电、生物质发电等全部电源品种，是全球最大的光伏发电企业。国家电投负责牵头实施“大型先进压水堆核电站”“重型燃气轮机”两个国家科技重大专项，也是国务院国资委确定的国有资本投资公司试点企业。2023年，国家电投位列世界500强企业第262位。

国家电投定位先进能源技术开发商、清洁低碳能源供应商、能源生态系统集成商，以“创造绿色价值”为使命，以“绿色创新融合，真信真干真成”为核心价值观，聚焦“2035一流战略”，致力于建设具有全球竞争力的世界一流清洁能源企业。截至2023年12月底，国家电投资产总额1.58万亿元；控股装机规模达到2.37亿kW，其中清洁能源1.66亿kW，占比69.89%；员工总数13万人，所属二级单位64家。

【领导班子】

党组书记、董事长：刘明胜

党组副书记、董事：栗宝卿

纪检监察组组长、党组成员：陈维义

党组成员、总会计师：陈西

党组成员、副总经理：徐树彪、卢洪早、陈海斌

【组织机构】见2023年国家电投组织机构图。

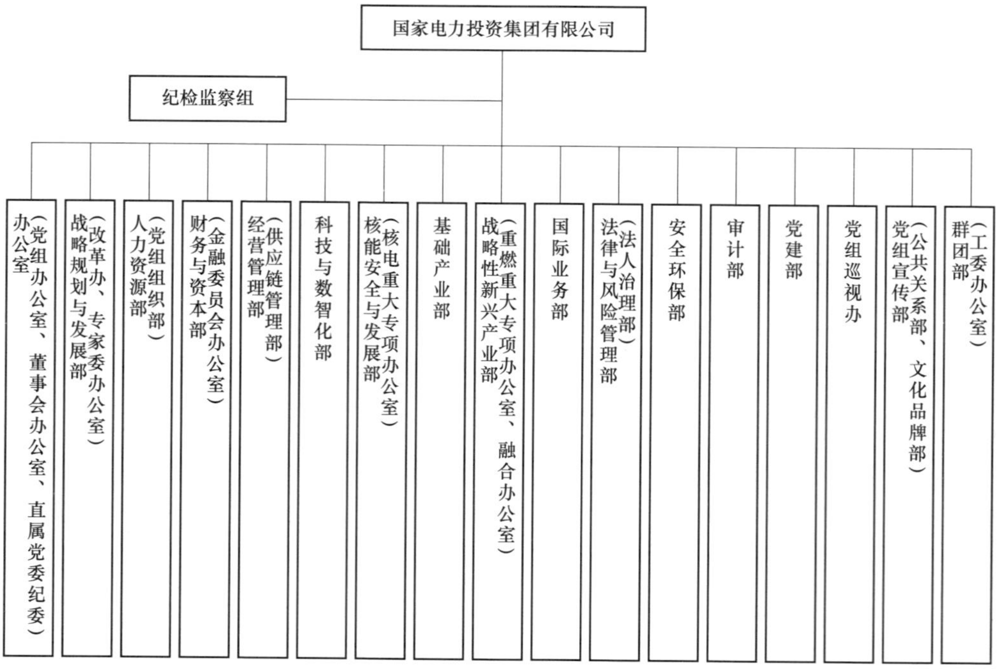

2023年国家电投组织机构图（一）

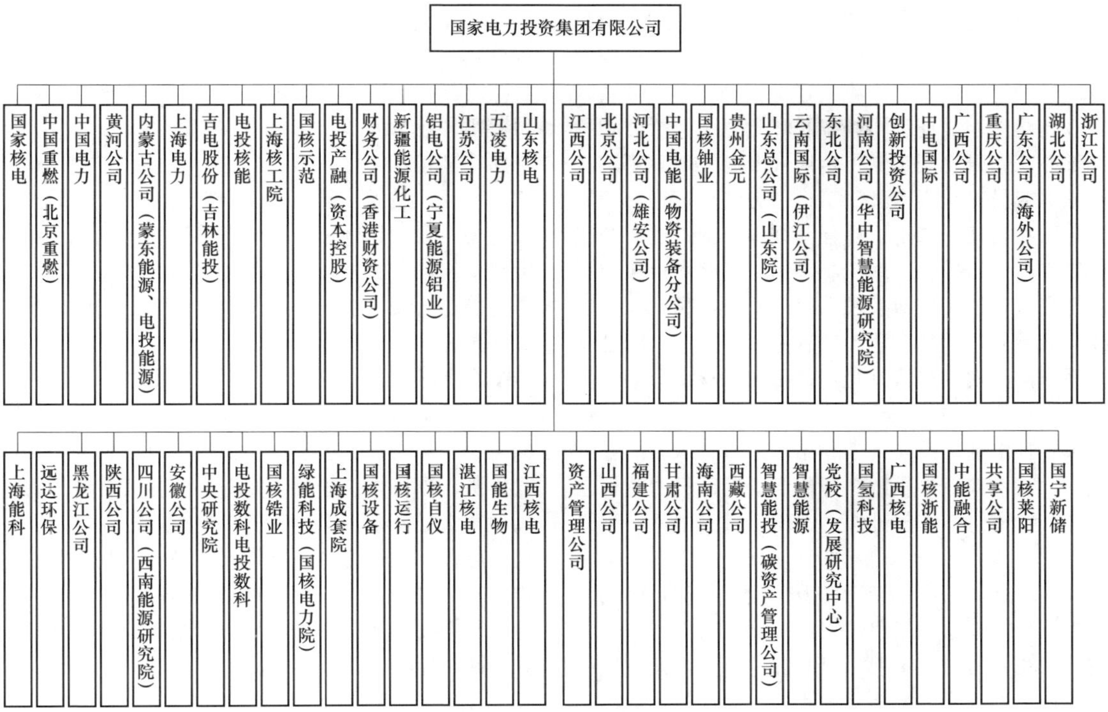

2023 年国家电投组织机构图（二）

【党建工作】2023 年，国家电投党组坚持以党的政治建设为统领，以习近平总书记关于党的建设的重要思想为根本遵循，以深入推进学习贯彻习近平新时代中国特色社会主义思想主题教育和学习宣传贯彻党的二十大精神为主线，以“一流党建”为目标，深入推进“七抓七创”工程，坚持党的领导、加强党的建设的独特优势有效彰显，党建工作质效持续提升，连续四年获评央企党建工作责任制考核 A 级。

（1）坚持以党的创新理论武装头脑，全面加强党的政治建设。一是高质量推动学习贯彻习近平新时代中国特色社会主义思想主题教育见行见效，牢牢把握“学思想、强党性、重实践、建新功”总要求，聚焦“以学铸魂、以学增智、以学正风、以学促干”，把“穿石”行动作为重要载体，第一时间制定实施方案、组建领导小组和工作机构，将理论学习、调查研究、推动发展、检视整改、建章立制贯穿始终，以读原著学原文悟原理推动广大党员干部思想境界再提升、理想信念更坚定，以一揽子措施补短板、破瓶颈、促发展，推动两批主题教育有力有序高质量开展，完成“建新功”目标 2397 个，山东半岛南 200 万 kW 深远海项目、广东廉江核电等一批重大项目取得新突破，可再生能源装机超 70%。二是全覆盖学习宣传贯彻党的二十大精神，7 名党组成员、64 家二级单位 444 名领导班子成员开展宣讲 621 次，组建宣讲团，开展宣讲 519 次，实现宣讲全覆盖。举办 75 期学习贯彻党的二十大精神轮训班，覆盖 5415 名副处级以上干部，形成 422 项学习成果。各级党组织通过党委会、理论中心组学习会等形式开展集中学习研讨 495 次、专题培训 501 轮次；面向党外人士宣讲党的二十大精神 16715 人次。

（2）坚持“融入中心、服务大局”理念，全面推进党建工作融入中心创造价值。深入贯彻落实新时代党的建设总要求，始终坚持“融入中心、服务大局”，强化党建融入中心促进发展能力。一是深化“3+*N*”基层党组织联建共建，升版《国家电投基层党组织联建共建工作指引（2.0 版）》，印发《2023 年基层党组织联建共建行动项》，各级党组织聚焦用户侧综合智慧能源、绿电转化、融投业务等开展党组织联建共建，推动解决改革发展重大问题 136 项，攻坚卡脖子技术难题 216 项，创新技术研发 117 项，提质增效工作 265 个。二是开展“党建+”主题实践活动，基层党组织围绕“党建+安全生产”“党建+项目建设”“党建+业务融合”等开展形式多样的主题实践活动，累计攻坚改革发展重点任务 164 项，聚焦中心破解难题 262 项，为群众办实事 169 项。三是创新开展“三个下沉”，65 家二级单位党组织书记下沉包联指导 68 个重点三级单位、二级单位本部党建部门主任下沉包联助推 74 个重点项目、专职党务干部下沉一线场站调研、解决问题近 400 项。

（3）坚持大抓基层的鲜明导向，全面提升党建规范化、精细化、体系化水平。聚焦落实中央企业基层党建提质增效“七抓”工程，牢固树立大抓基层的鲜明导向，推动基层党组织全面进步、全面过硬。一是压实党建工作责任，制定国家电投党的建设工作规划（2023—2028 年）暨“一流党建”实施方案，升版国家电投党建工作责任制实施办法和党建工作责任制考核评价办法，研究制定党组定期（专题）研究事项清单及党组成员“一岗双责”工作任务清单，进一步压实党建工作责任。二是提升强基固本质效，建立党建区域协作和党建提升互助机制，组织党建考核被约谈单位与先进单位“结对共进”、“一对一”帮扶；突出实绩实效导向，优化党建责任制考核，升级“智慧党建”系统，做实党建日常管理、量化考核；分层分类开展三级单位党委书记、基层党支部书记、二级单位党建部主任培训，落实入学和结业双考、课题与导师双评的“双考双评”机制；开展党支部建设“达标创优”，制定混合所有制企业党组织建设工作指引，召开境外党建工作会，一国一策加强境外党建工作分类指导，实施基层党组织基础工作专项提升行动，推动基层党组织全面进步、全面过硬。

【科技创新】2023 年科技创新成果丰硕。全面完成国务院国资委、国家能源局专项攻关年度任务，连续 3 年获国务院国资委考核加分；获中国专利金奖 1 项、主编国际标准 2 项；牵头核能、氢能等 5 项 国家重点研发计划；核能、氢能、储能等 6 个创新平台入选国家能源局“十四五”首批国家能源创新平台，纯氢燃机等 6 项核心成果入选国家能源局首台（套）重大技术装备；天红项目获核准。

获奖项目：中国重燃申报的发明专利“抗蠕变、长寿命镍基变形高温合金及其制备方法和应用”（专利号 ZL202011262753.1）荣获第二十四届中国专利奖金奖；上海核工院申报的发明专利“非能动核电厂安全壳系统热移出过程的比例分析方法”（专利号 ZL201310401430.X）荣获第二十四届中国专利奖优秀奖；黄河公司申报的发明专利“一种晶硅太阳能电池”（专利号 ZL201610058555.0）荣获第二十四届中国专利奖优秀奖；国核设备申报的发明专利“大型压力容器局部热处理方法”（专利号 ZL201910804924.X）荣获第二十四届中国专利奖优秀奖。

【国际业务】国家电投坚持以习近平新时代中国特色社会主义思想为指导，学习宣传贯彻落实党的二十大精神，认真践行习近平外交思想，围绕国际化发展战略和年度工作目标，跟踪国内外形势，配合服务国家总体外交，参与高质量共建“一带一路”，外拓市场，内控风险，主动谋划，境外装机规模、经营效益、重点项目推进等方面完成年度目标任务，在境外项目利润回流等方面取得历史性突破，推进国际产能和装备制造合作，推进新产业、新业态、新模式的海外发展，提升境外资产运营质量，打造全球清洁能源领先品牌。截至 2023 年底，国家电投境外资产达到 1314 亿元人民币，境外在运权益装机容量 1034 万 kW，在建权益装机容量 261 万 kW，清洁能源占比 70%，实现境外利润总额 46 亿元。

境外业务涉及全球 47 个国家和地区，其中“一带一路”国家 38 个。在建在运投资项目分布在 20 个国家和地区，是土耳其最大的中资企业、日本最大的中资电力企业、越南第一大中资清洁能源发电企业、哈萨克斯坦第二大外资新能源发电商、墨西哥第二大可再生能源独立发电公司、澳大利亚第二大风力发电企业和智利第三大中资企业。

【市场建设】

（1）落实责任，全力做好能源保供工作。认真贯彻习近平总书记关于能源保供的重要指示精神，落实党中央、国务院关于保障能源供应各项决策部署，牢固树立大局意识，坚决履行中央企业责任使命，完成迎峰度夏、迎峰度冬等重大保供任务，获得国资委肯定。2023 年电煤中长期合同实现全覆盖，长协兑现率达到国内发电集团先进水平。紧盯库存监测预警，坚守“两个库存”天数要求。

（2）多点突破，电力指标实现提升。用好指标体系，全力提升度电收益。营销工作成效显著，电量电价完成年度目标。全年发电量完成 6814 亿 kWh，超年度目标值 38 亿 kWh，清洁能源发电量占比超 50%。综合电价完成 485 元/MWh，同比增长 1.3%，超年度目标 8 元/MWh。

（3）顺应市场新形势，实现绿色价值创造。组织参与全国首次大规模跨省绿证交易获得最高市场份额，促成南方区域首笔跨省绿电交易，全年销售绿电 64 亿 kWh，含对应的绿证 640 万个；直销绿证 890 万个，凸显国家电投绿色品牌价值，支撑绿色发展保持领先。全额完成碳配额清缴履约工作，节约履约成本约 1 亿元。强化碳资产管理优化碳交易策略，100%完成碳配额清缴履约，节约履约成本约 1 亿元；推进 CCER 方法学研究，积极开展碳足迹核算等“双碳”业务市场开发并取得实效。提前部署虚拟电厂，10 家二级单位虚拟电厂平台共接入用户 824 家、负荷 694 万 kW，可调负荷 204 万 kW，虚拟电厂部署在发电集团处于领先水平。

【电力建设】获奖项目如下：

（1）青海省海南州特高压外送基地电源配置项目海南州塔拉滩一标段 1000MW 光伏电站项目。荣获国家优质工程金奖，该项目地处青海共和县塘格木镇，直流容量 1335.08MW，是全球一次建设规模最大光伏项目。该项目是国内首次配置大容量储能系统、大容量分布式空冷同步调相机系统，提升了电网稳定性和消纳能力。黄河公司对光伏出力平滑调节，削峰填谷，突破大规模光储系统设计及施工技术难题；也是国内首创大型光伏电站建设质量及安全数字化管理平台全过程数字化、规范化管理，为国内先进水平；国内首创系统集成逆变升压一体发电装置，攻克了逆变器、汇流箱、箱式变压器设备整合及安装质量控制难题，提升系统可靠性，达到国内领先水平。

（2）湛江徐闻海上风电场项目。荣获国家优质工程金奖，项目位于徐闻县锦和镇以东海域，是湛江市海上风电突破百万千瓦装机的标志性项目，更是粤港澳大湾区能源结构升级的重要示范项目。项目总装机容量 60 万 kW，首创 220kV 海上升压站“手拉手”等多项关键技术，单桩法兰水平度、风机垂直度等指标达到同期国内领先水平，创造了海上风电行业内的建设奇迹，刷新了当期国内海上风电单体装机容量记录。项目投产后，每年将为地方提供 17.56 亿 kWh 的清洁电能，可节省标煤消耗约 56.68 万 t，减排二氧化碳约 114.54 万 t。

（3）吉电股份镇赉架其 100MW 风电储能平价发电项目。荣获 2023 年度中国电力优质工程奖。克服疫情对材料供应、机械租赁、人员进场等影响，历经半年的施工建设，项目实现全容量并网，刷新了秋冬季平原地区风机吊装最快施工纪录。项目应用国家重点节能低碳技术 7 项、建筑业 10 项新技术中的 7 大项 14 子项、电力建设五新技术 11 项、其他自主创新技术 5 项。除 2023 年度中国电力优质工程奖外，还曾获科技进步奖 1 项、优秀设计奖 1 项、QC 成果奖 4 项、发明专利 1 项、实用新型专利 3 项、其他省部级及以上奖励 5 项，参编标准 3 项。

【安全生产】

2023 年，国家电投统筹推进安全生产各项工作，安全环保形势总体保持平稳有序。全年未发生负主要责任的生产安全责任事故，事故起数和死亡人数同比下降 20.0% 和 33.3%。在国家安全科技进步奖评比中，山东核电“核能供热安全关键技术研究与应用”等四个项目获一等奖。

（1）党组高度重视，压实各级人员安全责任。针对事故事件暴露的深层次问题，研究部署并落实安全生产“三强化、三加强”重点行动，强化重点领域和关键环节管控。建立国家电投领导班子安全生产齐抓共管任务清单，通过督导检查、调研帮扶等形式推动解决安全生产突出问题，全年共对 8 家重点二级单位开展检查帮扶等 30 次。按照国家电投党组主题教育“穿石”行动部署，系统梳理国家电投党组在安全生产领域所形成的 4 项常态化、长效化方法和机制，并纳入首批向基层延伸穿透机制方法。

（2）做好顶层设计，健全安全生产管理规章制度体系。按照“贯穿全过程、覆盖全领域”的思路，修订发布《安全生产工作规定》，做到纲举目张。修订发布《安全生产奖惩规定》，对事故单位和责任人员实施“位子、面子和票子”组合拳，树立起奖优罚劣的鲜明导向。着眼于安全生产面临的新情况、新问题和上级新要求，按照“1+N”制度体系结构，修订完善《安全生产责任制管理办法》等 11 份制度，修订升版国家电投《电力安全工作规程》，发布火电、水电、风电、光伏产业技术监督检查评价标准和 50 项技术监督规程，完善技术监督制度标准体系。

（3）狠抓安全培训，着力提升人员队伍素质能力。系统制定国家电投全员安全生产培训方案（路线图），强化全员安全培训顶层设计。严格落实年度安全教育培训计划，组织开展二级单位主要负责人、安全总监及三级单位安全生产领导人员、基层班组长安全管理培训班 15 期，参培人员近 2000 人次。聚焦安全生产人才队伍短板，制定实施国家电投工程建设项目经理和安全管理人员认证培训方案，组织开展 3 期项目经理、2 期安全管理人员培训，完成 600 余人次的培训。制作发布《施工反措三十条》宣教视频，制定实施《技术监督管理统筹资源实施方案》，开展 5 期技术监督专业培训，19 期智享云课堂线上授课、9 期二十五项反措线上解读。

（4）加强双重预防，推动重大风险隐患排查治理。建立国家电投安全生产 TOP10 风险清单、安全生产重点问题隐患清单和重要设备风险 TOP 清单“三清单”，每月召开风险防控会议，根据企业风险等级及时实施“亮灯”警示措施。全年共对 44 家二级单位、227 家基层单位/场站开展监督检查。组织对 101 家三级单位开展技术监督动态检查，全面评估技术监督管理现状，促进管理提升。聚焦重点环节开展专项设备隐患排查，强化重点风险隐患整治，重点问题整治、整改，相关工作成效受到国家能源局肯定。

（5）推进科技兴安，数智化赋能安全生产。制定实施《矿山安全智能化建设方案》，井工煤矿全面完成采煤工作面智能化建设，露天煤矿全面建成信息化调度指挥系统，非煤井工矿山建成水文动态观测、顶板观测系统，非煤露天矿山完成边坡监测在线系统建设。设计构建国家电投工业互联网+安全生产平台，完成基础管理功能设计及开发，完成 24 个应用模块开发，在 7 家单位投入试运行。建成智慧应急平台，并在黄河公司、内蒙古公司两家单位上线应用，构筑多级联动的一体化智慧应急指挥调度平台。

【节能环保】

2023 年，国家电投供电煤耗完成 293.34g/kWh，较全年计划目标值低 1.34g/kWh；二氧化硫排放 38892t，占全年计划的 87%，氮氧化物累计排放 54857t，占全年计划的 92%，超额完成国务院国资委考核年度分解目标。

国家电投贯彻落实全国生态环境保护大会精神，组织编制国家电投及各单位行动方案和行动项。通过调研总结中央企业配合督察工作经验，制定了《国家电投配合中央生态环保督察工作准备方案》，并完成第三轮第一批中央生态环保督察对青海等 5 省的督察配合工作。按照国资委《关于开展中央企业长江黄河流域生态环境保护专项整治行动的通知》，开展长江黄河流域生态环保专项整治工作。建立生态环保“一项目一清单”工作机制，对2542个项目开展全产业、全方位、全过程生态环保评价；发挥生态环保“两清单”问题导向和管理提升作用，完成2981项问题整改和29项提升行动项。

【信息（数字）化建设】2023年，推进“数字国家电投”建设，各项重点工作有序推进。

（1）建成国家电投新型数字化基础设施。国家电投贵安数据中心建成投运，已部署1400余个标准机柜、600余台物理设备，云计算平台（电投云）建成投运，完成电投壹、综合办公等集团化应用系统从北京苏州街数据中心搬迁至贵安数据中心。

（2）数据“上云用数赋智”取得新进展。推进产业数据中台建设，新增投产电厂接入装机占比达到95%，到2023年底累计接入境内场站1850余座，超过2.1亿kW装机，实时连接1.8万台风机、25万台光伏逆变器，包括风、光、水、火、核电场站；支撑无故障场站运行；完成产业态势分析主要业务功能开发，整体上线试运行；基本能够支撑新能源集中运营管理。推进管理数据中台建设，已汇聚计划预算、综合办公、燃料管理等33个统建系统、1000余个指标数据，开发数据驾驶舱、总部智慧运转中枢、科技创新等应用主题，支撑了大数据审计、对标分析等应用建设。

（3）建成天枢云智慧物联平台。已部署在全国30个省市自治区、1466个县域，接入光伏逆变器、制冷设备、储能设备及其他设备数66万多台，接入容量超过30GW，连接用户超过287万人。

（4）统一综合管理平台和移动应用入口。推动电投壹成为国家电投统一的移动应用平台和业务入口。将剩余19家二级单位使用的办公类系统统一至国家电投综合办公系统，实现综合办公系统的统一。数字档案馆完成21家二级单位及其下属三级单位的推广。

（5）统一ERP系统建设取得重要进展。已实现37家二级单位上线应用，集中开展ERP系统消缺专项工作；完成ERP系统移植实施项目立项，启动5家第一批移植实施单位项目工作，完成了差异分析，年底前完成蓝图设计和静态数据准备。

（6）推进“工业互联网+安全生产”平台建设。6月底完成班组安全管理，承包商安全管理等6个急用功能模块开发，已在6家二级单位上线应用，12月底完成全部25个功能模块开发并在试点单位上线应用。

（7）加强网络安全防护与推进自主可控应用。完成全国两会、杭州亚运会等重要时期网络安全保障，参加国家级网络安全攻防实战演习，2023年再次取得“优异”成绩。完成火电机组DCS自主可控研发。自主可控火电DCS在贵州纳雍电厂、江西景德镇电厂、内蒙古霍林河坑口电厂各1台机组投运。

【工会工作】

1. 工会工作

（1）强化职工思想政治引领，认真履行工会组织的政治责任。一是提高政治站位。发挥工会“大学校”作用，坚持把学习贯彻习近平新时代中国特色社会主义思想作为首要政治任务，利用工会工作平台，组织和动员职工群众认真学习习近平总书记重要指示批示精神、关于工人阶级和工会工作的重要论述和重要讲话精神；各级工会组织结合工作调研、“送温暖”慰问等活动，面对面、心贴心开展宣讲，不断增强广大职工群众对党的创新理论的政治认同、思想认同、情感认同。二是活跃职工文化。组织开展第四届“好故事”品读会暨云贺新春职工晚会，以艺术形式讲述身边故事，展现了广大职工建功“十四五”、奋进新征程的时代风采，近70万人在线观看，激发广大职工干事创业的热情。三是坚持战略引领。利用各种宣传载体，加强对国家电投“绿色、创新、融合，真信、真干、真成”核心价值观的学习宣贯，用战略愿景激励引导职工，鼓励职工投身宏伟事业、用扎实业绩描绘国家电投发展蓝图。开展职工思想状况调查，强化职工队伍意识形态，把握职工队伍的心理状态和思想动态，系统了解干部职工对改革发展、战略认同的满意度，为党组决策提供有效支撑。四是唱响时代主旋律。加强先进典型选树和宣传，评选表彰20家“先进集体”、30名“杰出奋斗者”，2023年系统内2个集体获得“全国五一劳动奖状”，4个集体获得“全国工人先锋号”。弘扬劳模精神、劳动精神、工匠精神，激励广大职工为扛起新使命谱写新篇章贡献磅礴力量。

（2）全心全意依靠职工办企业，完善密切联系广大职工群众的制度机制。一是坚持民主管理制度。完善以职代会为基本形式的民主管理制度。组织召开国家电投一届五次职代会，严格履行职责，审议决议相关议题，开展职工代表提案征集，征集提案132件，受理108件，立案办理12件。筹备国家电投二届一次职代会。指导各级工会组织坚持职代会制度，按期召开职代会，履行民主管理和监督职责。二是优化工会宣传阵地。完成“SPIC－家园”升级改版工作，将“SPIC－家园”诉求与合理化建议提办功能合并，2023年，通过“SPIC－家园”传递国家重大事件、国家电投党组声音和重要决策、新兴产业资讯、先进典型事迹等各类信息共1689件，收集诉求66条，全部办理落实。评选表彰10条年度优秀合理化建议、30条季度优秀合理化建议，对优秀建议提报人给予即时奖励，激发职工参与热情，营造良好工作氛围。

（3）以赛促训培育高技能人才，全力打造一流产业工人队伍。一是落实中央《关于加强新时代高技能人才队伍建设的意见》。制定《国家电投关于进一步深化产业工人队伍建设十项举措》，同步出台《国家电投高技能人才队伍建设方案》，从思想政治引领、提升政治地位、打造高技能人才队伍、构建培训体系、完善评价认证体系、拓展发展通道、强化班组建设、丰富创新创效载体、加强法治和制度保障、抓实权益保障等十个方面，融合工会工作和高技能人才队伍建设工作，提出了产业工人队伍建设具体措施，明确至2025年的工作目标，建立协同工作机制，以一流产业工人队伍，推动“2035一流战略”高质量落地。二是承办和参加全国、中央企业、行业级技能竞赛7项。承办首届全国光伏职业劳动和技能竞赛暨光伏产业高质量发展论坛、协助全总文工团赴黄河公司慰问演出，国家电投内蒙古乌兰牧骑文艺小分队与全总文工团同台献艺。承办第三届全国风电运维职业技能竞赛，得到中国能源化学地质工会的赞扬。参加全国能源行业燃料化验员职业技能大赛、全国电力行业电力交易员职业技能大赛、全国电力行业继电保护技能竞赛，共组织27支队伍，75名队员参赛，26支队伍获奖，71名队员获得个人奖。承办全国大型光伏场站劳动竞赛，参加全国大型水电厂（站）、风电场（站）劳动竞赛，组织224家光伏场（站）、7所水电厂、121家风电场参赛，其中20家光伏电站、1家水电厂、11家风电场获“优胜厂（站）”称号。三是深化“建功创一流”劳动技能竞赛。按照国家电投第五届“建功创一流”工作部署，举办技能竞赛12项，参赛选手1000余人，所属各二级单位主办、承办、参加省级技能竞赛115项，参赛选手440余人。

（4）强基创优深化班组建设，推动高技能人才培养。一是深入开展调查研究。赴基层13个单位进行调研，将“学研创落”“JYKJ”“SDSJ”等方法理念融入班组建设，制定《国家电投示范班组建设强基创优方案（试行）》和《国家电投示范班组创建标准指引（试行）》，建立“推创评”三维协同推进机制。二是协调人资部、智慧创新学院组织四期基层班组长、值长培训班，300余名班组长参加培训。三是积极推选职工荣誉。建立评审专家库，开展职工创新成果、创新工作室申报评选，开展国家电投第三届“建功创一流 巾帼标兵”评选表彰工作。在全总能化工会第三届“班组岗位创新创效·工人先锋号在行动”活动中，获1项特级、6项一级、8项二级创新创效优秀项目成果；在中国能化工会2023年电力行业职工创新成果评选活动中，获26项技术创新成果；重点领域4名职工荣获“大国工匠”称号。

（5）履行工会组织的关爱职能，多措并举推进关心关爱。一是深入做好普惠关爱。开展节假日职工普惠慰问及患病住院、生日生育、光荣退休等阶段的特殊慰问。组织慰问困难职工、扶贫干部、物业团队、退休职工等人员，共计发放慰问金17.9万元。通过调查摸排，为446名困难职工发放补助金，参照往年工作惯例，共计发放补助金89.2万元。二是深化“我为群众办实事”实践活动。为全系统职工提供私家车保险团购服务，近20000辆车在线登记，为购买保险职工节约费用平均35%左右。开展“书香总部”系列活动，打造总部职工学习交流共享平台，线上、线下累计参与人数超过6000人。三是做好女职工关心关爱。撰写发布国家电投党组《致国家电投全体女职工的一封信》，向广大女职工致以节日的问候。安排敦煌艺术美学讲座和拍摄工作形象照系列活动，组织总部198名女职工集体过节。四是配合做好消费扶贫。倡议所属单位购买延川、美姑、商城三个定点帮扶县农产品。配合国资委举办的“央企消费帮扶兴农周”活动，通过开展线下直销、直播带货等多种活动，实现采购总额1227万元，在100家中央企业中位列第27位；发起“书”送未来，共“童”成长捐书活动，向集团公司对口帮扶县青少年捐赠图书，系统各单位累计4800余人捐赠图书超过2.4万本。

2. 团青工作

（1）深入开展团员和青年主题教育，引领广大团员青年坚定不移听党话跟党走。一是开展团员和青年主题教育。第一时间召开部署推进会，建立“3+N”工作清单，用好团中央“团员和青年主题教育学习平台”和国家电投“电投e学”等平台。将团中央、中央企业团工委推出的“青年大学习”团员和青年主题教育专辑、有关问题答复等理论学习产品整理为重要辅助学习材料，定期向各级团组织宣贯。组织各二级单位团委书记结合工作实际，从如何助力企业发展、如何解决企业关注的问题等角度参与“习语润青”征文活动；挖掘基层特色亮点，总结经验做法，形成体系、可参考的工作案例，在《国家电投报》宣传报道。二是纵深推进青年精神素养提升工程。召开“2035，我们正青春”五四青年大会，邀请雷锋精神传人陈雅娟、中航集团沈飞“罗阳青年突击队”队员讲述奋斗圆梦故事。召开青年精神素养提升工程交流会，邀请国家电投劳模讲述奋斗经历。开展第二期“青马工程”培训班，85名学员参加，开展17次研讨，形成4份开题报告。开展“三个问题”大讨论，开设“青年说”宣传专栏展现讨论成果，提炼国家电投青年的精神特质“胸怀信仰、干有力量、成就梦想”。三是着力提升思想政治引领实效。举办“学习二十大、永远跟党走、建功创一流”青年演讲比赛，选拔4名优秀选手参加电力行业宣讲赛，取得了一金三银、优秀组织单位奖。系统3名青年被选举为团十九大正式代表，国家电投党组与3名青年代表座谈交流。国家电投团委书记面向全系统开展习近平总书记关于青年工作重要讲话和团十九大精神主题团课。四是做好青年典型选树工作。开展国家电投2021—2022年度“五四”先进评选，推选系统18家单位共11个集体、10人获全国级青年荣誉。主办12期青年专刊，增设“青年技术猎头”“青年班组长”“我为企业献一计”“青年工匠”等专栏。组建青年宣传队，在央视网、《中国电力报》等媒体平台宣传集团青年事迹51次。

（2）组织动员广大团员青年岗位建功，当好党的忠实助手和可靠后备军。一是组织动员青年参与急难险重任务。开展2023年“青年先锋 项目建功”专项行动，组建370余支青年突击队，聚焦集中式电热力、绿电转化、科技及金融等开展攻坚行动，评选30支国家电投优秀青年突击队。国家电投团委每季度跟踪青年突击队进展，梳理工作亮点，挖掘青年突击队及队员典型，每月进行宣传报道。开展青年文明号创建经验研讨交流活动，邀请团中央示范宣讲团分享奋斗故事。1支青年突击队获“全国优秀青年突击队”，6个集体获第21届“全国青年文明号”。二是推进青年创新创效工程。举办两次“青创先锋 汇智一流”青年创新创效活动，邀请鞍钢集团等资深专家交流创新成果，讨论如何通过“青创”活动推动青年科技创新与青年成长成才。成立压缩空气储能、分布式光伏直流接入电解铝项目等4个跨区域创新联盟，邀请技术总成单位的青年科技人才跨区域、进现场、下基层交流技术经验。开展青年创新工作室创新力提升专题培训，邀请大国工匠、国家级创新工作室带头人等授课。中央研究院天然气掺氢技术研究及应用示范项目获第十七届“振兴杯”全国青年职业技能大赛研发创新类铜奖。三是深化青年助力安全生产工作。开展国家电投首届“青年安全生产示范岗”创建活动。开展“青力护航 安全发展”青年安全知识竞赛，近万名青年参加。组织安全演讲比赛、辩论赛和主题交流等趣味安全教育活动。2个集体获“全国青年安全生产示范岗”荣誉。四是促进青年成长成才。举办国家电投首届“青蓝杯”青年英语风采大赛，推荐43名国际化青年人才进入国家电投国际化青年达人名单。建立优秀青年典型数据库，选树青年榜样开展典型先进宣讲，优秀青年代表受邀出席世界核电运营者协会第一届WANO国际青年论坛等活动。

（3）发挥桥梁纽带作用，努力提升共青团服务青年实效。一是深化拓展“映山红”公益行动品牌。举办“映山红”志愿服务20周年纪念大会，表彰优秀青年志愿服务团队和个人，发布国家电投首个公益品牌，启动专项医疗救助、能源科普、关爱幼儿等多方面联合公益行动，为6名重度听障儿童完成人工耳蜗植入手术。系统内开展志愿服务活动1300余次，完成亚运会、进博会等重要赛会志愿服务工作，累计收到市政府、交易团等感谢信58封。组织开展中央企业公益助农直播，累计交易额超800万元。二是关心慰问偏远场站、生产一线青年。国家电投团委赴新疆、宁夏、青海、内蒙古、江西、上海、江苏、山东、广东、广西、湖北等基层一线，围绕班组青年成长、岗位成才开展调研活动，征集国家电投青年TOP10需求清单。三是开展“For You”青年联谊活动。联合医院、学校、国企等外部企业，开展多形式联谊交友活动，近350对男女青年牵手成功。四是引领青年做绿色品牌代言人。组织各团青协作区在全国节能宣传周开展低碳主题活动，总部及在京单位60余名青年在首钢园开展低碳骑行活动，向阿拉善捐赠近百棵梭梭树，东北、上海、华东、西南、中南团青协作区开展光伏治沙科普、黄浦江畔徒步等活动。

（4）加强共青团和青年工作，持续推进全面从严治团。一是严格落实中央企业及集团党组关于加强党建带团建工作的意见，推动38家二级单位团组织按期换届，推动新成立单位、团员较少单位、临时项目组等建立团组织。召开4次团委（扩大）会，严肃团内组织生活。二是优化团组织效能。选拔优秀二级单位团组织负责人到集团总部挂职，并推荐青年骨干参加集团党校、中央团校培训，提升团干部综合素质，印发《共青团工作指南2.0》。三是切实加强团干部队伍建设。开展二级单位团组织负责人述职，开展“扣好人生第一粒扣子”专题培训，在全系统通报典型案例。健全团干部广泛联系基层青年、听取意见制度、监督约束机制、关爱谈心机制。

（朱清源）

【黄河上游水电开发有限责任公司】

公司概况 黄河上游水电开发有限责任公司（简称黄河公司）于1999年10月28日在西安挂牌成立。黄河公司是在龙羊峡水电站和李家峡发电有限公司资产重组的基础上，由国家电力公司与西北电力集团公司、青海省电力公司、陕西省电力公司、甘肃省电力公司、宁夏回族自治区电力公司、陕西省电力建设投资开发公司、甘肃省电力建设投资开发公司、宁夏电力开发投资有限责任公司和青海省投资公司等投资方共同出资组建，主要任务是：按照“流域、梯级、滚动、综合”方针，开发黄河上游龙羊峡至青铜峡河段的水电资源。2000年1月1日开始正式运作；同日，青海省电力公司所属龙羊峡水电厂、李家峡水电厂划转黄河公司。

2002年起，国家分步推进电力体制改革，实行厂网分开，重组国家电力公司发电资产，组建了五大发电集团公司。按照国家计委关于国家电力公司发电资产重组划分方案的批复，黄河公司作为流域开发公司划入中国电力投资集团公司。2004年7月，中国电力投资集团公司印发文件，将盐锅峡、八盘峡、青铜峡水电厂划归黄河公司管理。2015年5月29日，经国务院批准，中国电力投资集团公司与国家核电技术有限公司重组，成立国家电力投资集团公司，黄河公司由此隶属于国家电投。

黄河公司成立以来，承担使命，滚动开发黄河上游水电资源，先后建成公伯峡、拉西瓦、苏只、积石峡、班多水电站等，在黄河上保持了“投产一批、建设一批、筹建一批、规划一批”的梯次持续开发局面，打造成黄河上游千万千瓦级水电基地。

转变发展方式，优化电源和产业结构，大力发展光伏产业。2011 年建成格尔木 200MW 全球单体最大光伏电站。2014 年起，研发水光互补技术，建成世界最大规模、装机容量 850MW 的龙羊峡水光互补光伏电站，填补了国内大规模水光互补关键技术的空白。2015 年，第一个切片项目——西宁 400MW 切片一期 200MW 单晶切片项目投产；同年，在格尔木 200MW 智能光伏电站向全球发布智能光伏电站技术。2016年，建成百兆瓦级光伏发电实证基地。2018 年，运用“集中监控、大数据分析、远程诊断，实时维护”的智能管理模式，建成新能源运维和大数据分析中心；同年，成立光伏产业技术创新中心，形成了国内唯一一个涵盖从硅材料到组件回收全产业链的 17 个研发平台。2019 年建设的国内首个高智能化、量产效率超过 23% 的 N 型 IBC 电池生产线，达到国际领先水平。

自 2013 年起，黄河公司依托西北地区清洁能源资源禀赋，着手在甘肃、陕西、青海建设风力发电场。2019 年，在青海建成 6 座风电场，装机容量 243 万 kW。在加快黄河上游水电、新能源资源开发的同时，拓展发展领域，在青海规划建设目前世界海拔最高的 4×66 万 kW 超超临界燃煤火电机组，其中一期工程建设的两台 66 万 kW 燃煤火电机组分别于 2015 年 12 月、2016 年 3 月移交生产。

经过 20 多年的发展，黄河公司实现了由单一水电向水电、火电、新能源发电并举的重大转变，并延伸到电解铝、多晶硅、太阳能电池及组件等领域，实现了多产业一体化协同发展。

2023 年，黄河公司资产总额超 1700 亿元，电力总装机容量 3053.29 万 kW，清洁能源占比 91.42%。“十四五”期间，黄河公司电力总装机容量将达 5000 万 kW 以上。在黄河上游和大通河流域、陕西嘉陵江、西藏金沙江拥有水电站 18 座，总装机容量 1194.24 万 kW，正在加快建设羊曲水电站，规划建设共和（多隆）、中宁抽水蓄能电站和茨哈峡水电站。在青海、甘肃、宁夏、陕西、黑龙江等地开发光伏电站项目和风电项目，已形成新能源装机规模 1597.05 万 kW，其中光伏 1071.99 万 kW、风电 525.06 万 kW，积极推进青海省两个千万千瓦级可再生能源基地建设；供热生产能力 1478t/h；拥有年产 3300t 电子级多晶硅、1100MW 太阳能电池、625MW 组件、60 万 t 电解铝及 30 万 t 炭素生产能力。

领导班子

1. 董事会

董事长：姚小彦

董事：于淼、罗发、赵琼仁、吴连成、周杰、杨敬飚、余国君、程中华（职工董事）

2. 监事会

监事会主席：郑武生

监事会成员：曹鹏、沈继伟（职工监事）

3. 经营班子

总经理：于淼

副总经理：刘柏年（1—5 月，新能源总工程师、总法律顾问，兼国家电投集团铝业协同中心副主任）、胡一栋、王思德（兼国家电投集团大坝与抽蓄中心副主任）、刘刚（援藏）、孙浩源（3—12 月）、霍兵、董鹏、黄海兵、孙玉泰（7—12 月）

总会计师：葛明波

工会主席：程中华

纪委书记：罗东航

4. 党委成员

党委书记：姚小彦

党委副书记：于淼

党委委员：胡一栋、王思德、霍兵、罗东航、董鹏、黄海兵

组织机构 实行以公司本部、分（子）公司二级责任主体为基础的管控模式，本部为一级，共设 28 个职能部门（合并合署运作部门后共设 24 个职能部门）：办公室（党委办公室）、董事会办公室、党建部（直属党委）、规划发展部、人力资源部（体制改革办公室）、计划财务部、资本运营部、国际业务部、电力营销部、物资管理部、企业管理与法务部、科技与创新部、工程管理部、水电生产部、新能源生产部、电力产业协同部、火电部、安全质量部、审计部、纪委办公室（直属纪委）、群团工作部、征地移民（乡村振兴）工作办公室、巡察工作领导小组办公室、生态环保部；15 个职能中心：档案中心、新闻中心、发展技经中心、劳动人事与薪酬管理中心、培训中心、西宁中心（会计中心）、电力营销与碳交易中心、物采中心、法治中心、信息技术中心、水电集控中心、新能源集控中心、审计中心、后勤服务中心、海外项目工作组（中东北非代表处）。

下设 31 家二级单位：班多发电分公司、龙羊峡发电分公司、拉西瓦发电分公司、黄南分公司、公伯峡发电分公司、积石峡发电分公司、新能源分公司、西宁发电分公司、工程建设分公司、羊曲发电分公司、新能源建设分公司、海南风电分公司、海南分公司、格尔木分公司、海北分公司、西宁分公司、海西分公司、青南分公司、集团光伏产业创新中心、盐锅峡发电公司、青铜峡发电公司、陕西黄河能源公司、甘肃

新能源发电公司、鑫业公司、电力检修公司、物资公司、电力技术公司、黑龙江黄河公司、矿业公司、西宁热电公司、大通发电公司。

依托黄河公司设立国家电投职能中心4个（光伏产业创新中心、储能产业创新中心、大坝中心、抽水蓄能开发中心），合并合署运作后设立2个国家电投职能中心：国家电投光伏（储能）产业创新中心、国家电投大坝与抽水蓄能中心。黄河公司员工总数为9384人。

战略发展 获取青海省海南州戈壁基地1560万kW牵头开发权，是国家电投首个国家“沙戈荒”大基地。获取（锁定）国家第二批、第三批风电光伏大基地153万kW开发建设指标。羊曲水电站、李家峡扩机、共和光伏、青豫直流二期、大庆基地二期、夏日哈木镍钴矿等重点项目完成年度建设目标和投资计划，新能源投产规模57万kW。3个项目获得2022年度中国电力优质工程荣誉及青海省“江河源杯”。塔拉滩一标段100万kW光伏项目获得国家优质工程金奖，入选“非凡十年·中国电力工程世界第一”典型超级工程案例。

全年锁定市场化新能源开发建设指标共147万kW，新兴产业项目核准（备案）总规模44万kW，开工总规模18万kW。中标共和（多隆）390万kW抽水蓄能开发权和配套1000万kW新能源指标，是国家电投获取规模最大、配套新能源指标最大的抽水蓄能项目。取得茨哈峡水电站开发权，龙羊峡储能项目纳入国家抽水蓄能中长期发展规划。龙羊峡水光互补发电站获得“最大装机容量的水光互补发电站”吉尼斯世界纪录。

完成青海省投重组和管理权移交，实现安全平稳过渡，为青海省投输送27名管理人员及专业骨干，构建国家电投在青“双轮驱动”发展新格局。初步完成与青海省投产融混合型“融投业务”平台搭建，完成绿电公司70%股权等4个并购项目资产运作。土地、房产办证率较2022年初分别提高5.56、17.38个百分点。全年科技投入5.24亿元，同比增长122%。申报“多能互补绿色储能”“光伏科学与技术”全国重点实验室，参与承担“储能与智能电网技术”专项等国家重点科技任务。TBC电池研发、BIPV组件产品、组件回收中试线优化研发均取得积极进展。持续优化创新研发体系和工作机制，大坝、抽水蓄能、光伏、储能4个中心聚焦技术服务和创新创效，在大坝安全管控、技术咨询服务、创新成果转化、产业规划布局等方面发挥“倍增效应”，为国家电投产业创一流提供有力支撑。

以国家电投在青海整体利益最大化为目标，持续深化区域规划研究、政府对接、市场开发、电力营销和品牌建设。区域内受托运营新能源规模4.95万kW，新能源集控运行接入兄弟单位规模58.9万kW。财务共享西宁中心接管兄弟单位账套23个。

厘清平台管控、创新中心管理、治理主体权责、基层单位权限“四大管理”关系。优化调整本部部门19个，成立8个区域分公司，将4个中心纳入管理体系，优化职责定位，规范决策与业务管理，全面增强经营发展活力。设立董事会办公室，推进落实董事会职权，规范授权管理，全面提升董事会运作水平和治理效能。扎实推进国企改革三年行动，重点任务完成率100%，对标世界一流管理提升行动项完成率100%，在重要领域和关键环节取得突破进展。

打造境外资本金贷款新典范，国内首笔境外资本金过桥贷款成功落地。沙特红海综合智慧能源项目施工总进度超70%，喜获习近平总书记点名，沙特70万kW光伏项目开工建设。阿联酋、沙特等多个竞标项目通过资格预审。推动国家电投与ACWA Power签署绿色能源产业投资合作谅解备忘录，纳入中沙联合声明。参与国家能源局中阿氢能发展联盟组建，为深耕中东北非区域清洁能源市场开发奠定了坚实基础。

安全环保管理 面对“四期叠加”特殊时期和严峻的安全形势，明确安全风险是公司当前及今后一个时期的第一风险。配齐配强安全总监，强化安全监督穿透力。持续夯实安全生产基础，对25家单位56名领导干部开展安全管理知识抽考，生产型单位“三钻”及以上水平占比达67%，安全建设达标班组占比达78%。常态化持续开展安全生产大检查，2605项问题和隐患全部完成闭环整改。

生态环保稳步推进。黄河上游水电梯级开发生态环境全过程监测系统顺利运行，高原“花园式”电站+水生生态改善示范项目、荒漠风电陆生生态治理示范项目完成创建。积石峡水电站放流鱼类26万尾。“光伏+生态治理+生态牧业”的建设模式助力草场牧场恢复。火电二氧化硫和氮氧化物单位排放绩效同比分别降低5.95%和4.56%。协同产业环保设施同步投运率、危险废物处置合法合规率均达到100%。

生产经营管理 面对黄河上游来水同比减少23.2%的不利条件，采取“秋蓄冬用”调度策略，汛末抬高龙羊峡水库水位6.87m，拦蓄水量25.75亿m^3。新能源场站持续开展耐频耐压改造，增强设备电网适应性，提升设备可靠性。6台水电机组被评为“全国发电机组可靠性对标标杆机组”，3座风电场获得“百日无故障风电场”称号。

羊曲水电站项目建设施工进度稳步推进，6月上游围堰填筑至设计海拔2650m度汛高程；9月镶嵌混凝土坝首仓混凝土正式开始浇筑。首台机组计划于2024年8月投运。

提质增资精准发力，全年提质增资贡献效益6.36亿元。新能源板块大力开展无故障风电场、无故障光伏子阵建设、专项隐患排查治理、设备技术改造、标准化运维检修，发电利用小时数同比增加201h，检修损失电量同比减少 1.35 亿 kWh，实现提质增资 4.16 亿元。水电板块紧盯龙羊峡出库水量、人工增雨、抬升运行水位、排漂清污等措施，增发电量15.81亿kWh，实现提质增资 1.79 元。协同产业板块狠抓工艺技术条件优化，提升关键技术指标、降低能耗物耗、提升精细化操作水平，实现提质增资 1.81 亿元。火电板块全力做好煤耗压降和政策争取，减亏 3000 万元。

抢抓全国统一电力市场建设契机，通过省间现货交易消纳新能源富余电量 5.07 亿 kWh，对应降低限电率 2.67 个百分点；争取汛期水电首次参与省间现货交易；绿电交易实现“零突破”，溢价体现绿电价值。促成青豫直流电价提升，青豫直流配套电源项目全部实现盈利。

业财融合举措有力，争取到 LPR 下浮 46%的煤炭清洁高效利用贷款 2.5 亿元，获得西部大开发、三免三减半等税收优惠 4.31 亿元，23.87 亿元留抵退税资金全部到账。土地、房产办证率分别达到 98.03%和 92.5%。与青海省投共同搭建融投业务平台，完成启明新能源项目融投业务运作。

管理创新 科技创新成效显著。科技创新助推降本增效，氧化铝浓相外补气输送技术应用，每年节约用电 1000 万 kWh；多晶硅还原尾气去除无定形硅技术应用，每年可增加经济效益 2800 余万元；班多水电站拦污栅自动清污装置研制应用，实现不停机动水清污，每年可增加发电量 1000 万 kWh。全国科普教育基地、国家光储一体化实验实证实训基地入驻海南光伏产业园区。建成首个电源侧一次调频系统，新能源场站具备一次调频主动支撑能力。全年累计申请专利 223 件，完成国家电投年度目标任务的 119%，1 项科技成果获得第二十三届中国专利优秀奖，6 项科技成果获得青海省及国家电投科技奖。

数字化赋能管理提升。公伯峡初步建成国家电投首个数字孪生水电站，实现智能巡检、智能安全管控、精确仿真和虚实交互智能培训。拉西瓦水电站预警智能监测系统建成投运，夯实果卜岸坡变形体安全管控基础。羊曲水电站采用无人驾驶自动摊铺及碾压技术，实现大坝填筑过程作业的自主决策及摊铺层厚度精准控制。创造性地将人工智能系统融入无人机巡检工作，风机叶片巡检速度提升 75%，故障识别时间由 120min 缩减至 15min。鑫业公司碳素系统实现远程集控，3D 安全生产智慧管控平台实现集中监视全覆盖和不安全行为预警。

专业中心作用凸显。大坝中心实现国家电投小水电（水库）大坝和涉坝二级单位安全检查全覆盖，完成 37 座大坝安全定检、87 座大坝巡查和 11 座大坝回访检查任务。抽水蓄能中心参与咨询项目 75 个，跟踪项目 46 个，锁定开发权项目 26 个，进入预可研、可研项目 14 个，位居发电集团第二。光伏创新中心全力支撑服务国家电投一流产业建设，优化晶硅组件全材料回收工艺，综合回收率 92%。深挖光伏电站提质增效潜力。储能创新中心申报国家重点实验室、青海省先进储能创新平台，技术研究布局稳步推进。

公司治理 深化改革稳步推进。研究制定一揽子总体改革方案，优化综合业绩考核机制，完善薪酬分配机制，增强公司发展经营活力。理顺党委、董事会、经理层行权界面，建立以章程为核心的“$1+N$”制度体系，公司法人治理建设取得阶段性重要成果。

加强合规管理。全年制订、修订规章制度 352 部。厘清公司本部与所属单位之间、黄河公司与“三省公司”之间的权责划分，提升依法治企、合规管理效能。强化领导干部经济责任审计，年内完成 16 个审计项目，揭露管理问题并提出审计意见 330 项。开展部分单位承包商安全管理和智慧科技公司专项审计。应用大数据审计工具，初步具备“远程+现场”新模式审计应用能力。

人才队伍活力激发。明确干部选拔任用“三个三”原则和“四个一批”人才队伍建设目标，择优向国家电投推荐优秀年轻干部人选 10 人，培养国家电投党组管理干部 10 人，选拔任用黄河公司党委管理干部 4 人，主持工作等使用 20 人，交流调整黄河公司党委管理干部 100 人，其中机关本部和基层单位上下交流 34 人。开发光伏仿真培训系统，建立完善人才库常态化管理机制，明确 3 个类别、67 个专业方向的人才选拔标准，累计申报入库 375 人。

“双轮驱动”初步构建。完成青海省投公司管理权移交，实现资产、生产运营、人员队伍安全平稳过渡，构建黄河公司与省投公司“优势互补、互利共赢、双轮驱动”的协同发展新格局，协助省投公司成为青海重要的省属清洁能源平台、国家电投最大的轻资产运作平台、央省国企合作的典范。

党群工作 党建工作全面深化。组织开展“再接再厉 再攀高峰”和贯彻落实习近平总书记重要指示批示精神再学习再落实再提升主题活动。启动以习近平新时代中国特色社会主义思想培根铸魂工程，承办全省基层理论宣讲活动，组建“两级宣讲团”推动学习宣贯党的二十大精神“两个全覆盖”。深化党建价值创造，建立领导班子成员“分片包干”重典治安联点机制，推动“创新驱动落地见效”党建项目化建设取得实效，青海区域党组织联建共建成功打造国家电投“样板间”。“大党建”工作质量整体实现新跃升，年度党建考核位列国家电投第四名。黄河公司获得“2019—2021 年度”青海省文明单位标兵。新闻宣传工作位居国家电投第一，对外发表 6986 篇次稿件和视频，10 次登上《人民日报》、18 次登上央视。

纪检巡察走深走实。开展贯彻落实习近平总书记重要批示指示精神“登高望远、提质增效”专项政治监督、疫情防控“八必须、八严禁”、安全生产“五查五看”、能源保供等10项专项监督，经验做法被国家电投分享。深化纪检体制改革，由派驻监督改为平行监督，进一步突出主责主业。推出《廉政大讲堂》活动，一体推进“三不腐”。实现常规巡察全覆盖、巡察整改全覆盖，一体推动巡视巡察、审计、主题教育检视问题整改清仓见底，整改率99%。编制《巡察典型事例汇编》，强化巡察成果运用。国家电投调研督导组对“强化‘四责协同’、坚持‘四不放过’，推进巡察‘后半篇文章’落地见效”的良好工作实践给予认可。

群团工作亮点纷呈。疫情期间，深入开展关心关爱工作，慰问员工及家属19437人次，开展心理辅导302次。筹备两项国家级赛事，承办两项省级赛事，带动重点领域、重点行业技能人才发展。聚焦“三力一度两保障”，不断加强“党建带团建”“青年精神素养提升工程”工作，团结带领广大团员青年为企业改革发展做出积极贡献，在建团百年之际荣获“全国五四红旗团委”称号。

社会责任扎实履行。坚决扛起央企的政治责任和社会责任，实施捐赠、帮扶项目36个，惠及农牧民群众1.3万人。定点帮扶的羊旗村生态畜牧养殖合作社年分红51万元。以新能源产业发展带动地方经济建设案例荣获“第三届全球减贫案例征集活动”最佳减贫案例。

主要事件

1月3日，海南风电分公司取得《海南州发展和改革委员会关于国家第二批大型风电光伏基地伏山共和100万kW源网荷储项目黄电30万kW风电建设项目核准的批复》（南发改能源〔2023〕1号）。

1月6日，甘肃新能源公司景泰县分布式光伏项目，寺滩乡卫生院37.44kW、寺滩乡中心敬老院99.84kW屋顶分布式光伏并网发电。

1月7日，电力检修公司承建的青海省海南州特高压外送基地电源配置项目海南州塔拉滩一标段1000MW光伏电站项目，评选为2022—2023年度第一批国家优质工程金奖。

1月9日，新能源分公司张永良职工创新工作室，被青海省总工会授予“青海省职工创新工作室”荣誉称号。

1月19日，电力检修公司承建的青海省海南州特高压外送基地电源配置项目海南州塔拉滩一标段1000MW光伏电站项目，评选为2021—2022年度第二批中国安装工程优质奖（中国安装之星）。

1月29日，甘肃新能源公司中标安徽省灵璧县轴承产业园屋面21MW项目开发权，实现黄河公司省外综合智慧零碳电厂开发零突破。

2月22日，青海省自然资源厅《关于反馈茨哈峡等重大水电项目是否涉及生态保护红线的复函》，明确茨哈峡、尔多、宁木特水电站及配套抽水蓄能项目建设用地调出生态保护红线。

2月27日，黄河公司沙特红海综合智慧能源项目荣获伦敦证券交易所国际项目融资（PFI）年鉴年度国际项目融资杰出成就奖。

3月3日，国家消防救援局授予李家峡电站专职消防队“2022年度全国先进企业专职消防队”荣誉称号。

3月8日，中国电力管理协会表彰青海黄河新能源维检有限公司“企业新能源维检核心竞争力提升策略研究”荣获2022年全国电力行业设备管理创新成果一等项目。

3月14日，电力技术公司负责的“对330kV及以上变压器检修前后的设备运行健康程度综合评价研究”获中国电力设备管理协会2022电力行业设备管理创新成果一等项目。

3月17日，黄河公司与宁夏交通投资集团有限公司、中国葛洲坝集团股份有限公司组成的联合体中标中宁100万kW抽水蓄能电站2标段。标志着黄河公司在宁夏区域清洁能源项目发展实现新突破。

3月21日，黄河公司中标100万kW中宁抽水蓄能电站项目。

3月22日，由大坝（抽水蓄能）中心申报的“超级坝群集约化安全监控和监督关键技术”研究获得2022年大坝工程学会科技进步奖二等奖。

3月22日，第五届光伏电池组件发展趋势与可靠性技术研讨会暨2023摩尔光伏“金豹奖”颁奖典礼在北京举行。西宁分公司IBC BIPV组件产品，斩获“金电池奖”“金组件奖”“技术卓越奖”三项殊荣。

3月28日，西宁共享中心荣获“全国五一巾帼标兵岗”称号。

4月12日，西宁分公司建成青海省首例多功能BIPV项目，并并网发电。

4月14日，黄河公司党委书记、董事长姚小彦在本部会见沙特ACWA Power副总裁兼中国总经理吕云鹤一行。

4月20日，黄河公司海南基地共和县100万kW光伏项目（黄河伏山光伏电站）在绿色电力“e交易”平台，通过双边协商与省内部分电解铝用户完成该项目首笔绿电交易，绿电电量2400万kWh，度电溢价3.5分钱。

4月24日，黄河公司取得国网青海省电力公司关于羊曲水电站接入系统的批复。

4月27日，青海省委书记、省人大常委会主任陈刚，到羊曲水电站工程调研，了解电站建设运行及黄河开发利用情况，由工程建设公司负责配合。

4月28日，格尔木分公司格尔木光伏项目部光伏运维班，被青海省总工会授予“青海高原工人先锋号”。

5月8—11日，国家电投党组成员、副总经理陈海斌到黄河公司调研督导，并会见沙特国际电力与水务公司（ACWA Power）副董事长兼董事总经理桑德，双方就加快推进国家电投与ACWA Power前期达成的合作共识落地、持续加强清洁能源务实合作进行深入交流，国家电投国际业务部主任陈燕，黄河公司董事长姚小彦、总经理于淼、副总监马超陪同会见。

5月11日，黄河公司与沙特国际电力与水务公司（ACWA Power）签署《关于绿色能源投资及创新合作的谅解备忘录》，进一步拓展双方在国内外清洁能源项目的合作。

5月23日，黄河公司党委书记、董事长姚小彦拜会青海省委常委、省政府党组副书记王林虎，围绕清洁能源大基地建设、推进青海省投转型发展，以“双轮驱动”助力青海高质量打造国家清洁能源产业高地等进行交流。

5月24日，国务院国有资产监督管理委员会副秘书长庄树新一行，在国家电投总工程师兼科技与创新部主任李建伟，黄河公司党委书记、董事长姚小彦的陪同下，到新能源分公司调研。青海省政府国有资产监督管理委员会党委委员、副主任张海满，西宁市委常委、副市长姜晓东陪同调研。

5月29日，国家能源局局长章建华一行调研国家电投中东北非区域代表处，国家电投国际业务部主任陈燕，黄河公司党委书记、董事长姚小彦，黄河公司副总监马超陪同调研。

5月29日，国家能源局局长章建华出席，国家能源局国际合作司主办，黄河公司承办，阿联酋中资企业座谈会，国家电投集团、中核集团、中石油、中海油、国家电网、哈尔滨电气、中国电建、中国能建、远景科技、华为公司、阳光电源等十余家在阿中资企业参加座谈会。国家电投国际业务部主任陈燕，黄河公司董事长、党委书记姚小彦，黄河公司副总监马超参加座谈会。

5月31日，海南分公司办理取得海南州千万千瓦级新能源基地（一区两园）1600MW竞价光伏项目基础设施、青海省海南州千万千瓦级新能源基地（一区两园）3000MW光伏项目电力工程基础设施、青海省海南州千万千瓦级新能源基地（一区两园）风电园区基础设施3个项目共计14口水源井取水许可证。

6月2日，黄南州绿电制氢及规模化管道输氢综合利用示范项目获取黄南州发展改革委关于同意开展前期工作的批复，黄河公司首个绿电转化项目获得实质性进展。

6月14日，2023年德国慕尼黑国际太阳能光伏展（Intersolar Europe 2023）在德国慕尼黑新国际展览中心盛大开幕。黄河公司Andromeda 3.0（仙女座3.0）TBC产品，赢得欧洲市场的高度关注。

6月18日，水电总院组织《茨哈峡水电站坝线及枢纽布置深化研究专题报告》咨询，咨询认为报告推荐上坝线及枢纽布置深化研究的主要结论基本合适。专题的完成将加快推动茨哈峡水电站可行性研究进程。

6月18日，巴西劳工党总书记恩里克·丰塔纳等一行40人，参访海南分公司水光互补项目。

6月20日，《西宁火电二期2×660MW项目初步可行性研究阶段初步可行性研究报告》通过电规总院审查。

6月30日，青海省能源局发布《关于加快推动国家第三批大型风电光伏基地项目建设的通知》（青能新能〔2023〕56号），黄河公司青海盐湖创融黄河水电察尔汗工业园53万kW源网荷储项目列入青海省第三批大型风电光伏基地建设项目清单。

6月29日—7月1日，以“跨界全球·心芯相联”为主题的SEMICON China 2023国际半导体展在上海新国际博览中心隆重举行。新能源分公司携自主生产的电子级多晶硅块、原生电子级多晶硅棒、电子级硅芯等产品亮相展会，全面展示先进的生产工艺及技术水平。

7月3日，国家电投党组成员、副总经理陈海斌在本部会见AMEA Power董事长诺维斯，双方就推进第三方市场新能源、绿氢等多领域合作深入交流。黄河公司党委书记、董事长姚小彦，副总监马超参加会见。

7月9日，海东分公司天逸一二期光伏电站、化隆凌云光伏电站、格尔木光伏发电公司佳阳光伏电站被中国电力技术市场协会评为2022年度无故障光伏电站。

7月11日，咸阳宝石12.5MW分布式光伏发电项目并网发电，标志着黄河公司在陕西推进分布式光伏项目发展取得新突破。

7月19日，黄河公司“一种晶硅太阳能电池”发明专利获得第二十四届中国专利奖优秀奖。

7月21日，首届全国光伏职业技能竞赛暨全国大型光伏场站劳动竞赛在青海共和光伏产业园区开幕。中国能源化学地质工会主席蔡毅德，青海省总工会党组成员、副主席吴建军，国家电投党组副书记、董事、工委主任栗宝卿、中国能源化学地质工会副主席张金亮、中华全国总工会劳动和经济工作部副部长金勇出席开幕式。来自全国各地12家发电企业和3家省级工会的44支队伍132名选手参赛。

7月27日，青海省总工会授予班多发电分公司工会“青海省模范职工之家”；黄河公司群团工作部韩荣、海南分公司杨万雄被授予“全省优秀工会工作者”荣誉称号。

8月1日，团中央“青春心向党 奋进新征程”示范宣讲团走进黄河公司开展示范宣讲和互动交流。共青团青海省委、青海省各市州，黄河公司各级团干部、团员青年代表共计200余人在西宁分公司主会场及通过视频直播参与宣讲活动。

8 月 15 日，黄河公司能源基础设施投资黄电风力绿色资产支持专项计划（类 REITs）成功发行，总规模达 69.6 亿元。该项目是黄河公司发行的第一单类 REITs 产品，也是发行时全市场发行规模最大的类 REITs、青海省首单类 REITs，在“第八届中国不动产证券化合作发展大会”荣获 2023 年度不动产证券化“前沿奖”年度最佳类 REITs 奖。标志着黄河公司资本运作、加快建设世界一流清洁能源企业和助力国家电投“2035 一流战略”高质量落地方面取得又一重大突破和创新实践。

8 月 25—30 日，可再生能源发电工程质量监督站组长黄昌辉带领专家组，对黄河李家峡水电站扩机（5 号机组）项目进行了机组启动阶段质量监督检查。最终给出结论，待 5 号机组自动化元器件与二次接线调试、发电机液冷系统安装调试、主变压器细水雾试验、各分系统与计算机监控系统联调等工作完成且经参建各单位联合检查验收合格后，黄河李家峡水电站扩机（5 号机组）项目具备机组启动试运行条件。

8 月 30 日，在平顶山市委副书记、市长李明俊，黄河公司党委书记、董事长姚小彦，中国平煤神马集团党委书记、董事长李毛，河南省发改委能源局综合性处处长范磊共同见证下，平顶山市委常委、常务副市长陈天富，黄河公司党委委员、副总经理董鹏，中国平煤神马集团副总经理王安乐，平高集团总经理朱琦琦分别代表各方签订合作框架协议。国家电投光伏（储能）创新中心党委委员、副总经理庞秀岚出席签约仪式。

9 月 14 日，拉西瓦水电站工程通过竣工验收，正式转为生产运行阶段。

9 月 15 日，2023“一带一路”清洁能源发展论坛绿色成果发布会，黄河公司 IBC 组件以每瓦 384 克碳排放的较低指标获得证书，这也是青海省首个获得的国际 EPD 认证证书。

9 月 20 日，黄河公司申报的“大型并网光伏电站荒漠化土地治理及生态综合利用”“集团级坝群性态感知和全业务信息化研发与应用”获得青海省科技进步奖三等奖。

9 月 25 日，共和光伏发电公司尖扎电站荣获 2022 年度全国太阳能光伏电站生产运行统计指标对标西北地区青海省（海西以外地区）AAA 级荣誉称号。

9 月 30 日，拉西瓦、公伯峡、积石峡三座水电站大坝外部变形智能监测系统建成投运，为地震后的数据采集、分析提供有力支撑。

10 月 9 日，由鑫业公司编制的 T/CPIA 0054—2023《光伏发电系统用柔性铝合金电缆》标准通过中国光伏行业协会最终审核并发布，该标准将于 10 月 30 日起实施，填补国内光伏用柔性直流铝合金电缆相关试验的空白。

10 月 17 日，黄河公司党委书记、董事长姚小彦应邀出席第三届“一带一路”国际合作高峰论坛开场活动——“一带一路”企业家大会，并与沙特国际电力和水务公司（ACWA Power）董事长默罕默德·阿布纳扬先生签署乌兹别克斯坦绿氢项目联合开发协议。

10 月 17 日，黄河公司党委书记、董事长姚小彦在北京会见阿联酋阿布扎比未来能源公司（Masdar）首席执行官穆罕默德·贾米尔·拉马希一行，双方围绕境内外业务合作等进行深入交流，黄河公司副总监马超陪同会见。

10 月 27 日，李家峡水电站单机容量 40 万 kW 的 5 号机组正式并网归调，标志着中国首次采用双排机布置、世界最大双排机布置的水电站实现 200 万 kW 容量并网。

10 月 31 日，2023 世界水电大会（WHC）在印度尼西巴厘岛努沙杜瓦会议中心举办。黄河公司党委书记、董事长姚小彦受国际水电协会（IHA）邀请，出席大会并作题为《推进清洁能源高质量发展开向着世界一流清洁能源企业目标迈进》的演讲，与世界共享黄河公司水电、光伏等清洁能源领域发展的创新成果和良好实践。

11 月 5 日，海东分公司收到杭州第 19 届亚运会组委会、杭州第 4 届亚残运会组委会感谢信，信中提到：“贵单位高度重视，以精益求精的态度、严谨细致的作风、团结协作的精神，高质量完成各项服务保障工作，为成功举办亚运会、亚残运会作出了卓越的贡献，必将被永久铭记”。

11 月 6 日，甘肃新能源发电公司与灵璧县工业投资发展有限公司合作开发建设的灵璧黄河综合智慧零碳电厂项目首批并网点，并网发电。

11 月 18 日，电力技术公司申报的技术监督创新项目“贵南县清洁供暖源网一体化项目 GPS 控制测量项目“荣获中国电力技术市场协会五星创新成果；申报的技术监督创新项目“水轮发电机组定子绕组端部绝缘状况分析研究及应用”荣获中国电力技术市场协会五星创新成果。

11 月 20 日，格尔木光伏电站（三期）、优阳格尔木光伏电站荣获中国能源化学地质工会全国委员会组织的“全国大型光伏场站劳动竞赛荣誉称号”。海南风电分公司共和 200MW 风电场、切吉一标段（祁家）风电场，荣获“全国大型水电、风电、光伏厂（场站）劳动竞赛 2022 年竞赛优胜场站奖”。

11 月 24 日，甘肃新能源公司灵璧县轴承产业园屋面光伏项目接入国家电投“天枢一号”智慧系统，成为黄河公司数字化、智能化项目首家综合智慧零碳电厂。

11 月 25 日，海南风电分公司加柔风电场日发电量 580.3716 万 kWh，再次刷新自并网投产以来日发电量纪录，创历史新高。

11 月 30 日，羊曲水电站首台（2 号）机组定子吊装成功，标志着羊曲水电站机电安装工作取得阶段性胜利。

12 月 8 日，青海省政协主席民主监督视察组到黄河公司光伏（储能）产业创新中心大楼，围绕“加快多元储能体系建设，助力打造清洁能源产业高地”主题，实地调研了解抽水蓄能规划建设、多元储能示范应用和储能产业发展情况。省政协党组书记、主席公保扎西，副主席仁青安杰、匡湧、王振昌、田奎、刘大业，省政协副秘书长独金萍参加调研。黄河公司党委委员、副总经理董鹏陪同调研。

12 月 12 日，公伯峡水电站作业智能安全管控系统，获得中国安全生产协会组织的中国安全科技进步三等奖，通过系统推广应用，实现电站智能安全管理、无人巡检、智能监测。

12 月 15 日，由中国光伏行业协会主办的 2023 年中国光伏行业年度大会上，鑫业公司被评为中国光伏行业协会“2023 年度标准化工作先进单位”，鑫业公司铝产品创新中心主任顾炳林被评为“2023 年度标准化工作先进个人”。

12 月 18 日，在中国企业评价协会与《企业家》杂志社共同组织开展的电力企业第二届（2023）合规管理成果推荐活动中，鑫业公司推送的“强化合同合规管理 杜绝合同纠纷法律风险”“加强标准化建设 助力企业合规发展”两项合规管理成果被评为二等成果。

12 月 19 日，“12.18”地震发生后，黄河公司立即启动Ⅰ级响应。黄河公司领导第一时间组织相关专业部门研判形势，制定应对措施，前往受地震影响较大的积石峡水电站一线指导抗震抢险工作；积石峡发电分公司立即启动地震灾害专项应急响应，成立现场应急指挥部，开展抢险救灾工作。积石峡水电站提门泄水，平衡出入库水量，确保了大坝安全；震后 4h 内 3 台机组全部开机并网，受到调度表扬，震后应急处置迅速、准确、安全、有效，缓解了电网平衡压力，为打赢迎峰度冬电力保供攻坚战提供了坚强保障。黄河公司应急处置过程、应急响应工作得到水利部、国家能源局大坝中心、西北电力设计研究院等主管部门的充分肯定。积石峡水电站和公伯峡水电站分别收到国网西北分部调度控制中心表扬信。

12 月 20 日，格尔木分公司格尔木光伏项目部降低 35kV 户外隔离刀闸发热课题等 3 项成果荣获青海省第 45 次质量管理小组二等成果，格尔木光伏项目部探新 QC 小组的降低 500kW 集中式逆变器 IGBT 模块发热课题成果荣获青海省第 45 次质量管理小组三等成果。

12 月 23 日，青豫直流二期外送项目 2 标段海南州共和塔拉滩 90 万 kW 光伏项目首批 10 万 kW，并网投产。

12 月 26 日，鑫业公司通过 IATF16949：2016 汽车行业质量管理体系认证，获得国际汽车工作组织（IATF）正式签发的认证证书，取得进入汽车市场领域的通行证。

12 月 27 日，黄河公司以国家电投名义和明阳集团成立联合体，获取青海省本次风电招标的 1/4 容量，获得青海省 2023 年风电项目 1 标段海西州 50 万 kW 风电项目开发权，标志着黄河公司在推动风电项目高质量发展方面实现新的突破，对黄河公司在海西州布局风电开发将起到积极推动作用。

12 月 28 日，黄河公司申报的“晶硅光伏组件回收利用技术研究”“基于 PECVD 的 TOPCon 电池工艺开发和产业化应用”分别获得国家电投科技进步奖一等奖和三等奖。

12 月 29 日，大坝（抽水蓄能）中心按照《国家电投运行水电站大坝安全标准体系建设方案》工作计划，完成了《水库运行管理办法》《小型水电站坝安全监测技术指南》《水电地质灾害风险管理办法》《大坝安全现场检查管理规定》等 17 部标准的编制工作。

12 月 31 日，青豫直流配套电源全年送电合同电量 95.96 亿 kWh（配套水电 16.25 亿 kWh，配套新能源 79.7 亿 kWh），落地河南 90 亿 kWh，全面落实 0.2377 元/kWh 送电价格，完成青豫直流 2023 年送电目标。

（郑慧敏）

国家能源投资集团有限责任公司

【公司概况】国家能源投资集团有限责任公司（简称国家能源集团）于 2017 年 11 月 28 日正式挂牌，是经党中央、国务院批准，由中国国电集团公司和神华集团有限责任公司联合重组成立的中央骨干能源企业，具有“煤电路港航”“产运销储用”“煤电油气化”一体化优势，是国有资本投资公司改革、创建世界一流示范企业、国有企业公司治理示范的试点企业，2023 年世界 500 强排名第 76 位。

国家能源集团拥有煤炭、电力、运输、化工等全产业链业务，在煤炭安全绿色智能、煤电清洁高效稳定、运输物流协同一体、现代煤化工高端多元低碳、新能源多元创新规模化发展等领域取得全球领先业绩。截至 2023 年底，国家能源集团员工总数 31 万人，资产总额 2.1 万亿元，煤炭产能 6.65 亿 t/年，发电总装机容量 3.2 亿 kW，自营铁路 2708km，港口吞吐能力 2.9 亿 t/年，煤制油品产能 531 万 t/年。国家能源集团所属二级管理单位 86 家，拥有中国神华、龙源电力 2 家 A+H 股上市公司，国电电力、长源电力、龙源技术、英力特 4 家 A 股上市公司，1000 余家生产单位，12 家科研院所，20 家科技企业，产业分布在全国 31 个省区市以及 10 多个国家和地区。

2023 年，国家能源集团完成煤炭产量 6.2 亿 t，煤炭销量 8.3 亿 t，发电量 1.2 万亿 kWh，铁路货运量 5.7 亿 t，化工品产量 2923 万 t，实现营业收入 7932 亿元，利润总额 1192 亿元，净利润 884.9 亿元，资产负债率 58.85%。在 2022 年度央企负责人经营业绩考核、央企党建责任制考核、国企改革三年行动考核中获得“三个 A 级”，经营业绩考核排名第七。

【组织机构】见 2023 国家能源集团组织机构图。

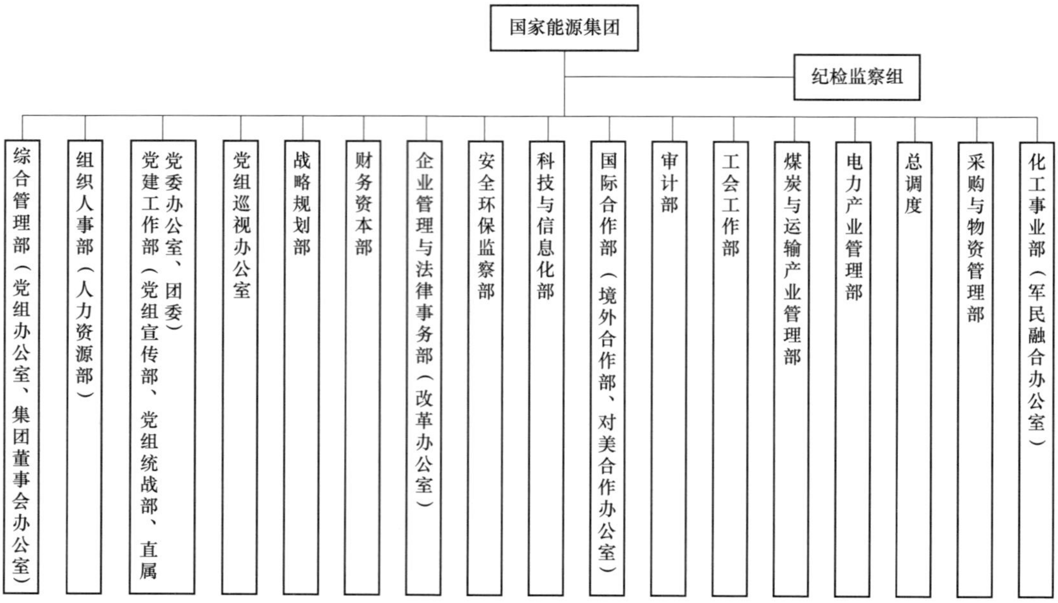

2023 年国家能源集团组织机构图

【党的建设】2023 年，国家能源集团党组坚持以党的政治建设为统领，以高质量党建引领保障企业高质量发展为主线，深入落实“坚持一个统领、抓好三大建设、实施七大工程”党建工作思路，围绕企业改革发展中心任务，巩固完善大党建工作格局，推动国家能源集团党的建设提质增效。国家能源集团连续四年获评中央企业党建工作责任制考核 A 级。

坚持政治引领，坚决做到“两个维护”。深入学习宣传贯彻党的二十大精神，开展微党课大赛、征文、青年演讲比赛等“五个一批”活动。一体推进学习贯彻习近平总书记三次视察国家能源集团重要讲话精神，将学习贯彻习近平总书记视察黄骅港重要讲话精神作为主题教育重要内容，组织召开“社会主义是干出来的”岗位建功行动表彰大会，巩固完善再学习、再领会、再提升工作机制。全力配合做好中央巡视工作，建立问题整改清单，开展子分公司换届、联合党支部设置、党员组织关系转接专项排查，以全面整改的实际行动践行“两个维护”。

坚持学用贯通，高质量推进主题教育。加强统筹谋划，建立领导小组办公室例会和联络沟通、信息报送、工作提示“1+3”保障机制，建立理论学习、调查研究、整改整治、工作推进、建章立制五张清单，体系化推动两批主题教育前后衔接、高质量开展。及时印发通知、下发工作提示，对防范形式主义、官僚主义以及“低级红”“高级黑”等现象提出明确要求，防止主题教育走偏走样。编撰主题教育党课集、调研报告集、办实事成果集、基层经验案例集，编发工作简报 48 期，被中央简报采用刊发 4 期次，国家能源集团经验做法入选中央主题教育案例选编。在第一批主题教育成效测评中，总体评价为“好”的占 99.67%，“较好”的占 0.33%。

坚持强基固本，着力建强组织体系。组织召开国家能源集团年度党的建设工作会，制定年度党建工作要点，制定印发党建七大工程实施方案。树立大抓基层的鲜明导向，制定增强基层党支部政治功能和组织功能指导意见，推进基层党建创新三年行动，选树第三批创新标杆单位47家，深化“奋进十四五”党员先锋队、示范岗创建，组织开展“一名党员一面旗帜”主题党日，发出通知号召基层党组织和党员在“百日大会战”中发挥作用。组织开展基层党务培训300余人，开展国家能源集团系统“两优一先”评选，表彰优秀共产党员499人、优秀党务工作者199人、先进基层党组织298个。从严从实开展年度党建责任制考核和党组织书记述评考，约谈考核结果为“一般”的子分公司党委书记。

坚持守正创新，凝聚团结奋进强大力量。深入学习贯彻全国宣传思想文化工作会议精神，组织召开宣传思想工作会，构建大宣传工作格局。发挥党组宣传部职能，建立“月调度、季协调、年考核”宣传思想工作机制，编发6期宣传思想工作调度，制定国家能源集团重大舆情应急预案、新闻宣传管理办法等制度。开展“安全、合规、合作、创新”专项文化创建，组织第二届文明单位、道德模范、最美奋斗者评选，出版发行国家能源集团好故事优秀作品集，挂牌首届国家能源集团爱国主义教育实践基地和工业遗产，3家单位获评中央企业工业文化遗产。部署开展“清朗”行动，开展打击新闻敲诈和假新闻工作，发布党员干部网络行为规范，稳妥处置舆情事件。组织推进国家能源集团155个党建政研课题立项、研究工作，获评中国电力政研会工作先进集体。

坚持同心同向，开创统战群团工作新局面。组织党外人士参加“凝心铸魂强根基、团结奋进新征程”主题教育实践活动，召开党外人士学习贯彻习近平新时代中国特色社会主义思想座谈会，加强党外代表人士建言献策工作室建设，完善党员领导干部联系党外人士机制，开展香港通识教师“中国神华能源之旅”活动，擦亮国家能源集团统战工作品牌。开展团员和青年主题教育，深化青年精神素养提升工程，举办国家能源集团“青马工程”培训班，组建“青马宣讲团”开展巡回宣讲活动，覆盖青年3万余人次。深入学习宣传贯彻团十九大精神，持续深化党建带团建。开展“十大杰出青年”“青年五四奖章”“两红两优”评选表彰，评选出青年先进典型330个、青年集体160个，举办“我与国家能源共奋进”事迹报告会暨五四主题团日活动，引领青年奋勇建功。

坚持示范引领，做实做强直属党建。聚焦党建统领型总部建设，打造“三强五优六型”新时代现代央企总部。做强直属党委，组织召开国家能源集团直属第二次代表大会，选举新一届直属党委、直属纪委。建立总部党支部“第一议题”制度，开展“国家能源杯”总部奋进行动竞赛活动，深化服务基层特色党日活动和赠书促学活动。做实直属纪委，建立总部经理级及以下党员干部廉洁档案，印发切实发挥总部党支部纪检委员作用的意见，开展知敬畏、存戒律、守底线、做表率主题活动，加强总部清源廉洁文化建设，印发廉洁文化手册《清源》，组织“清风正气、国家能源”廉洁教育主题党日和廉洁教育月活动，打造风清气正的总部政治生态。

2023年党建工作取得显著成效。主题教育成效显著。把高质量办好读书班作为主题教育的先手棋、关键招，利用8天时间，分两期集中脱产学习，精学必读书目，通学选读书目，专题研学习近平总书记关于能源行业、国家能源集团重要讲话和重要指示批示精神，打造理论学习的示范。突出学用贯通、实干建功，把打好“百日大会战”作为主题教育重要实践载体，激发广大干部职工干事创业、担当作为精气神，推动企业高质量发展迈上新台阶。基层组织坚强有力。开展增强基层党组织政治功能和组织功能调研，制定指导意见，编辑党支部战斗力提升指引，举办基层党组织建设观摩交流活动，推动党企同进、一体发展，党委领导力、支部战斗力、干部执行力全面提升，展现攻坚动力、创新能力、发展活力。大党建格局巩固拓展。加强党建顶层谋划，制定《国家能源集团党建工作规划纲要（2023—2027年）》，明确坚持“一个统领”、抓好“三大建设”、实施“七大工程”、实现“六大目标”的总体思路，推动党建领航作用在国家能源集团生产经营、改革发展各条战线充分发挥。宣传工作成果丰硕。开展重大主题宣传，中央主流媒体多次对国家能源集团主题教育、能源保供、重点工程建设、转型发展等方面取得的成绩进行宣传报道，国家能源集团在中央企业新媒体指数排行榜中稳居前十，多项作品登上主流媒体年度新闻热榜，社会影响力持续提升。徐博海荣获“央企楷模”，国家能源集团推荐的中央企业优秀故事蝉联“一等奖”并作展演。

【企业战略】

1. 战略规划调整

国家能源集团根据国务院国资委关于中央企业“十四五”规划中期评估工作部署，对标对表党的二十大确立的新目标新要求新部署，把握国资央企的新使命新定位，认识践行能源安全新战略的新路径新领域，研究明确现代化产业体系建设的新方向新任务，组织开展国家能源集团“十四五”规划中期评估，盘点规划实施情况，突出“提高核心竞争力”和“增强核心功能”，聚焦产业发展，谋划布局优化结构调整的重点、目标、任务及路径，形成《“十四五”规划优化调整方案》（简称《方案》）。

《方案》侧重于展望形势、剖析进展，研究政策、明确方向；描述新时代具有国家能源集团特征的，服务构建新型能源体系、建设新型电力系统的思路、方法和策略；描述如何有效落实战略，如何统筹推进保供、转型，如何从传统产业、战新产业双向发力，谋划新业态、新模式、新产品，如何加快调整产业结构、优化资产布局，发挥科技创新、产业控制、安全支撑作用；描述如何营造“想事、管事、干事”浓厚氛围，突出抓实重大项目建设、重大问题突破，以期扩大有效投资，增强规划的执行刚性。“十四五”后半程发展的主要特点体现在：进一步做实煤炭、煤电、煤化工以及运输等煤基产业，强化能源供应保障能力；进一步加大水电、新能源资源开发力度，加快产业绿色低碳转型步伐；进一步强化战新产业、未来产业发展布局，加快形成新质生产力，增强发展新动能；进一步强化重大科技攻关、研发平台建设和创新资源力量统筹，加快建设科技领军企业；进一步抓实“一网三平台”，建设国能 e 系列，打造更具韧性的供应链协同平台；进一步抓实黄河流域、新疆等资源区，京津冀、长三角、粤港澳等市场侧，抓实“一带一路”国际化经营发展，优化国内国际双循环格局下的区域产业布局等。同时，组织开展改革深化提升等专项行动，抓实重大项目建设，系统性、整体性、协同性推进目标任务细化分解和落实落地。

2. 对外战略合作

国家能源集团全方位推进对外战略合作。2023 年在政府层面，与河北省、宁夏自治区、天津市三省（区、市）签署战略合作协议。企业层面，与东方电气、中信集团、法国电力、中国中化、新华社 5 家单位签署战略合作协议或合作谅解备忘录，同时与浙江大学、北京化工大学开展战略合作。对外战略合作以协议为抓手，有力推动了煤炭资源接续、煤基产业转型、清洁能源规模化开发、战略性新兴产业培育、煤炭电力能源保供等规划发展重点工作。同时，聚焦煤基产业可持续发展和清洁可再生能源规模化开发两条主线，在履行央企社会责任、推进清洁能源发展、加快绿色低碳转型、开展多层次合作交流等方面，取得积极进展。

【人力资源】2023 年，国家能源集团全面贯彻党的二十大精神和新时代党的组织路线，坚决落实国家能源集团党组各项决策部署和“41663”总体工作方针，高标准推进中央巡视反馈整改，高质量打造干部人才队伍，高水平服务企业改革创新，“一报告两评议”中对干部选拔任用工作评价为“好”的比例同比提高 3.8 个百分点，达到 98.9%的历史最高水平；以大范围干部谈话调研为抓手，加强对领导班子和领导人员日常了解，选优配强子分公司领导班子的创新做法，受到中央巡视组选人用人专项检查组肯定；三支队伍和工程硕博士工作成效获中组部人才局肯定；国资委三项制度改革评估，国家能源集团获评考核“一级”；京外调干、退役军人接收安置等工作成效显著，在人社部、退役军人事务部组织的全国性工作会议上代表央企作经验交流。

（1）扛起政治责任，中央巡视整改见实见效。开展中央巡视检查和中央巡视反馈意见整改。巡视期间，提供 34 批共 137 项材料，印发 15 项配套制度文件，及时高效完成立行立改阶段 6 项整改任务。

（2）开展主题教育，综合施策破解基层难题。把“学思想”摆在首位，完善支部“第一议题”学习机制，制订《关于进一步激励干部职工干事创业担当作为的指导意见》，总结提炼八大方面 30 项有力举措，组织缺员企业面向冗员企业开展专项招聘，薪酬分配向生产一线、关键岗位、高技术技能人才倾斜，建立艰苦边远地区津补贴机制，追加 12.81 亿元资金用于 2.45 万现存退休人员社保支付资金，解决西三局移交地方管理的人员社保资金接续不足问题。

（3）坚持党管干部，优化干部选育管用。鲜明重实干、重担当、重实绩的用人导向，深入实践干部大范围谈话调研工作法。对全部 83 家二级子分公司、580 名班子成员进行大调研、大考察，全面准确掌握干部队伍情况。全年党组新提拔干部中调研推荐人选达 85%，民主推荐率平均在 96%以上。制定实施《子分公司领导班子建设规划（2023—2025 年）》，选优配强“一把手”。制定实施《年轻干部工程实施方案（2023—2025 年）》。

（4）坚持人才强企，强化高质量发展人才支撑。加强人才工作系统谋划。落实国家能源集团党组“三支队伍”战略部署，构建“1+5+*N*”一体化大人才工作格局，制定《“优秀专家、大国工匠、青年人才”三支队伍建设三年行动计划（2023—2025 年）》，实施“选-育-评-推-奖-树”人才选拔任用机制。宁夏煤业“400 万 t/年煤间接液化团队”入围“国家工程师”奖。

（5）围绕素质提升，构建大培训工作体系。做好培训体系整体规划。编写《教育培训规划（2023—2027 年）》，在基层企业优选 12 家培训机构，挂牌技术技能人才培训基地。加强国家能源集团党校建设，纳入中央党校国资委分校管理序列，优选 6 家周边红色资源比较丰富的子分公司培训机构设为党校分校，形成“1+*N*”国家能源集团党校工作体系，实现国家能源集团处级以上干部轮训全覆盖，培训 9924 人次。

（6）聚焦战略落地，推进改革深化提升。动态调整组织机构服务国家能源集团发展战略。围绕“三强五优六型”新时代现代央企总部建设目标，推行大部制管理，成立化工事业部；调整优化部门职责和内设处室，总部部门由 19 个精简至 16 个；修订《权责指引手册》和《授权放权清单》，设立电力营销分公司、重大项目建设办公室、电力基建管理“四中心”，设立煤、电、化、运及生态环境安全环保监察“五中心”，成立国家能源集团财务共享中心，健全“1+N+S”财务共享组织体系。践行“四保一大”发展路径，设立西部能源公司、西部铁路公司、巴丹吉林公司等大基地、大项目公司，新增 11 家提级管理企业，助力高质量共建“一带一路”建设，设立中蒙铁路口岸公司、焦煤公司、印尼能源公司、龙源新加坡可再生能源公司。

优化完善薪酬结构激发干事创业积极性。建立“1+N”荣誉表彰管理体系，优化企业负责人薪酬分配机制，开展 2021—2023 年首个任期激励兑现工作，印发实施国家能源集团《关于系统推进科技创新和战新任务激励保障机制建设的通知》，巩固深化三项制度改革成果。全员劳动生产率由 2021 年 99.43 万元/人提升至 2023 年 136.2 万元/人，超额完成国资委考核任务指标。子公司董事会应建尽建等 3 项重点考核指标位居央企前列。

（7）完善组工体系，提升服务中心能力。加强政策制度体系建设。2023 年制订修订印发《领导人员管理规定》《劳动用工管理》《教育培训管理办法》《薪酬管理规定》《工资总额管理办法》《专职董事薪酬管理办法》《子公司董事会管理办法》《总部人事管理办法》《总部部门和员工考核办法》等 25 项制度。强化人力资源信息化建设，实施人力资源“一门户四平台一中心”数字化转型方案。人资自助平台实现全集团上线。

【安全生产】截至 2023 年底，国家能源集团共有电力相关子分公司 39 家，发电企业 303 家（管理口径），其中火电 148 家、水电 36 家、新能源 119 家。可控总装机容量 30706.4 万 kW，其中火电 20461.91 万 kW、水电 1866.93 万 kW、风电 5605.74 万 kW、太阳能 2763.63 万 kW。

完善安全生产管理制度体系。修编印发电力产业安全生产管理办法、安全风险分级管控与隐患排查治理管理办法等制度文件，明确了安全生产制度体系建设要求和管理重点工作安排。

完善安全生产责任体系。一是完善安全生产责任体系顶层设计，印发《总部安全环保责任制（第二版）》；二是制定全员、全岗位的责任清单；三是实施安全目标管理，下发安全生产一号文件，将安全指标纳入企业与领导班子绩效考核。

完成电力保障工作。组织开展“两会”“大运会”及“亚运会”保电行动，专项督查京津冀地区、浙江及四川区域发电企业。

巩固安全环保监督管理基础。人员配置方面，27 家子分公司设置了安全总监，在岗专职安监管理人员 2550 人，拥有注册安全工程师证 1830 人；机构设置方面，27 家设置了独立安全监察部门，32 家单位成立了安全生产视频监控中心，18 家单位设置了安全监察中心，监察中心人员数量达到 448 人。

健全双重防控机制。一是重点推进作业安全风险管控落地，按月统计分析高风险作业、发布次月安全风险提示，将风险管控纳入所有检查重点必查项目；二是组织编制《电力产业安全风险分级管控监察手册》，明确组织机构、风险辨识评估、风险数据建立、日常预警、分级管控、高风险作业、监督评价总结等；三是规范重大隐患挂牌督办工作。健全三级挂牌督办机制，2023 年国家能源集团挂牌督办隐患治理 7 项，全部完成整改。

开展重大事故隐患专项排查整治。印发了《国家能源集团重大事故隐患专项排查整治 2023 行动方案》《国家能源集团重大电力事故隐患研判标准（实行）》等方案和标准。

开展水电站大坝安全提升专项行动，夯实大坝安全基础。组建大坝管理中心，编制大坝安全管理标准、工作标准等，开展大坝注册、在线监测系统及北斗卫星系统应用等专项隐患排查治理。

全面开展应急演练。子分公司 5596 人参加了 76 次应急演练，发电企业 34 万余人共开展了 26079 次应急演练。大渡河公司承办四川电力安委会地震应急演练工作。

组织安全生产月活动。开展宣教活动 4042 场次，136557 人次参加；组织安全培训 3500 场次，参加安全培训 137766 人次；张贴或悬挂安全标语、横幅、挂图 95857 份数，开展宣讲活动 3373 场，参与 149539 人次；开展安全生产“公开课”“大家谈”“班组会”等活动 10803 场，参与 217979 人次；各级主要负责人发表评论文章或心得体会 1559 篇。

开展四个专项整治行动促安全稳定。2023 年开展防高处坠落、防运行误操作、承包商管理和技术监督等四个专项整治行动，提升安全生产管理能力，推动专项整治巩固提升，确保安全环保形势持续稳定。

【经营管理】

1. 深化管理提质增效方面

市场化管理拓效增收。多措并举增量、保价、稳份额、提收入，开展生产经营提质增效“百日大会战”，精准研判市场，加强资源调度，实现年度不欠、同比不降、赶超跨越的目标。煤炭产业推动购销两端同步发力，灵活调整购销策略和价格政策，外购量同比增长 23%，煤炭经营公司外购煤采购量超 1 亿 t。电力产业聚焦“集价本利”，统筹争量保价、现货交易和热力营销。运输产业利用富余运力，主动引流上线，拓展非煤运输业务，累计创效近 40 亿元。化工产业拓宽海外销售渠道、出口量同比增长 12.6%，化工公司出口聚烯烃 7.9 万 t，同比增长 34%，宁夏煤业自营出口聚甲醛产品销往非洲。

精细化管理提效提质。拓展财务“一集中、三加强”的内涵和外延，明确“1+N+S”财务共享管理体系，司库建设得到国资委高度评价，可归集资金集中度保持 100%，融资成本率较年初降低 0.46 个百分点、节约费用支出 38 亿元。争取财税价格政策，开展税务“总对总”专项工作，成为首家整体接入“乐企平台”央企，推动煤制油消费税政策取得新突破。金融产业效益倍增计划创利创效 112 亿元，财务公司首家获批接入人民银行全国综合业务服务平台，首次获评“最佳财务公司”荣誉称号，期货公司恢复业务运营。上市公司总市值突破 8500 亿元。健全采购与物资两级管理模式，规范专家库、供应商库管理，物资公司建成国内首个“智能无人评审系统”，国际工程深化“招标+造价+咨询”一体化服务，采购业务实现总量、招标占比“双增”，紧急零星和单一直采金额“双减”，综合节支率达 13.8%。综合采取“七个扭亏”“八个落实”策略措施治亏扭亏，加强过程管控、预警监控和考核奖惩，亏损企业户数和亏损额同比大幅下降。

规范化管理固效夯基。聚焦审计监督重点，国家审计发现立行立改的 38 个问题全部整改完成，子分公司审计覆盖面 100%，内部审计发现问题到期整改完成率达 95%。编制行业内控风险手册，创新重大风险评估与监测方法，推动风险管控措施落地。开展“控股不控权”问题专项整治“回头看”和混合所有制企业“控股不控权”问题多轮排查，问题整改完成率 93%、远超央企平均水平。完成神延煤炭地方国资企业参股工作。深化“法治国家能源”建设，系统优化规章制度体系，实施合同范本化三期工程，加快出清遗留积案和重大案件。

2. 法治建设方面

系统优化规章制度体系。2023 年，国家能源集团聚焦国资央企“三个作用”发挥和“41663”总体工作方针落地，系统重构纵向三个层级、横向 7 大类 43 个专业的国家能源集团规章制度体系，并有针对性“立改废”制度 125 项；优化落实制度执行实施工作机制，推动子分公司多措并举加强制度培训宣贯和执行检查。

深化合规管理体系建设。完善国家能源集团“3+N+X”合规管理制度指引体系，建立常态化合规风险识别评估和预警机制，强化合规风险事件报告与分级分层调查处置；落实“管业务必须管合规”要求，通过信息化手段将业务合规审查、首席合规官审核作为必经环节嵌入业务审批系统。

强化督导考核促提升。抽调国家能源集团法律合规骨干力量组建 10 个调研督导组，对子分公司“十四五”中期法治建设、合规管理及普法教育等工作开展全覆盖式现场调研督导，挖掘经验、查找不足，提升法治合规工作实效。根据国务院国资委和国家能源集团“十四五”法治企业建设规划，优化完善国家能源集团依法治企考核规则和指标体系，纳入国家能源集团对子分公司关键业绩指标（KPI）体系考核，发挥考核指挥棒作用提升管理实效。

法律合规队伍建设取得积极进展。深化落实总法律顾问（首席合规官）制度，推动子分公司及基层企业总法律顾问配备，举办首期总法律顾问培训班，提升总法履职能力；分层开展法律合规队伍业务轮训，提升业务能力；评选表彰“十四五”中期法治合规先进集体及先进个人，激发队伍干事创业热情；通过外部招聘、内部选调等方式，专职法务人员数量较“十三五”末增加 74.8%。

深化法律案件价值创造。健全法律纠纷案件管理机制，修订并发布《法律纠纷案件管理与处置办法（第三版）》；深化重大案件挂牌督办，攻坚“压降法律案件 促进管理提升”专项行动，加大重点领域和重点单位管控力度；做好案件管理“后半篇”文章，实现“以案促改、以案促管、以案促治”。通过案件处置，国家能源集团案件总金额继续保持同比下降态势达 19.53%，其中重大案件数量、金额同比分别下降 36.36%、23.12%；国家能源集团直接挂牌督办案件 21 起，9 起实现审结，其中胜诉或成功和解/调解 7 件，避免和挽回损失成果显著。

推进合同风险防控。修订《总部合同管理办法》，优化完善总部合同管理流程，把好对外交易“关口”；推进实施合同范本库三期工程，在已建成 110 项涵盖各主要业务类型合同范本基础上，组织编制 21 项合同范本；优化重大合同提级审查机制，落实业务联审会签制度，强化所属企业重大投资并购、矿产资源、境外投资等重大交易合同风险管控力度。

强化法律把关护航改革发展。聚焦关键业务、改革重点领域，优化《国家能源集团决策事项权责清单》，明确合法性审核重点事项共 10 类 58 项；常态化开展境内外法律合规风险排查，推动审核关口前移，抓实重大资本运作、重要发展项目全程法律支持服务，强化风险源头管控；持续提升法律审核质效，规章制度、经济合同、重大决策法律审核率持续保持 100%，其中重大决策法律把关和保障工作完成 212 项，支持国家能源集团中心工作和改革发展大局。

3. 内控风险管理方面

内控制度体系持续优化。2023 年 3 月，国家能源集团印发《关于做好 2023 年国家能源集团内部控制体系建设与监督工作有关事项的通知》（国家能源审计〔2023〕202 号），组织各单位开展内控制度缺陷排查评估工作，重点解决内控制度规范性问题、及时堵塞重要领域和关键环节制度漏洞、填补新领域新业态内控制度空白。84 家子分公司根据国家能源集团要求，对标外部法律法规、国家能源集团500余项管理制度，梳理本单位内部制度17000项，在全面检查各部门所负责业务制度体系科学性、完备性的同时，重点检视业务制度是否完备，制度内容是否符合法律法规和外部监管要求，业务制度与其他关联业务制度是否存在衔接不一致，不同制度就同一业务事项规定是否匹配等，通过排查发现存在规范性问题249项制度、重点领域和关键环节制度问题140项、新领域新业态方面制度问题52项，针对排查发现的问题，各单位加大制度发布流程的执行力度，强化制度流程协同发力，征求相关业务部门的意见后发布，减少制度内容交叉重复或者关键控制环节缺失等。

内控体系建设持续强化。在“1413+7+*N*”内控风险管理体系和信息系统基本建成的基础上，持续强化内控体系建设。一是健全行业内控风险体系，结合各业务领域管理实际，围绕项目生命周期、行业价值链以及业务流程等管理主线，梳理业务制度近600项，编制完成煤炭、电力、化工、运输、港口等10大行业的内控风险管理手册，覆盖国家能源集团各行业重点风险314项、共性风险30项，提升管理决策效率和质量。二是升级内控风险信息系统，梳理业务流程30个，优化系统功能87项，规范内控风险业务流程和管理要求，打造内控风险可视看板与综合分析平台，提升风险防控的靶向性和有效性。三是加强重大风险评估和应对。创新重大风险评估与监测方法，提升风险防控的针对性和靶向性，结合国家能源集团风险偏好及影响因素，编制《重大风险动态评估实施细则》，为38项二级风险设计80项预警指标进行定期监控，通过定性与定量相结合的方式，科学开展重大风险预测评估工作。

推进内控监督评价。制定下发《2023—2025年内控体系监督评价工作规划》，安排未来三年国家能源集团内控体系监督评价全覆盖工作。梳理国家能源集团近两年新制订修订制度，抽取其中的关键控制点，纳入国家能源集团内控风险矩阵，完善内控评价标准。2023年度，国家能源集团组织全部84家子分公司开展内控自评，并要求各单位将自评工作向基层单位全面延伸。各单位积极响应，实现内控自评全覆盖，资产总额占全集团合并报表资产总额的100%，营业收入总额占全集团合并财务报表营业收入总额的100%。重点围绕虚假贸易业务整治、采购管理、工程管理、业务外包、资产管理等领域，对总部部门、子分公司及基层单位开展内控监督评价。中国神华“六位一体”内控评价法纳入国务院国资委公司治理示范案例示范推广，财务公司研审并举，精准施策，有效防范金融风险。

强化重大风险管控。结合体系设计和信息化建设项目的深入研究，创新年度重大风险评估与监测机制，创新性采用定量和定性相结合的方法，综合考虑专家评估、宏观经济形势等因素，研判国家能源集团2024年度重大经营风险得分排序，通过汇总，并经党组会、董事会审议批准，确定投资风险、工程项目管理风险、市场竞争风险、采购管理风险、国际化经营风险为国家能源集团2024年度重大风险。由审计部牵头，相关业务部门配合，落实重大风险季度跟踪监控机制，每季度向董事会报告重大风险监控情况。结合企业风险偏好及影响因素，每季度科学调整重大风险的监控范围及排列顺序，优化资源配置，实现风险动态监控。

【科技创新】2023年，国家能源集团深入贯彻党的二十大精神、习近平总书记关于科技创新的重要论述，特别是习近平总书记视察国家能源集团宁夏煤制油、榆林化工、黄骅港等重要讲话、重要指示批示精神，坚持党对科技创新的领导，聚焦服务国家战略、引领行业进步、支撑企业发展，发挥企业创新主体作用，高质量实施国家攻关任务，承担国家科研攻关任务数量达到130余项，位居央企前列；科技创新体系不断健全，2家全国重点实验室成功优化重组，4家国家能源创新平台进入国家能源局“赛马”序列，深度参与中央企业5G创新联合体，1家企业入选国家级专精特新“小巨人”企业；取得一批有显示度的科技成果，4项成果入选国资委中央企业科技创新成果推荐目录（2022年版），5项成果入选国家能源局第三批能源领域首台（套）重大技术装备（项目）清单，2023年申请发明专利同比增加32.7%；发布11项国家标准、1项IEC白皮书和1项ISO国际标准。2家全国重点实验室成功优化重组。获批国家能源局能源创新平台4家，国家级研发平台总数达到19家。

一是推进全国重点实验室组建。“低碳智能燃煤发电与超净排放全国重点实验室”纳入全国重点实验室序列管理，完成重组。

二是新获批国家能源局、工信部研发平台。2023年4月，国家能源局公布了“十四五”第一批“赛马争先”创新平台名单，国家能源集团4家平台纳入建设序列，分别为由国华投资公司牵头建设的“国家能源智能加氢关键技术研发中心”、由国电电力牵头建设的“国家能源煤基能源碳捕集利用与封存技术研发中心”、由科环集团牵头建设的“能源产业工控系统和信息安全研发中心”、由新能源院牵头建设的“国家能源灵活智能发电技术研发中心”。

三是培育科创型企业。龙源节能入选国家级专精特新“小巨人”企业；“人机协同制造场景”等5个场景入选工信部2023年度智能制造示范工厂揭榜单位和优秀场景。参与申报“面向大型基础设施的国产BIM

仿真系统”1项工信部2023年度重点产品、工艺“一条龙”应用示范推进机构；新申报国能智深等3家、复核宁夏煤业1家工信部2023年度制造业单项冠军企业。

1. 科技人才培养

一是统筹谋划“三支队伍”建设。制定《国家能源集团“优秀专家、大国工匠、青年人才”三支队伍建设三年行动计划（2023—2025年）》，构建三支队伍建设“1+5+*N*”人才工作体系和“选–育–评–推–奖–树”PRIME人才选拔任用机制。组织选拔培养产生11名首席科学家（工程师）、23名首席专家（卓越工程师）、139名国能工匠（集团级首席师）、10名科技新星和90名青年科技创新先锋，19人入选享受政府特殊津贴人选，400万t/年煤间接液化成套技术创新开发及产业化团队荣获首届“国家工程师奖”。

二是建立完善人才培养和使用配套机制。制定《贯彻落实中央企业人才工作会议精神有关措施》，从健全完善人才工作机制、加大高层次科技人才引进培养力度、进一步向科研人才赋能授权、深化科技人才激励机制改革等4个方面，提出了20条工作措施；出台《关于加强科技人才培养和使用的意见》，从压担子、给平台、配团队、授放权、优考核、重激励、夯基础、强保障等8个方面，制定27条具体措施，全面支持科技人才更好发挥示范引领作用。

三是探索青年科技人才协同培养新机制。推进工程硕博士培养改革专项试点，制定工作方案和配套制度，争取学校最优质生源，总体招生培养规模143人，储备企业导师214人，为卓越工程师后备人才培养提供有力保障。

2. 科技成果转化应用推广

2023年，国家能源集团推动建立科技成果交流推广机制，谋划设立国家能源集团科创基金，以市场化方式推动成果产业化，鼓励实施“首创”“第一”的产业化项目和应用首台套装备。

申报国家级成果推广目录清单，“基于膜法的火电厂废水零排放技术”“70MPa加氢站自有化关键技术装备”等4项成果入选国资委中央企业科技创新成果推荐目录（2022年版），“新型高效灵活燃煤发电机组”“一体化移动式燃料电池用氢气质量分析仪”等5项成果入选国家能源局第三批能源领域首台（套）重大技术装备（项目）清单。发布电力领域先进适用技术推广目录，推动成熟共性技术规模化推广应用。

建成亚洲最大的泰州电厂50万t/年CCUS示范工程并投产；安徽公司铜陵电厂IRCT废水零排放示范项目投产，全寿命周期综合成本降低45%以上；中国神华台山电厂国内外首次在600MW燃煤发电机组上实施煤炭掺氨燃烧试验，实现多负荷工况下燃煤锅炉掺氨燃烧平稳运行。

【电力发展与改革】2023年，国家能源集团电力发展与改革迈出新步伐。在24个省公司成立电力交易运营中心，共配置交易员130余人。在首届全国电力交易员大赛中，21名参赛选手全部获奖，其中，江西公司周翔获得全国第一名。推进电力营销数智化转型，推动“国能e电”建设，成功上线自主开发建设的现货交易辅助决策系统，优化与e家族生态协作顶层设计。

【国际业务】2023年，国家能源集团认真贯彻落实习近平主席“四个革命、一个合作”能源安全新战略和新时代中国特色社会主义外交思想，积极践行“一带一路”倡议，以高质量共建“一带一路”八项行动为指引，全面落实“一个目标、三个作用、六个担当”发展战略。国际化业务战线围绕集团发展中心任务，主动担当作为，推动国际市场开发和国际合作走深走实，在服务“一带一路”、聚焦煤炭和发电主业，拓展国际化业务，助力企业绿色转型发展，取得了阶段性成效。截至2023年底，国家能源集团境外资产总额575.2亿元，境外营收160亿元，同比增长4.7%，境外利润17.7亿元，同比增长5.4%。

国家能源集团境外可控装机容量419.4万kW，其中在运装机容量320.6万kW，在建装机容量98.8万kW。共有境外投资项目12个，其中在运9个，待建1个，在建2个，分布在美国、加拿大、俄罗斯、澳大利亚、乌克兰、印尼、南非、希腊等8个国家，其中希腊、南非、加拿大、澳大利亚和乌克兰为风电项目，美国为页岩气项目，印尼为煤电项目，俄罗斯为煤矿项目。

【国际合作】

1. 印尼煤电项目

印尼煤电项目生产运行平稳，在运煤电装机容量240万kW。

（1）印尼南苏1号70万kW煤电项目。2015年11月印尼国家电力公司（PLN）公开招标南苏1号2×350MW燃煤项目，中国神华中标。该项目位于印尼南苏门答腊省穆印县，距省会巨港约93km。项目由中国神华和印尼LPE公司按75%:25%比例出资建设，采用“建设–拥有–运营”（BOO）方式，与PLN签订期限30年购售电合同（PPA）。送出线路由项目公司建设，建成后移交PLN拥有、运营。2015年12月21日，项目签署PPA后因故延期，直至2020年1月重新启动。

（2）爪哇7号煤电项目（210万kW）。2015年12月15日，中国神华中标印尼国家电力公司（PLN）公开招标的印尼爪哇7号项目，由中国神华与PLN所属子公司PJBI按70%: 30%的股比成立神华国华（印尼）

爪哇发电公司和神华国华（印尼）爪哇运维公司，负责项目开发建设、生产运营、维护管理等工作。位于印尼万丹省西冷市。项目采用“建设－拥有－运营－移交”BOOT模式，2016年3月29日与PLN正式签署25年PPA。项目1号机组和2号机组分别于2019年12月13日、2020年9月23日投产发电，2021年7月8日获得印尼电网全厂机组COD认证。2023年，印尼爪哇公司荣获“2022—2023年度国家优质工程金奖”、“2023年全国电力行业设备管理标杆工程”、“亚洲电力2023年度印尼最佳ESG计划（希望村工程）奖”和“亚洲电力2023年度印尼最佳IPP奖”荣誉。

（3）南苏煤电项目（30万kW）。2007年5月，中国神华与印尼EMM公司按照70%:30%成立联合体，共同开发南苏2×150MW煤电项目。项目位于印尼南苏门答腊省穆印县DANGKU村，距穆印县城约37km。项目采用“建设－拥有－运营”BOO模式，2008年12月22日与PLN签订30年的购售电合同。项目采用单抽汽凝汽式汽轮发电机组，配套建设年产210万t的露天煤矿，以及100km的送出线路工程。1、2号机组分别于2011年7月6日、11月3日建成。

2. 风电项目

境外在运风电装机容量80.65万kW，生产运营工作平稳有序。

（1）加拿大德芙林风电项目（9.9万kW）。2011年6月龙源电力与梅兰克森电力公司签署收购德芙林风电项目协议，项目位于加拿大安大略省多伦多市西北120km处，总装机容量为9.91万kW，总投资为3.497亿加元。龙源加拿大公司由龙源电力在香港注册的全资子公司雄亚公司100%注资设立，拥有德芙林风电公司100%股权并独立运营。项目签订了固定上网电价FIT合同，不含税基准固定电价为0.135加元/kWh，投产后电价的20%随着年度CPI（2%）调整。

项目安装31台GE 1.60MW风机、18台GE 2.75MW风机。项目于2013年6月10日获得安大略省核准，8月12日开工建设，2014年12月1日建成并投入正式商业运行。

（2）南非德阿风电项目（24.45万kW）。龙源南非公司于2013年10月29日成功中标南非能源部独立发电商招标计划中的德阿一期和德阿二期两个风电项目，项目位于距开普敦约700km的北开普省德阿镇，一期和二期装机容量分别为10.05万kW和14.4万kW，总装机容量为24.45万kW，项目总投资约为22.1亿元。两个项目均由龙源南非公司、南非穆利洛公司及项目所在地黑人社区公司按60%:20%:20%的股比共同开发，项目与南非电网公司签署20年随CPI调整的PPA。2015年2月德阿一期及二期项目与南非当地Nedbank及IDC银行签署银团融资协议，实现当地银团无追索项目融资。项目安装163台国电联合动力1.5MW风机。于2017年10月底顺利投产运行发电，运营期为20年。2023年，南非德阿项目被全球公共安全合作论坛（连云港）授予2023年度海外安防优秀实践奖项。

（3）乌克兰尤日内风电项目（7.7万kW）。2019年，立陶宛四风公司将其持有的乌克兰尤日内风电项目100%股权转让给龙源电力。项目位于乌克兰西南部敖德萨州，于2021年9月投产，装机容量为7.65万kW。项目由龙源电力海外和雄亚公司持股，其中海外公司持股51%、雄亚公司持股49%。

项目总投资为9.2亿元。项目资金来自资本金和母公司过桥贷款。项目签署了固定电价合同，电价为0.088欧元/kWh，欧元计价，当地货币格里夫纳结算。项目安装了德国恩德公司生产的17台4.5MW风电机组，于2021年9月投产。

（4）澳大利亚风电项目（30.8万kW）。2011年9月6日，国华投资在澳洲设立的神华清洁能源中标塔州水电13.975万kW乌淖斯风电项目，收购乌淖斯风电项目75%的股权，2012年2月28日完成产权交割。2012年9月12日，神华清洁能源和塔州水电签署了16.8万kW马斯洛风电场75%股份的收购协议，于2013年2月在项目建成投运后完成交割。2012年2月，神华清洁能源与塔州水电以75%对25%股比合资成立乌淖斯风电控股公司，负责乌淖斯项目、马斯洛项目的日常运维和经营管理工作。乌淖斯风电项目位于澳洲塔斯马尼亚州的西北角，由布拉夫角风电场和斯塔德兰湾风电场组成，相距约7km。马斯洛风电场位于澳洲塔斯马尼亚州东北角。乌淖斯项目总投资为2.79亿澳元，马斯洛项目总投资为3.87亿澳元。项目均采用无追索项目融资。

乌淖斯项目的布拉夫角风电场PPA于2022年2月到期后，以电量和绿证参与电力现货市场交易，斯塔德湾风电场签署PPA将于2027年到期；马斯洛风电项目PPA将于2030年到期。两个项目均采用维斯塔斯风机，布拉夫角风电场采用37台V66－1.75MW，斯塔德兰湾风电场和马斯洛风电场分别采用37台和25台V90－3MW风机。

（5）希腊风电项目（7.8万kW）。2017年11月2日，国家发展改革委与希腊经济发展部在雅典召开中希重点领域2017—2019年合作计划指导委员会第二次会议，国华投资与希腊合作方签署了收购色雷斯四个风电项目公司75%股权的股权收购协议，收购总价约4736万欧元。项目均位于希腊大陆东北部色雷斯马提顿大区山区，分别为：Grammatikaki（格莱玛提卡奇）、Organis（奥卡尼斯）、Korfovouni（卡夫沃尼）和Megavouni（麦格沃尼）。项目总装机容量7.82万kW，采用德国 Enercon E70 E4－2.3MW 和 E82－2.3MW 风机。格莱玛提卡奇和奥卡尼斯风电场于 2018 年 6 月 8 日完成交割，麦格沃尼风电场于 2019 年 7 月 24 日完成交割，卡夫沃尼风电场于 2019 年 11 月 15 日完成交割。色雷斯项目分别由国华投资欧洲公司与希腊 CG 公司持有 75%和 25%股份。2023 年 11 月，国华投资因色雷斯项目在践行社会责任方面表现优秀，荣获 2023 年 CSR 犇牛奖海外履责奖。

3. 取得突出进展的境外电力项目

2023 年 3 月，印尼国家电力努山塔拉电力公司（PLN NP）邀请国家能源集团下属国电电力参与该项目战略合作伙伴竞标。中标人将与 PLN 或 PLN NP 指定的关联方成立项目公司（49%:51%），共同进行项目开发。

印尼卡郎卡德斯（Karangkates）100MW 漂浮式光伏电站项目，位于印尼东爪哇省玛琅县（Malang）的卡郎卡德斯大坝（Karangkates Dam）水电项目库区，距离东爪哇省首府泗水约 100km。卡郎卡德斯大坝于 1961 年建设，1972 年投入运行。水电站装机容量 105MW（3×35MW），同时兼顾防洪、灌溉和旅游功能。项目已于 2023 年 6 月通过国家能源集团投资决策，2023 年 10 月收到 PLN NP 发来的中标预通知书，项目预计 2025 年 12 月实现投产。

【节能减排】2023 年，国家能源集团电力产业深入贯彻习近平生态文明思想，牢固树立绿色低碳发展理念，落实全国生态环境保护大会精神，防范化解生态环境风险，生态环境保护形势总体平稳。

一是提升污染防治水平。2023 年实施重点污染防治类工程超 70 项，投资超 31 亿元，粉煤灰利用率同比增长近 5 个百分点，危险废物 100%实现合规处置。完成汉川等 19 家电厂煤场封闭，开展灵武等 17 家电厂除尘脱硫脱硝优化提效改造，实施开远电厂 CFB 机组超低排放改造，盘山、九江等电厂完成全厂废水处理系统或脱硫废水零排放改造，辽宁公司朝阳热电脱硫浆液闪蒸取热供热关键技术获中国节能协会颁发的综合能源技术创新奖一等奖，国电电力三河、滦河电厂获得河北省政府环保绩效创 A 荣誉称号，江苏公司、泰州公司荣获江苏省“2023 年度绿色发展领军企业”称号。

二是推进清洁能源建设。清洁可再生能源装机规模突破 1 亿 kW，较“十三五”末增幅超 50%，其中风电 6078 万 kW，保持世界第一，光伏发电 3544 万 kW，同比增长 116%，清洁能源占比总发电装机容量 35.5%，同比提升 4.7 个百分点。

三是开展节能降碳改造。实施重大节能降碳改造项目近 60 项，完成节能降碳改造 1580 万 kW、供热改造 1792 万 kW、灵活性改造 1740 万 kW，增加供热能力 3800MW，提高调峰能力 260 万 kW，供电煤耗 297.8g/kWh，创历史最好水平，88 台机组获能效对标优胜机组称号，持续位居国内第一，泰州公司建成亚洲电力行业最大的 50 万 t/年 CCUS 示范项目。

四是推进生物多样性保护。参加“2023 年世界环境日水电行业鱼类增殖放流联合行动”，大渡河瀑布沟、新疆吉林台等公司增殖放流濒危鱼苗合计达 263.8 万尾，国电电力舟山公司等 3 个单位申报的案例入选联合国《生物多样性公约》第十五次缔约方大会宣传案例集。

【市场建设】2023 年是“十四五”承上启下的关键之年，也是电力市场化改革纵深推进的关键之年，国家层面先后在现货市场、容量市场、辅助服务市场、绿色市场发布系列重要文件，“容量＋电量＋辅助服务＋绿色”的电价体系初步建立，既有的市场格局进入深度“调整期”，行业竞争态势加剧。面对新形势新挑战，国家能源集团电力营销系统深入推进“六个营销”，发挥营销“龙头”作用，电热产量创历史新高，推动集团一体化高位平稳运行。

（1）电热保供达到新高度。2023 年，国家能源集团发电量完成 1.216 万亿 kWh，同比增长 6.8%，增速高于全国平均 1.7 个百分点。煤电市场占有率 107.8%，煤电、风电、太阳能利用小时均列可比企业第一名，煤电利用小时 5045h。供热量首次突破 5 亿 GJ，达到 5.38 亿 GJ，同比增长 6.8%，广东、湖北、江苏、宁夏等公司售热量同比增长超 10%。

（2）市场开拓实现新突破。开拓零售市场，2023 年结算售电量 2780 亿 kWh，同比增长 17.6%，宁夏、江苏、福建、安徽售电公司代理规模居区域售电公司第一。代理电力客户 20510 家，同比增加 7072 家，浙江、河南新增代理客户超过千家。开发电量规模大、负荷特性好、经营信誉佳的优质大用户，以“总对总”方式组织签订电量 209 亿 kWh，同比增长 85%。

（3）省间交易取得新进展。利用省间市场，通过省间外送完成交易电量 2298 亿 kWh，同比增长 20.2%，实现电力资源在更大范围互济，保供关键时期为受端省份缓解电力紧缺提供有力支撑。其中，省间现货出清电量 57 亿 kWh，占国家电网区域的 18.0%，高于容量占比 5.4 个百分点。利用省间通道提升新能源消纳水平，新能源省间交易电量 158 亿 kWh，同比增长 62%。

（4）“双碳”行动开创新征程。2023 年成交绿电 61 亿 kWh，同比增长 115%，占全国绿电市场规模 1/10。创新构建绿证管理体系，率先在央企中实现全产业 100%绿电消费目标，累计申领绿证 1830 万张并全部售空，占全国年度绿证交易总量的 53%，成为申领和交易绿证最多的企业。在国家能源局召开的新版绿证核发工作启动会上，完成全国新版绿证交易第一单。

【信息化建设】2023 年，国家能源集团数字化赋能提速加力。围绕网络、工控、数据安全，健全防御体系，全方位推动产业智能升级。

1. 生产经营数字化升级

实现集融资与结算一体的金融协同，自动化完成内部收付款交易，实现内部结算“动账不动钱”“资金不落地”，畅通集团资金内循环。建成财务数据中心，加强财务、共享、资本、金融“大一体化”集约管控，推动财务数智化转型。央企首家全税种、全级次税务管理系统上线。扩大工程财务“一键即决”应用范围，提升业财联动效率。实现 28 家典型单位财务智能采集、智能填报、智能审核和风险在线监控，大大提升财务审核效率与质量。搭建财务智能分析管理平台，发挥财务管理的风险防控、决策支持和价值创造作用，提升财务管理精益化、集约化、智能化水平。

形成国能 e 商、国能 e 链、国能 e 购和国能 e 电等“国能 e+”生态协作平台。生态协作平台客商门户，实现国能系列全量客商注册管理统一入口，客商信息超 43 万条。国能 e 购平台辐射带动 33 万家供应商和 2000 家用户融合发展，商城业务专区商家商品约 30 万个。国能 e 商拓展中转港物流业务场景，打通海进江运输全流程的数字化通道，为中转港业务提供统一入口。国能 e 电实现了电力交易客户注册签约、申报、结算等核心售电业务的闭环管理，延展了现货交易绿证绿电、负荷聚合商等数字化服务，注册电力用户 2.1 万余家。国能 e 链聚焦建设基于司库体系的产业金融统一服务平台、生态协作统一支付平台、产业金融一体化运营管控平台、产业金融数据中心的“三平台一中心”，产业链上中下游客商突破 40 万家，战略合作金融机构超 30 家。

2. 数字技术创新应用

建成了“1+4+*N*”的国能链应用体系，有效保障港口煤炭采制化、智慧煤检实验室、碳排放碳交易存证、脱硫脱硝运行管控、煤炭智能运销、化工智能物流、国能 e 链国能保理等场景数据上链存证。与国家级创新平台、国家区块链技术创新中心联合成立了国家区块链技术（煤炭行业）创新中心共建性能领先的区块链算力网络，为国家能源集团更高质量融入国家数字经济体系、实现绿色低碳发展提供支撑。

设计国能云建设总体架构，提出建设全集团分布式混合一朵云，企业云支持国家能源集团应用上云、数据上云、服务上云、设备上云、云上开发；行业云汇聚集团优势数字化成果，部署岗位标准化作业管理、融合通班组管理，助力国家能源集团数字化成果外化赋能。

成立北斗规模应用工作领导小组和北斗时空运营中心，发布《国家能源集团北斗规模应用专项实施方（2023—2025 年）》，构建国家能源集团时空智能服务体系，上线国能地图。国家能源集团 2 个应用案例入选 2023 年能源北斗与时空智能创新技术大会卓越案例。

通过 2023 年度 5G 创新联合体评审暨首周期结项评审会验收，国家能源集团 5G 创新联合体团队荣获国资委“5G 创新联合体成城奖”。

完成国家能源集团气象大数据服务平台建设，实现 4 大类、26 小类气象服务数据的安全稳定接入，为国家能源集团各级各类气象需求提供全面、集约的数据支撑与技术服务。建立港口大风分析和突风预警模型、暴雨预警模型，建设基于气象数据的典型应用，初步构建了“能源+气象”的业务模式，促进气象数据与行业应用深度融合。

3. 重点领域数字化转型

深化生产运营协同调度系统建设，健全智慧运营指标库，自动采集率提升至 73%，总体功能由之前 476 个增加至 844 个，实时监视煤矿、铁路、电厂等生产运营动态，推动生产组织从“经验主导”到“模型驱动”的转变，调度指挥从“线下统筹”向实时仿真演进。

21 个省区建成新能源区域集控中心，推动集控中心各主体“坐在一起”深化应用，推进区域内全量新能源场站远程控制接入，15 个省区实现场站远程控制率 100%。构建“采得尽、看得见、管得住、用得好”的新能源实时数据体系，入湖测点数量达 60 万。以区域集控中心为关键阵地，统筹推动区域内火电、新能源、水电、能源基地、储能的耦合发展，共有 14 省区获得可转移调度权。

建成煤矿智能一体化管控平台，该平台完成 175 项功能开发，对矿井单位“安全、高效、绿色、智能、共享、持续”六方面进行动态监测、分析评价，构建煤炭产业高质量发展全景视图，实现重大项目和重点项目管理，提升国家能源集团对煤炭产业的控制能力，助力精准决策管理。

建设电力产业运营管控系统。该系统已完成电力驾驶舱、电力产业运行图、对标管理、通知通报等 4 大功能开发和上线运行工作，实现数据从国家能源集团总部到场站的深度穿透，围绕重要事件，以问题为导向，快速、全面、及时反映电力产业各层级的生产经营状况。

按照《智慧化工规划建设指南（2022—2030 年）》要求，首批立项的 11 个项目中已有 7 项通过验收。智慧化工建设项目在国家能源集团 6 家子分公司二十余家生产企业的各个业务领域全面推进。近 3 万名用户开展现场作业及流程审批等业务，每日活跃用户近7000人，实现双重预防与MES巡检、设备巡检、安全包保责任制融合，提升化工安全管理水平。

【工会工作】

1. 自身建设筑牢夯实

2023年，国家能源集团工会立足职责和工作实际，制订了《工会部作风建设八项措施》，从根本上解决干部作风和效能问题，从制度上强化刚性约束，确保作风建设永远在路上的理念深入人心。加强工会组织建设，督促指导甘肃公司、吉林公司等29家子分公司做好工会组建、换届和届内补选工作，同时印发工作提示函，要求各子分公司按照应建尽建、能建必建、建好建强的原则，督导所属企业及时建立健全工会组织，实现了二、三级单位工会组织全覆盖，走在能源央企前列。加强工会制度建设，抓好制度梳理和“立改废”工作，形成了系统完备、科学规范、精简高效的“3+3+N”工会制度体系，集成16项基础制度，推动依法建会、依法管会、依法治会。理论研究实现历史突破，围绕绿色转型发展、企业家精神、班组建设、产业工人队伍建设等领域，立项实施3项政研课题，承担全总1项课题，“四聚工程”获政研课题全国最高层级奖项——中国思想政治工作研究会优秀研究成果二等奖。

2. 民主管理拓面提质

坚持全心全意依靠职工办企业方针，深化民主管理，加强对所属企业职代会建设的指导督导，提高二、三级企业职代会建制率和覆盖面。认真落实职代会职权，召开国家能源集团二届一次职代会暨2023年工作会议，开展提案征集和答复落实工作，提案办复率100%，答复满意率100%。提高职工代表提案工作质量，筛选十大重点提案进行重点督办落实，打造企业发展“智囊团”。拓展民主管理渠道，制订印发《国家能源集团董事长联络员机制实施办法》，建立国家能源集团董事长联络员工作机制，聘任董事长联络员30名，举办培训暨交流座谈会，密切集团党组与职工群众的联系，搭建民主管理“连心桥”。作为国资委推荐的两家央企集团之一，国家能源集团首次荣膺“2021—2023年全国厂务公开民主管理先进单位”称号。

3. “一杯两赛”品牌彰显

围绕实施“四保一大”，2023年完成集团级竞赛30项，同比增加90%；子分公司级竞赛410项，近60万人次参与。“国家能源杯”绿色发展劳动竞赛成功纳入“十四五”全国引领性竞赛项目库，自此国家能源集团有4项竞赛入库，走在央企前列。“一杯两赛”工作得到全国总工会充分肯定，在全国能源化学地质系统和国资央企系统作为典型样板示范推广。首次取得8项国家级竞赛承办资格，同比增加7倍，数量与规模位列央企第一。承办上级竞赛工作得到应急管理部等上级单位的认可，分别发来感谢信和锦旗。参加上级竞赛，2023年在20项国家和行业级竞赛中，73个集体和133名个人获奖，同比增加415%，6人获“全国五一劳动奖章”“全国技术能手”推荐资格，16人获“金牌技工”和“银牌技工”称号，32人获行业技术能手称号，获奖数量和获奖率在央企领先。“一杯两赛”不仅成为全体职工技能提升的重要平台，同时也成为国家能源集团体现公平正义、全体职工通过诚实劳动成就梦想的广阔舞台。

4. 创新创效赋能提效

2023年，制订印发《国家能源集团创新创效工作室创建管理办法（试行）》，评选命名首批国家能源集团创新创效工作室90个，打造具有国家能源集团特色的高端化、智能化创新创效工作室。参加上级创新创效活动，承办第三届电力企业班组创新创效成果发布评审会，国家能源集团获特等奖3项、与国家电网公司并列第一。首次举办国家能源集团“创新创效争创金牌班组”劳动竞赛，围绕经济技术创新、先进操作法等创新创效指标开展竞赛，激发一线职工创新创效热情。

5. 典型选树提升

完善典型选树顶层设计，构建“1+3+N”工会系统荣誉表彰体系，实现各层级优秀人才培育选树。加大典型选树力度，2023年国家能源集团工会系统共105个集体和个人获全国和省部级五一劳动奖、工人先锋号等荣誉称号，一大批先进典型走出行业、走向全国。其中，7人获“大国工匠”称号，大渡河公司徐博海荣获“全国五一劳动奖章”“央企楷模”先进称号。评选表彰了2023年度国家能源集团劳动模范102名、工匠20名、技术能手194名、优秀厂（矿）长17名、优秀车间主任94名、金牌班组长195个、金牌班组200个，打造出实干奋进的国能群像，营造劳动光荣浓厚氛围。

6. 文化活动启智润心

深入开展学习贯彻习近平新时代中国特色社会主义思想主题教育，高标准举办“我与国家能源共奋进”先进典型事迹报告会，组织开展“弘扬劳模精神 传递榜样力量”先进事迹巡回宣讲，礼赞国能榜样，汇聚奋进力量。国家能源集团在全国电力行业党的二十大精神宣讲比赛中斩获“两金两银”佳绩。学习宣贯《习近平关于工人阶级和工会工作论述摘编》，推动了党的二十大、中国工会十八大、妇女十三大精神进基层、进车间、进班组。开展“总部作风建设 榜样在身边”等主题宣传，组织司歌创作征集活动，举办“牢记嘱托担使命 能源报国建新功”文艺汇演，唱响“我与国能共奋进”主旋律。响应“百日大会战”号召，第一时间发出倡议书，开展主题摄影大赛，当好战斗员、宣传员和服务员，助力打赢打好“百日大会战”。举办“国家能源杯”职工乒乓球和篮球比赛，承办全国煤矿系统“乌金杯”乒乓球比赛，包揽中年组男子团体、青年组女子单打、中年组男子单打三个项目冠军。

7. 巾帼力量有力彰显

组织开展“凝聚巾帼力量 共筑奋进国能”主题论坛，展现广大女职工在国家能源集团高质量发展中扎根一线、自强不息的优秀品质，彰显新时代女职工开拓创新、勇于奉献的时代风采。推选国电电力乌音嘎当选中国妇女第十三次全国代表大会代表，会后组织开展巡回宣讲，将妇女十三大精神带到职工之中。

8. 关爱行动暖心聚力

做实做细“健康国能”工程，推出一批特色鲜明的职工健康品牌项目，命名挂牌健康食堂60个、健康小屋36个，开展职业病危害防控培训、心理健康讲座等近1.2万场，18家单位入选全国健康企业示范案例，占比全国领先。开展劳模和工伤（职业病）职工疗休养活动，测评满意率100%。“健康国能”工程报道获评国家能源集团十大新闻之一。主题教育践行宗旨为民造福，建立“141N”办实事工作机制，2023年办理实事6621件，投入资金14.2亿元。深入开展困难职工精准帮扶和“两节”送温暖活动，关心关爱困难职工、患重病职工，慰问节日期间坚守岗位的一线职工、派驻挂职干部等，发放慰问金8519.36万元，慰问16.4万人次；前往内蒙古阿拉善盟阿拉善左旗新井煤业露天煤矿救援现场，对国能宁煤队40名救援队员进行了现场慰问；赴世界超高海拔地区西藏那曲风电项目、宁夏腾格里沙漠基地、青海玛尔挡水电站等地慰问，全时段、全方位体现党组关怀、工会温暖。加强总部员工关心关爱，开展送温暖、送清凉等慰问活动，举办总部秋季健身趣味运动会，总部员工凝聚力、向心力和战斗力增强。

【公益事业】

1. 开展帮扶项目

截至2023年12月底，国家能源集团基金会累计收入7.36亿元、支出5.54亿元，开展项目涉及健康医疗、文化教育、民生保障、产业帮扶等领域。

一是紧密结合主业开展公益项目。紧跟国家能源集团产业布局和资源获取，将公益项目与产业发展有机结合。在西藏公司、新街能源等子分公司项目所在地实施教育、民生帮扶项目，累计捐资710万元。

二是深入开展特色品牌项目。爱心行动项目救助“两病”患儿1786人，在河北筛查新生儿15728人，项目累计救助33918人、筛查140984人。邀请301医院专家到米脂县、得荣县、德钦县及鄂尔多斯市开展乡村医生培训及儿童先心病普及型筛查，共培训医生182名，筛查儿童7684名。分批组织31名米脂县、聂荣县、嘉黎县和得荣县先心病患儿到中国人民解放军总医院进行个性化兜底救助。持续开展爱心红丝带、爱心助学、爱心相伴、爱心养老等品牌项目。助力乡村振兴，在北师大珠海校区举办2期面向9县的中小学教师和校长培训班，在国家行政学院举办第二期面向9县的“国能乡村顶梁柱”基层干部培训班。

三是全方位多角度宣传推广“国能公益”品牌。在国家能源集团内网开设“国能公益在行动”专栏，向员工讲述国能公益故事。制作《基金会公益宣传片》《2022年国能公益故事》2部宣传视频，直观展示基金会工作成果。多渠道宣传报道国家能源集团公益行动，在国家能源集团官网发布报道6篇、国能光影栏目发布公益项目系列图片1组；基金会官网发布报道及公益故事28篇；在“国家能源之声”“国能公益之声”微信公众号发布推文10篇；在人民网、人民日报客户端等多家外部媒体平台转载发布各类报道不低于21篇，“国能公益”品牌知名度不断提升，为国家能源集团品牌形象增添了公益色彩。

2. 取得成绩

帮扶工作和企业形象得到高度认可。在第12届“中华慈善奖”中，国家能源集团荣获“最具影响力捐赠企业”，基金会“爱心助学”项目获评“最具影响力慈善项目”。国家能源集团连续六次获得“中华慈善奖”，首次同时荣获“企业奖”和“项目奖”两个奖项。根据国务院国资委组织开展的中央企业2022年度定点帮扶工作成效考核评价结果，国家能源集团2022年度定点帮扶继续收获“好”的最高等次评价，连续六年在中央单位定点帮扶成效考核中取得“好”的评价。

帮扶项目和挂职干部受到充分肯定。国家能源集团帮扶曲麻莱县“守护黄河源 绘就人与自然和谐共生的乡村画卷”案例入选《中央企业助力乡村振兴蓝皮书（2022）》；“生态保护与脱贫攻坚有机结合——青海省曲麻莱县黄河源生态治理项目”获得“第四届全球减贫案例”征集活动获奖案例，纳入全球减贫案例库。派驻普格县红军树村第一书记杜杰和布拖县博作村第一书记丁洪燕受到四川省“优秀第一书记”表彰。人民日报社、封面新闻等数字媒体、短视频平台和本地政府融媒多次刊登转载乡村振兴工作成果，助力提升国家能源集团社会形象。

助力援扶和战略协同作用进一步显现。基金会与乡村振兴办公室合署办公后，实现乡村振兴与公益慈善工作的统一谋划和高效推进，在推进援扶工作、履行社会责任方面形成良性互动。同时，紧盯产业发展和资源获取，回应重点地区公益诉求，将公益项目与产业发展有机结合，助力资源获取及项目审批，营造和谐企地关系。全年共在西藏公司、新街能源等6家子分公司所在地实施11个教育和民生帮扶项目，还借助项目调研，分别到四川凉山、湖南邵阳、山西右玉、内蒙古鄂尔多斯、河北平山县、江西吉安市等地组织驻地企业一起与地方政府互动交流，有效发挥桥梁纽带作用，打造形成“公益慈善+乡村振兴+产业发展”综合帮扶模式。

【主要事件】

1. 习近平总书记考察国家能源集团黄骅港煤炭港区

2023年5月11日，习近平总书记考察黄骅港煤炭港区，指出“中国具有丰富的煤炭资源，煤炭也是我国当前不可替代的主要能源。推动绿色发展，并非不要煤炭，而是要推动煤炭清洁化利用。”总书记强调，黄骅港作为我国西煤东运、北煤南运的重要枢纽港口，要加强港口能力建设，创新管理体制机制，打造多功能、综合性、现代化大港。国家能源集团党组在黄骅港召开现场会，重走习近平总书记考察路线，原汁原味学习习近平总书记考察黄骅港时的重要讲话，印发《关于深入学习贯彻习近平总书记视察黄骅港重要讲话精神加快建设世界一流企业的决定》，一体推进学习贯彻习近平总书记考察集团公司系列重要讲话精神，实施“41663”总体工作方针，以“四保一大”为发展路径，加快建设世界一流清洁低碳能源领军企业，更好发挥国家能源集团在建设现代化产业体系、构建新发展格局中的科技创新、产业控制和安全支撑作用。

2. 国家能源集团贯彻落实党的二十大精神，高质量开展学习贯彻习近平新时代中国特色社会主义思想主题教育

国家能源集团贯彻落实党的二十大精神，深入开展学习贯彻习近平新时代中国特色社会主义思想主题教育。各级党组织和广大党员干部紧紧围绕学思想、强党性、重实践、建新功总要求，将深入学习习近平总书记三次考察国家能源集团重要讲话精神贯穿主题教育始终，开展践行“社会主义是干出来的”伟大号召岗位建功行动，在全系统深入开展“一杯两赛”，把生产经营提质增效和加快重大项目开工建设作为主题教育的生动实践，激励广大党员干部职工以学铸魂、以学增智、以学正风、以学促干，有力有效地推动了企业高质量发展。

3. 国家能源集团能源保供多项指标再创新高，能源供应“压舱石”作用凸显

国家能源集团统筹部署、高效协同，坚持以煤炭保能源安全、以煤电保电力稳定，全力打好全年能源保供攻坚战，多项生产运营指标刷新历史纪录。自产煤量连续27个月保持在5000万t以上高位水平，年累同比增长3.6%，“疆煤出区”销量年累计首次超千万吨，创历史新高。发电量较2022年提前18天突破万亿大关，年累计同比增长6.4%。铁路运量同比增长5.7%，自有港吞吐量同比增长5.6%，航运量同比增长6.1%，“路港航”一体化新通道全面打通。

4. 国家能源集团推进绿色低碳转型发展，可再生能源装机突破1亿kW

国家能源集团加力提速绿色低碳转型，以多元快速保可再生能源规模化发展。2023年可再生能源开工突破3300万kW，新增装机容量突破2600万kW，可再生能源装机容量突破1亿kW达到1.15亿kW。全国首批首个“沙戈荒”宁夏腾格里沙漠新能源基地子项目并网发电，全国首批大型风电光伏基地宁东200万kW光伏项目全容量投产，世界4500m以上超高海拔地区装机规模最大的风电项目当年开工、当年投产，旭龙和玛尔挡两个大型水电项目相继完成大江截流、下闸蓄水目标，在建水电装机规模居全国首位。建成江苏、山东、浙江3个百万千瓦级海上风电基地，海上风电装机容量突破500万kW，践行“一带一路”倡议，推进境外能源项目建设，清洁可再生能源装机占比从“十三五”末25.8%跃升至35.5%。

5. 国家能源集团部署“十大工程”，引领科技领军企业建设

国家能源集团召开科技创新大会，印发《中共国家能源集团党组关于加快建设科技领军企业的决定》，部署十大工程，完善保障措施，科技体制机制实现新突破，科技创新取得新实效。建设煤炭清洁高效开发利用原创技术策源地，4个研发中心入选国家能源局创新平台，4项国家重点研发项目通过验收，1项IEC白皮书批准发布，15项案例入选全国煤矿智能化建设典型案例，在世界首套60万t/年包头煤制烯烃项目基础上开工升级示范项目，实施国内外容量最大600MW机组混氨燃烧试验，容量最大飞轮储能电站、亚洲最大火电CCUS项目、新疆地区煤化工行业已投产的最大规模CCUS配套管道项目、国家重点研发计划失活催化剂资源化利用项目等一批重大科技成果落地，正式揭牌国家能源欧洲研究院，加快推动关键技术、核心产品迭代升级和新技术智慧赋能。

6. 国家能源集团荣获首届十大“中国ESG榜样”企业，社会美誉度持续提升

2023年12月，国家能源集团获选中央广播电视总台首届十大“中国ESG榜样”企业。成立六年来，国家能源集团坚定履行能源保供职责和社会责任，综合实力显著提升，品牌价值创新高，中央企业负责人经营业绩考核连续五年获A级，荣获“品牌建设领跑者”称号。构建CE·CE社会责任体系，推进ESG的中国化、时代化、企业化，荣获第十二届中华慈善奖“最具影响力捐赠企业”“最具影响力慈善项目”等奖项。

7. 国家能源集团成交全国新绿证交易第一单，全产业100%绿电消费全面完成

国家能源集团积极响应国家绿电消费倡议，发挥先行带头示范作用，打造“绿色国能”品牌。印发绿电消费指导意见，新能源企业绿证实现“应领尽领”。组织“绿色国能走廊”“绿色办公楼宇”、煤炭、运输、电力、科技环保产业等绿证交易，2023年实现全产业100%绿电消费。开拓外部绿证市场，成交国家能源局核发的全国新绿证交易第一单。全年申领并交易绿证1830万个，成为全国申领绿证和交易绿证最多的企业。

8. 国家能源集团构建“一网三平台”“4e”平台，引领能源行业数字经济发展

国家能源集团推进数字技术与煤电化运各产业的融合发展，构建“一网三平台”，以一体化数字化保公司综合实力提升，加速推动“绿链数链智链”转型升级，协同推进智能生产、智慧运营、智慧管理，全产业链赋能成效显著。建设国内领先的千亿级生态协作平台，涵盖物资供应链平台“国能e购”、煤化运大宗能源供应链平台“国能e商”、电力能源服务线上交易平台“国能e电”、能源供应链金融服务平台“国能e链”，持续增强产业链供应链韧性和现代化水平，打造央企数字化产融合作创新模式示范标杆。

9. 国家能源集团以高质量党建引领保障企业高质量发展

国家能源集团党组制定印发健全全面从严治党体系指导意见，全面实施党的建设七大工程，坚持党企同进、一体发展，印发增强基层党组织政治功能组织功能的指导意见，发布支部战斗力提升指引，组织开展基层党组织观摩交流活动，激励动员、号召广大基层党组织和党员在生产经营提质增效、防汛救灾、重点工程和重大项目建设中充分发挥战斗堡垒和先锋模范作用，形成高质量党建引领保障企业高质量发展的生动实践和丰硕成果。

10. 推动“健康国能”工程 以办实事提升职工获得感、幸福感

国家能源集团深入开展“健康国能”工程建设，因地制宜推进十项重点任务落实落地，命名挂牌60个“健康食堂”、36个“健康小屋”，开展职业病危害防控、职工心理健康讲座（宣传）等活动近12000场，女职工专项体检、“两癌”筛查覆盖14余万人次，举办各类文体活动4164场，推进职工健康疗养1.3万人次，优化提升工作环境，进一步巩固拓展“我为群众办实事”实践活动成果，全年累计办理实事6621余件，职工的获得感、幸福感进一步提升。

（曹瑞光　童梅云）

【龙源电力集团股份有限公司】

公司概况　龙源电力集团股份有限公司（简称龙源电力），前身为成立于1993年1月的龙源电力集团公司，先后隶属能源部、电力部、国家电力公司、中国国电集团公司。2009年7月9日改制为龙源电力集团股份有限公司，现为国家能源集团旗下以开发运营新能源为主的大型综合性发电集团。

龙源电力是中国最早开发风力发电的专业化公司。创新引领了风电装备国产化、大型化、高效率、低成本，率先开拓了中国海上、低风速、高海拔等风电领域，率先实现中国风电“走出去”，是中国风电行业的先行者、开拓者、引领者。2009年，在香港主板成功上市，被誉为“中国新能源第一股”；2022年1月24日，在深交所主板上市，成功打造千亿级新能源A+H双平台。融资能力、盈利能力与抗风险能力增强，核心竞争优势更加突出。拥有风电、光伏、生物质、潮汐、地热和火电等发电项目，业务遍布中国32个省（区、市）和加拿大、南非、乌克兰等国家，为全球能源绿色低碳发展和可再生能源利用做出了积极贡献。先后荣获全国文明单位、全国五一劳动奖状、中国证券金紫荆奖最具投资价值上市公司、最佳上市公司等荣誉，连续11年被评为全球新能源500强企业。

截至2023年底，龙源电力控股装机容量3559.37万kW，其中风电2775.44万kW、光伏592.82万kW、火电187.5万kW、其他可再生能源3.61万kW。

领导班子

党委书记、董事长：唐坚

党委副书记、总经理：宫宇飞

党委委员、总会计师：杨文静

党委委员、纪委书记：郭爱军

副总经理：丁鹬

党委委员、副总经理：夏晖、王琦

党委委员、副总经理、工会主席：李星运

组织机构　龙源电力本部设有综合管理部（党委办公室）、组织人事部（人力资源部）、党建工作部（党委宣传部、团委）、规划发展部（基地项目办公室、新能源政策研究和经济评价中心、海上风电项目办公室）、安全环保监督部、生产技术部、工程建设部、财务产权部、市场营销部、企业管理与法律事务部、证券事务与投资者关系部（董事会办公室）、科技信息部、审计部、采购与物资管理部、工会工作部16个职能部门，下辖管理单位41家。拥有全资控股子公司364户、分公司159户，筹建处3家。管理233个风电场，45个集中式光伏电站、93个分布式光伏电站，1个潮汐电站，1个地热电站。共有基层党委36个、党总支5个、党支部358个。

党建工作　全面贯彻落实党的二十大精神，坚持把政治建设摆在首位，深入学习贯彻习近平总书记系列重要讲话和考察宁夏煤制油、榆林化工、黄骅港重要指示批示精神，扎实开展学习贯彻习近平新时代中

国特色社会主义思想主题教育，坚持党史学习教育常态化长效化，强化党员教育培训、深化党建政研课题研究，号召全体党员积极投身“社会主义是干出来的”岗位建功行动、“百日大会战”，龙源电力获评国家能源集团“社会主义是干出来的”先进集体、先进基层党组织、改革三年行动先进集体，连年获评国家能源集团党建工作责任制考核“A”级。围绕宁夏“沙戈荒”新能源基地一期二期项目、全球首个漂浮式风渔融合项目“国能共享号”、右玉乡村振兴等重大主题开展专项宣传，央视、人民日报、科技日报等中央媒体关注并进行报道。《跨越山海，守护“追风男孩”向未来》获第六届中央企业优秀故事二等奖。在南非第六届金砖国家媒体高端论坛发布《南非项目发展案例报告》，64 家中央媒体、美国和南非等 15 个国家和地区的 21 家媒体发布报道，外交部发言人汪文斌在答记者问中介绍龙源德阿项目，作为习近平经济思想在非洲成功实践的有力例证，引发海内外广泛关注。“以云开放日讲好中非友谊故事，实现境外业务与国际传播紧密融合”获评中央企业国际传播优秀案例。

深化改革　巩固改革三年行动成效，全面贯彻党中央、国务院关于国有企业改革深化提升行动决策部署，乘势而上实施新一轮国企改革深化行动，紧密结合公司改革发展运营实际和“十四五”发展规划安排，按照“紧盯一个目标、坚持两条路径、实现五个提升”工作要求，重点在本质安全、效益领先、数字转型、规模发展、科技创新、健康进取方面攻坚克难，推进各项目标任务。

规范董事会建设持续深化，加强外部董事人才库建设，聘用能源、金融、财务和法律等方面专家担任董事，选强配齐外部董事，发挥外部董事作用。健全“三重一大”决策机制，持续完善《决策事项权责清单》，在国家能源集团“三重一大”考核中连续保持满分，通过专题培训等方式持续提升所属单位合规治企水平。开发“四重一要”管控系统，重要工作 100%线上督办，以过程跟踪实效保障督办事项按期完成。

强化合规风险管控，创新构建一体化风控合规体系，搭建以“1+3+N”为架构的 3 图 9 库，建立完善“三位一体”管理标准，“三位一体”治理实践融入制度，制订《新能源行业业务框架》《新能源行业内控风险矩阵》，加快制度信息化，推动“三位一体”管理体系实现企业全覆盖、业务全贯通。创建合同智能化管理系统，建立 72 项范本合同条款库、规则库和风险库，运用 AI 技术推动合同审核、履约提醒、风险预控全生命周期管理。

编制合规管理三年规划和年度法治合规工作要点，明确七方面 26 项重点工作，逐年深化推进“法治龙源”建设。依托现有前期和工程管理信息系统基础，开展证照合规信息化建设。通过“每周说法”讲座，对企业国有资产监管、新能源行业、公司治理等与企业经营管理密切相关的法律法规进行宣贯，培育干部员工学法意识、守法理念和用法能力，提升公司依法合规经营管理水平。连续 4 年获评国家能源集团年度依法治企考核 A 级（并列第一），考核基础分和加分项获得双满分。

科技创新　充分发挥科技创新的引领作用，实施创新驱动发展战略，推进自主创新，研发关键技术，加强科技成果转化应用。蒙西阿拉善制氢合成氨项目通过国家发展改革委立项批复；全球首个漂浮式风渔融合项目“国能共享号”完成全部安装，实现风渔养殖一体化设计概念在世界范围内的首次创新实践；国家重点专项“风力发电复杂风资源特性研究及其应用验证”入选自然基金委优秀成果、可再生能源与氢能技术标志性成果；投建营项目依托双云融合技术架构，上线国内新能源首个多级联动的云数智一体化应用。创新成果有效固化，申请新能源基建、数智化、设备预警、维护等方面的发明专利 32 项。

科技实力领航发展。海上风电先行先试。建成世界首座潮间带试验风电场、全国首个大容量海上风机试验平台，首创海上无过渡段单桩嵌岩技术，施工效率提高 5 倍、成本降低 30%。生态融合助力“沙戈荒”基地建设。全国首批首个“沙戈荒”新能源基地——腾格里中卫一期全容量并网，运用“光伏治沙”新模式，“草方格固沙”播种 42 吨耐旱草籽，实现“板上发电、板下修复”的生态综合治理。紧扣前沿加快技术研发。建成国内首个电源侧新型电力系统的新能源发电仿真平台，为高比例新能源的稳定、经济、协调运行提供理论指导。“风电场三维数字化设计系统关键技术研究及建设”项目，通过“GIS+BIM”设计手段，实现了全设计流程的三维设计和数字化。聚焦主业探索融合发展路径。建成全国首座潮光互补型智能光伏电站，开创光伏与潮汐完美协调发电模式。建成内蒙古兴和小南营“风电+空气热源”项目，实现清洁能源供热。江苏省首个新能源配套储能发电项目——盱眙储能电站并网运行。国家重点研发计划“风力发电复杂风资源特性研究及其应用与验证”，风资源评估软件风速计算准确率较国外商业软件提升 7%～22%。甘肃光热储能实证基地依托敦煌 700MW“光热储能+光伏+风电”一体化综合能源示范项目，拟解决光热、熔盐储热系统与光伏、风电协同优化和调度问题。

信息化建设　2023 年，龙源电力全面推进数字化转型和信息化建设，成立网络与信息化委员会，编制印发《龙源电力数据管理办法》，规范数据管理办法的组织与职责、数据资产管理、数据分级分类管理、数据全生命周期安全管理、数据安全和应急管理；编制网络安全与信息化业务受理单说明文档规范精简申请流程。加速数据挖掘系统与智能算法竞赛平台的搭建，通过扩容数据服务接口并实现与国家能源集团数据链路的无缝对接，统一关键数据资源。此外，针对新能源数据集成，专项工作专班的成立加速了数据一体化进程，为业务上云与智能化决策提供了坚实基础。

数字化建设优势突出。建成全球数据规模最大的新能源生产数字化平台，数据赋能智慧运营能力全面增强，数字化转型试点企业方案通过国资委审查。聚焦源头数据感知落实“三统一、三同时”建设要求，数字化平台 2022 年新接入系统内 380 万 kW 新能源、100 万 kW 火电，以及国电电力、国能重庆等 10 家单位的 540 万 kW 新能源项目，全量数据采集水平不断提升。加强数据应用，龙源工程技术公司研发理论功率曲线精准拟合算法、预测电量智能模拟等技术，为生产运行提供可靠依据。龙源山西公司开发长周期电价预测、多周期交易策略风险控制等模型，辅助电力营销科学决策。推进智能电站建设，安徽龙湖、广西笔架山风电场分别被评为国家能源集团高级、中级智能电站。完成“护网 2023”网安实战演习，未发生扣分事件。完成全国两会、大运会以及亚运会期间重保工作，期间未发生网络安全事件。

科技项目

1. 漂浮式海上风电关键技术研发与工程示范

9 月 25 日，龙源电力开发建设的全球首个漂浮式风渔融合项目“国能共享号”平台近日在浙江舟山成功下水，拖航驶向项目场址福建平潭，为项目如期建成投产奠定基础。

该项目是深远海漂浮式风电与渔业养殖一体化设计概念在世界范围内的首次创新实践，其中漂浮式基础设计建造是项目关键环节。自项目立项实施以来，国家能源集团龙源电力联合设计施工单位以及国内知名高校建立浮式基础设计研发团队，综合分析适用海域、水动力性能、结构性能、设计建造安装等因素，经过多轮仿真模拟和设计优化，探索形成了一种适合我国海域的漂浮式基础型式，并进行了缩尺模型水池实验，通过模拟 200 个高度还原的工况，全面检验了关键性能参数的准确性。目前，项目平台设计已获得中国船级社原则性批准（AIP）证书，设计成果通过中国船级社、挪威船级社等业内专业机构审查验证，平台已完成建设并完成倾斜试验，塔筒设备监造完成。此次下水拖航，标志着项目开发建设进入新阶段。建成投产后，将填补漂浮式海上风电领域的行业空白，助力海洋经济融合发展模式向深海挺进。

2. 风电场主控中控一体化控制系统及其标准化研究

4 月 6 日，龙源电力工程技术公司“风电场主控中控一体化控制系统及其标准化研究”项目经中国电力企业联合会组织的科技成果鉴定，项目总体技术达到国际领先水平。

该项目针对风电机组运维中的数据采传、监控管理困难等痛点，依托国产化工业 PLC 硬件和自主开发的主控软件，构建了国产自主可控的风电机组主控系统，通过就地布置基本控制逻辑，融合工业互联网技术，完成了高采集频率海量数据的高速传输存储，实现风电机组核心的控制与保护功能，保障风电机组正常运行；依据一体化设计原则，开发、部署了基于 B/S 架构的中央监控系统，实现了主控系统和中控系统的互联互通；通过全场数据的采集、传输、存储、监控与分析，实现基于风电场负荷水平、各机位点风资源分布、各机组实时生产数据等的场级综合调度，促进运维水平提升。项目建立了风电机组主控系统功能、算法逻辑、数据传输协议、主控系统软件框架、控制与保护参数等技术标准，促进了风电控制系统的透明化和规范化，相关成果已在风电场进行推广应用，为推动风电场控制系统国产化和运维智慧化提供了有力的技术支撑，为实现能源控制关键核心技术自主可控奠定了坚实基础，对促进新能源行业降本增效具有重要意义。

重点工程

1. 宁夏中卫一期 100 万 kW 项目

宁夏腾格里沙漠新能源基地项目（一期 100 万 kW）是“宁电入湘”配套电源首期启动的光伏基地项目，由中卫龙源新能源有限公司投资开发建设，项目总投资 48.66 亿元，光伏场区占地面积约 2.8 万亩，配套建设 1 座 330kV 升压站，1 座 100MW/200MWh 储能电站。光伏场区 311 个光伏发电单元通过 48 回 35kV 集电线路接入场区配套建设的 330kV 升压站。330kV 升压站通过 1 回 330kV 架空线路接入国家电网沙坡头 750kV 变电站，线路全长 51km，共 144 基铁塔。储能电站通过 5 回 35kV 电缆线路接入场区配套建设的 330kV 升压站。

2. 龙源电力江苏射阳海上风电项目

江苏射阳 100 万 kW 海上风电项目位于射阳河口东南侧海域，辐射沙洲最北端，场区中心点离岸约 65km。规划装机容量约 1000MW，共 118 台 8.5MW 的远景风机。风电场内新建两座 220kV 海上升压站和一座 220kV 陆上集控中心，所发电能汇集至海上升压站 35kV 母线，经主变压器升压至 220kV 后通过 4 回 220kV 海缆接至登陆点，登陆后接至风电场 220kV 陆上集控中心，再接入电网系统站。项目总投资超 100 亿元，属于国内开工建设的最大海上风电平价项目，于 2022 年 11 月开始陆上集控中心建设。

3. 龙源电力海南东方海上风电项目

海南东方 CZ8 场址 50 万 kW 海上风电项目位于

海南省东方市感城镇西侧近海，是海南省重点项目之一，项目总投资约 55.6 亿元。项目拟安装 50 台单机容量 10MW 的风电机组（明阳），总装机容量为 500MW。该风电场所发电能通过 8 回 66kV 集电线路汇集到海上升压站，经主变压器升压至 220kV 后通过 2 回 220kV 海缆送出，登陆后转陆缆接至陆上集控中心，最后通过 1 回 220kV 架空线路送入国能乐东电厂。

主要事件

1 月 3 日，龙源电力内蒙古公司阿拉善高新区 600MW 风光氧氨基础设施一体化低碳园区示范项目获开发指标。这是国家能源集团“十四五”时期在内蒙古首个绿电制氢项目。

1 月 15 日，龙源电力召开四届六次职代会暨 2023 年工作会议，以习近平新时代中国特色社会主义思想为指导，深入贯彻党的二十大精神和中央经济工作会议部署，总结 2022 年工作，分析当前形势，部署 2023 年工作任务，接续奋斗“十四五”高质量发展，加快推动世界一流新能源公司建设迈上新台阶。

1 月 15 日，在 2023 年世界经济论坛达沃斯年会召开之际，龙源电力董事长、党委书记唐坚作为论坛邀请的中国能源企业领袖代表，在世界经济论坛官网 ESG 专栏《这些中国企业正在为融合 ESG 积极行动》中发表《ESG 理念驱动风电全产业链低碳发展》，向全球读者分享公司推进 ESG 融合的思考和实践。

2 月 6 日，龙源电力与铁力市人民政府签订合作框架协议。双方秉承携手发展、优势互补的理念，加快推进铁力年丰 200MW 风电项目、分布式光伏项目、小呼兰河抽水蓄能等项目，在新能源领域开展全面合作。

2 月 23 日，龙源电力党委书记、董事长唐坚在北京拜会南非驻华大使谢胜文（H.E.Siyabonga Cwele），双方就加强能源领域项目开发及配套产业建设，共同推动解决南非当前电力危机等深入交换意见。

3 月 8 日，龙源电力与百色市人民政府签订 250 万 kW“源网荷储”一体化基地项目及 2 万 t 锂电级 PVDF 项目合作框架协议。该项目为广西百色市首个“源网荷储”一体化基地项目，计划开发容量 250 万 kW，其中风电 150 万 kW、光伏 100 万 kW，配套建设 50 万 kW/100 万 kWh 储能项目基地（含园区增量配网），为百色市实现“双碳”目标贡献力量。

4 月 17 日，龙源电力召开中层以上管理人员大会，国家能源集团组织人事部主任王进强宣布了国家能源集团党组关于龙源电力领导班子调整的决定：宫宇飞任龙源电力党委副书记、总经理，免去其龙源电力副总经理职务；李星运任龙源电力党委委员、副总经理。

4 月 26 日，全国首批首个“沙戈荒”新能源基地——国家能源集团宁夏腾格里沙漠新能源基地一期 100 万 kW 光伏项目并网发电，探索出“新能源建设+沙戈荒生态系统保护和修复”新路径，标志着我国在新型能源体系建设方面取得新成效。

5 月 5 日，龙源电力江苏大型“海上风电+海洋牧场”融合项目关键技术研究施工图设计工作正式启动。该项目作为龙源电力首个“风渔融合”远海养殖示范项目，推动“海上风电+”时代的到来。

5 月 10 日，龙源电力上海公司崇明北堡风电项目入选中国能源研究会《百县千项清洁能源示范项目典型案例目录 2023》。

5 月 21 日，龙源电力党委书记、董事长唐坚在北京拜会文莱初级资源和旅游部部长马纳夫（Dato Dr.Abdul Manaf Metussin），双方就促进文莱农光互补、渔光互补等新能源项目开发，助力文莱加快实现碳中和目标等深入交换了意见。

6 月 27 日，龙源电力宁夏贺兰山第四风电场“以大代小”退役风电机组跨区域移机复用项目收官。这是国内风电行业首例落地实施的退役风机移机复用项目，为我国风电行业高质量发展再添创新示范。

7 月 10 日，在北京市西城区举办的“促进绿电消费、建设绿色西城”启动仪式暨“节能降碳、你我同行”节能宣传周开幕式上，龙源电力本部办公大楼凭借 100%绿电消费获评“绿电示范楼宇”。

7 月 26 日，龙源电力召开 2023 年年中工作会暨“社会主义是干出来的”岗位建功行动表彰会，深入贯彻习近平总书记重要讲话和重要指示批示精神，践行“社会主义是干出来的”伟大号召，总结上半年工作，分析当前形势，部署下半年重点任务，坚定信心、鼓足干劲，确保完成全年目标任务。

8 月 21 日，龙源电力上线国内首套新能源场站智能锁，彻底杜绝了未授权人员误操作开锁的概率，提高了新能源场站运行管理的安全性与可靠性，降低了场站运营成本，是龙源电力数字化转型的又一阶段性成果。

9 月 8 日，龙源电力碳资产公司与国电电力三河发电有限责任公司配合，完成全国温室气体自愿减排（CCER）注登系统和交易系统首个账户开立，用户名编号为 C0000000001。

9 月 14 日，龙源电力开发建设的全球首个漂浮式风渔融合项目“国能共享号”平台在浙江舟山下水，拖航驶向项目场址福建平潭，为项目如期建成投产奠定基础。

9 月 18 日，龙源电力与新华发电在广州签署战略合作协议。龙源电力与新华发电将建立沟通机制、协调机制、信息共享机制，发挥央企技术经验优势，通过多种合作模式深化新能源领域合作，先行推动在广东、广西、海南等区域的“风、光、水、储、氢”等清洁能源项目开发，共享海外资源和业务经验，寻求海外市场合作机会，深化东南亚十国等国际新能源市场开拓，提升电力技术在国际市场上的竞争力。

10月11日，广东省2023年省管海域海上风电竞配结果公布，龙源电力联合新华发电成功获取广东省管海域湛江徐闻东二场址300MW风电项目开发权，实现在粤海上风电开发“零”的突破。

10月22日，由中央广播电视总台联合国资委、全国工商联、中国社科院、中国企业改革与发展研究会等权威机构推出的“中国ESG（企业社会责任）发布”活动在北京举行。活动首次发布了《年度ESG卓越实践报告》，龙源电力申报的宁夏腾格里沙漠新能源基地“黄沙变绿电”案例，因积极探索出一条“新能源建设＋沙漠沙戈荒生态系统保护和修复”可持续发展新路径，从570余项案例中脱颖而出，成功入选。

10月24日，龙源电力“宁湘直流”配套新能源基地中卫300万kW光伏复合项目（二期200万kW）在腾格里沙漠举行开工仪式。

10月24日，生态环境部正式发布我国温室气体自愿减排市场重启后首批4个方法学，龙源碳资产公司参编的《温室气体自愿减排项目方法学并网海上风力发电》位列其中，为推动实现“碳达峰、碳中和”目标贡献作用。

11月3日，根据国家能源局发布的2023年能源领域行业标准制修订计划及外文版翻译计划，龙源电力工程技术公司牵头制定的《风力发电机组叶片防冰涂覆改造技术规程》等3项行业标准获国家能源局批覆立项，填补国内风力发电行业相关标准空白。

12月5日，龙源电力自主研发的国内首套基于LiEMS平台的新能源废旧物资管理平台正式上线运行，为新能源行业废旧物资的状态鉴定、梯级利用、追踪溯源等提供快捷、高效、智能的解决方案。

12月13日，在国家能源局绿证核发工作启动会上，龙源电力黑龙江佳木斯桦南公心集100MW风电平价上网项目取得全国首批新版绿色电力证书，该项目所核发绿证向德国知名化工企业巴斯夫售出，成为全国新绿证交易第一单。

12月27日，龙源电力碳资产公司通过EATNS碳管理体系评定，标志着龙源电力成功建立系统、全面、规范的碳管理体系，综合碳管理水平得到了进一步提升。

（徐　倩）

【国能大渡河流域水电开发有限公司】

公司概况　国能大渡河流域水电开发有限公司（简称大渡河公司）是国家能源集团所属最大的流域水电开发公司，于2000年在成都市高新区注册成立，业务涉及常规水电、抽水蓄能、光伏、风电等清洁能源开发，推进碳资产业务和国际合作项目。截至2023年，资产总额1172亿元，股权结构为国电电力80%，川投能源20%。设有15个部门，所属及控股单位20家，职工2102人。目前，大渡河公司在四川投运电源装机容量1164万kW，其中水电1144万kW、光伏20万kW。水电装机占四川省调水电总装机约25%，承担四川电网主要调峰调频任务。在建水电总装机容量352万kW，水电前期总装机容量297万kW，纳规抽水蓄能项目总装机容量330万kW。新能源已获得137万kW项目开发权。大渡河公司先后荣获全国脱贫攻坚先进集体、全国“五一”劳动奖状、全国文明单位、全国模范职工之家等荣誉，被评为中央企业先进基层党组织、中央企业思想政治工作先进单位，创新成果获得国家科技进步奖二等奖、四川省科技进步奖一等奖等省部级以上奖项193项，获得知识产权授权860项，主持及参编行业标准97项。

领导班子

党委书记、董事长：杨勤

党委副书记、董事、总经理：周业荣

党委委员、纪委书记：高廷源

党委委员、副总经理：李攀光、陈刚

党委委员、总会计师：计军恒

党委委员、副总经理：姚福明

组织机构　下设15个部门：综合管理部、组织人事部（人力资源部）、党建工作部（党委办公室、党委宣传部、工会办公室、团委）、纪委办公室（党委巡察办）、规划发展部（乡村振兴办公室）、企业管理与法律事务部（董事会办公室）、财务产权部、安全监察部（生态环保部、安全监察中心）、生产管理部、市场部、工程建设部、采购与合同部、征地移民部、科技信息部、审计部；所属及控股单位20家。

企业战略　贯彻落实“四个革命、一个合作”能源安全新战略，坚持国家能源集团“一个目标、三个作用、六个担当”发展战略，突出创新发展、绿色发展、协同发展和一体化运营，统筹推进电力保供、改革创新、提质增效、科技赋能和党的建设等各项工作，坚守水电主业，坚持两线并进、三区布局，加快打造大渡河清洁能源基地，以加大资源储备拓展发展优势，以加快工程建设体现发展成效，以优化管理机制激发发展活力，全力打造经营高质量、管理高水平、品牌高层次的世界一流水电企业，切实以企业高质量发展为国家能源集团建设世界一流企业、助力四川现代化建设做出更大贡献。到2025年，力争装机容量达到1800万kW，大渡河清洁能源基地初具规模；到2030年，力争装机容量达到3000万kW，大渡河清洁能源基地基本建成，努力将大渡河打造成为国家级清洁能源示范基地。

人力资源 选优配强基层单位领导班子，基层单位领导班子“80后”年轻干部占比达到30%，干部队伍结构持续优化。加强三支队伍建设，32人入选国家能源集团人才库。全年招聘毕业生113人，研究生及以上学历人数占比达到31.6%。承办2期国家能源集团优秀年轻干部培训班，组织8批次职业技能等级认定工作，获得国家能源集团首批技术技能人才培训基地授牌。深化三项制度改革，考核正向激励的导向全面树立。落实国家能源集团艰苦边远、高原津贴待遇政策，提高艰苦边远津贴标准，推进分配向发展一线、艰苦地区倾斜。

安全生产 实现安全“零事故”、环保“零事件”，连续安全生产达到6698天。组建安全监察中心，配齐配强专职监察员，接入监控2002台，一体推进远程视频监察、现场跟踪监督。推进大坝安全专项提升，9座大坝注册登记等级为甲级。15家单位通过国家能源集团和省级健康企业、标准化、治安反恐、安全文化建设评审验收，大渡河公司获评国家能源集团安全环保、中央在川企业安全生产、省级反恐达标建设先进单位和全省“安全生产月”优秀组织单位。瀑电总厂入选全国健康企业建设优秀案例。枕头坝公司获评全国安全文化建设示范企业。建成流域全过程监测系统、双江口松岗鱼类增殖站，推进龚铜两站鱼道建设，连续2年代表国家能源集团参加世界环境日水电行业鱼类增殖放流联合行动。

经营管理 首次创造流域6台机组同时A修记录，修后设备均一次性启动成功，连续18年“零非停”。流域全年来水较多年均值偏少13%，全年发电量同比降幅小于来水降幅。向长江中下游增加供水缓解缺水情势，获得水利部长江委表扬。推进降本增效，实现生产性存量固贷再次压降，完全成本同比减少1.04亿元。管理口径13家法人企业全部实现盈利。

科技创新 2023年，获评全国行业协会奖励18项，获得知识产权授权112项，6项成果鉴定达到国际领先水平，“西南山区水地灾害预警及大型梯级水电站安全运行关键技术与应用”获国家能源集团科技进步奖一等奖。集团科技攻关项目“基于国产BIM的水电工程数字化关键技术研究”通过验收。2人获评集团青年科技创新先锋。

信息化建设 推进智慧企业建设“七统一”，构建流域统一管理平台、电厂统一管控平台、部门统一数据中心三位一体的信息化初步架构。推进关键信息基础设施安全保护试点示范项目落地实施，建设方案通过国家能源局审查。完成两会、大运会等重要时期网络安全保障，完成国家能源集团、公安部及电力行业网络安全攻防演练。实现生产指挥中心与流域电站调度通信系统双冗余容灾备份，畅通率100%。

党建工作 坚持把党的政治建设摆在首位，完善“第一议题”制度，一体推进、深化落实习近平总书记重要指示批示精神和三次视察国家能源集团重要讲话精神。开展学习贯彻习近平新时代中国特色社会主义思想主题教育，紧扣“学思想、强党性、重实践、建新功”总要求，一体推进理论学习、调查研究、推动发展、检视整改、建章立制，开展“我为群众办实事”，取得扎实成效。完成2轮4家基层单位党委常规巡察。落实增强党支部政治功能和组织功能指导意见，完成联合党支部整改。深化“社会主义是干出来的”岗位建功行动，围绕加快水电和新能源发展，推进25个“奋进十四五”党员先锋队和示范岗建设，开展“党员就是安全员”“党员积分管理”等活动，营造了凝聚合力、加快发展的良好氛围。大渡河“小水滴”志愿服务队入选全国学雷锋志愿服务“四个100”先进典型。

工会工作 围绕工程建设、生产经营等重点任务，开展“强聚力、促发展、保目标”劳动竞赛，持续营造工程建设凝聚合力、全面提速的良好氛围。举办7项技能竞赛，承办国家能源集团水电值班员技能竞赛、班组建设交流会。组织完成176项“我为群众办实事”项目，改善一线职工生产生活条件。42名个人、11个集体获省部级以上荣誉，2名青年分别获得全国和中央企业级荣誉。

主要事件

1月5日，大渡河水电基地建设被纳入四川省发展改革委、省能源局联合发布的《四川省能源领域碳达峰实施方案》。

2月16日，国务院国资委党委隆重发布2022年度“央企楷模”。国家能源集团大渡河大岗山公司徐博海荣获“央企楷模”荣誉称号。

3月4日，四川省公布《2023年四川省重点项目名单》，大渡河公司双江口水电站、金川水电站等7个水电项目及瀑布沟水风光互补新能源项目在列。

3月30日，大渡河枕头坝二级、沙坪一级水电站实现围堰同步合龙，创国内同一流域两个大型梯级水电工程同步截流纪录，为我国水电工程开发作出了有益探索。

6月9日，大渡河公司石棉竹马100MW林光互补复合光伏电站首批50MW单元并网发电，成为国家能源集团在四川首个并网发电光伏项目，大渡河公司实现新能源装机“零”突破。

7月28日—8月8日，大渡河公司按照四川省委、省政府“全力蓄水、以水定电、以发定用”发电方式安排，累计输送清洁电力 24 亿 kWh，全方位保障了成都大运会电力安全可靠供应。

12 月 28 日，大渡河老鹰岩二级水电站项目获得国家发展改革委核准批复。该项目是自长江保护法施行以来四川省首批上报国家批复的大型水电项目，也是大渡河水电基地“十四五”以来第一个获得核准批复的水电项目。

双江口大坝月度最大填筑量 120 万 m^3，年内大坝填筑 830 万 m^3，累计填筑 1370 万 m^3，大坝心墙填筑至 2330m 高程，上升 53m。金川岩锚梁提前 20 天浇筑完成，主厂房提前 2 个月完成开挖。枕二沙一提前 1 个月实现截流。

截至 12 月 31 日，大渡河公司全年连续安全生产实现 6698 天，保持安全“零事故”、环保“零事件”、职业病“零事件”。

（李星辰）

【国电电力发展股份有限公司】

公司概况 国电电力发展股份有限公司（简称国电电力，股票代码 600795）是国家能源集团控股的核心电力上市公司和常规能源发电业务的整合平台，主要经营业务为电力、热力生产及销售，产业涉及火电、水电、风电、光伏发电等领域，分布在全国 29 个省、市、自治区。截至 2023 年底，资产总额 4578.99 亿元，控股装机容量 10557.97 万 kW，总股本 178.36 亿股。2023 年 7 月，国电电力上榜《财富》中国 500 强第 70 位，较 2022 年提升 11 位。

1992 年 12 月，国电电力前身东北热电有限公司在大连成立；1997 年 3 月，在上海证券交易所上市；2000 年 1 月，重组为“国电电力发展股份有限公司”，成为原国家电力公司直接控股的第一家全国性上市公司；2002 年 12 月，电力体制改革后，划归原国电集团控股管理。2017 年 11 月国电集团与神华集团重组成立国家能源集团，明确将国电电力作为常规能源发电业务（包括火电、水电）整合平台。截至 2023 年底，国电电力火电装机容量 7279.40 万 kW，占总装机的 68.95%；水电装机容量 1495.06 万 kW，占总装机的 14.16%；新能源装机容量 1783.51 万 kW，占总装机的 16.89%。

国电电力股票在二级市场表现良好，入选《福布斯》首批世界最受信赖公司榜单，先后荣获中国上市公司百强、中国上市公司金牛基业长青奖、新财富最佳上市公司、全景投资者关系金奖、“金圆桌”优秀董事会奖等资本市场重要奖项；获评首届国新杯 · ESG 金牛奖央企五十强；荣获全国五一劳动奖状、全国文明单位、全国电力行业优秀企业、全国电力行业党建品牌影响力企业等多项荣誉称号。

组织机构 本部设有 18 个职能部门，下辖管理单位 49 家。拥有全资及控股企业 189 家，分公司及内核企业 104 家。

企业战略 落实国家能源集团“一个目标、三个作用、六个担当”发展战略，根据产业布局、装机结构和管理实际，确立了打造国家能源集团“常规电力能源转型排头兵、新能源发展主力军、世界一流企业建设引领者”的战略定位，主动顺应能源革命历史进程和发展规律，加快产业“高端化、低碳化、服务化、数字化”发展，聚焦主责主业，加速电源结构绿色低碳转型，发展清洁可再生能源，科学布局开发先进煤电项目，融入以新能源为主体的新型电力系统建设。力争“十四五”末，新增新能源装机容量 3500 万 kW，清洁能源装机占比达到 40%以上，在科技创新、管理创新、商业模式创新方面取得更多行业领先成果，打造“产品卓越、品牌卓著、创新领先、治理现代”世界一流电力公司建设新格局。

安全生产 以安全生产标准化为抓手，全覆盖开展安全工作督导，扎实推进新能源管理专项提升，主设备隐患排查、承包商管理等专项行动。90%以上的火电机组实现全年“零非停”，水电板块大渡河公司连续安全生产 6698 天，新能源风机平均故障次数、故障时长持续下降。优化生产组织，加强机组运行管理，开展“百日大会战”专项行动，有效应对冬夏极端天气影响，煤电利用小时连续 12 个月高于“三同”平均，风电利用小时同比增长 2.29%，为区域能源保供做出突出贡献，云南、天津、北京等多地政府发来保供感谢函。

经营管理 以“净利润增长、挖潜增效、对标提升、财税筹划”四个专项行动为抓手，强化全要素经营管控。全年实现营业收入 1809.99 亿元，完成利润 156.70 亿元，同比增长 53.72%，归属上市公司股东净利润 56.09 亿元，同比增长 104.41%。加大燃料成本管控，通过开展内部调剂、争取国家能源集团计划外自产煤等，推进企业降本增效。推进高息贷款置换，资金成本率较 LPR 降低 0.58 个百分点，节约财务费用 10.10 亿元。

转型发展 践行绿色转型发展，打造“陆上基地化推进、水火周边辐射、沿海风光延伸、境外三线布局”新能源开发新格局。全年获取资源 1674 万 kW，核准备案 1528.80 万 kW，开工 853.64 万 kW，新增装机容量 724.57 万 kW，再创历史新高。象山二期 50.40 万 kW 海上风电、宁夏灵武 30 万 kW 光伏等一批重大项目全容量投产，上海庙 300 万 kW 光伏、天津海晶 100 万 kW 光伏等一批大基地项目开工建设。提质火电转型，推进存量火电机组“三改联动”、优质高效火电项目开发和综合能源转型，实施供热、污泥掺烧等项目建设，国内首个大型燃煤锅炉污泥耦合掺烧项目在常州建成，非煤非电收入持续增长。布局新兴产业，全力推进新疆、北京等地抽水蓄能项目；多渠道推进浙江、广西海上风电开发；加速推进 CO_2 捕集、规模储能储热等重大科技项目，亚洲规模最大的泰州 50 万 t/年火电 CCUS 示范工程投产，捕集 CO_2 实现 100%消纳利用。

国企改革 开展新一轮改革深化提升行动，精细设置“百日大会战”摸高目标和奖励标准，健全职位职级、市场化用工管理体系，提升内控效率。首次发布合规管理年度报告，建立境外业务制度体系，加强风控合规“三位一体”管理，通过法律应对避免经济损失 3.40 亿元。加强市值管理，举办行业最大规模反向路演，首次实施中期分红。8 月以来，股价涨幅超过 33%，显著领先行业与大盘，年末实现市值 742 亿元，较 2021 年管理整合前增长 66%。

科技创新 落实重大科技攻关规划布局，深化科技与业务协同，加快数字化改造，推进三年滚动规划，在运新能源场站全部完成数字管控平台接入，生产调度中心、智能管控平台、火电运营模块投入运行，营销模块计划 2024 年上线，“一中心、一平台、三模块”数字化架构基本成型。加强关键核心技术攻关，抓好重点科技项目实施，研发投入强度同比增长 22%，国电电力牵头申报的“煤基能源碳捕集利用与封存研发中心”入选国家能源局创新平台名单，国家重点研发项目“CO_2 捕集吸附材料及技术”通过科技部验收，荣获省部、行业、集团级科技奖项 84 项，大同公司 CCUS 等 5 项成果经鉴定国际领先。

党建工作 加强党的政治建设，第一时间学习宣贯习近平总书记重要讲话、重要指示批示精神，加强“第一议题”落实督办，扎实开展主题教育，严抓中央巡视问题整改整治，以实际行动践行“两个确立”，做到“两个维护”。提升党建工作质量，完善“三重一大”决策制度，实施党建“领航计划”“双乘数”考评体系和“三项工程”建设，严抓党风廉政监督，将管党治党融入改革发展、生产经营全过程。履行社会责任，与青海省刚察县 8 个乡镇（园区、场）开展精准帮扶，投资 684.03 万元重建幼儿园，捐赠教学设施。2023 年公司通过党建帮扶、消费扶贫、对外捐赠等投入资金 1.2 亿元。

主要事件

2 月 8 日，中电联发布公告，国电电力获评“2022 年度电力行业文化品牌影响力企业”。

3 月 7 日，国电电力党委举办首届“导师+擂台”政研课题擂台大赛决赛，决出一等奖 2 名、二等奖 4 名。

4 月 15 日，国电电力首次发布 ESG 年度报告，系统披露了国电电力在环境、社会、治理各方面工作成效。

5 月 9 日，国电电力以 44 亿美元的品牌价值位列中国品牌价值 500 强榜单第 84 位，为公共事业企业位居榜单百强之内的品牌三家企业之一，排名较 2022 年度提升 55 位。

5 月 10 日，国电电力发布《2022 年度合规管理报告》，展示“国家有号召、国电有行动”的合规实践和创新，以及合规管理工作对国电电力建设世界一流企业的赋能和保障作用。

5 月 10 日，中电联公布 2022 年度电力行业火电机组能效水平对标结果，国电电力上榜 18 台机组，同比增加 4 台。

6 月 13 日，国电电力入围“中国 ESG 上市公司先锋 100”榜单，位列第 63 位，是上市公司 ESG 发展的领先者。

7 月 28 日，台风“杜苏芮”在福建晋江沿海登陆，在台风影响区域内，国电电力多家单位全面迎战台风“杜苏芮”，全力筑牢防汛防台防护墙，保持了安全稳定生产。

8 月 6 日，山东省德州市平原县发生 5.5 级地震，在地震影响区域内，国电电力多家单位积极应对德州 5.5 级地震，确保了人员安全、设备安全。

9 月 7 日，国电电力公司级应急演练在绥中公司举办，全面提升各级人员应急处置能力和专职应急救援人员的实操水平。

9 月 19 日，国电电力首次发布《合规文化手册》，并举行授书仪式，推进合规文化体系建设。

9 月 23 日，国电电力入选“央企 ESG·先锋 100 指数”，达到四星级优秀水平，ESG 治理优秀案例入选《中央企业上市公司 ESG 蓝皮书（2023）》。

11 月 7—8 日，国电电力组织开展 2023 年“传递价值 共享未来”主题反向路演，持续塑造国电电力在资本市场的良好形象。

11 月 20 日，国电电力新能源（火电）培训基地纳入中电联全国仿真机基地序列，是国内电力行业首个具备风、光、水、火全科目培训功能的仿真培训基地。

12 月 15 日，国电电力实现全产业 100%绿电消费，年累计买入绿证 7.2 万张，为实现“双碳”背景下企业价值收益和绿色低碳高质量发展创造了有利条件。

12 月 18 日，经中国电力企业联合会鉴定，国电电力 CCUS 研发中心依托大同公司研发的“基于化学链矿化的火电厂二氧化碳捕集利用技术研究与示范项目”达到国际领先水平。

12 月 24 日，国电电力乡村振兴、帮扶作品入围国资委“国企足迹·2023 年度盘点”“央企十大暖镜头”和“央企海外十大精彩瞬间”。

（吉任杰）

【国神公司】

公司概况 国神公司是国源电力有限公司（资产隶属国家能源集团）和神东电力有限责任公司（资产隶属中国神华）的统称。国源电力有限公司前身为国网能源开发有限公司，成立于 2008 年 4 月，2012 年 4 月从国家电网公司成建制重组并入原神华集团。神东电力公司成立于 1996 年 11 月，是原神华集团最早的电力企业之一，2007 年 8 月整体注入中国神华能源股份公司。2012 年 12 月，原神华集团对两公司进行管理整合，实行“一个平台、两个公司、一体化运营”的管理模式。国神公司作为中国最早深耕煤电一体化运营的专业化公司之一，始终秉持敢想、敢闯、敢为天下先的精神，产业及项目分布于新疆、内蒙古、陕西、山西、黑龙江、宁夏、山东等 8 个省（市）、自治区，管理运营煤电一体化项目 7 个，是国家能源集团独具特色跨区域煤电一体专业化管理公司，也是国内煤电一体化规模最大的专业化公司。

国神公司荣获 2023“责任犇牛奖”之“责任沟通奖”，这是继 2022 年荣获金牛奖“责任供应链奖”之后取得的又一项社会责任管理领域奖项，展现了国神公司在履行央企责任、创造社会价值方面的形象与担当。获得国家“科技进步奖”2 项，行业及省部级科技奖 20 余项，发布 ISO 国际标准 3 项。所属企业荣获中华全国总工会“工人先锋号”“全国模范职工之家”等称号。

截至 2023 年 12 月底，国神公司注册资本 521.10 亿元（其中国源电力 472.61 亿元，神东电力 48.49 亿元），资产总额 1039.44 亿元。拥有煤炭产能 7900 万 t/年，装机容量 1788.85 万 kW，其中火电 1637 万 kW、风电 86.9 万 kW、光伏 64.95 万 kW。

领导班子

党委书记、董事长：陈艾

党委副书记、总经理：陈建强

党委副书记：徐建杰

党委委员、总会计师：周铁军

党委委员、副总经理：郤京忠

党委委员、副总经理、工会主席：辜嫦

党委委员、纪委书记：王金平

党委委员、副总经理：张锋、张建生、高如云

组织机构 本部设有 16 个职能部门，下辖管理单位 29 家。拥有全资及控股企业 28 家，分公司 16 家，参股企业 10 家。管理运营 10 个电厂、8 座煤矿、3 个风电场。共有基层党委 18 个、党总支 14 个、党支部 325 个。

企业战略 国神公司“十四五”发展战略，即坚持一体两翼，做精“两个联营”，做强三大区域，做好扩能、提质、转型、增效四大工程，提升增加值、功能价值、经济增加值、战略新兴产业收入和增加值占比、品牌价值五方面价值，加快构建煤电风光火储多能联产、多能互补综合能源产业结构，加快建设“两个联营”一流清洁低碳能源示范企业。

人力资源 围绕“做精煤电联营课题”任务，制发煤电一体化改革优化方案，完成宝清、和丰等 6 家煤电一体化单位机构改革及人员配备。完成国企改革专项整治自查自纠，从决策事项清单制定、董事会运行、经理层任期制契约化管理等六个重点方面深入查摆，提升整改效果。推进“干部能上能下、员工能进能出、收入能增能减”制度化、常态化，经理层任期制契约化管理实现全覆盖，处级和科级干部公开竞聘比例分别达到 58%和 78%，管理人员末等调整和不胜任退出比例从 3.8%提升至 9.2%；构建“劳动合同＋岗位协议＋绩效考核”三位一体的市场化用工管理体系，员工公开招聘比例实现 100%；薪酬收入分配坚持向生产一线、关键岗位、高技术技能人才倾斜，管理人员收入差距倍数达到 1.94。

安全生产 坚持“两个至上”，贯彻落实两级公司安全环保 1 号文，推进安全管理强化年、安全生产百日攻坚等专项行动，夯实安全管理基础。深刻汲取事故教训，重塑本质安全管理体系，做实安全环保监察中心，推动安全管理人员全体起立竞岗，抓好领导干部安全管理能力提升和直线责任落实，强化“三现”“四个到位”，推行安全环保重罚重奖，抓实外委承包商管理，打通安全管理“最后一公里”，补齐应急管理短板，提升安全管理效能，扭转安全生产被动局面。开展安全生产问题隐患排查整治，国家能源集团挂牌督办全部销号，国神公司挂牌督办完成 10 项，煤矿 19 项重大灾害治理项目全部开工，竣工 5 项，5 家煤矿、6 家电厂达到安全生产标准化一级。

经营管理 深化落实“一集中、三加强”，建立煤电一体效益测算模型，引领经营指标持续向好。火电、煤炭、新能源单位完全成本较预算分别下降 5.5%、5.1%、6.5%。带息负债较国家能源集团管控目标压降 26.5%，节约财务费用 1.6 亿元。深化资金集中管控，可归集资金集中度保持 100%。夯实资产质量，消化资产减值等非经营性损失 69.4 亿元。落实政策红利，西部大开发等优惠预计减免企业所得税 6 亿元，综合税负率同比下降 1.18 个百分点。优化机组经济运行管理，火电机组“两个细则”、深度调峰、启停调峰等收入合计 3.1 亿元，超年度计划 155%。加强生产成本管控，吨煤电耗完成 6.03kWh/t，同比降低 0.27kWh/t，供电煤耗完成 313.2g/kWh，同比降低 2.5g/kWh。精准开展燃煤掺烧，节约燃料成本约 2.7 亿元。开展石灰石、尿素、

催化剂等物料消耗对标，降低费用0.5亿元。建立陕西、内蒙区域联储共备机制，联储物资2939项，金额3293万元。全年采购金额151亿元，综合节支率21.7%，平均采购周期30.7天，采购效率提升11%。“一企一策”制定扭亏治亏实施方案，亏损法人户数同比减少2户，亏损额减少4.66亿元。提升案件“减存控增”处置质效，全年结案21件，避免和挽回经济损失6.9亿元。

科技创新 整合成立技术支持中心，强化技术研发、技术支持、智能智慧统筹规划支撑力量，推进科技创新管理链条不断延伸。发布建设科技领军企业行动方案，制定研发投入和科技投入管理办法，修订科技项目管理办法和科学技术奖励办法等制度，加强制度体系建设。全年完成35项科技项目验收。主导制定的第三项ISO国际标准获批发布。全年申请发明专利61件，完成国家能源集团考核值127%，研发投入4.8亿元。获陕西省科学技术进步奖二等奖1项。

节能减排 深入打好污染防治攻坚战，协同推进降碳、减污、扩绿、增长，主要生态环保指标均低于年度管控线，全年未发生生态环境事件。组织宣贯国家最新碳排放政策，碳排放数据质量及燃煤采制化管理现场帮扶，完成政府第三方对2022年度温室气体排放报告的核查工作，双碳管理稳步提升。参加全国能源行业燃料化验员职业技能竞赛”，国神公司选派的府谷电厂张颖、河曲电厂单丽艳、白马电厂罗婷婷三名选手荣获个人二等奖。修编电力“十四五”节能减碳行动规划，“一厂一策”制定节能减排方案，推动煤电机组“三改联动”，完成节能项目24项、灵活性改造项目11项、供热项目3项，加强检修质量管理、优化运行调整等系列措施，供电煤耗同比下降2.5g/kWh。

市场建设 制定电力营销奖励办法、“三同”对标排名奖惩细则，增强各发电单位抢占市场积极性，火电市场占有率同比提高3.68%。新疆区域统筹开展电力营销，和丰电厂实现减亏1460万元，准东电厂提前取得电力业务许可，与重庆经信委签订“疆电外送、疆煤入渝”战略合作协议，大南湖、和丰电厂外送电价较疆内平均提高0.15元。店塔、郭家湾电厂实现“同网同质同价”，全年增收1.06亿元。推动蒙西现货规则修改，减轻亿利电厂中长期差价合约亏损。推动省间现货交易，累计出清电量3.6亿kWh，较基准电价上浮28.12%。组织对标学习现货交易经验，加大电力交易复合型技能人才培养。荣获“国家能源杯”电力交易职业技能竞赛团体一等奖和个人一、二、三等奖。第十四届全国电力行业职业技能竞赛1人获得三等奖。

信息化建设 强化智能智慧建设顶层设计，首次发布智能智慧厂矿建设技术规范。4家电厂智能示范电站建设方案一次性通过集团审查，府谷电厂达到智能电站高级五星标准，花园电厂“基于5G数据传输的机器人智能巡检项目”亮相数字中国建设峰会。建成以“数据中台”为核心的企业级数据平台，解决77项数据重复填报问题，通过国家数据管理能力成熟度（DCMM）认证，成为国家能源集团首批通过认证的子分公司。财务共享平台上线运行，并纳入国家能源集团财务共享管理体系，业财一体化信息项目在准东煤电公司上线。完成国家能源集团数字化转型创新创效大赛暨网络安全赛道承办，在方案赛决赛中获一等奖1项，在ERP技能大赛中获团队二等奖1项。完成国家级和国家能源集团网络安全实战攻防演练，实现信息系统“零攻破”。

工会工作 推进精神文明企业文化创建工作，选树文明文化先进典型，国神公司本部、蒙东能源公司、亿利电厂获第二届“国家能源集团文明单位”，国神公司团委获国家能源集团“五四红旗团委”。深入开展各层级劳动竞赛、技能大赛134项，“一杯两赛”覆盖面和竞赛成绩持续提升，店塔电厂、白马电厂分获中国能源化学地质工会“班组岗位创新创效 工人先锋号在行动”项目成果特等奖和一等奖，技术支持中心、店塔电厂挂牌首批国家能源集团“职工创新创效工作室”。围绕办实事研究制定了一项实施意见、一套落实方案、一张项目清单“三个一”工作机制，国神公司及各单位开展实事项目192项，投入资金4742万元。国神公司本部、河曲电厂挂牌首批国家能源集团“健康食堂”，宝清公司、哈密煤电公司挂牌首批国家能源集团“示范健康小屋”，“健康国能”工程取得积极成效。开展推优树先，工会系统选树国家能源集团及省部级先进27项。

党建工作 围绕“学思想、强党性、重实践、建新功”总要求，科学建立“1+4”方案体系，实现了两批主题教育前后衔接、上下贯通，聚焦重大问题深入基层调查研究643次，现场解决问题975项，将成熟调研成果转化为推动工作政策措施。健全完善全面从严治党“三级联动”“三维落实”工作机制，实现了全面从严治党与中心工作深度融合、互融共促。深入开展“社会主义是干出来的”岗位建功行动，引导广大党员干部职工在能源保供、煤电一体化改革、重大项目发展、“百日大会战”等大战大考中担使命、建新功。配合做好中央巡视、国家能源集团党组巡视，聚焦突出问题，开展立行立改和集中攻坚，提升企业治理能力。抓实抓细日常监督，严肃查处违规违纪问题，持之以恒纠“四风”树新风，持续保持反腐高压态势，营造了风清气正的良好政治生态。

主要事件

2月1日，从《新疆发展改革委 河南省发展改革委关于哈密南—郑州±800kV直流通道配套电源送受电协议》获悉，花园电厂上网电价基准价调增至239.5元/MWh，上下浮动比例与河南当月煤电基准价变化幅度一致。

2月24日，河曲电厂从中电联获悉，该厂从933家电力企业中脱颖而出，被中电联评为2022年度电力行业文化品牌影响力企业。

3月24日，大南湖电厂多能互补24万kW风电项目顺利完成风机基础第一方混凝土浇筑，提前6天完成国神公司下达的里程碑节点目标，拉开建设帷幕。

4月5日8:17，准东电厂2×660MW工程2号机组首次并网一次成功，进入带负荷试运行阶段。目前，机组运行状态良好，各项参数指标正常，为机组168h满负荷试运行和高质量投产奠定了坚实的基础。

4月27—28日，花园电厂“基于5G数据传输的机器人智能巡检项目”，以现场案例视频和成果汇报的形式亮相第六届数字中国建设峰会国家能源集团展厅，展示了国神公司在数字化技术新趋势、数字化发展新成果、数字化应用新特色和数字化实践新案例等方向和领域所取得的成就。

5月7日9:57，准东电厂一期2×660MW工程2号机组通过168h满负荷试运行，各系统运行稳定，环保设施同步投运，168h试运期间各项性能指标均达到或优于设计值，标志着该项目历时3年建设实现了双机投产发电。目前，两台机组运行稳定、技术指标优良，自动、仪表、保护投入率100%，汽水品质合格率100%，环保设施同步投运，二氧化硫、烟尘和氮氧化物指标排放值优于设计值，达到了超低排放标准。

6月7日，河曲电厂3号机组提前11天完成包括“6大重要技改+通流改造+DCS国产化改造”在内的A级检修，实现“锅炉风压试验、水压试验、锅炉点火、汽轮机冲转、发电机并网”五个一次成功，打造了通流改造和国产DCS改造的样板工程。

6月28日，国神公司日发电量完成3.09亿kWh，单日发电量首次突破3亿kWh大关，创单日发电量历史新高。

8月24日，国家能源集团承办的首届国家级电力交易员技能竞赛——第十四届全国电力行业职业技能竞赛（电力交易员）在北京落幕。通过理论考试和个人、团体仿真实操激烈角逐，国神公司参赛选手大南湖电厂郑昌盛代表国家能源集团参加个人赛和团队赛，获团队一等奖及个人三等奖。

10月26日，在德国柏林召开的第35届ISO/TC 107金属及无机涂层国际标准全会表决通过了由国家能源集团牵头、国神公司主导制定的ISO 21452：电厂锅炉四管热喷涂涂层的规范和要求，这是国神公司主导制定的第三项“四管”防磨防爆国际标准。

11月16日，国神公司在中国社会责任百人论坛发起的“第六届北京责任展”中获评2023年“责任犇牛奖”之“责任沟通奖”，这是继2022年荣获金牛奖“责任供应链奖”之后取得的又一项社会责任管理领域奖项。

12月21日，中国电力设备管理协会在北京召开2023年全国电力行业标杆工程、示范工程发布会暨新型电力系统工程建设高质量发展交流推进大会，内蒙古分公司国合乌拉特续建100MW风电项目荣获“2023年全国电力行业设备管理标杆工程”荣誉称号。

（刘　茜）

中国核工业集团有限公司

【公司概况】中国核工业集团有限公司（简称中核集团）是经国务院批准组建、中央直接管理的国有重要骨干企业，是国家核科技工业的主体、核能发展与核电建设的中坚、核技术应用的骨干，拥有完整的核科技工业体系，肩负着国防建设和国民经济与社会发展的双重历史使命。

我国核工业发展始于1955年，中核集团前身为第三机械工业部、第二机械工业部、核工业部、中国核工业总公司。1999年7月，在原中国核工业总公司的基础上组建了中国核工业集团公司。自2013年起，中核集团组建董事会，并建立了与董事会相配套的经营管理体制机制。2017年12月，中核集团名称变更为中国核工业集团有限公司，企业类型由全民所有制变更为有限责任公司（国有独资）。2018年1月，经中央批准，中核集团与中核建设集团实施战略重组，重组后的中核集团注册资本金595亿元。截至2023年年末从业人员人数16.36万人。

中核集团主要在核电、核燃料循环、核技术应用、核环保工程等领域从事科研开发、设计、建造和生产经营，以及对外经济合作和进出口业务，是国内投运核电和在建核电的主要投资方、核电技术开发主体、最重要的核电设计及总承包商、核电运行技术服务商和核电出口商，是国内核燃料循环专营供应商、核环保工程的专业力量和核技术应用的骨干，是国家核工程建设的龙头企业。

中核集团是中国核科技的开拓者，先后创造了“中国第一颗原子弹爆炸成功”“中国第一颗氢弹爆炸成功”“中国第一艘核潜艇成功下水”“中国第一座自行设计建造核电站——秦山核电站并网发电”“中国自主知识产权三代核电技术——华龙一号全球首堆开工建造”“中国自主研发的第一座快中子反应堆”等多项“新中国第一”；积极拓展核能应用范围，自主研发了多用途模块式小型反应堆（玲龙一号）、“燕龙”泳池式低温供热堆等多种堆型和中国环流器二号 A 核聚变研究装置；拥有极少数国家才具备的完整核科技工业体系；是中国核能发展与核电建设的主力军，自北向南建成田湾、秦山、三门、福清、昌江五大核电基地；是中国唯一的专营核燃料生产商、供应商和服务商，研制成功我国首个大型商用压水堆先进燃料元件 CF3，满足核能系列化、型谱化需求；是铀地质矿冶的国家队和主力军，建成新疆、内蒙古两大地浸采铀绿色矿山；是国家核工程建设的龙头，连续 30 余年不间断从事核电建造，涵盖世界上几乎所有核电主流及科研堆型；是核环保产业的国家队，建成大型核设施退役和放射性废物治理基地；是国内最大的核技术应用企业，具备国内 80%的研发生产能力，核医学药物在中国市场的供应量达到 70%以上；是中国唯一并且实现批量出口核电站的企业，向巴基斯坦出口 7 台核电机组。

【领导班子】

董事长、党组书记：余剑锋

总经理、党组副书记：申彦锋

副总经理、党组成员：马文军、张凯、辛锋

纪检监察组组长：张越

总会计师、党组成员：王学军

【组织机构】见 2023 年中核集团组织机构图。

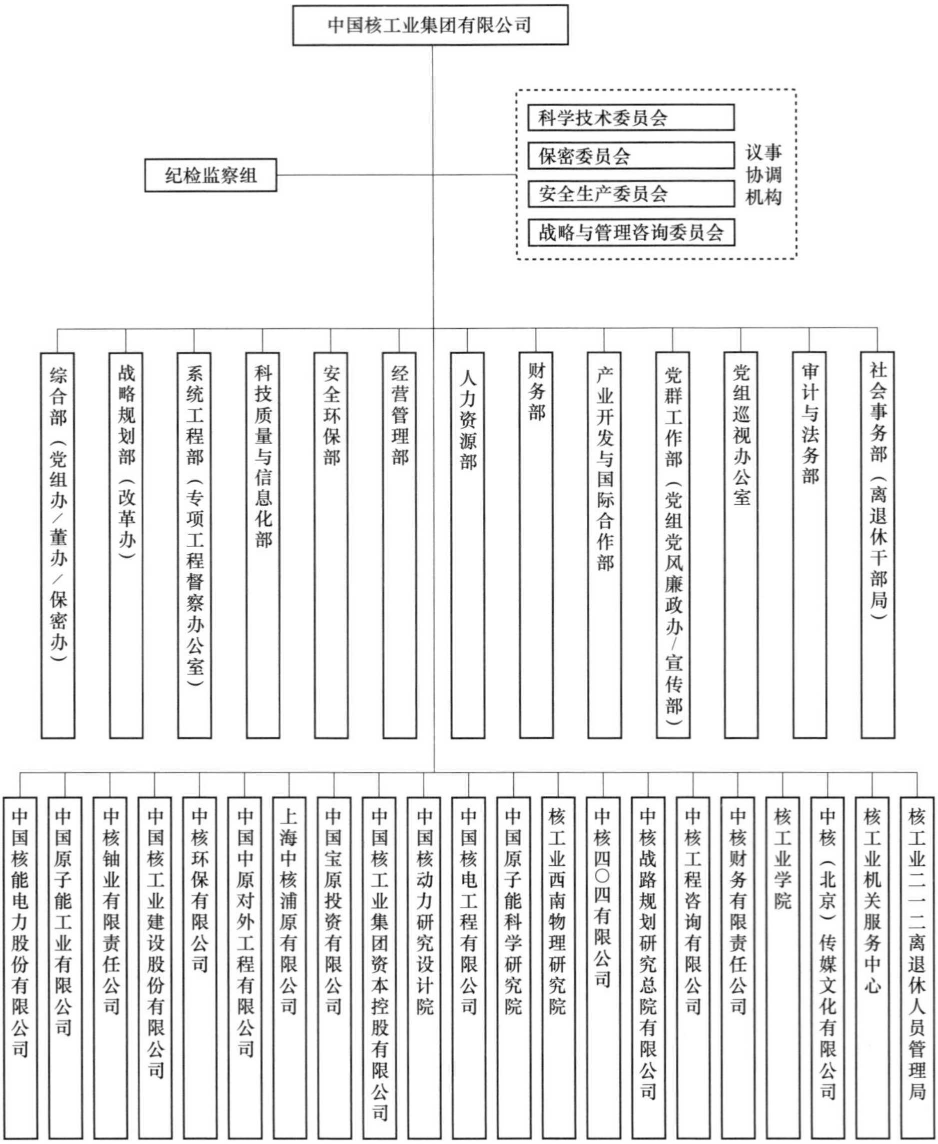

2023 年中核集团组织机构图

【安全生产】2023年，全年核设施运行状况良好，处于安全受控状态，核设施流出物排放低于或远低于国家批准的限值，核设施周围辐射环境水平处于本底涨落范围，核与辐射安全保持良好记录。

2023年，中核集团持续提升电力运行可靠性，旗下电厂保持安全稳定运行，保持了高质量的运行水平。从核电情况看，一是截至2023年末，中核集团在运核电机组25台，在运装机容量2375万kW，全年完成发电情况较好，年有效利用小时数达到7843.08h。二是中核集团在建核电项目总体进展顺利，截至2023年12月，中核集团核准、在建机组16台（包括1台受托管理、4台FCD准备），总装机容量1709.5万kW。漳州3/4号、徐大堡2号、CX2号4台机组处于FCD准备阶段，田湾8号、徐大堡4号、三门3/4号、徐大堡1号、CX1号6台机组处于土建阶段，霞浦2号、漳州2号、田湾7号、徐大堡3号、海南小堆等5台机组处于安装阶段，漳州1号机组处于调试阶段。三是所有核电站未发生国际核事件分级表（INES）一级及以上事件，核安全保持良好记录，非计划紧急停机停堆事件数量与2022年同期相比降低。2023年，中核集团25台在运控股核电机组中，WANO满分机组和综合指数保持国内领先，运行业绩进入世界第一阵营。

【经营管理】截至2023年末，中核集团可控发电装机容量5642.19万kW，其中核电2375万kW、水电287.79万kW、风电796.80万kW、太阳能2297.50万kW。2023年新增装机容量1065.03万kW，其中水电4.5万kW、风电252.07万kW、光伏923.36万kW，控股装机容量正在逐步增长中。

2023年全年实现发电量2323.96亿kWh，其中核能发电1864.76亿万kWh，水电及新能源等发电459.2亿kWh。全年发电量创历史性新高，对中核集团产业升级、能源结构改善，生态保护和美丽中国建设做出了重要贡献。截至2023年底，中核集团所有电源装机全部为清洁能源，全年清洁能源发电量相当于减少标准煤消耗7032.万t，减排二氧化硫59.36万t，减排氮氧化物51.94万t，减排二氧化碳1.84亿t。相当于造林约63.07万hm^2，社会效益和环境效益优势明显，为我国“碳达峰、碳中和”做出积极贡献。

2023年，中核集团获得多项殊荣，2022年度中央企业负责人经营业绩考核A级，已连续十八年度获评A级，世界500强排名381位。全年核设施运行状况良好，处于安全受控状态，核设施流出物排放低于或远低于国家批准的限值，核设施周围辐射环境水平处于本底涨落范围，核与辐射安全保持良好记录。

【电力建设】中核集团电力相关业务主要集中于所属单位中国核能电力股份有限公司（简称中国核电）和新华水力发电有限公司（简称新华发电）。截至2023年末，中国核电在运核电机组25台，在运装机容量2375万kW，截至2023年12月，中核集团核准、在建机组16台（包括1台受托管理，4台FCD准备），总装机容量1709.5万kW（全年无新并网核电）。具体包括：漳州3/4号、徐大堡2号、CX2号4台机组处于FCD准备阶段，田湾8号、徐大堡4号、三门3/4号、徐大堡1号、CX1号6台机组处于土建阶段，霞浦2号、漳州2号、田湾7号、徐大堡3号、海南小堆等5台机组处于安装阶段，漳州1号机组处于调试阶段。

新能源建设：截至2023年12月25日，新能源在运装机容量1776.98万kW（含核电厂风光装机容量3.876万kW），1—12月累计新增风光装机容量523.9万kW。截至12月25日，在建项目1258万kW。2023年已取得新能源指标共计2274万kW，其中风电项目844万kW，光伏项目1430万kW。

【科技创新】2023年度中核集团持续深入贯彻创新驱动发展战略，在加快建设创新型集团方面做了一系列卓有成效的工作。一是立足国家战略，全面承接国家、部委科技需求，对标国际国内标杆，统筹谋划中核集团“十四五”科技发展规划和核科技中长期发展规划；二是深入推动中核集团“创新2030工程方案”实施，建立覆盖九大领域的型谱技术体系，与世界先进水平精准对标，发布共性基础技术体系，全面推进型号（产品）和基础技术攻关，形成重大科技项目初步策划方案和推进措施。三是“小核心、大协作”协同创新体系不断提质增效，以中核集团为主体组建创新联合体，以国内高校、科研院所和国际研究机构为两翼的“一体两翼”科技创新模式初步形成。

2023年，中核集团电力领域获得科技奖励达到84项，获得各类知识产权超过726件，在产业领域得到具体应用，在系统集成、智能运维以及节能降耗方面取得效果。

【国际业务】

（一）海外重大项目

1. 巴基斯坦K2/K3核电项目

巴基斯坦K2/K3项目于2015年正式开工建设，是巴基斯坦国内目前最大的核电项目，是我国具有自主知识产权的三代核电技术——“华龙一号”首次走出国门。2022年4月，K－2/K－3机组全面投运，运行安全稳定。其中K－2机组克服疫情影响，创造全球三代核电海外建设的最短工期纪录，总工期68.9个月，于第二届“一带一路”能源部长会议上获评能源国际合作最佳实践。2023年2月2日，巴基斯坦举办卡拉奇核电站3号机组（K－3）落成仪式。至此，中国核电重大创新成果、我国自主三代核电华龙一号出口巴基斯坦 2 台百万千瓦机组建成投产后正式交付巴方。

K－2 机组：自临时验收至 12 月 25 日，累计机组能力因子 88.72%，累计可利用率 94.00%。2023 年全年，机组累计能力因子 87.58%，累计可利用率 96.28%。

K－3 机组：自临时验收至 12 月 25 日，累计机组能力因子 87.74%，累计可利用率 95.02%。2023 年全年，机组累计能力因子 85.70%，累计可利用率 96.28%。

2. 巴基斯坦 C3/C4 核电项目

中核集团总承包的巴基斯坦恰希玛核电是践行中国“一带一路”倡议，深化中巴全天候战略合作伙伴关系的重要工程。巴基斯坦 C－3/C－4 项目已于 2020 年 9 月 26 日实现最终验收，中核集团持续为 C－3/C－4 项目提供核电站日常维护、备品备件和换料大修等运维服务。2023 年 2 月 5 日，C－4 机组第四次换料大修顺利完成，C－4 机组第四次大修历时 20.6 天，创造巴基斯坦机组大修最短纪录，达到业内优秀水平。

C－3 机组：机组大修后于 8 月 18 日重新并网，至 12 月 31 日连续运行 135 天，其中 11 月 21 日因外电网扰动机组进行孤岛运行 3h 后并网升功率至 154MW，22 日恢复满功率运行，其余时间功率稳定在 340MW（满功率）。

C－4 机组：C－4 机组大修后于 2 月 5 日并网，至 7 月 15 日连续满功率 340MW 运行 160 天，7 月 15 日 16：00 因外部电网 220kV 回路出现故障接地导致停机停堆，7 月 17 日故障解除后并网，恢复满功率运行，至 12 月 31 日连续运行 167 天。

3. 国际热核聚变试验堆（ITER）项目

国际热核聚变试验堆（ITER）计划是规模仅次于国际空间站的国际大科学工程计划，该项目联合中国、欧盟、日本、韩国、俄罗斯及美国七方共同参与。2019 年，中核集团下属企业中核工程，联合中科院等离子体物理研究所、中国核工业二三建设有限公司、核工业西南物理研究院及法国法马通公司组成中法联合体，以工程总承包形式正式中标 ITER 的 TAC1（Tokomak Assembly Contract）安装标段。TAC1 项目是 ITER 托卡马克装置最重要的核心设备安装工程，也是 ITER 迄今为止金额最大合同工程，被媒体誉为“给人造太阳装心脏”。

2023 年，中法联合体克服外界条件的影响，坚持“安全第一，质量第一”原则，发挥中核集团联合体团队的管理优势、技术能力，在确保无重大安全事故和重大不符合事项的前提下，通过采取详细梳理装配逻辑、紧密围绕滚动计划动态跟踪、每周分析并提前预警、管控风险、强化与监理和业主配合等措施，按期完成底部中央螺线管线圈成功就位、环向场校正线圈超导馈线系统吊装完成、中央螺线管线圈超导馈线系统接头组装、接头绝缘安装等一系列工程节点，完成 2023 年度目标。

4. 海外新能源项目

中核集团致力于打造适应“投、建、营”一体化要求的境外投融资平台，提升海外项目投融资能力。

2022 年，中核集团通过中原国际投资有限公司与战略投资者国新国际投资有限公司共同收购波兰 51MW 光伏项目，中原国际与国新国际持股比例分别为 51%、49%。2023 年 3 月，中核集团收购完成波兰 51MW 光伏项目平台公司 Richford 51%的股权，至此中核集团完成波兰 51MW 光伏项目上层交割，实现控股。

2023 年全年，波兰 51MW 光伏项目累计发电量 5380.5 万 kWh；2023 年 3—12 月实现收入 3301 万元，利润总额 1535 万元。项目的成功收购，标志着中核集团第一个境外新能源资产顺利落地，是实现中核集团境外新能源发展目标的重要突破，将成为新的业务增长点。

（二）国际交流合作

1. 参与国际标准的制定

“十四五”期间，中核集团拟梳理申请 13 项国际标准提案，争取立项 2 项国际标准，拟完成编制发布 1 项国际标准。截至目前由中核工程公司牵头制定的国际电工委员会（IEC）国际标准《核电厂仪控安全重要系统－电阻式温度监测器》（IEC 62397 ED2）正式发布；编制的国际标准化组织（ISO）国际标准《压水堆核电厂应急堆芯冷却系统过滤器设计及性能验证 第一部分 总则》（ISO/AWI 17838－1）通过国际标准化组织（ISO）审查正式立项。该标准提案是中核集团首次在 ISO 国际标准核能领域的核安全技术方面承担主导角色，并实现了我国在 ISO 系列化核能国际标准的主导制订中“零”的突破。

在对外合作中，目前中核集团有多人在国际和国内的标准化技术委员会担任各种职务和委员。其中国际标准化组织（ISO）注册专家 1 名，国际电工委员会（IEC）注册专家 4 名，法国核岛设计、建造及在役检查规则协会（AFCEN）委员 7 名，AFCEN 中国用户组主席 1 名，副主席 2 名，技术秘书 1 名，美国 ASME 中国国际工作组委员 3 名。

2. 参加国际会议及会展

（1）多次参加和承办国际核能论坛。出席国际原子能机构（IAEA）大会、气候变化大会、维也纳集团等高级别国际会议，推动 IAEA 总干事等多个国际组织高级别代表访华，做大“朋友圈”。

（2）TC 技术合作项目。IAEA 技术合作项目是机构向成员国，特别是发展中国家提供技术援助的重要渠道，主要通过专家服务、人员科访、进修和研讨会议等方式，帮助成员国解决在核能与核技术发展中存在的问题，提升国家核基础能力，促进核事业可持续发展。中核集团连续多年成功入选该项目，借助机构平台，学习借鉴国外先进技术和经验，积极参与与IAEA 及相关国家的合作。未来中核集团将持续推进与机构的合作，开展高层次国际合作，并将更多高质量的科研项目推向国际舞台。

3. 对外签署合作协议及备忘录

中核集团作为“华龙一号”自主三代压水堆核电技术研发主体，积极推动核能安全发展、创新发展，坚持扩大高水平对外开放。与法国电力集团、法马通公司等签署合作文件，积极利用中俄能源商务论坛、中法企业家委员会等高层合作机制，持续推动国际项目合作走深走实。

（1）先进压水堆燃料性能研究方面。2016 年，中核集团加入了国际经合组织核能署（OECD/NEA）规划的“反应堆包壳完整性研究项目（SCIP）”联合科研项目，项目周期为 2016 年 6 月—2024 年 6 月，目前已掌握有关燃料行为机理，完成了数据建模。2021 年，加入了国际原子能机构（IAEA）的“先进技术及事故容错燃料测试与模拟 CRP”联合科研项目，项目周期为 2021 年 8 月—2024 年 8 月，目前正在开展试验样品与试验条件的准备。

（2）严重事故预防与缓解技术方面。2020 年 11 月，中核集团与瑞典皇家理工学院（KTH）签署“严重事故熔融物 – 结构 – 水相互作用研究”项目合同，围绕“碎片床形成特性”“碎片床演变特性”“熔池传热”“下封头喷淋冷却”“熔融物水下扩展”5 项 SARNET 严重事故领域前沿技术开展联合科研。项目周期为 2020 年 6 月—2024 年 12 月。

【节能减排】2023 年，中核集团强化使命担当，坚持系统观念，按照国资委的有关部署要求，贯彻绿色发展理念，谋划推进节能减排工作，推动节能降碳和减排协同增效，完成了中核集团 2023 年度节能减排指标，万元产值综合能耗（可比价）低于 0.184t/万元（标准煤），万元产值二氧化碳排放量（可比价）低于 0.347t/万元。

响应国家清洁低碳能源体系构建要求，优化产业政策，强化资源保障，在积极发展核电的同时，加大非核清洁能源发展力度，清洁能源产业规模提升。2023 年清洁能源装机规模达到 5642.19 万 kW，同比增长 25.79%；清洁能源发电量达到 2323.96 亿 kWh，同比增长 5.89%；其中核电 2375.00 万 kW，与 2022 年持平，年发电量 1864.76 亿 kWh，同比增长 0.35%；水电、风电、光伏等清洁能源装机容量达到 3267.19 万 kW，同比增长 49.73%，年发电量 459.2 亿 kWh，同比增长 36.59%。全年清洁能源发电量相当于减少标准煤消耗 7032.万 t，减排二氧化硫 59.36 万 t，减排氮氧化物 51.94 万 t，减排二氧化碳 1.84 亿 t。

【社会责任】中核集团主动践行央企担当，履行社会责任，推进核知识科普教育，提高公众核科学素养。协调各方资源推进定点帮扶工作，连续四年获得“好”的最高等次评价。参与灾害救助、爱心捐赠、义诊宣教等多种公益志愿活动，传递公益爱心。积极履行海外社会责任，树立良好的企业形象和口碑，营造和睦、和谐的发展关系。

1. 聚焦核科普宣传

中核集团高度重视公众沟通及科普工作，积极推进核科普教育基地建设，开展“核你在一起”“核 + *X*”“魅力之光”“两弹一星”精神大学生志愿宣讲、“小荷之声”等品牌科普活动，受众群体累计超千万，促进公众科学认识、接受和支持核能发展。

2023 年，中核集团首次组织开展“小荷之声”青少年核科普志愿者体验营活动，引导青少年走近核科学、了解核科学、热爱核科学、传播核科学。310 名青少年营员通过理论学习、翻转教学、志愿宣讲、夏令营等多样的方式，将核科普知识带回家里、传进学校、走入社区。

第八届高校学生课外“核 + *X*”创意大赛获评中国科协办公厅“2023 年全国科普日优秀活动”。“小荷之声”活动荣获中国科协授予的 2023 年度科技志愿服务先进典型——最佳科技志愿服务项目（全国仅 30 个）。

2. 投身公益志愿行动

中核集团用实际行动践行“我为群众办实事”，在灾害救助、爱心捐赠、义诊宣教等多个领域开展志愿服务活动，传递公益爱心，彰显央企责任担当。

2023 年中核集团青年志愿者 35949 人，服务时长 28044h，青年志愿者协会成立以来累计服务时长 79972h。

在抗震救灾方面，2023 年 12 月 18 日甘肃地震发生后，中核集团组织三家单位共向甘肃省捐赠救灾资金 1500 万元，并号召广大党员干部员工捐款积极支持甘肃抗震救灾。同时第一时间响应，启动应急预案，组织中核四〇四、中国宝原等在甘企业迅速筹备帐篷、折叠床、被褥等援助物资，并充分调动和发挥在医疗和电力保供等方面的资源，全力以赴配合国家和地方有关方面开展抗震救灾工作，以实际行动践行社会责任。

在公益义诊方面，中核集团旗下海得威公司 2023 年累计开展公益义诊 862 场，累计市场投入碳 14 药盒超过 10.7 万份，惠及近 10 万余名群众，形成“国际护胃日”“中国医师节”“核你在一起”等多主题系列义诊活动，以高度的责任感彰显央企的责任与担当。

3. 融入海外共建共享

中核集团积极履行海外社会责任，与“一带一路”沿线国家共享发展成果，在国际核能合作中坚持本地化方针，有效带动有关国家装备制造业发展和扩大就业，广泛开展公益实践，为建设更加美好的世界贡献中核力量。

2023 年 7 月 14 日，巴基斯坦举办恰希玛核电站 5 号机组（C－5）破土动工仪式。8 月 14 日，C－5 项目启动负挖，项目由前期准备阶段进入到现场实施阶段。该项目的建设将进一步优化当地能源结构，推动巴基斯坦绿色发展、支持“双碳”目标实现，带动经济发展和提升当地人民福祉。

【下属电力企业】2023 年全年，中核集团旗下中核汇能、新华发电 2 家新能源发电公司归属中国核电公司统一管理，中国核电公司成为中核集团发电生产板块单位。中国核电由中国核工业集团有限公司作为控股股东，联合中国长江三峡集团有限公司、中国远洋海运集团有限公司和航天投资控股有限公司共同出资设立，总部设在北京。中国核电经营范围涵盖核电项目的开发、投资、建设、运营与管理；清洁能源项目的投资、开发；输配电项目投资、投资管理；核电运行安全技术研究及相关技术服务与咨询业务；售电等领域。2015 年 6 月 10 日，中国核电作为 A 股第 1 家纯核电企业成功上市（股票代码 601985）。

截至 2023 年 12 月 31 日，中国核电公司旗下直属企事业单位 32 家，从业人员年末人数达到 2.33 万人，控股核电在运机组 25 台，装机容量 2375.0 万 kW；控股在建及核准待建机组 15 台，装机容量 1756.5 万 kW，核电装机容量合计 4131.5 万 kW；控股新能源风光在运装机容量 1851.59 万 kW，包括风电 595.15 万 kW、光伏 1256.44 万 kW，另控股独立储能电站 65.1 万 kW；控股新能源在建项目 972.75 万 kW，其中风电 275.48 万 kW、光伏 697.27 万 kW，另控股独立储能电站在建 65 万 kW。

中国核电公司 2023 年在运装机与发电情况

电力品种	在运装机容量（万 kW）			发电量（亿 kWh）			上网电量（亿 kWh）		
	2023 年末	2022 年末	同比	2023 年	2022 年	同比	2023 年	2022 年	同比
核电	2375.00	2375.00	0%	1864.77	1852.39	0.67%	1744.58	1732.16	0.72%
新能源	1851.59	1253.07	44.76%	233.82	140.48	66.44%	229.91	138.23	66.32%
合计	4226.59	3628.07	16.50%	2098.58	1992.87	5.30%	1974.49	1870.39	5.57%

中国长江三峡集团有限公司

【公司概况】2023 年，中国长江三峡集团有限公司（简称中国三峡集团）累计可控投产装机容量 1.46 亿 kW，清洁能源装机占比 94.97%；在建装机规模 2808 万 kW，国内在建装机规模 2684 万 kW；完成发电量 4136 亿 kWh，同比增长 7.8%；实现营业总收入 1522.9 亿元，同比增加 60.3 亿元，增长 4.1%；利润总额 570 亿元，同比增加 59.4 亿元；实现净利润 438.5 亿元，同比增加 12.9 亿元；净资产收益率 7.3%，营业现金比率 44.2%，研发投入强度 3.06%，同比上升 0.01 个百分点，全员劳动生产率 357.3 万元/人，同比增加 49.1 万元/人。资产负债率 55.8%，较年初上升 2.3 个百分点，继续保持国家主权级信用评级。

（赵阳灿）

【领导班子】

董事长、党组书记：雷鸣山

董事、总经理、党组副书记：韩君

董事、党组副书记：李富民

纪检监察组组长、党组成员：陈瑞武

总会计师、党组成员：曾义

副总经理、党组成员：吕庭彦

副总经理、党组成员：王武斌

（王若愚）

【组织机构】见 2023 年中国三峡集团组织机构图。

总部机构

职能部门

1 集团办公室（党组办公室、董事会办公室）
2 计划发展部
3 财务与资产管理部
4 人力资源部（党组组织部）
5 科技创新部
6 安全生产部
7 生态环保部
8 法律合规与企业管理部
9 审计部
10 党建工作部（党组宣传部）
11 党组巡视工作办公室
12 社会责任办公室

事业部

1 水电与抽水蓄能事业部（工程建设管理部）
2 新能源事业部

单设机构

工会工作部

纪检监察机构

纪检监察组

直属机构

1 战略与发展研究中心
2 投资并购中心
3 电力市场研究中心
4 国际事务中心
5 采购与物资管理中心
6 数字化管理中心
7 法务中心
8 审计中心
9 大坝安全监督管理中心
10 档案中心

分子公司

1 中国长江电力股份有限公司
2 中国三峡国际股份有限公司 三峡国际能源投资集团有限公司
3 中国三峡建工（集团）有限公司
4 中国三峡新能源（集团）股份有限公司
5 中国三峡集团综合能源分公司 湖北能源集团股份有限公司
6 长江生态环保集团有限公司
7 三峡资本控股有限责任公司
8 中国三峡集团北京分公司 长江三峡集团实业发展（北京）有限公司
9 三峡财务有限责任公司
10 上海勘测设计研究院有限公司 工程造价中心 质量安全监督检查中心
11 三峡基地发展有限公司
12 长江三峡技术经济发展有限公司
13 三峡资产管理有限公司
14 三峡物资招标管理有限公司
15 中国三峡出版传媒有限公司 新闻品牌中心
16 三峡科技有限责任公司
17 三峡财务（香港）有限公司
18 中国三峡集团西藏分公司 三峡集团西藏能源投资有限公司
19 中国三峡集团河北分公司 集团公司河北雄安分公司 长江三峡集团雄安能源有限公司
20 中国三峡集团上海分公司 长江三峡投资管理有限公司
21 中国三峡集团四川分公司 三峡集团四川能源投资有限公司
22 中国三峡集团云南分公司 三峡集团云南能源投资有限公司
23 中国三峡集团重庆分公司 三峡集团重庆能源投资有限公司
24 中国三峡集团江苏分公司 三峡集团江苏能源投资有限公司
25 中国三峡集团浙江分公司 三峡集团浙江能源投资有限公司
26 中国三峡集团海南分公司 长江三峡（海南）绿色发展投资有限公司
27 中国三峡集团福建分公司
28 中国三峡集团广东分公司
29 中国三峡集团青海分公司
30 三峡陆上新能源总部
31 中国三峡集团山西分公司
32 中国三峡集团湖南分公司
33 中国三峡集团贵州分公司
34 中国三峡集团山东分公司
35 中国三峡集团安徽分公司
36 中国三峡集团河南分公司
37 中国三峡集团新疆分公司
38 中国三峡集团陕西分公司
39 中国三峡集团甘肃分公司
40 中国三峡集团天津分公司
41 流域枢纽运行管理中心（三皱枢纽建设运行管理中心） 三峡工程博物馆
42 移民工作办公室
43 中共中国三峡集团党校（中国三峡集团教育培训中心）
44 科学技术研究院 水电技术创新中心 新能源与新型电力系统工程研究中心
45 长江生态环境工程研究中心
46 中国三峡武汉科创园
47 三峡可再生能源研究院有限公司

2023 年中国三峡集团组织机构图

（王若愚）

【重大工程项目】2023 年实现营业收入 1523 亿元、利润总额 570 亿元，资产负债率控制在 56%左右稳健水平；2023 年底累计装机规模 1.46 亿 kW，资产总额达 1.39 万亿元。分业务板块来看，“十四五”规划实施前三年，一是水电业务新增装机容量 2156 万 kW，完成规划自建装机目标，全面建成世界最大清洁能源走廊，长江中上游流域联合调度格局基本形成，水电产业链升级成果丰硕，抽水蓄能业务有序推进。二是国内新能源业务并网装机规模超过 5200 万 kW，陆上新能源开发成效显著，承担的国家首批大基地项目按期并网，库布其沙戈荒大基地项目先导工程一期成功并网，第三批大基地项目开发加快推进，海上风电装机规模位居国内第一，福建、广东、江苏等区域百万千瓦级海上风电基地已初具规模，建成全球首个大功率海上风电样机试验项目、国内首个远距离柔性直流输电海上风电项目等一系列示范工程。三是共抓大保护业务向纵深精准推进，形成污水处理能力规模达 442 万 t/日，运营管网长度达 2.1 万 km，业务布局全面覆盖沿江 11 省市，“城市智慧水管家”模式在试点城市落地见效、逐步推广，管网攻坚战实施方案和宜昌污水处理价格机制改革获得国家发改委认可，首个管网攻坚战项目在宜昌开工建设。

（沈之旸）

（1）浙江天台抽水蓄能电站。2023 年 11 月底，浙江天台抽水蓄能电站地下厂房开挖全部完成，标志着世界额定水头最高抽水蓄能电站进入地下厂房混凝土浇筑的建设新阶段。天台抽水蓄能电站位于天台县坦头镇、泳溪乡境内，安装 4 台单机容量 42.5 万 kW 的可逆式水轮发电机组，总装机容量 170 万 kW，是中国三峡集团“十四五”期间首个核准并开建的抽水蓄能电站，建成后主要承担浙江电网的调峰、填谷、调频、调相、储能及紧急事故备用等任务，并为华东电网提供灵活调度能力。

（2）湖北平坦原抽水蓄能电站。2023 年 7 月 29 日，湖北罗田平坦原抽水蓄能项目签订主体工程施工合同，标志着项目正式进入主体工程施工阶段。平坦原抽水蓄能电站位于湖北省黄冈市罗田县境内，安装 4 台单机容量 35 万 kW 机组，总装机容量 140 万 kW。该项目是湖北省“十四五”重大能源项目，也是湖北省“十一五”以来首个核准的抽水蓄能项目，是中国三峡集团服务国家电力能源低碳转型，持续推进高质量绿色发展，构建新发展格局，助力碳达峰、碳中和目标实现的重要举措之一。

（3）安徽石台抽水蓄能电站。2023 年 7 月 13 日，安徽石台抽水蓄能项目签订主体工程施工合同，进入主体工程施工阶段。石台抽水蓄能电站位于安徽省池州市石台县，安装4台单机容量30万kW的立轴单级混流可逆式水轮发电机组，总装机容量120万kW，年发电量14.71亿kWh。电站建成后，主要承担安徽电网调峰、填谷、储能、调频、调相和紧急事故备用，同时与华东电网形成区域内优势互补，提升华东电网调度灵活性。

（4）浙江松阳抽水蓄能电站。2023年10月31日，浙江松阳抽水蓄能项目签订主体工程施工合同，标志着项目正式进入主体工程施工阶段。松阳抽水蓄能电站位于浙江省松阳县境内，安装4台单机容量35万kW机组，总装机容量140万kW。建成后主要承担浙江电网调峰、填谷、储能、调频、调相和事故备用等任务。

（5）甘肃张掖抽水蓄能电站。2023年12月28日，甘肃张掖抽水蓄能电站项目通风兼安全洞顺利开挖至主厂房，为后续主厂房施工、机电设备安装和首台机组按期发电奠定坚实基础。张掖抽水蓄能电站位于甘肃省张掖市甘州区甘浚镇和肃南白银乡境内，安装4台单机容量35万kW可逆式水泵水轮机组，总装机容量140万kW，年发电量约16.37亿kWh。电站建成投产后，将主要承担甘肃电网调峰、填谷、储能、调频、调相等任务，成为甘肃河西地区清洁能源外送基地安全稳定运行可靠的支撑点。

（6）湖北长阳抽水蓄能电站。2023年6月29日，湖北长阳清江抽水蓄能项目可行性研究报告取得水电总院批复意见，标志着前期工作完成，也为项目建设按下加速键。项目位于湖北省宜昌市长阳土家族自治县龙舟坪镇，安装4台单机容量30万kW可逆式水泵水轮机组，装机容量120万kW，年发电量约12.3亿kWh，建成后将承担湖北电力系统调峰、填谷、调频、调相、储能和紧急事故备用等任务。

（7）湖北张家坪抽水蓄能电站。2023年2月6日，湖北南漳张家坪抽水蓄能电站正式取得湖北省发展和改革委员会核准批复文件，标志着电站前期工作圆满完成；3月30日，项目参加湖北省一季度集中开工活动。项目位于湖北省襄阳市南漳县李庙镇，装机容量180万kW，是湖北省第二大装机容量抽水蓄能电站。项目建成后设计年发电量20亿kWh，将有效保障鄂西北电网安全稳定、促进区域经济绿色低碳发展。

（8）河南巩义抽水蓄能电站。2023年10月12日，河南巩义抽水蓄能电站启动筹建期工程施工，为后续主体工程的高质量建设奠定坚实基础。项目位于巩义市后寺河上、距离郑州市区50km，装机容量120万kW，电站建成后年发电量约13.64亿kWh，将承担河南电力系统的调峰、填谷、储能、调频、调相和紧急事故备用等任务。

（9）湖南攸县抽水蓄能电站。2023年11月3日，湖南攸县抽水蓄能电站启动筹建期工程施工，为后续主体工程的高质量建设奠定坚实基础。项目位于湖南省攸县黄丰桥镇、皇图岭镇境内，装机容量1800万kW，年发电量约25亿kWh，建成后将承担湖南省电力系统调峰、填谷、储能、调频、调相、紧急事故备用等任务。

（杨　威）

【国际项目】经营指标持续增长。国际业务新增发电并网装机容量20.6万kW，呈现投资业务占比不断提升、业务结构不断优化的良好态势。截至2023年底，境外可控装机容量超过1100万kW，装机规模、资产总额以及利润、净利润等指标在同行业中保持领先，获得惠誉、标普、穆迪分别为“A+”“A”和“A1”评级结果，得到国际评级机构和国际资本市场的高度认可。项目开发取得新进展。中巴经济走廊首个水电站项目卡洛特水电站提前实现商业运营、完成竣工验收，秘鲁圣加旺Ⅲ水电站引水隧洞全线贯通，巴西Palmeira风电和Arinos光伏项目开工建设，埃及约旦Catalyst光伏项目、IFC股权回购完成交割，澳门电力项目签订收购协议。在会议论坛活动方面，中国三峡集团协办第18届世界水资源大会、2023亚太电协大会，先后参加2023年国际能源变革论坛、第11届中德经济技术合作论坛、第六届亚太能源监管论坛、第四届国际大坝安全研讨会、2023世界水电大会、2023全球能源互联网大会等交流活动。在行业组织协会方面，中国三峡集团是国际水电协会、国际水利与环境工程学会、全球能源互联网发展合作组织、电气与电子工程师协会标准协会、亚太电力协会、国际大坝委员会、国际能源署水电技术合作组、联合国全球契约组织、国际植物园保护联盟、生物多样性金融伙伴倡议等国际组织机构的成员单位。在经贸合作平台方面，中国三峡集团是商务部中德经济顾问委员会中方理事单位、中国国际商会副会长单位、中国国际投资促进会副会长单位、中欧企业联盟副会长单位。

（沈之旸）

埃及、约旦卡特利斯（Catalyst）光伏项目。该项目总装机容量10.9万kW，全部为光伏电站，其中包括：埃及1座电站，位于本班光伏园，装机规模为6.5万kW；约旦4座电站，装机规模为4.4万kW。2023年6月8日完成项目股权交割。该项目是中国三峡集团继2021年8月Alcazar项目交割后，在中东北非区域清洁能源市场的又一次投资，有利于中国三峡集团进一步扩大在该区域业务规模、持续提升市场地位，并在该区域发挥协同效应，通过资源整合，降低运维成本，提升资产运营效率和经营效益。

（单海超　高寅星　郑　霞　李鹤立　徐静征）

【节能减排与生态环保】完成乌东德水电站运行水位重大变动环评审批。技术层面，研究确定分层取水、黑水河生态修复、库尾水环境保护等关键环保措施后续工作安排，组织编制《金沙江乌东德水电站运行水位重大变动环境影响评价报告书》；行政审批层面，策划环评报审协调工作，主动请示、汇报、协调，于 9 月底得到了生态环境部的批复，较同类型项目审批时限缩短约 60 余天，为乌东德水电站在 2023 年完成 975m 蓄水争取到非常关键的时间窗口。第一时间组织相关单位对环评批复提出的生态环境保护措施任务进行了分析和研究，制定并印发了工作分工方案，督促相关单位将工作纳入 2024 年度工作计划中，尽快实施，为及时完成竣工环境保护验收奠定基础。乌东德水电站提升至 975m 水位运行，预计每年增发电量 21 亿 kWh，流域梯级电站发电效益得到有效提高。

深化与地方政府合作，克服国家 PPP 政策收紧带来的影响，围绕城市管网短板弱项等突出问题，加大人、财、物等资源投入，通过打好管网攻坚战，推广复制“水管家”模式，探索清洁能源与大保护互促互哺的“两翼”融合投资模式等多种方式，多措并举加大有效投入，推动沿江水环境基础设施提质增效。2023 年，宜昌首个“管网攻坚战”项目中标落地，六安水管家标杆效应不断显现，首个“两翼”融合合作投资协议与襄阳市襄州区成功签订，长江大保护累计完成投资 213.2 亿元，新增污水处理规模 28.1 万 t/日，新增管网长度 2289km。截至 2023 年底，长江大保护落地项目投资规模超 2200 亿元，累计完成投资 1141.5 亿元，累计污水处理规模达 442 万 t/日、管网长度超 2.1 万 km。

开展生态保护修复，加强对生态敏感区的保护。在生态环境部、农业农村部、国家林草局等部委指导下，完成长江上游珍稀特有鱼类国家级自然保护区生态补偿项目实施方案及执行计划。加快推动乌东德库尾河段、黑水河等鱼类栖息地保护修复项目，策划开展金沙江下游环境影响回顾性评价，长江和金沙江下游河流连通性研究，深入开展金沙江下游消落带试验。

珍稀鱼类保护。坚持开展梯级水库生态调度试验，加大中华鲟、圆口铜鱼增殖放流规模，切实帮助种群恢复。2023 年，生态调度试验响应期间，长江宜都江段产漂流性卵鱼类繁殖规模达到 310.7 亿粒。其中，长江中游江段四大家鱼繁殖规模约 147 亿粒，超历史最好水平。2023 年共计放流 259 万尾珍稀特有鱼类，获得行业主管部门高度赞扬。珍稀植物保护。坚持实施珍稀特有与重要经济植物种质资源保护并推广利用。截至 2023 年底，中国三峡集团已在长江流域建设运行 7 个珍稀动植物保护基地和 4 个省部级科技平台。拥有近万平方米的研究实验室、2 万 m^2 的智能温室、100 万 m^2 的特有珍稀资源性植物资源圃。创建珍稀濒危植物高海拔到低海拔梯级保护新模式，累计迁地保护珍稀植物 1950 种 3.53 万余株，总体成活率达 90%以上。

（陈宇枫）

【科技创新】 科技创新顶层设计持续加强。中国三峡集团党组加强党对科技工作的统一领导，成立集团公司科技工作领导小组。成立中国三峡集团科学技术协会，架起管理层联系科技工作者的纽带和桥梁。成立中国三峡集团上海科创中心，建设上海科创高地。《关于进一步加强科技创新工作的决定》（简称科技创新四十条）《关于进一步建立健全科技创新支持保障政策的通知》（简称 365 号文）两份大力支持科技创新工作的顶层设计文件穿透式落地取得突破性进展，成为强化企业科技创新主体地位的重要抓手。

研发投入稳步增长。建立差异化的考核机制，压实主要产业单位研发投入主体责任。稳步推进重大科研项目实施，有力保障研发投入。依托重大工程深入挖掘科技创新篇，科学归集研发投入，携手合作单位共同实现科技进步，推动重大装备提质升级。联合专业机构开展检查与辅导确保研发投入合规统计。多措并举持续加大研发投入，2023 年中国三峡集团研发投入强度达到 3.06%，完成了国资委科技创新唯一量化的考核指标。

科技创新平台提质增量。与怀柔国家实验室共建可再生能源研究院，并获批水风光多能互补等 4 个国家实验室重大专项。海岸和近海工程国家重点实验室完成共建重组协议签订。长江经济带生态环境国家工程研究中心完成筹建期中期评价。深远海海上风能开发利用工程技术研发中心、钙钛矿光伏技术重点实验室成功入选国家能源局“十四五”首批“赛马争先”创新平台名单。高坝大库运行安全湖北省重点实验室、三峡库区珍稀资源植物湖北省重点实验室、天津市太阳能高效利用重点实验室获批成立。

重大科技攻关成效显著。中国三峡集团承担的国家级项目进展顺利，成果丰硕。其中，16MW 超大容量海上风电机组单日发电量 38.72 万 kWh 刷新世界纪录，全球单机容量最大 3.6MW 超高海拔风电机组并网发电。国内首艘 500kW 级氢燃料电池动力船“三峡氢舟 1”号完成首航，国内首个内河码头型制加氢一体站“中国三峡绿电绿氢示范站”顺利投产，国内首个万吨级新能源制氢项目成功产氢。水电站工控系统成套装备实现国产化替代，80 万 kW 水电机组控制系统实现“芯片级”自主可控。管网探测、污泥、水污染治理等领域的多项技术成果在长江大保护项目得到示范应用。

国家（省部）级科技攻关项目申报再获佳绩，科技攻关国家队能力进一步彰显。新增获批牵头国家级项目 4 项，其中获批“氢电耦合交直流混合智能微网示范工程”实现中国三峡集团氢能领域国家级攻关项目“零”的突破，获批首个中国三峡集团牵头承担的国家自然科学基金重点项目“长江流域大型水库碳汇的界面机制及调控：通量、过程与途径”，获批“十四五”国家重点研发计划项目“大型海上风电机组测试与性能提升”“资源循环—能源自给型污水处理厂构建与沿江群链式应用”。

科技创新成果捷报频传。2023 年度获国家、省部及行业学会科学技术奖励 55 项，其中，中国三峡集团作为第一完成单位的“海上风电安全高效开发成套技术和装备及产业化”荣获 2023 年度国家科学技术进步奖一等奖，“巨型水电工程建设智能管控关键技术”获湖北省科学技术进步奖一等奖，“生态友好的水利水电工程调控关键技术与应用”获湖北省技术发明奖一等奖。“16MW 海上风力发电机组整机和主轴承重大部件”等 6 项成果入选国家能源局第三批能源领域首台（套）重大技术装备（项目），占项目总数 58 项的 11%，位居能源央企首位。建立中国三峡集团首台（套）重大技术装备培育机制并完成首批 31 项成果入库。发布首版《中国三峡集团科技成果推广目录》，推荐深远海海上风电施工装备等 3 项成果申报国资委中央企业科技创新成果推广目录（2023 年）。

（张　清）

【信息化建设】自主可控替代工作扎实推进。强化自主可控顶层设计，加强组织保障。2023 年综合办公系统替代任务全面完成，经营管理系统替代任务超额完成，中国三峡集团 6 个案例入选国资委自主可控典型案例，在中央企业中案例入选数量位列第一。稳步推进 IT 基础设施自主可控替代，打通自主可控产品采购渠道，实现了全集团年度新增 IT 终端采购 100%自主可控。坚定不移推进水电关键核心技术自主引领，三峡电源电站、三峡船闸、葛洲坝电站等一系列关键工控系统相继替代并稳定运行，完成向家坝 1 台 80 万 kW 混流式水轮发电机组“全机组”关键工控系统改造。新能源场站自主可控替代试点有序开展，完成新疆阿克苏白水综合自动化系统、河北集控中心关键系统等一批生产运营系统替代试点示范。火电机组自主可控替代稳步推进，完成鄂州电厂 4 号机组 DCS 等系统改造。

北斗规模应用成效显著。中国三峡集团深入贯彻习近平总书记关于北斗发展的重要指示批示精神，全局性谋划、整体性推进，科学制定“$1+2+N$”北斗高精度时空服务及应用体系战略目标，授时设备基于北斗的改造覆盖率已提升至 99%。完成国务院国资委央企北斗三年行动计划任务。打造自主可控时空基准底座，搭建了电力行业发电侧首个集团级北斗高精度时空综合服务平台。创新搭建北斗标准体系，印发集团首个北斗专项技术标准体系，策划《大规模光伏电站用多旋翼无人机自主智能巡检技术导则》等多项国际标准提案并推动立项，力争为北斗“走出去”贡献三峡智慧。

数字孪生三峡年度任务完成。建成数字孪生三峡数据底板，工程安全、电力生产运行、安防保卫、通航管理等业务及监测数据家底进一步清晰。完成数字孪生三峡工程应用试点建设，提供工程安全的综合感知能力、分析研判能力、防洪安全调度能力和安全预案管理能力。数字孪生三峡成功入选水利部数字孪生水利建设十大样板名单。

流域梯级调度实现智能化管理。推进流域运行管理工作智慧化，推动防洪、水资源利用、航运、生态保护、应急管理以及流域全河段、全要素、全过程的仿真模拟与智能决策，为梯级枢纽运行管理提供了更科学的技术支撑。水电智能化生产成效显著提升。水电领域工业互联网平台在向家坝电站岁修中全面应用，支撑检修决策效率提升，并获得两化融合管理体系国家标准最高评定等级认定，荣获中国工业互联网大赛领军组一等奖。新能源智慧电厂建设应用扎实推进。全力推进新能源集中监控系统，实现“无人值班、少人值守”。开展武威光晟光伏电站等三个智慧场站试点示范，实现智能巡检、智能安防与监控，使运维方式由“故障维修”逐步向“预测性维修”进行转化。环保业务数字化应用深入推广。打造长江大保护综合管理平台，实时接入 125 座投运厂站进出水水质及仪表房视频监控，入库管网达 4 万 km。实现管道机器人推广应用，实现远程可视化监视，有效识别管道缺陷。工程建设管理数字化持续发挥效能。三峡工程管理系统（TGPMS）持续支撑工程建设规范有序管理。建设完成抽水蓄能电站建设管理统一平台并在抽水蓄能项目全面推广应用。

顺应人工智能科技革命浪潮，启动人工智能“吉量行动”，开展 21 个业务类的人工智能场景梳理。实现 AI 模型的开发过程统一、基础算力共享、能力集中纳管。积极开展无人机应用，部署了智能巡检后台监控系统，部分无人机摆脱人工依赖实现了自主飞行。实现机器人特定区域巡检作业，在水工建筑物水下部分、厂房地下廊道、市政排水管道、升压站日常检查等场景深入应用，能够发现人工难以检测出的局部放电、声音异常等缺陷，提高巡检效率。全面推进三峡云建设，三峡云平台安全运行稳定，新增业务系统 100%上云。

落实网络安全责任制，推动实现党委网络安全责任 100%全覆盖。提升关键信息基础设施安全保护力度，完成三峡船闸及升船机、向家坝改造工程国家网络安全审查。开展集团级关键信息基础设施认定，组织开展第一批集团级关基认定，在中央企业中走在前列。开展电力行业关键信息基础设施网络安全自查。推进金沙江下游水电工程网络安全专项验收。完成国家重要时期网络安全保障。连续第五年获得国家网络安全攻防演习最高等次成绩，完成 2023 年国家两会等国家重要时期网络安全保障工作，有关工作获得国家相关部委书面表扬。

（李成涛）

【党建工作】印发贯彻落实党的二十大精神决定文件，党组成员多次带头开展主题宣讲，推动干部轮训全覆盖，在主流媒体发表理论文章8篇，策划“二十大精神进三峡”系列主题宣传，《奋力推动长江大保护事业高质量发展》获评中宣部2023年度优秀理论宣讲报告。各级党员干部深入一线调研，对正反典型案例进行解剖式调研，解决了一些长期想解决而没有解决的发展难题。党组成员弘扬“四下基层”作风，对标党中央赋予的“六大作用”使命主动领题答题形成调研成果，与中央指导组围绕推进共抓长江大保护同题共答，破解长江流域水资源综合利用、三峡水运新通道规划等重大问题。进一步厘清党组与董事会、经理层的权责边界，中国三峡集团及18家重要子企业制定党组织前置研究事项清单，修订完善“一方案、两清单、三规则”治理框架。

实施“七抓”工程，开展强基、提质、深化、攻坚行动，开展组织设置、党建考核结果运用、党务干部配备专项排查，评估优化联合党支部设置。通过“揭榜挂帅”“赛马争先”加强科技领军人才、高水平创新团队培养吸纳，上海院林毅峰获评国家卓越工程师。巩固“精益党建”“党建引领指数体系”品牌成果，探索开展“源网荷储”产业链联建共建，推进施工区“大党建”在新能源领域移植再创新。

策划重大主题和典型宣传，组织“走进新国企·打卡新坐标”活动，融入国家“一带一路”十周年重大主题宣传，通过讲好三峡故事，对内凝聚团结统一的思想力量，对外展示可信可爱可敬的中国形象。打造为“绿色生活赋能”品牌形象，入围“2023年中央企业品牌建设能力TOP30”，长江电力作为十大优秀企业品牌入选“中央企业品牌引领行动首批优秀成果”。制定加强新时代统战工作具体措施，召开党外人士座谈会，听取党外人士有关意见和建议，团结各方力量共同推动事业发展。接续启动金沙江清洁能源走廊建设劳动竞赛，联合沿江11省市开展长江大保护劳动技能竞赛，实施“幸福三峡”建设，组织推荐全国、省级劳模和五一劳动奖，全年获全国工人先锋号2个，省级工人先锋号3个，省级五一劳动奖状1个，省级劳动模范2人，省级劳动奖章4人，省级工匠2人。打造青心向党等“五青品牌”，三峡建工团委荣获“全国五四红旗团委”称号，全年26个青年集体和个人获全国级及省部级表彰。

（胡雪辰）

【中国长江电力股份有限公司】

公司概况　中国长江电力股份有限公司（简称长江电力）是由中国三峡集团作为主发起人设立的股份有限公司。公司创立于2002年9月29日，2003年11月在上交所IPO挂牌上市，股票代码600900。2020年9月，长江电力所发行的“沪伦通”全球存托凭证在英国伦敦证券交易所上市交易。

长江电力主要从事水力发电、投融资、抽水蓄能、智慧综合能源、新能源和配售电等业务，经营区域覆盖中国、秘鲁、巴西、巴基斯坦等多个国家，是中国最大的电力上市公司和全球最大的水电上市公司。长江电力运营管理的乌东德、白鹤滩、溪洛渡、向家坝、三峡、葛洲坝六座梯级电站，构成了世界最大清洁能源走廊，有效保障了长江流域防洪、航运、补水和生态安全，为我国经济社会绿色发展提供了强劲动能。

经营情况　2023年，长江电力迎来上市二十周年。面对国际形势复杂多变、长江天然来水偏枯、改革发展任务繁重等困难挑战，公司坚持“高水平巩固大水电、高质量拓展新空间、高站位推进科技创新、高标准深化党的建设”总体部署，全面完成了年度各项任务，市值首次突破5800亿元，稳居国内电力上市公司首位。

安全生产再创佳绩。连续第14年实现安全生产“零人身伤亡、零设备事故”目标，梯级电站非计划停运次数创历史新低，电站设备等效可用系数等关键指标均达到国际先进水平。三峡大坝顺利通过首次大坝安全定期检查，乌东德大坝高分注册为甲级。以“五大安全风险管控巡查”为核心的安全督察机制运转有效。应急指挥平台和安全智能管控平台建成投运。

能源保供坚强有力。梯级电站全年累计发电2762.63亿kWh，较2022年增加5.34%，完成全国“两会”、成都“大运会”、杭州“亚运会”等多轮次电力保供任务。梯级电站机组全年启停调峰超2万次、日调峰量最高达3379万kW，单日最大发电量14.68亿kWh，连续53天单日发电量超10亿kWh，缓解受电区域供电紧张局面。

水库调度取得突破。金沙江下游梯级电站“调控一体化”管理全面实施，全年实现零弃水损失电量，水资源综合利用率再创历史新高。三峡水库汛前消落目标水位首次提高至150m，梯级电站全年节水增发电量121.3亿kWh。乌东德水库首次蓄至正常蓄水位975m，梯级水库首次实现按期蓄满。梯级水库年补水总量超242亿m^3，有力保障航运和生态安全。

挖潜增效扎实推进。溪洛渡、向家坝水电站机组装机容量调整取得实质性突破。向家坝水电站扩机项目取得国家相关部委支持意见，葛洲坝水电站扩机项目积极推进前期研究工作。

抽水蓄能业务有序发展。开展抽水蓄能项目开发、投资、运营。推动甘肃张掖抽水蓄能电站主体工程开工，首个“抽蓄＋”清洁能源基地初具雏形，获取安徽休宁抽水蓄能项目并实现核准，新一批抽水蓄能项目有序推进。受托运维长龙山抽水蓄能电站，实现年度“零次非计划停机”。

新能源差异化优势放大。聚焦“水风光储”（指水电、风力、光伏和储能综合利用）多能互补，运营金沙江下游“水风光储”一体化基地已投产新能源项目，累计接管运行装机容量近 200 万 kW。深入研究新能源与大水电、抽水蓄能、智慧综合能源协同发展路径，“流域性水风光多能互补一体化关键技术研究”项目申报湖北省级科技重大专项并全面启动实施。

智慧综合能源初具规模。与宜都市等 4 个主体签订“城市绿色综合能源管家”合作协议，在建已建光伏、储能规模均突破 1GW，实现分布式光伏与储能领域双级跃升。“三峡氢舟 1”号首航并入围央企 2023 年度十大国之重器评选，“中国三峡绿电绿氢示范站”投产。

国际业务实现提质增效。深化境外公司管控，完善治理结构。境外业务全年净利润约 14.5 亿元，经营业绩再创历史新高。巴基斯坦卡洛特水电站、巴基斯坦三峡风电和三峡巴西大水电技改等海外运维项目平稳有序开展。

科研体系改革高效实施。健全科技创新体制机制，快速建成符合新形势下科研要求和规律的科研管理体系，组建科学技术研究中心并成立科技创新部。出台科技创新人才队伍激励保障措施，持续优化科研考核、容错、激励、协同创新等机制。年度研发投入达 20.68 亿元（不含税），推动公司由传统电力生产企业向全球领先的创新型清洁能源企业转型。

科研平台建设扎实有效。基本建成分工明确、职责清晰的国家级、省级、企业级科研平台体系。水资源高效利用与工程安全国家工程研究中心、湖北省智慧水电技术创新中心等平台高质量运行，获批筹建省级水电运营产业计量测试中心，公司首个博士后科研工作站实质性运转，完成水风光多能互补联合实验室建设，首批科研项目进入实施阶段。

科技创新成果集中涌现。联合高校院所和产业单位申报国家及省部级重点项目总计 12 项。获国内专利授权 1173 项（发明专利 187 项），获得国际专利授权 8 项，获评“国家知识产权优势企业”。形成科技创新成果 183 项，涌现出“面向新一代水电行业集成创新的工业大脑解决方案”、“特大型水电机组智能运维关键技术、成套装备及产业化”、“基于 FPGA 技术的同步发电机励磁系统无弧灭磁装置”等一批典型科技成果。

党建工作持续深化。以政治建设为统领，深入学习贯彻党的二十大精神，完成第一、二批主题教育，切实以主题教育成效推动公司改革发展。深化“三基”建设，扎实开展“七抓”工程，深入实施“强基”“提质”行动，持续完善党建制度体系，提升党建工作质量。

品牌形象持续提升。实施社会责任项目 60 项，投入捐赠资金 3.27 亿元，推进帮扶地区乡村振兴。组织“幸福微笑”“长电阳光班”等公益活动。入选“2023 中国品牌价值 500 强”“央企 ESG 先锋 100”，获评“中国上市公司乡村振兴最佳案例”“企业诚信建设十佳案例”等荣誉。

（张吉娇）

【三峡国际能源投资集团有限公司】

公司概况 三峡国际能源投资集团有限公司（简称三峡国际）成立于 2011 年，承载着中国三峡集团实施“走出去”战略和打造世界一流清洁能源集团的重要使命，通过绿地投资、股权并购等形式，广泛参与境外清洁能源合作，服务和践行“一带一路”倡议取得丰硕成果。三峡国际牢牢把握主责主业，稳扎稳打推进业务，市场覆盖欧洲、美洲、亚洲和非洲，旗下的三峡欧洲公司负责在欧洲和北美区域清洁能源投资开发和运营；三峡南亚公司已成为巴基斯坦清洁能源投资先锋；三峡拉美公司专注拉美地区清洁能源投资开发；亚非绿色能源投资公司负责亚洲（除巴基斯坦外）和非洲区域清洁能源投资开发。其中，三峡南亚公司与亚非公司一体化运作。

2023 年，三峡国际积极践行服务国家战略，统筹发展和安全，积极应对俄乌战争未平、巴以冲突又起、中美对抗升级等复杂多变的外部形势，公司生产经营、改革发展、党的建设等各方面取得突出成绩，国际业务在逆势中增长。三峡国际 2023 年实现营业收入 141.24 亿元，同比下降 12.66%；利润总额 61.63 亿元，同比增长 14.44%。截至 2023 年底，控股公司合并总资产 1240.06 亿元，净资产 679.40 亿元，资产负债率 45.21%。总装机容量 1908.82 万 kW，其中可控装机容量 1118.01 万 kW，权益装机容量 790.81 万 kW。维持国际信用评级不变，即惠誉、标普、穆迪分别为“A+”“A”和“A1”评级结果。

经营业绩 水电项目实现攻坚目标。中巴经济走廊首个大型水电项目卡洛特水电站完成竣工验收。秘鲁圣加旺Ⅲ水电站完成股权整合后，提前 40 天实现引水隧洞全线贯通。巴西大水电第二批、第三批技改有序衔接，探索形成的 EPS（设计、制造外包、技术监护）模式为后续技改积累了丰富经验。

双轮驱动效应明显。资源储备 412 万 kW，新增埃及约旦 Catalyst 光伏项目装机，新增巴西、西班牙、哥伦比亚等市场新能源项目开工 120 万 kW。集团境外规模最大风电项目巴西帕尔梅拉和最大光伏项目巴西阿里努斯开工建设，投建的哥伦比亚首个光伏项目巴拉诺瓦 I 期、西班牙贝尔维斯进展顺利，西班牙 IS1 光伏 7 个子项目并网发电。

绿色电力生产再创新高。全年完成发电量 404 亿 kWh，同比增长 27.73%，为年度考核目标的 112.58%。控股 86 座电站，主要分布在巴西、巴基斯坦、西班牙、墨西哥等 8 个国家；其中水电站 15 座，设备平均年可利用率 97.30%；新能源电站 71 座（其中风电 29 座，光伏 42 座），设备平均年可利用率 99.49%。

绿色电能营销积极有为。组建公司电能营销团队，实现“从无到有”突破；巴西公司利用市场低电价窗口安排年度电能互换交易和短期电能产品交易，增加约 1.14 亿雷亚尔收益；欧洲公司建立现货市场绩效跟踪台账，签署 Flores 下属 EOLICA LA JANDA 与 Nexus 电站项目 2024 全年 1.22 亿 kWh 售电量的物理购售电协议（PPA），实现首单突破。亚非公司成立电费回收小组，巴基斯坦卡洛特水电站项目和巴风项目 2022 年及以前年度拖欠电费回收率 100%，2022 年、2023 年累计回收电费达 1053 亿卢比，平均电费回收率约 78%。

资本运作成效显著。三峡国际股份公司引战后实现首次分红。英国 Moray 海上风电项目、ACE 基金一期境外股权参股股权出售完成签约，首次实现三峡国际资产轮动。首次成功申领香港税务居民身份、取得为期五年经济实质事先裁定，稳固公司全球税务链路、夯实投资税务基础。巴西公司具备上市条件。

（郑　霞）

【中国三峡建工（集团）有限公司】

公司概况　中国三峡建工（集团）有限公司（简称三峡建工）是中国三峡集团的核心骨干全资企业，由中国三峡集团最核心的水电开发建设业务发展而来，其历史可追溯至 1993 年中国长江三峡工程开发总公司工程建设部和机电工程部。2020 年整合中国三峡建设管理有限公司和三峡机电工程技术有限公司，正式组建中国三峡建工（集团）有限公司。

三峡建工始终传承弘扬以“为我中华、志建三峡”为核心的三峡精神，认真践行国家和中国三峡集团赋予的职责使命，三十多年来，历经三峡工程、金沙江乌东德、白鹤滩、溪洛渡、向家坝等大型水电工程建设管理，在长江干流上全面建成了世界最大清洁能源走廊，奠定了“世界水电看中国、中国水电看三峡”的行业引领地位。紧紧围绕国家“双碳”目标，大力开发建设浙江长龙山、浙江天台、安徽石台等抽水蓄能电站，积累了丰富的项目投资、建设、管理经验。三峡建工具备了项目投资开发整合能力、大型水电工程建设管理能力、水电技术与科技创新能力和水电标准引领能力，形成了一支年龄结构合理、专业配置齐全、建设管理经验丰富的专业人才队伍。

三峡建工始终弘扬精益求精、勇攀高峰的创新精神，累计获国家科技进步特等奖 1 项，一等奖 1 项，二等奖 13 项，省部级及行业学会奖项 230 余项。

主要业务发展　金下大水电有序收尾。在如期实现金沙江下游四座电站投产发电基础上，全力推进工程收尾验收工作，积极主动对接协调川滇两省地方政府和水电总院并取得实效。乌东德水电站控制运行水位重大变动环评获得批复，首次蓄水至 975m，通过枢纽工程竣工安全鉴定和质量监督检查，具备枢纽工程专项验收条件。白鹤滩水电站通过枢纽工程竣工安全鉴定和质量监督检查，获评国内水电工程最高评价“质量优良”，荣获菲迪克最高奖“卓越工程项目奖”“2023 全球十大工程成就”以及 PMI（中国）项目管理大奖年度项目奖等荣誉，彰显了精品工程创建的显著成效。向家坝、溪洛渡水电站竣工财务决算完成预审稿，向家坝升船机启动最大通航流量实船试验。

抽水蓄能业务扎实推进。紧紧围绕国家“双碳”目标，坚决落实中国三峡集团抽水蓄能业务工作部署和要求，整体承担集团范围内抽水蓄能项目建设管理。浙江长龙山抽水蓄能电站收尾和运行良好，大坝安全注册达到“甲级”，容量电价实现核定和结算，综合效益显著。稳步推进 23 个抽水蓄能项目建设，浙江天台抽水蓄能电站通过导截流验收，地下厂房完成开挖支护向混凝土浇筑转序，机电埋件安装正式启动；安徽石台、浙江松阳抽水蓄能电站主体工程开工，地下厂房开挖顺利推进；湖北远安、湖南攸县、河南巩义、湖北五峰抽水蓄能项目取得可研批复意见；安徽休宁、江西寻乌抽水蓄能项目实现核准；其他抽水蓄能项目筹建工程、前期准备工作有序推进。工程质量、安全、进度、投资可控在控，安全生产实现“零”责任事故。

多元业务稳健发展。积极推进分布式光伏业务，获取项目资源 127 万 kW。高质量完成重庆区域长江大保护项目建设管理任务并整体移交，累计建设管网 1262km，新增污水处理能力 14.5 万 m^3/天。所属华水公司通过总承包模式参与江西区域长江大保护业务，承建水利部对口支援赣南等原中央苏区的重大水利工程——江西梅江灌区。启动秘鲁圣特雷莎Ⅱ水电站技术咨询工作。安全高效完成 G248 国道应急保通和抢险建设任务。内蒙古乌海抽水蓄能项目技术咨询服务顺利开展。深入行业前沿开展研究，编制完成公司新业务、新业态专项发展规划。

电力运行安全平稳。浙江长龙山抽水蓄能电站安全运行超 1100 天，电站综合转换效率提升至 77.5%，成为我国华东电网重要调节站点。乐山大沫、大坪电站完成安全治理，恢复正常运行。三峡建工年度发电量创历史新高，完成电力保供任务。

（张千磊）

【中国三峡新能源（集团）股份有限公司】

公司概况　中国三峡新能源（集团）股份有限公司（简称三峡能源）是中国三峡集团新能源业务的战略实施主体，承载着发展新能源的历史使命。2021 年 6 月，三峡能源正式在沪市主板上市，创国内电力行业史上规模最大 IPO 纪录。

近年来，三峡能源积极发展陆上风电、光伏发电，大力开发海上风电，加快推进以沙漠、戈壁、荒漠为重点的大型风电、光伏发电基地建设，深入推动源网荷储一体化和多能互补发展，探索开展抽水蓄能、储能、氢能、光热等业务。同时，投资与新能源业务关联度高、具有优势互补和战略协同效应的相关产业，基本形成了风电、太阳能、战略投资等相互支撑、协同发展的业务格局。

三峡能源始终坚持规模和效益并重，实施差异化竞争和成本领先战略，努力打造产业结构合理、资产质量优良、经济效益显著、管理水平先进的世界一流新能源公司，为服务国家“双碳”目标贡献智慧和力量。

截至 2023 年底，三峡能源业务已覆盖全国 30 个省、自治区和直辖市，累计并网装机规模 4004.44 万 kW，资产总额 3117.08 亿元，2023 年发电量 551.79 亿 kWh，营业收入 264.85 亿元，装机规模、盈利能力稳居国内同行业前列。

经营情况 强化陆海统筹，海上风电规模保持引领。坚定不移实施“海上风电引领者”战略，发挥差异化优势，五个百万千瓦级海上风电基地逐步成形，福建平潭外海海上风电场项目（11.1 万 kW）、山东牟平一期海上风电项目（30 万 kW）全容量并网，福建漳浦六鳌海上风电场二期项目（40.02 万 kW）首批并网。深入实施重点区域深远海海上风电基地项目策划，推动海上风电产业逐渐向大功率、基地化、深远海挺进。截至 2023 年底，海上风电并网装机总规模 550 万 kW，保持国内第一、全球领先。

紧跟国家战略，推进陆上新能源规模化开发。坚持常态化策划百万千瓦、千万千瓦级新能源大基地，推动高比例新能源外送、风光火储一体化陆上大基地开发建设，形成“建设一批、推进一批、谋划一批、储备一批”的基地滚动开发格局。推动内蒙古库布其千万千瓦级“沙戈荒”基地项目一期 100 万 kW 光伏建成并网。陕西、新疆、黑龙江等区域项目列入国家第三批大基地清单。

加快多渠道布局，稳步提升资源策划能力。持续创新开发模式，积极策划“海上风电 + 生态环保”“风光水储一体化 + 生态环保”等两翼融合项目。落实新能源与抽水蓄能协同发展战略，推动青海格尔木南山口抽水蓄能电站（240 万 kW）开工建设。加大新型储能、氢能、光热、地热等新技术和新业态研究力度，加快推进新疆吉木萨尔光伏 + 全钒液流储能一体化项目（100 万 kW）、新疆哈密“光热 + 光伏”项目（100 万 kW）科技创新示范应用。跟踪优质项目资源，挖掘规模化资产包项目并购机会，推进风险可控项目股权收购。与产业链上下游企业协同合作，通过直接投资、基金等方式投资 7 个产业链优质项目。

打造精品工程，新增并网再创历史新高。全面统筹资源配置，依法合规推进项目建设。库布其“沙戈荒”基地工程一期（100 万 kW）全容量并网，三峡乌兰察布新一代电网友好绿色电站示范项目二、三期（150 万 kW）全容量并网，阜阳基地漂浮式水面光伏电站（65 万 kW）及新能源配套电化学储能电站（30 万 kW）全容量并网，云南弥勒西山地风电项目（55 万 kW）全容量并网，纳日松光伏制氢项目（40 万 kW）试产氢、全容量并网。

扛牢保供责任，精益运维贡献绿色电能。推行电力生产新运维管理模式，有效提升规模化、专业化运维管理水平；优化外委电站管理体制机制，强化外委电站风险管控能力；加强新业态项目电力生产管理，明确重点管理要求，确保新业态项目安全稳定运行。完成全国“两会”、迎峰度夏等多轮次保供任务；单日发电量、海上风电单日发电量均创历史新高，福建平潭全球首台 16MW 海上风电机组日发电量突破 38 万 kWh。

坚持精准施策，市场交易实现量效双升。坚持以电力体制改革方向为行动指南，布局参与电能交易、绿电绿证交易和碳交易。2023 年，在 23 个省区参与电力市场化交易，结算交易电量 260.78 亿 kWh，占上网总电量的 48.63%。创新营销模式，在江苏、安徽、山西、甘肃等地签署绿电长周期协议。安徽阜阳南部风光储基地项目（120 万 kW）通过省间绿电交易向第六届进博会提供所用绿电近 1/3 电量。云南会泽仓房风电项目（4.8 万 kW）通过全球碳理事会（GCC）审核，成为国内首例成功注册的 GCC 机制自愿减排项目。

（康　桥　李明瑶）

中国广核集团有限公司

【公司概况】 2023 年，中国广核集团有限公司（简称中广核）坚持以习近平总书记重要指示批示精神为统领，坚决落实党中央、国务院决策部署，坚持高质量发展，扎实推进主题教育，深入践行“严慎细实”工作作风，严守核安全，深化改革创新，全面完成各项目标任务。规模体量进入超大型央企行列，在运在建装机容量突破 1 亿 kW，资产总额突破万亿元，综合效益稳居央企前列。在 2023 年公布的上一年度考核中，中广核经营业绩、党建工作、改革三年行动、董事会工作、纪检工作、巡视巡察、乡村振兴等均获得A级或“优秀”评价，各项工作获得国务院国资委高度认可。

【领导班子】

党委书记、董事长：杨长利

党委副书记、董事、总经理：高立刚

党委副书记、董事：李历

党委常委、副总经理：施兵

党委常委、纪委书记：程永平

党委常委、副总经理：庞松涛

党委常委、总会计师：何海滨

党委常委、副总经理：郭利民、李亦伦

【组织机构】中广核立足于国有资本投资公司定位，严格落实“总部去机关化”要求，聚焦核心职能建设，提高总部运作效率，共设置1个独立咨询机构、11个部门、1个纪委办公室和1个党委专设机构，包括战略与科技咨询委员会、综合管理部、战略规划部、科技数字化部、安全质量环保部、核能管理部、产业发展部、人力资源部、财务资产部、审计法务部、党群工作部、纪委办公室、党委巡视办、中广核党校（管理培训中心）。中广核二级管理公司共25家，主要分布在核能、核燃料、新能源、非动力核技术、数字化、科技型环保、产业金融等产业，以及相关配套服务行业。

【党建工作】主题教育成效显著，高质量推进第一、二批主题教育。党建工作再上新台阶，全面落实中广核高质量党建行动纲要，中央企业年度党建责任制考核再获A级。党管干部、党管人才取得积极成效，中广核干部和人才工作呈现新局面。正风肃纪反腐持续从严，保持反腐败高压态势，营造风清气正的干事创业氛围。秉持“温暖党建”理念，以员工实际需求为导向，开展多样化员工关怀，帮助员工解决工作与生活难题，2023年为职工“办实事、解难事”共489项。组织形式丰富的企业文化活动，积极促进跨文化管理与融合，营造和谐温馨的氛围，增强员工归属感与幸福感。

2023年，中广核主动履行央企社会责任，全年对外捐赠近8000万元，支持甘肃青海抗震救灾，持续助力乡村振兴。落实央企带头消费绿色电力倡议，实现自用电零碳化。

【安全生产】安质环态势总体平稳，中广核安质环管理全面实现“两个杜绝、六个零”目标。生产运营稳中有升，24台CPR机组平均能力因子92.3%。核燃料保障持续加强。中广核华龙一号首堆防城港3号机组实现高质量投产，华龙批量化建设“一台比一台好”的态势正在形成。境内外新能源机组设备可用率稳定在较好水平，境内新能源在运装机容量超4500万kW。积极从设计源头保障核电厂本质安全，推进取排水工程设计优化和冷源安全防护提升，形成基于更高标准的群厂冷源方案。

全年实现安质环“四零”目标，获得中国质量奖提名奖、“深圳杰出质量人”及“深圳质量工匠”等32项质量荣誉。2023年阳江公司获“全国质量奖”，宁德公司在国际QC小组会议上获得为金奖。

【科技创新】2023年，中广核深入贯彻落实习近平总书记关于科技创新的重要指示批示精神和国务院国资委关于战略性新兴产业与未来产业的重要部署，持续加大研发投入保障，加快实施重点科研项目和关键技术攻关，各项工作取得积极进展。

在国家科研项目方面，各类项目整体进展顺利。其中，核能开发科研项目“新型高性能辐射屏蔽材料及辐照改性橡胶的研发及应用”项目通过国防科工局组织的验收，评价结果均为“优秀”；国家重点研发计划“核安全与先进核能技术”重点专项“放射性废物减容与减害技术研究”项目通过高技术研究发展中心主持的项目综合绩效评价会；“电子束辐照技术处理煤化工废水”等研究项目获得国家国防科工局正式立项；国家重点研发计划项目2023年度“智能传感器”重点专项“快响应自给能中子敏感元件及复合传感器”获批。

在科技成果方面，2023年，获省部级、全国性行业协会科技奖80余项。其中，“大型核反应堆燃料组件高效安全运维机器人关键技术研究及应用”获深圳市科技进步奖一等奖，“大型压水堆核电站先进乏燃料干法贮存系统型号装备研制和应用”获核能行业协会科技奖一等奖，“华龙一号GDA项目的技术创新与实践”“主泵自主维修关键技术的研发与应用”获中国能源研究会能源创新奖一等奖。

【国际合作】

1. 海外核电开发

中广核积极践行“一带一路”倡议，深化核能国际合作，推动中国核电技术“走出去”。面对新的国际形势，2023年，中广核持续深化国际交流，先后参加中国—东盟博览会、中国—阿拉伯国家博览会、法国世界核工展等国际大型展会，展示中国核能发展成就和技术实力，推介“华龙一号”和小堆核电技术。加强国际合作，与法国电力公司（EDF）新签全球合作伙伴协议（GPA），与俄罗斯国家原子能公司（Rosatom）建立集团间合作总协调人机制并定期会晤，探讨深化合作空间。培育市场机会，密切跟踪东南亚、中东欧等区域潜在市场，与泰国、印尼等国家政府部门、驻华使领馆保持密切沟通，跟踪非洲、中亚、西亚、南美等潜在核电市场，寻求和开发国际新市场。“金砖国家”南非峰会期间，中广核作为唯一的核电企业应邀与其他7家中国企业一起与南非总统府电力部签署了联合合作备忘录，中广核将根据南非方面建议，为南非 Koeberg 核电站大修、改造和延寿等提供相关支持。

在稳步开发国际核电市场的同时，中广核利用四十多年来在核电工程建设、运维等方面积累的丰富经验，背靠我国强大的核电产业链集成能力，参与英国 HPC 项目工程设计、设备供货、技术支持等合同承揽，国际热核聚变项目（ITER）设备供货，为芬兰 OL3 项目和法国 FA3 项目提供人力和技术支持等，受到合作伙伴认可，合作范围扩大。

2. 核燃料保障

中广核铀业斯科有限公司（简称斯科公司）湖山铀矿项目地处纳米比亚中西部的纳米布沙漠，矿山资源量总计约 31.1 万 t U3O8，位列世界第三。湖山铀矿是中广核自主投资、建设和管理运行的特大型铀矿，同时也是中国在非洲最大的实体投资项目。

湖山铀矿自 2013 年 4 月开工建设，在 2016 年 12 月产出第一桶天然铀，于 2023 年 12 月实现达产，作为中国“一带一路”倡议的重大战略项目，其为纳米比亚带来了巨大的经济和社会效益。纳米比亚已故前总统哈格·根哥布曾多次到访湖山铀矿，并表示：“该项目作为在纳米比亚表现突出的投资项目之一，对于我国矿业领域和国民经济意义重大。这个矿山给以前失业的纳米比亚人的生活带来了意义和希望，我们欢迎这样的项目。”

在湖山铀矿矿建十周年主题纪念活动上，纳米比亚开国总统努乔马表示，湖山铀矿将成为友好合作的光辉典范，为纳米比亚可持续发展注入新的活力。中国驻纳米比亚大使赵卫平指出，过去十年，斯科公司主动融入当地社区，积极履行社会责任，为本土企业提供市场机遇和发展途径，为纳米比亚可持续发展做出了重要贡献，是中纳两国互利合作的典范。

2023 年，斯科公司立足全球视野，聚力效能提升，以创新举措高质量开展国际传播工作，将湖山铀矿打造成为中非经贸合作的靓丽名片。

（1）彰显央企责任担当。年内，斯科公司邀请纳米比亚部长和省长参加 2023 年中非经贸论坛并到访中国广核集团，持续增强国际交流提升企业影响力；举行《斯科公司 2022 年可持续发展报告》发布会，全面阐述过去一年斯科公司在纳经济、社会、环境和可持续发展方面的行动和贡献，邀请多位纳米比亚和国内省部级领导出席，新华社聚焦报道该项成果；参加纳米比亚矿业展，全方位介绍斯科公司生产运营情况与推动经贸发展、促进文化交流、履行社会责任等方面成就，获得纳米比亚副总统高度赞赏；积极在《中国日报》《中国能源报》等媒体展示斯科公司高质量共建“一带一路”倡议良好举措，联合新华社举办“世界地球日”主题直播活动，充分彰显企业价值与社会责任担当。

（2）深入文明交流互鉴。举办斯科公司家属开放日、老年人开放日等活动，持续强化与本地公众沟通；开展中外学生同上一堂课、第六届湖山马拉松、斯科公司运动会、中方子女本地学校开放课等活动，组织斯科公司本地员工参与中国广核集团第七届运动会、“鹭越重洋”骨干人员培养班，深入开展跨文化交流，为推动构建人类命运共同体贡献力量。

（3）塑造温情暖意形象。向纳米比亚总理府救灾基金捐赠 20 万元纳币，帮助纳米比亚北部因洪涝灾害受灾人员重建家园；向纳米比亚慈善基金会捐赠 450 万元纳币，向湖山铀矿项目所在地小学捐赠 5 万元纳币，持续开展办公用品、卫生用品、营地账户、食品等各类捐赠活动，展示有温度的企业形象。

（4）营造良好舆论环境。线上线下开展媒体公关、交流、座谈等活动 6 次，在纳米比亚本地媒体平台策划专题报道 12 次，打造包括 Facebook、Youtube、Linkedin、抖音等账号在内的斯科公司社交媒体矩阵，粉丝总数超 7 万人，年内阅读总量达 117 万人次。

3. 海外非核清洁能源开发

中广核高度重视境外清洁能源业务发展，充分用好“两个市场、两种资源”。截至 2023 年底，中广核已在“一带一路”沿线 16 个国家布局清洁能源项目，境外控股在运在建装机容量超 1300 万 kW，规模位居我国企业前列。

2023 年，中广核老挝北部清洁能源基地项目取得了积极进展，8 月与老挝中央政府进一步签署排他性协议，锁定了优质厂址资源；10 月，在第三届“一带一路”国际合作高峰论坛期间，中广核与老挝能源矿产部签署老挝北部清洁能源基地项目深化合作备忘录，项目正式纳入“一带一路”重点项目清单；12 月 20 日，一期 100 万 kW 光伏项目在老挝召开建设动员会，进入工程准备阶段。

4 月 28 日，巴西 TN 18 万 kW 风电项目正式投产发电，较原计划提前 69 天投入商业运行。该项目先后荣获“巴西风能行业特殊贡献奖”“巴西工程基础设施创新奖”等奖项，成功将中国风机产业链带入巴西新能源市场，带动了我国产业链上下游 24 家企业共同“出海”，是能源国际主动搭台、勇当“链长”的系统性尝试。

10 月 30 日，韩国大山二期 55.7 万 kW 燃气联合循环项目按期签发主体工程开工令，进入全面开工建设。该项目通过优化工程管理模式实现造价有效控制，克服通胀高企导致建设成本增加等不利因素。

11 月 21 日，孟加拉 Majestic 66 万 kW 燃气联合循环项目通过中广核投资决策，全面转入工程建设准备阶段。该项目是中广核能源国际在孟加拉国首个自主开发的绿地项目。

12 月 15 日，巴西 Lagoinha16.5 万 kW 光伏项目

正式开工建设，该项目是中广核在巴西的第三个自主建设项目，是中广核能源国际的“并购进入+滚动发展”模式的又一成果。

在新区域新国别开拓方面，南非 TFC 一期光伏项目落地标志着中广核正式进入南非新能源市场，并有利于加快非洲区域开发和布局，进一步拓展发展空间。

（陈鸿辉）

中国电力建设集团有限公司

【公司概况】 中国电力建设集团有限公司（简称中国电建）是经国务院批准，于 2011 年 9 月在原中国水利水电建设集团公司、中国水电工程顾问集团公司和国家电网公司、中国南方电网有限责任公司所属 14 个省（区、市）勘测设计、施工、装备修造企业基础上重组而成跨国经营的综合性特大型中央企业。

中国电建注册资本金 319 亿元，现有员工 18 万人，业务和机构遍及全球 130 多个国家和地区，是全球清洁低碳能源、水资源与环境建设的引领者，全球基础设施互联互通的骨干力量，服务“一带一路”建设的龙头企业，可在工程领域为全球客户提供投融资、规划设计、施工承包、装备制造、管理运营全产业链一体化集成服务、一揽子整体解决方案。根据国家有关部委安排，承担相关领域战略规划、政策研究、标准制定等工作。多年来为世界各国、全球客户交付了一系列代表行业领先水平、令世人瞩目的精品工程。

中国电建位居 2023 年《财富》世界 500 强第 105 位；在 2023 年 ENR 全球工程设计公司 150 强中排名第一，连续四年位列榜首；在 2023 年 ENR 全球承包商 250 强和国际承包商 250 强排名中分别位列第 6 位、第 8 位。中国电建现有中国工程院院士 1 人、全国工程勘察设计大师 5 人；拥有国家级研发机构 10 个、省部级研发平台 118 个、院士工作站 9 个、博士后工作站 11 个；获得国家科学技术奖 112 项、省部级科技进步奖 3561 项，拥有授权专利 35375 项，其中发明专利 4868 项；285 个项目荣获国家级优质工程荣誉奖项，其中，国家优质工程金奖 63 个、鲁班奖 66 个、国家优质工程奖 156 个。

1. 战略导向

以建设成为具有全球竞争力的世界一流企业为战略目标，发挥并不断增强全产业链一体化优势，深度融入国家加快构建以国内大循环为主体、国内国际双循环相互促进的新发展格局，统筹发展国内国际两大市场。聚焦“水、能、砂、城、数”五大领域，集成投建营，坚持投建营一体化与 EPC 总承包双轮驱动，进一步做强水、做优能、做精砂、做专城、做实数。通过建设原创技术策源地、打造现代产业链链长、培育“专精特新”冠军企业，成为优势领域的全球引领者和龙头企业，推动工程建设行业技术变革和绿色发展。强化能力建设，提升全面创新、市场开发、精益管理、资源整合、资产经营、风险管控等六大能力，全方位提升价值创造和质量效益水平。系统推进党的建设、科技创新、深化改革、管理提升、国际发展、人才强企、廉洁从业、数字化转型八大战略行动，更好服务国家战略，全面推动高质量发展，实现更大作为、发挥更大作用、作出更大贡献。

2. 核心竞争力

一是核心业务全面领先。中国电建因水而生，因水而兴，在全球水利水电行业，有“世界水电看中国，中国水电看电建”的美誉。承担了国内大中型水电站 65%以上的建设任务、80%以上的规划设计任务和全球 50%以上的大中型水利水电建设市场，设计建成了国内外大中型水电站 200 余座、水电装机总容量超过 2 亿 kW。建设装机超过 2 亿 kW。勇担时代重任，承建了白鹤滩、乌东德水电站、南水北调和京沪高铁、川藏铁路等“大国重器”。

二是价值创造能力突出。在建筑央企中率先推动“投建营”一体化转型，熟悉多种商业模式及运营策略，擅长驾驭大型复杂工程项目，产业链涵盖投资融资、规划设计、施工承包、装备制造、管理运营，可为能源电力、基础设施、水资源与环境等提供“全过程”开发建设以及“全生命周期”运营服务。统筹推进投资发展、资产经营、资本运营三大工程，坚持投建营一体化与 EPC 总承包双轮驱动，推动公司高质量、可持续发展。

三是海外经营行稳致远。中国电建凭借国际经营的先发优势，积累了丰富的国际经营经验、完备的国际营销网络和较强的海外业务风险控制能力，国际化经营水平位于中央企业前列。公司整合国际经营资源，创新融资模式，进入发达国家高端市场，国际业务转型取得新进展，投资规模质量持续提升，全球产业链合作持续加强，国际业务规模稳步增长。公司获得三大国际评级机构全球建筑类企业较高等级信用评级，在 2023 年 ENR 全球工程设计公司 150 强中排名第一，连续四年蝉联榜首。POWERCHINA 及 SINOHYDRO、HYDROCHINA、SEPCO3 等品牌长期在 ENR 排名中名列前茅，具备较强的海外影响力。

四是创新成果不断涌现。获批主持水环境、装备制造数字化服务领域国家重点研发计划 2 项，获批组建国家防汛抗旱技术研究中心，海上风电安全与工程技术研发中心入选国家能源“十四五”第一批“赛马创新”平台，参与深部地下空间创新联合体、“科创中国”岩石力学与重大工程—国家重点实验室科技创新联合体建设。加快推动原创技术策源地建设，高质量推进第二批“1025 专项”攻关、央企创新联合体攻关和战略性新兴产业核心攻关，承担的深远海风电、太阳能、新型储能领域重大攻关取得新进展，重大装备和能源领域首台套取得突破。

3. 主要业务

一是厚植“水”优势。坚定做强做大涉水业务，鼓励支持相关子企业开展协同经营，在国家水网、水环境治理、水务等领域承接一批优质订单。全年“水”业务新签合同 1634 亿元，占比 12.88%。

二是增强“能”力量。集中优势资源继续推进新能源项目开发，加大基地型项目开发力度，优中选优推进抽水蓄能资源获取和市场置换。全年“能”业务新签合同 6893 亿元，同比增长 31.14%，占比 54.33%。

三是构筑“砂”支撑。严控绿色砂石新增项目，集中精力抓好存量项目建设和降本增效，加强与外部企业的资源统筹和业务协同，积极推进销售模式创新。“砂”业务资源布局和建设运营按计划节奏有序推进，累计 10 个项目进入运营期、投运产能达 1.33 亿 t/年，实现收入 46.3 亿元，同比增长 22.78%。

四是锻造“城”特色。大力拓展城市业务现汇项目，推进城市业务与其他业务联动融合发展，在城市轨道交通、房建、市政等领域先后中标多个重大项目。全年“城”业务新签合同 3601 亿元，同比减少 2.23%，占比 28.38%。

五是强化“数”赋能。加快推进“数字电建”建设，自主开发的智慧能源等数字化成果在多个工程建设中实践应用。充分发挥中央建筑企业数字化转型协同创新平台首届理事长单位带动作用，牵头组建创新联合体。全年“数”业务新签合同 101 亿元。

【领导班子】

1. 中国电力建设集团有限公司

党委书记、董事长：丁焰章

党委副书记、董事、总经理：王斌

党委副书记：李燕明

党委常委：刘源

党委常委、纪委书记：黄埔

党委常委：杨良、徐鹏程、王小军

2. 中国电力建设股份有限公司

党委书记、董事长：丁焰章

党委副书记、副董事长、总经理：王斌

党委副书记、董事：李燕明

党委常委、副总经理：刘源

党委常委、纪委书记：黄埔

党委常委、总会计师：杨良

党委常委、副总经理：徐鹏程、王小军

【组织机构】见 2023 年中国电建组织机构图。

【主要业绩】

1. 企业发展保持平稳

一是经济运行平稳有序。全年完成新签合同 12688 亿元、营业收入 6835 亿元，同比分别增长 12.63%、2.61%；实现利润总额 206 亿元；净资产收益率 4.38%，营业现金比率 3.02%，全员劳动生产率 53.86 万元/人，研发投入强度 3.67%，资产负债率 76.62%，“一利五率”指标总体保持稳定。二是订单质量稳步提升。出台获取高质量订单、战略性订单指导意见，推行“拉通算账”商业模式，全年新签高质量订单 5183 亿元，占比 40.85%。三是海外经营恢复明显。“三个优先”逐步落地、“六个转变”持续深化，全年完成海外新签合同 2378 亿元、营业收入 966 亿元，同比分别增长 8.88%、5.22%，基本恢复至疫前水平。四是项目履约成果丰硕。推动国内外项目高质量履约，全年荣获“国家优质工程金奖”9 项、“国家优质工程奖”22 项、“鲁班奖”4 项。

2. 战略引领成效显著

一是产业结构调整加速。总的来看，“水”业务保持平稳，“能”业务快速发展、贡献率超过 50%，“砂”业务资源布局和建设运营按计划节奏有序推进，“城”业务占比稳步下降，纯“数”业务发展迅速、新签合同首次超过百亿。二是商业模式创新成效突出。全年以“新商业模式”推动“投资＋总承包”项目 46 个，出资 147.5 亿元，共计拉动总承包 1031.45 亿元。三是发展方式转型效果凸显。坚持“有进、有退、有优化”，加大国内“水、能、砂”业务投资力度，批复投资占比由 2021 年的 14.11%增至 2023 年的 70.88%，四是海外业务结构持续调整。海外“水、能、城、矿”协调发展，海外“水”业务新签合同 269 亿元，占比 11.34%；“能”业务新签合同 1218 亿元，占比 51.21%；“城”业务新签合同 531 亿元，占比 22.25%；“矿”业务新签合同 361 亿元，占比 15.19%。

3. 深化改革全面推进

一是改革深化提升行动稳步开展。在深入总结改革三年行动成效经验的基础上，制定发布公司改革深化提升行动实施方案，推动全面落地，严格闭环管理。二是世界一流企业建设步伐加大。统筹开展世界一流企业创建示范行动，华东院、水电基础局成功入选“世

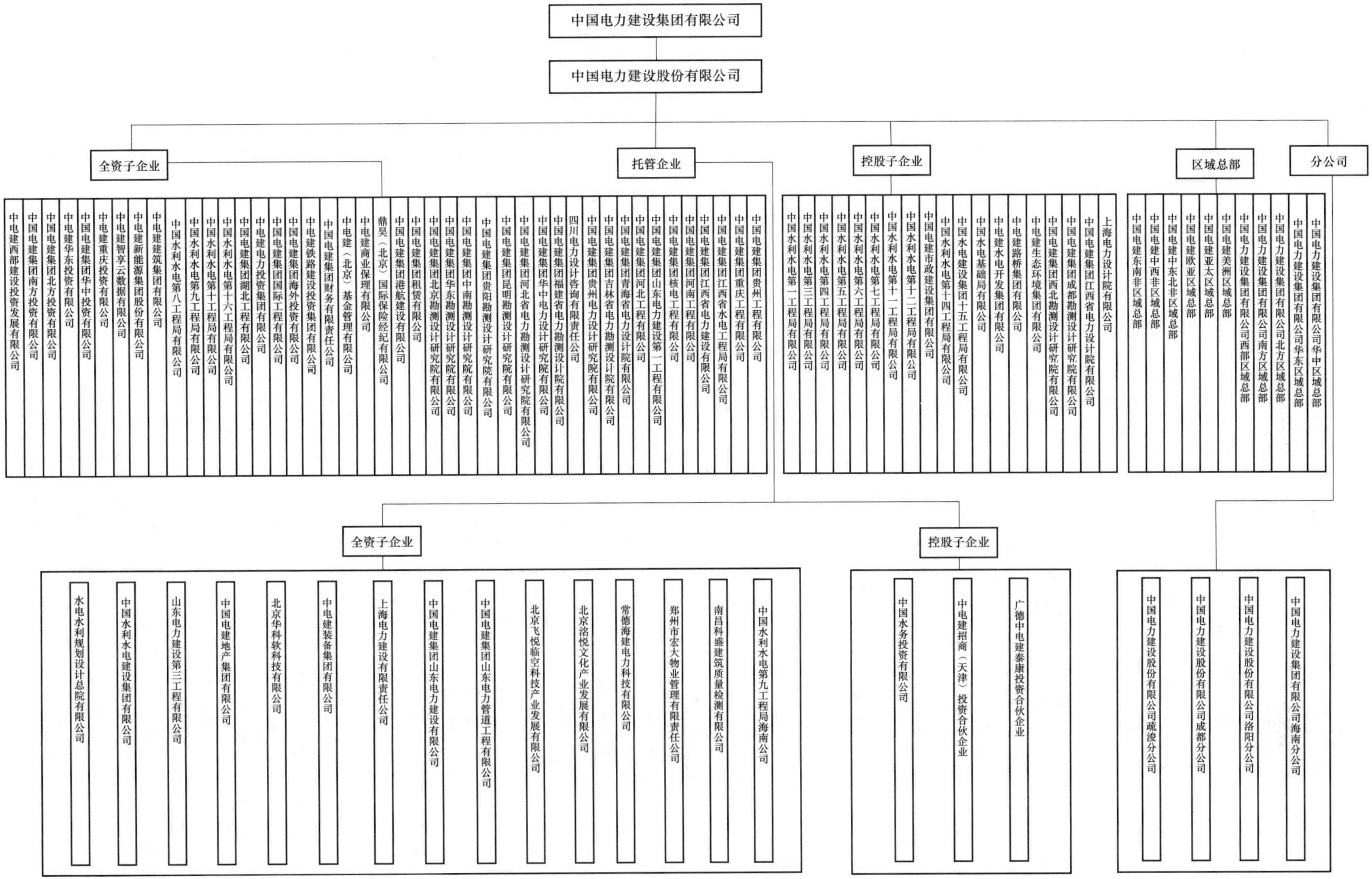

2023 中国电建组织机构图

界一流专业领军示范企业”。开展对标世界一流企业价值创造行动，发布行动实施方案。开展世界一流企业品牌提升行动，举办风电塔筒和光伏支架两项产品品牌标识发布会并发布相关企业标准，推进绿色砂石骨料品牌创建。三是中长期激励成效明显。综合运用改革“政策包”，推动全面改革、重点突破。四是子企业董事会建设不断完善。充实子企业外部董事人才库，入库外部董事 189 名；子企业董事会配齐建强成果作为典型经验被国务院国资委改革办刊发推广。五是“三项制度”改革持续深化。扩大任期制和契约化管理实施范围，全级次管理人员实施覆盖率超过 40%，人数超过 5000 人。推动“三能”机制常态化长效化，管理人员末等调整和不胜任退出率 6.76%。

4. 科技创新持续发力

一是产业创新布局迈出新步伐。发布未来产业实施方案（含内外部）、智慧矿山技术体系建设方案，编制完成“4+2”策源地实施方案（流域梯级清洁能源开发、新能源开发利用、超深基础与深地空间、水资源与环境等 4 大主业领域；深远海风电、太阳能 2 大细分领域）、土壤修复技术体系建设方案。二是重大核心技术攻关取得新突破。获批主持水环境、海上风电、新型储能等领域国家重点研发计划 2 项和国家自然基金项目 5 项，牵头第二批 5 项“1025 专项”攻关实现重大突破。三是数字化转型进入新阶段。发布《中国电建大数据体系实施方案》，加快提升全集团数据利用能力。全面数字化转型案例入选国务院国资委首期《科创动态 国企数字化转型专刊》，并作为央企代表在会上作经验分享。“BIM 仿真系统”入选国务院国资委 2023 年国有企业 10 大数字技术成果，“水环境风险智能防控平台”获得世界人工智能大会最高奖项，“基于云边协同的智能建造平台”入选工业和信息化部典型案例。四是科技人才队伍建设取得新成效。年内入选国家卓越工程团队 1 个、国家级科技人才 8 人、中央企业优秀青年科技人才 1 人，获评“大国工匠”1 人、“全国技术能手”5 人。

5.“三资”管理稳步提升

一是资金管理持续加强。推进本外币资金一体化司库管理体系建设，对全级次银行账户进行统一管控，全年资金集中度保持在 80%以上。加大高成本融资置换力度，综合融资成本率三年净压降 0.8 个百分点。二是资产经营稳步推进。盘活存量资产，全年完成资产经营 685 亿元。投资资产经营取得突破，国内水电行业首单公募 REITs 项目——中国电建清洁能源基础设施公募 REITs 获批，打通投资资产盘活通道，构建起“投资建设－运营－有效盘活”的投融资高效循环体系。三是资本运作有力有效。股份公司连续 10 年获评上海证券交易所信息披露评价最高评级 A 级，入选中国上市公司协会“2023 年公司治理最佳实践案例”，控股上市公司治理机制更加完善，规范化运作水平显著提升。“聚能”项目成功引战，募集资金 76.25 亿元，资本结构进一步优化，治理效能得到提升，资源获取能力不断增强。新能源公司正式启动独立上市 IPO 流程，上市辅导有序进行。

6. 提质增效扎实开展

一是欠款回收有力推进。出台《2023 年各类欠款催收行动方案》《清理拖欠企业账款专项行动实施方案》，推进内外应收应付、拖欠清理。全年回收以工程款为主的各类逾期应收账款 148.2 亿元、境外能源电力项目电费 68.94 亿元、新能源财政补贴 21.03 亿元，基础设施投资回款 158 亿元，完成保函替代保证金回款 50.47 亿元。二是“两金”压降深入推进。完善“两金”压降考核机制，出台《“两金”压降专项考核办法（2023 版）》，考核指向更加精准。构建子企业“两金”专项业务管理模块，动态监测“两金”波动。三是投资过程管控取得实效。全面强化投资控制，持续推进降本增效。四是集中采购降本节支成效明显。供应链集采价值创造效应突出，全年完成设备物资集采 2928.69 亿元，集采率 98.2%，较预算成本下降 11.71%。

7. 风险防控不断强化

一是深化依法合规经营。全面落实国务院国资委深化法治央企建设和强化合规管理要求，制定发布合规管理风险识别、岗位职责和流程管控“三张清单”，建立全岗位、全流程合规管理机制，推动合规管理与经营管理有机融合。二是强化亏损治理。开展亏损治理专项行动，19 家二级子企业所属亏损企业亏损额同比减少超过 10%。三是有效化解重大风险。通过法律等手段维权，避免或挽回经济损失逾 30 亿元。四是筑牢安全生产防线。以“安全管理强化年行动”“重大事故隐患排查整治行动”为抓手，防范化解安全环保风险隐患，全年未发生重大及以上事故灾害，未发生突发环境事件以及重大不良影响安全环保事件，减污降碳指标全面完成。

8. 党建引领坚强有力

一是政治建设有力有为。坚持把习近平总书记重要指示批示贯彻落实工作作为践行“两个维护”最直接、最重要、最具体的检验，健全完善“第一议题”、综合评估等工作机制，召开学习贯彻习近平总书记致白鹤滩水电站首批机组投产发电贺信两周年座谈会，公司党委入选国务院国资委学习贯彻习近平总书记考察或作出重要指示批示的重大项目重大工程“示范点”。二是主题教育见行见效。牢牢把握“学思想、强党性、重实践、建新功”总要求，一体推进理论学习、调查研究、推动发展、检视整改等重点工作，中国电建首次荣获全国政研会工作优秀单位称号。三是党建基础逐步夯实。全面落实“七抓”工程，深入实施“双引双建”对标年行动，印发实施加强基层党建、混合所有制企业党建、项目党建、境外党建等指导意见。四是队伍活力有效激发。突出重实干、重实绩、重担当的用人导向，调整任用干部 214 人次，新提任 45 岁及以下干部超过 60%，为近三年来最大比例。强化跟踪培养、优进绌退，动态掌握近 700 名优秀年轻干部人选。五是正风肃纪持续从严。发挥政治巡视利剑作用，高质量完成对 16 家子企业党委的常规巡视及对 CZ 铁路项目的提级巡视，有力传导严的基调强烈信号。全力配合上级巡视、审计及“两委”联合督查，统筹开展 JR 重大工程建设、跨境腐败治理、违规获取项目、违规招投标等专项整治及“靠企吃企”综合整治，整改整治取得实效。六是央企担当充分彰显。不讲条件、不惜代价，全力参与京津冀洪涝灾害抢险救援，第一时间驰援甘肃积石山抗震救灾，保障人民群众生命财产安全，帮助恢复生产生活秩序。真金白银、真心实意助力乡村振兴，获得国家有关部委、地方政府和社会各界的高度评价。

【工会工作】

（1）持续推进铸魂育人工程，坚持正确政治方向，在强化思想政治引领上求真务实。

一是深入推进党的创新理论武装走深走实。结合主题教育，全面贯彻习近平新时代中国特色社会主义思想和党的二十大精神，深入落实习近平总书记关于工人阶级和工会工作的重要论述，筑牢团结奋斗的共同思想基础。成功举办“奋进新征程 建功新时代”宣讲活动，展现电建职工学习贯彻党的二十大精神，扎根一线、拼搏奉献，在平凡的岗位上践行初心和使命；印发《关于认真学习宣传贯彻习近平总书记重要讲话精神努力完成中国工会十八大确定的目标任务的通知》，参加全总举办的“中国梦・劳动美——凝心铸魂跟党走 团结奋斗新征程”学习中国工会十八大精神知识竞赛，掀起学习宣传贯彻习近平总书记关于工人阶级和工会工作的重要论述及工会十八大精神的热潮。

二是营造劳动光荣创造伟大浓厚氛围。围绕弘扬正能量、提振精气神，培养选树职工身边可敬可信可学的先进典型，各条战线涌现出一大批爱岗敬业、锐意创新、勇于担当、无私奉献的先进模范人物。水电四局白鹤滩水电站天车班班长田得梅荣获“大国工匠年度人物”，其先进事迹先后被《人民日报》、新华社等 20 多家国家级新闻媒体报道。2023 年，1 人获全国五一劳动奖章，6 个集体获全国工人先锋号，6 个集体和个人获全国巾帼标兵奖项，1 人获全国能源化学地质系统“身边的大国工匠”称号，26 个集体和个人获省级五一奖项。

三是推动职工精神文明建设守正创新。坚持把社会主义核心价值观融入职工生产生活，内化为职工的情感认同和行为习惯，深化以职业道德为重点的社会公德、职业道德、家庭美德、个人品德等“四德”建设，打造健康文明、昂扬向上、全员参与的职工文化。2023 年，各级工会举办关爱巾帼成长、读书学习分享、文艺汇演、摄影比赛、诵读比赛等系列活动 80 多项次，持续开展“网聚职工正能量・争做中国好网民”主题活动，创作歌曲、视频、摄影、诵读、网评作品等 130 多篇（部），并在全总征集活动中受到表彰。

（2）不断深化建功立业工程，激发职工创新活力，在推进高质量发展上彰显工会价值。

一是聚焦工程建设，推动劳动竞赛更深化。各级工会围绕“水、能、砂、城、数”五大领域，聚焦重大战略、重大工程、重大项目、重点产业，开展以“建功‘十四五’奋进新征程”为主题的劳动竞赛，广大职工主力军作用得到充分发挥。中国电建工会作为金沙江流域水电工程劳动竞赛组委会成员，各子企业荣获川滇两省五一劳动奖状 2 个、五一劳动奖章 4 名、工人先锋号 2 个，为实施“西电东送”国家重大工程、实现碳达峰、碳中和目标作出积极贡献。2023 年，各级工会开展形式多样的各类劳动竞赛 1203 场次，参赛职工达 19 万人次，其中海外项目开展劳动竞赛 189 次，参赛外籍员工 1.1 万余人。

二是聚焦提质增效，推动技术创新更广泛。修订印发《中国电力建设集团有限公司群众性创新创效成果评审表彰办法（2023 版）》，开展“百项”优秀成果评选工作，有效激发广大职工的创新潜能和创效活力，打造亮眼的“工”字品牌。2023 年，各级工会群众性创新创效活动共产生 QC 小组成果 2378 项，“五小”创新成果 3415 项，申请专利 7243 项，集团级及以上工法 600 项，累计创造经济价值 1.7 亿元；成立创新工作室 242 个，其中女职工创新工作室 120 个，省级以上创新工作室 43 个，国家级 1 个，创新成果达 2165 项。先后获中国能源化学地质系统优秀技术创新成果奖 16 项、中国技协职工技术成果奖 9 项、全国电力职工技术创新奖 20 项。

三是聚焦职业健康，推动安全生产更有效。以“安康杯”竞赛为载体，深入开展群众性安全监督检查活动，提升职工安全意识和能力，夯实安全生产和职业病防治基础。

（3）抓好素质提升工程，引导职工成长成才，在推动产业工人队伍建设上持续发力。

一是构建技能竞赛平台，提升业务操作水平。各级工会多层次多渠道开展岗位练兵、技术比武、技能大赛等活动，激励广大职工立足本职、勤学苦练、岗位成才，一大批知识型、技能型、创新型职工脱颖而出。与人社部就业培训技术指导中心共同举办全国水轮机安装工职业技能竞赛，为技能人才搭建展示技能、切磋技艺和交流提升平台。2023 年，各级工会共开展技能大赛 502 次，参加人数 1.9 万人次，获得市级以上表彰 1691 人，37 人破格晋升技师，21 人破格晋升高级技师，245 人转为正式职工。全年开展技术比武（岗位练兵）807 次，参加人数 2.96 万人次，产生岗位能手 1764 人。

二是打造教育培训机制，提升素质能力水平。始终把教育培训作为提升产业工人队伍整体素质的重要途径，从各子企业实际出发，通过校企合作、签订导师带徒协议等方式，为产业工人队伍建设提供有力支撑。2023 年，各级工会共组织签订导师带徒协议 1.2 万份，其中外籍徒弟 305 人。

三是拓展建议创意渠道，提升经营管理水平。各级工会结合本单位实际，组织实施合理化建议活动，调动职工的积极性、主动性、创造性，激励职工为企业革新挖潜、降本增效、改革发展积极献计献策。2023 年，各级工会共征集职工合理化建议 4250 项，采纳 2379 项，对改善经营管理、提升经济效益起到了重要作用。

（4）强化履职维权工程，促进企业民主管理，在构建和谐劳动关系上担当勇为。

一是民主管理制度有效落实落地。坚持健全以职工代表大会为基本形式的民主管理制度，促进职工代表大会建设制度化、规范化和程序化。2023 年，各单位通过职工代表大会评议企业领导人员 1791 人次，征集职工代表提案 2324 件，立案 1547 件，已经办结提案 1506 件。在职代会闭会期间，各单位工会开展职工代表巡视活动 996 次，参与巡视的职工代表 3866 人次，征集一线职工的意见建议 3380 条，形成调研报告 417 篇，有效保障职工知情权、参与权、表达权、监督权。

二是厂务公开实施得到有效执行。各级工会认真执行厂务公开工作的有关要求，采用职代会、简报、网上平台等多种方式，使厂务公开成为职工参与企业民主管理的重要窗口。2023 年，各级工会共组织厂务公开 19531 次，及时向职工亮家底、亮政策。

三是和谐劳动关系保持稳定向好。各级工会积极推行平等协商和集体合同制度，坚持把职工关心的热点、难点问题作为平等协商、集体协商的重点，把劳动报酬、保险福利、劳动安全卫生等问题作为推行这项制度的重点内容，增强了针对性和实效性。

（5）做实做细关爱职工工程，贯彻以人为本理念，在提升服务能力水平上践行初心。

一是致力于“全方位”打造关心职工服务体系。坚持“以职工为中心”的工作导向，加大办实事解难事做好事力度，帮助职工解决在生产生活上遇到的困难，职工生活品质持续提高。2023 年，各级工会开展帮扶 4257 次，帮扶资金 2928 万元，资助 31866 人，发放助学资金 386 万元；组织大病救助 967 人，救助资金 757.8 万元；向子企业工会拨付“两节”困难职工补助金 1014 万元，将中国电建党委的关怀和温暖送到 3381 名困难职工心坎上。

二是致力于“立体化”推进服务职工阵地建设。坚持“六有”标准，建设“职工之家”“职工小家”“职工书屋”，让基层一线职工休闲有场所、健身有设施、学习有去处，更好改善职工办公住宿餐饮条件。2023 年，各级工会新建职工之家 283 个，职工小家 345 个，职工书屋 298 个（含电子书屋），购买各类书籍 7.1 万册（含电子书），开办职工子女托管活动 54 次，1 个集体获评全国模范职工之家，4 个集体获评省模范职工之家。

三是致力于“多维度”丰富职工文化生活载体。各级工会积极搭建职工文化活动新载体、新平台，丰富职工业余文化生活，增强自豪感，提升归属感。2023 年，中国电建一首原创歌曲和一部微视频分获全国总工会歌曲优秀奖和职工素质建设工程视频二等奖；中国电建工会推荐的 4 部宣讲作品在全国电力行业宣讲比赛中获得三金一银，1 部作品在电力精神主题演讲比赛获得特等奖。

（6）扎实推进固本强基工程，夯实工会自身建设，在激发活力动力上开拓创新。

一是工会组织建设基础持续夯实。中国电建工会扎实推进基层工会组织建设，加强基层工会的换届督导，确保“应建必建”“应换尽换”。中国电建召开工会三届三次全委会，选举产生新任工会主席，增补增选第三届常委会委员和经审委委员，指导 2 家子企业成立工会组织，7 家子企业完成工会的换届选举工作，工会组织领导和基层建设得到了进一步增强。二是工会干部履职能力显著增强。中国电建工会举办工会干部业务培训班，从党的二十大精神、党风廉政教育、工会工作创新发展、基层工会组织建设规范、基层工会经费收支管理等方面进行系统培训，切实提升工会干部政治素质和业务水平。支持工会干部参政议政，4 人担任中国工会十八大代表，其中 1 人担任执委；1 人担任中国妇女十三大代表、执委。

三是女性职工权益福祉有效保障。开展“中国梦·劳动美——关爱巾帼成长系列活动”，倡导各级工会、女工组织从思想、成长、技能、生活、保障等方面多角度关爱女职工。

【科技创新】

1. 科技创新规划与建设

推进新时期科技创新顶层设计和谋划。一是，制定公司未来产业实施方案（含内部、外部），明确未来产业领航计划任务责任主体、资金来源、组织方式和配套工作计划，为十四五及后续未来产业培育提供了科学依据。二是，组织制定了公司流域梯级清洁能源基地、新能源开发利用（含深远海、太阳能）、超深基础与深地空间、水资源与环境、深远海风电开发利用的原创技术策源地实施方案，明确了各策源地技术图谱、攻关计划、技术目标、能力目标和行动台账计划，确立了策源地组织管理架构和机制安排、参与单位任务清单，以确保策源地建设工作井然有序，按期达标。

2. 重大科技攻关

推动原创性、引领性核心技术攻关，指导各级子企业以原创技术策源地建设和专项攻关为抓手，积极承揽国家重大科技创新任务，高质量推进关键核心技术攻关。组织推进深远海、光热领域5项“1025专项”（二期）攻关任务；组织公司积极参与焕新计划、启航计划任务。择优遴选优势子企业，深化启航计划任务研究内容、技术路线和预期成果论证，并细化任务分解和资金分配，明确成果产出和考核要求，压实主体责任；组织开展远海风电柔直送出、风光制氢、超深地下工程灾变（强震、高地温、高水头）防控、土壤修复等8项核心技术攻关“揭榜挂帅”；围绕绿色生态环保产业主动布局，完成了《中国电建土壤修复技术体系建设方案》《中国电建绿色砂石智慧矿山建设实施规划方案》等业务创新指导文件，大力推动集团级绿色砂石智慧矿山重大科技专项攻关和标准体系建设、土壤修复和固废治理研究中心建设等专项工作。

3. 科技创新体制机制

推进落实《中国电建科技体制机制改革三年攻坚实施方案》，强化科技成果管理制度体系建设，组织完成《科学技术奖励办法》《科技成果评价管理办法》《知识产权管理办法》《技术标准管理办法》《工程建设工法管理办法》修订；组织制定《高价值专利产品库管理办法》，并经第二百六十五次总经理办公会审议通过。完善横向覆盖战新领域，纵向涵盖重点实验室、工程研究中心、技术创新（研发）中心的多层次、多功能的省部级研发组织体系。推动从产业布局、市场需求、示范验证和原创性产品推广的全链条保障机制建立，完善支持科技自立自强的企业科技创新政策支撑体系。在建立突出创新导向考核制度的基础上，强化了国内外创新协同机制，牵头申报中央企业BIM创新联合体，组织参与重大零部件创新联合体和新型电力系统产业技术联盟参建工作，组织参与新型储能联合体、深地空间开发联合体，持续扩大了创新合作朋友圈。

4. 研发平台建设

推进研发平台整体效能提升，重点是推进了科技成果管理平台研发，组织完成平台需求调研、功能框架和核心模块设计及平台原型开发等。组织制定了承揽国家级平台建设任务成员企业的考核奖励办法，积极筹划水风光储清洁能源、地热等领域国家技术创新中心突破；积极谋划了海外研发平台的建设升级。

5. 科技标准与工法

建立并完善“中国电建技术标准体系”。推进了标委会建设，组织子企业参与国际、国家、行业和团体标准制修订，持续保持了行业技术领先优势。一是组织完成涵盖“水、能、砂、城、数”，融合国家标准、行业标准和企业标准的中国电建技术标准体系初稿编制，收录国家标准、行业标准、集团企业标准近7000项。二是持续推进重点业务企业标准编制，在绿色砂石领域，组织完成《绿色砂石标准体系研究报告》及4项绿色砂石智慧矿山企业标准制定发布；在新能源领域，组织完成支撑集团风电塔筒和光伏支架品牌化建设的4项企业标准制定发布。三是组织推进电力行业水电施工和水轮发电机及电气设备2个标委会行业标准制修订工作，协调解决人员及经费问题。四是加强与上级主管机构沟通对接，应住建部、国家能源局、中国工程建设标准协会邀请，组织参加中国工程建设标准国际化论坛、住建部建设标准“走出去”座谈会、国家能源局标准化支撑能源高质量发展座谈会，为集团及可再生能源行业标准化工作发声。五是年内组织参编发布国际标准5项、主编发布行业标准60余项；新增立项主编国家标准1项、行业标准140余项。

6. 科学技术奖励

印发《中国电建子企业经营业绩考核科技创新加分实施细则（2024年）》《中国电建加强应用基础研究、科技攻关和成果转化激励保障政策工作方案》等激励考核制度，推动公司科技体制机制改革各项任务落地实施。进一步完善成员企业负责人年度与任期业绩考核制度，完善工资总额管理办法，给予科技创新绩效突出的成员企业工资总额奖励、科技创新突出贡献人员工资总额单列激励、科技创新领域卓越贡献的团队和个人专项奖励。

7. 知识产权成效

加强高价值专利培育，组织公司高价值专利软课题研究，建立高价值专利评价体系及工作流程，形成工程建设领域高价值专利评价与培育研究报告及《专利价值评价手册》《高价值专利培育手册》《高价值知识产权流程管理文件》等成果文件。持续完善专利综合数据库。组织中国专利奖申报推荐，获中国专利优秀奖5项，创历史新高。年内，共申请专利6454项，其中发明专利1974项，新增授权专利7960项，其中发明专利1475项，发明专利年度增幅创历史新高。另有PCT专利申请8项。

8. 科技兴安成果转化

推进科技成果转化，开展科技成果转化重大课题研究，完成科技创新成果推荐目录技术产品遴选，共评选出93项创新成果，形成科技创新成果推荐目录（2023年版），涵盖“水、能、砂、城、数”五大主营业务，涉及先进工艺、基础软件、高端装备等领域。持续更新“1025”攻关成果、央企推荐目录及国家能源局首台套清单入选产品的年度推广应用情况。积极组织参加国资委第四届中央企业熠星创新创意大赛，共推荐申报51个项目，涉及新能源、工业软件、人工智能、新材料、新一代移动通信等5个赛道。

9. 双碳工作

开展“双碳”业务，系统谋划开展“双碳”业务工作，立足主责主业系统谋划，有序扎实开展“双碳”业务。按时完成《2022年碳达峰工作总结和碳达峰碳中和行动2023年工作计划》编制并及时向国资委报备。精心组织各子企业编制碳达峰行动方案，组织召开多次专题会议，指导各子企业根据自身业务形态和中长期发展规划，高质量完成碳达峰行动方案编制，为全集团按期实现达峰目标奠定重要基础。加强“双碳”业务基础管理制度建设，研究制定了《温室气体排放核算与统计管理规定》《温室气体减排项目管理办法》《碳排放权交易管理办法》和《碳资产管理办法》4个管理办法（送审稿），为实现“双碳”工作规范化提供制度保障。系统开展碳资产管理专题研究，完成碳资产管理专题研究，摸清了碳资产家底，有效指导全集团碳资产交易开展，新能源公司、海投公司、电投公司近几年碳资产交易取得一定成效。电建新能源近两年盈利2000万元左右，电建海投累计实现国际碳资产盈利7050万美元。开展碳足迹研究，组织电建国际公司编制、发布了《国际工程项目温室气体排放标准》《国际工程项目碳足迹/碳中和工作标准》和《国际工程项目能源工作标准（共7册）》，有效指导国际工程项目开展能源消耗和碳排放管理相关工作。2023年12月首次取得ISO 50001：2018能源管理体系认证证书。

【信息化工作】

（1）整体布局“数字电建”，全面数字化转型意识、理念、动力、活力明显增强。

坚持战略引领、系统宣贯，用“数字电建”战略理念指引数字化工作的方方面面，在数字化科技创新、品牌塑造中寻求新的突破。一是全员数字素养明显提升。协同组织召开公司首届科技与数字化大会，正式揭牌“中央建筑企业数字化转型协同创新平台”，发布新能源和抽水蓄能行业数字化建设成果，部署年度工作，进一步统一思想，凝聚数字化发展合力。全年利用干部培训、多方交流等机会宣贯“数字电建”战略和“十四五”数字化规划，累计组织培训20多场，覆盖两千余人次，基本形成立体式常态化宣传格局。二是数字化制度体系健全完善。建立“11－23－22”的三级数字化制度体系，组织制修订并正式印发《中国电建数字化管理规定》等11个集团级数字化管理办法，有效覆盖全部数字化管理领域，推动经验变制度、标杆变标准、示范变规范。三是全面数字化转型新模式初步形成。构建“电建数字化产品库”，开展集团级业务数字化技术产品选优评级，第一批集团级优秀抽水蓄能技术产品优选入库。建立数字化“揭榜挂帅”制度，初步完成“海上风电、轨道交通、高速公路、智慧城市、智慧生态”五项指导方案。四是公司数字化影响力大幅提升。中国电建全面数字化转型案例成功入选国资委首期《科创动态 国企数字化转型专刊》，作为央企代表先后在国资委数字化转型专题推进会和央企科技创新培训班上做经验分享。6家子企业共计34项作品集体亮相“第六届数字中国建设峰会”，全方位展示“数字电建”最新方案成果。五是数字化生态主导优势逐步显现。配合国资委组织运营中央建筑企业数字化转型协同创新平台，编制完成《BIM重大成果示范应用情况报告》《中央建筑企业数字化转型行动方案》，组织走进成员企业专项活动，协办国企数字场景创新专业赛，为提升中国工程软件产业基础能力贡献电建力量。六是数字化协同创新机制更加成熟。组织策划工程企业数字经济发展方案，布局新一代信息技术战略性新兴产业（工业软件和人工智能），提升数字化业务核心竞争力；组织完成“中央企业BIM创新联合体”和“智能建造”工程软件产业链链长申报工作，均获得国务院国资委专家组高度评价。组织参加工信部2023年度重点产品、工艺“一条龙”应用示范推进机构评审。

（2）全面布局数据体系，数据作为资源资产，作用价值逐步显现。

强化数据体系整体布局，深挖数据价值，全面支持各级分析运营监管监控。一是大数据体系顶层设计持续完善。落实国资委“$1+X+Y$”大数据平台建设部署，编制《中国电建大数据体系实施方案》，策划数据体系建设，研究数据管理能力成熟度评估模型，推动关键环节和重点场景的大数据应用。二是“国资监管”数智化能力位于央企前列。圆满完成国资国企在线监管平台2.0升级，建立健全“三重一大”、组织机构、司库管理等13个监管应用，在“国资监管数智化提升专项行动”第一阶段验收评估中获评“优秀”，再次位列建筑行业之首。三是落实国资委大数据体系建设部署。参与“国资监管数据采集指标库（3.0版）”重大课题研究，调研中国海油、国家电网等央企，全面梳理各项数据指标，编制指标监控方案，推动构建一套业务框架、一套指标体系和一套指标管理平台，为打造国资监管大格局筑牢数据基础。加入国资央企数据共享技术体系和工作机制的试点建设工作，建立“把脉”“问诊”“诊疗”监管闭环业务体系，提升监管业务的全过程管控能力。参加国资委智能监管业务模型创新活动，加快推进应用开发和数据建模工作，组织推动7个揭榜项目按期完成攻关任务。四是“企业监管”数据体系建设稳步推进。发布《中国电建集团管控数据指标体系V3.0》，涵盖1045个数据采集指标，实现集团管控数据指标的标准统一、来源统一、口径统一。五是项目监管亮点频出。集团级农民工实名制信息平台，入围中央网信办联合16个国家部委区块链+应用试点，顺利通过最终测评，获得一致好评，为唯一建筑央企。生产安全应急管理数字化建设行业领先，“HSE智慧管理体系与平台”入选中电联电力创新大（特等）奖和集团科技进步奖一等奖。中电联5年共评出13个信息化电力创新大奖（特等奖），中国电建斩获5项。

（3）协同布局数字办公，办文办事办会等向“一站式服务”升级。

综合管理体系数字化建设逐步完善，促进一体化协同。一是协同办公效能不断提升。策划“网上办公大厅”建设，编制建设方案并征求各方意见，同步推进协同办公系统信创改造、在线督办及议题管理建设工作，打造安全可信的涵盖党工团群纪检巡视法律科技战略外事的一体化数字办公能力。二是党建信息化工作持续深化。优化智慧党建系统并推进全级次应用，集成28类功能模块，已纳管党组织5021个，党员数量70305名，推动组织生活移动化、审批移动化，真正实现把党员连到网上、把组织建在云端。三是网络文化生态初步构建。落实“满天星”媒体融合计划，建成融媒体指挥平台，接入74家子企业，监测350余个宣传阵地，全面覆盖集团及二级单位的官网、官微、官博，发布宣传任务1300余条，出具舆情报告115份，支持中国电建宣传导向、宣传阵地、宣传队伍的扁平化管理。

（4）超前布局业数融合，企业管理数字化、一体化、集团化、价值化快速推进。

ERP体系建设实现突破式进展，加强示范引导、重点突破，精益化管理水平稳步提升。一是财务数字化转型成效显著。以财务共享及全球司库建设为示范，全面推进企业管理数字化建设集团化一体化，建成财务共享系统报账管理、税务管理、共享管理等15个功能模块，推广上线成员企业66家（上线率95%），2023年处理任务量2187万笔（完成率97.54%）；建成司库管理系统账户管理、融资管理、资金预算等12个核心功能模块并在全集团推广应用，完成转账支付272.97万笔，处理司库票证12万余份，初步实现资金业务数据集中管理，财务共享和司库管理体系一体化优势逐步显现。二是业财一体化管控模式加快建立。组织协同电建智享云公司，开展业财集成需求问卷调查，深度调研湖北工程公司、中南院等30余家二级子企业，制定印发《项目管理PRP系统与财务共享平台业财融合方案》，打造数据驱动的业务集成新模式。三是组织人才人力一体化平台优化完善。深化落实公司人才强企战略，优化招聘管理、干部管理等核心功能，建成“电建e学”，承载2000多门视频课程，覆盖全体员工，助力人才数字化培养。四是数据驱动型供应链一体化建设逐步形成。建成覆盖全球的公平、可共享的供应链云服务平台，年度通过平台完成采购项目3.9万多个，采购额2978亿元，与预算相比节资率11.73%，为设备物资采购降本增效提供有力支撑。扩展设备资产管理系统功能，盘活大型闲置设备。

（5）深度布局智能建造，业务数字化赋能传统工程转型升级。

打造贯通“规划—设计—建造—运营”的“投建营”一体化“数字建造”体系，工程质量和效率全面提升。一是各项业务数字化指导引导能力全面提升。召开抽水蓄能全过程应用、智慧矿山、智慧水务等示范场景现场交流会，发布《中国电建抽水蓄能电站全面数字化建设指导方案》《中国电建绿色砂石智慧矿山建设指导意见》，指导电建水电开发公司编制《抽水蓄能电站“投建营”一体化数字化建设规划》，在辰溪、富民、禄丰等6个抽水蓄能项目中节约数字化投资近8000万元。二是设计板块数字化应用能力持续提升。印发《2023年中国电建设计类企业数字化深化应用专项推进措施》，推进设计企业数字化技术架构3.0建设，促进11家设计企业与施工企业“结对”，在云阳抽水蓄能电站、皇城抽水蓄能电站等项目中协同发展，整体提升全面数字化建设水平。三是施工板块PRP系统深化应用多举措推进。发布“2023年中国电建深化项目管理PRP系统应用专项推进措施”，调研梳理全集团项目履约质量监管指标，摸清三类5大项亟需解决的问题，策划建设项目履约高质量监管平台、项目经理知识库平台和项目经理辅助决策平台，项目管理科学化数字化水平有效提升。四是推进装备板块智能化升级。发布《2023年中国电建装备类企业数字化深化应用专项推进措施》，开展TBM、盾构、海上钻探、海上作业平台等大型智能装备研发，首台“穿山甲1号”成功下线，海上光伏智能打桩装备“电建海装001号”下水作业。

（6）创新布局数字经济，数字产业化实现新增长。

以价值为导向、以数据为核心，深化“水、能、砂、城”业务与数字技术融合，利用数字化沉淀经验、靠前营销、精准估算，纯数字化新签合同总额 101.2 亿元，全年带动新增市场项目合同额超 400 亿元。依托引水工程中的数字化优势，助力中国电建中标环北部湾广东水资源配置工程；基于深圳茅洲河等典型生态治理经验，率先提出水环境治理全过程数字化“治水 3.0 模式”，助力顺德治水二期项目（65 亿 EPC）中标。依托光伏数字化设计平台，实现复杂地形下高精度实景设计，精准分析评估发电量、工程材料量，为蔚县源网荷储一体化示范项目（750MW 光伏）中标提供关键支撑；凭借大型水利工程数字化设计实施经验，量身定制工程智慧化建管平台，成功中标扩大杭嘉湖南排后续西部通道工程 EPC 项目。基于智慧城市领域的技术沉淀，成功中标郑州市新型城市基础设施建设（一期）集成项目。

（7）体系布局新型数字基础设施，算力、网络供给能力和使用效率持续提升。

加快新型数字基础设施共建共享、协同联动，助力数字电建发展壮大。一是电建云生态体系建立健全。坚持“共商、共建、共享”原则，推广应用电建云平台，已完成总部及 32 家子企业的 185 个业务系统上云。为解决子企业机房小弱散的问题，构建“5+N”数据中心模式，子企业新的业务优先部署在 5 个区域数据中心，现有机房逐步降级为网络接入机房。响应国资委号召，编制《中国电建行业云及数据中心规划方案》，申报行业云，参与“构建一体化央企云安全防护体系”重大课题研究。二是网络基础设施稳定运行。完成集团广域网升级改造，按照国资国企网络信息安全在线监管平台建设要求，结合财务共享中心业务需求，采用云联网技术实现各单位就近接入所在城市的汇聚接入点，完成 320 家二、三级子企业入网，年均节约专项租赁费超 5000 万元。建成电建海外环网，支撑业务系统海外推广应用。三是电建通应用持续扩展。已覆盖中国电建全部二、三级单位本部及各项目部主要人员，注册用户超 14.6 万人，日均在线用户 10 万余人，发布综合办公类、生产经营类移动应用 325 个，成为员工离不开的工作助手。四是多种视频会议系统高效协同。视频会议系统年度服务全集团 6813 次视频会议，超过 35 万人次参会，累计节约差旅和会议等费用超过 10 亿元。

（8）统一布局数字安全，网络空间一体化防护能力全面提升。

稳步推进网络与数据安全体系化建设，形成集约化防护作战能力。一是安全意识不断提升。响应国家网络安全周活动号召，组织安全意识宣传普及，参加国家网络安全万人培训班，组织“电建威客”参加全国网络安全职业技能竞赛并取得较好成绩。二是整体技防能力不断提升。搭建集团级威胁诱捕系统（蜜网平台），主动防御、精准防御能力进一步增强。开展互联网系统安全治理专项行动，针对九大突出安全隐患对 426 个互联网应用开展评估整改，发现问题系统 266 个，消除隐患 229 项，缩小边界威胁暴露面。三是启动信创顶层设计工作。按照国家信创要求，结合公司数字化转型，制定《中国电建信创五年行动计划》初稿，为后续全集团推进信创工作提供指引。四是安全防护能力在实战演练中得到充分检验。参加公安部组织的年度“护网行动”，通过 15 天 24h 的不间断值守，摆脱以往部分子企业被动“挨打”困境，将攻防对阵主战场前移至互联网边界，实现集团核心云与应用“零”失分的整体目标。五是完成年度网络安全重保任务。以统一互联网出口收缩为契机，整合人防技防能力，开展集约式防护，全网自我威胁监测与应急处置水平大幅提升，完成“杭州亚残运会”“一带一路峰会”等关键时期网安保障工作，活动期间零事故。

（9）前瞻布局核心攻关，创新成果再度提升数字电建品牌影响力。

主导数字技术协同攻关，数字化优秀实践获国家部委、行业协会认可。一是国资委科创工作部署有效落实。组织参加国资委首届“国企数字场景创新专业赛”，取得建筑央企最好成绩，中国电建共有 21 个场景获奖，获奖总数央企并列第 5，一等奖总数央企并列第 4，中国电建荣获优秀组织奖。“BIM 仿真系统”入选国资委“10 项国有企业数字技术成果”。牵头组织开展国资委“建筑领域北斗应用推广研究”课题，编制《中国电建北斗规模应用专项实施方案》。组织 29 个数字化项目参加国资委熠星创新创意大赛，23 个项目通过初赛。二是数字化创新能力获工信部充分认可。“流域水库地震台网与大坝强震监测系统集中管控平台”入选工信部物联网赋能行业发展典型案例名单。“基于参数化设计的人机协同制造”入选工信部 2023 年度智能制造优秀场景。“基于云边协同的智能建造工业互联网平台创新应用”入选工信部 2023 年新一代信息技术应用案例。“全国流域水电应急大数据平台”参加工信部大数据产业发展试点示范项目总结评估。三是人工智能成果获世界级奖项。“基于人工智能的河湖水环境安全风险防控平台”，作为环保领域唯一成果获评世界人工智能大会最高奖项。四是行业影响力进一步凸显。“水电工程设计施工一体化数字关键技术研发与应用”荣获中施企协工程建设科学技术特等奖。

【党建工作】

1. 坚持和加强党中央集中统一领导、贯彻落实党对国有企业的全面领导

（1）党委围绕党的二十大各项部署，结合实际谋

划推动企业各项工作情况。

一是深入开展二十大精神学习培训。中国电建党委制定实施《关于认真学习宣传贯彻党的二十大精神的工作方案》，党委理论学习中心组组织专题学习研讨和专题读书班，党委常委带头领学党的二十大报告，深入交流学习体会。参加国务院国资委党委学习贯彻习近平新时代中国特色社会主义思想和党的二十大精神研讨班，组织 3 期企业正职领导人员深入学习贯彻党的二十大精神专题研修班。二是全面抓好二十大精神贯彻落实。中国电建党委紧密结合实际，准确把握党的二十大关于“科技是第一生产力、人才是第一资源、创新是第一动力”“完善中国特色现代企业制度”等 17 个方面重要论述，在全面学习、全面把握、全面落实上下功夫，聚焦“水、能、砂、城、数”五大领域，将党的二十大重大决策部署转化为推动公司高质量发展的生动实践。深入贯彻落实党的二十大关于“碳达峰碳中和”的重要部署，牵头开展《“十四五”可再生能源发展规划》《抽水蓄能中长期发展规划（2021—2035 年）》编制工作，开展大型、次大型陆上风电光伏基地规划及评估论证，支撑国家能源局发布三批次大型风光电基地清单。

（2）开展习近平新时代中国特色社会主义思想主题教育，完善理论教育培训长效机制的工作举措和实际成效。

一是高起点统筹谋划部署。中国电建党委牢牢把握“学思想、强党性、重实践、建新功”总要求，研究制定第一批、第二批主题教育实施方案，成立主题教育领导小组和办公室，分两批次召开主题教育动员部署会和培训会，一体推进理论学习、调查研究、推动发展、检视整改等重点措施。二是高标准落实重点措施。强化理论学习。中国电建党委把“学思想”作为首要任务并贯穿始终，以“3+4”形式举办读书班 2 期，党委常委带头领学《习近平著作选读》等指定书目，结合工作实际深入开展研讨交流，确保各项工作沿着习近平总书记指引的方向谋划推进。三是高质量开展党员干部培训。中国电建党委持续强化理论教育、党性教育，组织领导班子成员、高管、副总师、总部部门负责人和各子企业领导班子成员全覆盖、分期分批参加中组部、中央党校、国务院国资委党委联合组织的央企领导干部现场集中轮训。印发《2023 年度公司干部培训计划》，分类分级抓好子企业“一把手”、后备干部、“80 后”领导人员和年轻干部等 4 类人员培训，提升领导干部理论修养和工作能力。印发《中国电建党委 2023 年度党员教育培训计划》，指导各级党组织开展多形式、分层次、全覆盖的全员培训，组织广大党员干部认真学习习近平新时代中国特色社会主义思想和党的二十大精神。四是高站位做好习近平总书记视察或作出重要指示批示的重大项目重大工程示范点建设。中国电建党委组织召开学习贯彻习近平总书记致白鹤滩水电站首批机组投产发电贺信两周年座谈会，编辑出版《在贺信精神的激励下奋力前行》等学习心得体会文集，引领党员干部牢记嘱托、感恩奋进。主题教育中央第三十八指导组领导、国务院国资委党建局领导以及国务院国资委党委主题教育第七巡回指导组领导到会指导并给予充分肯定。中国电建党委在国务院国资委党委组织开展的习近平总书记视察或作出重要指示批示的重大项目重大工程示范点建设研讨交流会上作交流发言。白鹤滩水电站入选“2023 全球十大工程成就”。

（3）巩固深化全国国企党建会精神落实成果，突出重点难点问题，结合实际统筹谋划和创新推进本企业党建工作情况。

一是深入学习贯彻全国组织工作会议精神。中国电建党委召开常委会传达学习全国组织工作会议精神和国务院国资委委管企业组织工作推进会精神，围绕“坚持和加强党的全面领导和党中央集中统一领导”“建设堪当世界一流企业重任的高素质专业化企业干部队伍”等五个方面明确细化工作措施，落实工作责任，确保贯彻落实到位。二是持续深化落实全国国企党建会精神。中国电建党委召开常委会传达学习国务院国资委党委深化落实习近平总书记全国国有企业党的建设工作会议重要讲话精神座谈会精神，研究贯彻落实意见，制定五方面 14 条具体要求及措施，明确责任领导、责任部门，认真抓好贯彻落实。面向党务工作者和基层党支部书记开展专题培训，推动习近平总书记全国国企党建会重要讲话精神贯彻落实到基层。截至 2023 年底，14 条具体要求及措施全部办结，完成率 100%。三是认真落实全面从严治党主体责任。中国电建党委定期研究全面从严治党工作，组织召开 2023 年党风廉政建设和反腐败工作会议，研究制定年度工作要点，与总部各部门和子企业签订责任书，推动各级党组织知责、明责、守责、履责。对子企业全覆盖开展党建工作责任制考核，全面对标国务院国资委党建工作责任制考核标准、程序及要求，将考核结果与子企业领导人员薪酬挂钩。组织子企业党委书记述职，压实全面从严治党责任。开展基层党组织全面从严治党情况调研，累计发放调研问卷 2865 份，99.54%的调研对象认为推动全面从严治党向基层延伸到位。四是全面完成国务院国资委党建责任制考核反馈意见整改。中国电建党委召开常委会，传达 2022 年度党建责任制考核结果反馈意见要求，围绕六个方面 8 项具体问题制定整改方案，对整改事项实行台账式管理，完成一项销号一项，确保全面整改不留死角。截至 2023 年底，历年整改任务均已完成。五是创新实施“双引双建”党建工程。中国电建党委按照启动年、对标年、提升年、巩固年、评估年系统部署、压茬推进以“政治引领、示范引导，建优体系、建强基层”为主要内容的“双引双建”党建工程。召开“双引双建”工作推进会，印发《“双引双建”对标年实施方案》和《工作任务清单》，明确四个方面123项对标内容、191项对照标准，构建“五级四环三维”党建对标体系。表彰领军企业、重点项目、海外特色、智慧党建、党员先锋岗“五个一批”110个党建品牌。定期梳理基层党组织“双引双建”特色亮点，刊发工作简报71期。“双引双建”党建工作得到中组部领导批示肯定和国务院国资委党委高度认可，“双引双建”课题成果荣获中国政研会优秀研究成果、央企党建政研会优秀研究成果一等奖、中国电力政研会优秀研究成果一等奖、央企党校智库立项课题优秀一等奖。六是用好智慧党建系统和党建工作协作区。全面应用智慧党建系统，拓展优化换届管理、考核管理等23个模块功能，推动党建工作模块化、可视化、专业化、扁平化管理，5031个党组织、7万余名党员在线开展党建工作23万余次，实现党建工作在线展示、在线服务、在线学习、在线考核。深化8个党建工作协作区建设，实行组长单位、副组长单位轮值制度，开展理论联学、资源联享、活动联办、队伍联建、发展联促五个方面的重点工作，发挥区域协作共建效能，全年共组织调研19次，开展经验交流36次，分享党建研究成果，推动基层党建共建共享，有力促进了党建工作理念创新、机制创新、方法创新。

2. 党建基层基础工作

（1）结合实际组织实施基层党建“七抓”工程，推动党的组织和工作有效覆盖、选优配强党支部书记、全面提高党员队伍素质、增强党组织活动实效、完善基层党建制度体系、加强党务干部培训、落实人员经费保障等情况。

一是推动党的组织和工作有效覆盖。中国电建党委落实基层党建提质增效“七抓”工程，制定《关于进一步加强基层党建工作的指导意见》《关于加强项目党建工作的指导意见》等制度，明确不同类型党组织设立和开展党建工作的要求。持续推动基层党组织“应建尽建”“应换尽换”，年初印发换届选举工作通知，指导14家子企业党委和总部各党支部按期完成换届工作。二是建强党支部书记队伍。中国电建党委按照“三懂三会三过硬”要求，选优配强基层党支部书记。举办2023年度党务工作者暨基层党支部书记示范培训班，组织基层党支部书记分组开展业务交流结构化研讨、组织生活模拟等实践，在学习中交流经验、探讨工作。三是抓好党员教育培养。中国电建党委高质量开展发展党员工作，举办2023年度总部和在京单位入党积极分子培训班，培训335名。全年发展党员2145名。四是增强党组织活动实效。中国电建党委持续拓展党支部标准化建设三年行动成果，常态化开展党支部标准化建设。切实加强对各级党支部“三会一课”、主题党日、组织生活会等组织生活制度落实情况的日常督导、检查考核，实现基层党建管在日常、严在经常。各级党组织深化“党建+”等特色党建品牌，建立党员突击队2514个，设立党员责任区3830个、党员示范岗9797个，大干实干促改革发展。五是健全完善党建工作制度。中国电建党委制定修订党建制度18项，全部通过党委规范性文件备案审核。各级党组织制定党建工作制度1532项，修订2524项，党建工作制度化、规范化水平持续提升。开展《关于加强境外党建工作的指导意见》《关于加强项目党建工作的指导意见》等制度宣贯培训，指导基层抓好贯彻落实。六是加强教育培训。中国电建党委围绕“深入学习贯彻习近平新时代中国特色社会主义思想”“如何做好一名新时代党务干部”等主题对基层党务工作者开展专题培训，各二级单位党务工作者参加培训。利用线上资源开展党务工作者培训，3740人次参加中组部中国干部网络学院、国务院国资委培训中心等线上培训。各级党组织举办党务工作者培训班1164次，参培5.3万余人次。

（2）加强境外单位、混合所有制企业特别是国有资本参股企业党建工作情况。

一是加强境外单位党建工作。中国电建党委针对境外党建工作面临的新形势新要求，成立境外党建处，提级管理6个海外区域总部党工委，加强对海外党建工作督导指导。配齐海外区域总部党工委书记、委员和纪工委书记，明确职责任务，落实工作责任。召开加强境外党建工作专题会，修订《关于加强境外党建工作的指导意见》，明确“中国电建党委－海外区域总部党工委－国别党工委－境外机构党组织”和“子企业党委－境外机构党组织”的双重管理链条。参与国务院国资委《中央企业“一带一路”相关国家境外党建工作国别报告》编制，完成巴基斯坦、老挝和沙特阿拉伯三个国别报告。创新境外党建工作形式，与使馆、合作单位开展联学联建，深入开展“立足岗位作贡献”活动，经验做法在央企驻外党建培训班受到点名表扬。在应急处突中发挥党组织战斗堡垒作用和党员先锋模范作用，组织苏丹、以色列等13个项目人员撤离。二是加强混合所有制企业党建工作。中国电建党委印发《关于加强和改进混合所有制企业党的建设工作办法（试行）》和《关于混合所有制改革的指导意见》，落实“四同步、四对接”要求，明确在开展混合所有制改革过程中，把建立党的组织、开展党的工作作为必要前提。按照股权比例和控制力大小，将混合所有制企业分为绝对控股、相对控股和参股三种类型，分别明确党组织职责定位、党组织设置、党员队伍建设、党组织工作开展等要求，分类指导党的建设工作。通过党建工作责任制考核，对混合所有制企业党建工作情况进行督导，54家混合所有制企业党组织实现“应建尽建”。

3. 党的干部人才工作

干部选拔任用执行相关制度、标准和程序情况。一是健全完善干部选任制度。认真贯彻落实新时代党的组织路线和国企领导人员“20字”要求，持续加强制度建设，制定修订《中国电建加大推进领导人员考评不胜任退出力度的若干规定》《中国电建子企业领导班子成员任期制和契约化管理办法》《中国电建子企业领导班子和领导人员综合考核评价办法》等6项制度，在领导人员亲属经商办企业行为管理、兼职管理、境外领导岗位和关键岗位人员管理等方面，建立完善常态化工作机制。二是严格执行干部选任程序。严格履行选人用人工作程序，做好动议、考察、任用等各环节工作，全年完成51家子企业领导班子换届考核与调整补充，新提拔及进一步使用干部92人。提级管理海外区域总部领导班子，加大国际业务干部提拔使用力度，全年新提拔任用干部中国际业务干部达到20名，占比27.78%。首次采用全球集中线上笔试、现场+线上面试等方式，开展海外审计中心全级次13个岗位、6大海外区域总部领导班子33个岗位公开招聘，制定总部部门内设机构负责人岗位公开招聘方案，为建设世界一流总部严选人才、广纳英才。全年交流任用干部53人，交流使用力度进一步加大。三是落实选人用人问题整改。深入贯彻落实国务院国资委党委巡视及选人用人专项检查反馈意见，研究制定整改方案，抓好问题整改。截至2023年底，年内应完成整改的40项目标任务全部完成，近3年党建考核指出的3项选人用人问题全部整改。

4. 党的宣传思想工作

（1）推动党委理论学习中心组学习制度化规范化，以及加强对所属企业督促指导情况。

一是提升中心组学习质量。中国电建党委制定《党委中心组2023年重点学习内容安排意见》，开展中心组学习研讨9次，编印自学材料8期共183项内容。印发实施《进一步提高党委理论学习中心组学习质量的意见》，开展中心组学习质量提升专项行动，建立中心组工作模板4套，严格落实学习计划和报告、学习考勤和补课、专题调研和成果共享、学习考核和通报、学习宣传和交流等要求，党委中心组学习制度化规范化水平不断提升。中国电建党委常委结合主题教育开展调查研究，形成《关于当前市场形势下中国电建地产业务如何实现高质量发展》等调研工作报告9篇，党委中心组署名文章荣获国务院国资委优秀理论研究成果，在《求是》《人民日报》《党建研究》《学习时报》等党报党刊发表理论文章10余篇。二是上下联动提升学习实效。中国电建党委中心组发挥领学促学作用，与子企业党委中心组联学2次，党委书记作“深入学习习近平新时代中国特色社会主义思想，大力推动中国电建高质量发展”专题讲话，邀请中央党校朱谐汉教授围绕“中国式现代化与全面推进的战略选择”作专题辅导讲座，3700余名党员干部参加学习。三是加强学习情况督查通报。中国电建党委结合主题教育，以巡听、旁听形式全覆盖督导子企业加强党委中心组集体学习研讨情况，形成了《关于子企业党委理论学习中心组学习情况的通报》，指出共性问题，从学习内容、学习形式、学习组织、学用结合上提出明确要求，进一步提升全级次党委中心组学习质量。2023年，子企业党委共组织中心组集体学习研讨639次，学习内容5357项。

（2）党委每年2次专题研究和推动意识形态工作责任制落实，加强阵地建设和管理情况。

一是严格落实意识形态工作责任制。中国电建党委常委会2次专题学习研究意识形态工作，制定宣传思想工作要点，召开宣传思想文化工作会议，对意识形态工作进行全面部署，年底对意识形态工作进行总结，并上报国务院国资委党委。将意识形态工作纳入党建工作责任制、党风廉政建设责任制、巡视巡察工作，与年度重点工作同部署、同落实、同检查、同考核，层层压实意识形态工作责任。二是加强媒体阵地建设。中国电建党委建立完善四级宣传网络，整合“报、网、微、视”等平台，打造一体多元的融媒体矩阵。全级次管好350余个网络媒体平台。加强和改进公司新闻宣传工作机制，制定《新闻发布审核制度》，加强新闻宣传“三支队伍”建设，注册新闻通讯员、舆情信息员、网络评论员2254人，聘任网络评论员536人，表彰十大优秀网评员。开展“清朗”网络专项行动、网络意识形态阵地安全排查整改落实情况“回头看”工作，确保意识形态和网络意识形态阵地安全。三是做好舆情管控。中国电建党委严格落实《中国电建突发事件舆情处置应急预案》，建立风险评估、舆情监测和舆论引导机制，定期召开新闻通气例会，提高风险隐患预警、预判、预防能力。完善舆情分级分类处置办法，建立7×24h舆情值班制度，实施舆情风险预警提示和三级联动快速处置机制，做到早发现、早预警、早处置。高质量完成国务院国资委部署的各项网评任务。四是健全网络与数据安全制度体系。印发《中国电建数字化管理规定》及10个一级管理办法，加强数字安全管理。落实《中国电建党委网络安全工作责任制实施细则》，持续推进数字安全七大体系建设。参加国家级年度网安实战演习防守行动，完成杭州亚运会、“一带一路”峰会等关键期间网络舆情信息和内容安全保障工作，网络安全防护能力显著提升。

5. 党风廉政建设和反腐败工作

（1）落实党中央、中央纪委国家监委相关部署，以及国务院国资委党委、驻国务院国资委纪检监察组相关工作要求，深化纪检监察体制改革任务以及开展纪检干部队伍教育整顿情况。一是持续深化纪检监察体制改革。全面落实“查办案件以上级为主”要求，重要案件、复杂案情及时向驻国务院国资委纪检监察组请示报告，申请指导、协调资源、协助查询，主动向驻国务院国资委纪检监察组报告工作和重要问题线索及重大案情。加强对子企业纪委书记履职情况的考核评价，考核结果与薪酬直接挂钩。深入推进纪检监察体制改革向三级及以下企业延伸，配齐配强纪检力量，提升履职监督能力，推动监督执纪全覆盖。二是扎实开展教育整顿。上下联动开展教育整顿和主题教育，刀刃向内自查自纠。编制《教育整顿任务分解书》及《工作推进表》，组建 3 个具体工作小组和 5 个督导检查组，建立周报工作机制，倒排工期，挂图作战。开展党的十八大以来涉及纪检干部未办结问题线索大起底，处置纪检干部线索。在《中国纪检监察报》发表署名文章《把严的要求贯穿始终》，在驻国务院国资委纪检监察组教育整顿推进会上交流推广工作经验。三是建强建优纪检干部队伍。开展纪检干部队伍专题调研，组织纪委书记现场述职和年度考核评价。加大纪委书记异地交流力度，2023 年交流、提任 18 名纪委书记，提名考察 17 名纪委副书记、纪检机构正职，干部结构更趋合理。开展纪检干部应知应会学习，选派 10 名纪检干部到中央纪委、驻国务院国资委纪检监察组协助工作，组织 47 名纪检干部到中国纪检监察学院培训，举办 2 期纪委书记、纪检骨干业务培训班，抽调 138 名纪检骨干以干代训，纪检干部能力素质大幅提高。

（2）一体推进“不敢腐、不能腐、不想腐”，深入整治“靠企吃企”问题情况。一是深化“三不腐”一体推进。树立执纪审查“一盘棋”理念，进一步提高办案效率和质量。加大提级办案力度，对非党委管理干部问题线索提级办理。构建涉嫌职务犯罪“统管统办”处置机制，加强与地方监委沟通对接。加强党风廉政建设制度顶层设计，围绕追责问责、作风建设、监督管理、跨境腐败治理等，修订制度 3 项、新建制度 4 项。强化制度执行，坚决纠治打折扣、搞变通、执行不到位的问题，严厉惩治有令不行、有禁不止行为。深刻剖析典型案件违纪违法根源，组织召开 3 次警示教育大会，通报典型案例共 87 起，开展廉洁从业教育和纪律教育 20 余次，召开廉政报告会 1 次。针对案件暴露出的管理漏洞和问题，下发《纪律检查建议书》。组织清查不良行为合作方，将涉及案件的 30 家单位及 50 名自然人纳入“黑名单”。开展受处分人员教育回访，传递组织关怀。探索拓展廉洁文化载体和阵地建设，制作反腐倡廉“微视频”，扩展廉洁从业教育受众面，不断筑牢拒腐防变思想防线。二是加强“四风”问题监督。紧盯重点领域、重点人群和重要节点，开展“四风”监督检查 34 次，对 20 个片区的 80 个国内项目、子企业总部开展明察暗访和重点抽查。强化作风问题专项整治，全面梳理排查乡村建设盲目“造景”行为、“指尖上的形式主义”，开展“总部机关化”问题回头看、总部作风建设提升行动。开展违反中央八项规定精神问题专项治理，严查享乐主义、奢靡之风问题。对 2020 年以来违反中央八项规定精神和“四风”问题线索大起底，印发《中国电建纪委关于贯彻党的二十大部署要求，锲而不舍落实中央八项规定精神、深化纠治“四风”工作的实施办法》，推动作风建设常态化长效化。加强谈话提醒，督导发生重大违纪违法案件单位党委召开专题民主生活会，举一反三、以案明纪。三是持续拓展专项整治成效。深入开展假冒国企、混改“控股不控权”、虚假贸易和民企挂靠国资问题综合整治，开展挂靠经营问题专项复核和追责整改，巩固已有整治成果，推动“老问题”销账清零，“新问题”立行立改。深入推进违规违法获取工程项目问题专项整治，严肃追责查处违规违纪问题。

（3）推动二十届中央巡视及国务院国资委党委巡视整改情况。一是扎实做好巡视迎检准备。中国电建党委以“第一议题”和中心组形式深入学习习近平总书记关于巡视工作的重要论述，成立配合巡视工作领导小组和联络组，制定配合巡视工作方案。组织召开迎接国务院国资委党委第四巡视组巡视中国电建党委工作部署会，对巡视相关会议筹备、个别谈话、调阅资料、组织座谈、下沉了解、服务保障等工作进行周密部署。二是配合巡视工作开展。召开巡视工作动员会，全力支持配合巡视组和巡视选人用人专项检查组工作。认真落实巡视组工作部署，先后完成 4 个专题汇报、9 个专项汇报，组织 11 家在京子企业集中汇报。服务巡视组到 16 家子企业和项目部开展延伸巡视，累计向巡视组提供 8000 余份迎检材料，巡视配合工作得到巡视组高度评价。三是深入推进巡视整改。中国电建党委贯彻落实部分中央企业巡视整改推进会议、国务院国资委党委 2023 年第一轮巡视集中反馈会议、推进中央企业巡视整改专项治理工作专题会议和国务院国资委党委第四巡视组巡视中国电建党委情况反馈会议精神，切实增强中国电建上下做好巡视整改工作的政治自觉、思想自觉和行动自觉。成立巡视整改工作领导小组及办公室，召开 4 次党委常委会和 2 次巡视整改工作领导小组办公室会议，研究制定整改方案，明确 213 项整改措施，建立定期会商、挂账销号等机制。召开巡视反馈意见整改推进会暨专项治理工作部署会，督促指导子企业全部制定巡视整改方案，对国际业务问题、潜亏及风险资产问题开展专项整改，同步开展违反中央八项规定精神问题、金融板块业务风险问题专项治理。截至 2023 年底，213 项整改措施已完成整改 60 项。中国电建纪委坚持标准、规范程序、依规依纪依法处置国务院国资委党委巡视移交问题线索，做到“件件有着落，事事有回音”。

（4）落实《关于中央部委、中央国家机关部门党组（党委）开展巡视工作指导意见（试行）》及国务院国资委党委相关实施办法、《关于加强巡视巡察上下联动的意见》及相关落实举措，对所属单位开展巡视情况。

一是持续完善体制机制。中国电建党委印发《巡视巡察工作要点》，组织实施“强基固本工程”，制定巡视工作领导小组、巡视办、巡视组工作规则，印发规范巡视准备、移交、信访、立行立改等系列工作意见。修订完善巡视工作标准、流程、检查三大体系，修编 11 个模板文件，新增 109 项制度依据。制定《中国电建党委巡视干部人才库管理办法》，巡视组人员选配机制更加完善。召开中国电建巡视巡察工作上下联动推进会，调整并确定 10 家子企业作为 2023 年度上下联动联系点。二是高质量开展巡视工作。中国电建党委全年召开常委会、巡视工作领导小组会 10 次，研究谋划巡视工作，编制巡视工作五年规划，制定全年巡视工作总体方案，听取巡视情况及巡视整改情况报告。组织召开巡视巡察工作会议，党委书记、巡视工作领导小组组长系统部署新一轮巡视巡察全覆盖任务。中国电建巡视经验做法在《中国纪检监察报》刊发。三是切实加强巡视整改及成果运用。中国电建党委组织对十九届中央期间内部巡视整改“回头看”，验收 2022 年整改评估未通过的 6 家子企业再整改情况。向总部 22 个部门移交《问题清单》41 份，加强整改督导。巡视工作领导小组听取第一轮巡视整改落实情况汇报，从严审核巡视整改方案和整改进展情况报告，不合格的退回修订重报。

（郦颂东）

【中电建路桥集团有限公司】中电建路桥集团有限公司（简称电建路桥公司），品牌名称“中国电建路桥”，于 2006 年成立，是世界 500 强企业——中国电建的控股子公司，是中国电建直管的专业化市场平台公司。电建路桥公司注册资本金 90 亿元，资产总额 2400 多亿元，具有公路工程施工总承包特级、公路行业工程设计甲级、市政公用工程施工总承包壹级、建筑工程施工总承包壹级、环保工程专业承包壹级等相关资质。

电建路桥公司主要从事公路、铁路、轨道交通、市政工程、片区综合开发、水务水资源和环境治理、生态环保、绿色建材等领域的投资建设业务，具备为客户提供投资融资、设计规划、施工承包、监理咨询、管理运营的一揽子解决方案和一体化产业链服务能力。目前，电建路桥公司连续五年保持 AAA 主体信用评级，业务遍及国内 28 个省市，合同总额超 7000 亿元。

成立以来，电建路桥公司累计省部级及以上科学技术奖 97 项，省部级及以上工法 103 项，国家专利 1194 项，软件著作权 86 项，参编并发布技术标准 13 项。累计获得国家级荣誉 12 项，省部级荣誉 135 项，集团级荣誉 200 多项。先后荣获“国家科技进步企业”“国家科技创新先进企业”“中国经济绿色环保单位”“全国文明诚信示范单位”“全国建筑业优秀企业”“中央企业五四红旗团委创建单位”“首都文明单位标兵”“中国建设工程鲁班奖”“国家优质工程奖”“全国五一劳动奖章”等荣誉。

“十四五”时期，电建路桥公司聚焦专业市场平台和多元化发展一专多能的发展定位，努力打造以国内一流的基础设施投资商、绿色建材提供商、城市发展服务商、工程建设承包商、生态环境集成商、产业发展营运商为支撑的“六商路桥”，努力将公司建设成为国内一流的城市与基础设施投资建设集团。

【中国电建集团北京勘测设计研究院有限公司】中国电建集团北京勘测设计研究院有限公司（简称中国电建北京院）始建于 1953 年，是中国水利水电行业最早成立的部直属大型勘测设计研究院，现为中国电建的全资子企业，名列中国工程设计企业 60 强。总部设在北京，成立北方、西北、西南、华中、华东、南方六大区域公司，设立内蒙古分公司、山东分公司等近二十家驻外营销机构和郑州履约中心。主要从事水电、水利、工民建、新能源（风电、光伏）、市政、路桥、生态环境及文物保护等领域的规划、测绘、勘察、设计、科研、咨询、监理、环境保护、水土保持、监测、岩土治理、工程总承包及投资等业务。截至 2023 年 12 月底，注册资本金 8 亿元，资产总额 73.29 亿元，正式员工 1419 人，各类注册执业资格证书 400 余个，涵盖 18 个专业。

建院伊始，中国电建北京院便确立了“立足华北、面向全国、放眼世界”的发展定位，并历史性地肩负起了推动中国水利水电建设和行业发展的重任。中国电建北京院承担了建国初期国内主要的水电勘测设计任务，同时，受上级委托管理全国水电勘测设计业务工作，创造了多项水利水电建设全国第一。恢复建院以后，伴随着改革开放和经济社会发展，中国电建北京院励精图治、锐意进取，不断深化体制机制改革，建立和完善现代企业制度，积极推进转型升级，着力提升管理水平和发展质量与效益，取得了令人欣慰的成绩。依托水利水电特别是抽水蓄能领域核心技术优势，大力开展新能源、水利水务、咨询监理、监测检测、文物保护等传统业务，积极拓展城镇综合开发、水资源与环境治理、安全与应急等新兴业务，在多元化发展的道路上不断取得新的突破。依托工程大力开展科技创新，成功解决了一系列关键技术难题，工程业绩与科技成果丰硕。设计建成了安康、大朝山、喜河、天花板、去学、苏洼龙、大华桥、旬阳等常规水电站，以及十三陵、琅琊山、张河湾、西龙池、呼和浩特、丰宁等抽水蓄能电站；完成了包括黄河小浪底引黄、南水北调中线雄安调蓄库、海南天角潭水利枢纽等一大批国家重点工程的勘测设计工作，获得多项国家和省部级奖项，为国家经济建设做出了积极贡献。

历经70年风雨洗礼，特别是近十年的转型发展，中国电建北京院已从昔日业务相对单一的水电设计院蜕变成为聚焦清洁可再生能源（包括水利水电特别是抽水蓄能、新能源）、水资源与环境、城建与交通等行业领域，集规划咨询、勘测设计、工程总承包、投资运营等业务于一体的多元化、跨领域、综合性大型勘测设计科研单位。中国电建北京院现为世界五百强——中国电建的全资子企业，是“中国勘察设计单位综合实力百强”单位、国家高新技术企业和北京市设计创新中心，拥有工程勘察、工程设计、工程监理三项综合甲级资质，以及水利水电工程施工总承包一级等二十余项行业最高等级资质证书，具有为清洁能源和基础设施领域提供一体化解决方案的核心技术能力，连续多年入围“中国工程设计企业60强”和“中国承包商80强”。

【中国电建集团成都勘测设计研究院有限公司】
中国电建集团成都勘测设计研究院有限公司（简称中国电建成都院），其历史可以追溯至1950年成立的燃料工业部西南水力发电工程处。经过70多年发展壮大，在能源电力、水资源与环境、城市建设与基础设施领域，为全球客户提供规划咨询、勘测设计、施工建造、投资运营全产业链一体化综合服务。

中国电建成都院现有2名院士、1名国家卓越工程师、2名国家勘察设计大师、2名国家百千万人才专家、7名全国行业大师、16名四川省勘察设计大师在内的6000余名高素质人才队伍；创有国家能源水能风能研究分中心等5个国家级研发机构，西藏自治区水风光储能源技术创新中心等12个高端科创中心；具有工程设计综合甲级、工程勘察综合类甲级、咨询综合甲级、监理综合甲级（四综甲）与电力、水利水电、市政公用工程施工总承包一级等40余项资质证书；拥有50多项专有技术、170多项国家与行业标准、600多项国家级省部级奖项、1800多项国家专利，一直保持行业领先地位。

中国电建成都院胸怀能源报国使命，完成的水力资源普查任务占全国水能资源54.4%；规划水利水电工程350座，占我国可开发水力资源39%；勘测设计的装机规模约占我国水电装机26%。雅下规划和雅砻江、金沙江、藏东南等川藏地区风光水储多能互补规划，有效服务保障能源安全。建成中国20世纪投产的最大水电站二滩、装机世界第四的溪洛渡、世界第一高拱坝锦屏一级等特大型水电工程，正在建设世界最高坝双江口、世界最大混合式抽水蓄能两河口电站；投资或建设世界海拔最高风电场西藏措美、世界最大水光互补柯拉电站，争做“双碳”目标的忠实推动者。

中国电建成都院坚定全球发展战略，承担多国可再生能源规划和水电规划，设计了科特迪瓦最大水电站苏布雷、世界最大钢岔管群项目巴基斯坦塔贝拉，EPC建设南亚最大污水处理项目孟加拉国达舍尔甘地、中亚最大风电场哈萨克斯坦扎纳塔斯、波黑最大风电项目伊沃维克、新加坡跨岛地铁，让中国技术和方案更好地服务“一带一路”建设。

2023年，中国电建成都院位列中国工程设计企业60强第16位、中国承包商80强第69位。获得各类科技奖93项，猴子岩、长河坝水电站获堆石坝国际里程碑工程奖，“双护盾TBM隧道安全高效建造关键技术”获中国岩石力学与工程学会科学技术特等奖，电建西部科创中心项目获国际绿色建筑认证系统最高奖——美国LEED铂金奖，“一带一路”成都国际铁路港进出口商品展示交易中心项目获缪斯设计奖铂金奖，武侯潮音水岸项目获国际风景园林师联合会亚太区公园与开放空间卓越奖。

【中国电建集团华东勘测设计研究院有限公司】
中国电建集团华东勘测设计研究院有限公司（简称中国电建华东院）1954年在上海建院，1978年在杭州恢复重建，2014年6月成为中国电建直属全资子公司。注册地点位于浙江省杭州市潮王路22号。作为国家高新技术企业、国家大型综合性甲级勘测设计研究单位，中国电建华东院多年来名列中国工程设计企业20强、中国承包商80强、中国勘察设计综合实力百强单位，是国家级工业化与信息化“两化”深度融合示范单位。2017年荣获第五届全国文明单位称号，2019年荣获全国五一劳动奖状。

中国电建华东院持有“三综一甲”，即工程设计综合甲级资质、工程勘察综合甲级资质、工程咨询甲级综合资信和城乡规划编制单位甲级资质等工程建设领域国家最高等级的资质资信，资质范围覆盖工程设计的全部21个行业。业务范围包括水电与新能源、城乡建设、生态与环境等领域，努力打造具有工程全过程智慧化服务能力的一流国际工程公司，业绩覆盖70多个国家和地区。

2023 年，中国电建华东院在职员工 5400 余人，新获国家优质工程奖 10 项，菲迪克卓越工程项目奖 1 项，入选国资委十项国有企业数字技术成果 1 项；新获省部级及以上优秀成果奖 217 项；新获授权发明专利 237 项，软件著作权 737 项；入选国家卓越工程师 1 人、全国创新争先奖 1 人、“长江学者奖励计划”校企联聘学者 1 人。

【中国电建集团山东电力建设第一工程有限公司】 中国电建集团山东电力建设第一工程有限公司（简称山东电建一公司）始建于 1952 年，前身是电力部上海基本建设局第 22 工程处，1956 年落户山东。2011 年划归中国电力建设集团（股份）有限公司管理，2017 年 12 月完成公司制改建，是中国电建全资 A 级子公司。山东电建一公司注册资本金 16.08 亿元，注册地为山东省济南市高新区汉峪金融商务中心二区 6 号楼。

2023 年，山东电建一公司完工项目 194 个，投产发电容量 9757.67MW，架设输电线路总长度 755.96km，基础设施建筑面积 27.57 万 m^2，市政道路 30.18km，设备制造 53 台（套）。承建的哈尔滨市玉泉固体废物综合处理园区垃圾焚烧发电项目获“鲁班奖”，华能瑞金电厂二期 2×1000MW 超超临界机组扩建工程、大唐东营 2×1000MW 新建工程获国家优质工程金奖，华能山东半岛南 4 号海上风电项目、巴西美丽山特高压直流输电二期项目荣获国家优质工程奖。

山东电建一公司获评国资委“科改行动”2022 年度“科改企业”专项考核“标杆”企业、中国电建 2022 年度国企改革三年行动重点任务考核“A”级。山东电建一公司获批 2 个省工程研究中心、3 家省级“专精特新”企业，2 项成果获全球零碳城市创新典范铂金奖，获得省部级工法 21 项，获中电建协 QC 成果特等奖 1 项，获中电联电力科技创新一等奖 1 项，获行业及以上科技进步奖 22 项，授权专利突破 1000 项。山东电建一公司荣获“工程建设质量管理先进组织”“国家知识产权示范企业”和“山东省技术创新示范企业”。山东电建一公司实现中国电建党建责任制考核、党风廉政建设和反腐败工作责任制考核“三连优”，继续保持全国文明单位和省级文明单位称号。

【中国电建集团中南勘测设计研究院有限公司】 中国电建集团中南勘测设计研究院有限公司（简称中国电建中南院）始建于 1949 年 5 月 20 日，1953 年起隶属燃料工业部，1958 年起隶属水利电力部，1982 年起隶属水利部、电力工业部，1989 年起隶属能源部、水利部，1995 年起隶属电力工业部，1998 年起隶属国家电力公司，2003 年起隶属水电顾问集团，2014 年起隶属中国电建。经过 75 年的发展，中南院以能源电力、水资源与环境、城乡建设为三大主业，以绿色砂石、土壤治理、地下工程等为特色优势业务，致力于国内、国际两大市场，具备工程数字化设计和数字平台研发核心能力，面向智慧工程和智慧城市，可提供规划、勘察、设计、建造、投资、运营全生命周期的数字化服务。

中国电建中南院是全国首批取得设计综合甲级资质的 14 家单位之一，拥有勘察、设计、咨询、监理“四综甲”资信资质，连续 5 次被认定为国家高新技术企业，先后培养了 2 位中国工程院院士，现有享受国务院政府特殊津贴专家 10 人，百千万人才工程国家级人选 2 人，全国工程勘察设计大师 1 人，湖南省工程勘察设计大师 2 人，电力勘测设计大师 6 人。拥有 4 个国家级研发机构、11 个高端创新科研中心，150 多项国家与行业标准、720 多项国家级省部级奖项、1200 余项国家专利技术。2023 年，位列 ENR 工程设计 60 强第 19 位，中国承包商 80 强第 66 位，全国勘察设计企业工程项目管理营业额排名第 10 位，工程总承包营业额排名第 22 位，获全国工程勘察设计行业综合实力百强，规划咨询行业综合实力 50 强，全过程工程咨询 BIM 咨询公司综合实力 50 强。

【中国电建集团河南工程有限公司】 中国电建集团河南工程有限公司（简称河南工程公司）始建于 1949 年 7 月，是新中国最早的电力安装队伍，现为世界 500 强企业中国电力建设集团有限公司的全资子公司，注册资本金 8.7 亿元。

河南工程公司具备电力工程施工总承包特级、房屋建筑施工总承包壹级等 6 个总承包资质，输变电工程专业承包壹级、防水防腐保温工程专业承包壹级等 7 个专业承包资质，以及工程设计电力行业甲级、发电厂热力设备化学清洗 A 级、对外承包工程经营资格证书等多项资质。业务范围覆盖电源、电网、新能源、地热、基础设施、职教、商贸等广泛领域，形成了集项目投融资、设计、建筑、安装、调试、运营维护为一体的全产业链体系。

河南工程公司火电装机总容量已超 80000MW，先后承建百万级火电机组 12 台，架设输电线路 11000km 左右，投产变电站 690 余座，风电装机总容量近 10000MW，光伏发电装机容量逾 3000MW，业务遍布全国 30 余个省、市、自治区和中亚、东南亚、非洲等海外区域。承建工程先后荣获中国建设工程鲁班奖 13 项、国家优质工程金质奖 2 项、国家优质工程奖 21 项、中国电力优质工程奖 46 项。

【中国水利水电第三工程局有限公司】 中国水利水电第三工程局有限公司（简称中国水电三局），组建于 20 世纪 50 年代，是世界 500 强企业——中国电力建设集团（股份）有限公司的骨干成员企业。中国水电三局聚焦“水、能、城、数”，具有前期咨询、勘察设计、投资融资、施工建造、装备制造、运营管理全产业链一体化集成服务能力，是行业领先的土木工程、城市建设、装配制造及专业工程综合服务商。

中国水电三局组建六十余年以来，秉承“自强不息、勇于超越”的企业精神，贯彻执行国家各个阶段大力发展基础设施建设，改变我国基础设施落后面貌，改善人民的生活条件、生存环境，带动国民经济的可持续发展的政策，在各施工领域均取得良好业绩，业务遍布全球十几个国家和地区。

中国水电三局现有员工 7800 余人，各类专业技术和管理人员 4000 余人。注册资本 17.68 亿元，资产总额超 198.05 亿元。设有 1 个国家博士后科研工作站和 1 个西安市博士后创新基地。

中国水电三局具有水利水电工程施工总承包特级，建筑工程、市政公用工程、电力工程、机电工程、矿山工程等施工总承包一级资质，钢结构、建筑装修装饰、建筑机电安装、环保、消防设施、电子与智能化、地基基础、起重设备安装、城市及道路照明、建筑幕墙、古建筑、桥梁、隧道、输变电、防水防腐保温、特种工程等 16 项专业承包一级资质。具有工程设计水利行业甲级、对外承包工程资格等 40 余项资质，连续多年被评为“国家高新技术企业”。

中国水电三局先后参建长江三峡工程、黄河小浪底、公伯峡、澜沧江小湾水电站、向家坝水电站等百余座大中型水利水电工程，参建丰宁抽水蓄能电站、呼和浩特抽水蓄能电站、中老铁路、几内亚苏阿皮蒂水利枢纽工程、阿尔及利亚 233MW 光伏电站工程等多项国内外重点工程。获得了包括“中国建筑工程鲁班奖”“国家优质工程金奖”“国际里程碑奖”“新中国成立六十周年百项经典暨精品工程”“中国电力优质工程”“中国水利工程优质（大禹）奖”“中国钢结构金奖”等国家级以及省部级优质工程荣誉 140 余项。

中国水电三局累计开展科研项目 547 项，鉴定验收科技成果 306 项，12 项“国际领先”水平；荣获省部级科技进步奖 167 项，特等奖 12 项，一等奖 31 项，二等奖 72 项；获省部级工法 178 项，授权专利 931 项（发明专利 102 项）；编制国家或行业标准 109 项，65 项发布实施。

【中国水利水电第四工程局有限公司】中国水利水电第四工程局有限公司（简称中国水电四局）成立于 1958 年 10 月 18 日，原名为刘家峡水力发电工程局，1958 年起隶属水利电力部，1979 年起隶属电力工业部，1982 年起隶属水利电力部，1988 年起隶属国家能源部，1997 年起隶属国家电力公司，2002 年起隶属中国水电集团，2011 年起隶属中国电建。经过 60 多年的改革发展，中国水电四局已成为集建设施工、勘察设计、制造安装、运营管理、投融资等为一体的综合性大型中央企业。

中国水电四局是国家高新技术企业，拥有水利水电施工总承包特级，先后承建和参建了刘家峡、龙羊峡、三峡、公伯峡、拉西瓦、白鹤滩等重点水利水电工程 200 余项，总装机容量近 5000 万 kW，始终引领着筑坝和机电安装的方向，是世界最大单机 100 万 kW 水轮发电机组安装纪录的创造者，也是“中国水电”攀上世界巅峰的主要贡献者。

中国水电四局坚持多元化发展战略，积极走出国门，业务遍及海外十余个国家（地区），参与铸就了南水北调、长江三峡、白鹤滩水电站、京沪高铁等大国重器，参与了全国数十项高铁工程、20 多项地铁工程、40 余项公路工程、40 余条河道治理工程、20 余座抽水蓄能电站工程等建设任务，为业主和社会交付了一系列精品工程。在装备制造领域，40 余个生产制造基地遍布大江南北，钢结构年产能达 100 余万吨，已成为西部地区规模最大、拥有钢结构特级资质的专业风电塔筒制造企业。

中国水电四局大力实施科技创新，打造新质生产力，形成了以“水工混凝土筑坝、大型水轮机组安装调试、大型设备制造、大型输水渡槽制作、高陡边坡基础开挖、设计试验测绘、大型缆机安拆运行”等为支撑的核心技术体系，拥有国家专利 1600 余件、省部级工法 500 余项，部分关键核心技术达到国际领先和先进水平，主持和参与国家、行业标准编写 30 余部。承建参建的众多工程捧得“鲁班奖”“詹天佑奖”“国家优质工程金奖”“菲迪克奖”“国际里程碑奖”“大禹奖”等重要奖项。三峡工程获得“国家科技进步奖特等奖”，大型水轮发电机组安装与调试团队荣获“国家卓越工程师团队”称号。企业荣获“全国质量效益型先进施工企业”“中国建筑业竞争力百强企业”“全国五一劳动奖状”“中华人民共和国成立 70 周年工程建设行业功勋企业”“全国和谐劳动关系创建示范企业”等诸多殊荣，六度蝉联全国文明单位。

中国能源建设集团有限公司

【公司概况】中国能源建设集团有限公司（简称中国能建）成立于 2011 年 9 月 29 日，是经国务院批准、由国务院国资委直接管理的以创新为引领的科技型、能源型、基建型、融合发展型企业。2014 年 12 月 19 日，中国能建与全资子公司电力规划总院有限公司共同发起设立了中国能源建设股份有限公司（中国能建持股 99.53%）；2015 年 12 月 10 日，中国能源建设股份有限公司首次公开发行 H 股在香港联合交易所有限公司主板挂牌上市（股票代号：3996.HK），2021 年 9 月 28 日，在上海证券交易所主板挂牌上市(股票代码：601868.SH)。

中国能建是为中国乃至全球能源电力、基础设施等行业提供系统性、一体化、全周期、一揽子发展方案和服务的综合性特大型集团公司，主营业务涵盖传统能源、新能源及综合智慧能源、水利、生态环保、综合交通、市政、房建、房地产（新型城镇化）、建材（水泥、沙石骨料等）、民爆、装备制造、资本（金融）等领域，具有集规划咨询、评估评审、勘察设计、工程建设及管理、运行维护和投资运营、技术服务、装备制造、建筑材料为一体的完整产业链。中国能建连续 10 年进入世界 500 强，在 ENR 全球工程设计公司 150 强、国际工程设计公司 225 强、全球承包商 250 强和国际承包商 250 强排名中位居前列，在 90 多个国家和地区设立了 200 多个境外分支机构，业务遍布世界 140 多个国家和地区。

中国能建依靠领先的技术水平和卓越的创新能力，服务国家战略、引领行业发展。截至 2023 年底，中国能建拥有 4 个院士专家工作站、14 个博士后科研工作站、6 个国家级和 65 个省级研究机构、142 家高新技术企业；取得国家科技进步奖 48 项，重大科技成果 2700 余项，有效专利 13177 项，制定和修订国家标准和行业标准 1500 余项。中国能建作为能源电力和基础设施建设领域的主力军和排头兵，先后承建了三峡工程、南水北调、西气东输、西电东送、三代核电等一系列关系国计民生的重大工程，铸造了乌东德、白鹤滩、“华龙一号”等一批享誉全球的大国重器，在大规模风光储输工程、特高压多端混合直流工程、高海拔输变电工程、1240MW 高效超超临界燃煤发电工程等领域创造了卓著业绩，并在海外打造了一批具有能建特色的中国坝、中国电、中国网、中国城、中国路、中国桥，将先进成熟的中国技术、中国装备、中国质量、中国管理、中国运营服务源源不断地呈现给世界人民。

【领导班子】

1. 中国能源建设集团有限公司

党委书记、董事长：宋海良

党委副书记、工会主席：马明伟

党委常委、纪委书记：李子勇

党委常委、首席信息官：吴云

党委常委：李丽娜

2. 中国能源建设股份有限公司

党委书记、董事长：宋海良

党委副书记、董事、工会主席：马明伟

党委常委、纪委书记：李子勇

党委常委、副总经理、首席信息官：吴云

党委常委、总会计师：李丽娜

【组织机构】中国能源建设集团有限公司设有 5 个职能部门，包括办公室、人力资源部、财务与产权部、党群工作部、党委巡视办；3 个纪委机构，包括纪委综合案管室、纪委执纪审查室、纪委监督审理室。

中国能源建设股份有限公司设有 9 个职能部门，包括办公室（党委办公室、董事会办公室）、战略与运控部、人力资源部（党委组织部、党校、人才发展院）、财务与产权部、QHSE 部（安全监察部、质量环保部）、法务与合规部（法律中心）、审计部（监事会办公室、审计中心）、党群工作部（党委宣传部、党委统战部、群团办公室、机关党委、国企党建研究院）、党委巡视办公室；3 个纪委机构，包括纪委综合案管室、纪委执纪审查室、纪委监督审理室；6 个事业部包括市场开发事业部（军民融合办公室）、生产与项目管理事业部（集中采购中心、工程项目巡检中心）、科技信息装备事业部（总工办）、投资与产业事业部（房地产事业部）、资本与金融事业部（司库管理中心）、电建企业管理事业部；2 个直属机构，包括培训中心、新闻中心（融媒体中心）。

按照管理层级划分：中国能源建设集团有限公司、中国能源建设股份有限公司属于一级企业，分公司共 3 家，分别为中国能源建设集团工程研究院、中国能源建设股份有限公司广西分公司、中国能源建设股份有限公司总承包分公司。直管企业共 42 家，具体为中国葛洲坝集团有限公司（中国葛洲坝集团股份有限公司）、中国电力工程顾问集团有限公司（中国能源建设集团规划设计有限公司）、电力规划总院有限公司（电力规划设计总院）、中能建国际建设集团有限公司、中国能建集团装备有限公司、中国能源建设集团北方建设投资有限公司、中国能源建设集团华东建设投资有限公司、中国能源建设集团南方建设投资有限公司、中国能源建设集团西北建设投资有限公司、中能建西南投资有限公司、中能建华中投资有限公司、中国能源建设集团投资有限公司、中能建数字科技集团有限公司、中国能源建设集团资产管理有限公司、中国能源建设集团财务有限公司、中国能建建设集团融资租赁有限公司、中能建基金管理有限公司、北京能建国化商业保理有限公司、中能建绿色建材有限公司、中能建氢能源有限公司、中能建装配式建筑产业发展有限公司、易普力股份有限公司、中能建城市投资发展有限公司、中国能源建设集团香港有限公司、中国能源建设香港有限公司、中能建（海南）有限公司、中国葛洲坝集团第三工程有限公司、中国能源建设集团黑龙江能源建设有限公司、中国能源建设集团东北电力第一工程有限公司、中国能源建设集团东北电力第二工程有限公司、中国能源建设集团东北电力第三工程有限公司、中国能源建设集团天津电力建设有限公司、中国能源建设集团山西电力建设有限公司、中国能源建设集团江苏省电力建设第一工程有限公司、中国能源建设集团江苏省电力建设第三工程有限公司、中国能源建设集团浙江火电建设有限公司、中能建建筑集团有限公司、中国能源建设集团安徽电力建设第二工程有限公司、中国能源建设集团湖南火电建设有限公司、中国能源建设集团广东火电工程有限公司、中国能源建设集团西北电力建设工程有限公司、中国能源建设集团西北电力建设甘肃工程有限公司。

【企业战略及体制改革】

1. 发展战略

中国能建大力实施“1466”战略、全面加快创新驱动、绿色低碳、数字智慧、共享融合“四大转型”，系统打造新能源、新基建、新产业、新材料“四新”能建平台。

“1”个愿景：行业领先、世界一流。

“4”个前列：在践行国家战略上走在前列；在推动能源革命上走在前列；在推动高质量发展上走在前列；在建设美好生活上走在前列。

“6”个一流：一流的能源一体化方案解决商；一流的工程总承包商；一流的基础设施投资商；一流的生态环境综合治理商；一流的城市综合开发运营商；一流的建材、工业产品和装备提供商。

“6”个突破性进展：在推动能源革命和能源转型发展上取得突破性进展；在加快高质量发展上取得突破性进展；在深化系统改革上取得突破性进展；在全面加强科学管理上取得突破性进展；在全面提升企业核心竞争力与组织力上取得突破性进展；在加强党的全面领导和党的建设上取得突破性进展。

2. 2023 年战略重组

推进电建企业产权调整工作。2023 年将广西水电集团产权由南方建投调整至投资公司。开展 20 户电建企业产权调整研究，对 4 家建投公司和个别电建企业进行访谈，统筹考虑发挥已有“防火墙”作用防范股份公司连带风险、组建“三新”投资公司及有效利用南方建投资质等事项，“分类施策、因企施策”对电建企业产权调整进行了研究，编制完成电建企业产权调整工作建议方案。

研究电规总院和北京电建产权调整方案。2023 年指导电规总院完成并入股份公司路径和税务筹划方案的系统研究，指导葛洲坝集团完成并购北京电建实施方案的编制，组织相关部门统筹研究提出意见建议，经会议决策后进行批复。

完成中能装备和装备板块重组整合。2023 年指导中能装备完成对 8 家所属企业的注资、账务调整、人员清查等工作，指导中能装备和资产管理公司完成结算协议、股权转让协议的签订。组织召开中国能建所属部分装备企业划转移交工作会，完成 8 家企业管理关系移交，并对资产管理公司全面接管 8 家企业后的相关工作进行了安排部署。至此，中国能建《布局优化调整和组织结构重组整合总体方案》中明确的中能装备和装备板块重组整合工作已全面完成，有效推动中能装备退出低端低效业务，做强做优主责主业。

积极支持易普力公司上市后加快改革发展。2023 年在易普力公司分拆上市后，积极支持、协调、处理南岭民爆公司更名、注册地搬迁、商标注册等各项工作，为重组上市后易普力公司树立品牌、提升能力、开拓经营、深化改革提供了有力支撑。

3. 体制改革情况

推动世界一流企业建设。

（1）系统科学谋划加快建设世界一流企业的“能建方案”。组织工作专班，谋划了以“1466”战略和“12345678”卓越企业管理模型为引领，以“八力八路建设”为关键路径的任务举措框架，编制完成中国能建《加快建设世界一流企业实施方案》，在国资委改革局整体评估中取得 96 分的好成绩。

（2）推进对标世界一流企业价值创造行动。加强顶层设计，提炼价值创造理念，建立企业、业务、职能“三维”对标格局，推动核心指标、核心功能、核心竞争力、以核心价值观为内核的价值创造理念文化跃升一流，编制完成中国能建《对标世界一流企业价值创造行动实施方案》。

（3）推进中国能建世界一流企业建设系列工作。召开加快建设世界一流企业推进会，部署推进全集团世界一流建设工作。组织开展国家发改委世界一流企业建设国家培育库入库申报，中电工程等 9 家子企业编制完成入库专精特新企业申请。发布《一图读懂加快建设世界一流新能建新蓝图》，编制《中国能建基于“八力”模型打造世界一流“三新”平台的创新与实践》，获 2023 年中国企业改革发展优秀成果一等奖。电规总院、数科集团入选世界一流专业领军示范企业名录。

推进改革深化提升。

（1）开展改革三年行动。全面系统梳理总结中国能建改革三年行动实施情况，召开改革工作“保 A”专题部署会，按照突出改革发展综合成效、突出改革攻坚“五大导向”、突出改革争先示范引领的原则，组织完成对纳入中国能建经营业绩考核范围的 76 家所属企业改革三年行动总体完成情况考核。

（2）谋划新一轮国企改革。全方位部署 2023 年改革工作，明确改革主题主线坚持“一纲三核一巩固”，改革导向坚持“五大导向”，改革重点坚持“五个有机结合”，改革路径坚持增强“五性”，明确了在“四个一系列”“四个进一步”“三大改革高地、三个明显成效”等方面取得有能建辨识度、有能建影响力的成绩目标。编制完成中国能建《改革深化提升行动实施方案（2023—2025 年）》和工作台账，获得了国资委改革办积极评价和高度认可，一次性通过审核。

（3）推动改革深化提升行动协同穿透。强化所属企业加快建设世界一流企业、价值创造行动等与改革深化提升行动相衔接。组织相关企业对照公司改革深化提升行动实施方案，以及所承担的改革创新任务，研究提出对加大改革创新力度的差异化支持政策诉求。在中国企业改革与发展研究会 2023 年度中央企业改革发展优秀成果评选中，获得 1 个一等奖、1 个二等奖、4 个三等奖。

做好适应性组织建设“后半篇文章”。

（1）组织开展 5 家新设（重组）平台公司运行情况评估。由企业设立、功能定位、规划目标、重点举措、发展势头等 5 个方面制定评估体系，对标最强最优找差距。

（2）对六大区域总部进行全面调研。全面了解掌握六大区域总部工作开展情况及存在的问题。学习借鉴中交集团、中国电建、中国铁建等企业区域总部相关经验做法，明晰区域总部与股份公司、子集团区域总部、属地企业、区域投资平台之间的管理关系、经济关系、经营关系。

（3）组织开展所属企业适应性组织建设。完成所属企业本部部门设置和人员编制的调研。中国能建和北方建投合资设立了重庆投资公司，将东电一全资子公司广东东北核电建设有限公司搬迁至河南郑州。

抓细抓实改革试点和改革专项。召开改革工作督导会，中国能建所属湖南院和安徽电建二公司 2 户“双百企业”在 2022 年度专项考核中均获评标杆，“科改企业”中东北院获评优秀。下发指导意见，指导 11 户“科改企业”“双百企业”按照完成综合改革方案的编制（修订）与备案，并付诸实施。

继续以推进供给侧结构性改革为主线，消化处理历史遗留问题。持续开展组织机构管理和企业“压减”工作，按照中国能建《法人单位及分支机构管理办法》，组织所属企业对应予注销的“十二类企业”进行全面核查，按照应压尽压的原则，全年完成 44 户存量法人企业的压减工作。指导各企业加快推进 55 户“吊销未注销”企业的清理工作，完成 30 户企业的注销工作。

【人力资源】2023 年末，中国能建员工总数 119182 人，在岗职工 110469 人，不在岗职工 8713 人，劳务派遣人员 5238 人。管理人员 39012 人、工程技术人员 47785 人、技能操作人员 20757 人；博士研究生 643 人，占比 0.54%；硕士研究生 16719 人，占比 14%；大学本科 52891 人，占比 44.38%。正高级职称 3085 人，副高级职称 18030 人；高级技师 2404 人，技师 6716 人。员工年龄结构情况，55 岁及以上 12186 人，占比 10.22%；51～54 岁 16181 人，占比 13.58%；41～50 岁 32108 人，占比 26.94%；36 至 40 岁 15649 人，占比 13.13%；35 岁及以下 43058 人，占比 36.13%。

2023 年末，享受国务院政府特殊津贴专家 35 位，全国工程勘察设计大师 7 位，全国核工业工程勘察设计大师 2 人，新世纪百千万人才工程国家级人选 5 位，国家级突出贡献中青年专家 2 位，全国技术能手 24 位；各类国家注册执业资格人才 20880 人。

【安全生产】2023 年，中国能建上下以“1466”战略和《若干意见》为统领，锚定“三零目标”，牢牢把握“十二个到位”，扎实推进“两大建设”。全年没有发生较大及以上生产安全事故，一般生产安全事故大幅降低，质量强企稳步推进，环保指标可控在控。

（1）统筹开展重大事故隐患排查整治、安全管理强化年和建筑施工质量风险自查整治“三大行动”。深入贯彻习近平总书记关于安全生产、质量工作重要论述和生态文明思想，认真落实国务院安委会、国资委等上级部署安排，将“三大行动”与“两大建设”融合贯通、一体推进；公司领导、其他高管带队开展安全督导检查 19 次，以上率下推动“八项任务”“六个强化”落实落地，全集团整治重大事故隐患 270 项、质量风险隐患 1.3 万余项。

（2）扎实抓好体系建设和应急救援“两大任务”。总部“零不符合项”通过“三标体系认证”，全集团按照体系标准推进 QHSE 制度升版更新，大力开展工程项目安全管理标准建设专项攻坚；积极参与京津冀特大暴雨、甘肃地震等重大社会抢险救援，出动人力 2.3 余人次、装备 8000 台（套）次，转移安置 7600 余名群众。中电工程、投资公司、数科集团等紧扣“组织、制度、责任”三条主线，加强投资运营项目 QHSE 管理体系建设；葛洲坝集团、葛洲坝三公司、中能建建筑集团等 8 家单位支援北京门头沟河道清理行动获得党中央、国务院和国资委充分肯定。

（3）大力推进“十带头”践行落地和督查问效“两大重点”。有感领导进一步彰显，2700 余名企业、项目负责人带头开展“十带头”践行情况检视，1.4 万余名企业、项目负责人带头讲安全公开课；深化督察问效，组织对 3 家企业开展安全生产履职督察，紧盯“新、偏、小”及重大项目开展 29 次督查巡查，倒查问责 1580 余人。葛洲坝机电公司、江苏院、浙江火电等创新建立“一把手安全巡查直播”“四查联动”及安全检查绩效排名奖惩等机制，提高监督检查质效。

（4）严格落实警示督办和专项整治“两大举措”。层层实行“TOP3”清单管控，全年风险警示通报 52 次，督办较大及以上风险 3402 项，极端天气预警 207 次；开展重点领域专项整治 15 项，加强全国“两会”、亚运会等重要时段盯防管控，累计排查治理问题隐患13.9万条。西北院、易普力公司、天津电建推行危险作业风险清单、职责清单、操作卡和应急卡“两单两卡”，提高基层一线风险识别管控能力。

（5）持续开展素质能力和品牌形象“两大提升”。开展企业分管负责人和“铁三角”部门负责人QHSE专题培训，推行专职QHSE监管人员全覆盖岗位能力评估；全国安全、质量知识竞赛分别位列央企第12位、第15位，全年获国家级优质工程奖26项、省部级质量奖612项，同比分别增加5、8项。国际工程公司境外项目QHSE管理人员国际化率达96%，广东院获得中国质量奖提名奖，江苏院、南京线材公司2家单位获得国际ICQCC金奖，北京设备公司、葛洲坝水泥公司等4家单位获评国家级绿色工厂。

【经营管理】2023年，中国能建完成新签合同额同比增长22.4%，实现营业收入同比增长10.6%，实现利润总额同比增长6.2%，实现净利润同比增长12.8%，公司综合实力、美誉度、影响力和品牌价值大幅提高，在《财富》世界500强排名跃升至256位，所属股份公司在全球工程设计公司150强、全球工程承包商250强、国际工程承包商250强、国际工程设计公司225强分别位列第2、10、17、20位。

【科技创新】2023年，中国能建认真落实国务院国资委对中央企业科技创新的要求，围绕新能源、储能、氢能等战略性新兴产业和未来产业精心布局，加快创新驱动转型、绿色低碳转型、数字智慧转型、共享融合转型“四大转型”，大力开展关键核心技术攻关，全力打造原创技术策源地和现代产业链链长，取得了一系列积极进展。

1. 关键核心技术攻关

（1）国资委“1025专项”二期攻关取得重大标志性成果。国内首创的“大规模新能源并网柔性功率调节装置”完成产品研发，形成2MW样机并通过试验验证；“卡脖子”技术“汽轮发电机基座隔振器”完成关键力学测试，形成初步设计方案；“300MW压缩空气储能用透平膨胀机”完成技术方案设计和核心零部件开发。牵头承担2项国资委未来产业攻关任务。牵头承担国资委未来产业/地下空间领域人工硐室压缩空气储能技术、盐穴压缩空气储能技术2项重点技术攻关任务，制定了《培育发展未来产业实施方案》。

（2）关键核心技术攻关取得重要成果。4项装备入选能源领域首台（套）重大技术装备，包括“300MW级压缩空气储能系统”“基于熔盐的煤电抽汽蓄能系统”等2项主导装备，“兆瓦级质子交换膜制氢及发电系统”“10kV三相同轴超导电缆系统”等2项参与装备。牵头的“300MW压缩空气蓄能系统压缩机和膨胀机”入选能源局2023年度能源行业十大科技创新成果。“适用于大规模波动电源的碱性电解水制氢电解槽”，1500m^3/h（标况）电解槽产品首台样机已下线，1000m^3/h（标况）电解槽产品已投运，国内首座8MW级电解水制氢设备稳暂态试验检测平台已建成，“电子废弃物超导磁分选分离技术”研究已完成5T超导磁体低温高精度装配和超导磁分选系统集成。

2. 国家级平台和项目

（1）国家级创新平台创建实现重大突破。参建的“国家建筑绿色低碳技术创新中心”获得科技部批复，这是中国“双碳”领域首个国家技术创新中心。牵头的“新型电力系统规划设计技术研发中心”获批国家能源局“十四五”第一批“赛马争先”创新平台。

（2）牵头承担国家重点研发计划项目。牵头申报的“新型高空风力发电关键技术及装备”国家重点研发计划成功获批，并获得财政资助经费2000万元。参加的“碳中和与能源智联”国家重点研发计划项目启动。

（3）打造新型储能原创技术策源地取得重大进展。围绕压缩空气储能、重力储能、电化学储能等，全面推进原创技术策源工作，已形成“中国能建300MW压缩空气储能系统解决方案”等系列重大成果。编制完成《打造新型储能现代产业链链长行动方案》，通过了国资委规划局组织的第三方评审。参加国资委深部地下空间、可控核聚变、新型储能、先进电力装备、BIM软件等5个央企创新联合体，并承担相关研发任务。

（4）获批4项新型储能试点示范项目。在国家能源局2023年“新型储能试点示范项目”评选中，湖北应城300MW盐穴压缩空气储能、甘肃酒泉300MW人工硐室压缩空气储能、青海乌兰200MW压缩空气储能、河北张家口300MWh重力储能4个项目入选。

3. 科技成果转化

2023年7月31日，中国能建研投建营数一体化实施的甘肃酒泉300MW人工硐室压缩空气储能示范项目开工建设。2023年9月26日，吉林松原绿色氢氨醇一体化示范项目正式开工。2023年12月1日，湖北应城300MW压缩空气储能电站重大示范工程厂用系统受电一次成功，标志着该工程全面进入调试阶段。

4. 协同创新

（1）产学研合作。参与怀柔国家实验室新型煤电重大科技专项，围绕提高燃煤发电机组灵活性开展联合攻关。与西安交通大学国家储能平台合作成立“储能技术研究院”，与北京工业大学国家重点实验室联合成立“储热联合研究中心”，与中国科学院武汉岩土所联合成立“湖北省深地储能技术创新中心”，与清华大学联合成立新能源关键直流装备联合研究中心，共同推进储能、高端电力装备等的技术研发。2023 年，共计开展了 50 余项产学研科技项目。

（2）"揭榜挂帅"。建立了重大科技项目"揭榜挂帅"立项机制，近三年围绕"30·60"系统解决方案"一个中心"和综合储能、一体化氢能"两个支撑点"，开展 65 项重大科技攻关，取得了一批重大成果。

（3）产业链协同创新。2023 年，储能联盟召开了中国新型储能高质量发展大会、新型储能市场化发展专题研讨会、联盟无锡行等系列高端活动，发布了《电力系统新型储能技术》《新型储能产业观察与评论》等专著和刊物。发起成立了中国公路学会交通与能源融合发展工作委员会，发布了高速公路交能融合标准体系。

5. 科技奖项

2023 年，中国能建共获得专利授权 2085 项，其中发明专利 419 项，发明专利同比增长 25%；累计拥有有效专利 13177 项，其中发明专利 2314 项；全年获得软件著作权 319 项，编制并发布国际标准 1 项，国家和行业标准 101 项。2023 年，中国能建获得省部级科学技术奖 20 项，中国电力科学技术奖 6 项，中国专利优秀奖 1 项，行业级科技奖 146 项，集团级科技奖 65 项。

【市场建设】

（1）签约规模持续跃升。深入贯彻党的二十大精神，全面完成年度各项重点工作任务，推动"再造一个高质量发展新能建"向"加快建设世界一流企业"转段迈进，树立了市场经营的全新里程碑。境内签约首破万亿大关，境内签约 10042 亿元，同比增长 24%。境外签约 2807 亿元，同比增长 17%，位居央企海外业务第一方阵。

（2）"六全"业务实现突破。全电力业务发挥规划引领和全产业链优势，签约中标甘电投常乐、张掖等大型火电工程总承包；包揽国信沙洲、国能常州、国电投织金等大型火电项目主体工程；依托一体化、全产业链优势拿下平川抽水蓄能项目，项目从可研到核准开工仅用 10 个月，创造行业最快速度。全城市业务运用"能源＋""四级联动"等商业模式，获取片区开发、城市轨交等一批重点项目，成功创造"产业带动市场"的"无锡模式"。全交通业务成功打造国内首个高速公路全路域光储充一体化交能融合示范项目——枣菏高速公路全路域源网荷储一体化。积极探索洋山等"绿色生态零碳港"。全水业务聚焦国家重大水利工程建设，承建具有标志性意义的西部陆海新通道（平陆运河）和中国能建在疆首个大型供水工程（哈密供水工程一标）。全生态环保业务领域通过"能源＋"、资源补偿等打造"源网荷储一体化"环境综合解决方案。全数字业务持续推进，签约额同比大幅增长。

（3）绿色发展成效突显。

1）发挥规划咨询引领优势，参与"十四五"国家及省市级能源、电力规划，为四川、海南等 10 余个省市编制"双碳"解决方案。

2）持续发力"新能源＋""数字＋""绿色低碳＋"项目开发，成功培育嵊泗海上风电、鲁北盐碱滩涂地风光储输一体化基地等项目。

3）聚焦"三绿""三储"有序推进甘肃兰州、吉林松原等氢能产业园建设，控股湖北应城、山东泰安等地压气储能、电化学储能项目；一批重大成果引领行业发展，加快站稳新型储能产业第一梯队。

（4）高端营销持续赋能。

1）筑牢高端关系网。全年境内策划实施高端营销活动百余场，集团层面签订战略合作协议 33 份，成立一体化项目专班 54 个，推动高端对接后项目落地 70 余个，储备项目 130 余个；境外跟进大国外交，深度融入"一带一路"，建立全球核心大客户库，与多边及中外金融机构高层对接。

2）提升品牌影响力。策划实施一系列高端论坛和活动，精心组织"三新"联盟大同行、无锡行活动，充分利用联盟资源、品牌与各方开展对接，"联盟地方行"成为赋能项目对接、产业振兴、政盟合作的闪亮品牌。

3）扩大行业合作面。与宁德时代、贝特瑞等头部企业合资合作，与中国公路学会、交通部规划院等共同成立工作机构。

【国际业务】2023 年，中国能建境外资产总额 1072 亿元，国际业务中方从业人员 1.2 万余人，在全球 140 多个国家或地区设立 160 个市场开发机构，形成了以亚洲、非洲为主，辐射美洲、中东欧、大洋洲的市场格局，业务范围涵盖传统能源、新能源及综合智慧能源、水利（水务）、生态环保、市政、建材、民爆等 12 大业务；正在执行的项目 560 个，分布在 74 个国家或地区，合同总额约 4517 亿元。

2023 年，中国能建国际业务经营业绩再创新高，增幅在同类央企位居前列，全年完成签约 2807 亿元，营收 543 亿元，利润总额 33 亿元，投资 42 亿元，均超额完成年度指标。在美国工程新闻纪录（ENR）公布的"2023 年全球最大的 250 强承包商"中排名 17 位、在"国际工程设计公司 225 强"中排名第 20 位。

【节能减排】2023 年，中国能建深入践行习近平生态文明思想，认真贯彻国务院国资委关于绿色发展、环境保护和节能降碳方面的决策部署，坚持以"1466"和"三新"能建发展战略为统领，以"十二个到位"为基本遵循，全方位、多维度、系统性推进环境保护和节能减排工作，为建设"美丽中国"贡献能建之智、能建之力。

（1）层层压实工作责任。与 76 家所属企业签订 2023 年 QHSE 工作责任书，明确环境事件、节能环保违法违规事件、污染物排放、万元产值（营收）综合能耗、万元产值（营收）二氧化碳排放等考核指标，层层压实责任、传递压力，形成横向到边、纵向到底的节能环保责任体系。根据责任书落实情况，组织开展 QHSE 年度考核，实行闭环管理。全年未发生环境事件，未发生《中央企业节约能源与生态环境保护监督管理办法》要求报送的违法违规事件；能源消耗及污染物排放指标符合要求，整体能耗、碳排放强度逐年降低，万元产值（营收）能耗、万元产值（营收）二氧化碳排放较 2022 年分别下降 16.6%和 12.3%。

（2）深入开展专项整治。7 月，中国能建迅速响应国务院国资委要求，对涉及长江流域的项目进行全面排查，重点督导了丹江口水库附近相关企业和项目。经排查，7 个项目和工厂的污染物排放均达标，环境风险可控在控。11—12 月，按照国务院国资委的整体部署，中国能建印发《关于组织开展长江黄河流域生态环境保护专项整治行动的通知》，明确工作目标、措施和要求，建立《长江黄河流域生态环境风险隐患排查清单》《长江黄河流域生态环境问题整改清单》信息台账，制定整改方案，逐项落实整改措施。目前，排查的 130 项环境风险隐患、27 项环境问题均已整改闭环。

（3）强化警示督办。结合所属企业节能环保数据统计分析情况，公司强化过程管理、监督和提醒。4 月结合国务院国资委《关于开展碳排放数据质量问题排查整治工作的通知》要求，组织所属企业开展排查整治，抓好追责问责，重点对控排企业碳排放数据质量进行监督。9 月联合葛洲坝集团，组织对葛洲坝水泥公司开展专项督导。

（4）塑造绿色品牌。中国能建编制《绿色施工导则》，指导项目部在施工管理中贯彻绿色理念，从“四节一环保”着手，编制绿色施工方案，最大限度地节约资源，减少对环境的负面影响。开展“能建杯”优质工程评选，打造一系列具有示范效应的绿色精品工程。2023 年，中国能建获得国家级优质工程奖 26 项、省部级优质工程奖 127 项；获得省部级以上环境保护奖 61 项，北京设备厂、葛洲坝嘉鱼水泥公司、葛洲坝石门特种水泥公司、葛洲坝松滋水泥公司等 4 个单位获评国家级绿色工厂。

（5）推进技术创新。中国能建围绕“30·60”系统解决方案、智慧能源等领域开展攻关，牵头和参与国家重点研发计划项目 9 项、自然科学基金项目 1 项，涵盖可再生能源发电、太阳能光热利用等多个专业领域。开展 25MW 级高空风能发电、深远海海上风电、近海漂浮式光伏、CCUS 碳捕捉封存利用等技术研究，全年科技研发投入 128 亿元，同比增长 3.2%，研发投入强度达 3.1%。全年获得专利授权 2085 项，发明专利同比增长 25%。注重技术成果转化，湖北应城、甘肃酒泉 300MW 压缩空气储能示范项目，安徽绩溪高空风能发电新技术示范项目等一系列新技术示范项目建设取得突破。

（6）推动重点企业节能减排。中国能建所属葛洲坝水泥公司作为节能环保重点监管企业，综合运用技术改造、燃料替代等方式，着力降能耗、减排放，取得实效。

1）推进节能降碳技术改造。葛洲坝水泥公司共投资 5.6 亿元，实施低阻高效预热器、分解炉低氮、篦冷机更新换代等改造项目，推广应用智能优化控制系统、节能电机、永磁直驱风机等节能控制系统和装备。

2）发展水泥窑协同处置业务。建成 4 条水泥窑协同处置生活垃圾生产线，生活垃圾处置能力达 50.4 万 t/年，每年可减少二氧化碳排放约 40.3 万 t，节约原料 11 万 t，节约土地约 140 亩。截至 2023 年底，共处理生活垃圾 160 万 t 左右。

3）探索寻求能源替代方案。利用秸秆等农林生物质、废布料等有较高热值的废弃物，替代部分化石燃料，减少对化石燃料的依赖。目前替代燃料使用量达 1000t/d，热量替代率标杆值接近 19%，平均降低熟料标准煤耗 3kgce/t。利用现有场地，在 80%水泥窑线投资建设分布式光伏发电项目，利用光伏、锂电储能、低温余热等可再生能源，实现绿色微电多能互补。

【信息化建设】2023 年，中国能建响应国家数字经济和网络强国战略，在中电联等单位的指导和关怀下，按照“十四五”信息化规划蓝图，践行数字化转型的管理数字化、产业数字化、数字产业化、数据价值化“四化”实施路径，较好完成各项工作，在国资委数字化验收评估中，首次获评“优秀”等级；在国资委司库信息化建设中期验收评价中，被评定为“优秀”，位居委管企业第一名、建筑央企第一名。

（1）加强数字化管理，进一步提高数字化工作水平。完成信息化规划“十四五”中期评估，保证数字化工作与企业战略的一致性；修订《数字化转型考核实施细则》等管理制度，规范数字化管理工作；组建集团级数字运维团队组建，专职保障统建系统运维；举办首届中国能建数字化人才培训班，储备内部数字化人才；开展对外交流，全年受邀参加各类活动近十场，不断扩大朋友圈。

（2）管理数字化迈上新台阶，有力支撑集团管控和科学管理。按照业财一体化总体架构，加快推进管理数字化建设走深走实，“四大数字化平台”基础建成。一是业财一体化完成申请的 39 家单位业财系统集成，各业务系统向财务平台推送单据 16 万余条，总金额

1357亿元；二是财务一体化平台完成一期竣工验收，上线全面预算管理系统、供应链金融平台、融资管理平台，新增境内16家银行和境外银行的银企直联；三是项目管理一体化平台上线集团级系统G－PM，建立管控项目指标体系；四是供应链管理一体化平台全面上线，完成竣工验收，新上线云造、云运及控制中心子系统；五是数据共享平台持续推进，印发《业财一体化系统集成实施方案（2023版）》《数据共享平台建设与应用指导方案》，深化应用主数据平台、接口发布订阅平台、数据交换平台，深化合同、项目、客商、组织人员等核心数据管理与集成应用。

（3）产业数字化打开新布局，提升企业核心竞争力。一是发挥BIM中心统筹作用，制订了《BIM工作管理办法》与《BIM标准规范编制工作指导意见》，组织开展交流研讨，系统推进BIM技术研发与应用。二是围绕智慧电厂、智能电网、智慧工地、智慧运营、交能融合等主营业务，加强数字技术融合，推进所属企业产业数字化创新，2023年获得各类奖项151个，环比增长57%，其中一等奖18个。三是组织开展产业数字化优秀案例申报与评选，评选出优秀数字化案例41项，其中特等奖3项、一等奖7项。

（4）发展数字产业化，开拓新的经济增长点。一是推进甘肃庆阳等“东数西算”项目建设，打造数能融合样板，甘肃庆阳数据中心顺利封顶，宁夏首个大规模集群智算中心正式启动。二是推动全国电力规划实施监测预警平台、全国新型储能大数据平台、海上风电大数据平台等完善与应用，中标“粤碳云”平台建设，引领能源电力数字化发展。三是组织评审遴选了公司所属企业自主研发的数字产业化优秀产品19项，其中特等奖2项、一等奖5项。

（5）推动数据价值化，发挥新质生产力数智关键要素。一是持续清洗完善主数据，主数据数量已达285万条，有力支撑业财一体化运行。二是上线数字资产平台，开展财务数据智慧分析系统和司库监控管理系统建设，深度挖掘财务数据价值。三是开展数据灾备系统、数据中心监控管理平台等基础平台建设，处理“IT反馈通道”问题2.2万条，数字运维团队组建方案获批并启动。完成总部36个信息系统的网络安全等级保护测评，全年一张网、一朵云，各个统建系统、视频会议总体稳定。公安部召开国家网络与信息安全通报工作总结会，通报表扬成绩突出的26家央企，中国能建位列其中。

【党建工作】2023年，中国能建党委坚持以习近平新时代中国特色社会主义思想为指导，深入贯彻党的二十大精神，扎实开展主题教育，全力构建“大党建、强党建”体系，以高质量党建引领保障企业高质量发展。荣获全国五一劳动奖章2人、全国工人先锋号1项、全国五四红旗团委1项、全国青年安全生产示范岗1项、省级五一先进集体和个人荣誉15项、中央企业五四先进集体和个人荣誉19项，葛洲坝机电公司白鹤滩水电站发电机组安装团队荣获“央企楷模”荣誉称号。

（1）深入开展学习贯彻习近平新时代中国特色社会主义思想主题教育。高效率动员部署，及时传达学习落实上级精神，迅速召开两批主题教育动员部署会，创新提出具有能建特色的“两强两创三基”实践目标，确保开好局、起好步。高质量学习宣贯，系统策划“学思践悟知信行”能建七课主题教育读书班。高水平联学联建，纵深推进联学联建•融通融合“六个一”主题行动。学习宣贯经验做法38次在中央主题教育官网、国资委主题教育官网和国资委主题教育工作简报刊载，编发主题教育工作简报80期。

（2）不断深化理论学习。提升党委中心组学习质量，开展中心组学习质量提升专项行动，健全党委中心组学习质量提升长效机制，完善“点－线－面－体－质”五位一体联学联建大格局。修订完善《中国能建党委深入学习贯彻落实习近平总书记重要讲话、重要指示批示精神实施细则》，编制“第一议题”双周报25期。全年召开带有“第一议题”学习内容的党委常委会15次，集中学习“第一议题”103项；召开党委理论中心组学习6次，深入研讨习近平总书记重要讲话、重要指示批示关键内容20余项。

（3）推进“联学联建•融通融合‘六个一’”主题行动。开展联学联建•融通融合“六个一”主题行动中心组学习质量提升专项行动，健全中心组学习质量提升长效机制，完善“点－线－面－体－质”五位一体联学联建大格局，有关经验做法在国资委理论中心组学习调研座谈会作交流发言。系统开展总部与基层党支部联学联建“六个一”直通车行动，总部各党支部与16个重点工程项目党支部结成对子开展联学联建，帮助解决实际困难，推动党建工作与生产经营深度融合。

（4）高水平做亮“四大特色领域党建”。召开工程项目、混合所有制企业、境外单位和困难企业等党建工作调研推进会，编制“四大特色领域党建”指引总体方案，纲举目张推动工作落地。征集所属单位重点领域党建案例，汇编形成《四大特色领域党建案例集》，项目党建案例获评《国企》杂志2023年度“国企党建品牌建设优秀案例”。构建贯通联动境外党组织体系，修订《中国能建境外单位党建工作管理办法》。在中央企业境外单位党建工作情况介绍会上专题汇报了“五度”境外党建工作做法经验。

（5）高水平深化党建理论研究。推进“学思践悟共产党人的‘心学’研究”，编印近5万余字的《习近平关于共产党人“心学”重要论述选学》。加强与中国社科院马克思主义学院合作，面向社会引才，完成党建类博士后工作站招生工作，配强基础工作力量。系统挖掘基层案例，编制《中国能建2022年度优秀党建课题成果选编》。申报央企政研会、央企党校智库、电力政研会等年度课题，获评基层思想政治工作优秀案例2项，优秀研究成果7项，国企党建品牌建设优秀案例3项，引导各单位系统提升党建研究能力水平，推动实践创新向知识创新、理论创新和管理创新转化。

（6）高质量完成党建责任制考核。组建5个现场考核工作组，疫情后首次对68家直接管理企业党委进行多维度评价、开展穿透式检查。召开2022年度企业党委书记述职会。完成中央企业党建责任制考核迎检工作，配合国资委考核组完成在公司总部考核和赴葛洲坝集团延伸考核。中国能建党委在中央企业2022年度党建责任制考核中获评A级，取得了连续4年获评A级的好成绩。

（7）突出夯实党的基层组织体系。印发《中国能建党委2023年度党的领导党的建设工作要点》，修订完成《中国能建境外单位党建工作管理办法》《中国能建“数智党建”信息系统管理办法》。开展“基层党建提质增效专项行动”，出台基层党建“七抓”工程推进方案，推动各级党组织重基层、强基础、苦练基本功。推进党支部标准化建设，编印《党支部标准化操作手册》，优化升级“数智党建”信息系统，建成并全面应用“党建考核子系统”，“数智党建”系统上线试运行，党建工作数字化智慧化转型迈上新台阶。

【工会工作】

（1）高站位落实铸魂责任。一是把习近平总书记同全总新一届领导班子成员集体谈话时的重要讲话精神、“2·26”重要批示精神以及工会十八大精神作为公司各级党委中心组学习的重要内容。二是深入开展“学史明智 强根铸魂”“奋斗者说”故事会、劳模工匠宣讲、班前会宣贯等形式多样的宣讲活动。三是深刻领会习近平文化思想，以文化引领宣传思想政治工作，举办职工文化大讲堂，开展“为世界塑造美”工程设计与建造创新大赛。

（2）全面加强企业民主管理。一是完善以职代会为基本形式的企业民主管理制度，创新开展“星级职代会”创建活动，动态考评所属企业职代会运行情况并印发通报。二是严格提案办理及反馈流程，2023年来工会系统累计办理反馈职工代表提案1500余条。三是严格落实职工董监事制度，规范开展职工董监事提名选举、履职评价等工作，推动职工参与公司治理，促进公司及所属企业治理结构不断完善。四是严格落实从公司到班组四级企务公开制度，明确企业生产经营重大决策、设备物资采购等“十公开”要求，切实保障职工知情权和监督权。

（3）纵深推进产业工人队伍建设改革。一是因地制宜、灵活开展各具特色的劳动和技能竞赛，参加外部技能竞赛，在焊接技能国际大赛、水电机组检修技能全国竞赛中取得优异成绩。二是加大先进典型选树力度，评选能建劳模31人，获得五一劳动奖章等国家级、省级先进个人（单位）20余个，建成职工劳模（工匠）创新工作室10个，2名职工荣获能源化学地质系统“大国工匠”，1个班组获得“央企楷模”荣誉称号。三是畅通高技能人才职业发展通道，提高技能人才待遇水平，开展一级技能专家推荐工作，5名全国技术能手聘任为一级技能专家，享受总部部门正职级待遇。四是大力培育女性科技工作者和技能人才，深入开展“巾帼建新功 奋斗新征程”科技创新巾帼行动，1名职工获评“全国三八红旗手”。

（4）做好职工关心关爱。一是全面实施“健康能建”行动。做细职业健康防护，做优身体健康保障，做实人才、经费和技术支撑。二是系统开展人文关怀与心理疏导。贯通思想政治工作与心理疏导、人文关怀，引入现代心理学理念方法。推动在所属企业及项目部成立“心灵港湾”、心理关爱工作室、所属职业学院成立心理学院，实施专兼职政工师+心理专家“十百千”工程，开展政工师+心理教练、心理咨询专业知识教育。三是加强精准帮扶。立足企业实际，关心关注大病救助、家庭困难职工、留守儿童和空巢老人等群体，开展领导干部对口帮扶、金秋助学、工会红娘活动。四是深化拓展职工志愿服务行动。出台《关于深化拓展中国能建志愿服务行动的方案》，常态化开展能源电力及新能源技术科普、工程灾害专业救援、远程支教、人文关怀与心理疏导等志愿服务项目。

（5）繁荣职工文化生活。一是加大“送文化”到基层力度，打造示范性项目营地十余个，建成标准化项目营地百余个，在6个海外项目建成“中国馆”，在总部及497家单位建成“职工书屋”。二是广泛开展美术、书法、摄影展等各类文体活动，举办集团级“三新杯”篮球联赛、“致敬奋斗 逐梦三新 共享荣光”职工文化成果展演活动。其中，中国能建篮球代表队参加2023年首届电力行业篮球友谊赛并以全胜战绩获得冠军，在工程建设行业篮球邀请赛中力克中国建筑等劲旅获得季军。三是持续加大基层文化体育设施投入，推动所属628家单位配备基础健身娱乐设施，一批富有生活气息的“职工之家”在项目部遍地开花，大大提升了一线职工的获得感、幸福感。

（朱乾坤）

【中国葛洲坝集团股份有限公司】

公司概况 中国葛洲坝集团股份有限公司（简称葛洲坝公司）是由中国葛洲坝水利水电工程集团公司

作为独家发起人设立的股份有限公司，于1997年在上海证券交易所挂牌上市，是国内水电行业第一家上市公司；2007年换股吸收合并控股股东，完成主业资产整体上市。2021年，中国能源建设股份有限公司换股吸收合并中国葛洲坝集团股份有限公司，葛洲坝股票终止上市，中国葛洲坝集团股份有限公司成为非上市股份有限公司。

葛洲坝公司是大型基础设施投资建设领域的重要力量，是水利水电建设的“全球名片”，创造了5000余项精品工程和100多项世界之最。坚持承包投资双轮驱动、国际国内协调发展、绿色建材集成创新、贸易装备强链增效，形成了新的战略格局。

坚持与国家战略同频共振，参与“一带一路”建设，深度融入京津冀协同发展、雄安新区建设、粤港澳大湾区、长三角一体化、中部崛起、长江经济带、成渝地区双城经济圈、黄河流域生态保护和高质量发展、海南自由贸易港建设等国家区域发展战略，在服务国家战略和经济社会进步中实现高质量发展。

坚持科技创新引领发展，是国家创新型企业和国家高新技术企业。葛洲坝公司拥有1个国家级企业技术中心、2个院士专家工作站、3个博士后工作站，主编或参编国家及行业标准119项、国家级工法52项，国家授权专利3700余项，各类资质资格400余项，在水利水电、公路交通、特种水泥、混装炸药、环境治理、装备制造等领域具有核心技术，荣获国家科技进步奖特等奖、国家科技进步奖一等奖、国家优质工程金奖、鲁班奖、詹天佑奖、大禹奖、李春奖等高等级奖项140余项。

经济指标 2023年，葛洲坝公司市场签约、营业收入、利润总额、净利润、投资规模、资产总额均创历史新高。国际业务逆势突破，风险化解成效显著。市场签约快速增长，投资业务稳步推进。

全年实现市场签约4456亿元，同比增长25%。营收利润率在建筑央企中名列前茅，境内项目利润率较责任制提高1.52个百分点。实现投资回收95亿元，同比实现翻番。

党建工作 坚持和加强党的全面领导，以高质量党建引领高质量发展，在中国能建党建责任制考核中再获“A级”。

一是政治建设不断加强。开展“第一议题”质量提升行动，持续完善闭环机制，学习贯彻党的创新理论的及时性、规范性、系统性显著提升。深化主题教育专项调研，形成调研报告200余份，制定促进高质量发展举措1000余条。聚焦“大党建”“境外党建”“项目党建”等重点领域开展党建理论课题研究，多项成果在中国电力政研会和中国能建获奖。

二是党建基础不断夯实。践行“四下基层”要求，组织287名干部下沉一线，推动解难题500余项。开展特色党建深化拓展年专项行动，基层党建“网格化管理”和向分包队伍派驻党代表等创新实践得到上级党委充分肯定。深入开展“提质增效稳增长 砥砺奋进新征程”主题实践、创岗建区、示诺践诺等特色活动，搭建起党建赋能经营新平台，促进重点项目高效履约。

三是企业品牌不断彰显。切实提升企业品牌影响力和传播力，新媒体传播力指数首次进入国资委榜单前八，15部新闻作品获“国企好新闻”“央企优秀故事”等奖项。培养选树“全国五一劳动奖章”“荆楚工匠”等先进集体和个人24个，参与湖北省“国之重器·荆楚建造”巡回宣讲，讲好新时代葛洲坝人许党报国动人故事。

四是党风廉政建设纵深推进。坚定不移推进党的自我革命，坚决扛起管党治党政治责任。紧紧围绕党的二十大战略部署、主题教育、深化国企改革强化政治监督，推动各类监督贯通协同、高效联动，有效破解“一把手”监督难题，有力护航公司高质量发展。在不敢腐上持续加压，不能腐上深化拓展，不想腐上巩固提升，持续深化“靠企吃企”专项整治，深挖国有资产流失背后的腐败行为，不断提升一体推进“三不”治理效能。锲而不舍落实中央八项规定精神，严刹狠纠“四风”，对改头换面、隐形变异问题露头就打、反复敲打。出台巡察工作五年规划，完成12家党组织巡察，深化巡察整改和成果运用，统筹推进国资委党委巡视整改任务落实落地落细，以整改成效体现忠诚担当。

市场开拓 坚持“市场开发是发展的第一要务”，突出传统与新兴业务并举、国内与国际市场并重，扩量提质成果突出。

一是增强市场综合实力。紧跟中国能建业务和市场布局，建立“六全”领域市场开发标准，从源头强化合规经营。开展业绩管理提质攻坚行动，通过军工保密资质复审，新增和升级资质28项，行业平台新增业绩123个，提升市场开发实力。

二是完善投资管理体系。强化投资正负面清单管控，统筹综合交通、新能源、抽水蓄能业务发展。建立投资动态分析机制，合理调控投资节奏。明确控股类抽水蓄能、重大融合类项目、战略并购项目投资主体，制定投资项目全生命周期管理责任清单，厘清管理职责边界。建立7个业务板块分类评审标准和经济测算模型，提升项目评价科学性。建立批复意见督查机制，推动64个重点项目批复意见有效落实。

三是加强重点项目开发。坚持领导包保重大项目机制，推动落地重大项目20个、金额近2000亿元。签约武汉轨道交通11号线、HM供水、平陆运河等一批项目，传统业务占比大幅提升。策划落地韶关丹霞机场高速、青海那棱格勒抽水蓄能等项目，融合业务取得新突破。子企业以自有资质签约额同比增长 47%。

四是开拓抽水蓄能和新能源业务。明确风电、光伏等 7 大领域项目开发要点。成立抽水蓄能专家委员会，强化决策支撑和技术支持。获取抽水蓄能项目 26 个，实现签约 1307 亿元。建立抽水蓄能项目规划评审、勘察设计、投资建设、工程施工全流程协同机制，平川抽水蓄能电站创核准开工行业最快纪录。

五是拓展国际市场。梳理明确国际市场开发禁止事项，实行 5 亿美元以上项目提级评审机制，从源头强化合规和风控管理。加强内外部资源整合利用，协同中国能建旗下兄弟单位签约 273 亿元。新能源签约同比增长 110%。把握“一带一路”高峰论坛契机，成功签约科威特阿卜杜拉新城、埃及开罗机场航空物流园等重大项目，圆满完成年度签约目标。

项目管理 落实中国能建项目管理新要求，履约创效能力和科学管理水平持续提升。

一是优化项目管理体系。深化项目管理“334”工程建设，1350 项重点任务全面完成。开展大临设施标准化和项目管理“十化”建设，关键核心装备自主配置比例提高 11 个百分点。推广应用项目管理手册和内部成本定额，明确项目管控基本架构，搭建项目管控“四梁八柱”。编制公路、市政、水利等 8 类投融资建设项目前期工作指引，提升项目建设管理标准化、规范化水平。

二是抓好重点项目履约。高标准完成项目履约提升年 69 项重点举措。完成 34 个项目和生产单元的巡查和达标认证。完善融资建设项目全生命周期监管机制，在投在建项目总投和投资收益可控受控。泸州六桥、武阳高速提前通车，保定二期三期顺利交付，大石峡项目得到水利部高度评价；安哥拉凯凯、巴基斯坦达苏项目顺利截流，波黑达巴尔项目正式开工。

三是狠抓经营增收创效。深入实施提质增效稳增长“1+6”专项方案，实现增产 22 亿元。优化融资建设项目管理模式，实现增利 5.76 亿元。关闭尾工项目 225 个，回收资金约 28.4 亿元。实现对外变更索赔结算 42 亿元。亏损项目治理实现减亏 1.8 亿元，新开工项目保持零亏损。采购年度综合节约率达 2.15%，主要材料综合损耗率同比降低 25%。

改革创新 坚持把改革作为推动发展的“关键一招”，优化资源配置、完善体制机制，加快建设现代新国企。

一是深化企业改革。加快推进建设世界一流企业和对标世界一流企业价值创造行动。深化广西工程局、北京电建公司改革，实施“专项人才支持计划”，协同项目约 70 亿元。推进三项制度改革，全年管理人员竞争上岗 151 人，因不胜任或末位调整退出 97 人，员工市场化退出 1200 余人，浮动工资占比超过 70%，管理人员能上能下、员工能进能出、薪酬能增能减持续深化。分层推进虚拟股权激励试点，激励范围拓展至房建、电力、公路建设等领域。稳步推进科技型企业岗位分红、超额利润分享激励扩面，创新创效活力不断激发。

二是提升治理效能。优化公司及子企业管理决策事项 27 项，全覆盖开展子企业“三重一大”决策管理专项检查，推动科学规范高效决策。发布子企业董事会工作指引，完成子企业制度与治理体系执行情况评估，开展 100 个基层项目制度建设及执行情况专题研究，提升基层治理水平。

三是深化科技创新。聚焦 CZ 铁路、大石峡项目等重点工程，评审重大技术方案 625 项。围绕 YJ 等重点项目梳理科研课题，组建 12 个技术联盟和 17 个创新团队开展科技攻关。加快推动超临界液化空气储能爆破、气悬浮皮带机运输、重大水利工程智能建设等技术攻关，切实打造武重高速智能建造样板。有序推进数字化转型，高效实施中国能建 BIM 分中心建设。全年主参编国家标准 4 部，获得行业及省部级科学技术奖近百项，17 项成果达到国际国内领先水平。

专业发展 提高子企业专业化发展水平，加快培育特色鲜明、优势突出的“专精特新”子企业。

国际公司现汇项目签约实现大幅增长。一公司自有资质签约占比达 68%，独立闯市场能力持续提升。二公司主要经营指标全面完成、创历史新高。路桥公司在中国首条江海联通运河——平陆运河建设中展现了“葛洲坝速度”。建设公司率先试点项目团队“组阁制”+“虚拟股权”管理新模式。三峡建设公司抽水蓄能业务实现重大突破，主业基础更加牢固。市政公司“一门两牌”高质量开局，轨道交通市场“连中三元”。机电公司白鹤滩机组安装团队获评“央企楷模”称号。电力公司传统业务签约占比超过 90%，专业化发展动能持续增强。设计公司通过“国家高新技术企业”认定。广西工程局深化改革攻坚，新开工项目实现零亏损。北京电建公司市场签约首次突破百亿大关。水泥公司狠抓节能降碳改造升级，4 家单位获评国家级绿色工厂。交投公司大力增收创效，通行费收入同比增长 40%。生态环保公司可控运营成本同比压降 5%，运营质效稳步提升。文旅公司坚持重组整合与转型升级两手抓，经营指标实现全面增长。供应链公司着力强链增效，降本增效率达 6.13%。综合管理中心推动历史遗留问题化解，全力建好宜居宜业“大后方”。三峡电院多点布局高技能人才培养基地，持续做优做强培训平台。

服务社会 树牢以人民为中心的发展思想，在增进民生福祉、履行社会责任中展现央企担当。

稳就业促就业，招聘高校毕业生2800余人。参与北京门头沟特大暴雨、甘肃积石山地震等抢险救灾。开展“我为群众办实事”，解决“急难愁盼”问题近百项，慰问帮扶支出资金1600万元。实现公积金属地化管理，离退休“敲门行动”传递温暖，惠民医保更加贴心，民生服务保障不断优化。推进宜昌三峡花苑二期、东山四路闲置土地盘活、葛洲坝宾馆+AD地块城市综合开发等重点项目，美好家园建设步伐不断加快。对外捐赠和消费帮扶支出资金2800余万元，荣获“首届湖北慈善奖”。

（姜乔耀）

中国电气装备集团有限公司

【公司概况】中国电气装备集团有限公司（简称中国电气装备）2021年9月在上海成立，由中国西电集团与许继集团、平高集团、山东电工电气集团等单位重组整合而成。作为中国输配电装备制造行业技术实力最强、产业链最完整、产业规模最大的“国家队”，中国电气装备聚焦建设“世界一流智慧电气装备集团”战略目标，致力于高端电气装备制造和新型电力系统建设，全面服务电力系统“发、输、变、配、用”全过程，从“风光水火核”电力送出，到厂矿、学校及万家灯火，中国电气装备装备保障着源源不断的电能供应。特高压已成为装备制造业的金色名片，是代表中国输配电产业参与国际竞争的重要力量。中国电气装备拥有14家子企业，控股上市公司6家；注册资本金300亿元；资产总额1583亿元，净资产710亿元；员工总数3.9万人。

中国电气装备拥有国家级创新平台16个、国家级质量检测中心8个、3个院士工作站和4个博士后科研工作站。承担着国内输配电行业标准归口管理工作，以及国际电工委员会（IEC）等多个技术委员会（分技术委员会）的国内归口工作。产品技术综合性能达到国际先进水平。产业基地遍及全球，产品、技术、标准和服务已出口到上百个国家和地区，形成了着眼全球市场的输配电产业布局。

中国电气装备坚持以习近平新时代中国特色社会主义思想为指导，积极落实碳达峰碳中和、构建新型电力系统、新型工业化建设等国家战略部署，先后为国内特高压建设、“三峡工程”“白鹤滩工程”等国家重点工程提供成套装备和服务，有力支撑了关键装备的国产化，打破了多项国外技术垄断，创造了多项世界第一，有力保障了输配电产业链、供应链的安全，巩固了中国特高压技术的国际领先地位。新能源、综合能源、储能、充换电等新产业快速发展，为国家减排降碳、建设美丽中国贡献了力量。

【领导班子】

党委书记、董事长：白忠泉

党委副书记、董事、总经理：周群

党委副书记、董事：裴振江

党委常委、副总经理：成卫

党委常委、副总经理：张旭升

党委常委、总会计师：徐鸿

党委常委、副总经理：朱安珂

党委常委、纪委书记：孟汉峰

【组织机构】见2023年中国电气装备组织机构图。

【市场开拓】把握能源电力市场机遇，加大市场开拓力度，完成新签合同额1734.3亿元，同比增长49.7%。其中，主网领域新签合同额同比增长46.9%，配网领域新签合同额同比增长23.8%，新兴业务新签合同额同比增长91.76%，国际业务新签合同额同比增长26.7%。建立市场协同机制，形成京津冀、粤港澳、长三角区域季度市场协同例会机制。特高压市场份额保持领先，中标金上—湖北、宁夏—湖南等4条特高压工程核心设备。配电自动化备调系统在山东实现首台套应用，24kV小型化绝缘充气柜获得欧洲市场准入资质。

【深化改革】落实专业化整合要求，完成中国西电、许继电气、平高电气3家上市公司提级，为优化业务布局打好基础。新增西高院、宏盛华源2家上市公司。控股上市公司总市值较年初增长52%。完成中国电气装备集团国际电力有限公司组建，释放国际业务发展新动能。完成西电集团财务有限责任公司提级，基于财务公司增资扩容，集约运作上市公司资金52亿元。推进产业基金落地，成为获批备案的4支央企产业基金之一。11家企业入选国家级专精特新“小巨人”，3家企业入选制造业单项冠军，13家企业入选“双百”和“科改示范”企业。机制改革更加深入，管理人员竞争上岗占比超过87%，子企业本部机构重塑，编制平均压降33%。

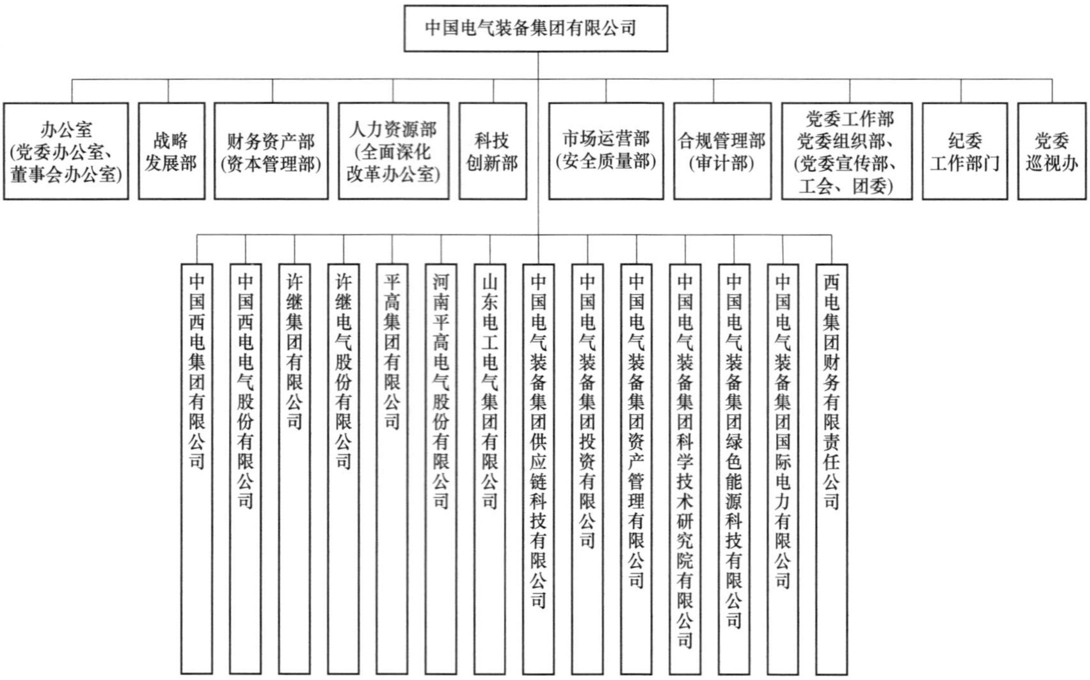

2023 年中国电气装备组织机构图

【经营管理】 开展全流程降本增效，智慧电气产品毛利率同比提升 1 个百分点以上，全口径应收账款周转率、存货周转率分别提升 0.1 次、1.04 次。发行 12 亿元科创债，低于同期市场水平 28 个基点，综合融资成本大幅下降。推进审计署发现问题整改，立行立改问题全部按期完成。强化法治建设及内控合规监督评价，结案率同比提升 24%。强化供应链协同，集中采购率达到 93%，全年采购节资 17.7 亿元。强化资金协同，资金归集率达到 97.9%；统筹财务公司置换外部借款，带息负债规模压降 38 亿元。强化技术协同，推行产品平台化、标准化，全年实现科技降本 5.8 亿元。强化产能协同，全年开展协同项目 196 个，实现产值 5.6 亿元，配电变压器、中压开关等协同效益显著。

【安全质量】 印发年度安全、质量工作指导意见，部署 32 项安全工作和 26 项质量工作任务措施。加大安全隐患排查力度，开展安全管理评价、重大事故隐患整治、工程项目安全检查，夯实安全管理基础。建立安全生产应急预案，评选“本质安全、科技兴安”优秀案例 31 项。深化重点产品质量管理，开展特高压产品质量“再回头”和特高压产品质量巡回指导，发布特高压产品质量刚性措施，加强与重点客户交流合作，探索建立产品质量安全管理体系，稳固特高压产品质量。开展配网产品领域质量专项整治。健全完善质量奖惩机制。落实全寿命周期质量管理，提升“四维度”评价管控能力，健全客户绩效评价管理机制。广泛开展群众性质量管理活动，获全国质量标杆 1 项，全国质量信得过班组 1 项，中央企业 QC 小组成果发表赛一等奖、二等奖各 1 项。

【科技创新】 全年研发投入 37.8 亿元，同比增长 25.3%。获批输变电装备技术全国重点实验室，启动上海科研基地建设。搭建电弧、电磁、高端装备多物理场仿真等基础研究实验检测平台。获批输变电装备领域首个“国家标准验证点”。承担新型电力系统高端输变电装备支链长。研制世界首台具有换相失败抑制能力的新型换流阀，国内首台 190kA 发电机断路器、直接出线 750kV 变压器等高端装备。加强新兴业务领域技术创新，成立新型储能集成技术与装备联合创新中心，开展储能系统解决方案、高端整机、3S 融合、数字化储能仿真云平台等关键产品研制。开展综合能源规划与仿真分析系统研发，形成园区、微电网等典型绿色零碳场景集成解决方案。掌握充换电核心技术，补齐换电机器人、电池箱产品短板，为扩大市场打牢基础。8 类产品入选国家首台套重大技术装备。制修订国际标准 13 项。79 类产品技术水平达到国际领先。荣获省部级及以上科技奖励 103 项，新增授权发明专利 528 项。

【党建工作】 以学习习近平新时代中国特色社会主义思想主题教育统领改革发展和党的建设，建立贯彻落实习近平总书记重要指示批示工作机制。紧紧围绕“双碳”目标、新型电力系统建设等重点任务开展调查研究，领导班子形成“1+8”调研成果，各级干部开展调研865次。完成两批主题教育问题检视整改。召开中国电气装备第一次党代会、工代会、团代会。实施“强创新、提质效、建一流”年度党建品牌，组建“岗区队”1840余个，深入开展“党建+”工程。将企业间干部交流作为融合融入的重要抓手，所属企业班子成员交流任职超50%。建成“511”优秀年轻干部储备库，党委管理45岁及以下干部占比超过40%。加大专家人才培养力度，新增国务院特贴专家3人、省部级人才66人。深化校企合作，实施“飞地引才”，累计引进各类人才1342人，硕博士及重点院校占比均达60%以上。实施青年人才托举，35岁以下科技人员参与重大科技项目占比超过40%，40岁以下科技人员占比达到64%。

【社会责任】聚焦“五大振兴”，巩固拓展脱贫攻坚成果，全面推进乡村振兴。公司领导赴定点帮扶县调研指导3次，其中主要领导调研1次。全年投入无偿帮扶资金同比增长10%，培训人次同比增长108%，全面完成定点帮扶各项任务。与麟游县签署《战略合作框架协议》，建成麟游智慧低碳县域综合能源管控中心示范项目，助力麟游建设。参与央企消费帮扶聚力行动、迎春行动和兴农周活动，设置产品展台，开展直播带货，推广宣传麟游县农副产品，消费帮扶金额同比增长44%，助力麟游县诞生首个村集体经济收益突破百万村。

（韩永权）

国投电力控股股份有限公司

【企业概况】国投电力控股股份有限公司（简称国投电力公司），是国家开发投资集团有限公司旗下的沪市A股上市公司（股票简称国投电力，股票代码600886），英文名SDIC Power Holdings CO.，LTD，核心业务是发电业务。国家开发投资集团有限公司（简称国投）是国投电力公司第一大股东。总股本7454179797股，其中，国投持股3825443039股，占总股本的51.32%。

国投电力公司合并报表范围内子公司160家，员工10000余人，经营范围主要包括投资建设、经营管理以电力生产为主的能源项目；开发经营新能源项目、高新技术、环保产业；开发和经营电力配套产品及信息、咨询服务；开拓以新能源为主的清洁能源业务，在水电、风电、光伏、火电方面均有突破；能源新业务稳妥推进。

截至2023年底，国投电力公司已投产控股装机容量4085.66万kW，同比增加309.24万kW。其中，水电2128万kW，占比52.08%；火电1254.08万kW（含垃圾发电），占比30.69%；风电318.25万kW，占比7.79%；光伏385.33万kW，占比9.43%。清洁能源装机容量总计2831.58万kW，占比69.31%，同比增加0.77个百分点。

从装机结构来看，国投电力公司是一家以清洁能源为主、水火风光并济的综合型电力上市公司，水电控股装机容量为2128万kW，为国内第三大水电装机规模的上市公司，处于行业领先地位。公司正大力开拓清洁能源业务，截至2023年底，清洁能源装机占比稳步提升至69.31%。

从业务分布来看，国投电力公司是一家国内为主、海外稳步开拓的电力上市公司，境内项目主要分布在四川、天津、福建、广西、云南、甘肃、新疆、贵州、青海、安徽、陕西、山西、江苏、浙江、宁夏、江西、海南、河北、辽宁、西藏、山东、湖南、广东等省区。

从盈利能力来看，在市场竞争加剧、节能环保压力大的背景下，公司以清洁能源为主的能源结构优势明显，经济效益与社会效益突出，旗下各项目资产质量高，抗风险能力强。

【领导班子】

董事长、党委书记：朱基伟

总经理、党委副书记：于海淼、张文平（离任）

总会计师（财务负责人）：周长信

副总经理：蔡继东、景振涛

董事会秘书：高海、杨林（离任）

【组织机构】见2023年国投电力公司组织机构图。

【经营管理】

1. 主要经营成果

2023年，国投电力公司实现营业收入567.12亿元，同比增加12.32%；归属于上市公司股东的净利润67.05亿元，同比增加64.31%；基本每股收益0.8754元，同比增加67.86%。截至2023年底，国投电力公司总资产2773.63亿元，较上期期末增加190.64亿元；资产负债率63.18%，同比减少0.57个百分点。

2023年，国投电力公司实现发电量1619.73亿kWh，同比增加3.35%；上网电量1576.39亿kWh，同比增加3.22%；上网电价0.374元/kWh，同比增加6.55%。

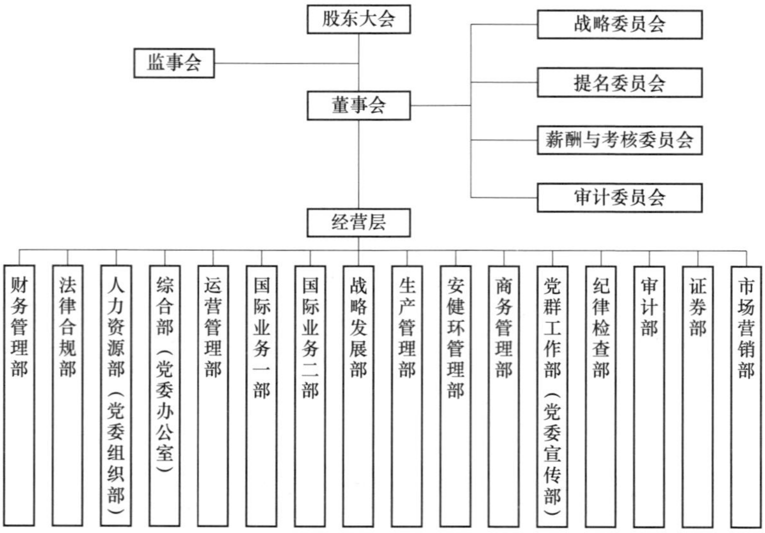

2023 年国投电力公司组织机构图

2. 业务发展情况

推进清洁能源开发工作，增量显著。2023 年，国投电力公司重点开发领域、项目实现新突破，在四川、云南、广西、新疆、西藏、陕西、河北、福建、山西、湖北、天津、浙江等多区域完成了一定规模的新能源项目核准（备案），并储备了一批新能源开发资源，其中，西藏业务开发实现零的突破；福建长乐海上风电项目中标。此外，根据区域开发需求，新成立了四家新能源区域公司，支撑重点区域新能源开发工作，新能源业务发展专业性、影响力进一步提升。

雅砻江流域水风光一体化基地建设工作取得重要进展。年内多个清洁能源项目实现突破，柯拉一期光伏、腊巴山风电项目投产，牙根一级水电项目取得核准。

电力新业务开发工作持续推进。首个共享储能项目广西浦北共享储能项目开工建设。

火电开发工作按照既定战略稳妥推进。湄洲湾三期火电项目取得核准。

国际业务拓展稳步有序。融入共建“一带一路”，按期完成印尼巴塘水电建设进度；做好新源泰国两个项目开工准备工作。深耕细作欧洲存量项目，整体工作进展顺利；取得 Benbrack 项目差价合约，显著提高项目回报水平。

3. 运营管理情况

加强营销创效扩大收入。研判市场形势，狠抓电力营销，做好交易策略优化，公司电量、电价同比提升。分析区域电力交易规则，最大限度提高电价收益，火电机组积极利用辅助服务市场及两个细则扩大收入。组织做好碳配额协调交易工作，年内实现增收过亿元。

严格招采管理降低成本。严控采购环节各项成本，全年重大及以上招标项目严格控制在预算范围内。强化煤炭市场形势研判，优化调运计划，合理把控市场煤采购节奏。加强燃料厂内指标管控，提升管理效能。

加强财务管控压降费用。密切跟踪政策动向，强化资金管控，通过开展融资比选、置换存量高利率借款等手段，降低财务费用。抢抓债券低利率发行窗口期，降低资金成本。

强化投资者关系管理。举办多形式投资者互动活动，搭建多层次价值传递工作体系。全年投资者交流接待千人次，定期报告披露后均召开业绩说明会。

4. 生产基建情况

基建工作持续发力。务实高效推进工程建设，四川、云南、贵州、甘肃、广西等区域一系列新能源（243.24 万 kW）、火电（66 万 kW）项目按期投产；加强基建制度建设，制定相关建设指导意见和项目自查表，夯实过程管控能力。

生产管理持续提升。推进火电企业生产管理标准化体系，为企业高效管理提供了系统、科学的解决思路；编制发布《新能源技术监督管理办法》，发挥技术监督在安全生产保障体系中的重要作用；加强设备可靠性管理，确保问题隐患早发现、早处置，为保障能源安全稳定供应创造有利条件。

坚持科技创新引领。加强科技创新工作力度，推进产学研深度融合，科技投入持续增长，企业 QC 成果质量明显提升，发明专利授权数量有较大增长。

生产指标保持领先。扎实推进节能降耗，供电煤耗同比下降，8 台水电机组、1 台火电机组获中电联对标“优胜机组”；强化生态环保主体责任，固体废物、危险废物依法合规处置率 100%。

【发展战略】践行能源保供使命并推动绿色低碳转型发展，围绕“双碳”目标，推动绿色高质量发展，坚持落实效益优先的经营发展思路及策略，聚焦清洁能源主责主业，提高专业化管理能力，推进改革创新，产业为本，资本为用，以人为本，务实高效。打造世界一流绿色高效电力企业，为实现“成为全球信赖的综合能源投资运营商”的美好愿景而努力。

具体路径上，规模增长适度，质量效益更有保证、更稳提升，新的发展空间更有余地。结构优化，从全面布局到聚焦重点，用有限资源发展优势产业；质量优化，控制资产负债率、提高投资回报率，守住发展的红线；资源优化，资金投入留有敞口，做好资源配置。

地区电力

华 北 地 区

【国家能源局华北监管局】

基本情况 国家能源局华北监管局（简称华北能源监管局）是国家能源局的派出机构，设于北京市，负责北京、天津、河北和内蒙古（西部地区）的能源监管工作，及对山西、山东能源监管办的业务指导。2013年11月21日成立，前身是国家电力监管委员会华北监管局。

主要职责：监管电力市场运行，规范电力市场秩序；监管电网和油气管网设施的公平开放；监管电力调度交易，监督电力普遍服务政策的实施；负责电力等能源行政执法工作，依法查处有关违法违规行为，监督检查有关电价；负责除核安全外的电力运行安全、电力建设工程施工安全、工程质量安全的监督管理以及电力应急和可靠性管理，依法组织或参与电力事故调查处理；负责组织实施电力业务许可以及依法设定的其他行政许可；负责协调有关跨省跨区能源监管业务，以及对山西、山东能源监管办进行业务指导；负责法律法规授权以及国家能源局下达或交办的有关事项监管。

领导班子

党组书记、局长：童光毅

党组成员、副局长：程裕东（自2023年12月4日起）

党组成员、副局长：吴冰（至2023年2月14日）

党组成员、副局长：代方涛

党组成员、纪检组长：张彦文

组织机构 内设综合处、市场监管处、行业监管处、电力安全监管处、资质管理处、稽查处和机关党委（机关纪委）办公室，天津、河北和内蒙古业务办公室。

主要工作 2023年，华北能源监管局以习近平新时代中国特色社会主义思想为指导，全面贯彻落实党的二十大精神，深入开展学习贯彻习近平新时代中国特色社会主义思想主题教育，积极谋划能源监管转型，搭建“三个平台、一套机制”能源保供体系，推进服务民生系列专项行动，监管呈现出“强意识、提能力、上水平”的新局面。

1. 依托“三个平台 一套机制”，强化能源供应保障安全

华北能源监管局坚决扛牢能源供应保障责任，强化机制建设增强保供能力。一是建立完善能源规划建设监管平台。定期分析研判各省（市、自治区）能源供需形势并报各地政府，建立包括区域重要支撑电源、煤矿项目、储气设施等领域7大类项目的重点项目库，协调解决项目推进问题。二是确保能源供应保障协调平台有效运转。建立处置重点时段保供问题、协同地方主管部门应对突发事件的会商和研判机制，成立迎峰度夏、度冬工作专班，掌握每日电力供需，编发保供日报信息。在华北区域电力负荷接近3.17亿kW，省级电网屡创新高的情况下，确保了京津唐电网不发生有序用电、拉闸限电。三是建立区域电力应急处置平台。修订完善《电力突发事件应急预案》，协同各地方电力管理部门和企业，积极应对“23•7”海河流域特大洪水、冬季低温冰冻雨雪等重大自然灾害，提升紧急状态下的能源保供能力。

2. 履行政治责任，保障区域电力安全

华北能源监管局紧盯重大活动保电，全方位加大监管力度，促进电力安全生产。一是确保重大活动电力供应安全。强化政治保电“两案一措”，深入重点电力场站督导整治问题隐患，实现全国“两会”、北戴河暑期办公、第三届“一带一路”峰会电力系统安全稳定运行。二是双重预防机制建设见实效。强化“四个安全”治理理念，坚持每周通报风险隐患、按月召开安全分析会，挂牌督办11项重大事故隐患并全部整改销号。三是坚持手段创新。丰富完善数字化监管平台，实现电力企业全覆盖、多环节闭环监管，监管企业增加至1375家。四是综合治理力度加大。推动河北省、天津市成立电力安全专业委员会，依托内蒙古能源安全委员会行使电力专委会职责，更大程度的落实企业主体责任和属地监管责任。

3. 强化政策供给，推进电力市场建设与监管

华北能源监管局注重能源保供与绿色发展，全面加强市场建设。一是推进京津冀电力市场建设。研究提出优化中长期、完善辅助服务、涵盖绿电、探索现货的市场建设思路。二是积极组织绿电交易。建立全国首个面向平价新能源交易的机制，全面启动京津唐绿电交易。国网北京、冀北、天津电力全年共组织绿电交易233亿kWh，绿电消费约占国网经营区的35%。三是推动虚拟电厂建设。完善辅助服务市场、调节负荷需求，选取北京、冀北、河北南网作为试点，打造涵盖大用户、分布式能源的虚拟电厂，京能、冀北、大唐虚拟电厂共聚合负荷224.8万kW。四是开展电力市场秩序监管。开展电力领域综合监管、调节性电源建设运营综合监管、电力市场交易专项整治评估核查

工作，电力市场秩序不断规范。

4. 注重非电领域，扎实做好行业监管

华北能源监管局强化能源规划监管，规范开展油气领域专项监管。一是建立华北区域规划建设监管机制。常态化开展能源规划落实情况专项监管，确保规划指标，重点任务和重大工程顺利实施。二是做好油气管网设施公平开放监管。建立公平开放监管事项核实清单，对辖区内天然气管道，LNG 接收站等运营企业报送相关信息按月进行审核。三是开展车用乙醇汽油推广日常监管。规范天津、河北封闭区域乙醇汽油市场环境，强化交通运输行业清洁能源供应保障。

5. 实施专项行动，督促提升供电服务质量

华北能源监管局建立供电服务质量监管体系，切实解决人民群众关心关切问题。一是开展频繁停电专项整治。进行重点地区督导、调研、督办，累计完成 1649 个线路和台区的问题治理，促成供电企业投资 4 亿余元，惠及用户 113.56 万户。二是开展供电服务质量提升“十项行动”。行动覆盖“获得电力”、充电基础设施、受电工程“三指定”等民生问题，推动区域供电服务水平全面提升。三是创新建立供电服务质量监管体系。围绕“十项行动”建立长效机制，着重监督 11 个方面 60 项内容，督促供电企业切实提升供电服务质量。四是积极处理各类用能诉求。累计处理 12398 工单 5323 件，总体满意率 90%以上。五是注重行政执法工作。全年立案 13 起，做出罚款等处罚决定 10 件，累计罚款 100 余万元。

6. 聚焦事中事后，提高行政许可效能

华北能源监管局强化制度建设，切实做到资质许可流程规范、有章可循。一是深化资质许可告知承诺制。简化许可流程和精简申请材料，依托资质与信用信息系统，通过网络核验和线上审查，受理后当日作出许可决定，做到企业办证“一网通办”和“一次都不跑”。二是提升许可规范化水平。建立健全许可监管内部制度，在许可事前、事中事后、证后及信用管理等全过程做出制度安排，规范化处理 12398 资质类举报行为，妥善处理 600 余件冒用、占用人员证件信息举报。三是高效完成许可条件保持专项清理。重点对于未持续保持人员许可条件的 1300 余家承装（修、试）电力设施企业，依法依规核实处置，100%完成清理工作任务。

（吴　丹）

【国家能源局山西监管办公室】

基本情况　国家能源局山西监管办公室（简称山西能源监管办）是国家能源局派驻山西的能源监管机构，原国家电力监管委员会山西省电力监管专员办公室（简称山西电监办）于 2013 年 12 月更名为国家能源局山西监管办公室。

主要职责：监管电力市场运行，规范电力市场秩序；监管电网和油气管网设施的公平开放；监管电力调度交易，监督电力普遍服务政策的实施；负责电力等能源行政执法工作，依法查处有关违法违规行为，监督检查有关电价；负责除核安全外的电力运行安全、电力建设工程施工安全、工程质量安全的监督管理以及电力应急和可靠性管理，依法组织或参与电力事故调查处理；负责组织实施电力业务许可以及依法设定的其他行政许可；负责协调有关跨省、跨区能源监管业务；负责法律法规授权以及国家能源局下达或交办的有关事项监管。

领导班子

党组书记、监管专员：谢康

党组成员、监管副专员：王毅敏

组织机构　内设综合处、市场监管处、行业监管处、电力安全监管处、资质管理处、稽查处六个职能处室。

主要工作

1. 市场监管

电力市场建设迈出坚实步伐。初步建成中长期市场保供稳价、现货市场发现电力时空价值、辅助服务市场保障安全稳定的“中长期+现货+辅助服务”市场体系。山西电力市场规则不断完善，市场运行整体平稳有序。进一步完善省内交易规则，积极引导发电企业参与外送交易，全年外送电量 1570 亿 kWh，同比增长 11%，保障华北、华东 22 省份电力可靠供应。辅助服务市场持续深化。首家出台省级市场正备用辅助服务规则，进一步挖掘机组顶峰能力；制定全国首个跨省区辅助服务费用分摊机制，厘清责任边界，推动区域市场建设；启动一次调频辅助服务市场；完善用户侧调峰规则内容，增加市场交易灵活性，间接降低火电机组灵活性改造和深调运行费用 3 亿元。电力市场秩序不断规范。按照国家能源局和审计署意见，向省电力交易中心下发监管意见书，叫停 55 家高耗能企业战新专场交易。督促省电力公司严格落实国家电价政策，不得将战新专场交易偏差费用等纳入工商业用户电费。开展山西调节性电源建设运营专项监管。对西龙池抽水蓄能电站违反调度纪律等问题责令整改。严肃查处某售电公司欠费 898 万元长期拒缴问题。配合两部委开展电力市场化交易专项整治评估核查，有力维护了市场秩序。市场管理委员会运作日益完善。召开专题座谈会，健全议事流程，优化发电、售电企业代表人数，增加第三方机构代表。组建类别工作组、专业工作组和专家委员会，在电力交易规则研究和议事协调方面提供专业支撑和人才保障。

2. 电力安全监管

做实齐抓共管。推动行业部门落实储能电站、充

电桩安全监管职责；与属地能源管理部门扎实开展二次系统、水电站大坝、燃煤贮灰场等 8 项专项监管，实现检查全覆盖。加强隐患排查。会同省能源局深入开展重大事故隐患专项排查整治，完善周报季汇、分级治理机制，累计完成隐患治理 2 万余条，全年未发生较大以上电力安全生产人身伤亡事故；提升本质安全。出台发电企业技术监督方案，制定 15 类 3846 项监督标准；推动实施工程建设“第三方实验室主动检测”，提升电网运行和电力生产建设安全水平。做好重点时段和区域保电工作。圆满完成保电任务。迎峰度夏、度冬期间电力供应充足，市场运行平稳有序。督促企业完成朔州市城区 220kV 铺辛线线路检修，有效提升 45 万居民供电可靠性。

3. 行业监管

动态跟踪重点项目。列入国家能源局 2023 年度火电开工计划的 1 个项目已开工，列入投产计划的 3 个项目 5 台机组已投产 4 台，其余 1 台机组按计划有序推进；推进风电光伏规模化集约化开发，山西晋中、运城风电光伏基地项目已全部开工，部分项目已经投产；第三批以沙漠、戈壁、荒漠地为重点的大型风电光伏基地建设项目正在开展可行性研究；晋北采煤沉陷区新能源基地项目已开展选址等前期工作。抓好能源产业政策执行情况监管。完成山西省“十四五”能源规划重点任务 2022 年度落实情况、2023 年实施情况专项监管、采暖季清洁取暖专项监管、山西省天然气用气结构专项监管等 7 项监管任务，提出意见建议 28 项，上报专项监管报告。加快推进省内天然气管道互联互通。持续关注神木－安平外输管道工程进展，协调解决存在问题困难。加强第三方公平接入监管，推动管道设施向各类社会主体公平开放。推进煤层气外输通道与周边输气管网联通，向包括河北雄安新区在内的京津冀等地区提供清洁能源供应。

4. 资质管理

着力打造资质许可优质便捷窗口。主动服务新能源企业，与调度机构建立并网清单同步机制，许可大厅“一对一”服务提醒，及时宣贯许可政策、做好业务指导，收到 12 家企业送来锦旗或感谢信。大力宣传告知承诺制，通过告知承诺制方式办证 412 家次。创新监管手段，信用监管取得新的成效。一是印发《关于进一步优化信用监管工作机制的通知》，进一步明晰归集内容、时限和要求，2023 年，山西办信用信息归集工作成效明显，累计归集各类信息 300 余条，为实施信用监管和精准监管奠定了基础。二是组织省内电力集团公司、供电企业等 97 家企业、121 人开展全省资质许可及能源信用专题培训，提升企业依法诚信经营意识。三是开展电力行业信用体系建设调研，全面掌握山西省电力行业信用体系建设工作动态、整体进展情况和存在的问题，研究提出加强顶层设计、健全工作机制、强化宣贯培训、深化成果运用等举措。

5. 行政执法

全力做好频繁停电专项整治。召开全省启动部署会，116 家国家电网县级供电企业、12 家地方电力供电企业、16 家增量配网企业，约 1100 人参加会议，确保工作目标任务横向到边、纵向到底。办主要领导带队赴 6 县（区）开展督查式调研。加强对静乐、阳高、临县等重点区域督导，推动两批主题教育单位上下贯通、同向发力，完成 11 项重点督办问题整改，实施 93 项改造工程，累计投资 1361.72 万元，惠及居民用户 19072 户、小微企业 51 户、公共服务机构 101 个。全面提升“获得电力”服务水平。会同省能源局开展“获得电力”现场督导，检查约谈供电企业 11 家，发现 82 条问题，督促企业全部整改。依法处理信访投诉举报事项。2023 年共收到 12398 投诉举报 246 件办结率 98.37%，回访率 100%，满意率 94.18%。做好信访举报调查处理。高度重视省政府、局机关纪委及综合司转来的 10 条信访举报线索，对于核查属实的举报事项立案调查，针对分布式光伏难备案的问题向地方有关单位提出整改要求明确时限，切实维护群众利益。持续加大行政执法力度。处罚“三指定”2 起、信息公开不到位 1 起、无证供电 1 起、无证施工 1 起、违反安全管理法规 5 起，罚没金额 352.91 万元。

（李生新）

【国家能源局山东监管办公室】

基本情况 国家能源局山东监管办公室（简称山东能源监管办）于 2013 年 12 月 2 日正式挂牌成立。

主要职责：山东能源监管办依据国家能源局的授权，履行山东省内的能源监管职责。具体履行以下监管职责：监管电力市场运行，规范电力市场秩序；监管电网和油气管网设施的公平开放；监管电力调度交易，监督电力普遍服务政策的实施；负责电力等能源行政执法工作，依法查处有关违法违规行为，监督检查有关电价；负责除核安全外的电力运行安全、电力建设工程施工安全、工程质量安全的监督管理以及电力应急和可靠性管理，依法组织或参与电力事故调查处理；负责组织实施电力业务许可以及依法设定的其他行政许可；责法律法规授权以及国家能源局下达或交办的有关事项监管。

领导班子

党组书记、监管专员、机关党委书记：张锐

党组成员、监管副专员：徐连科

党组成员、行业监管处处长：卢延国

组织机构 设综合处［机关党委（机关纪委）办公室］、市场监管处、行业监管处、电力安全监管处、资质管理处、稽查处。

主要工作

1. 能源安全保障工作

山东能源监管办聚焦能源安全保障，促进能源供应稳定的显著提升。在电力方面，通过市场机制引导，成功平稳度过了用电高峰。将电力现货市场形成的分时价格曲线有效传导至用户侧，引导用户在电力紧张时段自主削峰200万kW，同时激励发电机组提高顶峰能力270万kW，合计挖掘出470万kW的保供出力。在迎峰度夏和迎峰度冬期间，即便面临负荷多次过亿的情况，也未启动任何负荷管理措施，成功平稳度过了用电高峰。发挥电力市场在引导用户削峰方面的显著作用，山东负荷峰值前十年年均增速为6.9%，而2023年仅为1.3%，效果相当于减少6台百万千瓦煤电机组的建设需求。在煤炭供应方面，山东能源监管办有效开展了履约监管，确保了电煤供需形势的稳定。通过建立电煤中长期合同履约监管的“三项机制”，省内履约率100.06%，省外履约率也提升至75.2%，为电煤的稳定供应提供了有力保障。

2. 能源转型与市场机制创新

山东能源监管办聚焦能源转型发力，实现市场机制功能的显著提升。发挥市场机制作用，新能源电力得到了充分消纳，在新能源出力高峰和用电负荷低谷时段，利用低电价引导用户主动填谷350万kW，同时使发电机组深调空间增加了450万kW，合计挖掘出800万kW的消纳空间，新能源利用率高达98.7%，为新能源的持续健康发展奠定了坚实基础。据统计，山东最大峰谷差前十年的年均增速为6%，而2023年则为−2.18%，电力市场在引导用户填谷方面的作用日益凸显，效果相当于建设6台30万kW的抽水蓄能机组。积极融入国家电力市场建设大局，作为全国首个省级电力市场建设综合改革试点，以规则体系建设为抓手，探索出了“六个率先”的创新举措，为融入全国统一电力市场奠定了坚实基础。充分利用大数据平台，建成了山东电力市场监测系统，实时监测分析市场行为、市场绩效等206项指标，并及时发出预警，为全国电力市场的信息化监管提供了有益的“山东方案”。

3. 民生用能服务与提升

山东能源监管办聚焦民生用能发力，推动群众幸福感与获得感的显著提升。开展了贯穿全年的频繁停电问题专项整治行动，通过扎实推进一系列专项治理措施，频繁停电次数同比下降了55.13%，95598频繁停电工单减少了49.43%，12398停电工单减少了11.11%，显著提升了群众的用电可靠性。加强“获得电力”监管，持续优化用电营商环境，督导全省供电企业实现17项业务的“零证照”办理、将低压小微企业用户的办电时长压缩至15个工作日以内，为38.6万用户提供了“三零三省”服务，节省了29.2亿元的办电投资，提升了企业和群众的用电便利度及获得感。建立完善群众投诉处理联动机制，明确了处理原则、回复时限和答复责任等具体要求，通过快速有效地解决群众的急难愁盼问题，使群众的综合满意率提升至96.70%。

4. 行政执法与信用监管

山东能源监管办聚焦行政执法发力，引导企业实现遵规守纪意识的显著提升。在行政执法方面，加大执法力度，有效发挥了震慑作用。严格落实许可制度和开展专项监管行动，开展了覆盖全省1152家持证发电企业的发电许可制度执行情况专项监管和承装（修、试）企业专项监管，督导859家不符合许可条件的企业完成了整改工作，注销了217家企业的许可证、重新核定76家企业的许可等级以及撤销了43台机组的许可。不断加强行政执法工作力度，开展执法检查62次、监管约谈6次，印发监管通报19期、监管意见书4份、整改通知书895份，充分发挥执法利剑的作用。在信用监管方面，通过丰富信用监管路径和探索新型监管模式，对不同信用类别的企业采用差异化监管策略，实现了“守信者无事不扰、失信者利剑高悬”的目标。创新推行行政处罚决定书和信用修复告知书的“两书同达”制度，同步告知企业其失信程度和信用修复方式，引导企业自觉遵规守信经营。

5. 电力安全风险防控

山东能源监管办聚焦风险防控发力，推动了电力安全水平的显著提升。采取一系列有效措施，全方位加强电力安全监管。夯实企业主体责任，激发安全生产内生动力，着力推进企业负责人安全包保、双重预防体系建设，对指标完成情况实行量化管理，有效激发了企业的电力安全生产内生动力。压实属地责任，从完善机制、试点先行、培训提升、上下贯通和专家支撑五方面入手，实现电力安全监管网格化、坐标化，推动了安全属地监管走深走实，推广济宁市电力安全属地监管的创新试点经验，带动各地摸索出一批特色做法，全方位压实了省、市、县三级的属地监管责任。狠抓隐患排查治理工作，排查发现问题隐患30861条、其中挂牌督办重大隐患6项，并逐一整改到位，确保了电力安全形势的持续稳定。在全国电力行业创新制定了《重点事项专项检查表》，有效解决了风险隐患的排查问题。

（李文东）

【国网北京市电力公司】

企业概况 国网北京市电力公司（简称国网北京电力）是国家电网公司的全资子公司，负责北京地区1.64万km^2范围内的电网规划建设、运行管理、电力销售和供电服务工作。下辖二级单位34个，包括供电公司 16 个、业务支撑和实施机构 12 个、合资公司 3 个、其他单位 3 个。年内，完成售电量 1285.52 亿 kWh，同比增长 7.17%。

当年业绩考核跻身 A+行列，跃居国家电网公司第二名。首次获得北京市人民政府质量管理奖提名奖，“电动汽车充电桩自动化检测流水线”专利技术荣获第 48 届日内瓦国际发明展最高奖项“特别嘉许金奖”，“低压配电网旁路作业设备的研制”“电缆局部放电缺陷精准判别系统的研制”2 项 QC 小组成果荣获第 48 届国际质量管理小组会议（ICQCC）大赛最高奖项金奖，“智慧能源城市大脑——电力数据服务智慧城市发展”项目荣获 2023 金砖国家工业创新大赛决赛二等奖。国网北京昌平供电公司职工王月鹏被授予“中央企业技术能手”荣誉称号。

领导班子

董事长、党委书记：王昕伟

董事、总经理、党委副书记：张铁恒

董事、党委副书记（二级单位正职级）：李百顺

党委委员、纪委书记：任峰

副总经理、党委委员：刘明志、王鹏

总会计师、党委委员：张铖

总工程师、党委委员：史景坚

职工董事、党委委员、工会主席：齐小伟

三级顾问：周建方（2023 年 12 月任职）

副总经理、党委委员，国网北京通州供电公司总经理、党委副书记：闫承山（2023 年 7 月离任）

组织机构 本部职能部门 22 个：（党委办公室、董事会办公室）、办公室、发展策划部、财务资产部、党委组织部（人事董事部）、人力资源部（社保中心）、党委党建部（思想政治工作部、本部党委、公司团委）、党委宣传部（对外联络部）、纪委办公室（巡察办）、安全监察部（应急管理部、保卫部）、设备管理部（政治供电办公室）、市场营销部（农电工作部、乡村振兴办公室）、科技创新部、数字化工作部、建设部、物资管理部（招投标管理中心）、审计监管部、法律合规部（体改办）、后勤保障部、离退休工作部、工会、电力调度控制中心、企业管理部；供电公司 16 个：国网北京城区供电公司、国网北京通州供电公司、国网北京朝阳供电公司、国网北京海淀供电公司、国网北京丰台供电公司、国网北京石景山供电公司、国网北京亦庄供电公司、国网北京昌平供电公司、国网北京门头沟供电公司、国网北京房山供电公司、国网北京大兴供电公司、国网北京平谷供电公司、国网北京怀柔供电公司、国网北京密云供电公司、国网北京顺义供电公司、国网北京延庆供电公司；业务支撑机构 12 个：国网北京经研院、国网北京电科院、北京电力工程公司、国网北京检修公司、国网北京电缆公司、国网北京信通公司、国网北京党校（首电人才服务公司）、国网北京物资公司、国网北京综合服务中心、国网北京客服中心、国网北京建设咨询公司、北京华商电力产业管理公司；合资公司 3 个：首都电力交易中心有限公司、国网北京能源公司、国网北京新能源汽车公司；其他单位 3 个：北京市供用电建设承发包有限公司、国网北京物业公司、北京市城市照明管理中心。

电网概况 北京电网现有 110kV 及以上变电站 549 座、变电容量 1.54 亿 kVA，线路长度 1.25 万 km，形成了“500kV 扩大双环网、220kV 分区供电、110kV 辐射状供电”的坚强网架结构。北京电网是典型的超大型城市电网，从供给侧看，外受电比例超过 60%，本地装机以燃气发电为主，占比超过 70%；从消费侧看，电能在终端能源消费占比达到 50.06%，其中第三产业和居民用电占比近 77%；城市供电可靠率达到 99.997%，处于国内领先水平。

人力资源 截至年底，共有长期职工 8757 人，其中研究生及以上学历 3061 人，本科学历 4388 人，专科学历 980 人；高级职称 2334 人，中级职称 2228 人；技师及以上职业资格 3125 人，高级工 1829 人，中级工 1302 人。

设备监控职责由调控中心调整至设备部。完成检修公司、丰台供电公司等 13 家单位内设机构优化调整。制定用户电力接入工程职责优化调整方案，推动投资到红线政策落地。强化科技创新机构设置，增设新型电力系统建设办公室。落实“三个全面”❶要求，制定省管产业人力资源同质化管理“一方案、两清单”❷，组建产业发展公司。完成高校毕业生招聘，完成供电服务职工专项补员。依托内部人力资源市场，实施人才跨岗位、跨专业、跨单位按需流动，深化岗位聘任制管理，完成劳动合同电子化管理。三项制度改革成效评估指标位列国家电网公司前列。编制国网北京电力《人力资源数字化转型三年行动计划》。

建设国网北京电力“三类五级”专家人才体系，国家电网首席专家 3 人；高级专家 34 人（特级 6 人、一级 28 人）、优秀专家 138 人（二级 26 人、三级 112 人），省部级及以上人才称号 68 人。绘制核心岗位成长地图，深化企业新型学徒制，推进设备运检全业务核心班组高素质人才队伍建设，员工培训培养力度稳步提升。双实基地正式揭牌投运。昌平供电公司王月鹏、检修公司韩晓昆获评国网首席专家。深化绩效管

---

❶ 全面纳入国有资产监管体系、全面实施同质化管理、全面加强党的建设。

❷ 一方案：省管产业单位人力资源同质化管理方案。两清单：省管产业单位人力资源同质化管理职责清单、省管产业单位人力资源同质化管理权限清单。

理，17 项关键指标、4 项专项任务、18 个专业评价排名第 1，国网北京电力绩效工作评价位列国家电网第 1。发挥薪酬分配激励导向，加大工资总额分配与各单位业绩考核、效益效率的挂钩力度，挂钩比达到 66%。推行“宽带岗级、宽带薪级”❶工资制度体系。

电网建设与发展 与政府、委办局等部门沟通交流，多次对接研究国家投资到红线政策，解读相关要求，历时两年推动北京市出台 2 项配套落地政策文件。加大前期攻坚力度，取得 51 项立项核准。制定“十大攻坚任务”，包含电网亟需项目建设攻坚、电网解重载均负荷项目攻坚、项目前期储备攻坚等十方面共计 505 项任务。全年开工 48 项，变电容量 775 万 kVA，输电线路 468.56km；投产 39 项，变电容量 473.3 万 kVA、输电线路 307.09km，投产轨道交通平谷线、京雄高速等 15 项配套迁改工程投产，完成首都核心区 14 条 6.47km 架空线入地任务。张北柔直工程获国家电家优质工程金奖，丰益、喇叭沟门 2 项工程获国家电网优质工程金银奖，塘峪、于庄 2 项工程获评中国电力优质工程，丰益、喇叭沟门 2 项工程获国家电网优质工程金银奖，CBD500 等 5 项工程获国家电网公司输变电工程标杆工地，科学城东等 4 项工程获国家电网公司输变电工程标杆工程。

安全生产 推进“春季百日安全攻坚”“控风险、盯现场、保安全”专项行动。各级领导干部“四不两直”检查超 3 万人次，安监体系组织现场巡检 12.1 万人次。针对灾后重建、山区“煤改电”等重点工程，安排 71 人开展专项安全监督，完成 1860 个作业点位全覆盖检查。针对 500kV 设备检修、多人塔上作业等高风险工作，开展风险管控“三查”，确保各环节措施有效落实。将产业外揽工程等全口径现场纳入计划管控，全年计划准确率提升至 98%。推进重大事故隐患专项排查整治，制定 9 类 636 项隐患排查标准，组织排查治理隐患 1191 项，整改消防问题隐患 544 项，解决了一批痛点难点问题。深化安全管理体系建设落地，优化修订程序文件 42 类，对 10 类程序文件执行情况全流程审查，国网北京电力本部和城区、通州两家试点单位高质量通过验收。强化各级领导班子“两个清单”和全员安全责任清单督办检查，开展 16 家单位安全生产巡查，闭环整改各类问题 371 项，进一步规范照单履责。深化安全实训基地建设，面向社会面施工人员免费开展“万人安全大讲堂”，完成 913 名工作负责人、2177 名作业人员安全实训。大力开展安全大讲堂等系列活动，国网北京电力“一把手讲安全课”获得国家电网公司下属省公司级优秀课件第一名。

完成全国“两会”、第三届“一带一路”国际合作高峰论坛等重大活动保电任务，全年累计完成保电任务 234 项，保电天数 337 天，实现“五个确保”❷“四个零”❸保电目标，得到国家电网公司、北京市委市政府以及相关筹（组）委会高度肯定。落实“国网一盘棋”决策部署，调派技术专家、业务骨干 233 人次开展成都大运会、杭州亚运会等重大活动跨省保电支援，分享“北京方案”，贡献“首都经验”。

完成 220kV 张仪站全站改造，完成 110kV 永乐店、于家务、十里堡站主变压器增容更换投产及杨镇、北小营站隔离开关改造。完成 1200 台高耗能配电变压器更换，5.7km 油纸电缆更换、55 座运行超过 30 年的配电室等改造工程。建成数字化隧道无人巡检示范区，实现地下无定位信号电力隧道自主巡视、检测和应急处置。配电自动化实用化水平大幅提升，终端在线率 97.8%，成功率 92.4%。馈线自动化动作正确率 91.9%。按照“市区集约、郊区协同”不停电作业模式，推进“8+8”❹配网不停电示范区建设完成中压架空配电线路带电作业 8312 次，有效减少停电时户数 327747h • 户，减少用户平均停电时间 1.51h；带电作业化率为 89.72%，同比增加 4.7%。

经营管理 创新经济活动分析现场会形式，围绕重点难点，现场提出解决问题。深化“两级三维度”❺内模市场数智经营平台应用，实现 165 家供电所全覆盖。上线智慧财务平台，发布通用报账等 43 个场景。建立三级催收责任机制，实现电费颗粒归仓。开展“合规管理提升年”行动，印发“一库两清单”❻，编制重点领域合规指引 327 项，举办“合规在我身边”演讲。

---

❶ 宽带岗级，员工岗级=基准岗级+发展岗级，基准岗级为员工任职岗位的起始岗级，根据岗位职责、工作强度、任职条件等因素确定，发展岗级为员工岗位的晋升岗级，结合员工绩效表现确定，基准+发展，形成宽带岗级；宽带薪级，每个员工岗级设置 12 个薪级，形成宽带薪级，依据资质等级（学历、职称、技术资格、工龄）、专业成果等综合能力素质提升情况晋升。

❷ 确保安全生产形势平稳，确保北京电网稳定运行，确保重要活动供电万无一失，确保重要场所及周边不发生因电引起的火灾、森林草原火灾，确保不因疫情影响供电保障。

❸ 设备零故障、客户零闪动、工作零差错、服务零投诉。

❹ 打造 8 个零计划停电示范区和 8 个零计划停电提升区。原则上，示范区和提升区内不安排造成用户停电的计划作业。示范区刚性执行上述规定，提升区可经国网北京公司职能部门同意后安排造成用户停电的计划作业。

❺ “两级”是指供电公司及业务支撑机构、供电公司所属供电所；“三维度”是指以“盈利负债双模拟”为核心的效益评价、专业管理效率评价、支撑机构和供电所特殊贡献评价。

❻ 合规风险库、重要岗位履责合规义务清单、业务流程管控合规管理清单。

深入推进实物资源盘活，结余物资利用共计1.67亿元，全年安排21个报废处置批次，处置金额8344万元。完成2项国家电网经责审计，扎实开展产业单位经营等27项审计，遗留问题全部整改。配合第三轮输配电价核定，实现成本水平和认定标准双突破，促请政府出台分时电价、交叉补贴等配套政策。推进工商变更、财务并表、关联交易消差等重点工作，省管产业单位改革改制圆满收官，35家产业单位全部纳入国资监管体系。推动北京与山西签订国家电网公司首个省间绿电供应协议，全年消纳绿电325亿kWh，完成绿证交易44万张。落实新一轮国企改革深化提升行动部署，制定实施110项重点任务。省公司对标先进性排名国家电网公司第4、成长性排名国家电网公司第二。获得省部级及以上管理创新成果奖项37项，其中电力科技创新奖管理成果二等奖2项；牵头国家电网公司二等奖1项，参与二等奖1项，优秀推广应用项目1项；北京市一等奖8项，第十次获评北京市管理创新成果优秀组织单位。

营销工作 研究制定优化电力营商环境三年提升方案，提升“三零”供电容量至200kVA。推动城管委印发“五联”[1]服务实施细则，打造“中国书店”等13个优秀典型案例，被央视等多家主流媒体关注报道。实现电费核算省级集约，建成“1+16”[2]电费核算体系，客服中心设立32个电费核算岗位，实现减员71%，电费发行时间压缩至6天以内。建立电费回收三级催收责任机制和“日会商、周调度、周通报”机制，年度电费回收率99.996%，陈欠电费实现历史性清零。持续深化“一台区一指标”精准治理，高损台区数量压降超过80%，台区线损率压降至2.29%。

深化“三零+全电餐饮”服务，完成2077户非居民液化气改电，全年实现替代电量12.7亿kWh。促请通州区政府出台全市第一个区级虚拟电厂支持政策，虚拟电厂接入31万kW可调节负荷。车网互动平台接入充电桩10.4万台，完成国内最大规模公交充电桩聚合响应。初步建成“1+1+16”[3]的市、区两级负荷管理体系，排查负荷资源客户351户，负荷规模154万kW。

优质服务 优化服务渠道，新增线上注册用户132.04万户，线上办电率提升至99.34%。升级改造19个“三型一化”[4]营业厅，新投运23个网格服务“微中心”，95598话务量同比降低15.47%。建立“供电所+街镇”“客户经理+社区”两级联动机制，实现“网格+电力”[5]融合共建，1319名客户经理融合政府网格开展服务，178个村级“电力驿站”建成投运。强化投诉管控，95598客户投诉同比下降12.02%，供电服务合规率达到99%以上，12345排名保持全市前列。完成103个老旧小区改造，惠及居民6.63万户。完成88个村、2.8万户“煤改电”建设，全市电采暖用户超136万户。

科技与信息化 聚焦前沿领域、核心技术，组建4支国网北京电力级、11支专业级攻关团队，12名青年人才“揭榜挂帅”重点项目。全年获得省部级及以上科技奖励25项，其中获参与获北京市科学技术奖一等奖1项，牵头获二等奖1项，参与获国家电网公司科学技术奖特等奖2项，牵头获二等奖1项。牵头获得电力科技创新奖一等奖1项，中国能源研究会技术创新奖一等奖1项。发布国家电网首个ITU标准，立项1项IEEE标准，新增发明专利授权188项。获得省部级及以上QC成果奖项59项，其中国际质量管理小组会议（ICQCC）最高奖项2项；全国发表交流活动一等奖5项；电力行业交流活动特等奖1项，一等奖1项；国家电网公司二等奖1项；北京市一等奖7项。1个小组获评“全国优秀质量管理小组”。

发布《数字化转型三年行动计划》。海淀“城市大脑”获得中国工业互联网大赛全国总决赛三等奖。服务北京城市副中心新型电力系统示范建设，形成数据模型、应用交互等技术标准，“通州—亦庄”入选国家电网20家数字化配电网综合示范区。推进“十大工程”落地见效。深化“电网一张图”建设应用，实现电缆隧道80km三维点云、客户侧4.1万个充电桩和光伏数据叠加上图。牵头主数据应用驻场研发。推行数据主人制，精准定位设备、客户、电力能量流三类2万余条权威数据源。做实基层数据服务，发布数据集成果887个。做优大数据应用，首都碳排放监测服务平台获政府授权，上线“能—碳—电”三流合一的首都“电碳一张图”，创新碳普惠、建筑碳效场景。“电力看”五维产品服务获得政府批示200余次。两项数据产品获北数所数据资产登记A证，资产估值达1亿元。电力看双碳数据集获北京首批数据知识产权证书。构筑网络安全和信息运行高地。完成“一带一路”高峰论坛等重大活动网络安全保障。投运网络安全实训区。组建信创技术实验室，完成800台信创终端推广和153套系统适配性测试。

党建引领 把握主题教育总要求和目标任务，制定工作方案，成立领导机构，明确工作机制，工作成

---

❶ 联合报装、联合勘查、联动施工、联合验收、联动过户。

❷ 1个客服中心核心业务组加16家供电公司业务支撑组。

❸ 1个市公司调度管控中心+1个客服中心业务支撑中心+16家供电公司负荷管理中心。

❹ 智能型、体验型、市场型、线上线下一体化。

❺ 社区网格化管理加电力服务。

效得到中央指导组“党建工作有血有肉”“防汛救灾充分体现主题教育丰硕成果”等肯定。党委带头先学一步，示范带动各级党委开展“第一议题”学习 1160 次、中心组学习研讨 450 次。把握“五字诀”[1]，领导班子带头深入一线，开展调研课题 290 个，转化运用成果 258 项。实施“破难题、促发展”“办实事、解民忧”等专项行动，解决一批发展所需、民心所向的实际问题。

落实“旗帜领航”党建工程部署，拓展“首善先锋”特色实践，推进党建工作提质登高。坚持“四同步、四对接”[2]，完成 31 家单位、645 个党支部优化设置。全覆盖各专业实施“党建＋”工程 33 项，拓展共产党员服务队“红马甲在行动”品牌实践，实施“卫蓝暖心”党员行动，以走心服务践行人民电业为人民的企业宗旨。

加强思想政治工作，围绕党的二十大精神、主题教育等重点任务，实施职工思想动态调研，把握职工思想脉搏。开展《企业文化建设工作指引（2023）》宣贯培训，推动国家电网公司价值理念、战略体系深入基层、深入人心。深化精神文明建设，模式口“第一通电村”获评首都新时代文明实践基地。坚持党建带团建，开展青马读书会、青马大讲堂等特色活动，开设“首善青年讲堂”，实施青年大调研，举办青年创新创意比赛，培育打造新时代“首善青年先锋”。

完成中央巡视延伸检查配合工作，统筹推动中央巡视反馈问题整改落地，守牢迎检“首善”主阵地。印发国网北京电力党委巡察五年规划，完成 8 家单位巡察。深化“2＋9”监督体系，创新“命题＋点题”督察、“双专”[3]互促等机制，打通专业壁垒，贯通协同织牢监督网络。召开 10 次党委会研究党风廉政建设议题，制定实施 52 项重点任务，全覆盖开展 37 家单位党政一把手“清单式”履责约谈。坚持严管厚爱，运用“四种形态”111 人次，下达纪检建议书 44 份。

宣传工作与国家电网公司联动 109 次，召开新闻发布活动 61 次。在各级各类媒体共刊发宣传报道共计 5661 篇次。连续 12 年发布国网北京电力社会责任报告，2 项优秀社会责任根植项目被中电联、国家电网公司评为“典型案例”。门头沟斋堂中学挂牌北京市首个国家电网“电力爱心教室”。实施职工关心关爱三大行动，全覆盖开展网上问诊、心理援助等服务。完成国网北京电力两级工会换届。取得亦庄办公区、通州办公楼不动产权登记证。国网北京电力连续 6 次荣获电力行业 AAA 信用企业，国网北京丰台供电公司调控室荣获全国工人先锋号，国网北京朝阳公司荣获首都劳动奖状，国网北京城区供电公司天安门政治供电服务中心荣获国家电网楷模，国网北京通州供电公司杨翀、国网北京检修公司戴瑞成荣获首都劳动奖章，国网北京检修公司周凯、国网北京电缆公司李宁荣获“最美国网人”称号。国网北京城区供电公司马天佚、国网北京工程公司王庆灏作为团员青年的优秀代表荣获“国家电网公司青年岗位能手”称号。

（邢　蕊）

【国网天津市电力公司】

企业概况　国网天津市电力公司（简称国网天津电力）是国家电网公司的子公司，负责天津电网规划、建设、运营和供电服务，致力于为天津经济社会发展提供清洁低碳、安全高效的电力能源供应，供电面积 1.19 万 km^2，供电户数超 760 万户。截至 2023 年底，资产总额 1000 亿元，资产负债率 47.56%。2023 年售电量 891.5 亿 kWh，领导班子和领导人员三年任期考核获评“优秀”，2019—2021 年任期业绩考核排名国家电网公司第四，2023 年业绩考核指标保持 A 级，省公司对标排名国家电网公司第三。

天津是我国最早用电的城市之一，电力工业起始于 1888 年，至今已有 136 年的历史。截至 2023 年底，天津电网共接入各类电厂 137 座，发电装机容量 2260 万 kW，建成 1000kV 变电站 1 座，500kV 变电站 11 座，220kV 变电站 90 座，电网保持安全稳定运行。

党的十八大以来，习近平总书记来津视察期间两次对电力工作作出重要指示，在全国电网企业中是唯一一家。近年来，国网天津电力牢记总书记重要勉励嘱托，在国家电网公司党组和天津市委市政府的坚强领导下，历时三年建成“1001 工程”，提前一年完成“煤改电”和农网改造升级，全面建成 500kV 双环网，10kV“雪花网”实现供电单位全覆盖，供电可靠性达到世界先进；打造全国首个政企合作的电力“双碳”先行示范区，投运全国首个电力双碳中心，实体化运营系统首家双碳运营管理分公司，推动配网带电作业机器人实现产业化突破，立项、发布首个国际标准，建成综合能源服务中心等一批示范项目。促成零能耗智慧建筑模型被中国共产党历史展览馆永久收藏。国网天津电力党委获评中央企业先进基层党组织，培育了“时代楷模”“改革先锋”张黎明等一批重大典型，国网天津电力获评国务院国资委国有重点企业管理标杆创建行动标杆企业，作为唯一省公司入围国务院国资委“双百企业”，首次获评国家技能人才培育突出贡献单位，国家电网系统首家承办全国技能大赛电力赛项，作为天津市唯一企业被推荐为国家级高技能人才培训基地。

[1] 深、实、细、准、效。

[2] 党的建设和国有企业改革同步谋划、党的组织及工作机构同步设置、党的组织负责人及党务工作人员同步配备、党的工作同步开展，实现体制对接、机制对接、制度对接和工作对接。

[3] 专业监管、专责监督。

电网概况 天津电网是华北电网的重要组成部分。目前通过胜利—锡盟—廊坊—海河—泉城双回1000kV交流线路及鄂尔多斯—北岳—保定—海河双回1000kV交流线路与华北特高压主网相联。通过新航城—南蔡双回、盘山—安定单回500kV交流线路与北京电网相联，通过吴庄—孝彩双回、芦台—裕丰双回500kV交流线路与冀北电网相联，通过静海—黄骅双回500kV交流线路与河北南网相联。

截至2023年底，天津电网共有1000kV变电站1座，1000kV主变压器2台，变电容量600万kVA；500kV公用变电站11座，500kV主变压器24台，变电容量2445.3万kVA；220kV公用变电站90座，220kV主变压器218台，容量4191.6万kVA。天津电网共有交流1000kV线路8条，天津维护段长度577.89km；直流±800kV线路2条，天津维护段长度391.92km；500kV线路44条，天津维护段长度1456.96km；220kV线路340条，线路长度4388.15km。

人力资源 大力选拔使用想干事、能干事、干成事的干部，加大优秀年轻干部选用力度，统筹用好各年龄段干部，持续激发干事创业活力。实施人才培养“三大工程”，选拔培养技能骨干542人、优秀专家234人、高级专家53人，3人当选国家电网公司首席专家，当选人数位居前列。张黎明作为国家电网公司唯一代表当选中华全国总工会第十八届执行委员会主席团委员。国家电网系统首家承办全国最高等级职业技能大赛电力赛项，2名员工勇夺赛项金牌，获评“全国技术能手”。2人获评“享受国务院政府特殊津贴人员”，2人获评国家电网公司首席技师，6人获评国家电网公司特级技师，省部级及以上人才同比增长17.5%，国家级人才增至9人。

深化“三项制度”改革，国家电网系统内率先构建企业负责人任期考核体系，全面推行任期制和契约化管理，各级机构负责人岗位聘任制实现全覆盖、管理岗竞聘比例达60%以上。作为国家电网系统内首批试点单位，率先完成新版岗位绩效工资制度推广实施，薪酬分配进一步向关键岗位、一线员工倾斜。持续优化薪酬分配体系，用好专家、职务、职员等多种激励通道，激发核心骨干人才创新创造热情。建立差异化考核指标体系，创新省公司与基层两级一体化考核，基层单位关键指标与省公司指标考核结果直接挂钩，引导基层与省公司一盘棋、上下联动。创新实施基层供电所“考核量化透明、专业深度融合、网格联产承包”绩效模式，典型经验入选《国网内参》。

组建系统内首家双碳运营管理分公司，国内首个政企合作的电力双碳中心实现实体化运营，相关工作获天津市、国家电网公司领导高度评价，打造了国家电网公司与天津市深化战略合作、推动“双碳”落地示范“窗口”。服务天津市“十项行动”落地，优化业扩报装、电力设施迁改、配电网规划等职责界面，推动配电网高质量发展和优质服务水平提升。完成滨海电缆业务集约调整，提升电缆精益化管理水平和电网安全稳定运行保障能力，支撑高压电缆管理迈向国际领先水平。

电网建设与发展 促成天津市与国家电网公司签订新一轮战略协议，携手加快新型电力系统建设，打造能源革命先锋城市。12个委办局与国网天津电力签署协议落地机制，推动政府规划预留电力空间资源，出台简化塔基用地预审等支持性政策。

开工天津南特高压扩建工程，投产500kV大港等一批重点项目，全面建成500kV双环网。建成国际领先城市配电网示范区，获评国家电网公司城市配电网高质量发展标杆单位。“雪花网”实现供电单位全覆盖，配电网承载能力和灵活性显著提升。1项线路工程首获中国电力优质工程奖，1项工程首获中电建协绿色建造最高奖，8项工程获评国家电网公司级和华北区域级标杆工地、标杆工程。

服务世界单体最大的盐光互补光伏电站华电海晶等新能源项目并网，全年接入新能源场站12座，分布式项目近1.3万个，新能源装机规模同比增长72.15%。

建成国家电网系统内首个“采检储运”一体化供应链智慧园区，同时获评国家级行业认证“五星级仓库”“物资管理标准化仓库”“仓储服务金牌企业”，列为国家电网公司首批试点建设新一代绿色数智评标基地。承办国家电网公司首次绿链体系建设现场推进会。

碳核算等5类业务实现首单突破，签署国家电网系统内首个碳管理服务合同。首批上线省级碳排放监测分析服务平台，基于电力大数据的“电－税－污－碳”分级管控经验纳入政府工作指南，电力双碳中心被国家生态环境部授牌“国家智能社会治理实验基地”。

经营管理 实施优化策略提质增效三年行动，核心经营指标走在系统前列，资产负债率连续四年大幅下降。高质量服务大乙烯、荣程钢铁等大项目送电，全年接电766.4万kVA，创近十年新高。压紧压实电费回收责任，加强电费金融产品推广应用，全年电费颗粒归仓。盘活存量资产释放价值2.56亿元，通过法律途径挽回损失2.02亿元。坚持“以网拓产，以产强网”，省管产业营业收入和利润分别同比增长3.27%、61.90%，战略性新兴产业营业收入和利润分别同比增长15.37%、26.54%。

推进基层合规指南体系化建设，“合规管理提升年”收官，法治合规成果获评全国首届企业法治文化创新典型案例、首届电力行业合规管理成果一等奖。完成任中经济责任审计迎审，全面客观反映企业经营发展成果。健全监督联席会议机制，发布《推进审计纪检巡察监督高效贯通协同工作实施方案》，常态召开联席会议推动专业领域风险源头治理。首获中国内部审计工作先进集体，数字化审计模型获国务院国资委创新活动最高奖项，打响天津审计品牌。

作为唯一省公司入围国务院国资委“双百企业”。制定国企改革深化提升行动暨“双百行动”实施方案，配套制定2项制度。构建两级世界一流企业指标体系，开展价值创造对标及能力诊断，获国务院国资委高度肯定。省管产业改革取得历史性突破，26家单位全部纳入国资监管体系，完成省管产业单位确权，产权级次由四级压减为二级，完成用工清查，夯实省管产业高质量发展基础。布局战略性新兴产业，战略性新兴业务生产用房项目获批立项。探索科技项目分红中长期激励，实现零突破。

稳健运营电力市场，2023年完成直接交易电量346.31亿kWh，交易频次同比提升92%。“外电入津”交易完成15.86亿kWh，同比增长23%，省间省内市场协同高效。绿电绿证市场取得跨越式发展，累计成交绿电18.3亿kWh，同比增长22.5倍，完成绿证交易16.22万张，达到年度计划162%。实现中长期电力交易连续运营，全年整体市场价格波动较小，稳住保供基本盘。建立电力中长期市场运营监测预警机制，保证电力市场平稳有序运行。主动对接政府、欧盟商会、内外资企业开展参观座谈，服务新能源企业参与市场，提升“绿电专享”品牌影响力。

安全生产 开展百日安全攻坚行动，3项典型经验在系统内推广，开展春季安规普考及“全覆盖”安全警示教育，对16家主要生产单位开展工作票填用宣贯培训，累计指导基层一线25次1463人。开展高质量开展重大事故隐患排查整治等专项行动，组织排查各类隐患1140项，治理完成率83.42%，17项重大事故隐患年内整改完成15项，所有隐患均“在账、在控”。安全管理体系通过国家电网公司验收，印发4项工作方案，承接细化14项重点任务、34项具体工作，深入“四个梳理”，动态更新“1+42”体系文件，推进数字化风险控制卡现场应用，完成14家试点单位自评价和10个部室专业评价，完成国网天津城南公司、国网天津高压公司两家试点单位安全管理体系验收。实现“八个不发生”目标。系统内首家完成全地区集控系统建设及实用化，率先完成集控系统省级平台建设。500kV及以上输变电设备连续2年零故障。首次完成特高压直流线路直升机带电作业，110kV及以上线路实现通道可视化及无人机自主巡检全覆盖，6家供电单位获评国家电网公司配网无人机自主巡检示范单位。连续四年获得天津市网络安全攻防演习防守方第一名、攻击方央企第一名。首次在国家级网络安全技能竞赛获二等奖。

完善周风险督查会议机制，成功管控501项五、六级电网风险，针对渠阳扩建、腾飞路扩建等检修工作召开专题风险管控会，明确具体保电措施。归纳10类主要作业风险，使各级人员对主要风险、关键措施心中有数，按作业风险等级，严格落实同进同出、到岗到位、全程旁站等要求，及时发现解决现场安全问题。深化“反违章”工作，实现二级以上作业现场督查100%全覆盖，对各类现场违章形成有力震慑。紧盯重点领域，实现26家基层单位消防查评全覆盖。首家完成系统网络安全试点评价。反无主动防御系统率先取得国家无线电检测中心检验合格报告。强化应急建设，完成以防汛度夏、能源保供为背景的突发气象灾害事件综合应急演练。防汛应急响应期间，组织应急值班和会商，调拨通信设备，收集报送停电数据、复电进度、应急物资、应急车辆等信息，响应能力经受住实战考验。

营销工作 持续优化营商环境，第一时间推出36条新举措助力“十项行动”落地，率先在政府召开专场发布会，两级班子深入企业和项目服务解决需求3700余件。制定《国网天津市电力公司关于印发落实“十项行动”进一步优化业务流程职责界面工作方案的通知》（津电办〔2023〕9号），将国网天津营服中心负责的35、110kV电压等级业扩报装业务的全过程牵头组织工作职责调整至各供电单位营销专业负责，各供电单位10kV业扩接入方案编制由发展专业负责。供电方案一次答复率较职责调整前提高1.29%，相关业务流程得到有效压降。

深入开展“六进、六好”特色走访，梳理营销2.0系统内全量在运及在途的世界银行重点关注制造业、服务业企业名单，采用“一图读懂”等易于理解的形式，设计印制高低压办电服务等宣传折页11项，制作绿电绿证宣传片，会同天津市政务办开展宣讲2次，重点介绍办电标准、办电费用等政策规定、服务举措。

科技与信息化 建成“电力物联网”国家重点研发计划项目示范工程，全国首套“超多跳自组网通信设备”挂网运行。牵头的国家重点研发计划项目“电动汽车车网互动”建设方案通过责任专家评审，百兆瓦级车－网智能互动综合示范工程启动。“碳排放监测”入选国家电网公司首批新型电力系统原创技术策源地科技示范工程。启动建设国内首个110kV全国产化大容量干式变压器示范工程。牵头成果“电力网络安全未知威胁感知与精准防御关键技术及应用”获评科技进步奖一等奖，实现连续三年获评国家电网公司一等奖，2项成果获评二等奖、3项成果获评三等奖，获奖总数创历史新高。“光储充检一体化城市大型充电站关键技术及应用”获评2022年度天津市科技进步奖一等奖。“以退役资产精益管理为导向的电网多级协同退役资产管理”成果入选全国资产管理标委会优秀实践案例库。“配电系统智能软开关关键技术、核心装备及工程应用”等4项成果经院士鉴定达到国际领先水平。零能耗建筑、智能充电机器人等创新成果亮相第25届中国国际高交会和亚太电协创新成果展。电力双碳中心、津门湖新能源车综合服务中心相关展项亮相全球能源互联网大会主题展览。全年许可实施50余项创新成果，转化合同收益超600万元。新发布1项、再立项4项国际标准。牵头组建天津市首批创新联合体，与天津大学共建的国家储能技术产教融合创新平台实训基地揭牌，承建的天津市能源大数据仿真重点实验室正式挂牌成立，电力电缆运行及检测技术实验室入选国家电网公司“赛马”实验室。6项QC成果获国际金奖，14项职工创新成果获省部级及以上奖励，2项成果分获全国企业管理现代化创新成果二等奖、全国职工优秀技术创新成果二等奖。首次获评国家知识产权优势企业。

深入推进数字化转型，全面建成静态“电网一张图”，初步建成动态“电网一张图”，同图汇聚全电压等级电网网架、设备参数、运行状态、空间位置等信息。国家电网系统内首家完成数据管理成熟度四级贯标复评、国内首批通过数字化转型成熟度贯标评估。受邀参加首届中国数据治理年会，数据管理成果获评DCMM优秀案例。2项成果获国务院国资委首届国企数字场景创新奖。首批部署上线能源大数据应用支撑平台，深化电力看经济、看环保系列应用，服务经济社会高质量发展。赋能基层减负不断强化，建强基层数据服务专区，推出共性数据集、简易工具集等便捷取数服务。开展“双清”行动，问题销项清零，月均减少基层重复录入量超1600次。获评国家电网公司2023年度数字化示范标兵单位。

连续4年举办世界智能大会城市能源革命高峰论坛，线上观看人次再创历史新高。一批创新成果亮相链博会、碳博会、中新生态城15周年成果展。作为唯一企业在天津市生态环境保护大会发言。作为唯一省公司获评国家电网公司电力看双碳专项示范标兵单位。首次实现夏季达沃斯论坛活动场馆100%绿电供应。揭牌滨海新区绿电发展服务中心，为新能源发电企业、售电公司、用电企业搭建绿色电力交流咨询合作平台。2个典型案例入选全球能源互联网发展合作组织《生物多样性与能源电力革命》专著，并在联合国《生物多样性公约》会议上发布。连续2年获评天津市生态环境公益活动先进单位。

优质服务 推广“一件事一次办”，聚焦“供电业务联办”，整合优化关联性强的多项供电业务，实现“过户+改类”等6项供电业务联办功能测试和上线。聚焦“公共服务联办”，协同政府及相关部门，实行水电气讯“一站式”集中服务，拓展电力业务“一件事一次办”范围。打造“e起办”服务品牌，贯通营销2.0系统和市政务服务平台，国家电网系统内首家在网上国网APP集成电、水、气实际报装字段信息。聚焦“跨省异地办理”，与国网北京、河北、冀北电力的部分地市公司签署合作协议，打破地域壁垒，推动京津冀区域供电服务“跨省办、异地办、一窗办”，聚焦企业、居民异地办电需求，推动高频业务“异地办理”。聚焦解决人民群众急愁盼难问题，践行“枫桥经验”，深化网格服务，开展“五个常态化”网格实践活动，实现客户用电诉求在网格内快速解决，用电问题不上交，擦亮新时代“天津电力心连心”特色服务品牌。

第一时间成立前线指挥部，保障城市运行“生命线”安全可靠、应急抢险“主战场”高效服务、灾后重建“主动仗”超前有序。制定并向社会发布“积极服务涉水地区快速恢复生产生活秩序”服务举措，从电力设备维护、客户侧用电安全检查服务等9个方面，以实际行动落实落细天津市各项防汛救灾部署，全心全意服务好受灾群众，助力快速恢复生产生活正常秩序。支援北京、涿州、廊坊、长春抗洪及山西暴雪抢险，获评国家电网公司防汛抢险救灾突出贡献单位。

政企联合开展负荷管理等专项演练，承办国家电网公司应急物资保障跨区演练，成功应对1811万kW和1756万kW夏冬双重负荷极值考验。实施负荷资源排查和空调负荷优化管理专项行动，服务虚拟电厂运营，实体化运营两级负荷管理中心，推动需求响应注册规模达到120万kW。完成负荷资源多维监测能力改造，实现负荷资源分级分类管理、在线监测，分路监测能力达到98万kW。完成夏季达沃斯论坛等224项保电任务。

党的建设和精神文明建设 紧扣总要求和目标任务，两批联动、一体推进各项重点措施取得扎实成效。坚持把“学思想”摆在首位，建立“四张清单”推动理论学习入脑入心，以“四下基层”指导调查研究唯真求实，扎实开展“察实情、出实招”等三个专项行动，把学习成果转化为推动高质量发展的实绩实效。5项成果在中央简报（专刊）刊发、3项典型事例推荐至中央主题教育领导小组办公室，成果和数量均位列系统首位。

完善政治监督“一单一表一流程”落地模式，对标对表制定巡察工作五年规划，有力推进违规吃喝等4项专项整治，构建“三联六互”监督联动工作模式，持续释放监督治理效能。坚持“全周期管理”理念，加大从严办案力度，强化案件质量督导，加强与地方纪委监委联动，始终保持高压震慑。打造“津电廉韵1245+”廉洁文化体系，完善“1+N”廉教阵地网络，敢管严治的氛围更加浓厚。

及时调整优化基层组织设置，督导209个党支部按期规范换届。创新“抓基层、夯基础、固根本”调研服务机制，推进省管产业单位党建同质化管理，培育9类基层党建标杆，党建标准化由“达标”向“创优”进阶。创新“轮值讲堂”“行动学习”等方式，分层分类开展党建轮训76期，“三支队伍”政治素养和专业能力不断增强。

围绕重大保电、科技攻关等重点任务，项目化推进“党建+”工程，打造473个“一专业一场景、一党委一品牌、一支部一特色”党建品牌，实现党建与中心工作共融互促。139支共产党员服务队聚焦“十项行动”开展“十项实践”活动，标准化设置并管理1257个党员责任区、示范岗，在抗洪防汛救灾等急难险重任务中党组织党员凝聚力持续增强、战斗力进一步发挥。

坚持“三结合一贯穿”，创新思想政治工作机制，6项典型经验在《思想政治工作研究》发表，“构建国有企业‘群体先进’生态系统的创新实践”作为国家电网系统内唯一案例入选中央企业党建思想政治工作研究会主编的《新时代中央企业思想政治工作创新案例选编（2022）》。深化企业文化建设，“以‘电力精神’为内核的企业文化建设”首获全国企业文化优秀成果特等奖。电力双碳中心等6个基地入选天津市新一批50个新时代文明实践基地，位列全市各行业之首。组织统战人士专题座谈会，鼓励党外代表人士建言献策。坚持党建带团建，纵深推进青年主题教育和青年精神素养提升工程，接续开展第四、五期“青马工程”，11个青年集体和个人获全国级荣誉表彰，青年建功热情持续高涨。2项品牌实践成果入选国务院国资委典型案例，4项作品获全国品牌故事大赛一等奖，2项作品分获首届国家电网公司品牌故事大赛一二等奖，连续13年获“榜样天津”社会责任年度奖。

（王　媛）

【国网河北省电力有限公司】

企业概况　国网河北省电力有限公司（简称国网河北电力）是国家电网公司的全资子公司，以建设和运营电网为核心业务，是河北省能源领域的核心企业，供电范围覆盖石家庄、保定、沧州、邯郸、邢台、衡水6市及雄安新区、供电面积8.4万km^2、服务电力客户2800多万户。本部设22个部门，下辖7家地市级供电企业、10家业务单位、4家新兴产业单位及98家县供电公司。2023年全社会用电量2734.56亿kWh，同比增长10.35%。完成售电量2432.86亿kWh，同比增长10.96%。线损率4.39%，同比降低0.41个百分点。呈现了稳中向好、质效齐升态势。

电网概况　河北电网是华北电力潮流汇集和输送的枢纽，目前形成特高压交流“两站三通道”、500kV“四横两纵”骨干网架、220kV“七分区”的供电格局，境内3站11线直接向北京供电，承担着服务京津冀协同发展、保障首都供电安全、助力能源清洁低碳转型的重要职责。截至2023年底，河北南网统调装机容量达到6939万kW，其中风光新能源装机占52.8%，最大负荷双破4600万kW，电网安全运行超过11000天。

人力资源　激发队伍活力，选优配强各级领导人员队伍，2023年调整三级正副职领导人员132人次，一批年富力强的优秀干部脱颖而出；首次开展本部四级领导人员公开选拔、五级职员选聘，同步开展本部和有关机构岗位竞聘，队伍结构持续优化。深入实施“三全一创”计划，打出“外派内挂、揭榜挂帅、非电员工岗位优化、电力+复合培养”等组合拳，12人获评国家电网公司工匠、首席及特级技师、青年托举人才。优化特殊贡献奖励，加大薪酬激励向一线倾斜力度。54个集体和个人荣获全国全省五一劳动奖状奖章、国家电网公司劳模、河北大工匠等荣誉，国网河北电力代表队在全国行业、河北省、国家电网公司系统职业技能竞赛中荣获团体奖13项、个人奖21项。

电网建设与发展　2023年加快落地重点工程。促成新增煤电配套、易县抽水蓄能送出等13项工程纳入国家规划，蒙西—京津冀特高压直流工程前期省内手续全部完成，雄安、邢台特高压站扩建加速推进，电网开工、投产实现“双超额”。以“钉钉子精神”攻坚城市电网发展，石家庄220kV“1+4”工程首站投运、110kV“1+4”工程全部建成，邢台投产主城区10年来首座220kV变电站，邯郸主城区“1+4”变电站布局全面落地。3项工程荣获中国电力优质工程奖，雄安昝西站获评行业首个三星级绿色建筑标识，6项配网工程获评“国网百佳”。

推动新能源发展量增率稳。促请《河北省新能源发展促进条例》在全国率先立法，配合政府出台新能源按比例入市、独立储能参与交易、煤电容量电价机制等政策；建立分布式光伏可开放容量常态化计算和发布机制，健全跨区域协同、源网荷储联动的立体消纳体系，创立“刚柔并济”分布式光伏集控模式，全年新增风光新能源装机720万kW，累计达到3663万kW，占比52.8%，最大出力2200万kW、同比增长10.83%，利用率达到98.7%。建成邯郸涉县兆瓦级微电网工程，打造了提升边远山区供电能力的示范模式。全年完成绿电交易1.14亿kWh，绿证交易97.8万张。

经营管理　强化企业级经营统筹，推动综合计划和专项成本一体化协同，建成项目统一储备平台，在国家电网公司率先实现直属单位及县供电公司“零账户”管理。第三监管周期成本监审核价符合预期，妥善解决农村到户电价历史问题。推进内部挖潜，稽查反窃、线损治理、资金创效等堵漏增收8.6亿元，压减业务外包费用支出1.08亿元。物资供应链运营中心实体化运转，配网物资优质供应商采购比例达到100%。深化经营监测分析，“四率合一”十佳市实现零突破、百优县入选数量进入国家电网公司前三，网上电网数据健康度位列国家电网公司第三，同期线损十强市、百强县、百强所入选数量全部进入国家电网公司前五。

产业发展不断开拓。出台服务居民充电桩接电十项措施，个人充电桩报装7.12万台，超过历史总和，累计充电量1.56亿kWh，同比增幅超过90%。综合能源服务、基础资源运营、数据增值等业务利润超过4000万元，电e金服产业链服务规模首破“百亿”。

治理基础有效夯实。制定授权管理办法、专业权责事项清单，完成县供电公司合规管理达标工程验收评价。率先打造“三重一大”决策管理范本，完成国家电网公司子企业董事会建设试点，成效入选星标案例、获年度优秀评价。深入实施数字化预警审计和重大工程投资后评审，完成98家县供电公司审计全覆盖和“回头看”，实现直属单位审计全覆盖，内外部审计问题整改见底清零。

安全生产　打好安全生产持久战。加强电网精益管理，出台检修计划刚性管理办法，打造了重大复杂电网风险防控“冶陶经验”，健全输配电线路森林草原火灾隐患治理“三本台账”，推动密集输电通道实现“三个纳入”，全年化解五级风险162项，主网跳闸数量下降19%。重大事故隐患专项整治、防范大电网事故专项行动收官，17项重大隐患全部清零。开展“西电东送”通道调整专项风险排查，有效管控邢台特高压站高抗局部放电等17项重大隐患。推行检修现场“一本通”，推动三级及以上作业风险督查全覆盖，实现了国家电网公司安全督查“零严重违章”。二次风险管控标准化经验在国家电网公司系统推广。完成中央领导考察、成都大运会、杭州亚运会、省运会、印尼智能计量项目等重要保电和支援任务。

营销工作　电力营商环境持续优化。开展电力护航、千企走访、业扩接电再提速等系列行动，创新“一件事一次办”“刷脸办”“水电气暖联办”等办电模式，在国家电网公司率先实现电网投资项目政企数字化审批“一网通办”，推动省市两级出台延伸投资政策，支撑全年业扩报装、净接电容量分别超过3000万、2400万kVA，增速双超38%。

推进城农网供电能力提升行动，石家庄核心城区10kV线路联络率提升至96.46%，完成2100个A类村级电网整体改造。启动频繁停电治理三年行动，存量线路压降73%。完成双电源用户备自投改造650个，非直供小区“一户一表”改造接收632个，95598和12398投诉同比下降23%。建成100个富农惠民乡村电气化项目、电靓和美乡村“百村”样板，7个帮扶村、18个“村网共建”便民服务点入选国家电网公司示范。连续五年在省巩固脱贫成果后评估中获得“好”的评价，乡村振兴省级表彰在各行业中数量最多。

科技与信息化　数字化转型深入推进。牵头开展国家电网公司“双清”专项行动，数据重复录入和双轨问题清理基本完成，数据主人制实现全覆盖。建成电网一张图、企业级气象数据服务中心，上线营销2.0、PMS3.0、智慧共享财务平台、“e点智寻”等一批核心系统。国家电网公司首批完成北斗服务切换，输电通道图像监测等人工智能场景实现规模应用。牵头承办国家电网公司国际数博会参展，建成“以电折水”省级综合示范，国网河北电力项目荣获国家电网公司首届数字化转型优秀场景评选第一名。

创新创效持续加强。深入实施高水平科技自立自强25条措施，实现国家电网公司框架科技项目、中国博士后科学基金项目、国家电网公司和省级重点实验室、国家生态环境科普基地等多个“首次”落地，雄安能源互联网标准化试点通过国家验收。首创空天技术定制化驻场服务模式，完成国内首次特高压线路X射线带电检测和超高压线路“无人机+机器人”带电作业。牵头17项成果荣获省部级科技奖励，4项成果获国家级管理创新奖，7项QC成果荣获国际竞赛最高奖。入选全国首个电力系统女职工创新工作室联盟，16个项目荣获职工技术创新省部级一等奖。

优质服务　以超前意识、极限思维备战保供，健全政企联动、一机一策、网间互济、个案处置等工作机制，面对50年一遇的持续高温天气，国网河北电力上下众志成城、共克时艰，战酷暑、保民生，成功应对了晚峰负荷两创历史新高、全口径负荷突破5000万kW等严峻挑战，机组高峰受阻率历史最低、供应能力达到历史最高水平；面对罕见的雨雪冰冻灾害，高效协同，加强重点站线特巡特护、紧急除冰融冰和跨区域支援，在早峰负荷7创、晚峰负荷11创冬季历史新高的考验下，有力保障了群众温暖过冬。

面对60年一遇的暴雨洪灾，各级领导靠前指挥，抢险队伍主动请缨，与10余家支援单位昼夜奋战，4天抢通邯郸、石家庄、邢台地区停电用户，5天恢复涿州有人居住小区供电，11天实现涿州153个村“村村复电”，历时19天夺取了抗洪救灾的全面胜利；第一时间启动灾后重建，科学制定工作方案和技术标准，提前完成“煤改电”配套电网修复、500kV大房线受损铁塔重建等任务，向沧州献县对口帮扶600余万元，赢得了党委政府和社会各界广泛赞誉。

党的建设和精神文明建设　党建质量系统性提升。创新构建“484”党建责任体系，搭建“党建大讲堂”交流平台，推动党建责任上下贯通。试点开展“支部建在班组上”，深化优质服务“包走讲”“赶考讲师团”等特色实践，实施“党建+”项目238个，推动党建融入融合、联责联动。连续四届获得中央企业优秀故事一等奖，典型经验获评中国及电力政研会“双一类”成果。推进宣传工作省市县一体化，中央媒体报道国网河北电力工作1300余次，有力彰显了责任央企形象。

严治党纵深推进。全面实施“清单式”约谈，开展六大领域、供电所长专项监督行动，深化违规吃喝、业扩报装、违规违法获取工程项目等专项整治，首次与地方纪委监委开展联合办案，处置问题线索同比下降16.23%。高质量完成三轮37家县供电公司巡察任务，实行巡察问题提级反馈、线上全程跟踪，确保问题标本兼治。

雄安建设 服务雄安多线突破。坚持以“五高”助“五新”，构建国内首个“输变配用”全环节高可靠性城市配电网标准体系，在容西片区建成新区首个全地下供电网络，国内首个新型城市电网主配一体调度实现独立运转，国网雄安新区供电公司进入全业务运营新阶段。深化“获得电力马上办”，完成东西轴线等35项153km电力迁改任务，保障98个重点项目1.7万户回迁居民高效用电。启动全国首家城市级综合能源调度中心运营，完成“双系统”在雄安城市计算中心部署。建成全国首个电力北斗单轨应用市级示范区，白洋淀新型电力系统示范工程成为国家电网公司首个典型设计方案、入选国家能源局新型储能试点，雄安高铁站光伏项目获颁国家能源局首批可再生能源绿证。

（郑雪胜）

【国网冀北电力有限公司】

企业概况 国网冀北电力有限公司（简称国网冀北电力）隶属国家电网公司，于2012年2月9日正式独立运作，注册地在北京，本部设22个部门（中心），所属供电、施工、培训等基层单位22家及合资公司3家，职工总人数22683人。供电范围覆盖唐山、张家口、秦皇岛、承德、廊坊五市，直接供电面积10.41万km^2，供电人口约2379万。由于独特的地理区位和历史沿革，肩负着“一保两服务”即保障首都供电安全、服务冀北地区经济社会发展、服务国家新能源发展的职责使命。

电网概况 冀北电网是华北电网的重要组成部分，设备分布“京、津、冀、晋、蒙、辽”六个省（自治区、直辖市），运维1000kV变电站3座，线路1197.6km；±800kV线路577.9km；±500kV换流站3座，线路662.7km；500kV变电站36座，线路12755.9km；220kV变电站160座，线路13983km。2023年，最大负荷3201万kW，全社会用电量2023亿kWh，售电量1744亿kWh；新能源新增装机容量1204.8万kW，总装机容量超5000万kW，统调装机占比75.6%，全口径装机占比64.6%。

人力资源 修编《领导人员队伍建设“十四五”规划》，选优配强各级领导班子，加大年轻干部培养使用力度。贯通职务、职员、专家三条成长通道，选聘19名高级管理专家和科技研发、生产技能高级专家。首次开展内部跨单位锻炼、外部跟岗培训学习，选派69名青年干部和业务骨干赴国网江苏、浙江、山东电力等先进省公司跟岗学习。

开展职工关爱“五项行动”，实施升级版“五小”供电所设施项目860个，新疗养模式满意度99.98%。启用本部职工公寓。建立光荣退休机制，首次举办本部退休职工荣休仪式。6个集体分获全国工人先锋号、五四红旗团委等荣誉表彰，4人分获全国五一劳动奖章、优秀共青团干部等称号，2人获评国家电网公司首席专家。

电网建设与发展 1项特高压、6项500kV工程调整纳入“十四五”电力规划。推进“两个前期”业务协同，4项500kV工程提前取得核准。完成1000kV北京东变电站扩建，提前10个月实现张北—胜利特高压工程冀北段贯通，开工35kV及以上工程40项，投产21项，规模较年初计划分别增加122%、20%。配电网投资43.88亿元，同比增加53.7%。张北柔直工程荣获中国工业大奖、国家优质工程金奖。“冬奥电力工程项目群”荣获国家水土保持示范工程。1项工程荣获中国安装工程优质奖，3项配电网工程获评国家电网公司百佳工程。

承办中国电力企业联合会新型电力系统发展（崇礼）论坛，发布《新型电力系统全域综合示范行动》白皮书。建成国内首个纯交流汇集送出系统下的新能源分布式调相机群，率先实现“新能源+储能+调相机”落地，累计提升送出能力94.5万kW。促请政府优化分时电价政策，提升光伏消纳能力110万kW。58个集中式、84个分布式新能源项目和6.88万户屋顶光伏并网。

经营管理 全年发展总投入106.3亿元，同比增长36.3%，电网投资96.3亿元，同比增长40.6%；售电量1744.23亿kWh，同比增长7.72%。营业收入1133.4亿元，同比增长6%；实现利润14.2亿元，同比增长438.13%，创历史最好水平；资产总额777.05亿元，同比增长4.57%；资产负债率61.12%，同比下降2个百分点。并入省管产业后，营业收入1141.41亿元；实现利润14.76亿元；资产总额838.87亿元；资产负债率60.56%。企业负责人业绩考核连续4年进入公司A段。安排21.5亿元业务成本，专项解决重点领域突出问题。加强税收筹划，减免税费、节约现金流4.2

亿元。电网业务收入、利润规模首次迈上千亿元和十亿元台阶。

强化对重点领域风险穿透式管控，内外部审计发现整改问题248项，清理长期挂账往来款项3.88亿元。重大法律案件全部办结清零，1部法治作品获得司法部、全国普法办表彰。解决困扰16年的国网冀北电力唐山滦州供电公司担保纠纷，避免损失1.36亿元。连续3年未发生行政监管类处罚，连续64个月严重失信事件“零新增”，荣获电力行业信用体系建设示范企业称号。

安全生产 积极应对负荷屡创新高、极端天气频发等多重挑战，抓实电力保供措施，完成“一带一路”国际合作高峰论坛、北戴河暑期等重大保电任务。面对寒潮带来的负荷激增压力，协调总部、分部两级调度，推动跨省调剂，避免了采取限电措施。

面对京津冀地区特大暴雨洪水灾害，争分夺秒抢修受损电力设施，选派14支精干队伍支援涿州，累计投资7.65亿元推动灾后恢复重建，对口帮扶张家口涿鹿县，组织个人捐助资金676万元，赢得各级党委政府和社会各界赞誉，国网冀北电力和3家基层单位、9人荣获公司表彰。

开展重大事故隐患排查整治、安全生产管理提升年等活动，404项重点隐患见底清零，61034项作业风险得到有效管控。建成省地两级生产管控中心，完成鲁固直流瓷绝缘子更换等12项重点检修任务，国产电容器在国内首次实现柔直电网批量挂网试运行。成功拦截网络攻击248万次，作为国家电网公司首家单位获评公安部网络安全实战能力“优秀级”。

营销工作 第三周期核价取得历史性突破，输配电价较第二周期上涨1.79分，并首次明确绿电外送京津收取输电费标准。连续4年开展提质增效专项行动，设立“创收节支”薪酬奖励，盘活存量资源8亿元，营销稽查和反窃查违挽回损失9470万元，高损线路、台区分别下降98.6%、82.94%。购售电业务实现一体化运营。电费回收连续12年“结零”。

科技与信息化 强化顶层设计，制定实施科技创新和国家风光储输示范工程登高行动，编制新型电力系统张承地区科技创新示范工程方案，启动6项示范工程。首次荣获中国专利奖银奖和国际电工委员会（IEC）1906奖。首批获评中仓协仓配绿色化企业，首次获评工信部绿色供应链管理企业。承担5项国家重点研发计划，27项成果荣获省部级及以上科学技术奖，1个实验室获国家电网公司命名，5项示范工程被命名为第一批新型电力系统原创技术策源地科技示范工程。8项成果和4个团体分获国际国内质量管理和管理创新表彰。

实施数字化登高行动，营销2.0、采集2.0系统、智慧共享财务平台和省级配电云主站上线运行，输电无人机实现电力北斗100%替代，“电网一张图”通过国家电网公司成效评估。举办“揭榜挂帅”封榜路演活动，打造了一批数字赋能标志性成果。作为国家电网公司唯一单位荣获国家版权局“全国版权示范单位（软件正版化）”称号。2项成果分获国家电网公司数字化转型场景大赛二、三等奖。承办国家电网公司首届网上电网技能竞赛并获团体第四名。

优质服务 发布实施营造一流电力营商环境十项提升行动，推动延伸电网投资界面实施细则省市县全覆盖。供电服务提升两年行动收官，供电服务问题数连续两年下降，客户投诉同比再压降46%。以“控增量、压存量”思路深化合表用电治理，促请政府出台新建住宅小区“四到户”、存量小区改造等支持政策，推动占总量27%的跨产权“一户一表”小区实现供电服务“四到户”。驻村帮扶工作连续六年被河北省评为“优秀”。

党的建设和精神文明建设 完成本部党委等427个党组织换届选举，确保应换必换。加强基层党组织标准化建设，制定实施全面加强省管产业单位党的建设13项举措。召开第三次团代会，“担使命·建新功”创新创效行动掀起热潮。围绕国家电网公司“党建+”工作要求，完善党委统筹、支部落实、组队操作、党员示范的工作体系。国家电网公司评价国网冀北电力“党建+”工程加出了安全、加出了效益、加出了战斗力。

完成中央第三巡视组巡视国家电网公司有关配合工作。制定巡察工作规划（2023—2027年），完成8家单位常规巡察和15家单位巡视巡察“回头看”。构建“133”“一个引领、三纵三横”大监督体系，深化运用问题检索、联合监督、线索移交、联席会议、成效考核、信息联动6项机制，推进“清廉冀北”智慧大监督平台建设。统筹一体推进工程建设、违规吃喝、业扩报装、乡村振兴4个领域专项整治，起底及规范处置问题线索70个，推动建章立制15项。坚持执纪必严、违纪必究，处置问题线索147件、立案17件，依规依纪组织处理34人次、处分25人次，通报典型案例7起9人次。

（夏周武　杨之蔚　王　颖）

【国网山西省电力公司】

企业概况 国网山西省电力公司（简称国网山西电力）是国家电网公司的全资子公司，以电力生产、建设、调度、经营及电力规划研究等为主营业务，下设11个市供电公司、102个县供电公司，供电区域覆盖山西省除12个趸售县以外的105个县（市、区），供电面积13.84万km^2，服务客户1659万户，全口径用工总量4.68万人，肩负着全省3234万人民电力供应的基本使命，承担着向京津唐、河北、江苏、湖北等地外送电力的重要任务。

电网概况 山西电网是华北特高压“两纵＋品字形环网”的重要组成部分，通过“三交一直”特高压与华北、华中、华东电网连接。2023 年全省外送电量 1576 亿 kWh，占全省发电量的 35.3%。省内形成了以 500kV“三纵四横”为骨干网架，220kV 七分区运行，110kV 辐射供电的网架格局，呈现出“主网安全稳定、配网可靠灵活、运行经济低碳”的特点。

（1）发电设备规模。截至 2023 年底，山西全省总装机 133040.529MW。其中，江苏直调装机容量 3300MW（阳城电厂）；河北直调装机容量 2000MW（温池电厂）；华北直调装机容量 18300MW（含西龙池抽水蓄能电站）；山西直调装机容量 95639.611MW；地区小电厂合计容量 13800.918MW。山西省调装机以火电为主，常规火电厂 66 座、机组 161 台，容量 50315MW，占比 52.6%；燃气、煤层气电厂 9 座，容量 2346.156MW，占比 2.4%；水电站 3 座，容量 868MW，占比 1%；风电场 223 座，容量 23643.48MW，占比 24.7%；光伏电站 260 座，容量 17797.175MW，占比 18.6%；新型储能电站 7 座，容量 669.8MW，占比 0.7%。

（2）变电设备规模。截至 2023 年底，山西电网共有 220kV 及以上电压等级变电站 314 座，主变压器 712 台（含换流变压器 24 台），变电容量 174394.694MVA（含换流变压器容量 9723.12MVA）。其中，1000kV 交流特高压变电站 3 座，变压器 7 台，容量 21000MVA；±800kV 直流特高压换流站 1 座，换流变压器 24 台，容量 9723.12MVA；500kV 变电站 30 座（含榆社开闭站、苗山开闭站），主变压器 59 台，容量 53500MVA；220kV 变电站 279 座，其中系统站 199 座，用户站 70 座，地电 10 座，主变压器 621 台，容量 89991.574MVA。截至 2023 年底，山西电网共有 110kV 变电站 1097 座，主变压器 2323 台，容量 99160.94MVA，其中用户站 526 座，主变压器 1117 台，容量 44380.84MVA。35kV 变电站 1867 座，主变压器 3913 台，容量 35156.16MVA，其中用户站 1293 座，主变压器 2744 台，容量 23059.905MVA。

（3）输电线路规模。截至 2023 年底，山西电网共有 220kV 及以上输电线路 1154 条，线路长度 32610.2025km（不含过境跨省输电线路）。其中 1000kV 交流特高压线路 13 条，境内长度 1984.083km；±800kV 直流特高压双极线路 2 条，境内长度 615.822km；500kV 线路 125 条，长度 7727.404km；220kV 线路 1014 条，22282.8935km。截至 2023 年底，山西电网共有 110kV 线路 2285 条，线路长度 27609.088km，其中用户线路 876 条，长度 9945.18km。35kV 线路 3519 条，线路长度 30806.845km，其中用户线路 2179 条，长度 17740.104km。

人力资源 国网山西电力认真落实国有企业改革深化提升行动方案，“三项制度”改革，“六能”机制建设扎实推进。全面实施横向业务全融合、纵向分层全覆盖的岗位聘任契约化管理，重点管理岗位签约率首次实现 100%。加强差异化考核目标管理，人员“能上能下”机制不断健全。积极支援东西帮扶，择优选派 31 名员工开展长、短期帮扶工作，选派人数居国家电网之首，荣获国家电网“东西人才帮扶”先进单位，4 人获评帮扶先进个人。推动退役军人属地化安置、职业化提升，国网山西晋城供电公司宰红斌荣获全国“最美退役军人”称号，国网山西送变电公司韩爱平获评国家电网特等劳模。

深入实施人才培养“三大工程”，新增国家级人才 4 名、省部级人才 19 名，3 名职工获评国家电网公司首批特级技师，联合培养工程硕博士 7 人，评选专家工匠 422 人。弘扬劳模精神、工匠精神，选树培育先进典型，国网山西临汾供电公司刘小元、国网山西朔州供电公司高建国入选“最美国网人”。13 个集体分获全国和山西省五一劳动奖状、工人先锋号、青年安全示范岗、国家电网先进集体和一流班组，18 名职工分获全国和山西省五一劳动奖章、青年岗位能手、国网劳模。举办“晋电专家讲堂”31 期，开展创新攻坚任务 300 余项。组织兼职培训师认证，自主开发精品培训课程 51 部，升级改造 10 个省级培训基地、110 个县公司（供电所）实训室。

安全生产 国网山西电力开展“安全责任深化年”活动，加强领导班子成员“两个清单”和全员“安全责任清单”落实督查，严格有限空间、配网停电、表计安装等作业标准化流程。完成国家网络攻防演习。建立森林草原防灭火联防联控机制，开展百日安全攻坚、重大隐患排查整治等行动，25 项重大隐患消除 22 项、针对性管控 3 项，442 项重点隐患见底清零，15 年及以上老旧保护装置改造 522 套，500kV 及以上变电设备零跳闸，七级及以上事件数量同比减少 46%。省市两级生产管控平台上线运行，220kV 及以上 GIS 站完成一键顺控改造，500kV 丁崖站和 66 座 110kV 变电站实现属地化运维，110kV 及以下新能源场站调度权调整至地调。带电作业次数超 3 万次，增加 50%。积极应对台风“杜苏芮”等引发的洪涝灾害，1100 多名电力勇士逆行出征、战汛抢险，3 天内为 6 万余用户送上光明。面对全省严重低温雨雪冰冻灾害特别是垣曲突发灾情，政企协同短时间内再造了一个县域应急供电系统，保障了居民采暖和生活基本用电需求。20 支抢修队伍、900 余人连续奋战 5 天 6 夜，全部恢复电网供电，实现“人员零伤亡、抢修复电快、应急处置稳、社会形象好”，赢得了社会各界广泛赞誉。成功经受度夏期间最大负荷、最大外送、42 天最长时间高温天气，以及度冬负荷6次创历史新高、连续14天超4000万kW的考验，全力保障了电力可靠供应，省领导多次对电力保供予以批示肯定。雁淮直流基本保持满功率运行，全省外送电量1576亿kWh。完成杭州亚运会电力安全保障支持工作和山西省十六届运动会保电任务。

电网发展　国网山西电力合力推进新型电力系统建设。促请政府出台输电线路涉及永久基本农田、生态保护红线审批等支持政策，11个地市全部出台电网项目简化优化审批流程实施方案，国网山西忻州、朔州供电公司助力蒙西—京津冀全线取得省级核准支持要件，大同—天津南、陕西—河南完成可研，2024年拟开工电网项目全部取得可研批复。陇东—山东特高压工程开工建设，“西电东送”系列工程整体进度超90%，全年110kV及以上工程建设任务超额完成，500kV太原北变电站等工程获评中国安装工程优质奖、中国电力优质工程、绿色建造“二星”工程。完成1407项工程建设任务，城市及县城区联络率、$N-1$通过率分别提升6.1%、8.9%，分段、联络等重要节点“三遥”终端覆盖率提升35.5%。初步建成黄河流域绿电示范区、晋城陵川和临汾段村智慧微电网示范区，参与建设的运城庄上村“光储直柔”新型配电项目获得联合国气候变化大会“能源转型变革者”奖。制定服务能源革命31项任务举措，“推动能源低碳转型”等4个典型案例入选全省能源革命蓝皮书。促成各市全部出台新能源联合送出细则，首家揭牌成立“新能源云”运营中心，新能源并网977万kW，发电量同比增长19.29%，利用率98.9%，居全国前列。发布《低碳零碳评价标准》，设计绿电绿证模式，省内绿电交易实现零突破，省间绿电交易23.1亿kWh、排名国家电网公司第1名，绿证交易27.84万张，国网山西电力成为全省首家全绿电用能企业。

经营管理　国网山西电力深入实施“提质增效”专项行动，创利增收8.37亿元。深挖“量价费损本”潜力，净增接电容量1565万kVA、同比增长31.4%。供应中长期电力的省份达到23个。第三监管周期输配电价核定取得预期成效。推动地方电网输配电价首次核定、自备电厂电价体系进一步完善，减少交叉补贴4.17亿元。电费回收连续8年保持100%。高损线路、台区数量压降超过70%。“三零”“三省”节约客户投资6.46亿元。政企协同上线“转供电查询”小程序，联合开展违规加价检查，经营企业登记突破100万户，为终端用户减负近亿元。160kW及以下企业充电桩无成本接入公用配电网。“社警企”三网融合覆盖率超50%，建成31个“村网共建”电力便民服务点。乡村振兴和驻村帮扶获评“双优秀”，3个集体、5名职工获得省级驻村帮扶模范称号，获奖数量居驻晋央企首位。完成“合规管理提升年”30项任务，建成三级四类新型制度体系，通过“以案促管”避免及挽回损失4413万元。中长期分时段交易机制典型经验全国推广，现货市场转入正式运行，一次调频、正备用辅助服务市场率先启动试运行，通过国内首批零售市场节约用户购电成本18.34亿元。国网山西电力连续8年荣获纳税信用A级企业。临汾侯马公司首个通过中电联5A级标准化良好行为企业认证。

科技创新　国网山西电力成立科技创新中心，实施支撑山西能源革命重大科技攻关计划，与怀柔实验室山西研究院合作参与国家级科研任务。荣获省部级科技奖27项，一等奖4个。授权发明专利327项、同比增长87%。牵头编制1项国际标准，发布1项能源行业标准。电科院“智慧能源互联示范工程”获评国家能源互联网大会“能源数字化示范工程”。1项成果荣获全国企业管理现代化创新成果二等奖，2项成果分获中电联电力创新一、二等奖，3个QC小组荣获国际质量管理小组会议成果发表赛金奖。

基本建成动态电网一张图，核心业务数据可用率达到99%以上。通过“网上电网”首家实现风光储新能源全景监测。企业级电力气象服务中心、调控云平台建成投运，智慧调度数据网络管理系统上线运行，“智慧工地”“e物资”基建仓、供应链全过程“数字探针”等技术广泛应用。开展“送数到基层”，新一代配电云主站、护线员移动应用等产品助力减负提效。打造“电力看经济”等一系列拳头产品，“以电折煤”在陕西、新疆等煤炭大省部署应用。运城公司创新“全县域智能监测指挥应用”，实现县公司供电服务业务“一平台”通办。阳泉公司深化能源大数据中心建设，在能源数据有偿服务上取得突破。

营销工作与优质服务　国网山西电力扎实有力开展客户侧保供。周密完成航天发射等重大活动客户侧保电工作。积极妥善完成保民生、保供电、保供暖工作任务。推动全国首座现货模式下的虚拟电厂正式入市交易，“电动汽车+可调工业负荷”虚拟电厂注册投运，有效支撑电力平衡和电网稳定。深入推动《关于清理规范城镇供水供电供气供暖行业收费促进行业高质量发展意见的通知》（国办函〔2020〕129号）文件落地，“省+地市”延伸出资政策实现全覆盖，大同市和19个县区出台实施细则。“一件事一次办”专区上线，在全国率先实现电动汽车报装信息线上获取。

供电所管理提升专项行动圆满收官，持续夯实专业发展根基。首创“乡村健康行”活动。建成4个助力乡村振兴示范村，驻村帮扶连续五年获评“优秀”，相关集体与个人获奖数量居驻晋央企首位。电力市场转入正式运行。营销2.0、采集2.0全面上线。围绕359项营销合规要点，明确37类业务标准。“两率一量”

常态化电量管控体系初步建成。高损台区占比压降至0.07%，反窃查违追补电费及违约金 1.32 亿元。国网山西电力在国家电网公司“供电服务之星”竞赛中获奖数量创历史新高。

党建工作 国网山西电力开展学习贯彻习近平新时代中国特色社会主义思想主题教育，牢牢把握总要求和目标任务，统筹第一、二批主题教育衔接联动，推动主题教育走深走实。国网山西电力党委以上率下，通过读书班、党委会“第一议题”、专题党课等深入学习、交流研讨，示范带动各级党组织全覆盖学习 1.4 万余次。突出“深、实、细、准、效”五字诀，各级领导人员落实“四下基层”领题调研 1683 人次，形成解决问题、促进工作的具体举措 1554 条，转化应用成果 159 项。积极“破难题、促发展”“办实事、解民忧”，集中解决供电服务、农村配电网发展等 869 个职工群众关切的重点难点问题。

“旗帜领航”党建工程提质登高。织密建强基层组织体系，规范完成 152 个基层党组织换届。实施 870 个亮旗项目，深化“太行黎明”共产党员服务队“三色实践”，运城公司“电小田助农服务”、晋城公司“18 日上门服务”等一批典型案例得到国家电网公司和地方党委政府高度肯定。国网山西电力党建工作经验做法入选中国企业改革发展优秀成果、山西省机关党建优秀研究成果。

主要事件

2 月 24 日，国网山西电力四家单位分别被国家电网公司授予“标兵单位”“成绩突出单位”以及“进步突出单位”等荣誉称号。

3 月 9 日，山西省首批 15 家虚拟电厂建设完成，可调节容量 39.2 万 kW。

4 月 3 日，共青团中央、应急管理部联合发布“2022 年度全国青年安全生产示范岗”认定名单，国网山西电力阳泉公司变电检修中心二次运检二班入选。

4 月 20 日，国网山西电力与山西省气象局签署合作协议。国网山西电力党委书记、董事长王政涛，山西省气象局党组书记、局长胡博分别代表双方签署合作协议。国网山西电力副总经理张军六，山西省气象局副局长王文义出席签约仪式。

4 月 21 日，国网山西电力在全国全省五一奖评选中喜获佳绩，共获得全国五一劳动奖章 2 个，全国工人先锋号 1 个，山西省五一劳动奖状 1 个，山西省五一劳动奖章 11 个，山西省工人先锋号 1 个。

4 月 27 日，山西电力线上零售市场正式运营。经过 5 个月的试运行，山西电力线上零售市场交易整体平稳有序，新旧模式平稳切换，市场主体反馈良好。

5 月 15 日，国网山西电力助力山西合荣储能电站成功启动送电，标志着山西省首座电网侧新型独立储能项目正式投运。

6 月 13 日，国网山西电力在全国职工数字化应用技术技能大赛无人机操作员赛项中荣获团体第九名（全国共 32 支队，表彰前 10 名），是山西省代表队唯一入选前十名的单项参赛团队。

6 月 28 日，全国网络安全职工职业技能竞赛在青岛落下帷幕。国网山西电力运城公司杨林、吕梁公司宋凯代表国家电网公司参赛，并分别获得个人一、二等奖，个人成绩位列国家电网公司第一，杨林获得中国职工技术协会颁发的“金牌技工”称号，是国家电网公司唯一获得此称号的选手。

6 月 30 日，国网山西电力举行新能源云山西运营中心揭牌仪式，国网发展部党总支书记刘劲松，山西省能源局副局长王茂盛，国网山西电力工会主席薛建虎、总工程师郭贺宏参加揭牌仪式。

8 月 11 日，国网山西电力完成驰援涿州保供电任务。国网河北电力举行俭朴而热烈的欢送仪式，赠送锦旗一面，上书“抗洪抢险同奋战　攻坚克难见真情”。

9 月 5—6 日，国家电网公司总经理、党组副书记张智刚到国网山西电力调研，检查电力保供、安全生产、电网运行维护、现货市场建设等工作，看望慰问一线干部员工，国家电网公司副总工程师兼产业部主任奚国富，国家电网办公室、发展部负责人，国网山西电力党委书记、董事长王政涛参加调研。张智刚对国网山西电力积极探索现货市场建设与运营、多措并举促进新能源消纳给予肯定。

9 月 6 日，国家电网公司张智刚总经理参加太原能源低碳发展论坛并在山西省与中央企业深化合作座谈会暨签约仪式上发言，国家电网公司副总工程师兼产业部主任奚国富参加活动。

10 月 9 日 12:00，山西电网光伏发电出力创历史新高，达到 1540 万 kW，占当时全省用电负荷的 50.0%。

10 月 10 日，在“世界视力日”来临之际，国网山西电力受国家电网公司委托，对山西省首个国家电网“电力爱心教室”——晋中市榆社县西马中心校进行授牌。

10 月 10—12 日，国网山西电力代表团首次以召集单位身份参加 IEC 国际标准会议。

10 月 15 日，IEEE 中国智慧乡村论坛在山西能源互联网研究院举办。国网山西电力副总经理郭贺宏受邀参加，并作题为“电力赋能智慧低碳，服务助力乡村振兴”的主旨演讲。

10 月 19 日，山西独立储能电站首次参与电力市场现货交易。

10 月 20—22 日，第 24 届东亚及西太平洋电力工业协会大会（简称亚太电协大会）在厦门隆重召开，国家副主席韩正出席大会开幕式并致辞。国网山西电力董事长、党委书记王政涛参加会议。国网山西电力电科院、超高压输电公司等单位的29篇论文入围大会优秀论文，5篇受邀现场发布，入围数量居国家电网系统首位。

11月2日11:04，山西电网新能源出力创历史新高，达到2747.8万kW，超过2022年12月12日历史极值221.2万kW，其中风电出力1336万kW，光伏出力1411.8万kW，新能源总出力占当时全省用电负荷的88.8%。

11月6日，受冷空气影响，山西省大部分地区出现大风天气，0:41，山西电网风电出力创历史新高，达到1793.4万kW，较2022年12月16日历史极值增加24.4万kW，风电出力占当时全省用电负荷的63.1%。

11月16日，"山西省经营主体转供电查询小程序"正式上线启动仪式在太原举行，国家市场监督管理总局价格监督检查和反不正当竞争局一级巡视员陈志江，山西省政府副秘书长胡勇，省市场监管局局长鞠振，国网山西电力党委书记、董事长王政涛共同按下启动按钮。

12月2日，全国行业职业技能竞赛——第二届全国工业经济应用创新职业技能竞赛数据库运行管理员赛项决赛在山东烟台举办，国网山西电力员工王利国获得全国第6名、国家电网第2名，获评一等奖。

12月20日17时54分，受雨雪冰冻寒潮天气影响，山西省用电负荷激增，最大用电负荷达到4253.5万kW，创历史新高。

12月21日，国网山西电力首座现货模式虚拟电厂注册投运。

（朱银龙）

【国网山东省电力公司】

企业概况 国网山东省电力公司（简称国网山东电力）是国家电网公司的全资子公司。本部设22个部门，下辖17家地市级供电企业、20家省公司业务单位及98家县供电公司，服务电力客户5596万户。2023年，全省全社会用电量7965.59亿kWh，完成售电量5270.84亿kWh，同比增长8.05%。2023年，国网山东电力深入开展学习贯彻习近平新时代中国特色社会主义思想主题教育，围绕"旗帜领航再登高　创新驱动走在前"，坚定不移勇当排头，各项工作取得新突破、新成效。高标准举办创新动员大会，"全员、全域、全速"创新成为最强音。促成国家电网公司与山东省"一年两会谈"，政企合作达到新高度。电力保供取得最佳成效。助力新能源发展"量率双升"。公司成为国网唯一"双大国工匠"单位。勇夺15项全国电力行业和国网技能竞赛团体、个人"双第一"。

电网概况 山东电网现已形成"五交三直一环网"特高压交直流为骨干网架、500kV为省域电网主网架、220kV为市域电网主网架，发、输、配电网协调发展的交直流混联大型受端电网，通过6回特高压线路、4回500kV线路与华北电网交流联网，通过银东、鲁固、昭沂3条直流通道接受西北、东北电网电力。2023年，全社会和全网最大用电负荷分别达到1.28亿、1.0958亿kW。2023年全省最大接受外电电力2875万kW，累计受入电量1479亿kWh，占全社会用电量的18.6%。截至2023年底，山东全省电源总装机容量20753.72万kW，拥有110kV及以上变电站（换流站）2394座，变电（换流）容量5.63亿kVA（亿kW），线路10.16万km。

人力资源 截至2023年底，全员劳动生产率完成102.29万元/（人·年），同比增长5.87%。人才当量密度1.1439，同比增长1.04%。服务大局彰显担当。紧扣高质量发展战略布局，优化特高压建设管理等机构职责，理顺战新产业管理界面，健全完善省管产业党建工作机构岗位。优化现货市场机构编制，设立新型电力系统技术创新中心、抽水蓄能管理办公室，推动电力市场改革和新型电力系统建设。全年提供就业岗位2800余个，彰显央企稳岗扩就业责任担当。连续5次获评国家电网东西人才帮扶工作先进单位。人才发展量质齐升。开展"创新成才"行动，新当选首席专家6人，获评首批首席技师5人、特级技师29人，新增高端人才77人，数量均居国家电网首位。勇夺15项全国和国网技能竞赛团体、个人"双第一"。超高压公司冯新岩当选"大国工匠年度人物"，国网山东电力成为国家电网唯一"双大国工匠"单位。队伍活力有效激发。加强"三条通道"建设，累计聘任各级职员4481人，"三类五级"专家人才达到1500名。深化三项制度改革，县公司中层转协理政策稳妥落地。构建"按能付薪"生产一线员工能级评价激励机制，建立"一岗多级"宽带薪酬体系。构建科研价值评估激励机制，发放人才津贴、创新成果及转化奖励、博士后激励。组织"金种子"班组长等各类培训2863期、89.7万人天，开展直流运检人才储备培养，举办供服员工"星种子"夯基班、新入职员工训练营和首届技能竞赛，员工队伍综合素质持续提升。

电网建设与发展 完成"十四五"电网规划滚动修编，1000kV烟威特高压、500kV渔盐等主网架项目完整纳入国家"十四五"电力发展规划中期滚动调整意见。分析研判"十四五"中后期电力供需形势，结合生物质、"三余"机组出力情况调研，提出保供措施建议并获得省发改委认可和采纳。创新源网荷储协同规划研究，完成500kV变电站逐站电力平衡分析，引导源网荷储科学匹配、合理布局。服务省内基础调节电源发展，完成“十四五”新增煤电项目输电规划研究，推动配套工程纳入国家和山东省电力规划。探索新形势下的仿真计算原则，在全面统计分析各类新能源出力特性的基础上，研究提出面向新能源、储能的典型计算场景、原则。服务新能源和储能发展，促成省政府出台相关支持激励政策，风电光伏装机突破8000 万 kW，成为新能源装机规模最大的省级电网。陇东—山东±800kV 特高压直流输电工程山东段全线率先开工建设，是全国首条“风光火储一体化”送电的特高压工程，为山东省经济发展提供强劲动力。35～500kV 工程建成投产 219 项，线路 5342km，变电容量2664 万 kVA；开工 111 项，线路 2143km，变电容量1269 万 kVA，其中 500kV 工程实现“7 投产、5 开工”，500kV 罗峰站成为山东电力建成投产的第 60 座超高压变电站，打造了新时代“电等发展”的山东实践。沭河 500kV 变电站荣获国家优质工程，观龙 500kV 变电站获评“安装之星”，4 项工程获评中国电力优质工程。14 项工程分别获评中施企协、中电建协绿色建造水平评价星级项目。国家电网首家建成基建“六精四化”创新基地，工程档案数字化管理成果国家电网唯一荣获全国企业档案工作创新一类案例。荣获山东环境科学学会 2022 年度优秀团体会员、环境保护科学技术奖三等奖，1 项工程获省水利厅“省级水土保持示范工程”，4 项工程获省水保持学会“优秀示范工程”。配网工程建设质效提升。建设配电线路 7506km，配电变压器 4705 台，10kV 联络率 98.8%，户均容量提升至3.31kVA。实施 2843 个农村电网巩固提升工程，潍坊“千村改造”工程助力乡村振兴典型做法得到曾赞荣常务副省长批示肯定。加强高层住宅小区单电源问题治理，完成 141 项双回路供电改造工程，保障 13.15 万户居民可靠用电。提前完成 866 项“煤改电”配套电网建设，确保 333 万户居民清洁取暖可靠用电。配网建设硕果累累。推进配网工程施工转型升级，1 市 10 县公司通过国家电网施工转型达标验收，数量最多。9 项工程获评“国网百佳”，数量国家电网系统最多，青岛、威海公司各 1 项配网工程获中电设协标杆工程、示范工程，聊城公司配网工程工厂化预制工法获中电建协评价“核心技术成果国内领先”，淄博、菏泽公司各 1 项配网工程获中电建协电力智慧工程。

经营管理　推动出台全国首个工商业动态分时电价政策，引导客户“跨季节、跨时段”调峰，午峰负荷平均增长 350 万 kW，晚峰平均降低 200 万 kW，有效助力移峰填谷和新能源消纳。国家电网系统首批上线能效诊断服务平台，为 2617 家公共机构、工商企业提供现场能效诊断服务，帮助客户节约用能成本 942 万元。推动综合能源服务高质量发展，为 116 家客户提供能源托管，建成济南韩家峪台区“云储能”示范项目，实现光伏发电量台区内全消纳。建成 255 个乡村电气化“一方一品”示范项目，发布低碳海洋牧场等 8 项建设标准，乡村电气化实践成果全国推广。三年市场攻坚收官，并网电厂问题见底清零，累计规范自备电厂 85 家、争取外部大客户 477 户，市场占有率提高 6.66 个百分点，年增售电量超 200 亿 kWh。坚持“精准预测、精致交易、担当作为、保障有力”，“外电入鲁”交易电量 1530 亿 kWh，度夏、度冬最大送入电力分别达 2698 万、2949 万 kW，电力电量双创新高。创新基于峰荷责任法的容量补偿电价机制，运用零售套餐分时价格约束，实现“跨季节、跨时段”调峰，移峰填谷及促进新能源消纳效果显著。牵头设计国家电网省级市场建设典型方案，首家实现独立储能、新能源和配建储能联合参与市场，首家取得政府信用评价授权，首家发布省级交易机构社会责任报告。山东市场规模扩大，交易平台累计注册市场经营主体数量超过 3 万家，市场化交易电量 3988 亿 kWh，同比增长 7.4%，占售电量 76%。策划“绿动齐鲁”专项行动，助力国网山东电力、威海文登和荣成政府、能源央企驻鲁单位实现 100%绿色办公。绿电交易电量 16 亿 kWh，绿证 6.4 万张。国网绿链勇争排头。打造供应链创新联盟，涌现出黑灯仓库、“元宇宙”作业、无人超市等首创实践，精益评审工具、透明检测实验室等绿链成果在全网推广。获中国工业互联网大赛二等奖、山东省企业管理现代化创新成果一等奖，2 项经验在中国首届链博会展出，在国家电网供应链运营创新交流中分获一、二、三等奖。智能采购稳妥高效。首创需求计划智能排程，建立常态“四同两全”采购价格分析机制，深入应用精益评审工具，客观量化评分占比达到 80%，评标效率提升 20%，异议数量下降 70%。稳链保供万无一失。实现物资基建数智融合，协同效率提升 40%。成立“红链”项目部，供应周期平均缩短 7 天，支撑陇东—山东特高压山东段率先开工。首创应急物资“模块化+清单制”管理，应急需求一键响应。入网质量最严管控。远程“云监造”实现全覆盖，驻场监造范围“最广”。首创透明检测实验室，检测效率提升 40%。开展配网物资质量专项治理，抽检合格率提升 6.7%。实物管理精益高效。实物库存压降48%，盘活成效国家电网系统第一。建成全网首个绿智共享仓，备货时间压降 92%。首家取得“零碳”认证，3 个仓库取得“绿色”认证，国家电网绿链发展示范基地获评“五星级”。开展国企改革深化提升行动。科改示范行动获评国务院国资委标杆，省管产业单位全面纳入国资监管体系，央地协作做法获评全国国企深化改革实践成果特等奖，11 项改革经验获国务院国资委刊发推广，数量位居国家电网首位。世界一流企业建设有力有序，一体推进示范创建、管理提升、价值创造、品牌引领四个专项行动，开展价值创造对标和能力诊断分析，开展价值创造标杆培育，形成“火石”工业互联网平台等一批领先率先成果。

安全生产 安全管理工作不断强化。开展“大安全”体系建设，制定《“大安全”管理体系建设实施意见》和生产、经营、廉政、形象4个安全专项工作方案，梳理制定典型风险、评价指标和重点任务，构建全面覆盖、全员参与、全程管控的“大安全”管理体系，强化全域全口径安全管控。国家电网首批完成安全管理体系（SGSMS）验收，推进安全管理体系“全过程”落地运转。梳理发布356项现行有效安全规章制度清单。总结提炼安全管理体系落地“一图一单一卡”典型经验，并在国家电网系统推广。开展安全教育培训，组织开展夏季、冬季安全培训，开展“理论＋实操”安全培训5368期、参培26.5万人次。双重预防机制持续深化。细化制定16个风险管控工作规范，将风险控制卡、典型风险库等核心要素纳入各专业风险管控流程。严格风险“事前审查＋事中督查”，全年共审查五级电网风险923项、二级作业风险262项，督查风险32项，通报问题574项。建立涵盖设备、调控、营销等8个专业的“1（通用）＋8（专业）”隐患排查标准，明确排查内容、判定依据、查证方法。完成重大事故隐患专项排查整治2023行动收官，召开7次推进会，落实3方面50项重点任务，排查整改隐患15417项，18项重大隐患全部清零。灾害应急处置和重大活动保电完成。高效处置德州平原地震，第一时间启动应急响应，震后7h恢复全部4827户受影响用户供电，实现“尽最大可能降损、用最短时间复电”。加强灾害性天气监测，运用新一代应急指挥系统发布省公司级预警和防范通知31次，市县公司级预警2047次，高效应对“杜苏芮”台风、三轮次低温雨雪冰冻等18次恶劣天气。全力做好援冀、援吉、援晋抗洪抢险，累计组织366人、41台应急发电车、110台应急发电机参与抢险，彰显电力铁军精神。选派255名业务骨干、40台车辆跨省支援大运会、亚运会保电，组织省市县三级应急指挥中心加强值班值守，完成保电任务。建成国家级电力应急基地（华北区域主基地）。国家电网首家“五级五控”数字应用覆盖全部生产作业现场，20.1万次倒闸操作实现零差错。主设备主通道可靠运行。8座特高压变电站（换流站）全部实现在线色谱双配，特高压泉城站挂网试运行国内首套变压器主动防御装置，首家制定特高压套管6类预警阈值及处置策略。开展重要输电通道安全风险评估，完成全部868基密集输电通道杆塔防风抗冰校核，治理全部44基构件断裂钢管塔。建立超高压运维“联防共保”机制，保障主通道稳定运行。开展配网不停电作业7.33万次，减少停电874.3万时户数。国家电网首创市公司技术监督中心业务模式。沂南站建成国家电网首个调相机自动巡检系统。供电所28项配电业务高效落地，提升“最后一公里”供电服务保障能力。建立多专业协同的分布式光伏调控管理体系，开发电网一张图高级应用场景。“基于人工智能的输电线路大规模立体巡检关键技术应用”获中国电力科学技术进步奖一等奖。《智慧城市能源挑战概念体系构建》获国际电工委员会批准立项，实现国家电网公司在智慧城市能源领域国际标准零的突破。国家电网首批建成资产全寿命综合示范，3项“山东经验”入选全国资产管理标委会优秀案例。建成4家新型供电电压管理示范区，国家电网最多。

营销工作 电费管理质效稳步提升，推广“预收＋分次＋代扣”交费模式，每月9日电费发行到账率81%，较年初提高28个百分点，电费回笼速度加快。加强代理购电体系能力建设，全年价格水平保持平稳且在合理区间。完成全量计量箱数字化建档，低压分布式光伏刚性控制全覆盖，柔性控制户数超过50万户，创新实现区域群调群控和台区边端自治。开展采集成功率专项提升，日冻结采集成功率99.98%，电厂、分布式光伏、煤改电等关键用户采集成功率均达到99.5%以上。首创“慧买电”“惠用电”能效服务特色应用，依托“网上国网”“绿色国网”等平台，助力客户进入市场交易，为全省2048.7万户居民用户、36万户企业推送能效提升建议和典型案例。国家电网首家政企协同举办“e起节电”系列主题活动启动仪式，居民“e起节电”活动累计参与数量达357万户次。加快居住区充电设施配套电网建设，按照“单户报装、一次改造”原则，投资4.9亿元开展既有小区供配电设施改造，解决34.2万个车位充电桩接电难问题，节约客户投资50%以上。推广个人充电桩报装“刷脸办电”，通过网上国网APP直接调取身份证和不动产权证，用电报装“一次都不跑”。电动汽车业务高质量发展，充换电量连续14年位居国家电网系统首位。三年市场攻坚收官，市场占有率提高6.66个百分点，年增售电量超200亿kWh。试点建设“供电所诉求响应管控中心”，推动供电所各项需求及时、有效解决。修编星级供电所专业化管理意见，新增五星级供电所23个。完成全量数字化供电所应用情况现场评估，1339个供电所全部达到“标准型”建设标准。举办山东省“技能兴鲁”电力行业职业技能竞赛暨“星种子”供服员工技能竞赛，培养菁英骨干18人。

科技与信息化 出台加强科技创新加快推进高水平科技自立自强20项措施。牵头获批立项国家重点研发计划“工业生产控制软件安全分布式众测技术”项目。拓展实施新型电力系统长线框架方向。部署11项重点科技攻关项目，采用“揭榜挂帅”制优选高水平研发团队和项目负责人。获批参与国家电网公司新型电力系统攻关计划4项，新立项国家电网总部科技项目39项。山东省智能电网技术创新中心通过省科技厅绩效评价正式获批成立。获批建设国内首个省级电力气象技术创新平台山东省电力气象技术创新中心。获批成立电力装备材料评价与控制山东省工程研究中心。年度牵头荣获省部级及以上科技奖励20项，其中山东省科技奖一等奖1项、中国电机工程学会电力科技奖一等奖1项、国家电网公司科学技术奖一等奖3项。“电网企业促进科技成果转化应用的科研项目价值评估管理”荣获第三十届全国企业管理现代化创新成果奖二等奖。年度取得发明专利授权1726项、申请2709项，发明专利增量、拥有量持续保持国家电网有限公司首位。实施专利运营113项，26项专利获评首届能源行业高价值专利成果。获批国家电网公司标准数字化试点单位。国际标准立项4项、发布3项，实现国际三大标准组织全覆盖。成立IEC/TC129国内技术对口工作组，加快推进电力机器人技术及产业国际化进程。深化“火石”平台建设运营，与省工信厅签署“数字工信”合作框架协议。5G应用典型案例获评世界5G大会一等奖，两度实现国家电网数字化竞赛调控“全满贯”。建立数据安全保密合规联席会议制度，连续7年保持国家网络安全攻防演习“零失分”。构建电网数字空间，推动数字技术规模化应用，无人机巡检电力北斗应用率100%。建成美里湖数据中心。供服专业8项RPA应用实现全网推广，承办国家电网数字化四季度会暨基层赋能专题会。

优质服务 深入开展“电力赋能·乡村振兴”行动，建成255个乡村电气化示范项目，发布乡村电气化建设团体标准，出台国内领先的电气化建设规范。荣获2023年度山东省乡村振兴特别奉献单位、“三农”领域金桥奖一等奖。8个帮扶村入选国家电网公司助力乡村振兴示范点，数量保持位列第一。构建黄河三角洲绿色生态电力系统示范，助力盐碱地农业发展，开展“源网荷储数碳”关键技术研究，示范落地盐碱地特色“六大场景”，相关做法得到有关院士、专家高度评价。网上国网首批上线供电服务“一件事一次办”，17项电力业务免证照办理，行政审批“一链办”等创新举措有效落地，构建“一次办好”协同服务机制提供智慧便捷高效办电服务”获评山东省优化营商环境最佳案例。供电窗口进驻市县政务服务大厅，198个供电营业厅升级水电气讯共享营业厅，实现“一张表单”联合受理、线上派单，试点推行水电气讯“一码缴费”。服务“六稳六保”工作大局，“三零”“三省”全年节省客户办电投资29亿元，助力小微企业平稳健康发展。稳步推进延伸投资落地，实施细则实现全省覆盖。创新构建政企网格融合服务模式，13家市公司联合政府网格主管部门出台支持政策，1.8万名网格经理与9万名政府网格员建立协作联系，建成50个融合服务示范网格。牵头制定国内首个供电企业政企融合服务标准，明确9类融合服务场景，发布12项网格便民服务举措，制定“八必须、八严禁”融合服务规范。连续四年策划实施“四进送服务”客户走访活动，走访企业61万户次，解决诉求919件，走访经验在《国家电网报》头版宣传报道。做好重大节假日供电服务保障，连续3年除夕夜服务零投诉，首次实现春节期间零投诉。健全电力保供个案处置机制，迎峰度夏期间客户投诉数量同比下降70.34%。牵头承担国家电网公司“卓越供电服务品质”课题研究，为卓越供电服务体系建设贡献“山东智慧”。累计建成电力彩虹驿站333处，典型做法在中央电视台宣传报道。举办国网山东电力2023年供电“服务之星”劳动竞赛决赛，枣庄公司职工刘苹获评国家电网公司“十佳服务之星”称号。推广“村网共建”电力便民服务模式，38个服务点获评国家电网公司示范点，形成一批可复制推广的乡村供电服务与政务服务共建共治共享的典型示范。

党的建设和精神文明建设 坚持把学习贯彻习近平新时代中国特色社会主义思想主题教育作为贯穿全年的重大政治任务，创新构建“四学一讲”模式，各级党组织开展学习活动3万余次，累计开展领题调研927个，形成调研成果1478项，国网山东电力经验做法在三大央媒报道58次、国网简报刊发23次，得到国家电网领导批示肯定。贯彻习近平总书记考察南瑞集团重要指示精神，精心策划创新驱动“再登高、走在前”行动，纵深推进12项创新驱动行动计划，让创新“第一动力”成为发展“第一实力”。坚持以高质量党建引领保障高质量发展，研究构建党建价值创造体系，明确政治、经济、文化“三个价值”属性，着力打造“价值党建”特色品牌，人民日报社人民论坛、思想政治工作研究等杂志社现场调研，经验论文入选求是杂志社“中国式现代化与高质量发展”论文集，荣获2023年度全国电力行业党建品牌影响力企业。实施基层党组织筑垒、党支部书记头雁、共产党员先锋、党建管理升级“四项行动”，出台推进省管产业党建高质量发展25项措施，完成五年党员教育培训规划，“能文能武”党支部书记队伍建设做法在《党建》杂志刊发。实施“党建+”亮旗提质12项工程，迭代优化“两图一清单”，推出80个典型场景，经验做法在中交集团党组织书记培训班分享。深化党员服务队“彩虹连心”先锋行动，创建8600余个党员突击队和责任区示范岗，以党员带头引领全员争先。实施新时代思想政治工作“十心工程”，开发谈心谈话、走访慰问等实务手册，持续营造“一盘棋、一家人、一条心、一股劲”浓厚氛围，2 项经验分获中国政研会优秀成果和案例。强化典型选树，1 名党员当选全国人大代表，7 个集体和个人荣获全国学雷锋志愿服务先进和中国好人，获评全国政研会优秀单位、中国电力党建和文化建设研究基地。实施“青马、青安、青创、青优、青联”品牌塑造计划，扎实开展团员和青年主题教育，纵深推进青年精神素养提升工程和创新创效行动，4 个团组织和团员青年受到团中央表彰表扬。聚焦管党治党责任落实，制定“五责”一体落实意见，建立九项工作机制、五项保障措施，初步搭建起以党内监督为主导、各类监督贯通协调的大监督格局。坚持“一域一特色”，建成“线上＋线下”廉洁文化地图，形成具有山东电力特色的“清风儒训·齐风鲁韵”新时代廉洁文化品牌，涵养了崇廉尚洁的新风正气。

（张志伟）

【内蒙古电力（集团）有限责任公司】

企业概况 内蒙古电力（集团）有限责任公司（简称内蒙古电力集团）是内蒙古自治区直属国有独资特大型电网企业，所属单位 49 家，负责建设运营自治区西部电网，供电区域 72 万 km^2，承担着 8 个市（盟）工农牧业生产及城乡 1400 多万居民生活供电任务，同时向华北、陕西榆林和蒙古国提供跨省区、跨国境供电。

截至 2023 年 12 月底，内蒙古电网统调装机容量 10407.23 万 kW，其中火电 5160.39 万 kW、水电 208.81 万 kW、风电 3079.29 万 kW、太阳能 1746.60 万 kW。500kV 变电站 45 座、变压器容量 10095 万 kVA，线路条数 113 条，长度 8591.329km；220kV 变电站 186 座、变压器容量 7899 万 kVA，线路条数 745 条，长度 22984.401km。

领导班子

党委书记、董事长：闫宏光（自 2023 年 9 月）、贾振国（至 2023 年 9 月）

总经理、党委副书记、董事：张晓虎（自 2023 年 12 月）、郝智强（至 2023 年 12 月）

党委副书记、董事，机关党委书记，政研会（文协）会长：王晓燕

党委委员、纪委书记，自治区监委驻公司监察专员：李红霞（自 2023 年 2 月）、马金柱（至 2023 年 2 月）

党委委员、副总经理，电力工程技术专家委员会副主任委员：闫军

党委委员、总会计师：张卫江

党委委员、副总经理：白凤英

董事、工会主席：白格平

党委委员、副总经理：许晓斌（自 2023 年 5 月）

党委委员、副总经理兼内蒙古电力科学研究院院长、党委副书记：刘永江（自 2023 年 5 月）

副总经理：韩瑞（自 2023 年 12 月）

董事、总法律顾问：李普强（至 2023 年 2 月）

组织机构 总部部门（18 个），综合业务部门（15 个）包括综合管理部、计划发展部、企业管理部、生产技术部、安全质量监察部、数字化部、营销服务部、工程建设部、财务资产部、产业产权部、人力资源部、科技创新部、审计部、物资管理部、储能管理部；党群部门（3 个）包括党委组织部、党委宣传部（党委统战部）、工会；内蒙古自治区纪委监委驻内蒙古电力（集团）有限责任公司纪检监察组（简称派驻纪检监察组）派驻纪检监察组（公司纪委）。

直属机构 3 类，其中党委监督机构（3 个）包括党委巡察办公室、党委巡察一组、党委巡察二组；董事会工作机构（8 个）包括：电力管理工程专家委员会、电力工程技术专家委员会、安全生产督查组、优化营商环境督查组、工程建设督查组、外部董事工作组、第一监事会、第二监事会；支撑保障机构（10 个）包括新闻中心、财务共享中心、职工社会保障管理中心（住房资金管理中心）、机关事务中心、管理科学研究中心、质量监督检测中心、蒙电乌兰牧骑、企业管理协会、政研会（文协）、电机工程学会。

所属单位（49 个），其中供电分公司（12 个）包括呼和浩特供电公司、包头供电公司、鄂尔多斯供电公司、乌兰察布供电公司、巴彦淖尔供电公司、乌海供电公司、锡林郭勒供电公司、阿拉善供电公司、薛家湾供电公司、内蒙古超高压供电公司、乌海超高压供电公司、锡林郭勒超高压供电公司；业务分公司（11 个）包括内蒙古电力科学研究院、科创中心、内蒙古电力经济技术研究院、内蒙古电力调控公司、内蒙古电力通信公司、内蒙古电力数字研究公司、内蒙古电力培训中心、（内蒙古电力党校）、内蒙古电力航检公司、内蒙古电力营销服务公司、电能计量公司、内蒙古电力物资供应公司、内蒙古蒙电项目建管公司；全资子公司（9 个）包括内蒙古电力财务公司、蒙电资本控股公司、内蒙古电力综合能源公司、内蒙古国合电力公司、内蒙古蒙电信产公司、内蒙古蒙电控股公司、内蒙古康远监理公司、内蒙古蒙电资产运营公司、京蒙大厦公司；控股子公司（7 个）包括内蒙古电力交易公司、呼和浩特抽水蓄能公司、乌海抽水蓄能公司、美岱抽水蓄能公司、太阳沟抽水蓄能公司、内蒙古足球产业公司、内蒙古蒙电招标公司。

经济技术指标 2023 年，全年发展总投资完成 315.8 亿元，同比增长 61.5%。售电量完成 2847 亿 kWh

（含昭沂直流外送 20 亿 kWh），增长 19.47%，在全国省网公司排名第 8。营业收入 1188 亿元，增长 10%。利润总额 37.8 亿元。固定资产原值 1730 亿元，增长 11.26%。研发投入强度 3.25%。全员劳动生产率 54.81 万元/人，增长 14.88%。城市用户平均停电时间 3.17h/户。客户投诉量 53 次/百万户。企业安全生产稳定，经营效益稳健，发展势头良好。

党的建设 扎实开展学习贯彻习近平新时代中国特色社会主义思想主题教育，组织实施“感党恩、听党话、跟党走”群众教育实践活动，紧紧抓住铸牢中华民族共同体意识这条主线，率先在区属国有企业举办民族团结进步创建互观互学活动，巴彦淖尔供电公司荣获全国民族团结进步示范单位。4 条新闻首登央视，在新华社等权威媒体刊稿数量增长 10 倍。精准助力乡村振兴，有序推进双包联和定点帮扶。纵深推进全面从严治党，派驻企业改革试点工作顺利完成。高标准高质量推进自治区党委机动巡视整改，以巡促改，以巡促治、以巡促建。开展 12 家党组织巡察工作，巡察监督质效不断提升。探索人才市场化选聘，开展储能领域专项人才引进和培养，全年引进高校毕业生 1329 人。统战、团青、保密、信访工作有力推进，获得国家级团青荣誉 5 项，选树“蒙电工匠”10 名。成功举办第八届职工运动会，干部职工幸福感持续提升。

企业战略 2023 年，内蒙古电力（集团）有限责任公司围绕“1469”中长期发展战略体系，始终聚焦聚力：建设世界一流现代化能源服务企业“战略目标”，始终坚持“责任蒙电、绿色蒙电、数字蒙电、开放蒙电”发展定位，大力推进集团化、集约化、市场化、数字化、生态化、国际化“六化战略路径”，全面实施党建引领工程、电网跃升工程、服务升级工程、产业支撑工程、治理提升工程、创新驱动工程、数字赋能工程、改革攻坚工程、开放生态工程“九大战略工程”。按照自治区总体部署要求，结合实际，未来五年，总投资规模预计将突破 2000 亿元，较“十三五”增加 800 亿元左右，其中电网投资将达到 1450 亿元左右。

到 2025 年，初步建成网架坚强、广泛互联、灵活开放、数字赋能的现代化电网，在确保满足自治区经济社会发展需要的同时，推动“网对网”外送基地建设取得新突破，蒙西新型电力系统建设取得重大进展，支撑自治区新能源装机规模超过火电装机规模。初步成为主业绩效优良、产业协同发展、服务优质高效的现代化企业集团，率先成为自治区最大的现代化能源服务企业。

到 2030 年，基本建成以特高压为骨干的蒙西坚强智能电网，形成“网对网”大规模外送格局，助力自治区全面实现“两率先、两超过”目标。资产总额、营业收入、外送电量、科技研发投入较“十四五”初实现翻番，再造“一个现代化新蒙电”，全面建成全国一流现代化能源服务企业。

到 2035 年，全面建成服务全区、面向全国、联通俄蒙的重要区域性能源互联网，形成蒙西电网“内联外通”新格局。具备“产品卓越、品牌卓著、创新领先、治理现代”的世界一流企业特征，建成世界一流现代化能源服务企业。

改革创新 发布《国企改革深化提升行动实施方案》，推动改革向深水区发力。深化“放管服”改革，发布内蒙古电力集团管控权责清单，进一步优化授权、放权事项。完成智能运检管控平台建设，实现营销信息采控系统云化改造，蒙电云平台、数据中台和技术中台建成投运。财务 ERP 系统数据库成功切换，运行效率提升 70%。新型数字基础设施基本建成。获批大青山实验室，首次牵头实施国家重点研发计划项目。完成额济纳“源网荷储”微电网示范项目建设，荣获自治区科技进步奖一等奖 2 项、二等奖 2 项。2 项典型经验获得国企深化改革成果特等奖，2 个管理创新成果荣获国家级奖项，7 个 QC 成果在国际质量管理协会获得金奖。

安全生产 严格落实安全生产“两个清单”，常态化开展“四不两直”安全检查，从严查处各类违章 1894 起。选树“五星级班组”49 个，班组建设三年行动落实落地。开展重大事故隐患专项排查整治行动，管控较大级以上风险 2066 个，消除问题隐患 1179 项。经受住极寒天气与新能源小发叠加考验，成功处置 6 条 500kV 线路紧急跳闸事件。依托在线监测装置发现并处理外力破坏事件 182 起，无人机首次参与变电站巡视，设备运维效率提升近 4 倍。通信网、信息网运行平稳，在全国无人机和网络安全技能大赛中均获团体一等奖。协调华北网间互济 143 次，组织需求侧响应 33 次，储能集中调用规模超过 140 万 kW，全年未发生有序用电。阿拉善新井矿难救援保电工作得到自治区认可。完成全国“两会”、中蒙博览会等重大保电任务。

电网建设与发展 科学修编电网“十四五”规划，完成蒙西与华北联网格局研究，提出与华北特高压交流联网方案，满足沙戈荒大基地输电通道需要。48 项 500kV 工程纳入国家规划，蒙西—京津冀特高压直流送端 500kV 汇集工程获批核准。完成 18 项责任状新能源接网工程建设，包头达茂新能源制氢等 4 个市场化新能源项目成功并网。经营区内新能源装机首次超过火电，发电量 886 亿 kWh，同比增长 25.93%。谷山梁等 15 项 500kV 工程投产，乌海抽水蓄能电站完成阶段性建设任务。完成 714 个老旧小区供电设施改造，为3394户边远地区新能源用户接通网电。全年基建项目开工数、投产数、结算数、投资完成量均创历史新高，4项工程获得国家级优质工程奖。

用电营商环境 出台优化用电营商环境3.0升级版方案，保障自治区356个重点招商引资项目如期用电。优化业扩配套项目管理，16.2万客户享受到“三零三省”服务。完成83个转供电小区“一户一表”改造，治理1102项配网“三高一长”问题，满足3.8万个充电桩用电需求。实现智能电表全覆盖、全量客户电费集中核算。创新推出42项服务产品，蒙电E家等线上服务功能不断丰富，“一证办、一次办、刷脸办”开启客户服务新体验。优化电力市场运行模式，持续完善交易规则，市场化率达93%，居全国前列。现货市场连续稳定运行超19个月，价格信号引导源荷良性互动，释放电力系统调节能力300万kW。地区最大供电负荷3612万kW，同比增长15%，8家供电单位售电量创历史新高。

经营管理 全面启动司库建设，全年资金归集率89%，提高收益3700万元。优化融资策略，发行10亿元超短期融资债券，节省资金成本1000万元。推动实现昭沂直流外送电量“统购统销”，增厚资金规模。处置报废物资85批次，盘活两年以上库存物资2.39亿元。健全完善内控风险合规管理体系，探索建立法律、审计、纪检、巡察等工作成果共享机制，增强全员风险防范意识。开展“审计整改年”活动，审计“回头看”完成问题整改111项，2022年问题整改率98%。高质量完成审计项目25项，提出资源节约集约等方面建议197条，开展造价审计249项，审减率3.2%。拓展产业金融板块，蒙电资本控股公司正式运营。包头美岱、巴彦淖尔太阳沟抽水蓄能公司挂牌成立，蒙电信产公司成功入股南网数研院。子公司完成投资72.6亿元，增长近5倍；实现利润11.65亿元。

国际合作 与蒙古国国家电网公司正式完成协议续签，将供电协议期限延长至2030年7月。策克口岸110kV对蒙输电工程项目前期工作取得实质性进展。

数字化建设 2023年是内蒙古电力集团数字化转型建设年。深入践行“1469”中长期发展战略，聚焦“数字蒙电”发展定位，围绕“1-3-5”数字化转型总体思路，严格落实建设年“1-3-3”工作任务，完成全年各项任务目标，推动数字化建设取得新进展。

人力资源 全面总结国企改革三年行动经验，提炼形成12项改革标志性成果和典型经验。完成人力资源“三项制度”改革大起底工作，助力实现人力资源管理方式向现代化一流企业管理转型。落实国家政策优化调整组织机构体系。构建了以总部科技创新部为核心的“一核一中心多平台”科技创新体系。成立内蒙古电力数字研究公司，形成了总部数字化部、电力数字研究公司、新型数字基础设施平台和一体化数字应用平台的数字化工作体系。设置储能管理部，成立包头美岱、巴彦淖尔太阳沟抽水蓄能公司，“1+2+N”储能发展体系初步建成。成立蒙电资本控股公司。撤销监察专员办公室，将公司纪委与自治区派驻纪检监察组合署办公。

开展各类教育培训。2023年，总部层面和所属各单位累计完成培训5856期，总培训量52.56万人·天，全员培训率98.59%。

科技创新 完善科技创新体系和相关工作机制，加快提升科技创新能力，提高研发投入水平，积极融入国家级创新平台。

完成《“十四五”科技发展规划》中期修编。编制《科技项目管理办法》《科技管理标准》等，完善科技创新体系，优化顶层设计，加快转型升级。

初步构建以国家级、自治区级实验室为核心，公司级实验室为基础的创新平台体系。与怀柔实验室联合编制内蒙古基地组建方案，并上报国家科技部，待批复。获批自治区实验室——“大青山实验室”。

牵头国家创新任务取得重大突破。联合怀柔实验室、南方电网、清华大学等15家单位，牵头申报并获批国家重点研发计划部省联动项目“大规模可再生能源基地特高压多端直流输电外送关键技术”。

实现自主创新技术突破。以项目任务为牵引，加快大型新能源基地稳定运行输送、智能配电网柔性互联、储能安全并网控制等关键技术研究。组织召开“基于构网型技术的纯新能源电力系统构建及示范应用”成果鉴定会，王成山、刘吉臻等5位院士领衔的10余位专家团队给予了整体技术达到国际领先水平的高度评价。

凝聚创新成果。内蒙古电力集团以第一完成单位荣获自治区科技进步奖一等奖2项、二等奖2项。荣获中国电机工程学会年度优秀人物奖6项、中电联电力科技创新奖励2项，入选中电联首届创新大会优秀成果3项。完成2021年度、2022年度科技成果奖励评选，表彰优秀科技成果155项。

企业管理 系统发布《中长期发展战略纲要》《中长期发展战略深化解读报告》，明确未来十年内蒙古电力集团中长期发展目标及战略举措，完成总部《“十四五”发展规划》中期修编，高效分解落实；区属企业率先发布《加快建设世界一流企业实施方案》，围绕示范创建、管理提升、价值创造、品牌建设4项行动，系统构建世界一流企业“1+4”体系，形成《对标一流管理标准》《对标世界一流价值创造行动方案》及提升清单等，规范对标工作流程，清晰企业行业位次，明确7个方面共29项任务；开展“创建示范行动”，发挥先进性及示范性作用，开展“三个标杆”选树创建工作。

拓展对外合作格局，与多家国内知名院校企业开展交流合作。推动企企、政企合作，与中电建、乌兰察布市人民政府等9家企业及政府建立战略合作伙伴关系。高标准推动校企合作，与清华大学联合组建全国重点实验室内蒙古分室，与华电、浙大进行新一轮战略合作。

强化内控，防范风险。健全内控管理体系，完善风险审查机制。

编制发布《2022社会责任报告》，获评中企联AAA级信用企业，全国诚信企业建设优秀案例12项，在中电联全国电力信用推进会做典型发言。2023年，内蒙古电力集团位列“中国企业500强”第231位，“中国服务业企业500强”第80位，较2022年分别上升24位和15位。

持续强化班组建设，完善班组评价细则，首创开展4专业131项管理创新成果后评估，管理创新实现从自主分散到系统集中的管理提档升级；组织开展2023年（第七届）管理创新评审，向中企联申报4项国家级管理创新成果；编发《班组星级评价管理办法》等，组织开展2批次4期共320人的班组长轮训及2期110人次“进阶式”班组长提升班；举办首届星级班组表彰暨班组建设经验交流会；完成2022年度20个单位69项QC成果的收集和评审工作，审定55项优秀成果，斩获中国质量杂志社、水电质协、内质协联合评比10项成果一等奖，20项二等奖，25项三等奖；参加48届国际质量管理会议，7项入围成果全部摘金，取得历史新突破，企业质量管理水平达到世界一流水平。

产业管理 以“更加突出规划引领、更加突出结构优化、更加突出管控科学”为导向，研究“十四五规划修编”和“产业结构调整”等5个方面重点课题，明确工作方向和重点举措。编制形成《完善金融产业发展体系》和《构建储能产业发展体系》等5个专题研究报告和6项管理制度。

产业发展结构得到进一步完善。加快推动各项重点任务落地。加大抽水蓄能、金融和数字化等战略性新兴产业投资，全年完成投资72.6亿元，同比增长487%；完成包头美岱和巴彦淖尔太阳沟抽水蓄能公司组建；落实自治区“天骏服务计划”和国有企业上市工作要求，加快开展储能板块和科电公司、经研公司上市可行性研究，编制上市工作方案；落实自治区党委、政府和国资委决策部署，接收新城宾馆100%股权，完成自治区数据交易中心组建。按照内蒙古电力（集团）有限责任公司金融产业和数字化转型发展要求，组织蒙电信产公司对南网数研院3.7亿元股权投资及增资扩股；组建蒙电资本控股公司、蒙电商业保理公司和蒙电融资租赁公司并实质化运营。资本配置更趋优化、产业结构和产业布局进一步完善、产业的支撑作用得到进一步发挥。

储能工作 开展规划工作。研究形成《内蒙古电力集团抽水蓄能项目核准发展规划》，完成电网侧新型储能规划。国家能源局初步批复蒙西地区电网侧抽水蓄能需求规模1480万kW，自治区批复蒙西地区电网侧新型储能需求规模250万kW/1000万kWh。

推进项目前期。巴彦淖尔太阳沟抽水蓄能项目完成预可研和可研三大专题审查，取得全部核准组件，开创了北方地区抽水蓄能电站地勘冬季不间断施工先例和预可行性研究工作最短时间纪录。包头美岱抽水蓄能项目完成预可研和可研三大专题审查。呼和浩特可镇、包头百灵、鄂尔多斯万成功三个电网侧独立储能项目完成可行性研究和示范项目申报。

扎实开展工程建设。乌海抽水蓄能电站按照里程碑计划完成全年工程建设任务。通风兼安全洞、排洪洞全部开挖完成，交通洞TBM导洞贯通，地下主厂房和上下水库土石方开挖工作完成预期工作任务。电站机组和配套设备采购招标完成。建成乌兰察布储能科技示范项目（电化学储能0.5万kW/1万kWh）。在投资巨大、高风险作业较多的情况下，保持零事故，完成安全目标。

生产安全稳定。呼蓄电站实现发电量14.01亿kWh，同比增长6.36%；综合循环效率为77.19%。实现营业总收入9.76亿元，利润总额实现6817.84万元。完成1～4号机组C级检修、110VA中心变电站大修、黑启动试验等任务。

物资管理 制定《现代供应链平台建设工程组织方案》，启动现代供应链平台项目建设。抽调所属各单位业务专家成立工作专班，召开需求调研交流会28场、需求确认会20场，召开项目推进及最终需求确认会29次，科学有序推动现代供应链平台建设项目开展。

深化体系建设，夯实管理基础。印发《关于规范内蒙古电力集团系统招标采购中标信息公示的通知》等文件，规范内蒙古电力集团系统各单位招标公告和中标信息公示发布工作，增强内蒙古电力集团系统招标投标活动透明度，接受社会监督。

多措并举厘清责任，推进精益化管理。筑牢业务监督防线，落实党风廉政建设“两个责任”，组织完成物资采购招投标专项治理。

工会工作 弘扬劳模精神、劳动精神、工匠精神，举办表彰大会选树“蒙电工匠”10名，开展全国和自治区五一劳动奖评选推荐工作，慰问各级劳模400余位，宣传先进典型事迹，1个集体荣获“全国工人先锋号”，2 名职工荣获“自治区五一劳动奖章”。1 名职工当选为中国工会十八大代表。汇集全系统最有含金量荣誉，制作发放“非凡 10 年辉煌蒙电”荣誉册，增强职工荣誉感、归属感，履行蒙电责任，发挥电力行业优势，为广大农牧区提供安全可靠供电保障。全年在锡盟正镶白旗和包头固阳县完成电网建设投资 11.8 亿元，再创历史新高。固阳县红庆德村芪林鸡养殖项目增收 14 万元，户用光伏项目成功并网。积极开展消费帮扶，全年累计消费 2800 余万元，在自治区国资国企中名列前茅。捐赠 14 万元建成嘎查新能源路灯项目，有效推动帮扶嘎查美丽乡村建设。

聚焦五个振兴，扎实推进定点帮扶锡盟朝格温都尔嘎查工作。调整优化内蒙古电力集团乡村振兴工作领导小组，明确双包联及定点帮扶工作职责。组织召开乡村振兴工作现场调度会，压紧压实各级帮扶责任。不断深化内蒙古电力集团基层党组织与帮扶村党组织结对共建，以强大的组织力引领乡村全面发展、村民共同富裕。

主要事件

1 月 8—9 日，内蒙古电力集团六届二次职代会暨 2023 年工作会在呼和浩特公司总部召开。

1 月，内蒙古电科院申报的“高寒地区新能源风力发电机液压油在线监测及液压设备健康诊断研究”科技成果获得“全国能源化学地质工会”优秀职工技术创新成果一等奖。

2 月 14 日，内蒙古电力集团与蒙古国能源部一行开展座谈交流。蒙古国能源部能源政策执行协调司司长那森陶格陶，蒙古国家电网公司执行总裁达西达瓦，内蒙古电力集团党委书记、董事长贾振国，总经理、党委副书记郝智强，及双方相关人员参加座谈。

2 月 16 日，内蒙古电力集团与中国电建在北京签署战略合作框架协议并举行座谈交流。中国电建党委书记、董事长丁焰章，内蒙古电力集团党委书记、董事长贾振国等领导，以及双方有关部门负责同志参加活动并交流座谈。

2 月 16 日，内蒙古电力集团与蒙古国能源部、国家电网公司、OT 公司举行备忘录签署仪式，就新一轮 OT 公司长期供电协议、扩大对蒙电力出口相关事宜达成意向。蒙古国能源部能源政策执行协调司司长那森陶格陶，蒙古国国家电网公司执行总裁达西达瓦，内蒙古电力集团总经理、党委副书记郝智强，及双方代表参加签署仪式。

2 月 20 日，特变电工股份有限公司党委委员、总裁黄汉杰一行到访内蒙古电力集团并开展座谈交流，党委书记、董事长贾振国，总经理、党委副书记郝智强参加座谈。

2 月，鄂尔多斯市“获得电力”指标在 2022 年自治区营商环境评估中位居首位，连续四年获评全区第一。

2 月，内蒙古电力集团完成自治区首批企业电子发票电子化试点工作并通过验收。

3 月 15 日，由中电联主办的电力行业信用体系建设工作推进会在北京召开。内蒙古电力集团荣获“优秀电力集团公司”奖项；呼和浩特供电公司、鄂尔多斯供电公司、薛家湾供电公司等 3 家供电分公司荣获“2022 年电力行业信用体系建设示范企业”称号；乌兰察布供电公司获得“优秀二级电力企业”奖项；内蒙古电力集团多篇案例、论文获奖，多名个人获得信用电力知识竞赛“答题能手”称号。

3 月 17 日，在内蒙古自治区跨境人民币“暖春惠企”专项行动启动仪式上，国合电力公司荣获自治区首批跨境人民币推广先进企业称号。

3 月 21 日，中电联第一届电力市场高端论坛在北京举办。内蒙古电力集团交易公司代表内蒙古电力集团应邀在论坛上作专题演讲，详细介绍近年来内蒙古电力多边交易市场在电力安全供应保障、高比例新能源消纳、产业政策与市场机制高效衔接等方面的实践经验。

3 月，内蒙古电网统调装机容量突破 9000 万 kW。截至目前，内蒙古电网新能源装机容量 3829.18 万 kW，同比增长 21.38%，新能源装机占比提升至 42.41%。

3 月，鄂尔多斯供电公司“乔丽创新工作室”荣获“全国巾帼文明岗”称号，成为内蒙古电力集团 2023 年度唯一获此殊荣的集体。

4 月 13 日，第 8 届全国无人机电力巡检技术高峰论坛暨 2023 年风光无人机智能巡检大会在南京召开，内蒙古电力航检公司获评两项“金巡奖”。

4 月 24 日，国家能源局特急能源保供项目——京宁热电 4 号机组完成 168h 试运行。至此，内蒙古电网经营区内的国电投白音华电厂、蒙泰东胜二期、蒙能金山二期、京能集宁二期 4 项国家能源局特急能源保供项目全部投入商业运行。

4 月，共青团中央、应急管理部联合发文认定 2022 年度全国青年安全生产示范岗，全区共 11 个集体获评，乌兰察布供电公司获“全国青年安全生产示范岗”荣誉。

4 月，内蒙古电科院完成 550kN 盘形悬式绝缘子机械破坏负荷试验，此为网内首次开展大吨位大盘径绝缘子性能试验。

4 月，国家市场监督管理总局（国家标准化管理委员会）发布了 2023 年第 1 号公告，内蒙古电力集团参编的《企业诚信管理体系要求》（GB/T 31950—2023）国家标准于 2023 年 3 月 17 日发布并实施。该标准是内蒙古电力集团标准化委员会成立以来参与编制的首个国家标准。

5 月 16 日，由中电联电力行业信用体系建设办公室主办、内蒙古电力集团协办、内蒙古自治区电力行业协会和鄂尔多斯供电分公司承办的第一期电力行业信用体系建设示范企业推广交流活动在鄂尔多斯市举办。

5 月 25 日，内蒙古自治区首家“鄂电 e 享”园区电力服务站在鄂尔多斯市蒙苏经济开发区正式启动。

5 月 26 日 14:27，内蒙古电网额济纳地区“源网荷储”微电网示范工程投产第一阶段纯新能源黑启动试验成功，此为国内首次纯新能源黑启动试验。

6 月 4 日，神舟十五号飞船返回舱落地，内蒙古电力集团完成保电任务。

6 月 11 日，随着呼和浩特市锦绣福源小区 12 台电动汽车公共充电桩全部投入运行，呼和浩特供电公司成为内蒙古电力集团首家开展电动汽车充电基础设施建设，投入市场化运营的供电公司。

6 月 18 日，巴中 500kV 变电站完成为期 4 天的国产首台 500kV 磁控式可控并联电抗器全容量动态可调试验工作，新能源“优质电”的最大利器维稳成功。

6 月 18 日，由内蒙古电力（集团）有限责任公司营销服务部、团委（青工委）主办，新闻中心、呼和浩特供电公司、鄂尔多斯供电公司、乌兰察布供电公司、乌海超高压供电公司承办的“绿色出行　蒙电护航”主题示范倡导活动，在四市同步成功举办，100 余辆新能源汽车在四市利用内蒙古电力集团自建充电桩同时充电，标志着内蒙古电力集团电动汽车充电基础设施建设与市场化运营业务正式全面开展。

6 月 19 日，中国共产主义青年团第十九次全国代表大会在人民大会堂开幕。内蒙古电力集团巴彦淖尔供电公司青年职工杨浩元作为代表参加了中国共产主义青年团第十九次代表大会，当选为中国共产主义青年团第十九届中央委员会候补委员。

6 月 20 日，“体系护航　本质安全”首届安全风险隐患管理体系建设论坛在巴彦淖尔供电公司举办。

6 月 20 日，国家税务总局呼和浩特市税务局召开纳税信用等级评价 5 连 A 企业授牌仪式暨座谈交流会，会议表彰了 2018—2022 年度连续 5 年纳税信用等级为 A 级的企业。内蒙古电力集团荣获纳税信用等级“5 连 A”荣誉称号。

7 月 11 日，额济纳“源网荷储”微电网示范工程竣工，进入验收阶段。该工程新建 25MW/25MWh 储能站一座和控制管理系统一套。通过创新延伸示范工程应用，以整套构网型储能设备及一体化控制系统为支撑。

7 月 14 日，由内蒙古电力集团承建的国家第二批大型风电光伏基地“上海庙二期”400 万 kW 新能源项目配套汇集工程获得核准批复。

7 月 20 日，国家能源局召开以可靠性为中心的电力设备检修（RCM）策略研究第二批试点项目启动会暨 RCM 工作推进会。内蒙古电力集团申报的“以可靠性为中心的变压器维修策略研究与应用”入围。

7 月 28 日，三峡乌兰察布新一代电网友好绿色电站示范项目二、三期配套 220kV 接网工程跨越带电线路二级风险作业完成，标志着全球规模最大的“源网荷储”一体化示范项目进入全线并网投产倒计时阶段。

7 月 30 日，蒙西电网 500kV 主网首台调相机建设工程，由内蒙古超高压供电公司承建的浩雅 500kV 变电站工程调相机定子安装就位。

7 月 30 日，呼和浩特抽水蓄能电站 2 号机组厂内黑启动试验完成。

7 月，内蒙古电力集团与国家电网公司首次针对昭沂直流特高压配套新能源外送通道组织开展计量联合核验工作。

8 月 1 日，蒙西电网首个数智化云端服务“智慧园区　电力驿站”在阿拉善经济技术开发区腾格里工业园区正式成立。

8 月 2 日，国家发展改革委在内蒙古电力集团召开内蒙古新能源发电上网电价市场化改革调研交流座谈会。会议听取了内蒙古自治区发展改革委、能源局、工信厅及内蒙古电力集团、国网蒙东公司关于新能源开发应用、电力市场运行、新能源参与交易等情况的汇报，发、用电企业代表就各自参与电力现货及中长期交易情况发言。与会人员围绕新能源上网电价形成机制、电价市场化改革、交易风险防范、绿电绿证交易等内容开展交流研讨。

8 月 12 日，2023 年全国行业职业技能竞赛——第十四届全国电力行业职业技能竞赛（巡检无人机驾驶员）完成各项赛事，在内蒙古电力培训中心闭幕。内蒙古电力公司一队、内蒙古电力公司三队位被授予优秀组织奖，内蒙古电力培训中心（内蒙古电力党校）、内蒙古超高压供电公司被授予特别贡献奖。江宇峰、郝智强等领导向获奖单位和选手颁奖。

8 月 30 日，内蒙古电力集团 2022 年度“蒙电楷模”“最美蒙电人”发布仪式暨先进模范事迹交流会在总部召开。

8 月，中国政研会公布“2023 年度基层思想政治工作优秀案例”评选结果，内蒙古自治区年度唯一一项案例——内蒙古电力（集团）有限责任公司乌海供电分公司“‘四项工程’：筑牢国有企业思政工作‘生命线’”典型案例成功入选。

8 月，2023 年内蒙古自治区电力职工技术创新成果评审结果出炉，航检公司 2 项技术创新成果获自治区级荣誉。其中“高原输电线路无人机智能巡检技术与标准的研究与应用”荣获一等奖，“以增强电网数字化巡检能力为目标的激光雷达扫描作业数据分析管理体系”荣获二等奖。

9月3日，包头供电公司英华500kV变电站第3、4组主变压器扩建工程完成启动送电，按期竣工投运。

9月3日，内蒙古自治区第40个民族团结进步活动月启动，内蒙古自治区党委常委、统战部部长胡达古拉，“七一勋章”获得者廷·巴特尔，内蒙古自治区政协副主席、锡林郭勒盟委书记张佰成，内蒙古自治区国资委二级巡视员郑火星受邀出席启动仪式。内蒙古电力集团党委书记、董事长贾振国，以及锡林郭勒盟委相关领导出席活动。

9月7日，中蒙国有企业改革发展研讨会在呼和浩特市召开。内蒙古电力集团董事长、党委书记贾振国受邀主持，内蒙古自治区国资委副主任马焕龙出席会议并致辞能源电力行业企业分论坛，内蒙古电力集团党委副书记、总经理郝智强观展。

9月8日，电力二次系统安全专项监管现场核查工作总结会在内蒙古电力集团召开，国家能源局安全司副司长阎秀文，内蒙古电力集团党委副书记、总经理郝智强，党委委员、副总经理刘永江，国家能源局、华北能源监管局、自治区能源局、专家组、大唐国际、国家能源集团内蒙古分公司、公司相关人员参加会议。

9月13日，中国工程院“我国碳达峰碳中和若干重大问题研究”项目组在内蒙古电力集团调研，围绕内蒙古实现“双碳”目标过程中电力集团所面临的机遇和挑战深入交流。国家电网有限公司顾问、中国工程院院士舒印彪，怀柔实验室主任、中国工程院院士汤广福参加调研，内蒙古电力集团党委书记、董事长贾振国，党委副书记、董事王晓燕，党委委员、副总经理闫军，刘永江陪同调研。

9月13日，内蒙古电力集团新一代应用门户系统正式启动单轨运行。

9月19日，内蒙古自治区电机工程学会第十次会员代表大会在呼和浩特市召开，大会选举产生了由99名理事组成的新一届理事会。闫军当选第十届理事会理事长。

9月20—22日，在中国能源传媒集团主办的第二届（2023年度）中国能源传媒优秀宣传策划案例复评会上，内蒙古电力（集团）有限责任公司共有8项作品、2个集体入围复评环节。内蒙古电力集团新闻中心选送的《用调查研究为新闻找定位　做有格调的国企新媒体》宣传策划案例荣获国家级行业奖项。

9月22日，由内蒙古超高压供电公司承建的金山500kV输变电工程第一阶段投产启动完成。

9月29日，500kV土默特变电站（500kV金山输变电工程）全部投产启动任务完成，实现与敕勒川热电厂、500kV永圣域变电站、220kV惠川变电站、220kV前朱堡牵引站联网。

9月，第21届全国青年文明号名单揭晓，全区共有14个集体上榜。巴彦淖尔供电公司调度管理处保护班和电力营销服务与运营管理公司95598服务中心2个集体被命名为第21届“全国青年文明号”。

10月1—4日，受蒙古国能源部邀请，内蒙古电力集团党委副书记、总经理郝智强带队出访蒙古国，参加第三届中国内蒙古·蒙古国投资贸易合作推介会并完成多项协议签署，对进一步深化中蒙电力合作，取得了积极成效。

10月10日，国内首例以构网型储能为支撑的纯新能源电力系统储能设备近端短路故障穿越试验在内蒙古额济纳地区电网取得成功。该试验是内蒙古电力集团继5月26日开展以构网型储能为支撑的广域纯新能源电力系统黑启动试验、6月17—19日开展广域纯新能源电力系统长周期离网运行试验之后，开展的第三阶段全实景离网纯新能源电力系统试验。

10月14日，巴彦淖尔太阳沟抽水蓄能公司、包头美岱抽水蓄能公司在呼和浩特先后召开创立大会、第一次股东大会、第一届一次董事会、第一届一次监事会。

10月28日，由内蒙古自治区新闻出版局主办的第三届全国报刊编校技能大赛初赛（内蒙古赛区）暨内蒙古报刊编校技能大赛在乌兰察布市举行，内蒙古电力（集团）有限责任公司新闻中心代表队斩获团体三等奖，3名队员均获个人优秀奖，其中选手霍晓雨入选自治区代表队，将参加全国报刊编校技能大赛。

10月30日，宝拉格500kV输变电工程全部设备投产启动。

10月30日，建国220kV变电站252间隔同频同相耐压试验顺利完成，内蒙古电力集团首次运用220kV GIS同频同相新技术进行耐压试验取得成功。

10月30日，宝拉格500kV输变电工程全部设备投产启动。锡林郭勒超高压供电公司历时4年完成升压扩建，宝拉格500kV变电站将为东乌旗东北部、西乌旗地区大型新增负荷及输变电项目提供接入点，锡林郭勒盟东部地区将形成以塔宝双回为主网架的500kV输变电网架结构。

10月31日，巴彦淖尔的临河热电厂灵活性改造配置新能源示范项目成功并网，标志着全国首个“盐碱地改良＋农光互补”综合示范项目并网。

11月3日，内蒙古电网新能源发电电力再创历史新高，达2368万kW，占当时全网发电电力的51.37%，新能源发电电力占比首次超过常规电源。新能源日发电量同时创新高，达3.80亿kWh，占当日全网发电量的 36.35%。

11 月 7 日，在乌兰察布市察右后旗恒义隆 5 万 kW 分散式风电项目建设现场，乌兰察布供电公司采用移动式伞形跨越架技术，仅用 7h 就完成电网跨越作业，缩短工期近 48h。

11 月 11 日，内蒙古电力集团与中国三峡集团就加快推进大基地项目先导工程、三峡乌兰察布新一代电网友好绿色电站二期项目建设，光伏制氢项目绿电消纳等情况进行具体对接交流，内蒙古电力集团党委书记、董事长闫宏光，三峡陆上新能源投资公司党委书记、总经理李昌彩参加交流出席会议。

11 月 23 日，内蒙古电网“西电东送”关键断面——响布坤德断面正常方式极限由 260 万 kW 调整为 360 万 kW，新能源送出能力提升 100 万 kW。截至 11 月 30 日，新能源消纳电量已累计增加约 2000 万 kWh，大幅缓解包头以西地区新能源消纳难题。

11 月 29 日，国家工信部下达立项通知，内蒙古电力（集团）有限责任公司首次牵头申报的项目“大规模可再生能源基地特高压多端直流输电外送关键技术”获批立项。

11 月 30 日，2023 年中国能源传媒“能源奥斯卡”优秀影视作品展评及 2022 年度“中国电力新闻奖（影视）”作品评选活动在江苏常州举行，颁奖典礼通过新华社现场云等直播方式，现场公布了评选结果，内蒙古电力集团共 26 部作品获奖。

11 月，中国知网《学术精要数据库》发布 2013 年至 2023 年高影响力论文，《内蒙古电力技术》刊登的 108 篇论文入选，其中高被引论文 3 篇、高下载论文 3 篇、高 PCSI 论文 1 篇。

11 月，东西南北中“学习达人”挑战赛在杭州举行，8 支参赛队伍分别代表全国 8 个省（区、市）开展对抗必答和竞速抢答。由“学习强国”内蒙古学习平台选送的内蒙古电力集团“电亮青春代表队”荣获亚军。

12 月 6 日，浩雅 500kV 变电站主站建成投产。浩雅工程为内蒙古电网第 42 座 500kV 变电站，是内蒙古电网又一条外送通道。

12 月 8 日，中国内部审计协会在北京召开 2020—2022 年内部审计先进集体和先进工作者表彰大会，内蒙古电力集团审计部获“全国内部审计先进集体”荣誉称号；鄂尔多斯供电公司审计部王宇获“全国内部审计先进个人”荣誉称号。内蒙古电力集团是首次、也是自治区唯一一家获得“双先”荣誉称号的单位。

12 月 9 日，内蒙古电力集团召开电力保供应急调度会。

12 月 12 日，内蒙古电力集团审计部管理创新课题“基于管理创新和技术创新‘双轮驱动’的审计发现问题整改管理体系构建与实施”荣获第 30 届内蒙古自治区企业管理现代化创新成果一等奖。

12 月 20 日，锡林郭勒供电公司河西站 35kV 河西变电站 10kV 河铁路 952 断路器遥控分闸操作完毕，现场开关变位正确。此操作为锡林郭勒配电网首次实现配网系统对主网出线开关的遥控操作。

12 月 20 日，内蒙古电力（集团）有限责任公司锡林郭勒供电公司通过 GB/T 39604—2020《社会责任管理体系要求及使用指南》贯标认证并获得证书，成为自治区首家贯标成功的单位。

12 月 20 日，电力调控公司联合锡林郭勒供电公司、锡林郭勒超高压供电公司举办 2023 年锡林郭勒地区电网恶劣天气保电、保供热专项反事故演练。这是内蒙古电力集团首次开展省地联合无脚本电网反事故演练。

12 月 20—21 日，在 2023 年全国电力行业标杆工程、示范工程发布会暨新型电力系统工程建设高质量发展经验交流推进会上，薛家湾供电公司申报的海子塔 220kV 输变电工程和东湖 110kV 变电站新建 3 回 10kV 线路送出工程分别荣获 2023 年全国电力行业设备管理标杆工程和示范工程奖。

12 月 21 日，2023 年全国电力行业标杆工程、示范工程发布会暨新型电力系统工程建设高质量发展经验交流推进大会在北京召开，内蒙古电力集团鄂尔多斯供电公司公司乌审 500kV 变电站 220kV 线路接入工程获得全国标杆工程项目，伊金霍洛旗 2021 年农网查干柴达木村才登 3 号变压器台区改造工程获得全示范工程项目。

由内蒙古电力集团乌兰察布供电公司承建的化德长顺 220kV 变电站工程和三峡乌兰察布新一代电网友好绿色电站示范项目（一期）接网工程在众多参评项目中脱颖而出，分别荣获 2023 年电力行业标杆和示范工程称号。

截至 12 月 25 日，内蒙古电网装机容量突破 1 亿 kW 大关，达 1.0036 亿 kW。

12 月 26 日，随着 220kV 金敖线 255 线路充电完成、相关保护相量测试正确，3 条 220kV 新能源保障项目全部完成启动，标志着 500kV 敖瑞输变电工程投产。该项目为国家第一批大型沙戈荒风电光伏基地项目汇集工程。

12 月 28 日，内蒙古电力集团包头供电公司荣获中国电力企业联合会组织开展的电力行业信用体系建设示范企业评选“电力行业信用体系建设示范企业”称号。

12 月 29 日，内蒙古电力集团经营区域内风电装机容量 3439 万 kW、光伏装机容量 1741 万 kW，新能源总装机容量 5180 万 kW，超过火电装机容量 27 万

kW，提前2年实现自治区提出的“新能源装机规模超过火电装机规模”目标，经营区内总装机规模达1.075亿kW。

12月29日，第三十届全国企业管理现代化创新成果奖项公布，内蒙古电力集团选送的“高效支撑区域新能源发展的现代电网体系建设与运营管理”荣获一等奖，“以有效改善宜商环境为目标的供电服务示范区建设”荣获二等奖。

12月29日，新能源总装机规模达5248万kW，提前2年实现“新能源装机规模超过火电装机规模”目标。

12月31日，阿拉善供电公司年度售电量达到100.06亿kWh，售电量首次突破100亿kWh大关。

12月31日，内蒙古电力集团当年电费回收率完成99.98%，超过年度目标0.03个百分点。

12月，电力培训中心5部作品在中国电力企业联合会举办的第二届电力行业培训数字化微课竞赛中喜获佳绩，获二等奖1项，三等奖4项。

12月，内蒙古电力（集团）有限责任公司电力调控公司全年完成100座2030万kW新（扩）建新能源场站及51项输变电工程接入并网。

12月，在内蒙古自治区纪委、内蒙古自治区党委网信办组织开展的第四届“北疆清风颂”全区廉洁文化新媒体作品征集评选展播活动中，由内蒙古电力（集团）有限责任公司乌海超高压供电公司纪委摄制、乌海市纪委监委选送的《破除羡腐心理　永葆廉洁之心》廉洁文化微视频荣获一等奖。

12月，国务院国资委社会责任局在北京举办“中央企业和地方国资国企社会责任系列蓝皮书集中发布活动”，内蒙古电力（集团）有限责任公司上榜“国有企业社会责任·先锋100指数”榜单第12位，所属乌海超高压供电公司1篇社会责任优秀案例入选《蓝皮书》。

12月，内蒙古自治区党委统战部、宣传部、民族事务委员会联合印发《关于命名第九批全区民族团结进步示范区示范单位的决定》，内蒙古电力集团所属呼和浩特供电公司、鄂尔多斯供电公司棋盘井供电分公司、巴彦淖尔供电公司乌拉特后旗供电分公司3家单位被命名为“第九批全区民族团结进步示范单位”。

12月，张晓虎任内蒙古电力集团总经理、党委副书记、董事。

（包丹阳）

东　北　地　区

【国家能源局东北监管局】

基本情况　国家能源局东北监管局（简称东北能源监管局）于2013年12月13日正式挂牌，是国家能源局在东北区域的派出机构，负责辖区内电力等能源的监督管理和行政执法工作，以及电力安全监管工作。

主要职能：在东北区域内，监管电力市场运行，规范电力市场秩序；监管电网和油气管网设施的公平开放；监管电力调度交易，监督电力普遍服务政策的实施；承担电力等能源行政执法工作，依法查处有关违法违规行为，监督检查有关电价；承担除核安全外的电力运行安全、电力建设工程施工安全、工程质量安全的监督管理以及电力应急和可靠性管理，依法组织或参与电力生产安全事故调查处理；实施电力业务许可以及依法设定的其他行政许可；承办法律法规授权以及国家能源局交办的其他事项。

领导班子

党组书记、局长：郭建宇

党组成员、副局长：张志平

党组成员、副局长：李艳

党组成员、纪检组长：刘耀恒

组织机构　内设9个职能处室：综合处、市场监管处、行业监管处、电力安全监管处、资质管理处、稽查处、机关党委（机关纪委）办公室、吉林业务办、黑龙江业务办。全局编制48人，现有在职人员45人。

主要工作

（1）稳供给，全力保障东北地区能源供给平稳。对区域内电煤库存、电力供需、运行安全等情况开展日跟踪、周分析、月总结常态化监管。向国家能源局和三省一区人民政府报送能源保供报告，获得省政府主要领导肯定。多次向能源企业印发文件，督促落实保供责任。强化火电机组非停受阻监管，在保供期间，实行2～5倍考核。积极推进旋备市场建设，引导火电机组发挥顶尖峰作用。持续开展电煤中长协履约情况的跟踪和监管，电煤库存始终保持高位。指导、协助吉林省发改委，以部分具备条件的机组为试点，推动试点机组按铭牌容量重新确认和许可。协调解决部分机组核建不一问题，提升顶尖峰能力38万kW，直接经济效益近20亿元。

（2）保安全，东北地区电力安全生产形势总体稳定。推动黑龙江省正式明确省级能源主管部门属地电力安全管理职责，实现了东北区域省级属地电力安全管理责任全覆盖。开展重大隐患专项整治等 5 个专项监管，发现问题 400 余项，督促企业扎实整改形成闭环。组织开展东北区域电力系统隐患排查治理，召开事故警示通报会、电力系统运行安全风险管控会，组织编制风险隐患周报 47 期，共排查各类隐患 30388 项，整改完成率 99.41%。开展东北区域电力行业防汛抗灾工作，妥善应对红沿河核电站非计划停运事件和东北地区雨雪冰冻等极端天气对电力系统的冲击，加强应急能力建设。做好电力事故调查处置，整治影响电力系统安全稳定的违法行为。深化电力安全信用监管和非现场监管，提升电力安全监管效能。

（3）促改革，加强统一电力市场体系建设与市场秩序监管。完善市场规则体系。在省政府和有关部门支持下创造性出台调峰辅助服务市场与现货市场融合方案，已开展调电试运行。牵头制定电力需求响应实施方案，挖掘 5%的负荷侧资源参与顶峰。推进东北电力辅助服务市场规则和“两个细则”修订工作。推进吉林省源网荷储市场化短期现货交易试点建设进入试运行阶段。发挥市场机制作用。2023 年，东北地区中长期交易电量近 4000 亿 kWh，占比超 60%，电力辅助服务市场促进清洁能源多发电量超过 600 亿 kWh，风电、光伏发电利用率连续多年超过 97%。切实维护电力市场秩序。建立交易方案评估、再评估工作机制。协调解决东北送山东交易政策执行偏差，增加区域发电企业电费收益 2.54 亿元。开展最小运行方式核查，切实保障民生供热供电。

（4）优服务，不断提升人民群众涉能满意度。推进频繁停电专项整治工作。推动 40 项重点督办问题全部限时完成整治，着重治理 10kV 线路 45 条，消除隐患缺陷 1312 项，惠及居民用户 7.9 万余户、企业用户 169 户，得到人民群众的好评。做好投诉举报办理工作。东北能源监管局通过 12398 能源监管热线、局长信箱等途径，共办结群众反映的各类投诉举报及咨询事项 5841 件，其中投诉举报类工单 1926 件，办结满意率 93.9%，获多面锦旗和感谢信。全力做好资质许可服务。规范许可管理，提升许可标准化水平；优化许可审核流程，形成许可管理一盘棋；加强许可监督和评价，提升许可服务质量。共完成电力业务许可新申请 149 项，许可变更 70 项，机组延寿 19 项；完成承装（修、试）电力设施许可新申请业务 517 项，许可事项变更 203 项。800 余家企业对我局许可服务评价，满意度 100%。推动辽宁省打造新能源并网绿色通道，有效缩短新能源并网时限，满足了新能源快速并网需求。

（5）强监管，切实推动国家能源政策落地见效。强化行政执法，共完成 21 件违法行为线索的调查核实工作，累计罚款 615 万元。就“申请人隐瞒有关情况或者提供虚假材料申请承装（修、试）电力设施许可”制定行政处罚简易程序。扎实开展综合监管。牵头开展云南省电力领域综合监管，共发现 7 方面 35 类 199 个问题，涉及金额近两百亿元。完成蒙东地区电力领域综合监管案件线索立案调查，已作出行政处罚决定 11 件，正在履行行政处罚程序 5 件。组织开展东北地区电力系统调节性电源建设运营综合监管，共发现 14 类、41 项具体问题，有针对性的提出了监管意见和监管建议。完成 2022—2023 年采暖季东北地区清洁取暖专项监管、“十四五”规划目标落实情况监管等多个专项监管，发现各类问题 10 余项，并提出了有针对性的监管意见。规范许可监管，开展专项整治。开展电力业务资质许可告知承诺制履行情况信用专项监管，查处各类问题 25 项。推进持证企业许可条件保持专项清理，注销各类许可 542 张。启动电网企业落实许可制度专项监管，要求电网企业开展自查自纠，举一反三制定整改措施。加大对承诺不实的处理力度，撤销许可或变更等决定 114 起。加强能源行业信用体系建设，开展以信用为基础的差异化监管。

（何运鹏）

【国网辽宁省电力有限公司】

企业概况 国网辽宁省电力有限公司（简称国网辽宁电力）成立于 1999 年，是国家电网公司的全资子公司，以建设运营辽宁电网为核心业务，供电营业区域覆盖全省两个副省级市和 12 个地级市。国网辽宁电力本部设 21 个部门（含调控中心），下属 34 家单位，全口径用工 6.15 万人。截至 2023 年底，国网辽宁电力资产总额达到 1370.96 亿元、同比增长 6.09%。2023 年，国网辽宁电力实现售电量 2216.54 亿 kWh，同比增长 4.85%；营业收入 1391.86 亿元同比增长 4.55%；实现利润 8.01 亿元，同比增长 73.75%。2023 年，国网辽宁电力实施“卓越辽电三年工程”首战告捷。

领导班子

董事长、党委书记：黄震（自 2023 年 2 月）

董事、总经理、党委副书记：唐如海

董事、党委副书记：刘富家

党委委员、纪委书记：苗强

总会计师、党委委员：范士新

副总经理、党委委员：刘波、王爱华、陈刚

职工董事、党委委员、工会主席：张凤舜

总工程师：谷毅

组织机构 本部机构：办公室（党委办公室、董事会办公室）、发展策划部（碳资产管理办公室）、财务资产部、党委组织部（人事董事部）、人力资源部（社保中心）、党委党建部（思想政治工作部、本部党委、团委）、党委宣传部（对外联络部）、纪委办公室（巡察办）、安全监察部（保卫部、应急管理部）、设备管理部、配网管理部、市场营销部（农电工作部、乡村振兴工作办公室）、科技创新部（企业管理部）、数字化工作部、建设部、物资管理部（招投标管理中心）、审计监管部、法律合规部（体改办）、后勤保障部（离退休工作部）、工会、电力调度控制中心。供电公司：国网沈阳供电公司、国网大连供电公司、国网鞍山供电公司、国网抚顺供电公司、国网本溪供电公司、国网丹东供电公司、国网锦州供电公司、国网营口供电公司、国网阜新供电公司、国网辽阳供电公司、国网盘锦供电公司、国网铁岭供电公司、国网朝阳供电公司、国网葫芦岛供电公司。业务支撑单位：国网辽宁省电力有限公司经济技术研究院、国网辽宁省电力有限公司建设分公司（辽宁电力建设监理有限公司）、国网辽宁省电力有限公司电力科学研究院（东北电力科学研究院有限公司）、国网辽宁省电力有限公司营销服务中心（计量中心）、国网辽宁省电力有限公司超高压分公司、国网辽宁省电力有限公司信息通信分公司（数据中心）、国网辽宁省电力有限公司物资分公司（国网辽宁招标有限公司）、国网辽宁省电力有限公司实业分公司、中共国网辽宁省电力有限公司党校（国网辽宁省电力有限公司管理培训中心）、国网辽宁省电力有限公司技能培训中心、辽宁省送变电工程有限公司、辽宁电能发展股份有限公司、国网辽宁省电力有限公司综合服务中心、辽宁电力交易中心有限公司、辽宁正新格瑞恩能源产业管理有限公司、国网辽宁综合能源服务有限公司、国网（辽宁）电动汽车服务有限公司、辽宁省思极科技服务有限公司、北方国际电力工业有限公司。控股县级供电企业：凌海供电有限责任公司。

电网概况 辽宁电网是东北电网的负荷中心，通过 500kV 梨安、丰徐四回线与吉林电网相连，通过 500kV 科沙、科阜四回线与蒙东通辽电网相连，通过 500kV 青燕、青北四回线与蒙东赤峰电网相连，通过 ±500kV 伊穆直流直接受入蒙东伊敏地区电力，通过 500kV 高岭换流站与华北电网相连。辽宁电网分为辽西、中部、辽南三大系统，负荷主要集中在中部地区，沈阳—辽阳—鞍山—营口—大连构成辽宁电网负荷的中轴线。

截至 2023 年底，辽宁电网共有 500kV 变电站（开关站、换流站）38 座，容量 7645.6 万 kVA；500kV 直流换流站 2 座（高岭换流站、穆家换流站），容量 1060.08 万 kVA。辽宁电网共有 220kV 变电站（开关站）372 座，总容量 10726.1607 万 kVA。辽宁电网共有 66kV 变电站 2688 座，变电容量 13409.413 万 kVA。

截至 2023 年底，辽宁电网共有 500kV 交流输电线路 124 条，总长度 10402.942km。辽宁电网共有 220kV 交流输电线路 1070 条，总长度 23078.49km（省内长度 23024.987km）。辽宁电网共有 66kV 线路 3087 条，长度 34664.411km，66kV 分歧线路 2649 条，分歧长度 8164.467km。

截至 2023 年底，辽宁电网总装机容量（含绥中电厂、界河水电厂）为 7261.3 万 kW。其中，火电装机容量 3855.9 万 kW，占比 53.1%；水电装机容量 334.38 万 kW，占比 4.6%；核电装机容量 667.52 万 kW，占比 9.19%；风电装机容量 1428.62 万 kW，占比 19.67%；光伏电站装机容量 957.66 万 kW，占比 13.19%；储能装机容量 17.25 万 kW，占比 0.24%。

2023 年，省内电厂（含绥中、界河水电厂）发电量完成 2258 亿 kWh，同比增长 5.1%。其中：火电发电量 1249.3 亿 kWh，同比下降 2.82%，发电量占比 55.33%；利用小时数 3241h，同比减少 159h。核电发电量 500.93 亿 kWh，同比增长 10.89%，发电量占比 22.19%；利用小时数 7504h，同比增加 228h。风电发电量 331.24 亿 kWh，同比增长 29.77%，发电量占比 14.67%；利用小时数 2516h，同比增加 235h。水电发电量 65.24 亿 kWh，同比下降 18.14%，发电量占比 2.89%；利用小时数 2125h，同比减少 490 小时。光伏发电量 110.86 亿 kWh，同比增长 45.92%，发电量占比 4.91%；利用小时数 1434h，同比减少 25h。储能发电量 0.39 亿 kWh，发电量占比 0.02%，利用小时数 361h。

电网发展 2023 年，国网辽宁电力累计开工大中型电网基建项目 123 项，开工线路 2655.42km，变电容量 1603.2 万 kVA，分别完成年初下达计划的 119.3%、169.8%，数量和规模是 2022 年的 111%和 164%。累计投产 151 项，投产线路 4377km、变电容量 1857.5 万 kVA，分别完成年初下达投产计划的 95.4%、123%，数量和规模是 2022 年的 110%和 111%，投产数量和建设规模均创历史新高。

2023 年，国网辽宁电力深化“新型电网和电力外送通道”前瞻性、系统性研究，服务清洁能源强省建设，加快构建新型电力系统。规划建设“五强”主干网架和“五型”现代智慧配电网。实施“电靓沈阳”和“能动大连”工程，以“双核”驱动引领振兴发展。纳入国家“十四五”电力规划的 500kV 工程全部完成核准。落实辽宁省政府出台的《辽宁省关于有序发展分布式光伏的意见》，新增光伏装机 357 万 kW，超过前三年总和。举办全省重大电网工程集中开工仪式，7 项 500kV 输变电工程、38 项保供电工程和 85 项迁改工程按期投产，清原抽水蓄能送出工程提前投运，盛京变电站荣获“中国安装之星”奖，川州输变电工程荣获国家水土保持示范工程。推动城乡配电网升级，实施高层小区双电源、老旧小区配套电网改造，频繁停电和低压治理成效明显。

经营管理 以做强做优做大为目标，开展优化策略提质增效三年行动，稳经营、强产业、优服务、防风险。树牢“度电必争”理念，压降业扩结存容量142.3万kVA，增供电量49.77亿kWh。清理长期工程5467项49.06亿元，盘活利用实物资源4.66亿元。高损线路、台区数量分别压降91.4%、56.6%，营销稽查和反窃查违挽回损失1.7亿元。联合省自然资源厅成立工作专班，化解560宗土地及房屋登记历史遗留问题，完成813本产权证办理。

全面开展辽宁省电力能源产业链金融合作，“电e金服”规模超311亿元。召开产业提升工作会议，开展“产业效益提升年”专项行动，省管产业营收、利润分别增长8.2%、36.89%。投运国内纬度最高、东北地区首个港口充换电一体项目。电动汽车全年充电服务超200万次，充电量突破6000万kWh。

召开全省优化电力营商环境大会，发布20项再提升举措，打响“振兴突破、辽亮‘赢’商”服务品牌。创建“清风辽宁政务窗口”，12345“辽•亮”供电服务直通车全省全覆盖。开展“辽•亮”服务万里行，保障大连恒力石化等700个重大项目用电需求。实施乡镇供电所管理提升三年行动，开展五轮营业窗口及供电所“四不两直”检查，发现并解决问题6498个，建成42个“村网共建”电力便民服务示范点。

积极应对内外部形势变化，全面加强预算管理和成本管理、资产产权管理、风险管控，持续优化资源配置，全面支撑公司各项重点工作任务扎实落地，实现了经营稳中有进、发展质量更优。加强管理创新工作引导和机制建设，注重创新工作实效，实施多维精准推进，总结提炼优秀成果，提升管理水平。2023年国网辽宁电力荣获辽宁省企业管理创新成果82项，获奖数量与获奖等级再次位列全省之首。

深入开展“合规管理提升年”活动，推进法律案件数量“压存控增”，避免和挽回经济损失2.49亿元。强化招标采购、电商物资收货、退利库合规管理，供应链全链业务规范性显著提升。开展数字化飞行审计，强化违规经营投资责任追究，审计监督效能不断提高，国家电网审计发现问题整改率94.44%。

安全生产 2023年，配合政府制定电力保供方案，配合召开、主动承办全省迎峰度夏度冬电力保供会议，常态化加强政企联动，最大化调动发电能力，清单化落实保供措施，实战化开展负荷演练，有效应对最大负荷连续10次创新高、达到3953万kW历史极值的严峻挑战。加强大电网余缺互济，支援山东、江苏、湖南等用电紧张地区，为全国保供大局作出积极贡献。

与辽宁省气象局联合建立电力气象预警中心，超前预判、提前准备、靠前指挥、快速应对，打赢抗击“6•1”龙卷风、第6号台风“卡努”、“11•5”强降雪以及低温雨雪冰冻灾害保供电“主动仗”，将电网故障和影响降至最低。

收官重大隐患专项排查整治2023行动，完成春季百日安全攻坚和秋检安全专项行动，严厉查处各类违章7400余项。在国家电网系统率先实施森林电气火灾风险评估，429处隐患见底清零。梳理网络安全管理体系，监测处置高危告警31.5万次，全年未发生信息系统与网络安全事件，在省网络安全实战演习中取得攻防成绩央企第一名。完成大运会、亚运会、省运会等重要保电任务。

科技创新 2023年，国网辽宁电力依靠技术创新构建新型电力系统，提升电网领域科技自立自强水平，促进新质生产力发展。围绕新能源消纳、特高压直流输电等方向，获批国家自然科学基金项目2项；在电力保供、新型导体材料、现代智慧配电网等方向，获批国家电网公司总部管理项目36项。实施“卓越辽电三年工程”科技创新行动方案，提出10个方面、26项重点工作、68项具体措施。拓展产学研用协同合作，深入实施“揭榜挂帅制”，优化科技创新生态，激发全网科技人才创新热情。

2023年，国网辽宁电力获得上级科技奖励共30项，其中省政府科技奖12项、中国电机工程学会科技奖2项、国家电网公司科技奖11项、其他科技奖5项。获得专利授权645项，其中发明专利364项，累计拥有专利5400项，其中发明专利2101项。

2023年国网辽宁电力突破了清洁能源消纳领域、先进导体材料领域的关键技术。在新型电力系统灵活性提升与频率控制等方面，突破了新能源的通用化建模及主动频率支撑控制技术瓶颈，为电网发展规划和安全高效运行提供了理论支撑与储备。在国内率先建成了“网–厂–机–热”四级调度架构，实现电–热多级协调控制，提升电网灵活性和效能。在大容量高性能输电导线研制中，突破了大容量导线应用及评估关键技术，发明了系列大容量导线及金具，降低输电损耗1.6%以上，达到国际领先水平；该项成果已在辽宁电网各电压等级输电线路工程中全面应用，并推广到国内23个省。

市场建设 全年完成省内市场化交易电量1165.35亿kWh，购入蒙东、吉林、龙江和分部水电电量640.91亿kWh。新能源交易规模144.24亿kWh，绿色电力交易44.53亿kWh，绿证交易20.05万张，指标均达到提质增效卓越水平，超额完成北京电力交易中心年度重点工作任务。鲁固特高压直流辽宁交易电量完成88亿kWh，完成计划电量（60亿kWh）的146%，超额完成企业负责人关键业绩指标。跨区外送交易全年预计完成电量120.13亿kWh，同比增长36.3%，超额完成年度目标任务，市场份额和跨区输电通道利用水平跨越式提升。

信息化建设 2023年，国网辽宁电力完成“数智转型”工程顶层设计。围绕“卓越辽电三年工程”工作部署，结合国家电网公司数字化转型新要求、新任务，明确数智转型“1123”总体建设思路，细化4个方面、14项行动、49项重点工作任务，支撑“智慧电网·数字辽电”建设。强化电网资源业务中台建设，深化数据中台建设，保障两级数据中台贯通，重点完成电力交易、分布式光伏、营销2.0、设备全过程等专项任务链路配置及场景支撑，共完成一级部署15套系统355张表自助下发订阅，二级部署19套系统1489张表上传链路配置。深化客户优质服务，在东北地区率先实现营销 2.0 上线。加强企业精益管理，开展PMS3.0建设部署工作，按照总部发包安排，完成统推PMS3.0生产环境V1.0.32版本PC端和APP端升级部署工作，已实现PMS3.0统推11项基础作业类应用全省规模化应用。加强数据管理。通过举办“数据大讲堂”“数据赋能基层”主题活动，面向全省各单位基层一线班组人员征集用数需求，累计受理完成数据集宽表构建服务工单103个，办结率100%。组织14家地市公司开展数据主人责任书的签订，借助数据主人管理工具完成数据治理线上化闭环管理，实现数据质量问题直达数据主人。做好重大活动信息运行保障，完成两会、冬奥、亚运会、国庆等重大活动保障及春检秋查、迎峰度夏、迎峰度冬等重点工作支撑，有效应对本地区寒潮、雨雪冰冻等极端天气灾害。作为三家信息运行保障单位之一，派遣6名专家赴杭州，完成了亚运会信息运行现场保障工作，为亚运期间信息系统和设备的稳定运行贡献了专业力量。

党建工作 按照党中央和国家电网公司党组的部署，国网辽宁电力党委扎实推进学习贯彻习近平新时代中国特色社会主义思想主题教育，第一批、第二批主题教育有效衔接，在以学铸魂、以学增智、以学正风、以学促干上取得显著成效。深入贯彻习近平总书记关于党的建设的重要思想，落实新时代党的建设总要求和新时代党的组织路线。深入实施“旗帜领航·品质争先”党建工程，出台《基层党建工作绩效考核评价细则》等9项管理办法。开展百佳“五星级党支部”评选，3个党支部获评辽宁省党支部标准化建设示范点。深化党建与生产经营融合实践，创评19个“党建+”样板工程示范单位、100个支部精品融合项目。国网辽宁电力获评省企业文化建设示范基地，2人荣获最美国网人，1人荣获全国岗位学雷锋标兵，1个集体获评全国学雷锋志愿服务先进典型，6个集体获得全国“五四”红旗团委和“号手岗队”荣誉称号。

坚定不移正风肃纪反腐，营造风清气正政治生态。聚焦安全保供、乡村振兴、科技创新等党中央重大决策部署，推进政治监督具体化精准化常态化。开展“一把手”和领导班子监督，“拉网式”排查各级领导人员经商办企业情况。从严开展业扩报装领域突出问题、违规吃喝等12项整治监督工作。召开警示教育大会，开展以案促改、以案促治专项行动。启动“廉洁文化建设提升年”，持续培育“清风·辽亮”廉洁文化品牌。

2023年，国网辽宁电力新闻宣传发挥了舆论导向作用，扩大了品牌传播。在省级及以上媒体发稿2679篇，同比增长22%。其中，中央三大媒体发稿64篇，同比增长30%。围绕党中央、辽宁省委省政府、国家电网公司和省公司中心工作超前策划，开展“新春走基层”“主题教育”“服务辽宁全面振兴”“电网建设”“能源低碳转型”“乡村振兴”“赓续新时代雷锋精神”“抗美援朝”“优化营商环境”“数字辽电”“一带一路”等重大主题传播15次。

工会工作 2023年，国网辽宁电力工会推进企业民主管理，为职工全方位参与公司管理创造良好条件，征集办理105件提案，办复率和满意率100%；发挥董事长联络员作用，征集意见建议29条；召开6次职工代表团长与专委会负责人联席会议，审议通过35项制度和方案；开展“金点子”和“我为班组献一策”优秀合理化建议征集活动，20条建议获评省公司“金点子”，12 条建议获评国家电网公司优秀合理化建议，拓宽职工建言献策渠道，夯实职工主人翁地位，推动全过程民主管理走向深入。

实施关爱职工工程之“班组建设”行动。推进“五小”供电所建设，深入调研，制定“双月报”制度，打造“五小”供电所建设试点单位，推动优化“五小”功能、拓展“五小+”项目、“五小”向班组和户外作业覆盖项目落地，改善供电所工作环境，提升建设质效，解决户外作业职工“吃饭难、喝水难、休息难”等问题。围绕重点工程、重大任务开展专项慰问、省外境外职工慰问，常态化开展困难职工慰问和劳模工匠节日慰问。发放慰问品和慰问金共计320余万元，惠及职工1万余人。实施“职工健康关爱工程”，加强“健康驿站”推广应用。组织电力医院专家到31个单位开展健康巡讲和心理关爱团辅活动，服务职工7000余人次，全方位为职工健康保驾护航。

加强创新工作室建设。投入1050万元用于创新工作室建设，为职工创新提供便利，助力职工成长成才。开展创新工作室升级工作，2023年，4个劳模创新工作室、25个职工创新工作室、5个创新工作室联盟被命名为省公司级创新工作室和创新工作室联盟。创建国家电网系统内首个跨区带电作业创新工作室联盟，8个创新工作室获评辽宁省劳模、职工创新工作室称号。截至年末，共有57个省级创新工作室。组织开展职工技术创新成果评选，40 项成果受到表彰。“电网大载重多旋翼无人机关键技术与应用”“光缆纤芯智能运维系统”“智能运检管控平台”“锂电飞车模型”4 项成果参加第二届大国工匠创新交流大会。

开展“劳动光荣、技能宝贵、创造伟大”主题先进典型推选活动，通过制作短视频方式，加大先进典型选树和宣传力度，多角度、多维度的挖掘先进人物的闪光点。坚持顶层设计、理念为先，构建“家文化”体系。编制《辽电“家文化”建设指导手册》，描绘“企业是家、职工爱家”的文化愿景，提炼“向上向善、守正创新、和合致远”的文化内涵，确定“团结之家、奋斗之家、幸福之家”的建设目标。

主要事件

2023 年，牢牢把握学习贯彻习近平新时代中国特色社会主义思想主题教育的总要求和目标任务，一体推进两批主题教育衔接联动。国网辽宁电力党委以上率下，示范引领 2135 个党组织、带动 2.83 万名党员学思想、强党性、重实践、建新功，坚定拥护“两个确立”，坚决做到“两个维护”。深入实施“旗帜领航·品质争先”党建工程，推进 216 项“党建+”工程、1869 个项目，着力打造 100 个“五星级党支部”，获评辽宁省党支部标准化建设示范点 3 个，典型经验获评国有企业深化改革实践一等成果。

2023 年，国网辽宁电力 2023 年中工作会议全面部署启动了“卓越辽电三年工程”。该工程通过坚持党的领导、坚持守正创新、坚持问题导向、坚持目标导向、坚持系统思维，树牢“埋头苦干、争先创优”工作理念，强化“严细实、清正廉”工作作风，践行“夯三基、提业绩”工作方法，聚焦电网发展、经营业绩、创新能力、队伍建设、价值贡献“五个卓越”，统筹推进安全保供、电网升级、经营提质、产业提升、改革创新、数智转型、人才强企、关爱职工、辽亮服务、党建引领“十大工程”，大力实施 35 项专业行动和 135 项重点任务，全面提升 54 项卓越指标，奋力打造具有核心竞争力、价值创造力和品牌影响力的“卓越辽电”。

2023 年，坚决扛牢电力保供首要责任，抓实抓细“3334”关键之要，全力保障了电网安全稳定运行和电力可靠供应。主动承办全省迎峰度夏、迎峰度冬电力保供部署推进会议，常态化加强政企联动，最大化调动发电能力，清单化落实保供措施，实战化开展负荷演练，有效应对全省最大负荷连创新高的严峻挑战。与省气象局联合建立电力气象预警中心，超前预判、提前准备、靠前指挥、快速应对，打赢了抗击“6·1”龙卷风、“7·20”红沿河机组故障、第 6 号台风“卡努”、“11·5”强降雪以及低温雨雪冰冻灾害保供电“主动仗”。重大隐患专项排查整治行动圆满收官，春季百日安全攻坚和秋检安全专项行动高质量完成。严密防护网络安全，监测处置高危告警 4.2 万次。完成大运会、亚运会、省运会等重要保电任务，支援国网吉林、黑龙江、北京电力抗洪抢险保电工作得到国家电网公司表彰。

2023 年，服务清洁能源强省建设，加快构建新型电力系统，新增风光装机容量 613 万 kW，超过前三年总和，年利用率 98.3%。深化“新型电网和电力外送通道”前瞻性、系统性研究，规划建设“五强”主干网架和“五型”现代智慧配电网，主网安全韧性、配网智能弹性和负荷互动柔性全面提升。

2023 年，参加 2023 全球工业互联网大会，设置“光无界　新未来”主题创新成果展区。主办“工业互联网+能源电力行业低碳转型”专题论坛，发布“数智转型”工程方案。开展“赋能基层攻坚行动”，用数字技术为基层减负。开展“智慧电网一张图·数字辽电一张图”建设，实现对电网“规划、建设、运行”和企业“人资、财务、物资”等工作全局化的分析、研判、管控、决策。

2023 年，召开全省优化电力营商环境大会，与省营商环境建设局、国家能源局东北监管局签订《优化营商环境合作协议》，发布并实施公司优化电力营商环境“辽·亮”供电服务三年再提升二十项工作举措。参加辽宁省全力打造一流营商环境主题系列新闻发布会，发布“振兴突破　辽亮‘赢’商”电力服务品牌。创建“清风辽宁政务窗口”，12345“辽·亮”供电服务直通车实现全省全覆盖。

2023 年，全力推进 61 项提质增效举措，带息负债增长低于融资缺口 15 亿元，节约财务费用 0.85 亿元；支撑固定资产投资按计划完成，近三年新建项目入账率提升 30.54 个百分点。完成国网智慧共享财务平台首批推广应用，业务量居国家电网前列，在国家电网率先实现与营销 2.0 同步上线融合应用。

2023 年，获批国家自然科学基金项目 2 项、国家电网项目 36 项；荣获上级科技奖励 25 项，创历史新高；荣获国际 QC 金奖 5 项、国家级管理创新成果 2 项，5 个小组获评全国优秀质量管理小组，管理创新和 QC 成果获奖数量与等级位居全省首位；首次开展国网辽宁电力软科学成果评奖，首次荣获国家电网软科学成果一等奖。承办国资委熠星大赛新能源赛道，获批国家级“专精特新”小巨人企业、工信部“服务型制造示范平台”“新型电力系统装备”中试基地，为成果转化、产业链链长培育提供有效支撑。

2023 年，优化组织机构设置，分设科技部和数字化部，新设配网 2 部，整合企业管理部和离退休部，切实提高专业化、精益化管理水平。推进绿电交易等改革创新，在全国率先完成省市县三级供电企业本部办公全绿色用能，在国家电网系统首家完成绿电绿证交易目标，累计成交绿电 67.92 亿 kWh，绿证 44.31 万张，完成东北区域首次电力现货市场长周期试运行。建立了对标世界一流企业价值创造行动关键指标体系。

2023 年，首次召开国网辽宁电力组织工作会议，下发“人才强企”实施方案，分类择优建立“2633”干部梯队储备库，着力打造“1616”金字塔型人才梯队，深入开展“领军、铸匠、托举、夯基、提绩”五大行动。制定技能员工培养激励 10 项举措，创新构建技能岗位六级晋级管理体系。组建国家电网公司系统首个跨区域带电作业创新工作室联盟，8 个工作室被命名辽宁省创新工作室。国网辽宁电力获得国家、行业、国家电网及省级竞赛调考团体奖项 22 个、个人奖项 33 个，创历史最好水平。实施“职工健康关爱工程”。建立从入职到退休的全职场周期关爱服务机制，心理关爱服务职工 2 万余人次，健康云驿站实现省市县所全覆盖。

（王　宁）

【国网吉林省电力有限公司】

企业概况　国网吉林省电力有限公司（简称国网吉林电力）是国家电网公司的全资子公司，以经营、管理、建设电网为主营业务的国家大一型企业，对所属企业和单位的国有资产承担保值增值责任，依法对省内及相关电网实施调度管理，承担着保障安全、经济、清洁、可持续的电力供应的使命。供电营业面积 18.74 万 km^2，供电服务人口 2339.4 万人。

领导班子

董事长、党委书记：周敬东

董事、总经理、党委副书记：陈守军

董事、党委副书记：刘太洪

副总经理、党委委员：李国辉、孙文胜、李大勇

总工程师、党委委员：杨军

总会计师、党委委员：周成城

党委委员、纪委书记：宫庆申

职工董事、工会主席、党委委员：姜兴涛

副总经理、党委委员：郭云峰

2023 年国网吉林电力全年全口径投资 109.1 亿元，同比增长 13.35%；售电量 736.45 亿 kWh，同比增长 6.03%；营业收入 592.79 亿元，同比增长 7.6%；利润总额 –4.36 亿元，同比减亏 2.86 亿元；缴税 21.7 亿元；资产总额 669.43 亿元；资产负债率 62.95%；用工总量 29201 人，职工劳动生产率 38.69 万元/（人·年）；企业负责人业绩考核排名提升至 B 级 18 名；连续实现第 18 个安全年。

组织机构　本部设置 22 个部门，下辖 9 家地市供电企业、49 家县供电企业、15 家省业务单位、3 家省合资公司。

电网概况　吉林电网位于东北电网的中部，北连黑龙江电网，南接辽宁电网，西临内蒙古东部电网，在满足全省电力供应的同时，还是东北电网北电南送的重要通道。截至 2023 年底，吉林省电网共有 500kV 变电站 17 座，变电容量 3447.5 万 kVA，线路总长度 4806km；220kV 变电站 100 座，变电容量 2883 万 kVA，线路总长度 13803km；66kV 变电站 949 座，变电容量 2913.1 万 kVA，线路总长度 21744km。经多年建设，吉林电网形成以鲁固特高压直流为重要外送通道、500kV 电网“两横两纵”和 220kV 环网结构的总体格局。电力交换能力和资源优化配置能力提高，电网供电能力和运行可靠性增强。

吉林省电源分布特点是水电主要分布在东部，西部以风电为主，火电以城市热电联产机组为主。吉林省新能源建设快速发展，新能源装机容量突破 1700 万 kW。2023 年末全省发电总装机容量 4265.77 万 kW，其中：水电 648.15 万 kW，比重为 15.19%；火电 1889.95 万 kW，比重为 44.30%；风电 1267.90 万 kW，比重为 29.72%；太阳能发电 459.78 万 kW，比重为 10.78%，详见下图。

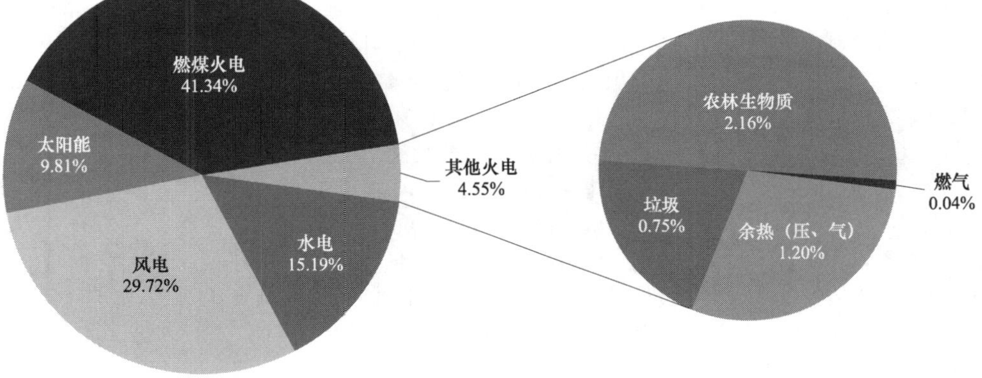

各类型装机构成情况图

电网建设与发展 着眼服务吉林全面振兴，统筹提升各级电网资源配置能力。规划前期高效开展。东北松辽清洁能源基地送电华北工程已列为国家“十四五”新增跨省跨区输电通道重点工程提前储备项目，国家电网公司全面启动预可研。配合政府成立新型电网专班，重点电网工程全部纳入省政府重点项目，提前完成500kV傅家、乐胜工程核准。促请市（州）政府全部出台电力接入工程政企分担实施细则。重点工程扎实推进。按期投产甜水、昌盛扩建等59项重点工程；提前180天投运长春66kV方正工程，4项新能源乡村振兴项目当季开工、当季投产；乾安“10+20”万kW风电项目取得全部62项证照手续。220kV四平范家屯工程荣获国家电网输变电优质工程金奖，长春洋浦变电站荣获中电建协绿色建造星级示范工程，66kV延边敖东变荣获中国电力优质工程奖。城乡电网不断补强。深化配网“双提升”24项措施，完成雨雪冰冻三年防冰项目储备，竣工长春电网提升百亿工程项目1057个。推进12.3亿元农网投资落地，精准实施1849项单体工程，新建及改造10kV以下线路4926km，配电变压器1970台。白山江源区荣斌台区改造等5个项目获评国家电网配网“百佳”工程。

人力资源 组织运行机制日臻完善。推进市县公司管理机制优化调整，长春、四平、白城、辽源公司有序将县城营配业务移交县公司管理，彻底解决历史遗留难题，实现“一县一公司”管理模式。调整新兴产业管理职责界面，喆森公司归口管理新兴产业和省管产业，形成“管理统一牵头、业务分工配合、事业协同发力”工作格局。用工管理水平显著提升。创新毕业生招聘模式，实施分层分级招聘，2024年校园招聘及第一批考试共录用457人，其中博士8人、原985和211院校毕业生86人，高端人才引进人数创历年新高。优化人力资源配置，坚持“逢进必考”，为9家单位跨单位招聘17人；坚持“人适其岗、优中选适”，内部挂岗锻炼117人、管理委派162人，有效盘活用工存量。业绩考核排名再攀新高。创新推行“双清单、三挂钩”业绩考核激励机制，实施业绩考核季度分析，建立业绩监督提醒机制，向落后指标责任部门单位发布提醒通知单，推动各部门、各单位全面聚焦中心工作、重点任务。企业负责人业绩考核排名提升至B级第18位，取得近5年最好成绩。薪酬激励引导功能充分发挥。平稳完成职工、农电用工和集体职工岗位绩效工资制度改革，构建“基准岗级+发展岗级”的宽带岗级体系。技能人才成长体系全面成型。创新构建“1+5+*N*”技能人才培养体系，实施技能员工全职业生涯培训规划，以分层分级开展针对性培训，阶梯晋级式提升技能人员理论储备和实操能力。统筹省市县三级实训资源建设，全年改造、建设各级实训基地20个，新增工位数556个。实施走出去培训培养，36名优秀班组长赴国网山东电力参加“金种子”培训，15名青年骨干赴国网江苏电力实践锻炼，10名优秀管理人员赴西部省公司帮扶。队伍活力充分激发。选优配强各级领导班子，截至2023年末，三级正副职领导人员职数253人，实际配备220人，其中大型县公司职数12人，实际配备12人。全年共调整三级领导人员3批次107人次，其中：提拔任职39人（含重用），岗位交流68人。加大年轻干部培养使用力度，40周岁三级正职、“90后”四级正职实现零的突破。创新培训模式载体，实现“一校四院”高端培训资源全覆盖，时隔三年示范举办中青年干部培训班。挂牌成立全国首家新能源工匠学院，开展东北电力大学首期教培实训。构建“1+5+*N*”技能人才培养体系，改造建设实训基地20个，完成新职工入职年度培训任务。

安全生产 胸怀“国之大者”，电力供应安全可靠。落实“3334”关键之要，以充分准备、周密措施迎接大战大考。度夏度冬有力有序。建成东北首个电力保供监督信息管理平台，配合政府保供专班，累计完成1090万kW火电机组灵活性改造；省间外购电量60.73亿kWh，联络线最大支援电力210万kW。做实省市县负荷管理中心，有序用电可限负荷达到历史最大可调负荷30%。完成全国两会、亚运会等重大保电任务。安全生产态势平稳。建立“四位一体”学习机制，修订全员安全责任清单1.4万余份，首次荣获国网安全知识考试集体第四名。完成年度检修7692项，现场远程查纠违章3653项。开展重大事故隐患排查整治，及时处置500kV金龙2号线断股等危急缺陷，加快推动安全生产治理模式向事前预防转变。高效应对苏丹境外突发事件，网络信息、交通、消防、舆情、信访等各领域始终保持平稳态势。连续实现第18个安全年。

经营管理 深化提质增效，经营管理稳健提升。落实优化策略提质增效三年行动，实现效益增、业绩稳。精益管理再细化。推行“双清单、三挂钩”业绩考核激励机制，完成国家电网业绩考核指标。“委托代建”、机井通电资金回收、增值税留抵退税创效3.72亿元；清理长期挂账工程11.92亿元；争取到低成本融资50亿元，帮扶政策26.5亿元，资产划转配套资金14.88亿元。追缴吉林康乃尔公司大额欠费，连续17年实现电费“双结零”。高损线路、台区数量压降超过90%，营销稽查、反窃查违挽回损失5907万元。开展退役资产和废旧物资专项治理，回收资金5280万元。全年实现穿越网损补偿收入4.23亿元，连续两年位居东北三省一区首位。产业发展再突破。省管产业实现营收64.3亿元，同比增长29.8%。建成充电站102座、运营换电站77座，换电量突破2亿kWh，换电规模全国领先；累计敷挂光缆 7700km，年度同比增长 28.3%；承建“全电农户＋户用光伏”和企业集中式光伏项目，年扩销电量 0.6 亿 kWh。新能源集团、思极公司、信通公司及 5 家省管产业单位通过高新技术企业资格认证。送变电公司累计中标突破 43 亿元。风险防线再夯实。开展“合规管理提升年”专项行动，加快推进新型规章制度体系落地，修订制度 90 项、废止 91 项。深化“以案促管”，避免和挽回损失 3939.89 万元。完成各类审计 4593 项，审减工程造价 1.39 亿元。签订蛟河兴隆林场产权移交协议，彻底解决 25 年账外资产处置难题。

营销服务与电力交易 供电服务优质高效。优化电力营商环境，成立长春汽开区供电中心，“三零”“三省”节约客户办电成本 10.29 亿元。创新实施“五新吉电　电亮吉林”工程，包保服务 594 户稳增长重点企业和 418 项重大项目。首次实现全省农田机井取水量精准测算，提速完成 3.3 万电采暖用户接电，8 个“村网共建”示范点获得国家电网首批正式命名。

聚焦源网荷储一体化发展，全面提速新型电力系统建设。清洁发展成效显著。牵头召开吉林省新能源产业高质量发展座谈会，率先在东北地区开展新能源“一口对外”接网服务试点建设，项目办理周期由 90 天缩短至 60 天。全省风光装机达到 1727.68 万 kW，同比增长 12.97%；发电量 343.58 亿 kWh，同比增长 32.1%；最大发电电力 971.1 万 kW，最大占比 78.5%。外送交易再创新高。持续深化“中长期＋短期”源网荷储互动交易机制，现货交易送出新能源电量 19.41 亿 kWh，同比增长 134.14%；首次与青海省实现“风光互补、昼夜调剂”交易合作，成功开辟安徽、重庆、江苏、浙江等中长期外送市场，全年电力外送 216.52 亿 kWh，同比增长 23.25%，有力保障利用率连续 5 年保持在 95%以上。绿电实践优势彰显。创新开展“风光无限　畅享绿电”活动，统筹制定“绿电＋消纳”十项行动举措，落地实施全国首个依靠大电网建设绿电园区模式。举行寒冷地区首批集中共享储能示范项目开工仪式，超前制定千万千瓦级抽水蓄能基地接网方案。实现本部 100%绿电办公，直属单位高比例绿电办公，省内绿证交易 3.44 万张，同比增长 240.59%。

科技与信息化 创新动力不断集聚。高标举行国家重点科技项目推进会，完成松原新型电力系统示范区建设方案编制。开展服务“最后一公里”省市县三级科技联创活动，收集 7 大类技术问题 422 项。兑现专家人才奖励 396 万元、电科院收益分红 77.12 万元。首次与中国电科院合作立项 IEC 国际标准，累计获得省部级及以上科技创新奖 26 项、职工技术创新奖 26 项，专利运营合同额达到 1337.57 万元。10 名职工当选省部级专家人才；首次蝉联国家电网优秀 QC 成果一等奖，3 项成果荣获国际质量管理赛事金奖；管理创新成果首次荣获国家电网特等奖。数字转型扎实推进。开展“电力看假日经济”“电力看冰雪经济”“电力助应急”“电力看水资源”等特色电力大数据分析，为政府把握经济走势、精准施策提供数据支撑。承接国家电网数字化转型任务 400 余项，聚力打造国家电网首个能源电力保供服务数字平台，深化能源大数据中心、采集 2.0 系统、营销 2.0 系统、“电网一张图”等项目建设运营。“吉林省能源清洁利用工业互联网平台建设与应用”成果获得中国电力企业联合会电力科技创新二等奖。“网上电网”实用化水平显著提升。以“网上电网”实用化为契机，建立跨专业、跨层级的协同机制，推进数据治理，“网上电网”实用化指标从 2022 年的 27 名提高第 5 名。深化系统应用与终端整合，服务基层减负增效。深化应用企业级工单中心实现线上“一系统”，推广 i 国网各大模块应用实现线下“一终端”。贯通基建平台与风控平台，统筹安监、基建专业融合视频监控需求。加大数字化转型成效对外宣传力度。“电力看经济”大数据分析工作成效在《吉林日报》头版头条刊发，同时缔造电力数字化品牌，提升数字化转型影响力，在人民网、新华网、中国电力网、国家电网报等媒体宣传 231 次，在国家电网报、国家电网工作动态等媒体报道 16 次。

党的建设和精神文明建设 发挥党建优势，旗帜领航聚力争先。落实新时代党的建设总要求和新时代党的组织路线，坚持以高质量党建引领保障高质量发展。党建工作提质登高。深入实施“旗帜领航”党建工程，锻造“三懂三过硬”党支部书记队伍和“三向三做”党务工作者队伍。开展“白山松水四季行”专项行动，涵养“电力吉先锋”特色品牌。规范召开第三次团代会，国网吉林电力团委获评中央企业五四红旗团委，6 个支部获评省五四红旗团支部。国网吉林电力党校工作荣获国家电网系统“四名工程”建设先进单位荣誉。从严治党持续深入。高站位配合中央巡视迎检整改，完成三轮政治巡察，纪检干部队伍教育整顿取得实效。探索推进“一主四维”大监督体系建设，开展违规吃喝问题等 12 项专项监督整治，初步形成省市两级纪检派出监督工作格局。国家电网系统内率先实现市县两级“组内地”机制全覆盖，立案 60 件、处分 64 人。品牌价值更加彰显。创新打造“七彩吉电”职工服务体系，提升基层班组建设水平。牵头承办国网职工文化座谈会，召开中国电力作家协会吉林分会、吉林省电力作家协会成立大会。召开董事长联络员会议。推进健康企业建设，实现职业卫生国家级奖项零的突破。举行“老变”建站 80 周年揭牌仪式、吉送“506”之魂教育基地开放日等活动，与省委宣传部联合举办“吉林好人　最美国网人”发布活动。落实意识形态责任制，主流媒体宣传报道 5067 篇、同比提升 41.8%。公司 33 名职工、37 个集体获评全国巾帼建功标兵等公司级以上荣誉；贾春贺当选省总工会常委和中华全国总工会十八大代表；4 个集体分获全国青年文明号、“青安岗”；4 名职工、7 个集体在国家电网公司“两会”上受到表彰。

主要事件

1 月 10 日，国网吉林电力召开第七届职工代表大会第三次会议暨 2023 年工作会议，全面贯彻习近平新时代中国特色社会主义思想，全面贯彻党的二十大、中央经济工作会议精神，认真落实国家电网有限公司“两会”、省委经济工作会议部署，总结工作、分析形势、部署任务，紧扣“一体四翼”，勇于创新突破，自信自强、踔厉奋发，全面建设具有中国特色国际领先的能源互联网企业。

2 月 7 日，“加快绿色低碳转型　服务吉林经济发展”绿电赋能生态强省建设示范推广会在国网吉林电力召开。会议由国网吉林电力和吉林省能源局共同发起，由吉林省电力市场管理委员会和吉林省清洁能源发展战略联盟主办，吉林省能源局局长赵彦峰发表讲话。吉林省电力市场管理委员会主任委员，国网吉林电力董事长、党委书记王志伟发表致辞。

2 月 27 日，吉林省新能源工匠学院揭牌仪式暨首期培训班开班仪式在国网吉林电力举行。吉林省人大常委会党组副书记、副主任，吉林省总工会主席范锐平，吉林省人民政府副省长李国强为吉林省新能源工匠学院揭牌。吉林省总工会党组书记、常务副主席隋明利主持揭牌仪式。国网吉林电力董事长、党委书记王志伟，吉林省能源局党组书记、局长赵彦峰出席仪式并讲话。

3 月 16 日，国家电网公司春季安全生产大检查暨森林草原输配电线路火灾防控督查工作会议在通化召开。国家电网公司安全总监周安春出席会议并讲话，国网吉林电力董事长、党委书记王志伟出席会议并致欢迎词，国家电网公司安监部副主任李龙，设备部副主任吕军，国家电网公司东北分部副主任、党委委员王斌，国网吉林电力副总经理李大勇出席会议。

3 月 22 日，国家重点研发计划项目“促进系统调节能力提升的城市级电–气–热–储多能协同调控关键技术”启动会在长春举行，国网吉林电力为项目的牵头单位。

4 月 25 日，国网吉林电力举行 2023 年“风光无限　畅享绿电”活动启动仪式，董事长、党委书记王志伟宣布活动启动并讲话，总经理、党委副书记陈守军主持仪式，副总经理李大勇宣读活动方案。

5 月 5 日，国网吉林电力召开“五新吉电　电亮吉林”电力营商环境再提升行动启动会，董事长、党委书记王志伟宣布行动启动并致辞，总经理、党委副书记陈守军主持会议。

7 月 20 日，国家能源局总工程师向海平先后深入国网西湖大路换电站、国网长春汽开区供电中心调研。东北能源监管局党组书记、局长郭建宇，吉林省能源局局长赵彦峰陪同调研。国网吉林电力董事长、党委书记周敬东陪同调研，副总经理郭云峰参加调研。

7 月 28 日，国网吉林电力召开贯彻习近平总书记重要指示批示精神推进高质量发展工作会议。

8 月 10 日，吉林省委书记景俊海到吉林舒兰市，实地检查指导防汛救灾和灾后重建工作，在现场听取了国网吉林电力防汛救灾、抗洪保供等方面的工作汇报。景俊海代表省委省政府对国网吉林电力重视抢险救灾、全力以赴开展电力抢修等工作作出“很好”的评价。吉林省委常委、省委秘书长李伟，副省长韩福春，国网吉林电力董事长、党委书记周敬东陪同有关活动。

9 月 21 日，国家电网有限公司 2023 年职工文化座谈会在吉林召开。国家电网公司职工董事、工会主席王海啸出席会议并讲话，国网吉林电力董事长、党委书记周敬东出席会议并致辞。国家电网公司工会副主席、女工委员会主任田晓蕾出席会议并发布国家电网公司职工文化建设成果报告，国网吉林电力工会主席姜兴涛出席会议并作交流发言。

9 月 22 日，中国电力作家协会吉林分会、吉林省电力作家协会成立大会在国网吉林电力召开。国家电网公司工会主席、中国电力作家协会主席王海啸出席会议并讲话，国网吉林电力董事长、党委书记周敬东出席会议并致辞。国网吉林电力工会主席姜兴涛主持会议。

11 月 6 日，吉林省委书记景俊海，省委副书记、省长胡玉亭到国网吉林电力检查指导防灾抢险工作，并与各地供电公司视频连线。景俊海强调，要深入贯彻习近平总书记关于防灾减灾救灾工作的重要指示精神，始终坚持人民至上，树牢宗旨意识，展现为民情怀，扎实做好极端灾害天气防范应对，全力保重点、保民生、保运行，坚决筑牢守住电力保供安全防线。

11 月 16 日，寒冷地区首批集中共享储能示范项目开工启动仪式在国网吉林电力隆重召开。吉林省政府党组成员金育辉，国家电网公司副总经理、党组成员潘敬东出席活动并讲话，国网吉林电力董事长、党委书记周敬东致辞，国网吉林电力总经理、党委副书记陈守军主持仪式。

11 月 21 日，国网吉林电力董事长、党委书记周敬东拜会吉林省委常委、长春市委书记张恩惠并举行会谈，出席国网吉林电力与长春市人民政府“加快现代化新型电网建设　推动长春全面振兴新突破”合作框架协议签约仪式。长春市委副书记、市长王子联，市委秘书长姜保忠，副市长杨少清，长春市政府秘书长赵心锐，国网吉林电力总经理、党委副书记陈守军，副总经理孙文胜，长春公司总经理沈延武参加会谈和签约仪式。

12 月 14 日，乾安（布苏）500kV 输变电工程提前 9 个月正式竣工投产。国网吉林电力董事长、党委书记周敬东视频连线投运现场慰问全体参建者并讲话。国网吉林电力副总经理李国辉在投运现场参加活动，副总经理孙文胜主持活动，副总经理李大勇在主会场参加活动。

（李青春）

【国网黑龙江省电力有限公司】

企业概况 国网黑龙江省电力有限公司（简称国网黑龙江电力）是国家电网公司全资子公司、特大型国有骨干企业，承担着建设、运行维护黑龙江电网和全供电区安全可靠供电的任务。国网黑龙江电力供电面积 47 万 km^2，占东北供电区域总面积的 58.3%，服务各类客户 1962 万户，供电人口 3100 万。直接管理单位 34 个，其中地（市）级供电企业 18 个、业务单位 16 个，另有省合资公司 3 个。2023 年售电量完成 888 亿 kWh，同比增长 2.67%；资产总额 698.7 亿，资产负债率 75.5%。

领导班子

董事长、党委书记：鲁海威

董事、总经理、党委副书记：纪会争（自 2023 年 7 月）

董事、总经理、党委副书记：朱薪志（至 2023 年 7 月）

董事、党委副书记：许传辉（至 2023 年 12 月）

党委委员、纪委书记：王韬

职工董事、党委委员、工会主席：李战平

总会计师、党委委员：陈国平

副总经理、党委委员：陈殿军

副总经理、党委委员：梁岩

副总经理、党委委员：吴凤春

总工程师、党委委员：乔君（自 2023 年 1 月）

副总经理、党委委员：郭金智（自 2023 年 7 月）

组织机构 本部设置职能部门 22 个，直接管理单位 34 个，其中地（市）级供电企业 18 个。

电网概况 黑龙江电网地处东北电网的最北部，以 500kV 电网为主网架，南部与吉林电网相联，西部与蒙东电网相联，北部与俄罗斯电网互联。电源集中在东部电网，负荷集中在中、西部电网，省内潮流呈东电西送格局。

截至 2023 年末，黑龙江省电网共有 500kV 厂站 24 座，主变压器 28 组（不含电厂），运行容量 22666MVA。220kV 变电站 154 座（未包括 44 个铁路牵引变电站、北钢三总降变电站、建龙变电站、轧钢变电站、宁钢变电站、丰盛变电站），主变压器共 253 台，运行容量 33816MVA。共有 500kV 线路 53 条（省调调度 4 条），线路总长度 7188.47km（省调调度 309.82km）；220kV 线路 554 条，线路总长度 17184.12km。

截至 2023 年末，黑龙江电网调度口径运行管理电厂 1756 座，总装机容量为 43227.4MW。其中火电厂 224 座，装机容量为 25803.7MW，占比 59.69%；水电厂 84 座，装机容量为 1149MW，占比 2.66%；风电场 179 座，装机容量为 11740.41MW，占比 27.16%；光伏电站 1269 座，装机容量为 4534.29MW，占比 10.49%。

人力资源 全口径用工 4.75 万人。职工劳动生产率 37.95 万元/（人·年）。

增进职工福祉。遵循“以收定支、收支平衡”基本原则，优化农维费管控机制，合理提升农电用工收入水平。争取政策倾斜，规范开展岗位竞聘 14 批，公开招聘配置缺员岗位 68 人，首批解决 16 名职工长期异地工作问题，畅通员工发展通道。持续优化带薪休假机制，细化完善请假流程，落实带薪休假管理办法。力促管理精益规范。创新推行智能考勤，考勤打卡率达 98.2%，清退长期不在岗人员 30 人。完成 22 家省管产业单位人员清查，准确掌握省管产业单位各类用工实际情况。深化农电用工管理，制定常态化管理举措 21 条，提升农电管理水平。梳理农电用工热点问题 28 项，编制农电用工诉求问答手册。举办市县公司主要负责人人力资源管理培训班，培训宣贯信访问题处置、省管产业单位改革要求、供电服务公司政策解读等内容。提升薪酬向一线倾斜力度。加大对脏苦险累岗位和一线绩优职工倾斜力度。强保障，实施“薪级+点值”双浮动机制，提升艰苦偏远地区、脏苦险累岗位的人才吸引力。实施绩效等级评价与岗级晋升挂钩机制，树牢绩优岗升、按劳取酬导向。

电网建设与发展 2023 年完成电网建设投资 11.79 亿元。35kV 及以上工程开工 107 项、投产 56 项。35kV 及以上线路开工 755.19km，变电容量 338.36 万 kVA；35kV 及以上线路投产 300.36km，变电容量 263.35 万 kVA。未发生基建安全质量事故（事件），保持基建安全稳定局面。

35kV 及以上农村电网巩固提升工程新开工 14 项，投产 12 项，为服务“三农”做好电力保障。打造标准工艺应用样板和绿色建造示范工程。黑河一兴福线路开断环入安北变电站 500kV 线路工程荣获国家电网公司优质工程银奖。哈尔滨临空 220kV 变电站新建工程获 2023 年度国家电网公司级标杆工地。绥化望奎

220kV变电站新建工程等3项工程获区域级标杆工地。黑河安北—克山220kV线路工程获2023年度国家电网公司级标杆工程，哈尔滨松浦2号（广信）66kV变电站新建工程获区域级标杆工程。

经营管理 核定黑龙江省平均输配电价上涨0.72分/kWh，自输配电价改革以来首次实现终端销售电价上涨。统筹保供、转型、发展和安全，可控成本总投入同比提升27%，优化资源配置结构，生产性投入同比提升8%。72家县公司完成ERP部署，智慧共享财务平台上线并推广，71项多维分析场景实现线上获取。推进省管产业单位改革，开展省管产业单位专项资产核查，完成36家单位改制并表，纳入国资监管体系。深化产融协同，实现“电e金服”规模21.5亿元。推广“报案报修一体化”产融协同创新。完成龙江税电指数体系落地应用。省内机井通电项目16亿元资产移交事宜取得突破性进展。落实财政贴息资金4.51亿元，争取到国家电网内部扶持政策24.5亿元，低息贷款50亿元。2023年电网发展投入提升至71亿元，同比增长24%。缓解经营压力，助力电网投入和发展。

安全生产 经受住极寒、台风洪涝和雨雪冰冻灾害考验，安全快速恢复供电。完成各级保电七百余次。用户平均停电时间压减到14.73h/户，下降15.63%。频繁停电专项整治1436项，老旧小区消缺2362项。10kV同期线损高损率由32.94%压降至15.54%。对502个重要用户开展供电保障专项排查。66个区县公司具备0.4kV带电作业能力，占比55%。运检业务工单2.3万件，下降26.17%。安装防鸟装置8.4万支，鸟害故障下降24.7%，森林草原火灾隐患特巡3.5万km，清理通道215处。完成3670项春秋检作业计划，管控三级及以上作业风险714项，未发生人身事故及安全事件。部署PMS3.0系统，完成输电全景智慧物联系统和大坝在线监测系统建设。安装配自设备2.1万台，自动化覆盖率由35%提升至98%，故障查找时间缩短40%。

健全安全责任体系，出台《主要负责人安全生产履责评估管理办法》。修订领导班子“两个清单”和全员“安全责任清单”，开展重大事故隐患专项行动，集中治理隐患1835项。健全安全隐患排查过程考核和奖励机制，全年追究759名人员责任，兑现奖励149.8万元。建立“1+5”反违章管控机制，强化违章“零容忍”严查重处。全覆盖督查作业现场2.9万个，查纠违章2797起。印发《安全文化建设规划》，落实年度26项重点工作任务。深入开展“安全生产月”系列活动，各级领导班子成员带头安全文化宣讲8.3万场。完成主要负责人和本部安全生产管理人员培训取证，组织7.6万人次安全知识考试、1666名“三种人”工作票（作业票）调考，准入队伍人员619家、3.9万人。吸取国家电网公司系统内外事故事件教训，开展9次全员“安全日”警示教育活动，防范遏制安全事故风险。

营销工作 售电平均单价631.31元/MWh，同比上升1.2元/MWh；电费回收率99.98%；业扩容量净增1765.1万kVA，同比增长30.6%，新装增容申请容量1816.8万kVA，同比增加104.91%；供电服务“十项承诺”兑现率100%。未发生造成重大社会影响的供电服务事件。

推动省发展改革委出台“3+1”负荷管理全量支持政策，省市两级政府足额编制负荷管理方案，需求响应签约容量达到历史最大负荷的15%。负荷排查数据准确率100%。代理购电月度电量预测准确率96.5%。扎实开展客户用电安全隐患排查整治，推动全省13个地市政府全部印发《重要客户用电安全未治理重大隐患通报》。重要用户外电源配置合格率、自备应急电源配置合格率实现三年连升，分别达到95.68%、95.17%。开展养殖业、煤改电等专项用电安全检查服务。推动省发展改革委出台《黑龙江省源网荷储一体化项目实施细则》，定期发布分布式光伏承载力评估报告，规避接入服务风险，保障大电网安全可靠运行。强化营销作业现场安全管控，开展安全检查4.2万次，发现并整改问题7199项，纠查违章623项。累计治理“临代正”小区205个。

完成销售电价执行问题排查整改，追补电费66.8万元。电费自动核算发行比例提升至99.48%。实施电费核算省级集约，发行时长压缩至3日以内。电费发行到账率80.1%，较年初提升23.7个百分点，增加现金流13.5亿元。狠抓营销稽查、反窃查违，避免经济损失7108万元，反窃追补金额2293万元。完成营配数据治理，“户–变”关系一致率提升至99.99%。治理同期高损台区12271个，0.4kV线损同比下降0.73个百分点，节电增收6400万元。实现国家电网公司线损管理“百强”创建零突破。全年省内市场化交易电量576.2亿kWh，同比增长3.4%。中长期外送电量155.8亿kWh，同比增长118%，送电区域从5个增加到13个，实现收益4.5亿元。

科技创新 牵头获得省部级科技奖3项，参与获得省部级科技奖9项。全年共申请发明专利445项，授权发明专利171项。共发表科技论文92篇，共获得软件著作权20项。牵头和参与发布国家标准、行业标准、团体标准、企业标准16项。完成2023版《国网黑龙江省电力有限公司技术标准体系表》编制，实现技术标准全业务覆盖。搭建成果转化平台，促进技术成熟度高具有推广价值的创新成果转化，完成成果转化收益420万元。牵头申报的1项国家电网总部管理项目立项。2023年遴选科技类青年托举人才10人。

命名5支省公司级科技攻关团队。举办双创成果展、双创工作交流会、创新成果对接会等一系列活动。2023年漠河高寒试验基地建设项目获得批复国家电网公司立项。牵头申报的“国家能源寒地新型电力系统重点实验室”入围“十四五”第一批“赛马争先”创新平台名单。与哈尔滨工业大学联合建设的“寒地电化学储能与碳中和教育部工程研究中心”获得授牌。与中国气象局公共气象服务中心、黑龙江省气象局签署战略合作协议，为黑龙江省可再生能源发展规划提供决策依据。

完成全国两会、亚运会等国家重要活动期间省电力公司网络安全与信息系统运行保障任务。荣获黑龙江省“护网2023”网络安全攻防实战演习第三名。全年拦截处置网络攻击52万余次，未发生网络安全事件。完成哈西模块化数据中心的安全迁移并投运。实现72家农电企业ERP系统业务上线。完成企业级气象数据服务中心建设。“电网一张图”整体数据质量提升43%，获评国家电网公司“数据质量提升进步突出单位”。完成物联管理平台2.0部署升级，实现百万级设备接入能力。完成无人值守机房智慧物联典型应用场景试点建设，信息运维班组整体运维效率提升60%以上。构建“基于电网一张图的停电风险预警场景”，建设RPA应用场景136个，覆盖设备、营销等10余个专业。电力看经济、电力助营商、税电指数分析等成果获得省政府主要领导批示肯定。初步建成黑龙江省碳排放监测分析服务平台，相关成果入选中国信息协会2023能源企业信息化创新成果与实践案例。完成251项数字化示范任务，7篇典型经验被国家电网公司宣传推广，荣获国家电网公司数字化示范优秀管控服务单位。

优质服务　打造高品质供电服务，营商环境实现新突破。实施优化电力营商环境再提升专项行动，成效得到各级政府肯定，市场主体和人民群众获得感、满意度显著提升。发挥省政府“获得电力”工作专班牵头推动作用，实现延伸投资政策市级全覆盖，落实红线外电力接入政企分摊资金1.14亿元，延伸投资到位率91%。居民用户和低压小微企业“三零”办电实现城乡全覆盖，开展用户自费问题专项清查。用电服务更加优化。推进“窗口无否决服务”，落实容缺受理、非禁即办服务措施。加强政企系统互联互通，实现居民身份数据直接关联房产权属、企业证照信息，优化“刷脸办”“一证办”应用体验，“水电气热讯”联办业务登录网上国网，“房产+电力”线上联动过户实现全省覆盖。2023年全省申请新装、增容用户48.6万户，同比增长33.7%；净增容量1765.1万kVA，同比增长30.6%。业扩接入更加快捷。细化制定优化业扩接入工程管理工作方案，明确分工、落实责任、强化协同，加快构建业扩配套工程建设新模式，提升报装服务质效，全省高、低压用户平均接电时长分别压降至8个、5个工作日以内，处于国家电网系统第一梯队。

党建工作　扎实开展主题教育。牢牢把握“学思想、强党性、重实践、建新功”的总要求，统筹推进三个专项行动，高质量抓好两批主题教育。将“学思想”的要求贯穿始终，组织各级党组织开展集中学习283次、举办读书班320期，专题研讨1427人次。统筹推进三个专项行动，逐项督办解决领导班子成员调研问题和制约企业经营发展遗留难题，挂牌督办省委主题教育领导小组办公室转办事项，高效解决民生领域涉电问题。特色亮点做法在国家电网公司主题教育简报等刊发22次，在中央主题教育简报刊发1次。

持续加强党建引领。实施“旗帜领航”党建工程，细化制定“旗帜领航•提质登高”行动计划75项重点举措，巩固拓展经验成效。党委、团委、机关党委完成换届选举，11家二级单位党委、421个基层党组织“应换尽换”，新发展党员339人。加强和改进多种形式用工党员教育管理，开展乡镇供电所党建工作基础管理检查，制定实施全面加强省管产业单位党的建设18项举措，提升党建工作质效。开展“党建引领　护航安全”主题活动，创建党员责任区125个、示范岗237个。常态化开展“党员身边无违章、无投诉”考核，下发考核分析报告12期，降低党员及身边群众违章投诉数量。高效迎战“杜苏芮”“卡努”等台风灾害，45支共产党员服务队、117支党员突击队、2003名党员冲锋在前，助力打赢抢险保供攻坚战。

深化精神文明建设。举办地市公司和区县公司企业文化骨干培训班，开展《企业文化建设工作指引2023》学习宣贯，推动国家电网公司价值理念和发展战略入心入行。开展“红色基因、电力传承”活动，镜泊湖发电厂荣获“中央企业工业文化遗产”称号。开展学雷锋志愿服务月活动，举办理论宣讲、春耕保电、中高考保电等专项志愿服务活动1221次，公司各级志愿服务组织累计服务活动时长达5066h。加强典型宣传，作为国家电网公司系统三支代表队之一，参加中电联举办的电力精神主题演讲比赛并荣获一等奖。吕建生获省道德模范、国家电网公司特等劳动模范。李庆长共产党员服务队荣获首届省“慈善奖”。

主要事件

1月3日，国网黑龙江电力召开2023年安全生产委员会第一次会议。国网黑龙江电力董事长、党委书记鲁海威主持会议。

1月9日，国网黑龙江电力党委召开2023年第1次（扩大）会议，传达学习贯彻落实中共中央政治局会议精神和国家电网公司四届三次职代会暨2023年工作会议精神。党委书记、董事长鲁海威主持会议并讲话。

1月10日，国网黑龙江省电力有限公司第二次党员代表大会召开，党员代表共计150人参加会议。

1月11日，国网黑龙江省电力有限公司第五届职工代表大会第三次会议暨2023年工作会议在哈尔滨召开。会议以习近平新时代中国特色社会主义思想为指导，全面贯彻党的二十大精神，深入落实国家电网公司四届三次职代会暨2023年工作会议和省委十三届三次全会暨省委经济工作会议部署，总结工作，分析形势，部署任务，加快推动“一体四翼”高质量发展，奋力谱写建设具有中国特色国际领先的能源互联网企业龙江新篇章。董事长、党委书记鲁海威作国网黑龙江省电力有限公司第五届职工代表大会第三次会议暨2023年工作会议工作报告。

1月16日，黑龙江省第十四届人民代表大会第一次会议，选举产生黑龙江省出席第十四届全国人民代表大会代表，共84人（须报全国人民代表大会常务委员会确认）。国网黑龙江电力董事长、党委书记鲁海威全票当选第十四届全国人民代表大会代表。

1月19日，国家电网公司董事长、党组书记辛保安，总经理、党组副书记张智刚在国家电网公司总部同各单位干部员工视频连线，传达学习贯彻习近平总书记关于春节期间做好供电保障重要指示精神，落实李克强总理考察公司指示要求，部署春节保电工作，代表国家电网公司党组向坚守一线的干部员工致以新春祝福。国家电网公司党组副书记庞骁刚，中央纪委国家监委驻公司纪检监察组组长、国家电网公司党组成员黄德安，国家电网公司总会计师、党组成员朱敏，国家电网公司副总经理、党组成员陈国平参加连线。国网黑龙江电力董事长、党委书记鲁海威在分会场参加连线。

2月8日，国网黑龙江电力召开2023年党风廉政建设和反腐败工作会议暨警示教育大会。党委书记、董事长鲁海威参加会议并讲话，党委副书记、总经理朱薪志主持会议。

3月5日，第十四届全国人民代表大会第一次会议在北京人民大会堂开幕。近3000名新一届全国人大代表肩负人民重托出席盛会，认真履行宪法和法律赋予的神圣职责。全国人大代表、国网黑龙江电力董事长、党委书记鲁海威参加会议。

6月20日，国网黑龙江电力举行2023年迎峰度夏暨大面积停电事件联合反事故演练，吉林省委常委、副省长王一新参加演练总结会并讲话。吉林省政府副秘书长张灿欣参加演练总结会。吉林省发展改革委副主任、吉林省能源局局长石剑飞，东北能监局黑龙江业务办一级调研员王永富在主会场观摩指导。国网黑龙江电力董事长、党委书记鲁海威担任演练总指挥。

6月26日，国网黑龙江电力开展主题教育专题党课。党委书记、董事长鲁海威以“扎实开展主题教育持续在学思践悟中凝心铸魂建功立业”为题讲授专题党课。

6月30日，国网黑龙江电力召开学习贯彻习近平新时代中国特色社会主义思想主题教育调查研究成果交流会。董事长、党委书记鲁海威主持会议。

7月18日，国网黑龙江电力召开干部任免宣布大会。国家电网公司党组组织部副主任李文立参加会议并讲话。董事长、党委书记鲁海威主持会议。

8月7日、8日，国家电网公司安全总监周安春到公司督导检查防汛救灾工作，第一时间组织召开督导汇报会，并到牡丹江海林市现场督导检查。

8月24日，国网黑龙江电力召开2023年安全生产委员会第二次会议。董事长、党委书记鲁海威主持会议并讲话。

9月13日，国网黑龙江电力召开学习贯彻习近平新时代中国特色社会主义思想主题教育第一批总结暨第二批部署会议。党委书记、董事长鲁海威出席会议并讲话。

（谢恩哲）

【国网内蒙古东部电力有限公司】

企业概况 国网内蒙古东部电力有限公司（简称国网蒙东电力），供电面积47万km^2（占内蒙古总面积的40%），供电人口1164万人（占内蒙古总人口的44%），服务客户761万户，主要负责内蒙古东部赤峰、通辽、兴安、呼伦贝尔四盟市电网的规划建设、运营管理、供电服务等工作，承担着内蒙古境内特高压及配套工程的前期协调、建设管理、运行维护等任务。在呼和浩特市设立管理本部和3家职能型事业部、6家分公司、5家子公司。在锡盟设立超特高压公司，在通辽设立供电服务监管中心。在呼伦贝尔、兴安、通辽、赤峰设立4家盟市供电公司，7家城区供电服务中心，39家旗县供电公司，189家供电营业所。全口径用工2.32万人。

领导班子

董事长、党委书记：毛光辉

职工董事、党委委员、工会主席：石志忠

副总经理、党委委员：李岩、李彦吉

总会计师、党委委员：于哲

党委委员、纪委书记：刘德田

总工程师、党委委员：张国力

组织机构 截至2023年底，国网蒙东电力设置省、市、县三级单位54家，其中省公司本部1家，设置17个本部部门（特设机构、业务中心）、3个职能型事业部（数字化事业部、建设事业部、物资事业部）；省公司业务单位5家，分别是国网蒙东经研院、国网蒙东电科院、国网内蒙古超特高压公司、国网蒙东综合服务公司和国网蒙东供电服务监管与支持中心；全资子公司2家，分别是国网蒙东招标公司、国网蒙东设计院；产业公司1家，内蒙古新正产业发展有限公司；股份制公司1家，内蒙古东部电力交易中心有限公司；参股制公司1家，国网蒙东综合能源服务公司；盟市供电公司4家，旗县供电公司39家。

电网概况 截至2023年末，内蒙古东部电网并网装机容量4904万kW，其中火电2360万kW、新能源2511万kW，新能源装机占比51%。在运500kV变电站17座，变电容量2382万kVA，500kV线路68条，总长6032km；在运±500kV换流站1座，直流输电线路1条；在运220kV变电站87座，线路374条。蒙东电网装机大、负荷小，与东北电网强联系，是典型的送端型电网。

内蒙古特高压送端电网包括“三交三直”特高压输电通道、±800kV换流站3座、1000kV特高压站3座，以及在锡盟、鄂尔多斯市的500/220kV汇集电网，并网装机容量3421万kW，其中火电2322万kW、新能源1099万kW，新能源装机占比32%。在运500kV变电站5座，500kV线路28回，长度1601km，220kV线路29回，长度526km。汇接于蒙东电网的扎鲁特—青州特高压直流通道外送能力1000万kW，设计年外送电量500亿kWh。锡盟、鄂尔多斯市特高压送端电网外送能力3600万kW，设计年外送电量1700亿kWh。

企业战略 战略制胜、愿景先导。站在“两个一百年”奋斗目标的历史交汇点上，国家电网公司确立了“具有中国特色国际领先的能源互联网企业”战略目标，体现了“大国重器”和“顶梁柱”的责任与担当。国网蒙东电力深化顶层设计和系统谋划，构建战略实施体系，成立以董事长为组长，总经理和党委副书记为副组长的战略落地实践工作领导小组，下设办公室、战略实施组和宣传督导组，整合调动各方资源，主动全面对接，做好分层衔接，部署开展国家电网战略目标落地行动方案研究工作，系统谋划战略目标在内蒙古落地落实的路径举措。总体思路是以习近平新时代中国特色社会主义思想为指导，以国家电网战略为统领，聚力“一体四翼”发展布局，聚焦内蒙古“两个率先”“两个超过”目标，构建内蒙古能源电力互联网，畅通内蒙古绿色电力双循环，推进企业治理体制和运营机制现代化，打造“小而强”“小而优”现代电力公司，开创内蒙古能源电力事业新格局，建设具有中国特色国际领先的能源互联网企业，为建设亮丽内蒙古作出国家电网贡献。

人力资源 发挥分配激励作用，提高人力资本效率。落实国家电网公司要求，平稳实施岗位绩效工资体系，突出“为岗、为能、为绩”付薪导向。争取省管产业工资总额分配政策，为产业单位发展升级做实薪酬基本盘。优化二级单位业绩考核指标，加大党建考核权重，传导国家电网考核要求。搭建“工作质效+经理人专项”双模块考核双模块兑现的员工考核框架，全员绩效管理体系优化完成推广适配。开展健康职场建设，完成16项保障职工身心健康任务。统筹组织15家单位、10536名职工住房公积金移交至属地7家公积金中心管理，提高了职工满意度和获得感；提升培训管理水平，加大人才培养力度。实施特高压运检人才储备培养三年行动，确定5个方面、18大项重点任务举措。全面实施人才培养“三大工程”，推荐参评国家电网首席专家2人、国家电网工匠1人、国家电网青年托举人才7人，增补国网蒙东电力高级专家2人、青年托举人才38人。优化调整职员职级、技术能级意见条款，探索建立职务与职级、能级间“之”字形职业发展机制。精心策划“管理大讲堂”“一线单位主要负责人培训”“本部员工通用能力提升”等培训班，全年累计培训63354人次；构建共享服务模式，提升服务保障质效。构建3种工作模式，为驻呼8家单位提供人资经办服务；推行审核机制和A/B角替补岗位，为专业管理提供强力支撑。推动共享标准化建设，梳理常规工作任务清单120个，细化到最小业务单元1010项，固化业务对接模板173个，编制岗位操作流程120个，形成“一岗一表”二维工作标准体系。建立“常规任务质效考核、重难点任务柔性团队工作考核、成果能力考核”三元绩效考核机制，激发团队干事创业激情。衔接人资、社保、离退休业务链条，让广大在职职工和离退休职工亲身体验共享服务质效。

安全生产 贯彻习近平总书记关于安全生产的重要指示批示精神，聚焦电力保供“3334”关键之要，全力克服供电负荷屡创新高、新能源大规模接入、恶劣天气多发等挑战，统筹落实保供重点措施，动态优化电网运行方式，守住了大电网安全生命线和民生用电底线。发挥大电网优化配置资源能力，推动源网荷储各环节协同发力，最大供电负荷821万kW，最大外送电力3351万kW，同比分别增长18%、30%。在运特高压直流利用水平超过3800h，特高压外送电量达到1482亿kWh。筑牢抢险救灾光明防线。学习领会习近平总书记关于低温雨雪冰冻灾害防范应对工作的重要指示精神，以“时时放心不下”的责任感，做好抗击雨雪冰冻保供电工作。成功应对春秋沙尘大风、夏季高温洪涝、冬季暴雪冰冻等影响，保持95598热线全天候畅通，各级抢修队伍24h值守，争分夺秒恢复故障停电线路，日夜守护万家灯火。全力确保今冬明春保暖保供。全面贯彻自治区保暖保电工作电视电话会议部署，研究确定 76 项保暖保供重点任务及 18 项电采暖保供强化措施，加强电煤监测预警，提醒和帮助电采暖用户开展安全检查，确保群众温暖明亮过冬。周密部署、万无一失做好“十四冬”保电工作，坚持“全网保东北、东北保蒙东、蒙东保赛区、各地保平安”原则，落实“五个最”（最高标准、最强组织、最严要求、最实措施、最佳状态）要求，精准保电到“灯头、插座、话筒”，确保实现“四个零”（设备零故障、客户零闪动、工作零差错、服务零投诉）目标，推动所有场馆 100%使用绿色电力，实现绿色供电、安全供电。

经营管理 落实国家电网公司“四个服务”（服务党和国家工作大局、服务电力客户、服务发电企业、服务社会发展），牢记人民电业为人民的企业宗旨，以一流服务架起党和人民群众的“连心桥”。优化电力营商环境。全面实施大中型企业“三省”（省力、省时、省钱）和小微企业“三零”（零上门、零审批、零投资）服务，推动国办 129 号文件延伸投资政策全覆盖，高压客户、低压客户办电环节分别压减至 4 个、3 个以内，累计降低客户办电成本 3.5 亿元。响应各类企业用电需求，制定提升报装接电质效 17 项举措，开展“送服务、解难题、促发展”客户大走访活动，超前为 1139 家企业“量身定制”供电方案，推动扎铝二期项目续建复工、龙马重工项目建成投运。推广供电服务“一件事一次办”“房产＋电表”联动过户，扩大“刷脸办电”“一证办电”应用规模，在全部市县区政务服务大厅设立了办电窗口。实施助力全面乡村振兴、县域配电网巩固提升三年行动，重点解决频繁停电、卡脖子、低电压、防灾能力弱等突出问题，更好满足高标准农田灌溉、家庭机械化养殖、居民电采暖等新增用电需求。建成农网巩固提升工程 2392 项，治理高跳线路 420 条，配网故障率下降 25%。选派 49 名高素质扶贫干部扎根一线、驻村帮扶，建成 106 个“村网共建”电力便民服务点，推动解决农村供电服务“最后一百米”问题。

科技创新 坚持谋划在先、合作攻关，主动融入国家电网和内蒙古自治区战略科技布局。2023 年参与“大型新能源基地交流汇集工程设计关键技术研究”等重大技术攻关框架项目 3 项，牵头承担“大型风光基地配建储能参与频率快速调节与支撑控制技术研究及应用”等 5 项国网指南项目，牵头重大项目数量同比增长 400%。首次牵头承担国家能源局试点应用课题“以可靠性为中心的 GIS 设备检修策略研究与试点应用”。管理实施的“配电变压器全分相分体式无功精准补偿及电机就地精准补偿技术研究与应用”等 23 项科技项目，以解决生产实际问题为导向，取得阶段性研发成果。研制电力作业记录仪、开发作业动态管控系统，为实现作业现场可控、能控、在控提供了有效手段。与国网智研院签订战略合作协议，与中国电科院、国网电科院、信产集团、思源电气等领军企业开展项目合作，组建柔性团队，开展新型电力系统关键技术联合攻关；整合各类创新成果，开展科技奖项统筹规划，获得省部级及以上科技奖项 11 项，其中“基于人工智能的源网荷储协同优化调控方案在新型电力系统中的应用”获得全国人工智能应用场景创新挑战赛一等奖，实现了科技创新工作重点突破。精心组织优秀青年人才参加各类创新大赛，获得内蒙古自治区创新方法大赛一等奖、全国电力科普大赛优秀组织奖及优秀奖，2 个项目入选第四届全国中央企业熠星大赛复赛。规范新设备、新技术挂网试运行技术审查，推动“电工装备用高性能铜铝合金母排”等新设备挂网试运行，加大首台（套）应用力度。国网蒙东电力内蒙古自治区重点实验室顺利完成重组，建成特高压 GIS 长时运行模拟实验室、低温输变电运检技术实验室、配电检修与节能技术实验室，沙戈荒送出工程观测研究设施建设项目获得国家电网批准。国网蒙东电力对内提高科技创新效能，对外扩展创新“朋友圈”，提升科技创新形象和影响力，为加快实现高水平科技自立自强，更好支撑服务中国式现代化作出新的贡献。

节能减排 组织召开新能源接网及产业转移供电保障工作座谈会并发布了国网蒙东电力《全力服务新能源发展与产业转移“十项举措”》，研究出台《关于进一步加快新能源接网工程建设的重点措施》等 3 项管理办法，对接六类市场化接入系统方案研究，加速推进新能源接网工程，2023 年共安排 10.8 亿元投资用于新能源送出工程建设，蒙东经营区新增并网新能源 1058 万 kW，第一批大基地 900 万 kW 新能源项目全部投运，经营区非化石能源发电减排量 6027 万 t。印发《国网蒙东电力全面深化降损增效管理工作方案》，完善制度体系、健全管理机构、夯实管理基础、做强支撑保障，深入开展闭环监测和百强创建等工作。狠抓双高设备压降，高损设备核实率和治理率分别提升至 98%、95%以上，线路和台区高损数量分别压降 53.33%、32.62%；低损占比分别提升 7.073%、4.66%。全年压降线损电量 4712 万 kWh。上线省级智慧能源服务平台“能效诊断”功能，拓展服务方式，开展工业企业节能诊断服务和公共机构能效服务现场诊断，围绕空调制冷系统、能耗数据等方面开展现场调研，完成 88 户重点工业企业和 164 户公共机构能效诊断服务，超额完成年度目标任务。推动消费端电能替代化石能源，2023 年蒙东经营区电能替代电量完成 1.6 亿 kWh，减排量合计 8.23 万 t。

市场建设 坚持多措并举，全力保障外送 1800 亿 kWh 目标任务。首次达成与西藏、上海、浙江、江苏、青海等省份的外送交易 1.69 亿 kWh，实现省内富裕电力资源全国更大范围优化配置；推进联络线偏差问题解决。通过补充交易、滚动结算方式处理偏差 61.8 亿 kWh，减少对经营利润影响 4.6 亿元；坚持保供稳价，深化中长期连续运营。初步形成了以"年度交易为主，月度、月内交易＋合同转让交易为辅"的蒙东中长期市场连续运营模式，缩短交易周期、提高交易频次，实现按工作日连续开市。2023 年区内交易电量 299.5 亿 kWh，同比增加 7%，外送电量 1835 亿 kWh，同比增长 23%，绿电交易电量 4 亿 kWh，绿证交易 22 万张，分别完成国家电网指标的 400%和 440%。7 月送辽宁省绿电 2000 万 kWh，成为东北区域首笔绿电交易。

信息化建设 全年完成 335 个电网数字化建设项目开工实施，专业数字化建设成效明显。完成作业动态管控应用建设，通过 NAS 存储满足视频数据采、传、存、用，实现 11 个专业各类作业线上化智能管控；完成 E 计划平台建设，实现公司级工作计划线上全过程管控；建成数字工作台，实现"千人千面""直点直达"等便捷应用；建成 PMS 3.0，实现输变配直各专业业务在线化、作业移动化；建成营销 2.0，实现国家电网智慧共享财务平台提前应用。全年实现六个"第一"。完成与全电发票业务贯通，成为国家电网第一家具备开具、查询、冲红全电发票能力；第一家营销 2.0 云上国产操作系统全覆盖；第一家完成云上防盗链配置；第一家完成微服务弹性伸缩配置；第一家使用云平台对象存储 3.0 服务；第一家完成云平台专线接入设备对称式割接。全年实现多项业务融合，打造"管理数据看板""专业数据看板""基层数据看板"，构建 96 项数据微应用，支撑一线人员实现自动统计、分类查询等管理需求，提升工作效率；建成应用配网运行地图，实现"故障停电""紧急消缺停电""配网故障抢修""频繁停电""配变异常"等场景指标自动生成，辅助配网运行管理；打造科左后旗供电所长驾驶舱，实现"采集成功率""台区运行情况"等 12 项监测指标自动采集及可视化集中展示，助力全口径故障跳闸次数同比下降 24.22%；协同推动电力大数据应用，内蒙古税电经济景气指数分析获内蒙古自治区主席王莉霞批示 2 次。

电网建设 聚焦习近平总书记交给内蒙古的五大任务，加快构建新型电力系统，利用并发挥内蒙古"两个基地"能源资源禀赋优势，服务国家能源战略，助力内蒙古能源资源优势转化为经济发展优势。深度参与蒙西与华北电网格局研究，特高压交流联网方案形成共识。实施"两个一体化""串行改并行"提升建设效率。库布齐—上海、腾格里—江西等一批重点项目纳入国家"十四五"电力规划中期调整，蒙西—京津冀特高压直流、赤峰宁城输变电等 102 项工程通过可研评审。张北—胜利特高压、通辽 238 万 kW 新能源送出等 45 项工程开工，京泰酸刺沟电厂送出、中广核风电送出等 51 项工程高效投产，第一批 900 万 kW 大型风光电基地项目全部投运。巴林—奈曼工程全线贯通，蒙东平台型电网初步成形。赛音昭工程从纳规到核准仅用 4 天，从开工到投运仅用 4 个半月，创造了蒙东超高压电网建设的新速度。建成农网巩固提升工程 2392 项。阿旗—胜利线路工程获中国电力优质工程奖。

工会工作 履行政治责任，带领广大职工听党话、跟党走。印发关于认真学习宣贯党的二十大精神、习近平总书记重要讲话精神和中国工会十八大精神等实施方案，开展学习宣讲 15 次，覆盖职工 1.3 万余名。推动学习贯彻主题教育走深走实。落实"办实事、解民忧"专项行动，开展"基层工会组织建设"等 4 项调研，针对问题提出建议，形成调研报告；落实基本职责，提升职工幸福感获得感。组织重大节日保电、重点工程现场慰问，与内蒙古艺术剧院首次联合开展"送文化到基层"慰问活动。加强健康职场建设，购置 AED（心脏除颤仪）300 余套，体育器材 900 余套；灵活运用"互联网＋"，在国网学堂、"爱如电"APP 推送心理健康课程 9 门。组织开展全公司范围的"喜迎'十四冬' 蒙东健步走"全员健步走活动，覆盖全体职工；围绕中心服务大局，发挥工人阶级主力军作用。推进新时期产业工人队伍建设改革，组织开展公司产改揭榜项目的评选工作，公家电网公司成功揭榜 3 项。国网蒙东电力被内蒙古自治区能源化学地质工会推荐为内蒙古自治区产改综合试点；制定一流班组再提升行动方案，组织各二级单位结合实际情况、充分剖析存在差距，以"一市一案""一班一策"（一地市一个方案、一班组一个清单）形式制定任务清单。

党的建设 传承"国企姓党"的政治基因，以高质量党建引领发展、促进发展、保障发展。深入学习贯彻党的二十大精神。全面掀起学习宣传贯彻党的二十大精神热潮，聚焦"五个牢牢把握"，严格落实"第一议题"制度，深刻领会"两个确立"的决定性意义，推动"两个维护"内化于心、外化于行。深化"旗帜领航""党建＋"工程，开展"学习贯彻二十大 团结奋斗新征程"等活动，全面推动党的二十大精神进基层、进班组、进现场。高质量开展主题教育。牢牢把握"学思想、强党性、重实践、建新功"总要求，统筹衔接两批主题教育，深入实施"3＋2"专项行动，一体推进理论学习、调查研究、推动发展、检视整改各项任务。党委以上率下，示范带动各级党组织开展学习研讨 3309 次、读书班 157 期、专题宣讲 292 场次，广大党员干部思想作风受到洗礼、能力本领持续增强、干劲斗志充分激发、精神风貌更加昂扬。干部职工队伍建设进一步加强。优化领导班子和领导人员综合考核评价实施方案，启动优秀年轻干部人才培养三年行动，全面实施人才培养“三大工程”，担当作为、干事创业的氛围日益浓厚。

改革创新 启动实施国企改革深化提升行动，做强做优做大国有资本，增强企业核心竞争力与核心功能，推进省管产业“同质化”管理。配合完成第三周期输配电价成本监审，特高压送端汇集网纳入省级电网统一核价，以电价机制促进了山东、江苏等特高压受端省份对蒙东地区的帮扶。推进电力市场化改革，代理购电有序实施，中长期市场连续运营机制不断完善，分时电价、煤电容量电价稳步落地。完成市场交易电量 298 亿 kWh，占售电量比重 66.7%。完成国网蒙东经研院、电科院综合改革、旗县中压输变电设备专业化管理和生产工区布局优化，开展旗县公司大部制、中心所、电工站体系建设“回头看”。成立创新驱动专门委员会，与国网智研院签署科技创新发展合作协议。参与自治区新型电力系统关键技术攻关，在研 3 项重大示范项目，牵头开展 1 项国家能源局试点应用课题、5 项国家电网公司指南项目。“基于人工智能的源网荷储协同优化调控方案在新型电力系统中的应用”在全国人工智能应用场景创新挑战赛上荣获一等奖，3 项成果获评自治区科技进步奖二等奖。

主要事件

1 月 13 日，国网蒙东电力三届三次职工代表大会暨 2023 年工作会议在呼和浩特市召开。董事长、党委书记张成松作题为《高举伟大旗帜　深入贯彻党的二十大精神　团结奋斗打造“小而强小而优”现代电力公司》的工作报告。

3 月 19 日，国家能源局副局长余兵到国网蒙东电力调研，对国网蒙东电力积极服务内蒙古自治区经济社会发展、服务大型风电光伏基地项目建设、特高压清洁能源送出、电网规划建设运行等工作给予肯定。

4 月 26 日，巴林—奈曼（金沙）—阜新 500kV 线路工程（内蒙古段）开工，拉开了 2023 年东北电网重大工程建设的序幕，该工程可提高电力余缺互济、时空互补、多能互换能力，实现更大范围电力资源优化配置，保障电网安全稳定运行，有效助力全国统一大市场和现代化基础设施体系构建。

5 月 26 日，2023 年全国质量管理（QC）小组大赛闭幕（第一期），国网蒙东电力荣获大赛最高奖——示范级。

5 月 9 日，内蒙古自治区党委副书记、自治区主席王莉霞一行赴呼伦贝尔市新巴尔虎右旗（中俄蒙交接边境旗），重点调研边境地区草原防火和边防哨所、边远牧户供电情况，肯定了国网蒙东电力为边防哨所、边远林场和草原牧户通大网电的责任担当，对国网蒙东电力相关工作建议表示赞赏并要求自治区能源局会同电网企业研究提出一揽子方案。

5 月 17—19 日，国家能源局东北监管局副局长李艳一行对国网蒙东电力扎鲁特换流站等单位进行调研督查，并召开调研督查座谈会。国网蒙东电力总工程师、党委委员张国力参加座谈会。李艳一行还就电力市场建设情况进行了深入交流研讨。

6 月 6 日，国网蒙东电力在通辽召开服务新能源接网与产业转移供电保障工作座谈会。通辽市委副书记、市长奇·达楞太致开幕辞并对国网蒙东电力工作给予肯定，并发布《国网内蒙古东部电力有限公司全力服务新能源发展与产业转移十项举措》。

6 月 6 日，国网内蒙古东部电力有限公司数据安全能力成熟度贯标通过国家认监委批准的专业认证机构评定审核，获得 DSMM（数据安全能力成熟度模型）三级认证证书。国网蒙东电力是国家电网公司系统内第二家获得此项证书的单位。

7 月 17—23 日，河南持续遭遇强降雨天气，造成重大人员伤亡和财产损失，电网设施也受到了冲击和影响。国网蒙东电力第一时间按照国家电网公司统一部署，迅速行动、快速响应，组织四个盟市抢修力量，分两批先后到达灾区开展抢险保电工作。历时 12 天，国网蒙东电力援豫抢险保供电队伍转战郑州、新乡、辉县、卫辉四地，不间断开展抢险保供电作业。356 人、4 辆发电车、22 辆检修车、21 辆工程车，共计对 28 处故障现场进行了抢修作业，应急发电车为 12 处保电地点提供临时电力供应。国网蒙东电力援豫抢险保供电队伍累计为 12 条 10kV 配电线路、109 座配电站房、30655 户用户成功恢复供电。

7 月 20 日，国家能源局市场监管司司长宋宏坤一行到国网蒙东电力调研座谈，对国网蒙东电力积极聚焦新能源，扎实服务能源转型和地方经济社会发展，为构建内蒙古能源电力互联网、畅通内蒙古绿色电力双循环的探索和努力表示肯定和认可。

10 月 12—13 日，国家电网公司副总经理、党组成员陈国平带队到国网蒙东电力调研安全生产、电网发展、队伍建设方面情况，先后深入国网蒙东电力在锡盟、呼市的工作一线督导秋季检修、重大隐患排查整治等工作。

10 月 18—19 日，国家电网公司董事、党组副书记庞骁刚带队到国网蒙东电力开展“直奔主题、直奔基层、交心职工”调研活动，深入呼伦贝尔公司基层站所，就贯彻落实国家电网公司四届三次职工代表大会精神、推进第二批主题教育等工作开展走访调研。

10 月 30 日—11 月 1 日，第 48 届国际质量管理小组大会（ICQCC）在北京召开，国网蒙东电力择优选拔“变压器综合配电箱电缆孔柔性活塞的研制”和超特高压公司“缩短分接开关压力继电器校验时间”2个成果参赛，2项参赛成果问鼎国际QC大赛最高奖——金奖。

11月26日15:39，随着上海庙换流站5111断路器合闸，标志着上海庙±800kV换流站500kV浩雅间隔扩建工程正式建成投运，为阿拉善地区新能源送出提供了强有力的保障。

11月23日8:00，国网蒙东电力能源互联网营销服务系统（简称营销2.0系统）上线运行，标志着国网蒙东电力服务正式跨入“营销2.0”时代。

12月2日，2023中国企业家博鳌论坛在海南博鳌开幕，在次日举行的第九届绿色发展主题论坛上，国网蒙东电力《保护湿地　拯救濒危物种　实现电力+生态共赢》社会责任案例入选《2023绿水青山就是金山银山实践案例汇编》；国网兴安供电公司荣获“2023 绿水青山就是金山银山实践优秀企业”。国网蒙东电力为国家电网公司唯一一家“企案双录”企业。

12月9日，内蒙古自治区党委常委、常务副主席黄志强一行赴兴安盟科右前旗调研新能源项目建设运行、清洁取暖改造和电采暖等工作，肯定了国网蒙东电力在服务新能源发展和今冬明春保暖保供等工作中作出的贡献。国家能源局新能源和可再生能源司司长李创军，内蒙古自治区能源局局长于海宇，国网蒙东电力董事长、党委书记毛光辉陪同调研。

12月10日，国家第一批以沙戈荒地区为重点的大型风电光伏基地项目之一——中国广核集团兴安盟300万kW风电项目全容量并网，年发电量超过100亿kWh，成为中国在运最大陆上风电基地。

12月20日，内蒙古自治区锡林郭勒盟400万kW新能源送出工程投运。该工程是国家第一批以沙漠、戈壁、荒漠地区为重点的大型风电光伏基地建设项目，也是内蒙古特急能源保供重点项目。

12月22日，位于内蒙古自治区呼伦贝尔市的伊穆直流外送岭东100万kW风光项目送出工程正式投运。连同此前投运的鲁固直流外送400万kW风电项目送出工程、锡盟特高压外送二期400万kW风光项目送出工程，国网蒙东电力承建的国家第一批大型风电光伏基地建设项目送出工程全部投运。

（郑国男）

华　东　地　区

【国家能源局华东监管局】

基本情况　国家能源局华东监管局（简称华东能源监管局）是国家能源局在华东地区设立的区域监管机构，履行辖区内跨省、跨区能源监管以及上海市和安徽省能源监管和能源行政执法职责。2013年10月，单位名称由国家电力监管委员会华东监管局变更为国家能源局华东监管局。

主要职责：监管电力市场运行，规范电力市场秩序；监管能源规划、计划、产业政策和重大项目的执行情况；监管电网和油气管网设施的公平开放；监管电力调度交易，监督电力普遍服务政策的实施；负责电力等能源行政执法工作，依法查处有关违法违规行为，监督检查有关电价；负责除核安全外的电力运行安全、电力建设工程施工安全、工程质量安全的监督管理以及电力应急和可靠性管理，依法组织或参与事故调查处理；负责组织实施电力业务许可以及依法设定的其他行政许可；负责协调有关跨省、跨区能源监管业务；负责法律法规授权以及国家能源局下达或交办的有关事项监管。

领导班子

党组书记、局长：邱水录

党组成员、副局长：郑逸萌（正司局长级）

党组成员、副局长：何昌群（正司局长级）

党组成员、副局长：朱晓艳

党组成员、纪检组长：娄杰海

组织机构　综合处、市场监管处、行业监管处、电力安全监管处、资质管理处、稽查处、机关党委（机关纪委）办公室和安徽业务办公室（办公地点设在安徽省合肥市）共8个处室。

主要工作

1. 健全完善保供稳价监管机制，实现电力供需平衡

针对区域局部性、时段性供电紧张与新能源消纳困难交织并存的供需形势，在区域层面建立实施机组稳发增发保供、中长期交易稳价、日前会商优化、应急调度兜底四项协同保供稳价机制，实现全年电力供需平衡。指导推动省市间开展可中断中长期交易，协调推动福建电力外送和沪皖、浙皖错峰互济，运用区域备用、调峰辅助服务市场挖掘互备互保潜力。指导推动区域电力调度机构出台《华东区域跨省电力应急调度管理实施细则》，为区域协同保供提供兜底保障。按月度、季度开展电力及油气供需形势分析及研判，

用电紧张期间按日监测。加强电煤中长期协议签订履约情况跟踪监管和机组设备检修专项监管，建立发电机组非停核查机制，迎峰度夏期间区域机组非停率0.91%、出力受阻率3.88%，均创历史同期最好水平。

2. 完善电力安全监管机制，形成齐抓共管工作合力

举办华东区域跨省区大面积停电应急演练。促成上海市设立电力安全专委会落实属地安全管理责任。会同地方能源主管部门组织开展重大隐患排查治理、密集输电通道安全督查、二次系统安全专项监管、防汛抗旱督查等各类安全检查84家次，下发整改通知单38份，督促整改问题182项，完成杭州亚运会、第六届进博会等重大活动保电任务。认真开展事故事件调查处理工作，组织电力企业吸取事故教训、开展专项整治，对19起企业违反安全生产法规和主要负责人不履行法定职责的案件实施行政处罚。

3. 强化规划政策执行监管，推动能源低碳绿色转型

代表国家能源局带队赴内蒙古开展电力领域驻点综合监管，组织开展“十四五”能源规划目标任务实施情况专项监管、电力系统调节性电源建设运营综合监管、可再生能源消纳综合监管。针对上海市完成可再生能源消纳责任权重指标困难问题，积极研提提升市外来电比例、优化本地电源结构的措施建议。针对安徽可再生能源消纳压力日益加大问题，组织开展安徽储能电站发展专题调研，提出优化源网荷储结构与布局的相关政策建议。

4. 推进长三角电力市场建设，探索开展试点交易

推动长三角电力市场建设纳入全国统一电力市场体系优先建设项目，牵头构建长三角电力市场一体化合作机制，推进启动市场建设运行。拓展跨省中长期交易，修订升级华东区域“两个细则”，推动区域中长期交易由厂网拓展到电厂与售电公司（电力用户），指导省市间开展可中断交易，促进跨省交易电量大幅增长、高峰交易均价大幅下降，有效发挥保供稳价作用。规范区域电力辅助服务交易，有效缓解各省（市）备用、调峰缺口，保障电力供应和新能源消纳；推动跨省绿电交易常态化开展，全年成交跨省绿电交易电量为2022年同期6.2倍，成功组织进博会区域内跨省绿电交易，推动第六届进博会实现首次全绿电办展。

5. 优化电力营商环境，满足人民群众美好生活用能需求

健全完善行政许可闭环监管机制。全年以告知承诺方式办结行政许可1483件，件数同比增长31.4%，占比95%，同比提升8个百分点，许可服务好评率继续维持100%。对辖区内持证企业进行公共信用综合评价分析，注销不符合持证条件许可企业81家。深化“获得电力”综合监管，确立8项重点监管内容和22项任务清单，建立用电报装业务办理信息常态报送机制。协同上海市政府相关部门对照世行BR评估新方法梳理排查“获得电力”短板弱项，推动重点攻坚补齐。开展频繁停电、低电压专项整治工作，完成31项重点督办问题整改，惠及民生用户10244户。加大对电力安全、电网公平开放、调度交易等重点领域违法违规行为的查处力度，全年实施行政处罚42件，罚没总金额突破1685万元，维护市场秩序、保障人民群众合法用电权益。

（陈　江）

【国家能源局江苏监管办公室】

基本情况　国家能源局江苏监管办公室（简称江苏能源监管办）是国家能源局在江苏省设立的派出机构，依据国家能源局的授权，履行江苏省能源监管和行政执法职责。2013年10月单位名称由国家电力监管委员会江苏省电力监管专员办公室变更为国家能源局江苏监管办公室。

主要职责：监管电力市场运行，规范电力市场秩序；监管电网和油气管网设施的公平开放；监管电力调度交易，监督电力普遍服务政策的实施；承担电力等能源行政执法工作，依法查处有关违法违规行为，监督检查有关电价；承担除核安全外的电力运行安全、电力建设工程施工安全、工程质量安全的监督管理以及电力应急和可靠性管理，依法组织或参与电力生产安全事故调查处理；实施电力业务许可以及依法设定的其他行政许可；承办法律法规授权以及国家能源局交办的其他事项。

领导班子

党组成员、专员：王勤

党组成员、机关党委副书记、机关纪委书记：吴卫建

组织机构　下设综合处［机关党委（机关纪委）办公室］、市场监管处、行业监管处、电力安全监管处、资质管理处和稽查处六个处室。

主要工作

1. 坚持系统观念，强化能源安全保供

发挥能源规划、政策、规则、监管相互促进作用，加强上下联动和部门协作。一是扛牢能源保供监管责任。发挥能源供需监测预警机制作用，强化分析研判，强化电煤中长期履约监管，跟踪顶峰发电天然气供应，加大发电机组并网运行考核力度，压实保供主体责任，保障能源保供措施落地落实。《关于迎峰度冬全省能源资源供应保障有关情况的报告》得到江苏省政府主要领导批示肯定。二是保障电力系统稳定运行。开展重要输电通道安全督导，督促健全联合防控工作机制，

有序安排 13 台共 780 万 kW 机组停机消缺，全省主力机组受阻率、非停率创历史最好水平，实现负荷高峰期间应发尽发、稳发满供。三是推动能源规划政策落实。开展“十四五”能源规划目标任务实施情况 2023 年专项监管和“十四五”可再生能源发展规划实施中期监管等专项监管，督促落实目标任务。完善重点能源工程项目跟踪监管机制，做好“十四五”期间煤电机组延寿工作，持续跟进、协调推动田湾核电 7、8 号机组工程进度。

2. 坚持改革创新，推动能源转型发展

紧扣全国统一大市场建设和绿色低碳转型，提高创新能力，推进电力市场建设。一是以市场建设推动能源转型发展。修订电力中长期交易规则，印发《关于落实煤电容量电价机制相关工作的暂行通知》，做好与现货市场、辅助服务市场有机衔接，全年直接交易电量 4408 亿 kWh。完善辅助服务市场交易机制，细化燃煤机组深度调峰限价标准，挖掘火电机组参与系统调节潜力，探索储能参与电力市场机制，推动全国首个分布式光伏市场化交易“一对多”试点项目正式启动。创新绿电交易方式，增加交易频次，扩大省间规模，实现绿电交易周期全覆盖。2023 年绿电交易规模 52 亿 kWh，创历史新高。二是以市场机制激发动力活力。推动用户可调负荷参与辅助服务市场常态化，共组织交易 54 天，单次提供最大调峰电力 54 万 kW，填谷电量 5061 万 kWh，促进清洁能源消纳。7 月首次开展削峰交易，最大实现 65 万 kW 削峰负荷出清，发挥市场化方式助力能源保供，促进用户市场意识不断提升。三是以市场监管营造公平市场环境。发挥机制保障作用，召开厂网联席会，推动厂网之间沟通协调。加强电力现货市场监管，发挥电力市场管理委员会作用，促进交易规则进一步完善。督促电网企业全面落实并网运行和辅助服务管理“两个细则”，加强全过程监管，推动率先实现以月度为结算周期信息公开。强化电力企业节能减排监管，提升行业整体绿色发展水平。

3. 坚持底线思维，坚决防范安全风险

注重源头管控，把安全发展理念落实到电力安全监管全过程。一是持续完善齐抓共管工作机制。发挥省电力安委会各成员单位作用，牵头制定《江苏省电力安全生产委员会工作规则（试行）》，联合开展督查执法和安全约谈。二是聚焦电力安全风险隐患排查治理。全面摸排全省 53 家发电企业、133 台燃煤发电机组近三年机组检修、重要试验等工作开展情况，组织技术监督机构对 95 家发电企业开展技术监督集中检查，提出优化建议，督促做好隐患治理。三是加强电力系统运行安全监管。建立电力二次系统安全管理月报制度，排查治理 802 项风险隐患，及时通报有关问题，督促企业举一反三。开展电力监控系统安全防护情况调研，系统梳理全省 461 家电力企业 886 个电力监控系统安全防护情况，提升监管针对性、有效性。四是强化电力建设施工安全管理。印发《关于进一步做好电力建设工程施工安全工作的通知》和《安全生产提示函》，督促地方行业主管部门、有关电力企业强化施工现场风险管控。加强电力建设工程安全督查，实行“监管机构抽查，地方行业主管部门督促整改”机制，合力推动安全隐患整改落实。

4. 坚持依法行政，强化民生领域用能监管

把握依法监管，紧盯自然垄断环节，健全行政执法工作机制，加大执法力度，提升人民群众用能获得感。一是扎实做好人民满意用能监管。加强提升“获得电力”优质服务综合监管，对优化用电营商环境三年行动任务完成情况进行督导检查，发布供电企业优质服务指标监管报告。开展元旦春节等重点时段人民群众满意用能监管，加强频繁停电专项整治工作跟踪督办和闭环监管。二是发挥 12398 热线民生通道作用。加强投诉举报事项处理，化解有关涉能矛盾，解决群众急难愁盼问题。2023 年受理投诉举报类工单 323 件，均按时办结，重点查处了频繁停电等多起在全省电力行业有较大影响违法违规问题。三是加大问题查处力度。按照国家能源局统一部署，认真开展调节性电源等综合监管，加强对电网企业、电力调度机构遵守交易规则、供电服务常态监管。2023 年全年印发监管意见书、责令整改通知书 58 份，约谈电网、发电、电力施工等企业 72 家，对 22 家电力企业开出罚单。四是不断提升资质许可服务效能。加大电力业务许可、承装（修、试）许可告知承诺制宣传引导力度，促进办件比例稳步提升，占比达到 93.5%，均做到当日受理当日办结。开展信用专项监管，有序推进许可条件保持专项清理，对 687 家持证企业逐一梳理，公告注销 53 家不符合条件企业。

（孔　卫）

【国家能源局浙江监管办公室】

基本情况　国家能源局浙江监管办公室（简称浙江能源监管办）组建于 2005 年 4 月 22 日。

主要职责：监管电力市场运行，规范电力市场秩序；监管电网和油气管网设施的公平开放；监管电力调度交易，监督电力普遍服务政策的实施；负责电力等能源行政执法工作，依法查处有关违法违规行为，监督检查有关电价；负责除核安全外的电力运行安全、电力建设工程施工安全、工程质量安全的监督管理以及电力应急和可靠性管理，依法组织或参与电力事故调查处理；负责组织实施电力业务许可以及依法设定的其他行政许可，组织开展电力业务许可持续性监管以及相应的市场准入监管；负责法律法规授权以及国

家能源局下达或交办的有关事项监管。

领导班子

党组书记、监管专员：赵一农

党组成员、副专员：应华泉

党组成员、综合处处长：谷双魁

组织机构 下设综合处、市场监管处、行业监管处、电力安全监管处、资质管理处、稽查处。

主要工作

1. 电力安全监管

制定亚运会保电应急工作方案，深入6个办赛城市现场检查全覆盖，动态排查亚运会保电治理隐患2万余项，完成杭州亚运会和亚残运会保电。治理防汛防台隐患4450余项，组织开展隐患大排查大整治等11个专项检查。组织开展施工安全和质量安全专项监管，安全措施备案149个工程。2023年全省电力安全生产形势持续平稳，是全国仅有的两个没有发生电力事故事件的省份之一。

2. 能源保供监管

开展电煤中长协签订履约情况监管，联合国家能源局华北、山西等派出机构，协调推动主要煤电企业对浙江电煤中长协履约率稳步提升。督促国家能源规划项目落实落地，督导省电力公司、三门核电、乐清电厂等企业实现电源项目应投尽投、电网安全稳定运行。严控机组非停、限出力，发电机组缺陷率低于1.2%，处于历史最好水平。2023年，在浙江用电负荷创历史新高的严峻形势下，与全省电力企业一道保障供需整体平衡，未发生有序用电情况。

3. 电力市场监管

与省能源局建立电力市场建设沟通会商机制，共同牵头编制浙江电力现货市场规则。推动第三方独立主体参与电力辅助服务市场常态化运行，累计开展调峰交易66场，结算费用904万元，利用市场化手段缓解电力供需矛盾，助力浙江省电力保供稳价。印发电力调度交易机构市场运营监管指引和电力市场信息披露实施细则，作为典型范本在全国推广。解决用户变压器暂停期间分布式光伏项目发电上网问题，每年可挽回弃光损失超2000万元；督促省电力公司结算分布式光伏项目绿电交易溢价电费超1600万元。根据综合监管有关要求，与浙江省发展改革委、省能源局共同明确偏差考核资金分配方案，全体工商业用户分享费用超1.1亿元。

4. 优化营商环境监管与行政执法

坚持民生导向，调查处理人民群众反映的各类用能问题977件。开展频繁停电专项整治，推动频繁停电专项整治取得显著成效，惠及居民用户14491户、企业用户941户、公共服务机构18户。提升优化电力营商环境，督促国家能源局“获得电力”专项检查发现问题整改落实，推动电力接入工程费用分摊机制落地见效，降低接用电成本。2023年浙江电力累计减免用户电费4.16亿元，用户减少涉电投资18.25亿元，惠及61.13万户。浙江省“获得电力”指标已达世行最优标准。扎实开展行政执法，对20起违法行为作出行政处罚；其中集中力量处理重大案件，针对某公司未取得电力业务许可证擅自经营电力业务案件，迎难而上、动真碰硬，作出罚没2.4亿余元的行政处罚。

5. 资质许可监管

优化完善电力资质业务许可告知承诺制，以告知承诺方式作出行政许可1168项，同比增长38%。许可办证工作以浙江省“一次不用跑”为基础，走在国家能源局前列。将许可事中事后监管作为重中之重，对546家企业开展事后核查；全面完成资质许可保持专项清理工作；积极推进告知承诺制履行情况信用专项监管，发现各类问题48项并予以处理，切实规范准入秩序。持续完善信用体系建设，加强对能源行业信用信息“三个清单”的落实和政策宣传，制定办信用信息归集、使用和信用修复工作规定，进一步规范信用修复工作程序。

（杨忆泉）

【国家能源局福建监管办公室】

基本情况 国家能源局福建监管办公室（简称福建能源监管办）是国家能源局派驻福建、对能源行业实施统一的专业化监管的正局级管理机构。福建能源监管办的前身是国家电力监管委员会福建省电力监管专员办公室（简称福建电监办），根据国务院机构改革的要求和中央编办发〔2013〕130号文件精神，于2013年11月变更为现名。

主要职责：福建能源监管办依据国家能源局的授权，在福建省范围内履行能源监管、行政执法的职能。具体工作职责有：监管电力市场运行，规范电力市场秩序；监管电网和油气管网设施的公平开放；监管电力调度交易，监督电力普遍服务政策的实施；承担电力等能源行政执法工作，依法查处有关违法违规行为，监督检查有关电价；承担除核安全以外的电力运行安全、电力建设工程施工安全、工程质量安全的监督管理以及电力应急和可靠性管理，依法组织或参与电力生产安全事故调查处理；实施电力业务许可以及依法设定的其他行政许可；承办法律法规授权以及国家能源局交办的其他事项。

领导班子

党组书记、监管专员：唐艺艳（至2023年11月14日）、丁勇军（自2023年12月4日）

党组成员、监管副专员：丁勇军（至2023年11月14日）、丁勇军（自2023年12月4日）

党组成员、二级巡视员：曹祥云

组织机构 机关设党组，党组书记1人，党组成员2人。党组书记和党组成员由国家能源局任免。内设六个处，即综合处（机关党委、机关纪委办公室）、市场监管处、行业监管处、电力安全监管处、资质管理处、稽查处。

主要工作

1. 电力安全监管

开展防台防汛安全督导检查，发现问题75项并推动整改。成功应对超强台风“杜苏芮”“海葵”对全省电力系统冲击，督导因灾停电的272万用户3日内完成复电。协同福建省发展改革委对20家主力电厂开展迎峰度夏现场督导检查，对7起“非停”事件责任单位进行监管约谈和全省通报。开展安全生产重大事故隐患排查整治等5个专项行动，组织专项督查64次，发现问题1046项，下发整改通知书64份，监管约谈12家、全省通报7家、行政处罚12家企业。

2. 市场监管

组织开展福建电力市场运营基本规则及配套实施细则、煤电容量电价机制配套细则制修订工作。稳妥推进电力市场建设，全年电力市场交易电量2319亿kWh，占全社会用电量的75%，其中跨省外送电量197.6亿kWh，比增11.7%。推进绿电交易市场建设，绿电交易电量7.68亿kWh，成交绿证22.7万张。监管可再生能源消纳责任权重落实，可再生能源电力消纳责任权重23.1%，超计划2.5个百分点。加强市场全过程监管，针对日常监管发现的问题，累计下发5份监管意见书、9份整改通知书。

3. 能源行业规划、政策和项目执行情况监管

完成辖区“十四五”能源规划年度重点任务落实等专项监管，发现个别重点项目推进难题并重点督办协调解决，监管福建北电南送特高压交流输变电工程等5个重点项目建成投产。加强能源政策落实监管，监管期内省内外电煤兑现率均达到92%，中石油、中海油天然气合同履约率分别为95.6%、99.9%。开展电力系统调节性电源建设运营综合监管，现场查核14家重点企业，发现问题21项并督促整改。协调打通海西二期青口—营前段天然气管道公平开放堵点。向3个设区市主管部门下发“煤电淘汰落后产能问题整改”监管意见书并持续督导。

4. 资质许可和信用监管

巩固深化许可告知承诺制，全年共有479家企业当场办结取得许可证，占同期许可总数的95%。严把许可时限，做到受理事项“日日清”和审批事项零超时。“好差评”收到788件，好评率100%。全面推进电子证照落地应用，完成30家电子证照抽样检验工作。强化事中事后监管，对353家企业开展事中事后核查，下发整改通知书41份，注销18家，撤销许可9家，对4家许可延续企业重新核定许可等级。开展告知承诺制履行情况信用等3个专项监管，指导10台超期服役发电机组完成机组延寿。开展“三员三服务”，全年共归集信用信息591条，完成信用修复12条。

5. 行政执法

深化“获得电力”监管，对“三零”“三省”等目标任务完成情况加强督查检查，确保1479号文在福建进一步落地见效；开展频繁停电专项整治，对19项问题线路、公用变压器进行全覆盖督导，解决2.5万户频繁停电问题，整治完成率100%。优化12398投诉举报办理，全年办理投诉举报237件，同比下降3.7%，办理满意率显著提升至93%；对投诉举报较多的3个地区开展重点监管，现场督导6家供电企业。强化能源领域行政执法，全年立案21件，对18家企业和3名自然人作出警告、罚款、没收违法所得的行政处罚，合计处罚款247万元，实现立案数和处罚金额历史性突破。

（郭　晨）

【国网上海市电力公司】

企业概况 国网上海市电力公司（简称国网上海电力）是从事上海电力输、配、售的特大型企业，统一调度上海电网，参与制定、实施上海电力、电网发展规划和农村电气化等工作，并对上海市的安全用电、节约用电进行监督和指导，管辖的上海市电网位于长江三角洲的东南前缘，北靠长江，东临东海，与江苏、浙江两省接壤。供电营业区覆盖整个上海市行政区。截至2023年底，国网上海电力管辖各类电网、发电、施工、科研等单位35家，职工14962人，资产总额1791.57亿元，客户1184.88万户。

2023年，国网上海电力在过去连续8年保持企业负责人业绩考核A级的基础上，实现A+新突破，连续23年保持市政风行风和12345市民热线绩效考核第一。全年发展总投入156.76亿元，其中固定资产投资141.67亿元；110kV及以上线路开工219km、投产423km；变电容量开工142万kVA、投产1077万kVA。完成售电量1621.89亿kWh，同比增长6.5%。营业收入1244.94亿元，同比增长11.48%。实现利润总额9.3亿元。资产总额1791.57亿元，同比增长0.43%；资产负债率35.07%，同比下降0.82个百分点。线损率2.77%，同比下降0.32个百分点。全员劳动生产率192.02万元/（人·年），同比增长1.48%。全口径供电可靠率99.993%，城市核心区达到99.999%。各子公司、控股公司、省管产业单位经营业绩总体良好。

电网概况 上海电网升级能源转型力度加大把握城乡发展规划新需求和生态文明建设新要求，推进各级电网协调发展和能源清洁低碳转型，确保“送得进、落得下、用得好、结构优”。规划前期紧密对接，与浦

东、徐汇、嘉定等区政府，以及长三角示范区执委会签订发展合作协议，与上海东站指挥部对接建立联席会议，政企协同广度深度进一步拓展。库布齐—上海特高压直流工程成功纳入国家“十四五”电力规划中期调整。500kV 重燃送出等 144 项 35kV 及以上项目获得核准。220kV 新汇输变电等 103 项 35kV 及以上项目完成可研批复。

人力资源 推动低压营配融合改革，调整低压营配业务职能至网格服务机构，优化应急抢修、低压业扩、台区线损治理等 18 个关键业务流程，强化网格服务机构岗位设置、人员配置；推进 5 家单位 6 个网格的试点实施，总结试点工作成效，启动并推广低压营配融合。推进新岗位体系落地，推进“Y”型岗位体系落地实施，实现新岗位体系在供电公司全面应用，试点新岗位体系在专业公司的落地实施。盘活用工存量，扎实推进内部人力资源市场运转，以岗位竞聘、临时借用和挂职锻炼等多种形式，促进用工“内循环”。

强化人才梯队建设，1 人获评全国电力行业技术能手、4 人入选国家电网公司青年托举工程、5 人获评特技技师，累计培育工程硕博士 62 人；制定卓越新星培养 2.0 工作方案、组织开展青年技能竞赛、推进跨省联合培养，相关经验成果 3 次入选《国网动态》。推进培训资源优化，开展培训中心与供电公司专兼职培训师双向挂职试点；推进上海 E 站个性化建设，开通专家线上工作室、内网专题专栏和“上电人才”微信公众号。

优化本部和基层单位考核方案。修订本部特殊贡献考核条款，加入差异化的贡献度要素；完善基层单位指标体系，结合内模市场研究优化考核指标，促进各单位提质增效。推广新岗位绩效工资制度。完成全员工资套改转换，实现宽带岗级工资制度“单位全覆盖”；强化岗薪工资调整管理，组织完成新体系下首次年度考核升岗升薪工作。健全员工保障体系。保障职工权益，新增办理 338 名非沪籍员工人才引进落户，年金收益率连续保持 5%以上；优化福利结构，提高食堂经费、体检费比例，试点实施近郊自主疗养；提升医疗健康保障，配购重疾团体医疗险、健康服务项目，升级意外险保障条款。

电网建设与发展 重大工程建设协同突破。配合政府完成《电网建设若干规定》修订，110kV 及以上电网项目全部纳入市、区级重大工程范围。500kV 静安扩建等 77 项 35kV 及以上工程竣工投产。500kV 远东—亭卫线路串抗等 76 项 35kV 及以上工程开工建设。500kV 崇明等 6 项受阻工程取得突破。获市重大工程实事立功竞赛金杯公司、国家电网公司输变电优质工程金银奖等荣誉。配网升级持续发力。配合政府出台《配电网升级改造三年行动计划（2023—2025 年）实施方案》，完成升级改造工程 1851 项，储备项目 1495 项。发布国家电网公司首个智能分布式馈线自动化互操作技术规范。不停电作业化率同比上升 3.53%，停电时户数同比降低 6.52%。完成架空线入地 71km。助推绿色低碳转型。落实服务新能源高质量发展方案，新接入光伏 90 万 kW，保持 100%消纳，推进杭州湾海上风电送出工程前期工作和消纳研究。满足企业绿色用能需要，配合政府完善《绿色电力交易试点城市实施方案》，绿电成交突破 21 亿 kWh，绿证成交 46 万张，进博会首次实现全绿电办展，办公用电实现 100%绿电消费。打造系统首个碳中和地市级供电公司。完成首届碳博会国家电网公司参展任务，绿色金融等 140 亿元项目集中签约。

经营管理 经营策略优化落地见效。围绕提质增效，全面实施新一轮三年行动，攻坚完成 40 项年度任务，第三监管周期输配电价稳步落地实施，实现 100%执行，投资转资率提升至 97.17%，清理长期挂账工程形成资产 26.63 亿元，接收用户与政府出资资产 15.82 亿元。单位资产运维费率从 4.05%提升至 4.86%，一般非生产性支出比例由 18.46%压降至 15.53%。高损线路和台区占比分别大幅压降至 0.08%、0.49%，入选国家电网公司同期线损“百强所”86 家次，“4G+HPLC”全覆盖，创历史最好水平。全额征收自备电厂交叉补贴 10.4 亿元，历史欠费实现清零。盘活房产、知识产权等存量资产实现收益 1.12 亿元，废旧物资处置回收 4.82 亿元。追补电费及违约使用电费 1.1 亿元。3 家单位获评上海市专精特新企业。1 个项目获评“鲁班奖”。新兴业务加速发力。实现综合能源业务收入 4.12 亿元。完成电能替代 6.39 亿 kWh，自营公共年度充电量首超 1 亿 kWh，低效桩实现清零。港口岸电服务覆盖 14 个码头，打造黄浦江沿岸首个电动船充电示范项目。“电 e 金服”“融 e 绿贷”帮助链上企业获得金融服务 29.99 亿元。上线国网智慧共享财务平台。首家实现数币招标保证金收款和融资租赁款付款。省管产业稳健发展。实现营业收入 166.96 亿元，利润总额 8.6 亿元，“两金”压降 19.7%。资产保值增值率 102.59%。推进同质化管理。各类风险有效防范。完成“合规管理提升年”行动，构建新型规章制度体系，“以案促管”工作避免和挽回经济损失 2046.36 万元。启动审计工作高质量发展行动，建立监督体系联席会议机制，试点研究型审计，实现外部审计问题整改“见底清零”，完成 4 项内部审计遗留问题整改。

完成国企改革三年行动“回头看”各项任务，制定国企改革深化提升行动实施方案（2023—2025 年），明确 37 方面 126 项任务清单，国家电网公司子企业董事会评价中获评“优秀”，“三重一大”等决策制度修订完善。上海电气输配电集团有限公司股权划转事项已由国资委正式受理。加快推进世界一流企业建设，按照“四维三层三类”体系对标国际国内先进企业，“1+4+N”重点任务有序落地。电力体制改革全面推进。构建“中长期分时段融合+现货全电量平衡结算+绿电/零售灵活贯通”的完整市场体系。省间中长期交易突破 140 亿 kWh，开辟了华北、东北等送端电源点，推动与新疆、广东、山西等签订购电协议。市内电力直接交易电量 349.8 亿 kWh，代理购电 331 亿 kWh。完成现货市场五次模拟试运行，结算试运行具备启动条件。企业内部变革攻坚突破。开展低压营配业务组织模式优化，6 家试点供服中心实现实体运转并全面推广，数字供服平台成功上线，工单标准成本体系填补全网空白。印发业务外包管理指导意见和各专业管理指引。宽带岗级工资制度改革全面落地，“Y”型新岗位体系由供电公司试点覆盖专业公司。省管产业改革蹄疾步稳。完成恒能集团工商变更和产权登记，全部省管产业单位均完成财务并表工作并纳入国资监管体系。制定 20 家省管产业企业清理退出方案，11 家企业已完成。

安全生产 保供保电有力有效。坚持“3334”关键之要，从整体上推动落实保供稳价长效机制，形成分时电价、需求侧响应、中长期购电、碳普惠、节能宣传等协同发力、联合作用的良好格局，缓解高峰期抢购高价电的矛盾和压力，夏峰负荷削减 2.24%，冬峰创出 3499.4 万 kW 的历史新高。降低电力峰谷差等系列关键制度率先取得突破，虚拟电厂实测验证能力达 32 万 kW。第六届进博会等 106 项重大活动保电万无一失。安全管理抓紧抓实。安全管理体系健全完善，领导班子成员“两个清单”和全员安全生产责任清单滚动修订，生产管控中心、应急指挥中心焕新升级，安全正向激励力度持续加大，风险有效管控率 100%。两级领导班子开展“四不两直”督察近 8 千次，各级安全稽查组检查现场近 8 万处，“远程+现场”查处违章 6618 起。贯通基建、安监等专业现场安全管控系统，实现“一个现场一个摄像头一次采集”。开展安全生产月、专题安全日等活动，推动“十个核心安全理念”等安全文化入脑入心。安全关口严把严控。重大事故隐患专项排查整治圆满收官，梳理整治各类隐患 1043 项，实现重大隐患“见底清零”。吸取巴西“8·15”大停电事故教训，开展防范大电网安全事故专项行动，500kV 及以上变电设备、输电线路零停运。完成国家能源局跨省区大面积停电事件应急演练、网络安全实战演习等各类演练 120 次，开展国内首次光柴联合黑启动实操试验。研究提升灾害设防标准和防御能力，制定 32 项提升措施。

营销工作 世行迎评精准施策。对标世行新评价体系，制定迎评“两方案三清单”，攻坚完成 107 项任务。首次发布可持续发展报告，上线“一网通办”城市公用基础设施数据库，走访调研企业 1561 户。办电服务精准高效。固化“水电气网联合报装”模式，推广“开关站三进”，探索“双工程并行”，255 幅地块实现“带站出让”。配合政府出台投资界面、土储资金拨付等相关政策，完成政府拨付资金专户清算评估自查。深化“项目长”负责制，华为、中芯东方等 28 项重点用户工程如期送电。研究制定地下电力管线管理办法，明确规建运等方面 24 项具体任务。客户服务精准发力。统一服务流程、服务标准，推动线上线下渠道有效衔接，全年投诉量同比下降 11.14%。营销 2.0 系统上线，并实现无缝切换。“网上国网”新增 77 万户，“刷脸办”“一证办”用户突破 2.5 万户。民生保障精准贴心。完成旧房改造、加装电梯等民心工程电力配套 3000 余项。服务乡村振兴、乡村旅游和电动汽车下乡，建成 1 个乡村振兴国家电网公司示范村、10 个“村网共建”电力便民服务示范点，充电桩乡镇全覆盖。承办“电靓和美乡村之灯塔计划”研学活动，签订“教育帮扶”结对协议。

科技与信息化 科技攻关卓有成效。制定新型电力系统三年攻关计划，实施国重项目 9 项。发布国际标准 2 项、立项 5 项，发布国内首个 IEC 电力储能技术规范，首次实现电力元宇宙 ITU 标准立项与发布。世界首套完全可控换相技术换流阀（CLCC）在南桥换流站升级改造中应用，换上“中国心”。世界首条 35kV 千米级超导电缆实现满负荷运行。获批联建国家能源局第一批“赛马争先”创新平台，获国家电网公司实验室命名 1 个。获中国电力科技奖一等奖、上海市科技进步奖一等奖等省部级以上奖项 26 项。29 项科技成果挂牌交易，实现转化收益 897 万元。1 人获“IEC 1906 奖”。数字化转型步伐加快。建成“电网一张图”，“营配调、规建运”贯通。PMS3.0“一省一策”通过总部验收，数字化班组建成 102 个。在全国能源电力行业和上海全市范围内，首家通过国家数字化转型成熟度贯标最高等级认证。支撑国家电网公司获第二届全国工业和信息化大赛一等奖，获国资委国企数字场景创新专业赛二等奖等省部级以上奖项 18 项。管理创新亮点纷呈。获国际质量管理小组大会最高等级金奖 1 项、全国质量标杆 1 项、全国企业管理现代化创新成果二等奖 1 项、全国 QC 成果示范级 2 项、国家电网公司管理创新特等奖 1 项、上海市卓越质量管理创新实践（标杆级）1 项。12 月 15 日，国网上海电力上线“电力需求侧可调节负荷资源一张图”和“风光储充换放一张网”，提升各类需求侧资源动态参与电网调度的精准响应能力，实现对各类需求侧资源分层分区管理。

优质服务 世行迎评精准施策。对标世行新评价体系，制定迎评“两方案三清单”，攻坚完成107项任务。首次发布可持续发展报告，上线“一网通办”城市公用基础设施数据库，走访调研企业1561户。办电服务精准高效。固化“水电气网联合报装”模式，推广“开关站三进”，探索“双工程并行”，255幅地块实现“带站出让”。配合政府出台投资界面、土储资金拨付等相关政策，完成政府拨付资金专户清算评估自查。深化“项目长”负责制，华为、中芯东方等28项重点用户工程如期送电。研究制定地下电力管线管理办法，明确规建运等方面24项具体任务。客户服务精准发力。统一服务流程、服务标准，推动线上线下渠道有效衔接，全年投诉量同比下降11.14%。营销2.0系统上线，并实现无缝切换。“网上国网”新增77万户，“刷脸办”“一证办”用户突破2.5万户。民生保障精准贴心。完成旧房改造、加装电梯等民心工程电力配套3000余项。服务乡村振兴、乡村旅游和电动汽车下乡，建成1个乡村振兴国家电网公司示范村、10个“村网共建”电力便民服务示范点，充电桩乡镇全覆盖。承办“电靓和美乡村之灯塔计划”研学活动，签订“教育帮扶”结对协议。

2月23日，国网上海电力荣获“‘上海品牌’认证五周年十大‘上品’卓越贡献品牌企业”。5月26日，国网上海电力获得国家工信部两化融合管理体系AAA级认证证书，成为国家电网系统内首家通过两化融合管理体系最高等级认证的企业。

党的建设和精神文明建设 党建引领固本强基。深化“旗帜领航”党建工程，辛保安董事长基层联系点获市百强党支部建设示范点称号，闸北电厂入选中央企业工业文化遗产名录。首获中组部组织工作选题统计分析报告一等奖和第八届全国学雷锋示范点。健全“五导五共”工作机制，163个“党建+”工程见行见效，1个项目入选长三角一体化党建引领科技创新项目。全面从严治党纵深推进。编制《政治监督工作手册–“双碳”专篇》。以联合办案、挂职锻炼等方式，深化“室组地”两级协作配合。完成中央巡视下沉调研配合任务，扎实推进中央巡视整改。制定巡察工作五年规划，完成8家基层单位常规巡察。开展违规吃喝、业扩报装领域、乡村振兴领域不正之风等专项整治。一体推进“三不腐”，处置问题线索81件、立案17件、处分15人。查处“四风”问题线索4件、立案2件，加固中央八项规定堤坝。组织领导力和人才驱动力持续增强。深化“四优五过硬”领导班子和领导人员队伍建设，调整领导人员86人次，选派到国家电网公司总（分）部、政府锻炼17人，基层本部双向挂职68人。“一人、一表、一评、一策”推进“千优工程”。承办国家电网公司首期“90后”优秀青年干部示范班，获国家电网公司优秀成果1项。人才培养“三大工程”深入实施，卓越新星培养2.0工作高质开展，首届青年技能大赛成功举办，沪皖联合培养成效凸显，首届国家电网公司国际化风采大赛、第二届全国职业技能大赛斩获佳绩，1人获评国家电网公司首席专家。多名员工获全国和市五一劳动奖章、全国五一巾帼标兵、全国技术能手、中央企业青年岗位能手、“上海工匠”“国网楷模”“国网工匠”。企业氛围昂扬向上。完成工会换届选举。全面落实6项为职工办实事举措，试点开设亲子工作室，举办青年职工交友等活动，338名员工完成人才引进落户，50套人才公寓惠及17家单位83名青年员工，智慧食堂餐饮服务通过“上海品牌”认证，“追光岁月”老同志信息服务平台正式上线。改善生产办公条件，推进源深产业发展中心项目布局落地，浦东临港、崇明、奉贤、特高压等基地项目按计划推进。多个集体获全国青年文明号、上海市五一劳动奖状、上海市工人先锋号、上海市劳模创新工作室、国家电网公司先进集体。信访、保密、舆情、值班等工作平稳有序。

主要事件

2月23日，在“上海品牌”实施认证表彰仪式上，国网上海电力副总经理、国网浦东供电公司总经理周翔从“上海品牌”认证联盟理事长徐朝哲手中接过了“‘上海品牌’认证五周年十大‘上品’卓越贡献品牌企业”奖牌证书。

5月26日，国网上海电力获得国家工信部两化融合管理体系AAA级认证证书，成为国家电网公司系统内首家通过两化融合管理体系最高等级认证的企业。标志着国网上海电力通过全业务、全环节数字化转型，信息化与工业化融合发展取得了长足的进步，国网上海电力的生产自动化、产品智能化、管理精细化、产业先进化、服务多元化水平达到了国内领先水平。

2023年，东方枢纽上海东站项目近日正式开工建设地下基础部分。国网上海电力从收到该项目用电申请商办函，仅用时64天完成了全部两路10kV临时施工建设用电送电，比同等体量临时用电接电提速20%。

3月26日上午，国网上海电力在长兴岛成功开展国内首次柴油发电车带动分布式光伏启动，并快速恢复10MVA级变压器和兆瓦级负荷实操试验。试验成功验证了无自启动能力的跟网型光伏在柴发配合下快速恢复配电网，并进一步启动常规电源的可行性。

6月18日，上海±500kV南桥换流站设备改造工程正式竣工投产，来自葛洲坝的清洁水电源源不断地汇入上海电网，将为迎峰度夏提供更为可靠、充沛的外来清洁能源。工程采用了全球首创并具有完全自主知识产权的可控换相换流阀（CLCC）技术，让这座曾经的“洋变电站”华丽转身为一张“中国高端制造”名片，进一步推动电网绿色、低碳转型升级，为上海经济发展持续提供“绿色”支撑。

12 月 15 日，国网上海电力率先上线“电力需求侧可调节负荷资源一张图”和“风光储充换放一张网”，提升各类需求侧资源动态参与电网调度的精准响应能力，实现对各类需求侧资源分层分区管理。

（陈予欣）

【国网江苏省电力有限公司】

企业概况 国网江苏省电力有限公司（简称国网江苏电力）隶属于国家电网公司，从事江苏省境内电网建设、运行与管理，经营江苏电力销售业务。辖 13 个市、59 个县（市）供电分公司和 17 个科研、检修、施工等单位，服务全省 5077 万电力客户。拥有 35kV 及以上变电站 3338 座，输电线路 11.07 万 km。建成并安全运行±800kV 锦苏、雁淮、锡泰、建苏直流和 1000kV 淮南—上海交流工程，形成了“一交四直”特高压混联、“七纵七横”500kV 输电网的坚强网架。融入全省发展大局，创新成立省市县三级重大项目服务办公室，打造“开门接电”示范区，“获得电力”水平全国领先，客户满意率保持 99%以上，获评全国用户满意五星级企业，支撑江苏连续 5 年位列“营商环境最佳口碑省份”，为“强富美高”新江苏现代化建设提供了坚强电力保障。

2023 年，江苏全社会用电量 7833 亿 kWh，同比增长 5.9%。售电量 6801 亿 kWh，同比增长 5%。营业收入 4750.73 亿元，利润总额 91.26 亿元，净利润 70.76 亿元。供电可靠率提升至 99.9856%。综合线损率下降至 2.74%。负荷连续 8 年破亿，夏季最高负荷 1.32 亿 kW，冬季最高负荷 1.318 亿 kW。

领导班子

董事长、党委书记：谢永胜

董事、总经理、党委副书记：马苏龙（2023 年 12 月任公司二级顾问）

董事、党委副书记（二级单位正职级）：姚国平

副总经理、党委委员：张龙（2023 年 7 月任公司三级顾问）

总会计师、党委委员：王小兵（2023 年 7 月离任）

职工董事、党委委员、工会主席：吕文杰

副总经理、党委委员：王之伟

党委委员、纪委书记：陈水军

副总经理、党委委员：陈宏钟

总会计师、党委委员：陈树国（自 2023 年 7 月）

副总经理、党委委员：吴争

总工程师、党委委员：王漸

组织机构 本部设有 22 个职能部室：办公室（党委办公室、董事会办公室）、发展策划部（碳资产管理办公室）、财务资产部、党委组织部（人事董事部）、人力资源部（社保中心）、党委党建部（思想政治工作部、本部党委办公室、团委）、党委宣传部（对外联络部）、纪委办公室（巡察办）、安全监察部（应急管理部、保卫部）、设备管理部、配网管理部、市场营销部（农电工作部、乡村振兴工作办公室）、科技创新部、数字化工作部、建设部、物资管理部（招投标管理中心）、审计监管部、法律合规部（体改办）、后勤保障部、企业管理部、工会（离退休工作部）、电力调度控制中心。2023 年，本部增设配网管理部，离退休工作部并入工会。地市供电公司统一增设配网管理部。

电网概况 江苏电网是华东电网重要组成部分。拥有 35kV 及以上变电站 3338 座（含换流站、开关站、UPFC 站）、输电线路 11.07 万 km（含直流线路、GIL 设备），其中：1000kV 特高压变电站 3 座，容量 2400 万 kVA，线路长度 1045.08km；±800kV 特高压直流换流站 4 座，容量 4059.29 万 kVA，线路长度 638.97km；±500kV 特高压直流换流站 1 座，容量 340.44 万 kVA，线路长度 150.98km；500kV 变电站（开关站）73 座，变电容量 17708.80 万 kVA，线路长度 14881.52km；220kV 变电站（开关站）646 座，变电容量 22548.30 万 kVA，线路长度 34064.12km；110kV 及以下变电站（开关站）2101 座，变电容量 21823.30 万 kVA，线路长度 43786.15km。

截至 2023 年末，江苏共有统调电厂 368 座、机组 31860 台（其中风电机组 7837 台，光伏机组 23281 台），总装机容量 13777.7 万 kW（其中火电机组 10222.7 万 kW，核电机组 660.8 万 kW，抽水蓄能机组 10 万 kW），接入 500kV 电网装机容量 5141.2 万 kW，接入 220kV 及以下电网装机容量 8636.5 万 kW。连续 18 年实现新能源 100%消纳，全年新增新能源装机容量 1517 万 kW，同比增长 141.2%，累计装机 6607 万 kW，居国家电网系统第二。

人力资源 加强干部队伍建设。分层分级建立储备对象“两级四库”，储备 1417 名优秀年轻干部人才，加快推动干部选用从满足“近期需要”向重视“战略储备”转变。驱动各层级储备对象“一人一策”培养历练，每年轮岗实践比例达到 15%以上，加快推动干部培养从“自由成长”向“精准培养”转变。推进组工数字化转型，国家电网系统率先探索建立“3＋1＋*N*”干部人事工作数字化平台，助力干部工作“五大体系”高质量运转。夯实知事识人根基，首创涵盖领导班子 25 项、干部 34 项关键特征的素质评价辞典，为全省 349 名三级领导人员“精准画像”，围绕新型电力系统建设、安全生产、优质服务等主战场选优配强干部，优化队伍结构、提升整体功能。

深化优秀人才培养。持续优化人才引进机制，深

入实施“苏电见习生”，推进985本科生直签，入职职工同比增长21.4%，“双985”毕业生人数同比增长28.25%。选派24名优秀青年骨干赴西藏、蒙东、新疆等地开展东西人才帮扶，接收吉林、冀北、南瑞等单位51名青年骨干实践锻炼，国网江苏电力连续13个帮扶周期获得国家电网公司东西帮扶先进单位。新增1名“长江学者”、2名国务院特殊津贴、1名全国技术能手、1名江苏大工匠、5名国家电网首席专家等83名省部级及以上人才。选拔聘任28名公司高级专家、201名市县专家。出台新版岗位绩效工资制度。组织5项群众性劳动竞赛和16项“赛马制”练兵比武活动。

优化组织机构设置。组建集安全督查、生产管控、营销管控、基建管控为一体的企业级业务管控中心，切实提升业务管控能力。完成500kV变电站设备监控、输电运检、设备迁改等业务优化调整，夯实设备安全质量管理基础。增设配网管理部，推动营销专业“管办分离”，加快构建“后台管理精益、中台专业支撑、前台业务融合”的供电服务业务组织新模式。优化苏州城研院、徐州设计分公司职责定位及机构设置，支撑业务单位高质量发展。落实国家电网公司“1＋*N*”定员分级管理体系要求，率先完成“*N*”定员标准制定，核定各单位劳动定员总量，指导做好用工配置、激励考核。

电网建设与发展　新能源发展支撑有力。发布国网江苏电力《高标准构建新型电力系统实施方案》《新型电力系统主干网转型升级实施方案》。配合江苏省发展改革委开展新型电力系统关键问题研究，提出江苏中长期非化石能源发展目标等边界条件。成交绿电52亿kWh，绿证101万张，分别同比增长114%、32.4%。17项525万kW市场化光伏发电项目，射阳100万kW、大丰80万kW海上风电项目完成接入系统评审。累计建成自有建筑屋顶光伏1525处，并网规模11.86万kW。促请江苏省发展改革委出台独立新型储能项目电量补贴、容量租赁等支持政策。推动43个共享新型储能项目纳入全省电力规划。建成投运全省单体容量最大的共享新型储能项目。

主干网持续优化完善。推动第五回特高压直流纳入国家电力规划。加大电网投资力度，规划投资规模提高至370亿元。投运武南变电站增容等253项主网工程。姑苏换流站首次采用功率互济模式运行，提升苏锡常南部电网供电能力100万kW，验证混合级联直流技术的优越性。投运国内规模最大的超高压跨长江工程——500kV凤梅工程。开工全球最大的嵌入式“交改直”±200kV扬镇输电工程，推动输电通道高效利用。投运国内首个110kV移相器工程，助力新能源就地就近消纳。建成国内首个调频虚拟电厂。建苏直流VSC功率互济实现平稳运行，规划成果首获国家电网公司科技进步奖一等奖。

配电网水平全面提升。发布《现代智慧配电网建设方案》。打造83项现代智慧配电网示范项目。完成自动化主站主配微协同功能部署，建成数字时序仿真平台，实现南京江宁24.5万kW、镇江扬中7.8万kW可调节资源聚合，打造主配微协同运行、源网荷储友好互动样板。投运配农网工程3.2万项。区县独立复杂不停电作业能力实现全覆盖，完成不停电作业20.11万次，用户平均停电时间下降39%。加大投资解决网架不合理、设备超重载等问题1.2万余项，提升用户接电效率。完成国家能源局频繁停电专项整治问题清单1169项，督办15项，完成率100%，形成频繁停电常态管控机制。

经营管理　管理水平更加精益。量化分解国家电网战略，编发省市县三级战略落地年度实施纲要和计划，开展战略实施第三方评估。印发新版内部对标体系，建立最佳实践学习引入常态机制，编发“1＋4”国际对标分析报告。实施多元化融资策略，节约利息支出7300万元。“数字人民币＋电费金融”率先落地，数字人民币交费金额占国家电网总量86.2%。“电e金服”助力产业链上下游获得金融服务215亿元。落实优化策略提质增效三年行动，全年挖潜增效175亿元。盘活存量资产82亿元。制订实施卓越绩效管理新一轮三年行动计划，启动全国质量奖创建。牵头获得国家级、电力行业级、国家电网公司级管理创新奖7项，2项QC成果获得国家电网公司表彰，14个小组获评国优，9项成果荣获国际质量小组会议（ICQCC）金奖。

内外改革稳步实施。完成国企改革三年行动“回头看”暨2023年深化改革92项重点任务。推进对标世界一流企业价值创造行动。综合能源公司获评国资委“双百企业”专项评估“优秀企业”。1项案例获评中国管理科学学会国企深化改革实践“特等成果”。配合完成第三监管周期输配电价核价工作，保障准许收入有效增长。优化电网代理购电价格机制，科学传导调节资源成本。全年市场化交易电量4408亿kWh，同比增长14.4%。完成集体所有制企业改制任务，率先实现财务并账并表。全面实施重点岗位聘任制。

合规管理持续加强。开展“合规管理提升年”行动，开展靠企吃企整治、工程分包协同监督项目。完成全资及控股子公司经营风险排查治理。制定董事会授权管理办法、授权决策方案，董事会运转规范高效。调整新版制度属性，开展规章制度“瘦身健体”和“讲、析、评”活动。开展《中华人民共和国电力法》修订重难点研究课题6项，参与《供电营业规则》等法规规章修订，政（法）企联动开展协助执行、电力执法、密集通道治理等工作。国家电网首家依法利用行政手段打击两家外部培训机构商标侵权行为。1 家单位获中国企业评价协会电力企业合规管理成果特等奖，共 6 家单位获评省级法治文化建设示范点。

产业发展平稳有序。高标准完成省管产业安全生产标准化达标评价，二级以上企业达标率 100%，一级以上 35%。建成首个全品类、全项目、标准化 A 级检测基地。完成省管产业专项整治深化提升工作，治理物资采购等领域问题 402 条。创新开发内控合规监控平台，强化招标采购等 13 项重点风险管控。构建无人机、试验检测业务产业化发展体系，全省不停电作业自主实施率达 100%。推动苏电产业科创园项目建设，加快构建“1+13”省市两级科创园发展模式。综合能源公司实施能效提升工程 56 项，减少碳排 4.1 万 t。电动汽车公司精益运营充电网络，全年充电量增长 64%。思极公司推动省内电力北斗厘米级精准定位全覆盖。

安全生产 电网运行安全稳定。科学安排电网运行方式，加强重要设备运行监视，“一交四直”特高压混联电网安全运行。推广换流站精益化检修，推行直流不停电检修模式，换流站能量可用率水平达到 98% 以上，高效完成姑苏换流站极 1 低端 VSC1A 相换流变故障抢修复电。完成全省 500kV 变电站监控业务模式优化调整，成立“运监合一”班组，推动运维模式从运监分离向一体化运作转型升级。推进全业务核心班组建设，Ⅰ、Ⅱ类关键业务自主实施能力覆盖率达 97.8%。坚持“先降后控”，管控 220kV 及以上主网五级电网风险 380 项。

数智转型深入推进。印发智能巡视运维管理规定等制度，105 座变电站智能巡视转入实用化运行，班组驻地一键顺控操作替代率由 40%提升至 80%。国家电网首家实现卫星巡检规模化应用，排查隐患 1.6 万余处，提升特高压等重要通道隐患管控能力。全年完成 59.07 万余基杆塔精细化巡视，拓展 14 类无人机作业场景，发现并消除严重及以上缺陷 3474 处，同比提升 37.42%。重要线路红外测温、无人机、可视化等智能运检应用全覆盖，人工巡视替代率超 70%。完成国家电网首个宽窄带融合物联网建设，打造苏州智能产业链试点站标杆。

作业风险管控加强。深入开展百日安全攻坚和“控风险、盯现场、保安全”行动。分专业、分场景编制 132 项典型工作票，提前查纠作业准备阶段的违章，避免将问题带到实施环节。开发 29 项典型违章案例 3D 课件，印发“1 个通用+9 个专业”的《典型违章折页》，狠抓重复违章治理。试点“无人机督查”新模式，组建全省无人机督查团队，累计督查 1200 余个输电作业现场，提升高空作业督查能力。开展“无违章员工、无违章班组”创建，累计奖励无违章班组 6266 个次、无违章员工 4.36 万人次。严格安全准入，24 家外包单位、547 名外包人员以及 4 家产业单位、80 名人员纳入“负面清单”。

安全管理持续优化。承办国家电网安全管理体系建设工作现场推进会，完成 13 家地市公司、5 家直属单位达标建设任务。编制 45 份“专业+安全”双索引清单，推动安全管理要求嵌入专业业务流程。完成 11 家生产性直属单位安全巡查和 13 家市公司巡查“回头看”，推动整改问题 1062 项。完善安全教育培训体系和安全文化体系。拦截处置网络攻击 580 万次，完成国家网络安全演习任务，获评国家网络安全演习优秀防守单位。

营销工作与优质服务 电力保供精准有力。成功应对夏季全网最高负荷 88 天破亿挑战，经受住了 12 月全网负荷创下冬季历史极值、同比增长 21.7%的考验。推动出台尖峰电价优化、保供购电费用分摊等支持政策。实施化工企业夏季集中检修，开展高峰时段“e 起节电”活动，出台全国首个省级空调负荷节约用电方案，迎峰度夏期间提前转移负荷 562 万 kW。编制迎峰度冬负荷管理预案，总容量达 4012 万 kW，同比增长 37.2%。需求侧管理工作得到国家发展改革委通报表扬。圆满完成习近平总书记江苏调研等重大活动和杭州亚运会等跨省支援保电任务。

营商环境持续优化。成立省市县三级重大项目服务工作小组，实行重大项目“清单式”提级管理，35kV 及以上业扩项目接电时长同比压降 17%，高、低压业扩时长同比压降 15.3%、12.4%。落实“三零三省”服务，全年节省高低压客户办电成本 83 亿元，相关经验在国家能源局《能源工作》刊登。建成省级及以上园区“开门接电”示范区 65 个，服务做法获评国际质量创新大赛一等奖。

服务民生措施有力。开展频繁停电专项整治，实施不停电作业 22.1 万次，用户平均停电时间下降 39%。95598 投诉意见工单同比下降 23.9%。“网上国网”注册用户数超 3650 万户，注册率、绑定率分别达 71.3%、61.3%，同比增加 26.8、28.7 个百分点。完成“临代正”、小产权、违规转供电等 245 个问题小区治理。创新推行“开门接桩”服务，1412 个新建小区 100%具备充电桩接入条件，全国率先实现充电设施乡镇全覆盖。

乡村振兴持续赋能。建成示范型数字化供电所 58 个，标准型覆盖率 100%。加强农业生产用电保障，整改农村用电隐患 8100 余处。建成国网级“村网共建”电力便民服务示范点 48 个，同比增长 20%。完成消费帮扶 4414 万元，同比增长 23%。1 项成果获评全球最佳减贫案例。

科技与信息化 创新成果加速涌现。申报国家重点研发计划“重大自然灾害与公共安全”专项“储能火灾防控”项目，填补了该专项空白。申报国家重点研发计划“智能电网”专项“配电网高功率密度柔性互联”项目，是唯一实现同一年度国重项目双立的省级电力公司。首次牵头申报国家自然科学基金面上项目。2个项目获中国电力科学技术奖一等奖，6个项目获国家电网科学技术进步奖一等奖，3个项目获2022年江苏省科学技术奖一等奖，5个项目获第二十三届中国专利奖优秀奖。省部级一等奖数量连续2年实现双位数突破。注册为国家自然科学基金依托单位，拓展国家级基础研究项目申报渠道。“先进配电组网技术”实验室成功获批命名国家电网实验室，2个实验室被列为“赛马”实验室。首个ISO标准获批立项，实现ITU、IEC、ISO三大国际标准组织全覆盖。发布“以新能源为主体的零碳电力系统”IEC白皮书。发布国网首个科技创新和成果转化服务品牌，赋牌首批创新产品。1件专利产品通过国家知识产权局专利密集型产品认定，7件专利获评首届能源行业高价值专利（技术）。4家单位获评国家知识产权优势企业。

赋能企业智慧运营。初步建成完整的数字孪生电网，涵盖发－输－变－配－用、站－线－变－相－户的全量静态拓扑，也包括分布式光伏、充电桩等新型负荷。在此基础上，准确叠加实时量测数据和电网状态、事件等实时数据，建成国家电网首家全电压等级动态电网拓扑。深化应用数字推演平台，支撑电网全环节业务在数字空间中全时空尺度呈现、仿真和决策，推动新型电力系统建设。强化数据资产管理，建成元数据管理平台，常态监测元数据异常变化，自动感知源端数据。聚焦设备资产、客户服务、电力能量流三类基础数据，推行数据主人制。首创赋能基层智能问数模式，依托基层服务专区发布电网、客户、资产等领域369个共性数据集，形成应用场景120余个，实现基层生产、营销等班组全覆盖。强化对外平台建设，上线试运行江苏省碳排放监测分析服务平台，支撑江苏省政府开展分区域、分产业、分行业的碳排放监测，指导地市公司和直属单位建设碳排放监测分析服务场景。优化能源大数据中心运营，开发能源领域重大项目管理、新能源管理等功能模块和电力看经济等分析工具，构建“两支撑三赋能”大数据应用业务体系。完成国家网络安全演习任务，成功处置“网特结合、抵近攻击”的典型案例和经验，获中央网信办高度认可，获评国家网络安全演习优秀防守单位。

党的建设和精神文明建设 主题教育取得实效。牢牢把握主题教育总要求和目标任务，统筹推进第一、第二批主题教育。领导班子带头示范，举办3期7天读书班，中心组成员重走习近平总书记视察江苏之路。各级党组织开展党委会“第一议题”学习3964次、党委理论学习中心组学习2501次、党支部集体学习研讨3.9万次，各级领导班子讲授专题党课1258次。党委率先垂范、各级领导班子同题共答，聚焦构建新型电力系统等重点难点，开展领题调研783个、提出工作对策3010项、转化运用成果1201项。广大党员干部从政治、思想、能力、作风、纪律等方面加强党性分析，锤炼政治品格。主题教育典型经验在《中央主题教育简报》刊发，得到主题教育中央第23指导组肯定。

扎实推进“旗帜领航·提质登高”72项重点任务。深入实施“党建＋”工程，立项年度示范项目10项、重点项目182项、优秀项目1127项。首创党建工作责任和任务“两个清单”。建成驻苏央企首个党外知识分子联谊会和党外知识分子之家。举办4期“知行”讲堂。国家电网系统率先开展并建成951个新时代文明实践阵地和100个新业态新就业群体关爱驿站，“电暖流”关爱行动获评全国志愿服务优秀项目。党的十八大以来首部以国家电网员工先进事迹为蓝本的电影《光明使者周维忠》全国公映。国网江苏电力首获全国政研会优秀单位。

宣传工作亮点突出。全力做好重大主题传播，在人民日报、新华社、中央电视台等中央权威媒体刊（播）发报道739次，赢得了各方面的肯定和评价。印发年度意识形态工作要点，组织专项督查。全年处置敏感舆情101起。代表国家电网公司在联合国总部发布中央企业首份《落实全球发展倡议贡献报告》。建成新型电力系统建设主题展厅。2件作品分获中国新闻奖和中国广播电视大奖。出版发行反映何光华团队精神的报告文学《人生不负韶华》。7部作品获首届中国电力文学奖。

党风廉政建设持续深化。配合完成公司原董事长任期经济责任审计，立行立改问题100%完成整改。认真落实中央巡视反馈问题整改要求，完成农电员工持股问题整改，67家农服公司全部完成税务、工商注销和农电员工持股清退，整改工作获辛保安董事长批示肯定。深化运用“1＋N”提级交叉巡察方式，完成对7家地市公司及所属23家县公司供电服务、省管产业管理专项巡察。实施业扩报装等6个领域“6＋1”协同监督，查找突出问题1218个，制定整改措施1626项。开展江苏特色数智纪检管理模式实践，主动预警796条风险事项，查实率达43%，驻国家电网公司纪检监察组副组长刘克俭、国网江苏电力董事长兼党委书记谢永胜专题调研数智纪检工作并给予高度肯定。组织典型问题线索集中攻坚“清风行动”，加大与地方纪委监委在数据查询、联合审查调查的协作配合，提升办案质效。组织廉洁文化进班组、进家庭活动1523场。

企业发展更加和谐。落实“5980”工程10项服务清单，成立“5980心动能”苏电职工心理成长同盟。

国家电网公司工间操决赛斩获金奖和“最易推广奖”。与各地康养机构等142个党组织开展离退休老同志结对共建活动。为职工配购团体重疾保险。上线智慧后勤统一门户。国网江苏电力本部成功创建国家电网首家“零碳本部”。1个小型基建项目获全球能源奖。1个集体获评“中国青年五四奖章集体”。1个集体、1个项目获评全国学雷锋“四个100”先进典型。1个项目入选国资委“央企海外十大精彩瞬间”。1个项目入选全球青年发展行动计划首批100个典型项目。1项成果获全国职工优秀技术创新成果一等奖。3名职工当选全国人大代表。2名职工被授予全国五一劳动奖章。3名职工获评“中国好人”。

主要事件

1月3日，无锡南500kV变电站工程获国家优质工程奖。

3月10日，国网江苏电力与中国电科院签署新型电力系统关键技术联合攻关合作协议。

3月31日，由国网江苏电力牵头申报的IEC TS 63487《柔直并网海上风电场联合调试技术规范》标准提案获批立项。这是国网江苏电力牵头申报的首个海上风电技术领域IEC标准提案。

5月4日，从共青团中央、全国青联获悉，国网苏州供电公司“电博士·动态防雷”青年集体获评“中国青年五四奖章集体”。这是国家电网公司系统首个获此殊荣的青年集体。

5月30日，±800kV虞城（姑苏）换流站已在功率互济模式下安全稳定运行40天，预示江苏交直流混联电网取得新突破，打破了传统交流电网电力功率自然分布的特性，实现了交直流混联电网电力功率的强制分布。

7月2日，国内规模最大的超高压跨越长江输变电工程——泰州凤城—无锡梅里500kV输变电工程正式建成投运，预计最大年送电量超过260亿kWh，相当于一个中等城市一年的用电量，为长三角地区夏季电力供应提供坚强保障。

8月1日，国家电网公司董事长、党组书记辛保安赴国网江苏电力调研，检查防汛抗灾、迎峰度夏保供、主题教育开展等工作，看望慰问一线干部员工。

11月1日，国网江苏电力在国际质量小组会议发布的9项QC成果全部获国际质量小组会议金奖。

11月20日，国内首条高温超导低压直流电缆在苏州并网投运，填补了超导电缆在国内低压直流系统的应用空白。

11月29日，江苏首个共享式储能站——江苏丰储共享储能项目在南通市如东县并网投运，装机容量为200MW/400MWh，是江苏容量最大的电化学储能站。

12月1日，国网江苏电力申报的苏通GIL综合管廊工程获颁“全国质量奖卓越项目奖”。

（余冠霖）

【国网浙江省电力有限公司】

企业概况 国网浙江省电力有限公司（简称国网浙江电力）是国家电网公司的全资子公司。截至2023年底，国网浙江电力下辖杭州、宁波、嘉兴、湖州、绍兴、衢州、金华、温州、台州、丽水、舟山11家地市供电企业，其中杭州、宁波为大型供电企业，69家县供电企业，20家业务单位，本部设21个部门。

2023年，完成固定资产投资347亿元；110kV及以上交流线路开工3389.9km，变电容量1954.3万kVA，投产2619.4km、变电容量1425万kVA；特高压直流线路投产2122.9km（含浙江境外长度），换流容量800万kW。售电量5349亿kWh，同比增长6.3%，主营业收入3498.77亿元，同比增长2.13%，利润总额41.76亿元；资产总额3583.29亿元，资产负债率63.55%，全员劳动生产率174.47万元/（人·年）。对标均列省（市、区）公司第1位。

领导班子

董事长、党委书记：陈安伟（2023年2月任职）

董事、总经理、党委副书记：黄晓尧

董事、党委副书记：郑孙潮（2023年7月任职）

副总经理、党委委员：史兴华

总会计师、党委委员：王海明（2023年7月任职）

副总经理、党委委员：杨玉强、王凯军、徐嘉龙

党委委员、纪委书记：卞蓓蕾

职工董事、党委委员、工会主席：张浩

组织机构 本部部门21个，分别为办公室（党委办公室、董事会办公室）、发展策划部（碳资产管理办公室）、财务资产部、党委组织部（人事董事部）、人力资源部（社保中心）、党委党建部（思想政治工作部）、党委宣传部（对外联络部）、纪委办公室（巡察办）、安全监察部（应急管理部、保卫部）、设备管理部、市场营销部（农电工作部、乡村振兴工作办公室）、科技创新部、数字化工作部、建设部、物资管理部（招投标管理中心）、审计监管部、法律合规部（体改办）、后勤保障部（离退休工作部）、工会、企业管理部、电力调度控制中心。

地市供电公司11家，分别为国网浙江省电力有限公司杭州供电公司、国网浙江省电力有限公司宁波供电公司、国网浙江省电力有限公司嘉兴供电公司、国网浙江省电力有限公司湖州供电公司、国网浙江省电力有限公司绍兴供电公司、国网浙江省电力有限公司衢州供电公司、国网浙江省电力有限公司金华供电公司、国网浙江省电力有限公司温州供电公司、国网浙江省电力有限公司台州供电公司、国网浙江省电力有限公司丽水供电公司、国网浙江省电力有限公司舟山

供电公司。

公司层面业务单位20家，分别为国网浙江省电力有限公司经济技术研究院、国网浙江省电力有限公司电力科学研究院、浙江省送变电工程有限公司、国网浙江省电力有限公司超高压分公司、国网浙江省电力有限公司信息通信分公司（国网浙江省电力有限公司数据中心）、国网浙江省电力有限公司培训中心、国网浙江省电力有限公司物资分公司（国网浙江招投标有限公司）、国网浙江省电力有限公司综合服务中心、国网浙江电动汽车服务有限公司、国网浙江省电力有限公司综合服务分公司、国网浙江省电力有限公司紧水滩水力发电厂、浙江华电器材检测研究院有限公司、国网浙江省电力有限公司建设分公司（浙江电力建设工程咨询有限公司）、国网浙江综合能源服务有限公司、国网浙江省电力有限公司双创中心（国网浙江新兴科技有限公司）、国网浙江省电力有限公司营销服务中心（计量中心）、浙江浙电产业发展有限公司、国网浙江电力投资运营有限公司、浙江电力交易中心有限公司、浙江思极科技服务有限公司。

电网概况 浙江电网已建成“三直两交”特高压交直流混联大电网，直流发挥远距离大容量电力输送作用，交流与邻近省份互联互济。“三直”分别是：宾金直流，从四川溪洛渡到浙江金华；灵绍直流，从宁夏灵州到浙江绍兴；金塘直流，从四川金沙江水电站出发，跨越5个省2123km，到浙江钱塘江换流站，于2023年投产。“两交”分别是淮上交流、浙福交流，与安徽、福建电网互联互济。实现了“西电东送、电从远方来”。

截至2023年底，浙江电网共有1000kV变电站3座，变电容量1800万kVA；±800kV直流换流站3座，容量2400万kW；500kV变电站53座，变电容量13745万kVA；220kV公用变电站386座，变电容量18850万kVA；110kV公用变电站1665座，变电容量17165万kVA。

12月末，全省全口径发电装机容量13076.71万kW，全省6000kW及以上发电装机容量10140.76万kW；其中浙江省统调装机容量7167.63万kW、非统调装机1560.72万kW，国网华东分部统一调度电厂装机容量1412.40万kW。6000kW以下发电装机容量2935.95万kW。浙江省统调电源以火电为主，总装机规模6794.23万kW，占比52.10%；水电1388.00万kW，核电916.60万kW，风电583.73万kW，太阳能3356.64万kW，其他0.58万kW。

人力资源 根据领导班子及职责分工调整，同步调整非常设机构设置，优化机构职责界面体系，提炼企业级流程。编制超特高压输变电设备属地化管理实施方案，确保划转过程中电网安全和人员队伍稳定。编制完善省管产业改革实施方案，推进省管产业单位机构和用工管理与主业现有模式的有序衔接。构建以效率效益创新为导向的业绩指标体系，优化新型电力系统建设、电力保供等重点考核指标，鼓励各单位在“数字浙电”建设、重大科技创新成果等方面取得新突破。深化“干好干优不一样”的职工薪酬激励机制建设，搭建“分层实施，业绩引导”薪酬激励赋能管理体系。推广新岗位绩效工资制度，正式行文印发《岗位绩效工资管理实施细则》。探索一线班组人员多元量化考核方式，工作业绩与工作量成正比，充分体现多劳多得。优化管理人员考核模式，工作业绩与实际贡献相对应，加大绩优激励力度。创新增设蓝领员工工作年限津贴，调增蓝领员工特殊岗位津贴标准，加强劳务外包用工总量管控，建立劳务外包人员监控机制，强化核心业务“自己干、干得好”导向。

持续推进中组部工程硕博培养专项试点，打造“124”工作体系（一个工作目标、两级培养方案、四项工作机制），深化产教融合新型培养模式，相关典型经验在国家电网专项会议上分享。编制工程硕博士入企实践各项实施细则（试行），有效落实培养学生各项保障措施。开展东西帮扶工作，选派2023—2024年度东西帮扶人员22名，获国家电网公司东西帮扶先进单位荣誉称号，遴选5名优秀青年骨干参与中电装备海外项目建设。印发“两个亚运”电力保障人资专项方案，提供“党建+”“专业+”“绿色+”学践一体亚运保电专项培训服务，累计开展亚运专班38个计63期集中培训11346人，线上培训9773人。推进输配电价培训及相关宣贯宣传，组织专项56个计196期培训26139人。参加上级竞赛调考再获国家电网系统总成绩第一，10人获评“电力行业技术能手”，其中1人获评“全国技术能手”。构建家庭医生健康管理服务体系，为6.2万名职工和每名职工3名家属提供家庭医生服务，实施《国网浙江电力补充医疗保险健康积分管理方案》。

2023年末，国网浙江电力主业用工总量达38105人，较2022年末减少411人。全员劳动生产率174.47万元/（人•年）；人事费用率为4.74%，人工成本利润率25.17%；全员培训率99.57%；人才当量密度1.1951，较2022年同期提高0.45%。

电网建设与发展 深化大电网全电磁数字仿真应用，开展未来十年电力供需平衡分析，完成“十四五”电力规划中期评估，谋划入浙第五直流落点方案。甘浙直流、特高压交流环网分别完成可研内审、预可研评审。紧水滩抽水蓄能筹建期工程开工，柯城抽水蓄能完成核准。推动十大重点工程攻坚，完成2023年迎峰度夏重点工程建设，白鹤滩—浙江特高压800kV全容量投运，建成绍兴中北部电网优化、500kV北姚北江增容改造和舟山洛迦第 4 台主变压器扩建及 220kV 金义都市圈补强等网架优化工程。打造全球首个杭州 220kV 柔性低频输电示范工程、全国首个海洋输电技术品牌“国蛟一号”等领先成果。以山区输电工程技术实验室为依托，打造电网建设机械化施工技术研发中心、装备及工器具检测中心、基础试验中心和机械化施工实训基地，主动压降山地作业安全风险，风险压降率由 80%提升至 85.65%。全面支撑 e 基建 2.0 建设试点，发布《“数字浙电”建设专业深化完善暨 e 基建 2.0 试点工作方案》，印发《国家电网有限公司变电站工程通用设计浙江公司实施方案（2023 年版）》。舟山 500kV 联网输变电工程获得中国土木工程詹天佑奖，丽西 500kV 变电站工程获得国家优质工程奖，2 项工程获得中国电力中小型优质工程，11 项工程获得电力行业绿色建造星级评价。国家电网公司 2023 年输变电工程施工技能竞赛获团体二等奖。

经营管理 适应电力改革要求，启动提质增效三年行动，坚持开源节流、投资问效，推动 44 项重点任务落地见效。完成第三监管周期输配电价定价工作，核定浙江电网准许收入基本能满足新型电力系统建设的需要；保障新的输配电价体系平稳落地，理顺交叉补贴机制。促请政府优化中长期电力交易和零售市场规则，通过电力市场合理发现价格信号，提升市场主体获得感和满意度。推动完善省间现货市场价格机制、跨省跨区送电价格机制，煤电容量电价机制、优化分时电价机制平稳落地。深化创新打造电子凭证＋电费结算等 7 个无纸化应用场景，全业务无纸化率达 90% 以上。完成省管产业确权改革，各级全部纳入国资监管体系，在国家电网率先推进自动并账并表。全面完成县公司“子改分”，推进国有企业改革深化提升三年行动，省送变电、华电院分获国资委“双百企业”“科改示范企业”年度标杆、优秀。上线智简办公，办公业务实现内外网贯通。打造国家电网绿链省级示范样板，建成“e 物资”移动应用。管理创新省部级成果在国家电网保持领先，国际 QC 金奖数量国家电网第一。发布反垄断风险防控指引，实行重大重要案件及败诉案件“说清楚”制度。平稳做好国家能源局电力综合监管、国网经责审计迎检。协同浙江省人大编写《〈浙江省电力条例〉释义》，推动四项配套政策出台。修订国网浙江电力《合规管理实施细则》，修编“一库两清单”，发布《反垄断合规风险防控指引》，组织开展“省管产业依法合规治理专项提升行动”。

财务无纸化获中电联管理创新一等奖、国家电网公司管理创新二等奖等奖项；“‘电 e 金服’发展模式创新研究及应用”获中国能源研究会能源创新一等奖；“数字人民币赋能的绿色能源产业链金融服务生态”获 2023 年产业链供应链数字经济创新典型案例等多个奖项；“新形势下基于‘业财数融’的供电所内模市场建设”入选 2023 全国企业数字化优秀案例；“双碳目标下新能源数智化管理转型研究与实践”入选 2023 年全国企业数字化服务优秀案例；“三库一平台”风控体系数字化建设荣获浙江省企业管理现代化创新成果二等奖等奖项。新兴科技公司体制机制创新获第二届国有企业深化改革实践成果特等奖。

安全生产 以“零失分”完成“护网 2023”网络安全攻防演练，以“零入侵”完成“网安—2023”攻防演习，完成亚运会、亚残运会和世界互联网大会网络安全保障，完成亚运会安保反恐保障工作。管控金塘直流高端接入和绍兴中北部电网优化工程等电网风险 4412 项、作业风险 77.6 万项。重大隐患专项整治工作梳理 71 类 916 项重点隐患，治理 916 项。国家电网安全管理体系全面落地，超特高压管理平稳完成属地化移交，三级安全督查中心实体化运行，各督查中心累计查处严重违章 2830 项、一般违章 27915 项，对 4 家单位开展警示约谈。密集通道和涉核线路实现“三个纳入”。严肃查处严重违章，加大外包队伍管控力度，实施杭州等 6 家单位外包队伍管理提升试点。实施主网设备可靠性、配网管理提升行动，提升供电可靠性。创新空调负荷柔性管控，有力应对负荷六创历史新高，完成保供任务。国家电网首家实现市县供电服务指挥全覆盖。

营销工作 紧扣“供好电、服好务、用好能、守好规”，部署电力营商环境提升专项行动，联合浙江省发展改革委、浙江省能源局印发《浙江省营商环境优化提升“一号改革工程”之“获得电力”专项提升十大举措》。推动国办函 129 号文规范落地，实现增量项目、存量项目执行率均 100%。推动浙江省发展改革委明确需求响应补贴市场化分摊机制，完成所有市县电力负荷管理中心政府授权，创新实施移峰填谷和空调调控组合策略。全省推广“营销大脑”，联合政府发布“电费管家”“企业码－电力专区”增值产品，全面推行套餐化电费结算模式。首创工业企业能效诊断应用，“供电＋能效服务”做法获国家工信部肯定。在杭州亚运保电中探索“三双”管控、“543”工作法，联合亚组委出台场馆电气配置导则等 10 项规范，保电延伸至灯头、插座、话筒“最后一厘米”，实现“五个最”“四个零”目标。全量客户实现 15min 级数据高频采集全覆盖，时钟对时精准度达到亚秒级。建成电费业务全流程管控体系，电费关账发行缩短至 4 天。

科技与信息化 编制国网浙江电力新型电力系统建设重点技术问题与科技攻关计划。承接国资委量子通信领域未来产业任务，牵头开展“数字电网信息安全”典型应用场景建设。牵头立项国家电网公司系统首个城镇化领域的国重项目“高热高湿地区多能柔性系统源网荷储用关键技术研究与应用”。争取国资委“1025专项”任务，参与“支持时间敏感网络（TSN）协议的新一代自主可控工业以太网交换芯片”“适用于电力优化调度的自主可控数学规划求解引擎”任务2项；竞得新型电力系统2023重大专项1项、总部研究框架项目3项。启动国网浙江电力氢能领域第2项国重项目“紧凑型可再生能源电热氢联产系统模块关键技术”，3项牵头在研国重项目研发齐头并进。杭州柔性低频输电示范工程、宁波慈溪氢电耦合直流微网示范工程、500kV短路电流柔性抑制示范工程、丽水全域零碳能源互联网综合示范工程等一批重大标志性成果顺利投产。35kV柔性低频输电成套装备入选第三批国家能源局首台（套）重大技术装备。2023年获省部级科技奖励45项，其中省部级一等奖3项。2023年国网浙江电力共申请发明专利2492项，授权发明专利1448项，12项专利入选首届能源行业高价值专利成果，1项成果获首届浙江省知识产权奖专利类二等奖。

入选国家能源研发创新平台“源网荷储互动协同的新型电网”赛道。6家实验室获评国家电网公司实验室，并同步开展省公司级实验室新一轮合并重组。与浙江大学商议共建海洋输电技术联合研究中心，组建“科创中国”绿色低碳创新联合体。成功申报“电网绿色智慧供电服务”国家级服务业标准化试点项目。牵头立项3项ISO标准、1项IEC标准和4项ITU标准，在研国际标准数量达到21项。牵头发布IEEE标准《电力系统OTN网络小颗粒业务接入规范》，累计已发布13项国际标准。新增协同攻关双创项目35个，海风谐波治理设备、液冷储能装置、带电绝缘喷涂材料等27项成果出孵，全年新增成果转化105项，成果转化收益金额8769万元，同比增长329%。国家绿色技术交易中心引入国家重点节能技术推广目录等优质成果200余项，促成年度交易314项，交易额13亿元。

优质服务 举办电助“千万工程”20周年成果展，启动“电靓和美乡村”五年行动，推广新时代电力“枫桥经验”“电力表后报修”服务模式，“村网共建”率超80%，公共充电桩乡镇覆盖率83.9%。依托“浙里办”APP搭建电水气网联合服务专区，变“多头申请”为“一次对接”，提升客户办电体验。深化数字化供电所建设，发布乡村振兴电力指数2.0。开展供电所星级评价管理数字化建设，实现供电所评价全过程线上管控。组织做好夏粮、秋粮生产供电保障，助力全年粮食增产丰收。完成127个“村网共建”电力便民服务示范点创建，新建的6家电力爱心超市获得国家电网公司授牌并批准正式运营。在“惠农帮”开辟浙江惠农共富专区，帮扶浙江地区农产品拓宽销售渠道。

新建高速充电桩317个，保有量持续位居国家电网前列；全年建成公共充电桩3652个，全口径建成公共充电站3754座、充电桩3.06万个，助力形成全省“531”充电服务网络（郊区县服务半径5km，环城区服务半径3km，城区服务半径1km）。2023年，提供电动汽车充电次数2816.25万次，同比增长35.58%，充电电量7.70亿kWh，同比增长29.81%。因地制宜开展居住区供电配套“整体加装”，覆盖车位14.13万个。完善充电桩线上办电渠道，简化农村个人充电桩办电收资，累计完成个人充电桩报装超百万户。投运全国首套港口岸电大功率无线充电系统，创国内港口岸电领域先河。

党建工作 大力实施22项“党建+”工程，加强省管产业单位、混合所有制企业党的建设，成立国网党校党建研究分中心，创新实施“红船·光明金笔杆”调查研究专业能力提升工程。组织69个临时党支部、173支红船党员服务队1.3万余名党员带头开展“亚运保电先锋行”，志愿者和9座“亚运青年V站”服务超30万人次，以亚运保电胜果检验主题教育成效。完成558个党组织换届工作、发展党员700人。召开国网浙江电力第二次团代会，开展“青春光明行 二十年再出发”志愿服务活动。高质量配合完成中央巡视，对6家单位开展常规巡察。构建“纪法审财组”大监督体系，开展违规吃喝、违规经商办企业、违规违法获取工程项目等5项专项整治。制定落实全面从严治党主体责任重点任务17项，印发《关于推进“大监督”机制建设的指导意见》。开展新一轮优秀年轻干部调研，加强选育管用，完善职员管理，新提任三级领导人员中40岁左右占61%。举办践行“电等发展”主题档案展，首家发布落实全球发展倡议行动报告，中央权威媒体报道质效国网领跑，媒体影响力居央企二级账号榜首。

实施人才“强雁竞飞”计划，1人入选“长江学者”，1人获IEEE SA奖章，6人当选国家电网首席专家，10人获评“全国电力行业技术能手”。2个集体获全国工人先锋号，1人获全国五一劳动奖章，1个集体获全国五一巾帼标兵岗，6个集体获全国巾帼文明岗；2个集体获省五一劳动奖状，10名个人获省五一劳动奖章，1名职工获评首届“长三角大工匠”，26个班组获省工人先锋号，8名职工获评“浙江金蓝领”，2名职工获省三八红旗手；6名女职工入选省总首批“惠兰匠心”创新人才库。4名个人获国家电网巾帼建功标兵。1位青年当选团十九大代表，3个集体获评全国青年文明号，2个集体获评全国青年安全生产示范岗，1个集体获评全国五四红旗团支部荣誉称号。国网浙江电力获评全国政研会工作优秀单位，1名员工获评优秀个人，系国家电网公司唯一斩获两项荣誉的单位。

（丁 静）

【国网安徽省电力有限公司】

企业概况 国网安徽省电力有限公司（简称国网安徽电力）是国家电网公司的全资子公司，以建设和运营电网为核心业务，承担着保障能源安全、服务人民美好生活的重要使命，是安徽省能源领域的骨干企业。截至2023年底，国网安徽电力下辖16个市、71个县公司和16家直属单位，管理各类员工6.18万人，服务电力客户3763万户。

2023年，全年售电量2471亿kWh，增长11.5%；企业负责人业绩考核连续3年位列国家电网有限公司A段。

电网概况 安徽电网拥有±1000kV换流站1座、1000kV变电站2座，1000kV变压器4台，容量1200万kVA；500kV变电站40座，变电容量7394万kVA；220kV公用变电站287座，变电容量9894万kVA。1000kV线路18条，总长度2195km；500kV线路201条，总长度11595km；220kV公用线路974条，总长度22192km。安徽电网通过1回特高压直流线路、4回特高压交流线路、7回500kV线路与省外相联，形成“四纵三横”网架结构。

截至2023年底，安徽省全社会装机容量10817.26万kWh，其中火电6070.92万kWh、水电623.6万kWh、风电721.94万kWh、太阳能3223.07万kWh。全社会装机发电量3521.83亿kWh，其中火电3023.75万kWh、水电86.6万kWh、风电139.89万kWh、太阳能269.6万kWh。皖电东送机组发电量683.02亿kWh。

人力资源 截至2023年底，国网安徽电力共有长期职工29887人，其中：研究生学历5236人、大学本科学历16006人、大学专科学历5799人、中等职业教育学历1925人、高中及以下学历921人，高级职称5412人、中级职称8029人、初级职称8094人，高级技师8043人、技师8879人、高级工4341人、中级工577人。全员劳动生产率104.3万元/（人•年），同比增长6.61%。

建立首席专家储备库，制定“一人一策”培育方案，新增国家电网公司首席专家2人。完成特级技师评聘省级试点备案工作，成为公司首批通过省级备案成功的单位。实施人才培养“三大工程”，优化各级各类人才梯队结构，拥有省部级及以上人才292人，新增全国技术能手、江淮杰出工匠等省部级及以上人才称号35名。

分层分类抓好各级领导人员轮训，累计举办各类培训班73期，实现2900余名三、四级领导人员轮训全覆盖。立足“下抓两级、再看一级”，构建涵盖三级副职、四级正副职、四级储备三个层级的“223”梯队。畅通员工流动渠道，601人从非管理岗转到管理岗，其中通过岗位竞聘上岗人数占比达67.05%。内部市场盘活3328人次，其中：岗位竞聘958人次，临时借用2084人次，60名县公司员工竞聘到市公司。新签、续签电子劳动合同2432份。完成省管产业单位用工清查，确认省管产业单位用工32883人。深化“三项制度”改革，绩优人员结果应用优先率71.58%，同比提升10.75个百分点。开展退休档案“两审一核查”工作，参保职工退休档案一次性审核通过率达96%，荣获“安徽省人社厅2023年度在省参保企业养老保险优秀单位”称号。

电网建设与发展 全年累计开工110～500kV输变电工程125项，线路长度3160.5km，变电容量1823.3万kVA；累计投产110～500kV输变电工程116项，线路长度3017.8km，变电容量1900.8万kVA。

完成“十四五”电网规划中期调整，“蒙电入华东”项目纳入国家“十四五”新增储备项目。开展“双碳”背景下安徽中长期电力供需策略及目标网架研究，提出“日”字形特高压交流目标网架构想以及远期5～6回直流落点建议。专题汇报自然资源部，促成用地预审10个工作日内完成受理、审查及复函流程。“陕电入皖”工程安徽段率先完成省级核准支持性文件办理。

投运安徽芜湖1000kV变电站——铜北500kV线路工程，提高皖南电网受电能力及供电可靠性。合肥中心、宿州灵泗等11项500kV输变电工程获得核准，香涧—鹭岛等6项工程取得可研评审意见。合肥紫蓬500kV变电站工程获评国家级优质工程奖，六安金寨500kV变电站工程荣获中国安装工程优质奖。推进工程绿色建造，绿色优质达标率97.6%，6项工程获评中电建协绿色建造星级工程。试点建成220kV临港、110kV沙埂等三座全舱式变电站，形成31项发明专利，总结提炼的“‘四化’导向的变电站模块化建设管理创新与实践”成果荣获中电联电力创新二等奖。按照“四统一”模式加快推动新型储能建设，明确49个优先接入站点，全年新型储能并网规模132万kW，综合等效利用1138h，提升电网调节能力。

经营管理 全年实现营业收入1858亿元，其中电网主业1663亿元，同比增长7.47%；利润总额21.8亿元；资产负债率61.25%，其中电网主业59.33%，连续5年保持下降。

深化提质增效，生产性投入占比提升至80.82%。制定“办法+评审指南+评价细则”一整套制度文件，规范成本项目全过程管理流程，成本项目化率超80%。全年研发费用加计扣除比例同比提升6.51个百分点，节税超1亿元。常态推进“三清理两提高”工作，清理超期工程185项，完成暂估转资219项、竣工决算7691项，年转增有效资产183.70亿元。长账龄工程物资和工程往来款项压降率分别达62.06%、44.47%，在建工程余额持续保持较低水平。兼顾刚性支付需求和资金安全备付需要，健全柔性支付机制，月度现金流偏差率 0.01%。

安全生产 将安全管理体系建设纳入高质量跨越式发展方案和“十四五”安全规划，以“专题+例会”机制推动专业协同发力，完成体系文件编制、体系试运行、实效调研和评价工作。制定 10 类 116 项重大事故、626 项较大及一般事故隐患排查标准，明确 7 类 33 项检查重点事项，制定 41 条专项工作清单，全方位强化重大事故隐患专项排查整治行动推进力度。遴选涵盖全专业的 670 名骨干人才，构建“季、月、周”过程管控机制，促进各级领导、专业部门履职尽责。累计排查重大隐患 15 项（治理率 100%）、较大隐患 1812 项（治理率 83.20%）、一般隐患 6479 项（治理率 96.33%）。

构建全口径安全管理大数据中心，将各级保证体系、监督体系到岗到位及安全督查情况自动纳入系统，督促各级管理人员履职尽责。按照“远程全面查+现场重点核”工作思路，实现三级及以上高风险作业稽查平均覆盖率 70%。全年累计稽查现场 11.3 万余个，高风险现场督查覆盖率 69.8%，同比提升 6.3%；查处严重违章 105 条，同比下降 44.1%；每千个高风险现场严重违章数 0.93 个，同比下降 47.5%。市县公司安全督查中心累计查处严重违章 7424 个，同比提升 55.8%。深化远程视频督查，依托安全生产风险管控平台，紧紧围绕“四个管住”工作要求，建立违章分析、评价及应用机制。

营销工作 促请出台《应急跨省购电管理办法》，率先构建应急跨省购电费“月预告、周修订”机制。挖掘全省工商业负荷资源，排定六级 1650 万 kW 迎峰度夏负荷管理方案，覆盖历史最大负荷 30%规模。建立分时间尺度可调节负荷资源库，形成日前 400 万 kW、日内 50 万 kW 响应能力。

深化“供电+能效”服务，编制《能效服务工作指导手册》，推动《公共建筑能效诊断技术标准》纳入 2023 年安徽省第三批地方标准制修订计划。参与代理购电年度、月度、月内中长期挂牌交易，全年累计采购市场化电量 445.66 亿 kWh。“以共享电改红利为导向的代理购电服务体系建设”荣获中电联管理创新二等奖。建立基于多维因子的预测体系模型，负荷预测准确率、月度代理购电预测准确率均达到 97%以上。服务绿色用能需求，合肥制造业大会、安徽景区充电实现全绿电。规范实施账务省级集约，全渠道电费账务自动化率稳定在 99.9%以上。

在全网首家上线“营销 2.0 基线+”版本。推进全省发、用两侧结算计量点全量直采，发电侧、用电侧核算自动化率分别提升至 100%、99.95%。营销系统顺利实现“按月结算”向“分钟级结算”跨越。上线卓越服务质量管控微应用，打造流动负荷、季节性用电等四大类风险分析预警特色产品。

夯实营销知识数字底座，打造能力图谱等 20 余个营销知识和培训学习产品。参编国家电网公司《一线员工供电服务行为规范》并制作警示教育片。全年完成 18 个“村网共建”示范点创建，在全省建立“社区服务站”232 个，实现社网共建服务模式全省覆盖。

组织 73 个帮扶村 76 名驻村干部，群策群力解决发展难题，实现帮扶村年集体经济收入均超百万。聚焦乡村用能需求，打造金寨大湾、凤阳小岗等 4 个乡村电气化示范区。开展“电靓”皖美乡村经验宣传，1 项成果获全国十大乡村振兴优秀案例奖，4 项成果获新华网全国乡村振兴优秀案例奖。

科技与信息化 全年荣获省部级及以上科技奖励 27 项，其中：1 个项目连续 6 年获得安徽省科技进步奖一等奖，1 个项目获得中国电力二等奖。氢能科技成果入选国家能源局第三批首台（套）重大技术装备，成为国家电网公司首个作为研制单位获此殊荣的省级电力公司。牵头成立中电联电力量子技术标准工作组。国网安徽电力青阳供电公司以基础分全国最高分获评 5A 级标准化良好行为企业。

细化 4 个方面、18 项工作措施，完成科技创新高质量发展方案编制；滚动修编科技创新“十四五”规划，围绕新兴专业、优势专业、安徽特色等三大赛道系统，研究确定“11 个专业技术领域”“12 个共性技术领域”科研重点布局。首次牵头申报国家重点研发计划，参与国家科技创新 2030 重点研发专项、国家重大仪器专项等项目获批；承担国资委未来产业——量子通信、量子测量项目子课题。

电力量子智能感知、高压电气设备智能运检两个实验室正式获批安徽省重点实验室。深化知识产权市场化运营，推动系统首例知识产权“对赌”挂牌交易。在司系统内率先实施“创新券”一站式服务，发放首批 41 张“创新券”，为 8 家基层单位的 10 个创新团队提供资金支持超 120 万元。

优质服务 构建适应延伸投资的业扩管理新模式，实现政企系统贯通。建立接入工程契约制，确保“约时送电”，平均压减客户办电时长达 30%以上。发布“皖美办电”营商环境品牌，打造“四前四更”数智用电营商环境，助力高质量发展。

推动新兴产业及产业链上下游企业早接电、快接电、用好电。构建先进制造业和充电设施服务指数，开辟绿色办电通道。推行“项目长”负责制，实现办电一次都不跑。会同省市场监管局发布《10kV 及以下电力客户受电工程技术规范》，强化合规管理。促请政府印发文件，规范服务分布式光伏有序发展。

实施“电力进万企”系列走访活动，全力服务“双招双引”，累计走访用户 10.2 万户次，解决问题 3.7 万件。政企协同打造便捷用电“五办”模式，典型经验在安徽省《政务要情》刊载。实现全省 960 家营业厅“刷脸办”“一证办”服务全覆盖。结合第二批主题教育，开展“学思想、强基础、优服务”专项行动，开辟网上国网“一件事一次办”特色服务专区，提供“水电气”联办、“跨省办电”等 9 项服务，典型做法在中央《主题教育简报》刊载。线上渠道服务客户数突破 2600 万，实现技术底座、服务标准“双统一”。开展全省供电营业厅服务评价，59 家营业厅获得“红旗标杆营业厅”荣誉称号。

党的建设和精神文明建设 构建“1+5+10”工作体系，召开主题教育领导小组办公室会议 11 次，累计发放任务清单、服务清单、学习清单 30 期。各级党委举办读书班 190 余期，开展“第一议题”学习 2235 次。实施党委理论中心组学习质量提升行动，构建省市县一体同质理论学习管控机制，相关做法在央视《新闻联播》报道。围绕四个“以学”，开展专题学习研讨 800 余次。承接中组部主题教育专项整治工作，开展人工智能技术规模化运用，高效解决农村百姓灌溉用电问题。借鉴“四下基层”工作方法，研究确立“15136”总体发展要求，制定“1+4+*N*”高质量跨越式发展方案、31 个基层落地方案。主题教育相关经验做法在中央主题教育官网、“学习强国”APP 等媒体刊发报道 107 篇。

构建“三力三态”高质量党建工作体系，把握“十项原则”，分类实施“三大工程”，建立健全“五体系一机制”。建立省市县公司一体化贯彻党建重点工作任务机制，明确“3+8”年度重点工作任务。1 个项目荣获国家电网公司 2022 年度思想文化建设优秀成果二等奖，2 个项目获评国家电网公司 2022 年度思想文化建设优秀案例。

开展“亮身份见党员、亮职责见业绩、亮承诺见精神”主题活动，把党员先锋模范作用体现到推动高质量跨越式发展具体工作中。1 项科研成果入选国家能源局首台（套）重大技术装备。连续 6 年获得安徽省科技进步奖一等奖，校企联合重点实验室建设成效获时任省委肯定。结合破解发展难题清单，实施争先领先“党建+”重点工程 168 项，按期建成古泉—敬亭等 227 项工程。遴选 109 名党务骨干和党支部书记带头人担任项目指导员，省市县三级协同实施项目 168 个。深化“党建+重大保电”工程，守护全网最长密集通道、全世界最高电压等级——古泉换流站安全，相关经验做法在中宣部党建网专题报道。加强“四度七彩”品牌建设，建成国家电网公司首座特高压通信工程样板间。深化“党建+提质增效”工程，4 项成果获国际质量管理金奖，1 项成果荣获第二十届全国质量奖。

组织 332 支共产党员服务队开展“皖美连心”十大服务，推动解决客户诉求近 1.4 万项。服务队驻点、助力“村网共建”示范建设等典型经验在《国家乡村振兴简报》刊发，并获得共青团十九届中央书记处书记批示肯定。累计建立社会联络站 1632 座，聘请社会联络员 2252 名。1 支共产党员服务队被评为安徽省学雷锋活动示范点。

搭建“1+*N*”党员教育培训平台，全面完成五年党员教育培训任务。打造“课堂+基地”实训模式，系统首家自主开发换届选举等情景化党务实操课程。规范完成年度新发展党员工作，“党员占比”同比提升 0.71%，空白党员班组持续清零。加强培训资源开发，1 部微视频荣获安徽省党员教育电视片一等奖并被推荐至中组部参评，3 部作品荣获安徽省党员教育电视片优秀奖。

制定思想政治工作要点，形成 4 方面、15 项具体任务。1 个思政案例获评全国优秀案例，1 个案例获评 2022 年度电力行业文化创新优秀案例。1 个思政工作研究成果获评中国电力政研会 2022 年度二类优秀研究成果，1 个思政工作研究成果荣获中央企业党建思想政治工作研究会 2023 年度优秀课题研究成果三等奖。1 个文化成果荣获 2022—2023 年度全国企业文化优秀成果二等奖，1 个文化成果获评 2022 年度电力行业文化创新优秀案例。国网安徽电力及 1 家基层单位获评电力行业文化品牌影响力企业。

组织开展督导检查、交叉互查 38 次，发现并推动问题整改 193 个。深化“清廉皖电在一线”专项行动，开展业扩报装“体外循环”、频停和低电压治理等 5 项纪检攻坚课题，出台工作机制 31 项。迭代升级“清廉皖电”数智监督平台，新增“电商零星物资选购”等 3 个风险监督模型。开展云上监督，建立数据处理、分类处置等 5 项应用机制。利用数智监督平台共查实问题数据 760 条，约谈 250 人次。举办 4 期纪检干部“五力”提升培训班，实现市县公司纪委书记培训全覆盖。优化重点岗位人员“三单”“三库”，分层分类开展“清廉皖电大讲堂”1800 余场次，3.9 万余人次受到教育警醒。完成中央巡视公司配合工作。推进十大长效机制建设任务，提出整改措施 85 项、健全完善制度 25 项。

拓展文明实践，建成“燕飞来”新时代文明实践中心、“百年芜电”历史档案馆新时代文明实践基地。1 名职工荣获全国“五一劳动奖章”，1 名职工获评国家电网公司工匠，2 名职工分别荣获“中国好人”“安徽好人”。5 个集体和个人获全国“五一”巾帼表彰，4 个集体和个人获安徽省“五一”劳动表彰。廖志斌在全国职工宣讲比赛中获金奖，并获评国家电网公司首批品牌形象大使。“燕飞来”银龄无忧智慧助老平安工程志愿服务项目获评全国学雷锋“四个一百”最佳志愿服务项目。王正波被评为“中国好人”，周信被评为“安徽好人”。“海岛”电工赵儒新先进事迹在《人民日报》刊载。

（宋若鹏）

【国网福建省电力有限公司】

企业概况 国网福建省电力有限公司（简称国网福建电力）是国家电网公司的全资子公司，以建设和运营福建电网为核心业务，承担着保障福建省清洁、安全、高效、可持续电力供应的重要使命。国网福建电力经营区域覆盖全省 9 个设区市及平潭综合实验区。

领导班子

董事长、党委书记：阮前途

董事、总经理、党委副书记：蔡鸿贤

董事、党委副书记：姜启亮

副总经理、党委委员：郑佩祥（至 2023 年 7 月）

副总经理、党委委员：黄惠英

副总经理、党委委员：徐福聪

总会计师、党委委员：林世友

党委委员、纪委书记：成宝强

职工董事、党委委员、工会主席：邹永增

总工程师：刘宝宏

电网概况 截至 2023 年底，福建电网通过两路 1000kV 浙北—福州特高压输电线路和两路 500kV 输电线路与华东电网相连，通过闽粤联网直流换流站及两路 500kV 输电线路与广东电网相连，省内形成“全省环网、沿海双廊”500kV 主干网架。

截至 2023 年底，国网福建电力有 1000kV 特高压变电站 2 座，容量 1200 万 kVA，输电线路 811km；500kV 变电站 28 座，容量 5782 万 kVA（含水口升压站），输电线路 6417km；220kV 公用变电站 234 座，容量 8511 万 kVA，输电线路 15249km；110kV 公用变电站 839 座，容量 7816 万 kVA，输电线路 20843km；35kV 公用变电站 513 座，容量 694 万 kVA，输电线路 12771km。2023 年，福建全省用电量 3090 亿 kWh，用电最高负荷 5124 万 kW。

电网建设与发展 创新突破捷报频传。创造性描绘了“三大三先”省级高质量发展示范电网蓝图，投运福州—厦门 1000kV 特高压交流工程，东南清洁能源大枢纽构想成为政企共识，赢得广泛赞誉。推动开工国家级海上风电研究与试验检测基地，有力促进海上风电规模化产业化发展，为服务福建绿色发展和推动公司产业升级奠定了基础。

顶层设计再加强。编制碳达峰和新型电力系统省级示范区方案，创新构建量化评价体系，出台配电网规划设计技术导则，明确配电网防灾建设三年目标，电网功能形态逐步清晰。

工程建设再提速。取得 500kV 闽侯输变电等 162 个项目核准，开工 500kV 石狮输变电等 147 个项目，投产漳州核电 500kV 送出线路等 159 个工程，动工 17 个小型基建项目，500kV 集美变电站获国家优质工程。落地配网投资 110 亿元，实现投资增长超 60%、转资率超 75%的目标。建成多场景微电网等 60 个示范项目，厦门高能级配电网纳入国家电网城市智慧配电网试点。第一时间发布服务两岸融合发展 16 项举措，建成翔金联网大陆侧电源点。

安全保供 扛牢责任，服务大局积极有为。打赢了保供攻坚战。圆满完成高峰保供电、低谷保消纳、极端天气保安全任务，成功应对负荷首破 5000 万 kW、用电量首破 3000 亿 kWh 等考验，实现“不限电、少停电、多外送、服务优”；筑牢抢险救灾光明防线，创造 3 天 3 夜全面复电“福建速度”，荣获国家电网公司防汛抢险救灾突出贡献单位，输出了应急管理福建范式。圆满承办东亚及西太平洋电力工业协会大会。清洁能源保持 100%消纳，建成 25min 抢修服务圈，福厦泉核心区率先取消计划停电，输、变、配电设备故障停运率分别同比下降 7.2%、28.9%、14.9%。

保持了安全平稳局面。深化“5+3”安全管理体系，完成重大事故隐患排查整治，开展防范大电网安全事故行动。

经营管理 精益求精，经营管理稳中向好。全力降负债、增投资、扩市场、提人效，公司发展进入正反馈循环轨道，售电量 2678 亿 kWh，居国家电网系统第 6，同比增长 6.5%；营收 1655 亿元，居国家电网系统第 6，同比增长 5.0%；固定资产投资 218 亿元，同比增长 11.3%；全员劳动生产率 89.86 万元/（人·年），同比增长 7.7%；资产负债率降至 63.43%，为近 20 年来最低。

改革创新多点突破。坚持以价值创造为引领，深入推进世界一流企业建设，成果获评第二届（2023）国有企业深化改革实践成果一等奖。加快构建以资产为核心的经营模式，省管产业运营模式立起了标杆，亿力集团位列福建企业百强第 43 位。电力改革更深入。首次组织中长期分时段和电商化零售套餐交易，完成现货长周期双边结算试运行，推动出台需求响应资金支持政策、居民电动汽车充电设施分时电价政策。闽粤电力联网交易实现常态化，支撑南部电网高峰用电。产业改革收实效。完成省管产业单位改革改制，榕能、东电公司试点取得实效。出台参控股企业管理办法，建立子企业董事长述职机制，“三清理一降低”压降资产负债率近 2 个百分点，当家理财意识显著增强。

创效益度电必争。回收自供区 11 家，净增接电容量同比增长 22.8%，外送电量 198 亿 kWh，创历史新高。

降负债成效凸显。严控“两金”余额，电费预收率同比提升 6.2 个百分点，物资寄存规模同比增长 60%，带息负债同比未增长，资金经济调度节约财务费用 2.6 亿元。做大有效资产，转增资产超 165 亿元。

抓风控扎实有力。高效运转风控体系，有效管控重大风险 11 项。开展重点领域问题自查自纠。推进“合规管理提升年”工作，建成“三色光”法治文化带，正心正念合规文化体系获全国企业文化优秀成果一等奖，审计部获评全国内部审计先进集体。

营销与优质服务 新时代电力“双满意”工程连续三年纳入福建省委省政府为民办实事项目，项目成效综合评价居驻闽央企第 1。

负荷管理扎实有效。深化负荷资源管理、负荷预测等功能建设，试点建立“站－线－变－户－荷”负荷资源可视化拓扑关系，平稳应对负荷“三创新高”挑战。开展负荷资源排查，着力推动分路监测能力建设，构建历史最高负荷 5%的负荷资源池。

民生诉求高效响应。深入开展“百千万”客户大走访行动，走访客户 1.34 万户，解决客户问题 748 项，问题解决率 100%。持续提升供电可靠性和办电便利度，全渠道客户诉求同比下降 10.20%，低电压、频繁停电用户同比下降 48.3%、18.80%。

营商环境持续登高。实施优化电力营商环境再提升行动，福建“获得电力”成效获国家发展改革委肯定，获评福建省优化营商环境先进集体。构建业扩管理新模式，贯通政府项目审批平台。创新上线“一件事一次办”“多件事联合办”办电模式，推出闽浙赣皖粤“跨省通办”，入选国家能源局优化营商环境典型案例。

服务渠道多元便捷。新增政务及便民服务中心电力营业窗口 46 个，撤并低效实体营业厅 90 个。升级全省统一“网格云”电话，供电所抢修电话全量接入线上管控。建成市县统一网上营业厅，线上办电时长同比缩减 33.28min。

帮扶共建取得新成效。落实国家电网公司对口支援新罗区任务，累计促成 68 亿元投资落地新罗区。建成 376 个“村网共建”电力便民服务点，其中 25 个获评国家电网公司示范点。

科技与数字化建设 创新创效成果丰。国际标准实现零的突破，参与国家重点研发计划 3 项、国家电网新型电力系统重大攻关项目 3 项，获批国家知识产权优势企业，获省部级科技奖 17 项，命名国家电网实验室、省级企业重点实验室各 1 个。双创转化收益超 1300 万元，国际市场业务实现零的突破。获省部级以上管理创新成果奖 13 项，首次获评国家电网软科学一等奖，国网福建经研院被确定为福建省唯一央企重点智库。

数字化转型再升级。实施数字化强基行动，基础资源云化率达 67%，基层站所千兆带宽覆盖率达 85%，数据主人制覆盖 2.3 万名基层员工，清除重复录入和双轨制问题 55 类，基本建成“电网一张图”。赋能业务发展，人工智能技术在 8 类场景中率先实现规模化应用，完成 ECS 中台化改造，首家通过 PMS3.0 实用化评价，首家完成供应链环节实物 ID 嵌入，上线智慧共享财务平台、e 基建 2.0，“智慧数说”平台实现指标多维可视。

人力资源 坚持数据驱动流程再造，市县公司组织模式进一步优化。运用数字化、智能化手段为管理赋智赋能，依托业务中台将县公司前端管理类业务和后台通用职能向市公司集约，推广“平台＋前端”作业模式，压缩县公司管理层级，不断深化“大区域”“大班组”“大工种”“大部制”建设，2023 年 10 家县公司完成运检业务市县集约、县县联合。

深化三项制度改革，队伍活力进一步激发。持续深化“六能”管理，强化能下能出刚性约束。做实岗位聘任制，强化劳动合同契约制，优化岗位竞聘制，“能下、能出、能减”比例有较大提升。

党的建设和精神文明建设 筑牢堡垒，党建价值持续彰显。铭记嘱托掀热潮。第一时间制定贯彻落实重要指示批示精神 22 项举措，高质量完成两批次学习贯彻习近平新时代中国特色社会主义思想主题教育，揭牌国家电网首个党性教育实践基地，基本建成能源安全新战略教育实践基地，广泛开展“牢记嘱托、感恩奋进”系列活动，“两个维护”更加入心入魂。内嵌融入强引领。启动“新时代红色堡垒”工程三年行动，构建支部“三性两力”发展模型和支部书记能力素质提升模型，推行支部红旗指数、党员红星指数考评，营造了“红旗飘飘，红星闪闪，红色堡垒稳固坚强”党建生态。管党治党严规矩。完善“大监督”机制，从严监督执纪，强化标本兼治，对 28 家单位开展巡察。开展违规吃喝问题等专项整治。压实党组织教育管理监督职责，建立“书记走访日”机制，命名“清风站所”124 个。队伍建设展风貌。首次召开组织工作会议，加大优秀年轻干部选用力度，80 后领导人员占比同比提升 8.3 个百分点，选人用人满意度同比提升 2.2 个百分点。实施人才培养“三大工程”，1 人当选国家电网公司首席专家，新增省部级高端人才 59 人，培育数字化应用人才 3497 人。办好 6 项为职工办实事项目，1 人入围全国道德模范候选人，39 个集体、96 名个人获省部级以上综合性表彰。

主要事件

1 月 10 日，中共国网福建省电力有限公司第二次党员代表大会在福州召开。

1月12—13日，国网福建电力五届一次职代会暨2023年工作会议在福州召开。

1月21日，福建省委、省政府发布关于2022年为民办实事项目实施情况的通报，全省25项为民办实事项目全面完成。其中，国网福建电力新时代“双满意”工程为民办实事项目各项任务均超额完成，广大人民群众用电获得感、满意度显著提升。

2月1日，福建省委副书记、省长赵龙深入福州永泰闽清调研，来到闽江水口水电站枢纽坝下水位治理与通航改善工程现场，了解闽江航运建设情况。

2月28日，国务院安委会第17综合督导检查组到国网福建电力开展岁末年初安全生产重大隐患专项整治检查。

3月13日，国网福建电力党委中心组召开专题学习扩大会，第一时间传达学习贯彻全国两会精神。国网福建电力党委书记、董事长，全国政协委员阮前途传达了全国两会的基本情况，交流了参加全国两会的感受和体会。

4月12—13日，福建省委书记周祖翼深入南平市和福州市，沿着闽江源流，实地调研流域生态环境保护和绿色发展情况。期间，在水口水电站，大家重温电站建设发展的艰难历程和辉煌成就，周祖翼对发挥水口电站防洪防汛、保障航运、保护生态等综合功能提出要求。

4月24日，国网福建电力主办的2023数字中国创新大赛数据开发赛道能源大数据应用赛总决赛在福州举行。

4月28日上午，由国家电网有限公司主办，国网福建省电力有限公司、国网信息通信产业集团有限公司、福州市人民政府承办的第六届数字中国建设峰会智慧能源分论坛在福州举行。福建省人民政府党组成员康涛，中央网信办总工程师孙蔚敏，中国能源研究会理事长史玉波，国家电网有限公司副总经理、党组成员金炜，工信部信息技术发展司副司长江明涛出席论坛并致辞。智慧能源分论坛以“数字引领能源未来，创新驱动智慧发展”为主题，中国工程院院士沈昌祥、陈军，以及国家电网有限公司、中国电力设备管理协会、中国电气装备集团有限公司、清华大学、华为公司、国网福建省电力有限公司的嘉宾作主旨演讲。

6月6日，福州黄山综合加能站投运。

6月9日，在全国职工数字化应用技术技能大赛中，国网福建电力代表福建省参赛，在无人机操作员技能大赛中夺得团体一等奖，4名员工包揽个人总成绩前四名。

6月20日，由国网福建电力牵头申报的《金属和合金的腐蚀通电条件下金属导体材料的腐蚀测试方法》标准技术报告提案，获ISO/TC156“金属和合金的腐蚀”技术委员会批立项，国网福建电力国际标准工作取得零的突破。

6月20日，2023海峡科技专家论坛分会场——海峡两岸能源电力融合发展论坛在厦门举行。论坛由福建省科学技术协会指导，中国电机工程学会、国网福建省电力有限公司、台湾电力发展协会、台湾科技产业协会、台湾智慧型电网产业协会等联合主办。国网福建电力董事长、党委书记阮前途出席开幕式致欢迎辞，并在主论坛专家主旨报告会上作《加快构建新型电力系统　推进两岸能源融合发展》主旨报告。

7月10日，福建省委书记周祖翼、省长赵龙深入福州电力部门调研迎峰度夏工作，看望慰问坚守岗位的基层干部员工，并代表省委、省政府向全省各地奋战在高温一线的劳动者表示问候。周祖翼强调，要深入学习贯彻习近平总书记关于能源电力保供工作的重要指示精神，千方百计确保电力供应稳定安全，为福建高质量发展提供坚强的能源支撑。

7月26日，国网福建电力贯彻习近平总书记重要指示批示精神推进高质量发展工作会议在福州召开。

7月28日9:55，台风“杜苏芮”在泉州晋江沿海登陆。国网福建电力打响山区灾后抢修、沿海抗台风复电、省会洪涝抢险“三大战役”，累计投入抢修人员5.7万人次，仅用三天两夜全面完成抢修复电任务，创造了抢修复电新的福建速度。

8月15日，国家电网有限公司董事长、党组书记辛保安在福州拜会福建省委书记周祖翼，省委副书记、省长赵龙并举行会谈。双方表示，要坚持以习近平新时代中国特色社会主义思想为指导，全面贯彻落实习近平总书记重要讲话和重要指示批示精神，保障电力安全可靠供应，推动能源清洁低碳转型，加快构建新型电力系统和新型能源体系，奋力谱写全面建设社会主义现代化国家福建篇章。福建省委常委、福州市委书记林宝金，省委常委、常务副省长郭宁宁，省委常委、秘书长吴偕林，国家电网公司党组副书记庞骁刚等参加会见会谈。

8月15—16日，中央第五十一指导组副组长谭志博一行到国网福建电力开展主题教育工作调研，实地走访水口发电集团公司、国网宁德供电公司，指导推动主题教育走深走实。

9月28日，国网福建经研院入选福建省重点智库，成为国家电网公司系统首家获评省重点智库的单位，也是福建省重点智库中唯一的能源电力行业智库。

10月20—22日，东亚及西太平洋电力工业协会、中国电力企业联合会主办，国家电网有限公司等单位联合主办，国网福建电力等单位承办的第24届亚太电协大会在厦门举行。本次大会以“绿色低碳电亮未来”

为主题。国网福建电力董事长阮前途作题为《建设新型电力系统的探索与实践》的主旨演讲，提出国网福建电力打造“三大三先”省级高质量发展示范电网的目标，引发广泛关注。国网福建电力总经理蔡鸿贤在大会新能源合作论坛作题为《福建高能级配电网的探索与实践》的主题报告。

12月1日，国家电网有限公司总经理、党组副书记张智刚在福州与福建省委副书记、省长赵龙举行会谈。福建省委常委、常务副省长郭宁宁参加会谈。在闽期间，张智刚赴国网福建电力调研。

12月1日，中国首个国家级海上风电研究与试验检测基地开工动员大会在福建福州召开。国家电网有限公司总经理、党组副书记张智刚，福建省委常委、常务副省长郭宁宁，国家能源局能源节约和科技装备司司长刘德顺，中国华电副总经理、党组成员王绪祥出席会议并共同启动工程开工。福州市委副书记、市长吴贤德等出席会议。

12月6日，国网福建电力获评“国家知识产权优势企业”。

12月9日，福建金辉（集美）500kV变电站工程荣获2022—2023年度国家优质工程奖。

12月16日，国家电网有限公司福州—厦门1000kV特高压交流工程投运。

（刘丹青　黄　睿　陈春福　吴　量　陈桂新）

【浙江省能源集团有限公司】

企业概况　浙江省能源集团有限公司（简称浙能集团）成立于2001年，由原浙江省电力开发公司和浙江省煤炭集团公司合并组建。在习近平总书记9次调研集团重要指示精神的指引下，在历届浙江省委、省政府的坚强领导下，浙能集团坚持“发展能源为浙江”的宗旨，由单一发电企业拓展为电力、油气、能源服务三大产业齐头并进，氢能、储能和先进能源装备制造等培育主业稳步推进，跨区域、全品类的现代综合能源集团，是浙江省委、省政府发展能源产业的主抓手、能源合作的主平台、能源供应的主渠道、保障能源安全的主力军、能源科技创新的主引擎和环境保护的主战场。浙能集团首创的燃煤机组超低排放关键技术研发及应用荣获国家技术发明奖一等奖，是全国首个全面实现清洁化生产的大型发电集团。

截至2023年底，浙能集团有员工两万余人；总资产3322亿元，所有者权益1550亿元；控股浙能电力、宁波海运、浙江新能、中来股份等四家A股上市公司和新加坡上市公司锦江环境。发电总装机容量4189万kW，2023年发电量1876亿kWh，供应电煤6522万t，供应天然气119亿m^3。浙能集团统调煤机发电量和煤炭供应量常年占省统调发电量和电煤消耗量的一半以上，天然气供应量全省占比近七成。2023年，浙能集团荣列中国企业500强第162位，中国能源企业（集团）500强第29位。

领导班子

董事长、党委书记：刘盛辉

董事、总经理、党委副书记：倪震

董事、党委副书记：王其达

党委委员、纪委书记：王诗贤

副总经理、党委委员：柴锡强

副总经理、党委委员：杨敬东

副总经理、党委委员：谢伟

副总经理、党委委员：戴豪波

副总经理、党委委员：王穆君

党委委员、总工程师：滕卫明

党委委员、工会主席、职工董事：胡斌

组织机构　截至2023年末，浙能集团本部设有17个职能部门。下属控股、管理企业600余家。

党建工作　坚持以习近平新时代中国特色社会主义思想为指导，深入学习习近平总书记系列重要讲话和重要指示批示精神，特别是考察浙江重要讲话精神，全面贯彻新时代党的建设总要求，高站位开展主题教育，高标准实施“红色根脉强基工程”和“全企一体、双融共促”工程，以“六大提升”深化基层党建“三强”建设，引领企业高质量发展。

加强政治建设。认真开展“第一议题”和重大决策前专题学习，不断强化贯彻落实的跟踪问效和“回头看”督导闭环机制。坚持“循迹溯源学思想促践行”，深化集团“励企日”和主题学习周机制，坚持“六学”并举，做到“七进七促”。领导班子成员坚持“四下基层”，切实把调研整改成果转化成推动企业发展的硬招实招。“能源的饭碗必须端在自己手里——‘八八战略’的浙能实践”研究成果得到主题教育指导组肯定。

加强思想建设。加速培育国资国企新风尚，持续深化“能本”安全文化和“四廉”廉洁文化建设，在全国电力行业企业文化工作会议上作经验交流。“‘6S思想导航体系’提高企业思政工作实效性”入选中国政研会基层思想政治工作优秀案例。所属嘉华发电“红源展厅”被浙江省委组织部、省委党校确定为学习贯彻习近平新时代中国特色社会主义思想现场教学示范点。开设媒体专栏全面宣传全国劳动模范、浙江省“担当作为好干部”等先进典型，表彰浙能集团首批“最美浙能人”。

加强基层建设。高标准实施集团党建工作高质量发展举措，强化党建责任“四个体系”建设，扎实开展党建“六大提升”行动，深入推进基层党组织“四个项目”，四星、五星级党支部占比突破60%。以智慧党建实现工作“穿透式”管理，浙能集团数字党建系统在“数字中国创新大赛·数字党建赛道”203 个申报项目中名列第六。浙能集团团委被团中央授予“全国五四红旗团委”荣誉称号。

加强全面从严治党。紧扣“四责协同”和“五张责任清单”工作机制，推动形成“四交底一报告”和“部门履责‘八见’”工作有效做法。强化政治监督，运用数字化改革成果，以“线上筛查研判”与“线下实地抽查”相结合等方式推动监督落到实处。持续巩固“反腐倡廉全覆盖无盲区零容忍”专项行动成效。用好“3+1+5+N”大监督机制，狠抓制度执行，强化流程管控。深化最小清廉单元建设颗粒度，所属金华燃机、台二发电清廉建设特色做法获评 2023 年度浙江省“清廉国企创新案例”。

战略体系 浙能集团坚持以习近平新时代中国特色社会主义思想为指导，完整准确全面贯彻新发展理念，坚决落实中央及浙江省委省政府的决策部署、浙江省国资委的工作要求，聚焦高质量发展这一首要任务，审时度势、守正创新，研究提出了能源高质量发展战略，聚焦高质量能源保供和高质量绿色转型两大核心任务，推进高水平创新驱动、高水平改革赋能、高水平开放合作、高水平价值创造和高水平党建引领“五个高水平”，作为指导浙能集团长远发展的战略思路，不断增强核心功能、提高核心竞争力，全力打造世界一流专业领军示范企业，勇当新型能源体系建设先行者，谱写浙能集团高质量发展新篇章。

坚持稳中求进、坚定以进促稳，统筹做好能源安全保供和企业转型发展。坚持运用战略眼光和系统思维，深入开展事关浙能集团发展的重大问题研究，与外部智库加强协作，研究浙能集团中长期发展规划，深入谋划产业绿色低碳转型路径，高质量研究开展“十四五”规划中期评估调整。坚持服务战略大局，全面推进落实“三个一号工程”，在强力推进创新深化改革攻坚开放提升中打头阵、作示范、勇争先。“国企领建开放式打造亦‘企’亦‘研’白马湖省级实验室新模式”获浙江省改革突破铜奖。

企业发展 提速重大能源项目建设。全年完成投资 226 亿元。在建重大项目 22 个，纳入浙江省“千项万亿”工程 12 个。江苏竹根沙海上风电获国家优质工程奖，乐电三期、六横二期获评省扩大有效投资重点建设“红旗”项目。一批项目建成投产。乐电三期提前建成并创国内同类型机组最短合理工期记录，台州 1 号海上风电全容量并网发电，宁东 50MW 等 28 个风光电项目建成。一批项目加快推进。全速推进六横二期、镇海联合迁建、镇海燃机迁建、滨海四期等项目建设。一批项目核准开工。甘电入浙配套红沙岗煤电项目获核准，嘉兴四期、台二电二期核准开工，江苏丹阳渔光互补等项目开工。

全力推动绿色低碳转型。取得新疆阿克苏 37 万 kW、四川甘孜 50 万 kW 等一批新能源项目开发权。甘电入浙配套新能源基地化开发工作积极有为，完成合资平台公司组建。浦江抽水蓄能取得省政府颁发的封库令并具备核准条件。参股重大核电项目获得新进展。辽宁徐大堡核电一期开工，金七门核电一期获核准，三澳核电二期、三门核电三期具备核准条件。深入推进低碳项目示范。全国首个二氧化碳捕集与矿化利用集成示范项目进入全套调试阶段，大连造船风电制氢合成绿色甲醇项目签署合作备忘录。不断强化碳资产管理。牵头组建省 CCUS 创新联合体和国企低碳联盟。深化碳配额管理，完成第二个履约年度碳配额交易，积极储备碳汇资源。

人力资源 截至 2023 年末，浙能集团共有员工 23473 人。其中硕士研究生及以上学历 1764 人，本科学历 11390 人；高级职称 1330 人，中级职称 4610 人。

2023 年，浙能集团按照党内制度规范和上级要求，召开第三次党代会，平稳有序完成新一届浙能集团党委、纪委换届工作，确立了浙能集团下一阶段的战略布局、发展目标和工作重点。深化用工体制机制改革，全覆盖推进统一岗职体系和岗位任职资格体系落地，推动新旧用工机制衔接，打通职工各序列发展通道。开展第二轮全员竞争上岗，强化人岗匹配、人尽其才的用工机制，以激励导向充分激发企业内生动力。全面实施人才强企战略，推进平台、开发和服务“三位一体”人才工作体系建设，加大人才引育力度，全年引进国家海外高层次人才 6 人、新增 E 类及以上高层次人才 121 人。开展人才评价工作，新增 6 个职业自主认定资质、取得“新八级工”试点资质，高水平技术技能人才评审通过人数近 700 人，1 人获评特级技师。构建分层培养体系，全年招录选拔知名院校管培生 19 名。

安全生产 牢固树立安全发展理念，弘扬“生命至上、安全第一”的思想，健全全员安全生产责任制，强力推进防风险、除隐患、保安全、强供应，完成安全生产各项目标。

坚定安全发展理念。全年浙能集团系统各级党委 880 余次学习习近平总书记关于安全生产、防汛防台、防范重大事故等重要论述和指示精神，并结合主题教育，专题学习“贯彻总体国家安全观，平安护航亚运、统筹推进发展与安全”和《浙江省安全生产条例》，真正做到内化于心、外化于行。

完善安全制度体系。按照安全管理新要求，及时修订浙能集团《安全生产监督管理办法》等 7 项安全管理制度，系统各单位全年共修订近 1500 项，有力确保安全生产依法合规。发布浙能集团《安全生产标准化建设定级实施办法》《安全生产标准化提升方案》，全面推动集团安全生产标准化体系建设提升。

提升全员安全素养。开展全员安全教育、安全生产领导力、《浙江省安全生产条例》宣贯等培训，全年合计受训10万人次，全员安全责任、遵规意识持续提升。浙能集团安规抽考首次拓展至常委外包单位，共1000余位干部员工参加抽考，优秀率80%，保持较好水平。发布浙能集团《"能本"安全文化落地实施方案》，员工更加理解、认同"能本"安全文化。

强化双重预防机制建设。全年围绕安全生产隐患大排查大整治行动，深化"8+2"攻坚整治，开展燃气安全、水电站大坝安全提升、有限空间安全等8项专项行动，安全生产基础得到有效巩固。发布浙能集团高风险作业管控清单17份，涉及高风险作业千余项，通过调控作业时段、升级管控等方式有效强化高风险作业管控。

夯实应急处置能力。修订浙能集团《生产安全突发事件应急预案》，与属地政府联合开展海上风电人员落水、LNG储罐泄漏等应急演练，提升新业态应急处置能力，系统共开展各类应急演练7000多次，处突能力提升。参加多轮次国家级网络攻防实战演习，获得网信办、公安部表扬。

全省能源稳定供应有力保障。发挥能源保供专班作用，强化日常调度，全力开展缩出力整治，迎峰度夏（冬）前完成65台1743.7万kW发电机组检修、263台磨煤机轮修、59台次锅炉规范化检验，消除风机出力低、发电机振动大等一系列缩出力问题和安全隐患，克服全省用电负荷"六创新高"和寒潮、台风等不利影响，完成杭州亚运会等重要时段、关键节点能源安全保障。

经营管理 应对市场环境变化，坚持稳中求进、强化提质增效，坚决落实能源保供任务，围绕创效益目标，全力拓市场、降成本、强管理，促进企业高质量发展。2023年，营业总收入1700亿元，利润总额140亿元，分别同比增长1.4%与134%。

市场营销再创佳绩，全年电力市场零售交易电量529亿kWh，完成绿电交易8.1亿kWh，成交国内绿证3.9万张，国际绿证50万张，为亚运提供绿电超1亿kWh，碳减排9.5万t，助力打造"首届碳中和亚运会"。在营综合供能站245座、充电桩500台，成品油销售量138万t，同比增长48.9%。加快拓展船舶脱硫业务，实现年订单数和营收翻番。

资本运作成果显著，浙江新能完成再融资，全额募集资金30亿元，引入长江电力、云南能投等外部企业，股权结构进一步优化；培育上市企业，浙能燃气通过上市审核；浙能电力收购中来股份并实现经营融合。截至2023年底，浙能集团控股上市公司5家，合计市值992亿元。

资金管理持续优化。争取到煤炭清洁高效利用再贷款、成品油储备专项贷款等优惠贷款114亿元，下调145亿元存量贷款利率，综合融资成本再降49个基点。发行两期10年期中票及首单科技创新公司债，多次刷新同期最低利率。

科技创新 坚持人才为先、项目为王、开放为要，打造能源原创技术策源地，加快发展新质生产力。2023年浙能集团共申请专利及软件著作权641项、获专利授权423项、获省部级科技奖12项，其中浙江省科技进步奖二等奖3项。

白马湖实验室建设实现新进展。作为浙江省实验室唯一代表，在全省科技工作会议上作交流发言。围绕省"315"科技创新体系，聚焦"海–陆协同新型能源体系"，完善"139"科研布局。争创国家实验室浙江基地。挂牌低碳节能材料概念验证中心。推进CO_2捕集与利用研究试验基地、资源循环利用研究试验基地建设，光伏技术、电化学储能、数字能源联合实验室建设，滨江总部基地桩基工程完工，长兴氢能基地、新疆煤化工基地等建设快速推进，"一总部、多基地"空间布局初步构建。

创新生态构建呈现新气象。编制《浙能集团打造能源原创技术策源地行动方案》，白马湖实验室、科环集团、浙能技术研究院、迈领公司、浙能数科公司等申报浙江省原创技术策源地试点企业。浙能台二电、浙能能服、兴源节能获国家高新技术企业认定。迈领公司获国家专精特新"小巨人"企业认定。浙能数科公司、德清分布式能源等入选浙江省专精特新中小企业。推进浙江国资国企创新联合会各项工作，举办首届"领航者杯"创新大赛、6期"十联动"主题培训、"五走进"等系列活动。

创新成果取得新突破。"主动抑爆型智能化模块式加氢站系统""用户侧低品位蒸汽驱动的空气压缩机成套装置"获浙江省首台（套）装备认定。"国产氦膨胀制冷氢液化系统"获国家能源局首台（套）装备认定。建成万吨级煤电CO_2捕集与矿化利用示范。研发出CO_2少水胺吸收剂，能耗效率全球领先。研制出宽流道自洁板式换热器，获中国创新创业大赛节能环保领域第1名。研发出臭氧催化氧化成套技术，有效解决煤化工复杂废水处理难题。建成全国首个城燃–氢能制储掺输分用一体化示范。研制出CO_2与氢合成绿色甲醇燃料，首次应用于亚运会主火炬。研制出N型TOPCon电池片，实验室转换效率达26.7%，刷新世界纪录。迭代升级"锂电快导"材料技术，三元锂、磷酸铁锂电池循环寿命提高17%。研发出水系锌储能电池，性能国内领先，启动金融融资及产业化推广。研制出高功率、大容量镍氢储能电池，在枣泉电厂成功示范，并推广应用至电梯、港口等领域。

节能减排 推动企业绿色低碳转型发展，能效对标工作由煤电机组向水电、光伏等可再生能源企业稳步拓展，节能减排工作持续深化。各项节能指标均居国内同行业较好水平，浙能集团4台火电机组获得全国火电机组能效对标竞赛“优胜机组”称号，5台火电机组获得全国发电机组“可靠性对标标杆机组”称号，以2.7%的煤机装机容量占比获得10%可靠性对标标杆机组称号。水电机组和光伏电站首获中电联5A优胜机组称号，2台水电机组、5个光伏电站获得“优胜机组”称号。

清洁低碳转型加快推进。推进可再生能源发展，谋划海上风电、抽水蓄能等可再生能源项目。2023年，台州1号海上风电全容量并网发电，宁东50MW等28个风光电项目建成。兰溪电厂CCUS示范项目建设进入全套调试阶段。

节能减排继续走向纵深。乐电三期 2×1000MW机组建成，六横二期、镇海联合迁建计划2024年内建成，嘉兴四期、台二电二期等进入全面建设阶段，一批清洁高效机组投产或建设，煤电生产绿色低碳能力不断提升。发布浙能集团《“三改联动”五年规划》，推进降低能耗技术改造，系统策划“三改联动”稳步实施。根据规划要求，全面推进节能降耗、机组灵活性及供热改造，完成浙能嘉华7号机增效扩容、浙能乐电1号机全负荷脱硝、浙能温电7、8号机供热二期等一系列“三改联动”改造。

环保指标控制持续向好。深入贯彻浙能集团“双碳”目标决策，开展碳排放数据管理专项核查，细化企业数据内部质量控制和质量保证要求，定期公开披露信息，接受社会监督。浙能集团燃煤机组主要污染物超低排放达标率超99.9%，电价补贴100%获得。度电二氧化硫、氮氧化物、烟尘排放量分别为64、117、6mg/kWh，继续领先。通过加强机组启停阶段运行管控，做好环保设施维护，氮氧化物超标时间仅35h，同比下降20.4%。亚运会期间浙能集团省内统调燃煤电厂、非统调燃煤电厂按超低排放限值60%、70%要求运行，完成护航亚运会环境质量工作要求。

数字化建设 围绕数字经济高质量发展要求，全面推进数字技术与能源产业的深度融合，深化数字化“132”工程建设，提升浙能集团数智化水平。

数字赋能提质扩面。推广建设ERP、新OA、干部管理、数字化监督、产权管理、基建数智化、智慧工地等系统。数字驾驶舱实现“一屏总览”，智慧供应链一体化平台实现了采购全流程数字化“一网通办”。资金信用风险管理系统获国务院国资委智能监管业务模型创新活动“杰出应用奖”。“数字煤炭2.0”平台在煤炭购销成本测算分析、价格预测、智能调度方面提供更完善、便捷的服务。浙江天然气交易平台全年累计完成线上天然气交易量45.4亿m^3，获得2023年浙江省数贸协会主办的第三届浙江数字贸易创新应用优秀案例三等奖。石油销售信息系统实现采购、批发、物流、零管系统的投运验收，覆盖全省245座综合供能服务站。

产业数字化步伐加快。智能电厂在萧山电厂、滨海热电、凤台电厂等推广应用并取得进展，完成萧山电厂数字联合控制中心、4号和5号机组一键启停优化、电气二次智能运检等系统的建设。完成港口公司煤场斗轮机全自动无人化改造，煤场作业效率和储运能力有效提升。建成海上智慧风场平台，实现嘉兴海上风电72台风机的智能优化控制。智慧能源管理平台在浙能集团综合能源调度中心大厦应用，实现多能源优化调配和梯级利用，自产绿色能源超过大楼总用能的30%。

数字技术提优增能。数字党建系统荣获数字中国创新大赛数字党建赛道三等奖；数字风控、数字监督平台成果入选全国内审数字化转型“领航”优秀案例；董事会系统在16家省属企业推广应用，上榜浙江国资国企重大改革“揭榜竞优”优秀改革实践案例名单。研发的能源领域特种机器人、时序数据库、“一网智防”等数字化产品成功走向市场。研发时序数据库平台入选浙江省信创优秀应用示范案例。

网络安全提标育强。发布《网络安全三年行动计划（2023—2025）》，完成国家级和省级5次网络攻防实战演习任务，国家“护网行动”连续3年成绩优异。培养网络安全人才队伍，持证人员达到115名，成立信创适配验证实验室。

工会工作 深化推进“1+2+5*X*”浙能工会改革创新体系建设，强力推进工会组织创新深化改革攻坚开放提升，助力服务企业高质量发展和服务职工高品质生活。

凝心铸魂体现新担当。组织创作并出版职工原创报告文学《正道沧桑——浙江能源发展纪事》。创新“守好红色根脉·班前十分钟活动”，制定《领讲员星级评定管理办法》，评定星级领讲员228名，1个案例获浙江省优秀案例展评比赛金奖。全年推送“浙江能源娘家人”微信公众号文章575篇，点击阅读达265万人次，入选全国企业工会新媒体传播力排行榜和省总工会新媒体排行榜前十。

深化改革打造新样本。出台《关于推进新时代浙能产业工人队伍建设改革“十大再提质行动”的实施方案》。台州发电厂实训基地入选浙江工匠学院实训基地，阿克苏热电获省级产业工人队伍建设改革“最佳实践单位”，浙能集团作为唯一一家国有企业代表在全省深化非公产改工作现场推进会上作交流发言。开展产改工作评价，综合满意率99.2%，同比提升0.9%。

2023 年，浙能集团高技能人才占一线技能人才 35.5%，相比产改前提升了 19.2%，提前两年实现浙江省产改“十四五”规划目标。

创新创效激发新活力。召开庆祝“五一”国际劳动节暨 2023 年劳动和技能竞赛动员大会。开展“争当三个先锋　引领提质增效”劳动竞赛、浙能集团第一届职工职业技能运动会 2023 年度竞赛 183 项和重点工程立功竞赛 11 项。1 个工作室获省最具影响力劳模工匠创新工作室。牵头成立“新型能源体系建设劳模工匠创新工作室联盟”并入选 2023 年省优秀劳模工匠创新工作室联盟。浙能天然气集团获“浙江省五一劳动奖状”，浙能碳资产公司碳资产管理部获“浙江省工人先锋号”；1 位职工获全国五一劳动奖章、浙江省劳动模范，1 位职工获全国工会系统劳动模范，1 位职工获“最美浙江人·最美工匠”。

职工服务展现新作为。下拨“双节”送温暖活动专项资金 208 万元，慰问留企过年职工、困难职工、劳模工匠等 5400 余人。开展“送福进万家　温暖浙能情”“美丽学堂”“浙工缘·浙么能约”等活动。阿克苏热电入选第三批提升职工生活品质全总试点单位，北海水电职工书屋获“全国工会职工书屋示范点”。浙能集团获中国红十字人道勋章、全国慈善会榜样宣传推荐活动爱心企业、第二届“长三角慈善之星”。1 个站点获全国总工会“最美工会户外劳动者服务站点”。召开浙能集团文联体协第三次代表大会，举办浙能集团第二届职工运动会闭幕式，4 位职工入选杭州亚运会、亚残运会火炬手，浙能集团获“2023 年中国职工体育赛事与活动先进单位”。

强基赋能实现新提升。召开浙能集团第三届第一次职代会、浙能集团工会第三次代表大会。制定《浙能集团工会助力推进职工安全生产十条举措》，做好职工防暑降温和劳动保护工作，下拨高温慰问补助 329 万元。积极践行“三化”工作法，“三化”项目全年共计结题 62 项。开展“浙能汇”智慧工会功能升级，完成统一待办、统一权限、统一开发三大平台对接工作。

国际合作　杭州亚运会期间，浙能集团负责亚运会期间卡塔尔政要代表团相关接待工作，并完成工作任务。2023 年底，浙能集团参加第二十四届亚太电协大会，向世界阐述了浙能集团绿色理念和“亚太区域能源命运共同体”主张，获得积极反响。2023 年，浙能集团持续开拓海外项目，其中巴西 Aurora 光伏、印尼 SDE 煤矿项目等通过浙能集团审议并进入合同谈判阶段。

主要事件

2 月 20 日，浙能集团 2023 年度工作会议暨第三届第一次职工代表大会在杭州召开。总结盘点 2022 年全年工作，分析研判当前形势，研究部署 2023 年重点任务，动员浙能集团系统上下团结奋斗、奋发有为，全力打造“六四三工程”，为中国式现代化浙江新实践提供坚实的浙能保障。党委书记、董事长胡仲明作了题为《全面贯彻落实党的二十大精神，在奋进中国式现代化新征程上贡献浙能力量》的讲话。

4 月 17 日，浙能集团团委被共青团中央授予“全国五四红旗团委”荣誉称号，成为 2022 年度浙江省属企业中唯一获此荣誉的团组织，这也是集团团委第二次获此殊荣。

4 月 28 日，浙江省 2023 年庆祝“五一”国际劳动节暨表彰劳模先进大会在省人民大会堂隆重举行，浙能集团所属企业和职工荣获多项荣誉。其中，浙能乐清发电公司维护部副主任徐仙华荣获“全国五一劳动奖章”“浙江省劳动模范”，浙能天然气集团荣获“浙江省五一劳动奖状”，浙能碳资产管理公司碳资产管理部荣获“浙江省工人先锋号”。

5 月 4 日，浙江省委书记易炼红在杭州开展主题教育课题蹲点调研。实地走访了白马湖实验室，他希望白马湖实验室能聚焦世界科技前沿和经济主战场，展现国企和高校共建特色，推动科技创新、产业升级，助力聚集人才、加快成果转化，形成相得益彰的效果。

5 月 15 日，国务院国资委公布“科改行动”“双百行动”两项国企改革专项行动扩围深化名单。浙能集团旗下浙江省新能源投资集团股份有限公司首次列入国务院国资委“双百企业”名单，成为浙江国企新增的 5 家“双百企业”之一。浙能集团总入围数量居浙江省属国企前列。

6 月 13 日，浙江省“千项万亿”重大工程、省重点工程——浙能集团乐清电厂三期工程 6 号机组通过 168h 满负荷试运行、正式投运。至此，乐清电厂三期工程 2 台 1000MW 级机组在迎峰度夏前实现“双投”，提前完成省政府下达的投产目标。

6 月 19 日，浙能集团总部通过参与绿电交易，实现浙能集团总部大楼 100%绿电供应。绿电绿证交易对构建以新能源为主体的新型电力系统具有重要的支撑作用。浙能集团已累计为杭州亚运会提供绿电超 1 亿 kWh，助力减少二氧化碳排放约 9.5 万 t。

8 月 16 日，青藏高原腹地，浙能嘉黎县仓康 50MW 光伏储能项目开工，标志着浙能“逐光”足迹首次来到世界屋脊。西藏那曲是全世界海拔最高的地级市，该项目场址所在地平均海拔 4750m，项目装机容量 50MW，运行期多年平均发电量约 7100 万 kWh。建设投运后，每年预计可节约标煤 2 万 t，减少二氧化碳排放 6.5 万 t，二氧化氮 250t，烟尘 293t，具有较好的社会环境效益。该项目是浙能集团在西藏通过竞争配置开发建设的第一个新能源项目，也是浙能集团建设的第一个高海拔光伏电站。

9 月 7 日，由中国电力企业联合会、中国就业培训技术指导中心联合主办，浙能集团承办的第十四届全国电力行业职业技能竞赛（汽机本体检修工）在宁波浙能镇海发电公司落幕。浙能集团 2 队获团体第一名，浙能集团 1 队、浙能集团 3 队获团体二等奖，庞庆获个人第一名、陆冬磊获个人第四名，庞庆等 9 名队员均获 “电力行业技术能手”称号，赛后庞庆将由中国电力企业联合会向人力资源和社会保障部申报“全国技术能手”称号。

9 月 20 日，中国企业联合会与中国企业家协会在“2023 中国 500 强企业高峰论坛”发布中国企业 500 强榜单。浙能集团位列第 162 位，较 2022 年排名上升 26 位，这是浙能集团连续第 16 年登上该榜单，收获近十年来最高排名。会上还同时发布了中国服务业企业 500 强等各项榜单。浙能集团荣登中国服务业企业 500 强榜单第 56 位，较 2022 年排名上升 14 位。

10 月 28 日，在杭州亚运会、亚残运会赛事期间，浙能集团作为全省能源保供的“主力军”和“压舱石”，全力以赴做好能源安全保障工作，累计发电 71.5 亿 kWh。完成“护航亚运”能源保供任务。

12 月 27 日，浙能集团甘肃有限公司在兰州揭牌成立，作为浙能集团开拓甘肃省能源市场的主平台，标志着浙能集团省外最大综合性能源基地建设迈入全新阶段。是浙能集团优化产业布局、推进绿色低碳转型的现实需要，是加大“走出去”力度取得的显著成果。

（韦晓丹　王　瑾　周起凡　罗　天　颜佳晓　王坚毅　胡　戎　黄坤昌　史学海　张　睿　李清毅　蒋振超　顾明杰　董盈艳）

【申能股份有限公司】

企业概况　申能股份有限公司（简称申能股份）前身为创立于 1987 年的申能电力开发公司，1993 年 4 月申能股份股票上市（股票代码 600642），为全国电力能源行业第一家上市公司，总股本 49.12 亿股。申能股份主要从事电力、石油天然气的开发、投资、建设和运营业务，为综合能源供应商。截至 2023 年底，申能股份总资产 942 亿元，净资产 413 亿元。

电力产业：申能股份电力项目涉及燃煤发电、天然气发电、抽水蓄能、核电、风电及光伏发电等领域。截至 2023 年底，申能股份控股装机容量达 1694.7 万 kW，其中非水可再生能源控股装机容量 512.2 万 kW，占总装机比重的 30.2%；控股火电企业各项技术经济指标及节能环保指标居于行业领先地位，其中上海外高桥第三发电有限责任公司于 2014 年荣获国家能源局唯一颁发的“国家煤电节能减排示范基地”称号，平山二期 135 万 kW 机组国家示范项目，是当今全球单机容量最大、能耗最低的火电机组，在国际上首创高低位布置方式的双轴二次中间再热发电机组，同时采用申能股份旗下上海申能电力科技有限公司一系列具有自主知识产权及专利的节能减排创新技术，机组设计供电煤耗为 251g/kWh，性能试验供电煤耗（THA 工况下）249.31g/kWh 水平，为全球最节能的火电机组，2018 年被国际电力大会授予“全球清洁煤领导者奖”，上海申能崇明发电有限公司荣获亚洲电力“2019 年度最佳环保升级奖”。

油气产业：控股的上海石油天然气有限公司负责东海平湖油气田项目的建设和经营，曾连续 15 年被认定为上海市高新技术企业；自投产至 2023 年底，累计生产原油和凝析油 475.40 万 t、天然气 74.80 亿 m^3。投资的上海天然气管网有限公司负责上海地区唯一的天然气高压主干管网系统的建设和运营，高压管道总长度近 900km，年供气量近 100 亿 m^3。全资子公司新疆申能石油天然气有限公司、申能油气（深圳）有限公司分别负责新疆塔里木盆地柯坪南 2566km^2 油气区块和南海珠江口盆地 1017km^2 油气区块的勘查和开发。

其他业务：控股的上海申能电力科技有限公司通过推广应用煤电节能减排系列专利技术，为新建和存量机组提供节能优化服务，其中徐州华润一台 320MW 亚临界机组实施高温亚临界综合升级改造后供电煤耗降低至 281.9g/kWh，且实施的深度调峰技术实现了 19%负荷下连续安全、稳定、环保运行；控股的 2 家售电公司积极推进售电业务和“售电＋综合能源服务”业务，售电业务推广至宁夏、安徽、新疆等多个省份，分布式供电项目多个已投产或在建；介入上游煤炭贸易、运输等领域，相继组建燃料公司及航运公司，形成煤炭购销、运输专业化管理；参股中天合创煤化工项目，拓宽能源产业链；寻找、稳步推进差异化国际贸易和海外能源项目投资开发，增强公司发展后劲。

资本运作：注重发挥上市公司平台作用，有效进行资源整合及配置，树立了良好的市场形象，上市以来进行了多次影响较大、意义深远的金融创新和资本运作：第一批入选上证 180、沪深 300 以及上证红利指数样本股的电力类上市公司；第二批股权分置改革试点单位及股改后第一家再融资的企业；第一家高比例配股、国有股回购公司；2018 年入选明晟（MCSI）新兴市场指数；2019 年入选富时罗素概念指数；2021 年实施针对员工的限制性股票激励工作。

领导班子

董事长：华士超

党委书记：刘炜

副董事长：奚力强

党委副书记、总裁：陈涛

党委委员、副总裁：余永林

党委副书记、纪委书记、系统工会主席：刘先军

副总裁、董秘：杨波

组织机构 本部设有14个职能部门，共有全资和控股企业26家，参股企业26家。

企业管理 2023年申能股份坚持以安全为基础，能源保供扎实有力，经营效益显著增长，产业结构不断优化，高质量转型发展持续深化，综合竞争力显著提升。

产业新发展格局逐渐形成。新能源、新兴能源发展迈上新台阶，战略性新兴业务前瞻布局，电源结构清洁绿色转型进一步加快；清洁高效电力增添新动能，“135”国家示范项目树立全球清洁煤电新标杆；稳步实施油气勘探增储，油气资源接替取得新突破。

深化管理改革，助推转型发展提质增效。强化市场化意识和运作，建立项目激励约束机制；深度实施集约化转型，进一步进行优化调整和体制机制改革；深化标准化体系建设，推动管理效能提升。

安全管理 2023年申能股份系统未发生人身死亡事故、设备事故、火灾事故、环境污染事故和交通事故，未发生对社会造成不利影响的事件，未发生网络安全事件。申能股份系统扎实落实全员安全生产责任制，开展安全风险分级管控和隐患排查治理双重预防机制建设，结合重大事故隐患专项排查整治行动，推动安全生产治理模式向事前预防转型，提升防范与化解事故风险的能力，夯实安全生产基础，保障电力、热力和石油天然气等能源的连续生产和稳定供应。2023年安全生产标准化达标评级全面展开，申能股份系统火电企业均实现安全生产标准化一级达标。上海外高桥第三发电有限责任公司获得“全国电力安全文化建设精品工程”称号，上海外高桥第三发电有限责任公司、上海申能崇明发电有限公司、上海申能奉贤热电有限公司获得“上海市安全文化示范企业”称号。

生产经营 2023年经营业绩大幅增长，净利润创历史新高，实现营业收入291.42亿元。

2023年完成控股发电量551.1亿kWh，同比增长2.6%，创历史新高；市场化交易电量411.6亿kWh；上海地区控股发电量占上海市发电市场的32.5%；控股供热量1289万GJ，同比增长15.6%；油气产量17.2万t油当量。

2023年新增非水可再生能源控股装机容量83.3万kW，累计达512.2万kW，同比增长19.4%；分布式光伏发电项目迎来爆发式增长，投产装机容量同比增长450.5%。

电力建设 推进项目拓展，抓住国家及有关省级规划建设机遇，发展非水可再生能源，培育发展新的经济增长点，2023年一批电力项目建成投产，风力发电项目新增控股装机容量79MW，光伏发电项目新增控股装机容量755MW，另有多个新能源、新兴能源在建及前期项目，其中，海南CZ2海上风电项目取得重大进展，通过国务院用海审批，创造了“十四五”期间第一批通过自然资源部审批、海南省第一批获得国家批复正式开工、“十四五”期间海南省第一个取得核准等多个“第一”。

市场交易 深入做好市场交易工作，完善控股售电公司市场开拓工作，两家控股售电公司新增多家优质电力用户，2023年实现代理电量市场份额全市第一。推进绿电、绿证交易，绿电交易份额上海领先，满足上海企业绿色消费需求，用户黏性高，市场影响力大、认可度高。响应低碳号召参加碳市场，是全国碳排放权交易市场首批交易企业。

科技创新 紧盯行业前沿，激发企业内生动力，研发电力改造技术、电力新兴业务关键技术，巩固能源技术创新高地，推广清洁高效煤电技术，主动布局新能源科技创新，助力能源产业高质量发展，2023年共取得各类知识产权51项。

2023年，申能股份开展上海市战略性新兴产业发展专项资金项目“改造机组适应新型电力系统的高效灵活性发电装备国产化关键技术研究”、上海市科学技术委员会“外三发电CCUS中试项目”，完成中华人民共和国工业和信息化部高技术船舶科研项目“海上风电制氢及综合利用关键技术和工程示范”立项，完成上海市经济和信息化委员会“能源全景工业互联网数字化管理平台项目”、上海市科学技术委员会“新建百万千瓦燃煤机组节能减排关键技术应用示范”项目结题验收，“煤电升级改造技术方案比选及上海高温亚临界综合升级改造技术推广研究”荣获2023年上海市国资委系统企业优秀课题成果评选二等奖，上海外高桥第三发电有限责任公司CCUS中试项目获评第二十五届高交会上海展团最佳技术奖，“平湖油气田深部高温高压油气藏勘探开发关键技术研究”课题获得上海产学研合作优秀项目奖。国家重大示范工程“1350MW新型高效洁净燃煤发电国家示范项目”通过国家能源局示范内容专家验收，树立全球清洁高效煤电新标杆。上海申能临港燃机发电有限公司获评上海市2023年度市级智能工厂。

加强产创融合、产学结合，深化重点院校合作，以试验和示范项目为依托，积极培育新兴业务领域研发团队，重点研发和应用碳捕集与利用、微网与储能、分布式供电、海上风电等关键技术。

国际业务 全球“净零”行动持续推进，风、光机组占比持续提升。顺应全球能源转型趋势，重点跟踪海外新能源项目开发领域，研究东南亚、欧洲和澳洲等重点国家的新能源项目投资机会，为后续打开海外市场奠定了良好的基础。

信息化建设 深入推进数字化转型工作，加强数字化工作顶层设计。制定颁布《申能股份数字化转型规划与推进方案》，优化数字化转型路线。推进重点数字化转型项目，“智慧燃料系统”上线试运行，通过数字化和智能化，实现全面整合、打通燃料业务全过程管理；发布“管理驾驶舱”，根据指标体系选取特色典型数据进行分析场景的展示；进一步优化完善“风光储信息系统”，截至2023年底，共完成65个新能源场站的接入工作，接入装机容量达 4197.1MW，存量场站覆盖率100%（不含分布式光伏）；建设“安全生产可视化平台”，提升安全生产和运维检修等作业的安全性、及时性、规范性和可追溯性；扎实推进基建数字化平台、智慧能源管控平台、智能工厂和无人值守场站等数字化项目建设，助力公司业务发展。

网络安全管理方面，建立自查和现场检查相结合的常态化管理机制，完成多项网络安全自查和监督检查工作，加强重要信息系统的安全保障能力。通过加强培训和演练，提升安全技术和管理水平，并采取多种措施保障网络安全。基础设施管理方面，加强硬件监测，确保办公系统的安全稳定。应用深化和安全运维方面，建立稳定的访问机制，保障业务开展。

节能环保 重视生态环境工作，落实国家和地区生态环境保护法律、法规、规章等相关要求，承担污染防治主体责任，坚持党政同责，一岗双责，强化责任意识，担当意识。建立环保监督网络，健全以排污许可为核心的环保监督管理体系，明确系统单位各部门环境保护管理和监督职责，落实企业各级环保的主体责任。2023年，申能股份系统火电企业实现污染物超低排放，各发电机组脱硫、脱硝、除尘设备全部运行正常，烟尘、二氧化硫、氮氧化物全年平均排放浓度均优于国家排放标准，全年供电标准煤耗284.4g/kWh，烟尘平均排放浓度为 1.73mg/m^3，二氧化硫平均排放浓度为18.79mg/m^3，氮氧化物平均排放浓度为29.06mg/m^3。同时推进节能环保技改项目，有效降低污染物排放总量，2023年公司系统火电企业共减排二氧化硫约21.42万t、氮氧化物约2.3万t，综合脱硫效率在99%以上，综合脱硝效率在87%以上。继续助力生态文明建设，持续实施污泥掺烧工作，实现城市污泥减量化、无害化、资源化处理。

响应国家“双碳”目标，上海外高桥第三发电有限责任公司成为上海首批获得碳管理体系评定的电力企业，荣获“中国工业碳达峰领跑者企业”等荣誉，领跑低碳发展，推进 CCUS 中试项目环评及招标工作。

人力资源管理 强化靶向施策，树立选人用人“正导向”。围绕领导干部修养、能源低碳转型和数字化赋能等课题，提升干部队伍的政治素养、管理思维和综合能力。开展公司系统干部人才工作专项调研，深入分析公司系统干部人才队伍现状，努力发掘一批政治素质好、业务能力强、发展潜力大、群众认可度高的优秀干部人才。加强后备干部及年轻人才的动态管理。着眼干部管理机制优化，激发系统上下履职担当、争先进位的内生动力。

着眼因才适用，搭建人才培养“大舞台”。立足人才工作实际，成立人才交流平台，举办系列活动，鼓励广大人才发挥专业所长，拓展综合素养。探索构建员工职业发展“三通道”机制，打通企业管理、专业技术、操作技能三类人才的晋升渠道。深化跨系统、跨部门、跨专业的人才交流，依托驻外项目、重点工程、专项工作等，组织优秀年轻骨干轮岗交流锻炼。做好人才储备培养，推进“菁才计划”落实落地，用好内外招聘“双渠道”，优化人才结构配置。

深化精细管理，用好激励约束“指挥棒”。开展申能股份系统岗位职级体系建设工作，提升人力资源管理效能。推进任期制契约化管理和目标责任书签约全覆盖，细化任务指标，强化责任传导。统筹兼顾系统企业职能属性、功能定位、市场环境等多元化要素，探索建立系统企业分级管理机制，完善经营业绩考核体系，推进市场化激励，强化年度重点工作任务的推进落实。

工会工作 申能股份系统工会紧密围绕“绿色电力先锋企业”目标和年度重点工作任务，发挥工会组织优势，把握关键、靠前作为，通过组织开展劳动竞赛、技能练兵和主题活动等，团结动员全系统职工立足岗位勇争先、奋发进取创一流，以主人翁姿态推动公司高质量发展行稳致远。

坚持服务中心。把学习贯彻习近平总书记考察上海重要讲话精神作为鲜明主题，把各项重点工作作为突出主线，首次开展“建功新时代伟业　赋能高质量发展”主题活动，通过劳模帮带、工匠培育等7大行动，激励全体职工在能源保供、绿色发展和管理优化等工作中谋新篇、开新局。全年，申能股份系统荣获“全国五一劳动奖状”1个、“上海市五一劳动奖状”1个、“上海市五一劳动奖章”1名。

坚持岗位建功。深化群众性创新创造活动，举办申能股份系统电气专业技术比武。围绕集控运行、设备检修、燃煤掺烧等领域，指导系统企业开展各类劳动和技能竞赛，营造“比学赶帮超”的浓厚氛围。在广大技能人才立足岗位、争创一流的持续努力下，申能股份系统新增“上海市工匠创新工作室”1个、“上海工匠”1名、上海市职工合理化建议优秀成果和上海市职工先进操作法创新奖各1个。

坚持安全红线。贯彻落实市总《关于各级工会组织促进安全生产工作的意见》，组织申能股份系统职工

100%参与“安康杯”竞赛活动，在安全生产中切实发挥工会组织的监督作用。结合“安全生产月”活动，推进安全生产重大事故隐患专项排查整治行动，开展“安全格言征集”“我为安全献一计”和“安全生产大家谈”等，显著增强职工队伍的安全意识和安全技能。首次签订《维护劳动领域政治安全工作责任书》，促进申能股份系统劳动关系和谐稳定。

坚持关怀职工。以职工身心健康为工作出发点，组织劳模先进、一线职工参加市总疗休养，看望慰问大病、困难职工。举办职业病防治专题培训，加强夏季防暑、冬季防寒等职工劳动保护。开展创意美食大赛、“申享”及“看上海、品上海、爱上海”主题系列活动，不断增强职工的获得感、幸福感。

坚持自身建设。完成系统工会换届选举工作，指导淮北发电基地、上海石油天然气有限公司、新兴能源公司等完成工会组建或换届，夯实工会组织根基。开展2021—2022年度工会工作先进评选，1名工会干部获评上海市“优秀工会工作者”。配合市委巡视，推进党委巡察整改要求落实落地，督促相关企业工会认真做好专项检查、年度审计整改等工作，提高工会工作的规范化水平。

党建工作 申能股份党委坚持以习近平新时代中国特色社会主义思想为指导，全面贯彻落实党的二十大和二十届二中全会精神，以党的政治建设为统领，以“绿色电力先锋企业”为目标，在扛牢保供责任、深化低碳转型和提升管理质效等各项工作中着力发挥党委把关定向作用，为推动公司高质量发展提供坚强保证。

加强思想政治建设。深入开展学习贯彻习近平新时代中国特色社会主义思想主题教育，深入学习贯彻习近平总书记考察上海重要讲话精神，严格落实“第一议题”制度和中心组首学导读机制，开展集中学习与读书班，与上海机场（集团）有限公司、光明食品（集团）有限公司和上海城投水务（集团）有限公司等多家单位开展共学互鉴。聚焦申能股份战略规划和重点工作，制定主题教育专项课题，开展专题调研，制定整改措施，切实把学习成果转化为推动高质量发展的生动实践。

发挥把关定向作用。切实把党的领导融入公司治理各环节，全年共召开党委会28次，审议决策党建工作、干部人事、人才培育等议题，前置研究企业发展、安全工作、项目投资等事项，专题研究部署“135”国家示范项目专家验收，油气勘探增储，集中式、分布式包括户用光伏等新能源项目开发建设，机场项目、光明项目等综合能源服务拓展，安全生产标准化体系建设，数字化转型等重点工作，做到党的领导与企业治理有机融合。

夯实党建工作基础。组织开展“深学笃行二十大，先锋引领促发展”年度党建主题活动，推动各级党组织在破解企业发展难题、完成年度重点任务中打开思路、担当作为。深化“一党委（总支）一品牌、一支部一特色”建设，在申能股份党委“申先锋”党建品牌的示范带动下，创新凝练“廉动力”申能股份廉洁品牌，完善党建品牌创建和管理机制。加大双体系、全覆盖党建考核模式的应用，开展年度党建工作责任制专项检查，推动基层党建工作规范化、制度化。举办“强基提素质　赋能当先锋”党务系列专题培训，提升全系统党务工作者的专业能力。

推动全面从严治党。将管党治党摆在突出位置，配合做好新一轮市委巡视，全面客观反映真实情况，做到以高度的政治自觉诚恳主动接受巡视监督。研究制定申能股份年度全面从严治党责任分工，推动“四责协同”机制落实。研究制定政治监督重点工作清单，推动纪委监督责任具体化、精准化、常态化。开展落实中央八项规定精神和供应商管理专项检查，推动采招领域专项整治全覆盖，提高监督治理成效。

加强人才队伍建设。举办首届申能股份党委管理干部培训班，提升干部队伍的政治素养、管理思维和综合能力。开展申能股份系统干部人才工作专项调研，深入分析申能股份系统干部队伍现状。优化干部队伍年龄结构。深化关键岗位人员竞聘上岗，推动公开竞聘机制向专项工作和系统企业中层管理岗位延伸；深化跨系统、跨部门、跨专业的人才交流，组织优秀年轻骨干轮岗交流锻炼；创新成立“申聚荟”人才交流平台，举办申能股份首次英语知识竞赛、电气专业技术比武、电价沙龙和油气论坛等系列活动；采用“揭榜挂帅”方式组建申能股份4个综合能源服务重点项目组。

传承优秀企业文化。围绕庆祝申能股份上市30周年，开展“三十而立　向上而‘申’”系列活动，举办9场横跨沪皖宁3地、近1500名员工现场观摩的“申能故事”巡演。开展“‘童’‘申’相映护成长”能源知识进校园活动，在沪青蒙5所校园中开展公益宣讲，有力扩大申能品牌的影响力。强化宣传引导，全年“申之能”微信公众号共发布各类宣传报道273篇，其中近百篇稿件得到集团号、报、刊登载，党委荣获“大宣传”工作优秀组织奖。

主要事件

1月18日，海南省委书记沈晓明一行莅临洋浦申能电气风电新能源装备产业项目现场视察。省委常委、秘书长巴特尔，副省长倪强，儋州市委副书记、市长邹广等陪同。沈晓明对申能股份取得的工作成效给予了充分肯定，要求申能作为新能源龙头企业，要以洋浦新能源产业园为依托，加强项目谋划、实施和服务，落地一批标志性产业项目，为海南新能源产业集聚和儋洋一体化发展贡献积极力量。

2 月 9 日，申能股份与中海石油（中国）有限公司在北京签署合作合同。申能集团党委书记、董事长黄迪南，申能集团副总裁、申能股份董事长华士超，中国海油党组书记、董事长汪东进，中国海油总经理助理孙大陆等出席会议并见证签约。

3 月 26 日，中国能源学会多位院士专家莅临申能淮北发电基地考察调研 1350MW 机组国家示范项目。院士专家们围绕机组创新技术进行了探讨交流并一致认为，1350MW 机组运用了多项创新技术，刷新了世界最低供电煤耗纪录，走出了一条有中国特色的电力自主创新的道路，为中国煤电的绿色低碳转型战略做出了成功的示范。

7 月 25 日，上海市生态环境局党组书记唐家富一行赴公司开展工作调研，围绕能源保供、清洁能源发展、“无废城市”建设等方面，共商推动城市绿色低碳发展。唐家富希望申能要做好能耗双控向碳排放双控转变的探索，推进传统能源升级改造，加大新能源发展力度；要大力推进“无废城市”建设，探索固废资源化利用，减少污染物排放，为上海经济社会绿色转型贡献申能力量，要践行生态文明理念，参与上海市碳普惠体系建设，彰显申能绿色低碳企业形象。

8 月 11 日，安徽省委常委、常务副省长费高云在淮北市委常委、常务副市长汪继宏等领导的陪同下，来到申能淮北发电基地专题调研产业发展、能源保供、安全生产等工作，实地参观基地国家示范项目展厅，1350MW 机组高低位汽轮机平台和集控室等生产现场。费省长强调要持续做好当前迎峰度夏电力保供工作，坚持供需两端发力，注重精准调度和挖潜增效，抢抓支撑性电源项目建设，开展重大事故隐患专项排查整治，强化专业技术支撑，健全完善长效机制，切实提升本质安全水平。

10 月 30、31 日，申能安徽平山电厂二期工程通过国家能源局委托、电力规划设计总院组织的工程示范内容专家验收工作，为 1350MW 机组建设划上句号，成为申能股份乃至全国火力发电历史上的里程碑。申能集团副总裁、申能股份董事长华士超在会上致辞。国家能源局电力司黄河清处长在讲话中回顾平二示范工程的建设历程，机组高质量完成建设，通过长期运行检验，为践行国家“双碳”目标，走绿色、低碳可持续发展道路提供了借鉴意义，发挥了示范作用。

12 月 14 日，申能股份上市 30 周年资本市场推介会暨 2023 年三季度业绩说明会在上海证券交易所上证路演中心举行。申能集团副总裁、申能股份董事长华士超等公司领导班子成员及相关职能部门负责人等出席活动。

（高理想）

华 中 地 区

【国家能源局华中监管局】

基本情况 国家能源局华中监管局（简称华中能源监管局）是国家能源局在华中区域的派出机构，接受国家能源局的垂直领导，依据国家能源局的授权履行区域电力等能源行政执法职能。经中编办批准，原华中电监局于 2013 年 11 月更名为华中能源监管局（2014 年 1 月正式挂牌），设于武汉市，目前主要负责湖北、江西、重庆、西藏四省（市、区）的电力等能源监管工作。

主要职责：在所辖区域内，监管电力市场运行，规范电力市场秩序；监管电网和油气管网设施的公平开放；监管电力调度交易，监督电力普遍服务政策的实施；负责电力等能源行政执法工作，依法查处有关违法违规行为，监督检查有关电价；负责除核安全外的电力运行安全、电力建设工程施工安全、电力工程质量安全的监督管理以及电力应急和可靠性管理，依法组织或参与电力安全生产事故调查处理；负责组织实施电力业务许可以及依法设定的其他行政许可；负责协调有关跨省、跨区能源监管业务，负责法律法规授权以及国家能源局下达或交办的有关事项监管。

领导班子

党组书记、局长：任育之

党组成员、副局长：庞猛

党组成员、纪检组长：黄锟宁

主要工作

1. 综合施策，保障能源安全稳定供应

强化供需监测预警，落实保供“日报告、周分析”要求，开展度夏度冬电力保供综合督查。强化供应能力提升，持续跟踪跨省跨区输电通道、大型电源等项目推进情况，及时发现并报告存在问题。开展电煤中长协签订履约情况专项监管，显著提升履约率。做好许可服务，促进重大电源项目尽早发电。强化市场机制保供，推动华中省间调峰及备用市场高效运营，省间最大互济电力最高达 300 万 kW，累计互济电量超 2

亿 kWh，建立华中东四省及川渝藏跨省电力应急调度机制，省间最大应急支援电力达 150 万 kW。强化设备运行治理和电力二次系统安全管理，督促发电企业加强机组非停治理、机组并网运行管理和设备安全隐患排查。加强电力设备事故、事件提级监管，督促业主深刻汲取各类事件教训，切实提高电力设备安全运行水平。

2. 精耕细作，推进高标准市场体系建设

统筹区域和省级市场建设，编制华中区域电力市场建设方案，构建区域市场体系。建立区域电力市场协同监管机制，明确工作职责和重点任务清单。印发华中新版“两个细则”，建立湖北源网荷储调峰规则，完善电力调峰辅助服务市场机制。正式运行新版华中省间调峰市场、湖北调频市场。制定华中区域发电机组投入商业运营及退出细则，研究容量电价考核实施细则。会同四川办推动川渝辅助服务市场成交电量突破 2300 万 kWh。印发西藏电力中长期交易方案，推动成交可再生能源发电 7 亿 kWh。正式运行西藏“两个细则”，实现中长期和电力辅助服务管理体系全覆盖。

3. 压实责任，筑牢电力安全生产防线

召开华中电力安委会工作会议，统筹部署监管工作。落实“季会周报”制度，组织重大事故隐患专项排查整治，推动 19 项较大风险销号，指导 6 家企业完成液氨替代改造，督促消除安全风险 5.5 万项，安全隐患 9.7 万项。开展大坝安全提升行动，帮扶 2 座乙级大坝提升至甲级。组织开展跨省跨区电力支援互济应急演练。会同地方电力管理部门开展春检等专项检查，节假期间开展暗查暗访，督查企业 56 家次，下发整改通知 43 份，约谈通报企业 16 家次，处罚 8 家；会同地方能源主管部门发文、执法，形成省市县齐抓共管合力。

4. 履职尽责，监督能源政策规划落实

高质量完成综合监管任务，牵头做好甘肃电力领域综合监管，查找问题 545 项。完成辖区调节性电源综合监管，发现问题 42 项。完成“十四五”规划目标任务实施情况专项监管，现场督查省级能源主管部门和 18 家能源企业。开展可再生能源发展规划中期评估，查核煤电气电规划建设发现问题整改。组织农村电网巩固提升工程中央预算内投资计划实施情况专项监管，助力乡村振兴。深入开展煤电规划建设和改造升级专项监管，督促支撑性保障性煤电项目按期建设投产，持续推进煤电机组“三改联动”，促进煤电清洁高效灵活低碳发展。

5. 深化改革，做好资质许可及信用工作

深化“放管服”改革，以告知承诺制有效降低许可准入门槛。强化事后监管，随机抽查 340 家企业，印发 70 余份整改通知书，注销 65 家条件不符企业。强化专项监管，开展告知承诺制履行情况信用专项监管、持证企业许可条件保持专项清理，立案查处 8 家企业，责令 14 家限期整改，撤、注销 103 家企业证件。召开年度信用工作会，推进体系建设，归集不良信息 29 条，修复 12 家企业记录。

6. 真抓实干，持续优化用电营商环境

坚持人民至上理念，重点解决群众用能急难愁盼问题。化解用电矛盾，对 12398 热线反映和重点监管发现问题，采取责令整改、监管约谈、行政处罚等措施督促整改闭环，办结投诉举报 516 件，群众满意率 96.5%。推进频繁停电专项整治，现场督导南昌等 6 地市问题整改，督办完成 50 个重点问题，治理频繁停电线路 2054 条，台区 6571 个，完成率 92.5%。核查湖北、江西供电可靠性数据，发现并责令整改 773 条、2.25 万时户数错漏数据。

7. 动真碰硬，保持行政执法查处力度

印发实施《华中源监管局行政处罚程序实施办法》，形成行政处罚工作全局“一盘棋”良好局面，行政处罚机制持续优化。强化重点领域行政执法工作，着力强化对违反电力调度交易规则、扰乱市场秩序、用户受电工程“三指定”等违法违规行为的调查处理力度，切实维护市场主体合法权益，全面提升群众反映强烈、社会普遍关心问题的解决质效。全年立案调查 25 件，行政处罚决定 20 起，罚没金额 328.3 万元，行政执法监管权威进一步树立。

（张　宇）

【国家能源局河南监管办公室】

基本情况　国家能源局河南监管办公室（简称河南能源监管办）是国家能源局派驻河南省的监管机构。

主要职责：监管电力市场运行，规范电力市场秩序；监管电网和油气管网设施的公平开放；监管电力调度交易，监督电力普遍服务政策的实施；负责电力等能源行政执法工作，依法查处有关违法违规行为，监督检查有关电价；负责除核安全外的电力运行安全、电力建设工程施工安全、工程质量安全的监督管理以及电力应急和可靠性管理，依法组织或参与电力生产安全事故调查处理；负责电力业务许可及依法设定的其他行政许可；负责法律法规授权以及国家能源局下达或交办的有关事项监管。

领导班子

党组书记、监管专员：王笃奎（至 2023 年 8 月）

党组成员、监管副专员：王朝晖

党组成员、资质管理处处长、一级调研员：韩红林

组织机构　内设综合、市场监管、行业监管、电力安全监管、资质管理、稽查等 6 个处。

主要工作

1. 保障能源电力供应

一是聚焦供需形势分析基础，落实国家能源局“日排查、周报告、月总结”制度，每日汇总分析全省电力供需、电煤和负荷变化情况。二是聚焦市场机制抓手，落实发电机组非计划停运和出力受阻监管要求，持续加大机组并网运行管理考核力度，实现度夏高峰煤电机组“全开机、零非停”，出力受阻率最低降至5%，顶峰能力同比提升 200 万 kW。三是聚焦跨省区调剂重点，通过积极汇报国家能源局、河南省委省政府，协调扩大跨省区电力交易，将天中直流电力通过青豫直流转送豫南，协同华中局扩大跨省余缺调剂，提高豫南电力保障供应能力，午、晚高峰中长期签约外电量以及购入外省总电量均创历史新高。四是聚焦电网调度关键，印发《关于加强地方电厂发电并网运行监管促进电力保障供应的指导意见》，充分挖掘地方电厂顶峰发电能力。及时分析研判电网安全稳定运行和电力保障有关情况，协调解决有关问题。

2. 推动绿色低碳转型

一是打造农村能源转型发展河南样板，指导兰考县政府研究制定《兰考县农村能源革命创新示范行动方案》，启动兰考县域可调负荷资源参与辅助服务市场，督导省电力公司建立分布式源网荷储协同控制平台，构建兰考县域新型电力系统示范区，以农村能源革命助力富民强县建设。二是支持储能等新业态有序发展，会同省发展改革委促请省政府出台《关于加快新型储能发展的实施意见》，制定《河南新型储能参与电力调峰辅助服务市场规则》，督导调度机构和交易中心制定新型储能调度运行办法和容量租赁交易规定，逐步建立健全促进储能发展的市场机制。三是推动传统火电机组转型发展，率先在南阳鸭河口电厂开展全国首台火电机组增加调相功能改造，建设动态无功平衡辅助服务市场，已正常运行满一年，实现度夏度冬顶峰发电保供应、春秋期间动态无功支撑保安全的双模式运行。

3. 服务民生用能需求

一是扎实做好频繁停电专项整治，建立健全工作管控机制，开展问题排查梳理，紧盯供电薄弱地区整治，完成重点问题整治 1268 项，全省用户停电次数同比减少 10.3%，12398 频繁停电投诉事项同比降低72.7%。二是扎实推进“获得电力”服务水平监管，通过健全与国网河南省电力公司定期座谈交流机制、督促电力企业持续做好电压质量数据统计分析和信息公开工作、推动解决增量配电企业反映事项，提升全省“获得电力”服务水平。三是扎实做好重点时段民生用电保障情况监管，与国网河南省电力公司建立重点时段保障用电协调机制，确保全国“两会”、重要活动、中高考、节假日期间 12398 能源监管热线投诉事项得到妥善解决。针对 2022 年麦收期间出现的“烂场雨”问题，立即行动，督导供电企业治理用电隐患 977 处，提供抢收夜间临时照明装备 1629 套，发电机 496 台，全力服务“三夏”生产。

4. 推进电力市场建设

一是中长期市场持续优化完善。实现按工作日连续开市，年度、季度、月、旬和日等周期全覆盖，电量交易缩短至 $D-2$ 日，信息披露和电量结算进一步规范，2023 年市场化交易电量 2358 亿 kWh，创历史新高。二是巩固深化电力调峰辅助服务市场。完善交易规则，推动将 10kV 及以上分散式风电和分布式光伏等新能源纳入辅助服务范畴，提升调峰能力和电网调节能力。2023 年调峰辅助服务累计启动 340 天，最高挖掘调峰能力 1088 万 kW。三是推进电力现货市场试点。河南为第二批现货试点，先后开展三次调电试运行，现货市场规则体系逐步完善，技术支持系统基本建成，市场主体参与意识逐渐增强，在试运行期间，电网运行安全稳定，市场运转平稳有序，达到试运行预期目的。

5. 提高安全监管水平

一是做好重要时段值班值守工作。督促全省电力企业加强全国“两会”、杭州亚运会等重要时段应急值班值守，严格落实 24h 值班和信息“零报告”制度，确保电力安全生产信息畅通。二是深化重大事故隐患排查整治。会同河南省能源局印发行动方案，对新乡、平顶山等 10 个地市 30 家企业重要设备和重大建设项目开展现场督查，对受检企业下发整改通知书，督促企业做好问题整改。三是加强电力运行安全治理。强化电网安全风险管控和机组检修运行管理，开展熔盐储热专项排查治理、防洪度汛安全管理和突发事件应对，确保安全生产形势稳定。四是开展水电站大坝安全提升专项行动。会同地方能源主管部门对南阳天池、新乡宝泉等 3 家在运水电站开展现场督查，督促企业做好问题整改，提升大坝安全管理水平。

（任泉州）

【国家能源局湖南监管办公室】

基本情况 2006 年 4 月 26 日，国家电力监管委员会华中监管局长沙监管办公室挂牌成立；2010 年 7 月，更名为国家电力监管委员会湖南省电力监管专员办公室（简称湖南电监办）；2013 年国务院机构改革，将原国家能源局、国家电力监管委员会的职责整合，重新组建国家能源局，2013 年 12 月 7 日国家能源局湖南监管办公室（简称湖南能源监管办）挂牌成立。

主要职责：负责监管能源规划、计划、产业政策和重大项目的执行情况，负责对取消和下放的能源行政审批项目的后续监管，监管节能减排和资源综合利用等工作；监管电力市场运行，规范电力市场秩序；监管电网和油气管网设施的公平开放；监管电力调度交易，监管电力普遍服务政策的实施；负责电力等能源行政执法工作，依法查处有关违法违规行为，监督检查有关电价；负责除核安全外的电力运行安全、电力建设工程施工安全、工程质量安全的监督管理以及电力应急和可靠性管理，依法组织或参与电力事故调查处理；负责组织实施电力业务许可以及依法设定的其他行政许可；负责法律法规授权以及国家能源局下达或交办的有关事项监管。

领导班子

党组书记、专员：银车来

党组成员、副专员：刘志成

党组成员：李德刚

组织机构 湖南能源监管办下设综合处［机关党委（纪委）办公室］、市场监管处、行业监管处、电力安全监管处、资质管理处、稽查处。

主要工作

1. 严格落实政治责任，电力供应保障有力

一是积极发挥“探头”作用。密切跟踪分析电力供需形势，建立保供期“日排查、周报告、月总结”机制，多次向国家能源局专题报告，主动向省委、省政府汇报能源供需形势，从切实提高网内供应能力、更多争取外来电、加强需求侧响应等方面建言献策。二是发挥市场机制作用。印发《关于加强市场监管 助力迎峰度夏全省电力供应保障工作的通知》，落实10项重点举措，电煤中长协履约率进一步提高，新能源在保供中发挥积极作用，最大出力达991万kW，创历史新高。三是凝聚保供合力。加大保供期间发电机组并网考核力度，督促电网公司积极争取外购电，对重点企业开展保供督导，推动企业落实主体责任。全年全社会用电量约2276亿kWh，电网最大负荷4165万kW，电力供应平稳有序。

2. 服务构建新发展格局，推进能源低碳转型

一是加强“十四五”能源规划落实监管，落实重点项目监测措施，开展“十四五”能源规划目标任务年度实施情况、煤电规划建设改造升级专项监管，支持新能源发展，全省可再生能源装机超4000万kW，新能源装机突破2200万kW。二是开展湖南新能源发展现状及问题分析。对省内新型储能项目建设运行和参与电力市场情况、储能集控中心建设和运营等情况开展现场调研，指导调度机构完善新能源有序消纳原则，持续加大跨省跨区清洁能源引入力度。三是加强新型储能调用监管。印发《湖南电网独立新型储能调用监管评价实施细则》，提出新型储能调用原则和节能要求。全省可再生能源发电量1059亿kWh，占全社会用电量46.5%。

3. 坚持市场化改革方向，电力市场运行平稳

一是着力优化中长期电力市场。开展电力市场运行情况调研，提出减小月度电量偏差“三项措施”，探索建立中长期市场与现货市场衔接机制。二是推进辅助服务市场建设。印发《湖南电力辅助服务市场交易规则（2023版）》，组织制定调频辅助服务市场规则，研究调整抽水蓄能参与调峰辅助服务方式。全年中长期合同电量1268.7亿kWh，占全社会用电量55.7%，疏导火电厂电煤成本约90亿元，辅助服务市场机制增发清洁能源电量37亿kWh。三是加强市场秩序监管。发挥厂网沟通交流平台作用，坚持每月召开交易会商会，通报情况、分析问题、协调解决市场矛盾，确保市场平稳运行。

4. 深化安全专项整治，安全形势持续稳定

一是加强电力安全监管工作研究部署和推动落实。党组会议专题研究制定年度电力安全监管重点任务，4次研究推动电力安全监管工作，班子成员带队开展安全督查23次。召开部分企业主要负责人座谈会，将企业主要负责人履职情况纳入执法检查重点内容。二是开展重点监管、专项整治。开展重大事故隐患专项排查整治行动，推动企业完善双重预防机制建设。开展电力建设施工与检修安全重点监管，对重点项目全覆盖安全督查。组织省内16家火电厂、41座水电站安全交叉检查，督促整改问题800余项。三是严格安全执法。对51家企业开展现场安全督查，印发整改通知书44份，集中通报2次，监管约谈企业3家，处罚4起，罚没金额80万元。

5. 强化稽查执法，推进提升优质服务水平

一是开展低电压、频繁停电共性问题专项整治，将40项问题纳入重点督办清单，推动全部整改销号。二是持续推进提升“获得电力”服务水平，对9个地市开展情况“回头看”，印发《关于进一步提升“获得电力”服务水平 完善长效机制建设的通知》，督促电网企业开展全覆盖自查自纠，针对性完善惠民长效机制。三是积极服务企业民生。全年办理12398热线工单899件、投诉举报307件；办理许可事项831项，许可服务“好差评”满意度100%；对12家企业违法违规行为采取行政处罚措施，罚没金额105万元。

（李红艳）

【国家能源局四川监管办公室】

基本情况 国家能源局四川监管办公室（简称四川能源监管办）是国家能源局派驻四川的机构，因国家机构改革，在原国家电力监管委员会四川监管办公室基础上设立，于2013年12月16日正式挂牌。

主要职责：作为国家能源局派驻在四川的能源监管机构，代表国家能源局履行国家层面监管事权，负责四川省辖区范围内能源监管工作的具体实施，履行

电力市场监管、电力安全监管、能源行业监管三项基本职责。具体职责：监管电力市场运行，规范电力市场秩序；监管电网和油气管网设施的公平开放；监管电力调度交易，监管电力普遍服务政策的实施；负责电力等能源行政执法工作，依法查处有关违法违规行为，监督检查有关电价；负责除核安全外的电力运行安全、电力建设工程施工安全、工程质量安全的监督管理以及电力应急和可靠性管理，依法组织或参与电力事故调查处理；负责组织实施电力业务许可以及依法设定的其他行政许可；负责法律法规授权以及国家能源局下达或交办的有关事项监管。

领导班子

党组书记、专员：何淑兰

党组成员、副专员：周思扬

党组成员：张毅

组织机构 设综合处、市场监管处、电力安全监管处、行业监管处、资质管理处、稽查处。

主要工作

1. 提高政治站位，坚持不懈推进政治机关建设

（1）坚持和加强党对能源监管工作的全面领导。把坚定拥护“两个确立”、坚决做到“两个维护”作为最高政治原则和根本政治责任，以党的政治建设为统领，全面推进党的各项建设，做到旗帜鲜明讲政治，既走好贯彻党中央决策部署的“最初一公里”，又在落实国家能源战略规划政策的“最后一公里”发挥“利剑”作用。

（2）扎实开展主题教育。牢牢把握“学思想、强党性、重实践、建新功”的总要求，多措并举推动主题教育取得常态长效。一是固本培元学思想、强党性。组织多层次全方位学习研讨，引导党员干部理解把握蕴含其中的世界观、方法论和贯穿其中的立场观点方法，将其转化为以高质量监管推动能源高质量发展的有力实践。二是贯通推进主题教育与监管工作。围绕夯实电力安全监管齐抓共管工作格局、提升电能质量保障民生用电和促进燃气发电健康发展等重点工作，针对性开展3项调查研究，清单化推进13项问题检视整改，提出39条整改措施确保全部按期清零，开好民主生活会和组织生活会，确保标本兼治、取得实效。三是始终做到监管为民、为民监管。在频繁停电专项整治中，按照国家能源局的统一安排部署，督导四川省、市两级34家供电企业按期完成17项重点督办问题整治，并建立长效工作机制，分步推进频繁停电专项整治，乐山市文豪路居民区和“丁真家乡”然日卡村频繁停电整治工作得到国家能源局的肯定。结合四川实际，针对性开展降低12398投诉率专项整治，对民生用电影响较大、投诉量较多的企业，采取针对性措施，先后发出通报13份、约谈15家，实施精准监管、重点监管和“说清楚”专项督导，倒逼供电企业提升供电服务水平。2023年，四川12398投诉量较2022年减少401件，投诉率降低44.11%。

（3）锻造敢于斗争、善于斗争的过硬队伍。涵养风清气正、干事创业的政治生态，持之以恒加强干部队伍政治历练、思想淬炼、实践锻炼、专业训练，为监管工作提供坚强保障。努力把好导向树起来、把好本领练出来、把好作风立起来。组织专题研究全面从严治党工作，狠抓全面从严治党主体责任清单23条具体责任67项具体任务贯彻落实。开展干部队伍教育整顿、纪检干部队伍教育整顿及违规接受吃请专项整治，确保头脑清醒，做到令行禁止，党组书记与全体青年干部面对面畅谈，帮助扣好廉洁从政“第一颗扣子”，开展集体廉政谈话，引导党员干部以自身的干净铸就“亮剑”的勇气。

2. 服务大局，担当作为完成各项监管工作

（1）打赢迎峰度夏、成都31届世界大学生运动会保供“攻坚战”。把迎峰度夏（大运会）保供工作作为首要任务，强化底线思维、极限思维，积极应对2023年四川复杂多变的电力保供形势，全面加强能源供需监测预警与分析研判，为国家能源局及省政府防控风险、化解矛盾提供决策参考。特别是聚焦民生供电的薄弱环节，把国地网交叉供电区域、12398投诉集中区域、非停问题突出的发电企业和省间电力互济关键通道等作为重点，成立工作组分赴9个可能存在供电卡口、2022年发生民生限电舆情的市州实施现场检查，发现问题83项，在属地部门配合下，全部完成整改闭环。迎峰度夏（大运会）期间，四川办当好“信息员”、守住安全和民生用能两条底线，确保四川电力供应安全稳定，未发生责任事故、限电事件和负面舆情，得到国家能源局的肯定。

（2）打好电力安全监管齐抓共管“组合拳”。在四川安全属地责任落实后，一方面不折不扣落实“法定职责必须为”的要求，做到标准不降、力度不减；另一方面，凝聚属地和行业力量，共保一方平安，四川电力安全监管工作取得积极成效。一是监管效率大幅提升。会同省、市、县三级属地部门，联合开展检查130余次，用时不到1个月就完成了水电站大坝安全等年度重点监管任务。二是非现场监管能力有效增强。发挥智慧监管平台作用，精准实施差异化监管，对四川装机容量5万kW及以上在运水电站和21家省级公司的安全管理水平做到了然于胸，以有限监管实现了有效监管。三是问题整改成效明显。发挥属地部门就近就便优势，下发监管任务书46份，督促其现场核验问题整改情况，确保真改实改。

（3）推动行政执法提质增效。分析研究行政执法

工作存在的短板弱项，对照权责清单，采取有力措施，提升行政执法工作质效。一是让执法有精度。建立月度通报机制，每月通报各处室开展行政执法工作及运用行政执法手段情况，剖析薄弱环节，拿出对策措施，增强执法本领。2023年，对62家单位开展监管约谈，同比增长51%；印发监管文书56份，同比增长81%。二是让执法有温度。坚持整改在前、处罚在后，对监管对象苗头性、倾向性问题及时“敲警钟”“拉袖子”，做到治未病、除小病、防大病，切实让监管对象心服口服，四川办所办案件没有一起行政复议或行政诉讼。三是让执法有力度。聚焦电力安全监管等重点领域，结合年度重点监管任务，借力打力啃下“硬骨头”、打赢“攻坚战”，达到事半功倍的效果。2023年处罚金额创四川办历史新高。

（4）守正创新抓好行业监管。聚焦贯彻国家能源战略规划政策、保障能源安全供应等重点任务，主动作为，精准发力。一是纠正地方政府违反国家能源政策行为。着眼国家能源局“十四五”期间在川规划布局的1200万kW燃机项目建设有序推进，开展专题调研，发现个别市州违规增加企业用气成本等违反天然气管网公平开放精神及相关规定的行为，主动向国家能源局和省政府报告，得到了省领导高度重视，并责令及时纠正了违反国家能源政策的不当行为。二是深化油气领域监管。把天然气用气结构专项监管作为贯彻国家石油天然气市场体系改革精神的有力抓手，对四川2家主要油气企业及其所属单位实施现场检查，发现6个方面25项问题，开展监管约谈，并下发整改通知书，督促企业整改问题，切实规范了油气市场秩序，促进公平竞争。三是开展燃煤机组大数据监管。动态监管全川11家统调煤电企业25台燃煤机组的七大类45项具体指标，加强燃煤机组监管监测，确保燃煤机组发挥关键作用。

（何承斌）

【国网湖北省电力有限公司】

企业概况 国网湖北省电力有限公司（简称国网湖北电力）是国家电网公司的全资子公司，以建设、管理、运营湖北电网和服务湖北经济社会发展为主营业务，截至2023年底，有本部职能部门21个，所属单位35家，直供直管县级供电企业84家；用工总量7.1万人，用电客户3187万户。2023年，国网湖北电力业绩考核首次实现国家电网A+，排名第4。完成发展总投入252.06亿元，其中国网湖北电力投入208.16亿元，同比增长9.12%；售电量2288.68亿kWh，同比增长3.18%；营业收入1483.77亿元，同比增长1.51%；利润10.27亿元，同比增长9.72%；线损率4.59%，同比下降0.01个百分点；资产总额1751.36亿元；资产负债率60.57%；全员劳动生产率80.47万元/（人·年），同比增长12.10%。全年获得公司、湖北省委省政府领导同志批示118次。获评国家电网公司首批产改示范单位。

电网概况 湖北电网是三峡外送的起点、西电东送的通道、南北互供的枢纽、全国联网的中心，通过6回直流和20回交流共计26回线路连接省（区）外电网，5回±800kV直流从湖北穿境而过，已经成为全面承接特高压输送电能、以1000kV电网为核心、以500kV电网为骨干、以220kV电网为主体、110kV及以下电网覆盖全省城乡的现代化大电网。截至2023年底，湖北电网220kV及以上变电站266座，变电容量14473万kVA，220kV及以上输电线路888条，长度34722km。湖北全口径发电装机容量11114.65万kW（含三峡2240万kW），同比增长17.78%。其中，水电、火电装机容量分别占34.12%和35.97%，风电占7.53%，太阳能占22.38%。全年发电量3195.79亿kWh，同比增长2.90%。

人力资源 推进人才队伍建设，锻造高素质干部队伍。树牢“重实干、重实践、重实绩”的鲜明导向，提出有想法、有行动、有创造、有业绩、敢为、善为、能为“四有三为”内涵要求，明确作风建设“十要十不要”，出台建设“四有三为”干部人才队伍意见，开展首次评价考核，营造出“给奋进者舞台、为成就者喝彩”的氛围，做到了让把心思花在干事上、力气下到落实上、本事用在创业上的干部“香起来”，让吃苦不叫苦、干事不避事、担责不塞责的干部“红起来”。培育高层次人才队伍。国网湖北电力所属超高压公司胡洪炜获大国工匠年度人物提名，信通公司罗弦、冯浩和送变电公司黄代雄分别当选国家电网公司首席专家、工匠、楷模，6名员工获评国家电网公司劳模，7名员工获评荆楚工匠，新增省部级人才44人次，获省部（行业）级以上竞赛个人奖111人次。

电网建设与发展 坚持电力先行，加大各类资源要素投入，推动各级电网协调发展。规划前期高标准推进。修订《湖北电网规划建设改造技术原则》，为规划建设提供标准化实用指南，累计对9245项工程进行方案检查和优化，避免设备反复改造、推倒重建，从规划源头保障电网运行安全性、投资经济性。对接湖北省区域发展布局，编制“武鄂黄黄”全国首个都市圈电网发展规划纲要，推动夷陵、孝感北等12项发展急需的重点项目增补纳入国家电力规划，确保电网发展与湖北经济社会发展同频共振、同向而行。重点工程高水平建设。攻坚“四线两站”特高压工程，促成国家电网公司与湖北省政府签订战略合作框架协议，举办金上—湖北±800kV特高压直流工程、湖北通山抽水蓄能电站开工动员大会，1000kV驻马店—武汉工程贯通、按期投产，1000kV武汉—南昌工程长江大跨越施工完成，华中特高压交流环网指“日”可待。500kV汉水、赤壁变电站以及黄州低压交直流混合新型配电网等一批重点工程建成投运，鄂州数字化配电网工程入选国家电网公司综合示范。与武汉市建立世界一流城市电网建设政企主要领导“双组长”制，打响三年攻坚、集中开工101个重点项目。全年累计投产110kV及以上输电线路2428km，变电容量1026万kVA。新调度通信楼获评“鲁班奖”。服务新能源高质量发展。全年完成新能源并网1230万kW，居国家电网系统第5，新能源装机容量突破3300万kW，占比29.9%，规模和占比分别同比提升58.7%和7.7个百分点，推动省内煤电灵活性改造累计完成2680万kW，达到“十四五”计划的95%，年度新能源消纳率98.59%。

经营管理 业扩报装净增容量3076.72万kVA，同比增长11.18%；电动汽车充电量首次突破“3亿”达到3.39亿kWh，同比增长93.67%；省管产业、新兴产业分别实现营收280.03亿元和13.32亿元，同比增长4.12%和49.71%；减少带息负债节约利息1.61亿元，压降实物库存6.2亿元、压降率超40%。支持政府出台新能源竞配储能方案、分布式光伏全过程管理办法等20余项支持性政策，以及政府将长江岸电资产、优化营商环境等政策性投资计入定价成本。首次实现全年零违规事件，依法维权避免和挽回损失3.16亿元，新发触电伤害案件创历史新低，合规体系建设成果获第二届电力企业合规管理特等奖。系统内率先完成特高压审计问题整改，获全国内审先进集体。三项制度改革经验被国资委国企改革简报推介，完成省管产业纳入国资监管改革任务；在第二批试点省份中率先启动现货市场长周期结算试运行，全省新能源参与竞价规模居国家电网系统第2；作为华中区域唯一单位获评国网子企业优秀董事会。

安全生产 扛牢保供首要之责。超前打好开源引电、强网固安、挖潜控荷“组合拳”，实现新增内外常规电源历史最多、电煤库存和水电蓄能历史最高、机组非停受阻历史最低、跨区受电历史最大，成功应对最大负荷突破夏季5000万kW、冬季4300万kW的双关大考。度夏高峰期支援西南、华东等地区40余天，合计电量5.5亿kWh，成为国家电网公司对外支援电量最多的省公司。广大干部员工战高温、斗洪灾、顶风霜，攻坚夺取雨雪冰冻、强降雨、泥石流等抢险救灾遭遇战的全线胜利。强化管理穿透之治。坚持眼睛向下，以直面问题的态度开展安全、服务、舆情双周讲评“点人点事”，实现“点评一案、纠治一类、警醒一片”，推动压力上肩、责任生根，各级领导和管理人员安全履责次数同比增长25%；狠抓无票无计划作业、高处作业失去保护等专项治理，周计划、日计划执行率常态保持在98%、99%以上，实现总部督查严重违章全年零报告、百个现场违章查处率下降37%。夯实本质安全之基。开展重大事故隐患专项排查整治、防范大电网安全事故以及防鸟害、用户安全等各类治理，排查各类问题隐患2.7万余项，梳理出正常接线方式下134起五级电网风险，制订落实整改措施。完成国网湖北电力发展史上技术含量最高、规模最大的直流技改工程，投运34年的“神州第一站”葛洲坝换流站旧貌换新颜。承办国家电网公司安全文化建设现场会，实践案例获评全国电力安全文化建设精品工程。

科技与信息化 激发创新“第一动力”。召开创新大会，发布创新驱动高质量发展16条举措，聘请5名院士组建专家咨询委员会，构建“国家电网公司重点实验室、各单位攻关实验室、基层职工创新工作室”三级科研体系，打造科技创新、管理创新和优秀、高级、杰出“两类三级”创新型人才体系，国网湖北电力首个湖北省重点实验室“区域新型电力系统及农村新型能源体系构建”获批。实现科技成果转化收益1.28亿元。牵头获得省部级科技奖15项，立项ITU、IEEE国际标准3项，发布2项；1项成果获全国企业管理现代化创新一等奖，5项获国际QC成果最高金奖。国网湖北电力所属湖北省超能电力公司、华中科技公司分别入选国家级专精特新“小巨人”企业和国务院国资委“科改示范企业”。增强数字“先导力量”。印发数字化建设管理办法，出台信息系统“四统一”技术规范，强化数字化转型企业级统筹。建成静态“电网一张图”，保供技术支持系统、生产管控作业系统、新一代应急指挥平台等一批应用建成上线。组建8支数字化王牌部队，开展数据治理攻坚行动，推动“数据主人制”全覆盖，主配电网数据完整率100%，准确率分别达99%和97%。完成标准型数字化供电所建设全覆盖。

优质服务 优化营商环境。对接湖北“51020”现代产业体系建设，超前服务8485个亿元以上集中开工项目，保障早接电、早投产。推广“三零”“三省”服务，全年为50万户高低压客户节约办电成本45亿元。落实湖北省政府以控制成本为核心优化营商环境部署，建立购电协同管控和后评价机制，完成政府下达的降低社会用能成本任务。聚力攻坚红线外投资政策落地，3个月内实现全省“14+91”市县政策出台全覆盖，让好政策真正惠企利民。服务民生措施有力。发布“鄂电红马甲”统一服务品牌，上线营销2.0系统，开展“规范供电服务、提升服务质量”行动，深化突出问题闭环整改，95598、12398投诉累计下降45.54%，1名员工获国家电网公司“十佳服务之星”。围绕“高效办成一件事”，在国家电网系统内率先开通11项省内通办服务，266个营业厅实现水电气联办，服务半径从5km缩短至1km。乡村振兴赋能。率先实现全省乡镇充电设施“全覆盖”，为新能源汽车下乡提供坚实助力。接续助力乡村振兴，连续6年在省直定点帮扶考核中评为“好”。

党的建设和精神文明建设 主题教育见行见效。把学习贯彻习近平新时代中国特色社会主义思想主题教育作为贯穿全年的重大政治任务，坚持学习打头、调研开路、实干破题，各级党组织开展集中学习2.9万次、调研2100余次，累计解决了困扰10余年的省会超高压入城、三峡近区电网稳定等710项发展所需、基层所盼问题。政治建设全面加强。各级党组织举办“领导人员研学课堂”181期、“五讲五进”2000余场，举办共产党员服务队竞赛，聚焦生产经营实施480个“党建+”工程，让党旗始终在一线高高飘扬，形成“公司党委谋篇布局抓重点、基层组织比学赶超勇争先、党员同志辐射带领强引领”的党建工作生动局面。从严治党纵深推进。纵深推进从严治党，完成中央巡视下沉配合任务，开展两轮常规巡察和一轮巡察“回头看”，下达立行立改问题1487个。科学运用“大监督”体系，深入推进违规吃喝、违规违法获取工程项目专项整治，编制新时代廉洁文化手册，政治生态持续向好。团结氛围持续巩固。全年被人民日报、新华社、央视三大央媒报道321次，同比翻番，深化“三知四谈”思想政治工作，建立“统战工作室”，“最美鄂电人”群星闪耀，“职工技能运动会”如火如荼，首届“青年文化月”精彩纷呈，“安心菜篮工程”、离退休“双服务、双关爱”及“社保政策三进活动”等特色举措温暖人心。

八大专项行动 以学习贯彻习近平新时代中国特色社会主义思想主题教育为契机，进一步感悟思想伟力，将习近平总书记提出的“干在实处、走在前列”确立为主题主线主基调，高点实施八大专项行动，推动国网湖北电力从“前队”向“前列”赶超进位。旗帜领航红领党建行动，系统实施“铸魂、赋能、育才、塑形、清风、安家”六项工程，典型经验被中央主题教育第23巡回指导组推介；产业工人队伍改革行动，获评国家电网公司首批产改示范单位；碳达峰行动，以“碳路者”为品牌的碳管理体系全面构建，获批国家电网有限公司唯一碳标准示范单位，牵头行业标准《电网企业温室气体排放核算指南》发布，服务紫云山抽水蓄能电站建设获全国政协副主席周强同志批示，被称赞为“主题教育成果转化的生动实践”；新型电力系统试点行动，选取省内新能源发展最迅猛的随州、襄阳两个地市打造全国首个跨地市的“鄂北新型电力系统先行区”，在随州广水建成世界首个县域级100%新能源新型电力系统试点示范项目，入选国家电网公司首批新型电力系统原创技术策源地科技示范工程；农村能源革命行动，恩施土店子村、前山村、随州观音村、神农架大九湖村“4村”试点基本建成，作为特邀代表在联合国气候变化大会边会上就“零碳村建设”交流发言；虚拟电厂建设行动，建成华中首个省级虚拟电厂云平台，调节能力全国第1；电网数智保供行动，实现超特高压线路全线可视，一键顺控覆盖率跃居国家电网公司前3；世界一流企业建设行动，建立立体对标平台，分层分类对标世界一流、国内先进电力企业，以对标促达标、以达标促创标，价值创造经验获第二届国有企业深化改革成果特等奖。

（童　敏）

【国网湖南省电力有限公司】

企业概况 国网湖南省电力有限公司（简称国网湖南电力）是国家电网公司的全资子公司，以建设和运营电网为核心业务，担负着保障湖南省电力可靠供应的重大责任，下辖市州供电公司14家、县级供电公司98家。供电范围覆盖全省14个市州，营业区面积占全省总面积的96%，营业区人口占全省总人口的98%。2023年完成售电量1899.17亿kWh，同比增长3.34%。

电网概况 截至2023年底，湖南电网发电设备装机容量6820.1万kW，比年初新增装机容量1041.6万kW。其中水电装机容量1766.9万kW，占25.9%；火电装机容量2829.1万kW，占41.5%；风电装机容量972.4万kW，占14.3%；太阳能发电装机容量1251.8万kW，占18.4%。拥有35kV及以上交流线路约8.53万km、直流线路约0.38万km；变电容量约2.22亿kVA、换流容量约0.11亿kW。

人力资源 以年度行政1号文印发《持续深化改革、盘活人力资源，全面推进县公司管理提升的指导意见》。明确市、县公司各级本部职能管理定员上限，压减管理定员，突出定员编制向生产一线分配的导向。建立典型班组岗位岗级体系，岗级设置向核心一线班组倾斜。制定两个不低于“70%”的补员比例要求，各市州公司补员人数的75%分配至县公司，其中分配至生产岗位的比例达到74%；供电服务职工补员全部分配至供电所，其中分配至生产岗位的比例达到87%。1600余名员工转岗至生产岗位，所属供电所生产人员占比均超过60%。按照“理论+实操”开展转岗人员“人人过关”考评，转岗合格率99.45%。

加快县公司培训基础设施建设，初步实现“一县一基地、一所一教室”，一线技能培训占比提升至70%以上，人才当量密度较2022年同比提高1.4个百分点。制定四个维度12条“一线留人”硬措施，提出针对一线和艰苦偏远地区的浮动薪档、浮动点值和浮动工龄积分，提升一线待遇。探索实施员工状态管理，由省公司提级管理长期低绩效人员，采取“日跟踪、周评价、月反馈”形式督导，有效提升低绩效员工工作状态。

电网建设与发展 打造新型电力系统建设“1463”框架体系，牵头组建新型电力系统发展联合研究中心。召开“宁电入湘”特高压直流工程开工动员大会，完成宁湘特高压直流输电工程用地、用林以及环评、水保等手续办理，工程依法合规开工。投运500kV喜阳、洞庭等261项重点输变电工程。与中联重科、长沙理工大学等强企高校建立伙伴关系，合作研发冲击式电建钻机、轻型履带式电建起重机、集控式绞磨等施工装备，攻克特殊条件下施工难题。1000kV长沙特高压变电站工程获评2022—2023年度第二批中国建设工程鲁班奖（国家优质工程），500kV宁乡变电站工程荣获2023年度中国电力优质工程。双牌抽水蓄能电站获得湖南省发展改革委核准批复，湖南电网“新能源+储能”开启新篇章。

经营管理 锚定“增电量、治线损、挖潜力”目标和48项重点举措持续发力，经营质效稳中向好。落实煤电容量电价政策，推动建立煤电价格联动机制。加强资金省级集约调度，资金周转率同比提升2.04倍。开展项目、资产、往来规范清理，防范民企清欠风险。推动“电e金服”纳入全省电力支撑县域经济高质量发展十大举措，惠及企业4000多家。完成国企改革三年行动“回头看”，推进世界一流企业建设，实施价值创造专项行动，国网湖南电力防灾科技公司入围国资委“科改示范企业”。深化全域现代营销体系建设，完成电费、线损等业务市级集约和供电站所架构优化，构建服务风险防控体系。完成省管产业改制，纳入国资委监管体系。推进管理创新和质量管理，2023年参与国家电网公司示范特等奖一项，获国家级二等奖1项、中电联二等奖2项以及国家电网公司二等奖1项、优秀推广应用成果2项；获中企联优秀管理创新论文5项；获湖南省优秀管理创新成果34项，连续10年排名湖南省企业第一名。获国际质量管理小组大赛金奖2项，全国和湖南省QC小组活动获奖成果300多项，全国质量创新获奖成果42项。

安全生产 开展本质安全实践，实现年度安全目标，获评湖南省“安全生产和消防工作优秀单位”，连续13年保持“湖南省平安单位”称号。强化各级领导人员“两个清单”动态管理和“驾照式”记分应用，推进双重预防机制建设和运转，构建“三段式”科学反违章体系。现代设备管理体系纵深推进，输电无人机作业同比增长100%，无人机巡检规模化应用向县域延伸。完成9家单位新一代集控系统实用化验收。在系统内率先挂牌成立17个专业技术监督中心，首家实现110kV及以上输变电工程“项目制”监督全覆盖。系统内首家实现PMS3.0统推基础作业应用全省单轨上线，实用化评价位列系统A段。承办国家电网公司水电竞赛，代表队获得团体一等奖，4名选手获评国家电网公司技术能手。深化应急管理体系建设和队伍建设，提升应急管理水平和突发事件应对能力，迎战多轮次自然灾害侵袭，完成华中四省联合演练，完成国家领导人来湘调研、省旅发大会等重大活动保电任务。克服来水严重偏枯、外电争取困难、负荷快速增长等因素影响，成功应对4165万kW历史新高负荷挑战。春节保电实现“除夕夜配网零停运、配电变压器零烧损、春节期间服务零投诉、舆情事件零发生”的成绩。

营销工作 省间现货购电稳步开展，2023年省间现货购电电量9.43亿kWh，其中在平衡时期省间现货购入电量7.32亿kWh，有效发挥省间现货购电“保供稳价”的作用。电费发行到账率保持在90%以上，连续15年“结零”。深化工业节能诊断服务，对1530家公共机构，271家工业企业开展能效诊断服务，打造28家能效诊断服务试点示范典型。拓展新型电力负荷管理系统四类资源聚合应用，实现12万专用变压器、34万台区、24万低压分布式光伏、14座用户侧储能、71座自备电厂、3472座小水电在线监测，支撑多场景资源快速调用，历史最大削峰负荷553万kW、填谷负荷55万kW、顶峰电力204万kW。

科技与信息化 试运营湖南电商平台科技创新专区，设立成果孵化专项资金，产品数量扩充200%。“配用电物联网双模通信芯片设计、装置研制及规模应用”项目首次荣获中国电机工程学会电力科学技术进步奖一等奖，获奖数量和获奖等级创4年来最好成绩。首次牵头发布IEEE国际标准《架空输电线路直流融冰技术导则》，发布储能领域国家标准5项、行业标准14项、团体标准14项，探索实践知识产权专业化价值评估及公开市场挂牌许可交易，发明专利申请485项，同比增加65项；授权268项，同比增长5.51%。发布数字电网底座，构建以企业中台为核心的数字技术支撑体系，实现各专业数据全量接入和跨业务互联互通。推进电网一张图建设应用，支撑故障抢修、防冻融冰等60余项应用快速构建。打造数管平台2.0，建成“数字化驾驶舱”，实现核心指标在线展示。建成营销2.0、PMS3.0、智慧财务共享平台、e基建2.0等重要系统。开展国家电网公司输电无人机智能巡检专项攻关，实现无人机“自主飞、实时传、智能判、安全防”目标。“i国网”实现全覆盖，日活峰值接近6万。

优质服务 推进优化电力营商环境再提升行动，攻坚民生实事项目，获评湖南省“打好重点民生保障仗”表现优异单位。开展“送服务、解难题、促发展”客户走访，走访政府部门及重点企业1.38万家，收集并解决各类诉求1864件。保障电力供应，坚持政府主导，实现省市县三级电力负荷管理中心常态化运行，守住民生用电底线和不拉闸限电红线。建成 2671 个“村网共建”便民服务点，相关经验入选“2023 国家治理创新经验典型案例”。选优配强驻村队员 212 人，驻点帮扶 108 个村，其中 7 个村入选国家电网公司助力乡村振兴示范村。连续 6 年在全省脱贫攻坚、乡村振兴责任制考核中获评先进，荣获湖南省 2023 年度“巩固拓展脱贫攻坚成果同乡村振兴有效衔接工作先进单位”“推进乡村振兴战略先进单位”。

党的建设和精神文明建设 深入开展学习贯彻习近平新时代中国特色社会主义思想主题教育。践行“业务工作离开党建工作没有高度，党建工作离开业务工作没有深度”的工作理念，7 次在中国政研会、国家电网公司专业会和兄弟单位交流。承办国家电网公司党支部书记示范培训班，举办本部党组织书记、党员讲党课比赛，开讲《宣讲二十大精神之“三重奏”》等实景党课。组建本部“基层服务团”，帮扶对口县公司解决实际问题，组织各级本部与供电所开展“联学联创”。加强党务工作者队伍建设，在湖南省直机关党务技能大赛上获得一等奖和优秀组织奖。深化文明实践，获评湖南省新时代文明实践示范点（基地）2 个、典型案例 1 个，“党建引领·村网共建”工程典型经验入选人民日报社“2023 国家治理创新经验典型案例”。荣获 2022—2023 年度全国企业文化优秀成果一等奖。连续 4 届保持“湖南省文明行业”，新增 12 家省文明（标兵）单位。建成劳模工匠馆，集中介绍各级劳模工匠在安全生产、优质服务、电网建设、经营管理等方面做出的卓越贡献，并展示劳模工匠室职工创新成果。

深入开展学习贯彻二十届三中全会精神宣传，湖南日报头版刊发《进一步全面深化改革吹响嘹亮号角》。17 部作品分别在全国品牌故事大赛、中央企业优秀故事大赛、国家电网公司首届品牌故事大赛等活动中获奖，创下级别最高、数量最多、质量最好的历史最佳成绩。微信公众号被中央网信办评为“走好网上群众路线”百强账号和全国优秀网评账号。

（刘逸群）

【国网河南省电力公司】

企业概况 国网河南省电力公司（简称国网河南电力）是国家电网公司的全资子公司，现辖 18 家市供电公司、110 家县级供电企业和 21 个直属单位，服务客户 4786 万户。截至 2023 年底，国网河南电力用工总量 11.7 万人，资产总额 2401 亿元（含产业），分别居系统第 2 位、第 4 位。全年售电量 3485 亿 kWh，营业收入 2127 亿元（含产业），均居系统第 4 位。

电网概况 河南电网处于全国联网的枢纽位置，是华中电网的重要组成部分。目前河南电网通过天中直流、青豫直流、灵宝直流背靠背换流站同西北电网相联，通过长治—南阳单回特高压交流线路、1 回 500kV 线路（停运）同华北电网相联，通过南阳—荆门双回和驻马店—武汉双回共 4 回特高压交流线路、4 回 500kV 线路与华中电网相联。截至 2023 年底，河南电网拥有 1000kV 南阳特高压变电站 1 座、驻马店特高压变电站 1 座，主变压器总容量 1200 万 kVA；±800kV 天中直流中州换流站 1 座、青豫直流换流站 1 座，输送总容量 1600 万 kW；500kV 变电站（开关站）50 座，主变压器容量 9640 万 kVA；公用 220kV 变电站 395 座，主变压器容量 13230 万 kVA；公用 110kV 变电站 1458 座，主变压器容量 11783 万 kVA；公用 35kV 变电站 1448 座，主变压器容量 2412 万 kVA；公用 10kV 配电变压器 55 万台，容量 14526 万 kVA。

人力资源 严格干部选用标准程序，做深做实政治素质考察，鲜明树立重实干、重实绩、重担当的用人导向，选拔素质过硬、堪当重任的优秀干部。加大年轻干部培养选用力度，年度提拔“85 后”四级正职 29 人、“90 后”四级副职 28 人，占比分别提升 33%、61%。持续拓宽领导职务、职员职级、专家人才“三个通道”，各级领导班子和领导人员队伍结构优化。突出抓好干部队伍教育培养。举办 4 期“学习贯彻党的二十大精神”培训班，加强领导人员理论武装。加大干部跨板块、跨专业交流力度，年度开展领导人员交流任职 97 人次。深化“3410”挂职锻炼，各层级各维度挂职（岗）锻炼人数突破 200 人次，多层次、立体式、全覆盖挂职体系已经形成并持续完善。转“挂”为“调”，两名挂职博士生直接调入县公司任领导职务，拓展优秀干部成长路径。完善领导干部管理监督机制。制修订《领导班子和领导人员综合考评办法》等 6 项制度，印发《领导人员履职手册》，强化领导人员履职管理。做深做实违规经商办企业、任职回避等专项监督，加强领导人员日常监督。完成国家电网公司选人用人专项检查迎检工作，开展国网河南电力系统选人用人专项检查，做好问题整改，夯实基础、补齐短板。制发《关于进一步加强国网河南电力本部员工管理的意见》，施本部员工积分制绩效考核，加强本部干部员工队伍建设。

完成 2023 年度毕业生招聘，共招录 1300 人，其中硕士研究生占比 40%，为近五年最高。引进 6 名 985、211 和世界一流院校博士后，引才质量和数量居系统前列。5 人评定为特技技师、50 人评定为高级技师，组织申报正高级职称 66 人、副高级及以下职称 2780 人。推进农电用工特殊工种退休政策，促请河南省人社厅集中开展退休档案复核。开展“青年有担当、电力有希望”新员工主题培训。以“转变角色、找准定位、尽快融入”为目标，优化课程设置。国网河南电力领导亲授入职第一课，邀请领军人才介绍电力系统前沿知识，组织首席专家、技术能手与新员工开展“师兄师姐说”访谈，分享成才经验。

完成省管产业单位改革人力资源工作。采用“无感化、无扰动、全方位”工作方式，开展“两轮次”“背靠背”产业单位人力资源管理调研，掌握产业单位人资管理现状及潜在风险隐患，“一企一策”开展风险评估，为改革平稳推进奠定基础。科学明确用工清查六大基本原则和四大要件标准，完成用工清查，“一人一册”首次建立员工档案，实现“人头清、情况实、数据准”。

电网建设与发展 统筹发展和安全、统筹保供和转型，提升河南电网发展质量。电力保供方面，建成驻马店—武汉特高压交流工程及57项保供重点项目，河南省内形成“h”型特高压交流网架，500kV变电站突破50座，推动13项重点工程纳入国家“十四五”电力发展规划中期滚动调整。能源转型方面，促成河南省发展改革委出台《关于促进分布式光伏发电健康可持续发展的通知》，服务分布式光伏高质量发展；促成河南省政府出台《关于加快新型储能发展的实施意见》，推动2025年新型储能装机目标提升至600万kW。提质增效方面，促成地市政府全部推行电网项目核准“承诺制”，节省核准周期2个月以上。

主网建设方面，投产特高压驻武工程，全年开工主网工程198项、投产174项，超额完成年度任务3.5个百分点。国家电网公司基建部、物资部、特高压部发来表扬信，荣获国家电网公司“重大电网工程建设先进单位”“基建管理先进单位”“物资管理先进单位”荣誉称号。制定保供攻坚奖励机制，出台“四个到位”12条举措，打赢45项度夏、12项度冬保供工程攻坚战，500kV信阳金牛等保供重点工程平均节约工期三个月，为应对夏季7917万kW、冬季7057万kW“双创新高”的负荷考验提供支撑。联合河南省项目推进中心开展重大项目“双向服务活动”，全省500kV变电站突破50座，洛宁抽水蓄能电站送出工程提前3个月开工，3项大别山革命老区供电提升工程全部投产。服务比亚迪、宁德时代等重点项目建设获常务副省长批示肯定。全年完成基建工程投资113.2亿元，助力上下游产业协同发展。狠抓质量“五关”全过程管控，开展金具、绝缘子、二次作业等关键环节突出问题专项治理，推动工程质量闭环提升，打造精品优质工程。500kV平顶山东工程获国家优质工程奖，实现连续14年“国优”夺标，4项工程分获国家电网公司和中国电力优质工程，5项工程获评绿色建造星级工程。

配电网建设方面，2023年，完成配电网建设投资131.2亿元25618项工程，竣工率100%，结算审定率100%，投资完成率100%，未发生安全生产事件。重点工程建设完成。5月底，提前1个月完成2183项度夏重点工程，为配电网“从容”度夏奠定坚实基础；7月底，725项烟叶烤房电带煤工程与政府同步投产，推动减污降碳、促进农业领域绿色转型；9月21日，提前3个月超额完成河南省政府下达的“5000个配电台区升级改造，5000km线路新建改造”民生实事工程任务，受到河南省政府肯定；729项高标准农田配套工程建成投产，服务535万亩高标准农田建设；841项中央预算内工程、国调机房配套工程按期投产送电；完成2018—2022年中央预算内农网工程项目法人验收。施工转型升级取得佳绩。1家市公司（焦作）、9家县公司（卢氏、长葛、洛宁、林州、卫辉、登封、宁陵、通许、邓州）通过公司转型升级验收，通过数量在国家电网系统排名第二。6项配电网工程荣获国家电网公司配电网百佳工程，入选数量在省公司中排名并列第二。试点开展“基于关键节点预算跟踪的工程结算”，试点工程平均报审用时从60天缩短至20天，推动工程结算“既快又准”。建成配电网工程全过程数字化管控平台，强化业务系统数据贯通，配电网工程数字化水平提升。

经营管理 在企业经营方面，开展同期线损“红橙黄”专业技术监督，高损线路已实现动态清零，高损台区数量较年初下降63%；年度综合线损率完成4.8%，同比下降0.8个百分点。促成港区管委会主动将面积最大、工业电量高、负荷增长快的先进制造业集聚区明确由国网河南电力供电；促成济源市政府将增量配电区域内两家大型企业交付由国网河南电力供电。

制定印发优化策略提质增效三年行动方案，明确12类经营策略，细化落实52项重点任务、84项量化指标，推动精益管理理念融入生产经营全过程，用户平均停电时长、综合线损率持续下降，服务安全保供、优质服务能力提升，7项典型事例得到公司通报表扬，成本管理典型经验入选国家电网公司投入产出效能评估案例库，提质增效综合成效在《国家电网报》发表。国家核定河南省第三监管周期输配电价，系统运行费、线损费用等实现单独计列，电价结构更加清晰、水平更加稳定，服务河南省经济社会发展。完成产业并表。印发《省管产业财务同质化管理工作方案》，成立工作专班，围绕货币资金、往来款项等16类重点业务，开展专项核查，夯实并表基础。审核68户全资、控股、参股省管产业产权信息，完成国有产权登记。消除关联交易差异，开展账户清理，统一会计政策、核算体系、信息系统，财务同质化有序推进。全省首家建成“税企直连”通道，纳税“一键式”申报典型经验被《河南日报》报道。国家电网系统内首批成立省级资金调度中心，承担“票据池”搭建试点任务，是参与总部工行票据直连试点的唯一单位，资金运作效益超5亿元。建成132家英大金融服务站，国家电网系统内首家实现省市县三级全覆盖，打通金融服务职工“最后一公里”。深化内部模拟市场建设，多维度评价供电所经营质效，该项实践荣获第二十四届河南省企业管理现代化创新成果二等奖。经营风险有效防控。开展重大风险评估，深化风险联防联控，按季监测关键风险指标，发现化解风险隐患，筑牢不发生系统性重大风险底线。完成治亏损、压“两金”、降杠杆专项工作任务，严守经营风险底线。

在电力市场建设方面，规范独立储能企业注册流程，发布《河南省独立储能企业市场注册操作指南》，阐明独立储能企业参与电力市场交易的技术标准、注册流程、退出程序等内容，保障独立储能企业市场注册业务规范开展。创新市场机制。按照“统一市场、两级运作”的整体架构，配合政府出台《河南省电力市场运营基本规则》，完善“6+2”实施细则和管理规定。首批试点通过电子营业执照进行用户身份智能认定，零售套餐覆盖率达到100%。完善市场体系。依照北京电力交易中心发布的《省内电力中长期市场连续运营典型方案》，实现中长期交易组织标准化、规范化，基本建成覆盖2级市场空间、5大交易品种、5类交易周期、4种交易方式的中长期交易框架体系。交易组织平稳有序。通过交易周期覆盖$D+2$日的中长期工作日连续开市、多品种融合、标准化合约买卖新机制，满足市场主体灵活交易和合同动态调整需求，市场运营质效提升。河南电力现货市场实现第二次短周期试运行并首次启动长周期试运行，促成省内燃煤机组参与省间现货市场售电交易。2023年，河南市场化交易电量2358亿kWh，居系统第6位。推进绿证全覆盖工作。建立“横向联动，纵向协同”工作机制，明确营销、调度、财务各方工作职责及分工，实时精准梳理项目档案信息，实现可再生能源项目信息和数据及时、完整、准确上传北京电力交易中心，推进绿证全覆盖工作。推进交易平台建设运营。规范需求提报模式，统一需求管理，开展“双挂双摘交易融合”“活体检测人脸识别”等功能研发，提升交易平台智能化、便捷化水平。

开展物资智能采购、质量监督和实物资源管理再提升专项行动，全口径采购492亿元、节资11.2亿元，物资采购优质率100%。各类物资供应257亿元，供应保障率100%。统筹排定物资供应计划，紧盯生产运输计划，全力保障驻武特高压、主配电网、低电压治理、民生实事等重点工程物资供应。建设完成数字应急物资保障系统和可视化物流配送系统，完成河北、冀北、山西、甘肃抗洪抢险应急物资支援，快速调拨1325万元应急设备和物资，按时配送到位。深化实物资源盘活利用再提升专项行动，从“理认植销”四个环节入手，协同发力，全量实物资源由年初的16.58亿元压降至7.86亿元，压降率52.6%。完成废旧物资处置金额2.26亿元，溢价率49.5%。提升质量检测能力，A级检测能力从13项提升至20项。完成驻厂监造258台/间隔，监造覆盖率100%，设备出厂一次性合格率100%。制定省管产业物资同质化管理方案，涵盖供应链全业务的9个方面28项措施，推进省管产业物资同质化管理。强化合规监督指标应用，定期核实和发布指标数据，处理问题苗头和业务风险。修编《规范授权采购活动指导意见》等7项制度，提升供应链领域风险防控力。

建立主要领导直接管理，总会计师、总审计师协助管理审计日常工作机制，成立党委审计工作委员会和董事会审计与风险管理委员会，定期听取审计工作汇报。建立统一领导、分级管理、分层负责的三级审计组织体系，实行审计设计统一谋划、审计资源统一调配、审计项目统一实施、审计质量统一管控、审计整改统一推进的“五统一”管理，深化工程“两算”审计并制定现场勘察工作指引，建立并开展审计项目审理，审计监督实现全覆盖，审计质量全面得到提升。做好审计“下半篇文章”，探索建立审计问题整改“七法”，压紧压实审计问题整改三个责任，问题整改实现一体布置、一体落实、一体推进。推进违规经营投资责任追究，建立健全各级违规经营投资责任追究领导小组并制定相关工作机制，前瞻性开展责任界定研究，有关成果在《中国内部审计》《审计观察》杂志上发表，典型经验做法在国家电网公司审计专业会议上交流发言。强化科技强审，打造以数字化审计为主的特色审计作业模式，审计数据安全研究填补国家电网公司审计领域空白，三种审计数据安全管理技术获得发明专利，联合国网天津电力创建“企业制度智能审计”模型，荣获国资委智慧监管活动审计监督赛道第一名，成为国家电网公司审计系统唯一获奖单位。强化审计队伍自身建设，17人次进入国家电网公司审计柔性和专家团队，151人次进入国网河南电力审计专家团队，承担的国家电网公司审计项目获得优秀审计项目，审计质效提升QC项目小组提报项目连续3年荣获中国水电质量协会一等奖。

在企业管理方面，制定国网河南电力港区公司内设机构和人员编制优化调整方案。组建省市两级生产管控中心，助推现代设备管理体系建设。按照“加快布局、齐抓共管、合作共赢”的工作思路，在地市公司设立新兴产业单位分支机构，构建新兴产业“1+18”运营管理模式，提升新兴产业市场开拓能力。适应省管产业单位改革改制形势，开展供电服务公司改制可行性研究，制定翔实改制方案，为统一供电服务公司管理模式奠定基础。实施国企改革。完成国企改革三年行动“回头看”暨深化提升工作。实施世界一流企业价值创造专项行动和国有企业改革深化提升行动。深化内部管理变革。修订完善董事会授权决策方案，董事会运行更加规范高效。对标管理以服务业绩提升为主线，对标国网江苏电力，编制世界一流企业价值创造对标分析报告，针对短板指标，组织 5 场专题对标现场会，相关指标同比提升 5.7%。对标数字化平台实现指标数据全量接入、全过程自动采集计算，线上采集率、准确率 100%，指标发布时间由 15 天缩短至 5 天。管理创新实施重大课题“揭榜挂帅制”，加强创新课题全生命周期管理，管理创新 15 项、QC83 项荣获省部级以上表彰，其中国际 QC 发表赛金奖 1 项、国家电网公司一等奖 1 项、电力行业特等奖 3 项。制度标准信息平台正式上线，标准化管理实现全过程线上管控，制度标准识别确认、宣贯培训、执行应用率 100%。信用管理落实“以案促管”，结合系统失信案例，梳理重点领域关键风险点 46 项，组织开展自查自纠，失信事件见底清零。124 家单位获得“A 级纳税人”，数量位居系统第一。

开展“合规管理提升年”专项行动，修订《合规管理实施细则》，编制“一库两清单”，编发易受监管处罚违规问题清单，完善违规事件“说清楚”和建档销号制度，促进合规管理水平提升。开展深化“以案促管”专项工作，推进案件“溯源治理”，形成重点管控风险计划 8 条，提出 4 类 13 条触电防控对策及建议，并在诉中或诉后向业务部门提出风险预警措施 220 余条。新发触电案件同比下降 55.3%，新发被诉案件同比下降 37.7%，有责案件同比下降 24.1%。开展合同管理提升专项工作，规范合同文本应用，强化履约跟踪管理，建立授权备案机制，举办合同管理知识劳动竞赛，提升合同管理精益化水平，确保合同线上流转率、专业审核率、签署用印规范率保持 100%。提升省管产业单位法治同质化管理水平，印发《规范省管产业单位合同管理的指导意见》，编制产业单位示范合同文本库 73 个，强化省管产业诉讼案件统一管控，防范产业单位经营风险。印发《新型规章制度体系优化建设方案》，完成新型规章制度体系优化建设工作，明确基本制度 14 项、具体制度 120 项、年度建设计划 58 项，废止精简制度 33 项，推进治理体系和治理能力现代化。深化法治宣贯教育，打造以“豫法同行”为主题，以本部为主阵地、基层单位为补充的“1+N”法治合规文化阵地体系，深化法治文化建设，讲好河南电力法治故事。

构建体系完善、责任明晰、科学统筹、分级管控、高效运转的“8345”后勤安全管理体系，开展后勤领域安全性评价，后勤领域保持安全平稳局面。强化后勤领域工程项目、“两房一车”、物业、食堂、物资采购等重点领域合规管理，完善制度机制，提高从源头上防范化解风险的能力。牵头完成国家电网公司电网小型基建和生产辅助技改大修项目依法合规手册、办公区消防安全百问百查手册的编写。落实国家电网公司碳达峰要求，新建小型基建项目全面执行绿建标准。开展办公用电消费绿色低碳转型，提前超额完成年度目标任务。优化公务用车能源结构，提升新能源车辆比例，新能源车辆占比超 55%。提升房地资源统筹利用能力，推进房地资源盘活确权，开展省管产业单位房地资源摸底排查，科学调剂在郑房源，解决生产办公场所分散等问题。落实为职工办实事工作，建设 25 座绿智食堂，为职工提供“更绿色、更健康、更安全、更规范、更智慧”的食堂餐饮服务。建成 71 座职工共享驿站和 169 座共享服务点，提升职工获得感、幸福感。

安全生产 2023 年，国网河南电力安全生产实现“三个未发生，两个大幅下降”[1]，守牢安全“基本盘”。党委先后召开党委会、董事长专题会、总经理办公会、安委会 26 次，研究部署重大安全事项，2 次修订领导班子“两个清单”，实施市县公司领导“四个一”工作法，推动“四个一”督导调研 5.4 万次。各部门、各单位细化责任分工，103 项重点任务按期完成。发布电网运行和作业安全两个风险管控实施细则，逐级建立周安全风险分析报告制度，实施春秋检关键时段“提级管控”。重大事故隐患专项排查整治收官，1000kV 长南Ⅰ线高抗异常等 17 项重大隐患全部整改，统筹开展燃气安全专项整治。实施重点内控隐患管控机制，提级管控 19 项较大隐患。建成安全管理体系，完善规章制度，“5826”安全文化建设全面启动。投运本部新应急指挥中心，绘制全省 3210 个预案“一张图”，实现省市县常态化应急值班。市县公司全面与属地消防救援机构建立协作机制，提前 1 年完成首轮消防安全性评价。查纠违章 8424 项，约谈 6 家单位，强化“不敢违”的震慑。加大正向激励引导，探索实施“安全生命积分”，逐级设置“红黑榜”，选树“十不干”先进典型，兑现各类无违章奖励 1163 万元，激发“不想违”的内生动力。实施“三清单”[2]培训，在班组安全日活动中增加“个人安全分享”环节，发布 13 个专业 89 个典型作业样票，推动“有能力不违章”。“三不违”管理理念深入人心，现场安全状况改善，全年有效管控 28.6 万项作业风险、2.4 万项电网风险。

[1] 未发生人身、电网、设备事故，未发生国家电网公司考核的责任性安全事件，未发生上级查处的严重违章，一般违章和电网设备事件数分别下降 77.2%和 44%。

[2] 岗位作业清单，岗位培训清单，岗位事故事件案例和典型违章案例清单。

在生产运维方面，坚持“首保特高压”，直流专业管理再上新台阶。固化“1+4+N”自主检修安全质量管控等机制，发现并处置中州站换流变压器在线乙炔突增误报警，避免误停运在运直流事件。抓“三材”锻造能干会管运检队伍，自主实施能力100%。中州站实施四阀组轮停检修公司试点任务，助力国家电网公司在直流精益检修、深度挖掘直流供电潜力方面取得革命性突破，仅检修期间就多送电13亿kWh。应急处突能力提升。总结省内外应急抢险经验，建立应急处置“三个机制”❶，梳理5场景21项应急处置科目。主网方面，明确应急处置4个阶段11个步骤。配电网方面，结合3类29种抢修场景，对民生用电和重要客户“先复电、后抢修”，抢修复电时间同比下降20%。统筹省内省外“两个战场”，驰援涿州、福州、成都，取得抗洪抢险、支援保电双胜利。线路方面，建立健全五到位冰灾治理体系，完成西峡淅川通道45基杆塔防冰改造补强。成功应对十年来最极端雨雪冰冻灾害天气“大战大考”。建立健全“预、防、观、融、除”五到位冰灾治理体系（冰情预警、防冰、观冰、融冰、除冰），配足用好除冰装置、无人机，省市生产管控中心进入“战时状态”，2万余名抢修人员倾力出战，72h完成主网抢修，未出现超特高压设备停运影响全省供电能力，主配电网设备整体运行平稳，守住了大电网安全和民生用电底线，服务河南经济社会发展和民生改善。抓实集中检修作业风险管控。聚焦“大中型”集中检修和“小散临抢”作业两个维度，将现场安全作为一切工作的出发点和着力点，实现“四个管住”向“四个管好”转变。优化停电检修计划，推广“整站、整线、整电压等级”集中检修，抓实“项目群”，压降“小临散”作业，集中检修占比由28%提升至65%，完成4967项主网集中检修任务。构建“四个三”❷现场作业管控模式，总结“三有四全”工作法，管好“小临散抢”作业风险。

在电力调控方面，建成河南电网全电磁暂态仿真平台，推进防范大电网安全事故专项行动，攻坚整治风险隐患385项。实施252项五级电网风险管控，处置主网故障跳闸和紧急停运156起，有效应对雨雪冰冻、暴雨洪涝等恶劣天气挑战。牵头完成3920座厂站、202户电力大用户二次系统安全专项监管，完成国调中心自动化河南机房建设，成立监控系统网络安全处。推动构建并发挥负荷就地平衡责任制、主变压器负载率“332”闭环管控、客户停电应急联动“三个机制”作用，打赢度夏度冬电力保供攻坚战，夏、冬最大负荷分别达到7917万、7057万kW，电煤、燃气库存分别达到1147万t、1.45亿m^3，首次实现大负荷期间煤电机组“全开机、零非停”、受阻率最低降至5%，度夏午、晚高峰吸纳外电规模分别达1372万、1192万kW。服务1673万kW风光新能源并网（总规模达5908万kW），实现利用率97.2%的高水平消纳。率先建成覆盖全省的分布式光伏线上调控平台，实战开展分布式光伏群调群控。服务40座配建储能安全并网，首个独立储能2023年11月14日正式投运。

营销工作　2023年售电量3485亿kWh，同比增长3.48%，居国家电网系统第4位。电费发行到账率较年初提升40.4个百分点。完成全年电费100%回收。电费核算自动化水平99.9%，实现1日内市场化用户电量推送、全量用户4日内发行完毕。台区线损“三精”管理模式全面应用。全省采集2.0部署上线，累计安装采集高速通信模块1911万只，实现全省高速通信方式全覆盖。理顺应对供需缺口标准化流程。促请政府足额批复度冬、度夏有序用电方案。做精做细负荷管理措施，成功应对度夏、度冬大负荷考验。建立28个重点产业链“矩阵式”包联服务机制，精准服务3546家“链上企业”。出台“万人助万企”十项新举措，协调解决企业诉求1200余个。作为唯一一家央企获评河南省“万人助万企”优秀单位，“获得电力”连续5年获评营商环境优势指标，推动解决供电质量问题7081件。建立电力保供个案问题处置。推进三级网格建设，应用台区经理网格电话2.5万个，“我要找电工”“豫电小哥”等各渠道全年处置涉电诉求467.5万件。全省1285个供电所达到标准型数字化水平。全年新增33个五星级供电所、80个四星级供电所。建成139个“村网共建”示范点、115个乡村电气化项目。农排供用电实现全年“零舆情、零投诉”。8个帮扶村获评国家电网公司示范。34个电力爱心超市稳健运营，104个特色捐赠帮扶项目应运而生，脱贫攻坚考核获得省评6连“好”。加快推进转型发展，完成营销2.0建设。充电设施年充电量突破1亿kWh，实现3年翻5番，省内高速公路服务区实现充电站全覆盖。

科技与信息化　在科技创新方面，研发分布式光伏承载力与可开放容量发布平台，建成新能源气象监测与功率预测平台，研发光伏信息采集单元、协议适配器等柔性控制系列关键装置，牵头荣获省部级一等奖3项、二等奖8项。兰考农村新型电力系统建设项目经多轮选拔由国家电网公司推荐至国务院国资委申报2023年绿色低碳先进技术示范。以工程项目为依托，以科技成果应用为重点，创建“星型”高可靠性城市智慧配电网等国网河南电力首批4项科技示范工

❶ 强化输、变、配专业信息共享应急联动机制，深化运检、营销、宣传部门信息协同共享机制，健全安监、运检、调度部门异常信息会商机制。

❷ 抓好“作业计划、现场勘察、作业组织”三个关键环节，紧盯“高风险作业、小散临抢作业、倒闸操作”三个管控重点，管好“作业人员、管理人员、运维人员”三个关键要素，做好“基建和运行、一次和二次、输变配专业”三个高效协同。

程。搭建一批实验研究平台。“配电网智能化设备应用与真型实证实验室”获批国家电网公司实验室，“农村能源互联网技术实验室”被列为“赛马”实验室，累计命名数量位居省公司第5位。“能源电力大数据分析与应用创新实验室”被河南省工信厅批复。集聚优势科研力量，狠抓项目需求质量，加强申报过程管控，首次牵头承担国家重点研发计划项目和国家电网公司专项研究框架项目各1项，牵头立项国家电网公司科技项目19项。健全“科技搭台、专业主导、基层支撑、产业协作”的四方协同科研体系，根据业务部门实际需求，策划重大攻关项目，实施“电力气象预测预警”“特高压变电主设备先进光学检测”等一批专项，均由相关业务部门牵头承担。滚动修编《科技创新战略研究框架》，完善重大技术攻关方向。启动“新型电力系统科技攻关支撑分布式光伏规模化开发专项行动计划”，系统解决全省分布式光伏接入、控制及消纳难题，实现全省屋顶光伏开发潜力智能测算和电网承载力分析。发挥智慧电力专业化众创空间平台作用，举办首期成果孵化转化签约仪式，完成7个项目签约，成果转化意向达400万元。制定众创空间成果转化专项资金投资管理办法（试行），明确成果转化投资路径，提供可靠资金支持与制度保障。围绕IGCT换流技术、新能源并网等领域开展专利布局，建立专利价值评价常态化机制，实施专利分级分类管理，提升专利整体质量，累计授权发明专利537项，妥善处置277项无效、低质量专利。技术标准支撑能力明显增强。制定国网河南电力标准国际化专项行动计划，配电物联网国家高新技术产业标准化试点成功获批，IEEE PES储能技术委员会（中国）废旧电池回收处理分委会正式成立，发布国网河南电力首个IEC国际标准，发布1项IEEE标准，立项3项ITU国际标准，标准国际化能力提升。

在数字化建设方面，发布网络安全图集，完成台区光伏柔性控制轻量化安全认证的研究验证。省内首家通过国家数据安全能力三级认证。代表国家电网公司参展“2023商用密码大会”，荣获全国网络安全职工职业技能竞赛一等奖。基础支撑能力提升。完成西区机房向货站街数据中心搬迁，搭建用采2.0和营销2.0等主要业务系统环境，建成东区应急环境，实现洛阳核心系统数据异地灾备，“两地三中心”架构基本形成。物联平台累计接入21万台智能终端，接入规模同比增加80%。深化“业数融合”。建成静态电网一张图，基本建成动态电网一张图，实现0.4～1000kV物理电网一张图展示，推广“一模多图”应用，满足基层用图需求。数据管理成效显著。构建数据主人制管理应用支撑体系，认定数据主人6551名，主、配电网数据准确率提升至99.98%、99%。获批河南省大数据发展创新实验室，完成能源大数据中心提质升级工程，研发工业用电、税电用工、产业链指数，应用成效获政府部门认可。完成市公司数字化专业能力提升三年行动首年21项重点任务，数字化示范14项成果入选国家电网公司典型经验，位居国家电网系统首位。完成市级数据仓库和基层数据服务专区建设，提高基层查数、取数、用数和管数能力。

党的建设和精神文明建设 与中央办公厅和公司定点帮扶的光山县、措勤县开展主题教育联学联创，同清华大学、河南日报社、国网能源院等智库高地开展互学共促。务实推进“察实情、出实招”“破难题、促发展”“办实事、解民忧”三个专项行动，一批制约高质量发展、群众急难愁盼的堵点卡点问题有效解决，相关成效得到国家电网公司和河南省委省政府批示肯定。开展中心组学习12期、“第一议题”37次，建立贯彻落实习近平总书记重要指示批示和党中央决策部署工作机制。突出增强“两个功能”，开展标准化、数智化和强功能、强质效“双化双强”党组织建设，锻造强大组织力量。制定印发《基层党支部履责议事工作规则》，首次将党内制度中“按规定参与企业重大问题决策”要求细化为实操标准。严格1530个到届支部换届选举，做好703名新党员发展工作。认定325支焦裕禄共产党员服务队，推进613项“党建+”工程，巩固强党建促发展的生动局面。实施“红雁青马·三年登高”行动，相关经验入选中央党校典型案例集。陶留海荣获“国网楷模”称号，95后员工高珂当选团十九届中央委员会委员。

在纪检方面，制定强化政治监督工作指引，聚焦电力保供等开展监督检查3964次，相关做法先后8次在中央纪委媒体报道。开展南水北调后续工程河南段413家重点用户涉电服务专项监督，护航“一泓清水永续北送”。制定专业监督清单，依托“六个抓手”，推进“纪检+专业”“本部+基层”“综合+专项”，形成“党委主导、纪委搭台、专业唱戏”的“一盘棋”监督格局。运用“四种形态”，党委建制三级单位全部消除监督执纪“零线索”、第一种形态“零运用”，“咬耳扯袖、抓早抓小”成为常态。下发纪律检查建议书166份，督促完善制度机制64项。落实“三个区分开来”，深化运用容错纠错、诬告澄清等机制。加强廉洁文化建设，打造“一馆一廊一作品集”。配合做好中央第三巡视组下沉国网河南电力调研，获得肯定。建立“四审把关”机制，完成驻组转中央巡视组移交问题线索核查任务。完成2轮对12家三级单位的常规巡察，同步对供电服务、省管产业、选人用人领域开展专项检查。推进8家单位同质化开展“市巡县”和省管产业内部巡察工作，推动巡察工作向深拓展、向专发力、向下延伸。

在宣传方面，按照“有业务的地方就有党务”的理念，制发《关于进一步加强基层党支部意识形态责任的意见》，明确基层支部党员大会、支委会、支部书记、宣传委员等在新闻宣传等重点工作任务中的履责要点和工作标准，推动意识形态工作责任制落实至“神经末梢”。2023年河南麦收恰逢“烂场雨”，河南麦收成为全国关注焦点。国网河南电力抢抓宣传契机，以“小切口”做“大文章”，相关作品获《人民日报》等各级各类媒体关注报道。《河南驻马店无人机照明连夜抢麦》获中央网信办2023年度网评优秀作品，并在中国网络文明大会主论坛宣传片重点推荐，话题覆盖用户超3.2亿。在2023全国两会前夕，挖掘员工高珂奋斗事迹，聚焦系统“最年轻”全国两会代表重点策划，其微博话题阅读量高达1.2亿人次，国网河南电力正能量事件首次冲上全国微博热搜榜，高珂当选系统唯一共青团十九届中央委员会委员。通过宣传舆情月度例会、专题工作碰头会、舆情会商工作群、舆情风险提示单等方式，实现宣传部与专业部门间舆情风险的“双向预警”，协同做好防范与应对，实现近年来春灌期间无重大涉电负面舆情。加强全面社会责任管理，根植社会责任理念，4个项目获评国家电网公司社会责任根植重点项目。加强社会责任信息披露，连续第7年发布服务地方经济社会发展履责报告，提升企业运营透明度。河南首批国家电网“电力爱心教室”在长葛市古桥镇中心小学和兰考县裕禄小学挂牌，提升“国家电网”品牌美誉度。

在工会工作方面，规范职代会运行，组织召开八届三次职代会，闭会期间召开4次代表组长联席会议，民主审议事关公司发展和职工权益的重大事项，职代会各项职权有效落实。征集职工代表提案358件，将116件提案合并为13件并予以立案。推进产业工人队伍建设改革，参与国家电网公司产改揭榜攻关活动，1个项目荣获“示范项目”。弘扬“三种精神”，举办劳模工匠“四进”宣讲职工大讲堂71场，比学赶超、争当劳模蔚然成风，1个班组获全国工人先锋号，15名个人和16个团体分获省部级劳模先进，陶留海荣获国家电网公司特等劳模和“国网楷模”称号。召开平等协商会议，修订续签第十份集体合同，典型经验在《国家电网工作动态（第3204期）》刊登推广。开展“我为班组建设献一策”合理化建议活动，24条建议获评“国网优秀”。召开董事长联络员座谈会，发挥联络员“上情下达、下情上传”作用，搭建领导与基层职工畅抒心意、共谋发展的平台。为职工办实事，优化“五小供电所”1203个，拓展“五小+供电所”1143个，建成户外休憩小站4个，慰问因病住院职工1794人次，开展健康教育培训近6.38万人次，荣获国家电网公司工间操比赛金奖和最佳形象奖、河南省运动会团体总分一等奖；巩固已办21件实事成效，完善续期“守网相助”职工互助保障计划，得到国家电网公司“组织有力、发动广泛、服务精准、机制完善，值得推广”的评价。

（张　申）

【国网江西省电力有限公司】

企业概况　国网江西省电力有限公司（简称国网江西电力）是国家电网公司的全资子公司，是以电网建设、管理、运营为核心业务的国有特大型能源供应企业，承担着为江西省经济社会发展和人民生产生活提供电力供应与服务的重要使命。本部设22个部门，所属单位125家，其中市级供电公司11家、直属单位17家、县级供电公司97家，现有用工总量5.20万人；经营区域覆盖全省，供电客户2586.94万户，供电人口4527.98万人。

2023年，国网江西电力发展总投入完成165.15亿元，全年完成售电量（不含外送）1747.64亿kWh；并入省管产业后，主营业务收入1210.89亿元，主营业务成本1176.35亿元，实现利润总额3.22亿元；完成资本性投入157.18亿元，年末资产总额达1336.45亿元，资产负债率70.25%。资产规模增长，带息负债增幅下降，两金增幅低于营收增幅，各项经营指标稳中向好，发展质量稳步提升。

电网概况　江西电网通过南昌—长沙1000kV特高压交流工程与湖南联网，通过雅中—江西±800kV特高压直流线路与四川联网，通过3回500kV交流线路与湖北联网；±800kV特高压直流宾金线过境江西；武汉—南昌1000kV线路工程（江西段）已全线贯通。现有1000kV特高压交流变电站1座，变电容量600万kVA，输电线路2条，长度454km；±800kV特高压换流站1座，变电容量965万kVA，输电线路2条，长度769km；500kV变电站33座，变电容量4505万kVA，输电线路99条，长度6251km，“一核四翼五环网”骨干网架已经形成；220kV变电站199座基本实现“县县覆盖”，变电容量6458万kVA，输电线路693条，长度17655km；110kV变电站671座，变电容量5490万kVA，线路1501条，长度20265km。

人力资源　持续优化组织机构。组建江西后勤服务中心，同步调整综合服务中心职责。优化分子公司管理模式：授权网江西经研院、建设公司、物资供应公司三家分公司分别管理腾达设计院、诚达监理公司、省物资有限公司三家子公司，分、子公司合署办公，实行“两块牌子、一套人马”管理。将市公司的法律合规管理职责从办公室剥离，与审计部合并，市公司组建合规监管部（审计部）。

人力资源配置不断优化。毕业生招聘829人，供电服务公司补员500人，县公司录用比例高达84%，新员工招聘规模为近10年来最高。遴选12名专业人才赴国网蒙东、甘肃、青海、西藏电力开展为期一年半的东西帮扶，组织35名市县公司优秀业务骨干赴国网江西经研院等8家直属单位岗位锻炼，内部人力资源共享互济水平更高更强。全年4篇三项制度改革和劳动争议案例入选国网典型案例集。开展职工违规经商办企业摸底排查。印发新员工指导手册，多维度指导新员工成长成才。完成省管产业单位用工清查及申报录入。

强化员工队伍建设。实施人才培养“三大工程”，培育出江西省赣鄱工匠1名、江西省能工巧匠2名，江西省政府“双千”培养工程1人，江西省技术能手15人。成立6家首批专家工作室、10家技能大师工作室，发挥工作室引领示范作用。举办“赣电高层次人才之家”16期，取得阶段性成果57项。开展管理技术人员履职能力认证、一线班组核心能力认证、差异化抽考，将能力认证结果，与宽带岗位薪点工资挂钩，激发员工提升能力的内生动力。实施精准化培训，开展供电服务公司新入职员工培训、供电所长轮训。

优化考核分配体系。完善负责人业绩评价指标体系，规范经理层成员经营业绩考核和薪酬管理，抓实绩效经理人履职能力建设，推广先进绩效工具，提升全员绩效管理水平。优化薪资管理制度，重构宽带岗级序列，完善岗位层级聘任，深入推进工资制度改革落地，实现“能上能下、能增能减、岗变薪变”。迭代升级地市供电公司工资总额核定办法。修订职员职级办法，优化各级职员聘任资格条件。1名员工被授予“国网工匠”称号，5名员工获评国家电网公司劳动模范。

电网建设与发展 2023年，国网江西电力全年发展总投入165.15亿元。武汉—南昌特高压交流线路工程江西段全线贯通，国家“十四五”电力规划中期评估报告明确第二回入赣特高压直流作为开工实施项目、闽赣联网工程作为储备项目。500kV吉安东、宜春高安、上饶信玉等120项输变电工程建成投运，2项工程获中国安装优质工程奖，2项工程获国家电网公司输变电优质工程奖。建立装备运维中心，研发轮步式作业平台等新型施工装备，线路机械化施工率提升至76%。推进配电网“123”工程，解决低电压、频停、过载等问题3.7万个，配电网防雷综合治理取得明显成效，供电可靠率99.91%、同比提升0.05个百分点。推动省能源局出台屋顶分布式光伏健康有序发展政策。全省新能源装机2691万kW，同比增长43.2%，占总装机比重达42.82%；全年消纳省内新能源341.7亿kWh，同比增长17.99%，新能源利用率保持在99.5%以上。

规范服务电源接入和电网互联管理。制定并印发《国网江西省电力有限公司电源接入前期工作管理实施细则》《国网江西省电力有限公司电网互联前期工作管理实施细则》，实现电源接入和电网互联前期工作管理的标准化、制度化。服务煤电机组建设，取得九江神华电厂二期、上高电厂、上饶电厂接入系统评审意见，推动分宜电厂扩建工程接入系统方案外审。

前期工作提质增速，核准规模创新高。科学修订可研工作质量评价标准，修编完善江西电网输变电工程设计参考价，加强对可研设计单位设计质量管控，有效提升可研质效，项目造价更加精准合理，可研时间平均缩短51天。高效推进重点电网项目吉安南500kV输变电工程等6项500kV项目完成核准，神华电厂扩建外送工程4项500kV项目取齐核准支持性协议，2023年核准项目达到303项，总投资105亿元。

协调省能源局、工信厅、统计局，建立省市县三级政企联动机制，推动完成自备电厂计量装置安装工作，累计清理退役自备电厂8家，完成辖区内74家在运自备电厂、170台发电机组表计安装工作，实现自备电厂发电数据采集全覆盖，破解了自备电厂长期以来数据统计难题。

争取供电投资界面延伸至城镇用户建筑区划红线、老旧小区改造、港口岸电、新能源接网、置换高效节能变压器、赣州革命老区高质量发展等作为重大政策性投资纳入第三监管周期输配电价。加强精准投资。服务新能源下乡配套电网建设。响应国家乡村振兴战略，推进民生电网工程建设。

经营管理 2023年，国网江西电力防范风险，优化经营策略，深入挖潜增效，激发全要素经营活力。优化经营管理制度体系，二级单位业绩评价实现全覆盖。推进技术降损、管理降损一体化治理，营销稽查和反窃查违挽回经济损失1.63亿元。加强实物资源管理，开展“有账无物”问题专项整治，盘活库存闲置资源1.4亿元，物资账实一致率从55.2%提升至91.2%。完成全省自备电厂发电侧计量装置全覆盖。

完善经营管理制度体系。在制定洪都电力业绩评价办法，修订直属单位工资总额核定办法、合资公司经营管理办法，科学核定直属单位、洪都电力2023年业绩评价基准值等工作的基础上，推动业绩评价范围全覆盖，制定江西电力交易中心业绩评价办法，促进全面完成跨省区购电、电力市场建设运营等年度工作任务，提升交易服务水平；建立健全江西电力职业技术学院（江西电力技师学院）收支监督管理机制，出台学院收支管理监督办法，明确管理责任，防范合规风险，促进学院高质量发展。

统筹经营目标及重点计划，从购电侧、售电侧、综合管理三方面综合施策，提出77项具体举措，提升经营质效。开展经营机制宣贯培训和经营情况调研，强化经营对标数据核查监督，持续加强依法合规经营。

统筹安排各单位保障性可控成本，切实保障正常生产运行；坚持“问题导向、目标导向”，年度内分三个批次安排项目类省控专项成本，重点加强配电网“123”工程、生产通信设备隐患整治、数字化转型等领域的投入保障；按月跟踪通报成本专项进展情况，促进年度重点工作任务按时完成。

安全生产 2023年，国网江西电力牢固树立“两个至上”理念，以严的基调抓安全，未发生人身、大面积停电和重大设备事故。规范施工业务外包管理，修订安全生产费用使用、安全生产奖惩实施细则。深入开展重大事故隐患专项排查整治行动，集中治理隐患6331项。建立跨地市公司应急联动机制，应急能力进一步提升。狠抓安全生产“十不准”和现场安全“112”工作要求落地，健全反违章、电气“两票”管理，加强领导人员“四不两直”安全督导及三级安全督查中心运作，现场作业行为进一步规范。推进安全文化建设，提升员工安全意识和遵章守纪的自觉性主动性。开展防范大电网安全事故专项行动，“三道防线”持续加固，新能源涉网性能进一步提升。深化变电“两个替代”和输电“集中监控＋立体巡检”，完成特高压“一交一直”等设备检修任务，500kV及以上变电设备零故障停运，220kV及以上线路故障停运率同比下降29%，10kV线路故障次数同比下降41.6%。强化网络安全防护，在国家级网络攻防实战演习中取得佳绩。

营销工作 国网江西电力坚守初心、践行宗旨，保障了全省电力可靠供应。坚决扛牢电力保供首要责任，经受住了迎峰度夏3334万kW最高用电负荷考验，有效应对低温寒潮等恶劣天气挑战，完成习近平总书记考察江西等重大活动保电任务，保障了全省电力可靠供应，得到江西省委省政府高度评价、社会各界广泛赞誉。电力营商环境持续优化。全面实行“三零”“三省”服务，全年节省用户办电成本8.87亿元，单、双电源高压客户办电时长分别压降至16个、26个工作日。

做好电力保供。建立负荷管理工作体系，印发电力负荷管理工作指引，108家市县公司电力主管部门建立“客户经理＋政府人员”双责任人制。夯实可调节负荷资源，完成3504户企业、205万kW负荷资源排查。塑造“智·享节电”品牌，联合省能源局开发微信小程序，打造“e起节电”典型实践和江西样板，引导全民共同参与节约用电，报名用户超250万户，构建60万kW居民负荷资源池。完成习近平总书记考察江西重要保电任务，实现“四零”目标。成功应对度夏3334万kW历史新高负荷考验，得到江西省政府高度评价。

做实做优配网“123”工程。实施“过程真实管控、资金动态调整、成效实时评价、工程随运转资”的配电网建设管理新模式，实行“随报随审、随审随批、随批随建”立项管理，紧盯项目形象进度、财务入账、数字化移交三同步。强化配网建设全过程管控，强化临时及周计划刚性执行，从源头管控作业计划，强化项目经理、施工队伍评价考核，建立“现场＋云视频”双重验收机制，防范工程“带病”投运，开展工程投运数字化移交校核，确保项目“图数实一致”。开展配网防雷专项整治，结合配网基建工程累计完成930余条线路整治，治理后线路故障跳闸同比下降83%。全省供电可靠性指标99.9163%，同比提升0.046个百分点，国家电网排名提升7名。

推广停电范围自动扫描等“七个自动”，停电研判准确性提升至95%，平均恢复时长压缩29%。推广“费清复电”“业扩流程监控”等19项RPA流程机器人，大大减轻基层负担。舆情在线监测与省级供电服务线上业务一体实施，舆情监测时效提高70%以上。

优化电力营商环境。促请江西省、市政府完善电力接入工程实施细则，2023年政府电力接入工程投资金额达6.04亿元。建立“三零”服务配套纳入电网企业保障性成本，“三省”配套“按周评审、随审随批”机制，加快配套工程实施，累计节省用户成本6.62亿元。推动政企协同，融入政府“一件事一次办”体系，贯通系统平台共享通道，电子证照获取成功率提升至85%，10kV业扩环节承诺办理时长再压缩5%。落实电动汽车充电桩和高可靠性供电费政策，更新用电业务办理告知书，明确业务办理要求。为分布式光伏并网提供主动服务，开展接入承载能力分析，推进分布式光伏“四可”能力建设。

强化量价费损精益化管理。完成计量箱数字化建档，累计建档计量箱871万只，绑定电能表2520万只，进度列国家电网系统第四。高库龄（5年）智能电能表实现清零。推动技术线损和管理线损一体化治理，完成《技术降损导则》编制，10kV及以下线损3.08%，同比下降0.42个百分点。深化电费核算省级集约，全面推广电费试算，自动核算发行率达99.9%以上。第三监管周期输配电价政策规范平稳高效落地，持续强化电费回收风险防控，截至11月30日电费回收率达99.99%，高于目标值0.04个百分点。

推动数字化转型。夯实数字化基础“底座”，完成营销2.0平稳切割上线和首月电费发行，完成用采2.0单轨切换，采集系统升级换代质效提升3倍。打造全景监控平台，实现配网运行、服务调度等300余个业务流程的全景看板与异常监测，推行业务工单“上下互动、双向管理”，实现供用电业务全流程、全要素、全时空可视化。深化七个自动应用，停电信息自动推送比例提升至91%。推动供电所数字化改造，推行“手机+背夹”、便携式红外测温等数字化装备，推广19个RPA流程机器人应用，提升基层工作质效。打造“供用电社区、知否课堂”线上线下学习互动模式，月点击量突破6万次。

坚持央企担当服务乡村振兴。主动开展农村充电基础设施建设，利用现有场地资源，在134个供电所建成面向社会开放的420根充电桩，助力实现“县县有站、乡乡有桩”目标。探索“自助、智能、驿站”式村网共建模式，完成20个“村网共建”电力便民示范点建设。投入100万元深化“电力爱心超市”运营，投入50万完成2所学校的“电力爱心教室”建设，采购帮扶点农产品，组织引导职工赴定点帮扶及对口支援地区开展专项疗养，完成1576.5万消费帮扶。电力职院驻村工作队获省派驻村年度考核“好”等次，2人获省级优秀驻村干部。

科技与信息化 2023年，国网江西电力锐意进取、加倍奋进，科技创新和数智化展现新作为。贯彻落实习近平总书记考察南瑞集团重要讲话精神，出台加快推进高水平科技自立自强16项措施。

参与2个国家重点研发计划项目，牵头国家电网公司新型电力系统科技攻关行动计划专项子课题研究。主导编制4项IEEE国际标准，举办IEEE PES变电站技术委员会（中国）2023年会、中国城市碳达峰碳中和论坛。加强关键核心技术攻关，GIS设备故障防范等技术取得突破。双创中心实现实体化运作，成果转化产值超3000万元。

居民用户电力邀约响应相关成果荣获2023年度中国电力科技进步奖一等奖。全省实体电网实现数字化呈现，“电网一张图”新增台区异常线损告警等25项新功能，国网江西电力被评为国家电网公司“电网一张图”建设应用先进单位，荣获企业中台和数字新技术技能竞赛团体第四名。自主开发输电全景、无人机微应用管控平台等项目，输电无人机实现电力北斗高精度定位。建成新一代计量生产自动化系统，营销2.0、用采2.0、PMS3.0等系统正式上线。基层班组、供电所存量常规报表实现“零填报”。

优质服务 开展“办实事、解民忧”专项行动，解决频繁停电问题2043个，巩固提升客户大走访活动成果，聚焦“电压暂降”难题，完成354家企业全面治理，成效获江西省委领导批示表扬。强化客户诉求质量管理，推广网格服务，编制一线员工服务行为规范手册，优化基层供电服务考核。推广停电范围自动扫描等“七个自动”，停电研判准确性提升至95%，平均恢复时长压缩29%。推广“费清复电”“业扩流程监控”等19项RPA流程机器人，减轻基层负担。舆情在线监测与省级供电服务线上业务一体实施，舆情监测时效提高70%以上。

党的建设和精神文明建设 深入贯彻习近平总书记关于党的建设的重要思想，党建引领作用充分彰显。党的建设提质登高。建立贯彻落实习近平总书记重要指示批示和党中央决策部署工作机制，出台贯彻落实习近平总书记考察江西重要讲话精神的实施意见。

以系统化思维构建“14336”党建工作体系，推动全面从严治党主体责任、监督责任落地。传承红色基因，打造具有江西独特标识的“旗帜领航·三湾堡垒”“旗帜领航·井冈先锋”“旗帜领航·共青薪火”党建品牌。出台全面加强省管产业单位党的建设实施意见，制定党建价值创造载体和党支部标准化规范化建设工作指引，各级党组织的组织力、价值创造力进一步提升。党风廉政建设纵深推进。

坚持严的主基调，完成党委两轮9家单位党组织常规巡察。加强协同监督，扎实开展业扩报装、违规违法获取工程项目等“四个专项整治”。强化执纪问责，运用“四种形态”处理539人次。坚持刀刃向内，开展纪检队伍教育整顿。队伍建设不断加强。制定领导人员队伍建设“十四五”规划，出台加强年轻干部培养选拔若干措施。修订领导人员管理办法，突出政治素质考察，强化领导人员选拔任用工作监督检查。

实施培训管理体系变革，员工队伍建设纳入同业对标评价。出台“五型五优·青鹄担当”十项举措，开展本部内设处室负责人竞聘，一流本部建设有力推进。企业氛围和谐稳定。科晨研发中心、上饶电力调控大楼、4个县公司生产综合用房顺利投运，38个乡镇供电所新建项目加快推进。竭诚为员工办实事，关心离退休老同志。做好信访维稳、舆情防控、意识形态等工作，企业保持和谐稳定。

（钱　冰）

【国网四川省电力公司】

企业概况 国网四川省电力公司（简称国网四川电力）是国家电网公司的全资子公司，主要负责四川境内国家电网的规划建设、运营管理和电力供应。截至2023年底，全年发展总投入312.6亿元，同比增长7.8%。售电量3191亿kWh，同比增长9.2%。营业收入1617亿元，同比增长1.5%。利润10亿元，同比增长3.8倍。资产总额2000亿元，同比增长10.6%。资产负债率69.65%。全员劳产率72.55万元/（人·年）。“一利五率”指标创多年来最好水平，主要生产经营指标实现显著增长，获得国家电网公司综合业绩考核A级、位居省公司第7。

领导班子

董事长、党委书记：衣立东

董事、总经理、党委副书记：胡海舰

董事、党委副书记（二级单位正职级）：杜蜀薇

总会计师、党委委员：温振龙

副总经理、党委委员：陈云辉

副总经理、党委委员：肖杰

副总经理、党委委员：陈强

副总经理、党委委员：明自强

总工程师：胡朝华

党委委员、纪委书记：方小平

2023 年，国网四川电力领导班子成员有部分调整。2 月，原董事长、党委书记谭洪恩调离，衣立东任董事长、党委书记；7 月，原副总经理、党委委员谭志红，党委委员、纪委书记寇剑波调离，胡朝华任总工程师、杜小波任三级顾问；9 月，方小平任党委委员、纪委书记；12 月，原党委委员、工会主席左宇龙转任三级顾问。

组织机构 截至 2023 年底，国网四川省电力公司本部职能部门 24 个，全资二级单位 40 家（其中发供电企业 24 家、直属单位 16 家）；控股单位 1 家，参股单位 3 家，上市公司 3 家；县级供电企业 151 家（全资县供 109 家、控股县供 42 家）。

电网概况 覆盖范围。国网四川电力为四川电力市场供应主体，下属 22 个供电公司，经营区域涵盖全省 21 个市州，承担绝大部分地区供电任务，并通过控股、代管、趸售等方式对地方电网供电。

电源规模。截至 2023 年底，四川电网全口径装机容量 13387.36 万 kW，其中水电 10198.85 万 kW、火电 1844.64 万 kW、风电 770.06 万 kW、光伏 573.57 万 kW，占比分别为 75.12%、13.72%、5.88%、5.17%，清洁能源 1.15 亿 kW，居全国第一。

电网规模。截至 2023 年底，共有±800kV 直流换流站 6 座，换流容量 4560 万 kW，线路长度 1840km；±500kV 直流换流站 1 座，换流容量 300 万 kW，线路长度 240km；500kV 变电站 63 座（含开关站 2 座、串补站 1 座），总变电容量 11355 万 kVA，线路长度 19916km；220kV 变电站 265 座（含 3 座升压站、2 座开关站），变电容量 9346 万 kVA，线路长度 24864km；110kV 变电站 938 座（含 5 座升压站），变电容量 8521 万 kVA，线路长度 31359km。

用电量和负荷。截至 2023 年底，四川全社会用电量、用电负荷分别为 3711.26 亿 kWh、7000 万 kW，同比增长 7.67%、2.9%。

与周边电网送受电情况。截至 2023 年底，四川电网与省外电网呈“七直九交”联网格局，即通过±800kV 复奉直流、锦苏直流、宾金直流、建苏直流、金塘直流与华东电网相联，±800kV 雅湖直流与华中电网相连，以及±500kV 德宝直流与西北电网相联，通过交流 500kV 洪板双回、黄万双回、资铜双回与重庆电网相联，通过 500kV 巴塘至芒康双回线路、塘澜线与西藏电网相联，跨省电力最大外送能力达到 4904 万 kW（调度核实最大外送能力），2023 年四川全口径累计外送电量 1655.35 亿 kWh，同比增加 4.14%。

人力资源 2023 年，国网四川省电力公司全口径用工总量 8.47 万人，同比下降 4.1%；全员劳动生产率 72.6 万元/（人·年），同比提升 8.6%；新增省部级及以上人才 15 人次。

加快建立人才梯队，新增 15 名省部级及以上高端人才，其中“天府青城计划”5 人、四川省学术技术带头人及后备 2 人、国家电网公司首席专家 1 人，选拔省公司高级专家、青年人才托举人选、“电力雏鹰”共计 125 人。承办的国家电网公司首届电力交易服务技能竞赛并获国家电网公司肯定，首次承办全国技能大赛四川省选拔赛，代表四川省参加全国第二届职业技能大赛，各项竞赛取得历史最好成绩。率先通过国家电网公司首批基建施工实训基地认证，建成国家电网公司首个电力消防实训基地，试点完成配网不停电作业、配网运检岗位评价任务，获评四川省高技能人才先进集体。

电网建设与发展 攀西特高压、陇电入川、疆电入川等 36 项重点工程纳入国家规划，阿坝—成都东特高压交流仅用 6 个月取得核准，创国家电网有限公司同类工程最快纪录。落实基建 “六精四化五增强”，川渝、金上、哈重特高压建设加速推进，攀西电网优化第一、第二阶段、川藏铁路施工供电二期、35 项迎峰度夏度冬工程按期建成，500kV 南充南部变电站新建工程获得国家优质工程奖。全年投运 35kV 及以上工程 340 项，超额完成电网建设目标任务，推动四川电网日益坚强。建成“电网一张图”，智慧配电网建设入选国家电网公司示范。坚持物资设备好中选优，全国率先建立物资管理“三高两化一保障”“凡用四必”制度体系和工作流程。坚持“全网统筹、保量稳率”，积极服务新能源发展，新增装机同比增长 5.6 倍，总量突破 1300 万 kW，利用率保持 100%。

川渝、金上两项工程有效承接来自西南地区省（区、市）、西藏等地的电能，对构建清洁低碳、安全高效的能源体系，保障区域能源安全，具有重要意义。其中川渝交流工程是我国西南地区首个特高压交流工程，是构建西南特高压交流骨干网架的起步工程。金上—湖北工程采用我国自主研发的多端级联特高压直流输电技术，是川藏高原清洁能源外送的重要标志性工程。

经营管理 积极应对“四川打造电价洼地，要求输配电价每千瓦时下降 2 分左右”的压力，争取国家发展改革委、四川省委省政府、国家电网有限公司的理解支持，确保了输配电价科学核定、基本稳定，如果叠加分时电价、优化居民电能替代等政策收益，输配电价实现了三个监管周期以来首次不降反增。深化

“提质增效、强优川电”升级行动，全额疏导保供购电成本 33.6 亿元，节约投资 57 亿元，营销稽查挽回损失超 2.3 亿元，电费回收率 100%。

年售电量突破 3000 亿 kWh 大关，国网四川电力迎来经营收入、资产总额、发展投入“三个两千亿”的重要里程碑。“四翼”业务稳健发展，省管产业实现利润 5.5 亿元，同比增长 10%，战新产业实现利润 3500 万元、同比增长 28%，“电 e 金服”累计为产业链上下游企业提供金融服务 175 亿元。实施卓越服务升级行动，在国家电网公司首创居民区充电基础设施统建统服。推进老旧小区配电设施改造接收。服务打造 318 国道世界首条高原充电走廊等示范项目加快实施。开展援藏援彝工作，国网四川电力连续三次获评国家电网公司“东西人才帮扶先进单位”。积极服务乡村振兴，建成九寨沟零碳供电所，电力助力稻城亚丁乡村振兴等 4 个项目成为国家电网公司示范，连续七年在省级考核中被评为“好”。开展“合规管理提升年”专项行动，完成中央巡视、国家审计署经责审计问题整改，得到国家电网公司党组肯定。

安全生产 干部员工成功应对夏季来水历史最枯、负荷创历史新高的严峻考验。牢牢把握以生产为基础的管理服务型企业属性，严格执行安全生产“五个四”，坚持领导人员下现场、重点作业提级控、带电作业严格管、防住人身是关键，扎实推进重大事故隐患排查整治、防范大电网安全事故等专项行动，深入开展基层班组、供电所等“三化两制两军事”典型推广，建设现代电力应急指挥系统，安全生产保持了平稳局面。第一时间驰援山西抗冰保电、甘肃青海抗震救灾，体现了国家电网公司“全局一盘棋、国网一家亲”“一方有难、八方支援”的体制优势。

营销工作 营销系统聚焦营销主业主责，锚定建设现代双一流发展目标，补短板、促政策、攻难关、强服务、抓创新，克服“大运会”与迎峰度夏双期叠加困难局面，保电保供交出满意答卷，并在服务品质向好、营商环境优化、经营质效提升、助力乡村振兴、人才队伍建设等方面创新突破。全年完成售电量 3191 亿 kWh，同比增长 9.2%。全年业扩报装净增容量 3124 万 kVA，同比增长 14.1%。电能替代电量 176 亿 kWh，同比增长 6.1%。市场占有率 94.92%。实现当年电费回收 100%。

优质服务 营商环境破解难题。首创居民区充电基础设施“统建统服”在全国推广，缓解“充电难”问题。坚持政府主导、依法实施、费用共担，示范推进居民小区配电设施改造接收。

投诉压降取得实效。实施供电服务提升三年行动，大力推行“村网共建、社网共建”，95598 和 12398 投诉同比压降 48.17%、68.87%，“枫桥经验”川电实践成势见效。

乡村振兴再获佳绩。打造稻城亚丁、北川石椅等 4 个国家电网公司乡村振兴典范项目，3 个帮扶村获评省级重点帮扶优秀村。凉山彝族自治州喜德县“三级联帮”顺利开局，消费帮扶金额首次突破千万元，乡村振兴省级考核获评“七连好”。

科技与信息化 2023 年，把科技创新摆在“头号工程”的重要位置，实施科技创新突破行动，各项工作取得显著成效。获得省部级及以上科技奖励 25 项。2023 年度中国电力科技进步奖一等奖 1 项、二等奖 2 项、三等奖 2 项；2022 年度四川省科技进步奖一等奖 3 项、二等奖 4 项、三等奖 3 项；2023 年度国家电网有限公司科学技术奖二等奖 3 项、三等奖 7 项。申请专利 812 件，其中发明专利 755 件，获得专利授权 473 件，其中发明专利 348 件。牵头制定的 7 项电力行业和团体标准获批发布，另发布 31 项参与技术标准。

科技创新氛围充分营造。国网四川电力首次召开科技创新大会，制定《新型电力系统科技创新行动方案》，加快打造能源电力技术新高地。发布《以高水平科技创新助力公司现代双一流建设的实施意见》等 7 项制度文件，形成支持全面创新的制度保障。

重大项目攻关取得突破。牵头的“分布式光伏与梯级小水电互补联合发电技术研究及应用”国家重点研发计划项目成果入选联合国工业发展组织《世界小水电发展报告 2022》，并作为唯一中国案例在联合国第一届国际能源与气候论坛上发布。研制国内首台大型变压器减隔震装置并试点应用。参与立项国家重点研发计划项目 3 项、国家电网公司新型电力系统科技攻关行动计划 2023 专项重大项目 3 项，牵头立项国家电网公司总部科技项目共 14 项，创历年新高。

创新平台建设再上台阶。牵头申报的“国家能源高比例水电和新能源友好并网研发中心”入选国家能源局第一批“赛马争先”创新平台。强化国家电网公司实验室建设，重点提升设备抗震检测能力和水风光储多能互补仿真能力。强化省级创新平台建设，获批牵头组建“四川省电力储能系统运行控制技术工程研究中心”，积极推进“四川省新型电力系统安全与运行实验室”优化重组。开展实验室优化调整，命名第一批 10 个实验室。四川思极科技有限公司取得 2023 年度四川省专精特新中小企业认定。

科技成果转化再创新高。“工业企业厂界噪声智能监测装置”“输电线路等值覆冰厚度获得方法”等 2 项发明专利入选首届能源行业高价值专利及技术成果转化典型案例。全年依托 63 项专利、7 项软著，实施科技成果转化 51 项，实现科技成果转化收益超过 460 万元。

技术标准创制重大突破。入选国家电网公司第二批科研与技术标准互动发展试点单位。牵头立项 1 项国家标准委第十批社会管理和公共服务综合标准化项目，实现立项国家综合标准化项目零的突破。牵头立项 1 项 ISO 标准、1 项 ITU 标准和 2 项 IEC 标准，实现三大国际标准立项全覆盖，相关经验入选国家电网公司服务共建“一带一路”10 周年国际标准类精选案例。

党的建设与精神文明建设 出台加强省管产业单位党的建设 20 项举措，深化“党建+”工程，党员、干部在安全生产、重大工程中攻坚克难、示范带动，临时党支部在大运保电、迎峰度夏、抗灾救灾中冲锋在前、奋战一线，共产党员服务队在立足岗位、善小而为、精神传播中擦亮“金色名片”。

持续擦亮连心桥党员服务队“金色名片”。一是开展党员服务队质量提升行动，以国网金牌（优秀）党员服务队为示范，从立足岗位建功立业、善小而为志愿服务、为民服务精神传播三个方面，推动德阳、资阳、眉山等基础较好的跳起摸高、争创全国先进，推动甘孜、凉山、阿坝等基础相对薄弱的补短板强弱项、争取国网先进，推动电科院、送变电等特点鲜明的发挥专业优势、培育更多先进，不断深化新时代党员服务队的价值作用。二是强化“三支战队”建设，健全完善党员服务队、突击队、攻关队协同联动机制。

与地方纪委监委联合查处职务犯罪 3 件，扎实开展违规吃喝、违规违法获取工程项目、业扩报装领域突出问题等 15 项专项整治，完成 16 家二级单位、45 家三级单位政治巡察。聚焦“三高四优五过硬”目标，选优配强领导班子和领导人员，一批勇于担当、忠诚实干、实绩突出的优秀干部获得提拔重用，一批业绩优、能力强、作风好的优秀骨干公开竞聘到本部工作。坚持为党育才、为党献策的党校初心，确立“六个一流”的党校建设目标。实施人才培养三大工程，新增省部级以上人才 15 人次。强化宣传舆论引导，唱响主旋律，传播正能量，川电员工战酷暑、绿电赋能大运会等在主流媒体传播上亿人次。加强团青工作，完成团委换届选举。国网四川电力荣获世界大学生运动会保电突出贡献单位，70 多个集体和个人获得全国五一劳动奖章、四川省学术和技术带头人、国家电网公司特等劳模等荣誉和奖励。

建设现代双一流 国网四川省电力公司党委新一届领导班子团结带领广大干部员工，坚决落实国家电网有限公司和四川省委省政府决策部署，抢抓四川电网和国网四川省电力公司重大历史发展机遇，提出了建设现代双一流的发展目标、内涵特征、实施路径和步骤安排，形成了一系列具有国网四川省电力公司特色的专业管理要求，为电网和公司实现更高质量发展明确了方向、描绘了蓝图。

在建设现代双一流实践中，一是通过打造四川“双典范”建设现代一流电网。打造四川清洁能源高质量就地消纳的典范，支持省内更大规模清洁能源开发与接入，服务清洁能源科学快速发展，加快推进电网提档升级，确保省内大规模清洁能源高质量就地消纳。打造四川清洁能源大范围优化配置的典范，推动外送通道和外电入川通道建设，构建水火互济、流域互济的跨省跨区能源配置枢纽平台，实现清洁能源大范围优化配置。二是通过推动“双创新”建设现代一流公司。推动以建立现代企业制度为主体的管理创新，把党的领导融入企业治理，健全治理机制、完善管理制度、优化生产模式、提升服务质效、树立品牌形象，为高质量发展注入新活力。推动以提升核心竞争能力为主体的科技创新，坚持科技自立自强，加强理论研究、技术攻坚、标准制定、成果转化，提升核心竞争力和增强核心功能，为高质量发展提供强动力。

推进“六大工程”❶，大力实施“六大行动”❷，打造四川“双典范”、推动公司“双创新”，开启建设现代双一流、推动高质量发展的新征程。国网四川省电力公司各部门、各单位梳理编制落地举措，搭建“六大工程”“六大行动”数字化看板，高质量编制建设现代双一流工作月报，全覆盖开展宣讲培训和工作督办。各部门、各单位立足实际、找准定位、大胆实践，推进发展目标落地，在各自领域厚植了硬实力、集聚了软实力，形成了建设现代双一流、昂首迈步建新功的生动局面。

大运保电 2023 年 8 月 8 日晚，成都第 31 届世界大学生夏季运动会胜利闭幕。大运会保电筹备期间，国家电网公司董事长、党组书记辛保安来川调研，深入一线检查指导迎峰度夏和大运会保电工作。国家电网公司印发大运保电、跨省支援工作方案，21 家省级单位 624 名技术骨干、106 台发电车跨越千里，全方位支撑四川大运会保电工作。

国网四川电力认真贯彻国家电网公司和四川省委省政府决策部署，按照“三保到、四个零、五个最”的要求，高标准编制 567 项“一站一案、一线一案、一馆一案、一岗一案”，建成智慧保电指挥系统和调度中心，高质效推进设备管理“三化两制两军事”在大运会保电现场落地实践。国网四川电力累计投入 6000

---

❶ “六大工程”包括特高压攻坚工程、攀西电网优化工程、立体双环构建工程、新能源消纳工程、现代配网建设工程、安全稳定提升工程。

❷ “六大行动”包括现代企业治理行动、经营质效提升行动、科技创新突破行动、卓越服务升级行动、企业形象塑造行动、队伍素质提升行动。

余名保电人员、300余台车辆，建强43个临时党支部、80支党员服务队，对49座大运会场馆、282条输配电线路、179座变电站实施保障。完成了开闭幕式、269场赛事及城市运行保障任务，做到了精精益求精、万万无一失，实现了全过程、全时段、全点位、零差错。642名青年参与大运会青年志愿服务行动。全力打赢了四川电力有史以来政治级别最高、保电规模最大、投入力量最多、社会各界评价最好的保电战役，被评为国家电网公司“大运会保电突出贡献单位”。大运会供电保障工作还充分融合了“绿色、智慧、活力、共享”的办赛理念，约5000万kWh的水电、风电、光伏发电通过坚强智能电网和四川电力交易平台实现运输与交易，直达大运会场馆，满足场馆全部用电，实现了“贡嘎的雪点亮大运的灯”。

主要事件

1月16日，四川省充电基础设施监管平台及四川省充电服务APP“川逸充”正式上线，构建起全省统一的充电服务入口。

1月30日，国家电网公司首批、四川首套新一代集控系统在眉山正式切主系统运行。

1月31日，国网四川电力牵头的国家重点研发计划项目创新成果“全球首个梯级水光蓄互补电站并网运行”入选2022年度四川十大科技新闻。

2月12日，四川电网风电发电量达10433.3万kWh，首次突破1亿kWh大关；新能源日电量总计达11666.4万kWh(其中，光伏发电量达1233.1万kWh)，较历史最大值增长1345.5万kWh，增幅13%，均创历史新高。

2月23日，2023年四川省内电力市场年度交易结果公告发布：年度交易用电侧成交电量达2172.8亿kWh，首次突破2000亿kWh大关，同比增长14.9%。目前，省内直接参与市场交易的电力用户已逾3.23万户，同比增长52.7%，交易规模和用户数量双双冲高。

3月10日，2023数据赋能低碳发展峰会暨第六届电力大数据高峰论坛在成都召开。

4月1日，四川省科学技术奖励大会上，国网四川电力申报的“基于先进磁电传感器件的电气设备状态感知关键技术及应用”项目荣获2022年四川省科学技术进步奖一等奖。

4月3日，四川巴塘—西藏澜沧江500kV线路工程正式投运，两省区电网互济能力将提升1倍，更好地满足西藏中东部地区用电和清洁能源开发需求。

5月4日，甘孜1000kV特高压变电站主体正式开工建设。这是目前我国在建海拔最高的特高压变电站。

6月30日，6:33，随着220kV玉发一、二线启动投运成功，成都西500kV变电站220kV配套工程完工，标志着国网四川电力建设的15项迎峰度夏重点工程全部建成投运。

7月5日，四川省人民政府办公厅发布《关于进一步加快电网规划建设工作的通知》，标志四川省支持电网规划建设的政策文件正式出台，为加快推进电网建设三年攻坚专项行动提供了坚强政策保障。

7月13日10:00，金上—湖北±800kV特高压直流输电工程四川段开工典礼暨基础首基试点仪式在眉山市仁寿县N2792号塔位举行，标志着该工程正式进入全面建设阶段。

8月18日，随着川渝高竹新区首条10kV配网互联线路成功合闸，国网四川电力10kV马乐线与国网重庆电力10kV茨华线互联互通项目正式建成投运，标志着川渝高竹新区实现了跨省域电网“手拉手”供电。

8月23日，四川电网攀西优化工程500kV建昌—叙府线路工程（简称500kV建叙线）全线贯通，标志着攀西电网优化工程取得重要阶段性进展。

9月8日，四川省雅安市发展改革委等6部门联合印发电力接入工程费用分担机制文件。至此，全省21个市（州）政府均出台了分担机制政策，标志着国办函〔2020〕129号文配套延伸电网投资支持政策在四川全域落地。

9月27日，500kV乐山南变电站全站带电，标志着四川乐山南500kV输变电工程成功投运。该工程也是四川电网2023年迎峰度夏后投运的首个迎峰度冬项目，也是目前省内一次性建成投运规模最大的500kV智能变电站。

10月15日，川南城际铁路公司和成兰铁路公司发来感谢信，对国网四川电力攻坚克难，保障成自高铁、成兰铁路用电需求，为促进四川铁路运输大通道的建设和发展作出了贡献表示谢意。

10月18日，由长虹联手华为打造的全省首个全液冷超充旗舰站在绵阳投用。该充电站设备采用华为最新数字化全液冷超充技术，最大充电功率可以达到480kW，是普通快充的4倍，最快可实现充电“一秒一千米”。

11月2日，在第48届国际质量管理小组会议优秀QC成果发布会上，国网四川电力2项参赛成果荣获金奖。

11月3日，四川特高压输电网建设工作推进大会在国网四川省电力公司召开。

11月9日，2024—2026年西藏清洁能源消纳及供电保障交易合作框架协议签约仪式在四川成都举行。

11月21日，国网四川电力牵头制定的《城市与社区可持续发展——近零碳城市实施路径的实用案例》通过国际标准化组织（ISO）立项。该标准是国网四川电力首个获批立项的ISO国际标准。

11 月 30 日，由国网四川电力牵头申报的“四川省电力储能系统运行控制技术工程研究中心”正式获批组建，实现了国网四川电力在组建四川省工程研究中心领域零的突破。

12 月 9 日，四川电网月城Ⅱ500kV 开关站进入试运行，标志着四川攀西电网优化工程第二阶段建设全面完成，清洁能源消纳再添保障。

12 月 9 日，2022—2023 年度国家优质工程奖评选结果揭晓，国网四川省电力公司南充南部 500kV 变电站新建工程荣获国家优质工程奖。

12 月 10 日 14:10，川渝特高压交流工程甘孜—天府南 1000kV 线路工程（9 标）完成首基门型塔组立任务。该塔全高 74m，总重 404.22t，是国内首例“八腿式”门型铁塔。

12 月 13 日，四川省清洁能源日发电量达 37758 万 kWh，占全省日发电量的 63%。其中，风电、光伏新能源单日发电量达到 10224 万 kWh，突破 1 亿 kWh 大关，占清洁能源日发电量的 27%。

12 月 29 日，国家“十四五”电力发展规划重大项目—阿坝至成都东 1000kV 特高压交流输变电工程取得核准。

（李　庆）

【国网重庆市电力公司】

企业概况　国网重庆市电力公司（简称国网重庆电力）于 1997 年 6 月 6 日随重庆直辖成立，是国家电网公司的全资子公司，负责重庆电网规划建设、运行管理、电力销售和供电服务工作。经营区域覆盖全市 38 个区县，供电面积 7.9 万 km^2，服务人口约 3000 万人，用电客户 1851 万户。本部设 22 个部门，下设二级单位 44 个，其中供电公司 31 个，业务支撑和实施机构 13 个，员工约 3 万人。2023 年售电量 1132 亿 kWh，同比增长 2.2%；完成发展总投入 124 亿元；营业收入 685 亿元，同比增长 4.2%；资产总额 933 亿元，同比增长 6.8%。

2023 年，国网重庆电力面对形势错综复杂、负荷屡创新高、灾害多发频发等挑战，胸怀“国之大者”，以强烈的政治担当扛牢保供责任，为社会主义现代化新重庆建设提供了可靠的能源保障。特高压入渝取得新突破，川渝 1000kV 交流特高压工程开工建设，首个落地重庆的特高压站点——铜梁变电站开展主变及设备安装，疆渝特高压渝北换流站进入主体土建施工阶段。建成全市电力供需统筹平台，促成市区两级出台居民分时电价等政策措施 364 项，引导最大降低居民负荷 181 万 kW，成功经受 2603 万 kW 负荷历史新高考验。组织抗击“7・4”万州洪涝、“7・28”潼南汛情等重大自然灾害，在最短时间内恢复受损电力设施。助力能源转型，建成西南地区布点最密的高速公路充电服务网络，投产西南首座百万千瓦级大型抽水蓄能电站，首次实现西藏绿电入渝，服务近百万千瓦新型储能并网，网内水电首次全额消纳，分布式电源装机容量同比翻两番。“水电气讯”一键联办覆盖 33 个区县，“水电气讯”红岩共产党员服务队在全国率先实现省域区县全覆盖。“阳光业扩”普惠大众为企业节省用电成本超 14 亿元。武隆科研基地纳入国家电网公司“藏电外送”实验室能力建设体系。获省部级科技奖 15 项，QC 成果获国际金奖 5 项。220kV 凉亭变电站入选中央企业工业文化遗产，市委常委会审议通过公司“新重庆贡献奖”特别奖（集体），荣获“重庆市市长质量管理奖”。

领导班子

董事长、党委书记：周雄

董事、总经理、党委副书记：胡江溢

董事、党委副书记：徐韬

职工董事、党委委员、工会主席：何建军

副总经理、党委委员：何永胜、张捷

党委委员、纪委书记：张毅

总会计师、党委委员：毛育冬

副总经理、党委委员：刘欣宇

总工程师、党委委员：胡可

副总经理、党委委员：秦帅

三级顾问：李随东、王文周、刘昌盛

组织机构　22 个职能部门：办公室（党委办公室）、发展策划部、财务资产部、党委组织部（人力董事部）、人力资源部（社保中心）、党委党建部、党委宣传部、纪委办公室（巡察办）、安全监察部（保卫部）、设备管理部、市场营销部（农电工作部）、科技创新部、数字化工作部、建设部、物资部（招投标管理中心）、审计监管部、法律合规部（体改办）、后勤保障部、离退休工作部、工会委员会、电力调度控制中心、企业管理部；31 家地市供电企业：国网重庆市区供电公司、国网重庆市南供电公司、国网重庆市北供电公司、国网重庆北碚供电公司、国网重庆綦江供电公司、国网重庆长寿供电公司、国网重庆永川供电公司、国网重庆璧山供电公司、国网重庆江津供电公司、国网重庆万州供电公司、国网重庆大足供电公司、国网重庆武隆供电公司、国网重庆潼南供电公司、国网重庆南川供电公司、国网重庆巫溪供电公司、国网重庆城口供电公司、国网重庆铜梁供电公司、国网重庆开州供电公司、国网重庆合川供电公司、国网重庆黔江供电公司、国网重庆丰都供电公司、国网重庆垫江供电公司、国网重庆忠县供电公司、国网重庆云阳供电公司、国网重庆巫山供电公司、国网重庆石柱供电公司、国网重庆秀山供电公司、国网重庆酉阳供电公司、国网重庆彭水供电公司、国网重庆奉节供电公司、重庆川东电力集团有限责任公司；科研类：国网重庆电科院、国网重庆经研院；建设类：重庆市送变电公司、国网重庆建设公司；检修类：国网重庆超高压公司；营销类：国网重庆营销服务中心；信通类：国网重庆信通公司；培训类：国网重庆管培中心、国网重庆技培中心；物资类：国网重庆物资公司；综合服务类：国网重庆服务中心；其他单位：国网重庆电动汽车服务有限公司、重庆电力交易中心、重庆恒润能源产业管理公司、重庆智网科技有限公司。

电网现状 重庆电网是国家电网和西南电网的重要组成部分，也是西部水电外送唯一的超高压交流通道，对国家资源优化配置起着重要的支撑作用。重庆电网东部通过四回500kV线路与湖北电网联系，西部通过六回500kV线路与四川电网相连，每年约1/3的电力电量需要从外部购入。电网负荷主要集中在中西部，形成渝东北、渝南火电和渝东南水电三大电源中心以及川渝联络线向渝西负荷中心供电的格局。500kV分为11个片区运行，220kV中西部集中了网内大部分重载设备，网络联系相对紧密。近年来，重庆500、220kV电网规模持续扩大，形成了以500kV网络为骨干结构的省级电网，以220kV网络为支撑的地区电网，呈“两横三纵”结构，具备较强的抵御安全风险能力。

截至2023年底，重庆电网调度口径总计发电设备容量2585.62万kW，同比增长7.73%。其中火电1575.22万kW，水电711.14万kW，风电204.61万kW，太阳能发电94.65万kW。重庆电网统调装机容量2348.49万kW。其中：火电1569.61万kW，占总装机容量66.83%；水电486.42万kW，占总装机容量20.71%；风电204.61万kW，占总装机容量8.71%；太阳能87.85万kW，占总装机容量3.74%。

截至2023年底，重庆电网有5条±800kV特高压直流输电线路（复奉线、锦苏线、祁韶线、建苏线、金塘线）过境，总长1337.85km。220kV及以上变电容量8344.8万kVA，其中500kV变电站19座（含奉节串补站），变电容量3628.8万kVA；220kV变电站112座，变电容量4716万kVA。220kV及以上线路长度12325.87km，其中500kV线路长度3911.21km，220kV线路长度8414.66km。

2023年，国网重庆电力调度全年发受电量1208亿kWh（不含储能、抽水蓄能），同比增长1.2%；调度发电量929.5亿kWh，同比增长9.65%；外购电量284.9亿kWh，同比减少18.5%。最大负荷2603万kW（8月18日），同比增长1.5%；日最高用电量5.3亿kWh（7月12日），同比减少2.32%。最大峰谷差942万kW（8月17日），同比降低6.26%；用电平均峰谷差为568.8万kW，同比增长0.04%；最大降温负荷1245万kW，同比减少5.18%，降温负荷占最高负荷的比重为47.8%。

电网规划与发展 围绕社会主义现代化新重庆建设，制定“三高三实”渝电特色新型电力系统建设方案。立足成渝地区双城经济圈、西部陆海新通道等国家战略，快速推进川渝、疆渝等特高压项目，以数智化坚强电网推动构建新型电力系统建设。

川渝1000kV交流特高压工程于2022年9月开工建设，首个落地重庆的特高压站点——铜梁1000kV变电站开展主变压器及1000kV设备安装。疆渝特高压渝北换流站提前进入主体土建施工阶段。金上—湖北直流工程于2023年1月获得核准，在本轮“三交九直”跨区输电工程中率先完成单个项目省级核准要件办理。铜梁1000kV变电站500kV送出工程即将可研收口。新疆哈密北—重庆直流工程于2022年7月正式启动可研，目前各项设计论证工作进入尾声。

500kV“两横三纵”加速向“双环两射”转型升级。蟠龙抽水蓄能电站并网、栗子湾核准开工，5个电网侧集中式新型储能电站全部建成投产。打造国内首个整县“可观可测可控”清洁用能示范区，构建基于负荷聚类智慧互动平台的源网荷储协同管理体系。成立“1+41”个市区两级负荷管理中心。总装机容量120万kW的蟠龙抽水蓄能电站首台机组于12月发电。蟠龙抽水蓄能电站送出等81项工程竣工投产，140天完成长万线增容改造任务。“双环两射”目标网架主要项目全部启动前期工作。全年新开工110kV及以上输电线路1228km，110kV及以上变电能力1192万kVA；全年投产规模110kV及以上输电线路879.07km，110kV及以上变电能力502万kVA。

实施农村电网巩固提升工程。新建及改造10kV线路245.1km、低压线路439.8km，惠及13个区县，67个乡镇，141个行政村，22余万人，带动当地群众增收4715万元。农网电压合格率、农网供电可靠率分别提升至99.822%和99.8210%。提前实现千个宜居宜业和美乡村示范创建行动工作目标。九龙坡10kV陈雪线等工程被授予“国家电网公司配电网百佳工程”称号。

人力资源 截至2023年末，全口径用工总量29981人，人才当量密度0.9587。现有国家电网公司级及以上专家人才88人次，省公司级专家人才70人，正高级工程师114人、高级工程师及工程师9100人、技师及以上技能人才9690人，高技能人才比例达61.1%。

深化三项制度改革，全员绩效工资A/C倍比优于国家电网公司分配标准线。建立公司新型制度体系，修订完善“三重一大”决策管理办法、决策权责清单及党委前置研究清单。强化业绩考核管理，形成一体化指标考评体系。探索绩效数字化工作，形成集控站、供电所等数字化绩效管理工具。开展绩效管理、绩效经理人履职课题研究。“‘心能力’三维驱动人力资源管理实践”课题获得国家电网公司管理创新一等奖和国有企业管理现代化创新二等奖。

实施人才共育计划，构建以“心－能－力”三维驱动为核心的人力资源管理模型，搭建各层级领导人员“赛马”机制，创新干部考评“业绩看板”“在途在线”等选人用人工作机制。首次实施三级副职公开竞聘，选人用人工作评价认可度提升至98%。出台人才共育10项举措，新增首席专家1人，省部级及以上高端人才32人次。推进“1+6+N”实训基地建设，组织实施“千名骨干”专项培养。人才培养特色做法先后入选重庆市高技能人才队伍建设十大典型案例、重庆市人才工作改革创新实践优秀案例，技能人才自主评价课题获国家电网公司二等奖。深化应用全员全职业生涯管理，推广实施一线积分制，建立员工成长电子档案，2700余名青年员工参与首评。将一线积分与组织部“千人三库”、党建部“黄葛树工程”对接，强化结果应用。协助国网人才评价中心、重庆大学举办第十七届电力人才就业论坛。推进“1+6+N”实训基地建设，力争2025年前初步实现区域范围内主要工种实训场地全覆盖。

安全生产 面对度夏四轮高温、严重汛情以及电网负荷两创历史新高的严峻考验，提前谋划、超前行动，强化政府主管家定位调度工作机制，形成“全市高位推动、全民积极参与”的保供格局。建成全市电力供需统筹平台，促成市区两级出台居民分时电价等政策措施364项，引导最大降低居民负荷181万kW。成功应对27次强降雨考验。在“7·28”重大汛情中，组织20家单位1600余人在最短时间内筑牢了“光明防线”。完成长万线增容改造等46项度夏重点保供工程。提升外电受入能力70万kW，度夏期间最大外购电力808万kW，达到通道能力的98.5%。实现网内水电首次全额消纳，首次实现西藏绿电入渝，实现了“不发生电网安全事故、不限居民用电、不限重点工业企业用电”保供目标。

开展重大事故隐患专项排查整治行动，成立安监+8个专业部门重大隐患专项行动专班，制定6方面30类共450项重点隐患治理任务清单。全年累计排查各类隐患7762项，治理7461项，整改率96.12%。完成8项重大隐患闭环销项，管控思长线同停等安全风险2000余项。实施安全督查“三协同”，实现全年严重违章“零查处”。发布六级以上电网风险2132项，消除五级风险43项、六级风险66项。举办重庆市输电通道保护暨大面积停电应急演练。建成并应用新一代应急指挥系统，完成应急指挥中心应急态势一键关联展示等数字化功能建设。以零失分的优异成绩完成国家电网公司网络安全演习。5家单位成功创建全国和重庆市安全文化示范企业，5家单位被评为全国电力安全文化精品工程，1家单位被评为首批重庆市职工安全文化建设试点单位。完成全国及重庆市两会、智博会、进博会、“一带一路”国际合作高峰论坛等重大活动保电任务96次。实现不发生电网安全事故、不限居民用电、不限重点工业企业用电“四个零”保电目标。

经营管理 全年发展投入124亿元，其中固定资产投入112亿元；营业收入685亿元，同比增长4.2%。针对电量增速不及预期与投资刚性增长等矛盾，优化经营策略，提升经营效益。年初促成生产项目提前43天下达，度夏期间主变压器、输电线路、配电变压器重过载同比分别减少68%、75%和74%。深化提质增效和内模市场，开展提质增效13个“文化+专业”场景选树，构建具有重庆特色的内模市场体系，引入成本传导和服务议价机制，内模市场下基层、进班组。开展“效能评估”重点研究，完成配网资产清点盘查。压降专业仓物资1.8亿元，对重点工程实施清单式管理，保障特高压配套、度夏度冬等54项重点工程物资供应。完成“7·28”暴雨洪水等重大应急事件保障工作。

抓实“合规管理提升年”工作，推行合规管理“三同时”机制。聚焦资金债务风险等17类重点领域，强化协同监督考核，全年重大风险事件“零发生”。加强以案促管，挽回和避免经济损失1.2亿元。压实审计整改责任，开展常态化经济体检，开展省管产业单位资产质量专项和低电压治理专项审计，累计收回资金12亿元。开展职工违规投资经商办企业专项排查，累计整改71人次。打造11个“合规+”示范项目，开展采购活动上平台“回头看”等专项检查。

开展国企改革三年行动“回头看”，部署国企改革、电力改革、世界一流企业建设等方面24项改革任务，制定细化国企改革三年行动“回头看”清单243条改革举措，固化形成60项经验成果，12项经验入选国家电网公司国企改革三年行动案例集，1项成果获第二届（2023）国企改革实践成果一等奖。在国网系统首批完成省管产业单位产权变更，完成重电实业公司制改制。组建两个区域中心，支撑两翼地区核心业务实施。在7个专业试点运行全面推进省管产业单位深化改革。开展省管产业专项资产核查工作和省管产业用工清查。以业务为导向对省管产业单位精简机构弹性设置，组建省管产业平台公司。

围绕“七个渝电”目标，建设“创新区域联盟”。

“管理态度、提升成效、支撑贡献”三维对标做法得到国家电网公司肯定。QC 小组活动运用大数据与智能算法，赋能传统业务与新兴技术融合。2 个 QC 小组荣获国际质量管理小组（ICQCC）发表赛金奖，4 个 QC 小组荣获“全国优秀 QC 小组”称号；2 项成果分获国家电网公司一等奖、三等奖。近三年，QC 成果转化 208 个，经济收入累计 1962.2 万元。全年管理创新成果获省部级及以上荣誉 67 项，其中国家级表彰二等奖 2 项，电力行业级表彰一等奖 1 项、二等奖 2 项；重庆市级表彰 60 项，其中一等奖 14 项，二等奖 25 项，三等奖 21 项。

营销工作　全年累计业扩净增容量 1137.88 万 kVA。全面推广优化“用电套餐”、竣工检验“云服务”，深化“四个一”联合服务模式。促成市政府出台《关于进一步做好居民供电服务工作的通知》，落实 21 个老旧居民小区用电安全隐患改造项目。立足度夏电力缺口与峰谷差大的供需矛盾，推动出台新的工业分时电价，促成居民分时电价政策的顺利出台。推动 3 万公司职工、38 万机关企事业职工参与节电，75 万居民选择分时电价。全市全年为小微企业接电 1.51 万户，节省投资 4.65 亿元；为高压客户接电 0.52 万户，节省投资 8.10 亿元。全年降低企业用电成本 18.99 亿元。指导企业灵活运用两部制电价政策，降低企业用电成本 9.75 亿元。做实高风险客户“一户一策”，电费回收率完成 99.996%。

完成营销 2.0 系统建设上线，构建分布式光伏台区监测分析场景，实现“系统平稳上线、客户感知不降”目标。利用卫星遥感三维模型、无人机完成 87 次重大保电活动。组建成立市区两级负荷管理中心，形成“1+41”电力负荷管理架构。深化新型负荷管理系统建设，推进用电“重点企业监测”和“执行成效统计”功能建设，实现对 6 级有序用电方案客户负荷实时监测。低压用户纳入节约用电执行清单，签约响应能力 278 万 kW，签约户数同比增加超 12 倍。深化“一台区一指标”精益台区线损管理，治理存量高损台区 855 台，营销高损台区压降 93.57%，分压线损率 2.39%，同比下降 0.15 个百分点。优化反窃电系统模型，部署属地化模型 12 个，全年查处窃电用户 2456 户，追补电量 1261 万 kWh，追补成效 3248.73 万元。

全年累计推动 1264 个电能替代项目落地，实现替代电量 6.18 亿 kWh，其中新增替代项目 427 个，全年累计节约电量 4.05 亿 kWh，累计节约电力 10.85 万 kW。加强长江港口岸电运营，累计建成 33 个码头 84 套岸电桩，其中旅游码头 10 个 38 套，货运码头 23 个 46 套。全年共服务船次 6134 艘次，同比增长 760.31%，实现岸电电量 369.72 万 kWh，同比增长 169.79%。朝天门港口岸电项目亮相 2023 年中国国际智能产业博览会。全市参加市场化直接交易共 7609 家电力客户、12 家电厂和 61 家售电公司，签约电量 470.4 亿 kWh，同比增长 3.4%。全年累计结算电量 478.2 亿 kWh，同比增长 7.6%。推动现货市场结算试运行、中长期市场按工作日连续开市，市场化交易电量 817 亿 kWh。

科技与数字化　首次参与总部新型电力系统重大科技攻关项目“面向电力保供的空调负荷灵活调控技术研究与应用”，牵头承担 8 项国网总部指南科技项目，创近 3 年新高。组建 11 支新型电力系统科技攻关团队，初步形成体系化攻关能力。与重庆大学联合牵头总部科技项目 13 项。与清华大学、浙江大学以及重庆市科学技术研究院、中科南京人工智能研究院等合作，形成攻关任务清单。推进与中国电科院等国家电网系统直属科研单位在新型电力系统科技攻关等方面合作，武隆科研基地建设被列为重庆市 2023 年重点建设项目，纳入国家电网公司“藏电外送”实验室能力建设体系。举办在渝央企、地方国企管理创新成果推介暨转化签约仪式，在国家电网系统首创批量成果转化新模式。推动科技成果纳入电商平台试点，完成 6 项自主防冰治理成果转化应用。承办国家电网公司参展 2023 中国国际智能产业博览会，设置建设世界一流企业、构建新型电力系统等 4 个板块，35 项成果参展。

加快数字技术创新融合，实现输电 9 大类型缺陷智能识别优化，完成输电无人机缺陷识别场景规模化应用。完成营销 2.0 系统建设，建成营销服务中心“智能+网格”。完成变电智能巡视云边协同试点，提升缺陷检测率平均达 85%以上。深化“1+5”RPA 两级运营体系，全年共投运 275 项 RPA 场景，累计运行 604 万次，占国家电网公司执行总量的 48%，平均提高工作效率 30%。RPA 赋能能源保供入选国家电网公司数字化专业典型经验。配电自动化等网关设备接入 5G 网络，用户的年平均停电时长由 5.4h 降低至 2h，供电可靠性提高至 99.996%。打通员工个人数据，支撑数字积分量化评价等应用建设，得到国家电网公司认可。客户信用代码可用率达到 95%以上，数据准确率在省公司对标指标并列第一。重庆市能源大数据中心开展“电力看经济”系列分析，“电力看能耗”数据应用，支撑政府科学决策分析。配合重庆市经信委建设“电力供应一件事”及“磁器口汛情停电联动”等典型场景融入数字重庆建设。打造以风光为基础的“投资+建设+运维”绿电产业转型样板。建成国家电网系统首个再生资源循环利用中心。上线具有自主知识产权的智能楼宇管控系统。建成运营重庆大学集中供热等 9 个能源托管项目，落地西部（重庆）科学城能源站项目 3 个，供能总面积 110 万 m^2。沙坪坝区人民医院分布式能源项目入选 2023 年全国百家案例集实践案例。

建成充电站 50 座，充电桩 623 根，自营充电量 1.55 亿 kWh。建成 23 个乡村充电站，建成西南地区布点最密的高速公路充电服务网络。投入自产自研的 100 台移动充电桩，运用大数据指导充电桩实时“补位”，实现增量充电量 250.98 万 kWh。打造重庆主城区首个多位一体零碳示范站，参加 2023 年智博会展示。

全年获省部级科技奖 15 项，其中二等奖 6 项、三等奖 9 项；国家级、行业级管理创新奖 5 项，QC 成果获国际金奖 5 项。新申请专利 332 项，其中申请发明专利 202 项；授权专利 255 项，其中授权发明专利 153 项。累计拥有授权发明专利 895 项，占授权专利总量的 37.2%，3 项技术成果入选首届能源行业高价值技术成果专利。

优质服务 以《2023 年提升客户服务感知攻坚行动方案》为建设纲领，提升服务品质。深化投诉“一单一策”专项分析，践行“管专业必须管服务”的原则，夯实服务管控体系的“四梁八柱”。开展“六个一”服务基层活动，开通一线意见建议直通车，实施“会诊式”服务。95598 工单同比下降 42.63%。构建“电力＋社区”双网格服务体系，实现客户视角“服务一网通”，客户投诉同比下降 43%。建成政企协同三级电力网格 3240 个，实时联动 9495 个政府网格，新建网格虚拟语音平台及“渝电小哥”智能客服。建设全天候运营体系，依托网格与供指中心实现诉求受理快速、处理及时。

优化营商环境，践行“坐商变行商”，巩固提升“三零”“三省”服务。国家电网系统内率先压降 17 类变更用电时限，全市范围实现“不动产＋水电气”联合过户，办理时长压降 72%。推行重大项目“项目长”负责制，实现配套工程平均工期减少 25 天。延伸投资政策实现市区（县）全覆盖，帮助客户减少投资近 5 亿元。建设全市首个电力营商环境互动体验中心。推进园区“系统型”供电方案建设，推广 18 项“用电套餐”服务，园区内客户平均接电时长压降 57%。深化“四个一”联合服务模式，业务环节交互次数压减 57%，办理时间压缩 41%。推广迭代联合过户，客户跑路次数减少 75%，办理时间压缩 71.9%，位居全国前列。构建“车到电通”服务新模式，接电平均时间降至 4 天。主动助企纾困，通过减费降价为企业节省用电成本 8.3 亿元。

打造“渝电”品牌，“电靓巴渝”助力民生改善。全面升级乡镇供电所数字化水平，建成 256 个基础型数字化供电所，实现基础型数字化供电所全覆盖。全市 610 个乡镇街道建成公共充电设施，乡镇充电桩覆盖率 63%。光伏接入用户 3484 户，接入容量 58.71 万 kW。丰都供电公司清洁能源“可观可测可控”入选 2023 年农村能源研究会百县千项清洁能源示范；城口供电公司《“新能源＋”赋能乡村低碳转型》，入选第三届重庆乡村振兴十大示范案例。派出驻村干部 48 人，定点帮扶 35 个村，直接投入和引进帮扶资金 3.4 亿元，帮助发展乡村产业 61 项，直接受益群众 6.6 万人。累计建成安全用电示范镇（街）960 个，覆盖率 99.07%。打造 20 个电力爱心超市、设置 257 个便民服务点，完成 35 个定点村帮扶任务、消费帮扶 1050 万元。获评 5 个国家电网公司助力乡村振兴示范村、15 个国家电网“村网共建”电力便民服务点，4 个供电所入选国家电网公司百强供电所，10 人获评重庆市第六届“供电服务之星”，4 个供电所入选国家电网管理提升典型供电所。

工会工作 深化“渝电之光”职工文化建设，开展“渝电之光·职工文化节”，创拍的中国电力行业首部红色题材院线电影《怒吼》在全国公映，并入围中组部党员教育影视片库。开展特高压入渝采风活动、举办职工文学大讲堂，举办川渝地区电力职工书画摄影联展，创办《渝电艺文》电子季刊。参加国家电网公司第九届供电“服务之星”劳动竞赛，组织开展第七届重庆市供电服务之星劳动和技能竞赛。获全国能源化学地质系统优秀职工技术创新成果奖 7 项，获中电联职工技术创新 5 项。

一年来，荣获各级表彰荣誉 400 余项，包括重庆市委常委会审议通过的“新重庆贡献奖”特别奖（集体）、“重庆市市长质量管理奖”。共获全国及重庆五一劳动奖荣誉 33 项，其中全国荣誉 4 项，重庆市荣誉 29 项。被授予全国工人先锋号 3 个，获评全国青年文明号 1 个，获全国五四红旗团委 1 个，全国巾帼文明岗 1 个；1 人获国务院政府特殊津贴，1 人评全国五一劳动奖章，1 人当选国家电网公司首席专家，1 人获评国家电网公司特等劳模，1 人获评国网楷模，2 人获最美国网人，1 人获“2023 年度感动重庆十大人物”，2 人分别当选中华全国总工会第十八届执行委员会委员、共青团十九大代表。

党建工作 开展学习贯彻习近平新时代中国特色社会主义思想主题教育，举办专题读书班，领导班子成员带头讲党课，各级党组织累计开展集中学习 3260 次。遴选 100 名“8090”优秀青年党员，组建“红岩联电”青年宣讲团，累计宣讲 519 场次 658 人次，覆盖近 3 万人。组建 7 个巡回督导组，对第二批主题教育单位全覆盖全过程督导。分解 7 个方面重点任务，以高质量党建引领保障高质量发展。全覆盖开展党组织书记“一岗双责”述职评议。各级班子成员检视查摆问题 406 个，整改完成率 100%。

深入推进“旗帜领航·红岩先锋”工程，分解 16

类重点工作任务和 31 项工作内容。围绕“双提升”，聚焦电力保供、特高压入渝等重难点问题，形成 449 项调研报告，现场解决问题 1180 个。联动地方政府、监管机构、厂网企业构建“3＋N”党建共建矩阵，破解发展难题。健全“非骨干党员和非党员骨干”培养库，优化党建考评体系。党建“双培养”打造红岩先锋变革型组织，实施 26 类、334 项“党建＋”红岩先锋工程。按照“一区县一队伍”方式，在全市 38 个区县组建 41 支“水电气讯”红岩共产党员服务队，在全国率先实现省域区县全覆盖。纵深推进从严治党，完成 9 家单位常规巡察，发现处置风险 289 个，推动“未巡先改”，做严专项监督，实施“破零”专项行动。

开展思想文化项目一体化建设，深化“红岩精神、电力传承”主题实践，实施国家电网思想文化建设示范项目。打造“四维一体”电力遗产价值，建成“跨山水耀巴渝”文化长廊，建成“凉亭记忆”等一批电力文化遗产教育基地。220kV 凉亭变电站入选中央企业工业文化遗产，110kV 弹子石变电站等 4 个项目入选重庆市工业遗产。深化“一体策划、分时分众”宣传工作模式，开展“国家电网‘渝’你同行”品牌体验月活动，开展社会责任月活动。举办“央视总台走进国家电网”10 场特色体验活动及 40 场国家电网“双走进”活动。视频作品《赋能未来》在“第二十八届联合国气候大会”中国边角会播放展示，荣获首届“青藤奖”年度绿色未来共筑奖。建成 100 个渝电春苗之家，53 处红岩为民服务站，“耀红岩”服务品牌纳入国家电网公司首批优秀子品牌建设。“渝电青松”典型经验在国家电网系统全面推广，“渝电青松－e 电养老”成为数字重庆“渝悦养老”体系重要支撑。获中国企业文化优秀成果一等奖 1 个，重庆市企业文化优秀成果特等奖 1 个、二等奖 2 个，国家电网思想文化优秀成果一等奖 1 个、优秀案例 2 个。

主要事件

8 月 8 日，国家电网公司召开哈密—重庆±800kV 特高压直流工程、重庆栗子湾抽水蓄能电站开工动员大会。新疆维吾尔自治区党委书记马兴瑞，重庆市委书记袁家军，新疆维吾尔自治区党委副书记、自治区主席艾尔肯・吐尼亚孜，重庆市委副书记、市长胡衡华，国家电网公司董事长、党组书记辛保安，总经理、党组副书记张智刚在新疆会场出席会议。国家能源局、新疆维吾尔自治区、乌鲁木齐市、新疆生产建设兵团、华润集团、中国华电和国家电投等相关领导出席会议。国家电网有限公司副总经理、党组成员潘敬东主持会议。11:00 许，马兴瑞、艾尔肯・吐尼亚孜、袁家军、胡衡华、辛保安、张智刚共同启动工程开工。

4 月 26 日，国家电网有限公司董事长、党组书记辛保安，总经理、党组副书记张智刚在公司总部与重庆市委书记袁家军，市委副书记、市长胡衡华举行会谈。

7—8 月，面对度夏四轮高温、严重汛情以及电网负荷两创历史新高的严峻考验，建成全市电力供需统筹平台，促成市区两级出台居民分时电价等政策措施 364 项，引导最大降低居民负荷 181 万 kW。成功应对 27 次强降雨考验。在“7・28”重大汛情中，组织 20 家单位 1600 余人在最短时间内筑牢了“光明防线”。高效完成长万线增容改造等 46 项度夏重点保供工程，提升外电受入能力 70 万 kW。度夏期间最大外购电力 808 万 kW，达到通道能力的 98.5%。实现网内水电首次全额消纳，首次实现西藏绿电入渝。

8 月 7—8 日，国家电网公司总经理、党组副书记张智刚在重庆参加哈密—重庆特高压直流工程建设启动仪式。哈密—重庆特高压工程总投资约 286 亿元，线路全长约 2290km，设计输电能力 800 万 kW。3 月 1 日，川渝 1000kV 特高压交流工程（重庆段）启动建设，川渝特高压工程建成后预计每年输送清洁电能超过 350 亿 kWh。

9 月 21—22 日，国家电网公司离退休工作调研座谈会在重庆召开，国家电网公司肯定“渝电青松”在国家电网系统发挥的典型示范作用，称“渝电青松”为做好新时代离退休工作树立了新标杆、提供了新借鉴。按照“1＋5＋N”工作思路推进“渝电青松・i 家园”建设，制作动漫操作视频，印制操作手册两万份。组织基层单位与 44 个社区签订协议，7416 名老人注册上线。“渝电青松・i 家园－e 电养老”纳入数字重庆“渝悦养老”建设体系。在 2023 中国国际智能产业博览会展出。建设经验在重庆市委《每日要情》、市政府《昨日简况》、人民日报等中央级媒体刊载。

11 月 9 日，举办在渝央企、地方国企管理创新成果推介暨转化签约仪式，在国家电网系统首创批量成果转化新模式。携手 61 家内外部单位，举办“在渝央企、地方国企管理创新成果推介及转化签约仪式”，与烟草、电信、移动、广电、环投、川外、长安智服、国网数科等央企、国企签署《创新合作意向书》15 份、成果转化协议 10 份，达成转化意向金额 7891.4 万元。

2023 年，获评第八届重庆市“市长质量管理奖”，成为国家电网公司系统内第四家省公司获评单位，创造了重庆渝中区辖属企业自设立该奖 14 年来首次获评的新历史；还荣获“新重庆贡献奖”特别奖（集体）。

2023年，投资18.9亿元高质量实施农村电网巩固提升工程，新建和改造10kV线路1392km，低压线路1618km，配电变压器1635台、容量29.44万kVA。开展36条高故障线路、2618个低电压台区治理，配网不停电作业3650次，减少停电36.32万h•户，惠及82万人。农网电压合格率、农网供电可靠率分别提升至99.822%和99.8210%。全面升级乡镇供电所数字化水平，建成256个基础型数字化供电所，实现基础型数字化供电所全覆盖。全市610个乡镇街道建成公共充电设施，乡镇充电桩覆盖率63%。光伏接入用户3484户，接入容量58.71万kW。丰都供电公司清洁能源“可观可测可控”入选2023年农村能源研究会百县千项清洁能源示范；城口供电公司“‘新能源+’赋能乡村低碳转型”入选第三届重庆乡村振兴十大示范案例。派出驻村干部48人，定点帮扶35个村，直接投入和引进帮扶资金3.4亿元，帮助发展乡村产业61项，直接受益群众6.6万人。累计建成安全用电示范镇（街）960个，覆盖率99.07%。打造20个电力爱心超市、设置257个便民服务点，完成35个定点村帮扶任务、消费帮扶1050万元。获评5个国家电网公司助力乡村振兴示范村、15个国网“村网共建”电力便民服务点，4个供电所入选国家电网公司百强供电所。提前实现千个宜居宜业和美乡村示范创建行动工作目标。

2023年，创新打造以风光为基础的“投资+建设+运维”绿电产业转型样板。在国家电网公司首家挂牌成立“电力再生资源循环利用中心”，产出高价值产物7800余吨，竞价收益1.24亿元，实现碳减排2.5万余吨。“电力再生资源循环利用中心”代表国家电网公司参展中国首届链博会。建成并上线具有自主知识产权的智能楼宇管控系统，完成41家单位本部办公楼电耗采集全覆盖。建立楼宇能耗管控和评估体系，累计压降办公用电12.6%，减少碳排放852t。首次开展办公绿电消费，完成绿证交易9684张，折合降碳7546t。全年发布基层原创数字化成果34项，应用超100万次，节约人工时长10万h。i国网移动应用回迁率100%，日活率达到85%。统一视频平台实现变电专业设备在线率98%以上，输电、营业厅等其他专业设备平均在线率85%以上。实现营销2.0平稳上线，数字化供电所实现19项场景应用。

2023年，首次参与总部新型电力系统重大科技攻关项目研究与应用，牵头承担8项国家电网总部指南科技项目。组建11支新型电力系统科技攻关团队，初步形成体系化攻关能力。与重庆大学联合牵头总部科技项目13项。与清华大学、浙江大学以及重庆市科学技术研究院、中科南京人工智能研究院等合作，形成攻关任务清单。推进与中国电科院等国网系统直属科研单位在新型电力系统科技攻关等方面合作。武隆科研基地被列为重庆市2023年重点建设项目，被纳入国家电网公司“藏电外送、沙戈荒外送研究观测站点”实验室能力建设体系。全年获得省部级科技奖共计15项，其中二等奖6项、三等奖9项；15个获奖项目中，牵头获奖8项、参与获奖7项。

全年共计60项管理创新成果获得表彰。QC成果在国际及行业等各层级最高荣誉位列国家电网前三，获国际金奖5个，全国优秀QC小组及质量信得过班组7个，全国行业级特等奖5个、一等奖9个，国家电网公司一、二等奖共2个，重庆市一等奖23个。

2023年，深入推进“旗帜领航•红岩先锋”工程，深化“红岩精神、电力传承”主题实践，实现“双提升”。聚焦电力保供、特高压入渝等攻坚克难和争先创优等中心工作，建立任务“双下达”、过程“双管控”、结果“双考评”的“党建+”全链条项目化管理模式。深入挖掘红色资源、传承红色基因研究，建设“红岩联电”主题文化公园，红岩精神落地实践。在“红岩电先锋”“红岩电管家”“水电气讯”服务队等特色实践中塑造“耀红岩”电力品牌。实施党员与业务骨干“双培养”，建立7216名非党员骨干库和2599名非骨干党员库，打造“三有”党员队伍。深入实施业务赋能五项机制和思想赋能五项要求，实现骨干党员比例达到81%。

“水电气讯”红岩共产党员服务队在全国率先实现省域区县全覆盖。按照“一区县一队伍”方式，水电气讯247家企业在全市38个区县组建41支“水电气讯”红岩共产党员服务队。构建“政府主导、电力推动、多方参与”工作格局，以党建共建搭建政企协同、行业合作“第一平台”。创新政企一体服务，联合服务582家企业、6.7万户居民，提供高可靠要素保障、高水平要素服务。

2023年，以“传承电力工业红色基因，赓续国资央企文化血脉”为主线，建成“凉亭记忆”等电力文化遗产教育基地。通过“叙事区”和“遗产区”多维空间，打造电力文化沉浸式体验，推动实现整体到局部的文化遗产教育阵地网络覆盖。220kV凉亭变电站作为唯一电网设施入选中央企业工业文化遗产，110kV弹子石变电站等4个项目入选重庆市工业遗产。自创的中国电力行业首部红色题材院线电影——《怒吼》，取材于抗战时期重庆的第一个业余话剧团体——怒吼剧社，用艺术的力量呐喊出中华民族必胜决心的热血故事。该片于2023年4月26日在重庆首映，全国公映734场，入围中共中央组织部党员教育影视库。

（郑志远）

西 北 地 区

【国家能源局西北监管局】

基本情况 国家能源局西北监管局（简称西北能源监管局）于2013年12月12日正式挂牌成立。按照“三定方案”规定，主要职责为：监管电力市场运行，规范电力市场秩序；监管电网和油气管网设施的公平开放；监管电力调度交易，监督电力普遍服务政策的实施；负责电力等能源行政执法工作，依法查处有关违法违规行为，监督检查有关电价；负责除核安全外的电力运行安全、电力建设工程施工安全、工程质量安全的监督管理以及电力应急和可靠性管理，依法组织或参与电力事故调查处理；负责组织实施电力业务许可以及依法设定的其他行政许可；负责协调有关跨省、跨区能源监管业务；负责法律法规授权以及国家能源局下达或交办的有关事项监管。内设处室有：综合处、市场监管处、行业监管处、电力安全监管处、资质管理处、稽查处、机关党委（机关纪委）办公室。同时向宁夏回族自治区、青海省分别派驻监管业务办公室。

领导班子

党组书记、局长：赵国宏（自2023年11月）、何昌群（至2023年11月）

党组成员、副局长：赵立志、张合（自2023年7月）

党组成员、纪检组长：邹水坤（自2023年7月）、徐连科（至2023年7月）

二级巡视员：仇毓宏

主要工作

（1）聚焦保障能源安全供应抓监管，辖区能源供应平稳有序。一是持续加强保供重点环节监管。开展西北能源生产供应特点规律分析，加大电力安全生产、电网运行方式安排、电煤供应保障等监管力度，加强民生用能预警分析和协调监督，有效应对防范用能风险。二是切实做好保供重要时段监管。向辖区能源企业明确迎峰度冬度夏能源保供10个方面工作要求，建立每日保供预警监测机制，加强保供重点薄弱地区监管，现场督导电力企业和保供形势较为严峻的西安电网保供工作落实。三是迅速应对“12·18”地震灾害。第一时间赶赴青海灾区现场，协调督导电力企业开展应急抢修，迅速恢复灾区生产生活用电，章建华局长、何洋副局长予以批示肯定，有关人员得到国务院抗震救灾指挥部办公室点名表扬。

（2）聚焦推动国家能源规划政策落实抓监管，服务保障西北能源绿色低碳转型。一是加强能源规划落实监管。开展“十四五”能源规划重点任务落实情况专项监管、油气管网设施重点工程监管，协调推进重点项目加快建设，促进西北能源绿色低碳转型。二是加强能源政策落实监管。开展煤电规划建设和改造升级、风光大基地建设、清洁取暖、农村电网巩固提升等专项监管，推动陕西省政府相关部门拨付拖欠煤层气补贴资金3291.64万元。三是加强自然垄断环节监管。建立油气管网设施公平开放监管事项核实清单机制，开展天然气用气结构专项监管，推动油气管网设施公平开放。

（3）聚焦深化改革抓监管，电力市场体系建设和市场运营规范有序。一是以规则引领中长期市场建设取得新突破。强化区域协同，开展西北区域电力市场设置方案研究；实现辖区中长期交易规则第二轮全覆盖并规范运行，中长期交易规模占全社会用电量比例64%，同比增长5个百分点，高于全国平均水平。二是以多元化推进实现辅助服务市场功能全覆盖。持续深化“区域+五省（区）”调峰、省间备用等辅助服务市场建设，积极推进省间和陕西顶峰市场、灵活调节资源容量市场、调频市场建设。三是以强有力监管保障市场秩序更规范。加强调度交易与市场秩序日常监管，制定市场运营机构和管理委员会监管指引，印发新版“两个细则”。高质量开展两项综合监管，发现问题近300条；开展电力市场化交易专项整治评估核查，发现问题13个。

（4）聚焦防范化解电力安全风险抓监管，电力安全形势持续平稳。一是完成“中国—中亚峰会”等保电工作。召开3次党组会议专题研究部署推进保电工作，确保峰会等重大活动顺利召开，保电工作得到国家能源局领导批示肯定。二是推进齐抓共管机制建设。组织地方政府能源主管部门赴辽宁等地开展调研学习，牵头形成“6+6+3”工作机制和任务清单，在共享监管信息、联合督导检查等方面的工作协同进一步深化。三是防范化解重大安全风险。扎实推进重大事故隐患专项排查整治2023行动、电力二次系统安全专项监管，全年排查整治各类风险隐患4.1万项，事故起数、死亡人数同比均下降66.7%，辖区安全生产形势总体平稳。

（5）聚焦增进民生用能福祉抓监管，群众用能获得感幸福感不断提升。一是专项开展突出问题治理。扎实开展陕西、青海投诉举报突出问题专项治理，推动解决群众反映强烈的问题70项。两省投诉同比下降39.68%、16.67%。二是切实推动县乡村“获得电力”服务水平提升。聚焦地域偏远、经济落后、电网薄弱等县乡村地区深入监管，推动提升“三零”“三省”服务水平，为用户节省投资13.84亿元，受益用户22.28万户。三是深入推进青海藏区供电保障关键问题解决。协调解决藏区部分离网地区可靠供电问题，督导跟踪玉树州大电网延伸工程规划建设，藏区牧民用电获得感持续提升。

（6）聚焦深化放管服惠企利民抓监管，市场准入和信用监管水平更上新台阶。一是巩固深化告知承诺制。以标准化建设推动许可服务优质高效，告知承诺制申请占比86.34%，高于全国平均水平。二是切实加强事中事后监管。开展告知承诺制专项监管和资质许可超期业务专项整治，出台十条措施打击“黑中介”，全面完成许可条件保持专项清理。三是积极加快新型信用监管机制建设。全面推进“三项清单”落实，切实加强许可全过程差别化监管措施应用。

（7）聚焦强化能源监管权威抓监管，能源执法能力和执法成效实现新提升。一是加强执法能力建设。坚持法律顾问每月坐班机制，开展行政执法培训，深化全局同频共振“一盘棋”执法格局。二是加大监管执法力度。综合运用系列监管手段从严治理企业300余家，共立案调查34件，罚没金额526.38万元，处罚数量和罚没金额分别居于派出机构第3位和第6位。

（郑星辰）

【国家能源局甘肃监管办公室】

基本情况 国家能源局甘肃监管办公室（简称甘肃能源监管办），组建于2013年12月。

主要职责：负责所辖区域内电力等能源的监督管理和行政执法工作，以及电力安全监管工作。具体包括：监管电力市场运行，规范电力市场秩序；监管电网和油气管网设施的公平开放；监管电力调度交易，监督电力普遍服务政策的实施；负责电力等能源行政执法工作，依法查处有关违法违规行为，监督检查有关电价；负责除核安全外的电力运行安全、电力建设工程施工安全、工程质量安全的监督管理以及电力应急和可靠性管理，依法组织或参与电力事故调查处理；负责组织实施电力业务许可以及依法设定的其他行政许可；负责法律法规授权以及国家能源局下达或交办的有关事项监管。

领导班子

党组书记、监管专员：赵国宏

党组成员、监管副专员：师建中

党组成员、二级巡视员：金涛

组织机构 行政编制19人，下设综合处［机关党委（机关纪委）办公室］、市场监管处、行业监管处、电力安全监管处、资质管理处和稽查处等六个职能部门。

主要工作

1. 市场监管

率先建成调峰容量市场，引导市场参与者提振投资信心；率先以市场化方式开展需求侧响应交易，挖掘需求响应能力150万kW，新型储能调节能力267万kW；引导电力用户绿色低碳消费，确保甘肃新能源在装机占比超过60%的情况下利用率稳定保持在95%，跨省跨区外送电量中新能源占比48.34%，排名全国第二；按照国家能源局要求建立用户参与的辅助服务费用分摊共享机制，目前市场运行较为平稳。组织能源企业、科研院校等制定实施《2022—2023年甘肃能源“碳达峰、碳中和”重点难点问题应对研究工作方案》，完成“适应新型电力系统的调峰容量市场机制建设研究”等18项成果并推动转化应用。在2023年亚太能源监管论坛作关于能源监管助力“双碳”谱新篇的主旨演讲，介绍用好市场化手段促进新能源消纳的典型案例，得到与会代表广泛好评。

2. 行业监管

开展2022—2023年采暖季清洁取暖专项监管，印发《关于扎实做好迎峰度冬电力供应安全平稳工作的通知》《关于全力做好冬季天然气保供的通知》等，明确提出12项监管要求，跟踪监管天然气保供情况等，确保甘肃电力、热力和天然气可靠供应，实现陇原人民温暖过冬。开展国家“十四五”能源规划重点任务落实情况、重点煤电气电规划建设等专项监管，推动陇东—山东±800kV直流输电工程及配套电源、河西新能源基地和甘肃省第一批以沙漠、戈壁、荒漠地区为重点的大型风电光伏基地等重大能源项目有序建设。

3. 电力安全监管

科学研判甘肃能源供需形势，全程监管迎峰度夏、度冬能源供应和电煤中长协履约情况等，保障甘肃连续4年未实施有序用电；认真履行甘肃省安全生产委员会和能源安全专业委员会成员单位职责，深入开展电力安全重大事故隐患排查专项行动等，发布12份电力安全监管提示、300余条预测预警信息等，督促电力企业稳妥做好岁末年初、迎峰度夏、迎峰度冬等关键时期电力安全生产；督导电力企业稳妥应对处置陇东南强降雨、天水护坡坍塌等突发事件，完成全国“两会”和敦煌文博会等重要节会保电任务，确保全省电力安全生产形势稳定向好。

4. 资质管理

充分发挥资质和信用信息系统功能，确保许可事项受理“零超时”，2023年，累计通过告知承诺制申请许可业务事项443条，新申请业务告知承诺制占比95.2%，高于全国平均水平。规范修复机制，指导信用修复，“点对点”“一对一”指导24家市场主体完成信用修复，将依法监管和信用监管的理念传递到整个行业。扎实开展电力业务资质许可条件保持专项清理，累计向58许可条件保持存在问题的单位印发监管整改通知书，注销许可证到期、过期持证企业48家，注销超过设计寿命的发电机组2台，重新核定许可等级企业55家（其中16家企业不符合最低等级标准，注销许可证），专项清理完成率100%。

5. 电力稽查

2023年，向社会通报2022年度行政执法情况，披露了监管检查发现的495项问题和作出的15起行政处罚，针对性提出规范企业管理等4项监管要求；实施行政处罚41起，罚没金额总计343.53万元，有效维护了市场秩序和群众用能权益。快速响应群众诉求，解决供电服务、电能质量等投诉举报问题239件，12398能源监管热线的“连心桥”作用进一步凸显。点面结合扎实开展频繁停电专项整治，全面解决了19项重点督办问题，治理完成线路567条、台区96台，惠及用户127.06万户。

（孔德玮）

【国家能源局新疆监管办公室】

基本情况 2010年12月，根据国家电力监管委员会《关于派出机构设置和人员编制调整的通知》（电监人函〔2010〕56号），设立国家电力监管委员会新疆维吾尔自治区电力监管专员办公室，核定机关参照公务员法管理事业编制18名。根据《中央编办关于国家能源局派出机构设置的通知》（中央编办发〔2013〕130号）和国家能源局《关于印发〈国家能源局派出机构主要职责内设机构和人员编制规定〉的通知》（国能人事〔2013〕438号），2013年10月起，国家电力监管委员会新疆维吾尔自治区电力监管专员办公室更名为国家能源局新疆监管办公室（简称新疆能源监管办）。

主要职责：监管电力市场运行，规范电力市场秩序；监管电网和油气管网设施的公平开放；监管电力调度交易，监督电力普遍服务政策的实施；负责电力等能源行政执法工作，依法查处有关违法违规行为，监督检查有关电价；负责除核安全外的电力运行安全、电力建设工程施工安全、工程质量安全的监督管理以及电力应急和可靠性管理，依法组织或参与电力事故调查处理；负责组织实施电力业务许可以及依法设定的其他行政许可；负责法律法规授权以及国家能源局下达或交办的有关事项监管。

领导班子

党组书记、监管专员：潘军

党组成员、监管副专员：刘佳鹏（自2023年7月）

党组成员、行业监管处处长：王宏飞

党组成员、稽查处处长：符开建

组织机构 内设6个处室，分别是综合处、市场监管处、行业监管处、电力安全监管处、资质管理处、稽查处。

主要工作

1. 加强党的政治建设

一是始终坚持以习近平新时代中国特色社会主义思想为指导，深刻领悟“两个确立”的决定性意义，增强“四个意识”、坚定“四个自信”、做到“两个维护”，坚决贯彻落实党中央决策部署，以及国家能源局党组各项工作安排，听从指挥、服从命令、坚决执行，确保新时代能源发展始终沿着坚定正确的政治方向前进。

2. 围绕“国之大者”，聚焦能源安全保供抓监管

一是把能源安全保供作为新疆能源监管办能源监管首要任务，督促相关部门和能源企业履行保供主体责任、落实各项保供措施。二是持续强化能源供需监测预警，发挥派出机构“探头”“哨兵”作用，建立“日跟踪、周分析、月汇总”工作机制，每月向国家能源局报告影响能源保供的苗头性、倾向性问题，协调推动全疆能源稳定可靠供应。三是加强电煤中长期合同履约监管，组织召开迎峰度冬电煤保障工作会，对重点地区开展现场督导，主力电厂电煤库存长期保持在安全水平以上；加强电力中长期合同履约监管，优化机组运行方式，综合挖潜系统调节能力，协调省间余缺互济电量，电力保供平稳有序。

3. 围绕“双碳”目标，聚焦绿色低碳转型抓监管

一是推进新型电力市场体系建设。与新疆自治区发展改革委联合印发《新疆区域电力中长期交易规则》，推动电力中长期、现货和辅助服务市场融合发展，有效激发市场活力。二是完善电力辅助服务市场机制。丰富电力辅助服务交易品种，发挥在电力系统稳定和绿色低碳转型中的重要作用。三是促进绿色能源消费。在绿证核发全覆盖基础上，建立健全绿证、绿电市场协同机制，提高终端用能的绿色能源比重。四是落实煤电容量电价考核机制，推动煤电转变经营发展模式，发挥支撑调节作用。

4. 围绕初心使命，聚焦民生用能服务保障抓监管

一是推动解决群众用能急难愁盼问题。开展频繁停电专项治理，督促供电企业投入资金，完成隐患缺陷的治理，惠及广大用户。二是提升“获得电力”优质服务水平。督导供电企业巩固拓展“三零”“三省”

服务成效，用户节省用电成本，电力营商环境进一步优化。三是发挥12398热线“连心桥”作用。密切关注群众反映强烈的用电热点、难点、堵点问题，做好投诉举报处理，群众合理用电诉求得到妥善处理，用户回访满意率100%。四是做好行政许可靠前服务工作。提前为新能源企业宣讲行政许可政策法规，一对一做好“保姆”式政策咨询服务。五是加大行政执法处罚力度。发挥“能源警察”作用，让能源监管“长牙带刺”，维护市场秩序。

5. 围绕“两个至上”，聚焦电力安全生产抓监管

扛牢压实电力安全监管责任，与新疆自治区和新疆生产建设兵团发展改革委建立电力领域安全“对接会商、信息共享、协同作战”工作机制，聚焦“电网、大坝、人身、网络”等重点领域，定期会商研判、沟通对接，在电力安全监管方面齐抓共管、同题共答、同向发力。2023年，新疆区域电力系统安全稳定运行，实现全年不发生较大及以上安全生产事故的目标，守牢了不发生大面积停电事故的底线。

（甘洪亮）

【国网陕西省电力有限公司】

企业概况 国网陕西省电力有限公司（简称国网陕西电力）是国家电网公司的控股子公司，由国家电网公司、陕西省国资委共同出资设立，注册资本353亿元人民币，其中，国家电网公司持股占比72%，陕西省国资委持股占比28%。用工总量5.3万人。2021年7月20日，正式完成工商登记并取得营业执照；2021年8月6日，正式揭牌成立。

国网陕西电力负责陕西省行政区域内电网建设、管理和运营，为陕西经济社会发展和城乡广大电力客户提供安全可靠电力供应。截至2023年底，全省电网共有35kV及以上变电站（开关站、高抗站）1435座，变电容量17964.57万kVA，35kV及以上输电线路总长6.41万km；全省电网最大用电负荷3976万kW，最大日用电量8.5亿kWh。

领导班子

董事长、党委书记：胡卫东（至2023年2月）、张薛鸿（自2023年2月）

董事、总经理、党委副书记：孙强（自2023年7月）

董事、党委副书记：党晓峰（自2023年7月）

总会计师、党委委员：李英（至2023年2月）、朱皑绿（自2023年2月）

董事、副总经理、党委委员：周军义（2023年7月，转任三级顾问）

副总经理、党委委员：陶轶华（至2023年12月）

副总经理：刘爱文

职工董事、党委委员、工会主席：杨桦

副总经理、党委委员：史高琦

副总经理、党委委员：刘太洪（至2023年7月）

副总经理、党委委员：孙毅卫

党委委员、纪委书记：崔利民

董事：刘岩

副总经理、党委委员：王晓刚

董事：梁倩

副总经理、党委委员：岳红权、罗建勇（自2023年7月）。

组织机构 本部设置部门24个、内设处室112个；所辖直属单位36个，包括11个地市供电公司（下辖115个县区供电公司，其中大型县供电公司13个）、省级业务单位24家（含控股公司2家）。另有合资公司3家、配售电公司2家。

电网概况 陕西电网新增归调电厂119座，新增装机容量907.51万kW。其中火电608.95万kW，水电0.86万kW，风电121.49万kW，光伏775.86万kW。新投产110kV及以上变电站25座，主变压器84台，总容量947万kVA。新增110kV及以上线路223条，总长度1503.45km。截至2023年底，陕西全社会总装机9606.50万kW（含“点对网”外送配套火电1024万kW）。其中：火电5675.76万kW，占比59.08%；水电353.36万kW，占比3.68%；风光新能源3577.38万kW，占比37.24%（风电1285.33万kW，占比13.38%；光伏2292.06万kW，占比23.86%）。陕西电网整体呈现“北电南供、西电东送、关中强网、陕南强联”的格局，750kV在关中、陕北形成“两纵双环”骨干网架，陕西电网通过4回750kV线路与甘肃电网相联、通过±800kV陕北—武汉特高压直流及330kV交流至河南灵宝直流背靠背与华中电网联网，通过±500kV德宝直流与西南电网联网，另外在陕北通过1000kV榆横—潍坊特高压输电线路以及500kV锦界、府谷两座电厂送出线路以点对网方式直供华北电网，电力外送能力达2235万kW。

人力资源 以服务公司中心工作为导向，动态优化各层级组织体系。坚持“科学合理、精简高效、规范有序”工作思路，因地制宜统筹各层级机构设置，精准管控定员规模，持续优化组织模式。以“放管服”为着力点，持续强化人力资源赋能。聚焦核心职能管理，根据需要研究“放管服”事项，强化专业协同和主体责任，不断夯实管理基础。以实现同质化管理为目标，纵深推进省管产业改革。

加强人才队伍建设，拓通道、优制度，在高层次人才培养方面取得新突破。深化青年员工职业发展培养，7649人纳入“工匠之路”培养计划，选拔省公司级、地市级“工匠种子”66人和292人。优化专家人

才制度体系，增设省公司专业管理类首席专家，在五级管理专家中专设县公司主任工程师。选拔国家电网公司首席专家1人、三级管理专家2人；16家单位选拔四、五级专家276人，六级专家311人；评选省公司级青年人才托举工程人选60人。2人入选国家电网公司首席专家，2人获评享受政府特殊津贴专家，实现历史性突破。

构建大培训体系，制定“三期”建设规划。完成年度培训67万人天，“一人一档”6万份，培训班发证5532人次。“陕电大讲堂”累计播出390期，“国网学堂陕西专区”人均学时积分保持国家电网第一，获评国家电网优秀专区。

社会保险参保率100%，社保综合缴费率100%，精减注销社保资金低效账户3个，各项保险资金安全。连续12年被评为行业企业养老保险经办工作先进单位，连续7年被评为陕西省住房公积金缴存先进单位。

电网建设与发展 深化“政府挂帅、企业实施”电网建设模式，推动省政府首次印发《进一步优化电网建设审批流程的意见》，从核准权限审批优化等15个方面提出支持电网建设的审批措施，发挥陕西省保供电项目推进专班效能，促请陕西省发展改革委印发省保供电重点项目责任清单，并牵头协调神府新能源转接、西十西安段高铁供电等重点攻坚工程难点堵点问题，加快推进项目落地实施。

统筹电力保供、新能源消纳等电网发展重大问题，深化电网规划研究，扎实推进新能源并网服务工作，全力构建新型电网。完成“十四五”主网规划中期评估审查和配电网规划滚动调整工作，清水、定靖西等750kV重点项目纳入国家“十四五”电力滚动规划。深化电网项目大前期管理机制，深入开展可研设计一体化协同推进，聚焦全省电网发展重点，举全公司之力支持西安、榆林电网补强攻坚。全年配合完成特高压等工程核准4项（陇东—山东、宁夏—湖南、哈密—重庆±800kV特高压直流，夏州—庆阳北750kV线路工程）；计划核准110kV及以上电网基建项目100项，实际取得750kV陕北—关中第三通道输变电、330kV曲江中心等123项核准，同比增加8.46%，三创历史新高；开工安康750kV输变电等工程101项。

投产35～750kV工程79项，新增线路1675.75km，变电容量1232万kVA；完成投资90.24亿元，完成率101.9%。750kV乾县主变压器扩建等38项度夏、度冬工程按时投运，750kV杨伙盘送出等4项工程按期投产，增加外送能力596万kW，有力保障高峰用电需求。

经营管理 贯彻落实党的二十大精神，落实中央经济工作会议部署，践行“抓早、抓紧、抓实、抓细、抓好”的工作理念，全面启动优化策略提质增效三年行动，以优化策略锚定方向，以提质增效推动落实，设立66个量化目标，细化73条提升举措，外拓市场和内挖潜力并举，完成各项经营任务目标，经营实力持续提升，保障公司和电网高质量发展。经营基础持续改善。围绕增强核心功能，统筹优化资源配置，聚焦隐患治理、表计更换等重点领域，加大安全生产、电力保供、优质服务专项投入，夯基础、补短板，综合供电可靠率、综合线损率、用户平均停电时间等多项指标实现优化提升。经营质效稳步提升。开源增收，服务低碳转型，外送电量实现同比提升，绿电交易规模创历史新高。深挖节支降耗潜力，盘活低效无效资产、推进产业改革改制、增强科技成果转化，发展质量、运营效率、经营效益、治理效能稳步提升，服务电力保供、能源转型的综合能力持续增强。

安全生产 建立领导干部现场督导机制，各级领导带队深入一线督查4.3万次。建立全员培考一体模式，举办首届“青安杯”安全知识竞赛，开展春秋季全员普考、抽考、调考，完成2.7万名一线员工安全等级评价，省市县11个“一把手”讲安全课件获国家电网公司优秀课件。兼职安全培训师深入外包队伍“讲安全”，累计培训外包人员2.24万人次、3775学时。开展重大事故隐患排查整治专项行动，修订发布各专业隐患排查标准378条，累计排查隐患26092项、整改24185项，其中，重大隐患12条，整改9条。坚持“抓班组、控现场、保安全”主题，推进反违章斗争，建强班组、管住现场。2023年省市县督查中心累计查处违章3.45万起，创建省市县无违章现场946个，同比增长35.91%，获国家电网公司表彰无违章现场19个，排名国家电网第二，奖励安全“吹哨”2149次、1584人。

营销工作 建成国家电网首家电力需求侧实验室，成立省级负荷管理中心和电力需求侧研究中心，加快实体化运作，推动省市两级政府出台“1+11”空调负荷柔性管控政策，实现450万kW需求响应资源灵活调节。创新实行电网检修计划营配联合会审，建立营配舆联动机制和三级居民小区停电事件管控体系，利用采集系统动态掌握200户以上小区、2000户以上线路停电事项，推行应急发电车调配“一张图”抢修服务模式。实施月内交易减少购电偏差，首次印发购电侧结算管理办法，建立购电结算业务体系。完成中国—中亚峰会、迎峰度夏、防汛抢险等20项急难险重保电任务，荣获国家电网成都大运会、杭州亚运会保电先进单位和陕西省服务保障中国—中亚峰会先进集体。与陕西省机关事务服务中心签订合作协议，延安大学附属医院能源托管项目成为全国智慧医院示范标杆，陕西综合能源公司获评综合评价优秀单位。居民“e起节电”活动参与人次突破100万人，现场能效诊断覆盖1682家公共机构和工业企业，陕西电动汽车公司基于陕西智慧车联网平台组织绿电交易11亿kWh，交易电量在国网系统排名第一。

科技与信息化 连续两年设立科研资本性项目，重点支持实验室研究能力提升，科技创新实力不断增强。参与国家电网总部新型电力系统重大科技攻关项目4项，国家自然科学基金项目2项、国家重点研发计划1项、陕西省重点研发计划项目1项，承担高等级科技攻关项目数量创历史新高。电科院配电网故障处理与可靠性提升团队入选国家电网首批新型电力系统科技攻关团队，输变电工程生态环境及水土保持监测实验室获批国家电网实验室，新型电力系统源网荷储性能优化等3个实验室获批国家电网培育实验室。接地实验室研制的移动式单相接地测试平台、环保实验室研制的防电晕导电橡胶和水土保持在线监测系统等在全国范围成功推广应用。与西安交大联合成立新型电力系统风险控制与安全评估专委会，围绕18个研究方向开展研究攻关；与西安交大联合组建新型电力系统研究中心，共同创办《智慧电力与能源安全》等。西安环保中心入选国资委“科改示范企业”。科技人才队伍持续加强。选拔二三级技术技能专家40人，在聘专家人才610人，首次选拔首席专家1人、三级专家2人。建立高层次人才储备库，入库30名首席专家储备人选并“一人一策”精准培养。

数字化市县公司建设赋能公司高速发展。启动数字化市公司建设，推进65项重点建设任务，完成115家数字化县公司建设目标，支撑基层系统融合、业务同轨、管理同质。完成以“动态电网全景”为核心的数字化工作台2.0版本发布，整合业务场景45个，上线工作记录、同业对标、星级评价等7项应用，完成停电看板、配网运行看板、工单看板全省推广，在西咸公司开展频繁停电、快速办电、新型电力系统看板等典型场景试用。

数字化示范不断深化。完成数字化县公司“两年三梯队四阶段”建设目标，初步建成宝鸡、铜川、西咸公司数字化市公司，打造了咸阳杨凌、安康白河、延安洛川等25家“示范型”数字化县公司，建成西安长安常宁、商洛山阳十里、榆林神木大柳塔等130个“示范型”数字化供电所。连续两年荣获国家电网公司数字化示范标兵单位。铜川公司、西安临潼、安康平利公司，汉中勉县定军山、铜川耀州照金供电所先后荣获国家电网公司数字化示范优秀单位。

提升电网资源业务中台能力建设。完成全省同源维护单轨应用，基本覆盖输变配等14项430余类电网资源、资产、图形、拓扑数据，主、配网一次设备100%全覆盖，实现从1000kV到400V的“站－线－变－户”电网设备全景展示，在国家电网系统率先建成以电网网架展示、设备精益化管理为核心的全省静态“电网一张图”，荣获国家电网公司“电网一张图”建设应用先进单位。基于电网资源业务中台及企业级实时量测中心，拓展发电厂、用户站、充电桩等13类新型源、网、荷设备图模，接入雷电、覆冰等8类气象数据，调度自动化、配电自动化和用电信息采集等10余个系统159类量测数据动态接入，在西咸公司完成以电网运行数据、故障信息、环境数据为代表的动态“电网一张图”构建。

智慧物联体系建设应用水平迈进国家电网前列。智能融合终端安装突破13万台，在线率99.46%、覆盖率位居国家电网公司第一。物联APP柔性开发平台荣获全国青年职业技能大赛金奖，“配网数字化转型示范工程”获国家能源互联网专委会“能源数字化示范工程”表彰。西咸公司和宝鸡凤翔、渭南富平、汉中略阳、铜川宜君公司率先实现全域“一收双发”。

优质服务 政企联动，服务保障陕西省“营商环境突破年”行动。以陕西省“三个年”活动为抓手，联合发展改革委等政府部门，建立健全重点项目“一企一策”和“项目长”负责制，推广“七个一”（一本台账、一位领导、一个经理、一支团队、一套方案、一张图表、一抓到底）典型经验，“一对一”精准服务完成277个省级重点项目报装接电任务。服务保障“高质量项目推进年”专报获得陕西省委、省政府主要领导批示肯定。深化“三零”“三省”服务为9.1万客户节约办电成本7.9亿元，2023年新增用电容量2854.61万kVA，同比增长14.71%。促请住建厅出台新建住宅小区供配电设施建设规范性政策，建立专家库联合开展检查杜绝新增临电小区，借助“保交楼”项目借款政策，政企联动解决25个临电小区历史遗留难题。“一项目一案”“一项目一经理”服务好全省198个“保交楼”项目用电，指导西安公司针对“保交楼”供电问题，分类制定了6项有效措施，并促请西安市政府办公厅纳入专题纪要，明确了政府、开发商和供电公司职责界面，为加快解决“保交楼”供电问题及满足居民充电需求提供了可借鉴的经验。

高度重视，做深做实营商环境评价。组建146人优化电力营商环境新闻宣传柔性团队，省市县三级齐发力开展广泛宣传。营商环境工作4次被陕西省营商办通报为“好”，获评次数在全省单位中排名前5，并荣获陕西省“营商环境突破年”先进集体。“两网融合发展大幅提升全省‘获得电力’服务水平”案例入选国家电网营商环境优秀案例库。

高标站位，快速推进国家129号文延伸投资政策落地。将延伸投资政策争取工作作为“一把手工程”，并纳入各地市公司业绩考核，并制定延伸投资落地实施方案和配套制度，明确延伸投资后客户接电业务管理流程。

数字管控，深化办电智能化应用。打造“六个办”（线上办、一证办、刷脸办、快速办、省钱办、公开办）服务新模式，持续深化居民“刷脸办电”、企业“一证办电”应用。推动政电业务联动和数据共享，不断拓展“政务＋供电”服务场景，将“网上国网”APP 嵌入陕西省政务服务“秦务员”APP，赋能服务关口前移。

超前布局，赋能新兴业务发展。国家电网系统内创新实施“三零＋充电桩”“三零＋低压分布式光伏”报装服务，切实将利益让给人民。新增居民充电桩 5.1 万户，高速公路服务区充电站实现全覆盖。推动省发改委在渭南大荔召开光伏现场推进会，协助编制分布式光伏规范性政策，优化调整分布式光伏客户购电费及 50kW 以下自然人项目允许垫付补贴为“$T+1$”月发放模式，分布式光伏新增并网 217 万 kW，累计并网达到 463 万 kW。

党的建设和精神文明建设 持续学思践悟，主题教育取得新成效。牢牢把握“学思想、强党性、重实践、建新功”的总要求，加强组织领导，突出主题主线，突出“人民至上”理念，建立“问题库”“难题库”“实事库”，把“双满意”评选作为主题教育的创新实践，深入开展“大走访”活动，办实事、破难题、解民忧，努力做到让人民群众满意、让党和政府满意。持续加强党的领导，履责担当取得新成效。贯彻新时代党的建设总要求，深入贯彻“两个一以贯之”，时刻牢记“两个基础”定位，统筹安全和发展、保供和转型，“四个扛起”突显“顶梁柱”责任担当，推动党的全面领导。持续强基固本，提升“两个功能”取得新成效。坚持大抓基层的鲜明导向，增强基层党组织的政治功能和组织功能。强化“三基”建设，一体实施党委、党支部标准化建设，实现两网融合后党的组织和工作全覆盖。扎实推进“旗帜领航”党建工程 52 项重点任务，动态调整优化基层组织设置，实现党组织应建尽建，消除党员空白供电所，完成 151 个基层党组织换届选举。持续文化融合，人心聚合取得新成效。公司先进事迹和典型人物在央视新闻联播等高端媒体传播 32 篇，首次迈入国网前五。注重体现思想政治工作的“人情味”和“烟火气”，发扬新时代“枫桥经验”，发挥党支部书记“身边人”的优势，推广“书记谈心日”“三知四谈”等工作机制。深化“文化铸魂、文化赋能、文化融入”专项行动，开展企业文化建设示范点创建，推动国家电网战略和优秀企业文化价值理念落地、落实。

工会工作 深化工会工作与中心工作的融合创新，发挥工会平台与专业资源的整合效能，以工会工作创新助推公司高质量发展。国网陕西电力荣获陕西省第七届职工科技节先进单位、陕西省劳动竞赛优秀组织单位、职业技能大赛优秀组织单位和优秀团体、职工互助保障工作先进集体、厂务公开民主管理先进单位。4 家单位、6 名职工和 4 个班组分别荣获国家电网公司先进集体、劳模工匠、工人先锋号，1 家单位荣获陕西省“五一”劳动奖状，19 人分别荣获全国、陕西省“五一”劳动奖章、三秦工匠、工人发明家和技术能手等，1 人荣获国网工匠，1 人荣获全国技术能手。

主要事件

1 月 6—7 日，国家电网有限公司第四届职工代表大会第三次会议暨 2023 年工作会议在京召开。国网宝鸡供电公司总经理、党委副书记朱敏奕荣获“国家电网有限公司特等劳动模范”荣誉称号；资本运营部主任张惟、榆林华源电力有限公司科创新城分公司经理李树洋、国网陕西超高压公司运检部输电运维管理专责冯超宇、陕西送变电公司安监部副主任吕相荣获“国家电网公司劳动模范”荣誉称号；营销部市场处处长曹敏荣获国家电网公司“一体四翼”劳动竞赛劳动模范荣誉称号；国网延安供电公司、安康水力发电厂、宝鸡市陈仓区供电公司、西咸新区泾河新城供电公司 4 家单位荣获“国家电网公司先进集体”荣誉称号；国网西安供电公司地区调度班、商洛柞水县供电公司下梁供电所、铜川市耀州区供电公司供电服务指挥分中心运营监控班 3 个班站荣获“国家电网公司工人先锋号”荣誉称号；国网陕西建设公司荣获国家电网公司“一体四翼”劳动竞赛先进集体荣誉称号。

1 月 9 日，召开第一届职工代表大会第二次会议暨 2023 年工作会议。董事长、党委书记胡卫东作题为《乘势而上　攻坚追赶　团结奋斗谱写高质量发展新篇章》的工作报告，监事会主席邹满绪作为特邀代表出席会议，董事、总经理、党委副书记张薛鸿作大会总结讲话。

2 月 13 日，国网陕西电力完成国内首次特高压直流地线（光缆）带电融冰。

2 月 14 日，澎王—池阳 330kV 双回线路工程投运，至此，历时十年不懈努力建成投产 330kV 咸阳东输变电工程。

3 月 18 日，中国电机工程学会新型电力系统风险控制与安全评估专委会秘书处揭牌仪式暨研讨会在国网陕西技能培训中心（西安电力高等专科学校）举行。中国工程院院士、西安交通大学教授、专委会第一届委员会主任委员邱爱慈，国网陕西电力董事长、党委书记、专委会第一届委员会副主任委员兼秘书长张薛鸿，西安交通大学党委常务副书记、党委常委荣命哲出席会议。专委会委员兼副秘书长、公司董事、党委副书记孙强主持揭牌仪式。国网陕西电力副总经理、党委委员孙毅卫主持研讨会。邱爱慈与张薛鸿共同为专委会秘书处揭牌。

3月30日，国网数字科技（陕西）有限公司举行揭牌仪式。国网陕西电力董事长、党委书记张薛鸿，国网数科控股公司董事长、党委书记王继业出席仪式并揭牌。国网陕西电力副总经理、党委委员孙毅卫，国网陕西电力董事刘岩，国网数科控股公司副总经理、党委委员来广志，国网数科控股公司总工程师石瑞杰出席会议。

4月1日，陕西新能源日发电功率达到1263万kW，发电量突破2亿kWh，创历史新高。

4月4日，汉中750kV输变电工程获陕西省发展改革委核准批复。

6月6日，国网陕西电力调控中心实现安全生产9000天，安全生产长周期运行记录持续近25年。

6月16日，西安东北部330kV架空输电线路落地工程全部投产。

7月16日12:30，陕西光伏发电电力历史性突破1000万kW大关，达到1050.95万kW，比历史最大值增长5.41%，占当时电网用电负荷的37%；光伏日发电量达到0.89亿kWh，比历史最大值增长4.8%。

7月27日，陇东—山东±800kV特高压直流输电工程线路工程陕西段在延安市富县牛武镇J0339号塔位开展首基试点暨工程开工仪式，标志工程陕西段正式开工建设。

9月25日，750kV陕北—关中第三通道输变电工程通过省发展改革委审核，获得核准批复。

10月23日，《国网陕西省电力公司志（1999—2015）》由中国电力出版社出版发行，标志着自1999年国网陕西电力独立运作以来首次修志工作完成。

11月6日，西北地区首条横穿秦岭主梁的镇安抽水蓄能电站330kV送出工程投运。

11月14日，完成330kV汤马线线路保护更换工作的，330kV及以上线路保护实现光纤化率100%，线路保护迈入全光纤保护时代。

（毕鹏翔）

【国网甘肃省电力公司】

企业概况 国网甘肃省电力公司（简称国网甘肃电力）是国家电网公司的全资子公司，承担着建设、运营、发展甘肃电网的任务，为甘肃地方经济社会发展提供安全持续可靠的电力保障。全口径用工4.12万人，服务电力客户超1000万户。截至2023年底，售电量完成1278.7亿kWh，同比增长13%，增速排国家电网第二。跨区跨省外送电量523亿kWh。甘肃电网位于西北电网中心，是“西电东送”的重要通道、西北电力交换的枢纽，4条特高压直流线路跨境而过，110kV及以上变电站（换流站）457座，110kV及以上线路长度5.6万km。发电总装机容量8650.31万kW，其中水电971.82万kW，火电2524.62万kW，风电2614.1万kW，光伏2539.78万kW。新能源5178.47万kW，占比59.86%，属于高比例新能源大规模外送型电网。

领导班子

董事长、党委书记：林一凡

董事、总经理、党委副书记：路民辉

董事、党委副书记：王海涛

副总经理、党委委员：向红伟、张祥全、李学军

职工董事、党委委员、工会主席：杨尔欣

总会计师、党委委员：许杰

党委委员、纪委书记：张晓东

副总经理、党委委员：黄武浩

总工程师：陈振寰

三级顾问：李俭

组织机构 现有17个部门，5个职能型事业部、9家业务支撑单位、14家地市级供电企业、80家县供电公司、1家省管产业单位平台企业。

电网概况 电网装机容量稳步增长，2023年甘肃电网统调新增电厂114座，新增发电容量1641.43万kW，其中新增火电厂2座，发电机组4台，容量205.6万kW；新增风电场34座，容量480.8万kW；新增集中式光伏电站67座，容量951.8万kW；新增分布式/扶贫光伏11座，容量3.23万kW。全年共新增86座储能设施，总容量253.37万kW/583.44万kWh，其中新增共享储能电站4座，总容量44.25万kW/114.5万kWh；新增新能源场站配建储能设施82座，总容量209.12万kW/468.94万kWh，其中风电场21座，配建储能容量50.28万kW/115.56万kWh；光伏电站61座，配建储能容量158.84万kW/353.38万kWh。交直流输变电设备规模扩大，新建主变压器9台，新增容量6480MVA，分别为熙州变电站2、3号主变压器，方华变电站1、3号主变压器，红乐变电站1、3号主变压器，哨马营变电站1、2号主变压器，先锋变电站1号主变压器。新增330kV新能源汇集站32座，主变压器73台，容量21040MVA；新增用户变电站6座，主变压器12台，容量1820MVA。2023年甘肃电网新改建330kV及以上交流输电线路65条，长度2482.5231km，其中750kV线路4条，省内线路长度259.789km；330kV线路61条，线路长度2222.7341km，新增线路长度1492.5861km。新投220kV线路1条，线路长度13.5km。省网规模得到有效扩充，甘肃电网统调（五级调度）装机容量8280.6万kW。其中水电936.3万kW，占总装机容量的11.31%；火电2458万kW，占总装机容量的29.68%；风电2543.7万kW，

占总装机容量的30.72%；光伏2321.6万kW，占总装机容量的28.04%，光热21万kW，占总装机容量的0.25%。新型储能装机容量313万kW/709万kWh。甘肃电网新能源装机4865.3万kW，占总装机容量的58.76%，清洁能源装机5822.6万kW，占总装机容量的70.32%。甘肃电网共有220kV及以上公网变电站99座（含1座换流站、1座开关站），主变压器218台，容量97890MVA。其中750kV变电站13座，主变压器23台，容量45900MVA；330kV变电站79座，主变压器177台，容量49530MVA；220kV变电站7座（含1座开关站），主变压器18台（含成县变电站1、2号变压器），容量2370MVA。甘肃电网共有220kV及以上交流输电线路463条，长度21989km。其中750kV线路52条，省内长度6724km；330kV线路370条，长度14369km；220kV线路41条，长度896km。

电网建设与发展 全年省间外送514.06亿kWh，同比下降8.31%；省间购电67.62亿kWh，同比下降21.75%；省内直购电累计成交电量858.58亿kWh，较2022年全年增长34.06%，代理购电累计成交电量121.41亿kWh，较2022年全年下降21.46%。实现省间、省内分时段带曲线交易，中长期交易延伸至现货交易前3日，中长期与现货交易在时间周期上实现无缝衔接，推动甘肃电力市场高质量发展。制定符合甘肃市场环境的零售市场交易规则和零售套餐，同步完成零售平台搭建和测试，融入“人脸识别+智能客服”等前沿技术。2023年年度交易用户侧共成交727.31亿kWh，签约率85.42%，同比上涨17个百分点。全面实现省内市场发用两侧D+3日按小时滚动交易，达到提升新能源消纳和减少用户交易执行偏差的双重目的。绿电交易电量22.89亿kWh，其中省内绿电交易成交4.26亿kWh，同比增长379%；省内累计购买绿证1.49万张，向省外累计售出84.78万张，为实现“双碳”目标贡献力量。甘肃省人民政府、四川省人民政府推动两省全方位合作，签署了陇电入川战略合作框架协议。

电网发展迈上新的台阶，规划前期取得突破。促请政府建立陇电外送工程协调工作机制，重点工程建设加快。推动陇电入浙工程完成可研评审，陇电入川及14项750kV工程纳入国家“十四五”电力规划，8项750kV工程取得核准。陇电入鲁工程进入铁塔组立阶段。宁电入湘线路工程（甘肃段）入选系统首个特高压机械化施工试点。建成投运750kV兰临等43项工程，开工建设750kV庆阳北等12项工程，竣工投运1.23万项配农网工程，建设规模创历史新高。超额完成全年开工投产任务，3项±800kV特高压、8项750kV、44项330kV及以下工程按计划开工，750kVA熙州变电站及23项330kV及以下工程投产。330kV元山变电站获中国电力优质工程奖。沙戈荒大基地项目并网。服务新增新能源并网1943万kW，装机占比突破60%，发电量占比33%，均排全国第二，新能源利用率95%。建立一口对外、内转外不转的接网全过程服务体系，服务新能源新增并网1287万kW，装机规模达4835万kW，新能源占比58.92%。建成全国首套电化学储能协调控制系统，实现308万kW/710万kWh储能精准调控。推动6座抽水蓄能电站开工建设，在建规模居西北第一。

人力资源 成立新型电力系统研究院、科协，建立常态化电力交易协商议事机制。实施事业部浮动岗级总量管控及高水平达标考核模式。出台A、B、C型县公司典型组织模式。调整营配前端外包模式，优化用工结构。完成国家电网体改组织机构内部变革调研。加大内部人力资源流动力度，全年盘活存量1950人。精准编制高校毕业生招聘计划，录用高校毕业生494人（其中博士2人、硕士161人）。做好特高压一线人才储备，完成近三年特高压运维补员专项计划，为电网建设提供坚强的人力资源保障。修订工资总额管理办法，突出效益效率导向。优化国家电网公司下达指标管控模式。建立员工绩效与组织绩效联动机制，优化专项考核奖惩体系。推动社保历史遗留问题审慎解决。深入推动培训中心转型升级，完成培训中心内设机构、职能界面、业务模式和跨单位人岗匹配等重点任务。参加第四届全国电力行业青年培训师教学技能竞赛，获团体三等奖及优秀组织奖，个人二等奖1人、三等奖2人。高端人才培养取得新突破，入选省级拔尖领军人才1人、领军人才2人、陇原英才5人和国家电网公司级青年托举人才6名，新增中高级职称799人、高级技师60人。摸清省管产业人资管理现状，按业务板块区分用工总量管控方式，电网支撑辅助类业务按承接业务量、市场化业务按关键经营指标确定用工规模测算标准。实现了人资系统、NC系统用工数据与实际情况相一致。拓展培训、福利等共享服务新场景，提质提效同时满足受托单位个性化需求。坚持“倒排工期”预审制度，实现退休职工收入“无缝衔接”。

安全生产 全年有效落实电网风险管控、防灾减灾、电力保供等工作。开展重大事故隐患排查整治2023行动，消除11项重大事故隐患和1项电网结构性风险。“百日安全攻坚”等专项行动顺利收官。促进管理履责规范化、现场作业标准化，首家通过国家电网公司示范性验收。8家生产性直属单位和42家省管产业单位安全生产标准化建设达标率100%。完成新一轮9家单位安全生产巡查。政企合作协同有成，促请政府出台全国首个省级电力保障专项应急预案。策划实施大型实战协同联动应急演练。平安甘肃建设连续四年获评优秀。完成重大保电，快速应对夏河“9·7”、麦积

“10•25”、积石山“12•18”等灾害。以领导干部“两个清单”量化评价为抓手，压实“三管三必须”责任，把现场管控作为重中之重，突出抓好春秋检等关键时段、基建施工等重点场所安全管理，推进现场作业标准化、施工作业机械化、风险管控数字化，从源头降低作业强度和人身风险。增强风险意识，健全事前事中事后的风险防控体系，聚焦安全生产、供电服务、经营管理、舆情保密等重点领域，加强预警监测和穿透式管控。增强敏感性，提前分析研判源网荷储一体化、分布式光伏大规模发展带来的风险挑战，主动沟通汇报，严防一般性风险演变为颠覆性风险。

经营管理 经营业绩实现稳步增长，政策争取再创新高。第三监管周期输配电价核价结果好于预期、实现平稳落地。争取国家电网成本帮扶、东西帮扶、低成本融资 65.3 亿元。促请各级政府出台支持政策 77 项，落地资金 9.4 亿元。挖潜增效成果明显。盘活存量实物资源、土地房产 5.3 亿元。营销稽查和反窃查违挽回损失 9237 万元。优质服务水平提升。率先出台服务民营企业发展 10 项措施、营商环境再升级 15 项举措，获甘肃省委省政府批示肯定。服务 162 项重大项目按期投产，新增用户 37.6 万户，报装容量 1472 万 kW。开展频繁停电专项整治，配网线路故障数量下降 45.4%。2 家单位入选国家电网线损管理“十强”市。4 个帮扶村入选国家电网助力乡村振兴示范村。依法合规管理持续深化。配合完成国家能源局电力领域综合监管、国资委违规违法获取工程项目专项检查以及原董事长任期经济责任审计。党政主要负责人会议通报问题 926 项，整改率 92.8%。荣获全国内部审计先进集体。基础管理持续夯实。83%的县（区）公司、供电所通过达标创优提升管理评价，陇南公司退出长效帮扶序列。建成全业务核心班组 435 个，4 个班组获评全国质量信得过班组。白银公司“郁结芬芳”QC 小组获甘肃省人民政府质量奖提名奖，甘州区公司获张掖市人民政府质量奖提名奖，永靖县公司获永靖县人民政府质量奖。

科技创新 荣获省部级科技奖励 14 项，其中牵头甘肃省科技进步奖一等奖 3 项、三等奖 1 项，国家电网公司科技进步奖二等奖 1 项、三等奖 4 项。申请发明专利 182 项、海外专利 1 项，授权发明专利 152 项，授权发明专利占比超过 60.1%，超额完成年度指标。与西安交通大学、清华大学、南瑞集团签订合作协议，协办新型电力系统安全稳定专题研讨会暨学术年会，建立“效率优先、效益为重”的项目管理机制，发布 5 项“揭榜挂帅”、1 项“赛马制”项目。成功申报国家能源局首台（套）重大技术装备示范应用项目 1 项，参与国重项目 1 项、国家自然基金项目 2 项，牵头承担总部管理项目 10 项、获批“新型储能支撑电网规划与运行专项研究框架”项目 1 项。发布科技成果转化推广应用目录，和国网数科、陕西公司联合构建内外协同、跨省共享的成果转化管理机制，创建科创专区，推动获评 4 项能源行业高价值专利成果转化典型案例，上架国家电网一级电商平台 8 项、省公司二级电商平台 97 项，实现营收 8754 万元。开展 6 项国家电网企标、3 项团体标准制定/修订。通过国家电网公司第二批促进科研与技术标准互动发展试点中期督导。推进技术标准实施监督评价，6 家单位获得中电联标准化良好行为企业创建“5A”级评价。邀请郭剑波、王锡凡、薛禹胜院士来甘开展学术交流和论坛讲座。引进国家级领军人才 1 人进入国网甘肃电力院士工作站，工作站连续 4 年获批优秀等次。强化与省、市科协工作联动，成立甘肃电力科协。获批省级技术创新中心 1 个，省重点实验室 1 个，“兰州市科普基地”2 个。举办新型电力系统“科技保安”省级一类竞赛，新能源高质量发展论坛。

节能减排 国家“双碳”目标对后勤节能减排绿色发展提出了新要求，尤其是对新建办公楼宇绿建星级建筑创建，2023 年对现有办公用房开展绿色节能降耗改造，推进办公购电绿电消费。以“担当之为”促进绿色发展。新建项目全面执行绿色建筑标准，鼓励打造国家级、高星级、零碳建筑等示范项目。逐步开展生产管理用房节能改造、建筑能效诊断和评估，推进建筑节能降碳。调度通信楼综合改造工程作为国家电网公司首家公司本部节能化生产辅助技改项目，搭建三维立体化集约管控平台，空调通风、供热采暖、电气等 5 个子系统改造实现降能率 10.56%，受到国网后勤部肯定。加快形成绿色低碳办公方式，目标力争 2024 年底前实现 100%绿电办公。加快公务用车清洁替代，提升新能源汽车配置比例。

市场建设 全年省间外送 514.06 亿 kWh，同比下降 8.31%；省间购电 67.62 亿 kWh，同比下降 21.75%；省内直购电累计成交电量 858.58 亿 kWh，较 2022 年全年增长 34.06%，代理购电累计成交电量 121.41 亿 kWh，较 2022 年全年下降 21.46%。实现省间、省内分时段带曲线交易，中长期交易延伸至现货交易前 3 日，中长期与现货交易在时间周期上实现无缝衔接，推动了甘肃电力市场高质量发展。制定符合甘肃市场环境的零售市场交易规则和零售套餐，同步完成零售平台搭建和测试，融入“人脸识别＋智能客服”等前沿技术。2023 年年度交易共用户侧成交 727.31 亿 kWh，签约率 85.42%，同比上涨 17 个百分点。实现省内市场发用两侧 $D+3$ 日按小时滚动交易，达到提升新能源消纳和减少用户交易执行偏差的双重目的。绿电交易电量 22.89 亿 kWh，其中省内绿电交易成交 4.26 亿 kWh，同比增长 379%；省内累计购买绿证 1.49 万张，向省外累计售出 84.78 万张，为实现“双碳”目标贡献力量。正式启动售电公司信用试评价工作，成为全国第 8 家开展市场主体信用评价工作的省份。国家电网系统首家进行华为云分布式数据库中间件改造，平台交易数据处理能力由30万条提升至500万条，有效提升平台性能。以电力交易平台与 e－交易 APP 功能融合、数据共享互通为抓手，在国家电网系统首家开展微信小程序电力市场全景式信息披露，为市场主体提供更便捷、高效、实时的业务查询和办理模式。400 服务热线工单共计 228 件，一次办结率 99%，建成全国首个省公司级官方绿电交易意向撮合平台，交易意向达成时长由平均 3～5 天缩短至 1 天，极大简化交易流程，提升市场信息透明度，交易便捷性大幅提升。开展企业文化落地实践，打造特色鲜明的文化体系和展厅，以甘肃电力交易文化融入为切入点，塑造“新丝路甘肃电力交易”品牌建设。

信息化建设 承担总部试点任务 29 项，绿色大数据中心建设、云服务运营体系建设、数智工会建设等工作走在了国家电网前列。作为国家电网五家省公司之一，入选国家工信部数字化转型贯标单位并以最高标准通过验收。建立健全数字化项目统筹机制和投资问效机制，否决不合理、重复建设需求 515 项。深化“业务＋技术”双牵头机制作用，协同推进营销 2.0、PMS3.0 等重点项目建设。成立数据管理委员会，发布数据类工作方案和数据清单 4 项，数据中台汇聚高价值结构化数据 166.6TB、非结构化数据 67.1TB，完成 900 张报表构建，实现数据纳管及共享，支撑全省 361 项应用需求、414 项协同任务在线处置。全面建成静态“电网一张图”，初步实现动态“电网一张图”，覆盖各类应用场景 10 余个，目前主网数据准确率 99.11%，配网数据准确率 99.25%。深入基层一线和业务班组，解决基层问题 151 项。加大数字化项目向基层一线倾斜，多维度统筹评估基层需求 182 项，基层项目数量及质量超历年水平。开展“双清”专项行动，建立长效管控机制，完成基层核心问题闭环销号 49 项。加快数字化成果基层共享共用，搭建“数字驿站”等 7 个基层专区，基层获取数字化成果效率提升 50% 以上。瞄准移动应用作为赋能基层的重要抓手，解决国家电网层面 32 项“i 国网”共性问题，现场作业效率提升 30%以上。全面开展大数据应用分析，形成数据应用成果 175 项，获得各级政府领导批示 83 次（省部级 4 次），较 2022 年增加 83%。电力看经济、看双碳成果在工信厅、生态环境厅、省大数据中心部署应用，助力数字政府建设。承办第二届“陇剑杯”网络安全全国大赛，2 支参赛队分获甘肃省团体第一、第四。坚持以党建促数字示范，1 项成果获评国家电网优秀大数据成果，15 家地市级 RPA 数字员工工作室“实体化”运转并形成国家电网 RPA 示范标杆。

工会工作 15 项成果亮相第二届大国工匠创新交流大会。18 项成果在第六届中国（上海）国际发明创新展览会上获 15 金 3 银。1 个班组获全国工人先锋号、2 个班组获甘肃省工人先锋号。1 名职工获全国五一巾帼标兵、8 名职工获甘肃省五一劳动奖章。1 个项目获国网产改示范项目。1 家单位获评首批甘肃省工匠学院。国网甘肃电力获国家电网公司工间操比赛决赛银奖。在省运动会和职工运动会上获 3 银 5 铜。国网甘肃电力工会工作受到甘肃省人大常委会批示肯定。各级工会干部深入基层开展党的二十大精神宣讲活动近 200 次。1 人出席中国工会十八大。出台产改三年行动方案，实施产改“十大项目”“五大工程”。举办 12 项省级技能大赛。全国首家政企联动启动电力保供劳动竞赛。提升职工精神文化素质，召开文体协会会员代表大会，举办第五届职工运动会，举办工间操比赛。开展“五送”关爱进基层活动。动员 2.9 万名职工参与职工互助保障计划。挂牌命名省公司级职工文体活动中心 2 个，投资 300 万元建设国网甘南供电公司职工文体活动中心。举办“幸福港湾”系列活动 20 期，建成智慧健康小屋 1 个、职工子女托管班 6 个。“五小＋”供电所实现全覆盖，累计建成“高原氧吧”27 座。举办心理健康大讲堂 15 次、接听诉求热线 112 起。召开职代会联席会议 3 次，审议通过 4 项涉及职工切身利益的重要事项。开展董事长联络员巡视调研活动。加强工会制度建设，修（制）订 14 项。印发《劳务派遣工加入工会组织的指导意见》，动员近 600 名劳务派遣员工入会。建成“1 库 1 圈 2 端 3 应用”的数智工会服务平台。

党建工作 旗帜领航、强根铸魂，党的建设得到全面加强。深入实施“凝心铸魂、强基固本、聚力赋能”三项行动，立体构建“旗帜领航·光明党建”工作品牌。制定规范“党建＋”工程实施意见，开展“书记进班组下现场”活动，推动党建与业务深度融合。完成团委换届选举。配合完成中央巡视下沉调研，获得中央巡视组高度评价。开展违规吃喝、违规违法获取工程项目、违规经商办企业等专项整治，深入开展纪检干部队伍教育整顿。完成 6 家单位“常规＋提级”巡察。发布“丝路红廉”廉洁文化品牌。精准运用“四种形态”128 人次。坚持正确舆论导向，意识形态领域保持安全稳定。“电沙成金”实践项目参展亚太电协等 6 个国际国内大会。2 项作品获全国品牌故事大赛二等奖。国家电网公司领导力开发、企业党建研究甘肃分中心挂牌成立。1 人出席中国工会十八大。5 家单位、3 个班组分获国家电网先进集体、工人先锋号，1 人获国家电网特等劳模、5 人获国家电网劳模。8 人获甘肃省五一劳动奖章。2 人当选国家电网首席专家，8

人入选省级领军人才、陇原英才，实现高端人才培养新突破。

主要事件

1月10日，国家电网公司2022年输变电优质工程金银奖评选结果公布，庆阳温泉110kV变电站工程获金奖，白银刘石35kV线路工程获银奖，兰州元山330kV变电站工程推荐参评2023年度中国电力优质工程。

1月17日，国网甘肃省电力公司与宁夏宝丰集团有限公司签署合作框架协议，明确相关费用结算方式、新能源消纳和储能调用规则，探索打造可操作、可推广、可借鉴的运营模式。

2月1日，由国网甘肃超高压公司与中国电科院联合建立的“输变电智能运检联合实验室”正式揭牌，标志着双方在生产与科研合作方面迈出实质性步伐，将进一步开创甘肃电网智能运检技术创新新局面，为助力新型电力系统建设与发展贡献科技力量。

2月27日，陇东—山东±800kV特高压直流输电工程（简称陇东直流工程）获得国家发展改革委核准批复，标志着陇东直流工程取得攻坚性胜利。

3月20日，国网甘肃电力本部及所属30家直属单位，与新能源发电企业双边协商完成2023年绿色电力交易，达成交易电量约3200万kWh，实现系统内办公全绿电消费，成为甘肃首家办公全绿色用电的单位。

4月24日，在甘肃省庆阳市环县境内，国网甘肃超高压公司联合国网电力空间技术有限公司，开展国内首次直升机带电更换耐张单片绝缘子作业。

8月10日，甘肃酒泉金塔750kV输变电工程开工建设。该工程建成后，将进一步加强750kV网架结构，优化调整嘉酒地区330kV电网，提高地区供电可靠性，满足“十四五”期间嘉酒地区新能源送出和社会发展用电需求。

12月5日，随着对讲机传来指令，轰鸣的牵引机安静下来，至此，陇东基地直流配套一期（庆阳）100万kW外送项目330kV送出工程导地线全线贯通。

12月18日23:59，甘肃临夏州积石山县附近（北纬35.74°，东经102.78°）发生6.2级地震。甘肃临夏州积石山县地震发生后，部分输电设施受损。经过国网甘肃省电力公司全力抢修，12月19日18:50，积石山县所有受灾群众全面恢复供电，全县电力供应平稳。

12月27日，国网甘肃省电力公司指挥中心启用。该中心在国家电网首家通过安全管理体系建设示范性验收基础上，先行先试、主动探索，数据赋能、系统赋智，高效协同、集约管控，取得了引领性、突破性、示范性的成果，现为全国电力行业最为领先、涵盖业务最全面、装备技术最先进、规模布局最大的综合性生产指挥中心。

（柳晓萌　张　民）

【国网青海省电力公司】

企业概况　国网青海省电力公司（简称国网青海电力）成立于2002年，是国家电网公司全额出资的有限责任公司，以建设运营电网为核心业务，承担着保障安全、经济、清洁、可持续的电力供应的基本使命，供电面积72万km^2，是具有普遍服务特征的国有企业、国家电网公司的骨干企业、全省能源领域的核心企业，全口径用工总量约1.36万人。

领导班子

董事长、党委书记：钱庆林

董事、总经理、党委副书记：罗汉武

董事、党委副书记、副总经理：毕红卫

副总经理、党委委员：郭顺宁、杨明凯、郭雷

职工董事、党委委员、工会主席：辛志刚

总会计师、党委委员：袁世胖

党委委员、纪委书记：林以东

总工程师：张节潭

三级顾问：李生

组织机构　本部设管理部门20个，地市供电公司8家，县级供电公司42家（含1家控股单位），16家业务单位（含2家省公司层面合资公司）、1个省管产业集团。

电网概况　青海电网位于西北电网中西部，南北跨距800km，东西跨距1200km，东接甘肃、南联西藏、西引新疆和直通中原的交直流混合型、多端枢纽电网，通过±800kV青豫直流与河南电网相连，通过±400kV柴拉直流与西藏电网相连，承担着西北乃至全国资源优化配置的重要任务。截至2023年底，750kV电网形成东部“日”字形环网，西部“8”字环网骨干网架，330kV电网形成东部双环网、西部单环网、南部辐射供电网架，现有35kV及以上变电站（换流站）461座，容量合计9146.93万kVA，其中：±800kV特高压换流站1座，±400kV换流站1座，750kV变电站13座，330kV变电站47座，110kV变电站174座，35kV变电站225座；现有35kV及以上输电线路1738条，总长48528km。

2023年最高负荷1354万kW，同比增长12.3%，最大峰谷差115万kW，峰谷差率9%，平均负荷率96%。2023年售电量962.38亿kWh，同比增长10.93%，线损率2.79%，同比降低0.29%。全社会用电量1018.31亿kWh，同比增长10.39%，其中：第一产业1.35亿kWh，同比增长5.10%；第二产业903.51亿kWh，同比增长9.86%；第三产业66.54亿kWh，同比增长20.88%；城乡居民生活用电46.91亿kWh、同比增长7.36%。供电可靠性99.8%，城市、农村电压合格率分

别为 99.993%、99.8%。

截至 2023 年底，全省发电装机容量 5497.93 万 kW，同比增长 21.65%。其中：水电 1304.51 万 kW，占比 23.73%；火电 396.94 万 kW，占比 7.22%；新能源 3796.48 万 kW（太阳能 2561.21 万 kW、风电 1185.28 万 kW、储能 49.99 万 kW），占比 69.05%。全省发电量 1008.15 亿 kWh，同比增长 1.56%。其中：水电发电量 398.33 亿 kWh，同比下降 6.67%；火电发电量 158.84 亿 kWh，同比增长 3.02%；太阳能发电 289.99 亿 kWh，同比增长 13.30%；风电发电 160.99 亿 kWh，同比增长 3.34%。

人力资源 截至 2023 年底，国网青海电力长期职工人数 8955 人。其中研究生及以上学历 382 人、大学本科学历 6707、大学专科学历 1473 人、中等职业教育学历 256 人，高中及以下学历 137 人；高级职称 1617 人、中级职称 2542 人、初级职称 3480 人；高级技师 475 人、技师 2079 人、高级工 1486 人、中级工 1083 人、初级工 689 人。人才当量密度 1.0794，同比增长 0.58%，全员劳动生产率 74.59 万元/（人・年），同比增长 14.7%。

2023 年国网青海电力深化“五个模范”本部建设，优化调整本部安监部、建设部、调控中心等部门职责和机构，优化调整人才工作领导小组等 66 个非常设机构。推进青海哇让抽水蓄能电站项目有效落地，获批组建青海哇让抽水蓄能公司。完成 2023 年高校毕业生招聘，入职研究生数量同比提高 72%，完成青海哇让抽水蓄能公司社会招聘，补充紧缺水电专业人才。建立岗位竞聘积分规则，优化竞聘条件，制定员工流动管理实施细则，选拔 35 名优秀骨干到本部及省内东部企业。争取省教育厅、招生办政策支持，2023—2025 年“三定”培养计划调增至 90 人，实现五类地区全覆盖，新增贵南县等 5 个四类地区，夯实艰苦地区一线队伍稳定基础。

优化完善考核导向和薪酬分配体系，修订印发本部部门和基层单位考核实施细则，建立与重大部署、重点任务紧密联动的指标体系，精细实施月度重点任务兑现考核，多维实施年度关键业绩指标管控考核。落实国企改革任务，修订印发国网青海电力经理层成员经营业绩考核和薪酬管理细则，“一人一表”签订年度经营业绩考核责任书，开展省管产业单位考核激励机制专项调研，规范省管产业单位业绩考核和工资总额管理。贯彻落实国家电网公司新版岗位绩效工资制度改革总体工作部署，构建一岗多级、跨级交叉、绩效联动的宽带岗级工资体系。加大艰苦地区工资收入分配倾斜力度，落实属地艰苦边远地区类别调整政策，调整玉树、果洛五个县（市）艰津标准，并补发 6 个月艰苦地区津贴 310.79 万元。

开展人才培养“三大工程”，优化选拔条件及评价标准，编制“青年人才养成计划”，推荐产生国家电网首席专家 1 名，选拔产生高级专家 4 名、省公司级青年托举人选 38 名。深化赋能平台应用，初步建成全面连接教学、教务、管理、运营的一体化智慧培训信息管理平台，完善课程知识体系，完成新型电力系统等 7 个专题、19 门课程开发，共计新增相关学习资源 1277 学时。加快基层实训室建设，支撑全业务核心班组建设。

电网建设与发展 2023 年完成电网发展总投入 108.64 亿元，固定资产投资 103.11 亿元；完成电网建设投资 90.45 亿元，新开工 35kV 及以上工程 52 项，线路长度 1870.694km，变电容 1460.99 万 kVA，投产线路长度 1108.215km，变电容量 990.53 万 kVA。电网建设里程碑计划完成 100%，年度开工投产任务完成 100%，年度投资任务完成 100%。

完成“十四五”电力规划滚动调整，完成“十四五”中期评估工作，推动 2 条特高压直流以及东台、卡阳 750kV 输变电工程等 7 项重点项目工程纳入国家“十四五”电力规划中期调整，其中青海海西柴达木沙漠基地送电广西工程列入开工类项目，青海海南清洁能源基地外送工程列入储备类项目，满足青海负荷发展和新能源发展需求。750kV 丁字口输变电等 15 个重点项目获得核准制定。印发《国网青海省电力公司碳达峰实施方案》，牵头承办青海“一带一路”清洁能源发展论坛和青洽会国家清洁能源产业高地建设成就展览布展。

倡导政企共建电力工程，取得电网建设林草、用地等政府支持政策，开展重大项目“百日攻坚”活动，提前建成日月山—杜鹃线路工程，第一批大基地配套项目昆仑山 750kV 输变电工程提前 8 个月投运，3 项新能源代建项目实现年内并网，超额完成年度计划，为电力保供和能源转型贡献专业力量，得到青海省委、省政府肯定。哇让抽水蓄能电站工程完成移民资金支付、取得 21 份关键性合法，提前开展进场交通洞土石方开挖及上下库临时道路修筑作业，各项体系运转良好，安全、质量在控，完成 2023 年建设目标。

经营管理 2023 年营业收入 420.06 亿元，同比增长 18.77%，利润总额 -6.4 亿元，经济增加值、净资产收益率、资产负债率均优于国家电网公司下达目标；资产总额 718.90 亿元，同比增长 15.77%。

经营质效稳步提升，推进优化策略提质增效，系统制定优化策略提质增效三年行动方案，以 67 个量化指标推进 80 项提质增效工作任务落实。预算机制持续深化，分专业、分类型关联业务指标建立 55 类映射关系，精准配置资源 4.82 亿元，精益管理延伸至供电所、班组，贯通 75 项专业工作与内模价值的映射链路，入选国家电网公司典型经验。深化内部模拟市场建设，将内模价值评价逐步延伸至供电所、班组，贯通75项专业工作与内模价值映射链路，供电所覆盖率89.29%，激发全员创效内生动力。

争取青海省发展改革委两次完善分时电价政策，将电石、晶硅、经营性充换电设施、电解铝、钢铁行业的低谷时段调整至白天，同时延长尖峰时段，促进省内能耗双控。完成省管产业单位并账并表，开展省管产业单位资产专项核查，累计发现并整改合并范围、会计政策统一、账务处理不规范等问题，夯实省管产业单位资产、负债及所有者权益，筑牢并账并表工作基础。巩固“三清理、两提高”三年专项行动收官成效，从专项工作转变为常态化开展，形成长效管理机制，年内清理长期挂账在建工程15项，涉及投资1.88亿元；转资规模65.34亿元，转资及时率100%，折旧计提准确率100%；竣工决算655项，竣工决算金额88.97亿元。

安全生产 2023年，树立“两个至上”理念，落实青海省委省政府和国家电网公司安全生产决策部署，抓安全、除隐患、保供电，完成年度工作目标和重点任务，实现了“六杜绝、六防范、一减少”安全目标，安全生产形势总体平稳。

突出安全风险会商研判，面对生产基建点多面广、自然灾害频发等考验，强化专业协同管控，层层强化责任落实，在作业计划增长78%的情况下守牢了安全底线。统筹推进安全生产百日攻坚等8个专项行动，管控五级及以上电网风险143次、三级及以上作业风险1.4万余项。修编各专业隐患排查标准781项，针对气候特点、薄弱环节、事故教训等组织完成春冬季安全大检查、森林草原输配电线路火灾、特种设备等专项排查整治8次，整治各类隐患2383项。完成750kV日月山变电站断路器增容改造，及时消除柴达木换流站设备重大隐患。扎实开展配网故障和低电压综合治理，10kV线路跳闸率下降19.5%，解决7500余户低电压问题。

增发稳供、争取支援，平衡电量缺口超190亿kWh，应对日用电量18次、负荷21次创新高的考验。贯彻落实2023年煤电机组改造升级工作相关要求，加强与政府主管部门、电厂汇报沟通，按“一厂一策、一机一策、分部实施”原则，推进煤电改造升级。实战化开展黄河流域地震灾害联合应急演练，开展积石山“12·18”地震应急抢修保供，各级干部恪尽职守、靠前指挥，有关单位迅速响应、协同作战，广大职工闻令而动、向险而行，以最短时间恢复供电，展现了青海电力人良好的精神风貌和过硬作风，赢得了社会各界的高度赞誉。

营销管理 2023年，完成售电量962.38亿kWh，同比增长10.93%，增长率排国家电网公司第5位。全量发、售电客户实现购售同期，收回西钢5617万元欠费，电费回收率100%，电费发行到账率64.58%。营销稽查成效3330万元，完成任务目标的133%，投诉总量同比压降3.17%，基础型数字化供电所覆盖率100%。市场营销部获国家电网公司2023年“一体四翼”劳动竞赛先进集体。

完成青治会、青海环湖自行车赛、电动车挑战赛等重大活动和重要节假日电力保供任务。开展供电服务“三大”攻坚行动，业扩报装、服务行为、客户信息不规范问题总量同比压降36.26%。建成网格化服务质量管控平台，“青电微助手”微信群覆盖率100%，主动解决客户诉求1.63万条，形成线下诉求主动识别、自动预警、快速响应的“智能助手+网格经理”协同服务新模式。持续提升线上服务场景体验，实现72项业务“一键扫码”，营业厅网上国网“码上办”服务专区全覆盖。组织落实紧急负荷管理措施，对紧急负荷控制序位表进行梳理核对和实时数据监视，依法合规实施负荷管理，守住民生用电底线，不碰拉闸限电红线。圆满完成营销2.0系统913个上线必备产品、511个开门营业产品测试及业务验证、电费试算等工作，9月20日作为西北暨西部地区首批单位平稳上线运行。实现采集2.0系统单轨运行，完成全量档案数据接入、全量测量数据采集，采集成功率99.45%以上，采集性能和数据处理能力大幅提升。

编制《优化营商环境再提升行动实施方案》，推动8方面25项重点任务落实落地。推广供电业务“一件事一次办”，完善营销系统与政务、产权交易系统交互功能，推进“房产+电力”联合过户。与青海省公安厅签订深化警电战略合作框架协议，联合印发《青海省警电联动工作机制》，启动青海警电联动工作。启动非直供小区接收改造，完成30个弃管小区改造。开展供电服务领域助企暖企春风行动和“送服务、解难题、促发展”客户走访活动，对1.3万家重点企业开展“一对一”“点对点”上门服务，排查供用电问题520项。制定《重点负荷项目业扩报装管理实施细则（试行）》，深化“项目长+双经理”负责制，实现园区客户“开门接电”，力促天合光能、丽豪二期等17家132万kW业扩重点项目早投快运。开展业扩报装领域突出问题专项整治，自查整改业扩“体外循环”等8类53项突出问题。大力实施“阳光业扩”，实现居民、小微企业“零投资”全覆盖，减少客户办电成本1.6亿元。

乡村振兴取得实效，完成玛多县城清洁供暖四片区改扩建等8个定点帮扶项目，举办“岗坚梅朵 童心向党”学习教育实践活动，被人民网、光明日报等多家主流媒体报道。深入开展定点帮扶项目“回头看”，建立健全《国家电网公司定点帮扶玛多县工作机制》，完成帮扶项目结余资金使用情况核查报备。新建2座“电力爱心超市”，组织活动350次，发放积分20.3万分，兑换物品4700余件，惠及群众453户。乡村振兴年度工作成效获“好”评，得到省长通报表扬，“三定”培养扶助在国资委中央企业社会责任援扶专刊刊发，玛多高海拔清洁采暖评为中央企业助力乡村振兴优秀案例、“扶贫光伏+蓄热式电锅炉”示范项目获第四届三农金桥奖。

电力市场 2023年依托“政府主导、政企协同、企业实施”保供机制，以保障电力可靠供应，服务新能源发展，拓展新能源消纳，服务能耗“双控”为目标，完善交易规则，强化电力交易平台建设，推进青海电力市场健康发展。编制印发了《青豫直流配套电源偏差电量结算原则》《青海省电力零售市场交易规则》《2024年电力交易方案》等规则办法。全面建立“线上化、标准化、电商化”的电力零售市场交易体系，全力开展零售专区功能建设，以“零售套餐”为抓手，设计了“固定服务费率”和“固定价格+价差分成”两大类套餐价格体系，差异化设计开发了青海电力零售商城业务模型，与新一代电力交易平台完成了19个横向业务接口集成，搭建了“售电公司自主上架套餐、零售用户自由选择下单、零售交易即时成交”的电力零售交易服务平台于8月20日正式上线运行，建立省内市场运营分析基础数据指标库，9月完成市场运营分析自动生成及关键数据全景展示功能开发上线。

发挥中长期交易“压舱石”作用，促请政府签订政府间协议，利用全国供需较宽松的窗口期，完成“秋蓄冬用”，通过容量置换、新火互济、弹性交易、跨区购电等多种方式组合交易方式开展电力外购。2023年全年外购电189.7亿kWh，其中跨区购入电量33.6亿kWh，购入清洁能源54亿kWh。完成省内市场化交易电量897.9亿kWh，市场化占比达91%。坚持“午间富余外送、夜间短缺购入”原则，加大省间错峰避峰、余缺互济交易频次，促进新能源消纳，全年完成外送电量177.9亿kWh，其中新能源172.2亿kWh，占外送电量的97%；跨区送出138.7亿kWh，占外送电量的78%；完成省内绿电交易12.7亿kWh，省间绿电交易19.6亿kWh。完成第十九届亚运会绿电保障任务，开展日前、实时现货交易模拟试运行。

科技创新 2023年，研发专项投入9872万元，共牵头国家电网公司科研课题11项、国家电网前瞻性技术研究任务2项，参与国家电网新型电力系统科技攻关行动计划专项研究任务4项。牵头的11项成果通过青海省科技厅评价，4项达到国际领先水平。3项成果获2022年度青海省科技奖，其中一等奖、二等奖、三等奖各1项，连续六年荣获省科技进步奖一等奖。6项成果获国家电网科技奖，其中牵头4项，首次获国家电网公司级技术发明奖。评定科技奖励42项，兑现科技配套奖励100万元。落实专利技术审核要求，持续提高发明专利授权率，申请发明专利383项、海外专利1项，授权发明68项，超额完成指标任务。

统筹规划布局，推进“高比例新能源电力系统高效供电关键技术及应用”国家奖申报准备，培育高质量创新成果，针对大规模、高占比新能源“双高”电力系统的特征属性和青海电力系统边界条件，重点攻关大型新能源基地接入送端弱同步电网主动支撑及运行控制技术、新能源汇集送端电－氢协同系统关键运行技术、多类型储能系统融合应用模式与协同控制技术，在电网无功优化协调控制技术、大规模储能主动支撑技术等方面取得突破，牵头青海省重大科技专项“面向氢能产业的制储输用及氢电耦合关键技术研究”。牵头编制《青海省科技助力国家清洁能源产业高地建设行动方案》，梳理“清洁能源产业关键技术”“基于清洁能源的智能电网技术”等6个重点研究方向、20项重点研究任务。推动科研平台和实验研究体系建设，推进科研与技术标准互动发展，开展新型电力系统标准体系研究。

配合青海省科技厅共同举办“青海省优秀科技创新成果推介发布会——公司专场活动”，现场推介成果6项、签约转化成果3项，“创享高原”品牌不断扩大。遴选3项优秀成果，参加第二十五届中国国际高新技术成果交易会；推选8项成果参加中央企业熠星创新大赛，3项进入复赛，在省内外产生积极影响。面向全社会累计征集项目576项，严格履行形式审查、专家评审、业务部门会审等环节，启动项目16项，出孵双创项目8项。加快推进成果转化应用，以国家电网运检专业职工创新成果上架国网电商平台为契机，协同物资部、设备部等部门，与国网数科公司密切配合，推动首批7项产品上架国网电商一级平台。与北京技术交易所进行沟通对接，完成1项知识产权进场交易。多措并举开展成果推广转化，累计实现转化收入2929万元。

数字化建设 2023年，贯彻落实国家电网公司数字化转型工作会议和青海省委省政府与国家电网公司会谈精神，在国家电网公司数字化部的大力支持、指导下，加快推进十大工程落地实施、稳步推进电网数字化综合示范、人工智能得到规模化应用、网络数据安全与系统运行平稳可控。获国家级表彰奖励1项，省部级表彰奖励9次、行业级表彰奖励19次，相关工作得到省部级及以上领导批示肯定8次。

获批成立国内首个政府批复的省级智慧双碳大数据中心，在做好支撑全国碳排放服务监测服务平台基础上，实现全省9个园区、408家企业碳排放全景看、一网控，与中国人民银行西宁支行建立企业碳排放信息共享机制，提供企业碳排放数据，激发了企业绿色发展和低碳转型的动力。相关成果在2023“一带一路清洁能源论坛”上发布，得到国家能源局、国家电网公司和青海省委省政府等领导批示肯定。构建业扩报装供电方案智能模型，方案传递效率和作业效率分别提升40%和30%。建设配网知识图谱，实现设备信息智能检索，提升配网专业人员专业知识检索效率2倍以上。积极推广示范成果，数字化县公司多维应用场景在全省45家县公司，121家供电所推广应用，实现“数智赋能、数智增效、数智减负”目标。

推动无人机在“竣工验收+精细化巡视+通道巡视”等多个典型场景应用，实现海拔4200m以上配网无人机巡检“零”的突破。建立RPA任务抢单机制，完成62项RPA场景推广应用。推进国家电网人工智能试点任务，打造高海拔变电站“空地一体化”智能巡检模式，巡检效率较传统模式提升3倍以上。年内阻断网络攻击92万余次，自动化拦截率95.4%，未发生网络安全事件。完成国家攻防演习、大运会、亚运会等重大活动网络安全保障现场支撑，省内护网包揽三项第一。初步建成新型电力系统网络安全实验室，形成覆盖全业务全环节的实验仿真环境。

党的建设和精神文明建设　2023年，国网青海电力上下牢记国有企业“两个基础”“六个力量”定位，厚植风清气正的政治生态、风生水起的发展生态和昂扬奋进的队伍生态。突出旗帜引领加强政治建设，要求公司上下凡事从政治上考量、在大局下行事，自觉把旗帜鲜明讲政治融入各项工作，巩固扩大主题教育成果，把学习成果体现到谋划发展、制定措施、推进高质量发展的实践中。坚持“党委抓统领、专业抓融合、支部抓落实”，聚焦工作重点、基层业务难点，开展“党建+”实践，努力让每个党组织、每名党员在高质量发展中“唱主角”。深化运用监督执纪“四种形态”，重点加强对“一把手”和领导班子的监督，以案为鉴、以案促改，持之以恒抓好巡视巡察问题整改，加强廉洁文化建设，开展亲情感化警示教育，营造风清气正、干事干净的浓厚氛围。

深化“旗帜领航”党建工程，引导广大职工在抗震抢险、电网建设等急难险重任务中冲锋在前、勇挑重担。拓展“两弹一星·电力传承”主题实践，《解码四分厂》入选全国党员培训教材优秀读物。三大央媒110次报道国网青海电力工作，意识形态领域态势向上向好。坚持把主题教育作为锤炼党性、推动发展的具体实践，全面落实“十二字”总要求，国网青海电力党委以上率下、示范引领，两批主题教育前后衔接，三个专项行动一体推进。精心组织理论学习，各级党组织开展专题读书班160次，班子成员带头讲授党课342场次。坚持小切口选题、精准化破题，梳理解决制约高质量发展问题401项、群众急难愁盼问题322项。典型经验16次被青海省委和国家电网公司刊发，并在国家电网公司党组理论学习中心组首次联学会上交流发言。经过两轮主题教育洗礼，各级党组织和广大党员干部在捍卫“两个确立”、做到“两个维护”上认识更加深刻、行动更加自觉，主题教育成效得到中央主题教育办、团中央指导组和国家电网公司党组指导组高度评价。

双碳与新型电力系统建设　青海作为国家电网发布的《构建以新能源为主体的新型电力系统行动方案（2021—2030年）》三家省级示范区之一，从讲政治高度服务国家清洁能源产业高地建设，2023年全省清洁能源装机年增长率达23.79%，新能源装机年增长率32.76%，新能源发电量年增长率9.93%。在新能源新增并网超900万kW情况下，新能源利用率达92.5%，提升0.8个百分点，非水可再生能源消纳权重位居全国第一。配合政府完成绿证交易1296万张、占国家电网系统总交易量的56%，杭州亚运会青海绿电占比超过31%。迭代优化新型电力系统建设方案，贵南光储一体化科研实证基地入选国家电网第一批示范工程。

科学统筹谋划，助力国家清洁能源产业高地建设。做好顶层设计，升级青海新型电力系统示范区“1+8”构建方案，探索解决新型电力系统保供、消纳及新能源大规模外送等当前全国能源转型面临的共性问题和青海区域特性问题。推进实验室体系建设，组建青海省新型电力系统技术创新中心，联合产学研相关单位打造开放共享的创新平台。攻关高比例新能源柔直外送、规模化储能示范应用等关键技术，启动风光储协同主动支撑等4项国家电网重点项目，参与国家电网新型电力系统科技攻关行动计划2023专项重大专项2项。政企协同齐发力，推动政府牵头成立电化学储能电站工作专班，依托跨行业、跨领域、跨地区协同创新、资源共享的交流平台，凝聚构建新型电力系统的强大合力。策划申报氢能关键技术重大专项，项目指南通过青海省科技厅组织的专家论证。推动市场机制建设，彰显绿电价值，发挥市场配置资源的决定性作用，搭建公开透明的交易平台，支持发、输、售、用各类主体公平交易、共享共赢。

打造涵盖源网荷储全环节，涉及发电、电网、用电企业等多主体的青海新型电力系统重大示范项目库，并按年度开展项目滚动更新。通过补强网架、加装调相机、优化新能源暂态性能等多项措施，加快电网建设升级，提升青豫特高压直流外送能力，服务新能源并网消纳。服务大基地项目并网，开工青海首个、全国单期规模最大的哇让抽水蓄能电站。海东班彦综合能源示范项目入选国家层面“百县千项”清洁能源示范项目典型目录，并参加第二届全国农村能源发展大会展出交流。深入推进数智赋能，建成国内首个政府授牌的省级智慧双碳大数据中心，实现省域、产业、行业碳排放监测分析向重点企业碳排放精准监测延伸，“青海省充换电设施公共服务平台”上线运行。

电力体制改革 完成第三监管周期核价工作，合理核定第三监管周期输配电价，实现输配电价上涨。争取青海省发展改革委出台第三监管周期输配电价执行细则，对青海省输配电价和集中清洁供暖电价政策的执行情况进行明确。制定下发《第三监管周期输配电价营销专业落地执行操作规范》《第三监管周期输配电价营销专业落地执行实施方案》《第三监管周期输配电价政策改革常见问答》等文件，组织召开专题宣贯会，开展线上、线下培训，确保电费发行准确无误。多渠道开展客户告知工作，逐户签订工商业用户《用户执行电价确认书》，并密切关注政策执行后用户诉求与舆论动向。

策划国企改革年度 77 项主要任务，强化“周统计、月通报”任务管控，年内改革任务完成率 100%。完成省管产业单位改革改制方案批复，按期完成工商变更登记、财务并表。积极巩固深化国企改革三年行动成果，以问题、目标、结果为导向，好中选优评选出典型案例 30 项。加快推进现货市场建设，制定《青海现货电能量市场交易实施细则》《电力现货市场结算实施细则》等 5 项现货市场交易机制。年内完成现货市场配套规则编制、技术支持、系统建设和三轮省内现货市场模拟试运行和调电试运行。结合省情、企情配合国家电网公司完成电力体制改革重大问题研究，完成关于电力市场建设、增量配电改革及产销一体化新能源项目进展情况等书面调研及分析报告，为开展重大问题研究、推动相关改革贡献了力量。

主要事件

1 月 11 日，青海省电力现货市场首次模拟试运行工作正式启动，标志着青海省电力体制改革迈入深水区。

1 月 12—13 日，国网青海电力第七届职工代表大会第五次会议暨 2023 年工作会议在西宁隆重召开。

1 月 12 日，青海省发展和改革委员会印发《关于我省 2022 年度水泥、电解铝、钢铁企业生产用电阶梯电价标准的通知》（青发改价格〔2023〕39 号），明确青海省水泥、电解铝、钢铁企业 2022 年度生产用电阶梯电价标准。

2 月 24 日，国网青海电力采用“平梯摆入法”完成首次高海拔 330kV 双回路中相等电位带电作业，填补了国网青海电力双回线路中相等电位带电作业的技术空白，有效提升输电作业运维检修效率。

3 月 9 日，国网青海电力建设部主动承担国家电网公司北斗试点工作，先后完成基于北斗三号卫星的无网络地区通信技术搭建，北斗智能定位设备入网及调试工作，北斗智能定位设备与基建业务系统数据打通工作。

3 月 13 日，国家电网公司董事长、党组书记辛保安与到访的青海省委书记、省人大常委会主任陈刚在北京举行会谈，双方就进一步深化合作，推动青海—江苏特高压直流建设、青海新型电力系统示范区建设，支持离网供电乡供电，加快青藏铁路电气化改造配套工程等事项进行交流。

4 月 23—29 日，750kV 鱼托Ⅱ线及月杜Ⅰ、Ⅱ线相继带电投运，青海西部“8”字形环网、东部“日”字形环网主网网架基本建成。

4 月 13 日，国网青海电力参与的国家重点研发计划“储能与智能电网技术”重点专项“高功率锂离子电池储能技术”项目启动会暨实施方案论证会在西宁召开，项目成果未来将应用于生产实践，解决当前大规模间歇性波动性风电/光伏接入电网后频率失稳引发事故等痛点与风险，提升中国在锂电储能技术和新能源等领域的国际竞争力。

5 月 9 日，国网青海电力组织创作的大型报告文学《解码四分厂》作为青海省、国家电网系统唯一一部荣获全国党员教育培训的优秀读物。

5 月 26 日，青海省发展和改革委员会印发《关于青海电网第三监管周期输配电价及有关事项的通知》（青发改价格〔2023〕317 号）及《关于完善青海省电网企业代理购电实施细则的通知（青发改价格〔2023〕328 号），明确青海省第三监管周期输配电价及相关事项，进一步优化完善国网青海电力代理购电实施细则。

6 月 6 日，由青海省工业和信息化厅、省政府国资委、省统计局、省企业联合会发布的第 19 次“青海 50 强企业”，国网青海电力以营业收入 532.9 亿元名列全省第 2 位。

6 月 7 日，青海省发展改革委印发《青海省“十四五”能源发展规划 2023 年度实施方案》（青发能源〔2023〕288 号），明确进一步丰富市场主体和交易品种，深化辅助服务市场建设，加快融入全国统一电力市场体系，持续提升跨省跨区电力交易市场化程度。

6 月 29 日，召开国网青海电力省管产业单位改革改制推进会，会议传达学习了国务院国资委关于国家电网公司厂办大集体深化改革有关事项的批复及国家电网公司关于组织实施省管产业单位（厂办大集体）深化改革工作的通知要求，启动国网青海电力省管产业单位改革改制实施方案编制工作。

7 月 28 日，国网青海电力获批成立国内首个政府批复的省级智慧双碳大数据中心，青海省智慧双碳大数据中心在青海省节能中心挂牌成立，支撑全国碳排放服务监测服务平台建设，实现全省 9 个园区、408

家企业碳排放全景看、一网控，相关成果得到国家能源局、国家电网公司董事长和青海省委省政府等领导批示肯定。

8月6日，青海贵南哇让抽水蓄能电站和玉树果洛二回330kV线路、丁字口输变电工程开工建设，国家电网公司董事长、党组书记辛保安与青海省委主要领导出席重大工程开工动员大会，并前往国网青海电力调研，检查迎峰度夏保供电、安全生产、防汛抗灾、主题教育开展等工作，看望慰问一线干部员工。

8月10日，国网青海电力牵头承担的国家电网总部科技项目“面向大规模新能源消纳的共享储能规划技术及运营模式研究与应用”在北京通过国家电网公司验收。

9月15日，2023“一带一路”清洁能源发展论坛在西宁开幕，国家电网公司总工程师孟庆强出席论坛，国网青海电力在论坛上发布了“数说绿电”创新应用成果，新华社、人民日报等中央、省垣媒体报道“数说绿电”创新成果。网格化服务质量管控平台上线运行，青电微助手微信群覆盖率100%，主动解决客户诉求1.63万条，形成线下诉求主动识别、自动预警、快速响应的“智能助手+网格经理”协同服务新模式。

11月11日，完成年度消费帮扶目标任务，采购国家电网公司定点帮扶农产品351.75万元，其中完成玛多县畜产品采购248万元，超额完成国家电网公司下达采购指标260万元的26%。

11月27日，国网青海电力省管产业单位（青海德坤电力集团有限公司）完成工商注册变更登记，从法律层面成为国网青海电力全资子公司，完成省管产业股权划转。

11月30日，建成高原阳光房18处，联合清华大学、青海绿色建筑研究中心等单位开展高海拔地区富氧环境综合研究与应用，“阳光房”建设得到国家电网公司辛保安董事长的肯定，管理经验入选《国家电网工作动态》。

12月18日，甘肃临夏州积石山6.2级地震，涉及青海22个乡镇，省内部分电力设施、线路受损，查累计发现隐患207处。仅用19h全面恢复受地震影响的用户供电，历经3天半时间受损主网逐步恢复供电。

12月29日，750kV昆仑山输变电工程成功带电投运，国网青海电力仅用一年时间，超前完成了工程建设任务，在确保安全和质量的前提下，创造了国内同电压等级工程建设速度之最。

12月31日，2023年第一批大基地项目723.5万kW合规并网。

（陈　耀）

【国网宁夏电力有限公司】

企业概况　国网宁夏电力有限公司（简称国网宁夏电力）是国家电网公司全资子公司，是关系宁夏经济社会发展和能源安全的国有重要骨干企业，主要从事宁夏境内电网的建设、运行、管理和经营，为宁夏经济社会发展提供充足、稳定的电力供应和优质、高效的服务。供电面积6.64万km^2，服务人口728万人；截至2023年底，全口径用工总量13714人，其中职工9315人、劳务派遣用工102人、农电用工3335人，产业单位用工962人。

领导班子

董事长、党委书记：陈红军

董事、总经理、党委副书记：闫承山

董事、党委副书记、副总经理：张智民

职工董事、副总经理、党委委员、工会主席：赵大光

副总经理、党委委员：赵强、季宏亮

总会计师、党委委员：王忻

总工程师、党委委员：闫志彬

副总经理、党委委员：潘勇

党委委员、纪委书记：张灏

组织机构　国网宁夏电力现行的组织结构采用以行政区划设置各级供电公司和以专业化管理设置支撑单位相结合的组织模式。设置本部部门21个，下辖6个地市供电公司、12个业务支撑单位、3个合资公司、4个配售电公司、27个县（区）供电公司。

电网概况　宁夏电网是国家“西电东送”战略的重要送端，是联络西北电网与“三华”电网的重要枢纽，构成国家电网第二大送端直流群，是全国首个外送超过内供的省级电网。目前已形成750kV“双环网、双联变”、330/220kV电网分区运行，风光火水多能互补、稳定安全的电力电网体系。具体来说，宁夏主网由750、330、220kV三个电压等级构成，通过宁东—山东±660kV直流输电工程向山东送电，输电容量4000MW；通过宁东—浙江±800kV特高压直流输电工程向浙江送电，输电容量8000MW。通过4回750kV线路与西北电网相联；通过3回750kV线路与内蒙古伊克昭换流站相联；截至2023年底，宁夏境内共有6条特（超）高压输电线路，其中，宁夏作为送端的有3条，分别是宁东—山东±660kV直流输电工程、宁东—浙江±800kV特高压直流输电工程、宁夏—湖南±800kV特高压直流输电工程（在建，预计2025年投运）；接入宁夏电网的有1条，即上海庙—山东±800kV特高压直流输电工程；过境宁夏的有2条，分别是哈密—郑州±800kV特高压直流输电工程、昌吉—古泉±1100kV特高压直流输电工程。宁夏电网统调总装机容量为66134.5MW，其中火电29710.4MW，占比44.92%；水电422.3MW，占比0.64%；风电14636.1MW，占比22.13%；光伏21365.7MW（含分

布式光伏 1250.3MW），占比 32.31%，新能源总装机容量 36001.8MW，占比 54.44%。储能装机 2865MW，位居全国第四。宁夏电网统调 220kV 及以上变电站 111 座，容量 94724MVA。其中 750kV 变电站 10 座，容量 36900MVA；330kV 变电站 52 座，容量 36340MVA；220kV 变电站 49 座，容量 21484MVA。220kV 及以上电压等级交流线路共计 327 条：其中 750kV 线路 42 条，330kV 线路 133 条，220kV 线路 152 条。

电力保障与安全生产　坚持电力保供“3334”关键之要，统筹内供外送双线作战，强化政企协调联动、源网荷储协同发力，成功应对用电负荷快速增长、新能源大幅波动、局部地区供电紧张等多重挑战，打赢了迎峰度夏度冬攻坚战，牢牢守住了大电网安全和民生用电底线。推动自治区建立电力保供常态化调度机制，出台负荷管理实施方案以及储能配建、市场交易等支持政策。协同自治区加快推动 860 万 kW 煤电项目建设，力促各类电源“应开尽开、稳发满发”。建成投运 750kV 沙湖主变压器扩建、220kV 沙湖—平西双回线等网架补强工程，争取灵绍配套电源富余电力转供区内。建成运营国内聚合规模最大、调节能力最强、参与市场品类最全的省级虚拟电厂平台，聚合规模达到 1945MW。积极推动储能规模化应用，释放储能“保供+消纳”双重价值。同时，按照“长短结合、能送尽送”原则，强化调度交易组织，全年持续稳定向浙江、山东等中东部省份送电 876 亿 kWh，服务了全国保供大局。深化落实国网宁夏电力补短板、强弱项的安全基础管理提升十二项措施，狠抓责任落实、制度执行、班组建设、分包管理、违章查纠和安全文化建设，安全生产基层基础基本功持续巩固。推进重大事故隐患排查整治，集中治理问题隐患 3655 项。开展春季“百日安全攻坚”和秋季“控风险、盯现场、保安全”专项行动，有效管控五级电网和三级及以上作业风险 1.1 万余项。强化网络安全防护，1 项技战法首次被公安部采纳，连续 3 年获自治区网络安全演习攻防双第一。完成银东、灵绍直流综检及杭州亚运会、第六届中阿博览会、第三届国际葡萄酒文化旅游博览会等重大活动保电任务。

电网建设与发展　全年完成发展投入 76.87 亿元，同比增长 9.36%，其中固定资产投资 71 亿元，同比增长 10.31%；新开工 110kV 及以上线路 372.4km，变电容量 407.8 万 kVA；投产 110kV 及以上线路 573.9km，变电容量 411.9 万 kVA。开工建设我国首条“沙戈荒”外送通道宁夏—湖南±800kV 特高压直流工程，配套包含腾格里沙漠光伏在内的 1300 万 kW 新能源，在 464 万 kW 火电支撑下，实现了先进特高压直流输电技术与千万千瓦级新能源发电特性的协调匹配，构建了大型风光电基地、支撑煤电、特高压线路“三位一体”的新能源供给消纳体系样板。工程从 2020 年动议到 2023 年 6 月 11 日启动建设，前期进度创造了国内特高压工程纪录，是继“宁电入鲁”“宁电入浙”之后，宁夏第三条电力外送通道。工程起于宁夏中卫，落点湖南衡阳，途经宁夏、甘肃、陕西、重庆、湖北、湖南六省（区、市），线路全长约 1634km，计划 2025 年正式启动投运，投运后每年可将 360 亿～400 亿 kWh 电量输送至湖南。工程总投资 281 亿元，自治区配套上下游产业链总投资超 1000 亿元，是宁夏历史上产业投资规模最大的工程。加快电网规划建设，750kV 天都山等直流配套工程取得核准，建成投运 750kV 沙湖主变压器扩建、750kV 青山间隔扩建等 41 项电网补强工程，330kV 宁东网架优化等 6 项工程“零缺陷”投运，750kV 妙岭变电站新建工程获宁夏电力行业首个中国工程建设鲁班奖（国家优质工程），14 项工程分获国家电网公司优质工程、行业绿色优质工程奖。服务宁夏自治区高水平建设国家新能源综合示范区，国家第一批 300 万 kW 大基地项目全量并网，全年新增新能源装机容量 5600MW，新能源总装机容量达 36000MW，占统调装机 54.4%，利用率连续五年超 97%，居全国前列。储能总装机容量 2865MW，居全国第四。在闽宁镇开工建设西北首个“绿电小镇”，打造成为 24h 绿电消费示范区和新型电力系统示范区，工程计划 2024 年底投运。

经营管理　坚持聚焦电网主责主业，资产总额达到 484.61 亿元，同比增长 9.09%。结合实际夯实提升支撑产业支撑基础和支撑能力，推进新兴产业市场化运作，因地制宜服务支持金融业务和国际业务，形成了具有宁夏特色的“一体四翼”发展格局。扎实推进优策略提质效 55 项重点任务，建立季度经营分析和月度综合计划调控机制，常态开展诊断分析，营业现金比率提升，利润总额明显增长，“一利五率”总体实现“一增一稳四提升”。农民工工资和企业无分歧账款支付保持“零拖欠”。开展国企改革三年行动“回头看”，修订完善“三重一大”决策“一办法两清单”，完成外部董事及专委会调整，“三会一层”高效规范运行。超前实施省管产业同质化管理，完成工商变更、产权登记和并账并表，25 家省管产业单位全部纳入国资监管体系。配合完成第三监管期输配电价核定及落地实施工作，电价结构与市场衔接更加紧密。深化内部变革，制定省合资公司自主决策事项授权清单，赋予企业更大经营自主权。整合安全督查机构，组建全业务管理中心，成立省市两级配网管理部，安全、经营、服务、人资等专业管理机制持续优化。开展“合规管理提升年”专项行动，全面排查治理经营管理领域各类风险隐患，依法合规经营能力持续增强。

营销工作　宁夏全社会用电量 1386.84 亿 kWh，

同比增长 10.96%；区内售电量 972.42 亿 kWh，同比增长 10.31%。服务重点用电项目建设，完成宝丰能源、惟远新能源等重点项目送电，全年业扩增容 1772.89 万 kVA。高负损台区压降 64.25%、线路压降 100%。西北首家上线能源互联网营销服务系统，新一代用电信息采集系统实现单轨运行。启动中长期市场分时段连续运营，年、月、旬、日交易周期全覆盖，率先实现中长期发用量测分时结算，移峰填谷超百万千瓦，现货市场启动结算试运行，全年市场化交易电量 850.64 亿 kWh，同比增长 12.11%，区内绿电交易电量 5.1 亿 kWh，绿证交易 15.04 万张。多措并举扩大电力外送规模，年度外送电量 876 亿 kWh，宁夏“西电东送”12 年累计外送电量近 7000 亿 kWh。

科技与信息化　深入学习贯彻习近平总书记考察南瑞集团重要指示精神，制定加快实现高水平科技自立自强措施清单，超额完成国家重点研发计划项目年度任务，“煤电与新能源综合调节平衡机理及市场机制理论研究”成果为国家煤电容量电价政策落地执行提供支撑。首次牵头实施国家自然科学基金重点支持项目“混合驱动的大型新能源基地最优消纳的基础研究”，在研牵头项目共计 23 项，牵头项目数量连续两年位居西北第一。荣获国家电网公司科学技术奖 5 项。首次通过市场化方式转化创新成果，研发的继电保护无负荷相量测试技术成果在灵州换流站等多个现场推广应用。全年授权发明专利 177 项，同比增长 23%。牵头成立宁夏新型电力系统建设研究中心，组建省级新型电力系统标准化技术委员会，搭建高水平学术交流平台，举办第五届“清洁能源发展与消纳”论坛，获批博士后科研工作站。启动数字化转型“十大工程”，攻坚数字化基础设施建设，“算力、数力”提升，统一视频平台实现各专业视频资源全量纳管和秒级响应，经营区域北斗高精准定位服务全覆盖。攻坚“电网一张图”，同图汇聚特高压到 400V 全电压等级电网网架、设备参数、运行状态、空间位置等信息，纳管各类电网设备 500 万台（套），视频测点 3.1 万个，10kV 及以上电网数据准确率 99.69%，初步形成企业级数字形态电网，支撑电力保供、供电服务等 17 个场景应用。全力服务电网核心业务，企业级实时量测中心数据日均调用 144 万次，人工智能平台服务月均调用 140 万次。“双碳”数智监测中心在国家电网系统首批挂牌运营，电力看经济 GDP 预测准确率 98.2%。建成国家电网系统首家自主研发的现代化全业务管理平台，实现全部企业级指标和生产、营销等核心业务集中在线监控。

供电服务　坚持“简约、融合、放权、赋能”，在供电服务上做加法，在流程环节上做减法。跟进服务东方新希望、江苏润阳等自治区招商引资重点项目用电需求，为宁夏经济增速稳居全国第一方阵作出贡献。推动自治区全部市县（区）出台国办函〔2020〕129 号文延伸投资支持政策，落实政府投资 9028 万元，完成供电设施资产回购，电网企业“应投尽投”。发布服务社会民生“二十项举措”，主动走访重点客户 5.33 万户，解决民生诉求 1600 余条，百万客户投诉量排名国家电网公司第 10。试点开展业扩报装管理业务集中管控，优化精简 26 项管理流程，实现工程项目随报随批、现场勘查一次定案、验收接电一次办结，平均接电时长压减 2.8 个工作日。健全制度规范和考评体系，营配融合业务占比提升至 98%。专项整治频繁停电、低电压问题，投产 777 项农网巩固提升工程，城网、农网供电可靠率分别达到 99.9763%、99.9161%，城乡户均停电时长较 2015 年缩短 6h，累计接入 10kV 及以下分布式光伏 5708 户、“煤改电”负荷 16.67 万户。服务乡村振兴，完成消费帮扶 275 万元，10 个村建成国家电网公司“村网共建”电力便民服务示范点，3 个帮扶村获评国家电网助力乡村振兴示范村。全年投资 7700 万元完成 455 台充电桩建设任务，推动实现自治区充电设施公共服务平台与国家监测平台互联互通，全力保障自治区打造城市“3 公里充电服务圈”。

党的建设和精神文明建设　深入学习贯彻党的二十大精神，扎实开展学习贯彻习近平新时代中国特色社会主义思想主题教育，统筹第一、二批主题教育衔接联动，一体推进理论学习、调查研究、推动发展、检视整改，两批主题教育在以学铸魂、以学增智、以学正风、以学促干方面取得了实实在在的成效，特别是落实调研确定的 156 项具体任务，办成了宁夏北部电网优化等一批急事要事，解决了低电压频繁停电等民生保障问题，攻克了一批历史遗留难题，得到中央督导组、国家电网指导组充分肯定。深入实施“旗帜领航”党建工程，胜利召开国网宁夏电力第二次党代会。持续深化“党建+”工程和共产党员服务队建设，教育引导广大党员在急难险重任务中充分发挥先锋模范作用，以实际行动为党旗增辉、为党徽添彩。扎实推进基层党组织标准化建设，全面加强省管产业和乡镇供电所党建工作。积极完成中央巡视国网党组配合工作，驻组交办国网宁夏电力巡视问题线索数量同比下降 65%。突出抓好违规吃喝、业扩报装领域突出问题等四个专项整治，专项开展员工违规经商办企业、涉嫌危险驾驶罪排查治理。锲而不舍纠“四风”、树新风，专项整治形式主义、官僚主义突出问题。优化领导干部能上能下实施细则、容错纠错管理办法等制度，举办党校青年干部（专业骨干）培训班，选派优秀年轻人员赴东部省份挂职锻炼，贯通职务、职级、专家人才三条通道。1 人评选为国家电网公司首席专家。“塞上绿电”成为国家电网首批子品牌。统战团青、思想文化、信访保密等工作不断加强。强化供电所基础管理，优化激励机制，全方位提升供电服务员工归属感和获得感。

主要事件

1月1日，宁夏电网新能源装机规模达到30400MW、占比突破50%，成为全国第四个新能源装机占比突破50%的省级电网。

1月20日，宁夏自治区党委书记、人大常委会主任梁言顺慰问国网宁夏电力一线干部职工，代表自治区党委政府和全区各族群众向广大电力职工表示衷心的感谢和敬意，并向职工及家属拜年。

4月22日，宁夏首个“沙戈荒”光伏电站—宁夏腾格里沙漠3GW新能源基地光伏项目一期100万kW工程并网发电。

5月12—13日，第五届“清洁能源发展与消纳”论坛在银川开幕，由中国电机工程学会电力系统专业委员会和国网西北分部联合主办，国网宁夏电力等单位承办。论坛以“新型电力系统、能源低碳转型”为主题，邀请国内能源领域多位院士及知名专家从政策、技术、体制机制等方面开展广泛交流研讨，为能源清洁低碳转型提供有力支撑。

5月24日，宁夏—湖南±800kV特高压直流输电工程获国家发展改革委核准批复，标志着“宁电入湘”工程正式进入建设阶段。

5月31日，中国电力建设企业协会公布2023年度中国电力优质工程评审结果，国网宁夏电力参评的4项电网工程全部获奖。其中，妙岭750kV输变电工程荣获中国电力优质工程并获推参评2023年度“鲁班奖”；青龙山330kV变电站、滨东110kV变电站、大板110kV变电站工程荣获中国电力中小型优质工程。

6月11日，国家电网公司召开宁夏—湖南±800kV特高压直流工程、汨罗抽水蓄能电站开工动员大会，国家电网公司董事长、党组书记辛保安，湖南省委书记沈晓明，省委副书记、省长毛伟明在湖南会场出席会议；宁夏自治区党委书记梁言顺，党委副书记、自治区主席张雨浦，国家电网公司总经理、党组副书记张智刚，国家能源局副局长、党组成员余兵在宁夏会场出席会议。标志着我国首条“沙戈荒”外送通道正式启动建设。

6月10—11日，国家电网公司总经理、党组副书记张智刚赴国网宁夏电力调研，检查迎峰度夏供电保障和安全生产工作，看望慰问基层一线干部职工。

7月26日，宁夏电力现货市场首次开展调电试运行（不结算）并取得成功，电力现货交易与电力生产运行实现有序衔接，标志着宁夏电力现货市场建设取得阶段性突破。

8月4日，由国网宁夏电力与银川市委市政府联合举办的闽宁“绿电小镇”示范项目建设启动仪式在银川市闽宁镇举行，计划将闽宁镇打造成为宁夏乃至西北第一个 24h 绿电消费示范区和新型电力系统示范区。

9月15日，国网宁夏电力能源互联网营销服务系统（简称营销2.0系统）正式上线运行，成为西北第1家上线单位，将为宁夏自治区469万电力客户提供更加优质高效的供用电服务。

9月19日，宁夏储能高质量发展推进会在银川顺利召开，来自政府部门、科研单位、在宁新能源及储能企业等近百人参加，共同交流全国储能发展和区内储能建设、运营情况，加快推进自治区新型储能向多元化、产业化、市场化方向高质量发展，为服务自治区高水平建设国家新能源综合示范区建言献策。

9月30日，沙湖750kV变电站1号主变压器扩建工程建成，工程作为补强宁夏北部电网的重点工程，投运后将提高地区电网供电能力和可靠性，为宁夏石嘴山地区多个重要新增负荷供电。

10月9日，宁夏宁东330kV东部网架优化工程顺利投运，工程是宁夏自治区能源发展“十四五”规划重点能源基础设施项目，建成后将降低宁东地区电网短路电流水平，提高电网安全稳定运行水平。

10月12日，宁夏—湖南±800kV特高压直流输电工程线路工程（宁1标）首基基础试点在宁夏中卫市中宁县余丁乡，距离中宁换流站1km处线路工程5号塔位隆重举行，标志着“宁电入湘”工程宁夏段正式开工建设。

10月31日，宁夏桃山330kV输变电工程建成投运，标志着宁夏电网第29座330kV变电站并网运行，进一步优化宁夏同心地区电网网架结构，提高区域电网供电可靠性，满足同心及周边地区负荷发展和新能源接入需要。

截至11月2日，±800kV灵绍特高压直流输电工程（宁夏灵武—浙江绍兴）累计输送电量突破3000亿kWh，够400万个普通家庭使用50年。

11月5日，宁夏电网新能源最大发电出力达到20310MW，是当时宁夏全网用电负荷的1.27倍，为年内第七次创历史新高，新能源年利用率97.14%。

11月29日，宁夏妙岭750kV变电站新建工程入选“2022—2023年度第二批中国建设工程鲁班奖（国家优质工程）”，国网宁夏电力实现了“鲁班奖”的历史性突破，该奖项也是宁夏电力行业首个“鲁班奖”。

12月13—15日，宁夏电力现货市场完成首次结算试运行，达到预期目标，标志着宁夏电力现货市场建设全流程贯通。

截至12月31日，宁夏新能源装机容量达到36001.8MW，占统调装机的54.4%，其中光伏21365MW、风电 14636MW；全年新能源总发电量 563 亿 kWh，占比 27.09%；新能源利用率 97.05%。

（郭　辉　董　岩）

【国网新疆电力有限公司】

企业概况　国网新疆电力有限公司（简称国网新疆电力）是国家电网公司的全资子公司，以建设运营电网为核心业务的国有企业，承担着贯彻落实新时代党的治疆方略，保障新疆维吾尔自治区安全、经济、清洁、可持续电力供应的基本使命。至 2023 年底，本部下设 23 个部门，下属 15 家地（州、市）供电公司、12 家业务单位、2 家合资公司、81 家县公司和 1 家省管产业单位，共有员工 3 万余人。

领导班子

董事长、党委书记：司为国

董事、总经理、党委副书记：开赛江

董事、党委副书记、副总经理：张龙钦

副总经理、党委委员：白伟　赵青山

职工董事、副总经理、党委委员、工会主席：钟永泰

副总经理、党委委员：吕新东　季斌炜

党委委员、纪委书记：杨畅

总工程师、党委委员：李渝

总会计师、党委委员：李彦峰

组织机构　设办公室（党委办公室、董事会办公室）、发展策划部（碳资产管理办公室）、财务资产部、党委组织部（人事董事部）、人力资源部（社保中心）、党委党建部（思想政治工作部）、党委宣传部（对外联络部）、纪委办公室（巡察办公室）、安全监察部（应急管理部）、设备管理部、市场营销部（农电工作部、乡村振兴工作办公室）、科技数字化部、建设部、配网管理部、物资管理部（招投标管理中心）、审计监管部、法律合规部（体改办）、后勤保障部、工会、离退休工作部、公安保卫部（武装部）、电力调度控制中心、企业管理部 23 个职能部（室、中心）。

电网概况　截至 2023 年底，国网新疆电力拥有 750kV 线路 77 条 9798km，750kV 变电站 28 座 9022 万 kVA；500kV 线路 9 条 282km；220kV 线路 659 条 26431km，220kV 变电站 151 座 5254 万 kVA；110kV 线路 1252 条 29839km，110kV 变电站 576 座 4425 万 kVA。

人力资源　坚持德才兼备、突出实绩、重视基层、用其所长的鲜明导向，选优配强各级领导班子，引导各级干部争做“五型干部”、践行“六个精神”。坚持把落实国家电网规划目标和干部调整相结合，加大年轻干部培养使用和岗位历练，20 个三级单位班子配备了 40 岁左右的年轻干部。建立高端人才储备培育机制，推荐 8 名国网青年托举人才。组织 2040 名新员工赴施工现场实践锻炼，创新开展随机抽选比武“全民赛”，全业务核心班组达标率提升至 75.5%。培训中心获评自治区首批工匠学院。顺利完成克拉玛依公司和经研院竞聘补员。圆满完成为职工办实事 9 项任务，优化“五小”供电所 231 个，走访慰问 5.5 万余人次，后勤、社保、离退休等服务保障体系持续健全。多名员工分获“全国五一劳动奖章”“中国好人”“国网楷模”、国网“十佳服务之星”等荣誉称号。3 个集体分获全国“五四红旗团委”、全国青年文明号、中央企业青年文明号。

电网建设与发展　推动哈重直流取得核准，配合举办开工动员大会，建设进度沿线五省排名前列。完成直流第四通道“1+1+3”规划研究，推动纳入“十四五”规划储备类项目，创造了从提出到纳规仅用 1 年的“新纪录”。超前研究疆电外送整体布局，明晰直流第五、第六及后续通道发展思路。24 项 750kV 电网工程调增纳规。35kV 及以上工程开工建设 173 项、建成投产 200 项，开工、投产规模达“十四五”以来最高值。750kV 乌昌核心区双环网建成。博州 750kV 变电站工程荣获中国建设工程鲁班奖。

完成 27.95 万户“煤改电”二期、16 个边防连队供电和农网巩固提升年度建设任务。落实促进南疆高质量发展的若干政策措施，开工巴州—铁干里克—若羌、和田—民丰—且末—若羌等 6 项 750kV 输变电工程，创下南疆当年开工 750kV 项目个数、规模和投资最大纪录。举办能源电力高质量发展座谈会，推动出台新能源开发管理等 6 项政策文件，支撑全疆新增新能源并网 2251 万 kW，累计装机容量连续突破 5000 万、6000 万 kW 大关，达到 6443 万 kW，利用率 96.1%，实现增量稳率。国家电网系统首家完成国家第一批沙戈荒大型风电光伏基地并网任务。中长期市场实现按日连续开市，完成 10 次现货市场试运行。疆内绿电交易超 4 亿 kWh，绿证交易 215 万张、位列国家电网系统第 2。

经营管理　扭转年初核价被动局面，取得保障电网可持续发展的输配电价。完成业扩送电 2926 万 kVA，同比增长 88%。争取国网东西帮扶资金 25.2 亿元、中央预算内投资 11.3 亿元。当年电费、自备电厂政府性基金回收率达到 100%。完成合规管理提升年、强化制度执行专项活动等工作任务。标准化体系成熟度评价全面覆盖，大力开展 23 个卓越绩效试点。完成离任审计迎审和 16 家所属单位审计工作，常态化推进审计问题有效整改，获评全国内部审计先进集体。

深化三项制度改革，优化典型岗位基础任职条件体系，三级职员配置率提升 44.7 个百分点，选聘四～七级职员 625 人。优化营配、生产、应急、建设管理体系。完成克拉玛依公司 29%股权收购。完成新疆电

力宾馆公司制改制，实现省管产业单位并账并表。检视供电保障、制约发展等方面问题247项，印发、修订、废止制度文件134个，696项“立行改”措施全部完成、465项“长久治”措施取得明显成效。党委带头示范、各级班子领题调研，对外随自治区考察团出访中亚三国、调研西北三省，与80余家企事业单位座谈交流。对内深入基层一线调研1151次，形成转化运用成果228项。

安全生产 落实“3334”关键之要，促成新疆自治区多次召开保供专题会。投产保供工程21项，闭环管控电网风险287项，完成设备检修3671项，省地两级电力负荷管理中心实现实体化运行，电网顶住了21次负荷创新高压力，完成第九次全国对口支援新疆工作会议等150项重大保电任务，确保疆内可靠供电，服务了全国保供大局。

建立安全预控指标体系，按季度实施专业履责评价。开展重大事故隐患排查整治专项行动，查治隐患9420项，重大隐患全部清零。深入推进百日安全攻坚和“控风险、盯现场、保安全”专项行动，查改问题1.6万余项。国家电网系统首家建立安全生产联合管控模式，推行反违章“六项举措”，严重违章下降。完成消防五大领域专项治理。通过一级重点目标达标建设验收，成为全疆获评自治区反恐维稳突出集体的唯一企业。

营销与优质服务 配合国家电网公司出台以更大力度服务新疆经济社会高质量发展十大举措。在全区高质量发展系列会议上建言献策，制定实施贯彻落实自治区党委十届八次、九次全会精神20项措施，与13家政企事业单位签订合作协议。召开服务“八大产业集群”客户座谈会，发布供电服务十项举措，推动政府出台延伸投资政策，“三零”“三省”节约客户办电成本13.25亿元。

科技与信息化 全国首家完成构网型储能人工短路试验和构网型SVG并网。148项创新成果获省部级及以上奖项。入选自治区首届“工业企业研发投入50强”。疆电特色能源大数据中心，开发电力看八大产业等11个系列数据产品，得到各级领导和专家认可。建成动静态“电网一张图”，上线“疆电秒感”等典型应用，获评国家电网数据质量提升进步突出单位。“i国网”、PMS3.0应用成效位居国家电网系统前列，财务中台、营销2.0、e交易等加速落地。建成输电无人机平台，优化电力北斗服务网，220kV及以上线路自主航线覆盖率超90%。首获国家级信息化技能竞赛奖2项，网络安全技战法被公安部评为优秀。

党的建设和精神文明建设 创新建立“四学一讲”模式，一体推进两级党委“第一议题”、中心组、读书班带头学习993次，开展基层巡回宣讲125场，党员参与“实景体验学”“云端指尖学”等1.6万人次，筑牢了忠诚捍卫“两个确立”、坚决做到“两个维护”的思想根基。主题教育成果得到中央第51指导组、第23巡回指导组高度肯定。

推进“旗帜领航”党建工程，召开第二次党代会、第四次团代会。开展基层党组织“达标、示范、六好”联创晋级，实施班所党支部提质增效三年行动。打造“金胡杨”疆电特色党建品牌，完成383项“党建+”项目，建成一批“雪莲·光明驿站”和“金胡杨”党员责任区、示范岗。大力实施“文化润疆·电亮疆来”行动，1项成果入选工信部“工业图强”优秀案例。扎实做好驻村及“民族团结一家亲”工作，完成消费帮扶4847万元。服务乡村振兴成效连续两期纳入国资委《援扶专刊》。国网新疆电力工作在三大央媒报道306篇，哈重直流开工、新疆新能源发展、“红石榴”夏令营等形成现象级传播。国网新疆电力社会责任根植项目在第二十八届联合国气候变化大会中国角展示。

党风廉政建设 国网新疆电力党委严格落实主体责任，安排部署、推动落实42项重点任务。制定五年巡察工作规划，完成3轮16家基层党组织巡察，反馈问题876项。扎实推进违规吃喝、违规从事经营活动等专项整治。精准运用“四种形态”处置219人次，开展警示教育855场次，一体推进“三不腐”。推动“正风疆电”廉洁文化在基层落地实践，新风正气不断充盈。

主要事件

1月30日7:49，新疆阿克苏地区沙雅县（北纬40.01°，东经82.29°）发生6.1级地震，震源深度50km。经排查，新疆电网未受影响，电力供应正常。

2月23日8:37，塔吉克斯坦（北纬37.98°，东经73.29°）发生7.2级地震，震源深度10km。震中距中国边境线80km左右。新疆喀什地区、克孜勒苏柯尔克孜自治州等地多县市震感强烈。经排查，新疆电网未受影响，电力供应正常。

6月5日，根据北京电力交易中心有限公司发布最新交易结果，2023年杭州亚运会、亚残运会绿电总交易电量3.94亿kWh。其中，新疆绿电交易电量1.7亿kWh，占总交易电量的43%，成为杭州亚运会、亚残运会绿电供应最大的省份，并应邀参加了此前召开的绿色电力交易签约仪式。

6月10日，凤凰—亚中Ⅱ回750kV输变电工程正式投运，工程投运后有利于提高乌昌地区电网供电能力和供电可靠性，为消纳水电、风电、光伏等清洁能源提供可靠的网架支撑，对于促进新疆特别是乌昌地区的经济发展具有十分重要的意义。

6月26日，新疆首个现代智慧配电网示范点在乌鲁木齐国际大巴扎建成投运，实现客户用电到电网运行的全环节的数字化感知，创新应用低压自愈、负荷智能迁移等新技术实现“零停电”标志着电力系统在城市能源转型和服务产业发展上取得新突破。

7月17日，新疆电网首套新一代集控系统在国网吐鲁番供电公司上线运行，新一代集控系统可以自动进行缺陷提取、监控日志生成等，大幅度降低信息处置工作量，吐鲁番81座变电站巡视效率提升达12倍。

8月8日，国家电网哈密—重庆±800kV特高压直流输电工程开工建设，工程起点位于新疆哈密市，落点位于重庆渝北区，全长2290km。工程建成后，每年可从新疆向重庆输送电量超360亿kWh。

8月15日，新疆自治区第十四届运动会在库尔勒市巴音体育馆落幕。运动会期间，国网新疆电力按照“五个最”“四个零”工作要求，完成运动会保电任务。

8月16日，塔克什肯110kV输变电工程投运，中国与蒙古国之间能源通道电压等级由原先的35kV升级至110kV。该工程投运后，可为中国塔克什肯口岸和蒙古国科布多省西三县经济发展提供更加充足的电能，显著提高电网安全可靠性。

8月21日，2023（中国）亚欧商品贸易博览会在新疆乌鲁木齐市正式闭幕，这届博览会场馆用电全部来自新能源电量，是新疆首个100%使用绿电的大型展览活动。

9月19—21日，第九次全国对口支援新疆工作会议在新疆喀什市召开。国网新疆电力有限公司以“设备零故障、客户零闪动、工作零差错、服务零投诉”工作目标完成保电工作任务。

10月23日，±1100kV昌吉换流站启动年度综合检修，本次综检时间为10月24日—11月7日，涉及昌吉换流站全部直流设备和部分交流设备，计划完成设备单台套例行修试项目3288项、技改大修项目9项、技术监督服务项目9项，隐患治理15项、专项检查95项、缺陷119项。25家单位近千人参与其中。

11月8日02:09，在克孜勒苏柯尔克孜自治州阿图什市发生5.4级地震，震源深度10km，震中位于北纬40.47°，东经77.72°。截至发稿前，共记录到3.0级及以上余震5次，最大地震为本次地震。震中位于高山无人区，20km范围内人口极其稀少，周边5km内有1个村庄，20km内没有乡镇驻地，50km内有2个乡镇驻地。经排查，新疆电网未受影响，电力供应正常。

11月18日，伊犁—博州—乌苏—凤凰Ⅱ回750kV输变电工程投产，投运后有效提高了伊犁至乌昌负荷中心的送电能力。

11月21日，新疆首个面向新型电力系统的低碳示范园区正式建成并投入运行。低碳示范园区改造后预计可实现年节电33.6万kWh，节气6.39万m^3，利用光伏清洁电能替代传统电能56.25万kWh，年碳排放量有望下降四成左右。

11月25日13:15，国家电网阜康抽水蓄能电站1号机组开机发电，中国西北首台抽水蓄能机组正式投产。新疆自治区党委书记马兴瑞、自治区主席艾尔肯·吐尼亚孜出席投产仪式，与国家电网公司总经理张智刚共同启动机组运行。电站设计年发电量24.1亿kWh，年抽水电量32.13亿kWh，首台机组投产实现了新疆和西北电网调节性电源新突破。电站全部投运后，每年可增发新能源26亿kWh，对保障电网安全稳定运行、推进新型电力系统建设、助力“乌—昌—石”区域大气污染整治、促进新疆资源优势转化和能源转型具有重要意义。

11月28日，博州750kV变电站工程获得2022—2023年度第二批中国建设工程鲁班奖（国家优质工程），成为国网新疆电力公司首个获得建筑行业工程领域鲁班奖的750kV变电站工程。

12月10日，国家电投兵团一师10团40万kW光伏项目并网运行，至此，新疆电网首批国家440万kW沙戈荒项目全部并网。国网新疆电力也成为国家电网经营区内率先完成国家首批沙戈荒项目全部并网的单位。

12月25日，新疆首个用于超特高压换流站大功率半导体器件性能分析的高压电力电子实验室正式投入使用，完成3支来自±1100kV昌吉换流站的6in（0.1524m）电触发晶闸管的静态参数测试，并出具试验分析结果，填补了国网新疆电力在大功率晶闸管、IGBT等电力电子器件性能检测诊断研究方面的空白，能够开展晶闸管级阻抗测试、短路试验及触发试验等参数检测项目，为保障疆电可靠外送提供了新的技术支撑。

（彭　玲）

【国网西藏电力有限公司】

企业概况　国网西藏电力有限公司（简称国网西藏电力）是国家电网公司和西藏自治区人民政府为加快西藏电力工业建设，促进西藏自治区经济社会发展，国家电网公司控股、西藏自治区人民政府参股的有限公司，注册资本30亿元人民币。国网西藏电力统一规划、统一建设、统一管理地市电网，经营相关的发输配电业务；按照国家统一规划，合理有序开发西藏电力资源，投资或参与投资建设相关电源项目，促进国家规划电源基地的开发和前期工作的开发；制定并组织实施公司的发展规划和重大生产经营决策；开展电力建设项目前期工作和其他工作。

领导班子

董事长、党委书记：龚东昌

董事、总经理、党委副书记：刘文泉
董事、党委副书记：杜金水
职工董事、党委委员、工会主席：桑果
副总经理、党委委员：陈波、朗琼、赵多青
总工程师、党委委员：张明勋
总会计师、党委委员：王仁明
党委委员、纪委书记：张雷

组织机构 截至 2023 年 12 月 31 日，本部设立 20 个部门：党委办公室（办公室、董事会办公室）、发展策划部（碳资产管理办公室）、财务资产部、党委组织部（人事董事部）、人力资源部（社保中心）、党委党建部（思想政治工作部、直属党委办公室、团委、综治办）、党委宣传部（对外联络部）、纪委办公室（巡察办）、安全监察部（应急管理部）、设备管理部、市场营销部（农电工作部、乡村振兴办公室）、科技创新部、数字化工作部、建设部、物资管理部（招投标管理中心）、审计监管部、法律合规部（体改办、企业管理部）、后勤保障部（离退休工作部）、工会、电力调度控制中心；管理地市供电单位 7 个：国网拉萨供电公司、国网日喀则供电公司、国网山南供电公司、国网那曲供电公司、国网林芝供电公司、国网昌都供电公司、国网阿里供电公司；发电及业务单位 15 个：国网拉萨发电公司、国网巴河发电公司、国网西藏电科院、国网西藏经研院、国网西藏超高压分公司、国网西藏营销服务中心（资金集约中心、计量中心）、国网西藏建设管理分公司（监理公司）、国网西藏电建公司、国网西藏信通公司、国网西藏物资公司（招标公司）、国网西藏培训中心、国网西藏综合服务中心、西藏守创产业管理公司、国网西藏发电检修分公司、西藏电力交易中心；合资单位 3 个：国网西藏综合能源公司、国网西藏电动汽车公司、西藏思极科技服务公司；县供电单位 66 个。

电网概况 西藏已建成青藏、川藏、藏中、阿里联网四条“电力天路”，全区已形成统一电网，通过青藏±400kV 直流与西北电网联网，通过川藏 500kV 交流与西南电网联网。截至 2023 年 12 月 31 日，500kV 线路长度 3898km，±400kV 线路长度 423km，220kV 线路长度 4514km，110kV 及以下线路长度 27841km，各电压等级变电站（换流站）573 座。西藏电网总装机容量 630.83 万 kW，其中水电 312.07 万 kW，占比 49.47%；光伏 253.73 万 kW，占比 40.22%；风电 17.95 万 kW，占比 2.85%；地热 4.32 万 kW，占比 0.68%；燃油应急机组 42.76 万 kW，占比 6.78%，基本实现全清洁能源发电。

电网建设与发展 截至 2023 年 12 月 31 日，完成发展投入 72.94 亿元。聚焦“一基地、两示范”建设，加快推进各级电网协调发展与转型升级。规划前期工作成效显著，滇藏铁路供电工程等 6 项重点项目纳入国家电力发展规划中期评估和调整，主电网延伸工程（一期）取得可研批复，青藏直流扩建二期等工程完成可研评审收口。藏中—昌都 500kV 第二通道工程完成选址选线。修编西藏新型电力系统示范区建设方案，推动试点项目建设，阿里离网型微电网示范项目获得批复，索县构网型储能示范项目并网发电，“光热+电辅助”等清洁能源采暖方式实现推广应用，屋顶分布式光伏试点成效显著。川藏铁路施工供电工程全面建成。金上—湖北工程有序推进。农网巩固提升工程全部完成，城网工程推进有力。阿里联网两个项目获得中国电力优质工程奖项。

人力资源 截至 2023 年 12 月 31 日，全口径用工总量 9711 人，其中全民职工 9146 人。聚焦“能下、能出、能减”，将三项制度改革指标在企业负责人业绩考核中的权重提升至 10%。全面推行岗位聘任制，管理人员、班组长等重点岗位实现聘期上岗，打破职务终身化。研究新员工试用期、培养期、首次劳动合同期考核评价意见，明确应解除劳动合同的 31 项负面清单。推动班组绩效薪金积分制走深走实，个人绩效薪金差距最高达 2.5 倍。深化内部人力资源市场建设，29 名优秀员工通过跨单位岗位竞聘通道竞聘至驻拉萨单位。优化校园招聘策略，提升招聘质量，其中电工类专业生源同比增长 69.7%。优化“东西人才帮扶地市公司、内部人才帮扶县公司”的阶梯式帮扶模式，第二批次选派 136 名骨干人才赴县公司开展帮扶。完成定员定额 N 标准制定和结果测算，编制定员分解核定方案和操作指引，实现定员管理的科学性和规范性。坚持“电网安全第一、员工队伍稳定”，完成 220kV 业务属地化和人员划转。协同设备部研究小水电管理模式，提出前、中、后端管理方式，节省人工成本，指导巴河公司制定林芝小水电业务模式调整方案。实施青年人才托举工程，有序开展地市、省、国家电网公司三级托举，年度 3 名青年入选国家电网公司级青年托举人才，首次选拔省公司级青年托举人才 37 人，各地市新选拔备案地市公司级青年托举人才 89 人。落实社会责任开展社会化服务，超额完成西藏自治区人社厅新型师带徒 1000 名试点培养目标，年度落实专项补贴 124.2 万元。完善人才成长资源支撑，新增初、中级兼职培训师 42 人，选拔援藏师资库师资 79 人，4 人通过国家电网公司级高级兼职培训师认证。

安全生产 滚动修编安全清单、制度、规范，切实将专业管理嵌入安全管理体系建设。全年投入安全资金 1.26 亿元，配齐安全工器具、劳动保护用品，安全防护基础进一步夯实。常态开展“远程+现场”“四不两直”监督，两级安全督查中心查处并整改违章 2019 项，现场违章发生同比下降 35.47%，安全督查成效获国家电网公司表扬鼓励。深入开展隐患排查，全年实现10项重大隐患闭环销号，治理各类隐患559项。输、变、配故障率分别同比下降33%、20%、11%，500kV及以上设备连续5年“零故障”。纵深推进“党建+安全”工程，累计表彰安全先进党支部126个，安全先锋党员186名。完成“自治区‘应急使命·西藏2023’实战化演习”，首次在藏承办西南区域地震灾害联合应急演练，处突能力得到有效锻炼。推动新一代应急指挥系统与“三联合”工作机制有机融合，为重大电网检修、重要活动保电提供精准气象服务，高效处置35kV山南错贡线、林芝扎贡线雪崩和日喀则泥石流等突发事件。完成自治区“两会”、藏博会、南迦巴瓦论坛、“环喜马拉雅”国际论坛、跨喜赛事等重大活动保电。

经营管理 深入实施国有企业改革深化提升行动，编制形成8个方面139项任务。落实省管产业改革部署，在国家电网系统首批完成省管产业工商变更。推进“市县一体化建设”，县公司管理达标能力提升三年行动收官。完成《西藏自治区电力市场建设三年行动方案》，按照时间节点逐步构建符合西藏实际的电力市场体系。政策争取成效显著，争取中央预算内资金25.2亿元，筹集东西帮扶资金37.8亿元，取得增值税留抵退税6.55亿元。经过广泛调研、缜密测算、多轮磋商，争取高原特色产业和边境安居特惠政策由政府补贴，解决了跨区购电成本疏导问题。签订2024—2026年西藏清洁能源消纳及供电保障交易合作框架协议，未来三年电力援藏交易规模达155亿kWh。管理效能提升明显，综合计划和财务预算执行进度分别同比提升38%和20%。协调青海提升青藏直流外送能力达40万kW以上，2023年外送清洁电力25.70亿kWh，同比增长13.98%。推进“合规管理提升年”专项行动，全年涉诉案件避免和挽回经济损失0.9亿元。开展科技成果转化合同签订、产品供给、资金兑付等全流程转化工作，实现科技成果转化收益“零”突破。

科技创新 羊八井国家野外观测站成为“科研名片”，陈维江院士、何雅玲院士及国家科技部、西藏自治区科技厅、国家电网公司总部等多位领导专家莅临现场考察调研，给予建设运营工作肯定与指导。新建3座观冰站、18个观冰测风点，覆盖藏电外送规划通道中资料缺乏的地理区域，应用北斗/4G（5G）双通信等多项原创技术，历时115天按期高效完成建设任务，实现数据自动归集，解决藏电外送通道规划区域工程气象参数设计取值难题，为藏电外送工程规划、设计和生产运维提供数据依据。“高海拔地区水光出风并网运行与实证技术实验室”纳入国家电网公司培育实验室，“高海拔输变电设备极端运行与检测实验室”通过西藏自治区重点实验室复审。“新型电力系统示范区建设电网调度控制手段评估及对策研究”管理咨询项目、“营销服务中心计量检定监测能力建设与提升”营销项目等2项研发经费投入统计案例纳入国家电网典型案例。科技成果转化收益实现“零”的突破，以拉萨公司为试点，开展科技成果转化合同签订、产品供给、资金兑付等全流程转化工作，实现科技成果转化首次收益。

节能减排 新型电力系统建设取得新进展，高标准修编西藏新型电力系统示范区建设方案，西藏微电网、构网型储能、重力储能等领域关键技术研究取得新突破，微电网示范项目获得国网发展部第一批现代智慧配电网综合示范项目立项，开展索县、狮泉河构网型储能并网发电、重力储能模型搭建。依托西藏清洁能源创新发展中心，形成“西藏新能源高质量发展建议”“光热技术在藏应用前景及发展建议”等多个内参性成果。金上特高压、拉萨500kV工程按期开工、有序建设。西藏、北京、上海、陕西、湖南、甘肃等18个省（自治区、直辖市）签订“2024—2026年西藏清洁能源消纳及供电保障交易合作框架协议”，建立藏电外送消纳及电力保供互济长效机制。西藏绿电首次送入重庆，共输送了276.8万kWh的绿色电能。

市场建设 推进新一轮电价政策调整，电价调整后西藏工商业丰枯、峰谷分时电价，居民阶梯电价初步实现与国家政策接轨。进一步规范窗口人员业务办理行为，提高故障抢修工作效率，妥善处理客户诉求，“你用电，我用心”的供电服务理念更加深入人心。推行居民客户“刷脸办电”，企业客户“一证办电”，线上办理率69.81%。巩固提升“零上门、零审批、零投资”“省力、省时、省钱”服务成效，惠及企业4113户、居民用户5007户，为用户节约投资1322余万元。完成51.22万户智能电能表改造安装任务，实现自治区全覆盖。积极服务新能源并网，拉萨华电林周县110kV、那曲市色尼区国能100MW风电110kV、山南市乃东区110kV和日喀则市萨嘎县35kV等9项新能源送出工程建成投运。推进新一轮电价政策调整，电价调整后西藏工商业丰枯、峰谷分时电价，居民阶梯电价初步实现与国家政策接轨。

信息化工作 全年未发生七级及以上信息系统及网络安全事件，信息系统运行率99.99%。落实安全管理强化年工作部署，组织开展公司网络安全到基层专项活动，累计覆盖人数1万余人次。推进RPA典型场景深化应用和国家电网区块链西藏从链等平台服务能力建设。组织拉萨、山南供电公司开展2023年数字化示范任务的建设，完成自评估和总结，探索打造基层数字化转型西藏样板。构建数据质量管理体系，强化数据刚性管理。构建“业务+数据+技术”的横向协同业务部门、纵向贯穿三个层级的数据主人制体系，建设数据管理平台，打造“一屏观数+一平台管数”样板，实现数据全面感知、线上治数、集中应用。对外大数据应用取得新突破，3项产品落地政府侧应用，1项产品参展2023年藏博会；获国家电网公司领导批示2次，取得国家电网报、西藏日报等媒体报道10次。监测发现运营异动7775个，追补电量3744.6万kWh、电费2206.6万元。联合西藏自治区公安厅共同举办2023年自治区第四届“玄盾杯”网络安全技能大赛，为西藏自治区网络安全从业人员提供良好的交流平台。

工会工作　以“2+*M*+*N*”模式组织召开国网西藏电力四届四次职代会，替补更换职工代表15名，增补职工代表4名，更换和增补后，职工代表总数为183名，代表的广泛性得到充分体现。征集职工代表提案55件，经会议审议，确定立案5件、建议5件，按照职责分工，将10件提案分别转交相关部门办理。根据工作需要和岗位变动情况，对5个专门工作委员会成员进行调整。完成2022年董事长联络员及职工代表巡视调研中收集的意见建议的办理答复工作，组织开展2023年董事长联络员履职培训和巡视调研工作。深入开展大力弘扬劳模精神工匠精神集中宣传活动，全年新建4个西藏电力劳模工匠创新工作室。开办2023年“职工夜校”，全年共举办30期夜课堂。举办西藏自治区第四届“玄盾杯”网络安全技能竞赛和西藏自治区第一届多旋翼无人机作业职工技能竞赛。举办第四届供电“服务之星”劳动竞赛，5名选手参加国家电网公司“服务之星”劳动竞赛决赛，1名选手进入前80名。组织召开2023年班组建设工作会议，总结2022年班组建设工作完成情况，印发2023年班组建设7项重点工作任务。安排137.54万元为5家单位修建（缮）文体活动场所，对1家单位配置文体设施。常态化开展“三必贺三必访”慰问活动。完成5500多名职工疗休养。组织开展困难职工档案和补助申报。通过“职工互助”计划，为5名患大病职工发放19万元救助金。

党建工作　坚持把党的政治建设摆在首位，落实“第一议题”制度，及时跟进学习习近平总书记最新重要讲话和重要指示批示精神。牢牢把握主题教育的总要求和目标任务，统筹两批主题教育衔接联动，不断以新的思想和办法破解难题、推动发展，切实将主题教育成效转化为公司和电网高质量发展实效。党委示范带动各级党组织累计学习640场次，采取“集中学、分散学”双管齐下，“读书班、专题课”齐头并进，广大党员干部对伟大思想蕴含的真理力量、实践伟力有了更深切的感悟。各级班子发挥“关键少数”作用，坚持同题共答、问计于民，“四下基层”开展调研281次，转化运用成果106项，五年保供规划等一批重要举措相继出台。完成公司党委和97个党组织换届，发展党员297人。党风廉政建设纵深推进，办结问题线索52件，运用四种形态处理处分59人次。开展违规吃喝问题专项整治和警示教育活动，查处“四风”问题6件。完成6家二级单位党组织巡察工作。坚持正确选人用人导向，提拔交流三级领导人员27人，“80”后占比达到28.96%，队伍结构持续优化。点亮阿里纪录片在十余个国家播出，参加“2023·中国西藏发展论坛”，向全世界展示国家电网公司良好形象。

主要事件

9月6日下午，中共中央政治局委员、国务院副总理张国清在西藏自治区党委书记王君正，西藏自治区主席、党委副书记严金海，西藏自治区党委常委、常务副主席任维等陪同下赴国网西藏电力考察指导工作，高度肯定国家电网公司在服务西藏自治区经济社会发展过程中取得的突出成绩。

9月27日，随着500kV澜沧江5号主变压器启动投运，进入24h试运行，标志着川藏铁路昌都至林芝段施工供电工程全面建成投运。

11月14日，国网西藏电力完成首次高海拔配网不停电复杂作业，实现西藏地区配网不停电复杂作业历史“零突破”。

12月22日，随着那曲比如县白嘎乡欧泽村次仁央白家的智能电能表的采集上线，标志着西藏自治区全面实现智能电能表全覆盖。

12月25日，随着西藏昌都市洛隆县“德嘎拉观冰测风点”建成投运，标志着国网西藏电力完成藏电外送工程覆冰及大风观测研究基础设施一期建设任务。

（杨旭涛）

南　方　地　区

【国家能源局南方监管办】

基本情况　国家能源局南方监管局（简称南方能源监管局）于2013年12月20日挂牌成立，是国家能源局派驻南方区域的监管机构，依法履行对广东、广西、海南三省（区）电力等能源行业的监管和行政执法，以及电力安全监督管理职责，指导云南、贵州省能源监管业务，负责协调有关跨省、跨区能源监管业务。

领导班子

党组书记、局长：郑毅

党组成员、副局长：纪庆磊

党组成员、副局长：余保东

党组成员、纪检组长：孟旸

组织机构 设有综合处、市场监管处、行业监管处、电力安全监管处、资质管理处、稽查处、机关党委（机关纪委）办公室，同时在广西壮族自治区、海南省派驻监管业务办公室。

主要工作

1. 坚持先立后破，推动南方区域能源结构绿色低碳转型取得新成效

完整准确全面贯彻新发展理念，加快推动南方区域构建清洁低碳安全高效能源体系，南方区域能源结构绿色低碳转型取得新成效。一是扎实开展“十四五”能源规划目标任务实施情况2023年专项监管，有力推动能源规划政策落地；开展农网工程中央投资计划实施专项监管，推动提升中央资金使用效益。二是发挥市场化机制作用支持新业态发展，完善机制推动海风项目参与现货市场交易、新型储能参与现货和辅助服务市场结算试运行，新业态并网调度规则和参与市场机制逐步健全。三是加强清洁能源并网消纳监管，可再生能源利用率超99.9%；建立区域绿证核发数据校核机制，完成首批数据校核工作。四是以监管促进能源转型，定期发布通报引导火电企业不断提升节能减排水平，为53台机组办理延寿或退役，为6台升级改造机组办理许可变更。

2. 统筹发展与安全，促进南方能源安全保障体系进一步巩固

把能源安全保供作为能源监管的首要任务，采取“组合拳”有力保障区域能源供应，全年未出现拉闸限电、需求侧响应等情况；深化电力安全监管，有力保障系统安全稳定运行，全年电力安全生产事故起数、死亡人数实现双下降，为南方经济社会高质量发展提供坚强能源保障。一是发挥监管效能，全力保障能源平稳供应。建立“日监测、周会商、月分析”常态化能源保供监测预警工作机制，加强能源供需监测预警，向国家能源局及三省（区）政府提供决策参考并获肯定；加强能源供应保障，推动450万kW保供电源迎峰度夏前投运，强化电煤、天然气履约监管，协调督促广东、海南气电联动保障燃料供应；推进省市间电力互济，协调开展“点对网”“点对点”广西送海南保供电量超1.4亿kWh，通过跨省备用市场购入备用容量有效应对广东电力供需严峻形势。二是坚持预防为主，强化电力领域安全监管。聚焦健全体系，做实央地电力安全齐抓共管，联合地方电力主管部门会商风险隐患、现场督查、参与演练，推动地方落实属地监管职责。强化穿透式监管，对海南电网公司、大唐广东分公司两家单位开展贯穿所属二、三级企业电力安全监管，压实全链条责任。聚焦系统安全，强化区域电网安全风险联防联控，有效防范处置西电东送通道山火和外力破坏400余起；健全网络安全技术监督评价与责任落实报告监管体系，开展专项监管督促整改问题126项。聚焦本质安全，紧盯重点环节开展系列监管，督促排查整治隐患超16万项、督办消除重大隐患20项，推动提升行业本质安全水平；深化机组非停考核与技术监督评价，实现火电非停比例处于全国最低水平，相关做法入选全国电力可靠性管理典型案例。聚焦应急能力，印发坚强局部电网安全评估暂行办法，指导完成国内首次超大城市局部电网黑启动试验，为重点城市电力应急保障提供实践经验；高效防范应对2023年6个台风和30多轮强降雨影响，发布预警提醒80余条次，近673万受影响用户及时恢复用电。

3. 坚持协同融合，多层次统一电力市场体系逐步健全

推动全国统一电力市场体系建设，深化南方区域电力市场机制，系统推进市场建设与监管各项工作上新台阶。一是加快推进南方区域电力市场建设。按照“$1+N+5X$”架构，推动区域市场规则体系基本成型。首次实现覆盖南方五省区的区域现货市场结算试运行，广东电力现货市场转入正式运行。二是持续推动完善南方区域电力市场机制。优化中长期交易品种设置，首次采用分时段交易方式开展月度集中竞争交易，推动代理购电以月度为单位开展现货偏差结算；深化区域电力辅助服务市场，扩大省间竞争比例，并建立调频市场费用向用户侧疏导机制。三是精准开展市场秩序监管。专题开展调节性电源建设运营、调度业务和厂网电费结算、代理购电等监管，督促整改问题120余项；定期召开联席会协调解决厂网问题，促进市场规范有序发展，推动解决厂网问题93项。

4. 守牢为民初心，监管为民促进群众用能品质不断提升

落实监管为民理念，着力解决群众“急难愁盼”用能问题，提升群众用能品质，更好服务经济社会发展。一是强化“获得电力”服务监管。2023年“三零”“三省”办电政策服务用户162.5万户、节省用户投资157.99亿元。创新打造从化乡村电网跨行政区互通互保示范区，8项跨市跨区项目全部建成投产后将惠及中低压用户约5.8万户、节省投资和运维成本50%以上。开展频繁停电专项整治，联合云贵两办开展区域“获得电力”联合检查，突出城中村用电问题督导。发挥12398热线群众“连心桥”作用，加强工单现场督办，提升群众诉求处理质效，全年接收12398投诉举

报 772 件、查实 294 件，查处 1 起热线标识公开案件。二是做好企业许可服务。优化电力业务许可审核标准程序，全面推行告知承诺制，加强重大能源项目建设情况监管，有力释放经济发展动力；强化事中事后监管，完成许可条件保持专项整治，查处 19 家企业骗取许可行为；探索信用分级分类监管与信用风险防范转型，辖区电力企业信用水平居全国前列。三是守正创新加大执法力度。制定法制审核和行政处罚工作指引，创新建立行政执法操作票机制，持续提升执法效能；严肃查处了广东电网肇庆德庆供电局“三指定”等群众反映强烈案件。四是丰富监管手段提高监管质效。通过接入企业信息化系统、应用互联网工具等方式常态化开展远程非现场监管；引入第三方专业机构协助开展安全生产主体责任落实评估、技术监督评价、市场监测评估等工作，广纳专业资源助力监管效能提升；探索大数据分析在投诉举报处理、市场动态监测、发电机组可靠性管理等方面的应用，把准苗头性、倾向性问题，强化监管针对性、有效性。

（李　智）

【国家能源局云南监管办公室】

基本情况　国家能源局云南监管办公室（简称云南能源监管办）是国家能源局在云南设立的派出机构。2003 年，成立国家电力监管委员会，为国务院直属事业单位，在华北等 6 个区域设立建管局，在云南等 12 个省设立电力监管专员办公室。

2013 年 3 月，十二届全国人大一次会议通过了国务院机构改革和职能转变方案，原国家电力监管委员会和国家能源局进行撤并，重新组建国家能源局。包括原云南电监办在内的 18 个原国家电监会派出机构，划归国家能源局实行垂直管理。2013 年 10 月单位名称变更为国家能源局云南监管办公室。

主要职责：国家能源局云南监管办公室是国家能源局派驻云南的正厅级行政机构，代表国家能源局履行中央监管事权，履行法律法规授权职责以及国家能源局交办事项，负责云南省内电力等能源的监督管理和行政执法工作。

领导班子

党组书记、监管专员：郝瑞锋

党组成员、监管副专员：高进

党组成员：邵先海

组织机构　国家能源局云南监管办公室内设综合处、市场监管处、行业监管处、电力安全监管处、资质管理处、稽查处等六处室。

主要工作

1. 云南电力总体形势

截至 2023 年 12 月底，云南省全口径装机容量 13161.42 万 kW，其中水电 8143.04 万 kW、火电 1415.84 万 kW、风电 1530.60 万 kW、太阳能 2071.74 万 kW、其他 0.20 万 kW。

2023 年，云南省实现了能源保供和经济增长“双保双赢”。发电方面，全省累计完成发电量 4150.72 亿 kWh，同比增长 3.53%；用电方面，受经济持续恢复发展及新增用电负荷的明显拉动，全社会用电量 2512.46 亿 kWh，同比增长 5.14%；西电东送方面，云南省西电东送电量完成 1344.98 亿 kWh，同比降低 6.37%。在电力供应紧张的形势下，市场运行总体平稳。

2. 2023 年能源监管工作情况

（1）强化党建引领，推进主题教育走深走实。一是强化政治机关意识，走好“第一方阵”，严格落实“第一议题”制度，忠诚拥护“两个确立”，坚决做到“两个维护”。修订完善落实全面从严治党主体责任清单，细化一把手监督举措 33 项。二是坚持理论学习、调查研究、推动发展、检视整改一体推进主题教育，依托“五学”模式组织学习 50 余次。办党组成员每人牵头 2 项调研任务，赴基层调研 49 次，建立调研成果转化运用清单，不断提升调研成果转化效果。三是扎实开展整治整改工作和廉政建设。扎实推进干部教育整顿、巡视整改“回头看”问题整改等各项工作，严格落实廉政回访制度。四是深入开展清廉机关建设“七大行动”，抓实基层党建工作，3 个党支部通过规范化建设达标验收，1 个党支部获评省直机关“规范化建设示范党支部”，办机关党委被国家能源局评为先进基层党组织。

（2）扛牢压实责任，能源安全保供监管取得新成效。一是深化保供“四项机制”。从云南实际出发，健全并持续深化组织保障、调研会商、跟踪督办、市场监管四项机制，高位推动，协同配合。二是强化监测预警。每日跟踪来水及水电蓄能、火电存煤、机组出力、非计划停运、负荷管理等保供关键数据，密切跟踪中长协履约情况，持续开展供需监测预警，及时研判分析供需潜在性、苗头性问题，督促能源企业扛牢压实能源保供主体责任。三是充分发挥火电兜底保障作用。持续加大电煤中长协履约监管力度，电煤中长协履约创历史新高。强化非计划停运 2 倍考核，制定非停考核费用差异化返还机制，全省火电机组实现 100%开机，利用小时数达到近 10 年来最好水平。四是积极协调区域支持。优化西电东送，提升能源保供韧性。

（3）坚持人民至上，民生用能服务监管取得新进展。一是不断提升“获得电力”服务水平。自实施投资界面延伸以来，累计为用户节省投资 51.66 亿元，全省供电可靠率上升至 99.88%，综合电压合格率上升至 99.763%。用户平均停电时间（2022 年同期 10.13h/

户）降至 10.11h/户。推动完成云南农垦电力股权转让，实现大电网联通西双版纳边疆少数民族地区。二是深入推进频繁停电专项整治工作。建立“三张问题清单”实施重点跟踪督办。解决了华坪张桂梅女子高中及 23.04 万户群众频繁停电问题，涉及线路总长度 5005km，台区 663 个。三是充分发挥 12398 热线作用。探索建立“1123”监管服务新模式，累计收到投诉举报 278 件，下发稽查函询 265 件，办结 278 件，对 12 家供电企业相关负责人监管约谈。

（4）坚持守正创新，电力市场化改革实现新突破。一是及时解决市场运行中的相关问题，持续优化燃煤发电市场交易机制。二是充分发挥电力中长期交易“压舱石”作用，2023 年省内市场共成交电量 1850.29 亿 kWh，同比增加 9.01%，有力保障电力可靠供应。三是修编《调频辅助服务市场运营规则》，完善新型储能、可调节负荷等第三方调节资源参与市场机制。四是建立燃煤机组非停考核费用差异化返还机制，规范风险预警发布、旋转备用补偿和深度调峰补偿管理，优化调整风光新能源考核机制，有效维护市场主体利益。五是审定出台省内 4 个配套实施细则、6 个管理办法、1 个结算试运行方案，开展课题研究，推动完善相关衔接机制。六是推进保山电力公司拖欠电费问题整改取得积极成效，处理新建机组调试运行期差额资金，推动电力领域综合监管问题整改，持续规范云南电力市场秩序。

（5）坚持系统统筹，提升监管效能展现新作为。一是开展上下联动、交叉互动、横向协同的多维度立体监管。“上下联动＋优势互补”挖潜增效，开展供电可靠率、综合电压合格率现场核查。“内外统筹＋区域联动”统筹力量，积极选派业务骨干参与电力领域综合监管，就“获得电力”优质服务、电力二次系统安全开展交叉检查。开展资质许可告知承诺制履行情况交叉检查。赴油气管网互联互通重点项目广西 LNG 外输管道复线（百色—文山）工程开展现场监管。二是当好能源“警察”，严厉打击违法违规行为。2023 年立案数量、处罚金额均创云南办历史新高。在以案促监，以案促提的基础上，综合运用监管约谈、责令整改、通报批评等多种方式督促相关单位以点带面推动整体提升，做到“处罚一个、教育一片、规范全域”。三是加强防范和打击“三指定”行为，积极推进电网和油气管网设施公平开放监管，加强市场秩序监管。四是配合实施“十四五”能源规划中期评估，加强能源规划重大项目工程监管。积极推进绿色低碳转型，推动云南省出台新能源价格政策，新能源并网投产是 2022 年全年投产量的 8.5 倍，新能源已超越煤电成为全省第二大电源。

（6）强化许可监管，持续规范电力市场准入秩序。坚持以人民为中心的许可服务理念，在“发好证、管好证、用好证”上协同发力，深化告知承诺制履行情况信用专项监管、许可条件保持专项清理、超时限专项整治工作“三大专项行动”成果转化应用。一是靠前做好许可服务，全年共办理行政许可申请 622 项，新增电力持证企业 371 家，许可装机容量 1080.84 万 kW，直接稳定就业人员近 6000 人。二是着力优化服务，自开展专项整治工作以来，未出现许可超时限情况，其中电力业务许可平均办理时长 1.39 天，承装（修、试）电力设施许可平均办理时长 2.26 天，比国家规定时限压减。三是敢于执法亮剑，全年共移交立案市场主体 25 家，事中事后核查注销持证企业 21 家、核定降低许可证等级 3 家，切实规范电力行业秩序。

（7）担当作为，助力乡村振兴。2023 年，云南能源监管办选优配强驻村第一书记，在清水县白驼村驻村干部挂职期限未满之前，积极选派优秀党员干部赴通渭县孟河村驻村帮扶，突出党建引领、结对共建，积极落实、争取资金，做大能源、做强产业、做优治理，带动 48 名群众就业、千亩土地效益提升，增加当地收入 80 余万元。指导帮助驻孟河村第一书记立足新阶段，谋划未来产业发展。协调推动价值 70 余万元的分布式光伏充电一体化停车棚资产捐赠孟河村。云南能源监管办全年完成直接购买帮扶产品 7148.76 元，帮助销售帮扶产品 35431.45 元。捐资助学 28 人，为低收入家庭学子排忧解难，为当地教育发展贡献一份力量。

（祝　寅）

【国家能源局贵州监管办公室】

基本情况　国家能源局贵州监管办公室（简称贵州能源监管办）是国家能源局在贵州设立的派出机构。2013 年 11 月 21 日单位名称由国家电力监管委员会贵州省电力监管专员办公室变更为国家能源局贵州监管办公室。

主要职责：监管电力市场运行，规范电力市场秩序；监管电网和油气管网设施的公平开放；监管电力调度交易，监督电力普遍服务政策的实施；负责电力等能源行政执法工作，依法查处有关违法违规行为，监督检查有关电价；负责除核安全外的电力运行安全、电力建设工程施工安全、工程质量安全的监督管理以及电力应急和可靠性管理，依法组织或参与电力事故调查处理；负责组织实施电力业务许可以及依法设定的其他行政许可；负责法律法规授权以及国家能源局下达或交办的有关事项监管。

领导班子

党组书记、专员：任育之（至 2024 年 4 月）

党组成员、副专员：刘畅

党组成员：杨新红

组织机构 贵州能源监管办内设综合处、市场监管处、行业监管处、电力安全监管处、资质管理处、稽查处六个职能处室。

主要工作

1. 电力安全监管

2023 年，贵州能源监管办认真贯彻落实习近平总书记安全生产重要论述和指示批示精神，强化电力安全监管，全年未发生较大以上人身伤亡事故、未发生电力安全事故、未发生水电站大坝垮坝漫坝事故，电力安全生产形势持续稳定。组织召开 2023 年度贵州电力安全监管工作会议暨贵州省电力安委会全体会议。会同省能源局联合印发工作方案，深入推进贵州电力安全重大风险隐患排查整治 2023 行动。组织安全培训近千人次，覆盖市县能源主管部门一线人员。压紧压实企业安全生产主体责任，组织开展 2023 年贵州光伏电站消防应急演练，公布 333 家新能源场站安全生产责任人名单。组织开展水电站大坝安全提升专项行动，配合省安委办出台加强水电站发电放水管理文件。组织开展电力二次系统安全监管，常态化开展电力建设工程“打非治违”，切实强化电力建设施工安全管控。从严从实开展电力安全监管执法，立案 6 起，处罚金额 107 万元。

2. 电力市场监管

2023 年，贵州能源监管办发挥电力市场化机制作用。坚持把做好能源保供作为首要职责，聚焦贵州近年来迎峰度冬电力供应偏紧难题，推动“以煤换水、存水度冬”综合保供措施，有效稳住贵州电力保供的基本盘。加强电力供需监测，向国家发展改革委、能源局报送迎峰度冬、迎峰度夏周报专刊、日报、供应专报近 150 期。加强年度交易方案审核，夯实中长期“压舱石”作用，组织市场主体高比例签订年度电力中长期合同。首次开展周交易并连续开市，中长期市场建设取得新突破。充分发挥市场监管利剑作用，首次对电网企业、调度和交易机构开展电力市场领域综合监管。修订完善调峰辅助服务规则，启动新增爬坡、转动惯量辅助服务品种市场建设可行性研究。审定南方区域电力市场下信息披露等多个实施细则，推动贵州率先参与区域电力市场结算试运行。

3. 行业监管

2023 年，贵州能源监管办统筹推进国家能源规划和政策落实情况监管，切实服务贵州经济社会高质量发展。紧盯“双碳”目标任务，深入开展国家“十四五”能源规划目标任务实施情况、农村电网巩固提升工程、煤电规划建设改造升级专项监管，加强贵州“十四五”煤电建设指标落实情况和“十四五”可再生能源规划实施情况监管。建立煤电、抽水蓄能等 44 个重点能源项目进度台账，压紧压实项目业主主体责任，协调推动贵州 2 个 150 万 kW 抽水蓄能项目和 10 个 500kV 电网项目及 2 个“十四五”纳规煤电项目开工建设，协调推动建成投运 195 万 kW 电化学储能基地。通过召开监管工作会、现场检查等方式，督导黔南、毕节 2 个大型风电光伏基地建设快速推进。强化油气管网公平开放监管，积极协调各方力量，推动贵州福泉至瓮安输气管道与国家管网中缅管道福泉支线实现互联互通。

4. 电力稽查和供电监管

2023 年，贵州能源监管办全方位加大行政执法力度，擦亮监管品牌，树立监管权威。2023 年国家能源局 12398 能源监管热线中心下派工单 932 件，全部工单均按时办结并得到有效处理。及时向贵州电网公司下发整改意见书，督促贵州电网公司增加投资 34.16 亿元。加大行政处罚工作力度，办理行政处罚案件 14 起，处罚金额 242 万元，同比增长 6.4%。建立贵州提升“获得电力”服务水平长效机制，2023 年业扩服务时限达标率 99.5%，互联网办电比例 99.76%，为用户节省办电成本 9.49 亿元。开展贵州频繁停电专项整治并形成整治长效机制，督促电网企业投资 1.5 亿元完成毕节大方黄泥塘镇独立供电区升级改造，提升 11877 户群众用电质量。贵州电网自愈率提升至 51%，停电 5～10 次线路同比下降 43.91%，停电 11～20 次线路同比下降 84.1%；10kV 单电源线路同比减少 1244 条，可转供电率同比提升 6.27%。凯里剑河、毕节大方重点整治案例入选国家能源局频繁停电整治成效宣传画册。

5. 电力业务许可监管

2023 年，贵州能源监管办推进信用体系建设，提升电力业务资质许可管理效能。深入推进资质许可告知承诺制，优化办事流程，办理资质许可业务 390 件。召开民营承装（修、试）电力设施企业座谈会，及时回应企业诉求。稳妥推进贵州增量配电改革，依法准予一家企业电类电力业务许可，持证企业达到 5 家。实施信用等级差异化分类监管，及时进行失信提醒和诚信教育，归集 13 家行政处罚企业失信信息，指导 11 家失信企业完成信用修复。强化许可制度执行和行政执法，规范市场行为，对 6 家虚假承诺等违法违规企业立案查处。

【广东电网有限责任公司】

企业概况 广东电网有限责任公司（简称广东电网公司）是南方电网公司的全资子公司，前身为广东省广电集团有限公司，2005 年 3 月 31 日更名为广东电网公司，2014 年 6 月 4 日更名为广东电网有限责任公司。2012 年 1 月 1 日，下辖的广州、深圳供电局分立，由南方电网公司直管。2020 年 1 月 1 日起，广州供电局正式按广东电网的分公司体制运作。公司注册资本668.38亿元。

广东电网公司是统一管理广东电网（深圳市的电网和业务除外）的企业法人。本部设办公室等20个职能部门，直接管理全省20个地市供电局，以及电力调度控制、电网规划、信息、通信、基建、科研、培训、新兴业务等多家中心机构和直属单位。公司共有员工9.89万人，供电客户数4946.9925万户。

广东电网公司秉持“人民电业为人民”的企业宗旨，立足“国家队地位、平台型企业、价值链整合者”的企业定位，全面完成创建全国最好世界一流省网企业目标任务，连续15年获得广东省地方政府公共服务评价排名第一，电网连续安全运行突破28年。

2023年，广东电网直流背靠背广州工程（大湾区中通道直流背靠背工程）、佛山500kV凤城变电站工程获中国电力建设企业协会2023年度输变电工程绿色建造三星级示范工程（最高等级）。广东电网公司下属能源发展公司、南网科技公司获评国务院国资委“双百”“科改”企业“标杆”。广东电网公司佛山高明全域数字化智慧能源示范区、东莞松山湖智慧能源生态系统建设区2项新型电力系统示范区建设成果获第十一届金桥奖优秀项目奖。广东电网公司广州供电局获中国检验认证集团ISO56002创新管理体系证书。

领导班子

1. 党委会

书记：廖建平（至2023年12月）、刘巍（自2023年12月）

副书记：黄蔚亮、齐文京（至2023年8月）

纪委书记：杨恒

委员：张昆、程其云（自2023年7月）、杨恒、李铭钧、王昌照（至2023年4月）、王永斌（自2023年7月）、阮绵晖

2. 董事会

董事长：廖建平（至2023年12月）、刘巍（自2023年12月）

董事：黄蔚亮、罗辑、陈雄一（至2023年4月）、胡子珩（至2023年6月）、龚建平、叶雄（自2023年11月）、徐兵

职工董事：齐文京（至2023年11月）

3. 监事会

主席：孙世奇

监事：林辉（至2023年8月）、程俊春（自2023年9月）

职工监事：梁敏杰

4. 经理层

总经理：黄蔚亮

副总经理：张昆、程其云（自2023年4月）、李铭钧、王昌照（至2023年4月）、阮绵晖

总会计师：王永斌

组织机构 2023年，广东电网公司组织机构调整情况如下：2月，成立广东电网公司企业架构与数字化部，同步撤销原数字化部。3月，成立广东电网公司小型基建业主项目部，挂靠基建部运作，同时撤销原生产调度中心业主项目部。5月，广东电网公司工会办公室增挂“职工权益维护部”牌子。6月，成立广东电网公司营销稽查中心，挂靠市场营销部运作。7月，广东电网公司纪委监督执纪组更名为广东电网公司监督执纪中心。10月，广东电网公司战略规划部（乡村振兴工作领导小组办公室）、安全监管部（应急指挥中心）更名为战略规划部、安全监管部（应急管理部）。

电网概况 截至2023年底，广东电网已累计对澳供电705.4亿kWh，2023年全年对澳供电53.27亿kWh，占澳门用电量的90%。截至2023年12月31日，共投产35kV及以上输电线路99948.8km（含电缆），变电站2883座，主变压器6510台，变电容量60466万kVA。2023年，广东省全社会用电量8502.47亿kWh，同比增长8.03%。广东电网已形成基于500kV湾区外环的东西部柔性互联网架结构，通过“八交十直”高压输电线路与中西部电网联网；通过500kV闽粤联网工程与福建电网异步互联；通过2回500kV海底电缆与海南电网相联；通过4回400kV线路与香港中华电力系统联网；通过8回220kV线路和4回110kV线路向澳门地区供电。

电网发展

1. 电网规划

推进重点网架规划落地。投产大湾区中、南通道直流背靠背工程、500kV外环中段工程东段、西段等18项广东目标网架关键工程，广东电网基本具备“四分区”运行条件，广东电网东西电力互济交换能力由原400万kW稳定提升至1000万kW。争取国家能源局支持，推动完成海上风电柔直输电、满足负荷增长、满足电源接入、促进清洁能源消纳、网架完善等6类共46项500kV工程纳入国家“十四五”电力规划。

组织地市供电局调整供电分区划分，完成配电网规划技术指导原则本地化修编，明确不同地区规划建设标准和目标。完成“十四五”配电网规划中期修编，按照“多布点、增裕度、强网架”的总体思路，以高压站点主变压器“$N-1$”通过率等关键指标为引领加快变电站布点建设，推动高中压配电网协同规划，持续提升网架水平和供电能力。

通过省、市重大项目并联审批专班工作机制，加快推进新增2518万kW清洁煤电配套送出工程年内各

项前期工作任务，高质量完成陆丰甲湖湾二期、粤东大埔电厂二期、国能清远电厂二期、华润海丰电厂二期、茂名博贺电厂二期、华厦阳西电厂二期、国粤韶关电厂二期、茂湛网架完善和云城输变电等9项工程核准工作。取得500kV粤西网架优化二期工程、珠西南点对网送电通道改造工程核准批复以及五江双线增容、沙狮线增容改造工程可研批复。

2. 主配网建设

全年电网建设各项指标完成情况良好，完成电网建设投资515亿元，投资计划完成率100.04%。建成投产35kV及以上工程项目227项，新增输电线路5798.34km，变压器容量2638.83万kVA。建成投产20kV及以下配网项目18680项，新增配电容量467.91万kVA，线路9719km。建成广东电网目标网架工程，从根本上解决长期影响电网运行的短路电流超标、交直流相互影响、大面积停电风险三大问题。建成投产东莞洪梅电厂、清远国华电厂等14项骨干电源配套送出工程。提前投产500kV穗水甲乙线迁改任务，获广东省委、省人民政府批示肯定。

建立配网工程管理数字化评价体系，实现项目全过程透明化管理。打造基建配网工程快速敏捷建设机制，差异化管控项目工期，实现项目全年均衡投产。建成配电智能台区25484个，智能传感终端上线超20万个，网关在线率92%。基本建成3个新型城镇化示范区与2个现代化农村电网示范区。建成南方电网公司范围内首座风光储充一站式零碳配电房，并制定首份零碳配电房技术标准。

3. 基建安全

在南方电网公司范围内首创基建安全管理量化评价体系，20项安全评价指标直接来源于信息系统，每月以“亮灯”方式对各单位基建安全状态进行预警和通报，推动人身风险立体化、源头化、透明化管控。印发广东电网公司《基建施工作业风险管控业务指导书》《基建工程安全隐患排查治理管理工作指引》，完善基建风险“评、管、督”标准，对33种重大风险作业严格制定专项方案。组建省地两级共21个第三方安全督查团队，整合资源向建设任务重、人员紧缺、管理薄弱的单位倾斜，针对危大工程、中高风险作业开展专项督查。全年通报32家重载承包商并将结果纳入招标采购，源头遏制转分包。

4. 工程质量管理

2023年，粤港澳大湾区直流背靠背工程获广东电网公司范围内首个国家优质工程金奖，全年另获国家优质工程奖1项、中国安装之星7项、11项基建QC成果获国际“质量奥林匹克”金奖。配合南方电网公司编制主网线路工程标准设计V3.0，全面推进智能变电站标准设计V3.0与数字配电V3.0应用，新建变电站工程标准设计V3.0全覆盖应用，配网标准设计使用率与标准件应用率均达100%。建立质量管理量化评价体系，线上监控全省基建项目WHS质量控制情况、履职到位及问题闭环情况。2023年110kV及以上变电站及输电线路建成投运情况见下表。

2023年110kV及以上变电站及输电线路建成投运情况

电压等级	变电站座数	变压器容量（MVA）	架空线路条数	线路长度（km）
220kV	23	9880	174	1635.498
110kV	72	8370	303	1367.4938

5. 乡村振兴

印发广东电网公司《融入和服务“百县千镇万村高质量发展”行动方案》，从加强电网建设、推进绿色低碳转型、优化用电营商环境、提升居民用电质量、强化人才队伍建设等方面形成20项重点任务举措，全面推动县域电力基础设施提档升级。确立标准化台区规划建设思路及指引，匹配远期发展需求适度提高建设标准，实现“多布点、短半径”，保障户均配变容量指标达标，有效解决台区供电质量问题。

6. 绿色发展

2023年，广东电网新能源新增并网1257万kW，累计并网容量达4534万kW，占各类型装机总容量约25%。全年累计消纳西电电量1785kWh，实现西电电量全额消纳。完成电能替代电量325.26亿kWh，推进投产可量化电能替代项目6933个，完成替代电量44.44亿kWh。全年累计完成节约电量17.85亿kWh，完成节约电力46.14万kW，超额完成年度目标任务。

电网运行与安全生产 2023年，广东电网主网频率、电压合格率指标保持100%，未发生误调度、误操作等有人员责任事件，未发生三级及以上网络与信息安全事件。主网月度停电计划执行率99.96%，主网临时停运率0.81%，综合负荷预测准确率97.75%，故障快速切除率100%，安自装置正确动作率100%，220kV及以上保护正确动作率99.94%，调度自动化主站系统未发生失灵，生产实时控制业务通信通道零中断。全年保障消纳西电1587亿kWh，可再生能源发电利用率99.85%。截至2023年12月31日，广东电网已连续安全稳定运行10242天。

2023年，广东电网全年统调最高负荷14473万kW，较2022年同期最高负荷增长2.11%。

1. 主网运行

印发南方电网公司范围内首份《调控一体化目标模式建设工作指引》，推动超850座变电站按照调控一体化目标模式运作。率先实现变电站以调控一体化目标模式启动，以一键顺控模式启动变电站14座，变电站启动效率提升60%以上。

2. 配网运行

建成南方电网公司范围内首个配调数字化巡检功能。实现调度端自动监视、配电自动化终端异常自动识别，有效解决配调无法全量监视和及时发现设备异常的难题。建成南方电网公司范围内首个配网故障抢修上报移动应用功能，配网抢修业务从电话端“串行”转至线上“并行”开展，解决配网抢修场景中配调受理业务扎堆问题，支撑应急抢修高效开展。

3. 电网风险防控

完成11个稳控系统52个厂站稳控装置的新建或改造工作，形成东西互联的罗洞、横沥双主站运行模式，构建了基于目标网架“四分区”的稳控系统新格局，在南方电网公司范围内率先实现了常规直流、柔性直流与传统电源、抽水蓄能、负荷控制措施等协同控制的新模式。在南方电网公司范围内率先成立省级电网风控办，完成全国首例超大型城市坚强局部电网“黑启动”全过程实战试验，完成南方电网公司范围内首次极端风险防控综合演练，获国家能源局高度评价，推动广东备用应急指挥中心建设进入议程。

4. 安全管理

全面深化安全生产风险管理体系建设，强化过程监测、风险预控的工具方法，对305项指标、事项、问题进行全面梳理，推动体系在各层级应用。印发南方电网公司范围内首个安监领域“科技保安”规划文件，梳理“科技保安”项目198个，纳入规划方案98个。打造“监督、安风、应急、文化”四个数字化平台，受到南方电网公司高度认可。截至2023年底，创建广州供电局、惠州惠阳供电局、茂名化州供电局等13家直属单位为全国安全文化示范企业。

5. 生产设备管理

探索研发绿色新型环保设备，完成交联聚乙烯电缆绝缘料和屏蔽料国产化试点建设，联合研发10、35、110kV聚丙烯电缆，全国率先开展“一条龙”示范应用，获国家工信部认可。全力推进配网无人机实用化应用。优化全省配电机巡组织模式，累计发布配电机巡标准15项，优化年度配电机巡策略，开展算法技术创新，持续推进配网机巡实用化。高质量完成国家能源局4项专题研究，供电可靠性评价方法等广东经验上升为行业标准。完成1846项问题治理（含全部重点督办问题37项），频繁停电用户降幅超过40%，汕头、茂名优秀案例入选国家能源局主题教育刊物。

6. 应急与保供电

印发广东电网公司《应急管理体系和能力提升三年行动计划》，建立快速启动、多部门联动、多风险联防的应急响应机制，成功应对年初冰灾、年中高温灾害及“泰利”“杜苏芮”等6轮台风及强降雨袭击，大力支援深圳供电局开展抢修工作。全国首个“国家级电力应急研究中心”挂牌运作，完成国家能源局《国家电力应急救援队伍和应急装备征集调用机制研究》项目，完成7项科技项目，取得创新成果37项，累计申请专利59项，发表论文11篇，全面支撑服务电力行业。

电力市场与营销服务

1. 电力供应

2023年，广东电网公司售电量7354.38亿kWh，同比增长7.71%，其中，网内售电量6472.40亿kWh，同比增长7.79%。西电东送电量1784.8亿kWh。

首次与福建、上海建立电力电量互送机制，在5月广东供应紧张期间，促成了福建按闽粤联网最大通道能力100万kW支援广东，进一步保障了广东电力可靠供应，截至2023年12月，闽粤累计互送电量42.6亿kWh。广东省地两级电力负荷管理中心挂牌成立，首创电网代建模式和灵活避峰需求响应机制，在南方电网公司范围内率先上线新型电力负荷管理系统，接入可控负荷规模1211万kW，占最大负荷的9.8%，储备能力居南方电网公司范围之首。

2. 电力市场交易

持续完善市场关键机制，保障广东电力现货市场连续结算运行超两年，形成“竞争充分、开放有序、健康发展”的市场体系，12月28日，广东电力现货市场转入正式运行。配合广东省人民政府编制《广东省新型储能参与电力市场交易实施方案》，印发《广东省独立储能参与电能量市场交易细则（试行）》，打造涵盖“中长期+现货+辅助服务”完整的独立储能交易体系，促成梅州五华宝湖储能电站参加现货市场交易，标志着我国独立储能首次以“报量报价”的新方式进入电力现货市场，开创了独立储能价格机制和商业模式新路径。首次在广交会设立绿电绿证交易服务展位、积极促成第134届广交会首次实现100%绿电供应。2023年广东省绿电市场成交规模达到39.68亿kWh，是2022年的2.6倍。

3. 客户服务及优化营商环境

“四办”服务举措深入推广，“一地区一特色”用电营商环境服务举措日趋完善，韶关、佛山、东莞供电局精准破解充电桩进小区难题，珠海供电局大力开展横琴用电管理模式创新。压实以95598诉求为重点的客户问题解决机制，强化客户服务风险预警，细化客户诉求“日监控，周通报、月分析”，提前暴露、管控风险。提升“南网在线”服务体验，注册用户达到3378万，绑定用户达到1882万，互联网业务比例达到99.8%。强化应急资源跨域协同，保障话务应急时可有序调度40位座席上线支撑外溢话务。2023年，广东电网公司第三方客户满意度得88分，连续十五年在地方公共服务评价中名列第一。

4. 营销基础管理

在南方电网公司范围内率先推行计量设备“远程核验+状态检验”模式，推广应用互感器在线监测装置。实现计量物资直配到所全覆盖，建立基于需求主动响应的“专车+快递”直配物流模式，配送周期缩短至7天内。实现用户电费转账白名单管理，及时协调银行机构妥善处理系统漏洞，从源头完善电费反诈管控。

5. 需求侧安全管理

加强工作协同，完成汛期重要客户、停电敏感客户供电服务保障，开展相关供电设备的特巡特维。灾害预警及响应期间不安排相关供电线路的计划检修，全力确保了重要客户、重点关注客户、停电敏感客户汛期防洪排涝设施用电安全。严格按照广东电网公司《用电检查实施细则》相关要求开展用户故障出门防控工作，开展日常用电安全检查，落实问题整改及跟踪机制。

6. 涉电公共安全

加强汛期客户用电安全管理，全面做好汛期客户用电安全风险防控，防范社会人员触电，全面夯实2023年营销领域防灾抗灾工作基础。累计开展客户用电安全检查72.9万户次，发现并整改安全隐患7.27万项。检查公共场所计量装置616万余只，发现并整改安全隐患26419项。配合政府完成易涝公共场所涉电安全隐患排查18251户次，检查发现并督促整改涉电安全隐患806项。配合政府完成人员密集场所、用电秩序较差地区用电安全专项检查，检查发现并督促整改用电安全隐患1693个。

新兴业务发展 子公司治理结构和治理机制进一步健全，多元股东治理模式成熟运转。修编大集体企业内控管理手册，落实85项风险应对举措。推动深改后企业财务、法律集约化管理，实现依法合规经营。建立省地及企业层级经营监控分析机制，及时发现经营风险问题并纠偏。强化经营风险防控，深入开展违规担保、虚假贸易专项排查。突出战略和效益导向，一企一策实施分类考核。广东电网公司下属南网科技公司构建市场化岗位体系，拓展专业技术人员发展通道，启动覆盖更大范围的股权激励计划。广东电网公司下属能源投资公司推行项目跟投、风险抵押等中长期激励机制，覆盖核心骨干员工72%。

科技创新与数字化

1. 科技创新

2023年，广东电网公司创新项目经费投入16.9亿元，新增牵头承接2项国家重点研发计划项目，新增授权发明专利2692件，获得国家级赛马争先创新平台3个，获得国务院国资委未来产业创新任务4项。修编广东电网公司《科技成果孵化工作指引》，实现成果转化效率与转化收入同步快速提升，2023年累计成果转化收入同比增长28%。推动新型储能价值链和产业链整合，成功申报国家地方共建新型储能制造业创新中心，建立广东省智能电网新技术企业重点实验室及电力机器人联合实验室。

2. 数字化建设

挂牌运作人工智能创新中心和样本标注作业基地，完成11个人工智能场景建设，推动安监、机巡等典型场景人工替代率显著提升。上线跨境版CRM系统，服务横琴粤澳深度合作区建设。发挥电力数据要素价值，“电力看经济”和“电力看制造”两个数据产品在广州交易所发布。《政企数据资产融合应用案例集》和《电力数据开放目录》两个重要成果在数据要素流通全国行启动大会上发布。广东电网公司申报国务院国资委国有企业数字化转型试点企业，全国首批通过工信部数字化转型贯标，成为全国唯一率先通过DCMM五级贯标的省级单位。

经营管理

1. 深化改革

创新“改制确权与股权多元化同步进行”方法，与属地政府、国企反复洽谈超2000次，攻克价格差异大、决策流程长等重难点问题，6个月完成6家厂办大集体改制确权和20家平台公司股权多元化，261家企业纳入国务院国资委监管体系，大集体企业深化改革全面完成，彻底解决大集体企业产权不清、责任不明等历史遗留问题，获国务院国资委高度肯定。

广东电网公司下属能源发展公司、南网科技公司获国务院国资委“双百”“科改”企业专项考核最高“标杆”评级。南网科技公司连续三年获国务院国资委“双A”评级，成为广东电网公司首家创建世界一流示范企业，荣获2023年中国上市公司“金牛科创奖”，入选上证科创100、中证500、上证380指数。全力支撑南方区域市场建设，研究两级市场衔接机制，推动区域现货开展首次结算试运行。推动广东电力市场建设取得重要进展，实现广东电力现货市场全国首批转入正式运行。

2. 企业治理与法规建设

构建以“要素完备、设计科学、内容合规、纵横协同”四大维度的制度设计评价模型，实现对广东电网公司372份制度量化评价，系统提升制度建设质量。开展制度管理数字化平台建设，推进制度管理模块优化升级。编制广东电网公司《流程关键风险库》，制定

2137 项风险控制措施。聚焦规划建设、市场营销领域，出台 24 项行政处罚管控措施和 119 项负面清单，守住合规经营底线。

3. 办公行政

广东电网公司本部和下属 23 家试点单位完成南方电网公司集团数字档案馆建设任务，室存档案数字化率从 2022 年平均 43%提升至 70%以上。

4. 人力资源

广东电网公司“1433”干部管理体系入选中国企业高管培训发展联盟建设世界一流企业“十佳百优”案例，并获得广东省企业管理现代化创新成果二等奖。健全省、区域、地市三级人才流动机制，推动各级人才市场常态化运作，累计完成超过 2000 个岗位的公开选聘。

5. 计划财务

全国央企首次实现会计档案电子化单套管理，在全国无经验遵循、无先例借鉴的情况下，攻坚一年，完成 1303 个功能开发，实现“五个全国首创”，顺利通过国家级权威专家验收，获得国家财政部、广东省财政厅、广东省档案局的肯定，经验获《广东财会》刊发。

6. 供应链服务

全面建立“区域仓储备为主、周转仓储备为辅”物资储备供应体系，现代物流体系全部线上运作，区域仓集中储备物资品类数同比提升 121%，平均库存下降率 37.65%，常规储备物资周转率达 2188%。

监督执纪

1. 审计监督及整改

建立健全审计整改制度机制，印发广东电网公司《审计整改到位标准》，全年完成 5280 个问题整改，到期整改完成率 100%。运用负面清单治理“屡审屡犯”问题，在南方电网公司审计整改中实现“零扣分”。

2. 纪检监察

聚焦维护党中央集中统一领导，有序推进政治监督，确保习近平总书记重要指示批示精神贯彻到底。围绕保障电力供应、全面深化改革、加强科技创新等重点任务精准监督。加强纪检业务信息化建设，持续完善智慧监督系统功能，精准聚焦分析异常数据。持续保持反腐高压态势，紧盯重点领域、关键环节，严肃查处损害群众利益的腐败问题。落实中央八项规定精神，落实重大节假日监督、提醒、查处、问责、曝光工作机制。

3. 巡视巡察及整改

不断加强“一把手”监督，创新建立“十必谈、十必查”工作机制，探索开展“一把手”家访、到访、查访、走访四类不同情形“到场”关怀监督。建立健全巡审信息共享、现场会商、协作核查、成果共用等工作机制，持续深化巡审联动。将广州供电局打造为南方电网公司范围内首个常态化设置 4 支巡察组的三级单位。

党的建设

1. 政治建设

将党的二十大精神作为学习核心内容，详细制定“办实事、解民忧”项目清单 21 项，切实提升群众获得感。中央主题教育第五十一指导组评价广东电网公司“行动快、措施实、效果好，充分体现了高质量党建引领高质量发展”。

2. 组织建设

出台《基层党建质量提升三年行动方案》，以“健全全面从严治党体系”“深化全员党建责任制”“党建质量全面提升”为主题，制定 22 类任务并推动落实。基层党支部建设实践成果荣获广东电网公司管理创新成果一等奖。

3. 意识形态与宣传

全面建成融媒体运营中心，实现“一次采集、多种生成、多元传播”。在“一报一社一台”[1]上稿 116 条，2 名个人和 1 个团队获“感动南网”称号，成绩为南方电网公司范围内最佳。开展首届短视频策划创作大赛。承办南方电网公司社会责任日（国企开放日）活动，高质量发布社会责任报告，连续第四年获五星等级评价。

4. 作风建设

建立负责人履职保障监督机制，出台《所属单位负责人履职保障监督管控六条举措》。狠抓作风建设 45 条刚性执行，发布 5 期落实作风建设 45 条措施通报，全年发文数量、考核工作计划、报表数量连续四年下降，为基层减负取得扎实成效。持之以恒贯彻落实中央八项规定精神，印发广东电网公司党委《关于深入贯彻落实中央八项规定精神的实施意见》等制度 3 份。常态化抓好整治酒驾醉驾十条举措落实，持续筑牢拒绝酒醉驾防线。

5. 群团工作

民主管理与工会建设。规范召开广东电网公司三届五次职工代表大会，听取企业生产经营管理方面的重要事项，审议通过公司工作报告。

共青团与青年工作。深化“号手岗队赛”等“青”字号工程建设，组建青年突击队 81 支，广东电网公司应急特勤青年突击队获团中央通报表扬，入选全国青年突击队优秀案例。

[1] “一报一社一台”：人民日报、新华社、中央广播电视台。

6. 文化建设

全媒体多角度宣贯《南方电网企业文化理念（2023年版）》，推广班站所“一栏一园”[1]阵地规范建设。14 家单位获评南方电网公司企业文化示范单位示范点，获评数量位居南方电网公司范围内首位。承办中电联全国电力行业党建工作研讨会，获评南方电网公司范围内唯一“中国电力党建和文化建设研究基地”称号。

主要事件

5 月 6 日，国务院国资委正式发布中央企业所属“双百”“科改”企业 2022 年度专项考核结果。广东电网公司下属能源发展公司获评“双百”企业“标杆”、南网科技公司获评“科改”企业“标杆”。

9 月 14 日，广东电网公司广州电力展示馆（华安楼）入选国务院国资委中央企业工业文化遗产（电力行业）名录。

10 月 18 日，广东电网公司与国家发展改革委价格成本调查中心联合挂牌成立新型电力系统价格成本研究基地，并签订战略合作协议。该基地是南方电网公司与国家发改委智库机构共建的首个研究基地。

10 月 19 日，“国家级电力应急研究中心”在广东电网公司应急中心正式挂牌运作，该中心是南方电网公司建成的全国首个电力应急领域的国家级研究平台。

10 月 29 日，粤港澳大湾区 500kV 外环西段工程送电成功，广东目标网架主体工程全部建成投运。至此，广东电网“合理分区、柔性互联、安全可控、开放互济”的主网架整体形成，珠三角核心区基本具备“四分区”安全运行、极端情况下分片独立运行的能力。

11 月 30 日—12 月 1 日，国际风电技术创新大会在广东汕头召开。广东电网公司与上海电气风电广东公司、汕头鉴衡检测认证公司共同签署风电临海试验基地建设运营战略合作协议。该试验基地由广东电网公司建设，是国内首个风电临海试验基地。

12 月 7 日，广东电网公司 20 家平台公司股权多元化改革项目全部完成摘牌。至此，广东电网公司全面完成大集体企业改革，成为南方电网公司范围内首家完成大集体企业改革的省级电网企业，彻底解决大集体企业产权不清、监管责任不明等历史遗留问题。

12 月 19 日，广州银行电子结算中心与广东电网公司下属能源投资公司、广州供电局共建的南方电网公司范围内首个“电力+金融”大数据应用创新实验室挂牌成立。

12 月 23 日，由广东电网公司下属南网科技公司联合 13 家新型储能上下游龙头企业合资组建的国家地方共建新型储能创新中心在广州揭牌。该中心是南方电网公司范围内牵头建设的第一个工业和信息化领域的制造业创新中心，是工业和信息化部批复的第三个国家地方共建创新中心。

12 月 28 日，经广东省人民政府批准并报国家发展改革委员会、国家能源局备案，广东电力现货市场转入正式运行。广东成为国内首批电力现货市场转入正式运行的省份。

（刘葳葳　张　涵）

【广西电网有限责任公司】

企业概况　广西电网有限责任公司（简称广西电网公司）是南方电网公司的全资子公司，前身为广西壮族自治区电力工业局，2004 年 10 月更名为广西电网公司，2014 年 4 月更名为广西电网有限责任公司。主要负责广西电网的投资、建设和经营管理，负责输配电管理、电力购销、电力交易与调度、电力资源优化配置等业务，承担着为广西经济社会发展提供可靠优质电力保障的重任。截至 2023 年底，广西电网公司供电面积 23.76 万 km^2，供电客户数 2243 万户（含新电力集团），累计拥有 35kV 及以上输电线路 7.4 万 km，公用变电容量 13226 万 kVA。

广西电网公司连续 11 年在广西公共服务行业满意度排名中蝉联第一，连续 7 年获广西壮族自治区重点企业安全生产和消防考核最高等级“优秀”，定点帮扶工作连续 6 年获自治区最高等级评价。6 度蝉联“全国文明单位”，连续 14 年被评为“广西优秀企业”，连续 2 年获广西科学技术一等奖。位列“2023 广西企业 100 强”第 3 位。

领导班子

1. 党委

书记：胡帆

副书记：吴国沛

副书记：陈邦宇

委员、纪委书记：夏筠

委员：刘宪明（自 2023 年 7 月）

委员：杜铁良（自 2023 年 7 月）

委员：彭宇翔

委员：顾济江

2. 董事会

董事长：胡帆

董事：吴国沛、何朝阳、陈涛（至 2023 年 2 月）、毛时杰（至 2023 年 10 月）、唐炜、时蕴伟（自 2023 年 11 月）

职工董事：陈邦宇

3. 监事会

主席：胡伏秋（至 2023 年 9 月）

[1] “一栏一园”：党建宣传栏、班组文化园地。

监事：邹志敏（至2023年4月）、杜云辉（自2023年9月）

职工监事：李芳琳

4. 经理层

总经理：吴国沛

副总经理：刘宪明、彭宇翔、顾济江、闫国兵（自2023年9月）

总会计师：杜铁良

组织机构 2023年，广西电网公司本部设有办公室（党委办公室、董事会办公室）、战略规划部、人力资源部、计划与财务部（运营监控中心）、创新管理部、政策研究部（全面深化改革办公室）、生产技术部、市场营销部、基建部、新兴业务与产业金融部、供应链管理部、数字化部、安全监管部（应急管理部）、审计部（监事会办公室）、法规部、党建工作部（企业文化部）、监督部（纪委办公室）、党委巡察工作领导小组办公室、工会办公室（职工权益维护部）等19个职能部门，调度中心、规划中心（新能源服务中心）、财务中心（成本中心）、机巡与不停电作业中心、客服中心（现代服务运营中心）、计量中心、信息中心（运调中心）、安全督查中心、审计中心、法律中心、新闻中心（融媒体中心）、监督执纪中心、综合服务中心（离退中心）等13个直属机构和社保（年金）中心1个挂靠机构，南宁、柳州、桂林、玉林、河池、梧州、北海、钦州、防城港、贵港、崇左、来宾、百色、贺州供电局和调度中心、信息中心（运调中心）、培训评价中心（党校）、电网建设分公司、电力科学研究院（品控中心、科创中心、生产指挥中心）等62家分公司；送变电公司、能科公司、网欣物业公司等3家全资子公司；新电力集团、电力交易中心、能源联合售电公司、贺州新供电公司等4家控股子公司。

企业战略 电网规划。2023年，完成广西14个地市“十四五”配电网（含农村电网）中期调整。完成提升供电可靠率、电压合格率、分布式新能源接入能力，以及“十四五”县区分布式屋顶光伏接入配套电网专项规划。推动青海清洁能源基地送电广西直流工程纳入国家电力规划调整，推动“十四五”期间广西新增满足电源送出、负荷发展和网架完善的500kV输变电工程纳入国家电力发展规划调整。完成平陆运河经济带发展电网专项规划。与各地市、县区政府的合作进入全面深化阶段。组建“三中心、一联盟”（三中心指绿电中心、产投中心、科创中心；联盟指桂林零碳绿电联盟），支撑桂林零碳绿电世界级旅游城市示范建设。

电网建设。2023年，完成基建投资112.17亿元，主网项目累计建成投运93项，农配网项目累计建成投运8884项。10月底，广西实现220kV变电站县域全覆盖。联动政府促进首府南宁坚强局部电网建设，南宁坚强局部电网自评估结果为“基本建成”。投资72亿元实施农村电网巩固提升专项行动，推进以县城为重要载体的新型城镇化建设，农村区域客户年平均停电时间同比下降19.4%。创新试点涵盖风、光、储、充的智慧能源实践路径，年内基本建成河池东兰、梧州藤县现代化农村电网示范县。全年为低、特保户减免电费6685万元。投资2950万元助力东兰县及107个帮扶村“五大振兴”。2023年，广西电网公司220kV向阳站、陈双站、雪莲站3项工程获2023年度中国安装之星。220kV向阳站、陈双站、雪莲站、茶花站、利华站等5项工程获2023年度中国电力优质工程奖。

人力资源 2023年，深化干部人才实践锻炼，以“3+1+*N*”干部实践锻炼，推动干部在解决突出矛盾、破解发展难题中提高领导能力和水平。统筹用好各年龄段干部，所属三级单位动态保持“80后”班子成员全覆盖，四级单位基本实现“90后”班子成员全覆盖。全年13名人选入选南网领军拔尖人才项目人选。高层次人才彭彦军荣获“大国工匠”称号、周柯被授予第十批“广西优秀专家”称号。4名专家纳入自治区特聘专家等人才支持计划和支持项目后备人选，实现自治区级人才荣誉零突破。深入实施“两提两控两优化”全面提升全员劳动生产率，全员劳动生产率同比增长8.7%。深化管理创新推进扁平化管理模式，创新建立县级供电企业升格管理及管理规格“能升能降”动态调整管理模式。

安全生产 电网运行。2023年，推动火电顶峰发电能力提升300万kW，新型储能增加顶峰出力约40万kW，支撑全区统调负荷7次、日电量8次。全年未发生有调度责任的电力安全、设备和人身事故。故障快速切除率和220kV及以上保护正确动作率分别连续13年和连续6年保持100%，电网连续安全稳定运行超8000天。全年完成防范系统运行风险的重点工作31项、重点项目7项，消除12项电网基准风险。首次开展广西能源断供极端风险演练。2023年加快推进配网自愈建设及应用，累计投运配网自愈线路5600余回，自愈覆盖率提升至62.3%，非故障区域用户复电时间缩短至“分钟级”。完成配网供电能力分析系统搭建，实现配网网架风险评估、自愈成效评价、三遥布点测算等功能，为支撑配网精准规划、精益运维奠定技术基础。制定延时停送电考核管理办法，实现配网停送电延时率实时透明展示，年度平均延时复电率为8.69%，下降超过10%。强化合环转供电管理，2023年合环转电8788条次，合环转供电率达87.05%，累计减少全区用户平均停电时间6.23h。

安全管理。2023年，未发生一般及以上电力人身、电力安全、电力设备事故，连续7年荣获广西自治区重点企业安全生产工作考核最高等级“优秀”。安风体系评级指标三钻比例 100%、四钻比例 47.06%、五钻比例 11.76%。开展事故隐患专项排查整治行动，消除隐患 4000 余项，其中完成整治较大及以上隐患 20 项。完善“静态+动态”保命教育培训评价机制，完成南方电网系统内一线作业人员“保命”培训评价 5.93 万人次、系统外承包商（分包商）作业人员 5.18 万人次。5 家单位被命名全国安全文化建设示范企业、9 家单位被命名自治区安全文化建设示范企业；2 家单位获全国电力行业安全文化建设精品工程、3 家单位获全国电力行业安全文化建设优秀工程。

供电可靠管理。2023 年，刚性执行“能转不停、能带不停、能保不停”八条措施严抓综合停电，计划停电同比下降 51%。以“三大攻坚战”分类施策除隐患，高效化解树障隐患，完成高故障线路综合整治、配网线路防雷改造，积极推进跨县环网工程建设。按期按质完成频繁停电专项整治，“打造央地融合的供电可靠性管理提升标杆示范区”“基于电网数字化转型的南宁市青秀高可靠性示范区建设”案例入选国家能源局优秀案例。统筹谋划实施“2 大攻坚战+3 项三年行动+8 个专项行动”，完成 28 台主变压器、2153 台断路器自主检修。全域推进生产运行支持系统建设，建成南网五省区首个水电站集控示范中心，输配电提前半年实现无人机自主巡检全覆盖，效率提升 3 倍、质量提升 8 倍。坚持“南网一盘棋”、落实南方电网防山火、树障要求，与南方电网超高压公司合作印发《广西电力线路走廊隐患排查整治和换种低矮植物三年行动方案（2023—2025 年）》。建立了南方电网五省区首个电力线路走廊低矮植物换种联合机制，保障线路通道与绿色生态和谐共生。

应急及保供电管理。2023 年，全年有效应对 3 轮低温雨雪冰冻、6 次台风、8 次强降雨、4 轮高温热浪和 2 次有感地震等多次自然灾害影响。完成国家领导人到广西视察、首届全国学生（青年）运动会、环广西世巡赛等重大活动保供电任务，连续 20 年确保中国—东盟博览会保供电万无一失。

公共涉电安全管理。2023 年，广西电网公司坚持“人民至上、生命至上”，促成政府于 2 月发布广西地方标准《公共场所用电设施建设及运行安全规范》。政企联动开展垂钓触电隐患、电气火灾及消防安全隐患、“三线”搭挂隐患等涉电公共安全的排查和治理。累计排查和治理涉电公共安全隐患 22613 项，完成低压裸导线绝缘化改造 2105.8km、小电流选线装置改造 320 套，降低涉电公共安全风险。

经营管理 改革发展。完成改革三年行动，22 项典型案例入选国务院国资委、南方电网公司优秀案例，南宁供电局三项制度改革实践得到国务院国资委高度认可，专刊发送全国国资系统交流学习，南宁供电局、河池东兰供电局、法律服务中心 3 家单位获评南方电网公司管理提升“标杆企业”。系统谋划新一轮改革，印发《改革深化提升行动实施方案》，制定十个方面 46 项任务 286 项举措，建立 7 项抓落实机制。印发实施深入推进新电力县级供电企业高质量发展重点举措，建立相关指标体系、评价体系和七项工作机制，新电力总体实现“五个一”和“三年显著提升”目标。深化新电力存量历史问题处置专项行动，问题总体实现“见底清零”，新电力县级供电企业少数股权无偿划转累计完成 25 家，完成率达 73.5%。研究制定百色地方电网与主电网融合发展实施方案，反映百色地区电网发展形势及问题，促成南方能源监管局向自治区反馈有关问题及建议，得到自治区领导批示，持续多年的百色地方电网无序扩张问题得到坚决遏制。

新兴业务。2023 年，编制战略性新兴产业实施方案，全年投资落地一批重点项目，前瞻布局高端装备制造，包括新一代车桩网设备、IGBT、无人机等。积极培育一批专精特新企业，推动能科公司等企业加速发展。编制印发《推进智慧能源建设工作方案》，推进东兰和横州两个智慧能源试点项目，指导各新兴业务企业积极开展源荷聚合项目建设 16 个。印发广西新型共享储能电站合作样板工程实施方案，推动政府完善新型储能发展政策体系。做好储能电站市场运营，完成共享商业模式迭代升级，积极参与调峰辅助服务结算试运行，独立共享储能“武鸣模式”获得南方电网服务和商业模式创新大赛一等奖。迭代升级平陆储能电站建设经验，完成钦州灵峰 20 万 kW 大容量新型储能电站建设，入选国家新型储能试点示范项目。充电桩在线率在南方电网领先，充电桩功率利用率突破 4%，全口径充电量实现翻倍增长。建成首条电动重型卡车超充线路。在柳州开展广西首个社区 V2G 充电示范项目建设、投运南宁五象综合能源站等 4 座液冷超充站。完成百色、贺州 8 个非供电区域乡镇充电桩建设，实现充电桩乡镇全覆盖。

供应链管理。抓实供应链“十四五”发展规划落地。推出智能需求预测模型、实现品控管理数字化。建立重大、紧急工程项目绿色采购通道，全年完成采购金额 86.43 亿元，有力保障生产、经营、基建物资供应。深化“区域仓+周转仓+急救包”“云仓”运作，全年退出规划外仓库 34 个。开展 5 个区域仓库联储联备，储备物资规格型号由 450 个扩大至 1732 个。完成南宁、柳州“检储配集成”绿色智能仓库建设。

财务管理。2023 年，广西电网公司全年完成营业收入 1120.34 亿元，同比增长 6.42%；利润总额 7.06 亿元，同比增长 28.4%；年度完成固定资产投资总额 145.9 亿元，同比增长 0.4%。落实国家输配电价改革部署，配合广西自治区发展改革委出台第三监管周期输配电价落地方案和配套政策，有力保障国家核定的输配电价在广西平稳落地实施。聚焦效率效益核心指标，深入实施稳增长提质增效 57 项工作举措。创新构建经营业绩过程考核和落后指标纠偏“两项机制”。

审计管理。2023 年，广西电网公司党委始终坚持和加强党对审计工作的领导，严格落实南方电网公司党组有关审计工作的决策部署，制定印发了《广西电网公司党委贯彻落实中共南方电网公司党组关于以高质量内部审计监督服务保障公司高质量发展意见的举措（2023—2027 年）》；完成工程建设招标采购领域问题专项整改工作任务，按照政治要件办理的要求和标准进行专项督办，138 项专项整改措施全部按期销号；强化统筹领导和组织协调，平稳有序做好经济责任审计配合工作，按期保质完成集中整改期各项工作任务，推动问题到期整改完成率达 100%；承接制定印发了《广西电网公司审计全覆盖工作规划（2023—2027 年）》，有序推进所属单位审计、职能业务审计、资金审计“三个全覆盖”，构建形成新一轮有深度、有重点、有步骤、有成效的审计全覆盖体系，全年聚焦公司中心工作和高质量发展首要任务，实施经济责任审计及专项审计 117 项，加快推进数字化审计技术运用，推动公司发展质量提升。

合规管理。2023 年，广西电网公司推动南方电网公司《不同治理结构公司治理范本》全系统落实，推动党的领导融入公司治理各环节制度化、规范化、程序化，完成公司治理主体权责清单和授权清单迭代升级，明晰党组织、董事会、经理层等治理主体权责界面。“聚焦‘三横三纵’释放‘三项动力’推动制度优势转化为治理效能”荣获全国首届电力企业合规管理优秀成果特等奖，“持续优化三四级分子公司在完善公司治理中加强党的领导体制机制的探索研究”获南方电网党建政研会 2022 年度优秀研究成果二等奖，“全力推进现代企业治理的‘广西电网实践’”治理成果获人民日报专题报道。全年累计 3 家单位获得南方电网公司治理优秀企业，4 项治理试点任务获南方电网公司验收通过并全网推广，5 个治理案例入选南方电网优秀改革案例。电力行业人民调解组织实现 14 个地市全覆盖，构建业务与调解、信访与调解、诉讼与调解三个对接，成为新时代“枫桥经验”南网样板。广西电网公司创建南方电网公司首个全国法治宣传教育基地，形成政企共建、群众参与、社会支持的普法新格局。广西电网公司本部及所属 19 家单位获电力行业企业信用最高评级（AAA），广西电网公司获评电力行业信用体系建设示范企业。印发实施《基于流程的内控体系优化升级实施计划》，扎实推进内控与业务融合，合规成果“涉电矛盾纠纷多元化解决机制建设”获全国电力企业合规成果评选特等奖 1 项、“立足‘一体三能六环’保障关键信息基础设施数据安全”“‘以评促建、评建融合’健全制度体系，提升制度执行力”“基于‘风险溯源’守牢‘电费安全’深化电费合规管理”“‘三维两横两纵’构建全过程行政处罚合规风险防控体系”“强化‘双轮驱动’构建高质量审计监督合规管理防线”等 5 项成果获一等奖、“电力设施防外力破坏合规管理体系建设的探索与实践”“机制引领，靶向攻坚提升物资仓储合规管理效能”“构建全链条管理‘三角矩阵’打造公司治理基层样板”“人工智能技术赋能信息化项目合规性审查”等 4 项成果获二等奖。

科技创新　2023 年，申报“高比例可再生能源配用电系统电能质量智能感知与协同控制技术”等 2 项国家重点研发计划项目课题。“大型核电涉网安全运行与优化控制技术及应用”荣获广西科学技术进步奖一等奖，连续两年获得该奖项。推动创新产业双链融合，打造拳头产品产业化示范样板，推动“无线充电无人机及机巢”产品产业化发展。组建科技引领类、业务支撑类及产业创新类三类重大科研创新团队。深化“产学研用”协同创新，结合广西特色与清华大学、湖南大学、重庆大学签订全面深化合作协议。9 月，与中国电子技术标准化研究院共建新一代信息安全和隐私保护工信部重点实验室（电力领域分中心），实现国家级创新平台零突破。2 月，广西电网公司获广西自治区政府授权建设广西能源数据中心，汇聚电力数据、非电力能源数据、经济和政务等数据，以“平台+数据+运营+生态”一体推进广西自治区能源生产和消费质量提升。6 月，获批广西自治区政府首批公共数据运营试点单位，创新数据要素流通运营模式。5 月，发布全国首份《数据信托发展白皮书》。6 月，完成全国首单百万级数据信托框架合同签订，在广西北部湾数据交易所发布首款数据信托服务产品。构建省地县三级运营监控体系，完成四个示范场景建设。成立人工智能联合创新实验室、大数据算法联合实验室。

节能减排　2023 年，共完成 713 万 kW 新能源并网，100 万 kW/200 万 kWh 储能并网。清洁能源装机占比 67.8%，其中新能源装机容量突破 2000 万 kW，占总装机容量 36%。至 2023 年底，广西新能源装机达 2608 万 kW，同比增长 52%。可再生能源发电利用率完成 99.9993%，连续 6 年实现清洁能源基本全额消纳。攻克国内首个基于区块链技术的“新能源+”碳普惠项目。2023 年，广西电网公司南宁横州供电局六景供电所、广西柳州鹿山电动汽车综合能源站分别率先建成为南方电网五省区首个零碳供电所、首座零碳综合能源站。政企协同服务第 20 届中国东盟博览会取得“碳中和”认证。严格落实国家“两个千分之三”管理目标，全年累计节约电量 5.4 亿 kWh。以市场化手段破题攻关新型电力系统建设，连续 6 年实现清洁能源基本全额消纳。发挥调峰市场资源优化配置作用，为清洁能源腾出消纳空间。建立富余电送广东周交易机制，累计提升清洁能源消纳能力约 7 亿 kWh。

市场建设 电力供应及市场交易。2023 年，广西电网公司克服近十年主要流域来水最枯（偏枯六成）、西电送广西年度计划少等、电力电量连创新高等诸多困难，全力保障电力供应。制定 25 项保供措施，有力支撑广西统调负荷 7 次，日电量 8 次创新高，未实施错避峰用电和有序用电。立足西电东送大局加强省间调剂，2—3 月，首次开展广西送电海南。时隔 7 年广西重启送电越南。全年完成电能替代电量 35.06 亿 kWh，减排二氧化碳 349.5 万 t。6 月上线运行新型电力负荷管理系统期，具备负荷管理全流程监控功能，全年系统接入刚性负荷 265 万 kW，占最大负荷的 8.7%，接入空调、独立储能电站、充/换电站、5G 基站等柔性负荷 28.1 万 kW。2023 年，广西融入南方区域电力市场建设取得成效。基本建立适应现货模式营销业务体系，平稳有序完成南方区域电力现货市场首次全域短周期结算试运行。创新开展低谷电力消纳交易，促进清洁能源消纳。全年绿电交易电量 36.1 亿 kWh，绿电消费量占比全国排名第五，绿电交易和绿证核发量南方区域排名第二。南方区域首次开展广西送广东绿色电力认购交易，支持粤港澳大湾区绿色低碳发展。第 20 届中国—东盟博览会首次实现 100%使用绿电，得到人民日报、新华社等媒体关注报道。市场交易电量首次超过 1000 亿 kWh，占南方电网公司售电量比重达 60%，市场供需平稳有序。

营商环境和优质服务。落实推广“四办”举措，做实用电报装“三零三省”，业扩延伸减少企业办电成本 14.8 亿元。创新推出“电力预装，即插即用”用电服务，填补中国（广西）自由贸易试验区获得电力政策支持空白。在南方电网率先推动地方发改等五部门联合印发电力用户外部配套供电工程建设政策文件。建立重大项目、重点客户“首席客户经理”负责制，问题及时答复率 100%，办结率 100%，入选南方电网公司第一批主题教育典型案例。广西电网公司被广西自治区党委授予“壮大实体经济推动高质量发展调研服务先进集体”。

营销基础管理。2023 年，开展降低线损率专项行动。完成线损管理职责调整，抓实 28 项降损措施，健全完善线损管理体系，实现“双零、双降”（存量高损线路、台区清零；两个异常率均下降至 8%以下），合并口径线损率 4.6%，10kV 及以下线损率 2.5%，分别同比下降 0.15%、0.66%。运监平台线损场景上线试运行，数智转型取得初步成效。专项行动成效获得南方电网公司肯定，成为“线损管理数字化提升”试点单位，对标世界一流企业线损管理水平加快推进数字化转型。

信息化建设 电网数字化转型和数字电网建设。基本建成 3 个新型城镇化配电网示范区和 2 个现代化农村电网示范县。推广电网管理平台应用，上线生产运行支持系统（配网域）等系统，完成全域架空输配电线路无人机自主巡检，打造智慧安监、保电“一张图”等南方电网公司标杆示范应用，以数字赋能电网管理创新与变革。基于“南网在线”载体，推动“基础+增值”服务产品多样化供给、高端化升级，推行“联名卡”，建成政企协同办电信息共享平台，实现电水气网同步报装、工改系统审批数据共享服务，提升客户办电体验。承建云景平台供电局、县区局（分局）“一屏总览”试点，打造省地县一站式驾驶舱。构建面向操作层的“数字分局（县局）”“数字班组”“数字工器具库房”等“数字+”运营示范场景，自主建设“小快灵”数字工具和“小而美”微应用 1800 多个，全方位提升基层数字运营能力。推动政府出台《广西公共数据授权运营管理办法》等政策文件，建立数据信托经理人工作机制，发布全国首份《数据信托发展白皮书》，完成全国首单百万级数据信托框架合同签订，发布首款数据信托服务产品，发布电力生产消费等系列能源数据服务产品，以“平台+数据+运营+生态”一体推进自治区能源生产和消费质量提升。

信息化安全管理。全年未发生网络安全事件，连续五年达成“三不一零”网络攻防演习目标。“网络安全防护体系技术研究及应用”项目获评国家重点示范项目。新电力专网完成“最小化”改造。全年获“数智杯”创新应用大赛一等奖、中国大数据大赛三等奖、DAMA 优秀实践奖、工业互联网融合创新应用优秀案例、大数据星河优秀案例、标杆案例等多项奖励。6 月，“基于 AI 的下一代关键信息基础设施网络安全态势感知系统”获得第 48 届日内瓦国际发明展金奖。“基于人工智能的云安全中心态势感知与动态重构决策系统”获得第 75 届德国纽伦堡国际发明展银奖，以及中国工业互联网安全大赛二等奖、第二届全国工业和信息化技术技能大赛二等奖等多项奖励。

工会工作 推进产业工人队伍建设改革，形成具有广西特色的产改“五项赋能”新模式。其中，来宾供电局探索市、县两级“国企带非公”产改特色路径，工作成效得到自治区总工会和全总劳经部的肯定。成立广西电网公司和各地市供电局的劳动争议调解委员会，在工会办增挂“职工权益维护部”牌子，职工小家“五有四具备”标准配备覆盖率 100%。全年举办广西电网公司劳动竞赛 11 项、技能竞赛 19 项。承办 2023 年全国行业职业技能竞赛——第十四届全国电力行业职业技能竞赛、第四届全国电力行业青年培训师教学技能竞赛等2项国家级比赛以及4项自治区级比赛。全年获省部级及以上技能竞赛团体和个人奖项216项。公司调度中心自动化科电网人工智能应用高级研究员陈权崎、南宁供电局青秀供电分局配电线路电缆班高级作业员袁启凯等2人荣获“全国技术能手”，另有9人荣获“全国电力行业技术能手”，获奖等级和数量均创历史新高。南宁供电局何位经创新工作室、柳州供电局梁洛耕创新工作室、崇左供电局凌瑞安创新工作室等3个劳模创新工作室被评为广西“自治区创新工作室”、1个工作室获评全国电力行业“卓越工作室”、2个班组获评“卓越班组”。柳州供电局《基于TRIZ的地下电力光缆多模态运维系统研发》项目获中国创新方法大赛总决赛擂台赛铜奖，取得广西历史最好成绩。南宁供电局被确定为全国幸福企业建设试点单位。

党建工作 主题教育。2023年，广西电网公司党委按照上级要求，分两批开展学习贯彻习近平新时代中国特色社会主义思想主题教育。践行“四下基层”有效经验，深化“带案下访”工作机制，有效推动非检举控告类信访举报和有实质内容的重复信访数量同比下降53%，经验做法得到中央主题教育办联络组高度认可。

党建工作。坚持抓基层打基础，推进党支部建设与“三基”建设相融互促，五星党支部中五星班站所占比60%。推动党建领域“强地带县”。向新电力县级企业、竞争性企业、大集体企业选派78名党建指导员。研究出台党支部严守安全防线、廉洁防线“两个清单”，强化党支部日常教育监督和党员八小时外行为自我约束。荣获自治区党委区直机关工委首届机关党务技能大赛“优秀组织奖”，2名党务干部获“优秀选手奖”。至2023年底，广西电网公司党委下辖三级单位党委20个（不含公司直属党委），基层党支部共1495个，党员（含预备）20977个。

党风廉政建设。2023年，广西电网公司党委制定《巡察工作规划（2023—2027年）》。组织开展党的二十大后两轮巡察，发现问题483个、问题线索20条，第一轮巡察发现问题线索数量为近五年来单轮次最多。指导各基层单位党委对49个党组织开展巡察，关注大集体企业、基层供电所，发现问题1384个、问题线索32条。深化“巡审纪”联动，共享监督成果172份，各级巡察向纪检部门移交问题线索26件次，巡察震慑作用有效彰显。扎实开展中央巡视整改监督，各级纪检机构发现一批有质量的问题并及时督促整改。唯真唯实、严肃严格推进南方电网公司党组第十一轮巡视整改与历次巡视通报共性典型问题整改。开展15个专项行动，推动解决专业领域深层次问题。2023年，广西电网公司党委组织全域开展意识形态和舆情风险专项督查。印发年度重大主题宣传工作方案，实施十二大主题50项重点选题，讲好先进典型故事，新华社刊发“国旗巡线班”五代班员接力守边49年事迹，得到广西自治区党委主要领导同志批示肯定。推进文化强企建设，开展“知行文化周”活动，推进“文化四礼”。“知行文化直通车”活动实现新电力县级企业全覆盖。8个单位和班站所获评南方电网公司2021—2023年度文化示范单位、示范点命名，2篇课题获中国企业文化研究会2023年度新时代十年企业文化典型经验、典型案例。2023年，广西电网公司党委坚持“唯真唯实、严谨严格”推进作风自我革命。编制印发落实南方电网公司党组关于深入贯彻落实中央八项规定精神的实施意见措施清单、深入贯彻落实中央八项规定精神配套制度文件清单和工作指引，压实各级责任。通过指标挤水分、报表上平台、班组工分制等措施整治“不严不实”问题。深化模范本部建设，印发改进工作作风36条措施，切实增强基层减负获得感。紧盯违反中央八项规定精神典型问题，现场监督检查26家单位，下发监督建议12份，严肃查处存量违反中央八项规定精神案件10起，持续释放全面从严、一严到底的强烈信号。

主要事件

5月18日，南方电网和广西首条电动重型卡车超充线路在广西贺州—梧州投运，线路长约180km，包含3座充电站，最高功率达360kW。

5月23日，广西电网公司与越南北方电力总公司在广西防城港市签订购售电合同，时隔7年重启中越电力互济。

5月30日，广西电网公司科技成果“大型核电涉网安全运行与优化控制技术及应用”获广西科学技术进步奖一等奖，4个成果获二等奖，获奖数量和质量居广西各企业首位。

6月25日，广西平陆储能站（南方区域首个大容量独立共享储能电站）在广西电力交易中心参与市场化交易，累计交易电量180万kWh，广西成为全国首个风光核水火气储进入市场的省区。

6月，广西电网公司自主研发的网络安全专利“基于AI的下一代关键信息基础设施网络安全态势感知系统”在第48届日内瓦国际发明展获得金奖，为广西电网公司首次获得该类奖项。

6月，广西电网公司、中航信托股份有限公司、广西电网能源科技有限公司签署数据信托协议，并在北部湾大数据交易中心完成首笔电力数据产品登记及交易，为全国首单数据信托产品场内交易完成。

8月29日，广西电网公司与百色市政府签订“十四五”电力合作协议，为竞争区域融合发展奠定基础。

10月，广西实现220kV变电站县域全覆盖。

2023 年，广西电网公司主题教育调研服务获好评。广西电网公司深入开展主题教育调研服务工作，建立重大项目“首席客户经理制”，各级党委委员主动靠前挂点服务广西自治区 313 个重大项目用电，高效解决自治区主题教育专题调研服务转办问题，得到中央主题教育办联络三组充分肯定，获评自治区主题教育调研服务先进集体。

2023 年，广西市场化交易电量突破 1000 亿 kWh，达 1088 亿 kWh，同比增长 26%，占广西电网售电量比重超 60%，集中式新能源企业全部参与现货市场结算试运。

（龙　森）

【云南电网有限责任公司】

企业概况　云南电网有限责任公司（简称云南电网公司）是南方电网公司的全资子公司，是负责电力基础保障的驻滇央企，承担着云南电网规划、建设、运营、服务等主体责任，是云南省打造绿色能源强省及实施西电东送、云电外送的骨干企业。前身是 1950 年 7 月国家成立的云南省电力工业局，1993 年成立的云南省电力公司与云南省电力工业局实行两块牌子、一套人马管理。1998 年 10 月，云南省电力公司改制为云南电力集团有限公司，成为国家电力公司子公司。2002 年 12 月，国家进行电力体制改革，云南电力集团有限公司成为南方电网公司全资子公司。2004 年 11 月，云南电力集团有限公司更名为云南电网公司。2014 年 9 月，云南电网公司更名为云南电网有限责任公司。

2023 年，云南电网公司在南方电网公司党建经营考核中获“双 A”评价，怒江供电局荣获全国五一劳动奖状、试验研究院（集团）获国务院国资委科改“标杆”评价；500kV 柳井输变电工程获评 2023 年度国家水土保持示范工程，“基于 X 射线检测的电力设备缺陷智能化诊断关键技术及应用”等项目获得云南省科学技术进步奖二等奖 1 项、三等奖 2 项，“确定最强场源方位的方法及系统”项目获中国专利优秀奖。

本部设 20 个职能部门，下设 29 个地市级单位（含 17 个地市级供电单位）、149 个县区级单位（含 112 个县级供电企业），现有员工 7.07 万人（含大集体企业 2 万人）。供电营业区覆盖云南省除保山市 5 区县配网以外所有地区；共有 110kV 及以上变电站 783 座，输电线路 6.52 万 km，供电客户数 1906 万户。2023 年，完成售电量 3589 亿 kWh，增长 1.1%，其中省内售电量 2216 亿 kWh，增长 5.8%，西电东送电量 1345 亿 kWh，减少 6.4%，趸售省外电量 5 亿 kWh，增长 25%。完成营业收入 1151 亿元，年末资产总额 1564 亿元，资产负债率 69.70%。具体经营生产指标详见下表。

2023 年云南电网公司主要经营生产指标表

序号	指标名称	计量单位	2023 年完成	同期相比（%）
1	年发电量	亿 kWh	4151	3.5
2	年售电量	亿 kWh	3589	1.1
3	营业收入	亿元	1151	−3.61
4	固定资产投资	亿元	180	16.9
5	资产总额	亿元	1564	4.59
6	年电网最高负荷	万 kW	7000	4
7	线损率	%	4.65	−0.21 个百分点
8	西电东送电量	亿 kWh	1345	−6.4

领导班子

1. 党委

书记：甘霖

副书记：高孟平

专职副书记、工会主席：江北（至 2023 年 9 月）

委员：张虹、邱国峰（至 2023 年 9 月）、李瑞锋、王振宇（自 2023 年 9 月）、陈玮、姚捷

纪委书记：邱国峰（至 2023 年 9 月）、王振宇（自 2023 年 9 月）

2. 董事会

董事长：甘霖（法定代表人）

董事：高孟平、何朝阳、陈雄一（至 2023 年 4 月）、余文奇、徐兵、詹昕（自 2023 年 11 月）

职工董事：江北（至 2023 年 9 月）

3. 监事会

监事会主席：金昌铉（自 2023 年 9 月）

监事：侯君（至 2023 年 7 月）、梁欣（自 2023 年 9 月）

职工监事：张宇耀（至 2023 年 11 月）

4. 经理层

总经理：高孟平

副总经理：张虹、李瑞锋、陈玮、姚捷

总会计师：孙宏兵

二级职员：邹立峰、杨波、马文武

组织机构　2023 年度组织机构调整情况。1 月在云南电网公司层面和地县（区）供电局统一设立电力负荷管理中心，实现云南省电力负荷资源的统一管理、调控和服务。6 月在工会办公室增挂“职工权益维护部”牌子，同步优化调办公室（党办、董办、总经办）与工会办公室（职工权益维护部）关于非检举控告类职工信访事项的管理界面。地县单位同步在工会办公室增挂“职工权益维护部”牌子。7 月整合文山供电

局与文山供电分公司，撤销文山供电分公司，成立新的文山供电局，实现文山州统一由一个供电主体对外提供供电服务，理顺文山州电力管理体制。为持续强化省级安全监督检查力量，更好地发挥安全综合监督职能，推动各专业及各级单位履职尽责，守牢安全生产底线，9 月在生产运营监控中心增挂“云南电网公司安全督查中心”牌子。10月收购云南农垦电力公司70%股权，新增一家控股子公司（管理规格三级正），为实现西双版纳州电力“一张网”迈出关键一步。11月设置监督执纪中心，按直属机构管理，管理规格三级正。撤销监督执纪组（监督执纪一组、监督执纪二组、监督执纪三组）。12 月将规划发展部（乡村振兴工作领导小组办公室）更名为规划发展部，安全监管部（应急指挥中心）更名为安全监管部（应急管理部），地县单位同步将安全监管部（应急指挥中心）更名为安全监管部（应急管理部），昆明阳光高尔夫俱乐部有限公司更名为云南十里阳光发展有限公司，在信息中心增挂“云南电网网络安全运行调度控制中心”牌子。

电网发展

1. 电网规划

开展电网建设资源投入，构建安全充裕的坚强主干网络、提升清洁能源承载消纳能力和产业发展供电水平、实现新型电力系统建设目标，为云南经济社会高质量发展提供坚强电力支撑。推进规划重点项目落地，截至 2023 年 12 月，“十四五”规划 500kV 项目 20 项，已全部完成可研，已建成投产 13 项。2 月，完成“十四五”电网中期规划调整、新能源接入系统方案编制和成果报送。新增 24 项 500kV 项目（4 月 5 项、12 月 19 项）纳入国家“十四五”电力规划中期调整，满足云南规划新增煤电、新能源、储能项目等并网消纳需要。深化配网规划管理创新，深化运规合一，做实“一县一可研”，“问题库、规划库、投资库”链条全面贯通，建立精准规划投资管理体系，构建高质量发展配电网。

2. 主配网建设

2023 年云南电网公司基建项目投资 143.39 亿元，完成额为历年最高。全年建成投产 35kV 及以上主网项目 256 项（包括 110kV 及以上输变电工程 80 项），500kV 柳井、鹤城等 21 项重点输变电工程全部投产，500kV 保东、西山、光辉、德兰线等重点输变电工程全面开工建设，10 个州市全面消除资产范围内事故级基准风险，云南省国家二级及以上电网风险见底清零。按照“能快则快、能投尽投”原则，建成投产 72 项新能源电网配套工程，新能源并网达 2086 万 kW，居全国前列，成为云南省第二大电源。配网项目连续三年“当年立项，当年投产”，全年投产 10kV 及以下配网项目 6600 项，中压可转供电率从 77.51%提升至 85%、配电自动化有效覆盖率 98.03%，客户平均停电时间下降至 9.82h。12 月，昆明西山、玉溪红塔新型城镇化配电网和迪庆维西、玉溪新平现代化农村电网建成，“电耀阿佤山”边疆智能配电网初具雏形，充电基础设施实现乡镇全覆盖，电动汽车开进了独龙江乡。

3. 建设安全

2023 年 6 月，强化安措费规范化管理，做到项目安措费“三流合一、一对应”（资金流、实物流、信息流合一，对应安风体系管控要素和安全管理各项要求），杜绝“带血利润”。9 月，开辟现场安全管理“金点子”建议通道，创新交叉运行区域颜色管理。9 月，强化等同管理专业延伸，压实主办单位管理职责，提升建安类大集体企业核心管理能力。10 月，固化形成“9731”安全职责管控机制，全网首创推行“施工作业风险提示卡”，把责任 100%传递到“挖基坑、爬铁搭、拿扳手”的一线人员身上，保持安全生产局面总体平稳。11 月，实施“承包商、作业人员违章双签收”，推行清单式闭环管控违章问题整治，全年基建领域 AB 类违章总量占比大幅下降至 18%。12 月，开展电网管理平台和智慧工程系统应用，承包商管理、基建作业管控等 5 项云景试点上线应用。

4. 工程质量管理

2023 年，坚持“一次性把事情做好”工作理念，推行电网基建工程“零缺陷”投产，全网首创配网质量监督体系机制，完成“实物交底”，12 月获南方电网公司优质工程 34 项，首家实现 35～500kV 各电压等级获奖全覆盖，工程质量创优稳居南方电网公司前列。6 月 500kV 柳井、天星输变电工程分别荣获全国水土保持示范工程（国家水利部颁发最高奖项）、绿色建造“三星”评价（中建协颁发绿色建造最高奖项）。6 月，全网首次将基建投资管控范围从工程结算延伸至转固，推行主网分部结算、配网单项结算，将基建投资转化为有效资产。7 月，推动云南省政府专题解决线路塔基用地审批难题。开展云南电网“三保障三提升”工程劳动竞赛，12 月推荐获云南省五一劳动奖章 3 名、云南省工人先锋号 2 个。

5. 乡村振兴

持续发挥行业优势，全年投资 100 亿元加强乡村振兴电网建设，2023 年 11 月建成昆明西山、玉溪红塔 2 个新型城镇化配电网示范区和玉溪新平、迪庆维西 2 个现代化农村电网示范县，高质量满足乡村振兴用电需求。做好定点帮扶，捐赠 1889 万元、实施 11 个定点帮扶项目；推进教育帮扶行动，捐赠 630 万元建成 26 间“南网知行”书屋、提前完成“十四五”80 间书屋建设任务，9 月新招录 30 名学子开展定向委培、接收第一批定向委培毕业学子 16 人入职；深化消费帮扶，采购帮扶产品 1550 万元，200 余款产品上线

“赫兹乐购”销售。加强帮扶干部队伍建设，6 月完成 68 名驻村帮扶干部轮换。定点帮扶工作在云南省级单位考评中连续 7 年（2017—2023 年）获得最高等级评价“好”。

6. 绿色发展

推动云南省新能源开发转入“快车道”，全年投产新能源装机 2086 万 kW，并网容量居全国第二。新能源总装机达 3600 万 kW，新能源成为仅次于水电的云南省第二大电源。全年新能源发电量 410 亿 kWh，增发电量 148 亿 kWh，提升 57%。全年可再生能源发电利用率达 99.9%。非化石能源发电量占比 85%。

推进新型电力负荷管理建设，通过需求侧管理，节约电量 6.32 亿 kWh、电力 9.01 万 kW。开具绿色用电溯源证明 710 张，完成绿电交易 0.11 亿 kWh。电能替代电量 54.67 亿 kWh。实现营业区内充电基础设施乡镇全覆盖目标。

输变电工程建设全过程，100%执行绿色低碳建设标准，100%执行环评、水保批复措施。推动 SF_6 气体实现 100%回收再利用。万元产值办公能耗 0.0028t（以标准煤计），较 2022 年下降 0.0004t（以标准煤计）。

110kV 及以上变电站及输电线路建成投产情况见下表。

110kV 及以上变电站及输电线路建成投产情况

电压等级（kV）	变电站座数	变压器容量（MVA）	输电线路条数	线路长度（km）
500	2	5338	7	398
220	7	1860	97	1644
110	18	1547	88	1572
合计	27	8745	192	3614

电网运行与安全生产 2023 年，云南电网公司全力服务新能源并网，新能源投产规模创历史新高，新增装机容量 2086 万 kW，是 2022 年的 14 倍，新增集中式光伏、风电装机稳居全国第二，光伏、风电装机容量分别达 2194 万、1541 万 kW，均超过火电装机容量，成为仅次于水电的云南省第二、第三大电源。

2023 年，云南电网公司应对 1961 年以来最严重旱情，守牢不发生拉闸限电底线。云南省发电量 4151 亿 kWh，增长 3.5%，全社会用电量 2514 亿 kWh，增长 5.2%。火电发电近 10 年最好，增发 169 亿 kWh，提升 47%，成效获国家发展改革委、国家能源局肯定。

1. 主网运行

2023 年，全年统调最高负荷 3573 万 kW，云南省发电量 4151 亿 kWh，同比增长 4.2%、3.5%。省内售电量 2216 亿 kWh、同比增长 5.8%，火电全年发电量 526 亿 kWh，同比提升 47%；新能源（风电、光伏）并网 2086 万 kW，居全国前列。可再生能源发电利用率 99.88%，同比提升 0.11%。主网频率、电压合格率指标保持 100%，故障快速切除率连续 15 年保持 100%；220kV 及以上保护、稳控系统正确动作率 100%，大电网连续 27 年安全稳定运行。

2. 配网运行

坚持将供电可靠性提升作为夯实基础的“总抓手”，通过 5 个专项行动，实现了从严动真、唯真唯实促进管理提升的良性循环。推动配网针式绝缘子、防雷等专项治理，中压线路故障率同比降低 25.29%，低压台区故障率同比降低 47.73%。强化综合停电管理，高故障、重过载、低电压治理精准，预安排停电时间、故障停电时间降幅均超 49%，1168 条高故障线路全面“脱贫出列”，低电压配电变压器同比下降 49.37%。2023 年云南省中压客户平均停电时间 9.96h，综合电压合格率 99.767%。开展配电自动化专项提升，累计投运自愈线路 7873 条，较 2022 年增加 2725 条，配电自动化有效覆盖率提升至 96.89%，自愈线路数量及自愈覆盖指标均位居南方电网公司西部省区第一。

3. 电网风险防控

坚持电网风险系统性管控，深化政企协同，强化要素保障，应对电力供应不足风险，守住不拉闸限电的底线。提升电网安全稳定水平，按期完成年度防范系统运行十大风险 36 项重点工作，强化基准风险源头化解。完成鹤城、柳井、浦山等重大基建工程投产。推进厂口变电站 13 台断路器更换及墨江变电站等 500kV 主变压器中性点电抗加装，缓解云南电网短路电流超标风险。面对新能源大规模接入后新能源渗透率持续攀升带来的系统运行风险，开展构建完善新型电力系统频率稳定三道防线建设，完成 500kV 圭山变电站新能源集中高频切机主站建设，首次将 300 万 kW 新能源接入圭山切机主站作为高频切机量。推进新能源场站一次调频建设，全年 110kV 及以上电压等级 110 家存量新能源场站完成了一次调频试验。

4. 安全管理

2023 年是云南电网公司打赢安全生产三年翻身仗后，推进本质安全型企业建设的新启之年。4 月，云南电网公司制定印发了《中国共产党云南电网有限责任公司委员会关于印发纵深推进本质安全型企业建设实施方案的通知》，明确“固本培元、守正创新、本质安全”的工作思路，从“党建领安、体系治安、设备固安、科技兴安、人才强安、文化铸安”6 个方面推进本质安全型企业建设。全年安全生产持续保持平稳良好态势，连续 4 年实现人身零死亡，大电网连续 27 年安全稳定运行，护网行动连续 5 年实现“三不一零”目标，云南省国家二级及以上电网安全风险彻底清零，系统性“大安全”格局初具雏形，本质安全型企业建设迈出了坚实步伐。

5. 生产设备管理

坚持以资产全生命管理为主线，2023 年 2 月编制印发云南电网公司 2023 年输变电设备运行方案，评估 17 大风险 71 项风险点，强化设备本质安全管理。做好西电东送主通道、关键厂站设备运行维护，完成输电线路外部隐患治理、开关防拒动风险治理、主通道设备运维及预试检修、涉电公共安全隐患整治以及低电压配变治理，设备风险隐患治理成效显著。坚持“一事一分析”“应做必做”等工作机制运转，抓实跳闸分析、运维检修及闭环整改，策划并组织落实防主变突发故障、防断路器拒动、防站用交直流故障等专项工作方案，连续两年实现 110kV 及以上变压器故障“零损坏”、110kV 及以上开关“零拒动”、110kV 及以上站用交直流系统“零故障”。

6. 应急与保供电

2023 年提升应急与保供电能力，强化突发事件预警和响应、强化应急队伍能力建设，做好应急物资及装备保障，推进地震应急基地建设。健全各级应急指挥机构并高效运转，深化与政府部门及相关方的应急联动，5 月配合完成“应急使命·2023”、玉溪大面积停电应急示范性等演习任务。安全高效处置各类突发事件，有效应对 1 轮高温、1 次 5 级地震、2 轮低温雨雪冰冻天气、多轮强降雨袭击，获得属地政府肯定。推进各级保供电任务规范实施，完成特级保供电 1 项（李强总理考察云南），一级保供电任务 10 项（春节、两会、高考、“应急使命·2023”、李希考察云南、班禅考察云南、第 7 届南博会、斯里兰卡总理考察大理、2023 年旅交会、王沪宁考察云南），未发生重要场所供电中断和其他负面影响事件。

电力市场与营销服务

1. 电力供应

科学统筹保供应与稳增长，保供工作多次得到国家发展改革委、国家能源局及云南省委、省政府表扬。负荷控制能力超省内最大负荷 20%，接入比例全网最高。多品种需求侧响应实现突破，相关经验做法获国家发展改革委推介。推动出台燃煤发电、新能源上网等价格政策，促成火电 10 年来首次全容量开机，激励新能源投产达历史最好水平。一是电力保供平稳有序。有力应对全年缺电 300 亿 kWh 的形势，推动政府先后 7 次调整负荷管理规模，累计限制用电需求 190 亿 kWh。解决电解铝负荷控制技术难题，接入负荷 728 万 kW，负荷控制能力超云南省内最大负荷 20%。开展邀约削峰、邀约填谷、实时削峰等多品种需求侧响应，最大响应规模超最高负荷的 5%。推动出台燃煤发电、新能源上网等价格政策，激励火电出力、新能源投产达历史最好水平，支撑全年保供。建立完善白鹤滩电量留存长效机制，2023 年留存云南电量 40.1 亿 kWh。全年电力供应总体平稳，未出现重大负面舆情，实现“四保”目标。2023 年云南电网公司售电量完成 3589 亿 kWh，同比增长 1.15%。二是西电东送有力落实。促成各方同意建立云电送粤分电到厂违约责任机制，为西电东送“行稳致远”提供制度保障。面对云南省内严重缺电的局面，发挥南网大平台调剂作用，灵活优化调减云南外送 107.1 亿 kWh。其中 8—10 月云南利用阶段性来水好转等有利时机，补送部分前期少送电量。2023 年云南总送出西电东送电量 1345 亿 kWh。

2. 电力市场交易

促成南博会实现 100%绿色用电，成为云南首个“绿色展会”“零碳展会”。完善绿电绿证市场体系机制，全年绿电交易规模和绿电溯源证明数量均创历史新高。一是区域电力市场建设加速。承接南方区域市场“1+*N*+5*X*”规则体系要求，编制并印发省内配套实施细则。编制短周期结算试运行实施方案。改造现货计量装置 1.8 万个，完成费率分时设置 8.2 万户，提前完成省内现货市场技术支持系统全部功能模块开发和上线，实现营销、调度、交易、计量、财务五大技术支持系统全业务全流程贯通。融入南方区域现货市场实现全域结算试运行。二是绿色电力交易规模扩大。配合健全绿电交易机制，制定统一绿色用电评价认证工作机制和绿色消费证明规范。全年绿电交易规模超 1300 万 kWh，开具绿色用电溯源证明超 710 张。

3. 客户服务与优化营商环境

政企协同开展第二届“获得电力”营商环境服务周活动，发布“优服务”十项新举措，获人民日报等媒体报道。“南网在线”全渠道实现“刷脸办电”“一证办电”，互联网业务比例连续 3 年保持全网第一。南方电网公司首创中台问题库，促进现代供电服务体系建设整体向纵深推进。一是现代供电服务体系走深走实。编制前台服务手册，首创中台问题库，建立“横向多部门协同+纵向省地两级会商”机制，解决用户“急难愁盼”高抱怨问题 198 项。政企部、办公室与市场部协同研究“双解放双促进”课题获南方电网公司肯定。二是用电营商环境优化。重塑低压业扩管理模式，开展业扩报装提速提质专项行动，业扩服务时限达标率 99.75%。“南网在线”全渠道实现“刷脸办电”“一证办电”，互联网业务比例超 99.9%。三是服务模式升级。开展提升居民用电服务质量专项行动，构建大理“有风的地方、有电的温度”、西双版纳“到象往的地方充充电”等“一地区一特色”服务品牌。有力应对春节电力保供，全年 12398 投诉量、95598 投诉意见量、95598 话务量分别同比下降 42%、58%和 32%，

95598 接通率同比提升 1.69 个百分点。第三方客户满意度 86 分，同比增加 2 分，保持西部领先。

4. 营销基础管理

全网首家实现“四线一库”全面升级为“六线两库”。“云景”推广走在全网前列，营销场景实用化推广 10 项，数量居南方电网公司首位。营销融合 APP 活跃人数超 1.5 万人，活跃率超 96%，实用化率排名南方电网公司第一。红河鸡街供电所作为优秀代表，在南方电网公司“三基”现场会交流经验。一是夯实计量基础管理。建成投产南方电网首条 HPLC 通信模块自动检测流水线、10kV 高压互感器检定流水线和高压智能立体仓库，全网首家实现“四线一库”升级为“六线两库”。试点开展计量物资“成套配”，现场“即插即用”。通过电能表状态评价，2023 年云南电网实现 104 万只电能表延寿，为云南电网公司降本 3.1 亿元。二是深化电费省级集中核算。将电价代码由 989 条减少规范至 323 条，打通以“银行流水号”作为实收对账唯一标识路径，完成分布式光伏购电省级集中核算，实现抄核收业务省级集中核算。搭建营销业务风险防控平台，整改电价相关存量问题 61 万个。三是管理线损攻坚发力。2023 年继续开展管理降损攻坚，构建并逐步完善同期线损管理体系，实现异常率下降，云南电网 10kV 及以下线损率降至 3.51%。四是数字赋能业务水平提高。2023 年，推动“云景”平台实用化，面向基层开发、共享并推广 26 项典型 RPA 应用场景。推广应用“电子围栏”“返乡 + 旅游指数”等数字产品，提前预判风险区域，做好用户用电问题治理。

5. 需求侧安全管理

2023 年，强化客户用电安全管理，完成 9740 个用户的安全隐患整改，推动落实“源头控、查到位、双认定、严验收、强监督”五步法工作机制，提升用户侧装备质量和运维水平，用户故障出门数量连续两年降幅超过 20%。对照国家和不同行业的标准，摸清供电可靠性需求较高的 18 个关键行业共 2331 个用户的电源配置情况，为下一步用户电源配置研究工作提供依据。加强违约窃电管理，查处案件 1064 起，追回资金 3860 万元。客户故障出门“五步法”管控模式上升为全网经验，故障出门次数连续两年降幅超过 20%。

6. 涉电公共安全

2023 年，开展涉电公共安全隐患和设备类人身安全隐患排查治理，从隐患排查及治理、检查及考核、培训及宣传等方面，制定 26 项工作举措，加大隐患排查治理力度。构建政企联动沟通协调机制，推动云南省所有 16 家地市级供电局、124 家县（区）级供电局分别与属地政府成立电力行政联合执法机构，重点围绕辖区内线树矛盾、线房矛盾、破坏电力设施等问题开展电力行政执法检查，推进涉电公共安全隐患处置。2023 年，累计排查新增 6020 项涉电公共安全隐患，14941 起存量涉电隐患全部完成治理，涉电隐患总体治理完成率 95.50%。截至 2023 年底，实现涉电公共安全隐患、设备类人身安全隐患存量治理完成率 100%、新增排查到位率及防控到位率 100%目标。

新兴业务发展

1. 推广“121”规范管理

坚持系统观念和长期主义，按照“编制规范、试点先行、全面推广”三步走的思路推进大集体建安企业“121”管理规范的推广应用，8 月成为南网数字化转型的典范，10 月选树为大集体企业改革标杆，8 月取得“业务财务数字融合、工程项目全过程管理、项目成本精益管控”三个核心成果。大集体企业建安板块 2023 年净利润同比增长 169%。

2. 大集体企业等同管理全网推广

总结近年来改革成果和规范管理经验，构建“界面清晰、风险可控、权责明确、运转高效”的管理模式，4 月编制《等同管理专业延伸管理手册》，12 月获南方电网公司发文通报表扬。经优化修编后于 5 月固化到《南方电网公司大集体企业管理办法（试行）》制度中，全网统一应用。

科技创新与数字化

1. 科技创新

推进科技自立自强，牵头立项国家重点研发计划项目 1 项、云南省科技厅重点项目 5 项。12 月，申报获批“云南省新型电力系统创新中心”，是南方电网系统内首个、国内首批获批建设的省级新型电力系统技术创新中心。加强核心技术攻关，自主研发了基于 RISC－V 芯片和 PCRAM 的感存算一体化的智能感知终端平台系统，2 月在大理、玉溪进行了应用。自主掌握离网可再生能源制氢系统设计和运行控制技术，3 月在全国率先实现固态氢能发电并网，被新闻联播等栏目广泛报道。构建开放生态，9 月与武汉大学、昆明理工大学签订新时代全面深化合作协议，对外交流合作实现共赢。2 月首次牵头发布 ISO 国际标准，获行业级科技进步奖一等奖 1 项，云南省专利一等奖 1 项，连续第 4 年获中国专利优秀奖。

2. 数字化建设

以南网云云南分节点为代表的数字化基础设施建成。4—12 月数据健康度水平连续 9 个月保持南方电网公司第一，成为云南省首家通过国家数据管理能力成熟度（DCMM）4 级评估的企业。7 月通过国家数据安全管理能力成熟度（DSMM）3 级评估。推进数字生产建设，“云管边端”协同的新一代“算力网”建设有力提升数字电网“可观、可测、可控”能力。打造“三个一”营销数字化体系。基于云景平台开发自主应用 2000 余项，7 月能源大数据中心获得云南省工信厅、能源局联合授牌“云南省行业级大数据中心”，10月入选工信部大数据产业发展试点示范项目和国家发展改革委“电力看能耗”应用试点。推进基层数字化能力提升，全年形成“小数叶”成果200余项。

3. 网络信息安全

12月省级“网络安全运行调度控制中心”挂牌并实体化运作，首次发布网络安全运行方式，统筹风险管控，首次实现省地统一防护标准，首次实现信息专业与调度专业一体化监测预警与整体布防，Ⅲ区信息系统、厂网互联等薄弱环节的监测与防护短板有效补齐。连续5年保持公安部护网演习“三不一零”，2023年首次实现“三个不中断”的目标，云南电网“全域全程、省地一体、专业联动”的网络安全管理体系基本实现。强化网络安全人才培养，网络安全团队连续3年保持云南省网络安全竞赛第1名，4月在国家最高水平网络安全赛事“网鼎杯”中获全国32名。推进AKTD和IPv6规模化部署工作，防范化解重大安全风险。

经营管理

1. 深化改革

2023年，贯彻落实南方电网公司推动改革深化提升行动部署，在改革三年行动收官的基础上，把握用好“两个途径”、发挥“三个作用”，结合云南特色优势，谋划、实施新一轮国企改革，连续两年获评南方电网公司改革考核A级，排名南方电网前三，实现了新一轮改革“开门红”。

党的领导融入治理各环节，治理范本在144家分子公司落地，3家单位获评南方电网公司2023年治理优秀企业、20家单位获评治理良好企业。推行标杆县区局“赛马”机制，进一步激发各级人员的活力动力，荣获南方电网管理创新成果一等奖。深化“双解放双促进”管理实践创新，实现服务提质升级、员工减负增效。推进改革走在前做表率，完成国务院国资委集中签约的农垦电力专业化整合项目，成为央地融合发展的新典型。构建大集体企业“121”规范管理体系，有关经验在全网推广。打造南方电网公司西部唯一科改“标杆”企业，有关做法入选国务院国资委改革简报，在央企推介。

2. 企业治理与法规建设

2023年，推动各项工作法治化，法治型企业建设扎实有效。12月法治工作获云南省委常委、政法委书记“建议推广云电做法，推进省属国企法治建设”和南方电网公司“希望云南电网公司再接再厉继续为‘法治南网’建设贡献力量，做标杆，做表率”的批示肯定。治理步入常态化运行，新增治理优秀企业2家，治理良好企业13家，治理特色经验在南方电网报刊登报道。依法经营管理升级优化，法律法规变动识别机制获全网推广，“合规就是业务”特色做法文章在《南网知行》上发表。依法办事成效显著，依法维权年内实际到账3.67亿元；2家单位获评5A级标准化良好行为企业，4家单位获评全国行业信用AAA等级企业。法治队伍素质提升，10月2人获南方电网公司法律专业技能竞赛一等奖；建成云南省规模最大的律师团队，有关经验云南省交流。云南省各州市电力行政执法机构实现全覆盖。

3. 办公行政

在全网率先印发为中国式现代化作贡献的实施意见，推动省地两级制定并落实举措2464项。制订落实加强党的政治建设意见的分工安排及“三个清单”，编制政治纪律政治规矩负面清单，以“五个一”专项举措提升全员“政治三力”。聚焦上级决策部署，沟通汇报建言献策，高质量起草对外汇报材料274篇，累计获省部级及以上领导批示28次。聚焦中心全局策划信息报送，上报综合信息获中办国办采纳9篇次、国务院国资委采纳5篇次。

与各三甲医院签订“绿通协议”或“医疗合作协议”42份，为员工紧急就医开辟医疗“绿色通道”。与云南省公安厅建立防范和打击涉电违法犯罪长效协作机制，开展防范和打击涉电违法犯罪工作。与云南省国安全厅建立人民防线、网络反间谍相关信息研判工作机制。与云南省消防救援总队及各地州消防救援机构建立协作联动机制，形成“1+17”的电气火灾防范体系。

4. 人力资源

（1）干部队伍。树立重德才、重实绩、重专业、重基层的选人用人正确导向，干部选拔任用工作总体评价“好”率为100%，高于南方电网公司均值0.81个百分点，连续4年超过南方电网公司平均水平。细化履职评价标准，研究建立16个关键岗位的胜任力模型，组织完成本部各部门、直属机构、所属单位领导班子调研，掌握公司各级领导班子的履职情况。制定实施加强年轻干部教育管理监督工作方案，研究建立干部队伍年龄结构、专业结构模型，探索建立“优秀员工库－优秀年轻干部库－关键岗位人才池”三级干部储备机制，形成“省地协同、逐级进阶”的干部梯次。探索走出“导向清晰、方法科学、严爱结合”的干部能下路径，管理人员末等调整或不胜任退出制度覆盖率达89.7%，管理人员退出人数占比3.5%，超额完成南方电网公司下达考核指标，激发干部担当作为。强化干部实践锻炼，选派42名干部人才到艰苦边远、困难复杂的7家供电单位开展组团帮扶，加强干部多岗位历练和斗争本领养成。

（2）员工队伍。截至2023年12月31日，在职职工总数49990人（不含大集体企业），在聘专业技术专家608人、技能专家1822人。全国技术能手4人，入选国家人才支持计划3人、云南省“兴滇英才支持计划”60人，享受国务院政府特殊津贴专家7人、云南省政府特殊津贴专家14人。1人被授予“中华技能大奖”称号。

5. 计划财务

推进稳增长提质增效，2023年经营业绩考核得分121.22分，排名管制类单位第3名，再次实现经营业绩考核A级目标。第三周期监审核价取得预期最好结果，建立居民农业交叉补贴、分时电价、优先盈余送西电等损益分摊机制，彻底解决弃水电量电价政策历史遗留问题，退出农业龙头企业历史优惠电价。全网率先构建多单位跨银行CBS资金结算平台，全面实现“零手工”支付。印发长期挂账清理专项工作方案，清理1年以上债权4.04亿元，为全网“两金”压降做出贡献。十里阳光公司（原阳光高尔夫公司）自收购以来20年首次实现盈利，提前完成扭亏目标。实现4家分公司、3家供电局全量业务省级共享，6家供电局资金集中支付，南方电网公司首家实现跨地域省级财务共享。筹备会计知识大赛，荣获南方电网公司第五届会计知识大赛“团体一等奖”及“优秀组织奖”，连续两届蝉联管制类单位团体一等奖。

6. 供应链管理

抓好供应链管理改革重点任务落实，现代数字供应链管理体系建设持续深化。开展招标采购领域教育整顿，强化招标采购领域基层党组织政治功能和组织功能，采购规范化、标准化管理水平稳步提升。通过巡视、审计、专项检查等，采购合规管理、“清存遏增”“标本兼治”成效显著。实现零星采购信息化、系统化管理，零星采购先行经验在南方电网全网推广。加快现代物流体系建设，2023年10月云南省首个绿色智能周转仓——文山绿色智能周转仓建成投运。优化云南省仓网布局，累计调整退出规划外仓库132个，提前超额完成2023年仓库数量压减90%的目标。深化供应链风险体系应用，连续3年举办廉洁供应链生态圈共建活动，廉洁合作供应链生态圈基本建成。

监督执纪

1. 审计监督及整改

2023年，分层分级开展经营类审计项目205项，实现经济责任审计、重大投资项目、财务会计信息质量审计全覆盖，内控审计、资金管理审计有效覆盖。探索“审计+”模式，在经济责任审计中与同期开展的巡察工作“巡审联动”，实现成果共享。采取“1+N”模式，在经济责任审计中同步嵌套内控管理专项审计，实现一审多项、一审多果。运用数据分析技术开展日常监督，提高审计发现问题的及时性。建立健全审计整改责任体系、保障体系、监督体系（简称“三个体系”），将审计整改和风险防控有机结合，促进经营合规管理由外力推动逐步向内因驱动转变。2023年审计发现问题到期整改完成率100%。深度挖掘审计发现问题价值，汇总分析提炼审计发现专业领域主要问题，向被审计单位和相关职能部门发出风险提醒函、管理建议书，为管理及决策提供参考。

2. 纪检监察

聚焦电力供应保障等8个监督重点，对三级单位开展全覆盖政治监督，发现问题217个。借鉴“枫桥经验”，监督并处置群众身边不正之风与“微腐败”方面苗头性倾向性问题278个。开展落实中央八项规定精神专项监督调研，重要节日发送廉洁短信44万条次。“监督+业务”协作机制取得实质性突破，营销、基建、审计、巡察等部门移交问题线索43条。与公检法系统的协作持续加强，促成纪委监委、公安机关及云南电网公司纪委三方力量对重点案件挂牌督办。坚持一案一剖析，撰写案件剖析报告10份，建立完善以案促改台账31份。对18家不良供应商和19人实施市场禁入。强力追赃挽损3873万元。营造廉洁氛围，35家单位获地方清廉企业称号，基层班站所廉洁阵地建设覆盖率超过50%。

3. 巡视巡察及整改

2023年，云南电网公司党委深入学习贯彻落实党的二十大精神和习近平总书记关于巡视工作的重要论述，4月编制印发《云南电网公司巡察工作规划（2023—2027年）》。巩固“巡审联动”，探索“巡纪协作”，深化“同步巡”等方式，对10家党组织开展党的二十大后第一、二轮巡察，发现问题1017个，移交问题线索9条。10月出台《贯彻落实南方电网公司党组深化上下联动加强巡察工作若干意见工作举措》，8月承接制定《政治监督具体化精准化重要事项清单》，提升巡察质量。

推动做好中央巡视、南方电网公司党组巡视及内部巡察整改。承接编制中央巡视内部巡视工作专项检查整改措施34项，5月制定2023年南方电网公司党组巡视常态化整改年度目标任务100项，对10家被巡察党组织开展集中整改成效评估。通报巡察发现共性典型问题42个，建立巡察整改“重点指标跟踪管控”工作机制，梳理职能部门指导监督整改规定动作72项，提高整改工作和成果运用水平。

党的建设

1. 政治建设

落实“五级书记”抓党建和全员党建责任制要求，构建“三位一体”格局，各级党员领导干部抓党建主责主业意识持续增强。坚持党内法规、重要文件制度学习贯彻提醒机制，组织完成基层党委工作指引、党支部“两册”、党建业务“规定动作”负面清单年度修编，坚决杜绝“规定动作不到位、自选动作花样多”。深化大监督体系建设，聚焦职能监督工作难点痛点，在7家单位开展监督工作积分试点，推广运用监督“三函”（监督建议函、监督督办函、监督提示函），推动“五项机制”有效运转，形成了各监督主体分工协作、资源共享、整体联动、精准处置、整改提升的大监督工作格局。

2. 组织建设

加强“一部一支部”“一所站一支部（小组）”建设，规范优化基层党组织设置。落实规范临时党组织管理的规定，督促各单位结合重大项目、巡视巡察等工作，规范设立和管理临时党组织。完成物资公司、能讯公司党组织关系跨省转接、文山供电局党组织调整及农垦电力党组织划转等工作，确保过程合规有序。加速补齐短板弱项，制定“四类企业”党建工作2023年度工作计划，建立县级供电企业、大集体企业帮扶指导机制，大集体企业“一把手”100%由党员担任。始终坚持融合是全面的、直接的、具体的，推动计财、营销、基建等多个领域制定实施党建与业务融合工作方案，把党建工作嵌入到业务流程、环节中。

3. 意识形态与宣传

连续6年组织签订意识形态工作责任书。抓实网络意识形态风险防范，组织开展网络工作群排查清理并建立台账，开展全员警示教育，教育引导员工自觉规范网络言行。完成4.61万余名干部员工“一对一”谈心谈话，帮助解决问题1949条，通过与员工面对面交流、实打实解难，增进团结、凝聚共识。加强“策划＋执行”明确选题方向，制定实施方案及重点选题任务清单，细化形成9大主题80项重点选题，确保高质量完成全年目标任务。坚持以三大央媒为牵引，全年上稿93篇次，同比实现新突破。聚焦“主旋律＋正能量”打造精品力作，立足云南省贯彻“西电东送”战略30周年这一重要历史节点，制作微电影《跨越》。

4. 作风建设

营造干事创业风清气正良好政治生态。制定63项落实中央八项规定精神深化纠治“四风”工作举措，编制落实中央八项规定精神负面事项清单，查处违反中央八项规定精神案件3起、点名道姓通报曝光14起。重要节日前发送廉洁短信44万余条，明察暗访619家单位，持之以恒纠“四风”。建立为基层减负5项机制，对内发文、普遍开至下级单位会议数连续4年“双下降”，303个机器人流程自动化工具极大减轻一线员工重复性事务负担。落实加强新时代廉洁文化建设重点举措，连续4年举办“云电清风 纪律护我行”现场警示教育活动，建成全天候3D廉洁教育数字展馆。出台“清廉云网”十项禁令，与廉洁“保命”五个规定要求，构成正向引导、负向约束的强大合力。

5. 工会工作

2023年，坚持以习近平新时代中国特色社会主义思想为指导，在云南电网公司党委和上级工会的坚强领导下，围绕“4331”重点任务，按照“抓规范、增活力、提素质、拓优势、促和谐”的工作思路团结凝聚职工，为云南电网公司再获“双A”展现了工会担当。工会工作迈上新台阶，成绩单喜人亮眼，产业工人队伍建设改革、维护劳动领域政治安全工作获评云南省考核最高等级“优秀”，工会财务会计工作获评全国总工会“先进单位”；李辉同志作为一线职工当选全国总工会执委会委员、云南省总工会兼职副主席，为南方电网公司历史首次；获评“大国工匠年度人物”，在云南省、南方电网公司均为历史首次。

6. 共青团工作

将团青工作融入大党建工作格局，依托纳入党支部“两册”规范、“青苗、青马、青才、青干”梯次培养等举措，完善青年工作协同机制，党建带团建格局更加健全，团青工作基础更加有力，助推党建工作加强。推进团员和青年主题教育、青年精神素养提升工程等，经验做法获团中央指导组高度肯定。组建覆盖“省市县”三级的“青年讲师团”队伍，实现青年宣讲全覆盖，青年理想信念更加坚定。打造“号岗”建功集群，3个集体获评全国“号岗”荣誉，在“大众创新奖”中单独设立青年奖项。全覆盖建立团干部联系服务团员青年机制，青年作用发挥更加显著，归属感和幸福感更加强烈。建立“团青工作协作区”、团省委联建共建等机制，成立云南省首家政企“青少年教育基地”，推动团组织工作质量提升。

7. 文化建设

全覆盖宣贯新修订南网企业文化理念，启动第四批企业文化示范单位（点）申报工作。建成云南首家综合性专业化电力展示厅，推进常态化运营，全国“七一”勋章获得者张桂梅老师带领160多名学员到此参观游学。对照党建责任制反馈关于企业文化的问题整改要求，构建覆盖云南省、直通基层供电所的企业文化全景图，确保各层级文化建设全过程可控在控。落实南方电网公司品牌强企要求，承接制定品牌强企重点工作推进计划表。与省、市、区文明办沟通交流，抓住全国文明单位创建关键年争取好成绩，其中怒江局获得全网报送国资委全国文明单位创建唯一名额。

2023年，云南电网公司党建经营再获“双A”评价，发展处于历史最好时期。一流指数达76分，9项指标迈入国际或国内一流，万元固定资产售电量高居南方电网第一，利润总额近10年最好、经营业绩考核全网第3。入选省部级人才计划人数居全网首位，在聘专家数量南方电网第二，员工满意率实现4年连升，政治生态评价连续2年居南方电网前列。

主要事件

7月26日，云南省能源局主办、云南电网公司承办的“西电东送”30周年成就宣传展在昆明开幕。会上肯定了30年来各方共同努力取得的巨大发展成就，认为西电东送有力促进区域协调发展，形成了东西部优势互补、互利共赢良好局面，为西电东送国家战略可持续发展奠定坚实基础。

8月4日，云南省能源局与云南电网公司在昆明联合举办了首届云南新型电力系统发展论坛。论坛聚焦“以新型电力系统支撑构建新型能源体系”主题，邀请国家部委、知名院士、专家学者，上海、浙江、广东、广西、四川等省区（市）能源主管部门、云南省有关部门，相关行业协会、设计单位、高等院校、金融机构、设备制造商，以及在滇发电企业、电力大用户等300余人参加论坛，获新华社等多家主流媒体宣传报道。

9月11日，由云南电网公司投资建成的500kV鹤城输变电工程投产。工程建成后，将加强昭通电网与云南主网的连接，优化昭通网架结构，加强线路抗冰灾能力，降低昭通电网运行风险。

9月24日，500kV柳井输变电工程投产。该工程投产后，将优化文山网架结构，实现与500kV砚山变电站、天星变电站电磁环网运行，实现永富直流电量回送云南。

9月27日，云南电网完成云南省乡镇充电桩、充换电站及配套台区等各类充电基础设施及配套电网建设，在云南省1203个乡镇建成充电站点1526个、充电桩5042枪，充电总容量219755kW，实现充电基础设施全覆盖，打通了乡镇充电“最后一公里”。

10月12日，中华全国总工会第二次全体会议选举产生了中华全国总工会第十八届执行委员会、中华全国总工会第十八届经费审查委员会。云南电网公司职工李辉当选中华全国总工会第十八届执行委员会委员，成为南方电网公司历史上首位当选全国总工会执委的一线职工。

10月24日，云南电网公司与云南农垦集团正式签署《云南农垦电力有限责任公司70%股权转让协议》，标志着云南电网公司接管农垦电力，云南省电力“一张网”迈出历史性一步。接管农垦电力后，云南除保山电力外电力体制全部理顺，云南省电力“一张网”格局正加速形成。

11月1日，经云南能监办和省能源局授权，云南电网公司印发《云南电力市场现货电能量交易实施细则》《云南电力市场中长期电能量交易实施细则》《云南电力市场结算实施细则》《云南电力市场信息披露管理实施细则》，标志着南方区电力市场云南现货市场的省内配套细则体系已基本建立。

（吴冬梅）

【贵州电网有限责任公司】

企业概况 贵州电网有限责任公司（简称贵州电网公司）是南方电网公司的全资子公司，注册资本196.18亿元。前身为贵州省电力公司，2004年更名为贵州电网公司，2014年更名为贵州电网有限责任公司。负责贵州电网的统一规划、建设、管理和调度，经营中央在黔国有电网资产，承担着贵州省内电力供应和西电东送双重任务。截至2023年底，已形成“三横两联一中心”的500kV主网形态，500kV电网实现市州全覆盖、220kV电网实现县域全覆盖，以数字电网为关键载体的新型电力系统基本形成。通过“五交三直”向广东送电，黔电送粤能力1000万kW。贵州电网公司拥有35kV及以上输电线路3095回，长度5.51万km，变电站1527座，主变压器2635台，容量133837.7MVA。

2023年实现减亏目标（净资产收益率－3.27%，全员劳动生产率51.12万元/（人·年），资产负债率74.14%，线损率4.52%）。2023年供电量1859亿kWh，增长6.01%。售电量1789.9亿kWh，增长6.5%。其中：西电东送电量完成420.3亿kWh，同比增长35.2%。完成投资110.64亿元，同比增长11%。电网统调最高负荷2710万kW，全网统调装机容量6480.1万kW，其中煤电装机2790万kW，占比43.1%，水电装机1736.3万kW，占比26.8%，风电606.1万kW，占比9.4%，光伏1286.1万kW，占比19.9%，生物质及其他电源装机61.6万kW，占比0.9%。

贵州电网公司先后荣获全国脱贫攻坚先进集体、全国五一劳动奖状、全国文明单位、全国厂务公开先进单位、全国模范劳动关系和谐企业、中央企业先进基层党组织等荣誉称号。

领导班子

1. 党委

书记：陈晔

副书记：李志强、谢旭

纪委书记：李毅（至2023年9月）、林波（自2023年9月）

委员：颜朋、张衡、鲁万坤、段荣华

2. 董事会

董事长：陈晔

董事：李志强、佀蜀明（至2023年6月）、林志波（自2023年9月）、娄山、余文奇、徐兵

职工董事：谢旭

3. 监事会

主席：王静辉（至2023年4月）、金昌铉（自2023

年9月）

监事：林辉（至2023年8月）、杜云辉（自2023年9月）

职工监事：廖勇（至2023年6月）、何静（自2023年6月）

4. 经理层

总经理：李志强

副总经理：苏志鹏（自2023年12月）、张衡、鲁万坤、段荣华

总会计师：颜朋

二级职员：王玉萍

5. 工会

主席：谢旭

组织机构 2023年，贵州电网公司组织机构调整情况如下：2月，贵州电网公司纪委设监督执纪组，6月更名为纪委监督执纪中心。4月，贵州电网公司党委设巡察督导组，挂靠公司巡察办。6月，创新管理部更名为创新与架构部（全面深化改革办公室），全面深化改革办公室由战略规划部调整至创新与架构部。工会办公室增挂“职工权益维护部”牌子。9月，战略规划部（乡村振兴工作领导小组办公室）更名为战略规划部。安全监管部（应急指挥中心）更名为安全监管部（应急管理部）。

电网发展

1. 电网规划

争取贵州省、国家部委支持西北清洁电力入黔。2023年12月，实现黔渝、湘黔灵活互济项目纳入国家规划，加快推进项目实施。推动省政府于8月制定《贵州省煤电项目建设三年攻坚行动方案》，倒排12个1452万kW煤电项目工期，推动15个195万kW新型储能项目并网发电。11月，制定本质型安全电网规划建设三年行动方案。推行中低压配电网网格化管理，全省以配电组/供电所为主体形成814个网格。2023年配网自愈覆盖率达到68.35%，同比提升52.79%，贵安及30个区县局实现“整县自愈”。毕节高比例新能源和储能示范区、贵阳乌当城镇数字电网示范区、六盘水纳木村柔性配电网工程列入南方电网新型电力系统发展报告。

2. 主配网建设

11月，提前投运500kV新光电厂送出工程，12月，按期投运500kV奢鸭Ⅱ回新能源消纳项目。6月投运220kV仁怀南输变电工程，11月投运六枝磷酸铁锂等业扩配套项目，满足区域负荷增长需求。贵南高铁捞村、独山南牵引站220kV供电工程先后于4、10月投运，为地方交通发展提供支撑。6月，相继投运220kV龙泉站110kV送出工程、220kV五里站110kV送出工程，消除贵阳区域主变压器线路$N-1$导致的一级及以上事故事件风险。按计划有序推进500kV水场变，盘州、仁义、威赫电厂送出工程和二郎电厂、黔东电厂转网等一系列网省公司重点工程。全年完成农村配电网投资40.9亿元，投运项目9827项。科创园一期省级计量检定中心项目获“贵州省建设工程绿色施工项目”称号。2023年贵州电网110kV及以上电网工程投运统计见下表。

2023年贵州电网110kV及以上电网工程投运统计

投运项目名称	投运时间	新增变电容量、线路里程	新建或改扩建
镇远芽溪110kV输变电工程	2023年3月19日	4万kVA/1.5km	新建
贵南高铁捞村220kV牵引变电站接入系统工程	2023年4月21日	78.84km	新建
安顺风华110kV变电站Ⅱ期扩建工程	2023年4月27日	5万kVA/11.8km	改扩建
台江革一220kV变电站110kV线路送出新建工程	2023年5月20日	2.7km	新建
水城220kV变电站增容扩建工程	2023年5月30日	36万kVA	改扩建
遵义仁怀南220kV输变电工程	2023年6月6日	48万kVA/28.9km	新建
龙泉220kV变电站110kV送出工程	2023年6月6日	23.32km	新建
110kV印江变电站增容工程	2023年6月13日	3万kVA	改扩建
兴义220kV坝算变电站110kV配套送出工程	2023年6月18日	11.9km	新建
贵阳110kV继望变电站2号主变压器扩建工程	2023年6月20日	4万kVA	改扩建
施秉白坡110kV输变电220kV配套工程	2023年6月21日	18万kVA	改扩建
110kV金马线改接输变电工程	2023年6月25日	2.1km	改扩建
雷山220kV变电站110kV送出工程	2023年6月26日	12.79km	新建
220kV五里变电站110kV送出工程	2023年6月30日	3.54km	新建
小河谷立220kV变电站110kV送出工程	2023年7月7日	10.2km	新建

续表

投运项目名称	投运时间	新增变电容量、线路里程	新建或改扩建
习水 220kV 输变电工程	2023 年 7 月 18 日	48 万 kVA/17km	新建
220kV 山坪变电站至贵州裕能项目 220kV 线路工程	2023 年 7 月 22 日	10.9km	新建
习水 500kV 变电站 220kV 送出工程	2023 年 7 月 22 日	61km	新建
鸡场 220kV 变电站主变压器更换及 10kV 出线改造工程	2023 年 7 月 28 日	18 万 kVA	改扩建
220kV 高洛变电站 110kV 配套送出工程	2023 年 8 月 12 日	24km	新建
贵阳 110kV 长岭变电站主变压器扩建工程	2023 年 8 月 30 日	5 万 kVA	改扩建
黔西 110kV 莲城输变电工程	2023 年 9 月 13 日	6.3 万 kVA/20.39km	新建
长兴 220kV 变电站 2 号主变压器扩建工程	2023 年 9 月 17 日	18 万 kVA	改扩建
仁怀 110kV 二合二期扩建工程	2023 年 9 月 23 日	5 万 kVA	改扩建
紫云红岩 110kV 输变电新建工程	2023 年 9 月 24 日	5 万 kVA/24km	新建
沿河鱼溪 110kV 输变电新建工程	2023 年 9 月 25 日	4 万 kVA/10.7km	新建
锦屏 220kV 变电站 110kV 送出线路工程	2023 年 9 月 25 日	25.16km	新建
220kV 桐梓变电站增容工程	2023 年 9 月 28 日	48 万 kVA	改扩建
银山（雨雪）220kV 变电站 2 号主变压器扩建工程	2023 年 9 月 28 日	18 万 kVA	改扩建
荔波时来 110kV 输变电扩建工程	2023 年 9 月 30 日	4 万 kVA	改扩建
贵南高铁独山南 220kV 牵引变电站接入系统工程	2023 年 10 月 11 日	43.6km	新建
贵阳 110kV 云潭变电站扩建工程	2023 年 10 月 12 日	5 万 kVA	改扩建
思南 110kV 塘头变电站 2 号主变压器扩建输变电	2023 年 10 月 19 日	4 万 kVA/8.9km	改扩建
叙毕铁路 110kV 毕节东牵引变电站接入系统线路工程（临时过渡方案）	2023 年 10 月 30 日	1.65km	新建
六枝年产 30 万 t 新型磷酸铁锂材料 220kV 接入系统项目	2023 年 11 月 3 日	3.5km	新建
220kV 新蒲变电站 3 号主变压器扩建	2023 年 11 月 3 日	24 万 kVA	改扩建
叙毕铁路 110kV 毕节东牵引变电站接入系统线路工程	2023 年 11 月 9 日	51.11km	新建
叙毕铁路 110kV 何官屯牵引变电站接入系统线路工程	2023 年 11 月 10 日	4.49km	新建
正安 220kV 变电站 110kV 送出工程	2023 年 11 月 13 日	28.9km	新建
兴义长征 220kV 变电站 2 号主变压器扩建工程	2023 年 11 月 22 日	18 万 kVA	改扩建
220kV 安顺紫云变电站第三台主变压器扩建输变电工程	2023 年 11 月 26 日	18 万 kVA	改扩建
贵州 500kV 新光电厂送出工程	2023 年 11 月 29 日	45km	新建
贵州 500kV 乌撒变电站主变压器扩建工程	2023 年 12 月 3 日	75 万 kVA	改扩建
贵州 500kV 八一变电站第二台主变压器扩建工程	2023 年 12 月 5 日	75 万 kVA	改扩建
毕节 220kV 赫章第三台主变压器扩建工程（含毕赫 I 回 CT 改造）	2023 年 12 月 5 日	18 万 kVA	改扩建
贵州 500kV 醒狮站扩建第三台主变压器工程	2023 年 12 月 8 日	75 万 kVA	改扩建
沿河 220kV 青山变电站 2 号主变压器扩建工程	2023 年 12 月 15 日	18 万 kVA	改扩建
册亨县纳福 110kV 变电站 2 号主变压器扩建工程	2023 年 12 月 21 日	4 万 kVA	改扩建
荔波 220kV 水丰变电站 110kV 送出工程	2023 年 12 月 21 日	50.5km	新建
220kV 兴义李关变电站第三台主变压器扩建工程	2023 年 12 月 22 日	18 万 kVA	改扩建
220kV 余庆变电站 110kV 送出工程	2023 年 12 月 22 日	8km	新建

续表

投运项目名称	投运时间	新增变电容量、线路里程	新建或改扩建
贵州奢香—鸭溪第二回 500kV 线路工程	2023 年 12 月 27 日	149.5km	新建
都匀独山 220kV 石牌变电站第二台主变压器扩建工程	2023 年 12 月 27 日	18 万 kVA	改扩建
凯里开怀 220kV 变电站 1 号变压器更换及配套 10kV 出线功能改造工程	2023 年 12 月 29 日	24 万 kVA	改扩建
贵州茅台酒厂（集团）贵定晶琪玻璃制品有限公司用电项目（主供）供电线路工程（110kV）	2023 年 12 月 30 日	11.21km	新建
平塘天文（克度）110kV 输变电新建工程	2023 年 12 月 30 日	4 万 kVA/30km	新建
贵州 500kV 六盘水站扩建第三台主变压器输变电工程	2023 年 12 月 31 日	75 万 kVA/76km	新建/改扩建

3. 基建安全

严格落实“1+*N*”作业风险管控措施。全年累计管控施工作业安全风险 98702 项。规范基建工程隐患排查治理工作，发现并整改完成隐患 376 项，连续 12 年基建人身“零死亡”。持续应用“智慧工程”开展基建项目安全管控。“施工计划准确率、人员到位率、视频覆盖率”由年初的 41%提升至年末的 98%以上。

4. 工程质量管理

开展工程质量回访及质量通病防治工作。贵阳五里 220kV 变电站新建工程获国家级优质工程奖（2021—2022 年度第二批中国安装工程优质奖）。8 项工程获南方电网公司优质工程奖。21 个项目获南方电网公司优秀设计奖。8 个 QC 课题获南方电网公司基建优秀 QC 成果。贵阳 220kV 五里变电站工程、500kV 威宁变电站工程获电力建设工程绿色建造星级工程。小河谷立 220kV 变电站新建工程、汪官 220kV 变电站新建工程获全国电力行业标杆工程。息烽 35kV 黎安新建工程（智能变电站）、110kV 岩城变 10kV 岩园Ⅰ回线新建工程获全国电力行业示范工程。

5. 乡村振兴

持续完善巩固脱贫攻坚成果同乡村振兴有效衔接工作体系。落实“书记工作法”，3 月，制定进一步加强乡村振兴定点帮扶项目管理指导意见，建立健全服务乡村振兴定点帮扶工作机制。全年按期完成 36 个定点帮扶项目。以工代赈促进就业增收，吸纳 526 名当地群众务工就业。4 月，建立消费帮扶联合工作室，采购帮扶地区农副产品 3130 万元。全年新建“南网知行书屋”36 间。贵州电网公司定点帮扶工作年度考核评估首次获得满分，并列全省第一名。

6. 绿色发展

全年新投新能源装机 322.2 万 kW，新能源发电量 292 亿 kWh，占比达到 12.15%。绿电交易电量 7.9 亿 kWh，增长 26 倍，有效满足茅台、中伟新材料等 43 家企业的绿色用能需求。全年累计节约电量 3.54 亿 kWh，节约电力 8.56 万 kW。实施小区充电桩报装变革，5 月起，贵州全省居住社区电动汽车充电桩“免许可”用电报装。全年居民充电桩数量增长 460%。9 月 27 日，毕节威宁自治县云贵乡二期公租房停车场南方电网公司充电桩项目投运，标志着南方五省区在全国率先实现充电基础设施乡镇全覆盖。完成电能替代电量 72 亿 kWh，同比增长 40.8%，随器计量电量占比 94.4%。

电网运行与安全生产

1. 电网运行

落实防范系统运行风险 55 项重点举措，解决 7 个“*N*−1”突破导则问题，完成涉及Ⅰ级防拒动的 23 个开关间隔传动、3 个区域稳控系统“高保真”传动试验，成功防控开关、保护及稳控系统拒动导致的系统失稳风险。有效管控 19 个一级事件风险，611 个三级及以上事件风险。1 月，建立生产关键指标体系，220kV 及以上变压器和断路器强迫停运率显著下降。作为靶标单位完成“HW2023”实战演习，实现“三不一零”和“零失分”目标。

2. 配网安全

全面完成安全生产 221 项重点工作，有力保障电网安全和电力可靠供应。8—11 月，开展“秋风行动”，专项下达项目 1032 个，清理树障 18097 处，处置设备本体缺陷 11228 个。4—12 月，开展“百马争先”零故障记录创先活动。配电线路故障次数总体下降超 30%，频繁停电线路故障次数同比下降 52%。

3. 电网风险防控

进一步规范输变电项目的可研设计技术标准，4 月，印发《防范电网运行风险规划设计补充原则》。全年开展并完成 229 套 220kV 及以上超期服役保护装置改造。通过原屏改造方式完成 155 套保护改造，同比增长 182%。鹅毛寨等 4 家电厂完成厂站内光缆共模风险整治，消除贵州电网 220kV 直调电厂光缆共模风险。

4. 安全管理

落实安全风险隐患双重预防机制，制定“四大年方式”策略精准管控六大安全风险。10 月，印发竞争性企业安全生产管理实施细则，厘清专业责任、明确管理重点。深化“1+N”作业风险管控机制迭代应用，线上线下安全监督形成联动，连续4年系统内“零死亡”。持续开展事故隐患专项排查整治行动，4月，开展煤矿供电安全专项检查。圆满完成数博会、村BA、村超等重要保供电任务。

5. 生产设备管理

按照“管控重大风险、彻底消除隐患、确保本质安全”的思路，全年针对电网设备设施存在的五大类风险42项风险点，落实32项工作任务、104项工作举措。持续深化资产全生命周期管理，高效管控密集输电通道、水电站三类坝等重大安全风险。按期完成电子式互感器隐患整改、220kV变电站电缆火灾隐患改造。三级及以上事件同比下降50%。

6. 应急与保供电

11月，与省应急管理厅签署战略合作协议。以“应急办工作例会机制”“应急管理体系日常监督检查机制”为抓手，结合检验性应急演练、“应急能力评估”、应急管理人员和应急特勤队培训班等工作，进一步完善系统应急管理体系“平时”管理基础。2023年有效应对雾龙河电站突发地质灾害、毕节威宁地震（3.3级）、强降雨天气等多起重大公共突发事件。

截至2023年底，贵州电网输变电设备情况见下表。

贵州电网输变电设备情况

电压等级（kV）	变电站座数	变压器台数	变压器容量（MVA）	线路条数	线路长度（km）
500	20	126	31502	71	4547.536
220	148	268	5013	491	13642.004
110	590	989	43820.5	1171	18858.966
合计	758	1383	80335.5	1733	37048.506

注　500kV不含超高压公司青岩变压器、黎平变压器及独山变压器。

电力市场与营销服务

1. 电力供应

2023年，贵州电网公司坚决扛起电力保供首要责任，克服来水十年最枯最晚（全年来水偏枯37%）、四季连旱、煤炭产能受限等困难，确保全省电力充足有序供应。年初策划制定“以煤换水”、一厂两网[1]、独立储能建设、现货市场建设等多项保供应措施。年初按照“以水定电、以发定供”原则开展负荷管理，参与负荷管理最大用户8174户，最大管理负荷450.1万kW，管理电量11.8亿kWh，有力保障贵州民生用电和重点企业用电。精准精细做好需求管理，加快构建新型电力负荷管理系统，贵州接入刚性可控负荷129户176.8万kW，占最大负荷的6.6%。1月，推动建立全省煤电保障供应联合办公机制，并有效运转，超额完成存煤蓄水任务全年电煤首次超过8500万t，同比增加24%，年底存煤900万t以上，超目标值100万t以上，水电蓄能同比增加130%。7月，率先建立黔电送粤分电到厂责任机制，为西电东送“行稳致远”提供制度保障。

2. 电力市场交易

持续推动贵州融入南方区域电力现货市场建设。先后印发现货电能量交易、中长期电能量交易等4个现货市场配套实施细则。10月，贵州与广东、海南首批次参与南方区域现货结算试运行，试结算工作平稳有序。全年市场化交易持续推进，省内市场化交易电量868.59亿kWh，同比增长1.95%。其中直接交易电量616.23亿kWh，水火发电权交易电量10.83亿kWh，电网代理购电交易电量241.53亿kWh。

3. 客户服务与优化营商环境

2月，出台《客户经理事前服务工作指引》，制定“一张表、一张图、一张卡”[2]，将服务管控关口前移。95598投诉同比下降30.1%，其中停电处理类投诉同比减少59%。12398投诉大幅下降。全省100个水电气网营业网点和10个市区行政服务中心实现“一表申请、一网通办”。互联网办电比例99.8%，居民用户“刷脸办电”、企业用户“一证办电”办理比例93.1%。助力乡村振兴，推出“多彩电烤”产品服务。“电酿酒”获得南方电网首届“服务和商业模式创新大赛”二等奖。

4. 营销基础管理

8月，建成煤矿风险预测防范系统，实时监测预警472户煤矿用户用电风险。先后完成贵阳、遵义、毕节和兴义4个智能量测示范建设，构建“智能终端+智能工单”软硬结合的高效运维场景。10月，完成计量自动化系统停电感知功能改造，停电研判准确率达98.5%。6月，推动政府出台相关地方计量技术规范。“南网在线”累计注册达1011万户，当年新增注册142万户。

5. 需求侧安全管理

推动省能源局于7月修订印发《贵州省电力需求响应实施方案（试行）》，需求响应资金由全体参与市场化交易的电力用户共同承担，调整响应价格上限由

[1] 一厂两网：兴义电厂#2机为广西的权益机组，使用广西的煤电指标建设，可以在广西电网或者贵州电网运行。

[2] “一张表、一张图、一张卡”是指：“一张表”，不同场景客户服务工作指引表。“一张图”，客户服务工作开展指引图。“一张卡”，事前服务工作“你问我答”指引卡。

原来的 0.5 元/kWh 调增至 1.5 元/kWh。配合贵州省能源局制定 2023 年有序用电预案。全年新型电力负荷管理系统接入刚性可控负荷 176.8 万 kW，占最大负荷的 6.6%，实现需求响应、有序用电、负荷管理线上全流程贯通。

6. 涉电公共安全

全面落实防范事故隐患专项排查整治 2023 行动。加强涉电公共安全隐患管理过程监督，按照及时清理存量、动态消除增量的工作要求高质量完成整改。2023 年之前的涉电公共安全隐患 100%得到处理。全年发生涉电公共安全事件 4 起，同比下降 64%。

新兴业务发展 2023 年供应链金融支持规模达 83.79 亿元，南网 e 链达 44.43 亿元，普惠金融达 3.60 亿元。按期完成全省工业物业整合，6、7、9 月，创星公司、鼎康公司及电力医院先后完成专业化整合。打造服务以新能源为主体的新型电力系统建设工程总承包业务能力，实现新能源业务营收 1.35 亿元。盘活闲置土地 4 处闲置物业 9 处。

科技创新与数字化

1. 科技创新

2023 年研发经费投入总额 10.37 亿元，其中创新项目投入 4.01 亿元，同比增长 6.7%。累计拥有有效发明专利 1820 件，有效发明专利占比 43.78%。年度新增授权发明专利 500 件。牵头承担国家重点研发计划项目主要示范任务“智能传感器”专项“宽温域高精度量子电流敏感元件及传感器”项目，承担贵州省科技支撑计划项目 6 项，承接南方电网公司科技专项 51 个，其中储能专项项目 2 项。2023 年年度成果转化收入同比增长 40.25%。“半自动快速装拆接地挂钩”等 50 项科技成果新产品纳入南方电网年度挂网试运行计划。积极推进南方电网防冰减灾基地等项目。6 月，贵州电网公司牵头的“电网抵御凝冻灾害融冰关键技术及其应用”项目荣获贵州省技术发明奖一等奖。

2. 数字化建设

开展线上作业监测 113 万次，预警提醒“三无”作业等风险 23 万余次。12 月，实现多旋翼无人机远程操控“自主巡检”。深化“全面封键盘”专项行动，完成 557 个封键盘场景、线上生成 213 张报表。开展面向电力行业的超算技术研究，11 月建成全国首个面向电力行业的国产 ARM 架构超算平台。“黔电小智”行政综合服务 APP 获南方电网公司“数办杯”一等奖。数字化转型成果荣获“中国企业改革发展优秀成果二等奖”“全国企业数字化应用十佳解决方案”等多项荣誉。12 月 15 日，南方电网公司在贵阳召开“小数叶”职工创新颁奖暨“都匀范式”现场推广会，面向全网推广“都匀范式”。12 月，发布《数字强企建设三年行动计划》。12 月，制定出“南网底色鲜明、贵州特色突出”的“电鸿”试点方案，成为南方电网首家省级试点单位、首家数字生产与“电鸿”全面绑定的单位、首家签订合作备忘录的单位。

3. 网络信息安全

6 月，建成南网首套自主可控的自研域控系统。6 月，投运南方电网首个全自主可控电力营业厅。连续 7 年未发生三级及以上网络安全事件。9 月，成立“网络安全运行调度控制中心”，实现省级运调实体化运作。将运服纳入运调统一管理，1000 号通过 ITSD 客户服务能力成熟度 L5 卓越级认证。在“全国大数据及网络安全精英对抗赛”“全网 IT 自动化运维技能竞赛”等比赛中分获个人一等奖、团体二等奖等多项荣誉。

经营管理

1. 深化改革

推进治理示范企业创建，推广麻江供电局等经验模式，评价出 17 家治理示范良好企业，贵阳小河供电局、贵阳金辉供电实业有限公司被评为南方电网公司治理优秀企业，其中贵阳金辉公司成为南方电网公司首家治理优秀的大集体企业。11 月 8 日，贵州电网公司召开试点探索市、县、所组织结构变革启动会，制定十个方面、269 项改革举措，在南网率先启动市、县、所组织结构变革。首批试点 4 家县区供电局管理人员占比从 18%减少至 3%，原 149 名管理人员调整至班组、供电所。试点单位核心业务运转平稳有序，核心业务工单闭环时间减少 62%。3 月，实施组织模式优化行动，实现各级生产指挥和智能作业中心高效运转，进入南方电网公司首批典型变革场景设计。深化“自己的活自己干”，实现 59 类业务 100%自主作业，78 类业务自主作业全覆盖。全省大集体企业在 114 个项目中建立自主施工班组，利润增幅 59.6%。

2. 企业治理与法规建设

5 月，形成“123+*X*”[1]特色风险管理框架，7 月制订风险评估标准，开展 16 个业务域的风险评估，全年制定风险控制措施 1900 余项。法律服务参与金沙黄磷厂破产清算、花果园客户资产接收等重要工作。法律审核率保持 100%。法律审核重要经营决策 143 项。全年共计办结案件胜诉率 96.87%。3 月，贵州电网公司荣获首批“电力行业信用体系建设示范企业”，是南方电网系统唯一获此殊荣的省级电网企业，遵义供电局、都匀供电局、毕节供电局、送变电公司被授予电力行业最高级别的“企业信用评价 AAA 级信用企业”。

---

[1] “123+*X*”：“1”是指“1 个制度”，即内控管理办法；“2”是指“2 个载体”，即流程建设和标准建设。“3”是指“3 类工具”，即风险评估工具、风险管控工具和风险评价工具；“*X*”是指 *X* 个文件，即基础执行文件。

3. 办公行政

3 月，建成使用“OKR 平台 + 督办系统”管理体系，强化执行力提升，全年完成 7 类 689 项工作的督办任务。14 条信息被中办、国办、国务院国资委采用。《旅游旺季古城古镇用电安全问题亟需关注》被评为国务院国资委年度优秀信息。困扰 20 余年的贵阳市南明区青云小区外墙整治得到解决，为老旧小区隐患治理提供政企合作新样板。升级改造员工保障性住房，基层班站所食材集中配送覆盖 1.8 万余人次。

4. 人力资源

全年新提拔 21 名“80 后”三级干部，管理人员任期制契约化工作实现全覆盖。选人用人工作总体评价“好”率 100%，所属单位选人用人工作总体评价“好”率 98.36%。新晋升四星、五星员工 98、17 名。9 月，印发《人才强企建设实施计划》，明确人才治理、运营、发展、生态四大体系和 93 项措施。以创新型、专业化、高层次人才为重点，突出抓好人才的选聘、培养、使用和服务保障工作。建立“人才 + 项目”优化配置机制。全年新增贵州省高层次创新型人才 8 人，4 人入选省委联系专家，2 人获省政府特殊津贴。

5. 计划财务

依托战略运行管控平台开展全级次监测预警纠偏和闭环管控，实现省、地、县 142 个指标闭环管控，6 个经营指标提升。5 月，配合政府部门完成第三监管周期输配电价核定工作，持续规范开展电网企业代理购电价格测算及发布，除居民农业用电外用户电价全部通过市场机制形成。2 月，首创研发“FTF 支付通”工具，打通跨产业上下游多方合作渠道，实现无感化面对面即时自动支付。9 月，完成南方电网公司电网管理平台（计财域）“财务监督（一期）”试点任务，形成问题线上闭环管理机制，实现财务监督的效率变革。

6. 供应链服务

全年货物及服务采购 96 亿元，采购项目 261 项，评标专家出勤率 100%，平均库存下降率 58.57%，项目物资准时供货率 100%。全年累计开展设备监造 369 台（间隔）件次，自主检测比率 85.61%，库存常规储备物资周转率 1344.41%。全年举办 6 期供应商技术交流会。7 月，印发《2023 年创新逆向物资管理工作方案》。9 月，依托“5G + 工业互联网”技术，建成供应链信息共用共享工具，实现物资“需求 – 采购 – 合约 – 运输 – 入库”数据串联。

监督执纪

1. 审计工作

深化“穿透式”审计，统筹全级次审计项目 101 项，提级开展县级供电企业及大集体企业经济责任审计项目。年底建立健全“4321 穿透式”审计整改管理体系[1]，审计发现问题到期整改完成率 100%。运用 RPA 优化审前调查方式，形成《数字化审计方法库》标准化工作机制。

2. 纪检监察

对党的十八大以来中央巡视、南方电网公司巡视、公司内部巡察发现问题的整改落实情况进行再检视、再落实、再提升。强化安全生产专项监督，从严查处违规处置 A 类违章并接受供应商宴请问题。2023 年接收信访举报同比减少。开展“减存量、遏增量”问题线索攻坚行动，63 个核查组推进重点领域问题核查。4 月，“企地联合办案模式”在贵州省纪委监委组织召开的中央在黔单位工作座谈会上作为典型经验进行交流。

3. 巡视巡察及整改

抓实中央巡视专项检查问题整改，承接细化 34 项措施，明确 67 项主要交付物，以整改为契机推动巡察质量提升。对所属 3 个三级单位、5 个新兴业务单位党组织的常规巡察，对 3 个四级单位党组织的提级巡察，首次采取“巡地、提县、覆所”模式对 20 个供电所党支部延伸巡察。7—10 月，对 10 个建立巡察制度的三级单位开展现场指导督导，反馈问题清单和 94 条意见，实现指导督导“全覆盖”。组织开展巡视巡察整改再检视再落实再提升工作，分两个阶段对涉及 18 个业务领域整改情况开展全面督导，抓实巡察发现问题整改。

党的建设

1. 政治建设

贵州电网公司党委坚持把学习宣传贯彻党的二十大精神作为首要政治任务，持续在全面学习、全面把握、全面落实上下功夫。制定落实南网党组深入学习贯彻党的二十大精神为中国式现代化做贡献的决定。贵州电网公司党委开展“第一议题”学习 40 次。所属各级理论学习中心组开展专题学习 100 余次，各级党组织举办读书班 50 余期次，开展主题宣讲 500 余期次。完成贵州电网公司党委政治要件台账 38 件。开展学习贯彻习近平新时代中国特色社会主义思想主题教育。4 月 20 日，贵州电网公司党委召开主题教育领导小组第一次会议，全面启动主题教育。建立主题教育“周研究、双周提醒、月管控”和“方案 + 清单”的工作机制。在第一批主题教育中，明确“办实事、解民忧”10 个重点民生项目，着力把“民生清单”变为群众的“幸福账单”。解决毕节大方黄泥塘群众用电问题、群众“充电难”等群众急难愁盼问题。以黄泥塘为切入点解决全省 15 个独立供电区群众用电问题以及小水

---

[1] “4321 穿透式”审计整改管理体系：“4”是指坚持“四个标准”（全力追回钱、严肃处理人、坚决改到位、系统集成治）；“3”是指压实“三个责任”（整改主体责任、管理责任、监督责任）；“2”是指做实“两个支撑机制”（整改信息系统支撑机制、专家前置审核机制）；“1”是指制定一套分类分级整改处置策略。

电淹没区等问题。工作成效和做法得到中央第五十一指导组、贵州省委和南方电网公司主要领导批示肯定，该经验在中央主题教育简报及《人民日报》头版刊发。4个案例入选南方电网公司主题教育好经验好做法汇编。

2. 组织和宣传建设

抓实党建“三基”与“三基”建设双融互促专项行动，70个标杆党支部中有四星及以上班组的占55.7%。聚焦生产经营痛点、难点、堵点，全年组织1564个党组织和党员开展“三带”活动，打造书记示范项目165个。2023年，贵州电网公司党委下属各党委，换届选举。全年共发展党员818名，预备党员按期转正725名。党建数字化建设课题获中国电力思想政治工作研究会二类优秀研究成果。讲好南方电网贵州故事，全年在外部媒体刊发报道同比增长61%，三大央媒、行业媒体、省级重点关键媒体报道数量均位居南网各省级电网公司首位。至2023年末，获评全国文明单位14家，全省文明单位55家。10月23日，中宣部组织开展的“高质量发展调研行”贵州主题采访活动首站走进贵州电网，来自人民日报、新华社等中央主要媒体和地方媒体的50余名记者，围绕“电力大数据服务贵州高质量发展”主题进行集中采访。实施第六季文化“知行官”训练营，建立覆盖省地县三级文化宣讲师梯队640人。以文化示范创建促进文化转化，9个示范单位、示范点获得命名，20个示范单位、示范点通过复核。编印《文化故事汇》系列文化丛书。

3. 作风建设

3月，制定印发贵州电网公司党委关于深入贯彻落实中央八项规定精神的若干举措，明确贯彻落实中央八项规定精神37项执行标准。建立完善贯彻落实中央八项规定精神监督检查纠偏移交追责机制，各单位自查自纠共发现的30项不规范情况，并全部完成整改。深入推进“为基层减负”专项行动，8月制定整治形式主义为基层减负16项措施和60条“实招硬招”。

4. 群团和统战工作

1月，召开贵州电网公司七届五次职工代表大会（工会会员代表大会），听取企业生产经营管理方面的重要事项，审议通过贵州电网公司工作报告、工会工作报告。10月底，召开新产业工人权益保障现场推进会，做实做好新形势下关心关爱各项工作。9月起，将农民工、承包商、供应商权益维护接入95598热线，有效解决“两拖欠”等问题。全年完成38个输变配项目的新产业工人和90个变电站巡维中心值班工作生活条件的改善。面向团员青年、统战成员开展“学习二十大、永远跟党走、奋进新征程”“学习贯彻二十大团结奋斗新征程”等主题教育实践活动。组织举办青马工程培训班两期，选拔学员150名。开通“团委信箱”，建立青年“微心愿”征集办理机制等，解决青年急难愁盼问题150余个。连续8年在贵州省国资委共青团工作考核中获“优秀”等级。全年50余个青年集体和个人获得上级团组织表彰。

主要事件

3月31日，贵州电网公司印发《2023年15个专项行动方案》，在全面承接分解战略主题和目标，以“强地带县、以县促所”、基层减负、经营业绩攻坚、黔电送粤“分电到厂”等15个专项行动抓关键、抓难点，运用OKR理念及其数字化管理工具抓主要矛盾、抓管理革新、抓过程纠偏、抓执行落实，全年各项工作稳步有序推进。

2023年，贵州电网公司学习贯彻习近平新时代中国特色社会主义思想主题教育期间，推动毕节大方县黄泥塘独立供电区11877户用电客户全部接入南方电网，区内群众彻底告别了“用电难、用电贵、频繁停电”的历史，整治工作得到贵州省委徐麟书记、中央第51指导组石柯组长和南方电网公司孟振平书记批示肯定，有关工作在中央主题教育办简报及《人民日报》头版刊发。贵州电网公司党委在主题教育中，明确“办实事、解民忧”10个重点民生项目，以黄泥塘为切入点推动解决全省8个独立供电区、13个小水电淹没区群众用电问题。

6月9日，贵州电网公司牵头的“电网抵御凝冻灾害融冰关键技术及其应用”项目获贵州省技术发明一等奖。此次获奖为贵州电网公司首次获得此项奖励。

9月8日，贵州首个220kV全电缆工程——贵州时代项目配套220kV线路工程卡时Ⅰ回线、卡时Ⅱ回线顺利投运，确保了220kV时代变电站提前投产，为宁德时代贵州新能源动力及储能电池制造基地项目可靠用电提供了保障。

10月23日，中宣部组织开展的“高质量发展调研行”贵州主题采访活动首站走进南方电网，来自人民日报、新华社等中央主要媒体和地方媒体的50余名记者，围绕“电力大数据服务贵州高质量发展”主题进行集中采访。采访团记者通过观看无人机自主巡检演示、听取电力大数据应用介绍等方式，了解贵州电网公司在数字电网、数字服务、数字产业等方面的积极探索与工作成效。

11月，清水河储能电站（200MW/400MWh）并网投产。贵州全省电化学储能容量达到195万kW/390万kWh，成为南方五省区规模最大的电化学储能基地。2023年，贵州电网公司支持全省15个独立储能示范项目全容量并网。

11月8日，贵州电网公司召开试点探索市、县、所组织结构变革启动会。制定10个方面、269项改革举措，在全网率先启动市、县、所组织结构变革。深化“自己的活自己干”，实现 59 类业务 100%自主作业，78 类业务自主作业全覆盖，在 114 个大集体项目试点自有班组建设。实施组织模式优化行动，实现各级生产指挥和智能作业中心高效运转，此次改革标志着贵州电网公司新一轮国企改革深化提升行动取得重大进展。

12 月 15 日，南方电网公司在贵阳召开“小数叶”职工创新颁奖暨“都匀范式”现场推广会，面向全网推广“都匀范式”。2023 年，贵州电网公司试点打造“都匀范式”，创新“业务为主、自主建设”赋能模式。制定出“南网底色鲜明、贵州特色突出”的“电鸿”试点方案，成为首家省级试点单位、首家数字生产与“电鸿”全面绑定的单位、首家签订合作备忘录的单位。

11 月 29 日，贵州电网 500kV 新普甲乙线工程建成投运。该线路自新建新光电厂升压站起，至普安电厂升压站终，全长 46.5km。500kV 新普甲乙线是南方电网、贵州省人民政府能源消纳重点项目，建成投运后可解决六盘水市新光电厂新能源消纳和送出需求。

12 月 31 日，贵州黔南布依族苗族自治州平塘县克度镇 110kV 天眼变电站投运，为世界最大单口径球面射电望远镜“中国天眼”电力供应再添新能量。

12 月 31 日，贵州电网 500kV 六盘水变电站（改建扩建）工程建成投运。该工程新增变电容量 75 万 kVA，新建 500kV 线路 76.45km。项目为盘北电网搭建新的 500kV 电力送出通道，保障新能源的外送与消纳。

12 月 5 日，贵州电网 500kV 八一变电站第二台主变压器扩建工程建成投运。该工程新增变电容量 75 万 kVA。项目满足了遵义区域负荷发展需求，解决了现有一台主变压器在正常运行方式下将存在过载问题，优化了遵义地区 220kV 电网结构和鸭溪至八一电磁环网解环条件，提高了供电可靠性。

（蔡靖波）

【海南电网有限责任公司】

企业概况 海南电网有限责任公司（简称海南电网公司）是南方电网公司的全资子公司，注册资本 12 亿元。前身为海南省电力有限公司，2004 年 6 月并入南方电网公司并于同年 10 月更名为海南电网公司，2014 年 9 月更名为海南电网有限责任公司。海南电网公司负责海南电网的安全生产工作，直接为海南经济发展和人民生活提供电力保障。至 2023 年底，供电面积 3.54 万 km^2，供电人口 1027.02 万人，供电客户 412 万户。

2023 年，海南电网公司 1 项质量成果荣获国际质量管理大赛金奖，2 项职创成果荣获第七届全国职工优秀技术创新成果奖，全国能源化学地质系统优秀职工技术创新成果评审荣获 3 项一等奖、3 项三等奖，实现质量管理国际奖项和职工技术创新国家奖项“零”的突破。“一个 APP 畅游海南，‘一张网’解放用户”入选国务院国资委国企品牌优秀案例。首次获得全国电力行业职业技能竞赛（巡检无人机驾驶、电力电缆安装维修）团队三等奖、网公司国家安全人民防线宣教比武竞赛团队二等奖和带电作业、无人机竞赛团队三等奖等多个奖项。2023 年，海南电网公司经营业绩考核等级评定为 B，党建工作责任制考核等次为“好”。

截至 2023 年底，海南电网建成 220kV“目”字形环岛双环网主网架，并通过联网Ⅰ、Ⅱ回 500kV 海底电缆（总容量 120 万 kW）与南方电网主网双回路相联。海南电网共有 35kV 及以上变电站 346 座，变电总容量 5558.24 万 kVA。其中，220kV 变电站 39 座，变电容量 2153.41 万 kVA，110kV 变电站 155 座，变电容量 2010.16 万 kVA，35kV 变电站 152 座，变电容量 1394.66 万 kVA。主网线路总长 3.42 万 km，其中，220kV 线路里程 1.33 万 km，110kV 线路里程 1.27 万 km，35kV 线路里程 0.82 万 km。配网线路总长 5.37 万 km。

领导班子

1. 党委

书记：宋新明

副书记：王志勇（至 2023 年 10 月）、赵有铖

委员：叶雄（至 2023 年 11 月）、陈东、林潮光、杨兹波、高军、童亮（至 2023 年 10 月）、郑帅（自 2023 年 10 月）

2. 董事会

董事长：宋新明

董事：王志勇（至 2023 年 10 月）、刘静萍、唐炜、黄家林、龚建平

职工董事：赵有铖

3. 监事会

主席：莫锦和

监事：侯君（至 2023 年 7 月）、梁欣（自 2023 年 9 月）

职工监事：张靖

4. 经理层

总经理：王志勇（至 2023 年 10 月）

副总经理：叶雄（至 2023 年 11 月）、陈东、林潮光、杨兹波、毛凤春（自 2023 年 11 月）

总会计师：高军

5. 工会

主席：赵有铖

组织机构 海南电网公司实行省公司直管市县供电局两级管理，本部设有 18 个职能部门、15 个直属机构，下辖单位 32 家，包括 18 家供电局、7 家分公

司、4 家全资子公司、3 家控股子公司。

2023 年，海南电网公司组织机构调整情况如下：6 月，海南电网公司工会办公室增挂“职工权益部”牌子，8 月，法规部更名为法律及合规运营部（全面深化改革办公室）、生产技术部（标准化部）更名为生产技术部（迁改办）、市场营销部更名为市场及客户服务部（用电营商环境建设部）、新兴业务部更名为产业发展部、安全监管部（应急指挥中心）更名为安全监管部（应急管理部）。设立监督执纪中心、创新服务中心（与海南电力产业发展有限责任公司合署办公）。地市级供电局职能部门由 11 个部门缩减为 7 个（办公室、党建人资部、监督部、市场营销部、工程建设部、安全监管部、配网资产部）。县级供电局 9 个部门缩减为 6 个（办公室、党建人资部、市场营销部、工程建设部、安全监管部、配网资产部）。

企业战略 深化改革。印发海南电网公司 2023 年全面深化改革“1+6”重点工作安排，持续推进在三项制度改革、打造核心能力等 6 个专业领域深化改革。推动国企改革深化提升行动，印发行动方案（2023—2025）和年度重点任务安排并推动落实，年度任务完成率 100%，改革深化提升行动实现良好开局。参与国务院国资委专项行动，1 家子公司入围国务院国资委科改示范企业、国家科技型中小企业和国家高新技术企业，举办南方电网公司“双百企业”“科改企业”专题培训座谈会，科改工作得到国务院国资委和南方电网公司肯定。

组织机构改革。基本完成海南电网公司“1+15+18”[1]组织机构改革，推动输电、变电、财务、调度等专业全省集约，减少管理机构 155 个，139 个供电所整合为 108 个区域供电服务中心，189 人充实到一线技能岗位，生产经营指标显著提升，机巡自主巡视占比由 62%提升至 100%，输电线路三维数字化通道及自动驾驶航线建设覆盖率由 4.5%提升至 89.2%，12398 投诉同比下降 40%，95598 投诉同比下降 17%，全员劳动生产率同比增长 26.5%，增长率在管制单位连续 2 年排名第一。改革经验做法在国务院国资委网站国企改革三年行动典型案例专栏刊发，首次获评南方电网公司管理创新一等奖。

人力资源 干部队伍。全覆盖开展干部调研，建立领导班子功能结构化模型，全年优化调整干部 9 批次、220 人次，新提拔、进一步使用干部 53 人，基本实现三级单位 80 后领导班子配备全覆盖。全面加强个人契约化业绩结果应用，细分考核等次，19 名干部因考核结果被约谈或进行职务调整，以有力激励约束机制防止干部“躺平”。

人才队伍。实施“百千人才去基层到西部计划”，接收南方电网系统内挂职干部人才 52 名，外派挂职 56 人，内部挂职 51 人，“天涯系列”人才培养品牌入选 2022 年电力行业教育培训领域优秀案例。1 人入选国家人才计划，7 人入选海南省“南海系列”育才计划，1919 人入选海南电网公司人才库。326 人认定海南自由贸易港高层次人才。10 人入选南方电网高层次人才特殊支持计划。招收 2 名博士后人才、1 名博士。

员工队伍。加速干部员工能力提升，全业务领域开展管理人员“大练兵、大比武”和一线技能人员能力提升专项工程。加快技术技能专家培养，建立公司“尖兵－准专家－专家”成长梯队，组织选聘尖兵 37 人，直聘准专家 47 名，选聘专家 35 人。搭建覆盖全员的员工全生命周期培养体系，全年完成各类培训班 1149 期次，培训评价 4.3 万余人次。推行宽带岗级创新模式经验做法获得南方电网公司管理创新三等奖。

安全生产 主网运行。2023 年，全年统调最高负荷 745.2 万 kW，同比增长 15.94%。海南电网主网频率、电压合格率指标保持 100%。协同政府构建海南首个气电协同电力保供长效机制，成功应对多轮次 LNG 严重短缺、多机组同停等风险。推动儋耳热电厂、美安电厂第二套机组顺利投产，提升省内电力供应能力。

配网运行。2023 年，海南电网 10kV 检修计划执行率达 98.3%，全年手拉手线路合环转供电率为 85%，累计减少用户平均停电时间 2.12h。利用 10kV 发电车联合作业，首次实现 3 座 110kV 变电站全站计划检修趋“零”停电。

电网风险防控。强化电网风险联防联控，落实海南电网系统运行七大风险 35 项预控措施、防全黑 22 项举措，有效管控 522 项四级及以上事件风险。强化电网风险源头管控，推动南圣站 10kV 南河线、通什站 10kV 通罗线等重点项目投产，累计实现 6 项三级及以上事件风险降级。研究制定适应海南电网风险防范的规划补充原则，解决主网断面、主变压器不满足 $N-1$ 问题。修编完善防全黑、黑启动等系列方案，组织开展黑启动等反事故演习，严守电网不全黑底线。

安全管理。持续深入开展“铁腕行动遏事故”行动，累计查处违章行为 22008 起，曝光人员 729 人次，发挥有力震慑作用。修订海南电网公司《安全工作奖惩管理办法》，完善业绩考核标准，鼓励各单位主动暴露违章，注重违章人员安全意识与能力提升，强化“等同管理”落地、“1+N”作业风险管控机制落实，压实各级安全责任。印发《竞争性企业安全生产管理办法》，统一竞争性企业“等同管理”策略和管理要求。

---

[1] “1+15+18”组织机构改革：1 个总体方案+15 个业务专业集约改革方案+18 个供电局改革方案。

生产设备管理。落实防范五大类设备风险25大项重点工作任务，扎实做好输变电差异化运维，累计完成1166项紧急重大缺陷消缺。加强电力可靠性专项提升方案落实执行力度，深入开展频繁停电专项治理和“四个大幅减少”专项行动，全省户均停电时间同比下降20%，“四个大幅减少”指标均同比下降20%以上。

应急与保供电。与海南省应急管理厅签订战略合作协议，积极参与政府综合救援、核应急演练，有效融入政府应急体系。立足“聚焦实战、平战结合、以战促平”，科学应对4次台风、4轮高温天气灾害、6轮大范围强降雨等自然灾害侵袭，4号台风“泰利”24h内高效复电获得海南省省委书记冯飞肯定。完成系列保供电任务632项，连续21次博鳌论坛年会、连续24次文昌航天发射保供电任务万无一失。

经营管理 计划财务。2023年，剔除联网二回因素影响，海南电网公司利润总额0.05亿元，5年来持续亏损局面首次得以扭转。解决琼中抽水蓄能容量电费、海南三沙供电局运营成本两大历史遗留问题。完成第三监管周期核价目标，权益资本收益率、投资、电量增速等关键参数取得历史性突破。整合优化传统财务管理职能，聚焦业务流程断点堵点，编制7大模块、59大类、521项业务规范操作手册，有效推进财务集中化和标准化建设。

企业治理与法规建设。构建具有海南特色的分公司“一套标准”、子公司“一企一清单”治理架构，打造海南电网公司治理新格局。建立治理体系建设赛马机制，增设专项奖激励先进单位，督促后进企业提升管理水平，各单位重视企业治理氛围日趋浓厚。优化合规内控体系，编制《业务差错纠偏管理细则》，为南方电网提供示范样本。优化合同管控，首推承办资格记分制，出台《承办资格认证标准（试行）》，初步建立资格认证“考学评”一体化机制。抓好主动维权，海南电网公司法律人员全代理案件比例创历史新高，胜诉率100%，挽回经济损失1298.14万元。

办公行政。持续做好信访化解工作，海南电网公司受理信访率同比下降15.84%，办结率100%。严守保密工作红线，全年未发生失泄密事件。1篇信息被国家部委采用，3篇信息获评海南省政务信息优质稿件，连续4年荣获南方电网公司信息工作先进单位。编制《海南电网公司保供电场所重点时期安保工作到位标准工作指引》，形成一套易于操作执行的工作标准和业务表单，为南方电网提供海南安保经验。印发实施档案集约化改革方案，完成档案团队骨干选聘与主要业务流程优化，档案集约化改革工作在南方电网五省区率先落地。

供应链服务。深入推进现代物流体系“区域仓+周转仓”及“云仓”运作模式，业扩物资供应及时率达98%，同比增长12%。加大闲置物资再利用力度，闲置物资再利用金额8800余万元，同比增长15%。保障重点项目物资供应，2023年重点工程物资采购及合同签订金额7.40亿元，物资准时供应率100%。加快推进公司认证体系建设，取得CNAS资质认证23项。供应链金融稳步拓展，为供应商释放保证金约1.6亿元，支持“南网e链”业务融资0.9亿元。持续规范大集体企业采购，采购项目实现100%“上平台、进商城、进基地”，完成采购金额9.2亿元。

科技创新 攻克兆瓦级波浪能发电装置规划选址、远海拖航与布放、珊瑚礁特殊地质海缆选型及敷设、海岛微电网多种高间歇式能源高比例接入及消纳技术难题，实现兆瓦级波浪发电装置全球首次远海岛屿独立微电网大功率并网发电，提前完成国资委央企攻关二期项目示范任务。首次申报3项海南省自然科学基金项目并获批通过，“海岛湿热环境下电力微型传感器关键技术及应用”获得海南省科技进步奖一等奖。

国际业务 首套自主知识产权输电线路故障定位科技成果在老挝上线应用，海南电网公司面向东南亚业务实现“零”的突破。

节能减排 绿色发展。全力开拓电能替代市场，制定港口岸电、机场桥载等可挖掘电能替代项目库，实现全岛乡镇充电基础设施全覆盖，电能替代电量完成16亿kWh，同比增长78.87%。按照节能发电调度原则，优化各类电源发电安排，最大限度保障新能源消纳。2023年，全省可再生能源消纳权重完成21.51%，比国家下达的17.8%的年度责任权重高3.71%。积极推动重点用户消费绿电绿证，实现消博会等重大国际活动100%使用绿电，进一步扩大绿证国际影响力。积极推动全省各营业区域内行业龙头企业等重要用户购买绿电绿证。全省全年绿电绿证交易规模达到6063万kWh，比3000万kWh的年度目标增加一倍以上。

新型电力系统建设。修订《海南自贸港新型电力系统建设方案（2023年版）》，迭代优化“一口对外”的新能源服务绿色通道，新能源发电装机、电量分别占比约30%和17%。全国首个500kV省域数字电网开工建设，远近结合构建新型电力系统坚强主网架和智能高效配电网，基本实现架空线路配电自动化全覆盖。搭建国内首家省级虚拟电厂管理中心，形成规模50万kW的虚拟电厂。建成新型电力负荷管理系统，实现全省最大负荷5%负荷侧可调节资源调用。设立创新服务中心，推进电力交易平台适应现货结算试运行功能建设，完成现货调电试运行。建成博鳌东屿岛零碳新型电力系统示范区，博鳌论坛期间所有场所100%绿电供应。

市场建设 电力供应。2023年，海南电力正常供应，实现连续四年未错峰限电。积极推进跨省电力市场化互济，首次实现桂电送琼，全年累计受入广西电量 3 亿 kWh，多次缓解省内 LNG 供应不稳定、主力机组非计划停运等引起的电力供应缺口。博鳌亚洲论坛期间，协调广东电力支援，有力保障用电高峰时段及重要保供电时段的平稳有序供应。

电力市场交易。2023 年，海南电力市场交易组织成交电量 168.97 亿 kWh。完成第一次区域现货结算试运行，现货市场建设走在南方五省区前列，海南特色电力市场体系愈发成熟。探索并建立跨境绿证交易机制，实现海南绿电供港供澳“零”的突破，首批面向港澳跨境绿证交易成交 1900 个，折合电量 190 万 kWh。

客户服务与优化营商环境。大力推广“三零”❶“三省”❷“四办”❸举措，开展“无证明办电”“充电桩扫码过户”、水电气网“六联办”❹等创新试点，打造市政公用基础设施服务标杆。省内营商环境测评中“获得电力”排名第二，同比提升 1 名。推进小区抄表到户工作，全省抄表到户比例提升至 69.90%，人民群众用电体验大幅提升。开展频繁投诉专项整治，打造全渠道“管家式”客户服务新模式，推动客户诉求不出网格，有效封堵服务漏洞，客户有责投诉量同比下降 28.6%。

营销基础管理。完成计量管理、用电检查、管理线损业务从营销专业线向生产专业线调整，前台和中台界面更加清晰。实现服务调度、购电业务、电费结算及稽查省级集约，首创客服工单全生命周期管理+服务调度链条扁平化管理模式，推动售电侧全业务、全流程的省级集中智能管控，在南方电网率先实现电费“营销–财务”两翼省级集中对账。持续推进星级标杆建设，新增 3 个供电所、3 个营销班组获五星班站所称号。

需求侧安全管理。紧紧依靠南方电网公司和省级电力保供专班，协调广西、广东电受入支援，促成政府出台《海南省电力和天然气供应日常监测协调机制》，主动应对海南供需侧新特点（海南最大主力电源气电占比 33%），有效化解多轮次海南气电 LNG 供应不足风险，经受住了零点负荷高峰的考验（11 次负荷新高、8 次发生在零点），全年未发生错峰限电。

涉电公共安全。将涉电安全专项整治三年行动纳入海南电网公司党委重点工作，严格落实风险与隐患双重治理机制，标本兼治。防范涉电公共安全取得明显成效，槟榔采摘触电事件起数连续两年同比下降超 50%。促成海南省政府出台《涉电安全专项整治三年行动方案》，修编完善涉电公共安全事件考核问责制度，发生负有责任事件实行“一票否决”。持续开展涉电安全宣传，累计对 113 家重点企业、514 家中小学校开展发放宣传资料、张贴海报，开展 49 场现场宣讲活动。

信息化建设 数字化建设。印发《海南电网有限责任公司企业架构管理规定》，完成全域业务架构建设工作。完成数字化专业机构改革，打造海南电网公司两层三级数字化工作网络。完成电网管理平台整体适配机构改革、输变电台账全面划转。应用服务调度平台、虚拟电厂管理平台等功能，客服工单预处理及时率从 30%提升至 80%以上，电费自动销账、对账任务达 99%以上。释放数据要素价值，成为海南省首批获得数据管理能力成熟度（DCMM）四级认证的企业，6 项成果荣获南方电网公司职工创新成果。

网络信息安全。推进集运行调度和安全监测于一体的 IT 运调中心实体化运作，初步建成“网省协同、省内集中”数字化安全运行体系。连续十五天成功抵御多支攻击队攻击，完成“HW–2023”网络安全攻防演习。2 篇技战法被推荐至国家公安部。海南电网公司获评南方电网公司 2022 年数字化网络安全运行五星班组和关基保护先进单位荣誉称号，实现数字化专业五星班组以及关键基础设施领域先进单位“零”的突破。

工会工作 召开海南电网公司五届一次职工代表大会，共收到提案 73 件，26 件提案立案，审议通过海南电网公司工作报告。抓好 271 件为职工办实事项目，解决员工住房、通勤、用餐等问题，打造“一站式”后勤保障平台，员工满意率达 95.9%。成立海南电网公司劳动争议调解委员会，基层站所推行职工利益矛盾纠纷化解员、工会小组长、职工代表“三种人”职工维权工作机制，维护职工合法权益。荣获“全国工人先锋号”“全国三八红旗集体”等 5 项国家级荣誉称号。

党建工作 政治建设。出台《海南电网公司党委深入学习贯彻党的二十大精神为中国式现代化作贡献的实施意见》，推动党中央重大决策部署落地见效。将主题教育作为重大政治任务，建立“1+2+*N*”研学机制，全覆盖完成读书班，以统一主题党日带动广大党员同题共学。深入践行“四下基层”要求，各级班子成员认领 188 个课题开展调研，开展“领导干部走流程”活动，海南三亚供电局“四走”❺做法得到中央主题教育指导组肯定。落实“第一议题”学习机制，

❶ 三零：零上门、零审批、零投资。

❷ 三省：省力、省时、省钱。

❸ 四办：主动办、线上办、联席办、一次办。

❹ 六联办：联合报装、联合踏勘、联合验收、联合账单、联合缴费、联合过户。

❺ 四走：走乡村、走流程、走线路、走班组。

开展“第一时间学”和“一月一专题学”，全年安排“第一议题”学习材料67篇。

组织建设。落实南方电网公司党员教育培训五年规划，党员轮训实现全覆盖。全面推广“一表三清单”[1]，推动党务工作者提升履职能力。将基层党组织落实规定动作情况纳入党建考核“红线事项”，做实全面从严治党规定动作。连续5年深化党支部“标准、过硬、先锋”三级登高，连续3年设立党支部建设质量提升奖，与业务“三基”建设紧密结合，2023年五星班站所数量同比增长27%。

意识形态与宣传。出台“一对一”谈心谈话指引，及时化解干部员工思想问题。2023年对外发稿2312篇（条），在人民日报、新华社和中央电视台等三大央媒体发稿98篇（条）。摄制爱心助学微电影《亮光》。开展“发现榜样、学习榜样、成为榜样”系列活动。海南电力科学研究院“光明与爱”志愿助学团队入围由中宣部全国2022年度志愿服务“四个100”先进典型，获评海南省2023年度最佳志愿服务项目。1名员工获评“感动南网”人物和个人一等功，一等功荣誉实现“零”的突破。

作风建设。印发《海南电网公司党委关于深入贯彻落实中央八项规定精神的若干举措》，通过大比武大练兵等渠道推动各项举措在基层落地见效。印发《海南电网公司党委为基层减负工作方案（2023年版）》，针对基层文风会风突出、基层工作不聚焦等问题制定为基层减负的九项工作举措。出台海南电网公司本部优化管理职能十三项举措，通过政策研究、上下联动、共同研讨、授权放权等措施强化管理，进一步增强干部员工抓落实的能力。围绕“五个真”[2]狠抓作风建设，通过通报45起正反面典型案例，倒逼干部员工按规章制度办事，干部员工队伍作风明显改善。

群团工作。以党建带团建“六个一体”深化党团共建共享，扎实推进团员和青年主题教育，以“三研”[3]学习机制纵深推进“青马工程”实施，以“五大课堂”[4]、“三项举措”[5]、“三项行动”[6]推动青年精神素养提升工程有效落实，制定青年发展实施计划（2023—2025年）构建立体式关爱青年格局，强化青年员工关怀工作，办好“四类实事”[7]。22名青年、20个青年集体获省级以上表彰，“青安岗”获评数量居全省首位，122名青年通过技能竞赛获评青年岗位能手。

文化建设。实施海南电网公司文化强企和品牌强企建设（2023—2025年）任务清单。新增陵水、琼海、三亚6个文化示范单位示范点。依托海南三沙供电局永兴岛基地，建成“万家灯火 南海有我”爱国主义教育基地。加大特色品牌推介传播，博鳌零碳示范区和海南充换电“一张网”两个品牌案例在中国品牌博览会参展。《万家灯火 南网情深》品牌形象宣传视频入选南方电网“十佳品牌故事”。开展“国之大者铭于心，万家灯火践于行”国企开放日活动。“加强和改进新时代国有企业思想政治工作研究”获中央企业政研优秀成果三等奖。

主要事件

1月，海南电网公司推行重大项目服务机制，大力优化用电营商环境，探索建立“重点项目电力服务五项机制”的典型经验，被国务院推进政府职能转变和“放管服”改革协调小组优化营商环境专题组认可，在《全国优化营商环境简报》上刊发全国推广学习。

1月，根据数据显示，2022年三亚地区低压客户平均停电时间0.93h，同比下降46.5%，首次达到“1小时”世界一流水平。

2月24日，海南电网公司牵头建设的海南能源数据中心挂牌成立。该中心为国内首个面向国内、国际两个市场的省级能源数据中心，汇聚水、电、油、气等能源数据，实现能源行业生产、传输、交易和消费各环节数据整合，开展多种形式的数据商业运营，实现数据价值变现，打造海南自由贸易港特色的“12345”能源数据平台。

3月17日，海南电网公司印发企业架构建设总体方案，制定架构管理体系建设、设计等五个方面16项任务，通过企业架构管理组织建设、人才培训认证、业务架构设计等系统性工作，建立健全企业架构管理体系，完成企业架构域、数字化域、供应链域共420个业务流程本地化建设，推动业务、流程和数字化创新，提升公司效率效益。

6月21日，海南电网公司计量、线损、用电检查等现场业务完成从营销专业线向生产专业线交接，这是国内首创配网管理集约的重大变革，海南电网公司成为南方电网首家推行营配业务改革的省级电网公司。

---

[1] 一表三清单：《公司党组织规定动作一览表》《工作任务清单》《典型问题和共性问题清单》《常见疑问解答清单》。

[2] 五个真：执行制度真严、工作部署真切、工作任务真干、工作结果真实、工作失职真究。

[3] 三研：理论研习、交流研讨、课题研究。

[4] 五大课堂：集中学习研讨课、党组织书记上团课、创业先辈分享课、理想信念体验课、先进典型宣讲课。

[5] 三项举措：服务青年发展、解决青年诉求、讲好奋斗故事。

[6] 三项行动：“号手岗队”建功行动、青年创新创效行动、青春志愿服务行动。

[7] 四类实事：思想上解惑、成长上解困、生活上解难、婚恋上解愁。

7月，海南电网公司品牌案例“一个APP畅游海南，‘一张网’解放用户”获评中央企业品牌建设典型案例，展示了海南电网公司服务地方经济社会发展的显著成效，进一步彰显了品牌影响力和美誉度。

8月9日，海南电网首个500kV省域数字电网主网架工程开工建设。项目总投资约52亿元，完工后将建成全国首个500kV省域数字电网，同时我国内地将实现500kV及以上超高压电网省域全覆盖。

8月9日，海南虚拟电厂管理中心挂牌成立。该中心为国内首个省级虚拟电厂管理中心，采用“互联网+5G+数据专线”通信技术，对分布式光伏、空调、5G基站、充电桩等资源进行监测、调节和控制，在电力供应紧张时段通过参与需求响应进行电力平衡调度和优化运营，进一步提升能源清洁利用水平和电力系统运行效率。

9月27日，中共海南省国资委党委在海南电网公司组织召开中央驻琼企业党建联席会。83家中央驻琼企业、省属企业参加交流观摩。会上，海南电网公司分享建立凝心铸魂机制、夯实强基固本机制、深化引领发展机制、完善能力提升机制、健全关心关爱机制、优化责任考评机制等六项价值党建工作机制的经验做法。

10月25日，海南电网公司设立创新服务中心。该中心重点负责科技项目服务、科技成果孵化、科技产品宣传展示三大服务。

10月31日，海南电网电力科学研究院“油色谱小分队”在第48届国际质量管理（ICQCC）大赛（质量奥林匹克）中荣获“金奖”。“油色谱小分队”的QC成果进一步提升变压器油取样规范化智能化水平，保障变压器油色谱检测结果准确、可靠，可大幅提高现场工作效率。

12月31日，海南电网售电量达到404.2亿kWh，同比增长19%，首次突破400亿kWh，增速创近10年以来新高，为海南自贸港经济稳步增长注入强劲动能。

12月，海南电网公司推进海南融入全国统一电力市场体系建设，推动海南成功纳入并顺利完成第一次南方区域现货结算试运行，建成以中长期、现货、辅助服务、绿电和需求侧响应五个市场一体化的电力市场体系，海南特色电力市场体系建设愈发成熟。

（王庭军　潘阳红）

【广东省能源集团有限公司】

企业概况　广东省能源集团有限公司（简称广东能源集团）成立于2001年8月8日，其前身广东省粤电资产经营有限公司是全国第一家因“厂网分开”电力体制改革而组建的发电企业，2003年更名为广东省粤电集团有限公司。2019年2月18日，更名为广东省能源集团有限公司。广东能源集团注册资本233亿元人民币，由广东省政府和中国华能分别持有76%和24%股权。

截至2023年底，广东能源集团资产总额2750亿元，在职员工超1.6万人，可控装机容量5000万kW，装机容量保持全国省属能源企业首位，可控航运运力近200万载重吨；全年实现营业收入837亿元，上网电量超1500亿kWh，售电交易电量和用户规模连续8年居全省第一，年采购天然气量44亿m^3，煤炭供应量超5000万t；投运新型储能规模57.3万kW，是广东新型储能电站最大投资主体；拥有全资、控股、参股单位554家，控股1家A股上市公司（粤电力）。在2023年中国企业500强位列第316位。

领导班子

党委书记、董事长：张帆

党委副书记、董事、总经理：文联合

党委副书记、工会主席、董事、直属党委书记：胡军梅

党委委员、副总经理：高振

党委副书记、纪委书记、广东省监委驻省能源集团有限公司监察专员：李辉

党委委员、副总经理：刘宁宁

副总经理：刘波

组织机构　设有股东会、监事会、董事会、党委会。经营班子包括党委办公室（综合部）、党委组织部（人力资源部）、战略发展部、财务部、安全监管部、生产科技部、经营管理部、法律事务与资本运营部（董事会办公室）、审计部（集团审计中心）、纪检监察室、党委工作部（党委宣传部）、工会。

主要事件

3月20日，广东能源集团依托广东粤电电力销售有限公司成立调度运营中心。调度运营中心作为服务集团产业链间的板块业务协同机构，以提高总体市场竞争力和效益为出发点，通过优化机组运行状态匹配一次能源联合调运，提升发、售、煤、气、运、碳全产业链资源协同优化调度能力，实现稳健经营和电力保供的总目标。

5月26日，由广东能源集团所属超康投资有限公司投资的约旦阿特拉塔油页岩矿电联营项目（简称约旦项目）2号机组正式投入商业运行，标志着广东能源集团在境外首个自主投资的矿电联营项目全面进入营运期。项目是全球最大的油页岩矿电联营项目。约旦项目是当地首个以本土丰富油页岩资源为燃料的大型矿电联营项目，包含2台容量为277MW循环流化床发电机组及配套年产量1000万t的油页岩矿，总投资约21亿美元，由超康投资有限公司持股45%、马来西亚杨忠礼电力公司持股45%、爱沙尼亚国家电力公司持股10%共同投资建设。项目年上网电量约37亿

kWh，可保障当地近1/5的用电需求。

5月26日，广东能源集团所属超康投资有限公司投资的约旦阿特拉塔油页岩矿电联营项目正式投入商业运行。这是集团积极践行“一带一路”倡议、坚定推进国际化发展战略背景下首个直接参与投资、建设以及后续运营管理的海外电源项目，标志着集团“走出去”战略布局实现新突破。

5月30日，广东能源集团阳江沙扒海上风电项目作为“金砖国家”新开发银行从全球98个主权贷款项目中遴选出的3个代表性推介项目之一，受邀在主题为“塑造全球发展新纪元”的新开发银行第八届理事会年会上进行项目展示和经验分享，打造利用新开发银行贷款支持绿色低碳高质量发展的“广东样本”。

6月，广东能源集团党委组织开展树廉洁家风“十个一”廉洁文化活动。广东能源集团领导带头作专题辅导，推动各单位举办丰富多彩的廉洁家风大讲堂。建成广东能源集团“东西两翼”廉洁文化园，制作并向广东能源集团1.6万多名员工送出一把清风廉扇，引导员工和家属自觉崇廉尚廉、护廉助廉，为广东能源集团涵养廉洁家风注入“源动力”“浸润力”和“辐射力”。

9月10日，广东能源集团所属图木舒克粤电瀚海新能源有限公司45团40万kW光伏项目（简称瀚海光伏项目）全容量并网发电，该项目是国家第一批以沙漠、戈壁、荒漠地区为重点的大型风电光伏基地建设项目之一，同时也是广东能源集团在新疆区域首个实现全容量并网发电的大型沙漠光伏发电项目。瀚海光伏项目总装机容量400MW，配套建设80MW/160MWh的储能系统，同时新建1座220kV汇集站。

9月27日，广东能源集团重点科研项目“微藻减排生物质电厂烟气 CO_2 关键技术研究与示范”（简称微藻固碳项目）通过结题验收，是广东能源集团首个落地的CCUS示范项目。

10月20日，广东能源集团克服时间紧、履约缺口大、碳价持续走高等困难，所属22家控排企业全面完成全国碳市场第二履约期（2021—2022年）碳排放配额清缴工作，成为率先完成下属控排企业100%履约的大型能源集团之一，以实际行动展现了国企的责任和担当。

10月27日，国家能源局发布《第三批能源领域首台（套）重大技术装备（项目）名单》，由广东能源集团科技研究院牵头研发的“35kW单机/210kW示范固体氧化物燃料电池发电系统”成果入选，是广东能源集团首个入选国家能源领域首台（套）重大技术装备名单的科研成果。

10月30日，惠州LNG接收站外输管道项目管线全线贯通。其中，白花分输站至西部能源站段于2023年12月30日完成调试、通过机械完工验收和试生产方案备案，具备投产条件。

11月1日，广东能源集团20MW新型储能系统示范项目（简称新型储能系统示范项目）并网投产，该项目是广东省首个“锂电+超级电容器”火储联合调频项目，已列入国家重点研发计划“储能与智能电网技术”重点专项。

12月7日，广东能源集团青洲一、二海上风电场项目（简称青洲海上风电项目）首批风机并网发电。青洲海上风电项目是国内首个批量化应用单机容量11MW风电机组的百万级海上风电项目。该项目不仅建成了世界首座500kV交流海上升压站，还应用了世界首条500kV三芯海缆，以及安装国内首台海上500kV、550MVA变压器，为阳江打造世界一流国际风电城，推动海上风电新质生产力发展发挥了示范带动和积极促进作用。青洲海上风电项目共布置92台抗台风型MySE11-230海上风力发电机组，配套建设1座陆上集控中心和1座500kV海上升压站。

12月8日，广东能源集团珠海三灶鱼林村光伏复合项目首批发电单元并网发电。项目是珠海市首个大型集中式光伏发电项目，同时也是珠海市首个采用立体确权用海的渔光互补光伏项目。

12月20日，广东能源集团所属广东省风力发电有限公司增资引入战略投资者项目在广东联合产权交易中心圆满完成。广东省风力发电有限公司释放23.56%的股权引入6家战略投资者，实现市场化募集资金45亿元，充分彰显了绿色能源的资产价值和成长前景，为进一步加快绿色发展注入了增长动力。

12月22日，“北煤南运”浩吉铁路电煤首列胜利入粤仪式在广东能源集团韶关电厂举行，标志着通过浩吉铁路运输的电煤首次抵达广东。

2023年，广东能源集团认真落实国家“双碳”目标，加快推动绿色低碳转型，全力加速全面推进新能源大发展，新增新能源装机500万kW，再创历史新高，新能源装机规模突破千万千瓦，达1364万kW。

【澳门电力股份有限公司】

企业概况 澳门电力股份有限公司（简称澳电）是拥有对澳门特别行政区输送、分配及出售高中低压电力的供电公共服务专营机构。1906—1972年，此项服务由总部设于香港的澳门电灯公司提供。1972年转为由澳电提供。1982年，澳电得到澳葡政府支持，重整架构。1984年，澳门电网通过两回110kV架空线与广东电网建立联网；并先后于2006、2007、2008、2012、2015年数度改造升级和增加联网通道，目前共有6回220kV电缆联络线路及4回110kV备用电缆联络线路。2010年11月，澳门特别行政区与澳电签订延续15年的供电专营合同，新的合同于2010年12月1日起生效。1987 年起，澳门政府由原来澳电最大股东转为仅占 8%股份，南光发展（香港）有限公司占有 42%股份，亚洲能源顾问有限公司占有 21%，Polytec Industrial Limited 及亚洲投资有限公司各占 11%及 10%，澳门特区政府占 8%，中国电力国际有限公司占 6%，余下的 2%由本地的小股东占有。

澳电发电设施主要由位于路环岛的路环发电厂 A 厂及 B 厂两座发电厂组成，其额定装机容量分别为 271.4MW 和 136.4MW。路环发电厂 A 厂使用低速柴油发电机组，B 厂使用复式循环燃气轮机组，设备容量分别占澳电总设备容量的 66.6%和 33.4%。

2023 年，澳电的绩效表现于全面达标，平均服务可用指数（ASAI）已连续第四年达至 99.9999%，系统平均停电时间指数（SAIDI）和系统平均停电频率指数（SAIFI）分别创新低至 0.19min 和 0.01 次（因澳电责任而造成的供电中断），客户平均停电持续时间指数（CAIDI）为 14.31min，均处于可靠的世界级供电服务水平。整体客户满意度再创新高达 91.7%。

2023 年澳门的平均气温较高，随着社会发展及经济活动稳步复苏，整体用电需求上升。最大负荷达 1067.7MW，同比上升 8.3%，总用电量达 5935.9GWh，同比上升 9.1%。澳门的电力来源以南方㔾网输入电力为主，年内达到历史最高水平至 5327.3GWh，占澳门总用电量的 89.7%；本地发电量为 435.5GWh，占总用电量 7.3%；从澳门垃圾焚化中心购买的电量则为 172.8GWh，占总用电量 2.9%。另外，太阳能发电量增加约 130%。

领导班子

董事长：傅建国

执行委员会主席：梁华权

执行委员会执行董事：张健

执行委员会首席顾问：岳宗斌

组织机构 设输配电部、发电部、客户服务部、电力系统调度部、人力资源及可持续发展部、财务部、资讯系统部、采购及总务部、监管事务及企业传讯办公室。

企业战略 澳电致力于成为亚洲领先的能源服务供应商，为客户提供可靠、安全、可持续和环保的能源服务，为股东和社会创造价值。

澳电专注于不断提升自身的技术能力和改善客户的体验，结合先进的科学与技术，更智慧地管理能源。澳电坚持“以人为本”作为企业发展的宗旨，优化管理，服务好澳门市民和社会，为本地市民与企业带来最人性化的优质服务是澳电的愿景。

发展规划 助力智慧城市发展建设，配合澳门特区政府的各项政策，为澳门提供清洁、低碳、安全、高效的电力供应和培训本地人才，并持续优化建设输配电网，保障澳门的稳定供电度。

深度融入粤港澳大湾区，澳门正在智慧城市的建设之路上全速前进，这给澳电的低碳长期发展战略带来了更多可能。澳电将采取以清洁能源天然气发电为主的本地发电策略，深度开发光伏发电，并推动粤澳清洁电能新合作，善用自然资源，向社区提供清洁能源。深化各项智慧化系统建设，包括逐步更换智能电能表、配合特区政府的电动车推广计划，完善电动车充电网络和基础设施等策略，提升城市能源效益，协助社区节约能源，协力打造澳门成为更精彩多元的绿色宜居城市。

人力资源

（1）专业培训育专才。澳电于 2023 年共举办了 127 项培训课程，学习时数达 19128h。澳电于年内继续按四大范畴为员工提供多元培训，包括“核心技能培训”“业务能力”“职业安全与健康”及“领导能力发展培训”。“核心技能培训”旨在协助年轻员工获取专业知识，达到其工作职务所需的技能要求，为其职程发展做好准备，全方面满足核心业务需求。

为培育新生代电力工程人员，澳电亦举办多个有关电力技能的内部培训，包括电力工程一级及二级基础课程、专业技能课程。“电力工程一级课程”为不同范畴的技术人员提供基础知识及技能，涵盖低压设备及安全知识，为考取专业技能认证打下基础，共 103 人完成课程。而“电力工程二级课程”则涵盖高、中、低压设备的维护及调试的基础知识及技术。“专业技能课程”按不同技术人员的工作范畴、工序的难易程度和风险高低，为各项专业技能课程进行分级评估，年内共 124 人次参与。

此外，澳电为持续进修的员工提供赞助，借此鼓励他们自我增值，增强行业知识，促进个人成长和发展，提升竞争力。员工能够发挥所长，能为公司业务发展注入活力，带来裨益。

（2）协力提升业界标准。开展电业工程人员认证课程“中压开关设备操作培训课程”及“电业工程人员技能评估”课程，为澳门电力行业人才库做准备。“电业工程人员认证课程”由澳电及劳工局合办，并由澳电资深工程师及技术人员授课。“中压开关设备操作培训课程”让学员了解一般常见的中压配电电路结构及主要设备之功能及运作原理。“电业工程人员技能评估”是澳电于 2021 年推出的培训计划，目标为提升电力工程人员的专业知识和技能水平，促进业界技术水平标准化，确保工程施工质量符合安全标准。至今，已有 167 位业界工程人员通过评估并获颁证书。

安全生产 员工的职业安全健康是企业发展重要的基石，澳电每年均适时提供职安健环的培训课程及举办不同类型的活动，包括自 2014 年起举办的“承包商安全培训”课程、自2008年起举办的“健康、安全、环保及质量杰出表现奖”及于4月举行的“安全问答比赛”，让员工充分了解工作场所的安全风险，最大程度地避免事故发生。

为确保承包商的所有安健环质标准均符合法律要求，“承包商安全培训”课程让各承包商分享有关职安健的经验和挑战，以降低工伤风险和事故。年内开设的两个课题为“正确使用个人保护装备”和“动火作业许可证”，分别由劳工事务局及澳电各派出代表讲解，共100位来自不同承包商的职员参与。另外，为进一步鼓励供货商和承包商，澳电持续举办“健康、安全、环保及质量杰出表现奖”，以表彰和奖励他们在职安健环质方面出色的表现。

澳电鼓励员工报告任何形式的安全隐患，以便尽快展开调查和纠正问题。于2023年，管理层共收到30份来自不同部门的安全报告、45份质量、7份环保建议书及26份于2023年新设的创意报告建议。

客户服务

（1）推进智能化客服。为提供更优质和全面的客服体验，澳电持续优化网上服务。年内推出“电业工程人员网上服务”，电业工程人员现可于网上轻松管理各种服务及承接客户电力申请，并可透过网上平台提交工程相片进行预验收，取代了传统的现场验收，提高效率。此外，澳电于网站内加入电工专业资格、技能、语言及工程类别等服务范围分类，完善且详细的电业承办商名单能帮助客户了解其业务范围，更便捷查找合适的承办商开展工程。

澳电于第3季度将电子账单服务开放予所有客户申请，随后更推出全新接收电子账单渠道，除电邮外，客户亦可选择透过手机短信、澳电微信或澳电APP的推送通知收取电子电费单。第4季度“澳电网上服务”加入了两项全新功能，包括“缴交电缆接驳费/工程费用”及“预缴电费”。另外，7月推出线上取号及预约服务。客户可透过“澳电微信”或“澳电网上服务”查询各服务柜台的实时轮候状况，并实时在线取号。

（2）不断革新充电服务。为持续优化电动车充电体验，澳电加强了澳电APP的功能及提供更便捷的支付方式。包括引入了全新留言板功能，优化了充电评分功能。新增“银联无感支付”和新增钱包余额不足提示功能。在充电途中，若澳电APP内的钱包余额低于10澳门元时，系统会自动向客户发出推送讯息提醒充值，确保充电不会因余额不足而中断。

（3）旧厦升级乐安居。为帮助市民消除“三无楼宇”的用电安全隐患，澳电股东于2020年出资3000万澳门元成立一个一次性的“低层旧厦公共电力装置安全升级资助计划”，资助楼龄超过30年7层以下，且其公共电力装置被评为危险的楼宇更新公共电力装置。资金于2023年底用毕，透过计划，澳电共资助112栋低层旧厦完成更新，2200个住户受惠。

（4）在2023年的“客户满意度调查”中，整体客户满意度达91.7%，再创历史新高。当中，缴费方法、价格水平、咨询通客服查询、技术支持服务及客户通信尤为显著，反映澳电在供电技术、回复查询及举办活动等范畴均能响应市民的期望。

绿色发展

（1）数字化转型。完成第二张电力生产通信网的建设；升级企业服务总线，保障所有系统间日益增长的业务数据联动交换；利用新技术强化数据安全，实施新型备份与复原方案，提升数据复原速度40倍；强化安全管理规章，结合安全技术方案及数据驱动安全运营中心，实施安全合规的数字化管理；以及完善数字化变电站的网络安全管理机制等。

澳电亦有序推进数字化转型规划中的多个核心项目，如新调度中心、停电管理系统、智能电能表和企业ERP等。在电力数据网络方面，超过1000个客户变电站的配网通信升级至光纤通信，澳电亦对客户变电站的遥测数据采集进行了多个试点方案的实施与研究，未来几年将继续推进配网自动化升级工程。

为配合澳门特区网络安全法的要求，澳电于2023年开始对现有数字化变电站进行系统升级，以加强变电站电力系统的网络安全水平。澳电亦运用智能电能表数据，分析最大用电需量、监察用电状态，以便及时发现和处理过载或用电异常。

澳电持续完善客户关怀系统功能，包括在网端和移动端提供便捷分期付费与POS机收费等服务，同时积极与澳门特区政府部门及多间本地银行合作，提供更多元化的电费支付选项，照顾不同客户需求。

澳电亦积极与不同学术单位及供货商进行交流及探索，涉及电力行业全方位发展的领域包括碳中和、智慧电网、新能源、电动车充电、大数据、人工智能、通信技术及网络安全等，促成了一系列合作并取得具体成果。

（2）绿色电力证书交易。在澳门特区政府经济适度多元发展策略指引下，于12月澳电与南网国际公司于澳门正式签署粤澳首笔520万kWh绿色电力交易证书协议。是次交易起到粤澳绿色能源合作示范作用，助推动落实澳门“双碳”目标，助力中国绿证的全面实施，提高中国绿证在国际上的影响力。

（3）电动车充电。为配合澳门特区政府的绿色出行政策，澳电在年内继续扩展充电网络，为60个公共停车场提供快速充电及标准充电服务，并提供IEC、CHAdeMO及GB/T等标准。在充电网络方面，目前提供超过2000个充电点，覆盖97%的公共停车场。同时新增100个电动电单车充电插座，覆盖49个停车场以满足电动车发展需求。随着电动车充电桩数量大幅增加，利用充电记录、警报、通信数据等进行自我诊断，并作智慧工单分配，提升充电桩可用率。同时引进无感支付模式，以提升用户充电体验。

自2023年10月1日起，根据最新修订的“建筑物电气装置低压供电一般技术规范”，新建筑物的停车场必须配备电动车充电电源，而每个停车位须配备独立电表。停车场业主只需像申请楼宇供电一样，申请停车场供电，便可在私人停车位为电动车安装充电桩。

（4）智能电能表。澳电持续打造智能电能表基础设施，以支持澳门特区政府构建智慧城市，截至2023年年底，已安装超过210000个智能电能表，整体覆盖率超过七成半，其中超过200000个智能电能表已开始提供读数发单，将于2025年第二季前达致全覆盖。同时，我们为智能电能表客户增设日用量分析功能，客户可于网上随时查阅最近30日的日用电量，更容易掌握用电习惯及管理电费开支。

随着上线智能电能表稳步增长，以及运作流程的持续改进，用电数据在多个业务领域产生协同效应，估算电费单较一年前减少近四成，智能电能表系统数据的采用及窃电检测模型的建立，使非正常用电状况检测率提升四倍，确认的窃电案件大幅增加，追回的收入增加到530万澳门元，同比增加约250%。远程自动执行的割复电操作可达日均200单。

此外，用电数据广泛应用在客户报装分析、低压电网状况在线评估、输配电网络负荷预测及规划等不同范畴，为公司投资预算、运行调度及客户服务各方面的数字驱动决策提供可靠依据。

（5）共同管道。澳电与澳门特区政府签署“新城填海区A区共同管道附属系统设计、供应及安装服务”合同，该服务内容主要关于主、微型共同管道和控制中心的附属系统设计、采购和安装。此合同为继2019年“澳门特别行政区共同管道管理公共服务批给公证合同”以来，澳电与澳门特区政府签署的第二份有关共同管道合同。

按照澳门特区政府“新城A区供电规划及发展”，预计区内最高电力负荷将达到目前整体澳门负荷约13.2%，为此澳电需做好充分准备。新城A区将建造总长约为6.6km的共同管道，围绕着新城填海区A区形成环形平面布局，将公用设施包括供电、自来水管、中水管及通信网络等铺设于地下共同管道内，以便日后进行维护、维修及扩容等工作，减少重复开挖路面对交通所造成的影响，现时澳电已完成提交共同管道附属系统的设计图则。

大气排放　根据第24/2019号行政法规《发电厂的空气污染物排放标准》要求，发电厂机组分别于2023年5月及10月进行烟气检测，此检测服务由获取中国合格评定国家认可委员会认可证书之机构提供，所有烟气检测结果均符合行政法规内所规范的排放标准。

澳电自2010年起连续获得ISO14064－1温室气体管理证书。为配合本澳实现“双碳目标”，澳电已做好准备，助力推进澳门特区政府的净零排放目标。

社会责任　澳电持续举办社区关爱及环保推广活动，与市民增强互动。

（1）多元惠泽社群活动。澳电借着举办不同活动增进社会各阶层的凝聚力，提升公众对弱势社群的理解及关注。年内再度举办“魔力桥大赛”，所得收益亦全数捐赠予澳门自闭症协会，以支持该机构的相关工作。春节前夕，举办“妙笔生‘挥’迎兔年”书写挥春慈善活动，为市民送上节日祝福的同时，亦为慈善机构筹款。澳电亦积极参与年度慈善盛事“澳门公益金百万行”，展现澳电对公益活动的热心支持。

澳电持续开展“社会服务计划”，动员澳电志愿技工队伍为独居长者、弱势家庭及有特殊需要的人士提供免费安全检修家居电力装置服务，年内已成功帮助超过60位有需要的长者。澳电亦特别委托澳门水电工会组织退休电工壮大志愿团队，让退休专业人员能够继续贡献社会，实践互助互利的理念。在中秋节期间，澳电的爱心大使为40多位长者提供义务理发服务，并赠送低糖月饼向长者们传递节日温暖。

（2）青年启发。年内首办“澳电杯”节能减碳辩论比赛，使中学生认识节能减碳，学习正确的观念和养成良好的用电习惯。此外，澳电连同澳门科学馆及澳门科学技术协进会举办第二届“洁净能源城市挑战赛”，鼓励中学生围绕“环境保护与节能”及“洁净能源与智能技术”两个主题，提出提升效能和环保的想法，以及构思洁净能源基础设施的智能产品、服务或装置设计；为青少年而设的澳电“源源带动活力”街舞大赛，鼓励舞者展现自我；设置“Fun学Fun电快闪实验室”，启发低年级学童对科学的兴趣；在网上社交平台定期发布轻松有趣的宣传片，介绍澳电的服务和宣传慳电及用电安全知识；此外，为提高大众对家居电力安全的意识，澳电连同澳门演艺人协会在网上举办“电力小队创意配音比赛”。

（3）推广环保节能。澳电于科学馆首办以电动车车尾箱作主题的环保市集，让市民近距离接触多款电动车。还有“地味Cosplay大赛”，为市集增添不少趣味。澳电持续开办多个免费工作坊，包括倡导低碳生活的“电器化烹饪班”及“绿色工作坊”，“澳电配电箱3D打印模型彩绘工作坊”等。

为促进业界间的合作与交流，澳电参与“第11届粤港澳电力企业高峰会”及“第24届东亚及西太平洋电力工业协会大会（亚太电协大会）”等。其中，澳电代表在亚太电协大会上分享的“澳电基于高级计量架构的智能负载分析”获得“最佳论文奖”。

另外，澳电亦参展于本地举行的“2023年澳门国际环保合作发展论坛及展览（MIECF）”及“第13届中国（澳门）国际汽车博览会”，向公众展示了多个配合国家双碳目标的低碳绿色电力服务。

主要事件

10月，110kV新城A区变电站的土建工程动工。

2023年新焚化炉变电站和东方明珠变电站进入最后的测试阶段，计划分别于2024年第一季度和第三季度通电。

2023年鸭涌河变电站110kV扩建项目于11月开始施工，已竣工的包括银河路函变电站110kV馈线扩建工程。

11月，澳电签署第二份有关共同管道的合同：“新城填海A区共同管道附属系统设计、供应及安装服务合同”。

2023年，澳门首个兆瓦级太阳能光伏发电项目并网发电。

（王　莹）

大事记

1月1日 中央政治局委员、重庆市委书记袁家军到国网重庆电力调研电力保供情况。

1月3日 国家电网公司召开安全生产电视电话会暨2023年安委会第一次会议。

同日 中国电建召开安全生产委员会会议，深入学习贯彻落实习近平总书记关于安全生产的重要指示批示精神，认真分析研判公司安全生产工作形势任务，研究部署2023年安全生产各项工作。

同日 由中国能建总承包的广东火电清远华侨园燃气分布式能源站并网发电，标志着东方电气集团自主研制的首台全国产化F级50MW重型燃气轮机发电机组正式商用，填补了中国自主燃气轮机应用的空白。

1月4日 国家能源局印发《2023年能源监管工作要点》（国能发监管〔2023〕4号）。

同日 国家电投吉电股份白城分布式发电制氢加氢一体化示范项目成功制取第一立方"绿氢"，为打造可复制、可推广的新能源制氢示范项目开辟了新路径。

同日 由中国能建广东院牵头总承包建设的国家电投揭阳神泉二海上风电项目全容量并网。

当地时间1月5日 由中国电建投资开发的首个光伏项目——缅甸中部光伏项目群首个项目（京荣）发电庆祝仪式在内比都成功举行。

1月5—7日 国家电网公司召开四届三次职代会暨2023年工作会议。

1月6日 中电胡布首次使用人民币完成煤款信用证结算业务，这是中巴经济走廊下发电项目首次在境外直接使用人民币进行国际贸易结算。

同日 国务院国资委中央企业新能源智慧运维服务合作集中签约仪式在中国华能举办。中国华能与中国船舶、中国海油、东方电气集团、中铝集团、通用技术集团、中国建筑、招商局集团、中国建材、中国中车集团、中交集团、南光集团、中国电气装备、中国铁塔等13家中央企业的22个项目签约。签约采用"现场+视频"方式进行，签约各方将通过资源共享、业务协同、在线服务、管理提升等多种途径开展智慧运维服务合作，以推动央企新能源产业质量效益提升。

1月7日、12月9日 中国施工企业管理协会公布2022—2023年度第一批、第二批国家优质工程奖获奖名单。国家电网公司9项工程获2022—2023年度国家优质工程奖；由中电联电力质监站承担质量监督任务的乌东德水电站送广东广西±800kV特高压多端直流示范工程荣获国家优质工程金奖。云贵互联通道工程和500kV丹霞（梨市）变电站工程荣获国家优质工程奖；华能瑞金电厂二期扩建工程、华能云南澜沧江黄登水电站项目荣获国家优质工程金奖，华能东莞谢岗天然气热电联产项目、华能山东半岛南4号海上风电项目、华能濮阳县50万kW风电场项目、华能江苏大丰40万kW海上风电项目获国家优质工程奖；"华龙一号"示范工程福清核电5、6号机组工程荣获2022—2023年度国家优质工程金奖，这是福清核电继3、4号机组荣获核能行业首个国家优质工程金奖之后的"二次加冕"，成为唯一一个两获国家优质工程金奖的核电基地。

1月8日 国家能源集团电科院自主研发"高频局放信号采集系统前端软件"正式取得国家版权局软件著作权登记。

1月8—28日 国务院国资委组织开展"央企消费帮扶迎春行动"，中国华能通过自有电商平台"华能商城"采购央企定点帮扶和对口支援地区农产品62814件，累计帮扶采购金额超500万元，助推脱贫地区产业发展和脱贫群众稳定增收。

1月10日 由中国南方电网公司、柬埔寨电力公司、老挝国家电力公司共同发起的澜湄区域电力技术标准促进会召开成立会。中电联党委书记、常务副理事长杨昆出席成立大会，党委委员、专职副理事长安洪光出席会议并致辞。大会以视频形式召开，设中国广州主会场，北京、昆明分会场，在柬埔寨、老挝、越南设澜湄区域电力企业分会场。

同日 第十届中国企业全球形象高峰论坛在北京举行，论坛上正式发布了中国华能《2021柬埔寨国别可持续发展报告》，是中国华能连续第三年面向柬埔寨发布可持续发展报告。报告系统回顾了2021年中国华能桑河二级水电站在生产运营的过程中，在经济、环保和社会履责等多个方面所取得的成果；揭晓了2022（第五届）中国企业国际形象建设案例征集活动评选结果，中国华能报送的关于面向中柬"Z世代"青年的国际传播案例入选"2022中国企业国际形象建设十大优秀案例"。中国华电党组成员、副总经理李旭红出席并作了题为《构建人类命运共同体视野下的跨文化融合》的主题演讲，并代表中国华电与中国外文局签署了战略合作框架协议。

同日20:29 中广核"华龙一号"首堆——防城港核电3号机组首次并网成功，标志中国西部地区首台"华龙一号"核电机组正式具备了向电网输入电力的能力。

同日 中国电建与通用技术集团医疗资源专业化整合项目签约仪式在北京举行，国务院国资委党委委员、副主任翁杰明出席并见证签约。中国电建党委书记、董事长丁焰章与通用技术集团党组书记、董事长于旭波分别致辞。

1月11日 国家能源集团召开二届一次职代会暨2023年工作会。

同日 中国电建在北京召开2023年工作会议，总结2022年工作，部署2023年任务。

1月12日 国家能源局召开2023年全国电力安全生产电视电话会议，贯彻落实党的二十大精神和中央经济工作会议决策部署、落实全国安全生产电视电话会议要求，总结2022年工作，部署2023年任务。

同日 中国华能在北京召开党的建设工作会议，总结2022年党的建设工作，分析形势任务，安排2023年工作。

同日 中国大唐召开2023年工作会议。

同日 中国三峡集团长江电力完成金沙江重大资产重组，拥有长江干流6座水电站的全部发电资产。

同日 中国电建在北京召开2023年安全生产工作会议，中国电建党委在北京召开2023年党风廉政建设和反腐败工作会议暨警示教育大会。

1月12—13日 中电联可靠性管理中心与国家能源局电力可靠性管理和工程质量监督中心在北京联合组织召开了以可靠性为中心的设备检修策略研究试点项目中期评审及技术研讨会。会议采取“现场+线上”方式举行，国家能源局电力安全监管司司长苑舜、国家能源局电力可靠性管理和工程质量监督中心主任陈平、中电联可靠性管理中心主任周霞及国家电网、南方电网、中国华能、中国大唐等试点单位有关领导和技术人员100余人参加会议。

1月12—13日 中国华能二届四次职工代表大会暨2023年工作会议在京召开。

1月13日 中国华能与哈尔滨电气集团有限公司签署战略合作协议。根据协议，双方将按照资源共享、优势互补、互惠互利、合作共赢的原则，确立双方的长期战略合作关系，为具体项目合作搭建基础平台。

同日 中国电建召开党的建设工作会议，总结2022年党建工作，研究部署2023年党的建设总体思路和重点任务。

同日 中国电建所属北京院监理、水电十一局参建的河南天池抽水蓄能电站首台机组以100%成功启动率和零次中断的成绩，通过15天考核试运行，进入商业投运发电阶段。

同日 中国能建参与建设的合肥高新区综合管廊一期工程PPP项目、华电顺德清远（英德）经济合作区热电联产（2×9F级）项目获2022—2023年第一批中国建设工程鲁班奖（国家优质工程）。

1月14日 中国电建所属电建新能源集团设计、建设的新型电化学储能电站宁夏吴忠市旭宁能源科技有限公司100MW/200MWh储能项目成功并网。

1月15日 中央企业党建思想政治工作研究会公布了2022年度优秀课题研究成果。中国华能“以‘党建引领+’推进世界一流能源企业建设的实践研究”获一等奖，“聚焦职工成长成才 纵深推进中央企业产业工人队伍建设改革——基于中国华能集团产业工人队伍建设改革工作实践”获二等奖。

1月16日 中央政治局委员、北京市委书记尹力到国网北京城区供电公司检查春节期间供电保障情况。

1月17日 国务院总理李克强、副总理韩正到国家电网公司考察，视频慰问基层干部职工。

同日 国家能源局印发《2023年电力安全监管重点任务》（国能综通安全〔2023〕4号）。

同日 中电联本部2023年工作会议在北京召开。中电联党委书记、常务副理事长杨昆作题为《守正创新、砥砺进取奋力开创国际一流协会建设新局面》的工作报告。

1月18日 国家能源局在北京召开2023年监管工作会议。会议全面贯彻落实党的二十大精神，认真落实中央经济工作会议和全国能源工作会议要求，系统总结2022年能源监管工作，统筹部署2023年能源监管任务，全面推进高质量监管，助力能源高质量发展。

1月19日 国家能源局综合司印发《关于加强地质灾害多发区电力生产和建设施工安全风险防范工作的紧急通知》（国能综通安全〔2023〕7号）。

同日 中电联召开年度电力供需形势新闻发布会，中电联新闻发言人、秘书长郝英杰发布《2023年度全国电力供需形势分析预测报告》。

1月中旬 广东电网客服中心作为主要起草单位参与编制的《优质服务 原则与模型》（GB/T 42185—2022）国家标准发布。

1月21日 金沙江下游乌东德、白鹤滩、溪洛渡、向家坝四座水电站累计发电量突破1万亿kWh，相当于减少标准煤消耗约3亿t，减排二氧化碳约8.3亿t。

1月27日 国际电气与电子工程师学会（IEEE）标准委员会发布由南网超高压公司牵头制定的IEEE C57.12.200《套管介电频域响应测量导则》。

1月31日 南方电网公司与中国华电签署战略合作协议。

1月 中电联公布了2022年电力行业信用体系建设示范单位名单，中广核工程公司获“2022年电力行业信用体系建设示范企业”称号。

1月 四川省委、省政府通报表扬了在2022年应对极端灾害天气能源电力保供工作中作出突出贡献的集体和个人。国投电力公司雅砻江水电荣获突出贡献集体荣誉，雅砻江水电总经理郭绪元、副总工程师聂强荣获突出贡献个人荣誉。

2月1日 中国大唐党组书记、董事长邹磊，总经理、党组副书记刘明胜拜访国家电网公司党组书记、董事长辛保安，总经理、党组副书记张智刚。

2月2日 国家能源局综合司印发《关于加强春

节后复工复产和春季检修期间电力安全生产工作的通知》（国能综通安全〔2023〕9 号）。

同日 国家能源局党组书记、局长章建华到南方电网公司调研，广东省委常委、常务副省长张虎陪同调研。

同日 巴基斯坦举办卡拉奇核电站 3 号机组（K-3）落成仪式。至此，中国核电重大创新成果、中国自主三代核电“华龙一号”出口巴基斯坦 2 台百万千瓦机组在建成投产后正式交付巴方。

2 月 3 日 国家能源集团电科院主导策划、全程管控的金堂电厂冷却塔安全专项检测工作顺利通过验收，达到技术监督告警整改标准。该项工作是国家能源集团首次开展大型建构筑物安全检测鉴定工作，相应综合检测评价体系为行业内首创。

2 月 4 日 中国电建所属上海电建参建的福建漳浦六鳌海上风电场二期项目开工建设。该项目是全国第一个批量化使用 16MW 及以上大容量海上风电机组的项目。

2 月 6 日 国家能源局发布 2023 年第 1 号公告，批准《高压直流保护测试设备技术规范》等 168 项能源行业标准、*Code for Design of Underground Steel Bifurcated Pipe with Crescent Rib of Hydropower Stations* 等 20 项能源行业标准外文版、《防水材料用沥青》1 项能源行业标准修改通知单。

同日 南方电网公司注册资本金、股东及持股比例发生变更。变更后，南方电网公司注册资本金从 600 亿增加值 902 亿元人民币。广东省政府、海南省政府、国家电网公司退出南方电网公司股东，国务院国资委、广东恒健投资控股有限公司、海南省发展控股有限公司新增为股东。变更后，国务院国资委持股 51%，中国人寿保险（集团）公司持股 21.3%，广东恒健投资控股有限公司持股 25.57%、海南省发展控股有限公司持股 2.13%。

同日 中国华能召开 2023 年新能源建设推进会，靠前安排 2000 万 kW 新能源项目实现实体开工和施工准备，全年计划新能源开工 3000 万 kW 以上，投资额超过 1000 亿元。本次实现集中开工和施工准备的新能源项目共计 152 个，涉及全国 29 个省区，聚焦“三线一带”，即北线清洁能源基地、东线海上风电、西南“风光水储”一体化基地，以及中东部分散式分布式连片项目的建设开发。

同日 中国大唐董事、总经理、党组副书记刘明胜出席海南自由贸易港建设项目 2023 年度第一批集中开工仪式并讲话。

同日 中国电建党委书记、董事长丁焰章与中国电力企业联合会党委委员、秘书长郝英杰举行座谈，双方就紧密协作互联、推动行业健康发展进行友好交流。

同日 中国电建所属河北工程公司参建的华能乌什 700MW 光储一体化项目正式开工。

2 月 7 日 国家能源集团召开 2023 年电力产业工作会。

2 月 9 日 国家能源局印发《能源行业信用信息应用清单（2023 年版）》（国能发资质规〔2023〕16 号）。

2 月初 中国首套 300MW 抽水蓄能机组“芯片级”自主可控励磁系统和调速器系统在广州抽水蓄能电站 7 号机组安全稳定运行 30 天，标志着抽水蓄能成套控制系统设备国产化关键技术研究应用取得重大突破，推进抽水蓄能行业“全国产化”由主机设备向控制系统延伸。

2 月 10 日 由中电联和日本煤炭新领域机构（原日本煤炭能源中心）共同主办的 2022 年度中日联合委员会工作会议以视频方式召开。中电联常务副理事长杨昆、日本煤炭能源中心理事长塚本修出席会议并讲话。

同日 南方电网公司印发《依托电网工程加强能源技术创新提升产业链供应链自主可控能力工作方案》。

2 月 13 日 第二届中柬文化交流论坛在北京举办。论坛发布了《中国在柬埔寨企业形象白皮书》，这是首个由境外官方智库编写的中国企业国别形象白皮书。

2 月 14 日 国家能源局印发《关于加强电力可靠性管理工作的意见》（国能发安全规〔2023〕17 号）。

同日 中电联举办“碳市场与绿色电力交易政策评述”专题培训，邀请中电联专家委员会副主任委员王志轩作专题讲座。中电联党委委员、专职副理事长于崇德，党委委员、纪委书记江宇峰参加现场培训。

同日 中国电建党委副书记、总经理王斌在总部与到访的沙特国际电力和水务公司（AC-WA Power）董事长穆罕默德·阿布纳亚举行会谈。

2 月 14—15 日 中电联党委书记、常务副理事长杨昆，党委委员、秘书长郝英杰等一行赴哈尔滨电气集团有限公司走访调研。哈电集团董事长、党委书记曹志安，党委副书记张英健，党委常委、副总经理沈同等人员参加调研。

2 月 15 日 云南电网公司新文山供电局正式揭牌成立，云南省文山地区供电管理关系理顺。

同日 中国电建承建的雅万高铁全线无砟轨道工程施工全部完成。

2 月 16 日 国家电网公司在湖北举行金上—湖北 ±800kV 特高压直流工程、通山抽水蓄能电站开工动员大会。

同日 国家电网公司巴西苦咸水淡化公益项目在巴西北大河州若昂卡马拉市建成投产，中巴双方正式签署项目移交证书。

同日 由国务院国资委党委主办的2022年度"央企楷模"发布仪式在北京举行，国务院国资委党委书记、主任张玉卓，党委委员、副主任谭作钧出席活动并会见央企楷模代表。国家能源集团大渡河大岗山公司徐博海荣获"央企楷模"荣誉称号。中国电建、中国能建白鹤滩水电站建设者团队荣获"央企楷模"荣誉称号并现场受奖。

同日 国家电投首个境外电化学储能应用——中国电力—墨西哥联邦电力委员会佩尼亚斯科港光伏电站一期120MW工程和配套储能工程建设完工。

同日 中国电建党委书记、董事长丁焰章与到访的内蒙古电力集团党委书记、董事长贾振国举行会谈，并共同见证双方战略合作协议签署。中国电建党委常委、副总经理刘源与内蒙古电力集团副总经理梁景坤代表双方在协议上签字。

同日 中国电建所属四川院参与设计的四川金上—湖北±800kV 特高压直流输电工程正式开工建设。

2月16—17日 国家发展改革委党组成员、国家能源局局长章建华带队赴雅砻江就雅砻江流域水风光一体化示范基地开发建设等有关情况开展调研。

2月17日 国家能源局综合司印发《关于完善电力系统运行方式分析制度 强化电力系统运行安全风险管控的通知》(国能综通安全〔2023〕13号)。

2月20—23日 全国行业职业技能竞赛——中国电建水轮机安装工职业技能竞赛在昆明举办。中国电建党委常委、副总经理刘源出席竞赛开幕式并讲话。

2月21日 国家能源局印发《水电站大坝安全提升专项行动方案》(国能发安全〔2023〕19号)。

同日 华能海南昌江核电二期工程3号机组内穹顶吊装就位。9月24日，二期工程3号机组压力容器吊装就位。10月31日，二期工程3、4号机组220kV辅助电源倒送电成功。12月27日，二期工程4号机组内穹顶吊装就位。

同日 国家电投产融（资本控股）融和租赁发起的"中电投融和融资租赁有限公司2023年度第一期绿色中期票据（碳中和债、乡村振兴）"成功簿记。该项目是上海首单"碳中和债/乡村振兴"绿色中期票据，发行规模10亿元，期限为2年期。融和租赁累计发行超300亿元"碳中和"系列债券产品，居行业第一。

同日 中国电建党委书记、董事长丁焰章在总部与中国诚通集团党委书记、董事长朱碧新举行会谈。

2月22日 中电联党委书记、常务副理事长杨昆，党委委员、专职副理事长安洪光在中电联本部会见中国环境保护产业协会党委书记、会长郭承站一行。与会双方就政策研究、标准制定、会展合作、培训认证、会议交流、编制发布报告等方面开展合作进行了探讨交流。

同日 2022年（第29批）国家企业技术中心认定名单正式发布，中核武汉首次入选榜单，正式入列科技创新"国家队"，这也是中国核电旗下首家单位荣获该资格。

同日 中广核核电股份公司副总裁秦余新在中广核大厦会见中电联党委委员、纪委书记江宇峰一行。双方就平台建设、战略研究等领域深化合作进行了交流。

同日 四川省委副书记、省长黄强到国投电力公司雅砻江水电调研，详细了解雅砻江水电历史沿革、发展战略、雅砻江流域水风光互补绿色清洁可再生能源示范基地建设情况等。

2月22—24日 电力行业技能人才评价工作座谈会暨管理人员培训班在昆明市举办。中电联党委委员、纪委书记江宇峰，人力资源社会保障部鉴定中心、中国就业培训技术指导中心评价处有关负责同志出席会议并讲话。

2月23日 南网广东梅州供电局与国网福建龙岩供电公司闽粤边际城市电力业务"跨网办、跨省办"启动。双方按照简化易办、就近能办原则，建立"跨网通办、跨省通办"创新服务机制，建立即时响应、联席会议、免费邮寄三项机制，开展线上线下两种模式服务客户。

2月24日 由中电联联合11家供能及用能行业协会共同主办的第二届中国电气化发展高端论坛暨第三届电能替代产业发展高峰论坛在北京成功举办。共同主办单位一致认为，未来要强化沟通交流，凝聚推动行业转型、共促绿色发展的共识，促进终端用能清洁化，助力规划建设新型能源体系。中电联在会上正式发布《中国电气化年度发展报告2022》。

同日 中国电建所属华东院总承包的陕西最大山地光伏项目——陕投商州区100MW光伏电站并网发电仪式在项目现场举行。

2月26日 国家电网公司董事长、党组书记辛保安主持召开党组扩大会议，通报中央关于金炜任国家电网公司副总经理、党组成员的决定。

同日 世界最大断面组合式顶管机"大禹掘进号"运抵中国电建所属水电十一局深圳地铁12号线二期工程沙三站开始组装。

同日1:55 四川省内最大的发电企业国投集团雅砻江水电锦屏水力发电厂累计发电量突破4000亿kWh大关。雅砻江水电锦屏水力发电厂负责锦屏一级水电站和锦屏二级水电站的运维管理，共安装14台单机60万kW的水轮发电机组，总装机容量840万kW，是四川规模最大的发电厂。

2月27日 中电联专家委员会2023年度工作会议暨“新型能源体系建设”专题研讨会在北京召开。中电联党委书记、常务副理事长、专家委员会主任委员杨昆做工作报告，专家委员会副主任委员雷宪章、魏昭峰、王志轩及首席专家、特聘研究员等出席会议。

2月28日 中电联在北京组织召开“煤电机组灵活性调节运行对系统可靠性影响”重大调研课题协调会。会议采取“线下+线上”方式举行，中电联党委委员、专职副理事长王抒祥出席会议并讲话，课题各支撑专家以及国家能源局电力安全监管司、国家电网公司、南方电网公司、主要发电企业、高校和科研院所40余位课题组成员参加会议。

同日 国务院国资委公布“创建世界一流示范企业和专精特新示范企业”名单，南网数研院、南网科研院、南网科技公司3家单位入选，华能西安热工院、清能院、澜沧江公司3家单位入选，中国电建华东院、水电基础局2家子企业入选“创建世界一流专精特新示范企业”名单。

同日 由中华全国总工会、中央广播电视总台联合举办的2022年“大国工匠年度人物”发布活动，中国电建所属水电四局职工田得梅榜上有名，并成为此次“大国工匠年度人物”唯一一名女工匠。

同日 由国家电投内蒙古公司（蒙东能源、电投能源）建设的霍林河循环经济“源－网－荷－储－用”多能互补关键技术研究创新示范项目铁－铬液流电池储能系统试运行成功，并刷新铁－铬液流电池技术的全球最大容量纪录，标志着铁－铬液流电池储能技术路线迈入兆瓦级应用时代。

同日 中国电建所属湖北工程公司设计的武汉木兰近区220kV电网优化工程投产送电。

2月 南方电网河北保定电池储能站投入商业运行。该储能站为中国首个移动式大容量全场景电池储能站，其投运标志着中国高压级联关键技术研究取得成功，有效解决电池储能站应用场景固定限制的难题。

2月 深圳2172个工业园区转供电改造全面完成，在全国率先实现工业园区从“一园一表”变为“一企一表”，打通电力供应和服务“最后一公里”。

2月 深圳220kV晨光变电站投运。

3月1日 辽宁省与央企深化合作座谈会在京举行。会上，中国华能签署了《营口市海上风电项目合作协议》。根据协议，各方将围绕辽宁全面振兴新突破三年行动，本着优势互补、合作共赢的原则，在海上风电项目开发和清洁能源产业基地建设等方面加大合作力度。

同日 国家电投内蒙古公司扎哈淖尔煤业公司完成全国首例4G/5G融合MEC专网建设，实现全国首个“北斗+5G”全自动无人机巡检的露天煤矿。

同日 国家能源集团电科院首次在南方能源局监管的区域完成海南大广坝水电站机组超期服役延寿评估项目，业务领域实现了华东、华中、西南、华南地区全覆盖，成为获得能源监管局全域认可的延寿评估专业机构。

同日 贵州贵阳供电局南明核心圈高可靠性示范区项目建成，全区域实现配电网可观、可控、运行状态全面监测、故障自动隔离、系统自愈恢复，供电可靠率99.999%。

同日 “绿色环境管理优秀奖”评选颁奖会于泰国曼谷市环境质量促进局举办，国投电力控股投资企业新源（中国）在泰子公司创冠环保“农垦一生活垃圾焚烧发电厂”获奖。

3月2日 国家能源局颁布《20kV及以下配电网工程定额和费用计算规定（2022年版）》（国能发电力〔2023〕20号）。

同日 国家能源局副局长余兵到国家电网公司开展2023年全国两会保电工作调研。

同日 广东广州500kV科北变电站投运。该站为全国首个500kV全面自主可控示范变电站和首个“近零能耗”双碳示范站。至此，广州成为全国首个拥有400座公用变电站的省会城市。

3月3日 由中电联、中国煤炭工业协会、中国企业国有产权交易机构协会组成的国务院国资委助力乡村振兴工作第十三协作组，赴定点帮扶地河北省邯郸市魏县东代固镇开展实地调研、慰问困难户及党建结对等工作，研究进一步巩固脱贫攻坚成果，推动乡村振兴工作。魏县县政府、东代固镇相关负责同志陪同调研。

同日 全国妇联公布全国三八红旗手标兵、全国巾帼建功标兵等先进榜样名单。国家电网公司系统4人获评全国巾帼建功标兵、24个集体获评全国巾帼文明岗、1个集体获评全国巾帼建功先进集体。

同日 全球能源互联网发展合作组织（GEIDCO）与电气与电子工程师学会（IEEE）在越南胡志明市理工大学联合举办亚太区域能源互联网发展研讨会。受全球能源互联网发展合作组织邀请，中电联副秘书长丁永福和规划发展部、计划与财务部相关人员代表中电联出席会议。

3月5日 国家“十四五”规划能源建设重点项目——安徽桐城抽水蓄能电站主体工程开工。该项目由中国电建所属水电十二局承建，中国电建水电八局承担第三方土建检测任务，中国电建西北院承担监理任务，中国电建中南院承担安全监测任务。

3月5—7日 国家能源局监管总监黄学农在云南调研电力供应保障工作，肯定云南电网在去年极端严峻形势下保障云南电力供应平稳，做到保电网安全、保民生用电、保经济社会发展，保供工作有力有效。

3月6日 南网储能公司梅州宝湖储能电站投产。这是世界首个浸没式液冷储能电站，标志着浸没式液冷这一前沿技术在新型储能工程领域的应用。

同日 国际首个源网融合的新能源全景仿真中心——华能新能源全景仿真中心正式投入运行。

同日 由中核集团统筹组织、核工业西南物理研究院主导编制、中核战略规划研究总院核工业标准化研究所参与编制的国际标准《反应堆技术 核聚变反应堆 核聚变堆高温承压部件的热氦检漏方法》正式发布。该标准不仅是中国首项核聚变领域的国际标准，也是ISO发布的首项核聚变领域国际标准。

同日 由中国能建广东火电承建的全球首个浸没式液冷储能电站——广东梅州宝湖储能电站项目正式投入运行。

当地时间3月6日 中国电建所属中南院哥伦比亚泰普伊光伏总承包项目正式开工。

3月7日 由中电联主办的2023年电力行业国际合作会议暨2022—2023年亚太电协组委会秘书处第二次专题会议在厦门召开。会议由中电联党委委员、纪委书记江宇峰主持。中电联党委委员、专职副理事长王抒祥，国家发展改革委外资司代表出席会议并致辞。外交部外管司、中国标准化研究院标准化理论战略研究所专家在会上做专题讲座。来自中电联理事长、副理事长及部分理事单位国际合作及海外经营等相关业务部门的约100名代表参加会议。

同日 中电联在北京组织召开了“碳市场与电力市场协同机制探索研究”调研课题启动会。中电联党委委员、专职副理事长安洪光出席会议并讲话，监事长潘跃龙出席会议，课题指导专家以及国家电网公司、南方电网公司、中国华能、中国大唐、中国华电、国家能源集团、国家电投、广东能源、深圳能源、申能股份、北京电力交易中心、广州电力交易中心、上海环境能源交易所等13家调研组成员单位的40余位课题组成员参加会议。会议采取“线下+线上”方式举行。

同日 广东揭阳500kV盘龙变电站投运。

同日 中国电建召开安全生产工作视频会议，深入贯彻落实国务院国资委部署要求，进一步强化安全生产有关工作。

同日 中国电建所属华东院总承包的浙江省规模最大、技术最先进的新型储能项目——新昌高新园区50MW/100MWh储能电站并网成功。

同日 中国电建党委副书记、总经理王斌在总部会见了中国农业发展银行党委副书记、副董事长、行长湛东升，双方就进一步巩固深化合作进行友好交流，并共同见证双方战略合作协议签署。

3月8日 国家能源局综合司印发《2023年能源行业标准计划立项指南》（国能综通科技〔2023〕20号）。

同日 中电联党委书记、常务副理事长杨昆在中电联本部会见上海电气电站集团党委书记丘加友一行。杨昆欢迎上海电气集团加入中电联，今后双方可以在重大课题研究、标准制定、可靠性管理、行业信用体系建设等方面开展深入交流和合作。

同日 广东省东源县发生里氏4.5级地震，未对电网造成影响，南网主网、广东省网主网及河源电网运行稳定。

3月9日 国家能源局印发《防止电力生产事故的二十五项重点要求（2023版）》（国能发安全〔2023〕22号），国家能源局综合司印发《关于开展电力二次系统安全专项监管工作的通知》（国能综通安全〔2023〕21号）。

同日 中电联2023年党建暨纪检工作会议在本部召开。

同日 南方电网公司发布《电力数据应用实践白皮书》。

同日 中国电建在雄安召开2023年财务工作会议。

同日 中国电建所属山东电建三公司与宝武清洁能源有限公司签订全球最高海拔光热电站项目即西藏扎布耶源网荷储一体化综合能源供应项目EPC合同。

当地时间3月9日 乌干达卡鲁玛水电站首台机组启动一次成功。卡鲁玛水电站由中国电建所属水电八局、水电十二局承建，总装机容量为60万kW。是中乌两国元首共同推动的重大工程和该国2040年发展规划的重点工程。

3月10日 国家能源局综合司印发《关于汲取阿根廷停电事故教训做好近期重要电力设施森林草原火灾防范工作的通知》（国能综通安全〔2023〕22号）。

同日 中电联在北京组织召开了“电力发展中长期规划研究”重大调研课题启动会。中电联党委书记、常务副理事长杨昆，党委委员、专职副理事长安洪光出席会议，中电联专家委员会部分专家、企业专家代表及课题组成员参加会议。

同日 国家能源集团“电力技术监督中心”“电力工程调试管理中心”“电力工程质量监督中心”在国家能源集团电科院挂牌成立。

3月上旬 广西与海南完成历史上首次电力互济交易。

3月12日 南网超高压公司±500kV宝安站交流保护改造项目工程完成。

3月14日 国家能源局将广东省2518万kW规划清洁煤电配套的16项电网工程纳入国家电力发展“十四五”规划。

同日 南方电网公司印发《加快抽水蓄能发展专项行动方案（2023—2025年）》。

同日 中国电建党委书记、董事长丁焰章与哈尔滨电气集团有限公司党委书记、董事长曹志安在中国电建总部举行会谈。

同日 由中国能建山西院总承包的新加坡腾格水库60MW浮体光伏项目，荣获八届新加坡年度项目2021—2022年度工程建筑类年度项目一等奖。

3月15日 国家能源局、生态环境部、农业农村部等四部门印发《关于组织开展农村能源革命试点县建设的通知》（国能发新能〔2023〕23号）。

3月16日 巴基斯坦国家环境与健康论坛第15届企业社会责任峰会在卡拉奇举行，巴基斯坦默蒂亚里—拉合尔输电有限公司获“2023年度企业社会责任奖”。

同日 国家电网公司举行陇东—山东±800kV特高压直流工程、玉门抽水蓄能电站开工动员大会。

同日 海南省最大的清洁能源热电联产项目——华能洋浦天然气热电联产项目二套机组顺利通过168小时满负荷试运行，标志着洋浦天然气热电联产项目全面建成投产。

同日 国务院国资委正式批复，国家电投成为重型燃气轮机产业链链长单位，也成为央企为数不多获得两项产业链链长批复的企业。

同日 中国电建党委书记、董事长丁焰章在总部与中国电气装备党委书记、董事长白忠泉举行会谈。

同日 中国电建党委书记、董事长丁焰章在总部与西藏自治区党委副书记、自治区政府主席严金海举行会谈，并共同见证战略合作协议签署。中国电建党委常委、副总经理徐鹏程与西藏自治区政府副秘书长高宝军代表双方签约。

3月17日 国务院国资委发布创建世界一流示范企业和专精特新示范企业名单，国家电网公司3家单位（北京智芯微电子科技有限公司、国网智能科技股份有限公司、国网信息通信产业集团有限公司）入选创建世界一流专精特新示范企业名单。

3月18日 国家电网公司在辽宁召开辽宁重大电网工程暨大雅河、兴城抽水蓄能电站开工动员大会。

同日 中国华能与山东省人民政府、国家电投在济南签署《共同组织实施“核动未来”科技示范工程的框架协议》。根据协议，三方将充分发挥各自优势，按照“资源融合、优势互补、互惠互利、共同发展”的原则，通过开展多领域多用途应用示范的方式，共同建设具有国际影响力的核能技术攻关与产业化应用创新示范基地，打造“技术标准化、创新体系化、产业规模化”的核能产业生态，推动山东省成为先进核能原创技术策源地和核能产业创新发展高地，实现能源绿色低碳高质量发展。

同日 由中国电建所属电建核电公司承建的全国最大容量燃煤民生采暖型背压机组国家能源集团邯郸热电退城进园工程4号机组完成（72+24）h满负荷试运，平均负荷155.26MW，负荷率100.82%，各项指标都达到优良标准并正式移交生产运行。

3月19日 第七届中国工业大奖发布会在北京召开，国家电网公司张北柔性直流电网试验示范工程荣获第七届中国工业大奖。

3月20日 内蒙古自治区与中央企业深化合作座谈会在北京举行。内蒙古自治区党委副书记、自治区主席王莉霞出席会议，中国电建党委副书记、总经理王斌应邀出席，并与王莉霞座谈交流。

3月中旬 云南220kV岩乐输变电工程投运。该工程是全国首个开展电网工程ESG评价的试点工程。

3月21日 由中电联主办的第一届（2023年）电力市场高端论坛在北京举办。论坛以“电力市场与新型电力系统”为主题，邀请政府领导、院士，电网和发电售电企业、市场机构等行业专家，共同研究探讨“双碳”目标下电力市场建设和促进电力行业高质量发展相关内容。会上中电联正式发布了《我国省级电力市场建设情况年度报告》。论坛分别由中电联党委委员、专职副理事长安洪光和监事长潘跃龙主持。

同日 由中国电力企业联合会主办，南方电网公司承办，南方电网深圳供电局有限公司协办的2023年电力行业职业技能竞赛（继电保护员）在广东深圳隆重开幕。中电联党委委员、纪委书记江宇峰，南方电网公司总工程师汪际峰出席开幕式并讲话，南方电网深圳供电局有限公司董事、总经理、党委副书记李敏虹致欢迎辞。

同日 深圳500kV东荆甲乙线送电。该线路为国家能源局2020年电网主网架完善重点项目。

同日 粤港澳大湾区500kV外环东段工程（汕尾段）承龙至汕尾段甲乙线全线贯通。该线路为南网首个采用“八分裂”导线的500kV输电线路。

同日 华能大安“吉电入鲁”50万kW风电项目全容量投产，标志着中国华能首个大容量跨区域新能源项目投产。

同日 中国电建工会召开三届二次全委会暨2023年工会工作会议。

3月22日 经国家核安全局核准，浙江三门核电4号机组浇筑核岛第一罐混凝土（FCD），标志着三门核电二期工程建设序幕全面拉开。

同日 中国电建设计承建的乌干达卡鲁玛水电站首台机组成功发电并入乌干达国家电网。

3月22—23日 由中国电建和中国水力发电工程学会共同举办的——“双碳”目标下新能源与抽水蓄能科技论坛暨中国电建2023年科技与数字化大会在北京举办。

3月23日 广东电网公司完成澳门居民首笔数字人民币电费结算。

同日 中国电建与内蒙古自治区人民政府在呼和浩特签署战略合作框架协议。中国电建党委书记、董事长丁焰章与内蒙古自治区党委副书记、自治区主席王莉霞共同见证签约，并就进一步深化双方战略合作进行会谈。

3月24日 中华全国总工会在北京举行2023年全国五一巾帼奖表彰大会，国家电网公司13名女职工集体荣获全国五一巾帼标兵岗称号，15名女职工荣获全国五一巾帼标兵称号；贵州电网六盘水供电局电力调度控制中心配网调控班、云南电网德宏供电局500kV德宏变电站、海南电网海口供电局江东供电分局供电服务中心荣获全国五一巾帼标兵岗称号；中国电建集体和个人荣获全国五一巾帼奖。

同日 电力设备质量安全治理和风险防控工作领导小组办公室成员第一次会议在北京召开。来自国家电网公司、南方电网公司、中国华能、中国大唐、中国华电、国家能源集团、国家电投、中国三峡集团、浙能集团、广东能源集团、内蒙古电力集团、京能集团、国投电力、中广核新能源控股有限公司14家领导小组成员单位生产和物资管理部门及中国电力企业联合会电力评价咨询院、特变电工集团的34名代表参加会议。

同日 中国电力企业联合会在北京举办以“推动能源转型，服务绿色发展”为主题的“2023年经济形势与电力发展分析预测会”。

同日 中国能源研究会电碳耦合技术专业委员会在广州成立，中国能源研究会理事长史玉波出席专委会成立大会。这是国内首个电碳耦合领域行业学术组织，支撑单位为南网能源院。

同日 由云南电网公司牵头，10余家产学研用单位共同参与制定的国家标准GB/T 42393—2023《高海拔微地形微气象条件下电网区域风害分布图绘制方法》正式发布。

同日 华北区域首台660MW超超临界直接空冷机组低压缸微出力灵活性改造调试工作完成，标志着国家能源集团电科院“低压缸微出力”专利技术在超超临界直接空冷机组首次应用成功。

同日 中国电建在浙江建德举行首届技能大师工作室集中授牌仪式，10名特级技师暨电建工匠技能大师工作室宣告成立。

同日 由中国电建承建的总装机容量750MW，碾压混凝土重力坝，高度130.5m的中赞“一号工程”下凯富峡水电站全面投产发电。

3月25日 国家重点研发计划中的固态储氢开发项目率先在广州和昆明实现并网发电。该项目解决在常温条件下以固态形式存储氢气的技术“瓶颈”，是中国首次利用光伏发电制成固态氢能并成功应用于电力系统。

同日 中国华能党组书记、董事长温枢刚应邀参加中国发展高层论坛2023年年会经济峰会，以“中国华能绿色低碳转型实践”为题发表演讲。

同日 由中国能建广东院参与设计、安徽电建二公司承建的中国西部地区首台“华龙一号”核电机组——中广核广西防城港核电站3号机组正式投产发电。

3月26日 国家能源局综合司印发《关于进一步加强发电机组检修安全监督管理的通知》（国能综通安全〔2023〕29号）。

同日 由中国电建负责，正线全长142km，最高设计时速350km。全线设有4个车站的雅万高铁轨道从德卡鲁尔车站铺通至哈利姆车站，实现全线轨通。

3月28日 国家能源局印发《关于加快推进能源数字化智能化发展的若干意见》（国能发科技〔2023〕27号）。

同日 国网巴西CPFL公司SUL2输电项目和国网巴西控股公司路易斯安纳变电站扩建项目相继投运。两个项目分别为国家电网公司在巴西的重点经营区域——南大河州和巴西利亚首都联邦区供电。

同日 广西500kV凤凰变电站投运。该站为广西首座500kV智能变电站，是桂西负荷中心的重要变电站。

同日 由中电联、国家能源集团、中国机电产品进出口商会、中国产业海外发展协会、中国光伏行业协会等单位共同主办的2023中国国际清洁能源博览会暨氢能专精特新创业大赛在北京开幕。

同日 由国务院国资委与海南省委省政府联合举办的“服务构建新发展格局加快建设中国特色自由贸易港”座谈会在海口举行。海南省委书记冯飞，省政协主席李荣灿，国资委党委委员、副主任赵世堂出席会议。中国电建党委副书记、总经理王斌应邀出席。

当地时间3月28日 中国电建玻利维亚蒙特罗—亚帕卡尼双车道建设项目完成最终移交工作。

3月29日 国家能源局印发《电力行业公共信用综合评价标准（试行）》（国能发资质规〔2023〕28号）。

同日 由中电联主办、中电联电动交通与储能分会协办的中国储能大会在北京中国国际展览中心（朝阳馆）举行。国家能源局电力安全监管司司长苑舜，中电联党委委员、专职副理事长安洪光出席会议并讲话。中电联副秘书长兼标准化管理中心主任刘永东主持会议并作工作报告。

同日 全国首单央企新能源公募 REITs——国家电投江苏公司海风公募 REITs 成功上市，首创认购破千亿纪录，认购倍数创 40 亿元以上 REITs 项目的认购倍数新高。

3 月 29—30 日 中国华能党组书记、董事长温枢刚应邀出席博鳌亚洲论坛 2023 年年会，参加开幕式、“打造充满活力的现代企业”分论坛及中外企业家代表座谈会，并作为发言嘉宾出席“清洁能源的未来”分论坛。

3 月 30 日 中国大唐党组书记、董事长邹磊参加博鳌亚洲论坛 2023 年年会开幕式和有关论坛。

同日 中国电建和以色列拉麦特公司联营体共同承建的以色列 2 号公路扩建工程项目比合同工期提前一年获得通车许可，实现主线通车。

同日 中国电建所属昆明院 EPC 总承包的国内单机容量最大山地风电项目——三峡新能源云南省弥勒西风电（550MW）工程全容量并网发电。

3 月 31 日 国务院国资委召开国有企业创建世界一流专业领军示范企业推进会。南网数研院、南网科研院和南网科技公司入选示范企业名单。

同日 由中国能建中南院设计的巴基斯坦塔尔煤田Ⅱ区块煤电一体化项目、煤电二期 ThalNova 1×330MW 坑口燃煤电站项目投入商业运行。巴基斯坦总理夏巴兹·谢里夫出席揭幕仪式。

4 月 3 日 巴塘—澜沧江 500kV 线路工程正式投运。

同日 云南电网与南方电网主网鲁西背靠背直流异步联网工程完成同频控制功能试点实施，实现南方电网分区异步电网间频率同步运行和南网调频资源实时、自动共享。这是世界上首次实现分区异步电网频率同步运行。

同日 深圳供电局“城市海量灵活资源聚合的虚拟电厂构建与调度关键技术及示范应用”项目通过中国电机工程学会鉴定，鉴定委员一致认为项目成果整体处于国际领先水平。

同日 国家电投吉电股份 6 辆氢能大巴在中韩（长春）国际合作示范区完成区政府工作人员首日通勤任务，标志着国内首个“制、储、加、用”氢能全产业链一体化项目实现商业运营。

4 月 6 日 中法企业家委员会第五次会议在北京人民大会堂举行。国家主席习近平同法国总统马克龙共同出席会议闭幕式并致辞。商务部部长王文涛、法国经财部部长勒梅尔主持闭幕式。中国电建党委书记、董事长丁焰章参加会议，并与法国施耐德电气集团董事长兼首席执行官赵国华（Jean-Pascal TRICOIRE）签署《中国电建与施耐德电气合作备忘录》。

同日 国家能源局印发《2023 年能源工作指导意见》（国能发规划〔2023〕30 号）。

同日 国家能源局发布 2023 年第 2 号公告，废止国家能源局印发的《国家能源局关于印发亚临界煤电机组改造、延寿与退役暂行规定的通知》（国能电力〔2015〕332 号）等 37 件规范性文件，以及原国家电力监管委员会印发的《关于加强风电安全工作的意见》（电监安全〔2012〕16 号）等 14 件规范性文件。

4 月 7 日 中国电建所属西北院勘测设计的全球最大超高海拔风电项目——西藏那曲色尼区 100MW 风电项目开工。

4 月初 国家重点研发计划“国家质量基础设施体系”重点专项“电力碳排放监测计量关键技术及标准研究”青年科学家项目实施方案通过论证，并正式启动。该项目是南方电网公司首个国家重点研发计划青年科学家项目。

4 月 10 日 国家电投海阳核电 1 号机组第三次换料大修完成全部检修及试验项目，实现大修后反应堆达临界、汽轮机冲转、机组并网一次成功。同时，具有国家电投自主知识产权的 SAF-14 新锆合金先导棒在 1 号机组第四循环入堆，开始接受堆内辐照考验。

4 月上旬 国内首台 ±1200kV 直流耐压试验车在昆柳龙直流工程龙门换流站交付使用。

4 月 11 日 中国电建召开对标世界一流企业价值创造行动推进会议，中国电建党委书记、董事长丁焰章出席会议并讲话，党委常委、副总经理刘源主持会议。

4 月 12 日 广东 500kV 茅祯甲乙线、盘惠甲乙线线路工程投运。该工程为广东电网目标网架第二阶段工程首个投运项目。

同日 中国华能和雄安新区管委会签署了深化合作框架协议。根据协议，双方将共同推进非首都功能疏解，共同提升雄安新区用能品质和能源服务能力，共同推动大型风光储清洁能源基地建设，为雄安新区提供安全绿色能源电力保障。

同日 中国华能集团有限公司召开学习贯彻习近平新时代中国特色社会主义思想主题教育动员部署会，深入学习贯彻习近平总书记重要讲话精神，认真落实党中央决策部署。

同日 国务院国资委党委书记、主任张玉卓和有关中央企业负责同志深入雄安新区调研，与河北省委书记、省人大常委会主任倪岳峰，河北省委副书记、省长王正谱会见并座谈。中国电建党委书记、董事长丁焰章应邀参加活动并与雄安新区管委会签署合作协议。

同日 中国电建司党委副书记、总经理王斌与波黑塞族共和国总理拉多万·维什科维奇在中国电建总部举行会谈。

同日 河北省人民政府与雄安新区管委会在雄安新区同18家中央企业签署合作协议。邹磊代表中国大唐与河北省在合作协议上签字。

4月13日 南方电网公司召开学习贯彻习近平新时代中国特色社会主义思想主题教育动员会议。中央第五十一指导组组长石柯出席会议并讲话，孟振平主持会议并作动员讲话。4月至9月，南方电网公司组织开展第一批学习贯彻习近平新时代中国特色社会主义思想主题教育。

同日 中国电建党委召开学习贯彻习近平新时代中国特色社会主义思想主题教育动员部署会。国资委党委主题教育第七巡回指导组副组长张二公到会指导并讲话。党委书记、董事长，党委主题教育领导小组组长丁焰章作动员讲话。

4月16日 中国国际贸易促进委员会党组书记、会长任鸿斌一行到南方电网公司调研。

同日 国家电投铝电公司绿能公司打通河北至山西煤铝双向绿色物流示范干线，打造国内首个跨省际的绿电零碳交通干线。

当地时间4月16日凌晨2:00 欧洲最大核电机组芬兰奥尔基洛托（Olkiluoto）核电站3号机组（简称芬兰OL3）结束试运行，开始正常发电。这是中广核参与调试启动全过程的首个国际核电项目。

4月17日 中电联党委召开学习贯彻习近平新时代中国特色社会主义思想主题教育动员部署会。国资委党委主题教育第十三巡回指导组谭星辉组长和指导组全体成员莅临会议指导。中电联党委书记、常务副理事长杨昆在会上作动员讲话。

同日 中国华能自主研发建设的全球容量最大超级电容混合储能调频系统在华能罗源电厂完成与电网的联调试验，进入商运阶段，标志着中国超级电容技术研发、集成及应用水平跻身世界前列。

同日 国家科技部批准国家能源集团电科院建设“低碳智能燃煤发电与超净排放全国重点实验室”。

同日 南网碳资产管理公司与国际绿证签发组织I-REC基金会签署合作协议。该公司成为国际绿证I-REC在中国的唯一签发审核机构。

同日 能源行业核电标准化技术委员会在北京召开2022年度委员全体会议（年会）。

当地时间4月17日 中国电建所属电建市政公司承建的波兰海乌姆—卢布林输变电项目完成最终验收。该项目为中国电建在欧盟市场的第一个400kV输电线路EPC项目。

4月18日 国际标准化组织（ISO）公布，由中国华能西安热工院编制的3项离子交换树脂相关国际标准《丙烯酸系阴离子交换树脂交换容量测定方法》、《氢氧型阴离子交换树脂含水量测定方法》和《氢氧型阴离子交换树脂交换容量测定方法》）正式发布，标志着中国离子交换树脂产、销、研、测水平均跃居世界前列。

同日 中电联在北京组织召开了“电力企业绿色发展新兴产业调研”课题启动会。中电联党委委员、秘书长、课题组组长郝英杰出席会议，中电联专家委员会部分专家、各有关单位代表及课题组成员参加会议。

同日 南方区域跨省电力备用辅助服务市场首次结算试运行，当天共有231家电厂参与。

同日 中共南方电网党组印发《南方电网企业文化理念（2023年版）》。明确“成本 效率 质量 创新 增长 全员”的经营理念。

同日 中国电建投资建设的巴瑞萨电站，该电站是中国电建在孟加拉国控股投资建设的第一个IPP电力项目，装机容量为350MW。

4月19日 全国人大常委会副委员长彭清华到河北丰宁抽水蓄能有限公司电站调研。

同日 国家能源局在杭州召开2023年全国水电站大坝安全工作会议暨电力行业防汛抗旱动员部署会。

同日 国家能源局综合司、交通运输部办公厅印发《关于切实做好节假日期间新能源汽车充电服务保障有关工作的通知》(国能综通电力〔2023〕45号)。

4月20日 中电联分支机构秘书长工作座谈会暨分支机构规范化发展培训会在西安召开。中电联党委委员、秘书长郝英杰出席会议并讲话，各分支机构负责同志及本部综合管理职能部门有关人员40余人参加了会议。

同日 中国电建所属上海电建承建的国内首套、目前世界上最大规模的冷能发电装置，上海LNG项目储罐扩建冷能发电的气化设施工程成功通过性能及可靠性试验，每小时最大发电功率超过3000kW，成功并网。

同日 中国华能成功举行核应急综合演习，这是中国华能首次举办的集团级核应急综合演习。

同日 共青团中央授予共青团广东电网潮州湘桥供电局支部“全国五四红旗团支部”称号。

同日 **国务院**国资委党委决定：聘任黄永达、王守东、陈建华为中国大唐外部董事，张国发、李定成、杨海滨不再担任中国大唐外部董事职务。

4月21日 国家能源局发布2023年第3号公告，组织完成“十四五”第一批国家能源研发创新平台认定工作，设立“国家能源非能动核能共性技术研发中心”等6个创新平台。

同日 2022—2023年亚太电协活动组委会在京组织召开2023亚太电协大会工作专班启动会。会议正式成立了2023亚太电协大会工作专班，。中电联党委书记、常务副理事长、组委会执行副主席杨昆，中电联党委委员、专职副理事长、组委会副主席王抒祥出席会议并讲话。会议由中电联党委委员、纪委书记、组委会秘书长江宇峰主持。

同日 国务院国资委召开国有企业创建世界一流示范企业推进会，决定在现有11家示范企业基础上，将中国华能等10家中央企业和7家地方国有企业纳入创建世界一流示范企业范围。

同日 中国华能申报的“海上风电工程与运行技术研发中心”“煤基CO_2捕集利用与封存研发中心”“钙钛矿电池研发中心”“火电数字化智能化技术研发中心”“关键能源材料及设备技术研发中心”共5个创新平台入选国家能源局“十四五”第一批“赛马争先”创新平台。

4月22日 中国华能首个盐光互补发电项目在山东并网发电。

4月23日 国家能源局综合司印发《关于进一步做好抽水蓄能规划建设工作有关事项的通知》(国能综通新能〔2023〕47号)、《关于加强电力行业火灾风险防范和隐患排查治理工作的紧急通知》(国能综通安全〔2023〕48号)。

同日 南方电网公司与海南省教育厅、清华大学电机系签订三方合作意向书，清华大学新型电力系统运行与控制全国重点实验室海南产业化基地建设工作正式启动。

同日 由中国华电投资建设的华电湖南平江2×100万kW超超临界清洁高效项目全部投产运营。该工程是湖南省重点能源项目，也是中国华电在湘首期百万千瓦发电机组。

同日 秦山核电在秦三厂112大修中完成国内首个商用堆同位素研发平台的安装、冷态调试和系统标识，标志着该研发平台开始投用，这是继商用重水堆辐照生产钴-60和碳-14后，中国核电在核能多用途综合利用方面的又一次突破。

4月25日 中国电建所属华东院EPC代理，水电十局土建施工总承包的东南亚最大风电项目——老挝孟松风电项目举行开工仪式，工程主要内容包括600MW风电场、5座升压站及500kV送出线路。

4月26日 粤港澳大湾区500kV外环东段工程的500kV吉康站和500kV承吉甲乙线建成投运。

同日 全国首批首个“沙戈荒”新能源基地——国家能源集团宁夏腾格里沙漠新能源基地一期100万kW光伏项目并网发电，探索出“新能源建设+沙戈荒生态系统保护和修复”新路径，标志着中国在新型能源体系建设方面取得新成效。

4月27日 2023年庆祝“五一”国际劳动节暨全国五一劳动奖和全国工人先锋号表彰大会召开，国家电网公司系统3家单位获全国五一劳动奖状，25名个人获全国五一劳动奖章，26个集体获全国工人先锋号；云南怒江供电局、南网科研院荣获2023年全国五一劳动奖状。授予云南电网公司信息中心肖鹏、深圳供电局变电管理一所王其林荣获2023年全国五一劳动奖章，广东电网中山供电局500kV文山巡维中心、广西电网南宁供电局青秀供电分局供电服务一班、贵州电网贵阳供电局输电管理所运检七班、海南电网琼海供电局长坡供电所荣获2023年全国工人先锋号。

同日 中电联2023年第一次理事长会议暨第七届理事会第四次常务理事会议在北京召开。中电联理事长、国家电网公司董事长辛保安主持会议并讲话。中国华电董事长、党组书记江毅，中国华能总经理、党组副书记邓建玲，中国大唐总经理、党组副书记刘明胜，南方电网公司党组成员、副总经理唐屹峰，中国电建党委书记、董事长丁焰章，中国电气装备党委书记、董事长白忠泉，中国安能集团党委副书记、总经理周庆丰，华北电力大学校长杨勇平，浙能集团总经理、党委副书记刘盛辉，广东能源集团党委委员、副总经理文联合，全球能源互联网发展合作组织秘书长伍萱等副理事长单位和常务理事单位负责人，中电联本部驻会负责人、党委委员，监事长、副秘书长出席会议，中电联本部有关负责人、监事会有关人员列席会议。

同日 由中电联、国家电网公司主办，中电联19家副理事长单位协办的首届电力行业科技创新大会在北京举办，大会的主题是“科技强基赋能　创新电亮未来”。十四届全国人大常委会副委员长丁仲礼、国资委副秘书长庄树新、科技部高新技术司司长陈家昌、国家能源局总工程师向海平出席会议并致辞。中电联理事长、国家电网公司董事长辛保安作主旨报告。中电联党委书记、常务副理事长杨昆主持大会。会议邀请能源电力知名专家学者作主旨演讲，同期举行2022年度电力创新奖颁奖仪式、发布行业科技创新重大成果及专题报告。

同日 国内首批、全球最大的近海桩基固定式海上光伏项目——国家电投山东海阳HG34近海桩基式海上光伏关键技术研究及示范项目正式建成，成功实现离网发电。

4月27—28日 第六届数字中国建设峰会在福州举行，主题为“加快数字中国建设，推进中国式现代化”。中国华能亮相展会，通过多媒体互动形式全方位展示其数字赋能高质量发展取得的成果。

4月28日 国务院国资委发布中央企业所属“双百企业”“科改示范企业”2022 年度专项考核结果通知，中国电建5家“双百企业”全部为优秀或良好，7家“科改示范企业”全部为标杆或优秀。

4月30日 白鹤滩—浙江特高压工程配套500kV送出工程二期仁和至乔司段投产，标志着白鹤滩—浙江±800kV浙北换流站送出线路全部建成。

同日 第 48 届日内瓦国际发明展在瑞士日内瓦闭幕。中国南方电网公司7个项目参展（广东电网公司5个、南网数字集团2个），获得3金2银2铜，其中“电网山火灾害防御关键技术与应用”“夸父新能源高精度功率预测系统”“非侵入式高精度微型电压传感器”获金奖。

4月下旬 中国南方电网公司首次参加拉美能源峰会。

4月底 广州电力交易中心（自 2016 年成立以来），累计完成跨区跨省市场化交易电量突破 3000 亿kWh，达3032亿kWh，其中清洁能源占比87.6%，相当于节约标煤约8152万t，减排二氧化碳约2亿t。

4月 国投钦州发电完成南方区域跨省跨区交易。此次交易中标电量 5261 万 kWh，是国投钦州电厂在广东、广西、海南等地区电力交易中心及电网公司组织下，首次通过海底电缆向海南输送电力。

5月1日 广东电网500kV楚庭至广南线路工程全线送电，500kV楚庭（穗西）输变电工程整体投运。

同日 南方电网公司实施《电力安全工作规程（2022年版）》。

同日 《广州市供用电条例》施行，该条例为全国第一部城市综合型地方性电力法规。

5月2日23:27 云南保山市隆阳区发生5.2级地震，南方电网公司全力确保灾区正常供电。

5月3日 共青团中央、全国青联授予，南方电网公司数字电网“伏羲”核心装备攻关团队中国青年五四奖章集体。

5月4日 国家能源局印发《关于开展电力领域综合监管工作的通知》（国能发监管〔2023〕38 号）、《关于开展电力系统调节性电源建设运营综合监管工作的通知》（国能发监管〔2023〕39号）。

同日 共青团中央发布第 27 届中国青年五四奖章获奖名单，国网江苏苏州供电公司“电博士·动态防雷”青年集体入选，在共青团中央“两红两优”表彰中，国家电网公司系统共有10个团组织分获全国五四红旗团委和全国五四红旗团支部称号，2 名团员获评全国优秀共青团员，3 名团干部获评全国优秀共青团干部。

5月5日 中国自主三代核电技术“华龙一号”全球首堆示范工程——福清核电5、6号机组正式通过竣工验收。

同日 由中国电建设计承建的世界第一高坝——四川阿坝双江口水电站大坝填筑至百米高度，标志工程进入全面攻坚阶段。该电站由中国电建所属成都院规划论证和全阶段勘测设计，西北院、北京院监理，水电七局承担大坝建设任务，水电一局、五局、基础局参与工程建设。电站以发电为主，兼顾防洪，总库容29亿m^3，总装机容量200万kW，多年平均发电量77.07亿kWh。

同日 中国电建所属水电十一局与水电三局联营体在斯威士兰签约穆帕克尼大坝项目。这是中资企业在该国别签约的第一个工程承包类项目。

5月6日 国资委正式发布中央企业所属“双百”“科改”企业2022年度专项考核结果，南方电网公司总成绩再度名列央企第一。所属10户“双百”“科改”企业获评“9标杆、1优秀”。其中，广东电网能源发展公司、深圳供电局、南网大数据公司、南网能源公司4户“双百”企业全部获评为“标杆”。6家“科改”企业中，南网数字集团、南网科研院、南网科技公司、南网储能公司、云南电力试验研究院5家企业获评为“标杆”，南网互联网公司获评为“优秀”，南网数字集团位列“科改”标杆企业第一。

同日 广东电网直流背靠背广州工程（大湾区中通道直流背靠背工程）、佛山500kV凤城变电站工程、云南电网500kV天星输变电工程、贵州电网220kV五里变电站等 4 项工程被中国电力建设企业协会授予2023年度输变电工程绿色建造三星级示范工程（最高等级）。

5月8日 国家能源局印发《全国电力安全生产重大事故隐患专项排查整治2023行动方案》（国能发安全〔2023〕40 号）、《关于修订印发火力发电、输变电、陆上风力发电、光伏发电建设工程质量监督检查大纲的通知》（国能发安全规〔2023〕41号）。

同日 国内装机规模最大的高原风电基地——国家电投云南国际富源西 800MW 风电项目全容量并网发电。

5月9日 国家电网公司董事长辛保安参加国务院国资委与南非国企部部长级对话会。

同日 中国电建党委副书记、总经理王斌在总部与到访的沙特国际电力和水务公司（AC-WA Power）副董事长兼董事总经理桑德举行会谈。

同日 中国电建所属山东电建三公司EPC总承包的沙特首个光伏综合海水淡化项目——沙特阿拉伯朱拜勒3A海水淡化项目完工。

同日 由全球水务行业最权威的国际水务机构GWI 主办的 2023 全球水峰会在德国柏林召开。中国电建所属山东电建三公司EPC总承包的阿联酋阿布扎比塔维勒海水淡化项目荣获2023全球水奖——全球最佳海水淡化水厂奖项。

5月10日 国家重点研发计划“新能源汽车”重点专项“乘用车用高功率密度燃料电池电堆及发动机技术”项目启动会暨国氢科技乘用车用燃料电池“氢腾-S”系列产品战略发布会在北京召开，并正式发布“氢腾-S”系列产品战略。

同日 在广东深圳的比亚迪汽车工业有限公司总部，中电联与比亚迪正式签署战略合作协议，双方将围绕国家新型储能发展战略目标，在科技项目合作攻关、标准申请及制修订、安全风险评估、安全生产技术服务、储能技术服务体系建设等方面，发挥各自业务领域的优势资源，搭建交流合作平台。

同日 中国电建参与设计承建的世界海拔最高、规模最大、灵敏度最强的伽马射线探测装置——高海拔宇宙线观测站（LHAASO）通过国家验收，将成为以中国为主、多国参与的国际宇宙线研究中心。

5月11日 习近平总书记考察黄骅港煤炭港区，指出“中国具有丰富的煤炭资源，煤炭也是我国当前不可替代的主要能源。推动绿色发展，并非不要煤炭，而是要推动煤炭清洁化利用。”

同日 国家能源集团电科院牵头完成的“复合灾害下水电枢纽群安全保障与能源保供关键技术及装备”科技项目经中国水力发电工程学会组织成果鉴定，该项目成果总体达到国际领先水平。

当地时间5月12日 中国电建投资、建设和运营的津巴布韦旺吉燃煤电站扩建项目 8 号机组并网发电，项目完成年内“双投产”目标。

5月13日 国家能源集团电科院牵头开发的“热电联产分级匹配梯级利用关键技术研究与应用”通过中国电机工程学会组织的技术鉴定，该项目成果处于国际领先水平；牵头完成的“W火焰锅炉 NO_x 超低排放协同调控关键技术与应用”项目，通过中国电机工程学会组织的科技成果鉴定，已达到国际领先水平。

5月14日 国家能源集团在黄骅港召开深入学习贯彻习近平总书记视察黄骅港重要讲话精神现场会暨党组理论学习中心组学习（扩大）会。

同日 南网超高压公司牵头研发的±800kV（特高压级别）直流高速开关科技成果，通过中国机械工业联合会组织的产品鉴定，鉴定专家一致认为，中国首台特高压直流高速开关比进口产品性能更优，产品整体水平达到国际领先水平，填补了中国直流高速开关设备系列产业链空白。

5月15日 国务院国资委公布中央企业所属“双百企业”“科改示范企业”2022 年度专项考核结果，国家电网公司系统 5 家单位获评标杆，3 家单位获评优秀，3 家单位获评良好。同时，国家电网公司系统共有 5 家单位入选“双百企业”名单、10 家单位入选“科改示范企业”名单。

同日 国务院国资委“百户科技型企业，深化市场化改革、提升自主创新能力专项行动”扩围深化现场推进会在南方电网公司以“现场+视频”形式召开。

同日 国家能源局综合司印发《关于开展 2023 年电力行业“安全生产月”活动的通知》（国能综通安全〔2023〕58 号）。

同日 由中国华能自主研发的国内首套 66 万 kW 煤电机组耦合蒸汽熔盐储热调峰调频示范项目在华能魏家峁煤电公司投运。

同日 中国电建所属江西水电承建的国家能源集团进贤县峰里塘 60MW 渔光互补光伏发电 EPC 项目实现全容量并网。

5月16日 中国电建党委书记、董事长丁焰章在乌鲁木齐与新疆维吾尔自治区党委副书记、自治区政府主席艾尔肯·吐尼亚孜举行会谈。

同日 中国电建所属昆明院实施 EPC 工程总承包、水电四局承担塔筒制造，总装机容量 75 万 kW 的云南省红河永宁风电场首批机组正式并网发电。

5月17日 中核集团海水提铀海试平台建成投用并首次对外开放。该平台是南海海域建成的国内最大海水提铀试验平台，具备开展真实海洋情况下的材料验证与放大实验能力。

5月18日 中国—中亚峰会召开期间，“哈萨克斯坦—中国投资圆桌会议”在陕西西安举行。哈萨克斯坦总统托卡耶夫出席圆桌会议。中国电建党委书记、董事长丁焰章在会上发言，并与哈萨克斯坦企业签约。

5月19日 国家能源局局长章建华到国家电网公司调研。

同日 国家能源局综合司印发《关于进一步做好电力行业防汛抗旱工作的通知》（国能综通安全〔2023〕62 号）。

同日 中电联党委书记、常务副理事长杨昆在本部会见了台湾电力发展协会理事长萧金益一行。

5月20日 中国科学技术协会主席万钢到南方电网公司调研。

同日 中国电建党委书记、董事长丁焰章在西安与陕西省委副书记、省长赵刚举行会谈，并共同见证战略合作协议签署。

同日 中国电建所属成都院EPC建设的西藏自治区昌都芒康昂多 1800MW 光伏发电项目开工。项目是国家“十四五”规划的九大清洁能源基地之一——金沙江上游清洁能源基地新能源开发的先导工程。

5月20—31日 2023 年全国科技活动周在北京举行。中国华能携石岛湾高温气冷堆示范工程亮相全国科技活动周。

5月21日 中国华电金沙江上游清洁能源基地首批260万kW光伏发电项目主体工程开工。芒康昂多180万kW光伏项目，是全球在建单体规模最大的山地光伏发电项目。贡觉拉妥80万kW光伏项目同步动工，计划2024年底完成全部光伏组件安装。

同日 南方电网公司印发《融入和服务新时代壮美广西建设重点举措》《融入和服务新时代云南高质量跨越式发展重点举措》。

5月22日 国家电网公司召开2023年迎峰度夏电力保供暨防汛工作电视电话会议。

5月24日 国家电网公司董事长辛保安参加2023年全球贸易投资促进峰会。

同日 中国大唐党组书记、董事长邹磊在广西河池市大化县丹桂村调研乡村振兴发展情况并出席大化县科技小院揭牌仪式。

同日 中国华电在西藏所属项目举行向中国国家博物馆捐赠世界最长碾压混凝土芯样的交接仪式。芯样长26.2m，直径20cm，于2021年3月26日从华电西藏所属电站大坝中取出，一举打破同类芯样长度世界纪录。

同日 中国华电金沙江上游昌波水电站项目取得国家发展和改革委员会核准批复，成为国家"十四五"重点工程金沙江上游川藏段清洁能源基地核准开工的第五个水电站。

5月25日 英国品牌金融咨询公司（Brand Finance）发布《2023年全球公用事业50强品牌榜》。国家电网品牌价值588.46亿美元，连续6年位居榜首。

同日 华能石洞口一厂6号机组通过168h连续满负荷试运行，至此国内首个等容量煤电替代示范项目全面建成投产。

同日 应中国国家原子能机构邀请，国际原子能机构总干事拉斐尔·马里亚诺·格罗西、副总干事刘华等一行6人到华能石岛湾高温气冷堆示范工程参观访问。

5月26日 国家能源局正式发布由南网供应链集团牵头编制的《电力行业供应商信用评价规范》、参与编制的《电力行业供应商信用评价指标体系分类及代码》两项能源行业标准。

同日 国家能源局发布2023年第4号公告，批准《新能源基地送电配置新型储能规划技术导则》等310项能源行业标准、*Code for Seismic Design of Hydropower Projects* 等19项能源行业标准外文版。

同日 京津唐电网绿色电力交易在国家电网有限公司华北分部全面启动，京津唐地区首家绿电供应商——华能上都风电项目完成绿电交易。

同日 中广核党委常委、副总经理郭利民在中广核大厦会见中电联党委书记、常务副理事长杨昆一行。双方围绕电力发展中长期规划课题研究涉及的中国核电建设节奏及布局优化、铀资源保障能力、乏燃料处置、新能源行业补贴等重点问题进行了座谈。

当地时间5月26、28日 中国电建所属水电十局承建的老挝怀拉涅河水电站全部两台机组先后启动，实现"三天两投运"目标。

5月27日 由南方电网公司、中电联联合主办，南方电网数字电网集团有限公司、贵州电网公司和中电联科技服务中心有限责任公司联合承办的中国国际大数据产业博览会第二届数字能源与数字电网暨电力数据要素市场发展论坛，在贵州省贵阳市举办。数字能源及电力行业的嘉宾代表齐聚"中国大数据之都"贵阳，共同探讨数字能源、数字电网和电力数据要素市场发展。

当地时间5月27日 国家电投在南亚区域投资的首个风电项目——五凌电力孟加拉科巴风电项目首批4台风电机组并网发电。该项目由中国电建所属成都院EPC建设、上海电建承建，这是中国企业在孟加拉国建设的第一个新能源项目。

5月30日 第三届全国创新争先奖表彰奖励大会在北京召开，中国电建首席科学家、首席技术专家、国家水电站大坝安全和应急工程技术中心主任张春生荣获全国创新争先奖状。

同日 2023中关村论坛发布了20项重大科技成果，中国华能清洁能源技术研究院有限公司原创的"低温法烟气污染物近零排放控制（COAP）技术"入选"面向国家重大需求"重大科技成果。

同日 华能河北分公司在雄安新区投资建设的首个新能源项目——安新县屋顶分布式光伏发电项目实现全容量并网发电。

5月31日 国家能源局印发《电力建设工程质量监督管理暂行规定》（国能发安全规〔2023〕43号）。

同日 广东500kV园库甲线、园库乙线（500kV国华清远电厂送出工程）投运。该工程是粤北电力送出的重要组成部分，满足广东省中远期电力需求和粤北电力外送的需要。

同日 中国电建在四川成都举办2023年"安全生产月"活动启动仪式暨地震及地质灾害应急抢险综合演练。

同日 中国电建所属山东电建一公司参建的新疆且末10万kW光伏电站并网发电。

同日 中国电建所属重庆工程公司承建的广西横县峦城新型LED补光技术保粮光伏项目首次并网发电，也是全国首创"保粮光伏"新发电模式项目。

当地时间5月31日 沙特塔纳吉布道路升级项目收到业主沙特阿美公司签发的完工移交证书，标志着中国电建所属水电八局承建的该项工程完成全部合同履约。

5 月 广东、贵州两省能源局与南方电网公司共同建立“黔电送粤”责任机制。

5 月 国务院国资委发布中央企业科技创新成果产品手册（2022 年版），中国华能 4 项成果入选，入册数量行业领先。其中，“先进低能耗发电厂烟气二氧化碳捕集与精制技术”入选关键材料领域，“睿渥可编程逻辑控制器（PLC）”“睿渥 HNIS-T316 DCS 系统”“规模化智能分散式电池储能系统技术”入选高端装备领域产品手册。

6 月 1 日 国务院国资委在南方电网公司召开部分中央企业迎峰度夏能源电力保供专题会。

同日 国家能源局综合司印发关于开展海上风电施工安全专项监管工作的通知》（国能综通安全〔2023〕72 号）、《开展分布式光伏接入电网承载力及提升措施评估试点工作的通知》（国能综通新能〔2023〕74 号）。

同日 第 14 届国际基础设施投资与建设高峰论坛在澳门开幕。中央人民政府驻澳门特别行政区联络办公室主任郑新聪，澳门特别行政区行政长官代表、经济财政司司长李伟农，中国商务部副部长郭婷婷，外交部驻澳门特别行政区特派员公署特派员刘显法出席论坛开幕式。中国电建党委书记、董事长丁焰章应邀出席并作主旨演讲。

6 月 1—2 日 中国电建党委书记、董事长丁焰章在澳门分别与蒙古国副总理阿木尔赛罕、巴基斯坦水电开发署主席萨贾德 • 加尼、巴巴多斯总理办公室分管基础设施项目的高级部长威廉 • 杜吉德、尼加拉瓜交通和基础设施部长奥斯卡 • 莫希卡、阿根廷外交和国际贸易部分管双边和多边经贸关系的副国秘拉米罗 • 奥多吉、哥伦比亚国家基础设施署副署长利达 • 埃斯基韦尔等前来出席第 14 届国际基础设施投资与建设高峰论坛的多位政要嘉宾举行会谈。

6 月 2 日 由国家能源局主办，电力规划设计总院、中国能源传媒集团有限公司承办的《新型电力系统发展蓝皮书》发布仪式在北京举行。

同日 由中国电建承办的第 14 届国际基础设施投资与建设高峰论坛的分论坛之一——“新能源国际合作”平行论坛在澳门举办。蒙古国副总理阿木尔赛罕，黎巴嫩能源与水资源部部长瓦利德 • 法亚德，毛里塔尼亚水利与清洁部部长西迪 • 穆罕默德 • 塔勒布 • 阿马尔，巴基斯坦水电开发署主席萨贾德 • 加尼出席论坛；中国对外承包工程商会会长房秋晨，中国电建党委书记、董事长丁焰章出席论坛并致辞。

6 月 3 日 国家发展改革委主任郑栅洁到国家电网公司调研。

6 月 4 日 华电新疆库车 55 万 kW 光伏项目全面投产。项目位于新疆阿克苏地区的荒漠戈壁滩，占地 10km^2，是国家第二批大型风电光伏基地项目。

6 月 5 日 国家能源局印发《风电场改造升级和退役管理办法》（国能发新能规〔2023〕45 号）。

6 月 5—9 日 亚太电协技术委员会在菲律宾召开了第三次全体会议。此次会议是 2022—2023 届亚太技术委员会首次以线下方式召开的全体会议。来自菲律宾、中国、新加坡等 7 个国家和地区 26 家会员单位的 110 名代表参加了本次会议。

6 月 6 日 中广核红沿河核电站 1 号机组迎来商运 10 周年。红沿河核电站 1 号机组截至 2022 年底，累计上网电量 729.7 亿 kWh，全厂 6 台机组累计上网电量 2363 亿 kWh，发挥了能源保供“压舱石”的作用。

同日 国家电投智慧能投（碳资产管理公司）携手中金公司境外子公司，共同参与新加坡国际碳市场 Climate ImpactX（CIX）正式上市的碳信用现货标准化合约交易所（CIX Exchange）首批碳信用标准化合约交易，交易产品为共建“一带一路”国家符合国际核证减排标准（VCS）的优质林业碳汇，标志着国家电投成功布局东盟碳市场。

同日 贵州电网仁怀南 220kV 输变电工程投运。该站投运后可充分满足仁怀市负荷发展，提高电网供电能力，改善仁怀城区和南部地区电网结构。

同日 中国能建松原氢能产业园（绿色氢氨一体化）项目获吉林省能源局新能源建设指标批复，该项目是目前全球最大体量的绿色氢氨醇一体化项目。

6 月 7 日 全国人大常委会副委员长张庆伟到国家风光储输示范工程调研。

同日 位于中越边境的广西宁明县 220kV 花山送变电工程投运，至此广西边境 8 个县区实现 220kV 变电站全覆盖。

同日 南网超高压公司牵头编制的 NB/T 11213—2023《高原用移动式现场煤油气相干燥设备的技术条件》能源行业标准获国家能源局发布实施。该标准填补现场煤油气相干燥设备技术规范方面的空白，标志着南网超高压公司在该领域取得领先地位。

6 月 9 日 中国电建所属中电建新能源集团股份有限公司增资引战签约仪式在北京产权交易所举行。中国电建党委书记、董事长丁焰章，北交所党委书记、董事长朱戈，战略投资人代表中国工商银行党委委员、副行长张文武出席仪式并致辞。

6 月 9—10 日 中国大唐党组书记、董事长邹磊和哈尔滨电气集团有限公司董事、总经理、党委副书记黄伟，中国东方电气集团有限公司党组成员、副总经理张彦军，中国电建党委常委、副总经理徐鹏程到西藏能源开发有限公司扎拉水电站建设现场调研慰问。

6 月初 南方电网公司、香港中电控股、澳门电力公司及中国广核集团签订《粤港澳大湾区三方四家电力突发事件应急联动机制框架协议》。

6 月初 南网储能公司“海水可变速抽水蓄能关键技术装备研发”科技成果通过鉴定。项目成果支撑的“300MW 级变速抽水蓄能机组成套设备”入选国家能源局能源领域首台套重大技术装备名单。

当地时间 6 月 10 日 中国电建所属水电三局承建的伊拉克示范学校（迪瓦尼耶省）项目 53 号学校完工，这是中国电建伊拉克示范学校项目群中首批次完工的一所。

6 月 11 日 国家电网公司召开宁夏—湖南±800kV 特高压直流工程、汨罗抽水蓄能电站开工动员大会。

6 月 11—14 日 首届上海国际碳中和技术、产品与成果博览会在国家会展中心（上海）举行。中国华能携绿色低碳转型、科技创新、国际合作等方面取得的最新成果亮相能源转型展区。

6 月 12 日 国家能源局印发《发电机组进入及退出商业运营办法》（国能发监管规〔2023〕48 号）；国家能源局综合司印发《关于开展新型储能试点示范工作的通知》（国能综通科技〔2023〕77 号）。

同日 三峡水库完成年度消落任务，汛前消落水位首次提高至 150m，提升顶峰调节能力 150 万 kW。

同日 中电联与国网能源研究院有限公司在北京举行座谈并签署合作协议。中电联党委书记、常务副理事长杨昆，国家电网公司副总工程师兼国网能源院执行董事（院长）、党委书记欧阳昌裕出席签约仪式并讲话。

同日 南网超高压公司研制世界首个电力主设备量子传感器，可用于解决传统的电磁波或机械波信号的局放测量方法误差较大、受空间干扰严重的行业性难题。

6 月 13 日 中国电力建设企业协会公布了 2023 年度中国电力优质工程评审结果，中国能建以总承包、设计、施工、监理等方式承（参）建的 52 项工程上榜。

同日 国家电投中电国际完成哈萨克斯坦 Sofievskaya 39MW 风电项目和 Arkalyk 17MW 风电项目控股权交割。本次交割的两个项目已被列入《中哈产能与投资合作重点项目清单》，建成后将共同组成哈萨克斯坦最大风电项目群。

6 月 14 日 中电联在北京组织召开国家电化学储能电站安全监测平台演示汇报会。中电联党委书记、常务副理事长杨昆，国家能源局电力安全监管司副司长阎秀文，中电联党委委员、专职副理事长安洪光出席会议并讲话。中电联副秘书长兼标准化管理中心主任刘永东作国家电化学储能平台建设情况介绍，国网数字科技控股有限公司对平台建设及系统功能进行了演示汇报。

6 月 15 日 世界品牌实验室发布《2023 年中国 500 最具价值品牌》榜单，国家电网品牌价值 6268.71 亿元，连续 8 年位居榜首；中国华电品牌价值 1256.85 亿元，连续 4 年入选，位列第 56 位，品牌价值和榜单排名逐年提升。

6 月 16 日 中国电建所属中南院全过程勘测设计，水电一局、四局、十一局、十二局、十四局等子企业承担主要施工任务，华东院、成都院承担监理任务的世界最高混凝土面板堆石坝——拉哇水电站大坝顺利实现大坝填筑。

6 月 17 日 南方电网公司南方能源大数据中心项目开工仪式在贵州贵安新区举行。

6 月 19 日 华能北方上都新能源公司与第十四届夏季达沃斯论坛场馆方梅江会展中心完成总电量 100 万 kWh 的绿电交易。

6 月 20 日 南方区域绿电绿证交易电量累计突破 100 亿 kWh。

同日 南方电网公司大湾区柔性直流背靠背工程、110kV 猎桥变电站工程、云南 500kV 天星输变电工程和佛山 500kV 凤城（顺德Ⅱ）变电站工程等 4 项工程获评电力建设绿色建造水平评价三星工程。

同日 中国电建党委书记、董事长丁焰章在郑州拜会河南省委书记、省人大常委会主任楼阳生，省委副书记、省长王凯，双方就进一步深化政企合作进行深入交流，并共同见证河南省政府与中国电建签署战略合作框架协议。

当地时间 6 月 20 日 中国华电董事长、党组书记江毅应邀出席中德经济技术合作论坛及中德企业家圆桌会，并作为中方代表在能源转型分论坛发表题为“构建新型电力系统 推动可再生能源发展”的主题演讲。

6 月 21 日 中央政治局委员、天津市委书记陈敏尔到国网天津电力双碳中心调研迎峰度夏电力保供工作。

同日 三门核电有限公司与台州市海投集团、临海市人民政府、三门县人民政府、荣盛新材料（台州）有限公司共同签署了《台州核能零碳智慧供汽项目合作备忘录》，推动核能综合利用产业的多元化发展。

同日 中国华能与中国核工业集团有限公司签署战略合作及相关协议。

6 月 22 日上午 国务院总理李强在巴黎同法国总理博尔内举行会谈。两国总理共同见证了航空、空间研究、核能等领域多项双边合作文件的签署。中广核董事长杨长利与法国原子能和替代能源委员会（CEA）

主席弗朗索瓦·雅克的授权代表共同签署《CGN-CEA核研究与技术领域合作协议修正案》，本次修正案的签署是对原合作协议的续签，同时对原有合作范围进行了扩展和深化。

6月24日 南网超高压公司±800kV 东方换流站加装的世界单套容量最大的 STATCOM（静止同步补偿器）装置工程试运行。装置全部采用国产 IGBT 功率器件、支撑式电容器，首次实现有源滤波功能。

6月25日 由辽宁省、吉林省、黑龙江省及内蒙古自治区人民政府共同主办的国资央企助力东北全面振兴座谈会在沈阳举行。会议签约合作项目 111 个，其中，华能东北分公司沈阳（铁西）综合能源服务项目、大连电厂三期等容量替代项目、营口玉石抽水蓄能电站、朝阳飞轮+电化学混合共享储能电站 4 个项目完成合作签约。

同日 位于四川省甘孜州的国投集团雅砻江水电柯拉一期光伏电站并网发电，标志着全球首个百万千瓦级“水光互补”电站投产。柯拉一期光伏电站是雅砻江两河口水电站水光互补一期项目，场址最高海拔4600m，装机容量 100 万 kW，电站通过 500kV 输电线路接入距离 50km，装机容量 300 万 kW 的两河口水电站，实现光伏发电和水电的“打捆”送出。该电站由中国电建所属由成都院、华东院、中南院、水电七局、水电六局、水电五局等总承包建设。

同日 中国电建党委书记、董事长丁焰章在京拜会巴巴多斯总理米娅·阿莫尔·莫特利，双方就深化能源基础设施领域合作，助力共建“一带一路”高质量发展进行会谈交流。

同日 由中国能建西南院承建的四川甘孜州柯拉一期光伏电站 500kV 输变电工程投运，该项目是全球海拔最高的 500kV 输变电总承包项目。

6月26日 国家能源局在北京召开电力行业网络与信息安全联席会议全体会议。

同日 国务院国资委公布 2022 年度中央企业改革三年行动重点任务考核 A 级企业名单，南方电网公司名列第一，中国华能、中国华电、中国电建获评考核 A 级企业。

同日 中国华能研发建设的全国首台（套）全国产数字化汽轮机监视仪表系统（TSI）TMS-T316 完成168h 满负荷试运行，在山东莱芜电厂成功投运。

6月27日 南方电网分布式源荷聚合服务平台通过在广州、深圳、柳州三地同步开展虚拟电厂多功能联调测试，实现多省区同步调频调峰直控响应。这标志着国内首个区域级虚拟电厂投入运行。

同日 由中国华能自主研发的 100MW/ 200MWh 分散控制构网型独立储能电站在山东莱芜电厂实现全容量并网，标志着世界首座百兆瓦级分散控制构网型独立储能电站正式投运。该电站由中国电建所属电建核电公司设计施工。

同日 国家能源集团龙源电力宁夏贺兰山第四风电场“以大代小”退役风电机组跨区域移机复用项目收官。这是国内风电行业首例落地实施的退役风机移机复用项目。

6月28日 中电联与华为数字能源技术有限公司在深圳举行座谈并签署战略合作协议。中电联党委书记、常务副理事长杨昆，华为数字能源技术有限公司总裁侯金龙出席签约仪式并讲话。

同日 中电联通过“线下+线上直播”的方式召开《20kV 及以下配电网工程定额和费用计算规定（2022 年版）》发布会。

同日 北京东 1000kV 变电站扩建工程投运。

同日 2023 世界新能源新材料大会在内蒙古自治区鄂尔多斯市开幕。中国华能携绿色低碳转型方面的 8 项领先科技创新成果亮相新能源新材料展区。

同日 2023 年全国网络安全职工职业技能竞赛在山东青岛举行。中国华能共有 12 名选手、4 个团队获奖，其中，5 人获个人赛一等奖，3 人获“金牌技工”称号，5 人获“银牌技工”称号，华能一队获得团体赛一等奖，中国华能获得特别贡献奖。同时，华能信息公司被授牌“中国工业大类网络信息安全技术示范基地”。

同日 2023 年夏季达沃斯论坛（世界经济论坛第十四届新领军者年会）发布了《中国绿色氢能发展路线图》白皮书，华能彭州水电解制氢科技创新示范项目作为唯一一个绿氢提效降本的示范案例入选该白皮书。

同日 中国华能自主研发的国内首套全国产光伏监控系统——华能睿渥 S316 在华能青海共和世能光伏电站正式投运。

同日 华电昌吉木垒 105 万 kW 风光基地项目成功投产。项目为新疆首个全容量并网的基地项目、国家第二批大型风电光伏基地项目。

同日 中国电建召开学习贯彻习近平总书记致金沙江白鹤滩水电站首批机组投产发电贺信两周年座谈会，中央主题教育第三十八指导组成员周姗珊、朱晨，国务院国资委党建局副局长吴新明，国资委党委主题教育第七巡回指导组组长贺禹到会指导。中国电建党委书记、董事长丁焰章出席会议并讲话，党委副书记、董事李燕明主持会议，党委常委、副总经理徐鹏程在会上作发言。

同日 中国电建所属水电规划总院作为国家能源领域的专业智库发布《中国可再生能源发展报告2022》，并联合中国水力发电工程学会抽水蓄能行业分会发布《抽水蓄能产业发展报告 2022》。

同日 由中国能建安徽院总承包建设的全国最大新能源配套电化学储能电站——三峡能源安徽阜阳南部120万kW风光储基地配套储能电站实现并网。

6月29日 由中电联等单位指导、山东省滨州市人民政府等单位主办的2023中国（滨州）新能源与新材料产业发展大会在滨州市召开，中电联党委委员、秘书长郝英杰出席大会开幕式并致辞。来自政府部门、电力企业、科研机构和高等院校的1000余名代表出席会议。

同日 华电广东汕头2×68万kW超超临界机组全部投产。项目采用高效清洁发电技术，实现灰、渣、石膏综合利用率100%，废水零排放。

同日 全国首个电力充储放“一张网”平台在深圳发布上线运行。

同日 国内首个万吨级新能源制氢项目——内蒙古纳日松光伏制氢产业示范项目成功制取氢气。

同日 国务院国资委主任张玉卓在北京会见了来访的蒙古国国资委主席青格勒，围绕落实好两国元首重要共识，共同推动两国国资国企领域交流合作走深走实展开交流。中国电建党委书记、董事长丁焰章作为唯一中央企业代表应邀参加活动。

6月29日—7月2日 2023首届国际数字能源展在深圳举行。展会由国家能源局、深圳市人民政府、中电联指导，广东省能源局、深圳市发展改革委组织，南方电网公司主办，展会主题为“数字驱动、能创未来”。

6月30日 四川成都西500kV变电站220kV配套工程送电，标志着2023年四川电网15项迎峰度夏重点工程全部建成投运。

同日 广东500kV陆吉甲乙线、承渡甲乙线、陆丰变电站投运。粤港澳大湾区500kV外环东段工程全面投运，广东目标网架第二阶段取得重大突破性进展。该工程在国内首次应用500kV室内8000A GIS设备以及500kV室外8000A HGIS设备，创新应用八分裂导线，新建线路长度2×194km。

同日 在2023年电力行业设备管理与技术创新成果交流大会上，中广核苏州院牵头申报的“发电机组奥氏体耐热钢Super304H晶间腐蚀失效研究与评估”成果获特等奖。

同日 华电天津海晶100万kW“盐光互补”光伏项目投产。项目是世界单体最大的“盐光互补”项目，位于天津滨海新区长芦盐场。

同日 华电甘肃九墩滩（50+20）万kW光伏治沙项目投产运行。项目位于腾格里沙漠南缘的甘肃武威古浪县七道沟，是国家第一批大型风电光伏基地项目。

同日 华电北疆乌鲁木齐100万kW风光基地项目投产。项目为新疆首个多能互补清洁能源基地、国家第一批大型风电光伏基地项目。

同日 全国首个“风火打捆”外送新能源大基地项目——华能上都百万千瓦级风电基地全容量并网，标志着中国华能新能源装机规模突破6000万kW。

同日 国内首个“飞轮储能+百万千瓦级中间二次再热火电机组联合调频”项目在华能莱芜电厂正式投运。

同日上午 中广核浙江三澳核电一期工程2号机组核岛安装开工动员大会正式开启，2号机核岛安装开工，项目一级里程碑按期实现。

6月下旬 南网超高压公司“特高压多端混合直流运维关键技术研究及应用”“特高压阀冷系统空冷器设备运维关键技术与装备应用示范”两项科技成果通过鉴定，均达到国际领先水平。其中，“特高压多端混合直流运维关键技术研究及应用”项目成果推动柔直换流站直流可用率达98%以上，并填补了国内外特高压多端混合直流运维关键技术的空白。

7月1日 全国首个流域级大坝智能在线监控平台在华能澜沧江公司建成投运。

同日 全国首套燃气烟气2000t/a二氧化碳捕集装置在华能洋浦热电联产项目成功投运。

7月3日 以“核力共创 携手未来”为主题的中核集团2023年度供应商大会暨首届供应链伙伴发展大会在福建厦门举办，上海电气与中核集团签署了联采联储框架协议。

同日 南方电网公司印发《推进“九个强企”建设加快提升企业核心竞争力实施方案》，明确服务、品牌、标准、质量、数字、科技、人才、生态、文化“九个强企”建设的核心目标、关键路径、重点任务。

7月4日 国家电投内蒙古公司霍煤鸿骏铝电公司获全国首批绿电铝评价证书。

7月5日 国家能源局召开全国电力安全生产和风险管控工作电视电话会议，贯彻落实中央领导同志关于近期重特大安全生产事故重要指示批示精神。

同日 南方电网公司印发《中国南方电网企业架构白皮书》。

同日 中国电建所属山东电建宁夏公司承建的国内首个全产业链可再生氢碳减排示范项目——国家能源集团宁东可再生氢碳减排示范区50万kW复合光伏基地项目一标段顺利实现并网发电。

7月6日下午 习近平总书记在江苏省南京市考察南瑞集团有限公司，听取南京市打造智能电网国家先进制造业集群总体情况介绍，察看企业自主可控技术产品展示。在企业智能制造生产区，习近平详细了解企业开展核心技术攻关，服务电网安全、电力保供和能源转型等情况。

同日 由中电联主办、浙江能源集团有限公司协办的2023年度电力行业企业文化工作交流大会暨电力精神主题演讲比赛在浙江杭州成功举办。中电联党委委员、秘书长郝英杰出席会议并讲话，浙能集团党委副书记、总经理刘盛辉出席会议并致辞。来自理事长、副理事长单位及有关会员单位的近200位代表参加会议。

当时时间7月6日 英国红石能源Benbrack陆上风电项目首台风机基础开始混凝土浇筑，标志着该项目进入主体施工阶段。Benbrack陆上风电项目装机67.1MW，位于苏格兰中部邓弗里斯盖洛韦（Dumfries and Galloway）行政区，计划安装13台Vestas 4.5MW机组和2台Vestas 4.3MW机组，预计年发电量203.8GWh。

7月6—8日 世界人工智能大会在上海召开，会议发布了2023年SAIL奖（Superior AI Leader，卓越人工智能引领者）评选结果。中国电建所属中南院自主研发的“基于人工智能的河湖水环境安全风险防控平台”，作为环保领域唯一成果入选了SAIL奖top30榜单。

7月7日 国家能源局综合司印发《申请纳入抽水蓄能中长期发展规划重点实施项目技术要求（暂行）》（国能综通新能〔2023〕84号）。

同日 中电联发布《中国电力行业年度发展报告2023》，向全社会发布2022年中国电力行业基本数据，这是中电联连续第17年发布年度发展报告。

同日 中国电建所属电建市政公司设计承建的波兰首条绕城高速公路——S14项目提前两周竣工通车。

7月8日 中国华电第一批国家新能源大基地项目投产暨绿色发展推进大会在天津举行，中国华电总电力装机规模突破2亿kW授牌仪式同日举行。中国华电党组书记、董事长江毅，天津市委常委、滨海新区区委书记连茂君，国家能源局新能源和可再生能源司司长李创军等出席会议。中电联党委书记、常务副理事长杨昆出席大会并致辞。

同日 由国家能源集团重点实验室研发的实用新型专利“一种模拟颗粒物在高压气流作用下自由扩散的直流吸式风洞实验装置”获得德国授权，对颗粒物扩散模拟技术领域具有重要意义。

同日 全国政协副主席穆虹率全国政协调研组到中国三峡集团开展调研，听取统筹长江流域水电开发与生态保护有关情况汇报并进行座谈交流。

7月9日 全球首台16MW超大容量海上风电机组在福建海上风电场并网发电，并于12月21日创造单日发电量38.72万kWh的世界纪录。

同日 中国电建所属水电十一局、十二局等子企业承担主要施工任务，成都院承担监理任务的国家重点水利工程——“引汉济渭”工程调水工程一期完工。

7月10日 中国电建所属水电五局承建的布尔津河流域水风光储一体化项目全容量并网发电。

同日11：06 位于印度尼西亚北苏门答腊省的国投电力巴塘水电站项目完成河道截流。巴塘水电站是印尼目前在建的最大水电站，装机容量51万kW，属于印尼国家战略工程，也是目前国投电力在海外投资建设的最大的绿地开发项目。

7月11日 《新型电力系统》创刊，国家电网公司董事长辛保安、总经理张智刚参加创刊仪式。

7月12日 中电联与特变电工股份有限公司在新疆昌吉举行座谈并签署战略合作协议。在中电联党委书记、常务副理事长杨昆，特变电工党委书记、董事长张新的共同见证下，中电联党委委员、秘书长郝英杰与特变电工党委委员、总裁黄汉杰分别代表双方签署战略合作协议。

7月13日 全球首个陆上商用模块化小堆玲龙一号反应堆核心模块完成出厂验收，即将发运前往海南核电。

同日 中国电建所属水电顾问集团与孟加拉国达卡市水务局签订EPC交钥匙总承包合同的达舍尔甘地污水处理厂竣工。

7月14日 中央政治局委员、上海市委书记陈吉宁到国网上海电力视察慰问，了解迎峰度夏保供情况。

同日 巴基斯坦恰希玛核电站5号机组（C-5）破土动工。这是中国自主三代核电“华龙一号”出口巴基斯坦的第3台机组，也是中国出口巴基斯坦的第7台核电机组，是中巴两国核能合作的又一重要里程碑。

7月15日 中共中央政治局常委、国务院副总理丁薛祥到国家电网公司调研并主持召开座谈会，学习贯彻习近平总书记重要指示精神，贯彻落实党中央、国务院决策部署，研究进一步做好迎峰度夏能源电力安全保供工作。座谈会前，丁薛祥到国家电力调度控制中心了解电网调度运行、电力供应保障等情况。

同日 国务院国资委公布2022年度中央企业负责人经营业绩考核结果，国家电网公司连续19年获考核A级；中国华能位列第14位，取得近年来最好成绩；中国华电连续11年获评A级企业，考核得分位列中央企业前列，连续三年获评中央企业党建工作责任制考核A档，连续两年获评国务院国资委改革三年行动重点任务考核A级。

7月16日 国家发展改革委办公厅、国家能源局综合司印发《关于2023年可再生能源电力消纳责任权重及有关事项的通知》（发改办能源〔2023〕569号）。

7月18日 第十一届全国品牌故事大赛（电力行业分赛场）暨首届“卓越品牌”电力品牌故事大赛在杭州落幕收官。中电联秘书长郝英杰出席闭幕式并作总结讲话，中电联副秘书长、标准化管理中心主任、电力品牌集群办公室主任刘永东出席活动并为大赛致辞。第十一届全国品牌故事大赛总决赛由中国质量协会主办，电力行业分赛场由中电联电力品牌集群办公室承办，国网杭州供电公司、国网常州供电公司联办。

7 月 19 日 中国华能与中国中车集团有限公司签署战略合作框架协议。根据协议，双方将按照诚信合作、依法依规、互利共赢、共谋发展的原则，发挥各自优势，在多领域进行全面合作，实现互惠互利和共同发展。

7 月 19—20 日 由中电联、中国华能联合主办的2023年燃煤电站生产运营管理第五十二届年会暨能效管理对标发布会在江西省南昌市召开。会议集中发布了 2022 年度电力行业 300、600、1000MW 级煤电机组能效对标结果，同期开展了煤电机组节能降碳、灵活性和供热“三改”联动改造技术交流。中国科学院周孝信院士，中电联党委委员、专职副理事长安洪光，中电联副秘书长沈维春，中国华能党组成员、副总经理李向良，国家发展改革委、国家能源局有关人员出席会议。

7 月 20 日 国家电网公司获第十一届中华环境奖（企业环保类）。

7 月 21 日 国家知识产权局公布了第二十四届中国专利奖获奖名单，华能清能院的“一种多级分流再生的二氧化碳捕集系统与工艺”荣获中国专利金奖。

7 月 25 日 国家发展改革委、财政部、国家能源局印发《关于做好可再生能源绿色电力证书全覆盖工作 促进可再生能源电力消费的通知》（发改能源〔2023〕1044 号）。

同日 中电联常务副理事长杨昆在本部会见了 IEEE（电气与电子工程师学会）主席 Saifur Rahman 一行。

同日 国家重点能源项目、中国最北端核电站——徐大堡核电项目 3 号机组实现穹顶吊装就位，标志着该机组从土建施工高峰全面转入安装阶段。

7 月 26 日 中电联在北京举办以“践行责任担当 凝聚奋进力量”为主题的 2023 年“中国电力主题日”活动。中电联理事长、国家电网公司董事长辛保安出席会议并作主旨演讲，国家能源局监管总监黄学农出席会议并致辞。中电联党委书记、常务副理事长杨昆主持会议。中国电建党委副书记、总经理王斌出席会议并作题为《牢记使命担当践行电力精神为新时代电力事业发展贡献电建智慧》的主旨发言。

同日 全国藏区首个、青海省首个百美村庄乡村旅游示范项目和国内最大单体民宿项目——牧云星宿正式运营。牧云星宿位于青海省黄南藏族自治州尖扎县德乾村，建筑面积 2842m²，总投资约 2500 万元，其中华能援建资金 2200 万元。自 2010 年以来，中国华能先后派出 6 任援青干部对口帮扶尖扎县，累计投资 9500 万元，在教育、医疗、精准扶贫、基层党建、文化体育等领域帮扶援建项目达 30 余项。

同日 中国华能旗下西安热工院自主研发建设的全国首个兆瓦级全比例氨/煤混燃技术试验成功，填补了国内全比例氨/煤混燃技术的空白。

7 月 30 日 中国三峡集团与怀柔国家实验室在北京签署深化战略合作协议，并成立三峡可再生能源研究院有限公司、怀柔实验室可再生能源研究中心。

7 月 30—31 日 中国电建所属昆明院承建的新平县公种田光伏项目、姚安县弥兴 130MW 光伏项目、华能蒲缥光伏项目、宣威市热水光伏发电项目成功实现全容量并网发电。

7 月 31 日 经国务院常务会议审议，决定对已经全面安全评估审查且纳入国家规划的华能石岛湾核电厂扩建一期工程予以核准，该项目规划建设两台 122.5 万 kW 机组，采用三代核电技术“华龙一号”；对纳入国家规划的中广核福建宁德核电站 5、6 号机组予以核准。

同日 中国电建所属水电九局承建的云南西双版纳片区 136.5 万 kW 光伏发电项目勐腊藤蔑山、勐海南弄工程实现投产并网发电。

7 月 31 日—8 月 1 日 国家电网公司在江苏召开贯彻落实习近平总书记考察南瑞集团重要指示精神，加快推进高水平科技自立自强现场会。

8 月 1 日 国家电投山东总公司自主设计研发的全国首个海上漂浮式光伏实证平台试运行成功。

8 月 2 日 国家能源局综合司发布第三批能源领域首台（套）重大技术装备（项目）公示，中国能建“300MW 级压缩空气储能系统”成功入选，成为该领域唯一入选国家第三批能源领域首台（套）重大技术装备。

同日 2023 年《财富》世界 500 强排行榜发布，国家电网公司以 5300.088 亿美元的营收名列世界 500 强第三位，在中国上榜企业中排名第一位；中国华能排名第 209 位，较 2022 年上升 6 位，刷新最好成绩；中国华电最新榜单位列第 323 位，较 2022 年上升 3 位，连续 12 年入围榜单。

同日 中国电建党委副书记、总经理王斌赴西藏芒康县开展对口支援工作调研。

8 月 4 日 中国电建党委书记、董事长丁焰章在北京与中国海油党组书记、董事长汪东进举行会谈，并共同见证双方战略合作协议签署。

8 月 6 日 国家电网公司召开青海哇让抽水蓄能电站暨玉树果洛二回、丁字口输变电工程开工动员大会。

8 月 7 日 国家能源局综合司印发《关于认真贯彻落实全国安全生产电视电话会议精神 进一步加强电力安全监管工作的通知》（国能综通安全〔2023〕96 号）。

8 月 8 日 由中国能源研究会和中电联联合主办、自然资源保护协会（NRDC）协办的“电力低碳转型年会 2023”在北京举行。年会以“新型电力系统建设路径与行动”为主题，设有一个主论坛和三个分论坛。由中电联编制的《“双碳”目标下中国区域电力低碳转型路径研究》报告和中国能源研究会编制的《构建新型电力系统路径研究》《大力提升电力系统灵活性促进西北区域新能源高比例发展》发布。

同日 国家电网公司在新疆举行哈密—重庆±800kV 特高压直流工程、重庆栗子湾抽水蓄能电站开工动员大会。

8 月 9 日 中国大唐党组书记、董事长邹磊在总部会见德国蒂森克虏伯公司大中华区 CEO 高岩。

同日 中国电建所属电建港航公司实施的世界上最大的河道整治工程孟加拉国帕德玛大桥河道整治项目全面完工。

同日 中国电建党委副书记、总经理王斌在上海与中国电气装备党委副书记、总经理周群座谈，并共同见证双方战略合作协议签署。

8 月 10 日 海南多用途模块式小型堆科技示范工程——玲龙一号反应堆核心模块吊装成功，压力容器、蒸发器等关键设备一步到位，玲龙一号全球首堆的安装工作步入高峰期。

同日 2023 年度美国《工程新闻记录》（ENR）“全球工程设计公司 150 强”和“国际工程设计公司 225 强”双榜发布，中国电建分别位列榜单第 1 位和第 17 位，连续 4 年蝉联“全球工程设计公司 150 强”榜首，连续 9 年在双榜单中位列中资企业第 1 位，保持了全球最大设计企业领先地位。

8 月 11 日 中国电建党委书记、董事长丁焰章在总部会见宁德时代董事长、总经理曾毓群，并共同见证战略合作协议签署。中国电建党委常委、副总经理刘源与宁德时代首席客户官谭立斌代表双方签约。

8 月 12 日 2023 年全国行业职业技能竞赛——第十四届全国电力行业职业技能竞赛（巡检无人机驾驶员）在内蒙古电力培训中心胜利闭幕。

8 月 13 日 中央政治局委员、北京市委书记尹力到国网北京门头沟供电公司妙峰山供电所检查地区供电设施受损和恢复情况。

8 月 15 日 国家电投苏州综合智慧零碳电厂完成调峰要求，成为国家电投首个直接接受电网调度指令并实施成功的综合智慧零碳电厂。

同日 中国电建所属电建国际公司与中国电力工程公司联合体中标，水电八局、水电三局施工，昆明院设计的尼日利亚宗格鲁水电站正式获得竣工移交证书，项目完工移交业主，进入 12 个月的质保期。

同日 中国电建所属西北院、水电三局、十五局联营体 EPC 总承包的新疆阜康抽水蓄能电站上水库蓄水。

8 月 15—16 日 第十三届亚太经合组织能源部长会议在美国西雅图召开。

8 月 18 日 第八届金砖国家能源部长会议在南非约翰内斯堡召开。

同日 全国人大常委会副委员长丁仲礼到国网吉林电力调度控制中心就可再生能源消纳情况进行调研。

同日 国家能源局综合司印发《关于进一步加强电压合格率数据统计分析工作的通知》（国能综通电力〔2023〕101 号）。

同日 中国电力芜湖发电 200MW/400MWh 集中式独立储能项目（一期）一次并网成功。

同日 中国电机工程学会正式发布《能源电力领域高质量科技期刊分级目录（2022 年版）》，由中国华能主管，西安热工院、中国电机工程学会主办的科技期刊《热力发电》获评 T1 级期刊，是发电企业主管的期刊中唯一获评该级别的期刊。

8 月 19 日 中国电建所属西北院全过程勘测设计，成都院监理的世界超高海拔地区（3500m 以上）装机容量最大、调节库容最大的抽水蓄能电站——青海格尔木南山口抽水蓄能电站正式开工建设。

8 月 21 日 国家能源局印发《关于进一步加强电力市场管理委员会规范运作的指导意见》（国能发监管〔2023〕57 号）。

8 月 22 日 中国电建党委书记、董事长、防洪度汛应急领导小组组长丁焰章赴北京门头沟现场指挥公司支援地方防汛救灾工作。

8 月 22—24 日 由中电联、中国就业培训技术指导中心联合主办，国家能源集团承办的的首届国家级电力交易员职业技能竞赛——第十四届全国电力行业职业技能竞赛（电力交易员）在北京举行。中广核红沿河公司蒲开元，中广核新能源控股公司邓体喆、张迪荣获个人三等奖，被授予“电力行业优秀技能选手”称号；由这三位选手组成的“中国广核集团 1 队”在团队竞赛中获团体三等奖；中广核获优秀组织奖。

8 月 23 日 中国华电与中国水力发电工程学会联合主办的 2023 年中国水电发展论坛暨水力发电工程学会年会在北京开幕。中国华电党组副书记、董事、总经理叶向东出席大会并致辞。

8 月 24 日 2023 年度美国《工程新闻记录》（ENR）

"全球承包商250强"和"国际承包商250强"双榜发布，中国电建分别位列榜单第6位和第8位，继续稳居全球最大电力工程承包商。

8月24—25日 第20届东盟+3能源部长会议和第17届东亚峰会能源部长会议在印度尼西亚巴厘岛召开。

8月25日 新一代人造太阳"中国环流三号"取得重大科研进展，首次实现100万A等离子体电流下的高约束模式运行，再次刷新中国磁约束聚变装置运行纪录。

同日 四川省装机规模最大的新能源项目雅砻江流域水风光互补绿色清洁可再生能源示范基地又一标志性项目——国投集团雅砻江水电扎拉山光伏电站开工建设。扎拉山光伏电站位于四川省凉山州盐源县，场址区域在海拔3200～4200m，总投资超过60亿元，装机规模达117万kW，计划2025年全容量并网发电。该项目由中国电建所属成都院规划设计。

同日 中国电建所属水电十一局承建的赞比亚下凯富峡水电站—卢萨卡西330kV高压输电线路成功送电。

8月27日 中电联、中国中小企业协会与协鑫集团有限公司（简称协鑫集团）联合主办长三角数字能源算力大会暨专精特新产业融合发展论坛。中电联党委书记、常务副理事长杨昆，协鑫集团副董事长、总裁朱钰峰出席大会并致欢迎辞。科技部原副部长吴忠泽，中国企业联合会党委书记、常务副会长兼理事长朱宏任等作主旨报告，沈昌祥院士作特邀报告。

8月28日 国家能源局副局长何洋到国家电网公司调研。

8月29日 国家能源局在浙江杭州召开推进新能源汽车充电基础设施高质量发展现场会。

同日 中国电建所属中南院勘测设计，水电十一局、十四局、八局施工，北京院监理，贵阳院负责物探的总装机容量120万kW，设计年发电量9.6亿kWh河南天池抽水蓄能电站全面投产发电。

同日 中国电建党委书记、董事长丁焰章在北京与中国建科党委书记、董事长文兵举行会谈，并共同见证双方战略合作框架协议签署。中国电建党委常委、副总经理徐鹏程与中国建科党委委员、副总经理樊金龙代表双方签约。

8月29—31日 中国华能亮相2023烟台国际核电工业及装备展览会，以模型、展板和多媒体互动等形式集中展示中国华能绿色低碳转型的发展成就、大力发展核电的经验成果。

8月30日 中国电建所属上海电建承建的青海共和三期300MW施工总承包项目成功并网发电。

8月31日 国家能源局印发《关于加强电力可靠性数据治理 深化可靠性数据应用发展的通知》（国能发安全〔2023〕58号）。

同日 2023年电力行业可靠性高质量发展论坛在广州举办，会议由中电联主办、广东电网公司承办，南方电网广东广州供电局协办。大会以"共筑可靠 守护光明"为主题，来自政府部门、电力企业、科研机构、高等院校和设备制造企业的300余名代表应邀出席会议。中电联党委书记、常务副理事长杨昆，国家能源局电力安全监管司司长苑舜，南方电网公司党组成员、副总经理唐屹峰，中国电机工程学会城市供电与可靠性专委会主任张丽英出席大会并致辞。会议邀请中国工程院院士饶宏做特邀报告，中国香港中华电力、中国澳门电力和新加坡能源，及电力企业相关负责人作主旨演讲。中电联党委委员、专职副理事长于崇德主持会议。

同日 中国大唐董事、总经理、党组副书记刘明胜出席世界首台630℃国家电力示范项目推进大会。

同日 中国电建党委书记、董事长丁焰章在北京拜会来华访问的贝宁总统塔隆。双方就加强能源电力、基础设施水利等领域合作进行座谈交流，并达成共识。

8月底—9月初 超强台风"苏拉"、台风"海葵"相继登陆广东沿海，严重风雨持续影响珠三角、粤东、粤西和广西南部等地近100h。两次台风灾害导致南方电网输配电线路停运184条、42万客户停电。南方电网公司启动防灾应急机制，开展台风防御和抢修复电工作，24h客户基本复电、36h客户全面复电。

8月 巴基斯坦总理夏巴兹·谢里夫为华能萨希瓦尔电站颁发了"走廊共同繁荣突出贡献奖"奖牌，以表彰萨希瓦尔电站在电力保供、促进就业、履行社会责任等方面作出的贡献和努力。

9月1日 中国电力企业联合会党委委员、专职副理事长安洪光在本部会见了NRDC（自然资源保护协会）总裁Manish Bapna一行。

同日 《横琴粤澳深度合作区供用电规则》施行。

同日 云南电网牵头研制的"新型配网楔型绝缘导线耐张线夹（NXH型）"，经中电联产品技术鉴定，达到"国际先进"水平。

同日 国家能源集团召开领导班子（扩大）会议。受中央组织部领导委托，中央组织部有关干部局负责同志宣布了中央关于国家能源投资集团有限责任公司总经理任职的决定：余兵任国家能源投资集团有限责任公司董事、总经理、党组副书记。

同日 贵州电网公司取得国家版权局颁发的首批"充电桩装载情况""企业开工连续性分析""企业用电量波动分析""企业用电行为分析""用户履约情况分析""住房空置率分析"6个数据产品软件著作权登记证书。

同日 中国电建所属河北工程公司参建的承德丰宁风光氢储100万kW风光项目300MW风电场PC工程开工。

9月2日 中国电建所属水电八局承建国家水网重要骨干工程大藤峡水利枢纽最后一台机组通过验收，正式投产运行。

9月4日 国家能源局综合司印发《开展新能源及抽水蓄能开发领域不当市场干预行为专项整治工作方案》（国能综通新能〔2023〕106号）。

同日 2023年全国行业职业技能竞赛——第十四届全国电力行业职业技能竞赛（汽机本体检修工）在浙江宁波开幕。竞赛由中国电力企业联合会、中国就业培训技术指导中心联合主办，浙能集团承办。

同日 南网超高压公司"跨区域电网建设项目档案'首卷制'管理创新昆柳直流工程档案全面质量管理提升实践"和云南电网"基于深度学习的智能化科技档案管理原型的研究及应用智能小档"两案例入选2023年档案事业发展十佳案例。

9月5日 第十二届中华慈善奖表彰大会在北京人民大会堂举行，国家电网公司荣获"捐赠企业"奖；中国华能荣获"捐赠企业"奖，连续三届、累计四届获此奖项。

同日 南网储能清远抽水蓄能电站获第十九届中国土木工程詹天佑奖。

同日 中国电建所属水电八局承建的老挝南欧江六级水电站获得第五届堆石坝"国际里程碑工程奖"。

9月5—8日 2022—2023亚太电协技术委员会（简称技术委员会）在菲律宾召开了第四次全体会议，技术委员会主席、菲律宾马尼拉电力公司高级副总裁兼首席运营官罗尼·阿佩罗乔，技术委员会副主席、中电联副秘书长刘永东分别致辞，来自菲律宾、中国、新加坡、马来西亚、泰国、中国香港等国家和地区22家会员单位的150名代表参加了本次会议。

9月6日 中央政治局委员、国务院副总理张国清到国网西藏电力调度控制中心调研。

同日 中国华电蝉联"中国企业碳中和贡献力50强榜单"第一名，华电碳资产运营有限公司荣获"2023碳中和绿色影响力领跑品牌"称号。

同日 中国华能在华能澜沧江水电股份有限公司举行水电资产整合项目签约仪式。本次项目是中国华能与华能国际共同将持有的华能四川能源开发有限公司100%股权注入华能水电。其中，中国华能、华能国际分别持有华能四川公司51%、49%的股权。

9月7日 国家发展改革委、国家能源局印发《电力现货市场基本规则（试行）》（发改能源规〔2023〕1217号）。

同日 国家发展改革委副主任李春临到国家电网公司调研。

同日 中国电建参建的雅加达至万隆高速铁路开通运行，标志着印尼正式迈入高铁时代，中印尼共建"一带一路"取得重大标志性成果。

同日 深圳供电局发布国内首个电力行业多模态预训练大模型"祝融2.0"。

9月8日 国投电力全资持有的英国Benbrack陆上风电项目成功中标英国第五轮差价合约（简称CfD），中标价格为52.29英镑/MWh。Benbrack项目位于英国苏格兰西南的Dumfries and Galloway行政区，占地1231hm^2，装机容量67.1MW。2021年国投电力从德国RWE收购了英国Benbrack风电项目100%股权，后续完成了开发阶段全部规划许可。项目于2022年10月开工建设，已完成全部进场道路施工和部分风机基础浇筑工作，预计2025年并网发电。

同日 贵州宁德时代项目配套220kV线路工程卡时Ⅰ回线、卡时Ⅱ回线投运。该项目为宁德时代贵州新能源动力及储能电池制造基地提供电力供应。

9月9日 云南500kV鹤城输变电工程投运。该项目优化滇东北片区500kV及220kV电网网架结构，承接溪洛渡水电站留存电量，为云南消纳及转送清洁水电创造有利条件。

9月上旬 南网超高压公司科技成果"高压直流阀冷及融冰系统小微部件国产化替代研究及工程应用"通过鉴定，达到国际领先水平。

9月11日 国际三大评级机构相继发布2023年信用评级结果（以2022年审计报告为基础），国家电网公司获得国家主权级信用评级（标普A+、穆迪A1、惠誉A+）。国家电网公司连续11年获得此项评级，也是中资企业获得的最高信用等级。

同日 海南全岛实现乡镇充电基础设施全覆盖。

9月11—13日 中国电建党委书记、董事长丁焰章赴香港参加第八届"一带一路"高峰论坛，并开展系列商务活动。

9月12日 国家电投产融启源芯动力完成唐山海宜路1、2号站建设，唐山三纵一横充换电组网1号线（迁安—京唐港线）贯通投运，联通此前投运的3号线（遵化—曹妃甸线），形成460km U形换电组网，是中国首个且里程最长的重卡换电组网。

同日 国家电投智慧能投实施的国内首个超高海拔绿能零碳交通项目——川藏铁路绿色施工及绿电交通示范项目完工。

同日 菲迪克2023年全球基础设施奖颁奖典礼在新加坡举行，中国电建承担全过程勘测设计并承担主要施工任务的世界技术难度最高水电站——金沙江白鹤滩水电站，荣获本年度菲迪克工程项目奖最高奖项“卓越工程项目奖”。

同日 雅砻江水电与华为联合创新中心在雅砻江水电成都总部挂牌成立，成为中国首个基于流域水风光一体化基地建设的联合创新研究中心。

9月13日 中国大唐党组书记、董事长邹磊在总部会见赞比亚共和国技术与科学部长费利克斯·穆塔蒂。

同日 中国华能与上海电气集团股份有限公司签署战略合作协议。根据协议，双方将本着“优势互补、互利共赢”的原则，进一步建立全面战略合作伙伴关系，在新能源、清洁煤电、大型燃机等方面进行广泛合作。

9月13—15日 2023ESG全球领导者大会在上海举行。中国华能党组书记、董事长温枢刚应邀出席大会，并通过视频发表题为“探索ESG新路径 赋能高质量发展”的演讲。

9月14日 中广核陆丰公司收到《自然资源部办公厅关于广东陆丰核电1、2号机组工程项目用海预审意见的函》（自然资办函〔2023〕1796号），作为项目核准支持性文件之一，用海预审意见的获取标志着陆丰核电1、2号机组项目核准所需的10份支持性文件已全部获取，项目申请报告已全面具备上报条件。

同日 中国华能党组书记、董事长温枢刚在北京拜会柬埔寨王国首相洪玛奈。双方就加强在柬电力合作进行友好交流。

同日 国家能源集团龙源电力开发建设的全球首个漂浮式风渔融合项目“国能共享号”平台在浙江舟山成功下水，拖航驶向项目场址福建平潭，为项目如期建成投产奠定基础。

9月14—15日 2023年大型发电集团公司环保联席会在浙江湖州召开。中电联党委委员、专职副理事长安洪光出席会议，浙能集团党委委员、副总经理杨敬东致辞。

9月15日 国家能源局在北京召开2022年度电力可靠性指标发布会。国家能源局党组成员、副局长何洋出席会议并讲话，国家能源局监管总监黄学农主持会议，中电联党委委员、专职副理事长于崇德出席会议并致辞。会上，国家能源局和中电联联合发布了2022年度电力可靠性指标。

9月16日 中国电建党委书记、董事长丁焰章在广西南宁拜会了来华出席第20届中国—东盟博览会的老挝总理宋赛·西潘敦，双方就加强能源电力和基础设施合作发展进行深入交流；并拜会了越南总理范明政，双方就深化重点领域合作、促进互利共赢进行深入交流。

9月16—19日 第20届中国—东盟博览会和中国—东盟商务与投资峰会在广西南宁举行，国务院总理李强出席开幕式并致辞。中国华能在博览会上展示了在服务“一带一路”、科技自立自强、数字赋能产业、加快绿色发展、履行央企责任等方面取得的最新成果以及在桂发展情况。

9月17日 中国电力哈萨克斯坦阿克莫拉州二期56MW风电项目全容量并网运行。至此，阿克莫拉州风电场总容量达到206MW，持续保持中亚最大容量纪录。

同日 由广西壮族自治区人民政府和中电联联合主办的2023中国—东盟电力合作与发展论坛在南宁开幕。论坛聚焦“科技创新引领发展，共建绿色东盟家园”，探讨能源电力绿色低碳转型路径，助力中国—东盟能源电力行业合作向纵深发展。东盟秘书长高金洪，广西壮族自治区政协副主席徐绍川，中电联党委委员、专职副理事长王抒祥，国家电投董事、总经理、党组副书记栗宝卿，越南国家能源协会常务委员会委员阮英俊等中外嘉宾出席论坛并致辞。

同日 中国电建所属江西水电参建的全国首个火风光储制研一体化示范项目——奈曼旗300MW风电工程首次并网发电。

9月18日 南方电网公司实现辖区智能电能表状态评价与更换全覆盖。

9月19日 第七届中阿能源合作大会在海南省海口市拉开帷幕。

同日 由国家能源局、海南省人民政府和印度尼西亚能源与矿产资源部共同主办的2023中国—东盟清洁能源合作周在海南省海口市开幕。

同日 华电新疆塔城多能互补基地100万kW光伏发电项目全部并网发电。该项目是国家第二批沙漠、戈壁、荒漠化地区大型风电光伏基地项目，位于新疆塔城地区和布克赛尔蒙古自治县。

9月21日 国家发展改革委、国家能源局印发《关于加强新形势下电力系统稳定工作的指导意见》（发改能源〔2023〕1294号）。

同日 自然资源部、国家能源局印发《矿产资源和电力市场化交易专项整治工作方案》（自然资发〔2023〕181号）。

同日 国家首批大型风电光伏基地项目、川渝地区“十四五”以来投产最大的风电项目——雅砻江腊巴山风电项目正式投产发电。腊巴山风电位于四川省凉山州德昌县，属于高海拔山地风电场。项目总装机容量25.8万kW，总投资超19.2亿元，年平均发电量约6.8亿kWh。

同日 南方电网公司2022年社会责任报告发布会暨2023年社会责任日（国企开放日）活动启动仪式在广州举行。

同日 广东电网对澳供电负荷创历史新高，达

98.2 万 kW，同比增长 4.47%，较历史最高负荷增长 1.45%。

当地时间9月21日 由中国华电投资建设的印尼玻雅 2×660MW 坑口燃煤电站项目 2 号机组完成整套试运，圆满实现年内“双投”目标，全面移交生产。玻雅项目由华电海外投资有限公司与印尼国有煤炭公司按 55:45 股比共同投资开发，是中国华电在境外建设的容量最大的坑口电站项目。

9月22日 由中电联主办，国网冀北电力与张家口市人民政府承办的新型电力系统发展（崇礼）论坛在张家口崇礼成功举办。论坛的主题是：推进源网荷储互动互补，服务新型电力系统区域实践。中电联党委书记、常务副理事长杨昆，国家能源局华北监管局党组成员、副局长代方涛，河北省发展改革委二级巡视员甄军民，河北省张家口市委书记赵文锋发表致辞；中国工程院院士郭剑波、黄其励，国家发展改革委能源研究所高级顾问、中国宏观经济研究院研究员韩文科，国家电网公司副总工程师兼发展策划部主任冯凯，中国电科院总工程师、党委委员王伟胜作专题演讲。论坛由中电联党委委员、专职副理事长安洪光主持。

9月24日 “华龙一号”海南核电 3/4 号机组 DCS 龙鳍平台首台套出厂见证活动在中核控制山东海阳基地举行。龙鳍平台成功供货，标志着中核集团具备完全自主知识产权全厂非安全级 DCS 的供货能力，实现了核电厂数字化仪控系统（DCS）全覆盖（安全级+非安全级），全面建成核电站全厂 DCS 供货能力和完整解决方案

9月25日 国家能源局综合司印发《关于下达2023年能源领域行业标准制修订计划及外文版翻译计划的通知》（国能综通科技〔2023〕111 号）、《关于做好 2023 年中秋、国庆假期电力安全生产工作的通知》。

同日 中国企业联合会、中国企业家协会发布 2023 中国企业 500 强、中国服务业企业 500 强等榜单，国家电网公司连续 3 年位列中国企业 500 强、中国服务业企业 500 强首位。

同日 中国华电党组副书记、董事、总经理叶向东拜会来华访问的尼泊尔总理普拉昌达，双方就加强在尼电力合作进行友好交流。中国华电将积极对接尼泊尔能源政策和发展规划，推动双方共享发展经验和创新成果，实现互利共赢。

9月26日 国家能源局综合司印发《关于做好 2023 年中秋、国庆假期电力安全生产工作的通知》。

同日 能源行业电力市场标准化技术委员会成立大会暨第一届标委会第一次会议在北京成功举行。国家能源局科技司副司长边广琦、中电联专职副理事长安洪光出席，电力市场标委会委员等代表参加会议，会议分别由中电联监事长潘跃龙、副秘书长兼标准化管理中心主任刘永东主持。

同日 南方电网公司发布首个电力行业人工智能创新平台。

同日 中国华能党组书记、董事长温枢刚应邀出席 2023 全球能源互联网大会，发表题为“推进清洁低碳转型　助力全球绿色可持续发展”的主旨演讲。同日，中国大唐董事长邹磊出席大会并作主旨演讲。

同日 中国华能牵头研制的全球单机功率最大电化学储能系统——华能上都35kV高压直挂储能系统实现满功率运行，至此，上都百万千瓦级风电基地配套储能项目一期工程全部建成。

9月27日 国际电工委员会发出正式通知，发布由中国牵头编制、南方电网公司专家参编的世界首套虚拟电厂国际标准 IEC TS 63189-1:2023，该标准在全球范围为虚拟电厂建设与发展提供标准依据。

同日 国家能源局印发《关于组织开展可再生能源发展试点示范的通知》（国能发新能〔2023〕66 号）。

同日 贵州省毕节市威宁县云贵乡充电桩正式投运。至此南方电网服务区域实现充电基础设施乡镇全覆盖，南方五省区 4785 个行政乡镇共建成投运充电桩 33102 个。

同日 国家电投黄河公司海南基地共和县 100 万 kW 光伏发电项目实现全容量并网发电。

同日 中国三峡集团召开贯彻落实习近平总书记重要讲话指示批示精神暨成立 30 周年改革发展座谈会。

9月28日 国家能源局组织召开 2023—2024 年采暖季北方地区清洁取暖工作视频会议。

同日 深圳虚拟电厂管理中心组织 10 家虚拟电厂运营商国内首次参与跨省备用辅助服务市场调电试运行。

同日 中国华电青海德令哈 PEM 电解水制氢示范工程成功制出第一方纯度高达 99.999%的绿氢，标志着青海省首个绿电制氢项目正式投产。德令哈光氢储项目是中国在高海拔地区制绿氢的首次尝试，通过光氢储一体化的技术路线和技术体系，推动氢能产业链延长、价值链提升，实现绿电、绿氢消纳。

9月29日 由国家电投国核自仪自主研发的国内首套全以太网架构 100%自主可控 DCS 在贵州金元正式投运，标志着国家电投火电机组 DCS 自主可控项目在设计、组态、安装、调试、应用等方面取得重大突破。

9月 中国电力设备管理协会公布 2022 年度全国电力行业设备管理创新成果名单，中广核运营公司申报的“核电备品备件自主化创新管理”获特等奖。

9月 共青团中央认定广东电网公司广州黄埔供

电局大客户服务团队、广西电网公司南宁供电局青秀供电分局配电抢修班、云南电网公司信息中心客户服务中心等3个集体为首批“二星级全国青年文明号”，广西电网公司崇左供电局变电管理所金马巡维班、云南电网公司怒江贡山供电局独龙江供电所等2个集体为“一星级全国青年文明号”。广东电网公司云浮供电局500kV卧龙巡维中心、云南电网公司玉溪供电局电力调度控制中心主网调控组、贵州电网公司都匀供电局变电管理一所、海南电网公司三亚供电局变电管理所鸭仔塘巡维中心、深圳供电局电力调度控制中心电网自动化部主网主站班等5个集体被共青团中央、应急管理部授予全国青年安全生产示范岗。

10月3日 国家电投内蒙古公司驻蒙古国代表处与蒙古国SSP公司签署战略合作框架协议，内蒙古自治区党委书记孙绍骋和蒙古国总理奥云额尔登见证协议签署。

10月4日 中国电建所属成都院、西北院、贵州工程公司设计施工的全球海拔最高风电场——西藏山南措美县哲古50MW风电项目全容量并网发电。

同日 中国电建所属华东院勘测设计，水电八局、水电十四局施工，中南院监理的福建厦门抽水蓄能电站首台机组通过15天考核试运行，提前130天并网发电。

10月7日 国家能源局印发《关于进一步规范可再生能源发电项目电力业务许可管理的通知》(国能发资质规〔2023〕67号)。

10月8—9日 主题教育中央第二十三巡回指导组调研指导贵州电网。指导组到黔南州平塘县塘边镇，调研乡镇充电桩全覆盖工作落实情况及充电桩便捷充电情况，对南方五省区实现乡镇充电桩全覆盖表示肯定，对南方电网公司在实现充电桩全覆盖工作中取得的成绩表示肯定。

10月9日 南方电网公司发布《南方电网新型电力系统发展报告（2021—2023)》。1—9月，粤、桂、滇、黔、琼五省区新增非化石能源装机容量2394万kW，占新增总装机的81.5%，高于全国平均水平近10个百分点，南方五省区清洁电源供给格局基本形成。

10月9—12日 中华全国总工会第十八次全国代表大会在北京召开，南方电网系统8名代表参会。云南昆明供电局变电修试所高级二次现场运维工李辉当选中华全国总工会第十八届执行委员会委员，成为南方电网公司成立以来首位当选的一线职工。

10月9—13日 由中国华能承办的IEC TC82 WG3/WG6/JWG1国际标准工作组会议在南京举行。这是华能首次线下承办的国际标准工作组会议，也是IEC TC82（太阳能光伏能源系统技术委员会）成立以来第二次在中国召开的会议。会议邀请了来自7个国家的76名专家参会。

10月10日 中国施工企业管理协会发布了《关于表彰2022—2023年度国家优质工程奖的决定》，中国电建共获得国家优质工程金奖18项，国家优质工程奖37项。

同日 中国电建所属水电四局承建的李家峡水电站5号机组通过72h试运行，正式投产发电。

10月11日 国家能源局发布2023年第5号公告，批准《电动汽车充放电双向互动第1部分：总则》等261项能源行业标准、*Specification for geotechnical tests of offshore wind power projects*等42项能源行业标准外文版。

10月12日 南网超高压公司500kV独山站220kV山石Ⅲ回线路投运。

同日 中国电建所属成都院设计采购施工总承包建设、上海电建承担土建施工的孟加拉国首个集中式风电项目——科克斯巴扎尔风电场并网发电。

10月13日 国家能源局综合司印发《关于持续推进电力行业危险化学品安全风险集中治理工作的通知》。

同日 欧盟能源委员卡德瑞·西姆森参观华电新能天津海晶100万kW“盐光互补”光伏项目，对项目取得的成果及应用的创新技术给予高度赞扬。

10月15日 中央政治局委员、新疆维吾尔自治区党委书记马兴瑞到±800kV天山换流站、哈密—重庆直流工程巴里坤±800kV换流站工程现场调研。

同日 中国电建党委书记、董事长丁焰章在北京拜会来华访问的肯尼亚总统威廉·鲁托。双方就深化重点领域合作、促进互利共赢进行深入交流。

10月16日 中电联党委委员、专职副理事长安洪光在本部会见了世界煤炭协会（WCA）首席执行官米歇尔·玛努科一行并进行座谈交流。

同日 中国大唐与乌兹别克斯坦能源部在北京签署300MW光伏项目购电协议重点条款协议。中国大唐党组书记、董事长邹磊与乌兹别克斯坦能源部长茹拉别克·米尔扎马赫穆多夫会谈。

同日 中国大唐党组书记、董事长邹磊在北京拜会柬埔寨王国首相洪玛奈。

同日 中国电建所属电建新能源公司投资、中南院EPC总承包的阜康60万kW光伏+60万kWh储能项目首批并网发电。

当地时间10月16日 中国电建所属水电十六局电建航空港公司参建的中柬共建“一带一路”标志性工程柬埔寨暹粒吴哥国际机场（SAI）正式通航运营。

10月17日 中国政府授权代表国家能源局局长章建华与乌兹别克斯坦政府授权代表能源部部长茹拉别克·米尔扎马赫穆多夫在北京共同签署《中华人民

共和国政府和乌兹别克斯坦共和国政府关于开展可再生能源领域合作的协议》。

同日 国家能源局综合司印发《关于进一步加强发电安全生产工作的通知》（国能综通安全〔2023〕115号）。

同日 中国华电党组书记、董事长江毅在北京拜会来华参加第三届“一带一路”国际合作高峰论坛的哈萨克斯坦第一副总理罗曼·斯卡利亚尔。中国华电愿发挥自身优势，对接哈萨克斯坦能源发展规划，在电力投资、科技创新、清洁能源开发等领域与哈方深化合作，为推动全球能源绿色低碳转型提供助力。

同日 中国电建党委副书记、总经理王斌在北京会见来访的印尼国家电力公司总裁达尔玛万·帕索迪奥，双方围绕进一步加强在印尼能源电力和基础设施领域合作进行深入交流。

10月18日 国家电网公司董事长辛保安参加第三届“一带一路”国际合作高峰论坛开幕式。

同日 国家电投广东公司在上交所成功发行国家电投—广东公司新能源基础设施投资碳中和绿色资产支持专项计划（类REITs），发行规模81.01亿元。该项目是迄今为止全市场发行规模最大的类REITs项目。

10月18—19日 第87届国际电工委员召开IEC TC8“电能供应系统方面”技术委员会全体会议。来自澳大利亚、加拿大、中国、丹麦、芬兰、法国、德国、印度、意大利、日本、荷兰、俄罗斯和南非的70余位国际专家以线上形式参加会议。中电联作为IEC TC8国内第一对口单位，组织电力、电工等领域共32名中国专家参加了此次会议。

10月19日 中国新一代“人造太阳”装置（HL—3）等离子体电流突破100万A，创造了中国可控核聚变装置运行新纪录，标志着中国核聚变研发迈出重要一步，技术水平居国际前列。

同日 “国家级电力应急研究中心”在广东电网应急中心正式挂牌并全面运作。该中心为南方电网公司建成全国首个电力应急领域的国家级研究平台。

同日 中国大唐党组书记、董事长邹磊在北京拜会老挝人民革命党中央总书记、国家主席通伦·西苏里。

同日 第四届、第五届“杰出工程师奖”颁奖典礼在南京举行，旨在表彰在全国生产建设一线作出突出贡献的工程技术人员。中国电建张春生、冯树荣、李炜3人分别荣获“杰出工程师奖”和“杰出工程师青年奖”。

10月19—20日 由中国上市公司协会主办的“2023年上市公司乡村振兴经验交流会暨最佳实践案例发布会”上中国电建荣获“2023年上市公司乡村振兴优秀实践案例”称号。

10月20日 ISO国际标准化组织公布，由中国华能主导编制的国际标准《金属和合金的腐蚀 工业设备化学清洗腐蚀抑制剂性能评价方法》正式发布。该标准由华能西安热工院、荆门热电厂联合编制，是工业设备化学清洗防腐领域的首个国际标准。

同日 人力资源和社会保障部公布《关于授予2021—2022年度职业技能竞赛优秀选手全国技术能手称号的决定》，中国电建罗旬旭、李晓杰、周新野、吴云顺、何毅5名职工获得“全国技术能手”称号。

同日 中国大唐在宁夏中宁举办国际首套百兆瓦级全人工地下储气库压缩空气储能项目推进大会，中国大唐董事、总经理、党组副书记刘明胜出席并宣布中宁项目主体工程全面启动。

同日 中国水利电力质量管理协会审议通过电力企业ESG专业委员会成立议案，专委会秘书处设在南网能源院。

同日 中国电建所属水电八局承建的国家重大水利工程湖南犬木塘水库工程枢纽开始蓄水。

同日 中国电建所属水电八局参建的大唐中宁100MW/400MWh压缩空气储能绿色低碳技术攻关项目主体工程建设在宁夏回族自治区中宁县全面启动。

同日 国家电投山东核电自主开发中国首个“数字员工”上线。

同日 贵州威赫电厂500kV乌撒变电站500kV线路工程全线贯通。500kV威赫电厂送出工程是“十四五”期间贵州电网建设规划的重要组成部分，该项目主要满足威赫电厂电力送出需要。

10月20—22日 第24届东亚及西太平洋电力工业协会大会及展览会在福建厦门举办，国家副主席韩正出席开幕式并致辞。2022—2023亚太电协主席、中电联理事长、国家电网公司董事长辛保安出席大会并致欢迎辞。福建省委书记周祖翼致辞。下一届亚太电协大会主办方代表——新加坡能源集团新能源电网公司总裁邱秀金致贺辞。福建省委副书记、省长赵龙，国务院国资委党委委员周国平，国家能源局监管总监黄学农，中国华电董事长江毅，中国三峡集团总经理韩君，中国大唐董事长邹磊，国家能源集团总经理余兵，国家电投总经理栗宝卿等出席大会。中电联党委书记、常务副理事长杨昆主持大会。中国华能在展览会上展示了科技创新、数字赋能、服务“一带一路”、国际合作等方面的亮眼成绩。

10月21日 中电联2023年第二次理事长会议暨第七届理事会第六次会议在福建厦门召开。中电联理事长，国家电网公司董事长、党组书记辛保安主持会议并讲话。中电联党委书记、常务副理事长杨昆作工作报告。中国华电董事长、党组书记江毅，国家能源集团董事、总经理、党组副书记余兵，国家电投总经理、董事、党组副书记栗宝卿，中国中煤能源集团有限公司董事长、党委书记王树东，华北电力大学校长、党委副书记杨勇平，浙能集团董事、总经理、党委副书记刘盛辉，全球能源互联网发展合作组织秘书长伍萱，特变电工董事长、党委书记张新，正泰电气董事长南存辉等副理事长单位、常务理事单位和理事单位负责人及代表，中电联本部驻会负责人、党委委员，监事长、副秘书长出席会议。

同日 中国大唐党组书记、董事长邹磊在厦门分别与世界能源理事会秘书长兼首席执行官安吉拉·威尔金森博士、新加坡能源电网公司总裁邱秀金会谈。

同日 中国电建所属上海电建参建的金上—湖北±800kV特高压直流输电工程卡麦±400kV换流站项目土建工程开工。

10月22日 由中央广播电视总台联合国务院国资委、全国工商联、中国社科院、中国企业改革与发展研究会等权威机构推出的“中国ESG（企业社会责任）发布”活动在北京举行。活动首次发布了《年度ESG卓越实践报告》，国家能源集团龙源电力申报的宁夏腾格里沙漠新能源基地“黄沙变绿电”案例成功入选。

同日 中国电建所属山东电建三公司承建的孟加拉国艾萨拉姆2×660MW燃煤电站项目完成两台机组168h试运行，机组各项参数指标优良，各系统运行稳定。

同日 中国电建所属成都院、水电七局承担主要工程建设的锦屏水电站水光牧互补扎拉山光伏项目开工，标志着全球最大水光互补项目、四川省装机规模最大的新能源项目将全面推进建设。

10月23日3:20 广东汕头南澳县海域发生5.0级地震，当地电网运行未受影响。

同日 中电建重庆分公司、中电建重庆勘测设计研究院在重庆举行揭牌仪式。中国电建党委书记、董事长丁焰章出席仪式并揭牌。

同日 中国电建所属山东电建三公司承建的山西大同云冈100MW光伏发电+10%储能项目并网发电。

10月23—26日 中国妇女第十三次全国代表大会在北京召开。中国华能职工闫姝、刘威作为妇女代表参加会议。

10月24日 生态环境部正式发布中国温室气体自愿减排市场重启后首批4个方法学，国家能源集团龙源碳资产公司参编的《温室气体自愿减排项目方法学 并网海上风力发电》位列其中，为推动实现“碳达峰、碳中和”目标贡献积极作用。

同日 国家能源局发布2023年第6号公告，公布第三批能源领域首台（套）重大技术装备（项目）名单及有关事项。

同日 广东佛山供电局自主研制的国内首创“机器人+激光”10kV断路器数字化检修平台投入应用，实现“数字化检修”里程碑式突破。

同日 云南电网公司与云南农垦集团正式签署股权转让协议，云南农垦电力正式成为云南电网控股子公司。

同日 来自阿根廷、巴拿马、秘鲁、巴西等拉美13国的14名媒体记者走进中国华能天津IGCC示范电站，深入了解中国在绿色煤电领域的实践探索。

同日 国家能源集团举行第四批重点项目集中开工大会，宣布37个重点电力项目集中开工。

同日 中国电建所属华东院勘察设计的全球最大的海上光伏项目山东东营垦利100万kW海上光伏项目开工。

10月24—27日 第十四届全国电力行业职业技能竞赛（电力电缆安装运维工）在广西北海举办。竞赛由中国电力企业联合会、中国就业培训技术指导中心联合主办，南方电网广西电网公司、广西电力行业协会承办，南方电网广西电网公司培训评价中心、南方电网广西北海供电局协办。

10月25日 中电联在北京组织召开了2023年度电力标准化工作会议。国家市场监督管理总局标准技术管理司一级巡视员国焕新，住房和城乡建设部标准定额司一级巡视员王玮，国家能源局能源节约和科技装备司副司长边广琦，中电联党委委员、专职副理事长安洪光出席会议并发表讲话。中电联副秘书长兼标准化管理中心主任刘永东主持会议。

同日 中国电建党委副书记、总经理王斌与湖南省委副书记、省长毛伟明共同见证湖南省政府与中国电建战略合作框架协议签署。

10月26日 华能硬梁包水电站工程关键线路2号引水隧洞实现全线贯通，为2024年首台机组投产发电奠定了基础。

当地时间10月26日 中国电建所属昆明院设计的阿塞拜疆戈布斯坦光伏电站并网发电。

10月27日 国家能源局综合司印发《关于开展跨省跨区电力交易与市场秩序专项监管工作的通知》（国能综通监管〔2023〕122号）。

同日 中国华能集团有限公司院士专家工作站揭牌仪式在北京举行。中国华能党组书记、董事长温枢刚，中国工程院院士、中国电机工程学会理事长舒印彪，北京市科协党组书记、常务副主席沈洁为工作站揭牌。

同日 由中国华能碳中和研究所、生态环境部环境规划院等单位共同完成的《中国区域电网二氧化碳排放因子研究（2023）》报告正式发布。

同日 国家电投黄河公司李家峡水电站5号机组正式并网归调，标志着中国首个采用双排机布置、世界最大双排机布置的李家峡水电站5台机组全部并网。

10月29日 国家能源局印发《可再生能源利用统计调查制度》（国能发新能〔2023〕74号）。

同日 粤港澳大湾区500kV外环西段工程建成，广东目标网架主体工程全部建成投运。至此，广东电网“合理分区、柔性互联、安全可控、开放互济”的主网架整体形成，珠三角核心区基本具备“四分区”安全运行条件，极端情况下具备分片独立运行能力。

同日 中国电建所属水电开发公司开发，中南院设计，中电建（辰溪）公司具体负责的“投建营”全产业链一体化开发的湖南怀化辰溪抽水蓄能电站正式开工。

同日 中国电建所属成都院设计，水电七局负责大坝混凝土施工，西北院监理，水电四局、五局、九局、十一局参与工程建设的叶巴滩水电站大坝16号坝段浇筑至2771m高程，提前完成年度浇筑目标。

10月30日 广西220kV天峨、凤山变电站正式投运，标志着广西实现220kV变电站县域全覆盖。

同日 在中广核能源国际下属韩国公司，项目主要合作方韩华建设（Hanwha）、韩暖（KDHEC）、三菱韩国（MP Korea）、BHI等公司高管及团队见证下，韩国大山二期燃气联合循环发电项目签发主体工程NTP（开工令）并举行开工仪式。

10月30日—11月1日 第48届国际质量管理小组会议（ICQCC）在北京举办。广东电网33项成果、南网超高压公司3项成果、海南电网1项成果获得赛事最高奖项——国际金奖，创南方电网公司历史最佳成绩。中国华能浙江分公司长兴电厂“金匠”QC小组成果“降低2号机除灰系统缺陷次数”斩获最高荣誉“金奖”。

10月30日—11月2日 由中电联主办、南方电网公司承办、广西电网公司协办的第四届全国电力行业青年培训师教学技能竞赛在广西桂林举办。在为期3天的赛程中，来自全国各地电力行业企业的43支队伍，142名选手同台竞技、切磋技艺。其中，中国华能获得团体一等奖、综合组团体第一名，6名参赛选手中3名获得一等奖、3名获得二等奖，并全部被授予“电力行业技术能手”荣誉称号。中广核代表队获得团体二等奖，中广核大亚湾公司唐莉、中广核宁德公司王子秀获个人三等奖。

10月31日 “华龙一号”批量化示范项目——漳州核电1号机组一回路水压试验成功。

同日 南方电网公司与珠海澳大科技研究院共建的新型配用电技术联合实验室在广东珠海横琴新区揭牌成立。

同日 南方电网梅州宝湖独立储能电站在南方（以广东起步）电力现货市场完成首个月份31天交易。这标志着国内独立储能首次成功采用“报量报价”方式进入电力现货市场，开辟独立储能价格机制和商业模式的市场化新路径。

10月 广东、云南两省能源局与南方电网公司、长江电力公司、华能澜沧江公司共同建立“云电送粤”责任机制。

10月 中国设备管理协会（主管单位为国家发展和改革委员会）举办2023年全国电力行业设备管理与技术创新成果推选活动，中广核宁德公司参选的课题“核电站维修领域承包商全流程管理创新”获得管理类二等奖。

10月 由中国核能行业协会组织的“2023年度科学技术奖入围项目答辩复审会”在北京召开，中广核铀业公司报送的“门架式铀矿石品位在线测量系统”获中国核能行业协会科学技术奖二等奖。

10月 白鹤滩水电站获评2023年度菲迪克卓越工程项目奖。

10月 国投电力公司收到上海证券交易所《关于2022—2023年度信息披露工作评价结果的通报》，国投电力再次获得信息披露工作最高评级A级（优秀）。

10月 深圳供电局深汕特别合作区220kV筑梦变电站、110kV煊宇变电站先后投运。至此，深汕电网从单线结构变成环网结构。

11月1日 国家能源局在北京召开新形势下全国电力系统安全稳定工作会议。

同日 经云南能监办和省能源局授权，云南电网公司印发《云南电力市场结算实施细则（试运行1.0版）》等4个实施细则。云南电力现货市场的规则体系基本建立。

当地时间11月1日 中国电建所属电建海投公司与欧洲新能源电力项目开发商CWPE公司在塞尔维亚首都举行维特罗风电项目股权交割仪式。

11月2日 国家能源局印发《电力安全事故调查程序规定》（国能发安全规〔2023〕76号）。

同日 中国电建所属水电十局参建的全球最大渔光互补光伏电站、国内单体容量最大的220kV变电站——山东滨州沾化区2GW渔光互补发电项目升压站及送出线路一期工程首批机组提前并网发电。

11月3日 根据国家能源局发布的2023年能源领域行业标准制修订计划及外文版翻译计划，国家能源集团龙源电力工程技术公司牵头制定的《风力发电机组叶片防冰涂覆改造技术规程》等3项行业标准获国家能源局批复立项，填补国内风力发电行业相关标准空白。

同日 贵州220kV六枝变电站六磷Ⅰ、Ⅱ线路送电，该工程为贵州省重点项目六枝年产30万t磷酸铁锂220kV接入系统配套项目。

11月4日 贵州500kV新光电厂送出线路工程全线贯通。该工程作为新能源消纳重点项目，解决六盘水市新光电厂新能源消纳和送出需求问题。

11月4—6日 中国电建组团赴上海参加第六届中国国际进口博览会，与四家知名跨国公司集中签约2.37亿美元。

11月5日 第六届中国国际进口博览会在上海开幕，全球首座球床模块式高温气冷堆——华能石岛湾高温气冷堆核电站示范工程首次亮相中国国家展，成为本届进博会国家馆观众数量最多、反响最为强烈的展台之一。

11月6日 全国人大常委会副委员长肖捷到山西大同浑源抽水蓄能电站项目现场调研。

同日 中国华能举办智能高端设备及服务采购签约活动，共签约8个项目，总金额达45.9亿元。

同日 国家电投举办进博会交易分团进口采购专场签约仪式，总签约金额8.2亿美元，签约金额同比增长近80%。

11月7日 全国人大常委会副委员长、中华全国总工会主席王东明到南瑞集团有限公司调研。

同日 国家能源局综合司印发《关于加强发电侧电网侧电化学储能电站安全运行风险监测的通知》(国能综通安全〔2023〕131号)。

同日 中电联党委书记、常务副理事长杨昆在本部会见了阿曼国有电力控股集团（NAMA）董事长艾赫迈德·苏比、集团代理首席执行官兼阿曼国家电网（OETC）董事长艾赫迈德·马赫里兹和阿曼国家电网公司首席执行官萨利赫·鲁米一行。

同日 中德电动汽车标准化工作组第十次会议以线上线下相结合的方式召开。会议由市场监管总局（标准委）与德国联邦经济和能源部主办，中电联和德国国际合作机构承办。国家市场监督管理总局、工业和信息化部、国家能源局有关领导出席，来自中德双方标准化组织、协会、科研机构、企业的60余名代表参加了此次会议。

11月8日 南方电网公司承担的国家重点研发计划项目“数字电网关键技术”通过工业与信息化部组织的项目验收。该项目基于5G的电力通信系统、形成融合边缘计算与装置，电网数据中台、在线智能调度与诊断系统等关键技术的成套数字电网解决方案，探索建立了一套基于全新技术架构的数字电网技术体系。

同日 中国华电党组成员、副总经理、总会计师邵国勇应邀出席中国碳市场大会，并作题为“构建绿色低碳发展格局、共创市场碳融美好未来”的主题发言。

同日 中国华能牵头研制的国际首套1300m³/h碱性电解水制氢系统在华能四川彭州制氢站顺利满负荷产氢。该制氢系统由华能四川公司与华能清能院合作研制。

11月9日 2023年度电力行业党建工作研讨会暨《当代电力文化》杂志创刊10周年座谈会在广东珠海召开，中电联党委委员、秘书长郝英杰出席会议并作题为《共谱电力行业党建和文化工作的时代新篇》的主旨演讲。中电联专家委员会副主任委员、原专职副理事长魏昭峰作会议总结讲话。

同日 中国华电成为首家完成全国碳市场第二周期履约的中央企业，履约率100%。至此，中国华电率先提前完成全国碳市场2021、2022年度碳排放配额清缴，实现了在全国碳市场第二个履约期100%履约。

11月10日 中电国际在上交所发行全国首支绿色“一带一路”熊猫债。

同日 由中国华能与中国东方电气集团有限公司联合研制的全球单机功率和风轮直径最大的直驱海上风电机组——18MW直驱海上风电机组在福建省福清市顺利下线。

同日 南方电网公司印发《南方电网公司发展战略纲要（2023年版）》。

同日 福建省发展改革委发布《福建省2023年度光伏电站开发建设方案》，国投电力公司古雷霞美300MW滩涂光伏电站项目成功列入建设方案，获得开发建设指标。

11月11日 广东惠州港口海上风电场二期项目首批机组并网发电，该电场为粤港澳大湾区首个百万千瓦级海上风电场。至此，广东海上风电累计装机容量正式突破800万kW大关。

同日 中国电建所属中南院承担勘测设计，水电一局、水电八局参建的重庆蟠龙抽水蓄能电站进入15天试运行期。

同日 中国电建所属水电四局承建的西藏昌都察雅县吉塘镇20万kW+16万kWh储能牧光互补复合型光伏项目并网发电。

同日 中国在建最大水电站国家能源集团金沙江旭龙水电站成功实现大江截流，标志着该项目全面进入主体工程施工阶段。

当地时间11月11日 中国电建所属水电十一局参建的巴西帕拉卡图圣若昂光伏群项目首个光伏方阵并网成功。

11月12日 全国政协副主席、中央全面深化改革委员会办公室副主任穆虹赴国网四川电力调研。

同日 中国三峡集团与中交集团关于中国水利电

力对外有限公司交接仪式在京举行。

11 月 13 日 全国博士后管委会下发了《关于同意北京景观园林设计有限公司等 88 家博士后科研工作站分站备案的通知》（博管办〔2023〕127 号），国家能源集团技经院申报博士后科研工作站分站成功获批。

11 月 14 日 国家能源局印发《农村电网巩固提升工程中央预算内投资项目可行性研究报告编制和审查指南》（国能发新能规〔2023〕78 号）、《农村电网巩固提升工程中央预算内投资项目验收指南》（国能发新能规〔2023〕79 号）。

同日 中国电建所属西北院勘测设计，水电三局、水电七局承建，北京院承担厂房等标段监理的国家重点能源项目——玛尔挡水电站下闸蓄水，标志着黄河流域在建规模最大、海拔最高的大型水电站主体工程已基本建设完成，正式进入蓄水阶段。

11 月 14—15 日 由联合国亚太经济与社会委员会、中电联、全球能源互联网发展合作组织联合主办的“东北亚区域电力联网与合作论坛 2023”在北京举办。中电联党委书记、常务副理事长杨昆，联合国亚太经济与社会委员会能源司司长刘鸿鹏、韩国驻华大使馆公使衔参赞安同旭、中国国家能源局国际合作司有关人员出席大会开幕式并发表致辞。

11 月 14—16 日 中共中央政治局常委、国务院总理李强到黑龙江大唐哈尔滨第一热电厂调研。

11 月 15 日 由中电联、国家电网公司共同主办的第 31 届上海国际电力设备及技术展览会在上海开幕。本届展会总面积超过 60000m^2，吸引来自 20 个国家和地区近 1500 家企业参展，并围绕能源转型、科技创新、技术合作等议题召开十余场专业论坛和新品发布会。中电联党委书记、常务副理事长杨昆，中电联党委委员、专职副理事长、国家电网公司总经理助理王抒祥，中电联党委委员、秘书长郝英杰，中国水力发电工程学会常务副秘书长席浩，中国电机工程学会副秘书长赵毅，国网上海电力总工程师、党委委员谢伟，上海市电力行业协会秘书长周雷勇，特变电工股份有限公司董事长、中电联副理事长张新，香港雅式展览服务有限公司董事长朱裕伦，以及地方能源主管部门领导、有关能源行业协会、电力企业、设备制造企业等代表近 400 人出席了开幕式。

同日 中国大唐所属重点排放单位 100%完成全国碳市场第二个履约周期配额清缴，连续两个周期提前完成履约。

11 月 15—18 日 中国华能亮相第二届中国核能高质量发展大会暨深圳国际核能产业创新博览会。

11 月 16 日 中电联与自然资源保护协会（NRDC）在北京签署合作谅解备忘录。签约仪式由中电联专职副理事长于崇德主持，NRDC 国际项目总监 Amanda Maxwell 出席签约仪式。中电联副秘书长俞学豪、NRDC 北京代表处首席代表张洁清代表双方进行签约。

同日 中国大唐在中国社会责任百人论坛发起的“第六届北京责任展”中获评 2023 年“责任犇牛奖”之“海外履责奖”。

11 月 16—17 日 第六届亚太能源监管论坛在深圳举行。论坛由国家能源局、深圳市人民政府、南方电网公司三方联合主办，以“能源市场建设与绿色转型”为主题。论坛是近 20 年来中国首次举办的国际性能源监管领域论坛。

11 月 17 日 中国电力山东能源山东半岛南 U1 场址一期 45 万 kW 海上风电场项目实现全容量并网。至此，中国电力山东能源山东半岛南海上风电基地在运规模达 125 万 kW。

11 月 18 日 中国电力湖北省麻城市多能互补百万千瓦新能源基地二期项目并网。

11 月 19 日 国家电投江西公司景德镇电厂 1 号机组 DCS 自主可控应用项目完工，成为国家电投首台完成 DCS 自主可控改造的 660MW 超超临界机组，标志着国家电投实现大机组 DCS 自主可控。

11 月 20 日 内地向澳门累计输送电量超 700 亿 kWh。

同日 中国电建水电十一局主要承建的黑河首座骨干调蓄工程——黄藏寺水利枢纽工程下闸蓄水，工程投入初期运用。

同日 中国电建所属华东院勘测设计，水电十二局承担上水库主坝、副坝、库盆防渗与防护、引水系统等施工任务，水电八局负责安全监测工程及测量的浙江松阳抽水蓄能电站主体工程顺利开工。

同日 中国电建举办 2023 年地下工程火灾事故应急救援综合演练，党委书记、董事长丁焰章出席活动并讲话，党委常委、副总经理徐鹏程参加演练活动。

11 月 22—26 日 第十一届中国（绵阳）科技城国际科技博览会举行，中国华能携高温气冷堆核电、碱性电解水制氢和水电站大坝工程施工等科技成果亮相。

11 月 23 日 全国政协副主席沈跃跃到大唐东投東水東网公司看望慰问中東职工。全国政协委员、中国大唐党组书记、董事长邹磊参加看望慰问。

同日 经广东省能源局、国家能源局南方监管局批复同意，广东电力交易中心印发《广东省可再生能源交易规则（试行）》，12 月起实行。

同日 中国电建获得“金牛最具投资价值奖”和“ESG 金牛奖碳中和五十强”。

当地时间 11 月 23 日 中国电建承建的玻利维投

资最大在建公路亚艾尔西亚公路全面通车。

11 月 24 日 中国电建所属中电建新疆勘测设计研究院有限公司在新疆乌鲁木齐举行揭牌仪式。中国电建党委副书记、总经理王斌出席仪式并揭牌。

11 月 25 日 中央政治局委员、新疆维吾尔自治区党委书记马兴瑞到阜康抽水蓄能电站现场调研。

同日 国家电网公司举行新疆阜康抽水蓄能电站首台机组投产发电仪式。该电站由中国电建所属西北院牵头，联合水电三局、十五局联营体 EPC 总承包建设。

同日 首台国产±800kV 特高压直流高速开关在昆柳龙直流工程柳州换流站挂网试运行，这是中国特高压直流高速开关国产化关键技术取得的重大突破。

同日 云南昆明 220kV 永和（云纺）变电站投运。该站为南方电网西部投资最大的 220kV 输变电工程。

同日 中国首个跨地级市核能供热工程——国家电投“暖核一号”三期核能供热项目正式投运。

同日 中国电建所属电建新能源公司投资运营，水电十一局和中南院联合体承建的阜康项目采用的最大单体光储项目——新疆阜康市 60 万 kW 光伏＋60 万 kWh 储能项目全容量并网发电。

同日 中国电建所属重庆工程公司承建的广西横县峦城新型 LED 补光保粮光伏项目全容量并网发电。该项目是国内首个光伏发电与主粮（水稻）生产融合发展的保粮供能创新模式科技试验项目，为可再生能源的利用和农业发展积累了经验。

11 月 26 日 驻马店—武汉 1000kV 特高压交流工程竣工投产。

同日 国家电投五凌电力五强溪扩机工程 6 号机组 72h 试运行完成，标志着机组具备商业运行基本条件，主控指标高于国家和行业标准，达到“精品机组”优良标准。

11 月 27 日 国家能源局综合司印发《关于组织开展第四批能源领域首台（套）重大技术装备申报工作的通知》、《关于做好岁末年初、迎峰度冬期间电力建设工程施工安全工作的通知》（国能综通安全〔2023〕134 号）。

同日 工信部正式批复广东电网公司，同意广东新型储能国家研究院有限公司组建国家地方共建新型储能创新中心。该中心是工信部批复的第三家国家地方共建创新中心，是南方电网公司牵头建设的第一个工业和信息化领域的制造业创新中心。12 月 23 日，国家地方共建新型储能创新中心在广州揭牌。

同日 云南省市场监管局发布《电力交易用户绿色用电溯源方法》地方标准，2024 年 2 月 23 日正式实施。该标准为云南省首次发布，填补了云南省电力交易用户绿色用电溯源方法地方标准的空白。

同日 在中央宣传部、国务院国资委、全国工商联指导，中国外文局主办“2023 中国企业国际形象建设案例征集活动”中，中国华电申报的“‘华小电’出海记”、中国三峡集团申报的“三峡集团做好‘世界动植物王国’的生态‘守护者’”获评“2023 中国企业国际形象建设十大优秀案例”，中国电建申报的“行进在马拉维希雷河谷上的引水铁军”荣获“共建新丝路类”优秀案例。

11 月 29 日 中国华能最大的平单轴示范项目——华能清河县 28 万 kW 农光互补发电项目全容量并网投产，标志着中国华能新能源装机规模突破 7000 万 kW。

同日 国家电投国能生物山东单县生物质发电机组率先通过生物质发电项目绿证核发审核，完成全国首笔生物质发电绿证交易，标志着第一个国家级生物质发电示范项目完成了生物质发电领域的第一笔绿证交易。

同日 贵州 500kV 新普甲乙线（500kV 新光电厂送出线路工程）投运。该线路是贵州电网少有的高海拔、重冰区的同塔双回 500kV 线路。

同日 中国电建承建的“十四五”时期国家第一批开工建设的大型风电光伏基地项目之一、全国单体规模最大的光伏治沙项目——蒙西基地库布其 200 万 kW 光伏治沙项目成功并网。

11 月 30 日 中央政治局委员、北京市委书记尹力到国网北京电力新型电力系统实验基地（通州区张家湾镇）调研。

同日 中国电建所属华东院总承包的中国首个总装机容量 200MW“核光储多能联合”互补滩涂光伏发电项目——中核三门滩涂光伏，实现首批光伏发电单元并网发电。

同日 贵州储能规模达 185 万 kW/370 万 kWh。至此，贵州成为南方五省区规模最大的电化学储能基地，也是全国第四大独立储能省份。

当地时间 11 月 30 日 中国电建党委书记、董事长丁焰章在越南河内出席越南风电群项目签约仪式，慰问驻越南一线干部职工，并调研指导越南国别工作。

11 月 中国电力设备管理协会安全专委会正式公布 2023 年全国电力行业安全文化建设精品工程、优秀工程获奖名单。中广核苍南公司、中广核阳江公司获评 2023 年度全国电力安全文化建设精品工程。

11 月 国投电力（600886.SH）入选“中国上市公司协会 2023 年公司治理最佳实践案例”“2023 年度上市公司董事会最佳实践案例”。

12 月 1 日 广西南宁 500kV 民歌（新江）变电站投运。

同日 由中国能建数科集团投资建设的世界首台（套）湖北应城 300MW 级压缩空气储能电站示范工程

全面进入调试阶段，该项目投产后将成为世界上首个投入商业运行的 300MW 级非补燃压缩空气储能电站项目。

12 月 2 日 1:36 云南德宏州芒市发生 5.0 级地震，造成 2 条线路跳闸 214 户受影响。

12 月 3—7 日 中国华能清洁能源技术研究院 CCUS 团队在阿联酋迪拜参加《联合国气候变化框架公约》第二十八次缔约方大会（COP28）中国角边会。

12 月 4 日 中国华能 2023 年煤炭产量突破 1 亿 t 大关，创历史同期最高水平。

12 月 5 日 中国华能在海南省的首个海上风电项目——临高海上风电场开工，该项目规划装机容量 60 万 kW，将于 2024 年全部建成。

同日 国家能源集团龙源电力自主研发的国内首套基于 LiEMS 平台的新能源废旧物资管理平台正式上线运行，为新能源行业废旧物资的状态鉴定、梯级利用、追踪溯源等提供快捷、高效、智能的解决方案。

同日 中国电建所属上海电建福建公司监理的世界首座 500kV 交流海上升压站粤电青洲一、二海上风电项目工程海上升压站成功送电。

当地时间 12 月 5 日 中国电建所属水电五局肯尼亚 RWC542 公路项目主体完工通车。

12 月 6 日 中国电机工程学会授予南网科研院牵头的“混合直流输电系统”科技成果 2023 年度中国电力技术发明奖一等奖，这是南方电网公司科技成果首次获得该奖项一等奖；授予广州供电局牵头的“特大型弹性城市电网应对极端灾害的关键技术研究与示范应用”科技创新成果中国电力科学技术进步奖一等奖；授予南网科技公司首席技术专家刘石被授予 2023 年度中国电力科学技术杰出贡献奖。

同日 15 名来自巴基斯坦的媒体记者、智库专家参观访问了中国华能清洁能源技术研究院，深入了解中国在清洁能源方面的科技创新成果。

同日 中国华能与威海市人民政府签署战略合作协议。根据协议，双方将本着平等自愿、互惠互利、共同促进、协同发展的原则，进一步建立全面战略合作伙伴关系，在清洁能源产业、新能源、综合智慧能源建设等方面进行广泛合作。

同日 国家重大科技专项标志性成果、全球首座第四代核电站——华能石岛湾高温气冷堆核电站商业示范工程完成 168h 连续运行考验，投入商业运行。

12 月 7 日 中电联在海口组织召开 2023 年电力需求侧管理创新大会，会议主题为“加强电力需求侧管理，构建新型能源体系”。中电联党委委员、秘书长郝英杰，工业和信息化部运行监测协调局副局长何海林出席会议并致辞。中电联专家委员会副主任委员魏昭峰、国家发展改革委能源研究所研究员周伏秋作主旨发言。中电联科技服务中心有限责任公司主要负责人主持会议。来自政府部门、电力企业、科研机构、高等院校和电能服务机构的 280 余位代表参会。

同日 国家电网公司在重庆举行重庆蟠龙抽水蓄能电站首台机组投产仪式。

当地时间 12 月 7 日 中国电建所属水电十二局参与建设的乌干达卡鲁玛水电站 6 号机组并网发电。卡鲁玛水电站，总装机容量 600MW，年平均发电量约 40 亿 kWh，是乌干达目前在建的最大水利水电工程项目。

12 月 8 日 国家能源集团电科院牵头的科技项目“高温干旱复合灾害下水电站群水-机-坝一体化安全保供关键技术及装备”获评 2023 年水力发电科学技术奖一等奖，该奖项为国家能源集团电科院首次获得的水力发电行业最高科技奖。

同日 中国三峡集团与中国工业经济联合会共同主办的建设高质量海上风电现代产业链共链行动大会在北京举行。

同日 中国电建党委书记、董事长丁焰章在北京与洪都拉斯国会主席路易斯·雷东多举行会谈，双方就共建“一带一路”倡议下的友好合作进行深入交流。全国人大外事委员会委员蒋成华、全国人大常委会办公厅外事局副局长熊伟；公司党委常委、副总经理王小军参加会谈。

同日 中国电建所属华东院研发并投建的国内最大最先进海洋新能源综合勘测平台，75m 水深海上自升式勘测试验平台——“华东院 308”举行交付仪式。

12 月 9 日 在《联合国气候变化框架公约》第二十八次缔约方大会（COP28）“团结、行动、落实”的主题框架下，中电联与国家电投、中国能建在阿联酋迪拜联合主办主题为“清洁能源促进绿色转型”的“中国角”边会。国资委社会责任局局长李军、生态环境部对外交流合作中心主任张玉军、国家能源局国际合作司副司长安丰全、国家电投和中国能建国际集团有关负责人、中国驻阿联酋大使馆经济商务参赞特别代表等政府和企业嘉宾到会交流，中国电力企业联合会专职副理事长于崇德出席本次边会并发表致辞。

同日 广西防城港 500kV 白鹭变电站投运，该站为广西首座 500kV GIS 智能变电站。

同日 中国电建所属山东电建三公司承建的沙特拉比格三期海水淡化工程、张家口—北京可再生能源综合应用示范工程荣获国家优质工程金奖。

12 月 10 日 国家电投黑龙江公司“氢绿龙江”齐齐哈尔百万吨级氢基绿色能源基地暨万吨级绿色航煤示范项目启动。

同日 中国电建所属中南院勘测设计，贵州工程公司、电建核电公司、水电一局参建，上海电建公司参与监理，吉林院参与配套工程设计的国家第一批以沙戈荒地区为重点的大型风电光伏基地项目——中广核兴安盟 300 万 kW 风电项目全容量并网，年发电量超过 100 亿 kWh，成为中国在运最大陆上风电基地。

同日 中国电建所属成都院规划论证和全阶段勘测设计，水电七局承担大坝施工的金沙江上游叶巴滩水电站大坝浇筑突破 100m，工程实现重大节点目标。该电站总装机容量 2240MW，最大坝高 217m，为国内在建最高双曲拱坝工程。

12 月 11 日 中国华电在阿联酋迪拜成功举办第二十八届联合国气候变化大会（COP28）“中国角”边会企业日活动。中国华电副总经理、总会计师邵国勇出席活动并致辞，全面阐述应对气候变化的“华电方案”。

同日 国家电投上海核工院“国和”系列实现整机 100%国产化目标。

同日 国家能源集团电研公司负责调试的晋能保德 2×660MW 超超临界低热值煤发电工程项目入选“2022—2023 年度国家优质工程奖”获奖名单。

12 月 12 日 中国电机工程学会发布 2023 年度电力科学技术奖获奖名单。国家电网公司获电力科学技术奖 63 项，其中一等奖 10 项，24 人被授予电力科学技术人物奖，获奖数量均居电力行业首位。

同日 广东中广核惠州港口 100 万 kW 海上风电场全容量并网。这是粤港澳大湾区首个并网的百万千瓦级海上风电项目。

同日 首批港澳跨境绿色电力证书交易在广州电力交易中心达成，实现中国绿证市场在境外市场“零”的突破。

12 月 12—14 日 2023 年度电力行业技能人才评价工作总结会暨管理人员培训班在深圳市举办。中电联党委委员江宇峰出席会议并讲话，中国就业培训技术指导中心原二级巡视员陈卫军同志出席，中电联人才评价与教育培训中心主要负责人主持会议。来自各电力集团、省级协会、电力院校、民营企业的 300 余名评价机构负责人及管理人员参加了会议和培训班。

12 月 13 日 国家发展改革委、国家能源局、工业和信息化部等四部门印发《关于加强新能源汽车与电网融合互动的实施意见》（发改能源〔2023〕1721 号）。

同日 中国华电首次入榜 2023 年度（第二十届）《世界品牌 500 强》排行榜，位列第 398 位。

同日 在国家能源局绿证核发工作启动会上，国家能源集团龙源电力黑龙江佳木斯桦南公心集 100MW 风电平价上网项目取得全国首批新版绿色电力证书，该项目所核发绿证成功向德国知名化工企业巴斯夫售出，成为全国新绿证交易第一单。

12 月 14 日 国家能源局综合司印发《关于建立以可靠性为中心的电力设备检修专家库有关事项的通知》（国能综通安全〔2023〕138 号）。

同日 中国华能首台千瓦级极低温型垂直轴风电机组在南极中山站发电。此次中国华能共在南极投入两台风机，中国第 40 次南极科考将对机组开展极地环境测试。

12 月 15 日 国家能源局印发《中国先进压水堆核电标准体系项目表（2023 年版）》（国能发科技〔2023〕84 号）。

同日 国家电网公司独立参与巴西第三回±800kV 特高压直流输电项目特许经营权竞标，并中标项目 30 年特许经营权。该项目包括新建 1468km±800kV 特高压直流输电线路、两端换流站和调相机以及相关交流配套工程，额定输送容量 500 万 kW。工程途经马拉尼昂州、托坎廷斯州、戈亚斯州，主要为首都巴西利亚供电，计划于 2029 年投运。

同日 华能北京热电厂燃机烟气余热利用项目完成各负荷工况下性能试验工作并顺利移交生产，标志着全球最大规模燃机烟气高效余热利用项目全容量投运，也是全球首个采用“烟气-水板式换热器+热泵技术”的 F 级燃机烟气余热利用项目。

当地时间 12 月 15 日 8:30 英国首台 EPR 核电机组英国欣克利角项目（HPC）1 号机组完成穹顶吊装。这一重大里程碑的完成，标志着 1 号机组核岛将从土建施工阶段全面转向设备安装阶段。

12 月 15—16 日 南方区域电力市场开展全域现货结算试运行。这是国内首次开展“跨省＋省内联合出清”的区域级电力市场结算试运行，全国统一电力市场体系建设率先在南方区域取得突破。

12 月 16 日 国家能源局综合司印发《关于深入贯彻落实习近平总书记重要指示精神　做好低温雨雪冰冻灾害防范应对工作的通知》。

同日 福州—厦门 1000kV 特高压交流工程竣工投运。

同日 中国电建所属重庆工程公司承建的青豫直流二期青海茫崖冷湖 500MW 风电项目一标段东场区 300MW 风机实现并网发电。

12 月 17 日 贵州 500kV 黔东电厂接入贵州电网工程全线贯通。该项目显著提升湘黔两省间电力互济能力，解决两地电力供应季节性余缺难题，实现湘黔电力灵活互济。

12 月 18 日 国家电投在乌兹别克斯坦投资的首个项目、境外落地的首个光伏治沙科技项目——新疆能源化工乌兹别克斯坦“光伏＋咸海生态治理”试验项目投运。

同日 经中国电力企业联合会鉴定，国家能源集团国电电力 CCUS 研发中心依托大同公司研发的“基于化学链矿化的火电厂二氧化碳捕集利用技术研究与示范项目”达到国际领先水平。

12 月 19 日 中国大唐举行新时代中国大唐企业文化发布会，正式确立并发布新时代中国大唐企业文化——“卓越文化”。

同日 中国电建所属电建财务公司荣获“普惠金融年度案例奖”，这是中国电建金融企业首次在中国金融品牌案例大赛中获奖。

12 月 20 日 中国核动力研究设计院完成华龙后续安全系统冷管段小破口等首批典型工况试验，获得了重要试验数据，为华龙后续机型的原型设计及软件验证，以及安全审评提供重要的数据支撑，也标志着华龙后续机型研发进入了重要的设计验证新阶段。

同日 由中国工程院院刊《工程》评选的“2023 全球十大工程成就”在北京发布，中国电建全过程勘测设计并承担主要施工任务的世界技术难度最高水电站——金沙江白鹤滩水电站入选“全球十大工程成就”。中国电建首席科学家、首席技术专家张春生出席活动并作报告。

同日 东北最长的换电重卡干线启源芯动力沈阳—大连重卡换电干线正式贯通。

同日 中国电建所属电建新能源公司甘肃分公司投产的酒泉东洞滩 200MW 光伏项目并网发电。

12 月 20—22 日 中国华能党组快速决策，通过甘肃省慈善联合总会向甘肃灾区捐赠 1000 万元，通过青海省海东市红十字会向青海灾区捐赠 1000 万元，支持地震灾区抗震救灾和灾后重建工作。地震发生后，中国华能党组认真贯彻落实习近平总书记重要指示精神，第一时间启动应急预案，华能在甘、青企业切实扛起央企使命担当，坚守生产一线，保暖保供各项工作平稳有序推进，有力保障地方民生需求。12 月 19 日位于甘肃平凉的华能华亭煤业公司紧急调装 200t 煤炭，组织专人专车连夜运往灾区。12 月 19 日 21:00，华亭煤业公司派出矿山救护大队 26 名指战员，4 台救援保障车辆，携带专业救援装备 180 余件（套），抵达临夏州积石山县开展救援。

12 月 21 日 2024 年全国能源工作会议在北京召开。

同日 国家能源局综合司印发《关于全面推行应用电力业务资质许可电子证照的通知》。

同日 广东韶关 220kV 数据 1 变电站投运。该站为粤港澳大湾区韶关数据中心集群首座配套 220kV 变电站。

同日 水利部授予南网储能公司阳江抽水蓄能电站“国家水土保持示范工程”称号。

同日 国家能源集团电科院南环院自主研发的 NEPRICD-3000 型固定污染源二氧化碳在线监测系统正式生产下线，标志着国产化少标定碳监测样机研制成功。

同日 秦山核电申报的“秦山核电 320MW 核电机组许可证延续和增容”项目，荣获“2023 年全国电力行业设备管理标杆工程”称号，这也是 2023 年全国唯一一个获得标杆工程项目的核电机组。

同日 中国电建所属山东电建一公司参加建设的全国首个千万千瓦级多能互补综合能源基地首批项目——华能陇东基地庆阳风光综合新能源示范项目并网发电。

12 月 22 日 国家能源局 2024 年监管工作会议在北京召开。

同日 国家能源局发布 2023 年第 7 号公告，将“安徽淮南矿区松软低渗高突煤层地面水平井瓦斯高效抽采示范项目”等 14 个项目列为煤矿瓦斯高效抽采利用和煤层气勘探开发首批示范项目。

同日 2023 年全国电力工程造价与定额管理工作会议在北京召开。住房和城乡建设部标准定额司一级巡视员王玮，中国电力企业联合会党委委员、专职副理事长安洪光，中国电力企业联合会监事长潘跃龙，国家能源局电力司行业管理处处长谭洪江出席会议并讲话。

同日 中电国际所属太平洋水电智利公司 Atacama 储能项目开工，建成投产后有望成为中国企业海外自主投资开发的规模最大的商业储能项目和南美装机容量最大的电化学储能项目之一。

同日 中国大唐认真贯彻落实习近平总书记对甘肃临夏州积石山县 6.2 级地震作出的重要指示精神，分别向甘肃灾区捐赠 1000 万元、青海灾区捐赠 1000 万元，用于支持灾区抗震救灾和灾后重建等工作。

同日 第五届中国工业互联网大赛全国总决赛在浙江宁波落幕，国家能源集团电科院南环院报送的“基于工业互联网和区块链的碳排放数据管理创新解决方案”荣获大赛“最具发展潜力奖”，成为碳计量及碳足迹管理领域唯一获奖方案。

12 月 23 日 中国华电自主研制的 E 级燃气轮机透平一级动叶在上海奉贤公司通过 48h 试验验证，实现国内首次挂机运行，标志着中国华电在国内率先迈出重型燃机核心部件自主研制应用的关键一步。

同日 中国电建所属昆明院、水电十四局联合体、华东院联合体、贵阳院总承包的大唐锦屏西风电项目 86 万 kW 风电机组全部并网发电，标志着全国规模最大高原山地风电基地建成。

同日 由中国能建咨询公司和江苏院参与联合总承包的内蒙古乌兰察布新一代电网友好绿色电站示范

项目（二、三期）并网。该项目是全国规模最大的风光储一体化示范项目。

12 月 24 日 国家能源集团国电电力乡村振兴、帮扶作品入围国务院国资委“国企足迹·2023年度盘点”“央企十大暖镜头”和“央企海外十大精彩瞬间”。

同日 中国施工企业管理协会 2022—2023 年度国家优质工程奖总结表彰大会和第八届理事会第五次会议在北京国际会议中心召开，中国电建共获得工程建设科学技术奖 33 项。

12 月 25 日 广西统调新能源（风电、光伏）装机突破 2000 万 kW，达到 2002 万 kW，装机占比达 35%，成为广西第一大发电电源，最高渗透率达 58%，装机占比、渗透率均居南方五省区首位。

同日 中国首个“居民+渔业”融合式清洁供暖项目——中国电力山东能源日照山钢余热综合利用项目投运。

同日 华电青岛公司燃机项目 5 号机组通过 168h 试运行，标志着山东省首台套 9F 重型燃机示范项目投产发电。此项目是山东省“十四五”重型燃气机组示范项目，规划建设 2 台 9F 重型燃机，单机容量达 505.54MW。

12 月 26 日 华能新庄煤矿首采工作面实现联合试运转，至此全国首个千万千瓦级多能互补综合能源基地——华能陇东能源基地煤炭板块全部建成投产。

同日 中电国际巴西 Panati 292MW 光伏发电项目第 5 地块第 5 方阵并网发电，国家电投境外在运装机超 1000 万 kW。

同日 中国电建风电塔筒和光伏支架品牌化建设成果发布会在京举行。国务院国资委社会责任局副局长汪洋，中国电建党委常委、副总经理徐鹏程出席会议并致辞。

同日 中国电建所属西北院总承包的全国首个大规模近海桩基固定式海上光伏项目——中广核烟台招远 400MW 海上光伏项目开工，标志着全国首台套海上光伏打桩装备“电建海装 001 号”正式入列。

12 月 27 日 国家能源局在北京组织召开电力可靠性管理改革总结推进会暨 RCM 体系建设推进会。

同日 南方电网公司、中国三峡集团合作建设的广东阳江峡安储能电站并网投产。该站为海上风电储能科技示范项目。

同日 贵州 500kV 奢香—鸭溪二回线路工程投运。

同日 华能乌什 70 万 kW 光储一体化项目并网投运，这是中国华能已投产的最大单体光储项目，与乌什光伏一期、二期项目共同构成华能在新疆的首个百万千瓦光伏大基地。

同日 全国单体规模最大、综合利用采煤沉陷区闲置水面最多的漂浮式光伏电站——安徽阜阳南部风光电基地水面漂浮式光伏电站实现全容量并网。

12 月 28 日 国家能源局发布 2023 年第 8 号公告，批准发布《新能源场站智能化建设基本技术规范》等 281 项能源行业标准、*Specification for Preparation of Special Geological Report on Impoundment-Affected Area for Hydropower Projects* 等 33 项能源行业标准外文版、《水电工程放射性探测技术规程》等 3 项能源行业标准修改通知单。

同日 《国家能源集团报》创刊，《国家能源》创新改版首发仪式在北京举行。

同日 深圳供电局深中通道配套 110kV 昇腾输变电工程投运。

12 月 29 日 全国首批首个千万千瓦级大型风光基地项目——内蒙古库布其沙漠鄂尔多斯中北部新能源基地项目先导工程 100 万 kW 光伏项目全容量并网发电。

同日 国家千万千瓦级粤东海上风电基地首批示范项目——华能汕头勒门（二）60 万 kW 海上风电场项目并网投运，标志着中国华能在广东省海上风电实现“零”的突破。勒门（二）海上风电项目是广东省“十四五”重点工程，是华能粤东千万千瓦级“风光水火储一体化”能源基地的标志性工程。

同日 经国务院常务会议审议，决定核准中广核广东太平岭核电项目 3、4 号机组。

12 月 30 日 国家能源局综合司印发《关于组织开展“充电基础设施建设应用示范县和示范乡镇”申报工作的通知》（国能综通电力〔2023〕143 号）。

同日 深圳光明燃机电厂 220kV 线路送出工程投运。

同日 华电西藏才朋光伏项目实现全容量并网发电。项目装机容量 50MW，是世界上海拔最高的光伏发电项目，位于西藏自治区山南市乃东区亚堆乡。

同日 中国首个大规模可再生能源平价上网示范项目——国家电投内蒙古公司乌兰察布风电基地一期 600 万 kW 示范项目首批 120 万 kW 就地消纳工程全容量并网。

12 月 31 日 贵州电网 110kV 天眼变电站投运。该站投运后，“中国天眼”形成 1 个 110kV 变电站、2 个 35kV 变电站供电模式，供电可靠性提升至 99.977%。

同日 贵州电网 500kV 六盘水变电站 3 号主变压器投运。

同日 随着乌图美仁 10 万 kW 光伏建设项目并网，国家第一批大型风电光伏基地青海区域华能青海分公司 120 万 kW 新能源项目完成并网。

12 月　中国电力企业联合会发布“2023 年度电力科技创新奖”获奖名单，中广核阳江公司的“生产指挥中心群堆管理”管理类电力创新项目获“中电联电力科技创新奖”二等奖。

12 月　雅砻江流域水风光一体化基地又一重大项目——雅砻江孟底沟水电站主体工程正式开工建设，电站进入工程建设新阶段。孟底沟水电站是雅砻江流域“十四五”以来开工建设的最大规模水电工程。电站总投资约 348 亿元，总装机容量 240 万 kW，年发电量约 104 亿 kWh。

文 献

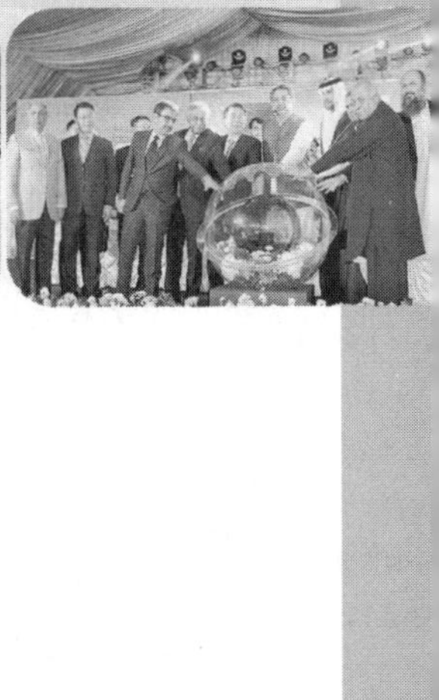

国务院文件

国务院办公厅关于进一步构建高质量充电基础设施体系的指导意见

（国办发〔2023〕19号）

各省、自治区、直辖市人民政府，国务院各部委、各直属机构：

充电基础设施为电动汽车提供充换电服务，是重要的交通能源融合类基础设施。近年来，我国充电基础设施快速发展，已建成世界上数量最多、服务范围最广、品种类型最全的充电基础设施体系。着眼未来新能源汽车特别是电动汽车快速增长的趋势，充电基础设施仍存在布局不够完善、结构不够合理、服务不够均衡、运营不够规范等问题。为进一步构建高质量充电基础设施体系，更好支撑新能源汽车产业发展，促进汽车等大宗消费，助力实现碳达峰碳中和目标，经国务院同意，现提出以下意见。

一、总体要求

（一）指导思想。以习近平新时代中国特色社会主义思想为指导，全面贯彻落实党的二十大精神，扎实推进中国式现代化建设，坚持稳中求进工作总基调，完整、准确、全面贯彻新发展理念，加快构建新发展格局，着力推动高质量发展，坚持目标导向和问题导向，加强统筹谋划，落实主体责任，持续完善网络，提高设施能力，提升服务水平，进一步构建高质量充电基础设施体系，更好满足人民群众购置和使用新能源汽车需要，助力推进交通运输绿色低碳转型与现代化基础设施体系建设。

（二）基本原则。科学布局。加强充电基础设施发展顶层设计，坚持应建尽建、因地制宜、均衡合理，科学规划建设规模、网络结构、布局功能和发展模式。依据国土空间规划，推动充电基础设施规划与电力、交通等规划一体衔接。

适度超前。结合电动汽车发展趋势，适度超前安排充电基础设施建设，在总量规模、结构功能、建设空间等方面留有裕度，更好满足不同领域、不同场景充电需求。持续完善充电基础设施标准体系，推动中国标准国际化。

创新融合。充分发挥创新第一动力作用，提升充电基础设施数字化、智能化、融合化发展水平，鼓励发展新技术、新业态、新模式，推动电动汽车与充电基础设施网、电信网、交通网、电力网等能量互通、信息互联。

安全便捷。坚持安全第一，加强充电基础设施全生命周期安全管理，强化质量安全、运行安全和信息安全，着力提高可靠性和风险防范水平。不断提高充电服务经济性和便捷性，扩大多样化有效供给，全面提升服务质量效率。

（三）发展目标。到2030年，基本建成覆盖广泛、规模适度、结构合理、功能完善的高质量充电基础设施体系，有力支撑新能源汽车产业发展，有效满足人民群众出行充电需求。建设形成城市面状、公路线状、乡村点状布局的充电网络，大中型以上城市经营性停车场具备规范充电条件的车位比例力争超过城市注册电动汽车比例，农村地区充电服务覆盖率稳步提升。充电基础设施快慢互补、智能开放，充电服务安全可靠、经济便捷，标准规范和市场监管体系基本完善，行业监管和治理能力基本实现现代化，技术装备和科技创新达到世界先进水平。

二、优化完善网络布局

（一）建设便捷高效的城际充电网络。以国家综合立体交通网“6轴7廊8通道”主骨架为重点，加快补齐重点城市之间路网充电基础设施短板，强化充电线路间有效衔接，打造有效满足电动汽车中长途出行需求的城际充电网络。拓展国家高速公路网充电基础设施覆盖广度，加密优化设施点位布局，强化关键节点充电网络连接能力。新建高速公路服务区应同步建设充电基础设施，加快既有高速公路服务区充电基础设施改造，新增设施原则上应采用大功率充电技术，完善高速公路服务区相关设计标准与建设管理规范。推动具备条件的普通国省干线公路服务区（站）因地制宜科学布设充电基础设施，强化公路沿线充电基础服务。

（二）建设互联互通的城市群都市圈充电网络。加强充电基础设施统一规划、协同建设，强化不同城市充电服务数据交换共享，加快充电网络智慧化升级改造，实现跨区域充电服务有效衔接，提升电动汽车在城市群、都市圈及重点城市间的通达能力。以京津冀、长三角、粤港澳大湾区、成渝地区双城经济圈为重点加密建设充电网络，打造联通区域主要城市的快速充电网络，力争充电技术、标准和服务达到世界先进水平。

（三）建设结构完善的城市充电网络。以城市道路交通网络为依托，以“两区”（居住区、办公区）、“三中心”（商业中心、工业中心、休闲中心）为重点，推动城市充电网络从中心城区向城区边缘、从优先发展区域向其他区域有序延伸。大力推进城市充电基础设施与停车设施一体规划、建设和管理，实现城市各类停车场景全面覆盖。合理利用城市道路邻近空间，建设以快充为主、慢充为辅的公共充电基础设施，鼓励新建具有一定规模的集中式充电基础设施。居住区积极推广智能有序慢充为主、应急快充为辅的充电基础设施。办公区和“三中心”等城市专用和公用区域因地制宜布局建设快慢结合的公共充电基础设施。促进城市充电网络与城际、城市群、都市圈充电网络有效衔接。

（四）建设有效覆盖的农村地区充电网络。推动农村地区充电网络与城市、城际充电网络融合发展，加快实现充电基础设施在适宜使用电动汽车的农村地区有效覆盖。积极推动在县级城市城区建设公共直流快充站。结合乡村级充电网络建设和输配电网发展，加快在大型村镇、易地搬迁集中安置区、乡村旅游重点村镇等规划布局充电网络，大力推动在乡镇机关、企事业单位、商业建筑、交通枢纽场站、公共停车场、物流基地等区域布局建设公共充电基础设施。结合推进以县城为重要载体的城镇化建设，在基础较好的地区根据需要创建充电基础设施建设应用示范县和示范乡镇。

三、加快重点区域建设

（一）积极推进居住区充电基础设施建设。在既有居住区加快推进固定车位充电基础设施应装尽装，优化布局公共充电基础设施。压实新建居住区建设单位主体责任，严格落实充电基础设施配建要求，确保固定车位按规定 100%建设充电基础设施或预留安装条件，满足直接装表接电要求。以城市为单位加快制定居住区充电基础设施建设管理指南，优化设施建设支持政策和管理程序，落实街道办事处、居民委员会等基层管理机构责任，建立“一站式”协调推动和投诉处理机制。鼓励充电运营企业等接受业主委托，开展居住区充电基础设施“统建统服”，统一提供建设、运营、维护等服务。结合完整社区建设试点工作，整合推进停车、充电等设施建设。鼓励将充电基础设施建设纳入老旧小区基础类设施改造范围，并同步开展配套供配电设施建设。

（二）大力推动公共区域充电基础设施建设。以“三中心”等建筑物配建停车场以及交通枢纽、驻车换乘（P+R）等公共停车场为重点，加快建设公共充电基础设施，推动充电运营企业逐步提高快充设施占比。在政府机关、企事业单位、工业园区等内部停车场加快配建充电基础设施，并鼓励对公众开放。在确保安全前提下，在具备条件的加油（气）站配建公共快充和换电设施，积极推进建设加油（气）、充换电等业务一体的综合供能服务站。结合城市公交、出租、道路客运、物流等专用车辆充电需求，加快在停车场站等建设专用充电站。加快旅游景区公共充电基础设施建设，A 级以上景区结合游客接待量和充电需求配建充电基础设施，4A 级以上景区设立电动汽车公共充电区域。

四、提升运营服务水平

（一）推动社会化建设运营。促进充电基础设施投资多元化，引导各类社会资本积极参与建设运营，形成统一开放、竞争有序的充电服务市场。推广充电车位共享模式，提高车位和充电基础设施利用效率。鼓励充电运营企业与整车企业、互联网企业积极探索商业合作模式。加强监测研判，在车流量较大区域、重大节假日期间等适度投放移动充电基础设施，增强充电网络韧性。

（二）制定实施统一标准。结合电动汽车智能化、网联化发展趋势和新型能源体系建设需求，持续完善充电基础设施标准体系，加强建设运维、产品性能、互联互通等标准迭代更新，加快先进充换电技术标准制修订，提升标准国际化引领能力。鼓励将智能有序充电纳入车桩产品功能范围。推动制定综合供能服务站建设标准和管理制度。通过放宽市场准入特别措施等政策工具，鼓励有关单位率先制定实施相关标准。

（三）构建信息网平台。推动建设国家充电设施监测服务平台。坚持政府引导、市场运作，鼓励以省（自治区、直辖市）为单位构建充电基础设施监管与运营服务平台，着力强化省级平台互联互通。规范充电基础设施信息管理，统一信息交换协议，明确信息采集边界和使用范围，促进公共充电基础设施全面接入，引导居住区“统建统服”充电基础设施有序接入，鼓励私人充电基础设施自愿接入。强化与电动汽车、城市和公路出行服务网等数据互联互通，通过互联网地图服务平台等多种便利渠道，及时发布公共充电基础设施设置及实时使用情况。

（四）加强行业规范管理。完善充电基础设施生产制造、安装建设、运营维护企业的准入条件和管理政策，以规范管理和服务质量为重点构建评价体系，推动建立充电设备产品质量认证运营商采信制度。压实电动汽车、动力电池和充电基础设施生产企业产品质量安全责任，严格充电基础设施建设、安装质量安全管理，建立火灾、爆炸事故责任倒查制度。完善充电基础设施运维体系，落实充电运营企业主体责任，提升设施可用率和故障处理能力。明确长期失效充电桩的认定标准和管理办法，建立健全退出机制。引导充电基础设施投资运营企业投保产品责任保险。

五、加强科技创新引领

（一）提升车网双向互动能力。大力推广应用智能充电基础设施，新建充电基础设施原则上应采用智能设施，推动既有充电基础设施智能化改造。积极推动配电网智能化改造，强化对电动汽车充放电行为的调控能力。充分发挥新能源汽车在电化学储能体系中的重要作用，加强电动汽车与电网能量互动，提高电网调峰调频、安全应急等响应能力，推动车联网、车网互动、源网荷储一体化、光储充换一体站等试点示范。

（二）鼓励新技术创新应用。充分发挥企业创新主体作用，打造车、桩、网智慧融合创新平台。加快推进快速充换电、大功率充电、智能有序充电、无线充电、光储充协同控制等技术研究，示范建设无线充电线路及车位。加强信息共享与统一结算系统、配电系统安全监测预警等技术研究。持续优化电动汽车电池技术性能，加强新体系动力电池、电池梯次利用等技术研究。推广普及机械式、立体式、移动式停车充电一体化设施。

六、加大支持保障力度

（一）压实主体责任。切实加强组织领导，压紧压实地方政府统筹推进充电基础设施发展的主体责任，将充电基础设施建设管理作为完善基础设施和公共服务的重要着力点。充分发挥规划引领作用，省级政府以构建高质量充电基础设施体系为重点，科学制定布局规划，做好与交通网络体系的衔接融合；地市级政府以“两区”“三中心”为重点，以区县为基本单元制定布局规划，分场景优化充电基础设施结构，加强公用桩和专用桩布局，并纳入国土空间规划“一张图”实施监督信息系统。

（二）完善支持政策。落实峰谷分时电价政策，引导用户广泛参与智能有序充电和车网互动。2030年前，对实行两部制电价的集中式充换电设施用电免收需量（容量）电费。鼓励地方各级政府对充电基础设施场地租金实行阶段性减免。鼓励电网企业在电网接入、增容等方面优先服务充电基础设施建设。

（三）强化要素保障。地方各级政府要进一步加强充电基础设施发展要素保障，满足充电基础设施及配套电网建设用地、廊道空间等发展需要，因地制宜研究给予资金支持。鼓励地方建立与服务质量挂钩的运营补贴标准，加大对大功率充电、车网互动等示范类项目的补贴力度，通过地方政府专项债券等支持符合条件的充电基础设施项目建设。提高金融服务能力，充分利用现有金融支持政策，推广股权、项目收益权、特许经营权等质押融资方式，通过绿色债券等拓宽充电基础设施投资运营企业和设备厂商融资渠道。鼓励开发性金融机构创新融资支持模式，实施城市停车、充电“一张网”专项工程。

（四）加强协同推进。国家发展改革委、国家能源局会同各有关方面统筹推进本指导意见实施，加强部门协同配合，强化对各地的指导监督，定期开展实施情况评估，及时总结推广典型经验做法，重大情况及时向党中央、国务院报告。地方各级政府建立发展改革、能源、交通运输、自然资源、工业和信息化、住房城乡建设、商务、消防救援、城市管理等有关部门紧密配合的充电基础设施建设协同推进机制，全面摸排基本情况，科学评估建设需求，简化建设手续，建立健全标准和政策体系，持续跟踪解决重点难点问题，实现信息共享和政策联动。

国务院办公厅

2023年6月8日

国务院办公厅关于印发《专利转化运用专项行动方案（2023—2025年）》的通知

（国办发〔2023〕37号）

各省、自治区、直辖市人民政府，国务院各部委、各直属机构：

《专利转化运用专项行动方案（2023—2025年）》已经国务院同意，现印发给你们，请认真贯彻执行。

国务院办公厅

2023年10月17日

专利转化运用专项行动方案（2023—2025年）

为贯彻落实《知识产权强国建设纲要（2021—2035年）》和《“十四五”国家知识产权保护和运用规划》，大力推动专利产业化，加快创新成果向现实生产力转化，开展专利转化运用专项行动，制定本方案。

一、总体要求

以习近平新时代中国特色社会主义思想为指导，全面贯彻落实党的二十大精神，聚焦大力推动专利产业化，做强做优实体经济，有效利用新型举国体制优势和超大规模市场优势，充分发挥知识产权制度供给和技术供给的双重作用，有效利用专利的权益纽带和信息链接功能，促进技术、资本、人才等资源要素高效配置和有机聚合。从提升专利质量和加强政策激励两方面发力，着力打通专利转化运用的关键堵点，优化市场服务，培育良好生态，激发各类主体创新活力和转化动力，切实将专利制度优势转化为创新发展的强大动能，助力实现高水平科技自立自强。

到2025年，推动一批高价值专利实现产业化。高校和科研机构专利产业化率明显提高，全国涉及专利的技术合同成交额达到8000亿元。一批主攻硬科技、掌握好专利的企业成长壮大，重点产业领域知识产权竞争优势加速形成，备案认定的专利密集型产品产值超万亿元。

二、大力推进专利产业化，加快专利价值实现

（一）梳理盘活高校和科研机构存量专利。建立市场导向的存量专利筛选评价、供需对接、推广应用、跟踪反馈机制，力争2025年底前实现高校和科研机构未转化有效专利全覆盖。由高校、科研机构组织筛选具有潜在市场价值的专利，依托全国知识产权运营服务平台体系统一线上登记入库。有效运用大数据、人工智能等新技术，按产业细分领域向企业匹配推送，促成供需对接。基于企业对专利产业化前景评价、专利技术改进需求和产学研合作意愿的反馈情况，识别存量专利产业化潜力，分层构建可转化的专利资源库。加强地方政府部门、产业园区、行业协会和全国知识产权运营服务平台体系等各方协同，根据存量专利分层情况，采取差异化推广措施。针对高价值存量专利，匹配政策、服务、资本等优质资源，推动实现快速转化。在盘活存量专利的同时，引导高校、科研机构在科研活动中精准对接市场需求，积极与企业联合攻关，形成更多符合产业需要的高价值专利。

（二）以专利产业化促进中小企业成长。开展专精特新中小企业“一月一链”投融资路演活动，帮助企业对接更多优质投资机构。推动专项支持的企业进入区域性股权市场，开展规范化培育和投后管理。支持开展企业上市知识产权专项服务，加强与证券交易所联动，有效降低上市过程中的知识产权风险。

（三）推进重点产业知识产权强链增效。以重点产业领域企业为主体，协同各类重大创新平台，培育和发现一批弥补共性技术短板、具有行业领先优势的高价值专利组合。围绕产业链供应链，建立关键核心专利技术产业化推进机制，推动扩大产业规模和效益，加快形成市场优势。支持建设产业知识产权运营中心，组建产业知识产权创新联合体，遵循市场规则，建设运营重点产业专利池。深入实施创新过程知识产权管理国际标准，出台标准与专利协同政策指引，推动创新主体提升国际标准制定能力。面向未来产业等前沿技术领域，鼓励探索专利开源等运用新模式。

（四）培育推广专利密集型产品。加快完善国家专利密集型产品备案认定平台，以高新技术企业、专精特新企业、科技型企业等为重点，全面开展专利产品备案，2025年底前实现全覆盖，作为衡量专利转化实施情况的基础依据。围绕专利在提升产品竞争力和附加值中的实际贡献，制定出台专利密集型产品认定国家标准，分产业领域开展统一认定。培育推广专利密集型产品，健全专利密集型产业增加值核算与发布机制，加强专利密集型产业培育监测评价。

三、打通转化关键堵点，激发运用内生动力

（五）强化高校、科研机构专利转化激励。探索高校和科研机构职务科技成果转化管理新模式，健全专利转化的尽职免责和容错机制，对专利等科技成果作价入股所形成国有股权的保值增值实施按年度、分类型、分阶段整体考核，不再单独进行个案考核。对达成并备案的专利开放许可，依法依规予以技术合同登记认定。推动高校、科研机构加快实施以产业化前景分析为核心的专利申请前评估制度。强化职务发明规范管理，建立单位、科研人员和技术转移机构等权利义务对等的知识产权收益分配机制。加强产学研合作协议知识产权条款审查，合理约定权利归属与收益分配。支持高校、科研机构通过多种途径筹资设立知识产权管理资金和运营基金。推动建立以质量为导向的专利代理等服务招标机制。

（六）强化提升专利质量促进专利产业化的政策导向。各地区、各有关部门在涉及专利的考核中，要突出专利质量和转化运用的导向，避免设置专利申请量约束性指标，不得将财政资助奖励政策与专利数量简单挂钩。在各级各类涉及专利指标的项目评审、机构评估、企业认定、人才评价、职称评定等工作中，要将专利的转化效益作为重要评价标准，不得直接将专利数量作为主要条件。出台中央企业高价值专利工作指引，引导企业提高专利质量效益。启动实施财政资助科研项目形成专利的声明制度，加强跟踪监测和评价反馈，对于授权超过5年没有实施且无正当理由的专利，国家可以无偿实施，也可以许可他人有偿实施或无偿实施，促进财政资助科研项目的高价值专利产出和实施。

（七）加强促进转化运用的知识产权保护工作。加强地方知识产权综合立法，一体推进专利保护和运用。加强知识产权保护体系建设。

四、培育知识产权要素市场，构建良好服务生态

（八）高标准建设知识产权市场体系。完善专利权转让登记机制，完善专利开放许可相关交易服务、信用监管、纠纷调解等配套措施。创新先进技术成果转化运用模式。优化全国知识产权运营服务平台体系，支持国家知识产权和科技成果产权交易机构链接区域和行业交易机构，在知识产权交易、金融、专利导航和专利密集型产品等方面强化平台功能，搭建数据底座，聚焦重点区域和产业支持建设若干知识产权运营中心，形成线上线下融合、规范有序、充满活力的知

识产权运用网络。建立统一规范的知识产权交易制度，推动各类平台互联互通、开放共享，实现专利转化供需信息一点发布、全网通达。建立知识产权交易相关基础数据统计发布机制，健全知识产权评估体系，鼓励开发智能化评估工具。建立专利实施、转让、许可、质押、进出口等各类数据集成和监测机制。2024年底前，完成技术合同登记与专利转让、许可登记备案信息共享，扩大高校、科研机构专利实施许可备案覆盖面。

（九）推进多元化知识产权金融支持。加大知识产权融资信贷政策支持力度，稳步推广区域性股权市场运营管理风险补偿基金等机制安排，优化知识产权质物处置模式。开展银行知识产权质押融资内部评估试点，扩大银行业金融机构知识产权质押登记线上办理试点范围。完善全国知识产权质押信息平台，扩展数据共享范围。探索创业投资等多元资本投入机制，通过优先股、可转换债券等多种形式加大对企业专利产业化的资金支持，支持以“科技成果+认股权”方式入股企业。探索推进知识产权证券化，探索银行与投资机构合作的“贷款+外部直投”等业务模式。完善知识产权保险服务体系，探索推行涉及专利许可、转化、海外布局、海外维权等保险新产品。

（十）完善专利转化运用服务链条。引导树立以促进专利产业化为导向的服务理念，拓展专利代理机构服务领域，提供集成化专利转化运用解决方案。培育一批专业性强、信用良好的知识产权服务机构和专家型人才，参与服务各级各类科技计划项目，助力核心技术攻关和专利转化运用。加大知识产权标准化数据供给，鼓励开发好使管用的信息服务产品。面向区域重大战略、重点产业领域、国家科技重大项目、国家战略科技力量，深入开展专利转化运用服务精准对接活动。加快推进知识产权服务业集聚区优化升级，到2025年，高质量建设20个国家知识产权服务业集聚发展示范区。

（十一）畅通知识产权要素国际循环。发挥自由贸易试验区、自由贸易港的示范引领作用，推进高水平制度型开放，不断扩大知识产权贸易。加快国家知识产权服务出口基地建设。推出更多技术进出口便利化举措，引导银行为技术进出口企业提供优质外汇结算服务。鼓励海外专利权人、外商投资企业等按照自愿平等的市场化原则，转化实施专利技术。建立健全国际大科学计划知识产权相关规则，支持国际科技合作纵深发展。探索在共建“一带一路”国家、金砖国家等开展专利推广应用和普惠共享，鼓励国际绿色技术知识产权开放实施。

五、强化组织保障，营造良好环境

（十二）加强组织实施。坚持党对专利转化运用工作的全面领导。成立由国家知识产权局牵头的专利转化运用专项行动工作专班，落实党中央、国务院相关决策部署，研究重大政策、重点项目，协调解决难点问题，推进各项任务落实见效。各地区要加强组织领导，将专利转化运用工作纳入政府重要议事日程，落实好专项行动各项任务。2023年启动第一批专利产业化项目，逐年滚动扩大实施范围和成效。

（十三）强化绩效考核。各地区要针对专利产业化项目中产生的高价值专利和转化效益高的企业等，定期做好分类统计和总结上报。国家知识产权局要会同相关部门定期公布在专项行动中实现显著效益的高价值专利和企业。将专项行动绩效考核纳入国务院督查事项，对工作成效突出的单位和个人按国家有关规定给予表彰。

（十四）加大投入保障。落实好支持专利转化运用的相关税收优惠政策。各地区要加大专利转化运用投入保障，引导建立多元化投入机制，带动社会资本投向专利转化运用。

（十五）营造良好环境。实施知识产权公共服务普惠工程，健全便民利民知识产权公共服务体系，推动实现各类知识产权业务“一网通办”和“一站式”服务。加强宣传引导和经验总结，及时发布先进经验和典型案例，在全社会营造有利于专利转化运用的良好氛围。

国务院关于印发《空气质量持续改善行动计划》的通知

（国发〔2023〕24号）

各省、自治区、直辖市人民政府，国务院各部委、各直属机构：

现将《空气质量持续改善行动计划》印发给你们，请认真贯彻执行。

国务院

2023年11月30日

空气质量持续改善行动计划

为持续深入打好蓝天保卫战，切实保障人民群众身体健康，以空气质量持续改善推动经济高质量发展，制定本行动计划。

一、总体要求

（一）指导思想。以习近平新时代中国特色社会主义思想为指导，全面贯彻党的二十大精神，深入贯彻习近平生态文明思想，落实全国生态环境保护大会部署，坚持稳中求进工作总基调，协同推进降碳、减污、扩绿、增长，以改善空气质量为核心，以减少重污染天气和解决人民群众身边的突出大气环境问题为重点，以降低细颗粒物（$PM_{2.5}$）浓度为主线，大力推动氮氧化物和挥发性有机物（VOCs）减排；开展区域协同治理，突出精准、科学、依法治污，完善大气环境管理体系，提升污染防治能力；远近结合研究谋划大气污染防治路径，扎实推进产业、能源、交通绿色低碳转型，强化面源污染治理，加强源头防控，加快形成绿色低碳生产生活方式，实现环境效益、经济效益和社会效益多赢。

（二）重点区域

京津冀及周边地区。包含北京市，天津市，河北省石家庄、唐山、秦皇岛、邯郸、邢台、保定、沧州、廊坊、衡水市以及雄安新区和辛集、定州市，山东省济南、淄博、枣庄、东营、潍坊、济宁、泰安、日照、临沂、德州、聊城、滨州、菏泽市，河南省郑州、开封、洛阳、平顶山、安阳、鹤壁、新乡、焦作、濮阳、许昌、漯河、三门峡、商丘、周口市以及济源市。

长三角地区。包含上海市，江苏省，浙江省杭州、宁波、嘉兴、湖州、绍兴、舟山市，安徽省合肥、芜湖、蚌埠、淮南、马鞍山、淮北、滁州、阜阳、宿州、六安、亳州市。

汾渭平原。包含山西省太原、阳泉、长治、晋城、晋中、运城、临汾、吕梁市，陕西省西安、铜川、宝鸡、咸阳、渭南市以及杨凌农业高新技术产业示范区、韩城市。

（三）目标指标。到 2025 年，全国地级及以上城市 $PM_{2.5}$ 浓度比 2020 年下降 10%，重度及以上污染天数比率控制在 1%以内；氮氧化物和 VOCs 排放总量比 2020 年分别下降 10%以上。京津冀及周边地区、汾渭平原 $PM_{2.5}$ 浓度分别下降 20%、15%，长三角地区 $PM_{2.5}$ 浓度总体达标，北京市控制在 32μg/m^3 以内。

二、优化产业结构，促进产业产品绿色升级

（四）坚决遏制高耗能、高排放、低水平项目盲目上马。新改扩建项目严格落实国家产业规划、产业政策、生态环境分区管控方案、规划环评、项目环评、节能审查、产能置换、重点污染物总量控制、污染物排放区域削减、碳排放达峰目标等相关要求，原则上采用清洁运输方式。涉及产能置换的项目，被置换产能及其配套设施关停后，新建项目方可投产。

严禁新增钢铁产能。推行钢铁、焦化、烧结一体化布局，大幅减少独立焦化、烧结、球团和热轧企业及工序，淘汰落后煤炭洗选产能；有序引导高炉—转炉长流程炼钢转型为电炉短流程炼钢。到 2025 年，短流程炼钢产量占比达 15%。京津冀及周边地区继续实施“以钢定焦”，炼焦产能与长流程炼钢产能比控制在 0.4 左右。

（五）加快退出重点行业落后产能。修订《产业结构调整指导目录》，研究将污染物或温室气体排放明显高出行业平均水平、能效和清洁生产水平低的工艺和装备纳入淘汰类和限制类名单。重点区域进一步提高落后产能能耗、环保、质量、安全、技术等要求，逐步退出限制类涉气行业工艺和装备；逐步淘汰步进式烧结机和球团竖炉以及半封闭式硅锰合金、镍铁、高碳铬铁、高碳锰铁电炉。引导重点区域钢铁、焦化、电解铝等产业有序调整优化。

（六）全面开展传统产业集群升级改造。中小型传统制造企业集中的城市要制定涉气产业集群发展规划，严格项目审批，严防污染下乡。针对现有产业集群制定专项整治方案，依法淘汰关停一批、搬迁入园一批、就地改造一批、做优做强一批。各地要结合产业集群特点，因地制宜建设集中供热中心、集中喷涂中心、有机溶剂集中回收处置中心、活性炭集中再生中心。

（七）优化含 VOCs 原辅材料和产品结构。严格控制生产和使用高 VOCs 含量涂料、油墨、胶粘剂、清洗剂等建设项目，提高低（无）VOCs 含量产品比重。实施源头替代工程，加大工业涂装、包装印刷和电子行业低（无）VOCs 含量原辅材料替代力度。室外构筑物防护和城市道路交通标志推广使用低（无）VOCs 含量涂料。在生产、销售、进口、使用等环节严格执行 VOCs 含量限值标准。

（八）推动绿色环保产业健康发展。加大政策支持力度，在低（无）VOCs 含量原辅材料生产和使用、VOCs 污染治理、超低排放、环境和大气成分监测等领域支持培育一批龙头企业。多措并举治理环保领域低价低质中标乱象，营造公平竞争环境，推动产业健康有序发展。

三、优化能源结构，加速能源清洁低碳高效发展

（九）大力发展新能源和清洁能源。到 2025 年，非化石能源消费比重达 20%左右，电能占终端能源消费比重达 30%左右。持续增加天然气生产供应，新增天然气优先保障居民生活和清洁取暖需求。

（十）严格合理控制煤炭消费总量。在保障能源安全供应的前提下，重点区域继续实施煤炭消费总量控制。到 2025 年，京津冀及周边地区、长三角地区煤炭消费量较 2020 年分别下降 10%和 5%左右，汾渭平原煤炭消费量实现负增长，重点削减非电力用煤。重点区域新改扩建用煤项目，依法实行煤炭等量或减量替代，替代方案不完善的不予审批；不得将使用石油焦、焦炭、兰炭等高污染燃料作为煤炭减量替代措施。完善重点区域煤炭消费减量替代管理办法，煤研

石、原料用煤不纳入煤炭消费总量考核。原则上不再新增自备燃煤机组，支持自备燃煤机组实施清洁能源替代。对支撑电力稳定供应、电网安全运行、清洁能源大规模并网消纳的煤电项目及其用煤量应予以合理保障。

（十一）积极开展燃煤锅炉关停整合。各地要将燃煤供热锅炉替代项目纳入城镇供热规划。县级及以上城市建成区原则上不再新建 35t/h 及以下燃煤锅炉，重点区域原则上不再新建除集中供暖外的燃煤锅炉。加快热力管网建设，依托电厂、大型工业企业开展远距离供热示范，淘汰管网覆盖范围内的燃煤锅炉和散煤。到 2025 年，$PM_{2.5}$ 未达标城市基本淘汰 10t/h 及以下燃煤锅炉；重点区域基本淘汰 35t/h 及以下燃煤锅炉及茶水炉、经营性炉灶、储粮烘干设备、农产品加工等燃煤设施，充分发挥 30 万 kW 及以上热电联产电厂的供热能力，对其供热半径 30km 范围内的燃煤锅炉和落后燃煤小热电机组（含自备电厂）进行关停或整合。

（十二）实施工业炉窑清洁能源替代。有序推进以电代煤，积极稳妥推进以气代煤。重点区域不再新增燃料类煤气发生炉，新改扩建加热炉、热处理炉、干燥炉、熔化炉原则上采用清洁低碳能源；安全稳妥推进使用高污染燃料的工业炉窑改用工业余热、电能、天然气等；燃料类煤气发生炉实行清洁能源替代，或因地制宜采取园区（集群）集中供气、分散使用方式；逐步淘汰固定床间歇式煤气发生炉。

（十三）持续推进北方地区清洁取暖。因地制宜成片推进北方地区清洁取暖，确保群众温暖过冬。加大民用、农用散煤替代力度，重点区域平原地区散煤基本清零，逐步推进山区散煤清洁能源替代。纳入中央财政支持北方地区清洁取暖范围的城市，保质保量完成改造任务，其中“煤改气”要落实气源、以供定改。全面提升建筑能效水平，加快既有农房节能改造。各地依法将整体完成清洁取暖改造的地区划定为高污染燃料禁燃区，防止散煤复烧。对暂未实施清洁取暖的地区，强化商品煤质量监管。

四、优化交通结构，大力发展绿色运输体系

（十四）持续优化调整货物运输结构。大宗货物中长距离运输优先采用铁路、水路运输，短距离运输优先采用封闭式皮带廊道或新能源车船。探索将清洁运输作为煤矿、钢铁、火电、有色、焦化、煤化工等行业新改扩建项目审核和监管重点。重点区域内直辖市、省会城市采取公铁联运等“外集内配”物流方式。到 2025 年，铁路、水路货运量比 2020 年分别增长 10%和 12%左右；晋陕蒙新煤炭主产区中长距离运输（运距 500km 以上）的煤炭和焦炭中，铁路运输比例力争达到 90%；重点区域和粤港澳大湾区沿海主要港口铁矿石、焦炭等清洁运输（含新能源车）比例力争达到 80%。

加强铁路专用线和联运转运衔接设施建设，最大程度发挥既有线路效能，重要港区在新建集装箱、大宗干散货作业区时，原则上同步规划建设进港铁路；扩大现有作业区铁路运输能力。对重点区域城市铁路场站进行适货化改造。新建及迁建大宗货物年运量 150 万 t 以上的物流园区、工矿企业和储煤基地，原则上接入铁路专用线或管道。强化用地用海、验收投运、运力调配、铁路运价等措施保障。

（十五）加快提升机动车清洁化水平。重点区域公共领域新增或更新公交、出租、城市物流配送、轻型环卫等车辆中，新能源汽车比例不低于 80%；加快淘汰采用稀薄燃烧技术的燃气货车。推动山西省、内蒙古自治区、陕西省打造清洁运输先行引领区，培育一批清洁运输企业。在火电、钢铁、煤炭、焦化、有色、水泥等行业和物流园区推广新能源中重型货车，发展零排放货运车队。力争到 2025 年，重点区域高速服务区快充站覆盖率不低于 80%，其他地区不低于 60%。

强化新生产货车监督抽查，实现系族全覆盖。加强重型货车路检路查和入户检查。全面实施汽车排放检验与维护制度和机动车排放召回制度，强化对年检机构的监管执法。鼓励重点区域城市开展燃油蒸发排放控制检测。

（十六）强化非道路移动源综合治理。加快推进铁路货场、物流园区、港口、机场、工矿企业内部作业车辆和机械新能源更新改造。推动发展新能源和清洁能源船舶，提高岸电使用率。大力推动老旧铁路机车淘汰，鼓励中心城市铁路站场及煤炭、钢铁、冶金等行业推广新能源铁路装备。到 2025 年，基本消除非道路移动机械、船舶及重点区域铁路机车“冒黑烟”现象，基本淘汰第一阶段及以下排放标准的非道路移动机械；年旅客吞吐量 500 万人次以上的机场，桥电使用率达到 95%以上。

（十七）全面保障成品油质量。加强油品进口、生产、仓储、销售、运输、使用全环节监管，全面清理整顿自建油罐、流动加油车（船）和黑加油站点，坚决打击将非标油品作为发动机燃料销售等行为。提升货车、非道路移动机械、船舶油箱中柴油抽测频次，对发现的线索进行溯源，严厉追究相关生产、销售、运输者主体责任。

五、强化面源污染治理，提升精细化管理水平

（十八）深化扬尘污染综合治理。鼓励经济发达地区 $5000m^2$ 及以上建筑工地安装视频监控并接入当地监管平台；重点区域道路、水务等长距离线性工

程实行分段施工。将防治扬尘污染费用纳入工程造价。到 2025 年，装配式建筑占新建建筑面积比例达 30%；地级及以上城市建成区道路机械化清扫率达 80%左右，县城达 70%左右。对城市公共裸地进行排查建档并采取防尘措施。城市大型煤炭、矿石等干散货码头物料堆场基本完成抑尘设施建设和物料输送系统封闭改造。

（十九）推进矿山生态环境综合整治。新建矿山原则上要同步建设铁路专用线或采用其他清洁运输方式。到 2025 年，京津冀及周边地区原则上不再新建露天矿山（省级矿产资源规划确定的重点开采区或经安全论证不宜采用地下开采方式的除外）。对限期整改仍不达标的矿山，根据安全生产、水土保持、生态环境等要求依法关闭。

（二十）加强秸秆综合利用和禁烧。提高秸秆还田标准化、规范化水平。健全秸秆收储运服务体系，提升产业化能力，提高离田效能。全国秸秆综合利用率稳定在 86%以上。各地要结合实际对秸秆禁烧范围等作出具体规定，进行精准划分。重点区域禁止露天焚烧秸秆。综合运用卫星遥感、高清视频监控、无人机等手段，提高秸秆焚烧火点监测精准度。完善网格化监管体系，充分发挥基层组织作用，开展秸秆焚烧重点时段专项巡查。

六、强化多污染物减排，切实降低排放强度

（二十一）强化 VOCs 全流程、全环节综合治理。鼓励储罐使用低泄漏的呼吸阀、紧急泄压阀，定期开展密封性检测。汽车罐车推广使用密封式快速接头。污水处理场所高浓度有机废气要单独收集处理；含 VOCs 有机废水储罐、装置区集水井（池）有机废气要密闭收集处理。重点区域石化、化工行业集中的城市和重点工业园区，2024 年年底前建立统一的泄漏检测与修复信息管理平台。企业开停工、检维修期间，及时收集处理退料、清洗、吹扫等作业产生的 VOCs 废气。企业不得将火炬燃烧装置作为日常大气污染处理设施。

（二十二）推进重点行业污染深度治理。高质量推进钢铁、水泥、焦化等重点行业及燃煤锅炉超低排放改造。到 2025 年，全国 80%以上的钢铁产能完成超低排放改造任务；重点区域全部实现钢铁行业超低排放，基本完成燃煤锅炉超低排放改造。

确保工业企业全面稳定达标排放。推进玻璃、石灰、矿棉、有色等行业深度治理。全面开展锅炉和工业炉窑简易低效污染治理设施排查，通过清洁能源替代、升级改造、整合退出等方式实施分类处置。推进燃气锅炉低氮燃烧改造。生物质锅炉采用专用锅炉，配套布袋等高效除尘设施，禁止掺烧煤炭、生活垃圾等其他物料。推进整合小型生物质锅炉，积极引导城市建成区内生物质锅炉（含电力）超低排放改造。强化治污设施运行维护，减少非正常工况排放。重点涉气企业逐步取消烟气和含 VOCs 废气旁路，因安全生产需要无法取消的，安装在线监控系统及备用处置设施。

（二十三）开展餐饮油烟、恶臭异味专项治理。严格居民楼附近餐饮服务单位布局管理。拟开设餐饮服务单位的建筑应设计建设专用烟道。推动有条件的地区实施治理设施第三方运维管理及在线监控。对群众反映强烈的恶臭异味扰民问题加强排查整治，投诉集中的工业园区、重点企业要安装运行在线监测系统。各地要加强部门联动，因地制宜解决人民群众反映集中的油烟及恶臭异味扰民问题。

（二十四）稳步推进大气氨污染防控。开展京津冀及周边地区大气氨排放控制试点。推广氮肥机械深施和低蛋白日粮技术。研究畜禽养殖场氨气等臭气治理措施，鼓励生猪、鸡等圈舍封闭管理，支持粪污输送、存储及处理设施封闭，加强废气收集和处理。到 2025 年，京津冀及周边地区大型规模化畜禽养殖场大气氨排放总量比 2020 年下降 5%。加强氮肥、纯碱等行业大气氨排放治理；强化工业源烟气脱硫脱硝氨逃逸防控。

七、加强机制建设，完善大气环境管理体系

（二十五）实施城市空气质量达标管理。空气质量未达标的直辖市和设区的市编制实施大气环境质量限期达标规划，明确达标路线图及重点任务，并向社会公开。推进 $PM_{2.5}$ 和臭氧协同控制。2020 年 $PM_{2.5}$ 浓度低于 $40\mu g/m^3$ 的未达标城市“十四五”期间实现达标；其他未达标城市明确“十四五”空气质量改善阶段目标。已达标城市巩固改善空气质量。

（二十六）完善区域大气污染防治协作机制。国家统筹推进京津冀及周边地区大气污染联防联控工作，继续发挥长三角地区协作机制、汾渭平原协作机制作用。国家加强对成渝地区、长江中游城市群、东北地区、天山北坡城市群等区域大气污染防治协作的指导，将粤港澳大湾区作为空气质量改善先行示范区。各省级政府加强本行政区域内联防联控。鼓励省际交界地区市县积极开展联防联控，推动联合交叉执法。对省界两侧 20km 内的涉气重点行业新建项目，以及对下风向空气质量影响大的新建高架源项目，有关省份要开展环评一致性会商。

（二十七）完善重污染天气应对机制。建立健全省市县三级重污染天气应急预案体系，明确地方各级政府部门责任分工，规范重污染天气预警启动、响应、解除工作流程。优化重污染天气预警启动标准。完善重点行业企业绩效分级指标体系，规范企业绩效分级管理流程，鼓励开展绩效等级提升行动。结合排

污许可制度，确保应急减排清单覆盖所有涉气企业。位于同一区域的城市要按照区域预警提示信息，依法依规同步采取应急响应措施。

八、加强能力建设，严格执法监督

（二十八）提升大气环境监测监控能力。完善城市空气质量监测网络，基本实现县城全覆盖，加强数据联网共享。完善沙尘调查监测体系，强化沙源区及沙尘路径区气象、空气质量等监测网络建设。重点区域城市加强机场、港口、铁路货场、物流园区、工业园区、产业集群、公路等大气环境监测。地级及以上城市开展非甲烷总烃监测，重点区域、成渝地区、长江中游城市群和其他 VOCs 排放量较高的城市开展光化学监测。重点区域和其他 $PM_{2.5}$ 未达标城市继续开展颗粒物组分监测。加强大气环境监测系列卫星、航空、地基等遥感能力建设。完善空气质量分级预报体系，加强区域预报中心建设。开展亚洲地区沙尘暴监测预报预警服务及技术研发。在沙尘路径区开展沙尘源谱监测分析，聚焦北京市进行沙尘源解析，评估各地沙尘量及固沙滞沙成效。

地级及以上城市生态环境部门定期更新大气环境重点排污单位名录，确保符合条件的企业全覆盖。推动企业安装工况监控、用电（用能）监控、视频监控等。加强移动源环境监管能力建设，国家和重点区域省份建设重型柴油车和非道路移动机械远程在线监控平台。

（二十九）强化大气环境监管执法。拓展非现场监管手段应用。加强污染源自动监测设备运行监管，确保监测数据质量和稳定传输。提升各级生态环境部门执法监测能力，重点区域市县加快配备红外热成像仪、便携式氢火焰离子检测仪、手持式光离子化检测仪等装备。加强重点领域监督执法，对参与弄虚作假的排污单位和第三方机构、人员依法追究责任，涉嫌犯罪的依法移送司法机关。

（三十）加强决策科技支撑。研究低浓度、大风量、中小型 VOCs 排放污染治理技术，提升 VOCs 关键功能性吸附催化材料的效果和稳定性。研究分类型工业炉窑清洁能源替代和末端治理路径，研发多污染物系统治理、低温脱硝、氨逃逸精准调控等技术和装备。推进致臭物质识别、恶臭污染评估和溯源技术方法研究。开展沙尘天气过程发生发展机理研究。到 2025 年，地级及以上城市完成排放清单编制，重点区域城市实现逐年更新。

九、健全法律法规标准体系，完善环境经济政策

（三十一）推动法律法规制修订。研究启动修订大气污染防治法。研究修订清洁生产促进法，明确企业使用低（无）VOCs 含量原辅材料的法律责任。研究制定移动源污染防治管理办法。

（三十二）完善环境标准和技术规范体系。启动环境空气质量标准及相关技术规范修订研究工作。研究制定涂层剂、聚氨酯树脂、家用洗涤剂、杀虫气雾剂等 VOCs 含量限值强制性国家标准，建立低（无）VOCs 含量产品标识制度；制定有机废气治理用活性炭技术要求；加快完善重点行业和领域大气污染物排放标准、能耗标准。研究制定下一阶段机动车排放标准，开展新阶段油品质量标准研究。研究制定生物质成型燃料产品质量、铁路内燃机车污染物排放等强制性国家标准。鼓励各地制定更加严格的环境标准。

（三十三）完善价格税费激励约束机制。落实峰谷分时电价政策，推进销售电价改革。强化价格政策与产业和环保政策的协同，综合考虑能耗、环保绩效水平，完善高耗能行业阶梯电价制度。对港口岸基供电实施支持性电价政策，推动降低岸电使用服务费。鼓励各地对新能源城市公共汽电车充电给予积极支持。研究完善清洁取暖“煤改电”及采暖用电销售侧峰谷电价制度；减少城镇燃气输配气层级，合理制定并严格监管输配气价格，建立健全终端销售价格与采购价格联动机制，落实好清洁取暖气价政策。完善铁路运价灵活调整机制，规范铁路货运杂费，研究推行“一口价”收费政策，广泛采用“量价互保”协议运输模式。完善环境保护税征收体系，加快把 VOCs 纳入征收范围。

（三十四）积极发挥财政金融引导作用。有序扩大中央财政支持北方地区清洁取暖范围，对减污降碳协同项目予以倾斜。按照市场化方式加大传统产业及集群升级、工业污染治理、铁路专用线建设、新能源铁路装备推广等领域信贷融资支持力度，引导社会资本投入。按要求对银行业金融机构开展绿色金融评价，吸引长期机构投资者投资绿色金融产品。积极支持符合条件的企业、金融机构发行绿色债券，开展绿色债券信用评级，提高绿色债券的信息披露水平。

十、落实各方责任，开展全民行动

（三十五）加强组织领导。坚持和加强党对大气污染防治工作的全面领导。地方各级政府对本行政区域内空气质量负总责，组织制定本地实施方案。生态环境部要加强统筹协调，做好调度评估。国务院各有关部门要协同配合落实任务分工，出台政策时统筹考虑空气质量持续改善需求。

（三十六）严格监督考核。将空气质量改善目标完成情况作为深入打好污染防治攻坚战成效考核的重要内容。对超额完成目标的地区给予激励；对未完成目标的地区，从资金分配、项目审批、荣誉表彰、责任追究等方面实施惩戒；对问题突出的地区，视情组织开展专项督察。组织对重点区域开展监督帮扶。

（三十七）推进信息公开。加强环境空气质量信息公开力度。将排污单位和第三方治理、运维、检测机构弄虚作假行为纳入信用记录，定期依法向社会公布。重点排污单位及时公布自行监测和污染排放数据、污染治理措施、环保违法处罚及整改等信息。机动车和非道路移动机械生产、进口企业依法公开排放检验、污染控制技术等环保信息。

（三十八）加强宣传引导和国际合作。广泛宣传解读相关政策举措，大力普及大气环境与健康基本理念和知识，提升公民大气环境保护意识与健康素养。加强大气环境管理和防沙治沙国际合作。推广中国大气污染治理技术和经验、防沙治沙实用技术和模式，讲好中国生态环保故事。

（三十九）实施全民行动。动员社会各界广泛参与大气环境保护。政府带头开展绿色采购，全面使用低（无）VOCs 含量产品。完善举报奖励机制，鼓励公众积极提供环境违法行为线索。中央企业带头引导绿色生产，推进治污减排。强化公民环境意识，推动形成简约适度、绿色低碳、文明健康的生活方式，共同改善空气质量。

国家发展和改革委员会文件

国家发展改革委等部门关于统筹节能降碳和回收利用　加快重点领域产品设备更新改造的指导意见

（发改环资〔2023〕178 号）

各省、自治区、直辖市及计划单列市、新疆生产建设兵团发展改革委、工业和信息化主管部门、财政厅（局）、住房城乡建设厅（委、管委、局）、商务主管部门、国资委、市场监管局（厅、委）、能源局，中国人民银行上海总部，各分行、营业管理部、省会（首府）城市中心支行、副省级城市中心支行：

产品设备广泛应用于生产生活各个领域，是保障经济社会发展的重要工具。统筹节能降碳和回收利用，加快重点领域产品设备更新改造，对加快构建新发展格局、畅通国内大循环、扩大有效投资和消费、积极稳妥推进碳达峰碳中和具有重要意义。为全面贯彻落实党的二十大精神，认真贯彻落实中央经济工作会议决策部署，加快节能降碳先进技术研发和推广应用，完善废旧产品设备回收利用体系，推进各类资源节约集约利用，在落实碳达峰碳中和目标任务过程中锻造新的产业竞争优势，提出如下意见。

一、总体要求

（一）指导思想。以习近平新时代中国特色社会主义思想为指导，全面贯彻落实党的二十大精神，完整、准确、全面贯彻新发展理念，加快构建新发展格局，着力推动高质量发展，加快发展方式绿色转型，深入实施全面节约战略，扩大有效投资和消费，逐步分类推进重点领域产品设备更新改造，加快构建废弃物循环利用体系，推动废旧产品设备物尽其用，实现生产、使用、更新、淘汰、回收利用产业链循环，推动制造业高端化、智能化、绿色化发展，形成绿色低碳的生产方式和生活方式，为实现碳达峰碳中和目标提供有力支撑。

（二）工作原则

坚持聚焦重点、稳步推进。聚焦产销量大、应用范围广、能源消耗高、实施条件较好的产品设备，积极推动开展更新改造。尊重客观规律，把握工作节奏，坚守安全底线，及时总结工作成效和可行模式，逐步推广至其他领域。

坚持合理定标、分类指导。结合产业发展阶段，对标国内外同类产品设备技术水平，合理划定能效水平，持续完善标准体系。坚持分类施策、一品一策，分领域制定实施指南，稳妥有序推进产品设备更新改造。

坚持节约集约、畅通循环。破解难点堵点，创新组织方式和工作模式，统筹推进产品设备更新改造和回收利用，实现资源节约集约利用，助力产业链循环畅通。充分结合废旧产品设备价值特征，分类实施规范化回收利用，提升再生资源循环利用水平。

坚持市场导向、综合施策。建立激励约束相结合的长效机制，发挥市场配置资源的决定性作用，推广节能降碳先进技术和产品设备，依法依规淘汰落后低效产品设备。综合运用财税、金融、投资、价格等政策，激发各方参与更新改造和回收利用的主动性积极性。

（三）主要目标

到 2025 年，通过统筹推进重点领域产品设备更新改造和回收利用，进一步提升高效节能产品设备市场占有率。与 2021 年相比，工业锅炉、电站锅炉平均运行热效率分别提高 5 个百分点和 0.5 个百分点，在运高效节能电机、在运高效节能电力变压器占比分别提高超过 5 个百分点和 10 个百分点，在用主要家用电器中高效节能产品占比提高 10 个百分点。在运工商业制冷设备、家用制冷设备、通用照明设备中高效节能产品占比分别达到 40%、60%、50%。废旧产品设备回收利用更加规范畅通，形成一批可复制可推广的回收利用先进模式，推动废钢铁、废有色金属、废塑料等主要再生资源循环利用量达到 4.5 亿 t。

到 2030 年，重点领域产品设备能效水平进一步提高，推动重点行业和领域整体能效水平和碳排放强度达到国际先进水平。产品设备更新改造和回收利用协同效应有效增强，资源节约集约利用水平显著提升，为顺利实现碳达峰目标提供有力支撑。

二、加快重点领域产品设备节能降碳更新改造

（一）聚焦重点领域产品设备。以节能降碳为重要导向，以能效水平为重要抓手，聚焦重点、先易后难、统筹有序推进产品设备更新改造。分领域制定实施指南并持续完善，加强对地方和行业企业工作指导。首批聚焦实施条件相对成熟、示范带动作用较强的锅炉、电机、电力变压器、制冷、照明、家用电器等产品设备，推动相关使用企业和单位开展更新改造，统筹做好废旧产品设备回收利用。密切跟踪、及时总结上述领域更新改造和回收利用工作进展，适时将工作重点扩大到其他产品设备。

（二）合理划定产品设备能效水平。以《重点用能产品设备能效先进水平、节能水平和准入水平（2022 年版）》和现行能效强制性国家标准为基本依据，推动地方和有关行业企业实施产品设备更新改造，鼓励更新改造后达到能效节能水平（能效 2 级），并力争达到能效先进水平（能效 1 级）。结合行业技术进步、发展预期等实际情况，实行能效水平动态转化，适时更新重点用能产品设备能效先进水平、节能水平、准入水平。

（三）逐步分类实施产品设备更新改造。各地要组织开展节能诊断，强化节能审查事中事后监管，全面摸排本地区重点行业和领域相关产品设备使用情况及能效水平。各地要结合实际细化工作措施，加大帮扶指导力度，推动重点企业制定工作方案，合理设置政策实施过渡期，稳妥有序推进更新改造，确保企业安全生产和设备稳定运行。支持中央企业、国有企业、骨干企业等发挥示范带动作用，率先推行产业链供应链能效管理，积极采用节能降碳先进技术，淘汰低效落后产品设备，结合实际开展产品设备规模化更新改造。

（四）加强高效节能产品设备市场供给和推广应用。支持生产企业加大研发投入，开展绿色设计，提升技术工艺，增强高效节能产品设备生产制造能力。发展一批创新能力强、管理水平先进、具有国际竞争力的高效节能产品设备生产骨干优势企业及生产制造集聚区，推动提升高效节能产品设备生产、销售和使用比例。推动绿色建筑、超低能耗建筑、近零能耗建筑和重大交通基础设施等使用能效先进水平产品设备。鼓励零售企业、电商平台通过设置产品专区、突出显示专有标识、发放绿色优惠券等方式，引导消费者优先选购能效先进水平产品设备。

三、完善废旧产品设备回收利用体系

（一）畅通废旧产品设备回收处置。各地要按照市场化法治化原则，坚持“规范化、规模化、精细化”导向，组织开展废旧产品设备回收处置供需对接，推动产品设备生产、使用单位与规范化资源循环利用企业加强信息共享和业务合作。支持发展废旧产品设备回收、运输、拆解、利用一体化模式，减少中间环节。鼓励各级公共资源交易平台开设专栏、开辟绿色通道，畅通废旧产品设备资产交易。支持发展“互联网+”模式，培育废旧产品设备线上交易平台。充分发挥资产评估机构作用，提升废旧产品设备资产评估工作水平和效率。落实国务院国资委《关于企业国有资产交易流转有关事项的通知》要求，完善国有废旧产品设备资产处置制度，推动企业高效、规范处置相关资产。支持供销系统探索废旧产品设备回收利用先进模式。推动家电生产企业开展回收目标责任制行动。鼓励各地建立资源循环利用重点企业联系制度。

（二）推动再生资源高水平循环利用。依托废旧物资循环利用体系建设重点城市、国家“城市矿产”示范基地、资源循环利用基地，规划布局一批废旧产品设备高水平分拣中心、加工利用基地和区域交易中心，推动废旧产品设备规模化、规范化、清洁化再生利用。强化再生资源先进加工利用技术装备推广应用，支持现有加工利用项目提质改造，提高机械化、信息化和智能化水平。支持企业和科研机构加强技术装备研发，推广废旧产品设备精细拆解、复合材料高效解离、有价金属清洁提取、稀贵金属再生利用等先进技术，加强大型成套装备研发应用。

（三）规范废旧产品设备再制造。鼓励对具备条件的废旧产品设备实施再制造，再制造产品设备质量特性和安全环保性能应不低于原型新品。推广应用无损检测、增材制造、柔性加工等技术工艺，提升再制造加工水平。加快完善废旧产品设备再制造标准。严格实施再制造产品设备质量监管，规范再制造产品设备生产销售。支持产品设备生产制造企业建立逆向回收体系，发展高水平再制造。

四、强化支撑保障

（一）强化资金和政策支持。统筹运用政府投资、专项再贷款等财政金融政策，加大中长期贷款支持力度，有效带动全社会投资，引导相关企业积极开展产品设备更新改造和回收利用。落实好节能节水专用产品设备和项目企业所得税、固定资产加速折旧、资源

综合利用产品免征或即征即退增值税等优惠政策。完善政府绿色采购政策，扩大政府绿色采购范围，加大对符合政策要求高效节能产品设备的政府采购支持力度。推动国有企业带头执行企业绿色采购指南。鼓励各地采用补贴、以旧换新、积分奖励等多种方式，引导企业和居民选购高效节能产品设备，原则上不得对能效低于节能水平的产品设备给予补贴。支持符合条件的高效节能产品设备生产企业、资源回收利用企业发行绿色债券、上市融资和再融资，并依法依规披露环境信息。

（二）完善产品设备能效和淘汰标准。加快制定修订一批能效强制性国家标准，按照“就高不就低”的原则，加强与重点用能产品设备能效先进水平、节能水平和准入水平的衔接协调，合理设置能效强制性国家标准各级指标。加快填补风电、光伏等领域发电效率标准和老旧设备淘汰标准空白，为新型产品设备更新改造提供技术依据。完善产品设备工艺技术、生产制造、检验检测、认证评价等配套标准。拓展能效标识和节能低碳、资源循环利用等绿色产品认证实施范围。严格落实并适时修订《产业结构调整指导目录》，逐步完善落后产品设备淘汰要求。

（三）加强先进适用技术研发应用。深入摸排重点领域产品设备更新改造和回收利用存在的技术难点堵点。充分利用科研机构、行业协会、骨干企业等创新资源，聚焦高效节能产品设备生产制造、资源循环利用、高端装备再制造等，集中突破基础材料、结构设计、加工工艺等关键共性技术，形成一批具有自主知识产权和核心竞争力的节能降碳先进技术。将节能降碳、资源循环利用先进适用技术和产品设备纳入《绿色技术推广目录》《绿色产业指导目录》和《产业结构调整指导目录》鼓励类，持续加强推广应用。

（四）加大监督管理力度。发挥节能审查源头把关作用，企业新建、改扩建项目不得采购使用能效低于准入水平的产品设备，新建年能耗 1 万吨标准煤及以上项目和获得中央预算内投资等财政资金支持的项目，原则上不得采购使用能效低于节能水平的产品设备，优先采购使用能效达到先进水平的产品设备。各级节能主管部门、工业和信息化主管部门要加强对重点企业和单位用能产品设备的节能监察。健全规范高耗能行业用电阶梯加价制度，推动相关企业实施产品设备更新改造。各级市场监管部门要加大质量监管力度，依法依规禁止能效低于现行能效 3 级（5 级）标准的产品设备生产销售，严厉打击能效水平虚假宣传行为。加强对废旧产品设备回收、再生资源加工利用等的环境监管，避免二次污染。依法依规打击废旧产品设备非法改装拼装、拆解处理等行为。

五、加强组织实施

（一）加强统筹协调。国家发展改革委会同工业和信息化部、财政部、住房城乡建设部、商务部、人民银行、国务院国资委、市场监管总局、国家能源局等部门加强协调配合，形成工作合力，做好工作调度、跟踪评估、督促检查和经验总结，将各项目标任务落实落细。工业和信息化部会同国家发展改革委等部门加大电机、电力变压器能效提升计划实施力度，做好电机、电力变压器更新改造。国务院国资委组织中央企业发挥示范引领作用，加强节能降碳先进技术攻关，强化高效节能产品设备生产制造，带头做好更新改造和回收利用。

（二）强化责任落实。各地要充分认识加快重点领域产品设备更新改造和回收利用的重要意义，结合实际细化工作措施，扎实有序抓好贯彻落实。各地要积极开展产品设备能效提升、回收利用等技术和业务培训，推动相关企业和单位提升重要产品设备运维管理能力。有关行业协会、专业智库、第三方机构要落实国家部署，积极发挥桥梁纽带作用，促进重点领域产品设备更新改造和回收利用。

（三）加强宣传引导。积极开展全国节能宣传周、全国低碳日等重要活动，充分运用各类传统媒体和新媒体渠道，营造全社会共同参与节能降碳的浓厚氛围，加大对重点领域产品设备更新改造和回收利用优秀项目、典型案例的宣介力度，推广一批可借鉴、可复制的先进经验。鼓励地方、行业协会和相关机构组织开展技术产品对接交流会、应用示范现场会等活动，促进节能降碳先进技术和产品设备交流推广。

附件：1. 锅炉更新改造和回收利用实施指南（2023 年版）（略）
2. 电机更新改造和回收利用实施指南（2023 年版）（略）
3. 电力变压器更新改造和回收利用实施指南（2023 年版）（略）
4. 制冷设备更新改造和回收利用实施指南（2023 年版）（略）
5. 照明设备更新改造和回收利用实施指南（2023 年版）（略）
6. 家用电器更新升级和回收利用实施指南（2023 年版）（略）

国家发展改革委
工业和信息化部
财　政　部
住房城乡建设部
商　务　部
人　民　银　行
国务院国资委
市场监管总局
国家能源局
2023 年 2 月 20 日

国家发展改革委　市场监管总局关于进一步加强节能标准更新升级和应用实施的通知

（发改环资规〔2023〕269 号）

工业和信息化部、财政部、住房城乡建设部、交通运输部、农业农村部、中国人民银行、税务总局、国家统计局、国管局、国家能源局，各省、自治区、直辖市及计划单列市、新疆生产建设兵团发展改革委、市场监管局（厅、委），江苏省工业和信息化厅，山西省能源局：

为全面贯彻党的二十大精神，贯彻落实《中华人民共和国节约能源法》《中华人民共和国标准化法》和《中共中央、国务院关于完整准确全面贯彻新发展理念做好碳达峰碳中和工作的意见》《2030 年前碳达峰行动方案》《国家标准化发展纲要》《"十四五"节能减排综合工作方案》等有关要求，持续推进节能标准更新升级和应用实施，支撑重点领域和行业节能降碳改造，加快节能降碳先进技术研发和推广应用，坚决遏制高耗能、高排放、低水平项目盲目发展，现就有关工作通知如下。

一、充分认识加强节能标准更新升级和应用实施的重要意义

节能标准是国家节能制度的基础，也是推动全社会节能降碳的重要支撑。强制性能耗限额标准和强制性能效标准，是满足节能管理的基本要求，依法必须执行。截至目前，我国已发布实施强制性能耗限额国家标准 108 项、强制性能效国家标准 66 项、推荐性节能国家标准 190 项，节能标准体系基本建立，对促进技术创新、推动产业升级、加快绿色低碳发展发挥了重要作用。各地区、各有关部门和行业要高度重视节能标准化工作，依法加快推进节能标准更新升级、切实加强节能标准应用实施，不断夯实节能工作基础，为积极稳妥推进碳达峰碳中和、加快发展方式绿色转型提供有力支撑。

二、加快推进节能标准更新升级

（一）加快制定修订一批重点领域节能标准。组织实施"十四五"百项节能降碳标准提升行动。在工业领域，加快修订石化、化工、钢铁、有色金属、建材、机械等行业强制性能耗限额标准，提升电机、风机、泵、压缩机、电焊机、工业锅炉等重点用能产品设备强制性能效标准，努力实现标准指标国际先进。在能源领域，加快煤炭清洁高效利用、新能源和可再生能源利用、石油天然气储运、管道运输、输配电关键设备相关节能技术标准研制。在城乡建设领域，制定修订建筑节能、绿色建筑、绿色建造、农村居住建筑节能等标准，完善建筑与市政基础设施节能相关产品标准。在交通运输领域，完善交通基础设施和运输装备节能降碳设计、建设、运营、监控、评价等标准。在公共机构领域，加快制定修订节约型机关、绿色学校、绿色医院、绿色场馆等评价标准。在农业农村领域，加快研究制定种植业、养殖业生产过程节能降碳技术标准，完善设施农业、农业机械等节能降碳标准。

（二）稳步提升重点用能行业能耗限额要求。重点用能行业强制性能耗限额标准分为先进值、准入值和限定值。其中先进值对标国内或国际同行业能效领先水平，原则上其取值应代表行业前 5%左右的能效水平；准入值是新建和改扩建项目等新增产能必须满足的能效水平，原则上其取值应代表行业前 20%左右的能效水平；限定值是存量企业生产必须达到的能效水平，应以淘汰一定比例的现有高耗能落后产能为取值原则，在基于节能改造的基础上淘汰 20%左右的落后产品和产能。《高耗能行业重点领域能效标杆水平和基准水平（2021 年版）》《煤炭清洁高效利用重点领域标杆水平和基准水平（2022 年版）》涉及的行业，其强制性能耗限额标准的准入值、限定值，应与现行标杆水平、基准水平保持协调。

（三）持续提高重点用能产品设备能效水平。重点用能产品设备强制性能效标准分为 3 级（部分为 5 级）。其中 1 级水平应对标国内或国际同类用能产品设备能效领先水平，原则上其取值应代表同类用能产品设备前 5%左右的能效水平；2 级水平作为节能产品认证依据及新建和改扩建项目设备采购依据，原则上其取值应代表同类用能产品设备前 20%左右的能效水平；3 级（或 5 级）水平是用能产品设备进入市场的最低能效水平门槛，根据各类用能产品设备的技术特点及能效现状，原则上应淘汰 20%左右的落后用能产品设备。《重点用能产品设备能效先进水平、节能水平和准入水平（2022 年版）》涉及的产品设备，其强制性能效标准的 1 级、2 级、3 级（或 5 级）应与现行先进水平、节能水平、准入水平保持协调。

（四）不断扩大节能标准覆盖范围。加快数据中心、通信基站等新型基础设施和冷链物流、新型家电等领域节能标准制定修订，补齐重点领域节能标准短板。完善节能标准配套体系建设，推动计量检测、认证、分析计算、能效评估、能量系统优化、设备运行管理、能源管理体系、能源绩效评估、能源审计、节能监察、节能审查、节能服务等领域标准制定修订。统筹开展节能标准和碳排放相关标准研究制定，从全

生命周期角度衔接节能标准和碳排放相关标准指标，探索将碳排放相关指标纳入节能标准。

三、切实加强节能标准应用实施与监督检查

（一）压实用能单位主体责任。相关企事业单位、机关、社会团体等用能单位是落实节能标准要求的责任主体，要切实加强节能管理，严格执行节能标准特别是强制性能耗限额标准和强制性能效标准。引导和支持重点用能单位对标强制性能耗限额标准先进值和强制性能效标准 1 级水平，有序开展节能降碳升级改造，提高生产运行能效，实施重点产品设备更新改造，依法依规淘汰落后产能、落后工艺、落后产品设备。鼓励用能单位积极应用推荐性节能标准，开展能效对标活动。推动用能单位建立规范化、常态化节能运行机制，确保合理用能、高效用能。

（二）严格执行节能国家标准。在固定资产投资项目节能审查中严格执行强制性节能国家标准，新建和改扩建项目主要产品能效水平必须达到行业强制性能耗限额标准准入值，主要用能产品设备能效水平必须达到强制性能效标准 2 级水平。对于产能已经饱和的行业，主要产品能效水平原则上应达到行业强制性能耗限额标准先进值，主要用能产品设备能效水平原则上应达到强制性能效标准 1 级水平。基于强制性能效标准，进一步扩大能效标识和节能低碳等绿色产品认证实施范围，充分发挥能效标识和节能低碳产品认证在政府采购、引导绿色消费中的支撑作用。探索将产品设备节能减碳量纳入能效标识。

（三）切实加强标准实施情况监督检查。发展改革部门、工业和信息化部门要强化节能监察，将节能标准执行情况纳入年度节能监察计划和工业节能监察计划，扎实开展专项行动，督促用能单位严格实施节能标准。市场监管部门要聚焦用能产品设备强制性能效标准和能效标识使用情况，组织开展节能标准专项执法，加大产品质量抽查力度，公开不符合标准标识要求的产品设备信息。城乡建设、交通运输、公共机构节能等主管部门要加强相关领域节能标准实施情况监督检查。有效实施企业标准自我声明公开和监督制度，对在推动节能标准化工作中存在弄虚作假的用能单位，纳入国家企业信用信息公示系统。畅通举报渠道，鼓励社会各界参与对节能标准和能效标识实施情况的监督。

四、强化能效领先正向激励

（一）大力推进重点行业和产品设备节能降碳更新改造。推进实施重点行业、产业园区、城乡建设、公共机构等节能降碳工程。支持重点领域和行业节能降碳改造，推动重要产品设备更新改造，改造后主要产品能效水平达到强制性能耗限额标准先进值、主要用能产品设备能效水平达到强制性能效标准 1 级水平的项目，利用中央预算内投资现有资金渠道，对符合条件的给予积极支持。鼓励各地区对标节能标准要求，加大对重点行业和产品设备节能降碳更新改造的资金、政策等支持力度。

（二）加强综合性政策支持。对行业主要产品能效水平普遍优于强制性能耗限额标准先进值或主要用能产品设备能效水平普遍优于强制性能效标准 1 级水平的，优先纳入《绿色产业指导目录》《绿色技术推广目录》等。完善政府绿色采购政策，加大对符合政策要求高效节能产品的政府采购支持力度。落实好环境保护、节能节水、资源综合利用相关税收优惠政策。积极发展绿色金融，加大对符合更高能效水平项目的金融支持力度，支持符合条件的企业发行债券融资。

五、夯实节能标准化工作基础

（一）强化节能标准化工作数据支撑。落实好用能单位能源统计分析、能源利用状况报告等制度，推动用能单位按照国家标准要求配备能源计量器具，鼓励用能单位依据标准开展能耗在线监测、能源管理中心等系统建设。建立节能监察、能源利用状况报告等数据共享机制，提升节能标准制定修订数据的完整性、准确性和及时性。建立重点行业能耗对标基准，支持能耗限额标准及时更新升级。基于能效标识备案数据，探索将智能化检测手段融入能效标识管理制度，提高产品设备能效标准数据的准确性。

（二）建立节能标准实施评估和反馈机制。指导相关领域专业标准化技术委员会、相关行业协会、研究机构等建立节能标准实施效果评估指标体系和监测方法，面向产业集聚区建设强制性节能标准实施情况统计分析点，定期开展重点领域节能标准实施效果评估，并及时将评估结果作为标准更新升级的重要依据。探索实行标准动态转化机制，适时将强制性能耗限额标准先进值和强制性能效标准 1 级水平分别调整为限定值和 2 级水平。

（三）统筹做好节能标准化工作经费保障。鼓励各地区、各有关部门根据工作实际统筹安排节能标准化工作经费，强化节能标准研究、制定修订、宣贯、实施效果评估、监督检查、人才培养等工作保障。引导社会资本加大投入，支持节能标准创新和节能标准化服务业发展。

六、加强组织实施

（一）加强组织领导。国家发展改革委、市场监管总局（标准委）会同工业和信息化部、住房城乡建设部、交通运输部、农业农村部、国管局、国家能源

局等部门，完善节能标准更新升级机制，及时提出节能标准制定修订建议，加强全过程指导，严格标准技术审查，合理设置标准实施过渡期，确保节能标准指标先进性、科学性、有效性。市场监管总局（标准委）及时下达国家标准制定修订计划，将标准修订周期控制在18个月以内。各有关部门按照职责组织实施节能国家标准。各地区执行节能标准情况纳入“十四五”省级人民政府节能目标责任评价考核。鼓励各地区和有关单位结合实际制定严于国家标准的地方标准和团体标准。

（二）强化宣贯培训。各有关部门组织相关机构等召开节能标准化工作政策解读和业务培训会议，加强工作指导。拓宽节能标准信息发布渠道，免费向社会公开强制性节能国家标准文本，支持行业协会、相关机构等适时披露国际先进节能标准信息。充分利用世界标准日、全国节能宣传周和全国低碳日等主题活动，宣传节能标准的重要作用，普及节能标准理念、知识和方法，提升全社会节能意识。

本通知自印发之日起施行。

国家发展改革委
市场监管总局
2023年3月8日

国家发展改革委关于白鹤滩—江苏、白鹤滩—浙江特高压直流工程和白鹤滩水电站配套送出工程临时输电价格的通知

（发改价格〔2023〕404号）

江苏省、浙江省、四川省发展改革委，国家电网有限公司：

根据《跨省跨区专项工程输电价格定价办法》（发改价格规〔2021〕1455号），经研究，现就白鹤滩—江苏、白鹤滩—浙江±800kV特高压直流工程和白鹤滩水电站配套送出工程临时输电价格有关事项通知如下：

一、白鹤滩—江苏±800kV特高压直流工程临时输电价格为每千瓦时8.36分（含税，含输电环节线损，线损率6%）。

二、白鹤滩—浙江±800kV特高压直流工程临时输电价格为每千瓦时8.14分（含税，含输电环节线损，线损率6%）。

三、已投产白鹤滩水电站配套送出工程临时输电价格为每千瓦时0.85分（含税，不计线损）；在建配套送出工程建成后再按程序核定全部工程输电价格。

四、本通知自印发次月1日起执行。白鹤滩水电站工程并网发电至本通知执行之日期间输送电量，白鹤滩—江苏、白鹤滩—浙江±800kV特高压直流工程输电价格按上述核定价格执行，四川省内输电价格按我委协调明确的过渡期（2021年）水平执行。

国家发展改革委
2023年4月20日

国家发展改革委关于第三监管周期省级电网输配电价及有关事项的通知

（发改价格〔2023〕526号）

各省、自治区、直辖市发展改革委，国家电网有限公司、中国南方电网有限责任公司、内蒙古电力（集团）有限责任公司：

为进一步深化输配电价改革，更好保障电力安全稳定供应，推动电力行业高质量发展，现就第三监管周期省级电网输配电价及有关事项通知如下：

一、按照《国家发展改革委　国家能源局关于印发〈输配电定价成本监审办法〉的通知》（发改价格规〔2019〕897号）、《国家发展改革委关于印发〈省级电网输配电价定价办法〉的通知》（发改价格规〔2020〕101号）及有关规定，核定第三监管周期各省级电网输配电价，具体见附件。

二、用户用电价格逐步归并为居民生活、农业生产及工商业用电（除执行居民生活和农业生产用电价格以外的用电）三类；尚未实现工商业同价的地方，用户用电价格可分为居民生活、农业生产、大工业、一般工商业用电（除执行居民生活、农业生产和大工业用电价格以外的用电）四类。

三、执行工商业（或大工业、一般工商业）用电价格的用户（简称工商业用户），用电容量在100kVA及以下的，执行单一制电价；100～315kVA之间的，可选择执行单一制或两部制电价；315kVA及以上的，执行两部制电价，现执行单一制电价的用户可选择执行单一制电价或两部制电价。选择执行需量电价计费方式的两部制用户，每月每千伏安用电量达到260kWh及以上的，当月需量电价按本通知核定标准90%执行。每月每千伏安用电量为用户所属全部计量点当月总用电量除以合同变压器容量。

四、工商业用户用电价格由上网电价、上网环节线损费用、输配电价、系统运行费用、政府性基金及附加组成。

系统运行费用包括辅助服务费用、抽水蓄能容量电费等。

上网环节线损费用按实际购电上网电价和综合线

损率计算。电力市场暂不支持用户直接采购线损电量的地方，继续由电网企业代理采购线损电量，代理采购损益按月向全体工商业用户分摊或分享。

五、居民生活、农业生产用电继续执行现行目录销售电价政策。

六、省级价格主管部门要精心组织、周密安排，确保输配电价平稳执行，做好与电网企业代理购电制度等的协同，密切监测输配电价执行情况，发现问题及时报告我委（价格司）。电网企业要按照相关要求，严格执行本通知核定的输配电价，统筹推进电网均衡发展；对各电压等级的资产、费用、收入、输配售电量、负荷、用户报装容量、线损率、投资计划完成进度等与输配电价相关的基础数据进行统计归集，每年 5 月底前报我委（价格司）和省级价格主管部门。

本通知自 2023 年 6 月 1 日起执行，现行政策相关规定与本通知不符的，以本通知规定为准。

附件：省级电网输配电价表

国家发展改革委

2023 年 5 月 9 日

附件

北京电网输配电价表

用电分类		电量电价（元/千瓦时）				容（需）量电价					
						需量电价［元/（千瓦·月）］			容量电价［元/（千伏安·月）］		
		不满 1 千伏	1～10（20）千伏	35～110 千伏	220 千伏及以上	1～10（20）千伏	35～110 千伏	220 千伏及以上	1～10（20）千伏	35～110 千伏	220 千伏及以上
工商业用电	单一制	0.4100	0.3900	0.3200	0.2750						
	两部制		0.2065	0.1660	0.1510	51	48	45	32	30	28

注 1. 表中各电价含增值税、区域电网容量电费、对居民和农业用户的基期交叉补贴，不含政府性基金及附加、上网环节线损费用、抽水蓄能容量电费。

2. 原包含在输配电价内的上网环节线损费用在输配电价外单列，上网环节综合线损率为 4.10%。

3. 原包含在输配电价内的抽水蓄能容量电费在输配电价外单列，第三监管周期各年度容量电费分别为 6.84 亿元、7.41 亿元和 7.41 亿元（含税）。

4. 工商业用户执行上述输配电价表，居民生活、农业生产用电继续执行现行目录销售电价政策。

天津电网输配电价表

用电分类	电量电价（元/千瓦时）					容（需）量电价							
						需量电价［元/（千瓦·月）］				容量电价［元/（千伏安·月）］			
	不满 1 千伏	1～10（20）千伏	35 千伏	110 千伏	220 千伏及以上	10 千伏及以下	35 千伏	110 千伏	220 千伏及以上	10 千伏及以下	35 千伏	110 千伏	220 千伏及以上
一般工商业用电（单一制）	0.2839	0.2510	0.1866	0.1536	0.1316								
大工业用电（两部制）	0.2158	0.1687	0.1456	0.1316	0.1102	41.6	38.4	38.4	35.2	26.0	24.0	24.0	22.0

注 1. 表中各电价含增值税、区域电网容量电费、对居民和农业用户的基期交叉补贴，不含政府性基金及附加、上网环节线损费用、抽水蓄能容量电费。

2. 原包含在输配电价内的上网环节线损费用在输配电价外单列，上网环节综合线损率为 4.09%。

3. 原包含在输配电价内的抽水蓄能容量电费在输配电价外单列，第三监管周期各年度容量电费分别为 3.82 亿元、4.11 亿元和 4.11 亿元（含税）。

4. 工商业用户执行上述输配电价表，居民生活、农业生产用电继续执行现行目录销售电价政策。

河北电网输配电价表

用电分类		电量电价（元/千瓦时）					容（需）量电价							
							需量电价［元/（千瓦·月）］				容量电价［元/（千伏安·月）］			
		不满 1 千伏	1～10（20）千伏	35 千伏	110 千伏	220 千伏及以上	1～10（20）千伏	35 千伏	110 千伏	220 千伏及以上	1～10（20）千伏	35 千伏	110 千伏	220 千伏及以上
工商业用电	单一制	0.1950	0.1750	0.1550										
	两部制		0.1533	0.1333	0.1133	0.0933	35.0	35.0	32.0	32.0	21.9	21.9	20.0	20.0

注 1. 表中各电价含增值税、区域电网容量电费、对居民和农业用户的基期交叉补贴，不含政府性基金及附加、上网环节线损费用、抽水蓄能容量电费。

2. 原包含在输配电价内的上网环节线损费用在输配电价外单列，上网环节综合线损率为 5.40%。

3. 原包含在输配电价内的抽水蓄能容量电费在输配电价外单列，第三监管周期各年度容量电费分别为 14.17 亿元、15.32 亿元和 15.32 亿元（含税）。

4. 工商业用户执行上述输配电价表，居民生活、农业生产用电继续执行现行目录销售电价政策。

冀北电网输配电价表

用电分类		电量电价（元/千瓦时）					容（需）量电价							
							需量电价［元/（千瓦·月）］				容量电价［元/（千伏安·月）］			
		不满 1 千伏	1～10（20）千伏	35 千伏	110 千伏	220 千伏及以上	1～10（20）千伏	35 千伏	110 千伏	220 千伏及以上	1～10（20）千伏	35 千伏	110 千伏	220 千伏及以上
工商业用电	单一制	0.1602	0.1442	0.1282										
	两部制		0.1292	0.1132	0.0972	0.0912	37.3	37.3	34.6	34.6	23.3	23.3	21.6	21.6

注 1. 表中各电价含增值税、区域电网容量电费、对居民和农业用户的基期交叉补贴，不含政府性基金及附加、上网环节线损费用、抽水蓄能容量电费。

2. 原包含在输配电价内的上网环节线损费用在输配电价外单列，上网环节综合线损率为 4.00%。

3. 原包含在输配电价内的抽水蓄能容量电费在输配电价外单列，第三监管周期各年度容量电费分别为 4.86 亿元、5.15 亿元和 5.15 亿元（含税）。

4. 工商业用户执行上述输配电价表，居民生活、农业生产用电继续执行现行目录销售电价政策。

5. 500 千伏“网对网”外送电省外购电用户承担的送出省输电价格为不超过每千瓦时 0.0274 元（含税、含线损，仅适用于冀北电网外送新能源电量）。

山西电网输配电价表

用电分类		电量电价（元/千瓦时）					容（需）量电价							
							需量电价［元/（千瓦·月）］				容量电价［元/（千伏安·月）］			
		不满 1 千伏	1～10（20）千伏	35 千伏	110 千伏	220 千伏及以上	1～10（20）千伏	35 千伏	110 千伏	220 千伏及以上	1～10（20）千伏	35 千伏	110 千伏	220 千伏及以上
工商业用电	单一制	0.1456	0.1256	0.1106										
	两部制		0.1040	0.0740	0.0490	0.0290	36.0	36.0	33.6	33.6	22.5	22.5	21.0	21.0

注 1. 表中各电价含增值税、区域电网容量电费、对居民和农业用户的基期交叉补贴，不含政府性基金及附加、上网环节线损费用、抽水蓄能容量电费。

2. 原包含在输配电价内的上网环节线损费用在输配电价外单列，上网环节综合线损率为 3.52%。

3. 原包含在输配电价内的抽水蓄能容量电费在输配电价外单列，第三监管周期各年度容量电费分别为 5.57 亿元、5.57 亿元和 5.57 亿元（含税）。

4. 工商业用户执行上述输配电价表，居民生活、农业生产用电继续执行现行目录销售电价政策。

5. 110 千伏及以上“网对网”外送电省外购电用户承担的送出省输电价格为不超过每千瓦时 0.0274 元（含税、含线损）。

蒙东电网输配电价表

用电分类	电量电价（元/千瓦时）					容（需）量电价							
						需量电价［元/（千瓦·月）］				容量电价［元/（千伏安·月）］			
	不满1千伏	1～10千伏	35千伏	110千伏（66千伏）	220千伏	1～10千伏	35千伏	110千伏（66千伏）	220千伏	1～10千伏	35千伏	110千伏（66千伏）	220千伏
一般工商业用电（单一制）	0.3732	0.3361	0.2504										
大工业用电（两部制）		0.1483	0.1413	0.1019	0.0789	32.8	32.8	31.2	31.2	20.5	20.5	19.5	19.5

注 1. 表中各电价含增值税、区域电网容量电费、对居民和农业用户的基期交叉补贴，不含政府性基金及附加、上网环节线损费用、抽水蓄能容量电费。

2. 原包含在输配电价内的上网环节线损费用在输配电价外单列，上网环节综合线损率为6.41%。

3. 原包含在输配电价内的抽水蓄能容量电费在输配电价外单列，第三监管周期各年度容量电费分别为2.77亿元、3.41亿元和3.74亿元（含税）。

4. 工商业用户执行上述输配电价表，居民生活、农业生产用电继续执行现行目录销售电价政策。

5. 220千伏及以上“网对网”外送电省外购电用户承担的送出省输电价格为不超过每千瓦时0.0301元（含税、含线损）。

蒙西电网输配电价表

用电分类		电量电价（元/千瓦时）					容（需）量电价							
							需量电价［元/（千瓦·月）］				容量电价［元/（千伏安·月）］			
		不满1千伏	1～10（20）千伏	35千伏	110千伏	220千伏及以上	1～10（20）千伏	35千伏	110千伏	220千伏及以上	1～10（20）千伏	35千伏	110千伏	220千伏及以上
工商业用电	单一制	0.1561	0.1289	0.1139										
	两部制		0.0795	0.0645	0.0525	0.0455	32.8	32.8	31.2	31.2	20.5	20.5	19.5	19.5

注 1. 表中各电价含增值税、对居民和农业用户的基期交叉补贴，不含政府性基金及附加、上网环节线损费用、抽水蓄能容量电费。

2. 原包含在输配电价内的上网环节线损费用在输配电价外单列，上网环节综合线损率为3.07%。

3. 原包含在输配电价内的抽水蓄能容量电费在输配电价外单列，第三监管周期各年度容量电费分别为6.81亿元、6.81亿元和6.81亿元（含税）。

4. 工商业用户执行上述输配电价表，居民生活、农业生产用电继续执行现行目录销售电价政策。

辽宁电网输配电价表

用电分类		电量电价（元/千瓦时）				容（需）量电价					
						需量电价［元/（千瓦·月）］			容量电价［元/（千伏安·月）］		
		不满1千伏	1～10（20）千伏	110（66）千伏	220千伏及以上	1～10（20）千伏	110（66）千伏	220千伏及以上	1～10（20）千伏	110（66）千伏	220千伏及以上
工商业用电	单一制	0.2297	0.2085	0.1875							
	两部制		0.1024	0.0838	0.0571	36.8	35.2	33.6	23.0	22.0	21.0

注 1. 表中各电价含增值税、区域电网容量电费、对居民和农业用户的基期交叉补贴，不含政府性基金及附加、上网环节线损费用、抽水蓄能容量电费。

2. 原包含在输配电价内的上网环节线损费用在输配电价外单列，上网环节综合线损率为4.71%。

3. 原包含在输配电价内的抽水蓄能容量电费在输配电价外单列，第三监管周期各年度容量电费分别为14.42亿元、17.77亿元和19.49亿元（含税）。

4. 工商业用户执行上述输配电价表，居民生活、农业生产用电继续执行现行目录销售电价政策。

5. 500千伏“网对网”外送电省外购电用户承担的送出省输电价格为不超过每千瓦时0.0285元（含税、含线损）。

吉林电网输配电价表

用电分类		电量电价（元/千瓦时）				容（需）量电价					
						需量电价［元/（千瓦·月）］			容量电价［元/（千伏安·月）］		
		不满1千伏	1～10（20）千伏	110（66）千伏	220千伏及以上	1～10（20）千伏	110（66）千伏	220千伏及以上	1～10（20）千伏	110（66）千伏	220千伏及以上
工商业用电	单一制	0.2864	0.2564	0.2464							
	两部制		0.1497	0.1197	0.1097	36.8	35.2	35.2	23.0	22.0	22.0

注 1. 表中各电价含增值税、区域电网容量电费、对居民和农业用户的基期交叉补贴，不含政府性基金及附加、上网环节线损费用、抽水蓄能容量电费。

2. 原包含在输配电价内的上网环节线损费用在输配电价外单列，上网环节综合线损率为7.03%。

3. 原包含在输配电价内的抽水蓄能容量电费在输配电价外单列，第三监管周期各年度容量电费分别为4.68亿元、5.77亿元和6.32亿元（含税）。

4. 工商业用户执行上述输配电价表，居民生活、农业生产用电继续执行现行目录销售电价政策。

5. 500千伏“网对网”外送电省外购电用户承担的送出省输电价格为不超过每千瓦时0.03元（含税、含线损）。

黑龙江电网输配电价表

用电分类		电量电价（元/千瓦时）					容（需）量电价							
							需量电价［元/（千瓦·月）］				容量电价［元/（千伏安·月）］			
		不满1千伏	1～10（20）千伏	35千伏	110（66）千伏	220千伏及以上	1～10（20）千伏	35千伏	110（66）千伏	220千伏及以上	1～10（20）千伏	35千伏	110（66）千伏	220千伏及以上
工商业用电	单一制	0.2828	0.2726	0.2615	0.2410									
	两部制		0.1358	0.1144	0.1016	0.0753	36.8	36.8	35.2	35.2	23.0	23.0	22.0	22.0

注 1. 表中各电价含增值税、区域电网容量电费、对居民和农业用户的基期交叉补贴，不含政府性基金及附加、上网环节线损费用、抽水蓄能容量电费。

2. 原包含在输配电价内的上网环节线损费用在输配电价外单列，上网环节综合线损率为6.67%。

3. 原包含在输配电价内的抽水蓄能容量电费在输配电价外单列，第三监管周期各年度容量电费分别为5.81亿元、7.16亿元和7.86亿元（含税）。

4. 工商业用户执行上述输配电价表，居民生活、农业生产用电继续执行现行目录销售电价政策。

5. 500千伏“网对网”外送电省外购电用户承担的送出省输电价格为不超过每千瓦时0.03元（含税、含线损）。

上海电网输配电价表

用电分类		电量电价（元/千瓦时）					容（需）量电价									
							需量电价［元/（千瓦·月）］					容量电价［元/（千伏安·月）］				
		不满1千伏	1～10（20）千伏	35千伏	110千伏	220千伏及以上	不满1千伏	1～10（20）千伏	35千伏	110千伏	220千伏及以上	不满1千伏	1～10（20）千伏	35千伏	110千伏	220千伏及以上
一般工商业用电	单一制	0.2756	0.2305	0.1859												
	两部制	0.1456	0.1272	0.0956	0.0652	0.0551	40.8	40.8	40.8	38.4	38.4	25.5	25.5	25.5	24.0	24.0
大工业用电	两部制	0.2234	0.2039	0.1547	0.1251	0.1127	40.8	40.8	40.8	38.4	38.4	25.5	25.5	25.5	24.0	24.0

注 1. 表中各电价含增值税、区域电网容量电费、对居民和农业用户的基期交叉补贴，不含政府性基金及附加、上网环节线损费用、抽水蓄能容量电费。

2. 原包含在输配电价内的上网环节线损费用在输配电价外单列，上网环节综合线损率为3.96%。

3. 原包含在输配电价内的抽水蓄能容量电费在输配电价外单列，第三监管周期各年度容量电费分别为12.21亿元、12.21亿元和12.21亿元（含税）；原包含在输配电价内的天然气发电容量电费在输配电价外单列，按月由全体工商业用户分摊、按年进行清算。

4. 工商业用户执行上述输配电价表，居民生活、农业生产用电继续执行现行目录销售电价政策。

江苏电网输配电价表

用电分类		电量电价（元/千瓦时）					容（需）量电价							
							需量电价［元/（千瓦·月）］				容量电价［元/（千伏安·月）］			
		不满1千伏	1～10（20）千伏	35千伏	110千伏	220千伏及以上	1～10（20）千伏	35千伏	110千伏	220千伏及以上	1～10（20）千伏	35千伏	110千伏	220千伏及以上
工商业用电	单一制	0.2394	0.2134	0.1884										
	两部制		0.1357	0.1107	0.0857	0.0597	51.2	48.0	44.8	41.6	32.0	30.0	28.0	26.0

注　1. 表中各电价含增值税、区域电网容量电费、对居民和农业用户的基期交叉补贴，不含政府性基金及附加、上网环节线损费用、抽水蓄能容量电费。

2. 原包含在输配电价内的上网环节线损费用在输配电价外单列，上网环节综合线损率为3.18%。

3. 原包含在输配电价内的抽水蓄能容量电费在输配电价外单列，第三监管周期各年度容量电费分别为20.95亿元、23.48亿元和22.74亿元（含税）；原包含在输配电价内的天然气发电容量电费（含气电联动）在输配电价外单列，分摊标准为每千瓦时0.0230元（含税）。

4. 工商业用户执行上述输配电价表，居民生活、农业生产用电继续执行现行目录销售电价政策。

浙江电网输配电价表

用电分类		电量电价（元/千瓦时）					容（需）量电价							
							需量电价［元/（千瓦·月）］				容量电价［元/（千伏安·月）］			
		不满1千伏	1～10（20）千伏	35千伏	110千伏	220千伏及以上	1～10（20）千伏	35千伏	110千伏	220千伏及以上	1～10（20）千伏	35千伏	110千伏	220千伏及以上
工商业用电	单一制	0.2452	0.2144	0.1770										
	两部制		0.1260	0.0955	0.0791	0.0688	48.0	44.8	41.6	38.3	30.0	28.0	26.0	24.0

注　1. 表中各电价含增值税、区域电网容量电费、对居民和农业用户的基期交叉补贴，不含政府性基金及附加、上网环节线损费用、抽水蓄能容量电费。

2. 原包含在输配电价内的上网环节线损费用在输配电价外单列，上网环节综合线损率为3.53%。

3. 原包含在输配电价内的抽水蓄能容量电费在输配电价外单列，第三监管周期各年度容量电费分别为22.77亿元、19.70亿元和19.70亿元（含税）。

4. 工商业用户执行上述输配电价表，居民生活、农业生产用电继续执行现行目录销售电价政策。

安徽电网输配电价表

用电分类		电量电价（元/千瓦时）					容（需）量电价							
							需量电价［元/（千瓦·月）］				容量电价［元/（千伏安·月）］			
		不满1千伏	1～10（20）千伏	35千伏	110千伏	220千伏及以上	1～10（20）千伏	35千伏	110千伏	220千伏及以上	1～10（20）千伏	35千伏	110千伏	220千伏及以上
工商业用电	单一制	0.1814	0.1614	0.1414										
	两部制		0.1428	0.1175	0.0924	0.0673	48.0	45.6	44.0	40.8	30.0	28.5	27.5	25.5

注　1. 表中各电价含增值税、区域电网容量电费、对居民和农业用户的基期交叉补贴，不含政府性基金及附加、上网环节线损费用、抽水蓄能容量电费。

2. 原包含在输配电价内的上网环节线损费用在输配电价外单列，上网环节综合线损率为3.99%。

3. 原包含在输配电价内的抽水蓄能容量电费在输配电价外单列，第三监管周期各年度容量电费分别为21.33亿元、21.86亿元和22.60亿元（含税）。

4. 工商业用户执行上述输配电价表，居民生活、农业生产用电继续执行现行目录销售电价政策。

福建电网输配电价表

用电分类		电量电价（元/千瓦时）					容（需）量电价							
							需量电价［元/（千瓦·月）］				容量电价［元/（千伏安·月）］			
		不满1千伏	1～10（20）千伏	35千伏	110千伏	220千伏及以上	1～10（20）千伏	35千伏	110千伏	220千伏及以上	1～10（20）千伏	35千伏	110千伏	220千伏及以上
工商业用电	单一制	0.1833	0.1633	0.1433	0.1233	0.1033								
	两部制		0.1292	0.1092	0.0842	0.0592	40.0	39.0	38.0	37.0	25.0	24.4	23.8	23.1

注 1. 表中各电价含增值税、区域电网容量电费和闽粤联网工程容量电费、对居民和农业用户的基期交叉补贴，不含政府性基金及附加、上网环节线损费用、抽水蓄能容量电费。

2. 原包含在输配电价内的上网环节线损费用在输配电价外单列，上网环节综合线损率为3.60%。

3. 原包含在输配电价内的抽水蓄能容量电费在输配电价外单列，第三监管周期各年度容量电费分别为21.65亿元、28.08亿元和28.97亿元（含税）。

4. 工商业用户执行上述输配电价表，居民生活、农业生产用电继续执行现行目录销售电价政策。

5. 500千伏“网对网”外送电省外购电用户承担的送出省输电价格为不超过每千瓦时0.0266元（含税、含线损）。

江西电网输配电价表

用电分类		电量电价（元/千瓦时）					容（需）量电价							
							需量电价［元/（千瓦·月）］				容量电价［元/（千伏安·月）］			
		不满1千伏	1～10（20）千伏	35千伏	110千伏	220千伏及以上	1～10（20）千伏	35千伏	110千伏	220千伏及以上	1～10（20）千伏	35千伏	110千伏	220千伏及以上
工商业用电	单一制	0.1766	0.1616	0.1466										
	两部制		0.1505	0.1355	0.1205	0.1105	42.3	40.6	39.1	37.5	26.4	25.4	24.4	23.4

注 1. 表中各电价含增值税、区域电网容量电费、对居民和农业用户的基期交叉补贴，不含政府性基金及附加、上网环节线损费用、抽水蓄能容量电费。

2. 原包含在输配电价内的上网环节线损费用在输配电价外单列，上网环节综合线损率为4.21%。

3. 原包含在输配电价内的抽水蓄能容量电费在输配电价外单列，第三监管周期各年度容量电费分别为5.46亿元、5.46亿元和5.46亿元（含税）。

4. 工商业用户执行上述输配电价表，居民生活、农业生产用电继续执行现行目录销售电价政策。

山东电网输配电价表

用电分类		电量电价（元/千瓦时）					容（需）量电价							
							需量电价［元/（千瓦·月）］				容量电价［元/（千伏安·月）］			
		不满1千伏	1～10（20）千伏	35千伏	110千伏	220千伏及以上	1～10（20）千伏	35千伏	110千伏	220千伏及以上	1～10（20）千伏	35千伏	110千伏	220千伏及以上
工商业用电	单一制	0.2219	0.2069	0.1919										
	两部制		0.1491	0.1341	0.1191	0.1041	38.4	35.2	35.2	32.0	24.0	22.0	22.0	20.0

注 1. 表中各电价含增值税、区域电网容量电费、对居民和农业用户的基期交叉补贴，不含政府性基金及附加、上网环节线损费用、抽水蓄能容量电费。

2. 原包含在输配电价内的上网环节线损费用在输配电价外单列，上网环节综合线损率为3.31%。

3. 原包含在输配电价内的抽水蓄能容量电费在输配电价外单列，第三监管周期各年度容量电费分别为21.33亿元、23.10亿元和23.10亿元（含税）。

4. 工商业用户执行上述输配电价表，居民生活、农业生产用电继续执行现行目录销售电价政策。

河南电网输配电价表

用电分类		电量电价（元/千瓦时）					容（需）量电价							
							需量电价［元/（千瓦·月）］				容量电价［元/（千伏安·月）］			
		不满1千伏	1～10（20）千伏	35千伏	110千伏	220千伏及以上	1～10（20）千伏	35千伏	110千伏	220千伏及以上	1～10（20）千伏	35千伏	110千伏	220千伏及以上
工商业用电	单一制	0.1955	0.1680	0.1412	0.1145									
	两部制		0.1680	0.1456	0.1210	0.1030	40.0	36.9	33.7	30.5	25.0	23.0	21.0	19.0

注　1. 表中各电价含增值税、区域电网容量电费、对居民和农业用户的基期交叉补贴，不含政府性基金及附加、上网环节线损费用、抽水蓄能容量电费。

2. 原包含在输配电价内的上网环节线损费用在输配电价外单列，上网环节综合线损率为4.89%。

3. 原包含在输配电价内的抽水蓄能容量电费在输配电价外单列，第三监管周期各年度容量电费分别为11.98亿元、12.67亿元和12.67亿元（含税）。

4. 工商业用户执行上述输配电价表，居民生活、农业生产用电继续执行现行目录销售电价政策。

5. 500千伏"网对网"外送电省外购电用户承担的送出省输电价格为不超过每千瓦时0.0277元（含税、含线损）。

湖北电网输配电价表

用电分类		电量电价（元/千瓦时）					容（需）量电价							
							需量电价［元/（千瓦·月）］				容量电价［元/（千伏安·月）］			
		不满1千伏	1～10（20）千伏	35千伏	110千伏	220千伏及以上	1～10（20）千伏	35千伏	110千伏	220千伏及以上	1～10（20）千伏	35千伏	110千伏	220千伏及以上
工商业用电	单一制	0.2103	0.1903	0.1703										
	两部制		0.1263	0.1065	0.0884	0.0694	42.0	42.0	39.0	39.0	26.3	26.3	24.4	24.4

注　1. 表中各电价含增值税、区域电网容量电费、对居民和农业用户的基期交叉补贴，不含政府性基金及附加、上网环节线损费用、抽水蓄能容量电费。

2. 原包含在输配电价内的上网环节线损费用在输配电价外单列，上网环节综合线损率为4.79%。

3. 原包含在输配电价内的抽水蓄能容量电费在输配电价外单列，第三监管周期各年度容量电费分别为4.36亿元、4.36亿元和4.36亿元（含税）。

4. 工商业用户执行上述输配电价表，居民生活、农业生产用电继续执行现行目录销售电价政策。

5. 110千伏及以上"网对网"外送电省外购电用户承担的送出省输电价格为不超过每千瓦时0.04元（含税、含线损）。

湖南电网输配电价表

用电分类		电量电价（元/千瓦时）					容（需）量电价							
							需量电价［元/（千瓦·月）］				容量电价［元/（千伏安·月）］			
		不满1千伏	1～10千伏	35千伏	110千伏	220千伏	1～10千伏	35千伏	110千伏	220千伏	1～10千伏	35千伏	110千伏	220千伏
工商业用电	单一制	0.2558	0.2358	0.2158	0.1958									
	两部制		0.1694	0.1394	0.1104	0.0852	33.8	33.8	30.6	30.6	21.1	21.1	19.1	19.1

注　1. 表中各电价含增值税、区域电网容量电费、对居民和农业用户的基期交叉补贴，不含政府性基金及附加、上网环节线损费用、抽水蓄能容量电费。

2. 原包含在输配电价内的上网环节线损费用在输配电价外单列，上网环节综合线损率为5.57%。

3. 原包含在输配电价内的抽水蓄能容量电费在输配电价外单列，第三监管周期各年度容量电费分别为4.52亿元、4.52亿元和4.52亿元（含税）。

4. 工商业用户执行上述输配电价表，居民生活、农业生产用电继续执行现行目录销售电价政策。

5. 500千伏"网对网"外送电省外购电用户承担的送出省输电价格为不超过每千瓦时0.0280元（含税、含线损）。

广东电网输配电价表

用电分类		电量电价（元/千瓦时）				容（需）量电价					
						需量电价［元/（千瓦·月）］			容量电价［元/（千伏安·月）］		
		不满 1 千伏	1～10（20）千伏	35～110 千伏	220 千伏及以上	1～10（20）千伏	35～110 千伏	220 千伏及以上	1～10（20）千伏	35～110 千伏	220 千伏及以上
工商业用电	单一制	0.1965	0.1719	0.1296							
	两部制		0.0985	0.0734	0.0457	36.1	31.0	26.1	22.6	19.4	16.3

注 1. 表中为广东电网（不含深圳）的平均输配电价，含增值税、闽粤联网工程容量电费、对居民和农业用户的基期交叉补贴，不含政府性基金及附加、上网环节线损费用、抽水蓄能容量电费。具体输配电价由广东省发展改革委另行公布。

2. 原包含在输配电价内的上网环节线损费用在输配电价外单列，上网环节综合线损率为 3.31%。

3. 原包含在输配电价内的抽水蓄能容量电费在输配电价外单列，第三监管周期广东省各年度容量电费分别为 39.20 亿元、39.20 亿元和 39.20 亿元（含税）。

4. 工商业用户执行上述输配电价表，居民生活、农业生产用电继续执行现行目录销售电价政策。

深圳电网输配电价表

用电分类		电量电价（元/千瓦时）					容（需）量电价	
		10 千伏高供高计	10 千伏高供低计（380V/220V 计量）	20 千伏	110 千伏	220 千伏及以上	最大需量［元/（千瓦·月）］	变压器容量［元/（千伏安·月）］
一、工商业用电（101 至 3000 千伏安）	每月每千伏安用电 250 千瓦时及以下	0.1804	0.2054	0.1744	0.1554	0.1304	48.0	22.0
	每月每千伏安用电 250 千瓦时以上	0.1604	0.1854	0.1544	0.1354	0.1104		
二、工商业用电（3001 千伏安及以上）	每月每千瓦用电 400 千瓦时及以下	0.1304	0.1554	0.1244	0.1054	0.0804	42.0	32.0
	每月每千瓦用电 400 千瓦时以上	0.1104	0.1354	0.1044	0.0854	0.0604		
三、工商业用电（100 千伏安及以下和公变接入用电）			0.2385					

注 1. 表中各电价含增值税、对居民和农业用户的基期交叉补贴、上网环节线损费用，不含政府性基金及附加、抽水蓄能容量电费。

2. 上网环节综合线损率为 2.35%。

3. 原包含在输配电价内的抽水蓄能容量电费在输配电价外单列，第三监管周期广东省各年度容量电费分别为 39.20 亿元、39.20 亿元和 39.20 亿元（含税）。

4. 工商业用户执行上述输配电价表，居民生活、农业生产用电继续执行现行目录销售电价政策。

5. 3001 千伏安及以上的工商业用户可选择执行第一类用电或第二类用电类别。

6. 深圳电网两部制输配电价执行方式、与负荷率挂钩的需量电价激励约束机制按照现行政策执行。

广西电网输配电价表

用电分类		电量电价（元/千瓦时）					容（需）量电价							
							需量电价［元/（千瓦·月）］				容量电价［元/（千伏安·月）］			
		不满 1 千伏	1～10（20）千伏	35 千伏	110 千伏	220（330）千伏	1～10（20）千伏	35 千伏	110 千伏	220（330）千伏	1～10（20）千伏	35 千伏	110 千伏	220（330）千伏
工商业用电	单一制	0.2589	0.2462	0.2264										
	两部制		0.1476	0.1054	0.0777	0.0288	38.7	37.3	34.2	32.0	24.2	23.3	21.4	20.0

注 1. 表中各电价含增值税、对居民和农业用户的基期交叉补贴，不含政府性基金及附加、上网环节线损费用。

2. 原包含在输配电价内的上网环节线损费用在输配电价外单列，上网环节综合线损率为 4.76%。

3. 工商业用户执行上述输配电价表，居民生活、农业生产用电继续执行现行目录销售电价政策。

4. 500 千伏“网对网”外送电省外购电用户承担的送出省输电价格为不超过每千瓦时 0.0196 元（含税、含线损）。

海南电网输配电价表

用电分类		电量电价（元/千瓦时）					容（需）量电价							
							需量电价［元/（千瓦·月）］				容量电价［元/（千伏安·月）］			
		不满1千伏	1～10（20）千伏	35千伏	110千伏	220千伏及以上	1～10（20）千伏	35千伏	110千伏	220千伏及以上	1～10（20）千伏	35千伏	110千伏	220千伏及以上
工商业用电	单一制	0.2592	0.2361											
	两部制		0.1350	0.0815	0.0798	0.0700	35.2	35.2	35.2	35.2	22.0	22.0	22.0	22.0

注 1. 表中各电价含增值税、对居民和农业用户的基期交叉补贴，不含政府性基金及附加、上网环节线损费用、抽水蓄能容量电费。

2. 原包含在输配电价内的上网环节线损费用在输配电价外单列，上网环节综合线损率为5.47%。

3. 原包含在输配电价内的抽水蓄能容量电费在输配电价外单列，第三监管周期各年度容量电费分别为7.99亿元、7.99亿元和7.99亿元（含税）。

4. 工商业用户执行上述输配电价表，居民生活、农业生产用电继续执行现行目录销售电价政策。

5. 海南电网单一制和两部制电价执行范围，继续按现行政策执行。

重庆电网输配电价表

用电分类		电量电价（元/千瓦时）					容（需）量电价							
							需量电价［元/（千瓦·月）］				容量电价［元/（千伏安·月）］			
		不满1千伏	1～10（20）千伏	35千伏	110千伏	220（330）千伏	1～10（20）千伏	35千伏	110千伏	220（330）千伏	1～10（20）千伏	35千伏	110千伏	220（330）千伏
工商业用电	单一制	0.2321	0.2121	0.1922	0.1774									
	两部制		0.1529	0.1271	0.1078	0.0885	35.2	35.2	32.0	32.0	22.0	22.0	20.0	20.0

注 1. 表中各电价含增值税、区域电网容量电费、对居民和农业用户的基期交叉补贴，不含政府性基金及附加、上网环节线损费用、抽水蓄能容量电费。

2. 原包含在输配电价内的上网环节线损费用在输配电价外单列，上网环节综合线损率为4.25%。

3. 原包含在输配电价内的抽水蓄能容量电费在输配电价外单列，第三监管周期各年度容量电费分别为3.08亿元、7.05亿元和7.05亿元（含税）。

4. 工商业用户执行上述输配电价表，居民生活、农业生产用电继续执行现行目录销售电价政策。

5. 500千伏“网对网”外送电省外购电用户承担的送出省输电价格为不超过每千瓦时0.0242元（含税、含线损）。

四川电网输配电价表

用电分类		电量电价（元/千瓦时）					容（需）量电价							
							需量电价［元/（千瓦·月）］				容量电价［元/（千伏安·月）］			
		不满1千伏	1～10（20）千伏	35千伏	110千伏	220千伏	1～10（20）千伏	35千伏	110千伏	220千伏	1～10（20）千伏	35千伏	110千伏	220千伏
工商业用电	单一制	0.2560	0.2296	0.1989										
	两部制		0.1390	0.1092	0.0669	0.0478	35	32	27	24	22	20	17	15

注 1. 表中各电价含增值税、区域电网容量电费、对居民和农业用户的基期交叉补贴，不含政府性基金及附加、上网环节线损费用。

2. 原包含在输配电价内的上网环节线损费用在输配电价外单列，上网环节综合线损率为5.79%。

3. 工商业用户执行上述输配电价表，居民生活、农业生产用电继续执行现行目录销售电价政策。

4. 500千伏“网对网”外送电省外购电用户承担的送出省输电价格为不超过每千瓦时0.0522元（含税、含线损）。

贵州电网输配电价表

用电分类		电量电价（元/千瓦时）					容（需）量电价							
							需量电价［元/（千瓦·月）］				容量电价［元/（千伏安·月）］			
		不满1千伏	1～10（20）千伏	35千伏	110千伏	220千伏及以上	1～10（20）千伏	35千伏	110千伏	220千伏及以上	1～10（20）千伏	35千伏	110千伏	220千伏及以上
工商业用电	单一制	0.2186	0.2062	0.1805										
	两部制		0.1280	0.1143	0.0777	0.0529	35	33	31	30	22	21	20	19

注 1. 表中各电价含增值税、对居民和农业用户的基期交叉补贴，不含政府性基金及附加、上网环节线损费用。
2. 原包含在输配电价内的上网环节线损费用在输配电价外单列，上网环节综合线损率为4.73%。
3. 工商业用户执行上述输配电价表，居民生活、农业生产用电继续执行现行目录销售电价政策。
4. “网对网”外送电省外购电用户承担的送出省平均输电价格为不超过每千瓦时0.0367元（含税、含线损），其中500千伏输电价格为不超过每千瓦时0.03元（含税、含线损）。

云南电网输配电价表

用电分类		电量电价（元/千瓦时）					容（需）量电价							
							需量电价［元/（千瓦·月）］				容量电价［元/（千伏安·月）］			
		不满1千伏	1～10（20）千伏	35千伏	110千伏	220千伏及以上	1～10（20）千伏	35千伏	110千伏	220千伏及以上	1～10（20）千伏	35千伏	110千伏	220千伏及以上
工商业用电	单一制	0.1620	0.1520	0.1420										
	两部制		0.1296	0.1045	0.0749	0.0555	38.4	38.4	36.8	36.8	24.0	24.0	23.0	23.0

注 1. 表中各电价含增值税、对居民和农业用户的基期交叉补贴，不含政府性基金及附加、上网环节线损费用。
2. 原包含在输配电价内的上网环节线损费用在输配电价外单列，上网环节综合线损率为4.90%。
3. 工商业用户执行上述输配电价表，居民生活、农业生产用电继续执行现行目录销售电价政策。
4. 500千伏“网对网”外送电省外购电用户承担的送出省输电价格为不超过每千瓦时0.0640元（含税、含线损）。

陕西电网（不含榆林地区）输配电价表

用电分类	电量电价（元/千瓦时）					容（需）量电价							
						需量电价［元/（千瓦·月）］				容量电价［元/（千伏安·月）］			
	不满1千伏	1～10（20）千伏	35千伏	110千伏	220（330）千伏	1～10（20）千伏	35千伏	110千伏	220（330）千伏	1～10（20）千伏	35千伏	110千伏	220（330）千伏
一般工商业用电（单一制）	0.2215	0.2015	0.1815	0.1565									
大工业用电（两部制）		0.1231	0.1031	0.0831	0.0731	35.2	35.2	32.0	32.0	22.0	22.0	20.0	20.0

注 1. 表中各电价含增值税、区域电网容量电费、对居民和农业用户的基期交叉补贴，不含政府性基金及附加、上网环节线损费用、抽水蓄能容量电费。
2. 原包含在输配电价内的上网环节线损费用在输配电价外单列，上网环节综合线损率为4.24%。
3. 原包含在输配电价内的抽水蓄能容量电费在输配电价外单列，第三监管周期陕西电网各年度容量电费分别为0.26亿元、4.6亿元和6.13亿元（含税）。
4. 工商业用户执行上述输配电价表，居民生活、农业生产用电继续执行现行目录销售电价政策。
5. 110千伏及以上“网对网”外送电省外购电用户承担的送出省输电价格为不超过每千瓦时0.04元（含税、含线损）。

陕西电网（榆林地区）输配电价表

用电分类	电量电价（元/千瓦时）					容（需）量电价							
						需量电价［元/（千瓦·月）］				容量电价［元/（千伏安·月）］			
	不满1千伏	1～10（20）千伏	35千伏	110千伏	220（330）千伏	1～10（20）千伏	35千伏	110千伏	220（330）千伏	1～10（20）千伏	35千伏	110千伏	220（330）千伏
一般工商业用电（单一制）	0.2215	0.2015	0.1815	0.1565									
大工业用电（两部制）		0.1038	0.0838	0.0638	0.0538	35.2	35.2	32.0	32.0	22.0	22.0	20.0	20.0

注　1. 表中各电价含增值税、区域电网容量电费、对居民和农业用户的基期交叉补贴，不含政府性基金及附加、上网环节线损费用、抽水蓄能容量电费。
2. 原包含在输配电价内的上网环节线损费用在输配电价外单列，上网环节综合线损率为4.24%。
3. 原包含在输配电价内的抽水蓄能容量电费在输配电价外单列，第三监管周期陕西电网各年度容量电费分别为0.26亿元、4.60亿元和6.13亿元（含税）。
4. 工商业用户执行上述输配电价表，居民生活、农业生产用电继续执行现行目录销售电价政策。
5. 110千伏及以上“网对网”外送电省外购电用户承担的送出省输电价格为不超过每千瓦时0.04元（含税、含线损）。

甘肃电网输配电价表

用电分类	电量电价（元/千瓦时）					容（需）量电价							
						需量电价［元/（千瓦·月）］				容量电价［元/（千伏安·月）］			
	不满1千伏	1～10（20）千伏	35千伏	110千伏	220千伏及以上	1～10（20）千伏	35千伏	110千伏	220千伏及以上	1～10（20）千伏	35千伏	110千伏	220千伏及以上
一般工商业用电（单一制）	0.2965	0.2765	0.2565										
大工业用电（两部制）		0.1028	0.0888	0.0764	0.0658	38.4	36.8	32.8	32.8	24.0	23.0	20.5	20.5

注　1. 表中各电价含增值税、区域电网容量电费、对居民和农业用户的基期交叉补贴，不含政府性基金及附加、上网环节线损费用、抽水蓄能容量电费。
2. 原包含在输配电价内的上网环节线损费用在输配电价外单列，上网环节综合线损率为2.31%。
3. 原包含在输配电价内的抽水蓄能容量电费在输配电价外单列，第三监管周期各年度容量电费分别为0.04亿元、0.72亿元和0.96亿元（含税）。
4. 工商业用户执行上述输配电价表，居民生活、农业生产用电继续执行现行目录销售电价政策。
5. 500千伏及以上“网对网”外送电省外购电用户承担的送出省输电价格为不超过每千瓦时0.0382元（含税、含线损）。

青海电网输配电价表

用电分类		电量电价（元/千瓦时）					容（需）量电价							
							需量电价［元/（千瓦·月）］				容量电价［元/（千伏安·月）］			
		不满1千伏	1～10（20）千伏	35千伏	110～220千伏	330千伏	1～10（20）千伏	35千伏	110～220千伏	330千伏	1～10（20）千伏	35千伏	110～220千伏	330千伏
工商业用电	单一制	0.1858	0.1807	0.1756										
	两部制		0.0834	0.0779	0.0677	0.0577	33.6	33.6	32.0	32.0	21.0	21.0	20.0	20.0

注　1. 表中各电价含增值税、区域电网容量电费、对居民和农业用户的基期交叉补贴，不含政府性基金及附加、上网环节线损费用、抽水蓄能容量电费。
2. 原包含在输配电价内的上网环节线损费用在输配电价外单列，上网环节综合线损率为3.64%。
3. 原包含在输配电价内的抽水蓄能容量电费在输配电价外单列，第三监管周期各年度容量电费分别为0.04亿元、0.72亿元和0.96亿元（含税）。
4. 工商业用户执行上述输配电价表，居民生活、农业生产用电继续执行现行目录销售电价政策。
5. 500千伏“网对网”外送电省外购电用户承担的送出省输电价格为不超过每千瓦时0.0372元（含税、含线损）。

宁夏电网输配电价表

用电分类		电量电价（元/千瓦时）					容（需）量电价							
							需量电价［元/（千瓦·月）］				容量电价［元/（千伏安·月）］			
		不满 1 千伏	1～10（20）千伏	35 千伏	110 千伏	220 千伏及以上	1～10（20）千伏	35 千伏	110 千伏	220 千伏及以上	1～10（20）千伏	35 千伏	110 千伏	220 千伏及以上
工商业用电	单一制	0.1846	0.1646	0.1446										
	两部制		0.0920	0.0769	0.0600	0.0521	28.8	28.8	25.6	25.6	18.0	18.0	16.0	16.0

注 1. 表中各电价含增值税、区域电网容量电费、对居民和农业用户的基期交叉补贴，不含政府性基金及附加、上网环节线损费用、抽水蓄能容量电费。

2. 原包含在输配电价内的上网环节线损费用在输配电价外单列，上网环节综合线损率为 2.59%。

3. 原包含在输配电价内的抽水蓄能容量电费在输配电价外单列，第三监管周期各年度容量电费分别为 0.03 亿元、0.53 亿元和 0.70 亿元（含税）。

4. 工商业用户执行上述输配电价表，居民生活、农业生产用电继续执行现行目录销售电价政策。

5. 500 千伏及以上“网对网”外送电省外购电用户承担的送出省平均输电价格为不超过每千瓦时 0.0184 元（含税、含线损）。

新疆电网输配电价表

用电分类		电量电价（元/千瓦时）					容（需）量电价							
							需量电价［元/（千瓦·月）］				容量电价［元/（千伏安·月）］			
		不满 1 千伏	1～10（20）千伏	35 千伏	110 千伏	220 千伏及以上	1～10（20）千伏	35 千伏	110 千伏	220 千伏及以上	1～10（20）千伏	35 千伏	110 千伏	220 千伏及以上
工商业用电	单一制	0.1636	0.1606	0.1566										
	两部制		0.1204	0.1100	0.0815	0.0486	32.0	32.0	30.4	30.4	20.0	20.0	19.0	19.0

注 1. 表中各电价含增值税、区域电网容量电费、对居民和农业用户的基期交叉补贴，不含政府性基金及附加、上网环节线损费用、抽水蓄能容量电费。

2. 原包含在输配电价内的上网环节线损费用在输配电价外单列，上网环节综合线损率为 6.57%。

3. 原包含在输配电价内的抽水蓄能容量电费在输配电价外单列，第三监管周期各年度容量电费分别为 0 亿元、2.59 亿元和 8.11 亿元（含税）。

4. 工商业用户执行上述输配电价表，居民生活、农业生产用电继续执行现行目录销售电价政策。

5. 500 千伏及以上“网对网”外送电省外购电用户承担的送出省输电价格为不超过每千瓦时 0.0349 元（含税、含线损）。

国家发展改革委关于第三监管周期区域电网输电价格及有关事项的通知

（发改价格〔2023〕532 号）

各省、自治区、直辖市发展改革委，国家电网有限公司、南方电网有限责任公司、内蒙古电力（集团）有限责任公司：

为进一步深化输配电价改革，强化输配电价监管，更好服务电力市场建设发展，现就华北等五个区域电网输电价格及有关事项通知如下：

一、按照国家发展改革委《关于印发〈区域电网输电价格定价办法〉的通知》（发改价格规〔2020〕100 号）和《关于印发〈省级电网输配电价定价办法〉的通知》（发改价格规〔2020〕101 号）及有关规定，核定华北、华东、华中、东北、西北区域电网第三监管周期两部制输电价格，具体见附件。其中，电量电价随区域电网实际交易结算电量收取；容量电价随各省级电网终端销售电量（含市场化交易电量）收取；京津唐电网范围内，位于北京、天津、河北境内的电厂参与京津唐地区交易电量不纳入华北电网电量电费计收范围。

二、区域电网容量电价作为上级电网分摊费用通过省级电网输配电价回收。

三、各地发展改革委要加强对区域电网输电价格执行情况的监管，发现问题及时报告我委（价格司）。

本通知自 2023 年 6 月 1 日起执行，现行政策相关规定与本通知不符的，以本通知规定为准。

附件：第三监管周期区域电网输电价格表

国家发展改革委

2023 年 5 月 11 日

附件

第三监管周期区域电网输电价格表

单位：元/千瓦时

区域	电量电价	容量电价	
		单位	水平
华北	0.0082	北京	0.0190
		天津	0.0137
		冀北	0.0058
		河北	0.0060
		山西	0.0026
		山东	0.0036
华东	0.0075	上海	0.0063
		江苏	0.0036
		浙江	0.0038
		安徽	0.0052
		福建	0.0024
华中	0.0222	湖北	0.0032
		湖南	0.0030
		河南	0.0023
		江西	0.0029
		四川	0.0020
		重庆	0.0049
东北	0.0163	辽宁	0.0041
		吉林	0.0043
		黑龙江	0.0039
		蒙东	0.0040
西北	0.0142	陕西	0.0014
		甘肃	0.0027
		青海	0.0014
		宁夏	0.0019
		新疆	0.0009

注　表中电价含增值税，电量电价不含线损。

国家发展改革委关于抽水蓄能电站容量电价及有关事项的通知

（发改价格〔2023〕533 号）

各省、自治区、直辖市发展改革委，国家电网有限公司、南方电网有限责任公司、中国华电集团有限责任公司、中国长江三峡集团有限公司、内蒙古电力（集团）有限责任公司：

为进一步深化电力体制改革，完善抽水蓄能价格形成机制，促进抽水蓄能行业健康发展，现就抽水蓄能电站容量电价及有关事项通知如下：

一、按照《国家发展改革委关于进一步完善抽水蓄能价格形成机制的意见》（发改价格〔2021〕633 号）及有关规定，核定在运及 2025 年底前拟投运的 48 座抽水蓄能电站容量电价，具体见附件。

二、电网企业要统筹保障电力供应、确保电网安全、促进新能源消纳等，合理安排抽水蓄能电站运行；要与电站签订年度调度运行协议并对外公示，公平公开公正实施调度；要严格执行本通知核定的抽水蓄能电站容量电价，按月及时结算电费，结算情况单独归集、单独反映，并于每年 5 月底前将上年度电价执行情况、可用率情况等报我委（价格司）和相关省级价格主管部门。

三、各地发展改革委要加强对抽水蓄能电站容量电价执行情况的监管，发现问题及时报告我委（价格司）。

本通知自 2023 年 6 月 1 日起执行，现行政策相关规定与本通知不符的，以本通知规定为准。

附件：抽水蓄能电站容量电价表

国家发展改革委

2023 年 5 月 11 日

附件

抽水蓄能电站容量电价表

序号	电站名称	所在省份	装机容量（万 kW）	容量电价（元/kW）
已投运				
1	沙河	江苏	10	699.78
2	琼中	海南	60	648.76
3	西龙池	山西	120	463.81
4	天堂	湖北	7	722.43
5	宝泉	河南	120	417.43
6	张河湾	河北	100	476.13

续表

序号	电站名称	所在省份	装机容量（万 kW）	容量电价（元/kW）
7	黑麋峰	湖南	120	376.30
8	溧阳	江苏	150	576.04
9	响水涧	安徽	100	459.92
10	宜兴	江苏	100	491.22
11	呼和浩特	内蒙古	120	567.83
12	蒲石河	辽宁	120	475.42
13	琅琊山	安徽	60	453.30
14	桐柏	浙江	120	341.76
15	潘家口	河北	27	289.73
16	仙居	浙江	150	370.91
17	洪屏	江西	120	454.99
18	清远	广东	128	409.57
19	白莲河	湖北	120	321.34
20	天荒坪	浙江	180	417.17
21	广蓄二期	广东	120	338.34
22	仙游	福建	120	405.40
23	惠州	广东	240	324.24
24	泰安	山东	100	347.99
25	响洪甸	安徽	8	823.34
26	深圳	广东	120	414.88
27	十三陵	北京	80	496.15
28	回龙	河南	12	585.20
29	白山	吉林	30	456.06
30	溪口	浙江	8	561.61
31	绩溪	安徽	180	391.80
新投运				
32	丰宁一期	河北	180	547.07
	丰宁二期		180	510.94
33	沂蒙	山东	120	608.00
34	文登	山东	180	471.18
35	金寨	安徽	120	616.01
36	长龙山	浙江	210	499.96
37	厦门	福建	140	612.65
38	永泰	福建	120	551.21
39	周宁	福建	120	548.11
40	天池	河南	120	556.94

续表

序号	电站名称	所在省份	装机容量（万 kW）	容量电价（元/kW）
41	荒沟	黑龙江	120	478.74
42	敦化	吉林	140	550.80
43	清原	辽宁	180	599.66
44	蟠龙	重庆	120	587.22
45	镇安	陕西	140	625.85
46	阜康	新疆	120	690.36
47	梅州一期	广东	120	595.36
48	阳江一期	广东	120	643.98

注 河北岗南混合抽水蓄能电站维持现批复电价到电站运营终止，表中容量电价含增值税。

国家发展改革委　国家能源局关于加快推进充电基础设施建设更好支持新能源汽车下乡和乡村振兴的实施意见

（发改综合〔2023〕545 号）

各省、自治区、直辖市人民政府，新疆生产建设兵团，国家电网有限公司、中国南方电网有限责任公司：

我国已建成世界上数量最多、辐射面积最大、服务车辆最全的充电基础设施体系，为新能源汽车快速发展提供了有力保障。但广大农村地区仍存在公共充电基础设施建设不足、居住社区充电设施安装共享难、时段性供需矛盾突出等问题，制约了农村地区新能源汽车消费潜力的释放。适度超前建设充电基础设施，优化新能源汽车购买使用环境，对推动新能源汽车下乡、引导农村地区居民绿色出行、促进乡村全面振兴具有重要意义。为做好相关工作，经国务院同意，制定如下实施意见。

一、创新农村地区充电基础设施建设运营维护模式

（一）加强公共充电基础设施布局建设。支持地方政府结合实际开展县乡公共充电网络规划，并做好与国土空间规划、配电网规划等的衔接，加快实现适宜使用新能源汽车的地区充电站“县县全覆盖”、充电桩“乡乡全覆盖”。合理推进集中式公共充电场站建设，优先在县乡企事业单位、商业建筑、交通枢纽（场站）、公路沿线服务区（站）等场所配置公共充电设施，并向易地搬迁集中安置区、乡村旅游重点村等延伸，结合乡村自驾游发展加快公路沿线、具备条件的加油站等场所充电桩建设。

（二）推进社区充电基础设施建设共享。加快推进农村地区既有居住社区充电设施建设，因地制宜开展充电设施建设条件改造，具备安装条件的居住社区可配建一定比例的公共充电车位。落实新建居住社区充电基础设施配建要求，推动固定车位建设充电设施或预留安装条件以满足直接装表接电需要。落实街道办事处等基层管理机构管理责任，加大对居住社区管理单位的指导和监督，建立“一站式”协调推动和投诉解决机制。居住社区管理单位应积极协助用户安装充电设施，可探索与充电设施运营企业合作的机制。引导社区推广“临近车位共享”“社区分时共享”“多车一桩”等共享模式。

（三）加大充电网络建设运营支持力度。鼓励有条件地方出台农村地区公共充电基础设施建设运营专项支持政策。利用地方政府专项债券等工具，支持符合条件的高速公路及普通国省干线公路服务区（站）、公共汽电车场站和汽车客运站等充换电基础设施建设。统筹考虑乡村级充电网络建设和输配电网发展，加大用地保障等支持力度，开展配套电网建设改造，增强农村电网的支撑保障能力。到2030年前，对实行两部制电价的集中式充换电设施用电免收需量（容量）电费，放宽电网企业相关配电网建设投资效率约束，全额纳入输配电价回收。

（四）推广智能有序充电等新模式。提升新建充电基础设施智能化水平，将智能有序充电纳入充电基础设施和新能源汽车产品功能范围，鼓励新售新能源汽车随车配建充电桩具备有序充电功能，加快形成行业统一标准。鼓励开展电动汽车与电网双向互动（V2G）、光储充协同控制等关键技术研究，探索在充电桩利用率较低的农村地区，建设提供光伏发电、储能、充电一体化的充电基础设施。落实峰谷分时电价政策，鼓励用户低谷时段充电。

（五）提升充电基础设施运维服务体验。结合农村地区充电设施环境、电网基础条件、运行维护要求等，开展充电设施建设标准制修订和典型设计。完善充电设施运维体系，提升设施可用率和故障处理能力，推动公共充换电网络运营商平台互联互通。鼓励停车场与充电设施运营企业创新技术与管理措施，引导燃油汽车与新能源汽车分区停放，维护良好充电秩序。利用技术手段对充电需求集中的时段和地段进行提前研判，并做好服务保障。

二、支持农村地区购买使用新能源汽车

（六）丰富新能源汽车供应。鼓励新能源汽车企业针对农村地区消费者特点，通过差异化策略优化配置，开发更多经济实用的车型，特别是新能源载货微面、微卡、轻卡等产品。健全新能源二手车评估体系，对新能源二手车加强检查和整修，鼓励企业面向农村地区市场提供优质新能源二手车。

（七）加快公共领域应用推广。加快新能源汽车在县乡党政机关、学校、医院等单位的推广应用，因地制宜提高公务用车中新能源汽车使用比例，发挥引领示范作用。鼓励有条件的地方加大对公交、道路客运、出租汽车、执法、环卫、物流配送等领域新能源汽车应用支持力度。

（八）提供多元化购买支持政策。鼓励有条件的地方对农村户籍居民在户籍所在地县域内购买新能源汽车，给予消费券等支持。鼓励有关汽车企业和有条件的地方对淘汰低速电动车购买新能源汽车提供以旧换新奖励。鼓励地方政府加强政企联动，开展购车赠送充电优惠券等活动。加大农村地区汽车消费信贷支持，鼓励金融机构在依法合规、风险可控的前提下，合理确定首付比例、贷款利率、还款期限。

三、强化农村地区新能源汽车宣传服务管理

（九）加大宣传引导力度。通过新闻报道、专家评论、互联网新媒体等方式积极宣传，支持地方政府和行业机构组织新能源汽车厂家开展品牌联展、试乘试驾等活动，鼓励新能源汽车企业联合产业链上游电池企业开展农村地区购车三年内免费“电池体检”活动，提升消费者对新能源汽车的接受度。

（十）强化销售服务网络。鼓励新能源汽车企业下沉销售网络，引导车企及第三方服务企业加快建设联合营业网点、建立配套售后服务体系，定期开展维修售后服务下乡活动，提供应急救援等服务，缓解购买使用顾虑。鼓励高职院校面向农村地区培养新能源汽车维保技术人员，提供汽车维保、充电桩维护等相关职业教育，将促进就近就地就业与支持新能源汽车消费有效衔接。

（十一）加强安全监管。健全新能源汽车安全监管体系，因地制宜利用多种手段，提升新能源汽车及电池质量安全水平，严格农村地区充电设施管理，引导充电设施运营企业接入政府充电设施监管平台，严格配套供电、集中充电场所安全条件，确保符合有关法律法规、国家标准或行业标准规定，强化管理人员安全业务培训，定期对存量充电桩进行隐患排查。引导农村居民安装使用独立充电桩，并合理配备漏电保护器及接地设备，提升用电安全水平。

各地区、各有关部门要切实加强组织领导，明确责任分工，积极主动作为，推动相关政策措施尽快落地见效，完善购买使用政策，进一步健全充电基础设施网络，确保“有人建、有人管、能持续”，为新能源汽车在农村地区的推广使用营造良好环境，更好满足群众生产生活需求。

国家发展改革委
国家能源局
2023年5月14日

国家发展改革委　国家能源局　国家乡村振兴局关于实施农村电网巩固提升工程的指导意见

（发改能源规〔2023〕920号）

各省、自治区、直辖市、新疆生产建设兵团发展改革委、能源局、乡村振兴局，国家电网有限公司、中国南方电网有限责任公司、内蒙古电力（集团）有限责任公司：

实施农村电网巩固提升工程，提升农村地区电力保障水平，是更好满足人民美好生活需要的内在要求，对巩固拓展脱贫攻坚成果、促进乡村振兴具有重要意义。为更好促进农村电网发展，保障农村经济社会发展和农民群众生产生活用电需求，推进城乡电力服务均等化，推动构建农村新型能源体系，现就实施农村电网巩固提升工程提出如下意见。

一、总体要求

（一）指导思想

以习近平新时代中国特色社会主义思想为指导，深入贯彻党的二十大精神，认真落实“四个革命，一个合作”能源安全新战略和乡村振兴战略，强化规划引领，统筹资源要素，动员各方力量，深入实施农村电网巩固提升工程，补短板、强弱项、夯基础、促提升，全面巩固提升农村电力保障水平，推动构建农村新型能源体系，助力乡村振兴和农业农村现代化。

（二）基本原则

突出重点、统筹兼顾。坚持问题导向和目标导向，既要聚焦解决农村生产生活用电中的急难愁盼问题，补齐农村电网短板，提升农村地区供电能力和供电质量，也要适应农村可再生能源开发、新能源汽车下乡等新任务新要求，提升农村电网综合承载能力，推动农村电网巩固提升和农村用能清洁低碳转型。

因地制宜、降本增效。把握不同地区农村电网发展阶段，分区域、差异化合理确定农村电网发展目标，根据不同地区实际情况分类施策，科学确定经济合理的农村电网巩固提升方案，精准实施农村电网巩固提升工程，有效控制成本，提高投资效益。

企业为主、政府支持。坚持企业自主投资和政府精准支持相结合，既要发挥电网企业主体作用，压实电网企业主体责任，切实加大农村电网巩固提升投资力度，也要充分利用中央预算内投资、农网还贷资金、地方政府专项债券等渠道，加强财政、金融等支持力度，切实形成支持农村电网巩固提升的强大合力。

（三）主要目标

到2025年，农村电网网架结构更加坚强，装备水平不断提升，数字化、智能化发展初见成效；供电能力和供电质量稳步提高，东部地区农村电网供电可靠率、综合电压合格率、户均配电变压器容量分别不低于99.94%、99.9%、3.5kVA，中西部和东北地区分别不低于99.85%、99.2%、2.3kVA，各地结合实际差异化制定本区域发展目标；农村电网分布式可再生能源承载能力稳步提高，农村地区电能替代持续推进，电气化水平稳步提升，电力自主保障能力逐步提升。

到2035年，基本建成安全可靠、智能开放的现代化农村电网，农村地区电力供应保障能力全面提升，城乡电力服务基本实现均等化，全面承载分布式可再生能源开发利用和就地消纳，农村地区电气化水平显著提升，电力自主保障能力大幅提高，有力支撑乡村振兴和农业农村现代化。

二、聚焦薄弱环节，补齐农村电网发展短板

（四）巩固提升脱贫地区、革命老区电力保障水平

落实党中央、国务院“四个不摘”决策部署，聚焦国家乡村振兴重点帮扶县、脱贫地区、革命老区，巩固拓展脱贫攻坚成果，提升电力普遍服务水平。结合易地扶贫搬迁、生态宜居搬迁、农村集聚发展搬迁等，统筹加强迁入地农村电网基础设施建设改造，持续提高电力保障能力。

（五）加强农村电网薄弱地区电网建设改造

合理规划布局电源点，加强负荷联络通道建设，逐步解决边远地区农村电网与主网联系薄弱问题。加快解决西部地区115个公用电网未覆盖乡镇、逐步解决其他公用电网未覆盖村寨的电力保底供应矛盾，在合理供电范围内有序推动公用电网延伸覆盖，因地制宜通过合理配置分布式光伏和风电、储能、柴油发电机等建设改造可再生能源局域网。加强新划转县域农村电网建设改造，逐步实现“统一规划、统一标准、统一管理、统一服务”。加强频繁停电、低电压等突出问题的整治，保障夏季高温、春节等用电高峰时段农民群众的用电需求。

三、精准升级农村电网，提升农村电网现代化水平

（六）因地制宜完善农村电网网架结构

西部地区、东北地区推进农村电网补短板、强弱项、破难题，统筹高压电网延伸覆盖和中低压电网更新改造，增加变电站和配变台区布点，加大线路输送能力，支撑家用电器下乡和更新换代。中部地区推进输配电网协调发展，提高负荷转供能力，提升供电质量，低压线路供电半径一般不应超过500米。东部地区以中低压电网为重点，提升电网灵活性，推进城乡

电网一体化，更好满足分布式光伏和新能源汽车充电基础设施发展需要。

（七）提升农村电网装备水平

加快老旧电网设备更新，逐步淘汰 S9 及以下变压器等落后低效设备，原则上不得新采购能效低于节能水平（能效 2 级）的电力设备。推广典型供电模式、典型设计和通用造价，推进农村电网装备标准化。加大配电自动化建设力度，有条件地区稳步推动农村电网数字化、智能化转型发展，推进智能配电网建设。积极推广先进适用的新技术、新设备、新材料、新工艺，提高农村电网建设改造的综合效益。

（八）增强农村电网防御自然灾害能力

推进农村电网差异化设计，适当提高建设标准，增强防御台风、雷暴、低温雨雪冰冻等自然灾害的能力。推进低洼变电站、地下配电房的整改，防止内涝影响。受台风影响频繁的东部沿海地区，要结合实际全面开展农村电网设备防风加固工作，2025 年前基本完成沿海关键重点输电线路防风加固及防风偏改造、2028 年前全面完成一般线路改造、2030 年前完成沿海 60km 范围内的配电网防风加固，无法加固的重要线路可采取电缆入地等措施提升抗风性能。

四、加强网源规划建设衔接，支撑农村可再生能源开发

（九）提升分布式可再生能源消纳能力

统筹发展和安全，结合“千乡万村驭风行动”“千家万户沐光行动”，加强农村电网发展规划与农村分布式可再生能源发展的衔接。统筹可再生能源开发、农村负荷增长等情况，在深入挖掘消纳潜力基础上，有序推进农村电网建设改造，提升农村电网分布式可再生能源承载能力，实现分布式可再生能源和多元化负荷的安全可靠、灵活高效接入，促进分布式可再生能源就近消纳。

（十）做好分布式可再生能源发电并网服务

各级电网企业要积极做好农村分布式可再生能源发电并网服务，依法简化并网手续，优化服务流程，推广线上服务应用，确保农村分布式可再生能源发电“应并尽并”。

五、推进配套供电设施建设，助力农村电气化水平提升

（十一）服务新能源汽车下乡

统筹考虑乡村级充电网络建设和输配电网发展，做好农村电网规划与充电基础设施规划的衔接，加强充电基础设施配套电网建设改造和运营维护，因地制宜、适度超前、科学合理规划县域高压输电网容载比水平，适当提高中压配电网供电裕度，增强电网支撑保障能力。在东部地区配合开展充电基础设施示范县和示范乡镇创建，构建高质量充电基础设施体系，服务新能源汽车下乡。

（十二）提升农村电气化水平

服务农业农村现代化，重点保障农户、农村合作社等用户电烘干、电加工，田头预冷、贮藏保鲜、冷链物流，以及现代化养殖等农业生产电气化需求；做好农村新型基础设施、工业园区等供电服务，满足乡村旅游、休闲农业、健康养老等新业态用电需求。围绕粮食生产核心区建设需求，持续巩固“机井通电”成果，健全长效机制，继续做好高标准农田配套电网建设，保障粮食稳产增产。在保障电力供应的基础上因地制宜、稳妥有序实施农村“煤改电”，推动农村地区清洁取暖。满足农村智能家居、新型家用电器等用电需求，提升农村生活电气化水平。

六、组织实施

（十三）加强组织领导和统筹协调

各级发展改革部门、能源管理部门是农村电网巩固提升工程的行业管理部门，要进一步完善工作机制，强化政策衔接和统筹协调，推进符合条件的项目纳入乡村建设项目库，规范和简化项目管理程序，加强与同级财政、建设规划、自然资源等部门的沟通协调，形成工作合力。各级电网企业是农村电网巩固提升工程的实施主体，要进一步规范项目管理，明确工作程序，科学安排计划，及时、高质、高效实施农村电网巩固提升工程。

（十四）强化规划引领和计划管理

省级和县级发展改革部门、能源管理部门负责组织编制本地区农村电网巩固提升工程规划，统筹规划本地区农村电网巩固提升工程实施的任务目标、建设重点、保障措施等。各级电网企业要支持和配合农村电网巩固提升工程规划工作，并按审定的政府部门规划编制企业规划，建立三年期项目储备库和滚动投资计划，编制年度建设改造计划并组织实施。

（十五）加大资金保障和信贷支持

电网企业要发挥主体作用，落实主体责任，加大投资力度，做好农村电力普遍服务保障和转型升级等工作。鼓励和引导金融机构加强对国家乡村振兴重点帮扶县等脱贫地区的倾斜支持，加大对符合国家优先发展方向的农村地区能源产业发展和能源基础设施建设的信贷支持。加大财政、金融政策支持，用好地方政府专项债券和农网还贷资金，优化调整农村电网巩固提升工程中央预算内投资支持范围。

（十六）强化监督管理和绩效评估

各级发展改革部门、能源管理部门要按职责加强对农村电网巩固提升工程的跟踪分析和监督管理，及时掌握和调度工作进度，协调解决工程实施过程中的困难和问题，督促电网企业扎实推进各项工作，确保工程顺利实施。加强对农村电网规划、年度建设改造计划、项目实施、中央预算内投资及农网还贷资金使

用等环节的全过程监督，强化工程管理，严控工程造价，节约建设成本。以省域为单位、县域为参考，定期开展农村电网巩固提升工程实施情况绩效评估，及时总结经验、发现问题，推动整改落实。实施过程中的重大事项及时报告。

本意见由国家发展改革委、国家能源局、国家乡村振兴局负责解释，自发布之日起施行，有效期5年。

国家发展改革委
国家能源局
国家乡村振兴局
2023年7月4日

国家发展改革委办公厅　国家能源局综合司关于2023年可再生能源电力消纳责任权重及有关事项的通知

（发改办能源〔2023〕569号）

各省、自治区、直辖市、新疆生产建设兵团发展改革委、能源局，天津市、辽宁省、上海市、重庆市、四川省、甘肃省经信委（工信委、工信厅），国家能源局各派出机构，国家电网有限公司、中国南方电网有限责任公司、内蒙古电力（集团）有限责任公司，电力规划设计总院、水电水利规划设计总院：

为助力实现碳达峰、碳中和目标，加快规划建设新型能源体系，推动可再生能源高质量发展，根据《国家发展改革委、国家能源局关于建立健全可再生能源电力消纳保障机制的通知》（发改能源〔2019〕807号），现将2023年可再生能源电力消纳责任权重和2024年预期目标印发给你们，并就有关事项通知如下。

一、2023年可再生能源电力消纳责任权重为约束性指标，各省（自治区、直辖市）按此进行考核评估；2024年权重为预期性指标，各省（自治区、直辖市）按此开展项目储备。2023年各省（自治区、直辖市）可再生能源电力消纳责任权重见附件1，2024年各省（自治区、直辖市）预期目标见附件2。

二、各省（自治区、直辖市）按照非水电消纳责任权重合理安排本省（自治区、直辖市）风电、光伏发电保障性并网规模。严格落实西电东送和跨省跨区输电通道可再生能源电量占比要求，2023年的占比原则上不低于2022年实际执行情况。

三、各省级行政区域可再生能源电力消纳责任权重完成情况以实际消纳的可再生能源物理电量为主要核算方式，各承担消纳责任的市场主体权重完成情况以自身持有的可再生能源绿色电力证书为主要核算方式，绿证核发交易按有关规定执行。

四、各省级能源主管部门会同经济运行管理部门要切实承担牵头责任，按照消纳责任权重积极推动本地区可再生能源电力建设，开展跨省跨区电力交易，制定本行政区域可再生能源电力消纳实施方案，切实将权重落实到承担消纳责任的市场主体。2024年2月底前，向国家发展改革委、国家能源局报送2023年可再生能源电力消纳责任权重完成情况。

五、各电网企业要切实承担组织责任，密切配合省级能源主管部门，按照消纳责任权重组织调度、运行和交易等部门，认真做好可再生能源电力并网消纳、跨省跨区输送和市场交易。2024年1月底前，国家电网、南方电网所属省级电网企业和内蒙古电力（集团）有限责任公司向省级能源主管部门、经济运行管理部门和国家能源局相关派出机构报送2023年本经营区及各承担消纳责任的市场主体可再生能源电力消纳量完成情况。

六、国家能源局各派出机构要切实承担监管责任，积极协调落实可再生能源电力并网消纳和跨省跨区交易，对监管区域内消纳责任权重完成情况开展监管。2024年2月底前，向国家发展改革委、国家能源局报送2023年监管情况。

国家发展改革委、国家能源局将组织电规总院、水电总院、国家发展改革委能源研究所等单位按月跟踪监测各省级行政区域可再生能源电力建设进展及消纳利用水平，按年度通报各省级行政区域消纳责任权重完成情况。

附件：1. 2023年各省（自治区、直辖市）可再生能源电力消纳责任权重
2. 2024年各省（自治区、直辖市）可再生能源电力消纳责任权重预期目标

国家发展改革委办公厅
国家能源局综合司
2023年7月16日

附件1

2023年各省（自治区、直辖市）可再生能源电力消纳责任权重

省（区、市）	总量消纳责任权重	非水电消纳责任权重
北京	20.1%	20.0%
天津	19.5%	18.7%
河北	19.1%	19.0%
山西	22.5%	21.5%
山东	17.1%	15.7%
内蒙古	23.0%	22.0%
辽宁	19.2%	16.0%
吉林	31.3%	23.5%
黑龙江	24.5%	22.7%

续表

省（区、市）	总量消纳责任权重	非水电消纳责任权重
上海	30.0%	6.0%
江苏	20.9%	13.0%
浙江	21.6%	11.0%
安徽	19.6%	16.5%
福建	20.6%	10.0%
江西	26.4%	14.5%
河南	26.9%	21.0%
湖北	38.0%	12.5%
湖南	46.8%	16.0%
重庆	40.7%	6.5%
四川	70.0%	8.0%
陕西	23.0%	18.5%
甘肃	50.0%	21.5%
青海	70.0%	27.2%
宁夏	26.5%	24.5%
新疆	23.5%	12.8%
广东	29.6%	7.5%
广西	45.1%	12.5%
海南	17.8%	10.5%
贵州	36.8%	11.0%
云南	70.0%	17.0%

注　1. 全国非水电发电量不低于 1.6 万亿 kWh。
2. 云南 2022 年未完成的非水电消纳责任权重滚动调整至 2024—2025 年。
3. 新疆只监测、不考核。
4. 西藏不考核。

附件 2

2024 年各省（自治区、直辖市）可再生能源电力消纳责任权重预期目标

省（区、市）	总量消纳责任权重	非水消纳责任权重
北京	21.7%	21.7%
天津	20.5%	20.4%
河北	20.7%	20.7%
山西	23.5%	23.2%
山东	18.1%	17.4%
内蒙古	24.0%	23.7%
辽宁	20.2%	17.7%
吉林	32.3%	25.2%
黑龙江	25.5%	24.4%

续表

省（区、市）	总量消纳责任权重	非水消纳责任权重
上海	31.0%	7.7%
江苏	21.9%	14.7%
浙江	22.6%	12.7%
安徽	20.6%	18.2%
福建	21.6%	11.7%
江西	27.4%	16.2%
河南	27.9%	22.7%
湖北	39.0%	14.2%
湖南	47.8%	17.7%
重庆	41.7%	7.7%
四川	70.0%	9.7%
陕西	26.0%	20.2%
甘肃	51.0%	23.2%
青海	70.0%	28.9%
宁夏	27.5%	26.2%
广东	30.6%	9.2%
广西	46.1%	14.2%
海南	18.8%	12.2%
贵州	37.8%	12.7%
云南	70.0%	19.2%

注　1. 全国非水电发电量不低于 1.83 万亿 kWh。
2. 总量消纳责任权重预期超过 70%的省份暂按照 70%下达，后续根据实际情况再明确。
3. 云南叠加 2022 年未完成非水电消纳责任权重 0.5 个百分点。
4. 新疆消纳责任权重监测值根据 2023 年实际完成情况确定。
5. 西藏不考核。

国家发展改革委等部门关于促进退役风电、光伏设备循环利用的指导意见

（发改环资〔2023〕1030 号）

各省、自治区、直辖市及计划单列市、新疆生产建设兵团发展改革委、能源局、工业和信息化主管部门、生态环境厅（局）、商务主管部门、国资委：

近年来，我国新能源产业快速发展，风电、光伏等新能源设备大量应用，装机规模稳居全球首位。随着产业加快升级和设备更新换代，新能源设备将面临批量退役问题。为全面贯彻党的二十大精神，深入贯彻《2030 年前碳达峰行动方案》有关部署，加快构建

废弃物循环利用体系，促进退役风电、光伏设备循环利用，现提出如下意见。

一、总体要求

（一）指导思想

以习近平新时代中国特色社会主义思想为指导，全面贯彻党的二十大精神，深入贯彻习近平生态文明思想，完整、准确、全面贯彻新发展理念，加快构建新发展格局，着力推动高质量发展，加快发展方式绿色转型，深入践行全面节约战略，积极构建覆盖绿色设计、规范回收、高值利用、无害处置等环节的风电和光伏设备循环利用体系，补齐风电、光伏产业链绿色低碳循环发展最后一环，助力实现碳达峰碳中和。

（二）基本原则

——坚持系统观念。坚持从设备全生命周期角度考虑风电、光伏设备退役问题，加强产业链上下游协同，促进退役风电、光伏设备循环利用，实现资源利用效率最大化。

——坚持创新驱动。着力推动退役风电、光伏设备循环利用技术创新、模式创新，促进循环利用技术进步、成本下降、效率提升。鼓励有条件的地方和企业率先行动，培育先进技术和商业模式。

——坚持分类施策。综合考虑产业发展阶段、设备类型和退役情况，远近结合、适度超前，加快规范集中式风电场、光伏发电站设备循环利用，逐步完善分布式光伏设备处理责任机制。

——坚持区域统筹。结合各地风电、光伏设备生产和退役情况，因地制宜布局退役设备循环利用产业集聚区，支持退役风电、光伏设备在区域间协同利用，加快培育资源循环利用产业。

（三）主要目标

到2025年，集中式风电场、光伏发电站退役设备处理责任机制基本建立，退役风电、光伏设备循环利用相关标准规范进一步完善，资源循环利用关键技术取得突破。到2030年，风电、光伏设备全流程循环利用技术体系基本成熟，资源循环利用模式更加健全，资源循环利用能力与退役规模有效匹配，标准规范更加完善，风电、光伏产业资源循环利用水平显著提升，形成一批退役风电、光伏设备循环利用产业集聚区。

二、重点任务

（一）大力推进绿色设计。引导生产制造企业以轻量化、易拆解、易运输、易回收为目标，在产品设计生产阶段进行绿色设计。积极实施《光伏制造行业规范条件》等规范要求，深入开展“绿色设计示范企业”创建。鼓励生产制造企业在保障产品质量性能和使用安全的前提下，在产品设计生产过程中优先选用再生材料。引导生产制造企业强化信息公开，面向设备回收、资源化利用主体公开零部件原材料、产品结构等详细信息和资源循环利用技术建议。（工业和信息化部、国家发展改革委按职责分工负责）

（二）建立健全退役设备处理责任机制。督促指导集中式风电和光伏发电企业依法承担退役新能源设备（含零部件，下同）处理责任，不得擅自以填埋、丢弃等方式非法处置退役设备，不得向生活垃圾收集设施中投放工业固体废弃物。督促指导发电企业将废弃物循环利用和妥善处置作为风电场改造升级项目的重要内容。（国家能源局、生态环境部按职责分工负责）督促指导发电企业拆除风电、光伏设备后及时做好周边生态环境修复。（国家能源局、自然资源部按职责分工负责）指导发电企业完善退役风电、光伏设备报废管理制度，提升报废资产处置效率。落实国有资产交易流转有关要求，进一步优化国有退役风电、光伏设备处理处置制度，推动企业高效、规范处置相关资产。（国务院国资委、国家能源局按职责分工负责）

（三）完善设备回收体系。支持光伏设备制造企业通过自主回收、联合回收或委托回收等模式，建立分布式光伏回收体系。鼓励风电、光伏设备制造企业主动提供回收服务。支持第三方专业回收企业开展退役风电、光伏设备回收业务。支持发展退役新能源设备拆除、运输、回收、拆解、利用“一站式”服务模式。鼓励生产制造企业、发电企业、运营企业、回收企业、利用企业建立长效合作机制，畅通回收利用渠道，加强上下游产业衔接协同。引导风电机组拆除后进行就地、就近、集中拆解。引导再生资源回收企业规范有序回收废钢铁、废有色金属等再生资源。（国家发展改革委、工业和信息化部、商务部按职责分工负责）

（四）强化资源再生利用能力。鼓励再生利用企业开展退役风电、光伏设备精细化拆解和高水平再生利用，重点聚焦风电机组中的基础、塔架、叶片、机舱、发电机、齿轮箱、电控柜等部件，以及光伏组件中的光伏层压件、边框、接线盒等部件开展高水平再生利用。支持龙头企业针对复杂材料加快形成再生利用产业化能力，重点聚焦风机叶片纤维复合材料，以及光伏组件中半导体材料、金属材料、聚合物等，探索兼顾经济性、环保性的再生利用先进技术和商业模式。（工业和信息化部、国家发展改革委按职责分工负责）

（五）稳妥推进设备再制造。严格用户单位采购再制造产品质量把关。稳妥推进风力发电机组、光伏组件再制造产业发展，率先发展风电设备中发电机、齿轮箱、主轴承等高值部件，以及光伏逆变器等关键零部件再制造。稳妥有序探索在新能源运营维修领域应用再制造部件，支持风电、光伏设备生产制造企业和运维企业拓展再制造业务。鼓励研究机构、行业组织和骨干企业共同搭建风力发电机组、光伏组件零部件再制造检测验证平台。培育风电、光伏再制造设备第三方鉴定评估机构，促进行业规范发展。（国家发展改革委、工业和信息化部、市场监管总局按职责分工负责）

（六）规范固体废弃物无害化处置。加大对退役风电、光伏设备回收利用处置全过程环境污染防治的监管力度，严格退役设备无害化处置的污染控制要求，确保符合国家环境保护标准，减少终端固体废弃物带来的环境污染风险。（生态环境部负责）

三、强化保障措施

（一）加大技术研发力度。将退役风电、光伏设备循环利用技术研发纳入国家重点研发计划相关重点专项。开发风电、光伏设备残余寿命评估技术，构建设备寿命评估方法学和技术体系，推动设备及关键部件延续利用和梯次利用。开展光伏组件高纯分离、稀有金属回收提取、复合材料回收利用、再生资源高值利用、风电设备零部件再制造等重点难点技术攻关，突破核心技术装备，研究建立全材料整线回收工艺。加快光伏组件回收等产业技术基础公共服务平台建设。加快开展利用技术体系集成示范，推动形成若干“政产学研用”一体化的科技成果转化模式。（科技部、工业和信息化部按职责分工负责）

（二）强化资金和政策支持。利用中央预算内投资现有资金渠道，加强对退役风电、光伏设备循环利用项目的支持。依法落实节能节水、固定资产加速折旧、资源综合利用产品增值税即征即退等相关税收优惠政策。研究将退役风电、光伏设备循环利用产业纳入绿色产业指导目录。丰富绿色金融产品和服务，为符合条件的退役风电、光伏设备循环利用类项目提供融资便利。鼓励有条件的地方制定退役风电、光伏设备循环利用产业专项支持政策。（国家发展改革委、财政部、税务总局、人民银行等部门按职责分工负责）

（三）健全标准规范体系。研究制定风电和光伏设备绿色设计、综合利用等标准规范。支持行业协会、龙头企业、第三方研究机构等研究制定退役风电、光伏设备相关技术标准。（工业和信息化部、国家能源局、国家发展改革委、市场监管总局等部门按职责分工负责）研究制定特殊环境下退役风电、光伏设备的绿色拆解及不同材质（含金属和复合材料）零部件回收利用标准。完善寿命期内风电设备、光伏组件及相关零部件运行评价标准，将设备及零部件可回收、可循环利用作为评价的重要内容，推动开展绿色认证工作。（市场监管总局负责）加快研究以填埋、焚烧、回收利用等方式处理废弃风机叶片、光伏组件整机和零部件的环境影响，针对废弃风电和光伏设备回收、利用、处置过程的污染控制问题，研究制定废弃风电光伏设备污染防治技术规范。（生态环境部负责）

（四）培育重点地区和企业。结合各地风电、光伏设备生产和退役情况，指导支持部分重点区域建设退役新能源设备循环利用产业集聚区。（国家发展改革委、工业和信息化部、国家能源局会同有关部门负责）支持中央企业发挥示范引领作用，率先加强退役风电、光伏设备循环利用，建设一批重点项目。（国务院国资委、国家发展改革委会同有关部门负责）

四、加强组织实施

（一）加强组织领导。国家发展改革委加强统筹协调，加大对退役风电、光伏设备循环利用工作的推进力度。各有关部门按职责分工，制定相关配套政策，形成协同推进合力。各地要充分认识退役风电、光伏设备循环利用的重要意义，采取有力措施强化政策落实。

（二）强化宣传引导。各地、各有关部门要加大对退役风电、光伏设备循环利用优秀项目和典型案例的宣介力度，推广一批可借鉴、可复制的先进经验。鼓励地方、行业协会和相关机构组织开展技术产品对接交流会、应用示范现场会等活动，促进先进技术产品模式交流推广。支持行业协会、第三方研究机构以编制行业发展报告等形式，梳理技术趋势和发展实践，推广最新技术模式，宣传典型案例，引导行业健康发展。

国家发展改革委
国 家 能 源 局
工业和信息化部
生 态 环 境 部
商　　务　　部
国务院国资委
2023 年 7 月 21 日

国家发展改革委　财政部　国家能源局关于做好可再生能源绿色电力证书全覆盖工作促进可再生能源电力消费的通知

（发改能源〔2023〕1044 号）

各省、自治区、直辖市、新疆生产建设兵团发展改革委、财政厅（局）、能源局，国家能源局各派出机构，国家电网有限公司、中国南方电网有限责任公司、内蒙古电力（集团）有限责任公司，有关中央企业，水电水利规划设计总院、电力规划设计总院：

为贯彻落实党的二十大精神，完善支持绿色发展政策，积极稳妥推进碳达峰碳中和，做好可再生能源绿色电力证书全覆盖工作，促进可再生能源电力消费，保障可再生能源电力消纳，服务能源安全保供和绿色低碳转型，现就有关事项通知如下。

一、总体要求

深入贯彻党的二十大精神和习近平总书记“四个革命、一个合作”能源安全新战略，落实党中央、国务院决策部署，进一步健全完善可再生能源绿色电力证书（以下简称绿证）制度，明确绿证适用范围，规范绿证核发，健全绿证交易，扩大绿电消费，完善绿证应用，实现绿证对可再生能源电力的全覆盖，进一步发挥绿证在构建可再生能源电力绿色低碳环境价值体系、促进可再生能源开发利用、引导全社会绿色消费等方面的作用，为保障能源安全可靠供应、实现碳达峰碳中和目标、推动经济社会绿色低碳转型和高质量发展提供有力支撑。

二、明确绿证的适用范围

（一）绿证是我国可再生能源电量环境属性的唯一证明，是认定可再生能源电力生产、消费的唯一凭证。

（二）国家对符合条件的可再生能源电量核发绿证，1 个绿证单位对应 1000kWh 可再生能源电量。

（三）绿证作为可再生能源电力消费凭证，用于可再生能源电力消费量核算、可再生能源电力消费认证等，其中：可交易绿证除用作可再生能源电力消费凭证外，还可通过参与绿证绿电交易等方式在发电企业和用户间有偿转让。国家发展改革委、国家能源局负责确定核发可交易绿证的范围，并根据可再生能源电力生产消费情况动态调整。

三、规范绿证核发

（四）国家能源局负责绿证相关管理工作。绿证核发原则上以电网企业、电力交易机构提供的数据为基础，与发电企业或项目业主提供数据相核对。绿证对应电量不得重复申领电力领域其他同属性凭证。

（五）对全国风电（含分散式风电和海上风电）、太阳能发电（含分布式光伏发电和光热发电）、常规水电、生物质发电、地热能发电、海洋能发电等已建档立卡的可再生能源发电项目所生产的全部电量核发绿证，实现绿证核发全覆盖。其中：

对集中式风电（含海上风电）、集中式太阳能发电（含光热发电）项目的上网电量，核发可交易绿证。

对分散式风电、分布式光伏发电项目的上网电量，核发可交易绿证。

对生物质发电、地热能发电、海洋能发电等可再生能源发电项目的上网电量，核发可交易绿证。

对存量常规水电项目，暂不核发可交易绿证，相应的绿证随电量直接无偿划转。对 2023 年 1 月 1 日（含）以后新投产的完全市场化常规水电项目，核发可交易绿证。

四、完善绿证交易

（六）绿证依托中国绿色电力证书交易平台，以及北京电力交易中心、广州电力交易中心开展交易，适时拓展至国家认可的其他交易平台，绿证交易信息应实时同步至核发机构。现阶段可交易绿证仅可交易一次。

（七）绿证交易采取双边协商、挂牌、集中竞价等方式进行。其中，双边协商交易由市场主体双方自主协商绿证交易数量和价格；挂牌交易中绿证数量和价格信息在交易平台发布；集中竞价交易按需适时组织开展，按照相关规则明确交易数量和价格。

（八）对享受中央财政补贴的项目绿证，初期采用双边协商和挂牌方式为主，创造条件推动尽快采用集中竞价方式进行交易，绿证收益按相关规定执行。平价（低价）项目、自愿放弃中央财政补贴和中央财政补贴已到期项目，绿证交易方式不限，绿证收益归发电企业或项目业主所有。

五、有序做好绿证应用工作

（九）支撑绿色电力交易。在电力交易机构参加绿色电力交易的，相应绿证由核发机构批量推送至电力交易机构，电力交易机构按交易合同或双边协商约定将绿证随绿色电力一同交易，交易合同中应分别明确绿证和物理电量的交易量、交易价格。

（十）核算可再生能源消费。落实可再生能源消费不纳入能源消耗总量和强度控制，国家统计局会同国家能源局核定全国和各地区可再生能源电力消费数据。

（十一）认证绿色电力消费。以绿证作为电力用户绿色电力消费和绿电属性标识认证的唯一凭证，建立基于绿证的绿色电力消费认证标准、制度和标识体系。认证机构通过两年内的绿证开展绿色电力消费认证，时间自电量生产自然月（含）起，认证信息应及时同步至核发机构。

（十二）衔接碳市场。研究推进绿证与全国碳排放权交易机制、温室气体自愿减排交易机制的衔接协调，更好发挥制度合力。

（十三）推动绿证国际互认。我国可再生能源电量原则上只能申领核发国内绿证，在不影响国家自主贡献目标实现的前提下，积极推动国际组织的绿色消费、碳减排体系与国内绿证衔接。加强绿证核发、计量、交易等国际标准研究制定，提高绿证的国际影响力。

六、鼓励绿色电力消费

（十四）深入开展绿证宣传和推广工作，在全社会营造可再生能源电力消费氛围，鼓励社会各用能单位主动承担可再生能源电力消费社会责任。鼓励跨国公司及其产业链企业、外向型企业、行业龙头企业购买绿证、使用绿电，发挥示范带动作用。推动中央企业、地方国有企业、机关和事业单位发挥先行带头作用，稳步提升绿电消费比例。强化高耗能企业绿电消费责任，按要求提升绿电消费水平。支持重点企业、园区、城市等高比例消费绿色电力，打造绿色电力企业、绿色电力园区、绿色电力城市。

七、严格防范、严厉查处弄虚作假行为

（十五）严格防范、严厉查处在绿证核发、交易及绿电交易等过程中的造假行为。加大对电网企业、电力交易机构、电力调度机构的监管力度，做好发电企业或项目业主提供数据之间的核对工作。适时组织开展绿证有关工作抽查，对抽查发现的造假等行为，采用通报、约谈、取消一定时期内发证及交易等手段督促其整改，重大违规违纪问题按程序移交纪检监察及审计部门。

八、加强组织实施

（十六）绿证核发机构应按照国家可再生能源发电项目建档立卡赋码规则设计绿证统一编号，制定绿证相关信息的加密、防伪、交互共享等相关技术标准及规范，建设国家绿证核发交易系统，全面做好绿证核发、交易、划转等工作，公开绿证核发、交易信息，做好绿证防伪查验工作，加强绿证、可再生能源消费等数据共享。

（十七）电网企业、电力交易机构应及时提供绿证核发所需信息，参与制定相关技术标准及规范。发电企业或项目业主应提供项目电量信息或电量结算材料作为核对参考。对于电网企业、电力交易机构不能提供绿证核发所需信息的项目，原则上由发电企业或项目业主提供绿证核发所需信息的材料。

（十八）各发电企业或项目业主应及时建档立卡。各用能单位、各已建档立卡的发电企业或项目业主应按照绿证核发和交易规则，在国家绿证核发交易系统注册账户，用于绿证核发和交易。省级专用账户由绿证核发机构统一分配，由各省级发改、能源部门统筹管理，用于接受无偿划转的绿证。

（十九）国家能源局负责制定绿证核发和交易规则，组织开展绿证核发和交易，监督管理实施情况，并会同有关部门根据实施情况适时调整完善政策措施，共同推动绿证交易规模和应用场景不断扩大。国家能源局各派出机构做好辖区内绿证制度实施的监管，及时提出监管意见和建议。

（二十）《关于试行可再生能源绿色电力证书核发及自愿认购交易制度的通知》（发改能源〔2017〕132号）即行废止。

国家发展改革委
财　政　部
国 家 能 源 局
2023 年 7 月 25 日

国家发展改革委　国家能源局关于印发《电力现货市场基本规则（试行）》的通知

（发改能源规〔2023〕1217 号）

各省、自治区、直辖市、新疆生产建设兵团发展改革委、能源局，天津市、辽宁省、上海市、重庆市、四川省、甘肃省经信委（经信厅、工信厅、经信局、工信局），国家能源局各派出机构，国家电网有限公司、中国南方电网有限责任公司、中国华能集团有限公司、中国大唐集团有限公司、中国华电集团有限公司、国家能源投资集团有限责任公司、国家电力投资集团有限公司、中国长江三峡集团有限公司、国家开发投资集团有限公司、中国核工业集团有限公司、中国广核集团有限公司、华润（集团）有限公司、内蒙古电力（集团）有限责任公司：

为加快推进电力市场建设，规范电力现货市场的运营和管理，我们组织制定了《电力现货市场基本规则（试行）》。现印发给你们，请遵照执行。

国家发展改革委
国 家 能 源 局
2023 年 9 月 7 日

附件：《电力现货市场基本规则（试行）》

电力现货市场基本规则（试行）

第一章　总　　则

第一条　为规范电力现货市场运营和管理，依法维护经营主体的合法权益，推进统一开放、竞争有序的电力市场体系建设，根据《中共中央　国务院关于进一步深化电力体制改革的若干意见》《中共中央　国务院关于加快建设全国统一大市场的意见》《关于加快建设全国统一电力市场体系的指导意见》（发改体改〔2022〕118 号）和有关法律、法规规定，制定本规则。

第二条　本规则所称电力现货市场是指符合准入条件的经营主体开展日前、日内和实时电能量交易的市场。电力现货市场通过竞争形成体现时空价值的市场出清价格，并配套开展调频、备用等辅助服务交易。

所称市场成员包括经营主体、电网企业和市场运营机构。经营主体包括各类型发电企业、电力用户（含电网企业代理购电用户）、售电公司和新型经营主体（含分布式发电、负荷聚合商、储能和虚拟电厂等）；市场运营机构包括电力调度机构和电力交易机构。

第三条　本规则适用于采用集中式市场模式的省

（区、市）/区域现货市场，以及省（区、市）/区域现货市场与相关市场的衔接。采用分散式市场模式的省（区、市）/区域和省间电力现货市场可探索制定相应市场规则。

第四条 各省（区、市）/区域结合能源转型需要和市场建设进程，及时制修订电力现货市场运营规则及其配套实施细则，并公开发布。规则制修订应充分发挥电力市场管理委员会作用。

第五条 电力现货市场信息披露工作应当按照国家有关规定执行，信息披露主体对其提供信息的真实性、准确性、完整性负责。

第二章 总 体 要 求

第一节 建设目标和基本原则

第六条 电力现货市场建设的目标是形成体现时间和空间特性、反映市场供需变化的电能量价格信号，发挥市场在电力资源配置中的决定性作用，提升电力系统调节能力，促进可再生能源消纳，保障电力安全可靠供应，引导电力长期规划和投资，促进电力系统向清洁低碳、安全高效转型。

第七条 电力现货市场建设与运营应坚持安全可靠、绿色低碳、经济高效、稳步协同、公开透明原则。

第二节 建 设 路 径

第八条 近期推进省间、省（区、市）/区域市场建设，以省间、省（区、市）/区域市场“统一市场、协同运行”起步；逐步推动省间、省（区、市）/区域市场融合。

第九条 电力现货市场近期建设主要任务：

（一）按照“统一市场、协同运行”的框架，构建省间、省（区、市）/区域现货市场，建立健全日前、日内、实时市场。

（二）加强中长期市场与现货市场的衔接，明确中长期分时交易曲线和交易价格。

（三）做好调频、备用等辅助服务市场与现货市场的衔接，加强现货市场与调峰辅助服务市场融合，推动现货市场与辅助服务市场联合出清。

（四）推动电力零售市场建设，畅通批发、零售市场价格传导。

（五）稳妥有序推动新能源参与电力市场，设计适应新能源特性的市场机制，与新能源保障性政策做好衔接；推动分布式发电、负荷聚合商、储能和虚拟电厂等新型经营主体参与交易。

（六）直接参与市场的电力用户、售电公司、代理购电用户等应平等参与现货交易，公平承担责任义务；推动代理购电用户、居民和农业用户的偏差电量分开核算，代理购电用户偏差电量按照现货价格结算，为保障居民、农业用电价格稳定产生的新增损益（含偏差电费），由全体工商业用户分摊或分享。

（七）省间市场逐步引入其他经营主体，放开各类发电企业、用户、售电公司等参与交易；兼顾送受端利益，加强省间市场与省（区、市）/区域市场在经济责任、价格形成机制等方面的动态衔接。

第十条 电力现货市场中远期建设主要任务：

（一）持续完善适应新型电力系统的电力市场机制，通过市场时空价格信号实现源网荷储各环节灵活互动、高效衔接，促进保障电力供应安全充裕。

（二）推动制定统一的市场准入退出、交易品种、交易时序、交易执行结算等规则体系和技术标准，加强国家市场、省（区、市）/区域电力市场间的相互耦合、有序衔接。

（三）不断推动各类经营主体平等参与市场，扩大新型经营主体参与交易范围，形成平等竞争、自主选择的市场环境。

第三节 运 行 要 求

第十一条 电力现货市场应依序开展模拟试运行、结算试运行和正式运行，启动相关试运行和正式运行前按各省（区、市）/区域电力现货市场规则规定的程序开展相关市场运行工作。

第十二条 电力现货市场模拟试运行的启动条件和工作内容如下：

（一）启动模拟试运行时，至少应具备以下条件：模拟试运行工作方案及规则向经营主体征求意见，并公开发布；技术支持系统功能符合要求，通过市场运营机构内部系统测试；市场运营人员和经营主体经过相关培训，能够准确理解规则，掌握技术支持系统使用方法；关键市场参数按照明确的原则确定。

（二）模拟试运行工作内容至少应包括：组织经营主体参与现货市场申报，检验技术支持系统功能，适时依据市场出清结果进行生产调度；根据模拟试运行情况对市场规则进行讨论修改、对技术支持系统进行完善，对关键流程进行记录备查；形成模拟试运行分析报告，并向市场成员公开；初步开展结算分析，测算对市场成员的影响。

第十三条 电力现货市场结算试运行的启动条件和工作内容如下：

（一）启动结算试运行时，至少应具备以下条件：结算试运行工作方案及规则向经营主体征求意见，并公开发布；技术支持系统通过第三方校验并向经营主体公开校验报告，能够连续多日按照规则出清并为形成调度计划提供依据；市场运营机构和电网企业、发电企业、售电公司等市场成员的业务流程基本理顺；

关键市场参数按照明确的原则确定；市场应急处置预案完备并经过演练。

（二）结算试运行工作内容至少应包括：依据市场出清结果进行生产调度并结算；检验技术支持系统市场出清等有关功能；根据结算试运行情况对市场规则进行讨论修改、对技术支持系统进行完善，对关键流程进行记录备查；形成结算试运行分析报告，向市场成员公开。

第十四条　电力现货市场正式运行的启动条件和工作内容如下：

（一）启动正式运行时，至少应具备以下条件：现货市场规则体系健全；市场风险防控、信息披露、信用管理等制度体系已建立；技术支持系统定期开展第三方校验并向经营主体公开校验报告；市场成员具备符合条件的人员、场所，市场成员之间的业务衔接实现制度化、程序化。

（二）正式运行工作内容至少应包括：按照规则连续不间断运行现货市场，保障技术支持系统正常运转，依据市场出清结果进行调度生产并结算，依法依规进行信息披露、市场干预、争议处理，实施市场监管和市场监测，具备开展现货市场体系第三方校验的条件。

第三章　市　场　成　员

第一节　权 利 与 义 务

第十五条　发电企业的权利和义务主要包括：

（一）按照规则参与电能量、辅助服务等交易，签订和履行电力交易合同，按规定参与电费结算，在规定时间内可对结算结果提出异议。

（二）获得公平的输配电服务和电网接入服务。

（三）签订并执行并网调度协议，服从电力调度机构统一调度，提供承诺的有效容量和辅助服务，提供电厂检修计划、实测参数、预测运行信息、紧急停机信息等。

（四）依法依规提供相关市场信息，按照信息披露有关规定获得市场交易、输配电服务、信用评价、电力负荷、系统运行等相关信息，并承担保密义务。

（五）法律法规规定的其他权利和义务。

第十六条　电力用户的权利和义务主要包括：

（一）按照规则参与电能量和辅助服务交易，签订和履行电力交易合同，暂时无法直接参与市场的电力用户按规定由电网企业代理购电，其中参与批发电能量交易的用户，可以按照规则进行跨省跨区购电和省内购电。

（二）获得公平的输配电服务和电网接入服务，按规定支付购电费、输配电费、线损电费、系统运行费（含辅助服务费）、政府性基金及附加等。

（三）依法依规提供相关市场信息，获得电力交易和输配电服务等相关信息，并承担保密义务。

（四）服从电力调度机构的统一调度，遵守电力需求侧管理等相关规定，提供承诺的需求响应服务。

（五）按规定支付电费，在规定时间内可对结算结果提出异议。

（六）法律法规规定的其他权利和义务。

第十七条　售电公司的权利和义务主要包括：

（一）按照规则参与跨省跨区、省内电能量交易和辅助服务交易，提供增值服务，与用户签订零售合同，并履行合同规定的各项义务。

（二）按照规则向电力交易机构提供代理零售用户的交易合同及电力电量需求，获得电力交易、输配电服务和代理零售用户历史用电负荷（或典型用电负荷）等相关信息，承担用户信息保密义务。

（三）获得电网企业的电费结算服务。

（四）具有配电网运营权的售电公司负责提供相应配电服务，按用户委托提供代理购电服务。

（五）法律法规规定的其他权利和义务。

第十八条　其他经营主体根据参与的市场交易类型，享受与上述经营主体同等的权利和义务，并需满足参与现货市场的技术条件。

第十九条　电网企业的权利和义务：

（一）保障输变电设备正常运行。

（二）根据现货市场价格信号反映的阻塞情况，加强电网建设。

（三）为经营主体提供公平的输电、配电服务和电网接入服务，提供报装、计量、抄表、收付费等服务。

（四）建设、运行、维护和管理电网相关配套系统，服从电力调度机构的统一调度。

（五）依法依规提供相关市场信息，并承担保密义务；向市场运营机构提供支撑现货市场交易和市场服务所需的相关数据，保证数据交互的准确性和及时性。

（六）收取输配电费，代收代付电费和政府性基金及附加等，按时完成电费结算。

（七）保障居民（含执行居民电价的学校、社会福利机构、社区服务中心等公益性事业用户）、农业用电供应，执行现行目录销售电价政策；单独预测居民、农业用户的用电量规模及典型用电曲线。

（八）向符合规定的工商业用户提供代理购电服务。

（九）法律法规规定的其他权利和义务。

第二十条　电力调度机构的权利和义务主要包括：

（一）组织电力现货交易，负责安全校核、市场监测和风险防控，按照调度规程实施电力调度，保障电网安全稳定运行。

（二）合理安排电网运行方式，保障电力市场正常运行。

（三）按规则建设、运行和维护电力现货市场技术支持系统。

（四）按照信息披露和报送等有关规定披露和提供电网运行的相关信息，提供支撑市场化交易以及市场服务所需的相关数据，按照国家网络安全有关规定与电力交易机构进行数据交互，承担保密义务。

（五）配合国家能源局派出机构、省（区、市）有关主管部门开展市场分析和运营监控，履行相应市场风险防范职责，依法依规实施市场干预，并向国家能源局派出机构、省（区、市）有关主管部门报告，按照规则规定实施的市场干预予以免责。

（六）法律法规规定的其他权利和义务。

第二十一条 电力交易机构的权利和义务主要包括：

（一）向经营主体提供市场注册、信息变更和退出等相关服务。

（二）负责中长期交易组织及合同管理，负责现货交易申报和信息发布。

（三）提供电力交易结算依据及相关服务。

（四）建设、运营和维护电力交易平台和相关配套系统。

（五）按照国家信息安全与保密、电力市场信息披露和报送等有关规定披露和发布信息，承担保密义务；提供信息发布平台，为经营主体信息发布提供便利，获得市场成员提供的支撑现货市场交易以及服务需求的数据等；制定信息披露标准格式，及时开放数据接口。

（六）监测和分析市场运行情况，记录经营主体违反交易规则、扰乱市场秩序等违规行为，向国家能源局派出机构、省（区、市）有关主管部门及时报告并配合相关调查，依法依规实施市场干预，防控市场风险。

（七）法律法规规定的其他权利和义务。

第二节 准入与退出

第二十二条 参加电力市场交易的经营主体应是具有法人资格、财务独立核算、信用良好、能够独立承担民事责任的经济实体，其中发电企业应当依法依规取得电力业务许可证。内部核算的经营主体经法人单位授权，可申请参与电力市场交易。参与中长期交易的经营主体均可参与现货市场。

第二十三条 准入电力市场的发电企业和电力用户不允许退出。满足下列情形之一的，可自愿申请办理退市手续：

（一）经营主体宣告破产、退役，不再发电或用电。

（二）因国家政策、电力市场规则发生重大调整，导致原有经营主体因自身原因无法继续参加市场。

（三）因电网网架结构调整，导致经营主体的发用电物理属性无法满足所在地区的市场准入条件。

（四）售电公司退出条件按照国家有关售电公司准入与退出的管理规定执行。

第二十四条 经营主体发生以下情况时，电力交易机构依法依规强制其退出市场，并向国家能源局派出机构、省（区、市）有关主管部门备案。

（一）因情况变化不再符合准入条件（包括依法被撤销、解散，依法宣告破产、歇业，电力业务许可证被注销等情况）。

（二）隐瞒有关情况或者以提供虚假申请材料等方式违法违规进入市场，且拒不整改的。

（三）严重违反市场交易规则，且拒不整改的。

（四）企业违反信用承诺且拒不整改或信用评价降低为不适合继续参与市场交易的。

（五）因违反交易规则及市场管理规定等情形被暂停交易，且未在期限内完成整改的。

（六）法律、法规规定的其他情形。

第二十五条 退出市场的经营主体应缴清市场化费用及欠费，处理完毕尚未交割的成交电量。无正当理由退出市场的经营主体及其法定代表人三年内均不得申请市场准入。

第三节 注册、变更与注销

第二十六条 符合电力市场准入条件的各类经营主体在电力交易机构完成市场注册程序后，方可参与电力市场交易。各电力交易机构共享注册信息。经营主体应当保证注册提交材料的真实性、完整性，履行承诺、公示、注册、备案等相关手续后，电力交易机构及时向社会发布经营主体注册信息。

第二十七条 已完成市场注册的经营主体，当市场注册信息发生变更时，应当及时向电力交易机构提出变更申请，变更信息经公示无异议后，电力交易机构向社会重新发布相关经营主体注册信息。

第二十八条 因故需要退出市场的经营主体，应及时向电力交易机构提出市场退出申请，履行或处理完成已成交合同有关事项，并由电力交易机构公示无异议后，方可注销其市场注册信息并退出市场。

第四章 市场构成与价格

第一节 市场构成

第二十九条 现货市场一般包括日前市场、日内市场和实时市场。各省（区、市）/区域可根据实际情况选择实际构成。

（一）日前市场。市场运营机构按日组织日前市场，根据经营主体日前交易申报，在考虑电网运行和物理约束的前提下，满足日前市场负荷需求和备用需求，以社会福利最大为目标，进行日前市场集中优化出清，形成日前出清结果。加快推动日前市场以市场化用户申报曲线叠加非市场化用户预测曲线为依据开展集中优化出清。如不开展日前市场，可选择开展日前预出清，日前预出清结果不作为结算依据，仅向经营主体披露。

（二）日内市场。市场运营机构在运行日，根据系统运行情况和最新预测信息，滚动优化快速启停机组等灵活调节资源，以满足系统平衡要求。

（三）实时市场。实时市场中，市场运营机构在运行日根据经营主体申报，在机组组合基本确定的基础上，考虑电网实际运行状态和物理约束，满足超短期负荷预测和备用需求，以社会福利最大为目标，进行实时市场出清，形成实时市场出清结果。

第三十条　可靠性机组组合是日前市场的重要环节。为满足系统运行安全需要，可靠性机组组合根据发电侧报价、可再生能源出力预测、省间送受电计划和系统负荷预测等，确定需要启停的机组。

第二节　价 格 机 制

第三十一条　可根据电网结构和阻塞等情况，选择节点边际电价、分区边际电价和系统边际电价等机制。

（一）节点边际电价包含电能量分量和阻塞分量。对于电网阻塞程度较为严重、输电能力受限的地区，宜采用节点边际电价机制。

（二）当电网存在输电阻塞时，可按阻塞断面将市场分成几个不同的分区，并以各分区内边际价格作为该分区电价。对于存在明显阻塞断面的地区，宜采用分区边际电价机制。

（三）现货市场出清时，以市场内统一边际价格作为系统电价的，可不区分节点或价区。

第三十二条　经营主体具有报价权和参与定价权。电网企业代理购电用户在现货市场中不申报价格。经营主体不能参与定价的情况有：

（一）机组已达到最大爬坡能力。

（二）机组因自身原因，出力必须维持在某一固定水平。

（三）机组因自身原因或因水电厂水位控制或下游综合利用需要，出力不得低于某一水平，低于该水平的部分不能参与定价。

（四）机组正处于从并网到最小技术出力水平，或从最小技术出力水平到解列的过程。

第三十三条　发电侧价格由电能量价格、辅助服务费用等构成。

第三十四条　直接参与交易的用户侧用电价格由电能量价格、输配电价（含交叉补贴）、上网环节线损费用、系统运行费用（包括辅助服务费用、抽水蓄能容量电费等）、政府性基金及附加等构成。代理购电用户用电价格按照政府有关规定执行。

第三十五条　输配电价（含交叉补贴）、综合线损率等以政府核定水平为准。政府性基金及附加遵循政府有关规定。

第三十六条　通过在市场出清中考虑线路/断面安全约束等方式进行阻塞管理。采用分区电价或节点电价所产生的阻塞费用，可按规则分配给经营主体。

第三节　市 场 限 价

第三十七条　市场限价设定应考虑经济社会承受能力，有利于市场发现价格，激励投资，引导用户侧削峰填谷，提高电力保供能力，防范市场运行风险。

第三十八条　现货市场应设定报价限价和出清限价，报价限价不应超过出清限价范围。除正常交易的市场限价之外，当市场价格处于价格限值的连续时间超过一定时长后，可设置并执行二级价格限值。二级价格限值的上限可参考长期平均电价水平确定，一般低于正常交易的市场限价。

第三十九条　市场限价应综合考虑边际机组成本、电力供需情况、失负荷价值、经济发展水平等因素，经科学测算后按规则规定合理确定，并适时调整。

第四十条　市场限价应与市场建设相适应，并加强不同交易品种市场限价的协同。

（一）未建立容量成本回收机制的地区，市场限价应考虑机组固定成本回收。

（二）随着交易接近交割时间，市场价格上限应依次递增或持平。

第四十一条　现货市场限价规则、价格干预规则等管制性价格规则由国务院价格主管部门明确制定原则，各省（区、市）价格主管部门会同有关主管部门、国家能源局派出机构组织制定具体规则，并在当地市场规则中体现。

第五章　现 货 市 场 运 营

第一节　市 场 准 备

第四十二条　参加省（区、市）/区域市场的成员，应分别遵守所参加市场的市场规则，按照所参加市场的规则和交易结果承担相应经济责任。

第四十三条　发电企业（机组）按要求向电力市场运营机构提供运行技术参数，作为电力现货市场出清的参数。

第四十四条　电网企业负责预测代理购电用户分

时段用电量及居民、农业用电量和典型曲线，并通过技术支持系统发布。

第四十五条 在经营主体申报前，电力调度机构开展运行日分时段负荷预测和母线负荷预测。

第四十六条 各省（区、市）/区域根据系统运行需要，确定系统正、负备用要求。现货交易出清结果需满足运行日的系统备用要求，特殊时期电力调度机构可根据系统安全运行需要，调整备用值，并向经营主体披露调整情况。

第四十七条 电力调度机构基于发、输变电设备投产、退役和检修计划，结合电网实际运行状态，确定运行日的发、输变电设备检修和投运计划。

第四十八条 系统安全约束条件包括输变电设备极限功率、断面极限功率、发电机组（群）必开必停约束、发电机组（群）出力上下限约束等。

第四十九条 现货市场每日连续运行，经营主体需在规定时间前向市场运营机构提交申报信息，迟报、漏报或不报者均默认采用缺省值作为申报信息。

第五十条 关键参数的设置和修改应按规则规定的程序开展，不得随意更改。

第二节 市场运营

第五十一条 市场运营机构综合考虑省间中长期合同约定曲线、电网实际运行情况、省间现货市场日前交易结果等因素，确定跨省跨区联络线计划，作为送受两端市场的初始条件。

第五十二条 开展日前市场的地区，市场运营机构按照上级电力调度机构下发的省间交易结果形成的联络线计划，进行信息发布。电力调度机构以社会福利最大为目标，以已发布的信息作为市场优化边界条件，将用户侧申报电量或调度负荷预测作为需求，集中优化出清形成日前市场出清结果。

第五十三条 开展现货市场但未开展日前市场的地区，市场运营机构可依据已发布的送受电曲线、经营主体申报信息和次日负荷预测，形成省（区、市）/区域日前预出清结果。

第五十四条 开展日内市场的地区，电力调度机构以日前机组组合为基础，根据日内运行情况和相关预测信息，滚动优化快速启停机组等灵活调节资源。具备条件的地区，经营主体可在规定时间前调整报价。

第五十五条 开展实时市场的地区，电力调度机构根据最新的电力负荷预测、联络线计划和系统约束条件等，以社会福利最大为目标进行出清。

第五十六条 各省（区、市）价格主管部门会同国家能源局派出机构结合各地机组启动成本、变动成本（含空载成本）和固定成本等变化趋势，及时开展成本调查，明确各类型机组成本。

第三节 市场出清和结果发布

第五十七条 市场运营机构应按照规则及时向经营主体发布对应出清结果，当出清结果缺失或错误时，应根据规则及时补发或更正，并进行情况说明。

（一）开展日前市场的地区，日前正式出清结果应包含机组组合及机组出力曲线、分时价格。未开展日前市场的地区，日前预出清结果应包含机组组合及机组出力曲线等。

（二）日前市场出清（或日前预出清）后，电力调度机构应在规定时间内下达调度计划（含机组组合）。

（三）运行日内，市场运营机构按规定发布省（区、市）/区域市场日内出清结果和实时出清结果，包含机组组合及机组出力曲线、分时价格。

（四）实时运行中，如发生场外调度或市场干预，电力调度机构应记录事件经过、计划调整情况等，并按照相关要求进行信息披露。

第六章 市场衔接机制

第一节 中长期与现货市场衔接

第五十八条 现货市场运行地区，经营主体应通过自主协商或集中交易方式确定中长期交易合同曲线或曲线形成方式，并约定分时电量、分时价格、结算参考点等关键要素。

第五十九条 现货市场运行地区，市场运营机构应不断优化中长期与现货市场运营衔接，开展中长期分时段带曲线交易，增加交易频次，缩短交易周期。

第六十条 跨省跨区交易卖方成交结果作为送端关口负荷增量，买方成交结果作为受端关口电源参与省内出清结算，省间交易结果作为省间交易电量的结算依据。

第二节 代理购电与现货市场衔接

第六十一条 电网企业应定期预测代理购电工商业用户用电量及典型负荷曲线，并考虑季节变更、节假日安排等因素分别预测分时段用电量，通过参与场内集中交易方式（不含撮合交易）代理购电，形成分时合同。

第六十二条 代理工商业用户购电的偏差电量应按照现货市场价格结算。

第六十三条 为保障居民、农业用电价格稳定产生的新增损益，由全体工商业用户分摊或分享。

第三节 辅助服务市场与现货市场衔接

第六十四条 现货市场起步阶段，调频、备用辅助服务市场与现货市场可单独出清；具备条件时，调频、备用辅助服务市场与现货市场联合出清。

第六十五条　现货市场运行期间，已通过电能量市场机制完全实现系统调峰功能的，原则上不再设置与现货市场并行的调峰辅助服务品种。

第六十六条　现货市场运行地区，辅助服务费用由发用电两侧按照公平合理原则共同分担。

第四节　容量补偿机制与现货市场衔接

第六十七条　各省（区、市）/区域要按照国家总体部署，结合实际需要探索建立市场化容量补偿机制，用于激励各类电源投资建设、保障系统发电容量充裕度、调节能力和运行安全。开展现货市场的地区，要做好市场限价、市场结算、发电成本调查等与容量补偿机制的衔接。具备条件时，可探索建立容量市场。

第七章　计　　量

第一节　计 量 要 求

第六十八条　计量管理的目的是保证电能计量量值的准确性、溯源性、及时性，确保电能计量装置运行安全可靠，维护市场成员合法权益，为电力现货市场规范开展提供计量保证。

第六十九条　发用单元各计量点结算时段电量应通过计量装置计量或通过数据拟合获得，并考虑变（线）损电量。

（一）若某计量点的电量数据需分配给多个单元，则各单元的电量根据既定方法分配获得。

（二）若某计量点无计量装置，则该点的电量应根据与其相关联计量点的电量数据计算得出。

第二节　计 量 装 置 管 理

第七十条　电网企业应当为参与现货市场的发电企业、电力用户计量点配置符合国家标准的计量装置，满足电力现货市场对计量数据的采集频次、成功率和存储等要求。计量装置满足经营主体要求后，在以后的改造（含更换）过程中不应降低其技术要求。

第七十一条　若计量点配置主、副电表，应当确保主、副电表型号、规格、准确度相同，且有明确标志，以主表计量数据作为结算依据，副表计量数据作为参照，当确认主表故障后，副表计量数据替代主表计量数据作为结算依据。

第七十二条　电网企业负责本供电营业区内所有用于交易结算（含发电企业上网交易电量）的电能计量装置的计量管理。发电企业配合电网企业完成与本企业有关的交易结算所使用电能计量装置的技术管理。

第七十三条　电网企业根据经营主体的申请，设置关口电能计量点，作为交易结算计量点。

（一）计量装置应安装在产权分界点，产权分界点无法安装计量装置的，电网企业应在与经营主体协商明确计量装置安装位置后，依法确定相应的变（线）损，参与交易结算的关口计量点应在相关合同、协议中予以明确。

（二）发电单元需设置接入对应电网的关口计量点，参与市场的用户需设置接入对应电网的关口计量点，不同电网间需设置关口计量点。

（三）若某发电单元未安装计量装置，上网电量可通过其他单元和出线侧计量装置的计量数据计算获得，且该计算数据满足结算要求，电量的计算方法应征求经营主体意见。

（四）多个发电侧结算单元共用计量点且无法拆分时，结算单元电量分配方式应在市场规则或方案中予以明确。

（五）依法依规设置新型经营主体关口电能计量点。

第三节　计 量 数 据 管 理

第七十四条　发电单元关口计量点的电量数据通过相关计量点计量或拟合确定；电力用户（含代理购电用户）关口计量点的电量数据由电网企业根据计量装置或计量电量数据拟合规则确定，并传输给电力交易机构（售电公司或新型经营主体在电力用户授权下也可获得该部分数据）。

第七十五条　计量数据应当满足最小交易周期的结算需要，电网企业应对各结算时段内计量数据进行校核，保证计量数据准确、完整。

第七十六条　电网企业应按照有关数据采集、校验、估算的细则和标准，及时、准确计量其服务区域内经营主体计量装置记录的分时电量数据（包括拟合数据）。

（一）当计量装置计量时段无法满足结算时段要求时，由计量数据采集系统进行电量数据拟合。数据拟合可采用插值法、外推法、样本法等方法，并在市场规则或方案中予以明确。

（二）当自动采集数据不完整时，由电能计量采集管理信息系统根据拟合规则补全电量数据。

（三）当计量装置故障等问题导致计量表计底码不可用时，电网企业依据相关拟合规则出具电量更正报告，经相关经营主体确认后进行电量追退补。

（四）对于计量装置无法满足分时计量的电力用户，应细化其计量数据拟合方法。

第七十七条　电网企业依法依规对采集到的数据进行物理计量点到产权分界点的变（线）损分配。

第七十八条　电网企业应按照结算周期，依据适用于计量装置及相关经营主体的通用校核规则、个别计量装置特定的校核规则及任何可用的计量数据，通过系统对计量数据发起自动校核。若计量数据未通过自动校核，则应对该数据进行人工审核，并记录审核结果。

第七十九条 电网企业应当按照电力市场结算要求定期抄录各类经营主体的电能计量装置数据，并将各类经营主体计量数据（包括拟合计量数据）按结算时序要求提交电力交易机构。

第八十条 电网企业应根据经营主体询问及争议，对计量数据问题进行分类管理，并按规定进行处理。

第八十一条 当计量数据缺失、错误或不可用时，可由相应经营主体或电网企业提出，并由具备资质的计量检定机构确认并出具报告，电网企业按照市场规则进行数据拟合作为电量追补依据，对电量电费进行差错退补。

第八十二条 电网企业负责经营主体计量数据管理，包括原始分时计量数据、调整和汇总后的电量数据［包括线（变）损调整参数］、验证和拟合数据的方法、计量数据的调整参数等。计量数据需按要求保存，数据保存时间应依法依规确定。

第八章 市 场 结 算

第一节 市场结算管理

第八十三条 现货市场结算，及中长期、辅助服务市场结算涉及现货市场的相关内容适用本章节有关规定。

第八十四条 电能量批发市场可以按以下两种方式结算：

方式一：现货市场全电量按现货市场价格结算，中长期合同电量按中长期合同价格与中长期结算参考点的现货价格差值结算。

方式二：中长期合同电量按中长期合同价格结算，并结算所在节点/分区与中长期结算参考点的现货价格差值，实际电量与中长期合同电量的偏差按现货市场价格结算。

第八十五条 现货市场可采用“日清月结”的结算模式，每日对已执行的成交结果进行清分计算，以自然月为周期出具结算依据并开展电费结算。

第八十六条 结算时段是指市场进行结算的最小时段，每个结算时段以市场设计为准。每个结算时段的电费依据相关出清时段的出清结果计算确定。

第八十七条 电力市场结算不得设置不平衡资金池，每项结算项目均需独立记录，分类明确疏导。所有结算项目的分摊（返还）应根据“谁产生、谁负责，谁受益、谁承担”原则事先商定分摊（返还）方式，明确各方合理的权利与义务。

第二节 市场结算权责

第八十八条 电力交易机构在市场结算方面的权利和义务主要包括：

（一）负责按照规则，通过电力交易平台等方式向各经营主体单独推送其结算明细和结算依据，在电力交易平台公开计算示例和说明，数据推送应采用数据接口等便于经营主体使用的方式。

（二）负责按规则处理经营主体结算的相关查询。

（三）负责经营主体的履约保函管理，接受电网企业履约保函、保险的使用申请，要求履约保函、保险的开立单位支付款项，向经营主体发出履约保函、保险执行告知书并做好相关信用评价管理记录。

（四）按照有关规定，将经营主体的结算信息和数据进行涉密管理。

第八十九条 电网企业在市场结算方面的权利和义务主要包括：

（一）负责根据电力交易机构提供的结算依据，按自然月周期向经营主体出具结算账单，并按照规定向经营主体收付款。

（二）按照有关规定，将经营主体的结算信息和数据进行涉密管理。

（三）负责向发生付款违约的经营主体催缴欠款，对于逾期仍未全额付款的经营主体，向电力交易机构提出履约保函、保险的使用申请。

第九十条 经营主体在市场结算方面的权利和义务主要包括：

（一）可以获取、查看其在各历史交易日、各历史结算时段的结算明细。

（二）结算依据出具后，应按照时间表核对并确认结算依据的完整性和准确性。

（三）对结算依据、结算账单存在疑问时，可在规定时间内向电力交易机构、电网企业提交结算查询。

（四）负责提供用于资金结算的银行账户。

（五）应按规定向电网企业支付（或收取）款项。

（六）拥有配电网运营权的售电公司根据政府有关规定开展电费结算。

第三节 市场结算计算

第九十一条 省（区、市）/区域内发电侧主体电能量电费计算应符合以下要求：

（一）按照本规则第八十四条方式一，运行日前市场的省（区、市）/区域，发电侧主体电能量电费为其日前全电量电费、实时偏差电量电费、中长期差价合约电费之和，结算公式如下：

发电侧电能量电费＝日前全电量电费＋实时偏差电量电费＋中长期差价合约电费

日前全电量电费＝∑（日前市场出清电量×日前市场节点/分区边际电价）

实时偏差电量电费＝∑［（实际上网电量－日前市场出清电量）×实时市场节点/分区边际电价］

中长期差价合约电费＝∑［合约电量×（合约价格－中长期结算参考点现货电价）］

未运行日前市场、仅运行实时市场的省（区、市）/区域，发电侧主体电能量电费为其实时全电量电费、中长期差价合约电费之和，结算公式如下：

发电侧电能量电费＝实时全电量电费＋中长期差价合约电费

实时全电量电费＝∑（实际上网电量×实时市场节点/分区边际电价）

中长期差价合约电费＝∑［合约电量×（合约价格－中长期结算参考点现货电价）］

（二）按照本规则第八十四条方式二，运行日前市场的省（区、市）/区域，发电侧主体电能量电费为中长期合约电费、日前电能量电费与实时电能量电费之和。结算公式如下：

发电侧电能量电费＝中长期合约电费＋日前电能量电费＋实时电能量电费

中长期合约电费＝∑［合约电量×（合约价格＋日前市场节点/分区边际电价－中长期结算参考点现货电价）］

日前电能量电费＝∑［（日前市场出清电量－∑合约电量）×日前市场节点/分区边际电价］

实时电能量电费＝∑［（实际上网电量－日前市场出清电量）×实时市场节点/分区边际电价］

未运行日前市场、仅运行实时市场的省（区、市）/区域，发电侧主体电能量电费为中长期合约电费与实时电能量电费之和，结算公式如下：

发电侧电能量电费＝中长期合约电费＋实时电能量电费

中长期合约电费＝∑［合约电量×（合约价格＋实时市场节点/分区边际电价－中长期结算参考点现货电价）］

实时电能量电费＝∑［（实际上网电量－∑合约电量）×实时市场节点/分区边际电价］

（三）根据市场构成不同，中长期结算参考点的现货价格可以由日前市场出清价格或者实时市场出清价格确定。

（四）针对不同发电类型，可设计不同的政府授权合约结算公式。主要区别在于如何规定政府授权合约价格、合约电量曲线以及合约结算参考点。具体可在相关市场实施细则中明确。

第九十二条　省（区、市）/区域内用户侧主体电能量电费计算应符合以下要求：

（一）按照本规则第八十四条方式一，运行日前市场的省（区、市）/区域，用户侧主体电能量电费为其日前全电量电费、实时偏差电量电费、中长期差价合约电费之和，结算公式如下：

用户侧电能量电费＝日前全电量电费＋实时偏差电量电费＋中长期差价合约电费

日前全电量电费＝∑［日前市场出清电量×日前市场节点/分区边际电价或统一结算点电价］

实时偏差电量电费＝∑［（实际用电量－日前市场出清电量）×实时市场节点/分区边际电价或统一结算点电价］

中长期差价合约电费＝∑［合约电量×（合约价格－中长期结算参考点现货电价）］

未运行日前与日内市场、仅运行实时市场的省（区、市）/区域，用户侧主体电能量电费为其实时全电量电费、中长期差价合约电费之和，结算公式如下：

用户侧电能量电费＝实时全电量电费＋中长期差价合约电费

实时全电量电费＝∑［实际用电量×实时市场节点/分区边际电价或统一结算点电价］

中长期差价合约电费＝∑［合约电量×（合约价格－中长期结算参考点现货电价）］

（二）按照本规则第八十四条方式二，运行日前市场的省（区、市）/区域，用户侧主体电能量电费包括中长期合约电费、日前电能量电费与实时电能量电费，结算公式如下：

用户侧电能量电费＝中长期合约电费＋日前电能量电费＋实时电能量电费

中长期合约电费＝∑［合约电量×（合约价格＋日前市场节点/分区边际电价或统一结算点电价－中长期结算参考点现货电价）］

日前电能量电费＝∑［（日前市场出清电量－∑合约电量）×日前市场节点/分区边际电价或统一结算点电价］

实时电能量电费＝∑［（实际用电量－日前市场出清电量）×实时市场节点/分区边际电价或统一结算点电价］

若未运行日前与日内市场、仅运行实时市场的省（区、市）/区域时，用户侧主体电能量电费为中长期合约电费和实时电能量电费之和，结算公式如下：

用户侧电能量电费＝中长期合约电费＋实时电能量电费

中长期合约电费＝∑［合约电量×（合约价格＋实时市场节点/分区边际电价或统一结算点电价－中长期结算参考点现货电价）］

实时电能量电费＝∑［（实际用电量－∑合约电量）×实时市场节点/分区边际电价或统一结算点电价］

（三）根据市场构成不同，中长期结算参考点的现货价格可以由日前市场出清价格或者实时市场出清价格确定。

第九十三条 日前市场、实时市场阻塞费用为由于阻塞造成的应付费用与应收费用之差。市场设计中应考虑省内的阻塞费用分配方式，并明确跨省阻塞费用的计算和分配方式。阻塞费用可按规则分配给经营主体，初期可采用分配方式处理阻塞费用，待条件成熟时，可通过市场化方式拍卖输电权，由输电权拥有者获取相应的阻塞收入。

第四节 结算依据及流程

第九十四条 经营主体结算依据包括现货电能量电费、中长期合同电费（包括双边合同、政府授权合约等）、系统运行费用（包含辅助服务费用、抽水蓄能容量电费等）、不平衡费用等。

第九十五条 电力交易机构和电网企业应确定结算周期、结算依据和结算账单出具日期以及收付款日期等，在此基础上制定相关时间节点和流程，并提前1个季度公开上述信息。

第九十六条 电力交易机构从电网企业按日获取每个经营主体的计量数据，计算每个经营主体批发市场的月度结算结果，在规定截止日期前形成结算依据。

第九十七条 电力交易机构在规定截止日期前向经营主体出具结算依据，并推送给电网企业。

第九十八条 电网企业在规定截止日期前，根据结算依据向经营主体发布结算账单。

第九十九条 用户侧主体应根据其结算账单在规定截止日期前向电网企业全额支付相关电费。电网企业应根据结算账单在规定截止日期前向发电侧主体全额支付相关电费。

第一百条 结算账单内容包括结算依据、汇总表及其他适用的附加项目。向用户侧主体收取电费的结算账单应包括电能量费用、输配电价、线损电费、系统运行费、政府性基金及附加等。向发电侧主体支付电费的结算账单应包括电能量费用（包括现货和中长期交易的电能量电费）、系统运行费、相关成本补偿费用等。

第五节 结算查询及调整

第一百〇一条 经营主体对结算明细数据、结算依据计算过程、结算依据内容等向电力交易机构提出查询或就结算账单问题向电网企业提出查询的，收到结算查询后，电力交易机构或电网企业应确认和评估查询是否有效，可要求经营主体追加信息，若确认结算查询有效且需要修改结算依据或结算账单，应按照规则进行调整。

第一百〇二条 结算调整应按照以下方式开展：

（一）若结算错误影响多个经营主体，电力交易机构应重新进行结算计算，并在最近一次结算周期内完成调整；无法在最近一次结算周期内完成调整的，调整金额应在下个结算周期的结算依据中记为“结算调整项目”费用。

（二）可根据结算周期内对单个经营主体的影响设定阈值，超出阈值的，应在下个月的结算依据中记为“结算调整项目”；低于阈值的，可每年定期开展统一结算调整。

第六节 违约处理

第一百〇三条 对付款违约经营主体的处理应符合以下要求：

（一）若经营主体未能在付款截止日前完成全额付款，电网企业应及时告知电力交易机构，电力交易机构按规定向经营主体发出违约通知。

（二）当电力交易机构发出违约通知后，电网企业应尽快按照违约金额提出履约保函、保险的适用申请。电力交易机构向履约保函、保险开立单位出具索赔通知及履约保函、保险原件，要求开立单位支付款项。电网企业向经营主体付款的总额不应超过实际收款及提取到的履约保函、保险金额总和。

（三）电力交易机构向违约经营主体发出履约保函、保险执行告知书，同时发出暂停交易通知，并做好相关信用记录。

第九章 风险防控

第一节 基本要求

第一百〇四条 建立健全电力市场风险防控机制，防范市场风险，保障电力系统安全和市场平稳运行，维护经营主体合法权益和社会公共利益。

第一百〇五条 市场运营机构在国家能源局派出机构、省（区、市）有关主管部门指导下，履行市场风险防控职责，市场成员应共同遵守并按规定落实电力市场风险防控职责。

第二节 风险分类

第一百〇六条 电力市场风险类型包括：

（一）电力供需风险，指电力供应与需求大幅波动、超出正常预测偏差范围，影响电力系统供需平衡的风险。

（二）市场价格异常风险，指部分时段或局部地区市场价格持续偏高或偏低，波动范围或持续时间明显超过正常变化范围的风险。

（三）电力系统安全运行风险，指电力系统在运行中承受扰动时，无法承受住扰动引起的暂态过程并过渡到一个可接受的运行工况，或者在新的运行工况下，各种约束条件不能得到满足的风险。

（四）电力市场技术支持系统风险，指支撑电力市场的各类技术支持系统出现异常或不可用状态，影响市场正常运行的风险。

（五）网络安全风险，指因黑客、恶意代码等攻击、干扰和破坏等行为，造成被攻击系统及其中数据的机密性、完整性和可用性被破坏的风险。

（六）履约风险，指经营主体签订的批发、零售合同，由于经营主体失信、存在争议或不可抗力等原因而不能正常履行，影响市场结算工作正常开展的风险。

第三节　风险防控与处置

第一百〇七条　市场风险监测以事前、事中为主。市场运营机构按照国家能源局派出机构、省（区、市）有关主管部门要求，加强对电力市场各类交易活动的风险防范和监测。

第一百〇八条　市场运营机构按照有关程序对市场风险进行预警，并报告国家能源局派出机构、省（区、市）有关主管部门。

第一百〇九条　市场运营机构负责编制各类风险处置预案，包括风险级别、处置措施、各方职责等内容，并滚动修编。风险处置预案经国家能源局派出机构、省（区、市）有关主管部门审定后执行。

第一百一十条　市场风险发生时，各方按照事前制定的有关预案，在事中、事后采取相应的措施进行处置，尽可能减小风险造成的后果，并按要求披露市场风险处置情况。

第十章　市　场　干　预

第一节　市场干预条件

第一百一十一条　市场干预分为政府干预和市场运营机构干预。

第一百一十二条　现货市场运行过程中发生下列情形之一的，由国家能源局派出机构、省（区、市）价格等有关主管部门根据职责作出市场干预决定，包括临时中止市场运行、中止部分或全部规则的执行、价格管制等措施，并委托市场运营机构实施市场干预：

（一）电力供应严重不足时。

（二）电力市场未按照规则运行和管理时。

（三）电力市场运营规则不适应电力市场交易需要，必须进行重大修改时。

（四）电力市场交易发生恶意串通操纵市场的行为，并严重影响交易结果时。

（五）市场价格达到价格限值且触发管控条件时。

（六）其他认为需要进行市场干预的情形。

第一百一十三条　现货市场运行过程中出现如下情况时，市场运营机构应按照安全第一的原则采取取消市场出清结果、实施发用电计划管理等措施对市场进行干预，并尽快报告国家能源局派出机构、省（区、市）有关主管部门：

（一）电力系统发生故障导致网络拓扑发生重大变化，或当电网整体、局部发生稳定破坏，严重危及电网安全时。

（二）因重大自然灾害、突发事件等原因导致电网运行安全风险较大时。

（三）电力市场技术支持系统发生重大故障，导致无法按照市场规则进行出清和调度时。

（四）其他认为需要进行市场干预的情形。

第二节　市场干预内容

第一百一十四条　市场运营机构须按要求记录干预的原因、措施，分析存在的问题，形成方案建议，并尽快向国家能源局派出机构、省（区、市）价格等有关主管部门备案。

第一百一十五条　市场运营机构应公布市场干预情况原始日志，包括干预时间、干预人员、干预操作、干预原因，涉及《电力安全事故应急处置和调查处理条例》（中华人民共和国国务院令第 599 号）规定电力安全事故等级的事故处理情形除外。

第一百一十六条　市场干预期间的干预触发条件、干预规则等由国家能源局派出机构和省（区、市）价格等有关主管部门制定，并在省（区、市）/区域市场交易规则中明确。若干预期间机组总发电收入低于核定的总发电成本（包含调用停机机组的启动成本），应按照核定的总发电成本对机组进行结算。

第一百一十七条　当采用价格管制的方式干预市场时，管制定价的制定应综合考虑市场供需情况、电力稀缺价值以及机组变动成本等因素，定期根据市场运行情况更新、调整计算方法，并同步建立与结算联动的机制。

第三节　市场中止和恢复

第一百一十八条　当触发市场干预条件，且市场中止之外的措施不足以将市场恢复到正常运行状态，由国家能源局派出机构、省（区、市）有关主管部门做出市场中止决定，并委托市场运营机构实施。市场运营机构应立即发布市场中止声明。突发情况时，市场运营机构可按规定进行市场干预，并做好相关记录，事后由国家能源局派出机构、省（区、市）有关主管部门做出是否中止市场的决定并发布。

第一百一十九条　当异常情况解除、电力市场重启具备条件后，经国家能源局派出机构、省（区、市）有关主管部门同意，市场运营机构按程序恢复市场正常运行。市场恢复通知应按要求提前向经营主体发布。

第一百二十条 国家能源局派出机构、省（区、市）有关主管部门应建立电力市场中止和恢复工作机制并在规则中予以明确。

第十一章 争 议 处 理

第一百二十一条 经营主体之间、经营主体与市场运营机构之间、经营主体与电网企业之间因参与电力现货市场发生争议的，可先通过市场管理委员会调解，也可向国家能源局派出机构、省（区、市）有关主管部门申请行政调解；调解不成的可通过仲裁、司法等途径解决争议。

第一百二十二条 市场成员应按照以下规定时间提出争议调解申请：

（一）对于出清价格、结算依据中的电量或金额有争议的，应在市场运营机构给出查询回复后的10个工作日内以书面方式提出。

（二）对于结算凭证中的电量或金额有争议的，应在电网企业给出结算查询回复后的10个工作日内以书面方式提出。

（三）对于其他争议，市场成员应在事件发生之日起2年内提出。

第一百二十三条 市场成员有义务为国家能源局派出机构、省（区、市）有关主管部门提供争议处理所需的数据和材料。承担调解工作的相关人员应遵守保密规定，不得泄露因调解工作知悉的商业秘密。

第十二章 电力市场技术支持系统

第一百二十四条 电力市场技术支持系统与市场成员及市场运营所需相关系统的数据通信应符合相关标准和通信协议。

第一百二十五条 电力市场技术支持系统功能规范要求：

（一）电力市场技术支持系统应符合国家有关技术标准和行业标准。

（二）电力市场技术支持系统所有软、硬件模块应采用冗余配置。

（三）电力市场技术支持系统应建立备用系统或并列双活运行系统，实现双套系统互为主备和并列运行，防止遭受严重自然灾害而导致的系统瘫痪。

（四）电力市场技术支持系统应保障电力市场运营所需的交易安全、数据安全和网络安全，并具备可维护性、适应性、稳定性，适应电力市场逐步发展完善的需要。

（五）电力市场技术支持系统须对电力市场的经营主体注册管理、数据申报、合同分解与管理、市场出清、调度计划编制、安全校核、辅助服务、市场信息发布、市场结算、市场运行监控等运作环节提供技术支撑，保障电力市场稳定运行。

（六）电力市场技术支持系统应具备数据校验功能，支持对规则配置和生效设置的校验，包括各类分项数据的单一合理性验证、各种关联数据的相关性验证。

（七）电力市场技术支持系统应能够按照相关要求和数据接口规范提供数据接口服务，支持市场成员按规定获取相关数据，市场成员在使用数据接口服务时应满足相关网络安全要求。

（八）电力市场技术支持系统应具备在线监测功能，按有关规定对市场运营情况进行监测，并向国家能源局派出机构、省（区、市）有关主管部门开放相应的访问权限。

（九）现货结算子系统应充分考虑未来发展趋势，统筹规划系统功能的维护管理与扩展升级，满足市场全周期全品种结算要求。

第一百二十六条 电力市场技术支持系统第三方校验要求：

（一）电力市场技术支持系统投入运行前，应由国家能源局派出机构、省（区、市）有关主管部门组织第三方开展市场出清软件的标准算例校验。

（二）电力市场技术支持系统应通过第三方校验，确保电力现货市场技术支持系统算法模型、市场出清功能和结果与现货市场规则一致，同时满足出清时效性及实用性的要求。

（三）电力市场技术支持系统由国家能源局派出机构、省（区、市）有关主管部门遵循利益回避原则组织独立第三方开展校验。

第一百二十七条 电力市场技术支持系统数据交互和管理的要求：

（一）电力市场技术支持系统交互应支持多周期多品种电力交易全过程业务，相关数据交互应确保流程清晰、数据准确、责任明晰，可支持市场出清的离线仿真。

（二）电力市场技术支持系统数据交互应满足《中华人民共和国网络安全法》《电力监控系统安全防护规定》《电力监控系统安全防护方案》等法律法规和相关文件要求。

（三）电力市场技术支持系统交换数据精度应满足电力市场运行规则要求。

（四）电力市场技术支持系统交换的数据应由市场运营机构、经营主体和承担计量、资金结算等服务的单位按各自职责进行采集、提供和核验，并负责数据准确性。

第十三章　附　　则

第一百二十八条　本规则由国家发展改革委、国家能源局负责解释。

第一百二十九条　本规则自2023年10月15日起施行，有效期截至2026年10月15日。

附件

名　词　解　释

1. 电力批发市场（wholesale electricity market）：发电企业和电力批发用户或售电公司之间进行电力交易的市场，主要包括通过市场化方式开展的中长期电能量交易和现货电能量交易等。

2. 电力零售市场（retail electricity market）：在批发市场的基础上，由电力零售商和电力用户自主开展交易的市场。

3. 电力现货市场（electricity spot market）：通过现货交易平台在日前及更短时间内集中开展的次日、日内至实时调度之前电力交易活动的总称。

4. 中长期交易（medium and long-term transaction）：对未来某一时期内交割电力产品或服务的交易，包含数年、年、月、周、多日等不同时间维度的交易。中长期交易合同包括实物合同和财务合同。

5. 安全校核（power system security analysis）：对检修计划、发电计划、市场出清结果和电网运行方式等内容，从电力系统运行安全角度分析的过程。分析方法包括静态安全分析、暂态稳定分析、动态稳定分析、电压稳定分析等。

6. 辅助服务市场（ancillary service market）：为维护电力系统的安全稳定运行、保证电能质量，由发电企业、电网企业、电力用户等提供除正常电能生产、传输、使用之外的电力辅助服务的市场，包括调频、备用、无功调节、黑启动等市场。

7. 节点边际电价（locational marginal price，LMP）：现货电能量交易中，在满足发电侧和输电安全等约束条件下，为满足某一电气节点增加单位负荷时导致的系统总电能供给成本的增量。

8. 分区边际电价（zonal marginal price）：当电网存在输电阻塞时，按阻塞断面将市场分成几个不同的分区（即价区），并以分区内边际机组的价格作为该分区市场出清价格，即分区边际电价。

9. 市场限价（market price cap & floor）：一般分为报价限价和出清限价等。报价限价指允许经营主体申报的价格范围，出清限价指市场运行允许出现的价格范围。

10. 日前市场（day-ahead market）：运行日提前一天（D－1日）进行的决定运行日（D日）机组组合状态和发电计划的电能量市场。

11. 日内市场（intra-day market）：运行日（D日）滚动进行的决定运行日（D日）未来数小时调度机组组合状态和发电计划的电能量市场。

12. 实时市场（real-time market）：运行日（D日）进行的决定运行日（D日）未来5～15分钟最终调度资源分配状态和计划的电能量市场。

13. 市场注册（market registration）：指市场交易成员将用于取得经营主体资格相关的信息和资料提交给市场运营机构并获得经营主体资格的过程。

14. 市场出清（market clearing）：电力市场根据市场规则通过竞争确定交易量、价。

15. 市场结算（market settlement）：根据交易结果和市场规则相关规定，在规定周期内对市场成员参与电能量等市场的有关款项进行的计算、划拨。

16. 阻塞管理（congestion management）：当市场出清过程中进行安全校核时，若输电线路潮流超出了安全约束，市场运营机构需根据一定原则调整发电机组出力，改变输电线路潮流使其符合安全约束，并且分配调整后产生的盈余或者成本。

17. 阻塞费用（congestion cost）：因潮流阻塞需要系统总购电费用的增加部分，阻塞费用等于两节点之间的节点价格价差乘以连接两节点线路的潮流。

18. 调频服务（frequency regulation service）：电力系统频率偏离目标频率时，并网主体通过调速系统、自动功率控制等方式，调整有功出力减少频率偏差所提供的服务。

19. 备用服务（reserve service）：为保证电力系统可靠供电，在调度需求指令下，并网主体通过预留调节能力，并在规定的时间内响应调度指令所提供的服务。

20. 市场监测（market monitoring）：对发电企业生产及运行情况、电网运行状态、用户用电行为等运行情况，以及交易组织、交易行为等市场运营情况进行监视的行为。

21. 履约保函（prudential deposit）：又称信用保证书，是指银行、保险公司、担保公司或担保人应申请人或企业的请求，向受益人或企业及第三方（电力交易机构）开立的一种书面信用担保凭证，以书面形式出具的、凭提交与承诺条件相符的书面索款通知和其他类似单据即行付款的保证文件。

22. 电力市场技术支持系统（electricity market operation system）：是支持电力市场运营的计算机、数据网络与通信设备、各种技术标准和应用软件的有机组合，包括现货市场技术支持系统、电力交易平台等。

国家发展改革委　国家能源局关于印发《电力负荷管理办法（2023年版）》的通知

（发改运行规〔2023〕1261号）

各省、自治区、直辖市发展改革委、能源局，北京市城市管理委员会，天津市工信局，上海市、重庆市经信委，辽宁省、四川省、甘肃省工信厅，国家电网有限公司、中国南方电网有限责任公司，有关中央发电企业：

为贯彻落实党的二十大精神，加快规划建设新型能源体系，深化电力需求侧管理，确保电网安全稳定运行，保障社会用电秩序，我们对2011年发布的《有序用电管理办法》进行了修订，形成了《电力负荷管理办法（2023年版）》。现印发给你们，请遵照执行。

国家发展改革委
国家能源局
2023年9月7日

附件：《电力负荷管理办法（2023年版）》

电力负荷管理办法（2023年版）

第一章　总　　则

第一条　为贯彻落实党中央、国务院关于能源电力安全保供决策部署，加强电力需求侧管理，确保电网安全稳定运行，保障社会用电秩序，服务经济社会高质量发展，根据《中华人民共和国电力法》《电力供应与使用条例》《电网调度管理条例》等法律法规和政策文件，制定本办法。

第二条　本办法适用于中华人民共和国境内电力负荷管理工作。

第三条　本办法所称电力负荷管理，是指为保障电网安全稳定运行、维护供用电秩序平稳、促进可再生能源消纳、提升用能效率，综合采用经济、行政、技术等手段，对电力负荷进行调节、控制和运行优化的管理工作，包含需求响应、有序用电等措施。

第四条　国家发展改革委负责全国电力负荷管理工作，国务院其他有关部门在各自职责范围内负责相关工作。

县级以上地方人民政府电力运行主管部门负责本行政区域内的负荷管理组织实施工作，县级以上地方人民政府其他有关部门在各自职责范围内负责相关工作。

第五条　电网企业、电力用户、电力需求侧管理服务机构是负荷管理的重要实施主体。电网企业在各级电力运行主管部门指导下，负责新型电力负荷管理系统建设、负荷管理装置安装和运行维护、负荷管理措施执行和分析等工作。电力用户、电力需求侧管理服务机构依法依规配合实施负荷管理工作。

第六条　各地电力运行主管部门指导电网企业根据本地实际情况成立电力负荷管理中心。电网企业持续加强负荷管理专业力量建设。

第二章　需　求　响　应

第七条　本办法所称需求响应，是指应对短时的电力供需紧张、可再生能源电力消纳困难等情况，通过经济激励为主的措施，引导电力用户根据电力系统运行的需求自愿调整用电行为，实现削峰填谷，提高电力系统灵活性，保障电力系统安全稳定运行，促进可再生能源电力消纳。

第八条　各地电力运行主管部门应指导各类需求响应主体与电网企业签订需求响应协议，明确各方权利、义务、争议解决、违约责任、协议终止等条款。省级电力运行主管部门委托电力负荷管理中心开展各类主体的资格审核、设备检测、能力校核、执行组织、效果评估以及电力用户合理接入系统等工作，评估结果报告省级电力运行主管部门。

第九条　需求响应执行程序一般包括响应启动、邀约确认、响应执行、过程监测、效果评估、结果公示、资金发放等环节。电力运行主管部门组织电网企业根据电力供需情况启动实施需求响应，或委托电网企业灵活组织实施。电力负荷管理中心根据各地电力运行主管部门委托通过新型电力负荷管理系统开展经营主体资格审核、响应邀约、过程监测、效果评估、信息披露等工作。

第十条　建立并完善与电力市场衔接的需求响应价格机制。根据“谁提供、谁获利，谁受益、谁承担”的原则，支持具备条件的地区，通过实施尖峰电价、拉大现货市场限价区间等手段提高经济激励水平。鼓励需求响应主体参与相应电能量市场、辅助服务市场、容量市场等，按市场规则获取经济收益。

第十一条　电力运行主管部门应推动需求响应与电力市场有序衔接、高效协同，逐步以更多市场化方式实现需求响应。推动需求侧资源进入电力市场，参与需求响应的各类主体可根据电力市场准入要求，自主申请注册为合格经营主体，逐步将需求响应作为电网经济运行常态化调节措施。

第十二条　需求响应方案实施期间，各级电力运行主管部门应组织电力负荷管理中心对响应执行情况进行监督检查。

（一）对需求响应执行不到位的用户、负荷聚合商、虚拟电厂等，应加强指导，并按照相关规则或协议进行偏差考核。

（二）对违反需求响应方案的电网企业，要根据相关规则或协议对用户给予补偿。

第三章　有　序　用　电

第十三条　本办法所称有序用电，是指在可预知电力供应不足等情况下，依靠提升发电出力、市场组织、需求响应、应急调度等各类措施后，仍无法满足电力电量供需平衡时，通过行政措施和技术方法，依法依规控制部分用电负荷，维护供用电秩序平稳的管理工作。

第十四条　各省级电力运行主管部门应组织指导省级电网企业等相关单位，根据年度电力供需平衡预测和国家有关政策，编制本地区年度有序用电方案，并报省级人民政府同意后，向国家发展改革委、国家能源局报告。各地市（县）电力运行主管部门根据有序用电方案，定用户、定负荷。

第十五条　编制年度有序用电方案应按照先错峰、后避峰、再限电的顺序安排电力电量平衡。不得在有序用电方案中滥用限电措施，影响正常的社会生产生活秩序。不得以国家和地方节能目标责任评价考核的名义对电力用户等实施无差别的有序用电。

第十六条　编制有序用电方案应重点保障以下用电：

（一）应急指挥和处置部门，主要党政军机关，广播、电视、电信、交通、监狱等关系国家安全和社会秩序的用户；

（二）危险化学品生产、矿井等停电将导致重大人身伤害或设备严重损坏企业的保安负荷；

（三）重大社会活动场所、医院、金融机构、学校等关系群众生命财产安全的用户；

（四）供水、供热、供能等基础设施用户；

（五）居民生活，排灌、化肥生产等农业生产用电；

（六）国家重点工程、军工企业。

第十七条　编制有序用电方案应重点限制以下用电：

（一）违规建成或在建项目；

（二）产业结构调整目录中淘汰类、限制类企业；

（三）单位产品能耗高于国家或地方强制性能耗限额标准的企业；

（四）景观照明、亮化工程；

（五）其他高耗能、高排放、低水平企业。依据高耗能行业重点领域能效标杆水平和基准水平，优先限制能效水平低于基准水平的企业用电需求。

第十八条　有序用电方案规模应不低于本地区历史最高负荷的30%；若无法满足以上条件，应将本地区所有重点保障用电以外的负荷全部纳入方案。方案按照Ⅰ～Ⅵ级六个等级制定，每5%为一档。各地可结合本地区实际情况，在上述等级的基础上制定细化方案。

第十九条　各级电力运行主管部门应在迎峰度夏、迎峰度冬前分别修订有序用电方案。其他因素导致本地区电力供需平衡发生重大变化时，应及时调整方案。

第二十条　有序用电方案印发后，各级电力运行主管部门和电网企业应及时向相关电力用户告知有序用电方案，并组织开展演练，每年迎峰度夏、迎峰度冬前应各开展一次。有序用电方案涉及的电力用户应加强电能管理，编制具有可操作性的内部负荷控制方案。

第二十一条　各省级电网企业应密切跟踪电力供需形势，加强电力电量分析预测，当预计出现电力供应缺口时，应及时报告相关省级电力运行主管部门。

第二十二条　省级电力运行主管部门和电网企业应及时发布预警信息。按照电力或电量缺口占当期最大用电需求比例的不同，预警信号分为四个等级：

Ⅰ级：特别严重（红色、20%以上）；

Ⅱ级：严重（橙色、10%以上至20%以下）；

Ⅲ级：较重（黄色、5%以上至10%以下）；

Ⅳ级：一般（蓝色、5%以下）。

第二十三条　省级电力运行主管部门应根据电力供需平衡情况，报告省级人民政府后，适时启动有序用电方案，组织县级及以上电力运行主管部门和电网企业实施有序用电，并报告国家发展改革委、国家能源局。有序用电一经启动，电网企业根据电力供需状况制定每日有序用电执行计划，报备电力运行主管部门，并通知用户执行，直至电力运行主管部门发布有序用电终止执行信息。

第二十四条　有序用电方案实施期间，电网企业应在电力运行主管部门指导下加强网省间余缺调剂和相互支援。发电企业应加强设备运行维护和燃料储运，提高机组顶峰发电能力。电力用户应加强节电管理，合理安排检修计划。拥有储能设备的用户应优化充放电策略，提高顶峰放电能力。有序用电方案涉及的用户应按照调控指标，规范刚性执行。

第二十五条　电网企业应依据有序用电方案，结合实际电力供应能力和用电负荷情况，合理做好日用电平衡工作。在保证有序用电方案整体执行效果的前提下，电网企业应优化有序用电措施，在电力电量缺口缩小时及时有序释放用电负荷。

第二十六条　电力供应紧张期间，燃煤自备电厂、应急备用发电机组应严格按电力调度机构要求应开尽开、应发尽发。

第二十七条 由于极端天气或自然灾害等不可抗力因素，导致电力供应缺口超出有序用电方案调控能力时，各级电力运行主管部门应指导电网企业结合本地情况，制定扩大范围的应急方案，并报省级人民政府同意，必要时予以实施，保障居民生活和经济社会安全运行。

第二十八条 紧急状态下，电网企业应执行事故限电序位表，造成国家大面积停电事件时，应启动国家大面积停电事件应急预案和黑启动预案等。

第二十九条 除第二十七条、二十八条情况外，在对用户实施、变更、取消有序用电措施前，电网企业应通过公告、电话、传真、短信、网络等方式履行告知义务。其中，实施有序用电应至少于前一天告知。

第三十条 有序用电方案实施期间，电网企业应开展有序用电执行情况汇总和分析工作，并及时报送电力运行主管部门。

第三十一条 有序用电方案实施期间，各级电力运行主管部门应对方案执行情况组织监督检查，并按照以下规定进行处理：

（一）对执行方案不力、负荷压降不及预期或擅自超限额用电的电力用户，应责令改正，必要时由电网企业通过新型电力负荷管理系统进行负荷控制，相关后果由用户承担；情节严重并可能影响电网安全的，电网企业履行政府报备并按程序停止供电。

（二）对违反有序用电方案和相关政策的电网企业，要责令改正；情节严重的，要依法依规追究相关责任。

（三）对违反有关规定的政府部门相关人员，要责令改正；情节严重的，依法依规给予行政处分。

（四）对违反有序用电方案，因此导致出现电网安全或影响民生及重要用户用电的严重不良事件，依法依规追究相关方责任。

第三十二条 由于实施有序用电导致的市场化交易电量偏差部分免予考核。

第四章 系 统 支 撑

第三十三条 本办法所称新型电力负荷管理系统，是指用于对电力用户、负荷聚合商、虚拟电厂等开展负荷信息采集、预测分析、测试、调控、服务的软硬件平台，是开展电力需求侧管理的信息技术辅助系统，是负荷管理工作的重要实施平台。

第三十四条 各级电力运行主管部门应指导电网企业统筹推进本地区新型电力负荷管理系统建设，制定负荷资源接入年度目标，逐步实现 10kV（6kV）及以上高压用户全覆盖。负荷聚合商、虚拟电厂应接入新型电力负荷管理系统，确保负荷资源的统一管理、统一调控、统一服务，电网企业为第三方经营主体提供数据支撑和技术服务。

第三十五条 各级电力负荷管理中心应定期动态开展负荷资源排查、核查和监测，并将相关情况报送电力运行主管部门。

第三十六条 各地电力运行主管部门、电网企业、电力用户应加强新型电力负荷管理系统的建设、运维及安全管理。具体包含如下内容：

（一）各地电力运行主管部门指导电网企业、电力用户签订负荷确认协议。

（二）电网企业负责制定统一建设标准，出资开展系统平台建设、负荷管理装置安装和运行维护、网络安全防护、信息与数据安全防护，指导电力用户将负荷合理接入系统。

（三）电力用户负责按自身产权范围出资开展建设工作，包括开关改造、负荷确认、接入系统等。不得将保安负荷接入新型电力负荷管理系统，不得私自迁移、更改、破坏接线，影响系统正常运行。

第五章 保 障 措 施

第三十七条 各地电力运行主管部门应建立健全电力负荷管理工作体系，指导电力负荷管理中心常态化运行，组织各方主体做好负荷管理实施工作。

第三十八条 各地电力运行主管部门应加强负荷管理工作宣传培训，建立各级政府、电网企业、发电企业、电力用户、行业协会（商会）和新闻媒体共同参与的电力供需信息沟通和发布机制。

第三十九条 国家发展改革委、国家能源局每年组织各地电力运行主管部门、电网企业对电力负荷管理工作进行分析、总结和评价。

第六章 附 则

第四十条 本办法下列用语的含义：

（一）错峰，是指将高峰时段的用电负荷转移到其他时段，通常不减少电能使用。

（二）避峰，是指在高峰时段削减、中断或停止用电负荷，通常会减少电能使用。

（三）限电，是指在特定时段限制某些用户的部分或全部用电需求。

（四）电力缺口，是指某一时刻，用电负荷超过电力供应能力的部分。

（五）电量缺口，是指某一时段，用电量超过电力供应量的部分。

（六）负荷管理装置，是指部署于用户侧的边缘计算装置，可实现用电负荷数据采集存储和分析计算、负荷调控等功能的设备。

第四十一条 本办法有关数量的表述中，“以上”含本数，“以下”不含本数。

第四十二条　本办法由国家发展改革委负责解释。

第四十三条　省级电力运行主管部门应结合本地区实际情况，制定相关实施细则。

第四十四条　本办法自2023年10月1日起施行，有效期5年。《有序用电管理办法》（发改运行〔2011〕832号）同时废止。

国家发展改革委等部门关于印发《电力需求侧管理办法（2023年版）》的通知

（发改运行规〔2023〕1283号）

各省、自治区、直辖市发展改革委、经信委（工信委、工信厅）、物价局、财政厅（局）、住房和城乡建设厅（委、局）、国资委、能源局，北京市城市管理委员会，国家能源局各派出机构，中国电力企业联合会，国家电网有限公司、中国南方电网有限责任公司：

为贯彻落实党的二十大精神，加快规划建设新型能源体系，服务经济社会高质量发展，确保能源安全，我们对2017年国家发展改革委、工业和信息化部、财政部、住房城乡建设部、国务院国资委、国家能源局联合发布的《电力需求侧管理办法》进行了修订。现印发给你们，请遵照执行。

国家发展改革委
工业和信息化部
财　政　部
住房城乡建设部
国务院国资委
国家能源局
2023年9月15日

附件：《电力需求侧管理办法》

电力需求侧管理办法（2023年版）

第一章　总　则

第一条　为贯彻落实党中央、国务院关于碳达峰碳中和的重大战略决策，深入推进能源革命，加快规划建设新型能源体系，加强能源产供储销体系建设，推动能源清洁低碳安全高效利用，确保能源安全，根据《中华人民共和国电力法》《中华人民共和国节约能源法》《电力供应与使用条例》《关于进一步深化电力体制改革的若干意见》等法律法规和政策文件规定，制定本办法。

第二条　本办法适用于中华人民共和国境内电力需求侧管理工作。

第三条　本办法所称电力需求侧管理，是指加强全社会用电管理，综合采取合理可行的技术、经济和管理措施，优化配置电力资源，在用电环节实施节约用电、需求响应、绿色用电、电能替代、智能用电、有序用电，推动电力系统安全降碳、提效降耗。

第四条　电力需求侧管理应贯彻落实节约资源、保护环境的基本国策，坚持统筹发展和安全，守牢能源电力安全底线。

第五条　国家发展改革委负责全国电力需求侧管理工作，县级以上地方人民政府电力运行主管部门负责本行政区域内的电力需求侧管理工作。国务院有关部门、各地区县级以上地方人民政府有关部门、各级能源监管部门在各自职责范围内开展和参与电力需求侧管理。

第六条　电网企业、电力用户、电力需求侧管理服务机构、电力相关行业组织等是电力需求侧管理的重要实施主体，应依法依规开展电力需求侧管理工作。其中，电网企业包括省级及以上电网企业、其他地方电网企业以及增量配电网企业；电力需求侧管理服务机构包括负荷聚合商、售电公司、虚拟电厂运营商、综合能源服务商等。

第二章　节　约　用　电

第七条　本办法所称节约用电，是指通过实施合理、可行的技术、经济、管理和服务措施，促进用户提高能源利用效率，实现用电环节电力电量节约，促进电力系统有效节能降碳。

第八条　实施电网企业电力需求侧管理目标责任考核评价制度，省级电力运行主管部门制定和下达本级电网企业电力电量节约指标，采取评价与考核相结合的方式，实行年度评价、统筹考核；电网企业当年电力、电量节约指标不低于其售电营业区内上年最大用电负荷的0.3%、上年售电量的0.3%；电网企业可通过自行组织实施或购买服务实现。进一步完善评价考核指标体系，提升非输配环节项目评价比重。

第九条　聚焦重点行业和领域分业施策、分类推进。强化工业、建筑、交通、农业等重点领域电力需求侧管理与碳达峰行动方案衔接，统筹提升重点用能工艺设备产品效率和全链条综合能效。完善新型用电基础设施的能效管理，加强绿色设计、运维和能源计量审查，提升能源利用效率、降低能耗。

第十条　鼓励发展综合能源服务产业促进节电降碳。强化综合能源服务商、负荷聚合商等新兴经营主体培育。鼓励电力需求侧管理服务机构开展合同能源管理、综合节能、电力交易、可再生能源绿色电力证书（简称“绿证”）交易以及碳交易等多元化能源服务，满足电力用户的差异化能源需求，助力电力用户能效提升、节电降碳。

第十一条 各地政府主管部门组织编制和动态发布电力需求侧管理技术推广目录，普及应用节电新技术、新方式。针对工业等领域开展节电评价标准制定，健全评价机制。强化能效标杆引领，系统推进全社会综合能效全面提升。

第三章 需 求 响 应

第十二条 本办法所称需求响应，是指应对短时的电力供需紧张、可再生能源电力消纳困难等情况，通过经济激励为主的措施，引导电力用户根据电力系统运行的需求自愿调整用电行为，实现削峰填谷，提高电力系统灵活性，保障电力系统安全稳定运行，促进可再生能源电力消纳。

第十三条 积极拓宽需求响应主体范围。各类经营性电力用户均可参与需求响应，有序引导具备响应能力的非经营性电力用户参与需求响应。鼓励推广新型储能、分布式电源、电动汽车、空调负荷等主体参与需求响应。

第十四条 提升需求响应能力。到 2025 年，各省需求响应能力达到最大用电负荷的 3%～5%，其中年度最大用电负荷峰谷差率超过 40%的省份达到 5%或以上。到 2030 年，形成规模化的实时需求响应能力，结合辅助服务市场、电能量市场交易可实现电网区域内需求侧资源共享互济。

第十五条 加快构建需求响应资源库。各省级电力运行主管部门应指导电网企业根据需求响应的资源类型、负荷特征、响应速率、响应可靠性等关键参数，形成可用、可控的需求响应资源清单，并基于需求响应实际执行情况等动态更新。

第十六条 全面推进需求侧资源参与电能量和辅助服务市场常态化运行。鼓励满足条件的需求响应主体提供辅助服务，保障电力系统稳定运行。鼓励通过市场化手段，遴选具备条件的需求响应主体提供系统应急备用服务，签署中长期合约并明确根据电网运行需要优先调用。支持符合要求的需求响应主体参与容量市场交易或纳入容量补偿范围。

第十七条 建立和完善需求侧资源与电力运行调节的衔接机制，逐步将需求侧资源以虚拟电厂等方式纳入电力平衡，提高电力系统的灵活性。

第十八条 充分发挥电力需求侧管理服务机构的资源整合能力。支持各类电力需求侧管理服务机构整合优化可调节负荷、分布式电源、新型储能等需求侧资源，以负荷聚合商或虚拟电厂等形式参与需求响应，创新用电服务模式，培育用电服务新业态。支持地方电网、增量配电网、微电网开展需求响应。支持乡村符合条件的需求侧资源由电力需求侧管理服务机构代理参与需求响应。

第十九条 建立并完善与电力市场衔接的需求响应价格机制。根据“谁提供、谁获利，谁受益、谁承担”的原则，支持具备条件的地区，通过实施尖峰电价、拉大现货市场限价区间等手段提高经济激励水平。鼓励需求响应主体参与相应电能量市场、辅助服务市场、容量市场等，按市场规则获取经济收益。

第二十条 各地电力运行主管部门负责本地区需求响应工作，各地能源监管部门根据职责开展相关市场监管工作。电网企业在各级电力运行主管部门指导下，根据本地实际情况成立电力负荷管理中心，负责新型电力负荷管理系统建设和运营工作。省级电力负荷管理中心受电力运行主管部门委托组织开展需求响应交易与执行，电力交易机构和电力调度机构按职责分工协同开展相关工作。各类需求响应主体的权责按照当地电力市场相关规定确定。

第四章 绿 色 用 电

第二十一条 本办法所称绿色用电，是指促进绿色电力（简称“绿电”）供需协同互动，提高可再生能源消纳利用水平，激发全社会绿电消费潜力，推进能源电力绿色低碳转型。

第二十二条 绿证是可再生能源电力消费量的唯一凭证。

第二十三条 鼓励行业龙头企业、大型国有企业、跨国公司等消费绿电，发挥示范带头作用，推动外向型企业较多、经济承受能力较强的地区逐步提升绿电消费比例。加强高耗能、高排放企业使用绿电的刚性约束，各地可根据实际情况制定高耗能、高排放企业电力消费中绿电最低占比。提升新型基础设施绿电消费水平，促进绿电就近消纳。

第二十四条 提高京津冀、长三角、粤港澳等重点区域绿电消费比重，提升新增产业、新建项目、新建园区可再生能源利用水平。支持以县域或村镇为单位，充分利用当地水、风、光、生物质、地热等可再生能源资源，因地制宜建设分布式绿色低碳综合能源网络，提高乡村用能的绿电比例。积极推动工业厂房、公共建筑等屋顶光伏建设和实施光伏建筑一体化应用，因地制宜推广浅层地热驱动的冷热电一体化模式。

第二十五条 推动配电网增容、线路改造和智能化升级，提升配电网规模化接入分布式电源、柔性负荷的能力，推进电网运行方式向源网荷储互动、分层分区协同控制转变。支持工业企业、产业园区、具备条件的乡村地区等开展绿色低碳微电网和源网荷储一体化建设。

第二十六条 支持取得突破的低碳零碳负碳关键

技术开展产业化示范应用，推动绿电与终端冷热水气等集成耦合利用，宣传推广典型案例，推动全社会生产生活用电方式绿色转型。

第五章　电　能　替　代

第二十七条　本办法所称电能替代，是指在终端能源消费环节实施以电代煤、以电代油、以电代气等措施，鼓励通过市场化、智能化等手段，实现替代用能主要使用绿电的电力消费模式。

第二十八条　立足电力供需情况，以市场需求为导向，拓展电能替代的广度和深度，构建政策体系完善、标准体系完备、市场模式成熟、智能化水平高的电能替代发展新格局，科学有序推进电能替代。持续提升工业、建筑、交通等重点领域电气化水平。加快提高农业农村领域终端电气化水平，助力乡村振兴战略。稳步推进重大民生工程终端电气化水平提升。

第二十九条　持续提升电能替代项目的灵活互动能力和可再生能源消纳水平。实施电能替代新增电力电量应优先通过可再生能源电力满足，支持电能替代项目开展绿电交易、绿证交易，进一步提高可再生能源消纳占比，推动电能替代项目参与分布式发电市场化交易。鼓励电能替代项目通过负荷聚合商参与需求响应。

第三十条　实施电能替代新增电力电量在电网企业年度电力电量节约指标完成情况考核中予以合理扣除。对于通过可再生能源满足的电能替代电力电量，计入电网企业年度电力电量节约指标。

第三十一条　强化电能替代配套电网规划、建设、调度和运维等，提高电能替代项目的供电保障能力，做好电能替代项目的供电服务，保证电网安全。

第三十二条　鼓励社会资本积极参与电能替代项目投资、建设和运营，探索多方共赢的市场化项目运作模式。

第六章　智　能　用　电

第三十三条　本办法所称智能用电，是指通过信息通信技术与用电技术的融合应用，推动用电技术进步、效率提升和组织变革，创新优化用电管理模式，培育电能服务新业态，推动产业数字化转型，提升电力需求侧管理智能化水平。

第三十四条　鼓励各地政府主管部门和企业积极推进电力需求侧管理相关平台建设。推动电力需求侧管理相关平台与能源、经济、气象、建筑等信息化平台互联互通。

第三十五条　鼓励建设新型建筑电力系统和建筑智能化运行管理平台。推动工业、商业、居民家庭等领域用电基础设施和终端设备的智能化改造，构建协作互联、安全可控的智能用电融合基础设施。探索发展电力物联网，提升智能用电的网络化、协同化水平。

第三十六条　鼓励建设各级各类能源电力数据中心，整合电网企业、电力用户、电力需求侧管理服务机构等的用电数据资源，逐步实现多源异构用电数据的融合和汇聚。安全有序推进用电数据开放共享，完善隐私保护。创新电力领域数据要素开发利用机制，支持开展基于用电大数据的新型增值服务，打造数据应用生态。

第三十七条　创新探索智能用电新模式新业态，推进数字经济与电力经济融合，培育电力经济新增长点。建立健全智能用电技术体系、组织体系、监管体系、评价体系等。鼓励电力需求侧管理服务机构创新智能用电服务内容和商业模式。支持多元化开发智能用电应用场景，建设智能工厂、智能园区、智能楼宇、智能小区、智能家居等，加强智能电网建设应用，支撑智慧城市发展。

第七章　有　序　用　电

第三十八条　本办法所称有序用电，是指在可预知电力供应不足等情况下，依靠提升发电出力、市场组织、需求响应、应急调度等各类措施后，仍无法满足电力电量供需平衡时，通过行政措施和技术方法，依法依规控制部分用电负荷，维护供用电秩序平稳的管理工作。

第三十九条　电力运行主管部门应结合实际，按照有保有限原则，制定有序用电方案。严格保障居民、农业、重要公用事业和公益性服务等用电，优先保障重点产业链供应链企业用电。确保生产安全的前提下，重点限制淘汰类、限制类、高耗能、高排放、低水平等企业用电。不得以国家和地方节能目标责任评价考核的名义对用能企业、单位等实施无差别的有序用电。

第四十条　电力运行主管部门应引导、激励电力用户优化用电方式，对积极采取需求响应等电力需求侧管理措施并经评估取得明显效果的工业企业等电力用户，可适度放宽其有序用电参与要求。

第四十一条　电网企业依托新型电力负荷管理系统开展负荷精准调控，各地负荷监测能力应逐步达到本地区最大用电负荷的70%以上，负荷控制能力应逐步达到本地区最大用电负荷的20%以上。

第四十二条　各地电力运行主管部门应会同电网企业完善电力保障机制，精细化开展有序用电工作，制定有序用电方案并及时更新，开展专项演练，依法依规实施有序用电。

第四十三条 在面临重大自然灾害和突发事件时，电网企业应根据不同情形执行事故限电序位表、国家大面积停电事件应急预案和黑启动预案等。

第八章 保 障 措 施

第四十四条 政府主管部门应健全和完善电力需求侧管理法律规范综合保障体系，及时将电力需求侧管理纳入相关法律法规或制定专门规章。根据需求侧资源参与电力市场等的需要，完善有关市场机制与规则。

第四十五条 在国家和地方能源、电力发展相关规划中，进一步明确电力需求侧管理工作任务和作用，将电力需求侧管理与可再生能源开发利用、电力系统灵活性提升、安全保障等内容协同衔接。鼓励各地出台电力需求侧管理工作细则、实施方案等文件，因地制宜创新开展电力需求侧管理工作，及时总结交流电力需求侧管理实践经验。

第四十六条 政府主管部门应依法组织制定、修订电力需求侧管理相关国家标准、地方标准、行业标准，鼓励企业和有关单位制定电力需求侧管理企业标准、团体标准。积极推动电力需求侧管理基础通用标准，以及产品、服务、管理等标准研制，推动标准实施、监督和动态调整。

第四十七条 逐步健全尖峰电价、深谷电价、容量电价、需求响应电价、高可靠性电价、可中断负荷电价等电价政策。地方可按规定结合实际安排资金支持电力需求侧管理有关工作。鼓励将电力需求侧管理纳入绿色金融、碳金融等的支持范畴。

第四十八条 进一步加强需求响应、电能替代、节约用电、绿色用电、智能用电、有序用电等领域的技术研发和推广。重点推进新型储能、虚拟电厂、车网互动、微电网等技术的创新和应用。加强电力需求侧管理技术和产品知识产权保护，完善技术和产品检测、评估体系。

第四十九条 推进电力需求侧管理工作和绩效相关信息采集、分析能力建设，完善电力需求侧管理相关指标和分析方法，提高负荷管理系统技术支撑能力。支持电力需求侧管理相关行业组织加强能力建设，不断提升行业服务能力。加强电力需求侧管理人才培养，开展电力需求侧管理教育、培训和宣传活动。各地政府主管部门可根据需要组织开展多层级、多类型电力需求侧管理试点示范。

第五十条 建立健全开放共享的电力需求侧管理国际合作机制，引入适用的方法、技术、分析和评估工具，创新市场机制和商业模式，积极参与需求响应等相关国际标准的制定工作。

第九章 附　　则

第五十一条 本办法下列用语的含义：

（一）需求侧资源，是指广泛分布于用户侧的可调节负荷、分布式电源、新型储能等可以聚合优化、参与电力系统运行调节的电力资源。

（二）可调节负荷，是指具有灵活调节能力，可以根据电力系统运行需要，调整用电行为、用电方式，增加或减少用电功率的电力负荷。

（三）负荷聚合商，是一类需求侧负荷调节服务机构，具有通过技术、管理等手段整合需求侧资源的能力，可参与电力系统运行，为电力用户提供参与需求响应、电力市场等一种或多种服务。

（四）虚拟电厂，是依托负荷聚合商、售电公司等机构，通过新一代信息通信、系统集成等技术，实现需求侧资源的聚合、协调、优化，形成规模化调节能力支撑电力系统安全运行。

第五十二条 本办法有关数量的表述中，“以上”含本数。

第五十三条 本办法由国家发展改革委负责解释。

第五十四条 本办法自2023年10月1日起施行，有效期5年。2017年9月20日起实施的《电力需求侧管理办法》（修订版）同时废止。

国家发展改革委　国家能源局 关于加强新形势下电力系统稳定工作的指导意见

（发改能源〔2023〕1294号）

各省、自治区、直辖市、新疆生产建设兵团发展改革委、能源局，天津市工业和信息化局、辽宁省工业和信息化厅、上海市经济和信息化委员会、重庆市经济和信息化委员会、四川省经济和信息化厅、甘肃省工业和信息化厅，北京市城市管理委员会，国家能源局各派出机构，有关电力企业：

为深入贯彻党的二十大精神，全面落实党中央、国务院决策部署，准确把握电力系统技术特性和发展规律，扎实做好新形势下电力系统稳定工作，加快构建清洁低碳、安全充裕、经济高效、供需协同、灵活智能的新型电力系统，保障电力安全可靠供应，推动实现碳达峰碳中和目标，提出以下意见。

一、总体要求

（一）指导思想

以习近平新时代中国特色社会主义思想为指导，

深入贯彻党的二十大精神，全面落实碳达峰碳中和战略部署和“四个革命、一个合作”能源安全新战略，深刻认识未来相当长时间内，电力系统仍将维持交流电为主体、直流电为补充的技术形态，稳定问题将长期存在，牢固树立管电就要管系统、管系统就要管稳定的工作理念。立足我国国情，坚持底线思维、问题导向，坚持系统观念、守正创新，坚持先立后破、远近结合，统筹发展和安全，做好新形势下电力系统稳定工作，为中国式现代化建设提供可靠电力保障，满足人民美好生活用电需要。

（二）总体思路

夯实稳定物理基础。科学构建源网荷储结构与布局，保证电源结构合理和电网强度，建设充足的灵活调节和稳定控制资源，确保必要的惯量、短路容量、有功、无功和阻尼支撑，满足电力系统电力电量平衡和安全稳定运行的需求。

强化稳定管理体系。围绕高比例可再生能源、高比例电力电子设备的电力系统在源网荷储互动环境下安全稳定运行，科学谋划电力系统转型的发展方向和路径，统筹规划、建设、运行、市场、科研等各项工作，建立适应新型电力系统的稳定管理体系，确保稳定工作要求在新型电力系统全过程、全环节、全方位落实。

加强科技创新支撑。围绕系统安全稳定技术需求，加强基础理论研究，推进重大技术和装备攻关，加快先进技术示范和推广应用，协同构建适应新型电力系统的稳定技术标准体系，以创新支撑新型电力系统建设。

二、夯实电力系统稳定基础

（三）完善合理的电源结构

统筹各类电源规模和布局。可靠发电能力要满足电力电量平衡需要并留有合理裕度，为系统提供足够的调峰、调频、调压和阻尼支撑；科学确定电源接入电网电压等级，实现对各级电网的有效支撑；构建多元互补的综合能源供应体系。增强常规电源调节支撑能力。新建煤电机组全部实现灵活性制造，现役机组灵活性改造应改尽改，支持退役火电机组转应急备用和调相功能改造，不断提高机组涉网性能；积极推进主要流域水电扩机、流域梯级规划调整等，依法合规开展水电机组改造增容，新建水电机组按需配置调相功能；积极安全有序发展核电，加强核电基地自供电能力建设；在落实气源的前提下适度布局调峰气电；稳步发展生物质发电。大力提升新能源主动支撑能力。推动系统友好型电站建设，有序推动储能与可再生能源协同发展，逐步实现新能源对传统能源的可靠替代；协同推进大型新能源基地、调节支撑资源和外送通道开发建设，推动基地按相关标准要求配置储能，保障外送电力的连续性、稳定性和高效性。

（四）构建坚强柔性电网平台

明确网架构建原则。构建分层分区、结构清晰、安全可控、灵活高效、适应新能源占比逐步提升的电网网架，合理确定同步电网规模；保证电网结构强度，保持必要的灵活性和冗余度，具备与特高压直流、新能源规模相适应的抗扰动能力和灵活送受电能力。提高直流送受端稳定水平。直流送端要合理分群，控制同送端、同受端直流输电规模，新增输电通道要避免过于集中；直流受端要优化落点布局，避免落点过于密集；常规直流受端和新能源高占比地区应具备足够的电压支撑能力，短路比等指标要符合要求；积极推动柔性直流技术应用。促进各级电网协调发展。合理控制短路电流水平，适时推动电网解环；推动建设分布式智能电网，提升配电网就地平衡能力，实现与大电网的兼容互补和友好互动。

（五）科学安排储能建设

按需科学规划与配置储能。根据电力系统需求，统筹各类调节资源建设，因地制宜推动各类储能科学配置，形成多时间尺度、多应用场景的电力调节与稳定控制能力，改善新能源出力特性、优化负荷曲线，支撑高比例新能源外送。有序建设抽水蓄能。有序推进具备条件的抽水蓄能电站建设，探索常规水电改抽水蓄能和混合式抽水蓄能电站技术应用，新建抽水蓄能机组应具备调相功能。积极推进新型储能建设。充分发挥电化学储能、压缩空气储能、飞轮储能、氢储能、热（冷）储能等各类新型储能的优势，结合应用场景构建储能多元融合发展模式，提升安全保障水平和综合效率。

三、加强电力系统全过程稳定管理

（六）加强电力系统规划

统筹整体规划。统筹源网荷储整体规划，强化区域协同，加强规划方案及过渡期安全稳定和供电充裕性的系统论证，提高规划阶段电力系统安全稳定计算分析的深度和精度，加强系统调节能力统筹规划。强化规划执行。严格按规划推动源网荷储协同发展、按时投运，滚动开展供需平衡分析，合理安排支撑性电源和调节性资源建设，满足电网安全稳定运行、电力保供和新能源消纳要求。有序做好衔接。加强规划与建设、运行等环节的有效衔接，提升规划方案的适应性、可行性与安全性；加强一、二次系统衔接，协调开展安全稳定控制系统的整体方案研究。

（七）加强工程前期设计

深化设计方案。在大型输变电工程、大型电源接入系统、直流输电工程的可行性研究及初步设计工作中，加强工程对系统的影响分析。开展差异化补强设计。针对重点区段开展差异化设计，提升工程可靠性和抵御灾害能力。优化二次系统设计。合理配置继电保护、稳定控制、通信、自动化、监控系统网络安全等二次系统，确保满足相关标准和反事故措施要求。

（八）加强电力装备管理

紧密围绕电力系统的稳定技术要求开展相关装备研制、系统试验。针对不同应用场景优化直流、新能源等电力电子装备的并网性能。严格把关电力装备入网质量，充分开展试验测试，消除装备质量系统性缺陷。对新研发的首台（套）电力装备，加强科学论证和风险管控。

（九）加强电力建设管理

强化电力工程建设的安全、环保、质量、进度等全周期管理，实现工程“零缺陷”投运。组织实施与基建工程配套的系统安全稳定控制措施，确保二次设备与相应的一次设备同步建设、同步投运。针对工程建设过渡阶段，开展系统分析校核，落实过渡期安全保障措施。

（十）加强电力设备运维保障

加强大型电源和主网设备的可靠性管理，持续开展设备隐患排查治理和状态监测，针对重要输电通道、枢纽变电站、重要发电厂等关键电力设施开展专项运维保障。及时开展设备缺陷及故障原因分析，制定并落实反事故措施，定期核定设备过负荷能力。加强二次系统运维保障，确保二次设备状态和参数与一次系统匹配，防止继电保护及安全自动装置不正确动作。

（十一）加强调度运行管理

严肃调度纪律。坚持统一调度、分级管理，各并网主体必须服从调度机构统一指挥，调度机构要严格按照相关法律法规和制度标准开展稳定管理工作；统筹安排电力系统运行方式，协同落实互联电力系统安全稳定控制措施；发生严重故障等情况下，调度机构应按照有关规定果断采取控制措施。强化协同控制。建立一、二次能源综合管理体系，加强电力电量全网统一平衡协调；提升新能源预测水平，严格开展各类电源及储能设施涉网性能管理，通过源网荷储和跨省区输电通道送受端电网协同调度，提高面向高比例可再生能源接入的调度管控能力。

（十二）加强电力系统应急管理

建立健全应对极端天气、自然灾害及突发事件等的电力预警和应急响应机制，加强灾害预警预判和各方协调联动。强化重点区域电力安全保障，合理提高核心区域和重要用户的相关线路、变电站建设标准，推进本地应急保障电源建设，重要用户应根据要求配置自备应急电源，加强移动应急电源统筹调配使用，在重点城市建成坚强局部电网。加强超大、特大城市电力保供分析，根据需求保留部分应急备用煤电机组，应对季节性和极端天气保供。提升事故后快速恢复和应急处置能力，优化黑启动电源布局，完善各类专项应急预案，定期组织开展大面积停电事件应急演练。

（十三）加强电力行业网络安全防护

强化安全防护建设。坚持“安全分区、网络专用、横向隔离、纵向认证”原则，强化结构安全、本体安全，探索构建安全子域，推进新型并网主体电力监控系统安全防护能力建设，强化供应链安全管理，深化安全防护评估。提升网络安全态势感知及应急处置能力。完善网络安全态势感知平台建设应用，推进电力网络安全靶场高质量发展，强化备用调度体系，制修订电力监控系统专项网络安全事件应急预案并定期组织演练。

四、构建稳定技术支撑体系

（十四）攻关新型电力系统稳定基础理论

研究高比例可再生能源、高比例电力电子设备接入电力系统、特高压交直流混联运行的稳定机理和运行特征，掌握电力系统故障暂态过渡过程及抑制方法。创新电力系统多维度稳定性控制理论与方法，突破海量异构资源的广域协调控制理论，深入研究新型储能对电力系统安全稳定支撑作用与控制方法。加快攻关源荷高度不确定性环境下的电力电量平衡理论，建立完善各类灵活调节性资源规划设计理论。

（十五）提升系统特性分析能力

推进电力系统多时间尺度分析仿真能力建设。在电力系统各环节深入开展分析，对高比例电力电子设备接入电网开展电磁暂态仿真或机电－电磁混合仿真校核，建立和完善集中式新能源、新型储能、直流等详细分析模型，开展含分布式电源的综合负荷建模，推动新能源发电机组模型与参数开放共享。加强电力系统稳定特性分析。考虑运行工况的多变性和随机性，强化在线安全分析应用，充分利用实际故障和系统性试验开展研究，掌握系统安全特性及稳定边界。

（十六）强化系统运行控制能力

融合先进信息通信技术，汇集一次能源、设备状态、用户侧资源、气象环境等各类信息，构建全网监视、全频段分析、全局优化、协同控制、智能决策、主配一体的调度技术支持系统，提高电力系统运行控制的自适应和数字化水平，实现调度决策从自动化向智能化转变。提升新能源和配电网的可观、可测、可控能力，研究分布式电源、可控负荷的汇聚管理形式，实现海量分散可控资源的精准评估、有效聚合和协同控制，同步加强网络安全管理。建设技术先进、覆盖主配、安全可靠、高速传输的一体化电力通信专网，为运行控制、故障防御提供坚强技术支撑。

（十七）加强系统故障防御能力

巩固和完善电力系统安全防御“三道防线”，开发适应高度电力电子化系统的继电保护装置和紧急控制手段，研究针对宽频振荡等新型稳定问题的防控手段，扩展稳定控制资源池，滚动完善控制策略，加强安全自动装置状态和可用措施量的在线监视，保障电力电子化、配电网有源化环境下稳定控制措施的有效性。研究新能源高占比情形下发生极端天气时的电力系统稳定措施。加强电力系统故障主动防御能力，提升全景全频段状态感知和稳定控制水平，实现风险预测、预判、预警和预控。

（十八）加快重大电工装备研制

研发大容量断路器、大功率高性能电力电子器件、新能源主动支撑、大容量柔性直流输电等提升电力系统稳定水平的电工装备。推动新型储能技术向高安全、高效率、主动支撑方向发展。提高电力工控芯片、基础软件、关键材料和元器件的自主可控水平，强化电力产业链竞争力和抗风险能力。

（十九）加快先进技术示范和推广应用

紧密围绕电力系统稳定核心技术、重大装备、关键材料和元器件等重点攻关方向，充分调动企业、高校及科研院所等各方面力量，因地制宜开展电力系统稳定先进技术和装备示范，积累运行经验和数据，及时推广应用成熟适用技术，加快创新成果转化。

（二十）加强稳定技术标准体系建设

充分发挥现有标准指导作用。建立健全以《电力系统安全稳定导则》《电力系统技术导则》《电网运行准则》为核心的稳定技术标准体系并适时修订完善，强化标准在引领技术发展、规范技术要求等方面的作用。持续完善稳定技术标准体系。完善新能源并网技术标准，提升新能源频率、电压耐受能力和支撑调节能力；建立新型储能、虚拟电厂、分布式智能电网等新型并网主体涉网及运行调度技术标准；完善新型电力系统供需平衡、安全稳定分析与控制保护标准体系，指导新型电力系统广域协同控制体系顶层设计；开展黑启动及系统恢复、网络安全等电力安全标准研制；引领新形势下电力系统稳定相关国际标准制修订。

五、组织实施保障

（二十一）建立长效机制

完善电力行业稳定工作法规制度，强化政策措施的系统性、整体性、协同性。建立健全电力系统稳定工作长效机制，强化规划执行的严肃性，加强统筹协调，一体谋划、一体部署、一体推进重大任务，定期研究解决重点问题与重大运行风险，协调解决保障电力供应和系统稳定运行面临的问题。

（二十二）压实各方责任

建立健全由国家发展改革委、国家能源局组织指导，地方能源主管部门、国家能源局派出机构、发电企业、电网企业、电力用户各负其责、发挥合力的电力系统稳定工作责任体系。地方能源主管部门、经济运行管理部门及有关单位按职责分工履行好电力规划、电力建设、电力保供的属地责任。发电企业加强燃料供应管理，强化涉网安全管理，提高发电设备运行可靠性，满足系统安全稳定运行要求。电网企业做好电网建设运维、调度运行等环节的稳定管理，强化电网安全风险管控。电力用户主动参与需求响应，按要求执行负荷管理，践行节约用电、绿色用电。国家能源局派出机构依法加强监管，推动相关稳定措施落实到位。

（二十三）完善投资回报机制

建立健全基础保障性和系统调节性资源投资回报机制，合理反映其在新型电力系统中的价值。持续完善市场机制，推动各方积极参与负荷控制建设、运营和需求侧响应，按照“谁提供、谁获利”的原则获得合理收益。鼓励社会资本积极参与电力系统稳定调节资源投资、建设和运营。完善电力市场交易安全稳定校核制度，保证各类市场运作场景下电力系统稳定可控。

（二十四）加强宣传引导

开展形式多样的政策宣传和解读，凝聚行业共识，引导各方力量树立全网一盘棋的思想，发挥各自优势形成合力。加强电力系统稳定工作人才培训和队伍建设，提升电力系统管理人员和技术人员工作水平。及时总结电力系统稳定工作经验，推广典型模式和先进技术。

国家发展改革委
国家能源局
2023 年 9 月 21 日

国家发展改革委办公厅　国家能源局综合司关于进一步加快电力现货市场建设工作的通知

（发改办体改〔2023〕813 号）

各省、自治区、直辖市、新疆生产建设兵团发展改革委、能源局，天津市工业和信息化局、内蒙古自治区工业和信息化厅、辽宁省工业和信息化厅、广西壮族自治区工业和信息化厅、重庆市经济和信息化委员会、四川省经济和信息化厅、甘肃省工业和信息化厅，北京市城市管理委员会，国家能源局各派出机构，中国核工业集团有限公司、国家电网有限公司、中国南方电网有限责任公司、中国华能集团有限公司、中国大唐集团有限公司、中国华电集团有限公司、国家电力投资集团有限公司、中国长江三峡集团有限公司、国家能源投资集团有限责任公司、国家开发投资集团有限公司、华润（集团）有限公司、中国广核集团有限责任公司，内蒙古电力（集团）有限责任公司：

为加快全国统一电力市场体系建设，推动构建清洁低碳、安全充裕、经济高效、供需协同、灵活智能的新型电力系统，有效助力构建新型能源体系，现就进一步加快电力现货市场建设工作通知如下：

一、总体要求

推进电力现货市场建设是贯彻党的二十大精神，落实新发展理念，促进能源高质量发展的重要举措。经过几年探索，电力现货市场在优化资源配置、提升电力安全保供能力、促进可再生能源消纳等方面作用显著。为加快全国统一电力市场体系建设，推动电力资源在更大范围共享互济和优化配置，在确保有利于电力安全稳定供应的前提下，有序实现电力现货市场全覆盖，加快形成统一开放、竞争有序、安全高效、治理完善的电力市场体系，充分发挥市场在电力资源配置中的决定性作用，更好发挥政府作用，进一步激发各环节经营主体活力，助力规划建设新型能源体系，加快建设高效规范、公平竞争、充分开放的全国统一大市场。

二、进一步明确现货市场建设要求

（一）推动现货市场转正式运行。各省/区域、省间现货市场连续运行一年以上，并依据市场出清结果进行调度生产和结算的，可按程序转入正式运行。第一责任单位要委托具备专业能力和经验的第三方机构开展评估并形成正式评估报告。在满足各项条件的基础上，报国家发展改革委、国家能源局备案。

（二）有序扩大现货市场建设范围。福建尽快完善市场方案设计，2023 年底前开展长周期结算试运行。浙江加快市场衔接，2024 年 6 月前启动现货市场连续结算试运行。四川结合实际持续探索适应高比例水电的丰枯水季相衔接市场模式和市场机制。辽宁、江苏、安徽、河南、湖北、河北南网、江西、陕西等力争在 2023 年底前开展长周期结算试运行。其他地区（除西藏外）加快推进市场建设，力争在 2023 年底前具备结算试运行条件。鼓励本地平衡较困难的地区探索与周边现货市场联合运行。

（三）加快区域电力市场建设。南方区域电力现货市场在 2023 年底前启动结算试运行。2023 年底前建立长三角电力市场一体化合作机制，加快推动长三角电力市场建设工作。京津冀电力市场在条件成熟后，力争 2024 年 6 月前启动模拟试运行。

（四）持续优化省间交易机制。省间电力现货市场继续开展连续结算试运行，2023 年底前具备连续开市能力。推动跨省跨区电力中长期交易频次逐步提高，加强与省间现货协调衔接，探索逐日开市、滚动交易的市场模式。

三、进一步扩大经营主体范围

（五）加快放开各类电源参与电力现货市场。按照 2030 年新能源全面参与市场交易的时间节点，现货试点地区结合实际制定分步实施方案。分布式新能源装机占比较高的地区，推动分布式新能源上网电量参与市场，探索参与市场的有效机制。暂未参与所在地区现货市场的新能源发电主体，应视为价格接受者参与电力现货市场出清，可按原有价格机制进行结算，但须按照规则进行信息披露，并与其他经营主体共同按市场规则公平承担相应的不平衡费用。

（六）不断扩大用户侧主体参与市场范围。现货市场运行的地方，电网企业要定期预测代理购电工商业用户用电量及典型负荷曲线，通过场内集中交易方式（不含撮合交易）代理购电，以报量不报价等方式、作为价格接受者参与现货市场出清结算。加快开展用户侧参与省间现货交易的相关问题研究。

（七）鼓励新型主体参与电力市场。通过市场化方式形成分时价格信号，推动储能、虚拟电厂、负荷聚合商等新型主体在削峰填谷、优化电能质量等方面发挥积极作用，探索“新能源＋储能”等新方式。为保证系统安全可靠，参考市场同类主体标准进行运行管理考核。持续完善新型主体调度运行机制，充分发挥其调节能力，更好地适应新型电力系统需求。

四、统筹做好各类市场机制衔接

（八）做好现货与中长期交易衔接。更好发挥中长期交易在平衡长期供需、稳定市场预期的基础作用，优化中长期合同市场化调整机制，缩短交易周期，提高交易频次，完善交易品种，推动中长期与现货交易更好统筹衔接。考虑新能源难以长周期准确预测的特性，为更好地适应新能源参与现货市场需求，研究对新能源占比较高的省份，适当放宽年度中长期合同签约比例。开展现货交易地区，中长期交易需连续运营，并实现执行日前七日（D－7 日）至执行日前两日（D－2 日）连续不间断交易。绿电交易纳入中长期交易范畴，交易合同电量部分按照市场规则，明确合同要素并按现货价格结算偏差电量。

（九）加强现货交易与辅助服务衔接。加强现货与辅助服务有序协调，在交易时序、市场准入等方面做好衔接。现货市场连续运行地区，调频辅助服务费用可向用户侧疏导，其他辅助服务品种按照“成熟一个、疏导一个”原则确定疏导时机及方式，具体由国家发展改革委会同国家能源局另行确定。做好省间、省内现货市场与区域辅助服务市场的衔接融合，提升电力资源优化配置效率。

（十）完善电力市场价格体系。现货试点地区要加强中长期、辅助服务与现货、省间与省内市场在价格形成机制方面的协同衔接。各地现货市场出清价格上限设置应满足鼓励调节电源顶峰需要并与需求侧响应价格相衔接，价格下限设置可参考当地新能源平均变动成本。严格落实燃煤发电上网侧中长期交易价格机制，不得组织专场交易，减少结算环节的行政干预。推动批发市场分时电价信号通过零售合同等方式向终端用户传导，引导用户优化用电行为。

（十一）探索建立容量补偿机制。推动开展各类可靠性电源成本回收测算工作，煤电等可靠性电源年平均利用小时数较低的地区可结合测算情况，尽快明确建立容量补偿机制时间节点计划和方案，探索实现可靠性电源容量价值的合理补偿。

五、提升电力现货市场运营保障能力

（十二）加强市场建设运营基础保障。省间、省内现货市场连续运行地区要优化调度、交易机构组织机构设置，加强组织人员基础保障，进一步明确现货市场运营岗位职责划分，运营岗位编制和人员到岗率应达到合理比例，实施专职专用。健全市场运营保密管理制度，设立现货市场独立运营场所。完善市场运营管理机制，形成相关管理办法，依规开展交易组织工作。强化市场运营能力建设，探索建立市场运营人员上岗考核制度，促进运营机构从业人员提升技术能力；加强市场运营系统保障能力，完善系统功能，提升自动化管理水平，并建立容灾备份系统。

（十三）规范开展信息披露工作。确保披露内容全面、准确、及时，为经营主体参与交易提供基础保障。提高电力现货市场信息披露服务水平，增加手机客户端等发布渠道，为经营主体信息获取提供便利。

（十四）加强电力现货市场风险防控能力。电力现货市场运营机构要做好现货市场运行情况的记录、分析、总结等工作，加强市场运行监测，有效防范市场运营风险，维护市场交易的公平、公正。构建市场运营评价体系，科学合理设置市场评价指标，提升市场运行综合评估能力，为市场建设督导、考核等工作提供量化支撑。

（十五）充分发挥市场管理委员会作用。充分发挥市场管理委员会在现货市场建设运营中的推动和支撑作用，各地第一责任单位、国家能源局派出监管机构结合实际需要，建立常态化市场规则修订机制，协调电力市场相关事项，推动经营主体深度参与市场建设全过程，充分体现各方主体意愿。

六、强化组织保障

（十六）强化组织落实。国家发展改革委、国家能源局要加强对统一电力市场体系建设的总体指导协调。各省（区、市）政府要按照 2017 年以来现货市场建设相关文件要求，明确任务分工，完善电力现货市场工作机制，强化监督管理、风险防范、培训宣传等工作。

国家发展改革委办公厅
国家能源局综合司
2023 年 10 月 12 日

国家发展改革委关于印发《国家碳达峰试点建设方案》的通知

（发改环资〔2023〕1409 号）

各省、自治区、直辖市及计划单列市、新疆生产建设兵团发展改革委：

为落实国务院《2030 年前碳达峰行动方案》（国发〔2021〕23 号）有关部署，在全国范围内选择 100 个具有典型代表性的城市和园区开展碳达峰试点建设，探索不同资源禀赋和发展基础的城市和园区碳达峰路径，为全国提供可操作、可复制、可推广的经验做法，现将《国家碳达峰试点建设方案》印发给你们，请认真组织实施。

国家发展改革委
2023 年 10 月 20 日

国家碳达峰试点建设方案

为全面贯彻党的二十大精神，认真贯彻落实党中央、国务院决策部署，按照《中共中央 国务院关于完整准确全面贯彻新发展理念做好碳达峰碳中和工作的意见》和国务院《2030 年前碳达峰行动方案》有关部署要求，制定本方案。

一、总体要求

（一）指导思想

以习近平新时代中国特色社会主义思想为指导，全面贯彻党的二十大精神，深入贯彻习近平经济思想和生态文明思想，完整、准确、全面贯彻新发展理念，加快构建新发展格局，着力推动高质量发展，按照国家碳达峰碳中和工作总体部署，在全国范围内选择 100 个具有典型代表性的城市和园区开展碳达峰试点建设，聚焦破解绿色低碳发展面临的瓶颈制约，激发地方主动性和创造性，通过推进试点任务、实施重点工程、创新政策机制，加快发展方式绿色转型，探索不同资源禀赋和发展基础的城市和园区碳达峰路径，为全国提供可操作、可复制、可推广的经验做法，助力实现碳达峰碳中和目标。

（二）工作原则

——坚持积极稳妥。聚焦碳达峰碳中和重点领域和关键环节，将探索有效做法、典型经验、政策机制以及不同地区碳达峰路径作为重点，尊重客观规律，科学把握节奏，不简单以达峰时间早晚或峰值高低来衡量工作成效。

——坚持因地制宜。充分考虑不同试点的区位特点、功能定位、资源禀赋和发展基础，因地制宜确定试点建设目标和任务，探索多元化绿色低碳转型路径。

——坚持改革创新。牢固树立绿水青山就是金山银山的理念，持续深化改革、开展制度创新、加强政策供给，不断完善有利于绿色低碳发展的政策机制。

——坚持安全降碳。统筹发展与安全，坚持先立后破，妥善防范和化解探索中可能出现的风险挑战，切实保障国家能源安全、产业链供应链安全、粮食安全和群众正常生产生活。

二、主要目标

到 2025 年，试点城市和园区碳达峰碳中和工作取得积极进展，试点范围内有利于绿色低碳发展的政策机制基本构建，一批可操作、可复制、可推广的创新举措和改革经验初步形成，不同资源禀赋、不同发展基础、不同产业结构的城市和园区碳达峰路径基本清晰，试点对全国碳达峰碳中和工作的示范引领作用逐步显现。

到 2030 年，试点城市和园区经济社会发展全面绿色转型取得显著进展，重点任务、重大工程、重要改革如期完成，试点范围内有利于绿色低碳发展的政策机制全面建立，有关创新举措和改革经验对其他城市和园区带动作用明显，对全国实现碳达峰目标发挥重要支撑作用，为推进碳中和奠定良好实践基础。

三、建设内容

（一）确定试点任务。试点城市和园区要根据国家碳达峰行动总体部署，结合所在地区工作要求，系统梳理自身碳达峰碳中和工作基础与进展，深入分析绿色低碳转型面临的关键制约，围绕能源绿色低碳转型、产业优化升级、节能降碳增效以及工业、建筑、交通等领域清洁低碳转型，谋划部署试点建设任务。

（二）实施重点工程。试点城市和园区要结合试点目标，在能源基础设施、节能降碳改造、先进技术示范、环境基础设施、资源循环利用、生态保护修复等领域规划实施一批重点工程，形成对试点城市和园区碳达峰碳中和工作的有力支撑。要加强对配套工程建设的各类要素保障，推动重点工程项目有序实施。

（三）强化科技创新。试点城市和园区要加强科技支撑引领，支持科研单位、高校、企业等围绕绿色低碳开展应用基础研究和关键技术研发。要创新绿色低碳技术推广应用机制，大力培育绿色低碳产业，支持和引导企业积极应用先进适用绿色低碳技术，努力形成新的产业竞争优势。要加强碳达峰碳中和专业人才培养、引进和使用，推动完善碳达峰碳中和学科体系。

（四）完善政策机制。试点城市要深入剖析当前绿色低碳发展存在的体制机制短板，加快建立和完善有利于绿色发展的财政、金融、投资、价格政策和标准体系，创新碳排放核算、评价、管理机制，推动城市能效与碳效整体提升。试点园区要加快建立以碳排放控制为导向的管理机制，着力提升园区绿色低碳循环发展水平。

（五）开展全民行动。试点城市和园区要着力加强对公众的生态文明科普教育，普及“双碳”基础知识。要大力推广绿色低碳生活理念，促进绿色消费，创新探索绿色出行、制止浪费、垃圾分类等方面体制机制。要引导企事业单位加强能源资源节约，提升绿色发展水平，切实增强各级干部推进绿色低碳发展的理论水平和业务能力。

四、组织实施

（一）确定试点名单。统筹考虑各地区碳排放总量及增长趋势、经济社会发展情况等因素，首批在 15 个省区开展碳达峰试点建设（名额分配安排见附件 1）。试点城市建设主体原则上为地级及以上城市，试点园区建设主体为省级及以上园区。有关省区发展改革委要根据碳达峰碳中和工作实际、本地区城市和园区绿色低碳发展水平等情况，按照分配名额提出碳达峰试点城市和园区建议名单，报本地区人民政府同意后，于 2023 年 11 月 15 日前报国家发展改革委确认。国家发展改革委将根据首批试点推进情况，组织开展后续试点建设。

（二）编制实施方案。有关省区发展改革委要指导试点城市和园区按照《碳达峰试点实施方案编制指南》（附件 2）要求，结合自身实际科学编制试点实施方案，明确重点任务、改革举措、重大项目和工作进度安排，报国家发展改革委审核并按照审核意见进行修改完善，经本地区人民政府同意后，以试点所在省区省级发展改革委或所在城市人民政府名义印发，并抄报国家发展改革委。

（三）开展试点建设。各试点城市人民政府和试点园区管理机构要切实担负起主体责任，完善工作机制，明确各方职责，按照实施方案扎实开展建设。有关省区发展改革委要认真履行指导责任，督促试点城市和园区推进各项重点工作，及时协调解决试点建设中遇到的困难和问题，加大政策和资金支持力度，确保工作取得实效。国家发展改革委将会同有关方面统筹现有资金渠道，对符合要求的试点建设项目予以支持。鼓励金融机构支持碳达峰试点城市和园区建设，综合运用绿色信贷、绿色债券、绿色基金等金融工具，按市场化方式加大对相关绿色低碳项目的支持力度。

（四）加强总结评估。有关省区发展改革委要组织试点城市和园区定期开展建设情况总结评估，系统梳理试点工作进展成效，深入分析试点建设中遇到的问题，及时将有关情况报送国家发展改革委。国家发展改革委将会同有关方面加强对试点工作指导和督促检查，组织行业专家和专业机构提供政策指导和技术帮扶，对试点成效突出的城市和园区予以通报表扬，对工作进度滞后、试点效果不彰的试点及所在地区进行督促并责令限期整改。

（五）做好经验推广。试点城市和园区要及时梳理总结有推广价值的经验模式、典型案例和成功做法，归纳后形成信息上报。有关省区发展改革委要将行之有效的经验做法在本地区率先推广，推动转化为地方法规、政策制度、标准规范等。国家发展改革委将组织开展多种形式的试点经验交流活动，宣传推广绿色低碳发展创新模式和典型经验。

附件：1. 首批国家碳达峰试点名额安排

2. 碳达峰试点实施方案编制指南

附件 1

首批国家碳达峰试点名额安排

地区	名额	地区	名额
河北省	3	山东省	3
山西省	2	河南省	2
内蒙古自治区	3	湖北省	2
辽宁省	2	湖南省	2
黑龙江省	2	广东省	3
江苏省	3	陕西省	2
浙江省	2	新疆维吾尔自治区	2
安徽省	2		

附件 2

碳达峰试点实施方案编制指南

一、工作基础

（一）实施主体概况。简述试点城市区位交通、自然条件、经济发展状况、产业结构和布局等；试点园区区位条件、占地面积、园区发展建设情况、经济产业发展水平、园区主导产业和重点企业发展状况等。

（二）能耗和碳排放情况。简述城市或园区近年能源结构、能源供需关系、能源生产、能源消费、主要资源消耗等情况。分析试点城市或园区碳排放总量和强度变化情况、能源消费总量和强度变化情况、各重点领域碳排放增长情况等。

（三）绿色低碳发展基础。总结城市和园区近年来产业结构调整、重点领域能效提升、绿色低碳管理等方面情况。梳理碳达峰碳中和相关工作基础和进展，包括体制机制建设情况、已实施的具体政策措施、绿色低碳科技创新研究与推广情况等。

（四）碳减排难点分析。结合本地区经济社会发展实际和资源环境禀赋，分析绿色低碳转型和碳达峰碳中和工作面临的主要困难和短板弱项，有针对性提出改进相关领域工作的政策措施。

二、建设目标

提出碳达峰试点工作的总体目标和实施路径，明确推进碳达峰行动的路线图、施工图，以及重点任务举措等。视情提出重点领域、重点行业碳达峰试点目标。可参考表 1 和表 2 列出的指标，并根据实际情况补充或删减。

表 1　　碳达峰试点城市建设参考指标

序号	类别	具体指标	单位	2022 年	2025 年	2030 年
1	绿色低碳发展指标	单位 GDP 能源消费量	t 标准煤/万元			
2		单位 GDP 二氧化碳排放量	t/万元			
3		单位工业增加值二氧化碳排放量	t/万元			
4		战略性新兴产业增加值占比	%			
5		土地资源产出率	亿元/km^2			
6		第三产业占比	%			
7	能源绿色低碳转型指标	非化石能源消费占比	%			
8		电能占终端用能的比重	%			
9		需求侧响应能力	%			
10		综合能源站、微电网、源网荷储一体化等新模式新业态规模	个			
11		可再生能源发电总装机容量	kW			

续表

序号	类别	具体指标	单位	2022 年	2025 年	2030 年
12	城乡建设绿色低碳发展指标	新建建筑中星级绿色建筑占比	%			
13		达到最高节能改造标准建筑占比	%			
14		城镇建筑可再生能源替代率	%			
15		建筑垃圾资源化利用率	%			
16	交通领域低碳发展指标	新能源汽车市场渗透率	%			
17		新能源汽车保有量	辆			
18		城市绿色出行比例	%			
19	循环经济助力降碳指标	9 种主要再生资源循环利用率	%			
20		工业余能回收利用率	%			
21		大宗固废综合利用率	%			
22		主要资源产出率年均复合增速	%			
23		城市生活垃圾资源化利用率	%			
24	碳汇能力巩固提升指标	城市森林覆盖率	%			
25		植树造林（或抚育森林、草原）面积	hm^2			
26	绿色低碳创新指标	绿色低碳技术研究与试验发展经费投入强度	%			

表 2　　碳达峰试点园区建设参考指标

序号	类别	具体指标	单位	2022 年	2025 年	2030 年
1	绿色低碳发展指标	工业增加值平均增长率	%			
2		单位工业增加值综合能耗	t 标准煤/万元			
3		单位工业增加值二氧化碳排放量	t/万元			
4	能源绿色低碳转型指标	非化石能源消费占比	%			
5		可再生能源使用比例	%			
6		工业余热回收利用率	%			
7	建筑领域绿色发展指标	新建建筑中星级绿色建筑占比	%			
8		新建厂房屋顶光伏覆盖率	%			
9		公共建筑单位面积能耗	MJ/m^2			
10	交通领域绿色发展指标	货物清洁运输比例	%			
11		园区新能源、清洁能源动力交通工具保有量（或占比）	辆（%）			
12	循环发展指标	一般工业固体废物综合利用率	%			
13		工业用水重复利用率	%			
14	绿色低碳创新指标	绿色低碳技术研究与试验发展经费投入强度	%			

三、主要任务

综合考虑功能定位、区位特点、经济发展水平、资源禀赋等，合理部署碳达峰试点建设任务，包括但不限于以下内容。

（一）试点城市主要建设任务

1. 推动能源绿色低碳转型。结合本地能源禀赋，在保障能源安全供应的基础上，合理确定能源绿色低碳转型路径。可再生能源资源丰富的地区，要加大可再生能源开发和利用力度，提升可再生能源生产和消费占比。可再生能源资源禀赋一般的地区，要进一步扩大绿电和绿证交易规模，同时充分挖掘本地区分布式可再生能源开发潜力，为本地能源供给提供有效补充。

2. 提升能源资源利用效率。把节约能源资源摆在突出位置，在能源开发、储存、加工转换、输送分配、终端使用等环节全面提升能源利用效率，优化和改造区域能源系统，实现能源梯级高效利用。加强工业、建筑、交通等重点领域节能管理，对区域重点用能单位开展节能诊断，挖掘节能潜力。构建废弃物循环利用体系，充分发挥循环经济助力降碳作用。

3. 推动重点行业碳达峰。产业结构偏重的城市和资源型城市，要推进产业结构优化，着力提高重点行业能效水平，推动企业开展清洁能源替代、电气化改造、工业流程再造、二氧化碳捕集利用等节能降碳改造。产业结构较优的城市，要推动优势产业加速向高端化、智能化、绿色化转型，大力发展战略新兴产业，在完成碳达峰碳中和目标任务过程中锻造新的产业竞争优势。推动重点行业企业建立绿色用能监测与评价体系，引导企业提升绿色能源使用比例。

4. 加快城乡建设低碳转型。推行绿色低碳城乡规划设计理念，提高新建建筑节能标准，推进既有建筑节能改造，推广绿色低碳建材和绿色建造方式。因地制宜推进清洁供暖。严寒、寒冷地区城市要充分利用可再生能源和工业余热供暖，逐步降低化石能源供暖比例；夏热冬冷地区城市要推广各类高效热泵产品，扩大地热能、空气热能等可再生能源应用规模。

5. 促进交通运输绿色低碳发展。加快推动交通运输工具装备低碳转型，大力推广新能源汽车，推动公共领域车辆全面电气化替代，淘汰老旧交通工具。优化大宗货物运输结构，加强铁路专用线建设和内河高等级航道建设，因地制宜推进铁水联运、公铁联运、海铁联运。加强交通绿色基础设施建设，完善充电桩、换电站等配套设施，推进交通枢纽场站绿色升级。发展智能交通，推动各类运输方式系统对接、数据共享，提升运输效率。

（二）试点园区主要建设任务

1. 加快提升能源清洁化利用效率。开展园区节能诊断，系统分析园区能源利用状况，充分挖掘园区能源节约潜力，推进节能降碳改造，推广高效节能设备。推动园区用能系统再造，开展一体化供用能方案设计，加快园区用能电气化改造，推广综合能源站、源网荷储一体化、新能源微网等绿色高效供用能模式，推动能源梯级高效利用。积极推广应用各类清洁能源替代技术产品，提升园区清洁能源利用水平。

2. 推动园区产业高质量发展。聚焦园区主导产业，加快产业链延链补链强链，形成产业协同效应。以节能降碳为导向，推进园区存量产业绿色低碳转型升级，推动重点企业实施工艺流程绿色低碳再造。提升园区绿色制造水平，推动新一代信息技术与制造业深度融合，大力发展绿色低碳产业。

3. 提升基础设施绿色低碳水平。提升园区建筑、交通、照明、供热等基础设施节能低碳水平，新建基础设施优先采用绿色设计、绿色建材和绿色建造方式。完善园区污水处理设施、垃圾焚烧设施、危险废物处理设施等环境基础设施。加强园区能源、碳排放智慧监测管理设施建设，运用新一代信息技术提升绿色低碳管理水平。

4. 大力推动资源循环利用。开展园区物质流分析，加快提升资源产出率和循环利用率。优化园区空间布局，深挖产业关联性，深入开展园区循环化改造，促进物料循环利用、废物综合利用、能量梯级利用、水资源再生利用，推进工业余压余热、废气废液废渣资源化利用。

5. 提升减污降碳协同能力。深入分析园区污染物排放类型，探索开展大气污染物与二氧化碳排放协同控制和改造提升。支持污染治理技术和节能降碳技术在园区开展综合性示范应用，大力推动园区减污降碳协同增效。综合运用清洁生产审核、环境污染第三方治理等方式，协同提高节能降碳减污水平。

四、科技创新

聚焦区域绿色低碳科技需求，加强重点技术研发和产业化应用。对于科教基础和创新能力较强的城市，要加大绿色低碳技术创新研发力度，积极参与前沿技术标准研究制定，探索绿色低碳技术研发应用推广新机制，进一步激发企业创新活力。对于科技创新基础相对薄弱的城市，要鼓励引导企业应用先进适用绿色低碳技术，开展绿色低碳先进技术产业化示范。具备条件的试点城市，要积极支持属地高校建设“双碳”相关学科专业，加强专业人才培养。园区要根据自身产业特色和发展需求，引导企业加强自主创新，开展与高校、科研院所的联合创新，支持企业开展绿色低碳先进技术工程示范和产业应用。

五、重点工程

结合试点主要任务，提出能源基础设施、节能降碳改造、绿色低碳先进技术示范、环境基础设施、循环经济发展、生态保护修复等领域拟开展的重点工程项目，包括项目内容、建设期限、预期效果等，并说明拟实施的重点工程项目对试点建设的支撑作用。

六、政策创新

围绕支持绿色低碳发展的财政、金融、投资、价格等重要政策创新，以及碳排放统计核算、项目碳排放评价、产品碳足迹管理等配套制度开展先行探索，根据试点主要任务安排，紧密联系本地区工作实际，在重点领域开展先行先试，重点阐述政策机制创新的任务目标、内容、创新点及实施路径。

七、全民行动

在政府机关、企事业单位、群团组织、社会组织中开展生态文明科普教育，普及碳达峰碳中和基础知识能力。推动吃、穿、住、行、用、游等领域消费绿色转型，推进生活垃圾减量化资源化，推动形成绿色低碳的生产生活方式。指导区域内重点用能单位深入研究碳减排路径，“一企一策”制定节能降碳专项工作方案。强化干部教育培训，切实增强推动绿色低碳发展的本领。

八、保障措施

提出组织领导、政策支持、资金保障、监督考评、宣传推广等方面的务实举措，保障试点工作顺利推进。

国家发展改革委　国家能源局关于建立煤电容量电价机制的通知

（发改价格〔2023〕1501 号）

各省、自治区、直辖市、新疆生产建设兵团发展改革委、能源局，国家能源局各派出机构，中国华能集团有限公司、中国大唐集团有限公司、中国华电集团有限公司、国家电力投资集团有限公司、国家能源投资集团有限责任公司、国家开发投资集团有限公司、华润（集团）有限公司，国家电网有限公司、中国南方电网有限责任公司、内蒙古电力（集团）有限责任公司：

为贯彻落实党中央、国务院关于加快构建新型电力系统的决策部署，适应煤电向基础保障性和系统调节性电源并重转型的新形势，推动煤电转变经营发展模式，充分发挥支撑调节作用，更好保障电力安全稳定供应，促进新能源加快发展和能源绿色低碳转型，现就建立煤电容量电价机制有关事项通知如下。

一、总体思路

坚持市场化改革方向，加快推进电能量市场、容量市场、辅助服务市场等高效协同的电力市场体系建设，逐步构建起有效反映各类电源电量价值和容量价值的两部制电价机制。当前阶段，适应煤电功能加快转型需要，将现行煤电单一制电价调整为两部制电价，其中电量电价通过市场化方式形成，灵敏反映电力市场供需、燃料成本变化等情况；容量电价水平根据转型进度等实际情况合理确定并逐步调整，充分体现煤电对电力系统的支撑调节价值，确保煤电行业持续健康运行。

二、政策内容

（一）实施范围。煤电容量电价机制适用于合规在运的公用煤电机组。燃煤自备电厂、不符合国家规划的煤电机组，以及不满足国家对于能耗、环保和灵活调节能力等要求的煤电机组，不执行容量电价机制，具体由国家能源局另行明确。

（二）容量电价水平的确定。煤电容量电价按照回收煤电机组一定比例固定成本的方式确定。其中，用于计算容量电价的煤电机组固定成本实行全国统一标准，为每年每千瓦 330 元；通过容量电价回收的固定成本比例，综合考虑各地电力系统需要、煤电功能转型情况等因素确定，2024—2025 年多数地方为 30% 左右，部分煤电功能转型较快的地方适当高一些，为 50%左右（各省级电网煤电容量电价水平具体见附件）。2026 年起，将各地通过容量电价回收固定成本的比例提升至不低于 50%。

（三）容量电费分摊。煤电机组可获得的容量电费，根据当地煤电容量电价和机组申报的最大出力确定，煤电机组分月申报，电网企业按月结算。新建煤电机组自投运次月起执行煤电容量电价机制。各地煤电容量电费纳入系统运行费用，每月由工商业用户按当月用电量比例分摊，由电网企业按月发布、滚动清算。

对纳入受电省份电力电量平衡的跨省跨区外送煤电机组，送受双方应当签订年度及以上中长期合同，明确煤电容量电费分摊比例和履约责任等内容。其中：

（1）配套煤电机组，原则上执行受电省份容量电价，容量电费由受电省份承担。向多个省份送电的，容量电费可暂按受电省份分电比例分摊，鼓励探索按送电容量比例分摊。

（2）其他煤电机组，原则上执行送电省份容量电价，容量电费由送、受方合理分摊，分摊比例考虑送电省份外送电量占比、高峰时段保障受电省份用电情况等因素协商确定。

对未纳入受电省份电力电量平衡的跨省跨区外送煤电机组，由送电省份承担其容量电费。

（四）容量电费考核。正常在运情况下，煤电机组无法按照调度指令（跨省跨区送电按合同约定，下同）提供申报最大出力的，月内发生两次扣减当月容量电费的 10%，发生三次扣减 50%，发生四次及以上扣减 100%。煤电机组最大出力申报、认定及考核等规则，由国家能源局结合电力并网运行管理细则等规定明确。最大出力未达标情况由电网企业按月统计，相应扣减容量电费。对自然年内月容量电费全部扣减累计发生三次的煤电机组，取消其获取容量电费的资格。

应急备用煤电机组的容量电价，由省级价格主管部门会同能源主管部门按照回收日常维护成本的原则制定，鼓励采取竞争性招标等方式确定。应急备用煤电机组调用时段电量电价，按同时段最短周期电力市场交易电价水平确定。应急备用煤电机组具体范围及管理办法由国家能源局另行明确。

三、保障措施

（一）周密组织实施。省级价格主管部门要牵头做好煤电容量电价机制落实工作，周密部署安排，精心组织实施。跨省跨区送电送、受方要加强沟通衔接，尽快细化确定外送煤电机组容量电费分摊方式等内容，并在中长期交易合同中明确。电网企业要积极配合做好煤电容量电费测算、结算、信息统计报送等相关工作。发电企业要按规定及时申报机组最大出力，作为容量电费测算、结算、考核的依据。国家发展改革委强化煤炭价格调控监管，加强煤电中长期合同签约履约指导，促进形成竞争充分、合理反映燃料成本的电量电价，引导煤炭、煤电价格保持基本稳定，确保机制平稳实施。

（二）强化政策协同。各地要加快推进电力市场建设发展，完善市场交易规则，促进电量电价通过市场化方式有效形成，与煤电容量电价机制协同发挥作用；已建立调峰补偿机制的地方，要认真评估容量电价机制实施后系统调峰需求、煤电企业经营状况等，相应调整有偿调峰服务补偿标准。电力现货市场连续运行的地方，可参考本通知明确的煤电容量电价机制，研究建立适应当地电力市场运行情况的发电侧容量电价机制；发电侧容量电价机制建立后，省内煤电机组不再执行本通知规定的容量电价机制。

（三）密切跟踪监测。省级价格主管部门要会同当地相关部门，积极跟踪煤电容量电价机制执行情况，密切监测煤炭、电力市场动态和价格变化，发现问题及时反映。电网企业要对煤电容量电费单独归集、单独反映，按季向省级价格主管部门和相关主管部门报送当地煤电机组容量电费结算及扣减情况、工商业用户度电分摊水平测算及执行情况、电量电费结算情况等信息。

（四）加强宣传引导。各地要加强政策解读和宣传引导，指导电网企业、发电企业向用户充分阐释建立煤电容量电价机制对发挥煤电支撑调节作用、更好保障电力安全稳定供应、促进能源绿色低碳转型的重要意义，积极回应社会关切，增进各方面理解和支持。

本通知自2024年1月1日起实施。政策实施过程中如遇市场形势等发生重大变化，国家发展改革委、国家能源局将适时评估调整。

附件：省级电网煤电容量电价表

国家发展改革委
国家能源局
2023年11月8日

附件

省级电网煤电容量电价表（2024—2025年）

省级电网	容量电价（元/kWa，含税）	省级电网	容量电价（元/kWa，含税）
北京	100	河南	165
天津	100	湖北	100
冀北	100	湖南	165
河北	100	重庆	165
山西	100	四川	165
山东	100	陕西	100
蒙西	100	新疆	100
蒙东	100	青海	165
辽宁	100	宁夏	100
吉林	100	甘肃	100
黑龙江	100	深圳	100
上海	100	广东	100
江苏	100	云南	165
浙江	100	海南	100
安徽	100	贵州	100
福建	100	广西	165
江西	100		

注　2026年起，云南、四川等煤电转型较快的地方通过容量电价回收煤电固定成本的比例原则上提升至不低于70%，其他地方提升至不低于50%。

国家发展改革委等部门关于加强新能源汽车与电网融合互动的实施意见

（发改能源〔2023〕1721号）

各省、自治区、直辖市、新疆生产建设兵团发展改革委、能源局、工业和信息化主管部门、市场监管部门，北京市城市管理委员会、上海市交通委员会，国家能源局各派出机构，国家电网有限公司、中国南方电网有限责任公司：

新能源汽车通过充换电设施与供电网络相连，构建新能源汽车与供电网络的信息流、能量流双向互动体系，可有效发挥动力电池作为可控负荷或移动储能的灵活性调节能力，为新型电力系统高效经济运行提供重要支撑。车网互动主要包括智能有序充电、双向充放电等形式，可参与削峰填谷、虚拟电厂、聚合交易等应用场景。为深入贯彻中央全面深化改革委员会会议有关精神，积极落实《国务院办公厅关于进一步构建高质量充电基础设施体系的指导意见》（国办发〔2023〕19 号）有关要求，充分发挥新能源汽车在电化学储能体系中的重要作用，巩固和扩大新能源汽车发展优势，支撑新型能源体系和新型电力系统构建，现提出以下意见。

一、总体要求

（一）指导思想

以习近平新时代中国特色社会主义思想为指导，全面贯彻党的二十大精神，扎实推进中国式现代化建设，完整、准确、全面贯彻新发展理念，加快构建新发展格局，着力推动高质量发展，坚持系统观念，强化创新引领，完善标准体系，加强政策扶持，大力培育车网融合互动新型产业生态，有力支撑高质量充电基础设施体系构建和新能源汽车产业高质量发展。

（二）基本原则

政府引导，市场参与，多方协同。加强车网互动顶层设计，坚持系统观念，从社会整体效益的高度进行统筹谋划。通过营造良好市场环境和创新市场机制，充分调动产业链各方积极性，建立符合市场规律、多方合作共赢的系统化推进机制。

积极探索，适度超前，有序建设。结合各省市新能源汽车推广与电力市场改革进展，积极探索兼顾多方利益的车网互动业务场景和商业模式，面向不同场景需求，按照适度超前的原则，因地制宜、分类实施、有序推进车网互动生态建设。

鼓励创新，统一标准，保障安全。推动关键技术和核心装备攻关，强化企业创新主体作用，以创新引领发展。加快推动标准制修订工作，引领行业协同规范发展。建立健全配套监管措施，完善测试认证、系统接入、聚合调控等环节配套管理机制，保障车网互动场景下电网运行安全。

（三）发展目标

到 2025 年，我国车网互动技术标准体系初步建成，充电峰谷电价机制全面实施并持续优化，市场机制建设取得重要进展，加大力度开展车网互动试点示范，力争参与试点示范的城市 2025 年全年充电电量 60%以上集中在低谷时段、私人充电桩充电电量 80%以上集中在低谷时段，新能源汽车作为移动式电化学储能资源的潜力通过试点示范得到初步验证。

到 2030 年，我国车网互动技术标准体系基本建成，市场机制更加完善，车网互动实现规模化应用，智能有序充电全面推广，新能源汽车成为电化学储能体系的重要组成部分，力争为电力系统提供千万千瓦级的双向灵活性调节能力。

二、重点任务

（一）协同推进车网互动核心技术攻关

加大动力电池关键技术攻关，在不明显增加成本基础上将动力电池循环寿命提升至 3000 次及以上，攻克高频度双向充放电工况下的电池安全防控技术。研制高可靠、高灵活、低能耗的车网互动系统架构及双向充放电设备，研发光储充一体化、直流母线柔性互济等电网友好型充换电场站关键技术，攻克海量分布式车网互动资源精准预测和聚合调控技术。加强车网互动信息交互与信息安全关键技术研究，构建“车—桩—网”全链条智能高效互动与协同安全防控技术体系，实现“即插即充（放）”智能便捷交互，同时确保信息安全和电网运行安全。

（二）加快建立车网互动标准体系

加快制修订车网互动相关国家和行业标准，优先完成有序充电场景下的交互接口、通信协议、功率调节、预约充电和车辆唤醒等关键技术标准制修订；力争在 2025 年底前完成双向充放电场景下的充放电设备和车辆技术规范、车桩通信、并网运行、双向计量、充放电安全防护、信息安全等关键技术标准的制修订。同步完善标准配套检测认证体系，推动在车辆生产准入以及充电桩生产、报装、验收等环节落实智能有序充电标准要求。积极参与车网互动领域的国际标准合作，提升中国标准的国际影响力。

（三）优化完善配套电价和市场机制

鼓励针对居民个人桩等负荷可引导性强的充电设施制定独立的峰谷分时电价政策，并围绕居民充电负荷与居民生活负荷建立差异化的价格体系，力争 2025 年底前实现居民充电峰谷分时电价全面应用，进一步激发各类充换电设施灵活调节潜力。研究探索新能源汽车和充换电场站对电网放电的价格机制。建立健全车网互动资源聚合参与需求侧管理以及市场交易机制，优化完善辅助服务机制，丰富交易品种，扩大参与范围，提高车网互动资源参与需求响应的频次和规模，探索各类充换电设施作为灵活性资源聚合参与现货市场、绿证交易、碳交易的实施路径。鼓励双向充放电设施、储充/光储充一体站、换电站等通过资源聚合参与电力市场试点示范，验证双向充放电资源的等效储能潜力。

（四）探索开展双向充放电综合示范

积极探索新能源汽车与园区、楼宇建筑、家庭住宅等场景高效融合的双向充放电应用模式。优先打造一批面向公务、租赁、班车、校车、环卫、公交等公共领域车辆的双向充放电示范项目；鼓励电网企业联合充电企业、整车企业等共同开展居住社区双向充放电试点。结合试点示范，积极探索双向充放电可持续商业模式，完善典型应用场景下的双向充放电业务流程与管理机制，建立健全双向充放电车辆的电池质保体系，强化消费者权益保护，加强试点成效评估与总结，形成一批可复制、可推广的典型模式和经验。

（五）积极提升充换电设施互动水平

大力推广智能有序充电设施，原则上新建充电桩统一采用智能有序充电桩，按需推动既有充电桩的智能化改造。建立健全居住社区智能有序充电管理体系和流程，明确电网企业、第三方平台企业和新能源汽车用户等各方责任与权利，明确社区有序充电发起条件和响应要求。鼓励电网企业与充电运营商合作，建立电网与充换电场站的高效互动机制，提升充换电场站的功率响应调节能力。探索研究针对不同类型智能有序充换电设施的电力接入容量核定方法和相关标准规范，有效提升配电网接入能力。鼓励充电运营商等接受业主委托，开展居住区充电设施“统建统服”。鼓励充电运营商因地制宜建设光储充一体化场站，促进交通与能源融合发展。

（六）系统强化电网企业支撑保障能力

将车网互动纳入电力需求侧管理与电力市场建设统筹推进。支持电网企业结合新型电力负荷管理系统开展车网互动管理，优先实现 10kV 及以上充换电设施资源的统一接入和管理，逐步覆盖至低压配电网及关口表后的各类充换电设施资源。进一步完善电网需求侧管理与电力调控平台功能，为车网互动聚合交易提供基础支撑与技术服务。加快完善车网互动配套并网、计量、保护控制与信息交互要求与技术规范，探索关口表后的充换电设施独立计量方案。优化电网清分结算机制，支持车网互动负荷聚合商直接参与电力市场的清分结算。

三、保障措施

（一）加强统筹协调。国家发展改革委、国家能源局统筹开展车网互动顶层设计，积极推进配套政策、电价与市场机制建设，强化指导监督。工业和信息化部、国家能源局推动新能源汽车、充换电设施加快应用智能有序充电功能。国家标准化管理委员会组织能源行业电动汽车充电设施标准化技术委员会、全国汽车标准化技术委员会加快车网互动标准体系建设，指导开展相关国际标准合作。

（二）压实各方责任。各级地方政府有关部门要按照实施意见要求，加快推动车网互动相关工作，加快推广智能有序充电，研究探索车网互动应用试点，推动将智能充放电设施建设和改造纳入充电基础设施建设支持政策范畴，对车网互动试点示范项目加大资金支持。国家能源局派出机构要建立健全包括充电桩、充换电站、虚拟电厂、负荷聚合商在内的用户及第三方辅助服务市场机制。电网企业要积极开展配套电网改造，加快智能有序充电和双向充放电业务体系建设，做好聚合商平台对接工作。新能源车企、充电设备制造与运营企业等要严格落实生产、销售与服务责任，支持车网融合生态建设。行业协会要积极搭建交流平台，增进各方共识，共同培育产业生态。

（三）强化试点示范。国家能源局牵头开展车网互动试点示范工作。初步在长三角、珠三角、京津冀鲁、川渝等条件相对成熟的地区开展车网互动规模化试点示范，力争 2025 年底前建成 5 个以上示范城市以及 50 个以上双向充放电示范项目。支持示范城市和示范项目积极开展商业合作和服务模式创新，形成可复制、可推广的建设经验。加强宣传引导和舆论监督，提高各方认可度和参与度，构建有利于车网互动发展的舆论氛围。

国家发展改革委
国家能源局
工业和信息化部
市场监管总局
2023 年 12 月 13 日

中华人民共和国国家发展和改革委员会令
（第 8 号）

《电能质量管理办法（暂行）》已经 2023 年 12 月 26 日第 7 次委务会议审议通过，现予公布，自 2024 年 4 月 1 日起施行。

主任：郑栅洁
2023 年 12 月 27 日

电能质量管理办法（暂行）

第一章　总　　则

第一条　为加强电能质量管理，保障电力系统电能质量水平，优化电力营商环境，更好满足电力用户电能质量需求，支撑电力系统的安全、稳定、优质、经济运行，依照《中华人民共和国电力法》《电力供应与使用条例》《电网调度管理条例》和《电力监管条例》等法律法规，制定本办法。

第二条　本办法适用于在中华人民共和国境内的电力生产、供应和使用过程中的电能质量管理工作。

第三条　本办法所称的电能质量管理，是指综合采用技术、经济、行政等手段，使电力系统电能质量限制在国家标准规定范围内，以保证发电、供电和用电三方的正常运行和合法权益的活动，包括发电电能质量管理、输配电电能质量管理、用电电能质量管理，以及信息管理、监督管理等。

第四条　电能质量管理应当遵循“标准指引、预防为主、综合治理”的方针，发电、供电和用电各方应在工程项目规划、设计、建设、运行的全过程贯彻电能质量主动防治的理念，共同维护电气安全使用环境。

第五条 保障电力系统电能质量是发电企业、电网企业、电力用户的共同责任。建立健全政府监督管理、行业自律和企业履责的机制，强化和落实发电企业、电网企业、电力用户的主体责任，共同维护电力系统电能质量水平。因发电、电网或用户原因引起电能质量问题时，责任主体应当按“谁干扰，谁治理”的原则及时处理，并接受监督管理。

第二章 组 织 与 职 责

第六条 国家能源局负责全国电能质量管理和监督工作，建立健全电能质量管理制度和行业标准；地方各级电力管理部门负责本行政区域内电能质量管理工作，建立健全电力用户电能质量管理制度，协调处理电能质量问题诉求，监督各方落实主体责任；国家能源局派出机构负责辖区内电能质量监督工作，监督检查电网企业和发电企业执行国家法律法规、政策文件等的情况。

第七条 电网企业、发电企业和电力用户应贯彻执行国家有关电能质量管理规定。电网企业和发电企业应建立健全本企业电能质量管理制度，明确负责电能质量管理的部门及人员，开展电能质量管理和信息采集分析工作。

第八条 电网企业负责所属电网电能质量管理工作。负责所属电网电能质量监测和调控。负责发电并网点和电力用户公共连接点的电能质量管理。协助国家能源局及其派出机构、地方各级电力管理部门督促发电企业、电力用户电能质量治理措施落实。

第九条 发电企业负责所属厂（场）站电能质量管理工作。负责发电厂（场）站电能质量监测、电能质量问题防治，配合开展并网点电能质量管理等工作。

第十条 电力用户负责所属厂站（房）或设备（设施）电能质量管理工作。负责用电电能质量监测、电能质量问题防治，配合开展公共连接点电能质量管理等工作。

第十一条 行业协会开展电能质量行业自律与服务，开展信息分析与应用、技术交流与合作等工作。鼓励支持行业协会开展职业能力培训与评价等服务工作。

第十二条 鼓励电能质量监测装置、治理设备制造企业加强产品的生产过程控制及检验，确保提供符合标准要求的合格产品。鼓励发电企业、电力用户使用经电能质量特性检测认证的发电和用电设备。

第三章 发电电能质量管理

第十三条 发电企业应当服从电力调度指令落实调频、调压有关措施，确保电能质量符合国家标准。

第十四条 新（改、扩）建的新能源场站、10kV及以上电压等级并网的分布式电源和新型储能应当在接入电力系统规划可研阶段开展电能质量评估，配置电能质量在线监测装置，采取必要的电能质量防治措施。治理设备、在线监测装置应当与主体工程同时设计、同时施工、同时验收、同时投运。在试运行阶段（6 个月内），应当开展电能质量监测，指标超标时应当主动采取治理措施。

第十五条 发电企业应当在生产运行阶段开展电能质量监测工作，针对自身原因引起的电能质量问题主动采取防治措施。新能源发电场站应当配置电能质量在线监测装置，并配合问题调查分析，为电能质量指标统计和问题分析提供数据支撑。

第十六条 10kV 以下电压等级并网的分布式电源应当配置具备必要的电能质量监测功能的设备，并进行电能质量指标超标预警和主动控制。电能质量指标不符合国家标准有关规定的，应当采取防治措施。采取防治措施后电能质量仍不符合国家标准，影响电网安全运行或其他电力用户正常用电时，应当配合电网企业执行出力控制或离网控制。

第十七条 发电企业应当开展电能质量管理工作相关信息采集与问题分析治理能力建设，建立变流器等干扰源设备、治理设备、监测装置台账库，定期维护更新。

第四章 输配电电能质量管理

第十八条 电网企业应当不断完善网架结构、优化运行方式，提高电网适应性。在发电设备和用电设备接入电力系统时，电网企业应当审核发电设备和用电设备接入电力系统产生电能质量干扰的情况，可按照国家有关规定拒绝不符合规定的发电设备和用电设备接入电力系统。

第十九条 高压直流输电、柔性输电等非线性设施规划设计阶段应当开展电能质量评估，配置电能质量在线监测装置，必要时配置电能质量调控设备，且与主体工程同时设计、同时施工、同时验收、同时投运。

第二十条 电网企业应当加强对新能源场站并网点、10kV 及以上接有干扰源用户的公共连接点的电能质量问题分析。由于发电企业或电力用户影响电能质量或者干扰电力系统安全运行时，发电企业或电力用户应采取防治措施予以消除。对不采取措施或者采取措施不力的，电网企业可按照国家有关规定拒绝其接入电网或者中止供电，并报送本级电力管理部门、抄报所属国家能源局派出机构。

干扰源用户消除引起中止供电的原因后，电网企业应当在24h内恢复供电，不能在24h内恢复供电的，应向干扰源用户说明原因。

第二十一条　电网企业应当开展电能质量管理工作相关信息采集与问题分析治理能力建设，建立电能质量监测、调控设备台账，定期维护更新。

第五章　用电电能质量管理

第二十二条　干扰源用户接入电力系统时，应当在规划可研阶段开展电能质量评估，采取必要的电能质量防治措施，并与主体工程同时设计、同时施工、同时验收、同时投运。在试运行阶段（6个月内），应当开展电能质量监测，指标超标时应当主动采取治理措施。

第二十三条　对电能质量有特殊要求的用户在接入电力系统时，应当自行开展电能质量需求分析，采用耐受水平与电能质量需求相匹配的用电设备，以及配置合适的电能质量控制设备，确保电能质量满足自身需求。

第二十四条　存在电能质量问题的干扰源用户和对电能质量有特殊要求的用户应当加强电能质量监测分析，针对自身原因引起的电能质量问题主动采取防治措施，并配合问题调查分析，提供数据支撑。

第二十五条　干扰源用户和对电能质量有特殊要求的用户应当建立干扰源设备、对电能质量有特殊需求的设备、治理设备、监测装置台账库，定期维护更新。

第二十六条　鼓励各方为对电能质量有特殊要求的用户提供有偿增值服务等。

第六章　信　息　管　理

第二十七条　电能质量信息实行统一管理、分级负责。国家能源局负责全国电能质量信息的管理工作。地方各级电力管理部门负责本行政区域内电能质量信息的管理工作。

根据工作需要，国家能源局可以委托行业协会、科研单位及技术咨询机构等协助开展电能质量信息统计、指标评价等工作。

第二十八条　电网企业等相关企业应当按规定准确、及时、完整地向国家能源局、地方各级电力管理部门报送电能质量信息。电能质量信息报送内容和程序由国家能源局另行规定。

第七章　监　督　管　理

第二十九条　国家能源局及其派出机构、地方各级电力管理部门应当根据职责及时受理发电企业、电网企业、电力用户对电能质量问题的诉求，必要时可开展监督检查。

根据工作需要，国家能源局及其派出机构、地方各级电力管理部门可以委托具有相关资质的机构协助开展电能质量问题分析、检验测试等工作。

第三十条　国家能源局及其派出机构、地方各级电力管理部门可对发电企业、电网企业及电力用户开展电能质量监督检查，受监督检查企业及其工作人员应予以配合：

（一）进入受监督检查企业进行检查；

（二）询问受监督检查企业的工作人员，要求其对有关检查事项做出说明；

（三）查阅、复制与检查事项有关的文件、资料和电子数据；

（四）调取、分析受监督检查企业的有关电能质量信息。

监督检查时可以邀请电能质量专业相关专家参加并提供专业意见建议。对监督检查中发现的违法违规行为，国家能源局及其派出机构、地方各级电力管理部门有权当场予以纠正或责令限期改正。对不采取措施或者采取措施不力的，依法依规纳入不良信用记录。

第八章　附　　则

第三十一条　本办法下列用语的含义：

（一）电能质量，是指电力系统指定点处的电特性，关系到供用电设备正常工作（或运行）的电压、电流、频率的各种指标偏离基准技术参数的程度。电能质量指标包括电力系统频率偏差、供电电压偏差、谐波（间谐波）、三相电压不平衡、电压波动与闪变、电压暂升/暂降与短时中断等，各项电能质量指标应符合下列国家标准：

1.《电能质量　电力系统频率偏差》（GB/T 15945）；

2.《电能质量　供电电压偏差》（GB/T 12325）；

3.《电能质量　公用电网谐波》（GB/T 14549）；

4.《电能质量　公用电网间谐波》（GB/T 24337）；

5.《电能质量　三相电压不平衡度》（GB/T 15543）；

6.《电能质量　电压波动和闪变》（GB/T 12326）；

7.《电能质量　电压暂降与短时中断》（GB/T 30137）；

8. 其他电能质量相关国家标准。

（二）干扰源，是指接入电力系统的对电能质量造成影响的非线性、不平衡、冲击性发、供、用电设备或设施。

（三）电能质量监测，是指根据测量准确度要求，使用相应的电能质量监测设备（便携或在线）测量电力系统指定点处的电能质量指标。

第三十二条 本办法由国家发展改革委、国家能源局负责解释。

第三十三条 本办法自2024年4月1日起施行。原电力工业部发布的《电网电能质量技术监督管理规定》（电综〔1998〕第211号）同时废止。

工业和信息化部文件

工业和信息化部等六部门关于推动能源电子产业发展的指导意见

（工信部联电子〔2022〕181号）

各省、自治区、直辖市人民政府，国务院各部委、各直属机构：

能源电子产业是电子信息技术和新能源需求融合创新产生并快速发展的新兴产业，是生产能源、服务能源、应用能源的电子信息技术及产品的总称，主要包括太阳能光伏、新型储能电池、重点终端应用、关键信息技术及产品（以下统称光储端信）等领域。随着全球加快应对气候变化，“能源消费电力化、电力生产低碳化、生产消费信息化”正加速演进。能源电子既是实施制造强国和网络强国战略的重要内容，也是新能源生产、存储和利用的物质基础，更是实现碳达峰碳中和目标的中坚力量。为推动能源电子产业发展，从供给侧入手、在制造端发力、以硬科技为导向、以产业化为目标，助力实现碳达峰碳中和，经国务院同意，现提出以下意见：

一、总体要求

（一）指导思想

以习近平新时代中国特色社会主义思想为指导，深入贯彻落实党的二十大精神，立足新发展阶段，完整、准确、全面贯彻新发展理念，构建新发展格局，以深化供给侧结构性改革为主线，以改革创新为根本动力，以构建产业生态体系为目标，以做优做强产业基础和稳固产业链供应链为根本保障，抓住新一轮科技革命和产业变革的机遇，推动能源电子产业发展，狠抓关键核心技术攻关，创新人才培养模式，推进能源生产和消费革命，加快生态文明建设，确保碳达峰碳中和目标实现。

（二）基本原则

市场主导、政策支持。发挥市场在资源配置中的决定性作用，强化企业市场主体地位，营造良好的市场环境。更好发挥政府作用，完善政策机制，加强政策引领。

统筹规划、融合发展。优化顶层设计，坚持系统观念，协调供需关系。加强产业链上下游协同，促进“光储端信”全链条融合创新，统筹推进产业集聚发展。

创新驱动、开放合作。营造开放包容的创新环境，鼓励技术、机制及模式创新。建立国际开放合作体系，打造具有全球竞争力的能源电子产业链。

安全高效、持续发展。加强安全技术攻关和产品提质增效，健全技术标准和检测认证体系。全面推行绿色制造和智能制造，促进能源电子产业绿色低碳可持续发展。

（三）发展目标

到2025年，产业技术创新取得突破，产业基础高级化、产业链现代化水平明显提高，产业生态体系基本建立。高端产品供给能力大幅提升，技术融合应用加快推进。能源电子产业有效支撑新能源大规模应用，成为推动能源革命的重要力量。

到2030年，能源电子产业综合实力持续提升，形成与国内外新能源需求相适应的产业规模。产业集群和生态体系不断完善，5G/6G、先进计算、人工智能、工业互联网等新一代信息技术在能源领域广泛应用，培育形成若干具有国际领先水平的能源电子企业，学科建设和人才培养体系健全。能源电子产业成为推动实现碳达峰碳中和的关键力量。

二、深入推动能源电子全产业链协同和融合发展

（四）加强供需两端统筹协调

面向碳达峰碳中和目标，系统谋划能源电子全产业链条，以高质量供给引领和创造新需求，提升供给体系的韧性和对需求的适配性。鼓励以企业为主导，开展面向市场和产业化应用的研发活动，扩大光伏发电系统、新型储能系统、新能源微电网等智能化多样化产品和服务供给。推动能源电子重点领域深度融合，提升新能源生产、存储、输配和终端应用能力。推动能源绿色低碳转型，促进清洁能源与节能降碳增效、绿色能源消费等高效协同。

（五）促进全产业链协同发展

把促进新能源发展放在更加突出的位置，积极有序发展光能源、硅能源、氢能源、可再生能源，推动能源电子产业链供应链上下游协同发展，形成动态平衡的良性产业生态。引导太阳能光伏、储能技术及产

品各环节均衡发展，避免产能过剩、恶性竞争。促进“光储端信”深度融合和创新应用，把握数字经济发展趋势和规律，加快推动新一代信息技术与新能源融合发展，积极培育新产品新业态新模式。推动基础元器件、基础材料、基础工艺等领域重点突破，锻造产业长板，补齐基础短板，提升产业链供应链抗风险能力。

（六）健全技术创新支撑体系

在能源电子领域支持建立制造业创新中心、碳中和未来技术学院等研发创新平台，推动产业基础研究，加大低碳零碳负碳等关键共性技术、前沿引领技术、现代工程技术、颠覆性技术研发力度。支持企业、高等院校及科研院所加强合作，构建多层次联合创新体系，强化创新链产业链融合，形成技术创新攻坚合力。鼓励地方围绕特色或细分领域，开展关键技术研发与产业化，形成差异化发展。充分发挥人才第一资源作用，加强能源电子创新人才体系建设。

三、提升太阳能光伏和新型储能电池供给能力

（七）发展先进高效的光伏产品及技术

加快智能光伏创新突破，发展高纯硅料、大尺寸硅片技术，支持高效低成本晶硅电池生产，推动N型高效电池、柔性薄膜电池、钙钛矿及叠层电池等先进技术的研发应用，提升规模化量产能力。鼓励开发先进适用的智能光伏组件，发展智能逆变器、控制器、汇流箱、跟踪系统等关键部件。加大对关键技术装备、原辅料研发应用的支持力度。鼓励开发安全便捷的户用智能光伏系统，鼓励发展光伏充电宝、穿戴装备、交通工具等移动能源产品。探索建立光伏“碳足迹”评价标准并开展认证。加快构建光伏供应链溯源体系，推动光伏组件回收利用技术研发及产业化应用。

专栏1　太阳能光伏产品及技术供给能力提升行动

晶硅电池。支持开展大尺寸和双面、PERC、PERC + SE、MBB 等 PERC + 高效电池技术的规模化量产。开展TOPCon、HJT、IBC等高效电池及组件的研发与产业化，突破N型电池大规模生产工艺。

薄膜电池。统筹开发钙钛矿电池（含钙钛矿/晶硅叠层电池）、非晶硅/微晶硅/多晶硅薄膜电池、化合物薄膜电池等高效薄膜电池技术。开发BIPV构件、车船用构件、户外用品等产品，拓展应用领域。

光伏材料和设备。开发高纯度、低成本多晶硅材料和高性能硅片，提升大尺寸单晶硅拉棒、切片等制备工艺技术，提升电子浆料、光伏背板、光伏玻璃、封装胶膜、电子化学品等关键光伏材料高端产业化能力。支持高效闭环硅料全套产线突破，提升还原炉、单晶炉、PECVD、切片机、丝网印刷机、光电检测设备等水平。

智能组件及逆变器。发展具有优化消除阴影遮挡功率损失、失配损失、消除热斑、智能控制关断、智能光照跟踪、实时监测运行等功能的智能光伏组件产品，提升光伏组件轻质化、柔性化、智能化水平。开发新型高效率和高可靠性逆变器，提高光伏电站监控运维水平。

系统和运维。研发推广智能管理系统和集成运维技术，提高光伏发电全周期信息化管理水平。结合5G、AI、机器视觉、无人机等开展无人智慧化电站运维系统研究，开发光伏电站系统智能清洗机器人、智能巡检无人机、智能AI系统平台等产品。推广应用1500V光伏系统技术。

（八）开发安全经济的新型储能电池

加强新型储能电池产业化技术攻关，推进先进储能技术及产品规模化应用。研究突破超长寿命高安全性电池体系、大规模大容量高效储能、交通工具移动储能等关键技术，加快研发固态电池、钠离子电池、氢储能/燃料电池等新型电池。推广智能化生产工艺与装备、先进集成及制造技术、性能测试和评估技术。提高锂、镍、钴、铂等关键资源保障能力，加强替代材料的开发应用。推广基于优势互补功率型和能量型电化学储能技术的混合储能系统。支持建立锂电等全生命周期溯源管理平台，开展电池碳足迹核算标准与方法研究，探索建立电池产品碳排放管理体系。

专栏2　新型储能电池产品及技术供给能力提升行动

锂离子电池。支持开发超长寿命高安全性储能锂离子电池。优化设计和制造工艺，从材料、单体、系统等多维度提升电池全生命周期安全性和经济性。推进聚合物锂离子电池、全气候电池、固态电池和快充电池等研发和应用。

锂电材料及装备。保障高性能碳酸锂、氢氧化锂和前驱体材料等供给，提升单晶高镍、磷酸铁锰锂等正极材料性能。提高石墨、锂复合负极等负极材料应用水平。加快电解液用高纯碳酸酯溶剂、高纯六氟磷酸锂溶质等产业化应用。提升高破膜高粘接性功能隔膜的性能。突破搅拌、涂覆、卷绕、分切等高效设备。

钠离子电池。聚焦电池低成本和高安全性，加强硬碳负极材料等正负极材料、电解液等主材和相关辅材的研究，开发高效模块化系统集成技术，加快钠离子电池技术突破和规模化应用。

液流电池。发展低成本、高能量密度、安全环保的全钒、铬铁、锌溴液流电池。突破液流电池能量效率、系统可靠性、全周期使用成本等制约规模化应用的瓶颈。促进质子交换膜、电极材料等关键部件产业化。

氢储能/燃料电池。加快高效制氢技术攻关，推进储氢材料、储氢容器和车载储氢系统等研发。加快氢、甲醇、天然气等高效燃料电池研发和推广应用。突破电堆、双极板、质子交换膜、催化剂、膜电极材料等燃料电池关键技术。支持制氢、储氢、燃氢等系统集成技术开发及应用。

超级电容器。加强高性能体系、高电压电解液技术、低成本隔膜及活性炭技术的研发，提高超级电容器在短时高功率输出、调频稳压、能量回收、高可靠性电源等领域的推广应用。

其他新型储能技术及产品。研发新型环保、长寿命、低成本铅炭电池，开发高导电的专用多孔炭材料。推动正负极板栅的塑铅复合化，减少用铅量，提高电池比能量。开发新型空气电池，加强金属负极保护、枝晶抑制、选择性透过膜、电池结构设计等基础研究。鼓励开发规模储能用水系新电池。推动飞轮储能、压缩空气、储热等其他新型储能技术装备研发及产业化突破。

电池系统集成、检测评价和回收利用。开发安全高效的储能集成系统，针对电芯衰减、不一致性提高精细化管理水平，增强储能系统高效温控技术，提升电池管理系统性能、可用容量及系统可用度。开发电池全自动信息化生产工艺与装备。加强储能电池多维度安全测试技术、热失控安全预警技术和评价体系的开发与应用，突破电池安全高效回收拆解、梯次利用和再生利用等技术。

储能系统智能预警安防。开发基于声、热、力、电、气多物理参数的智能安全预警技术，以及高效、清洁的消防技术。建立储能系统安全分级评估体系，发展基于运行数据驱动和先进人工智能算法的储能系统安全状态动态智能评估技术。

四、支持新技术新产品在重点终端市场应用

（九）推动先进产品及技术示范

面向新型电力系统和数据中心、算力中心、电动机械工具、电动交通工具及充换电设施、新型基础设施等重点终端应用，开展能源电子多元化试点示范，打造一批提供光储融合系统解决方案的标杆企业。依托国家新型工业化产业示范基地等建设，培育形成一批能源电子产业集群，提升辐射带动作用。支持特色光储融合项目和平台建设，推进新技术、新产品与新模式先行先试，提升太阳能光伏发电效率和消纳利用水平。加快功率半导体器件等面向光伏发电、风力发电、电力传输、新能源汽车、轨道交通推广。提高长寿命、高效率的LED技术水平，推动新型半导体照明产品在智慧城市、智能家居等领域应用，发展绿色照明、健康照明。

（十）支持重点领域融合发展

加快能源电子技术及产品在工业、通信、能源、交通、建筑、农业等领域应用。鼓励建设工业绿色微电网，实现分布式光伏、分散式风电、多元储能、高效热泵、余热余压利用、智慧能源管控等一体化系统开发运行，实现多能高效互补利用。支撑大型风光电基地建设。强化能源电子技术在常规能源领域的融合应用，推动智能化开采和清洁高效利用。推动交通、机械工具电动化，加快电动船舶、电动飞机等研发推广。探索光伏和新能源汽车融合应用路径。推进屋顶、墙面光伏系统研发应用，发展户用光储超微电站，推动光伏、储能电池与建筑建材融合应用。推动农光互补、渔光互补等光伏发电复合开发，鼓励光伏农业新兴商业模式探索，促进农民增收，支持乡村振兴和共同富裕建设。

（十一）加大新兴领域应用推广

采用分布式储能、“光伏+储能”等模式推动能源供应多样化，提升能源电子产品在5G基站、新能源汽车充电桩等新型基础设施领域的应用水平。面向“东数西算”等重大工程提升能源保障供给能力，建立分布式光伏集群配套储能系统，促进数据中心等可再生能源电力消费。探索开展源网荷储一体化、多能互补的智慧能源系统、智能微电网、虚拟电厂建设，开发快速实时微电网协调控制系统和多元用户友好智能供需互动技术，加快适用于智能微电网的光伏产品和储能系统等研发，满足用户个性化用电需求。

五、推动关键信息技术及产品发展和创新应用

（十二）发展面向新能源的关键信息技术产品

加强面向新能源领域的关键信息技术产品开发和应用，主要包括适应新能源需求的电力电子、柔性电子、传感物联、智慧能源信息系统及有关的先进计算、工业软件、传输通信、工业机器人等适配性技术及产品。研究小型化、高性能、高效率、高可靠的功率半导体、传感类器件、光电子器件等基础电子元器件及专用设备、先进工艺，支持特高压等新能源供给消纳体系建设。推动能源电子产业数字化、智能化发展，突破全环境仿真平台、先进算力算法、工业基础软件、人工智能等技术。推动信息技术相关装备及仪器创新

发展。

（十三）促进能源电子产业智能制造和运维管理

推动互联网、大数据、人工智能、5G等信息技术与绿色低碳产业深度融合。加快智能工厂建设，推进关键工序数字化改造，优化生产工艺及质量管控系统。推动基础材料生产智能升级，提升硅料硅片、储能电池材料和高性能电池等生产、包装、储存、运输的机械化与自动化水平，提高产品一致性和稳定性。支持制造企业延伸服务链条，发展服务型制造新模式，推动提升智能设计、智能集成、智能运维水平。发展智慧能源系统关键技术和电网智能调度运行控制与维护技术。

专栏3　能源电子关键信息技术产品供给能力提升行动

光电子器件。基于能源电子需求，发展高速光通信芯片、高速高精度光探测器、高速直调和外调制激光器、高速调制器芯片、高功率激光器、光传输用数字信号处理器芯片、高速驱动器和跨阻抗放大器芯片。

功率半导体器件。面向光伏、风电、储能系统、半导体照明等，发展新能源用耐高温、耐高压、低损耗、高可靠IGBT器件及模块，SiC、GaN等先进宽禁带半导体材料与先进拓扑结构和封装技术，新型电力电子器件及关键技术。

敏感元件及传感类器件。发展小型化、低功耗、集成化、高灵敏度的敏感元件，集成多维度信息采集能力的高端传感器，新型MEMS传感器和智能传感器，突破微型化、智能化的电声器件和图像传感器件。

发光二极管。推动高品质、全光谱LED芯片及器件研发，加快提升晶片、银胶、环氧树脂等性能。面向机器视觉、植物生长、紫外消杀等非视觉应用，突破LED生产工艺、高光效黄光LED芯片、新型高效非可见光发光材料等技术，支持新型照明应用。

先进计算及系统。加快云计算、量子计算、机器学习与人工智能等技术推广应用。支持研究多域电子电气架构，突破智能设计与仿真及其工具、制造物联与服务、能源大数据处理等高端工业软件核心技术，建立健全能源电子生产运维信息系统。

数据监测与运行分析系统。推动建设能源电子产业数据平台，开展平台基础能力、运营服务、产业支撑等运行数据自动化采集，研发平台运行监测及行业运行分析模型，提升数据汇聚、分析、应用能力。

六、高度重视产业安全规范和有序发展

（十四）加强公共服务平台建设

支持能源电子领域建立多类型公共服务平台，培育特色工业互联网平台和监测分析数据平台，推动能源电子产业云建设，组织整合、集成优化各类资源，服务行业发展。探索建立分析评价专业平台，开展产品分析、评价、应用验证等服务。探索建立创新创业孵化平台，推动建立一批能源电子产业生态孵化器、加速器。支持建立能源电子领域知识产权运营中心，开展太阳能光伏、储能电池、终端应用以及信息技术产品知识产权交易与培训、科技成果评价等工作，完善知识产权布局，加强专利分析预警。搭建协同创新和成果转化平台，形成创新成果转化与新能源消费相互促进的良性循环。

（十五）健全产业标准体系

持续开展光伏、锂电等综合标准化技术体系建设。协同推进智能光伏国家标准、行业标准和团体标准，研究制定锂离子电池全生命周期评价体系及安全标准，加强固态电池、钠离子电池、超级电容器、氢储能/燃料电池等标准体系研究。开展能源电子智能制造与运维、管理控制系统等相关标准研制，加强与现行能源电力系统标准衔接，推动建立产品制造、建设安装、运行监测等环节的安全标准及管理体系。开展国际标准化合作，积极参与国际标准研究制定。

（十六）加强行业规范管理

加强与有关政策、规划衔接，引导能源电子产业转型升级和健康有序发展，支持智能光伏创新升级和应用示范，实施光伏、锂电等规范条件。加强行业统筹管理，提升项目建设和运营水平。完善检测认证服务，建立与国际接轨互认的检测平台和认证体系。规范质量品牌建设，引导企业建立以质量为基础的品牌发展战略，培育一批具有国际影响力的中国品牌。加强相关产品质量抽检，提高能源电子产品性能及可靠性。

（十七）做好安全风险防范

坚持底线思维，落实安全生产责任制。引导企业开展安全生产标准化建设，提升能源电子产业本质安全和生产安全。建立光伏发电项目全生命周期管理体系，实现全流程全要素精细化、系统化管理。建设分布式光伏大数据等管理中心，实现组件故障、事故隐患的可视化高效管理。鼓励储能电站定制安全保险，强化安全设施配置，制定完善专业人员培训考核制度，提高风险处置能力。

七、着力提升产业国际化发展水平

（十八）加快国际合作步伐

秉持人类命运共同体理念，充分利用多边和双边

合作机制，加强能源电子各领域的交流对话，促进能源电子领域贸易和投资自由化便利化，推动建设公平合理、合作共赢的全球秩序和能源体系，服务应对气候变化和新能源革命大局。在相关国际组织和区域合作等框架下，推动政府部门、研究机构、行业协会、企业间的交流互动，坚持市场驱动和企业自主选择，提升能源电子产业国际合作的水平和层次。

（十九）深化全球产业链布局

立足国内大循环、促进国内国际双循环，统筹利用国内国际两个市场、两种资源，统筹推动能源电子产业发展。鼓励企业依托绿色“一带一路”建设等机制，加强全球化布局，深化国际产能合作，构筑互利共赢的产业链供应链合作体系。推动能源电子产业国际合作向共同研发、联合设计、市场营销、国际品牌培育等高端环节延伸。积极构建全球产业链体系，鼓励企业依法合规开展投资、建立研发及产业中心，建设全球营销和服务体系。

八、强化组织保障措施

（二十）加强产业统筹协调

加强能源电子产业发展组织领导，坚持系统思维，建立推动产业高质量发展的协调机制，地方有关部门加强协同和上下联动，共同研究能源电子碳足迹、推进大产业大市场建设等重大问题。深化全局观念，加强顶层设计，强化央地协调工作力度，鼓励地方出台配套支持政策。开展能源电子领域“揭榜挂帅”和试点示范，支持举办创新比赛和行业大会，鼓励行业协会、产业联盟、研究机构等加快建设和发展，充分发挥行业组织公共服务和支撑作用。

（二十一）积极加大政策扶持

充分利用中央及地方相关渠道，落实相关优惠政策措施。加快培育一批以专精特新“小巨人”企业、制造业单项冠军企业、产业链领航企业为代表的能源电子优质企业。研究建立能源电子产业绿色发展指导目录和项目库，发挥国家产融合作平台作用，开展多层次融资对接活动，不断提高金融服务的精准性、针对性和匹配度。综合运用信贷、债券、基金、保险等多种金融工具，加大对能源电子产业链供应链的支持力度。鼓励银行机构立足职能定位，聚焦主责主业，规范开展金融产品和服务创新，助力能源电子产业发展。

（二十二）优化完善市场环境

发挥市场在资源配置中的决定性作用，推动建立公平竞争、健康有序的市场发展环境。充分利用各类产业基金，为能源电子产业发展提供长期稳定资金。在审慎评估的基础上，引导社会资本等设立能源电子领域多元化市场化产业投资基金，探索社会资本投资新模式。建立健全能源电子产业企业信用体系，推行企业产品标准、质量、安全自我声明和监督制度。推动完善光伏发电等价格形成机制，研究制定储能成本补偿机制，提高新能源投资回报率。

（二十三）全面加强人才培养

加强能源电子人才队伍建设，完善从研发、转化、生产到管理的多元化、多层次培养体系。优化人才评价和激励制度，畅通人才流动渠道，加强能源电子职业教育和普通教育相互沟通、职前教育和职后教育有效衔接。创新人才培养模式，鼓励高校加快能源电子相关学科专业建设，开展高素质人才联合培养和科学研究，推进与世界高水平大学和学术机构的合作交流。深化能源电子领域产教融合，鼓励校企联合开展产学合作协同育人项目，探索产教融合创新平台建设。

工业和信息化部
教育部
科学技术部
中国人民银行
中国银行保险监督管理委员会
国家能源局
2023 年 1 月 3 日

工业和信息化部关于印发电力装备行业稳增长工作方案（2023—2024 年）的通知

（工信部重装〔2023〕119 号）

各省、自治区、直辖市及计划单列市、新疆生产建设兵团工业和信息化主管部门，有关行业协会，有关中央企业：

现将《电力装备行业稳增长工作方案（2023—2024 年）》印发给你们，请结合实际认真贯彻实施。

工业和信息化部
2023 年 8 月 9 日

电力装备行业稳增长工作方案（2023—2024 年）

为深入贯彻习近平总书记关于电力装备产业发展的重要指示批示精神，认真落实党中央、国务院决策部署，把稳增长摆在首要位置，发挥电力装备行业带动作用，推动质的有效提升和量的合理增长，努力实现工业经济发展主要预期目标，制定本方案。

一、指导思想

以习近平新时代中国特色社会主义思想为指导，全面贯彻落实党的二十大和中央经济工作会议精神，完整、准确、全面贯彻新发展理念，更好统筹供给侧结构性改革和扩大内需，深入落实碳达峰、碳中和战略，加快构建新型电力系统，坚持问题导向、目标导向、结果导向，按照远近结合原则，通过强化重大工程引领、保障高质量供给、加快装备推广应用、继续开拓国际市场、提升产业链竞争力，夯实电力装备行业增长基础，推动电力装备行业高质量发展。

二、发展形势

2023—2024年，我国积极践行碳达峰、碳中和目标，加快构建新型电力系统，为电力装备行业高质量发展带来新动能，电力装备行业稳增长形势良好。

从供给侧来看，电力装备供给结构不断改善，近年来在“十四五”相关规划、《加快电力装备绿色低碳创新发展行动计划》等政策文件引领下，电力装备高端化、智能化、绿色化发展不断加快。

从需求侧来看，一方面国内装备需求旺盛，预计新增风电、光伏装机容量大幅增加；积极安全有序发展核电；新开工多条输变电工程。另一方面国际市场不断开拓，国内龙头企业与一带一路国家签订一批风电、光伏、水电项目，将带动一批电力装备“走出去”。

电力装备虽然需求旺盛，但从短期看，下半年行业营收增速存在回落压力，“走出去”环境还存在不确定性；从长期看，仍然存在关键核心零部件受制于人等问题，一定程度上制约着电力装备行业持续增长。

三、主要目标

发挥电力装备行业带动作用，同时考虑目标可实现性，通过实施一系列工作举措，稳定电力装备行业增长，力争2023—2024年电力装备行业主营业务收入年均增速达9%以上，工业增加值年均增速9%左右。

四、工作举措

（一）强化重大工程引领

发挥牵引带动作用。依托国家风电、光伏、水电、核电等能源领域重大工程建设，鼓励建设运营单位加大对攻关突破电力装备的采购力度，依托重点工程建设推动攻关成果示范应用，通过示范引领，促进电力装备推广应用。

保障电力装备供应。引导装备制造企业提高供给质量，保障好大型风电光伏基地项目，“华龙一号”示范工程广西防城港等核电项目，雅砻江、金沙江上游等流域水风光一体化示范基地，金上—湖北、陇东—山东、川渝主网架等特高压工程等一批国家重大工程项目建设。

（二）加快装备推广应用

强化政策引导。修订首台（套）重大技术装备推广应用指导目录，支持将符合条件的电力装备纳入目录。组织实施能源领域首台（套）评价和评定政策，引导地方政策支持方向和社会资源流向。

推动验证应用。加快大型风机叶片应用验证平台建设，推动攻关突破的风电叶片使用平台进行应用验证。聚焦行业急需，继续支持在电力装备领域建设首台（套）重大技术装备应用验证平台，推动资源开放共享，有效搭建电力装备研制与产业化间桥梁。

加快产业化应用。尽快优化完善首台（套）重大技术装备保险补偿政策，提高政策支持精准性，聚焦电力装备等重点领域，重点支持攻关突破的创新产品加快推广。

（三）继续开拓国际市场

推动电力装备“走出去”。统筹推进巴基斯坦卡拉奇核电站等现有海外工程建设，着力打造标杆项目，形成海外工程品牌。引导企业加强与发展中国家能源领域合作，因地制宜采取贸易、工程承包、投资、技术合作等方式开展双方、三方和多方市场合作，推动更多电力领域项目落地。

深化国际交流合作。发挥多双边合作和高层对话机制作用，加强技术标准、检验检测、认证等方面的国际互认，强化与国际组织的交流和经验分享。支持企业与境外机构在技术开发、经贸往来、人才培养等方面加强交流合作。

（四）提升产业链竞争力

加快产业链锻长补短。推动电力装备锻长板、补短板，研究制定风电、核电装备产业高质量发展行动计划，利用相关机制推动核电装备关键零部件攻关，依托相关专项统筹推进特高压换流变压器有载分接开关等项目研发，继续支持攻关突破一批关键核心零部件。

推动电力装备智能化升级。加快推进装备数字化，开展智能制造试点示范行动，提升数字化智能化水平。加快与新一代信息技术融合，推动“5G＋工业互联网”典型场景在电力装备领域应用。推广远程运维服务、全生命周期管理，加快电力装备网络化服务化发展。

推进先进制造业集群建设。支持成德高端能源装备产业集群、南京新型电力（智能电网）产业集群、保定电力及新能源高端装备集群、温州乐清电气集群等国家先进制造业集群做大做强，加快向世界级集群提升。支持东北、长三角和西部地区立足区域发展基础和比较优势，依托行业龙头企业和重点产业园区等，开展省级电力装备先进制造业集群培育。

促进大中小企业融通发展。支持“链主”企业做大做强，发挥引领带动作用，推动将配套中小企业纳入重要供应链管理，建立长期战略合作。实施“一链一策一批”中小微企业融资促进行动，加快培育专精特新“小巨人”企业、制造业单项冠军企业和中小企业特色产业集群，推动大中小企业融通发展。

五、保障措施

（一）加大统筹协调力度。充分发挥国家重大技术装备办公室作用，依托国家重大技术装备工作协调机制，加强部门协同，形成政策合力，强化央地联动，指导地方行业主管部门结合实际出台配套措施。依托国家重大技术装备专家委员会开展深入研究，提供重要决策支撑。创新组织形式，发挥行业协会作用，助力创新发展、推广应用等方面的政策落实。

（二）强化财税金融支持。推动制造业企业所得税抵扣，研发费用加计扣除，节能节水、资源综合利用等税收优惠政策落实。鼓励相关金融机构根据电力装备实际，创新金融产品，为符合条件的电力装备企业提供贷款、担保等金融服务。发挥国家产融合作平台作用，加强相关企业数据对接共享，挖掘数据增信价值，引导金融机构为电力装备提供精准有效支持。

（三）营造良好发展环境。鼓励国有企业提供电力装备首台（套）应用场景、试用环境并先试先用。推动各地加快建设全国统一大市场。尽快研究出台规范首台（套）招投标的相关措施，破除首台（套）招标采购的隐形壁垒。利用大国重器万里行活动，依托相关展览展示平台，强化电力装备质量品牌宣传，加强供需对接，为电力装备发展营造良好环境。

（四）加强专业人才培养。大力实施人才强国战略，加大人才培养力度，鼓励科研机构、高校和企业开展联合培养，建立人才实训基地等，引导专业服务机构创新人才培养模式，培育一批高端复合型人才。拓展海外引才渠道，加大急需紧缺高层次人才引进力度。完善人才评价体系，推进以创新为价值，能力、贡献为导向的人才评价体系。

工业和信息化部办公厅　住房和城乡建设部办公厅　交通运输部办公厅　农业农村部办公厅　国家能源局综合司关于开展第四批智能光伏试点示范活动的通知

（工信厅联电子函〔2023〕306 号）

各省、自治区、直辖市及计划单列市、新疆生产建设兵团工业和信息化、住房和城乡建设、交通运输、农业农村、能源主管部门：

为加快智能光伏技术进步和行业应用，推动能源技术与现代信息、新材料和先进制造技术深度融合，全面提升我国光伏产业发展质量和效率，根据《智能光伏产业创新发展行动计划（2021—2025 年）》（工信部联电子〔2021〕226 号）工作部署，工业和信息化部、住房和城乡建设部、交通运输部、农业农村部、国家能源局决定组织开展第四批智能光伏试点示范活动。有关事项通知如下：

一、试点示范内容

（一）支持培育一批智能光伏示范企业，包括能够提供先进、成熟的智能光伏产品、服务、系统平台或整体解决方案的企业。

（二）支持建设一批智能光伏示范项目，包括应用智能光伏产品，融合运用 5G 通信、大数据、互联网、人工智能等新一代信息技术，为用户提供智能光伏服务的项目。

（三）优先考虑方向

1. 光储融合。应用新型储能技术及产品提升光伏发电稳定性、电网友好性和消纳能力，包括光伏直流系统、光储微电网、农村光储充系统、便携式光储产品等方向。

2. 建筑光伏。包括光伏作为建筑屋顶、幕墙或遮阳等建筑构件与建筑有机结合，光伏发电与建筑用电负荷匹配的建筑光伏项目。

3. 交通运输应用。包括在公路客货运枢纽、公路服务区（停车场）、加油站、港口码头等场景，构建“分布式光伏＋储能＋微电网”交通能源系统，实现高比例绿色电力自发自用。

4. 农业农村应用。在设施农业、规模化种养、农产品初加工等生产场景，发展农光互补生态复合模式，优先支持符合条件的光伏扶贫项目。

5. 光伏绿色化。包括光伏产品绿色设计及绿色制造、退役光伏组件回收处理及再利用、光伏组件零部件再制造、光伏“碳足迹”评价认证、光伏供应链溯源体系等方向。

6. 关键信息技术。包括光伏系统智能调度、智能运维，以及面向智能光伏系统的通信与信息系统、柔性电力电子、智能微电网、虚拟电厂、工业软件、工业机器人等方向。

7. 先进光伏产品。包括高效晶硅太阳能电池（转换效率在 25%以上）、钙钛矿及叠层太阳能电池、先进薄膜太阳能电池，以及相关产业链配套高质量、高可靠、低成本设备及材料等方向。

8. 新型设施和实证检测。包括面向数据中心、5G 等新型基础设施的智能光伏系统，面向极寒、极热、高湿度、低辐照量、高盐雾等典型场景建设光伏应用和实证检测等方向。

二、申报条件

（一）示范企业

申报主体为智能光伏领域的产品制造企业、系统集成企业、软件企业、服务企业、光伏组件回收企业等，并符合以下条件：

1. 应为中国大陆境内注册的独立法人，注册时间不少于 2 年；

2. 具有较强的自主创新能力，已掌握智能光伏领域关键核心技术；

3. 已提供先进、成熟的智能光伏产品、服务或系统；

4. 拥有较高的智能制造和绿色制造水平；

5. 形成清晰的智能光伏商业推广模式和盈利模式；

6. 具备丰富的智能光伏项目建设经验。

（二）示范项目

申报主体为项目组织实施单位，可以是相关应用单位、制造企业、项目所在园区、第三方集成服务机构等，有关单位及项目应符合以下条件：

1. 已建成具有特色服务内容、贴近地区发展实际的智能光伏应用或服务体系。

2. 采用不少于 3 类智能光伏产品（原则上由符合《光伏制造行业规范条件》的企业提供）或服务，提供规模化（集中式 10MW 以上、分布式 1MW 以上）的智能光伏服务；对建筑及城镇领域智能光伏以及建筑一体化应用单个项目，以及交通应用领域的公路服务区、加油站项目，装机容量不少于 0.1MW。

3. 光伏系统安装在建筑上的，应具备应急自动断电功能，并与建筑本体牢固连接，保证结构安全、防火安全和不漏水不渗水。

4. 具备灵活的服务扩展能力和长期运营能力，具有自主创新性、持续运营和盈利的创新模式，具备不断完善服务能力和丰富服务内容的发展规划。

三、组织实施

（一）申报单位要严格按照通知要求和附件格式（可在工业和信息化部官网下载），规范填写智能光伏试点示范申报书，向所在地省级工业和信息化主管部门提交申报材料。

（二）省级工业和信息化主管部门会同住房和城乡建设、交通运输、农业农村、能源主管部门进行实地考察和专家评审，根据评审结果推荐企业和项目，出具推荐函。

（三）各省、自治区、直辖市推荐的示范企业不超过 5 家，示范项目不超过 8 个；计划单列市、新疆生产建设兵团推荐的示范企业不超过 3 家，示范项目不超过 5 个。各地推荐的示范企业及项目要严格控制数量，超过推荐数量的不予受理。

（四）请各地工业和信息化主管部门于 2023 年 12 月 11 日前将推荐函连同申报材料（纸质版一式两份和电子版光盘）通过 EMS 或机要交换至工业和信息化部（电子信息司）。

（五）工业和信息化部会同住房和城乡建设部、交通运输部、农业农村部、国家能源局对申报的企业、项目进行评选。评选结果在有关部门官方网站及相关媒体上对社会公示，对公示无异议的企业、项目予以正式发布。

四、管理和激励措施

（一）工业和信息化部联合住房和城乡建设部、交通运输部、农业农村部、国家能源局加大对示范企业、示范项目的宣传推介力度，提升试点示范影响力，扩大示范带动效应。组织对示范企业、项目开展评估考核并对智能光伏试点示范名单进行动态调整。

（二）鼓励各级政府部门和社会各界加大对试点示范工作的支持力度，从政策、标准、项目、资源配套等多方面支持示范企业做大做强，支持示范项目建设和推广应用。

（三）示范企业、示范项目应贯彻落实《智能光伏产业创新发展行动计划（2021—2025 年）》，努力树立行业标杆，发挥示范带动作用，加快先进产品、技术、模式等应用推广。

联系人及电话：陈昭　010－68208221/68208264

地址：北京市海淀区万寿路 27 号院

附件：1. 智能光伏试点示范申报书（示范企业）（略）

2. 智能光伏试点示范申报书（示范项目）（略）

工业和信息化部办公厅
住房和城乡建设部办公厅
交通运输部办公厅
农业农村部办公厅
国家能源局综合司
2023 年 11 月 10 日

自然资源部文件

自然资源部　国家能源局关于印发矿产资源和电力市场化交易专项整治工作方案的通知

各省（自治区、直辖市）自然资源主管部门、能源（电力）主管部门，有关省（自治区、直辖市）发展改革委、工业和信息化主管部门，新疆生产建设兵团自然资源局、发展改革委，北京市城市管理委员会：

为深入贯彻党的二十大精神，落实党中央、国务院关于加快建设全国统一大市场部署，进一步规范矿产资源和电力市场交易秩序，整治地方保护和市场分割突出问题，自然资源部和国家能源局制定了《矿产资源和电力市场化交易专项整治工作方案》，现予以印发，请遵照执行。执行过程中，遇到重大问题，请及时汇总上报。

自然资源部
国家能源局
2023 年 9 月 21 日

矿产资源和电力市场化交易专项整治工作方案

为深入贯彻落实《中共中央　国务院关于加快建设全国统一大市场的意见》、落实建设全国统一大市场部署总体工作方案和近期举措，进一步规范矿产资源和电力市场交易秩序，自然资源部和国家能源局决定在全国范围内开展以行政手段干预矿产资源和电力市场化交易专项整治工作（以下简称专项整治）。

一、总体要求

以习近平新时代中国特色社会主义思想为指导，深入贯彻党的二十大精神，坚持稳中求进总基调，完整、准确、全面贯彻新发展理念，加快构建新发展格局。紧紧围绕加快建设全国统一大市场的工作目标，聚焦以行政手段干预矿产资源和电力市场化交易问题，压实地方和部门责任，打破地方保护和市场分割，进一步规范矿产资源和电力市场交易秩序，保障安全稳定供应，助力能源资源高质量发展。

二、整治内容

本次专项整治聚焦 2023 年 1 月 1 日以来全国矿产资源和电力市场化交易行为，各地要认真核查是否存在以行政手段干预矿产资源和电力市场化交易行为，重点治理以下问题：

（一）违反矿业权竞争性出让的规定。包括违反矿产资源规划、国家产业政策和相关规定，违规出让矿业权；未落实全面推进矿业权竞争性出让要求，对本应以招标拍卖挂牌方式出让的矿业权，不进行竞争性出让；超出规定允许的协议出让范围，违规协议出让矿业权。

（二）设置不合理的矿业权出让条件。违反市场监管总局等 4 部门《关于开展妨碍统一市场和公平竞争的政策措施清理工作的通知》（国市监竞协发〔2023〕53 号）有关规定，违规设置不合理或歧视性的矿业权出让条件，违规增加矿业权出让前置资格审查内容，排斥或限制外地经营者、非国有企业。

（三）干预经营主体销售矿产品。以行政手段实施干预，限定交易、妨碍矿产品在地区之间自由流通。包括阻碍、限制外地矿产品进入本地区；实施严禁矿产品外运外销，以行政权力阻止本地矿产品外流；设置相关许可或规定，对跨区销售矿产品违规收取额外费用。

（四）干预电力市场准入行为。包括对发电企业、电力用户等进入电力市场设置不合理准入门槛和程序，对售电企业额外增设《售电公司管理办法》规定的注册条件和注册程序以外的要求，限制交易主体自由参与跨省跨区交易等。

（五）干预电力市场交易组织行为。包括出台与现行交易规则相违背的交易方案，以交易方案、会议纪要、有关通知等文件或领导批示代替交易规则，以行政手段违规干预交易机构交易组织和电网企业调度运行，随意调整交易结果，违规减免偏差考核责任，干预信息公开和信息披露，干预国家能源局派出机构的市场监管行为和对违规企业的查处、督促整改行为等。

（六）干预电力市场价格行为。包括违规干预价格形成，指定交易对象、交易电量和交易价格，采取分割市场电量、隐形确定供需比等方式限制市场竞争、人为造成供需失衡；未执行市场交易价格，针对不同地区、特定类型的主体规定歧视性价格，组织以各种名目限定价格或者变相限定价格的强制专场交易，强制分配低价电等。

三、工作步骤

本年度专项整治工作分 4 个阶段开展，具体如下：

（一）启动部署，收集线索（2023 年 9 月）。

自然资源部和国家能源局联合印发专项整治工作方案，明确整治工作内容、步骤和要求，做好具体工作安排。在自然资源部和国家能源局门户网站开设专栏，进一步畅通经营主体和各界反映问题渠道，及时收集相关问题线索。

（二）全面自查，及时整改（2023 年 9 月—10 月）。

各地严格按照整治工作方案要求，对辖区内涉及的以行政手段干预矿产资源和电力市场化交易行为进行系统梳理和全面自查，发现问题及时整改。自然资源部和国家能源局将把专栏收集的以行政手段干预矿产资源和电力市场化交易行为问题线索以及电力领域综合监管发现的相关问题转有关地方核查。

各省（自治区、直辖市）和新疆生产建设兵团在自查整改的基础上，由各省级自然资源主管部门和能源（电力）主管部门分别牵头形成自查报告于 10 月 30 日前报送自然资源部和国家能源局。自查报告内容包括但不限于：矿产资源/电力市场运行基本情况、干预矿产资源/电力市场化交易行为情况、整改情况、下一步工作计划和典型案例等。

（三）评估核查，巩固成果（2023 年 11 月）。

自然资源部组织部内有关司局对地方自然资源主管部门报来的自查报告进行分析，赴各省（自治区、直辖市）和新疆生产建设兵团，通过查阅资料、核查档案、实地查看、工作座谈等方式开展评估核查。各评估核查组于 11 月底前将核查情况、地方整改情况、下一步工作意见建议和典型案例等形成专项整治评估核查总结。

国家能源局组织派出机构，对地方能源（电力）主管部门报来的自查报告进行分析，赴辖区内相关单位，通过查阅资料、实地查看、工作座谈等方式开展评估核查。各派出机构于 11 月底前将核查情况、地方政府整改情况、下一步工作意见建议和典型案例等形成专项整治评估核查总结报国家能源局。

对矿产资源和电力市场化交易的重点区域，自然资源部和国家能源局将视情联合开展评估核查。对应整改未整改的，或者进度缓慢、工作不实、效果不佳的，将在全国范围内予以通报。

（四）全面总结，建立机制（2023 年 12 月）。

各地要在开展专项整治工作的基础上，健全管理制度，完善工作机制，加强日常监管，防止违法违规行为反弹。要通过整治具体问题，举一反三，对本地区地方性法规、地方政府规章、规范性文件及其他政策文件进行全面自查，发现问题的，根据权限修订、废止，或者提请本级人大、政府修订或废止。

自然资源部和国家能源局汇总梳理专项整治情况，根据情况适时选择典型案例予以通报。形成以行政手段干预矿产资源和电力市场化交易行为专项整治工作报告，总结专项整治中的好经验、好做法，推动建立完善长效机制，重要情况报国务院。

四、工作要求

（一）高度重视。各地、有关部门和派出机构要高度重视此次专项整治工作，切实提高政治站位，强化责任担当，贯彻落实党中央、国务院加快建设全国统一大市场的决策部署，完整、准确、全面贯彻新发展理念，促进构建新发展格局。

地方自然资源主管部门负责矿产资源市场化交易专项整治，地方能源（电力）主管部门负责电力市场化交易专项整治。自然资源部、国家能源局要加强指导，确保专项整治工作有序推进、取得实效。

（二）扎实推进。各地要按照本通知要求，认真动员部署，组建政治强、业务精、作风正的工作队伍，精心组织实施。对发现的违法违规情况，要立行立改，并将整治情况通过媒体向社会公开，确保专项整治行动取得实效。

（三）巩固成果。各地在自查整改中要敢于直面问题，做到求真务实，全面系统梳理辖区内以行政手段干预矿产资源和电力市场化交易行为。在自查整改和评估核查中要结合学习贯彻习近平新时代中国特色社会主义思想主题教育要求，敢于动真碰硬，全面掌握实际情况，及时发现和指出存在问题，制定有针对性的整改措施，提出有针对性的意见建议。

国家能源局文件

国家能源局综合司关于加强地质灾害多发区电力生产和建设施工安全风险防范工作的紧急通知

（国能综通安全〔2023〕7 号）

各省（自治区、直辖市）能源局，有关省（自治区、直辖市）及新疆生产建设兵团发展改革委、工业和信息化主管部门，北京市城市管理委，各派出机构，全国电力安委会各企业成员单位：

近年来，西南等省份部分地区因地震多发，造成山体松动、岩层破碎，易引发崩塌、滑坡、泥石流等地质灾害，给电力安全生产带来严峻考验。为进一步加强地质灾害易发区防灾减灾工作，深刻汲取近期部分地区地质灾害造成水电站施工营地人员伤亡的事故教训，现将有关事项通知如下。

一、提高思想认识，高度重视地质灾害风险防范。电力行业各单位要清醒认识地质灾害对电力生产和建设施工带来的不利影响，增强忧患意识、坚持底线思维，加强组织领导、细化工作措施，以“时时放心不下”的责任感，坚决做好灾害防范应对工作，最大限度降低地质灾害对电力生产和建设施工的不利影响，确保人民群众生命财产安全。

二、全面开展地质灾害隐患排查，强化重点部位风险防控。电力企业要结合岁末年初电力安全生产重大隐患专项整治，开展地质灾害隐患排查，摸清底数，加强跟踪监测，采取针对性防治措施，确保人身和设备安全。特别是灾害易发区水电企业，要全面排查水电站周边地质灾害隐患点和风险区，逐一分析研判，制定针对性措施；要加强现场巡查观测，及时及早发现地质灾害苗头，科学处置并落实风险防范措施。

三、进一步完善应急预案，落实灾害紧急应对措施。电力企业要结合现场建筑物和人员分布，制定灾害突发情况下人员应急转移方案，拟定安全快捷可行的应急转移路线，科学规划避险安置场所，备足备好应急物资装备，开展必要的培训和应急演练；要加强与当地政府及自然资源、气象、应急、地震等部门的沟通，及时获取有关信息，提升应对地质灾害等突发事件的能力，有效保障水电站大坝等设备设施和现场人员安全。

四、加强监督指导，做好工作协调。地方电力管理部门、派出机构要加强地质灾害防范应对工作指导、协调，督促电力企业认真落实相关要求，要加强信息报送，遇有地质灾害发生，指导企业迅速启动应急响应，按照“抢险不冒险”的原则，全力开展抢修恢复和人员救治等工作，确保人身安全、设备安全和系统安全。

国家能源局综合司
2023 年 1 月 19 日

国家能源局综合司关于加强春节后复工复产和春季检修期间电力安全生产工作的通知

（国能综通安全〔2023〕9 号）

各省（自治区、直辖市）能源局，有关省（自治区、直辖市）及新疆生产建设兵团发展改革委、工业和信息化主管部门，北京市城市管理委，各派出机构，全国电力安委会各企业成员单位：

随着春节假期结束，各地电力基建工程集中开复工，春季检修工作即将集中开展，现场作业风险点多面广，电力安全生产形势复杂。为深入贯彻落实全国安全生产电视电话会议和全国电力安全生产电视电话会议精神，进一步做好春节后复工复产和春季检修期间电力安全生产各项工作，现将有关事项通知如下。

一、严格落实复工复产和春季检修安全生产责任。各电力企业要严格落实全员安全生产责任制，层层传导压力，压紧压实责任链条，防止安全管理上热下冷。各电力企业主要负责人要切实担负起安全生产第一责任人职责，加强组织领导，细化工作措施，把各项风险管控措施和安全管理要求落实到复工复产和春季检修每个环节，确保无盲区、无死角。

二、狠抓建设工程开复工安全管理。各单位要针对春节后开复工特点，严格制定并执行开复工方案。开复工前，建设单位要牵头组织各参建单位评估工程安全生产情况，对于不具备条件的工程，一律不得开复工。要制定安全教育专项方案，对进场作业人员逐个登记造册，根据岗位分别开展安全教育培训和安全技术交底工作。各单位要加强施工现场安全风险管控，优化施工作业方案，做好安全防护措施、劳动防护用品等检查，确保安全防护可靠到位。施工单位要重点抓好外包队伍、临时用工人员的准入和施工现场作业人员的安全管理，履行好安全生产责任。

三、全力确保春季检修作业和电力系统运行安全。各电力企业要切实加强检修作业过程管控，深入开展技术交底，强化现场监督检查，及时发现并制止安全生产违法违规行为，对密闭空间、带电、动火、吊装等危险系数大的作业，落实现场监护和旁站等安全管控措施，防范遏制人身和设备事故发生。发电企业要加强与电力调度机构的协调沟通，统筹好机组检修和电力保供，科学安排检修计划，认真组织编制检修工作方案，着力提高检修效率和质量。电网企业要合理安排电网运行方式，结合春季检修计划及时开展风险隐患排查治理，强化直流输电系统、电力二次系统安全管理，确保设备安全稳定运行和大电网安全；要做好输变电设施森林草原火灾防范工作，强化运维巡视和监测预警，加强联防联控。

四、强化协调联动积极应对处置突发事件。近期部分地区发生地震灾害，存在山体松动、崩塌等次生灾害风险，另据气象部门预测，二月中旬部分地区可能发生低温雨雪冰冻等“倒春寒”天气，类似灾害均会对电力安全生产造成不利影响。各单位要加强与当地政府及自然资源、气象、应急、地震等部门的沟通，及时获取有关信息，备足备好应急物资装备，开展必要的培训和应急演练，提升应对自然灾害等突发事件的能力。各水电站运行单位和主管单位要认真汲取春节期间有关水利枢纽泄水冲走下游河道内群众事件的教训，强化和属地相关部门工作协同联动，严格执行安全生产管理规章制度，在重大操作或工况发生重要变化时，要及时向管理区域内上下游相关单位及可能受到影响的人群发出预告预警，并加强管理区域监视检查，及时发现险情隐患，落实防控措施。

五、加强安全监管认真做好指导协调。地方电力管理部门、派出机构要切实履行各自安全监管职责，强化协同监管，督促有关单位制定并严格执行复工复产和春季检修期间电力安全风险隐患防范工作措施，组织开展专项督查，督促有关单位认真管控安全风险，及时整改安全隐患，加强信息报送和应急处突，切实保障电力系统安全稳定运行和电力可靠供应。

国家能源局综合司

2023年2月2日

国家能源局综合司关于完善电力系统运行方式分析制度　强化电力系统运行安全风险管控的通知

（国能综通安全〔2023〕13号）

各派出机构，国家电网有限公司、中国南方电网有限责任公司、内蒙古电力（集团）有限责任公司：

为深入贯彻习近平总书记关于安全生产重要指示批示精神，落实党中央、国务院关于加强电力安全工作决策部署，完善电力系统运行方式分析制度，进一步加强电力系统运行安全风险管控，现就有关事项通知如下。

一、高度重视电力系统运行方式分析

（一）充分认识电力系统运行方式分析工作的重要性。随着电力系统规模持续扩大，电网结构更趋复杂，安全稳定运行难度日益增高，安全保供压力不断增大。开展电力系统运行方式分析，是全面梳理系统运行特性及安全风险的有效途径，是科学提出风险管控措施的重要依据。有关电力企业要深刻认识电力系统运行方式分析工作的重要作用，进一步提升电力系统运行方式分析质效，全面掌握、有效控制并逐步化解电力系统主要安全风险。

（二）加强协调配合强化监督指导。国家能源局及其派出机构指导有关电力企业开展系统运行方式分析和电力安全风险管控工作，依据相关法律法规实施监督管理。各派出机构可结合本区域实际情况和特点，对区域（省级）电力系统运行方式分析和电力安全风险管控工作提出具体要求。电网企业要遵照相关法律法规及标准规范，科学研判调度管辖范围内电力系统运行特性，做好运行方式分析。有关电力企业要按照要求，配合电网企业开展系统运行方式及安全风险分析。

（三）坚持系统思维完善顶层设计。发挥运行方式分析牵头抓总作用，强化对电力安全风险管控的支撑能力。电网企业要合理安排全年任务计划，通过电力系统年度运行方式分析，以及迎峰度夏、迎峰度冬2次专项安全风险分析，推进系统性风险常态化管控。以年度运行方式分析为总揽，全面研判全年电力系统运行主要风险，提出年度系统运行安排及风险管控措施；以专项安全风险分析为重点，排查负荷高峰期系统安全风险，更新当季安全风险管控及重点任务开展情况，提出度夏（冬）期间安全风险管控措施建议。

二、明确内容深度

（四）总结上一年度系统运行情况。年度运行方式应总结分析上一年度新设备投产及系统规模、年末电网地理接线图、电力供需情况及生产运行指标、系统安全运行和经济运行情况、各区域电力系统结构变化及运行特点、系统运行中存在的问题、系统主要安全风险管控情况、调管范围内电力安全事故（事件）情况及风险管控措施、上一年度重点工作开展情况等。

（五）做好系统运行方式安排。年度运行方式应研究分析本年度新设备投产计划、本年度末期系统规模、跨区跨省联络线送受电计划、综合停电计划、特高压互联及跨区系统运行方式安排、各区域（省级）电力系统结构变化及运行特点、系统无功平衡和电压调整、安自装置和低频低压减负荷情况、本年度系统运行重点工作等。

（六）加强系统运行安全风险分析。年度运行方式分析应结合系统运行特性、季节性特点，至少从电力电量平衡预测、电力系统安全稳定风险、关键设备安全风险、重大灾害风险4方面，做好全国各区域、各省级电力系统运行安全风险分析排查。

电力电量平衡预测方面，应分析预测电力供需总体情况、区域（省级）电力系统供需情况、电源出力情况（含电煤供应及火电出力情况、来水情况及水电出力预测以及其他情况）、外购电能力预测及清洁能源消纳预测，研究制定应对措施。

电力系统安全稳定风险方面，应分析系统稳定问题、直流系统运行安全及交直流耦合问题、网架结构性问题、短路电流超标问题等风险，研判电力系统频率、电压、功角及新形态系统稳定可能存在的风险，研究制定风险管控措施。

关键设备安全风险方面，应结合前期发生的设备安全事故（事件），排查梳理同类风险，并重点分析重要输电通道、交叉跨越点、枢纽变电站、二次系统（含电力监控系统、重要站点主保护、关键区域安控系统

等）安全风险。

重大灾害风险方面，应梳理洪涝、雷击、山火、台风、地质灾害等重大灾害风险的典型区域，对各类灾害可能性及危害性进行预判分析，提出防范措施建议。

（七）组织专项安全风险分析及总结。专项安全风险分析应按照本通知第（六）条要求，滚动开展安全风险分析。专项安全风险分析总结是对本年度迎峰度夏（冬）安全运行情况进行总结，包括但不限于以下内容：迎峰度夏（冬）电力供需总体特点、迎峰度夏（冬）工作开展情况、需重点关注的问题、下一步工作及建议等。其中，迎峰度夏安全风险分析总结应以专题报告形式单独报送，迎峰度冬安全风险分析总结可在次年年度运行方式分析报告中设立专章。电网企业应根据电力生产运行形势、地域特点和工作需要，因时制宜、因地制宜补充相关分析内容，确保安全风险分析工作的全面性和科学性。

三、加强信息报送

（八）明确信息报送关系。电网企业应及时将年度运行方式分析报告，迎峰度夏、迎峰度冬安全风险分析报告及总结报送国家能源局及其派出机构。

国家电网有限公司向国家能源局报送国家电网有限公司经营区电力系统运行方式及安全风险分析情况。各区域电网企业向各区域能源监管局报送本单位调度管辖范围内电力系统运行方式及安全风险分析情况。

中国南方电网有限责任公司向国家能源局报送中国南方电网有限责任公司经营区电力系统运行方式及安全风险分析情况，同时报南方能源监管局。

内蒙古电力（集团）有限责任公司向国家能源局报送内蒙古电力（集团）有限责任公司经营区电力系统运行方式及安全风险分析情况，同时报华北能源监管局。

省级电网企业向国家能源局相关派出机构报送本省级电网企业电力系统运行方式及安全风险分析情况。

（九）提升信息报送时效和质量。电网企业应当按时报送电力系统运行方式分析报告、安全风险分析报告及总结，报告及总结应由电网企业有关负责人审核批准。年度运行方式分析报告、迎峰度夏安全风险分析报告、迎峰度冬安全风险分析报告提交时限分别为每年 2 月 28 日、5 月 31 日和 11 月 30 日。迎峰度夏安全风险分析总结提交时限为每年 9 月 10 日。

四、加强监督管理

（十）加强监督检查。派出机构应跟踪督促辖区内有关电网企业的安全风险管控措施落实情况，按季度对风险管控措施落实情况开展监督检查或重点抽查。对于工作不配合、未按要求报送和未采取管控措施的单位，国家能源局及其派出机构将按有关规定，在并网电厂涉网安全管理联席会议上通报。

（十一）强化风险管控闭环管理。电网企业要在年度运行方式分析中梳理上一年度运行方式分析及安全风险分析工作典型经验及实施效果，不断优化提升分析的准确性和实效性。各区域能源监管局要统筹区域电力系统运行方式分析及安全风险分析整体情况，整理形成区域电力系统风险管控情况报告，于每年 12 月 10 日前报送国家能源局（电力安全监管司）。

本通知执行过程中，相关单位如有问题和建议，请及时反馈国家能源局（电力安全监管司）。

国家能源局综合司

2023 年 2 月 17 日

国家能源局关于加强电力可靠性管理工作的意见

（国能发安全规〔2023〕17 号）

各省（自治区、直辖市）能源局，有关省（自治区、直辖市）及新疆生产建设兵团发展改革委、工业和信息化主管部门，北京市城市管理委，各派出机构，全国电力安委会各企业成员单位，中国电力企业联合会、中国电力设备管理协会，有关电力企业：

为贯彻落实《电力可靠性管理办法（暂行）》（国家发展和改革委员会令 2022 年第 50 号），提升我国电力可靠性管理水平，保障电力可靠供应，更好服务新时代经济社会发展，现就加强电力可靠性管理工作提出以下意见。

一、充分认识加强电力可靠性管理工作的重要性

电力可靠性管理是保障电力安全可靠供应的重要基础。电力供应事关经济发展全局和社会稳定大局，是关系民生的大事。现阶段我国工业化、城镇化深入推进，电力需求持续增长，保障电力供应是电力管理工作的重中之重。电力可靠性管理是电力生产运行管理和技术管理的核心手段，基本任务是保障电力系统的充裕性和安全性，为保障电力供应发挥基础性作用。

电力可靠性管理是保障社会经济发展的重要手段。进入新时代，人民追求美好生活对电力的需求已经从“用上电”变成“用好电”，党中央、国务院关于乡村振兴、优化营商环境等民生工作决策部署也对电力可靠性管理提出更高要求和明确目标，电力可靠性管理已成为提升电力普遍服务水平、支撑社会经济高质量发展的重要手段。

电力可靠性管理是推动建设新型电力系统的重要保障。近年来，我国电力工业发生了巨大变化，电力体制改革全面提速，新能源和分布式能源快速发展，电力系统安全稳定运行面临新的形势和挑战。为有效应对新形势，推动构建新型电力系统和实现“双碳”目标，需要进一步发挥电力可靠性管理的作用，保障电力系统安全稳定运行和高质量发展。

二、完善电力可靠性管理工作体系

（一）国家能源局派出机构、地方政府能源管理部门和电力运行管理部门根据各自职责和国家有关规定负责辖区内的电力可靠性监督管理。进一步厘清各自电力可靠性监督管理职责，明确工作内容、目标、流程和责任，加强监管人员力量配备，切实提升专业监管能力和效率。

（二）国家能源局派出机构要定期组织对辖区内的电力可靠性进行评价、评估和预测，及时发布相关可靠性信息和指标。加大电力可靠性监督检查力度，监督指导电力企业排查治理电力可靠性管理中发现的风险和隐患，依法依规调查处理瞒报、谎报电力可靠性信息的行为和造成严重影响的电力可靠性相关事件。

（三）省级政府能源管理部门和电力运行管理部门要进一步健全地方各级政府电力可靠性管理工作体系，全面组织落实国家乡村振兴、优化营商环境、电网升级改造等战略部署中的相关电力可靠性要求。加强电力供需管理，做好燃料库存、入库水量等的监测分析和协调处理，科学实施电力需求侧管理和有序用电，保障电力可靠供应。扎实推动电力用户可靠性管理工作，监督指导重要电力用户排查治理电力可靠性管理中发现的风险和隐患。

（四）国家能源局派出机构、地方政府能源管理部门和电力运行管理部门要进一步完善电力可靠性管理统筹协调工作机制，坚持统筹规划、统筹部署、统筹推进。要建立联席协调机制，定期分析、通报电力供需和电网运行情况，协调解决保障电力供应和电力系统稳定运行面临的问题，确保工作推动协调有力、信息沟通渠道畅通，形成工作合力。

（五）国家能源局及其派出机构、地方政府能源管理部门和电力运行管理部门应及时处理电力可靠性管理投诉举报。投诉举报查实后确存在提供虚假、隐瞒重要可靠性信息等违法违规行为的，应依照《电力可靠性管理办法（暂行）》第六十二条和相关规定处理，并纳入电力行业信用体系进行管理。

三、落实电力企业可靠性管理主体责任

（一）电力企业是电力可靠性管理工作的重要责任主体，其主要负责人是电力可靠性管理第一责任人，要认真贯彻落实党中央、国务院相关决策部署和电力行业相关要求，建立健全电力可靠性组织、制度、标准体系和工作流程，加强技术力量配备，推进科技创新和先进技术应用，切实提升电力可靠性管理水平。

（二）电力企业要建立电力可靠性全过程管理机制，加强专业协同，形成覆盖电力生产供应各环节的可靠性全过程管理机制。

（三）电力企业要建立重要电力设备分级管理制度，构建设备标准化管理流程，打通上下游信息共享渠道，强化设备缺陷特别是家族性缺陷的排查治理，建立电力企业在设备选型、监造、安装调试、检修维护、退役等环节的全寿命周期管理机制。鼓励各地区、各单位因地制宜开展差异化检修，探索开展以风险分析为基础的维修、以可靠性为中心的检修等设备检修模式，确保检修质量和效率，严防设备“带病运行”。

（四）电网企业要优化安排电网运行方式，做好电力供需分析和生产运行调度，强化电网安全风险管控，优化运行调度，确保电力系统稳定运行和电力可靠供应。发电企业要加强燃料、蓄水管控及风电、光伏发电等功率预测，强化涉网安全管理，科学实施机组深度调峰灵活性改造，提高设备运行可靠性，减少非计划停运。电网企业要加大城乡电力基础设施建设力度，提升供电服务和民生用电保障能力。

（五）供电企业要指导电力用户安全用电、可靠用电，消除设备和涉网安全隐患，预防电气设备事故。按规定为重要电力用户提供相应的供电电源，指导和督促重要用户安全使用自备应急电源。

四、鼓励社会各方积极参与电力可靠性管理

（一）鼓励电力设备制造企业按照国家质量发展规划和要求，加强与电力企业的信息共享和协调管控，加大科技创新和产品开发力度，加强产品可靠性设计、试验及生产过程质量控制，从制造源头提升设备可靠性水平。

（二）鼓励电力企业、科研单位和电力用户等根据电力规划、建设、生产、供应、使用和设备制造等工作需要，研究、开发和采用先进的科学技术和管理方法，提高可靠性数据的准确性、时效性和可追溯性，经实践检验后推广应用。对取得显著成绩的单位和个人，政府部门和相关电力企业可根据相关法律法规给予表彰奖励。

（三）发挥行业协会、科研单位、技术咨询机构等第三方机构的技术优势，积极参与电力可靠性管理工作，加强电力可靠性数据分析、应用和推广，鼓励行业协会开展行业自律和服务，增强交流与合作。

五、加强电力可靠性信息管理

（一）电力可靠性信息实行统一管理、分级负责。国家能源局建立电力可靠性监督管理信息系统，实施全国范围内电力可靠性信息注册、报送、分析、评价、应用、核查等监督管理工作，及时发布电力可靠性数据信息。国家能源局派出机构负责辖区内电力可靠性

信息分析、发布和核查。

（二）电力企业应根据国家能源局有关规定，通过电力可靠性监督管理信息系统向国家能源局报送电力可靠性信息。

电力可靠性信息报送应当符合下列期限要求：

1. 每月 8 日前报送上月火力发电机组主要设备、核电机组、水力发电机组、输变电设备、直流输电系统以及供电系统用户可靠性信息；

2. 每季度首月 12 日前报送上一季度发电机组辅助设备、风力发电场和太阳能发电站的可靠性信息。

（三）电力企业应每年对自身电力可靠性管理工作开展情况进行全面总结，对发生的电力可靠性事件和相关生产运行、技术管理情况进行分析，于每年 2 月 15 日前将上一年度电力可靠性管理和技术分析报告报送所在地国家能源局派出机构、省级政府能源管理部门和电力运行管理部门，中央电力企业总部于每年 3 月 1 日前报送国家能源局。

（四）省级电网企业应按照国家能源局有关规定，每年对调度管辖范围内的电力供应情况、电力系统运行情况和电网安全风险管控情况进行评估分析，对下一年的电力供应趋势、电网安全风险辨识、电网运行方式安排等情况进行预测预判，于每年 1 月份将上一年度电力系统可靠性的评估分析和本年度的预测预判情况报送国家能源局派出机构、省级政府能源管理部门和电力运行管理部门；中央电网企业总部于每年 2 月份将有关情况报送国家能源局。

本文件自发布之日起施行，有效期为 5 年。《国家能源局关于加强电力可靠性监督管理工作的意见》（国能安全〔2015〕208 号）同时废止。

国家能源局

2023 年 2 月 14 日

国家能源局综合司关于按月公布和报送户用光伏项目信息有关事项的通知

（国能综通新能〔2023〕17 号）

各省（自治区、直辖市）能源局，有关省（自治区、直辖市）及新疆生产建设兵团发展改革委，国家电网、南方电网、内蒙古电力集团，国家可再生能源信息管理中心：

为保障户用光伏健康有序发展，做好户用光伏信息统计管理工作，现将按月公布和报送户用光伏项目信息有关要求通知如下。

一、请各省级能源主管部门、电网企业高度重视并规范户用光伏项目管理工作，做好与可再生能源发电项目建档立卡工作的衔接，完善户用光伏项目信息报送事项。

二、各省级电网企业应做好所辖经营区域户用光伏项目信息公布和报送工作。请各省级能源主管部门加强沟通协调，组织电网企业（含地方电网企业）认真落实信息公布和报送工作，由国家电网公司、南方电网公司所属省级电网企业分别汇总并对外公布和报送本省相关信息（内蒙古电力公司汇总并对外公布和报送所辖经营区域相关信息）。

三、请相关省级能源主管部门组织地方电网企业于每月 8 日前按附件 1、2 向国家电网公司、南方电网公司所属省级电网企业和内蒙古电力公司报送户用光伏项目信息。各省级电网企业（含内蒙古电力公司）于每月 10 日前按附件 1 公布汇总后的全省户用光伏项目信息，于每月 12 日前按附件 1、2 报送国家能源局并抄送国家可再生能源信息管理中心。其中，附件 2 相关信息应与可再生能源发电项目建档立卡信息保持一致。

四、户用光伏项目信息按月报送工作自 2023 年 3 月起实施，请各单位按照上述有关要求对 2023 年 1 月、2 月信息进行补报。

五、请各省级能源主管部门组织各省级电网企业（含内蒙古电力公司）在 2023 年 3 月第一次填报数据时按附件 3 向国家能源局报送所辖经营区域截至 2022 年底的户用光伏累计装机规模，并抄送国家可再生能源信息管理中心。

六、《关于 2019 年户用光伏项目信息公布和报送有关事项的通知》（国能综通新能〔2019〕45 号）同时废止。

联系方式：010－81929522

附件：1. ××省（区、市）户用光伏项目装机容量统计表（略）

2. ××省××年×月户用光伏项目名单（略）

3. 截至 2022 年底户用光伏项目累计装机容量统计表（略）

国家能源局综合司

2023 年 2 月 27 日

国家能源局关于印发《水电站大坝安全提升专项行动方案》的通知

（国能发安全〔2023〕19 号）

各省（自治区、直辖市）能源局，有关省（自治区、直辖市）及新疆生产建设兵团发展改革委、工业和信息化主管部门，北京市城市管理委，各派出机构，大坝中心，全国电力安委会各企业成员单位，有关单位：

为进一步加强水电站大坝（以下简称大坝）安全监督管理，深入排查整治大坝安全问题，有效提升大坝安全总体水平，我局决定在全国范围内组织开展大坝安全提升专项行动。现将行动方案印发给你们，请认真抓好贯彻落实，按时高质量完成各项工作任务。

联系人：秦王玉

联系电话：010－81929516、81929600（传真）

电子邮箱：fdsafety@163.com

国家能源局

2023年2月21日

附件：

水电站大坝安全提升专项行动方案

为扎实开展水电站大坝（以下简称大坝）安全提升专项行动，提升大坝安全总体水平，特制订本方案。

一、指导思想

以习近平新时代中国特色社会主义思想为指导，深入学习贯彻党的二十大精神，统筹发展和安全，坚持人民至上、生命至上，认真落实党中央、国务院决策部署，深入分析研判本辖区、本单位大坝安全形势和挑战，制订落实有效工作举措，保障大坝运行安全和广大人民群众生命财产安全。

二、总体目标

进一步树牢安全发展理念，落实电力安全生产责任，健全大坝安全风险分级管控和隐患排查治理双重预防机制，整治风险隐患，堵塞管理漏洞，补齐工作短板，夯实大坝安全基础，增强大坝抵御灾害风险能力，提升大坝本质安全水平，防范遏制大坝安全事故发生，杜绝漫坝溃坝等重特大事故发生。

三、专项行动时间

自本方案印发之日起至2024年12月。

四、工作范围

按照《水电站大坝运行安全监督管理规定》（国家发展改革委令2015年第23号，以下简称发改委令第23号）纳入国家能源局监督管理范围的大坝（截至2023年1月的大坝清单见附件，本方案发布后新增大坝的信息随时向有关单位发布）。

五、重点任务

大坝运行单位、主管单位及其隶属的企业集团总部要认真对照法律法规、国家行业政策文件及技术标准规范规定要求，深入查摆大坝安全工作存在的问题和不足，制定落实改进举措。对照查摆的内容至少应包括以下8个方面、38项要求。

（一）深入学习贯彻习近平总书记关于安全生产重要论述和重要指示批示精神

1. 及时收集习近平总书记关于安全生产重要论述和重要指示批示，第一时间在企业党组织会议、安委会会议、安全生产例会、班组安全活动等场合组织传达学习，深刻领会精神实质、实践要求，进一步树牢“安全第一”思想，不断提高对大坝安全极端重要性的认识。

2. 做到“真学真懂真信真做”，结合本企业实际，研究制定有效贯彻举措，坚决将习近平总书记关于安全生产重要论述和重要指示批示精神落实到行动上和具体工作中，力戒学习和业务“两张皮”、贯彻落实措施“假大空”等形式主义。

（二）不断健全大坝安全责任体系

3. 建立健全大坝安全责任制，明确企业安全生产第一责任人为大坝安全第一责任人，对大坝安全负全面责任；明确企业安全生产分管负责人，对大坝安全管理工作负直接领导责任；明确大坝安全技术负责人，对大坝运行、生产和技术工作实施指导和管理；明确企业相关部门、班组、专业管理岗位的责任，具体负责落实大坝安全相应工作任务。

4. 电力企业根据工作需要，将大坝监测、检查、维护、消缺、技改、隐患整治等业务委托给相关专业技术单位开展的，按照“外包业务但不外包安全责任”的原则，大坝安全责任仍由电力企业承担。电力企业督促指导受委托单位认真落实大坝安全相应责任。

5. 建立大坝安全责任落实监督考核机制，定期对责任落实情况开展检查评估，严格考核责任落实不到位、大坝安全工作不扎实、风险隐患整治不及时不彻底、发生事故事件的单位和人员，将考核结果与履职评定、职务职级晋升、薪资福利待遇等挂钩，真正落实安全生产“一票否决”制度要求。

（三）持续完善大坝安全组织机构

6. 建立健全企业安委会，制定安委会及其办公室工作规则。企业主要负责人担任安委会主任并保证安委会正常运转，企业其他相关负责人和所属部门单位人员，以及长期外委协作单位人员纳入安委会组成。企业负责人和部门单位发生变化时，及时调整安委会组成。安委会的成立和调整以正式文件公开发布。安委会会议按照规定的频次、范围等要求召开，会议由安委会主任主持，研究解决重大安全问题，部署安排重大安全工作。会议形成纪要，印发给相关部门单位和人员，并抓好决议事项的落实。

7. 不断完善大坝安全保证体系和监督体系，加强生产运行管理和安全监察监督部门建设，及时设置大坝安全工作需要的岗位，配齐配强大坝安全监测、水工、水务、电气、机械、金属结构、网络安全等专业人员。水电装机规模较大、大坝数量较多的电力企业应建立大坝管理中心或类似独立机构，并保证实体化运转，切实发挥其专业化管理和技术支撑作用。

8. 不断完善大坝安全技术监督体系，建立技术监督组织机构和工作网络，配备技术监督力量，制定技术监督制度，明确技术监督职责，以安全和质量为根本目的，以落实标准规范为中心任务，以检测监测为主要手段，组织、指挥、协调大坝安全技术监督工作，保障技术监督工作正常开展。

（四）着力夯实大坝安全管理基础

9. 大坝运行单位的主要负责人、分管负责人、技术负责人，以及生产运行管理部门、安全监察监督部门主要负责人等“关键少数”人员应具备大坝安全专业知识和管理能力，定期参加安全教育培训，并经考核合格后方可上岗。

10. 企业主要负责人按照相关法律法规要求保证大坝安全投入，确保大坝日常运维、监测监控、消缺检修、技术改造、信息化建设、风险隐患整治等资金费用足额到位和专款专用。企业安全生产费用的提取、使用和管理严格执行《企业安全生产费用提取和使用管理办法》（财资〔2022〕136 号）规定。企业应建立“绿色通道”，在遵守相关财会规定的基础上，优先、快速审批和拨付大坝重大风险隐患除险加固治理支出和危急情况下大坝安全重大突发事件应急处置必要的经费。

11. 根据法律法规和国家行业标准规范要求并结合工作实际，建立健全企业大坝安全管理制度规程和技术标准体系，按照规定程序报经企业主要负责人审定批准后，列入企业现行有效制度清单，及时向所有从业人员公布，加强宣贯培训并督促严格执行。在法律法规和国家行业标准规范修订，以及本企业安全生产条件发生变化时，及时组织修订完善，并重新发布和宣贯培训。

12. 加强大坝安全教育培训，按照法律法规和国家行业政策要求并结合本企业实际，在企业安全生产教育培训年度计划中，明确大坝运行各专业教育培训内容、学时、班次和参加人员范围，教育培训计划经企业主要负责人审定批准后公开发布并严格执行。每年底，对当年大坝安全教育培训成效进行分析，形成总结材料，与相关资料一并存档备查。

13. 加强大坝安全信息化建设，纳入企业信息化建设整体规划，统筹推进，实现大坝信息系统与本企业其他相关系统互联互通。及时录入大坝设计施工基础数据、运行管理资料、水情雨情信息、监测监控信息等完整档案资料，并加强信息应用。认真执行《电力行业网络安全管理办法》（国能发安全规〔2022〕100 号），将网络安全纳入安全生产工作范畴，扎实开展大坝安全信息系统网络安全工作。

14. 加强大坝安全监测管理，认真做好监测系统运行维护工作，不得擅自停测封存、报废监测项目；规范开展数据采集和整编分析工作，对伪造监测数据的，按照瞒报安全生产信息严肃处理；专项梳理水工观测规程，根据最新技术标准规定和大坝安全实际，及时开展修订完善工作；对不满足技术标准规定的监测系统抓紧开展更新改造，改造工作原则上应于 2023 年底前完成；提升大坝安全监测自动化和实用化水平，结合在线监控系统建设，积极推进监测系统自动化改造，改造工作原则上应于 2024 年底前完成。

15. 抓紧建立大坝安全在线监控系统，其中坝高 100 米以上的大坝、库容 1 亿立方米以上的大坝和病险坝的在线监控系统应于 2024 年底前建成并投入使用，系统的技术指标应满足《水电站大坝运行安全在线监控系统技术规范》（DL/T 2096—2020）；其他大坝应于 2024 年底前具备在线监控功能，功能技术指标应满足国家能源局大坝安全监察中心（以下简称大坝中心）《关于加快推进水电站大坝安全在线监控系统建设的通知》（坝监信息〔2022〕97 号）要求。尚未建立系统的大坝，运行单位和主管单位应制定建设工作计划，明确进度和责任，并于 2023 年 6 月 1 日前将工作计划报送大坝中心。

16. 加强北斗卫星导航、遥感、人工智能等新技术在大坝安全领域的应用，加大对大坝安全技术装备研发、试点和推广应用等工作的投入和支持力度，重点推进土石坝、高陡边坡、滑坡体北斗高精度变形监测系统建设，基于北斗三号短报文的应急通信技术和设备研发，强震等特殊情况下触发自动化监测研究应用，大坝安全智能管理试点等工作，努力提升大坝安全技术水平。

17. 认真做好大坝安全信息报送工作，严格按照发改委令第 23 号和《水电站大坝运行安全信息报送办法》（国能安全〔2016〕261 号）等规定要求，明确信息报送责任部门和人员，健全信息报送工作制度，畅通信息报送渠道，改进信息报送方式，及时、准确、全面报送大坝运行安全日常信息、年度报告及专题报告等，严肃处理瞒报、漏报、迟报的责任部门单位和人员。尚未实现监测信息自动报送的大坝，其运行单位和主管单位应抓紧对报送系统进行升级改造，并于 2023 年 6 月 1 日前报送升级改造工作计划，于 2024 年底前完成升级改造。

18. 加强大坝现场（含危险区域、密闭空间等）安全管理，按照相关标准规范要求，辨识风险因素，设置警示标识标牌，落实防范防护措施。加强大坝治安保卫和暴恐袭击防范工作，严格按照《电力系统治安反恐防范要求　第 3 部分：水力发电企业》

（GA1800.3—2021），落实治安反恐“人防、物防、技防”措施，严防治安、暴恐事件危及大坝运行安全。

（五）加强防洪度汛和调度运用管理

19. 健全水电站防汛组织机构，完善防汛工作制度，储备防汛物资；加强水情测报，提高洪水预报能力，流域梯级开发的水电站还应建立水情、泄洪等信息共享机制；优化泄洪闸门应急电源布局，根据需要增加闸门启闭装置供电回路，提高闸门启闭电源可靠性。

20. 规范开展大坝防汛检查，实行以查组织、查工程、查预案、查物资、查通信为主要内容的分级检查制度，持续开展防汛检查，发现问题立即整改。其中，汛前应重点开展泄洪闸门启闭试验，检查闸门启闭电源、应急电源、启闭装置完好情况，开展腐蚀检测和无损探伤，并对闸门远程控制系统进行可靠性验证试验，必要时进行应力复核；检查防范水淹厂房措施落实情况；地质灾害高发区的大坝，还应对闸门和启闭装置采取必要的防护措施。

21. 认真做好汛中应对和汛后恢复工作。汛中，落实企业领导带班和重要岗位24小时在岗值班制度，遇有灾害险情和突发事件，按规定权限和程序迅速启动响应妥善处置，严肃查处擅离职守问题。汛后，及时组织开展评估总结，统计损毁设备设施情况，抓紧开展抢险修复工作。

22. 加强水电站水库调度运用管理，认真组织编制《水库年度汛期调度运用计划》，及时报请有审批权限的防洪调度机构审查批复，报送有管辖权的地方政府防汛指挥机构备案，调度运用计划一经批复，务必严格执行。在工程任务、水沙特性、运行情况等发生变化时，及时修订调度运用计划，并重新报批和备案。

23. 严肃调度纪律，严格执行防洪调度机构、电力调度机构的实时调度指令，按照指令要求进行操作。对指令有异议的，可与相关机构沟通，但在接到新的指令前，仍应执行当前指令。遇有危及大坝安全的突发事件时，可以根据预案采取应急调度措施，但应及时向调度机构报告。严肃处理拒不执行调度指令、擅自超汛限水位运行等问题。

24. 深刻汲取水库放水冲走下游河道游客事故教训，积极联系地方政府及其有关部门，推动建立水电站泄洪放水预警发布和协调联动机制，厘清各自管理范围和职责，共享风险隐患信息，明确警报预警发布范围、方式、流程等。参照《水电站泄洪预警广播系统技术规范》（DL/T 2301—2021）等规定，于2023年底前建成投运泄水预警系统；建立企业内部泄洪放水预警工作制度，每次泄洪或放水前严格按照规定要求提前发布预警信息；泄洪或放水期间，加强对大坝工程管理范围内的巡视检查，并配合地方政府对上下游河道开展巡逻排查，遇有重大险情，立即按照相关预案执行。

25. 严格执行《水库大坝安全管理条例》（国务院令第77号）、《电力设施保护条例》（国务院令第239号）等规定，及时发现并制止大坝管理和保护范围内的爆破、打井、采石、取土、挖沙等非法行为，联合地方政府整治库区网箱养殖、向库区和河道倾倒生产生活垃圾、在泄洪通道违章建筑等影响大坝安全的问题。大坝坝顶兼做公路的，严格履行论证和审批程序，并采取安全管理和维护措施。

（六）加强重要设备设施安全管理

26. 加强水电站机电设备安全管理，定期梳理发电机组运行年限，评估机电设备运行状态，加强机电设备检修维护，开展调节保证计算和紧急停机方式复核，根据需要开展机组设备升级改造，提高机组运行的稳定性和机电设备的可靠性。复核电气设备雷击过电压、系统短路容量、保护装置整定值、接地电网完整性、跨步电势和解除电势指标等，检查“电气五防”、防小动物等措施落实情况，检查油变压器、互感器、蓄电池、电缆光缆等运行状态，消除火灾隐患。

27. 开展输水系统安全鉴定，2018年以来未进行过安全鉴定的水电站，应于2024年汛前分别按照《水工隧洞安全鉴定规程》（SL/T 790—2020）和《压力钢管安全检测技术规程》（NB/T 10349—2019）等规定，对输水系统的输水隧洞、压力钢管等过流承压设备开展一次安全性鉴定，及时发现并消除安全隐患。

（七）深入排查整治大坝安全问题

28. 全面收集汇总水电站挡水和泄水建筑物、近坝库岸、工程边坡及附属设施的勘察设计、建设施工、安全鉴定、竣工验收等原始资料，梳理分析上述各阶段发现的工程质量和安全问题，尚未完成整改的原则上于2023年底前实现整改闭环。

29. 专项梳理前次大坝安全注册检查、定期检查、特种检查，以及2018年以来历次年度详查发现的问题整改情况，严格按照整改计划明确的时限要求完成整改，实现问题闭环管理。

30. 对安全注册等级为乙级和丙级的大坝，大坝运行单位和主管单位要深入排查大坝安全工作薄弱环节，认真分析原因，落实整改要求，快速提升大坝安全水平。大坝隶属的企业集团总部要对此类大坝实施重点管理，加强对大坝运行单位和主管单位的监督指导，督促及时补齐工作短板。

31. 对2018年以来安全注册等级降级、连续2次以上注册等级为乙级的大坝，以及未按计划申请注册的备案大坝，其运行单位和主管单位要深挖问题根源，制定改进和加强大坝安全工作的计划，于2023年6月1日前报送国家能源局派出机构（以下简称派出机构）、大坝中心及所在地省级政府电力管理部门。大坝隶属的企业集团总部要对此类大坝实施挂牌督办，限期完成问题整改，于2023年6月1日前将挂牌督办通知、工作措施等报告国家能源局。

32. 加强自然灾害风险管控，2020年以来未开展过自然灾害风险辨识评估的大坝，其运行单位和主管单位要在2023年主汛期前组织开展自然灾害风险辨识评估，根据评估结果落实整治管控措施。针对西藏昌都金沙江右岸白格滑坡体、青海拉西瓦果卜变形体等地质灾害，相关企业要立足于最极端情形，加强监测监控，及时掌握灾害最新变化情况，落实有效防范应对措施。

33. 开展大坝抗震设计标准复查，2008年以来发生过坝址影响烈度为Ⅶ度及以上地震的大坝，应全面梳理区域构造稳定性研究、地震安全性评价、工程抗震分析、防震抗震专题研究论证、工程抗震设计审查等情况，认真复查工程抗震安全标准和抗震措施，对不满足《水电工程水工建筑物抗震设计规范》（NB 35047—2015）规定要求的大坝及其附属建筑物（含泄洪闸门及其启闭机排架），及时采取管理措施和补强加固工程措施。

34. 严格按照《水电站大坝工程隐患治理监督管理办法》（国能发安全规〔2022〕93号）等规定要求，持续排查整治大坝安全问题隐患，建立问题和措施“两个清单”，并实行动态管理。其中，构成较大及以上隐患的，立即报告派出机构、大坝中心、所在地的省级政府电力管理部门及有管辖权的地方政府防汛指挥机构。

（八）推进大坝安全应急能力建设

35. 加强大坝安全应急能力建设评估工作，2018年以来未开展过评估的水电站，应于2023年底前按照《电力企业应急能力建设评估管理办法》（国能发安全〔2020〕66号）、《发电企业应急能力建设评估规范》（DL/T 1919—2018）等相关规定，完成应急能力建设评估，形成评估报告，整改评估发现的问题。

36. 严格按照《水电站大坝运行安全应急管理办法》（国能发安全规〔2022〕102号）规定要求，健全大坝安全应急组织体系，完善大坝安全应急工作机制和规章制度；健全大坝安全应急预案体系，于2023年底前完成大坝运行安全应急预案的制定、发布、实施及备案，预案的内容和深度应满足《水电站大坝运行安全应急预案编制导则》（DL/T 1901—2018）要求，特别是要认真做好突发事件风险分析，绘制溃坝淹没图。企业应将应急预案与地方政府、流域管理机构的相关预案充分衔接，并制定应急演练年度计划，认真组织开展预案演练。

37. 大坝运行单位和主管单位应深刻汲取近年来大坝险情应急处置工作暴露问题的教训，进一步加强应急资源保障。2023年底前，在现场配备卫星电话、北斗短报文终端等可靠的卫星通信设备，保障极端情况下的应急通信；针对不同种类灾害险情，制定紧急撤离方案和逃生路线图，建立安全可靠的紧急逃生通道和应急避难场所。

38. 建立健全应急协调联动机制，加强与国家有关监督管理部门、地方政府及其有关部门、上下游电站、周边企事业单位的联系沟通，及时获取和发布重大突发事件、极端灾害预警信息；积极参加地方政府、流域管理机构组织开展的应急演练，检验和提升应急处置能力；加强应急资源共享，与相关单位签订应急救援互助协议，在发生超出本企业应急救援能力范围的灾害险情后，及时提出支援请求，最大限度降低灾害险情对大坝安全的影响。

六、进度安排

专项行动分三个阶段进行。

（一）排查整治（本方案印发之日起至2023年12月31日）。各电力企业要对照法律法规和国家行业规定要求，深入排查大坝安全各类问题，建立问题和措施“两个清单”并动态管理，能够立即整改的要立行立改，不能立即整改的要制定工作计划，按时完成整改。整改期间要落实管控措施，防止风险隐患转化为事故。地方各级政府电力管理部门、各派出机构和大坝中心要跟踪督促电力企业扎实开展排查整治工作，大坝中心要加强对电力企业的技术指导。

（二）巩固提升（2024年1月1日至2024年9月30日）。各电力企业要系统梳理上一阶段发现问题的整改情况，对未完成整改的问题，加快整治步伐，确保闭环管理；对已完成整改的，及时开展“回头看”，防止问题反弹回潮。在排查整治的基础上，进一步理顺体制机制，完善规章制度，加强能力建设，提升大坝本质安全水平。地方各级政府电力管理部门、各派出机构和大坝中心要突出重点，指导帮助电力企业巩固提升专项行动成效。

（三）评估总结（2024年10月1日至12月31日）。各电力企业要对此次专项行动工作进行全面分析，总结经验成果，查摆问题不足，建立长效机制。各省级政府电力管理部门、各派出机构要及时总结本辖区专项行动开展情况。国家能源局将对专项行动开展情况进行汇总分析，发现工作亮点，梳理典型案例，适时在电力行业内通报。

七、保障措施

（一）缜密部署安排。各单位要高度重视、缜密部署，认真组织开展专项行动工作。全国电力安委会各企业成员单位要于2023年2月底前制定印发实施方案，细化分解集团总部、大坝主管单位、大坝运行单位等各层级任务，明确目标、时限、责任等工作要求；各省级电力管理部门、各派出机构要利用电力安委会、电力专委会等机制平台，及时将本方案传达到辖区内涉坝企业和市县级电力管理部门，并提出工作要求。对于全国电力安委会企业成员单位之外的地方企业，大坝主管单位及其隶属的企业集团总部与大坝不在同一个省份的，由大坝所在地的派出机构负责传达本方案内容，并提出工作要求。

（二）坚持目标导向。各单位要坚持以保障大坝安全为目标、以不发生涉坝重特大事故为底线，全面排查整治大坝安全各类问题，并追根溯源、找准病灶，针对性地在完善体制机制、健全规章制度、拧紧责任链条、强化技术保障、增强安全管理能力等方面出实招见实效，及时消除漏洞、补齐短板。

（三）加强监管执法。地方各级政府电力管理部门、各派出机构要跟踪了解辖区内电力企业专项行动开展情况，密切协同配合，加强监督管理，联合开展抽查检查、约谈通报等工作，根据部门职能和法定程序开展行政处罚，共同督促指导辖区内电力企业扎实开展专项行动工作，其中要将病险坝、乙丙级大坝、注册降级大坝、未按计划申请注册的备案大坝、存在较大以上风险隐患的大坝、注册检查和定期检查意见落实不到位的大坝等列为重点监管对象，实行全覆盖检查。大坝中心要加强技术支持和保障。国家能源局将视情选择部分电力企业开展督导检查。

2023 年 11 月 10 日前，全国电力安委会各企业成员单位要汇总所属涉坝企业排查整治工作情况，形成阶段性总结，连同“两个清单”一并报送国家能源局；各省级电力管理部门、各派出机构要及时汇总辖区内涉坝企业和市县电力管理部门排查整治工作开展情况，形成阶段性总结，连同监督检查发现的问题清单和监管执法案件一并报送国家能源局。2024 年 11 月 10 日前，全国电力安委会各企业成员单位、各省级电力管理部门及各派出机构要按照上述要求，向国家能源局报送专项行动整体工作总结。

附件：国家能源局监督管理的水电站大坝（截至 2023 年 1 月）（略）

国家能源局关于颁布《20kV 及以下配电网工程定额和费用计算规定（2022 年版）》的通知

（国能发电力〔2023〕20 号）

各有关单位：

为适应 20kV 及以下配电网建设工程管理发展的实际需要，科学反映物料消耗及市场价格变化情况，进一步统一和规范配电网工程计价行为，合理确定和有效控制配电网工程造价，国家能源局委托中国电力企业联合会组织编制完成《20kV 及以下配电网工程预算编制与计算规定》《20kV 及以下配电网工程估算指标》《20kV 及以下配电网工程概算定额（建筑工程、电气设备安装工程、架空线路工程、电缆线路工程、通信及自动化工程）》《20kV 及以下配电网工程预算定额（建筑工程、电气设备安装工程、架空线路工程、电缆线路工程、通信及自动化工程）》（以上 4 项统称《20kV 及以下配电网工程定额和费用计算规定（2022 年版）》）。现予以颁布实施，请遵照执行。

《20kV 及以下配电网工程定额和费用计算规定（2022 年版）》由中国电力企业联合会组织中国电力出版社出版发行。

国家能源局

2023 年 3 月 2 日

国家能源局综合司关于印发《2023 年能源行业标准计划立项指南》的通知

（国能综通科技〔2023〕20 号）

为进一步提升能源行业标准立项工作的计划性、导向性，根据国家能源局标准化工作安排，结合落实《能源碳达峰碳中和标准化提升行动计划》重点任务，我局组织编制了《2023 年能源行业标准计划立项指南》。现印发给你们，请按照指南明确的要求，做好能源行业标准计划立项工作。

附件：《2023 年能源行业标准计划立项指南》

国家能源局综合司

2023 年 3 月 8 日

2023 年能源行业标准计划立项指南

为指导能源标准化技术组织及有关单位做好 2023 年能源行业标准计划（含制定和修订）立项工作，建设支撑引领能源高质量发展的标准体系，按照持续深化能源领域标准化工作改革的要求，根据《标准化法》《国家标准化发展纲要》《能源标准化管理办法》（国能发科技〔2019〕38 号）和《国家能源局关于印发〈能源碳达峰碳中和标准化提升行动计划〉的通知》（国能发科技〔2022〕86 号）等，结合能源行业实际，制定本指南。

一、总体要求

坚持需求导向。紧密围绕碳达峰、碳中和目标任务，充分发挥标准推动能源绿色低碳转型的技术支撑和引领性作用，突出重点领域和关键技术要求，提出能源行业标准计划。

强化体系引领。能源行业标准计划的提出要以本领域的标准体系为指导，坚持急用先行、先进适用、协调一致的原则，优先健全能源新兴领域标准，完善提升传统领域标准。

突出公益属性。深入贯彻国家标准化工作改革精神，突出能源行业标准的公益性，对没有国家标准而又需要在能源行业范围内统一的，提出能源行业标准计划。属于竞争性的、一般性的技术要求，原则上不作为能源行业标准计划。

提升标准质量。能源行业标准计划要坚持协商一致的原则，具有较好的技术基础和工作基础，计划草案较为成熟，通过能源领域标准化技术委员会或专家组评审，经能源行业标准化管理机构审核汇总后申报。

二、立项重点

（一）行业标准计划

支撑能源领域碳达峰、碳中和目标的行业标准计划；涉及能源绿色低碳转型、新兴技术产业发展、能效提升和产业链碳减排等重点方向的行业标准计划；显著提升能源行业整体技术水平和产品、服务质量的行业标准计划；与相关国家标准的实施相配套的行业标准计划；服务我局开展能源行业管理需要的行业标准计划；对标国外、国际先进标准，有利于提升中国标准国际公信力、影响力的行业标准计划（各专业领域重点方向见附件）。

（二）行业标准外文版翻译计划

在加强能源领域对外贸易、服务、承包工程所需的成套标准外文版体系研究的基础上，鼓励申报行业标准外文版翻译计划。鼓励标准外文版翻译计划与标准计划同步立项、同步制定、同步发布。

三、申报要求

（一）应按照现有标准管理分工机制和专业领域，经过充分调研、技术论证和初步筛选后确定申报计划。

（二）申报计划应保证与现有标准体系协调一致。

（三）存在技术交叉的领域，申报单位应在计划上报前与技术相关方充分沟通协商，避免交叉重复立项。

（四）主要起草单位应做好标准编制前期准备工作，确保两年内完成报批。

（五）行业标准外文版翻译计划应与相关国际标准进行比对研究，技术要求不低于国际标准。

四、申报材料

（一）行业标准计划

申报材料应包括：行业标准项目计划汇总表、行业标准项目任务书、标准草案稿、审查会会议纪要及专家签字表。

1. 项目计划汇总表应填写完整、准确，项目应注明重点方向代号（见附件），“适用范围和主要技术内容”将作为后续征求意见的重要依据。

2. 项目任务书应填写完整、详实。“目的和理由”中请注明标准计划项目对行业工作的支撑作用。

3. 标准草案应明确提出主要章节及各章节所规定主要技术内容，内容基本覆盖“适用范围和主要技术内容”涉及的各要点。修订项目应重点说明拟修订的主要内容和理由。

（二）外文版标准计划

申报材料包括行业标准英文版计划汇总表及行业标准项目任务书。

五、报送方式

行业标准项目采用集中申报、分类评估、统一下达的方式。请各能源行业标准化技术委员会通过“能源标准化信息平台”提交申报材料，各能源标准化管理机构审核确认后，提交至国家能源局科技司。请于3月15日前，将申报公文书面报送至国家能源局综合司（科技司），汇总表、项目任务书和标准草案电子版发送至邮箱。

联系人及电话：马小琨　010－81929216

邮箱：nb_standard@126.com

六、项目管理

（一）已有计划项目拖延、在研项目数量过多的标准化技术委员会应主动减少新项目申报，尽快完成已下达计划。

（二）项目下达后，有关单位要强化标准项目全生命周期管理，做好标准制修订进度、资金使用、公开征求意见等监督检查，切实提升标准质量。

（三）标准项目下达后，项目名称（范围）、完成时间、归口单位不得随意变更。确需变更的，标准化技术委员会应报请相应的能源行业标准化管理机构同意后，报国家能源局审核后进行调整。

（四）能源行业标准正式发布后，相关行业标准化管理机构要按程序在“能源标准化信息平台”上公开标准文本。

附件：2023年能源行业标准计划立项重点方向

附件

2023 年能源行业标准计划立项重点方向

专业方向	领域	重点方向
A 煤炭	A1 煤矿智能化、数字化	A11 煤矿智能装备、装置及系统，A12 智能化煤矿大数据建设，A13 矿用通信传输，A14 煤矿信息系统建设和管理，A15 矿用新型动力系统，A16 其他
	A2 煤矿生态环保和能效提升	A21 煤炭清洁高效生产利用，A22 资源综合利用，A23 矿区生态环境治理，A24 其他
	A3 碳减排	A31 煤制油气领域碳排放核算，A32 煤矿区碳汇提升、减损、计算，A33 瓦斯治理与利用，A34 其他
B 油气	B1 油气勘探开发、储运、炼制及石油产品	B11 深水、深层、非常规油气勘探开发，B12 油气田智能化、数字化，B13 炼油装置和产品检测设备智能化、数字化，B14 老油田提高采收率，B15 油气储运，B16 其他
	B2 油气基础设施	B21 油气长输管道及智能化，B22 LNG 接受站关键设备，B23 地下储气库，B24 其他
	B3 能效提升	B31 油气田节能降耗，B32 资源综合利用技术，B33 炼油、煤制特种燃料项目的绿色低碳技术改造，B34 其他
	B4 碳减排	B41 油气田和炼油领域碳捕集利用与封存（CCUS），B42 碳排放核算，B43 碳汇，B44 碳足迹，B45 绿色低碳石油产品，B46 绿色低碳油气田，B47 其他
C 火电	C1 煤电	C11 煤电能效提升，C12 煤电灵活性调节，C13 节能减排，C14 碳排放核算核查，C15 火力发电碳捕集利用与封存（CCUS），C16 煤电智能化，C17 深度调峰设备安全管理，C18 其他
D 可再生能源	D1 风电、光伏、光热	D11 大型风光基地，D12 海上风电，D13 分散式风电，D14 分布式光伏，D15 海上光伏，D16 户用光伏，D17 老旧风电光伏电站升级改造、组件退役回收与再利用，D18 光热，D19 其他
	D2 水电（含抽水蓄能）	D21 抽水蓄能，D22 水风光综合能源利用，D23 水电信息化、数字化、智能化，D24 水电更新改造，D25 流域梯级综合调度与安全应急，D26 水电梯级融合改造，D27 水电碳减排与增效节能，D28 水电可持续发展及后评估，D29 水电站大坝安全，D20 其他
	D3 核电	D31 先进三代压水堆，D32 高温气冷堆、快堆，D33 模块化小型堆，D34 海上浮动式核动力平台，D35 核安全，D36 核电数字化，D37 其他
	D4 其他	D41 各类可再生能源综合利用，D42 生物质能源转化利用，D43 地热能开发利用，D44 海洋能开发利用，D45 热泵、清洁炉具，D46 发电企业安全生产标准化，D47 其他
E 新型电力系统	E1 电力系统安全稳定	E11 电力系统分析认知，E12 规划设计、运行控制、故障防御、网源协调，E13 新能源发电涉网安全，E14 电力可靠性管理，E15 电力监控系统安全保护，E16 电力关键信息基础设施安全保护，E17 直流输电系统安全管理，E18 密集通道安全管理及灾害监测预警，E19 其他
	E2 输配电关键技术	E21 特高压交、直流，E22 智能变电及智能配电网，E23 微电网，E24 新型输电技术，E25 智能传感技术，E26 电力机器人+应用，E27 5G、北斗、人工智能等技术应用，E28 其他
	E3 电力需求侧	E31 电力需求侧资源开发、应用，E32 虚拟电厂，E33 电动汽车充电，E34 能源互联网及综合能源，E35 岸电系统建设，E36 其他
	E4 电力市场	E41 电力市场准入，E42 电力市场品种规范，E43 电力市场计量和结算，E44 电力市场数据，E45 其他
	E5 供电服务	E51 供电服务能力，E52 供电服务质量，E53 其他
	E6 电力装备	E61 产品碳足迹及碳排放核算
F 新型储能、氢能	F1 新型储能	F11 规划设计，F12 设备试验，F13 施工验收，F14 并网运行，F15 检修监测，F16 运行维护，F17 安全应急，F18 其他
	F2 氢能	F21 基础与安全，F22 氢制备，F23 氢储存和输运，F24 氢加注，F25 氢能应用，F26 其他

国家能源局关于印发《防止电力生产事故的二十五项重点要求（2023 版）》的通知

（国能发安全〔2023〕22 号）

各省（自治区、直辖市）能源局，有关省（自治区、直辖市）及新疆生产建设兵团发展改革委，北京市城市管理委，各派出机构，全国电力安委会企业成员单位，各有关单位：

为切实做好电力安全监管工作，有效防范电力生产事故，国家能源局组织电力行业有关单位及部分专家，根据近年来电力生产事故的经验教训，以及电力行业的发展趋势，结合已颁布的标准规范，对 2014 年印发的《防止电力生产事故的二十五项重点要求》（国能安全〔2014〕161 号）进行了修订，形成了新版本的《防止电力生产事故的二十五项重点要求》[以下简称《二十五项反措（2023 版）》]，现予以印发，并提出以下工作要求。

一、各电力企业要加强领导，认真组织，确保《二十五项反措（2023 版）》的有关要求在规划设计、安装调试、运行维护、更新改造等阶段落实到位，有效防范电力生产事故的发生。

二、各电力企业要结合工作实际，采取多种方式，做好《二十五项反措（2023 版）》的宣传培训工作，确保各项要求入脑入心。

三、地方政府各级电力管理部门、各派出机构要加强监督管理，督促、指导电力企业落实《二十五项反措（2023 版）》的有关要求。

国家能源局

2023 年 3 月 9 日

附件：防止电力生产事故的二十五项重点要求（2023 版）（略）

国家能源局综合司关于汲取阿根廷停电事故教训做好近期重要电力设施森林草原火灾防范工作的通知

（国能综通安全〔2023〕22 号）

各省（自治区、直辖市）能源局，有关省（自治区、直辖市）及新疆生产建设兵团发展改革委，工业和信息化主管部门，北京市城市管理委，各派出机构，全国电力安委会各企业成员单位，有关单位：

当前，春季气温逐步回升、局部大风天气多发，叠加春耕计划性烧除、清明祭祀等生产生活行为影响，重要电力设施面临的森林草原火灾风险进一步增大，严重威胁电力系统安全稳定运行和电力可靠供应。3 月 1 日，阿根廷因一条重要 500kV 双回输电线路被野火烧断，造成大面积断电，损失负荷 900 万 kW（约占当时该国电力负荷的 2/3），再次为电力设施森林草原火灾防范工作敲响警钟。为深入贯彻习近平总书记关于森林草原防灭火工作重要指示精神，认真落实党中央国务院有关文件部署，深刻汲取近期阿根廷“3·1”大停电事故教训，做好重要电力设施森林草原火灾风险防范工作，现将有关事项通知如下：

一、提高思想认识。各单位要充分认识森林草原火灾防范工作的极端重要性，进一步增强忧患意识，坚持人民至上、生命至上，强化底线思维，聚焦防范化解重大风险，清醒认识当前森林草原火灾高发、多发的严峻形势，认真总结近年来电力设施火灾防范工作经验，扎实做好森林草原防火各项工作，坚决遏制因森林草原火灾导致的电力安全事故（事件）发生。

二、健全责任体系。有关电力企业要落实主体责任，要将重要电力设施森林草原火灾防范工作纳入企业安全管理体系，健全风险管控工作机制，完善应急预案体系，加强能力保障，完善监督考核机制，确保把各项山火防控工作落到实处。地方能源主管部门要加强对重要电力设施火灾防控工作的指导，协调地方政府各有关部门做好电力设施保护工作。国家能源局派出机构要督促有关电力企业加强森林草原火灾对电力系统运行安全和重要设施设备安全的风险研判和管控，确保电力系统安全稳定运行。

三、加强台账管理。各有关电力企业要结合本地区实际，动态开展重点森林草原区域（重点林牧区、重点火险县）电力设施情况核查梳理，包括但不限于重要输电通道、500kV 及以上线路、重要用户供电线路、枢纽变电站（换流站）、30 万 kW 以上发电厂（含集中式新能源厂站）等，建立完善相关设施台账，包括设施数量、电压等级、行政区域、风险区段、地形及植被情况、运维管理体系等内容，对重要电力设施森林草原火灾风险做到心中有数，明确防范重点。定期做好台账更新，每年 6 月 30 日前报送国家能源局（电力安全监管司）及相关派出机构、相关省级能源主管部门。

四、强化隐患治理。有关电力企业要制定完善重点森林草原区域电力设施隐患排查方案，对森林草原火灾多发地区以及各类自然保护地、风景名胜区、城镇周边等重点区域火灾隐患开展“拉网式”排查，强化森林草原区域重要电力设施周边可燃物、树线矛盾、施工违规动火重点隐患以及电力设备损伤、老化等本体缺陷隐患治理。建立隐患治理“销号”制度，逐一确定隐患治理责任人，明确整改时限，限期完成整改。

五、加强运维保障。各电力企业要密切关注季节性火险天气，完善森林草原区域重要电力设施运维保障方案，科学制定巡视策略；在烧荒祭祀高峰、大风干燥天气等特殊时期，制定差异化运维保障措施，加大巡视频次和巡视范围，组织做好重点设备特巡特护，开展红外测温等专业检测，必要时进行现场值守。要加强森林草原区域重要电力设施山火风险监测预警，深化通道可视化、中大型无人机、卫星遥感等山火监测技术手段应用，强化重点火灾隐患区域山火监测装置部署，提升火点早期识别能力。

六、深化联合防控。各省能源主管部门要会同应急、林草等部门及有关电力企业，健全信息共享、火险会商、协同联动等机制，完善应急预案，开展联合演练。推动将重要输电通道、枢纽变电站（换流站）等重要电力设施纳入地方政府防灭火重点区域管理，对重要电力设施周边火情火险予以重点管控。推动地方政府优化计划性烧除工作方案，充分考虑对电力系统安全的影响，采取必要措施，严防跑火、失火造成的电力设施设备故障。推动有关部门在重要电力设施周边开展森林草原防火隔离带、阻隔网等重要基础设施建设，实施植被置换、移栽移植等防范措施。加强宣传警示教育，充分利用网络、短信、宣传牌等形式，号召广大群众共同参与防火工作，营造群防群治的良好氛围。

国家能源局综合司

2023 年 3 月 10 日

国家能源局综合司关于切实做好 2023 年电力行业防汛抗旱工作的通知

（国能综通安全〔2023〕26 号）

各省（自治区、直辖市）能源局，有关省（自治区、直辖市）及新疆生产建设兵团发展改革委、工业和信息化主管部门，北京市城市管理委，各派出机构，大坝中心，全国电力安委会各企业成员单位，有关单位：

为深入贯彻落实全国电力安全生产电视电话会议工作部署和国家防汛抗旱总指挥部办公室《关于切实做好汛前准备工作的通知》（国汛办电〔2023〕3 号）有关要求，切实做好 2023 年电力行业防汛抗旱工作，有效应对极端天气事件，最大程度降低洪涝、台风等自然灾害造成的损失，现将有关事项通知如下。

一、高度重视，全力以赴抓好防汛抗旱工作。据预报，2023 年我国气象年景总体偏差，极端天气气候事件总体呈现多发强发态势。各单位要切实提高政治站位，深刻认识全面贯彻落实党的二十大精神开局之年做好电力行业防汛抗旱工作的重大意义，深入学习贯彻党的二十大精神和习近平总书记关于防汛抗旱重要指示精神，增强风险意识，树牢底线思维，补齐短板弱项，全面落实国家和行业防汛抗旱工作要求，抓细抓实防汛抗旱各项工作，确保电力行业安全度汛。

二、缜密部署，压紧压实防汛抗旱责任。各电力企业要深入分析防汛抗旱工作薄弱环节，健全防汛抗旱组织体系，完善组织机构，优化工作制度流程。各电力企业主要负责人要严格履行安全生产第一责任人的职责，靠前指挥、精心谋划，将防汛抗旱各项工作任务细化分解到岗到人，分层压实防汛抗旱责任，及时检查所属单位工作开展情况。各派出机构和地方各级政府电力管理等有关部门要将电力行业防汛抗旱列为重要工作内容，强化责任落实监督，加强对电力企业防汛抗旱工作的监督指导。

三、未雨绸缪，扎实做好汛前准备。各电力企业要进一步强化安全风险分级管控和隐患排查治理双重预防机制，持续完善安全生产保障体系和监督体系，系统分析研判汛期主要风险，深入开展汛前自查，建立隐患问题清单逐条逐项整改，全力做好汛前准备，确保安全度汛；要按照应修尽修、注重实用的原则修订完善应急预案，充实人财物储备，开展防灾知识技能培训和应急演练，全面提升灾害防御能力。各派出机构和地方各级政府电力管理等有关部门要加强对电力行业防汛抗旱工作的监督管理，针对重点电力企业、防汛关键点位、灾害易发区域和管理薄弱环节等开展实地检查和随机抽查。

四、突出重点，保障重要电力设备设施安全度汛。各电力企业要根据生产特点和周边环境，持续排查水电站各类挡（泄）水建筑物、闸门、启闭机及其应急电源、通信系统，燃煤电厂厂房、灰库、灰场、煤场、液氨油气罐区，重要枢纽变电站、重要输电通道，电力建设工程基坑、渣场、工程边坡、施工营地等重要部位的防汛隐患，以及周边地质灾害隐患点和风险区，防范洪水、暴雨、台风等汛期自然灾害和山洪、滑坡、泥石流、积涝等次生灾害。水电企业要规范开展大坝安全检查，及时排除防汛隐患，严防溃坝、漫坝和水淹厂房等事故；要严肃调度纪律，严格执行调度指令，严禁擅自超汛限水位运行。

五、迅速响应，妥善应对处置各类灾害险情。各单位要密切关注天气预报和各类灾害预警信息，积极联系当地气象、水利、国土、应急管理等有关部门，做好汛情会商分析研判，及时沟通协调灾情险情信息和应急救援对策；要落实汛期领导带班和重要岗位 24h 在岗值班制度，配备具有相应的工作经验和技能的现场值班人员；遇有灾害险情和突发事件时，按应急预案迅速启动响应妥善处置，科学抢险救援，确保人身安全；要及时统计损毁设备设施情况，抓紧开展重要电力设施抢险修复，按规定报送相关信息。汛后各单位要系统梳理今年防汛抗旱工作，总结经验教训，做好总结评估。

请各派出机构、全国电力安委会各企业成员单位于4月25日前报送工作落实、汛前检查、隐患整改以及下一步工作措施情况；于10月20日前报送2023年防汛抗旱工作总结。上述材料均报送至我局电力安全监管司。

国家能源局综合司

2023年3月15日

国家能源局综合司关于排查整治翻新绝缘子加强电力设备安全管理的紧急通知

（国能综通安全〔2023〕27号）

各省（自治区、直辖市）能源局，有关省（自治区、直辖市）及新疆生产建设兵团发展改革委、工业和信息化主管部门，北京市城市管理委，各派出机构，全国电力安全生产委员会有关企业成员单位：

近日，中央广播电视总台曝光了河北省河间市河北庆荣电力器材有限公司、沧州明发电力电器有限公司、河北晨源电力器材有限公司、河间市军红电力器材有限公司（以下简称涉事企业）翻新绝缘子违规流向多地电力工程情况。电力设备质量是影响电力设备安全的重要因素，违规使用翻新绝缘子将造成严重安全隐患，威胁电力安全。为加强电力设备安全管理，切实保障电力安全生产，现就有关事项通知如下。

一、立即排查整治涉事企业翻新绝缘子使用情况。各电力企业立即对近年来本单位绝缘子采购使用情况进行全面排查，发现存在采购使用涉事企业绝缘子的立即进行更换；对来自同区域、同类型企业的绝缘子要进行安全检测，确保质量安全合格后方可继续使用；要将涉事企业纳入本单位设备采购“黑名单”，停止采购使用不合格产品；要加强废旧绝缘子的处置管理，严格新材料、新设备入网检测。河北省能源局要配合有关部门，立即取缔销毁涉事企业假冒伪劣产品，排查摸清违规翻新绝缘子具体流向，提醒督促采购使用违规翻新绝缘子的用户及时更换，大力整治区域内电力设备生产秩序，确保产品质量安全，坚决杜绝不合格产品流入市场。

二、深入开展电力设备安全隐患排查治理。各电力企业要举一反三，组织开展电力设备安全隐患排查治理，全面排查电线电缆、绝缘子、变压器、开关柜、隔离开关、断路器等质量安全问题多发产品，发现存在伪造产品合格证、质量不过关、存在安全隐患等问题产品要立即停止使用并及时更换，发现存在类似翻新绝缘子的重要问题线索及时上报有关市场监管和电力主管部门。要建立健全设备安全隐患排查治理机制，定期开展隐患排查治理工作，及时发现和治理设备安全隐患。

三、切实加强电力设备安全管理。各电力企业要落实设备安全管理主体责任，完善设备选型、招标、采购等工作制度，建立设备供应商信用评价机制，落实设备质量安全标准，严把设备准入关，严防劣质设备中标，坚决排斥质量和信用不良设备厂商。要加强电力设备技术监督、可靠性管理等支撑体系建设，强化设备技术监督指标和可靠性数据管理分析，加强设备运行趋势分析和状态评估，指导设备选型采购、日常维护、缺陷管理及更新改造等工作，不断提高设备质量安全水平。

四、加强电力设备安全监督。各级电力主管部门要落实《市场监管总局　国务院国资委　国家能源局关于全面加强电力设备产品质量安全治理工作的指导意见》（国市监质监发〔2022〕42号）等有关要求，加强与市场监管机构等部门信息共享和监管协同，积极配合有关部门加强对本地区电力企业、电力设备生产企业主体责任落实情况监督检查，提升电力设备质量。电力监管机构和电力主管部门要加强电力设备隐患管理的监督检查，对重大设备隐患实行挂牌督办，对有严重故障的设备型号、制造单位和设备隐患等情况进行披露和通报。

国家能源局综合司

2023年3月17日

国家能源局综合司关于进一步加强发电机组检修安全监督管理的通知

（国能综通安全〔2023〕29号）

各省（自治区、直辖市）能源局，有关省（自治区、直辖市）及新疆生产建设兵团发展改革委、工业和信息化主管部门，北京市城市管理委，各派出机构，全国电力安委会各企业成员单位：

当前，全国发电机组春季检修逐步进入高峰，检修作业安全风险管控压力日益增大，机组设备检修消缺安全事故出现增多势头，暴露出部分电力企业还存在思想认识不深刻、责任落实不到位、风险管控不扎实、外包管理不严格等问题。为进一步加强发电安全监督管理工作，防范各类事故发生，现就有关要求通知如下。

一、严格落实企业主体责任

各电力企业要深入贯彻习近平总书记关于安全生产重要论述，进一步提高政治站位，清醒认识当前电力安全生产的严峻复杂形势，统筹发展和安全，坚持“人民至上、生命至上”，不断拧紧安全生产责任链条。企业主要负责人要切实履行安全生产第一责任人的职责，亲自研究部署安全生产工作，亲自监督检查安全管理要求落实情况，亲自协调解决普遍性、典型性等突出问题；其他负责人和各级管理人员要严格履行岗位职责，制定落实有效措施，堵塞安全管理漏洞，提升本质安全水平，防范遏制各类事故发生，牢牢守住不发生重特大事故的底线。

二、加强检修作业过程管控

各电力企业要深刻汲取事故教训，对照开展反思排查，不断加强机组检修消缺全过程管理。要精准评估机组设备安全状况，密切联系电力调度机构，统筹机组检修和电力保供，科学安排检修计划，合理确定检修工期，严禁赶工期抢进度，做到“应修必修、修必修好”。要认真编制检修工作方案，规范开展评审论证，切实提高方案的有效性和可操作性。要全面辨识评估作业风险隐患，落实整治管控措施，严防风险隐患转化为事故。要加强安全技术交底，确保所有作业人员熟悉安全管理要求和风险隐患情况。要强化重点部位和重要环节安全管理，特别是对煤粉系统、除灰系统、密闭空间、高处、动火、吊装、带电、带压、夜间等易发生事故的作业，要严格落实安全防护、现场监护、旁站见证等安全措施。要加强备品备件质量管控和作业工器具安全管理，确保满足相关技术规定要求。要加强检修消缺作业现场巡查检查，及时发现并严肃处理“三违”行为。

三、加强检修外包安全管理

各电力企业要加强检修消缺作业外包安全管理，严格审查外包队伍人员的资质、能力和安全生产历史业绩等条件，坚决清退不满足安全生产要求的单位和人员，从源头上消除安全隐患。要将外包队伍纳入本企业安全管理体系实行统一管理、统一考核，检修作业期间，所有外包队伍的负责人和安全管理人员应参加本企业的安委会会议、安全生产例会、警示教育大会、班组安全活动等。要加强外包安全教育培训，严格执行新进人员三级安全教育制度，增强外包队伍人员的安全意识和专业技能。要加强外包作业现场管理，推行本企业派员带班、跟班作业制度，监督指导外包队伍落实安全生产管理要求。

四、强化突发事件应急管理

各电力企业要根据风险隐患排查评估情况，并结合检修规模、工艺、流程及作业人员构成等特点，加强检修过程突发事件场景预想，制定发布针对性的专项应急预案和现场处置方案。要加强预案体系宣贯学习，定期开展演习演练，提升检修作业人员应对处置、避险逃生、自救互救能力。要加强本企业与外包队伍的应急协调联动，遇有突发事件，按照预案方案规定迅速启动应急响应，妥善处置或控制事态发展。要认真做好信息报送工作，严格按照规定的时限、渠道和内容要素等报告事故事件、灾害险情等突发事件信息，杜绝瞒报、迟报、漏报现象发生。

五、加强追责问责和警示教育

各电力企业要加大安全生产监督考核和追责问责力度，以“零容忍”的态度严肃处理各类安全生产违法违规行为，特别是对发生事故、责任落实不到位、国家和行业部署工作推进不力、重大风险隐患整治不彻底、“三违”行为较多的基层电力企业，要按照相关规定对其主要负责人、分管负责人及相关责任人员从严从重从快处理，以儆效尤，绝不姑息。要严格落实“四不放过”原则要求，加强事故事件警示教育，深入剖析问题根源，警醒督促全体从业人员增强安全意识，提高安全技能，落实安全生产责任。

各派出机构、地方各级电力管理有关部门要按照法律法规和“三管三必须”原则规定，不断加强电力安全监管和属地管理，联合开展监督检查、约谈通报、行政执法等工作，共同督促指导电力企业强化红线意识和底线思维，落实安全生产主体责任，推动电力安全生产形势稳定向好发展。

国家能源局综合司

2023 年 3 月 26 日

国家能源局关于加快推进能源数字化智能化发展的若干意见

（国能发科技〔2023〕27 号）

各省（自治区、直辖市）能源局，有关省（自治区、直辖市）及新疆生产建设兵团发展改革委，有关中央企业：

推动数字技术与实体经济深度融合，赋能传统产业数字化智能化转型升级，是把握新一轮科技革命和产业变革新机遇的战略选择。能源是经济社会发展的基础支撑，能源产业与数字技术融合发展是新时代推动我国能源产业基础高级化、产业链现代化的重要引擎，是落实“四个革命、一个合作”能源安全新战略和建设新型能源体系的有效措施，对提升能源产业核心竞争力、推动能源高质量发展具有重要意义。为加快推进能源数字化智能化发展，现提出如下意见。

一、总体要求

（一）指导思想。以习近平新时代中国特色社会主义思想为指导，深入贯彻党的二十大精神，立足新发展阶段，完整、准确、全面贯彻新发展理念，加快构建新发展格局，深入实施创新驱动发展战略，推动数字技术与能源产业发展深度融合，加强传统能源与数字化智能化技术相融合的新型基础设施建设，释放能源数据要素价值潜力，强化网络与信息安全保障，有效提升能源数字化智能化发展水平，促进能源数字经济和绿色低碳循环经济发展，构建清洁低碳、安全高效的能源体系，为积极稳妥推进碳达峰碳中和提供有力支撑。

（二）基本原则。

需求牵引。针对电力、煤炭、油气等行业数字化智能化转型发展需求，通过数字化智能化技术融合应用，急用先行、先易后难，分行业、分环节、分阶段补齐转型发展短板，为能源高质量发展提供有效支撑。

数字赋能。发挥智能电网延伸拓展能源网络潜能，推动形成能源智能调控体系，提升资源精准高效配置水平；推动数字化智能化技术在煤炭和油气产供储销体系全链条和各环节的覆盖应用，提高行业整体能效、安全生产和绿色低碳水平。

协同高效。推动数据资源作为新型生产要素的充分流通和使用，打通不同主体间的信息壁垒，带动能源网络各环节的互联互动互补，提升产业链上下游及行业间协调运行效率，以数字化智能化转型促进能源绿色低碳发展的跨行业协同。

融合创新。聚焦原创性、引领性创新，加快人工智能、数字孪生、物联网、区块链等数字技术在能源领域的创新应用，推动跨学科、跨领域融合，促进创新成果的工程化、产业化，培育数字技术与能源产业融合发展新优势。

（三）发展目标。到 2030 年，能源系统各环节数字化智能化创新应用体系初步构筑、数据要素潜能充分激活，一批制约能源数字化智能化发展的共性关键技术取得突破，能源系统智能感知与智能调控体系加快形成，能源数字化智能化新模式新业态持续涌现，能源系统运行与管理模式向全面标准化、深度数字化和高度智能化加速转变，能源行业网络与信息安全保障能力明显增强，能源系统效率、可靠性、包容性稳步提高，能源生产和供应多元化加速拓展、质量效益加速提升，数字技术与能源产业融合发展对能源行业提质增效与碳排放强度和总量“双控”的支撑作用全面显现。

二、加快行业转型升级

（四）以数字化智能化技术加速发电清洁低碳转型。发展新能源和水能功率预测技术，统筹分析有关气象要素、电源状态、电网运行、用户需求、储能配置等变量因素。加强规模化新能源基地智能化技术改造，提高弱送端系统调节支撑能力，提升分布式新能源智能化水平，促进新能源发电的可靠并网及有序消纳，保障新能源资源充分开发。加快火电、水电等传统电源数字化设计建造和智能化升级，推进智能分散控制系统发展和应用，助力燃煤机组节能降碳改造、灵活性改造、供热改造“三改联动”，促进抽水蓄能和新型储能充分发挥灵活调节作用。推动数字技术深度应用于核电设计、制造、建设、运维等各领域各环节，打造全面感知、智慧运行的智能核电厂，全面提升核安全、网络安全和数据安全等保障水平。

（五）以数字化智能化电网支撑新型电力系统建设。推动实体电网数字呈现、仿真和决策，探索人工智能及数字孪生在电网智能辅助决策和调控方面的应用，提升电力系统多能互补联合调度智能化水平，推进基于数据驱动的电网暂态稳定智能评估与预警，提高电网仿真分析能力，支撑电网安全稳定运行。推动变电站和换流站智能运检、输电线路智能巡检、配电智能运维体系建设，发展电网灾害智能感知体系，提高供电可靠性和对偏远地区恶劣环境的适应性。加快新能源微网和高可靠性数字配电系统发展，提升用户侧分布式电源与新型储能资源智能高效配置与运行优化控制水平。提高负荷预测精度和新型电力负荷智能管理水平，推动负荷侧资源分层分级分类聚合及协同优化管理，加快推动负荷侧资源参与系统调节。发展电碳计量与核算监测体系，推动电力市场和碳市场数据交互耦合，支撑能源行业碳足迹监测与分析。

（六）以数字化智能化技术带动煤炭安全高效生产。推动构建智能地质保障系统，提升矿井地质条件探测精度与地质信息透明化水平。提升煤矿采掘成套装备智能化控制水平，采煤工作面加快实现采－支－运智能协同运行、地面远程控制及井下无人/少人操作，掘进工作面加快实现掘－支－锚－运－破多工序协同作业、智能快速掘进及远程控制。推动煤矿主煤流运输系统实现智能化无人值守运行，辅助运输系统实现运输车辆的智能调度与综合管控。推动煤矿建立基于全时空信息感知的灾害监测预警与智能综合防治系统。推进大型露天煤矿无人驾驶系统建设与常态化运行，支持露天煤矿采用半连续、连续开采工艺系统，提高露天煤矿智能化开采和安全生产水平。支持煤矿建设集智能地质保障、智能采掘（剥）、智能洗选、智能安控等于一体的智能化煤矿综合管控平台。

（七）以数字化智能化技术助力油气绿色低碳开发利用。加快油气勘探开发专业软件研发，推进数字盆地建设，推动油气勘探开发数据库、模型库和样本库建设。推动智能测井、智能化节点地震采集系统建设，推进智能钻完井、智能注采、智能化压裂系统部署及远程控制作业，扩大二氧化碳驱油技术应用。加快智能钻机、机器人、无人机、智能感知系统等智能生产技术装备在石油物探、钻井、场站巡检维护、工程救援等场景的应用，推动生产现场井、站、厂、设备等全过程智能联动与自动优化。推动油气与新能源协同开发，提高源网荷储一体化智能调控水平，强化生产用能的新能源替代。推动油气管网的信息化改造和数字化升级，推进智能管道、智能储气库建设，提升油气管网设施安全高效运行水平和储气调峰能力。加快数字化智能化炼厂升级建设，提高炼化能效水平。

（八）以数字化智能化用能加快能源消费环节节能提效。持续挖掘需求侧响应潜力，聚焦传统高载能工业负荷、工商业可中断负荷、电动汽车充电网络、智能楼宇等典型可调节负荷，探索峰谷分时电价、高可靠性电价、可中断负荷电价等价格激励方式，推动柔性负荷智能管理、虚拟电厂优化运营、分层分区精准匹配需求响应资源等，提升绿色用能多渠道智能互动水平。以产业园区、大型公共建筑为重点，以提高终端能源利用效能为目标，推进多能互补集成供能基础设施建设，提升能源综合梯级利用水平。推动普及用能自主调优、多能协同调度等智能化用能服务，引导用户实施技术节能、管理节能策略，大力促进智能化用能服务模式创新，拓展面向终端用户的能源托管、碳排放计量、绿电交易等多样化增值服务。依托能源新型基础设施建设，推动能源消费环节节能提效与智慧城市、数字乡村建设统筹规划，支撑区域能源绿色低碳循环发展体系构建。

（九）以新模式新业态促进数字能源生态构建。提高储能与供能、用能系统协同调控及诊断运维智能化水平，加快推动全国新型储能大数据平台建设，健全完善各省（区）信息采集报送途径和机制。提升氢能基础设施智能调控和安全预警水平，探索氢能跨能源网络协同优化潜力，推动氢电融合发展。推进综合能源服务与新型智慧城市、智慧园区、智能楼宇等用能场景深度耦合，利用数字技术提升综合能源服务绿色低碳效益。推动新能源汽车融入新型电力系统，提高有序充放电智能化水平，鼓励车网互动、光储充放等新模式新业态发展。探索能源新型基础设施共建共享，在确保安全、符合规范、责任明确的前提下，提高基础资源综合利用效率，降低建设和运营成本。推进能源行业大数据监测预警和综合服务平台体系建设，打造开放互联的行业科技信息资源服务共享体系，支撑行业发展动态监测和需求布局分析研判，服务数字治理。

三、推进应用试点示范

（十）推动多元化应用场景试点示范。围绕重点领域、关键环节、共性需求，依托能源工程因地制宜挖掘和拓展数字化智能化应用，重点推进在智能电厂、新能源及储能并网、输电线路智能巡检及灾害监测、智能变电站、自愈配网、智能微网、氢电耦合、分布式能源智能调控、虚拟电厂、电碳数据联动监测、智慧库坝、智能煤矿、智能油气田、智能管道、智能炼厂、综合能源服务、行业大数据中心及综合服务平台等应用场景组织示范工程承担系统性数字化智能化试点任务，在技术创新、运营模式、发展业态等方面深入探索、先行先试。

（十一）加强试点示范项目评估管理。强化试点示范项目实施监测，建立常态化项目信息上报及监测长效机制，提升项目管理信息化水平。建立试点示范成效评价机制，充分发挥行业协（学）会、智库咨询机构等多方力量在示范项目技术支持、试验检测、评估论证等方面的能力和作用，推动开展示范项目定期评优，分析评估新技术、新产品、新方案、新模式实际应用效果，总结可复制推广的做法和成功经验，组织遴选一批先进可靠、成熟适用、应用前景广阔、带动性强的示范内容，向领域内类似场景进行推广应用，加强标杆示范引领，确保取得实效。

四、推动共性技术突破

（十二）推动能源装备智能感知与智能终端技术突破。加快能源装备智能传感与量测技术研发，提升面向海量终端的多传感协同感知、数据实时采集和精准计量监测水平。推动先进定位与授时技术在能源装备感知终端的集成应用，加快相关终端产品研发。推动面向复杂环境和多应用场景的特种智能机器人、无人机等技术装备研发，提升人机交互能力和智能装备的成套化水平，服务远程设备操控、智能巡检、智能运维、故障诊断、应急救援等能源基础设施数字化智能化典型业务场景。推动基于人工智能的能源装备状态识别、可靠性评估及故障诊断技术发展。

（十三）推动能源系统智能调控技术突破。推动面向能源装备和系统的数字孪生模型及智能控制算法开发，提高能源系统仿真分析的规模和精度。加快面向信息物理融合能源系统应用的低成本、高性能信息通信技术研究，实现新型通信技术、感知技术与能源装备终端的融合，提升现场感知、计算和数据传输交互能力。推动能源流与信息流高度融合的智能调控及安全仿真方法研究，强化多源数据采集、保护数据隐私的融合共享及大数据分析处理，发展基于群体智能、云边协同和混合增强的能源系统调控辅助决策技术，提升能源系统动态监测、协同运行控制及灾害预警水平，探索多能源统一协同调度，支撑系统广域互济调节、新能源供给消纳和安全稳定运行。

（十四）推动能源系统网络安全技术突破。加强融合本体安全和网络安全的能源装备及系统保护技术研究，加快推进内生安全理论技术在能源系统网络安全领域的应用，提升网络安全智能防护技术水平，强化监控及调度系统网络安全预警及响应处置，提高主动免疫和主动防御能力，实现自动化安全风险识别、风险阻断和攻击溯源。推动开展能源数据安全共享及多方协同技术研发，发展能源数据可信共享与精准溯源技术，强化数据共享中的确权及动态访问控制，提高敏感数据泄露监测、数据异常流动分析等技术保障能力，促进构建数据可信流通环境，提高数据流通效率。

五、健全发展支撑体系

（十五）增强能源系统网络安全保障能力。推动煤矿构建覆盖业务全生命周期的“预警、监测、响应”动态防御体系，提升油气田工业主机主动防御能力，加强电厂工控系统网络安全防护，推进传统能源厂（站）信息系统网络安全动态防护、云安全防护、移动安全防护升级，加快实现核心装备控制系统安全可信、自主可控。进一步完善电力监控系统安全防护体系，推进电力系统网络安全风险态势感知、预警和应急处置能力建设，强化电力行业网络安全技术监督。加快推动能源领域工控系统、芯片、操作系统、通用基础软硬件等自主可控和安全可靠应用。

（十六）推动能源数据分类分级管理与共享应用。推动能源行业数据分类分级保护制度建设，加强数据安全治理。对于安全敏感性高的数据，提高数据汇聚融合的风险识别与防护水平，强化数据脱敏、加密保护和安全合规评估；对于安全敏感性低的数据，健全确权、流通、交易和分配机制，有序推动数据在产业链上下游的共享，推进数据共享全过程的在线流转和在线跟踪，支持数据便捷共享应用。加强行业大数据中心数据安全监管，强化数据安全风险态势监测，规范数据使用。充分结合全国一体化大数据中心体系建设，推动算力资源规模化集约化布局、协同联动，提高算力使用效率。

（十七）完善能源数字化智能化标准体系。立足典型场景应用需求，加强能源各行业现行相关标准与数字技术应用的统筹衔接，推动各行业加快编制一批数字化智能化关键技术标准和应用标准，推进与国际标准体系兼容，引导各行业分类制定数字化智能化评价体系。持续完善能源数字化智能化领域标准化组织建设，加强标准研制、实施和信息反馈闭环管理。建立健全能源数字化智能化与标准化互动支撑机制，完善数字化智能化科技成果转化为标准的评价机制和服务体系，广泛挖掘技术先进、市场推广价值优良的示范成果进行技术标准化推广应用。

（十八）加快能源数字化智能化人才培养。深化能源数字化智能化领域产教融合，支持企业与院校围绕重点发展方向和关键技术共建产业学院、联合实验室、实习基地等。依托重大能源工程、能源创新平台，加速能源数字化智能化中青年骨干人才培养，加速培育一批具备能源技术与数字技术融合知识技能的跨界复合型人才。鼓励将能源数字化智能化人才纳入各类人才计划支持范围，优化人才评价及激励政策。促进交流引进，大力吸引能源数字化智能化领域海外高层次人才回国（来华）创业和从事教学科研等活动。

六、加大组织保障力度

（十九）强化组织实施。国家能源局牵头建立能源数字化智能化发展专项协调推进机制，会同有关部门分工协作解决重大问题，指导各地方完善相关配套政策机制。各地方能源主管部门要根据意见要求，建立健全工作机制，结合实际加快推动本地区能源数字化智能化发展。各相关企业要切实发挥创新主体作用，依托专业领域优势，做好各项要素保障。相关行业协（学）会、智库咨询机构要充分发挥沟通政府与服务企业的桥梁纽带作用，做好政策宣传解读，及时反映行业和企业诉求，为相关部门和企业提供信息服务、搭建沟通合作桥梁。

（二十）推动协同创新。依托国家能源科技创新体系，推动建设一批能源数字化智能化研发创新平台，积极探索“揭榜挂帅”“赛马”等机制，围绕能源数字化智能化技术创新重点方向开展系统性研究，加快前沿和关键核心技术装备攻关，提升全产业链自主可控水平。充分发挥龙头企业牵引作用，鼓励民营企业和社会资本积极参与能源数字化智能化技术创新，支持由企业牵头联合科研机构、高校、金融机构、社会服务机构等共同发起建立能源数字化智能化创新联合体，大力推进产学研深度融合，鼓励开展国际合作，构建开放共享的创新生态圈，加速科技研发与科技成果应用的双向迭代。

（二十一）加大支持力度。国家明确的各类能源数字化智能化示范项目，各级能源主管部门要加大支持力度，优先纳入相关规划。将能源数字化智能化创新应用示范相关技术装备优先纳入能源领域首台（套）重大技术装备支持范围，享受相关优惠和支持政策，并在行业评优评奖方面予以倾斜。发挥财政资金的引导作用，落实好促进数字科技创新的投资、税收、金融、保险、知识产权等支持政策，用好科技创新再贷款和碳减排支持工具，鼓励金融机构创新产品和服务，加大对能源数字化智能化技术创新的资金支持力度，形成支持能源数字化智能化发展的长效机制。

国家能源局

2023 年 3 月 28 日

国家能源局关于印发《电力行业公共信用综合评价标准（试行）》的通知

（国能发资质规〔2023〕28 号）

各派出机构：

为贯彻落实党中央、国务院关于推进社会信用体系建设高质量发展的决策部署，进一步强化电力行业信用分级分类监管，我局编制了《电力行业公共信用综合评价标准（试行）》，现予印发实施。试行中，请结合工作实际，及时反馈出现的新情况新问题，以便持续改进完善，切实提升监管效能和服务水平。

附件：电力行业公共信用综合评价标准

国家能源局

2023 年 3 月 29 日

电力行业公共信用综合评价标准（试行）

公共信用信息是指国家机关和法律、法规授权的具有管理公共事务职能的组织在履行法定职责、提供公共服务过程中产生和获取的信用信息。电力行业公共信用综合评价是通过依法依规整合全国信用信息共享平台、国家能源局资质和信用信息系统、国家企业信用信息公示系统、中国执行信息公开网等政务信息平台归集共享的公共信用信息，设置科学、合理的评价标准，建立信用评价模型，对电力相关企业开展全覆盖、标准化、公益性的公共信用综合评价，评价结果提供相关政府部门、有关企业、行业协会商会等参考使用，并依照有关规定公开。

一、编制依据和主要原则

（一）编制依据

《国务院关于印发社会信用体系建设规划纲要（2014—2020 年）的通知》（国发〔2014〕21 号）

《国务院关于建立完善守信联合激励和失信联合惩戒制度加快推进社会诚信建设的指导意见》（国发〔2016〕33 号）

《国务院关于加强和规范事中事后监管的指导意见》（国发〔2019〕18 号）

《国务院办公厅关于加快推进社会信用体系建设　构建以信用为基础的新型监管机制的指导意见》（国办发〔2019〕35 号）

《国务院办公厅关于进一步完善失信约束制度　构建诚信建设长效机制的指导意见》（国办发〔2020〕49 号）

《中共中央办公厅　国务院办公厅印发〈关于推进社会信用体系建设高质量发展　促进形成新发展格局的意见〉的通知》（中办发〔2022〕25 号）

《国家发展改革委　人民银行关于印发〈全国公共信用信息基础目录（2022 年版）〉和〈全国失信惩戒措施基础清单（2022 年版）〉的通知》（发改财金规〔2022〕1917 号）

《国家能源局关于印发〈能源行业市场主体信用数据清单（2022 年版）〉和〈能源行业市场主体信用行为清单（2022 年版）〉的通知》（国能发资质规〔2022〕75 号）

《信用　基本术语》（中华人民共和国国家标准 GB/T 22117—2018）

（二）主要原则

电力行业公共信用综合评价标准的主要原则是定量与定性分析相结合、一致性与可比性相结合、可操作性与适用性相结合、稳定性与动态性相结合。

1. 定量与定性分析相结合。评价指标以定量指标为主，同时将实际监管工作中的定性数据定量化，保证评价结果充分反映受评企业公共信用信息综合评价状况。

2. 一致性与可比性相结合。一致性体现在所有监管范围的受评企业采用同一评价规则，可比性体现在各受评企业的评价结果可以互相比较，保证分类监管有据可依。

3. 可操作性与适用性相结合。评价指标的设计在采用科学评价方法的同时，充分考虑数据的可获得性和权威性，保证评价在系统平台中的可操作性，以及评价结果适用于监管工作。

4. 稳定性与动态性相结合。评价采用实时归集共享的受评企业的信用信息，固定周期对受评企业进行评价，依据评价结果及时调整受评企业信用类别，并根据国家要求、监管工作情况和需求、市场整体情况等动态调整评价标准。

二、评价指标解释

电力行业公共信用综合评价指标分为三级：一级指标 6 项，主要包括司法裁决、行业监管、商务诚信、经营状况、发展创新和守信激励，二级指标 16 项，三级指标 46 项（详见附件）。

（一）司法裁决

1. 失信被执行人。主要指被执行人未履行生效法律文书确定的义务，被人民法院列入失信被执行人名单的信息。根据《全国失信惩戒措施基础清单（2022 年版）》，该条信息被列入严重失信主体名单。数据来源于全国信用信息共享平台。

2. 被执行人。主要指在法定上诉期满后，或终审判决作出后，拒不履行法院判决或仲裁裁决的当事人，被人民法院列入被执行人名单的信息。数据来源于中国执行信息公开网。

3. 合同违约记录。主要指被人民法院判定为败诉的合同违约记录，反映受评企业履行约定义务的信用状况。包括主营业务类违约、安全类违约、工程类违约、环保类违约、其他类违约。数据来源于中国裁判文书网。

（二）行业监管

1. 严重失信主体名单。主要指列入《全国失信惩戒措施基础清单（2022 年版）》中严重失信主体名单的信息，是受评企业被应急管理部门、税务部门、人力资源社会保障部门、统计部门以及其他政府部门列入严重失信主体名单信息。包括安全生产领域严重失信惩戒名单、重大税收违法失信主体名单、拖欠农民工工资失信联合惩戒对象名单、统计严重失信企业名单、其他类严重失信主体名单。数据来源于全国信用信息共享平台。

2. 行政处罚记录。主要指政府部门作出的行政处罚信息，其中，电力业务类处罚为国家能源局及其派出机构作出的行政处罚信息，数据来源于国家能源局资质和信用信息系统；其余四类指标，包括安全生产类处罚、工程建设类处罚、节能环保类处罚、其他处罚，为归集共享其他政府部门作出的行政处罚信息，数据来源于全国信用信息共享平台。

3. 行政裁决记录。主要指国家能源局及其派出机构作出的行政裁决相关情况信息，考察受评企业受到行政裁决后的执行情况，如未执行则表明企业未能遵守相关规定。数据来源于国家能源局资质和信用信息系统。

4. 行政检查记录。主要指国家能源局及其派出机构在日常监管、专项监管、现场检查、随机抽查等行政检查及管理中发现问题并出具监管意见书、监管整改通知书、监管决定书、监管建议书等监管文书的情况信息，未发现问题的情况信息则不列入。包括安全生产类检查违规、许可类检查违规、招投标类检查违规、未按时上报材料类违规、未按要求报送信息类违规、其他类检查违规。数据来源于国家能源局资质和信用信息系统。

5. 市场监管失信记录。主要指受评企业被市场监督管理部门列入的失信信息记录，包括经营异常名录、企业工商信息频繁变更记录、其他类市场监管失信记录。数据来源于全国信用信息共享平台、国家企业信用信息公示系统。

6. 信用承诺及未履行情况。主要指受评企业在国家能源局及其派出机构办理信用修复、许可业务、质量监督管理等事项中作出承诺及其未履行的情况信息。包括信用修复承诺、许可告知承诺、质量监督管理承诺、其他承诺。数据来源于国家能源局资质和信用信息系统。

（三）商务诚信

交易不良行为记录。主要指受评企业在电力生产、输送、供应、服务、建设等相关活动中产生的交易不良行为记录信息，包括作为供应商不良行为、作为客户不良行为，以及其他交易不良行为。数据来源于全国信用信息共享平台、国家能源局资质和信用信息系统。

（四）经营状况

1. 资金规模。主要指市场监督管理部门颁发的营业执照上反映的受评企业注册资本情况。数据来源于国家企业信用信息公示系统。

2. 经营时长。主要指市场监督管理部门颁发的营业执照上反映的受评企业存续年限情况。数据来源于国家企业信用信息公示系统。

3. 社会关联。主要指从市场监督管理部门获取的受评企业的业务拓展情况，包括其分支机构、对外投资企业。数据来源于国家企业信用信息公示系统。

（五）发展创新

1. 知识产权。主要指受评企业取得的商标权、专利权和著作权的情况信息。数据来源于国家知识产权局等网站。

2. 资质许可。包括电力业务资质许可和其他资质许可。电力业务资质许可，主要指电力业务许可证（发电类、输电类、供电类）和承装（修、试）电力设施许可证，是电力相关企业从事发电、输电、供电业务和承装、承修、承试电力设施活动的必要条件，由国家能源局派出机构颁发，数据来源于国家能源局资质和信用信息系统。其他资质许可，是指除电力业务资质许可外，由相关政府部门颁发的资质许可，数据来源于全国信用信息共享平台、全国认证认可信息公共服务平台、国家能源局资质和信用信息系统等。

（六）守信激励

评价和奖励。主要指受评企业被税务管理部门、国家能源局和其他政府部门奖励和评价的情况信息，包括 A 级纳税人、其他监管评价、有关奖励。A 级纳税人是受评企业在税务部门纳税信用评定中的情况，其他监管评价主要是受评企业在其他政府部门评价体系中的评价情况，有关奖励是受评企业被政府部门奖励的情况。数据来源于全国信用信息共享平台、国家能源局资质和信用信息系统。

三、评价方法和类别

（一）评价方法

电力行业公共信用综合评价满分 100 分，综合得分由负面记录模块评分和正面记录模块评分相加得出。其中，负面记录模块主要为司法裁决、行业监管、商务诚信中的负面信息，包括失信被执行人、严重失信主体名单、行政检查记录等指标项，反映受评企业违法违规和违约失信等情况；正面记录模块主要为经营状况、发展创新、守信激励中的正面信息，包括资金规模、资质许可、知识产权等指标项，反映受评企业经营能力和守信状况等情况。

（二）评价类别

根据受评企业的综合得分来确定公共信用综合评价类别，分为A、B、C、D四类，具体如下。

综合得分	类别	详细说明
(85，100]	A	信用良好、风险极小。综合实力和发展创新能力强，且无严重失信主体名单记录，但可能存在与主营业务相关性不高的负面记录
(70，85]	B	守信、风险较小。综合实力和发展创新能力较好，且无严重失信主体名单记录，但存在一定数量的负面记录
(40，70]	C	失信、风险较大。负面记录情形较多，但无严重失信主体名单记录
[0，40]	D	严重失信、风险极大。至少存在一条严重失信主体名单记录

另外，若受评企业虽综合得分低于40分，但不存在严重失信主体名单记录，则其对应评价类别调为C级。

四、有效期和发布方式

本标准根据国家政策法规变化实施动态管理、定期调整，原则上周期为两年，由国家能源局结合局行政规范性文件计划调整并公开发布。

附件：电力行业公共信用综合评价指标

附件

电力行业公共信用综合评价指标

序号	一级指标	二级指标	三级指标	数据来源
一、负面记录模块				
1	司法裁决	失信被执行人	失信被执行人	全国信用信息共享平台
		被执行人	被执行人	中国执行信息公开网
		合同违约记录	主营业务类违约	中国裁判文书网
			安全类违约	
			工程类违约	
			环保类违约	
			其他类违约	
2	行业监管	严重失信主体名单	安全生产领域严重失信惩戒名单	全国信用信息共享平台
			重大税收违法失信主体名单	
			拖欠农民工工资失信联合惩戒对象名单	
			统计严重失信企业名单	
			其他类严重失信主体名单	
		行政处罚记录	电力业务类处罚	国家能源局资质和信用信息系统
			安全生产类处罚	全国信用信息共享平台
			工程建设类处罚	
			节能环保类处罚	
			其他类处罚	

续表

序号	一级指标	二级指标	三级指标	数据来源
2	行业监管	行政裁决记录	行政裁决	国家能源局资质和信用信息系统
		行政检查记录	安全生产类检查违规	国家能源局资质和信用信息系统
			许可类检查违规	
			招投标类检查违规	
			未按时上报材料类违规	
			未按要求报送信息类违规	
			其他类检查违规	
		市场监管失信记录	经营异常名录	全国信用信息共享平台、国家企业信用信息公示系统
			企业工商信息频繁变更记录	
			其他类市场监管失信记录	
		信用承诺及未履行情况	信用修复承诺	国家能源局资质和信用信息系统
			许可告知承诺	
			质量监督管理承诺	
			其他承诺	
3	商务诚信	交易不良行为记录	作为供应商不良行为	全国信用信息共享平台、国家能源局资质和信用信息系统
			作为客户不良行为	
			其他交易不良行为	
二、正面记录模块				
4	经营状况	资金规模	注册资本	国家企业信用信息公示系统
		经营时长	存续年限	
		社会关联	分支机构	
			对外投资企业	
5	发展创新	知识产权	商标权	国家知识产权局等网站
			专利权	
			著作权	
		资质许可	电力业务资质许可	国家能源局资质和信用信息系统
			其他资质许可	全国信用信息共享平台、全国认证认可信息公共服务平台、国家能源局资质和信用信息系统等
6	守信激励	评价和奖励	A 级纳税人	全国信用信息共享平台
			其他监管评价	
			有关奖励	全国信用信息共享平台、国家能源局资质和信用信息系统

国家能源局综合司　交通运输部办公厅关于切实做好节假日期间新能源汽车充电服务保障有关工作的通知

（国能综通电力〔2023〕45号）

各省（自治区、直辖市）能源局、交通运输厅（局、委），有关省（自治区、直辖市）及新疆生产建设兵团发展改革委，北京市城市管理委，江苏省工业和信息化厅，国家电网有限公司、中国南方电网有限责任公司，各充电设施运营企业：

近年来，我国新能源汽车产销量持续快速增长，节假日出行规模不断扩大，对公路沿线及旅游景区等充电服务保障能力提出了更高要求。为更好满足公众出行需求，优化群众出行体验，服务群众绿色出行，现将有关要求通知如下。

一、高度重视节假日充电服务保障工作。新能源汽车出行事关人民群众切身利益，关乎新能源汽车产业健康发展。各有关单位要进一步提高政治站位，强化责任担当，坚持为人民群众解难题、办实事，确保节假日期间充电服务工作运转有序、安全可靠、规范高效。

二、持续提升全社会充电保障能力。各省级能源（充电设施）主管部门要积极会同相关部门，按照《关于进一步提升电动汽车充电基础设施服务保障能力的实施意见》（发改能源规〔2022〕53号）（以下简称《实施意见》）有关部署，加大公共充电设施建设力度，加快补齐县城、乡镇建设短板，推动旅游景区及周边停车场充电设施建设。各省级交通运输、能源（充电设施）主管部门要会同电网企业，按照《加快推动公路沿线充电基础设施建设行动方案》（交公路发〔2022〕80号）（以下简称《行动方案》）要求，加快推进公路沿线充电基础设施建设完善，在城市周边及充电需求较大的高速公路服务区科学设置大功率充电设施，提升充电效率。电网企业要加大配套电网建设投入，做好充电设施接入电网工作，加强设备运维管理，确保供电可靠。

三、提前开展充电需求预判。各省级能源（充电设施）主管部门要会同交通运输、旅游、气象等主管部门，结合当地新能源汽车保有量和充电设施历年运行数据、各地旅游活动安排、气象预报等，对重大节假日期间高速公路服务区、旅游景区的车流量及充电排队情况等进行预判，联合制定节假日充电服务保障方案，及早发布绿色出行充电攻略，引导新能源车主合理规划出行。对预判车流量特别大、可能出现严重拥堵的高速公路服务区，尽量布局移动式应急充电设备，缓解充电排队现象。

四、全面开展充电设施安全检查。各充电设施运营企业要持续完善充电设施运维体系，加强设备监测巡检。节假日前，各省级能源（充电设施）主管部门要组织开展公共充电设施专项检查，采取“四不两直”方式下沉至车流量较大的高速公路服务区、主要景区停车场，及时发现问题、消除隐患，确保充电设施正常可用。

五、加强节假日充电引导。各充电设施运营企业要建立健全值班监控制度，在充电流量增大时通过充电服务APP、微信小程序等发布预警，及时向客户推送最优充电方案和周边充电资源。各省级交通运输主管部门要及时通过公路可变信息标志、交通广播等渠道发布服务区车流量及充电排队等情况，指导高速公路服务区在车流量较大的充电站点安排专人引导服务，鼓励充电高峰短时补电、随充随走，减少排队等待，必要时可引导至相邻服务区充电。

六、做好总结和信息报送工作。各单位按职责做好节假日期间新能源汽车充电服务保障工作，相关情况作为《实施意见》和《行动方案》总结报告的重要内容按相关文件要求上报。如遇其他重大情况，也请及时报告。

请各单位加强沟通协调，合力抓好落实，共同为新能源汽车假期出行创造良好的充电环境。

国家能源局综合司　交通运输部办公厅

2023年4月19日

国家能源局综合司关于加强电力行业火灾风险防范和隐患排查治理工作的紧急通知

（国能综通安全〔2023〕48号）

各省（自治区、直辖市）能源局，有关省（自治区、直辖市）及新疆生产建设兵团发展改革委、工业和信息化主管部门，北京市城市管理委，各派出机构，全国电力安委会各企业成员单位：

4月18日，北京长峰医院发生重大火灾事故造成多人伤亡。近期，我国一些地方接连发生火灾等安全事故，习近平总书记作出重要指示批示。当前五一假期临近，电力行业各单位要时刻绷紧火灾防范这根弦，彻底排查火灾风险隐患，切实把防火灾措施落到实处，坚决把安全风险管控挺在隐患前面，把隐患排查治理挺在事故前面，坚决防范电力火灾事故发生，现将有关事项通知如下。

一、高度重视火灾风险防范。各单位要清醒认识火灾对电力安全生产和人员生命安全带来的严重危害，增强忧患意识、坚持底线思维，加强组织领导、细化工作措施，以“时时放心不下”的责任感，坚决做好电力行业火灾防范应对工作，要切实加强对动火作业的管理和监督，要高度重视消防安全宣教培训工作，切实提高一线人员安全防范意识和逃生自救能力，确保人民群众生命财产安全。

二、重点防范高风险领域火灾事故。电力企业要高度重视高风险场所火灾防范，结合季节特点制定严密措施，针对高压电力充油设备、输配电设备“树线矛盾”突出区域、发电厂储煤储氢储油储气和危化品储存地、施工爆炸物储存地、电化学储能以及其他易燃易爆高火灾风险场点，严格外包队伍和人员管理，加大检查巡视力度，严格排查治理各类消防隐患，整治乱拉乱接电气线路、设备过载运行和违规使用易燃可燃建筑板材等问题。

三、重点防范易忽视场所火灾事故。电力企业要对本单位生产办公区、高层建筑、施工现场营地以及基层单位等易忽视场所开展安全检查，深入排查用火用电、施工改造、违章搭建、值班值守等方面风险隐患，重点整治防火分隔不到位、违规用火用电等问题，落实企业基层管理责任，对存在严重隐患问题的，要采取临时停产停用措施并立即整改。

四、突出抓好重要时段火灾安全风险管控。各单位要紧盯五一假期和重大活动等重要时段火灾防控。电力企业要提高火灾防范等级，针对重要输电走廊、重要发电厂、枢纽变电站等重点部位开展火灾风险隐患排查整治，提高防火巡查检查频次，筑牢安全屏障。地方电力管理部门要落实属地责任，将防范电力火灾安全事故作为行业管理的重要内容，督促指导电力企业落实主体责任。派出机构要落实监管责任，督促电力企业加强设备巡查看护，认真做好电力消防安全风险隐患自查自改。

五、全力防范火灾事故影响重要用户可靠供电。电力企业要对生产指挥中心、核心机房等事关电力安全生产供应秩序的场所开展消防安全综合整治，建立问题隐患和整改责任“两个清单”，挂账整改、照单销号；要全力防范火灾引发供电全失导致医院等民生重点场所，以及政府、军队等重要电力用户失电等情况发生。

六、着力提升火灾应急救援能力。电力企业要落实有关要求，加强消防装备设施配备和企业消防力量建设，优化整合电力应急救援力量和资源，健全完善工作机制，联合多部门开展火灾防控应急联动实战演练，提升电力行业火灾应急救援能力；加强值班值守和巡逻检查，开展经常性拉动演练，落实联防联控。

国家能源局综合司

2023 年 4 月 23 日

国家能源局关于印发《全国电力安全生产重大事故隐患专项排查整治2023行动方案》的通知

（国能发安全〔2023〕40 号）

各省（自治区、直辖市）能源局，有关省（自治区、直辖市）及新疆生产建设兵团发展改革委、工业和信息化主管部门，北京市城市管理委，各派出机构、大坝中心，全国电力安委会各企业成员单位，有关单位：

为认真贯彻落实党的二十大精神和习近平总书记关于安全生产重要论述，按照党中央、国务院决策部署，进一步落实国务院安全生产委员会全体会议有关部署，按照国务院安委会《全国重大事故隐患专项排查整治 2023 行动总体方案》各项工作要求，从即日起开展全国电力安全生产重大事故隐患专项排查整治 2023 行动。现将方案印发给你们，请结合实际认真抓好落实。

联系人及电话：康伟 010－81929632

国家能源局

2023 年 5 月 8 日

附件：全国电力安全生产重大事故隐患专项排查整治 2023 行动方案

全国电力安全生产重大事故隐患专项排查整治 2023 行动方案

为加强全国电力安全生产重大事故隐患专项排查整治，根据《全国重大事故隐患专项排查整治 2023 行动总体方案》，制定本方案。

一、总体要求

以习近平新时代中国特色社会主义思想为指导，全面贯彻党的二十大精神，统筹好发展和安全，坚持人民至上、生命至上，坚持安全第一、预防为主，落实落细安全生产十五条硬措施，全面落实电力企业主体责任、国家能源局派出机构（以下简称派出机构）监管责任和地方电力管理部门属地责任。通过专项行动，全面摸清并动态掌握电力安全生产重大事故隐患（以下简称重大事故隐患）底数，推动企业主要负责人安全生产法定职责和全员安全生产责任制压紧落实，提高排查整改重大事故隐患质量。派出机构聚焦重大事故隐患精准严格执法，地方电力管理部门对照“三个必须”强化安全监督管理，增强发现问题和解决问题能力。各单位协调配合、形成合力，着力从根本上消除事故隐患，推动电力安全生产治理模式向事前预防转型。

二、主要内容

（一）汲取事故教训，筑牢思想根基。及时传达学习党中央、国务院关于安全生产决策部署，明责知责、履职尽责，准确领会和把握党中央、国务院的新部署和新要求，深刻汲取总结近年来如关州水电站“1·12”透水事故、大唐株洲电厂“9·22”除尘器垮塌事故、上海外高桥电厂“2·15”除尘器垮塌事故、国电投上海临港重燃工程“4·29”钢架倾倒事故、河南安阳“11·21”特别重大火灾事故、北京长峰医院“4·18”火灾事故等电力及其他行业较大、重特大事故教训，进一步增强做好电力安全生产工作重要性认识，夯实电力安全生产工作思想基础。

（二）聚焦重大隐患，精准排查整治。按照《电力安全隐患治理监督管理规定》《重大电力安全隐患判定标准（试行）》，结合危险化学品、消防（火灾）、特种设备等有关行业领域重大事故隐患判定标准，聚焦燃煤发电厂重点设备设施钢结构、承重焊接部位总体强度，水电站大坝、燃煤发电厂贮灰场重特大工程隐患，电网安稳系统及直流控保系统，特高压变压器及架空线路杆塔，电力监控系统，工程外包管理，爆破、吊装、动火作业、有限空间危险作业等重点部位、环节及场所，全面排查重大事故隐患，严格整治闭环，防范重特大电力事故发生。

（三）紧盯重点领域，强化监督管理。做好水电站大坝安全提升专项行动、电力建设工程施工安全和质量监督等专项监管，落实《水电站大坝工程隐患治理监督管理办法》《防止电力建设工程施工安全事故三十项重点要求》《防止电力生产事故的二十五项重点要求（2023版）》《国家能源局关于进一步加强海上风电项目安全风险防控相关工作的通知》《国家能源局综合司关于加强电化学储能电站安全管理的通知》等文件要求，狠抓重点领域，做好事故防范和电力安全生产工作，保持电力安全生产形势持续平稳。

三、工作要求

电力企业主要负责人要落实法定的安全生产第一责任人职责。一是研究组织本企业重大事故隐患排查整治，每季度要带队对本企业重大事故隐患排查整治情况至少开展1次检查（高危领域企业每月至少1次）。二是组织对动火等危险作业开展排查整治，开展1次全员安全警示教育活动，对动火等危险作业人员以及易产生重大事故隐患的其他关键岗位人员进行1次全面排查，严禁聘用和招请未经安全培训合格、未取得相关证书的人员从事特种作业。三是对本企业生产经营项目和场所外包外租（包括委托、合作等类似方式）情况组织开展1次全面排查。四是至少组织开展1次事故应急救援预案演练（高危领域企业每半年至少1次），特别要让全体从业人员主动落实安全生产岗位责任，熟知安全逃生出口（或避灾路线），切实提高从业人员应急避险意识。

派出机构要会同地方电力管理部门，落实《电力安全隐患治理监督管理规定》《重大电力安全隐患判定标准（试行）》，分兵把守、齐抓共管，织牢织密监管网络。一是做好人员培训，集中对监管执法人员开展安全生产专题培训，加强重大事故隐患判定标准、重点执法检查事项及相关法律法规标准等业务知识学习，提高专业和法治素养。二是精准严格执法，坚决杜绝“宽松软虚”，倒逼企业主体责任落实。对电力企业自查查出的重大事故隐患，已按规定报告并正在采取有效措施消除的，依法不予行政处罚；对电力企业自查未查出或查出后未按规定报告或未采取措施消除的重大事故隐患，要严格依法惩处。三是严肃约谈通报，对排查整治不力的有关单位及人员指出存在的突出问题，对有问题却查不出或查出后整改不到位导致发生事故的，要追责问责。四是创新监管方式，切实提升监管执法效能，积极运用“四不两直”、明查暗访、异地执法、交叉互检等工作方式不断提高执法质量，避免走形式、走过场；依托“互联网+监管”等信息手段加强部门间互联互通，对于大数据排查发现的屡查屡犯的企业负责人和重点企业实施精准有效监管。

四、时间安排

专项行动分四个阶段，各单位要按照各阶段工作重点有序压茬推进。

（一）动员部署（文件印发之日—2023年5月底）。各单位认真研究部署专项行动各项工作安排，及时动员部署，细化明确重大事故隐患排查整治措施计划和重点事项，将专项行动各项工作责任落实到人。各地方电力管理部门将本方案要求传达至市、县级电力管理部门。

（二）企业自查自改（2023年6月1日—8月底）。各电力企业对标对表专项行动主要内容，明确责任分工、进度安排，针对性开展自查检查；建立健全重大事故隐患台账，扎实推进整改。各派出机构、地方电力管理部门督促指导属地电力企业开展针对性自查；组织开展好“安全生产月”活动。

（三）精准执法检查（2023年9月1日—11月底）。各派出机构会同地方电力管理部门、大坝中心等单位，聚焦重大事故隐患和重点检查事项，聚焦电力企业第一责任人履职等情况，深入企业一线开展精准执法检查，严查各类非法违法和违规违章行为。国家能源局将适时对有关单位落实工作情况进行抽查检查。

（四）总结提高（2023年12月）。各单位全面总结专项行动取得成效，系统梳理好经验、好做法，积极推动互学互鉴，不断完善安全生产制度措施，健全长效工作机制。

各单位要高度重视专项行动，明确有关负责同志牵头抓总，结合本辖区、本企业实际情况适当调整完善排查整治内容，进一步细化责任分工，建立健全工作机制，确保专项行动取得实效。国家能源局将建立调度通报工作机制，定期调度掌握各单位排查整治进展情况，及时协调解决存在的突出问题。请各单位将专项行动贯彻落实情况、工作总结分别于 2023 年 8 月 15 日前、2023 年 12 月 15 日前报送国家能源局电力安全监管司。

联系人及联系方式：康伟 010－81929632

传真 010－81929605　邮箱 yingji@nea.gov.cn

国家能源局综合司关于进一步做好抽水蓄能规划建设工作有关事项的通知

（国能综通新能〔2023〕47 号）

各省（自治区、直辖市）能源局，有关省（自治区、直辖市）及新疆生产建设兵团发展改革委，国家电网公司、中国南方电网有限公司，水电水利规划设计总院、电力规划设计总院、中国国际工程咨询有限公司，中国水力发电工程学会抽水蓄能行业分会：

自《抽水蓄能中长期发展规划（2021—2035 年）》发布实施以来，抽水蓄能规划建设成效显著，进入新发展阶段。为贯彻落实党的二十大精神，加快规划建设新型能源体系，助力碳达峰碳中和目标实现，推动抽水蓄能高质量发展，针对当前抽水蓄能规划建设以及行业发展新形势新情况，现就进一步做好有关工作通知如下。

一、充分认识推进抽水蓄能高质量发展的重要意义

抽水蓄能是电力系统重要的绿色低碳清洁灵活调节电源，合理规划建设抽水蓄能电站，可为新能源大规模接入电力系统安全稳定运行提供有效支撑，有利于新能源大规模高比例高质量发展，对构建新型电力系统、促进能源绿色低碳转型意义重大。但同时，与其他常规电源不同，抽水蓄能电站本身并不增加电力供应，其功能作用主要是为电力系统提供调节服务，应根据新能源发展和电力系统运行需要，科学规划、合理布局、有序建设，以抽水蓄能高质量发展促进、保障能源高质量发展。

二、抓紧开展抽水蓄能发展需求论证

电力系统调节需求是抽水蓄能规划建设的重要前提和基本依据。针对目前部分地区前期论证不够、工作不深、需求不清、项目申报过热等情况，坚持需求导向，深入开展抽水蓄能发展需求研究论证工作。力争今年上半年全面完成。

（一）分省分区域开展需求论证。各省级能源主管部门要会同电网企业组织开展本行政区域需求论证工作，按程序上报；国家能源局充分利用各方工作成果，组织国家电网、南方电网和相关机构开展各区域电网以及主要流域水风光一体化基地、以沙漠、戈壁、荒漠地区为重点的大型风电光伏基地等特定电源的需求论证，并形成全国抽水蓄能发展需求论证成果。

（二）科学研究分析未来合理需求。要客观系统分析本地区电力系统发展现状和存在问题，科学分析预测不同规划水平年负荷水平、特性和电源结构等，统筹各类调节电源，按相关规程规范和要求，多方案分析论证抽水蓄能的技术需求、经济合理需求，统筹考虑规划水平年新能源合理利用率、电价承受能力等因素，研究提出抽水蓄能的合理需求规模建议。

（三）突出重点开展需求论证。要重点聚焦“十四五”、统筹“十五五”开工项目规模开展需求论证，以 2030 年和 2035 年为规划水平年，并对 2040 年进行初步分析和展望。

三、有序开展新增项目纳规工作

经深入开展需求论证并按程序确认的合理建设规模是各地区开展项目纳规工作的基础。在抽水蓄能发展需求研究论证基础上，各省级能源主管部门要对本行政区域已纳规项目开展全面评估，统筹已建、在建和已纳规项目，区分抽水蓄能为本省服务、为区域电网服务以及为特定电源服务的不同功能定位，组织开展站址比选、布局优化和项目纳规工作，布局项目要落实到计划核准年度。对于需求确有缺口的省份，按有关要求有序纳规。对于经深入论证、需求没有缺口的省份，暂时不予新增纳规，但可根据实际情况，按照“框定总量、提高质量、优中选优、有进有出、动态调整”的原则，提出项目调整建议。国家能源局根据需求论证情况和实际需要，及时对全国或部分区域的中长期规划进行滚动调整，保持适度超前，支撑发展。

四、大力提升产业链支撑能力

为适应抽水蓄能快速跃升发展需要，组织行业协会、研究机构及重点企业等加强行业监测评估，对抽水蓄能投资、设计、施工、设备制造、运行、管理等产业链各环节进行监测和能力评估，针对开发建设规模、时序不协同和产业链薄弱环节，研究应对措施，加快各方面能力提升，更好支撑行业加快发展。

请各省级能源主管部门、行业组织、电网企业以及各有关单位，按照上述要求认真做好抽水蓄能发展

的各项工作，共同促进抽水蓄能行业平稳有序、高质量发展。

国家能源局综合司
2023 年 4 月 23 日

国家能源局综合司关于开展 2023 年电力行业“安全生产月”活动的通知

（国能综通安全〔2023〕58 号）

全国电力安委会各成员单位：

今年 6 月是第 22 个全国“安全生产月”，主题是“人人讲安全、个个会应急”。依据《国务院安委会办公室应急管理部关于印发〈2023 年全国“安全生产月”活动方案〉的通知》（安委办〔2023〕5 号），国家能源局同步开展电力行业 2023 年“安全生产月”活动。现将有关事项通知如下。

一、总体思路

以习近平新时代中国特色社会主义思想为指导，深入宣传贯彻党的二十大精神和习近平总书记关于安全生产重要论述，坚持人民至上、生命至上，坚持统筹发展和安全，坚持安全第一、预防为主，以“人人讲安全、个个会应急”为主题，采取线上线下相结合的方式开展一系列宣贯学习、交流研讨、案例警示、应急演练等活动，引导电力行业进一步提高政治站位，强化安全意识，压实各方责任，落实防范措施，守牢安全底线，确保电力系统安全稳定运行和电力可靠供应，保持电力安全生产形势稳定。

二、主要活动内容

（一）开展习近平总书记关于安全生产重要论述宣贯活动

各单位要紧紧围绕宣传贯彻习近平总书记关于安全生产特别是安全红线重要论述开展学习宣讲活动，全国电力安委会成员单位负责同志要组织开展宣讲活动，发表评论文章或心得体会；各电力企业要通过“公开课”“大家谈”“班组会”等形式广泛开展专题研讨、宣讲授课、培训辅导、案例警示等活动，教育引导广大从业人员强化安全红线意识。

（二）以“人人讲安全、个个会应急”为主题，推动安全宣传“五进”

各单位要紧紧围绕主题开展系列宣教活动，要加强教育警示，通过观看典型事故警示教育片、参观事故警示教育展览等方式，以案说法、以案为戒，强化安全意识；要规范作业现场，针对事故高发易发的高空作业、带电作业、密闭空间作业等，强化安全措施落实，规范现场管理；要抓好外委队伍，围绕外包队伍、临时用工人员强化安全培训，补齐能力短板；要提高应急能力，针对各类自然灾害加强安全风险提示，制定避险措施，开展疏散演练。各单位要深入开展安全宣传，广泛张贴或悬挂安全标语、横幅、挂图等，形成强大宣传声势，组织群众喜闻乐见、便于参与的安全生产法规线上答题、安全防护器具操作体验等宣教培训活动，推动电力安全宣传“五进”。

（三）聚焦专项排查整治，企业负责人落实“五带头”

各单位要持续宣贯《安全生产法》，督促落实安全生产“第一责任人”法定职责，开展企业主要负责人“安全承诺践诺”活动，建立完善全员安全生产责任制，营造人人讲安全、人人守规章的浓厚氛围。各单位要深入开展全国电力安全生产重大事故隐患专项排查整治，企业主要负责人要落实好“五带头”（带头研究组织本企业重大事故隐患排查整治、带头落实全员安全生产岗位责任、带头参加动火等高危作业安全风险排查整治、带头对外包外租等生产经营活动开展排查整治、带头参加安全应急演练），切实通过专项排查整治发现一批隐患，解决一批问题。

（四）全员参与隐患排查，加强监督检查和曝光警示

各派出机构要牵头组织当地政府主管部门、安全生产专家和媒体记者，深入小散远电力企业和存有危化品的重点部位进行“四不两直”检查和采访曝光，结合“安全生产大检查”“明察暗访”等工作，曝光重大事故隐患和突出问题。各派出机构要加强安全监管执法，定期报送执法案例，加强公示曝光。各电力企业要畅通安全生产问题隐患举报渠道，鼓励全员参与查找身边的安全隐患，并对消除隐患、避免事故的个人给予奖励。

（五）组织开展常态化应急演练

各地要结合安全宣传“五进”工作，组织开展有效管用的全员应急演练。国家能源局将择机开展跨省区大面积停电事件应急演练，提升区域电网大面积停电事件的协同能力、应急能力和处置能力。各电力企业要结合迎峰度夏保供、防汛防台抗灾等重点工作，广泛开展应急与安全培训，组织一次突发事件应急演练，让全体从业人员时刻牢记安全生产岗位责任，进一步提升自救互救能力和应急处置能力。各派出机构和地方政府有关部门要积极参与和指导企业演练活动，加强宣传报道力度，促进提升应急避险能力。

（六）开展“6·16 安全宣传咨询日”活动

国家能源局在中国能源新闻网（http://www.cpnn.com.cn/）电力安全云上展厅开设“6·16 安全宣传咨询日”活动专栏，分设安全吹哨人、安全微讲堂、安全随手拍、应急直播间四个子栏目，各单

位要广泛组织安全知识答题竞答活动，以安全法规、应急管理、自救互救、紧急避险等内容为重点，让广大参与者在线上线下答题互动中，学习安全知识，掌握安全技能。

（七）开展电力安全技术与管理系列交流活动

国家能源局将以线上线下结合方式举办第三届电力安全技术和管理论坛，立足新型电力系统建设发展需要，搭建电力企业交流平台，研讨技术与管理前沿问题，助力行业转型发展。各电力企业要认真总结近年来电力安全技术与管理工作，充分展示先进经验和优秀成果，积极踊跃参与；中能传媒要充分发挥全媒体平台作用，全面做好宣传报道。

（八）持续深化电力安全齐抓共管工作机制

在安全生产月期间，国家能源局各派出机构要会同地方政府电力管理部门共同开展“五个一”活动（共同会商一次电力安全生产形势、共同组织或参加一次应急演练或演习、共同组织一次安全风险隐患排查治理、共同开展一次联合执法检查、共同参与一次电力企业“安全生产月”活动），不断强化齐抓共管工作合力。

三、有关要求

（一）加强组织领导。各单位要高度重视、加强组织、积极参与，把“安全生产月”活动作为阶段性重点工作，专题研究部署，细化活动方案，明确时间节点和进度安排，确保层层有人抓，事事有人管。

（二）营造安全氛围。各单位要组织协调主流媒体、行业媒体及新媒体加大宣传力度，开设活动专题专栏，增加宣传报道，

张贴悬挂安全生产标语、海报、挂图，增强安全生产月活动的影响力、感染力。国家能源局将通过中国能源新闻网网站（http://www.cpnn.com.cn/）和《中国电力报》等媒体大力宣传本次“安全生产月”活动，以及各单位工作进展和成果。

（三）确保活动实效。各单位要把安全生产月活动与企业生产经营活动相结合，与安全生产专项整治等重点工作相结合，与破解安全发展难点问题相结合，推动防范化解重大风险，促进安全生产水平提升，增强人民群众的获得感、幸福感、安全感。

请各单位于5月26日前确定1名联络员（附件1），并及时提供活动期间好的做法、特色项目、重要事项以及视频、图片、文字等电子版资料，6月期间每周四12：00前报送活动进展情况统计表（附件2）。上述材料同步报送国家能源局和中能传媒。

国家能源局联系人：张雷，马楠

联系电话：010－81929627，010－81929622

电子邮箱：dianlianquan@163.com

中能传媒联系人：孟肖虎，赵飞

联系电话：13910165692，13511058150

电子邮箱：392735633@qq.com

附件：1. 2023年电力行业“安全生产月”活动联络员反馈表（略）

2. 2023年电力行业“安全生产月”活动进展统计表（略）

国家能源局综合司

2023年5月15日

国家能源局综合司关于开展熔盐储热等能源综合利用项目安全排查的通知

各省（自治区、直辖市）能源局、有关省（自治区、直辖市）及新疆生产建设兵团发展改革委、工业和信息化主管部门，北京市城市管理委员会，各派出机构，全国电力安委会各企业成员单位，各有关单位：

2023年5月7日，河南豫能控股股份有限公司所属鹤壁丰鹤发电有限责任公司与华润电力所属润电能源科学技术有限公司合作的熔盐储热项目发生熔盐高温爆裂事故，造成1人死亡，13人受伤。事故发生后，国家能源局高度重视，局主要负责同志和分管负责同志分别作出批示，要求系统排查熔盐储热项目及其安全风险管控情况。为摸清底数，加强监管，防范类似事故再次发生，现就有关要求通知如下。

一、各电力企业要高度重视，严格落实安全生产主体责任，立即组织开展熔盐储热项目安全排查，抓紧摸清本单位投资建设或参与建设的熔盐储热项目个数、位置、投资主体等情况，准确掌握熔盐材料成分配比，会同材料设备供应商及有关专家认真分析项目安全风险，针对性制定落实风险管控措施。熔盐材料成分不明的，不得使用，坚决做到“不安全不生产”。

二、各电力企业要举一反三，系统梳理本单位所属涉及新技术、新设备、新材料、新工艺等的能源综合利用项目情况，从安全生产组织机构建设、责任体系健全、双重机制落实等方面深入排查项目安全管理薄弱环节，采取有效措施补齐短板、堵塞漏洞，提升项目安全生产水平。

三、各电力企业要进一步加强能源综合利用科学研究、试验试点等项目的安全生产管理，强化教育培训、技术交底和现场管理，督促指导全体从业人员，特别是基层一线人员、新进转岗人员、外包外委人员全面了解项目的生产原理、运行机理、工艺特点、风险隐患、管理要求等情况，熟练掌握安全防护措施和逃生避险方法，切实保障项目安全生产，防范遏制各类事故发生。

各省级电力管理部门、各派出机构要立即组织辖

区内电力企业开展熔盐储热等能源综合利用项目安全排查工作，并督促企业加强安全生产管理。2023 年 6 月 30 日前，全国电力安委会各企业成员单位要将本企业熔盐储热等能源综合利用项目安全排查和风险管控情况，各派出机构要将辖区内全国电力安委会企业成员单位之外的电力企业排查和风险管控情况（含电子版）报送国家能源局电力安全监管司。

联系人：应希纯

联系方式：010－81929636，81929600（传真）

电子邮箱：fdsafety@163.com。

国家能源局综合司

2023 年 5 月 17 日

国家能源局综合司关于进一步做好电力行业防汛抗旱工作的通知

（国能综通安全〔2023〕62 号）

各省（自治区、直辖市）能源局，有关省（自治区、直辖市）及新疆生产建设兵团发展改革委、工业和信息化主管部门，北京市城市管理委，各派出机构，大坝中心，全国电力安委会各企业成员单位，有关单位：

为深入贯彻落实全国防汛抗旱工作电视电话会议工作部署和国家防汛抗旱总指挥部办公室《关于贯彻全国防汛抗旱工作电视电话会议精神认真做好防汛抗旱各项工作的通知》（国汛办电〔2023〕18 号）、《关于切实做好基层干部和防汛抢险人员安全防护工作的通知》（国汛办电〔2023〕23 号）有关要求，进一步做好电力行业防汛抗旱工作，确保电力行业安全度汛和人民群众生命财产安全，现将有关事项通知如下。

一、认真贯彻落实党中央、国务院重要部署。各单位要深入学习领会习近平总书记关于防汛抗旱工作的重要讲话和重要指示批示精神，把习近平新时代中国特色社会主义思想主题教育成果转化为做好防汛抗旱工作的强大力量和实际行动，严格按照党中央、国务院统一部署要求，不断强化底线思维和极限思维，立足防大汛、抗大险、救大灾，毫不松懈做好当前和下一阶段电力行业防汛抗旱工作。

二、层层压实责任。各电力企业要压实各层级、各部门防汛抗旱责任，理顺责任压力传导机制，明确责任落实到位标准，并加强对所属部门单位责任落实情况的检查考核。各派出机构、各省级电力主管部门要将电力行业防汛抗旱工作纳入监督管理范围，加强统筹协调和监督指导，及时组织开展防汛抗旱“四不两直”检查，严肃处理责任不落实、准备不充分、措施不到位等问题。

三、扎实做好准备。各电力企业要做足防汛抗旱的思想准备和工作准备，抓住主汛期到来前的窗口期，进一步加强风险隐患排查整治，确保问题整改闭环；抓紧修订完善预案方案，针对极端暴雨、超标洪水、突发山洪、城市内涝等灾害险情，细化完善应对措施，强化预案衔接和实战演练，着力增强预案的针对性、实用性和可操作性；按照“宁可备而不用、不可用时无备”的原则备足备好应急人员队伍和抢险物资装备，确保需要时能够立即投入使用。

四、全力抢险救灾。各单位要加强与当地政府及水利、气象、应急、地震、国土资源等部门的信息沟通，密切掌握极端天气和自然灾害预测预报情况，加强灾害险情会商，精准研判汛情发展趋势，及时发布预警信息；强化应急协调联动，落实防范措施，提升应对异常气象、洪水、地震和地质灾害等突发事件的能力；遇有险情，快速响应、妥善处置，坚决将人的生命安全摆在第一位，及时疏散撤离可能受影响的人员，最大限度减少损失。

五、加强安全防护。各单位要充分认识防汛抢险救援工作的风险性、特殊性和复杂性，深刻吸取福建省龙岩市 4 名基层干部进村巡查时因桥梁坍塌落水失联的惨痛教训，高度重视基层一线和防汛抢险救援人员的安全防护，按要求配备救生装备和安全护具，开展安全教育培训，强化安全防范意识，提升自我防护能力。要科学制定抢险救援方案，加强抢险过程风险管控，严防发生次生事故，有效保障抢险人员安全。

六、统筹防汛抗旱。各单位要统筹防汛和抗旱，坚持两手抓，协同推进各项工作。要加强情景预想，落实有效措施，注意防范旱涝急转可能造成的水位陡涨、山洪、泥石流、城市内涝等灾害风险。水电站在严格执行汛期调度纪律的同时，可根据电站实际情况和蓄水来水情况，及时向调度部门提出合理建议，充分发挥拦洪削峰、兴利发电、农田灌溉及城乡用水保障等作用。

国家能源局综合司

2023 年 5 月 19 日

国家能源局关于印发《电力建设工程质量监督管理暂行规定》的通知

（国能发安全规〔2023〕43 号）

各省（自治区、直辖市）能源局，有关省（自治区、直辖市）及新疆生产建设兵团发展改革委，北京市城市管理委，各派出机构，全国电力安委会各企业成员单位，水电总院，中电联，各电力建设工程质量监督机构：

为加强对电力建设工程质量的监督管理，保证电力建设工程质量，我们制定了《电力建设工程质量监督管理暂行规定》。现印发你们，请遵照执行。

国家能源局

2023 年 5 月 31 日

电力建设工程质量监督管理暂行规定

第一章　总　　则

第一条　为加强对电力建设工程质量的监督管理，保证电力建设工程质量，根据《中华人民共和国建筑法》《建设工程质量管理条例》等有关法律法规，制定本规定。

第二条　凡从事电力建设工程的新建、扩建、改建等有关活动及实施对电力建设工程质量监督管理的，必须遵守本规定。

本规定所称电力建设工程，是指经有关行政机关审批、核准或备案，以生产、输送电能或提升电力系统调节能力为主要目的，建成后接入公用电网运行的发电、电网和新型储能电站建设工程。

第三条　电力行业实行电力建设工程质量监督管理制度。

国家能源局负责全国电力建设工程质量的监督管理，组织拟订电力建设工程质量监督管理政策措施并监督实施，由电力安全监管司归口。国家能源局派出机构依职责承担所辖区域内电力建设工程质量的监督管理。电力可靠性管理和工程质量监督中心（以下简称可靠性和质监中心）根据国家能源局委托，承担研究拟订电力建设工程质量监督政策措施及实施相关具体工作的职责，负责电力建设工程质量监督信息统计、核查、发布等工作。

县级以上地方人民政府电力管理部门依职责负责本行政区域内的电力建设工程质量的监督管理。

地方各级人民政府有关部门应在电力建设工程项目审批、核准或备案文件中告知建设单位按国家有关规定办理工程质量监督手续。

第四条　国家能源局向社会公布电力建设工程质量监督机构（以下简称电力质监机构）名录和监督范围。电力建设工程质量监督专业人员（以下简称质监专业人员）应具备相应的专业技术能力。

电力建设工程质量监督管理，由政府电力管理部门委托电力质监机构具体实施。电力质监机构负责对电力建设工程建设、勘察、设计、施工、监理等单位（以下简称工程参建各方）的质量行为和工程实体质量进行监督。电力质监机构对电力建设工程质量监督结果负责，其对电力建设工程的质量监督不替代工程参建各方的质量管理职能和责任。

第五条　电力质监机构按照依法依规、严谨务实、清正廉洁、优质高效的原则，独立、规范、公正、公开实施质量监督。

第六条　电力建设工程质量监督工作应加强“互联网+”等信息技术应用和技术创新，不断提升质量监督工作效能。

第七条　电力质监机构不得向工程参建各方收取质量监督费用。

第二章　工程参建各方的质量责任和义务

第八条　工程参建各方依法对电力建设工程质量负责。建设单位对工程质量承担首要责任。工程参建各方要推进质量管理标准化，提高项目管理水平，保证电力建设工程质量。

第九条　电力建设工程实行质量终身责任制。工程开工建设前，工程参建各方法定代表人应签署授权书，明确本单位在该工程的项目负责人。项目负责人应签署工程质量终身责任承诺书，对设计使用年限内的工程质量承担相应终身责任。

第十条　工程参建各方应支持配合电力质监机构对工程质量的监督检查，及时提供有关工程质量的文件和资料，并保证真实、准确、齐全。对于质量监督发现的问题，建设单位负责组织工程参建各方完成整改，并对整改结果负责。

第三章　质量监督实施

第十一条　电力质监机构依据国家能源局发布的电力建设工程质量监督检查大纲（以下简称质监大纲）和有关规定实施质量监督工作。

第十二条　电力质监机构对电力建设工程的质量监督，根据工程类别、规模、建设周期等特点，按以下原则分类实施。

（一）规模以上电力建设工程，按照质监大纲规定程序及内容进行质量监督。

（二）规模以下且装机容量 6MW 及以上发电建设工程、规模以下且功率 5MW 及以上新型储能电站建设工程，采取抽查和并网前阶段性检查相结合的方式进行质量监督。

（三）规模以下且 35kV 及以上电网建设工程，采取抽查方式进行质量监督。

（四）装机容量 6MW 以下发电建设工程，经能源主管部门以备案（核准）等方式明确的分布式、分散式发电建设工程，35kV 以下电网建设工程，抢险救灾及其他临时性电力建设工程，功率 5MW 以下新型储能电站建设工程，不需进行质量监督。

第十三条　电力质监机构依照下列程序对电力建

设工程进行质量监督。

（一）第十二条第（一）、（二）类电力建设工程质量监督程序：

工程开工前，建设单位应向电力质监机构提交工程质量监督注册申请。对符合规定条件的申请，电力质监机构应予受理，并于 7 个工作日内完成质量监督注册、出具质量监督计划，第十二条第（二）类电力建设工程的质量监督计划中应明确抽查安排。

工程建设过程中，建设单位应根据质量监督计划和工程进度，提前 10 个工作日提交阶段性质量监督申请，电力质监机构应及时开展阶段性质量监督检查、出具整改意见书，建设单位应按整改意见书要求及时组织完成整改工作。

工程并网前阶段性质量监督检查后，对符合要求的工程，电力质监机构应于 7 个工作日内向建设单位出具并网意见书。工程各阶段质量监督检查结束后，对符合要求的工程，电力质监机构应于 20 个工作日内向建设单位出具质量监督报告。对于第十二条第（一）类电力建设工程，电力质监机构还应按信息报送有关规定将质量监督报告报相关单位。

（二）第十二条第（三）类电力建设工程质量监督程序：

建设单位应在批次工程建设计划发布 1 个月内，集中提交批次工程质量监督注册申请，对符合规定条件的申请，电力质监机构应予受理，并于 7 个工作日内完成质量监督注册、出具质量监督计划，质量监督计划中应明确抽查项目比例。

电力质监机构应按质量监督计划组织开展抽查、出具整改意见书，建设单位应按整改意见书要求及时组织完成整改工作。

批次工程质量监督检查结束后，对符合要求的批次工程，电力质监机构应于 20 个工作日内向建设单位出具质量监督报告。

第十四条　电力质监机构开展质量监督工作时，有权采取下列措施：

（一）要求被检查单位提供有关工程质量的文件和资料。

（二）进入被检查单位的施工现场进行检查。

（三）发现工程参建各方质量行为和工程实体质量问题，出具整改意见书，责令改正；发现存在涉及结构安全和使用功能的严重质量缺陷、工程质量管理失控时，有权责令暂停施工或局部暂停施工；对发现质量隐患的工程有权责令建设单位委托第三方检验检测机构进行检测，检测结果不合格的，责令整改。

第十五条　电力质监机构选派质量监督组开展现场监督工作时，组长或带队人员应由电力质监机构专职人员担任。

质量监督组现场出具的整改意见书须经质量监督组全体成员和建设单位项目负责人共同签字确认。如建设单位对整改意见书有异议的，可于收到整改意见书之日起 5 个工作日内向电力质监机构提出复查申请，电力质监机构应于收到申请之日起 10 个工作日内出具复查意见。

第四章　质量监督管理

第十六条　国家能源局、省级人民政府电力管理部门依职责对电力质监机构进行考核，有关考核办法另行制定。

电力质监机构要认真履行工程质量监督职责，国家能源局派出机构、可靠性和质监中心及地方政府电力管理部门要加强对电力质监机构的监督指导。

电力质监机构要加强能力建设，确保具备与质量监督工作相适应的条件和水平。电力质监机构举办单位要保障电力质监机构正常运转。

第十七条　电力质监机构在工程质量监督过程中，发现存在涉及结构安全和使用功能的严重质量缺陷、工程质量管理失控时，应按信息报送有关规定及时报告。

第十八条　电力质监机构发现参建各方违反《建设工程质量管理条例》相关规定的，向委托其实施质量监督的行政机关进行报告，由委托行政机关对相关企业实施行政处罚。

电力调度机构为未按规定取得质量监督并网意见书的电力建设工程办理并网的，由国家能源局及其派出机构责令改正。

第十九条　电力建设工程发生工程质量事故的，按照“尽职免责、失职追责”的原则，依法依规对相关责任单位、责任人进行处理。

第二十条　电力建设工程质量监督管理应建立信用承诺制度。建设单位应在提交质量监督注册申请时以书面方式向电力质监机构作出遵守质量监督管理相关规定的信用承诺，工程其他参建各方应在合同中向建设单位作出遵守质量监督管理相关规定的信用承诺。

第二十一条　本规定第十八条、第十九条、第二十条中涉及的违法违规行为纳入信用记录，依法依规实施失信惩戒。

第二十二条　电力质监机构要建立质监专业人员廉洁自律承诺制度。在每项电力建设工程质量监督工作结束后，国家能源局通过电力建设工程质量监督信息系统，就电力质监机构及质监专业人员廉洁质监情况书面回访建设单位并存档留底，对违反廉洁规定的电力质监机构和质监专业人员，依法依规进行处理。

第二十三条　任何单位和个人对电力建设工程的

质量事故、质量缺陷都有权检举、控告、投诉。

第五章　附　　则

第二十四条　本规定所称规模以上电力建设工程是指单机容量300兆瓦及以上火电建设工程、核电建设工程（不含核岛）、装机容量300兆瓦及以上水电建设工程、装机容量150兆瓦及以上海上风电建设工程、装机容量50兆瓦及以上陆上风电建设工程、装机容量50兆瓦及以上光伏发电建设工程、太阳能热发电建设工程、单机容量15兆瓦及以上农林生物质发电建设工程、110千伏及以上电网建设工程、功率100兆瓦及以上新型储能电站建设工程。

第二十五条　军事电力建设工程，核电站核岛建设工程，装机容量50兆瓦以下小型水电建设工程，农村水电站及其配套电网建设工程，企业自备电厂建设工程，用户电力设施建设工程（含用户侧新型储能电站建设工程，即在用户所在场地建设，与用户电力设施共同接入电网系统、关口计量点物理位置相同或相近的新型储能电站工程），余热（余压、余气）发电、垃圾焚烧发电、工业园区热电联产等兼具电力属性的市政和综合利用工程等不适用本规定。需接入公用电网运行的以上建设工程，按其行业规定或由地方政府有关部门委托相应质监机构进行质量监督。

第二十六条　本规定由国家能源局负责解释，自发布之日起施行，有效期5年。

国家能源局综合司关于印发开展分布式光伏接入电网承载力及提升措施评估试点工作的通知

（国能综通新能〔2023〕74号）

各省（自治区、直辖市）能源局，有关省（自治区、直辖市）及新疆生产建设兵团发展改革委，各派出机构，国家电网有限公司、南方电网有限责任公司、内蒙古电力（集团）有限责任公司、新疆生产建设兵团电力集团有限责任公司，全国新能源消纳监测预警中心：

为贯彻落实党的二十大精神，积极稳妥推进碳达峰碳中和工作，充分发挥分布式光伏在推进我国新型能源体系建设中的积极作用，着力解决分布式光伏接网受限等问题，拟在全国范围选取部分典型省份开展分布式光伏接入电网承载力及提升措施评估试点工作，逐步探索积累经验，为全面推广相关政策措施奠定基础。现将有关事项通知如下：

一、试点范围

综合考虑近年来分布式光伏装机增速、装机规模、光伏消纳利用情况等因素，选择山东、黑龙江、河南、浙江、广东、福建6个试点省份，每个省选取5～10个试点县（市）开展试点工作。

二、有关要求

请各试点省份能源主管部门会同电网企业按照《分布式光伏接入电网承载力及提升措施评估试点实施方案》要求，积极有序开展试点工作，按期完成年度研究评估和结果公布相关工作，国家能源局将组织开展抽查，并在此基础上完善评估办法。

试点省份能源主管部门要统筹推进省内试点各项工作。各省电网企业负责营业区内电网承载力及提升措施的具体研究分析工作，并协助本省能源主管部门做好相关发布工作。国家能源局各派出机构会同地方能源主管部门做好分布式光伏接入电网条件的监管工作，接受社会各方意见建议，及时反映工作推进中遇到的问题，促进分布式光伏健康有序发展。非试点省份可根据本省（区、市）实际情况，参照试点省份开展相关工作。

试点工作时间为期1年。

联系电话：010－81929506

附件：1. 分布式光伏接入电网承载力及提升措施评估试点实施方案

2. 省级分布式光伏接入电网承载力及提升措施研究分析报告大纲（略）

国家能源局综合司

2023年6月1日

附件1

分布式光伏接入电网承载力及提升措施评估试点实施方案

为适应分布式光伏快速发展需要，提升电网接纳分布式光伏能力，充分发挥分布式光伏的电力保供作用，加快构建新能源占比逐渐提高的新型电力系统和新型能源体系，制定本方案。

一、试点工作目的

随着分布式光伏等新能源装机规模的持续提升，区域电源结构、负荷特性、网架结构、调控方式等不断变化，部分地区出现调节能力不足、反送功率受限、电压偏差过大等制约分布式光伏接入的问题。为适应分布式光伏快速发展需要，有效解决分布式光伏接网问题，及时总结可供推广的经验，确保分布式光伏“应接尽接”，推动分布式光伏高质量发展，科学合理评估分布式光伏接入电网的承载能力，建立完善的定期评估、发布等机制十分必要。

二、工作原则

促进发展。系统梳理分布式光伏并网存在的“堵点”“难点”“痛点”，指导和督促电网企业开展分布式光伏接入电网评估等相关工作，为分布式光伏持续健康发展创造有利条件和良好环境。

科学合理。坚持科学评估，坚持系统观念，统筹考虑经济高效、安全运行等因素，以最大程度提高分布式光伏接入电网承载能力为目标，开展研究评估工作。

鼓励创新。充分考虑当前电力系统技术进步，积极评估采用新型配电网、新型储能、负荷侧响应、虚拟电厂等措施打造智能配电网，挖掘源、网、荷、储的调节能力，提高分布式光伏接入电网承载能力。

试点先行。统筹分布式光伏与电网发展，优先选取接入容量大、渗透率高的部分地区开展分布式光伏接入电网承载力及提升措施的试点研究，探索积累经验、统一完善评估标准，为全面推广奠定基础。

三、总体安排

（一）以电网企业为主体按年度组织开展接网承载力及提升措施研究分析

国家电网、南方电网等电网企业应组织相关试点省份电网公司参考《分布式电源接入电网承载力评估导则》（DL/T 2041—2019，以下简称《导则》）及本文件相关要求，结合供电营业区域内分布式光伏 2～3 年发展实施方案及电网规划、负荷发展水平、资源开发潜力、项目储备等情况，按年度组织对本企业营业区内县（市）一级电网接纳分布式光伏能力进行排查和梳理，以省级为单位组织编写《省级分布式光伏接入电网承载力及提升措施研究分析报告》（以下简称《分析报告》），并对高压输电网制约分布式光伏接入的县（市）按照《分析报告》要求开展专题分析，提出针对性的解决措施及相关工作计划。低压配电网承载能力按照良好（30%以下的台区按照《导则》评估为黄色、红色等级）、一般（30%～80%的台区按照《导则》评估为黄色、红色等级）、受限（80%以上的台区按照《导则》评估为黄色、红色等级）划分接网预警等级。《分析报告》应成为电力发展规划中电网和分布式光伏发展目标及布局的重要依据。

《分析报告》由省级电网企业组织编制，报省级能源主管部门、国家能源局派出机构，并同步上传至全国新能源电力消纳监测预警平台。国家电网、南方电网等电网企业汇总营业区内各省级研究分析报告，于今年 8 月底前统一报送国家能源局。

（二）省级能源主管部门组织电网企业公布评估结果并做好接网工作

电网企业于今年 9 月底前将本区域评估结果报省级能源主管部门。省级能源主管部门根据报送结果，将本省份存在接网消纳困难的县（市）名单及低压配网接网预警等级通过各省发展改革委（能源局）官方网络渠道向社会发布，并报全国新能源消纳监测预警中心同步发布，合理安排分布式光伏备案规模和建设时序，引导企业、居民做好分布式光伏开发建设工作。对于具备条件的省份，鼓励进一步探索建立政企协同的可开放容量发布机制。省级能源主管部门可以组织电网企业通过合适渠道逐站、逐线、逐台区公布可开放容量。电网企业按照“公平开放、应接尽接”原则为分布式光伏项目提供接网服务。不存在接网消纳困难的县（市），应按照现有政策规定做好本年度分布式光伏接网工作，不得以变电容量不足、接网存在问题等理由拒绝符合条件的分布式光伏备案、接网，或设置其他前置条件。存在接网消纳困难的县（市），按照现有条件做好接网工作，并严格落实分布式光伏接网能力提升措施。

（三）国家能源局组织第三方咨询机构开展抽查评估

国家能源局委托具备相关能力的第三方咨询机构随机抽查各省份公布的接网困难县（市），对《分析报告》中涉及的省级电力系统整体影响、分布式光伏接入关键因素和提升措施的可行性进行重点评估。相关省级能源主管部门参与抽查评估过程，并提出意见建议。抽查比例结合省级能源主管部门意见确定，为确保各省分布式光伏接入电网承载能力的评估结果真实可靠，每个省最低抽查县（市）数量不少于 2 个。第三方咨询机构应在收到评估任务 2 个月内完成评估工作，并向国家能源局提交抽查评估报告，提交时间原则上不晚于今年 12 月底。评估报告将作为评价各地区提升分布式光伏接入能力、保障分布式光伏消纳工作开展情况的重要依据。

（四）国家能源局组织完善评估办法

国家能源局组织相关单位基于试点工作成果，进一步研究完善分布式光伏可接入容量计算标准、计算方法、评估标准、评估方法等关键事项，统筹研究重大问题，逐步完善相关政策，指导各地试点实践。

（五）地方指导及监管工作

地方能源主管部门应统筹推进省内各项工作，结合发布的评估结果，在规划制定、项目开发等环节积极引导分布式光伏合理布局、有序建设，促进源网协调发展。依据国家相关规划、试点方案和行动计划等，在相关地方五年规划中明确分布式光伏发展任务，滚动制定 2～3 年实施方案。鼓励县（市）排查本地区分布式光伏开发潜力，结合省级能源发展规划或分布式光伏发展规划及实施方案，做好与电网规划的衔接。能源局各派出机构会同地方能源主管部门做好分布式光伏接入电网承载力的监管工作，接收社会各方反馈和建议，及时反映工作推进中遇到的问题，并督促电网企业按照《分析报告》要求落实各项接网能力提升措施，促进当地分布式光伏健康有序发展。

国家能源局关于印发《风电场改造升级和退役管理办法》的通知

（国能发新能规〔2023〕45号）

各省（自治区、直辖市）能源局，有关省（自治区、直辖市）及新疆生产建设兵团发展改革委，各派出机构，国家电网有限公司、中国南方电网有限责任公司、内蒙古电力（集团）有限责任公司，有关发电企业，电力规划设计总院、水电水利规划设计总院，国家可再生能源信息管理中心、中国可再生能源学会风能专业委员会：

为统筹推进风电场改造升级和退役管理工作，促进风电行业高质量发展，我们研究制定了《风电场改造升级和退役管理办法》，现印送你们，请遵照执行。

国家能源局

2023年6月5日

附件：《风电场改造升级和退役管理办法》

风电场改造升级和退役管理办法

第一章 总　　则

第一条 为统筹推进风电场改造升级和退役管理工作，鼓励技术进步，提高风电场资源利用效率和发电水平，推进风电产业高质量发展，助力实现碳达峰碳中和，根据《中华人民共和国可再生能源法》《政府核准的投资项目目录（2016年本）》《电力业务许可证监督管理办法》和《电力业务许可证注销管理办法》，制定本办法。

第二条 本办法所称风电场改造升级，是指对场内风电机组、配套升压变电站、场内集电线路等设施进行更换或技术改造，一般分为增容改造和等容改造两种。

本办法所称风电场退役，是指一次性解列风电机组后拆除风电场全部设施，并按要求注销发电许可证，修复生态环境。

鼓励并网运行超过15年或单台机组容量小于1.5MW的风电场开展改造升级，并网运行达到设计使用年限的风电场应当退役，经安全运行评估，符合安全运行条件可以继续运营。

第三条 风电场改造升级和退役管理工作按照公平自愿、先进高效、生态优先、有序实施、确保安全的原则组织实施。

第四条 国家能源局会同有关部门按职责负责统筹管理全国风电场改造升级和退役。各省级能源主管部门会同有关部门按职责负责组织实施本行政区域内风电场改造升级和退役。国家能源局派出机构负责监管辖区内风电场改造升级和退役。电网企业负责风电场改造升级配套送出工程的改扩建，拆除退役风电场的配套送出工程以及生态修复。发电企业具体实施风电场改造升级和退役以及生态修复，实施中加强全过程安全管理，并按规定接受质量监督。

第二章 组　织　管　理

第五条 发电企业根据风电场运行情况，论证提出项目改造升级和退役方案，并向项目所在地县级及以上能源主管部门提出需求。

第六条 省级能源主管部门根据本行政区域内发电企业提出的风电场改造升级需求，结合本地区风电发展规划和电力运行情况，按年度编制省级风电场改造升级和退役实施方案，明确列入改造升级和退役风电场的名称、规模和时序，确保稳妥有序实施。实施方案征求同级相关部门和省级电网公司意见，涉及享受国家财政补贴的，需报国家能源局组织复核后，抄送国家电网公司或南方电网公司。

第七条 各级能源主管部门应针对风电场改造升级项目特点简化审批流程，建立简便高效规范的审批管理工作机制，对纳入省级改造升级和退役实施方案的风电场予以核准变更。国家能源局派出机构积极办理电力业务许可变更手续。

第八条 风电机组达到设计使用年限时，发电企业应及时开展安全性评估，评估结果报当地能源主管部门、国家能源局派出机构和电网企业。经评估不符合安全运行条件的风电场，发电企业应及时拆除，并按要求恢复生态环境。国家能源局派出机构及时注销电力业务许可证，电网企业及时解除并网连接，视情拆除配套送出工程。

第三章 电　网　接　入

第九条 电网公司根据省级风电场改造升级和退役实施方案，积极做好项目接入，及时受理，简化程序，主动服务，加强并网安全管理，确保网源协调。

发电企业按照并网运行管理有关规定配合做好系统接入和并网安全管理，改造项目实施前需重新办理接入系统意见。

风电场增容改造配套送出工程改扩建原则上由电网企业负责。对于电网企业建设有困难或规划建设时序不匹配的配套送出工程，允许发电企业投资建设，建设完成后，经电网企业与发电企业双方协商同意，可由电网企业依法依规进行回购。

国家能源局派出机构负责加强并网安全管理。

第十条　风电场改造升级原并网容量不占用新增消纳空间，鼓励新增并网容量通过市场化方式并网。

第十一条　电网企业负责指导发电企业开展涉网试验及保障网络安全、电力系统安全所必需的其他试验，根据平等互利、协商一致和确保电力系统安全稳定运行的原则，与发电企业重新签订并网调度协议和购售电合同。

第四章　有关保障

第十二条　风电场改造升级项目用地按照国家有关法律和规定执行。鼓励采用节地技术和节地模式，提高土地使用效率，对不改变风电机组位置且改造后用地面积总和不大于改造前面积的改造升级项目，符合国土空间规划的，不需要重新办理用地预审与选址意见书。改造升级应尽量不占或少占林地、草原，改造升级确需使用林地、草原的，应符合林地、草原使用条件并依法办理使用手续。涉及农用地转为建设用地的，依法办理农用地转用审批手续。生态保护红线和自然保护地内的风电场原则上不进行改造升级，严禁扩大现有规模与范围，项目到期退役后由建设单位负责做好生态修复。

第十三条　风电场改造升级和退役应依法履行环评、水保手续，按照国家生态环境相关的法律法规做好生态环境保护和生态恢复，不得对生态环境造成永久性破坏。

第十四条　并网运行未满 20 年且累计发电量未超过全生命周期补贴电量的风电场改造升级项目，按照《财政部　发展改革委　国家能源局关于〈关于促进非水可再生能源发电健康发展的若干意见〉有关事项的补充通知》（财建〔2020〕426 号）相关规定享受中央财政补贴资金，改造升级工期计入项目全生命周期补贴年限。改造升级完成后按照《财政部办公厅关于开展可再生能源发电补贴项目清单审核有关工作的通知》（财办建〔2020〕6 号）有关规定，由电网企业及时变更补贴清单，每年补贴电量按实际发电量执行且不超过改造前项目全生命周期补贴电量的 5%。风电场完成改造升级后，对并网运行满 20 年或累计补贴电量超过改造前项目全生命周期补贴电量的项目，不再享受中央财政补贴资金，坚决杜绝骗取国家补贴行为。

第十五条　风电场改造升级项目补贴电量的上网电价按改造前项目电价政策执行，其他电量的上网电价执行项目核准变更当年的电价政策。

第十六条　委托国家可再生能源信息管理中心进行全国风电场改造升级和退役项目的信息监测统计和建档立卡，及时更新全国可再生能源发电项目库。

省级能源主管部门负责督促发电企业在国家可再生能源发电项目信息管理平台及时更新填报相关信息。

第五章　循环利用和处置

第十七条　国家能源局会同有关部门推动退役风电设备行业标准规范制修订工作，支持龙头企业、行业协会、第三方研究机构等共同制定退役风电相关技术标准。

第十八条　发电企业应依法依规负责风电场改造升级和退役的废弃物循环利用和处置。

第十九条　鼓励发电企业、设备制造企业、科研机构等有关单位开展风电场废旧物资循环利用研究，建立健全风电循环利用产业链体系，培育壮大风电产业循环利用新业态。

第六章　附　　则

第二十条　本办法由国家能源局负责解释，海上风电场改造升级和退役管理办法另行制定。

第二十一条　本办法自发布之日起施行，有效期五年。

第二十二条　各省级能源主管部门可参照本办法制定本省（区、市）风电场改造升级和退役管理细则。

国家能源局关于印发《发电机组进入及退出商业运营办法》的通知

（国能发监管规〔2023〕48 号）

国家能源局各派出机构，中国核工业集团有限公司、国家电网有限公司、中国南方电网有限责任公司、中国华能集团有限公司、中国大唐集团有限公司、中国华电集团有限公司、国家电力投资集团有限公司、中国长江三峡集团有限公司、国家能源投资集团有限责任公司、国家开发投资集团有限公司、华润（集团）有限公司、中国广核集团有限公司，北京电力交易中心有限公司、广州电力交易中心有限责任公司，内蒙古电力（集团）有限责任公司，有关电力企业、交易中心：

为进一步规范发电机组和独立新型储能进入及退出商业运营管理，维护市场主体合法权益，促进电力系统安全稳定运行，我们对《发电机组进入及退出商业运营管理办法》（电监市场〔2011〕32 号）进行了修订，现将修订后的《发电机组进入及退出商业运营办法》印发你们，请遵照执行。

附件：《发电机组进入及退出商业运营办法》

国家能源局

2023 年 6 月 12 日

发电机组进入及退出商业运营办法

第一章　总　　则

第一条　为规范新建（包括扩建、改建）发电机组和独立新型储能进入及退出商业运营管理，维护市场主体合法权益，促进电力系统安全稳定运行，根据《电力监管条例》等有关规定，制定本办法。

第二条　本办法适用于按照国家有关规定经国家或地方政府主管部门核准或备案的省级及以上电力调度机构调度的发电机组及独立新型储能。省级以下电力调度机构调度的发电机组和独立新型储能参照本办法执行。

第三条　发电机组和独立新型储能进入及退出商业运营相关工作应坚持公开、公平、公正、高效原则。

第二章　并网调试工作条件和程序

第四条　发电机组和独立新型储能并网调试运行工作应遵循《电网运行准则》等有关规定。

第五条　首次并网调试应遵循以下工作程序：

（一）拥有发电机组和独立新型储能的市场主体与电力调度机构、电网企业签订并网调度协议和购售电合同。

（二）拥有自备机组和独立新型储能的电力用户与电网企业签订高压供用电合同。

（三）发电机组和独立新型储能按照《电网运行准则》明确的时间要求向电力调度机构提交并网运行申请书和有关资料。

（四）电力调度机构自接到发电企业申请后 10 个工作日内安排并网调试运行。对涉及电网安全稳定运行的相关试验，原则上抽水蓄能机组应自电力调度机构批准之日起 60 日内完成，其他发电机组应自电力调度机构批准之日起 30 日内完成。电力调度机构因故不能及时安排或不能按时完成并网调试运行的，应书面向并网主体说明原因，并报国家能源局派出机构备案。

（五）发电机组和独立新型储能相关电力工程应符合有关规定，并通过有资质的质监机构监督检查。符合豁免条件的电力工程除外。

（六）独立新型储能应按照国家质量、环境、消防有关规定，完成相关手续。

第三章　进入商业运营条件

第六条　发电机组进入商业运营前应当完成以下工作：火力发电机组按《火力发电建设工程启动试运及验收规程》（DL/T 5437）要求完成分部试运、整套启动试运。水力发电机组按《水电工程验收规程》（NB/T 35048）要求完成带负荷连续运行、可靠性运行。风力发电项目按《风力发电场项目建设工程验收规程》（GB/T 31997）要求完成整套启动试运。光伏发电项目按《光伏发电工程验收规范》（GB/T 50796）要求完成整套启动试运。抽水蓄能机组按照《可逆式抽水蓄能机组启动试运行规程》（GB/T 18482）要求完成全部试验项目并通过 15 天试运行考核。其余类型发电机组和独立新型储能按照相应工程验收规范完成整套启动试运行。

第七条　发电机组进入商业运营应具备下列条件：

（一）签署机组启动验收交接书或鉴定书。

（二）完成并网运行必需的试验项目，电力调度机构已确认发电机组和接入系统设备（装置）满足电网安全稳定运行技术要求和调度管理要求。

（三）签订并网调度协议和购售电合同。

（四）取得电力业务许可证（发电类）。发电机组应在项目完成启动试运工作后 3 个月内（风电、光伏发电项目应当在并网后 6 个月内）取得电力业务许可证（发电类），或按规定变更许可事项，分批投产的发电项目应分批申请。符合许可豁免政策的机组除外。

（五）以发电为主、总装机容量 5 万 kW 及以上的大、中型水电站大坝已经国家认定的机构安全注册或登记备案。

第八条　独立新型储能进入商业运营应具备下列条件：

（一）签署项目启动验收交接书或鉴定书。

（二）完成并网运行必需的试验项目，电力调度机构已确认接入系统设备（装置）满足电网安全稳定运行技术要求和调度管理要求。

（三）签订并网调度协议、购售电合同或高压供用电合同。

第九条　电网企业负责进入商业运营有关材料的收集、办理、存档等工作。

第四章　进入商业运营程序

第十条　在完成整套设备启动试运行后 3 个月内（风电、光伏发电项目在并网后 6 个月内），拥有发电机组、独立新型储能的市场主体分别具备第七条、第八条商业运营条件后，以正式文件将相关材料报送电网企业，从完成整套设备启动试运行时间点起自动进入商业运营。届时未具备商业运营条件的，属并网主体自身原因的，从具备商业运营条件时间点起进入商业运营，不属并网主体自身原因的，从完成整套设备启动试运行时间点起进入商业运营。

第十一条 火电、水电机组自并网发电之日起参与电力辅助服务费用分摊，自完成整套启动试运行时间点起正式纳入电力并网运行和辅助服务管理范畴，参与电力并网运行和辅助服务管理考核、补偿和分摊。核电机组自完成整套启动试运行时间点起纳入电力并网运行和辅助服务管理。水电以外的可再生能源发电机组、独立新型储能自首台机组或逆变器并网发电之日起纳入电力并网运行和辅助服务管理。

第五章 调试运行期上网电量结算

第十二条 发电机组和独立新型储能在规定时间内自动进入商业运营的，调试运行期自并网时间点起至完成整套设备启动试运行时间点止。未在规定时间内自动进入商业运营的，调试运行期自并网时间点起至进入商业运营时间点止。

第十三条 发电机组和独立新型储能调试运行期上网电量，由电网企业收购，纳入代理购电电量来源。发电机组和独立新型储能自完成整套设备启动试运行时间点起至满足直接参与电力市场交易条件前，上网电量继续由电网企业收购，纳入代理购电电量来源。

第十四条 发电机组和独立新型储能调试运行期上网电量，按照当地同类型机组当月代理购电市场化采购平均价结算。同类型机组当月未形成代理购电市场化采购电量的，按照最近一次同类型机组月度代理购电市场化采购平均价结算。发电机组和独立新型储能在进入商业运营时间点起，执行现行有关电价政策。

第十五条 国家能源局派出机构确定调试运行期的发电机组和独立新型储能，以及退出商业运营但仍然可以发电上网的发电机组（不含煤电应急备用电源）和独立新型储能辅助服务费用分摊标准，分摊标准原则上应当高于商业运营机组分摊标准，但不超过当月调试期电费收入的10%，分摊费用月结月清。

第六章 退出商业运营程序

第十六条 发电机组符合下列条件之一的，自动退出商业运营：

（一）按国家有关文件规定注销电力业务许可证的，从注销时刻起。

（二）发电机组、独立新型储能进行扩建、改建并按规定解网的，从解网时刻起。

（三）属于以发电为主、总装机容量5万kW及以上的大、中型水电站，其大坝安全注册登记证逾期失效或被注销、撤销的，从逾期失效或被注销、撤销时刻起；大坝已完成登记备案但未在监督管理部门要求的期限内办理安全注册的，从逾期时刻起。大坝安全注册等级降级且在1年内未达到甲级标准的，从降级满1年次日起；大坝连续两次安全注册等级均为乙级或丙级且在1年内未达到甲级标准的，从第二次注册登记为乙级或丙级满1年次日起。

其中，由于水电站大坝登记备案逾期未办理安全注册、安全注册等级降级、连续两次安全注册等级均为乙级或丙级等原因，发电机组退出商业运营但仍然可以发电上网的，在相关问题完成整改前，不得申请重新进入商业运营。

发电机组退出商业运营的，发电企业应当及时告知相关电网企业和电力调度机构、电力交易机构。

第十七条 发电机组和独立新型储能退出商业运营前，原则上应与有关各方完成相关合同、协议的清算和解除工作。退出商业运营的发电机组和独立新型储能再次进入商业运营的，按照本办法履行相关程序并执行有关结算规定。

第七章 附 则

第十八条 发电机组和独立新型储能与电网企业、电力调度机构、电力交易机构对进入及退出商业运营发生争议的，应本着平等、自愿、诚信的原则协商解决。不能达成一致意见的，由国家能源局派出机构按本办法等有关规定进行协调解决，或自行通过司法程序解决。

第十九条 国家能源局派出机构可根据本办法，结合辖区实际细化相关条款或制订实施细则。

第二十条 本办法自印发之日起施行，有效期5年。《发电机组进入及退出商业运营管理办法》（电监市场〔2011〕32号）、《国家能源局关于取消新建机组进入商业运营审批有关事项的通知》（国能监管〔2015〕18号）同时废止。已出台文件与本办法不一致的，以本办法为准。

国家能源局综合司关于开展新型储能试点示范工作的通知

（国能综通科技〔2023〕77号）

各省（自治区、直辖市）能源局，有关省（自治区、直辖市）及新疆生产建设兵团发展改革委、工业和信息化主管部门、城市管理委，各派出机构，有关中央企业：

为深入贯彻党的二十大和二十届一中全会精神，认真落实《中华人民共和国经济和社会发展第十四个五年规划和2035年远景目标纲要》《“十四五”新型储能发展实施方案》有关要求，加快推动新型储能多元化、产业化、市场化高质量发展，支持建设新型能源体系，我局拟组织开展新型储能试点示范，并制定了《新型储能试点示范工作规则（试行）》（以下简称《规则》，见附件 1）。为做好示范项目遴选工作，现就有关事项通知如下。

一、本次示范工作以推动新型储能多元化、产业化发展为目标，组织遴选一批典型应用场景下，在安全性、经济性等方面具有竞争潜力的各类新型储能技术示范项目。

二、新型储能项目业主单位为申报单位，各省（自治区、直辖市）及新疆生产建设兵团能源主管部门、中央企业集团为推荐单位。

三、请各申报单位按照《规则》要求，于 2023 年 7 月 13 日前将签字盖章的申报材料报送至项目所在地省级能源主管部门或所属中央企业集团。

申报项目原则上为已完成备案，且预计在 2024 年底前投产的项目。申报项目知识产权清晰，技术先进，示范带动作用良好。

四、请各省级能源主管部门、中央企业集团结合本地区、本企业实际情况，做好示范项目申报组织、初步审核、推荐工作。请于 2023 年 8 月 13 日前将纸质推荐材料（1 套）报送至国家能源局科技司。同时，通过全国新型储能大数据平台报送电子版材料（网址：https：//www.china－nes.cn）。

每个推荐单位推荐项目原则上不超过 3 个，其中同一技术路线的项目不超过 2 个。

五、国家能源局将组织评审确定示范项目入围名单，并纳入全国新型储能大数据平台和国家有关重大工程项目库，加强跟踪评估与宣传推广。

六、推荐材料应包括书面推荐意见、相关项目申报材料、有关支持政策考虑等。材料报送请使用中国邮政 EMS。报送日期以邮戳为准。

邮寄地址：北京市西城区三里河路 46 号，邮编：100045

联系方式：国家能源局科技司，010－81929227/9226，010－81929218（传真）

全国新型储能大数据平台：张翼 1881030218

赵伟伟 15536555498

邮箱：nengxiaochuneng@nea.gov.cn

附件：1. 新型储能试点示范工作规则（试行）

2. 新型储能示范项目申请表（略）

3. 新型储能示范项目申请报告（参考大纲）（略）

国家能源局综合司

2023 年 6 月 12 日

附件 1

新型储能试点示范工作规则（试行）

第一条 为推动新型储能多元化、产业化、市场化高质量发展，根据《中华人民共和国经济和社会发展第十四个五年规划和 2035 年远景目标纲要》《“十四五”新型储能发展实施方案》，科学有序实施新型储能试点示范项目（以下简称示范项目），按照《国家能源局技术示范和改革试点工作管理办法》，制定本规则。

第二条 本规则适用于国家能源局组织开展的新型储能技术和应用场景试点示范工作。各省级能源主管部门推进本地区新型储能试点示范工作，可结合本地情况，参照本规则组织实施。

第三条 本规则所指新型储能项目是指除抽水蓄能外以输出电力为主要形式，并对外提供服务的储能项目。

第四条 示范项目申报、遴选和跟踪评估应坚持政府引导、企业自愿，多元发展、重点突破，示范带动、规模发展，科学评价、注重成效的原则。

第五条 示范项目申报主体原则上为项目业主单位。确需联合申报的，应说明必要性和具体分工。参与申报的单位应为中华人民共和国境内注册，具有独立法人资格、无不良信用记录的企业，并拥有较强的经济实力、技术研发和融合创新能力。

第六条 申报项目应具备技术先进性、商业模式创新性、安全可靠性、应用场景代表性、示范带动性等特点。

第七条 示范项目工作流程主要包括：发布通知、组织申报、专家评审、审议决策、公示公告、总结推广，共 6 个环节。

（一）发布通知

国家能源局在官方网站发布通知，启动申报工作，明确示范项目申报有关具体要求。

（二）组织申报

省级能源主管部门应结合本地区实际，组织示范项目申报、初步审核、推荐等工作，并出具书面推荐意见。中央企业集团下属单位经各省级能源主管部门申报的，应附所属中央企业集团书面支持意见函件。

中央企业集团可直接向国家能源局推荐示范项目。

（三）专家评审

国家能源局委托第三方机构组织开展示范项目评审工作。经资料初审、专家评审会审查，形成书面评审意见并上报国家能源局。视需要组织企业答辩或实地考察。

示范项目评审专家要求具有高级以上职称，且从事相关领域技术工作不少于 4 年。评审专家要涵盖所评审项目相关专业方向，专家组人数不少于7人。评审专家与所评审项目申报单位（含联合单位）不得存在经济利益关系。

（四）审议决策

国家能源局根据第三方机构评审意见，结合行业规划、产业政策等有关文件要求，审核确定示范项目入围名单。

（五）公示公告

国家能源局在官方网站发布示范项目入围名单，公示时长不少于7天。公示结束后，国家能源局以公告形式发布示范项目清单。

（六）总结推广

示范期间及示范期满后，国家能源局委托第三方组织开展示范应用效果评估评价，对示范项目中的先进可靠、应用前景广阔的技术和商业模式、标准规范、以及各地产生较好成效的政策举措，加大经验总结和宣传推广。

第八条　示范期限原则上为2年。示范项目需在发布公告之日起1年内投产。如遇特殊情况，经报国家能源局同意，示范期和投产日期可延长不超过1年。

第九条　国家能源局将示范项目纳入全国新型储能大数据平台，开展示范项目建设运行情况跟踪监测，并做好示范项目实施情况评估总结。省级能源主管部门要加强示范项目管理，协调解决项目面临的问题，完善新型储能项目管理体系和支持政策。

第十条　申报单位应遵守新型储能项目管理相关制度，按程序取得项目开工建设、并网运行等相关手续；扎实推进示范项目建设，加强系统运行维护，及时向国家能源局报告项目建设运行、标准化等工作情况。

第十一条　国家能源局派出机构要结合综合监管有关工作安排，加强示范项目实施情况监管，会同各地能源主管部门协调解决示范项目实施中面临的问题，并将相关结果报送国家能源局。

第十二条　对上报资料存在弄虚作假、未按示范内容建设、出现重大安全责任事故或存在其他违反示范要求的项目，取消示范项目资格。

第十三条　国家能源局通过将示范项目纳入国家有关重大工程项目库等方式，协调解决示范项目面临的重大问题。支持依托示范项目产生的相关标准、符合首台（套）条件的重大技术装备，经按程序评定，优先纳入行业标准制修订计划、能源领域首台（套）重大技术装备清单，优先推荐参加相关科技创新、标准等奖励评选，并享受相关支持政策。

第十四条　各地能源主管部门会同有关方面围绕项目成本疏导、调度运行、安全管理等方面，加大示范项目专项政策研究与支持力度，鼓励通过专项资金等政策支持示范项目。各地能源主管部门要统筹做好国家及本地区新型储能试点示范工作，并与本地区新型储能发展工作有机结合，发挥好示范引领作用。

第十五条　本规则由国家能源局负责解释。

第十六条　本规则自发布之日起施行。

国家能源局关于修订印发火力发电、输变电、陆上风力发电、光伏发电建设工程质量监督检查大纲的通知

（国能发安全规〔2023〕41号）

各省（自治区、直辖市）能源局，有关省（自治区、直辖市）及新疆生产建设兵团发展改革委、工业和信息化主管部门，北京市城市管理委，各派出机构，各电力质监机构，全国电力安委会各企业成员单位：

为加强电力建设工程质量监督管理，保证建设工程质量，我局对《火力发电建设工程质量监督检查大纲》《输变电建设工程质量监督检查大纲》《陆上风力发电建设工程质量监督检查大纲》《光伏发电建设工程质量监督检查大纲》进行了修订。现印发你们，请按照执行。

附件1：《火力发电建设工程质量监督检查大纲》（略）

附件2：《输变电建设工程质量监督检查大纲》（略）

附件3：《陆上风力发电建设工程质量监督检查大纲》（略）

附件4：《光伏发电建设工程质量监督检查大纲》（略）

国家能源局

2023年5月8日

国家能源局综合司关于印发《申请纳入抽水蓄能中长期发展规划重点实施项目技术要求（暂行）》的通知

（国能综通新能〔2023〕84号）

各省（自治区、直辖市）能源局，有关省（自治区、直辖市）及新疆生产建设兵团发展改革委，国家电网有限公司、中国南方电网有限责任公司，水电水利规划设计总院、中国国际工程咨询有限公司，中国水力发电工程学会抽水蓄能行业分会：

为进一步做好抽水蓄能规划建设工作，规范申请

纳规要求，提高工作质量和效率，促进抽水蓄能高质量发展，现将《申请纳入抽水蓄能中长期发展规划重点实施项目技术要求（暂行）》印发给你们，请认真遵照执行。

附件：申请纳入抽水蓄能中长期发展规划重点实施项目技术要求（暂行）

国家能源局综合司

2023 年 7 月 7 日

申请纳入抽水蓄能中长期发展规划重点实施项目技术要求（暂行）

为落实《抽水蓄能中长期发展规划（2021—2035年）》（以下简称中长期规划）、《国家能源局综合司关于进一步做好抽水蓄能规划建设工作有关事项的通知》（国能综通新能〔2023〕47 号）要求，规范申请纳入中长期发展规划重点实施项目工作（以下简称申请纳规），制定本技术要求。

一、中长期规划外项目申请纳入规划重点实施项目、按每五年规划期明确的重点实施项目申请调整实施周期、规划储备项目申请调整为规划重点实施项目，以及上、下水库位置均发生明显变化或机组台数发生变化的重点实施项目，应在抽水蓄能发展需求研究论证基础上开展申请纳规工作，依据相关规定和要求，做深做实前期工作。省级能源主管部门上报申请纳规报告，应附省级自然资源、生态环境、林业草原等主管部门出具的该项目不涉及生态保护红线等敏感因素的文件，以及区域或省级电网公司的明确意见；利用已建水库或其他单位新建水库的项目应提供水库主管部门的支持性文件。

二、申请纳规应以抽水蓄能发展需求为基础。需求有缺口的省份，按照本技术要求开展项目申请纳规工作；需求没有缺口的省份，可根据实际情况，按照“框定总量、提高质量、优中选优、有进有出、动态调整”的原则，提出项目优化调整建议。

三、申请纳规项目应加强功能定位、布局及建设时序等的分析论证，具体要求如下。

（一）综合考虑抽水蓄能站点资源分布和项目建设条件，分析本省（自治区、直辖市）及所在区域电力系统负荷与电源分布及其供需特性、网架结构与潮流分布以及与区外电力交换等，明确抽水蓄能项目功能定位与服务范围。

（二）在开展区域内站点普查（调查）、布局规划等相关工作基础上，根据本省（自治区、直辖市）抽水蓄能（分区）合理需求规模和布局要求，对代表性站点进行建设条件、设计方案、经济指标、环境影响等综合比选后，优选提出申请纳规项目清单及推荐建设时序。代表性站点数量一般不少于申请纳规项目数量的 1.5 倍。对于“十四五”和“十五五”重点实施项目，应提出分年度核准建设时序安排建议。

（三）分析申请纳规项目与中长期规划内重点实施项目在布局、功能定位等方面的差异性，重点论证申请纳规项目在电力系统中的布局合理性。

（四）统筹已有重点实施项目与申请纳规项目的工程投资情况，分析工程投资对电价的影响，必要时提出申请纳规项目电价疏导路径。对提供跨省调节、服务特定对象等的项目，应初步明确调度原则，以及投资、价格分摊等重大事项，并征求相关省份或服务对象意见。

四、申请纳规项目应扎实做好具体技术分析工作，确保纳规项目技术可行、经济合理，具体要求如下。

（一）初步查明申请纳规项目水文特征参数，收集分析水文泥沙、气象等资料。分析径流来源和特性，进行径流计算，提出设计控制断面的径流成果。分析流域暴雨洪水成因、暴雨洪水特性。

（二）初步分析区域构造稳定性，明确申请纳规项目存在的主要工程地质问题，分析上、下水库成库建坝条件、输水发电系统的成洞条件及天然建筑材料条件。重点开展以下三方面工作。

1. 收集区域地层岩性、断裂构造分布及其活动性、历史地震及现代地震活动资料，并根据《中国地震动参数区划图》（GB 18306—2015）确定站点的地震动参数及相应地震基本烈度，初步评价申请纳规项目的区域构造稳定性和地震安全性。

2. 开展地质测绘、物探和轻型勘探等工作，并布置钻孔，视地质条件复杂程度，必要时可布置平洞。了解上、下水库库区和坝址区、输水发电系统的基本地形地质条件，分析水库渗漏、库岸稳定、围岩稳定性等主要工程地质问题，对上、下水库的成库建坝条件及输水发电系统的成洞条件做出初步评价。利用已有水库的项目应了解库坝库岸工程地质条件及运行期主要工程地质问题。

3. 开展天然建筑材料调查，初步评价天然建筑材料储量、质量和开采运输条件。

（三）初步排查申请纳规项目环境敏感因素。

1. 根据环境现状初步调查，识别项目可能涉及的环境敏感对象，分析环境敏感对象的保护要求，明确环境敏感对象与站点的区位关系，排除环境制约因素。

2. 初步分析项目与国土空间规划、“三线一单”要求等的符合性与协调性。

3. 初步评价项目开发建设环境可行性。

（四）初拟申请纳规项目工程建设方案，初步评价项目经济性。

1. 基本确定上、下水库所在位置。

2. 分析上、下水库库盆条件，初拟上、下水库特征水位，说明水库消落深度与机组水头变幅特性。结合水头特性，初拟连续满发小时数、装机容量、单机容量及机组主要技术参数。

3. 当利用已建水库作为上水库（或下水库）时，应收集其设计与运行资料，初步分析抽水蓄能项目建设与原有水库综合利用、调度运行的相互影响，复核已建水库防洪安全、特征水位，以及建筑物、边坡运行状态。

4. 初步分析项目初期蓄水及正常运行的水量补给条件，当水源不能满足要求时，应提出补水要求及初拟措施。

5. 初步分析与上、下游水利水电工程相互影响以及采取的相应工程措施。

6. 对于泥沙问题突出的项目，应初拟应对措施。

7. 结合地形地质及施工条件等，初拟上、下水库的坝型、坝高及防渗方案，初拟输水发电系统规模，提出距高比，初拟工程布置方案。

8. 初步分析电力系统潮流分布和电站接入系统条件，初拟送出工程电压等级、线路长度。

9. 说明对外交通与施工布置条件，初步提出施工工期。

10. 初步查明工程用地性质、分布情况，涉及主要对象及实物指标，评价建设征地条件，匡算工程建设用地面积和涉及人口数量。

11. 按照规划阶段深度要求，匡算工程投资，初步评价其经济性。利用已建水库或需修建补水工程时应计入相关费用。

五、其他

（一）为保证抽水蓄能电站规划建设前期工作质量，保障工程安全质量和效益发挥，推动抽水蓄能高质量发展，抽水蓄能论证、规划、设计等工作应通过招标等方式，选择具有相应实力和工作经验的技术单位承担，严格按相关规程规范和要求组织开展，工作内容和深度应符合相关规定和要求，并保证必要的工作周期。

（二）规划装机容量较大的项目可以分期建设。非同时共用上水库和下水库的项目为不同项目，不能称为同一项目的分期建设工程。

（三）对于与水资源综合利用（如灌溉、供水等）结合建设的项目，除初步分析建设、运行调度等相互影响外，应分析投资分摊和运营成本分摊，明确分摊原则，提出初步方案。

（四）同一县级行政区域范围内的不同站点（站址），一般应先作为不同比选站址，优中选优推选出作为本行政区的代表站点，在全省范围进行综合比选后申请纳规。同一县级行政区域原则上不得规划建设 2 个以上抽水蓄能项目，确有必要的，应科学论证并严格审核。

（五）纳规项目名称一般按项目所在地的县级行政区名称加所在地名称命名。

（六）主要参考规程规范：《抽水蓄能电站选点规划编制规范》(NB/T 35009)、《抽水蓄能电站设计规范》(NB/T 10072）和《抽水蓄能电站水能规划设计规范》(NB/T 35071)。

国家能源局综合司关于认真贯彻落实全国安全生产电视电话会议精神进一步加强电力安全监管工作的通知

（国能综通安全〔2023〕96 号）

各省（自治区、直辖市）能源局，有关省（自治区、直辖市）及新疆生产建设兵团发展改革委、工业和信息化主管部门，北京市城市管理委，各派出机构，大坝中心，全国电力安委会各企业成员单位，有关单位：

为深入贯彻习近平总书记关于安全生产重要指示批示精神和党中央、国务院重大决策部署，认真落实全国安全生产电视电话会议精神，进一步加强电力安全监督管理工作，现提出如下要求。

一、认清当前形势，全面落实电力安全生产责任

近年来，我国加快建设新型电力系统，大规模新能源接入电网，系统结构日益复杂，调控难度逐步加大；发电机组更多更频繁参与深度调峰，设备磨损折旧加剧；电力保供需要设备长期在线运行，检修时间窗口缩窄；电力企业效益下滑，“新冠疫情”迟滞生产要素流动，电力设备隐患治理、技术改造、更新升级等“欠账”较多，近两年电力设备、特别是发电设备可能进入故障高发期。诸多因素交织叠加，导致系统安全、设备安全和人身安全风险累积放大，电力安全形势依然严峻。今年 6 月份以来，部分电力企业相继发生事故，例如，6 月 8 日华润电力广东西江电厂 1 号机组在基建调试期间发生汽轮机爆燃，造成部分设备损毁；7 月 12 日中国华电山东莱州电厂 1 号汽轮机组超速断轴、发电机起火，造成设备损坏。当前，全国电力行业正处于迎峰度夏和电力保供重要时期，加强安全管理、保障电力系统和设备稳定可靠运行极为重要。

各单位要结合开展学习贯彻习近平新时代中国特色社会主义思想主题教育活动，切实提高政治站位，严格落实安全生产责任，清醒认识保障电力安全对于推动经济社会高质量发展的重要意义，准确把握当前电力安全严峻复杂形势，深刻汲取事故事件教训，举

一反三查摆安全生产责任体系不健全、作风态度不严不实、管理方法与生产实际不适应、工作成效不明显等典型问题，采取有效措施落实整改到位，并在更深层次上系统研究，不断改进电力安全管理思路模式，堵塞体制机制漏洞，补齐工作短板弱项，大力提升电力安全总体水平，防范遏制各类事故发生，牢牢守住安全生产底线，以优异的安全发展成绩检验主题教育活动成效。

二、坚持以点带面，深入开展风险隐患排查整治

电力设备事故事件多发，暴露出部分电力企业风险隐患排查还不全面、不深入、不彻底、不到位。各单位要眼睛向下、狠抓基层，以“时时放心不下”的责任感，督促指导所辖企业突出重点、以点带面，扎实开展风险隐患排查整治。

电网企业要加强系统运行风险研判，科学安排运行方式，强化重要输配电设备安全检查，重点排查输变电主设备、枢纽变电站、换流站等的事故隐患；加强重要输电通道安全巡查，重点排查远距离、大容量、跨省跨区输电通道，以及集中落点直流输电系统、同塔多回、同一走廊双回多回线路的安全风险；加强电力二次系统安全检查，重点排查主网继电保护装置、安全自动装置等二次设备缺陷故障，防范误动拒动问题发生；加强受端电网安全检查，重点排查负荷密集、外受电比例高的受端电网安全风险，提高通道中断事故应对措施的有效性。煤电企业要克服效益下滑亏损等困难，加大安全投入，保障运维保养、技术监督、更新改造等费用；全面分析深度调峰、频繁启停、实际电煤偏离设计煤种对机组设备的影响，相应完善制度规程，为运行操作提供遵循；加强技术监督，重点评估管控锅炉“四管”、汽机油系统、调速系统、主再蒸汽系统、抽气系统、重要阀门、氢气系统、风机、配电母线室、空预器、流化床、保护和自动控制系统等的安全风险，及时消除裂纹、磨损、泄漏、松动、变形、卡涩、短路、振动、结焦、冲蚀等缺陷隐患。水电企业要扎实开展大坝安全提升专项行动，对照专项行动方案 8 个方面、38 项具体任务要求，排查整治管理漏洞、设备隐患和灾害风险。核电企业要针对近年来非计划停堆停机事件，认真做好经验反馈工作，防范人因事故；加强冷源安全管理，完善异物入侵预警和拦截清理措施；强化核电站保安电源运维管理，定期开展巡查检查，确保电源有效可用，坚决守住核电安全防线。

三、紧盯新兴领域，切实加强生产运行安全管理

近年来，能源利用形态多样化发展，电力生产供应新业态、新模式逐渐增多，各单位要密切关注新兴领域发展形势，研究制定针对性措施，不断加强生产运行管理。海上风电企业要发挥牵头管总作用，压实施工、运维、运输、吊装等相关企业的安全责任，严格执行法规文件和标准规程，加强海上吊装、登高作业、火灾防救、船舶抛锚起锚等安全管理；要深入研究海浪、海雾、台风、风暴潮、地震海啸等灾害特点规律，制定落实防范应对措施，保障海上风电建设运维安全。有关电力企业要定期检查本单位投资、运维的电化学储能电站运行工况，评估电池系统健康状态，规范检查可燃气体探测装置、火灾自动报警系统、消防设施的可靠性，排查电站与周边设施、人员的安全距离，完善应急消防措施。燃气发电企业要按照全国城镇燃气安全专项整治相关要求，开展安全问题“大起底”，认真排查输气管网老化、锈蚀等问题，定期校验检测压力容器、压力管道、燃气泄漏监测报警装置等设备，严禁设备“带病”运行；辨识评估液化天然气运输、接卸环节安全风险，严格落实防静电、防火花措施；加强消防安全整治，按规定配备充足、合规的消防器材；汛期和雷雨季节前，要做好防雷检测，确保接地电阻值合规；构成危化品重大危险源的，要按照规定向属地应急管理部门报告备案。

四、坚持“硬软”兼治，不断提升人员综合能力水平

今年以来发生的多起电力事故事件暴露出相关企业人员不了解规定要求、不掌握工艺特点、不熟悉设备性能、不清楚安全风险等突出问题，充分表明安全生产既要治理设备缺陷故障等“硬伤”，也要补齐漠视安全、不懂安全等人为因素的“软肋”。

各电力企业要加强对政策文件和规程规范的宣贯，督促员工增强安全意识，掌握工作要领，提高操作能力，真正将安全要求“内化于心外化于行”，自觉抵制“三违”行为；要加强生产技术培训，学习掌握高参数大容量火电机组、三代核电机组、大型水电站、千瓦级海上风电、海上光伏、新型储能、熔盐储热、光热发电、能源综合利用项目等的运行机理，不断完善操作规程、制度，总结共享管理经验；要加强技术交底和安全交底，指导设备制造、建设施工、安装调试、生产运行等相关单位人员无缝衔接，认真做好交底工作，严防因“信息不对称”造成的人身和设备事故发生；要加强安全文化建设，加大安全生产举报奖励力度，积极宣传安全生产正面榜样，公开通报安全生产违法违规典型案例，积极营造“人人要安全、人人懂安全”的浓厚氛围。

五、强化兜底保障，持续完善突发事件应对措施

各电力企业要不断强化底线思维和极限思维，加强安全应急管理工作，建立健全应急预案体系，加强

人身事故、设备事故及自然灾害等场景预想，完善各类突发事件应对处置措施，提升预案方案的针对性和可操作性；要按计划开展实战演练，检验应急队伍的快速响应和管控处置能力；要加强应急值守，在迎峰度夏、主汛期、发布灾害预警后等重要时段，安排精干力量在岗值班和带班，及时掌握突发事件情况，快速传达指令命令，切实发挥运转中枢作用；要加强电力安全信息报送工作，严格按照规定要求，及时、准确、全面报送突发事件信息，杜绝迟报、漏报、瞒报现象。

六、发扬斗争精神，时刻保持监管执法高压态势

各省级电力管理部门、各派出机构及我局有关直属单位要进一步发扬斗争精神，敢于动真碰硬，切实解决监管执法“宽松软虚”问题，对于安全生产违法违规现象，要拉下脸来追责问责，时刻保持监管执法高压态势。要及时发现管辖范围内电力安全生产苗头性和倾向性问题，坚持从严要求，抓早抓小，抓小防大，采取风险警示、提醒谈话等方式，督促指导帮助电力企业及早整改，管控事态发展，坚决将事故隐患消灭在萌芽状态；要加强“四不两直”安全检查，对于屡教不改、问题突出、事故多发的企业，要综合运用约谈通报、行政处罚、推送信用记录平台、向纪检监察部门移交线索等手段，予以严肃处理，绝不姑息。

国家能源局综合司
2023 年 8 月 7 日

国家能源局关于进一步加强电力市场管理委员会规范运作的指导意见

（国能发监管〔2023〕57 号）

各省（自治区、直辖市）能源局，有关省（自治区、直辖市）及新疆生产建设兵团发展改革委，天津、内蒙古、辽宁、上海、重庆、四川、甘肃、广西工业和信息化主管部门，北京市城市管理委员会，各派出机构，国家电网有限公司、中国南方电网有限责任公司，内蒙古电力（集团）有限责任公司，北京电力交易中心有限公司、广州电力交易中心有限责任公司，有关电力企业、交易中心：

为深入贯彻党的二十大精神，全面落实党中央、国务院决策部署，充分发挥电力市场管理委员会协同共治作用，进一步加强行业自律、规范运作机制、形成监管合力，保障电力市场平稳运行，推动电力市场健康发展，提出以下意见。

一、重要意义

组建电力市场管理委员会是电力交易机构实现独立规范运行的重要保障措施。电力市场管理委员会是独立于电力交易机构的自治性议事协调机制，履行建立健全市场成员行为自律职责，与运营机构市场监测、监管机构专业监管共同构建电力市场运行“三道防线”。随着电力市场建设步伐日益加快，主体类别、市场规则、交易品种呈现多样化态势，进一步加强电力市场管理委员会规范运作，有利于促进电力市场健康有序发展，切实维护市场成员合法权益。

二、总体要求

（一）指导思想

以习近平新时代中国特色社会主义思想为指导，深入贯彻党的二十大精神，坚持依法依规、客观中立、公平公正的原则，以构建主体多元、竞争有序的电力交易格局为目标，充分发挥电力市场管理委员会在电力市场建设过程中的议事协调作用，建立科学合理的议事机制，充分体现市场各方意愿，为市场各方积极参与电力市场建设提供平等的议事平台和机制保障，促进电力市场长期健康发展。

（二）工作原则

协调沟通。坚持团结协作、平等沟通，积极发挥电力市场管理委员会平台的协调沟通作用，促进市场成员充分发表意见、交流看法、增进了解。

民主议事。坚持合作共赢，建立科学合理的议事机制，打造公开、公平、公正的交流平台，确保电力市场管理委员会规范、高效运作，维护各类市场成员合法权益。

集体决策。坚持电力市场管理委员会委员的广泛性、代表性，充分体现各方意愿，广泛选择成员代表，充分反映各方诉求。

专业支撑。坚持发挥各类市场成员专业优势，凝聚行业合力，在电力市场相关交易规则、实施细则、实施方案、研讨协调电力市场相关事项等方面提供专业技术支撑和人才队伍保障。

三、规范运作

（一）明确工作职责

电力市场管理委员会工作职责包括：

1. 研究讨论电力交易机构章程，审议电力市场管理委员会工作规则、秘书处工作规则，推荐电力交易机构高级管理人员；

2. 协调电力市场相关事项，建立听取市场成员诉求的机制，研究讨论市场运行中出现的异常情况、市场成员提出的合理诉求等，提出相关问题的解决建议；

3. 研究讨论电力市场相关交易规则、实施细则及实施方案，审议规则、细则、方案和关键市场参数的标准与取值，提出报价或出清价格上下限设置、信息披露相关内容建议；

4. 协助国家能源局及其派出机构和政府有关部门监督规范市场运营机构行为，建立市场自律监督工作机制。

（二）优化组织架构

1. 电力市场管理委员会应由电网企业（含增量配电网企业）、发电企业、售电企业、电力用户、市场运营机构、第三方机构等各方面代表组成，按照发电方代表、购电方代表（售电企业、电力用户）、输配电方代表、市场运营机构代表（电力交易机构、电力调度机构）、第三方代表分类，按合理比例确定各类别代表人数。发电方代表、购电方代表人数应多于其他代表。

2. 电力市场管理委员会设主任委员 1 名，副主任委员若干名。区域电力市场管理委员会主任委员由国家发展改革委、国家能源局提名，省（自治区、直辖市）电力市场管理委员会主任委员由国家能源局派出机构和所在地区有关政府部门提名，由各自电力市场管理委员会投票表决。主任委员原则上任期不超过三年，同一主任委员不得连任超过两届任期。

3. 电力市场管理委员会秘书处负责电力市场管理委员会日常工作。秘书处应配备专业素质的专职人员，工作人员可由成员单位选派，并定期轮换。

4. 可以组建成员类别工作组，开展类别领域选举、议事等相关工作。

5. 可以组建专业工作组，在各成员单位中择优组成，开展业务领域专项工作。

6. 可以组建专家委员会，负责提供电力市场建设专业咨询。专家委员会由相关领域专家和第三方咨询研究机构代表等组成。专家委员会在咨询过程中应遵守客观公正、实事求是的原则。

（三）完善议事规则

1. 建立健全议事机制。电力市场管理委员会要建立健全商议事项发起、召集、审议流程，确保议事程序公开透明、公平合理，切实保障市场成员合法权益。

2. 明确议题发起流程。秘书处定期收集整理成员代表提出的合理诉求和议题建议，并向电力市场管理委员会成员通报。由多名成员代表联名提议的，或主任委员、副主任委员、市场运营机构认为必要的，由秘书处形成会议议题。议题产生后，超过三分之一的成员代表投票通过的，作为正式会议议题。会议议题需至少提前一周通知各成员单位，并抄送国家能源局及其派出机构和政府有关部门。

3. 明确会议召集方式。电力市场管理委员会会议由主任委员根据正式会议议题和工作安排召集成员代表开会。会议应有三分之二以上代表且每类别均有代表出席方可举行。原则上每年至少召开两次全体会议，根据工作需要通过线上或者线下等方式不定期召开专题会议。国家能源局及其派出机构和政府有关部门可根据需要，派员参加有关会议。

4. 明确议事审议流程。议题审议原则上采取投票表决的方式确定，三分之二及以上表决同意的则为通过，形成审议结果。市场运营机构代表、第三方代表不参加投票表决。各类交易规则、细则、方案等经电力市场管理委员会审议通过后，按照有关规定，提交国家能源局及其派出机构和政府有关部门审定后执行。需要修订的，应提请电力市场管理委员会审议通过后，报原审定机构和部门批准或备案。

5. 议题产生、议题审议的投票工作结束后，秘书处应整理各成员代表的投票结果，并保存归档。

6. 国家能源局及其派出机构和政府有关部门对电力市场管理委员会的审议结果可以行使否决权。

四、监督落实

（一）加强自律监督

电力市场管理委员会对参与市场交易的各方实施市场内部自律管理，督促市场成员签订自律公约，充分发挥市场自律和社会监督作用，收集掌握电力市场相关问题线索，协助国家能源局及其派出机构和政府有关部门促进电力交易机构独立规范运行，监督和纠正扰乱电力市场正常秩序的行为。

（二）加强规范指导

国家能源局及其派出机构和政府有关部门应在相关制度中明确对电力市场管理委员会的监督条款，加大对电力市场管理委员会的指导力度，引导电力市场管理委员会规范运作。主任委员履职不到位的，国家能源局及其派出机构可向电力市场管理委员会提出重新推选的意见。

（三）加快组织实施

各电力市场管理委员会应及时按本指导意见制修订相关制度，及时开展换届、完善议事规则、优化决策机制等工作，加快推动组建成员类别工作组、专业工作组和专家委员会。各成员单位应积极参加电力市场管理委员会会议和有关工作。

国家能源局

2023 年 8 月 21 日

国家能源局综合司关于进一步加强电压合格率数据统计分析工作的通知

（国能综通电力〔2023〕101 号）

各派出机构，国家电网有限公司、中国南方电网有限责任公司，内蒙古电力（集团）有限责任公司，各有关供电企业：

为更好地落实《供电监管办法》《供电企业信息公开实施办法》《国家能源局综合司关于开展电压合格率数据统计分析工作的通知》（国能综通电力〔2021〕15号，以下简称原《通知》）要求，国家能源局决定进一步加强电压合格率数据统计分析工作。现将有关事项通知如下。

一、国家能源局电力可靠性管理和工程质量监督中心（以下简称中心）现已完成电压合格率统计分析系统（以下简称系统）建设及试运行，系统已于2023年8月1日上线运行，系统登录地址https：//pqm.nea.gov.cn。2023年10月起，电压合格率数据和分析报告均需通过系统进行报送。

二、各派出机构和中央电网企业总部的账号信息由中心直接分发，中央电网企业所属各级供电企业的账户由中央电网企业按工作需要自行分配，非中央电网企业所属供电企业的账号信息请相关派出机构转发。新增非中央电网企业所属供电企业经派出机构审核、确认后，由中心配置账号信息。各单位账号信息表见附件1。

三、各电网（供电）企业报送的电压合格率历史数据（截至2023年7月31日）已导入系统，请各电网（供电）企业于2023年9月30日前，对已录入系统的电压合格率数据与基础信息（包括单位名称、所在行政区、联系人、联系方式等）进行核对和完善。

四、各电网（供电）企业应于每季度首月10日前报送上一季度电压合格率数据，各单位应于每年7月20日、次年1月20日前报送上半年、上年度电压合格率分析报告。电压合格率数据包括电压监测点台账和电压监测数据，报表分别见附件2、附件3，电子表格可从http：//prpq.nea.gov.cn/kekaoxingguanli下载。

五、各电网（供电）企业需改造信息系统的，2023年第三季度电压合格率数据可暂时按照原《通知》报表报送，待信息系统改造完成后，同第四季度电压合格率数据一起填报。

六、中央电网企业总部逐级汇总电压合格率数据报送中心，中央电网企业总部将集团层面的电压合格率分析报告报送中心，中央电网企业所属省级电网企业分析报告报送相关派出机构。非中央电网企业电压合格率数据和分析报告经相关派出机构审核后报送中心。

七、各电网（供电）企业要进一步健全和完善电压合格率数据统计和报送机制，落实责任，确保信息统计的及时性、准确性和完整性，并根据国家能源局统一印发的指标进行公布。

八、请各派出机构及时将文件转发至辖区内电网（供电）企业，督促做好电压合格率数据和分析报告报送工作。系统使用和工作中遇到的问题和困难请向中心反映。

联系人及电话：

国家能源局电力可靠性管理和工程质量监督中心

姜红利 010－88072921，15210378973

系统开发商技术咨询电话

张涛 13521421413

附件：1. 各单位账号信息表（分送）（略）

2. 电压监测点台账报表（略）

3. 电压监测数据报表（略）

国家能源局综合司

2023年8月18日

国家能源局关于加强电力可靠性数据治理 深化可靠性数据应用发展的通知

（国能发安全〔2023〕58号）

各省（自治区、直辖市）能源局，有关省（自治区、直辖市）及新疆生产建设兵团发展改革委、工业和信息化主管部门，北京市城市管理委，各派出机构，全国电力安委会企业成员单位，中国电力企业联合会，各有关单位：

数据是电力可靠性管理工作的基础，贯穿于可靠性管理全程。为深入贯彻落实《电力可靠性管理办法（暂行）》（国家发展和改革委令2022年第50号），革新电力可靠性管理理念和手段，进一步提高可靠性数据的准确性、及时性、完整性，深化可靠性数据应用，现就有关工作通知如下。

一、总体要求

深入贯彻"四个革命、一个合作"能源安全新战略，落实党中央、国务院决策部署，进一步健全完善电力可靠性管理各项工作，以提升数据质量为前提，以优化评价体系为抓手，以深化数据应用为目标，着眼提升电力可靠性管理水平，支撑新型电力系统建设，保障能源电力安全可靠供应，更好服务新时代经济社会发展。

数字赋能、提质增效。充分应用电力系统运行数据和电力设备监测数据开展分析评估，推进基于实时数据的电力可靠性管理体系建设，在确保信息安全的前提下，实现可靠性数据自动化采集、智能化分析、可溯化管理、透明化监督，确保可靠性数据的准确性、及时性和完整性。

优化体系、科学引导。建立健全电力可靠性评价体系，形成科学合理、实用落地的评价指标和评价方法，准确衡量电力企业可靠性管理质效，客观展示可靠性发展水平和短板，引导电力行业安全健康可持续发展。

强化应用、激发价值。充分发挥可靠性数据在电力行业的评价导向、服务支撑作用，鼓励电力企业应用可靠性数据加强规划设计、设备选型、建设改造、运维检修、供电服务等工作。鼓励电力设备制造企业加强产品可靠性设计、试验检测及生产质量控制，推动可靠性数据全链条推广应用。

二、加快基于实时数据的电力可靠性管理体系建设

（一）基于实时数据的电力可靠性管理体系建设目标。到 2025 年底，纳入可靠性统计口径且投产满半年及以上的新建机组（水电、火电、核电）、新能源场站（风电、光伏）全部实现主要设备可靠性数据实时采集上报；输变电主要设施实现可靠性停运事件实时采集，输变电回路、直流输电系统停复电信息及运行状态实时采集覆盖率不低于 50%；除部分偏远地区外，供电系统实现基于实时数据的供电可靠性管理。到 2028 年底，全面建成基于实时数据的电力可靠性管理体系。

（二）实施基于实时数据的发电可靠性管理。发电企业要通过提取分析发电设备实时运行数据，自动生成设备状态信息，统计并上报发电设备的非计划停运、非计划降低出力等可靠性信息。

（三）完善基于实时数据的输变电可靠性管理。电网企业要综合生产、运行等多源信息，自动研判生成 110（66）千伏及以上电压等级输变电回路、直流输电系统、主要设施停复电信息及运行状态，减少可靠性信息的人工干预。

（四）推广基于实时数据的供电可靠性管理。电网企业供电可靠性数据获取要逐步从停电事件人工填报模式过渡到基于实时数据的自主研判模式，鼓励应用区块链等技术，消除数据采集过程干扰，进一步完善供电可靠性信息溯源及校核机制。

（五）加强电力可靠性数据治理核查工作。国家能源局及其派出机构、地方政府能源管理部门和电力运行管理部门应重点对未按时实现基于实时数据可靠性管理体系建设的电力企业加大可靠性数据的核查力度。

三、优化电力可靠性评价体系

（六）建立电力系统可靠性评价体系。重点开展规划系统的可靠性预测、运行系统的可靠性评估及事件评价追溯，统一事件状态分类，明确指标计算方法、数据来源、报送机制，编制电力系统可靠性指标相关标准。加强电力系统可靠性评价与系统规划建设、运行方式安排等环节的衔接，提前预测电力系统电力电量供需硬缺口，补全电力系统网架结构短板，保障电力系统的充裕性和安全性。

（七）推动发电可靠性动态评价。发电企业要按照设备类型、生产厂家、产品型号、装机容量等细分归类，加强对非计划停运事件的技术分析，定期评估影响机组可靠性的风险因素，及时掌握设备状态、特性和运行规律，建立动态优化的设备运行、检修和缺陷管理评价体系。

（八）推动输变电可靠性评价体系改进。聚焦评价体系可用、易用、实用，完善输变电设施可靠性评价体系，增补输变电设施和回路的评价方法及内容，突出主要设施、回路（系统）非计划停运事件全寿命周期评价，引导电网企业加强规划设计、优化设备选型、强化运维检修，提升系统和设备可靠性管理水平。

（九）推动供电可靠性评价体系优化。科学评价供电可靠性管理水平，修订供电系统可靠性评价规程，优化供电可靠性指标发布口径，根据区域发展特点建立供电可靠性分组、分段评价机制，替代省级和地级行政区绝对值排名方式。探索基于实时数据的供电可靠性在线评估技术研究及应用，引导电网企业合理制定可靠性提升目标，实施符合其发展阶段的可靠性管理措施。

四、深化电力可靠性数据信息应用

（十）发挥电力系统可靠性管理效能。定期开展电力系统可靠性评价，针对供需缺口、网架结构、电网重大风险采取针对性防范措施；聚焦重大活动保电、迎峰度夏、迎峰度冬、极端自然灾害等关键时段开展专题评价，全力保障电力系统安全可靠。紧贴新型电力系统发展需要，推进源网荷储一体化和多能互补，发挥电力系统综合调节功能。

（十一）丰富电力可靠性信息应用场景。以电力企业与电力用户需求为牵引，加快人工智能、数字孪生、物联网等技术在电力可靠性领域的创新应用，推动可靠性信息跨环节、跨专业、全链条的共享，构建多元化应用场景，指导电力企业在规划建设、设备选型、运维检修、供电服务等领域提质增效，精准服务电力用户报修复电、选址接入、业扩增容、自有设备管理等需求，促进新型储能、新能源消纳、电动汽车 V2G、虚拟电厂等新业态发展，支撑我国新型电力系统建设与发展。

（十二）搭建电力可靠性信息交流平台。加强全行业的可靠性管理经验交流和帮扶指导，推进政府监管部门、电力企业、电力设备制造企业、行业协会、科研单位及技术咨询机构等协同互动，构建多层级、跨领域可靠性信息共享平台，促进可靠性信息应用推广落地，倡导行业自律和信用建设，营造合作共赢的友好发展环境。

（十三）拓展可靠性定制化增值服务。综合考虑政府、企业、用户等主体的个性化需求，结合不同基础条件、当前发展水平，合理制定可靠性发展目标，基于可靠性信息定制化提供区域性电网布局、合理化运检策略、优质接入并网方案、可靠性在线评估等增值服务。

（十四）强化基于可靠性信息的设备全寿命周期管理。聚焦电力设备在设计制造、安装调试、生产运行、设备退役等全寿命周期各环节存在的问题和短板，打通电力设备运行维护端与设计制造端管理链条，破除电力设备可靠性信息壁垒，有力统筹设备安全性、可靠性以及全寿命周期管理的成本支出。

（十五）探索火电机组基于灵活性运行常态化的可靠性管理机制。聚焦新型电力系统建设对火电机组可靠性要求，可靠性数据以及事件分析应能够反映机组频繁快速深度调峰、频繁启停、长期备用以及调压调频等灵活性运行对设备可靠性的影响。加强灵活性调节运行煤电机组的测点和自动化装置部署，强化信息化管理，提升机组运行预测预警能力，重视运行情况和事件分析，及时向政府、行业提供灵活性调节运行煤电机组可靠性事件信息，关注机组运行状况，切实保障机组的安全可靠运行能力。

（十六）积极稳妥推进可靠性信息应用与推广。以电力可靠性多元化应用、差异化管理、实用化评价为导向，坚持试点先行、科学验证、以点带面、有序推广，聚焦行业需求，找准应用场景，积极推广以可靠性为中心的电力设备检修（RCM）模式，统筹考虑安全、可靠、经济等因素，提升检修质效，到2024年，RCM 试点项目覆盖发电、输变电（含直流）、供电领域主要设备。探索新型电力系统可靠性、低压供电可靠性、用户可靠性等领域试点示范工作，实现电力可靠性管理向多元负荷用户和终端用户延伸，促进电力可靠性高质量发展。

国家能源局

2023 年 8 月 31 日

国家能源局综合司关于印发《开展新能源及抽水蓄能开发领域不当市场干预行为专项整治工作方案》的通知

（国能综通新能〔2023〕106 号）

各省（自治区、直辖市）能源局，有关省（自治区、直辖市）及新疆生产建设兵团发展改革委，各派出机构：

现将《开展新能源及抽水蓄能开发领域不当市场干预行为专项整治工作方案》印发给你们，请结合实际，认真抓好落实。

国家能源局综合司

2023 年 9 月 4 日

开展新能源及抽水蓄能开发领域不当市场干预行为专项整治工作方案

为深入贯彻党的二十大精神，落实党中央、国务院关于加快建设全国统一大市场部署，优化营商环境，着力破除新能源及抽水蓄能开发领域各种形式的地方保护和市场分割，清理影响生产经营成本和生产经营行为等妨碍统一市场和公平竞争的各种做法，决定在新能源及抽水蓄能开发领域开展不当市场干预行为专项整治。现提出工作方案如下：

一、总体要求

以习近平新时代中国特色社会主义思想为指导，深入贯彻党的二十大精神，着力推动新能源和抽水蓄能领域高质量发展，坚持问题导向和目标导向，整治一批经营主体反映强烈的不当市场干预问题，重点整治对风电、光伏、抽水蓄能项目开发强制要求产业配套、投资落地等行为，并在此基础上深入查找制度机制层面的短板弱项，加快形成一批务实管用的常态化长效化机制，营造规范高效、公平竞争、充分开放的市场开发环境。

二、重点整治内容

聚焦 2023 年 1 月 1 日以来各地方组织实施的风电、光伏和抽水蓄能开发项目，核查项目在签订开发意向协议、编制项目投资市场化配置方案、组织实施市场化配置项目开发过程、项目开发建设全过程中是否存在不当市场干预行为，重点整治以下问题：

（一）通过文件等形式对新能源发电和抽水蓄能项目强制要求配套产业

地方政府或相关主管部门通过印发文件等形式，对新能源发电和抽水蓄能项目强制要求配套产业，特别是风机、塔筒、多晶硅、硅片、电池片、电池组件等新能源产业链，具体包括：

一是在相关文件中明确或者变相要求项目必须配套产业或者引入产业；

二是虽未明文规定，但口头强制要求配套产业，或对于没有允诺配套产业的项目和投资主体给予阻碍或明显歧视政策。

（二）通过文件等形式对新能源发电和抽水蓄能项目强制要求投资落地

地方政府或相关主管部门通过印发文件等形式，强制要求新能源发电和抽水蓄能项目投资落地，具体包括：

一是要求企业缴纳高额保证金、投资合作保证金、项目开发建设履约保证金、引入外资等；

二是获取或限制项目的附加收益，如项目产生碳排放权及碳排放所获收益等。

三、整治方式

本次专项整治聚焦查问题、纠偏差、补短板，自本方案印发之日起开展，至2023年11月30日结束。各省级能源主管部门是本次专项整治工作责任主体，负责组织开展具体整治工作，重点做好以下工作：

（一）*开展自查自纠*。各省级能源主管部门对照本方案要求，全面开展自查自纠工作。主管部门应制定具体整治工作方案，并在本部门门户网站开设专栏，收集问题线索进行核查。

（二）*落实整改要求*。对于发现存在强制要求产业配套、投资落地等不当市场干预行为的，各地方按照“谁提出、谁负责”的原则进行整改。对于已出台、发现问题的政策文件，各地方结合《市场监管总局等部门关于开展妨碍统一市场和公平竞争的政策措施清理工作的通知》（国市监竞协发〔2023〕53号）等文件要求，根据权限修订、废止。对于已签订开发意向协议但未实际实施的项目，各地方应及时停止不当市场干预行为，并对相关协议进行修改。对于已签订开发意向协议且正在实施的项目，各地方应与开发企业协商，按照“保护企业利益、杜绝投资浪费”的原则，依法依规妥善处理。对于发现党员干部存在违反党纪国法问题线索的，要及时移送纪检监察机关、公安机关，积极配合相关部门开展工作。

（三）*健全长效机制*。各地方要以此次专项整治为契机，解决一批新能源及抽水蓄能领域经营主体反映强烈的不当市场干预问题，要以问题最为突出的市县一级为重点，加大清理整治力度，避免边清边增，并在开展专项整治工作的基础上，举一反三，完善工作机制，加强日常监管，防止不当市场干预行为反弹，形成一批管根本管长远的制度机制。派出机构在日常监管工作中，收到新能源及抽水蓄能领域不当市场干预行为举报投诉时，应及时转交地方能源主管部门处理。

为扎实推进本次专项整治工作，国家能源局将在门户网站开设专栏，进一步畅通经营主体和各界反映问题的渠道，将收集的问题线索转有关地方核查。地方自查整改结束后，国家能源局将组织核查评估，对应整改而未整改的，将选择典型案例予以通报。同时，国家能源局将会同国务院有关部门对专项整治工作进行督促指导，对进度缓慢、工作不实、效果不佳的，通报地方政府处理。各省级能源主管部门于2023年12月10日前形成总结报告，并对照重点整治内容提炼1至2个典型案例，报送国家能源局。

国家能源局关于2022年度全国可再生能源电力发展监测评价结果的通报

各省（自治区、直辖市）能源局、有关省（自治区、直辖市）及新疆生产建设兵团发展改革委，国家电网有限公司、中国南方电网有限责任公司、内蒙古电力（集团）有限责任公司：

为促进可再生能源开发利用，科学评估各地区可再生能源发展状况，根据可再生能源法和《关于建立可再生能源开发利用目标引导制度的指导意见》（国能新能〔2016〕54号）、《关于做好风电、光伏发电全额保障性收购管理工作的通知》（发改能源〔2016〕1150号）、《关于建立健全可再生能源电力消纳保障机制的通知》（发改能源〔2019〕807号）等文件，我局委托国家发展改革委能源研究所汇总有关可再生能源电力建设和运行监测数据，形成了《2022年度全国可再生能源电力发展监测评价报告》（以下简称监测评价报告），作为各地区2022年可再生能源开发建设和并网运行的基础数据。

现将监测评价报告予以通报。请各地区和有关单位高度重视可再生能源电力发展，进一步提高可再生能源利用水平，为助力实现碳达峰碳中和目标任务作出积极贡献。

附件：2022年度全国可再生能源电力发展监测评价报告

国家能源局

2023年9月7日

附件

2022年度全国可再生能源电力发展监测评价报告

一、全国可再生能源电力发展总体情况

截至2022年底，全国可再生能源发电累计装机容量12.13亿kW，同比增长约14.1%，占全部电力装机的47.3%；其中，水电装机4.13亿kW（含抽水蓄能0.45亿kW）、风电装机3.65亿kW、太阳能发电装机3.93亿kW、生物质发电装机4132万kW。2022年，全国可再生能源发电量达2.7万亿kWh，占全部发电量的30.8%；其中水电发电量1.35万亿kWh，占全部发电量的15.3%；风电发电量7627亿kWh，占全部发电量的8.6%；光伏发电量4273亿kWh，占全部发电量的4.8%；生物质发电量1824亿kWh，占全部发电量的2.1%。

二、各省（区、市）可再生能源电力消纳责任权重完成情况

2022 年全国可再生能源电力实际消纳量为 26810 亿 kWh，占全社会用电量比重 31.6%，同比提高 2.2 个百分点；全国非水电可再生能源电力消纳量为 13676 亿 kWh，占全社会用电量比重为 15.9%，同比增长 2.2 个百分点。

根据《国家发展改革委办公厅　国家能源局综合司关于 2022 年可再生能源电力消纳责任权重及有关事项的通知》（发改办能源〔2022〕680 号）公布的 2022 年各省（自治区、直辖市）可再生能源电力消纳责任权重，综合考虑各省本地生产、本地利用以及外来电力消纳情况，除西藏免除考核外，全国 30 个省（自治区、直辖市）核算后可再生能源总量消纳责任权重和可再生能源非水电消纳责任权重完成情况如下。

北京等 26 个省（自治区、直辖市）完成了国家能源主管部门下达的最低总量消纳责任权重，其中 17 个省（自治区、直辖市）达到激励值；新疆整体区域总量消纳责任权重为 23.5%，其中新疆维吾尔自治区实际完成为 25.1%，新疆生产建设兵团实际完成为 19.3%；上海、重庆、陕西 3 省（直辖市）因自然原因和统计口径调整，依规核减未完成的权重。

北京等 28 个省（自治区、直辖市）完成了国家能源主管部门下达的最低非水电消纳责任权重，其中 24 个省（自治区、直辖市）达到激励值；新疆整体区域非水电消纳责任权重为 12.8%，其中新疆维吾尔自治区实际完成为 14%，新疆生产建设兵团实际完成为 9.8%；云南非水电可再生能源电力消纳实际完成情况较国家下达的最低权重低 2.9 个百分点。

据统计，31 个省（自治区、直辖市）中，可再生能源电力消纳占全社会用电量的比重超过 80%以上的 2 个、40%～80%的 7 个、20%～40%的 19 个、10%～20%的 3 个；非水电可再生能源电力消纳占全社会用电量的比重超过 20%以上的 10 个、10%～20%的 17 个、5%～10%的 4 个。2022 年可再生能源电力消纳总量责任权重完成情况见表 1，2022 年可再生能源电力消纳非水电责任权重完成情况见表 2。

表 1　　2022 年可再生能源电力消纳总量责任权重完成情况

省（区、市）	实际消纳量（亿 kWh）	实际完成情况	同比增加百分点	下达的最低总量消纳责任权重	实际完成情况超出下达最低权重指标的百分点
云南	1953	81.7%	4.2	73.1%	8.6
青海	694	75.3%	−1.8	70.0%	5.3
四川	2558	74.2%	−6.2	74.0%	0.2
湖南	1122	50.2%*	3.8	46.4%	3.8
甘肃	752	50.1%	3.2	50.0%	0.1
广西	1073	48.4%	5.3	44.0%	4.4
贵州	764	43.8%	7.7	35.7%	8.1
重庆	571	40.7%	−4.8	40.7%	0
湖北	1004	37.9%	−3.6	37.5%	0.4
吉林	294	34.5%	4.6	30.2%	4.3
黑龙江	372	32.7%	9.4	23.4%	9.3
江西	615	31.0%	1.7	28.5%	2.5
宁夏	388	31.0%	2.2	25.4%	5.6
广东	2385	30.3%	1.3	29.0%	1.3
上海	520	29.8%	−2.1	29.8%	0
河南	1086	27.8%	−1.2	24.8%	3
内蒙古	1075	25.6%	1.5	21.9%	3.7
山西	675	24.8%	−0.1	21.4%	3.4

续表

省（区、市）	实际消纳量（亿 kWh）	实际完成情况	同比增加百分点	下达的最低总量消纳责任权重	实际完成情况超出下达最低权重指标的百分点
福建	711	24.5%	5.5	19.5%	5
新疆	815	23.5%	3.3	23.8%	−0.3
北京	292	22.8%	3.0	19.0%	3.8
江苏	1650	22.3%	3.7	19.8%	2.5
辽宁	551	21.6%	2.5	18.1%	3.5
陕西	511	21.5%	−5.2	21.5%	0
河北	930	21.4%	3.8	17.9%	3.5
天津	209	21.1%	1.6	18.4%	2.7
安徽	614	20.5%	1.2	18.5%	2
浙江	1154	19.9%	1.0	19.5%	0.4
海南	82	19.7%	2.2	16.7%	3
山东	1277	16.9%	1.1	15.0%	1.9
西藏	114	95.8%	1.7	不考核	不考核
全国	26810	31.6%	2.2		

注 1. 西藏不参与考核。

2. 湖南计入贵州点对网 37 亿 kWh 水电。

3. 宁夏向陕西转让 4 亿 kWh 非水电可再生能源超额消纳量。

4. 河南向甘肃转让 48 亿 kWh 非水电可再生能源超额消纳量。

5. 上海、重庆受 2022 年西南地区来水偏枯极端天气影响，根据《国家发展改革委　国家能源局关于建立健全可再生能源电力消纳保障机制的通知》（发改能源〔2019〕807 号），对其未完成总量权重予以核减。

6. 陕西受 2022 年权重测算边界调整影响，根据《国家发展改革委　国家能源局关于建立健全可再生能源电力消纳保障机制的通知》（发改能源〔2019〕807 号），对其未完成总量权重予以核减。

7. 经新疆维吾尔族自治区和新疆生产建设兵团双方协商，自治区总量消纳责任权重为 25.1%，兵团总量消纳责任权重为 19.3%。

表 2　2022 年可再生能源电力消纳非水电责任权重完成情况

省（区、市）	实际消纳量（亿 kWh）	实际完成情况	同比增加百分点	下达的最低总量消纳责任权重	实际完成情况超出下达最低权重指标的百分点
青海	306	33.2%	3.9	26.0%	7.2
黑龙江	347	30.5%	7.3	21.5%	9
宁夏	361	28.9%	2.7	23.3%	5.6
吉林	218	25.6%	4.6	22.3%	3.3
内蒙古	1029	24.5%	2	20.8%	3.7
甘肃	363	24.2%	5.3	20.3%	3.9
山西	637	23.4%	0	20.3%	3.1
河南	895	22.9%	1.5	19.8%	3.1
北京	283	22.1%	2.7	18.8%	3.3

续表

省（区、市）	实际消纳量（亿 kWh）	实际完成情况	同比增加百分点	下达的最低总量消纳责任权重	实际完成情况超出下达最低权重指标的百分点
河北	904	20.8%	4	17.8%	3
天津	192	19.4%	1	17.5%	1.9
湖南	402	18.0%	4	14.8%	3.2
安徽	530	17.7%	1.7	15.3%	2.4
陕西	411	17.3%	−0.6	17.3%	0
辽宁	421	16.5%	2.5	14.8%	1.7
山东	1232	16.3%	1.4	14.5%	1.8
湖北	400	15.1%	4.2	11.3%	3.8
江西	297	15.0%	1.9	13.3%	1.7
江苏	1080	14.6%	2.5	11.8%	2.8
贵州	246	14.1%	4.3	9.8%	4.3
广西	290	13.1%	1.7	11.3%	1.8
新疆	444	12.8%	0.9	13.3%	−0.5
云南	289	12.1%	−2.9	15.0%	−2.9
福建	325	11.2%	2.1	8.8%	2.4
海南	46	11.1%	1.7	9.3%	1.8
浙江	609	10.5%	1.9	9.8%	0.7
广东	637	8.1%	2.4	6.3%	1.8
四川	265	7.7%	0.6	7.3%	0.4
重庆	86	6.1%	1.8	5.3%	0.8
上海	105	6.0%	0.8	5.2%	0.8
西藏	24	19.7%	−1.1	不考核	不考核
全国	13676	15.9%	2.2		

注　1. 西藏不参与考核。

2. 宁夏向陕西转让 4 亿 kWh 非水电可再生能源超额消纳量。

3. 河南向甘肃转让 48 亿 kWh 非水电可再生能源超额消纳量。

4. 经新疆维吾尔族自治区和新疆生产建设兵团双方协商，自治区非水电消纳责任权重为 14%，兵团非水电消纳责任权重为 9.8%。

三、全国重点地区风电、光伏年可利用小时数情况

表 3　　2022 年全国风电重点地区年利用小时数情况

省（区）	资源区	地区	2021 年实际利用小时数（h）	2022 年实际利用小时数（h）	实际利用小时数增加值（h）
内蒙古	Ⅰ类	除赤峰市、通辽市、兴安盟、呼伦贝尔市以外其他地区	2626	2515	−111
	Ⅱ类	赤峰市、通辽市、兴安盟、呼伦贝尔市	2407	2563	156

续表

省（区）	资源区	地区	2021年实际利用小时数（h）	2022年实际利用小时数（h）	实际利用小时数增加值（h）
新疆	Ⅰ类	乌鲁木齐市、伊犁哈萨克族自治州、克拉玛依市、石河子市	2781	2716	-65
	Ⅲ类	除乌鲁木齐市、伊犁哈萨克族自治州、克拉玛依市、石河子市以外其他地区	2241	2338	97
甘肃	Ⅱ类	嘉峪关市、酒泉市	2153	1970	-183
	Ⅲ类	除嘉峪关市、酒泉市以外其他地区	1861	1578	-283
宁夏	Ⅲ类	宁夏	2018	1887	-131
黑龙江	Ⅲ类	鸡西市、双鸭山市、七台河市、绥化市、伊春市、大兴安岭地区	2063	2484	421
	Ⅳ类	黑龙江省其他地区	2254	2602	348
吉林	Ⅲ类	白城市、松原市	2280	2300	20
	Ⅳ类	吉林省其他地区	2427	2430	3
辽宁	Ⅳ类	辽宁	2293	2280	-13
河北	Ⅱ类	张家口市	1995	2102	107
山西	Ⅳ类	忻州市、朔州市、大同市	2317	2049	-268

表4　2022年全国光伏重点地区年利用小时数情况

省（区）	资源区	地区	2021年实际利用小时数（h）	2022年实际利用小时数（h）	实际利用小时数增加值（h）
内蒙古	Ⅰ类	除赤峰市、通辽市、兴安盟、呼伦贝尔市以外其他地区	1568	1616	48
	Ⅱ类	赤峰市、通辽市、兴安盟、呼伦贝尔市	1562	1608	46
新疆	Ⅰ类	哈密、塔城、阿勒泰、克拉玛依	1597	1526	-71
	Ⅱ类	除Ⅰ类外其他地区	1455	1364	-91
甘肃	Ⅰ类	嘉峪关、武威、张掖、酒泉、敦煌、金昌	1562	1514	-48
	Ⅱ类	除Ⅰ类外其他地区	1389	1393	4
青海	Ⅰ类	海西	1474	1430	-44
	Ⅱ类	除Ⅰ类外其他地区	1248	1538	290
宁夏	Ⅰ类	宁夏	1471	1539	68
陕西	Ⅱ类	榆林、延安	1455	1421	-34
黑龙江	Ⅱ类	黑龙江	1503	1644	141
吉林	Ⅱ类	吉林	1537	1588	51
辽宁	Ⅱ类	辽宁	1327	1459	132
河北	Ⅱ类	承德、张家口、唐山、秦皇岛	1343	1501	158
山西	Ⅱ类	忻州、朔州、大同	1424	1520	96

四、全国清洁能源消纳利用情况

2022 年，全国及重点省份清洁能源消纳利用情况良好。2022 年，全国风电平均利用率 96.8%，与上年基本持平；青海、新疆和蒙西风电利用率同比显著提升，青海风电利用率 92.7%、新疆风电利用率 95.4%、蒙西风电利用率 92.9%，同比分别提升 3.4、2.7、1.8 个百分点。2022 年，全国光伏发电利用率 98.3%，同比提升 0.3 个百分点。青海光伏消纳水平显著提升，光伏利用率同比提升 4.9 个百分点。全国主要流域水能利用率约 98.7%，同比提高 0.8 个百分点。

表 5　　2022 年全国风电并网消纳情况

	2021 年实际利用率	2022 年实际利用率
全国	**96.9%**	**96.8%**
北京	100.0%	100.0%
天津	100.0%	100.0%
河北	95.4%	95.6%
山西	97.5%	98.3%
山东	98.5%	97.9%
蒙西	91.1%	92.9%
蒙东	97.6%	90.0%
辽宁	98.0%	98.5%
吉林	97.1%	95.2%
黑龙江	98.1%	98.2%
上海	100.0%	100.0%
江苏	100.0%	100.0%
浙江	100.0%	100.0%
安徽	100.0%	100.0%
福建	100.0%	100.0%
江西	99.9%	99.9%
河南	98.3%	98.2%
湖北	100.0%	100.0%
湖南	99.0%	97.4%
重庆	100.0%	100.0%
四川	100.0%	100.0%
陕西	97.7%	95.8%
甘肃	95.9%	93.8%
青海	89.3%	92.7%
宁夏	97.6%	98.5%
新疆	92.7%	95.4%
西藏	100.0%	100.0%
广东	100.0%	99.9%
广西	100.0%	100.0%
海南	100.0%	100.0%
贵州	99.5%	99.7%
云南	99.9%	99.9%

表 6　　2022 年全国光伏并网消纳情况

	2021 年实际利用率	2022 年实际利用率
全国	**98.0%**	**98.3%**
北京	100.0%	100.0%
天津	99.9%	100.0%
河北	98.2%	98.0%
山西	99.1%	99.5%
山东	99.1%	98.5%
蒙西	96.5%	97.4%
蒙东	99.4%	98.6%
辽宁	99.6%	99.3%
吉林	98.9%	98.2%
黑龙江	99.6%	98.9%
上海	100.0%	100.0%
江苏	100.0%	100.0%
浙江	100.0%	100.0%
安徽	100.0%	100.0%
福建	100.0%	100.0%
江西	100.0%	100.0%
河南	99.9%	99.5%
湖北	100.0%	100.0%
湖南	100.0%	100.0%
重庆	100.0%	100.0%
四川	100.0%	100.0%
陕西	98.0%	97.8%
甘肃	98.5%	98.2%
青海	86.2%	91.1%
宁夏	97.5%	97.4%
新疆	98.3%	97.2%
西藏	80.2%	80.0%
广东	100.0%	100.0%

续表

	2021年实际利用率	2022年实际利用率
广西	100.0%	100.0%
海南	100.0%	100.0%
贵州	99.6%	99.4%
云南	99.8%	99.5%

表7　2022年全国主要流域水电利用情况

主要流域	2021年有效水能利用率	2022年有效水能利用率
金沙江	99.99%	99.99%
雅砻江	96.96%	98.15%
大渡河	92.76%	94.94%
乌江	99.75%	99.16%
长江干流上游	99.97%	100%
黄河干流上游	99.71%	99.85%
南盘江—红水河	99.61%	99.51%
澜沧江	99.95%	100%

五、直流特高压线路输送可再生能源情况

2022年，20条直流特高压线路年输送电量5638亿kWh，其中可再生能源电量3166亿kWh，同比提高10.3%，可再生能源电量占全部直流特高压线路总输送电量的56.2%。国家电网运营的16条直流特高压线路总输送电量4813亿kWh，其中可再生能源电量2341亿kWh，占总输送电量的48.6%；南方电网运营的4条直流特高压线路输送电量826亿kWh，全部为可再生能源电量。

表8　2022年直流特高压线路输送电量情况

序号	线路名称	年输送电量（亿kWh）	可再生电量合计（亿kWh）	可再生能源占比	占比同比增长（百分点）
1	复奉直流	278	278	100.0%	0.0
2	锦苏直流	403	403	100.0%	0.0
3	宾金直流	277	277	100.0%	0.1
4	天中直流	440	175	39.7%	3.9
5	灵绍直流	551	110	19.9%	−3.2
6	祁韶直流	284	117	41.1%	15.0
7	雁淮直流	371	75	20.2%	2.6
8	锡泰直流	324	88	27.3%	4.9
9	鲁固直流	327	100	30.7%	−7.3
10	昭沂直流	298	44	14.9%	−18.8
11	吉泉直流	632	174	27.6%	−3.8
12	青豫直流	133	105	78.9%	−19.4
13	雅湖直流	244	244	100.0%	3.0
14	陕武直流	139	39	28.1%	—
15	建苏直流	108	108	100.0%	—
16	金塘直流	3	3	100.0%	—
17	楚穗直流	197	197	100.0%	0.0
18	普侨直流	188	188	100.0%	0.0
19	新东直流	217	217	100.0%	0.0
20	昆柳龙直流	224	224	100.0%	0.0
全国		**5638**	**3166**	56.2%	−2.5

注　1～16项数据为国家电网报送，17～20项数据为南方电网公司报送。“—”表示由于线路新投产等原因没有同比数据。

六、国家清洁能源示范省（区）落实情况

浙江。2022年，全部可再生能源电力消纳量1154亿kWh，占本省全社会用电量的比重为19.9%，同比上升1.0个百分点；非水电可再生能源电力消纳量为609亿kWh，占本省全社会用电量的比重为10.5%，同比上升1.9个百分点。

四川。2022年，全部可再生能源电力消纳量为2558亿kWh，占本省全社会用电量的比重为74.2%，同比下降6.2个百分点；非水电可再生能源电力消纳量为265亿kWh，占本省全社会用电量的比重为7.7%，同比上升0.6个百分点。

宁夏。2022年，全部可再生能源电力消纳量为388亿kWh，占本省全社会用电量的比重为31.0%，同比上升2.2个百分点；非水电可再生能源电力消纳量为361亿kWh，占本省全社会用电量的比重为28.9%，同比上升2.7个百分点。

甘肃。2022年，全部可再生能源电力消纳量为752亿kWh，占本省全社会用电量的比重为50.1%，同比上升3.2个百分点；非水电可再生能源电力消纳量为363亿kWh，占本省全社会用电量的比重为24.2%，同比上升5.3个百分点。

青海。2022年，全部可再生能源电力消纳量为694

亿 kWh，占本省全社会用电量的比重为 75.3%，同比下降 1.8 个百分点；非水电可再生能源电力消纳量为 306 亿 kWh，占本省全社会用电量的比重约为 33.2%，同比上升 3.9 个百分点。

国家能源局关于组织开展可再生能源发展试点示范的通知

（国能发新能〔2023〕66 号）

各省（自治区、直辖市）能源局，有关省（自治区、直辖市）及新疆生产建设兵团发展改革委，各派出机构，有关能源企业：

为深入贯彻落实党的二十大精神，以示范工程引领发展，加快培育可再生能源新技术、新模式、新业态，推动可再生能源大规模、高比例、市场化、高质量发展，助力建设新型能源体系，根据《“十四五”可再生能源发展规划》，现就“十四五”期间组织开展可再生能源示范工程有关事项通知如下。

一、总体要求

（一）指导思想。以习近平新时代中国特色社会主义思想为指导，全面贯彻落实党的二十大精神，按照“四个革命、一个合作”能源安全新战略，立足新发展阶段，完整、准确、全面贯彻新发展理念，构建新发展格局，通过组织开展可再生能源试点示范，支持培育可再生能源新技术、新模式、新业态，拓展可再生能源应用场景，着力推动可再生能源技术进步、成本下降、效率提升、机制完善，为促进可再生能源高质量跃升发展、加快规划建设新型能源体系、如期实现碳达峰碳中和目标任务提供有力支撑。

（二）工作原则

创新驱动、示范引领。坚持把创新作为可再生能源发展的根本动力，聚焦可再生能源大规模、高比例、低成本发展的前沿技术，通过组织开展示范工程，探索实践可再生能源开发利用的新场景、新模式、新机制，巩固提升可再生能源产业创新力、竞争力。

多元融合、统筹部署。注重可再生能源与其他产业和业态的融合，优化发展方式，统筹可再生能源发展与生态治理、乡村振兴、海洋经济等其他产业发展需求，实现可再生能源与其他产业的协同互补、融合发展。

政府引导、市场主导。充分发挥市场在资源配置中的决定性作用，更好发挥政府引导作用，完善激励机制、强化政策引领、优化市场环境，充分发挥企业推动试点示范项目建设的积极性，构建公平开放的市场环境。

二、主要目标

到 2025 年，组织实施一批技术先进、经济效益合理、具有较好推广应用前景的示范项目，推动形成一系列相对成熟完善的支持政策、技术标准、商业模式等，有力促进可再生能源新技术、新模式、新业态发展。

三、示范工程内容

（一）技术创新类

1. 深远海风电技术示范。主要支持大容量风电机组由近（海）及远（海）应用，重点探索新型漂浮式基础、±500 千伏及以上电压等级柔性直流输电、单机 15 兆瓦及以上大容量风电机组等技术应用，并推动海上风电运维数字化、智能化发展。

2. 光伏发电户外实证。主要支持在寒温、暖温、高原、湿热等典型气候地区，对光伏组件、支架、基础等光伏发电关键部件及系统在典型环境条件下的实际运行情况进行户外长周期运行监测与研究，为光伏产业升级提供支撑。

3. 新型高效光伏电池技术示范。主要支持高效光伏电池、钙钛矿及叠层太阳能电池、新型柔性太阳能电池及组件等新型、先进、高效光伏电池技术应用，以规模化促进前沿技术和装备进入应用市场，持续推进光伏发电技术进步、产业升级。单个示范项目装机规模不宜小于 5 万千瓦。

4. 光热发电低成本技术示范。主要支持光热发电新技术创新和应用，包括大容量机组、高效集热系统技术及设备部件、低成本镜场技术、大容量储热系统、高精度智能化控制系统等技术创新和应用，实现低度电成本的光热发电示范应用，推动太阳能热发电降本增效和规模化发展。

5. 地热能发电技术示范。主要支持大容量高效地热发电用汽轮机设备研制，单机容量兆瓦级以上的地热发电系统关键设备及系统集成技术研发，要在提高发电效率、突破技术瓶颈、提升技术装备国产化水平等方面有显著成效。

6. 中深层地热供暖技术示范。主要支持开发中深层水热型地热开采模拟软件，攻关砂岩地层尾水回灌技术，研究降低钻井成本、提高深埋管传热效率技术，实现气举反循环钻进工艺在中深含水层储能成井方面的应用，实现防腐蚀井管和滤水管成井工艺应用，研发地下水抽灌系统的防垢和除垢系统。积极探索“取热不耗水、完全等量同层回灌”或“密封式、无干扰井下换热”等技术，最大程度减少对地下土壤、岩层和水体的干扰。

7. 海洋能发电技术示范。主要支持具有一定工作基础、资源条件好的地方开展潮流能发电示范，推进兆瓦级潮流能发电机组应用，开展潮流能独立供电示范应用。探索推进波浪能发电示范工程建设，推动多种形式的波浪能发电装置应用。开展海岛可再生能源多能互补示范，探索海洋能在海岛多能互补电力系统的推广应用。

8. 新能源加储能构网型技术示范。主要支持构网型风电、构网型光伏发电、构网型储能、新能源低频组网送出等技术研发与工程示范，显著提高新能源接入弱电网的电压、频率等稳定支撑能力，大幅提升风电光伏大基地项目输电通道的安全稳定送电能力。

（二）开发建设类

9. 光伏治沙示范。主要支持在沙漠、戈壁、荒漠地区，统筹资源条件和消纳能力，因地制宜确定适宜开发范围，严守生态保护红线，科学选择生态治理方式、植被配置模式等，探索不同条件下有效的光伏治沙建设方案，带动沙漠治理、耐旱植物种植、观光旅游等相关产业发展，形成沙漠治理、生态修复、生态经济、沙产业多位一体、治用并行、平衡发展的体系。单个示范项目建设规模不宜小于 50 万千瓦。

10. 光伏廊道示范。主要支持利用铁路边坡、高速公路、主干渠道、园区道路和农村道路两侧用地范围外的空闲土地资源，因地制宜推进分布式光伏应用或小型集中式光伏建设，探索与城乡交通建设发展相结合的多元开发、就近利用、绿电替代、一体化运维的新型光伏开发利用模式。

11. 深远海海上风电平价示范。主要支持海上风能资源和建设条件好的区域，结合海上风电基地建设，融合深远海风电技术示范，通过规模开发、设计优化、产业协同等措施，推动深远海海域海上风电项目降低工程造价、经济性提升和实现无补贴平价上网。深远海海上风电平价示范项目单体规模不低于 100 万 kW。

12. 海上光伏试点。主要支持在太阳能资源和建设条件好的盐田等已开发建设海域，试点推动海上光伏项目建设，通过设计、施工、运维全生命周期优化以及产业协同等措施，推动项目技术水平和经济性提升，融合相关行业发展需求，形成可复制、可推广的海上光伏开发模式，重点分析评估海上光伏方阵、桩基对海洋资源生态环境影响，关注生态修复措施成效。

13. 海上能源岛示范。主要支持结合海上风电开发建设，融合区域储能、制氢、海水淡化、海洋养殖等发展需求，探索推进具有海上能源资源供给转换枢纽特征的海上能源岛建设，建设包括但不限于海上风电、海上光伏、海洋能、制氢（氨、甲醇）、储能等多种能源资源转换利用一体化设施。海上风电制氢、海水淡化、海洋牧场等海洋综合立体开发利用示范类型不少于 2 种。

14. 海上风电与海洋油气田深度融合发展示范。主要支持石油公司在海上油气生产平台周边 10 千米海域内建设海上风电场，探索推进海上风电和海洋油气协同开发、就近接入、绿电替代、联合运维等融合发展方案，形成海上风电与油气田区域电力系统互补供电模式。

15. 生物天然气产业化示范。主要支持粮食主产区和畜禽养殖集中区等有机废弃物丰富、禽畜粪污处理紧迫、用气需求量大的区域，因地制宜建设年产千万立方米级的生物天然气示范工程，带动农村有机废弃物处理、有机肥生产和消费、清洁燃气利用的循环产业体系建立。

16. 生物质能清洁供暖示范。主要支持在具备清洁采暖需求和条件的乡镇地区，因地制宜通过生物质热电联产、集中式生物质锅炉供暖等不同方式，实现乡镇地区清洁供暖。在大气污染防治非重点地区乡村，可按照就地取材原则，因地制宜推广户用成型燃料炉具供暖。

17. 地热能发展高质量示范区。主要支持大规模、区域化地热供暖项目，在地热能管理方式、建设模式、开发技术、系统设计、环境保护、运维管理等方面的创新应用，实现地热能综合、梯次高效开发利用，推动地热供暖高质量发展。

（三）高比例应用类

18. 发供用高比例新能源示范。主要支持园区、企业、公共建筑业主等用能主体，利用新能源直供电、风光氢储耦合、柔性负荷等技术，探索建设以新能源为主的多能互补、源荷互动的综合能源系统，通过开发利用模式创新，推动新能源开发、输送与终端消费的一体化融合，打造发供用高比例新能源示范，实现新能源电力消费占比达到 70%以上。

19. 绿色能源示范园（区）。主要支持绿色低碳产业聚集、工业节能降碳基础好、能源消耗计量工作扎实的工业园区，因地制宜开发利用风、光、生物质、地热能等可再生能源，开展可再生能源消费替代行动，使得区域内新增能源消费 100%由可再生能源满足。优先选择国际合作生态园、国家经济开发区、省级产业园区等示范带动作用显著的园区。

20. 村镇新能源微能网示范。主要支持在有条件的区域结合当地资源及用能特点，综合利用新能源和各类能源新技术，以村镇为单元，构建以风、光、生物质为主，其他清洁能源为辅，高度自给的新能源微能网，提升乡村用能清洁化、电气化水平，支撑生态宜居美丽乡村建设。

四、工作要求

（一）技术先进，经济合理。示范项目应具备技术先进性，所采用的技术路线、工程装备应达到业内先进水平，鼓励采用自主知识产权的原创技术；工程投资及收益合理，经济评价可行，鼓励探索创新性商业模式。支持依托示范项目，组织制定一批行业标准，强化标准实施应用。

（二）效果显著，可推广性强。示范项目应具有突出的设计理念、创新成果、示范效果，重点体现在提升可再生能源利用技术、促进可再生能源高效利用、提高可再生能源利用经济性等方面同时，具有较强的可复制性和推广应用潜力。

（三）基础要素完备，按时开工。申报示范项目前期工作充分，投资主体、用地、环评、消纳条件、实施方案等均已得到落实，示范项目原则上在“十四五”期间开工建设，并持续推进项目建成投产。

五、组织实施

（一）项目组织。坚持以省为主、国家统筹。各省级能源主管部门按照本通知有关要求，进一步细化本地区拟开展示范的有关要求和评价标准，组织企业报送示范项目实施方案等材料，也可从本地区选取符合要求的已开展项目；组织第三方技术机构逐个项目进行评审，根据评审意见，形成本地区试点示范项目清单；按照“优中选优、宁缺毋滥”的原则，审慎安排示范项目，原则上各省（区、市）开展的示范工程每类不超过 2 个项目。试点示范项目情况及时报国家能源局。

（二）项目管理。各省级能源主管部门要在消纳有保障、经济可承受的前提下，按要求组织相关开发企业推进试点示范项目建设，项目应取得必要支持性文件后方可开工建设。对于建设内容发生重大变更、技术路线发生重大调整或无法继续实施的项目，要及时提出更新调整建议。

（三）经验推广。示范项目建成后，各省级能源主管部门及时组织验收和总结评价，并将项目完成情况报国家能源局。国家能源局会同相关省级能源主管部门根据试点示范项目完成情况，综合评估示范效果、推广前景，并结合实际情况适时在更大范围内进行宣传推广。

（四）监督管理。各省级能源主管部门与派出机构要加强对本地区试点示范项目实施工作的监管，对照各省（区、市）先期制定的试点示范工程相关标准和要求，持续跟踪项目建设进度、政策执行情况、指标完成情况、示范效果等，并严控施工质量，保障项目安全有序实施。

（五）政策支持。各地区根据实际情况，对试点示范项目积极给予资金支持，经统筹纳入各级国土空间规划后，加大用地用海等要素保障，优化项目审批流程，为试点示范项目建设创造良好条件。

联系电话：010－81929507

国家能源局

2023 年 9 月 27 日

国家能源局关于进一步规范可再生能源发电项目电力业务许可管理的通知

（国能发资质规〔2023〕67 号）

各派出机构，有关电力企业：

为进一步规范可再生能源发电项目电力业务许可管理，助力推动能源绿色低碳高质量发展，现就有关事项通知如下。

一、豁免分散式风电项目电力业务许可

在现有许可豁免政策基础上，将分散式风电项目纳入许可豁免范围，不要求其取得电力业务许可证。

本通知印发前，已取得电力业务许可证的分散式风电项目运营企业，向所在地国家能源局派出机构（以下简称派出机构）申请注销电力业务许可证。

二、明确可再生能源发电项目相关管理人员兼任范围

可再生能源发电项目运营企业申请电力业务许可证时，其生产运行负责人、技术负责人、安全负责人和财务负责人的任职资格和工作经历应符合《电力业务许可证管理规定》要求。项目由专业运维公司或企业（集团）内部关联企业统一管理的上述人员中，技术负责人、财务负责人可在不同省份项目间兼任；生产运行负责人只能在同一省份不同项目间兼任，其他情况不得兼任。可再生能源发电项目运营企业申请电力业务许可证时，应提供上述人员的任职文件及相关工作经历。

已取得电力业务许可证的可再生能源发电项目运营企业，如管理人员不符合上述要求，应在本通知印发后 1 年内进行变更，逾期未变更的，按照许可条件未保持情况处理。

三、规范可再生能源发电项目许可登记

风电、光伏发电等可再生能源发电项目申请电力业务许可证时，“机组情况登记”同一栏目中可登记单台/个（以下统称台）机组/单元（以下统称机组），也可登记多台机组。登记单台机组的，投产日期为机组首次并网发电的日期；登记多台机组的，投产日期为多台机组中最后一台机组并网的日期。同一批次投产机组因机组型号不同分开登记的，投产日期均登记为该批次最后一台机组的并网日期。项目运营企业应对

申请电力业务许可证时填报的投产日期真实性负责。本通知印发前已经取得电力业务许可证的企业，许可证中登记的机组投产日期与上述要求不一致的，应在本通知印发后 1 年内向发证机关申请登记事项变更，并提供可以证明机组投产日期的有关材料；逾期未变更的，按照企业运营机组实际情况与许可登记不一致情况处理。

光伏发电项目以交流侧容量（逆变器的额定输出功率之和，单位 MW）在电力业务许可证中登记，分批投产的可以分批登记。本通知印发前，以光伏组件的标称功率总和（单位 MWp）在电力业务许可证中登记的，不再进行变更。

四、调整可再生能源发电项目（机组）许可延续政策

达到设计寿命的风电机组，按照《风电场改造升级和退役管理办法》（国能发新能规〔2023〕45号）相关规定及时开展安全性评估。经评估符合安全运行条件且评估结果报当地能源主管部门后，相关运营企业按照《电力业务许可证监督管理办法》第十五条申请许可延续；未开展安全评估或评估结果不符合安全运行要求的，注销（变更）电力业务许可证。

达到设计寿命的生物质、光热发电机组，参照煤电机组许可延续政策和标准执行。

根据目前水电行业管理政策，水电机组暂不纳入许可延续管理。水电机组申请电力业务许可证时，不登记机组设计寿命。

五、明确异地注册企业电力业务许可管理职责

可再生能源发电项目所在地与运营企业注册地不在同一省份的，该发电项目电力业务许可证的申请及变更应向项目所在地派出机构提出。同一企业在不同派出机构辖区运营多个可再生能源发电项目，但未在项目所在地市场监督管理部门登记为公司、非公司企业法人或分支机构的，电力业务许可证的申请及许可事项的变更应由项目法人分别向各项目所在地派出机构提出。某个企业（以统一社会信用代码识别）在一个派出机构辖区内，所有项目只能取得一个电力业务许可证。

六、加强可再生能源发电项目许可数据信息管理

建立许可数据信息定期核验机制，持证可再生能源发电项目运营企业应当结合日常业务，每年对运营项目许可相关数据信息进行 1 次核对，对已发生变化的登记事项和许可事项应在 30 日内向派出机构申请办理变更手续，并补充完善其他相关数据信息。对于 2 年内未登录系统进行数据信息完善的企业，派出机构应予以重点关注，加强日常监管，确保许可数据信息动态调整，同时在国家可再生能源发电项目信息管理平台建档立卡系统中予以更新。

本通知自印发之日起施行，有效期五年。

国家能源局

2023 年 10 月 7 日

国家能源局综合司关于进一步加强发电安全生产工作的通知

（国能综通安全〔2023〕115 号）

各省（自治区、直辖市）能源局，有关省（自治区、直辖市）及新疆生产建设兵团发展改革委、工业和信息化主管部门，北京市城市管理委，各派出机构，全国电力安委会各企业成员单位：

今年以来，发电领域安全事故时有发生，事故起数同比增加，暴露出部分电力企业仍然存在主体责任落实不到位、风险隐患整治不扎实、设备运维管理不认真等问题，发电安全形势依然严峻。当前正值机组秋检高峰期和迎峰度冬准备期，检修现场多、作业环节多、外包队伍多、参与人员多，安全风险居高不下。为进一步加强发电安全生产，防范遏制各类事故发生，现就有关要求通知如下。

一、严格落实企业主体责任

各电力企业要深入学习贯彻习近平总书记关于安全生产重要指示批示精神，牢固树立安全发展理念，清醒认识当前电力安全生产严峻形势，不断完善安全生产责任体系。要加强安全责任落实情况监督检查和绩效考核，及时排查整治责任制不健全、安全责任不落实不落地、安全生产保障体系和监督体系空转虚转等突出问题，并严格追责问责。

二、加强生产作业过程管控

各电力企业要加强机组运行维护管理，及时消除缺陷隐患，保障设备良好工况。要加强机组检修、技改、调试等生产作业过程管控，深入论证工作方案，增强方案的有效性和可操作性，提高检修技改质量水平；认真开展技术交底和安全交底，确保作业人员熟悉设备性能、运行机理、作业区域及周边的风险隐患，掌握应急处置和避险逃生措施；加强对作业现场的巡查检查，及时发现并制止“三违”行为。

三、强化重点部位环节管理

各电力企业要深刻汲取事故教训，分析发电事故易发区域、环节、时段等规律，突出重点排查各类安全问题。火电企业要重点排查高压蒸汽管道阀门、燃料系统、灰粉系统、脱硫脱硝设备等重点部位的安全

隐患，以及密闭空间、高处、动火、带电、吊装、带压、夜间等危险性较大的作业环节管理漏洞，严格落实两票三制，完善安全保护和现场监护等措施。水电企业要在汛后全面排查水工建筑物运行状态，及时处理渗漏、裂缝、塌陷、隆起及变形等异常情况；要严密监测库区及周边地质灾害点，落实风险管控措施。

四、加强外包安全管理

各电力企业要将外包队伍纳入本企业安全管理体系，实行统一管理、统一考核，严格审查外包队伍人员的资质、能力和安全生产历史业绩等条件，从源头上消除安全隐患。要加强外包安全教育培训，针对不同岗位采取不同培训方式和培训内容，增强外包人员安全意识和专业技能，提高培训成效。要加强外包作业管理，采用信息化、智能化、大数据等技术手段，全程掌握外包队伍和人员遵守安全生产规定、落实安全管理要求等情况。

五、加大安全监管力度

各派出机构和地方各级电力管理部门要加强电力安全监管和属地管理，汇总掌握辖区发电检修、技改等大规模、长时段集中作业现场分布情况，采用“四不两直”、明察暗访等方式，加强对发电企业、特别是事故企业生产作业的监督检查，对现场管理混乱、风险隐患突出的企业及其人员，要采取约谈、通报、停工停产、行政处罚等监管措施从严从快处理。

国家能源局综合司

2023 年 10 月 17 日

国家能源局综合司关于持续推进电力行业危险化学品安全风险集中治理工作的通知

各省（自治区、直辖市）能源局，有关省（自治区、直辖市）及新疆生产建设兵团发展改革委、工业和信息化主管部门，北京市城市管理委，各派出机构，全国电力安委会各企业成员单位：

为进一步加强电力行业危化品安全生产工作，持续推进危化品安全风险集中治理，现就有关监管要求通知如下。

一、动态掌握危化品底数

各电力企业要按照《电力行业危险化学品安全风险集中治理实施方案》（国能发安全〔2022〕21 号）相关规定，在 2022 年排查成果的基础上，进一步摸清危化品底数，动态掌握危化品的存储位置、品名属性、数量规模、变化情况、危害特性、使用方法、管理要求等基本信息，并依据《危险化学品重大危险源辨识》（GB 18218）等标准规范，及时开展重大危险源辨识和安全评估，明确重大危险源等级及安全风险状况。

二、严格实施清单化管理

各电力企业要对摸排出的危化品基本信息、重大危险源等级、安全风险状况等建立危化品清单并实时更新，明确管理责任，消除责任“真空”。要严格实施清单化管理，对于存量危化品，要按照“消、降、控”策略，持续推进安全风险集中治理，完善管控措施，提高安全系数；对于新增危化品，要在危化品进场时搞清化学成分和基本特性，建立存储、使用、废弃等管理制度，并纳入危化品清单；对于已停止使用并依规废弃的，要及时移出清单予以销号。

三、加快重大危险源整治

各电力企业要按照已明确的工作计划，积极推进尿素替代液氨改造等危化品重大危险源整治工作。对于国家能源集团贵州安顺电厂、重庆安稳电厂、河北建投西柏坡电厂液氨一级、二级重大危险源主体工程已完成改造但受电力保供影响尚未切换投运的，以及计划于 2023 年改造的液氨三级、四级重大危险源，相关企业要抓住当前用电负荷较低、调度安排秋检的宝贵时机，保障人财物到位，按时高质量完成改造任务及后续切换投运工作；对于计划于 2024 年改造的液氨三级、四级重大危险源，相关企业要提前谋划，缜密部署，倒排工期，有序高效开展改造工作。

四、加强安全监督管理

各省级电力管理部门、各派出机构要切实落实电力安全监督管理责任，准确掌握辖区内电力行业危化品安全形势和风险整治管控工作开展情况，聚焦液氨、天然气、光热发电和光热储能使用的熔盐等危化品重大危险源，不断加强监管执法，严肃处理危化品安全管理不严格、风险整治管控不到位、重大危险源改造工作严重滞后等问题，并及时通报地方政府及其应急管理部门。

各派出机构、全国电力安委会各企业成员单位要对照 2022 年排查成果并根据最新摸排情况，填写《危化品重大危险源及治理措施清单》（见附件，以下简称《清单》）。其中，全国电力安委会各企业成员单位填写所属电力企业危化品情况；各派出机构填写辖区内全国电力安委会企业成员单位之外的电力企业危化品情况。以上各单位要于 2023 年 11 月 15 日前将填写的《清单》（含电子版）报送国家能源局电力安全监管司。

联系人：应希纯

联系方式：010－81929636 fdsafety@163.com

附件：危化品重大危险源及治理措施清单

电力安全监管司

2023 年 10 月 13 日

附件

危化品重大危险源及治理措施清单

填报单位： 填报时间：

联系人及电话：

序号	企业名称	地理位置	所属集团	危化品名称	重大危险源等级	治理措施	当前治理进展（含计划完成治理的时间）	是否备案	备注
1									
2									
…									

填写说明：

1. 全国电力安委会企业成员单位填写集团总部名称，地方国企填写省级集团名称，民营企业填写控股集团或实际管理单位名称。

2. 本次填报工作要在 2022 年报送的危化品重大危险源及治理措施清单基础上进行，2022 年上报的重大危险源中，属于已完成治理、销号、新增的，请在“备注”栏中分别注明已完成治理、销号、新增。

3. 本次填报的“危化品”范围依据《危险化学品安全管理条例》相关规定确定，重点包括液氨、天然气、熔盐、煤气、氢气等，但不含民用爆炸物、放射性物质等。

4.“重大危险源等级”是指按照《危险化学品重大危险源监督管理暂行规定》（国家安监总局 79 号令）确定的危化品重大危险源等级。

5.“地理位置”要填写到市县级。

6.“是否备案”是指根据《危险化学品重大危险源监督管理暂行规定》（国家安监总局 79 号令）第二十三条规定，需报送所在地县级人民政府安全生产监督管理部门备案的情况。

国家能源局关于印发《可再生能源利用统计调查制度》的通知

（国能发新能〔2023〕74 号）

各省（自治区、直辖市）能源局、有关省（自治区、直辖市）及新疆生产建设兵团发展改革委，国家电网有限公司、中国南方电网有限责任公司、内蒙古电力（集团）有限责任公司，有关中央发电企业，中国电力企业联合会、中国可再生能源学会、中国循环经济协会，国家可再生能源信息管理中心、国家地热能中心，地方独立电网公司，地热能开发利用企业：

根据有关规定和工作需要，我们对可再生能源发电利用统计报表制度进行了修订，形成了《可再生能源利用统计调查制度》（以下简称《统计调查制度》），已经国家统计局批准（国统制〔2023〕114 号），现印发执行。请各单位认真组织实施，严格按照《统计调查制度》的要求，真实、准确、完整地做好各项统计数据报送工作。

《统计调查制度》月报以电子版形式按原渠道报送国家能源局新能源和可再生能源司，年报以纸质和电子版形式同时报送。《统计调查制度》可在国家能源局网站（www.nea.gov.cn）下载。执行过程中有何情况和意见，请与我局新能源和可再生能源司联系。

联系电话：010－81929500，81929501（传真）

国家能源局

2023 年 10 月 29 日

附件：可再生能源利用统计调查制度（略）

国家能源局关于印发《电力安全事故调查程序规定》的通知

（国能发安全规〔2023〕76 号）

各省（自治区、直辖市）能源局，有关省（自治区、直辖市）及新疆生产建设兵团发展改革委、工业和信息化主管部门，北京市城市管理委，各派出机构，全国电力安委会各企业成员单位：

为了规范电力安全事故调查工作，国家能源局制定了《电力安全事故调查程序规定》。现印发给你们，请遵照执行。

国家能源局

2023 年 11 月 2 日

附件：

电力安全事故调查程序规定

第一条 为了规范电力安全事故调查工作，根据《中华人民共和国安全生产法》《生产安全事故报告和调查处理条例》和《电力安全事故应急处置和调查处理条例》等法律法规，制定本规定。

第二条 国家能源局及其派出机构（以下简称能源监管机构）组织调查电力安全事故（以下简称事故），适用本规定。

国务院授权国家能源局组织调查特别重大事故，国家另有规定的，从其规定。

第三条 事故调查应当按照依法依规、实事求是、科学严谨、注重实效的原则，及时、准确地查清事故原因，查明事故性质和责任，评估应急处置工作，总结事故教训，提出整改措施，并对事故责任单位和人员提出处理建议。

第四条　任何单位和个人不得阻挠和干涉对事故的依法调查。

第五条　能源监管机构调查事故，应当及时组织事故调查组。

第六条　重大事故、国务院授权组织调查的特别重大事故由国家能源局组织事故调查组。

第七条　较大事故、一般事故由事故发生地国家能源局派出机构（以下简称派出机构）组织事故调查组。

较大事故、一般事故跨省（自治区、直辖市）的，由事故发生地国家能源局区域监管局组织事故调查组；较大事故、一般事故跨区域的，由国家能源局指定派出机构组织事故调查组。

国家能源局认为有必要调查的较大事故，由国家能源局组织事故调查组。

派出机构可委托事故发生单位组织调查未造成供电用户停电的一般事故。

第八条　组织事故调查组应当遵循精简、高效的原则。根据事故的具体情况，事故调查组由能源监管机构、有关地方人民政府、应急管理部门、负有电力安全生产监督管理职责的地方电力管理部门派人组成。

事故有关人员涉嫌失职、渎职或者涉嫌犯罪的，应当邀请监察机关、公安机关、人民检察院派人参加。

能源监管机构可以聘请有关专家参加事故调查组，协助事故调查。

第九条　事故调查组成员应当具有事故调查所需要的知识和专长，与所调查的事故、事故发生单位及其主要负责人、主管人员、有关责任人员没有直接利害关系，由能源监管机构核定。

第十条　事故调查实施调查组组长负责制，事故调查组组长由能源监管机构指定。事故调查组组长主持事故调查组的工作，并履行下列职责：

（一）组织编制并实施事故调查方案；

（二）协调决定事故调查工作中的重要问题；

（三）根据调查的实际情况，组织调查组提出有关事故调查的结论性意见；

（四）审核事故涉嫌犯罪的材料，批准将有关材料或者复印件按程序移交相关部门处理；

（五）组织事故调查组开展其他相关工作。

事故调查组成员对事故的原因、性质和处理建议等不能取得一致意见时，事故调查组组长有权提出结论性意见。

第十一条　根据事故调查需要，能源监管机构可以重新组织事故调查组或者调整事故调查组成员。

第十二条　事故调查组应当制定事故调查方案。事故调查方案应包括事故调查的工作原则、职责分工、方法步骤、时间安排、措施要求等内容。

第十三条　事故调查组进行事故调查，应当制作事故调查通知书。事故调查通知书应当向事故发生单位、事故涉及单位出示。

第十四条　事故调查组勘查事故现场，可以采取照相、录像、绘制现场图、采集电子数据、制作现场勘查笔录等方法记录现场情况，提取与事故有关的痕迹、物品等证据材料。事故调查组应当要求事故发生单位移交事故应急处置形成的有关资料、材料。

第十五条　事故调查组可以进入事故发生单位、事故涉及单位的工作场所或者其他有关场所，查阅、复制与事故有关的工作日志、运行记录、工作票、操作票、设备台账、录音、视频等文件、资料，查阅、调取与事故有关的设备内部存储信息等，对可能被转移、隐匿、销毁的文件、资料予以封存。上述文件、资料如涉密，按照相关保密规定执行。

第十六条　事故调查组应当根据事故调查需要，对事故发生单位有关人员、应急处置人员等知情人员进行询问。询问应当形成询问笔录。

事故发生单位负责人和有关人员在事故调查期间应随时接受事故调查组的询问，如实提供有关情况。

事故发生有关单位和人员应当依法妥善保护事故现场以及相关证据，并配合调查组进行调查取证，任何单位和个人不得故意破坏事故现场、毁灭相关证据。

第十七条　事故调查组进行现场勘查、检查或者询问知情人员，调查人员不得少于2人。

第十八条　事故调查需要进行技术鉴定的，事故调查组应当委托具有国家规定资质的单位进行。必要时，事故调查组可以直接组织专家进行。

第十九条　事故调查组应当收集与事故有关的原始资料、材料。因客观原因不能收集原始资料、材料，或者收集原始资料、材料有困难的，可以收集与原始资料、材料核对无误的复印件、复制品、抄录件、部分样品或者证明该原件、原物的照片、录像等其他证据。

现场勘查笔录、检查笔录、询问笔录和鉴定意见应当由调查人员、勘查现场有关人员、被询问人员和鉴定人签名。

事故调查组应当依照法定程序收集与事故有关的资料、材料，并妥善保存。

第二十条　事故调查组成员在事故调查工作中应当诚信公正，恪尽职守，遵守纪律，保守秘密。

未经事故调查组组长允许，事故调查组成员不得擅自发布有关事故的信息。

第二十一条　事故调查组应当查明下列事故情况：

（一）事故发生单位的基本情况；

（二）事故发生的时间、地点、现场环境、气象等情况，事故发生前电力系统的运行情况；

（三）事故经过、事故应急处置情况，事故现场有关人员的工作内容、作业时间、作业程序、从业资格等情况；

（四）与事故有关的仪表、自动装置、断路器、保护装置、故障录波器、调整装置等设备和监控系统、调度自动化系统的记录、动作情况；

（五）事故影响范围，电网减供负荷比例、城市供电用户停电比例、停电持续时间、停止供热持续时间、发电机组停运时间、设施设备损坏等情况；

（六）事故涉及设施设备的规划、设计、选型、制造、加工、采购、施工安装、调试、运行、检修等方面的情况；

（七）事故调查组认为应当查明的其他情况。

第二十二条 事故调查组应当查明事故发生单位执行有关安全生产法律法规及强制性标准规范，加强安全生产管理，建立健全安全生产责任制度，完善安全生产条件等情况。

第二十三条 涉及由能源监管机构一并牵头调查的人身伤亡的事故，事故调查组除应查明本规定第二十一条、第二十二条规定的情况外，还应当查明：

（一）人员伤亡数量、人身伤害程度等情况；

（二）伤亡人员的单位、姓名、文化程度、工种等基本情况；

（三）事故发生前伤亡人员的技术水平、安全教育记录、从业资格、健康状况等情况；

（四）事故发生时采取安全防护措施的情况和伤亡人员使用个人防护用品的情况；

（五）能源监管机构认为应当查明的其他情况。

第二十四条 事故调查组应当在查明事故情况的基础上，确定事故发生的原因，判断事故性质并做出责任认定。

第二十五条 事故调查组应当根据现场调查、原因分析、性质判断和责任认定等情况，撰写事故调查报告。

事故调查报告的内容应当符合《中华人民共和国安全生产法》《生产安全事故报告和调查处理条例》和《电力安全事故应急处置和调查处理条例》的规定，并附具有关证据材料和技术分析报告。

第二十六条 事故调查组成员应当在事故调查报告上签名。事故调查组成员对事故调查报告的内容有不同意见的，应当在事故调查报告中注明。

第二十七条 事故调查报告经组织事故调查的能源监管机构审查批复，事故调查工作即告结束。

由事故发生地派出机构组织调查的较大事故和一般事故，事故调查报告应当报国家能源局，并抄送相关省级人民政府安全生产委员会办公室。

第二十八条 事故调查应当按照《电力安全事故应急处置和调查处理条例》规定的期限完成。

下列时间不计入事故调查期限：

（一）瞒报、谎报、迟报事故的调查核实所需的时间；

（二）因事故救援无法进行现场勘查的时间；

（三）本规定第十八条所述的技术鉴定时间。

第二十九条 事故调查涉及行政处罚的，应当符合行政处罚案件立案、调查、审查和决定的有关规定。

第三十条 能源监管机构应当依据事故调查报告，对事故发生单位及其有关人员依法依规给予行政处罚。

第三十一条 能源监管机构应当依据事故调查报告，制作监管文书，对有关人员提出给予处分或者其他处理的意见，送达有关单位。有关单位应当依据监管文书要求依法处理，并将处理情况报告能源监管机构。

第三十二条 事故调查过程中发现违法行为和安全隐患，能源监管机构有权予以纠正或者要求限期整改。要求限期整改的，能源监管机构应当及时制作整改通知书。

被责令整改的单位应当按照能源监管机构的要求进行整改，并将整改情况以书面形式报能源监管机构。

第三十三条 事故发生单位应当认真吸取事故教训，制定落实事故防范和整改措施方案。能源监管机构和负有电力安全生产监督管理职责的地方电力管理部门应当对事故发生单位和有关人员落实事故防范和整改措施的情况进行监督检查，必要时进行专项督办。

第三十四条 事故调查报告由牵头组织事故调查的单位依法向社会公布，依法应当保密的除外。

第三十五条 负责事故调查处理的能源监管机构应当在批复事故调查报告后一年内，组织有关部门对事故整改和防范措施落实情况进行评估，并及时向全行业公开评估结果。

第三十六条 有关单位和人员拒不配合，阻碍、干扰事故调查工作的，或不执行对事故责任人员的处理决定的，事故调查相关单位依据《中华人民共和国安全生产法》《电力监管条例》《生产安全事故报告和调查处理条例》和《电力安全事故应急处置和调查处理条例》等法律法规对相关责任单位和人员进行处理。

第三十七条 电力生产或者电网运行过程中发生发电设备或者输变电设备损坏，造成直接经济损失的事故，未影响电力系统安全稳定运行以及电力正常供应的，由能源监管机构依照本规定组织事故调查组对重大事故、较大事故和一般事故进行调查。

第三十八条 未造成供电用户停电的一般事故，

派出机构委托事故发生单位组织事故调查的，派出机构应当制作事故调查委托书，确定事故调查组组长，审查事故调查报告。事故发生单位组织事故调查，参照本规定执行。

第三十九条　本规定自 2023 年 11 月 10 日起施行，有效期 5 年。本规定由国家能源局负责解释。

国家能源局综合司关于加强发电侧电网侧电化学储能电站安全运行风险监测的通知

（国能综通安全〔2023〕131 号）

全国电力安全生产委员会各企业成员单位，中国电力企业联合会，有关电力企业：

为认真贯彻落实习近平总书记关于安全生产重要指示精神，落实党中央、国务院关于电力安全风险管控有关决策部署，进一步加强电力行业电化学储能电站安全管理，强化发电侧、电网侧电化学储能电站安全运行风险监测及预警，保障电力系统安全稳定运行，现就有关事项通知如下。

一、夯实安全运行风险监测基础能力

（一）增强基础台账管理能力。电力企业应利用信息化技术建立电化学储能电站基础台账管理体系，保存本企业投资、运维的电化学储能电站建设基础台账信息，包括业主单位、建设单位、设计单位、施工单位、建设规模、设计方案、接入系统方案，及其主要设备选型、关键参数等，实现基础台账全面信息化管理。

（二）增强运行风险监测及分析预警能力。电力企业应对本企业投资、运维的电化学储能电站电池组、电池管理系统（BMS）、能量管理系统（EMS）、储能变流器（PCS）、消防系统、网络安全、运行环境以及其他重要电气设备运行安全状态实施监测和管理，定期分析安全运行情况，强化运行风险预警与应急处置，对存在安全隐患的设备及系统，应能够及时预警并采取有效措施消除隐患。各电力企业应于 2024 年 12 月 31 日前完成本企业监测能力建设，2025 年以后新建及存量电化学储能电站应全部纳入监测范围。

（三）增强防范运行风险能力。电力企业应根据电化学储能电站运行风险监测信息，综合评估电站安全运行状况，制定落实相应风险控制方案，推动运行风险常态化管控。应组织评估风险控制方案的实施效果，督促检查电站风险防控措施的落实情况，保障各项运行风险有效管控。

二、强化安全运行监测数据管理

（四）加强监测数据源头管控。电力企业应明确监测数据管理责任，规范安全监测数据保存、传输、管理主体及管理办法，确保数据质量满足要求。定期开展数据校核，推动数据质量问题闭环整治，持续提升监测数据准确性。

（五）推动监测数据横向贯通。电力企业应将电化学储能安全纳入企业生产安全管理范畴，加快推进监测数据与本企业其他生产管理系统贯通，促进系统互联互通、数据可靠共享、业务高效协同。充分利用信息化管理分析手段，支撑电化学储能电站安全管理水平提升。

（六）强化监测数据安全管理。电力企业应选用符合国家及行业有关规定、满足网络与信息安全要求的技术，确保监测信息及数据安全。在选择相关技术路线时，应兼顾技术先进性与供应链安全性，为电化学储能运行风险监测工作提供安全可靠的物质基础。

三、加强风险监测分析及标准体系建设

（七）加强风险监测分析应用。中国电力企业联合会应充分发挥职能作用，将电力行业电化学储能电站安全运行风险纳入监测范畴，会同重点电力企业建立长效机制，利用信息化技术做好运行风险监测数据的收集、汇总和分析，定期向国家能源局报送分析情况，助力电力行业电化学储能电站安全管理水平提升。

纳入行业分析范畴的风险监测信息应包括但不限于以下内容：电化学储能电站基础台账信息，一级报警信息、通信状态、有功功率等运行安全状态信息；充放电量、上下网电量、充放电小时数、停运小时数等月度安全运行情况信息，以及产品质量、隐患缺陷分析等专项调研信息。

（八）做好风险监测行业服务。中国电力企业联合会应充分发挥行业桥梁纽带和导向作用，基于行业监测数据，加强电化学储能电站运行机理、内在规律和安全措施等研究，及时发布行业内重大风险隐患预警提示，推动业务交流及经验共享。

（九）健全风险监测标准体系。中国电力企业联合会应积极组织健全电化学储能电站安全运行风险监测标准体系，为行业安全信息监测能力建设、电化学储能电站安全运行评价等提供标准支撑，不断提升行业服务能力。

本通知执行过程中，如有问题和建议，请及时反馈国家能源局电力安全监管司。

联系人：张锐

联系方式：010－81929643，传真：010－81929607

电子邮箱：grid@nea.gov.cn

国家能源局综合司

2023 年 11 月 7 日

国家能源局关于印发《农村电网巩固提升工程中央预算内投资项目可行性研究报告编制和审查指南》的通知

（国能发新能规〔2023〕78号）

各省、自治区、直辖市、新疆生产建设兵团发展改革委、能源局，国家电网有限公司、中国南方电网有限责任公司、内蒙古电力（集团）有限责任公司：

为做好中央预算内投资项目可行性研究报告编制和审查工作，充分发挥中央预算内投资效益，扎实推进农村电网巩固提升工程，助力乡村振兴和农业农村现代化，我们对《农村电网改造升级项目可行性研究报告编制和审查指南》（国能综新能〔2014〕617号）进行了修订，形成了《农村电网巩固提升工程中央预算内投资项目可行性研究报告编制和审查指南》，现印发给你们，请遵照执行。

国家能源局

2023年11月14日

附件：农村电网巩固提升工程中央预算内投资项目可行性研究报告编制和审查指南

农村电网巩固提升工程中央预算内投资项目可行性研究报告编制和审查指南

第一章 总 则

第一条 为加强农村电网巩固提升工程中央预算内投资项目管理，规范项目可行性研究报告编制和审查工作，充分发挥中央预算内投资效益，根据《政府投资条例》《政府投资项目可行性研究报告编写通用大纲（2023年版）》和农村电网巩固提升工程中央预算内投资管理有关规定，制定本指南。

第二条 本指南所称农村电网是指县级行政区域内（不含市辖区的城镇区域）110kV及以下公用电力设施，包括相关输电、供电和因公用电网覆盖能力不足而建设的可再生能源局域网等电力设施。

第三条 农村电网巩固提升工程中央预算内投资重点支持中西部地区和东北地区中低压配电网改造，兼顾各电压等级协调发展。

第四条 本指南适用于农村电网巩固提升工程中央预算内投资项目（以下简称项目）的可行性研究报告编制和审查工作。

第五条 申请中央预算内投资支持的农村电网巩固提升项目应满足以下条件：

（一）项目已纳入当地农村电网巩固提升工程规划和滚动投资计划，项目可行性研究报告经所在省级发展改革委（能源局）审批同意。

（二）项目建设主要目的是为保障农村生产生活电力需求，服务农业农村现代化。其中，10kV及以下电压等级项目预期接入农村居民、农业生产、农产品加工等涉农用户容量不得低于接入用户总容量的60%，110（66）kV、35kV电压等级项目预期接入涉农用户容量不得低于接入用户总容量的50%。

（三）原则上不支持非必要入地电缆、专项电网智能化建设改造等项目。

第六条 项目法人负责组织编制农村电网巩固提升工程项目可行性研究报告。省级发展改革委（能源局）负责审批项目可行性研究报告。

国家发展改革委、国家能源局视情况对省级发展改革委（能源局）审批的项目可行性研究报告进行抽查复核。

第二章 项目可行性研究报告编制和审查程序

第七条 项目法人应根据农村电网巩固提升工程规划和中央预算内投资年度重点支持方向，从三年项目储备库中优选项目，商市县级发展改革部门（能源管理部门）拟定项目备选计划，于6月底前完成下一年度项目的可行性研究报告编制工作，并履行必要的内部审核程序。

项目法人应于每年7月10日前或按照省级发展改革委（能源局）有关工作要求，将下一年度项目可行性研究报告报省级发展改革委（能源局）审批。

第八条 省级发展改革委（能源局）应组织专家或委托有相应能力的工程咨询单位对项目可行性研究报告进行评估，根据评估意见予以审批并出具批准文件。于每年8月底前或按照国家发展改革委、国家能源局有关工作要求，完成下一年度项目的可行性研究报告审批工作。

第九条 省级发展改革委（能源局）应根据国家发展改革委关于年度中央预算内投资计划草案编制的工作要求，结合本省（区、市）农村电网巩固提升目标任务和重点任务等，选取已审批的项目形成农村电网巩固提升工程年度中央预算内投资计划草案，报送国家发展改革委、抄送国家能源局，随附项目可行性研究报告批复文件。

第十条 完成可行性研究报告批复、当年未纳入中央预算内投资计划的项目，可于下一年度继续申请中央预算内投资，或由项目法人依据可行性研究报告批复文件通过自筹资金等方式组织实施。

第十一条 国家发展改革委、国家能源局在项目可行性研究报告抽查复核中发现存在严重问题的，应要求省级发展改革委（能源局）重新组织编制、审批和报送项目可行性研究报告，情节特别严重的可取消年度投资计划。

第三章　项目可行性研究报告编制要求

第十二条　项目法人开展可行性研究应遵循国家法律法规和行业相关规程规范，对项目建设条件进行调查和必要勘测，对项目建设的技术、经济、环境、节能、施工及运行管理等进行分析论证和方案比较，科学编制可行性研究报告。鼓励有条件的地区实行可行性研究、初步设计一体化管理模式。主要要求如下：

（一）35kV及以上电压等级项目以单个项目、35kV以下电压等级项目以县域为单位编制项目可行性研究报告，可再生能源局域网项目综合考虑项目建设规模、涉及地区等因素统筹确定可行性研究报告编制方式。对技术方案简单、投资规模较小的同一县域内35kV电压等级改造项目，经省级发展改革委（能源局）同意，可合并编制可行性研究报告，并作为单个项目计列。

（二）项目可行性研究报告应由具备相应能力的工程咨询单位编制，并加盖工程咨询单位公章和咨询工程师（投资）执业专用章。工程咨询单位应通过全国投资项目在线审批监管平台备案基本信息，并对项目可行性研究报告质量负总责。

（三）编制可行性研究报告应结合区域发展规划，充分考虑城镇、乡村等不同类别区域不同季节的负荷特点、供电能力和供电质量要求，因地制宜合理选择技术方案。

（四）可行性研究报告应优先采用典型供电模式、典型设计和通用造价，推进农村电网装备标准化。对于特殊地段、自然灾害频发地区以及具有高危和重要用户的线路、重要联络线路等，可实行差异化设计，提高农村电网抵御自然灾害的能力。对拟拆除设备，应明确资产再利用或报废处置方案。

（五）项目投资估算应依据国家颁布的投资估算编制办法和指标进行编制，说明估算方法和编制依据，提供投资估算书。

第十三条　项目可行性研究报告的主要内容应包括：

（一）概述。介绍项目概况、项目单位概况、项目可行性研究报告编制依据、主要结论和建议等。

（二）项目建设背景和必要性。阐述项目建设背景、建设必要性、政策符合性等。

（三）项目需求分析与预期产出。在详细分析项目所在地的农村电网现状、负荷发展情况及存在问题的基础上，说明项目建设内容和规模、预期产出及成效等。

（四）项目选址与要素保障。项目选址选线、共享廊道、项目建设条件、用地等要素保障情况。

（五）项目建设方案。变电工程方案、线路工程方案、停电过渡方案、用地征收补偿（安置）方案、数字化方案、建设管理方案等。

（六）项目运营方案。项目运营责任主体、运营组织、安全保障、绩效管理等情况。

（七）项目投融资与财务方案。项目投资估算、盈利能力分析、融资方案、债务清偿能力分析等。

（八）项目影响效果分析。经济、社会、生态环境影响分析，资源和能源利用效果分析、碳达峰碳中和分析等。

（九）项目风险管控方案。风险识别与评价、风险管控方案、风险应急预案等。

（十）研究结论及建议。主要研究结论、问题与建议等。

（十一）附表、附图和附件。

第四章　项目可行性研究报告审查要求

第十四条　项目可行性研究报告评估应包括以下内容：

（一）项目是否确为农村电网项目，是否已纳入本地区农村电网巩固提升工程规划；

（二）项目建设必要性的论述是否清楚、充分，项目是否确有必要建设；

（三）项目方案的技术路线是否合理，建设方案是否达到深度要求，依据的技术标准是否合适，是否存在违反农村电网建设改造相关技术原则的情况，是否存在超标准建设或改造不彻底的问题，是否存在大拆大建的情况，是否开展目标电网安全隐患分析；

（四）项目建设的外部条件是否落实，是否获取相关协议；

（五）项目投资估算、融资方案等是否合理，投资估算书编制是否规范，工程造价是否合理。

第十五条　省级发展改革委（能源局）对项目可行性研究报告进行审批，批复文件应至少包含以下内容：

（一）项目名称、建设地点、项目法人；

（二）对项目的总体意见；

（三）项目具体建设内容；

（四）项目总投资及资金来源；

（五）项目应附的前置合规文件；

（六）对工程管理和招投标的相关要求；

（七）招标事项核准意见表；

（八）电力项目安全管理和质量管控事项告知书。

第十六条　项目具有下列情况之一的，省级发展改革委（能源局）不应审批项目可行性研究报告：

（一）项目不属于农村电网范围；

（二）项目未纳入当地农村电网巩固提升工程规划；

（三）项目可行性研究报告未达到深度要求；

（四）项目技术方案不符合农村电网建设改造有关技术原则，或明显不合理可能导致项目无法实施的；

（五）项目未编制投资估算书或投资估算未达到深度要求，工程造价不合理的；

（六）法律和其他规范性文件明确规定不予以审批的其他情况。

第五章 附 则

第十七条 各省（区、市）发展改革委（能源局）可根据本指南，结合各地区实际情况，制定本省（区、市）农村电网巩固提升工程中央预算内投资项目可行性研究报告编制和审查实施细则。

第十八条 本指南由国家能源局负责解释。

第十九条 本指南自发布之日起施行，有效期 5 年。《农村电网改造升级项目可行性研究报告编制和审查指南》（国能综新能〔2014〕617 号）同时废止。

附件：农村电网巩固提升工程中央预算内投资项目可行性研究报告编制大纲（略）

国家能源局关于印发《农村电网巩固提升工程中央预算内投资项目验收指南》的通知

（国能发新能规〔2023〕79 号）

各省、自治区、直辖市、新疆生产建设兵团发展改革委、能源局，国家电网有限公司、中国南方电网有限责任公司、内蒙古电力（集团）有限责任公司：

为加强中央预算内投资项目验收管理，充分发挥中央预算内投资效益，扎实推进农村电网巩固提升工程，助力乡村振兴和农业农村现代化，我们对《农村电网改造升级工程验收指南》（国能综新能〔2013〕92 号）进行了修订，形成了《农村电网巩固提升工程中央预算内投资项目验收指南》，现印发给你们，请遵照执行。

国家能源局

2023 年 11 月 14 日

附件：农村电网巩固提升工程中央预算内投资项目验收指南

农村电网巩固提升工程中央预算内投资项目验收指南

第一章 总 则

第一条 为加强农村电网巩固提升工程中央预算内投资项目管理，充分发挥中央预算内投资效益，确保项目验收质量，根据农村电网巩固提升工程中央预算内投资管理有关规定，制定本指南。

第二条 本指南所称农村电网是指县级行政区域内（不含市辖区的城镇区域）110kV 及以下公用电力设施，包括相关输电、供电和因公用电网覆盖能力不足而建设的可再生能源局域网等电力设施。

第三条 本指南适用于农村电网巩固提升工程中央预算内投资项目（以下简称项目）验收工作，包括项目法人对单项工程的验收和省级发展改革委（能源局）对年度投资计划项目的总体验收。

35kV 及以上电压等级按单个项目计列单项工程，35kV 以下电压等级按县域计列单项工程，可再生能源局域网项目统筹考虑建设规模、涉及地区等因素确定单项工程计列方式。

第四条 农村电网巩固提升工程中央预算内投资项目原则上按照年度投资计划进行总体验收，一般应在投资计划下达后 2 年内完成。含 110（66）kV 输变电工程的年度投资计划可适当延迟验收时间，延长时间不得超过 1 年。

第五条 项目法人负责组织单项工程的验收。单项工程建成投运后，项目法人原则上应在 6 个月内按照基本建设财务管理有关规定完成竣工财务决算，在 8 个月内组织完成验收。

项目法人完成年度投资计划全部单项工程验收后，汇总编制年度投资计划项目验收报告报送省级发展改革委（能源局），申请项目总体验收。

第六条 省级发展改革委（能源局）收到项目法人年度投资计划项目验收报告后，应在 3 个月内组织完成项目总体验收，编制项目总体验收报告，报送上级主管部门备案。

第七条 农村电网巩固提升工程中央预算内投资项目的验收工作应符合国家法律法规及有关规定，统一管理、分级实施、严格把关，确保工程安全优质、经济合理，促进农村电力保障能力的全面提升。

第二章 单项工程验收

第八条 单项工程竣工后，项目法人应依据有关法律法规、规程规定和技术规范，组织开展验收工作，并编制单项工程验收报告。主要内容包括：

（一）工程基本情况。包括工程名称、建设地点、建设内容，项目总投资、中央预算内投资，设计单位、施工单位、监理单位，开工时间、竣工时间，竣工建成规模等。

（二）工程管理情况。设备选型简要情况，是否符合相关技术规定；项目招投标情况，是否符合工程承发包相关法律法规规定，是否存在转包和违法分包等问题；工程质量是否符合国家相关标准；施工实施简要情况，建成规模与投资计划是否存在偏差；监理简要情况，是否按合同要求完成监理工作，监理报告是否完整准确；项目调整变更情况，是否按规定履行相关程序；竣工资料编制及移交情况；项目档案管理情况。

（三）资金管理情况。项目可行性研究报告批复情况，项目初步设计与概算的编制情况，项目施工图设计与预算的编制情况，是否符合国家有关标准和定额；项目结算情况，资金支付情况；竣工决算报告编制情况，审计相关情况；项目超支或结余的情况及原因；资金使用是否符合国家有关规定，有无转移、侵占、挪用、截留或滞留中央预算内投资的行为。

（四）验收结论。包括项目交付生产（使用）的情况，单项工程验收结论。

第九条 项目法人汇总编制的年度投资计划项目验收报告应包括以下内容：

（一）年度投资计划总体情况。项目法人年度投资计划总金额、中央预算内投资及配套资金，总体建设任务、具体项目清单，绩效目标要求等。

（二）年度投资计划执行情况。项目法人年度建设任务完成情况，项目调整变更及履行程序情况；中央预算内投资到位情况，项目法人配套资金落实情况，资金专项存储、专款专用、专项核算、封闭运行情况；项目决算及审计总体情况，资金支付总体情况，结余资金和设备材料情况；年度投资计划绩效目标实现情况；项目档案管理情况等。

（三）单项工程验收情况。项目法人对单项工程的主要验收意见，验收指出问题的整改情况等。

（四）工程实施取得的成效。工程实施解决的主要问题，巩固拓展脱贫攻坚成果、助力乡村振兴、提升农村电力保障能力情况等。

（五）总结和建议。总结年度投资计划完成情况，分析存在的问题和困难，提出下一步农村电网巩固提升工作的重点和有关建议等。

（六）附件。项目验收一览表、各单项工程的验收报告。其中项目验收一览表须包含项目名称、建设地点、主要建设内容、竣工时间、计划总投资、决算金额、验收结论等信息。

第十条 项目有调整变更的，应在项目调整变更程序执行完毕并验收后，方可向省级发展改革委（能源局）申请项目总体验收。

第三章 项目总体验收

第十一条 省级发展改革委（能源局）负责组织开展项目总体验收，出具验收意见，编制项目总体验收报告。对存在多个农村电网巩固提升工程项目法人的省（区、市），省级发展改革委（能源局）应分别对各项目法人的项目进行总体验收，汇总全部项目法人的验收结论后编制项目总体验收报告。

第十二条 省级发展改革委（能源局）应根据实际情况，采用资料审查与现场验收相结合的方法开展项目总体验收，并对单项工程进行抽查。项目总体验收一般包括以下流程：

（一）验收准备。确定验收时间和被抽查的单项工程，成立验收工作组，可根据需要邀请相关领域专家参与。制定验收大纲，通知项目法人提交相关资料。

（二）资料审查。依据验收大纲对项目法人提交的资料逐项进行审查核实。

（三）现场验收。组织对项目法人开展单项工程现场验收，35kV 以下电压等级单项工程现场验收比例不低于项目法人同类项目总数的 10%，35kV 及以上电压等级单项工程和可再生能源局域网项目验收比例不低于项目法人同类项目总数的 30%。

（四）形成验收意见和结论。汇报资料审查和现场验收情况，讨论提出验收意见和结论。

（五）整改复查。对验收过程中发现的问题，项目法人按验收意见进行限期整改，省级发展改革委（能源局）及时组织复查，问题整改到位后通过验收。

（六）编制项目总体验收报告。验收通过后，省级发展改革委（能源局）应对本省（区、市）年度投资计划执行和项目实施情况进行总结，编制项目总体验收报告，报送上级主管部门备案。

第十三条 项目法人应按照验收工作组要求，提交包括但不限于以下资料：

（一）项目法人年度投资计划项目验收报告；

（二）中央预算内投资请款情况，包括请款次数、每次请款时间及金额等；

（三）农网还贷资金征收和使用情况，累计征收、累计还贷及累计未还贷金额等；

（四）对列入抽查范围的每个单项工程，提供可行性研究报告、初步设计报告及备案手续、工程验收报告、审计报告、决算报告、工程设计合同、监理合同、主要设备采购招标文件、设备采购合同、施工合同、35kV 及以上电压等级工程质量监督报告等；

（五）其他所需资料。

验收工作组对项目法人提交的资料进行审查，审查重点包括：年度建设任务完成情况；配套资金落实情况，资金专项存储、专款专用、专项核算、封闭运行情况，资金结余情况；超标准超规模建设入地电缆、未重点投向农村生产生活电力服务领域等情况；项目验收和财务决算合规情况；项目调整变更情况；项目招投标情况、档案管理情况等。

第十四条 验收工作组组织对抽查项目开展现场验收，听取项目情况介绍，核对工程情况，检查建设内容与投资计划是否吻合，施工管理是否规范，工程质量是否符合国家或行业标准等。项目法人应做好现场验收配合工作。

第十五条 项目总体验收报告主要内容包括：

（一）项目总体验收组织情况。验收工作组成员、验收日期、抽查项目、资料审查和现场验收安排等。

（二）年度投资计划执行情况。年度投资计划项目完成情况，绩效目标实现情况；项目调整变更情况，项目招投标管理、施工安全和工程质量情况；资金专项存储、专款专用、专项核算、封闭运行情况；项目法人配套资金到位情况；工程超支或结余总体情况及原因分析，结余资金使用情况；农网还贷资金征收和使用情况，累计征收、累计还贷及累计未还贷金额等。

（三）验收工作组对各项目法人年度投资计划项目的验收结论。

（四）各项目法人针对验收结论的整改情况。

（五）本年度农村电网巩固提升工程的实施效果分析。工程实施解决的主要问题，巩固拓展脱贫攻坚成果、助力乡村振兴、提升农村电力保障能力情况。

（六）总结和建议。对本年度投资计划完成情况进行总体评估，分析存在的问题和困难，提出下一步做好农村电网巩固提升工作的意见建议。

（七）有关附件。

第十六条 项目法人对提供的数据和材料的真实性负责。省级发展改革委（能源局）应对项目法人提供的资料进行必要的审核，并对项目总体验收报告的真实性负责。

第十七条 省级发展改革委（能源局）在项目验收中发现有下列行为之一的，不予通过验收。

（一）提供虚假资料和情况，骗取中央预算内投资的；

（二）转移、侵占、挪用、截留或滞留中央预算内投资的；

（三）农村电网巩固提升工程资金未专项存储、专款专用、专项核算、封闭运行的；

（四）存在超标准超规模建设入地电缆、未重点投向农村生产生活电力服务领域等情况的；

（五）建设规模或建设内容发生较大变更，且未履行调整手续的；

（六）重大工程质量问题或由于论证不足、设计失误造成工程未达到农村电网建设改造有关技术要求的；

（七）对工程建设疏于管理，或不执行相关法律法规规定的，设计、施工、监理单位和咨询机构等未依法依规履行职责的；

（八）逾期不能完成整改的；

（九）其他违反国家法律法规和有关规定的行为。

第四章 附 则

第十八条 各省（区、市）发展改革委（能源局）可根据本指南，结合各地区实际情况，制定本省（区、市）农村电网巩固提升工程中央预算内投资项目验收实施细则。

第十九条 本指南由国家能源局负责解释。

第二十条 本指南自发布之日起施行，有效期5年。《农村电网改造升级工程验收指南》（国能综新能〔2013〕92号）同时废止。

国家能源局综合司关于组织开展第四批能源领域首台（套）重大技术装备申报工作的通知

各有关单位：

为深入贯彻“四个革命、一个合作”能源安全新战略和创新驱动发展战略，坚持应用导向、实践检验，以首台（套）示范应用为突破口，畅通技术攻关和工程应用渠道，提升科技攻关成果转移转化和产业化水平，加快推进高水平能源科技自立自强，根据《关于促进能源领域首台（套）重大技术装备示范应用的通知》（国能发科技〔2018〕49号）和《能源领域首台（套）重大技术装备评定和评价办法》（国能发科技〔2022〕81号，以下简称《评价办法》）有关要求，现组织开展第四批能源领域首台（套）重大技术装备申报工作。具体事项通知如下。

一、申报条件

（一）申报项目应属于国内率先实现重大技术突破、拥有自主知识产权、尚未批量取得市场业绩的能源领域关键技术装备，包括前三台（套）或前三批（次）成套设备、整机设备及核心部件、控制系统、基础材料、软件系统等。

（二）申报项目以保障国家能源安全、支撑碳达峰碳中和目标、助力构建新型能源体系为导向，重点聚焦先进可再生能源、新型电力系统、安全高效核能、化石能源绿色高效开发利用、新型储能、抽水蓄能、氢能及其综合利用、能源系统数字化智能化、节能和能效提升等方向。

（三）对填补国内空白、打造世界首台（套）领先优势、引领新兴产业发展的成套、整机设备及关键零部件予以鼓励和倾斜。

（四）申报项目技术装备应已完成研制，并具备示范应用条件；依托工程应已落实项目建设前置条件，具备一年内签订正式供货合同、两年内正式开工条件，且工程建设周期可控。

（五）鼓励重型燃气轮机、变速抽水蓄能、特高压关键组部件等重大技术装备，申报不同批（次）首台（套）示范，通过工程应用促进技术装备优化完善和迭代升级，逐步提升自主可控水平。

二、申报程序

（一）能源领域首台（套）重大技术装备原则上由用户单位牵头联合研制单位申报，尚未确定依托工程的技术装备，由研制单位根据技术装备突破情况申报，并按要求报送《能源领域首台（套）重大技术装备申请报告》（详见《评价办法》附件，外网地址：（http://www.nea.gov.cn/2022－08/30/c_1310657329.htm）。

（二）各省（自治区、直辖市、计划单列市）及新疆生产建设兵团能源主管部门、中央企业集团负责组织本地区、本企业的申报工作，确定推荐名单并进行公示后，统一报送国家能源局。公示时间不少于5个工作日，公示无异议或虽有异议但经核实处理后沟通一致的项目方可推荐。

（三）各省级能源主管部门、各中央企业集团推荐项目原则上不超过8个，各计划单列市推荐项目不超过3个。中央企业集团申报项目需附依托工程所在地省级能源主管部门支持申报函，不占属地名额。符合以下情况的适当增加推荐名额：

1. 已出台能源领域首台（套）重大技术装备支持政策的省级能源主管部门和中央企业集团增加3个推荐名额，支持政策包括但不限于：资金、税收、金融、保险、业绩考核、示范项目燃料供应、发电并网、运行调度、免责等。

2. 根据前三批能源领域首台（套）重大技术装备评定结果，入选项目3个及以上、5个以下的省级能源主管部门和中央企业集团增加2个推荐名额，入选项目5个及以上的省级能源主管部门和中央企业集团增加4个推荐名额。

3. 近期，我局将组织开展前三批能源领域首台（套）重大技术装备后评价，根据评价结果，动态调整有关推荐名额。

4. 请相关省级能源主管部门和中央企业集团报送材料时，附增加名额情况说明，及首台（套）支持政策文件等相关证明材料。

（四）申请单位应确保申报材料的完整性、真实性、准确性，并可追溯核实，不得涉及国家秘密和商业秘密。

（五）请有关单位高度重视，结合本地区、本企业实际，按照公正、公开、公平、透明的原则组织好申报和推荐工作。

（六）我局将按照《评价办法》组织评定并公布第四批能源领域首台（套）重大技术装备名单。

三、有关要求

（一）报送材料

1. 推荐函（正式公函，纸质版1份和电子版，光盘刻录，参考格式见附件）。

2. 申报材料（纸质版1份和电子版，电子版包括WORD文档和PDF扫描文档，光盘刻录，每个项目不超过30M）。

（二）报送方式

1. 请于2024年2月9日前（以邮戳为准）通过中国邮政EMS方式将推荐函及申报材料寄送国家能源局能源节约和科技装备司。

2. 推荐函及申报材料不符合要求或逾期的不予受理。

邮寄地址：国家能源局能源节约和科技装备司　北京市西城区三里河路46号；邮编：100045

联系电话：010－81929235 010－81929233

电子邮箱：JZC@nea.gov.cn

附件：关于推荐××等×个项目申报第四批能源领域首台（套）重大技术装备的函（参考）（略）

国家能源局综合司

2023年11月27日

国家能源局综合司关于做好岁末年初、迎峰度冬期间电力建设工程施工安全工作的通知

（国能综通安全〔2023〕134号）

各省（自治区、直辖市）能源局，有关省（自治区、直辖市）及新疆生产建设兵团发展改革委、工业和信息化主管部门，北京市城市管理委，各派出机构，全国电力安委会各企业成员单位：

近期，全国发生多起电力建设工程施工安全事故，部分事故与“抢工期”密切相关。当前正值岁末年初、迎峰度冬时期，极端天气增多，保供需求导致工期压力增大，加上施工人员安全培训不足、外包人员比例高，电力建设工程施工安全风险明显增加。为进一步加强电力建设工程施工安全监管，防范遏制各类安全生产事故发生，现就有关要求通知如下。

一、严格落实企业安全生产主体责任

各电力企业要深刻汲取近期全国电力安全生产事故以及2016年江西丰城发电厂“11·24”施工平台坍塌特别重大事故的惨痛教训，切实增强政治敏锐性和政治责任感，把思想和行动统一到习近平总书记关于

安全生产重要论述精神上来，统筹发展和安全，全力抓好电力建设工程施工安全工作，以实际行动做到“两个维护”。要严格落实安全生产主体责任，企业班子成员特别是主要领导要严格按照“党政同责、一岗双责”工作要求，认真抓好本单位电力建设工程施工安全工作；要完善全员安全生产责任体系，切实将责任落实到每个工程、每个岗位，将安全措施落实到每个环节。

二、加强工期管理

建设单位要按照国家和行业有关工程建设工期规定，科学确定工程合理工期并严格组织实施。如工期确需调整，建设单位应当组织专家及相关方对安全影响进行论证和评估，提出相应的施工组织措施和安全保障措施。有关参建单位要严格按照《防止电力建设工程施工安全事故三十项重点要求》等文件的规定和要求，根据气象条件合理安排施工作业，在出现超过施工作业允许条件的大风、雨雪冰冻等恶劣天气时，要坚决停止施工作业。

三、强化施工安全管理和现场管控

各参建单位要加强危大（超危大）分部分项工程的管理，严格控制好施工作业面规模，落实专项施工方案的编、审、批、专家论证、技术交底、监督落实等各个环节的要求，提升专项施工方案的针对性和实效性。要不断强化双重预防机制，扎实开展安全风险分类分级管控，提升全员风险辨识能力，及时制定落实针对性整治措施。要加强生产现场管控力度，完善各类管理制度，严肃查处“三违”行为。要强化外包单位源头管控和外包人员安全教育培训，提升外包队伍素质，不断加大现场监管和考核力度，严肃清退机制。要加强起重设备、TBM（隧道掘进机）、压力容器等特种设备的日常维护保养和定期检查，及时识别和消除设备的故障隐患。

四、高度重视应急管理和信息报送

各电力企业要不断强化底线思维和极限思维，加强安全应急管理工作，建立健全应急预案体系，加强事故及自然灾害等场景预想，完善各类突发事件应对处置措施，提升预案方案的针对性和可操作性；要按计划开展实战演练，检验应急队伍的快速响应和管控处置能力。要严格落实有关生产安全事故报告和电力安全信息报送有关规定，进一步健全完善电力安全信息报送工作机制，确保信息及时、准确和完整，杜绝迟报、漏报、瞒报现象。

五、持续加大安全监管力度

各派出机构和地方各级电力管理部门要加强电力建设工程施工安全监管和属地管理，采用“四不两直”、明察暗访等方式，加强对电力建设工程施工安全工作的监督检查，对违规开工、违规压缩合同约定工期、施工现场管理混乱、风险隐患突出的参建单位及其人员，要采取约谈、通报、停工停产、行政处罚等监管措施从严从快处理。

国家能源局综合司

2023 年 11 月 27 日

国家能源局综合司关于深入贯彻落实习近平总书记重要指示精神　做好低温雨雪冰冻灾害防范应对工作的通知

各省（自治区、直辖市）能源局，有关省（自治区、直辖市）及新疆生产建设兵团发展改革委、工业和信息化主管部门，北京市城市管理委，各派出机构，全国电力安委会各企业成员单位：

12 月 15 日，习近平总书记对低温雨雪冰冻灾害防范应对工作作出重要指示，要求压实责任，细化防范措施，全力做好突发险情应对处置，确保人民群众安全温暖过冬。为深入贯彻落实习近平总书记重要指示，进一步做好低温雨雪冰冻灾害防范应对，现就有关事项通知如下。

一、切实提高政治站位

入冬以来，我国华北、东北多地发生低温雨雪冰冻灾害，造成大量用户停电，给人民群众生产生活带来较大影响。近期，中东部地区还将经历强寒潮天气，低温雨雪冰冻灾害风险高，防灾救灾形势严峻。各单位要切实提高政治站位，深入贯彻落实习近平总书记重要指示精神，坚持人民至上、生命至上，坚持底线思维、极限思维，以时时放心不下的责任感，压紧压实灾害防范应对责任链条，强化工作协同，务实工作举措，全力确保电力系统安全稳定运行和电力可靠供应，全力保障人民群众生产生活用电需求和安全温暖过冬。

二、强化安全隐患排查

电力企业要及时排查电力设施周边树竹、临时设施等覆冰覆雪安全隐患，配合地方电力管理部门及时开展隐患整改；要加强低温雨雪冰冻灾害易发地区重要电厂、输电线路、重要枢纽变电站（换流站）、电力通信网（光缆）等设备设施防雨雪冰冻工作，强化覆冰监测装置、融冰装置等抗冰装备检修维护，及时排查整改设备设施临灾安全隐患。地方电力管理部门要督导重要电力用户加强自备应急电源配置，提前排查整治运行隐患，确保能随时投入使用。

三、加强灾害应急准备

各单位要加强发电用煤、油、天然气等燃料供应监测，跟踪关注低温、雨雪、冰冻等气象信息，及时发布灾害预警信息。电力企业要加强在线监测、人工观冰，及时掌握电力设备设施冰情发展趋势；预判低温雨雪冰冻天气可能造成电网停电时，严格电网调度管理，合理安排电网运行方式，做好事故预想，从应急队伍、物资装备、融（除）冰装置、有序用电等方面做实应急预案，做好抢修救援准备。要重点考虑多点作业可能性，超前做好跨地市跨省区物资装备调配准备。

四、全力做好抢修复电

低温雨雪冰冻灾害导致停电后，电力企业要及时评估灾害对电力安全影响，按照轻重缓急组织融冰除冰工作，力保系统主网架结构完整。要迅速组织抢险救灾力量，优先恢复重要电力用户、居民用户、重点地区的电力供应；在不具备抢修条件时，及时调集应急发电装备，全力保障灾区居民基本用电。严格落实现场安全措施，做到抢险不冒险，保证抢修人员安全。地方电力管理部门要协调气象、交通、通信、油气等部门为电力应急抢修提供支援，为抗冰抢险保供电车辆开通绿色通道，督导重要电力用户及时启用自备电源，做好自保自救。

五、优化信息统计报送

要定时开展调度，及时报送灾损和抢修复电等信息，进一步规范设备设施受损、用户停电等受灾信息和抢修复电信息的统计报送。优化完善停电用户等数据的采集要素、数据格式和标准要求，在确保时效情况下进一步细分居民和非居民、城市和农村、常住户和零电量户等分类，聚焦民生，更加精准反映实际受影响的居民用户停电情况。

六、深入开展灾后评估

低温雨雪冰冻灾害结束后，各单位要从电力规划、设防标准、建设施工、系统运行、设备设施质量和管理、应急处置、电源配置、融（除）冰装置配备等方面，全面系统开展低温雨雪冰冻灾害处置评估工作，总结经验教训，分析查找问题，提出务实举措，落实整改措施，持续提升电力系统防范应对低温雨雪冰冻灾害能力。

地方电力管理部门、派出机构要对国家能源局有关低温雨雪冰冻灾害防范应对政策文件和前期会议部署情况进行再次梳理，确保落实到位。受灾区域有关单位要全过程掌握电力设备设施、电力用户受灾及供电恢复情况，加强舆情监测，积极回应社会关切。

国家能源局综合司
2023 年 12 月 16 日

统计资料

电力统计基本数据一览表

指标	单位	2023年	2022年	同比增长（±、%）
一、发电量	**亿kWh**	**94564**	**88487**	**6.90**
水　　电	亿kWh	12859	13522	-4.90
火　　电	亿kWh	62657	58888	6.40
核　　电	亿kWh	4347	4178	4.10
风　　电	亿kWh	8859	7627	16.20
太阳能发电	亿kWh	5842	4273	36.70
二、全社会用电量	**亿kWh**	**92238**	**86477**	**6.66**
A. 全行业用电合计	**亿kWh**	**78724**	**73075**	**7.73**
第一产业	亿kWh	1277	1146	11.42
第二产业	亿kWh	60750	57050	6.49
其中：工　业	亿kWh	59785	56050	6.66
第三产业	亿kWh	16696	14879	12.21
B. 城乡居民生活用电合计	**亿kWh**	**13514**	**13402**	**0.84**
城镇居民	亿kWh	7467	7378	1.20
乡村居民	亿kWh	6048	6023	0.41
三、发电装机容量	**万kW**	**292224**	**256317**	**14.01**
水　　电	万kW	42237	41396	2.03
其中：抽水蓄能	万kW	5094	4579	11.25
火　　电	万kW	139099	133527	4.17
其中：燃煤	万kW	116484	112632	3.42
燃气	万kW	12620	11565	9.12
其中：生物质发电	万kW	4416	4135	6.79
核　　电	万kW	5691	5557	2.41
风　　电	万kW	44144	36564	20.73
太阳能发电	万kW	61048	39268	55.46
其　　他	万kW	5	5	
非化石能源发电装机容量	万kW	**157541**	**126925**	**24.12**
四、35kV及以上输电线路回路长度	km	**2371651**	**2283753**	**3.85**
1. 交流	km	**2319509**	**2231612**	**3.94**
其中：1000kV	km	17154	16089	6.62
750kV	km	28862	28161	2.49
500kV	km	228624	219274	4.26

续表

指标	单位	2023 年	2022 年	同比增长（±、%）
330kV	km	39720	37023	7.29
220kV	km	551593	520929	5.89
110kV	km	829628	803413	3.26
35kV	km	623928	606723	2.84
2.直流	**km**	**52142**	**52142**	
其中：±1100kV	km	3295	3295	
±800kV	km	31826	31826	
±660kV	km	1335	1335	
±500kV	km	14225	14225	
±400kV	km	1031	1031	
五、35kV 及以上变电设备容量	**万 kVA**	**955608**	**906451**	**5.42**
1. 交流	**万 kVA**	**900395**	**851685**	**5.72**
其中：1000kV	万 kVA	21600	20700	4.35
750kV	万 kVA	27287	22945	18.92
500kV	万 kVA	188166	174714	7.70
330kV	万 kVA	21922	17814	23.06
220kV	万 kVA	288226	271116	6.31
110kV	万 kVA	288319	279973	2.98
35kV	万 kVA	64875	64424	0.70
2.直流	**万 kVA**	**55213**	**54766**	**0.82**
其中：±1100kV	万 kVA	2867	2867	
±800kV	万 kVA	35257	34759	1.43
±660kV	万 kVA	947	947	
±500kV	万 kVA	12079	12059	0.16
±400kV	万 kVA	1247	1247	
六、新增发电装机容量	**万 kW**	**37067**	**19849**	**86.75**
水　　电	万 kW	943	2371	−60.23
其中：抽水蓄能	万 kW	545	880	−38.07
火　　电	万 kW	6610	4568	44.72
其中：燃　　煤	万 kW	4775	2920	63.57
燃　　气	万 kW	1025	649	57.95
其中：生物质发电	万 kW	305	399	−23.72
核　　电	万 kW	139	228	−39.12
风　　电	万 kW	7622	3861	97.40
太阳能发电	万 kW	21753	8821	146.61

续表

指标	单位	2023 年	2022 年	同比增长（±、%）
七、火电机组退役和关停容量	**万 kW**	**727**	**704**	**3.17**
八、年底主要发电企业电源项目在建规模	**万 kW**	**37308**	**26959**	**38.39**
水　　电	万 kW	9129	7708	18.44
火　　电	万 kW	9926	6236	59.18
核　　电	万 kW	3460	2232	54.98
风　　电	万 kW	5074	3886	30.59
九、新增直流输电线路长度及换流容量				
1. 线路长度	**km**	**2123**	**2223**	**－4.49**
其中：±1100kV	km			
±800kV	km	2123	2080	2.07
±660kV	km			
±500kV	km		143	－100.00
±400kV	km			
2. 换流容量	**万 kW**	**1600**	**1800**	**－11.11**
其中：±1100kV	万 kW			
±800kV	万 kW	1600	1600	
±660kV	万 kW			
±500kV	万 kW		200	－100.00
±400kV	万 kW			
十、新增交流 **110kV** 及以上输电线路长度及变电设备容量				
1. 线路长度	**km**	**59049**	**60170**	**－1.86**
其中：1000kV	km	1126	1451	－22.42
750kV	km	1098	1242	－11.53
500kV	km	10827	8676	24.79
330kV	km	962	1284	－25.06
220kV	km	25236	23812	5.98
110kV（含 66kV）	km	19800	23706	－16.48
2. 变电设备容量	**万 kVA**	**35978**	**35320**	**1.86**
其中：1000kV	万 kVA	1200	600	100.00
750kV	万 kVA	1530	2370	－35.44
500kV	万 kVA	13117	11395	15.11
330kV	万 kVA	1077	861	25.09
220kV	万 kVA	10626	10784	－1.47
110kV（含 66kV）	万 kVA	8428	9310	－9.47

续表

指标	单位	2023 年	2022 年	同比增长（±、%）
十一、本年完成电力投资	**亿元**	**15502**	**12433**	**24.68**
1. 电源投资	**亿元**	**10225**	**7427**	**37.66**
水　电	亿元	1029	872	18.04
火　电	亿元	1124	895	25.57
核　电	亿元	1003	785	27.66
风　电	亿元	2753	2011	36.90
太阳能发电	亿元	4316	2865	50.66
其　他	亿元	1		
2. 电网投资	**亿元**	**5277**	**5006**	**5.42**
输变电	亿元	5157	4851	6.31
其中：直流	亿元	145	316	-53.92
交流	亿元	4987	4505	10.69
其　他	亿元	120	155	-22.47
十二、单机 6000kW 及以上机组平均单机容量				
水电：单机容量	万 kW/台	6.81	6.80	0.01
机组台数	台	5577	5371	3.84
机组容量	万 kW	37974	36544	3.91
火电：单机容量	万 kW/台	13.76	13.78	-0.02
机组台数	台	9908	9330	6.20
机组容量	万 kW	136353	128539	6.08
十三、6000kW 及以上电厂供热量	**万 GJ**	**598809**	**575054**	**4.13**
十四、6000kW 及以上电厂发电标准煤耗	**g/kWh**	**284.5**	**283.7**	**0.76**
十五、6000kW 及以上电厂供电标准煤耗	**g/kWh**	**301.6**	**300.8**	**0.87**
十六、6000kW 及以上电厂厂用电率	**%**	**4.65**	**4.50**	**0.15**
水　电	%	0.55	0.25	0.30
火　电	%	5.80	5.79	0.02
十七、6000kW 及以上电厂发电设备利用小时	**h**	**3598**	**3693**	**-95**
水　电	h	3130	3417	-287
其中：抽水蓄能	h	1176	1181	-4
火　电	h	4476	4390	87
其中：燃煤	h	4690	4593	97
燃气	h	2525	2440	85
核　电	h	7670	7616	54
风　电	h	2235	2218	16
太阳能发电	h	1292	1340	-48

续表

指标	单位	2023 年	2022 年	同比增长（±、%）
十八、6000kW 及以上电厂燃料消耗				
发电消耗标煤量	万 t	159095	149254	6.59
发电消耗原煤量	万 t	244061	232162	5.13
供热消耗标煤量	万 t	23776	22185	7.18
供热消耗原煤量	万 t	35956	33688	6.73
十九、供、售电量及线损				
供电量	亿 kWh	79247	74676	6.12
售电量	亿 kWh	75651	71074	6.44
线损电量	亿 kWh	3595	3602	−0.19
线损率	%	4.54	4.82	−0.29
二十、发用电设备比				
发电装机容量：用电设备容量		1∶4.17	1∶4.21	
二十一、电力弹性系数				
电力生产弹性系数		1.33	1.23	
电力消费弹性系数		1.28	1.20	

注　1. 发电量数据来源于国家统计局。
　　2. 电源投资完成额口径为全国主要发电企业。

分地区发电装机容量

地区	合计			水电			火电			风电			太阳能发电		
	2023年（万kW）	2022年（万kW）	同比增长（%）	2023年（万kW）	2022年（万kW）	同比增长（%）	2023年（万kW）	2022年（万kW）	同比增长（%）	2023年（万kW）	2022年（万kW）	同比增长（%）	2023年（万kW）	2022年（万kW）	同比增长（%）
全　国	**292224**	**256317**	**14.01**	**42237**	**41396**	**2.03**	**139099**	**133527**	**4.17**	**44144**	**36564**	**20.73**	**61048**	**39268**	**55.46**
北　京	1377	1358	1.39	102	102		1143	1137	0.50	24	24		108	95	13.78
天　津	2568	2262	13.54	1	1		1907	1896	0.58	171	145	18.11	490	221	121.92
河　北	14612	12428	17.58	484	393	23.00	5571	5383	3.51	3141	2797	12.31	5416	3855	40.49
山　西	13226	12080	9.49	225	224	0.28	8011	7842	2.16	2500	2318	7.85	2490	1696	46.87
内蒙古	21395	17078	25.28	242	241	0.12	11826	10701	10.52	6962	4568	52.39	2366	1568	50.89
辽　宁	7244	6580	10.09	334	305	9.81	3856	3835	0.55	1429	1173	21.79	958	601	59.46
吉　林	4266	4030	5.86	648	646	0.41	1890	1855	1.90	1268	1143	10.95	460	387	18.91
黑龙江	4484	4180	7.27	235	230	2.00	2557	2531	1.03	1127	943	19.48	565	475	18.86
上　海	2954	2830	4.37				2557	2528	1.15	107	107		289	195	48.54
江　苏	17888	16126	10.93	265	265	0.12	10748	10437	2.98	2286	2254	1.42	3928	2508	56.59
浙　江	13040	11797	10.54	1388	1384	0.32	6794	6534	3.99	584	423	37.85	3357	2539	32.21
安　徽	10640	9219	15.41	624	622	0.21	6071	5853	3.73	722	590	22.34	3223	2154	49.63
福　建	8061	7528	7.08	1606	1538	4.42	3717	3681	0.97	762	742	2.65	875	465	88.10
江　西	6239	5470	14.07	679	686	−0.99	2994	3026	−1.06	573	555	3.20	1993	1202	65.75
山　东	20754	18803	10.38	407	228	78.79	11798	11753	0.38	2591	2302	12.55	5693	4270	33.32
河　南	13846	11947	15.90	535	439	21.94	7402	7272	1.78	2178	1903	14.46	3731	2333	59.94
湖　北	11115	9437	17.78	3793	3780	0.34	3998	3563	12.21	836	778	7.50	2487	1316	89.04
湖　南	6752	5711	18.23	1633	1587	2.87	2895	2588	11.87	972	900	8.05	1252	636	96.85
广　东	19376	17212	12.57	1905	1912	−0.36	11679	10741	8.74	1657	1357	22.15	2521	1590	58.55
广　西	7466	6262	19.23	1898	1822	4.14	2823	2757	2.39	1277	946	34.97	1133	520	117.99
海　南	1639	1307	25.37	154	153	0.52	852	750	13.60	31	29	7.96	472	246	92.22
重　庆	2949	2685	9.84	826	790	4.55	1761	1644	7.10	206	182	13.23	157	69	126.39
四　川	12947	12390	4.49	9759	9746	0.13	1845	1840	0.26	770	598	28.73	574	206	178.15
贵　州	8369	8087	3.49	2287	2282	0.20	3820	3793	0.72	616	592	4.11	1646	1420	15.89
云　南	13256	11177	18.60	8220	8146	0.92	1433	1534	−6.57	1531	912	67.76	2072	585	253.93
西　藏	633	519	21.80	312	292	6.97	42	42		18	3	508.47	257	179	43.60
陕　西	9607	8110	18.45	353	350	0.86	5676	5080	11.73	1285	1164	10.44	2292	1516	51.17
甘　肃	8650	6775	27.68	972	972		2525	2313	9.17	2614	2073	26.10	2540	1417	79.18
青　海	5448	4468	21.93	1305	1261	3.41	397	393	0.99	1185	972	21.99	2561	1842	39.04
宁　夏	6956	6387	8.91	43	43		3313	3304	0.29	1464	1457	0.47	2137	1584	34.91
新　疆	14468	12073	19.83	1004	957	4.96	7199	6924	3.96	3258	2614	24.63	3007	1578	90.55

分地区新增发电装机容量

单位：万 kW

地　　区	合计	其中	
		水电	火电
全　国	**37067**	**943**	**6610**
北　京	19		6
天　津	321		23
河　北	2218	90	223
山　西	1298	1	321
内蒙古	4288		1125
辽　宁	666	30	21
吉　林	246	3	39
黑龙江	313	5	33
上　海	249		154
江　苏	1834	0.3	382
浙　江	1255	11	266
安　徽	1472	2	269
福　建	552	68	54
江　西	823	2	13
山　东	2210	180	299
河　南	1930	120	137
湖　北	1719	28	462
湖　南	1079	62	328
广　东	2089		917
广　西	1240	103	74
海　南	331	1	101
重　庆	273	35	121
四　川	561	17	5
贵　州	365	4	66
云　南	2172	65	2
西　藏	114	20	
陕　西	1515	8	609
甘　肃	1876		212
青　海	998	43	17
宁　夏	599		10
新　疆	2443	44	321

分地区全社会用电量及增速

地　区	2023年（亿kWh）	增速（%）
全　国	**92238**	**6.66**
北　京	1358	6.01
天　津	1051	6.02
河　北	4757	9.52
山　西	2885	6.04
内蒙古	4823	12.40
辽　宁	2663	4.40
吉　林	928	8.92
黑龙江	1184	3.92
上　海	1849	5.92
江　苏	7833	5.86
浙　江	6192	6.78
安　徽	3214	7.38
福　建	3090	6.55
江　西	2026	2.15
山　东	7966	5.38
河　南	4090	4.64
湖　北	2706	2.21
湖　南	2277	1.84
广　东	8502	8.03
广　西	2448	10.43
海　南	482	16.08
重　庆	1453	3.47
四　川	3711	7.67
贵　州	1782	2.21
云　南	2512	5.14
西　藏	135	14.07
陕　西	2450	3.32
甘　肃	1645	9.59
青　海	1018	10.39
宁　夏	1387	10.96
新　疆	3821	9.58

全国分行业用电量及增速

行　　业	2023 年（万 kWh）	增速（%）
全社会用电总计	**922382146**	**6.66**
A.全行业用电合计	787238630	7.73
第一产业	12770937	11.42
第二产业	607504662	6.49
第三产业	166963029	12.21
B.城乡居民生活用电合计	135143517	0.84
全行业用电分类	**787238630**	**7.73**
一、农、林、牧、渔业	**19441289**	**10.59**
二、工业	**597850157**	**6.66**
（一）采矿业	27855956	3.95
（二）制造业	456062884	7.40
（三）电力、热力、燃气及水生产和供应业	113931317	4.47
三、建筑业	**10531490**	**−3.48**
四、交通运输、仓储和邮政业	**23308091**	**14.16**
五、信息传输、软件和信息技术服务业	**14730904**	**9.50**
六、批发和零售业	**36255520**	**17.49**
七、住宿和餐饮业	**11184755**	**16.44**
八、金融业	**2135289**	**3.55**
九、房地产业	**18257530**	**9.89**
十、租赁和商务服务业	**8695558**	**16.29**
十一、公共服务及管理组织	**44848047**	**8.66**

分地区 6000kW 及以上电厂发电技术经济指标

地　区	6000kW 及以上电厂利用小时（h）					6000kW 及以上电厂厂用电率（%）	发电标准煤耗（g/kWh）	供电标准煤耗（g/kWh）
	合计	水电	火电	风电	太阳能发电			
全　国	**3598**	**3130**	**4476**	**2235**	**1292**	**4.65**	**284.5**	**301.6**
北　京	3609	827	3928	1464	1267	2.70	210.7	215.7
天　津	3498		3826	2089	1307	5.21	271.0	286.4
河　北	3072	1230	4350	2243	1344	4.63	282.6	299.7
山　西	3665	1667	4575	2270	1398	5.68	290.9	311.4
内蒙古	3830	1864	5064	2344	1466	5.61	285.9	306.0
辽　宁	3344	2113	3243	2512	1533	5.16	284.2	302.8
吉　林	2735	1418	3617	2364	1569	5.04	276.3	296.8
黑龙江	3025	1870	3534	2538	1620	5.32	297.9	320.7

续表

地区	6000kW及以上电厂利用小时（h）					6000kW及以上电厂厂用电率（%）	发电标准煤耗（g/kWh）	供电标准煤耗（g/kWh）
	合计	水电	火电	风电	太阳能发电			
上　海	3658		3764	2249	1131	4.67	281.3	295.3
江　苏	4025	1170	4542	2364	1221	4.27	280.3	293.7
浙　江	4359	1476	4774	2331	1152	4.89	280.4	294.6
安　徽	4001	1381	5084	2139	1159	4.66	281.4	295.2
福　建	4511	2191	4785	2880	1006	4.69	291.3	305.8
江　西	3526	2315	4643	2237	1044	4.17	281.3	293.7
山　东	3694	1075	4332	2188	1300	5.78	276.2	292.8
河　南	3033	2616	3522	2040	951	5.25	281.3	296.2
湖　北	3236	3503	4006	2074	1228	2.71	285.1	300.5
湖　南	3063	2184	4209	2271	1115	3.53	292.8	307.1
广　东	3991	1756	4310	2178	1067	4.66	277.2	290.3
广　西	3463	2251	4654	2339	1173	3.84	288.0	303.8
海　南	3357	1278	3688	1653	1266	5.90	261.7	277.2
重　庆	4052	2902	4920	2096	719	4.97	280.8	299.2
四　川	3995	3995	4923	2564	1565	1.98	298.5	321.8
贵　州	3002	1880	4540	2069	1104	5.63	298.0	321.3
云　南	3501	3838	4317	2352	1206	1.48	308.7	332.6
西　藏	2516	3750	213	3472	1239	0.19		
陕　西	3700	3636	4768	1858	1197	5.94	307.0	329.0
甘　肃	2967	3898	4677	2023	1444	4.27	293.6	312.4
青　海	2139	3125	4027	1619	1431	2.20	297.1	313.8
宁　夏	3253	4093	4912	2015	1491	6.16	286.7	310.8
新　疆	3843	3647	5338	2197	1235	6.53	288.1	311.6

分地区35kV及以上输电线路回路长度

单位：km

地　区	2023年
全　国	**2371651**
北　京	11258
天　津	16084
河　北	122581
山　西	93020
内蒙古	139916
辽　宁	72922

续表

地　区	2023 年
吉　林	43309
黑龙江	66676
上　海	10537
江　苏	109290
浙　江	77790
安　徽	95505
福　建	61336
江　西	68315
山　东	138049
河　南	105074
湖　北	89281
湖　南	87657
广　东	98320
广　西	88339
海　南	12135
重　庆	44427
四　川	127967
贵　州	62631
云　南	99471
西　藏	37518
陕　西	75898
甘　肃	85400
青　海	48263
宁　夏	32475
新　疆	126320
跨　区	23888

分地区 35kV 及以上变压器情况

地区	2023 年	
	座数（座）	铭牌容量（万 kVA）
全国	**82870**	**955608**
北京	768	16515
天津	1513	13785
河北	4493	52674
山西	3110	30314
内蒙古	2784	44404
辽宁	2966	31673
吉林	1480	10410
黑龙江	2291	11484
上海	2763	26362
江苏	5781	81020
浙江	3821	60772
安徽	3906	35679
福建	2181	28139
江西	2173	20864
山东	7085	73024
河南	4304	46179
湖北	3168	31113
湖南	2910	26317
广东	3148	70286
广西	2794	18559
海南	340	2855
重庆	1623	20197
四川	3656	42465
贵州	2030	18438
云南	2750	23117
西藏	571	2124

续表

地　区	2023 年	
	座数（座）	铭牌容量（万 kVA）
陕　西	2124	23579
甘　肃	1884	18747
青　海	759	15339
宁　夏	955	14652
新　疆	2698	29206
跨　区	41	15316

附 录

2023 年发布的电力相关国家标准

序号	标准编号	标准名称	代替标准号	采标号	发布日期	实施日期
1	GB/T 1094.101—2023	电力变压器　第 101 部分：声级测定　应用导则	GB/T 1094.101—2008	IEC 60076-10-1：2016	2023-03-17	2023-10-01
2	GB/T 2317.4—2023	电力金具试验方法　第 4 部分：验收规则	GB/T 2317.4—2008		2023-03-17	2023-10-01
3	GB/T 6346.14—2023	电子设备用固定电容器　第 14 部分：分规范　抑制电源电磁干扰用固定电容器	GB/T 6346.14—2015	IEC 60384-14：2013	2023-03-17	2023-10-01
4	GB/T 15166.3—2023	高压交流熔断器　第 3 部分：喷射熔断器	GB/T 15166.3—2008	IEC 60282-2：2008	2023-03-17	2023-10-01
5	GB/T 15166.6—2023	高压交流熔断器　第 6 部分：用于变压器回路的高压熔断器的熔断件选用导则	GB/T 15166.6—2008		2023-03-17	2023-10-01
6	GB/T 15544.1—2023	三相交流系统短路电流计算　第 1 部分：电流计算	GB/T 15544.1—2013	IEC 60909-0：2016	2023-03-17	2023-10-01
7	GB/T 15613—2023	水轮机、蓄能泵和水泵水轮机模型验收试验	GB/T 10969—2008、GB/T 15613.1—2008、GB/T 15613.2—2008、GB/T 15613.3—2008	IEC 60193：2019	2023-03-17	2023-10-01
8	GB/T 17626.12—2023	电磁兼容　试验和测量技术　第 12 部分：振铃波抗扰度试验	GB/T 17626.12—2013	IEC 61000-4-12：2017	2023-03-17	2023-10-01
9	GB/T 18494.3—2023	变流变压器　第 3 部分：应用导则	GB/T 18494.3—2012	IEC 61378-3：2006	2023-03-17	2023-10-01
10	GB/T 19215.5—2023	电气安装用电缆槽管系统　第 2 部分：特殊要求　第 3 节：安装在机柜中的带槽电缆线槽系统		IEC 61084-2-3：2017	2023-03-17	2023-10-01
11	GB/T 20042.2—2023	质子交换膜燃料电池　第 2 部分：电池堆通用技术条件	GB/T 20042.2—2008		2023-03-17	2023-10-01
12	GB/T 21711.1—2023	基础机电继电器　第 1 部分：总则与安全要求	GB/T 21711.1—2008	IEC 61810-1：2015	2023-03-17	2023-10-01
13	GB/T 21972.1—2023	起重及冶金用变频调速三相异步电动机技术条件　第 1 部分：YZP 系列起重及冶金用变频调速三相异步电动机（机座号 100～400）	GB/T 21972.1—2008		2023-03-17	2023-10-01
14	GB/T 27794—2023	电力电缆用预制混凝土导管	GB/T 27794—2011		2023-03-17	2023-10-01
15	GB/T 30966.4—2023	风力发电机组　风力发电场监控系统通信　第 4 部分：映射到通信规约	GB/T 30966.4—2014	IEC 61400-25-4：2016	2023-03-17	2023-10-01
16	GB/T 34131—2023	电力储能用电池管理系统	GB/T 34131—2017		2023-03-17	2023-10-01
17	GB/T 42308—2023	电子设备用电位器　第 6-1 部分：空白详细规范　表面安装预调电位器　评定水平 EZ			2023-03-17	2023-10-01
18	GB/T 42312—2023	电化学储能电站生产安全应急预案编制导则			2023-03-17	2023-10-01

续表

序号	标准编号	标准名称	代替标准号	采标号	发布日期	实施日期
19	GB/T 42313—2023	电力储能系统术语		IEC 62933-1：2018	2023-03-17	2023-10-01
20	GB/T 42314—2023	电化学储能电站危险源辨识技术导则			2023-03-17	2023-10-01
21	GB/T 42315—2023	电化学储能电站检修规程			2023-03-17	2023-10-01
22	GB/T 42316—2023	分布式储能集中监控系统技术规范			2023-03-17	2023-10-01
23	GB/T 42317—2023	电化学储能电站应急演练规程			2023-03-17	2023-10-01
24	GB/T 42318—2023	电化学储能电站环境影响评价导则			2023-03-17	2023-10-01
25	GB/T 42320—2023	能源互联网规划技术导则			2023-03-17	2023-10-01
26	GB/T 42321—2023	具有内部电弧类别的 3.6kV～40.5kV 柱上安装金属封闭开关设备的附加要求		IEC 62271-214：2019	2023-03-17	2023-10-01
27	GB/T 42322—2023	能源互联网系统　主动配电网的互联			2023-03-17	2023-10-01
28	GB/T 42323—2023	铅酸蓄电池用水		IEC 62877-2：2016	2023-03-17	2023-10-01
29	GB/T 42324—2023	电气装置用电缆密封头		IEC 62444：2010	2023-03-17	2023-10-01
30	GB/T 42331—2023	潮流能发电装置技术成熟度评估导则			2023-03-17	2023-07-01
31	GB/T 42391—2023	铅酸蓄电池用电解液		IEC 62877-1：2016	2023-03-17	2023-10-01
32	GB/T 42393—2023	高海拔微地形微气象条件下电网区域风害分布图绘制方法			2023-03-17	2023-10-01
33	GB/T 42394—2023	电气装置用电缆夹具		IEC 61914：2021	2023-03-17	2023-10-01
34	GB/T 42397—2023	考虑非绝热效应时允许短路电流的计算		IEC 60949：1988	2023-03-17	2023-10-01
35	GB/T 42477—2023	光伏电站气象观测及资料审核、订正技术规范			2023-03-17	2023-10-01
36	GB/T 2900.35—2023	电工术语　爆炸性环境	GB/T 2900.35—2008	IEC 60050-426：2020	2023-05-23	2023-12-01
37	GB/T 9089.2—2023	户外严酷条件下的电气设施　第2部分：一般防护要求	GB/T 9089.2—2008		2023-05-23	2023-12-01
38	GB/T 10228—2023	干式电力变压器技术参数和要求	GB/T 10228—2015		2023-05-23	2023-12-01
39	GB/T 12727—2023	核电厂安全重要电气设备鉴定	GB/T 12727—2017		2023-05-23	2023-12-01
40	GB/T 17626.11—2023	电磁兼容　试验和测量技术　第11部分：对每相输入电流小于或等于16 A设备的电压暂降、短时中断和电压变化抗扰度试验	GB/T 17626.11—2008	IEC 61000-4-11：2020	2023-05-23	2023-06-01
41	GB/Z 17626.33—2023	电磁兼容　试验和测量技术　第33部分：高功率瞬态参数测量方法		IEC 61000-4-33：2005	2023-05-23	2023-06-01

续表

序号	标准编号	标准名称	代替标准号	采标号	发布日期	实施日期
42	GB/T 17799.2—2023	电磁兼容 通用标准 第2部分：工业环境中的抗扰度标准	GB/T 17799.2—2003	IEC 61000-6-2：2016	2023-05-23	2023-12-01
43	GB/T 19749.4—2023	耦合电容器及电容分压器 第4部分：直流或交流单相电容分压器		IEC 60358-4：2018	2023-05-23	2023-09-01
44	GB/T 20320—2023	风能发电系统 风力发电机组电气特性测量和评估方法	GB/T 20320—2013	IEC 61400-21-1：2019	2023-05-23	2023-12-01
45	GB/T 20321—2023	离网型风能、太阳能发电系统用逆变器	GB/T 20321.1—2006、GB/T 20321.2—2006		2023-05-23	2023-05-23
46	GB/T 22077—2023	架空导线蠕变试验方法	GB/T 22077—2008	IEC 61395：1998	2023-05-23	2023-12-01
47	GB/T 22582—2023	电力电容器 低压功率因数校正装置	GB/T 22582—2008	IEC 61921：2017	2023-05-23	2023-09-01
48	GB/T 23479—2023	风力发电机组 双馈异步发电机	GB/T 23479.1—2009、GB/T 23479.2—2009		2023-05-23	2023-12-01
49	GB/T 36237—2023	风能发电系统 通用电气仿真模型	GB/T 36237—2018	IEC 61400-27-1：2020	2023-05-23	2023-05-23
50	GB/T 38121—2023	雷电防护 雷暴预警系统	GB/T 38121—2019	IEC 62793：2020	2023-05-23	2023-12-01
51	GB/T 42535—2023	锅炉定期检验			2023-05-23	2023-05-23
52	GB/T 42556—2023	电能表监督管理规范			2023-05-23	2023-12-01
53	GB/T 42558.1—2023	高原用换流站电气设备抗震技术 第1部分：抗震试验及评价导则			2023-05-23	2023-12-01
54	GB/T 42592—2023	风力发电机组 风轮叶片超声波检测方法			2023-05-23	2023-12-01
55	GB/T 42599—2023	风能发电系统 电气仿真模型验证			2023-05-23	2023-12-01
56	GB/T 42600—2023	风能发电系统 风力发电机组塔架和基础设计要求		IEC 61400-6：2020	2023-05-23	2023-05-23
57	GB/T 42715—2023	移动式储能电站通用规范			2023-05-23	2023-12-01
58	GB/T 42716—2023	电化学储能电站建模导则			2023-05-23	2023-12-01
59	GB/T 42717—2023	电化学储能电站并网性能评价方法			2023-05-23	2023-12-01
60	GB/Z 42722—2023	工业领域电力需求侧管理实施指南			2023-05-23	2023-12-01
61	GB/T 42726—2023	电化学储能电站监控系统技术规范			2023-05-23	2023-12-01
62	GB/T 42731—2023	微电网技术要求			2023-05-23	2023-06-01
63	GB/T 42766—2023	光伏发电太阳能资源评估规范			2023-05-23	2023-05-23
64	GB/T 7251.1—2023	低压成套开关设备和控制设备 第1部分：总则	GB/T 7251.1—2013	IEC 61439-1：2020	2023-08-06	2024-03-01
65	GB/T 7251.2—2023	低压成套开关设备和控制设备 第2部分：成套电力开关和控制设备	GB/T 7251.12—2013	IEC 61439-2：2020	2023-08-06	2024-03-01

续表

序号	标准编号	标准名称	代替标准号	采标号	发布日期	实施日期
66	GB/T 10593.2—2023	电工电子产品环境参数测量方法　第2部分：盐雾	GB/T 10593.2—2012		2023-08-06	2024-03-01
67	GB/T 12971.1—2023	电力牵引用接触线　第1部分：铜及铜合金接触线	GB/T 12971.1—2008		2023-08-06	2024-03-01
68	GB/T 12971.2—2023	电力牵引用接触线　第2部分：钢铝复合接触线	GB/T 12971.2—2008		2023-08-06	2024-03-01
69	GB/T 20138—2023	电器设备外壳对外界机械碰撞的防护等级（IK代码）	GB/T 20138—2006	IEC 62262：2021	2023-08-06	2024-03-01
70	GB/T 29314—2023	电动机系统节能改造规范	GB/T 29314—2012		2023-08-06	2024-03-01
71	GB/T 29327—2023	1000kV 电抗器保护装置技术要求	GB/Z 29327—2012		2023-08-06	2024-03-01
72	GB/T 38329.3—2023	港口船岸连接　第3部分：低压岸电连接（LVSC）系统　一般要求		IEC PAS 80005-3：2014	2023-08-06	2023-12-01
73	GB/T 42728—2023	锂离子电池组安全设计指南			2023-08-06	2024-03-01
74	GB/T 42729—2023	锂离子电池和电池组安全使用指南			2023-08-06	2024-03-01
75	GB/T 42847.2—2023	储能系统用可逆模式燃料电池模块　第2部分：可逆模式质子交换膜单池与电堆性能测试方法		IEC 62282-8-102：2019	2023-08-06	2024-03-01
76	GB/T 1032—2023	三相异步电动机试验方法	GB/T 1032—2012		2023-09-07	2024-04-01
77	GB/T 1985—2023	高压交流隔离开关和接地开关	GB/T 1985—2014	IEC 62271-102：2022	2023-09-07	2024-04-01
78	GB/T 5169.33—2023	电工电子产品着火危险试验　第33部分：着火危险评定导则　起燃性　总则	GB/Z 5169.33—2014		2023-09-07	2024-04-01
79	GB/T 5169.34—2023	电工电子产品着火危险试验　第34部分：着火危险评定导则　起燃性　试验方法概要和相关性	GB/Z 5169.34—2014		2023-09-07	2024-04-01
80	GB/T 6451—2023	油浸式电力变压器技术参数和要求	GB/T 6451—2015、GB/T 25289—2010		2023-09-07	2024-04-01
81	GB/T 7409.4—2023	同步电机励磁系统　第4部分：中小型同步电机励磁系统技术要求	GB/T 10585—1989		2023-09-07	2024-04-01
82	GB/T 7894—2023	水轮发电机基本技术要求	GB/T 7894—2009		2023-09-07	2024-04-01
83	GB/T 10401—2023	永磁式直流力矩电动机通用技术规范	GB/T 10401—2008		2023-09-07	2024-04-01
84	GB/T 15166.2—2023	高压交流熔断器　第2部分：限流熔断器	GB/T 15166.2—2008	IEC 60282-1：2020	2023-09-07	2024-04-01
85	GB/T 15587—2023	能源管理体系　分阶段实施指南	GB/T 15587—2008		2023-09-07	2024-04-01
86	GB/T 16515—2023	电子设备用电位器　第5部分：分规范　单圈旋转低功率线绕和非线绕电位器	GB/T 16515—1996	IEC 60364-8-1：2019	2023-09-07	2024-04-01
87	GB/T 16895.35—2023	低压电气装置　第8-1部分：功能方面　能源效率		IEC 60664-1：2020	2023-09-07	2024-04-01
88	GB/T 16935.1—2023	低压供电系统内设备的绝缘配合　第1部分：原理、要求和试验	GB/T 16935.1—2008	IEC 60934：2019	2023-09-07	2024-04-01

续表

序号	标准编号	标准名称	代替标准号	采标号	发布日期	实施日期
89	GB/T 17701—2023	设备用断路器（CBE）	GB/T 17701—2008	IEC 61558-1：2017	2023-09-07	2024-04-01
90	GB/T 18487.1—2023	电动汽车传导充电系统　第 1 部分：通用要求	GB/T 18487.1—2015		2023-09-07	2024-04-01
91	GB/T 19212.1—2023	变压器、电抗器、电源装置及其组合的安全　第 1 部分：通用要求和试验	GB/T 19212.1—2016	IEC 62271-102：2022	2023-09-07	2024-04-01
92	GB/T 19214.1—2023	电器附件　剩余电流监视器（RCM）第 1 部分：家用和类似用途剩余电流监视器	GB/T 19214—2008	IEC 62020-1：2020	2023-09-07	2024-04-01
93	GB/T 20234.1—2023	电动汽车传导充电用连接装置　第 1 部分：通用要求	GB/T 20234.1—2015		2023-09-07	2024-04-01
94	GB/T 20234.3—2023	电动汽车传导充电用连接装置　第 3 部分：直流充电接口	GB/T 20234.3—2015		2023-09-07	2024-04-01
95	GB/T 20234.4—2023	电动汽车传导充电用连接装置　第 4 部分：大功率直流充电接口			2023-09-07	2024-04-01
96	GB/T 20638—2023	步进电动机通用技术规范	GB/T 20638—2006	IEC 62613-1：2019	2023-09-07	2024-04-01
97	GB/Z 20833.5—2023	旋转电机　绕组绝缘　第 5 部分：重复冲击电压下局部放电起始电压的离线测量			2023-09-07	2024-04-01
98	GB/T 22317.4—2023	有质量评定的压电滤波器　第 4 部分：分规范能力批准			2023-09-07	2024-04-01
99	GB/T 22317.401—2023	有质量评定的压电滤波器　第 4-1 部分：空白详细规范　能力批准			2023-09-07	2024-04-01
100	GB/T 23365—2023	钴酸锂电化学性能测试　首次放电比容量及首次充放电效率测试方法	GB/T 23365—2009		2023-09-07	2024-04-01
101	GB/T 24975—2023	低压电器环境意识设计导则	GB/T 24975.1—2010、GB/T 24975.2—2010、GB/T 24975.3—2010、GB/T 24975.4—2010、GB/T 24975.5—2010、GB/T 24975.6—2010、GB/T 24975.7—2010	IEC 62132-8：2012	2023-09-07	2024-04-01
102	GB/T 24976—2023	电器附件环境意识设计导则	GB/T 24976.1—2010、GB/T 24976.2—2010、GB/T 24976.3—2010、GB/T 24976.4—2010、GB/T 24976.5—2010、GB/T 24976.6—2010、GB/T 24976.7—2010、GB/T 24976.8—2010		2023-09-07	2024-04-01
103	GB/T 26865.2—2023	电力系统实时动态监测系统　第 2 部分：数据传输协议	GB/T 26865.2—2011		2023-09-07	2023-09-07
104	GB/T 30845.1—2023	高压岸电连接系统（HVSC 系统）用插头、插座和船用耦合器　第 1 部分：通用要求	GB/T 30845.1—2014	IEC 62613-1：2019	2023-09-07	2024-04-01
105	GB/T 38775.8—2023	电动汽车无线充电系统　第 8 部分：商用车应用特殊要求			2023-09-07	2023-09-07

续表

序号	标准编号	标准名称	代替标准号	采标号	发布日期	实施日期
106	GB/T 42710.1—2023	家用和类似用途直流插头插座　第1部分：通用要求			2023-09-07	2024-04-01
107	GB/T 42710.2—2023	家用和类似用途直流插头插座　第2部分：型式尺寸			2023-09-07	2024-04-01
108	GB/T 42847.3—2023	储能系统用可逆模式燃料电池模块　第3部分：电能储存系统性能测试方法			2023-09-07	2024-04-01
109	GB/T 42968.1—2023	集成电路　电磁抗扰度测量　第1部分：通用条件和定义		IEC 62132-1：2015	2023-09-07	2024-01-01
110	GB/T 42968.8—2023	集成电路　电磁抗扰度测量　第8部分：辐射抗扰度测量 IC 带状线法		IEC 62132-8：2012	2023-09-07	2024-01-01
111	GB/T 43024.2—2023	压电、介电和静电振荡器的测量技术　第2部分：相位抖动测量方法		IEC 62884-2：2017	2023-09-07	2024-01-01
112	GB/T 43025—2023	用户接入电网供电方案技术导则			2023-09-07	2023-09-07
113	GB/T 43027—2023	高压电源变换器模块测试方法			2023-09-07	2024-01-01
114	GB/T 43028—2023	用负荷设备（LSE）的特殊要求			2023-09-07	2024-04-01
115	GB/Z 43029—2023	低压开关设备和控制设备及其成套设备　能效			2023-09-07	2024-04-01
116	GB/Z 43030—2023	低压开关设备和控制设备　网络安全			2023-09-07	2024-04-01
117	GB/T 43033—2023	分布式供能工程标识系统编码规范			2023-09-07	2024-04-01
118	GB/T 43034.3—2023	集成电路　脉冲抗扰度测量　第3部分：非同步瞬态注入法		IEC 62215-3：2013	2023-09-07	2024-01-01
119	GB/T 43035—2023	半导体器件　集成电路　第20部分：膜集成电路和混合膜集成电路总规范　第一篇：内部目检要求			2023-09-07	2023-09-07
120	GB/Z 43036—2023	旋转电机　定子成型绕组端部振动的测量			2023-09-07	2024-04-01
121	GB/T 43040—2023	半导体集成电路 AC/DC 变换器测试方法			2023-09-07	2024-04-01
122	GB/T 43041—2023	混合集成电路　直流/直流（DC/DC）变换器			2023-09-07	2024-01-01
123	GB/T 43052—2023	电力市场交易运营系统与售电技术支持系统信息交换规范			2023-09-07	2023-09-07
124	GB/T 43055—2023	农村低压安全用电通用要求			2023-09-07	2024-01-01
125	GB/T 43056—2023	沙漠光伏电站技术要求			2023-09-07	2024-01-01
126	GB/T 43057—2023	光伏组件　动态机械载荷试验			2023-09-07	2024-01-01
127	GB/T 43058—2023	光伏组件氨腐蚀试验			2023-09-07	2024-01-01
128	GB/T 43061—2023	半导体集成电路 PWM 控制器测试方法			2023-09-07	2024-04-01
129	GB/T 43188—2023	发电机设备状态评价导则			2023-09-07	2024-04-01
130	GB/T 43191—2023	电动汽车交流充电桩现场检测仪			2023-09-07	2024-04-01
131	GB/T 8564—2023	水轮发电机组安装技术规范	GB/T 8564—2003		2023-11-27	2023-11-27

续表

序号	标准编号	标准名称	代替标准号	采标号	发布日期	实施日期
132	GB/T 14285—2023	继电保护和安全自动装置技术规程	GB/T 14285—2006		2023-11-27	2024-03-01
133	GB/T 15548—2023	往复式内燃机驱动的三相同步发电机通用技术条件	GB/T 15548—2008		2023-11-27	2024-06-01
134	GB/T 21218—2023	电气用未使用过的硅绝缘液体	GB/T 21218—2007	IEC 60836：2015	2023-11-27	2024-06-01
135	GB/T 26215—2023	高压直流输电系统换流阀阻尼吸收回路用电容器	GB/T 26215—2010		2023-11-27	2024-03-01
136	GB/T 30547—2023	高压直流输电系统滤波器用电阻器	GB/T 30547—2014		2023-11-27	2024-06-01
137	GB/T 30553—2023	基于电压源换流器的高压直流输电	GB/T 30553—2014	IEC TR 62543：2022	2023-11-27	2024-06-01
138	GB/Z 40104.103—2023	太阳能光热发电站　第 1-3 部分：通用　气象数据集数据格式		IEC TS 62862-1-3：2017	2023-11-27	2024-06-01
139	GB/T 43259.302—2023	能量管理系统应用程序接口（EMS-API）　第 302 部分：公共信息模型（CIM）的动态部分		IEC 61970-302：2018	2023-11-27	2023-11-27
140	GB/T 43334—2023	独立型微电网能量管理系统技术要求			2023-11-27	2024-06-01
141	GB/T 43343—2023	高压绝缘电阻表		IEC 60404-8-10：2009	2023-11-27	2024-06-01
142	GB/T 43344—2023	继电器用磁性材料（铁和钢）规范		IEC 60404-8-10：2009	2023-11-27	2024-06-01
143	GB/Z 43345—2023	电气设备用图形符号词汇		IEC TR 62687：2015	2023-11-27	2024-06-01
144	GB/T 43347—2023	核电厂安全重要电气、仪表与控制设备环境参数的监测			2023-11-27	2024-03-01
145	GB/T 5465.2—2023	电气设备用图形符号　第 2 部分：图形符号	GB/T 5465.2—2008	IEC 60417：2023	2023-12-28	2024-07-01
146	GB/T 9364.6—2023	小型熔断器　第 6 部分：小型熔断体用熔断器支持件	GB/T 9364.6—2001	IEC 60127-6：2014	2023-12-28	2024-07-01
147	GB/T 9364.8—2023	小型熔断器　第 8 部分：带有特殊过电流保护的熔断电阻器		IEC 60127-8：2018	2023-12-28	2024-07-01
148	GB/T 15022.10—2023	电气绝缘用树脂基活性复合物　第 10 部分：聚酯亚胺树脂复合物			2023-12-28	2024-07-01
149	GB/Z 17624.7—2023	电磁兼容　综述　第 7 部分：非正弦条件下单相系统的功率因数		IEC TR 61000-1-7：2016	2023-12-28	2024-07-01
150	GB/T 17626.3—2023	电磁兼容　试验和测量技术　第 3 部分：射频电磁场辐射抗扰度试验	GB/T 17626.3—2016	IEC 61000-4-3：2020	2023-12-28	2024-07-01
151	GB/T 17626.30—2023	电磁兼容　试验和测量技术　第 30 部分：电能质量测量方法	GB/T 17626.30—2012	IEC 61000-4-30：2021	2023-12-28	2024-07-01
152	GB/T 17626.39—2023	电磁兼容　试验和测量技术　第 39 部分：近距离辐射场抗扰度试验		IEC 61000-4-39：2017	2023-12-28	2024-07-01

续表

序号	标准编号	标准名称	代替标准号	采标号	发布日期	实施日期
153	GB 17799.3—2023	电磁兼容　通用标准　第 3 部分：居住环境中设备的发射	GB 17799.3—2012	IEC 61000-6-3：2020	2023-12-28	2024-07-01
154	GB 17799.8—2023	电磁兼容　通用标准　第 8 部分：商用和轻工业场所专业设备的发射		IEC 61000-6-8：2020	2023-12-28	2024-07-01
155	GB/Z 20840.100—2023	互感器　第 100 部分：电力系统保护用电流互感器应用导则		IEC TR 61869-100：2017	2023-12-28	2024-07-01
156	GB/T 22389—2023	高压直流换流站无间隙金属氧化物避雷器	GB/T 22389—2008	IEC 60099-9：2014	2023-12-28	2024-04-01
157	GB/T 24834—2023	1000kV 交流架空输电线路金具技术规范	GB/T 24834—2009		2023-12-28	2024-07-01
158	GB/T 25320.6—2023	电力系统管理及其信息交换　数据和通信安全　第 6 部分：IEC 61850 的安全	GB/Z 25320.6—2011	IEC 62351-6：2020	2023-12-28	2024-07-01
159	GB/T 25320.11—2023	电力系统管理及其信息交换　数据和通信安全　第 11 部分：XML 文件的安全		IEC 62351-11：2016	2023-12-28	2024-07-01
160	GB/Z 25320.1001—2023	电力系统管理及其信息交换　数据和通信安全　第 100-1 部分：IEC 62351-5 和 IEC TS 60870-5-7 的一致性测试用例		IEC TS 62351-100-1：2018	2023-12-28	2024-07-01
161	GB/Z 25320.1003—2023	电力系统管理及其信息交换　数据和通信安全　第 100-3 部分：IEC 62351-3 的一致性测试用例和包括 TCP/IP 协议集的安全通信扩展		IEC TS 62351-100-3：2020	2023-12-28	2024-07-01
162	GB/T 29627.3—2023	电气用聚芳酰胺纤维纸板　第 3 部分：单项材料规范			2023-12-28	2024-07-01
163	GB/T 31239—2023	1000kV 变电站金具技术规范	GB/T 31239—2014		2023-12-28	2024-07-01
164	GB/T 34120—2023	电化学储能系统储能变流器技术要求	GB/T 34120—2017		2023-12-28	2024-07-01
165	GB/T 34133—2023	储能变流器检测技术规程	GB/T 34133—2017		2023-12-28	2024-07-01
166	GB/T 36276—2023	电力储能用锂离子电池	GB/T 36276—2018		2023-12-28	2024-07-01
167	GB/T 36280—2023	电力储能用铅炭电池	GB/T 36280—2018		2023-12-28	2024-07-01
168	GB/T 36545—2023	移动式电化学储能系统技术规范	GB 36545—2018		2023-12-28	2024-07-01
169	GB/T 36558—2023	电力系统电化学储能系统通用技术条件	GB 36558—2018		2023-12-28	2024-07-01
170	GB/T 42151.81—2023	电力自动化通信网络和系统　第 8-1 部分：特定通信服务映射（SCSM）映射到 MMS（ISO 9506-1 和 ISO 9506-2）和 ISO/IEC 8802-3		IEC 61850-8-1：2020	2023-12-28	2024-07-01
171	GB/T 42737—2023	电化学储能电站调试规程			2023-12-28	2024-07-01
172	GB/T 43333—2023	独立型微电网调试与验收规范			2023-12-28	2024-07-01
173	GB/T 43451—2023	配电网运营评价导则			2023-12-28	2024-04-01

续表

序号	标准编号	标准名称	代替标准号	采标号	发布日期	实施日期
174	GB/T 43456—2023	用电检查规范			2023-12-28	2024-07-01
175	GB/T 43460.1—2023	电磁兼容　风险分析方法　第1部分：电缆屏蔽			2023-12-28	2024-07-01
176	GB/T 43462—2023	电化学储能黑启动技术导则			2023-12-28	2024-07-01
177	GB/T 43463—2023	微电网群运行控制要求			2023-12-28	2024-07-01
178	GB/T 43509—2023	能源互联网交易平台技术要求			2023-12-28	2024-07-01
179	GB/T 43522—2023	电力储能用锂离子电池监造导则			2023-12-28	2024-07-01
180	GB/T 43526—2023	用户侧电化学储能系统接入配电网技术规定			2023-12-28	2024-07-01
181	GB/T 43528—2023	电化学储能电池管理通信技术要求			2023-12-28	2024-07-01
182	GB/Z 43533—2023	依据GB/T 7251.2—2023的成套电力开关和控制设备（PSC成套设备）中内部电弧故障抑制系统的集成		IEC TS 63107：2020	2023-12-28	2024-07-01
183	GB/T 43534—2023	高压直流输电用电压源换流器交流侧阻抗设计及测试方法			2023-12-28	2024-07-01
184	GB/T 43540—2023	电力储能用锂离子电池退役技术要求			2023-12-28	2024-07-01
185	JJF 2027—2023	互感器用合并单元校验仪校准规范			2023-03-15	2023-09-15
186	JJF 1356.1—2023	重点用能单位能源计量审查规范　数据中心			2023-06-30	2023-12-30
187	JJF 2039—2023	电池充放电测试仪校准规范			2023-06-30	2023-12-30
188	JJF 2040—2023	功率分析仪校准规范			2023-06-30	2023-12-30
189	JJF 2041—2023	互感器二次压降及二次负荷现场测试方法			2023-06-30	2023-12-30
190	JJF 2061—2023	一级标准光伏组件校准规范			2023-06-30	2023-12-30
191	JJF 2062—2023	光伏组件用紫外老化箱校准规范			2023-06-30	2023-12-30
192	JJF 2063—2023	光伏电池组件电致发光缺陷检测仪校准规范			2023-06-30	2023-12-30
193	JJF 2064—2023	多结砷化镓太阳电池校准规范　光谱响应度			2023-06-30	2023-12-30
194	JJG 1192—2023	电动汽车非车载充电机校验仪检定规程			2023-03-15	2023-09-15
195	JJG 1193—2023	电动汽车交流充电桩校验仪检定规程			2023-03-15	2023-09-15
196	JJG 1196—2023	直流互感器校验仪检定规程			2023-06-30	2023-12-30

2023年发布的电力相关行业标准

序号	标准编号	标准名称	代替标准号	发布日期	实施日期
1	NB/T 11051—2023	高压直流保护测试设备技术规范		2023-02-06	2023-08-06
2	NB/T 11052—2023	高压直流断路器控制保护技术导则		2023-02-06	2023-08-06
3	NB/T 11053—2023	自动快速负荷转供装置技术要求		2023-02-06	2023-08-06
4	NB/T 11054—2023	防孤岛保护装置技术规范		2023-02-06	2023-08-06
5	NB/T 11055—2023	交直流混合配电网继电保护技术要求		2023-02-06	2023-08-06
6	NB/T 11056—2023	继电保护测试仪自动检测装置校准规范		2023-02-06	2023-08-06
7	NB/T 11057—2023	变压器冷却控制保护装置技术要求		2023-02-06	2023-08-06
8	NB/T 11058—2023	电气设备　热带海岛环境条件		2023-02-06	2023-08-06
9	NB/T 11059—2023	高海拔现场用标准雷电冲击电压发生装置通用技术条件		2023-02-06	2023-08-06
10	NB/T 11060—2023	高海拔地区架空输电线路绝缘子并联间隙通用技术条件		2023-02-06	2023-08-06
11	NB/T 11061—2023	高海拔地区交流架空输电线路绝缘子串鸟粪闪络人工模拟试验方法		2023-02-06	2023-08-06
12	NB/T 11062—2023	全钒液流电池用电堆技术条件		2023-02-06	2023-08-06
13	NB/T 11063—2023	全钒液流电池用电解液　回收要求		2023-02-06	2023-08-06
14	NB/T 11064—2023	锌基液流电池系统　测试方法		2023-02-06	2023-08-06
15	NB/T 11065—2023	锌基液流电池　安全要求		2023-02-06	2023-08-06
16	NB/T 11066—2023	锌基液流电池　安装技术规范		2023-02-06	2023-08-06
17	NB/T 11067—2023	铁铬液流电池用电解液技术规范		2023-02-06	2023-08-06
18	NB/T 11068—2023	直流1500V光伏电站通用技术要求		2023-02-06	2023-08-06
19	NB/T 11069—2023	柔性直流用全桥和半桥子模块混合换流阀技术规范		2023-02-06	2023-08-06
20	NB/T 11070—2023	高压交流发电机断路器试验导则		2023-02-06	2023-08-06
21	NB/T 11071—2023	1kV～52kV 交流固体绝缘封闭开关设备和控制设备试验导则		2023-02-06	2023-08-06
22	NB/T 11072—2023	试验电压测量系统应用导则		2023-02-06	2023-08-06
23	NB/T 11073—2023	高原型风力发电机组电气系统安全设计要求		2023-02-06	2023-08-06
24	NB/T 11074—2023	高压开关类设备操作机构　湿热环境耐久性评价		2023-02-06	2023-08-06
25	NB/T 11075—2023	高压直流输电换流阀用饱和电抗器		2023-02-06	2023-08-06
26	NB/T 11076—2023	高压交流故障电流限制器通用技术规范		2023-02-06	2023-08-06
27	NB/T 11077—2023	基于限流电抗器的高压交流故障电流限制器技术规范		2023-02-06	2023-08-06
28	NB/T 11078—2023	基于高耦合分裂电抗器的高压交流故障电流限制器技术规范		2023-02-06	2023-08-06

续表

序号	标准编号	标准名称	代替标准号	发布日期	实施日期
29	NB/T 11079—2023	光伏发电站跟踪系统及支架检测技术规范		2023-02-06	2023-08-06
30	NB/T 11080—2023	光伏组件电致发光（EL）检测技术规范		2023-02-06	2023-08-06
31	NB/T 11081—2023	光伏组件红外热成像（TIS）检测技术规范		2023-02-06	2023-08-06
32	NB/T 11082—2023	风光水火储多能互补发电工程规划报告编制规程		2023-02-06	2023-08-06
33	NB/T 11083—2023	风电信息管理数据质量评估及治理技术规范		2023-02-06	2023-08-06
34	NB/T 11084—2023	海上风电场工程建（构）筑物荷载规范		2023-02-06	2023-08-06
35	NB/T 11085—2023	海上风电场工程结构安全监测建设规范		2023-02-06	2023-08-06
36	NB/T 11086—2023	海上风电场工程风电机组复合筒型基础技术规范		2023-02-06	2023-08-06
37	NB/T 11087—2023	水电工程退役项目用地处理设计导则		2023-02-06	2023-08-06
38	NB/T 11088—2023	水电工程招标设计报告编制规程		2023-02-06	2023-08-06
39	NB/T 11089—2023	水工挡土墙设计规范		2023-02-06	2023-08-06
40	NB/T 11090—2023	水电站引水渠道及前池设计规范	DL/T 5079—2007	2023-02-06	2023-08-06
41	NB/T 11091—2023	水电工程安全标识		2023-02-06	2023-08-06
42	NB/T 11092—2023	水电工程深埋隧洞技术规范		2023-02-06	2023-08-06
43	NB/T 11093—2023	胶凝砂砾石围堰设计规范		2023-02-06	2023-08-06
44	NB/T 11094—2023	水下自护混凝土技术导则		2023-02-06	2023-08-06
45	NB/T 11095—2023	水电工程档案信息化导则		2023-02-06	2023-08-06
46	NB/T 11096—2023	水电工程安全隐患判定标准		2023-02-06	2023-08-06
47	NB/T 11097—2023	水电工程安全管理和保护范围规定		2023-02-06	2023-08-06
48	NB/T 11098—2023	水电工程水土保持监理规范		2023-02-06	2023-08-06
49	NB/T 11099—2023	水电工程铁磁性钢丝绳在线监测技术规程		2023-02-06	2023-08-06
50	NB/T 11100—2023	水电工程螺栓应力在线监测技术规程		2023-02-06	2023-08-06
51	NB/T 11101—2023	生物天然气工程设计导则		2023-02-06	2023-08-06
52	NB/T 11102—2023	生物天然气工程等级划分及设计安全标准		2023-02-06	2023-08-06
53	NB/T 11103—2023	生物天然气项目规划报告编制规程		2023-02-06	2023-08-06
54	NB/T 11146—2023	电能质量监测装置在线比对技术规范		2023-02-06	2023-08-06
55	NB/T 11116—2023	低质煤综合利用电厂绿色发展管理规范		2023-02-06	2023-08-06
56	NB/T 11117—2023	低质煤综合利用电厂绿色发展技术要求		2023-02-06	2023-08-06
57	NB/T 11153—2023	地热双工质发电站设计规范		2023-02-06	2023-08-06
58	NB/T 11156—2023	地热发电机组术语		2023-02-06	2023-08-06
59	NB/T 11163—2023	统一潮流控制器（UPFC）工程设计规程		2023-02-06	2023-08-06
60	NB/T 11164—2023	±800kV 柔性直流换流站设计规程		2023-02-06	2023-08-06
61	NB/T 11165—2023	架空输电线路防舞设计规程		2023-02-06	2023-08-06
62	NB/T 11166—2023	太阳能热发电厂吸热塔结构设计规范		2023-02-06	2023-08-06

续表

序号	标准编号	标准名称	代替标准号	发布日期	实施日期
63	NB/T 42028—2023	磁控电抗器型高压静止无功补偿装置（MSVC）	NB/T 42028—2014	2023-02-06	2023-08-06
64	NB/T 42080—2023	全钒液流电池用离子传导膜　通用技术条件和测试方法	NB/T 42080—2016	2023-02-06	2023-08-06
65	DL/T 309—2023	1000kV 交流系统电力设备现场试验实施导则	DL/T 309—2010	2023-02-06	2023-08-06
66	DL/T 649—2023	叶轮给煤机	DL/T 649—2014	2023-02-06	2023-08-06
67	DL/T 1462—2023	发电厂氢气系统在线仪表检验规程	DL/T 1462—2015	2023-02-06	2023-08-06
68	DL/T 2151.7—2023	岸基供电系统　第 7 部分：岸电电源检验技术规范		2023-02-06	2023-08-06
69	DL/T 2586—2023	港口岸电系统接入电网技术规范		2023-02-06	2023-08-06
70	DL/T 2587—2023	高压柔性直流设备交接试验		2023-02-06	2023-08-06
71	DL/T 2588—2023	火力发电厂桥式抓斗卸船机运行检修导则		2023-02-06	2023-08-06
72	DL/T 2589—2023	垃圾发电厂智能点巡检系统技术规范		2023-02-06	2023-08-06
73	DL/T 2590—2023	馈能装置接入配电网技术要求		2023-02-06	2023-08-06
74	DL/T 2591—2023	垃圾发电厂垃圾储运系统运行规程		2023-02-06	2023-08-06
75	DL/T 2592—2023	大型混流式水轮发电机组型式试验规程		2023-02-06	2023-08-06
76	DL/T 2593—2023	可逆式抽水蓄能机组启动调试导则		2023-02-06	2023-08-06
77	DL/T 2594—2023	电力企业标准化工作　评价与改进		2023-02-06	2023-08-06
78	DL/T 2595—2023	发电厂海水淡化工程运行和维护导则		2023-02-06	2023-08-06
79	DL/T 5041—2023	火力发电厂厂内通信设计技术规定	DL/T 5041—2012	2023-02-06	2023-08-06
80	DL/T 5219—2023	架空输电线路基础设计规程	DL/T 5219—2014	2023-02-06	2023-08-06
81	DL/T 5393—2023	高压直流换流站接入系统设计内容深度规定	DL/T 5393—2007	2023-02-06	2023-08-06
82	DL/T 5428—2023	火力发电厂热工保护系统设计规程	DL/T 5428—2009	2023-02-06	2023-08-06
83	DL/T 5859—2023	条形煤场钢结构封闭工程技术导则		2023-02-06	2023-08-06
84	DL/T 5860—2023	电化学储能电站可行性研究报告内容深度规定		2023-02-06	2023-08-06
85	DL/T 5861—2023	电化学储能电站初步设计内容深度规定		2023-02-06	2023-08-06
86	DL/T 5862—2023	电化学储能电站施工图设计内容深度规定		2023-02-06	2023-08-06
87	DL/T 5863—2023	水电工程地下建筑物安全监测技术规范		2023-02-06	2023-08-06
88	TD/T 1075—2023	光伏发电站工程项目用地控制指标		2023-04-19	2023-08-01
89	SJ/T 10581—2023	低压断路器用真空开关管总规范	SJ/T 10581—1994	2023-04-21	2023-08-01
90	SJ/T 10582—2023	低压断路器用真空开关管测试方法	SJ/T 10582—1994	2023-04-21	2023-08-01
91	JB/T 8532—2023	脉冲喷吹类袋式除尘器	JB/T 8532—2008	2023-04-21	2023-11-01
92	JB/T 8533—2023	回转反吹类袋式除尘器	JB/T 8533—2010	2023-04-21	2023-11-01
93	JB/T 8537—2023	粉尘比电阻实验室测试方法	JB/T 8537—2010	2023-04-21	2023-11-01
94	JB/T 8699—2023	袋式除尘机组	JB/T 8699—2010	2023-04-21	2023-11-01
95	JB/T 10862—2023	电除尘器用低压控制装置	JB/T 10862—2008	2023-04-21	2023-11-01
96	JB/T 10919—2023	脱硫除尘一体化设备	JB/T 10919—2008	2023-04-21	2023-11-01

续表

序号	标准编号	标准名称	代替标准号	发布日期	实施日期
97	JB/T 11261—2023	燃煤电厂锅炉尾气治理　袋式除尘器用滤料	JB/T 11261—2012	2023-04-21	2023-11-01
98	JB/T 11266—2023	火电厂湿法烟气脱硫装置可靠性评价规程	JB/T 11266—2012	2023-04-21	2023-11-01
99	JB/T 14497—2023	深度脱硫除尘装置		2023-04-21	2023-11-01
100	JB/T 14499—2023	湿法烟气脱硫吸收剂制备系统		2023-04-21	2023-11-01
101	JB/T 14508—2023	火电厂空冷机组尖峰冷却装备		2023-04-21	2023-11-01
102	JB/T 14509—2023	反渗透海水淡化设备技术规范		2023-04-21	2023-11-01
103	JB/T 14661—2023	除尘器用气缸		2023-04-21	2023-11-01
104	JB/T 14662—2023	除尘脱硝一体化复合滤筒		2023-04-21	2023-11-01
105	JB/T 14663—2023	高温干法脱硫脱硝除尘一体化设备		2023-04-21	2023-11-01
106	NB/T 10883.1—2023	水电工程制图标准　第 1 部分：基础制图	DL/T 5347—2006	2023-05-26	2023-11-26
107	NB/T 10883.2—2023	水电工程制图标准　第 2 部分：水工建筑	DL/T 5348—2006	2023-05-26	2023-11-26
108	NB/T 10883.3—2023	水电工程制图标准　第 3 部分：金属结构		2023-05-26	2023-11-26
109	NB/T 10883.7—2023	水电工程制图标准　第 7 部分：水土保持		2023-05-26	2023-11-26
110	NB/T 11170—2023	河流水电规划编制规范	DL/T 5042—2010	2023-05-26	2023-11-26
111	NB/T 11171—2023	砌石坝设计规范		2023-05-26	2023-11-26
112	NB/T 11172—2023	水电工程对外投资项目造价编制导则		2023-05-26	2023-11-26
113	NB/T 11173—2023	抽水蓄能电站建设征地移民安置规划设计规范		2023-05-26	2023-11-26
114	NB/T 11174—2023	梯级水库泥沙调度设计规程		2023-05-26	2023-11-26
115	NB/T 11175—2023	抽水蓄能电站经济评价规范		2023-05-26	2023-11-26
116	NB/T 11176—2023	太阳能热发电项目监测评估规程		2023-05-26	2023-11-26
117	NB/T 11177—2023	生物质热电联产工程技术规范		2023-05-26	2023-11-26
118	NB/T 11178—2023	水电工程后评价技术导则		2023-05-26	2023-11-26
119	NB/T 11179—2023	水电工程环境监测技术规范		2023-05-26	2023-11-26
120	NB/T 11180—2023	水电工程建设征地移民安置后评价导则		2023-05-26	2023-11-26
121	NB/T 11181—2023	水电工程竣工环境保护验收技术规程		2023-05-26	2023-11-26
122	NB/T 11182—2023	水电工程气象观测规范		2023-05-26	2023-11-26
123	NB/T 11183—2023	水电工程生态调度效果评估技术规程		2023-05-26	2023-11-26
124	NB/T 11184—2023	水电工程水情自动测报系统更新改造技术导则		2023-05-26	2023-11-26
125	NB/T 11185—2023	水电工程水土保持监测实施方案编制规程		2023-05-26	2023-11-26
126	NB/T 11186—2023	水电工程水文测验及资料整编规范		2023-05-26	2023-11-26
127	NB/T 11187—2023	水电工程突发环境事件应急预案编制规程		2023-05-26	2023-11-26
128	NB/T 11188—2023	水电工程泄洪雾化防护技术导则		2023-05-26	2023-11-26
129	NB/T 11189—2023	水电工程鱼类增殖放流效果评估技术规程		2023-05-26	2023-11-26
130	NB/T 11190—2023	水电工程专用水文测站技术规范		2023-05-26	2023-11-26
131	NB/T 11191—2023	水电站水轮机抗泥沙磨损技术导则		2023-05-26	2023-11-26

续表

序号	标准编号	标准名称	代替标准号	发布日期	实施日期
132	NB/T 11192—2023	水力发电工程CAD制图技术规定	DL/T 5127—2001	2023-05-26	2023-11-26
133	NB/T 11193—2023	水轮机筒形阀安装调试规程		2023-05-26	2023-11-26
134	NB/T 11194—2023	新能源基地送电配置新型储能规划技术导则		2023-05-26	2023-11-26
135	NB/T 11195—2023	安全稳定控制系统专题研究报告内容深度规定		2023-05-26	2023-11-26
136	NB/T 11196—2023	火力发电工程结算报告编制导则		2023-05-26	2023-11-26
137	NB/T 11197—2023	输变电工程三维设计技术导则		2023-05-26	2023-11-26
138	NB/T 11198—2023	输变电工程三维设计模型分类与编码规则		2023-05-26	2023-11-26
139	NB/T 11199—2023	输变电工程三维设计模型交互及建模规范		2023-05-26	2023-11-26
140	NB/T 11200—2023	大型电源基地输电规划研究内容深度规定		2023-05-26	2023-11-26
141	NB/T 11201—2023	彩色镀膜光伏组件技术要求		2023-05-26	2023-11-26
142	NB/T 11202—2023	光储系统直流电弧检测及关断评价技术规范		2023-05-26	2023-11-26
143	NB/T 11203—2023	全钒液流电池用碳塑复合双极板技术条件		2023-05-26	2023-11-26
144	NB/T 11204—2023	变电站二次设备调试信息安全防护装置技术规范		2023-05-26	2023-11-26
145	NB/T 11205—2023	变电站继电保护综合记录与智能运维装置检测规范		2023-05-26	2023-11-26
146	NB/T 11206—2023	等电位闪烁式输电线路防外破警示球通用技术条件		2023-05-26	2023-11-26
147	NB/T 11207—2023	低压户用直流电能变换器技术规范		2023-05-26	2023-11-26
148	NB/T 11208—2023	低压直流配电保护设备通用要求		2023-05-26	2023-11-26
149	NB/T 11209—2023	电气绝缘系统电、湿热综合应力耐久性多因子评定方法		2023-05-26	2023-11-26
150	NB/T 11210—2023	电自动控制器　湿度传感器		2023-05-26	2023-11-26
151	NB/T 11211—2023	高海拔地区输电线路覆冰监测与融冰通用技术导则		2023-05-26	2023-11-26
152	NB/T 11212—2023	高海拔环境绝缘子覆冰闪络试验方法		2023-05-26	2023-11-26
153	NB/T 11213—2023	高原用移动式现场煤油气相干燥设备的技术条件		2023-05-26	2023-11-26
154	NB/T 11214—2023	直流系统用剩余电流装置模块（DC-MRCD）		2023-05-26	2023-11-26
155	NB/T 11215—2023	制冷器具用防爆型压力式温控器		2023-05-26	2023-11-26
156	NB/T 11216—2023	智能变电站数字信号试验装置校准规范		2023-05-26	2023-11-26
157	NB/T 11217—2023	智能开关用控制系统技术要求		2023-05-26	2023-11-26
158	NB/T 11218—2023	小水电机组监控保护直流系统运行及检修规程		2023-05-26	2023-11-26
159	NB/T 11219—2023	小型灯泡贯流式水轮发电机基本技术条件		2023-05-26	2023-11-26
160	NB/T 11220—2023	小型灯泡贯流式水轮机基本技术条件		2023-05-26	2023-11-26
161	NB/T 11221—2023	光伏电站频率监测与控制装置技术规范		2023-05-26	2023-11-26
162	NB/T 11222—2023	光伏组串I-V检测及诊断技术规范		2023-05-26	2023-11-26

续表

序号	标准编号	标准名称	代替标准号	发布日期	实施日期
163	NB/T 11223—2023	硅基薄膜异质结光伏组件技术要求		2023-05-26	2023-11-26
164	NB/T 11224—2023	锌镍液流电池　电极测试方法		2023-05-26	2023-11-26
165	NB/T 11225—2023	锌镍液流电池　电解液测试方法		2023-05-26	2023-11-26
166	NB/T 11226—2023	锌镍液流电池　隔膜测试方法		2023-05-26	2023-11-26
167	NB/T 11227—2023	锌溴液流电池　电堆测试方法		2023-05-26	2023-11-26
168	NB/T 11228—2023	风力发电机组　电控产品结构设计规范		2023-05-26	2023-11-26
169	NB/T 11229—2023	风力发电机组　光电编码器技术规范		2023-05-26	2023-11-26
170	NB/T 11230—2023	风力发电机组　振动传感器技术规范		2023-05-26	2023-11-26
171	NB/T 11231—2023	风力发电机组　主控制系统可靠性技术规范		2023-05-26	2023-11-26
172	NB/T 11232—2023	风力发电机组　电气系统能耗要求及测量方法		2023-05-26	2023-11-26
173	NB/T 11233—2023	海上风力发电机组安全系统设计规范		2023-05-26	2023-11-26
174	NB/T 11234—2023	压水堆核电厂常规岛压力管道监督管理导则		2023-05-26	2023-11-26
175	NB/T 11241—2023	光伏光热一体组件技术规范		2023-05-26	2023-11-26
176	NB/T 11266—2023	火储联合调频项目后评估导则		2023-05-26	2023-11-26
177	NB/T 11271—2023	电站锅炉设计文件鉴定技术导则		2023-05-26	2023-11-26
178	NB/T 20103—2023	压水堆核电厂事故分析和安全判据	NB/T 20103—2012	2023-05-26	2023-11-26
179	NB/T 20223—2023	核电厂机械设备维修指南	NB/T 20223—2013	2023-05-26	2023-11-26
180	NB/T 20632—2023	风险指引型方法用于核电厂定期试验周期优化的过程及要求		2023-05-26	2023-11-26
181	NB/T 20634—2023	核电厂防火屏障管理		2023-05-26	2023-11-26
182	NB/T 20635—2023	核电厂防异物导则		2023-05-26	2023-11-26
183	NB/T 20637—2023	核电厂基于概率安全评价的抗震裕度评价方法		2023-05-26	2023-11-26
184	NB/T 20638—2023	核电厂基于状态的维修管理导则		2023-05-26	2023-11-26
185	NB/T 20639—2023	核电厂建设项目费用性质及项目划分导则		2023-05-26	2023-11-26
186	NB/T 20640—2023	核电厂可靠性、可用性、可维修性和安全性管理规范		2023-05-26	2023-11-26
187	NB/T 20642—2023	核电厂人员可靠性分析导则		2023-05-26	2023-11-26
188	NB/T 20643—2023	核电厂设备管理分级技术导则		2023-05-26	2023-11-26
189	NB/T 20649—2023	核电厂以可靠性为中心的维修分析指南		2023-05-26	2023-11-26
190	NB/T 20650—2023	核电厂运行生产数据管理要求		2023-05-26	2023-11-26
191	NB/T 20651—2023	核电厂主数据管理导则		2023-05-26	2023-11-26
192	NB/T 20652—2023	核电工程分部分项划分规定		2023-05-26	2023-11-26
193	NB/T 20662—2023	压水堆核电厂工况分类		2023-05-26	2023-11-26
194	NB/T 20675—2023	压水堆核电厂主蒸汽管道泄漏监测系统设计准则		2023-05-26	2023-11-26
195	NB/T 31044—2023	永磁风力发电机-变流器组技术规范	NB/T 31044—2012	2023-05-26	2023-11-26

续表

序号	标准编号	标准名称	代替标准号	发布日期	实施日期
196	NB/T 31090—2023	并网型风力发电机组售后服务规范	NB/T 31090—2016	2023-05-26	2023-11-26
197	NB/T 31091—2023	并网型风力发电机组成套供应规范	NB/T 31091—2016	2023-05-26	2023-11-26
198	NB/T 35003—2023	水电工程水情自动测报系统技术规范	NB/T 35003—2013	2023-05-26	2023-11-26
199	NB/T 42002—2023	电工用铜包铝母线	NB/T 42002—2012	2023-05-26	2023-11-26
200	NB/T 42003—2023	高压电机铁心（冲片）绝缘试验方法	NB/T 42003—2013	2023-05-26	2023-11-26
201	NB/T 42035—2023	水轮机调压阀及其控制系统基本技术条件	NB/T 42035—2014	2023-05-26	2023-11-26
202	DL/T 259—2023	六氟化硫气体密度继电器校验规程	DL/T 259—2012	2023-05-26	2023-11-26
203	DL/T 266—2023	接地装置冲击特性参数测试导则	DL/T 266—2012	2023-05-26	2023-11-26
204	DL/T 267—2023	油浸式全密封卷铁心配电变压器使用技术条件	DL/T 267—2012	2023-05-26	2023-11-26
205	DL/T 578—2023	水电厂计算机监控系统基本技术条件	DL/T 578—2008	2023-05-26	2023-11-26
206	DL/T 624—2023	继电保护微机型试验装置技术条件	DL/T 624—2010	2023-05-26	2023-11-26
207	DL/T 669—2023	电力行业高温作业分级	DL/T 669—1999	2023-05-26	2023-11-26
208	DL/T 802.1—2023	电力电缆导管技术条件　第 1 部分：总则	DL/T 802.1—2007	2023-05-26	2023-11-26
209	DL/T 802.3—2023	电力电缆导管技术条件　第 3 部分：实壁类塑料电缆导管	DL/T 802.3—2007	2023-05-26	2023-11-26
210	DL/T 802.4—2023	电力电缆导管技术条件　第 4 部分：波纹类塑料电缆导管	DL/T 802.4—2007	2023-05-26	2023-11-26
211	DL/T 802.7—2023	电力电缆导管技术条件　第 7 部分：非开挖用塑料电缆导管	DL/T 802.7—2010	2023-05-26	2023-11-26
212	DL/T 802.8—2023	电力电缆导管技术条件　第 8 部分：塑钢复合电缆导管	DL/T 802.8—2014	2023-05-26	2023-11-26
213	DL/T 846.14—2023	高电压测试设备通用技术条件　第 14 部分：绝缘油介质损耗因数及体积电阻率测试仪	DL/T 1305—2013	2023-05-26	2023-11-26
214	DL/T 924—2023	火力发电厂厂级监管信息系统技术条件	DL/T 924—2016	2023-05-26	2023-11-26
215	DL/T 1057—2023	自动跟踪补偿消弧线圈成套装置技术条件	DL/T 1057—2007	2023-05-26	2023-11-26
216	DL/T 1071—2023	电力大件运输规范	DL/T 1071—2014	2023-05-26	2023-11-26
217	DL/T 1090—2023	串联补偿装置可靠性评价指标导则	DL/T 1090—2008	2023-05-26	2023-11-26
218	DL/T 1250—2023	气体绝缘金属封闭开关设备带电超声局部放电检测应用导则	DL/T 1250—2013	2023-05-26	2023-11-26
219	DL/T 1366—2023	电力设备用六氟化硫气体	DL/T 1366—2014	2023-05-26	2023-11-26
220	DL/T 1381—2023	涉电力领域市场主体信用评价规范	DL/T 1381—2014	2023-05-26	2023-11-26
221	DL/T 1382—2023	涉电力领域市场主体信用评价指标体系分类及代码	DL/T 1382—2014	2023-05-26	2023-11-26
222	DL/T 1383—2023	电力行业供应商信用评价规范	DL/T 1383—2014	2023-05-26	2023-11-26
223	DL/T 1384—2023	电力行业供应商信用评价指标体系分类及代码	DL/T 1384—2014	2023-05-26	2023-11-26
224	DL/T 1400.3—2023	变压器测试仪校准规范　第 3 部分：油浸式变压器测温装置	DL/T 1400—2015	2023-05-26	2023-11-26

续表

序号	标准编号	标准名称	代替标准号	发布日期	实施日期
225	DL/T 2213.2—2023	交流标准功率源 第 2 部分：模拟量电压-电流输出型功率源的特殊要求		2023-05-26	2023-11-26
226	DL/T 2213.3—2023	交流标准功率源 第 3 部分：模拟量电压-电压输出型功率源的特殊要求		2023-05-26	2023-11-26
227	DL/T 2213.4—2023	交流标准功率源 第 4 部分：数字量电压-电流输出型功率源的特殊要求		2023-05-26	2023-11-26
228	DL/T 2379.3—2023	就地化保护装置检测规范 第 3 部分：变压器保护		2023-05-26	2023-11-26
229	DL/T 2379.4—2023	就地化保护装置检测规范 第 4 部分：母线保护		2023-05-26	2023-11-26
230	DL/T 2438.2—2023	静止同步串联补偿器 第 2 部分：系统设计导则		2023-05-26	2023-11-26
231	DL/T 2438.4—2023	静止同步串联补偿器 第 4 部分：控制保护系统技术规范		2023-05-26	2023-11-26
232	DL/T 2555.2—2023	配电线路旁路作业工具装备 第 2 部分：旁路开关		2023-05-26	2023-11-26
233	DL/T 2582.4—2023	水电站公用辅助设备运行规程 第 4 部分：供暖通风与空气调节系统		2023-05-26	2023-11-26
234	DL/T 2582.5—2023	水电站公用辅助设备运行规程 第 5 部分：消防系统		2023-05-26	2023-11-26
235	DL/T 2582.6—2023	水电站公用辅助设备运行规程 第 6 部分：桥式起重机		2023-05-26	2023-11-26
236	DL/T 2596—2023	智能电能表现场运行可靠性试验规程		2023-05-26	2023-11-26
237	DL/T 2597—2023	电能表自动化检定系统技术规范		2023-05-26	2023-11-26
238	DL/T 2598—2023	发电厂水汽中低浓度溶解氧在线测量导则		2023-05-26	2023-11-26
239	DL/T 2599.1—2023	电力变压器用组部件和原材料选用导则 第 1 部分：总则		2023-05-26	2023-11-26
240	DL/T 2600—2023	燃煤启动锅炉运行与维护导则		2023-05-26	2023-11-26
241	DL/T 2601—2023	火力发电厂尿素水解制氨系统调试导则		2023-05-26	2023-11-26
242	DL/T 2602—2023	电力直流电源系统保护电器选用与试验导则		2023-05-26	2023-11-26
243	DL/T 2603—2023	电容型设备相对介质损耗因数及电容量比值带电测试方法		2023-05-26	2023-11-26
244	DL/T 2604—2023	高压并联电抗器现场局部放电试验装置通用技术条件		2023-05-26	2023-11-26
245	DL/T 2605—2023	电力电容器去极化电流绝缘参数试验规程		2023-05-26	2023-11-26
246	DL/T 2606—2023	直流转换开关振荡特性现场试验方法		2023-05-26	2023-11-26
247	DL/T 2607—2023	配电自动化终端即插即用技术导则		2023-05-26	2023-11-26
248	DL/T 2608—2023	配电自动化终端运维技术规范		2023-05-26	2023-11-26
249	DL/T 2609—2023	主动干预型消弧装置验收运维规范		2023-05-26	2023-11-26
250	DL/T 2610—2023	配电网设施可靠性评价指标导则		2023-05-26	2023-11-26
251	DL/T 2611—2023	火力发电厂燃煤锅炉炉管泄漏检测系统技术规范		2023-05-26	2023-11-26

续表

序号	标准编号	标准名称	代替标准号	发布日期	实施日期
252	DL/T 2612—2023	电力云基础设施安全技术要求		2023-05-26	2023-11-26
253	DL/T 2613—2023	电力行业网络安全等级保护测评指南		2023-05-26	2023-11-26
254	DL/T 2614—2023	电力行业网络安全等级保护基本要求		2023-05-26	2023-11-26
255	DL/T 2615—2023	电力作业用电缆输送机		2023-05-26	2023-11-26
256	DL/T 2616—2023	电力用个人保安线通用技术条件		2023-05-26	2023-11-26
257	DL/T 2617—2023	20kV 配电线路带电作业技术规范		2023-05-26	2023-11-26
258	DL/T 2618—2023	10kV 带电作业用自动接引工具		2023-05-26	2023-11-26
259	DL/T 2619—2023	压缩空气储能电站运行维护规程		2023-05-26	2023-11-26
260	DL/T 2620—2023	汽轮机高压调节阀流量特性测试技术导则		2023-05-26	2023-11-26
261	DL/T 2621—2023	直流输电线路参数测试仪通用技术条件		2023-05-26	2023-11-26
262	DL/T 2622—2023	1000kV 高压并联电抗器局部放电现场测量技术导则		2023-05-26	2023-11-26
263	DL/T 2623—2023	1000kV 特高压交流系统用开关型可控金属氧化物避雷器技术规范		2023-05-26	2023-11-26
264	DL/T 2624—2023	电力供热术语		2023-05-26	2023-11-26
265	DL/T 2625—2023	区域能源互联网综合评价导则		2023-05-26	2023-11-26
266	DL/T 2626—2023	输变电工程合成孔径雷达监测技术规程		2023-05-26	2023-11-26
267	DL/T 5473—2023	燃气-蒸汽联合循环发电工程建设预算项目划分导则	DL/T 5473—2013	2023-05-26	2023-11-26
268	JB/T 3857—2023	变压器专用设备　卧式绕线机	JB/T 3857—2010	2023-07-28	2024-02-01
269	JB/T 8168—2023	脉冲电容器及直流电容器	JB/T 8168—1999	2023-07-28	2024-02-01
270	JB/T 9658—2023	变压器专用设备　硅钢片纵剪生产线	JB/T 9658—2008	2023-07-28	2024-02-01
271	JB/T 10918—2023	变压器专用设备　硅钢片横剪生产线	JB/T 10918—2008	2023-07-28	2024-02-01
272	JB/T 10941—2023	合成薄膜绝缘电流互感器	JB/T 10941—2010	2023-07-28	2024-02-01
273	JB/T 11146—2023	变压器专用设备　箔式线圈绕制机	JB/T 11146—2011	2023-07-28	2024-02-01
274	JB/T 11148—2023	干式空心电抗器专用设备　立式绕线机	JB/T 11148—2011	2023-07-28	2024-02-01
275	JB/T 14360—2023	大型水轮机模压叶片　技术规范		2023-07-28	2024-02-01
276	JB/T 14361—2023	2.5MW 以上风力发电机组偏航齿圈大型环锻件技术规范		2023-07-28	2024-02-01
277	JJF（电子）0080—2023	高频电感标准器校准规范		2023-07-28	2023-09-01
278	JJF（电子）0091—2023	剩余电压测试仪校准规范		2023-07-28	2023-09-01
279	JJF（电子）0092—2023	电磁兼容高阻抗电压探头校准规范		2023-07-28	2023-09-01
280	JJF（电子）0094—2023	直流接地故障查找仪校准规范		2023-07-28	2023-09-01
281	JJF（电子）0097—2023	谐振腔法电容器等效串联电阻测试系统校准规范		2023-07-28	2023-09-01
282	JJF（机械）1084—2023	电缆或光缆耐火特性试验装置校准规范		2023-07-28	2023-09-01
283	JJF（机械）1087—2023	交直流功率谐波源校准规范		2023-07-28	2023-09-01

续表

序号	标准编号	标准名称	代替标准号	发布日期	实施日期
284	JJF（机械）1088—2023	中低压电器试验系统校准规范		2023-07-28	2023-09-01
285	JJF（机械）1090—2023	电机测试装置校准规范		2023-07-28	2023-09-01
286	JJF（机械）1091—2023	电机综合测试仪校准规范		2023-07-28	2023-09-01
287	JJF（机械）1099—2023	雷电冲击电流传感器校准规范		2023-07-28	2023-09-01
288	JJF（机械）1100—2023	电机转子综合测试仪校准规范		2023-07-28	2023-09-01
289	JJF（机械）1101—2023	暂态过电压（TOV）测试仪校准规范		2023-07-28	2023-09-01
290	QB/T 5875—2023	高分子合金电缆桥架		2023-07-28	2024-02-01
291	SJ/T 11921—2023	基础机电继电器生产生命周期评价技术规范		2023-07-28	2023-11-01
292	SJ/T 11922—2023	绿色设计产品评价技术规范　金属化薄膜电容器		2023-07-28	2023-11-01
293	NB/T 11295—2023	核电厂用玻璃纤维增强塑料外包覆钢筋混凝土管道技术规程		2023-10-11	2024-04-11
294	NB/T 11296—2023	核电厂汽轮机数字电液控制系统维修导则		2023-10-11	2024-04-11
295	NB/T 11297—2023	直流蒸发器核电机组水汽回路清洁控制技术要求		2023-10-11	2024-04-11
296	NB/T 11298—2023	风电机组优化效果评估方法		2023-10-11	2024-04-11
297	NB/T 11299—2023	海上风电场工程光纤复合海底电缆在线监测系统设计规范		2023-10-11	2024-04-11
298	NB/T 11300—2023	交流充电接口电路模拟器技术条件		2023-10-11	2024-04-11
299	NB/T 11301—2023	直流充电接口电路模拟器技术条件		2023-10-11	2024-04-11
300	NB/T 11302—2023	电动汽车充电设施及运营平台信息安全技术规范		2023-10-11	2024-04-11
301	NB/T 11303—2023	电动汽车顶部接触式充电设备技术规范		2023-10-11	2024-04-11
302	NB/T 11304—2023	电动汽车顶部接触式充电站设计规范		2023-10-11	2024-04-11
303	NB/T 11305.1—2023	电动汽车充放电双向互动　第1部分：总则		2023-10-11	2024-04-11
304	NB/T 11305.2—2023	电动汽车充放电双向互动　第2部分：有序充电		2023-10-11	2024-04-11
305	NB/T 11306—2023	高压直流输电系统滤波器用电抗器		2023-10-11	2024-04-11
306	NB/T 11307.1—2023	电力设备与材料着火危险评定导则　第1部分：总则		2023-10-11	2024-04-11
307	NB/T 11308—2023	固体氧化物燃料电池　小型固定式发电系统性能测试方法		2023-10-11	2024-04-11
308	NB/T 11309—2023	电力规划经济分析设计规程		2023-10-11	2024-04-11
309	NB/T 11310—2023	电力无线局域网设计规程		2023-10-11	2024-04-11
310	NB/T 11311—2023	环形截面混凝土电杆结构设计规程		2023-10-11	2024-04-11
311	NB/T 11312—2023	高海拔架空输电线路设计技术规程		2023-10-11	2024-04-11
312	NB/T 11313—2023	35kV 重覆冰架空输电线路设计规程		2023-10-11	2024-04-11
313	NB/T 11314—2023	输电线路共享铁塔设计规程		2023-10-11	2024-04-11
314	NB/T 11315—2023	变电站辅助控制系统设计规程		2023-10-11	2024-04-11

续表

序号	标准编号	标准名称	代替标准号	发布日期	实施日期
315	NB/T 11316—2023	变电站电能质量现场测试技术规范		2023-10-11	2024-04-11
316	NB/T 11317—2023	供电电压监测系统技术规范		2023-10-11	2024-04-11
317	NB/T 11318—2023	水电工程应急设计规范		2023-10-11	2024-04-11
318	NB/T 11319—2023	水电工程项目质量管理规程		2023-10-11	2024-04-11
319	NB/T 11320—2023	水电工程清污机设计规范		2023-10-11	2024-04-11
320	NB/T 11321—2023	水电工程建设征地移民安置总体规划编制规程		2023-10-11	2024-04-11
321	NB/T 11323—2023	水电工程完工总结算报告编制导则		2023-10-11	2024-04-11
322	NB/T 11324—2023	水电工程执行概算编制导则		2023-10-11	2024-04-11
323	NB/T 20190—2023	核电厂生产厂房的噪声控制	NB/T 20190—2012	2023-10-11	2024-04-11
324	NB/T 20421.6—2023	核电厂安全重要电缆状态监测方法　第 6 部分：绝缘电阻		2023-10-11	2024-04-11
325	NB/T 20469—2023	压水堆核电厂失去厂外电源试验技术导则	NB/T 20469—2017	2023-10-11	2024-04-11
326	NB/T 20677—2023	核电厂照明设计规范		2023-10-11	2024-04-11
327	NB/T 20678—2023	核电厂安全系统光缆、连接件及接头的鉴定		2023-10-11	2024-04-11
328	NB/T 20680—2023	压水堆核电厂二次侧非能动余热排出系统调试技术导则		2023-10-11	2024-04-11
329	NB/T 20681—2023	压水堆核电厂轴封型主泵调试技术导则		2023-10-11	2024-04-11
330	NB/T 20683—2023	压水堆核电厂地震仪表系统调试技术导则		2023-10-11	2024-04-11
331	NB/T 20684.1—2023	核电厂防腐施工管理规定　第 1 部分：防腐施工的质量保证		2023-10-11	2024-04-11
332	NB/T 20684.2—2023	核电厂防腐施工管理规定　第 2 部分：防腐蚀工作人员要求		2023-10-11	2024-04-11
333	NB/T 20686—2023	压水堆核电厂消耗品化学成分控制技术要求		2023-10-11	2024-04-11
334	NB/T 20691—2023	核电厂职业病防护设施设计专篇内容和深度规定		2023-10-11	2024-04-11
335	NB/T 20692—2023	核电厂维修规则的建立与应用导则		2023-10-11	2024-04-11
336	NB/T 20693—2023	核电厂安全设施设计专篇格式内容和深度规定		2023-10-11	2024-04-11
337	NB/T 20694—2023	压水堆核电厂主蒸汽管道断裂事故分析要求		2023-10-11	2024-04-11
338	NB/T 20701—2023	核电厂在役检查大纲编制规范		2023-10-11	2024-04-11
339	NB/T 20702—2023	核电厂工业安全标识使用导则		2023-10-11	2024-04-11
340	NB/T 20703—2023	压水堆核电厂化学控制效能指标		2023-10-11	2024-04-11
341	NB/T 20704—2023	运行核电厂长期资产管理导则		2023-10-11	2024-04-11
342	NB/T 20706—2023	核电厂机组性能指数管理导则		2023-10-11	2024-04-11
343	NB/T 20710—2023	核电厂退役费用编制方法		2023-10-11	2024-04-11
344	NB/T 25018—2023	核电厂常规岛与辅助配套设施可靠性数据管理导则	NB/T 25018—2014	2023-10-11	2024-04-11
345	NB/T 33017—2023	电动汽车智能充换电运营服务系统技术规范	NB/T 33017—2015	2023-10-11	2024-04-11

续表

序号	标准编号	标准名称	代替标准号	发布日期	实施日期
346	NB/T 35029—2023	水电工程测量规范	NB/T 35029—2014	2023-10-11	2024-04-11
347	DL/T 277—2023	高压直流输电系统控制保护整定技术规程	DL/T 277—2012	2023-10-11	2024-04-11
348	DL/T 296—2023	火电厂烟气脱硝技术导则	DL/T 296—2011	2023-10-11	2024-04-11
349	DL/T 297—2023	汽轮发电机合金轴瓦超声检测	DL/T 297—2011	2023-10-11	2024-04-11
350	DL/T 298—2023	发电机定子绕组端部电晕检测与评定导则	DL/T 298—2011	2023-10-11	2024-04-11
351	DL/T 326—2023	步进式引张线仪	DL/T 326—2010	2023-10-11	2024-04-11
352	DL/T 327—2023	步进式垂线坐标仪	DL/T 327—2010	2023-10-11	2024-04-11
353	DL/T 346—2023	设备线夹	DL/T 346—2010	2023-10-11	2024-04-11
354	DL/T 347—2023	T 型线夹	DL/T 347—2010	2023-10-11	2024-04-11
355	DL/T 369—2023	电站锅炉管内压蠕变试验方法	DL/T 369—2010	2023-10-11	2024-04-11
356	DL/T 438—2023	火力发电厂金属技术监督规程	DL/T 438—2016	2023-10-11	2024-04-11
357	DL/T 536—2023	交流耦合电容器及电容分压器使用技术条件	DL/T 536—1993	2023-10-11	2024-04-11
358	DL/T 543—2023	火电厂水处理设备验收导则	DL/T 543—2009	2023-10-11	2024-04-11
359	DL/T 567.4—2023	火力发电厂燃料试验方法　第 4 部分：入炉煤的采取和制备方法	DL/T 567.4—1995	2023-10-11	2024-04-11
360	DL/T 616—2023	火力发电厂汽水管道与支吊架维修调整导则	DL/T 616—2006	2023-10-11	2024-04-11
361	DL/T 653—2023	高压并联电容器用放电线圈使用技术条件	DL/T 653—2009	2023-10-11	2024-04-11
362	DL/T 678—2023	电力钢结构焊接通用技术条件	DL/T 678—2013	2023-10-11	2024-04-11
363	DL/T 689—2023	输变电工程液压压接机	DL/T 689—2012	2023-10-11	2024-04-11
364	DL/T 725—2023	电力用电流互感器使用技术规范	DL/T 725—2013	2023-10-11	2024-04-11
365	DL/T 726—2023	电力用电磁式电压互感器使用技术规范	DL/T 726—2013	2023-10-11	2024-04-11
366	DL/T 735—2023	大型汽轮发电机定子绕组端部动态特性的测量及评定	DL/T 735—2000	2023-10-11	2024-04-11
367	DL/T 752—2023	火力发电厂异种钢焊接技术规程	DL/T 752—2010	2023-10-11	2024-04-11
368	DL/T 756—2023	悬垂线夹	DL/T 756—2009	2023-10-11	2024-04-11
369	DL/T 759—2023	连接金具	DL/T 759—2009	2023-10-11	2024-04-11
370	DL/T 850—2023	电站配管	DL/T 850—2004	2023-10-11	2024-04-11
371	DL/T 906—2023	仓泵进、出料阀	DL/T 906—2004	2023-10-11	2024-04-11
372	DL/T 970—2023	大型汽轮发电机非正常及特殊运行及维护导则	DL/T 970—2005	2023-10-11	2024-04-11
373	DL/T 1005—2023	高温单辊碎渣机	DL/T 1005—2006	2023-10-11	2024-04-11
374	DL/T 1066—2023	水电站设备检修管理导则	DL/T 1066—2007	2023-10-11	2024-04-11
375	DL/T 1092—2023	电力系统安全稳定控制系统通用技术条件	DL/T 1092—2008	2023-10-11	2024-04-11
376	DL/T 1108—2023	电力工程项目编号及产品文件管理规定	DL/T 1108—2009、DL/T 503—2009	2023-10-11	2024-04-11
377	DL/T 1127—2023	等离子体点火系统设计与运行导则	DL/T 1127—2010	2023-10-11	2024-04-11
378	DL/T 1190—2023	绝缘穿刺线夹	DL/T 1190—2012	2023-10-11	2024-04-11

续表

序号	标准编号	标准名称	代替标准号	发布日期	实施日期
379	DL/T 1197—2023	水轮发电机组状态在线监测系统技术条件	DL/T 1197—2012	2023-10-11	2024-04-11
380	DL/T 1209.1—2023	电力登高作业及防护器具技术要求　第 1 部分：抱杆梯、梯具、梯台及过桥	DL/T 1209.1—2013	2023-10-11	2024-04-11
381	DL/T 1209.2—2023	电力登高作业及防护器具技术要求　第 2 部分：拆卸型检修平台	DL/T 1209.2—2014	2023-10-11	2024-04-11
382	DL/T 1209.3—2023	电力登高作业及防护器具技术要求　第 3 部分：升降型检修平台	DL/T 1209.3—2014	2023-10-11	2024-04-11
383	DL/T 1209.4—2023	电力登高作业及防护器具技术要求　第 4 部分：复合材料快装脚手架	DL/T 1209.4—2014	2023-10-11	2024-04-11
384	DL/T 1215.3—2023	链式静止同步补偿器　第 3 部分：控制保护监测系统	DL/T 1215.3—2013	2023-10-11	2024-04-11
385	DL/T 1228—2023	电能质量监测装置运行规程	DL/T 1228—2013	2023-10-11	2024-04-11
386	DL/T 1268—2023	三相组合电力互感器使用技术规范	DL/T 1268—2013	2023-10-11	2024-04-11
387	DL/T 1269—2023	火力发电建设工程机组蒸汽吹管导则	DL/T 1269—2013	2023-10-11	2024-04-11
388	DL/T 1270—2023	火力发电建设工程机组甩负荷试验导则	DL/T 1270—2013	2023-10-11	2024-04-11
389	DL/T 1282—2023	火力发电厂气相缓蚀剂技术要求	DL/T 1282—2013	2023-10-11	2024-04-11
390	DL/T 1317—2023	火力发电厂焊接接头超声衍射时差检测技术规程	DL/T 1317—2014	2023-10-11	2024-04-11
391	DL/T 1476—2023	电力安全工器具预防性试验规程	DL/T 1476—2015	2023-10-11	2024-04-11
392	DL/T 1523—2023	同步发电机进相试验导则	DL/T 1523—2016	2023-10-11	2024-04-11
393	DL/T 1663—2023	智能变电站继电保护在线监视和智能诊断技术导则	DL/T 1663—2016	2023-10-11	2024-04-11
394	DL/T 1766.6—2023	水氢氢冷汽轮发电机检修导则　第 6 部分：励磁系统检修		2023-10-11	2024-04-11
395	DL/T 1766.7—2023	水氢氢冷汽轮发电机检修导则　第 7 部分：附属系统检修		2023-10-11	2024-04-11
396	DL/T 2025.6—2023	电站阀门检修导则　第 6 部分：安全阀		2023-10-11	2024-04-11
397	DL/T 2475.2—2023	电气设备电压暂降及短时中断耐受能力测试技术规范　第 2 部分：低压开关设备和控制设备		2023-10-11	2024-04-11
398	DL/T 2599.9—2023	电力变压器用组部件和原材料选用导则　第 9 部分：吸湿器	DL/T 1386—2014	2023-10-11	2024-04-11
399	DL/T 2627.1—2023	输变电设备状态预测技术导则　第 1 部分：通用技术要求		2023-10-11	2024-04-11
400	DL/T 2628—2023	水电站水工建筑物缺陷管理规范		2023-10-11	2024-04-11
401	DL/T 2629—2023	电能计量设备用磁开关传感器技术规范		2023-10-11	2024-04-11
402	DL/T 2630—2023	电力电缆线路用接地箱技术规范		2023-10-11	2024-04-11
403	DL/T 2631—2023	城市综合管廊内电力电缆线路技术要求		2023-10-11	2024-04-11
404	DL/T 2632—2023	电容器放电线圈运维规程		2023-10-11	2024-04-11
405	DL/T 2633—2023	柔性直流换流器用直流电容器技术导则		2023-10-11	2024-04-11
406	DL/T 2634—2023	35kV 及以下陶瓷电容传感器型局部放电监测装置技术规范		2023-10-11	2024-04-11

续表

序号	标准编号	标准名称	代替标准号	发布日期	实施日期
407	DL/T 2635—2023	直流输电用直流耦合电容器及电容分压器用技术条件		2023-10-11	2024-04-11
408	DL/T 2636—2023	柔性直流输电运行人员控制系统监控功能规范		2023-10-11	2024-04-11
409	DL/T 2637—2023	混合式高压直流断路器现场试验规范		2023-10-11	2024-04-11
410	DL/T 2638—2023	火力发电厂间接空冷系统运行导则		2023-10-11	2024-04-11
411	DL/T 2639—2023	变电站间隔内设备集成式接线试验方法		2023-10-11	2024-04-11
412	DL/T 2640—2023	电力设备剩磁检测及工频去磁现场试验技术导则		2023-10-11	2024-04-11
413	DL/T 2641—2023	宽频电压测量装置选用导则		2023-10-11	2024-04-11
414	DL/T 2642—2023	燃煤电厂袋式除尘器滤袋全寿命周期管理技术导则		2023-10-11	2024-04-11
415	DL/T 2643—2023	火电厂末端废水零排放系统性能试验导则		2023-10-11	2024-04-11
416	DL/T 2644—2023	火电厂环境保护监督管理指标		2023-10-11	2024-04-11
417	DL/T 2645—2023	配电网分布式保护技术规范		2023-10-11	2024-04-11
418	DL/T 2646—2023	数模一体继电保护试验装置技术规范		2023-10-11	2024-04-11
419	DL/T 2647—2023	智能变电站配置文件运行管控系统技术规范		2023-10-11	2024-04-11
420	DL/T 2648—2023	精准切负荷安全稳定控制系统技术规范		2023-10-11	2024-04-11
421	DL/T 2649—2023	串联变压器继电保护技术导则		2023-10-11	2024-04-11
422	DL/T 2650—2023	电力工程接地金属材料技术监督导则		2023-10-11	2024-04-11
423	DL/T 2651—2023	配电带电作业人员高空救援技术导则		2023-10-11	2024-04-11
424	DL/T 2652—2023	带电作业用便携式升降装置		2023-10-11	2024-04-11
425	DL/T 2653—2023	柔性直流电网安全稳定分析导则		2023-10-11	2024-04-11
426	DL/T 2654—2023	水电站设备检修规程		2023-10-11	2024-04-11
427	DL/T 2655—2023	发电企业安全生产标准化实施指南		2023-10-11	2024-04-11
428	DL/T 2656—2023	用于供热的引射混流装置选型和验收导则		2023-10-11	2024-04-11
429	DL/T 2657—2023	发电厂供热管网腐蚀与结垢控制导则		2023-10-11	2024-04-11
430	DL/T 2658—2023	快速动态响应同步调相机技术规范		2023-10-11	2024-04-11
431	DL/T 2659—2023	电站高加三通阀选型导则		2023-10-11	2024-04-11
432	DL/T 2660—2023	煤粉锅炉燃烧调整试验技术导则		2023-10-11	2024-04-11
433	DL/T 2661—2023	循环流化床锅炉煤泥添加系统技术规范		2023-10-11	2024-04-11
434	DL/T 2662—2023	燃煤发电机组供热改造技术条件		2023-10-11	2024-04-11
435	DL/T 2663—2023	高压直流保护试验装置通用技术条件		2023-10-11	2024-04-11
436	DL/T 2664—2023	工业园区综合能源供能系统规划技术导则		2023-10-11	2024-04-11
437	DL/T 2665—2023	变电站厂界噪声排放测量方法　多重相干函数法		2023-10-11	2024-04-11
438	DL/T 2666—2023	变电站噪声仿真分析技术导则		2023-10-11	2024-04-11
439	DL/T 2667—2023	电力资产全寿命周期管理体系实施指南		2023-10-11	2024-04-11

续表

序号	标准编号	标准名称	代替标准号	发布日期	实施日期
440	DL/T 2668—2023	电力系统调峰能力评价技术规范		2023-10-11	2024-04-11
441	DL/T 2669—2023	电力系统惯量支撑和一次调频能力技术要求		2023-10-11	2024-04-11
442	DL/T 2670—2023	电力系统电压支撑强度计算规范		2023-10-11	2024-04-11
443	DL/T 2671—2023	电力系统仿真用电源聚合等值和建模导则		2023-10-11	2024-04-11
444	DL/T 2672—2023	电力系统仿真用负荷模型建模技术要求		2023-10-11	2024-04-11
445	DL/T 2673—2023	电力系统网源协调复核性试验导则		2023-10-11	2024-04-11
446	DL/T 2674—2023	新能源高占比电力系统规划阶段电网方式选取技术规范		2023-10-11	2024-04-11
447	DL/T 2675—2023	高压直流系统调度运行规程		2023-10-11	2024-04-11
448	DL/T 2676—2023	水电调度运行指标计算方法		2023-10-11	2024-04-11
449	DL/T 2677—2023	电力用绝缘隔板技术规范		2023-10-11	2024-04-11
450	DL/T 2678—2023	架空输电线路防鸟挡板技术规范		2023-10-11	2024-04-11
451	DL/T 2679—2023	电力建设工程安全生产标准化实施规范		2023-10-11	2024-04-11
452	DL/T 2680—2023	电力建设施工企业安全生产标准化实施规范		2023-10-11	2024-04-11
453	DL/T 2681—2023	电力勘测设计企业安全生产标准化实施规范		2023-10-11	2024-04-11
454	DL/T 5022—2023	发电厂土建结构设计规程	DL 5022—2012	2023-10-11	2024-04-11
455	DL/T 5033—2023	交流架空输电线路对电信线路危险和干扰影响防护设计规程	DL/T 5033—2006	2023-10-11	2024-04-11
456	DL/T 5034—2023	电力工程水文地质勘测技术规程	DL/T 5034—2006	2023-10-11	2024-04-11
457	DL/T 5076—2023	220kV 及以下架空送电线路勘测技术规程	DL/T 5076—2008	2023-10-11	2024-04-11
458	DL/T 5113.15—2023	水电水利基本建设工程单元工程质量等级评定标准　第 15 部分：安全监测工程		2023-10-11	2024-04-11
459	DL/T 5294—2023	火力发电建设工程机组调试技术规范	DL/T 5294—2013	2023-10-11	2024-04-11
460	DL/T 5430—2023	无人值班变电站远方监控中心设计规程	DL/T 5430—2009	2023-10-11	2024-04-11
461	DL/T 5461.17—2023	火力发电厂施工图设计文件内容深度规定　第 17 部分：噪声治理部分		2023-10-11	2024-04-11
462	DL/T 5864—2023	柔性直流输电换流阀现场交接试验规程		2023-10-11	2024-04-11
463	DL/T 5865—2023	综合管廊电力舱技术导则		2023-10-11	2024-04-11
464	NB/T 10341.4—2023	水电工程启闭机设计规范　第 4 部分：液压启闭机设计规范	NB/T 35020—2013	2023-12-28	2024-06-28
465	NB/T 11340—2023	新能源场站智能化建设基本技术规范		2023-12-28	2024-06-28
466	NB/T 11341—2023	核电厂高压氢气系统调试导则		2023-12-28	2024-06-28
467	NB/T 11342.1—2023	光伏发电站柔性薄膜光伏组件机械性能测试　第 1 部分：卷曲		2023-12-28	2024-06-28
468	NB/T 11342.2—2023	光伏发电站柔性薄膜光伏组件机械性能测试　第 2 部分：拉伸		2023-12-28	2024-06-28
469	NB/T 11342.3—2023	光伏发电站柔性薄膜光伏组件机械性能测试　第 3 部分：振动		2023-12-28	2024-06-28

续表

序号	标准编号	标准名称	代替标准号	发布日期	实施日期
470	NB/T 11342.4—2023	光伏发电站柔性薄膜光伏组件机械性能测试 第4部分：压痕		2023-12-28	2024-06-28
471	NB/T 11343—2023	光伏发电资源利用率评估导则		2023-12-28	2024-06-28
472	NB/T 11344—2023	光伏发电站阻抗特性评估技术规范		2023-12-28	2024-06-28
473	NB/T 11345—2023	光伏发电站安全可视化标识规范		2023-12-28	2024-06-28
474	NB/T 11346—2023	光伏电站维护规程		2023-12-28	2024-06-28
475	NB/T 11347—2023	发电企业生产运营中心光伏发电数据接入系统技术规范		2023-12-28	2024-06-28
476	NB/T 11348—2023	光伏发电站电势诱导衰减治理技术规范		2023-12-28	2024-06-28
477	NB/T 11349—2023	户用光伏并网箱技术规范		2023-12-28	2024-06-28
478	NB/T 11350—2023	新能源发电集群控制系统功能规范		2023-12-28	2024-06-28
479	NB/T 11351—2023	光伏发电统计技术导则		2023-12-28	2024-06-28
480	NB/T 11352—2023	漂浮式光伏发电站运行维护规程		2023-12-28	2024-06-28
481	NB/T 11353—2023	漂浮式光伏发电站施工规范		2023-12-28	2024-06-28
482	NB/T 11354—2023	光伏发电工程项目质量管理规程		2023-12-28	2024-06-28
483	NB/T 11355—2023	海上风电场应急预案编制导则		2023-12-28	2024-06-28
484	NB/T 11356—2023	海上风电场重大危险源辨识规程		2023-12-28	2024-06-28
485	NB/T 11357—2023	智能风电场一体化管控平台技术要求		2023-12-28	2024-06-28
486	NB/T 11358—2023	风力发电机组后备电源运行维护规范		2023-12-28	2024-06-28
487	NB/T 11359—2023	风力发电机组安全保护系统现场试验规程		2023-12-28	2024-06-28
488	NB/T 11360—2023	超期服役风电机组设备健康状态评估规程		2023-12-28	2024-06-28
489	NB/T 11361—2023	风电场能量管理系统技术规范		2023-12-28	2024-06-28
490	NB/T 11362—2023	风力发电机组重大事故防范规程		2023-12-28	2024-06-28
491	NB/T 11363—2023	风力发电机组偏航系统运行性能测试规程		2023-12-28	2024-06-28
492	NB/T 11364—2023	风力发电场状态检修导则		2023-12-28	2024-06-28
493	NB/T 11365—2023	海上风电场运行风险管理规程		2023-12-28	2024-06-28
494	NB/T 11366—2023	海上风电场生产准备导则		2023-12-28	2024-06-28
495	NB/T 11367—2023	风力发电机组升降机安全管理技术规范		2023-12-28	2024-06-28
496	NB/T 11368—2023	风力发电机组免爬器安全管理技术规范		2023-12-28	2024-06-28
497	NB/T 11369—2023	海上风电场检修规程		2023-12-28	2024-06-28
498	NB/T 11370—2023	半直驱永磁风力发电机组齿轮箱设计要求		2023-12-28	2024-06-28
499	NB/T 11371—2023	海上风电场工程基桩检测技术规程		2023-12-28	2024-06-28
500	NB/T 11372—2023	风电场工程施工质量检验与评定规程		2023-12-28	2024-06-28
501	NB/T 11373—2023	陆上风电场工程安全监测实施技术规范		2023-12-28	2024-06-28
502	NB/T 11374—2023	海上风电场工程吸力桩式导管架基础设计导则		2023-12-28	2024-06-28
503	NB/T 11375—2023	陆上风电场工程噪声影响评价导则		2023-12-28	2024-06-28

续表

序号	标准编号	标准名称	代替标准号	发布日期	实施日期
504	NB/T 11376—2023	海上风电机组重力式基础设计导则		2023-12-28	2024-06-28
505	NB/T 11377—2023	风电场工程竣工决算编制导则		2023-12-28	2024-06-28
506	NB/T 11378—2023	漂浮式海上风电机组基础及系泊系统设计导则		2023-12-28	2024-06-28
507	NB/T 11379—2023	漂浮式海上风电机组动态电缆设计导则		2023-12-28	2024-06-28
508	NB/T 11380—2023	并联型风电变流器控制系统技术规范		2023-12-28	2024-06-28
509	NB/T 11381—2023	半直驱永磁风力发电机组		2023-12-28	2024-06-28
510	NB/T 11382—2023	风力发电机组传动系统润滑油在线状态监测系统		2023-12-28	2024-06-28
511	NB/T 11383—2023	风力发电机组塔架涡激振动计算与减振技术规范		2023-12-28	2024-06-28
512	NB/T 11384—2023	固体氧化物燃料电池小型固定式发电系统安装		2023-12-28	2024-06-28
513	NB/T 11385—2023	螺杆膨胀机　承压件水压试验技术规范		2023-12-28	2024-06-28
514	NB/T 11386—2023	螺杆膨胀机　转子动平衡		2023-12-28	2024-06-28
515	NB/T 11387—2023	螺杆膨胀机　振动的测量与评价		2023-12-28	2024-06-28
516	NB/T 11388—2023	柔性直流输电换流阀用直流支撑电容器		2023-12-28	2024-06-28
517	NB/T 11389—2023	电力变压器用绝缘材料介电性能的频域介电谱试验方法		2023-12-28	2024-06-28
518	NB/T 11390—2023	电力变压器油中邻苯二甲酸酯类物质的定量检测方法气相色谱质谱法		2023-12-28	2024-06-28
519	NB/T 11391—2023	电气设备热带海岛综合环境试验方法		2023-12-28	2024-06-28
520	NB/T 11392—2023	光伏逆变器高加速寿命试验技术规范		2023-12-28	2024-06-28
521	NB/T 11393—2023	高海拔电力设备激光带电除锈技术导则		2023-12-28	2024-06-28
522	NB/T 11394—2023	高原环境 27.5kV 系统空气间隙海拔修正		2023-12-28	2024-06-28
523	NB/T 11395—2023	生物质气化多联产固定床气化炉技术条件		2023-12-28	2024-06-28
524	NB/T 11396—2023	生物质气化多联产流化床气化炉技术条件		2023-12-28	2024-06-28
525	NB/T 11397—2023	联合炉排生物质锅炉技术条件		2023-12-28	2024-06-28
526	NB/T 11398—2023	低压配电网共直流母线型统一电能质量控制器		2023-12-28	2024-06-28
527	NB/T 11399—2023	电源规划研究内容深度规定		2023-12-28	2024-06-28
528	NB/T 11400—2023	电力数据中心设计规程		2023-12-28	2024-06-28
529	NB/T 11401—2023	热电厂储热系统设计规范		2023-12-28	2024-06-28
530	NB/T 11402—2023	火力发电厂安全设施设计专篇编制导则		2023-12-28	2024-06-28
531	NB/T 11403—2023	海上柔性直流换流站设计规程		2023-12-28	2024-06-28
532	NB/T 11404—2023	火力发电工程执行概算编制导则		2023-12-28	2024-06-28
533	NB/T 11405—2023	混凝土坝智能温控系统规范		2023-12-28	2024-06-28
534	NB/T 11406—2023	水电企业档案分类导则		2023-12-28	2024-06-28
535	NB/T 11407—2023	水电企业档案鉴定销毁管理规程		2023-12-28	2024-06-28

续表

序号	标准编号	标准名称	代替标准号	发布日期	实施日期
536	NB/T 11408—2023	水电工程设计概算编制规定		2023-12-28	2024-06-28
537	NB/T 11409—2023	水电工程费用构成及概（估）算费用标准		2023-12-28	2024-06-28
538	NB/T 11410—2023	抽水蓄能电站投资编制细则		2023-12-28	2024-06-28
539	NB/T 11411—2023	抽水蓄能电站环境评价技术规范		2023-12-28	2024-06-28
540	NB/T 11412—2023	水电工程生态流量实时监测设备基本技术条件		2023-12-28	2024-06-28
541	NB/T 11413—2023	水电工程水土保持设施维护技术规程		2023-12-28	2024-06-28
542	NB/T 11414—2023	水电工程建设征地移民安置验收规程		2023-12-28	2024-06-28
543	NB/T 11415—2023	水电工程建设征地移民安置实施补偿费用技术导则		2023-12-28	2024-06-28
544	NB/T 11416—2023	抽水蓄能电站水土保持技术规范		2023-12-28	2024-06-28
545	NB/T 11417—2023	水电工程钢闸门辅助装置标准		2023-12-28	2024-06-28
546	NB/T 11418—2023	水工钢闸门和启闭机安全检测技术规程		2023-12-28	2024-06-28
547	NB/T 11419—2023	水电工程升船机调试试验规程		2023-12-28	2024-06-28
548	NB/T 11420—2023	水电工程升船机运行维护规程		2023-12-28	2024-06-28
549	NB/T 11421—2023	水电工程升船机安全检测技术规程		2023-12-28	2024-06-28
550	NB/T 11422—2023	分布式光伏发电系统工程技术规范		2023-12-28	2024-06-28
551	NB/T 11423—2023	太阳能热发电工程概算定额		2023-12-28	2024-06-28
552	NB/T 11438—2023	循环流化床气化炉运行导则		2023-12-28	2024-06-28
553	NB/T 11439—2023	流化床气化能效计算方法		2023-12-28	2024-06-28
554	NB/T 11477—2023	电站锅炉可靠性评定规范		2023-12-28	2024-06-28
555	NB/T 20260—2023	压水堆核电厂余热排出系统设计准则	NB/T 20260—2014	2023-12-28	2024-06-28
556	NB/T 20278—2023	压水堆核电厂应急给水系统设计准则	NB/T 20278—2014	2023-12-28	2024-06-28
557	NB/T 31103—2023	风力发电机组主控制系统软件功能技术规范	NB/T 31103—2016	2023-12-28	2024-06-28
558	NB/T 31122—2023	风力发电机组在线状态监测装置技术规范	NB/T 31122—2017	2023-12-28	2024-06-28
559	NB/T 31126—2023	风力发电机组变桨驱动变频器技术规范	NB/T 31126—2017	2023-12-28	2024-06-28
560	NB/T 35008—2023	水力发电厂照明设计规范	NB/T 35008—2013	2023-12-28	2024-06-28
561	NB/T 35044—2023	水力发电厂厂用电设计规范	NB/T 35044—2014	2023-12-28	2024-06-28
562	NB/T 35050—2023	水力发电厂接地设计技术规范	NB/T 35050—2015	2023-12-28	2024-06-28
563	NB/T 42057—2023	低压静止无功发生器	NB/T 42057—2015	2023-12-28	2024-06-28
564	DL/T 408—2023	电力安全工作规程　发电厂和变电站电气部分（代替 DL 408—1991）		2023-12-28	2024-06-28
565	DL/T 409—2023	电力安全工作规程　电力线路部分	DL 409—1991	2023-12-28	2024-06-28
566	DL/T 498—2023	粉煤灰游离氧化钙测定方法	DL/T 498—1992	2023-12-28	2024-06-28
567	DL/T 824—2023	汽轮机电液调节系统性能验收导则	DL/T 824—2002	2023-12-28	2024-06-28
568	DL/T 834—2023	火力发电厂汽轮机防进水和冷蒸汽导则	DL/T 834—2003	2023-12-28	2024-06-28
569	DL/T 867—2023	粉煤灰中砷、镉、铬、铜、镍、铅和锌的分析方法	DL/T 867—2004	2023-12-28	2024-06-28

续表

序号	标准编号	标准名称	代替标准号	发布日期	实施日期
570	DL/T 938—2023	火电厂排水水质分析方法	DL/T 938—2005	2023-12-28	2024-06-28
571	DL/T 947—2023	土石坝监测仪器系列型谱	DL/T 947—2005	2023-12-28	2024-06-28
572	DL/T 988—2023	高压交流架空送电线路、变电站工频电场和磁场测量方法	DL/T 988—2005	2023-12-28	2024-06-28
573	DL/T 1006—2023	架空输电线路巡检系统	DL/T 1006—2006	2023-12-28	2024-06-28
574	DL/T 1032—2023	电气设备用六氟化硫（SF_6）气体取样方法	DL/T 1032—2006	2023-12-28	2024-06-28
575	DL/T 1046—2023	引张线式水平位移计	DL/T 1046—2007	2023-12-28	2024-06-28
576	DL/T 1047—2023	水管式沉降仪	DL/T 1047—2007	2023-12-28	2024-06-28
577	DL/T 1097—2023	火力发电厂凝汽器管板焊接技术规程	DL/T 1097—2008	2023-12-28	2024-06-28
578	DL/T 1133—2023	钢弦式仪器测量仪表	DL/T 1133—2009	2023-12-28	2024-06-28
579	DL/T 1148—2023	电力电缆线路巡检系统	DL/T 1148—2009	2023-12-28	2024-06-28
580	DL/T 1151.22—2023	火力发电厂垢和腐蚀产物分析方法 第22部分：波长色散X射线荧光光谱法和X射线衍射法	DL/T 1151.22—2012	2023-12-28	2024-06-28
581	DL/T 1191—2023	电力作业用手持式电动工具安全性能检验规程	DL/T 1191—2012	2023-12-28	2024-06-28
582	DL/T 1214—2023	9FA燃气-蒸汽联合循环机组维修规程	DL/T 1214—2013	2023-12-28	2024-06-28
583	DL/T 1223—2023	整体煤气化联合循环发电机组性能验收试验	DL/T 1223—2013	2023-12-28	2024-06-28
584	DL/T 1292—2023	配电网架空绝缘线路雷电防护导则	DL/T 1292—2013	2023-12-28	2024-06-28
585	DL/T 1312—2023	电力工程接地用铜覆钢技术条件	DL/T 1312—2013	2023-12-28	2024-06-28
586	DL/T 1435—2023	速差式防坠器疲劳试验装置技术要求	DL/T 1435—2015	2023-12-28	2024-06-28
587	DL/T 1437—2023	手拉葫芦无载动作试验装置技术要求	DL/T 1437—2015	2023-12-28	2024-06-28
588	DL/T 1461—2023	风力发电机组用齿轮油维护管理导则	DL/T 1461—2015	2023-12-28	2024-06-28
589	DL/T 1482—2023	架空输电线路无人机巡检作业技术导则	DL/T 1482—2015	2023-12-28	2024-06-28
590	DL/T 2555.3—2023	配电线路旁路作业工具装备 第3部分：旁路电缆车		2023-12-28	2024-06-28
591	DL/T 2555.4—2023	配电线路旁路作业工具装备 第4部分：移动箱变车		2023-12-28	2024-06-28
592	DL/T 2555.5—2023	配电线路旁路作业工具装备 第5部分：移动环网箱车		2023-12-28	2024-06-28
593	DL/T 2555.6—2023	配电线路旁路作业工具装备 第6部分：移动开关车		2023-12-28	2024-06-28
594	DL/T 2555.7—2023	配电线路旁路作业工具装备 第7部分：辅助工具		2023-12-28	2024-06-28
595	DL/T 2682—2023	中性点混合补偿接地装置技术规范		2023-12-28	2024-06-28
596	DL/T 2683—2023	电力用齿轮油水分含量的测定		2023-12-28	2024-06-28
597	DL/T 2684—2023	变压器有载分接开关油中溶解气体分析导则		2023-12-28	2024-06-28
598	DL/T 2685—2023	变压器油中环氧树脂的测定 红外光谱法		2023-12-28	2024-06-28
599	DL/T 2686—2023	煤炭机械采制样过程样品水分损失试验及校正方法		2023-12-28	2024-06-28

续表

序号	标准编号	标准名称	代替标准号	发布日期	实施日期
600	DL/T 2687—2023	柔性测斜仪		2023-12-28	2024-06-28
601	DL/T 2688—2023	电力用直流电源系统验收规范		2023-12-28	2024-06-28
602	DL/T 2689—2023	火电厂循环冷却水排水处理技术导则　反渗透法		2023-12-28	2024-06-28
603	DL/T 2690.1—2023	电供暖系统技术规范　第 1 部分：总则		2023-12-28	2024-06-28
604	DL/T 2690.2—2023	电供暖系统技术规范　第 2 部分：设备		2023-12-28	2024-06-28
605	DL/T 2690.3—2023	电供暖系统技术规范　第 3 部分：系统设计		2023-12-28	2024-06-28
606	DL/T 2690.4—2023	电供暖系统技术规范　第 4 部分：施工和安装		2023-12-28	2024-06-28
607	DL/T 2690.5—2023	电供暖系统技术规范　第 5 部分：验收		2023-12-28	2024-06-28
608	DL/T 2690.6—2023	电供暖系统技术规范　第 6 部分：监控系统		2023-12-28	2024-06-28
609	DL/T 2690.7—2023	电供暖系统技术规范　第 7 部分：运营服务平台		2023-12-28	2024-06-28
610	DL/T 2690.8—2023	电供暖系统技术规范　第 8 部分：通信规约		2023-12-28	2024-06-28
611	DL/T 2690.9—2023	电供暖系统技术规范　第 9 部分：运行维护		2023-12-28	2024-06-28
612	DL/T 2690.10—2023	电供暖系统技术规范　第 10 部分：接口		2023-12-28	2024-06-28
613	DL/T 2690.11—2023	电供暖系统技术规范　第 11 部分：计量		2023-12-28	2024-06-28
614	DL/T 2690.12—2023	电供暖系统技术规范　第 12 部分：检测		2023-12-28	2024-06-28
615	DL/T 2691—2023	电网设备缺陷智能识别技术导则		2023-12-28	2024-06-28
616	DL/T 2692—2023	电网设备无人机自动巡检技术导则		2023-12-28	2024-06-28
617	DL/T 2693—2023	架空输电线路巡检用小型多旋翼无人机系统通用技术条件		2023-12-28	2024-06-28
618	DL/T 2694—2023	变电站巡检机器人与人工协同巡检规范		2023-12-28	2024-06-28
619	DL/T 2695—2023	输电线路安全风险多工况智能评估导则		2023-12-28	2024-06-28
620	DL/T 2696—2023	架空输电线路智能巡检建模技术导则		2023-12-28	2024-06-28
621	DL/T 2697—2023	架空输电线路无人机巡检数据自动采集及处理规范		2023-12-28	2024-06-28
622	DL/T 2698—2023	主动干预型消弧装置选用导则		2023-12-28	2024-06-28
623	DL/T 2699—2023	大坝安全监测仪器检验规程		2023-12-28	2024-06-28
624	DL/T 2700—2023	水电站泄水建筑物水力安全评价导则		2023-12-28	2024-06-28
625	DL/T 2701—2023	水电站水工建筑物水下检查技术规程		2023-12-28	2024-06-28
626	DL/T 2702—2023	水电站大坝运行安全管理导则		2023-12-28	2024-06-28
627	DL/T 2703.1—2023	热电厂蓄热装置技术条件　第 1 部分：热水蓄热罐		2023-12-28	2024-06-28
628	DL/T 2704—2023	斜温层储热罐热力性能验收试验规程		2023-12-28	2024-06-28
629	DL/T 2705—2023	空气透平热力性能验收试验规程		2023-12-28	2024-06-28
630	DL/T 2706—2023	汽轮发电机组性能试验不确定度评估规程		2023-12-28	2024-06-28
631	DL/T 2707—2023	低压省煤器节能效果评价导则		2023-12-28	2024-06-28
632	DL/T 2708—2023	火力发电厂节能诊断试验导则		2023-12-28	2024-06-28

续表

序号	标准编号	标准名称	代替标准号	发布日期	实施日期
633	DL/T 2709—2023	汽轮发电机组冷端节能管理导则		2023-12-28	2024-06-28
634	DL/T 2710—2023	燃气发电机组节能管理技术导则		2023-12-28	2024-06-28
635	DL/T 2711—2023	海水法烟气脱硫系统检修导则		2023-12-28	2024-06-28
636	DL/T 2712—2023	海水法烟气脱硫系统运行导则		2023-12-28	2024-06-28
637	DL/T 2713—2023	电力用便携式电动绞磨		2023-12-28	2024-06-28
638	DL/T 2714—2023	火力发电厂低温循环水余热利用工程技术规范		2023-12-28	2024-06-28
639	DL/T 2715—2023	工业园区能源互联网协同运行技术导则		2023-12-28	2024-06-28
640	DL/T 2716—2023	六氟化硫混合气体充补气装置技术规范		2023-12-28	2024-06-28
641	DL/T 2717—2023	间接空冷系统验收导则		2023-12-28	2024-06-28
642	DL/T 2718—2023	M701F 型燃气轮机检修导则		2023-12-28	2024-06-28
643	DL/T 2719—2023	测斜管装置		2023-12-28	2024-06-28
644	DL/T 2720—2023	测压管装置		2023-12-28	2024-06-28
645	DL/T 2721—2023	水电站大坝安全监测智能移动终端应用技术规程		2023-12-28	2024-06-28
646	DL/T 2722—2023	抽水蓄能电站电气制动开关技术条件		2023-12-28	2024-06-28
647	DL/T 2723—2023	电力行业知识管理导则		2023-12-28	2024-06-28
648	DL/T 2724—2023	架空输电线路三维地理信息系统技术规范		2023-12-28	2024-06-28
649	DL/T 2725—2023	电网设备知识图谱构建技术导则		2023-12-28	2024-06-28
650	DL/T 2726—2023	电网企业温室气体排放核算指南		2023-12-28	2024-06-28
651	DL/T 2727—2023	电力工程接地用铜覆钢使用导则		2023-12-28	2024-06-28
652	DL/T 5043—2023	换流站初步设计内容深度规定	DL/T 5043—2010	2023-12-28	2024-06-28
653	DL/T 5168—2023	110kV 及以上架空输电线路施工质量检验规程	DL/T 5168—2016	2023-12-28	2024-06-28
654	DL/T 5580.3—2023	燃煤耦合生物质发电生物质能电量计算　第 3 部分：农林废弃残余物蒸汽耦合	DL/T 5168—2016	2023-12-28	2024-06-28
655	DL/T 5710—2023	电力建设土建工程施工技术检验检测规范	DL/T 5710—2014	2023-12-28	2024-06-28
656	DL/T 5729—2023	配电网规划设计技术导则	DL/T 5729—2016	2023-12-28	2024-06-28
657	DL/T 5866—2023	电气装置安装工程　盘、柜及二次回路接线施工及验收规范		2023-12-28	2024-06-28
658	DL/T 5867—2023	110kV 及以上架空输电线路施工及验收规范		2023-12-28	2024-06-28
659	DL/T 5868—2023	火力发电厂智能热网施工及验收规范		2023-12-28	2024-06-28
660	DL/T 5869—2023	水电工程安全监测仪器封存与报废技术规程		2023-12-28	2024-06-28

索 引

内容索引

说明

本索引是全书条目和条目内容的主题分析索引。索引主题按先数字大小，再字母顺序，最后汉语拼音字母的顺序，并辅以汉字笔画、起笔笔形顺序排列。同音时，按汉字笔画由少到多的顺序排列，笔画数相同的按起笔笔形一（横）、丨（竖）、丿（撇）、丶（点）、㇕（折，包括㇆、㇗、㇛等）顺序排列。第一字相同时，同原则按第二字排列，余类推。

B

C

D

F

G

H

J

K

L

M

N

P

Q

R

S

T

W

X

Y

Z

企业风采

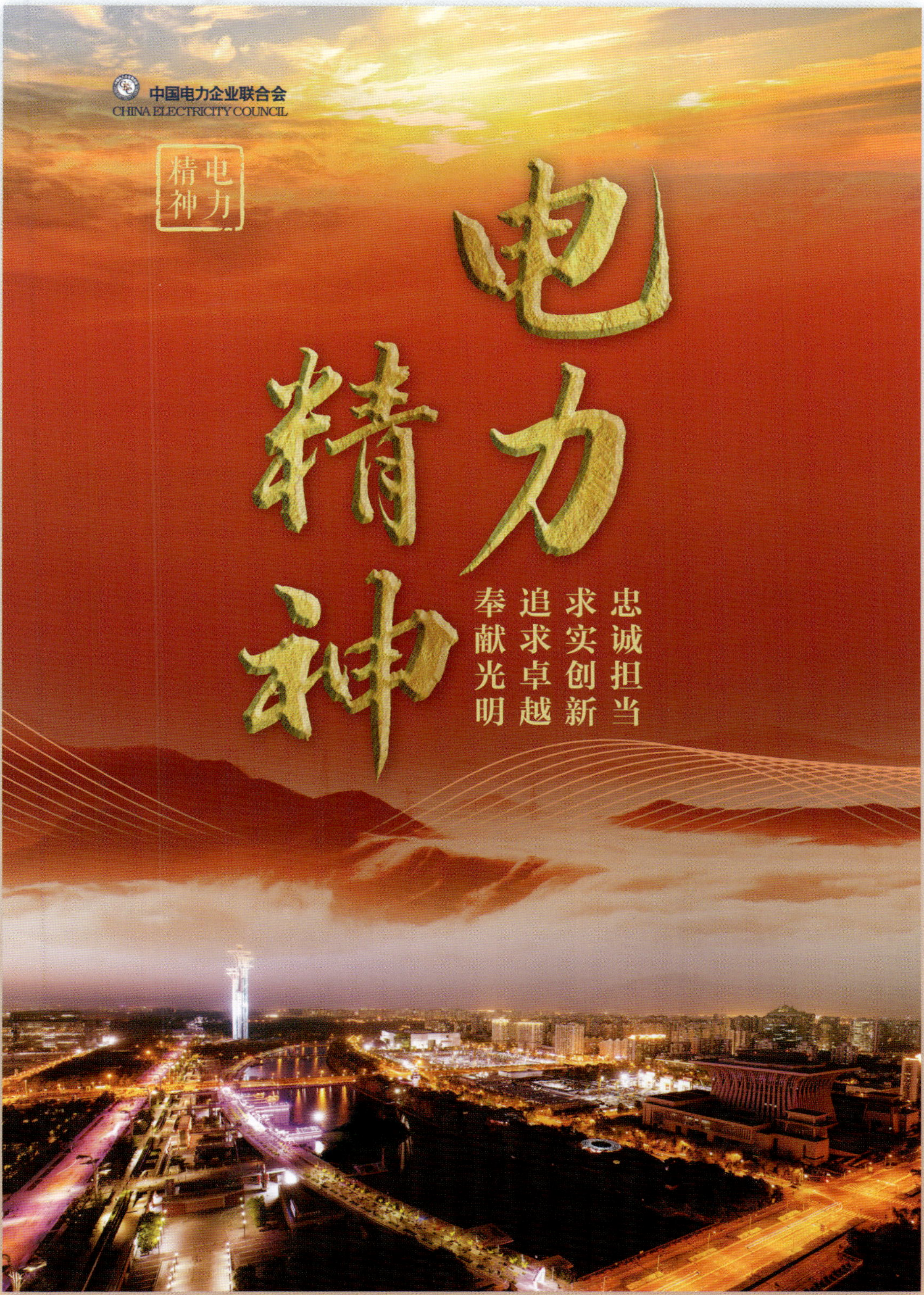
中国电力企业联合会
CHINA ELECTRICITY COUNCIL
电力精神
电力精神
忠诚担当
求实创新
追求卓越
奉献光明

中国电力企业联合会
CHINA ELECTRICITY COUNCIL
电力精神
电力精神
忠诚担当
忠诚担当
是电力行业的政治品格
忠诚，就是坚持旗帜领航，胸怀“国之大者”，拥戴领袖、维护核心，忠于党、忠于国家、忠于人民、忠于电力事业。
担当，就是勇担责任使命，坚持电力先行，统筹好发展和安全、保供和转型，奋发有为、攻坚克难，努力成就无愧于党和人民、无愧于历史和时代的事业。

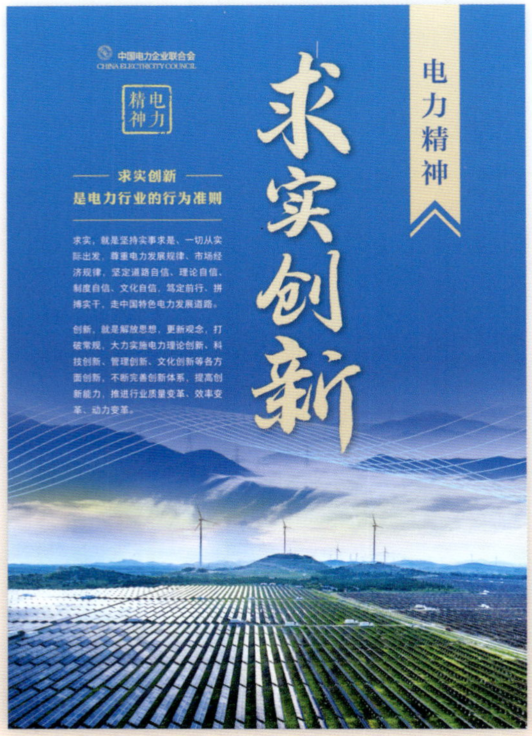
中国电力企业联合会
CHINA ELECTRICITY COUNCIL
电力精神
电力精神
求实创新
求实创新
是电力行业的行为准则
求实，就是坚持实事求是、一切从实际出发，尊重电力发展规律、市场经济规律，坚定道路自信、理论自信、制度自信、文化自信，笃定前行、拼搏实干，走中国特色电力发展道路。
创新，就是解放思想，更新观念，打破常规，大力实施电力理论创新、科技创新、管理创新、文化创新等各方面创新，不断完善创新体系，提高创新能力，推进行业质量变革、效率变革、动力变革。

中国电力企业联合会
CHINA ELECTRICITY COUNCIL
电力精神
电力精神
追求卓越
追求卓越
是电力行业的信念愿景
追求卓越，就是以高站位、高标准、高要求推动各项工作，精益求精、持续改善，不断超越、追求极致，永不自满、永不懈怠、永不停顿，矢志不渝向更高质量发展、向更高目标迈进，努力创造国际领先的一流业绩。

中国电力企业联合会
CHINA ELECTRICITY COUNCIL
电力精神
电力精神
奉献光明
奉献光明
是电力行业的使命价值
奉献光明，就是电力行业始终践行以人民为中心的发展思想，不忘初心、牢记使命，想人民之所想、急人民之所急，以满足人民群众美好生活用电需要为己任，不断提升人民群众的获得感、幸福感、安全感；电力人大力弘扬劳模精神、劳动精神、工匠精神，在平凡岗位上恪尽职守，在急难险重任务中冲锋在前，不辱使命、不负重托。

国家电网有限公司西南分部

分部概况

国家电网有限公司西南分部（简称国网西南分部）成立于 2014 年 11 月 18 日，是国家电网有限公司在西南区域的派驻机构，2015 年 12 月 30 日正式开展实时调度业务。主要负责四川、重庆、西藏三省（市、区）骨干电网发展规划、调控运行、安全生产、电力交易、输变电资产管理等核心业务，承担着保障西南地区清洁低碳、安全高效、可持续电力供应和服务人民美好生活需要的重要使命，协调服务省公司和地方政府，调动区域内省公司、发电企业、地方政府等各方力量团结治网，在西南电网发展建设中实现共建共享和协同发展。设置部门 10 个，挂靠机构 3 个，支撑保障机构 1 个，共有员工 170 人。

安全生产

落实团结治网工作机制，召开西南电网安全稳定领导小组会议，23 项年度任务全面完成。强化“三大工程”等重大风险管控，顺利完成 24 项 *N*-2 同停检修，有力管控 5 次四级电网运行风险。深化西南电网扩展频率防线研究，创新二次系统一体化运行管理，建成“三道防线”全景监视平台。组织开展森林草原防火、区域安全检查等专项督查 23 次，推动整改问题 242 项。分部直属输电线路、变电设备故障停运保持“双零”，分部设备管理典型经验入选全国电力行业设备管理优秀案例。牵头举办西南区域联合应急演练，成功处置电网重大异常故障和突发灾害超 60 起，在国家和公司网络安全攻防演练中“零破防、零失分”。

3 月 16 日，西南电网安全稳定领导小组第八次会议召开。（马思琪摄）

电力保供

扛牢电力保供首要责任，坚持早启动、早谋划、早部署，成功应对汛初特枯、多轮高温大负荷等严峻考验。迎峰度夏前，协调 25 个省网大范围支援西南电网超 60 亿 kWh。挂牌督办投产山彭串抗、长万双回改造等 14 项重点工程，提升主网供电能力 350 万 kW。迎峰度夏期间，西南全网存煤长期居历史同期高位，火电机组“两率”处历史同期最低。西南—华中、西南—西北错峰互济电量分别增长 17.4%、33.1%，中长期交易、现货交易、应急调度次数、规模均创历史新高。圆满完成成都世界大学生运动会保电任务，分部首获国家电网有限公司保电工作突出贡献单位殊荣。完成杭州亚运会、亚残运会、第六届进博会等重大保电任务。

规划计划

主动参与区域能源治理，联合举办西南能源发展论坛，完成“十四五”电力发展规划中期评估，西南中长期目标网架达成区域共识。开展西北沙戈荒基地送电川渝等重大专题研究，提出成渝负荷中心安全稳定提升重点措施。陇电入川、疆电入川等工程取得积极进展，阿坝—成都东特高压交流成功核准，哈密—重庆特高压直流开工建设，川渝特高压交流、金上—湖北特高压直流建设顺利。圆满完成攀西电网两阶段优化改造任务，电网结构性风险有效降低。牵头完成柯拉光伏、蟠龙抽蓄启动投运，一举创下全球最大、海拔最高、西南首座等多项记录。推动西藏新型电力系统示范区建设，深化研究藏中电网安全稳定、电力保供“一揽子”举措。青藏直流扩建工程完成可研收口，日喀则和拉萨主网架补强工程前期工作有序开展，藏东南—粤港澳等重点项目取得积极成效。全面投运川藏铁路施工供电工程（二期），川藏联网输电能力实现翻番，昌都地区缺电问题有效解决。

电网概况

西南电网覆盖四川、重庆、西藏三省（市、区），区域面积约 180 万 km^2。东联华东和华中电网、北接西北电网，是国家电网重要的“水电基地、东送基点、安全基石”。跨区电力交换容量 5420 万 kW，省间电力交换容量 685 万 kW。截至 2023 年底，西南电网调度口径装机容量 1.58 亿 kW。其中，水电 10952 万 kW，占 69.5%；火电 3038 万 kW，占 19.2%；风电光伏等 1775 万 kW，占 11.3%。网内 500kV 变电站 87 座，总变电容量 1.61 亿 kVA；500kV 线路 324 条，总长 2.7 万 km。

电力交易

提前研判电力保供及成都世界大学生运动会保电供需形势，通过“网对网”磋商，优化分时曲线、撮合多省打捆等方式，保障跨区优先计划、政府间协议和市场化电量的落地；创新开展川渝藏互济、四川电量库等灵活交易模式。全年实现藏电外送 24.6 亿 kWh，2020-2023 年累计外送超 70 亿 kWh，超额完成 61 亿 kWh 协议电量；推动 18 省签订新一轮 155 亿 kWh 电力援藏交易框架协议，首次实现西藏外送和购入双向签约，参与省份、交易规模创历史之最。西南区域跨区跨省交易电量总计完成 2515.0 亿 kWh，同比增加 6.1%。全年累计交易绿电 101 笔，电量 13.7 亿 kWh，绿证 3.6 万余张。西南电力调峰辅助服务市场单日成交电力、电量双创新高，成交规模达去年 4 倍。

11 月 9 日，2024-2026 年西藏清洁能源消纳及供电保障交易合作框架协议签订。
（马思琪摄）

科技管理

修订发布《国网西南分部科技项目管理实施细则》和《国网西南分部科学技术进步奖评选办法》，建成分部科技创新工作及成果管理系统。组织实施分部新开题科技项目 17 项，完成 11 个项目中期验收，储备入库自管科技项目 15 项。刊发论文 12 篇，其中中文核心期刊 6 篇，EI 检索 6 篇；申请受理发明专利 22 项，获得授权发明专利 8 项；4 项成果分获国家电网有限公司软科学成果奖一等奖，中国电子学会科技进步奖一等奖，中国电力建设科学技术进步奖三等奖，全国电力行业设备管理优秀典型案例。

党群工作

牢牢把握主题教育总要求，在以学铸魂、以学增智、以学正风、以学促干上取得实实在在的成效。分部党委以上率下，组织班子领学、集中研学、全员跟学、联建共学、参观见学等各类学习活动近千人次。班子同志认真践行“千万工程”经验，带头聚焦 23 项课题深入开展调查研究，提出对策建议 103 项，转化运用成果 8 项。各级党组织制定整改措施 31 项，10 项问题得到解决。制定贯彻落实习近平总书记重要指示批示和党中央决策部署工作机制，深入实施“旗帜领航”党建工程，加强标准化建设过程管控，拓展提升“党建 +”工程实效。制定实施人才近中期培养规划，评选 8 名分部首批高级专家、学术和技术带头人及后备和 5 名电力工匠，18 名职工通过副高级及以上职称评定，人才当量密度达 1.31。上线分部中首个常态化运行的微信公众号，电力援藏等得到央视、光明日报等主流媒体密集报道。大力弘扬劳模精神、劳动精神和工匠精神，分部涌现出一批先进集体和个人，1 个集体和 2 名职工获公司安全生产先进表彰，1 个集体获公司“工人先锋号”，4 名职工分获公司劳模、巾帼建功标兵、“最美国网人”和“青年岗位能手”，1 名职工获公司重大电网工程建设先进表彰，12 名职工获公司保电先进个人。

国网经济技术研究院有限公司

企业概况

企业简介

国网经济技术研究院有限公司是国家电网有限公司直属的全资子公司，是国家电网有限公司电网规划和工程设计技术归口单位，主要承担电网规划、重大工程设计、项目评审、技术经济及相关领域的研究创新工作，具有工程勘察、设计、咨询三个甲级资格，是国家发展改革委认定的承担国家委托投资咨询评估任务的咨询机构，拥有“国家能源特高压直流输电工程成套设计研发（实验）中心”，负责对国家电网有限公司经研体系进行技术指导，具备从特高压交直流到配电网、一二次、通信、信息专业齐备的规划设计研究体系，拥有“新世纪百千万人才工程”国家级人选、享受国务院政府特殊津贴专家、国家电网有限公司“科技领军人才”等专家人才队伍，培育了规划、设计、评审等核心业务能力，形成了从特高压交直流到配电网各专业齐备的全业务体系。

“七个领先”发展目标

奋楫笃行

业务领域

01 电网规划

·输电网规划
·配电网规划
·智能化规划
·信息化规划
（数字化规划）
·通信网规划

02 工程设计

·特高压设计牵头
·直流成套设计
·配电网设计
·设备监造
·通信工程设计

03 咨询评价

·工程咨询
·项目评审
·技经研究
·管理评价

04 国际业务

·跨国联网规划
及工程预可研
·国际工程
设计咨询
·海外设备监造

主要业绩

A 服务能源电力发展和“双碳”目标中奋勇争先

B 强化支撑能力建设，全力服务国家电网有限公司保供和转型

C 支撑国家及国家电网有限公司战略决策，多篇专报获国家领导批示

D 全面承担国家电网有限公司“十一五”至“十四五”电网发展规划研究

E 全面牵头重大交直流工程前期研究

F 引领高海拔特高压工程设计技术发展

G 开展直流工程标准化研究

H 连续三届入选国家发展改革委投资咨询机构“短名单”，累计承担国家部委委托的咨询项目和研究课题 52 项

科技赋能

构建涵盖实验、标准、期刊全环节的科研架构

建成包括 1 个国家能源研发中心、3 个国家电网有限公司级实验室、2 个院级实验室的三级实验体系，打造规划设计 - 系统成套 - 工程联调 - 设备监造全过程直流核心研发技术体系。

统筹基础前瞻性研究和工程应用型研究投入

获批国家自然科学基金和北京市自然科学基金依托单位。

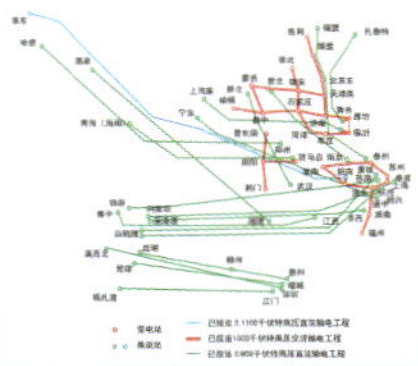

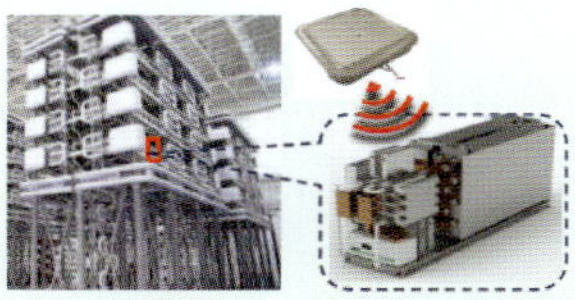

深入推进业务数字化转型

做好国家电网有限公司数字化顶层设计支撑，提出公司数字化发展模式和演进策略；全力建设“数字经研院”，以咨询研究工作“上线作业”为目标，首创“零调研” 模式，成功举办经研体系“网上电网”创新应用大赛，充分释放数字化平台海量电网运行数据价值。

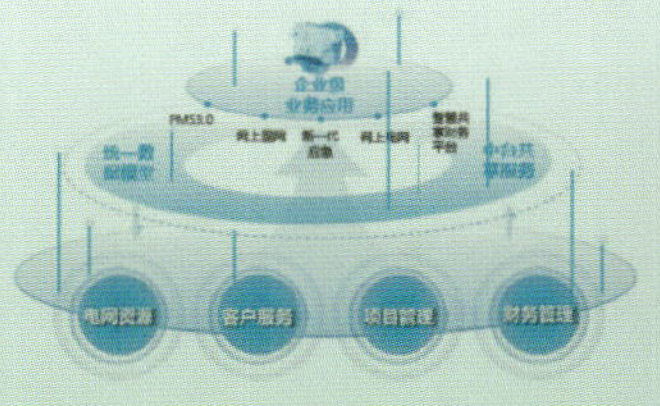

支撑国家电网有限公司统推平台建设

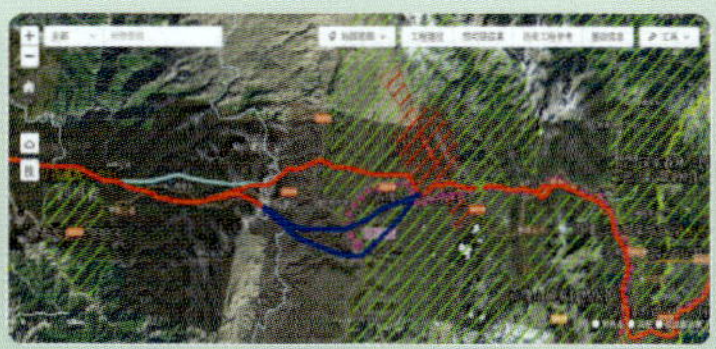

可研设计一体化协同管控平台

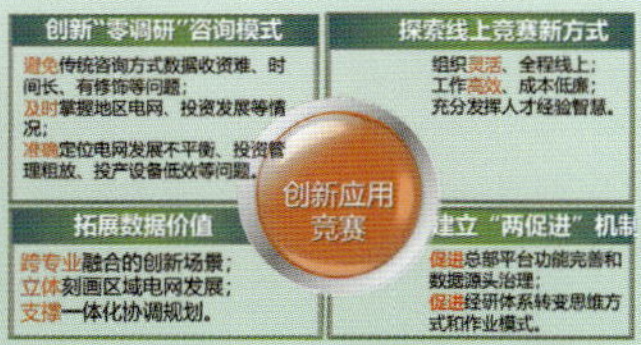

“网上电网”创新应用大赛

凝心聚力

凝聚经研体系合力，共建美好未来

经研体系建设，历经十二年发展历程，为支撑国家电网高速发展发挥了重要作用，收到良好成效，发展成就鼓舞人心。经研体系将持续为更好地服务“一体四翼”发展布局，打造具有中国特色国际领先的能源互联网企业，凝聚起高质量发展合力，为服务公司和电网高质量发展蓄势赋能，作出新的更大贡献。

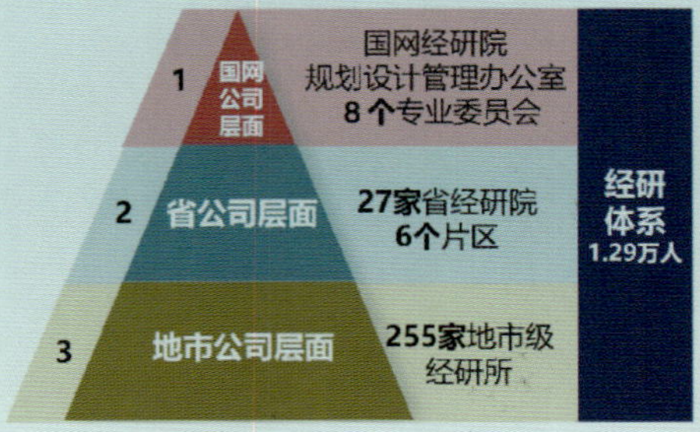

国网四川省电力公司

2023 年以来，国网四川省电力公司党委深刻领会以中国式现代化推进强国建设、民族复兴的核心要义，按照国家电网高质量发展的工作部署，结合四川省委“以中国式现代化引领四川现代化建设”的战略部署，研究提出了建设现代一流公司和现代一流电网的发展目标，形成了一系列具有四川公司特色的专业管理要求，推动公司和电网高质量发展。

2023 年 7 月 20 日，大运会电力保障团队队员在东安湖体育公园主体育场开展用电检查。

在建设现代一流公司上，以推动“双创新”为实施路径——推动以建立现代企业制度为主体的管理创新和以提升核心竞争能力为主体的科技创新，建设高效运营、精益管理、卓越服务、作风优良的现代一流公司，加快实施现代企业治理、经营质效提升、科技创新突破、卓越服务升级、企业形象塑造、队伍素质提升等“六大类行动”，服务世界一流企业建设。

2023 年迎峰度夏期间，全力做好输变电设备运维、故障抢修等工作，用超常的努力守护了“万家灯火”。一对一走访企业客户，面对面解释政策措施，引导企业合理错避峰生产，走街串巷宣传科学用电、节约用电，被群众亲切地称为“电参谋”“电保姆”

2023 年 12 月 10 日，川渝 1000 千伏特高压交流工程甘孜至天府南线路工程顺利完成首基门型塔组立任务，该工程建成投运后，每年可输送清洁电能超 350 亿千瓦时，将为成渝地区双城经济圈建设提供有力支撑。

在建设现代一流电网上，以打造“双典范”为实施路径——打造四川清洁能源高质量就地消纳的典范和四川清洁能源大范围优化配置的典范，建设坚强电网、立体枢纽、绿色低碳、安全高效的现代一流电网，加快推进特高压攻坚、攀西电网优化、立体双环构建、新能源消纳、现代配网建设、安全稳定提升等“六大类工程”，服务新型电力系统建设。

（图片由国网四川省电力公司提供）

国网浙江省电力有限公司培训中心

国网浙江省电力有限公司培训中心（以下简称“培训中心”）是国网浙江省电力有限公司直属教育培训单位，由杭州、浙西、富春江、湖州四个校区组成，构成一个本部、三个分中心的“1+3”管理格局。

培训中心坚持“服务公司战略大局、服务企业发展进步、服务员工成长成才”工作定位，以建设具有浙电特色国网领先的一流企业党校、一流培训中心为目标，在“做优服务、做强品牌、做大平台、做深研究、做精管理”上持续用力、久久为功，奋力谱写中心高质量发展新篇章。先后获得“全国五一劳动奖状”“全国文明单位”“国家技能人才培育工作突出贡献单位”“全国职工教育培训示范点”“中国企业教育先进单位百强”“国网系统党校‘名校’”“建设国内一流企业党校示范单位”等荣誉。培训中心坚持“为党育才、为党献策”，充分发挥党校与培训中心合署、管培与技培二合一的鲜明特色，构建党性教育、理论教育与专业化能力培训一体贯通的教学体系，创新实施“双嵌入”特色化教学，全面打造“浙电青蓝”培训品牌，依托“数字浙培”系统绘制学员职业生涯全过程学习档案，标准化、标签化管理全省教育培训资源，形成体系统筹、维度全面、资源优质的育人平台，为省公司“两个示范”建设提供坚强的人才保障与智力支撑。目前建有十大品牌实训基地，其中国网级实训基地3个、电力行业培训基地6个。

贵州电网有限责任公司电力科学研究院

贵州电网有限责任公司电力科学研究院成立于 1958 年，是贵州电网有限责任公司下属的电力科研单位，是贵州电网的技术支持中心、科技创新主体和高级技术人才培育基地，目前设 7 个职能部门、11 个业务部门，现有员工 232 人，其中博士学历 11 人，硕士学历 116 人，硕士以上学历占比 55%，40 岁以下员工硕士以上学历占比 75%。现有专家 72 人 ,18 人入选南方电网公司科技领军人才。国家、行业级各种专委会及标委会委员 29 人，4 人获聘贵州省“ 省委联系专家 ”，1 人享受国务院津贴、2 人享受贵州省政府津贴。

近年来，贵州电网有限责任公司电力科学研究院党委把满足人民对美好生活的电力需求作为工作的出发点和落脚点，带领全体干部员工积极进取，全力支撑贵州电网公司高质量发展，先后获得国家级科技进步二等奖、贵州省科技进步一等奖、贵州省技术发明一等奖、贵州省专利金奖，获得贵州省文明单位、省国资委先进基层党组织、南方电网五一劳动奖状、南方电网优秀纪检监察先进单位、南方电网安全生产先进集体和创新类先进集体等荣誉，2018—2023 年连续六年获得贵州电网公司综合业绩考核“A”的好成绩。

河南宇和电气有限公司

企业简介

河南宇和电气有限公司成立于2000年，坐落于洛阳市涧西区先进制造业集聚区，公司注册资本1亿元人民币，厂区总面积10000余平米，是一家集智能电气装备研发、生产、销售、服务于一体的数字化高新技术企业。

公司拥有公司自主知识产权30余项，其中发明专利6项，软件著作权14项，公司系属河南省专精特新中小企业、两化融合管理体系评定企业、知识产权贯标认证企业，公司一直被评定为AAA级信用等级企业，公司16项产品通过国家质量认证中心颁发的产品认证，并通过国家电网及中国南方电网资格审核。

公司创立初始就致力于研制、生产和销售高低压成套设备，先后研制开发出KYN28-12、XGN-12、HXGN-12等10 kV中压成套开关设备；GCS、GGD、XPD等低压成套开关设备；XGW-12户外开关站；YP -10\0.4 kV箱式变电站；真空开关设备；高、低压电缆分支箱；以及综合配电箱（JP柜）、电能计量箱等20多个电气产品。产品已广泛应用于电力、冶金、石化、煤炭、化工、军工、市政、轻工、水利、轨道交通、电气化铁路等领域。

低压开关柜

配电箱

江苏宇诚汇通电力设备有限公司

江苏宇诚汇通电力设备有限公司，初创于1998年，现注册资本2.21亿元人民币，是目前国内颇具实力的输电线路钢管塔、角钢塔的专业生产制造企业，公司位于江苏省南京市江宁开发区空港枢纽经济区，交通便利，环境优美。

公司产品通过电力工业部铁塔质量检测测试中心的性能测试，并获得220kV钢管杆、220kV构支架、500kV钢管塔、750kV角钢塔生产资质证书。公司通过了ISO9001质量管理体系认证，ISO14001环境管理体系认证和ISO45001职业健康安全管理体系认证。

公司始终秉承“汇八方英才，通四海电力”之社会责任，始终贯彻“为客户服务”的经营理念，不断提高企业管理水平和生产制造能力，提升产品质量和服务，努力打造国内一流电力塔材生产基地。

产品介绍

检测报告

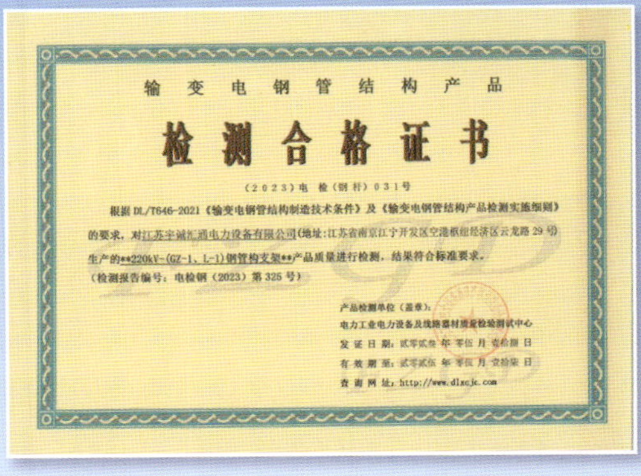
输变电钢管结构产品

检测合格证书

（2023）电检（钢杆）031号

根据DL/T646-2021《输变电钢管结构制造技术条件》及《输变电钢管结构产品检测实施细则》的要求，对江苏宇诚汇通电力设备有限公司（地址：江苏省南京江宁开发区空港枢纽经济区云龙路29号）生产的**220kV-（GZ-1、L-1）钢管构支架**产品质量进行检测，结果符合标准要求。

（检测报告编号：电检钢（2023）第325号）

产品检测单位（盖章）：

电力工业电力设备及线路器材质量检验测试中心

发证日期：贰零贰叁年零伍月[illegible]日

有效期至：贰零贰伍年零伍月[illegible]日

查询网址：http://www.dlxcjc.com

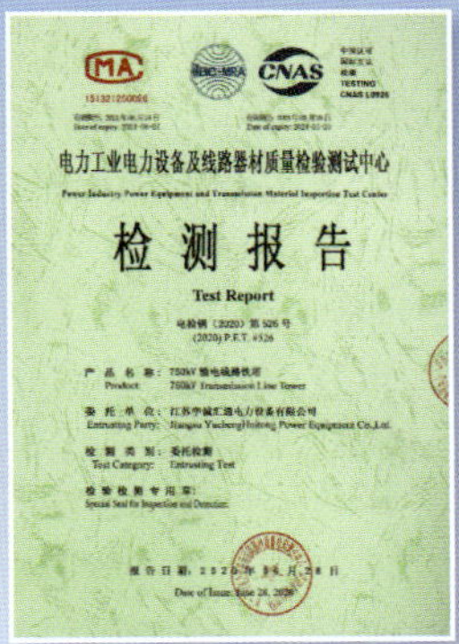
电力工业电力设备及线路器材质量检验测试中心

检测报告

Test Report

电力工业电力设备及线路器材质量检验测试中心

检测报告

Test Report

夏至清和起′初心守蓝天

北京夏初科技集团有限公司（以下简称"夏初科技"）组建于2008年，注册资金4.32亿元，是一家集新能源投资、设计、建设、资产管理为一体的新型电力能源集团，是国家"双碳"结合"乡村振兴"战略的先行者和忠诚践行者。

夏初科技主营业务包括：新能源开发投资，电力资产管理，工程项目管理，新能源装备制造，综合能源利用，农、林、牧、药等。

新能源开发投资

INVESTMENT AND DEVELOPMENT IN NEW ENERGY

夏初科技聚焦新能源行业，专注于新能源集中式电站、分布式电站、工商业光储充项目、储能电站等项目的开发投资业务，为客户提供清洁能源领域全生命周期的整体解决方案。夏初科技以"为国家创造清洁能源"为己任，依靠丰富的市场开发经验，精准的项目投资分析，严格的施工管理体系，助力国家能源保供，有力支撑社会经济高质量绿色发展。

电力资产管理

POWER ASSET MANAGEMENT

夏初科技利用自身优势，发力绿色低碳赛道，依托集团产业经营优势，提供全方位、高质量的绿色服务，已开展的电力资产管理业务包括电站运维、电力营销（发售两侧）、绿色权益开发等相关业务，依托自持的风电场站、光伏场站和独立储能电站，为电力资产管理业务的开展提供实践支撑。

工程项目管理

PROJECT MANAGEMENT

夏初科技具备电力工程施工总承包、机电工程施工总承包、建筑工程施工总承包、建筑机电安装工程专业承包、输变电工程专业承包等施工资质。

新能源装备制造

NEW ENERGY EQUIPMENT MANUFACTURING

夏初科技始终坚持以市场需求为导向，实现技、产、销一体化，全面推行绿色制造，截至目前，夏初科技已投运新能源装备制造基地4座，可生产光伏支架、光伏逆变器、风电塔筒、储能电池仓等相关新能源装备。

农、林、牧、药

AGRICULTURE, FORESTRY,ANIMAL HUSBANDRY AND MEDICINE

夏初科技积极响应国家乡村振兴政策的号召，优质足量的完成野生沙棘林改造、人工沙棘林种植等项目，引入现代农业技术开展农光互补智慧温室种植、中草药种植及加工、荒山开发利用、畜牧业养殖，大力发展农文旅等项目，带动了当地产业发展及农民增收，在新能源+智慧农业项目运营中，提供超过500个就业岗位，给当地乡村振兴及产业振兴方面做出了突出贡献。

文旅康养

HEALTH AND WELLNESS TOURISM

为满足市场需求，丰富文化旅游资源和康养设施，夏初科技不断深化文旅、健康养生等多业态融合，以山水为底色、以生态为特色、以文化为灵魂、以康养为载体、以旅游为纽带，聚力发展文旅康养产业，打造集都市慢生活、乡村烟火气、自驾游、文明遗迹、非遗漫步、康养深呼吸、古建寻踪和山河守望等集休闲、观光、康养于一体的综合项目。

集团官网：http://www.xiachugroup.com
集团地址：北京市朝阳区盘古大观写字楼28层北京夏初科技集团有限公司

咨询热线 010 5939 3628

国网国际发展有限公司

国网国际发展有限公司（简称国网国际公司）成立于2008年，是国家电网公司实施海外电力能源资产投资运营的全资子公司。

国网国际公司依托国家电网公司雄厚的实力、先进的技术、成熟的管理经验和强大的品牌优势，积极开展海外电力能源领域的存量资产并购、绿地项目开发建设和资产运营管理，实现了国家电网公司发展空间从本土向全球的扩展。

国网国际公司先后收购了菲律宾国家电网公司（NGCP）、葡萄牙国家能源网公司（REN）、澳大利亚南澳输电网公司（ElectraNet）、国网澳洲资产公司（SGSPAA）、港灯电力公司（HKEI）、意大利国家能源网公司（CDP Reti）、希腊国家电网公司（IPTO）、巴西圣保罗电力电灯公司（CPFL）、阿曼国家电网公司（OETC）、智利切昆塔集团公司（Chilquinta）、智利CGE公司的股权，中标并建成巴西美丽山特高压直流输电项目一期、二期工程以及特里斯皮尔斯输电特许权项目一期、二期工程等海外大型绿地项目，已建立起地域领域多元、投资收益稳定、增长前景良好的境外基础设施资产组合。

巴西东北特高压项目中标现场

巴电CPFL公司SUL II输电特许权项目变电站

2023 年，国网国际公司中标巴西东北部新能源送出 ±800 千伏特高压直流输电项目，中国特高压“走出去”再次取得重大突破；完成巴控公司股权多元化项目签约，资本运作模式和海外投资模式实现新突破；菲律宾棉兰老—维萨亚直流联网项目成功送电，阿曼国家重点项目 400 千伏南北电网联网一期工程建成投运；公司连续 4 年获得中国国家主权级信用评级 A+。

截至 2023 年底，国网国际公司境外资产总额超 3800 亿元人民币，全年利润总额超 210 亿元人民币。

巴控公司普里马韦拉变电站

阿曼南北联网一期项目

巴西苦咸水淡化项目鸟瞰图

巴西当地儿童在苦咸水淡化项目取水点取水

国家电网云开放日：紫砂壶制作

国网国际公司、港灯公司与国网上海电力在上海联合举办“‘碳’索之路”交流合作研讨会

智利 CGE 公司变电站控制室内部

国网澳洲资产公司启动澳大利亚第一条生物甲烷注入输气管道的可再生燃气项目建设

京仪北方

北京京仪北方仪器仪表有限公司

BEIJING JINGYIBEIFANG INSTRUMENT LIMITED COMPANY

非侵入式无源无线电碳传感器

入选《国家工业和信息化领域节能降碳技术装备推荐目录(2024年版)》

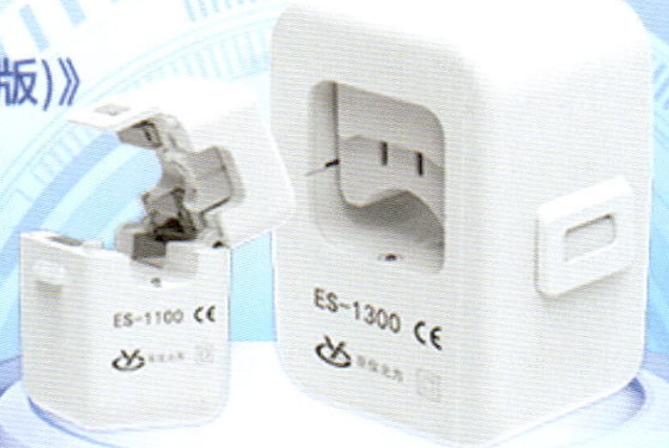

免停电免布线　避免停业损失

免供电卡扣式　极低实施成本

全量电力参数　能源数字基座

实时安全监测　动态电碳计量

产品介绍

非侵入式无源无线电碳传感器是基于微能量收集、低功耗运算等核心技术自主研发的智能微型传感器。

产品采用卡扣式设计，支持免停电免布线便捷安装，通过电磁感应自取电技术，长期免供电无电池稳定运行。实时监测电压、电流、功率、电量等电力全量参数，线缆温度和传感器开合状态。通过SUB-1G无线通信技术，将电力原生数据传输至边缘计算网关，灵活支持本地私有化或云端部署，实现数据全域高效及安全应用。

应用场景

- 设备监测管理
- 电能质量监测
- 智能配电运维
- 智慧安全用电
- 环保用电监管
- 智能绿色工厂
- 能效诊断分析
- 节能碳排监查
- 智慧能源管理

地址：北京市大兴区盛坊路2号

网站：http://www.jybfgs.com

电话：010-60243483

中国电气装备
China Electrical Equipment
许昌许继电科储能技术有限公司
XUCHANG XJ CEPRI ENERGY STORAGE TECHNOLOGY CORPORATION

致力于成为国内领先的储能设备及整体解决方案服务商

许昌许继电科储能技术有限公司

许昌许继电科储能技术有限公司成立于 2017 年 2 月，由许继集团有限公司和中国电力科学研究院有限公司合资成立，2024 年 2 月，重组加入中国电气装备集团储能科技有限公司。依托合资双方的技术引擎支持，电科储能公司得到源源不断的技术、检验和科研支撑，攻克了包括储能变流器多机并联、百万点大数据全景分析监控平台、物联网储能电站管控与运维、气液混合消防安全技术等多项储能难题，极大提高了储能电站运行、运维效率和安全性。

主营业务

- 储能核心产品研发和生产
- 储能电站规划咨询、方案设计
- 储能设备制造、系统集成
- 储能电站总包建设
- 储能电站运维检修

企业优势

- 隶属电力设备央企龙头
- 多年储能系统集成经验积淀
- 产业链自主可控确保优质交付
- 完善的资质和多场景优秀业绩
- 建设运营 10GWh+ 装机容量

核心产品

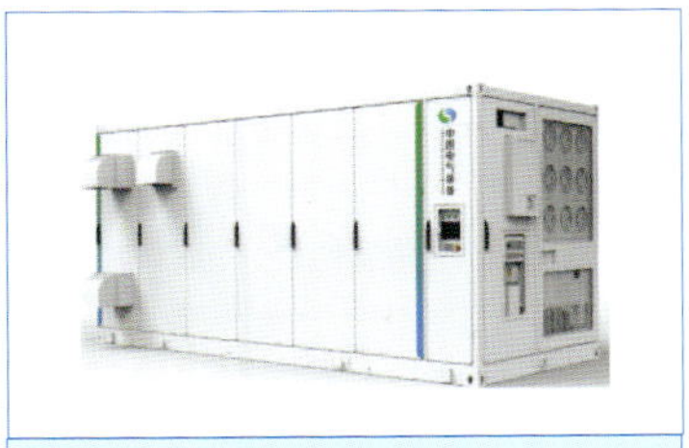
5MWh 液冷储能系统

自主化 PACK

工商业一体机

典型业绩

海西州多能互补集成优化示范工程储能系统
（50MW/100MWh）

华润电力内黄源网荷储示范项目
（100MW/200MWh）

三峡重庆永川松溉储能电站
（200MW/400MWh）

许昌许继电科储能技术有限公司
地址：河南省许昌市魏都区先进制造业开发区智能制造产业园科创街 001 号
24 小时服务电话：0374-3217668

LEADS 利驰 利驰软件

利驰软件是工业电气数字化的引领者，成立于 1995 年，总部位于苏州，研发中心设在西安，分支机构覆盖全国各重点地区。

利驰软件自 DOS 时代就开始电气 CAD 软件研发，已经成功改变了中国电气设计师的工作方式。经过 30 年的持续创新，形成了“工具 + 数据服务”全面的数字化转型解决方案，深度应用于输配电、自动化装备等行业。

依托自建的强大数据底座 D-Hub，利驰软件集电气选型、识图、报价、设计、线束、母排、厂牌、看板、生产管理等工具软件及数据服务于一体，通过共享 D-Hub 平台的 10 亿 + 选型数据、20 万 +3D 元器件模型及数万套行业图纸模板，为用户提供岗位级、车间级、工厂级的全方位数字化解决方案。“应画尽画”的数据服务标准，从根本上解决了用户数字化转型中数据基础薄弱的问题。

目前，利驰“工具 + 数据服务”的月活账户数量已突破 50 万，成功引领电气行业在工作方式、制造方式和协作方式上的数字化变革。

推动数字革命，连接电气新未来。从电气 CAD 的领军者，到电气互联网平台的开拓者，利驰的历史就是中国工业软件从跟随、追赶，到超越的历史。

使命

推动数字革命，
连接电气新未来

愿景

成为全球电气数字化服务的领导者

价值观

利而不争、驰而不息、
科技创造价值、
服务赢得客户、
奋斗成就人生

利驰数字科技（苏州）有限公司

电话：400-6699-000

地址：苏州工业园区金鸡湖大道 1355 号国际科技园 A2101 单元